工程机械手册

HANDBOOK OF CONSTRUCTION MACHINERY

RAILWAY MACHINERY

铁路机械

主　编　覃为刚
副主编　周贤彪　张丕界　魏加志
　　　　李　明　李　青　张旭东
　　　　吴启新　安玉涛　孔凡华

清华大学出版社
北京

内 容 简 介

本手册由综述、路基施工机械、桥涵施工机械、隧道施工机械、轨道施工机械、电气化施工机械6篇组成，共22章。第1篇由铁路机械发展历程和现状、铁路机械展望2章组成。第2~6篇每篇由概述、选型与配备、主要机械结构和工作原理、主要机械参数4章组成。其中，概述的内容包括铁路组成(路基、桥涵、隧道、轨道或电气化)的定义、组成、类别、施工内容及机械、相关技术标准和规范。在选型与配备部分，介绍如何根据作业对象和场景，按照机械能力、效率、经济、合规、可靠性进行机械选型；如何根据工作量、工期、施工组织设计，围绕高效、经济、合规的原则进行机械配置。主要机械结构和工作原理部分介绍了整机的组成和工作原理、主要组成系统和部件结构原理、典型机械技术。主要机械参数部分按照与施工相关的机械参数，收录了机械产品型号、生产厂家、参考价格，并对典型机械产品进行了较为详细的介绍。另外，此处着重强调，本书收录产品的参考价格来源于官方交易网站、个别厂家往年合同价格等，并未充分考虑设备配置、购买时间等影响因素，故不构成任何产品的买卖价格建议，仅可作学习研究之用。

本手册是与铁路施工机械相关的工具书，可供铁路施工机械专业人员、施工管理人员、施工经营人员、机械制造企业、大专院校使用，帮助他们按照铁路施工对象了解铁路施工的内容、流程、相关施工机械及标准，根据施工对象和场景，结合工程机械相关产品，进行机械的选型配备，了解机械结构和工作原理，并为其提供机械产品常用型号、生产厂家、参考价格等信息。

版权所有，侵权必究。举报：010-62782989，beiqinquan@tup.tsinghua.edu.cn。

图书在版编目(CIP)数据

工程机械手册.铁路机械/覃为刚主编.—北京：清华大学出版社，2024.4
ISBN 978-7-302-66030-9

Ⅰ.①工… Ⅱ.①覃… Ⅲ.①工程机械－技术手册 ②铁路工程－机械设备－技术手册 Ⅳ.①TH2-62 ②U215.6-62

中国国家版本馆CIP数据核字(2024)第070164号

责任编辑：王　欣
封面设计：傅瑞学
责任校对：王淑云
责任印制：宋　林

出版发行：清华大学出版社
　　　网　　址：https://www.tup.com.cn, https://www.wqxuetang.com
　　　地　　址：北京清华大学学研大厦A座　　邮　编：100084
　　　社 总 机：010-83470000　　　　　　　　邮　购：010-62786544
　　　投稿与读者服务：010-62776969, c-service@tup.tsinghua.edu.cn
　　　质量反馈：010-62772015, zhiliang@tup.tsinghua.edu.cn
印 装 者：三河市东方印刷有限公司
经　　销：全国新华书店
开　　本：185mm×260mm　　印　张：82.25　　字　数：2046千字
版　　次：2024年4月第1版　　　　　　　　　印　次：2024年4月第1次印刷
定　　价：398.00元

产品编号：086737-01

《工程机械手册》编写委员会名单

主　编　　石来德　周贤彪

副主编　（按姓氏笔画排序）

丁玉兰　马培忠　卞永明　刘子金　刘自明
杨安国　张兆国　张声军　易新乾　黄兴华
葛世荣　覃为刚

编　委　（按姓氏笔画排序）

卜王辉　王　锐　王　衡　王国利　王永鼎
毛伟琦　孔凡华　史佩京　成　彬　毕　胜
刘广军　李　刚　李　青　李　明　安玉涛
吴立国　吴启新　张　珂　张丕界　张旭东
周　崎　周治民　孟令鹏　赵红学　郝尚清
胡国庆　秦倩云　徐志强　郭文武　黄海波
曹映辉　盛金良　程海鹰　傅炳煌　舒文华
谢正元　鲍久圣　薛　白　魏世丞　魏加志

《工程机械手册——铁路机械》编委会

主　任
　　覃为刚

副主任
　　周贤彪　张丕界　张秋玲

委　员
　　魏加志　王　鹏　龙信桥　周　晗　李　明　张旭东
　　吴启新　安玉涛　孔凡华　胡　瑾　唐达昆　王祖华
　　李　青　王文胜　周　聪　郭吉祥　赵青龙　张光明
　　谢立强　刘志斌　全国军　陈　浩　杨　健

编写办公室
　　杨　健　韩　宇　张轩博　刘雪松

《工程机械手册——铁路机械》编写人员

主　编　覃为刚

副主编　周贤彪　张丕界　魏加志　李　明　李　青　张旭东
　　　　吴启新　安玉涛　孔凡华

第1篇　综述

篇主编　孔凡华　杨　健

编写人员　胡　瑾　郭吉祥　赵青龙　张光明

第2篇　路基施工机械

篇主编　魏加志

编写人员　何海斌　杨　伟　蔡星星　曹春阳　马金山　余思唯
　　　　　李永玲

第3篇　桥涵施工机械

篇主编　李　明　李　青

编写人员　梅慧浩　周旭辉　王嵤显　董利利

第4篇　隧道施工机械

篇主编　张丕界　张旭东

编写人员　熊晓晖　徐腾辉　李功义　李鹏远　张晓晓　杨　攀
　　　　　刘振东　李海周　张昆峰　常建超　吕　虎　杨艳召
　　　　　楚　凡　赵　旭　邓　军　毛　宇　陈　磊　王　童

第5篇　轨道施工机械

篇主编　吴启新

编写人员　王　军　沈开林　董林林　刘大伟　许　丹　郑　俊
　　　　　魏小金　朱建富　任　勇　林海斌

第6篇　电气化施工机械

篇主编　安玉涛

编写人员　李　晶　袁　园　于志敏　翟加有　郑淑娟　张根生
　　　　　　王　辉　陈圣喜　高　亮　李育冰　张汉波　李占领
　　　　　　田　兴

资料采编　杨　健　孙健峰　李大伟　代　宇　梁　昊　张显峰

总序

PREFACE

根据国家标准，我国的工程机械分为20个大类。工程机械在我国基础设施建设及城乡工业与民用建筑工程中发挥了很大作用，而且出口至全球200多个国家和地区。作为中国工程机械行业中的学术组织，中国工程机械学会组织相关高校、研究单位和工程机械企业的专家、学者和技术人员，共同编写了《工程机械手册》。首期10卷分别为《挖掘机械》《铲土运输机械》《工程起重机械》《混凝土机械与砂浆机械》《桩工机械》《路面与压实机械》《隧道机械》《环卫与环保机械》《港口机械》《基础件》。除《港口机械》外，已涵盖了标准中的12个大类，其中"气动工具""掘进机械""凿岩机械"合在《隧道机械》内，"压实机械"和"路面施工与养护机械"合在《路面与压实机械》内。在清华大学出版社出版后，获得用户广泛欢迎，斯普林格出版社购买了英文版权。

为了完整体现工程机械的全貌，经与出版社协商，决定继续根据工程机械型谱出版其他机械对应的各卷，包括《工业车辆》《混凝土制品机械》《钢筋及预应力机械》《电梯、自动扶梯和自动人行道》。在市政工程中，尚有不少小型机具，故此将"高空作业机械"和"装修机械"与之合并，同时考虑到我国各大中城市游乐设施亦很普遍，故也将其归并其中，出一卷《市政机械与游乐设施》。我国幅员辽阔，江河众多，改革开放后，在各大江大河及山间峡谷之上建设了很多大桥；与此同时，除建设了很多高速公路之外，还建设了很多高速铁路。不论是大桥还是高速铁路，都已经成为我国交通建设的名片，在我国实施"一带一路"倡议及支持亚非拉建设中均有一定的地位。在这些建设中，出现了自有的独特专用装备，因此，专门列出《桥梁施工机械》《铁路机械》及相关的《重大工程施工技术与装备》。我国矿藏很多，东北、西北、沿海地区有大量石油、天然气，山西、陕西、贵州有大量煤矿，铁矿和有色金属矿藏也不少。勘探、开采及输送均需发展矿山机械，其中不少是通用机械。我国在专用机械如矿井下作业面的开采机械、矿井支护、井下的输送设备及竖井提升设备等方面均有较大成就，故列出《矿山机械》一卷。农林机械在结构、组成、布局、运行等方面与工程机械均有相似之处，仅作业对象不一样，因此，在常用工程机械手册出版之后，再出一卷《农林牧渔机械》。工程机械使用环境恶劣，极易出现故障，维修工作较为突出；大型工程机械如盾构机，价格较贵，在一次地下工程完成后，需要转场，在新的施工现场重新装配建造，对重要的零部件也将实施再制造，因此专列一卷《维修与再制造》。一门以人为本的新兴交叉学科——人机工程学正在不断向工程机械领域渗透，因此增列一卷《人机工程学》。

上述各卷涉及面很广，虽撰写者均为相关领域的专家，但其撰写风格各异，有待出版后，在读者品读并提出意见的基础上，逐步完善。

石来德

2022 年 3 月

前 言
FOREWORD

铁路是供火车等交通工具行驶的轨道线路,它具有运输能力强、运输成本低、受环境影响较小等特点,是国家重要基础设施、国民经济大动脉和大众化的交通工具。进入20世纪60年代以来,随着高速铁路的出现,铁路得到快速发展。铁路的大规模建设、铁路技术的创新和铁路建设的高质量要求,不仅推动了铁路施工的进步,也带动了铁路机械装备的发展。

《工程机械手册——铁路机械》以铁路施工专业分类为结构进行编写,针对施工对象、施工内容、工程量、工期和施工组织方式组织铁路机械的选型和配备,介绍铁路机械的结构和工作原理,按照与施工相关的机械参数,收录机械产品型号、生产厂家、参考价格,并对典型机械产品进行较为详细的介绍。

本手册由综述、路基施工机械、桥涵施工机械、隧道施工机械、轨道施工机械、电气化施工机械6篇组成,共22章。第1篇回顾了铁路机械的发展历程,介绍了铁路机械现状,展望了铁路机械的发展前景。第2~6篇每篇由概述、选型与配备、主要机械结构和工作原理、主要机械参数4章组成。其中,概述部分介绍铁路组成(路基、桥涵、隧道、轨道或电气化)的定义、组成、类别、施工内容及机械、相关技术标准和规范。在选型与配备部分,介绍如何根据作业对象和场景,按照机械能力、效率、经济、合规、可靠性进行机械选型;如何根据工作量、工期、施工组织设计,围绕高效、经济、合规的原则进行机械配置。主要机械结构和工作原理部分介绍了整机的组成和工作原理、主要组成系统和部件结构原理、典型机械技术。主要机械参数部分按照与施工相关的机械参数,收录了铁路施工中的机械产品,提供了生产厂家和相关参考价格等信息,并对典型机械产品进行了较为详细的介绍。

为了便于查阅,本手册将知识点与使用的方法和信息分开介绍。概述部分和主要机械结构和工作原理部分主要解决知识点的问题;选型与配备部分和主要机械参数部分主要解决使用、选配方法和信息问题。对于初学者,需要了解相关知识,再系统地查找使用方法和信息;对比较熟悉相关知识的人员,可以直接查找选型配备的方法或者机械产品的信息。

本手册对机械专业人员、施工管理人员和经营人员、机械制造企业、大专院校都具有积极的作用和意义。对于机械专业人员,可以帮助其了解铁路机械的结构原理,根据施工对象和场景,结合市场现有产品,进行机械的选型配备;对于施工管理人员和经营人员,可以帮助其了解铁路机械作业相关内容、铁路机械生产厂家及参考价格,以便合理、经济地组织施工;对于机械制造企业,可以帮助其了解施工场景和需求,为施工项目研发生产提供更高适应性的施工装备;对于大专院校,可以为其提供铁路施工作业机械方面的一些学习和参考资料,便于其系统地了解铁路施工相关的作业对象、作业内容及机械,更快地掌握专业知识。本手册力求全、新、精、深,为机械专业人员、施工管理人员和经营人员、机械制造企业、大专院校提供工作需要的信息和资料,成为从业者的帮手、"伴侣"和必备的工具。

铁路建设是一个庞大的体系,涉及的作业对象、场景比较复杂,专业门类多,按照施工对象和施工场景划分比较详细,针对性施工工艺和方法多,应用通用和专用的工程机械种类也比较多。本手册汇聚了从事铁路施工和机械专业的技术人员,按专业进行编写,编写者收集并查阅了大量资料,结合施工现场、机械制造及市场,总结施工作业和机械的选型配备方法,收集产品资料,筛选常用的产品,力求更有作用、更有针对性。但由于编写人员的水平有限,收集到的资料和信息也有限,所以手册中的内容难免存在不全、不新、不精、不深,甚至瑕疵和错误等问题,请读者批评指正。本手册作为工作中的实用工具,追求与时俱进,今后将不断更新,对内容进行调整、收录、完善、充实,敬请读者和相关的企业单位提供资料和信息,使其更有价值,为行业的发展发挥更大的作用。

编　者

2022 年 6 月

目 录
CONTENTS

第1篇 综 述

第1章 铁路机械发展历程和现状 …… 3
1.1 路基施工机械 …………………… 4
1.2 桥涵施工机械 …………………… 6
1.3 隧道施工机械 …………………… 8
1.4 轨道施工机械 …………………… 10
1.5 电气化施工机械 ………………… 13

第2章 铁路机械展望 ………………… 14
2.1 机械技术 ………………………… 14
2.2 机械作业与管理 ………………… 16

参考文献 ………………………………… 18

第2篇 路基施工机械

第3章 概述 …………………………… 21
3.1 铁路路基 ………………………… 21
3.2 路基施工及机械 ………………… 21
  3.2.1 地基处理 …………………… 21
  3.2.2 路堤施工 …………………… 26
  3.2.3 路堑施工 …………………… 29
  3.2.4 过渡段施工 ………………… 30
  3.2.5 路基支挡支护工程施工 …… 31
  3.2.6 路基边坡防护施工 ………… 34
  3.2.7 路基防排水施工 …………… 35
  3.2.8 路基相关工程施工 ………… 36
3.3 路基相关技术标准及规范 ……… 37

第4章 选型与配备 …………………… 38
4.1 地基处理施工机械选型与配备 … 38
  4.1.1 原地面处理施工机械 ……… 38
  4.1.2 换填施工机械 ……………… 42
  4.1.3 钻孔灌注桩施工机械 ……… 42
  4.1.4 灰土(水泥土)挤密桩施工
      机械 ………………………… 49
  4.1.5 搅拌桩施工机械 …………… 50
  4.1.6 旋喷桩施工机械 …………… 51
  4.1.7 堆载预压填筑施工机械 …… 52
  4.1.8 CFG桩施工机械 …………… 53
  4.1.9 钢筋混凝土预制桩施工
      机械 ………………………… 55
  4.1.10 桩帽、桩板结构及筏板
       施工机械 …………………… 55
  4.1.11 岩溶及洞穴处理施工
       机械 ………………………… 56
  4.1.12 砂(碎石)垫层施工机械 … 57
  4.1.13 冲击(振动)碾压施工
       机械 ………………………… 57
  4.1.14 强夯及强夯置换施工
       机械 ………………………… 58
  4.1.15 真空预压施工机械 ……… 59
  4.1.16 砂(碎石)桩施工机械 …… 59
  4.1.17 柱锤冲扩桩施工机械 …… 60
  4.1.18 塑料排水板施工机械 …… 61
  4.1.19 袋装砂井施工机械 ……… 61

4.2 路堤施工机械选型与配备 ……… 61
　4.2.1 基床以下路堤填筑施工机械 …………………………… 62
　4.2.2 石灰改良土路基填筑施工机械 …………………………… 62
　4.2.3 黄土路堤施工机械 ……… 63
　4.2.4 半填半挖及不同岩土组合过渡段施工机械 …………… 63
　4.2.5 加筋土路堤填筑施工机械 …………………………… 64
　4.2.6 基床底层 A/B 组填料填筑施工机械 ………………… 64
　4.2.7 基床底层改良土场拌法填筑施工机械 …………… 65
　4.2.8 基床底层改良土路拌填筑施工机械 …………………… 66
　4.2.9 基床表层级配碎石(砂砾石)填筑施工机械 ………… 66
　4.2.10 基床表层封闭层沥青混凝土施工机械 ……………… 67
4.3 路堑施工机械选型与配备 ……… 68
　4.3.1 土质路堑施工机械 ……… 68
　4.3.2 石质路堑施工机械 ……… 68
4.4 过渡段施工机械选型与配备 …… 69
　4.4.1 路桥过渡段施工机械 …… 69
　4.4.2 路基与横向结构物过渡段施工机械 …………………… 69
　4.4.3 路堤与路堑过渡段施工机械 …………………………… 70
　4.4.4 路隧、桥隧过渡段施工机械 …………………………… 71
4.5 路基支挡支护工程施工机械选型与配备 ………………………… 72
　4.5.1 重力式挡土墙施工机械 … 72
　4.5.2 悬臂式和扶壁式挡土墙施工机械 …………………… 73
　4.5.3 短卸荷板式挡土墙施工机械 …………………………… 74
　4.5.4 锚杆挡土墙施工机械 …… 75
　4.5.5 锚定板挡土墙施工机械 … 77
　4.5.6 加筋土挡土墙施工机械 …… 77
　4.5.7 土钉墙施工机械 ………… 78
　4.5.8 桩板式挡土墙施工机械 … 78
　4.5.9 抗滑桩施工机械 ………… 79
　4.5.10 预应力锚索施工机械 …… 79
4.6 路边边坡防护施工机械选型与配备 …………………………… 80
　4.6.1 植物防护施工机械 ……… 80
　4.6.2 预制件防护施工机械 …… 80
　4.6.3 现浇混凝土防护施工机械 … 81
　4.6.4 锚杆框架梁防护施工机械 … 82
4.7 路基防排水施工机械选型与配备 …………………………… 82
　4.7.1 地面防排水施工机械 …… 82
　4.7.2 地下防排水施工机械 …… 83
4.8 路基相关工程施工机械选型与配备 …………………………… 84
　4.8.1 电缆槽(井)施工机械 …… 84
　4.8.2 接触网支柱基础施工机械 … 84
　4.8.3 综合接地及预埋过轨管线施工机械 …………………… 85
　4.8.4 防护栅栏施工机械 ……… 85
4.9 实例 …………………………… 86
　4.9.1 实例1 …………………… 86
　4.9.2 实例2 …………………… 86
　4.9.3 实例3 …………………… 86

第5章 主要机械结构和工作原理 ……… 87

5.1 地基施工机械 …………………… 87
　5.1.1 袋装砂井机 ……………… 87
　5.1.2 插板机 …………………… 88
　5.1.3 柴油打桩机 ……………… 89
　5.1.4 电动落锤打桩机 ………… 92
　5.1.5 振动沉桩机 ……………… 93
　5.1.6 搅拌桩机 ………………… 96
　5.1.7 旋喷桩机 ………………… 97
　5.1.8 压桩机 …………………… 100
　5.1.9 正反循环钻机 …………… 102
　5.1.10 冲击钻机 ……………… 106
　5.1.11 旋挖钻机 ……………… 108
　5.1.12 冲抓成孔机 …………… 112
　5.1.13 长螺旋钻机 …………… 114

5.1.14	振冲器 ……………………	117
5.1.15	挖掘机 ……………………	117
5.1.16	装载机 ……………………	126
5.1.17	自卸车 ……………………	138
5.1.18	铲运机 ……………………	140
5.1.19	推土机 ……………………	162
5.1.20	混凝土搅拌站 ……………	182
5.1.21	混凝土搅拌运输车 ………	190
5.1.22	混凝土泵车 ………………	197
5.1.23	混凝土振捣器 ……………	204
5.1.24	钢筋加工设备 ……………	205
5.2	填料拌和机械 ……………………	211
5.2.1	破碎筛分生产线 …………	211
5.2.2	改良土搅拌站 ……………	218
5.2.3	碎土机 ……………………	222
5.2.4	粉料罐 ……………………	223
5.2.5	路拌机 ……………………	224
5.2.6	粉料撒布机 ………………	231
5.2.7	粉料罐车 …………………	232
5.2.8	稳定土搅拌站 ……………	233
5.3	整平机械 …………………………	234
5.3.1	平地机 ……………………	234
5.3.2	摊铺机 ……………………	243
5.4	洒水机械 …………………………	248
5.4.1	整机的组成和工作原理 ……	248
5.4.2	主要系统和部件的结构原理 ……………………	248
5.5	碾压机械 …………………………	249
5.5.1	强夯机 ……………………	249
5.5.2	压路机 ……………………	250
5.5.3	夯实机 ……………………	255
5.6	防排水及支护机械 ………………	256
5.6.1	开沟机 ……………………	256
5.6.2	水泵 ………………………	260
5.6.3	液压喷播机 ………………	261

第6章 主要机械参数 …………… 262

6.1	地基施工机械 ……………………	262
6.1.1	袋装砂井机 ………………	262
6.1.2	插板机 ……………………	262
6.1.3	柴油打桩机 ………………	263
6.1.4	电动落锤打桩机 …………	263
6.1.5	振动沉桩机 ………………	264
6.1.6	搅拌桩机 …………………	264
6.1.7	旋喷桩机 …………………	265
6.1.8	振动打桩机 ………………	265
6.1.9	压桩机 ……………………	266
6.1.10	正循环钻机 ………………	267
6.1.11	反循环钻机 ………………	267
6.1.12	冲击钻机 …………………	268
6.1.13	旋挖钻机 …………………	269
6.1.14	冲孔成孔机 ………………	269
6.1.15	长螺旋钻机 ………………	270
6.1.16	振冲器 ……………………	270
6.1.17	挖掘机 ……………………	271
6.1.18	装载机 ……………………	272
6.1.19	自卸车 ……………………	277
6.1.20	铲运机 ……………………	277
6.1.21	推土机 ……………………	277
6.2	填料拌和机械 ……………………	278
6.2.1	破碎筛分生产线 …………	278
6.2.2	改良土搅拌站 ……………	280
6.2.3	碎土机 ……………………	281
6.2.4	粉料罐 ……………………	282
6.2.5	路拌机 ……………………	282
6.2.6	粉料撒布机 ………………	283
6.2.7	粉料罐车 …………………	283
6.2.8	稳定土搅拌站 ……………	283
6.3	整平机械 …………………………	284
6.3.1	平地机 ……………………	284
6.3.2	摊铺机 ……………………	285
6.4	洒水机械 …………………………	285
6.5	碾压机械 …………………………	286
6.5.1	强夯机 ……………………	286
6.5.2	压路机 ……………………	287
6.5.3	夯实机 ……………………	287
6.5.4	小型夯实设备 ……………	288
6.6	防排水及支护机械 ………………	289
6.6.1	开沟机 ……………………	289
6.6.2	挖沟机 ……………………	289
6.6.3	水泵 ………………………	289
6.6.4	液压喷播机 ………………	290

参考文献 …………………………… 290

第3篇 桥涵施工机械

第7章 概述 …………………… 293
  7.1 铁路桥涵简介 ……………… 293
  7.2 桥涵施工及机械 …………… 293
    7.2.1 地基及基础 ……………… 294
    7.2.2 桥墩、桥台、索塔 ……… 297
    7.2.3 混凝土梁 ………………… 298
    7.2.4 钢梁 ……………………… 301
    7.2.5 拱桥 ……………………… 301
    7.2.6 斜拉桥 …………………… 303
    7.2.7 涵洞 ……………………… 303
    7.2.8 钢筋加工及运输 ………… 304
    7.2.9 混凝土生产及运输 ……… 304
  7.3 铁路桥涵相关技术及机械规范 …………………………… 305

第8章 选型与配备 ……………… 306
  8.1 地基及基础施工机械选型与配备 ………………………… 306
    8.1.1 明挖基础施工机械 ……… 306
    8.1.2 沉入桩基础施工机械 …… 308
    8.1.3 钻孔灌注桩基础施工机械 …………………………… 313
    8.1.4 放坡开挖承台施工机械 … 319
    8.1.5 钢板(管)桩围堰施工机械 …………………………… 319
    8.1.6 钢套箱围堰施工机械 …… 320
    8.1.7 钢吊箱围堰施工机械 …… 322
    8.1.8 就地制作沉井施工机械 … 323
    8.1.9 浮式沉井施工机械 ……… 323
  8.2 桥墩、桥塔、索塔施工机械选型与配备 ……………… 323
    8.2.1 普通墩台施工机械 ……… 323
    8.2.2 高墩、索塔施工机械 …… 323
  8.3 混凝土梁施工机械选型与配备 ………………………… 324
    8.3.1 预制架设法施工预应力混凝土简支T(箱)梁施工机械 …… 324
    8.3.2 支架现浇法制梁施工机械 ………………………… 330
    8.3.3 移动模架现浇法制梁施工机械 ………………………… 331
    8.3.4 移动支架拼装预应力混凝土简支箱梁施工机械 …… 332
    8.3.5 悬臂浇筑法制梁施工机械 ………………………… 333
    8.3.6 顶推法架梁施工机械 …… 334
    8.3.7 转体法架梁施工机械 …… 334
  8.4 钢梁施工机械选型与配备 … 335
    8.4.1 悬臂拼装法施工机械 …… 335
    8.4.2 拖拉法施工机械 ………… 337
  8.5 拱桥施工机械选型与配备 … 337
    8.5.1 缆索吊装法施工拱肋施工机械 ………………………… 337
    8.5.2 垂直提升法施工拱肋施工机械 ………………………… 338
    8.5.3 吊杆施工机械 …………… 340
  8.6 斜拉桥施工机械选型与配备 …… 340
    8.6.1 斜拉索施工设备选型 …… 341
    8.6.2 斜拉索施工设备配备 …… 341
    8.6.3 工程案例 ………………… 341
  8.7 涵洞施工机械选型与配备 … 343
    8.7.1 原地开挖现浇法施工机械 ………………………… 343
    8.7.2 顶进法施工机械 ………… 343
  8.8 钢筋加工及运输施工机械选型与配备 ………………… 343
    8.8.1 钢筋加工及运输机械选型 ………………………… 343
    8.8.2 钢筋加工及运输机械配备 ………………………… 345
    8.8.3 工程案例 ………………… 346
  8.9 混凝土生产及运输机械选型与配备 ……………………… 346
    8.9.1 搅拌站机械选型 ………… 346

8.9.2 搅拌站机械配备 …………… 350
8.9.3 工程案例 …………………… 350

第9章 主要机械结构和工作原理 …… 352

9.1 基础施工机械 …………………… 352
 9.1.1 全套管钻机 ………………… 352
 9.1.2 潜水钻机 …………………… 354
 9.1.3 预应力张拉锚固设备 ……… 355
 9.1.4 预应力压浆设备 …………… 357
 9.1.5 数控钢筋剪切生产线 ……… 358
 9.1.6 数控钢筋弯曲中心 ………… 360
 9.1.7 全自动数控钢筋弯箍机 …… 361
 9.1.8 数控钢筋网焊接生产线 …… 361
9.2 桥墩（桥塔、索塔）施工机械 …… 367
 9.2.1 施工升降机 ………………… 367
 9.2.2 浮式起重机 ………………… 370
 9.2.3 缆索起重机 ………………… 377
 9.2.4 滑模施工装备 ……………… 380
 9.2.5 爬模施工装备 ……………… 386
 9.2.6 翻模施工装备 ……………… 387
9.3 混凝土梁施工机械 ……………… 390
 9.3.1 搬梁机 ……………………… 390
 9.3.2 提梁机 ……………………… 400
 9.3.3 运梁车 ……………………… 404
 9.3.4 架桥机 ……………………… 418
 9.3.5 简支T梁架桥机 …………… 425
 9.3.6 运架一体机 ………………… 434
 9.3.7 节段拼装架桥机 …………… 447
 9.3.8 桥面吊机 …………………… 457
 9.3.9 移动模架 …………………… 458
 9.3.10 挂篮 ………………………… 466

第10章 主要机械参数 ………………… 471

10.1 基础施工机械 …………………… 471
 10.1.1 挖掘机械 …………………… 471
 10.1.2 装载机械 …………………… 471
 10.1.3 自卸车 ……………………… 471
 10.1.4 汽车起重机 ………………… 471
 10.1.5 履带起重机 ………………… 471
 10.1.6 旋挖钻机 …………………… 471
 10.1.7 冲击钻机 …………………… 471
 10.1.8 回旋钻机 …………………… 471
 10.1.9 全套管钻机 ………………… 471
 10.1.10 螺旋钻机 ………………… 471
 10.1.11 潜水钻机 ………………… 476
 10.1.12 冲抓钻机 ………………… 476
 10.1.13 液压打桩锤 ……………… 476
 10.1.14 液压静力压桩机 ………… 477
 10.1.15 振动桩锤 ………………… 477
 10.1.16 液压抓斗 ………………… 477
 10.1.17 预应力张拉锚固设备 …… 478
 10.1.18 预应力压浆设备 ………… 478
 10.1.19 混凝土搅拌站 …………… 479
 10.1.20 混凝土搅拌运输机 ……… 479
 10.1.21 混凝土泵车 ……………… 480
 10.1.22 混凝土振动器 …………… 480
 10.1.23 数控钢筋剪切生产线 …… 482
 10.1.24 数控钢筋弯曲中心 ……… 482
 10.1.25 全自动数控钢筋弯箍机 …………………… 482
 10.1.26 数控钢筋网焊接生产线 …………………… 483
10.2 桥墩（桥塔、索塔）施工机械 …… 483
 10.2.1 施工升降机 ………………… 483
 10.2.2 浮式起重机 ………………… 483
 10.2.3 缆索起重机 ………………… 485
 10.2.4 滑模施工装备 ……………… 485
 10.2.5 爬模施工装备 ……………… 485
 10.2.6 翻模施工装备 ……………… 485
10.3 混凝土梁施工机械 ……………… 485
 10.3.1 搬梁机 ……………………… 485
 10.3.2 提梁机 ……………………… 500
 10.3.3 运梁车 ……………………… 512
 10.3.4 架桥机 ……………………… 537
 10.3.5 架桥机(32 m简支T梁) … 606
 10.3.6 运架一体机 ………………… 635
 10.3.7 节段拼装架桥机 …………… 652
 10.3.8 桥面吊机 …………………… 712
 10.3.9 移动模架 …………………… 727
 10.3.10 挂篮 ………………………… 742

参考文献 ……………………………… 742

第4篇 隧道施工机械

第11章 概述 …………………… 747
  11.1 铁路隧道 ………………… 747
  11.2 隧道施工及机械 ………… 747
    11.2.1 矿山法隧道施工 …… 747
    11.2.2 TBM法隧道施工 …… 750
    11.2.3 盾构法隧道施工 …… 753
    11.2.4 明挖法隧道施工 …… 758
  11.3 隧道相关技术标准及规范 … 758
    11.3.1 矿山法隧道相关技术标准 … 758
    11.3.2 TBM法隧道相关技术标准 … 760
    11.3.3 盾构法隧道相关技术标准 … 761

第12章 选型与配备 …………… 762
  12.1 矿山法隧道施工机械选型与配备 … 762
    12.1.1 洞口工程施工机械 … 762
    12.1.2 洞身工程施工机械 … 766
  12.2 TBM法隧道施工机械选型与配备 … 783
    12.2.1 TBM法设备选型 …… 783
    12.2.2 TBM法洞口施工机械 … 785
    12.2.3 TBM法洞身施工机械 … 785
  12.3 盾构法隧道施工机械选型与配备 … 789
    12.3.1 盾构法设备选型 …… 789
    12.3.2 土压平衡盾构法洞口施工机械 … 792
    12.3.3 土压平衡盾构法洞身施工机械 … 793
    12.3.4 泥水平衡盾构法洞口施工机械 … 798
    12.3.5 泥水平衡盾构法洞身施工机械 … 798
  12.4 明挖法隧道施工机械选型与配备 … 802
    12.4.1 围护体系与地基施工机械 … 802
    12.4.2 基坑施工机械 ………… 804

第13章 主要机械结构和工作原理 … 806
  13.1 矿山法施工机械 ………… 806
    13.1.1 超前支护机械 ……… 806
    13.1.2 开挖机械 …………… 808
    13.1.3 装运机械 …………… 817
    13.1.4 初期支护机械 ……… 819
    13.1.5 仰拱机械 …………… 823
    13.1.6 防水机械 …………… 826
    13.1.7 衬砌机械 …………… 828
    13.1.8 养护机械 …………… 838
    13.1.9 水沟电缆槽机械 …… 839
    13.1.10 辅助机械 ………… 840
  13.2 TBM法隧道施工机械 …… 842
    13.2.1 TBM掘进机 ……… 842
    13.2.2 无轨胶轮车 ………… 853
  13.3 盾构法隧道施工机械 …… 854
    13.3.1 土压平衡盾构机 …… 854
    13.3.2 泥水平衡盾构机 …… 878
    13.3.3 电机车 ……………… 889
    13.3.4 出渣门式起重机 …… 892
    13.3.5 砂浆搅拌站 ………… 893
    13.3.6 伞形钻机 …………… 893

第14章 隧道施工主要机械参数 … 896
  14.1 矿山法洞口工程施工机械 … 896
  14.2 矿山法洞身工程施工机械 … 896
    14.2.1 超前支护机械 ……… 896
    14.2.2 开挖机械 …………… 897
    14.2.3 装运机械 …………… 900
    14.2.4 初期支护机械 ……… 901
    14.2.5 仰拱机械 …………… 903
    14.2.6 防水机械 …………… 916
    14.2.7 衬砌机械 …………… 916

14.2.8 养护机械…………………… 931
14.2.9 水沟电缆槽机械…………… 933
14.2.10 辅助机械………………… 933
14.3 TBM 隧道机械……………………… 934
14.3.1 TBM 掘进机………………… 934
14.3.2 内燃机车……………………… 934
14.3.3 无轨胶轮车………………… 934
14.3.4 连续皮带机………………… 952
14.4 盾构法隧道机械…………………… 952
14.4.1 土压平衡盾构机…………… 952
14.4.2 泥水平衡盾构机…………… 954
14.4.3 门式起重机………………… 954
14.4.4 电机车……………………… 979
14.4.5 泥水处理系统……………… 979
14.4.6 砂浆罐车…………………… 980
14.4.7 伞形钻机…………………… 980
14.5 明挖法隧道机械…………………… 980
14.5.1 旋挖钻机…………………… 980
14.5.2 冲击钻机…………………… 980

参考文献 ……………………………………… 981

第5篇 轨道施工机械

第15章 概述 …………………………… 985

15.1 铁路轨道……………………………… 985
15.2 轨道施工及机械……………………… 985
15.2.1 铺轨基地施工和
       机械…………………………… 986
15.2.2 道床施工和机械……………… 987
15.2.3 道岔施工和机械……………… 988
15.2.4 钢轨铺设施工和
       机械…………………………… 988
15.2.5 工地钢轨焊接和应力
       放散及锁定…………………… 989
15.2.6 轨道精调整理及钢轨预
       打磨…………………………… 990
15.2.7 铁路营业线路养护
       维修…………………………… 991
15.3 铁路轨道技术标准及验收
     规范……………………………………… 991

第16章 选型与配备 …………………… 993

16.1 铺轨基地施工机械选型与
     配备……………………………………… 993
16.1.1 换铺法铺轨基地施工
       机械…………………………… 993
16.1.2 单枕连续铺设法铺轨
       基地施工机械………………… 995
16.1.3 无砟轨道铺轨基地施工
       机械…………………………… 995

16.2 道床施工机械选型与
     配备……………………………………… 996
16.2.1 有砟道床施工机械…………… 996
16.2.2 无砟道床施工机械…………… 997
16.3 道岔施工机械选型与
     配备……………………………………… 998
16.3.1 有砟道岔施工机械…………… 998
16.3.2 无砟道岔施工机械…………… 999
16.4 钢轨铺设施工机械选型
     与配备…………………………………… 999
16.4.1 换铺法钢轨铺设施工
       机械…………………………… 999
16.4.2 散铺法钢轨铺设施工
       机械…………………………… 1000
16.4.3 单枕连续铺设法钢轨铺设
       施工机械……………………… 1000
16.4.4 无砟轨道钢轨铺设
       施工机械……………………… 1001
16.5 工地钢轨焊接和应力放散及锁定
     施工机械选型与配备 …………… 1001
16.5.1 工地钢轨焊接施工
       机械…………………………… 1001
16.5.2 无缝线路应力放散及锁定
       施工机械……………………… 1003
16.6 轨道精调整理及钢轨预打磨
     施工机械选型与配备 …………… 1003
16.6.1 有砟轨道精调整理施工
       机械…………………………… 1003

16.6.2 无砟轨道精调整理施工机械 …… 1004
16.7 铁路营业线路养护维修机械选型与配备 …… 1004
　　16.7.1 铁路营业线路养护维修机械选型 …… 1004
　　16.7.2 铁路营业线路养护维修机械配备 …… 1005

第17章　主要机械结构和工作原理 …… 1006

17.1 铺轨基地施工机械 …… 1006
　　17.1.1 换铺法铺轨基地施工机械 …… 1006
　　17.1.2 单枕连续铺设法铺轨基地施工机械 …… 1022
　　17.1.3 无砟轨道铺轨基地施工机械 …… 1023
17.2 道床施工机械 …… 1023
　　17.2.1 有砟道床施工机械 …… 1023
　　17.2.2 无砟道床施工机械 …… 1025
17.3 道岔施工机械结构和原理 …… 1026
　　17.3.1 有砟道岔施工机械结构和原理 …… 1026
　　17.3.2 无砟道岔施工机械结构和原理 …… 1028
17.4 钢轨铺设施工机械 …… 1028
　　17.4.1 有砟轨道钢轨铺设施工机械 …… 1028
　　17.4.2 无砟轨道钢轨铺设施工机械 …… 1035
17.5 工地钢轨焊接和应力放散及锁定施工机械 …… 1039
　　17.5.1 移动式闪光焊轨车 …… 1039
　　17.5.2 正火设备 …… 1045
　　17.5.3 钢轨拉伸器 …… 1047
　　17.5.4 探伤仪 …… 1048
　　17.5.5 锯轨机 …… 1050
　　17.5.6 钢轨打磨机 …… 1051
　　17.5.7 端头打磨机 …… 1052
17.6 轨道铺砟整道精调施工机械 …… 1053
　　17.6.1 有砟轨道上砟整道施工机械 …… 1053
　　17.6.2 轨道精调和钢轨预打磨施工机械 …… 1064
17.7 铁路营业线路养护维修机械 …… 1068
　　17.7.1 全断面道砟清筛机 …… 1068
　　17.7.2 线路大修列车 …… 1070
　　17.7.3 铣磨车 …… 1075
　　17.7.4 道岔铺换设备 …… 1079
　　17.7.5 非自行式换轨车 …… 1080
　　17.7.6 自行式换轨车 …… 1082

第18章　主要机械参数 …… 1085

18.1 铺轨基地施工机械 …… 1085
　　18.1.1 电动葫芦门式起重机 …… 1085
　　18.1.2 长钢轨群吊 …… 1085
　　18.1.3 轨排生产线 …… 1086
　　18.1.4 内燃扳手 …… 1086
　　18.1.5 铁路平车 …… 1086
　　18.1.6 内燃机车 …… 1087
　　18.1.7 长钢轨运输车 …… 1087
　　18.1.8 风动卸砟车 …… 1087
　　18.1.9 短钢轨回收车 …… 1088
　　18.1.10 轨道车 …… 1088
18.2 道床施工机械 …… 1089
　　18.2.1 道砟摊铺机 …… 1089
　　18.2.2 轨道板精调系统 …… 1089
18.3 道岔施工机械（道岔捣固车）…… 1089
18.4 钢轨铺设施工机械 …… 1090
　　18.4.1 长钢轨铺轨组 …… 1090
　　18.4.2 轨排铺轨机 …… 1090
　　18.4.3 架桥机 …… 1090
　　18.4.4 长钢轨铺轨机 …… 1091
18.5 工地钢轨焊接和应力放散及锁定施工机械 …… 1091
　　18.5.1 移动式闪光焊轨车 …… 1091
　　18.5.2 正火设备 …… 1091
　　18.5.3 钢轨拉伸器 …… 1092

18.5.4 撞轨器 …………… 1092
18.5.5 探伤仪 …………… 1092
18.5.6 锯轨机 …………… 1092
18.5.7 钢轨打磨机 ……… 1092
18.5.8 端头打磨机 ……… 1093
18.6 轨道铺砟整道精调施工机械 …………………… 1093
　18.6.1 配砟整形车 ……… 1093
　18.6.2 线路捣固车 ……… 1094
18.6.3 稳定车 …………… 1094
18.6.4 钢轨打磨列车 …… 1095
18.7 铁路营业线路养护维修机械 …………………… 1095
　18.7.1 全断面道砟清筛机 … 1095
　18.7.2 线路大修列车 …… 1095
　18.7.3 道岔铺换设备 …… 1096
　18.7.4 换轨车 …………… 1096
参考文献 ……………………… 1096

第6篇　电气化施工机械

第19章　概述 ……………… 1099
19.1 电气化铁路 ……………… 1099
19.2 电气化施工及机械 ……… 1099
　19.2.1 接触网施工内容及机械 ………………… 1099
　19.2.2 接触网施工流程及机械 ………………… 1102
　19.2.3 整体吊弦预配中心和腕臂预配中心 …… 1105
19.3 电气化铁路相关技术标准及规范 ………………… 1105

第20章　选型与配备 ……… 1106
20.1 接触网施工机械选型 …… 1106
20.2 接触网施工机械配备 …… 1112
　20.2.1 基本配备 ………… 1112
　20.2.2 按施工流程配备 … 1112

第21章　主要机械结构和工作原理 … 1115
21.1 接触网架线作业车 ……… 1115
　21.1.1 整机的组成和工作原理 ………………… 1115
　21.1.2 主要系统和部件的结构原理 …………… 1115
21.2 接触网恒张力放线车 …… 1135
　21.2.1 整机的组成和工作原理 ………………… 1135
　21.2.2 主要系统和部件的结构原理 …………… 1135

21.3 液压张力放线架 ………… 1156
　21.3.1 整机的组成和工作原理 ………………… 1156
　21.3.2 主要系统和部件的结构原理 …………… 1156
21.4 重型轨道车 ……………… 1158
　21.4.1 整机的组成和工作原理 ………………… 1158
　21.4.2 主要系统和部件的结构原理 …………… 1158
21.5 起重轨道车 ……………… 1164
　21.5.1 整机的组成和工作原理 ………………… 1164
　21.5.2 主要系统和部件的结构原理 …………… 1165
21.6 接触网立杆车 …………… 1168
　21.6.1 整机的组成和工作原理 ………………… 1168
　21.6.2 主要系统和部件的结构原理 …………… 1169
21.7 接触网检车 ……………… 1174
　21.7.1 整机的组成和工作原理 ………………… 1175
　21.7.2 主要系统和部件的结构原理 …………… 1177
21.8 接触网检修车列 ………… 1178
　21.8.1 整机的组成和工作原理 ………………… 1178
　21.8.2 组成车组的技术要求 …………………… 1182

21.9 接触网智能装备 …………… 1188
　21.9.1 支柱组立装备 ……… 1188
　21.9.2 腕臂安装装备 ……… 1189
　21.9.3 吊弦标定机 ………… 1190
　21.9.4 智能整体吊弦预配
　　　　中心 …………………… 1190
　21.9.5 智能腕臂预配中心 … 1197
21.10 公铁两用高空作业
　　　平台 …………………… 1201
　21.10.1 整机的组成和工作
　　　　　原理 ………………… 1201
　21.10.2 主要系统和部件的
　　　　　结构原理 …………… 1202

第22章 主要机械参数 …………… 1204

22.1 接触网作业车 ……………… 1204
　22.1.1 主要性能参数 ……… 1204
　22.1.2 典型机械产品 ……… 1204
22.2 接触网恒张力放线车 ……… 1246
　22.2.1 主要性能参数 ……… 1246
　22.2.2 典型机械产品 ……… 1246
22.3 接触网放线车 ……………… 1255
　22.3.1 主要性能参数 ……… 1255
　22.3.2 典型机械产品 ……… 1255
22.4 重型轨道车 ………………… 1261
　22.4.1 主要性能参数 ……… 1261
　22.4.2 典型机械产品 ……… 1261
22.5 轨道起重车和接触网
　　　立杆车 ……………………… 1265
　22.5.1 主要性能参数 ……… 1265
　22.5.2 典型机械产品 ……… 1265
22.6 接触网检测设备 …………… 1277
22.7 接触网检修车列 …………… 1283
22.8 接触网智能装备 …………… 1283
　22.8.1 支柱组立装备、腕臂安装
　　　　装备和吊标定装备 … 1283
　22.8.2 智能吊弦预配中心和
　　　　智能腕臂预配中心 … 1286
22.9 公铁两用高空作业平台 … 1287
　22.9.1 主要性能参数 ……… 1287
　22.9.2 典型机械产品 ……… 1288

参考文献 ……………………………… 1291

第1篇

综述

第1章

铁路机械发展历程和现状

铁路是用于火车等交通工具行驶的轨道线路。我国的铁路按照线路设计速度的标准,分为高速铁路(250 km/h 以上)、快速铁路(200 km/h 左右)和普速铁路(160 km/h 以内);按照运输对象,分为客运专线铁路、货运专线铁路和客货共线铁路。

1825 年,英国达林顿(Darlington)到斯托克顿(Stockton)间的世界上第一条铁路成功通车,宣告了世界铁路运输时代的到来。

世界铁路的发展可分为 4 个时期。

(1) 萌芽期(1825—1900 年):欧美各国率先开始兴建铁路,1830 年,美国修建了第一条铁路;1832 年,法国修建了第一条铁路;1835 年,德国修建了第一条铁路,并于 1879 年修建了世界上第一条电气化铁路。

(2) 蓬勃发展期(1900—1945 年):铁路规模和技术有了快速发展,40 多年间,全世界修建的铁路总长度达到约 126 万 km。1903 年,德国研制了第一台电力机车;1920 年,美国开始修建重载铁路;1925 年,美国研制了第一台内燃机车。内燃机车和电力机车逐渐代替蒸汽机车。

(3) 衰退期(1946—1964 年):随着公路运输和航空运输的发展,公路运输短距离运输的方便和航空运输长距离运输的快速等优势日益凸显,铁路运输客货比重不断下降,逐渐出现萧条景象,以美国为首的欧美国家纷纷开始拆除一些标准低、运量小、盲目建设的铁路,仅美国就减少了 20 余万 km 铁路。

(4) 复苏期(1964 年至今):随着客货运输需求的变化,以及高速铁路技术、信息技术等各种新技术的采用,铁路的经济效益有了新的提高,世界各国铁路建设又掀起新的高潮,并呈现出"客运快速化、货运重载化、管理集成化和信息化"的发展趋势。1964 年,日本东海道新干线时速 210 km 铁路建成通车,成为世界上第一条高速铁路;1965 年以后,铁路重载运输开始取得实质性进展,其中,1967 年,美国重载线路的牵引总质量达到 2 万多吨。

我国是继日本及印度之后第三个修建铁路的亚洲国家,以 1875 年吴淞铁路为开端,已经有近 150 年的历史。我国铁路的发展经历了两个时期,即清朝和中华民国时期、新中国时期。清朝和中华民国时期,我国铁路发展缓慢,1905 年才刚刚迈出自主设计施工的第一步,修建了京张铁路。京张铁路由铁路工程专家詹天佑主持设计建造,创造性地运用了"人"字形铁路,使火车能在山区陡坡运行,成为我国铁路建设的里程碑;1937 年,在我国铁路修建史上,又一里程碑工程——钱塘江大桥建成,它是我国自行设计、建造的第一座双层铁路、公路两用桥。新中国时期,我国铁路有了高速发展。1950 年年初,为了解决西南地区铁路空白的问题,我国建设了成都到重庆的成渝铁路,1950年6月开始施工,1952年6月建成通车,成为新中国成立后修建的第一条铁路;1958年,我国第一条电气化铁路——宝成铁路建成通车;1992年,我国第一条开行重载单元列车的双线电气化铁路——大秦铁路建成通车;2008年,我国第一条时速超过300 km的高速铁路——京津城际铁路通车;2012年,世界运营里程最长的高速铁路——京广高铁全线通车;2017年,世界高铁商业运营速度最快的京沪高铁"复兴号"实现时速350 km。截至2020年年底,全国铁路运营里程达14.6万km,其中高铁近3.8万km,铁路建设取得历史性成就,在社会发展中发挥了重要的支撑作用。

19世纪30年代,铁路建设初期,施工以人力为主;19世纪70年代,随着铁路的快速发展,工程机械开始进入铁路施工;20世纪50年代,我国铁路施工中使用的机械大部分从国外进口,国内仅能生产简易的小型工程机械;20世纪60年代,国内开始加大研制铁路施工机械,运用液压技术生产出了液压履带式挖掘机、液压式装载机等;20世纪80年代,我国不断加强工程机械技术的引进和消化,铁路施工机械数量和种类增多,施工机械开始逐渐综合配套使用;21世纪以后,铁路施工机械逐渐由机械化、自动化向信息化、智能化发展。

铁路建设工程主要分为路基工程、桥梁工程、隧道工程、轨道工程和电气化工程等。铁路机械是指用于铁路施工的工程机械,根据铁路建设工程分类,可分为路基施工机械、桥涵施工机械、隧道施工机械、轨道施工机械和电气化施工机械;根据在铁路施工中的用途,可分为专用施工机械和通用施工机械。

1.1 路基施工机械

路基施工机械是针对路基本体、路基排水设施和路基防护及加固建筑物等作业对象使用的施工机械,主要采用的是土石方施工机械和运输车辆等。

19世纪后期,伴随着世界铁路的大规模建设,蒸汽挖掘机、蒸汽压路机、拖式平地机在欧美各国广泛应用于铁路路基施工。20世纪初期,美国研制了履带式推土机、电动机驱动的履带式挖掘机和内燃机驱动的压路机等;英国研制了电气驱动的汽车起重机和自行式平地机,在美国大北铁路等施工中得到应用。20世纪50年代,美国、德国、瑞典等相继研制了液压装载机、全液压回转挖掘机和轮胎驱动自行式振动压路机,在加拿大、澳大利亚等铁路施工中得到应用。20世纪90年代以来,伴随着微电子技术和信息技术的发展,欧美各国路基施工机械从提高整机可靠性,转为向增加产品的电子信息技术和智能化程度的方向发展,例如美国、日本等国路基施工机械的计算机管理及诊断系统、远程监控系统等。

20世纪初,我国铁路路基施工以人力施工为主,借助简单的工机具。20世纪50年代,我国铁路路基施工逐渐使用机械作业,在成渝铁路、黎湛铁路、鹰厦铁路等采用了推土机、平地机等机械。20世纪80年代,重载铁路建设对路基密实度的要求较高,施工采用了综合机械化作业,挖掘机、推土机、铲运机、自卸车、压路机等配套联合使用。21世纪初期,高速铁路建设对路基沉降的标准要求提高,常规软基处理的方法已无法满足高速铁路平顺性要求,路基设计采用了桩基加固地基的方式,施工使用了长螺旋钻机、振动沉拔管桩机、打桩机等设备。2015年以来,为了进一步解决铁路路基不均匀沉降的问题,路基压实施工使用卫星定位系统技术采集压路机的空间位置信息,并与路基建筑信息模型(building information modeling,BIM)空间位置进行匹配,以分段、分层的方式将压实信息与模型检测单元对应展示,实现了有针对性的压实作业,行驶轨迹得到追溯与监管,并且实现了多台压路机在同一区段内协同作业。

铁路路基施工已经实现机械的综合配套,挖掘机、装载机、推土机等机械采用了网络技术、信息技术及智能化技术等,实现了故障诊断、远程遥控、无人驾驶等作业。路基施工机械如图1-1~图1-3所示。

蒸汽挖掘机　　　　运输车和装载机　　　　平地机

推土机　　　　蒸汽压路机

图 1-1　20 世纪路基施工机械示例

钻机　　挖掘机　　自卸车　　推土机

平地机　　碎石摊铺机　　压路机　　强夯机

图 1-2　路基施工综合配套机械示例

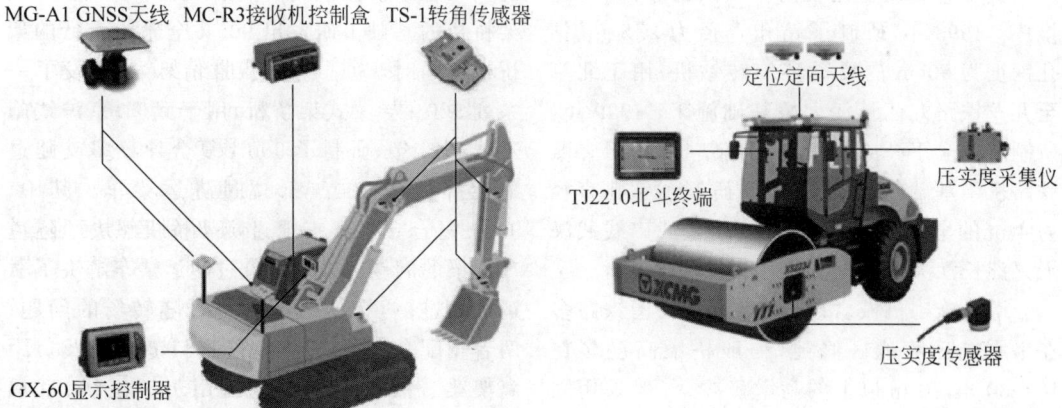

智能挖掘机　　　　智能压路机

图 1-3　典型智能路基施工机械示例

1.2 桥涵施工机械

铁路桥涵施工机械是针对桥梁和涵洞等作业对象使用的施工机械,其中桥梁施工机械主要指基础、墩台、制梁及架梁等的施工机械,涵洞施工机械主要是挖掘机、推土机、装载机等通用机械。

19世纪40年代,铁路桥梁施工开始采用机械作业。1845年,英国研制了蒸汽打桩机,用于铁路桥梁基础施工。19世纪80年代,桥梁开始采用悬臂施工,英国研制了杆件悬拼吊机,用于福思湾铁路桥梁施工。20世纪50年,桥梁施工开始采用现场浇筑技术,欧洲研制了移动模架造桥机,在阿尔卑斯山区修建铁路桥梁中得到应用。20世纪80年代后期,铁路桥梁梁体开始采用32 m预制箱梁,针对梁体的运输和架设,意大利先后研制了900 t级的架桥机和运梁车,在罗马至佛罗伦萨高速铁路桥梁中得到应用。

我国铁路桥梁施工从19世纪90年代开始逐步使用机械作业。随着铁路桥梁设计、施工等技术的发展,桥梁施工机械也有针对性地得到了研究和发展。

基础施工机械。我国铁路桥梁基础早期以沉入桩为主,采用的机械是打桩机;1934年,研制了140 t的打桩船,用于浙赣铁路钱塘江桥施工。20世纪60年代,钻孔灌注桩出现,由于其工艺和设备比较简单,在我国得到迅速推广。1993年,研制了钻孔直径为2.5 m、钻孔深度为50 m的反循环旋转钻机,用于北京至九龙铁路九江长江大桥基础施工;1999年,研制了适应于高原施工的旋挖钻机,用于青藏铁路桥梁基础施工;2009年,研制了钻孔直径为4 m的全液压动力头钻机,用于武广线武汉天兴洲长江大桥施工。

墩台施工机械。1949年以前,我国铁路多在平原或丘陵地区修建,一般桥墩高度多在10～30 m,30 m以上的高墩极少,一般采用固定式模板施工;20世纪60年代,空心桥墩出现,1966年研制了滑升钢模板,在成昆线安宁河3号桥空心墩施工中得到成功应用;随着高桥墩的发展,20世纪80年代后期,研制了爬升模板;20世纪90年代初,研制了翻升模板;2001年,研制了液压提升平台翻模,在内昆线花土坡大桥110 m圆端形空心墩施工中得到成功应用。

梁体施工机械。1953年,我国研制了65 t的悬臂梁式架桥机,用于集宁至二连浩特铁路桥梁架设;1966年,研制了简支梁式66型架桥机,用于成都至昆明铁路桥梁架设。1992年,研制了用于跨度32～56 m梁的移动模架造桥机,并于1993年投入灵武支线杨家滩黄河特大桥施工。1993年,研制了起重质量为300 t的架桥机,用于北京至九龙铁路九江长江大桥施工。1999年,针对24 m/600 t级箱梁架设,研制了整套起重、运输、架设设备,有450 t轮轨式提梁机、16轴线64轮的轮轨式运梁车、24 m/600 t导梁式定点起吊架桥机,用于秦沈客运专线施工。2002年,为了满足先架梁后铺轨工法的作业要求,研发了轮胎式运梁车。2003年,引进了意大利Nicola等公司900 t级16～17轴线运梁车,用于铁路32 m/900 t预应力钢筋混凝土箱梁的运输。2006年,针对32 m/900 t级箱梁架设,研发了900 t步履式架桥机,该架桥机在合宁客运专线襄滁河特大桥实现了我国铁路客运专线900 t箱梁的首架,并在北京至滨海、武汉至合肥、北京至广州、哈尔滨至大连、北京至上海等后续建设的高铁工程中得到应用。随后又在900 t步履式架桥机的基础上研发出900 t全轮胎走行的架桥机。同时,为适应较小曲线架梁,研发了一系列900 t导梁式架桥机,用于武广、京沪线施工。2012年,研制了900 t复合导梁多支腿过隧架桥机和900 t低位过隧运梁车。其中,900 t复合导梁多支腿过隧架桥机解决了隧道口架梁的问题,900 t低位过隧运梁车解决了驮运梁片过隧道、驮运架桥机过隧转场的问题;两者相配合,还可以实现隧道口零距离及负距离架梁。该运架设备先后用于沪昆线、京福线、桂广线、成贵线和郑万线等铁路桥梁施工。2014年,研发了900 t隧道内外通用箱梁架桥机和隧道内箱梁运梁车。该架桥机适用于铁路客运专线双线整孔混凝土箱梁的架设,包含进出隧道口、隧道内外工况箱梁的架设,并可实现在隧道内外一致的架梁作业;该运梁车可作为架桥机架梁后支承和降低驮梁高度,配合架桥机满足隧道口、隧道内架梁要求,能够满足 250~350 km 高速铁路多种规格梁型、20~32 m 梁的运输。该运架设备用于郑徐线、皖赣线等铁路桥梁施工。2019 年,为了满足 40 m 箱梁的施工,研发了 1000 t 搬梁机、提梁机、运架分体设备(运梁车、架桥机)及运架一体机,并使用了基于"设备管理云平台"的架桥机安全监控管理系统,通过设置高度、压力、水平等系列传感器,可以通过手机实时监控各处吊点质量、小车走行距离、起升高度及水平姿态等参数,实现实时监控和管理,用于福厦铁路沿海地区高速铁路跨海大桥施工。

铁路桥梁的施工实现了机械化作业,基础施工机械采用钻机、混凝土施工机械、钢筋施工机械等,桥墩施工采用塔式起重机、客货电梯及模板等,梁体施工采用搬梁机、运梁车、架桥机、移动模架等。同时,微电子技术、信息技术、人工智能技术等也在桥涵施工机械中得到应用,使桥梁施工质量、安全更有保障。桥涵施工机械如图 1-4~图 1-7 所示。

20世纪50年代悬臂式架桥机

20世纪60年代简支梁式架桥机

图 1-4　20 世纪中期桥涵主要施工机械示例

24 m/600 t架桥机

24 m/600 t运梁车

图 1-5　2000 年典型的桥涵施工机械示例

打桩机

钻机

爬模

翻模

塔式起重机

臂架式混凝土泵车

施工升降机

箱梁模板

32 m/900 t导梁式架桥机

图 1-6　桥梁主要施工机械示例

| 32 m/900 t箱梁架桥机 | 32 m/900 t箱梁运梁车 | 32 m/900 t箱梁运架一体机 | 32 m/180 t T型梁架桥机 |

| 桥面吊机 | 箱梁阶段拼装造桥机 | 下行式移动模架造桥机 | 挂篮 |

图 1-6（续）

| 40 m/1000 t箱梁搬梁机 | 500 t提梁机 | 40 m/1000 t箱梁运架一体桥 |

40 m/1000 t箱梁架桥机和运梁车

图 1-7 最新典型桥梁施工机械示例

1.3 隧道施工机械

隧道施工机械是针对隧道的洞身衬砌、洞门、明洞及附属构造物等作业对象使用的施工机械，有钻爆法施工机械和掘进机法施工机械等。钻爆法施工机械主要有凿岩机械、装砟与出砟机械、衬砌机械等；掘进机法施工机械主要有全断面硬岩隧道掘进机（tunnel boring machine，TBM）、盾构机等，配套机械有有轨内燃机车、无轨胶轮车等。

19世纪20—50年代，欧美国家修建隧道主要采用人工凿孔和爆破施工方法。

钻爆法施工机械从19世纪60年代在欧洲铁路隧道施工中开始应用。1861年修建穿越阿尔卑斯山脉的仙尼斯峰铁路隧道时，采用风动凿岩机替代人工凿孔。20世纪50年代，欧洲研制了液压机械臂的凿岩钻车，美国研制了湿式混凝土喷射机。21世纪以来，欧洲隧道施工机械逐渐向机械化、自动化综合作业发展。我国铁路隧道施工从20世纪50年代开始采用钻爆法施工机械作业，以宝成铁路秦岭隧道施工为代表，使用了风动凿岩机和轨行式矿车，标志着隧道施工从"人力开挖"走向"半机械开挖"；60年代中期，我国采用了以轻型机具为主的小型机械化施工和有轨运输，修建速度达到了单线每月"百米成洞"的水平，以成昆铁路的关村坝隧道和沙马拉达隧道为代表；80年代初期，铁路隧道施工开始应用液压凿岩台车、衬砌钢模板台车和无轨运输机械等，并实行全断面开挖，创造了单月成洞双线100 m的成绩，以大瑶山隧道为代表。21世纪以后，针对超前支护、钻爆开挖、初期支护、二次衬砌等施工作业场景进行了更加深入的研究,钻爆法施工机械形成了综合作业配套机械,并逐步采用了智能化技术。

19世纪20年代掘进机法施工机械在欧洲出现。1825年,英国研制出了盾构机,但直到1946年盾构机才开始用于铁路施工,应用于法意之间穿越阿尔卑斯山的隧道。1946年,英国研制出了TBM,计划应用于一条连接法国和意大利的铁路,由于资金链断裂,未能经过实践检验。1952年,美国研制出了软岩TBM,又在1953年研制出了硬岩TBM。1987年,TBM用于英吉利海峡铁路隧道施工。1999年,TBM用于瑞士戈特哈德铁路隧道施工。之后,TBM在世界铁路隧道施工中得到了广泛应用。

我国于20世纪90年代开始研究掘进机法铁路隧道施工。1996年,我国引进了两台德国敞开式TBM,用于18.45 km的西康铁路秦岭隧道施工,之后这两台TBM于2001年用于西合铁路桃花铺1号隧道和磨沟岭隧道施工,于2007年用于南疆铁路吐库二线的中天山隧道施工。2007年,我国开始部署项目支持TBM设计施工中的基础科学问题研究。2008年,我国引进美国TBM,用于28.236 km的兰渝铁路西秦岭隧道施工。2017年,我国研制出了敞开式TBM,用于34.538 km的大瑞铁路高黎贡山隧道施工。2021年,我国研制出了用于高原高寒铁路的大直径TBM,该TBM采用了加强型刀盘和主轴承设计,能够满足TBM在极端条件下的长距离掘进;安装了集成岩爆检测系统,能够对隧道进行24 h不间断监测;建设了智能建造中心,能够进行地面远程操控、智能掘进、故障自诊断、环境健康监测等,在川藏线得到成功应用。21世纪初期,我国铁路隧道开始采用盾构机施工。2006年,我国采用德国直径13.17 m的气垫加压复合式泥水平衡盾构机用于广深港高速铁路狮子洋隧道施工,填补了国内盾构隧道在洞内探测、加固地层、穿越水下及溶洞区施工领域的技术空白。2008年,盾构机国产化被纳入国家"863计划"。2012年,我国研制了直径为9.34 m的土压平衡盾构机,应用于长株潭城际铁路湘江隧道施工;2016年,研制了直径为10.8 m的泥水平衡盾构机,应用于京沈客运专线的望京隧道,同年,研制了马蹄形土压平衡盾构机,应用于蒙华铁路白城隧道。随着传感技术、控制技术及信息化技术的发展,盾构机应用了全过程可视化监控平台,实现了盾构机掘进过程中的数字化模拟、盾构机施工引起的地层及邻近建筑物或构筑物沉降实时预测预报技术、盾构机隧道施工全过程的可视化动态管理技术,以京张高速铁路清华园隧道盾构机为代表。2021年,深江铁路珠江口隧道、渝黔铁路长江隧道、广湛高铁湛江湾海底隧道、成自铁路锦绣隧道相继使用盾构机施工,我国盾构机在铁路施工中迎来蓬勃发展。

目前,隧道施工实现了机械化配套,并对部分机械进行了智能化改造,如智能衬砌台车、掘进机的智能掘进等,以实现隧道施工的安全、快速、高质量。隧道施工机械如图1-8、图1-9所示。

锚杆台车　　凿岩台车　　挖掘机　　装载机　　运输车　　多功能作业台车

混凝土湿喷机　防水板台车　移动栈桥　衬砌台车　养护台车　水沟电缆槽台车

图1-8　钻爆法主要施工机械示例

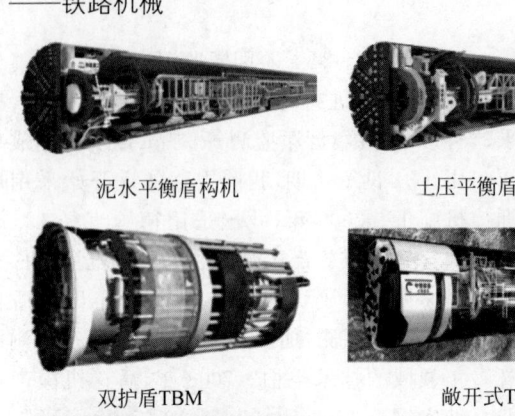

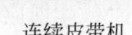

图 1-9　掘进机法主要施工机械示例

1.4　轨道施工机械

轨道施工机械是针对铁路线路的道床、轨枕、钢轨、道岔等作业对象进行施工和养护的机械，有无砟轨道施工机械和有砟轨道施工机械之分。

无砟轨道施工机械是对无砟道床、轨枕、钢轨和道岔等进行施工的机械。道床施工机械由轨道板生产线及铺设机械组成。其中：轨道板生产线采用轨道板模板、预应力张拉设备、翻转机、数控磨床、平板运输车等机械；轨道板铺设机械有铺板龙门起重安装机、悬臂式龙门起重安装机、轨道板运输车、水泥乳化沥青砂浆搅拌车等。轨枕施工机械由双块式轨枕生产线及铺设机械组成。其中：轨枕生产线采用轨枕模具、布料机等机械；轨枕铺设机械有散枕器、模板安装机等。钢轨施工机械用于钢轨铺运、钢轨焊接、钢轨精调整理及打磨、轨道检测等。其中：钢轨铺运机械有铺运轨车；钢轨焊接设备有移动式闪光焊轨车、铝热焊接机具、焊轨作业车、热处理作业车、外形精整作业车等；钢轨精调整理及打磨机械有打磨列车、钢轨打磨机、起拨道机等；轨道检测机械有轨道检测车。道岔施工机械有道岔组装平台、起拨道机、铝热焊接机具等。

有砟轨道施工机械是对有砟道床、轨枕、钢轨和道岔等进行施工的机械。道床施工机械用于道砟生产、铺砟、上砟整道、道砟清筛等作业。其中：道砟生产采用碎石生产线，主要使用给料机、破碎机、振动筛等机械；铺砟机械有推土机、装载机、压路机等；轨道铺运机械有铺轨机组、换轨车等；上砟整道机械有捣固车、配砟整形车、动力稳定车等；道砟清筛机械有全断面道砟清筛车。有砟轨枕施工机械由轨枕生产线及铺设机械组成。其中：轨枕生产线采用轨枕模具、混凝土生产机械等；轨枕铺设机械有散枕机，轨枕铺设采用铺轨机组铺设。钢轨施工机械用于钢轨铺运、钢轨焊接、钢轨精调整理及打磨、轨道检测等。其中：钢轨铺运机械有单枕铺轨机组、群枕铺轨机组等；钢轨焊接机械、钢轨精调整理及打磨机械、轨道检测机械与无砟轨道相关施工机械基本一致。道岔施工机械有道岔铺轨机、道岔捣固车、铝热焊接设备、道岔打磨车等。

19世纪50年代，有砟轨道施工开始使用机械，道床施工机械有生产道砟的破碎机、铺砟的推土机和压路机等；轨枕是木枕，钢轨是短钢轨，线路通过夹板连接，轨枕和钢轨的施工以人力为主。20世纪初至60年代中期，随着有砟轨道技术的快速发展,有砟轨道重点工序逐渐向机械化发展,道床施工机械有捣固车、配砟整形车、清筛机;轨枕施工机械有散枕机。同时,伴随钢轨由短钢轨发展到长钢轨,并逐渐发展成无缝线路,针对钢轨焊接,美国研究应用了钢轨的电弧焊接技术,德国研究应用了铝热焊接技术;针对钢轨铺设,德国研制了换轨车。20世纪70年代,随着高速铁路的发展,无砟轨道技术大量运用于高速铁路并有了进一步发展,无砟轨道施工机械得到研制和广泛应用。在道床施工机械方面,日本、德国先后研制了板式无砟轨道,为了配合轨道板生产,研制了轨道板模具、平板运输车及铺板龙门式起重机等轨道板施工机械;在轨枕施工、钢轨施工机械方面,欧洲研制了单枕铺轨机组、轨检车、钢轨打磨车等大型机械,并使用了计算机、自动化、激光等现代化技术。20世纪80年代以后,随着计算机技术、信息技术等的发展,轨道施工机械的研究应用了集成化技术和智能化技术,研制出了智能铺轨机、多功能轨检车等。

我国早期的铁路轨道施工是以人工和简单的工机具配合作业。20世纪50—70年代,有砟轨道施工逐渐开始采用机械化作业,针对道床,我国研制了碎石机、风动卸砟机、捣固车、回填石砟机、道砟清筛机等。针对轨枕,1955年,我国研制了预应力混凝土枕,轨枕由木枕变为混凝土,使用了轨枕模具、预应力张拉设备等进行生产。钢轨铺设采用简易铺轨机和龙门架铺轨机。钢轨焊接方面,随着无缝线路技术的引入,我国开始研制钢轨的焊接技术和设备。1957年,采用了手工电弧焊;1958年,开始使用气压焊、铝热焊;随着焊接技术的发展,产生了闪光焊,并研制了闪光焊机。20世纪80年代以后,随着重载铁路和客运专线的出现,有砟轨道施工机械研制速度加快,并逐渐形成了综合配套的施工机械。针对道砟生产,研制出了碎石生产线。在道砟铺运方面,2002年,研制了70 t石砟漏斗车。在钢轨和轨枕铺运方面,2005年,研制了单枕铺轨机组;2010年,研制了群枕铺轨机组。针对钢轨焊接,引进了铝热焊接设备。在钢轨精调整理及打磨方面,1999年,研制了钢轨打磨列车。针对上砟整道,1988年,研制了单向道床配砟整形车;1993年,研制了具有双向自运行及作业的动力稳定车。在秦沈客运专线施工中,1999年,我国引进了国外的技术和设备,从瑞士引进了铺轨机、轨端除锈机、四向调直机、精磨机、静弯机;从乌克兰和加拿大引进了焊轨机;从日本引进了轨道检测设备;从法国引进了现场铝热焊设备、锯轨机、液压钢轨拉伸器。同时,国内也加强了研发配套,包括轨端调直机、钢轨仿形打磨机、道岔捣固机、钢轨打磨车、道砟运输车、铺轨机、轨道车、龙门起重安装机等机械,秦沈客运专线实现了机械化综合配套。21世纪以来,随着高速铁路的发展及无砟轨道技术在高速铁路的应用,无砟轨道施工机械开始得到深入研究并取得快速发展。针对道床,2005年,随着轨道板(枕)技术的引进,我国研制了轨道板、双块式轨枕等生产和铺设的机械;2018年,研制了双块式无砟轨道智能化系列施工装备,有一体化底座板及自动整平机、新型嵌套式轨排、自动分枕平台、混凝土自动振捣机、轨排精调机器人、道岔自动精调机、承轨台检测机器人等,在郑万高铁无砟轨道施工中得到应用。针对钢轨铺运,2005年,研制了无砟轨道铺轨机组;2012年,研制了快速换轨车,实现了扣件自动回收、钢轨快速更换。针对钢轨焊接、精调整理及打磨,2009年,研制了自行式气压焊轨车;2010年,研制了自行式闪光焊轨车和非自行式闪光焊轨车、移动式热处理作业车、外形精整作业车等,实现了铁路移动式设备在线焊轨及焊接接头热处理、矫直、精磨等配套综合作业。在道岔施工机械方面,2005年,研制了用于整组道岔铺换的设备;2009年,研制了道岔打磨车,提高了道岔的精度和质量。在钢轨检测方面,2011年,研制了最高自运行速度达120 km/h的轨道作业测量车,提高了轨道检测的效率和质量,降低了轨道检测的劳动强度。

轨道施工实现了机械化,部分机械采用了智能化技术,如轨道板(枕)智能生产线、智能铺轨机等。轨道施工机械如图1-10、图1-11所示。

   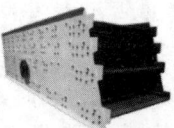 

振动给料机　　鄂式破碎机　　反击破碎机　　圆周振动筛　　石砟漏斗车

固定式闪光焊轨机　　长钢轨运输车　　铺轨机组

配砟整形车　　线路捣固车　　动力稳定车　　移动式闪光焊轨车

数控式气压焊轨车　　铝热焊接设备　　钢轨快速打磨车　　钢轨检测车

图 1-10　有砟轨道主要施工机械示例

铺板龙门式起重机　　公铁两用运输车　　长钢轨运输车

长钢轨铺设机组　　移动式闪光焊轨车　　铝热焊接设备

钢轨快速打磨车　　钢轨探伤车　　钢轨检测车

图 1-11　无砟轨道主要施工机械示例

1.5 电气化施工机械

电气化施工机械是针对铁路的牵引变电、接触网等作业对象使用的施工机械。针对牵引变电的施工机械主要是通用机械,如钢筋加工机械、混凝土生产运输机械、挖掘机等;针对接触网的施工机械主要是专业机械,如接触网立杆车、接触网作业车、恒张力架线作业车、接触网检测车等。由于通用机械在1.1节路基施工机械中已作介绍,故本节着力介绍接触网施工机械。

19世纪80年代,电气化铁路开始采用架空导线供电,接触网开始出现,并且部分施工开始使用机械作业,有立杆的起重机等。20世纪60年代以后,电气化施工机械围绕着接触网施工开始得到研究。针对接触网架线,1980年,意大利研制了恒张力放线车;针对接触网检测,1974年,日本研制了最高检测速度达210 km/h的"Doctor Yellow"综合检测列车,该车承担了新干线的动态检查。

我国电气化施工在20世纪60年代机械化施工程度比较低,多为用于基础施工的通用机械。20世纪80年代后,我国电气化施工机械无论在数量上还是在种类上都实现了较快增长,也初步具备了机械化施工水平。针对接触网施工,研制了用于埋入杆、支持结构等安装的接触网维修作业车、用于立杆的立杆车等。21世纪以来,随着高速铁路的快速发展,电气化铁路规模不断增加,电气化施工机械研制速度加快,实现了机械化综合配套作业,有挖坑机、立杆车、接触网维修作业车、恒张力架线车、高空作业车、接触网检测车等。

我国电气化施工实现了机械化,部分机械在智能化技术应用方面也取得了不错的成绩,如接触网支柱组立智能装备、腕臂安装智能装备、参数检测及吊弦标定智能装备及智能预配平台等,这项技术在2020年京雄城际铁路施工中得到应用。接触网支柱组立智能装备预先使用智能底座检测支柱地脚螺栓状态,同时导入支柱基础位置信息和北斗导航系统信息,安装偏差仅为3 mm,不仅综合成本较传统方法降低了60%,而且安全性能大幅提升;接触网腕臂安装智能装备搭载了机器视觉引导系统和多自由度端执行设备,可同步完成绝缘子、腕臂管安装,施工效率比传统方法提高了80%;接触网参数检测及吊弦标定智能装备综合应用了激光技术、图像融合检测技术、高精度标定技术等,可在走行状态下无接触测量接触线高度、拉出值等参数和吊弦安装位置,施工效率是传统方法的16倍,检测精度大幅提高。电气化施工机械如图1-12所示。

挖坑机　　　立杆车　　　接触网维修作业车

接触网放线车　　接触网高空作业车　　网轨综合检测探伤车

图1-12　电气化施工机械示例

第2章

铁路机械展望

随着科学技术的进步和铁路施工技术的发展,铁路施工机械从机械技术、机械作业管理等方面进行研究和发展。

机械技术按照机械化、电气化、自动化、信息化、智能化的进程不断推进。机械化通过使用机械减轻和替代人工作业,增加了作业强度,提高了作业效率。电气化将电气技术应用于机械,为机械提供动力,降低环境污染,并通过电器元件控制机械工作,使机械作业的精度更高,操作更加简单舒适。自动化将控制技术应用于机械,使机械能够按预定的程序或指令自动完成作业,代替人工操作。信息化应用现代通信、网络、数据库等技术对机械进行管理,提高管理能力、管理效率,降低管理成本。智能化是机械通过前端、平台、网络、执行终端相互配合自动完成作业,前端能对数据采集和场景识别;平台能对前端采集的数据和数据库中的相关数据进行分析、计算、比较、判断、联想、决策,具有学习和自适应能力,通过与环境的相互作用,不断学习、积累和应用数据,以适应环境变化;网络是提供数据传输的通道;执行终端由作业机械或机器人等构成,根据平台发出的指令,实施具体的作业。

机械作业管理是指按单机作业管理、机群作业管理、综合作业管理等方式对施工机械进行管理。其中,单机作业管理、机群作业管理是针对机械进行管理;综合作业管理是围绕施工作业的对象和场景对机械进行综合管理。

2.1 机械技术

机械技术主要涉及机械结构、机械控制、机械动力等方面。

1. 机械结构

机械结构是机械设备中的主体构件和用来传递与变换运动和力的装置。机械结构的发展是指从机械的机构和动作等方面对机械的性能,机械地可靠性、安全性、适应性等进行优化、升级、创新。

1) 研究机械动作

研究机械动作是指结合施工作业对象对作业行为和机械的动作原理进行研究,设计出更有针对性地满足施工要求的结构,生产出实现施工作业功能的机械产品。

2) 提升机械制造水平

提升机械制造水平是指从零部件加工、部件装配、机械零部件和整机检验检测以及试验等方面开展研究。零部件加工着重解决加工精度、加工效率的问题。通过采用激光切割、3D打印、空间误差补偿等技术生产出精度更高、更加匹配的零部件,使机械使用寿命更长、更可靠等;通过智能加工中心、机器人等,实现加工效率和精度的全面提高。

针对部件装配,着重从装配精度和装配效率等方面开展研究。通过采用自动化运输设备、机器人作业等技术进行装配,减轻工人的劳动强度,提高装配精度和装配效率;通过采用虚拟装配技术,对机械装配进行模拟,找到装配中存在的不足,提前调整设计中出现的误差,减少实际装配中出现的问题,提高装配效率。

针对机械零部件和整机检验检测以及试验等,着重从检测范围、检测精度、检测效率等方面开展研究。通过采用非接触数字化测试、机电一体化测试、视觉在线测试及机器人测量等技术,实现实时检测、全范围检测和试验,提高生产精度,为控制和保障机械产品质量提供准确可靠的依据;通过采用数字孪生技术,构建机械全生命周期的数字孪生模型,在虚拟空间模拟机械工作状态,预测各部件的质量和技术指标,进行重点管控和研究,以提高整机检测效率。

3)应用新材料

应用新材料主要从机械结构强度、对环境的适应性、可靠性、结构重量、寿命、经济性、智能化等方面进行改进和提高。

在机械结构强度、对环境的适应性、可靠性等方面,研究高强钢、金属合金等高强度材料,可以为发展大型结构件和逐步提高材料的使用强度等级提供条件,提高机械对环境的适应性和可靠性。在机械结构重量、经济性方面,将轻合金、碳纤维复合材料、玻璃纤维增强塑料等轻质材料应用于主体骨架、工作装置等,兼顾其强度、刚度和质量,可以达到轻量化的目的,减少能耗,提高机械的经济性。在机械的智能化方面,将功能性高分子材料、非晶质材料、单晶体材料、精细陶瓷、智能材料等,应用于发动机、电池等能源部件,可以减少能源散失,提高能源利用率;应用于传感器、记忆合金等智能部件,可以为机械的智能化创造条件。

2. 机械控制

机械控制是指通过应用电气化、信息化、智能化等技术对机械动作进行控制。机械控制从机械操控、液压操控、电控操控及智能操控等方面开展研究和发展,着重研究遥控操控作业和智能自动操控作业。

1)遥控操控作业

遥控操控作业有机旁遥控操控作业和远距离遥控操控作业之分。其中,机旁遥控操控作业是通过遥控器,利用无线遥控技术,在机械附近对机械作业进行控制;远距离遥控操控作业是通过监控系统获取作业场景视频和机械运行状况的数据等,利用无线网络系统传输操作指令、同步回传作业场景及全景实况高清视频、传感数据,操作人员在远程控制室中发出操控指令,操控终端接收操控指令,操控机械作业。

2)智能自动操控作业

智能自动操控作业是指机械自主完成对作业对象的识别、数据采集、数据分析、动作实现的过程。

机械对场景的识别和数据采集通过机器视觉、空间测量、直接接触等方法实现。其中,机器视觉是指用计算机模拟人的视觉功能,从客观事物的图像中提取信息,进行处理,加以理解,提供数据和依据。空间测量是指采用激光跟踪仪、全站仪等测量仪器构成空间多维测量系统,对场景进行空间位置、形状等量测,形成数据并传递给控制系统。直接接触是指通过钻探等方式采样,应用识别和传感技术,将作业对象的测量结果传递给控制系统,为控制系统控制机械提供依据。

机械智能化数据分析通过人工神经网络、模糊神经网络、进化算法、信息融合等方法实现。人工神经网络是一种应用类似于人类大脑神经突触连接的结构进行信息处理的数学模型,具有自学习、联想存储及高速寻找优化解的能力。模糊神经网络是把神经网络和模糊系统的理论结合在一起,优势互补,并将语言、逻辑计算、处理方法和动力学理论融合起来,使其自身具备学习、联想、模糊信息处理等能力。进化算法是一种基于自然选择和自然遗传等生物进化机制的搜索算法,具有自组织、自适应、自学习的特性,能够不受问题性质的限制,有效地处理传统优化算法难以解决的复杂问题。信息融合是指将多种信息进行加工、利用,并使其相互补充,以获得更加真实、准确的信息。

在动作实现方面,主要从部件控制、部件协调等方面开展研究。其中,部件控制是指应用电子控制技术控制部件精确地完成动作,提高作业质量和作业效率。部件协调是指针对作业对象和施工场景的复杂性,通过智能控制系统协调控制各部件一起准确地完成作业,增加适应环境的能力。

3. 机械动力

机械动力有蒸汽动力、内燃动力、电动力等。目前蒸汽动力基本被淘汰,以内燃动力为主,随着石油资源的紧缺和对环境环保的要求,电动力得到重视和发展,电动机械也被广泛应用和研究。

电动机械通过电动机将蓄电池的电能有效地转化为机械能,驱动机械运行,蓄电池作为动力源,所以发展机械电动力的关键在于蓄电池的研究。机械蓄电池有燃料电池、动力电池。燃料电池是一种把燃料所具有的化学能直接转换成电能的化学装置,有氢燃料电池等。动力电池是为工具提供动力来源的电源,有锂离子动力电池、钠离子动力电池等。

对铁路施工机械进行研究,主要指针对铁路的作业对象和场景,在机械的作业能力、作业效率、适应性等方面进行研究。

路基施工机械的发展方向是应用智能化技术提高机械的自动化作业水平。例如,对挖掘机,着重围绕电动、轻量化、可靠性高、智能挖掘等方面开展研究;对运输车,要实现无人驾驶;对推土机,要实现智能控制铲刀板和机器的位置,实现精准作业;对装载机、平地机,要实现电动及无人驾驶智能作业。

桥涵施工机械的发展方向是针对铁路桥梁施工环境、施工组织、作业对象等,加强机械化和实现智能化。在基础施工方面,针对桩基础施工,研究直径大、深度深、作业效率高等满足施工要求的机械;在制梁方面,着重研究自动化制梁机械,实现智能化作业;在桥梁运架方面,在自动架梁的基础上,研究应用智能化技术,实现无人驾驶和自动架梁作业;对运架机械的安全作业进行动态检测监测,实时采集机械状态数据,智能控制机械的作业动作,实现智能作业的安全控制。

隧道施工机械的发展方向是充分应用机械化和信息化,研究和发展智能化。对开挖机械,如凿岩台车、掘进机等利用遥控技术、智能操控技术等,实现遥控驾驶、智能驾驶、智能作业;对支护机械,根据支护工序、施工内容,采用机械结构设计、智能化等技术实现拱架、喷浆等功能的集成及设备的无人驾驶;对衬砌作业机械,根据施工组织和混凝土情况,采用智能技术实现衬砌台车自动伸展、收回模板及设备的无人驾驶等。

轨道施工机械的发展方向是研究和开发道砟铺设、轨道板(枕)生产、钢轨铺设、钢轨焊接、轨道养护等系列装备的智能化。对轨道板生产机械,完善和研究自动清模系统、整体式振动系统、3D智能检测系统等;对道砟生产和配砟整形机械,采用智能操控技术,实现机械的无人驾驶和智能作业;对钢轨施工机械,根据钢轨施工工序和智能技术,实现钢轨铺设、焊接等功能的集成及机械的无人驾驶和智能作业。

电气化施工机械向集成化、系统化、智能化方向发展。对腕臂、支承结构、H形支柱等生产机械,采用智能操控技术实现智能制作;对挖坑机、立杆车、架线车、放线车等,根据作业对象、动作原理等,采用智能技术,实现无人驾驶和智能作业。

2.2 机械作业与管理

机械作业与管理主要是指在单机管理、机群管理、机械综合作业管理等方面开展研究和发展。

1. 单机管理

单机管理是指对机械的作业性能、运行状况、运行的经济性等进行管理。其中,作业性能管理是对作业的质量、效率、安全等的管理;运行状况管理是对机械正常运行、故障、维修、保养等的管理;运行的经济性管理是对能耗、工作时间、机械折旧等进行的成本管控。

单机管理是指采用智能化技术进行管理。单机智能化管理有作业性能智能管理、运行状况智能管理和运行的经济性能智能管理等。作业性能智能管理是指机械通过智能控制系统实现精准作业，识别和管控机械自身和环境的潜在危险源，自动提高作业的质量、效率、安全等。运行状况智能管理指机械利用传感技术，高精度和高灵敏度地实时监测机械运行中的重要性能参数及主要部件的工作状况，当发现整机功能情况，如警报、显示、传感器等提醒异常时，能立刻分析定位，结合故障知识库找出问题原因并自动维修、保养，使机械始终处在最好的运转状态。运行的经济性智能管理指机械通过传感、自动导航等技术，对运动轨迹、动力输出、工作时间等成本数据进行自动采集和监控，并根据环境、负载等进行自动调节，使机械始终处在最经济的状态。

2. 机群管理

机群管理是指对施工中所有设备的作业状态、运转状况、协调作业等进行整体管理。

机群管理的发展方向是充分利用信息化技术，发展智能化技术。机群智能化管理体系有机群控制中心、机群通信系统和单机智能控制系统。机群控制中心主要通过机群通信系统对各设备传输来的数据进行汇总、分析和处理，以施工调度方案最优化为目的，实现对各设备的统一决策管理，同时，将各设备实时监控画面以及状态参数等信息显示在控制台上；机群通信系统以无线通信为主，综合机群信息流和通信协议，实现机群控制中心和各单机智能控制系统的双向数据交换及共享；单机智能控制系统主要利用各种传感器获取单机自身状态、位置、性能等数据，并将这些数据进行分类处理后，实时传送给机群控制中心，同时对这些数据进行存储。机群同一时间进行施工作业时，各单机装备通过其智能控制系统，将其工作状态、位置、性能参数、施工进度及故障等信息利用无线通信系统实时传输给机群控制中心，机群控制中心通过对各单机传送来的数据进行汇总和分析处理，综合施工任务和上级指令，得出最优动态施工调度信息，并将该信息反馈给各施工装备，以指挥各单机下一步的施工动作，同时对各单机数据进行汇总储存，不断循环进行，完成机群各单机的高效联合施工作业。

3. 机械综合作业管理

机械综合作业管理是指根据施工对象、场景、工程量、工期等编制施工组织设计，按照施工组织设计编制施工机械的组织设计，实现机械综合作业管理。施工机械的组织设计是选择满足现场作业的机械并进行最合理经济的选型配备，结合现场场景、机械状态进行动态调整，使机械始终保持安全、有序、最佳的工作，实现机械作业全过程协调高效的综合作业管理。

机械综合作业管理要从系统的组织综合作业向采用智能化技术管理综合作业方向发展。机械综合作业智能化管理是指通过智能施工、机械智能选型和配备、作业过程机械智能管理等技术实现智能化综合作业管理。其中，智能施工是指通过信息和通信技术采集施工现场的工程信息，自动生成数据，由后台生成和分析数据，通过算法制订合理的工程方案，以辅助甚至自动控制工程机械。它的主要内容有施工前期测量、可视化施工方案设计、施工计划制定、施工过程管控、检查和变更等。机械智能选型和配备是指根据施工对象、施工参数、工程量、工期等，采用计算机、大数据等技术，自动给出整个工程所需机械的型号、数量。作业过程机械智能管理是指根据工程设计和施工组织的安排，使机械按照智能系统的指令，自动、有序、高效地完成作业。

机械综合作业管理的智能化是指根据作业对象和施工的需求，有针对性地对施工单元智能化、相关单元智能化、整体智能化等进行研究。其中，施工单元智能化是指对施工工序的智能化进行研究；相关单元智能化是指根据施工生产的必要性或相关性将多个施工单元结合起来进行智能化研究；整体智能化是指根据施工组织，将施工对象的所有施工单元统一协调起来进行智能化管理。

路基施工机械作业管理是指针对基底处

理、分层填筑、摊铺平整、机械碾压、路面修整、边坡夯实等，分别实现施工单元智能化，并根据施工组织，实现整体智能化。

桥梁施工机械作业管理是指针对基础施工、桥墩施工、梁体制作、梁体运架等，实现单元智能化，同时，根据施工生产的必要性，基础施工和桥墩施工、制梁和梁体运架分别实现相关单元智能化。

隧道施工机械作业管理。整体智能化有钻爆法隧道施工机械智能化、掘进机法隧道施工机械智能化。其中，钻爆法隧道施工机械智能化是指针对超前支护、开挖、初期支护、装渣与运输、二次衬砌等，实现机械作业施工单元智能化，并根据施工需求，实现相关单元智能化。掘进机法隧道施工机械智能化是指针对隧道掘进、渣土运输、管片预制等，实现单元智能化。

轨道施工机械作业管理是指针对道砟生产、配砟整形、无砟道床生产、无砟道床铺设、轨枕铺设、钢轨铺设、钢轨焊接、应力释放、线路养护等，采用智能化技术，实现单元智能化。其中，针对轨枕铺设、钢轨铺设、钢轨焊接、应力释放等，实现相关单元智能化；针对有砟道床、无砟道床、线路养护，实现相关单元智能化；针对无砟轨道或有砟轨道，实现整体单元智能化。

电气化施工机械作业管理是指针对腕臂制作，实现施工单元智能化，并根据施工需求，实现运杆及立杆、腕臂安装、运线及架线等相关单元智能化。

未来，铁路运输新模式如高速磁悬浮铁路、低真空管（隧）道高速铁路等的出现，以及建设新技术如装配技术等的发展，将引起铁路新机械的产生，需要提前做好铁路机械技术储备，积极获取铁路建设、机械技术等最新成果经验，实现铁路机械和铁路建设同步发展。

参考文献

[1] 谢毅, 寇峻瑜, 姜梅, 等. 中国铁路发展概况与技术发展[J]. 高速铁路技术, 2015, 11(1): 11-16.

[2] 徐安华. 铁路施工机械化的回顾与思考[J]. 铁路工程学报, 1999, 000(002): 88-93.

[3] 张建超. 建设高铁的巨无霸[M]. 北京: 中国铁道出版社, 2018.

[4] 郭文武. 新常态下的中国铁路与工程机械[J]. 建筑机械, 2015(8): 28-33.

[5] 郭文武. 高速铁路施工装备工法创新与智能化研究[J]. 建筑机械, 2019(8): 14-19.

[6] 唐经世. 铁路架桥机、运梁车的发展历程及成就[J]. 建设机械技术与管理, 2009(11): 97-100.

[7] 吴颖. 中国隧道发展历程[J]. 施工企业管理, 2018(11): 48.

[8] 赵文芳. 铁路大型养路机械的发展历程及展望[J]. 中国铁路, 2012(11): 5-10.

[9] 袁玉森. TWE-16A 液力接触网恒张力放线架[J]. 铁路工程学报, 2000(2): 110-112.

[10] 仲崇成, 李恒奎, 李鹏, 等. 高速铁路检测列车综述[J]. 中国铁路, 2013(6): 89-93.

[11] 张策. 机械工程简史[M]. 北京: 清华大学出版社, 2015.

[12] 吴迪. 未来工程机械的发展趋势[J]. 科技与财富, 2017(9): 16-17.

[13] 吕琨. 高速铁路施工装备智能化研究[J]. 山东工业技术, 2018(12): 87-88, 90.

第2篇

路基施工机械

第3章

概　述

3.1　铁路路基

铁路路基是轨道的基础,是经过开挖或填筑而形成的土工构筑物。

铁路路基类型按断面型式分为路堤、路堑、填挖结合路基、零填零挖路基;按材料分为土路基、石路基、土石基。

铁路路基包括路基本体、路基排水设备(排水沟、侧沟、天沟等)和路基防护及加固建筑物(防水堤、挡土墙、边坡上种草或砌石等)。

3.2　路基施工及机械

路基施工包括地基处理,路堤、路堑、过渡段施工,路基支挡支护工程,路基边坡防护,路基防排水,路基相关工程等。

3.2.1　地基处理

地基处理包括原地面处理、换填施工、混凝土灌注桩施工、灰土(水泥土)挤密桩施工、搅拌桩施工、旋喷桩施工、堆载预压施工、水泥粉煤灰碎石(cement fly-ash gravel,CFG)桩施工、混凝土预制桩施工、桩帽(筏)板施工、岩洞及洞穴处理、砂(碎石)垫层施工、冲击(振动)碾压施工、强夯及强夯置换施工、真空预压施工、砂(碎石)桩施工、柱锤冲扩桩施工、塑料排水板施工、袋装砂井施工等。

1. 原地面处理

原地面处理是指在不采用排水固结或复合地基处理的原地面上,进行清表、挖台阶、翻挖压实等作业内容的地基处理方式。

原地面处理主要流程包括测量放样,修筑地面防水排水措施,地表及地穴处理、表层植被及松软土等清除、挖树根及台阶、原地面翻挖及回填夯实,原地面处理报检、原地面碾压、压实检验等。

原地面处理的主要施工机械如表3-1所示。

表3-1　原地面处理主要机械

施工内容	施工流程(与机械相关)	主要施工机械
原地面处理	修筑地面防水排水措施	挖掘机
	地表及地穴处理、表层植被及松软土等清除、挖树根及台阶、原地面翻挖及回填夯实	挖掘机
		推土机
		装载机
		自卸车
		压路机
		小型夯实设备
	原地面碾压	压路机
		小型夯实设备

2. 换填施工

换填施工是指将一定深度的软弱土层挖除,然后回填符合要求的材料,通过碾压、夯实等措施,使其符合铁路路基的要求。

换填施工主要流程包括测量放线、排水疏

干、挖除换填土层、基底碾压密实、填料摊铺、平整压实、质量检验。

换填施工的主要机械如表3-2所示。

表3-2 换填施工主要机械

施工内容	施工流程(与机械相关)	主要施工机械
换填施工	排水疏干	抽排水设备
	挖除换填土层	挖掘机
		自卸车
	基底碾压密实	压路机
		小型夯实设备
	填料摊铺	自卸车
		推土机
	平整压实	压路机
		小型夯实设备

3．混凝土灌注桩施工

混凝土灌注桩是指直接在桩位上就地成孔,然后在孔内安放钢筋笼、灌注混凝土而成的桩。

混凝土灌注桩施工主要流程包括原地面处理、开挖埋设护筒、钻进成孔、清孔、下放钢筋笼、安装导管、灌注水下混凝土、拔除护筒、截除桩头、成桩质量检查。

混凝土灌注桩施工的主要机械如表3-3所示。

表3-3 混凝土灌注桩施工主要机械

施工内容	施工流程(与机械相关)	主要施工机械
混凝土灌注桩施工	开挖埋设护筒	挖掘机
	钻进成孔	钻机(循环钻机、冲击钻机、旋挖钻机)
	清孔	泥浆泵
	下放钢筋笼,安装导管	起重机
	灌注水下混凝土	起重机
	截除桩头	桩头切割设备

4．灰土(水泥土)挤密桩施工

灰土(水泥土)挤密桩施工是指利用成孔或分层夯填石灰土时的侧向挤压作用,使桩间土得以挤密而提高地基的工程性能,同时形成具有一定承载能力的桩体,最终成为桩土共同作用的复合地基。

灰土(水泥土)挤密桩施工主要流程包括原地面处理、测量放线、设备就位、机械成孔、孔底夯击密实、桩体填料分层回填、分层夯密实、成桩质量检验。

灰土(水泥土)挤密桩施工的主要机械如表3-4所示。

表3-4 灰土(水泥土)挤密桩施工主要机械

施工内容	施工流程(与机械相关)	主要施工机械
灰土(水泥土)挤密桩施工	机械成孔、孔底夯击密实	打桩机
	桩体填料分层回填	灰土拌和机
		自卸车
		装载机
	分层夯密实	夯实机

5．搅拌桩施工

搅拌桩施工是用于加固饱和软黏土地基的一种方法,它利用水泥等作为固化剂,通过特制的搅拌机械,在地基深处将软土和固化剂强制搅拌,利用固化剂和软土之间所产生的一系列物理化学反应,使软土硬结成具有整体性、水稳定性和一定强度的优质地基。

搅拌桩施工主要流程包括原地面处理、测量放样、预搅钻进、喷粉(浆)、搅拌、复搅、桩头搅拌、桩头处理、成桩检验。

搅拌桩施工的主要机械如表3-5所示。

表3-5 搅拌桩施工主要机械

施工内容	施工流程(与机械相关)	主要施工机械
搅拌桩施工	预搅钻进	搅拌桩机
	喷粉(浆)	水泥浆(水泥砂浆)搅拌机
		水泥浆(水泥砂浆)输送泵
		空气压缩机
		粉体发送器
	桩头处理	桩头切割设备

6．旋喷桩施工

旋喷桩施工是指利用钻机,将预先配置好的浆液高速喷射出来,直接冲击破坏土体,喷射过程中,钻杆边旋转边徐徐提升,在土中形成一个有一定直径的柱状固结体。

旋喷桩施工主要流程包括原地面处理、测量放线、钻进、喷射注浆、拔管、桩头处理、成桩质量检验。

旋喷桩施工的主要机械如表 3-6 所示。

表 3-6 旋喷桩施工主要机械

施工内容	施工流程（与机械相关）	主要施工机械
旋喷桩施工	钻进	旋喷钻机
	喷射注浆	高压泥浆泵
		高压水泵
		泥浆泵
		空气压缩机
	桩头处理	桩头切割设备

7. 堆载预压施工

堆载预压施工是指在饱和软土地基上施加载荷后，孔隙水被缓慢排出，孔隙体积随之缩小，地基发生固结变形。同时，随着超静水压力逐渐消散，有效应力逐渐提高，地基土强度逐渐增长，达到预定标准后再卸载，使地基土压实、沉降、固结的方法。

堆载预压施工主要流程包括测量定位、铺设土工膜、设置沉降观测、预压土填筑、工后沉降分析、卸载预压土。

堆载预压施工的主要机械如表 3-7 所示。

表 3-7 堆载预压施工主要机械

施工内容	施工流程（与机械相关）	主要施工机械
堆载预压施工	预压土填筑	自卸车
		推土机
		挖掘机
	卸载预压土	挖掘机
		自卸车
		推土机
		装载机

8. CFG 桩施工

CFG 桩是在素混凝土桩基工艺上发展起来的新型桩体，桩体材料主要由碎石、砂、粉煤灰与适量水泥和水拌制而成。桩体与桩间土体共同作用，组成水泥粉煤灰桩复合地基。

水泥粉煤灰碎石桩常用的施工方法有振动沉管成桩、长螺旋钻孔灌筑成桩。其中，振动沉管成桩施工主要流程包括原地面处理、测量放线、沉管、投料、封顶、桩间土开挖、桩头处理、成桩质量检验；长螺旋钻孔灌筑成桩施工主要流程包括原地面处理、测量放线、钻进、泵送混合料、桩间土开挖、桩头处理、成桩质量检验。

CFG 桩施工的主要机械如表 3-8 所示。

表 3-8 CFG 桩施工主要机械

施工内容	施工流程（与机械相关）	主要施工机械
CFG 桩施工	沉管	振动沉管机
	投料	漏斗
		起重设备
	桩间土开挖	挖掘机
	桩头处理	桩头切割设备
	钻进	长螺旋钻机
	泵送混合料	混凝土输送泵
	桩间土开挖	挖掘机
	桩头处理	桩头切割设备

9. 混凝土预制桩施工

混凝土预制桩施工是指在预制构件加工厂预制，经过养护，达到设计强度后，运至施工现场，用打桩机打入土中，然后在桩的顶部浇筑承台梁（板）基础。

混凝土预制桩施工主要流程包括原地面处理、测量放线、沉桩、喂吊桩、接桩（采用焊接或法兰盘连接，符合设计要求）、沉桩至设计深度、桩头处理、成桩质量检验。

混凝土预制桩施工的主要机械如表 3-9 所示。

表 3-9 混凝土预制桩施工主要机械

施工内容	施工流程（与机械相关）	主要施工机械
混凝土预制桩	沉桩	打桩机
	喂吊桩	汽车起重机
	接桩	电焊机
	沉桩至设计深度	送桩器

10. 桩帽（筏）板施工

桩帽（筏）板适用于刚性桩复合地基处理的桩顶部，桩帽板一般用于打入桩、压入桩等刚性桩桩顶。

桩帽（筏）板施工主要流程包括测量放

线、基坑开挖、桩头基底检验、钢筋绑扎、立模板、钢筋模板检验、浇筑混凝土、混凝土养护。

桩帽（筏）板施工的主要机械如表3-10所示。

表3-10 桩帽（筏）板施工主要机械

施工内容	施工流程（与机械相关）	主要施工机械
桩帽（筏）板施工	基坑开挖	挖掘机
	浇筑混凝土	混凝土输送泵

11. 岩溶及洞穴处理

岩溶及洞穴处理是指将惰性材料形成的浆液，在一定压力作用下注入岩溶裂隙、溶洞中及软塑黏土体孔隙中，首先是填充岩溶溶洞及岩溶裂隙，其次是封闭岩、土界面，形成隔水帷幕，阻隔上层滞水与岩溶水的联系；如果土体中存在软弱夹层，再进行加固土体软弱夹层，并在注浆中加入钢筋笼形成微型桩的复合加固体系。

岩溶及洞穴处理主要施工流程包括原地面处理、测量放样、钻孔、安设注浆管、连接管路及密封孔口、压水检测密闭性、注浆。

岩溶及洞穴处理的主要施工机械如表3-11所示。

表3-11 岩洞及洞穴处理施工主要机械

施工内容	施工流程（与机械相关）	主要施工机械
岩溶及洞穴处理	钻孔	钻机
	注浆	搅拌机
		注浆泵

12. 砂（碎石）垫层施工

砂（碎石）垫层施工是指在路堤底部地面铺设一层较薄的砂（碎石）层，以提高地基承载力、加速软土排水固结、防止冻胀、调整复合地基桩土应力。

砂（碎石）垫层施工主要流程包括测量放样，基底清理、平整，填筑土拱，分层摊铺，分层碾压，检查填层厚度。

砂（碎石）垫层施工的主要机械如表3-12所示。

表3-12 砂（碎石）垫层施工主要机械

施工内容	施工流程（与机械相关）	主要施工机械
砂（碎石）垫层施工	基底清理、平整	挖掘机
		推土机
		装载机
		自卸车
	填筑土拱	挖掘机
	分层摊铺	自卸车
		推土机
	分层碾压	压路机
		小型夯实设备

13. 冲击（振动）碾压施工

冲击碾压施工是指利用冲击碾压技术对基础原地面浅层进行加固以及对路基高填方深层进行补强压实；振动碾压施工是指借助振动机构的振动压实作用，使土层达到设计密实状态要求。

冲击碾压施工主要流程包括平整场地、检测含水量、冲击碾压、光轮压路机碾压、检查压实质量和承载力；振动碾压施工主要流程包括平整场地，检测含水量，按静压、弱振、强振、弱振、静压顺序碾压，检查压实质量和承载力。

冲击（振动）碾压施工的主要机械如表3-13所示。

表3-13 冲击（振动）碾压施工主要机械

施工内容	施工流程（与机械相关）	主要施工机械
冲击（振动）碾压施工	平整场地	挖掘机
		推土机
		装载机
		自卸车
	冲击碾压、光轮压路机碾压	振动压路机
		平地机
		光轮压路机
	按静压、弱振、强振、弱振、静压顺序碾压	振动压路机

14. 强夯及强夯置换施工

强夯是指将重锤从高处自由落下给地基以冲击力和振动，从而提高地基土的强度并降低其压缩量；强夯置换是指利用重锤高落差产生的高冲击能将碎石、片石、矿渣等性能较好的材料强力挤入地基中，在地基中形成一个一个的粒料墩,墩与墩间土形成复合地基,以提高地基承载力,减小沉降。

强夯施工主要流程包括清理、平整场地,确定夯点位置,夯机就位,夯锤起吊夯实;强夯置换施工主要流程包括清理、平整场地,确定夯点位置,夯机就位,强夯置换料运输,强夯置换料回填,重复强夯,铺设垫层,碾压密实。

强夯及强夯置换施工的主要机械如表3-14所示。

表3-14 强夯及强夯置换施工主要机械

施工内容	施工流程(与机械相关)	主要施工机械
强夯及强夯置换施工	清理、平整场地	挖掘机
		推土机
		装载机
		自卸车
	夯锤起吊夯实	强夯设备
	强夯置换料运输	自卸车
	强夯置换料回填	装载机
	重复强夯	强夯设备
	铺设垫层、碾压密实	自卸车
		推土机
		压路机
		小型夯实设备

15. 真空预压施工

真空预压施工是指在需要加固的软土地基表面先铺设砂垫层,然后埋设垂直排水管道,再用不透气的封闭膜使其与大气隔绝,密封膜端部进行埋压处理,通过砂垫层内埋设的吸水管道,使用真空泵或其他真空手段抽真空,使其形成膜下负压,增加地基的有效应力。

真空预压施工主要流程包括竖向排水体施工验收、铺设真空管网并连接各系统、密封沟施工、铺设下层土工布、铺设密封膜、安装出膜装置、回填密封沟、抽真空试验、检查密封性、密封沟复水、布设变形观测点、抽真空。

真空预压施工的主要机械如表3-15所示。

表3-15 真空预压施工主要机械

施工内容	施工流程(与机械相关)	主要施工机械
真空预压施工	抽真空	真空射流泵

16. 砂(碎石)桩施工

砂(碎石)桩施工是指用振动或锤击桩管等方式在软弱地基中成孔后,再将砂或碎石挤压入土孔中,形成大直径砂或碎石所构成的密实桩体,并与桩周土组成复合地基。砂(碎石)桩成桩宜采用振动或锤击成桩法。其中,振动成桩法宜采用重复压拔管法,锤击成桩法宜采用双管法。碎石桩也可采用振冲法施工。

振动重复压拔管成桩法具体施工流程包括原地面处理,测量放线,沉管成孔,投料、振动、拔管、回压、振动、成桩、成桩检验。主要施工机械有振动沉管机、自卸车、起重机。

锤击双管法具体施工流程包括原地面处理、测量放线、桩机就位、沉管成孔、投料至外管内、拔内管至砂(碎石)顶面、拔起外管、锤击至外管压实、成桩、成桩检验。主要施工机械有蒸汽打桩机或柴油打桩机、自卸车、起重机。

振冲碎石桩法具体施工流程包括原地面处理、测量放线、桩机就位、重复振冲并清孔、连续喂料、将振冲器沉入填料中进行振冲制桩、成桩、设备移位、成桩检验。主要施工机械有振冲器、起重机、自卸车、装载机等。

砂(碎石)桩施工的主要机械如表3-16所示。

表3-16 砂(碎石)桩施工主要机械

施工内容	施工流程(与机械相关)	主要施工机械
砂(碎石)桩施工	沉管成孔	振动沉管机
	投料、振动、拔管	自卸车
		起重机
	沉管成孔	蒸汽打桩机或柴油锤打桩机
	投料至外管内	自卸车
		起重机
	重复振冲并清孔	振冲器
		起重机
	连续喂料	自卸车
		装载机
	将振冲器沉入填料中进行振冲制桩,成桩	振冲器
		起重机

17. 柱锤冲扩桩施工

柱锤冲扩桩施工指反复将柱状重锤提到高处使其自由落下冲击成孔,然后分层夯实填料形成扩大桩体,与桩间土组成复合地基的地基处理方法。

柱锤冲扩桩施工主要流程包括原地面处理、测量放样、冲扩成孔、孔底冲击密实、桩体填料分层回填、分层夯击密实、成桩质量检验。

柱锤冲扩桩施工的主要机械如表 3-17 所示。

表 3-17 柱锤冲扩桩施工主要机械

施工内容	施工流程(与机械相关)	主要施工机械
柱锤冲扩桩施工	冲扩成孔	起吊设备
		柱锤
	孔底冲击密实	起吊设备
		扁平锤
	桩体填料分层回填	拌和机械
		自卸车
		起吊设备
		料斗
	分层夯击密实	起吊设备
		扁平锤

18. 塑料排水板施工

塑料排水板施工属于竖向排水法,是指在地基中设置竖向排水通道,改变原有地基的边界条件,增加孔隙水的排出途径,通过塑料排水板的芯板,在载荷作用下,使软基中的水分能够快速排出,从而缩短固结时间,加快软土固结速率。

塑料排水板施工主要流程包括原地面处理、填筑土拱、铺筑下砂垫层、测量放样、机具就位、插板、拔除导管、截断塑料排水板、埋设板头、铺筑上砂垫层。

塑料排水板施工的主要机械如表 3-18 所示。

表 3-18 塑料排水板施工主要机械

施工内容	施工流程(与机械相关)	主要施工机械
塑料排水板施工	填筑土拱	挖掘机
	铺筑下砂垫层	自卸车
		推土机
		压路机
		小型夯实设备
	插板	插板机
	铺筑上砂垫层	自卸车
		推土机
		压路机
		小型夯实设备

19. 袋装砂井施工

袋装砂井施工是指用透水型土工织物长袋装砂砾石,设置在软土地基中形成排水砂柱,以加速软土排水固结的地基处理方法。

袋装砂井施工主要流程包括原地面处理、填筑土拱、铺筑下砂垫层、测量放样、打设套管、沉入砂袋、拔出套管、埋设砂袋头、铺筑上砂垫层。

袋装砂井施工的主要机械如表 3-19 所示。

表 3-19 袋装砂井施工主要机械

施工内容	施工流程(与机械相关)	主要施工机械
袋装砂井施工	填筑土拱	挖掘机
	铺筑下砂垫层	自卸车
		推土机
		压路机
		小型夯实设备
	打设套管	袋装砂井机
	铺筑上砂垫层	自卸车
		推土机
		压路机
		小型夯实设备

3.2.2 路堤施工

路堤施工包括基床以下路堤填筑施工,黄土路堤填筑施工,石灰改良土路基填筑施工,半填半挖及不同岩土组合过渡段施工,加筋土路堤填筑施工,基床底层 A、B 组填料填筑施工,基床底层改良土场拌摊铺机法填筑施工,基床底层改良土路拌摊铺机法填筑施工,基床表层级配碎石(砂砾石)摊铺机法填筑施工,基床表层封闭层沥青混凝土施工等。

1. 基床以下路堤填筑施工

路基基床是路基以下一定深度受到列车载荷作用最大的土体,基床以下路堤的作用就是将上部基床的应力传递给大地。

基床以下路堤填筑一般按"三阶段、四区段、八流程"施工,主要施工流程包括施工准备、基底处理、分层填筑、摊铺平整、洒水晾晒、碾压夯实、检验签证、路基整修。

基床以下路堤填筑施工的主要机械如表 3-20 所示。

表 3-20　基床以下路堤填筑施工主要机械

施工内容	施工流程（与机械相关）	主要施工机械
基床以下路堤填筑施工	分层填筑	挖掘机
		装载机
		自卸车
	摊铺平整	推土机
		平地机
	洒水晾晒	洒水车
	碾压夯实	压路机（配备路基连续压实控制系统）
		小型夯实设备

路基连续压实控制系统通过动态定位技术及传感器监测技术，在压路机作业过程中实时记录当前行进速度、里程桩号、高程、振动压实值、压路机振动频率等信息，再通过车载微计算机处理，将这些信息形象地显示在驾驶室内控制器屏幕上，实时显示作业面的压实状况，实现了压实质量的可视化转变。

2．黄土路堤填筑施工

黄土路堤指修筑在黄土地区的路堤。黄土是无层理的黄色粉质土状沉积物，富含碳酸盐，疏松多孔，具有垂直节理。

黄土路堤填筑施工主要流程包括地表防排水设施施工，地基处理，原地面清理、平整、碾压，黄土改良，填筑，碾压，路堤截排水设施施工，路基边坡防护施工，路堤质量检查。

黄土路堤填筑施工的主要机械如表 3-21 所示。

3．石灰改良土路基填筑施工

石灰改良土路基由石灰拌和土分层填筑而成，其主要施工流程包括填料拌和运输、分层摊铺、填料精平、洒水晾晒、碾压夯实、检验签证、整修养护。

石灰改良土路基填筑施工的主要机械如表 3-22 所示。

表 3-21　黄土路堤填筑施工主要机械

施工内容	施工流程（与机械相关）	主要施工机械
黄土路堤填筑施工	地表防排水设施施工	挖掘机
	原地面清理、平整、碾压	推土机
		挖掘机
		装载机
		自卸车
		压路机
	填筑	挖掘机
		装载机
		自卸车
		推土机
		平地机
	碾压	压路机（配备路基连续压实控制系统）
		小型夯实设备
	路堤截排水设施施工	挖掘机

表 3-22　石灰改良土路基填筑施工主要机械

施工内容	施工流程（与机械相关）	主要施工机械
石灰改良土路基填筑施工	填料拌和运输	改良土拌和设备
		装载机
		自卸车
	分层摊铺	推土机
	填料精平	平地机
	洒水晾晒	洒水车
	碾压夯实	压路机（配备路基连续压实控制系统）
		小型夯实设备

4．半填半挖及不同岩土组合过渡段施工

半填半挖及不同岩土组合过渡段施工主要流程包括测量放线，修筑临时排水沟，路堑开挖，路堑边坡修整，路堤地基处理，填挖交界线、挖台阶，路堤下部填筑，基床填筑，修筑地面防排水设施，路基支挡及边坡防护工程施工，验收检验。

半填半挖及不同岩土组合过渡段施工的主要机械如表 3-23 所示。

表 3-23　半填半挖及不同岩土组合过渡段施工主要机械

施工内容	施工流程(与机械相关)	主要施工机械
半填半挖及不同岩土组合过渡段施工	修筑临时排水沟,路堑开挖,路堑边坡修整	挖掘机
		自卸车
	路堤地基处理,填挖交界线、挖台阶	推土机
		装载机
		挖掘机
		自卸车
	路堤下部填筑,基床填筑	自卸车
		推土机
		平地机
		压路机(配备路基连续压实控制系统)
		小型夯实设备
	修筑地面防排水设施	挖掘机

5. 加筋土路堤填筑施工

加筋土路堤填筑施工是指在路堤中埋设一定数量的加筋材料(土工合成材料等),形成加筋土路堤结构。

加筋土路堤填筑施工主要流程包括测量放样、基底处理、设置基底沉降位移观测桩、设置土工合成材料、路堤分层填筑、沉降观测、工后沉降评估。

加筋土路堤填筑施工的主要机械如表 3-24 所示。

表 3-24　加筋土路堤填筑施工主要机械

施工内容	施工流程(与机械相关)	主要施工机械
加筋土路堤填筑施工	路堤分层填筑	挖掘机
		装载机
		自卸车
		推土机
		平地机
		压路机(配备路基连续压实控制系统)
		小型夯实设备

6. 基床底层 A、B 组填料填筑施工

基床底层 A、B 组填料填筑施工主要流程包括测量放线、下承层处理、下承层检验、填料准备、按现场规划卸料、摊铺及初平、精平碾压、压实检测、验收检验。

基床底层 A、B 组填料填筑施工的主要机械如表 3-25 所示。

表 3-25　基床底层 A、B 组填料填筑施工主要机械

施工内容	施工流程(与机械相关)	主要施工机械
基床底层 A、B 组填料填筑施工	填料准备,按现场规划卸料	挖掘机
		装载机
		自卸车
	摊铺及初平	推土机
		平地机
	精平碾压	压路机(配备路基连续压实控制系统)
		小型夯实设备

7. 基床底层改良土场拌摊铺机法填筑施工

基床底层改良土场拌摊铺机法填筑施工是采用场拌法施工,填料全部采用在拌和场集中拌制,自卸车运至现场摊铺、碾压。

场拌法指在固定的拌和工厂或移动式拌和站拌制混合料的施工方法。

基床底层改良土场拌摊铺机法填筑施工主要流程包括施工流程设计、填筑作业区段划分及测量放样、下承层处理、下承层检验、拌和料供应、摊铺机摊铺、压路机碾压、压实度检验、填层养护、边坡及表层整修、验收检验。

基床底层改良土场拌摊铺机法填筑施工的主要机械如表 3-26 所示。

表 3-26　基床底层改良土场拌摊铺机法填筑施工主要机械

施工内容	施工流程(与机械相关)	主要施工机械
基床底层改良土场拌摊铺机法填筑施工	拌和料供应	液压碎土机
		改良土拌和设备
		装载机
		自卸车
	摊铺机摊铺	摊铺机
	压路机碾压	压路机(配备路基连续压实控制系统)

8. 基床底层改良土路拌摊铺机法填筑施工

路拌法施工是指利用机械设备或者人工等，在道路上严格按照所规定的施工道路线路，对所采用的混合材料进行拌和的施工方法。

基床底层改良土路拌摊铺机法填筑施工主要流程包括测量放样，地基处理，划分布料网络，布料和摊铺，松铺厚度及含灰量检测，路拌机拌制，含灰量、颗粒度检测，平地机平整，含水量、平整度检测，压路机碾压，养护，压实度及强度检测。

基床底层改良土路拌摊铺机法填筑施工的主要机械如表3-27所示。

表3-27 基床底层改良土路拌摊铺机法填筑施工主要机械

施工内容	施工流程（与机械相关）	主要施工机械
基床底层改良土路拌摊铺机法填筑施工	布料和摊铺	自卸车
		推土机
		洒水车
		粉料撒布机
	路拌机拌制	路拌机
	平地机平整	平地机
	压路机碾压	压路机（配备路基连续压实控制系统）

9. 基床表层级配碎石（砂砾石）摊铺机法填筑施工

基床表层级配碎石（砂砾石）摊铺机法填筑施工是指通过用级配碎石（砂砾石）对基床表层进行处理来改变表层结构，以提高基床表层的承载力和整体性。

基床表层级配碎石（砂砾石）摊铺机法填筑施工主要流程包括填筑区测量放样、下承层处理、下承层检验、拌和料供应、摊铺机摊铺、压路机碾压、压实度检验、填层养护、边坡及表层整修、验收检验。

基床表层级配碎石（砂砾石）摊铺机法填筑施工的主要机械如表3-28所示。

表3-28 基床表层级配碎石（砂砾石）摊铺机法填筑施工主要机械

施工内容	施工流程（与机械相关）	主要施工机械
基床表层级配碎石（砂砾石）摊铺机法填筑施工	拌和料供应	稳定土搅拌站
		装载机
		自卸车
	摊铺机摊铺	摊铺机
	压路机碾压	压路机（配备路基连续压实控制系统）

10. 基床表层封闭层沥青混凝土施工

基床表层封闭层沥青混凝土施工主要流程包括填筑区测量放样、下承层处理、下承层检验、拌和料供应、拌和料检验、摊铺机摊铺、压路机碾压、压实度检验、养护、验收检验。

基床表层封闭层沥青混凝土施工的主要机械如表3-29所示。

表3-29 基床表层封闭层沥青混凝土施工主要机械

施工内容	施工流程（与机械相关）	主要施工机械
基床表层封闭层沥青混凝土施工	拌和料供应	沥青混凝土搅拌设备
		装载机
		自卸车
	摊铺机摊铺	摊铺机
	压路机碾压	压路机（配备路基连续压实控制系统）

3.2.3 路堑施工

路堑施工分为土质路堑施工和石质路堑施工等。

1. 土质路堑施工

土质路堑施工主要流程包括测量放线，修筑截水、排水设施，分段分层开挖，装运，填筑点或取土场卸土，修筑临时排水设施，修整边坡，砌筑挡护工程，修整路基面。

土质路堑施工的主要机械如表3-30所示。

表 3-30 土质路堑施工主要机械

施工内容	施工流程(与机械相关)	主要施工机械
土质路堑施工	修筑截水、排水设施	挖掘机
		自卸车
	分段分层开挖,装运,填筑点或取土场卸土	挖掘机
		推土机
		装载机
		自卸车
	修筑临时排水设施	挖掘机
	修整边坡	挖掘机
	修整路基面	挖掘机

2. 石质路堑施工

石质路堑施工主要流程包括边坡光面爆破或预裂爆破设计、选配钻机、搭设钻孔平台、钻机就位、钻机钻孔、钻孔检查、装药及连接、装药及连接检查、起爆、清理哑炮、出渣及清危石、爆破效果检查、修整边坡、砌筑挡护及水沟、修整路基面。

石质路堑施工的主要机械如表 3-31 所示。

表 3-31 石质路堑施工主要机械

施工内容	施工流程(与机械相关)	主要施工机械
石质路堑施工	钻机钻孔	潜孔钻机
		凿岩机
		空气压缩机
	出渣及清危石	挖掘机
		推土机
		装载机
		自卸车
	修整边坡	挖掘机
	修整路基面	挖掘机

3.2.4 过渡段施工

过渡段施工包括路桥过渡段施工,路基与横向结构物过渡段施工,路堤与路堑过渡段施工,路隧、桥隧过渡段施工等。

1. 路桥过渡段施工

路桥过渡段指路基与桥台衔接时需特殊处理的地段,是路基不均匀沉降控制的关键。

路桥过渡段施工主要流程包括过渡段地基处理、填挖交界、挖台阶、埋设地基沉降观测仪器,取料,运输,按现场规划卸料,摊铺平整,填层碾压,压实检验,验收检验。

路桥过渡段施工的主要机械如表 3-32 所示。

表 3-32 路桥过渡段施工主要机械

施工内容	施工流程(与机械相关)	主要施工机械
路桥过渡段施工	填挖交界、挖台阶	挖掘机
		自卸车
	取料,运输,按现场规划卸料	装载机
		自卸车
	摊铺平整	推土机
		平地机
	填层碾压	压路机
		小型夯实设备

2. 路基与横向结构物过渡段施工

路基与横向结构物过渡段施工主要流程包括过渡段地基处理,填挖交界、挖台阶,埋设地基沉降观测仪器,取料,运输,按现场规划卸料,摊铺平整,填层碾压,压实检验,验收检验。

路基与横向结构物过渡段施工的主要机械如表 3-33 所示。

表 3-33 路基与横向结构物过渡段施工主要机械

施工内容	施工流程(与机械相关)	主要施工机械
路基与横向结构物过渡段施工	填挖交界、挖台阶	挖掘机
		自卸车
	取料,运输,按现场规划卸料	装载机
		自卸车
	摊铺平整	推土机
		平地机
	填层碾压	压路机
		小型夯实设备

3. 路堤与路堑过渡段施工

路堤与路堑过渡段施工主要流程包括过渡段地基处理,填挖交界、挖台阶,埋设地基沉降观测仪器,取料,运输,按现场规划卸料,摊铺平整,填层碾压,压实检验,验收检验。

路堤与路堑过渡段施工的主要机械如表 3-34 所示。

表 3-34　路堤与路堑过渡段施工主要机械

施工内容	施工流程（与机械相关）	主要施工机械
路堤与路堑过渡段施工	填挖交界、挖台阶	挖掘机
		自卸车
	取料，运输，按现场规划卸料	装载机
		自卸车
	摊铺平整	推土机
		平地机
	填层碾压	压路机
		小型夯实设备

4. 路隧、桥隧过渡段施工

路隧、桥隧过渡段施工主要流程包括过渡段地基处理，填挖交界、挖台阶，埋设地基沉降观测仪器，安装泄水管，取料，运输，按现场规划卸料，摊铺平整，填层碾压，压实检验，验收检验。

路隧、桥隧过渡段施工的主要机械如表 3-35 所示。

表 3-35　路隧、桥隧过渡段施工主要机械

施工内容	施工流程（与机械相关）	主要施工机械
路隧、桥隧过渡段施工	填挖交界、挖台阶	挖掘机
		自卸车
	取料，运输，按现场规划卸料	装载机
		自卸车
	摊铺平整	推土机
		平地机
	填层碾压	压路机
		小型夯实设备

3.2.5　路基支挡支护工程施工

路基支挡支护工程施工包括重力式挡土墙、短卸荷板式挡土墙、悬臂式和扶壁式挡土墙、锚杆挡土墙、锚定板挡土墙、加筋土挡土墙、土钉墙、抗滑桩、桩板式挡土墙、预应力锚索等的施工。

1. 重力式挡土墙施工

重力式挡土墙以墙身自重来维持挡土墙在土压力作用下的稳定。

重力式挡土墙施工主要流程包括边坡清理、地表截排水，测量放样，基坑开挖，基础模板安装、混凝土浇筑，墙身模板安装、混凝土浇筑，填塞沉降缝，填筑墙前、后基坑混凝土和隔水层，铺设反滤层或土工布、清理泄水管，安装帽石模板，浇筑帽石混凝土。

重力式挡土墙施工的主要机械如表 3-36 所示。

表 3-36　重力式挡土墙施工主要机械

施工内容	施工流程（与机械相关）	主要施工机械
重力式挡土墙施工	边坡清理、地表截排水，基坑开挖	挖掘机
		自卸车
	基础混凝土浇筑	振捣设备
	墙身混凝土浇筑	混凝土输送泵或汽车起重机
		振捣设备
	填筑墙前、后基坑混凝土和隔水层，浇筑帽石混凝土	汽车起重机
		振捣设备

2. 短卸荷板式挡土墙施工

卸荷式挡土墙指在墙背设置卸荷平台或卸荷板，以减少墙背土压力和增加稳定力矩，用填土重量和墙身自重共同抵抗土体侧压力的挡土结构。

短卸荷板式挡土墙施工主要流程包括边坡清理、地表截排水，测量放样，基坑开挖，浇筑基础混凝土，安装下墙身模板、浇筑混凝土，绑扎卸荷板垫板钢筋、安装模板、浇筑混凝土，绑扎卸荷板钢筋、安装模板、浇筑混凝土，安装上墙身模板、浇筑混凝土，安装帽石模板、浇筑混凝土。

短卸荷板式挡土墙施工的主要机械如表 3-37 所示。

表 3-37　短卸荷板式挡土墙施工主要机械

施工内容	施工流程（与机械相关）	主要施工机械
短卸荷板式挡土墙施工	边坡清理、地表截排水，基坑开挖	挖掘机
		自卸车
	浇筑基础混凝土，浇筑下墙身混凝土	振捣设备
	浇筑卸荷板垫板混凝土，浇筑卸荷板混凝土，浇筑上墙身混凝土，浇筑帽石混凝土	混凝土输送泵或汽车起重机
		振捣设备

3. 悬臂式和扶壁式挡土墙施工

悬臂式挡土墙由底板和固定在底板上的直墙构成，主要靠底板上的填土重量来维持稳定的挡土墙。扶壁式挡土墙指的是沿悬臂式挡土墙的立臂，每隔一定距离加一道扶壁，将立壁与踵板连接起来的挡土墙。

悬臂式和扶壁式挡土墙施工主要流程包括整平场地；测量放样；开挖基坑；填筑碎石垫层；绑扎墙趾板、墙踵板、悬臂板或立壁板和扶壁钢筋，安装模板，浇筑底部混凝土；安装悬臂板或立壁板和扶壁模板，浇筑混凝土；安装帽石模板，浇筑混凝土。

悬臂式和扶壁式挡土墙施工的主要机械如表3-38所示。

表3-38 悬臂式和扶壁式挡土墙施工主要机械

施工内容	施工流程（与机械相关）	主要施工机械
悬臂式和扶壁式挡土墙施工	整平场地，开挖基坑	挖掘机
		自卸车
	填筑碎石垫层	自卸车
		挖掘机
	浇筑墙趾板、墙踵板、悬臂板或立壁板和扶壁底部混凝土，浇筑悬臂板或立壁板和扶壁混凝土，浇筑帽石混凝土	混凝土输送泵或汽车起重机
		振捣设备

4. 锚杆挡土墙施工

锚杆挡土墙指利用锚杆技术建筑的挡土墙，由钢筋混凝土墙面和锚杆组成，依靠锚固在岩层内的锚杆的水平拉力来承受土体侧压力。

锚杆挡土墙施工主要流程包括边坡清理、堑顶地表截排水，搭设钻孔平台，测量放样，钻进，清孔，注浆、补浆，安放肋柱钢筋笼、穿锚杆，安装模板，浇筑锚墩混凝土，安装锚垫板，上紧锚杆螺母，锚杆头防锈处理、防水封闭，安装墙面板。

锚杆挡土墙施工的主要机械如表3-39所示。

表3-39 锚杆挡土墙施工主要机械

施工内容	施工流程（与机械相关）	主要施工机械
锚杆挡土墙施工	边坡清理、堑顶地表截排水	挖掘机
		自卸车
	钻进	锚孔钻机
	清孔	空气压缩机
	注浆、补浆	压浆机
	浇筑锚墩混凝土	混凝土输送泵
		汽车起重机
		振捣设备

5. 锚定板挡土墙施工

锚定板挡土墙由墙面板、钢拉杆、锚定板和填料组成。钢拉杆外端与墙面板连接，内端与锚定板连接。通过钢拉杆，依靠埋置在填料中的锚定板所提供的抗拔力来维持挡土墙的稳定。

锚定板挡土墙施工主要流程包括边坡清理、地表截排水，测量放线，基坑开挖，基础模板安装、混凝土浇筑，摊铺、压实墙后填料，安装拉杆和锚定板。

锚定板挡土墙施工的主要机械如表3-40所示。

表3-40 锚定板挡土墙施工主要机械

施工内容	施工流程（与机械相关）	主要施工机械
锚定板挡土墙施工	边坡清理、地表截排水，基坑开挖	挖掘机
		自卸车
	基础混凝土浇筑	振捣设备
	摊铺、压实墙后填料	自卸车
		推土机
		挖掘机
		压路机
		小型夯实设备

6. 加筋土挡土墙施工

加筋土挡土墙是在土中加入拉筋，利用拉筋与土之间的摩擦作用，改善土体的变形条件和提高土体的工程特性，从而达到稳定土体的目的。

加筋土挡土墙施工主要流程包括边坡平整，测量放线，基坑开挖，基础模板安装、浇筑基础混凝土、填塞沉降缝，摊铺、平整、压实墙后第一层填料,安装墙面板(预设仰斜坡),铺设拉筋,分层摊铺、压实墙后填料,安装帽石模板、浇筑帽石混凝土。

加筋土挡土墙施工的主要机械如表3-41所示。

表3-41 加筋土挡土墙施工主要机械

施工内容	施工流程(与机械相关)	主要施工机械
加筋土挡土墙施工	边坡平整,基坑开挖	挖掘机
		自卸车
	浇筑基础混凝土	振捣设备
	摊铺、平整、压实墙后第一层填料,分层摊铺、压实墙后填料	自卸车
		推土机
		挖掘机
		压路机
		小型夯实设备
	安装帽石模板、浇筑帽石混凝土	汽车起重机
		振捣设备

7. 土钉墙施工

土钉墙是由设置于天然边坡或开挖形成的边坡中的加筋杆件及护面板形成的挡土体系,用于改良原位土体的性能,并与原位土体共同工作形成重力挡土墙式的轻型支挡结构,从而提高整个边坡的稳定性。

土钉墙施工主要流程包括边坡清理、堑顶地表截排水,搭设钻孔平台,孔位测量放样,钻进至设计深度,清孔,安装土钉、注浆管,注浆、补浆,清理边坡,喷射第一层混凝土,挂网、网与土钉连接,喷射第二层混凝土,整平混凝土表面,养护。

土钉墙施工的主要机械如表3-42所示。

表3-42 土钉墙施工主要机械

施工内容	施工流程(与机械相关)	主要施工机械
土钉墙施工	边坡清理、堑顶地表截排水	挖掘机
		自卸车
	钻进至设计深度	钻机
	清孔	空气压缩机
	注浆、补浆	注浆泵
	喷射混凝土	混凝土喷射泵

8. 抗滑桩施工

抗滑桩是穿过滑坡体深入于滑床的桩柱,用以支挡滑体的滑动力,起稳定边坡的作用。

抗滑桩施工主要流程包括整平孔口地面、完成地表截排水和防渗处理、桩位测量放样、开挖孔口、浇筑锁口混凝土、绑扎护壁钢筋、安装护壁模板、浇筑护壁混凝土、拆模、开挖下一节段并浇筑护壁混凝土、挖至桩底、下桩身钢筋笼、浇筑桩身混凝土、成桩质量检测。

抗滑桩施工的主要机械如表3-43所示。

表3-43 抗滑桩施工主要机械

施工内容	施工流程(与机械相关)	主要施工机械
抗滑桩施工	整平孔口地面、完成地表截排水和防渗处理、开挖孔口	挖掘机
		自卸车
	浇筑锁口混凝土	振捣设备
	绑扎护壁钢筋、安装护壁模板、浇筑护壁混凝土、开挖下一节段并浇筑护壁混凝土、挖至桩底	风镐
		空气压缩机
		卷扬机
		振捣设备
	下桩身钢筋笼	汽车起重机
	浇筑桩身混凝土	混凝土输送泵
		振捣设备

9. 桩板式挡土墙施工

桩板式挡土墙指钢筋混凝土桩和挡土板组成的轻型挡土墙,在深埋的桩柱间用挡板挡住土体。

桩板式挡土墙施工主要流程包括整平孔口地面,完成地表截排水和防渗处理,开挖桩孔、翼缘基坑,浇筑翼缘基坑混凝土垫层,下桩体钢筋笼、绑扎翼缘钢筋骨架,安装桩、翼缘模板,浇筑桩、翼缘混凝土,开挖桩间土,安装墙面板,安装帽石模板、浇筑帽石混凝土。

桩板式挡土墙施工的主要机械如表3-44所示。

表 3-44　桩板式挡土墙施工主要机械

施工内容	施工流程(与机械相关)	主要施工机械
桩板式挡土墙施工	整平孔口地面、完成地表截排水和防渗处理	挖掘机
		自卸车
	开挖桩孔、翼缘基坑，浇筑翼缘基坑混凝土垫层	风镐
		空气压缩机
		卷扬机
		振捣设备
	下桩身钢筋笼	汽车起重机
	浇筑桩、翼缘混凝土	混凝土输送泵
		振捣设备
	开挖桩间土	挖掘机
		自卸车
	安装墙面板	汽车起重机
	浇筑帽石混凝土	汽车起重机
		振捣设备

10. 预应力锚索施工

预应力锚索指采取预应力方法把锚索锚固在岩体内部的索状支架，用于加固边坡。

预应力锚索施工主要流程包括边坡清理，测试孔位、倾角，搭设钻孔平台，钻孔，清孔，安放锚索，注浆、补浆，安装垫墩模板，浇筑混凝土，安装锚具，锚索张拉，应力测试，切割锚索，封锁，锚头涂防腐剂。

预应力锚索施工的主要机械如表 3-45 所示。

表 3-45　预应力锚索施工主要机械

施工内容	施工流程(与机械相关)	主要施工机械
预应力锚索施工	钻孔	锚孔钻机
	清孔	空气压缩机
	注浆、补浆	注浆泵
	安装垫墩模板、浇筑混凝土	汽车起重机
		振捣设备
	锚索张拉	千斤顶
		高压油泵

3.2.6　路基边坡防护施工

路基边坡防护施工包括植物防护、预制件防护、现浇混凝土防护、锚杆(索)框架梁防护等。

1. 植物防护施工

1) 种草防护施工

草能覆盖表土，防止雨水冲刷，调节土的温度，防止裂缝产生，固结表面土壤，防止坡面风化剥落，加强路基的稳定性。

种草防护施工主要流程包括边坡成形、表土整理、施肥、播种、养护、补播。

种草防护施工的主要机械如表 3-46 所示。

表 3-46　种草防护施工主要机械

施工内容	施工流程(与机械相关)	主要施工机械
种草防护施工	播种	搅拌机
		液压喷播机
	养护	喷雾器
		洒水车
	补播	液压喷播机

2) 固土网垫植草防护施工

固土网垫植草施工主要流程包括平整坡面、覆土湿润、挂网、覆种植土、播种、养护。

固土网垫植草防护施工的主要机械如表 3-47 所示。

表 3-47　固土网垫植草防护施工主要机械

施工内容	施工流程(与机械相关)	主要施工机械
固土网垫植草防护施工	覆土湿润	洒水车
	播种	搅拌机
		液压喷播机
	养护	喷雾器
		洒水车

3) 植树防护施工

植树防护适宜于各种土质边坡和严重风化的岩石边坡，但在经常浸水、盐渍土和经常干涸的边坡上及粉质土边坡上不宜采用。

植树防护施工主要流程包括定点放线、刨坑(挖穴)、运苗与假植、移栽的修剪、栽植、养护管理。

植树防护施工的主要机械如表 3-48 所示。

表 3-48 植树防护施工主要机械

施工内容	施工流程(与机械相关)	主要施工机械
植树防护施工	刨坑(挖穴)	小型挖掘机
	栽植,养护管理	洒水车
		喷雾器

4）喷混植生绿化防护施工

喷混植生绿化防护适用于路堤边坡防护,是使用喷播机将拌和均匀的草种、种植土、其他基材组成的混合物按设计厚度喷射到挂网的坡面上,通过植被根系的力学加固,既达到稳定边坡又达到绿化环境、改善生态环境的目的。

喷混植生绿化防护施工主要流程包括边坡整理、安设锚杆、挂镀锌铁丝网、喷播基材混合物、泄水管安装、养生及养护。

喷混植生绿化防护施工的主要机械如表 3-49 所示。

表 3-49 喷混植生绿化防护施工主要机械

施工内容	施工流程(与机械相关)	主要施工机械
喷混植生绿化防护施工	喷播基材混合物	液压喷播机
	养生及养护	洒水车
		喷雾器

2. 预制件防护施工

预制件主要是指采用混凝土材料,按设计图纸要求在预制厂集中预制成形的半成品或成品混凝土构件,待强度达到一定要求后运至施工现场,直接砌筑于边坡上。

预制件防护施工主要流程包括坡面处理、预制块预制、预制块运输、铺砌预制块、种植植被、养生及养护。

预制件防护施工的主要机械如表 3-50 所示。

表 3-50 预制件防护施工主要机械

施工内容	施工流程(与机械相关)	主要施工机械
预制件防护施工	预制块运输	自卸车
	种植植被、养生及养护	洒水车
		喷雾器

3. 现浇混凝土防护施工

现浇混凝土防护一般有肋条骨架护坡和拱形截水骨架护坡两种形式。

现浇混凝土防护施工主要流程包括坡面平整、测量放线、开挖沟槽、基底平整、立模、浇筑混凝土、养护。

现浇混凝土防护施工的主要机械如表 3-51 所示。

表 3-51 现浇混凝土防护施工主要机械

施工内容	施工流程(与机械相关)	主要施工机械
现浇混凝土防护施工	浇筑混凝土	汽车起重机
		振捣设备

4. 锚杆(索)框架梁防护施工

锚杆(索)框架梁防护是利用现浇钢筋混凝土框架进行边坡的坡面防护,并通过锚杆(索)锚固坡体的一种边坡防护技术。

锚杆(索)框架梁防护施工主要流程包括测量定位,开挖梁体雏形,钻孔、清孔,安装锚杆(索),注浆,制作框架梁,立模,浇筑混凝土,养护。

锚杆(索)框架梁防护施工的主要机械如表 3-52 所示。

表 3-52 锚杆(索)框架梁防护施工主要机械

施工内容	施工流程(与机械相关)	主要施工机械
锚杆(索)框架梁防护施工	钻孔	锚孔钻机
	清孔	空气压缩机
	安装锚杆(索)	砂轮切割机
		千斤顶
		高压油泵
	注浆	双桶搅拌机
		灌浆机
	浇筑混凝土	汽车起重机
		振捣设备

3.2.7 路基防排水施工

路基防排水施工包括地面防排水施工、地下防排水施工等。

1. 路基地面防排水施工

路基地面防排水是在道路设计过程中因地制宜地采取各种排水设施,减少对路面的伤害。一般铁路路基地面防排水设施包括路堑堑顶天沟、路堑侧沟、路堤排水沟、横向排水槽。

路堑堑顶天沟一般设置在挖方路基边坡坡顶以外,用以拦截并排除路堑上方流向路基的地面径流。其主要施工流程包括测量放线、机械开挖、人工配合清理、基础浇筑、立模、墙身浇筑、养护、拆模。

路堑侧沟设置于基床两侧,用来排除路基基床和路堑边坡的径流。其主要施工流程包括测量放线、机械开挖、人工配合清理、钢筋绑扎、基础混凝土浇筑、立模、墙身混凝土浇筑、养护、拆模。

路堤排水沟位于路堤坡脚,主要作用是引水,将路基范围内的各种水源(天沟、侧沟、路堤基床与边坡等)引至桥涵或路基范围以外的指定地点。其主要施工流程包括测量放线、机械开挖、人工配合清理、槽底夯实、基础浇筑、立模、墙身浇筑、混凝土振捣、养护、拆模。

横向排水槽施工主要流程包括测量放线、开挖沟槽、安装。

路基地面防排水施工的主要机械如表3-53所示。

表3-53 路基地面防排水施工主要机械

施工内容	施工流程(与机械相关)	主要施工机械
路基地面防排水施工	机械开挖	挖掘机
	槽底夯实	小型夯实设备
	混凝土浇筑	混凝土输送泵
	混凝土振捣	振捣设备
	开挖沟槽	小型挖掘机

2. 路基地下防排水施工

路基地下防排水设施主要有盲沟、渗沟和仰斜式排水孔等。

盲沟指在路基或地基内设置的充填碎、砾石等粗粒材料并铺以倒滤层(有的其中埋设透水管)的排水、截水暗沟。其主要施工流程包括测量放样、沟槽开挖、铺底混凝土浇筑、铺土工布、铺设渗水管、渗水料分层夯填、包裹土工布、沟顶回填。

渗沟是为降低地下水位或拦截地下水,设置在地下或路堑边坡内的设施。其主要施工流程包括测量放样、沟槽开挖、不透水层施工(铺设不透水土工布,其上浆砌片石或浇筑混凝土)、反滤层施工、与排水层同步施工、排水层施工、封闭层施工。

仰斜式排水孔是采用小直径的排水管在边坡体内排除深层地下水的有效设施。其主要施工流程包括测量放样、钻孔施工、增设大直径钢套管跟进、安装排水管、拔出钢套管。

路基地下防排水施工的主要机械如表3-54所示。

表3-54 路基地下防排水施工主要机械

施工内容	施工流程(与机械相关)	主要施工机械
路基地下防排水施工	沟槽开挖	挖掘机
	混凝土振捣	振捣设备
	钻孔施工	钻机

3.2.8 路基相关工程施工

路基相关工程施工包括电缆槽(井)、接触网支柱基础、声屏障基础、综合接地及预埋过轨管线、防护栅栏等的施工。

1. 电缆槽(井)施工

路基上的电缆槽包括通信、信号、电力电缆槽和电缆井。

电缆槽施工主要流程包括测量放样、机具就位、切割电缆槽位、基底压实检测、铺设中粗砂及土工布、安装电缆槽、节间接口处理、混凝土路肩施工、安装盖板、槽顶沥青涂抹。

电缆井施工主要流程包括测量定位、开挖、夯实基底、砂浆找平、钢筋绑扎、基础混凝土浇筑、墙身立模、安装预埋件、墙身混凝土浇筑、养护、拆模。

电缆槽(井)施工的主要机械如表3-55所示。

表3-55 电缆槽(井)施工主要机械

施工内容	施工流程(与机械相关)	主要施工机械
电缆槽(井)施工	开挖	开槽设备
		小型挖掘机
	夯实基底	小型夯实设备
	安装电缆槽	自卸车
		起重机
	基础混凝土浇筑,墙身混凝土浇筑	振捣设备

2. 接触网支柱基础施工

接触网支柱基础施工主要流程包括测量定位、钻进、检孔、清孔、吊装钢筋笼、浇筑混凝土、安装模板及预埋螺栓、基础养护。

接触网支柱基础施工的主要机械如表3-56所示。

表3-56 接触网支柱基础施工主要机械

施工内容	施工流程（与机械相关）	主要施工机械
接触网支柱基础施工	钻进	小型旋挖钻
	吊装钢筋笼	汽车起重机
	浇筑混凝土	振捣设备

3. 路基声屏障基础施工

路基声屏障分为整体式和插板式两类，其基础均适合在路基整体成形后、轨道铺设和电缆槽施工前施工。

整体式路基声屏障基础施工主要流程包括测量放样、基础切割开槽、钻机就位、钻孔至设计深度、埋设锚杆钢筋并注浆、素混凝土基底找平、基础钢筋绑扎并立模、浇筑基础混凝土、基础养护。

插板式路基声屏障基础施工主要流程包括测量放样、钻孔、安放钢筋笼、浇筑混凝土、基础养护。

路基声屏障基础施工的主要机械如表3-57所示。

表3-57 路基声屏障基础施工主要机械

施工内容	施工流程（与机械相关）	主要施工机械
路基声屏障基础施工	钻孔	小型挖掘机
		小型旋挖钻
	安放钢筋笼	汽车起重机
	浇筑混凝土	振捣设备

4. 综合接地及预埋过轨管线施工

综合接地系统是将铁路沿线的牵引供电回流系统、电力供电系统、信号系统、通信及其他电子信息系统、建筑物、道床、站台、桥梁、隧道、声屏障等需接地的装置通过贯通地线连成一体的接地系统。

综合接地系统施工主要流程包括接地位置测量定位、开挖沟槽、敷设贯通综合地线、分支地线连接、回填细砂、接地电阻测试。

预埋过轨管线施工主要流程包括管道测量定位、基槽开挖、管槽基底处理、预埋过轨管线、管周回填。

综合接地及预埋过轨管线施工的主要机械如表3-58所示。

表3-58 综合接地及预埋过轨管线施工主要机械

施工内容	施工流程（与机械相关）	主要施工机械
综合接地及预埋过轨管线施工	基槽开挖	小型挖掘机
		空气压缩机
		风镐
	管周回填	小型挖掘机

5. 防护栅栏施工

铁路防护栅栏主要分为镀锌防护栅栏、浸塑防护栅栏两大种类，是以立柱加网片连接而成的。

防护栅栏施工主要流程包括场地整平、测量放线、基坑开挖、安放预制立柱、浇筑立柱基础混凝土、安装防护网片或者组合构件。

防护栅栏施工的主要机械如表3-59所示。

表3-59 防护栅栏施工主要机械

施工内容	施工流程（与机械相关）	主要施工机械
防护栅栏	场地整平，基坑开挖	小型挖掘机
	安放预制立柱	汽车起重机
	浇筑立柱基础混凝土	振捣设备

3.3 路基相关技术标准及规范

铁路路基标准及规范涉及路基设计、施工、验收、机械配置等，具体情况如表3-60所示。

表3-60 铁路路基技术标准及规范

序号	资料名称	标准代号
1	《高速铁路路基工程施工技术规程》	Q/CR 9602—2015
2	《铁路路基工程施工机械配置技术规程》	Q/CR 9224—2015
3	《铁路路基设计规范》	TB 10001—2016
4	《铁路路基工程施工质量验收标准》	TB 10414—2018
5	《高速铁路路基工程施工质量验收标准》	TB 10751—2018

第4章

选型与配备

铁路路基施工机械的选型是指按铁路施工工艺工法,根据工程对象和作业效率选择作业机械;配备是指根据工程量和工期,用理论计算方法或者现场实际经验总结出科学的方法,它以高效、经济、合规为原则,按照设计文件、合同、工艺工法、工作量、工期确定机械组合方式和数量。路基施工机械的选型与配备是轨道施工的关键,决定能否科学合理地组织机械施工,能否最有效地按照工期保证质量完成作业,能否成本最低、效益最好地组织施工。

路基施工机械根据路基的组成进行划分,包括地基处理施工机械、路堤施工机械、路堑施工机械、过渡段施工机械、路基支挡工程施工机械、路基边坡防护施工机械、路基防排水施工机械、堆载预压填筑施工机械、路基相关工程施工机械等。

4.1 地基处理施工机械选型与配备

地基处理施工机械包括原地面处理机械、换填施工机械、钻孔灌注桩施工机械、灰土(水泥土)挤密桩施工机械、搅拌桩施工机械、旋喷桩施工机械、堆载预压填筑施工机械、CFG桩施工机械、钢筋混凝土预制桩施工机械、桩帽和桩板结构及筏板施工机械、岩溶及洞穴处理施工机械、砂(碎石)垫层施工机械、冲击(振动)施工机械、强夯及强夯置换机械、真空预压施工机械、砂(碎石)桩施工机械、柱锤冲扩桩施工机械、塑料排水板施工机械、袋装砂井施工机械等。

4.1.1 原地面处理施工机械

原地面处理施工机械主要有挖掘机、推土机、装载机、压路机、自卸车、小型夯实设备等。

1. 设备选型

1) 挖掘机的选型

挖掘机的选型要考虑原地面处理土方量、作业环境、作业面积等因素。

根据现场作业最大高度、深度及挖掘距离,选择挖掘机大小及臂长;根据挖掘工况的软硬程度,选择铲斗的类型,岩石土况选用岩石斗(大岩石破碎选用破碎器),清淤选用清淤斗,其他工况选用标准斗;根据施工组织设计、原地面处理土方量和工期,计算日开挖方量;根据挖掘机功效,选择最经济的挖掘机斗容量;根据斗容量,匹配相应的挖掘机规格/型号。挖掘机日工作量按下式计算:

$$M = Q_{总}/(T \cdot n \cdot K_p) \quad (4\text{-}1)$$

式中,M 为挖掘机日工作量,$m^3/(天 \cdot 台)$;$Q_{总}$ 为挖掘机施工总量,m^3;T 为挖掘机施工总工期,天;n 为工作面允许(计划)投入挖掘机工作数量,台;K_p 为土的可松性系数。

2) 推土机的选型

推土机的选型要考虑原地面处理施工土方工程量、土的性质、作业条件等因素。

当土质较为密实、坚硬或是冬季冻土时选用大型或带松土器的推土机,当土质潮湿软泥时选用宽履带湿地推土机;根据作业环境选择标准型、湿地型、高原型、沙漠型、森林伐木型、岩石型;短距离推动作业时选择履带式推土机,长距离推动作业时选择轮式推土机;根据推土机日工作量,选择推土机规格/型号。土方量与推土机规格/型号的匹配关系见式(4-1)。式中,M 为推土机日工作量,$m^3/(天·台)$;$Q_总$ 为推土机施工总量,m^3;T 为推土机施工总工期,天;n 为工作面允许(计划)投入推土机工作数量,台。

3) 装载机的选型

装载机的选型要考虑原地面处理施工土方工程量、作业条件等因素。

在作业点集中、不经常移动、路面条件较差的场所,选择履带式装载机;在路面条件较好的场所,选择轮式装载机;若工作环境较宽敞,应选用 5 t 以上的装载机,以提高作业效率、降低施工成本;当作业量相对较小时可选用 3~4 t 的装载机,当作业量特别小时应选用 3 t 以下的装载机;根据装载机日工作量,选择装载机规格/型号。土方量与装载机规格/型号的匹配关系见式(4-1)。式中,M 为装载机日工作量,$m^3/(天·台)$;$Q_总$ 为装载机施工总量,m^3;T 为装载机施工总工期,天;n 为工作面计划投入装载机工作数量,台。

4) 压路机的选型

压路机的选型要考虑现场施工压实面积、压实度等因素。

压路机的碾压效率和压实效果与其自重成正比。铁路路基施工主要使用振动压路机,振动压路机分为单钢轮振动压路机和双钢轮振动压路机。路基及路面基层的压实选择单钢轮振动压路机,路面面层压实选择双钢轮振动压路机。

机械单钢轮振动压路机压实路基时,优先选用 18 t 以上的振动压路机,碾压速度为 2~4 km/h;压实填石路基时,选用中型及重型机械单钢轮振动压路机,整机质量在 18 t 以上,振动频率为 27~35 Hz,振幅为 1.5~1.8 mm;压实石灰稳定土用于底基层施工路基时,选用 12 t 以上的振动压路机;压实水泥稳定土路基时,选用整机质量在 18 t 以上、碾压速度在 1.5~2.5 km/h 的振动压路机。用于沥青混合料初压时,宜采用 8~13 t 双钢轮振动压路机,碾压速度在 2~3 km/h。

5) 自卸车的选型

自卸车的选型要考虑装载设备的容积、道路状况、作业场地地质情况等因素。

根据已采用的挖掘机、装载机等设备铲斗容积选型,自卸车的车厢容积与铲斗容积应有一定的合理比值;当作业环境较差,地形复杂、道路弯道多且坡度较大,运输量较少时,宜选用规格/型号较小的自卸车。自卸车选型与装车设备斗容量的关系按下式计算:

$$M = N \cdot m \cdot K_p \qquad (4-2)$$

式中,M 为自卸车车厢容积,m^3;m 为装车设备铲斗容积,m^3;N 为按 3~5 配比;K_p 为土的可松性系数。

6) 小型夯实设备的选型

小型夯实设备选型要考虑地质条件、冲击力等因素。铁路施工中常用的小型夯实设备有振动夯、冲击夯实机和夯实板,冲击力一般都小于 1 tf。非黏性土、砾石、碎石的压石选振动夯,黏土、砂质黏土和灰土的夯实作业选择冲击夯实机或夯实板。

2. 设备配备

1) 推土机、装载机、挖掘机、压路机配备

挖掘机、装载机、推土机、压路机均是根据其总施工量 $Q_总$、施工总工期 T 要求,结合自身生产率 Q 计算配置数量 N,即

$$N = \frac{YQ_总}{TQ} \qquad (4-3)$$

式中,$Q_总$ 为挖掘机、装载机、推土机、压路机中某种机械的总施工量;T 为挖掘机、装载机、推土机、压路机中某种机械的总工期;Q 为挖掘机、装载机、推土机、压路机中某种机械的生产率;Y 为备用系数,受天气、设备可靠性等影响,根据经验取得。

(1) 推土机生产率

推土机小时生产率为

$$P_h = \frac{3600q}{tK_p} \quad (4\text{-}4)$$

式中,P_h 为推土机小时生产率,m^3/h;q 为推土机每一循环完成的推土量,m^3;t 为推土机每一循环延续时间,s;K_p 为土的可松性系数。

推土机台班生产率为

$$Q = 8P_hK_b \quad (4\text{-}5)$$

式中,Q 为推土机台班生产率,$m^3/$台班;P_h 为推土机小时生产率,m^3/h;K_b 为工作时间利用系数,一般取 0.72~0.75。

(2)装载机生产率

如果装载机只在作业场地进行装卸,不担负远距离的运输任务,则其生产率由下式确定:

$$Q = \frac{3600V_H r K_L K_m}{T} \quad (4\text{-}6)$$

式中,Q 为装载机生产率,t/h;V_H 为额定铲斗容量,m^3;r 为物料密度,t/m^3;K_L 为装载机时间利用系数,取 K_L=0.75~0.85;K_m 为铲斗装满系数,取决于所装物料的种类、状态、块度,铲斗的形态,以及装载机的结构和驾驶员的熟练程度。对于容易装载的物料,松散的或成堆的、不需铲掘的、很易堆积在铲斗中的普通土和砂,取 K_m=1.0~1.25;对中等程度装载的物料,松散的或堆积的砂、砂壤土,或由山地直接铲掘的松软砂土,取 K_m=0.75~1.0;对较困难装载的物料,如难以装满铲斗的硬黏质土、黏土、凝固的砾质土,取 K_m=0.65~0.75;对困难装载的物料,如用爆破或松土机采掘的石块、砾石,取 K_m=0.45~0.65。

如果装载机除了要在作业场地进行铲装作业,还要担负转运至其他场地进行卸载的任务,则其生产率称为装运生产率,用下式计算:

$$Q = \frac{3600V_H r K_L K_m}{T_b} \quad (4\text{-}7)$$

式中,Q 为装运生产率,t/h;T_b 为一个装运作业循环的总时间,s,约为装载作业所需要的基本时间 T 与运输时间 T_r 之和,即

$$T_b = T + T_r \quad (4\text{-}8)$$

其中,T_r 取决于车速和运输距离,可按下式计算:

$$T_r = 3.6\left(\frac{S}{v_m} + \frac{S}{v_0}\right) \quad (4\text{-}9)$$

式中,S 为装载机运输距离,m;v_m 为装载机满载平均行驶速度,km/h,与运输距离、路面状况有关;v_0 为装载机空载平均行驶速度,km/h。

(3)挖掘机生产率

液压反铲挖掘机生产效率可按下式计算:

$$Q = \frac{3600K_t q}{t_0} = \frac{3600K_t K_c q_0}{t_0 K_s} \quad (4\text{-}10)$$

式中,Q 为挖掘机的实际生产率,m^3/h;q_0 为挖掘机的铲斗标称重,m^3;q 为挖掘机的铲斗定额容量,m^3,可查表 4-1;t_0 为挖掘机每斗循环作业时间,s,可查表 4-2;K_t 为时间利用系数,一般取 0.75~0.85;K_c 为满斗率;K_s 为土石松散系数,可查表 4-3。

表 4-1 挖掘机铲斗定额容量 m^3

斗容量	松土		普通土		硬土		软石	次坚石/坚石
	非最佳	最佳	非最佳	最佳	非最佳	最佳		
≤0.6	0.47	0.52	0.44	0.48	0.41	0.45	0.38	0.34
≤1.0	0.78	0.86	0.73	0.80	0.68	0.74	0.63	0.56
≤1.25	0.98	1.08	0.91	1.00	0.84	0.93	0.79	0.70

注:"最佳"指挖掘机处于最佳挖掘深度时,"非最佳"指挖掘机未处于最佳深度时。小于 0.6 m^3 参照劳动定额 0.75 m^3。

表 4-2 挖掘机每斗循环作业时间　　　　　　　　　　　　　　　　　　　　　　　s

斗容量 /m³	不装车			装车				
	松土	普通土	硬土	松土	普通土	硬土	软石	次坚石/坚石
≤0.6	8	9	10	9	10	12	10	12
≤1.0	14	18	21	15	19	22	27	31
≤1.25	15	20	24	17	22	26	31	35

表 4-3 挖掘机满斗率 K_c 和土石松散系数 K_s

斗容量 /m³	松土		普通土		硬土		软石	次坚石 /坚石
	非最佳	最佳	非最佳	最佳	非最佳	最佳		
K_c	0.98	1.08	0.98	1.08	0.98	1.08	0.95	0.90
K_s	1.25		1.35		1.45		1.5	1.6

注："最佳""非最佳",指挖掘机处于最佳、非最佳挖掘作业位置。

(4) 压路机生产率

压路机的生产率都按单位时间所压实的体积来计算,公式为

$$Q = \frac{3600(b-c)LhK_b}{\left(\frac{L}{v}+t\right)n} \quad (4-11)$$

式中,Q 为静力式光轮压路机的生产率,m³/h;b 为碾压带宽度,m;c 为相邻两碾压带的重叠宽度,一般 $c=0.15\sim0.25$m;L 为碾压地段长度,m;h 为铺土层压实后的厚度,m;v 为碾压行驶速度,m/s;t 为转弯掉头或换挡时间,转弯时间一般为 15~20 s,换挡时间一般为 2~5 s;n 为在同一点碾压的次数;K_b 为时间利用系数,一般为 0.8~0.9。

2) 自卸车配备

根据每日运输松方量配置自卸车数量,即

$$N = T_0 G/(TqK_1K_t) \quad (4-12)$$

式中,N 为在 T 时间内运输质量为 G 的货物所需要汽车的数量,辆;G 为运输货物的质量,t;q 为汽车的载质量,t/辆;T_0 为汽车的工作循环时间,h;K_1 为汽车吨位利用系数;K_t 为时间利用系数;T 为规定的时间,h。

【例 4-1】 某原地面处理施工工程土方量 540 000 m³,施工工期 2 个月,计算每日开挖方量为 9000 m³。选用 20 t 级的挖掘机,设备功效 180 m³/h,每天工作 8 h,则应配备 7 台挖掘机。根据每日运输松方量 1:1.3,自卸车工作循环为 2 趟/h,选用 25 m³ 的自卸车,则应配备 30 辆自卸车。

根据本节相关结合施工作业面,原地面处理施工机械按以下数量配置:压路机 1 台、推土机 1 台、装载机 1 台。具体设备配置数量见表 4-4。

表 4-4 原地面处理机械配置数量

序号	施工机械名称	技术指标	单位	参考值	配置数量	配置说明
1	挖掘机	铲斗容量	m³	≥1	7	根据总挖方量和开挖工期计算配置规格/型号、数量
2	压路机	整机质量	t	≥15	1	根据每日填筑松方量配置
3	推土机	功率	kW	≥103	1	根据每日填筑松方量配置
4	自卸车	整机质量	t	≥10	30	根据每日运输松方量配置
5	装载机	整机质量	t	≥5	1	每作业面配置
6	冲击压路机	载质量	t	≥10	1	设计需要时
7	小型夯实设备	冲击力	tf	≥1	1	每作业面配置

4.1.2 换填施工机械

换填施工机械主要有挖掘机、推土机、压路机、自卸车、装载机。

1. 设备选型

挖掘机、推土机、压路机、自卸车、装载机的选型参考 4.1.1 节。

2. 设备配备

【例 4-2】某换填施工工程土方量 54 000 m³，施工工期 2 个月，计算每日开挖方量为 900 m³；选用 20 t 级的挖掘机，设备功效 180 m³/h，每天工作 8 h，则应配备 1 台挖掘机；根据每日运输松方量 1∶1.3，自卸车工作循环为 2 趟/h，选用 25 m³ 的自卸车，则应配备 3 辆自卸车。

根据公式计算结合施工作业面积，换填施工机械按以下数量配置：挖掘机 1 台、压路机 1 台、推土机 1 台、装载机 1 台、自卸车 3 辆。具体设备配置数量见表 4-5。

表 4-5 路基换填施工机械配置数量

序号	施工机械名称	技术指标	单位	参考值	配置数量	配置说明
1	挖掘机	铲斗容量	m³	≥1	1	根据总挖方量和开挖工期计算配置规格/型号、数量
2	压路机	整机质量	t	≥15	1	根据每日填筑松方量配置
3	推土机	功率	kW	≥103	1	根据每日填筑松方量配置
4	自卸车	整机质量	t	≥10	3	根据每日运输松方量配置
5	装载机	整机质量	t	≥5	1	每作业面配置
6	抽排水设备	套	kW	≥3	1	根据地下水量配置
7	小型夯实设备	冲击力	tf	≥1	1	每作业面配置

4.1.3 钻孔灌注桩施工机械

钻孔灌注桩的施工机械有钻机及辅助设备。

1. 设备选型

1) 钻机的选型

钻机的选型需考虑地质条件、使用效率、环保性、经济性等因素。

针对地质条件，各种钻机的适用范围如表 4-6 所示。

表 4-6 各种钻机的适用范围

序号	钻机名称	铁路桥梁地质条件
1	旋挖钻机	各种土质地层、砂类土、砾石、卵石
2	冲击钻机	黏性土、砂类土、砾石、卵石、漂石、软硬岩层及各种复杂地质，但不宜在液化粉细砂地层使用
3	回转钻机	细粒土、粗粒土、含卵砾石量小于 20% 的卵砾石土、软岩
4	全套管钻机	黏性土层、砂类土，但不宜在地下水位下有厚于 5 m 细砂层时使用

续表

序号	钻机名称	铁路桥梁地质条件
5	螺旋钻机	细粒土、粗粒土，含砾量小于 30%、粒径小于 10 cm 的卵砾石土
6	潜水钻机	淤泥、黏性土、砂土，卵砾石粒径小于 10 cm、含量小于 20% 的碎石土
7	冲抓钻机	软土、细粒土、粗粒土、卵砾石土

在其他条件相同的情况下，对于不同地质条件，不同钻机的使用效率不同，具体如下：

① 对于填土层、黏性土层、粉土层、密实砂层等，效率从大到小依次为旋挖钻机、螺旋钻机、冲击钻机、回转钻机；

② 对于黏性土层、较松散砂层、淤泥质土层等，效率从大到小依次为旋挖钻机、潜水钻机、螺旋钻机、回转钻机；

③ 对于砂层、砾石层、砂砾夹层和卵砾夹层等，效率从大到小依次为旋挖钻机、回转钻

机、冲击钻机;

④ 对于软岩、硬岩等,效率从大到小依次为回转钻机、冲击钻机。

在环保性方面,旋挖钻机振动及噪声低,泥浆污染小;冲击钻机振动及噪声中度,泥浆污染大;回转钻机振动及噪声中度,泥浆污染大;全套管钻机振动及噪声中度,无泥浆污染;螺旋钻机振动及噪声低,泥浆污染小;潜水钻机振动及噪声低,泥浆污染小。

在经济性方面,对于不同的地质层,不同钻机的成本消耗不同,具体如下:

① 对于填土层、黏性土层、粉土层、密实砂层等,成本消耗从大到小依次为旋挖钻机、回转钻机、冲击钻机、螺旋钻机;

② 对于黏性土层、较松散砂层、淤泥质土层等,成本消耗从大到小依次为旋挖钻机、回转钻机、潜水钻机、螺旋钻机;

③ 对于砂层、砾石层、砂砾夹层和卵砾夹层等,成本消耗从大到小依次为旋挖钻机、回转钻机、冲击钻机;

④ 对于软岩、硬岩等,成本消耗从大到小依次为回转钻机、冲击钻机。

(1) 旋挖钻机的选型

旋挖钻机按底盘结构分为履带式旋挖钻机、轮式旋挖钻机和步履式旋挖钻机3种类型。根据现场施工的环境及需求,当现场环境恶劣、工期紧张时,可以选择履带式旋挖钻机;当现场环境较好、需要移动灵活时,可选用轮式旋挖钻机;当对经济性要求高时,可选用步履式旋挖钻机。

旋挖钻机按规格大小分为超小型机、小型机、中型机、大型机,根据钻杆、钻具、动力头的配置要求,结合钻机扭矩、钻孔直径、成孔深度等,进行研究后确定其规格,具体可参考表4-7。

表 4-7 旋挖钻机选型参考表

项 目	超 小 型 机	小 型 机	中 型 机	大 型 机
动力头扭矩/(kN·m)	40~60	80~100	120~240	大于240
发动机功率/kW	90以下	150以下	240以下	250以上
钻孔直径/m	0.35~1.0	0.4~1.3	0.6~2.0	1.0~3.5
成孔深度/m	28以内	48以内	60左右	125
整机质量/t	25以下	20~40	40~80	80以上
适用范围	适用于狭窄地方、低净空的施工,各种小于1m的桩	各种小于1.3m的桩	各种铁路桥梁的桥桩	各种铁路特大桥桩

① 钻杆。钻杆要将动力头的全部扭矩一直传递到孔底的钻头上,并且还要将加压液压缸的压力、动力头自重和钻杆自重等钻压稳定地传递到几十米以下的钻头上,因此当钻进较坚硬的地层时,钻杆既要同时承受大扭矩和大钻压,还要克服很大的弯矩,这使钻杆的受力条件变得非常复杂,如果钻杆本身的能力达不到要求,则很容易损坏。因此,选择钻杆时需考虑以下几点:

(a) 根据钻机的钻进能力参数、钻孔直径、可钻深度,按 $D/d=4.5$ 的经验比值确定钻杆直径 d(钻杆外径),其中 D 为钻孔直径。钻杆最大允许长度要根据桅杆有效高度和自重条件下的稳定性确定,再根据钻机设计孔深和每根钻杆的有效使用长度确定钻杆的节数。

(b) 钻杆类型的选择。钻杆分摩擦式和机锁式两类,根据地层情况决定选用哪种类别。一般地层(如土层、砂层、砂砾层、淤泥地质层)选摩擦式钻杆;遇砾卵石、漂石层、硬质板砂和硬岩层时,选机锁式钻杆。

(c) 钻杆的重量。在选择钻杆时还必须考虑升降系统中主卷扬机的最大拉力能否与钻杆重量、钻头重量及钻渣重量相适应。

② 钻具。钻具的选型主要考虑施工土质的影响。一般情况下,地下水位以上的黏性土、粉土、填土、中等密实以上的砂土、风化岩

层选择短螺旋钻头；地下水位以下的黏性土、粉土、砂土、填土、碎石土及风化岩层选择回转斗；碎石土、中等硬度的岩石及风化岩层选择岩心螺旋钻头；风化岩层及有裂纹的岩石选择岩心回转斗。不同地质条件时钻头的选用如表4-8所示。

表4-8 不同地质条件时旋挖钻机钻头的选择

地 质	适用的钻头
黏土地质	选用单层底的旋挖钻斗。如果直径偏小，可采用两瓣斗或带卸土板的钻斗
淤泥，黏性不强土层，砂土，胶结较差、粒径较小的卵石层	可配用双层底的旋挖钻斗
硬胶泥地质	选用单进土口的(单双底皆可)旋挖钻斗或斗齿直螺
冻土层	含冰量少的可用斗齿直形螺钻斗和旋挖钻斗，含冰量大的可用锥形螺旋钻头。螺旋钻头用于土层(除淤泥外)皆有效，但常在没有地下水的情况下使用，以免产生抽吸作用造成卡死
胶结好的卵砾石和强风化岩石	需要配备锥形螺旋钻头和双层底的旋挖钻斗(粒径较大的用单口，粒径较小的用双口)
中风化基岩	配备截齿筒式取心钻头、锥形螺旋钻头、双层底的旋挖钻斗，或者截齿直形螺旋钻头、双层底的旋挖钻斗
微风化基岩	配备牙轮筒式取心钻头、锥形螺旋钻头、双层底的旋挖钻斗。如果直径偏大，可采取分级钻进工艺

③ 动力头。动力头可通过液压驱动、电动机驱动、发动机驱动，无论何种方式，都具备低速钻进、反转高速甩土功能。目前大都采用液压驱动，有双变量液压马达驱动、双速减速机驱动或低速大扭矩液压马达驱动等方式。动力头的钻进速度一般具有多挡，适合在多种工况下作业。电动机驱动一般采用特制的恒功率双速电动机，力矩大、过载能力强。

动力头的钻机速度与钻机扭矩密切相关。进行动力头选择时，应依据工程需要选择钻机扭矩，确保钻机能够可靠地工作在钻机的高效区。钻机的高效区一般指钻机在正常钻进时，平均进度为5 m/h以上。

(2) 冲击钻机的选型

冲击钻机分为正循环冲击钻机和反循环冲击钻机。在桩孔成形方面，一般在黏土、亚黏土、淤泥质土层、粉砂层施工时，为防止塌孔，仍然采用正循环冲击钻机，桩的垂直度比较好，但易缩径；在卵、砾石层施工中都采用反循环冲击钻机，因为其冲击力较大，容易塌孔，充盈系数偏大。反循环冲击钻机的充盈系数

则为1.25，在土层中的充盈系数冲击和回转钻机基本接近1.1。

选择冲击钻机时，钻孔直径和钻孔深度必须满足设计要求，冲击行程、冲击频率和冲锤质量决定钻机的工作效率。在其他条件不变的情况下，冲击行程越大，效率越高；冲击频率越大，单位时间内冲击次数越多；冲锤质量越大，冲击能越大。冲击钻机钻大直径桩孔时，为避免冲锤重量超过冲击钻机负荷，可采用分径成孔的办法解决，采用的锤重量以不超过机器负荷能力的70%为宜，一般采用二径成孔，最多三径成孔。但应注意分径成孔破坏了加固好的孔壁，应严格防止塌孔。

(3) 回转钻机的选型

回转钻机成孔灌注桩护壁效果好，成孔质量可靠，施工无噪声，机具设备简单、操作方便、费用较低，但成孔速度慢、效率低、用水量大、泥浆排放量大、污染环境，扩孔率较难控制。

(4) 全套管钻机的选型

全套管钻机施工时要根据地质条件、套管

直径、掘削深度等来选定机型,此外还要考虑能否将套管安全拔出。

① 套管周围摩擦力的计算。不同土质的单位摩擦力如表4-9所示。

表4-9 不同土质的单位摩擦力

地 质		单位摩擦力/(N/m²)	说明
套管启动时	混凝土	1000以下	静摩擦
	碎石	6000	
	砂砾 N<20	6000	
	砂砾 N≥20	7000	
	淤泥、砂、黏土 N<20	5000	
	淤泥、砂、黏土 N≥20	6000	
	软岩	3000	
	硬岩	1000以下	
套管回转中时,一般地层的平均值		2000~4000	动摩擦

② 起拔套管所需起拔力的计算。

(a) 启动时(还没有回转或摇动),仅仅起拔套管所需的起拔力必须满足以下条件:

$$P > C_w + B_w + f_1 \quad (4-13)$$

式中,P 为有效起拔力;C_w 为套管重量;B_w 为随着套管上下运动部分机器重量;f_1 为启动时套管周围的静摩擦力。

(b) 回转(摆动)与起拔同时动作时,如要启动套管必须满足以下条件:

$$\sqrt{T^2 + (P - C_w - B_w)^2} > f_1 \quad (4-14)$$

式中,T 为有效扭矩的圆周力,$T = 0.9 \times$ 额定扭矩$/R$(R 为套管半径,m)。

(c) 启动后,起拔套管所需的起拔力必须满足以下条件:

$$P > C_w + B_w + f_2 \quad (4-15)$$

式中,f_2 为回转中套管周围的动摩擦力。

(5) 螺旋钻机的选型

长螺旋钻机的选型要考虑地质条件、桩的尺寸、道路状况等因素,根据成孔的深度、成孔的直径选择钻机的规格/型号,要求钻机的有效钻孔深度、直径满足工程需求。一般选择钻机的有效钻孔深度不小于工程要求的钻孔深度,根据参数表选定钻机规格/型号。根据施工道路状况选择走行方式:液压步履式、履带式、车载式。具体选型如表4-10所示。

表4-10 长螺旋钻机选型配置表

参 数	规 格 型 号					
	CFG18	CFG20	CFG23	CFG26	CFG28	CFG30
成孔直径/mm	300~800	400~800	400~800	400~800	400~800	400~800
成孔深度/m	18	20	23	26	28	30
配置动力头功率/kW	37×2	45×2	45×2	55×2	55×2	55×2
最大提拔力/kN	240	240	240	400	400	400
动力头输出转速/(r/min)	21	21	21	21	16	16
输出扭矩/(kN·m)	34	39	39	48.5	63.7	63.7
走行步距/mm	1200	1200	1200	1500	1500	1800
回转角度/(°)	±90	±90	±90	±90	±90	±90
桩机质量/t	30	33	39.5	45	52	63.5

根据地质条件选择钻头,具体如下:

① 短螺旋钻头。土质地层选择土层短螺旋钻头;砂砾石层、砂卵石层、软中硬基岩的钻进选择嵌岩短螺旋钻头。较松软的粉土、砂土和砂砾石层选择螺距较大的平底钻头;黏土层选择多用锥底钻头;杂填土和较密实土层选择长齿耙式钻头;砂卵石层和基岩选择圆锥形硬质合金齿嵌岩钻头。当遇到较大的探头石时,

先用环形钻头切割后再用取石钻头捞取。

② 长螺旋钻头。黏性土层选择锥式钻头；松散土层选择平底钻头；杂填土选择把式钻头。桩径较大时，选择大直径螺旋钻头。

(6) 潜水钻机的选型

潜水钻机的选型要考虑钻孔直径、钻孔深度、扭矩和电动机功率等因素。

(7) 冲抓钻机的选型

冲抓钻机的选型要考虑冲锥类型、重量、钻孔深度等因素。

管锥冲击钻孔，应选择能调节冲击高度（即冲程）和冲击频率的钻机；当孔径大于 0.7 m 时，需分组钻进，应准备不同直径的管锥。选用的冲抓锥钻机应既能配合全护筒钻孔，也能配合顶护筒钻孔；冲抓锥的提绳应采用自挂钩单绳式；冲抓锥的锥瓣不宜超过 4 瓣，冲抓软土时选用长双瓣式，冲抓含砂、砾石的土质时选用短双瓣式；锥径（抓瓣张开时）应为孔径的 85%～90%，松散地层采用低限，较稳定地层采用高限；冲抓宜采用较重的锥；锥的高度不宜小于孔径的 1.5 倍。

2) 辅助设备的选型

常用的辅助设备有平整场地的挖掘机械、吊装护筒及钢筋笼的起重机械、钢筋加工机械、灌注混凝土的混凝土机械。

(1) 挖掘机械的选型

灌注桩施工中，挖掘机仅用于平整场地，工程量小，以选用机动性好的挖掘机为宜。挖掘机械选型可参考 4.1.1 节。

(2) 起重机械的选型

常用的起重机类型有汽车起重机和履带式起重机。起重机械选型的关键因素是起重质量、作业幅度和起升高度。

根据护筒及钢筋笼的重量，结合现场环境，确定起吊重量和作业幅度，再根据作业幅度和起重质量估算出起重力矩，筛选出满足此起重力矩的起重机规格/型号；根据护筒及钢筋笼需要吊起的高度，确定起升高度，结合作业幅度确定臂架组合与臂架幅度，据此查询起重性能表，可按从小吨位到大吨位的顺序查询，最终确定出能满足起重质量要求的具体规格/型号。

(3) 钢筋加工机械的选型

钢筋加工机械有钢筋切断机、电焊机、数控钢筋弯曲机、数控钢筋弯箍机、套丝机、钢筋笼滚焊机等。铁路桥梁桩基钢筋直径一般为 4～40 mm，根据钢筋直径选择钢筋加工机械的规格/型号，如表 4-11 所示。

表 4-11 钢筋加工机械规格/型号

序号	名称	规格/型号
1	钢筋切断机	加工钢筋直径 4～40 mm
2	电焊机	24～50 kW
3	数控钢筋弯曲机	最大钢筋直径 32 mm
4	数控钢筋弯箍机	弯曲范围 4～18 mm
5	套丝机	加工钢筋直径 16～40 mm
6	钢筋笼滚焊机	成品桩径 400～2000 mm

(4) 混凝土机械的选型

铁路钻孔灌注桩施工使用的混凝土机械有陆地混凝土机械和水下混凝土机械。陆地混凝土机械有混凝土搅拌站、混凝土搅拌运输车、混凝土泵车、插入式振动器、附着式振动器；水下混凝土机械主要有泥浆泵。这里主要介绍混凝土搅拌站和泥浆泵的选型。

① 混凝土搅拌站的选型。混凝土搅拌站的选型包含整机选型和部件选型。

(a) 整机选型。混凝土搅拌站分为单阶式混凝土搅拌站和双阶式混凝土搅拌站。现场对混凝土需求量大且工期紧张的，宜选用单阶式混凝土搅拌站；现场对混凝土需求量小且工期充足的，宜选用双阶式混凝土搅拌站。混凝土搅拌站的规格按混凝土年产量和特定工期要求进行计算，公式如下：

$$X = M/(T \cdot H \cdot K) \quad (4\text{-}16)$$

式中，X 为搅拌站的规格型号（即生产率），m^3/h；M 为混凝土总任务量，m^3；T 为混凝土浇筑天数，天；H 为每天工作小时数，h/天；K 为利用系数，一般取 0.7～0.9。针对特定工期要求时，则选用较大规格型号的单机搅拌站或双机搅拌站，参考表 4-12。

表 4-12 按照混凝土年生产量进行搅拌站选型的参照表

混凝土生产量/(万 m³/年)	工作天数/(天/年)	搅拌站规格/型号	主机规格/m³
≤10	300	HZS60	1
≤15	300	HZS90	1.5
≤20	300	HZS120	2
≤35	300	HZS180	3
≤45	300	HZS240	4
≤50	300	HZS270	4.5
≤55	300	HZS300	5

（b）部件选型。在选购混凝土搅拌站（楼）时，在遵循整机选型原则的前提下，还应关注混凝土搅拌站（楼）的关键部件，如搅拌机、粉仓、配料机、斜皮带机、粉料输送机、除尘器、卸料装置等的配置。

A. 搅拌机。搅拌机是搅拌站（楼）的关键部件，搅拌机一旦选定，就可以合理地对它进行相关附属设备的配置。搅拌机按搅拌方式分为自落式和强制式两类，目前常用的是强制式。强制式搅拌机有立轴行星式搅拌机和双卧轴强制式搅拌机，其特点和适用范围如表 4-13 所示。

表 4-13 强制式搅拌机的特点和适用范围

性能和效用名称	搅拌机形式 强制式	
	立轴行星式	双卧轴强制式
适用坍落度范围/mm	4～15	10～25
适用最大骨料直径/cm	5	8
搅拌效率	高	高
搅拌质量	最好	好
所需功率	大	中
材料损耗	最大	中
维修效果	中	较繁
生产速度	快	最快
混凝土塑性	最佳	中
对环境污染	小	小
适用搅拌混凝土范围	各种混凝土	各种混凝土
价格	高	高

B. 粉仓。粉仓结构形式的选择。粉仓有焊接式和拆装式两种结构形式，通常情况下都是采用焊接式结构，在安装现场焊接制作。若搅拌站需频繁搬迁，考虑到道路运输的需要，应采用拆装式粉仓。粉仓容量常用规格有 50 t、100 t、150 t、200 t、250 t、300 t、350 t、400 t、500 t 等。粉仓的数量和容量要与搅拌站（楼）产量相匹配。

C. 配料机。配料机按计量方式分为砂、石独立计量和累积计量两种。两种计量方式都采用电子称重形式，配料计量精度都能符合标准规范要求。两者相比，独立计量方式的配料机由于各储料仓设置独立，可同时开始计量，所以计量效率高，搅拌站生产率高，是目前普遍选用的配料机形式。

D. 骨料提升设备。骨料提升设备主要有斜皮带机和提升斗。斜皮带机是常用的骨料提升设备，生产安全，运行平稳，效率高，性能可靠，易封闭，不易受气候影响，维修费用低，但占地面积大，搅拌楼和搅拌站均可使用。斜皮带机的带型和倾角按产品结构形式及现场适用条件来选择，斜皮带机倾角在 18°～22°之间的一般选平皮带；斜皮带机倾角在 22°～27°之间的一般选人字形浅花纹皮带；特殊情况下的斜皮带机倾角在 30°～60°之间，选用波纹挡边皮带。如场地宽阔，应优先选小倾角 20°平皮带机输送方式，搅拌站长度约为 50 m；如果场地面积受到限制，可以考虑采用大倾角（一般为 35°～45°）槽型皮带机，搅拌站长度约为 32 m。由于人字形浅花纹皮带和波纹挡边皮带不方便清扫，回带料问题不好解决，一般采用得不多。在骨料含泥量较大或湿度较大的情况下，尽量不要选用倾角大于 22°的斜皮带机。提升斗结构紧凑，占地面积小，但可靠性差，维护成本高，生产效率不高，所以提升斗较少使用，其主要用于工程站或小方量搅拌站。

E. 粉料输送机。粉料输送机主要有螺旋输送机、空气输送斜槽两种。螺旋输送机是搅拌站普遍采用的粉料输送机，其螺旋规格大小和长度由设备厂家根据搅拌站的输送量和设备布置决定，不需用户选择。空气输送斜槽用于倾斜向下输送干燥粉状物料。其优点是：结构简单，重量轻，无运转零件，磨损小；操作简便，工作可靠；空气压力小，动力消耗少，节能。缺点是：只适用于输送流动性好且干燥的粉状物料；计量精度不易控制；需要较高的安装空间，不能向上输送，粉仓锥部出口的高度比用螺旋输送的要高 5 m 左右，初期投资较大。粉料输送方式选用螺旋输送机还是空气输送斜槽，需综合考虑物料特性、使用经验及区域特征。

F. 除尘器。根据清灰方式不同，除尘器分为振动式除尘器和脉冲反吹式除尘器两种形式。两种除尘器的除尘形式及优劣对比见表 4-14，可根据实际需要选用。

表 4-14 振动式除尘器、脉冲反吹式除尘器对比表

项目	振动式除尘器	脉冲反吹式除尘器
滤芯材料	聚酯（涤纶）	拒水防油涤纶针刺毡
清灰方式	振动	反吹
清灰能力	一般	强
采购成本	低	高
维护成本	高	较高
除尘效果	一般	好
优势	结构紧凑，体积小	除尘效果好，性价比高
劣势	滤芯易堵塞，维护频率高	成本较高，维护不方便

G. 卸料装置。在混凝土搅拌站中，卸料装置分不带储存功能的拢料斗和带储存功能的集料斗两种形式。其中，集料斗对成品料起到了暂存作用，对搅拌车来说具有缓冲作用，并能够让搅拌机中的成品料尽快卸出，通过缩短搅拌机卸料时间，从而缩短搅拌站生产周期，提高搅拌站生产效率。尤其是配置 4 m³ 以上规格搅拌机的搅拌站时，卸料装置往往成为生产效益的瓶颈，产生所谓的"木桶短板效应"，因此 HZS240 及以上大方量搅拌站通常配置集料斗以便提高生产效率。

② 泥浆泵的选型。泥浆泵的选型要考虑工作量和扬程，根据施工现场地形条件，选择卧式泥浆泵、立式泥浆泵和其他型式的泥浆泵。

(a) 工作量。根据施工需求流量大小，确定选单吸泵还是双吸泵。同时，按照施工需求最大流量或在没有最大流量时，取施工正常需求流量的 1.1 倍作为最大流量，确定选取的泥浆泵流量。

(b) 扬程。根据施工需求扬程高低，选单级泵还是多级泵，高转速泵还是低转速泵（空调泵）。多级泵效率比单级泵低，当单级泵和多级泵都能用时，选用单级泵。同时，按照施工需求最大扬程，将其放大 5%～10% 的余量后，确定选取的泥浆泵扬程。

2. 设备配备

1) 灌注桩施工要求达到的作业效率

$$G = \frac{n \cdot H}{A \cdot B} \quad (4\text{-}17)$$

式中，G 为施工要求的作业效率，m/h；n 为每个作业面灌注桩数量，根据施工组织设计确定；H 为桩孔深度，m；A 为计划工期，h，根据施工组织设计确定；B 为工期备用系数，根据经验取得。

2) 钻机作业效率

$$P = T \cdot V \cdot K_t \cdot K_s \quad (4\text{-}18)$$

式中，P 为钻机台班作业效率，m/台班，一般不应低于定额值，必要时还应和类似工程所达到的实际生产指标对比推定；T 为台班工作时间，取 $T = 480$ min；V 为钻速，m/min，查钻机技术性能指标，当地质条件、钻机工作压力和钻孔方向改变时，应对 V 值加以修正，一般采取试钻或经验法确定；K_t 为工作时间利用系数；K_s 为钻机同时利用系数，取 0.7～1.0（对应 10～1 台），台数多取小值，反之取大值，单台时取 1.0。

3) 钻机配备数量

$$N = K \cdot G / P \quad (4\text{-}19)$$

式中，N 为机械设备配备数量，台；G 为施工要求的作业效率，m/h；P 为钻机的作业效率，m/h；K 为机械设备的备用系数。

每个施工作业面，钻孔灌注桩施工机械按以下数量配置：钻机 1 台、起重机 1 台、混凝土搅拌运输车 3 辆、泥浆泵 1 台。具体参照表 4-15 进行选配。

表 4-15 钻孔灌注桩施工机械选型参考表

序号	施工机械名称	技术指标	单位	参考值
1	正循环钻机	最大扭矩	kN·m	≥5.0
2	反循环钻机	最大扭矩	kN·m	≥10.0
3	冲击钻机	钻头质量	t	≥1.0
4	旋挖钻机	最大扭矩	kN·m	≥150
5	泥浆泵	流量	m³/h	≥50
		扬程	m	≥20
6	起重机	起重质量	t	满足使用要求
7	混凝土搅拌运输车	容量	m³	≥8

4.1.4 灰土(水泥土)挤密桩施工机械

灰土(水泥土)挤密桩施工机械主要有成孔机械、起吊机械、填料机械、夯实机械。

1. 设备选型

成孔机械主要有柴油锤打桩机、电动落锤打桩机、振动沉桩机、冲击成孔机。灰土挤密桩成孔机械宜按 300~400 m/台班进行配置,夯实机械宜按成孔机械的 3 倍进行配置。灰土(水泥土)挤密桩施工机械可以参照表 4-16 进行选配。

表 4-16 灰土(水泥土)挤密桩施工机械选型参考表

序号	施工机械名称	技术指标	单位	参考值
1	柴油锤打桩机	锤质量	t	≥1
		落距	cm	≥170
2	电动落锤打桩机	锤质量	t	≥0.75
		落距	cm	≥10
3	振动沉桩机	激振力	kN	≥70
4	冲击成孔机	冲击重力	kN	≥10
5	长螺旋钻机	直径	cm	≥40
6	桩管	直径	cm	大于设计孔径
7	装载机	整机质量	t	≥2.5
8	拌和机械	—	—	满足使用要求
9	夯实机	夯锤质量	t	≥0.1
10	自卸车	载质量	t	≥10

2. 设备配备

成孔机械的配备台数 N 按下式计算:

$$N = S/(V_1 \cdot t) \quad (4-20)$$

式中,S 为需要成孔的数量,个;V_1 为成孔机械的成孔速度,个/(天·台);t 为施工总工期,天。

【例 4-3】 某挤密桩施工工程土方量 54 000 m³,施工工期 2 个月,根据每日运输松方量 1∶1.3,自卸车工作循环为 2 趟/h,选用 25 m³ 的自卸车,则自卸车应配备 3 辆。

每个施工作业面,灰土(水泥土)挤密桩施工机械按以下数量配置:成孔机械 1 台、装载机 1 台、夯实机 1 台、拌和机械 1 套、自卸车 1 辆。具体设备配置数量见表 4-17。

表 4-17 灰土(水泥土)挤密桩施工机械配置数量

序号	施工机械名称	单位	数量	用 途	配置说明
1	成孔机械	台	1	成孔	每作业面配置
2	装载机	台	1	填料回填	每作业面配置
3	夯实机	台	1	灰土(水泥土)挤密桩填料	每作业面配置
4	拌和机械	套	1	灰土(水泥土)挤密桩填料拌和	每作业面配置
5	自卸车	辆	1	填料运输	每作业面配置

4.1.5 搅拌桩施工机械

搅拌桩施工机械主要有搅拌桩机和固化剂制备系统,按工艺分为浆喷搅拌桩机及粉喷搅拌桩机。

1. 设备选型

搅拌机的选型要考虑成桩直径和成桩深度。

选择的成桩直径大于或等于设计孔径,成桩深度大于或等于设计深度;粉喷作业时单套机械宜按 300～500 m/台班进行配置,浆喷作业时单套机械宜按 500～800 m/台班进行配置。搅拌桩施工机械可以参照表 4-18 进行选配。

表 4-18 搅拌桩施工机械选型参考表

序号	施工机械名称	技术指标	单位	参考值
1	深层搅拌机	额定功率	kW	≥30×2
		成桩直径	mm	大于或等于设计孔径
		成桩深度	m	大于或等于设计深度
		提升能力	kN	≥100
		接地压力	kPa	≤60
2	水泥浆(水泥砂浆)输送泵	工作压力	MPa	≥1.5
3	水泥浆(水泥砂浆)搅拌机	容量	L	≥200
4	粉体发送器	最大送粉压力	MPa	≥0.5
5	水泥罐	容量	m³	≥1.3

2. 设备配备

搅拌桩机的配备台数 N 按下式计算:

$$N = S/(V_2 \cdot t) \quad (4-21)$$

式中,S 为需要成孔的数量,个;V_2 为搅拌桩机的成孔速度,个/(天·台);t 为施工总工期,天。

机械配置数量应按工艺试验确定的生产效率确定,具体参见表 4-19 及表 4-20。

表 4-19 浆喷搅拌桩施工机械配置数量

序号	施工机械名称	单位	数量	用 途	配置说明
1	搅拌桩机	台	1	成桩	每作业面配置
2	水泥浆(水泥砂浆)搅拌机	台	2	水泥浆(水泥砂浆)拌制	每作业面配置
3	水泥浆(水泥砂浆)输送泵	台	1	水泥浆(水泥砂浆)输送	每作业面配置
4	自动记录仪	台	1	参数记录	每作业面配置
5	桩头切割设备	套	1	桩头切割	每作业面配置

表 4-20 粉喷搅拌桩施工机械配置数量

序号	施工机械名称	单位	数量	用途	配置说明
1	搅拌桩机	台	1	成桩	每作业面配置
2	水泥罐	台	1	储存粉料	每作业面配置
3	空气压缩机	台	1	输送、喷粉、供气	每作业面配置
4	粉体发送器	台	1	提供气粉混合物	每作业面配置
5	自动记录仪	台	1	参数记录	每作业面配置
6	桩头切割设备	套	1	桩头切割	每作业面配置

4.1.6 旋喷桩施工机械

旋喷桩施工机械有成孔设备，搅拌制浆设备，供气、供水、供浆设备，喷射注浆设备。

1. 设备选型

旋喷桩施工机械的选型要考虑地质条件及成桩深度。

细颗粒松软地层或处理深度小于30 m的工程，可用处理深度150 m的钻机；地层复杂和深度大于30 m的工程，应选用处理深度300 m的钻机。根据地质条件选择不同的施工工法，旋喷桩施工分为单管法、二重管法、三重管法，根据施工工法选择旋喷桩机的喷嘴直径及喷嘴个数。

旋喷桩施工机械可根据施工工法参照表4-21进行选配。

表 4-21 旋喷桩施工机械选型参考表

序号	施工机械名称	技术指标	单位	参考值		
				单管法	二重管法	三重管法
1	旋喷桩机	喷嘴直径	mm	2~3	2~3	2~3
		喷嘴个数	个	2	1~2	1~2
		旋转速度	r/min	20~25	10~20	5~15
		提升速度	mm/min	200~250	100~200	50~150
2	高压泥浆泵	压力	MPa	20~40	20~40	—
		流量	L/min	60~120(浆液)	60~120(浆液)	—
3	高压水泵	压力	MPa	—	—	20~30
		流量	L/min	—	—	80~120
4	泥浆泵	压力	MPa	—	—	1~5
		流量	L/min	—	—	70~150
5	空气压缩机	压力	MPa	—	0.3~0.8	0.3~0.8
		流量	L/min	—	6~9	6~9

2. 设备配备

旋喷桩机的配备台数 N 按下式计算：

$$N = S/(V_3 \cdot t) \quad (4-22)$$

式中，S 为需要旋喷成孔的数量，个；V_3 为旋喷桩机的成孔速度，个/(天·台)；t 为施工总工期，天。

机械配置数量应按工艺试验确定的生产效率确定。旋喷桩施工机械按以下数量配置：旋喷桩机1台、高压水泵1台。其余施工机械配置见表4-22。

表 4-22 旋喷桩施工机械配置数量

序号	施工机械名称	单位	数量			用途	配置说明
			单管法	二重管法	三重管法		
1	旋喷桩机	台	1	1	1	成桩	每作业面配置
2	高压泥浆泵	台	1	1	—	供浆	每作业面配置
3	高压水泵	台	—	—	1	供水	每作业面配置
4	泥浆泵	个	—	—	1	供浆	每作业面配置
5	空气压缩机	个	—	1	1	供气	每作业面配置
6	自动记录仪	台	1	1	1	参数记录	每作业面配置
7	桩头切割设备	套	1	1	1	桩头切割	每作业面配置

4.1.7 堆载预压填筑施工机械

路基堆载预压填筑施工机械有自卸车、挖掘机、装载机、推土机、平地机、压路机等。

预压土按照设计的宽度、高度分层进行填筑。填筑时采用挖掘机从弃土场装土,自卸车运输,推土机摊铺推平,压路机静压,严格控制加载速率,首层采用一端向里摊铺压实,防止压坏土工布。卸载时用挖掘机装土,自卸车运输至弃土场。

1. 设备选型

自卸车、挖掘机、装载机、推土机、压路机的选型原则参照 4.1.1 节。

平地机的选型要考虑施工规模和地质条件。按照刮刀长度,可将平地机分为轻型、中型、重型 3 种。工程规模较小、工期时间小于 3 个月、作业表面为松软的土质时,选择轻型平地机;工程规模较小、工期时间在 3~6 个月、作业表面为松软的土质或砂砾时,选择中型平地机;工程规模较大、工期时间大于 6 个月、作业表面为砂砾和石块较多时,选择重型平地机。具体可参考表 4-23。

表 4-23 平地机选型参考表

序号	类型	刮刀长度/m	发动机功率/kW	车轮个数/个	特点	适用范围
1	轻型	<3.0	44~66	4	生产率低,适用于零星场地平整	工程规模较小,工期时间小于 3 个月,作业表面为松软的土质
2	中型	3.0~3.7	66~110	6	生产率较高,适用于一般场地平整	工程规模较小,工期时间在 3~6 个月,作业表面为松软的土质或砂砾
3	重型	3.7~4.2	110~220	6	生产率较高,适用于大范围场地或坚实土地平整	工程规模较大,工期时间大于 6 个月,作业表面为砂砾和石块较多

根据平地机日工作量,选择平地机规格/型号。平地机规格/型号与工作量的匹配关系见下式:

$$L = Q_\text{总} / (V \cdot T \cdot n \times 8) \quad (4-23)$$

式中,L 为平地机刮刀长度,m;V 为平地机工作效率,m/(h·台);$Q_\text{总}$ 为平地机施工总量,m²;T 为施工总工期,天;n 为工作面允许(计划)投入的平地机数量,台。

堆载预压的土方选用附近取土场和路堑挖方弃土,预压填料不得使用淤泥土或垃圾土。如果是疏松、低密度土壤,且作业量大、工期短,则可选用较大功率、大斗容挖掘机;如果推土机仅需将转运来的预压填料摊铺、推平,则可选通用型干地推土机,如 SD16/SD22 等规格/型号;如果是预压填料压实,则多选用压实功率大的重型振动压路机,如 20-22T 的单钢轮压路机。

2. 设备配备

根据总方量、工期,计算需要的挖掘机数量,然后配置相应数量的自卸车。

每个施工作业面,路基堆载预压填筑施工机械按以下数量配置:挖掘机 1 台、自卸车 3~4 辆、压路机 1 台、推土机 1 台。具体配置数量参照表 4-24。

表 4-24 路基堆载预压填筑施工机械配置数量

序号	施工机械名称	技术指标	单位	参考值	数量	配置说明
1	挖掘机	斗容量	m³	≥1.2	1	根据预压土方量、工期确定
2	自卸车	容量	m³	≥15	3~4	根据预压土方量、工期确定
3	推土机	额定功率	kW	≥125	1	根据预压土方量、工期确定
4	压路机	吨级	t	≥20	1	根据预压土方量、工期确定

4.1.8 CFG 桩施工机械

CFG 桩施工机械有成孔设备、混凝土输送泵。其中,成孔机械有长螺旋钻机和振动沉管机。应根据地质条件选择适用的钻机,地下水位以上的黏性土、粉土、人工填土地基,选择长螺旋钻机;黏性土、粉土、淤泥质土、人工填土及无密实厚砂层的地基,选择振动沉管机。

1. 设备的选型

1) 长螺旋钻机的选型

长螺旋钻机的选型应考虑地质条件、桩的尺寸、道路状况等因素,根据成孔深度和成孔直径选择钻机的规格/型号,要求钻机的有效钻孔深度、直径满足工程需求。一般选择钻机的有效钻孔深度不小于工程要求的钻孔深度,根据参数表选定钻机规格/型号,根据施工道路状况选择走行方式:液压步履式、履带式、车载式。具体可参见表 4-25。

表 4-25 长螺旋钻机选型配置表

参 数	规格/型号					
	CFG18	CFG20	CFG23	CFG26	CFG28	CFG30
成孔直径/mm	300~800	400~800	400~800	400~800	400~800	400~800
成孔深度/m	18	20	23	26	28	30
配置动力头功率/kW	37×2	45×2	45×2	55×2	55×2	55×2
最大提拔力/kN	240	240	240	400	400	400
动力头输出转速/(r/min)	21	21	21	21	16	16
输出扭矩/(kN·m)	34	39	39	48.5	63.7	63.7
走行步距/mm	1200	1200	1200	1500	1500	1800
回转角度/(°)	±90	±90	±90	±90	±90	±90
桩机质量/t	30	33	39.5	45	52	63.5

根据地质条件选择钻头,具体如下:

(1) 短螺旋钻头。土质地层选择土层短螺旋钻头;砂砾石层、砂卵石层、软中硬基岩选择嵌岩短螺旋钻头;较松软的粉土、砂土和砂砾石层选择螺距较大的平底钻头；黏土层选择多用锥底钻头；杂填土和较密实土层选择长齿耙式钻头；砂卵石层和基岩选择圆锥形硬质合金齿嵌岩钻头。当遇到较大的探头石时，要先用环形钻头切割后再用取石钻头捞取。

（2）长螺旋钻头。黏性土层选择锥式钻头；松散土层选择平底钻头；杂填土选择把式钻头；桩径较大时选择大直径螺旋钻头。

2）振动沉管机的选型

根据设计桩长、沉管入土深度确定机架高度、沉管长度和标定的配重，然后进行设备组装。

3）混凝土输送泵的选型

混凝土输送泵的选型要考虑输送的距离、高度、经济性、机动性等因素。

机动性：混凝土泵车＞车载泵＞混凝土输送泵；泵送压力：混凝土输送泵＞车载泵＞混凝土泵车；经济性：混凝土输送泵＞车载泵＞混凝土泵车。混凝土输送泵的理论泵送压力为

$$P_1 = P_2 A_2 / A_1 \quad (4\text{-}24)$$

式中，P_1 为理论泵送压力，MPa；P_2 为液压系统工作压力，MPa；A_1 为混凝土活塞受力面积，cm^2；A_2 为泵送液压缸有杆腔面积，cm^2。

4）混凝土搅拌运输车的选型

混凝土搅拌运输车按容量大小分为小型搅拌车（容量小于 $5\ m^3$）、中型搅拌车（容量为 $6\sim10\ m^3$）和大型搅拌车（容量大于 $12\ m^3$）。

搅拌车需根据搅拌主机工程容量合理配套（成整数倍关系），若搅拌主机公称容量为 $3000\ L(3\ m^3)$，连续出料为 2、3、4 罐次，则相应匹配的罐车容量为 $6\ m^3$、$9\ m^3$、$12\ m^3$，刚好达到满载的需求，运输效率高，经济实惠。常用的配备关系如表 4-26 所示。

表 4-26 搅拌车与搅拌主机配备关系

搅拌主机公称容量/L	搅拌车搅动容量/m^3
1500	3、6、9、12
2000	2、4、6、8、10、12、14
3000	3、6、9、12

2．设备的配备

CFG 桩机配置数量应根据试桩施工效率及地质情况确定，宜按单套机械 $200\sim300\ m$/台班进行配置。

1）混凝土泵车数量配备

根据混凝土浇筑量、单机的输送量和作业时间，混凝土泵车的数量可按下式计算：

$$N_1 = Q_n / (Q_{max} \cdot n) \quad (4\text{-}25)$$

式中，N_1 为混凝土泵车的数量，台；Q_n 为计划每小时混凝土浇筑量，m^3/h；Q_{max} 为混凝土泵车最大排量，$m^3/(h \cdot 台)$；n 为泵车作业效率，一般取 $0.5\sim0.7$。

2）混凝土搅拌运输车数量配备

根据泵车输出量、罐车载容量、运输距离、运输速度，混凝土搅拌运输车的数量可按下式计算：

$$N_2 = Q_m (60L/V + t) / (60Q) \quad (4\text{-}26)$$

式中，N_2 为混凝土搅拌运输车的数量，辆；Q_m 为混凝土泵车平均输出量，$m^3/(h \cdot 辆)$；L 为运输距离，km；V 为罐车运输速度，km/h；t 为一个运输周期总的停车时间，min；Q 为混凝土搅拌运输车容量，m^3。

每个施工作业面，CFG 桩施工机械按以下数量配置：成孔设备 1 台、混凝土搅拌运输车 3 辆、混凝土输送泵 1 台、起重设备 1 台、挖掘机 1 台。具体设备配置数量见表 4-27。

表 4-27 CFG 桩施工机械配置数量

序号	施工机械名称	技术指标	单位	参考值	数量
1	长螺旋钻机	钻头直径	mm	大于或等于设计孔径	1
		钻杆长度	m	大于或等于设计深度	
		动力	kW	$\geq 37 \times 2$	
		最大扭矩	kN·m	≥ 30	

续表

序号	施工机械名称	技术指标	单位	参考值	数量
2	振动沉管桩机	沉管直径	mm	大于或等于设计孔径	1
		沉管长度	m	大于或等于设计深度	
		激振力	kN	≥140	
		允许拔桩力	kN	≥120	
3	混凝土搅拌运输车	容量	m³	≥8	3
4	混凝土输送泵	输送高度及距离	m	满足使用需要	1
5	起重设备	起吊吨位	t	≥8	1
6	挖掘机	斗容量	m³	≥0.3	1
7	桩头切割设备	—	—	满足使用需要	

4.1.9 钢筋混凝土预制桩施工机械

钢筋混凝土预制桩施工机械主要有打桩机、起重机、电焊机、送桩器等。

1. 设备选型

1) 打桩机的选型

打桩机分为锤击打桩机、振动打桩机、压桩机3类,打桩机施工机械的选型如表4-28所示。

表4-28 打桩机施工机械选型参考表

序号	施工机械名称	技术指标	单位	参考值
1	锤击打桩机	锤质量	t	≥4.5
		冲击力	kN	≥4000
2	振动打桩机	额定功率	kW	≥30
		激振力	kN	≥100
3	压桩机	额定功率	kW	≥37
		额定压桩力	kN	≥2400

2) 打桩机工作装置部分的选型

锤击沉桩设备包括桩锤、桩架和动力设备。

(1) 桩锤的选择

根据施工条件选择桩锤的类型及锤质量,一般锤质量大于桩质量的1.5~2倍时效果较为理想(桩质量大于2t时可采用比桩轻的锤,但不宜小于桩质量的75%)。

(2) 桩锤选择计算

按桩锤冲击能选择:

$$E \geqslant 25P \quad (4-27a)$$

按桩质量复核:

$$K = (M+C)/E \quad (4-27b)$$

式中,E 为锤的一次冲击能,kN·m;P 为桩的设计载荷,kN;K 为适用系数(双动气锤、柴油锤 $K \leqslant 5$);M 为锤重,kN;C 为桩重,kN。

2. 设备配备

每个施工作业面,钢筋混凝土预制桩施工机械按以下数量配置:打桩机1台、起重机1台、电焊机1台、送桩器1台。具体配置数量见表4-29。

表4-29 钢筋混凝土预制桩施工机械配置数量

序号	施工机械名称	单位	数量	用途	配置说明
1	打桩机	台	1	沉桩	每作业面配置
2	吊车	台	1	喂吊桩	每作业面配置
3	电焊机	台	1	接桩	每作业面配置
4	送桩器	台	1	送桩	每作业面配置

4.1.10 桩帽、桩板结构及筏板施工机械

桩帽、桩板结构、筏板施工应配置混凝土生产、运输、浇筑等机械设备和钢筋加工机械。混凝土振捣应采用插入式振捣器和平板振动器等。当对混凝土顶面平整度有要求时,应采用提浆整平设备。

1. 设备选型

混凝土生产、运输、浇筑等机械设备的选型参考4.1.3节。

钢筋加工机械有钢筋切断机、电焊机、数

控钢筋弯曲机、数控钢筋弯箍机、套丝机、钢筋笼滚焊机。

目前,铁路桥梁桩基钢筋的直径一般在4～40 mm。钢筋加工机械的规格如表4-30所示。

表4-30 钢筋加工机械的规格

序号	名称	规格
1	钢筋切断机	加工钢筋直径4～40 mm
2	电焊机	24～50 kW
3	数控钢筋弯曲机	最大钢筋直径32 mm

续表

序号	名称	规格
4	数控钢筋弯箍机	弯曲范围4～18 mm
5	套丝机	加工钢筋直径16～40 mm
6	钢筋笼滚焊机	成品桩直径400～2000 mm

2. 设备配备

每个施工作业面,桩帽、桩板结构及筏板施工机械按以下数量配置:钢筋加工设备1套、混凝土施工机械1套、泵车1台、汽车起重机1台,具体配置数量见表4-31。

表4-31 桩帽、桩板结构及筏板施工机械配置数量

序号	施工机械名称	单位	数量	用途	配置说明
1	钢筋加工设备	套	1	钢筋加工	每作业面配置
2	混凝土施工设备	套	1	混凝土生产及施工	每作业面配置
3	混凝土搅拌运输车	辆	1	接桩混凝土运输	每作业面配置
4	混凝土泵车	台	1	混凝土浇筑	每作业面配置
5	汽车起重机	台	1	混凝土浇筑	每作业面配置
6	提浆整平机	台	1	混凝土浇筑	每作业面配置

4.1.11 岩溶及洞穴处理施工机械

岩溶及洞穴处理主要是通过注浆处理,利用注浆压力或浆液自重,经过钻孔将浆液压到岩层、砂砾石层、混凝土或土体的裂隙、接缝或空洞内,将土颗粒或岩石裂隙中的水分和空气排除后占据其位置,经一段时间后浆液将原来松散的土粒或裂隙胶结成一个整体,形成一个结构新、强度大、防水性能高、化学稳定性良好的"结石体",从而提高地基土的承载力,减少地基变形和不均匀变形。其主要适用于采空区、人工洞穴、岩溶洞穴及裂隙、土洞、软弱地基等不良地质条件下的路基加固处理。

注浆加固时,主要设备有成孔设备和注浆系统。其中,成孔设备包括钻机和钻具;注浆系统包括搅拌机、注浆泵等。

1. 设备选型

钻机的选型要考虑钻孔深度和钻孔直径,钻孔深度要大于设计深度,钻孔直径要大于或等于设计直径。岩溶及洞穴处理施工机械参照表4-32进行选配。

表4-32 岩溶及洞穴处理施工机械选型参考表

序号	施工机械名称	技术指标	单位	参考值
1	钻机	钻孔深度	m	大于或等于设计值
		钻孔直径	cm	大于或等于设计值
		额定功率	kW	≥10
2	搅拌机	容积	m³	≥300
3	注浆泵	最大流量	L/min	≥50
		额定工作压力	MPa	≥10
		额定功率	kW	≥5
4	止浆塞	膨胀压力	MPa	≥0.3

2. 设备配备

每个施工作业面,岩溶及洞穴处理施工机械按以下数量配置:钻机2台、搅拌机4台、注浆泵2台。具体配置数量见表4-33。

表 4-33 岩溶及洞穴处理施工机械配置数量

序号	施工机械名称	单位	数量	用途	配置说明
1	钻机	台	2	钻孔	每作业面配置
2	搅拌机	台	4	浆液制备	每作业面配置
3	注浆泵	台	2	注浆	每作业面配置
4	止浆塞	套	1	封闭堵孔	每作业面配置
5	自动记录仪	台	2	记录施工参数	每作业面配置

4.1.12 砂(碎石)垫层施工机械

砂(碎石)垫层施工机械主要有挖掘机、推土机、压路机、自卸车、装载机、洒水车。

1. 设备选型

挖掘机、推土机、压路机、自卸车、装载机的选型参考 4.1.1 节。

洒水车的选型应根据工程用水量、洒水宽度综合确定,施工现场通常使用罐体容量 8～12 m^3 的洒水车。

2. 设备配备

【例 4-4】 某垫层施工工程土方量 54 000 m^3,施工工期 2 个月,计算每日开挖方量为 900 m^3;选用 20 t 级的挖掘机,设备功效 180 m^3/h,每天工作 8 h,则应配备 1 台挖掘机;根据每日运输松方量 1:1.3,自卸车工作循环为 2 趟/h,选用 25 m^3 的自卸车,则自卸车应配备 3 台。

每个施工作业面,砂(碎石)垫层施工机械按以下数量配置:挖掘机 1 台、压路机 1 台、推土机 1 台、装载机 1 台、洒水车 1 辆、自卸车 3 辆,具体设备配置数量见表 4-34。

表 4-34 砂(碎石)垫层施工机械配置数量

序号	施工机械名称	技术指标	单位	参考值	配置数量	配置说明
1	挖掘机	铲斗容量	m^3	≥1	1	根据总挖方量和开挖工期计算配置规格/型号、数量
2	压路机	整机质量	t	≥15	1	根据每日填筑松方量配置
3	推土机	功率	kW	≥103	1	根据每日填筑松方量配置
4	自卸车	整机质量	t	≥10	3	根据每日运输松方量配置
5	装载机	整机质量	t	≥5	1	每作业面配置
6	洒水车	吨位	t	≥5	1	每作业面配置
7	抽排水设备	功率	kW	≥3	1	备选
8	小型夯实设备	冲击力	tf	≥1	1	每作业面配置

4.1.13 冲击(振动)碾压施工机械

冲击(振动)碾压施工机械主要有挖掘机、推土机、装载机、自卸车、振动压路机、平地机等。

1. 设备选型

挖掘机、推土机、装载机、自卸车、压路机的选型参考 4.1.1 节。平地机的选型参考 4.1.7 节。

2. 设备配备

根据式(4-3)计算,结合施工作业面,冲击(振动)碾压施工机械按以下数量配置:挖掘机 1 台、推土机 1 台、装载机 1 台、自卸车 1 辆、振动压路机 1 台、平地机 1 台。具体设备配置数量见表 4-35。

表 4-35 冲击(振动)碾压施工机械配置数量

序号	施工机械名称	技术指标	单位	参考值	配置数量	配置说明
1	挖掘机	铲斗容量	m^3	≥1	7	根据总挖方量和开挖工期计算配置规格/型号、数量
2	压路机	整机质量	t	≥15	1	根据每日填筑松方量配置

续表

序号	施工机械名称	技术指标	单位	参考值	配置数量	配置说明
3	推土机	功率	kW	≥103	1	根据每日填筑松方量配置
4	自卸车	整机质量	t	≥10	30	根据每日运输松方量配置
5	装载机	整机质量	t	≥5	1	每作业面配置
6	平地机	功率	kW	≥103	1	根据每日填筑松方量配置

4.1.14 强夯及强夯置换施工机械

强夯及强夯置换施工机械主要有强夯机、起重机、推土机、自卸车、装载机。

1. 设备选型

推土机、自卸车、装载机的选型参考 4.1.1 节。

1) 强夯机的选型

强夯机的选型要考虑表层土质及压实度设计要求。对于砂质土和碎石类土,锤底面积一般为 3~4 m²;对于黏性土或淤泥质土和壤土等软弱黏性土,锤底面积不宜小于 6 m²。夯击坑的深度不要超过夯锤宽度之半。

2) 起重机的选型

选用起重机时应根据起重质量、起重距离、起重幅度,结合起重机起重性能表,选择满足起重质量和提升高度要求的起重机,具体步骤如下:

(1) 根据被吊物、吊钩、钢丝绳及索具的重量,确定吊装重量。

(2) 根据被吊物体离起重机重心位置的距离,确定起重高度 H,且

$$H > h_1 + h_2 + h_3 \tag{4-28}$$

式中,H 为起重高度,m;h_1 为设备高度,m;h_2 为吊索高度,m;h_3 为设备吊装到位后基础高度,m。

(3) 根据被吊物体的就位高度、设备尺寸、吊索高度,确定起重幅度。

(4) 根据已确定的起重质量、起重幅度、起重高度和起重机的特性曲线,确定起重机的承载能力(即确定起重机的规格/型号)。

2. 设备配备

强夯机的配备台数 N 按下式计算:

$$N = S/(V_1 \cdot t) \tag{4-29}$$

式中,S 为需要夯实的面积,m²;V_1 为强夯机夯实速度,m³/(天·台);t 为施工总工期,天。

【例 4-5】 某强夯及强夯置换施工工程土方量 54 000 m³,施工工期 2 个月,根据每日运输松方量 1:1.3,自卸车工作循环为 2 趟/h,选用 25 m³ 的自卸车,则自卸车应配备 3 辆。

每个施工作业面,强夯及强夯置换施工机械按以下数量配置:强夯机 1 台、起重机 1 台、推土机 1 台、装载机 1 台、自卸车 3 辆。具体设备配置数量见表 4-36。

表 4-36 强夯及强夯置换施工机械配置数量

序号	施工机械名称	技术指标	单位	参 考 值	配置数量
1	强夯机	最大起重质量	t	大于锤质量1.5倍	1
		最大落距	m	≥6	
		夯击能量	kN·m	大于设计要求	
		夯锤质量	t	≥1	
		夯锤底面积	m²	3~4	
				1~3	
2	推土机	功率	kW	≥103	1
3	自卸车	整机质量	t	≥10	3
4	起重机	整机质量	t	≥15	1
5	装载机	整机质量	t	≥5	1

4.1.15 真空预压施工机械

真空预压施工机械有真空射流泵、排水干管及支管等。

1. 设备选型

真空射流泵由射流箱、射流器、离心泵和电动机组成,要求其极限真空度大于等于95 kPa,主管直径75～100 mm,滤管直径65～75 mm,如表4-37所示。

表4-37 真空射流泵选型

序号	施工机械名称	技术指标	单位	参考值
1	真空射流泵	极限真空度	kPa	≥95
2	主管	直径	mm	75～100
3	滤管	直径	mm	65～75

2. 设备配备

真空预压所需设备与加固面积的大小、形状有关,每个工作面(1000 m²)所用的施工机械宜按表4-38配置。

表4-38 真空预压施工机械配置数量

序号	施工机械名称	单位	数量	用途	配置说明
1	真空射流泵	台	1	抽真空	每作业面配置
2	主管	m	70～90	出水	每作业面配置
3	滤管	m	100～120	出水	每作业面配置
4	出口装置	套	1	出水	每作业面配置

4.1.16 砂(碎石)桩施工机械

砂(碎石)桩施工机械主要有成孔机械、起吊机械、填料机械、夯实机械等。

1. 设备选型

成孔机械主要有柴油锤打桩机、电动落锤打桩机、振动沉桩机、冲击成孔机等。砂桩成套机械宜按500～800 m/台班、碎石桩机械宜按300～500 m/台班进行配置。砂(碎石)桩施工机械可参照表4-39进行选配。

表4-39 砂(碎石)桩施工机械选型参考表

序号	施工机械名称	技术指标	单位	参考值
1	柴油锤打桩机	锤质量	t	≥1
		落距	cm	≥170
2	电动落锤打桩机	锤质量	t	≥0.75
		落距	cm	≥10
3	振动沉桩机	激振力	kN	≥70
4	冲击成孔机	冲击重力	kN	≥10
5	长螺旋钻机	直径	cm	≥40
6	桩管	直径	cm	大于设计孔径
7	装载机	整机质量	t	≥2.5
8	拌和机械	—	—	满足使用要求
9	夯实机	夯锤质量	t	≥0.1
10	自卸车	载质量	t	≥10

2. 设备配备

成孔机械的配备台数 N 按下式计算:

$$N = S/(V_2 \cdot t) \quad (4-30)$$

式中,S 为需要成孔的数量,个;V_2 为成孔机械的成孔速度,个/(天·台);t 为施工总工期,天。

【例 4-6】 某挤密桩施工工程土方量54 000 m³,施工工期2个月,根据每日运输松方量1∶1.3,自卸车工作循环为2趟/h,选用25 m³的自卸车,则自卸车应配备3台。

每个施工作业面,砂(碎石)挤密桩施工机械按以下数量配置:成孔机械1台、桩管1根、漏斗1个、自卸车3辆。具体设备配置数量见表4-40。

表 4-40 砂(碎石)挤密桩施工机械配置数量

序号	施工机械名称	单位	数量	用途	配置说明
1	成孔机械	台	1	成孔	每作业面配置
2	桩管	根	1	成孔	每作业面配置
3	漏斗	个	1	加料	每作业面配置
4	自卸车	辆	3	材料运输	每作业面配置

4.1.17 柱锤冲扩桩施工机械

柱锤冲扩桩施工机械主要有柱锤、起吊机械、填料机械等。

1. 设备选型

起吊机械的选型参考 4.1.14 节。

柱锤冲扩桩成套机械宜按 100~200 m/台班进行配置。柱锤冲扩桩施工机械可参照表 4-41 进行选配。

表 4-41 柱锤冲扩桩施工机械选型参考表

序号	施工机械名称	技术指标	单位	参考值
1	柱锤	直径	mm	300~500
		长度	m	2~6
		质量	t	1~8
2	起吊设备	起吊吨位及高度	t/m	满足使用要求
3	扁平锤	重量	kN	20~100
4	套管	直径	mm	大于设计孔径
5	螺旋钻机	直径	mm	大于设计孔径
		钻进深度	m	大于设计深度
6	电动洛阳铲	直径	mm	大于设计孔径
		钻进深度	m	大于设计深度
		卷扬机牵引力	tf	≥1.2
7	拌和机械	—	—	满足使用要求
8	自卸车	整机质量	t	≥10

2. 设备配备

【例 4-7】某柱锤冲扩桩施工工程土方量 54 000 m^3,施工工期 2 个月,根据每日运输松方量 1:1.3,自卸车工作循环为 2 趟/h,选用 25 m^3 的自卸车,则自卸车应配备 3 辆。

每个施工作业面,柱锤冲扩桩施工机械按以下数量配置:柱锤 1 个、起吊设备 1 台,料斗 1 个。具体机械配置数量见表 4-42。

表 4-42 柱锤冲扩桩施工机械配置数量

序号	施工机械名称	单位	数量	用途	配置说明
1	柱锤	个	1	成孔	每作业面配置
2	起吊设备	台	1	起吊柱锤	每作业面配置
3	料斗	个	1	加料	每作业面配置
4	扁平锤	个	1	封顶或拍底	每作业面配置
5	套管	根	1	成孔	每作业面配置
6	螺旋钻机	台	1	桩深较大时成孔取土	每作业面配置
7	电动洛阳铲	个	1	桩深较大时成孔取土	每作业面配置
8	拌和机械	套	1	填料拌和	每作业面配置
9	自卸车	辆	3	填料运输	每作业面配置

4.1.18 塑料排水板施工机械

塑料排水板施工机械主要有插板机和自卸车。

1. 设备选型

自卸车的选型参考 4.1.1 节。

插板机的选型要考虑地质条件,沿海软基处理、围海造地等地质条件要使用插板机。插板机分为履带式插板机和步履式插板机。履带式插板机宜按 1500 m/台班、步履式插板机宜按 1000 m/台班进行配置。

2. 设备配备

插板机的配备台数 N 按下式计算:

$$N = S/(V_3 \cdot t) \quad (4-31)$$

式中,S 为需要施工的总数量,个;V_3 为插板机工作速度,个/(天·台);t 为施工总工期,天。

每个施工作业面,塑料排水板施工机械按以下数量配置:插板机 1 台、自卸车 1 辆。具体设备配置数量见表 4-43。

表 4-43 塑料排水板施工机械配置数量

序号	施工机械名称	技术指标	单位	参 考 值	配置数量
1	插板机	激振力	kN	≥80	1
		插入深度	m	≥10 且不小于设计深度	
		接地压力	kPa	≤50	
2	自卸车	整机质量	t	≥10	1

4.1.19 袋装砂井施工机械

袋装砂井施工机械主要有袋装砂井机和自卸车。

1. 设备选型

自卸车的选型参考 4.1.1 节。

袋装砂井机的选型要考虑地质条件,沿海软基处理、围海造地等地质条件要使用袋装砂井机。袋装砂井机宜按 800 m/台班进行配置。

2. 设备配备

袋装砂井机的配备台数 N 按下式计算:

$$N = S/(V_4 \times t) \quad (4-32)$$

式中,S 为需要施工的总数量,个;V_4 为袋装砂井机工作速度,个/(天·台);t 为施工总工期,天。

每个施工作业面,袋装砂井施工机械按以下数量配置:袋装砂井机 1 台、自卸车 1 辆。具体设备配置数量如表 4-44 所示。

表 4-44 袋装砂井施工机械配置数量

序号	施工机械名称	技术指标	单位	参 考 值	配置数量
1	袋装砂井机	激振力	kN	≥80	1
		插入深度	m	≥10 且不小于设计深度	
		接地压力	kPa	≤50	
2	自卸车	整机质量	t	≥10	1

4.2 路堤施工机械选型与配备

路堤施工机械包括基床以下路堤填筑施工机械、黄土路堤施工机械、石灰改良土路基填筑施工机械、半填半挖及不同岩土组合过渡段施工机械、加筋土路堤填筑施工机械、基床底层 A/B 组填料填筑施工机械、基床底层改良土场拌法填筑施工机械、基床底层改良土路拌填筑施工机械、基床表层级配碎石(砂砾石)填筑施工机械、基床表层封闭层沥青混凝土施工机械。

4.2.1 基床以下路堤填筑施工机械

基床以下路堤填筑施工机械主要有挖掘机、推土机、平地机、压路机、自卸车、小型夯实设备等。

1. 设备选型

挖掘机、推土机、压路机、自卸车的选型参见4.1.1节,平地机的选型参见4.1.7节。

2. 设备配备

平地机可根据施工总量$Q_总$、施工工期T,结合自身生产率Q配置数量,可用下式计算:

$$N = Y \cdot Q_总 / (T \cdot Q) \quad (4\text{-}33)$$

式中,$Q_总$为机械的总施工量,m^2;T为施工工期,h;Q为平地机的生产率;Y为备用系数,受天气、设备可靠性等影响,根据经验取得。

【**例4-8**】 某基床以下路堤填筑施工工程土方量54 000 m^3,施工工期2个月,根据每日运输松方量1:1.3,自卸车工作循环为2趟/h,选用25 m^3的自卸车,则自卸车应配备3台。

每个施工作业面,基床以下路堤填筑施工机械按以下数量配置:挖掘机1台、压路机1台、推土机1台、平地机1台、自卸车3辆。具体设备配置数量见表4-45:

表4-45 基床以下路堤填筑施工机械配置数量

序号	施工机械名称	技术指标	单位	参考值	配置数量	配置说明
1	挖掘机	铲斗容量	m^3	≥1	1	根据总挖方量、开挖工期计算配置规格/型号、数量
2	压路机	整机质量	t	≥15	1	根据每日填筑松方量配置
3	推土机	功率	kW	≥103	1	根据每日填筑松方量配置
4	自卸车	方量	m^3	≥22	3	根据每日运输松方量配置
5	平地机	刮刀长度	m	≥3	1	每作业面配置
6	小型夯实设备	冲击力	tf	≥1	1	每作业面配置

4.2.2 石灰改良土路基填筑施工机械

石灰改良土路基填筑施工机械主要有路拌机、推土机、平地机、压路机、自卸车、洒水车等设备。

1. 设备选型

推土机、压路机、自卸车的选型参见4.1.1节;洒水车的选型参见4.1.12节;平地机的选型参见4.1.7节。

路拌机的选型要考虑施工现场路面拌和宽度。

路拌机有3种规格/型号:YWB210、YWB230、YWB250。路面拌和宽度小于2.3 m时,选用YWB210;路面拌和宽度在2.3~2.5 m时,选用YWB230;路面拌和宽度大于2.5 m时,选用YWB250。

2. 设备配备

一般根据混凝土总任务量M和浇筑工期T,结合路拌机的生产率X计算路拌机的配置数量N:

$$N = M / (X \cdot T \cdot H \cdot K) \quad (4\text{-}34)$$

式中,X为路拌机的规格(即生产率),m^3/(h·台);M为混凝土总任务量,m^3;T为混凝土浇筑工期,天;H为每天工作小时数,h/天;K为利用系数,一般取0.7~0.9。

每个施工作业面,石灰改良土路基填筑施工机械按以下数量配置:路拌机1台、压路机1台、推土机1台、平地机1台、洒水车1辆、自卸车3辆。具体设备配置数量见表4-46。

表 4-46 石灰改良土路基填筑施工机械配置数量

序号	施工机械名称	技术指标	单位	参考值	配置数量	配置说明
1	路拌机	拌和宽度	m	≥2	1	根据路面拌和宽度配置规格/型号
2	压路机	功率	kW	≥103	1	根据每日填筑松方量配置
3	推土机	整机质量	t	≥15	1	根据每日填筑松方量配置
4	平地机	刮刀长度	m	≥3	1	每作业面配置
5	自卸车	方量	m³	≥10	3	根据每日运输松方量配置
6	洒水车	吨位	t	≥5	1	每作业面配置

4.2.3 黄土路堤施工机械

黄土路堤施工机械主要有挖掘机、推土机、平地机、压路机、自卸车等。

1. 设备选型

挖掘机、推土机、平地机、压路机、自卸车的选型参见 4.1.1 节,平地机的选型参见 4.1.7 节。

2. 设备配备

【例 4-9】 某黄土路堤施工工程土方量 54 000 m³,施工工期 2 个月,根据每日运输松方量 1∶1.3,自卸车工作循环为 2 趟/h,选用 25 m³ 的自卸车,则自卸车应配备 3 辆。

每个施工作业面,黄土路堤施工机械按以下数量配置:挖掘机 2 台、压路机 1 台、推土机 1 台、平地机 1 台、自卸车 3 辆。具体设备配置数量见表 4-47。

表 4-47 黄土路堤填料填筑施工机械配置数量

序号	施工机械名称	技术指标	单位	参考值	配置数量	配置说明
1	挖掘机	铲斗容量	m³	≥1	2	根据总挖方量,开挖工期计算配置规格/型号、数量
2	压路机	整机质量	t	≥15	1	根据每日填筑松方量配置
3	推土机	功率	kW	≥103	1	根据每日填筑松方量配置
4	自卸车	方量	m³	≥22	3	根据每日运输松方量配置
5	平地机	刮刀长度	m	≥3	1	每作业面配置

4.2.4 半填半挖及不同岩土组合过渡段施工机械

半填半挖及不同岩土组合过渡段施工机械主要有挖掘机、装载机、推土机、平地机、压路机、自卸车等。

1. 设备选型

挖掘机、装载机、推土机、压路机、自卸车的选型参见 4.1.1 节;平地机的选型参见 4.1.7 节。

2. 设备配备

每个施工作业面,半填半挖及不同岩土组合过渡段施工机械按以下数量配置:挖掘机 2 台、压路机 1 台、推土机 1 台、平地机 1 台、装载机 1 台、自卸车 3 辆。具体设备配置数量见表 4-48。

表 4-48 半填半挖及不同岩土组合过渡段施工机械配置数量

序号	施工机械名称	技术指标	单位	参考值	配置数量	配置说明
1	挖掘机	铲斗容量	m³	≥1	2	根据总挖方量和开挖工期计算配置规格/型号、数量
2	压路机	整机质量	t	≥15	1	根据每日填筑松方量配置

续表

序号	施工机械名称	技术指标	单位	参考值	配置数量	配置说明
3	推土机	功率	kW	≥103	1	根据每日填筑松方量配置
4	自卸车	方量	m³	≥22	3	根据每日运输松方量配置
5	装载机	斗容量	m³	≥2.5	1	每作业面配置
6	平地机	刮刀长度	m	≥3	1	每作业面配置

4.2.5 加筋土路堤填筑施工机械

加筋土路堤填筑施工机械主要有挖掘机、装载机、推土机、平地机、压路机、自卸车等设备。

1. 设备选型

挖掘机、装载机、推土机、压路机、自卸车的选型参见4.1.1节;平地机的选型参见4.1.7节。

2. 设备配备

每个施工作业面,加筋土路堤填筑施工机械按以下数量配置:挖掘机2台、压路机2台、推土机2台、平地机1台、装载机1台、自卸车3辆。具体设备配置数量见表4-49。

表4-49 加筋土路堤填筑施工机械配置数量

序号	施工机械名称	技术指标	单位	参考值	配置数量	配置说明
1	挖掘机	铲斗容量	m³	≥1	2	根据总挖方量,开挖工期计算配置规格/型号、数量
2	压路机	整机质量	t	≥15	2	根据每日填筑松方量配置
3	推土机	功率	kW	≥103	2	根据每日填筑松方量配置
4	自卸车	方量	m³	≥22	3	根据每日运输松方量配置
5	装载机	斗容量	m³	≥2.5	1	每作业面配置
6	平地机	刮刀长度	m	≥3	1	每作业面配置

4.2.6 基床底层 A/B 组填料填筑施工机械

基床底层 A/B 组填料填筑施工机械主要有挖掘机、推土机、装载机、自卸车、给料斗、胶带输送机、振动筛、洒水车等设备。

1. 设备选型

挖掘机、推土机、装载机、自卸车的选型参见4.1.1节;洒水车的选型参见4.1.12节。

1) 给料斗的选型

给料斗的选型要考虑出料量和物料颗粒度(小于 200 mm)。

若粒径过大,选择使用搅拌机,如 AB 料(粒径大于 200 mm 的颗粒质量超过总质量的 50%);根据材料最大粒度选择适当的给料斗,再根据现场自卸车数量、每趟往返间隔确定给料斗的数量和容量。给料斗的出料量范围为 40~600 t/h,最大粒度范围为 50~165 mm,料斗容积范围为 2~300 m³。

2) 胶带输送机、振动筛的选型

胶带输送机的选型要考虑输送量;振动筛的选型要考虑物料颗粒直径和处理能力。

输送机用于输送石料,在选型时要考虑是否能满足给料斗的搅拌饱和度,还要考虑输送机的输送量、给料斗出料量和物料单位质量。例如,当给料斗出料量为 100 t/h,混凝土单位质量为 2 t/m³ 时,胶带输送机的输送量不小于 50 t/h 方能满足正常施工生产要求。

振动筛用于把关物料颗粒直径,使传送带上的物料大小均满足要求。在选型时,要先判断所需物料的直径范围,以此选择振动筛的筛孔范围;再根据输送带的输送量选择对应处理能力的振动筛。例如,如果混凝土物料的直径不超过 50 mm,胶带输送机的输送量不小于

50 t/h，那么选择筛孔最大直径 50 mm、处理能力 100 m³/h 的振动筛。

2. 设备配备

每个施工作业面，基床底层 A/B 组填料填筑施工机械按以下数量配置：挖掘机 1 台、推土机 1 台、装载机 1 台、自卸车 3 辆、给料斗 1 个、胶带输送机 1 套、振动筛 1 套、洒水车 1 辆。具体设备配置数量见表 4-50。

表 4-50 基床底层 A/B 组填料填筑施工机械配置数量

序号	施工机械名称	技术指标	单位	参考值	配置数量	配置说明
1	挖掘机	铲斗容量	m³	≥1	1	根据总挖方量和开挖工期计算配置规格/型号、数量
2	装载机	斗容量	m³	≥2.5	1	每作业面配置
3	推土机	功率	kW	≥103	1	根据每日填筑松方量配置
4	自卸车	方量	m³	≥22	3	根据每日运输松方量配置
5	给料斗	功率	kW	≥15	1	按填料最大直径配置
6	胶带输送机	功率	kW	≥20	1	按填料方量配置
7	振动筛	筛孔尺寸	mm	满足填料最大粒径要求	1	按填料最大直径配置
8	洒水车	吨位	t	≥5	1	每作业面配置

4.2.7 基床底层改良土场拌法填筑施工机械

基床底层改良土场拌法填筑施工机械主要有改良土拌和设备、装载机、推土机、平地机、压路机、碎土机、自卸车、洒水车等。

1. 设备选型

压路机、推土机、装载机、自卸车的选型参见 4.1.1 节；洒水车的选型参见 4.1.12 节；平地机的选型参见 4.1.7 节。

改良土拌和设备的选型要考虑施工生产率的要求。

根据生产率大小，搅拌站分为 4 种：小型（生产率小于 300 t/h）、中型（生产率为 300~400 t/h）、大型（生产率为 500~600 t/h）和特大型（生产率大于 600 t/h）。

搅拌站的生产率 X 由下式确定：

$$X = M/(T \cdot H \cdot K) \quad (4\text{-}35)$$

式中，X 为搅拌站规格（即生产率），m³/h；M 为改良土总任务量，m³；T 为改良土浇筑天数，天；H 为每天工作小时数，h/天；K 为利用系数，一般取 0.7~0.9。

2. 设备配备

通常根据改良土总任务量 M 和浇筑工期 T，结合生产率 X 计算改良土拌和设备的数量 N 公式为

$$N = M/(X \cdot T \cdot H \cdot K) \quad (4\text{-}36)$$

式中，X 为改良土拌和设备的规格（即生产率），m³/(h·套)；M 为混凝土总任务量，m³；T 为混凝土浇筑天数，天；H 为每天工作小时数，h/天；K 为利用系数，一般取 0.7~0.9。

每个施工作业面，基床底层改良土场拌法填筑施工机械按以下数量配置：压路机 1 台、推土机 1 台、装载机 1 台、自卸车 3 辆、改良土拌和设备 1 套、碎土机 1 台、洒水车 1 辆。具体设备配置数量见表 4-51。

表 4-51 基床底层改良土场拌法填筑施工机械配置数量

序号	施工机械名称	技术指标	单位	参考值	配置数量	配置说明
1	改良土拌和设备	生产能力	t/h	≥300	1	根据每日拌料方量配置规格/型号
2	装载机	斗容量	m³	≥2.5	1	每作业面配置

续表

序号	施工机械名称	技术指标	单位	参考值	配置数量	配置说明
3	推土机	功率	kW	≥103	1	根据每日填筑松方量配置
4	自卸车	方量	m³	≥22	3	根据每日运输松方量配置
6	平地机	刮刀长度	m	≥3	1	每作业面配置
7	压路机	整机质量	t	≥15	1	根据每日填筑松方量配置
8	碎土机	生产能力	t/h	≥300	1	每作业面配置
9	洒水车	吨位	t	≥5	1	每作业面配置

4.2.8 基床底层改良土路拌填筑施工机械

基床底层改良土路拌填筑施工机械主要有路拌机、推土机、压路机、平地机、自卸车、洒水车等。

1. 设备选型

推土机、压路机、自卸车的选型参见4.1.1节；洒水车的选型参见4.1.12节；平地机的选型参见4.1.7节；路拌机的选型参见4.2.3节。

2. 设备配备

每个施工作业面，基床底层改良土路拌填筑施工机械按以下数量配置：路拌机1台、推土机1台、压路机1台、自卸车3辆、平地机1台、洒水车1辆。具体设备配置数量见表4-52。

表4-52 基床底层改良土路拌填筑施工机械配置数量

序号	施工机械名称	技术指标	单位	参考值	配置数量	配置说明
1	路拌机	拌和宽度	m	≥2	1	根据路面拌和宽度配置规格/型号
2	推土机	功率	kW	≥103	1	根据每日填筑松方量配置
3	压路机	整机质量	t	≥15	1	根据每日填筑松方量配置
4	平地机	刮刀长度	m	≥3	1	每作业面配置
5	自卸车	方量	m³	≥10	3	根据每日运输松方量配置
6	洒水车	吨位	t	≥5	1	每作业面配置

4.2.9 基床表层级配碎石（砂砾石）填筑施工机械

基床表层级配碎石（砂砾石）填筑施工机械主要有稳定土搅拌站、装载机、洒水车、筛分设备等。

1. 设备选型

装载机的选型参见4.1.1节；洒水车的选型参见4.1.12节；筛分设备的选型参见4.2.6节；稳定土搅拌站的选型参见4.2.7节。

2. 设备配备

每个施工作业面，基床表层级配碎石（砂砾石）填筑施工机械按以下数量配置：稳定土搅拌设备1套、装载机1台、压路机1台、洒水车1辆、筛分设备1台。具体设备配置数量见表4-53。

表4-53 基床表层级配碎石（砂砾石）填筑施工机械配置数量

序号	施工机械名称	技术指标	单位	参考值	配置数量	配置说明
1	稳定土拌和设备	生产能力	t/h	≥300	1	根据填筑料每日产量进行规格/型号配置
2	装载机	斗容量	m³	≥2.5	1	每作业面配置

续表

序号	施工机械名称	技术指标	单位	参考值	配置数量	配置说明
3	筛分设备	筛孔尺寸	mm	满足填料最大粒径要求	1	每作业面配置
4	洒水车	吨位	t	≥5	1	每作业面配置
5	压路机	单位线压力	N/cm	≥400	1	每作业面配置

4.2.10 基床表层封闭层沥青混凝土施工机械

基床表层封闭层沥青混凝土施工机械主要有沥青混凝土搅拌站、沥青混凝土摊铺机、装载机、压路机、自卸车等设备。

1. 设备选型

装载机、压路机、自卸车的选型参见4.1.1节。

1) 沥青混凝土搅拌站的选型

沥青混凝土搅拌站的选型要考虑施工生产率,由下式确定:

$$Q = S \cdot H \cdot R / N \cdot K \cdot T \quad (4-37)$$

式中,Q 为沥青混凝土搅拌站的生产能力(即生产率),t/h;S 为铺筑面积,m^2;H 为铺筑厚度,m;N 为计划施工工期,天;R 为压实密度,t/m^3,一般取 2.35 t/m^3;T 为每天实际运转时间,h/天,一般取 10 h/天;K 为施工日系数(不考虑节假日,只考虑下雨和设备维修),即工期中可能工作的天数与计划的日历天数之比,一般取 $K=0.8$。

由式(4-37)计算出来的生产率 Q 是沥青混凝土搅拌站所需达到的生产能力。实际选择的设备必须达到和超过这一生产率,才能满足正常的施工要求。

2) 沥青混凝土摊铺机的选型

摊铺机按作业宽度可分为5种:微型,其基本摊铺宽度为 1.0~1.4 m,最大摊铺宽度 ≤3.5 m;小型,其基本摊铺宽度为 1.5~2.0 m,最大摊铺宽度为 4~5 m;中型,其基本摊铺宽度为 2.5~3.0 m,最大摊铺宽度为 6~8 m;大型,其基本摊铺宽度为 2.5~3.0 m,最大摊铺宽度为 9~13 m;超大型,其基本摊铺宽度为 3.0 m,最大摊铺宽度 ≥14 m。

摊铺机按驱动形式可分为两种:履带式和轮胎式。履带式摊铺机具有附着力大、驱动力强、平稳性好等特点,满足基础较差或坡度较大的工况;轮胎式摊铺机具有行驶速度高、机动性好等特点,以中小型为主。

摊铺机主要根据其作业能力进行匹配计算。摊铺宽度、摊铺厚度和摊铺速度是衡量摊铺机作业能力的3个基本参数指标。摊铺机生产率按下式计算:

$$Q = 60 H \cdot B \cdot V \cdot R \quad (4-38)$$

式中,Q 为最大生产率,t/h;H 为摊铺厚度,m;B 为摊铺宽度,m;V 为摊铺速度,m/min;R 为摊铺混合料密度,t/m^3,一般取 1.8 t/m^3。

摊铺宽度和摊铺厚度主要根据路面施工的设计要求和具体产品的最大能力进行选择,而摊铺速度则应充分考虑混合料的供给量,并依据混合料进料量合理设定,其计算公式为

$$V = Q_0 / (0.6 R_t \cdot W \cdot T) \quad (4-39)$$

式中,V 为摊铺速度,m/min;Q_0 为混合料进料量,t/h;W 为平均摊铺宽度(压实后),m;T 为平均摊铺厚度(压实后),cm;R_t 为混合料密度(压实后),t/m^3,一般取 2.0 t/m^3。

为保证较好的作业质量和作业效率,摊铺速度一般要达到 1 m/min 以上。

2. 设备配备

每个施工作业面,基床表层封闭层沥青混凝土施工机械按以下数量配置:沥青混凝土搅拌站1套、沥青混凝土摊铺机1台、装载机1台、压路机2台、自卸车3辆。具体设备配置数量见表4-54。

表 4-54　基床表层封闭层沥青混凝土施工机械配置数量

序号	施工机械名称	技术指标	单位	参考值	配置数量	配置说明
1	沥青混凝土搅拌站	生产能力	t/h	≥80	1	根据每日生产沥青混凝土方量配置规格/型号
2	装载机	斗容量	m³	≥2.5	1	每作业面配置
3	沥青混凝土摊铺机	摊铺宽度	m	满足可铺宽度要求	1	每作业面配置
4	压路机	整机质量	t	≥15	2	每作业面配置
5	自卸车	方量	m³	≥22	3	根据每日运输松方量配置

4.3　路堑施工机械选型与配备

路堑施工机械包括土质路堑施工机械和石质路堑施工机械。

4.3.1　土质路堑施工机械

土质路堑施工机械主要有挖掘机、自卸车、推土机、装载机及洒水车等机械。

1. 设备选型

挖掘机、自卸车、推土机、装载机的选型参见 4.1.1 节;洒水车的选型参见 4.1.12 节。

2. 设备配备

挖掘机、自卸车的配置数量按每日开挖方量而定。

每个施工作业面,土质路堑施工机械按以下数量配置:挖掘机 1 台、自卸车 3 辆、推土机 1 台、装载机 1 台、洒水车 1 辆。具体设备配置数量见表 4-55。

表 4-55　土质路堑施工机械配置数量

序号	施工机械名称	单位	数量	主要用途	配置说明
1	挖掘机	台	1	开挖、装车	每作业面配置
2	自卸车	辆	3	运输	每作业面配置
3	推土机	台	1	平整及推土	根据实际情况配置
4	装载机	台	1	装车	根据实际情况配置
5	洒水车	辆	1	降尘	根据实际情况配置

4.3.2　石质路堑施工机械

石质环境下,路堑施工机械主要有挖掘机、自卸车、推土机、装载机、洒水车、凿岩机、空气压缩机等机械。

1. 设备选型

挖掘机、自卸车、推土机、装载机的选型参见 4.1.1 节;洒水车的选型参见 4.1.12 节。

1) 凿岩机的选型

风动凿岩机的选型要考虑作业面积和钻孔直径。在作业面积小、炮眼浅、钻孔直径不超过 40 mm、无法张开支腿的工况下,选择手持式凿岩机;若钻孔深度为 2~5 m、钻孔直径为 34~42 mm,可选择气腿式凿岩机;打 60°~90°向上炮眼、打锚杆孔和挑顶炮眼时,可用伸缩式凿岩机;在工作面比较大、凿岩效率要求高的工况下,若钻孔深度为 5~20 m,钻孔直径最大为 75 mm,可选择导轨式凿岩机。

电动凿岩机的选型要考虑炮孔角度和深度直径。在打垂直地面或水平的炮孔时容易用到。

2) 空气压缩机的选型

空气压缩机的选型要考虑所需风动凿岩机的数量和用气量,其容积 Q 按下式计算:

$$Q = n \cdot q / K_P \tag{4-40}$$

式中,Q 为空气压缩机容积,m³;n 为气动工具数量;q 为气动工具用气量,m³/min;K_P 为损耗系数。

路堑浅孔爆破施工机械的选型参见表 4-56。

表 4-56　路堑浅孔爆破施工机械选型参考表

序号	施工机械名称	技术指标	数量	单位	参考值
1	风动凿岩机	扭矩	3	kN·m	≥18
		钻孔深度		m	≥3
		钻孔直径		mm	≥38
2	电动凿岩机	扭矩	1	kN·m	≥10
		钻孔深度		m	≥4
		钻孔直径		mm	≥38
3	液压凿岩机	扭矩	1	kN·m	≥150
		钻孔深度		m	≥4
		钻孔直径		mm	≥45
4	空气压缩机	工作压力	1	MPa	≥0.6

2. 设备配备

每个施工作业面，石质路堑施工机械按以下数量配置：凿岩机3台、潜孔钻机1台、挖掘机1台、自卸车3辆、装载机1台、推土机1台、空气压缩机1台。具体设备配置数量见表 4-57。

表 4-57　石质路堑施工机械配置数量

序号	施工机械名称	单位	数量	主要用途	配置说明
1	凿岩机	台	3	爆破钻孔	每作业面配置
2	潜孔钻机	台	1	爆破钻孔	每作业面配置
3	挖掘机	台	1	开挖装车	每作业面配置
4	自卸车	辆	3	运输	每作业面配置
5	空气压缩机	台	1	提供动力	根据实际情况
6	推土机	台	1	平整及堆土	根据实际情况
7	装载机	台	1	装车	根据实际情况

4.4　过渡段施工机械选型与配备

过渡段施工机械包括路桥过渡段施工机械、路基与横向结构物过渡段施工机械、路堤与路堑过渡段施工机械，以及路隧、桥隧过渡段机械。

4.4.1　路桥过渡段施工机械

路桥过渡段施工机械一般有挖掘机、装载机、推土机、自卸车、给料斗、胶带输送机、振动筛、洒水车。

1. 设备选型

挖掘机、装载机、推土机、自卸车的选型见 4.1.1 节；洒水车的选型见 4.1.12 节；给料斗、胶带输送机和振动筛的选型见 4.2.6 节。

2. 设备配备

路堤与桥相连接处，基层表层及以下过渡段采用级配碎石、A/B 组料进行填充，采取的施工机械可见 4.2.6 节、4.2.9 节。

路堑与桥相连接处，基层表层及以下过渡段采用级配碎石、混凝土进行填充，采取的施工机械可见 4.2.9 节、4.3.2 节。

4.4.2　路基与横向结构物过渡段施工机械

路基与横向结构物相连接时，沿线路方向结构物与路基的交点之间部分路基填料全部为水泥稳定级配碎石，按照与过渡段相同的标准进行碾压，基层表层及以下过渡段采用级配碎石、A/B 组料进行填充。一般需要挖掘机、装载机、推土机、自卸车、给料斗、胶带输送机、振动筛、洒水车、振动压路机。

1. 设备选型

挖掘机、装载机、推土机、自卸车、振动压路机的选型见 4.1.1 节；洒水车的选型参见 4.1.12 节；给料斗、胶带输送机、振动筛的选型见 4.2.6 节。

2. 设备配备

路基与横向结构物过渡段施工采取的施工机械可参见 4.2.6 节、4.2.9 节。

4.4.3 路堤与路堑过渡段施工机械

路堤与路堑有两种过渡方式：一种是路堤与弱风化软质岩石路堑过渡；另一种是路堤与硬质岩石路堑过渡。过渡填筑材料根据不同过渡方式分为相邻路堤同样填料和级配碎石两种。一般需要在路堑一侧顺原地面纵向设置台阶。常用的施工机械有挖掘机、推土机、装载机、压路机、自卸车、混凝土搅拌机、混凝土输送泵、风动凿岩机、空气压缩机、洒水车、胶带输送机、振动筛。

1. 设备选型

挖掘机、推土机、装载机、压路机、自卸车的选型见 4.1.1 节；洒水车的选型见 4.1.12 节；风动凿岩机、空气压缩机的选型见 4.3.2 节。

1) 混凝土搅拌机的选型

混凝土搅拌机的选型依据是输出率。实际生产过程中，生产者可能会直接指定搅拌机的输出率，若未指定，则需要根据每日所需混凝土方量计算搅拌机最小配置。具体参见 4.1.3 节混凝土搅拌站选型内容。

2) 混凝土输送泵的选型

混凝土输送泵的选型要考虑输送的距离和高度，计算输送压力，再根据输送压力选用输送泵的规格/型号，具体参见 4.1.8 节。常用的混凝土输送泵有 4 种规格/型号：38 m 混凝土输送泵（理论输送率 140 m³/h）、52 m 混凝土输送泵（理论输送率 200 m³/h）、60 m 混凝土输送泵（理论输送率 78 m³/h）和 100 m 车载泵（理论输送率 100 m³/h）。

2. 设备配备

1) 搅拌机配置数量

混凝土搅拌机的输出率 X 按下式计算：

$$X = M/(T \cdot H \cdot K) \quad (4-41)$$

式中，X 为搅拌机输出率，m³/h；M 为混凝土年产量，m³/年；T 为一年有效工作日，天/年；H 为每天工作时间，h/天；K 为系数，其值为 0.8。

根据以上分析，要保证选择的搅拌机年输出率大于或等于年生产需求。搅拌机的选型可参照表 4-58，根据实际生产所需年产量和搅拌类设备主要参数确定混凝土搅拌机的数量。

表 4-58 按照混凝土年产量进行搅拌机选型的参照表

混凝土生产量 /(万 m³/年)	工作天数 /(天/年)	搅拌站 规格型号	主机规格 /m³
≤10	300	HZS60	1
≤15	300	HZS90	1.5
≤20	300	HZS120	2
≤35	300	HZS180	3
≤45	300	HZS240	4
≤50	300	HZS270	4.5
≤55	300	HZS300	5

2) 泵送类设备配置数量

混凝土泵车、混凝土输送泵和车载泵的配备数量可根据混凝土方量、单台泵实际平均输出量和计划施工作业时间等进行计算。根据生产适用和经济合理原则，结合每年混凝土产量 M 来计算每天混凝土输送泵送量 Q，计算公式如下：

$$Q = M/T \quad (4-42)$$

式中，Q 为混凝土泵送量，m³/天；M 为混凝土年产量，m³/年；T 为一年有效工作日，天/年。

混凝土泵车实际平均输送量为

$$q_m = q_{max} \cdot \eta \quad (4-43)$$

式中，q_m 为混凝土泵车实际平均输送量（即泵送量），m³/h；q_{max} 为混凝土泵车最大理论输出量，m³/h；η 为混凝土泵车作业效率，一般取 0.5～0.7。

根据得出的满足需求的最小混凝土输送泵输送量 q_m 选择混凝土输送泵。例如，规定搅拌机生产率不低于 100 m³/h，混凝土单位质量

2 t/m³,则胶带输送机输送量不小于 200 t/h,混凝土输送泵输出率不低于 100 m³/h 才能满足正常施工生产要求。

若实际生产过程中泵车需要频繁转场,则每天泵车实际可完成工作量会减少,剩余的部分需要由混凝土输送泵和车载泵来泵送。混凝土输送泵和车载泵的配备数量按下式计算:

$$Q_1 = \eta_1 \cdot \alpha_1 \cdot Q_{max} \quad (4-44)$$

$$N_2 = \frac{Q}{Q_1 \times T_0} \quad (4-45)$$

式中,Q_1 为每台混凝土输送泵实际平均输出率,m³/(h·台);Q_{max} 为每台混凝土输送泵或车载泵理论最大输出率,m³/(h·台);α_1 为配管条件系数,可取 0.8~0.9;η 为作业效率,一般取 0.5~0.7;N_2 为混凝土输送泵数量,台;Q 为混凝土浇筑方量,m³;T_0 为混凝土输送泵送计划施工作业时间,h,可按每天 8 h 计算。

每个施工作业面,路堤与路堑过渡段施工机械按以下数量配置:挖掘机 1 台、推土机 1 台、装载机 1 台、洒水车 1 辆、压路机 1 台、混凝土搅拌机 1 台、混凝土输送泵 1 台、自卸车 3 辆。具体设备配置数量见表 4-59。

表 4-59 路堤与路堑过渡段施工机械配置数量

序号	机械名称	数量	技术指标	单位	参 数 值
1	挖掘机	1	铲斗容量	m³	≥1
2	推土机	1	功率	kW	≥160
3	装载机	1	铲斗容量	m³	≥2.5
4	自卸车	3	载质量	t	≥20
5	洒水车	1	方量	m³	≥8
6	振动压路机	1	质量	t	≥25
7	混凝土搅拌机	1	输出率	m³/h	≥120
8	混凝土输送泵	1	输出率	m³/h	≥120
9	风动凿岩机	3	扭矩	kN·m	≥10
			钻孔深度	m	≥4
			钻孔直径	mm	≥38
10	空气压缩机	1	工作压力	MPa	≥0.6
11	胶带输送机	1	输送量	t/h	240 t/h
12	振动筛	1	筛孔直径	mm	满足填料最大粒径要求
			处理能力	m³/h	≥120

4.4.4 路隧、桥隧过渡段施工机械

当隧道与土质、全风化及强风化岩石路堑连接时,需在路堑基床范围内设置过渡段。基床表层采用级配碎石填筑,基床底层采用水泥稳定级配碎石过渡,厚度可采用由 2 m 阶梯式渐变至 0.6 m,也可根据隧道和路堑的长短和地质条件,以及隧道的仰拱具体条件确定。单侧最小长度不小于 20 m。

路隧、桥隧过渡段施工机械有挖掘机、推土机、装载机、压路机、自卸车、混凝土搅拌机、混凝土输送泵、风动凿岩钻、空气压缩机、洒水车。

1. 设备选型

挖掘机、推土机、装载机、压路机、自卸车的选型见 4.1.1 节;洒水车的选型见 4.1.12 节;风动凿岩机、空气压缩机的选型见 4.3.2 节;混凝土搅拌机的选型见 4.1.3 节;混凝土输送泵的选型见 4.1.8 节。

2. 设备配备

路隧与桥隧过渡段施工机械的配置数量参考表 4-59。

4.5 路基支挡支护工程施工机械选型与配备

路基支挡支护工程施工机械包括重力式挡土墙施工机械、悬臂式和扶壁式挡土墙施工机械、短卸荷板式挡土墙施工机械、锚杆挡土墙施工机械、锚定板挡土墙施工机械、加筋土挡土墙施工机械、土钉墙施工机械、桩板式挡土墙施工机械、抗滑桩施工机械、预应力锚索施工机械。

4.5.1 重力式挡土墙施工机械

重力式挡土墙常用施工机械有汽车起重机、挖掘机、自卸车、压路机、装载机、混凝土搅拌运输车、混凝土搅拌机、混凝土输送泵、混凝土振动器。

1. 设备选型

挖掘机、自卸车、压路机、装载机的选型见4.1.1节;汽车起重机的选型见4.1.14节;混凝土搅拌机的选型见4.1.3节;混凝土输送泵的选型见4.1.8节。

1) 混凝土搅拌运输车的选型

(1) 按装载容量选型

单次需求量小时选小型搅拌车(装载容量<5 m³);要求广泛适用于大部分工地时选中型搅拌车(装载容量6~10 m³);要求适用于大型工地作业时选大型搅拌车(装载容量>12 m³)。

(2) 按卸料方式选型

考虑节省人力成本时选用前卸料搅拌车(卸料口位于驾驶室前方在驾驶员视野范围内);无特殊要求时选用传统后卸料搅拌车。

2) 混凝土振动器的选型

(1) 根据工况选型

振捣深度较大混凝土结构,如基础、柱、梁、墙时,选用插入式振动器;钢筋较密、深度或厚度较小的混凝土构件振捣时,选用外部振动器。

(2) 根据振动棒直径和生产率选型

① 内部(插入式)振动器的生产率的计算公式为

$$Q = k\pi R^2 h \frac{3600}{t+t_1} \quad (4-46)$$

式中,Q 为内部振动器的生产率,m³/h;k 为振动器作业时的时间利用系数,一般 $k=0.8$~0.85;R 为作用半径,m;h 为振动深度(每浇筑层厚度),m;t 为振动器在每一振点上的振动时间(延续时间),s;t_1 为振动器由一个振点移动到另一个振点时所需要的时间,s。

每一个浇筑层需要的振动器数量的计算公式为

$$n = \frac{BLH}{Q(t_{cs}/t_{cp})} \times 3600 \quad (4-47)$$

式中,Q 为内部振动器的生产率,m³/h;n 为内部振动器的数量,台(实际施工,振动器要有一定的备用数量,一般保持在作业所需数量的25%~30%);B,L,H 为每个浇筑体的长宽高,m;t_{cs} 为混凝土内水泥浆初凝时间,s;t_{cp} 为混凝土从搅拌地点输送到浇筑地点所需要的时间,s。

② 附着式(外部)振动器的生产率的计算公式为

$$Q = kSh \frac{3600}{t+t_1} \quad (4-48)$$

式中,Q 为外部振动器的生产率,m³/h;k 为振动器作业时的时间利用系数,一般 $k=0.8$~0.85;S 为振动器底板的面积,m²;h 为振动器作业深度,若无现存数据,可取 0.25~0.30 m 或根据试验测定;t 为振动器在每一振点上的振动时间(延续时间),s;t_1 为振动器由一个振点移动到另一个振点时所需要的时间,s。

生产率是振动器选型的主要性能指标,根据以上公式计算出满足施工生产所需求的最小振动输出率,对应表4-60选择对应尺寸。

表 4-60 各种尺寸振动棒的性能和应用范围

振动棒直径/mm	生产率/(m³/h)	应用范围
25	1~3	狭窄、钢筋密集构件
35~50	5~10	狭窄、钢筋密集构件
50~70	10~20	普通住房、工业建筑的墙和地板
100~150	25~50	大坝中大体积的混凝土

重力式挡土墙施工机械的选型可参考表4-61。

表 4-61 重力式挡土墙施工机械选型参考表

序 号	施工机械名称	技术指标	单 位	参 数 值
1	挖掘机	斗容量	m³	≥0.8
2	自卸车	载质量	t	≥10
3	小型夯实设备	冲击力	tf	≥1
4	压路机	整机质量	t	≥15
5	钢筋加工设备	钢筋调直速度	m/min	≥40
5	钢筋加工设备	钢筋切断速度	mm	满足使用
5	钢筋加工设备	钢筋弯曲径	mm	满足使用
6	混凝土施工设备	插入式振动器直径	mm	≥30

2. 设备配备

每个施工作业面,重力式挡土墙施工机械按以下数量配置:挖掘机 1 台,自卸车 3 辆,压路机 1 台,汽车起重机 1 台,混凝土输送泵/套,混凝土振动棒 2 个,具体配备参见表 4-62。

表 4-62 重力式挡土墙施工机械配置数量

序号	施工机械名称	单位	数量	用 途	配置说明
1	挖掘机	台	1	场地开挖、平整、原材料摊铺	每作业面配置
2	自卸车	辆	3	弃土的运输,原材料运输	每作业面配置
3	压路机	台	1	填料碾压	每作业面配置
4	汽车起重机	台	1	吊装构件	每作业面配置
5	混凝土输送泵	套	1	混凝土输送	每作业面配置
6	混凝土振动棒	个	2	混凝土捣固	每作业面配置

4.5.2 悬臂式和扶壁式挡土墙施工机械

悬臂式和扶壁式挡土墙常用施工机械有汽车起重机、挖掘机、自卸车、压路机、装载机、混凝土搅拌运输车、混凝土搅拌站、混凝土输送泵、小型夯实设备。

1. 设备选型

悬臂式和扶壁式挡土墙施工机械与重力式挡土墙施工机械主要施工设备相同,选型参考 4.5.1 节和表 4-63。

表 4-63 悬臂式和扶壁式挡土墙施工机械选型参考表

序号	施工机械名称	技术指标	单 位	参考值
1	挖掘机	斗容量	m³	≥0.8
2	自卸车	载质量	t	≥10
3	装载机	斗容量	m³	≥2.5
4	压路机	整机质量	t	≥15
5	汽车起重机	起吊质量	t	≥8
6	混凝土搅拌站	生产率	m³/h	≥25
7	混凝土搅拌运输车	容量	m³	≥8
8	混凝土输送泵	泵送排量	m³/h	≥50
9	小型夯实设备	冲击力	tf	≥1

2. 设备配备

每个施工作业面,悬臂式和扶壁式挡土墙施工机械按以下数量配置:挖掘机1台,自卸车3辆,压路机1台,汽车起重机1台,混凝土搅拌运输车3辆,混凝土输送泵1套,混凝土振动棒2个,具体配备参见表4-64。

表4-64 悬臂式和扶壁式挡土墙施工机械配置数量

序号	施工机械名称	单位	数量	用 途	配置说明
1	挖掘机	台	1	场地开挖、平整,原材料摊铺	每作业面配置
2	自卸车	辆	3	弃土的运输,原材料运输	每作业面配置
3	压路机	台	1	填料碾压	每作业面配置
4	汽车起重机	台	1	吊装构件	每作业面配置
5	混凝土搅拌运输车	辆	3	混凝土运输	每作业面配置
6	混凝土输送泵	套	1	混凝土输送	每作业面配置
7	混凝土振动棒	个	2	混凝土捣固	每作业面配置

4.5.3 短卸荷板式挡土墙施工机械

短卸荷板式挡土墙常用施工机械有汽车起重机、挖掘机、自卸车、压路机、装载机、混凝土搅拌运输车、混凝土搅拌站、混凝土输送泵、小型夯实设备。

1. 设备选型

短卸荷板式挡土墙施工机械的选型参考4.5.1节和表4-65。

表4-65 短卸荷板式挡土墙施工机械选型参考表

序号	施工机械名称	技术指标	单 位	参 考 值
1	挖掘机	斗容量	m³	≥0.8
2	自卸车	载质量	t	≥10
3	装载机	斗容量	m³	≥2.5
4	压路机	整机质量	t	≥15
5	小型夯实设备	冲击力	tf	≥1
6	汽车起重机	起吊质量	t	≥8
7	混凝土搅拌站	生产率	m³/h	≥25
8	混凝土搅拌运输车	容量	m³	≥8
9	混凝土输送泵	泵送排量	m³/h	≥50

2. 设备配备

每个施工作业面,短卸荷板式挡土墙施工机械按以下数量配置:挖掘机1台,自卸车3辆,装载机1台,压路机1台,小型夯实设备1套,汽车起重机1台,混凝土搅拌站1套,混凝土搅拌运输车3辆,混凝土输送泵1套,混凝土振动棒2个,具体配置数量参见表4-66。

表4-66 短卸荷板式挡土墙施工机械配置数量

序号	施工机械名称	单位	数量	用 途	配置说明
1	挖掘机	台	1	场地开挖、平整,原材料摊铺	每作业面配置
2	自卸车	辆	3	弃土的运输,原材料运输	每作业面配置
3	装载机	台	1	弃土装车,原材料摊铺	每作业面配置
4	压路机	台	1	填料碾压	每作业面配置

续表

序号	施工机械名称	单位	数量	用途	配置说明
5	小型夯实设备	套	1	填料碾压(压路机无法作业处)	每作业面配置
6	汽车起重机	台	1	吊装构件	每作业面配置
7	混凝土搅拌站	套	1	混凝土生产	每作业面配置
8	混凝土搅拌运输车	辆	3	混凝土运输	每作业面配置
9	混凝土输送泵	套	1	混凝土输送	每作业面配置
10	混凝土振动棒	个	2	混凝土捣固	每作业面配置

4.5.4 锚杆挡土墙施工机械

锚杆挡土墙主要施工机械有空气压缩机、凿岩机、砂浆泵。

1. 设备选型

空气压缩机、凿岩机的选型见4.3.2节。这里主要介绍砂浆泵(带砂浆搅拌功能)的选型。

1) 根据施工所需的输送率选型

(1) 计算出料流量

出料流量的计算公式为

$$Q = \frac{1}{4}\pi\rho(R^2 - r^2)n \quad (4-49)$$

式中,Q 为出料流量,m^3/h;R 为输送螺旋叶片直径,m;r 为输送轴直径,m;ρ 为输送螺旋导程,m;n 为输送轴转速,r/h。

(2) 计算理论输送方量

① 气力输送系统的理论输送方量按下式计算:

$$Q = V \cdot n \quad (4-50)$$

式中,Q 为理论输送方量,m^3/h;V 为气力输送系统每次输送砂浆的体积,m^3,由压力仓的体积决定;n 为每小时输送的次数,次/h。

② 柱塞式砂浆泵的理论输送方量按下式计算:

$$Q = V_T \cdot n_R \quad (4-51)$$

式中,Q 为理论输送方量,m^3/h;V_T 为砂浆泵每工作行程的理论容积,m^3,由砂浆输送缸直径和行程决定;n_R 为柱塞式砂浆泵每小时额定工作行程次数,次/h。

③ 螺杆式砂浆泵的理论输送方量按下式计算:

$$Q = 240eDTn \quad (4-52)$$

式中,Q 为理论输送方量,m^3/h;e 为单螺杆转子的偏心距,m;D 为螺杆的螺距,m;T 为螺杆的导程,m;n 为螺杆的转速,r/min。

(3) 确定理论输送压力

理论输送压力是指砂浆输送设备所能达到的最大出口压力,对于不同输送工作原理的设备,计算方法也不同。

① 干混气力输送系统的最大出口压力,一般为 0.16~0.25 MPa。

② 柱塞式砂浆泵原理与混凝土输送泵相似,理论输送压力的计算可参见下式:

$$P_1 A_1 = P_2 A_2 \quad (4-53)$$

式中,P_1 为理论泵送压力,MPa;P_2 为液压系统工作压力,MPa;A_1 为混凝土活塞受力面积,cm^2;A_2 为泵送液压缸有杆腔面积,cm^2。

③ 螺杆式砂浆泵的最大出口压力与其自身的结构及使用寿命有关,一般为 2.5~3.0 MPa。

通过计算可得出砂浆施工机械产品选型目录,如表4-67所示。

表4-67 砂浆施工机械产品选型目录

产品规格型号	空气压缩机排量/(m³/h)	最大理论输送量/(L/min)	理论输送压力/MPa	主电动机功率/kW	理论垂直输送距离/m	设备类型
PP100	—	100	8	11	100	柱塞式砂浆泵
MINI AVANT	—	50	1.5	2.2	15	

续表

产品规格型号	空气压缩机排量/(m³/h)	最大理论输送量/(L/min)	理论输送压力/MPa	主电动机功率/kW	理论垂直输送距离/m	设备类型
P50	—	50	3	7.5	40	螺杆式砂浆泵
POLIT EV	—	45	4	5.5	—	
PFT SWING L	—	20	3	5.5	—	
G160	160	30	0.2	7.5	100	气力输送系统
PFT SILOMAT	160	16	0.25	9.1	80	
SILOTUR 15.2	100	20	0.26	7.5	100	
Duomix	—	22	3	5.5	30	双混泵
M300	—	24	3	4	30	
PFT G5 C	—	23	3	5.5	—	
D100	—	100	—	5.5	—	连续砂浆搅拌机
D30	—	30	—	4	—	
HM24	—	50L	—	3	—	
SMJ100	—	100	—	4	—	

2) 根据输送压力选型

压力越大,水平传输距离越远,垂直输送距离越高。具体计算公式为

$$P_e \geqslant K_m(0.015L + \lambda h + 0.1N_c + 0.1N_e + \Delta P)$$
(4-54)

式中,P_e 为砂浆泵的额定工作压力,MPa;K_m 为压力波动系数,柱塞泵可取 1.4,挤压式可取 1.2,螺杆式可取 1.0;L 为输送管累计长度,m;λ 为砂浆拌和物重度,可取 0.02 MN;h 为垂直输送距离,m;N_c 为管道快速接头套数,未制订详细布置方案,按 $L/10$ 圆整估算;N_e 为弯头个数;ΔP 为泵头及喷枪压力损失,MPa,一般柱塞泵可取 0.6 MPa,螺杆式、挤压式可取 0.5 MPa。

锚杆挡土墙施工机械的选型可参考表 4-68。

表 4-68 锚杆挡土墙施工机械选型参考表

序号	施工机械名称	技术指标	单位	参考值
1	凿岩钻	钻深	m	大于设计深度
2	空气压缩机	容积流量	m³/min	≥6
		工作压力	MPa	≥6
3	砂浆泵	输出率	m³/h	≥6

2. 设备配备

每个施工作业面,锚杆挡土墙施工机械按以下数量配置:凿岩钻 2 台、空气压缩机 1 台、砂浆泵 1 台。具体配置见表 4-69。

表 4-69 锚杆挡土墙施工机械配置表

序号	施工机械名称	单位	数量	用途	配置说明
1	凿岩钻	台	≥2	钻孔	每作业面配置
2	空气压缩机	台	1	清孔、钻孔	每作业面配置
3	砂浆泵	台	1	压浆料搅拌	每作业面配置

4.5.5 锚定板挡土墙施工机械

锚定板挡土墙常用施工机械有汽车起重机、挖掘机、自卸车、压路机、装载机、混凝土搅拌站、混凝土搅拌运输车。

1. 设备选型

锚定板挡土墙施工机械的选型参考 4.5.1 节和表 4-70。

表 4-70 锚定板挡土墙主要施工机械选型参考表

序号	施工机械名称	技术指标	单 位	参 考 值
1	推土机	功率	kW	≥103
2	自卸车	载质量	t	≥10
3	装载机	斗容量	m³	≥2.5
4	压路机	整机质量	t	≥15
5	汽车起重机	起重质量	t	≥8
6	混凝土搅拌站	生产率	m³/h	≥25
7	混凝土搅拌运输车	容量	m³	≥8

2. 设备配备

每个施工作业面,锚定板挡土墙主要施工机械按以下数量配置:推土机 1 台、自卸车 3 辆、装载机 1 台、压路机 1 台、汽车起重机 1 台、混凝土搅拌站 1 套、混凝土搅拌运输车 2 辆。具体配置参见表 4-71。

表 4-71 锚定板挡土墙主要施工机械配置表

序号	施工机械名称	单位	数量	用 途	配置说明
1	推土机	台	1	原材料摊铺	每作业面配置
2	自卸车	辆	3	原材料运输	每作业面配置
3	装载机	台	1	弃土装车,原材料摊铺	每作业面配置
4	压路机	台	1	填料碾压	每作业面配置
5	汽车起重机	台	1	吊装构件	每作业面配置
6	混凝土搅拌站	套	1	混凝土生产	每作业面配置
7	混凝土搅拌运输车	辆	2	混凝土运输	每作业面配置

4.5.6 加筋土挡土墙施工机械

加筋土挡土墙常用施工机械有汽车起重机、推土机、自卸车、压路机、装载机、混凝土搅拌运输车、混凝土搅拌机、混凝土输送泵、混凝土振动器。

1. 设备选型

推土机、自卸车、压路机、装载机的选型见 4.1.1 节;汽车起重机的选型见 4.1.14 节;混凝土搅拌机的选型见 4.1.3 节;混凝土搅拌运输车和混凝土泵的选型见 4.1.8 节;混凝土振动器的选型见 4.5.1 节。

加筋土挡土墙主要施工机械的选型如表 4-72 所示。

表 4-72 加筋土挡土墙主要施工机械选型参考表

序号	施工机械名称	技术指标	单 位	参 考 值
1	推土机	功率	kW	≥103
2	自卸车	载质量	t	≥10
3	压路机	整机质量	t	≥15
4	混凝土振动器	载质量	t	按构件质量确定

2. 设备配备

每个施工作业面,施工机械按以下数量配置:推土机1台、压路机1台、自卸车3辆。具体配置数量参见表4-73。

表4-73 加筋土挡土墙施工机械配置数量

序号	施工机械名称	单位	数量	用途	配置说明
1	推土机	台	1	原材料摊铺	每作业面配置
2	自卸车	辆	3	原材料运输	每作业面配置
3	压路机	台	1	填料碾压	每作业面配置
4	混凝土振动器	台	2	构件成形	每作业面配置

4.5.7 土钉墙施工机械

土钉墙施工机械主要有汽车起重机、推土机、自卸车、压路机、装载机、混凝土搅拌运输车、混凝土搅拌机、混凝土输送泵、混凝土振动器。

1. 设备选型

推土机、自卸车、压路机、装载机的选型见4.1.1节;汽车起重机的选型见4.1.14节;混凝土搅拌机的选型见4.1.3节;空气压缩机和凿岩机的选型见4.3.2节;混凝土搅拌运输车和混凝土输送泵的选型见4.1.8节;混凝土振动器的选型见4.5.1节。

土钉墙主要施工机械的选型参考表4-74。

2. 设备配备

每个施工作业面,土钉墙主要施工机械按表4-75所示数量配置。

表4-74 土钉墙施工机械选型参考表

序号	施工机械名称	技术指标	单位	参考值
1	推土机	功率	kW	≥103
2	自卸车	载质量	t	≥10
3	压路机	整机质量	t	≥15
4	凿岩机	钻深	m	大于设计深度
5	空气压缩机	容积流量	m^3/min	≥6
		工作压力	MPa	≥6
6	混凝土泵	输出率	m^3/h	≥60

表4-75 土钉墙主要施工机械配置数量

序号	施工机械名称	单位	数量	用途	配置说明
1	推土机	台	1	原材料摊铺	每作业面配置
2	自卸车	辆	3	原材料运输	每作业面配置
3	压路机	台	1	填料碾压	每作业面配置
4	凿岩机	台	≥2	钻孔	每作业面配置
5	空气压缩机	台	1	清孔	每作业面配置
6	混凝土泵	台	1	孔道压浆	每作业面配置

4.5.8 桩板式挡土墙施工机械

桩板式挡土墙施工机械主要有汽车起重机、挖掘机、自卸车、混凝土振动器、汽车起重机、混凝土输送泵、风镐等。

1. 设备选型

挖掘机、自卸车的选型见4.1.1节;汽车起重机的选型见4.1.14节;混凝土输送泵的选型见4.1.8节;风镐的选型类似于凿岩机,见4.3.2节;混凝土振动器的选型见4.5.1节。

桩板式挡土墙主要施工机械的选型参考表4-76。

2. 设备配备

每个施工作业面,桩板式挡土墙主要施工机械按表4-77所示数量配置。

表4-76 桩板式挡土墙主要施工机械选型参考表

序 号	施工机械名称	技术指标	单 位	参 考 值
1	挖掘机	斗容量	m³	≥1
2	自卸车	载质量	t	≥10
3	汽车起重机	整机质量	t	≥8
4	混凝土振动器	生产率	m³/h	≥25
5	混凝土输送泵	泵送排量	m³/h	≥50
6	风镐	扭矩	kN·m	≥10
		钻孔深度	m	≥4
		钻孔直径	mm	≥38

表4-77 桩板式挡土墙主要施工机械配置数量

序号	施工机械名称	单位	数量	用 途	配置说明
1	挖掘机	台	1	整平地面、挖排水沟	每作业面配置
2	自卸车	辆	3	运土	每作业面配置
3	汽车起重机	辆	1	吊桩	每作业面配置
4	混凝土振动器	套	2	构件成形	每作业面配置
5	混凝土输送泵	台	1	混凝土输送	每作业面配置
6	风镐	台	8	开挖桩孔	每作业面配置

4.5.9 抗滑桩施工机械

抗滑桩施工机械与桩板式挡土墙施工机械类似,相关设备选型与配备参考4.5.8节。

4.5.10 预应力锚索施工机械

预应力锚索施工机械主要有潜孔钻机、空气压缩机、砂浆泵、千斤顶、高压油泵。

1. 设备选型

潜孔钻机、空气压缩机的选型见4.3.2节;砂浆泵的选型见4.5.4节。

千斤顶主要是根据张拉力来确定的,比较规范的是让张拉力在千斤顶标定值的20%~80%范围内,这样比较精确;高压油泵的选型主要依据千斤顶最大张拉力的1.5倍选择。

预应力锚索施工机械的选型参考表4-78。

2. 设备配备

每个施工作业面,施工机械按表4-79所示数量配置。

表4-78 预应力锚索施工机械选型参考表

序号	施工机械名称	技术指标	单 位	参 考 值
1	潜孔钻机	钻深	m	大于设计深度
2	空气压缩机	容积流量	m³/min	≥6
		工作压力	MPa	≥6
3	砂浆泵	拌缸容积	m³	≥0.3
4	千斤顶	吨位	t	≥$1.1P_{max}$

序号	施工机械名称	技术指标	单 位	参 考 值
5	高压油泵	油压表精度	级	1.0级以上
		油压表最大度数	—	张拉力的1.5～2.0倍
		油压表量程	—	工作油压的1.25～2.0倍

表 4-79 预应力锚索施工机械配置数量

序号	施工机械名称	单位	数量	用 途	配置说明
1	潜孔钻机	台	≥2	钻孔	每作业面配置
2	空气压缩机	台	1	清孔、钻孔	每作业面配置
3	砂浆泵	台	1	孔道压浆	每作业面配置
4	穿心式液压千斤顶	台	1	锚杆、钢绞线切割	每作业面配置
5	高压油泵	台	1	张拉工作油泵	每作业面配置

4.6 路边边坡防护施工机械选型与配备

路边边坡防护施工机械主要有植物防护施工机械、预制件防护施工机械、现浇混凝土防护施工机械、锚杆框架梁防护施工机械等。

4.6.1 植物防护施工机械

植物防护施工机械包括移栽、喷播、后期养护等设备,主要由喷播机、洒水车(进行洒水养护及农药喷洒,可节省喷雾器的配置)组成。

1. 设备选型

1) 喷播机的选型

喷播机的选型要考虑喷播高度及作业面积。

在喷播高度方面,边坡垂直高度在 20 m 以上的选择客土喷播机,20 m 以下的选择液力喷播机;在作业面积方面,三维网、低边坡等施工面积较小的采用液力喷播机,石质边坡、铁丝网边坡、高边坡、喷播厚度较大的边坡等大面积施工采用客土喷播机。

2) 洒水车的选型

洒水车的选型应根据工程用水量、洒水宽度综合确定。对绿化进行养护时应在洒水车上加装喷洒装置或者雾炮机。

2. 设备配备

喷播机的配备台数 N 按下式计算:

$$N = S/(V_1 \cdot t) \quad (4-55)$$

式中,S 为需要喷播的面积,m^2;V_1 为喷播机喷播速度,m^2/天;t 为施工总工期,天。

植物防护施工机械按以下数量配置:喷播机 1 台,洒水车 1 辆,如表 4-80 所示。

表 4-80 植物防护施工机械配置数量

序号	施工机械名称	单位	数量	用 途	配置说明
1	喷播机	台	1	种子、营养土、营养液搅拌,喷播种子或混合料	每作业面配置
2	洒水车	辆	1	洒水养护、喷洒农药	每作业面配置

4.6.2 预制件防护施工机械

预制件防护施工机械主要包括预制设备、运输和安装设备。预制设备由混凝土生产和运输、预制件钢筋生产、预制件成形等设备组成,预制件成形设备一般根据现场预制件数量,由预制构件厂统一配置,由振动台、混凝土砌块成形机组成;运输一般采用随车吊,既能运输又能进行装卸，同时也能进行起吊安装。

1. 设备选型

混凝土生产、运输设备以及钢筋制作设备的选型参照4.1.3节。

1) 随车吊的选型

应根据起重质量、起重距离、起重幅度，结合起重机性能表，选择满足起重质量和提升高度要求的随车吊型号。

根据预制场预制件的数量、大小、质量及吊装的距离，选型载质量大，起吊质量大的随车吊，一般预制件以多块打包一起吊装，每捆的质量为2~3 t，其卸车距离一般在3~5 m之间，根据随车吊起重质量与起重力矩的关系，10 t的能满足起吊要求，因此一般选择10 t/8.5 m的随车吊。

2) 振动台的选型

混凝土振动台的选型主要考虑最大负荷质量和振动频率。在选型中首先计算出振动台上需要放置的预制件的质量，再根据设计要求选择振动频率。

2. 设备配备

每个施工作业面，预制件防护施工机械按以下数量配置：混凝土搅拌站1套、混凝土搅拌运输车1辆、钢筋加工设备1套、随车吊1台、振动台1套、混凝土砌块成形机1台。具体参考表4-81。

表4-81 预制件防护施工机械选型配置表

序号	施工机械名称	技术指标	单位	参考值
1	混凝土搅拌站	生产率	m³/h	≥25
	混凝土搅拌运输车	容量	m³	≥8
2	钢筋弯曲机	可弯曲直径	mm	≥20
	钢筋剪断机	可切断直径	mm	≥20
3	随车吊	载质量/起吊质量	t	10 t/8.5 m
4	振动台	台面面积	m²	≥2
		载质量	kg	≥1000

4.6.3 现浇混凝土防护施工机械

现浇混凝土防护施工机械主要包括混凝土生产、运输设备，钢筋制作设备，浇筑设备等。

1. 设备选型

混凝土生产、运输设备和钢筋制作设备的选型见4.1.3节；混凝土振动棒的选型见4.5.1节；起重机的选型见4.1.14节。

2. 设备配备

每个施工作业面，现浇混凝土防护施工机械按以下数量配置：混凝土搅拌站1套、搅拌运输车根据方量配置、混凝土输送泵1台、混凝土振动棒1个、钢筋加工设备1套、汽车起重机1台。具体设备配置数量见表4-82。

表4-82 现浇混凝土防护施工机械配置数量

序号	施工机械名称	技术指标	单位	参考值	数量	配置说明
1	混凝土搅拌站	生产率	m³/h	≥25	1	与现有搅拌站匹配
2	混凝土搅拌运输车	容量	m³	≥8	2	
3	混凝土输送泵	泵送排量	m³/h	≥60	1	根据需求配置
4	混凝土振动棒	—	个	—	1	每作业面配置
5	钢筋加工设备	钢筋直径	mm	≥20	1	钢筋弯曲机/钢筋剪断机
6	汽车起重机	起重质量	t	≥8	1	根据需求配置

4.6.4 锚杆框架梁防护施工机械

锚杆框架梁防护施工主要包括钻孔、清孔、张拉、注浆、混凝土浇筑等设备。

1. 设备选型

混凝土生产、运输设备和钢筋制作设备的选型见4.1.3节；混凝土振动棒的选型见4.5.1节。

1) 钻孔设备的选型

钻孔设备的选型主要考虑锚固地层的类别、锚杆孔径、锚杆深度及施工场地条件等因素。因为是在边坡上施工，施工条件较差，因此还需考虑钻机的体积、重量，然后对比各厂家的钻机参数，选型合适的锚杆钻机。

2) 空气压缩机的选型

空气压缩机的选型要考虑所需气动工具的数量和用气量。空气压缩机的容积按下式计算：

$$Q = n \cdot q / K_P \quad (4-56)$$

式中，Q 为空气压缩机的容积，m^3；n 为气动工具数量，个；q 为气动工具用气量，m^3/个；K_P 为损耗系数。

3) 灌浆机的选型

依据锚杆框架梁防护施工设计中要求的灌浆压力及灌浆速度，参照各厂商设备参数选择灌浆机。

2. 设备配备

每个施工作业面，锚杆框架梁防护施工机械按以下数量配置：混凝土搅拌站1套、搅拌运输车根据方量配置、钻机1台、空气压缩机1台、钢筋加工设备1套、注浆机1台、砂轮切割机1台、电焊机1台。具体配置数量见表4-83。

表 4-83 锚杆框架梁防护施工机械配置数量

序号	施工机械名称	技术指标	单位	参考值	数量	配置说明
1	钢筋加工设备	—	套	—	1	型号为GW50/CQ50
	混凝土施工设备	生产率	m^3/h	≥25	1	与现有搅拌站相匹配
2	钻机	孔径、孔深	mm	根据设计要求	1	根据孔径、孔深、岩层配置
3	空气压缩机	流量	m^3/min		1	根据现场设备需求量配置
		压力	MPa			根据现场设备需求量配置
4	注浆机	压力/流量	—	—	1	每作业面配置
6	砂轮切割机	—	—	—	1	普通小型切割机
7	电焊机	—	—	—	1	每作业面配置

4.7 路基防排水施工机械选型与配备

路基防排水设施分为地面防排水设施与地下防排水设施两大类，主要有排水沟、侧沟、截水沟、急流槽、暗沟、渗沟、渗井等，施工中常用开挖、压实、夯实、砂浆搅拌、吊装等施工机械。

4.7.1 地面防排水施工机械

路基地面防排水设施有排水沟、侧沟、截水沟、急流槽，其主要施工机械有开挖设备挖掘机、运输设备自卸车、夯实设备打夯机、疏排积水设备抽水机、吊装设备汽车起重机等。

1. 设备选型

普通沟槽开挖采用挖掘机，斗容应与运输机械、开挖沟槽尺寸相匹配，可开挖30 cm及以上的沟槽。应根据现场实际的沟槽宽度，选择合适的挖掘机进行开挖。沟槽回填应采用轻型压实机械。排水设备应根据渗水量确定，抽排水能力宜为渗水量的1.5～2倍。

挖掘机、自卸车的选型见4.1.1节；混凝土生产、运输设备和钢筋制作设备的选型见4.1.3节；混凝土振动棒的选型见4.5.1节；起重机的选型见4.1.14节。

水泵的选型要考虑工作量和扬程，具体流程如下：

（1）根据使用环境条件和工艺要求，采用

不同的泵型,如污水泵或者清水泵。

(2) 水泵流量的确定。如果工艺要求给出泵的额定、最小、最大3种流量,则选泵时应以最大流量为依据;在没有给出最大流量时,通常应以额定流量的1.1倍作为依据。

(3) 水泵扬程的确定。水泵的扬程指总扬程,即实际扬程+损失扬程。根据前述计算出的所需要的水泵流量,查水泵性能表,选定所需水泵的口径,并根据水泵的口径选定水泵进、出管直径。当所需流量和扬程确定之后,即可根据水泵性能表选定水泵的规格/型号。在查水泵性能表时,先找出与所需流量和扬程相接近的水泵,然后再确定规格/型号。另外,选泵的扬程值时还应注意到最低吸入液面和最高送液高度,同时留有余量。一般选泵的额定扬程为装置所需扬程的 1.05~1.1 倍。

2. 设备配备

每个施工作业面,地面防排水施工机械按以下数量配置:挖掘机 1 台、自卸车 1 辆、小型夯实设备 1 台、混凝土振动棒 1 台、钢筋加工设备 1 套、汽车起重机 1 台,水泵 1 台。具体设备配置数量见表 4-84。

表 4-84 地面防排水施工机械配置数量

序号	施工机械名称	技术指标	单位	参考值	数量	配置说明
1	挖掘机	斗容	m³	≥0.8	1	每作业面配置
2	自卸车	容量	m³	≥15	1	每作业面配置
3	钢筋加工设备	—	套	—	1	型号为 GW50/CQ50
4	混凝土振动棒	—	台	—	1	每作业面配置
5	小型夯实设备	冲击力	tf	≥1	1	每作业面配置
6	水泵	流量/扬程	—	—	1	根据现场出水量配置
7	汽车起重机	起重质量	t	≥8	1	每作业面配置

4.7.2 地下防排水施工机械

路基地下排水设施有暗沟、渗沟、渗井,其主要施工机械有开挖设备挖掘机、运输设备自卸车、夯实设备打夯机、疏排积水设备抽水机、吊装设备汽车起重机等。

沟槽开挖宜采用反铲挖掘机,斗容应与运输机械相匹配。沟槽回填应采用轻型压实机械。排水设备应根据渗水量确定,抽排水能力宜为渗水量的 1.5~2 倍。

1. 设备选型

挖掘机、自卸车的选型见 4.1.1 节;混凝土的生产、运输设备和钢筋制作设备的选型见 4.1.3 节;混凝土振动棒的选型见 4.5.1 节;汽车起重机的选型见 4.1.14 节;排水设备的选型见 4.7.1 节。

2. 设备配备

每个施工作业面,地下防排水施工机械按以下数量配置:挖掘机 1 台、自卸车 1 辆、小型夯实设备 1 套、混凝土振动棒 1 个、钢筋加工设备 1 套、汽车起重机 1 台、水泵 1 台。具体设备配置数量见表 4-85。

表 4-85 地下防排水施工机械配置数量

序号	施工机械名称	技术指标	单位	参考值	数量	配置说明
1	挖掘机	斗容	m³	≥0.8	1	每作业面配置
2	自卸车	容量	m³	≥15	1	每作业面配置
3	钢筋加工设备	—	套	—	1	型号为 GW50/CQ50
4	混凝土振动棒	—	台	—	1	每作业面配置
5	小型夯实设备	冲击力	tf	≥1	1	每作业面配置

续表

序号	施工机械名称	技术指标	单位	参考值	数量	配置说明
6	水泵	流量/扬程	—	—	1	根据现场出水量配置
7	汽车起重机	起重质量	t	≥8	1	每作业面配置

4.8 路基相关工程施工机械选型与配备

路基相关工程施工机械包括电缆槽(井)施工机械、接触网支柱基础施工机械、综合接地及预埋过轨管线施工机械、防护栅栏施工机械。

4.8.1 电缆槽(井)施工机械

电缆槽(井)分为现浇和预制两类,主要施工机械有沟槽(井)开挖机械、夯实设备、钢筋加工和焊接设备、混凝土搅拌运输车、自卸车等。

沟槽井开挖常用设备为挖掘机,沟槽较小时可选用开沟机,硬岩时需采用破碎锤和风镐。

1. 设备选型

挖掘机、夯实设备、钢筋加工和焊接设备、混凝土搅拌运输车、自卸车、破碎锤等的选型见4.1节;空气压缩机的选型见4.6.4节。

1) 开沟机的选型

开沟机应根据电缆沟槽的宽度、深度和地质硬度合理选配。开挖深度在100 cm以上时,应选配链条式开沟机;开挖地质较坚硬时,应选配盘式开沟机。

2) 风镐的选型

根据岩质地面的硬度和体积来选择风镐。硬度较大、体积较大时,应选择双人操作型,其冲击能级更大,破碎岩石更快捷;硬度较小、体积较小时,选择单人手持风镐即可。

2. 设备配备

每个施工作业面,电缆槽(井)施工机械按以下数量配置:挖掘机1台、自卸车1辆、风镐1台、空气压缩机1台、开槽设备1套、钢筋加工设备1套、混凝土搅拌运输车1辆、电焊机1台、夯实设备1套。具体设备配置数量见表4-86。

表4-86 电缆槽(井)施工机械配置数量

序号	施工机械名称	单位	数量	用途	配置说明
1	挖掘机	台	1	开挖、装车	每作业面配置
2	自卸车	辆	1	运输	每作业面配置
3	风镐	台	1	开凿	沟槽为硬岩时每作业面配置
4	空气压缩机	台	1	提供动力	沟槽为硬岩时风镐开挖每作业面配置
5	开槽设备	套	1	开槽	沟槽较小时配置
6	钢筋加工设备	套	1	钢筋加工	钢筋结构异形加工时,根据钢筋规格/型号选配,钢筋绑扎不需选配
7	混凝土搅拌运输车	辆	1	混凝土生产及施工	现浇混凝土时每作业面配置
8	电焊机	台	1	钢筋焊接	根据焊接需求配置
9	夯实设备	套	1	回填夯实	每作业面配置

4.8.2 接触网支柱基础施工机械

接触网支柱基础施工机械主要包括空气压缩机、风镐、小型旋挖钻机、钢筋加工设备、汽车起重机、混凝土施工设备等。

接触网基础桩基采用无水成孔工艺,使用小型的旋挖钻机配合工人开挖;利用混凝土搅拌运输车将混凝土运到现场,现场配备相应的振捣设备。

1. 设备选型

钢筋加工设备、汽车起重机、混凝土施工设备、旋挖钻机等的选型见4.1节；空气压缩机的选型见4.6.4节；风镐的选型见4.8.1节。

2. 设备配备

每个施工作业面，接触网支柱基础施工机械按以下数量配置：小型旋挖钻机1台、混凝土施工设备1套、钢筋加工设备1套、汽车起重机1台、风镐1台、空气压缩机1台。具体设备配置数量见表4-87。

表4-87 接触网支柱基础施工机械配置数量

序号	施工机械名称	单位	数量	用途	配置说明
1	空气压缩机	台	1	供风	基础为硬岩时每作业面配置
2	风镐	台	1	开凿	基础为硬岩时每作业面配置
3	小型旋挖钻机	套	1	钻孔	—
4	钢筋加工设备	套	1	钢筋加工	每作业面配置
5	混凝土施工设备	套	1	混凝土生产及运输	每作业面配置
6	汽车起重机	台	1	起吊构件	每作业面配置

4.8.3 综合接地及预埋过轨管线施工机械

综合接地及预埋过轨管线施工机械主要包括小型挖掘机、开沟机、小型夯实设备、小型空气压缩机、风镐等。

过轨管线施工基本依靠人工施工，管槽开挖时可以考虑使用小型机械开挖，对于基床表层不换填的硬质岩石路堑，应在路堑施工至路基面高程后用风镐开槽埋设，混凝土一般由搅拌站集中供应。

1. 设备选型

小型挖掘机、小型夯实设备的选型见4.1.1节；空气压缩机的选型见4.6.4节；开沟机、风镐的选型见4.8.1节。

2. 设备配备

每个施工作业面，综合接地及预埋过轨管线施工机械按以下数量配置：风镐1台、空气压缩机1台、小型挖掘机1台、开沟机1台、小型夯实设备1套。具体设备配置数量见表4-88。

表4-88 综合接地及预埋过轨管线施工机械配置数量

序号	施工机械名称	单位	数量	用途	配置说明
1	小型挖掘机	台	1	开挖	每作业面配置
2	空气压缩机	台	1	供风	每作业面配置
3	风镐	台	1	开凿	每作业面配置
4	开沟机	台	1	开挖	每作业面配置
5	小型夯实设备	套	1	回填夯实	每作业面配置

4.8.4 防护栅栏施工机械

防护栅栏施工机械主要有栅栏预制设备、栅栏基础开挖机械、运输和安装机械、混凝土施工机械等。

通常防护栅栏采用预制场集中预制，施工现场安装预制件的方式。现场基础开挖时可用小型挖掘机，当为硬岩时采取人工风镐开挖，汽车起重机配合吊装，以减轻工人的劳动强度。

1. 设备选型

小型挖掘机、汽车起重机、运输车的选型见4.1.1节；空气压缩机的选型见4.6.4节；风镐的选型见4.8.1节。

2. 设备配备

每个施工作业面,防护栅栏施工机械按以下数量配置:风镐1台、空气压缩机1台、小型挖掘机1台、运输车1台、汽车起重机1台。具体设备配置数量见表4-89。

表4-89 防护栅栏施工机械配置数量

序号	施工机械名称	单位	数量	用途	配置说明
1	小型挖掘机	台	1	开挖	每作业面配置
2	空气压缩机	台	1	供风	基础为硬岩时每作业面配置
3	风镐	台	1	开凿	基础为硬岩时每作业面配置
4	运输车	台	1	运输预制件	每作业面配置
5	汽车起重机	台	1	起吊构件	每作业面配置

4.9 实例

4.9.1 实例1

新建兰新铁路第二双线(甘青段)路基工程正线累计602.7 km,占正线总长度1065.8 km的56.5%,路基土石方8840.65万 m^3。该段线路经过河西走廊山前冲、洪积平原,工程地质特征主要为中、新生界断陷盆地陆源碎沉积物,出露第三系、砂岩及砾岩,表层广布第四系,以黄土、软砾石土松散沉积物为主。不良地质有砂质黄土层和中细砂层、粉质黏土层、粉土层和冲积砂层、泥岩风化层、软土及松软土。

路基地基处理类型有强夯、重夯、换填、冲击碾压、水泥土挤密桩、碎石桩、CFG桩、桩板结构、堆载预压等。

4.9.2 实例2

新建铁路福州至厦门铁路站前工程施工FX-4标段线路长21.516 km,路基土石方62 781断面方,站场土石方2 510 438断面方;全线正线路基106段、长40.464 km。新建福州至厦门铁路位于福建省沿海地区,北起福州市,途经莆田市、泉州市,南至厦门市和漳州市。沿线地层主要有第四系松散层,白垩系、侏罗系火山岩及燕山期侵入岩,局部出露动力变质岩。海积平原区主要岩性为厚层灰、暗灰色淤泥、淤泥质土、粉砂质淤泥和粉细砂,夹粉质黏土、砂砾卵石、泥炭、贝壳碎屑等;河流阶地、谷区地发育冲洪积层,主要为浅黄色粉砂、细砂、粉质黏土夹粗砂、砂砾卵石层等,局部发育淤泥质土;残坡积层广泛分布于山前台地区,以可塑、硬塑状粉质黏土为主。

路基工点类型主要有路堤坡面防护、软土与松软土路堤、水塘及浸水路基、小型危岩落石路基、土质路堑、岩质路堑等,路基边坡均进行防护。地基加固类型多。地基加固处理主要采用挖除换填、褥垫层(碎石)、CFG桩复合地基、螺杆桩、堆载预压等加固处理措施。

4.9.3 实例3

新建蒙西至华中地区铁路煤运通道土建工程MHTJ-15标段二工区线路总长4.873 km,区间段黄土路基总长2.847 km,主要为自重湿陷性黄土或非自重湿陷性黄土,自重湿陷性等级为Ⅲ级,非自重湿陷性等级为Ⅱ级。区间段路基共计挖方88.567万 m^3;填方共计27.239万 m^3,其中基床表层A组填料2.097万 m^3,过渡段A组填料2.511万 m^3,基床底层A、B组填料或改良土17.285万 m^3,基床以下A、B、C(改良土、夯填土、夯填三七灰土)组填料5.346万 m^3。

路基基底处理主要采取水泥土挤密桩、钻孔灌注桩、强夯、冲击压实、三七灰土换加筋层等加固措施。

第5章

主要机械结构和工作原理

5.1 地基施工机械

5.1.1 袋装砂井机

1. 整机的组成和工作原理

袋装砂井机主要由走行系统、机架、工作装置、液压系统、电气系统5部分组成。其工作原理是通过机架上弹簧振动锤将沉管打入地面至设计深度,然后将砂袋送入沉管内,最后提起沉管将砂袋留在孔内,袋装砂井加载预压,使空隙水能就近流入砂井,并通过砂井作为排水通道而排出地面,从而缩短排水固结时间,增强处理效果。其工作原理如图 5-1 所示。

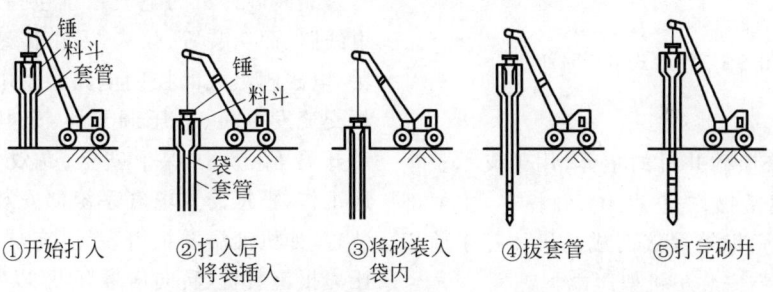

①开始打入　②打入后将袋插入　③将砂装入袋内　④拔套管　⑤打完砂井

图 5-1　袋装砂井机工作原理示意图

2. 主要系统和部件的结构原理

1) 走行系统

袋装砂井机走行系统是整个机器的支承部分,承受机器的全部质量和工作装置的反力,同时进行短距离行驶。走行系统可分为履带式和轮胎式两类。

（1）履带式走行系统

履带式走行系统由履带架、支重轮、托链轮、驱动轮、导向轮、张紧装置、走行架、油马达、减速机等组成,其典型结构如图5-2所示。液压走行系统采用液压驱动。驱动装置主要包括液压马达、减速机和驱动轮,每条履带有各自的液压马达和减速机。两个液压马达可独立操作,机器的左右履带可以同步前进或后退,也可以通过一条履带制动来实现转弯,还

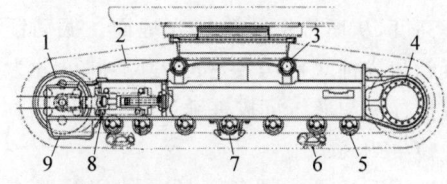

1—导向轮；2—履带架；3—托链轮；4—终传动；5—支重轮；6—履带板；7—中心护板；8—张紧弹簧；9—前护板。

图 5-2　履带式走行系统

可以通过两条履带朝相反方向驱动来实现原地转向,其操作十分简单、方便、灵活。

(2) 轮胎式走行系统

轮胎式走行系统由车架、前桥、后桥、行车机构及支腿等组成,其典型结构如图5-3所示。后桥通过螺栓与机架刚性固定连接,前桥通过悬挂平衡装置与机架铰接连接。悬挂平衡装置的作用是当袋装砂井机行驶时,利用支承板的摆动和两悬挂液压缸的浮动,保证4个车轮充分着地,以减轻机体不平均承载、摆跳、道路冲击及机架扭曲,从而提高越野性能和稳定性。

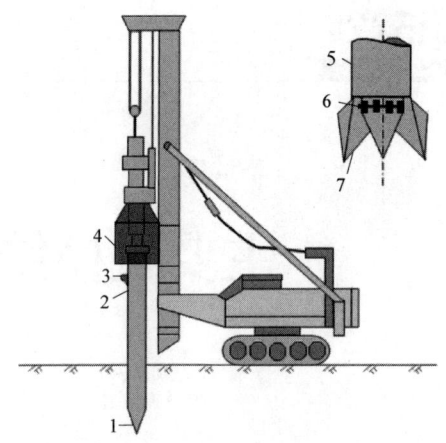

1—活瓣桩尖;2—钢套管;3—砂袋入口;4—振动器;5—钢套管;6—锁轴;7—活瓣桩尖。

图5-4 工作装置结构示意图

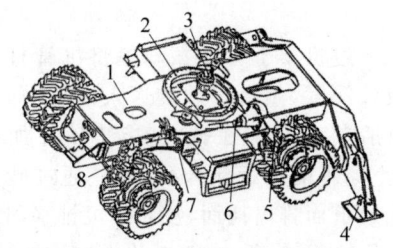

1—车架;2—回转支承;3—中央回转接头;4—支腿;5—后桥;6—传动轴;7—液压马达及变速箱;8—前桥。

图5-3 轮胎式走行系统

2) 机架

机架是袋装砂井机的主体,用于支承整个工作装置,包括操作室、机体、斜撑等,主要部件由工字钢、角钢等焊接而成。机体托于前后轮轴上,操作室安装于机架尾端。

3) 工作装置

工作装置由振动锤、立柱、钢套管等组成,立柱安装在机架上,通过斜撑固定,起到支承、悬挂振动锤的作用,其典型结构如图5-4所示。振动锤悬挂于立柱上,根据施工需要,调节振动锤高度,从而将钢套管打入地面。振动锤具有沉管和拔桩双重功效,按动力不同可分为电动沉拔桩锤和液压沉拔桩锤。

4) 液压系统

液压系统是指把各液压元件用管路有机连接起来的组合体,包括油泵电动机总成、油箱、支腿液压缸、走行液压缸、起臂液压缸、油管、阀件等。袋装砂井机液压系统的功能是把发动机的机械能以油液为介质,利用油泵转变为液压能,传送给液压缸、油马达等,然后转变为机械能,再传给各种执行机械,实现各种运动。

5) 电气系统

袋装砂井机的电气系统包括启动线路、发电线路、照明装置、仪表,及由传感器和压力开关、电磁阀组成的控制电路。发电线路主要包括交流发电机、电压调节器、充电指示灯及启动开关等。为了保证安全、高效、节能及正常地工作,根据需要电气系统都安装了各种信号装置,如机油温度报警装置、充电指示灯、机油压力报警装置、转向信号灯等,以警告操作者。

5.1.2 插板机

1. 整机的组成和工作原理

插板机(图5-5)主要由机架、走行系统、工作装置3部分组成。其工作原理是通过振动锤对准插孔位下沉,排水板从套管内穿过,与端头的锚靴相连,套管顶住锚靴将排水板插到设计入土深度,拔起套管后,锚靴连同排水板一起留在土中,然后剪断连续的排水板,完成一个排水孔插板操作。

2. 主要系统和部件的结构原理

1) 机架

机架由操作室、机体、斜撑等组成。机架

图 5-5 插板机外观

内安装有挡板,挡板位于机架中间,且挡板与机架之间采用滑动连接,机架底部靠近两侧面处均设有注入管,注入管顶端与机架连接,其底端位于一底板上,两注入管与机架之间设有喷气口,喷气口位于两注入管内侧,两注入管之间连接有横杠,横杠固定在两机架之间,横杠与底板之间设有螺旋杆,螺旋杆转动连接在横杠与底板之间,底板下表面设有帷幕,帷幕宽度小于底板宽度,帷幕上设有插板,插板顶部固定在底板上。主架顶部配有滑轮头用于振动锤的起降。

2) 走行系统

走行系统分为履带式、钢轨式、轮胎式 3 类。履带式和轮胎式走行系统的结构原理见 5.1.1 节。

钢轨式走行系统由车架、前桥、后桥、行车机构等组成,行车机构包括发动机、变速箱、传动轴、走行轮等。后桥通过螺栓与机架刚性固定连接,前桥通过悬挂平衡装置与机架铰接连接。发动机驱动走行轮在钢轨上前进和后退。

3) 工作装置

工作装置由振动锤、立柱等组成。立柱安装在机架上,通过斜撑固定,起到支承、悬挂振动锤的作用。振动锤悬挂于立柱上,根据施工需要,调节振动锤高度,利用激振力将排水板打入地面。

5.1.3 柴油打桩机

1. 整机的组成和工作原理

柴油锤打桩机主要由桩架、桩锤及附属设备等组成。其工作原理是利用喷入气缸燃烧室内的雾化柴油受高压高温后燃爆所产生的强大压力驱动锤头工作。

2. 主要系统和部件的结构原理

1) 桩架

桩架为一钢结构塔架,在其后部设有卷扬机,用以起吊桩和桩锤,桩架前面有两根导杆组成的导向架,用以控制打桩方向,使桩按照设计方位准确地贯入地层。桩架前部两根平行的竖直导杆之间,用提升吊钩吊升。

2) 桩锤

柴油打桩锤按结构分为导杆式柴油锤和筒式柴油锤。筒式柴油锤根据冷却方式分为水冷式柴油锤和风冷式柴油锤,如图 5-6 所示。

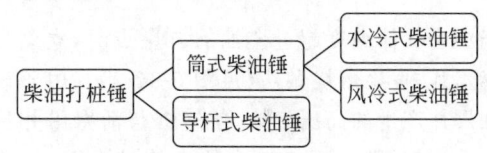

图 5-6 柴油打桩锤的分类

(1) 导杆式柴油锤

导杆式柴油锤主要由活塞、缸锤(气缸)、导杆、顶部横梁、起落架及燃油供应系统等组成,如图 5-7 所示。

导杆式柴油锤按二冲程柴油机原理进行工作,如图 5-8 所示。以柱塞为锤座压在桩帽上,以气缸为锤头沿导杆升降,通过卷扬机将缸锤吊起挂在顶横梁上,拉动脱钩臂上的绳子,挂钩自动脱钩,缸锤即靠自重沿导杆下落,当缸锤套及活塞时,包在活塞与气缸间的空气受压缩,温度升高(见图 5-8(a))。当空气压缩到一定程度时,固定在缸锤外侧的撞击销将油泵曲臂压向左方,推动油泵芯子,将柴油压入油管,使柴油通过喷油嘴呈雾状喷入缸内(见图 5-8(b))。雾状柴油和高压高温气体相混,

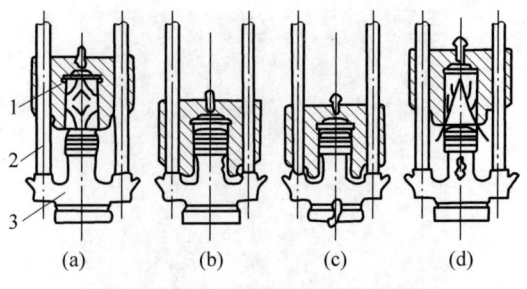

1—气缸(缸锤);2—导杆;3—活塞。

图 5-8 导杆式柴油锤工作原理
(a)压缩;(b)供油;(c)燃烧;(d)排气

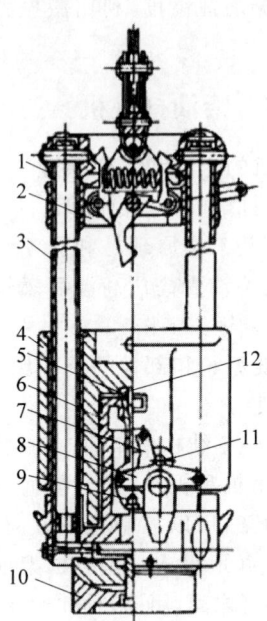

1—顶部横梁;2—起落架;3—导杆;4—缸锤;5—喷油嘴;6—活塞;7—曲臂;8—油门调整杠杆;9—油泵;10—桩帽;11—撞击销;12—燃烧室。

图 5-7 导杆式柴油锤结构图

当混合气体温度超过燃油的自燃点时,立刻自燃爆炸,发生燃烧做功(见图 5-8(c))。由于燃油爆炸产生的高压气体,使气缸与活塞沿相反方向运动,即作用于活塞的力使桩下沉,作用于气缸上的力使缸锤向上运动,当缸锤跳离活塞时,燃烧的废气由气缸内跑出,废气被排除。缸锤继续上升,排气完毕,缸内形成部分真空,新鲜空气开始进入,活塞上升到顶点,借自重开始下落,新鲜空气继续充入气缸,直至活塞又一次封闭气缸,吸气完毕(见图 5-8(d))。当缸锤下落时,另一个工作循环又开始,如此反复地工作,直到关闭油门才停止工作。

(2)筒式柴油锤

筒式柴油锤主要由锤体、燃油供应系统、润滑油供应系统、冷却系统和起落架组成。图 5-9 所示为风冷式筒式柴油锤的结构。

筒式柴油锤上、下气缸为筒状,打桩时,上、下气缸固定,活塞在气缸内部往复运动,其提升原理和工作原理分别如图 5-10 和图 5-11 所示。

① 起落架下降。使用一根长绳系在起落架操纵杆 A_2 端部的孔内,拉住操纵杆 A_2 至极限位置,并使其保持在该位置上,驱动打桩架卷扬机使起落架下降。此时,提锤滑块 A_3 缩入起落架内,使起落架得以通过提锤挡块 5。当启动杠杆 A_5 碰到桩锤的下碰块 8 后向上抬起,与此联动的启动钩 A_4 伸出并钩住桩锤的上活塞时,松开系在操纵杆 A_2 上的长绳,使其回复到原位。

② 桩锤提升。在确保起落架内的提锤滑块 A_3 勾住提锤挡块 5 时,驱动打桩架卷扬机,将起落架及桩锤提升至工作位置。

③ 上活塞提升。拉住系在操纵杆 A_2 上的长绳至极限位置,并使其保持在该位置上,此时提锤滑块 A_3 缩入起落架内。通过驱动打桩架卷扬机提升起落架,启动钩 A_4 提起上活塞 24 随起落架一起上行。当启动杠杆 A_5 碰到柴油打桩锤的上碰块 20 时,上活塞 24 便从启动钩 A_4 中自动脱钩而自由下落。

④ 喷柴油和压缩空气。上活塞 24 落下撞击燃油泵杠杆,使燃油泵将一定量的柴油喷至下活塞 18 的冲击面上。当上活塞 24 继续下落经过吸排气口 22 时,就开始压缩气缸内的空气。逐渐增加的空气压力将下活塞 18 和桩帽紧密地压在桩头上。

⑤ 冲击和爆炸。上活塞 24 的头部撞击下活塞 18,使其冲击面上的柴油雾化飞溅至燃烧室内,同时将桩打下。燃烧室内的油雾和高压空气混合后被点燃爆炸,爆炸力继续将桩往下打,同时将上活塞 24 向上弹起。

第5章 主要机械结构和工作原理

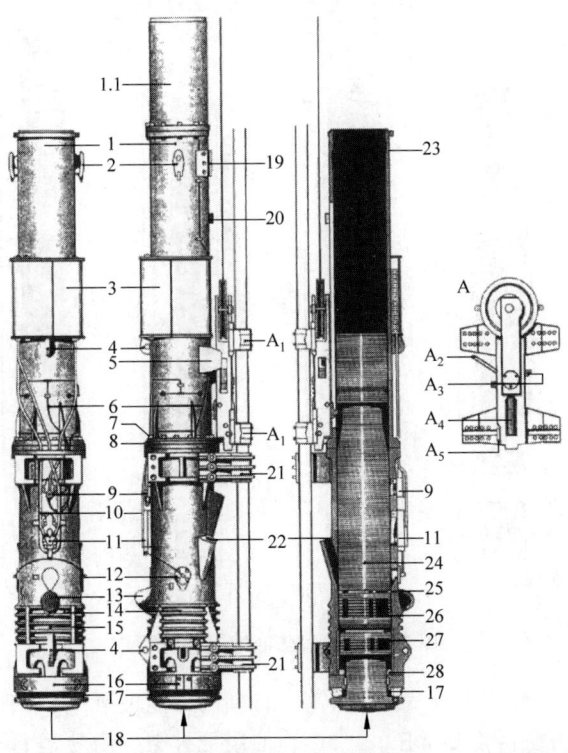

A—起落架；A_1—导向块；A_2—操纵杆；A_3—提锤滑块；A_4—启动钩；A_5—启动杠杆；1—上气缸；1.1—接长缸；2—提锤吊钩；3—燃油箱（含润滑油箱）；4—吊运提耳；5—提锤挡块；6—润滑油管；7—螺钉；8—下碰块；9—润滑油泵；10—燃油管；11—变量燃油泵；12—喷油嘴；13—油泵保护凸缘；14—下气缸；15—锁定螺钉；16—连接法兰；17—外缓冲垫；18—下活塞；19—导向板支座；20—上碰块；21—导向块；22—吸、排气口；23—阻挡环槽；24—上活塞；25—阻挡环；26—活塞环；27—气缸套；28—内缓冲垫。

图 5-9 风冷式筒式柴油锤结构图

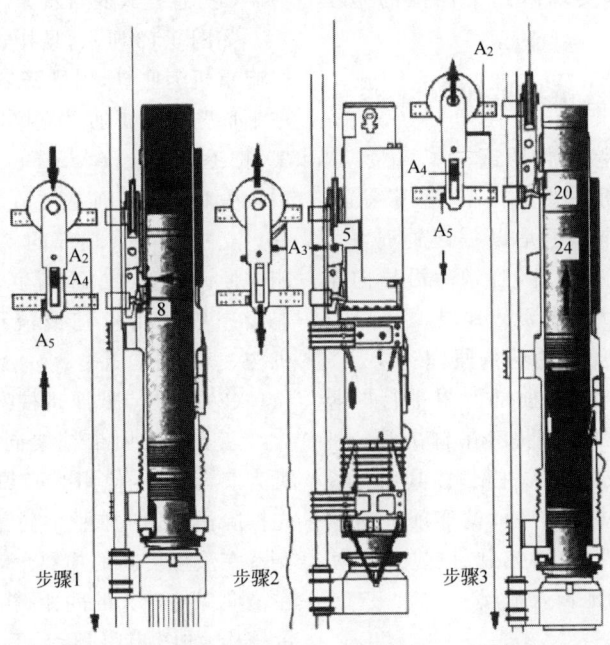

A_2—操纵杆；A_3—提锤滑块；A_4—启动钩；A_5—启动杠杆；5—提锤挡块；8—下碰块；20—上碰块；24—上活塞。

图 5-10 筒式柴油锤提升原理

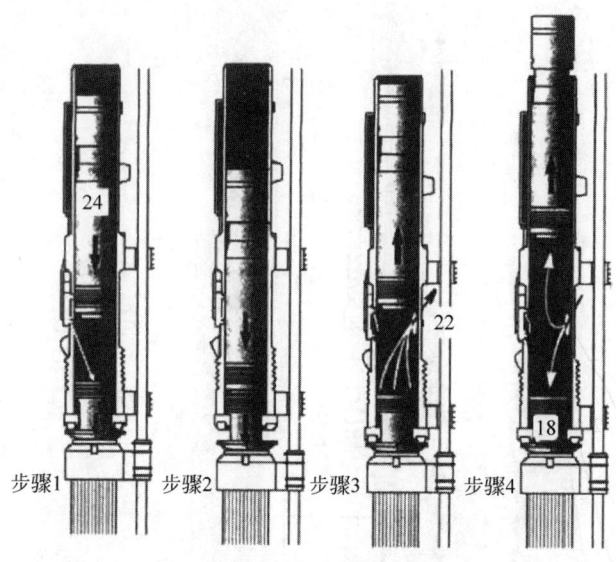

18—下活塞；22—吸、排气口；24—上活塞。

图 5-11 筒式柴油锤工作原理

⑥ 排气。上活塞 24 升离吸排气口 22，高温高压废气向外排出，气缸内恢复常压。

⑦ 扫气。上活塞 24 继续向上升起，使气缸内产生负压，新鲜空气通过吸排气口 22 被吸入，并彻底将废气扫清。燃油泵的压油杠杆被释放恢复原位，燃油泵重新吸入一定量的柴油。如此循环往复，实现筒式柴油锤的施工作业。

5.1.4 电动落锤打桩机

1. 整机的组成和工作原理

电动落锤打桩机主要由桩架、起升装置、桩锤等组成。其工作原理是以一钢质重块为桩锤，由卷扬机用吊钩提升，脱钩后沿导向架自由下落，利用冲击力将桩贯入地层。

2. 主要系统和部件的结构原理

打桩桩锤依附在桩架前部两根平行的竖直导杆（俗称龙门）之间，用提升吊钩吊升。桩架为一钢结构塔架或履带式桩架，在其后部设有卷扬机，用以起吊桩和桩锤，桩架前面有两根导杆组成的导向架，用以控制打桩方向，使桩按照设计方位准确地贯入地层。

1）桩架

通用桩架有两种基本形式：一种是沿轨道行驶的万能桩架；另一种是装在履带式底盘上的履带桩架。沿轨道行驶的万能桩架因其要在预先铺好的水平轨道上工作，机构庞大，占用场地大，组装和搬运麻烦，已很少使用。而履带桩架发展较为迅速，这里仅介绍这种桩架。

(1) 悬挂式履带桩架

如图 5-12 所示，悬挂式履带桩架是以履带式起重机为底盘，用吊臂 2 悬吊桩架立柱 6，立柱下面与机体 1 通过支撑杆 7 相连接。由于桩架、桩锤的重量较大，重心高且前移，容易使起重机失稳，所以通常要在机体上增加一些配重。立柱在吊臂端部的安装比较简单。为了能方便调整立柱的垂直度，立柱下端与机体的连接一般采用丝杠或液压式等伸缩可调的机构。

(2) 三支点式履带桩架

三支点式履带桩架同样是以履带式起重机为底盘，但在使用时必须做较多的改动。首先拆除吊臂，增加两个斜撑，斜撑下端用球铰支持在液压支腿的横梁上，使两个斜撑的下端在横向保持较大的间距，构成稳定的三点式支承结构，如图 5-13 所示。

三支点式履带桩架在性能上是比较理想的，

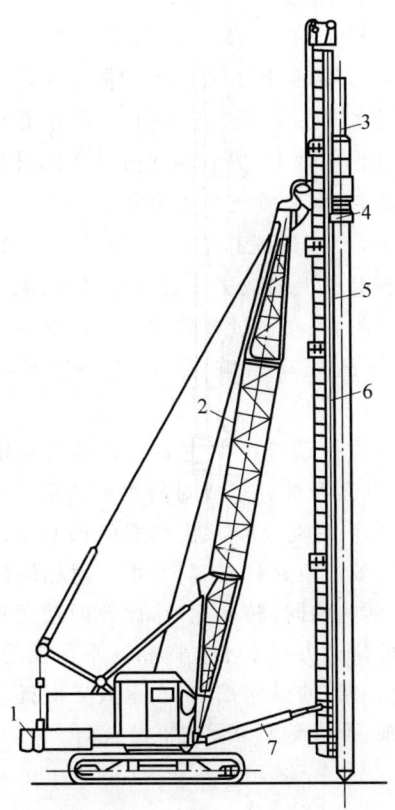

1—机体；2—吊臂；3—桩锤；4—桩帽；5—桩；
6—桩架立柱；7—支承杆。

图 5-12 悬挂式履带桩架

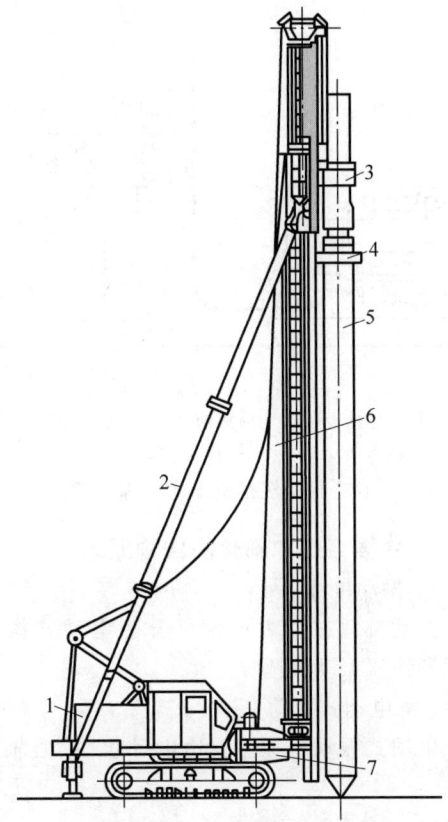

1—机体；2—斜撑；3—桩锤；4—桩帽；5—桩；
6—桩架立柱；7—支承杆。

图 5-13 三支点式履带桩架

工作幅度小，具有良好的稳定性，另外还可通过斜撑的伸缩使立柱倾斜，以适应打斜桩的需要。

2）起升装置

起升装置主要由滑轮架、滑轮组与钢丝绳组成，通过桩架顶部的滑轮组与卷扬机相连。利用卷扬机的动力，桩锤可在桩架的导向轨上滑动。

3）桩锤

桩锤为金属铸造钢制结构体，依靠自身重力或电动冲击力下降，锤击桩体。

打桩时需先把前端为尖锥形状的钢桩体定位在设计坐标上，再由卷扬机通过钢绳、滑轮组将其拉至一定高度，然后迅速放下，利用钢桩体自身产生的重力势能，使钢桩体沉入土中打出一定深度的桩孔，控制卷扬机将其拉出地面并挖出钢桩体内的土，重复进行前一次的操作，经过反复的操作将桩孔锤击至设计深度。

5.1.5 振动沉桩机

1．整机的组成和工作原理

振动沉桩机由振动桩锤、夹桩器、传动装置、动力站等组成。作业时，桩与周围土壤产生振动，使桩面的摩擦阻力减小，桩杆由于自重克服桩面及桩尖的阻力而穿破地层下沉，如图 5-14 所示。振动沉桩机工作时，选用的频率和振幅随桩而异。低频大振幅适用于直径大的钢管桩和质量大的钢筋混凝土预制桩，且适用于砂石类地层施工；中高频、中幅适用于钢板桩。

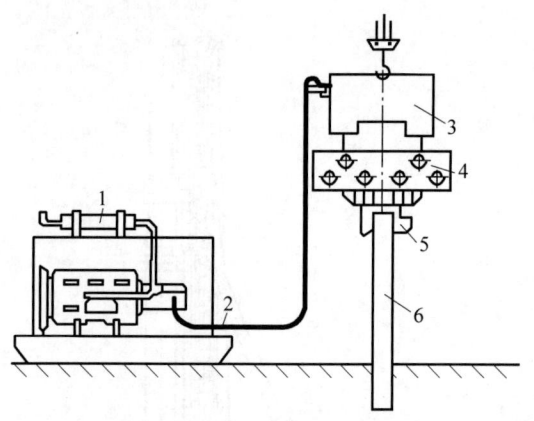

1—液压动力站；2—液压油管；3—减振部分；
4—激振部分；5—夹桩器；6—桩

图 5-14 振动沉桩机工作原理示意图

2. 主要系统和部件的结构原理

1）振动桩锤

振动桩锤按动力形式可分为电动式振动桩锤和液压振动桩锤。

（1）电动式振动桩锤

电动式振动桩锤主要由电动机、偏心轴、减振装置、激振器等构成，如图 5-15 所示。激振器电动机上的主动轮通过传动皮带，带动从动轮旋转，然后通过偏心轴上的同步齿轮带动另一个偏心轴反向旋转。偏心块由偏心块盖板压紧在偏心轴上，偏心轴通过轴上的键带动偏心块旋转，偏心轴支承着轴承上的偏心块做相向转动，产生的激振力使激振器上下振动。由于减振装置上的减振弹簧具有吸振、减振作用，减振器的振动通过弹簧的减振后对减振横梁及吊环的振动影响很小，从而达到减振作用。

电动式振动桩锤的主要工作装置是定向振动器，其激振部分是成对的水平转轴。在转轴上有若干块质量和形状相同的偏心块。每对转轴的偏心块对称布置，并由一对相同的齿轮传动，转速相同，转向相反，因此两轴运转时所产生的扰动力在水平方向相互平衡抵消，防止沉桩机和桩的横向摆动，在垂直方向扰动力相互叠加，形成激振力促使桩身振动。

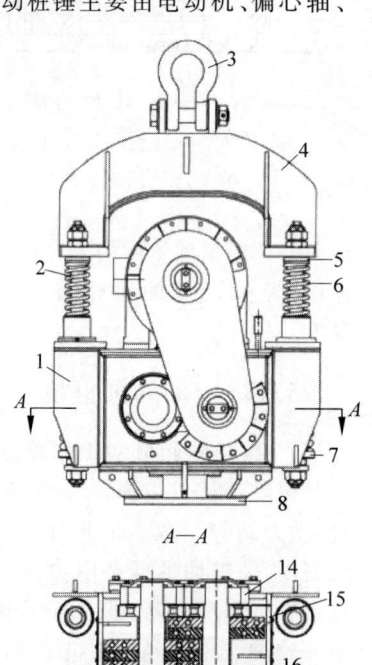

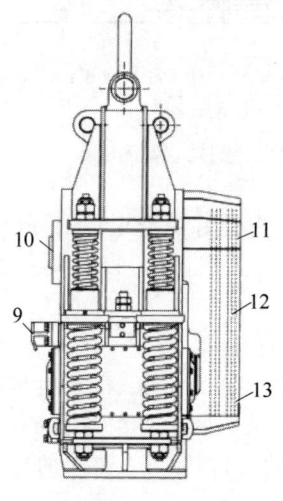

1—激振器；2—减振装置；3—吊环；4—减振横梁；5—减振上弹簧；6—弹簧轴；7—减振下弹簧；8—连接法兰；9—防碰架；
10—电动机；11—主动轮；12—传动皮带；13—从动轮；14—轴承；15—箱体；16—偏心轴；17—偏心块；18—同步齿轮。

图 5-15 电动式振动桩锤结构图

(2) 液压振动桩锤

液压振动桩锤一般由振动桩锤、液压夹具、动力站3部分组成,如图5-16所示。振动桩锤、液压夹具与动力站之间在工作时用液压软管连接。动力站由柴油发动机、液压泵、液压控制阀、油箱等组成。驱动振动桩锤液压马达的主泵为1台或多台,小的桩锤一般用1台主泵,大的桩锤由2台或3台主泵并联供油。主泵分为定量泵和变量泵。在动力站可以通过调节柴油发动机转速、改变主泵工作台数或对变量泵进行变量等方式调整振动桩锤液压马达的传油量,使液压马达转速发生变化,从而改变振动桩锤的振动频率,以取得在不同土质条件下的最佳频率。

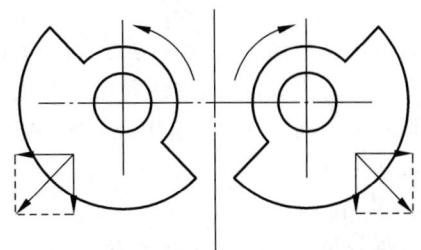

图5-18 偏心体转动离心力合成产生激振力示意图

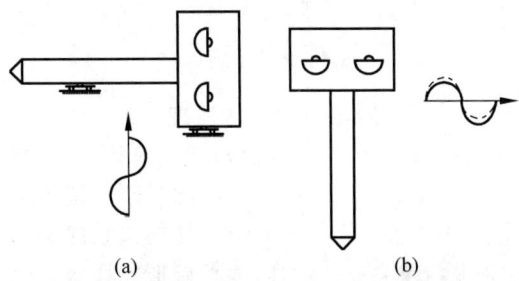

图5-19 水平和竖直放置振动示意图
(a)水平放置;(b)竖直放置

当振动桩锤和桩连接在一起进行沉桩时,激振力使桩产生与激振频率一致的振动,桩振动时,桩侧面土壤的摩擦阻力和桩端部的阻力迅速降低,在振动桩锤和桩的总重力大于土壤对桩端部阻力的情况下,桩便开始下沉。

如果把振动桩锤和桩水平放置(见图5-19(a)),忽略摩擦阻力,启动振动桩锤带动桩振动,这时桩在水平方向左右振动的振幅是相同的,停止振动后,振动桩锤和桩会停止在最初开始振动的位置。而在振动桩锤和桩处于垂直位置时(见图5-19(b)),作用于桩上的正弦变化的激振力向下作用时与重力相加,向上作用时与重力相减,这样振动桩锤和桩的振幅实际上向下变大一些,向上变小一些。当进入土壤沉桩时,在振动桩锤和桩的重力大于土壤对桩端部阻力的情况下,每一振动周期里,桩向下的振幅都会大于向上的振幅,桩也就不断地下沉。当桩下沉到某一土层时,如果振动桩锤和桩的重力等于或小于土壤的端部阻力,这时桩向下的振幅不再大于向上的振幅,桩也就停止下沉了。

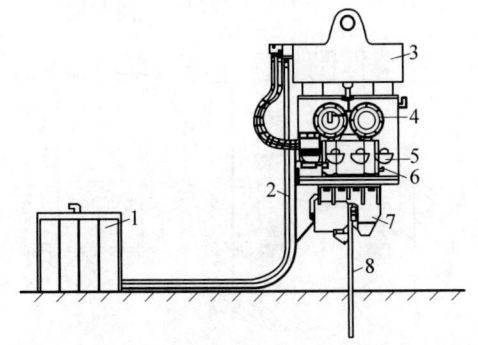

1—动力站;2—液压软管;3—减震器;4—液压马达;5—偏心块;6—激振器;7—液压夹具;8—桩。

图5-16 液压振动桩锤结构示意图

(3) 工作原理

振动桩锤工作时,两轴(或双数多轴)上对称装置的偏心体在同步齿轮的带动下相对反向旋转,每个成对的两轴上偏心体产生的离心力相互合成,则水平方向的离心力相互抵消,垂直方向的离心力相互叠加,成为一个按正弦曲线变化的激振力,如图5-17~图5-19所示。

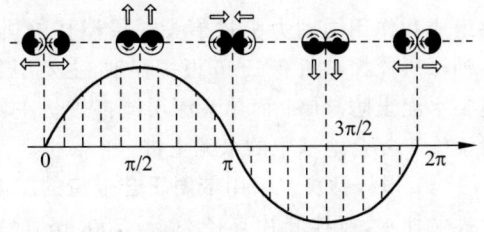

图5-17 偏心体转动离心力的合成激振力变化曲线

2) 动力站

动力站由柴油发动机、液压泵、液压控制

阀、油箱等组成，一般有多台液压泵。驱动振动桩锤液压马达的主泵为 1 台或多台，小的桩锤一般用 1 台主泵，大的桩锤利用 2 台或 3 台泵并联供油。动力站里还有 1 台小的油泵专用于给液压夹具传油。

3) 夹桩器

夹桩器包括液压缸和夹桩板，用于夹持和携带预制桩，将预制桩送入桩基孔中，并用于击打预制桩时对预制桩进行夹持定位。

5.1.6 搅拌桩机

1. 整机的组成和工作原理

搅拌桩机由动力头、滑轮组、搅拌轴、搅拌钻头、钻架、底车架、操作系统和制浆系统等组成，如图 5-20、图 5-21 所示。其工作原理是将水泥浆与土在原位搅拌，搅拌后形成柱状水泥土体，从而提高地基承载力，减少沉降，增加稳定性，防止泄漏、建成防漏帷幕。以多轴搅拌桩机为例，水泥浆能够从钻头端部喷出，此种钻机沿连续墙构筑方向有若干次的搅拌轴并列，而且搅拌叶片之间有一部分相互重叠，如图 5-22 所示。

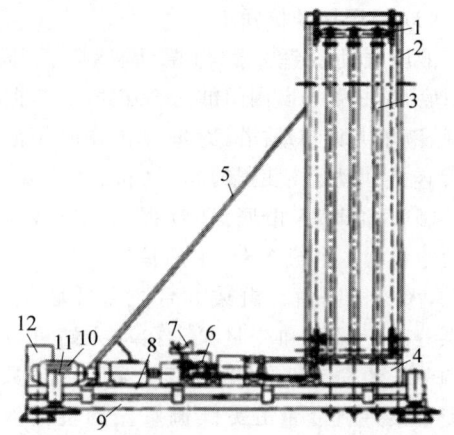

1—水龙头；2—立架；3—钻杆；4—主变速箱；5—稳定杆；6—离合操纵；7—操作台；8—上车架；9—下车架；10—电动机；11—支腿；12—电控柜。

图 5-21 多轴搅拌桩机结构示意图

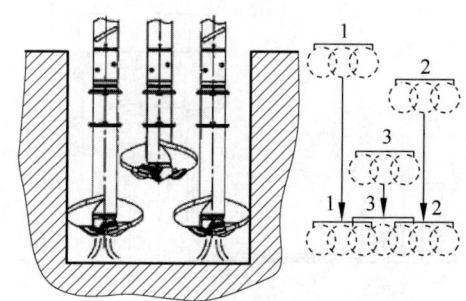

图 5-22 多轴搅拌桩机工作原理示意图

注：图中 1、2、3 代表施工顺序。

(2) 滑轮组。主要由卷扬机、顶部滑轮组组成，使搅拌装置下沉或上升。

(3) 搅拌轴。由法兰及优质无缝钢管制成，其上端与减速器输出轴相连，下端与搅拌头相接，以传递扭矩。按照搅拌轴数量，搅拌桩机分为单轴型、双轴型、多轴型等。双头深层搅拌桩机是在动力头式单头深层搅拌桩机基础上改进而成的，其搅拌装置比单头搅拌桩机多了一个搅拌轴，可以一次施工两根桩。其他组成和作用同动力头式单头深层搅拌桩机。多轴深层搅拌桩机有 3~6 根搅拌轴，主要用于施工水泥土防渗墙；而单头深层搅拌桩机主要用于施工复合地基中的水泥土桩。

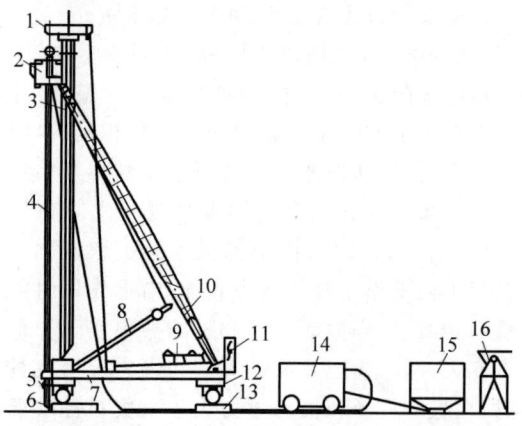

1—顶部滑轮组；2—动力头；3—钻塔；4—搅拌轴；5—搅拌钻头；6—枕木；7—底盘；8—起落挑杆；9—卷扬机；10—副腿；11—配电箱；12—操作台；13—轨道；14—挤压泵；15—集料斗；16—灰浆搅拌机。

图 5-20 单头搅拌桩机结构示意图

2. 主要系统和部件的结构原理

(1) 动力头。由电动机、减速器组成，主要为搅拌提供动力。

(4) 搅拌钻头。采用带硬质合金齿的二叶片式搅拌头，搅拌叶片直径 500~700 mm；为防止施工时软土涌入输浆管，在输浆口设置单向球阀；当搅拌头下沉时，球阀受水或土的上托力作用而堵住输浆管口；提管时，球阀被水泥浆推开，起到单向阀门的作用。

(5) 钻架。由钻塔、副腿、起落挑杆组成，起支承和起落搅拌装置的作用。

(6) 底车架。由底盘、轨道、枕木组成，起走行的作用。

(7) 操作系统。由操作台、配电箱组成，是主机的操作系统。

(8) 制浆系统。由挤压泵、集料斗、灰浆搅拌机、输浆管组成，主要作用是为主机提供水泥浆。

3. 典型系统和部件技术

立式铣槽型搅拌桩机又称 TRD(trench cutting re-mixing deep wall method)工法机，采取链式切削方式，局限性小，具有卓越的性能和经济效益。与立轴式搅拌桩机相比，受场地环境、地质条件影响较小，设备移动方便。其结构如图 5-23 所示。

回转电动机，可实现下盘的走行或回转；收起支腿，下盘接地，可实现上盘的走行或回转。依次往复可达到走行或回转的目的。

底盘沿成墙方向移动，切削机构所带的链锯式刀具插入地基中，一边作回转运动，一边沿刀架横移切削。在深度方向上，将各层土全方位搅拌、混合，并注入水泥浆液，使之成为在地下浇筑的质量均匀的连续墙体。

当刀具进行切削时，将切削刀头挤压在原位置的地基上进行切削，经过链条上布置的不同规格的切削刀，对土壤进行垂直线形切削，通过一组切削刀切削，最后形成一个切割面，依次循环。被切削下来的土壤借助切削刀具的回转及泥水的流动作用被带向上方，经过切削沟槽的墙壁与装有刀具的箱式刀具链节的间隙向后方流动，混合的泥水形成漩涡产生对流，土壤与固化液进行搅拌、混合，经过一段时间的固化便形成了水泥土搅拌墙，如图 5-24 所示。

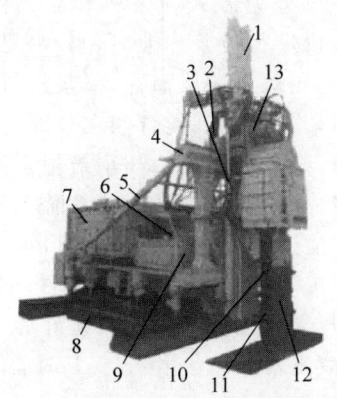

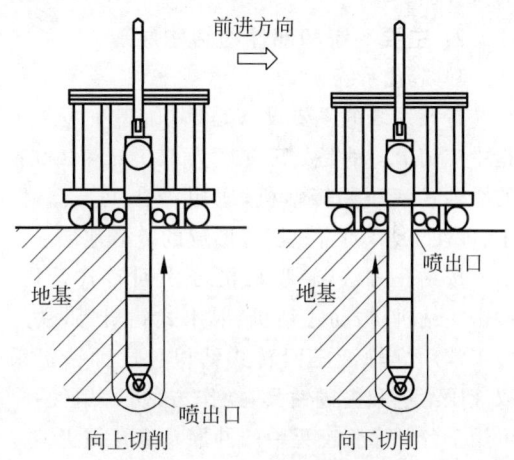

1—立柱；2—液压系统；3—注浆系统；4—门架；5—斜撑；6—驾驶室；7—动力柜；8—步履主机（包括步履、主平台、支腿）；9—电气系统；10—传动链；11—切削刀；12—切削箱；13—驱动部。

图 5-23　TRD 工法机结构图

图 5-24　刀具切削原理图

液压步履式底盘由上盘、回转机构、中下盘、前后支腿及安装在上盘上的液压系统、电气系统、卷扬机等组成。上盘通过回转支承与中下盘连接，在回转电动机的作用下上盘与中下盘可相对转动；在走行液压缸作用下，上盘与下盘之间、中盘与下盘之间可相对移动。工作时支起支腿，下盘离地，驱动走行液压缸或

5.1.7　旋喷桩机

1. 整机的组成和工作原理

高压旋喷桩施工设备是按照高压喷射灌浆工艺的要求，由多个设备组装而成的成套设备。旋喷桩机主要由造孔、供水、供气、供浆、喷灌等 5 大系统和其他配套设备组成，如图 5-25 所示。其工作原理是在地表进行钻孔，通过孔

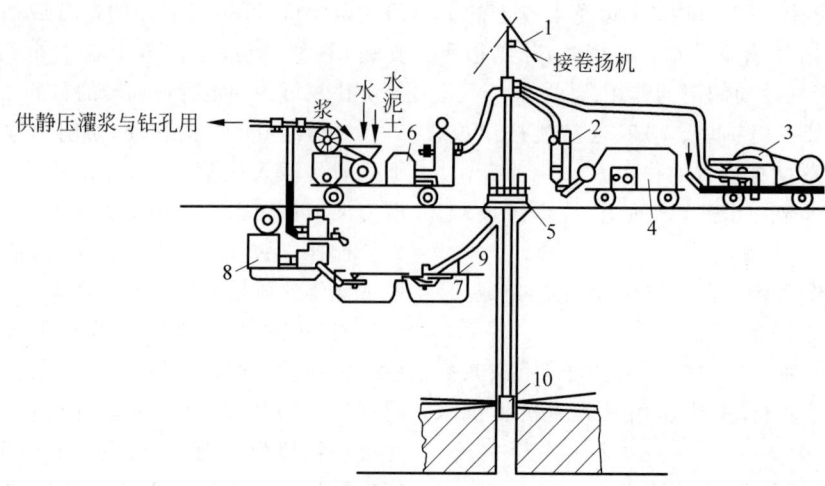

1—三角架；2—转子流量计；3—高压水泵；4—空气压缩机；5—孔口装置；6—搅灌机；7—贮浆池；8—回浆泵；9—筛；10—喷头。

图 5-25　高压旋喷桩机结构示意图

眼将高压浆液和高压风旋转喷射注入强风化岩体或土体，从而达到就地造桩、加固地基的目的，主要用于路基改良土体、增加地基承载力等方面。

2．主要系统和部件的结构原理

1）造孔系统

造孔系统的主要设备是钻机，高喷灌浆工程中应用最多的是处理深度为 150 m 和 300 m 的立轴式液压回转钻机，适用于杂填土、黏性土、砂性土、砾卵石地层等形成的复合地层。

按钻孔方法，旋喷桩机分为回转式钻机、冲击式钻机、振动式钻机、射水式钻机等，铁路施工常用立轴液压回转式钻机。这种钻机采取液压给进和提拔钻具，操作方便，适用性强，可用于各种灌浆工程中的勘探及造孔施工。

2）供水系统

供水系统中的主要设备是高压水泵和高压胶管。高压灌浆工程中，常用卧式柱塞泵和由钢丝网缠绕的高压胶管，胶管爆破压力不小于工作压力的 3 倍。

3）供气系统

高喷灌浆要用压缩空气与主射流（水泥浆或水）同轴喷射，以提高主射流的喷射效果，施工中常用 YV 型活塞式风冷通用空气压缩机进行供气。

4）供浆系统

供浆系统主要包括搅浆机和灌浆泵两部分。

（1）搅浆机

搅浆机分为卧式搅浆机和立式搅浆机。卧式搅浆机进行搅浆作业时，水、水泥或其他材料，按配比送入搅浆筒内，搅浆材料从进料端至出料端连续受到搅臂和定臂的高速搅拌形成浆体，浆体通过离心作用被甩至滚动筛，过筛后浆、渣分离，浆液落入拌浆桶内。

立式搅拌机进行搅浆作业时，水、水泥或其他材料按配比放入上桶内，电动机驱动减速机，带动搅臂旋转搅浆。浆液搅好后，打开放浆板，浆液流入下桶备用。上、下两桶的搅轴、搅臂同轴同速旋转。

（2）灌浆泵

灌浆泵是将浆液灌入地层的柱塞式泵。灌浆泵动力机的旋转运动，通过传动机构使柱塞变为往复直线运动。柱塞回程时，泵头内腔形成真空，产生负压，使上阀关闭，下阀打开，泥浆被大气压压送到泵头内。柱塞进程时，泵头内浆液产生正压力，使下阀关闭，上阀打开，泥浆便压出泵头进入输浆管路，最后经喷射装置下端的喷头进入地层。

5）喷灌系统（高喷台车）

高喷台车主要包括机架、卷扬机、旋摆机

构、喷射装置等,如图 5-26 所示。

(3) 旋摆机构

旋摆机构是用来使喷射装置进行定向、摆动(往复旋转)、旋转作业的机构。旋摆机构装设在旋摆平台上,沿立架导轨上下移动,以带动喷射管提升喷灌。旋摆机构没有旋摆运动时,喷射管提升进行定向喷射,灌注薄板墙。旋摆机构有旋摆运动时,喷射管提升进行摆动喷射,灌注较厚板墙或桩体,摆动角度范围为 10°~180°,摆角大小通过调节旋摆机构的偏心距来实现,偏心距小,摆角小;偏心距大,摆角大,如图 5-27 所示。

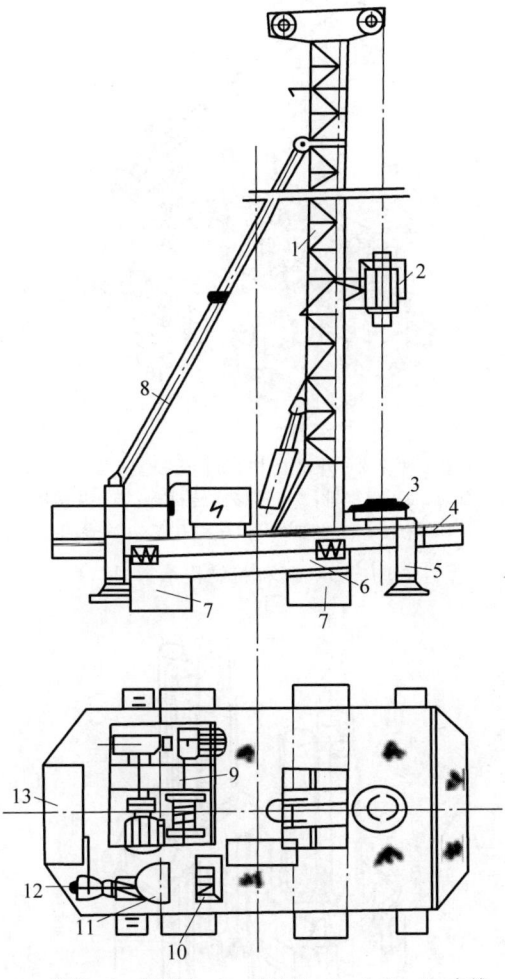

1—塔架;2—振冲头;3—回转器;4—上盘;5—支撑腿;6—中盘;7—下盘;8—附杆;9—卷扬机;10—控制台;11—座椅;12—油泵;13—油箱

图 5-26 高喷台车结构示意图

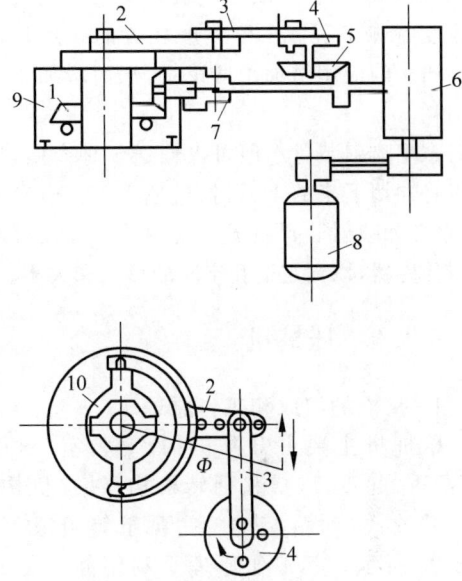

1—转动伞齿轮;2—摆臂;3—拉杆;4—偏心轮;5—摆动伞齿轮;6—减速机;7—旋摆离合器;8—电动机;9—转盘;10—导向卡

图 5-27 旋摆机构示意图

(1) 机架

机架包括立架、底盘、走行机构等,用来整体移动喷射系统,提升和下放喷射管,使卷扬机和旋摆机构运转施工等。立架按结构形式分为四角塔架、单桁架、折叠桁架、板架等,按机架移动形式分为滚轮式和迈步式等。

(2) 卷扬机

卷扬机安装在机架底盘上,主要用来提升和下放喷射装置。高喷灌浆应用的卷扬机多为单筒卷扬机,具备快速和超慢速提升两种功能。

(4) 喷射装置

喷射装置可分为单管喷射装置、两管喷射装置、三管喷射装置和多管喷射装置。

单管喷射装置包括单管水龙头、喷管体、喷头、喷嘴等,是实现单介质喷射灌浆的工艺装置,用以输送高压浆液,使浆液在地层中切割掺搅,升扬置换土体,形成防渗加固墙体或桩体。

两管喷射装置是在单管装置的基础上发展起来的。其浆液和压缩气分别输入喷射管的两根不相同的管道。高压浆从中央的浆嘴喷出,压缩气从浆嘴外围的气嘴喷出,包围在高压浆射流的周围,以减少浆射流的动能耗损,提高喷射效果。

三管喷射装置是在单管和两管喷射装置的基础上发展起来的。单管与两管喷射装置主要用水泥浆作为主射流,对喷嘴及输浆机具磨损严重。三管喷射装置应用高压水泵产生的高压水作为主射流,清洁的水对输水机具磨损轻微,能使高压水泵获得更高的喷射压力,从而提高施工效率;还可以利用超高压的水射流,完成许多单管和双管喷射装置难以完成的高难度特殊工程。三管喷射装置的缺点是由于高压水的应用增加了冒浆量,从而增加了材料消耗。

多重喷射装置不但可以输送3种介质,还可以将冲切下来的土、石抽出地面。其由导流器、钻杆和喷射装置组成。喷嘴的上方设有超声波传感器,以测定造孔空间的形状和大小。

5.1.8 压桩机

1. 整机的组成和工作原理

压桩机主要由升降机构、驾驶室、压桩台、配重、起重机、横移回转机构、纵移机构、液压系统、主油箱、动力室、泵组等组成,如图 5-28 所示。其工作原理是利用静压力驱动锤头工作,将预制桩打入地面,以提高土层密实度。

2. 主要系统和部件的结构原理

1) 压桩台

压桩台是压桩机的主要工作机构,用来实现夹桩、压桩作业。其主要部件为压桩缸、横梁、夹桩箱和承台,结构如图 5-29 所示。主压桩缸通过铰座与夹桩箱连接,实现压桩或将夹桩箱上提,副压桩缸工作时活塞杆伸出,通过球头座将夹桩箱向下压,夹桩箱在压桩缸的作用下沿承台上下运动。

2) 升降机构

升降机构主要由4个升降液压缸和4条悬臂组成,如图 5-30 所示。4个升降液压缸缸筒

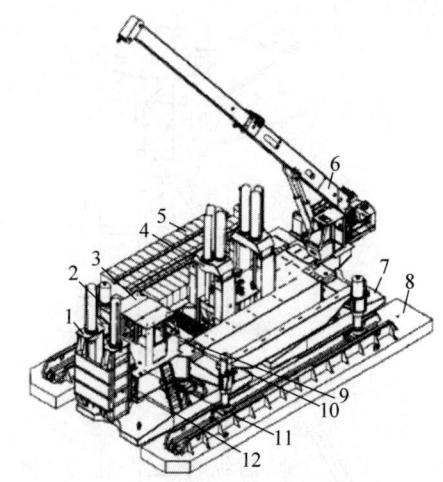

1—边桩机构;2—升降机构;3—驾驶室;4—压桩台;5—配重;6—起重机;7—横移回转机构;8—纵移机构;9—液压系统;10—主油箱;11—动力室;12—泵组。

图 5-28 压桩机结构示意图

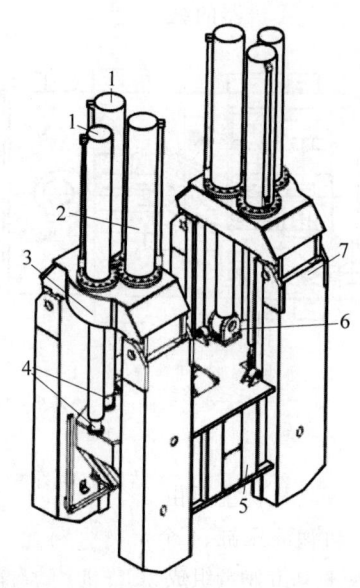

1—副压桩缸;2—主压桩缸;3—横梁;4—球头座;5—夹桩箱;6—铰座;7—承台。

图 5-29 压桩台结构示意图

分别通过4条悬臂与机身连接,活塞杆分别与长履靴上的4组走行小车铰接,通过4个升降液压缸的伸缩来实现机身升降。

3) 纵移机构

纵移机构主要由2个长履靴(或称长船)、2个纵移液压缸、4个走行小车组成,如图 5-31

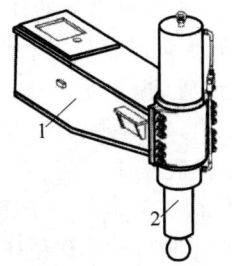

1—悬臂；2—支承轴。

图 5-30 升降机构结构示意图

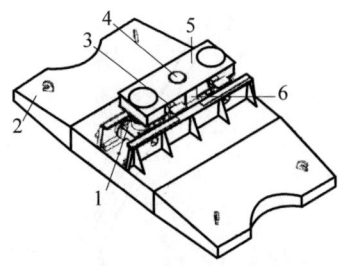

1—走行小车；2—短履靴；3—复位弹簧；4—中心轴安装孔；5—回转平台；6—横移液压缸。

图 5-32 横移回转结构示意图

所示。纵移机构通过2个纵移液压缸的伸缩来实现机身的纵向移动。升降液压缸回缩，短履靴着地，长履靴离地，后纵移液压缸伸缩，长履靴纵向移动；升降液压缸伸出，长履靴落地，短履靴离地，纵移液压缸伸缩，机身通过走行小车沿长履靴的轨道移动。然后开始第二个循环。就是这种短履靴、长履靴、升降液压缸的交替工作实现了机器的纵向走行。

部件，由压桩缸、边桩架、夹桩箱组成，如图 5-33 所示。对于小型压桩机，将压桩台直接移到边桩机构的位置安装，对于大、中型压桩机，则另外配有一套专门的边桩压桩机构。当需要压边桩和角桩时，用起重机把主压桩缸吊到边桩架上装配好，接上液压胶管，就可正常工作。

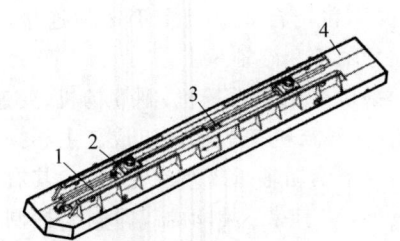

1—纵移液压缸；2—走行小车；
3—联动液压缸；4—长履靴。

图 5-31 纵移结构示意图

4) 横移回转机构

横移回转机构主要由2个短履靴（又称短船）、2个横移液压缸、4个走行小车、2个回转平台和4个复位弹簧组成，如图 5-32 所示。升降液压缸伸长，长履靴着地，短履靴离地；横移液压缸活塞杆同向伸缩，短履靴横向移动；升降液压缸回缩，短履靴着地，长履靴离地；横移液压缸活塞杆同向伸缩，驱动机身横向走行。接着开始第二个循环。就是这种短履靴、长履靴、升降液压缸的交替工作实现了机器的横向走行。

5) 边桩机构

边桩机构布置在动力室一端，属于选配

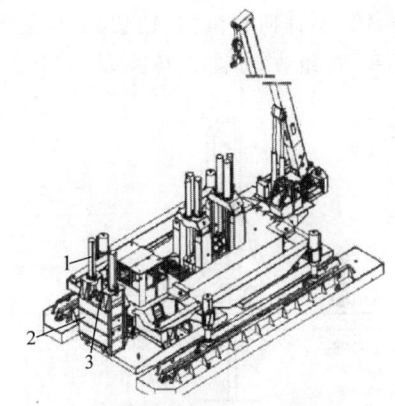

1—压桩缸；2—边桩架；3—夹桩箱。

图 5-33 边桩架结构示意图

6) 起重机

起重机装于液压静力压桩机上，主要用于起吊桩的起吊设备，是液压静力压桩机的一种辅助设备，如图 5-34 所示。其结构与一般液压汽车起重机的上车结构类似，主要由吊臂系统、卷扬系统、回转系统、液压控制系统及安全装置等组成。起重机的整个上车部分安装在机架上，机架与一个回转支承内圈连接，回转支承的外圈与起重机机座连接，机座整体焊接在液压静力压桩机的主机机身上。

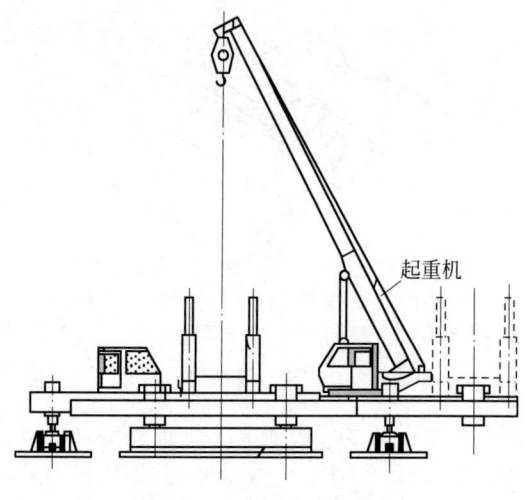

图 5-34 起重机工作示意图

5.1.9 正反循环钻机

1. 整机的组成和工作原理

正反循环钻机由带转盘的基础车(履带式或轮胎式)、钻杆回转机构、钻架、工作装置(钻杆和钻头)等组成,如图 5-35 所示。

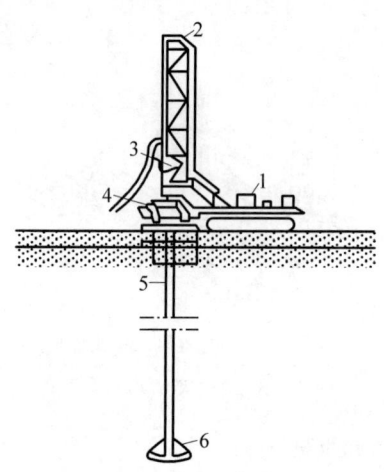

1—基础车;2—钻架;3—提水龙头;4—钻杆回转机构;5—钻杆;6—钻头。

图 5-35 循环钻机结构示意图

旋转钻机利用旋转的工作装置切下土壤,使之混入泥浆中排出孔外。根据排出渣浆的方式不同,旋转钻机分为正循环和反循环两类,常用反循环钻机。

正循环钻机的工作原理如图 5-36 所示。钻机由电动机驱动转盘带动钻杆、钻头旋转钻孔,同时开动泥浆泵对泥浆池中的泥浆施加压力,使其通过胶管、提水龙头、空心钻杆,最后从钻头下部喷出,冲刷孔底,并使与泥浆混合在一起的钻渣沿孔壁上升,经孔口排出,流入沉淀池。钻渣沉积下来后,较干净的泥浆又流回泥浆池,如此形成一个工作循环。

反循环钻机的工作原理如图 5-37 所示。这类钻机工作时泥浆循环方向与正循环钻机相反,夹带杂渣的泥浆经钻头、空心钻杆、提水龙头、胶管进入泥浆泵,再从泵的闸阀排出,流入泥浆池中,而后泥浆经沉淀后再流入孔内。

2. 主要系统和部件的结构原理

1)主机

主机主要由转盘、万向轴、卷扬机组、底座、钻塔、起塔装置等部件组成。

转盘的动力由万向轴输入,经齿轮轴和大圆锥齿轮传至立轴,再经小齿轮和大齿轮传出,大齿轮和转台间靠两个平键相连接,转台支承在主轴承和副轴承上。

卷扬机组由主卷扬机、副卷扬机、变速箱、变速箱离合器、机架等部件组成。主卷扬机的卷筒由两个滚动轴承支承在主轴上,其右端的制动鼓外,装有带式制动器,即制动抱闸。左端有内齿圈,它通过游星齿轮和中心齿轮咬合。游星齿轮支承在提升盘和导架上,提升盘和导架分别用滚动轴承支承在主轴上,二者又以 3 个配合螺栓连接。在提升盘上装有提升抱闸。

底座为分块滑橇式底座,主要由前框、后框、左右大梁组成。大梁下部装有滚动支承,可以垫入圆钢管进行整体移动。

钻塔用于悬挂游动滑车、水龙头和提引器等起升设备,结构形式为 A 形筒体形塔,主要由天车、塔身、副支承、缓冲装置组成。在右塔腿外侧附有扶梯,供上下钻塔用,整个塔身的稳定性,依靠塔后的两套副支承来完成。前副支承的下部和塔身下部之间连有稳定撑,该稳定撑在塔身接近垂直位置时,先和弹簧缓冲装置接触,使塔身能比较平稳地到达垂直位置。

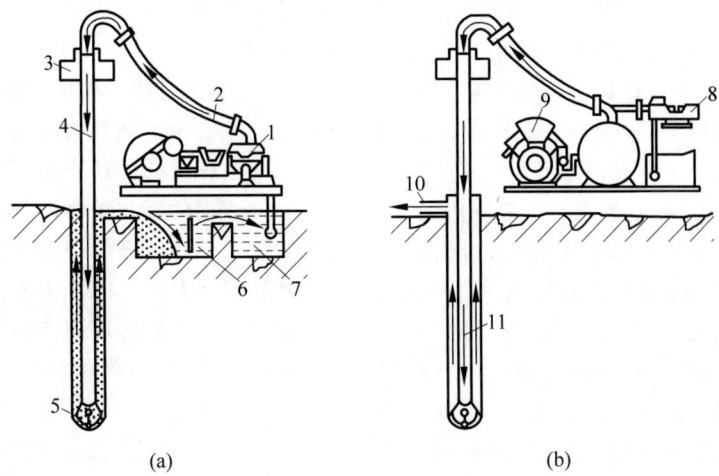

1—泥浆泵；2—胶管；3—提水龙头；4—钻杆；5—钻头；6—沉淀池；7—泥浆池；8—泡沫喷射管；9—空气压缩机；10—排渣管道；11—空气或泡沫。

图 5-36 正循环钻机工作原理示意图
(a) 水或泥浆排渣；(b) 空气或泡沫排渣

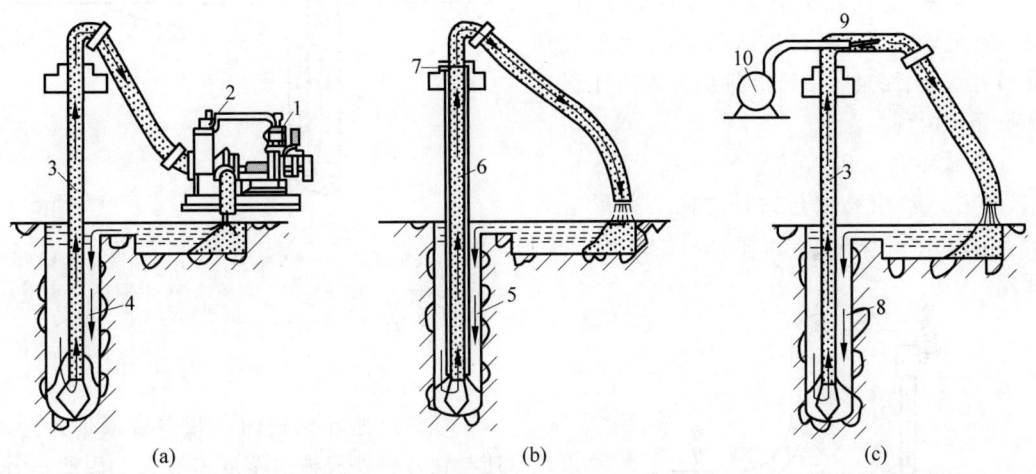

1—真空泵；2—泥浆泵；3—钻渣；4,5,8—清水；6—气泡；7—高压空气进气口；9—高压水进口；10—水泵。

图 5-37 反循环钻机工作原理示意图
(a) 泵吸反循环；(b) 空气反循环；(c) 射流反循环

2) 传动装置

传动装置主要由电动机、三角皮带和护罩组成。电动机通过输出端皮带轮，经三角皮带把动力传到主机变速箱离合器。

3) 工具总成

工具总成主要由游动滑车、水龙头、主动钻杆、圆钻杆、提引器、锁接头、垫叉和拨叉、卸扣座、拉杆等组成。

循环钻机的工作原理是工作时旋转盘带动钻头切削破碎孔内岩土，冲洗液从钻杆与孔壁间的环状间隙中流入孔底，冷却钻头并携带被切削下来的岩土钻渣，由钻杆内腔返回地面，与此同时，冲洗液又返回孔内形成循环。

(1) 破岩原理

① 刮刀破岩原理。在钻压作用下，刮刀的刀刃切入土(岩)体，同时钻头旋转时刮刀进行刮削，已脱离岩体的黏土在刮刀前刀面上受挤

压,产生塑性变形后堆积起来成为钻屑。由于钻屑中浸和了泥浆,黏土颗粒之间的亲和力减小,在泥浆冲刷及钻屑挤压时产生的剪切和弯曲作用使堆积成团的挤压钻屑断开,已断开的钻屑随即被泥浆冲走并排出地面。

② 滚刀(牙轮)破岩原理。在钻压作用下,与齿尖直接接触的岩体部分被压碎,齿尖切入岩体。钻头旋转时,滚刀在岩体表面上滚动,每一个刀齿在接触岩体的一瞬间都存在由于滚刀滚动而产生的冲击,冲击与钻压综合作用提高了破岩效果。由于滚刀的超顶、缩顶及刀具布置时造成的移轴,使滚刀在岩体表面滚动的同时,齿尖与岩体之间产生相对滑移,可以使相邻刀齿齿尖压出的切痕之间的岩体受剪切作用并与岩体脱离。

(2) 排渣方式

在致密、稳固和无裂缝的岩石中钻进时,钻渣是随着循环介质排出钻孔的,常用的循环介质有清水、泥浆。钻渣的排出方式有正循环和反循环两种。

正循环介质压入钻杆内腔后,经钻头喷出,带着钻渣沿孔壁与钻杆之间的环形空间上升,排入孔口旁的沉淀池中,如图 5-38 所示。

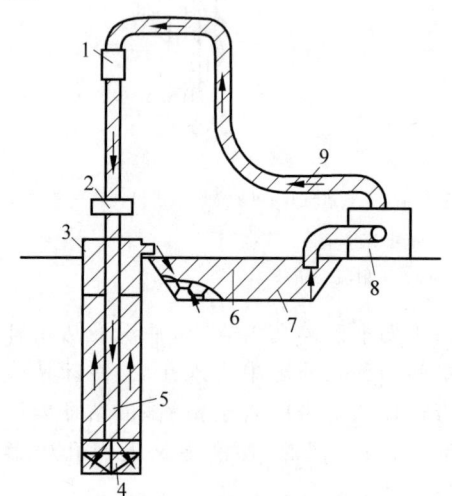

1—水龙头;2—钻机回转装置;3—护筒;4—钻头;5—钻杆;6—沉淀池;7—泥浆池;8—泥浆泵;9—胶管。

图 5-38 正循环钻机工作原理示意图

反循环的排渣方式又可采用气举法(空气提升法)和泵吸法。

① 气举反循环。在适当的位置将压缩空气通过供气管送至钻杆内的气水混合器,使压缩空气与钻杆内的循环介质混合,形成密度小于 1000 kg/㎡的三相混合液,与钻杆外环方向密度大于 1000 kg/㎡的循环液形成密度差,在钻杆外环空间循环柱的压力作用下,使钻杆内三相混合液上升涌出地面,将钻渣排出孔外而形成循环,如图 5-39 所示。

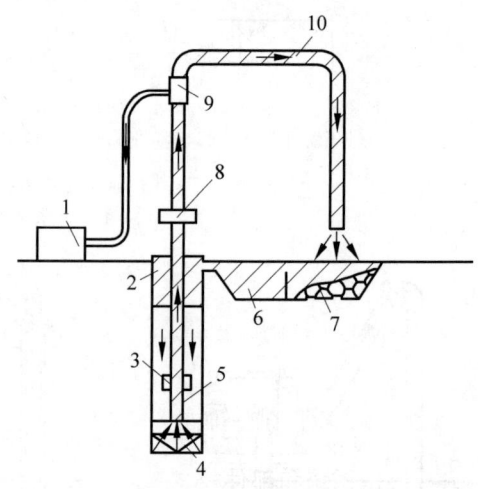

1—空气压缩机;2—护筒;3—气水混合器;4—钻头;5—钻杆;6—泥浆池;7—沉淀池;8—钻机回转装置;9—水龙头;10—胶管。

图 5-39 气举反循环示意图

气举反循环钻杆内三相混合液的上升流速与钻杆内外液柱的重度差有关。因此,孔浅时压力不足,三相混合液上升流速低,排渣能力差;当孔深增大后,只要增加供气量和空气压力,钻杆内的三相混合液就能获得理想的上升流速,从而提高钻进效率。因此孔深在 10 m 以内时气举反循环的钻进效率很差(6～7 m 一般不能使用),孔深超过 50 m 后,即能保证较高的钻进效率。

② 泵吸反循环。用砂石泵直接从钻杆内吸出孔底循环介质,同时把钻渣携带至孔外,并不断向孔内补充循环介质,如图 5-40 所示。泵吸反循环驱动液体的压力一般不大于大气压力,因此对浅孔最有效。一般在 50 m 以内

效果最好,80 m以上效率大大降低。泵吸反循环比气举反循环节省动力,且钻杆不需附设风管,结构较为简单,因此灌注桩施工中多用效率较高的泵吸反循环钻进工艺。

满足不同地层的钻进需要。通过更换不同钻具,可以方便地实现正反循环钻进。其配置副提升液压缸,可自主下钢筋笼和灌注混凝土。采用履带走行机构,便于运输和对孔位。其结构如图5-41所示。

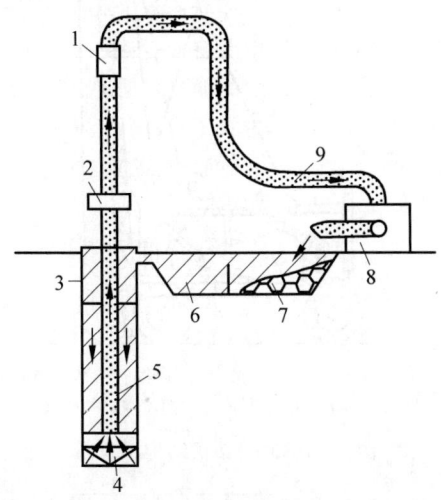

1—水龙头；2—钻机回转装置；3—护筒；4—钻头；5—钻杆；6—泥浆池；7—沉淀池；8—砂石泵；9—胶管。

图5-40 泵吸反循环示意图

3. 典型系统和部件技术

全液压正反循环钻机是一种全液压控制的新型桩工机械产品。它融合了现代全液压桩工机械的新技术和新工艺,同时也吸收保留了经典的传统工艺。整机操作轻便灵活,机动性好,钻孔效率高。

按动力头驱动钻杆钻头方式不同,正反循环钻机分为全液压循环钻机和全液压潜水钻机。

1) 全液压循环钻机

全液压循环钻机整体可以左右调整水平,桅杆可以前后调整垂直,确保转盘的回转中心与水平面垂直。动力头具有独特的密封设计,确保泥浆不会进入动力头体内。天车可以旋转,方便主动钻杆让开孔口,使主动钻杆不落地,从而提高工作效率,减轻劳动强度。用提升液压缸代替卷扬机,提升力大,维护保养方便。整套钻杆可以放在钻机上,钻机机动性强。钻机采用全液压控制,可实现无级调速,

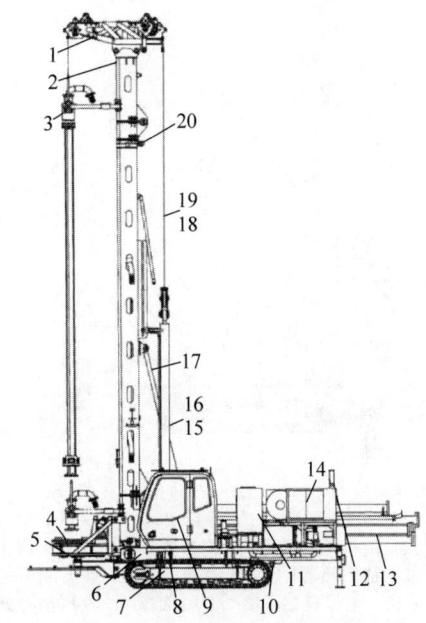

1—天车；2—桅杆；3—钻具；4—动力头；5—孔口踏台；6—上底盘；7—下底盘；8—调平液压缸；9—驾驶室；10—辅助吊；11—液压控制系统；12—卧塔架；13—钻杆箱；14—电气控制系统；15—主提升液压缸；16—副提升液压缸；17—起塔液压缸；18—主提升钢丝绳；19—副提升钢丝绳；20—天车摆动液压缸。

图5-41 全液压循环钻机结构图

2) 全液压潜水钻机

全液压潜水钻机整体可以左右调水平,桅杆可以前后调垂直。其采用履带走行机构,便于运输和找正孔位；采用伸缩式内通浆密封钻杆,完全避免了加拆钻杆时间长、劳动强度大的弊端,大大提高了钻进效率；采用液压潜水动力头,可以实现高转速大扭矩的动力输出,而且安全可靠；更换不同钻具可以方便地实现正反循环钻进。该钻机采用全液压控制,可实现无级调速,满足不同地层的钻进需要。其结构如图5-42所示。

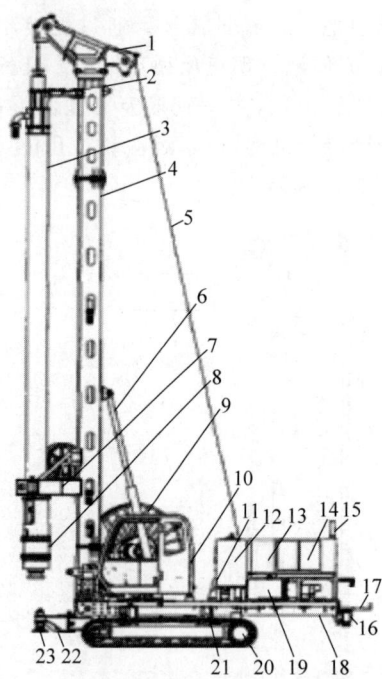

1—天车；2—钻杆保持架；3—钻杆；4—桅杆；5—钢丝；6—起塔液压缸；7—下保持架；8—动力头；9—液压绞盘；10—驾驶室；11—主卷扬机；12—液压油箱；13—液压油散热器；14—电控箱；15—卧塔机；16—后支腿；17—电缆托架；18—上底盘；19—液压动力站；20—下底盘；21—调平液压缸；22—前支腿；23—支腿液压缸

图 5-42　全液压潜水钻机结构示意图

5.1.10　冲击钻机

1．整机的组成和工作原理

冲击钻机主要由机架、电动机、桅杆、操纵装置、冲击机构、主轴、压轮、钻具滑轮、钢丝绳、掏渣筒等组成，如图5-43所示。其工作原理是通过卷扬机带动钻头的升降，从而产生冲击力，对地面进行钻孔作业，形成钻孔。

2．主要系统和部件的结构原理

1) 机架

机架是钻机的主体，由工字钢、角钢焊接而成，托于前后轮轴上。为移动灵活，用来固定钻机的轮轴上装有6个轮胎，同时前轮轴与机架中心铰接，并在前轮轴上装了牵引架用于在牵引途中改变方向。

2) 电动机

电动机为钻机的动力来源。启动电动机

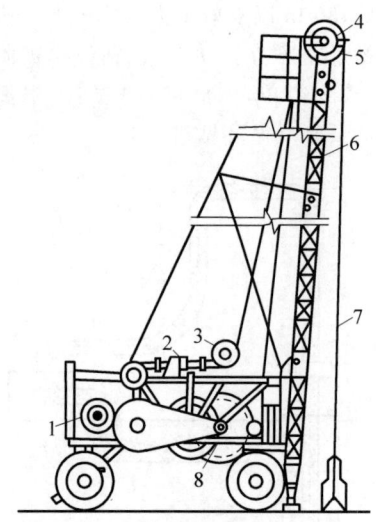

1—电动机；2—冲击机构；3—压轮；4—钻具滑轮；5—掏渣筒滑轮；6—桅杆；7—钢丝绳；8—主轴

图 5-43　冲击钻机结构示意图

由装备上配置的磁力开关控制，磁力开关的操纵按钮装在操纵手柄附近。钻机上电气箱内设有降压变压器、熔断器，作为主回路控制回路和电动机的保护装置。

3) 桅杆

桅杆杆体由角钢焊接而成。组成部件有桅杆上节、桅杆下节、工作台、天轮、辅助滑轮、支承千斤、管状拉杆、支承卡爪。桅杆分上、下两节，上节套在下节内，用销轴与机架上部连接。上、下节桅杆的伸缩和固定靠一组滑轮和支承卡爪等实现。钻机的抽钻、浇筑混凝土等都通过桅杆来完成。

4) 操纵装置

钻机操纵手柄有6个：抽筒离合器手柄、抽筒卷扬制动手柄、钻具离合器手柄、钻具卷扬制动手柄、辅助卷扬制动手柄、冲击辅助两用离合器手柄。各操纵装置都是通过拉杆和拉杆系统动作的，拉杆之间用可调螺丝连接在一起，用螺丝调节手推位置。

5) 主轴

主轴的作用是传递、分配动力于各工作机构。其总成结构如图5-44所示。

轴一端装有大三角皮带轮，悬装在切槽的锥形衬套上，带动主轴总成旋转。为把动力传

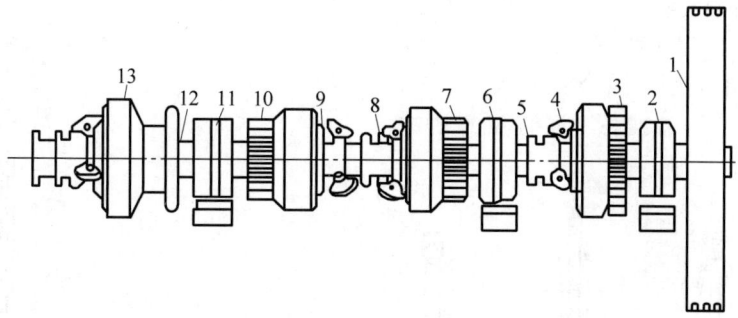

1—大皮带轮；2,6,11—轴承座；3—抽筒卷筒传动齿轮及摩擦离合器；4—凸爪；5—单侧离合器；7—冲击机构传动齿轮及摩擦离合器；8—双侧离合器；9—压力盘；10—辅助卷筒传动齿轮及摩擦离合器；12—轴；13—钻具卷筒链轮及摩擦离合器。

图 5-44　主轴总成结构示意图

递、分配给各工作部位，轴上装有 4 套传动齿（链）轮和干式摩擦离合器。分别是抽筒卷筒传动齿轮 3 及摩擦离合器、冲击机构传动齿轮 7 及摩擦离合器、辅助卷筒传动齿轮 10 及摩擦离合器、钻具卷筒链轮 12 及摩擦离合器。主轴通过 3 个滚珠轴承座装在机架上，两端的摩擦离合器（3 和 13）都用专门的单侧离合器（即单凸轮）控制接合或分离；中间的两个摩擦离合器 7 和 10 采用双侧离合器（即双凸轮）控制接合或分离。

单、双侧离合器在操纵机构作用下可在主轴水平方向左右滑动。其工作原理是：摩擦离合器壳体与工作齿（链）轮用螺栓连成一体，通过齿（链）轮中心孔轴承，安装在主轴上，可自由转动，摩擦离合器壳体内装有齿圈。

主动圆盘装在摩擦离合器壳体内，用卧键与主轴固定；中间圆盘（主动摩擦片）内齿与主动圆盘外齿啮合，主轴转动，二者随之转动。

摩擦圆盘外齿与离合器壳体内齿圈啮合，摩擦圆盘外侧布置压力盘。压力盘通过 6 根小弹簧由压紧状态恢复到松开状态。

当撤去单（双）侧离合器压力后，扒爪松开，压力盘在 6 根小弹簧弹力作用下松开，中间圆盘和摩擦圆盘离开，不传递动力，主轴带动主动圆盘，中间圆盘空转，齿（链）轮停止工作。

6）冲击机构

冲击机构的作用是将冲击轴的回转运动变为冲击臂的往复上下摆动，带动钻具连续冲击钻进。其结构如图 5-45 所示。

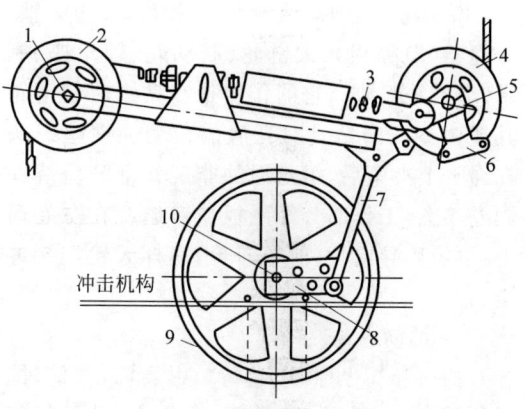

1—冲击臂；2—后导向轮；3—主弹簧；4—前导向轮；5—辕杆；6—撑架；7—连杆；8—曲柄；9—冲击轮；10—冲击轴。

图 5-45　冲击结构示意图

当主轴冲击小齿轮带动冲击大齿轮旋转时，曲柄（也叫拐臂）同步做圆周运动。冲击臂前部通过连杆与曲柄铰接，后端经后导向轴和机架连接，冲击臂可以绕后导向轴上下摆动，作圆弧运动。曲柄下行，带动冲击臂向下运动，钻头提离孔底，钻头重量经辕杆压缩主弹簧。曲柄绕过下死点后向上运动，主弹簧压力释放，辕杆下落，钻头在重力作用下冲击孔底。如此反复循环，开展冲击钻孔工作。

冲锤有各种形状，但它们的冲刃大多是十字形的。钻头一般是整体铸钢做成的实体钻锥，锥径不宜小于孔径的 95%；钻刃采用高强度耐磨钢材做成，底刃最好不完全平直，以加大单位长度上的压重。冲击时钻头应有足够的重量、适当的冲程和冲击频率,以便有足够的动量和能量将岩块打碎。当孔径大于1.5 m时,应分两级钻进,需准备不同直径的钻锥。冲锤结构如图5-46所示。

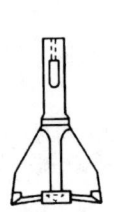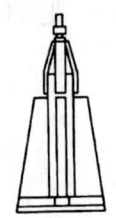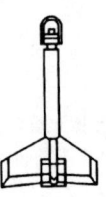

图5-46 冲锤结构示意图

7) 钻具卷筒

钻具卷筒也称"大卷扬",由卷筒、卷筒轴、分绳器(即隔板)、大链轮、制动轮、轴承座、制带、绳卡等组成。它的作用是在钻进时起落钻具或调整孔内钻具对孔底的位置。钢丝绳头在绳卡上夹紧后,钢丝绳的非工作部分应绕在副卷筒上,工作部分经隔板缺口缠绕在主卷筒上,再经后导向轮、前导向轮、桅杆天轮连接冲击钻头。

8) 抽筒卷筒

抽筒卷筒也称"小卷扬",由卷筒、卷筒轴、卷筒齿轮、制动轮、制带、分绳隔板、轴承等组成。它的作用是钻孔时抽砂及一些辅助工作。安装钻机时,钢丝绳自卷筒引出,工作部分由隔板缺口倒过来,经桅杆天轮与抽砂桶连接。

5.1.11 旋挖钻机

1. 整机的组成和工作原理

旋挖钻机的主要结构部件包括底盘、变幅机构、桅杆总成、主卷扬机、副卷扬机、动力头、随动架、钻杆、钻具等,如图5-47所示。

其工作原理是在伸缩式钻杆自重和固定于桅杆上的液压缸压力作用下,通过动力头旋转切削土体,被切削下的土体在回阻力矩推动下被挤入钻头内空腔,排出土渣,形成钻孔。旋挖钻机主要适用于砂土、黏性土、粉质土等土质,进行灌注桩、连续墙、基础加固等多种地基基础施工。

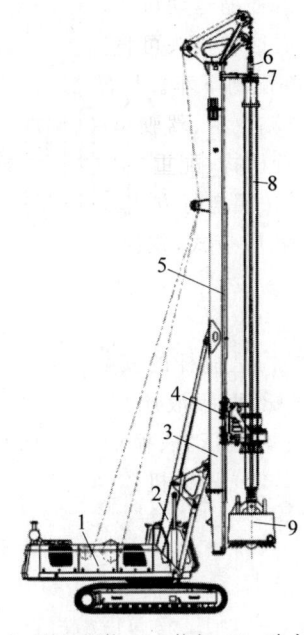

1—底盘;2—变幅机构;3—桅杆;4—动力头;5—加压装置;6—提引器;7—随动架;8—钻杆;9—钻具。

图5-47 旋挖钻机的基本组成

2. 主要系统和部件的结构原理

1) 底盘

底盘由走行机构、车架、回转平台、主卷扬机、副卷扬机等组成,如图5-48所示。

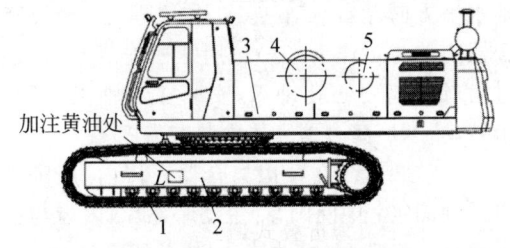

1—走行机构;2—车架;3—回转平台;
4—主卷扬机;5—副卷扬机。

图5-48 底盘组成结构示意图

走行机构主要用于实现钻机的走行和移位,一般由液压马达、走行减速机、履带总成、导向轮及张紧装置、支重轮、托链轮、驱动轮等部件组成,通过液压系统控制,可实现钻机的前行、后行、左转弯、右转弯、原地转向等动作。履带调节系统通过向张紧装置加注润滑脂来实现履带张紧。车架用于安装走行机构,并与回转平台相连,内部装有液压缸和中心回转接头,液压缸的伸缩运动可实现走行机构的伸展和缩回,中心回转接头可将上车液压系统的工作压力油传输到下车。回转平台上安装的主要部件有变幅机构、驾驶室、发动机、液压及电气系统、回转机构、配重、主卷扬机、副卷扬机、覆盖件等。按照走行方式,旋挖钻机分为轮胎式、步履式和履带式,铁路路基施工中以履带式旋挖钻机为主。

2) 变幅机构

变幅机构是桅杆的安装部件,由动臂、三角架、支撑杆、变幅液压缸、桅杆液压缸等组成。通过变幅液压缸、桅杆液压缸的作用,可以使桅杆远离或靠近机体和改变桅杆前后倾角,调节桅杆的工作幅度或运输状态的整机高度。变幅机构的结构形式主要有两种:一种是平行四边形结构,另一种是大三角结构。

3) 桅杆总成

桅杆总成由桅杆和滑轮架组成,如图 5-49 所示。桅杆是钻机的重要机构,是钻杆、动力头的安装支承部件及其工作进尺的导向部件。其上装有加压液压缸,动力头通过加压液压缸支承在桅杆上,桅杆左右两侧有矩形导轨,对动力头、随动架的工作进尺起导向作用。桅杆为三段可折叠式,分为上段、中段、下段,运输时,将上段、下段折叠安装,以减小运输状态时的整机长度。滑轮架安装于桅杆的顶端,工作时用螺栓与桅杆连接,滑轮架上的主卷扬滑轮和副卷扬滑轮用以改变卷扬钢丝绳的运动方向,是提升、下降钻杆和起吊物件的重要支承部件。滑轮架为折叠式,运输时与桅杆铰接连接,以降低运输状态时整机的高度。

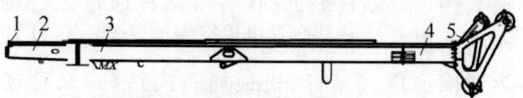

1—内藏式辅助支腿;2—下桅杆;3—中桅杆;
4—上桅杆;5—鹅头架。

图 5-49 桅杆结构示意图

4) 动力头

动力头由滑架和回转器等组成,如图 5-50 所示。滑架用以支承回转器使之在桅杆滑轨上运行,并传递压力。回转器由液压马达、减速机、动力箱、缓冲装置、左右连接板、驱动套、压盘等组成。其工作原理是液压泵供油带动液压马达,经减速机和驱动齿轮的两级减速后,以低速大扭矩的形式通过驱动链条传递给钻杆,实现钻机钻孔工作的旋转运动。该部件控制系统为变量泵-变量马达系统,根据土壤地质条件的不同自动改变扭矩和钻进速度。

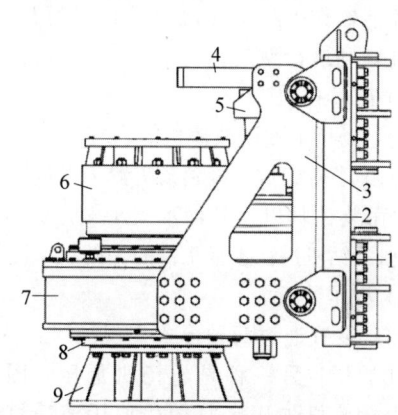

1—滑架;2—减速机;3—左右连接板;4—防护架;
5—液压马达;6—缓冲装置;7—动力箱;8—驱动套;
9—压盘。

图 5-50 动力头结构示意图

5) 随动架

随动架由回转支承、随动架本体、耐磨板、夹爪等组成,如图 5-51 所示。随动架是钻杆工作的辅助装置,一端装有轴承并与钻杆螺栓连接,对钻杆起回旋支承作用;另一端设有导槽,与桅杆两侧导轨滑动连接,运行于桅杆全长,是钻杆工作的导向部件,扶持钻杆正常工作。

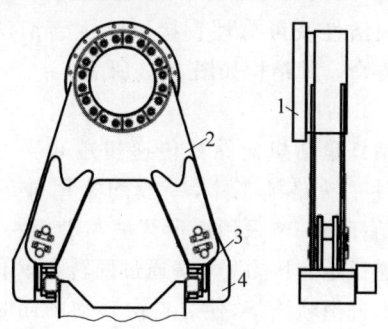

1—回转支承;2—随动架本体;3—耐磨板;4—夹爪。

图 5-51 随动架

6) 主卷扬机

主卷扬机由液压减速机构、卷筒、卷扬支座、钢丝绳、绳套等组成。主卷扬机的功能是提升或下放钻杆,是钻机完成钻孔工作的重要组成部分,其提升和下放钻杆的工作由液压系统驱动和控制。在钻机进行成孔工作时,须打开主卷扬制动器,使系统中主卷扬马达进、回油通道互相导通,卷扬机系统处于浮动状态,这样才能操作加压液压缸对钻杆进行加压,以便钻杆顺利进行钻进。

7) 副卷扬机

副卷扬机由液压减速机构、卷筒、卷扬支座、钢丝绳、绳套等组成。副卷扬机置于三角架内,其功能是吊装钻具以及其他不大于额定起重质量的重物,是钻机进行正常工作的辅助起重设备。

8) 加压装置

加压装置通过两种形式实现加压:一种是液压缸加压;另一种是卷扬机加压。图5-52所示为卷扬机加压示意图。加压液压缸固定在桅杆上,活塞杆与动力头滑架相连。通过加压液压缸活塞杆的伸出,实现钻孔时的进给加压。加压油路上装有平衡阀,在不向加压液压缸供油的情况下,可以将动力头可靠地锁定在加压行程的任意位置上。加压卷扬机一般安装在中桅杆上,通过多个滑轮转向与动力头滑架相连,可分别对动力头实现加压和起拔。

9) 提引器

提引器是连接主卷钢丝绳和钻杆的关键部件,一端通过销轴与钻杆连接,另一端通过重型套环、销轴与主卷钢丝绳连接。提引器的转动灵活性及可靠性直接影响主卷钢丝绳的使用寿命。其结构如图5-53所示。

10) 钻杆

钻杆是钻机向钻具传递扭矩和压力的重要部件。铁路施工中,一般均采用伸缩式钻杆。钻杆第一节采用矩形牙嵌与动力头配合,以传递扭矩和压力;上端通过回转支承和随动架与桅杆滑轨连接,使之自由转动的同时能随动力头上下滑动。里面各节钻杆也是采用矩形牙嵌与其外面的一节钻杆相配合,当牙嵌嵌合时能传递扭矩和轴向压力,牙嵌分离时,各节钻杆可以自由伸缩。最里面的一节钻杆上端通过提引器与主卷钢丝绳相连,下端方头与钻头相连。钻杆缩回时,各节钻杆通过主卷钢丝绳来提升。根据钻进加压方式不同,钻杆分为摩擦加压式钻杆、机锁加压式钻杆(又称凯式钻杆)和组合加压式钻杆3种类型。

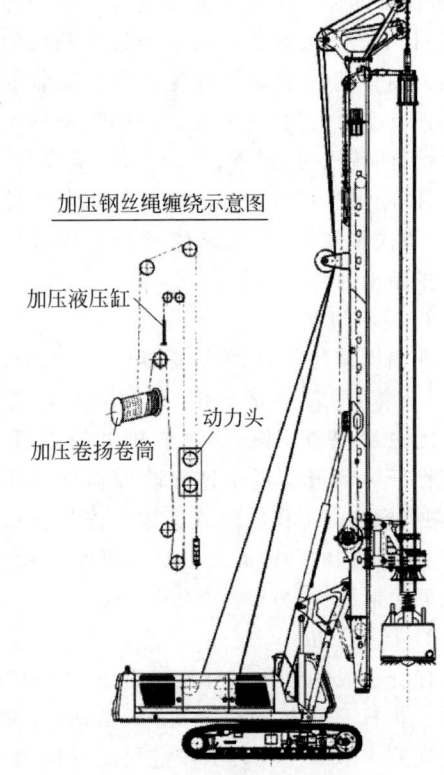

图5-52 卷扬机加压示意图

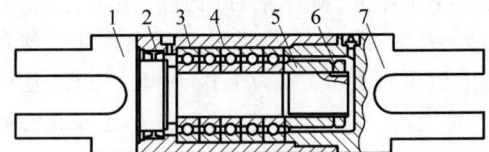

1—上接头;2—密封圈;3—轴承;4—本体;5—锁紧螺母1;6—锁紧螺母2;7—下接头

图5-53 提引器结构示意图

11) 钻头

钻头是决定成孔效率的关键部件,有捞砂钻头、土钻头、螺旋钻头、筒钻头、旋挖钻头、清底钻头、扩孔钻头等,可根据不同地质情况进行配置,使钻机在大多数地质条件下都能高效作业,如图5-54~图5-56所示。

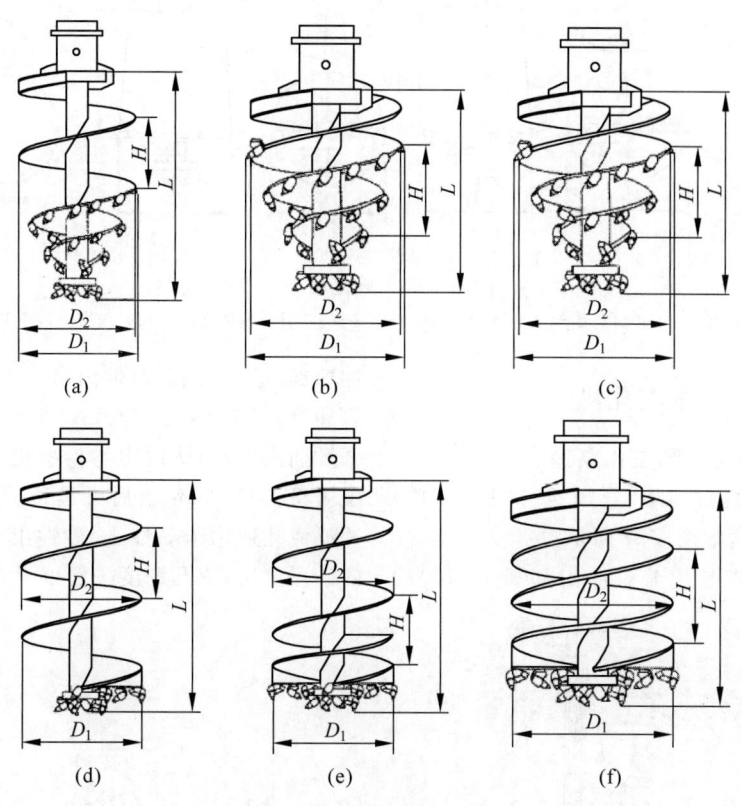

图 5-54 岩石短螺旋钻头

(a) 单头单螺锥螺岩石钻头；(b) 双头单螺锥螺岩石钻头；(c) 双头双螺锥螺岩石钻头；
(d) 单头单螺直螺岩石钻头；(e) 双头单螺直螺岩石钻头；(f) 双头双螺直螺岩石钻头

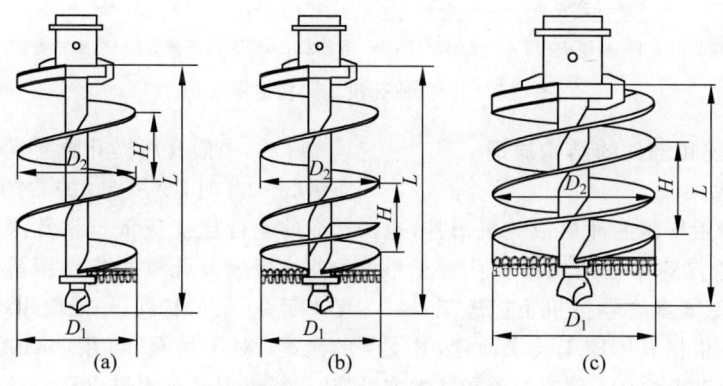

图 5-55 土层直螺螺旋钻头

(a) 单头单螺；(b) 双头单螺；(c) 双头双螺

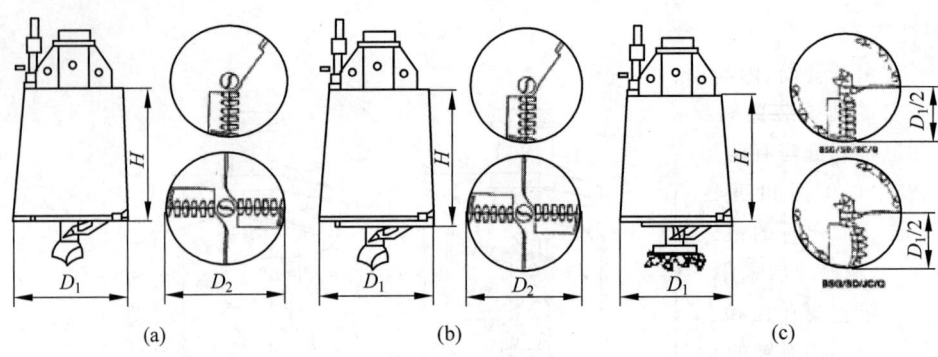

图 5-56 旋挖钻头

(a) 单层底板单开口、双开口旋挖钻头；(b) 双层底板单开口、双开口旋挖钻头；(c) 双层底板单开口镶齿钻头

5.1.12 冲抓成孔机

1. 整机的组成和工作原理

冲抓成孔机由钻架、卷扬机、冲抓锥（器）等组成。其结构如图 5-57 所示。

其工作原理是用兼有冲击和抓土作用的冲抓锥，通过钻架，由带离合器的卷扬机操纵，靠冲锥自重（重 10～20 kN）冲下使抓土瓣锥尖张开插入土层，然后由卷扬机提升锥头收拢抓土瓣将土抓出，弃土后继续冲抓钻进而成孔。冲抓成孔适用于黏性土、砂性土及夹有碎卵石的砂砾土层，成孔深度一般小于 30 m。

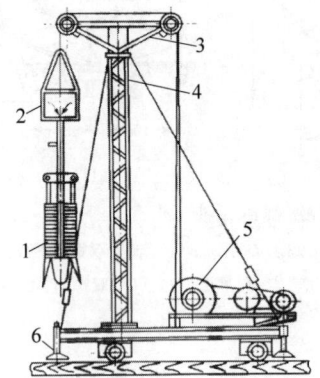
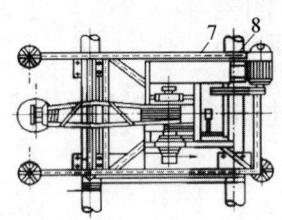

1—冲抓锥；2—脱钩架；3—架顶横梁；4—机架立柱；5—卷扬机；6—螺旋支腿；7—机架底盘；8—走管（滚筒）。

图 5-57 冲抓成孔机主要构造示意图

2. 主要系统和部件的结构原理

1) 钻机和钻架

冲抓钻具可用特制的冲抓成孔机吊挂，也可用其他性能适宜的定型钻机吊挂。对于小型工程，用木制钻架配合卷扬机也能施工。钻架的形式和规格根据具体施工要求而定，其支承能力应不小于锥重的 2/5 倍。架顶滑轮的安全系数应不小于 6.0。滑轮直径不宜小于钢丝绳直径的 1/18 倍，且不宜小于 40 cm。

2) 卷扬机

冲抓过程中经常会遇到各种不正常情况，使卷扬机的负荷超过锥重很多。所以锥质量 1～2 t 时，一般要用提升质量 3 t 的卷扬机；锥质量 2～3 t 时，要用 5 t 的卷扬机。卷扬机钢丝绳的运行速度应依据钻孔深度和操作人员的熟练程度及孔壁稳定情况等决定。对于深度小于 20 m 的桩孔，一般使用 18 m/min 左右的绳速；对于深孔，可用 30 m/min 左右的绳速，这样可以减少提锥出孔的时间。

卷扬机应有离合器，使冲抓锥能自由下落，以得到较大的冲击能量。采用双绳冲抓锥时，宜用一台双筒卷扬机。若用两台单筒卷扬机操作，则两个操作人员必须很好地配合；否则进度不快，甚至会发生事故。

3）冲抓锥

冲抓锥由外套筒、内套筒、锥瓣、连杆、闭斗滑轮组及自动挂钩装置等部件组成，如图5-58所示。冲抓锥的锥瓣有两瓣、三瓣、四瓣和六瓣等类型，其中以两瓣和四瓣较为普遍。冲抓锥的锥径（锥瓣张开时的最大直径）宜为孔径的85%～90%，疏松地层采用小锥径，密实地层采用大锥径。锥重视孔径和土层而定，锥重越大，冲抓进度越快。冲抓锥的高度不宜小于直径的1.5倍，但也不宜过高。常用的锥径为1.1～1.5 m，质量为1.5～2.8 t,高度为1.7～2.7 m。根据绳的数量分为双绳冲抓锥、单绳冲抓锥。

双绳冲抓锥的开闭原理与普通抓斗相同。外绳与外套筒顶部连接，内绳绕过滑轮组后与外套筒连接。下降时提外绳、松内绳，内套筒在自重作用下下降，锥瓣张开；闭合与上升时提内绳、松外绳，卸土时再提外绳、松内绳。

单绳冲抓锥只有一根相当于双绳冲抓锥内绳的提吊钢丝绳，下降时须用挂钩的办法提吊外套筒，下到孔底后钢丝绳与外套筒自动脱钩，此时再提吊钢丝绳则可闭斗和上升。外套筒被提出孔外后再用钻架上的固定钩挂住，这时放松提吊钢丝绳即可开斗卸土。挂钩有人工挂钩和自动挂钩两种。自动挂钩虽然增加了一套挂钩机构，但能节省时间、提高工效。

冲抓成孔机一般装有液压驱动的抱管、晃管、压拔管机构。成孔过程是将套管边晃边压，使其进入土壤之中，并使用锤式抓斗在套管中取土。抓斗利用自重插入土中，用钢丝绳收拢抓瓣。这一特殊的单索抓斗可在提升过程中完成向外摆动、开瓣卸土、复位、开瓣下落等过程。成孔后，在灌注混凝土的同时逐节拔出并拆除套管，最后将套管全部取出，如图5-59所示。

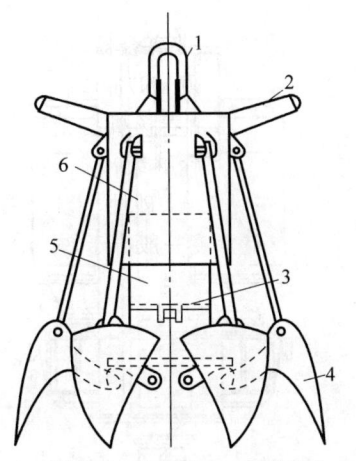

1—挂环；2—导向圈；3—内套滑轮；
4—叶瓣；5—内套；6—外套。

图5-58 冲抓锥结构示意图

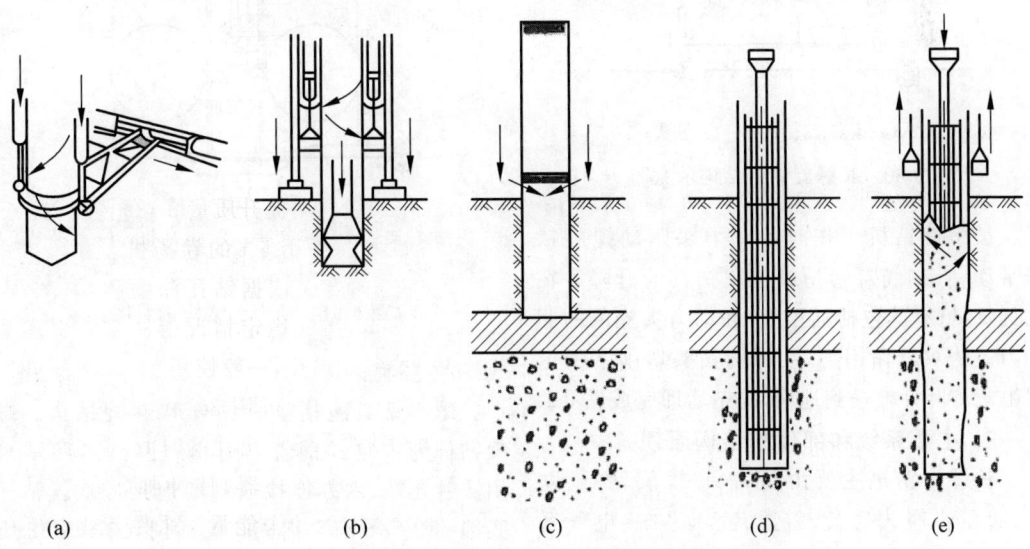

图5-59 冲抓成孔机工作原理示意图

(a)用套管工作装置将套管一面沿圆周方向往复晃动，一面压入地层中；(b)用锤式抓斗取土；(c)接长套管；(d)当套管达到预定高程后，清孔并插入钢筋笼及混凝土导管；(e)灌注混凝土，灌注的同时拔出套管直到灌注完毕

5.1.13 长螺旋钻机

1. 整机的组成和工作原理

长螺旋钻机的结构如图 5-60 所示,可分为钻具和底盘桩架两大部分。钻具的驱动可用电动机、内燃机或液压马达。钻杆上有螺旋叶片。底盘桩架有汽车式、履带式和步履式。采用履带式打桩机时,需要和柴油桩锤等配合使用,在立柱上同时挂有柴油桩锤和螺旋钻具,通过立柱旋转,先钻孔,后用柴油桩锤将预制桩打入土中,这样可以降低噪声,加快施工进度,同时又能保证桩基质量。

注浆旋转接头、提升架、滑块等组成,如图 5-61 所示。工作时,两个电动机通过联轴器驱动减速器的高速轴旋转,通过减速器的齿轮传动机构将动力传给低速轴,低速轴通过法兰带动钻杆做旋转运动。低速轴的中空结构作为输送混凝土或泥浆的通道,上端设有带密封装置的注浆旋转接头与弯头接通。滑块将工作时的反扭矩传递到立柱的主导向滑道(导轨)。弯头的一端与输送混凝土的软管连接,另外一端与注浆旋转接头连接。

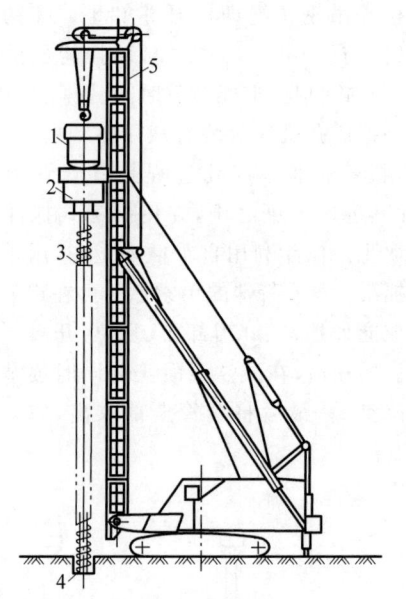

1—电动机;2—减速器;3—钻杆;4—钻头;5—钻架。

图 5-60 长螺旋钻机结构示意图

长螺旋钻机工作时由动力头驱动螺旋钻杆带动钻头旋转,卷扬机控制钻具的升降。在钻具重量(有的包括加压力)和动力头提供的驱动力矩的双重作用下,被螺旋钻头切削下的土屑由螺旋叶片输送到地面,提钻后即完成钻孔。

2. 主要系统和部件的结构原理

长螺旋钻机主要由动力头、螺旋钻具、立柱、液压步履式底盘、斜撑、液压系统、电气系统、起架机构滑轮组等构成。

1) 动力头

动力头由两个风冷电动机、减速器、弯头、

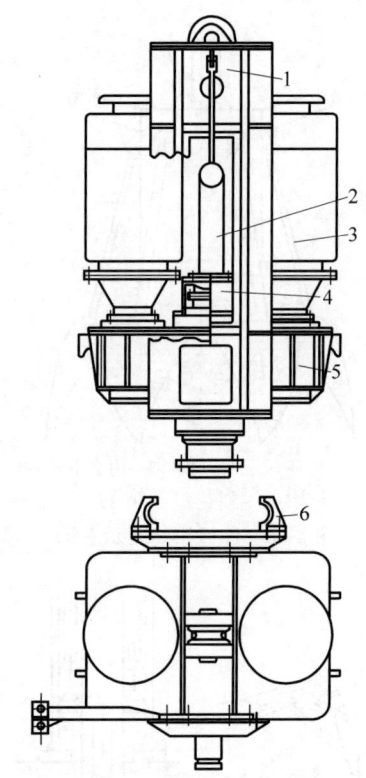

1—提升架总成;2—弯头;3—电动机;4—注浆旋转接头;5—减速器;6—滑块。

图 5-61 动力头结构示意图

2) 螺旋钻具

螺旋钻具包括螺旋钻杆和螺旋钻头。螺旋钻杆为中空式钢管,外设螺旋叶片,两端采用法兰连接、六方连接或其他连接方式。钻杆底部的钻头设有单向阀式的活门,如图 5-62 所示,防止水和泥土进入中心管内。压注混凝土(或泥浆等流体)时钻头活门可在流体的压力下打开。为减少螺旋叶片与孔壁的摩擦阻力,螺旋钻杆的直径一般比钻孔名义直径小 20～30 mm。螺旋钻杆的螺距取钻孔直径的 0.5～0.7 倍。螺旋叶片的厚度与螺距根据钻杆强度、土层情况、机械寿命等因素确定。

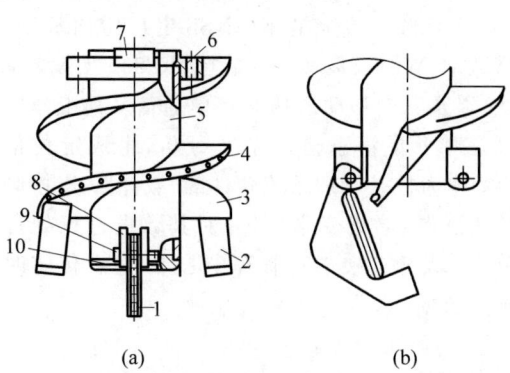

1—钻尖；2—刀爪；3—叶片；4—合金；5—中心管；
6—法兰；7—抗剪块；8—耳板；9—销轴；10—活门。

图 5-62 螺旋钻头示意图
（a）活门关闭状态；（b）活门打开状态

3) 立柱

立柱由主导向滑道、立柱主杆、副导向滑道、连接板组成，采用箱式结构，法兰连接方式，其截面如图 5-63 所示。立柱的前方是标准滑道，用于动力、钻杆的导向和抗扭。立柱下部与上盘铰接，上部装有顶部滑轮组，中后部与斜撑铰接，动力头可沿滑道上下滑动。

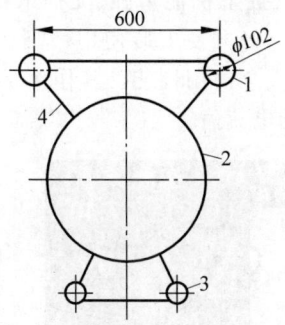

1—主导向滑道；2—立柱主杆；
3—副导向滑道；4—连接板。

图 5-63 立柱截面示意图

4) 液压步履式底盘

液压步履式底盘由上盘、回转机构、中下盘、前后支腿，以及安装在上盘上的液压系统、电气系统、卷扬机等组成。上盘通过回转支承与中下盘连接，在回转电动机的作用下上盘与中下盘可相对转动；在走行液压缸作用下，上盘与下盘之间、中盘与下盘之间均可相对移动。工作时支起支腿，下盘离地，驱动走行液压缸或回转电动机，可实现下盘的走行或回转；收起支腿，下盘接地，可实现上盘的走行或回转。依次往复，可达到走行或回转的目的。

5) 斜撑

斜撑通常为圆管法兰连接式结构，下部装有伸缩液压缸或丝杠，可微量调整立柱前后倾斜度。斜撑的主要作用是支承立柱稳定工作。

6) 液压系统

液压系统包括油泵电动机总成、油箱、支腿液压缸、走行液压缸、起臂液压缸、油管、阀件等。

7) 电气系统

电气系统包括配电箱和按钮箱。各支路的控制集中在按钮箱内。电气系统的主要部件均安装在底盘上。

8) 起架机构

起架机构的主要部件安装在底盘上，包括主卷扬机、起架定滑轮组、起架支杆、主卷扬机钢丝绳、起架拉绳等。主卷扬机钢丝绳经过起架支杆顶部的滑轮组、位于底盘后部的起架定滑轮组绕绳后，依靠滑轮组倍率增大的拉力通过起架钢丝绳将立柱拉起。

9) 滑轮组

滑轮组由动力头、顶部滑轮组、提升拉绳、提升动滑轮组、定滑轮组、主卷扬机钢丝绳和主卷扬机组成，其主要作用是提升系统的钢丝绳经过顶部滑轮组的滑轮来吊起动力头与螺旋钻具、辅助吊具（如钢筋笼、钻杆等）。其下部通过法兰与立柱连接。提升动力头滑轮组绕绳方式如图 5-64 所示。

3. 典型系统和部件技术

铁路 CFG 桩施工管理终端系统采用高精度北斗、GPS、GLONASS 卫星定位技术，通信技术，融合物联网、云计算技术，基于载波相位观测的实时动态差分定位技术，实现厘米级打桩定位，并同时监测打桩过程的位置偏差、桩长、持力层电流、灌浆量等数据。该系统提供桩长、终孔电流双指标控制方式，反映施工进度、地质情况，自动导入桩位坐标信息，引导钻

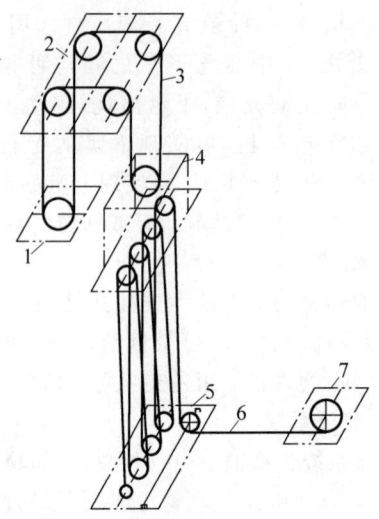

1—动力头；2—顶部滑轮组；3—提升拉绳；4—提升动滑轮组；5—定滑轮组；6—主卷扬机钢丝绳；7—主卷扬机。

图 5-64　提升动力头滑轮组绕绳方式

当前位置的定位信息。

2）高精度定位平板电脑

高精度定位平板电脑采用 Cotex-A9 四核处理器、Android 操作系统、电阻式 8 英寸触摸屏、基于北斗的全星座 GNSS 定位定向板卡，搭载着 Wi-Fi、以太网、电台、RS232、CAN 总线，以及三网移动通信等多模通信。其工作原理是对卫星信息进行解算分析，生成定位信息；作为桩基管理系统软件的"载体"；连接倾角传感器、电流变送器，并对其数据进行处理分析；无缝连接工程管理中心平台，上传实时施工数据。

3）倾角传感器

倾角传感器内部采用欧洲原装进口的 MENS 倾角测量单元，内置工业标准 MCU 单元，集成先进的滤波算法，采用原厂 Poka-Yoka 标定系统，保证每个模块的性能具有出色的一致性。满足 ISO11898-2 定义的 CAN2.0A 及 2.0B 规范。配备铝合金外壳，防护等级可达 IP67。其作用是提供高精度的桅杆倾斜角度。

4）电流变送器

电流变送器应用闭环零磁通磁平衡式原理，用于测量直流、交流、脉冲电流及其他任意波形电流。其精度高、线性度好、反应快、温漂低、频带宽、抗干扰能力强、无插入损耗，工业级接线端子，极方便安装使用，特制 ABS 防火材料，保障安全使用性能。其作用是提供动力头电动机的电流值。

机定位，代替传统的人工放样。其系统软件界面如图 5-65 所示。

该系统由 4 部分组成，分别是 GNSS 测量型天线、高精度定位平板电脑、倾角传感器和电流变送器。

1）GNSS 测量型天线

GNSS 测量型天线，支持北斗二代、GPS、GLONASS 和 GALILEO 四大导航系统全部卫星信号的接收，并兼容 L-Band，满足目前高精度、高动态、多系统兼容测量终端设备的应用需求。其工作原理是通过接收卫星信号，提供

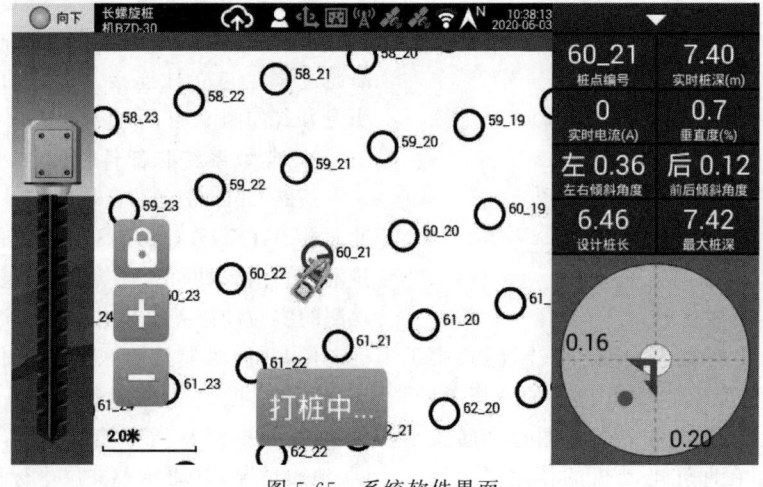

图 5-65　系统软件界面

5.1.14 振冲器

1. 整机的组成和工作原理

振冲器主要由振动体、潜水电动机、高压水管、减振器等部件组成,如图 5-66 所示。

振冲器的上部为潜水电动机,下部为振动体。电动机转动时通过弹性联轴节带动振动体的中空轴旋转,轴上装有偏心块,以产生水平方向振动力。在中空轴内装有射水管,水压可达 0.4~0.6 MPa。当振冲器中的潜水电动机通电后,潜水电动机的输出轴通过联轴器带动振动体内的传动轴旋转,而传动轴上装有偏心块,因此便产生水平方向激振力,使振动体开始振动;同时高压水泵向高压水管送水并由振动体头部射出,地基土壤在高压水流和振动体水平方向上的激振力振挤下开始成孔,在达到设计深度后向孔内填料,于是地基土壤和填料经过振冲器的密实后便形成了碎石桩复合地基。

2. 主要系统和部件的结构原理

振动体由头部、机体、传动轴、偏心块、径向滚动轴承、轴向推力球轴承、联轴器、O 形橡胶密封圈等组成。它是振冲器产生水平方向振动力,振挤地基土体及填料的主体部件。

潜水电动机由电动机转子、电动机定子、径向滚动轴承、轴向推力球轴承、O 形橡胶密封圈等组成。为了提高潜水电动机的绝缘可靠性和散热性能,潜水电动机内部加注了变压器油。潜水电动机是驱动振动体运转的动力装置。

高压水管是在振冲器工作时,引入高压水加速原始地基土体的液化,提高工作效率和防止土体抱死机具的水路通道。

减振器由法兰、内环、优质橡胶、内帘线等黏合而成。它不仅能承受较大的扭矩及拉、压力,还能使振冲器运转时产生的强烈振动衰减,从而降低振动对导向管和起吊机具产生的不利影响,保证安全施工。

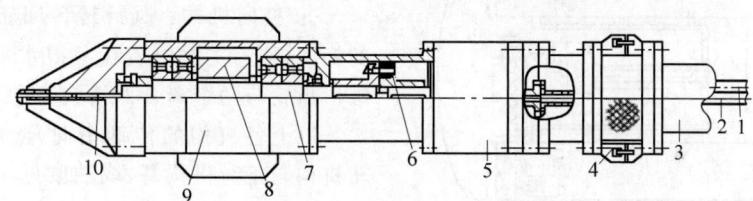

1—电缆;2,10—高压水管;3—导向管;4—减振器;5—潜水电动机;6—联轴器;7—传动轴;8—偏心块;9—振动体。

图 5-66 振冲器结构图

5.1.15 挖掘机

1. 整机的组成和工作原理

挖掘机的结构如图 5-67 所示,主要由动力系统、传动系统、行驶系统、回转系统、工作装置、液压系统、制动系统和电气系统等组成。

挖掘机的工作原理是通过柴油机把柴油的化学能转换为机械能,由液压柱塞泵把机械能转换成液压能,通过液压系统把液压能分配到各执行元件(液压缸、回转马达+减速机、走行马达+减速机),由各执行元件再把液压能转换为机械能,实现工作装置的运动、回转平台的回转运动、整机的走行运动。挖掘机的作业过程是用铲斗的切削刃切土并把土装入斗内,装满土后提升铲斗并回转到卸土地点卸土,然后再使转台回转,铲斗下降到挖掘面,进行下一次挖掘。

2. 主要系统和部件的结构原理

1) 动力系统

动力系统一般采用四冲程、水冷(或风冷)、多缸、直喷式柴油发动机,少数挖掘机采用电控柴油机,作用是为挖掘机的各项工作提供动力源。其结构主要包括引导轮、中心回转接头、控制阀、终传动、走行马达、液压泵、发动机、走行速度电磁阀、回转制动电磁阀、回转马达、回转机构、回转支承等,如图 5-68 所示。

2) 传动系统

传动系统的功用是将动力传递给工作装

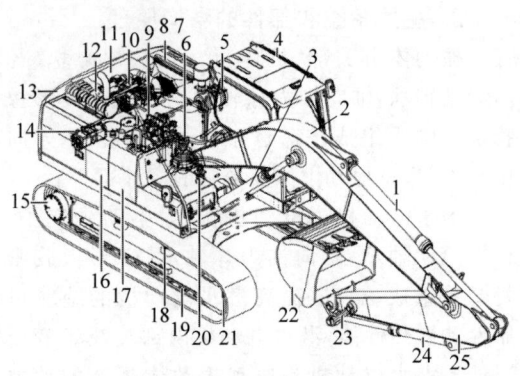

1—斗杆液压缸；2—动臂；3—动臂液压缸；4—驾驶室；5—空气滤清器；6—回转马达和齿轮箱；7—散热器和增压空气冷却器；8—油冷却器；9—主控制阀；10—发动机；11—后发动机盖；12—消声器；13—配重；14—主泵；15—履带马达和齿轮箱；16—液压油箱；17—燃油箱；18—托链轮；19—支重轮；20—回转接头；21—引导轮；22—铲斗；23—连杆；24—铲斗液压缸；25—斗杆

图 5-67　挖掘机结构图

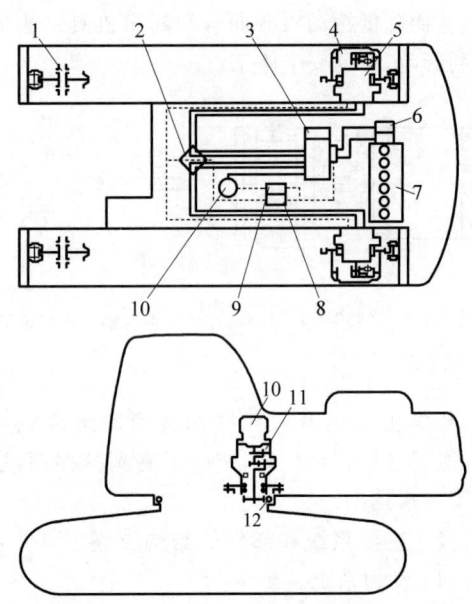

1—引导轮；2—中心回转接头；3—控制阀；4—终传动；5—走行马达；6—液压泵；7—发动机；8—走行速度电磁阀；9—回转制动电磁阀；10—回转马达；11—回转机构；12—回转支承。

图 5-68　动力系统

置、回转装置和走行装置等机构，使它们进行工作。在机械式单斗挖掘机的传动系统中，除了主离合器与减速器（有链传动与齿轮传动两种），其余由下列5大机构组成。

① 主卷扬机构：对于正铲来说，它执行铲斗的升降、斗杆的伸缩和斗底的开启等作业；对于反铲来说，它执行铲斗的伸出和牵引（拉回）作业；对于拉铲来说，它执行铲斗的升降与开闭作业。主卷扬机构主要由钢索卷筒、离合器、制动器及链传动装置等组成。它们大多数装在一根主卷扬轴上。由于4种铲斗的作业情况有所不同，所以其具体构造也各不相同。

② 变幅机构：执行动臂的升降动作，即改变其伸缩（或称倾角）。由于它可由链传动装置、蜗轮蜗杆装置或行星齿轮装置配合一个卷筒组成，因此它所安装的轴与位置各不相同。

③ 回转机构：执行转台以上所有装置的回转任务，以便进行挖掘和卸料。它大多由水平传动齿轮与立轴组成。

④ 走行机构：执行走行装置进退行驶任务。除有与回转机构共同的齿轮系外，它还有中央传动齿轮、横传动轴与链传动或最终齿轮传动等。

⑤ 换向机构：执行转台回转与走行机构的换向任务，主要由装在一根水平轴上的一套锥形齿轮与两个离合器组成。

以上各机构的传动情况，除换向机构、回转机构与走行机构基本相似外，主卷扬机构与变幅机构有多种形式。

W50型单斗挖掘机的传动系统如图5-69所示。其换向机构、变幅机构与主卷扬机构分别装在3根水平横轴（换向机构轴48、变幅卷筒轴7与主卷筒轴12）上，依次称为第一、第二、第三轴。这3根轴由互相啮合的圆柱齿轮系4、5与11来传递动力。回转机构与走行机构由3根垂直轴（换向立轴42、回转立轴29与走行立轴30）和水平齿轮系以及一个两挡变速器组成。此外，走行机构中还有走行水平轴与走行传动链轮33、36。由发动机1输出的动力，通过主离合器2与链式减速器3减速后，首先传给第一轴。然后再分成两条传动路线：一条是经由圆柱齿轮系传给变幅机构与主卷扬机构；另一条通过换向机构传给回转机构与走行机构。

第5章 主要机械结构和工作原理

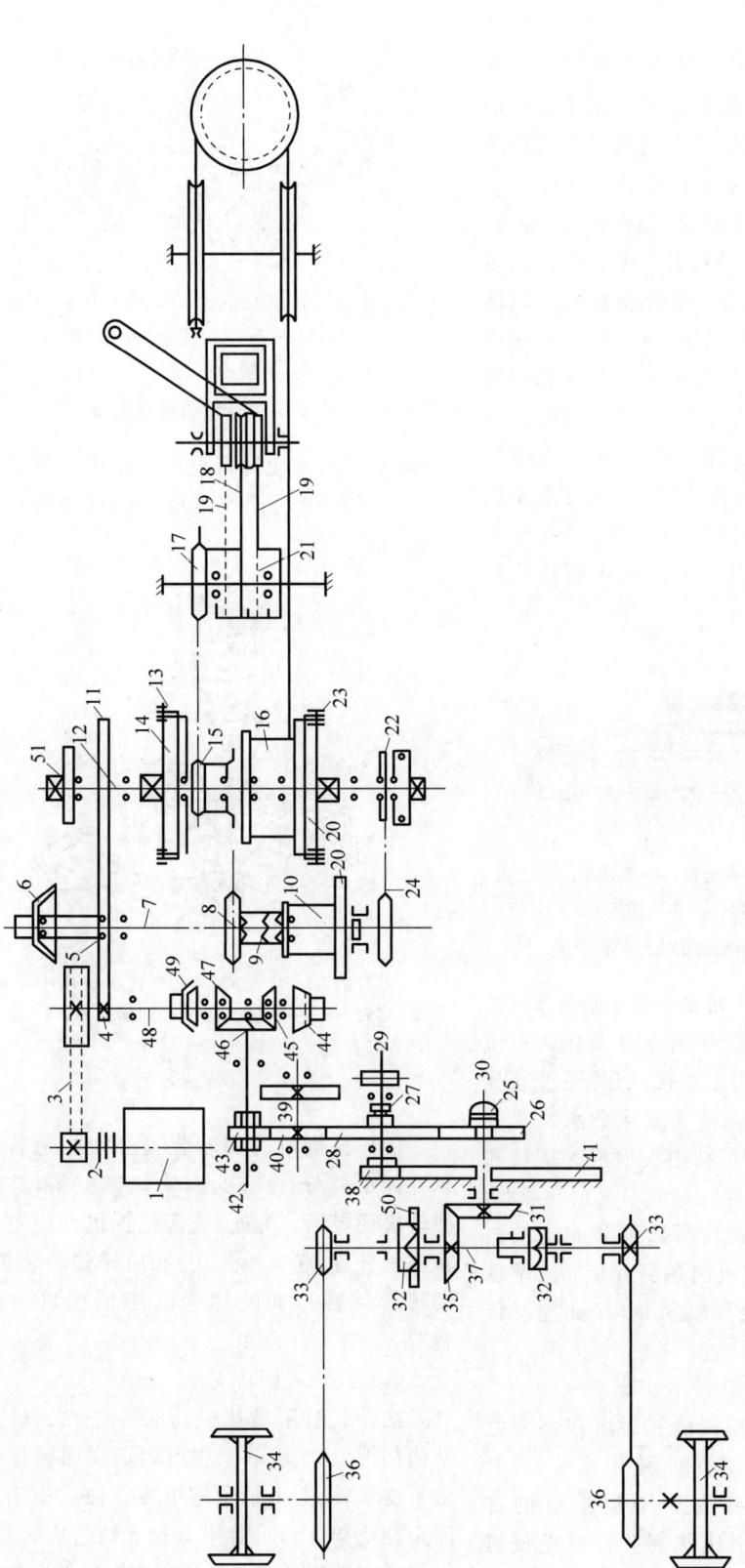

图 5-69 W50型单斗挖掘机的传动系统

1—发动机；2—主离合器；3—链式减速器；4,5,11,26,28,39,40—圆柱齿轮；6,44,49—锥形离合器；7—变幅卷筒轴；8,15,17—推压机构传动链轮；9—双面爪形离合器；10—变幅卷筒；12—主卷筒轴；13,23,24,50—带式制动器；14,20—主卷筒离合器；16—右主卷筒；18—回缩钢索；19—推压卷筒；21—推压卷筒；22—动臂下降限速器；25、27,32—爪形离合器；29—回转立轴；30—走行立轴；31,35—走行锥形轮；33,36—走行传动链轮；34—驱动轮；37—走行水平轴；38,41—回转小齿轮；42—换向立轴；43—变速齿轮；45,46,47—换向锥形齿轮；48—换向锥形齿轮；51—斗底开启卷筒。

——铁路机械

3) 行驶系统

液压挖掘机的行驶系统是整个机器的支承部分,承受机器的全部重量和工作装置的反力,同时能使挖掘机作短距离行驶。按结构不同,行驶系统可分为履带式和轮胎式两类。

履带式行驶系统由履带、支重轮、托链轮、驱动轮、导向轮、张紧装置、走行架、油马达、减速机等组成。液压挖掘机的行驶系统采用液压驱动。驱动装置主要包括液压马达、减速机和驱动轮,每条履带有各自的液压马达和减速机。由于两个液压马达可独立操作,因此机器的左右履带可以同步前进或后退,也可以通过一条履带制动来实现转弯,还可以通过两条履带朝相反方向驱动来实现原地转向,其操作十分简单、方便、灵活。图5-70所示为履带式行驶系统典型结构。

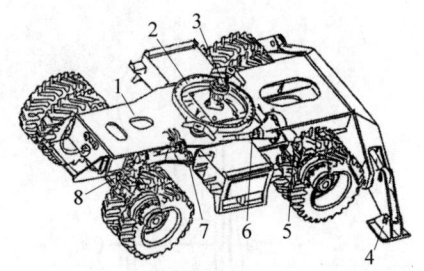

1—车架;2—回转支承;3—中央回转接头;4—支腿;5—后桥;6—传动轴;7—液压马达及变速箱;8—前桥。

图5-71 轮胎行驶系统

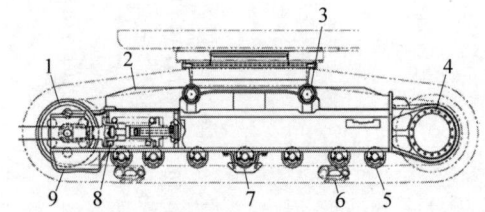

1—导向轮;2—履带架;3—托链轮;4—终传动;5—支重轮;6—履带板;7—中心护板;8—张紧弹簧;9—前护板。

图5-70 履带式行驶系统结构示意图

轮胎式行驶系统通常由车架、前桥、后桥、行车机构及支腿等组成,如图5-71所示。后桥通过螺栓与机架刚性固定连接,前桥通过悬挂平衡装置与机架铰接连接。悬挂平衡装置的作用是当挖掘机行驶时,利用支承板的摆动和两悬挂液压缸的浮动,保证4个车轮充分着地,以减轻机体不平均承载、摆跳、道路冲击及机架扭曲,从而提高挖掘机的越野性能;当挖掘机作业时,将两悬挂液压缸闭锁,保证挖掘作业时整机的稳定性。

4) 回转系统

上部转台是液压挖掘机三大组成部分之一。在转台上除了有发动机、液压系统、驾驶室、平衡重、油箱等,还有一个很重要的部分——回转装置。以上这些部分构成挖掘机的回转系统。虽然各部分在转台上的布置不尽相同,都力求使转台上的传动机构尽量布置紧凑。图5-72为国产液压挖掘机转台布置的一种形式。

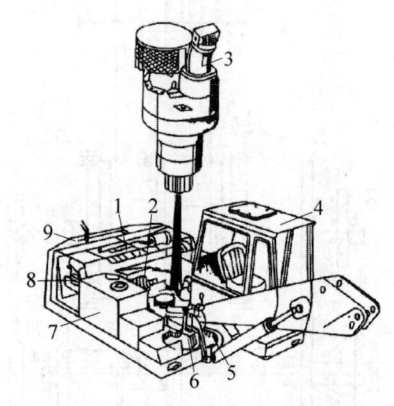

1—发动机;2—换向阀;3—回转驱动液压马达;4—驾驶室;5—回转大齿圈和回转支承;6—中央回转接头;7—油箱;8—液压泵;9—平衡重。

图5-72 转台布置

液压挖掘机的回转装置必须能把转台支承在固定部分(下车)上,不能倾翻倒,并应使回转轻便灵活。为此,液压挖掘机都设置了回转支承装置(起支承作用)和回转传动装置(驱动转台回转),并统称为液压挖掘机的回转装置。

(1) 转柱式回转支承

摆动式液压马达驱动的转柱式回转支承结构如图5-73所示。它由固定在回转体上的上下支承轴、上下轴承座组成。轴承座用螺栓固定在机架上。回转体与支承轴组成转柱,插入轴承座的轴承中。外壳固定在机架上的摆动

第5章 主要机械结构和工作原理

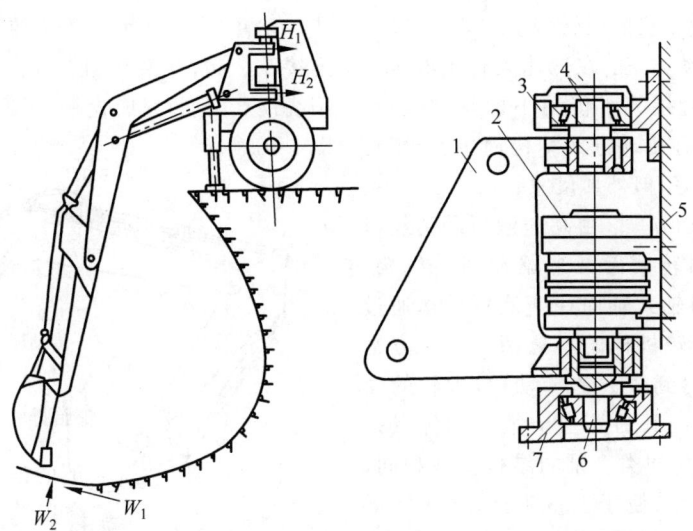

1—回转体；2—摆动液压缸；3—上轴承座；4—上支承轴；5—机架；6—下支承轴；7—下轴承座。

图 5-73 转柱式回转支承结构示意图

液压缸输出轴插入下支承轴内，驱动回转体相对于机架转动。回转体常做成"二"形，以避免与回转机构碰撞。工作装置铰接在回转体上，与回转体一起回转。

（2）滚动轴承式回转支承

滚动轴承式回转支承实际上就是一个大直径的滚动轴承。它与普通轴承的最大区别是它的转速很慢。挖掘机的回转速度为 5～11 r/min。此外，一般轴承滚道中心直径和高度比为 4～5，而回转支承则达 10～15。所以，这种轴承的刚度较差，工作中要靠支承连接结构来保证。滚动轴承式回转支承的典型构造，如图 5-74 所示。

内座圈或外座圈可加工成内齿圈或外齿圈。带齿圈的座圈为固定圈，用沿圆周分布的螺栓 4、5 固定在底座上；不带齿的座圈为回转圈，用螺栓与挖掘机转台连接。装配时，可先把座圈 1、3 和滚动体 9 装好，形成一个完整的部件，然后再与挖掘机组装。为保证转动灵活，防止受热膨胀后产生卡死现象，回转支承应留有一定的轴向间隙。此间隙因加工误差和滚道与滚动体的磨损而变化。所以在两座圈之间设有调整垫片 2，装配和修理时可以调整间隙。隔离体 7 用来防止相邻滚动体 8 间的挤压，减少滚动体的磨损，并起导向作用。滚

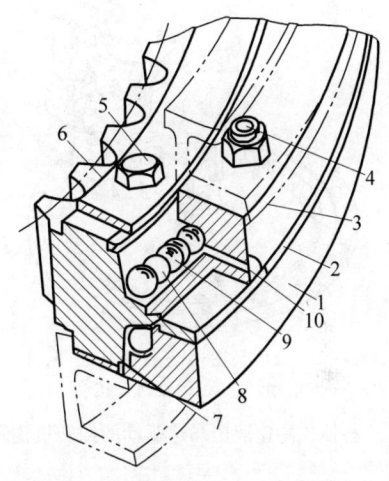

1—下座圈；2—调整垫片；3—上座圈；4,5—螺栓；
6—内齿圈；7—密封装置；8—隔离体；9—滚动体；
10—油嘴。

图 5-74 滚动轴承式回转支承结构示意图

动体可以是滚珠或滚柱。

小齿轮与齿圈的啮合方式有内啮合和外啮合两种。

（3）回转机构传动形式与结构特点

① 半回转液压挖掘机的回转传动装置。小型液压挖掘机常采用液压缸驱动的传动机构。这种液压缸活塞杆的一部分加工成齿条，与回转轴上的齿轮相啮合，这样，活塞的往复运动就使回转轴回转。

② 全回转挖掘机的回转传动装置。

(a) 直接传动方案：在低速大转矩液压马达的输出轴上，直接装有传动小齿轮，与回转齿圈相啮合。这种传动方案结构简单、液压马达的制动性能较好，但外形尺寸较大。

(b) 间接传动方案：由高速液压马达经齿轮减速箱带动回转大齿圈来驱动回转机构。图 5-75 所示为斜轴式轴向柱塞液压马达通过行星减速驱动回转机构的示意图。这种方案结构紧凑，容易得到较大的传动比，齿轮的受力情况也比较好。其另外一个很大的优点是轴向柱塞式马达与同类型泵的结构基本相同，许多零件可以通用，便于大量生产，从而降低了成本，但必须装设制动器，以便吸收较大的回转惯性力矩。

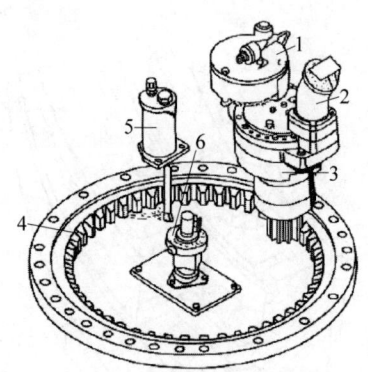

1—制动器；2—液压马达；3—行星减速器；4—回转大齿圈；5—润滑油环；6—中央回转接头。

图 5-75 斜轴式高速液压马达驱动的回转机构示意图

5) 工作装置

工作装置是液压挖掘机的主要组成部分之一，是直接完成挖掘任务的装置。由于工作性质的不同，工作装置的种类很多，常用的有反铲、正铲、装载和起重等装置，而且一种装置也可以有多种形式。它一般由动臂、斗杆、铲斗等 3 部分铰接而成。动臂起落、斗杆伸缩和铲斗转动都用往复式双作用液压缸控制。为了适应各种不同施工作业的需要，液压挖掘机可以配装多种工作装置，如挖掘、起重、装载、平整、夹钳、推土、冲击锤等多种作业机具。

(1) 反铲工作装置

反铲工作装置是挖掘机最常用的结构形式。动臂、斗杆和铲斗等主要构件彼此用铰链连接在一起，在液压缸推力的作用下，各杆件围绕铰点摆动，完成挖掘、提升和卸土动作，如图 5-76 所示。

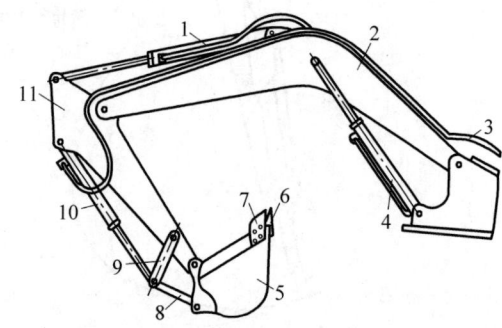

1—斗杆液压缸；2—动臂；3—液压管路；4—动臂液压缸；5—铲斗；6—斗齿；7—侧齿；8—连杆；9—摇杆；10—铲斗液压缸；11—斗杆。

图 5-76 反铲工作装置结构示意图

铲斗的形状和大小与作业对象有很大关系。为满足各种工况的需要，在同一台挖掘机上可配以多种结构形式的铲斗。图 5-77 所示为常用的反铲斗。斗齿结构目前普遍采用的是螺栓连接式和橡胶卡销式，如图 5-78 所示。

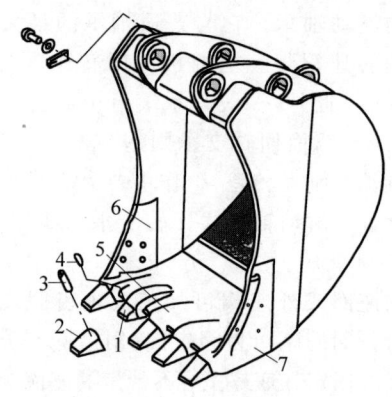

1—齿座；2—斗齿；3—橡胶卡销；4—卡销；5,6,7—斗口板。

图 5-77 反铲斗结构

(2) 正铲工作装置

液压挖掘机的正铲工作装置的铲斗构造与前述机械式挖掘机基本相似，只是斗底采用液压缸来开启。为了换装方便，也有正反铲通用的铲斗。斗杆都是铰装在动臂的顶端，由双作用的斗杆液压缸执行其转动动作。斗杆液

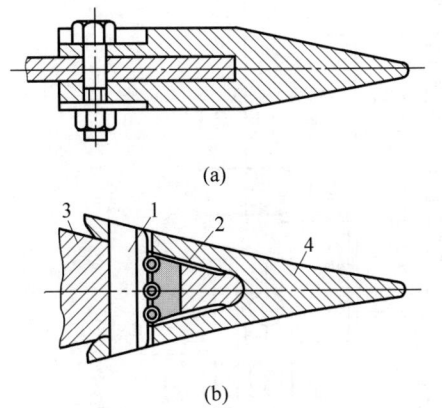

1—卡销；2—橡胶卡销；3—齿座；4—斗齿。

图 5-78　斗齿结构
(a) 螺栓连接方式；(b) 橡胶卡销连接方式

压缸的一端铰接在动臂上，另一种则是铰接在斗杆的尾端。动臂都是单杆式，顶端呈叉形，以便铰装斗杆，如图 5-79 所示。

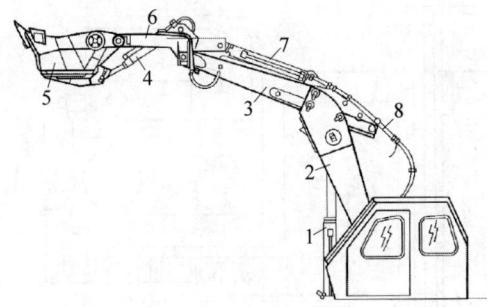

1—动臂液压缸；2—动臂；3—加长臂；4—斗底开闭液压缸；5—铲斗；6—斗杆；7—斗杆液压缸；8—液压软管。

图 5-79　正铲工作装置结构示意图

6) 液压系统

液压挖掘机的主要运动有整机走行、转台回转、动臂升降、斗杆收放、铲斗转动等，根据以上工作要求，把各液压元件用管路有机地连接起来的组合体叫作液压挖掘机的液压系统。液压系统的功能是把发动机的机械能以油液为介质，利用油泵转变为液压能，传送给液压缸、油马达等，然后转换为机械能，再传给各种执行机构，实现各种运动。液压挖掘机的液压系统常用的有定量系统、分功率变量系统和总功率变量系统。我国规定，单斗液压挖掘机的质量在 8 t 以下的，采用定量系统；32 t 以上的，采用变量系统；8~32 t 的，定量和变量系统均可用。全功率变量系统是目前液压挖掘机普遍采用的液压系统，通常选用恒功率变量双泵。液压泵的规格/型号不同，采用的恒功率调节机构也不相同。

(1) 履带式全液压挖掘机变量液压系统

履带式全液压挖掘机采用双泵双回路全功率变量液压系统，其结构原理如图 5-80 所示。在该液压系统中，一个泵排出的压力油经左多路换向阀 8 进入斗杆液压缸 7、回转马达 6、左走行马达 4。上述 3 个部件的动作停止时，泵排出的压力油通过合流阀可在阀外与另一泵排出的压力油合流，从而提高动臂提升作业和铲斗挖掘作业的速度。另一个泵排出的压力油可同时通过右多路换向阀 9 和单体阀 10，分别进入动臂液压缸 2、铲斗液压缸 1、右走行马达 3 和开斗液压缸。在上述 4 个部件的动作停止时，泵排出的压力油经合流阀可在阀外对斗杆实现合流，以加快斗杆作业速度。

在该系统的主油路上设有主安全阀、过载阀和补油阀，这 3 个阀体均与多路换向阀体组合在一起。为防止动臂下降和反铲斗杆回转时的重下落现象，在动臂缸和反铲斗杆回路上，设有单向节流阀。在两组多路换向阀内，设有自动限速装置，以保证挖掘机在 40% 的坡道上安全平稳地下坡。

该系统的油箱为密封式。在恒定的空气压力下，向系统内供油。油箱内设有磁性-纸质联合过滤器，整个系统的回油均经过此过滤器流回油箱。

(2) 履带式全液压挖掘机定量液压系统

履带式全液压挖掘机定量液压系统的结构原理如图 5-81 所示。可以看出，径向柱塞泵 20 从工作油箱 21 中吸油。由液压泵出来的高压油分成两个回路，分别进入两组四路组合阀，形成两个独立的回路。

① 第一路高压油流程。进入第一组四路组合阀的高压油可以分别驱动回转马达 17、铲斗液压缸 3、辅助液压缸及右走行马达 10。由执行元件返回到四路组合阀的油进入液控合流

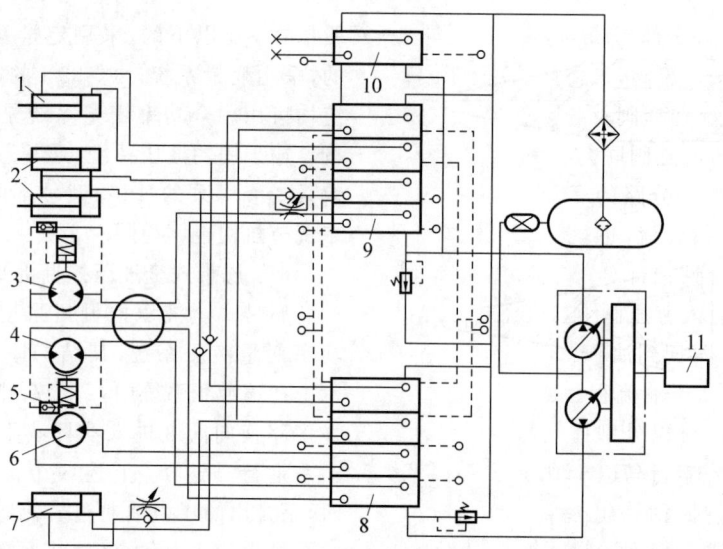

1—铲斗液压缸；2—动臂液压缸；3,4—右、左走行马达；5—棱阀；6—回转马达；7—斗杆液压缸；8,9—左、右多路换向阀；10—单体阀；11—发动机。

图 5-80 履带式全液压挖掘机变量液压系统结构原理示意图

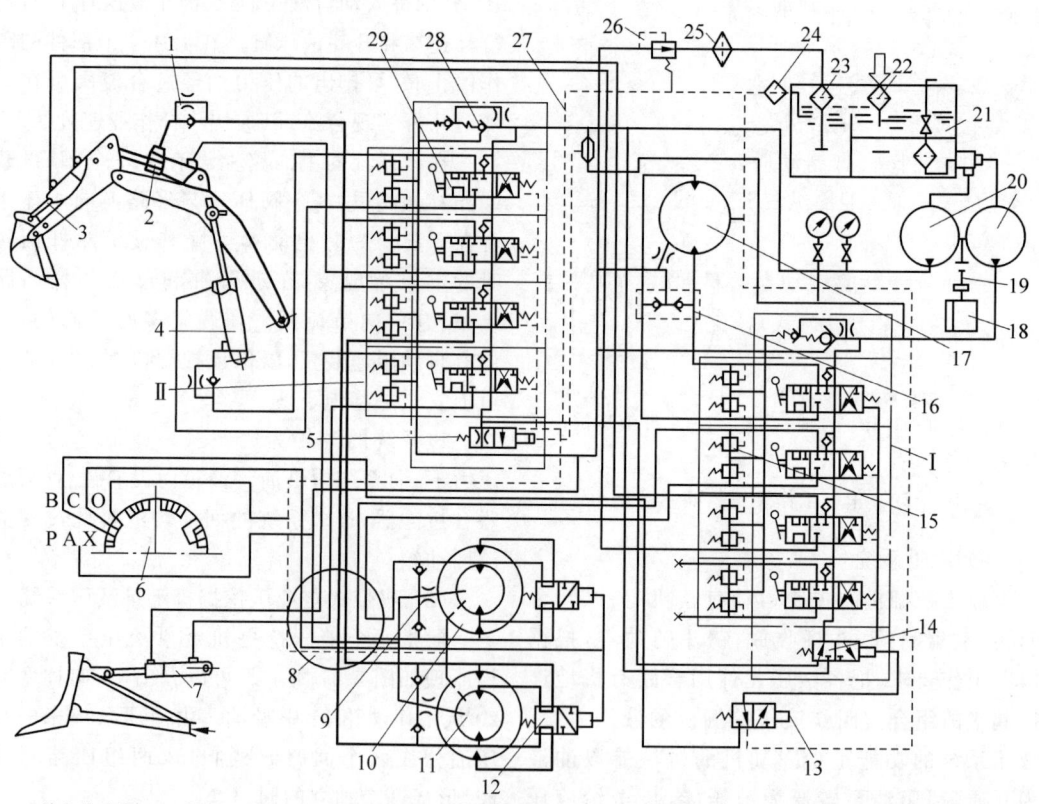

1—单向节流阀；2—斗杆液压缸；3—铲斗液压缸；4—动臂液压缸；5—液控限速阀；6—工况选择阀；7—推土液压缸；8—多路回路接头；9—节流阀；10—右走行马达；11—左走行马达；12—双速阀；13—电磁阀；14—液控合流阀；15—限压阀；16—补油阀；17—回转马达；18—柴油机；19—十字联轴器；20—径向柱塞泵；21—油箱；22—加油滤清器；23—主回油滤清器；24—磁性滤清器；25—油冷却器；26—背压阀；27—梭形阀；28—进油阀；29—分配阀；A—限速；B—合流；C—走行；P—进油；O—回油；X—旋塞阀；Ⅰ—合流阀组(后组阀)；Ⅱ—带限速阀组(前组阀)。

图 5-81 履带式全液压挖掘机定量液压系统结构原理示意图

阀 14,当 4 个部件全部不动作时通过零位串联的油道直接进入合流阀,该阀是一个液控的二位三通阀(由工况选择阀及与之串联在一个油路上的二位三通电磁阀联合控制)。通过操纵合流阀可以将第一分路的高压油并入第二分路的进油阀,进行合流,也可以直接通到第二分路的四路组合回油部分的液控限速阀 5,经过该限速阀后通入背压阀 26、油冷却器 25、主回油滤清器 23,再回到油箱 21。

② 第二路高压油流程。进入第二组四路组合阀的高压油可以分别控制动臂液压缸 4、斗杆液压缸 2、左走行马达 11 及推土液压缸 7,由执行元件返回到回路组合阀的油进入液控限速阀 5 中,当 4 个部件全部不动作时,则通过阀内的零位串联通道直接进入液控限速阀 5。由该限速阀再进入背压阀 26、油冷却器 25、主回油滤清器 23,最后到油箱 21。

7) 制动系统

脚制动装置的制动器为凸轮张开蹄式制动器,传动机构采用气压式,主要由空气压缩机、气体控制阀、脚制动阀、储气筒、双向逆止阀、快速放气阀、手操纵气开关、制动气缸及气压表等组成。

手制动装置的制动器为凸轮张开蹄式制动器,传动机构为机械式。制动底板通过螺钉固定在上传动箱盖上;制动鼓用螺栓固定在接盘上,接盘则通过花键和上传动箱的从动轴连接。当挖掘机作业时,必须解除手制动,否则将损坏手制动器或回转液压马达。

8) 电气系统

液压挖掘机的电气系统包括启动线路、发电线路、照明装置、仪表,以及由传感器和压力开关、电磁阀组成的控制电路,另外还有附属电路(如空调、收音机等)。启动电动机按所配套的主机不同,分 12 V 和 24 V 两种,启动功率为 3 kW、3.7 kW、4.8 kW 等。发电线路主要包括交流发电机、电压调节器、充电指示灯及启动开关等。为了保证安全、高效、节能及正常地工作,根据需要,挖掘机的电气系统都安装了各种信号装置,如机油温度报警器、充电指示灯、机油压力报警器、转向信号灯等,以警

告操作者。为了使操作者随时掌握机器的运转情况,驾驶室中安装了各种仪表,如机油压力表、机油温度表、液压油温度表、水温表。现代进口挖掘机都采用了先进的电控装置,这种设备便于维修人员在挖掘机出现故障时能及时、准确地判断故障位置并修复。

3. 典型系统和部件技术

1) 智能挖掘机

随着科技的发展,智能挖掘机能够轻松地实现驾驶智能化、作业智能化、服务智能升级等功能,挖掘机的智能控制系统通过车载计算机掌控动力输出,对发动机与液压泵输出功率进行高效节能性控制与管理,降低油耗、提升动力。智能挖掘机能够实现自动挖沟、甩方、装车等功能,释放人力资源。

智能挖掘机设有先进的电子围栏系统,能够通过设置左右、上下和前方作业的区域来保证作业安全。同时,智能挖掘机还配有雷达报警和 360°全景,确保视野无死角,从而有效地保证安全驾驶。其拥有防倾倒报警功能,当挖掘机的倾斜角度超过设定的角度时会自动报警,从而确保设备和操作员的安全。

远程遥控是智能化的重要内容,智能挖掘机的遥控距离高达 2 km,非常适用于危险环境的施工。无人机可代替人工扫描初始施工地形,对整个工地的施工情况自动进行测绘后,形成 3D 数字地图。操作者只需要在地图中设置施工路线,便可以让挖掘机自行前往施工,从而实现远程操作。

2) 电动挖掘机

电动挖掘机使用纯电动液压系统替代原有的发动机燃油系统,具有工作移位范围小、工作时间长、电源获取方便、环保、无污染、体积小、运输方便、效率高、灵活性强、适应范围广等优点,主要应用于含氧量低的隧道、高原等工况区域,以及工作场所固定的货台、港口、厂区等,尤其适合小型土方工程、市政工程、园林绿化、农业果园种植、室内设施、大棚内施工、隧道及空气不流通的环境中施工,以及混凝土破碎等空间狭小的施工现场作业。

电动挖掘机的电控系统可根据电压的高

低分为电气系统和电子控制系统。其中,电气系统又分为电源电路、电动机控制电路、充电电路、雨刷电路、空调电路等辅助电路部分。电子控制系统包括主泵控制系统、监控系统。可借鉴软件设计方法采取由上而下、逐步细化的方法,分模块设计各部分,然后拼装成整个系统。

电动挖掘机与传统的柴油动力挖掘机相比,由于采用电动液压系统,因而具有节约能源、噪声低、无尾气污染、效率高的特点。

5.1.16 装载机

1. 整机的组成和工作原理

轮胎式装载机由动力装置、车架、走行装置、传动系统、转向系统、制动系统、液压系统和工作装置等组成。其结构如图 5-82 所示。轮胎式装载机的动力是柴油发动机,大多采用液力变矩器动力、换挡变速器的液力机械传动形式(小型装载机有的采用液压传动或机械传动),液压操纵、铰接式车体转向、双桥驱动、宽基低压轮胎,工作装置多采用反转连杆机构等。

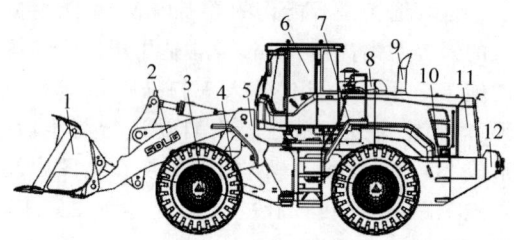

1—铲斗;2—动臂;3—驱动桥;4—轮胎;5—前车架;6—驾驶室;7—台架;8—空气过滤系统;9—发动机排气管;10—后车架;11—发动机罩;12—配重。

图 5-82 轮胎式装载机结构示意图

履带式装载机是以专用底盘或工业拖拉机为基础,装上工作装置并配装适当的操纵系统而构成的。其结构如图 5-83 所示。动力由柴油机提供,机械传动系采用液压助力湿式离合器、湿式双向液压操纵转向离合器和正转连杆工作装置。

装载机的工作原理是把发动机的机械能以燃油为介质,利用油泵转换为液压能,再传

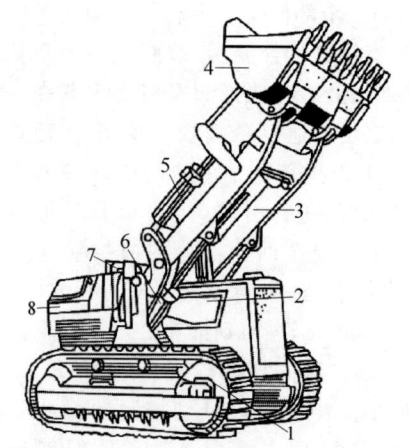

1—履带走行机构;2—发动机;3—动臂;4—铲斗;5—转斗液压缸;6—动臂液压缸;7—驾驶室;8—油箱。

图 5-83 履带式装载机结构示意图

送给液压缸、液压马达等转换为机械能,实现工作装置的动作、整机的走行。

2. 主要系统和部件的结构原理

1) 传动系统

轮胎式装载机的传动系统由变矩器、变速器、传动轴、前后驱动桥、轮边减速器等组成,如图 5-84 所示。

液力变矩器由泵轮、导轮、一级涡轮、二级涡轮的 4 个工作叶轮组成。其特点是:能自动调节输出扭矩和转速,使装载机可以根据道路状况和阻力大小自动改变速度和牵引力,以适应不断变化的各种工况;变矩比大,使装载机能充分利用发动机的功率,发挥其牵引力和速度;变矩器以油为介质,取代了机械连接的主离合器,工作油吸收和消除了发动机和外载荷的振动、冲击,保护了发动机和传动机构,提高了使用寿命。

装载机的变速箱采用行星齿轮动力换挡式。变速箱由箱体、行星齿轮式变速机构、液压动力换挡系统等组成,如图 5-85 所示。它具有两个前进挡和一个倒退挡。Ⅰ挡和倒退挡采用行星变速机构,Ⅱ挡为直接挡,它们分别由Ⅰ挡摩擦片离合器、倒挡摩擦片离合器的制动和直接挡闭锁离合器的接合完成动作。

驱动桥主要由壳体、主传动器、半轴轮边

第5章 主要机械结构和工作原理

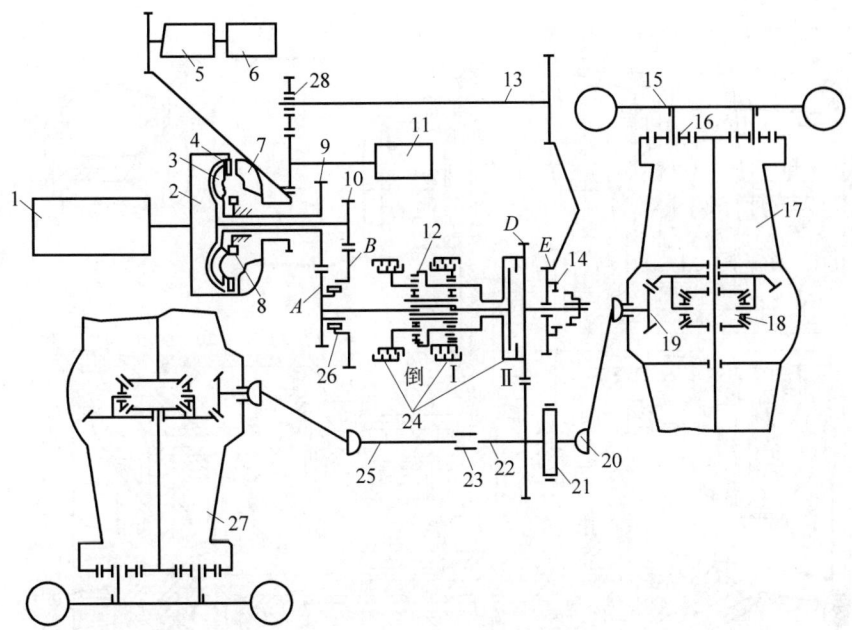

1—发动机；2—双涡轮变矩器；3—第二涡轮；4—第一涡轮；5—变矩器回油油泵；6—工作油泵；7—泵轮；8—导轮；9—第二涡轮输出齿轮；10—第一涡轮输出齿轮；11—转向油泵；12—动力变速箱；13—拖动齿轮传动机构；14—拖动接合滑套；15—车轮制动器；16—轮边传动机构；17—前桥；18—差速器；19—主传动器；20—万向节；21—手制动器；22—前传动轴；23—前后桥离台滑套；24—变速箱离合器；25—后传动轴；26—变速箱输入轴超越离合器；27—后桥；28—小超越离合器。

图 5-84 轮胎式装载机传动系统示意图

减速器、轮胎、轮辋等组成，其结构如图 5-86 所示。轮胎式装载机的驱动桥分为前桥和后桥。前桥刚性固定，后桥采用中心摆动结构，使后桥摆动中心与动力输入中心重合，减少了附加引力引起的扭矩对传动系统的冲击，延长了驱动桥的使用寿命，增加了整机的稳定性。前桥的主动螺旋锥齿轮为左旋，后桥的则为右旋。

传动轴用来把变速箱输出的动力传给驱动桥。它由花键连接的滑动叉与轴管组成，能够保证在变速箱与驱动桥的相对位置发生变化的情况下，可靠地传递动力。

装载机在运行和作业过程中，传动轴要承受很大的扭矩、冲击载荷振动，且传动轴位于装载机底部，工作条件恶劣。因此，必须经常对传动轴进行认真的保养和维护。

履带式装载机传动系统如图 5-87 所示，由主离合器、变速器、中央传动箱、最终传动箱、万向轴等组成。

2）制动系统

制动系统用于机械行驶时降速或停驶，以及在平地或坡道上较长时间停车，按功能可以分为行车制动和驻车制动两大系统。

轮胎式装载机行车制动系统一般用气压、液压或气液混合方式进行控制。气液混合方式的气顶油四轮制动如图 5-88 所示，它由空气压缩机、油水分离器、储气筒、双管路气控制阀、盘式制动器等组成。工作时，压缩空气经油水分离器过滤后，经压力控制器、单向阀进入储气罐。制动时，踩下气制动阀，压缩空气分两路进入前后加力器，使制动液产生高压，进入盘式制动器制动车轮。

轮胎式装载机的制动器常见的有 3 种形式：第一种为蹄片内涨平衡式；第二种为湿式多片式制动器；第三种为盘式制动器，安装在轮毂内或轮毂上。盘式制动器的结构如图 5-89 所示，为双缸对置固定夹钳式。制动盘 7 固定在

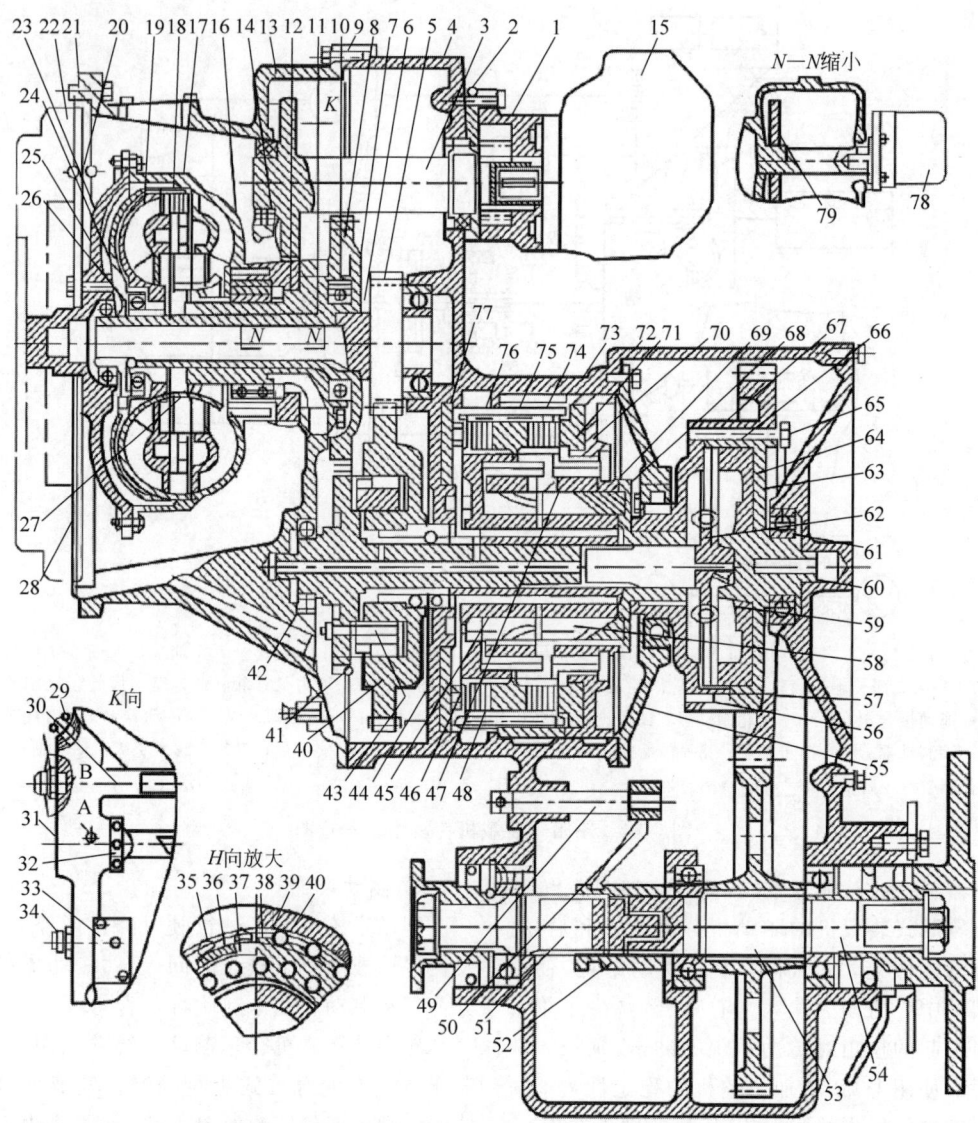

1—变速泵；2—垫；3—轴齿轮；4—箱体；5—输入一级齿轮；6—铜套；7,11—油封环；8—输入二级齿轮；9,12—密封环；10—导轮座；13—壳体；14—齿轮；15—工作液压泵；16—泵轮；17—弹性销；18—Ⅰ挡涡轮；19—Ⅱ挡涡轮；20—垫片；21—纸垫；22—飞轮；23—涡轮罩；24—铆钉；25—罩轮；26—涡轮毂；27—导轮；28—弹性板；29—油温表接头；30—管接头；31—螺塞；32—压力阀；33—背压阀；34—管接头；35—滚柱；36,74—弹簧；37—压盖；38—隔离环；39—内环凸轮；40—外环齿轮；41—中间输入轴；42—轴承；43—螺栓；44—太阳轮；45—倒挡行星轮；46—倒挡行星轮架；47—Ⅰ挡行星轮；48—倒挡内齿轮；49—前后桥连接拉杆；50—前后桥连接拨叉；51—后输出轴；52—滑套；53—输出轴齿轮；54—前输出轴；55—中盖；56—圆柱销；57—中间轴输出齿轮；58—Ⅰ挡行星轮；59—盘形弹簧；60—端盖；61—球轴承；62—直接挡；63—直接挡液压缸；64—直接挡活塞；65—螺栓；66—直接挡闭锁离合器；67—直接挡受压盘；68—直接挡连接盘；69—Ⅰ挡行星轮架；70—Ⅰ挡液压缸；71—Ⅰ挡活塞；72—Ⅰ挡内齿圈；73—Ⅰ挡摩擦片离合器；75—弹簧销轴；76—倒挡摩擦片离合器；77—倒挡活塞；78—转向液压泵；79—转向液压泵驱动齿轮。

图 5-85 行星齿轮变速箱结构简图

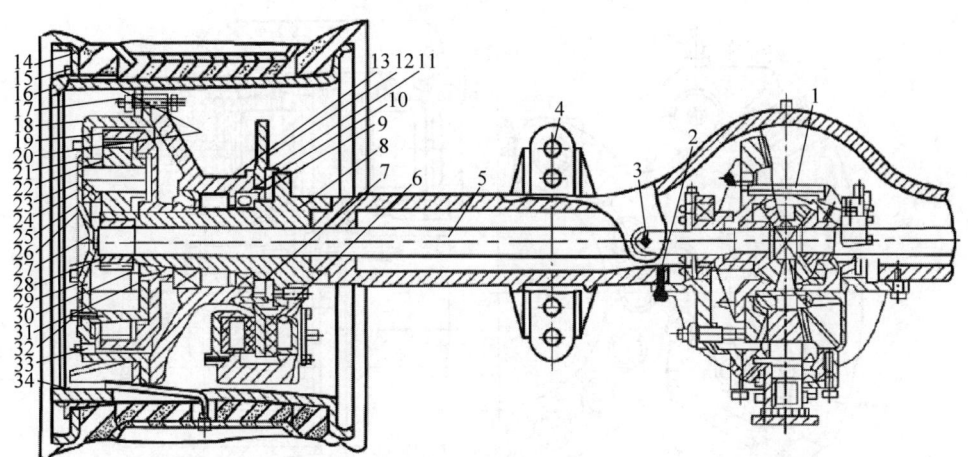

1—主传动器；2,4—螺栓；3—透气管；5—半轴；6—盘式制动器；7—油封；8—轮边支承轴；9—卡环；10,31—轴承；11—防尘罩；12—制动盘；13—轮毂；14—轮胎；15—轮辋轮缘；16—锁环；17—轮辋螺栓；18—行星轮架；19—内齿轮；20,27—挡圈；21—行星轮；22—垫片；23—行星齿轮轴；24—钢球；25—滚针轴承；26—盖；28—太阳轮；29—密封垫；30—圆螺母；32,33—螺塞；34—轮辋。

图 5-86 驱动桥结构示意图

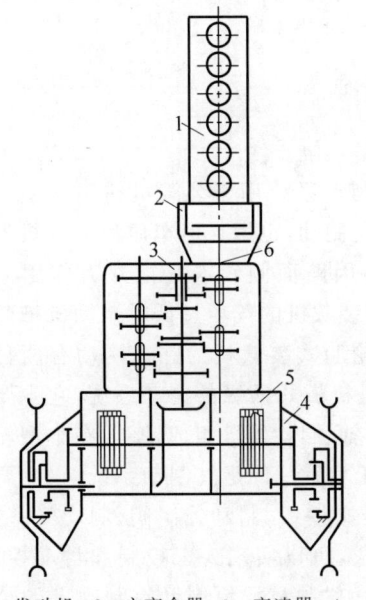

1—发动机；2—主离合器；3—变速器；4—最终传动箱；5—中央传动箱；6—万向轴。

图 5-87 履带式装载机传动系统示意图

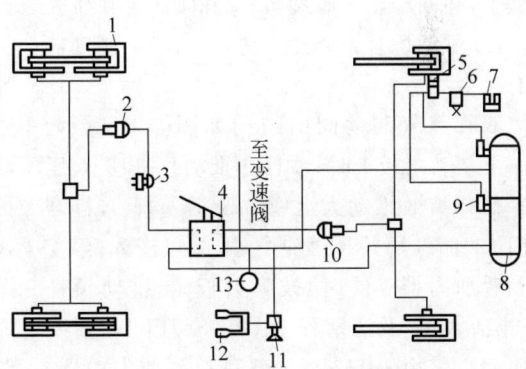

1—盘式制动器；2,10—加力器；3—制动灯开关；4—双管路气制动阀；5—压力控制器；6—油水分离器；7—空气压缩机；8—储气罐；9—单向阀；11—气喇叭开关；12—气喇叭；13—气压表。

图 5-88 行车制动系统示意图

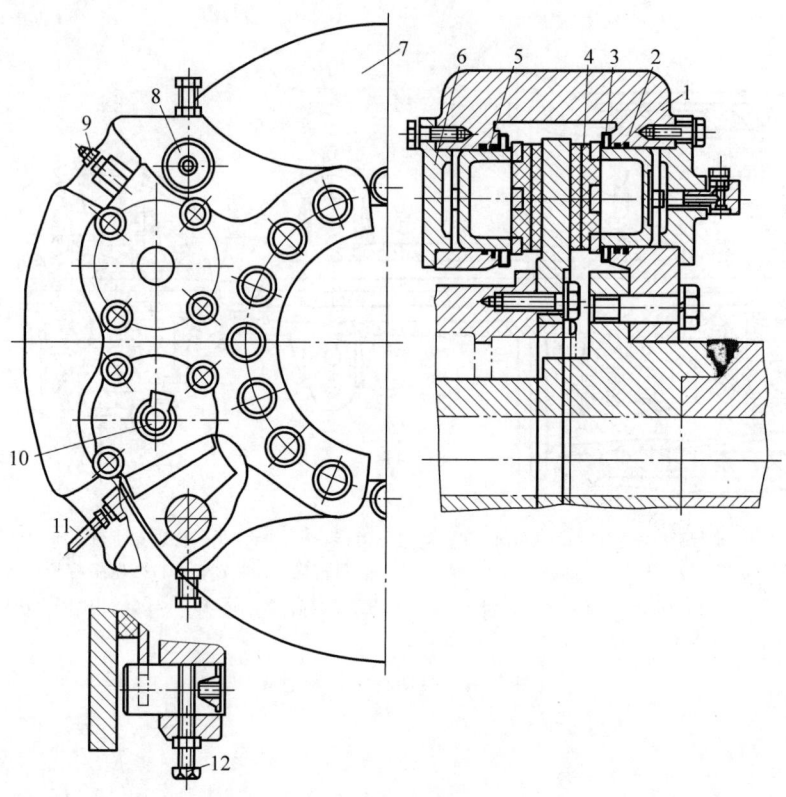

1—夹钳；2—矩形密封圈；3—防尘圈；4—摩擦片；5—活塞；6—上液压缸盖；7—制动盘；8—销轴；9—放气嘴；10—管接头；11—油管；12—止动螺钉

图 5-89　盘式制动器结构示意图

轮毂上，随同车轮一起旋转，夹钳 1 固定在桥壳上，每一驱动桥有 4 个盘式制动器，每个制动器共有 4 个活塞。

双管路气制动阀的结构如图 5-90 所示。当踩下制动踏板 1 时，顶杆 2 推动顶杆座 5，压缩平衡弹簧 6 推动大活塞 7 及活塞杆 9，打开阀门 12，储气罐的压缩空气由 A 口进入，经 C 口到后加力器。同时，鼓膜夹板 11 推动顶杆 14、小活塞 15 及活塞杆 16，打开阀门 17，另一路压缩空气由 B 口进入，经 D 口到前加力器，前后桥同时制动。当一个加力器发生故障时，另一个加力器仍可工作。

气推油加力器的结构如图 5-91 所示，它由气缸和液压总成两部分组成。制动时，压缩空气推动活塞 2 克服弹簧 5 的阻力，通过推杆使液压主缸的活塞 15 右移，主缸缸体内的制动液产生高压，推开回油阀 12 的小阀门，进入制动器的活塞液压缸。

驻车制动系统用于装载机在工作中出现紧急情况时制动，也用在停车后使装载机保持原位置，不因路面倾斜或其他外力作用而移动，以及当装载机的气压过低时制动机械起保护作用。轮胎式装载机的驻车制动有两种形式：一种是机械式操纵的制动系统，它主要由操纵杆、软轴、制动器等组成，多用在小型轮胎式装载机上；另一种是气制动系统，它主要由储气罐、控制按钮、制动控制阀、制动气室、制动器等组成，可以实现人工控制和自动控制。人工控制是驾驶员操纵制动控制阀上的控制按钮，使制动器接合或脱开；自动控制是当制动系统气压过低时，控制阀会自动关闭，制动器处于制动状态，如图 5-92 所示。

推下控制按钮 1，则排气口 C 被封闭，压缩空气经进气口柱塞 3 进入制动气室 5，克服气

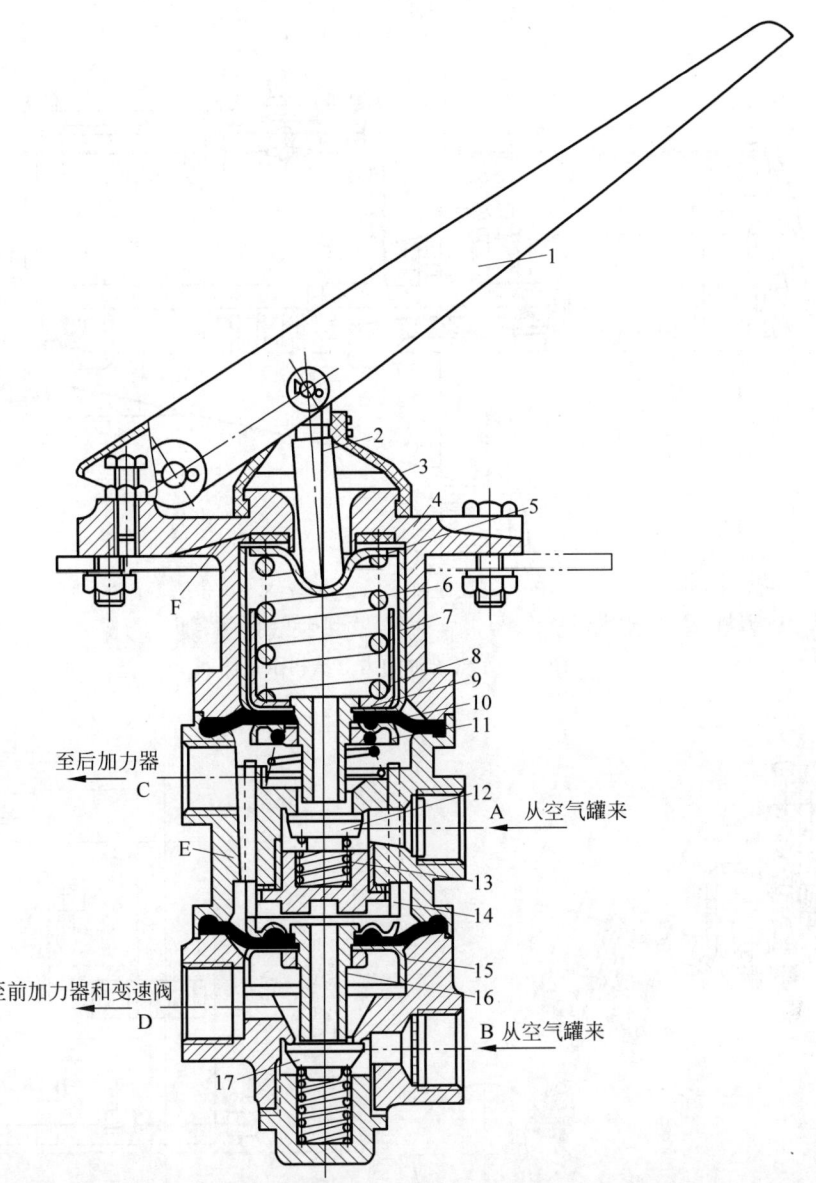

1—制动踏板；2,14—顶杆；3—防尘罩；4—阀支架；5—顶杆座；6—平衡弹簧；7—大活塞；8—弹簧座；9—活塞杆；10—鼓膜；11—鼓膜夹板；12,17—阀门；13—阀门复位弹簧；15—小活塞；16—活塞杆。

图 5-90 双管路气制动阀结构示意图

室弹簧的弹力使制动器放松。当往上拉控制按钮或压缩空气压力不足，柱塞弹簧 2 向上的力大于压缩空气作用在阀片上的力时，阀片将进气通道关闭，同时打开排气口 C，制动气室 5 的压缩空气被排到大气中，气室弹簧的弹力使气室拉杆随膜片上行，制动器处于制动状态。驻车制动系统中的制动器多安装在变速器输出轴的前端。

3）转向系统

装载机的行驶方向是靠转向系统进行操纵的，转向系统能够根据作业要求保持装载机稳定地沿直线方向进行行驶或改变其行驶方向。轮式装载机目前大多采用铰接式结构，其转向系统主要由液压泵、粗滤油器、液压转向器、分流阀、转向液压缸等组成，如图 5-93 所示。

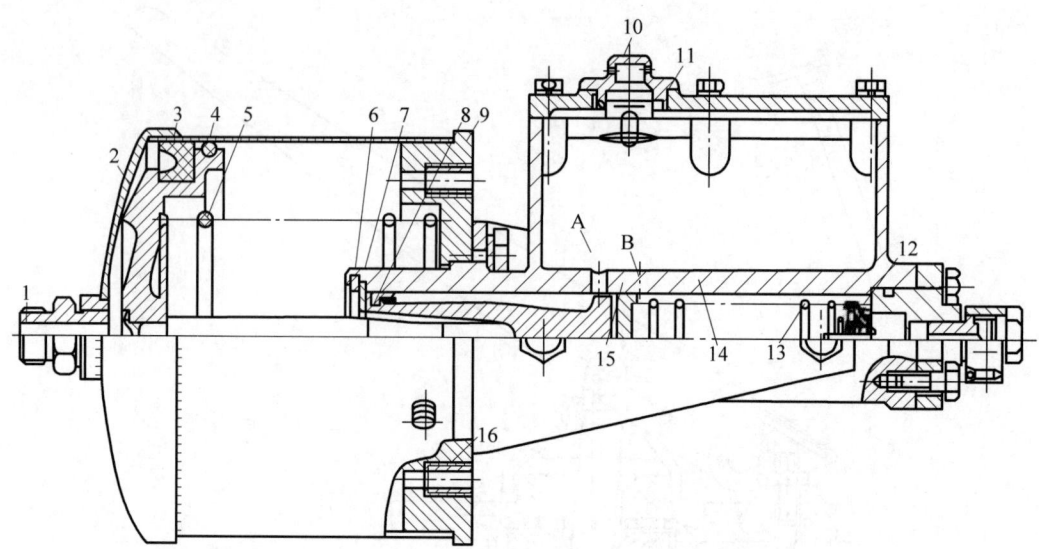

1—接头；2,15—活塞；3—Y形密封圈；4—毛毡密封圈；5,13—弹簧；6—锁环；7—止推垫圈；8—皮圈；9—端盖；10—加油塞；11—衬垫；12—回油阀；14—皮碗；16—滤网；A—回油孔；B—补偿孔。

图 5-91　气推油加力器结构示意图

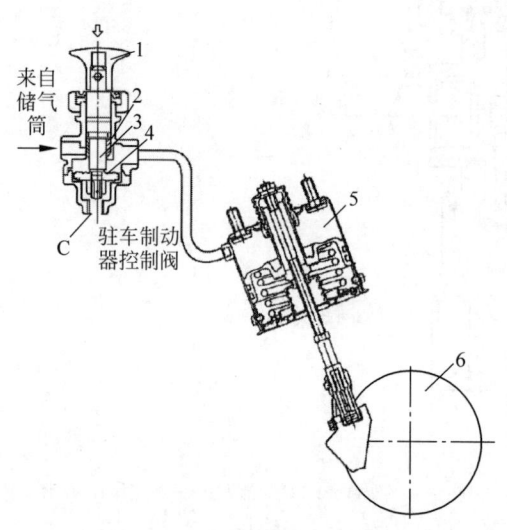

1—控制按钮；2—柱塞弹簧；3—柱塞；4—阀片；5—制动气室；6—制动器。

图 5-92　驻车制动系统示意图

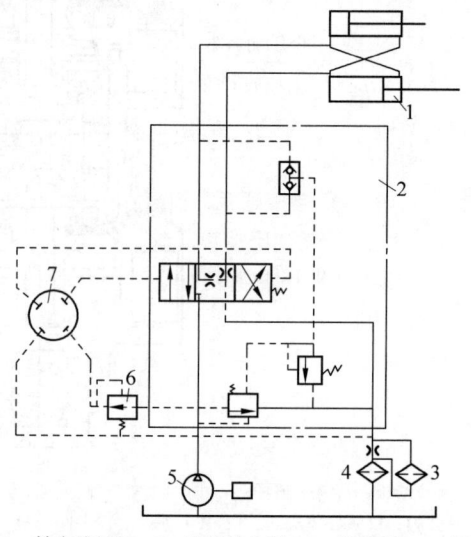

1—转向液压缸；2—流量放大阀；3—散热器；4—精滤油器；5—转向泵；6—减压阀；7—全液压转向器。

图 5-93　转向液压系统结构工作原理图

轮胎式装载机的转向系统一般采用转向器、转向阀、转向液压缸分开式动力转向。图 5-94 所示为转向系统的转向杆系。其转向原理为：转向盘不转动时，转向阀阀杆处于中位，转向泵来油直接流回油箱，转向液压缸的活塞杆没有伸缩，前后车架没有相对偏转，车辆保持直线行驶或停止不动；当转动转向盘时，转向器带动垂臂摆动，通过拉杆、连杆带动转向阀杆移动，打开通往转向液压缸的油道，使转向液压缸的活塞杆伸缩，车架偏摆，实现转向。

在一些液压、液力机械传动的工程机械中存在着柴油机熄火后，液压系统不能正常工

(2) 熄火转向

由于齿轮3的转动,可使装在齿轮轴上的转向齿轮泵工作。当发动机熄火时,车轮的转动传至齿轮3,转向齿轮泵仍然可以工作。

(3) 排气制动

发动机上装有排气制动器,当装载机滑坡时,关闭发动机油门,使发动机熄火,此时车轮的转动使超越离合器内外环楔紧,车轮转动的动力传至发动机,利用发动机的排气产生制动力矩来制动。

4) 工作装置

装载机的工作方式由连杆机构组成,常用的连杆机构有正转六连杆机构、正转八连杆机构和反转六连杆机构,如图5-96所示。

轮胎式装载机的工作装置广泛采用正转八连杆机构和反转六连杆机构。反转六连杆机构由铲斗、动臂、摇臂、连杆(或托架)、转斗液压缸和动臂液压缸等组成,如图5-97所示。

履带式装载机的工作装置多采用正转八连杆机构或正转六连杆机构。正转六连杆机构形成两个正转四连杆机构。该机构的转斗液压缸通常布置在动臂的后上方并铰接在机架上,铲斗物料撒漏时不易损伤液压缸。由于工作装置的重心靠近装载机,因而有利于提高铲斗的装载量。正转八连杆机构主要由铲斗、动臂、摇杆、拉杆、弯臂、转斗液压缸和动臂液压缸等组成,如图5-98所示。

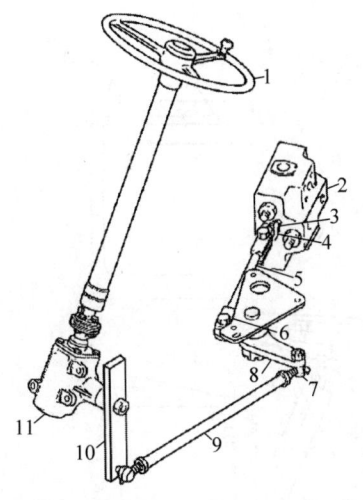

1—转向盘;2—转向阀;3,6—螺栓;4—锁紧螺母;
5—阀拉杆;7—连接件;8—连杆;9—转向纵拉杆;
10—转向垂臂;11—转向齿轮。

图5-94 转向杆系结构示意图

作、机械不能拖起动、转向发生困难等严重问题,因此,有的轮胎式装载机设计采用了"三合一"机构,如图5-95所示,利用超越离合器等结构来解决柴油机熄火后的转向、拖起动及排气制动等问题。

(1) 拖起动

"三合一"机构接通后,车轮转动经驱动桥11,输出齿轮10,直接摩擦离合器9,齿轮6、5、4、3、2及变矩器1泵轮传到发动机,因此车轮的转动可使发动机启动。当发动机启动后,转速提高,超越离合器脱开,"三合一"机构传动被切断。

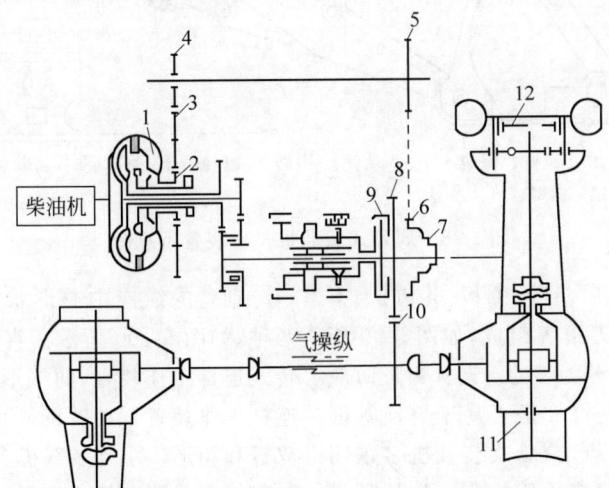

1—变矩器;2,3,4,5,6,8,10—传动齿轮;7—离合器滑套;9—摩擦离合器;11—驱动桥;12—轮边减速器。

图5-95 "三合一"机构工作原理示意图

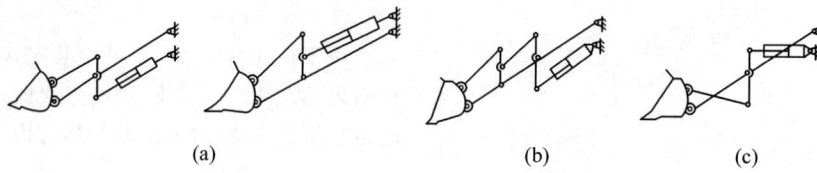

(a)　　　　　　　　　(b)　　　　　　　(c)

图 5-96　连杆机构示意图

(a) 正转六连杆机构；(b) 正转八连杆机构；(c) 反转六连杆机构

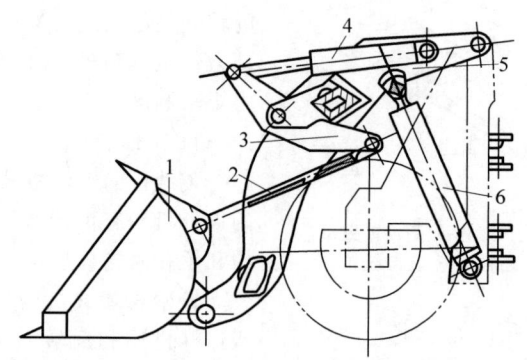

1—铲斗；2—连杆；3—摇臂；4—转斗液压缸；5—动臂；6—动臂液压缸。

图 5-97　轮胎式装载机工作装置示意图

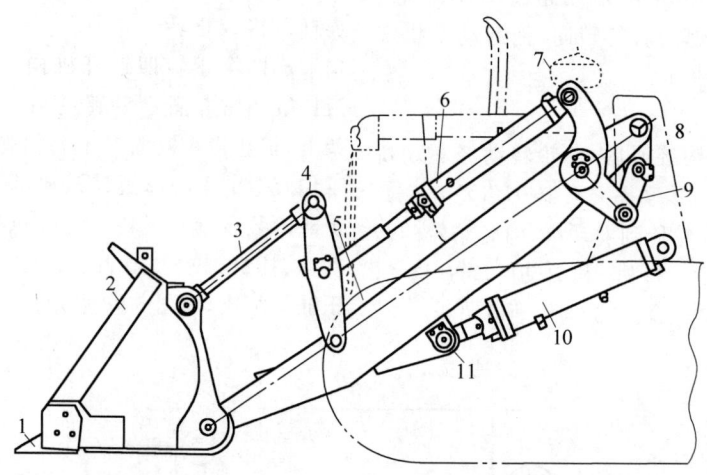

1—斗齿；2—铲斗；3—拉杆；4—摇杆；5—动臂；6—转斗液压缸；7—弯臂；8—销臂装置；9—连接板；10—动臂液压缸；11—销轴。

图 5-98　履带式装载机工作装置示意图

装载机的铲斗由后斗壁、侧板、斗齿、上下支撑板、主刀板和侧刀板等组成，如图 5-99 所示。铲斗斗齿的形状分为 4 种。选择齿形时应考虑其插入阻力、耐磨性和是否易于更换等因素。齿形分尖齿和钝齿，轮胎式装载机多采用尖齿，而履带式装载机多采用钝齿。齿的数目视斗宽而定，斗齿距一般为 150～300 mm。

动臂的纵向中心形状有直线形和曲线形两种，如图 5-100 所示。直线形动臂多用于正转式连杆工作装置，曲线形动臂常用于反转式连杆工作装置。动臂的断面结构形式有单板、双板和箱形。小型装载机多采用单板；大中型装载机多采用双板或箱形。

限位机构的工作装置中设有铲斗前倾、铲

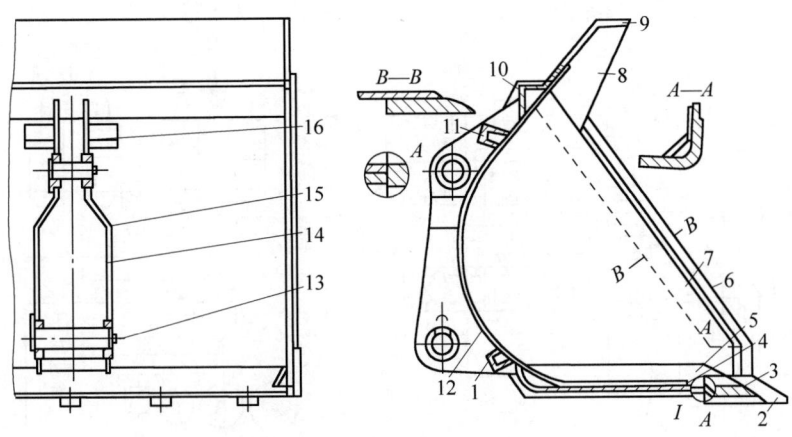

1,11—限位块；2—斗齿；3—主刀板；4—底板；5,8—加强板；6—侧刀板；7—侧板；9—挡板；10—角钢；
12—后斗壁；13—销轴；14—下支撑板；15—连接板；16—上支撑板。

图 5-99 装载机铲斗结构示意图

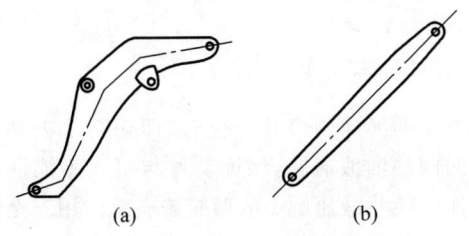

图 5-100 动臂的结构形式
(a) 曲线形；(b) 直线形

斗后倾限位装置，动臂升降自动限位装置和铲斗自动放平装置。

装载机如果装换不同的工作装置，还可以完成推土、起重、装卸等工作，如图 5-101 所示。

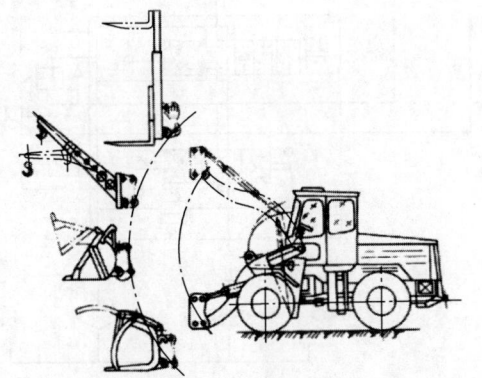

图 5-101 装载机可换工作装置示意图

5）操纵与控制系统

装载机的操纵与控制系统一般由转向液压系统、工作装置液压系统和动力换挡液压系统组成，液压系统通常有 3 种构成形式。其中一种是独立形式，即工作装置液压系统、转向液压系统和动力换挡液压系统均为独立的液压系统，分别由各自的液压泵供油，系统之间无任何联系，具有独立的操作性。第二种是共泵分流形式，工作装置液压系统与转向液压系统共用一个液压泵，通过单路稳定分流阀将液压油分别分配到两个液压系统。第三种是能量转换形式，工作装置液压系统与转向液压系统可通过流量转换阀，自动控制和合理分配转向系统与工作装置系统的液压油流量，使系统既能保障转向液压系统有足够的稳定流量，又能最大限度地满足工作装置对流量的要求。

（1）工作装置液压系统

轮胎式装载机工作装置液压系统的工作原理如图 5-102 所示。它主要由工作液压泵、分配阀、安全阀、动臂液压缸、转斗液压缸和油箱油管等组成。

液压系统应保证工作装置实现挖掘、提升保持和转斗等动作，因此，要求动臂液压缸操纵阀必须具有提升、保持、下降和浮动 4 个位置，而转斗液压缸操纵阀必须具有后倾、保持和前倾 3 个位置。

先导控制油路是一个低压油路，由先导液压泵 C 供油，由举升先导阀 4 和转斗先导阀 5

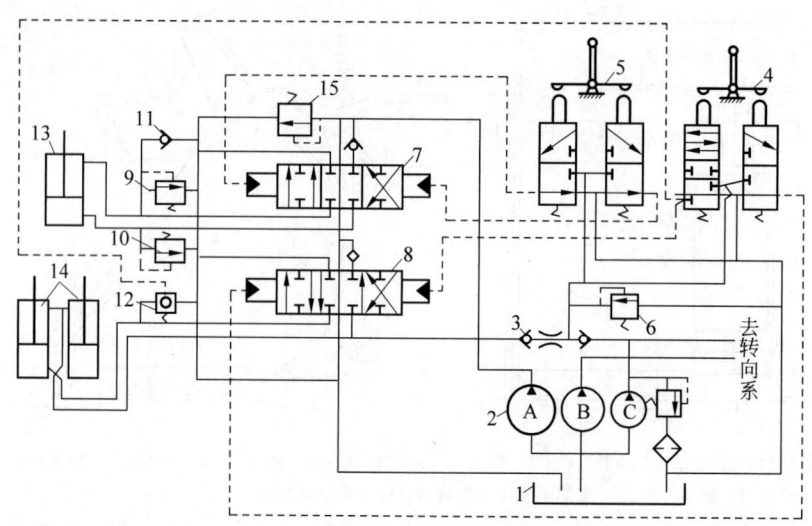

1—油箱；2—液压泵组；3—单向阀；4—举升先导阀；5—转斗先导阀；6—先导油路调压阀；7—转斗液压缸换向阀；8—举升液压缸换向阀；9,10—安全阀；11—补油阀；12—液控单向阀；13—转斗液压缸；14—举升液压缸；15—主油路限压阀；A—主液压泵；B—转向液压泵；C—先导液压泵。

图 5-102 轮胎式装载机工作装置液压系统工作原理图

分别控制举升液压缸换向阀 8 和转斗液压缸换向阀 7 的阀杆（亦称主阀芯）向左或向右移动，改变工作液压缸多路换向阀的工作位置，使工作液压缸处于相应的工作状态，以实现铲斗升降、转斗或处于闭锁工况。

在先导控制回路上设有先导油路调压阀 6，在动臂举升液压缸无杆腔与先导油路的连接管路上设有单向阀 3。在发动机突然熄火的情况下，先导液压泵无法向先导控制油路中提供压力油时，举升液压缸在动臂和铲斗的自重作用下，无杆腔的液压油可通过单向阀 3 向先导控制油路供油，同样可以操纵举升先导阀 4 和转斗先导阀 5，使铲斗下落，还可实现铲斗前倾或后转。

在转斗液压缸 13 的两腔油路上分别设有安全阀 9 和 10，当转斗液压缸过载时，两腔的压力油可分别通过安全阀 9 和 10 直接卸荷回油箱。

履带式装载机工作装置液压系统的工作原理如图 5-103 所示。分配阀 5 的两个换向阀位于中位，工作液压泵 6 输出的油液通过两换向阀直接返回油箱，液压泵处于卸荷状态。转斗液压缸 1 的换向阀为三位六通阀，它控制铲斗后倾、保持和前倾 3 个工作位置。当转斗液压缸 1 的换向阀离开中位时，即切断了去动臂换向阀的油液通路，保证动臂与铲斗不能同时工作。转斗液压缸 1 的两腔装有双作用安全阀 3 和 4，其作用一是在动臂升降过程中，因工作装置的连杆机构不完全是平行四边形结构，且转斗液压缸 1 的换向阀又在中位，会引起转斗

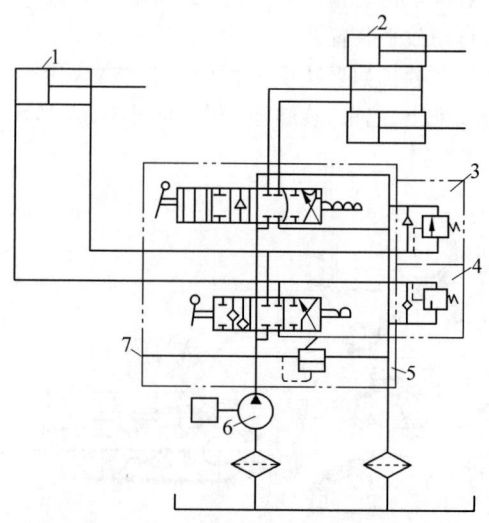

1—转斗液压缸；2—动臂液压缸；3—转斗液压缸小腔双作用安全阀；4—转斗液压缸大腔双作用安全阀；5—分配阀；6—工作液压泵；7—测压点。

图 5-103 履带式装载机工作装置液压系统工作原理示意图

液压缸活塞被拉或受压而造成液压缸油压过高或真空现象,必须及时泄油或少量补油;二是当动臂在最高位卸料时,铲斗和物料将靠自重迅速前倾,此时应大量补充油液,以免造成后腔真空。动臂液压缸2的换向阀为四位六通阀,可控制动臂提升、闭锁、下降和浮动。当换向阀接通浮动位置时,液压缸处于浮动状态,可保证空斗迅速下降和在坚硬地面上铲刮作业时,铲斗可在地面上浮动。

工作装置电控系统由工作装置操作手柄的位置传感器、动臂位置传感器、控制开关、行程开关、锁定电磁铁、电液先导阀比例电磁铁及工作装置控制器组成。控制器通过电缆接收与输出信号,并通过通信线路与监控系统和走行驾驶系统交换数据。

(2) 转向液压系统

转向液压系统的工作原理如图5-104所示。转向系统采用流量放大系统,是独立形式的转向液压回路,油路由先导油路与主油路组成。所谓流量放大,指通过全液压转向器及流量放大阀,可保证先导油路流量变化与主油路中进入转向液压缸的流量变化具有一定的比例,达到低压小流量控制高压大流量的目的。

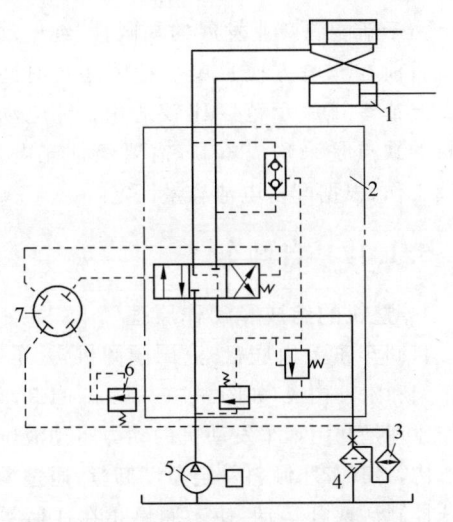

1—转向液压缸;2—流量放大阀;3—散热器;4—精滤油器;5—转向泵;6—减压阀;7—转向器。

图5-104 转向液压系统工作原理示意图

转向盘不转动时,转向器7的两个出口关闭,流量放大阀2的主阀杆在复位弹簧作用下保持在中位,转向泵5与转向液压缸1的油路被断开,主油路经过流量放大阀2中的流量控制阀卸荷回油箱;转动转向盘时,转向器7排出的油与转向盘的转角成正比,先导油进入流量放大阀2后,通过主阀杆上的计量小孔控制主阀杆位移,即控制开口的大小,从而控制进入转向液压缸1的流量。由于流量放大阀2采用了压力补偿,使得进出口的压差基本为一定值,因而进入转向液压缸1的流量与负荷无关,只与主阀杆上的开口大小有关。停止转向后,主阀杆一端的先导压力油经计量小孔卸压,两端油压趋于平衡,在复位弹簧的作用下,主阀杆回复到中位,从而切断到液压缸的主油路。

6) 工作装置的液压减振装置

轮式装载机的液压减振装置广泛采用刚式悬挂,其工作原理如图5-105所示。装载机的作业环境较为恶劣,经常在中短距离的工地上穿梭式作业,凹凸不平的地面引起机械的振荡和颠簸,机械的强烈振荡和颠簸还将导致铲斗内的物料洒落,降低装载机的工作效率。工作装置的纵向角振动,对铲斗内物料的洒落影响更大。

3. **典型机械技术**

电动装载机的工作原理是把发动机的机械能以电能为介质,转换为液压能,再传送给液压缸、液压马达等转换为机械能,实现工作装置的动作和整机的走行。纯电动装载机的行驶和作业,能量来源于车载动力电池,通过电动机来输出动力。

纯电动装载机的发动机相比柴油装载机的发动机,永磁同步电动机体积小、质量轻,功率密度大,可靠性高,调速精度高,响应速度快,能够为装载机输出最大的动力及加速度,整机动力充沛。

纯电动装载机采用全液压制动系统,取消了加力器,全新的液压制动系统不仅大大减少了制动系统的动作时间,使制动反应更加灵敏,而且在经过长时间制动后,可避免因制动盘高温导致的制动疲软问题,使施工安全性大幅提高。

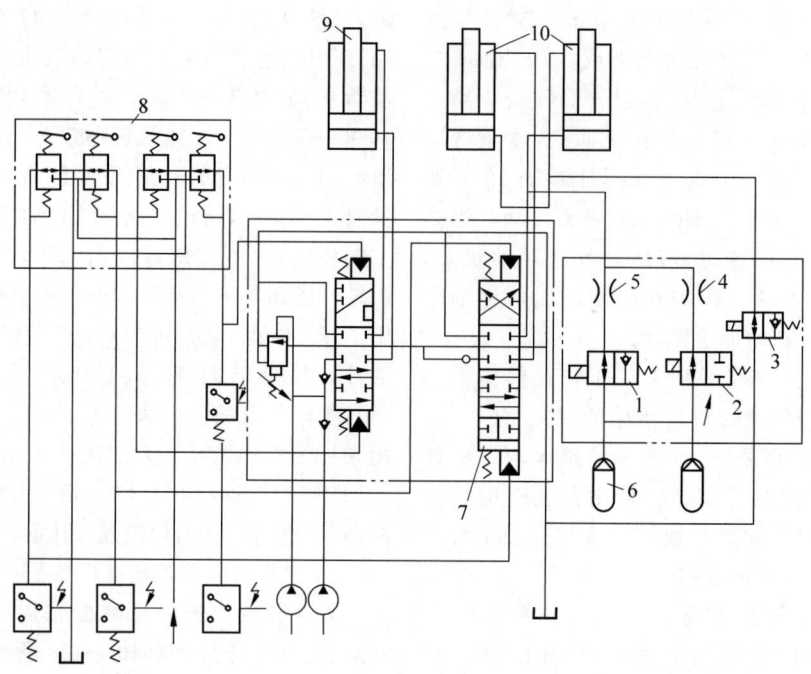

1~3—电磁导通阀；4,5—节流阀；6—蓄能阀；7—液压缸换向主控制阀；8—先导阀；9—转斗液压缸；10—动臂液压缸。

图 5-105　液压减振系统工作原理图

采用 300 kW 充电桩，纯电动装载机充满电仅需 1 h，在普通工况下可连续作业 10 h，重载工况下也可实现 6 h 的连续作业。同时电动装载机工作无噪声、尾气，改善了作业环境。

纯电动装载机有以下几种优势：

(1) 高效节能。传统装载机的发动机，整体工作效率不高，液力变矩器平均效率不到 70%，整机制动能量无法回收，致使油耗高、排放差。而纯电动系统的电动机最高效率超过 95%，变速箱平均效率可达 97%，且增加了制动能量回收。

(2) 动力强劲。搭载纯电动系统的 5 t 地面装载机，最大的爬坡度达 30%~58%，最高车速超过 40 km/h；可以输出的最大掘起力超过 175 kN，最大牵引力超过 160 kN，比传统燃油机提升了 10%。

(3) 清洁环保。搭载纯电动系统的装载机，尾气零排放，噪声低至 70~80 dB，比传统装载机低 20~30 dB。

(4) 收益更高。纯电动装载机相比传统车辆，每年可节省燃油费用达 13 万元以上，日均使用时间越长，运营收益越高。另外，纯电动系统的结构简单，保养维护需求低，对生产作业的影响较小，这将大大节省维护时间、材料和人工成本。

由于新能源产业发展的局限性，纯电动装载机目前在充电方便且单次持续运行时间短的工况或零排放示范区比较适用。纯电动装载机的缺点是采购成本高，需要经常充电（可持续工作，根据配备电池容量而定）。

5.1.17　自卸车

1. 整机的组成和工作原理

自卸车主要由底盘、液压倾卸机构、车厢、副车架和附件构成，如图 5-106 所示。自卸车的工作原理是利用本车发动机的动力驱动液压举升机构，将其车厢倾斜一定角度卸货，通过操纵系统控制活塞杆运动，使车厢停止在任何需要的倾斜位置上，并依靠车厢自重使其复位。

2. 主要系统和部件的结构原理

1) 液压倾卸机构

液压倾卸机构主要由气控操纵阀、取力

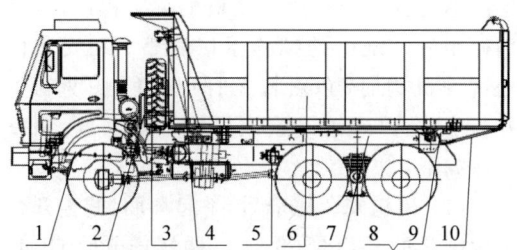

1—底盘；2—油箱总成；3—备胎架总成；4—液压举升倾卸机构；5—齿轮泵安装总成；6—厢式车厢总成；7—副车架总成；8—挡泥板总成；9—尾灯安装总成；10—卡锁总成(尾门开关机构)

图 5-106　厢式自卸车外形机构示意图

器、齿轮泵传动轴、齿轮泵、气控举升阀、液压缸、油压油箱、液压管路、限位阀等部件构成。发动机的动力由变速器上的取力器输出，经传动轴驱动齿轮泵，液压油经齿轮泵压入液压缸，从而推动液压缸活塞举升车厢。在液压油的作用下液压缸活塞会不断上升，当液压系统限位回油时，活塞不再继续上升，此时车厢即处于最大举升角度状态。其工作原理见图5-107、图5-108。

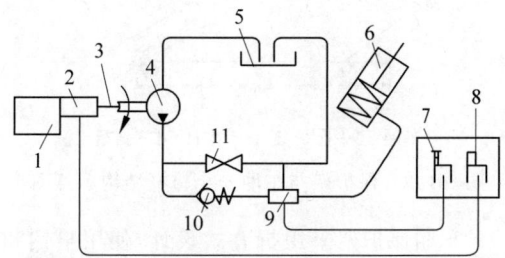

1—变速器；2—取力器；3—传动轴；4—液压泵；5—油箱；6—液压缸；7—气控阀；8—取力器控制装置；9—举升阀；10—单向阀；11—限位阀

图 5-107　液压举升系统工作原理图

取力器是汽车动力的输出装置，可将汽车发动机的部分功率"取出"，由变速器输出动力，通过传动轴将力传给齿轮泵。不同的底盘采用的取力器规格/型号不同。

齿轮泵采用的是中高压齿轮泵，是液压举升系统的动力机构，它将取力器传来的机械能转换为液体的压力动能。不同的自卸车采用的油泵规格/型号不同。

多级单作用柱塞式液压缸(三级或四级，

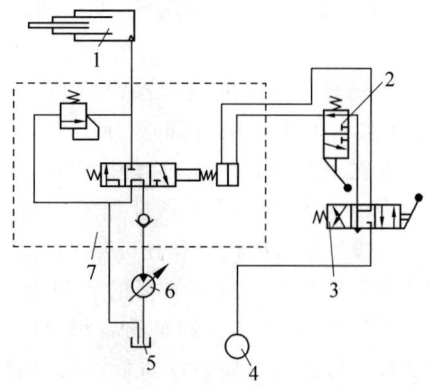

1—举升液压缸；2—限位气阀(常通)；3—三位五通操纵气阀(常通)；4—气源；5—油箱；6—齿轮泵；7—气控液压举升阀

图 5-108　气控液压举升机构工作原理图

不同的自卸车选用不同的液压缸)安装在车厢前部，上支点通过销轴与车厢前板上的支座相连，下支点通过销轴与安装在副车架上的支座相连。单级单作用液压缸安装在车厢腹部，下支点通过销轴安装在副车架上，上支座通过三角架机构安装在车厢底板上。单级双作用柱塞式液压缸(沙罐车、平板车、垃圾车等用)按设计要求安装在车身的相应位置。

气控举升阀是以压缩空气为工作介质，通过气缸推动阀芯的移动来转换工作机能。二位三通阀在未工作时，气控举升阀处于常开位置，系统自动卸载；工作时，利用压缩空气通过气缸推动阀芯前移，封闭阀口，此时系统进入工作状态，油路由常开位置转为常闭位置。为防止系统过载，气控举升阀内设有安全阀。当压力超过溢流调定压力时进油口与出油口接通，液压油回到油箱，切断气源，系统卸荷。三位三通阀在未工作时，阀芯在中位，处于常开位置，举升阀自动卸荷；工作时，利用压缩空气推动阀芯移动到举升位置，液压油进入液压缸进行工作，当阀芯受压缩空气推动至下降位置时，液压油就会从液压缸回到油箱，切断气源，阀芯回到中位卸荷。

气控操纵阀安装在驾驶室的仪表板或地板上。气控操纵阀手柄顺时针旋转或向前推将控制气控举升阀处于举升状态，车厢即可举升；气控操纵阀手柄逆时针旋转或向后推，将控制气控举升阀处于下降状态,车厢即可下降。

三位三通举升阀的气控操纵阀也是三位的,所以在不工作时操纵阀应当处于中停位置。而且在举升过程中也可以将操纵阀的手柄置于中位来实现举升下降过程中的任一位置中停。液压油箱的主要作用是贮油、散热和分离油中的空气等。液压油箱的容积为70 L或90 L(液压油箱根据自卸车的容积而定),油箱顶部装有带滤网的加油口和量油尺,侧面装有回油滤清器,油箱出油管路装有球阀,便于检修油路各元件时关闭油箱中的液压油。

滤油器安装在油箱里面,与回油座相连。滤油器能有效地滤去油液中的杂物,保证液压系统的工作可靠性。滤油器在正常情况下应每季度拆下清洗一次,以保证举升系统正常工作。若发现油路不畅,应立即对滤油器进行清洗。

2) 副车架

自卸车的副车架主要由左右两根纵梁和横梁组焊而成,其上装有液压缸支承梁、车厢翻转贯通轴、油箱支架,主要用于连接上装各部件,起到安装连接作用。

3) 车厢

自卸车的车厢有两种结构:开式(矿斗形)车厢、厢式(矩形)车厢,均为优质金属钢板焊接结构车厢,车厢的钢板厚度根据车型和用户的要求不同,选用的材料也不相同,前板上部留有液压缸上座安装位置;底板前部装有横向限位座,在自卸车行驶过程中起车厢横向稳定和限位作用;车厢后部装有货厢翻转支座,用于车厢举升时车厢跟随支座旋转。两者的区别主要是:开式车厢为后卸式矿斗形车厢,厢式车厢为后卸式厢式(矩形)车厢,其中,厢式车厢装有尾门自动开关机构,用于车厢在举升时自动打开尾门进行卸货,下降时自动关闭尾门。

4) 尾门自动开关机构

厢式车厢装有尾门自动开关机构(有机械式和链条式两种,根据用户的要求或设计确定),它能自动将尾门下边锁住。汽车行驶时,尾门不会自动开启。后栏板的关紧程度,可借助控制杆系统中的螺栓予以调整。在安装使用这种机构时,必须将拉杆(链条)长度调整好,否则会出现锁不紧或打不开等问题,调整方法如下:

(1) 机构安装完毕后,举起车厢,调整开合机构锁紧的开启量,保证车厢尾门开合自如,拧紧紧固螺钉。

(2) 落下车厢,调整拉杆(链条)长度,锁紧调整螺母。

调整好后的自卸车尾门锁紧机构的锁紧效果好、锁紧力大、可靠。

5) 车厢安全撑杆

车厢安全撑杆采用门字形,固定在副车架上,撑杆截面采用钢管结构,抗弯能力强。使用时撑杆与车厢纵梁相互垂直,受力状态最佳,保证了车厢支撑的安全可靠。撑杆操作方便,基本结构如图5-109所示。

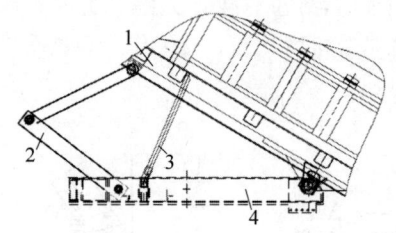

1—车厢;2—保护架;3—撑杆;4—副车架。

图5-109 保护架与车厢安全撑杆结构示意图

车厢保护架采用折叠式设计,使用整钢和矩形钢管材料,增强了抗扭能力。保护架一端固定在副车架上,另一端安装在车厢的保护架支座上,使车厢在举升的过程中减小了侧翻的可能性,增加了保险系数。

5.1.18 铲运机

1. 整机的组成和工作原理

铲运机主要由牵引机和工作装置组成。单轴牵引机是自行式铲运机的动力部分,由发动机、传动系统、转向系统、制动系统、悬架系统、车架等组成。工作装置主要由转向枢架、辕架、前斗门、铲斗体、尾架及卸土装置等组成,如图5-110所示。

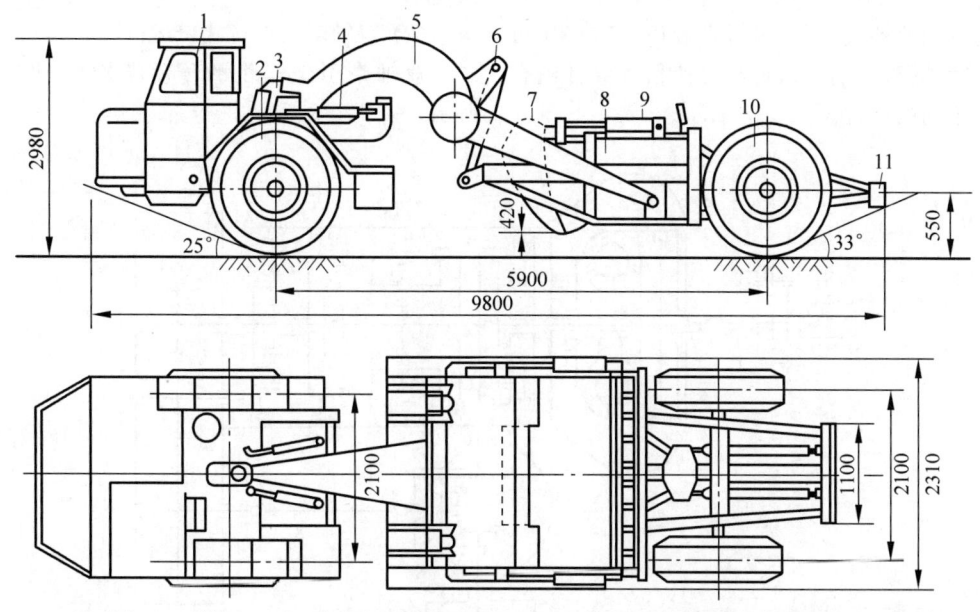

1—驾驶室；2—前轮；3—中央框架；4—转向液压缸；5—辕架；6—提斗液压缸；7—斗门；8—铲斗；9—斗门液压缸；10—后轮；11—尾架。

图 5-110　铲运机结构示意图

铲运机的工作原理是利用装在前后轮轴或左右履带之间的带有铲刃的铲斗，在行进中按顺序完成铲削、装载、运输和卸铺等作业动作。

2. 主要系统和部件的结构原理

1）传动系统

现代自行式铲运机，由机械传动向液力机械式传动和全液压传动方向发展。在液力机械式传动中，广泛采用变矩器、动力换挡变速装置、最终行星齿轮传动等元件。在铲运机使用过程中，采用液力变矩器能更好地适应外界载荷急剧变化的需要，可实现自动有载换挡和无级变速，从而改变输出轴的速度和牵引力，使机械工作平稳，防止发动机熄火及传动系统过载，从而提高铲运机的动力性能和作业性能。因而，目前大多数自行式铲运机采用液力机械式传动。

（1）单轴牵引自行式铲运机

单轴牵引自行式铲运机的传动结构如图 5-111 所示。

单轴牵引自行式铲运机传动系统的工作原理是动力由发动机到动力输出箱，经前传动轴，输入液力变矩器，再经行星动力变速器、传

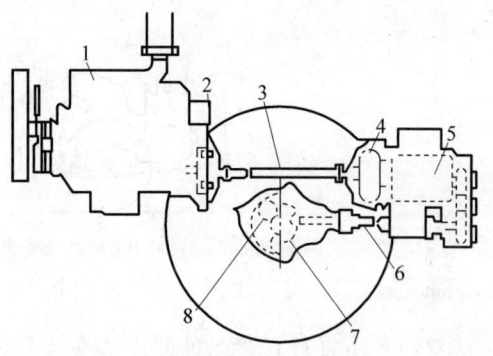

1—发动机；2—扭转减振器；3—传动轴；4—液力变矩器；5—变速器；6—传动轴；7—差速器；8—轮边减速器。

图 5-111　单轴牵引自行式铲运机传动结构示意图

动箱、后传动轴，向前输入到差速器、轮边减速器，最后驱动车轮使机械运行。其动力传动简图如图 5-112 所示。

行星式动力换挡变速器由两个行星变速器串联组合而成，前行星变速器有一个行星排，后行星变速器有 3 个行星排。整个行星变速器有两个离合器 C1、C2，和 4 个制动器 T1、T2、T3、T4，这 6 个操纵件均采用液压控制。前、后变速器的自由度数均为 2，前、后变速器各接合一个操纵件变速器可实现一个挡位。

前行星变速器接合 C1 可得直接挡，接合 T1 可得高速挡，再分别与后行星变速器操纵件组合实现不同的挡位。

(2) 双轴牵引自行式铲运机

双轴牵引铲运机的传动结构如图 5-113 所示。

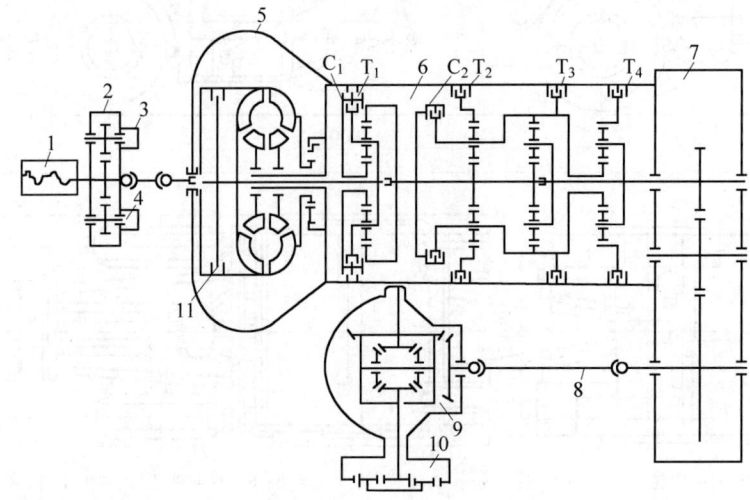

1—发动机；2—动力输出箱；3,4—齿轮液压泵；5—液力变矩器；6—变速器；7—传动箱；8—传动轴；9—差速器；10—轮边减速器；11—锁紧离合器；C1,C2—离合器；T1,T2,T3,T4—制动器。

图 5-112　单轴铲运机传动系统工作原理图

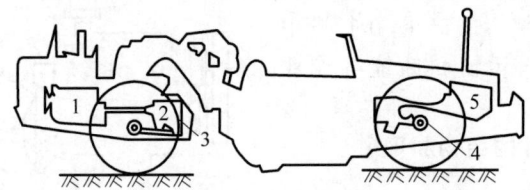

1—前发动机；2—液力变矩器及变速器；3—传动轴；4—主传动；5—后发动机。

图 5-113　双轴牵引自行式铲运机传动结构示意图

双轴牵引自行式铲运机的传动系统分为牵引机与铲运机两部分,利用电液系统控制牵引机与铲运机的变速器同步换挡,全速同步驱动。其动力传动简图如图 5-114 所示。动力由发动机输出,经传动轴驱动液力变矩器泵轮转动,同时还带动 6 个液压泵工作。行星动力换挡变速器有 8 个前进挡和 1 个倒退挡。倒退挡、1 挡和 2 挡为手动换挡,此时动力经变矩器输出,以满足机械低速大转矩变负荷驱动的需要,变速器在 3～8 挡之间为自动换挡范围,此时动力直接输出,不经过液力变矩器,以提高传动效率。差速器为行星齿轮式,并设有气动联锁离合器。

铲运机发动机的动力经变矩器传递到行星式动力变速器。铲运机变速器有 4 个前进挡和 1 个倒退挡。铲运机变速器通过电液控制系统与牵引机变速器同步换挡或保持空挡。铲运机的一个前进挡位对应牵引机的两个前进挡位。它利用液力变矩器在一定范围内可以自动变矩变速的特点,补偿前后传动比的不同,保证前后传动系统同步驱动。铲运机采用牙嵌式自由轮差速器。轮边减速器均采用行星齿轮减速。

牵引机变速器共有 7 个液压湿式离合器、5 个行星排(其中倒挡行星排为双行星轮结构)。Ⅳ号为旋转离合器,其余均为制动离合器。

2) 转向系统

轮胎式自行铲运机大多数采用铰接式双作用双液压缸动力转向,有带换向阀非随动式和四杆机构随动式两类,随动式又有机械反馈和液压反馈之分。双作用双液压缸装在牵引转向枢架和辕架曲梁上的牵引座之间,液压缸与活塞杆分别与转向枢架和牵引座铰接。当一液压缸活塞杆伸出,另一液压缸活塞杆收进时,可使自行式铲运机活塞杆收进的一侧转向。

（1）带换向阀非随动式转向系统

带换向阀非随动式转向系统如图 5-115 所示,它由球面蜗杆滚轮式转向器、常流式非随动转向操纵阀、转向液压泵、滤油器、双作用安全阀、换向阀、换向曲臂、辕架牵引座、牵引机转向枢架等组成。

铲运机在转向过程中,随着转角的增加会出现 O、D、K 或 O、B、C 三点呈一直线的情况,称为止点位置,这时相应的液压缸的活塞杆需改变原来的运动状态,缩进的液压缸变为外伸,方可使转向持续进行。这一特殊要求在结构上通过换向曲臂低压换向阀来实现,达到继续转向的目的。其原理可参阅图 5-115 和图 5-116。图 5-116 中溢流阀的限制压力为 10 MPa,双作用安全阀用来消除道路不平,及驱动轮碰到障碍物而引起的冲击负荷。

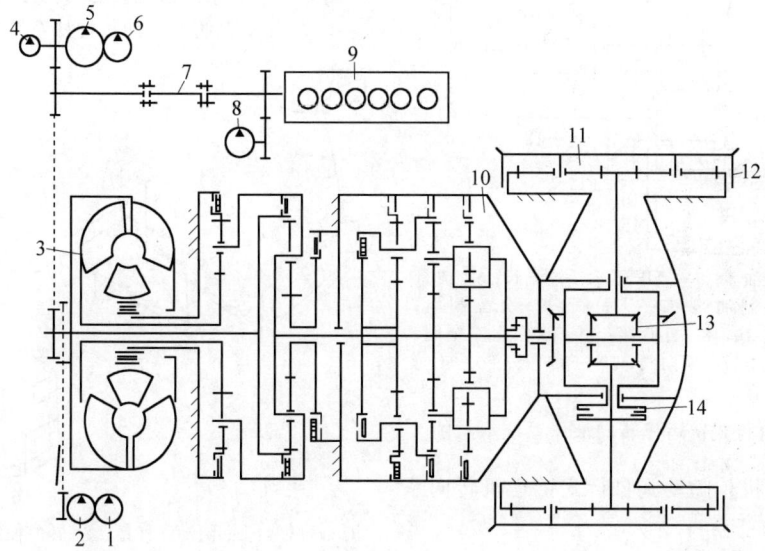

1—牵引变速器工作液压泵；2—回油液压泵；3—液力变矩器；4—缓冲装置液压泵；5—工作装置液压泵；6—转向系统液压泵；7—传动轴；8—飞轮室回液压泵；9—牵引发动机；10—牵引变速器；11—轮边减速器；12—轮毂；13—差速器；14—差速锁离合器

图 5-114　双轴铲运机传动系统工作原理图

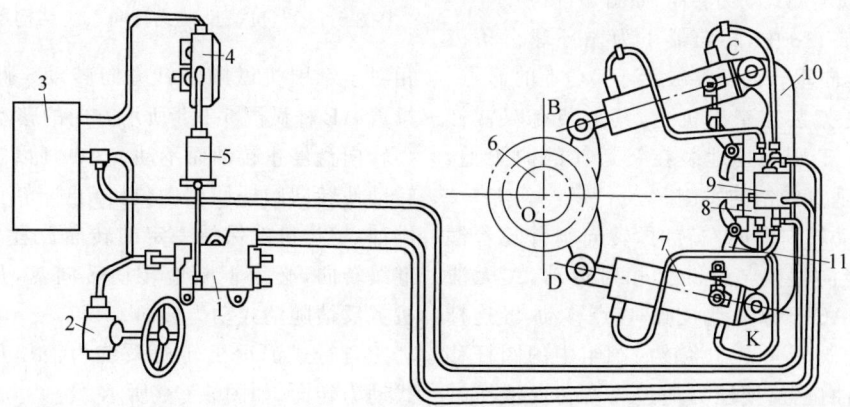

1—转向操纵阀；2—转向器；3—油箱；4—转向液压泵；5—滤油器；6—辕架牵引座；7—转向液压缸；8—换向阀；9—双作用安全阀；10—牵引机转向枢架；11—换向曲臂

图 5-115　带换向阀非随动式转向系统工作原理图

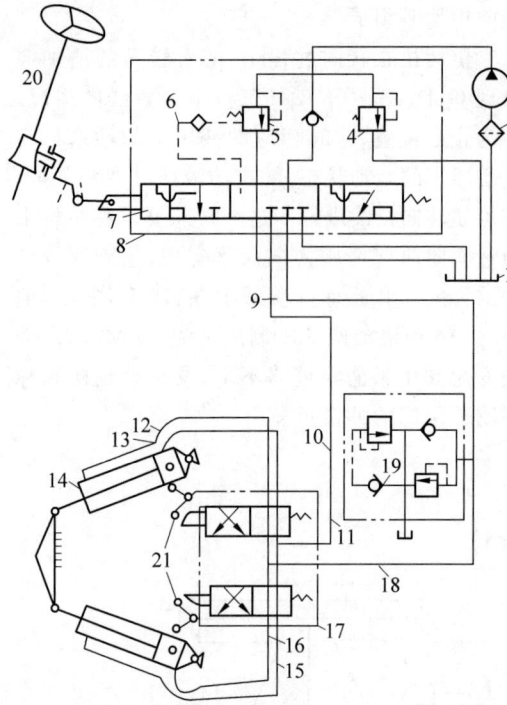

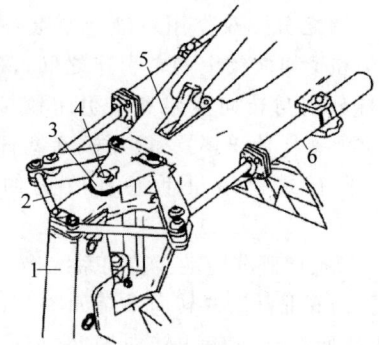

1—转向枢架；2—连杆；3—杠杆；4—牵引机与铲斗之间的垂直铰销；5—辕架；6—左转向液压缸。

图 5-117　四杆机构随动式自行式铲运机转向系统的转向机构杆系结构示意图

1—油箱；2—滤油器；3—液压泵；4—溢流阀；5—流量控制阀；6—控制油路；7—分配阀；8—分配阀组；9,10,12,13,15,16,18—外管路；11—双作用安全阀；14—转向液压缸；17—换向阀；19—单向阀；20—转向器；21—换向曲臂。

图 5-116　自行式铲运机转向液压系统示意图

(2) 四杆机构随动式自行式铲运机转向系统的转向机构杆系

四杆机构随动式自行式铲运机转向系统的转向机构杆系如图 5-117 所示。铲斗绕上下垂直铰销相对于牵引机回转，实现铲运机的转向，采用机械反馈随动式动力转向，如图 5-118 所示。

在图 5-118 中，转向器 1 为循环球齿条齿扇式，其转向垂臂的下端铰接于 AC 上的 B 点。RQ 轴经托架装在牵引机上，其上装有双臂杠杆，而铰点 T 则刚性地装在铲运斗的曲梁上，位置靠近垂直铰销的左侧。

当扳动转向盘向左转时，转向垂臂随着摆动（此时转向枢架与铲斗无相对运动，A 无法移动），使 AC 杆以 A 为支点，C 点移动，经连杆 CD 和转向阀另一支点将转向阀组中的阀杆移到左转供油位置，使压力油进入右转向液压缸无杆腔和左转向液压缸活塞杆腔，实现铲运机的左转向，即与铲运斗相连的曲梁绕垂直主销

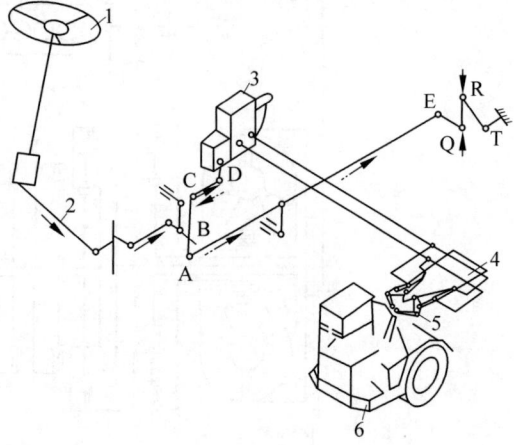

1—转向器；2—随动杠杆系；3—转向控制阀组；4—铲运机；5—液压缸六连杆机构；6—牵引机；A、B、C、D、E、Q、R、T—杆件的端点。

转向器左转引起的杆系运动方向随动杆系反馈运动方向（左转）

图 5-118　机械反馈式转向系统结构示意图

相对于牵引机做顺时针方向转动。此时 T 点拉着 AE 杆做图 5-118 所示方向的移动，B 点因为转向盘停止转动而不动。AC 杆以 B 为支点转动使转向阀杆回到中位，停止向转向液压缸供油，铲运机就保持一定的转向位置。如果要继续转向，必须不断地转动转向盘，从而实现机械反馈随动式动力转向。

自行式铲运机转向系统为液压反馈随动式动力转向，如图 5-119 所示。

转向盘 1 的轴上有一个左旋螺杆，装在齿条螺母 12 中，当转动转向盘时，螺杆在齿条螺

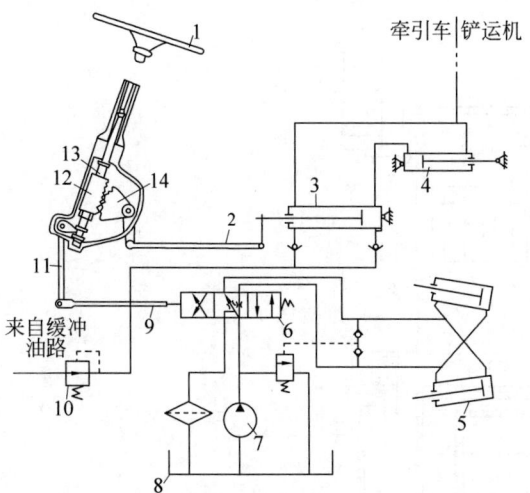

1—转向盘；2—扇形齿轮连杆；3—输出随动液压缸；4—输入随动液压缸；5—转向液压缸；6—转向操纵阀；7—转向液压泵；8—液压油箱；9—转向阀连杆；10—补油减压阀；11—转向垂臂；12—齿条螺母；13—转向螺杆；14—扇形齿轮

图 5-119　液压反馈式转向系统结构示意图

母中向上或向下移动一定的距离。螺杆移动带动转向垂臂 11 摆动，由于转向垂臂同转向操纵阀 6 的阀杆相连，从而将转向操纵阀阀杆移动到相应的转向位置。转向操纵阀为三位四通阀，有左转、右转和中间 3 个位置，转向盘不动时，转向操纵阀处于中间位置。

输入随动液压缸 4 的缸体和活塞杆分别铰接于牵引机和铲运机上，装在转向枢架左侧。输出随动液压缸 3 的缸体铰接在牵引机上，活塞杆端过扇形齿轮连杆 2 与转向器杠杆臂相连。转向时，输入随动液压缸 4 的活塞杆向外拉出或缩回，将其小腔的油液或大腔的油液压入输出随动液压缸 3 的小腔或大腔，迫使输出随动液压缸的活塞杆拉着转向器杠杆臂及扇形齿轮 14 转动一角度，从而使与扇形齿轮啮合的齿条螺母 12 及螺杆 13 和转向垂臂 11 回到原位，转向操纵阀 6 的阀杆在转向垂臂的带动下回到中间位置，转向停止。因此，转向盘转一角度，牵引机相对铲运机转一角度，以实现随动功能。

3）悬架系统

自行式铲运机在铲装作业过程中需要采用刚性悬架的底盘使铲运工作稳定，铲装土的效率高，但在运输和回驶过程中，如果还采用刚性悬架，就会影响运行速度的提高，且机械的振动较大。自行式铲运机在铲装作业时，要求底盘为刚性悬架，高速行驶时要求底盘为弹性悬架，如图 5-120 所示。

（1）弹性悬架

自行式铲运机的气控液压悬架装有悬架锁定机构，可以方便地将弹性悬架装置锁住，使机身稳定，如图 5-121 所示。车桥装在悬臂上，悬臂于前端经悬架液压缸与车架连接，后端和上端分别用一个铰与车架铰接。悬架液压缸的下腔经单向阀与油箱接通，故下腔中的油液没有压力。

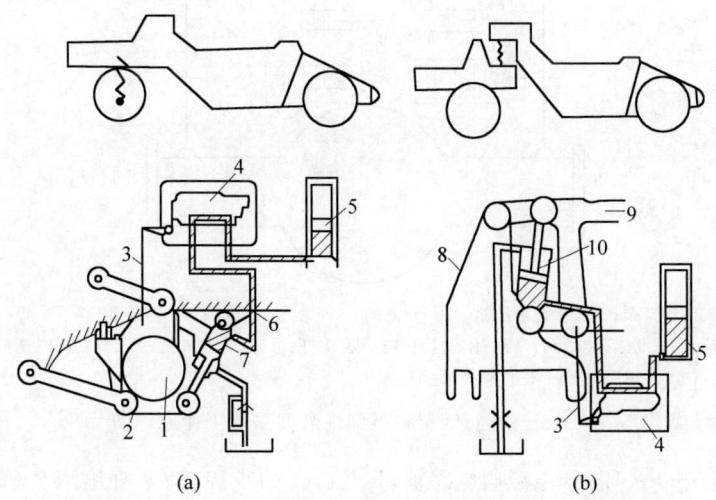

1—前桥；2—悬臂；3—随动杆；4—水平阀；5—储能器；6—牵引机机架；7—悬架液压缸；8—转向枢架；9—辕架曲梁；10—减振液压缸。

图 5-120　两种不同结构形式的弹性悬架结构示意图
（a）弹性悬架；（b）弹性转向枢架

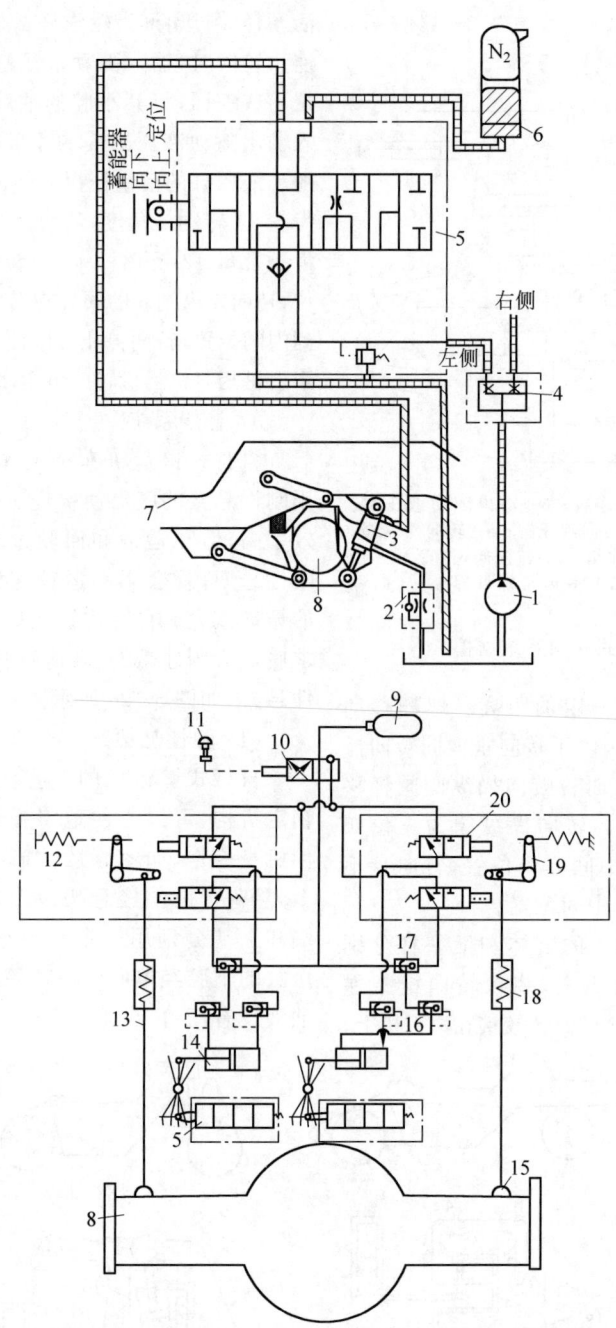

1—液压泵；2—单向节流阀；3—悬架液压缸；4—分流阀；5—液压水准阀；6—蓄能器；7—车架；8—前桥；9—储气罐；10—电磁阀；11—悬架操纵阀；12—控制箱；13—随动杆；14—气缸；15—悬臂；16—速放阀；17—梭阀；18—弹簧衬套链节；19—摇臂；20—水平控制阀。

图 5-121 自行式铲运机弹性悬架系统工作原理图

当悬架操纵阀 11 关闭时，电磁阀电路被切断，电磁铁失去磁性作用而电磁阀打开，使压缩空气从储气筒经梭阀 17 和速放阀 16 进入气缸 14 的小腔，活塞杆缩入气缸。这一动作使液压水准阀 5 的阀杆移位，将悬架液压缸 3 的大腔经液压水准阀 5 和液压油箱接通，从而关闭通向蓄能器6的油路。

当悬架操纵阀11开启时,电流接通激励电磁铁使电磁阀关闭,压缩空气从储气筒经电磁阀10和上水平控制阀20、梭阀17进入气缸14的大腔。由于气缸14的活塞杆向外推出,液压水准阀5的阀杆换位,使悬架液压缸3的大腔进油,最后液压水准阀5定位在将液压泵来油泄回油箱的位置。这时,靠悬架液压缸3活塞的位移给予蓄能器中的压缩氮气,以不同的压力形成有效的弹性,成为弹性悬架。而受压的油液根据行驶时的冲击和振动,在悬架液压缸3和蓄能器6之间来回流动。当主开关关闭时,也与悬架操纵阀11关闭的作用相同,即蓄能器6的油路闭锁,悬架液压缸3的大腔与油箱连通,铲运机以刚性悬架的方式停放。

水平控制机构的工作原理见图5-121。当悬架液压缸3的活塞杆在某一负荷作用下缩回到某种程度时,车架7和悬臂15之间的距离随之减小,使得连接悬臂15和装在机架上的控制箱12之间的随动杆13向上移动。由于水平控制阀20装在控制箱上,随动杆13向上移动时带动摇臂19压向上水平控制阀20,使上水平控制阀20换位,压缩气体从储气罐9经电磁阀10(此时在左位)、左上水平控制阀20(在左位)、梭阀17进入气缸14,气缸活塞杆向左移动,带动液压水准阀5换"向上"位工作,压力油经液压水准阀5进入悬架液压缸3的上腔,活塞杆外伸,使车架和悬臂之间的距离增加,随动杆13拉动摇臂19逐渐离开左上水平控制阀20。当悬架液压缸3的活塞杆回到其原来的位置时,随动杆13也回到原来位置,左上水平控制阀20又恢复右位工作,气缸14在右腔密封气体压力的作用下复位,液压水准阀5也回到"定位"位置。

当铲运机卸土时,因铲运机减载,悬架液压缸3的活塞杆外伸(压力油从蓄能器中补入),车架7和悬臂15之间的距离增加。随动杆13向下拉动,导致液压水准阀5的阀杆向内移动到另一位置。这时,阀内的油路使得悬架液压缸3大腔中的油流回油箱,悬架液压缸中的活塞杆逐渐缩回。如此循环往复,使铲运机始终处于一定的高度。

(2)弹性转向枢架

自行式铲运机的牵引机与铲运机是用转向枢架相连在一起的。转向枢架与铲运机之间用一个垂直铰销铰接,以实现机械转向。转向枢架与牵引机之间由一水平铰销铰接,使牵引机与铲运机可有一定的横向摆动。其结构原理如图5-122所示。

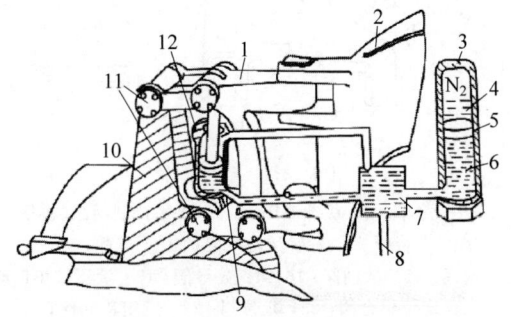

1—后转向枢架;2—辕架;3—蓄能器;4—氮气;5—浮动活塞;6—油液;7—水平控制阀组;8—液压系统来油;9—节流孔;10—前转向枢架;11—水平铰;12—缓冲液压缸

图5-122 弹性转向枢架构造与原理示意图

在前转向枢架10和后转向枢架1之间用两个连杆相连,构成一套平行四连杆机构,具有一个自由度。这个自由度的运动由缓冲液压缸12节制,缓冲液压缸的下腔为工作腔。节流孔9限制油液的脉动,吸收其某些能量,对振动产生阻尼。液流进入蓄能器3,强制活塞向上移动,压缩氮气,在其压缩时吸收振动。当弹回时,氮气膨胀使活塞下移,液流经节流孔9流回缓冲液压缸12,继续阻尼和减缓地面引起的振动。

减振式连接装置装有安全装置,在发动机熄火时自动断路,系统降压,铲运车辕架2连同后转向枢架1落到下位,抵在止动块上。水平控制阀起控制液流通向蓄能器3及液压缸大腔的作用。连接缓冲装置的结构外形及液压系统如图5-123所示。

水平控制阀组既由压力油经选择阀19控制,又经装在下前铰点上的板弹簧7机械地控制定位阀22的阀杆(二者铰接)。水平控制阀组3包含一先导阀组20及一定位组合阀21。

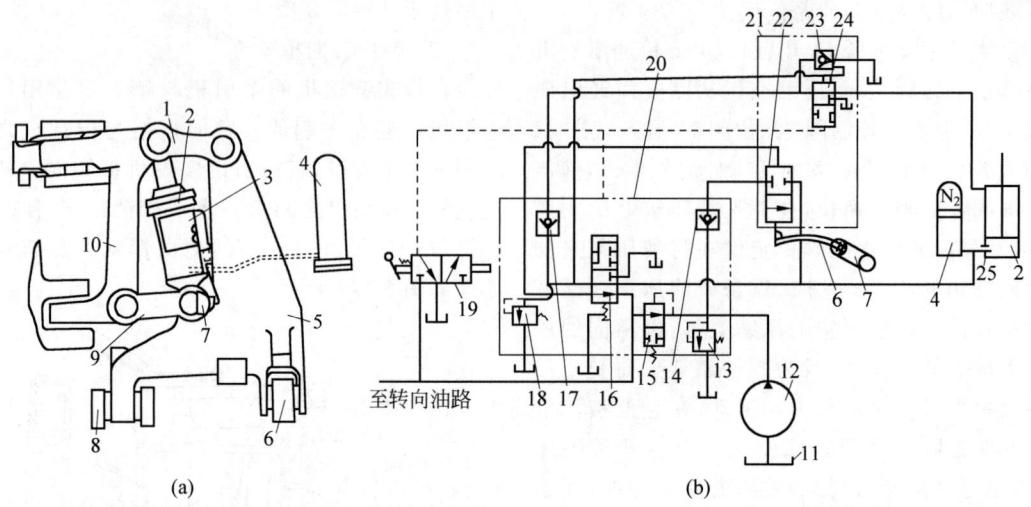

1—上连杆;2—缓冲液压缸;3—水平控制阀组(包括20,21两部分);4—蓄能器;5—前转向枢架;6—牵引机机架;7—板弹簧;8—铲运机枢架;9—下连杆;10—后转向枢架;11—油箱;12—液压泵;13—主溢流阀;14—单向阀;15—放油阀;16,24—先导阀;17—液压缸单向阀;18—溢流阀;19—选择阀(在驾驶室);20—先导阀组;21—定位组合阀;22—定位阀;23—锁定单向阀;25—节流孔口

图 5-123 铲运机连接缓冲装置
(a) 外形;(b) 液压系统

二者用螺栓连接成一体装在弹性连接装置处。液压缸单向阀 17 的作用是在选择阀处于"锁定"位或在铲运斗引起的抬起力作用时,防止液压缸活塞杆向外过于伸出。选择阀 19 常用二位,即"弹性"位和"锁定"位,发动机启动前及熄火后,选择阀因弹簧的作用,可自动回到"锁定"位置。单向阀 14 有两个作用:其一,使基本油路有油压;其二,当发动机熄火,选择阀仍在"弹性"位时,切断蓄能器 4 的压力油返流回液压泵供油路。溢流阀 18 的作用是,当选择阀从"弹性"位换到"锁定"位,以及蓄能器的氮气消失时,防止油压过高。当先导阀 16 因将选择阀置于"弹性"位而换上位工作时,关闭了两条上通道,既关闭了通向定位阀阀杆的通道,也关闭了连接液压缸大小腔的通道。

在缓冲液压缸活塞杆逐渐伸出的同时,定位阀 22 的阀杆被绕四连杆右下铰点顺时针旋转的定位板弹簧 7 逐渐往下拉,到铲运机升到"弹性"位时,定位阀 22 又处于上位工作,使压力油不再流向蓄能器 4 和缓冲液压缸 2 的大腔。蓄能器 4 底部的油压和其上部密封氮气压力相等。

当铲运机运行时,会因地面不平而上下运动,选择阀 19 扳到"弹性"位时,封闭的油液则在缓冲液压缸 2 的大腔和蓄能器 4 之间往复流动。当缓冲液压缸 2 的活塞杆缩回时,油液被挤入蓄能器 4,将蓄能器的活塞向上推,压缩蓄能器上部的氮气,使其压力增高到活塞上部的压力稍大于活塞下部的油压为止,油液不能再进入蓄能器。蓄能器回弹时,油液被强行压回缓冲液压缸 2 的大腔,而使活塞杆伸出,铲运机回到"中位"。压缩蓄能器中的氮气和氮气的反作用的直接结果,就得到弹性效应。

4)工作装置

轮胎自行式铲运机通常由牵引机、转向枢架、辕架、铲运斗和后轴等组成。

(1)转向枢架

自行式铲运机靠转向枢架来实现牵引机与铲运机的连接。转向枢架一般通过一垂直铰与辕架相连,允许牵引机相对于辕架、铲运斗及后轴向左右各转一定角度,使转弯半径尽可能小。转向枢架下部还通过一纵向水平铰与牵引机相连,使牵引机可绕水平铰轴线相对于辕架左右各摆动一定角度,以保证铲运机在不平地面作业时牵引轮可同时着地。铲运机转向枢架的结构如图 5-124（a）所示，它由前转向枢架 5、后转向枢架 10、两根连杆 1 和 9 及一个用来作为缓冲用的液压缸 2 等组成。前转向枢架下部与牵引机机架 6 通过同一轴心的两个纵向水平销相连，其上端与连杆 1 铰接，中后部与连杆 9 和缓冲液压缸 2 的缸体铰接。后转向枢架 10 的前端上部与连杆 1 及缓冲液压缸 2 的活塞杆铰接。两个连杆及前后枢架构成一平行四连杆机构，用作缓冲装置。后枢架后部上下端通过同心轴的两个垂直销与辕架相铰接。

铲运机的转向枢架上端与辕架通过同一轴心的两个垂直销铰接，下部与牵引机之间采用一种独特的四杆机构连接，如图 5-124（b）所示。

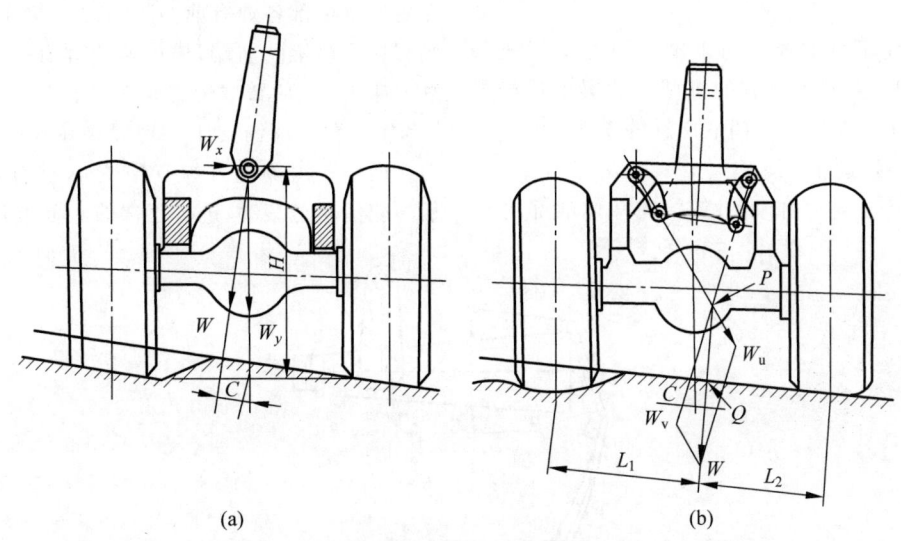

图 5-124　转向枢架和牵引机的连接示意图
（a）纵向单铰连接；（b）四杆机构连接

单轴牵引型铲运机的工作装置靠转向枢架与牵引机相连接，如图 5-125 所示。转向枢架由上下立轴、枢架体、水平轴等组成。枢架体 3 的下部带有向下的凹口，可通过水平轴 6 安装在牵引机后部的牵引梁 5 上。枢架体上部带有向后的凹口，可通过下立轴 1 和上立轴连接辕架曲梁前端的牵引座 2，这样就使铲运机和牵引机呈铰接状态，利于转弯。

(2) 辕架

辕架主要由曲梁（又称象鼻梁）和"门"形架两部分组成。图 5-126 所示为单轴牵引型铲运机的辕架。辕架由钢板卷制或弯曲成形后焊接而成。曲梁 2 为整体箱形断面，其后部焊在横梁 4 的中部。臂杆 5 亦为整体箱形断面，按等强度原则做变断面设计，其前部焊在横梁 4 的两端。辕架横梁在作业时主要受扭，故做圆形断面设计。连接座 6 为球销铰座。

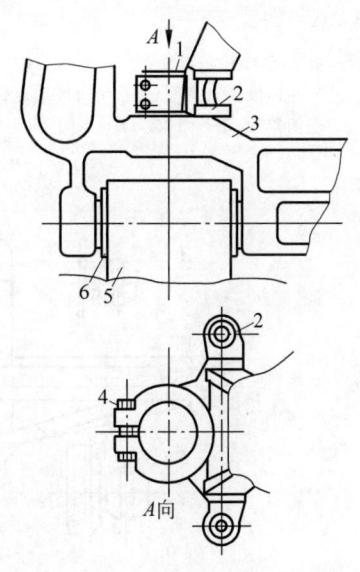

1—下立轴；2—辕架牵引座；3—枢架体；
4—固定螺栓；5—牵引梁；6—水平轴。

图 5-125　单轴牵引型铲运机转向枢架

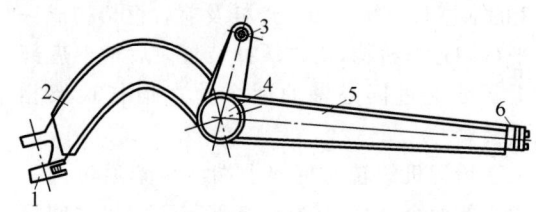

1—牵引座;2—曲梁;3—提斗液压缸支座;4—横梁;
5—臂杆;6—铲斗球销连接座。

图 5-126 单轴牵引型铲运机辕架结构示意图

其他机型的辕架与单轴牵引型铲运机的辕架均相似,只不过有的机型在曲梁上或横梁上多加了一个安装斗门液压缸的支架。

(3)铲运斗

铲运斗通常由斗体、铰接在斗体前部的斗门、做卸土板用的斗后壁等组成。

铲运机的前斗门如图 5-127 所示。由钢板及型钢成形后焊接而成。前斗门可绕球销连接座 2 转动,以实现斗门的启闭。斗门侧板 9 既可将斗门体和斗门臂 11 连为一体,又可加强斗门体的强度和刚度。

斗体的结构如图 5-128 所示,由钢板和型钢焊接而成,是具有侧壁和斗底的箱形结构。左右侧壁中部各焊有前伸的侧梁 3,铲斗横梁 2 则焊接在侧梁的前端,横梁两边焊有提斗液压缸支座 1。斗门臂球销支座 5、斗门液压缸支座 6 和辕架臂杆球销支座 7 均焊接在斗门侧壁 8 上。两侧壁内侧上方焊有导轨 4,以引导卸土板滚轮沿轨道滚动,进行正常的卸土作业。

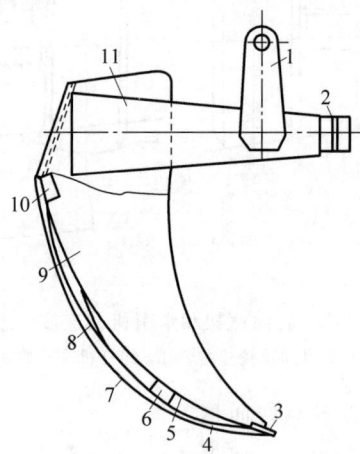

1—斗门液压缸支座;2—斗门球销连接座;3—扁钢;4,8—加强板;5—前壁;6,10—加强槽钢;
7—前罩板;9—侧板;11—斗门臂。

图 5-127 铲运机前斗门结构示意图

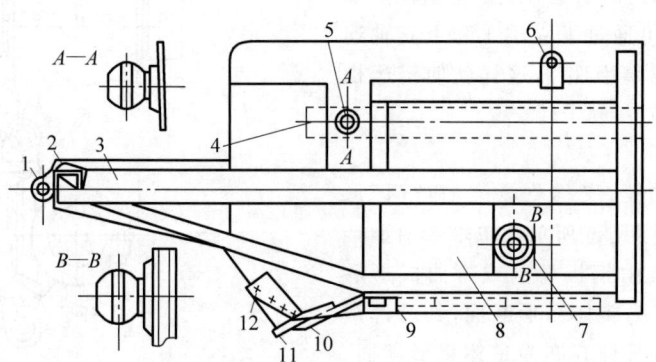

1—提斗液压缸支座;2—铲斗横梁;3—侧梁;4—内侧导轨;5—斗门臂球销支座;6—斗门液压缸支座;
7—辕架臂杆球销支座;8—斗门侧壁;9—斗底;10—刀架板;11—前刀片;12—侧刀片。

图 5-128 铲运机斗体结构示意图

铲运机的尾架如图 5-129 所示，它由卸土板和刚架两部分构成。卸土板为铲斗后壁，与左右推杆 8、上下滚轮 11 和 9 及导向架 3 焊为一体，可以在液压缸的作用下前后往复运动，以完成卸土动作。4 个限位滚轮 5 的支架焊在导向架 3 的后端，卸土时沿尾架上的导轨滚动。上滚轮 11 沿铲斗侧壁导轨滚动，下滚轮 9 沿斗底滚动。

门部分由斗门及斗门杠杆、斗门液压缸等组成，如图 5-130 所示。

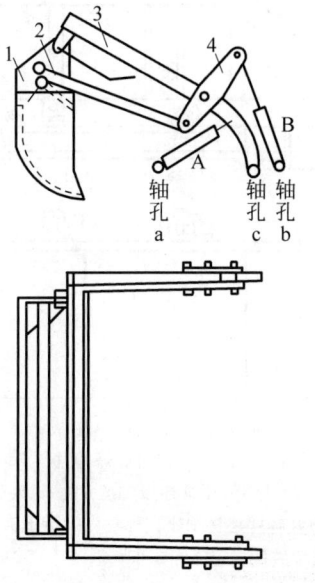

1—斗门；2—拉杆；3—斗门臂；4—摇臂。

图 5-130　斗门自装式铲运机斗门及斗门杠杆结构示意图

轴孔 a、b、c 分别与铲斗侧壁上的相应轴销连接，斗门运动由 A、B 两液压缸完成。A 缸活塞杆伸缩使斗门绕 b 孔转动而升降。B 缸活塞杆伸缩通过摇臂 4 和拉杆 2 使斗门收闭或张开。斗门收闭与上升是通过顺序阀控制连续完成的，而斗门张开与下降是通过压力阀控制而连续完成的，其液压换向控制将在液压系统中详细介绍。

斗门自装式铲运机的铲斗如图 5-131 所示。它主要由对称的左右侧板 6、前斗底板 3、后斗底板 13、后横梁 12 组焊成一体，此外两侧对称地焊上辕架连接球轴 9、斗门升降臂连接轴座 10、斗门升降液压缸连接轴座 8 和斗门扒土液压缸连接轴座 11、铲斗升降液压缸连接吊耳 5。铲斗前端的铲刀片 2、铲齿 1 和侧刀片 4 是装配式连接，磨损后可以拆换。斗底门撞块 7 的作用是当斗底活动门向前推动时，活动斗底门前端两侧的杠杆碰到撞块 7 后就关闭活动板。反之，斗底门后退，活动板打开。

斗门自装式铲运机的斗底门是一活动部

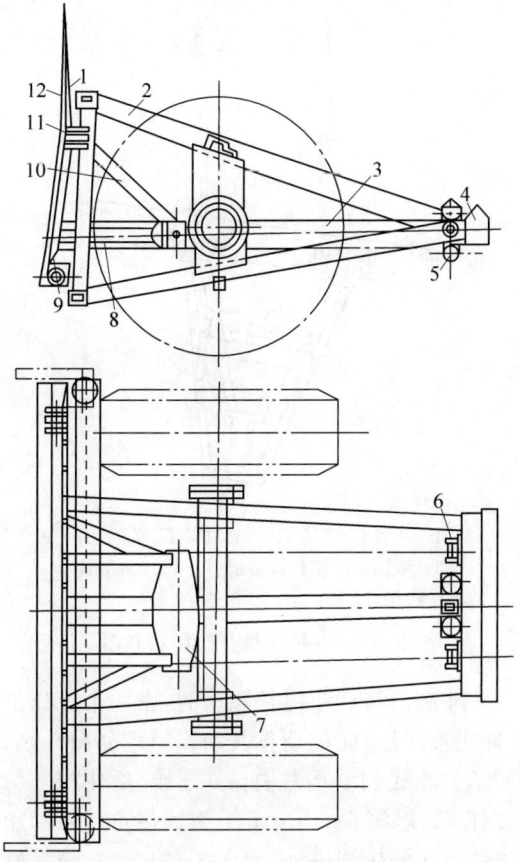

1—卸土板；2—钢架；3—导向架；4—顶推板；5—限位滚轮；6—液压缸后支座；7—液压缸前推座；8—左右推杆；9—下滚轮；10—上推杆；11—上滚轮；12—推板。

图 5-129　铲运机尾架结构示意图

刚架 2 为一立体三角架，与斗体后部刚性连接，铲运机的后轮支承在刚架上。刚架后端的顶推板 4 可供其他机械助铲用。两只卸土液压缸安装在前推座 7 和支座 6 之间，以实现卸土板前后方向的推移，完成卸土。

斗门自装式铲运机利用斗门的扒土运动实现将铲斗刃切削下的土装入铲斗内。其斗示,两组 V 形杠杆在上端用同一轴心的两铰接销连接,下端销轴分别与斗底板和后斗门铰接。两 V 形杠杆在中间上的孔则分别与液压缸的活塞杆和缸体连接。

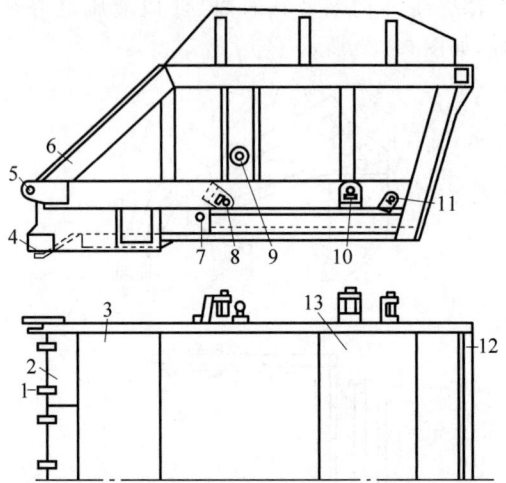

1—铲齿;2—铲刀片;3—前斗底板;4—侧刀片;5—铲斗升降液压缸连接吊耳;6—侧板;7—斗底门撞块;8—斗门升降液压缸连接轴座;9—辕架连接球轴;10—斗门升降臂连接轴座;11—斗门扒土液压缸连接轴座;12—后横梁;13—后斗底板

图 5-131　斗门自装式铲运机铲斗结构示意图

件,如图 5-132 所示,它由 4 个悬架轮系挂在铲斗两侧的槽子内。轮轴是偏心的,可以调整与铲斗底板的间隙。斗底板的前部是一个活动板 1,可以转动。推拉杆 4 与铲运机后面的推拉杠杆连接。斗底门的作用主要是卸土,活动板 1 在卸土时可以刮平卸下的土。在铲运过程中,活动板在斗体上的碰撞块的作用下关闭。后斗门也是铲斗的卸土板。

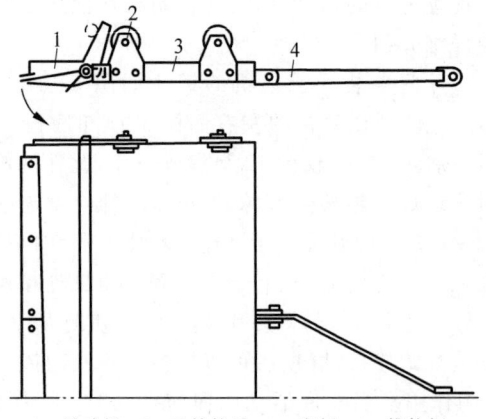

1—活动板;2—悬挂轮系;3—底板;4—推拉杆

图 5-132　斗底门结构示意图

推拉杠杆是两组 V 形杠杆,如图 5-133 所

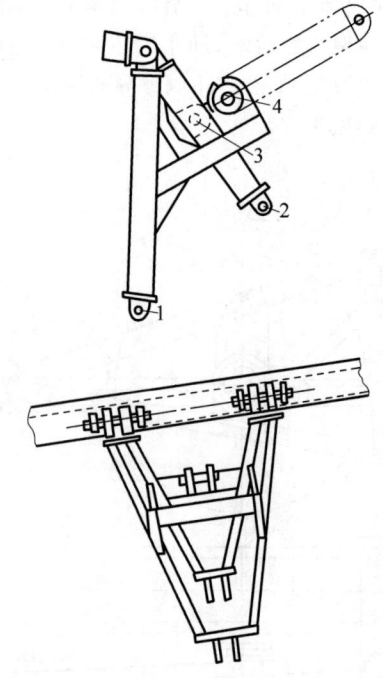

1—斗底门铰接孔;2—后斗门铰接孔;3—液压缸活塞杆铰接销;4—液压缸缸体铰接销

图 5-133　推拉杠杆结构示意图

斗底门与后斗门是联动的,由一个液压缸(卸土液压缸)完成动作其动作原理如图 5-134 所示。斗底门 2 与杠杆 a-e 连接,后斗门 3 与杠杆 a-d 连接。a、b、c、d、e 为铰接点。当卸土液压缸 4 的后端进油时(图 5-134(a)),液压缸的缸体向右移,这时它就拉动 a-e 杠杆向右,斗底门打开。同时活塞杆通过 b 点推动 a-d 杠杆向左移,后斗门向左把土推到卸土口。液压缸 4 的前端进油时(图 5-134(b)),a-e 杠杆把斗底门 2 向左推(关闭卸土口),同时 a-d 杠杆把后斗门向右拉(回到铲斗的后端)。在这一联动过程中,由于斗底门 2 的移动力小于后斗门 3 的移动力,所以斗底门总是先动,后斗门后动。

(4) 其他形式铲运机的工作装置

① 履带自行式铲运机的工作装置。履带

自行式铲运机是将铲运斗直接安装在两条履带中间,铲运斗也当作机架用,前面装有辅助推土板,后部装发动机和传动装置。上部是驾驶室,驾驶员座位横向安放,以便前后行驶时方便观察。铲运斗后部经后轴铰接在左右履带架上,两侧经铲斗液压缸和铰支承在履带架上。左右铲斗液压缸油路连通时可保证履带贴靠在不平地面上。其工作装置如图5-135所示。装土时,铲运机向前行驶,开启斗门并降下斗体底部的切土刀片将土铲起,土被强行挤入铲斗。铲斗装满后,将斗提起并关闭斗门,斗中土即可运送到卸土场卸出。卸土时可按要求铺土层的厚度,将斗体置于某一高度,开启斗门,前移铲斗后壁,将土强行挤出。

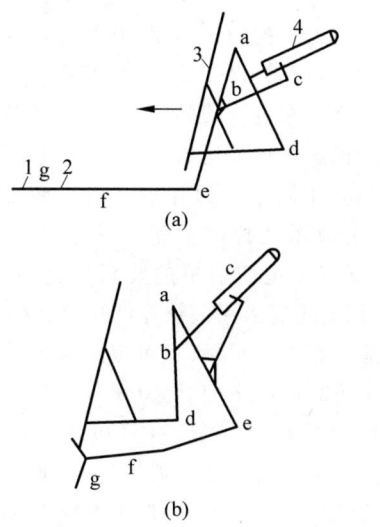

1—活动板;2—斗底门;3—后斗门;4—卸土液压缸。

图5-134 卸土工作原理

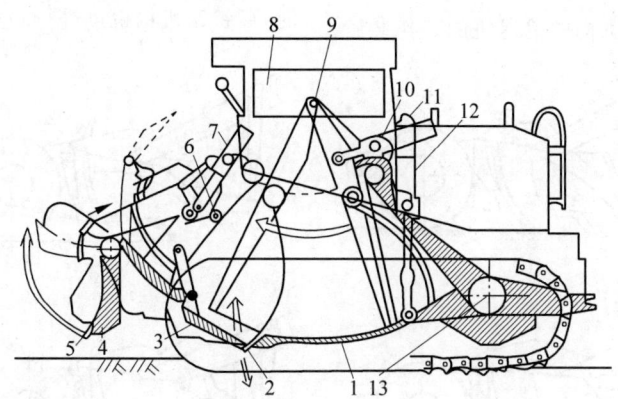

1—铲斗;2—刀片;3—活动斗门;4—推土板;5—刀片;6—斗门支点;7—斗门液压缸;8—驾驶室;9—活动后斗壁支点;10—活动后斗壁液压缸;11—缓冲储气筒;12—铲斗液压缸;13—铲斗支点。

图5-135 履带式自行铲运机工作装置示意图

② 链板装载自行式铲运机的工作装置。链板装载自行式铲运机是铲运斗前部刀刃上方装链板升送装置,用以将铲运斗刀刃切削下的土输送到铲斗内,以加速装载过程和减少装土阻力,故可单机作业,不用推土机助铲。链板装载自行式铲运机因安装了升运装置而无法设置斗门,因此,适用于运距短、路面平坦的工程。由于其前方斜置着链板升送器,故多采用抽底式卸载方式。

③ 串联作业的自行式铲运机工作装置。这种工作装置的原理是在两台自行铲运机的前后端加装一套牵引顶推装置,以实现串联作业。当前铲运机铲土作业时,后机为助铲机;当后铲运机铲土作业时,前机可给后机强大的牵引力,从而使铲土时间大大缩短,降低土方成本。其工作情形如图5-136所示。

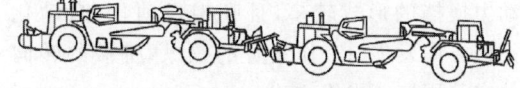

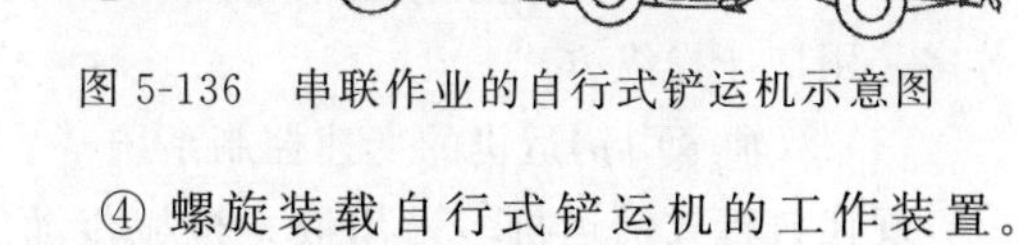

图5-136 串联作业的自行式铲运机示意图

④ 螺旋装载自行式铲运机的工作装置。这种铲运机是在铲运斗中垂直安装一个螺旋装料器,如图5-137所示。它把标准式铲运机与链板铲运机结合起来,结构简单,更换迅速,

易于在一般铲运机上改装。螺旋装料器有一套独立的液压系统,包括液压泵、液压马达、冷却器、滤油器、压力油箱及电子气动控制器。轴向柱塞液压马达经一个行星齿轮减速器驱动螺旋旋转,转速为35～50 r/min,它把刀刃切削下来的物料提升起来并均匀地撒在整个铲斗内。液压系统采用高压小流量,可在一定转速范围内获得较大转矩。

带有双铲刀机构的铲运机,其铲斗的结构特点是在铲斗后部另设一装料口,并在料口沿整个铲斗宽度装有直刀刃的第二铲刀,故称为双铲刀铲运机。这种铲运机可用前铲刀单独作业,也可同时用两个铲刀作业。当用两个铲刀作业时,用液压缸控制后铲刀相对于固定铰摆动,打开有一定切削角的装料口,铲刀切入土表面,同时土进入后部铲斗(图5-138(a)),前后铲刀能处在同一水平,也可以处在不同的水平面。也可只用前铲刀铲装(图5-138(b)),此时关闭后部装料口,铲运机可按传统的方式作业。关闭前斗门和后铲刀机构,便形成重载运输状态(图5-138(c))。在液压系统中,控制铲刀机构的液压缸和油管之间装有液压锁,以保证后铲刀机构在举升运输时可靠地关闭。卸土时,后铲刀机构也可进行卸土(图5-138(d))。

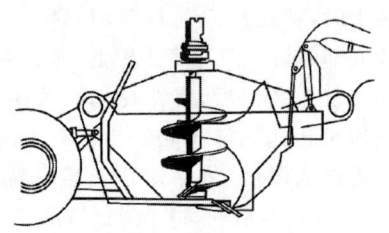

图5-137　螺旋装载自行式铲运机示意图

⑤ 带有双铲刀机构的铲运机的工作装置。

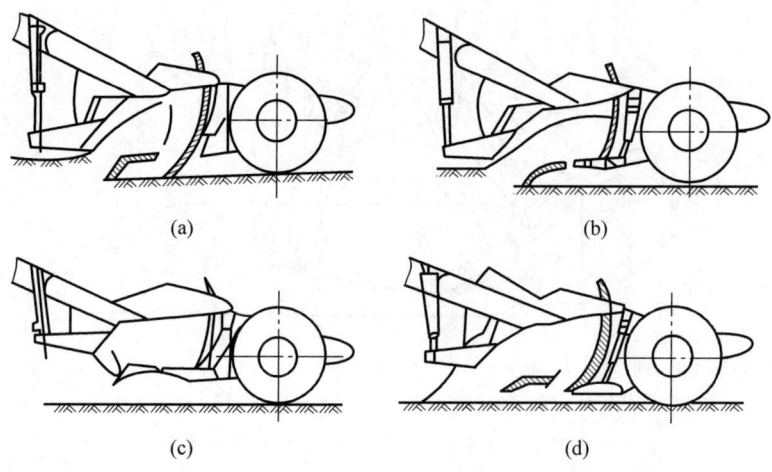

图5-138　双铲刀铲运机工作循环示意图
(a)用双铲刀铲切土；(b)用前铲刀作业；(c)运输状态；(d)卸土作业

5)操纵与控制系统

轮胎式自行铲运机的变速器采用多挡位,动力换挡的形式较多,且朝半自动化、自动化换挡方向发展;工作装置的操纵、机械的转向等多采用液压操纵方式。

(1)双轴牵引铲运机的变速控制系统

现代自行式铲运机多采用液力机械传动。自行式铲运机的液力机械变速控制系统主要指动力变速器、变矩器及闭锁离合器的操纵机构和电液系统。

① 自动换挡系统的基本组成。自动换挡系统有液压式和电液式两种形式。其基本组成如下:

(a)供油系统。供油系统由油滤器、液压泵、变矩器、减压阀、背压阀、定压阀、锁止阀、顺序阀、冷却器等组成。

(b)执行机构。执行机构由5个制动器和2个离合器及闭锁离合器组成。制动器和离合器不同组合的接合,可构成变速器的8个前进挡和1个倒挡。

（c）换挡控制机构。换挡控制机构实际上是一个由计算机控制的开关电路，它以速度传感器、油门开度电位计的电信号为依据，接收机械的行驶状况参数；再根据变速选择器的电信号，自动计算合适的换挡时刻。换挡时向相应的电磁阀通电，使换挡阀动作而接通主压力油与执行离合器的油路，接合相应的挡位。系统设有先导控制油路，形成电磁阀控制先导控制油路，先导控制油路再控制换挡阀的动作。变矩器上的闭锁离合器受电磁阀信号的控制，电磁阀控制的先导控制油路使闭锁阀动作，从而接通或切断压力油通往闭锁离合器的油路，使闭锁离合器闭锁或解锁。

（d）信号转换系统。在电液式自动换挡系统中，速度传感器和油门开度电位计将车辆行驶状态参数转换成电信号送至计算机或电子控制机构，定位器和变速选择器也同样将相应的其他选择参数变为电信号输入。换挡控制过程如图5-139所示。

② 自动变速器控制系统原理。自动变速器控制系统的主要任务是自动改变传动系的传动比，即根据外负荷的变化情况自动换挡。具体地讲，就是对变矩器的闭锁离合器、变速器等的自动控制。自动变速器控制系统的传递路线如图5-140所示。动力的传递路线由发动机到变矩器、变速器至终传动。控制系统包括速度传感器、定位传感器、变速控制器（内装计算机）的各电磁阀及执行元件。依据从速度传感器送来的脉冲信号及变速杆位置信号，计算机通过驱动电路驱动相应的变速器电磁阀，利用电磁阀控制先导控制油路，进而控制换挡阀进行换挡。

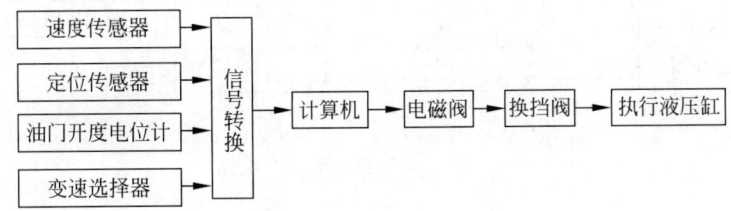

图5-139 换挡控制简图

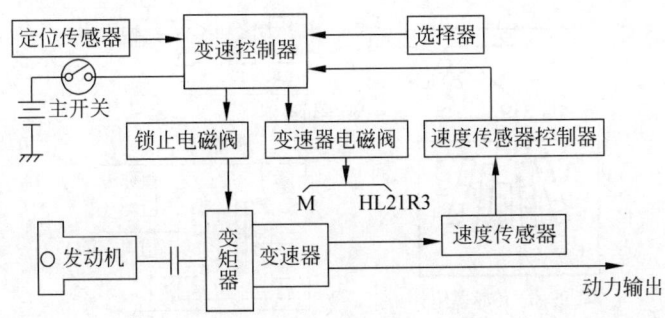

图5-140 控制系统的传递路线

③ 自动换挡计算机控制系统。自动换挡计算机控制系统的组合电路如图5-141所示，它由计算机印刷电路板组件和变速选择器印刷电路板两部分组成。

组合体1：产生+5 V、+12 V、+24 V的直流稳压电源，并具有对电路中反常电压的探测及保护电路的作用。输入电压超过19～32 V范围时，电路断开，防止高、低电压输入。

组合体2：用来记录速度传感器控制器传来的信号，并区别定位传感器、油门传感器、变速器传感器等所有来自车辆的传感器信号，同时将信息送至计算机（组合体4）中。

组合体3：输出驱动电路，它按照计算机发出的命令，对变速器电磁阀及变矩器闭锁电磁阀进行动作控制。

组合体4：是控制器的大脑，它包括1个

中央处理机(CPU)、1个只读存储器(ROM,具有 24 KB 的信息组)和周边电路。单片微型计算机还包括 1 个随机存取存储器(RAM)、振荡器电路和用于计算机工作时的其他电路。

组合体 5：工作电压＋5 V、1 MHz 的时钟。这个正时器在速度传感器脉冲计数中作标准计时使用,同时用于变速时不可能计数的时间和闭锁延迟时间的控制。

变速选择器结构和光学原理如图 5-142 所示。此电路包括 5 个光电管,用于探测变速选择器手柄在 R、N、3、2、1 哪一个位置上,它实际上是由发光二极管和光敏接收元件组成的变速范围选择器。

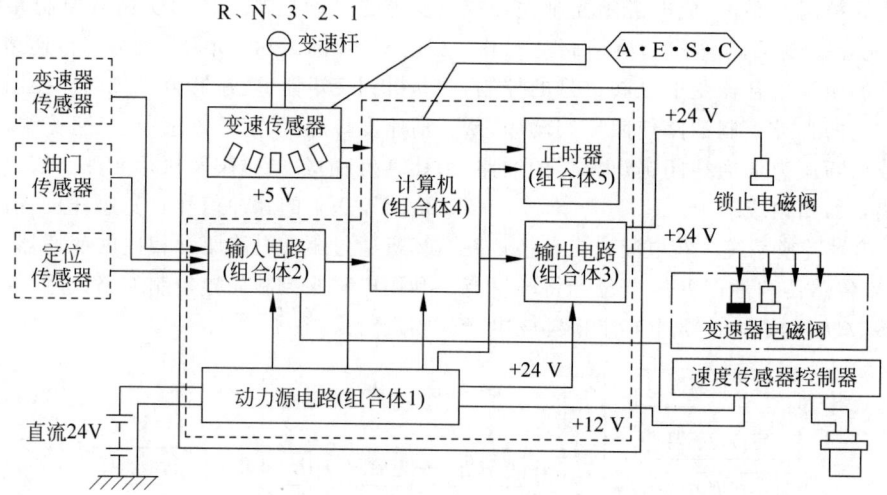

图 5-141　变速控制器组合电路

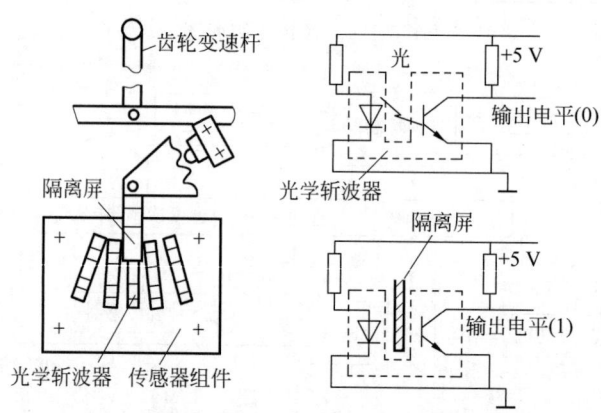

图 5-142　变速选择器结构与光学斩波器工作原理示意图

隔离屏用于遮挡来自发光二极管的光束,使各光电管元件处于"接通"或"断开"位置。它与选择器手柄相连并一起动作。当隔离屏没有隔断来自发光二极管的光源时(选择器未在接通位置),光敏管接收发光二极管的光而导通,此时输出电平为零电平。若选择器手柄接通某一位置,即隔离屏隔断来自发光二极管的光源,相应的光敏管截止,则输出电平为高电平。如果选择器手柄在 R 位,则 R 位的光敏管被隔离遮挡无法接收发光二极管发出的光速而截止,R 位的输出电平为 1,其余 N、3、2、1 位的输出电平为 0。选择器手柄在 N、3、2、1 位时同理。

表 5-1 为控制器的速度计及相应操作的电磁阀、离合器。

表 5-1 控制器操作的电磁阀及相应离合器

速度级	F8	F7	F6	F5	F4	F3	F2	F1	N	R
操作电磁阀	H	O	H	O	H	H	L	L	O	L
	3	3	2	2	1	1	2	1	O	R
	D	D	D	D	D	D	D	O	O	O
离合器	H	M	H	M	H	M	L	L	M	R
	3 rd	3 rd	2 nd	2 nd	1 st	1 st	2 nd	1 st	O	L

注：O 表示不操作电磁阀及离合器。

④ 自动换挡的液压系统。自动换挡液压系统如图 5-143 所示，由供油系统、电控液系统及换挡执行机构组成。

供油系统由先导油路循环系统、换挡主油路、变速器油路和闭锁离合器油路组成。

（a）先导油路循环系统：在压力油输入顺序阀 6 之前，把油导入变速控制阀（各电磁阀 D、H、L、3、2、1、R 及相应的滑阀）中。先导油路的压力控制为 800 kPa，由定值减压阀 19 调定。先导油路将压力为 800 kPa 的压力油作用在各换挡滑阀上，以保证换挡阀工作圆滑，能平稳、快速地换挡。

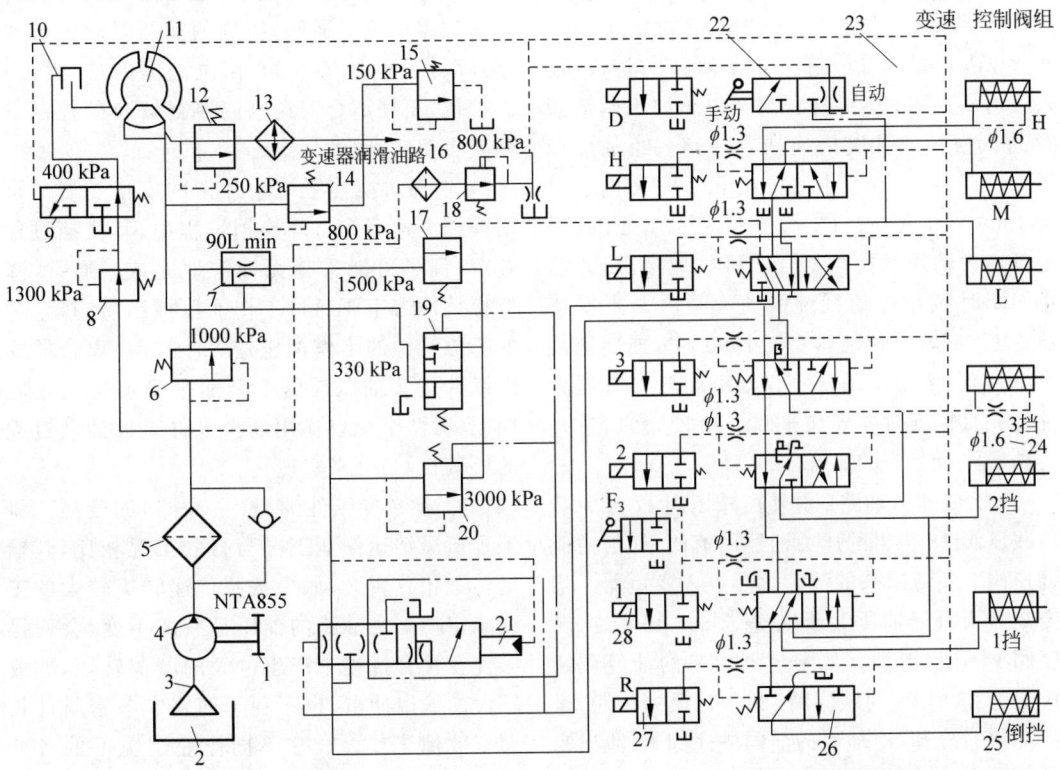

1—驱动齿轮；2—油箱；3—吸油器；4—液压泵；5,16—滤油器；6,12,14—顺序阀；7—溢流调速阀；8,18—减压阀；9—闭锁二位三通阀；10—闭锁离合器；11—液力变矩器；13—冷却器；15—溢流阀；17—外控减压阀；19—回流阀；20—无载荷减压阀；21—先导加压调节阀；22—闭锁双向阀；23—变速器控制阀组；24—换挡离合器；25—换挡制动器；26,27—电液换向阀；28—手动阀。

图 5-143 变矩器和变速器液压系统示意图

为了保证先导油路油压不变（即使主要循环管路的油压下降），液压系统中采用压力顺序阀。压力顺序阀在主要循环系统中的油压下降至 1000 kPa 时，切断流入主要循环系统的油路，即切断去变矩器和变速离合器的油路。图 5-145 中顺序阀 6 的开启压力为 1000 kPa，进口压力控制。油压下降至 1300 kPa 时，切断去闭锁离合器的油路（定值减压阀 8 的开启压力为 1300 kPa，出口压力控制，一般进口压力大于 1300 kPa）。这样，就保证了压力油优先输入先导油路中去。因此，在先导油路减压阀 8 的出口处油压总是保持在 800 kPa（进口压力可大于 800 kPa）。

(b) 换挡主油路：进入顺序阀 6 的压力油经过溢流调速阀 7（流量为 90 L/min）后，一部分经外控减压阀（外控至 1500 kPa）或无载荷减压阀 20（入口压力控制和外控，设定压力为 3000 kPa，与外控减压阀 17 在油路中并联）进入液力变矩器；另一部分则经先导加压调节阀 21 进入换挡阀控制的换挡主油路。经过外控压力的调节，可以使主油压在 F3～FR 挡位时为 1500 kPa，R、F1、F2 挡位时为 3000 kPa，保证低速大转矩时换挡离合器可靠地接合，高速小转矩时减小传动系统的功率损失。当变速器在 F3～F8 挡位油压小于 1500 kPa 或变速器在 R、F1、F2 挡位油压小于 3000 kPa 时，压力油优先直接通过先导加压调节阀 21，然后进入换挡滑阀及相应的离合器。

(c) 变速器油路：由外控减压阀 17 或无载荷减压阀 28 流出的压力油经回流阀 19 与溢流调速阀 7 溢流出来的油汇合后进入变矩器。当变矩器入口处油压大于或等于 800 kPa 时，顺序阀 14 开启泄油。从变矩器出来的油经调定压力为 250 kPa 的顺序阀 12（入口压力控制）进入冷却器冷却，冷却后的油同顺序阀 14 泄出来的油汇合后，进入变速器润滑系统，对变速器中的齿轮、轴承、离合器摩擦片等进行润滑，当变速器润滑系统的油压超过 150 kPa 时，油液经开启的溢流阀 15（调定压力 150 kPa）流回油箱。

(d) 闭锁离合器油路：压力油在进入顺序阀 6 之前，根据需要可经定值减压阀 8（1300 kPa，出口压力控制）减压后，到外控闭锁二位三通阀 9（外控压力为 400 kPa），若闭锁三位三通阀为闭锁位（图 5-143 所示右位）时，减压后的压力油进入闭锁离合器。这里，定值减压阀 8 采用出口压力控制是为了满足闭锁离合器的工作需要，做到接合平稳，且具有足够的压力，保证力矩可靠传递，同时分离彻底，防止离合器在半接合状态下工作。

电控液系统为计算机控制的 H、L、2、1、R 及 D 电液控制阀组，电液控制阀控制先导油路中的压力油使换挡滑阀换位，主压力油进入换挡执行机构接合相应的离合器。

换挡执行机构为变速器中的 5 个制动器和 2 个离合器，它们均采用接合柔和的多片湿式离合器。电液控制阀 D 控制的闭锁先导油路与其他每一个电液控制阀（电磁阀与其控制的先导油路二位二通阀）控制的换挡滑阀先导油路并联，只要在 F2～F8 挡位范围内自动换一次挡位，闭锁离合器在电液控制阀 D 的控制下则要各解锁、闭锁一次。

⑤ 预防换挡系统中冲击的安全装置。自动换挡变速器在自动换挡过程中，其换挡过程要短，且尽可能平稳无冲击地完成。通常，降低换挡冲击主要通过工作油压控制（选择合适的摩擦元件的工作油压）、缓冲控制（离合器等操纵件接合油压缓慢上升而平稳接合）、定时控制（对两个交替作用的操纵件充放油液过程的协调控制）等来实现。

⑥ 换挡操纵件油路（主油路）的变压。将工程机械铲运作业工况与行驶工况相比，其输出转矩相差较大，如果按照传递转矩较大的工况确定换挡主油路的油压且一成不变，会使操纵件在接合过程中产生过大的摩擦转矩，形成较大的输出冲击，也不利于油路中各密封件长期有效地工作。故在不同作业工况下的各变速器工作挡位，操纵件的接合油压应有所不同。目前，自动换挡液压系统均有不同方式的主油路变压功能。

⑦ 应急行驶。应急行驶挡位对采用电液控制的自动换挡系统的工程机械和运输车辆来讲是必需的。铲运机的 F3 挡手动行驶是应

急行驶挡位。在发生电气故障,所有电液控制阀停止工作时,用手动阀28将车辆行驶速度挂在F3挡位,使车辆能返回场地或修理厂。此时制动器M接合,制动器1st由于手动阀控制接合。其换挡过程如下：将手动阀28用手动移到左位,换挡滑阀因压力差左移换至右位而接通去制动器1st的压力油路,制动器1st接合(制动器M常接合),实现变速器手动F3挡位。

在手动F3挡位应急行驶时,车辆既可以在机械式传递发动机动力到变速器工况下工作,也可以在变矩工况或耦合工况下工作。这是因为闭锁双动阀22在右位(自动控制位)时,先导油压将闭锁二位三通阀9移至左位,闭锁离合器解锁,动力由发动机传递到变矩器,经变矩或耦合后传到变速器；当闭锁双动阀手动换至左位(手动位)时,先导油路被切断,闭锁双动阀出口至闭锁二位三通阀9之间的油泄回油箱,闭锁二位三通阀在弹簧力的作用下移至右位,闭锁油路接通,闭锁离合器接合,发动机的动力经机械式直接传递到变速器。

(2)铲运机牵引机的变速控制系统

牵引机变速器的液压控制系统可分为两部分：一是自动控制系统,二是变速控制系统,如图5-144所示。自动控制部分包括调压阀组26、操纵阀组10、切断阀组11及液压调节器12等；手动变速控制部分包括压力控制阀组35(主减压阀组33、减压阀组36)和变速换挡阀组6等。

液压调节器12装在齿轮箱壳体上,经轴接到变速器的输出轴上。其内部有3个阀,质量各不相同。随着输出轴转速升高,在离心力的作用下,这3个阀从调节器中心向外移动。因为质量不同,阀是在输出轴不同转速之下移动,从而输出一定压力的油液,导致操纵阀组的自动控制阀作用,实现变速器液压控制换挡(加挡或减挡)。

来自液压泵37的压力油通过减压阀23及挡位保持阀24送入液动阀8的活塞两端。当活塞两侧的油口R～⑧(活塞堵住的油口除外)与回油路没有接通时,活塞受力平衡,阀杆保持不动,变速器挡位不变。如果活塞某侧的一个油口(例如①口)与回油路接通时,则活塞该侧压力下降,另一侧压力油推动活塞移动(左移)。当活塞移动堵住该油口时,活塞达到新的平衡状态。活塞的移动通过连杆带动变速换挡阀组变位,实现换挡。

铲运机液力变矩器和变速器液压控制系统如图5-145所示。工作液压泵12输出的压力油分4路：①输入电磁同步阀17可进入变矩器补油,并可输入液力减速器和润滑冷却油路；②输入同步阀16后,一路再进入调压阀19向变矩器补油等油路,另一路进入换向阀5和6；③输入换挡电磁阀9和10；④输入主控制阀18,可进入换向阀6。进入换向阀的油路是在电磁阀的控制下使整个铲运机牵引机变速器与铲运机部分变速器实现同步工作。

牵引机变速器与铲运机变速器必须同步,其电路控制系统如图5-146所示。该系统有如下作用：①控制牵引机变速器与铲运机变速器实现同步换挡；②当牵引机变速器与铲运机变速器不同步时,使铲运机液压控制系统中进入变速换挡离合器的压力油被切断,并报警；③不需要双发动机驱动时,铲运机变速器可置于空挡。

6)工作装置的液压操纵系统

斗门自装式铲运机工作装置的液压系统如图5-147所示。它主要由手动控制和自动控制两大部分组成。

斗门液压工作原理：液压泵输出油先流经二位四通电液切换阀6,此阀不通电时,油液进入手动三联多路阀7,该阀的3个手柄都处于中位时,油液直接回到油箱,形成卸荷回路。手动阀c左移,压力油就进入顺序阀15和同步阀17。由于顺序阀15的调定压力为7 MPa,所以压力油先经同步阀17进入斗门开闭液压缸13、14的下端,活塞上移,斗门收拢扒土。开闭液压缸13、14的活塞上移到顶,油压增高到大于7 MPa时,压力油冲开顺序阀15,进入斗门升降液压缸20、21的下端,使活塞上移,带动斗门上升。斗门上升到顶后,将手动阀c换向,压力油就先后进入液压缸13、14及20、21的上端,由于液压缸20、21上端的进油要经过顺序阀19,所以压力油先进入液压缸13、14的上端,

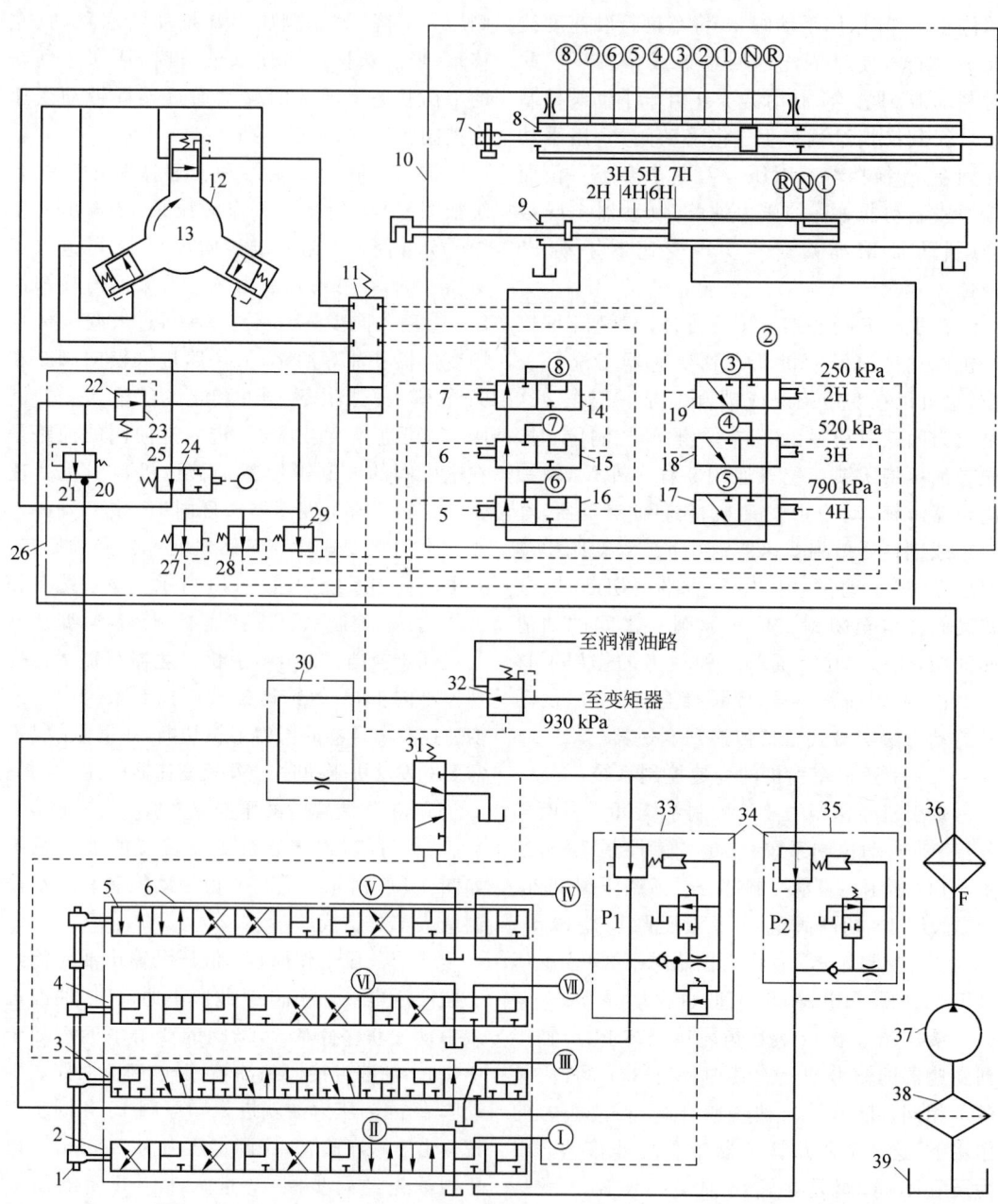

1—连杆；2~5—离合器换向阀；6—变速换挡阀组；7—转轴；8—液动阀；9—手动阀；10—操纵阀组；11—切断阀组；12—液压调节器；13—旋转电极；14~19—自动控制阀；20、22、25—调压螺钉；21—顺序阀；23—减压阀；24—挡位保持阀；26—调压阀组；27~29—基准油压减压阀；30—节流阀；31—切断阀；32—变矩器减压阀；33—主减压阀组；34—压力控制阀组；35—减压阀组；36—油冷却器；37—液压泵；38—滤清器；39—油箱；2H~7H、N、R、①~⑧—对应油路接头；Ⅰ~Ⅶ—各换挡离合器；P_1、P_2、H、F—测压孔。

图 5-144 牵引机液力变矩器变速器液压控制系统示意图

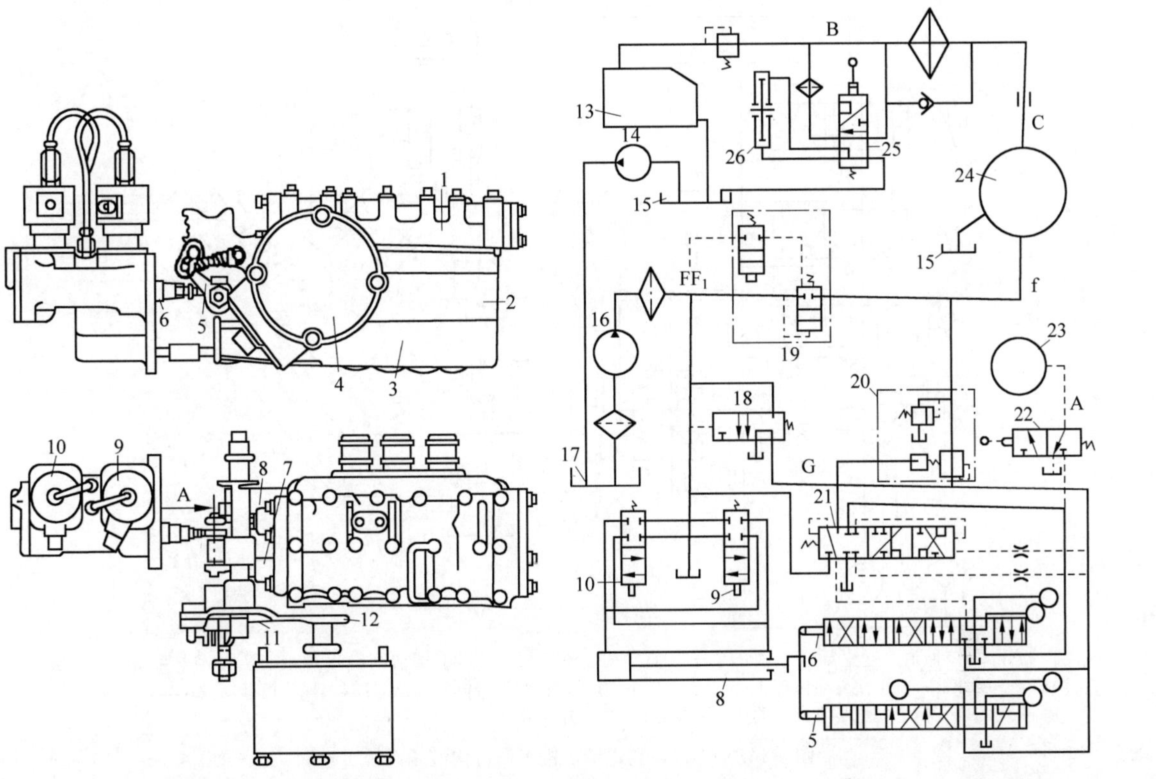

(a) 外形；(b) 液压控制系统

1—压力控制阀组；2—变速换向阀组；3—同步阀；4—旋转电极开关；5—连杆；6—液动阀；7—Ⅲ、Ⅳ、Ⅴ号离合器换向器；8—Ⅰ号离合器换向器；9—低挡换向阀；10—高挡换向阀；11—棘爪（未示出）；12—棘轮（未示出）；13—变速器润滑；14—回液压泵；15—变速器油室；16—工作液压泵；17—液压油箱；18—同步阀；19—电磁同步阀；20—调压阀；21—主控制阀；22—减速闭锁离合器气控阀；23—减速闭锁离合器；24—液力变矩器；25—减速器气控阀；26—液力减速器；A、B、C、f、G—测压孔。

图 5-145 铲运机液力变矩器和变速器液压控制系统示意图

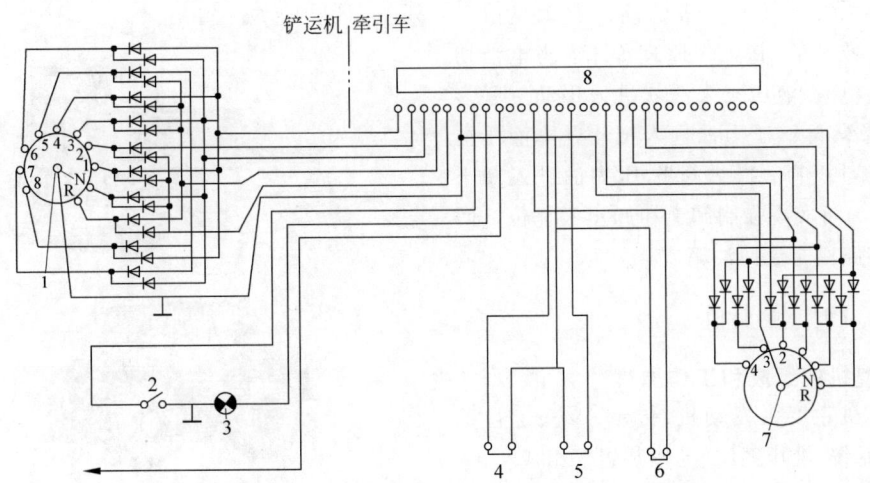

1—牵引机旋转开关；2—空挡/启动开关；3—不同步指示灯；4—换高挡电磁阀接线柱；5—换低挡电磁阀接线柱；6—电磁同步阀接线柱；7—铲运机旋转开关；8—微型计算机。

图 5-146 牵引机铲运机变速器同步换挡控制系统示意图

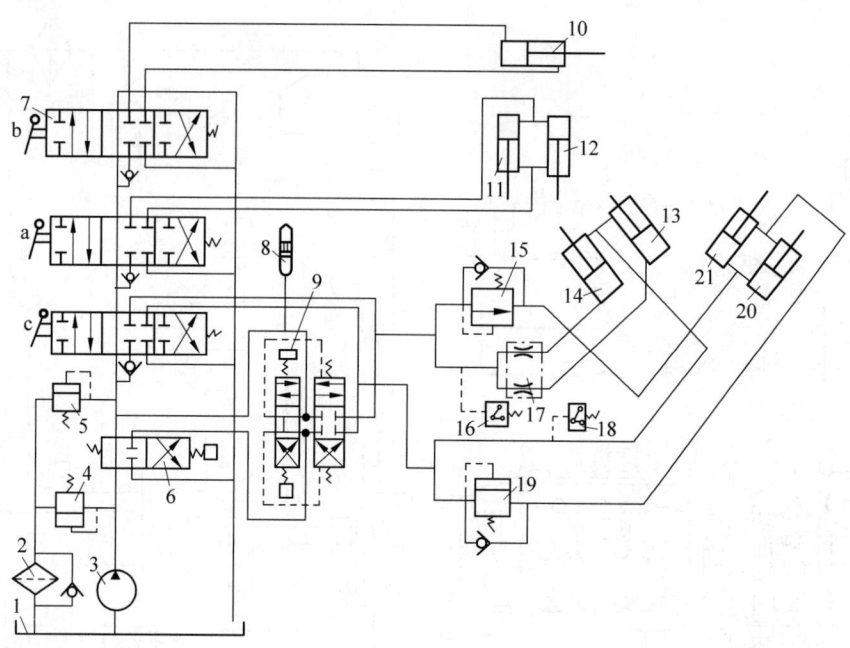

1—油箱；2—回油路过滤器；3—液压泵；4—直动式溢流阀；5—先导式溢流阀；6—电液切换阀；7—手动三联多路阀；8—缓冲器；9—电液换向阀；10—卸土液压缸；11,12—铲斗升降液压缸；13,14—斗门开闭液压缸；15,19—顺序阀；16,18—压力继电器；17—同步阀；20,21—斗门升降液压缸。

图 5-147 斗门自装式铲运机工作机构液压系统示意图

活塞下移，斗门张开。当此活塞下移到底后，液压缸13、14的上端油压增高，当油压大于2 MPa时，进油就冲开顺序阀19进入液压缸20、21的上端，液压缸20、21的活塞下移，斗门下降。由于顺序阀的作用，手动阀c每一次换向，斗门就可完成扒土→上升或张开→下降两个动作。

铲斗的升降及卸土板的前后移动是由手动阀a、b控制的，其工作原理如下：当电液切换阀不通电时，液压泵来油就进入手动三联多路阀7，操纵阀a，压力油进入铲斗升降液压缸可实现铲斗升降；操纵阀b，压力油进入卸土液压缸10，可实现强制卸土和卸土板复位。回油均从多路阀7流回油箱。

5.1.19 推土机

1. 整机的组成和工作原理

推土机主要由发动机、传动系统、走行系统、制动系统、液压系统、工作装置等组成。

推土机的一个工作循环由铲土、运土、卸土和空回4道工序组成。发动机的动力经过传动系统，驱动底盘车辆行驶。推土机作业时，推土铲切入土壤一定深度，对土壤边切削边推运，完成推土作业，推土到达指定地点后停止行驶，提升推土铲，完成卸土作业，然后快速后退到铲土位置，完成返回，继续下一个工作循环。操纵升降液压缸可以控制推土铲的切入深度。推土机主要分为履带式和轮胎式两种，如图5-148所示。

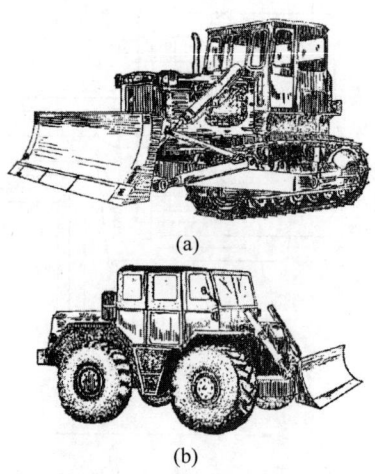

图 5-148 推土机的外形
(a) 履带式推土机；(b) 轮胎式推土机

2. 主要系统和部件的结构原理

1）发动机

履带式推土机均采用四冲程柴油发动机，一般为4缸机、6缸机或8缸机，如4105、6112、6114、6121、6135、855等型号。

2）传动系统

履带式推土机采用液力机械式传动系统，作用是将动力装置的驱动力传递到推土机的驱动轮上，并改变动力装置与驱动轮之间的传动比及转矩、动力传递方向，保证推土机工作时有足够的牵引力和合适的工作速度。这种传动系统主要由液力变矩器、变速器和后桥等组成。其后桥又由中央传动、转向离合器及转向制动器、最终传动装置组成。其主要结构如图5-149所示。

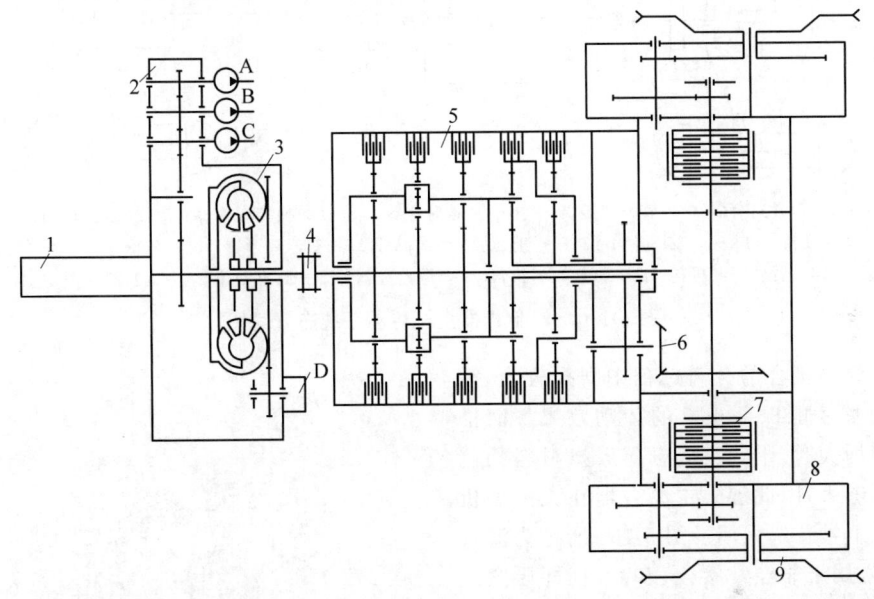

1—发动机；2—动力输出箱；3—液力变矩器；4—联轴器；5—动力变速器；6—中央传动装置；7—转向离合器与制动器；8—最终传动装置；9—驱动链轮；A—工作装置液压泵；B—变矩器与动力变速器液压泵；C—转向离合器液压泵；D—排油液压泵。

图5-149 推土机液力机械式传动系统布置简图

轮胎式推土机采用液力机械式传动系统，为中等功率的液压操纵式推土机。传动系统采用了液力变矩器、定轴式动力换挡变速器和行星齿轮式轮边减速装置；驱动方式为前后双轴驱动，前桥为转向驱动桥。传动系统布置如图5-150所示。

发动机的动力经液力变矩器3和动力换挡变速器5传到前、后传动轴12和19，然后分别再由前、后驱动桥9和21的传动机构（差速器20、10和轮边减速器8）驱动前、后轮转动。

传动系统中的锁紧离合器2的功用是，当推土机在良好道路上行驶时，操纵锁紧离合器处于接合状态，将变矩器的主动件泵轮和从动件涡轮轴锁为一体，使变矩器失去变矩作用，从而变成机械式传动（机械式传动比液力机械式传动的效率高）。当推土机作业或在路况较差的道路上行驶时，让离合器处于分离状态，使变矩器恢复变矩功能，以适应复杂多变的工况。

传动系统主要部件结构原理如下。

（1）主离合器

主离合器的功用是：临时切断动力，便于换挡；使推土机平稳起步；使发动机空载启动；防止传动系统其他零件过载；利用其半接合状态使推土机微动。

主离合器有干式和湿式两种。干式主离

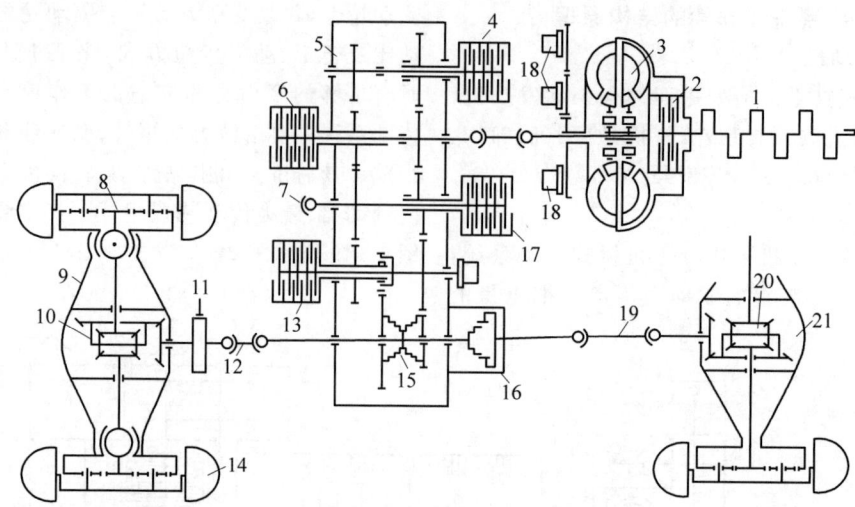

1—发动机；2—锁紧离合器；3—液力变矩器；4,6—换向离合器；5—动力换挡变速器；7—绞盘传动轴；8—轮边减速器；9—前驱动桥；11—驻车制动器；12,19—前、后传动轴；13,17—变速离合器；14—车轮；15—高、低挡变换器（滑动齿套）；16—后桥脱开机构；18—液压泵；20,10—普通差速器；21—后驱动桥。

图 5-150 轮胎式推土机传动系统布置简图

合器在频繁的接合与分离过程中磨损较大，需要经常调整才能保证正常的传动效果。而推土机功率增大时，干式主离合器摩擦材料的抗压强度不够大，因此湿式主离合器在大中型机械推土机上被普遍采用。图 5-151 所示为湿式主离合器，属于非经常接合、多片、杠杆压紧式的主离合器。

主动部分包括飞轮、压盘和主动盘等。主动盘 2 有两片，和压盘 3 一道通过外齿与飞轮上的内齿啮合，因而随飞轮转动并可做轴向移动。压盘后面用销子连接在压盘毂 20 上。

被动部分包括从动盘、从动鼓和离合器。从动盘 1 共有 3 片，通过内齿与从动鼓 24 上的外齿啮合，可轴向移动。从动鼓和离合器轴 12 则以花键连接，离合器轴前端通过从动鼓的中间轮毂和向心球轴承支承在飞轮的内孔中，后端以向心滚子轴承支承在离合器外壳上。轴端接盘连接着小制动器的制动轮，同时又通过双十字节组成的万向联轴器和变速器输入轴连接。这样，当主离合器接合时，压盘即可前移并将主、从动盘压紧在飞轮的端面上，使飞轮的动力可传给离合器轴，进而经联轴器驱动变速器输入轴。

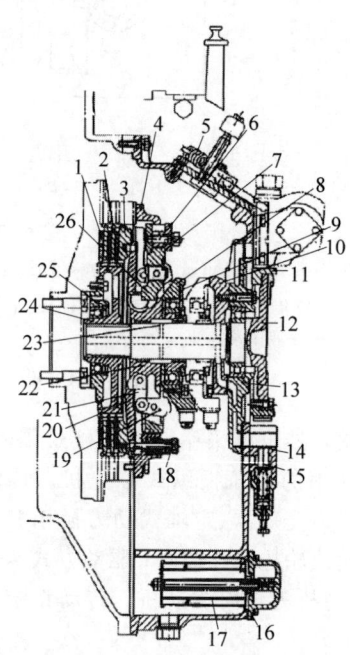

1—从动盘；2—主动盘；3—压盘；4—离合器盖；5—弹簧；6—锁销；7—锁板；8—分离环；9—圆盘；10—轴承座盖；11—小制动鼓；12—离合器轴；13—后轴承座；14—阀体；15—阀芯；16—凸缘；17—滤清器；18—复位弹簧；19—重块；20—压盘毂；21—分离杠杆；22—分离套筒；23—衬套；24—从动鼓；25—滚动轴承座；26—调整环。

图 5-151 推土机湿式主离合器结构示意图

分离压紧机构主要是分离套组合件,分离套筒 22 通过衬套装在离合器轴上,在离合器分离后可随主动部分在轴上旋转。套筒上开有环状沟槽,并装有盖板,槽内安装分离环 8,分离环与分离拨叉连接在一起。当主离合器进行离合动作时,分离拨叉即可通过分离环带动旋转着的分离套筒做轴向移动(分离拨叉和分离环是不能转动的)。套筒上均匀分布有 5 对凸出的耳环,每对耳环用销连接一个分离杠杆 21,杠杆的外端又用销连接一对小压滚和一个重锤,重锤的连接端为一凹槽,分离杠杆和一对小压滚即装在此凹槽内。重锤中间有销孔,借销连接在调整环 26 的衬块上。由于凹形重锤外端较厚,所以重心处在中间销孔之外。

调整环 26 的外圆制有螺纹,可将其旋紧在离合器盖 4 上,并用内外夹板固定于合适的位置。离合器盖是用螺栓连接在飞轮上的,故离合器盖连同整个压滚、杠杆组件都能随飞轮旋转。压滚直接抵靠在压盘毂 20 的背面,是使压盘前移的元件。旋松锁紧螺母,转动调整环使其前后移动,即可改变压滚与压盘背面之间的间隙,从而改变对压盘的压紧力。

离合器分离时,压盘靠复位弹簧 18 复位。复位弹簧共有 3 根,均匀地装在离合器盖的凹槽内,可通过螺杆将压盘牵动。

液压助力器是一个带有异形活塞的滑阀式液压随动机构,为减轻驾驶员的劳动强度而设置,其结构和工作情形如图 5-152 所示。

阀体 10 横装在主离合器壳体后部的上方,其内装有带中心通孔的异形活塞 9,在活塞的通孔内装有滑阀 8。活塞的左端连接着球座接头 11,球座中装有一个球头杠杆 12,杠杆的另一端装在分离拨叉轴 1 上。轴 1 上又安装着分离拨叉 2,它是直接拨动主离合器分离套筒使之前后移动而完成离合动作的零件。

滑阀右端延长的阀杆 5 通过双臂杠杆 4 和操纵杆相连,只要前后拨动操纵杆即可使滑阀在活塞内向左或向右移动。平时滑阀由其左端的两根大、小弹簧 7 来平衡,使之处于中间位置。

阀体内有进油腔 B,阀体与活塞之间组成

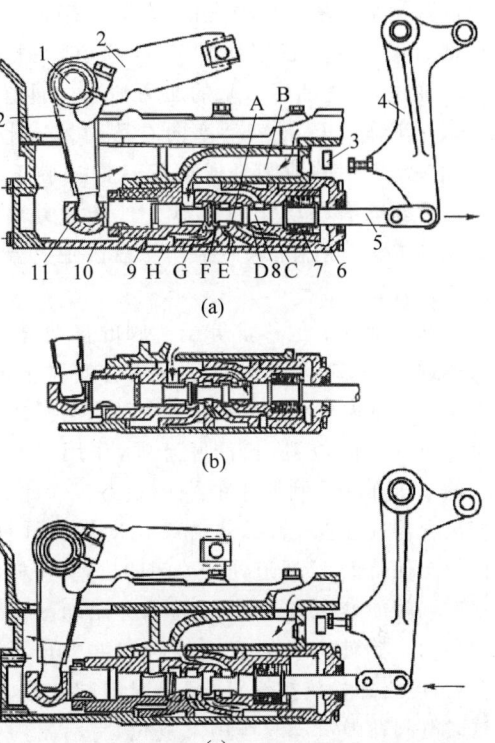

1—分离拨叉轴;2—分离拨叉;3—小制动器的制动杠杆;4—双臂杠杆;5—阀杆;6—阀盖;7—大、小弹簧;8—滑阀;9—活塞;10—阀体;11—球座接头;12—球头杠杆;A,D,F,G—阀内通道;B—进油腔;C,H—工作油腔;E—回油腔

图 5-152 主离合器的液压助力器结构和工作情形
(a)接合状态;(b)中间位置;(c)分离状态

一个回油腔 E 和左、右两个工作腔 C 和 H,它们都是环形空腔。在活塞内孔中有 4 个带径向孔的内环槽,滑阀中部具有两个台肩和 3 个直径较小的腰部,4 个内环槽的两侧和滑阀分别形成 4 个压力油的流动通道 A、D、F、G。当滑阀在活塞内移动时,由于两者所处的相对位置不同,分别启闭上述 4 个通道,从而改变油流通路。

当滑阀处在中位时(图 5-152(b)),B、C、E、H 4 个油腔互通,压力油可通过活塞的内孔直接从回油腔流出,此时作用在油塞上的油压处于平衡状态,活塞不动。

① 主离合器的接合。如图 5-152(a)所示,当操纵杆向后拉动时,通过双臂杠杆 4 使滑阀

克服弹簧 7 的张力自中位向后移动,于是滑阀中部的两个台肩就堵住了 D、G 通道,并打开 A、F 通道,让进油腔 B 来的压力油通过通道 A 进入左工作腔 C,推着活塞向右移动。与此同时,右腔 H 中的油则经通道 F 从回油腔 E 流出。活塞的右移动作通过球头杠杆和分离拨叉使分离套筒前移,从而推动压盘使主离合器进入接合状态。

活塞随动的位移量等于滑阀的移动量,也就是说,活塞阀移动到一定位置后就停止了。这是因为活塞的位移,使它又恢复到与滑阀原来相对的中间位置,各油腔互通,作用于活塞上的油压亦恢复到原来的平衡状态。因此,欲使离合器完全接合,必须持续拉动操纵杠杆,使滑阀保持 D、G 通道处于关闭的位置,这样活塞左端就能继续接受油压作用,并跟随动阀继续移动直到使离合器完全接合。主离合器接合后,应立即松放操纵杆,解除对滑阀的拉力。这时滑阀在弹簧 7 的作用下复位,将活塞内各通道完全打开,使油压平衡,活塞不再受力。

② 主离合器的分离。将操纵杆向前推(图 5-152(c)),滑阀克服弹簧 7 的张力,向左移动(弹簧可以从左边压缩,也可以从右边压缩),滑阀上的两个台肩就堵住活塞内的 A、F 通道,并打开 D、G 通道。于是压力油就经 G 通道进入右工作腔 H,推动活塞向左移动。分离拨叉即可使离合器分离套筒后移,使主离合器分离。此时工作油腔的油经通道 D 而从回油腔 E 流出。

自回油腔流出的油先进入冷却器冷却,然后流入主离合器。流到主离合器内的油,首先沿离合器轴的中心油道从轴前端流出,再经从动鼓飞散开,一部分油沿各从动片表面上的辐射油槽流过,以润滑和冷却主、从动片的表面,辐射流出的油向四周甩出还可润滑从动片与压盘上的齿轮;另一部分油进入动力输出箱的其他各润滑部位。它们最后全部集流在离合器壳底部,再由液压泵通过滤油器吸出进行下次循环,如图 5-153 所示。

小制动器采用外带式,安装在主离合器壳体的后盖上,如图 5-154 所示。当主离合器分

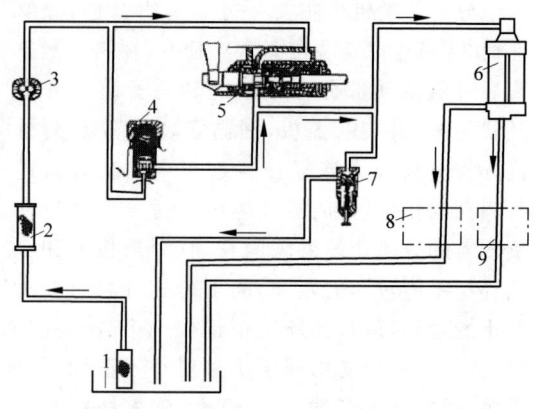

1—离合器壳;2—滤油器;3—液压泵;4—助力器的安全阀;5—液压助力器;6—油冷却器;7—溢流阀;8—动力输出装置的各部位;9—主离合器各润滑部位。

图 5-153 主离合器油路循环示意图

离时,双臂杠杆 4 在推进助力器滑阀的同时,将利用杠杆上的调整螺栓 3 推压制动杆 5 上端右侧,使制动杆绕铰接轴逆时针转动,制动杆的下端即可拉紧制动带 9,使制动轮 7 制动,从而使离合器轴迅速停止旋转。

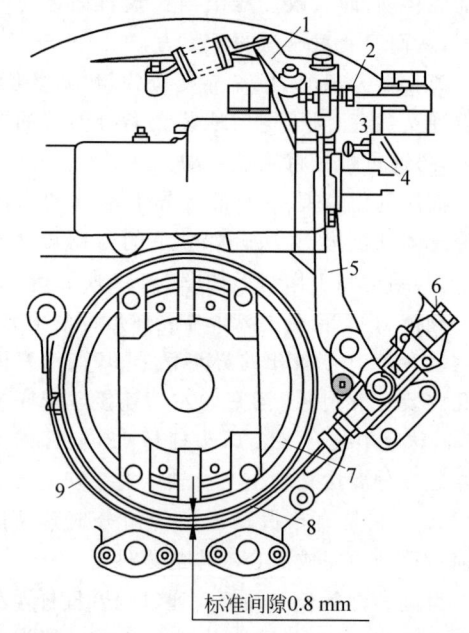

标准间隙 0.8 mm

1—制动杠杆;2—制动杠杆调整螺栓;3—助力器双臂杠杆调整螺栓;4—双臂杠杆;5—制动杆;6—制动器调整螺栓;7—制动轮;8—制动带摩擦衬面;9—制动带。

图 5-154 小制动器结构示意图

(2) 液力变矩器

图 5-155 所示为履带式推土机的液力变矩器，其结构简单，属三元件单级单相液力变矩器。变矩器泵轮 5 的外壳用螺钉固定在传动箱 2 上，泵轮内缘用螺钉与驱动齿轮相连，并通过轴承支承在导轮轴上，导轮轴则用螺钉固定在变矩器壳体 4 上。传动箱 2 用螺钉固定在传动轮 1 上，传动齿轮与飞轮花键连接，发动机的飞轮驱动泵轮旋转，这就是变矩器的主动部分。

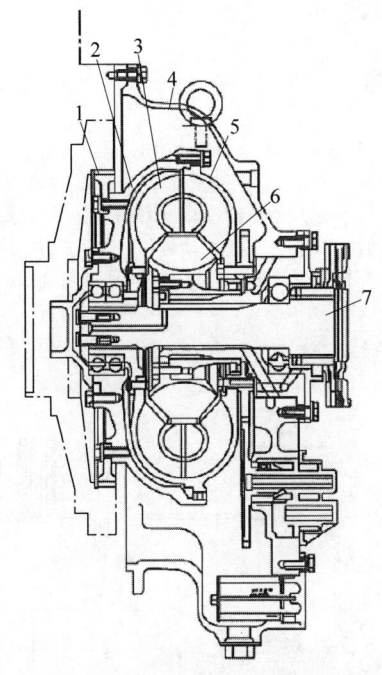

1—传动轮；2—传动箱；3—涡轮；4—变矩器外壳；5—泵轮；6—导轮；7—涡轮轴。

图 5-155　履带式推土机的液力变矩器结构示意图

涡轮 3 用螺钉与涡轮毂相连，涡轮毂通过花键与涡轮轴（即输出轴）7 左端相连，并通过涡轮毂轴颈用轴承支承在传动箱 2 的座孔内；涡轮轴 7 的右端则通过球轴承安装在导轮轴上，并通过花键与联轴器相连，变矩器的动力即由此输出，这是变矩器的从动部分。

矩器的导轮通过花键固定在导轮轴的端部，在三元件之间用推力轴承起轴向定位作用。

(3) 机械式变速器

机械换挡的变速器有移动齿轮式和移动齿套式两种，后者传递动力的齿轮设计成常啮合的圆柱斜齿，具有较大的啮合系数和传力能力，在功率较大的机械传动的推土机上被采用。如图 5-156 所示为移动齿套式变速器。

输入轴 1 上通过花键连接着前进主动齿轮 5、后退主动齿轮 6 和五速啮合齿轮 11。五速主动齿轮 8 通过衬套安装在输入轴上，可自由旋转。中间轴 19 上通过花键连接着进退啮合齿轮 30、三、四速啮合轮 26 和一、二速啮合轮 22，它们均随中间轴一同旋转。前进从动轮 31、后退从动齿轮 28、四速主动齿轮 27、三速主动齿轮 24、二速主动齿轮 23 和一速主齿轮 20 则由衬套安装在中间轴上，能自由旋转。双联中间齿轮 3 和 33 通过向心滚子轴承安装在动力输出轴 36 上，亦可自由旋转。四速从动齿轮 7、五速从动齿轮 9、三速从动齿轮 12、二速从动齿轮 13 和一速从动齿轮 17 均以花键连接在输出轴上，是可随轴旋转的。

齿套 10、21、25 和 29 可由拨叉拨动，使其在各自的啮合齿轮上前后移动。各速主动轮和进退从动齿轮的边侧均制有模数与齿套相同的直齿，可与齿套啮合。

主离合器接合以后，输入轴即被带动旋转，轴上的齿轮 5、6 和 11 也跟随旋转。当各齿套均处于中间位置时，输入轴的动力可经齿轮 5、33、3 传递到前进从动齿轮 31，使其空转。同时，因齿轮 6 和后退从动齿轮 28 也是经常啮合的，故动力又可传递到后退从动齿轮上，也使其空转。由于进退啮合齿轮 30 与中间轴以花键连接，若前后移动进退齿套，使其内齿与前进从动齿轮或后退从动齿轮侧边的直齿啮合时，动力即可传到中间轴，使其正向或反向旋转，这时如啮合任一挡的齿套，推土机就可前进或后退。

后退移动齿套 21 使齿轮 20 与 22 连接起来，动力可以经齿轮 20 和 17 传到输出轴，得 1 挡速度。向前移动同一齿套使齿轮 23 和 22 连接起来，动力则经齿轮 23 和 13 传到输出轴，得 2 挡速度。将齿套 21 移回到中间位置，再向后移动齿套 25，使齿轮 24 与 26 连接起来，动力可经齿轮 24 和 12 传到输出轴，得 3 挡速度。向

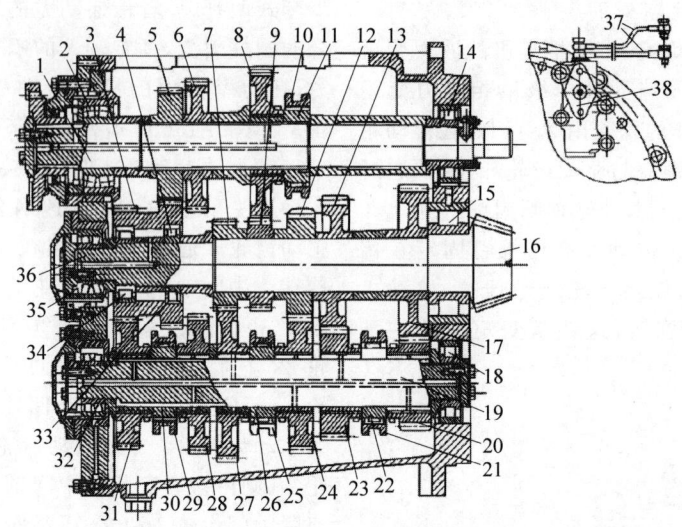

1—动力输入轴；2、32、35—双列向心球面滚子轴承；3—双联中间齿轮主动端；4、14、15、18、34—向心滚子轴承；5、6—前进、后退主动齿轮；7—四速从动齿轮；8、9—五速主、从动齿轮；10—五速齿套；11—五速啮合齿轮；12—三速从动齿轮；13—二速从动齿轮；16—小圆锥齿轮；17—一速从动齿轮；19—中间轴；20—一速主动齿轮；21—一、二速齿套；22—一、二速啮合齿轮；23—二速主动齿轮；24—三速主动齿轮；25—三、四速齿套；26—三、四速啮合齿轮；27—四速主动齿轮；28—后退从动齿轮；29—进退齿套；30—进退啮合齿轮；31—前进从动齿轮；33—双联中间齿轮从动端；36—动力输出轴；37—润滑油管；38—背压阀。

图 5-156 移动齿套式变速器结构示意图

前移动同一齿套使齿轮 27 和 26 连接起来，动力则经齿轮 27 和 7 传到输出轴，得 4 挡速度。向前移动齿套 10，使齿轮 8 和 11 连接起来，动力可经齿轮 8 和 9 传到输出轴，得 5 挡速度。

这种变速器属组合式，其换向机构是双联中间齿轮和进退从动齿轮。通过换向机构使简单啮合所取得的挡位数几乎增加 1 倍。

变速器内各啮合齿轮和轴承采用强制润滑，其润滑方式是利用转向离合器的液压泵，从后桥壳体内吸取油液强制输送到各轴的中心油道，再向各个齿轮和轴承分配，故变速器的润滑和转向离合器的润滑、冷却及转向操纵的液压传动都使用同一种油液。转向离合器室就兼作油箱。变速器润滑油路是这一整套油路系统的一部分，但它自成一个循环，如图 5-157 所示。

(4) 动力变速器

液力变矩器虽然可以在一定范围内自动地、无级地改变输出转矩，但由于变矩系数不够大，难以满足进一步的要求，尤其对于工况复杂多变的推土机来说，外阻力变化范围很

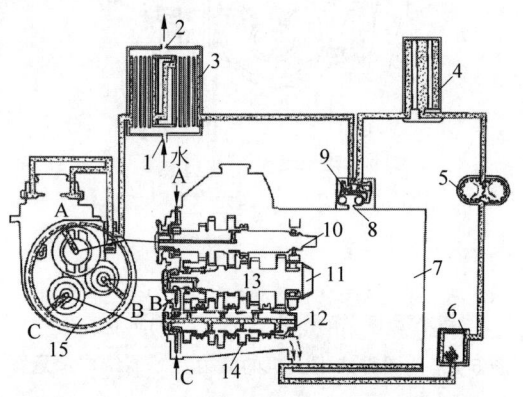

1—进水口（自发动机散热器来）；2—出水口（流向发动机）；3—油冷却器；4—滤油器；5—转向离合器液压泵；6—转向油过滤器；7—转向离合器室；8—转向操纵阀；9—卸压阀；10—输入轴；11—中央传动小圆锥齿轮；12—中间轴；13—输出轴；14—变速器；15—变速器的前端面；A、B、C—油口。

图 5-157 变速器润滑油路结构示意图

大，这就需要有一个与液力变矩器相配合的变速器。液力变矩器不能彻底切断动力，因此与它配合使用的变速器应具有不切断动力就能换挡的性能，这种变速器就是所谓的动力变速

器。它由液压离合器或液压制动器来操纵,实现挡位变换。采用这种形式变速器的推土机可无须再装主离合器。动力变速器主要有两种基本形式:行星齿轮式和定轴式。现以D85A-12型推土机的变速器为例进行介绍。

图 5-158 所示为推土机的行星齿轮式动力变速器的结构。壳体分为前、后两部分,前部分装有行星轮机构,后部分装有单级减速器。行星轮机构接受变矩器传来的动力,可进行 4 个前进挡和两个倒退挡的变换。减速器是变速器的动力输出部分。

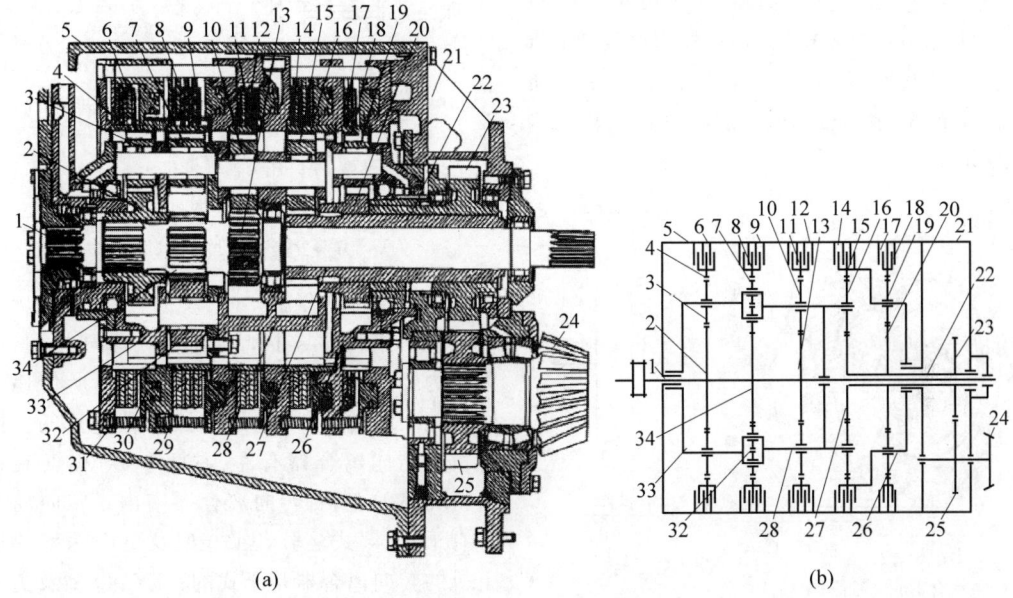

1—输入轴;2—第一太阳轮;3—第一行星轮;4—第一齿圈;5—变速器壳体;6—第一离合器;7—第二外行星轮;8—第二齿圈;9—第二离合器;10—第三行星轮;11—第三齿圈;12—第三离合器;13—第三太阳轮;14—第四离合器;15—第四齿圈;16—第四行星轮;17—第五离合器;18—第五齿圈;19—第五行星轮;20—第五太阳轮;21—减速器壳体;22—输出轴;23—减速器主动齿轮;24—中央传动小圆锥齿轮;25—减速器从动齿轮;26,28,33—行星轮架;27—第四太阳轮;29—离合器壳体;30—活塞;31—复位弹簧;32—第二内行星轮;34—第二太阳轮。

图 5-158 行星齿轮式动力变速器结构示意图
(a) 剖面图;(b) 传动图

输入轴与第二、三两太阳轮 34 和 13 制成一体,其前部通过花键装有第一太阳轮 2,后部套着空心的输出轴 22。输出轴的前端与第四太阳轮 27 制成一体,在该轴的花键上还依次装有第五太阳轮 20、箱隔套和减速器主动齿轮 23。

第一、二两组行星轮同装在一个行星轮架 33 上。第二组行星轮又有内、外行星轮各 3 个。第二外行星轮 7 与第一行星轮 3 同轴,第二内行星轮 32 装于行星轮架 33 内的一个短轴上。第三、四两组行星轮则同装在另一个行星轮架 28 上,该架用圆柱滚子轴承支承于输入轴上。这两组的各个行星轮都是彼此同轴的。

第一、二行星轮架 33 和 28 是连接在一起的,可一起旋转。第三行星轮架 26 上装有第五行星轮 19,其前端还制有外齿可与第四齿圈 16 的内齿啮合。故第四齿圈与第三行星架一起旋转。

各齿圈的外齿上装有各自的多片液压离合器。通过离合器的接合使齿圈固定,从而可进行变速和换向。第一、二、三离合器进行前进和后退的方向变换,称为换向离合器。其中,第一离合器可进行高挡前进传动,第二离合器可进行倒退传动,第三离合器可进行低挡前进传动。第四、五两个离合器为变速离合器,它们分别进行前进和后退的高挡或低挡传动。从这两种离合器中,各选择一个接合,使相应的齿圈固定,就可以获得所需的挡位和方向。

行星齿轮式动力变速器实现变速传动和变向传动,主要依靠行星轮机构和液压离合器来进行。图 5-159 所示为行星轮机构,每一组行星轮机构均由一个太阳轮、一个齿圈、3 个行星轮(第二组行星轮机构有内、外两组共 6 个行星轮,以便进行反向传动)和所在的行星架所组成(前两个行星架分别为前 4 组行星轮机构所共用)。

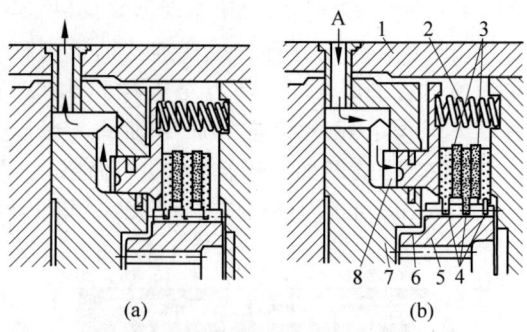

1—变速器壳体;2—复位弹簧;3—主动外摩擦片;4—从动内摩擦片;5—齿圈;6—油封;7—离合器壳体;8—活塞;A—压力油进出孔。

图 5-160　液压离合器结构示意图
(a)离合器分离时;(b)离合器接合时

（5）转向离合器

转向离合器与主离合器工作原理相同,但因动力经过变速器和中央传动之后,所传递的转矩大大增加,所以它的摩擦片是多片的。推土机的转向离合器有左、右两个,对称安装在后桥壳体的左、右转向离合器室内。转向离合器有干式、湿式之分,T120 型及更小功率的推土机的转向离合器是干式的;TY180 型及更大功率的推土机的转向离合器都是湿式的。湿式离合器必须在油液中工作。现代铁路施工中大多使用较大功率的履带式推土机,以下介绍两种湿式转向离合器。

① 弹簧压紧湿式转向离合器。如图 5-161 所示,推土机弹簧压紧湿式转向离合器靠 16 组大、小弹簧使离合器经常接合,以液压操纵使其分离,是一种单作用液压操纵式转向离合器。液压分离机构安装在横轴两端,由接盘式液压缸和带有密封环的活塞等组成。

接盘式液压缸 13 由花键装在横轴端部,液压缸上装有主动鼓 9,液压缸内装有带密封环的活塞 11。弹簧压盘 10 的轴端以半圆键装着外压盘 2。当离合器接合时,它可带着弹簧压盘一起旋转。外压盘 2 与主动鼓 9 外缘盘之间夹着主、从动片 7 和 6,它们借主动鼓内的 16 组大、小弹簧 4 和 5 压紧。当液压缸内进入压力油时,活塞被油液压力向外推,通过弹簧压盘克服弹簧的压力,使离合器分开。

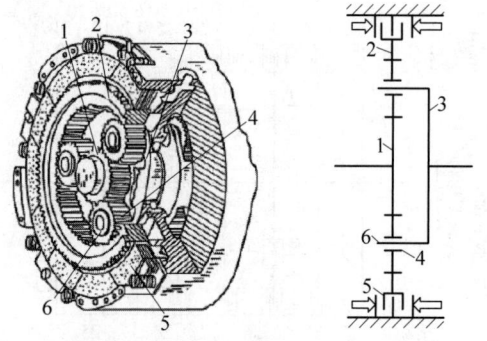

1—太阳轮;2—齿圈;3—行星轮架;4—行星轮;5—离合器;6—行星轮轴。

图 5-159　行星轮机构结构示意图

图 5-160 所示为液压离合器,其内摩擦片 4 以内齿套在齿圈 5 的外齿上(齿圈的内齿为啮合行星齿轮用),可与齿圈一起转动,且可轴向移动。外摩擦片 3 以外圆上的 6 个凸缘缺口用销连接在离合器壳体 7 上,可轴向移动,但不能转动。活塞 8 能对着摩擦片移动,是压紧元件。

当从操纵阀来的压力油自进出孔 A 进入壳体内时,活塞被推动将内外摩擦片压向固定的壳体侧壁,使离合器接合,齿圈亦被固定。此时,传到太阳轮的动力便驱动各行星轮在各自的轴上自转,又使行星轮绕太阳轮公转。行星架也按照太阳轮的转向回转起来,从而传递了动力。

当停止输送压力油时,复位弹簧 2 使离合器分离,于是各行星轮只在各自的轴上自转,起中间传动齿轮的作用,使齿圈按照与太阳轮相反的转向旋转。此时,行星架不再传递动力。

也靠液压,故又称双作用液压操纵式转向离合器。

压力弹簧 8 在这里仅作为液压操纵系统出故障时的辅助部件。

主动鼓 5 壁上的纵向与径向油道与锥毂形接盘 6 锥壁上的油道相通。当压力油经这些油道进入活塞 7 外侧的主动鼓内腔时,就将活塞向里推移,并通过活塞轴杆及轴杆端部的螺母拉着外压盘 2 向里移动,从而使主、从动片 3 和 4 被压紧在外压盘 2 和主动鼓 5 外缘盘之间,转向离合器即呈接合状态。

活塞 7 内侧的锥毂形接盘 6 的内腔是分离合器的油腔,当从横轴中心油道来的压力进入此内腔,将活塞向外推移时,外压盘 2 即放松对主、从动片 3 和 4 的压紧作用,转向离合器即呈分离状态。

液压操纵系统发生故障时,主动鼓 5 内的 8 个压力弹簧仍能使离合器以较小的压紧力接合,继续传递动力,推土机仍可空载行驶。

转向离合器多是在从动片上装有摩擦片,主动片上没有摩擦片。湿式的摩擦片是烧结上去的。

(6) 转向操纵系统

图 5-163 所示为推土机的液压转向操纵机构油路循环系统,其中转向滑阀可由转向杆操纵。图 5-164 则展示出了这种转向离合器操纵机构的动作情况。

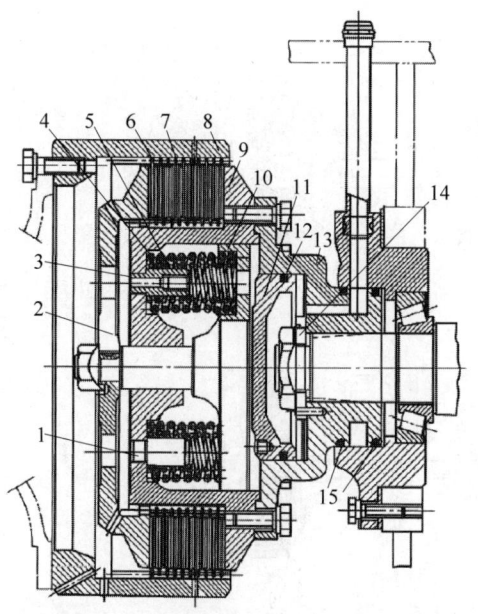

1—弹簧螺杆;2—外压盘;3—带中心孔的弹簧螺杆;4,5—大、小压紧弹簧;6,7—从、主动片;8,9—从、主动鼓;10—弹簧压盘;11—活塞;12,15—油封环;13—接盘式液压缸;14—垫板。

图 5-161 弹簧压紧湿式转向离合器结构示意图

后桥壳体内充装油液(左、右转向离合器室与中央传动齿轮室都是连通的,变速器内的油也能通过单向阀经中央传动齿轮室流入后桥壳体内的油池中),离合器在油液中工作。

② 液压压紧湿式转向离合器。如图 5-162 所示,推土机液压压紧湿式转向离合器与弹簧压紧湿式转向离合器的主要区别是离合器的接合

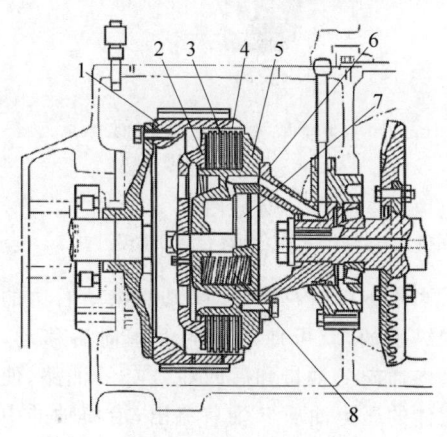

1,5—从、主动鼓;2—外压盘;3,4—主、从动片;6—锥毂形接盘;7—活塞;8—压力弹簧。

图 5-162 液压压紧湿式转向离合器

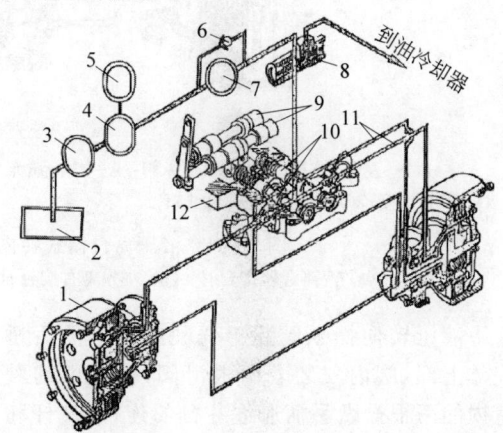

1—转向离合器;2—后桥壳体油池;3—滤网;4—液压泵;5—发动机;6—单向阀;7—滤油器;8—减压阀;9—转轴;10—滑阀;11—油路;12—操纵阀体。

图 5-163 液压转向操纵机构油路循环系统示意图

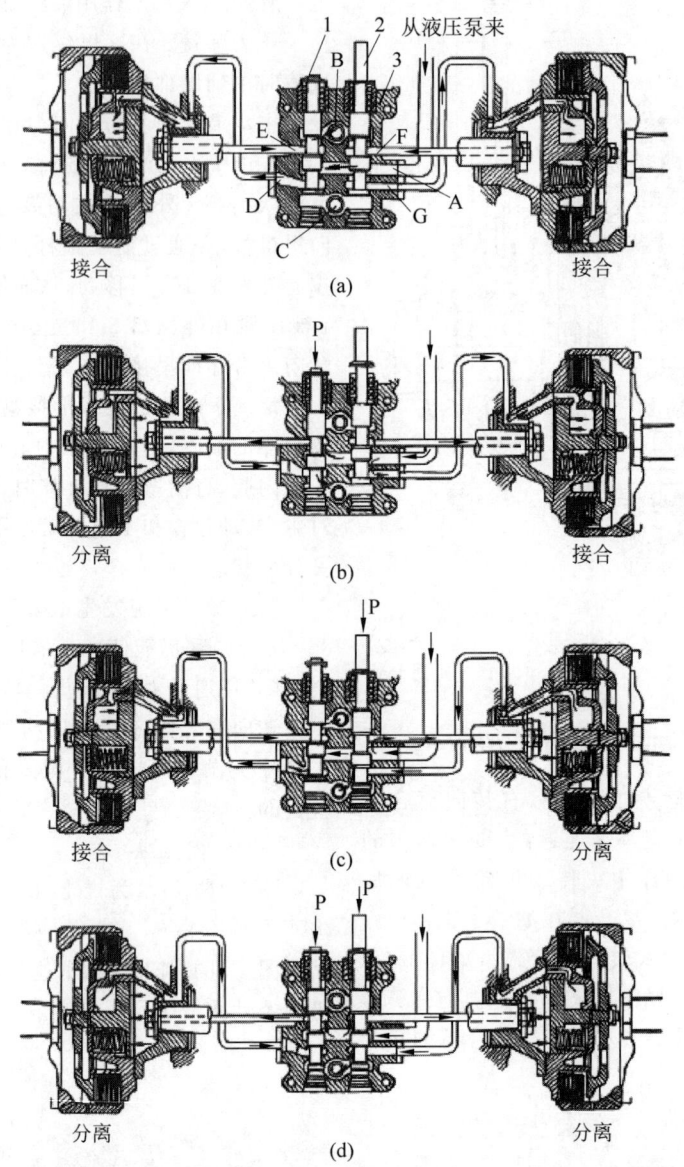

1,2—左、右滑阀；3—液压操纵阀；A—接液压泵的总进油口；B—总进油口；C—后回油口；D,E,F,G—接转向离合器的进、出油口。

图 5-164 液压离合器式转向操纵机构及其动作情况示意图
(a) 两离合器接合时；(b) 左分离右接合时；(c) 左接合右分离时；(d) 两离合器分离时

液压转向操纵阀装于驾驶室座下的后桥壳体上部，阀内安装着两根滑阀，分别由驾驶室内的两根操纵手柄通过各自的连杆、杠杆和转轴来使之移动。不拉手柄时，两根滑阀由各自的弹簧保持在使左、右离合器都处于接合的位置，其油液流动情况如图 5-164(a) 所示，此时，推土机直线行驶。

当推土机向右转弯时，只要拉动右边的转向操纵手柄，就可使右边的滑阀向后移动，开通阀内通向 F 油口和后回油口 C 的油路，使进入阀体的压力油从 F 油口流出，沿横轴的中心油道进入锥形轮毂连接盘的内腔，将活塞向外推。与此同时，主动鼓内腔的油经油管进入阀体的 G 油口，再从后回油口 C 流回转向离合器室。于是，外压盘便解除了对离合器片的压力，使右离合器分离。此时，左边的滑阀没有移动，左边的离合器仍处于接合状态，所以推土机向右转。其油液流动情况如图5-164(b)所示。

推土机向左转弯的情况与向右转弯时相似，如图5-164(c)所示。

如果将左、右操纵手柄都拉动，左、右滑阀都向后移动，则进入阀体的压力油将分别从 E 与 F 油口进入左、右两个锥毂形内腔，将它们的活塞都向外推，使左、右两个离合器都分离。此时的油液流动情况如图5-164(d)所示。

(7) 履带式推土机的行星轮式最终传动机构

最终传动机构位于转向离合器和履带驱动轮之间。其功用是将动力最后一次减速增矩，并传递给驱动链轮。最终传动机构可分为单级或双级外啮合齿轮传动和行星齿轮传动两种形式。行星轮式的最终传动机构虽结构复杂，但体积较小，已被越来越多的大中功率推土机所采用。

图5-165所示为行星齿轮最终传动机构。其第一级减速是外啮合齿轮式，第二级减速是行星齿轮式。行星齿轮减速机构的太阳齿轮5装于第一级从动齿轮轮毂上，3个行星齿轮10装在一个行星轮架8上。该轮架通过两对双列向心球面滚子轴承支承在半轴4上，其外端连着驱动轮。固定的齿圈11装在最终传动壳体7上。

当动力经一级减速的外啮合齿轮传动传给太阳齿轮5时，因齿圈11是固定不动的，行星齿轮10既绕太阳齿轮自转，又沿齿圈滚动进行公转，因此行星轮架8可带着驱动轮12旋转，并将动力传递给履带。

(8) 推土机传动系统的液压油路

图5-166所示为推土机的液压油路系统。油液装于转向离合器室内。液压泵1所泵出的油经过滤油器2供给变速器操纵阀，压力超过2MPa的压力油传输到液力变矩器进口处的减压阀22内。在减压阀22处只允许0.75～0.8MPa的压力油进入液力变矩器内充作工作液，超压的余油则仍旧流回转向离合器室

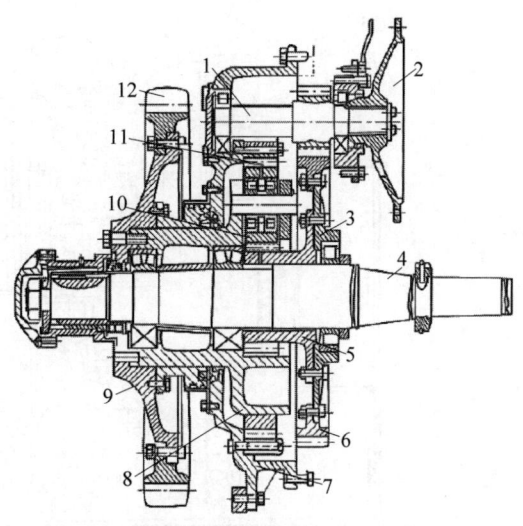

1—第一级减速齿轮轴；2—接盘；3—第一级从动齿轮轮毂；4—半轴；5—太阳齿轮；6—第一级从动齿轮齿圈；7—最终传动壳体；8—行星架；9—驱动轮毂；10—行星齿轮；11—齿圈；12—驱动轮

图5-165 行星齿轮最终传动机构结构示意图

内。另一个液压泵17所泵出的油经过滤油器14和转向限压阀16，允许压力在1MPa以内的压力油供给转向离合器操纵阀，超压的余油也转输到变矩器的减压阀22内。

两个滤油器2和14都设有旁通阀，当滤芯被堵塞不通而油压超过0.12MPa时，压力油就绕过滤芯直接从旁通阀流出去(此时没有过滤)。从两路输入变矩器内的油，在它们输出后还要经过油冷却器25的冷却，然后流回转向离合器室内，供再循环使用。

3) 走行系统

走行系统是支承体，并使推土机运行。轮胎式推土机的走行系统包括前桥和后桥。由于推土机的行驶速度不如汽车那样高，所以车桥与机架一般采用刚性连接(刚性悬架)。为了保证在地面不平时也能做到4个车轮均能与地面接触，所以一个驱动桥与机架采用铰接，以使车桥左右两端能随地面的不平情况上下摆动。机架是推土机的安装基础，发动机、传动系统、工作装置、驾驶室、转向系统等都安装在机架上。

履带式推土机的走行系统包括机架、悬架装置和走行装置3部分。机架是全机的骨架，

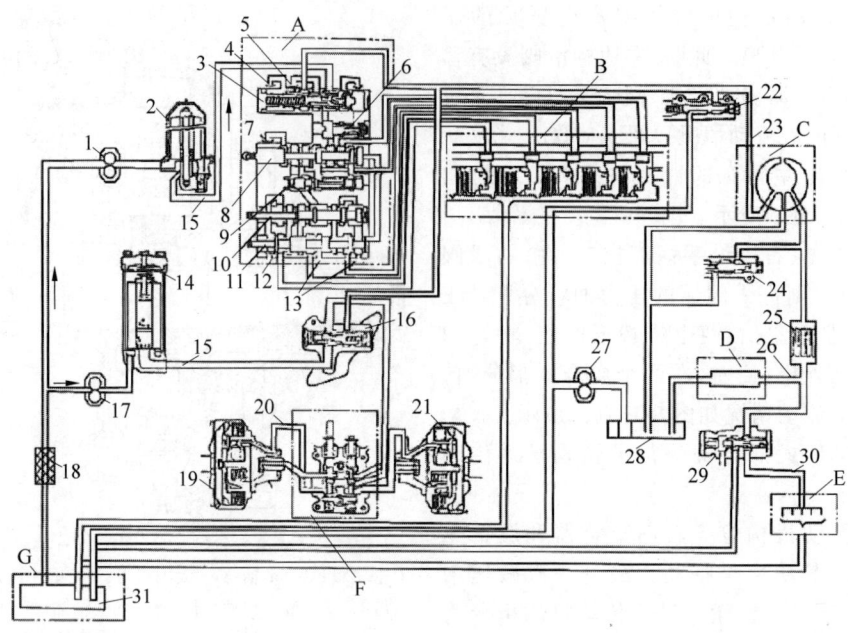

1—动力变速器液压泵；2,14—滤油器；3—调压阀；4,5,7,12,13—回油口；6—速回阀；8,10—第一、二变速阀；9—安全阀；11—换向阀；15—压力油；16—转向限压阀；17—转向离合器液压泵；18—滤网；19,21—左、右转向离合器；20—转向操纵油路；22—减压阀；23—变矩器工作油路；24—调压阀(在变矩器上)；25—油冷却器；26—动力输出润滑油路；27—排液压泵(在变矩器上)；28—飞轮壳体滤油器；29—限压阀；30—变速器润滑油路；31—转向离合器室油池；A—变速器液压操纵阀；B—变速器液压离合器；C—液力变矩器；D—动力输出箱；E—变速器；F—转向离合器液压操纵阀；G—转向离合器壳体

图 5-166 液力变矩器、动力变速器、转向离合器的油液循环示意图

用来安装所有总成和部件。走行装置用来支承机体，并将发动机传递给驱动轮的转矩转变成推土机所需的驱动力。机架与走行装置通过悬架装置连接。走行装置由驱动轮、履带、支重轮、托带轮、引导轮、张紧-缓冲装置 6 部分组成。履带围绕着驱动轮、托带轮、引导轮、支重轮呈环状安装，故驱动轮转动时通过轮齿驱动履带使之运动，推土机就能行驶。支重轮用于支承整机，将整机的重载传给履带。支重轮在履带上滚动，同时又可以夹持履带以防其横向滑脱；在推土机转向时，可迫使履带在地面上滑移。托带轮用来承托履带的上方部分，防止履带过度下垂和运转时的上下跳动，也有防止履带横向脱落的作用。引导轮是引导履带缠绕的，可使履带铺设在支重轮的前方，同时又借张紧-缓冲装置使履带保持一定的张紧度，以防其跳振和滑落。张紧-缓冲装置除可调整履带的松紧度以外，还是一个缓冲机构，可缓和外冲击力通过履带对台车架的冲击，如图 5-167 所示。

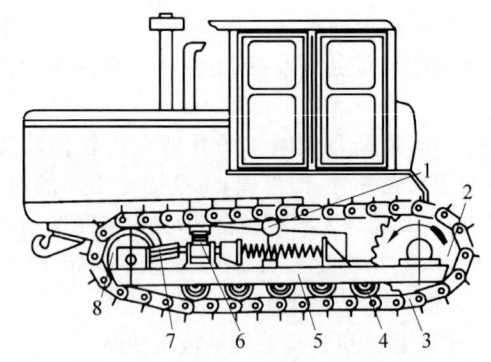

1—托带轮；2—驱动轮；3—履带；4—支重轮；5—台车架；6—悬架；7—张紧缓冲装置；8—引导轮

图 5-167 推土机走行系统示意图

推土机传动系统动力传递途径为：发动机→液力变矩器→万向节→变速器→中央传动→转向离合器及转向制动器→最终传动→走行系统。

4）制动系统

制动系统采用气压式，主要由空气压缩机、气体控制阀、脚制动阀、储气筒、双向逆止阀、快速放气阀、手操纵气开关、制动气缸及气压表等组成。制动时，可踏下制动踏板，由制动拉杆使制动臂转动，带动双臂杠杆摆动，通过卡爪或拉杆拉紧制动带的活动端，制动器即处于制动状态。

5）液压系统

履带式推土机的液压系统具有如下功能：向液压变矩器提供液压油；向动力换挡变速器中的换挡离合器提供液压油；向转向离合器提供液压油；向制动器液压缸提供液压油；向推土铲提供液压油；向松土器提供液压油。

一个完整的、能够正常工作的液压系统一般由动力元件、执行元件、控制元件和液压辅助元件、工作介质等部分组成。推土机工作装置液压系统，可根据作业需要迅速提升或下降工作装置，也可实现铲刀或松土齿的缓慢就位。操纵液压系统，还可改变推土铲的作业方式，调整铲刀或松土器的切削角。

如图5-168所示，推土机液压系统由推土板升降、推土板倾斜、松土器升降和松土器倾斜回路组成。可分为液压动力元件（PAL200型液压泵2）、控制元件（包括推土板升降控制阀5、松土器换向阀11、推土板倾斜换向阀23、选择阀15）、执行元件（铲刀升降液压缸9、推土板倾斜液压缸22、松土器升降液压缸16和松土器倾斜液压缸18）和辅助装置（油箱1和26、滤清器及油管等）4大部分。

液压泵2可分别向推土板升降回路、推土板倾斜回路、松土器升降和倾斜控制回路提供压力油，分别驱动推土板和松土器的工作液压缸，控制铲刀和松土器的升降和倾斜。为了避免工作液压缸活塞的惯性冲击，降低其工作噪声，液压缸内一般装有缓冲装置，用以降低工作装置的冲击载荷。

在该液压系统中，推土板和松土器工作液压缸的控制阀均采用先导式操纵的随动换向控制阀。先导式操纵控制阀均为滑阀式结构，能实现换向、卸荷、节流调节和工作装置的微动控制。换向时，先操纵手动式先导阀，若将先导式阀芯向左拉，先导阀则处于右位工作状态，来自变矩器、变速器液压泵的压力油则分别进入伺服液压缸的大（无杆）腔和小（有杆）腔。由于活塞承压面积的差值，活塞杆将右移外伸，并通过连杆拉动推土板或松土器工作液压缸的换向控制阀右移。当换向控制阀阀芯右移时，连杆机构以伺服液压缸活塞杆为支点，又带动先导阀的阀体左移，使先导阀复位，回到"中立"位置。此时，主换向控制阀就处于左位工作，而伺服液压缸活塞因其大腔被关闭，小腔仍通压力油而向左推压活塞，故活塞被固定在确定的位置上，主换向控制阀也固定在相应的左位工作状态。

在使用中，松土器的升降与倾斜并非同时进行，其升降和倾斜液压缸可共用一个先导式操纵换向控制阀，还设置有一个选择工作液压缸的松土器选择阀15。作业时，可根据需要操纵手动先导阀来改变松土器换向阀的工作位置，再分别控制松土器的升降与倾斜。松土器选择阀15的控制压力油由变矩器、变速器的齿轮液压泵提供。

操纵推土板升降的先导式换向控制阀可使铲刀处于"上升""固定""下降"和"浮动"4种不同的工作状态。当铲刀处于"浮动"状态时，铲刀可随地面起伏自由浮动，便于仿形推土作业，也可在推土机倒行时利用铲刀平地。

推土板在速降过程中，推土装置的自重对其下降速度将起加速作用。铲刀下降速度过快，有可能导致升降液压缸进油腔（无杆腔）供油不足，形成局部真空，产生气蚀现象，影响升降液压缸工作的平稳性。为防止气蚀现象的产生，确保液压缸动作平稳，在液压缸的进油道上均设有推土板升降液压缸单向吸入阀（补油阀）6、7，在进油腔出现负压时，吸入阀6、7迅速开启，进油腔可直接从油箱中补充吸油。

同样，松土器液压回路也具有快速补油功能，松土器吸入阀（补油阀）12、13在松土器快速升降或快速倾斜时可迅速开启，直接从油箱中补充供油，实现松土器快速平衡动作，提高松土的作业效率。

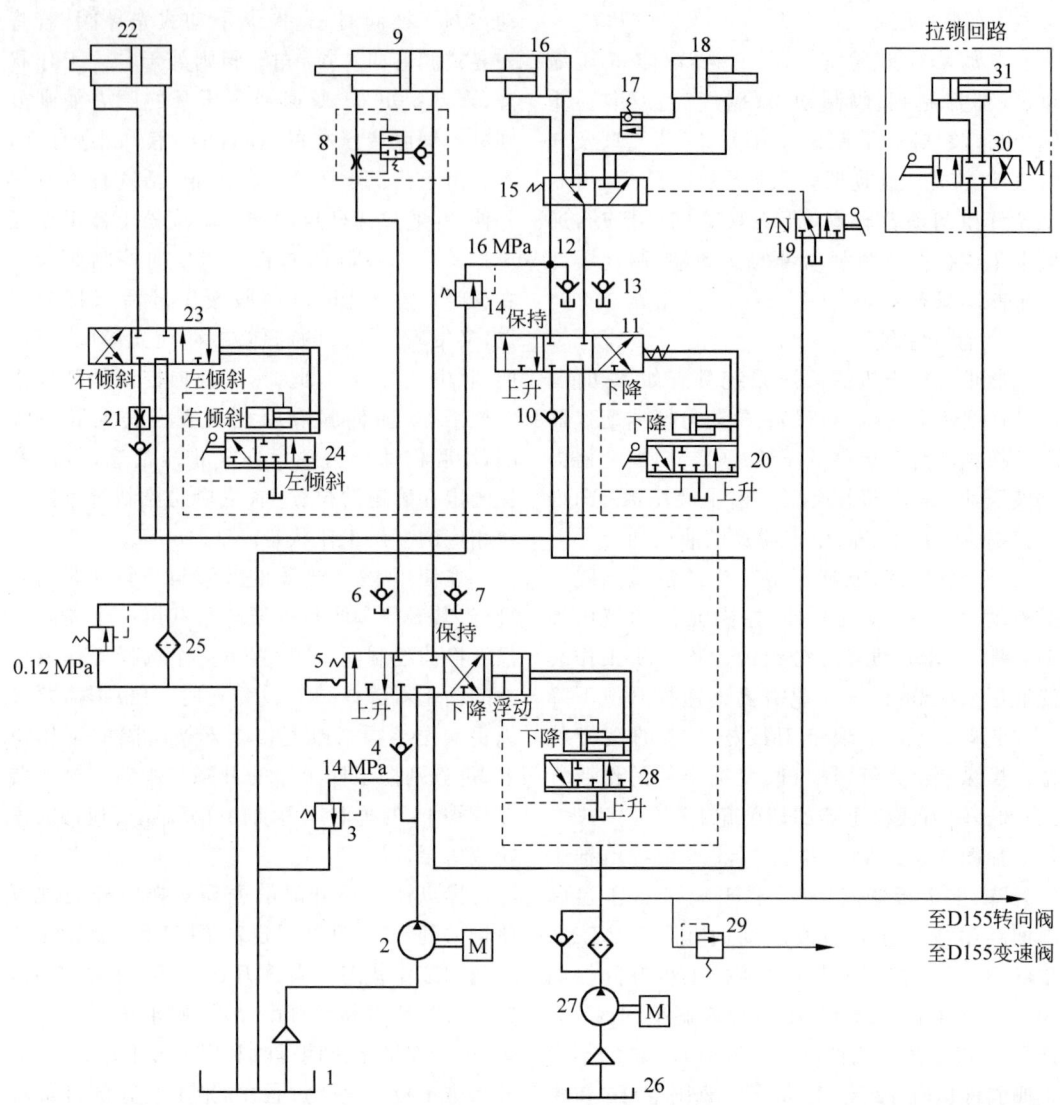

1,26—油箱;2—液压泵;3—主溢流阀;4,10—单向阀;5—推土板升降控制阀;6,7—吸入阀(补油阀);8—快速下降阀;9—铲刀升降液压缸;11—松土器换向阀;12,13—吸入阀(补油阀);14—过载阀;15—选择阀;16—松土器升降液压缸;17—锁紧阀;18—松土器倾斜液压缸;19—先导阀;20—松土器液压缸先导随动阀;21—单向节流阀;22—推土板倾斜液压缸;23—推土板倾斜换向阀;24—推土板倾斜液压缸先导随动阀;25—滤油器;27—变矩器、变速器液压泵;28—推土板液压缸先导随动阀;29—变矩器、变速器溢流阀;30—拉锁换向阀;31—拉锁液压缸。

图 5-168 履带式推土机工作装置液压系统示意图

在推土板倾斜回路的进油道上,设有流量控制单向节流阀 21,该阀可调节和控制铲刀倾斜液压缸的倾斜速度,实现铲刀稳速倾斜,并保持液压缸内的恒定压力。

在松土器液压回路上,还装有松土器安全过载阀 14 和控制单向阀(锁紧阀)17。

松土器安全过载阀 14 可在松土器突然过载时起保护作用。当松土器固定在某一工作位置作业时,其升降液压缸闭锁,液压缸活塞杆受拉,如遇突然载荷,过载腔(有杆腔)油压将瞬时骤增。当油压超过安全阀调定压力时,安全阀即开启卸荷,液压缸闭锁失效,从而起到保护系统的作用。为了提高安全阀的过载敏感性,应将该阀安装在靠近升降液压缸的位置上。通常,松土器安全阀的调定压力要比系统主溢流阀3的调定压力高15%~25%。

松土器倾斜液压缸控制锁紧阀17,安装在倾斜液压缸无杆腔的进油道上。松土器松土作业时,倾斜液压缸处于锁闭状态,液压缸活塞杆受压,无杆腔承受载荷较大,该腔闭锁油压相应较大。装设倾斜液压缸锁闭控制锁紧阀17,可提高松土器换向阀11中位锁闭的可靠性。

采用单齿松土器作业时,松土齿杆高度的调整也可实现液压操纵。用液压控制齿杆高度固定拉锁,只需在系统中并联一个简单的拉锁回路即可实现,执行元件为拉锁液压缸31。

6) 推土工作装置

推土工作装置由铲刀和推架两大部分组成,安装在推土机的前端,是推土机的主要工作装置。

推土机处于运输工况时,推土工作装置被提升液压缸提起,悬挂在推土机前方;推土机进入作业工况时,则降下推土工作装置,将铲刀置于地面,向前可以推土,后退可以平地。推土机牵引或拖挂其他机具作业时,可将推土工作装置拆除。

履带式推土机的铲刀有固定式和回转式两种安装形式。采用固定式铲刀的推土机称为直铲式或正铲式推土机。回转式铲刀可在水平面内回转一定的角度(一般为0°~25°),实现斜铲作业,称为回转式推土机,如果将铲刀在垂直平面内倾斜一定角度(0°~9°),则可实现侧铲作业,这种推土机有时也称为全能型推土机,如图5-169所示。

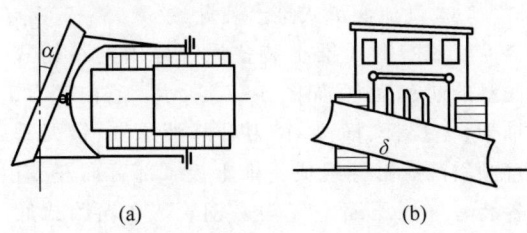

图5-169 回转式铲刀工作示意图
(a) 铲刀平斜;(b) 铲刀侧倾

(1) 直铲推土机的推土工作装置

图5-170所示为直铲式推土工作装置。顶推梁6铰接在履带式底盘的台车架上,推土板可绕其铰接支承提升或下降。推土板、顶推梁6、拉杆8、倾斜液压缸5和中央拉杆4等组成一个刚性构架,整体刚度大,可承受重载作业负荷。

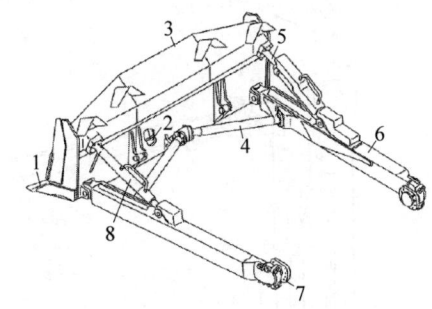

1—刀角;2—切削刃;3—铲刀;4—中央拉杆;
5—倾斜液压缸;6—顶推梁;7—框销;8—拉杆。

图5-170 直铲式推土工作装置结构示意图

通过同时调节拉杆8和倾斜液压缸5的长度(等量伸长或等量缩短),可以调整推土板的切削角(即改变刀片与地面的夹角)。

(2) 斜铲推土机的推土工作装置

斜铲推土机装有回转式铲刀装置,其构造如图5-171所示,由推土板(铲刀)、顶推门架、推土板推杆和斜撑杆等主要部件组成。

回转式铲刀可根据施工作业的需要调整铲刀在水平和垂直平面内的倾斜角度。铲刀水平斜置后,可在直线行驶状态下实现单侧排土、回填沟渠,以提高作业效率;铲刀侧倾后,可在横坡上进行推铲作业或平整坡面,也可用铲尖开挖小沟。

为避免铲刀由于升降或倾斜运动导致各构件之间发生运行干涉,引起附加应力,铲刀与顶推门架前端应采用球铰连接,铲刀与推杆、铲刀与斜撑杆之间也应采用球铰或万向联轴器连接。

当两侧的螺旋推杆分别铰装在顶推门架的中间耳座上时,铲刀呈正铲状态;当一侧推杆铰装在顶推门架的后耳座上,而另一侧推杆铰装在顶推门架的前耳座上时,铲刀则呈斜铲状态;当一侧斜撑杆伸长,而另一侧斜撑杆缩短时,即可改变铲刀在垂直平面内的侧倾角,

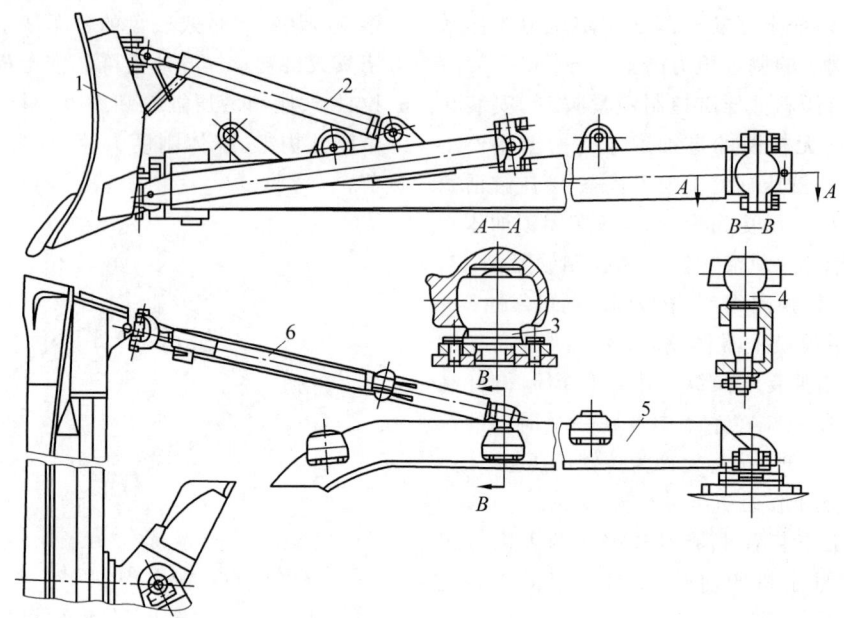

1—推土板；2—斜撑杆；3—顶推门架支承；4—推杆球状铰销；5—顶推门架；6—推土板推杆

图 5-171 回转式铲刀推土装置

铲刀则呈侧铲状态。同时，调节两侧斜撑杆的长度(左、右斜撑杆的长度应相等)，还可改变铲刀的切削角。顶推门架铰接在履带式基础车台车架的球状支承上，铲刀可绕其铰接支承升降。

(3) 推土板的结构形式

推土板主要由曲面板和可卸式刀片组成。推土板断面的结构有开式、半开式、闭式 3 种形式，如图 5-172 所示。小型推土机采用结构简单的开式推土板；中型推土机大多采用半开式的推土板；大型推土机作业条件恶劣，为保证足够强度和刚度，采用闭式推土板。闭式推土板为封闭的箱形结构，其背面和端面均用钢板焊接而成，用以加强推土板的刚度。

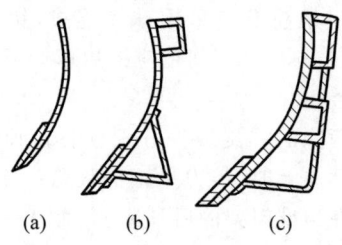

图 5-172 推土板断面结构形式
(a) 开式；(b) 半开式；(c) 闭式

推土板的横向结构外形可分为直线形和 U 形两种。铲土、运土和回填的距离较短时，可采用直线形推土板。直线形推土板属窄型推土板，宽高比较小，比切力大（即切削刃单位宽度上的顶推力大），但铲刀的积土容易从两侧流失，切土和推运距离过长会降低推土机的生产率。

运距稍长的推土作业宜采用 U 形推土板。U 形推土板具有积土、运土容量大的特点。在运土过程中，U 形铲刀中部的土或物料上卷并前翻，两侧的土或物料则上卷向铲刀内侧翻滚，有效地减少了土或物料的侧漏现象，提高了铲刀的充盈程度，因而可以提高推土机的作业效率。

(4) 气流润滑式推土装置

气流润滑式推土装置用螺栓固定在轮式底盘的前车架上，如图 5-173 所示。它由铲刀、推架、上拉杆、横梁、铲刀升降液压缸、铲刀垂直倾斜液压缸等组成。推土板下部背面左、右各装有一根压缩空气输入钢管。在轮胎式底盘的后部安装有大容量的空气压缩机，从两侧的输入钢管向推土板下部提供高压气流，进入铲刀下部的压缩空气室。推土板下部设有一定数量的被挡板盖住的小孔，进入的压缩空气从小孔中高速喷出，并沿铲刀曲面从下向上形成"气垫"。这层"气垫"在铲刀和土之间起着离析和润滑的作用,可降低推土板的切削作业阻力,不仅提高了推土机的工作效率,同时也提高了推土机的经济性能。

气流润滑式轮式推土机的推土装置是一个由推土板、推架、上拉杆和横梁组成的平行四连杆机构。平行四连杆机构的构件具有平行运动的特点。因此,推土板升降时始终保持垂直平稳运动,不会随铲刀浮动改变预先确定的切削角,这样可以使铲刀始终在最小阻力工况下稳定进行作业。同时,铲刀垂直升降还有利于减小铲刀在土中的升降阻力。铲刀垂直倾斜液压缸可改变铲刀的入土切削角,即可将垂直状态的铲刀向前或向后倾斜一定的角度(倾斜幅度为±8°),以适应不同土质对最佳切削角选择的要求。

7) 松土工作装置

松土工作装置是履带式推土机的一种主要附属工作装置,通常配备在大、中型履带式推土机上。松土工作装置简称松土器或裂土器,悬挂在推土机基础车的尾部,广泛用于硬土、黏土、页岩、黏结砾石的预松作业,也可凿裂层理发达的岩石,开挖露天矿山,用以替代传统的爆破施工方法,提高施工的安全性,降低生产成本。

松土器的结构可分为铰链式、平行四边形式、可调整平行四边形式和径向可调式 4 种基本形式。现代松土器多采用平行四杆机构、可调式平行四杆机构和径向可调式连杆机构,其典型结构如图 5-174 所示。

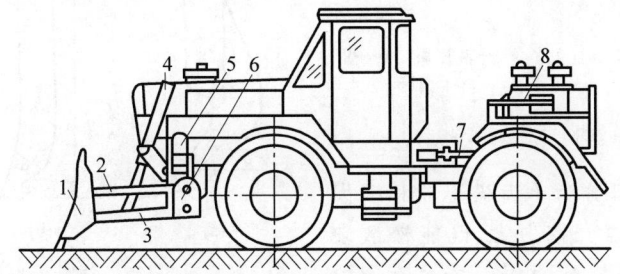

1—铲刀;2—上拉杆;3—推架;4—铲刀升降液压缸;5—铲刀垂直倾斜液压缸;6—横梁;7—空气压缩机传动轴;8—空气压缩机。

图 5-173　气流润滑式轮式推土机结构示意图

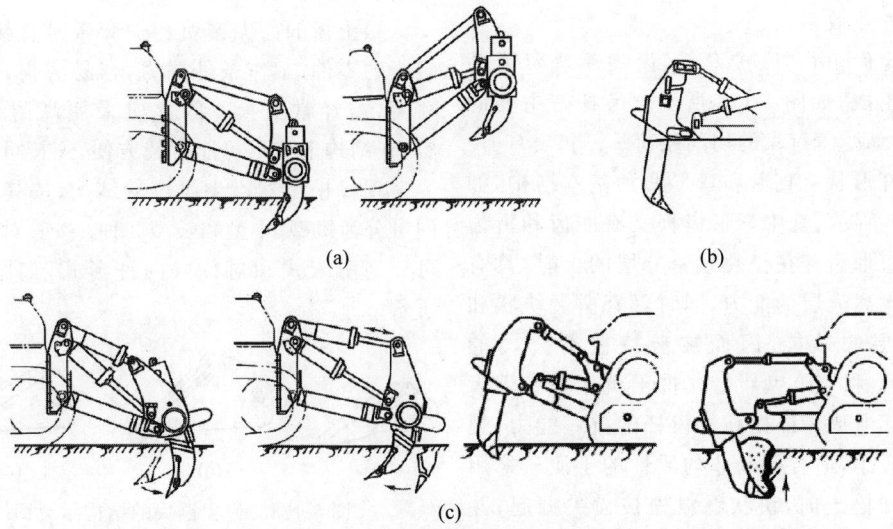

图 5-174　松土器典型结构示意图

(a) 固定式平行四杆机构松土器;(b) 径向可调式连杆机构松土器;(c) 可调式平行四杆机构松土器

松土器主要由安装机架、松土器臂、横梁、倾斜液压缸、提升液压缸及松土齿等组成,如图 5-175 所示。整个松土器悬挂在推土机后部的支承架上,松土齿用销轴固定在横梁松土齿架的齿套内。松土齿杆上设有多个销孔,改变齿杆销孔的固定位置,即可改变松土齿杆的工作长度,调节松土器的松土深度。

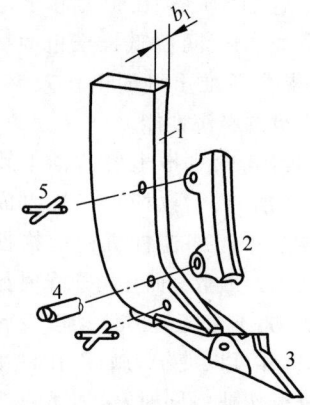

1—齿杆;2—护套板;3—齿尖镶块;4—弹性固定销;5—刚性销轴。

图 5-176 松土齿构造示意图

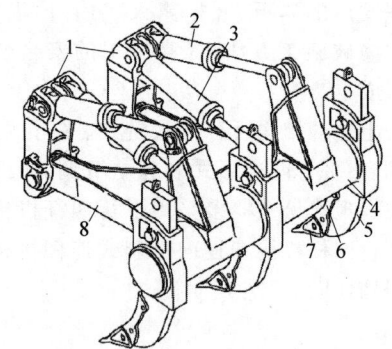

1—安装机架;2—倾斜液压缸;3—提升液压缸;4—横梁;5—齿杆;6—护套板;7—齿尖;8—松土器臂。

图 5-175 松土器结构示意图

松土器按齿数可分为单齿松土器和多齿松土器。单齿松土器开挖力大,既能松散硬土、冻土层,又可开挖软石、风化岩石和有裂隙的岩层,还可拔除树根,为推土作业扫除障碍。多齿松土器通常装有 2~5 个松土齿,主要用来预松薄层硬土和冻土层,用以提高推土机和铲运机的作业效率。

松土齿由齿杆、护套板、齿尖镶块及弹性固定销组成,如图 5-176 所示。齿杆是主要的受力件,承受着巨大的切削载荷。

齿杆形状有直形和弯形两种基本结构,如图 5-177 所示,其中弯形齿杆又有曲齿和折齿之分。直形齿杆在松裂致密分层的土时,具有良好的剥离表层的能力,同时具有凿裂块状和板状岩层的效能,因而被卡特彼勒公司的 D8L、D9L 和 D10 型履带式推土机作为专用齿杆采用。弯形齿杆提高了齿杆的抗弯能力,裂土阻力较小,适合松裂非均质性的土质。采用弯形齿杆松土时,块状物料先被齿尖掘起,并在齿杆垂直部分通过之前即被凿碎,松裂效果较好,但块状物料易被卡阻在弯曲处。

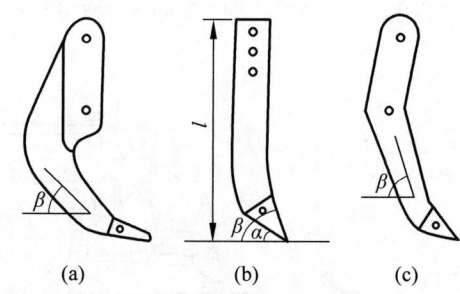

图 5-177 齿杆外形结构示意图
(a) 曲齿;(b) 直齿;(c) 折齿

松土齿的护套板用以保护齿杆,减轻齿杆的磨损,延长其使用寿命。

松土齿的齿尖镶块和护套板是直接松土、裂土的零件,工作条件恶劣,容易磨损,使用寿命短,需经常更换。因此应采用高耐磨性材料,在结构上应尽可能拆装方便,连接可靠。

现代松土器齿尖镶块的结构,按其长度不同可分为短型、中型和长型 3 种;按其对称性又可分为凿入式和对称式两种形式,如图 5-178 所示。

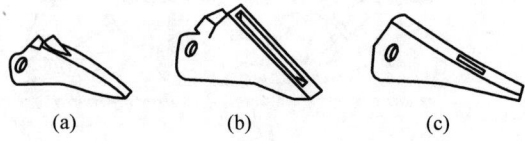

图 5-178 齿尖镶块的结构示意图
(a) 短型(凿入式);(b) 中型(凿入式);
(c) 长型(对称式)

8) 电气设备

电气设备使用 24 V 直流电,负极搭铁,主要由蓄电池、发电机、启动机、电磁开关、电压灵敏继电器和照明设备等组成。

3. 典型机械技术

1) 液力变矩器

液力变矩器为三元件向心涡轮式,结构简单、传动效率高。变矩器由泵轮组件、涡轮组件、导轮组件 3 部分构成。

泵轮组件中的泵轮由螺栓和驱动壳连接,驱动齿轮由螺栓和驱动壳连接。驱动齿轮直接插入发动机飞轮齿圈内,故泵轮随发动机一起旋转。导轮由螺栓和导轮毂连接,导轮毂通过花键和导轮座连接,导轮座又通过螺栓和变矩器壳连接,故导轮和变矩器壳是连在一起的,并不旋转。涡轮和涡轮毂用铆钉铆接在一起,再通过花键和涡轮输出轴连接,涡轮输出轴通过花键和联轴节连接,将动力传递给其后的传动系统。泵轮随发动机一起旋转,将动力输入,导轮不旋转,涡轮旋转,将动力输出,三者之间相互独立,轮间间隙约为 2 mm。

泵轮、涡轮、导轮自身由许多叶片组成,称为叶栅,叶栅由曲面构成,呈复杂的形状。

变矩器在工作时,叶栅中是需要充满油液的。在泵轮高速旋转时,泵轮叶栅中的油液在离心力的作用下沿曲面向外流动,在叶栅出口处射向涡轮叶栅出口,然后沿涡轮叶栅曲面做向心流动,又从涡轮叶栅出口射向导轮叶栅进口,穿过导轮叶栅又流回泵轮。泵轮、涡轮、导轮叶栅组成的圆形空间称为循环圆。由于涡轮叶栅曲面形状的设计,决定了涡轮和泵轮在同一方向旋转。这样,变矩器叶栅循环圆中的油液,一方面在循环圆中旋转,另一方面又随泵轮和涡轮旋转,从而形成了复杂的螺旋运动,在这种运动中,将能量从泵轮传递给涡轮。

涡轮的负荷是由推土机负荷决定的。推土机的负荷由铲刀传递给履带走行系统,再传给终传动、转向离合器、中央传动、变速器和联轴器总成,最终传递给变矩器涡轮。涡轮负荷小时,其旋转速度快;负荷大时,旋转速度慢。当推土机因超载走不动时,涡轮的转速也下降

为 0,成为涡轮的制动状态。这时,因涡轮停止转动,由泵轮叶栅射来的油液,以最大的冲击穿过涡轮叶栅冲向导轮,在不转的导轮叶栅中转换成压力,该压力反压向涡轮,增大了涡轮的扭矩,该增加的扭矩和涡轮旋转方向一致,此时涡轮输出扭矩最大,为泵轮扭矩的 2.54 倍。涡轮随着负荷增大,转速逐渐降低,扭矩逐渐增加,这相当于一个无级变速器在逐渐降速增扭。这种无级变矩的性能与易操纵且挡位较少的行星齿轮式动力换挡变速器相配合,使推土机获得了优异的牵引性能。

液力变矩器是依靠液力工作的。油液在叶栅中流动时,由于冲击、摩擦会消耗能量,使油发热,故液力变矩器的传动效率较低。目前,最好的液力变矩器最高效率为 88%。当变矩器的涡轮因推土机超负荷而停止转动时,由泵轮传来的能量全部转化成热量而消耗掉,此时变矩器的效率为 0。要想提高变矩器的传动效率,就要掌握推土机的负荷,使涡轮有适当的转速、推土机有适当的速度,即当推土机因负荷过大而走不动时,要及时减小负荷,提一下铲刀或由 2 挡换为 1 挡。

由变矩器的结构和工作原理可知,变矩器工作时油会有内泄、发热,这就要求及时给变矩器内部补充油,并将发热的油替换出来冷却,形成一个循环。

2) 行星齿轮式动力换挡变速器

变速器主要由 4 个行星排和 1 个旋转闭锁离合器构成。"Ⅰ""Ⅱ""Ⅲ""Ⅳ"是 4 个行星排,"Ⅴ"是旋转闭锁离合器。"Ⅰ""Ⅱ"和"Ⅳ"行星排都是固定齿圈,用行星架同向旋转进行输出的。

"Ⅱ"行星排的行星架上多装一个行星齿轮,若将齿圈 C 用离合器固定,当太阳齿轮 A 右转时,行星齿轮 B 左转,行星齿轮 E 右转,行星架 D 左转,则形成了以太阳齿轮输入、行星架反向旋转输出的行星齿轮减速机构。TY220 型推土机的变速器即利用第"Ⅱ"行星排作为倒挡使用。

离合器有 5 个。第 1~4 离合器的液压缸体都由螺栓连接在端盖上,它们是不运动的。

当液压缸体和活塞之间充满压力油时,压力油在油超过设计的密封下,建立油压并推活塞压紧摩擦片,则可将齿圈固定。

第 5 号旋转闭锁离合器的结构比较特殊,它没有行星机构,工作时是整体旋转的。向旋转液压缸中供油时,需先向中心轴供油。工作时,压力油通过第 5 离合器固定不动的壳体中的油道,进入旋转液压缸,推动活塞工作。为防止泄漏,要用旋转密封环进行密封。工作完的油液,由于旋转液压缸不停地旋转,受离心力向外甩出,无法经供油道排出,会增加摩擦片的磨损。为解决此问题,在旋转液压缸体上增加一个钢球止回阀,在压力油的作用下,它能够密封油孔以建立油压,停止供油时,它会甩开,开放回油孔以回油。

3) 转向离合器和转向制动器

变速器的动力传入中央传动后,就从纵向传动变为横向传动,由横轴分别传给左、右两个转向离合器。

转向离合器是弹簧压紧、液压分离、常啮合、湿式摩擦片结构形式。它由外鼓、内鼓、压盘、外摩擦片、内齿处、活塞、螺栓、套筒与活塞连接成一个整体,大、小弹簧支撑在内鼓上,弹簧的安装负荷推动活塞向右移动,带动压板将摩擦片和齿片压紧在一起,实现接合传力。弹簧共 8 组,总安装负荷 3.2 t,有足够的压力压紧摩擦片以传递力矩。

当推土机需要转向(如拉动左转向拉杆)时,液压油充入转向离合器活塞和轮毂之间的油腔,油压力推动活塞,带动压盘向左移动,摩擦片和齿片松开,不再传递力矩,推土机左侧失去动力,在右侧履带的推动下向左转向。转向结束时,松开拉杆,液压油在活塞推动下回流,转向离合器重新接合传力,推土机恢复直线行驶。

5.1.20 混凝土搅拌站

1. 整机的组成和工作原理

混凝土搅拌站主要由储料系统、计量系统、输送系统、供液系统、气动系统、搅拌主机、主楼框架、控制室、除尘系统等组成,用以完成混凝土原材料的储存、计量、输送、搅拌和出料等工作。图 5-179 所示为混凝土搅拌站的组成结构。

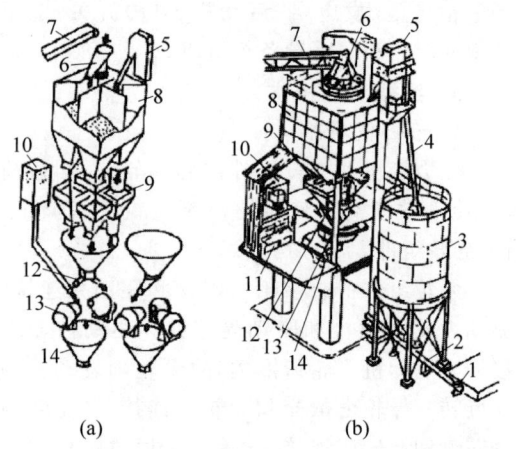

1—水泥受料口;2—螺旋输送机;3—水泥溜管;4—水泥提升机构;5—斗式提升机;6—回转分料器;7—集料带式输送机;8—储料仓;9—称量装置;10—水箱;11—操纵台;12—集中料斗;13—搅拌机;14—混凝土储料斗

图 5-179 混凝土搅拌站组成结构示意图
(a) 台状机的锥形倾翻出料式搅拌楼;
(b) 台状机的涡桨式搅拌楼

混凝土搅拌站的工作原理如图 5-180 所示。粉料从粉仓 1 经粉料上料螺旋 3 输送到粉料计量装置 2,按配合比计量后投入搅拌机 5;骨料从配料机 8 配料计量后,通过骨料上料装置 12 输送到骨料中间仓 13 暂存,然后投入搅拌机 5;水从清水池 7 通过供水管路进入水计量装置 11,按配合比计量后投入搅拌机 5;外加剂从外加剂箱 9 通过管路输送到外加剂计量装置 10,按配合比计量后进入水计量装置 11,与水一起投入搅拌机或直接投入搅拌机 5;所有物料通过搅拌机搅拌成符合要求的新鲜混凝土后,通过卸料装置 6 进入搅拌车;搅拌机工作过程中,由主机除尘器 4 对搅拌机进行除尘;粉仓进料时,由仓顶的粉仓除尘器 14 对粉仓进行除尘。以上所有工作过程均由搅拌站控制系统控制自动完成,其特点是骨料需经过二次提升,即计量完毕后,再经皮带机或提升斗提升到搅拌机进行搅拌。

搅拌站的优点是结构紧凑、一次性投资小、生产效率高。

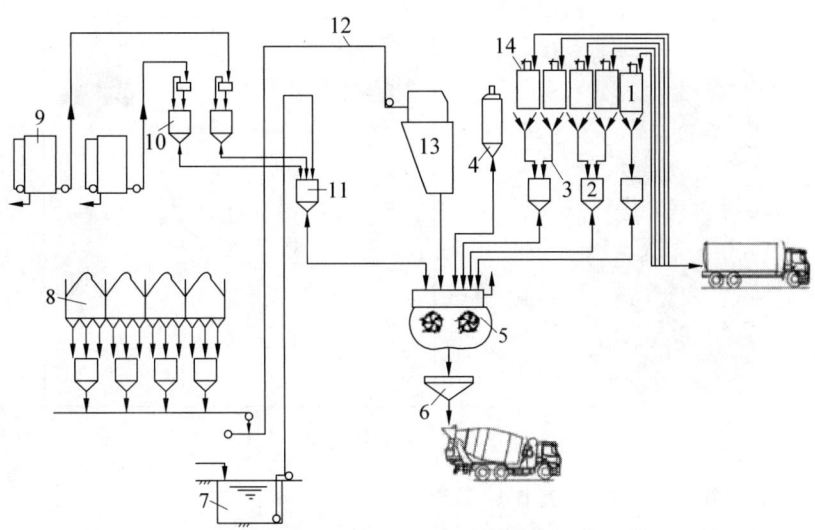

1—粉仓；2—粉料计量装置；3—粉料上料螺旋；4—主机除尘器；5—搅拌机；6—卸料装置；7—清水池；8—骨料配料机；9—外加剂箱；10—外加剂计量装置；11—水计量装置；12—骨料上料装置；13—骨料中间仓；14—粉仓除尘器。

图 5-180　混凝土搅拌站工作原理示意图

2．主要系统和部件的结构原理

1) 储料系统

储料系统由生产混凝土所用原材料的储料系统（粉料罐、骨料储料仓、水池、外加剂罐和骨料待料斗等）和成品混凝土的储料系统（卸料斗）两方面组成。

(1) 粉料罐

粉料罐的基本结构如图 5-181 所示，它由仓顶收尘机、压力安全阀、阻旋式料位指示器、仓体、检修梯子、吹灰管、助流气垫、手动蝶阀和支腿构成。

粉料罐是储存粉状物料的筒仓，储存如水泥、掺合料（粉煤灰、矿粉、沸石粉和硅灰）、干式粉状添加剂等。筒仓的截面几乎都是圆形，因为这种形状受力状况最好，有效容积也最大。

仓顶收尘机如图 5-182 所示，其主要作用是在散装水泥车向粉料罐内泵送散装物料时，在压缩空气通过仓顶收尘机排到大气的过程中，阻止压缩空气中夹杂的粉尘直接排出，从而起到保护环境的作用。每次往粉料罐中输送物料前和输送物料结束后，必须开动收尘机振动器，振落收尘机滤芯上的粉尘，保证罐内外气流的顺畅。

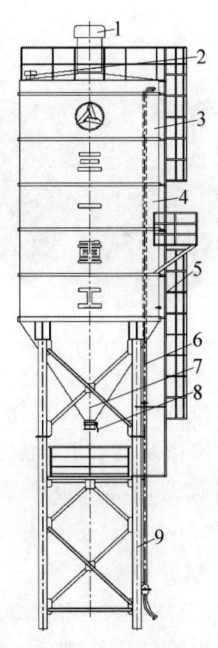

1—仓顶收尘机；2—压力安全阀；3—阻旋式料位指示器；4—仓体；5—检修梯子；6—吹灰管；7—助流气垫；8—手动蝶阀；9—支腿。

图 5-181　粉料罐结构示意图

吹灰管在弯道处应有耐磨措施，散装水泥输送车的出灰软管上有快速接头，能方便快捷地与水泥筒仓上的吹灰管相连接。

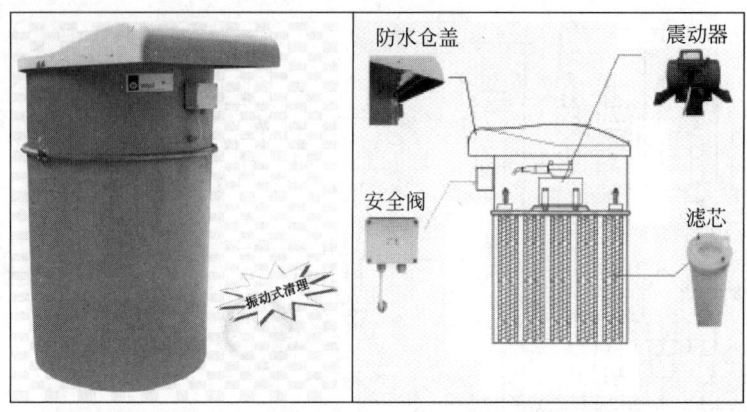

图 5-182 仓顶收尘机

压力安全阀如图 5-183 所示,其作用是当散装水泥车泵向粉料罐内泵送散装物料时,如果仓顶收尘机因堵塞而排气不顺畅,导致粉料罐内气压升高,为保护粉料罐,当压力升高到一定值后,安全阀开启卸压,从而起到保护粉料罐的作用。

图 5-184 阻旋式料位指示器

图 5-183 压力安全阀

为了探测粉料罐内粉料的储存量,常在筒仓内设置有料位指示器,其一般分为极限料位器和连续式料位器两类。极限式料位器有电容式、音叉式及阻旋式;连续式料位器有重锤式、超声波式、射频电容式等。一般采用阻旋式料位指示器,设高低料位指示。高位报警,表示粉料罐中的物料已快装满,应停止往罐内输送物料;低位报警,表示粉料罐中的物料已快用完,应准备往罐内重新输送物料,如图 5-184 所示。

（2）骨料储料仓

骨料储料仓由混凝土储料仓、料斗、拉式传感器、计量斗、振动器、筛网、气缸、计量斗门和储料斗门等组成,如图 5-185 所示。

骨料储料仓是储存砂石料的仓体,和骨料计量部分连成一体后,通常称为配料站。上部仓体可由混凝土在地面上浇筑而成,也可整体做成钢结构,常与地仓式配料站和钢结构配料站进行区分。

上部混凝土储料仓和料斗等构成骨料储料仓。筛网用来筛除骨料中不符合要求的粗骨料,保证设备的正常运转。开关储料斗门可对计量斗配料,储料斗门为弧形门,通过调节斗门与料斗的间隙,能够有效防止料门卡料。压缩气体通过电磁阀到达执行元件气缸活塞两端,使气缸活塞杆动作,从而驱动斗门的开关,实现对各种骨料的配给。因砂料有较大的黏性,在配砂料时,斗门打开,振动器延时振动,使砂料顺畅下料。

钢结构配料站由前板、后板、隔板、储料斗、支架、骨料计量斗、筛网、侧板和压式传感器等构成,如图 5-186 所示,前板、后板、隔板、侧板和储料斗等构成钢结构配料站的骨料储料仓。

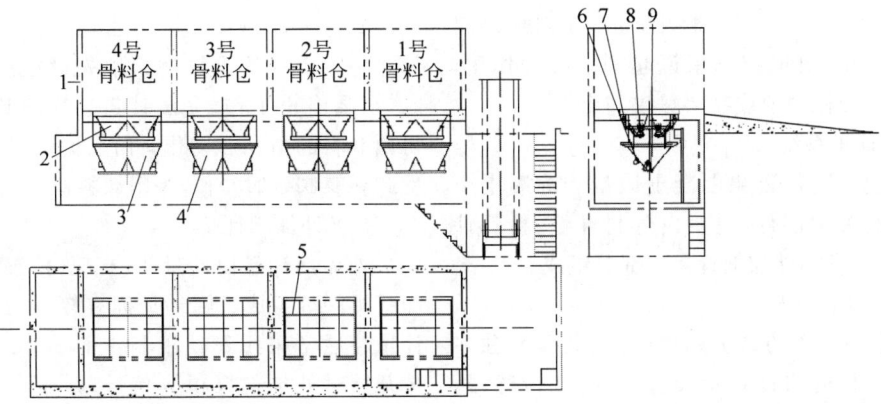

1—混凝土储料仓；2—料斗；3—拉式传感器；4—计量斗；5—振动器；6—筛网；7—气缸；8—计量斗门；9—储料斗门。

图 5-185 骨料储料仓

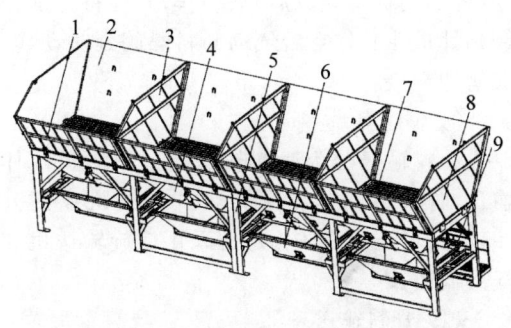

1—前板；2—后板；3—隔板；4—储料斗；5—支架；6—骨料计量斗；7—筛网；8—侧板；9—压式传感器。

图 5-186 钢结构配料站

配料站起到储存砂石料和在称量砂石料时控制配料的作用。它具有上料方便、下料顺畅、结构紧凑、安装快捷、运输方便的特点。配料站中仓体的数量与配制混凝土需要的砂石料种类有关，有 3 仓、4 仓和 5 仓之分，一般 4 仓即可满足使用需要。

(3) 水池

水池是储存生产混凝土用水的设备，一般在进行混凝土搅拌站的安装基础施工时浇筑而成，水池的供水方式和容积的大小可以根据场地情况来定。如果设备需要在低温下使用，必须考虑合适的给水加热方式。

(4) 外加剂罐

外加剂罐是储存液体外加剂的罐体。它由罐体、液位显示管、卸污阀、外加剂泵、爬梯、检修口及自循环管道等构成。罐体为圆柱形。液位显示管用来显示罐内外加剂的位置，在往外加剂罐内加料时，可防止外加剂溢出；当液位很低时，可以提醒用户及时往罐内加料。因外加剂容易沉淀，时间久了容易在罐底积成"淤泥"，通过卸污阀就可以将这些废料排出。在使用过程中为了液状外加剂的成分均匀，防止沉淀，在罐体上设置了自循环装置。外加剂泵启动后，泵出的一部分外加剂送到外加剂计量斗进行计量，另一部分又送回罐内。因泵出的外加剂有一定的压力，在罐内形成冲击，促使外加剂处于一种动态状况，从而避免了外加剂的沉淀，保持了外加剂的匀质性，有利于提高混凝土质量的稳定性。

(5) 骨料待料斗

骨料待料斗由斗罩、斗体、斗门、耐磨机构、防尘帘、气缸和振动器组成。斗门开后，振动器延时动作，将骨料待料斗中的骨料快速卸尽。骨料待料斗是个过渡料斗，起到暂存骨料的作用。它缩短了搅拌站工作循环时间，是搅拌站提高生产率的重要保证。骨料在进入骨料待料斗时会有较强的冲击，并会伴有扬尘现象，因此骨料待料斗有耐磨损机构和防尘措施。

(6) 卸料斗

卸料斗由斗体、耐磨衬板、橡胶管、卡箍等

组成。它是成品混凝土料从搅拌机卸出后，落入搅拌车前的一个过渡料斗，起到了对成品料的暂存作用，对搅拌车来说起到了缓冲作用，能够让搅拌机中的成品料尽快卸出。

2) 计量系统

计量系统是影响混凝土质量和混凝土生产成本的关键部件，主要由骨料计量、粉料计量、液体计量和外加剂计量4部分组成。

（1）骨料计量

骨料计量的方式分两种：累计计量和独立计量。骨料的累计计量装置由斗体、传感器、皮带机等组成，斗体与皮带机连成一体，当所有的骨料计量完毕后，皮带机才启动运转，将所有骨料送入提升装置（提升斗、斜皮带机）。骨料的独立计量装置由计量斗斗体、斗门、传感器、气缸等组成，计量开始前斗门关闭，计量开始时骨料仓两个斗门打开，当骨料的重量值达到某个设定值时，关闭骨料仓其中一个斗门，进行骨料的精计量，当骨料重量达到设定的称量值时，斗门全部关闭，完成称量过程。当计量斗气缸得到开门信号后，活塞杆动作，斗门打开，开始卸料。称空（传感器测得的信号为0）后活塞杆延时动作，斗门关闭。

（2）粉料计量

粉料计量由计量斗、支架、传感器、气动卸料蝶阀、红色胶管、气动球型振动器、进料口、排气管等组成。因水泥和掺合料粉尘多、污染严重、易吸水，一般要求水泥和掺合料的计量在密闭容器内进行。为使得计量系统独立，计量斗同其他部件的连接必须采用软连接，确保计量的准确性。计量开始时螺旋输送机得到信号，开始启动，输送粉料到计量斗，计量斗一部分空气和粉尘通过排气管到达收尘装置。当粉料的重量达到预先设定的重量值时，螺旋输送机停止输送粉料，完成计量。气动卸料蝶阀得到卸料的指令后动作，开门卸料。与此同时气动球型振动器开始振动，加快卸料速度。称空后气动卸料蝶阀延时动作，关闭卸料口，停止振动。

（3）液体计量

液体计量由计量斗、支架、传感器、气动卸料蝶阀、红色胶管等组成。液体计量开始时水泵得到信号，开始启动，将水池中的水抽到计量斗中。当水的重量达到预先设定的重量值时，水泵停止工作，完成计量。气动卸料蝶阀得到卸料的指令后动作，开门卸水。称空后气动卸料蝶阀延时动作，关闭卸料口。

（4）外加剂计量

外加剂计量由计量斗、支架、传感器、气动卸料蝶阀等组成。因外加剂有较强的腐蚀性，计量斗通常采用不锈钢制作而成。外加剂计量开始时外加剂泵得到信号，开始启动，将外加剂箱中的外加剂抽到计量斗。当外加剂的重量达到预先设定的重量值时，外加剂泵停止工作，完成计量。气动卸料蝶阀得到卸料的指令（外加剂称量完成后）后动作，开门将外加剂卸到计量斗。称空后气动卸料蝶阀延时动作，关闭卸料口。

3) 输送系统

物料输送分为骨料输送、粉料输送、液体输送，骨料的输送常采用带式输送机或提升斗，粉料输送和液体输送常采用螺旋输送机和气力输送。

（1）骨料输送

搅拌机输送有料斗输送和皮带输送两种方式。料斗输送的优点是占地面积小、结构简单。皮带输送的优点是输送距离大、效率高、故障率低。皮带输送主要适用于有骨料暂存仓的搅拌机，可提高搅拌站的生产率，如图5-187所示。

图5-187 皮带式骨料输送装置

（2）粉料输送

混凝土可用的粉料主要是水泥、粉煤灰和矿粉。普遍采用的粉料输送方式是螺旋输送机输送，大型搅拌楼有采用气动输送和刮板输送的。螺旋输送的优点是结构简单、成本低、使用可靠。

(3) 液体输送

液体主要指水和液体外加剂，它们都由水泵输送。

4) 供液系统

供液系统包括液体外加剂供应系统和水供应系统。混凝土搅拌用水一般都是清水，也可以部分采用从冲洗装置回收而来的工业用水。水经过计量即可单独靠重力流入搅拌机，也可以在计量斗下方安装一台水泵，向搅拌机进行加压供水，能够起到快速供水和冲洗搅拌装置的作用。

5) 气动系统

气动系统由集装阀、过滤减压阀、助流气垫、气动蝶阀、气动球型振动器、空气压缩机、气源三联件、储气罐、气缸及气管等组成。其基本原理如图 5-188 所示。

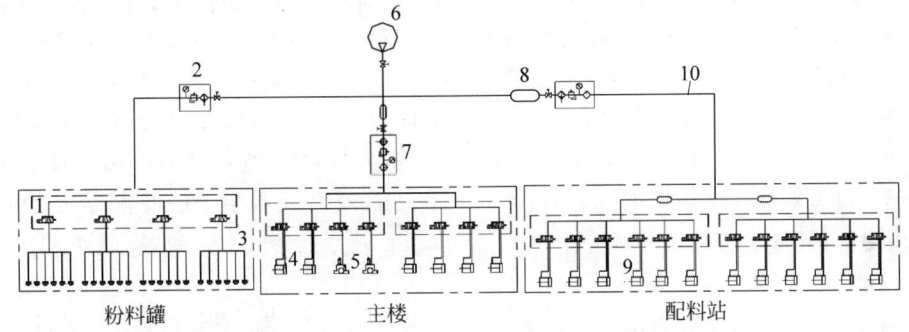

1—集装阀；2—过滤减压阀；3—助流气垫；4—气动蝶阀；5—气动球型振动器；6—空气压缩机；7—气源三联件；8—储气罐；9—气缸；10—气管。

图 5-188 气动系统原理示意图

自空气压缩机(见图 5-189)出来的高压气体，经气源三联件处理，进入电磁阀，当电磁阀接到控制信号后接通相应回路，压缩空气进入驱动元件(气缸、振动器、助流气垫)，完成相应动作(料门开关、振动起停、破拱起停)。在各气动元件分别或同时工作时，工作压力应大于 0.4 MPa。

图 5-189 活塞式空气压缩机

空气压缩机的控制方式分为两种：气调控(半自动型)和电调控(全自动型)。气调控型空气压缩机排气压力达到上限压力，空气压缩机卸载运行，达到下限压力加载运行，一般应用在用气量较大及频繁加卸载运行的空气系统。气调控型空气压缩机用调压阀控制压缩机加载或卸载。电调控制(全自动型)通过空气压缩机排气压力调节，在排气压力达到上限压力时，空气压缩机停止运行，达到下限压力启动运行，一般应用在用气量较小及不频繁加卸载运行的系统。

在选择空气压缩机的安装地点时，需要周围空气清洁、湿度小，以保证吸入空气的质量。同时要严格遵守限制噪声的规定。

气源三联件如图 5-190 所示，它在气动系统中起过滤、减压、油雾作用。过滤是将压缩空气中的冷凝水和油泥等杂质分离出来，使压缩空气得到初步净化；减压可通过三联件来调节出口压力大小；油雾是喷出油雾润滑气阀等。

6) 搅拌主机

搅拌主机由圆形搅拌筒和两根按相反方向转动的搅拌轴组成，在两根搅拌轴上安装了几组结构相同的叶片，但其前后上下都错开一

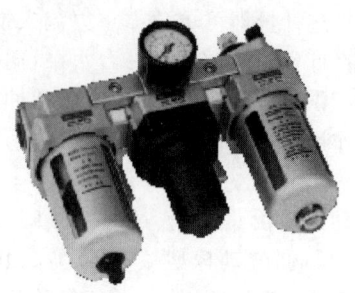

图 5-190　气源三联件

定的空间,使拌和料在两个搅拌筒内得到快速而均匀的搅拌。搅拌主机按其搅拌方式分为强制式搅拌机和自落式搅拌机。强制式搅拌机是国内外搅拌站使用的主流型式,它可以搅拌流动性、半干硬性和干硬性等多种混凝土。自落式搅拌机主要搅拌流动性混凝土,目前在搅拌站中很少使用。

强制式搅拌机按结构形式分为单卧轴强制式搅拌机、双卧轴强制式搅拌机和立轴行星式搅拌机。而其中以双卧轴强制式搅拌机的综合使用性能最好。

(1) 单卧轴强制式搅拌机

单卧轴强制式搅拌机如图 5-191 所示,由 C 形搅拌筒、水平轴、螺旋搅拌叶片及传动机构等组成。水平搅拌轴上分别装有对称布置的螺旋搅拌叶片和刮铲各两只。在搅拌筒筒体内和搅拌叶片、刮铲上均安装有可拆换的耐磨陶瓷。电动机经齿轮和链条驱动水平轴,使两个刮铲分别靠近搅拌筒两面端壁的拌和料,并向内推送,两只螺旋叶片则一边搅拌,一边又将拌和料推向搅拌筒另一端。因此,拌和料形成强烈对流搅拌,并很快制成均匀的混凝土。

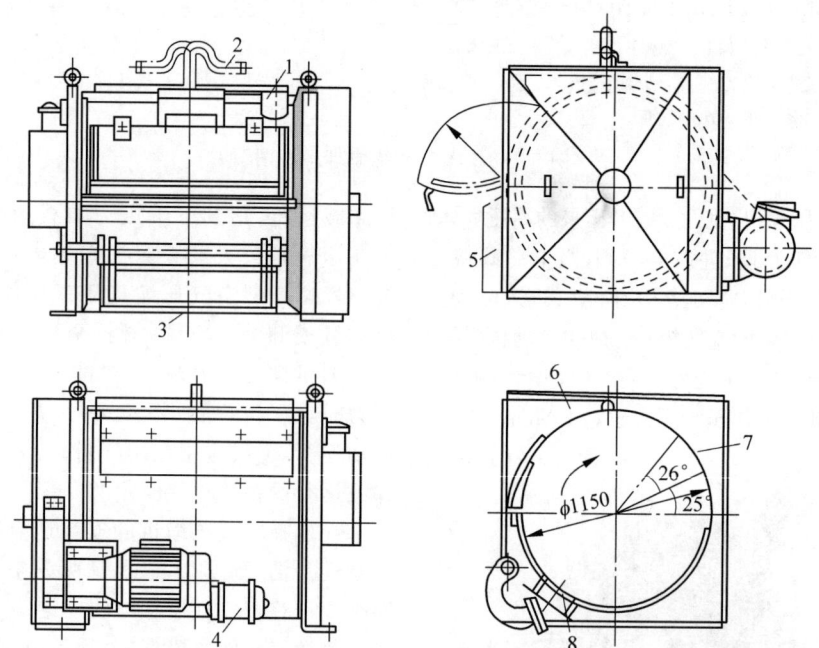

1—气化管；2—水管；3—出料口；4—气管；5—防护罩；6—水泥加料口；7—集料加料口；
8—出料口。

图 5-191　单卧轴强制式搅拌机构造示意图

(2) 双卧轴强制式搅拌机

双卧轴强制式搅拌机如图 5-192 所示,由搅拌系统、传动装置、卸料机构等组成。搅拌系统由圆槽形搅拌筒和搅拌轴组成,在两根搅拌轴上安装了几组结构相同的叶片,但其前后上下都错开一定的空间,以便拌和料在两个搅拌筒内不断地得到搅拌,一方面将搅拌筒底部和中间的拌和料向上翻滚,另一方面又将拌和料沿轴线分别向前堆压,从而使拌和料得到快速而均匀的搅拌。

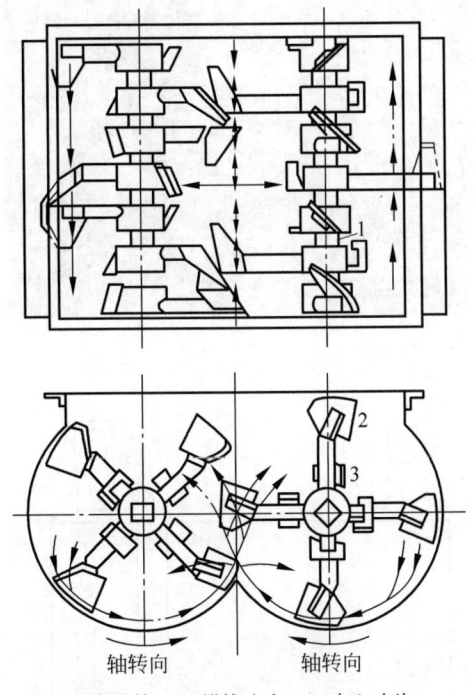

1—水平轴；2—搅拌叶片；3—中心叶片。

图 5-192　双卧轴强制式搅拌机构造

(3) 立轴行星式搅拌机

立轴行星式搅拌机如图 5-193 所示,主要由搅拌筒、搅拌叶片总成及罩盖等组成。它靠安装在搅拌筒内带叶片的立轴旋转,将物料挤压、翻转、抛出等复合动作进行强制搅拌。搅拌筒由内外筒及底板焊接而成,内外筒壁装有刮板,从而使拌和料的搅拌均匀迅速并不致粘在内外筒壁上。

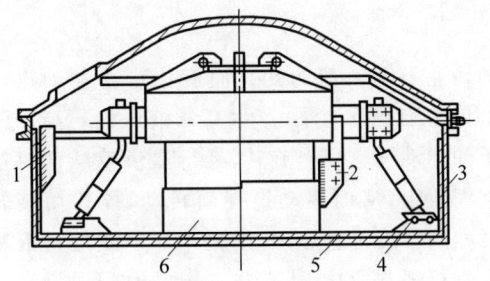

1—外刮板；2—内刮板；3—外衬板；4—搅拌叶片；5—底衬板；6—内衬板。

图 5-193　立轴行星式搅拌机构造

7) 控制系统

搅拌机的控制系统是整套设备的中枢神经,包括气路系统(包括空气压缩机、储气罐、气动附件等)和电控系统(包括工控机、PLC、断路器、接触器、软件等),如图 5-194 所示。

控制系统根据用户不同要求和搅拌机的大小而有不同的功能和配制,一般情况下施工现场可用的小型搅拌机控制系统简单一些,而大型搅拌站的系统相对复杂一些。

8) 主楼框架

主楼框架为钢结构,从下到上可分为出料层、搅拌层、计量层、楼顶。出料层是搅拌车进出接料的通道；搅拌层是搅拌机工作的楼层；计量层是水泥、掺合料、液体外加剂和水进行称量的楼层；楼顶是用来支承包装材料的框架。

整个主楼框架用彩钢夹芯板包装,显得美观大方,并可防寒隔热。

9) 除尘系统

除尘系统包括水泥及掺合料计量和卸料时的除尘、散装水泥车往粉料罐加料时的除尘及斜皮带机往骨料待料斗投料时的除尘 3 个部分,如图 5-195 所示。

水泥及掺合料计量、卸料时的除尘目前有布袋式除尘、开放式箱体除尘和强制式除尘等多种方式。布袋式除尘充分利用了布袋的可伸缩性和密封性来进行工作,布袋采用帆布制作而成,结构简单、成本低,能够有效地避免粉尘外漏,消除系统的正负压。这种方式在安装初期效果显著,时间一长,若袋壁上的积尘不予清理,除尘效果就会变差,所以要定期清理积尘。开放式箱体除尘是利用箱体来收集粉尘,并通过箱体顶部的单向吸气口来消除搅拌机在卸料时产生的负压。强制式除尘结构较复杂、成本高,它能够有效地除去水泥及掺合料计量和卸料时所产生的粉尘。但容易产生正负压,从而对水泥及掺合料计量精度产生负面影响。在使用强制式除尘时,还要在搅拌主机的上盖处安装一台负压阀,用于消除主机卸料时产生的负压。

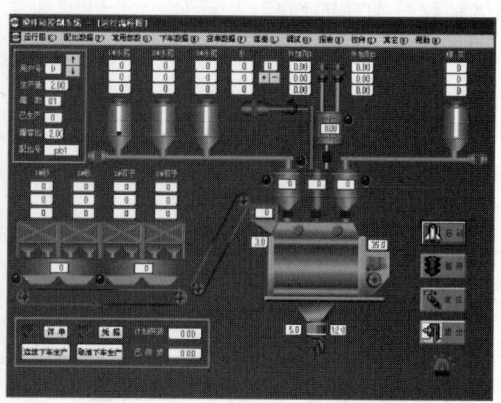

图 5-194　电控系统及操作界面

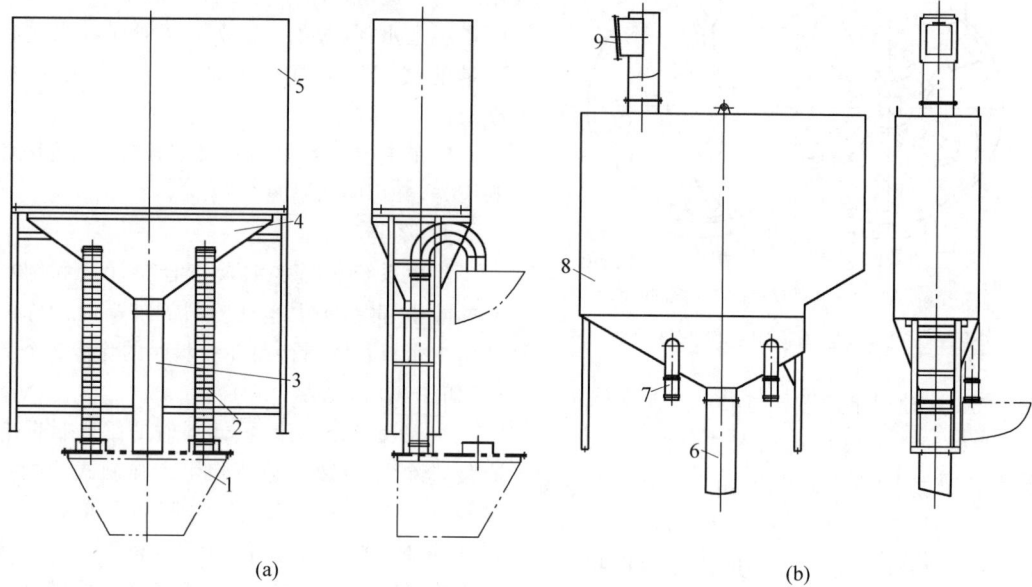

1—通往主机的过渡料斗接管；2—通往计量斗的波纹管；3—布袋与搅拌机的连接管；4—帆布袋；5—帆布袋罩；6—布袋与搅拌机的连接管；7—通往计量斗的胶管；8—箱体；9—单向吸气口。

图 5-195　除尘系统结构示意图
(a) 布袋式除尘；(b) 开放式箱体除尘

5.1.21　混凝土搅拌运输车

1. 整机的组成和工作原理

混凝土搅拌运输车由底盘和上装两大部分组成，其中上装部分由机械系统、液压驱动系统、电气系统等部分组成，如图 5-196 所示。

混凝土搅拌运输车的工作原理是通过底盘上的取力口 PTO（power take off，是一种控制发动机以恒定速度运行的功能，并且发动机的转速不随负荷的变化而变化），将发动机动力传递给液压油泵，产生高压液压油。高压液压油驱动马达高速旋转，经行星齿轮减速机产生大扭矩，从而驱动搅拌筒转动，搅拌筒旋转时利用螺旋传递原理，内置叶片不断地对混凝土进行强制搅拌，使它在一定的时间内不产生凝固现象。通过操作系统来控制搅拌筒的正、反转和控制发动机的油门，完成进料搅拌、搅动、出料、高速卸料和停止 5 种工作状况。其基

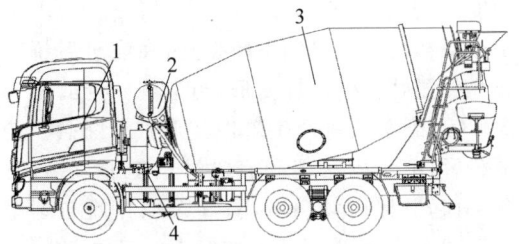

1—底盘；2—液压驱动系统；3—机械系统；4—电气系统。

图 5-196　混凝土搅拌运输车结构示意图

本原理如图 5-197 所示。

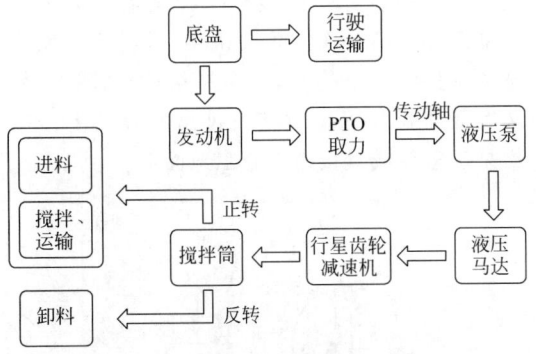

图 5-197　混凝土搅拌运输车基本原理

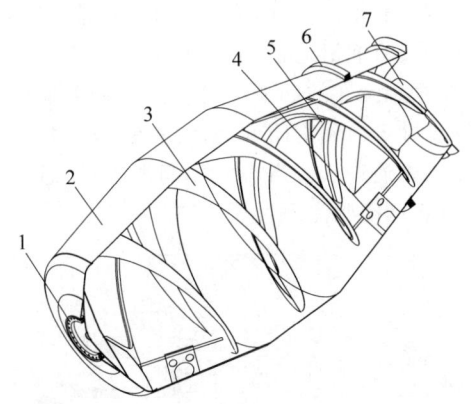

1—连接法兰；2—筒体；3—搅拌叶片；4—搅拌板；
5—扩展翅；6—滚道；7—进料小锥。

图 5-198　搅拌筒结构示意图

端安装法兰，后锥上安装垂直搅拌筒中心轴线滚道，法兰中心线、滚道中心线与搅拌筒中心线同轴。搅拌筒前端法兰安装在减速机上，滚道放置于安装在副车架的两个对称托轮上。搅拌筒通过减速机和对称支承托轮所组成的三点支承安装在副车架上。液压马达驱动减速机，带动搅拌筒平稳地绕其轴线转动。搅拌筒的驱动动力来自液压泵。

搅拌筒内部从筒口到筒体内，沿内壁对称地焊接有两条带状的螺旋叶片，当搅拌筒转动时两条螺旋叶片随之转动，作围绕搅拌筒轴线的螺旋运动，实现混凝土的搅拌与进出。搅拌筒内还装有为提高搅拌效果的搅拌板。

在搅拌筒筒口处，沿两条螺旋叶片内边缘焊接着一个进料小锥，它将筒口以同心圆的形式分割为内外两部分，中心部分为进料口，混凝土由此装入搅拌筒内；进料小锥与筒壁形成的环形空间为出料口，卸料时，混凝土在叶片反向螺旋运动的推力下从此流出。

在搅拌筒的中段设有检修孔盖，用于发动机出现故障时对搅拌筒的清理和维修。

（2）托轮

托轮由托架、轴、轴承、滚轮等组成，如图 5-199 所示。托轮对称地安装在副车架后台上，与减速机一起对搅拌筒实现三点支承。轴 5 通过螺母与卡板固定在托架 7 上，滚轮 4 通过轴承 3 安装在轴 5 上，通过螺母 6 压紧在托

2．主要系统和部件的结构原理

1）机械系统

混凝土搅拌运输车的机械系统主要有搅拌筒、托轮、副车架、进出料装置、操纵系统、供水系统、覆盖件等组成。

（1）搅拌筒

搅拌筒主要由筒体、搅拌叶片、连接法兰、进料小锥、滚道、搅拌板和扩展翅等组成，如图 5-198 所示。进料小锥呈漏斗状，口径大，能确保顺利进料。搅拌筒壳体和各类叶片皆由高强度钢板制成，具有极高的耐磨性。叶片呈曲面状，在搅动时使混凝土不产生离析现象。同时混凝土能均匀地在搅拌筒内流动，延长初凝时间，提高匀质性。搅拌板具有良好的搅拌功能，有利于保持预拌混凝土的质量。

搅拌筒绝大部分采用梨形结构，整个搅拌筒的壳体是一个变截面不对称的双锥体，外形似梨。中部直径最大，两端对接一对不等长的截头圆锥，前段锥体较短，端面与一封头焊接在一起；后段锥体较长，端部开口。搅拌筒前

架上固定其轴向位置,滚轮 4 可以绕轴 5 转动。轴 5 上设有润滑通道,通过润滑通道注入润滑脂,实现轴承 3 的润滑。滚轮 4 两端由轴承盖 1 与油封 2 构成密闭的润滑空间,防止润滑脂泄漏与杂质进入。当需要加润滑脂时,通过油杯 12 将润滑脂注入。

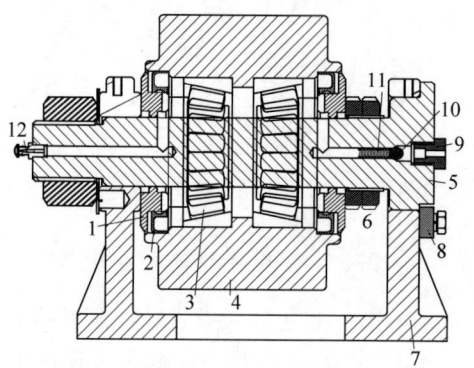

1—轴承盖;2—油封;3—轴承;4—滚轮;5—轴;6—螺母;7—托架;8—卡板;9—螺塞;10—钢球;11—弹簧;12—油杯

图 5-199 托轮结构示意图

(3) 副车架

副车架主要由主梁、前台、后台和尾翼等组成,如图 5-200 所示。

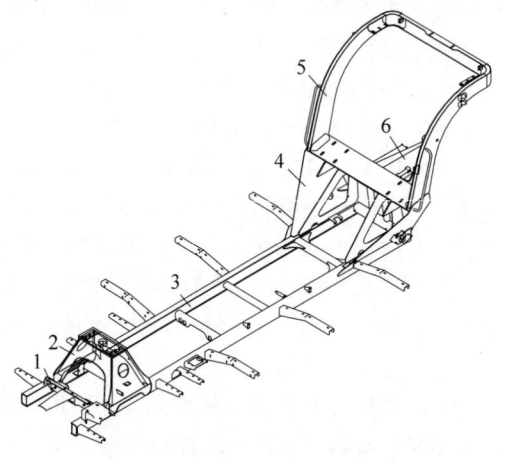

1—液压泵连接板;2—前台;3—主梁;4—后台;5—尾翼;6—卸料机架

图 5-200 副车架结构示意图

副车架起连接底盘大梁及支承搅拌筒、进出料装置等上装功能部件的作用,是混凝土搅拌运输车的重要部件,要求具有良好的强度和刚度,以及抗疲劳能力。在使用过程中,由于副车架和底盘大梁的不断振动,在底盘后桥中心线位置处发生弹性变形,当达到一定的疲劳次数后,副车架将产生塑性变形直至断裂。若承载后,由于副车架和底盘纵梁变形,后台下沉,引起搅拌筒倾角减小,导致搅拌筒与副车架发生干涉,最终导致搅拌筒不能正常工作。

(4) 进出料装置

进出料装置由进料斗、出料斗、主卸料槽、副卸料槽、支座、锁紧架等组成,如图 5-201 所示。进出料装置是混凝土搅拌运输车进出料及辅助搅拌筒工作的重要机构,进料斗对搅拌站的预拌混凝土接料,并传送给搅拌筒;出料装置及卸料装置将搅拌筒排出的混凝土传递给泵送料斗或直接送至施工地面上。

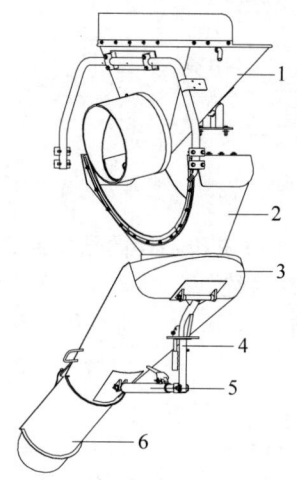

1—进料斗;2—出料斗;3—主卸料槽;4—支座;5—支筒;6—副卸料槽

图 5-201 进出料装置结构示意图

(5) 操纵系统

机械式操纵系统由副车架后台上机械操作和驾驶室软轴联合控制,由操作手柄、旋转体、转轴-摇臂机构、连杆机构、推拉软轴和调速器拉杆等组成,如图 5-202 所示。

后台机械操纵系统中设置了机械限位,控制液压泵控制阀的行程大小,在机械操作的行程范围内,操作是靠设置钢珠与弹簧压在定位孔上固定的,共分 5 个挡位:两个搅拌挡、两个卸料挡、一个空挡。在挡位间能无级控制搅拌筒

第5章 主要机械结构和工作原理

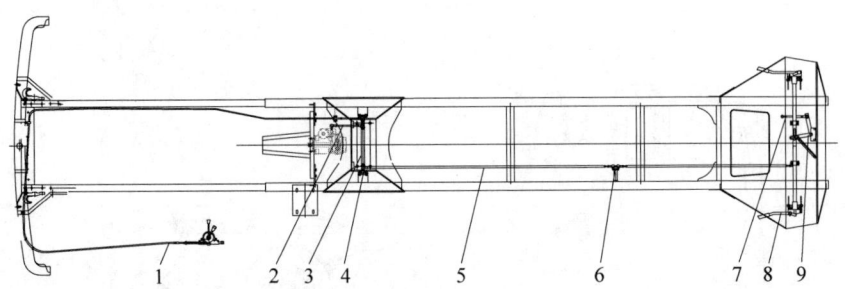

1—推拉软轴；2—油泵拉杆；3—摆臂1；4—转轴座；5—连杆；6—摆臂2；7—调速器拉杆；
8—操作手柄；9—摇臂

图 5-202 机械式操作系统结构示意图

的转速。

操作系统主要控制搅拌筒的旋转方向及转速。操作系统能控制搅拌筒的以下5种工作状态。

进搅拌：搅拌筒正转，转速为 6～14 r/min；搅动：搅拌筒正转，转速为 0～6 r/min；出料：搅拌筒反转，转速为 0～6 r/min；高速卸料：搅拌筒反转，转速为 6～14 r/min；停止：搅拌筒静止。

(6) 供水系统

供水系统主要由水箱总成、气动模块、供水管路、冲洗水路等组成，如图 5-203 所示。

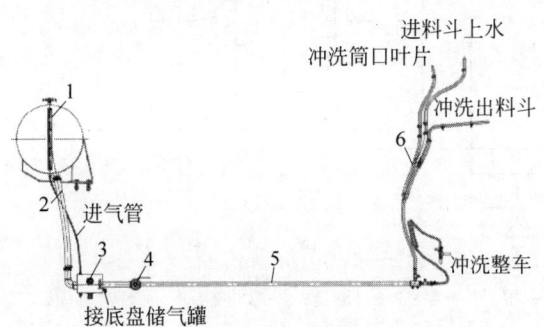

1—水箱总成；2—加水管；3—气动模块；4—加水球阀；
5—输水管；6—冲洗水路

图 5-203 供水系统组成示意图

供水系统设置了一个能承受一定压力的密封水箱、气压元件和相关控制阀类零件。工作时，利用汽车制动储气筒内的压缩空气，经调压后，给压力水箱内的水充气，使水箱内的水产生压力。打开球阀或水枪时，水能以一定压力喷射出来对需要冲洗的部位进行冲洗，达到冲洗效果。气压式供水系统的工作压力为 0.35～0.38 MPa，压力不得随意调节。气压式供水系统采用单向阀、球阀、减压阀、安全阀等气动元件，可有效防止水箱的水反流气罐，而影响汽车制动效果；也能防止因压缩空气泄气，而影响汽车的制动效果。

供水系统在搅拌筒叶片后端的进料斗支撑管上设计了3个冲洗小孔，打开球阀可以对叶片自动冲洗；在进料斗的左右两侧各设计有自由冲洗水管，可以在左右扶梯上对进料斗及搅拌筒上部进行自由冲洗；在进料斗内侧设计有自动冲洗管，只需打开球阀就能对进料斗进行自动冲洗；混凝土搅拌运输车后端的自由冲洗水枪可清洗混凝土搅拌运输车的任何地方。

给水箱加水时，先关闭进气球阀，打开溢水管的排放阀，将进水管接到快速接头上，打开进水球阀，便可给水箱加水。加水时注意观察水箱上的水位计，当水位到达 450 L 时停止加水，并关闭进水球阀，打开排气阀。对搅拌车冲洗时，先打开进气球阀、关闭排气阀给水箱内的水加压，压力表指示范围在 0.35～0.38 MPa（若气压不在此范围，可以将减压阀手轮上拨调好后再将手轮按下自锁），打开冲洗水管球阀便可以对混凝土搅拌运输车进行冲洗。冲洗结束后关闭进气球阀并打开排气阀排掉余气。注意在气温低于 0℃ 或车辆停放不用时，必须排尽上装水箱、管路、阀等内的残水，以免冻裂。

(7) 覆盖件

覆盖件主要包括侧护栏、追尾护栏、轮胎罩、扶梯、下踏板、工具箱等，如图 5-204 所示。

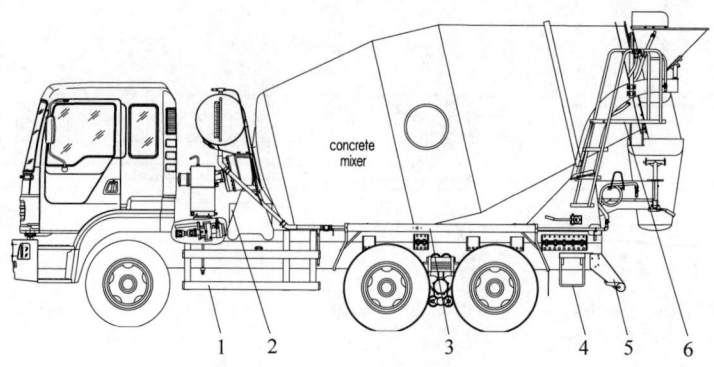

1—侧护栏;2—工具箱;3—轮胎罩;4—下踏板;5—追尾护栏;6—扶梯。

图 5-204 覆盖件示意图

覆盖件主要提供车辆的安全防护功能及其他辅助设施。要求尺寸和强度完全符合国家相关法律法规的要求,同时还要运用人机工程、工业造型等手段,以满足客户舒适、美观的需求。其中,侧护栏、追尾护栏属于安全防护装置,应符合汽车和挂车侧面防护要求。

2) 液压驱动系统

液压系统是由变量柱塞泵和柱塞马达所组成的闭式回路。其工作原理如图 5-205 所示。

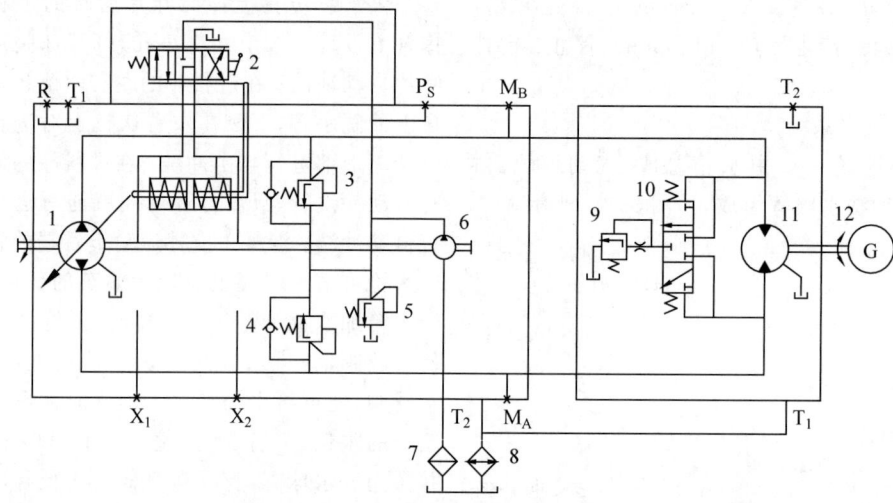

1—主油泵;2—控制阀;3,4—高压溢流阀;5—补油溢流阀;6—补油泵;7—过滤器;8—散热器;9—冲洗溢流阀;10—冲洗阀;11—马达;12—减速机。

图 5-205 液压系统工作原理示意图

整个系统是由混凝土搅拌运输车底盘上的柴油机或上装自选柴油机作为动力源,带动变量柱塞泵转动,从散热器的油箱内吸取液压油,将动力传递给柱塞马达,柱塞马达带动减速机转动,从而驱动搅拌筒。变量柱塞泵可以控制正、反转及排量大小,供给系统液压油流量的大小可随变量柱塞泵排量大小和柴油机转速快慢而变化,从而使搅拌筒可以快速或慢速正、反转,起到拌料或出料的作用。

变量柱塞泵是由主油泵、补油泵、控制阀、溢流阀组成的综合性油泵,如图 5-206 所示。由主油泵给马达供油形成闭式回路,补油泵一方面给闭式回路补充由于冲洗和内泄漏造成的油量损失,另一方面为油泵的变量提供控制油；控制阀可以通过操作手柄的运动来控制补油泵的控制油进入变量活塞的大小和方向，从而控制主油泵流量的大小，以及供油口A、B的进出油方向；高压溢流阀对整个系统起保护作用。

柱塞马达是由马达、冲洗阀、节流阀、冲洗溢流阀等组成的综合性马达，如图5-207所示。由于目前混凝土搅拌运输车都是采用闭式回路，搅拌筒经常拌料或出料，要求油马达经常交替正反转。工作时，马达的油口A、B间产生压差，压力能转换为机械能向系统传递扭矩。冲洗阀、节流阀、冲洗溢流阀组成一个冲洗系统，用于在工作过程中使低压侧的油液一部分通过冲洗溢流阀溢流，使系统一小部分油液可以不断地与外界交换，便于冲洗系统内部散热。

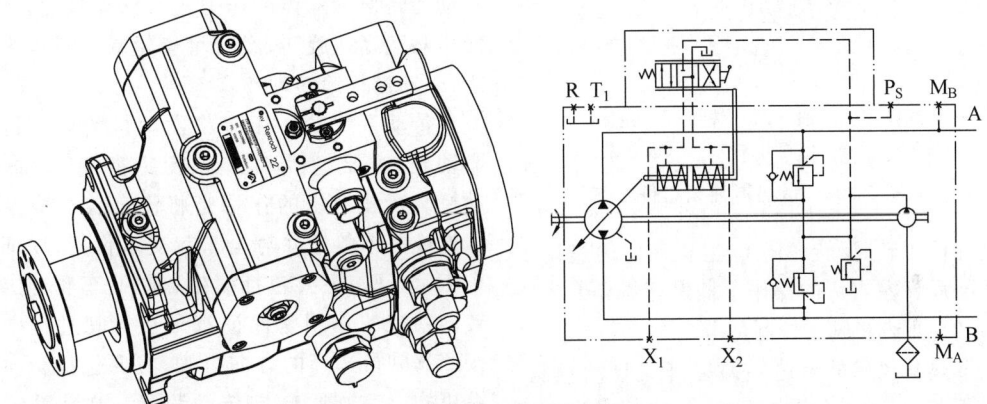

图5-206 变量柱塞泵外形及工作原理示意图

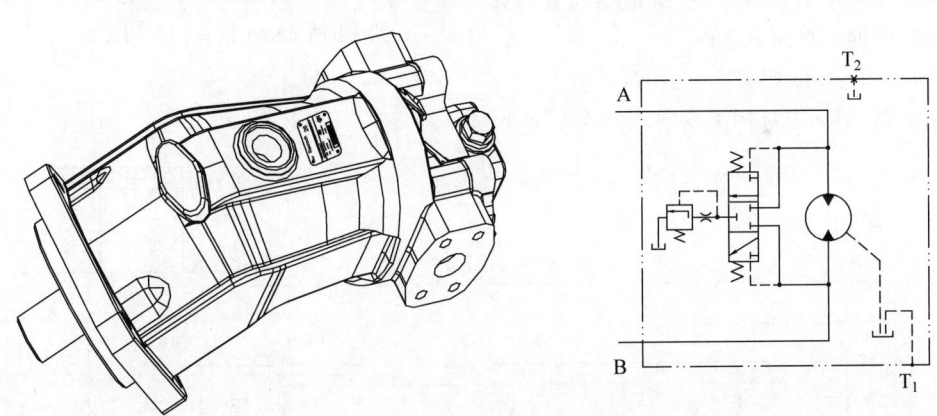

图5-207 柱塞马达外形及工作原理示意图

液压系统除了由变量柱塞泵和柱塞马达关键元件组成外，还有散热器油箱组件、管接头、各种胶管、各种密封件等元件。

散热器油箱组件是由风机总成、油箱、过滤器、温控开关等组成的一个组合体，如图5-208所示。风扇起冷却油温的作用；油箱储存液压油；过滤器过滤系统液压油；温控开关感应油的温度，当油温达到一定数值时把信号反馈到温控开关，温控开关控制风机上的继电器，使继电器带电，打开风机上的风扇，使系统的液压油冷却。

3）电气系统

搅拌车的上装电气系统由3部分组成：PTO远程油门装置；散热器风扇控制部分；后示廓、侧标志灯、工作灯部分。上装部分电气原理如图5-209所示。

(1) PTO远程油门装置

PTO远程油门主要控制搅拌筒转速和调

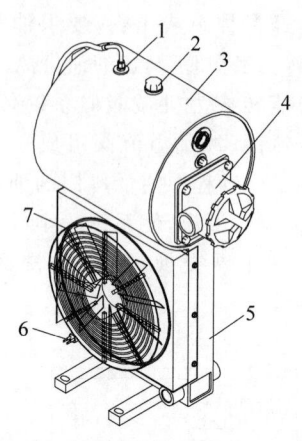

1—通气口；2—加油口；3—油箱；4—过滤器；
5—散热翅片；6—温控开关；7—风机总成。

图 5-208　散热器油箱组件

节搅拌筒正转、反转。PTO 远程油门通过位于副车架后台左右侧的操作手柄进行操作。

(2) 散热器风扇控制部分

散热器风扇的启停由温控开关自动控制，温度高于 55℃ 时风扇启动，低于 50℃ 时风扇停止。温控开关位于散热器上，继电器与保险片在驾驶室内的中央配电盒内。

(3) 后示廓、侧标志灯、工作灯部分

后示廓、侧标志灯用于夜间表示车后部轮廓大小、侧面轮廓标识，与后牌照灯同时点亮与熄灭。工作灯用于夜间进料与卸料照明用，开关在驾驶室内。

4) 底盘

底盘由分传动系统、行驶系统、转向系统、制动系统组成。底盘一方面为混凝土搅拌运输车提供行驶动力，另一方面通过发动机驱动传动轴将动力传递给液压泵，液压泵将机械旋转动能转换为液体的压力进行储能传递，驱使液压马达高速旋转，经行星齿轮减速机产生扭矩，驱动搅拌筒转动。

传动系统的作用是将发动机的动力传给驱动轮，主要包括离合器、变速箱、传动轴、驱动桥。行驶系统的作用是将汽车各总成及部件连成一个整体并对全车起支承作用，保证汽车正常行驶，主要包括车架、前轴、车轮、悬架。转向系统的作用是保证汽车在行驶过程中能按照驾驶员选择的方向行驶，主要包括转向操纵机构、转向器、转向传动装置。制动系统的作用是使汽车减速、停车和保证汽车可靠停驻，主要包括制动操纵机构、制动器、传动装置。

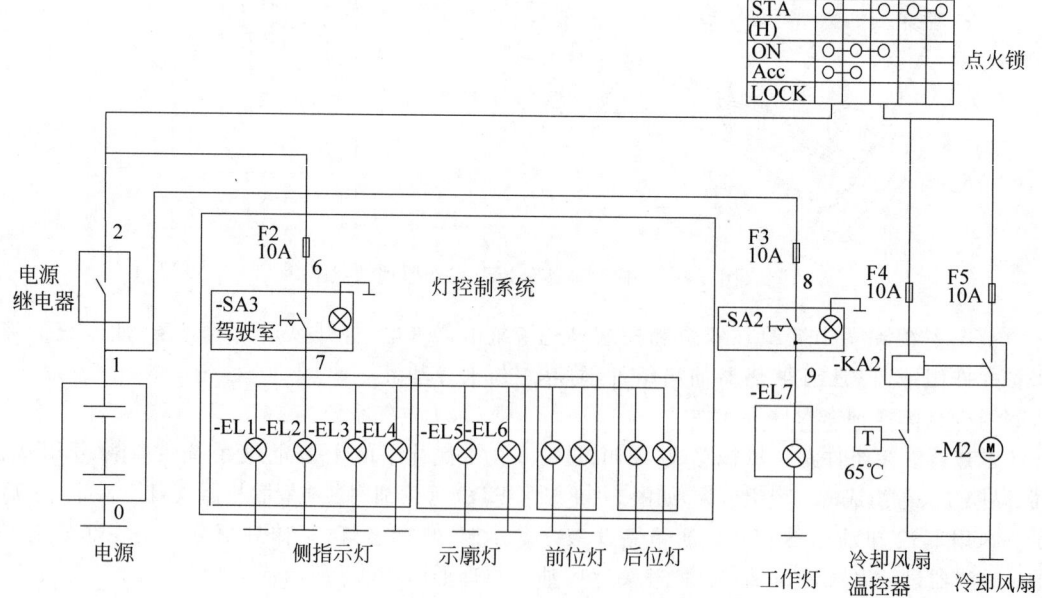

图 5-209　上装部分电气原理示意图

5.1.22 混凝土泵车

1. 整机的组成和工作原理

混凝土输送泵主要由底盘及动力系统、臂架系统、布料系统、液压系统、电气系统和泵送系统6大部分组成。按底盘形式分为混凝土泵车、混凝土输送泵、车载式混凝土输送泵。图5-210所示为混凝土泵车的结构。

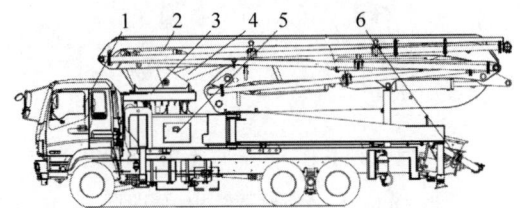

1—底盘；2—臂架系统；3—转塔；4—液压系统；5—电气系统；6—泵送系统。

图 5-210　混凝土泵车结构示意图

混凝土搅拌运输车卸料到泵车料斗后，由泵送系统压送到输送管，经末端软管排出，各节臂架的展开和收拢靠各个臂架液压缸来完成，末端的软管在工作时应尽可能靠近浇筑部位，同时臂架可以通过回转马达及减速机驱动回转大轴承绕固定转塔作360°旋转。

2. 主要系统和部件的结构原理

1) 底盘及动力系统

混凝土泵车一般在专用底盘或载重二类底盘的基础上设计改装而成。混凝土泵车的所有工作装置都安装在底盘上，它既要满足各个工作装置的运动传递、空间配置，又要能够承受所有装置带来的负载，并保证混凝土泵车工作的稳定性。

混凝土泵车的取力装置一般采用图5-211所示的分动箱取力形式，混凝土泵车的所有动力来源于底盘发动机，发动机通过变速箱、分动箱将动力传递给混凝土泵车上装油泵和底盘后桥驱动。分动箱通过传动轴和万向节分别与变速箱和后桥相连，油泵集成安装在分动箱上，通过齿轮传递动力。取力装置中最重要的是分动箱的设计和布置，较常用的是齿轮结构的分动箱，其优点是体积小、性能好、改装方便。

混凝土泵车的取力也可采取底盘取力口

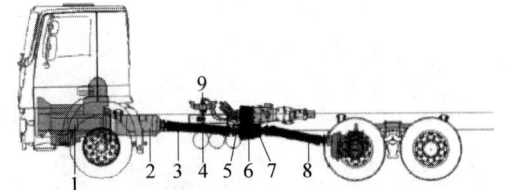

1—发动机；2—变速箱；3—前传动轴；4—底盘气源接入点；5—切换气缸；6—取力箱；7—行程传感器；8—后传动轴；9—切换气阀。

图 5-211　分动箱取力系统示意图

直接取力的形式，将底盘动力直接输出给泵组，如图5-212所示。此类底盘无须改装，可以实现行驶和取力同时进行。这种取力形式的优点是不会破坏底盘结构的整体性，缺点是油泵布置占用了较多的上装空间。

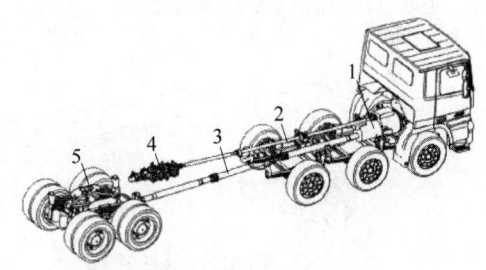

1—发动机及变速箱；2—动力输出轴；3—传动轴；4—泵组；5—后桥。

图 5-212　底盘直接取力系统示意图

2) 臂架系统

混凝土泵车的臂架系统由多节臂架、连杆、液压缸和连接件等部分组成，具体结构如图5-213所示。

臂架系统主要由多节臂架、连杆、液压缸、连接件铰接而成的可折叠和展开的平面四连杆机构组成，根据各臂架间转动方向和顺序的不同，臂架有多种折叠形式，如R型、Z型（或M型）、综合型等。各种折叠方式都有其独到之处：R型臂架结构紧凑；Z型臂架在打开和折叠时动作迅速；综合型臂架则兼有前两者的优点而逐渐被广泛采用。由于Z型折叠臂架的打开空间更低，而R型折叠臂架的结构布局更紧凑等各自的特点，臂架的Z型、R型及综合型等多种折叠方式为不同生产商混合使用。

连杆一般为直杆或弓形的二力杆，也有三

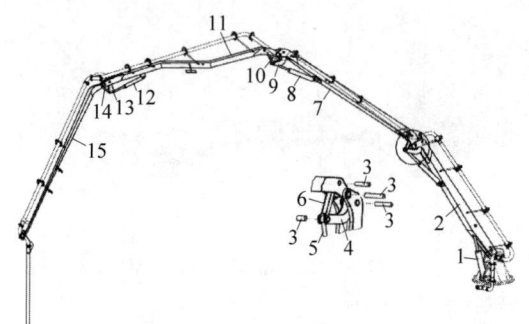

1—1♯臂架液压缸；2—1♯臂架；3—铰接轴；4—连杆一；5—2♯臂架液压缸；6—连杆二；7—2♯臂架；8—3♯臂架液压缸；9—连杆三；10—连杆四；11—3♯臂架；12—4♯臂架液压缸；13—连杆五；14—连杆六；15—4♯臂架

图 5-213　臂架结构示意图

角结构的连杆，如图 5-214 所示。

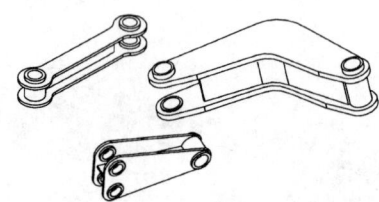

图 5-214　连杆结构示意图

各节臂之间用液压缸支撑，液压缸为臂架转动提供动力，它由压力油推动活塞前后运动，从而驱动平面四连杆机构中的臂架转动。缸体的进油口应设有液压锁，以防止液压软管破裂时发生臂架坠落事故。其具体结构如图 5-215 所示。

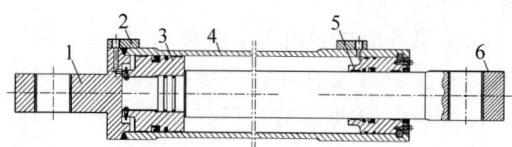

1—端盖；2—阀安装板；3—活塞；4—缸筒；5—液压缸密封件；6—活塞杆

图 5-215　液压缸结构示意图

3) 布料系统

混凝土泵车的布料系统主要由布料臂、转台、回转机构和支撑结构组成。

（1）布料臂

布料臂，也可称为布料杆，用于混凝土的输送和布料。通过臂架液压缸的伸缩，将混凝土经由附着在臂架上的输送管，直接送达浇筑点。布料臂由多节臂架、连杆、液压缸、连接件铰接而成的可折叠和展开的平面四连杆机构组成，如图 5-216 所示。臂架的折叠方式与臂架系统相似。

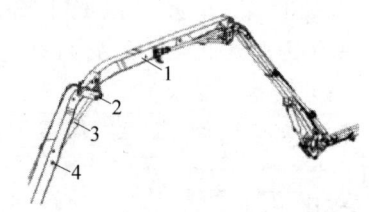

1—臂架；2—连杆；3—液压缸；4—连接件

图 5-216　布料臂结构示意图

（2）转台

转台是由高强度钢板焊接而成的结构件，如图 5-217 所示。作为臂架的基座，上部通过销轴轴套与臂架连接，下部使用高强度螺栓与回转支承连接，承受臂架载荷并带动臂架在水平面内转动。

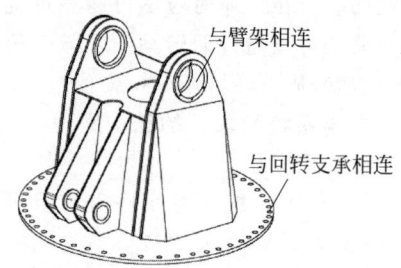

图 5-217　转台结构示意图

（3）回转机构

回转机构是由回转减速机（包括回转电动机）、回转支承、小齿轮等通过高强度螺栓连接组成的，如图 5-218 所示。

（4）支撑结构

一般混凝土泵车的支撑结构由 4 条支腿、多个液压缸组成。其作用是将整车稳定地支撑在地面上，直接承受整车的负载力矩和重量，如图 5-219 所示。

4 条支腿、支腿展开液压缸、支腿伸缩液压缸和支撑液压缸构成大型框架，将臂架的倾翻力矩、泵送系统的反作用力和整车的自重安全

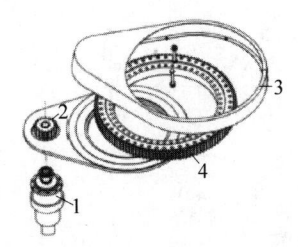

1—回转电动机；2—传动齿轮；3—保护罩；
4—回转支承。

图 5-218　回转机构示意图

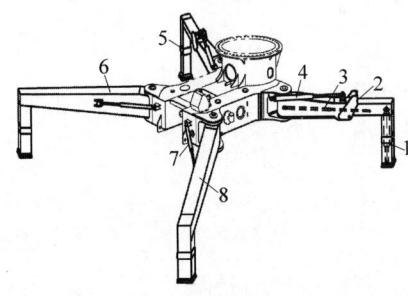

1—支撑液压缸；2—右前支腿；3—前支腿伸缩液压缸；4—前支腿展开液压缸；5—左前支腿；6—左后支腿；7—后支腿展开液压缸；8—右后支腿。

图 5-219　支撑结构示意图

地由支腿传入地面。支腿收拢时与底盘同宽，展开支撑时能保证足够的支撑跨距。工作状态下，泵车在工地上的占地空间和整车的支撑稳定性由负载力矩、结构重量、支撑宽度、结构力学性能、支撑地面状况等因素决定。因此，它应具有合理的结构形式、足够的结构力学性能和有效的支撑范围，保证其承载能力和整车抗倾翻能力，确保泵车工作时的安全稳定性。同时，应将支腿支撑在有足够强度的或用其他材料按一定要求垫好的地面上，且整车各个方向倾斜度不超过 3°，为此在泵车左右两侧各装有一个水平仪来辨别倾斜度。

支撑结构形式有以下类型：前摆伸腿型、X 型、XH 型（前后支腿伸缩）、后摆伸缩型、SX 弧形等。最为常见的支撑结构是后摆伸缩型支腿，前支腿采用旋转后伸缩展开，后支腿直接旋转展开，支撑支腿的液压缸垂直向下，某些型号的泵车垂直支撑液压缸装在方形管内，方形管起保护、导向和防折弯的作用。支腿是

采用四块高强度钢板围焊而成的箱形梁机构，截面积按受力大小渐变，充分利用钢材的力学性能，使各处受力趋于均匀。前支腿采用液压缸或者马达带动拖链两种驱动型式。后支腿一般分别作为水箱和备用燃油箱，一方面避免水箱可能与液压油箱的串通；另一方面增大可燃油的储备，从而可确保泵车大方量连续施工。

① 前摆伸缩型：此种支腿一般级数为 3～4 级，其伸缩机构一般采用多级伸缩液压缸、捆绑液压缸、液压缸带钢绳、马达带钢绳（或链条）等方式，后支腿摆动。目前长臂架泵车使用较多，展开占用空间少，能够实现 180°单侧支撑，但制造难度高。

② X 型：该类型支腿前支腿伸缩，运动轨迹为直线，后支腿摆动。在中、短臂架泵车中有着较为广泛的应用，展开占用空间小，能够实现 120°～140°左右的单侧支撑功能。

③ XH 型：该类型支腿前后支腿伸缩。在国外短臂架泵车中有较大量的应用。

④ 后摆伸缩型：该类型前支腿朝车后布置，工作时可以摆动并伸缩，后支腿直接摆动到工作位置。属于传统型支腿。

⑤ SX 弧形：前支腿沿弧形箱体伸出，后支腿摆动。为德国 SCHWING 公司专利技术，在产品系列中大量使用。在节约泵车施工空间和减重两方面都有一定优势。

如图 5-220 所示为工作状态下支腿各种展开形式。

4）泵送系统的基本构造

泵送系统是混凝土泵车的执行机构，用于将混凝土沿输送管道连续输送到浇筑现场。泵送系统由泵送机构、料斗和 S 阀总成、摆摇机构、搅拌机构、配管总成、臂架配管等部分组成，如图 5-221 所示。

主液压缸由液压缸体、液压缸活塞、活塞杆、活塞头及缓冲装置组成。主液压缸的主要特点是换向冲击大，一般要有缓冲装置。缓冲装置是混凝土输送泵设计的关键技术之一。此外，由于活塞杆不仅与油液接触，还与水、水泥浆、泥浆等接触，为了改善活塞杆的耐磨和耐腐蚀性，在其表面一般要镀一层硬铬。

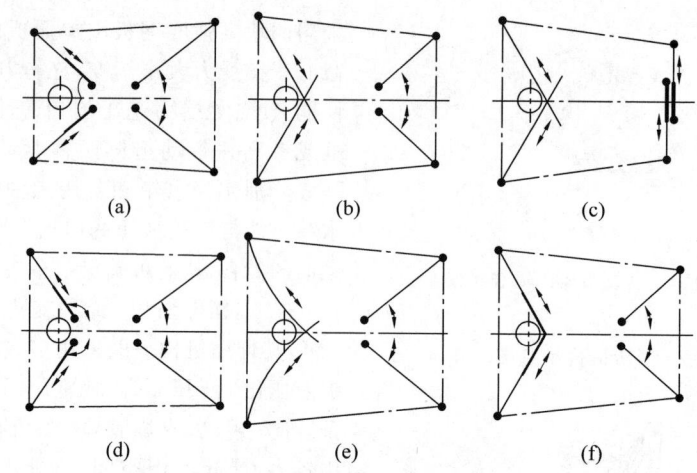

图 5-220 支撑结构形式示意图

(a) 前摆伸缩；(b) X 型；(c) XH 型；(d) 后摆伸缩；(e) SX 型；(f) V 型

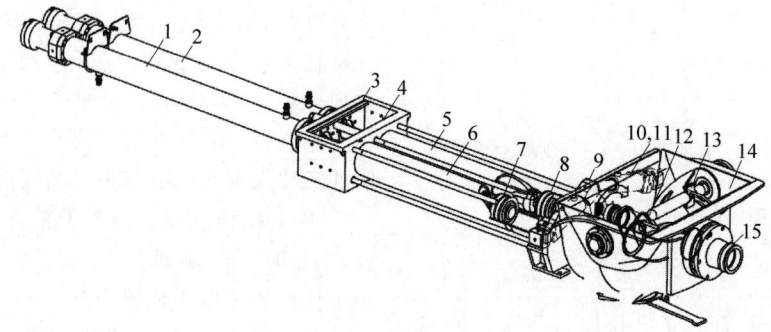

1,2—主液压缸；3—水箱；4—换向装置；5,6—输送缸；7,8—混凝土活塞；9—摆臂；10,11—摆动液压缸；12—分配阀；13—搅拌机构；14—料斗；15—出料锥管

图 5-221 泵送系统结构示意图

(1) 输送缸

输送缸后端与水箱连接，前端与料斗连接，并通过料斗座与副梁固定，通过拉杆固定在料斗和水箱之间。主液压缸活塞杆伸入输送缸内，前端与混凝土活塞连接。

输送缸一般用无缝钢管制造。由于输送缸内壁与混凝土、水长期接触，承受着剧烈的摩擦和化学腐蚀，因此，在输送缸内壁镀有硬铬层，或经过特殊热处理以提高其耐磨性和抗腐蚀性。

(2) 混凝土活塞

混凝土活塞由活塞体、导向环、密封体、活塞头芯和定位盘等组成。如图 5-222 所示，各个零件通过螺栓固定在一起。混凝土密封体用耐磨的聚氨酯制成，起导向、密封和输送混凝土的作用。

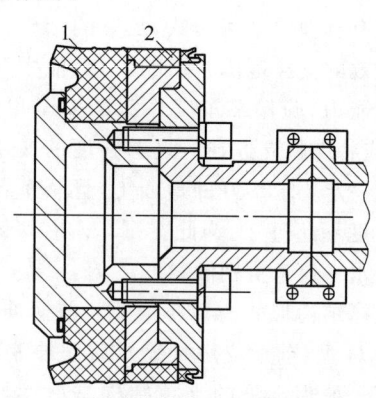

1—活塞密封体；2—导向环。

图 5-222 混凝土活塞结构示意图

(3) 摆摇机构

S 阀的摇摆机构主要由摆缸固定座、左右

摆阀液压缸、摇臂和摆缸卡板等部分组成,一般设计在料斗的后方,如图 5-223 所示。摇摆机构的工作原理是在液压油的作用下推动左右两个摆阀液压缸的活塞杆,活塞杆驱动摇臂,摇臂带动 S 阀左右摆动,从而实现 S 阀的换向。在换向动作过程中要求换向迅速,动作有力。

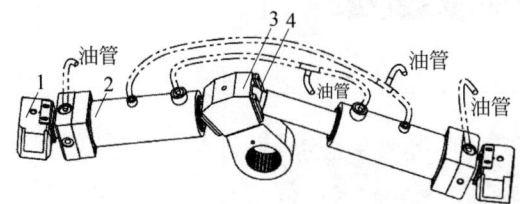

1—摇摆固定座;2—摆阀液压缸;3—摇臂;4—摆缸卡板。

图 5-223 摇摆机构示意图

由于摇摆机构动作比较迅速,换向有力,所以一般存在冲击较大的问题。三一重工在 S 阀的摆阀液压缸的极限位置设有缓冲设计,所以尽管换向迅速,冲击却较小。另外左右摆阀液压缸的球头用 ZCuAl10Fe3 材料制成的轴承包络,不但起缓冲作用,还能减少球头的磨损。在摆缸固定座上设有旋盖式油杯,在泵送过程中,每 4 h 旋盖润滑一次,使球头摩擦面处于良好的润滑状态。

针对不同型式的分配阀,摇摆机构的方式也还有其他不同的几种方式,如单液压缸作用在摇臂上等。

(4) 搅拌机构

搅拌装置包括搅拌轴部件、搅拌轴承及其密封件,搅拌轴部件由搅拌轴、搅拌叶片、轴套组成,如图 5-224 所示。搅拌轴是靠两端的轴承、轴承座(马达座)支承的,搅拌轴承采用调心轴承,轴承座外部还装有黄油嘴的螺孔,其孔道通到轴承座的内腔,工作时可对轴承进行润滑。为了防止料斗内的混凝土浆进入搅拌轴承,搅拌轴左右两端装有 J 型防尘圈和密封圈。搅拌轴左端通过花键套和液压马达连接,工作时由液压马达直接驱动搅拌轴带动搅拌叶片搅拌。搅拌机构的主要作用是对料斗里的混凝土进行二次搅拌,防止其离析。

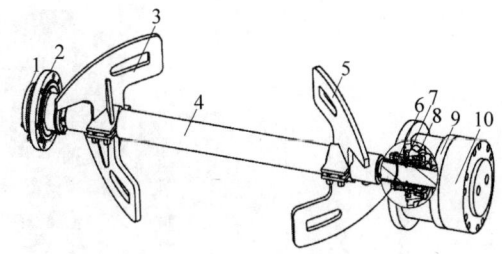

1—端盖;2—轴承座;3—左搅拌叶片;4—搅拌轴;5—右搅拌叶片;6—J 型防尘圈;7—密封圈;8—轴承;9—马达座;10—液压马达。

图 5-224 混凝土泵车液压缸结构示意图

5) 液压系统

混凝土泵车的液压系统分为泵送液压系统、分配液压系统、臂架支腿液压系统等,如表 5-2 所示。泵送液压系统包括主泵送油路系统、分配阀油路系统、搅拌油路系统及水泵油路系统。臂架支腿液压系统包括臂架油路系统、支腿油路系统和回转油路系统 3 部分。液压系统主要由液压泵、阀组、蓄能器、液压马达及其他液压元件等部分组成。

表 5-2 泵车液压系统分类

液压系统分类	简 图	简 要 说 明
泵送、分配液压系统		保证混凝土泵送作业正常运行

续表

液压系统分类	简　图	简要说明
臂架液压系统	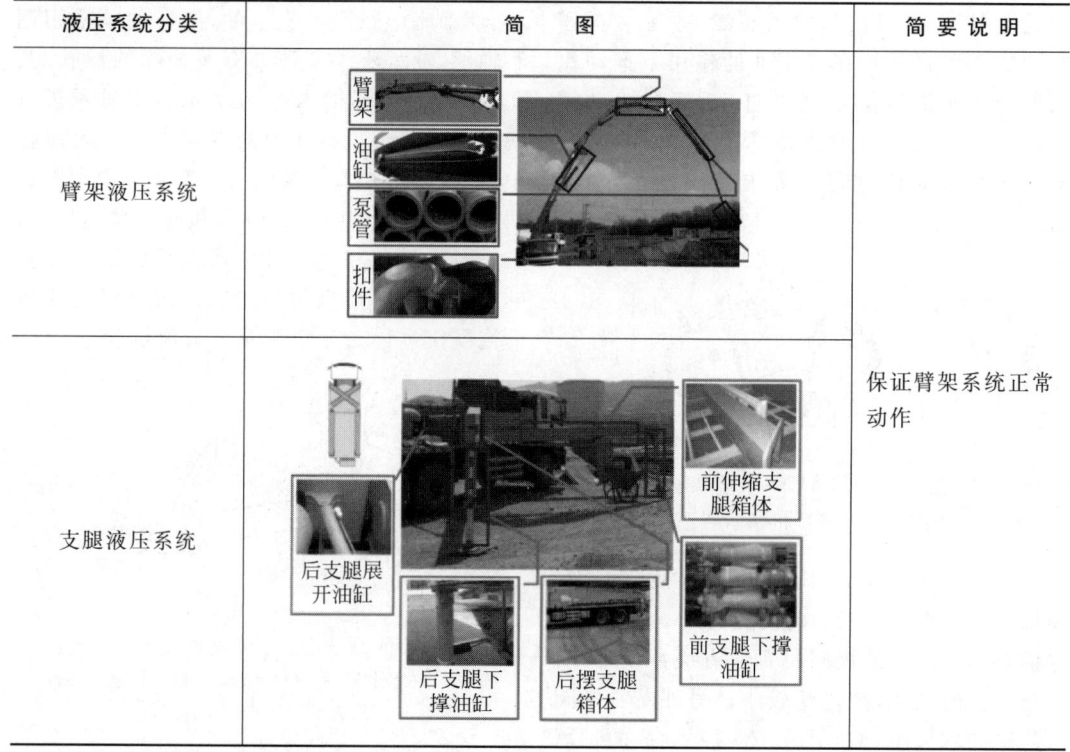	保证臂架系统正常动作
支腿液压系统		

臂架支腿液压系统通常采用负载敏感系统，以满足泵车臂架的精细操控需求。根据液压泵排量是否可调，臂架支腿液压系统可分为定量系统和变量系统两种，对应的液压泵分别采用定量泵和变量泵。多路阀通常采用多联、先导式电比例换向阀，操作方式兼有手动及遥控两种形式。每节臂架展收动作由对应的液压缸伸缩来实现，而每个液压缸的运动方向及速度由比例多路阀来控制，一节臂架液压缸对应一联多路阀。支腿的伸展动作通常通过液压缸、液压马达等来驱动实现。因在动力切断即液压泵不供油后各执行机构即液压缸仍要能够保持姿态，通常会采用液压锁或平衡阀来实现负载保持，因此液压缸上通常会安装液压锁或平衡阀。以变量臂架液压系统为例，如图5-225所示。该液压系统主要由动力元件（变量液压泵1）、控制元件（先导式电比例多路阀2、平衡阀3、支腿多路阀5、液压锁7）、执行元件（臂架液压缸4、支腿液压缸6）组成。其中，变量液压泵1为整个液压系统提供压力油，通过先导式电比例多路阀2将压力油分配给驱动每节臂架展收的臂架液压缸4和控制每条支腿动作的支腿多路阀5，支腿多路阀5将先导式电比例多路阀2分配来的压力油再分配给驱动每条支腿伸出的支腿液压缸6。因臂架展开后及支腿伸出后要求能够保持某种姿态，即臂架液压缸回路及支腿回路应具备负载保持功能，该部分功能分别由臂架液压缸平衡阀3和支腿液压缸液压锁7来实现。

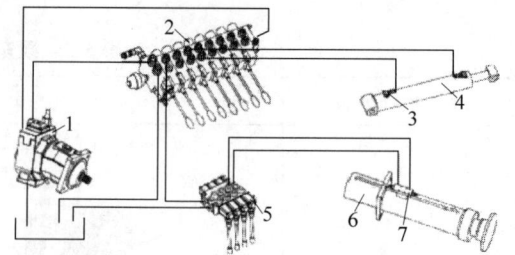

1—变量液压泵；2—先导式电比例多路阀；3—平衡阀；4—臂架液压缸；5—支腿多路阀；6—支腿液压缸；7—液压锁。

图5-225　臂架支腿液压系统示意图

6）电气系统

混凝土泵车的电气系统主要由控制柜、遥控器及其他电器元件等部分组成。

电控部分主要由取力控制部分、电源部分、传感信号采集部分、操控部分、控制中心、指令执行部分等组成。各部件功能见表5-3。整车电气系统是混凝土泵车的控制中心,其运行状态将直接影响整车的工作性能,同时电气系统的设计也是实现整车智能化的主要手段。

表 5-3　电控部分主要部件功能说明

电气系统部件	简　图	简 要 说 明
取力控制部分		完成泵车行程与作业状态的动力切换,该操作一般位于驾驶室,完成底盘动力的切换
电源部分		总电源由底盘供电系统提供,按照控制电路的实际需要设计多条支路分散供电
传感信号采集部分	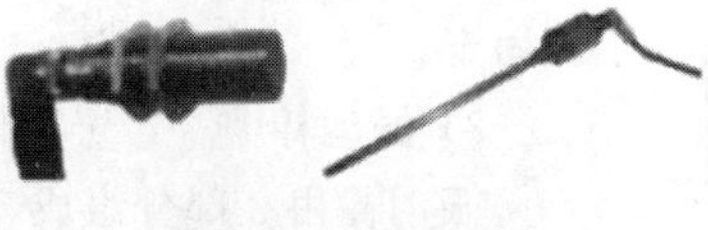	其对反映整车运行状态的部分关键参数通过传感器进行采集,主要有压力传感器、温度传感器以及用于判断位置信息的接近开关等
操控部分	 	泵车操控一般有遥控操控(远端操作)及面控操作(近端操作)两种形式
控制中心		其是电气系统的数据处理、逻辑运算及控制指令发出部件。一般由工业控制器(或PLC)、人机交互系统及部分辅助电路构成。目前利用GPS终端实现对设备的远程控制也逐渐得到普遍应用
指令执行部分		其用来实现对液压系统(一般通过对电磁阀的控制来实现)及其他执行机构的动作控制

控制中心在接收到操控指令时,对各相关传感信号进行判断,按照控制逻辑,输出控制指令到执行机构,完成操控指令的执行。硬件逻辑结构如图 5-226 所示。

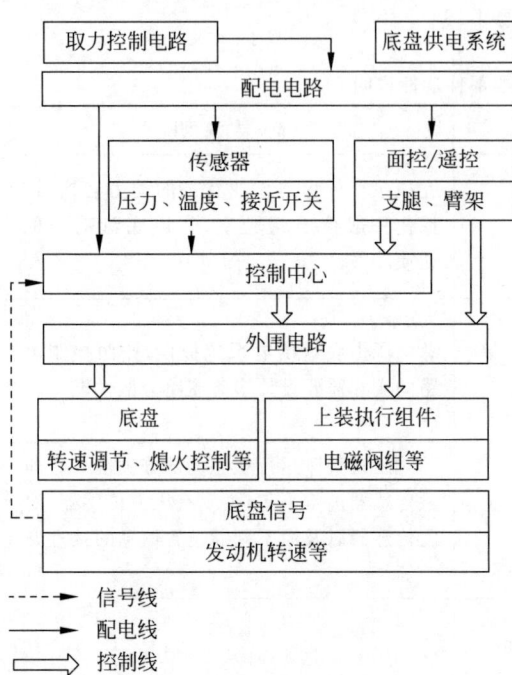

图 5-226　硬件逻辑结构示意图

5.1.23　混凝土振捣器

1. 整机的组成和工作原理

混凝土振捣器由驱动电动机及振动棒组成,如图 5-227 所示。

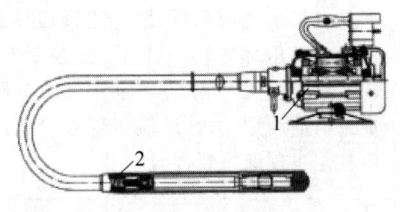

1—驱动电动机;2—振动棒。

图 5-227　振动器组成示意图

混凝土振捣器的工作原理是,振捣器产生小振幅、高频率的振动,使混凝土在其振动的作用下摩擦力和黏结力大大降低,使干稠的混凝土获得了流动性,在重力的作用下骨料互相滑动而紧密排列,空隙由砂浆所填满,空气被排出,从而使混凝土密实,并填满模板内部空间,且与钢筋紧密结合。

2. 主要系统和部件的结构原理

1)驱动电动机

驱动电动机分为三相异步电动机和单相电动机。

三相异步电动机机座内装有定子,端盖内装有滚动球轴承,转子通过轴承支承于定子内,手柄和电源开关装在机座上部,机头部分装有和振动棒耦合的连接座,电动机整体安装在可 360°回转的底盘上。

单相串励式双重绝缘电动机的特点是交直流两用,体积小、质量轻、转速高,同时电动机外形小巧并采用双重绝缘结构,使用安全可靠,转向固定,无须防逆装置。电动机整体安装在可任意放置的支承架上,便于工作时的方位固定。

2)振动棒

振动棒由 3 部分组成,分别是软管组件、软轴组件、棒头组件,如图 5-228 所示。振动棒通过软管组件上的连接头与驱动电动机连接,驱动电动机输出的动力(转矩)通过软轴组件的软轴传递给工作主体棒头组件。其工作部分是一棒状空心圆柱体,内部装有偏心振子,在电动机带动下高速转动而产生高频微幅的振动。软管组件包含连接头、软管、软管接头等零部件,如图 5-229 所示。

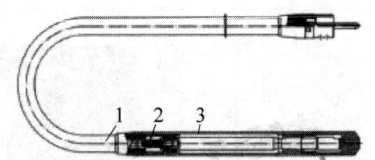

1—软管组件;2—软轴组件;3—棒头组件。

图 5-228　振动棒结构示意图

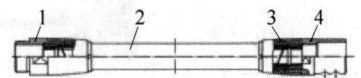

1—软管接头;2—软管;3—锥套;4—连接头。

图 5-229　软管组件结构示意图

附着式振动器通过螺栓或夹钳等固定在模板外部,通过模板将振动传给混凝土拌和物,因而模板应有足够的刚度。它宜于振捣断面小且钢筋密的构件,如薄腹梁、箱形桥面梁等及地下密封的结构,无法采用插入式振捣器的场合。其组成如图5-230所示。

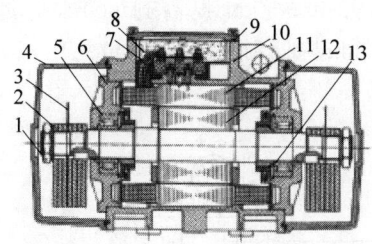

1—锁紧螺母;2—偏心块;3—激振力刻度牌;4—端盖;5—轴承;6—座盖;7—接线板;8—胶垫;9—线盒盖;10—机座;11—定子;12—转子;13—轴承垫圈。

图5-230 附着式振动器组成示意图

附着式振动器是在电动机转轴两端安装若干块可以调节相互之间质心夹角的偏心块的特殊电动机。由于工作环境潮湿多尘,附着式振动器的防护等级在IP5以上。结构上,机座内装有电动机定子和转子,转轴的两端通过安装于座盖中的轴承支承,伸出座盖的轴伸端各装有若干片或圆形或扇形的偏心块,电动机工作时回转偏心块产生离心力而振动,通过机座底脚传给型模或模板。如果附着式振动器通过底脚安装于一底板上,如图5-231所示,即为平板式振动器,通常底板和附着式振动器也是单独包装和分开销售的。如果附着式振动器通过底脚安装于带有摆轴的底座上,可以实现单方向的往复振动,如图5-232所示,即为直线振动附着式振动器,这种振动器通常只有特殊场合使用。如果附着式振动器转轴外伸端安装有联轴器,如图5-233所示,则可实现多台附着式振动器的串联,组成台架式振动器,此类振动器一般需要特殊订制,应用于特殊场合。

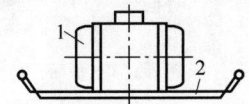

1—附着式振动器;2—底板。

图5-231 平板式振动器结构示意图

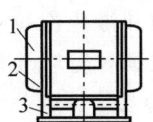

1—附着式振动器;2—摆轴;3—底座。

图5-232 直线振动附着式振动器结构示意图

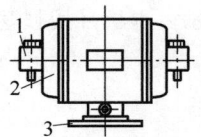

1—联轴器;2—附着式振动器;3—底座。

图5-233 台架式振动器结构示意图

5.1.24 钢筋加工设备

钢筋加工机械是将盘条钢筋和直条钢筋加工成为钢筋工程安装施工所需要的长度尺寸、弯曲形状或安装组件,主要包括强化、调直、弯箍、切断、弯曲、组件成形和钢筋续接等设备,钢筋组件有钢筋笼、钢筋桁架(如三角梁、墙板、柱体、大梁等)、钢筋网等。

钢筋加工机械种类繁多,按其加工工艺可分强化、成形、焊接、预应力等4类。

(1)钢筋强化机械:主要包括钢筋冷拉机、钢筋冷拔机、钢筋冷轧扭机、冷轧带肋钢筋成形机等。其加工原理是通过对钢筋施以超过其屈服点的力,使钢筋产生不同形式的变形,从而提高钢筋的强度和硬度,减少塑性变形。

(2)钢筋成形机械:主要包括钢筋调直机、钢筋切断机、钢筋弯曲机、钢筋网片成形机等。它们的作用是把原料钢筋,按各种混凝土结构所需钢筋骨架的要求进行加工成形。

(3)钢筋焊接机械:主要有钢筋焊接机、钢筋点焊机、钢筋网片成形机、钢筋电渣压力焊机等,用于钢筋成形中的焊接。

(4)钢筋预应力机械:主要有电动液压泵和千斤顶等组成的拉伸机和镦头机,用于钢筋预应力张拉作业。

整机的组成和工作原理

1)钢筋冷拉机

(1)设备结构

常用的钢筋冷拉机有卷扬机式冷拉机械、

阻力轮冷拉机械和液压冷拉机械等。其中卷扬机式冷拉机械具有适应性强、设备简单、成本低、制造维修容易等特点。

卷扬机式钢筋冷拉机主要由电动卷扬机、钢筋滑轮组(定滑轮组、动滑轮组)、地锚、导向滑轮、夹具(前夹具、后夹具)和测力器等组成，如图 5-234 所示。主机采用慢速卷扬机，冷拉粗钢筋时选用 JJM-5 型，冷拉细钢筋时选用 JJM-3 型。为提高卷扬机的牵引力，降低冷拉速度，以适应冷拉作业需要，常配装多轮滑轮组。例如，JJM-5 型卷扬机配装六轮滑轮组后，其牵引力由 50 kN 提高到 600 kN，绳速由 9.2 m/min 降低到 0.76 m/min。

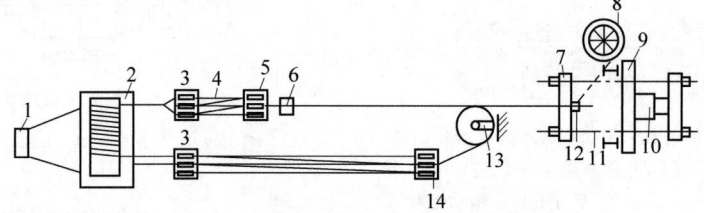

1—地锚；2—电动卷扬机；3—定滑轮组；4—钢丝绳；5,14—动滑轮组；6—前夹具；7—活动横梁；8—放盘架；9—固定横梁；10—测力器；11—传力杆；12—后夹具；13—导向滑轮。

图 5-234 卷扬机式钢筋冷拉机结构示意图

(2)工作原理

由于卷筒上的钢丝绳是正、反向穿绕在两副动滑轮组上的，因此，当卷扬机旋转时，夹持钢筋的一组动滑轮被拉向卷扬机，使钢筋被拉伸；而另一组动滑轮则被拉向导向滑轮，等下一次冷拉时交替使用。钢筋所受的拉力经传力杆、活动横梁传给测力装置，从而测出拉力的大小。拉伸长度可通过标尺测出或用行程开关来控制。

2) 钢筋冷拔机

(1)设备结构

立式单筒冷拔机由电动机、支架、拔丝模、卷筒、阻力轮、盘料架等组成，如图 5-235 所示。卧式双筒冷拔机的卷筒是水平设置的，如图 5-236 所示。

(2) 工作原理

立式单筒冷拔机工作时，电动机的动力通过蜗轮、蜗杆减速后，驱动立轴旋转，使安装在立轴上的拔丝筒一起转动，卷绕着强行通过拔丝模的钢筋，完成冷拔工序。当卷筒上面缠绕的冷拔钢筋达到一定数量后，可用冷拔机上的辅助吊具将成卷钢筋卸下，再使卷筒继续进行冷拔作业。

卧式双筒冷拔机工作时，电动机的动力经

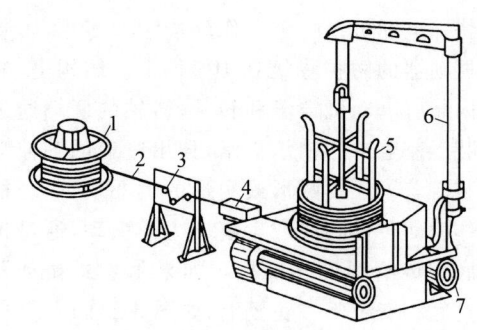

1—盘料架；2—钢筋；3—阻力轮；4—拔丝模；5—卷筒；6—支架；7—电动机。

图 5-235 立式单筒冷拔机结构示意图

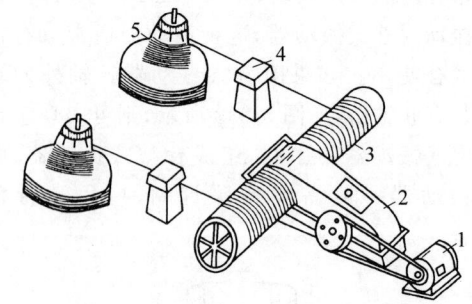

1—电动机；2—减速器；3—卷筒；4—拔丝模盒；5—承料架。

图 5-236 卧式单筒冷拔机结构示意图

减速器减速后驱动左右卷筒以 20 r/min 的转

速旋转,卷筒的缠绕张力使钢筋通过拔丝模完成拉拔工序,并将冷拔后的钢筋缠绕在卷筒上,达到一定数量后卸下,使卷筒继续冷拔作业。

3) 钢筋调直切断机

(1) 设备结构

钢筋调直切断机主要由放盘架、调直筒、传动箱、切断机构、承受架及机座等组成,如图 5-237 所示。

(2) 工作原理

在工作时,方刀台和承受架上的拉杆相连,拉杆上装有定尺板。当钢筋端部顶到定尺板时,将方刀台拉到锤头下面,切断钢筋。定尺板在承受架的位置,可按切断钢筋所需长度调整,其工作原理如图 5-238 所示。

4) 钢筋弯曲机

(1) 设备结构

蜗轮蜗杆式钢筋弯曲机主要由机架、电动机、传动系统、工作机构(工作盘、插入座、夹持器、转轴等)及控制系统等组成,如图 5-239 所示。机架下装有走行轮,便于移动。

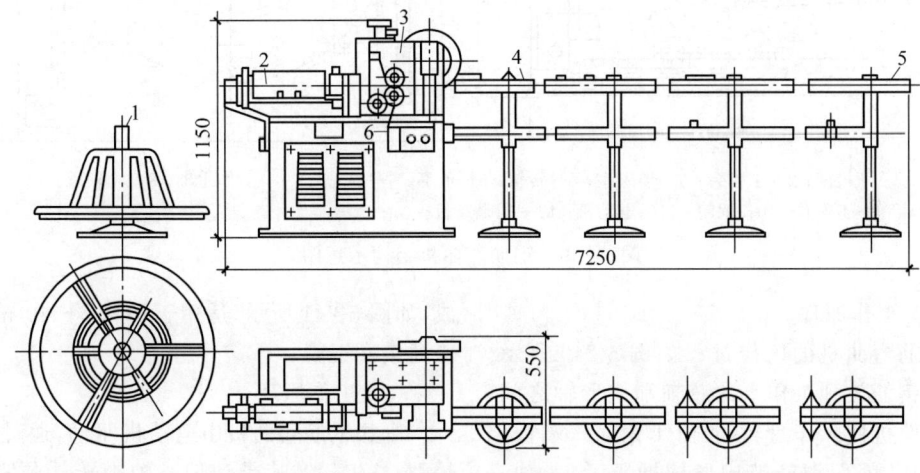

1—放盘架;2—调直筒;3—传动箱;4—承受架;5—定尺板;6—机座。

图 5-237 钢筋调直切断机结构示意图

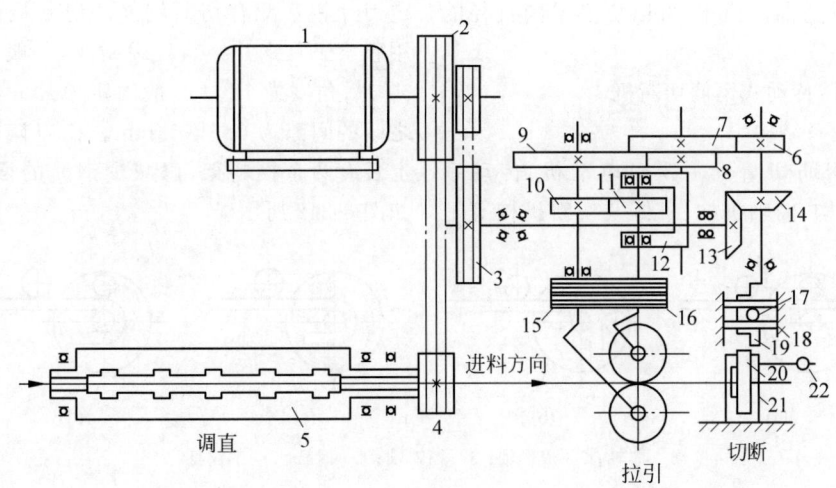

1—电动机;2~4—胶带轮;5—调直筒;6~11—齿轮;12—框架;13,14—锥齿轮;15,16—上下压辊;17,18—双滑块;19—锤头;20—上切刀;21—方刀台;22—拉杆。

图 5-238 钢筋调直切断机工作原理示意图

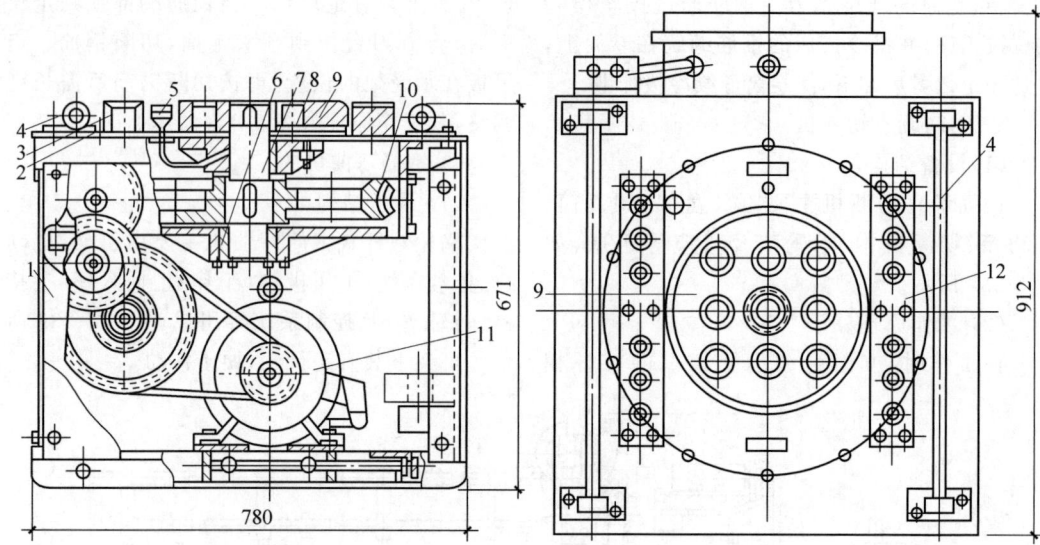

1—机架；2—工作台；3—插入座；4—转轴；5—油杯；6—蜗轮箱；7—工作主轴；8—立轴承；9—工作盘；10—蜗轮；11—电动机；12—孔眼条板。

图 5-239　钢筋弯曲机结构示意图

(2) 工作原理

钢筋弯曲机的工作过程如图 5-240 所示。首先将钢筋放到工作盘的芯轴和成形轴之间，开动弯曲机使工作盘转动，由于钢筋一端被挡铁轴挡住，因而钢筋被成形轴推压，绕芯轴进行弯曲。当达到所要求的角度时，自动或手动使工作盘停止，然后使工作盘反转复位。如果要改变钢筋弯曲的曲率，可以更换不同直径的芯轴。

5) 机械传动式钢筋切断机

(1) 设备结构

卧式钢筋切断机主要由电动机、传动系统、减速机构、曲轴机构、机体及切断机构等组成，如图 5-241 所示，适用于切断 6~40 mm 的普通碳素钢筋。

(2) 工作原理

卧式钢筋切断机由电动机驱动，通过 V 带轮、圆柱齿轮减速带动偏心轴旋转。在偏心轴上装有连杆，连杆带动滑块和活动刀片在机座的滑道中作往复运动，并和固定在机座上的固定刀片相互配合切断钢筋。切断机的刀片选用碳素工具钢并经热处理制成，一般前角度为 30°，后角度为 12°。一般固定刀片和活动刀片之间的间隙为 0.5~1 mm。在刀口两侧机座上装有两个挡料架，以减少钢筋的摆动现象，如图 5-242 所示。

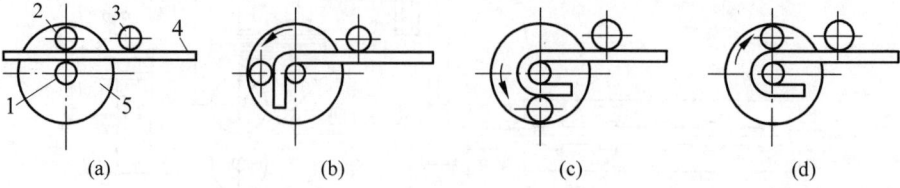

1—芯轴；2—成形轴；3—挡铁轴；4—钢筋；5—工作盘。

图 5-240　钢筋弯曲机工作原理示意图
(a) 装料；(b) 弯 90°；(c) 弯 180°；(d) 回位

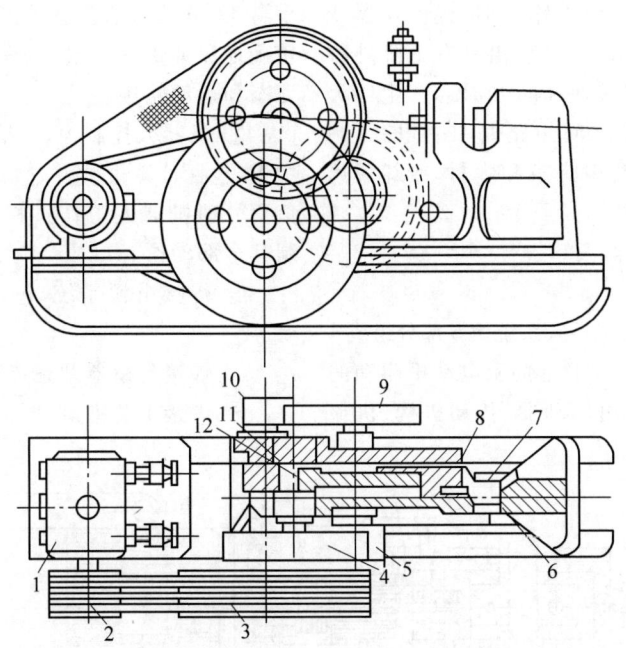

1—电动机；2,3—V带轮；4,5,9,10—减速齿轮；6—固定刀片；7—活动刀片；
8—滑块；11—曲柄轴；12—连杆。

图 5-241　卧式钢筋切断机结构示意图

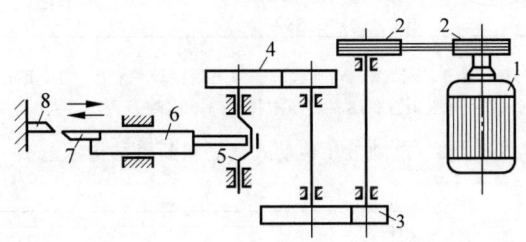

1—电动机；2—V带轮；3,4—减速齿轮；5—偏心轴；6—连杆；7—活动刀片；8—固定刀片。

图 5-242　卧式钢筋切断机工作原理示意图

6）液压传动式钢筋切断机

（1）设备结构

电动液压传动式钢筋切断机主要由电动机、液压传动系统（液体缸体、液压泵缸）、操纵装置、定刀片、动刀片等组成，如图 5-243 所示。

（2）工作原理

电动机带动偏心轴旋转，偏心轴的偏心面推动和它接触的柱塞作往返运动，使柱塞泵产生高压将油压入液压缸体内，推动液压缸内的活塞，驱使动刀片前进，和固定在支座上的定刀片相错而切断钢筋，如图 5-244 所示。

7）交流电焊机

（1）设备结构

交流电焊机又称弧焊变压器，是一种特殊的降压变压器，由降压变压器、阻抗调节器、手柄和焊接电弧等组成，是建筑施工现场最常见、应用最广泛的金属焊接设备。

（2）工作原理

电焊机实际上就是具有下降外特性的变压器，才可以将 220 V 和 380 V 交流电变为低压的直流电。电焊机一般按输出电源种类分为两种：一种是交流电源的；另一种是直流电的。直流的电焊机也可以说是一个大功率的整流器,分正负极,交流电输入时,经变压器变压后再由整流器整流,然后输出具有下降外特性的电源,输出端在接通和断开时会产生巨大的电压变化,两极在瞬间短路时引燃电弧,利用产生的电弧来熔化电焊条和焊材,冷却后达到使它们结合的目的。

8) 智能焊接机器人

(1) 设备结构

常规的智能焊接机器人系统由5部分组成。

① 机器人本体,一般是伺服电动机驱动的6轴关节式操作机,由驱动器、传动机构、机械手臂、关节及内部传感器等组成。它的任务是精确地保证机械手末端(焊枪)所要求的位置、姿态和运动轨迹。

② 机器人控制柜,它是机器人系统的神经中枢,包括计算机硬件、软件和一些专用电路,负责处理机器人工作过程中的全部信息和控制其全部动作。

③ 焊接电源系统,包括焊接电源、专用焊枪等。

④ 焊接传感器及系统安全保护设施。

⑤ 焊接工装夹具。

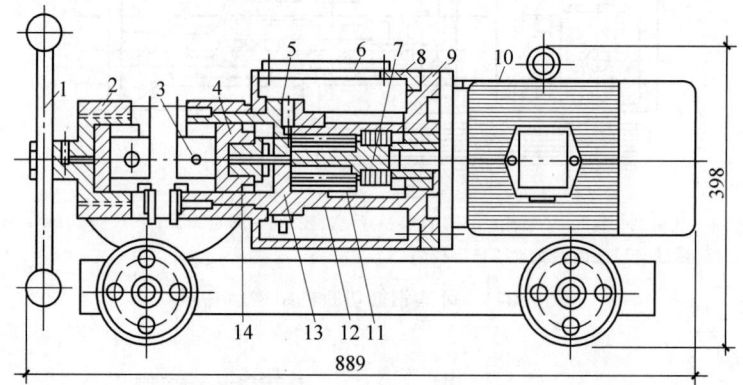

1—手柄;2—支座;3—主刀片;4—活塞;5—放油阀;6—观察玻璃;7—偏心轴;8—油箱;9—连接架;10—电动机;11—柱塞;12—液压泵缸;13—液压缸体;14—皮碗。

图 5-243 电动液压传动式钢筋切断机结构示意图

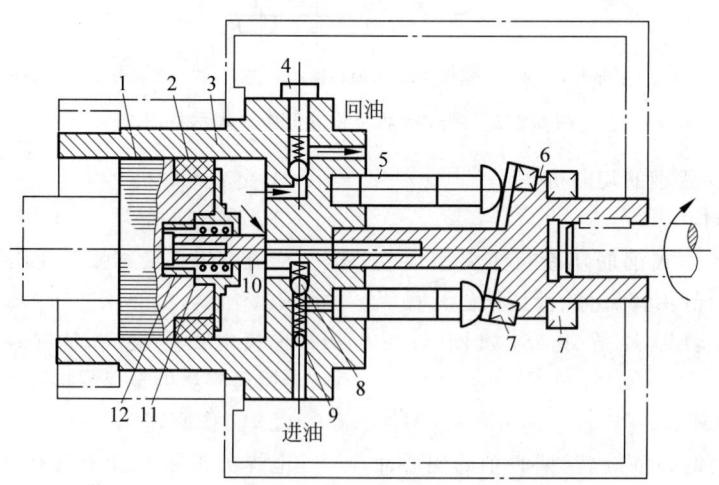

1—活塞;2—皮碗;3—液压缸体;4—放油阀;5—柱塞;6—偏心轴;7—推力轴承;8—进油球阀;9—吸油球阀;10—主阀;11—大回位弹簧;12—小回位弹簧。

图 5-244 电动液压传动式钢筋切断机工作原理示意图

(2) 工作原理

智能焊接机器人正常运行的中枢是其控制柜中的计算机系统,通过计算机系统对焊接环境、焊缝跟踪及焊接动态过程进行智能传感,根据传感信息对各种复杂的空间曲线焊缝进行实时跟踪控制,从而控制焊枪实现规划轨迹运行,并对焊接动态过程进行实时智能控制。由于焊接工艺、焊接环境的复杂性和多样性,焊接机器人在实施焊接前,应配备其焊接路径和焊接参数的计算机软件系统。该软件要对焊缝空间的连续轨迹、焊接运动的无碰路径及焊枪姿态进行规划设计,并根据焊接工艺来优化焊接参数。

5.2 填料拌和机械

5.2.1 破碎筛分生产线

1. 整机的组成和工作原理

破碎筛分生产线主要由砂石破碎和筛分设备组成,辅助设备有带式输送机、给料机、石粉回收设备、供水设备和除尘器等,如图5-245所示。其工作原理是砂石骨料进入砂石破碎设备进行多次破碎,破碎后的砂石经输送带输送至砂石筛分设备进行筛分,粒径符合要求的砂石被筛选出来经输送带输送至成品区,粒径不符合要求的砂石被输送带输送回破碎设备继续进行破碎和筛分,从而达到生产砂石的目的。

图 5-245 破碎筛分生产线

2. 主要系统和部件的结构原理

1) 砂石破碎设备

按照工作原理,砂石破碎设备主要分为挤压类破碎设备和冲击类破碎设备两类。

挤压类破碎设备包括颚式破碎机、旋回式破碎机、圆锥式破碎机等,适合破碎磨蚀指数比较高的原料。

冲击类破碎设备包含反击式破碎机及锤式破碎机,其特点是物料破碎比大,结构形式简单,设备维修方便,产品粒形好,物料抗压强度损失小。

在大型砂石骨料生产线中,粗破常采用颚式破碎机或者旋回式破碎机,中破采用圆锥式破碎机、反击式破碎机或锤式破碎机。

(1) 颚式破碎机

颚式破碎机由机架、动颚、悬挂轴、偏心轴、飞轮、连杆、前后推力板及调整装置等组成,如图5-246所示。

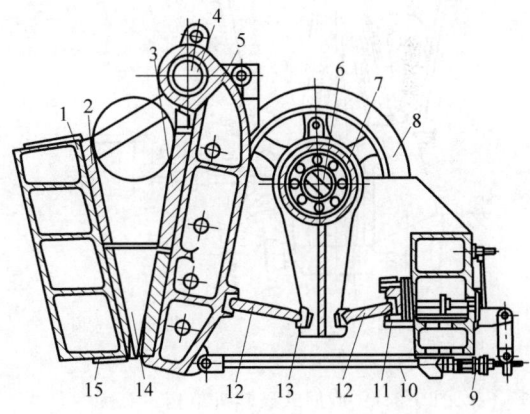

1—机架;2—定颚板;3—动颚板;4—悬挂轴;5—动颚;6—偏心轴;7—连杆;8—飞轮;9—弹簧;10—拉杆;11—楔形铁块;12—推力板;13—推力板座;14—侧板;15—底板。

图 5-246 颚式破碎机结构示意图

颚式破碎机的工作部分是两块颚板,一块是固定颚板(定颚),垂直(或上端略外倾)固定在机体前壁上;另一块是活动颚板(动颚),位置倾斜,与固定颚板形成上大下小的破碎腔(工作腔)。其工作原理是可动颚板围绕悬挂轴对固定颚板作周期性的往复运动,时而靠近时而离开,就在可动颚板靠近固定颚板时,处在两颚板之间的矿石受到压碎、劈裂和弯曲折断的联合作用而破碎;当可动颚板离开固定颚板时,已破碎的矿石在重力作用下,经破碎机的排矿口排出。

颚式破碎机的优点是结构简单,工作可靠,尺寸小,自重较轻,配置高度低,进料口大,排料口可调,价格低。缺点是衬板磨损快,产品粒形不好,针片状较多,产量低,需强制给料。

适用范围:对岩石硬度的适应性好,常用于原料粗破碎。

(2) 旋回式破碎机

旋回式破碎机主要由可动圆锥、固定圆锥、偏心轴套、圆锥齿轮副和三角皮带轮组成,形成的空间叫做破碎腔,如图 5-247 所示。

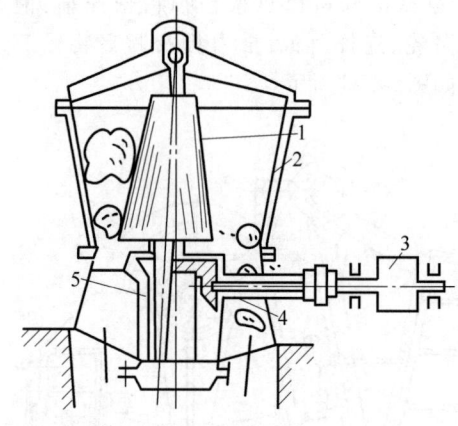

1—动锥;2—固定锥;3—三角皮带轮;4—圆锥齿轮副;5—偏心套轴。

图 5-247 旋回式破碎机结构示意图

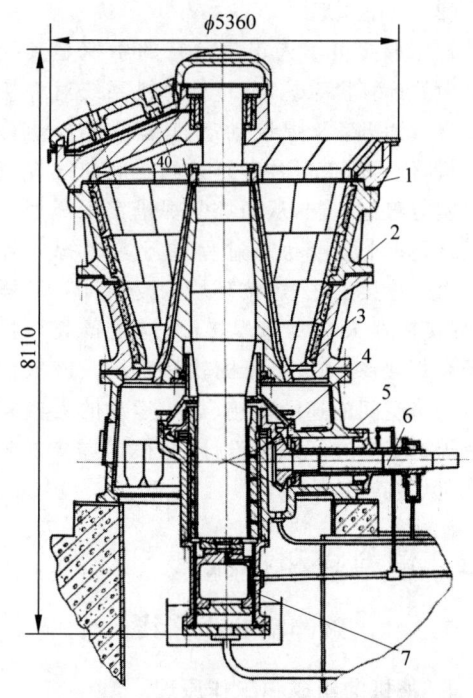

1—横梁部件;2—中架体部件;3—破碎锥部件;4—偏心轴套部件;5—机座;6—传动部件;7—液压缸部件。

图 5-248 液压旋回式破碎机结构示意图

常用的旋回式破碎机为液压旋回式破碎机,主要由横梁部件、中架体部件、破碎锥部件、偏心轴套部件、机座、传动部件、液压缸部件、液压系统,以及干、稀油润滑系统组成,如图 5-248 所示。

① 传动部件。破碎机是由电动机驱动的,传动部件将电动机的动力经三角皮带、联轴器、传动轴、小圆锥齿轮传给大圆锥齿轮和偏心轴,从而使偏心轴旋转,带动动锥作旋回运动。传动轴横放在机座内,轴架中装有青铜衬套。

② 机座。机座是整个破碎机的主体,安装在钢筋混凝土或钢制基础上,机座与中架体之间通过止口定位并用螺钉紧固。机座中心筒由 4 块筋板与机座连为一体,筋板与中心筒外面设有锰钢护板,以免落下的矿石砸坏筋板和中心筒。中心筒内压配有大铜套,偏心轴就在此轴套中旋转。

③ 偏心轴套部件。偏心轴套装在中心套筒内的大铜套内,内表面铸满而外表面只浇筑 3/4 巴氏合金。为使巴氏合金铸牢,在偏心轴套内表面加工有密布的燕尾槽。在中心套筒与大圆锥齿轮之间放有 3 片止推圆盘。下面的钢制圆盘用销子固定在中心套筒的上端以防松动,上面的钢制圆盘用螺钉固定在大圆锥齿轮上,并与其一起转动,中间为青铜制圆盘。

④ 中架体部件。中架体部件由上下两部分环体组成,上下环体之间经止口相配,用螺栓固连,承载能力较好。架体内有 4 圈锰钢衬板,衬板和梁体之间浇铸一层锌合金,或浇注环氧树脂,以增强衬板的强度和贴合度。中架体下部和机座相连,上部与横梁相接。

⑤ 横梁部件。横梁部件主要是为主轴上端提供一个支承点,主轴上端插入横梁的中心孔里。由于液压旋回式破碎机的动锥采用底

部液压缸支承,其顶部支承结构比普通悬挂式旋回破碎机要简单得多。横梁中心孔里装有铜质锥形衬套,主轴上端插入铜质锥形衬套的锥形孔内。衬套的锥形孔正好能满足主轴作锥面旋回运动的要求。工作时,主轴轴头在锥形衬套锥形孔中作旋摆滑滚运动。当调整旋回式破碎机排矿口时,主轴轴头可以在锥形衬套里上下移动。为防止横梁被矿石打伤,横梁上设有护板。

⑥ 破碎锥部件。破碎锥部件是破碎机的主要部件,为防止磨损,在其外表面衬有可以更换的环形锰钢衬板,衬板与锥体之间浇注了一层锌合金或环氧树脂,以增强衬板的强度和配合。锥体和主轴采用静配合,其间浇注锌合金,现在的新型设备已将锥体与主轴制成一体。主轴的底端固连着上摩擦盘,上摩擦盘的底面为凸球面,它和中摩擦盘的球面相配合。

⑦ 液压缸部件。液压缸安装在机座的底部,用螺栓连接。液压缸体内的活塞上方安有中、下部两块摩擦盘,中摩擦盘用青铜制成,上面为凹球面,下面为平面,上面和连接于主轴底端的上摩擦盘相配,下摩擦盘固连于活塞上不转。中摩擦盘以小于上摩擦盘的转速转动。摩擦盘上具有相对运动的表面都开设一些油沟,以便对其进行润滑。液压缸下部靠 YX 型密封圈和 Q 型密封圈密封。改变液压缸的油量,能实现调整破碎机的排矿口。

⑧ 润滑系统。旋回式破碎机的主轴轴头与横梁中心孔衬套之间采用干油润滑,由专门的干油站或人工定时加入润滑脂,其他各摩擦表面采用稀油循环润滑。图 5-249 所示为其润滑系统结构图。当润滑油从油箱经油泵 6、截止阀 5 和 4 流出后,经过滤器 12、截止阀 9、冷却器 8、截止阀 10 进入旋回机体;也可经过滤器 12、截止阀 11 进入机体。进入机体的油分成两路:一路进水平轴,润滑水平轴和青铜轴套,流回油箱;另一路从液压缸中部进入,先润滑 3 个摩擦盘,再沿主轴和偏心轴套之间的间隙及偏心套和固定衬套之间的间隙上升,同时润滑这两个表面。从偏心轴套内表面上升的油与挡油环相遇而溢至圆锥齿轮,经回油管流回油箱。从偏心轴套外表面上升的油至偏心轴的 3 个止推圆盘、润滑圆盘和大小齿轮后也经回油管流回油箱。

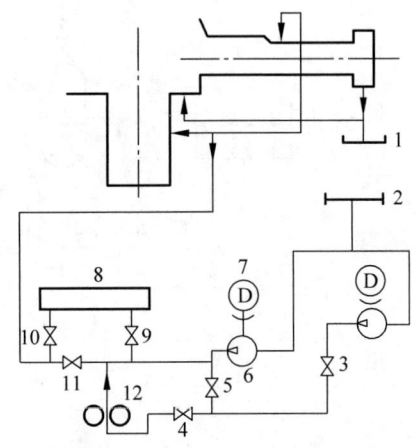

1,2—油箱;3~5,9~11—截止阀;6—油泵;
7—电动机;8—冷却器;12—过滤器。

图 5-249 润滑系统结构示意图

⑨ 液压系统。液压系统由单级叶片泵、单向阀、溢流阀、单向节流阀、截止阀、蓄能器和油箱组成,如图 5-250 所示。蓄能器起保险作用,内部充气压力为 1.5 MPa;单向节流阀起过铁动作快而复位动作慢的作用,以减轻复位时对破碎机的强烈冲击。在破碎机开动之前,首先泵向液压缸内充油。其顺序是:首先打开截止阀 A,关闭截止阀 B,启动油泵,当油压达到 0.8 MPa 时,动锥开始上升;当动锥升至工作位置之后即可关闭截止阀 A,同时停止油泵,液压系统的压力仍保持 0.8 MPa 左右。破碎机开动之后,由于正在破碎矿石,这时系统油压可达 1.1~1.5 MPa。

旋回式破碎机的优点是单机处理量大、单位能耗低、产品粒形好,大中型机可连续给料,无须给料机。缺点是结构复杂、尺寸大、机体高大、维修难、价格高、进料尺寸小、土建施工量大。

适用范围:适用于各种硬度岩石,常用于粗碎设备,小型机也用于中碎环节。

(3) 圆锥式破碎机

圆锥式破碎机主要由机架、传动装置、空偏心轴、碗形轴承、破碎圆锥体、调整装置、调整套等部件组成,辅助部件由电气系统、稀油润滑系统及液压清腔系统组成,如图 5-251 所示。

其按结构特点分为弹簧圆锥破碎机、液压圆锥破碎机和离心振动式圆锥破碎机。

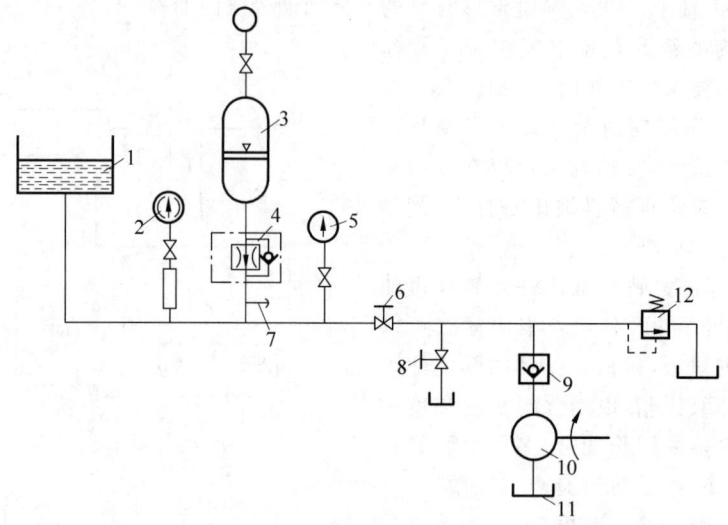

1—液压缸;2—电接点压力表;3—蓄能器;4—单向节流阀;5—压力表;6,8—截止阀;7—放气阀;9—单向阀;10—单级叶片泵;11—油箱;12—溢流阀。

图 5-250　液压系统结构示意图

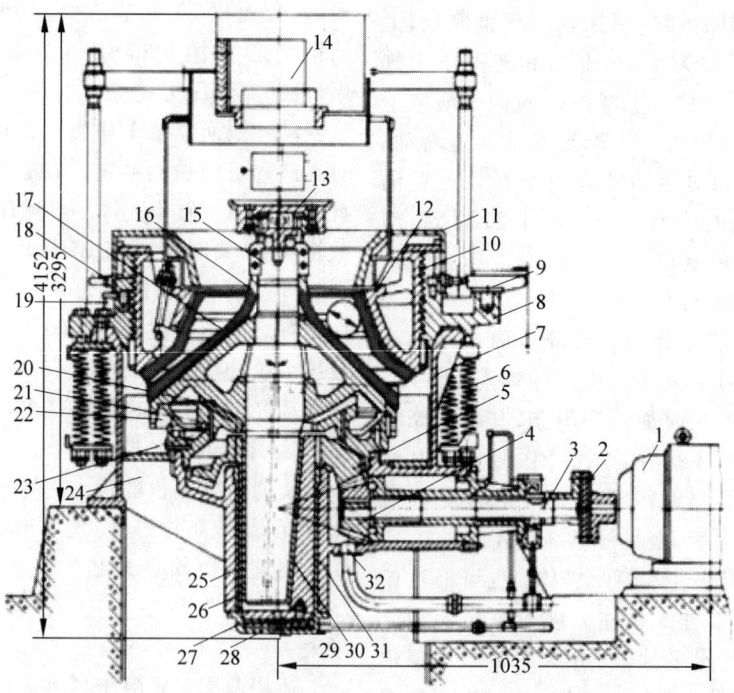

1—电动机;2—联轴节;3—传动轴;4—小圆锥齿轮;5—大圆锥齿轮;6—保险弹簧;7—机架;8—支承环;9—推动液压缸;10—调整环;11—防尘罩;12—固定锥衬板;13—给矿盘;14—给矿箱;15—主轴;16—可推锥衬板;17—可推锥体;18—锁紧螺帽;19—活塞;20—球面轴瓦;21—球面轴承座;22—球形颈圈;23—环形槽;24—筋板;25—中心套筒;26,30—衬套;27—止推圆盘;28—机架下盖;29—进油孔;31—偏心轴承;32—排油孔。

图 5-251　圆锥式破碎机结构示意图

① 给料装置。破碎能否获得最高效率,直接取决于给料装置,给料适量、物料均匀地布满破碎腔,破碎机就能实现最高效率。

② 机架、支承套、弹簧。用螺栓固定在基础上的机架,把破碎力传递到基础上,并且是破碎机其他零件的刚性支承体。焊在机架内壁上的机架护板及筋护板是可更换的,以防止机架内壁磨损。装在机架上部锥形加工面上的支承套内圆加工有锯形螺纹,以便调整套部件能够调整。重型螺旋压缩弹簧装在机架上法兰下部,用螺柱压在支承套上。定位销从机架上表面伸出以防止支承套旋转。当调整套抬高或倾斜时,定位销起导向作用,以使支承套返回到正常工作位置。

③ 传动轴架、传动轴、皮带轮。传动轴架、传动轴、皮带轮三者力的传递方式是通过三角皮带或直接驱动把动力从原动部传递给传动轴,传动轴带动小锥齿轮,小锥齿轮再驱动偏心套上的大齿轮。传动轴由两个轴套支承,轴套固定在传动轴架上以防轴套旋转,传动轴连接法兰承受来自小齿轮止推垫的全部止推磨损。

④ 推力轴承和偏心套部。偏心套每旋转一周,主体和主轴也跟着有一个偏心运动轨迹。主轴衬套用填料固定在偏心套内孔中,为主轴提供一个轴承面。通过压装并用键固定在偏心套顶部的大齿轮由传动轴上的小齿轮驱动,机架衬套内的偏心套随之转动起来。整个偏心套部由放置在底盖上的一组推力板支承。大小齿轮间的侧隙和顶隙可由增加或减少推力轴承板垫片来调整。

⑤ 碗形轴承架。装有碗形瓦的碗形轴承架支承主轴部并把破碎力传递给机架。通过盈配合和碗形轴承架四周的螺钉使其紧紧地固接在机架上。重要的是要防止破碎作业产生的粉尘和研磨粒子进入润滑系统,以免损坏破碎机内高精度的机器部件。

⑥ 主轴、破碎壁和分料盘部。只有通过主轴衬套与主轴的接触,才能迫使躯体作偏心旋摆动。装在躯体上的破碎壁是有互换性的,这是一个既做旋摆运动又做破碎动作的破碎元件。

⑦ 调整套、轧臼壁及调整帽部。调整套外圆加工有锯形螺纹,由支承套内圆的锯形螺纹支承,通过在支承套内顺时针或逆时针旋转调整套可使其上升或下降。调整调整套可控制给矿口和排矿口尺寸,调整帽与调整套外部啮合并连在支承套上,调整帽可将调整套调整到破碎位置。

⑧ 给料平台支架部。给料支架由4根粗的给料架支杆支撑。给料漏斗是给料支架的一部分,对进料起导向和控制作用。支杆上部的螺纹使得给料漏斗和分料盘间的距离可调。

⑨ 润滑系统。润滑油从油箱进入油泵的吸油腔,经油泵后,润滑油在压力作用下进入过滤器。如果过滤器堵塞,润滑油可打开旁路截止阀,从过滤器的旁路通过。过滤器前后的压力表用来检查过滤器的压降,根据此压降,可确定过滤器是否需要清洗或更换。

圆锥式破碎机工作时,电动机的旋转通过皮带轮或联轴器、圆锥式破碎机传动轴和圆锥式破碎机圆锥部在偏心套的带动下绕固定点作旋摆运动,从而使破碎圆锥的破碎壁时而靠近又时而离开固装在调整套上的轧臼壁表面,使矿石在破碎腔内不断受到冲击、挤压和弯曲作用,实现矿石的破碎。电动机通过伞齿轮驱动偏心套转动,使破碎锥作旋摆运动。破碎锥时而靠近又时而离开固定锥,完成破碎和排料。支承套与架体连接处靠弹簧压紧,当破碎机内落入金属块等不可破碎物体时,弹簧即产生压缩变形,排出异物,实现保险,防止机器损坏。圆锥式破碎机在不可破异物通过破碎腔或因某种原因机器超载时,弹簧保险系统实现保险,排矿口增大,异物从破碎腔排出。如果异物卡在排矿口可使用清腔系统,使排矿口继续增大,使异物排出破碎腔,在弹簧的作用下,排矿口自动复位,机器恢复正常工作。

圆锥式破碎机的优点是工作可靠,产量高,粒度均匀,衬板磨损小。缺点是结构复杂,维修维护要求高,机体安装尺寸高,价格昂贵。

适用范围:岩石硬度适应性好,骨料生产线上最常用中碎或细碎设备。

（4）反击式破碎机

反击式破碎机主要由反击板装置、衬板、壳体、筛板装置、打击板装置、转子总成等组成，如图5-252所示。

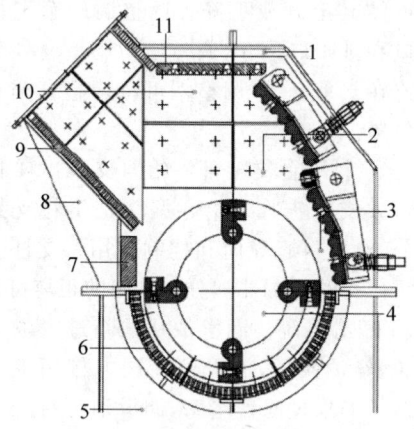

1—上壳体A；2—打击板装置A；3—打击板装置B；4—转子总成；5—下壳体；6—筛板装置；7—前衬板装置；8—上壳体B；9—反击板；10—侧衬板；11—反击板装置

图5-252 反击式破碎机结构示意图

反击板的一端用活链悬挂在机壳上，另一端用调节螺栓将其位置固定。当大块物料或难碎物件夹在转子与反击板之间的间隙时，反击板受到较大压力而反击后移，间隙增大，可让难碎物通过，不致使转子损坏。而后反击板在自重作用下又恢复到原来位置，以此作为破碎机的保护装置。

反击式破碎机工作时，在电动机的带动下，转子高速旋转，物料进入板锤作用区时，与转子上的板锤撞击破碎，后又被抛向反击装置上再次破碎，然后又从反击衬板上弹回到板锤作用区重新破碎，此过程重复进行，物料由大到小进入一、二、三反击腔重复进行破碎，直到物料被破碎至所需粒度，由出料口排出。调整反击架与转子之间的间隙可达到改变物料出料粒度和物料形状的目的。石料由机器上部直接落入高速旋转的转盘；在高速离心力的作用下，与另一部分以伞形方式分流在转盘四周的飞石产生高速碰撞与高密度粉碎，石料在互相打击后，又会在转盘和机壳之间形成涡流运动而造成多次的互相打击、摩擦、粉碎，从下部直通排出。形成闭路多次循环，由筛分设备控制达到所要求的粒度。

反击式破碎机的优点是破碎比大，产品细，粒形好，能耗低，结构简单。缺点是板锤和衬板容易磨损，更换和维修工作量大，扬尘严重，不适用于破碎塑性和黏性物料。

适用范围：适用于破碎中硬度岩石，用于中碎和制砂设备。

（5）锤式破碎机

锤式破碎机是利用高速回转的锤头冲击物料，使其沿自然裂隙、层理面和节理面等脆弱部分而破碎的破碎机械。

锤式破碎机主要由机壳、转子、蓖条、破碎板和滚动轴承等组成，如图5-253所示。

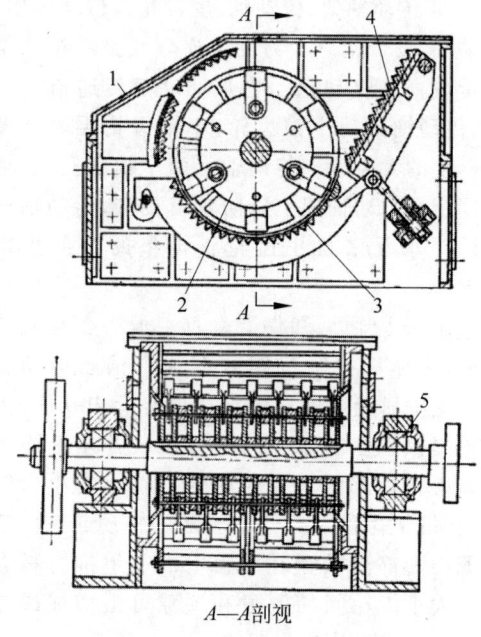

A—A剖视

1—机壳；2—转子；3—蓖条；4—破碎板；5—滚动轴承。

图5-253 锤式破碎机结构示意图

主轴上装有锤架，在锤架之间挂有锤头，锤头尺寸和形状是根据破碎机规格和物料粒径决定的。机壳的壁镶有衬板，衬板磨损后可以拆换。主轴、锤架和锤头组成的回转体称为转子。物料进入锤式破碎机中，受到高速回转的锤头冲击而被破碎，物料从锤头处获得动能，以高速冲向打击板而被第二次破碎，粒径合格的物料通过箅条排出,较大粒径在箅条上再经锤头附加冲击、破磨而再被破碎,直至合格后通过箅条排出。

锤式破碎机的优点是破碎比大,产量高,产品粒形好,细料多。缺点是锤头破损快,需经常更换,工作扬尘大,原料含水率大于12%的黏性物料无法有效通过。

适用范围:适用于破碎中硬度岩石,常用于细碎设备,有箅条时用于制砂。

2)砂石筛分设备

(1)结构和工作原理

砂石筛分设备分为振动筛和固定筛两大类,骨料生产系统应用较多的是振动筛。振动筛主要由进出料口、振动电动机、不平衡重锤、筛网框和筛盘、弹簧系统、基座等组成,如图5-254所示。

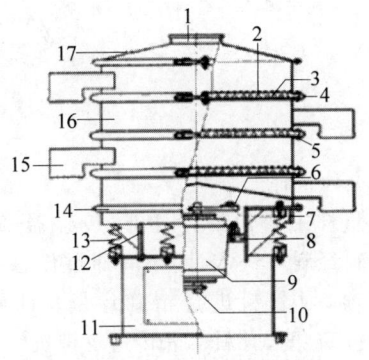

1—进料口;2—橡胶球;3—筛网;4—网架;5—托球板;6—加重块;7—上部重锤;8—筛盘;9—振动电动机;10—下部重锤;11—机座;12—运输用固定螺栓(试机时去掉);13—弹簧;14—束环;15—出料口;16—筛框;17—防尘盖。

图5-254 振动筛结构示意图

振动筛的动力源是振动电动机,振动电动机转轴上下端安装有重锤(不平衡重锤),振动电动机的旋转运动在不平衡重锤作用下转变为水平、垂直、倾斜的三维运动,通过振动筛的弹簧和振动体把三维运动传递给振动筛网面。通过改变振动电动机上下重锤的相位角来实现物料在筛面上的运动轨迹,以此达到筛分、去杂、过滤的目的。

(2)砂石骨料生产线常用筛分设备的特点和适用范围

① 偏心振动筛

特点:偏心轴直接带动筛框在垂直面内做振幅相当于2倍偏心距的轨迹运动;结构坚固,给料量变化时振幅不变,振动力度大且恒定,不宜堵塞筛孔;轴承结构复杂,惯性大,工作时由于不完全平衡会易引起建筑物同时振动。

适用范围:筛孔尺寸可达100~250 mm,常用于预筛分环节或砂石料的第一道筛分环节,现已很少采用,多采用惯性振动筛。

② 自定中心振动筛(单轴振动筛)

特点:与纯惯性振动筛工作原理相同,但结构上带轮与传动轴同心,工作过程中带轮中心保持不动,电动机运行平稳;振幅大,并且可获得较大激振力,筛分效率高;结构简单且容易制造,不需要精确平衡激振器;启停机过程中经过共振区时振幅较大,对设备本身和建筑物有损害。

适用范围:适用于连续均匀给料的中细颗粒骨料筛分。

③ 直线振动筛

特点:两根偏心轴反向同步回转,带动筛子做直线振动;安装后筛面呈水平状态,筛面大,振幅强,利于骨料的筛分,台时处理量大;结构复杂,价格昂贵,能量较高,振幅调整困难。

适用范围:适用于粗颗粒、中颗粒、细颗粒骨料的筛分,湿法生产时也可作为脱水、脱泥设备使用。

④ 等厚筛

特点:物料在不同倾角折线的筛面上运动速度逐渐减小,但是料层厚度保持恒定;台时产量高,筛孔不易堵塞,生产效率高,设备安装使用简单;安装需要空间大,筛面结构复杂。

适用范围:适用于粒径不大于25 mm的细骨料筛分。

⑤ 高频筛

特点:筛分效率高,振幅小,频率高。

适用范围:适用于粒径小的物料筛分。

(3)选择筛分设备时需考虑的因素

① 筛分设备工作面积和通过能力;

② 骨料输送设备与振动筛之间的下料溜槽尺寸与振动筛工作面尺寸要配合得当，保证骨料在筛面上均匀分布；

③ 根据筛分时产生的扬尘多少匹配收尘器，保证生产现场空气污染指标符合环保要求；

④ 振动筛出料溜槽和料斗的耐磨性能与物料下落过程中噪声污染的防护。

5.2.2 改良土搅拌站

1. 整机的组成和工作原理

改良土搅拌站主要由骨料配料系统、粉料供给系统、供水系统、搅拌装置、出料系统、控制系统等组成，如图 5-255 所示。

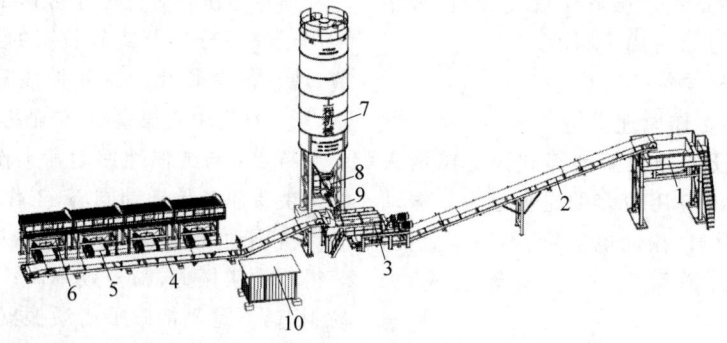

1—末级储料仓；2—斜皮带机；3—搅拌锅；4—平皮带机；5—皮带秤；6—骨料斗；7—水泥仓；8—螺旋输送机；9—螺旋电子秤；10—操作室。

图 5-255 改良土搅拌站示意图

改良土搅拌站的工作原理是将多种物料进行准确的配比和计量，经搅拌后，使各种材料充分混合，混合后的物料用于地基改良施工。采用计算机变频调速皮带秤和螺旋电子秤，通过自身荷重传感器、变频器控制皮带秤转速，从而实现单机连续自动定量给料，自动化生产程度高，生产效率高。

2. 主要系统和部件的结构原理

1) 骨料配料系统

骨料配料系统主要由骨料斗、计量秤、集料皮带机等组成。

(1) 骨料斗

骨料斗主要包括料斗、支腿、平台、护栏、格筛等。料斗斗体由钢板焊接而成，外侧采用型钢焊接成框架式结构，用于支撑斗体和其中物料的重量。在倾角较小的斗壁外侧装有振动电动机，通过振动斗壁对物料进行辅助下料。斗内装有格筛，用于剔除超限值的物料，格筛一般以倾斜方式放置，以便于物料在滑动中落入料斗内，底部设有出料门。骨料斗用于碎石、砾石、砂、土壤、消解石灰、粉煤灰等物料的存储。

(2) 计量秤

计量秤主要包括计量斗、传感器、卸料门等。骨料经料斗进入计量秤，通过传感器检测重量信号，对骨料进行精确计量。计量完成后，卸料门打开，骨料落入传送皮带机。

粉料计量装置可分为容积式计量和称重式计量两种方式。容积式计量大都采用叶轮给料器，它主要由叶轮、壳体、接料口、出料口、动力驱动装置等组成，可用改变叶轮转速的方法来调节粉料的输出量。此种计量方式是国内外设备中普遍采用的形式，其结构简单，计量可靠。称重计量一般采用螺旋秤、减量秤等方式，连续动态称量并反馈控制给料器的转速以调节粉料输出量。

(3) 集料皮带机

集料皮带机主要由机架、输送带、托辊组、电动滚筒、改向滚筒、张紧机构、清扫装置和支腿等组成。机架为槽钢结构，由水平段和倾斜段两部分组成。输送带采用电动滚筒驱动、变频调速控制的计量方式，通过变频器实现电动滚筒转速的改变,来精确地改变输送带的转速。其前后两端的张紧装置用于调整皮带的张紧度和对中性。

集料皮带机主要用于将骨料配料系统计量送出的物料输送到搅拌装置中进行拌和。

骨料配料供给系统连续采集物料的瞬时流量信号和速度信号,送入计算机配料控制系统中,由配料控制系统对两种信号进行计算,并与设定值比较后自动发出控制信号,变频器通过控制信号调整皮带秤的转速,从而保证实际的物料配给量与设定给料量趋于一致。

① 输送带。皮带输送机是能够水平或倾斜方向输送物料的连续式运输机械,具有很高的生产率。皮带输送机的输送带既是承重构件又是牵引构件,依靠皮带与滚筒之间的摩擦力平稳地进行驱动。输送带是皮带输送机中最重要也是最昂贵的部件。

输送带是一条无端的具有相当宽度的条带,有织物芯胶带和钢绳芯胶带两种形式。稳定土厂拌设备由于运距和运量不是很大,通常采用织物芯胶带。织物芯胶带由棉线织成,经线与纬线相互交织,其构造如图 5-256 所示,张力由经线承受。数层织物相互间用橡胶黏合在一起,就形成织物芯衬垫,然后在衬垫的上下及两侧覆面胶层,其厚度通常为 1.5~2 mm。侧边橡胶覆面的作用是,当输送带跑偏、侧面与机架接触时,保护其织物芯不受机械损伤。输送带的覆面通常采用高耐磨性橡胶制作。

关系。

② 支承托辊。托辊的作用是支承输送带上的物料重量,使输送带沿预定的方向平稳地运行。常用的托辊形式如图 5-257 所示。

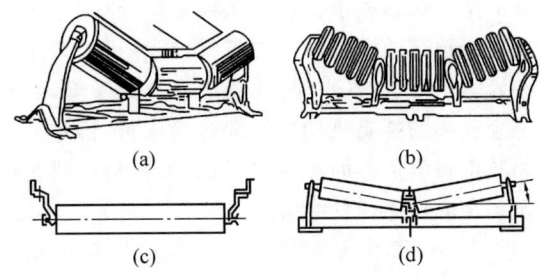

图 5-257　常用托辊形式示意图
(a) 槽形托辊组;(b) 平形托辊;
(c) 缓冲托辊;(d) 斜置托辊

2) 粉料供给系统

粉料供给系统主要由粉料仓、蝶阀、螺旋输送机及计量秤等组成。粉料仓主要用于粉料的临时性储存,螺旋输送机用于粉料的输送,计量秤用于粉料的精确计量,蝶阀是控制粉料仓的开关。其工作原理是依靠气力将散装粉料输送至粉料仓,工作时由设置在粉料仓底部的螺旋输送机将粉料送至计量秤进行计量,然后落入搅拌机内,与其他材料混合。

粉料仓为直立圆柱式结构,由支腿、筒仓、护栏、爬梯、进料管等组成,需密封防雨、防潮,出口处设有蝶阀,与螺旋输送机连接,便于螺旋输送机的维护和保养。

(1) 螺旋输送机

螺旋输送机主要由管壁、螺旋轴、电动机和减速机组成,采用电动机减速机驱动、变频调速的控制方式,与设备的最大生产能力需求相匹配,通过变频器改变电动机转速,以此改变螺旋给料机的转速,精确控制所需粉料的流量。水泥仓内的粉料靠自重下降,经仓底的螺旋输送机将其转入螺旋电子秤内,按实际需求计量给出的粉料数量直接进入搅拌机中。

粉料计量秤由秤体、气动蝶阀和传感器组成,收集传感器上传来的重量信号和变频器传来的速度信号,再与设定值进行比较,通过控制系统调节螺旋输送机的工作状态,保证水泥

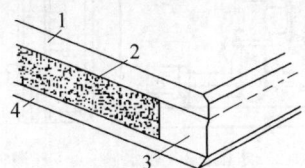

1—上橡胶覆面;2—织物芯;3—侧边橡胶;4—下橡胶覆面。

图 5-256　橡胶输送带断面结构示意图

输送带的张力由衬垫层承受,带的强度取决于带的宽度和衬垫层数。同时,为使输送带有足够的横向刚度,使之在两支承托辊之间保持槽形,不致过分变平而引起撒料和增加运动阻力,带宽 B 与衬垫层数之间应保持一定

计量的精度与稳定性。

(2) 卧式储仓

卧式料仓给料系统与立式系统的工作过程和计量方式基本相同,由散装水泥运输车运来的生石灰粉或水泥被泵入卧式储仓内,也可由储仓顶部的进料口用皮带机、装载机或人工装入。生石灰粉(水泥)在仓内靠自重下降,经储仓底部的螺旋机构进入螺旋输送机,再进入粉料给料机上方的小斗内,然后由粉料给料机按调定的比例计量给出。

图 5-258 中稳定土厂拌设备的粉料配料机,配料机上方小料斗的壁上安装了两个料位器,一个料位器控制上限,另一个料位器控制下限,其输出信号用于螺旋输送器的启、停控制,其目的是保持粉料配料斗内始终有一定的料量,防止料量的变化,影响配料精度。粉料配料机中的叶轮给料机是配料机构的重要组成部分,叶轮给料机的结构原理如图 5-259 所示。它作为一种供料器,具有一定程度的气密性,因而适于有一定流动性的粉状、小块状物料的气力压送。因其叶片磨损较大,轴上转矩及能耗也大,因此,常用于沿水平或小于 20°倾斜方向及运送距离较小情况下的粉状或细粒状物料。叶轮机主要由圆柱形的壳体及壳体内的叶轮组成,壳体两端用端盖密封,壳体上部与加料斗相连,下部与输料管相通。当叶轮由电动机和减速传动机构带动在壳体内旋转时,物料从加料斗进入旋转叶轮的格腔中,然

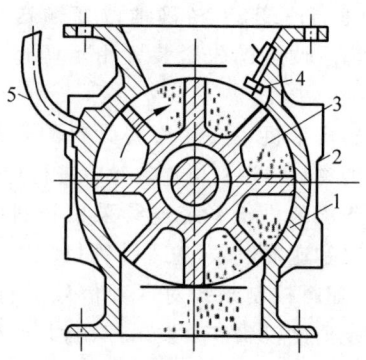

1—壳体;2—叶轮;3—叶轮格腔;
4—防卡挡板。

图 5-259 叶轮给料机结构原理图

后从下部流进输料管。

3) 供水系统

供水系统主要由水池、管路、潜水泵、喷水管等组成,是稳定土厂拌设备必要的组成部分,如图 5-260 所示。其主要用于水的配比供给,以调节成品料的含水量,达到工程施工的要求。管路由防锈管件组成,水池的水由潜水泵输出,由控制系统控制水泵工作状态,水由搅拌机入口处的喷水管喷出,进入搅拌机内,从而达到对物料进行喷淋的目的,使混合料保持一定的含水量。

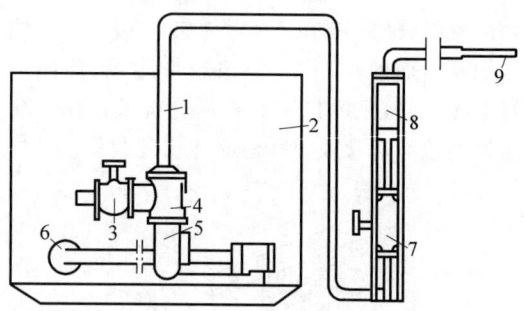

1—出水管;2—水池;3—回水阀;4—三通;5—潜水泵;6—旋塞阀;7—供水阀;8—流量计;9—喷水管。

图 5-260 稳定土厂拌设备的供水系统示意图

4) 搅拌装置

搅拌装置又称搅拌机或搅拌缸,主要由动力驱动装置、缸体、搅拌器等组成,如图 5-261 所示。它是改良土搅拌站的关键部件,常用双卧轴强制式搅拌机,具有适应性强、体积小、效率高、生产能力大等特点。

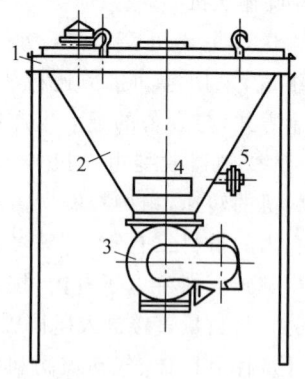

1—粉料斗架;2—斗体;3—叶轮给料机;
4—振动桥;5—均压管。

图 5-258 粉料配料机结构示意图

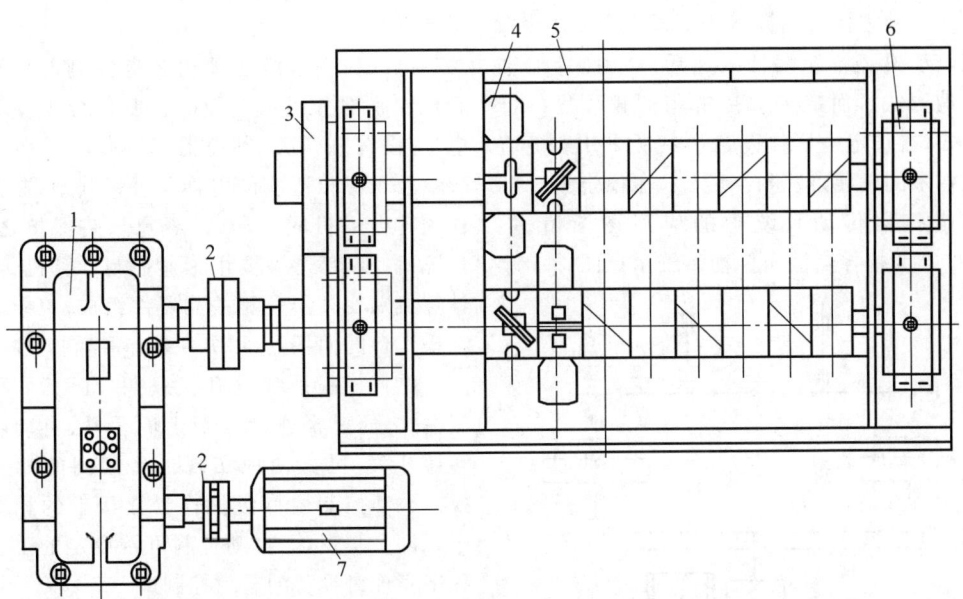

1—减速器;2—联轴器;3—齿轮;4—桨片总成;5—衬板;6—油缸;7—驱动电动机。

图 5-261 搅拌装置结构示意图

动力驱动装置主要由电动机、减速器、同步齿轮及联轴器等组成,以确保搅拌轴的合理转速和同步运作。搅拌器由搅拌轴及其上的搅拌臂和排列的搅拌叶片等组成,叶片为耐磨材料所制,磨损后可方便地更换。缸体为型钢焊接而成的框架式结构,用于支承搅拌器、动力驱动装置及所搅拌物料的重量。

进入搅拌机中的级配物料及水或添加剂等,在旋转的搅拌叶片的剧烈抛掷、挤压、推切作用下,一面作混合运动,一面向出料口移动,从而达到充分均匀地拌和的目的。到达出料口时已被搅拌均匀的成品混合料,便从出料口排出。

搅拌器主要由两根平行的搅拌轴、搅拌臂、搅拌桨叶、壳体、衬板、进料口、出料口及动力驱动装置等组成。

搅拌器的壳体通常做成 W 形拌槽,由钢板焊制而成。为保证壳体不受磨损,在壳体内侧装有耐磨衬板。

搅拌器轴可用方形或六方形钢管等制成。搅拌臂用螺栓连接或焊接在搅拌轴上。桨叶用螺栓固定在搅拌臂上,也有在桨叶和搅拌臂之间加装叶座的结构形式。搅拌桨叶有方形带圆角、矩形等各种形状。

搅拌器的工作原理是,进入搅拌器内的集料、粉料和水,在互相反转的两根搅拌轴上双道螺旋桨叶的搅拌下,受到桨叶周向、径向、轴向力的作用,使物料一边产生挤压、摩擦、剪切、对流从而进行剧烈地拌和,一边向出料口推移。当物料移到出料口时,已得到均匀拌和并具有压实所需的含水率。

有些稳定土厂拌设备搅拌器的桨叶在搅拌轴上的安装倾角可做调整,以适应不同种类物料和不同方式的拌和。桨叶一般用耐磨铸铁制成,磨损后能方便地更换。

搅拌器驱动系统的结构形式多样,大体可归纳为如下几种形式:

① 电动机→减速器→链轮→搅拌轴;
② 电动机→液压泵→液压马达→齿轮减速器→搅拌轴;
③ 电动机→蜗轮蜗杆减速机→搅拌轴;
④ 电动机→液压泵→液压马达→皮带传动→锥齿轮传动→搅拌轴;
⑤ 发动机→分动箱→液压泵→液压马达→齿轮减速机→搅拌轴,双轴搅拌器必须保证两根轴同步旋转。

在大型或特大型设备中,搅拌器的驱动采用双电动机经蜗轮蜗杆减速后驱动搅拌器轴的传动方式。而链传动是常用的较可靠的传动方式,在稳定土厂拌设备中广泛采用。随着液压技术的发展,液压传动技术在稳定土厂拌设备搅拌器传动系统中的应用逐渐增多。图 5-262 为搅拌器液压传动系统示意图。

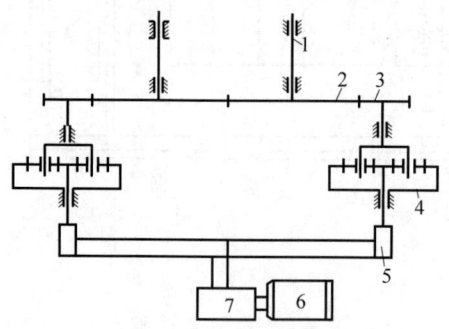

1—搅拌轴;2—大齿轮;3—小齿轮;4—行星减速器;5—液压马达;6—电动机;7—液压泵

图 5-262　搅拌器液压传动系统示意图

5)出料系统

出料系统由斜皮带机、储料仓组成,负责将搅拌料输送、暂存,以备运输车辆装载。

上料斜皮带机主要由机架、输送带、托辊组、电动滚筒、改向滚筒、张紧机构和支腿等组成,机架为槽钢结构,由头架、尾架及中机架 3 部分组成。上料斜皮带机的结构和工作原理与通用的皮带输送机相同,主要是把经搅拌机拌和好卸出的混合料输送到混合料存仓中暂存,以备运输车辆装载并运送到施工地点。

混合料末级储料仓主要由仓体、机架、斗门开启机构、气缸及支腿等组成。仓体固定在机架上,并在其下部装有气缸,用来控制卸料斗门的启闭,确保两斗门同步运作,防止物料在车辆中的偏卸、偏载。机架架设于 4 根支腿上,支腿则用底脚板固定在混凝土基础预埋件上。混合料末级储料仓用于混合料的暂存,以便于车辆的交替、周转和调配。

6)控制系统

控制系统由控制室、工控主机、显示器、配电盘等组成,是改良土搅拌站的控制中心。

控制室内装有电气操作箱、配电柜、操作平台等。

电气控制系统主要由强电控制部分和计算机控制部分组成。强电控制部分主要为强电柜,设有总开关、断路器和其他与设备工作容量及工况相适应的电器元件。其中,断路器作为各电动机的欠压、过载及短路保护之用。计算机控制部分主要由工业控制计算机(个人计算机)、变频器及相关元器件组成,集中布置在操作台的面板上,以方便操作和监控。

电气控制系统设有"手动和自动"两种控制模式,通过操作台面板上的手动、自动功能转换开关,可方便地实现二者之间的相互转换。手动控制由操纵操作台面板上的相应主令元件来实现,而自动控制可按设定的工艺流程来实现对设备的有效控制。

电气控制系统多采用 380 V、50 Hz 电源,自动空气开关作为过载和短路保护,电压表、电流表及指示灯显示设备的运转情况。各电动机均用熔断器与热继电器作短路和过载保护。电源控制、电压控制等均集中在控制台上操作。电气控制系统可由时间继电器控制顺序启动或停车,也可用按钮单台启动、停止各台电动机的运转。

5.2.3　碎土机

1. 整机的组成和工作原理

碎土机主要由机架、牵引杆、车轮、收土铲、传送筛、动力输出装置、抖动装置、升降碾压杆、弹簧和杂物收集箱组成,其外观如图 5-263 所示。

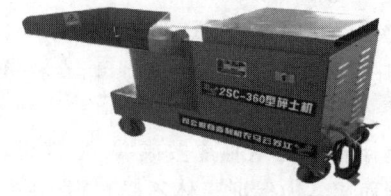

图 5-263　碎土机外观

碎土机在工作时,施加于固体的外力有剪切、冲击、碾压、研磨 4 种。剪切主要用在粗碎(破碎)及粉碎作业中,适用于有韧性或有纤维的物料和大块料的破碎或粉碎作业;冲击主要用在粉碎作业中,适用于脆性物料的粉碎;碾压主要用在高细度粉碎(超微粉碎)作业中,适用于大多数性质的物料进行超微粉碎作业;研磨主要用于超微粉碎或超大型粉碎设备,适用于粉碎作业后的进一步粉碎作业。

按破碎方式,碎土机分为铣削式、刀片撞击切削式、挤压式、曲棍式、锤式破碎等几类。

2. 主要系统和部件的结构原理

碎土机的特征在于,机架上安放若干个升降碾压杆,升降碾压杆位于传送筛上面,升降碾压杆与传送筛之间有一定高度距离,每个升降碾压杆两端安装弹簧,弹簧一端固定在升降碾压杆上,另一端固定在机架上。

机架上安装传送筛,机架底前端安装收土铲,收土铲将土壤收集后进入传送筛,符合标准的细土在传送筛上过滤下去。机架上安放若干个升降碾压杆,升降碾压杆自身有一定重量,每个升降碾压杆两端安装弹簧,弹簧一端固定在升降碾压杆上,另一端固定在机架上,没有过滤下去的土块经过升降碾压杆碾压后达到碎土目的,无法碾碎的砖石瓦块使升降碾压杆被迫向上提升,砖石瓦块在传送筛的带动下向后传送,最后被传送到杂物收集箱。

5.2.4 粉料罐

1. 整机的组成和工作原理

粉料罐由仓体、仓顶收尘机、压力安全阀、料位指示计、助流气垫、手动蝶阀、检修梯子、吹灰管等构成,如图 5-264 所示。

其工作原理是粉料运输车出料管与粉料罐进料管连接,粉料由气压吹入粉料罐,使用时粉料罐中的粉料经由底部蝶阀流入粉料输送机中,从而实现粉料的储存和使用。

2. 主要系统和部件的结构原理

1) 仓体

粉料罐仓体主要由筒仓、支腿、进料管、爬梯和护栏构成。筒仓用钢板卷制连接而成,用于储存粉料。支腿采用钢管、槽钢和法兰等进行连接,起到支撑和称重作用。爬梯附着在筒仓和支腿上,用于检修和保养使用。进料口由钢管制成,用于输送粉料进入筒仓。

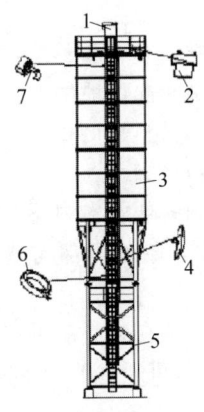

1—仓顶收尘机;2—压力安全阀;3—仓体;4—助流气垫;
5—信号灯;6—蝶阀;7—料位指示计。

图 5-264 粉料罐结构示意图

焊接式筒仓的容积一般在 50~150 t 之间,利用焊接将仓体加工为一个整体结构,特点是筒仓直径小、结构简单、密封性好、占地面积少,便于安装、拆卸和公路转运。

拼装式筒仓的容积一般在 200~500 t 之间,仓体由多块弧形结构拼装而成,每块弧形板之间采用密封条和螺栓进行连接,特点是筒仓直径大、结构复杂、密封性较差、占地面积广,安装和拆卸工作量大,易变形,周转使用效果不佳。

2) 粉料罐附属部件

粉料罐附属部件包括仓顶收尘机、压力安全阀、蝶阀、料位计、破拱气垫等,如图 5-265 所示。

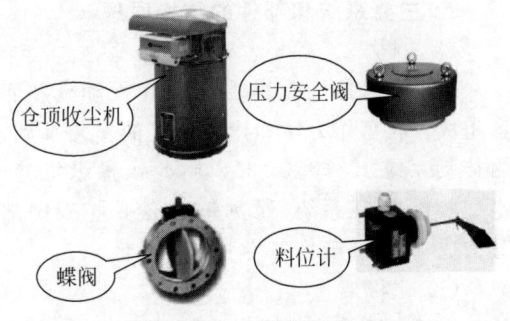

图 5-265 粉料罐附属部件

仓顶收尘机一般安装在粉料罐的顶部,通过滤芯排出筒仓内的空气,并将粉状物料进行过滤,防止粉料排出仓体,造成浪费和粉尘污染。

压力安全阀安装在粉料罐的罐顶,主要在粉罐内压力过高时起保护作用。

蝶阀安装在粉料罐的锥体出口处,主要用于开启和关闭粉料罐。

料位计分别安装在粉料罐的罐体高、低两个位置,叶片伸入罐体内部与物料接触,用于检测有无物料。

破拱气垫安装在粉料罐的锥体部位,当物料起拱下料慢时,可通过破拱装置进行破拱。

5.2.5 路拌机

1. 整机的组成和工作原理

路拌机又名填料拌和机,主要由主机、工作装置和计量洒布控制系统三大部分组成。其将工作装置与驱动主机结合,具备自行能力,作业范围灵活,通过工作装置中转子的旋转,将填料进行粉碎、拌和,再通过稳定剂喷洒控制系统,将稳定剂或水喷入填料中,从而获得满足施工设计要求的填料,如图5-266所示。

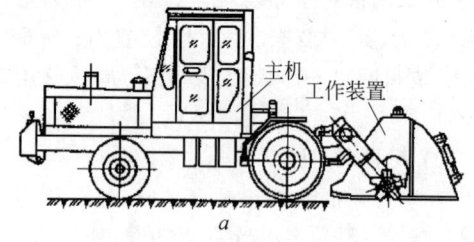

图 5-266 路拌机结构示意图

2. 主要系统和部件的结构原理

1) 主机

主机是路拌机的基础车辆,由发动机和底盘组成。底盘作为拌和作业装置的安装基础,由传动系统、走行驱动桥、转向桥、操纵机构、电气装置、液压系统、驾驶室、翻滚保护架等部分构成,各个部分均安装于主机架上。

(1) 主机架

主机架要求有较强的整体性、较大的刚度和抗扭强度。如图5-267所示,主机架为整体框架结构,由大梁及横梁焊接而成。大梁是由25号槽钢加焊封板而成的箱体结构。主机架前端可以加焊或安装长方形配重箱,配重箱又可作为保险横梁。尾部支座通过转轴与工作装置相连。由于拌和机行驶速度不高,所以采用刚性悬架,主机架与后桥刚性连接;前桥作为转向桥与机架的连接方式采用摆动桥铰接式连接,使前桥可以相对车架上下摆动,以适应在地面不平的条件下行驶。

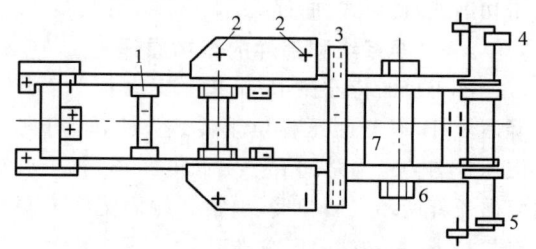

1—前桥支架;2—驾驶室安装座孔;3—滚翻保护架安装座;4—拌和装置安装架;5—铰接支座;6—储气筒安装座;7—后桥支架。

图 5-267 主机架结构示意图

(2) 传动系统

走行传动系统和工作装置传动系统,共用动力源,因此,传动系统必须满足运行与作业速度要求,工作装置(转子)传动系统必须满足因拌和填料性质不同而转速不同的要求。同时,路拌机在拌和作业过程中,填料种类及物理特性的变化会引起其外阻力的变化,传动系统能根据机器外阻力的变化自动调节走行传动系统与转子传动系统之间的功率分配比例。另外,当转子遇到埋藏在填料中的大石块、树根等杂物,造成冲击载荷时,要求传动系统具有过载安全保护装置。

路拌机常用的传动形式有两种:一种是走行与转子传动系统均为液压式,也称为全液压式;另一种是走行为液压式,转子为机械式,也称为液压-机械式。

全液压式传动方式如图5-268所示。其走行传动路线为:发动机→万向节传动轴→分动箱→走行变量泵→走行定量马达→两速变速器→驱动桥。转子传动路线为:发动机→万向节传动轴→分动箱→转子变量泵→转子定量马达→转子。

操纵阀的操纵手柄控制走行变量泵斜盘角度的大小和方向,从而达到改变机器走行方

第5章 主要机械结构和工作原理

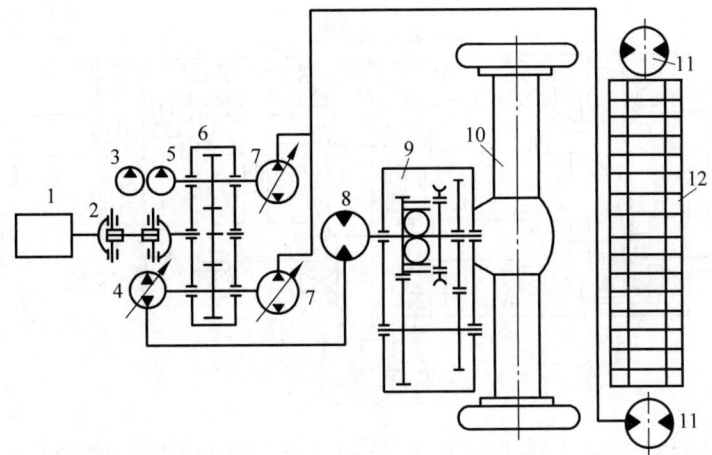

1—发动机；2—万向节传动轴；3—转向液压泵；4—走行变量泵；5—操纵系统液压泵；6—分动箱；7—转子变量泵；8—走行定量马达；9—变速器；10—驱动桥；11—转子定量马达；12—转子。

图 5-268 全液压式填料路拌机传动原理示意图

向、调节速度和停车的目的。操纵手柄置于中间为零位，向前推机器前进，向后拉机器倒退。变速器为两挡，由操纵杆通过推拉软轴进行变速操纵，操纵杆上抬为高速挡，且可通过操纵阀手柄实现无级调速，走行速度（进退）为 0～24.5 km/h；操纵杆下压为低速挡，走行速度（进退）为 0～3.4 km/h，从而满足行驶与作业速度要求。转子工作操纵采用无级摩擦盘及推拉软轴带动连杆，连杆带动转子泵柄，转子泵柄角度的变化即改变了泵斜盘的角度，从而使转子的转速可实现无级变化以适应外载的变化。

液压-机械式动力传动方式如图 5-269 所示。其走行传动系统与上述全液压式的走行传动系统类似，为液压式；而转子传动系统为机械式，其传动路线为：发动机→离合器→变速器→两级万向节→换向差速器→传动链→转子。通过操纵变速器，转子可以获得两级转速：180 r/min 和 290 r/min，低速用于一般拌和作业，高速用于轻负荷作业和清除转子上的沥青及其他杂物。为了防止拌和作业时遇到大石块和其他硬质材料所产生的太大的负荷对传动系造成破坏，在两万向节之间的近缘盘上设有安全剪断销。

（3）分动箱

全液压填料路拌机的分动箱将发动机的

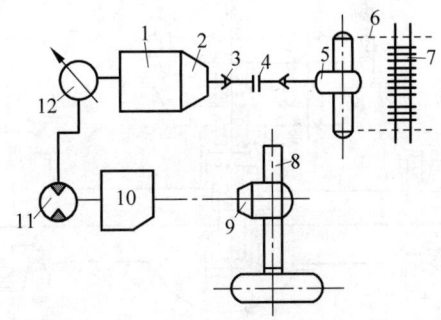

1—发动机；2,10—2挡变速器；3—万向节；4—保险箱；5—换向差速器；6—链传动；7—转子；8—驱动桥；9—差速箱；11—走行定量马达；12—走行变量泵。

图 5-269 液压-机械式填料路拌机传动系统示意图

功率分流，分别传递给转子泵、走行泵和操纵系统液压泵。图 5-270 所示为分动箱，为三轴平行式结构。发动机的动力通过万向联轴器输入分动箱，经左右两个从动齿轮把动力输出。转子泵、走行泵分别通过花键与分动箱连接，双联齿轮泵通过平键与分动箱连接。

（4）变速器-后桥总成

填料路拌机变速器-后桥总成的结构原理如图 5-271 所示。变速器与后桥装成一体，变速器输出轴圆锥齿轮即为后轮主传动器的主动齿轮。国内外的路拌机变速器一般都设计成这种定轴式的两挡结构，采用啮合套换挡。变速器内的输入轴、中间轴和输出轴呈平面布

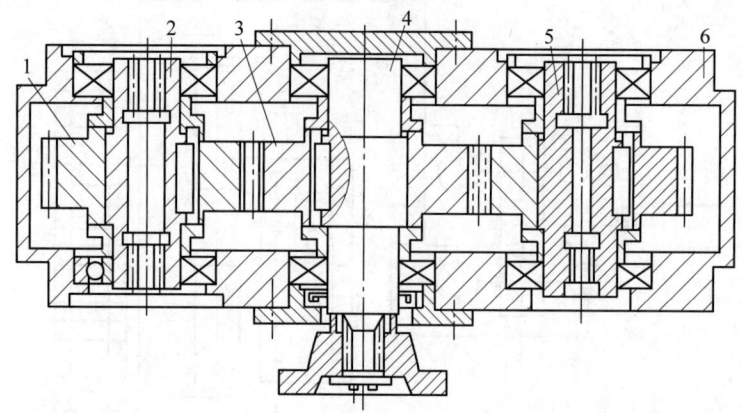

1—从动齿轮；2—走行泵输出轴；3—主动齿轮；4—输入轴；5—双联泵输出轴；6—壳体。

图 5-270　分动箱结构示意图

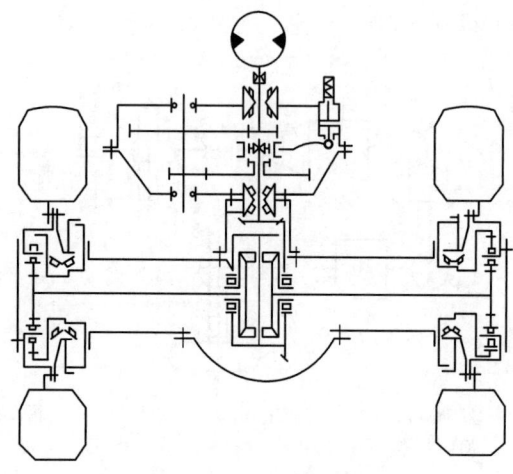

图 5-271　变速器-后桥总成结构原理示意图

置，其中输入轴与输出轴同心。输入轴前端与柱塞式液压马达连接；输出轴的后端为一小圆柱齿轮(有的为整体式宝塔形齿轮)；前部的大圆柱齿轮与输入轴上的小圆柱齿轮常啮合；后部安装的小齿轮与空套在输出轴上的大齿轮常啮合。输出轴上安装着换挡啮合套，啮合套用气动操纵。气缸的活塞杆操纵啮合套做前后轴向位移；啮合套处在中位时，为变速器的空挡，此时输出轴上的大齿轮不能带动输出轴转动；啮合套处在后部位置时，将输出轴上的大齿轮与输出轴固为一体，此为变速器的 1 挡(低速)，输入轴的动力经两次减速增矩传到输出轴，其传动比为 7.23；啮合套处在前部位置时，将输入轴的小齿轮与输出轴连为一体，为

变速器的 2 挡(高速)，此为直接挡，输出轴与输入轴同步旋转，传动比为 1。变速器的高速挡用于行驶，低速挡用于作业或爬坡。

后桥由主传动和差速器组成，其功用、结构原理与普通轮式车辆的驱动桥无异。轮边减速器的功用是进一步增大驱动轮的转矩。考虑到结构的紧凑性，填料路拌机通常采用行星齿轮式轮边减速器。

(5) 制动系统

全液压填料路拌机的制动系统多采用气压式制动传动装置，其工作原理如图 5-272 所示。

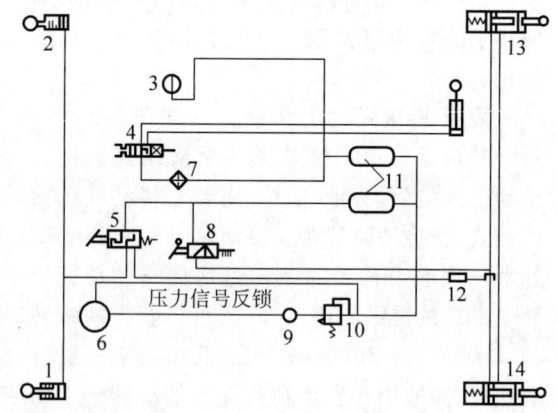

1—前左制动室；2—前右制动室；3—压力表；4—三位四通转阀；5—制动阀；6—空气压缩机；7,9—油水分离器；8—驻车制动阀；10—压力控制器；11—储气筒；12—制动灯开关；13—后右双气室制动室；14—后左双气室制动室。

图 5-272　填料路拌机制动系统原理示意图

该制动系统包括行车制动和驻车制动,采用凸轮张开蹄式制动器。制动鼓装在前后车轮上。凸轮转动一个角度迫使制动蹄张开,压紧制动鼓的内壁,产生制动效果。行车制动用脚操纵,驻车制动用手操纵。行车制动时,前后 4 个车轮制动器都产生制动作用;驻车制动时,只有两个后车轮产生制动作用。

制动系统的组成部件有空气压缩机、油水分离器、压力控制阀、驻车制动阀、行车制动阀等。

2) 工作装置

填料路拌机的主要工作装置是转子装置。它由转子、转子架、罩壳、转子升降液压缸、尾门液压缸等组成,如图 5-273 所示。

低速大转矩液压马达直接驱动转子,这种传动形式的转子轴端结构如图 5-274 所示;另一种传动形式是液压马达经过行星齿轮减速器和传动链,减速增矩后将动力传给转子轴,如图 5-275 所示(该示意图中省略了行星齿轮减速机构)。

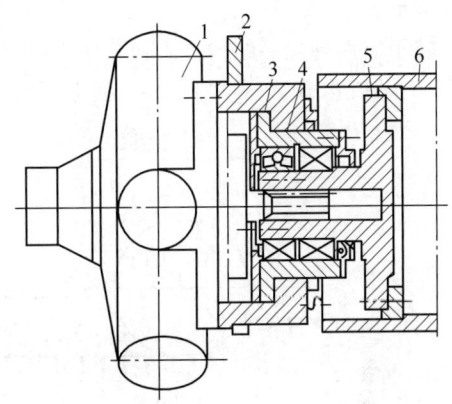

1—马达;2—转子支架;3—轴承座;4—轴承;5—轴端;6—转子轴。

图 5-274 液压马达直接传动式转子轴端结构示意图

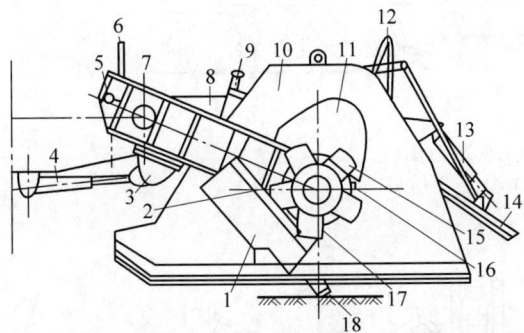

1—分土器;2—液压马达;3—举升轴;4—转子升降液压缸;5—保险销;6—深度指示器;7—举升升臂;8—牵引杆;9—调整螺栓;10—罩壳;11—护板;12—尾门开度指示器;13—尾门液压缸;14—尾门;15—加油口;16—油面口;17—放油口;18—转子拌刀。

图 5-273 填料路拌机工作装置示意图

在运输状态,通过转子升降液压缸使转子被抬起,罩壳支承在转子两端的轴颈上,因此也被抬起;在工作状态,转子通过转子升降液压缸被放下来,罩壳便支承在地面上,此时,转子轴颈则借助于罩壳两侧长方形孔内的深度调节垫块支承在罩壳上。在自身重量和转子重量的共同作用下,罩壳紧紧地压在地面上,形成一个较为封闭的工作室,拌和转子在里面完成粉碎拌和作业。转子架一般为框架结构,铰接于车架的悬挂端部,用来支承工作转子并使转子相对于地面作升降运动。

全液压填料路拌机的转子放置动力来自液压马达,有两种传动布置形式:一种形式是

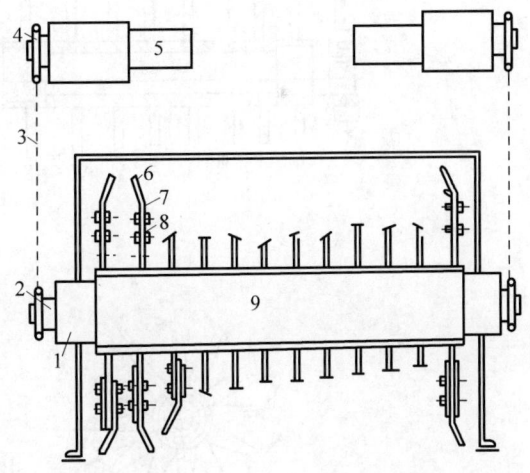

1—调心滚子轴承;2—轴颈;3—链条;4—链轮;5—液压马达;6—弯头刀片;7—刀盘;8—压板;9—转子轴。

图 5-275 转子轴链传动示意图

按拌和转子旋转方向,路拌机分为正转和反转两类。正转即拌和转子由上向下切削,反转即拌和转子由下向上切削。正转相对反转拌和阻力小,所消耗功率较小,反转转子对稳定材料反复拌和与破碎较好,拌和质量也比正

转好,且正转只适用于拌和松散的稳定材料,如图 5-276 所示。

(1) 转子

转子用来切削土壤并将其与结合料均匀拌和。由于它直接接触、承受处理土壤时所产生的各种载荷,因此要求转子轴具有足够的强度和刚度。

转子有两种主要结构形式:刀盘结构式转子和刀臂结构式转子,如图 5-277 所示。在图 5-277(a)中,转子轴上焊接着若干个刀盘,转子轴采用大口径薄壁空心钢管,在相同质量的前提下,可以提高整体强度和刚度,还可减少刀盘的尺寸,增加刀盘的强度。这种结构形式适合于拌和深度较浅的工作条件。图 5-277(b)所示为刀臂结构式转子,这种转子的强度和刚度比刀盘式的要差些,不适合于切削阻力比较大的破碎工况;当切削阻力较小,拌和深度较大时,采用这种结构形式比较合理。

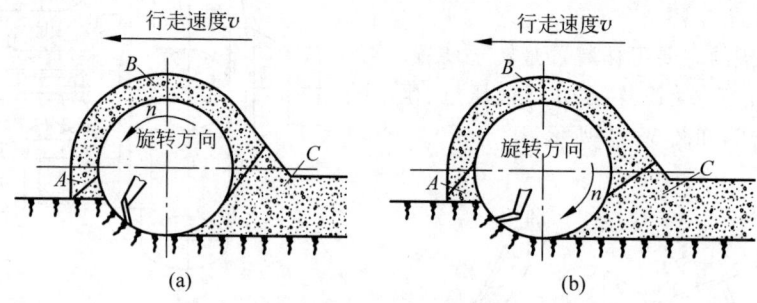

图 5-276 转子工作示意图
(a) 正转方向;(b) 反转方向

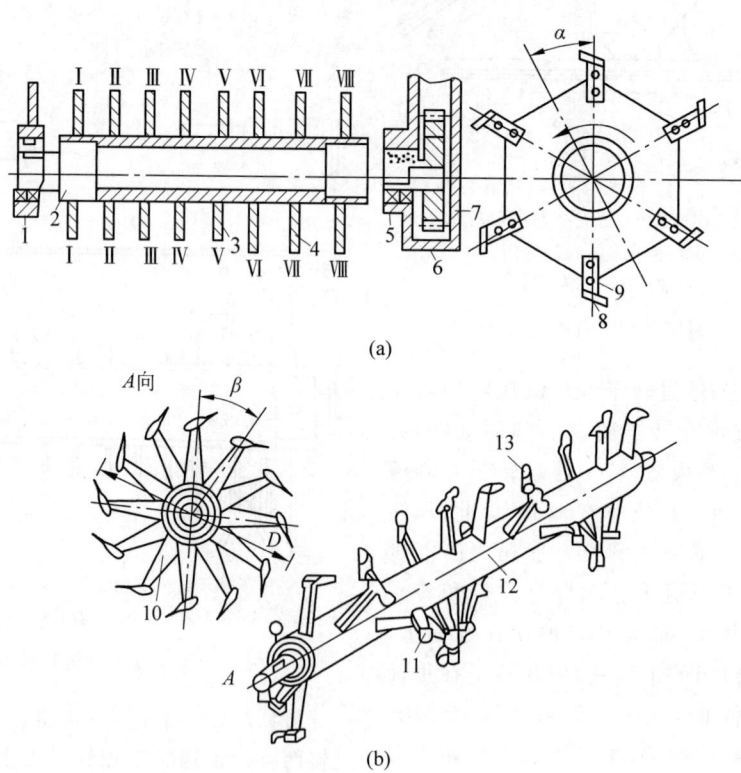

1—转子动臂;2—转子轴头;3,12—转子轴;4—刀盘;5—轴承;6—链轮;7—动臂侧板;
8,13—刀片;9—固定螺栓;10—刀臂;11—刀头。

图 5-277 转子结构形式示意图
(a) 刀盘结构式转子;(b) 刀臂结构式转子

(2) 刀具

路拌机转子上使用的刀具有 4 种结构形式,如图 5-278 所示。图 5-278(a)为铲形刀具,刀头的切削刃处镶有耐磨硬质合金材料,以增强刀头的强度和耐磨性并延长其工作寿命。图 5-278(b)和图 5-278(c)分别是直形和弯角形刀具,这种刀具安装在转子轴上时,相邻刀具之间可以有一定重叠或正好搭接,这样其拌和均匀性和效果将会很好。图 5-278(d)为子弹形刀具,这种刀具在刀尖上镶嵌有硬质合金,能承受住极大的摩擦力,其强度和耐磨性均很好,适用于拌和加石料的稳定土。

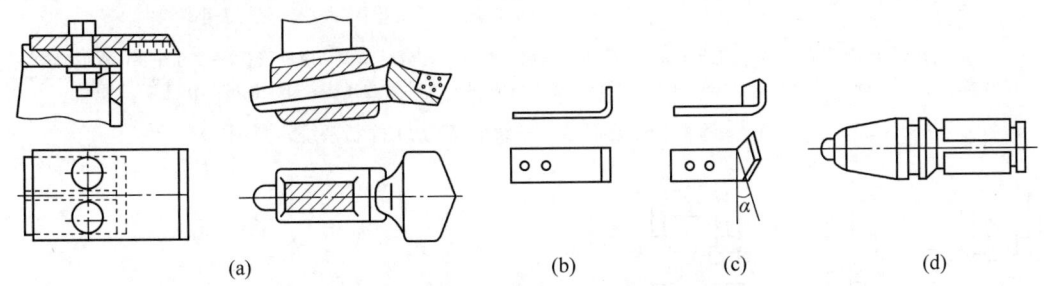

图 5-278　刀具结构形式示意图
(a) 铲形刀具;(b) 直形刀具;(c) 弯角形刀具;(d) 子弹形刀具

(3) 罩壳

罩壳由罩盖、后斗门、后斗门开启液压缸、前斗门等组成,其中罩壳借助于两侧的长方形孔支承在转子的两端轴径上,如图 5-279 所示。

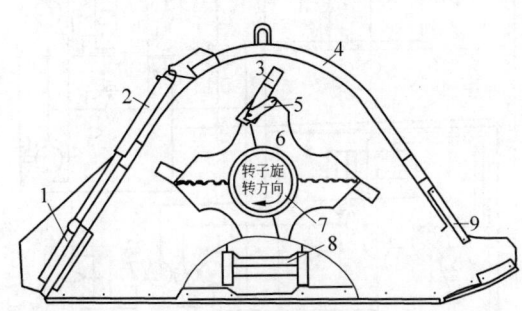

1—后斗门;2—后斗门开启液压缸;3—刀片;4—转子罩壳;5—压板;6—刀盘;7—转子轴;8—深度调节垫片;9—前斗门。

图 5-279　罩壳结构示意图

罩壳和转子形成拌和间,通过前后斗门的调节,使拌和间容量保持正常,并保证拌和深度和前进速度成合适的比例,这样就可为填料路拌机提供适宜的控制并保持均匀性。

3) 计量洒布系统

路基或路面的强度及其均匀性、恒定性,主要取决于填料的性质及稳定剂的性能、数量和喷洒质量,因此,现代的填料路拌机多配有液体料喷洒装置。自控式液体料喷洒系统由检测控制、液压驱动、液体料喷洒 3 部分组成。其中,液压驱动部分由齿轮泵、流量阀或伺服阀和齿轮马达组成一进口式节流调速系统,计量、喷洒填料所需要的黏结剂和水。洒布装置可升降,喷头及喷洒方向由转子旋转方向决定,路拌机作业时的转子的转向不同,稳定剂从罩壳的喷入部位也有所差别。稳定剂喷洒控制系统的功用是计量喷洒液体稳定结合料或水,使拌和过的填料具有施工设计要求的结合料含量,或者使拌和过的填料达到压路机压实所期望的最佳含水量。

计量洒布系统的功用是计量喷洒液体稳定结合料或水使路拌机拌和过的稳定层具有施工设计要求的结合料含量或者使拌和过的稳定层达到压路机压实所期望的最佳含水率。图 5-280 所示为路拌机稳定剂洒布系统和 V.P.I 控制系统图。

4) 液压控制系统

填料路拌机的液压系统由走行系统、转子驱动系统、转向系统和辅助系统 4 部分组成,如图 5-281 所示。一台走行系统驱动泵为柱塞变量泵,装在分动箱的前左侧;两台转子驱动泵也为柱塞变量泵,装在分动箱的后两侧。操纵系统和辅助系统用的驱动泵为双联齿轮泵,装在分动箱的前侧。

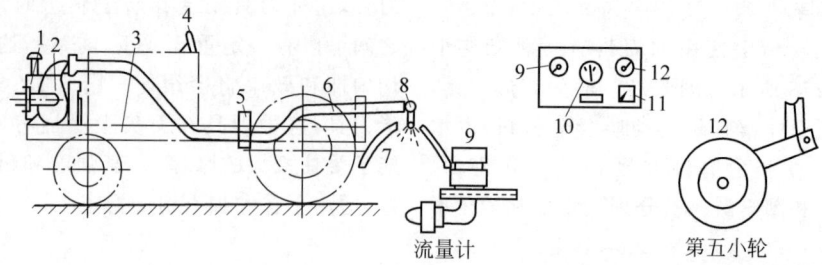

1—汽油机；2—离心喷洒泵；3—主机；4—V.P.I控制仪表盘；5—流量计；6—橡胶管；7—罩壳；8—洒布横梁和喷嘴；9—稳定剂流量控制表；10—直观平衡指示表；11—使用流量计选择表；12—机械工作速度。

图 5-280 路拌机稳定剂洒布系统和 V.P.I 控制系统示意图

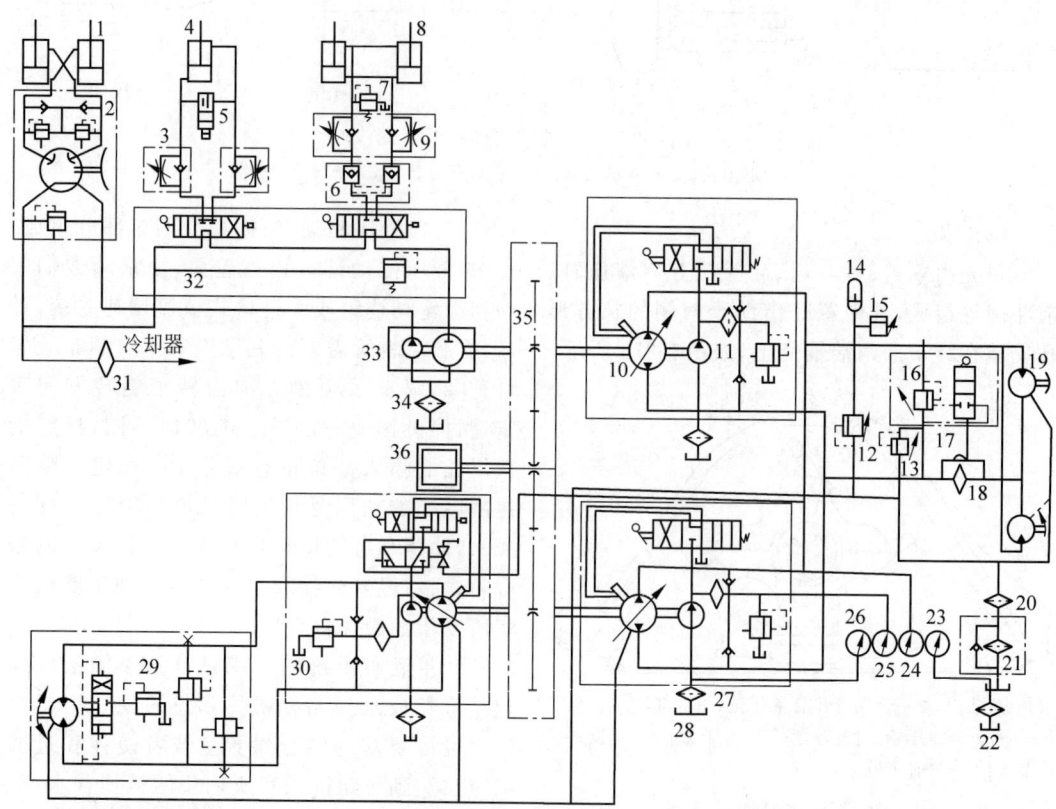

1—转向液压缸；2—转向器；3—单向节流阀；4—尾门启闭液压缸；5—电磁浮动阀；6—液压锁；7,12,13,16—溢流阀；8—转子升降液压缸；9—单向节流阀；10—转子泵；11,18,31,34—滤油器；14—蓄能器；15—继电器；17—单向阀；19—转子马达；20—冷却器；21—回油滤油器；22—空气滤清器；23—液位温度计；24,25—压力表；26—真空表；27—进油滤油器；28—油箱；29—走行马达；30—走行泵；32—手操作阀块；33—双联齿轮泵；35—分动箱；36—发动机。

图 5-281 路拌机液压系统原理示意图

走行系统的走行泵 30 为双向变量泵，它与走行马达 29 组成闭式回路，由操纵系统改变柱塞变量泵的斜盘从而改变泵的油液输出流量和方向。走行马达 29 安装在变速器驱动桥总成的前端。走行泵 30 还集成有补液压泵、操纵伺服阀、压力限制阀、梭阀和补油溢流阀及外接补油滤油器 34。压力控制阀的控制压力来自转子系统，借用因作业阻力的变化而引起转子液压回路的高压腔压力的变化直接通过油管与走行泵的伺服机构相通,以控制其排量,实现功率自调,起过载切断动力的保护作用。走行马达 29 上集成有两个高压溢流阀,分别控制走行马达正、反转时油路上的高压。

转子系统由两台转子泵 10 并联,将油液供给两台并联的转子马达 19,组成闭式变量泵-定量马达液压回路。其基本组成为转子泵 10、滤油器 11、继电器 15、溢流阀 16、蓄能器 14、溢流阀 12、溢流阀 13、单向阀 17、滤油器 18、转子马达 19。

两台转子泵 10 的性能和走行泵 30 安装在分动箱的后两侧,由一根操纵轴同时操纵。两台转子马达 19 为低速大转矩马达,它们直接安装在转子轴两端。马达轴的转向和前进行驶时的车轮转向相反(反转式转子)。溢流阀 16 为主油路压力限制阀。蓄能器 14、溢流阀 12 可起吸收冲击作用。当系统过载,溢流阀 16 不能正常工作时,压力继电器产生信号,使溢流阀 16 的先导阀工作,从而使主阀泄荷;如果溢流阀 16 能正常工作,则压力继电器不起作用。

辅助系统和转向系统是由双联齿轮泵 33、手操纵阀集成阀块、转子升降液压缸 8 和尾门启闭液压缸 4 等组成的开式系统。双联齿轮泵输出的液压油经手操纵阀块进入转子升降液压缸 8 和尾门启闭液压缸 4。手操纵阀块由双联操纵阀和溢流阀组成。双联操纵阀分别控制转子升降液压缸 8 和尾门启闭液压缸 4,操纵阀中位时卸荷,向上提则转子液压缸上举或尾门开启增大,向下则转子落下或尾门闭合。转子升降液压缸系统的集成阀块由液压锁 6、单向节流阀 9 和溢流阀 7 组成。液压锁 6 能够保证转子升降液压缸在任何位置都被锁住,从而控制拌和深度不自动改变;单向节流阀 9 则是为了调节该液压缸的上升和下降速度,使转子升降操纵平稳。

转向系统为全液压转向装置,由液压转向器、转向液压缸、双向缓冲补油阀等组成。

5.2.6 粉料撒布机

1. 整机的组成和工作原理

粉料撒布机主要由输送机构、撒布机构、电液控制系统和除尘系统组成,如图 5-282 所示。粉料撒布机适用于撒布水泥、石灰粉、粉煤灰等粉状物料。

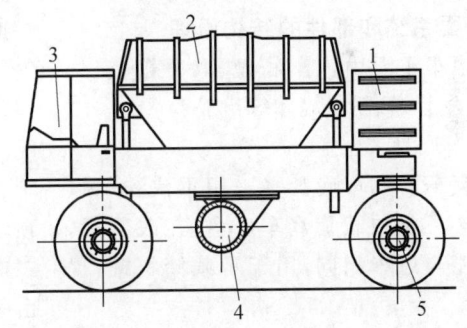

1—动力传送系统;2,4—撒布装置;3—电液控制系统;5—驱动轴。

图 5-282 粉料撒布机外观及结构示意图

其工作原理是输料螺旋将粉料输送至车尾部后,由分料螺旋负责向两侧分料,实现均匀撒布。分料螺旋下方均安装有槽形计量辊,主控制器根据车速变化,调节液压系统流量、控制输料螺旋与计量辊的转速来实现撒布量的控制。

2. 主要系统和部件的结构原理

1) 输送机构

输送机构分为刮板输送机和螺旋输送机。刮板输送机的特点是所需的驱动功率较低,堵料概率较小,简单地进行减压梁的布置,即可实现较大的输送量,但制造成本较高。螺旋输送机结构简单,制造成本低,但是将其设置在粉料仓内,相当于满埋螺旋输料,驱动功率较大,一旦发生堵料,则很难清理。

2) 撒布机构

撒布机构的作用是将输送机构送来的粉

料向整个撒布宽度上均匀分配,实现粉料的计量。

3) 电液控制系统

粉料撒布机是机电液高度集成的产品,电液控制系统是机器的核心。电气系统主要完成仓内料位检测、料仓称重、车速检测、撒布量控制及其他辅助功能,液压系统负责向输送、撒布机构提供动力。

4) 除尘系统

粉料撒布机一般采用脉冲喷吹或布袋除尘的方式,可有效减少加料时的扬尘污染现象。

5.2.7 粉料罐车

1. 整机的组成和工作原理

粉料罐车主要用于粉煤灰、水泥、石灰粉、矿石粉、颗粒碱等颗粒直径不大于 0.1 mm 粉粒干燥物料的散装运输,其工作原理是利用汽车动力驱动空气压缩机将压缩空气经管道送入密封罐体下部的气室,使气室流态化床的物料体悬浮成流态状,当罐内压力达到额定值时,打开卸料阀,流态化物料通过管道流动而进行输送,如图 5-283 所示。

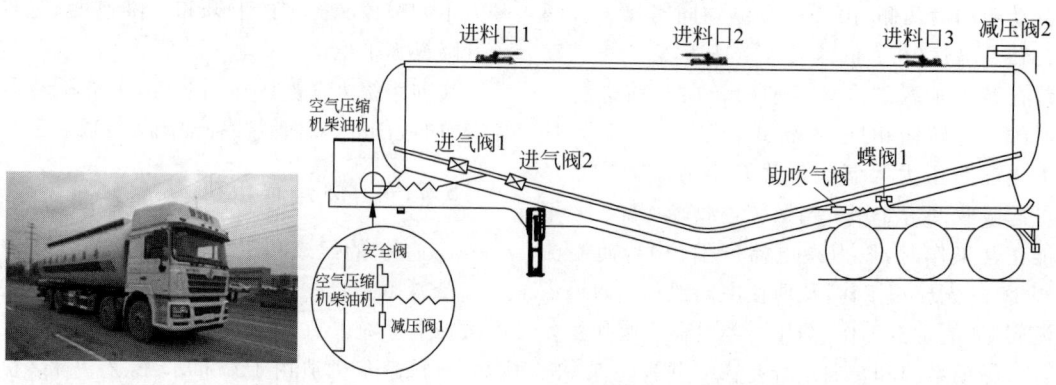

图 5-283 粉料罐车外观及结构示意图

2. 主要系统和部件的结构原理

粉料罐车主要由汽车底盘、取力箱、空气压缩机、空气管道、粉料罐体等组成。

1) 汽车底盘

粉料罐车的汽车底盘多采用重汽、东风、解放等生产厂家的载货汽车底盘,在改装后,其整车性能与原车相同,用于承载储料罐,提供动力。

2) 取力箱

取力箱装于变速箱右侧。它是气动内齿轮啮合传动形式,主要功能是将发动机的动力"取出",通过传动轴传递给空气压缩机。

3) 空气压缩机

粉料罐车的空气压缩机是无油润滑摆动式空气压缩机,其额定转速、额定压力、排气量等参数为标牌值。

4) 空气管道

空气管道包含进气管道、配气管道、卸压管道、二次风管道等 4 部分。进气管道接通空气压缩机于罐体下部气室,管道上装有止回阀,阻止罐体内的空气倒流进入空气压缩机。配气管道上装有红色安全阀、中间气室进气管、压力表及外接风源接管。卸压管道装在罐顶,使大气和罐体内部相通,由一球阀控制。二次风管道使罐体下部气室与卸料管道相通,由一球阀控制,用来疏通管道。

5) 粉料罐体

粉料罐体主要由筒体、罐体上端给进料口、流态化床、出料管总成、进气管及其他附件组成。它是密封的装载物料容器,上方有入孔,走台用于装料及维修人员进入罐体内,下方有扶梯兼挡泥板及底架,底架用于连接罐体与汽车大梁,罐体内部有隔开的空气室,气室由滑板、流态化床及特制帆布组成,以便空气与粉料体混合并形成流态状。

罐体为直筒圆柱式结构,其制作工艺优

良,埋弧焊罐体一次成形,筒体采用 5 mm 或 6 mm 优质钢板一次卷制而成,两端采用 6 mm 厚标准椭圆封头,焊接牢固,具有整体强度高、刚性好、承压好、使用性能好等特点。罐体为双仓两气室式结构,罐内流化床宽度适中,布置合理,能有效地缩短卸料时间,提高罐体的容积利用率,降低粉粒物料的剩余率;在罐体顶部装有两个或 3 个给进料口,打开给进料口入孔盖一方面可以向罐内加料,另一方面在罐内需要检修时方便人员进入。

5.2.8 稳定土搅拌站

1. 整机的组成和工作原理

稳定土搅拌站主要由骨料配料系统、供水系统、搅拌主机、粉料配料系统、成品料输送机、成品料储料仓、气路系统、电控系统等部件组成,如图 5-284 所示。

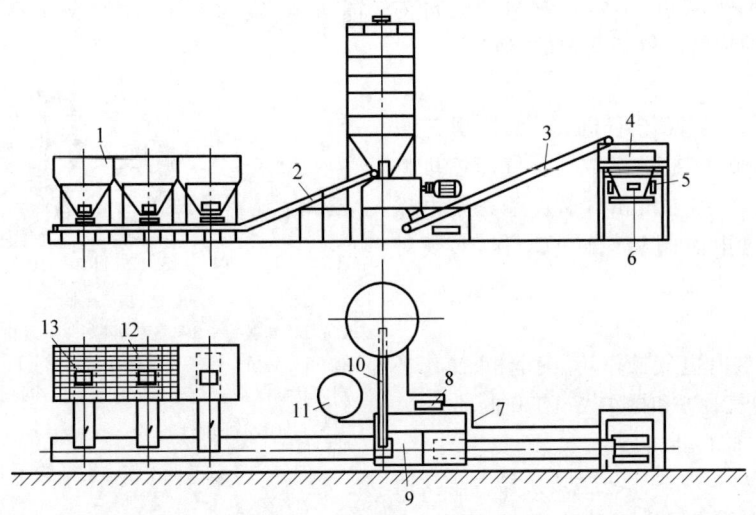

1—骨料斗;2—水平皮带机;3—斜皮带机;4—储料仓;5—气缸;6—振动器;7—气路;8—空气压缩机;9—搅拌机;10—螺旋输送机;11—水箱;12—格筛;13—计算机皮带秤。

图 5-284 稳定土搅拌站结构示意图

其工作原理是将骨料、粉料和水等通过物料配料系统,分别进行计量,调配好的物料通过输送装置输送至搅拌系统内,经搅拌系统充分搅拌混合均匀,再由成品料输送装置输送至储料仓,待运输车辆就位后,打开仓门进行卸料,实现稳定土的生产和运输。

2. 主要系统和部件的结构原理

1) 骨料配料系统

骨料配料系统由电子皮带秤、支架、斗提、防护板、接高板、插板、斗门调节装置组成。粒料通过皮带秤落入原集料胶带输送机,由原集料胶带输送机送至搅拌锅内。斗门调节装置由插板门、丝缸组成。通过调节料门的开度控制料流的截面大小与调节电子皮带秤带速一起控制料流的大小。调速电动机应在中速以上工作。转速太高,料门的开度加大;转速太低,料门的开度减小。

2) 粉料配料系统

粉料配料系统由粉料仓、机架、调速螺旋输送机、螺旋秤组成。粉料由粉料仓经螺旋输送机送至螺旋电子秤,螺旋电子秤按照重量设定值自动连续地称量出所需用的粉料,送至拌和设备内。

3) 物料输送系统

物料输送系统由原集料胶带输送机、成品料胶带输送机、螺旋输送机组成,用于输送各类物料。

4) 供水系统

供水系统由水箱、水泵、电磁阀、节流阀、涡轮流量传感器、过滤筒、洒水管、管路等组成。拌和用水由水泵经过调节阀门及管路按工程所需水量送至加水器喷头,均匀地喷洒在拌和设备内。

5) 搅拌主机

搅拌主机由传送装置、搅拌锅、搅拌装置、罩盖、齿轮箱组成。进入搅拌主机的物料在拌和机内彼此回转的两根拌和轴上刀片的拌和下,受到刀片周向、径向、轴向力的作用,使物料发生揉捏摩擦、剪切、对流,从而进行剧烈的强制搅拌,并向出料口推移,当物料到达机内出料口时,各种物料已得到均匀的拌和。

6) 气路系统

气路系统由空气压缩机、气源处理三联体、球阀、电磁阀、气缸等组成。空气压缩机将空气进行压缩,压缩空气由气管路输送至电磁阀和气缸,通过电磁阀和气缸的动作,实现对各部位卸料门的控制。

7) 控制室

控制室内装有电气操作箱、配电柜、操作平台等,是存放电气装置和操作人员工作的场所。

8) 成品料储料斗

成品料储料斗由斗体、支架、扶梯、走台、调整装置、上料位等组成。调整装置用于调整成品料皮带机在成品料储料斗内的卸料位置,上料位用于料斗满料显示,显示灯亮应马上卸料。

9) 电气控制系统

电气控制系统主要由强电控制部分和计算机控制部分组成。

强电控制部分主要为强电柜,设有总开关、断路器和其他与设备工作容量及工况相适应的电气元件。其中断路器作为各电动机的欠压、过载及短路保护之用。

计算机控制部分主要由工业控制计算机(或个人计算机)、变频器及相关元器件、测速传感器、称重传感器、信号放大器等组成,集中布置在操作台的面板上,以方便操作和监控。

电气控制系统设有"手动"和"自动"两种控制模式,通过操作台面板上的手动、自动功能转换开关,可方便地实现二者的相互转换。手动控制由操纵操作台面板上的相应主令元件来实现,而自动控制可按设定的工艺流程来

实现对设备的有效控制。

5.3 整平机械

5.3.1 平地机

1. 整机的组成和工作原理

平地机结构组成以铰接机架式为例,主要由前推土板、前机架、摆架、驾驶室、后车架、后松土器、转向轮、牵引架、后桥等构件组成,如图 5-285 所示。

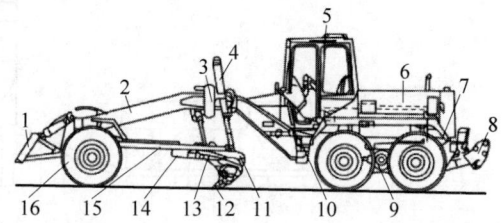

1—前推土板;2—前机架;3—摆架;4—刮刀升降液压缸;5—驾驶室;6—发动机罩;7—后机架;8—后松土器;9—后桥;10—铰接转向液压缸;11—松土耙;12—刮刀;13—铲土角变换液压缸;14—转盘齿圈;15—牵引架;16—转向轮

图 5-285 平地机结构示意图

平地机主要组成部分:发动机、传动系统、行驶系统、转向系统、制动系统、工作装置及液压操纵系统等,其工作原理是发动机的动力经过机械或动力换挡变速器、机械式驱动桥(主传动轮边减速器和平衡箱)传给驱动轮,以较高的行驶速度将土壤完全铺平。

1) 按操作方式分类

平地机按操作方式分为拖式和自行式两种。拖式平地机由拖拉机牵引,以人力操纵其工作装置;自行式平地机在其机架上装有发动机供给动力,以驱动机械行驶和各种工作装置进行工作。前者的机动性差、操作费力,故已被后者取代。

自行式平地机的分类方法较多,按操纵方式的不同,可分为机械操纵式和液压操纵式两种。

2) 按车轮分类

平地机均为轮胎式。按车轮数、驱动轮对数和转向轮对数来分,平地机的分类如图 5-286 所示。

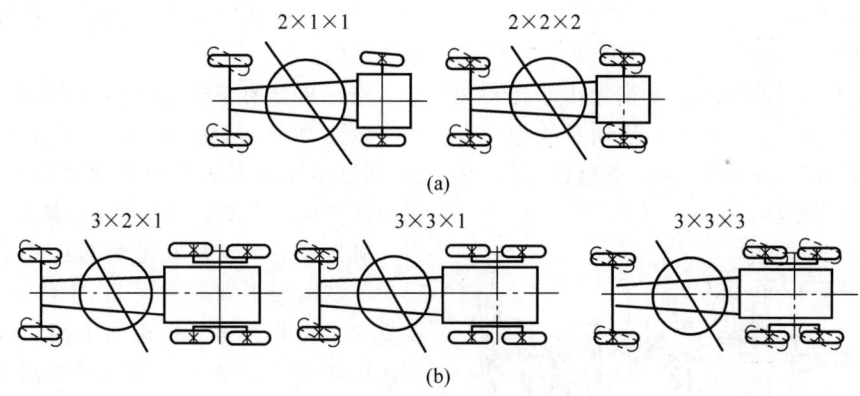

图 5-286 平地机按车轮分类示意图
(车轮上带"×"者均为驱动轮)
(a) 四轮平地机；(b) 六轮平地机

(1) 四轮平地机

① 2×1×1 型——前轮转向，后轮驱动。

② 2×2×2 型——全轮转向，全轮驱动。

(2) 六轮平地机

① 3×2×1 型——前轮转向，中后轮驱动。

② 3×3×1 型——前轮转向，全轮驱动。

③ 3×3×3 型——全轮转向，全轮驱动。

驱动轮对数越多，在工作中所产生的附着牵引力越大；转向轮越多，平地机的转弯半径越小。因此，上述 5 种形式中 3×3×3 型的性能最好，大中型平地机多采用这种形式。2×2×2 型和 2×1×1 型均在轻型平地机中使用。目前，转向轮装有倾斜机构的平地机获得了广泛应用。装设倾斜机构后，在斜坡工作时，车轮的倾斜可提高平地机工作的稳定性；在平地上转向时，可进一步减少转弯半径。

3) 按机架结构形式分

平地机按机架结构形式分为整体机架式和铰接机架式。图 5-287 所示为最普通的箱形结构的机架，它是一个弓形的焊接结构。弓形纵梁 2 为箱形断面的单桁梁，工作装置及其操纵机构就悬挂或安装在此梁上。机架后部由两根纵梁和一根后横梁 5 组成。机架上面安装着发动机、传动机构和驾驶室；机架下面通过轴承座 4 固定在后桥上；机架的前鼻则以钢座支承在前桥上。

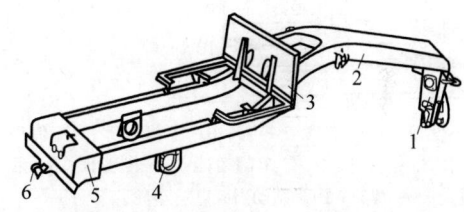

1—铸钢座；2—弓形纵梁；3—驾驶室底座；
4—轴承座；5—后横梁；6—拖钩

图 5-287 整体式机架结构示意图

整体机架式平地机有较大的整体刚度，但转弯半径较大。传统的平地机多采用这种机架结构。

目前生产的平地机大都采用铰接机架，它的优点如下：

(1) 转弯半径小，一般比整体式的小 40% 左右，可以容易地通过狭窄地段，能快速掉头，在弯道多的路面上尤为适宜。

(2) 采用铰接式机架可以扩大作业范围，在直角拐弯的角落处，刮刀刮不到的地方极少。

(3) 在斜坡上作业时，可将前轮置于斜坡上，而后轮和机身可在平坦的地面上行进，提高了机械的稳定性，使作业比较安全。

2. 主要系统和部件的结构原理

1) 发动机

平地机一般都采用风冷或水冷多缸柴油发动机。多数柴油机都采用了废气涡轮增压技术。

2) 传动系统

平地机的传动系统一般由主离合器、液力变矩器、变速箱、后桥传动、平衡箱串联传动装置等组成,如图 5-288 所示。传动系统中的变速器有两种配置,一种是手动变速器,另一种是动力换挡变速器。

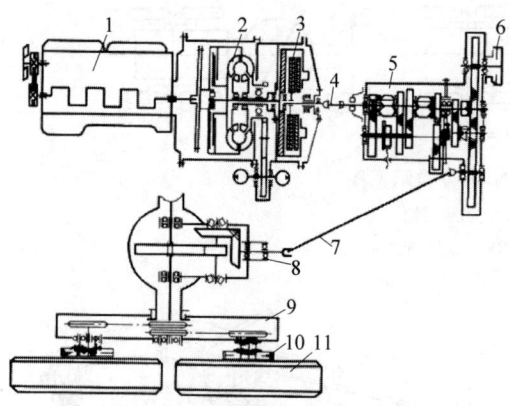

1—发动机;2—液力变矩器;3—主离合器;4—传动轴;5—变速箱;6—停车制动器;7—传动轴;8—后桥;9—平衡箱;10—制动器;11—车轮

图 5-288　液力机械式传动系统组成示意图

主离合器的功用是接合与分离发动机与传动系统之间的动力。它在机械起步时可以使发动机与传动系统柔和地接合,使机械起步平稳;换挡时能将发动机与传动系统迅速、彻底地分离,以减少换挡时齿轮间产生的冲击,过载时,能通过其打滑来保护传动系统,以免遭到破坏。

液力变矩器可以使机器在挡位速度范围内实现无级变速。当外负荷增大时,它使机器自动减速,并同时增大输出转矩,自动变化,提高了操作使用性能。平地机变速器一般有较多的速度档位和较宽的速度调节范围,可以满足正常行驶和作业时的各种速度需求。当变速器为动力换挡变速器时,一般不需要设主离合器,因为变速器内的换挡离合器就可以起到主离合器的功用。

后桥传动是将变速器输入的动力进一步减速增矩,并通过圆锥齿轮传动将纵向传动转换为横向传动,将动力直接传给两侧的车轮(四轮平地机)或传给两侧的平衡箱(六轮平地机),再由平衡箱内的串联传动装置将动力传给驱动轮。

走行装置有后轮驱动型和全轮驱动型。当全轮驱动时,前轮的驱动力可由变速器输出,通过多级带万向节的传动轴转至前桥,或采用液压传动方式将动力传至前桥。

机架是一个支持在前桥与后桥上的弓形梁架。在机架上装着发动机、主传动装置、驾驶室和工作装置等。在机架中间的弓背处装有液压缸支架,上面安装刮刀升降液压缸和牵引架引起液压缸。铰接机架设有左右铰接转向液压缸,用以改变或固定前后机架的相对位置。

3) 行驶系统

行驶系统包括机架和车轮。机架为箱形整体式,是一个弓形的焊接结构。前端弓形纵梁为箱形断面的单桁梁,工作装置及其操纵机构悬挂或安装在此梁上。机架后部由两根纵梁和一根后横梁组成。机架上面安装发动机、传动机构和驾驶室。机架后部通过导板、托架与后桥壳铰接,前鼻则以钢座支承在前桥上。

4) 转向系统

转向系统包括前轮转向系统和后桥转向液压系统。平地机的转向系统都采用液压转向系统,主要由转向传动机构、转向液压缸、转向控制阀、转向液压泵等组成。除设置有前轮偏转转向系统外,为扩大作业范围、减小转弯半径和减小侧向力,还设置有其他转向系统。如后四轮偏转和前轮倾斜。前机架偏转系统可进一步缩小平地机的转弯半径,尤其适合在需要斜行作业的地方施工。

平地机的转向形式有以下 3 种。

(1) 前轮转向

这种单纯依靠前轮偏摆转向的平地机仍在生产。在铰接式机架出现之前应用比较普遍。但这种转向形式过于简单,转弯半径大,有时不能满足作业中的特殊需要,因此目前已很少采用。

(2) 全轮转向

图 5-289(a) 所示为四轮平地机全轮转向时的状态,它采用前轮和后轮分别偏摆转向的

方式。图 5-289(b)为六轮平地机全轮转向时的状态，前桥为偏摆车轮转向，后桥为桥体回转转向。平地机即采用这种转向形式，它的后桥体上部与机架铰接，允许后桥体在水平面内绕铰点转动，如图 5-289(c)所示。转向液压缸 3 的一端与后桥壳体 2 铰接，另一端铰接在机架上。转向时，外侧的液压缸缩进，内侧的液压缸伸出，后桥壳体 2 在液压缸压力的作用下相对于机架铰点转动。

偏摆角。有些平地机在驾驶室内的操纵台前还装有角度指示器，能显示机架的摆动角度。此外，为了防止在运输或高速行驶时出现意外事故，在铰接处还装有锁定杆，能将机架锁住，起安全保护作用。机架铰接结构如图 5-290 所示。

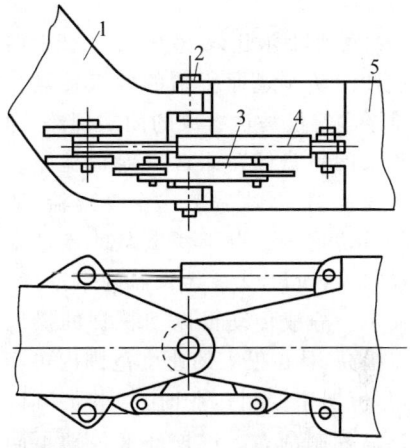

1—前机架；2—销轴；3—锁定杆；4—液压缸；5—后机架

图 5-290　机架铰接结构示意图

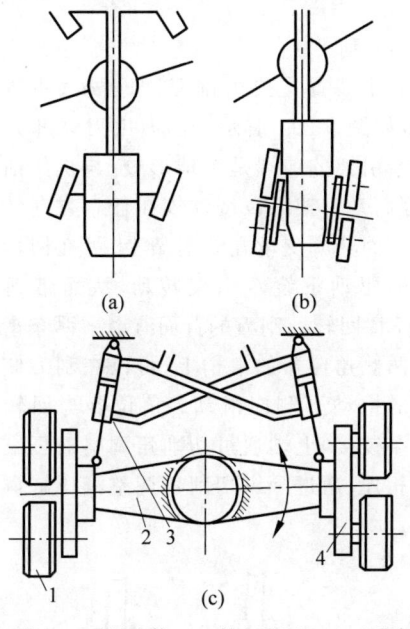

1—后轮；2—后桥壳体；3—转向液压缸；4—平衡箱。

图 5-289　全轮转向示意图
(a) 四轮平地机全轮转向；(b) 六轮平地机全轮转向；(c) 六轮平地机后桥转向

全轮转向在操纵上有两种方式：一种是前轮和后轮分别操纵，前轮由转向盘操纵，后轮由液压换向阀操纵；另一种是通过转向盘操纵全液压转向器，在液压油路上装有分配阀，实现前后轮转向分配控制，分配阀是可调的，用一个扳动手柄控制。

后轮转向结构复杂，转动角也不可能大。由于铰接式机架的出现，后轮转向已逐渐被铰接式机架转向所取代。

(3) 前轮转向和铰接式机架转向

前轮转向形式仍为偏转车轮，机架被分为前后两部分，中间铰接，用液压缸控制机架

5) 动力传动系统

动力传动系统主要有如下几种形式。

(1) 发动机-主离合器-机械换挡变速器

这是一种传统的传动方案。由于它具有结构简单、制造方便的特点，很多平地机，尤其是中小型平地机甚至是世界上最主要的平地机生产厂家，仍采用这种传动方案。

(2) 发动机-液力变矩器-主离合器-机械换挡变速器

这种传动形式由于增加了液力变矩器，变速器挡位可适当减少，便于驾驶员集中精力操纵工作装置。因为采用机械换挡式变速器，所以传动系统需设置主离合器。

(3) 发动机-动力换挡变速器

变速器多为行星齿轮式，由发动机直接驱动，它通过液压操纵控制多个换挡离合器，换挡时无冲击，操作简单、迅速。因此，目前世界上许多厂家生产的平地机都采用这种形式的传动系统。由于动力换挡变速器结构复杂、制造精度要求高，同时还需要一套液压操纵系统

配合，因此制造成本比较高。

(4) 发动机-液力变矩器-动力换挡变速器

这种传动形式是在发动机-动力换挡变速器形式的基础上增加了液力变矩器，进一步改善了机械的作业性能。目前国内外各主要生产厂家，在较大功率的平地机上均采用这种传动形式。

(5) 发动机-液压泵-液压马达-变速器

这种传动方式即所谓的静液传动。它是由变量泵和定量马达组成的闭式回路，通过改变液压泵的斜盘倾角来改变泵的流量。为了增大车速范围，马达后接一个变速器，变速器直接与后桥连接。由于变量泵的流量变化范围已经很大，所以变速器只需两个速度，其结构较简单。静液传动可以使机械的操纵性能进一步提高，且在很大的速度范围内可实现无级变速，恒功率控制作业时，驾驶员可以集中全力操纵控制刮刀。这种静液传动不同于液力变矩器，它可以在整个速度范围内保持比较恒定的传动效率，而液力变矩器只是在一定的速比范围内有较高效率值。此外，这种传动形式使传动系的结构大为简化。其主要缺点是总的传动效率比前几种传动形式低。因此，对于较大功率的平地机，这一缺点就越明显。目前这种传动形式仅用于一些小型的平地机上。

6) 制动系统

制动系统包括脚制动装置和手制动装置。脚制动装置的制动器采用液压张开、自动增力蹄式制动器，制动传动机构采用全液压制动。手制动装置的制动器为凸轮张开、自动增力蹄式制动器，制动传动机构采用机械式。全液压制动由制动泵、充液阀、蓄能器、脚制动阀和轮边制动器等组成。在平地机正常行驶时，制动泵通过充液阀向蓄能器充液，使其保持适当的压力，当行车过程中需要制动时，通过踩踏脚制动阀，使蓄能器释放压力，通过挤压油液到轮边制动器的制动分泵中，推动制动蹄片而产生制动作用。

7) 操作系统

平地机工作装置的液压操纵系统目前主要有以下几种类型：

(1) 按泵的类型分为定量系统和变量系统。

(2) 按泵的个数(指主要工作泵)分为单泵系统和双泵系统，一般双泵系统用于双回路。

(3) 按回路分为单回路和双回路。

(4) 按工作装置液压系统与转向液压系统的关系分为独立式和混合式。

8) 工作装置

平地机的工作装置包括刮土铲、松土器和推土铲，其中松土器和推土铲属于辅助工作装置。

(1) 刮土铲

刮土装置主要由刮刀、牵引架、回转圈等组成，如图 5-291 所示。刮刀由刀体和刀片组成。牵引架的前端是个球形铰，与机架前端铰接，因而牵引架可以绕球铰在任意方向转动和摆动。回转圈支承在牵引架上，可在回转驱动装置的驱动下绕牵引架转动，从而带动刮刀360°任意回转。刮刀的背面有上下两条滑轨支承在两侧角位器的滑槽上，可以在刮刀侧移液压缸的推动下侧向滑动。角位器与回转圈耳板下端铰接，上端通过切削角调整液压缸与回转圈相连，通过操纵切削角调整液压缸调整铲土角。

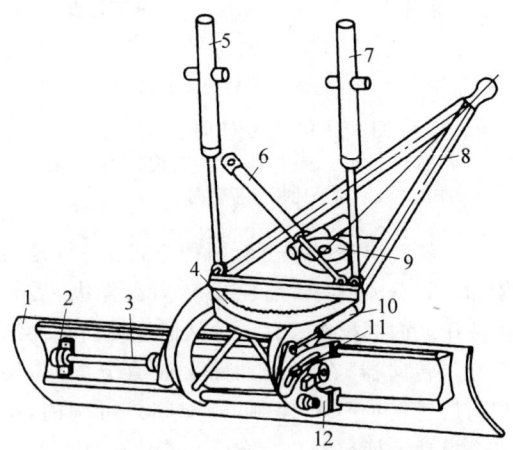

1—刮刀；2—液压缸铰支座；3—刮刀侧移液压缸；4—回转圈；5—左升降液压缸；6—牵引架引出液压缸；7—右升降液压缸；8—牵引架；9—回转驱动装置；10—切削角调整液压缸；11—角位器紧固螺母；12—角位器

图 5-291 刮土铲结构示意图

(2) 松土器

松土器的结构有双连杆式和单连杆式两种，主要用于疏松坚硬土壤，清除土壤中的树根和石块，以及翻修碎石、砾石路面。松土器安装在后车架后部，主要由耙齿、杆轴、安全弹簧等组成，如图 5-292 所示。

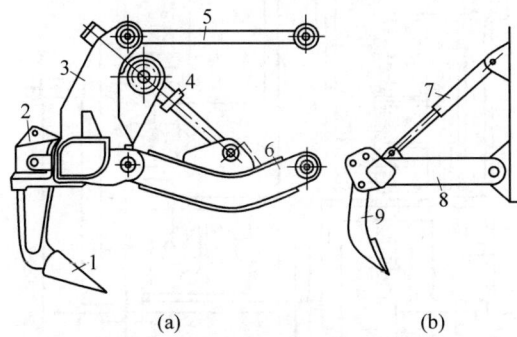

1—耙齿；2,9—松土器；3,8—松土器架；4—控制液压缸；5—连杆；6—下连杆；7—液压缸。

图 5-292　松土器结构示意图
(a) 双连杆式松土器；(b) 单连杆式松土器

耙齿共有 6 个，装在杆轴上。不作业时，耙齿尖朝上，并由安全弹簧固定。当需要松土器工作时，将安全弹簧拆下，通过手柄将杆轴拉出后，可以将耙齿放置在工作位置。耙齿放下后，把杆轴推回，如需减少耙齿时，中间需放隔套。松土作业时，利用刮刀升降液压缸，使松土器得到合适的入土深度。

(3) 推土铲

推土铲是平地机的辅助装置，如图 5-293 所示，主要用于大型平地机，进行辅助推土作业。

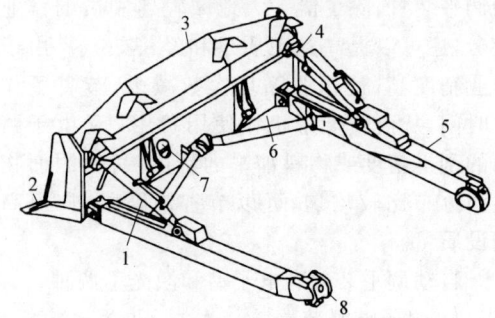

1—拉杆；2—刀片；3—铲刀；4—倾斜液压缸；5—顶推梁；6—拉杆；7—切削刃；8—框销。

图 5-293　推土铲结构示意图

9) 液压操作系统

液压操作系统主要由油箱、液压泵、多路阀、液压缸、刮刀回转液压马达等组成。平地机液压操作系统对全车的液压装置进行驱动，包括刮土铲升降、刮土铲左右倾斜、刮土铲左右回转、松土器升降、转向轮偏转、制动器制动等，常由多个油路组成。

图 5-294 为平地机液压系统的工作原理图，图中包括工作装置液压系统、转向液压系统和制动液压系统。

(1) 工作装置液压系统

工作装置液压系统由高压双联齿轮泵 13、手动操纵阀 19 和 20、单/双油路转换阀总成 18、补油阀 25、限压阀 16、双向液压锁 26、单向节流阀 27、蓄能器 31、进排气阀 30、压力油箱 24、左(右)刮刀升降液压缸 7 和 8、刮刀摆动液压缸 6、刮刀引出液压缸 5、铲土角变换液压缸 3、前推土板升降液压缸 1、后松土器升降液压缸 10、刮刀回转液压马达 2 等液压元件组成。

在工作装置液压系统中，双联泵的泵 II 可通过手动操纵阀 20 给前推土板升降液压缸 1、刮刀回转液压马达 2、前轮倾斜液压缸 11、刮刀摆动液压缸 6 和左刮刀升降液压缸 7 提供压力油。泵 I 可向制动单回路液压系统提供压力油，当两个蓄能器的油压达到 15 MPa 时，限压阀 16 将自动中断制动系统的油路，同时接通连接手动操纵阀 19 的油路，并可通过手动操纵阀 19 分别向后松土器升降液压缸 10、铲土角变换液压缸 3、铰接转向液压缸 9、刮刀引出液压缸 5 和右刮刀升降液压缸 8 提供压力油。

(2) 转向液压系统

平地机的转向液压系统由转向泵 14、紧急转向泵 15、转向阀 22、液压转向器 23、前轮转向液压缸 4、冷却器 28、旁通指示阀 21 和压力油箱 24 等主要元件组成。平地机转向时，由转向泵 14 提供的压力油经流量控制阀和转向阀 22，以稳定的流量进入液压转向器 23，然后进入前桥左右转向液压缸的反向工作腔，推动左右前轮的转向节臂，偏转车轮，实现左右转向。左右转向节用横拉杆连接，形成前桥转向梯形，可近似满足转向时前轮纯滚动对左右偏转

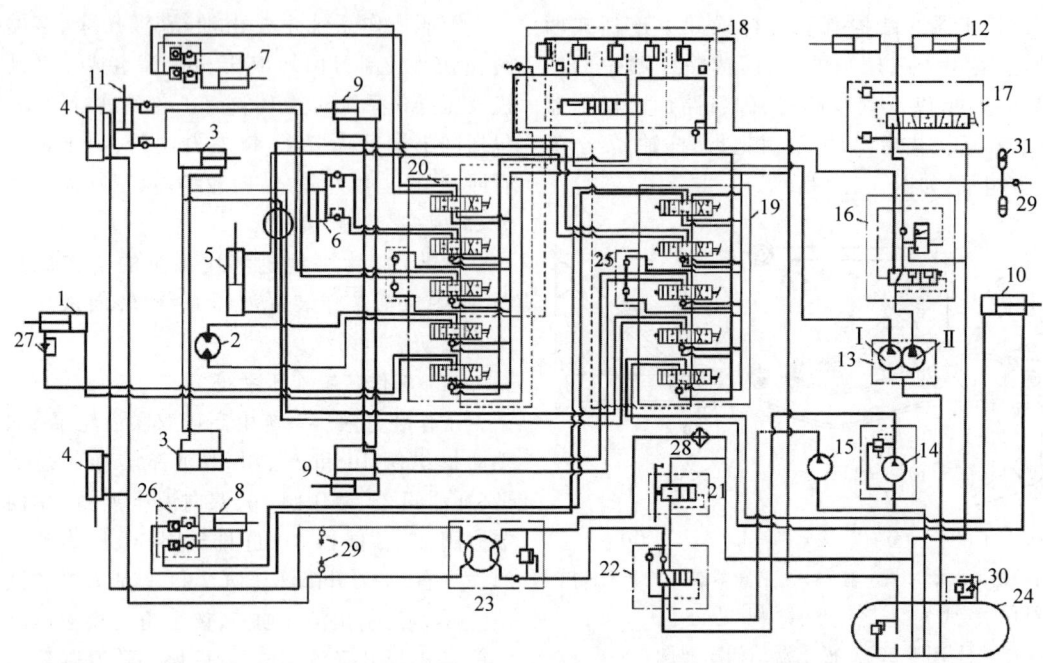

1—前推土板升降液压缸;2—刮刀回转液压马达;3—铲土角变换液压缸;4—前轮转向液压缸;5—刮刀引出液压缸;6—刮刀摆动液压缸;7,8—左、右刮刀升降液压缸;9—铰接转向液压缸;10—后松土器升降液压缸;11—前轮倾斜液压缸;12—制动分泵;13—高压双联齿轮泵(Ⅰ、Ⅱ);14—转向泵;15—紧急转向泵;16—限压阀;17—制动阀;18—单/双油路转换阀总成;19—手动操纵阀(上);20—手动操纵阀(下);21—旁通指示阀;22—转向阀;23—液压转向器;24—压力油箱;25—补油阀;26—双向液压锁;27—单向节流阀;28—冷却器;29—微型测量接头;30—进排气阀;31—蓄能器。

图 5-294 平地机液压系统工作原理示意图

角的要求。

转向器安全阀(在液压转向器 23 内)可保持转向液压系统的安全。当系统过载(系统油压超过 15 MPa)时,安全阀即开启卸荷。

当转向泵 14 出现故障无法提供压力油时,转向阀 22 则自动接通紧急转向泵 15,由紧急转向泵提供的压力油即可进入前轮转向系统,确保转向系统正常工作。紧急转向泵由变速器输出轴驱动,只要平地机处于行驶状态,紧急转向泵即可正常运转。当转向泵或紧急转向泵发生故障时,旁通指示阀 21 接通,监控指示灯即显示信号,用以提醒驾驶员。

10) 电气设备

电气设备由蓄电池、发电机及调节器、启动机、仪表及照明装置等组成。电路采用单线制,负极搭铁,额定电压为 24 V。

3. 典型机械技术

现代较为先进的平地机上安装有自动调平装置。平地机上应用的自动调平装置是按照施工人员事先预设的斜度、坡度等基准,在作业中自动地调节刮刀的作业参数。采用自动调平装置,除了能大大地减轻驾驶员的作业疲劳,还可以提高施工质量和经济效益。由于作业精度高,使作业循环次数减少,节省了作业时间,从而降低了机械使用费用;又由于路面的刮平精度或物料铺平的精度提高,因而物料的分布比较均匀,可以节省铺路材料,提高铺设质量。

自动调平装置有电子型和激光型两种。

1) 电子调平装置

如图 5-295 所示,该系统由 4 部分组成:控制箱、横向斜度控制装置、纵向刮平控制装置、液压伺服装置。

第5章 主要机械结构和工作原理

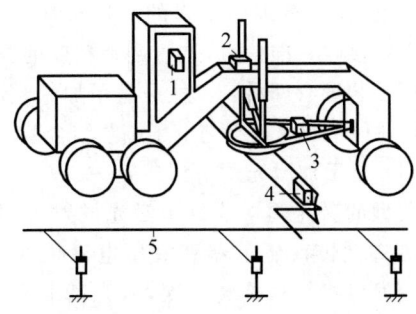

1—控制箱；2—液压伺服装置；3—横向斜度控制装置；4—纵向刮平控制装置；5—基准绳。

图 5-295 平地机电子自动调平装置

控制箱装在驾驶室内，接收并传出各种信号。控制箱的体积不大，上面装有各种功能的旋钮、仪表灯和指示灯。驾驶员可以通过控制箱上的旋钮来设置刮平高度和刮平横向坡度。控制箱上的仪表可以连续地显示出实际作业中的刮平高度和斜度偏差。控制箱上还有开关及状态显示，可随时打开或关闭整个系统，很容易实现手工操作和自动操作的切换。

横向斜度控制装置安装在牵引架上。它由斜度传感器和反馈转换器等元件组成回路控制系统，同时用一个单独的机械系统来补偿（校验）回转圈转角和纵向倾斜引起的横向误差，整个系统就像一个自动水平仪，连续不断地检测刮刀横向坡度。当驾驶员在控制箱上设置了斜度值后，如果实际测得的刮刀横向斜度与设置的斜度不同，立即传送信号到液压伺服装置，控制升降液压缸调节刮刀至合适的斜度。

纵向刮平控制装置安装在刮刀一端的背面，用于检测刮刀的一端在垂直方向上与刮平基准的偏差。其工作原理与横向斜度控制装置相似，它包括一个刮平传感器（即转式电位器，并配有专用的减振装置）、高度调节器及基准绳或轮式随动装置等附件。

图 5-296 所示为轮式随动装置的纵向刮平控制装置。方形连接套 1 装在刮刀一侧的背面，连接整个装置的方形杆可插入套内然后固定住。整个装置可以从刮刀的一端换到另一端，拆装方便。工作时，随动轮 5 在基准路面上

被刮刀拖着滚动，随动轮 5 相对于刮刀的上下跳动量直接传给刮平传感器上的摆杆 4，使之绕摆轴转动，转动角由传感器测得。转动角的大小反映了刮刀高度的变化。如果测得的高度与驾驶员在控制箱上设置的高度存在偏差，则通过信号立即传到液压伺服装置，控制升降液压缸调节刮刀高度至设置高度为止。轮式随动装置常用于以比较硬的地面（如沥青路面等）为基准时的作业。

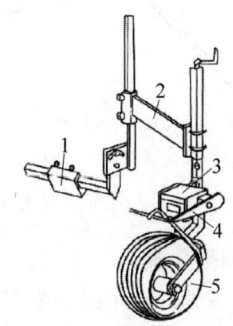

1—连接套；2—连接架；3—传感器；4—摆杆；5—随动轮。

图 5-296 纵向刮平控制装置示意图

当基准路面比较软时，多采用滑靴式随动装置，如图 5-297 所示。滑靴 5 由连杆 4 带动，连杆与刮刀背面的连接块铰接，可相对于刮刀做上下摆动，摆动量通过连杆上的支杆拨动摆杆 3 传给传感器 2。

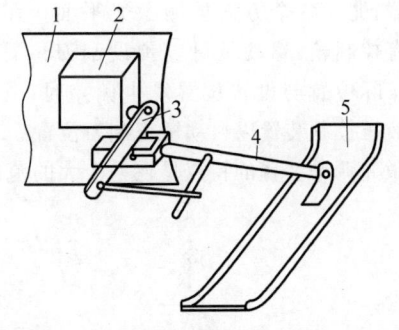

1—刮刀；2—传感器；3—摆杆；4—连杆；5—滑靴。

图 5-297 滑靴式随动控制装置示意图

当没有可参照的基准路面时，通常要在工作路面的一侧设置基准绳。基准绳的设置方式如图 5-298 所示。桩杆 5 钉入土内，上面套着横杆 6，横杆可以在桩杆上下滑动以调节基准绳 4 的高度，调好后用螺钉 7 定位。传感器

1上的摆杆在弹簧2拉力作用下抵在基准绳的下面,弹簧的拉力可以起到补偿绳子下垂的作用。随着摆杆3绕传感器轴转动,跳动量传递到传感器。

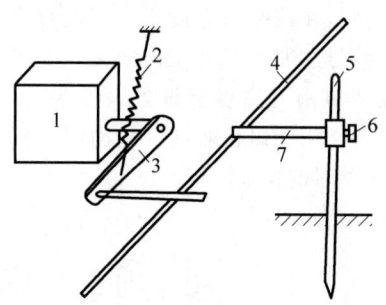

1—传感器;2—弹簧;3—摆杆;4—基准绳;
5—桩杆;6—固定螺钉;7—横杆。

图5-298 基准绳设置方式

2)激光调平装置

激光调平装置是利用激光发射机发出的激光光束作为调平基准,控制刮刀升降液压缸自动地调节刮刀位置。激光发射机通常安装在一个支架上,一般为三脚架。发射机在发出激光束的同时以一定的速度旋转,形成一个激光基准面。随着范围扩大,激光束渐渐扩散,一般有效范围的半径为100~200 m。在平地机的牵引架上(一侧或两侧)装有支柱,支柱上安装激光接收机,用来检测激光基准面。接收机上装有传感器,能在各个方向检测激光平面。在驾驶室内有控制箱,驾驶员可以预设刮刀位置。当刮刀实际位置与设置位置发生偏差时,电信号传给液压控制装置以自动矫正刮刀位置。

激光调平装置的特点是在一个大的范围内设置基准,在该范围内工作的平地机都可通过接收装置接收基准信号,进行刮平精度的调整。激光调平装置有两种:一种是显示加激光调平型;另一种是激光调平与电子调节结合型。

(1)显示加激光调平型

典型的激光调平装置由激光发射机、激光接收机、控制箱、显示器和液压电磁伺服阀等组成。发射机每秒旋转5次,激光基准面可以倾斜0%~9%的坡度,基准面斜度若向纵向和横向分解,可以作为纵向坡度和横向坡度基准的设定值。

显示系统是根据接收机的测量结果,不断地向驾驶员显示刮刀实际位置与所需位置的偏差。驾驶员观察显示器的指示,操纵刮刀的升降。显示器可装两个,根据两个接收机的测量结果分别显示刮刀两端的高度。也可以只装一个显示器,显示刮刀一端的情况。

控制箱可以实现"人工控制"与"自动控制"的转换,且有暂停、设置刮刀高度等功能。在"自动控制"模式下,利用激光接收机的信号控制液压伺服阀,可以自动地将刮刀保持在某个平行于激光束平面的位置上。

(2)激光调平与电子调节结合型

激光调平与电子调节结合型调平装置的不同之处是纵向刮平以激光束为基准,而电子调平装置中纵向刮平是以基准绳或符合要求的路面为基准。该系统的组成如图5-299所示。刮刀纵向刮平采用激光调平方式控制,而斜度控制采用倾斜仪测量控制,这样激光接收机只需安装一个,装在纵向刮平控制一侧的牵引架上,

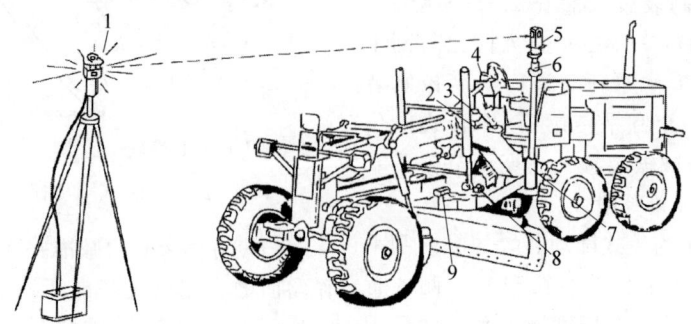

1—发射机;2—倾斜仪SLOPE;3—液压箱;4—控制箱;5—接收机;6—2号连接箱;7—1号连接箱;
8—倾斜仪TILT;9—旋转传感器。

图5-299 激光调平与电子调节结合型调平装置示意图

以激光束为基准调节这一侧刮刀的高度。倾斜仪装在牵引架上,可以检测刮刀的横向斜度,按照设置的斜度要求控制另一侧升降液压缸。控制箱装在驾驶室内,刮刀高度和倾斜度均可在控制箱上设置,可以实现"自动控制"和"人工控制"的相互转换。此外还有一个设计,即当自动调节作业时,如果刮刀的负荷过大,则可用手动优先操纵各操纵杆。

倾斜仪 TILT 装在牵引架上,其功能与电子调平装置相同,用来检测刮刀横向倾斜度。倾斜仪 SLOPE 和旋转传感器用来补偿由于机体纵向倾斜和刮刀回转一定角度而造成的横向斜度测量误差。当刮刀的回转角为 0°时,则可不必使用这两个装置。

5.3.2 摊铺机

1. 整机的组成和工作原理

按走行方式不同,可将摊铺机分为轮胎式摊铺机、履带式摊铺机、轨道式摊铺机。

摊铺机一般主要由机架系统、电控系统、动力系统(发动机系统和液压系统)、料斗受料系统、走行系统、调平系统、搅龙分料系统和熨平装置组成,如图 5-300 所示。

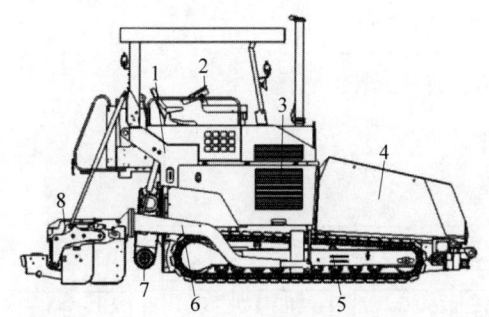

1—机架系统;2—电控系统;3—动力系统(发动机系统和液压系统);4—料斗受料系统;5—走行系统;6—调平系统;7—搅龙分料系统;8—熨平装置。

图 5-300 摊铺机结构示意图

混合料被料斗中的刮料板传送至螺旋布料器,螺旋布料器把混合料沿全宽方向摊开,可调高度的熨平板将混合料刮到预铺高度,经振捣夯锤振实,熨平板底面及振动器的共同作用,形成一条有一定宽度、一定厚度和一定形状的铺层。

摊铺机摊铺作业的程序如下:摊铺前根据施工要求设定摊铺宽度、摊铺厚度、摊铺速度及振捣振动等相关参数;摊铺开始后,摊铺机顶推料车,在基层路面上一边行驶一边将料车上的混合料接收到料斗内;接收到料斗中的混合料经刮板输料器输送到主机的后方,经螺旋输料器向两侧输送到整个熨平装置的前边;熨平装置在主机牵引下向前行进,将混合料熨平夯实,形成平整密实的摊铺层,供压路机进一步压实成形。在摊铺作业过程中进行自动或手动控制,确保摊铺层达到施工要求的宽度、厚度、横坡度和压实度。摊铺完一辆料车的混合料就是一个作业循环,每个作业循环紧密连接,就形成了基本的连续供料,从而进一步实现连续摊铺,如图 5-301 所示。

按走行方式,摊铺机分为自行式和拖式两种。自行式摊铺机有自身的走行传动系统,整机性能好,摊铺质量好,是应用最广泛的摊铺机;拖式摊铺机工作时靠其他车辆牵引进行摊铺作业,结构简单,功能低,摊铺质量差。

按走行机构,摊铺机分为履带式和轮胎式两种。履带式摊铺机接地比压小,附着力大,摊铺作业时很少出现履带打滑现象,牵引力大,能抵抗料车的撞击,运行平稳,制动可靠;但是机动性差,走行速度低,转移场地不方便。履带式摊铺机多为大中型摊铺机和稳定土摊铺机,用于铁路工程的施工。轮胎式摊铺机走行速度较高,转移运行速度快,机动性能好;但是附着力较小,摊铺作业时易出现轮胎打滑现象。轮胎式摊铺机多为中小型摊铺机,主要用于道路修筑与养护作业。

按传动方式,摊铺机分为机械式和液压式两种。机械式摊铺机的走行系统、刮板输料系统和螺旋输料系统都采用机械传动方式,其结构简单,成本低,摊铺质量较差,为中小型摊铺机。液压式摊铺机的走行系统、刮板输料系统、螺旋输料系统、振捣系统、振动系统等所有传动系统都采用液压传动方式,仅分动箱、减速器等为辅助机械传动,其结构简单,能大幅度减速,大范围无级变速,运动平稳,机电液一体化、自动控制、操作省力,是应用最广泛的摊铺机。

按功能,摊铺机分为沥青混合料摊铺机、稳定土摊铺机、多功能摊铺机、双层摊铺机和薄层摊铺机5种。沥青混合料摊铺机摊铺的物料是各种沥青混合料;稳定土摊铺机摊铺的物料是各种稳定土,摊铺厚度大,生产率高;既能摊铺沥青混合料,又能摊铺稳定土,就是多功能摊铺机;双层摊铺机能同步摊铺沥青面层和下层。

按熨平装置延伸方式,摊铺机分为机械加宽式和液压伸缩式两种。机械加宽式摊铺机的熨平板是按摊铺宽度要求,用螺栓将各种固定宽度的熨平板组装而成,它具有结构简单、组合宽度大、整体刚度好、牵引阻力小等优点,大宽度摊铺机多为机械加宽式摊铺机;液压伸缩式摊铺机的熨平板靠液压缸伸缩来无级调整伸缩熨平板的伸出长度,使熨平板达到施工要求的摊铺宽度,它具有调节方便省力、便于两机梯队摊铺等优点,但因其结构复杂,整体刚度差,牵引阻力较大,所以最大摊铺宽度一般都不超过 9 m。

按摊铺宽度,摊铺机分为小型、中型和大型3种。小型摊铺机的最大摊铺宽度一般小于4.5 m;中型摊铺机的最大摊铺宽度在 5~8 m;大型摊铺机的最大摊铺宽度在 9 m 以上。

2. 主要系统和部件的结构原理

1) 动力系统

动力系统将发动机输出的旋转运动传递到各功能系统,如图 5-302 所示。

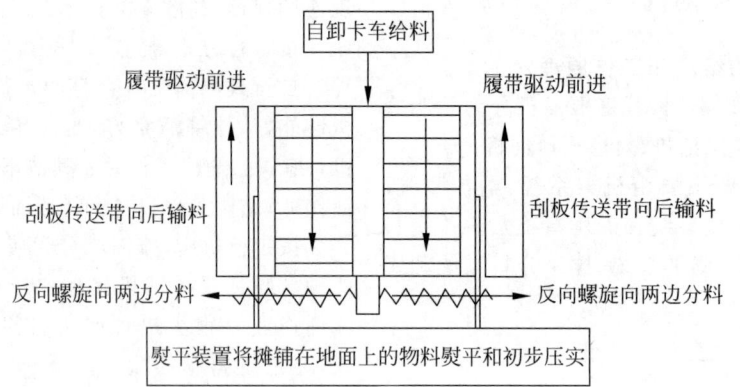

图 5-301 摊铺机工作原理示意图

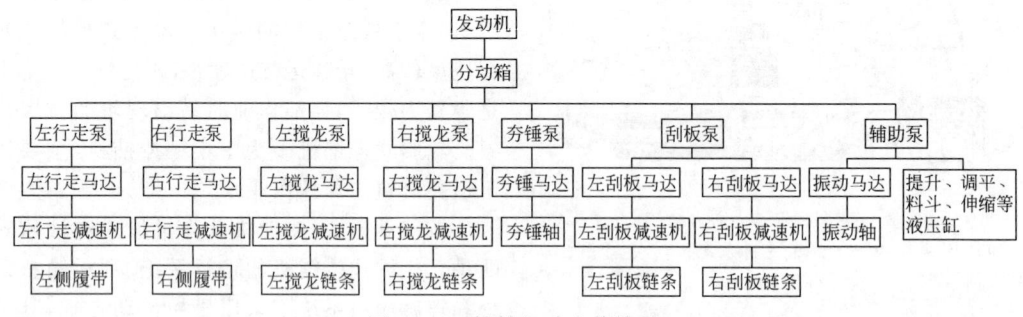

图 5-302 摊铺机动力传输图

2) 走行系统

走行系统驱动摊铺机前后走行,应能使摊铺机行驶平稳、直线度好并有足够的牵引力。走行系统分履带式走行系统和轮式走行系统。履带式走行系统由走行大梁、履带、走行减速机、驱动链轮、导向轮、支重轮、托链轮和导向轮张紧机构组成,如图 5-303 所示。走行减速机将液压马达传递来的扭矩经减速增矩后驱动走行驱动链轮,链轮驱动履带旋转,从而带动摊铺机前后运动。导向轮引导履带绕转;导向轮张紧机构给导向轮一定的推力,使导向轮张紧履带并保证合适的张紧度;蓄能器使履带在突然通过凹凸不平的路面时得到缓冲;支重轮在链轨上滚动并支承整个摊铺机重量,托链轮防止履带下垂。

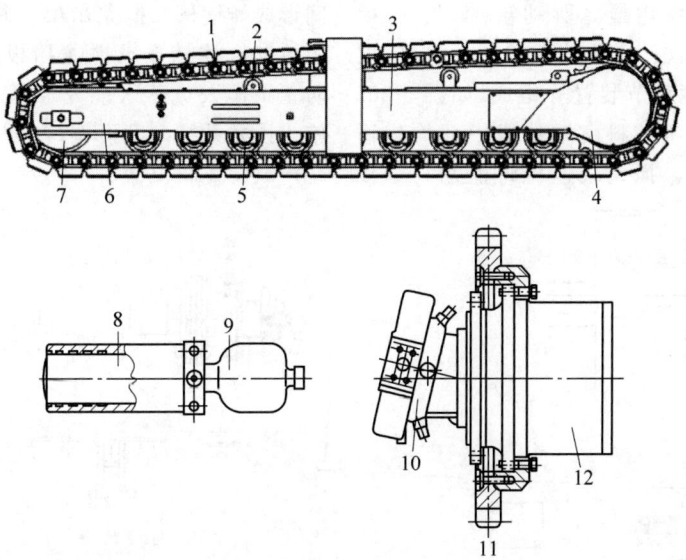

1—履带;2—托链轮;3—走行大梁;4—走行驱动机构;5—支重轮;6—张紧机构;7—导向轮;8—张紧液压缸;9—蓄能器;10—走行马达;11—走行链轮;12—走行减速机。

图 5-303 走行系统示意图

3)料斗受料系统

料斗位于摊铺机的前端,用来接收来自卸车卸下的混合料。料斗由左右两扇活动的斗壁组成,斗壁的下端铰接在机体上,用两个液压缸控制其翻转。两扇活动斗壁放下时可以接收自卸车卸下的物料,上翻时可以将料斗内的混合料全部卸至刮板输送机。料斗靠近发动机侧有两个手动的销子,当料斗收起时可以将料斗固定在收起位置。摊铺机运输过程中,收起料斗并固定,可以减小摊铺机的运输宽度,保证安全。

4)刮板输料系统

刮板输料系统由刮板驱动机构、刮板驱动轮轴、刮板导向轮轴、刮板链、刮板、刮板护链罩、刮板张紧度调节机构、输料底板、刮板料位器等组成,如图5-304所示。其作用是将摊铺机前端料斗的混合料输送到摊铺机后端的摊铺槽。刮板减速机将刮板马达传递来的扭矩经减速增矩后驱动刮板主动链轮。刮板主动链轮通过链条驱动刮板驱动轴带动刮板链条旋转,从而带动刮板前后运动拨动铺料。刮板导向轮引导刮板绕转;刮板张紧度调节机构调节刮板张紧度;输料底板位于刮板下面,是铺料移动的通道;刮板料位器用于检测搅龙槽中混合料量,以便开关刮板输料系统。在许多摊铺机上,料斗的后方安装有供料闸门,一般以液压缸控制。改变闸门的开度,可以调节刮板输送机上料带的厚度,从而改变刮板输送机的生产率。

刮板输送机在工作时,由于经常与混合料和刮板输送机底板摩擦,容易磨损,所以刮板输送机和底板均选用耐磨的材料,如高锰钢制成。所以刮板输送机底板由一块圆弧板和两块平板构成。平板焊接在机架上,而圆弧板用螺栓连接在机架上,当底板磨损到一定的程度后可以更换。

刮板输送机的张紧,一般采用螺栓螺杆调节从动轴支座,改变主、从动轴的轴距。调整完毕,用双螺母锁定。刮板输送机的正确调整,可保证刮板输送机链轮和轴具有最长的使用寿命。正确调整的刮板输送机离地面有一定的高度,可防止拖碰障碍物。刮板输送机不得过紧,应有足够的垂度,使通过链轮时不发生滞阻。

5）搅龙分料系统

搅龙分料系统由搅龙驱动箱、搅龙轴、搅龙吊架、搅龙前挡板、搅龙挡板拉杠及撑杠、搅龙护网、搅龙高度调节装置等组成,如图 5-305 所示。其作用是将铺料由摊铺机中部均匀输送到摊铺机全宽。搅龙减速机将搅龙马达传递来的扭矩经减速增矩后驱动搅龙主动链轮。搅龙主动链轮通过链条驱动搅龙被动链轮,进而驱动搅龙轴旋转。搅龙挡板与夯锤前挡板间形成摊铺槽。搅龙吊架支承搅龙轴,搅龙挡板拉杠及撑杠支承搅龙挡板。搅龙护网是为防止工作人员落入搅龙通道而设置的安全设施。搅龙系统高度可调,两侧熨平装置上装有超声波搅龙料位器。

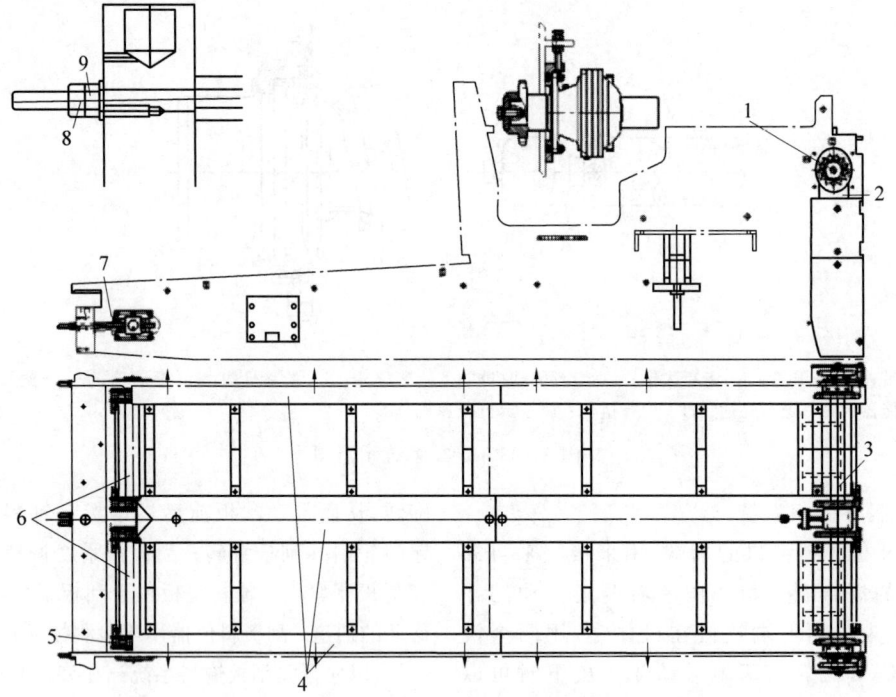

1—刮板驱动机构；2—刮板驱动链；3—刮板驱动轮轴；4—刮板护链罩；5—刮板链；6—刮板导向轮轴；7—刮板张紧度调节机构；8—锁紧螺母；9—刮板张紧调节螺母。

图 5-304　刮板输料系统示意图

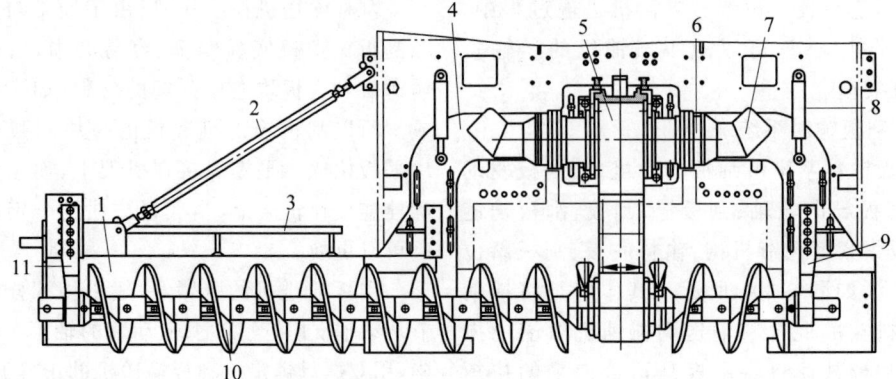

1—搅龙挡板；2—搅龙拉杠；3—搅龙护网；4—搅龙箱安装板；5—搅龙箱；6—搅龙减速机；7—搅龙马达；8—搅龙提升液压缸；9—搅龙吊架；10—搅龙轴；11—搅龙吊架。

图 5-305　搅龙分料系统示意图

6）调平系统

调平系统将摊铺机主机部分和熨平装置连接在一起，并可通过调节调平系统改变摊铺厚度和保证摊铺平整度。调平系统由大臂、小臂、调平液压缸、提升液压缸和调平仪等组成，如图 5-306 所示。大臂连接摊铺机主机和熨平装置，作业时，提升液压缸和调平液压缸均处于浮动状态。

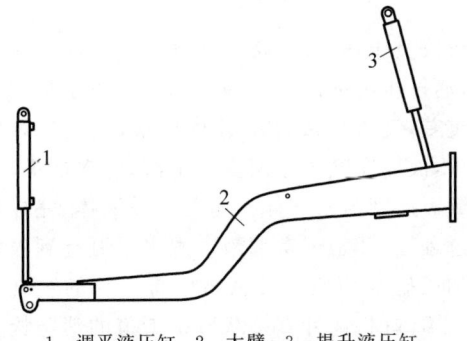

1—调平液压缸；2—大臂；3—提升液压缸

图 5-306　调平系统示意图

7）熨平装置

熨平装置是摊铺机最主要、最复杂的工作部件，与主机配合工作，完成摊铺作业。其功能是将输送到摊铺室内全幅宽度的热铺料捣实、熨平。熨平板的拼接和调整直接影响摊铺质量。

熨平装置由机架、夯锤轴、振动轴、加热系统、熨平板、调拱装置、覆盖件组成，如图 5-307 所示。液压伸缩熨平板还有伸缩液压缸和导向缸，用以改变摊铺宽度。夯锤将铺料捣实、捣平，保证摊铺密实度。熨平板将铺料熨平，振动轴使整个熨平装置小幅振动以改善熨平效果。

加热系统用于加热熨平板，防止其粘上沥青。调拱装置用于调整摊铺拱度。

夯锤轴分单排和双排，单排简单，双排密实度高。夯锤轴一般在熨平板前端，也有摊铺机在熨平板后端再设置强振捣装置用于进一步夯实。加热系统主要有燃气加热和电加热两种方式。

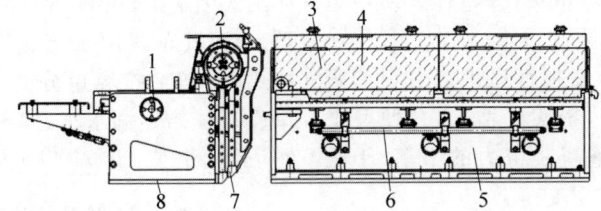

1—振动轴；2—夯锤轴；3—夯锤前挡板；4—盖板；5—熨平装置机架；6—加热煤气管；7—夯锤；8—熨平板

图 5-307　熨平装置结构示意图

8）摊铺机电液控制系统

为了获得更好的路面摊铺质量，在沥青混合料摊铺机上广泛且成功地运用了液压技术及电子技术，机电液一体化的控制系统成为现代摊铺机的一个重要组成部分，而新一代微机控制的高精度、高性能摊铺机也即将成为现实。因此，电液控制系统已成为衡量摊铺机水平的一个重要标志。

如前所述，沥青混合料摊铺机主要由发动机、传动系统、供料系统、行驶系统、工作装置及操纵控制系统等组成。而对全液压驱动的摊铺机，其传动系统、供料系统及工作装置的动力传递基本上都采用液压传动。下面简要介绍沥青混合料摊铺机的液压控制系统。

（1）传动装置液压系统

传动装置液压系统即液压行驶驱动系统，由两套独立的左右履带驱动回路组成，每套驱动回路由两个可调（一次及二次调节）液压驱动系统组成。该两套独立的液压系统为闭式液压回路，主要由双向变量泵、双向变量马达、补液压泵、补油压力阀、高压溢流阀、梭阀、泵的电控压力比例阀及液压马达的液控装置组成。该系统由电子系统控制调节。另外，摊铺机的转向通过操纵台上电子差速锁来控制，也可通过微调电位器来控制。

(2) 供料装置液压系统

① 刮板输送器的驱动装置。刮板输送器的驱动装置由变量泵、左右可调电液比例阀及定量马达组成,变量泵的输出流量控制由带有电子比例操纵的、两组相互独立的定向滑阀组来实现,用以驱动左右输料马达。每个阀组设有压力补偿以确保左、右刮板输送器负载单独控制。

② 螺旋摊铺器的驱动装置。螺旋摊铺器的驱动装置由变量泵、左右可调电液比例阀及定量马达组成。变量泵的输出流量控制由带有电子比例操纵的、两组相互独立的定向滑阀组来实现。每个阀组装有压力补偿器,以确保左右两侧螺旋摊铺器的负载可单独控制。

③ 供料自控系统。供料自控系统根据摊铺机的行驶速度、路面凹凸情况等自动控制刮板输送器的速度或调节闸门开度,以调节其供料量,从而保证摊铺层表面平整度。

由于供料、摊铺和行驶3种速度的不均匀以及路基原表面的凹凸相差过大,都会立即引起摊铺室内材料高度发生变化。这个变化除了影响牵引力,还会改变摊铺室内混合料的密实度。材料数量增多,密实度增加,并使熨平板被抬升,这样才能重新获得力的平衡,于是铺层增厚。反之,使铺层变薄。

如果螺旋摊铺器的转速和摊铺机的行驶速度都是恒定的,那就应根据路基凹凸情况,即所需料数量来调整刮板输送器的供料量,以使摊铺室内料堆高度基本保持恒定。这项调节由供料自控系统完成。

5.4 洒水机械

铁路施工中,洒水机械主要指洒水车。

5.4.1 整机的组成和工作原理

洒水车主要由汽车底盘、罐体、罐口组件、取力器、水泵、球阀、喷水器等结构组成,如图5-308所示。

洒水泵采用外混式自吸结构,泵内应存有适量的液体。泵启动后,叶轮旋转,叶轮进口

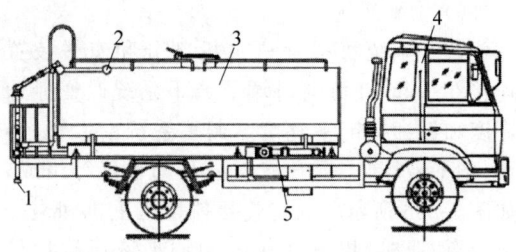

1—喷水器;2—花洒;3—罐体;4—底盘;5—水泵。

图5-308 洒水车结构示意图

处形成负压,吸入管路中的气体与泵内液体混合,通过压出室进入气液分离室。由于气液的比重差,气体从液体中分离出来,从出口管中排出,液体在气液分离室中下沉,经多次循环,直到吸入管内的气体排净而充满液体,完成自吸过程,泵开始正常输液。洒水泵可起到吸水和加压排水功能。自吸泵可将池塘的水直接吸入罐体内,也可直接从城市街道的消防栓上连接注水,吸入罐体内进行洒水作业。

洒水车按用途分类,分为喷洒式洒水车、冲洗式洒水车、喷洒-冲洗式洒水车;按底盘分类,分为汽车式洒水车、半拖挂式洒水车和拖挂式洒水车;按容量分类,分为 $3\sim 8\ m^3$ 洒水车、$10\sim 12\ m^3$ 洒水车、$13\sim 15\ m^3$ 洒水车、$18\sim 20\ m^3$ 洒水车、$20\ m^3$ 以上洒水车。

5.4.2 主要系统和部件的结构原理

1. 汽车底盘

底盘采用现有成熟产品,一般用南骏、东风、解放、福田欧曼等品牌的二类底盘。

2. 罐体

洒水车罐体为椭圆形或方形,用钢板制成,整车罐体水仓为2~3室,中间隔板下端有通孔,仓间隔板具有防波作用,以减小汽车行驶时罐内液体的冲击,其结构如图5-309所示。

3. 罐口组件

大盖由螺栓紧固在罐口颈板上,由一个支销和一个护板小盖连接在一起。顺时针转动小盖上的手柄可使小盖压紧;反转,脱开耳板后,小盖则可打开。大盖上开有一孔,以便在加水过程中使罐内的压力与大气压力基本相同。

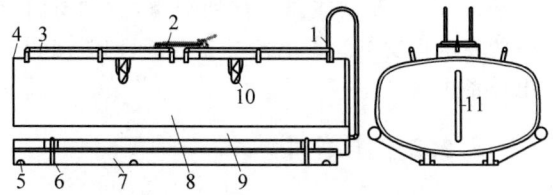

1—爬梯；2—罐口；3—上护栏；4—封头；5—吊耳；
6—支承；7—副梁；8—筒体；9—炮筒；10—防波隔板；
11—量管

图 5-309 洒水车罐体结构示意图

4．取力器

与各车型相匹配的专用取力器分气动操作和手动操作两种类型。操作开关向后拉，取力器进入啮合位置，通过传动轴带动水泵工作；开关向前回位，水泵即停止工作。

5．水泵

自吸式叶轮泵系洒水车专用泵。

6．球阀

球阀由阀体调整座、密封环、球、阀杆手柄等部分组成。将手柄旋转 90°即可实现球阀的开关。球阀配合松紧可旋转调整以达到要求。

7．喷水器

洒水车的前面通常装有鸭嘴形喷嘴或圆头冲嘴（前冲），后面装有圆柱形洒水砣（后洒），侧面装有花洒莲花头，车后部装有高射喷枪（洒水炮）。喷水器一般用于冲洗街道，起除尘和降温作用，可以用调节喷嘴螺纹的方法改变喷水器的喷洒方向和角度，高射喷枪可以起到城乡应急消防车的作用。莲蓬喷嘴可以浇落路中间喷水器冲起的灰尘，起到清洁空气的作用。

5.5 碾压机械

5.5.1 强夯机

强夯机是一种对松土进行压实处理的机器，其外观如图 5-310 所示。

1．整机的组成和工作原理

强夯机主要由下车走行装置、上车转台、动力装置、回转机构、提升卷扬机、变幅卷扬机、驾驶室、覆盖件、配重、A 形架机构、工作装

图 5-310 强夯机外观

置、液压系统和电气系统组成。其工作原理是利用起重设备反复将 80～400 kN 的重锤起吊到 8～40 m 高处，而后利用自动脱钩释放载荷或带锤自由落下，其动能在土中形成强大的冲击波和高应力，从而提高地基的强度、降低压缩性、改善其抵抗振（震）动液化能力、消除湿陷性等。

根据工作原理，强夯机分为机械式、液压式、机液一体式 3 种。

1）机械式强夯机

机械式强夯机指卷扬机、走行装置、回转机构等都是机械式的。其缺点是体积大、拆装不方便、安全性差，被很多工地禁止使用；优点是可靠性好。

2）液压式强夯机

液压式强夯机指卷扬机、走行装置、回转机构等全部都是液压控制的。其缺点是传动效率低、故障率高、维修难度大，且对维修人员技术本领要求高；优点是体积小、质量轻。

3）机液一体式强夯机

机液一体式强夯机指卷扬机是机械式的，走行装置、回转机构、变幅机构是液压控制的。其缺点是卷扬机体积较大。优点是卷扬机为

机械传动,效率高、故障率低;走行装置和回转机构是液压传动,体积小、质量轻。

2. 主要系统和部件的结构原理

(1) 下车走行装置:包括左右履带架、中央底座、导向轮、支重轮、驱动轮、走行减速机、加长梁和履带伸缩机构,主要用于整机走行和支承整机重量。履带伸缩的机构既能保证工作宽度,提高稳定性,又可保证运输宽度。

(2) 上车转台:是主机各部件的安装平台,是各机构的载体。

(3) 动力装置:主要包括发动机、燃油箱、水箱及附属设备,主要为整机提供动力。

(4) 回转机构:主要由回转减速机、中央回转接头和回转支承组成,可以实现上车的360°回转。

(5) 提升卷扬机:为吊钩提供动力,控制夯锤升降,具有空载吊钩重力下放功能,有卷扬防过卷功能。

(6) 变幅卷扬机:提供动力,控制起重臂的幅度,具有机械棘爪锁定功能。

(7) 驾驶室:包括座椅和一些操控系统,内部装有空调和暖风,以及液压、电器的操纵开关和手柄。

(8) 覆盖件:包含左右机罩,包括平台上的发动机、主阀等,起美观和保护作用。

(9) 配重:用来平衡整车重心,保证夯锤吊装时整车的稳定性。

(10) A形架机构:包括下固定变幅滑轮组、上动滑轮组和连杆机构,保证起重臂的角度控制并缓解臂架的脱钩反弹。

(11) 工作装置:包括基础上下节臂、中间臂、增节臂、吊钩和防倾杆,用来固定支承臂头起升滑轮,实现起吊功能,需根据工况需要选择合理的臂架长度。

(12) 液压系统:包括液压油箱、整车泵阀及其管路,用于动力的传递和控制。工作主系统采用柱塞泵和马达,工作压力可以达到30 MPa。

(13) 电气系统:主要用于整车的安全系统、电气控制和工作参数的显示及照明,电压为DC24V,由两台蓄电池串联组成。可以启动发动机、电气控制线路及照明设备,发动机自带的发电机发电给蓄电池补充电能,同时向用电设备供电。

5.5.2 压路机

1. 整机的组成和工作原理

压路机主要包括车架、动力传动系统、制动系统、转向系统、压轮、电气系统和附属装置等。YZ18C型振动压路机的总体结构如图5-311所示。

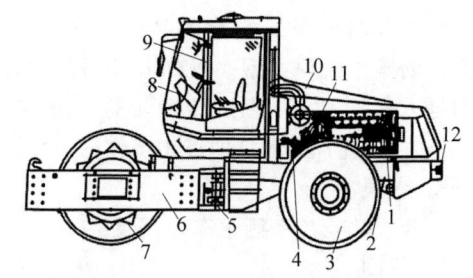

1—动力系统;2—后车架总成;3—后桥总成;4—液压系统;5—中心铰接架;6—前车架总成;7—振动轮总成;8—操作系统总成;9—驾驶室总成;10—覆盖件总成;11—空调系统;12—电气系统

图5-311 YZ18C型振动压路机结构示意图

压路机的工作原理如图5-312所示。在振动轮上与镶板平行地安装一对在两端有偏心块的旋转轴,通过齿轮传动,两根旋转轴能作反方向旋转,上下偏心块分别在相对方向(c和d)上配置。两轴回转时产生的离心力在滚轮轴线方向上相互抵消,在前后方向(z轴方向)上留了下来,其前后方向的离心力如图所示,因其在上下相对方向上发生,使振动轮的轴系有一个周期性的转矩,使振动轮接地部位发生周期性的切向力,对被压层给予水平剪切力。

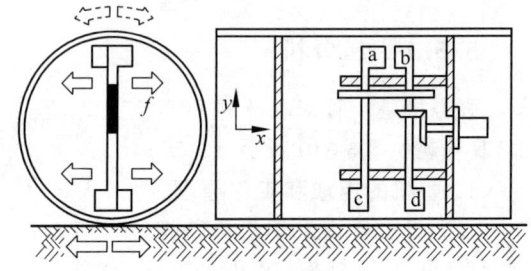

图5-312 压路机工作原理示意图

压路机可以按多种方式进行分类。按传动方式分为机械传动式压路机、全液压传动式压路机。按作业方式分为静力作用式(各种规格/型号的光轮压路机、轮胎压路机、羊足压路机、拖式碾滚等)和动力作用式(振动式、夯实式、振动夯实式、冲击式)。按碾压轮的性质与形状分为光轮式、羊足式、凸块式滚轮式、多边形滚轮式、充气轮胎式等。

2. 主要系统和部件的结构原理

1) 车架

车架是用型钢和钢板焊接而成的整体结构,起着承担各个部件的作用,因此要求具有足够的强度和刚度。

2) 传动系统

压路机的传动系统如图 5-313 所示。

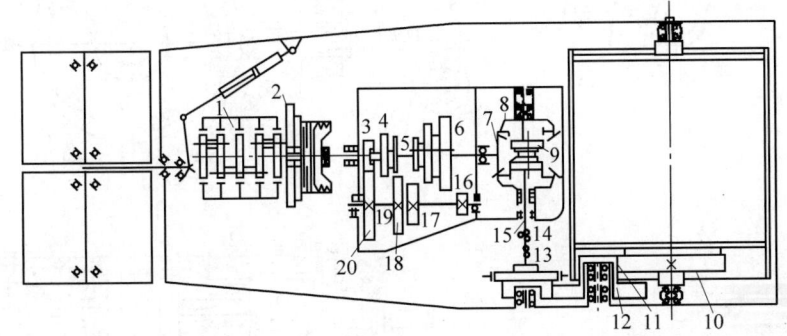

1—发动机;2—主离合器;3,19—齿轮轴;4,6—滑动齿轮;5—主传动轴;7—小锥齿轮;8—大锥齿轮;9—倒顺车滑套;10~13—侧传动齿轮;14—万向节;15—换向轴;16~18—变速齿轮;20—齿轮。

图 5-313 压路机传动系统示意图

大型轮胎压路机采用液力机械式或液压式传动的较多。一般来说,液力机械式传动效率较高,静液压式传动的速度调节范围较大,操作简便。因此,多种用途的轮胎压路机以采用静液压式传动较好。

振动压路机的传动系统可分为机械传动和液压传动两大类。采用机械传动的振动压路机,发动机产生的力通过离合器、变速器、差速器、轮边减速器,最后到达驱动轮,转向和振动轮的动力则是通过分动箱引出。液压传动易于实现无级调速和调频,传动冲击小和闭锁制动功率损失小,易于功率分流,方便整机布置,操纵控制方便,易于实现自动化。液压传动在振动压路机上的应用,不仅能够提高生产率和压实质量,还为自动化、无人化创造了条件。

3) 制动系统

(1) 脚制动器

压路机的脚制动器通常采用盘式制动器,其结构如图 5-314 所示。

(2) 制动器气顶油式助力系统

轮胎式压路机的制动器气顶油式助力系统如图 5-315 所示。气压由空气压缩机 6 进入主储气筒 8,经管道与增压气阀相通。当踏下制动器踏板制动时,主缸 4 的油液被压入增压器 2 前缸后活塞而推动气阀活塞,再打开气阀活门,于是高压气进入增压器内,使增压器内的活塞杆推动前缸,前缸中的油液被压入轮缸 3 并张开制动蹄进行制动。

(3) 振动压路机制动系统

液压三级制动系统作为一项成熟的技术,在振动压路机上得到了广泛应用。所谓三级制动,指的是振动压路机的 3 种制动形式,即工作制动、行车制动和紧急制动。三者根据不同的情况分别采用,但其作用原理不外乎两种,即静液制动和制动器制动。

① 工作制动。工作制动是压实过程中,在压路机进行前进、倒退转换时停车使用的,要求制动过程平稳,以避免对地面产生破坏。其操作过程是将倒顺手柄回中位,即行走泵斜盘

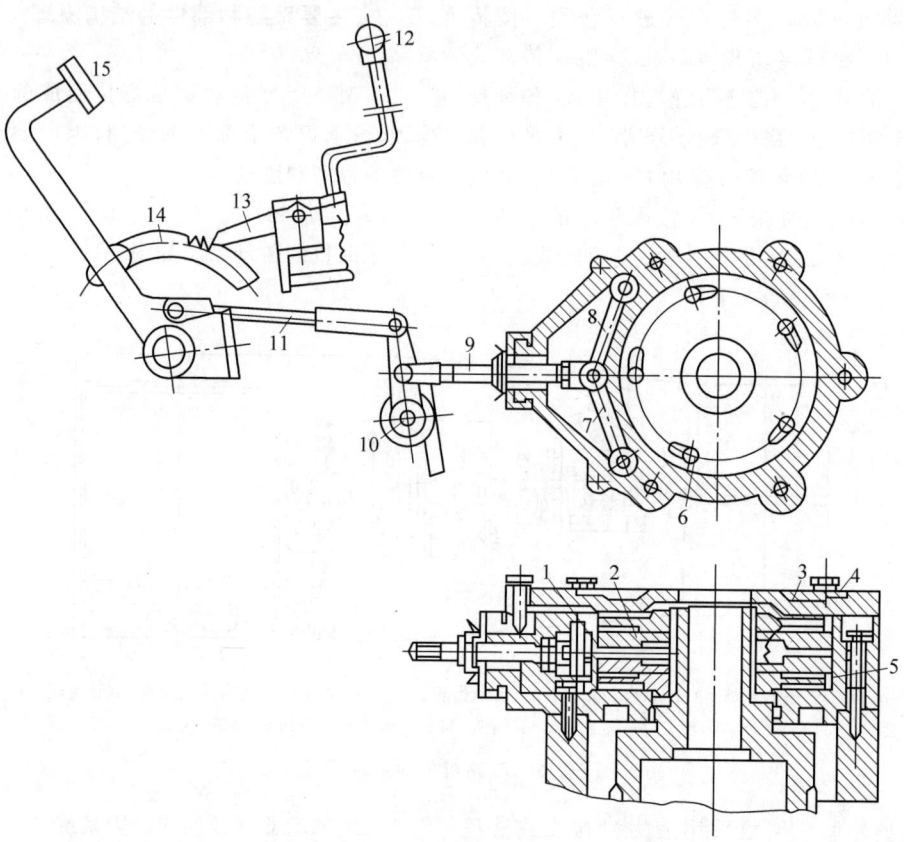

1,2—压盘；3—弹簧；4,5—摩擦片；6—钢球；7,8—连杆；9,11—拉杆；10—过桥；12—手柄；13—棘爪；14—棘轮；15—踏板。

图 5-314　脚制动器结构示意图

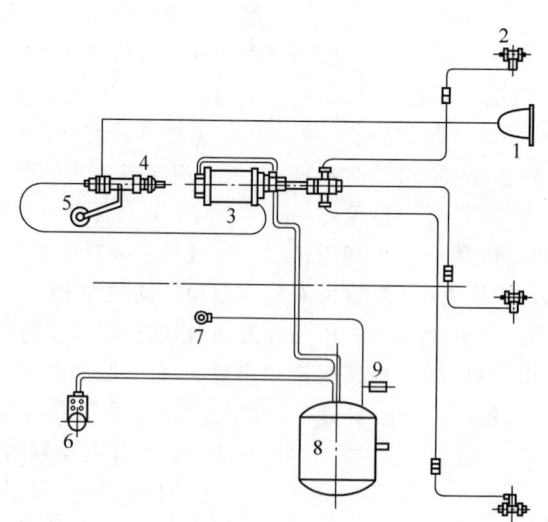

1—制动灯；2—轮缸；3—增压器；4—主缸；5—油箱；6—空气压缩机；7—压力表；8—储气筒；9—安全阀。

图 5-315　轮胎式压路机制动器气顶油式助力系统示意图

回零位即可,依据的是闭式液压系统自身的闭锁功能,即静液制动。

② 行车制动。行车制动则是压路机在较高速度行驶时快速停车使用,要求制动时间和制动距离短。其操作过程是先将倒顺手柄回中位,随即按下制动按钮,即静液制动和制动器制动同时作用。制动按钮控制的只是制动电磁阀。

③ 紧急制动。紧急制动指在非常紧急的情况下,来不及将倒顺手柄回中位,直接按下紧急制动按钮,使压路机在走行过程中强行制动,直至液压走行系统溢流而失去驱动能力并逐渐停车,这一过程完全靠制动器作用。不同的是,紧急制动按钮控制的是整车电路,制动器不仅要克服压路机的运动惯性,而且要克服走行系统的驱动力,这是制动器最恶劣的工况。

三级制动一级比一级制动安全系数高,但对机器的损坏一级比一级严重。这就要求尽量不要使用紧急制动,少使用行车制动。

4) 转向系统

转向液压系统采用开式回路,由齿轮泵、全液压转向器、转向液压缸等组成,作为转向系统的核心部件,全液压转向器由转向器主体、双向缓冲溢流阀、过载溢流阀、止回单向阀等组成。如图5-316所示。

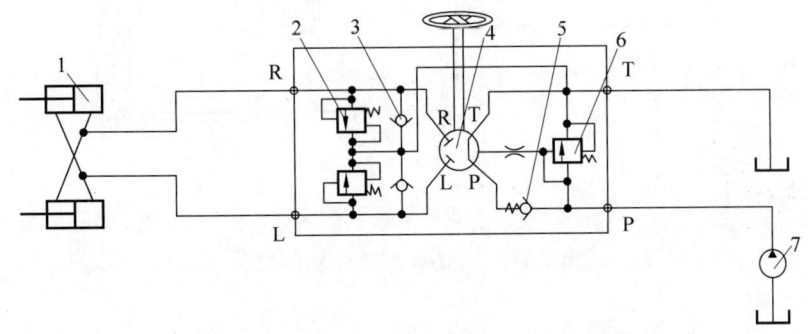

1—转向液压缸;2—双向缓冲溢流阀;3—单向阀;4—转向器;5—止回单向阀;6—过载溢流阀;7—齿轮泵。

图5-316 压路机的液压转向系统原理图

(1) 轮胎式压路机转向系统

轮胎式压路机按转向方式可以分为偏转车轮转向、转向轮轴转向和铰接转向3种。

偏转车轮和转向轮轴转向会引起前后轮不同的转弯半径,其值相差很大,可使前后轮的重叠宽度减小到零,从而导致压路机沿碾压带宽度压实的不均匀性。要提高这种转向形式的压实质量就必须大大增加重叠宽度,其结果又会导致减小压实带的宽度和降低压路机的生产率。

铰接转向是较先进的结构,在一定条件下,可以获得等半径的转向。这样,当压路机在弯道上工作时,就可保证前后轮具有必要的重叠宽度。但对于铰接车架,由于轴距减小,压路机的稳定性较差。自行式轮胎压路机还可以按动力装置形式、传动方式、操纵系统及其他特征进行分类。

(2) 振动压路机转向系统

振动压路机主要采用液压转向系统,主要由转向齿轮泵、全液压转向器、转向液压缸和压力油管等组成。液压转向系统安装在后车架上,通过转向液压缸的伸缩控制整车的转向。转向机构采用铰接转向。中心铰接架结构如图5-317所示,由铰接架、轴端挡板通过控制转向液压缸的伸出长度来控制转向角。机器前后车架之间允许横向相对摆动,摆动角不大于15°,这样压路机可以在不平整的路面上稳定行驶并确保压实。为了便于维护,球形轴承采用进口的自润滑向心关节球轴承。

3. **典型系统和部件技术**

连续压实控制系统主要由便携式基站、车载系统和管理软件组成。连续压实质量智能管控通过对安装了车载感应器的压路机所发出的信息进行采集和分析,第一时间把压实质量反馈成简单易懂的画面导航信息,并反馈到压路机驾驶舱的电子屏幕上,给驾驶员进行智能压实导航,从而避免了漏压、过压等问题的发生。其工作原理如图5-318所示。

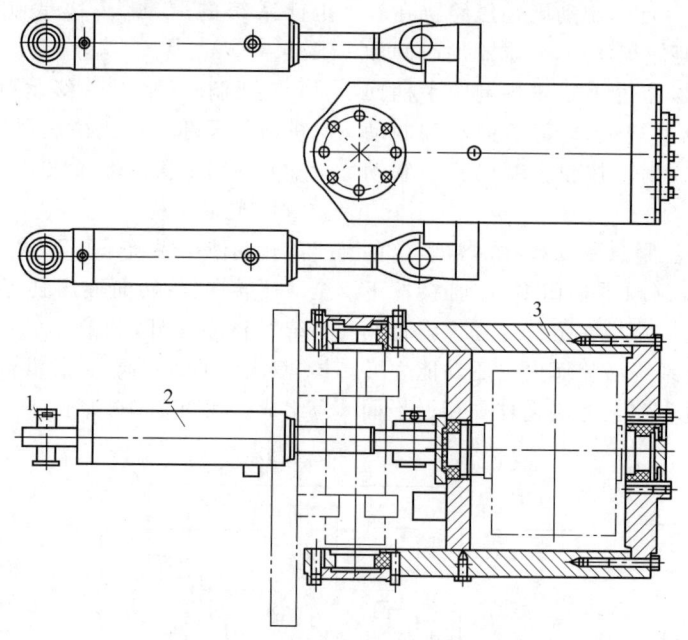

1—销割;2—转向液压缸;3—中心铰接架。

图5-317 中心铰接架结构示意图

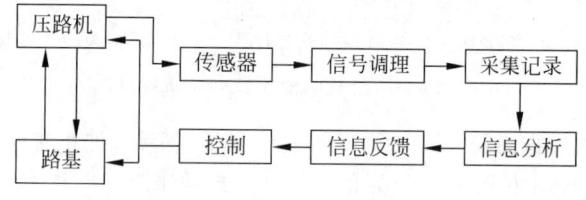

图5-318 工作原理图

1)便携式基站

便携式基站包括基站基础、V30工程接收机、DDTHPB无线数据收发一体电台、天线和配套电源。其结构如图5-319所示。

2)车载系统

车载系统包括M30北斗工程接收机、CPMS压实度传感器、ZD800平板控制终端和方向传感器等,如图5-320所示。

(1)M30北斗工程接收机

M30北斗工程接收机为车载GNSS数据传感器,安装在机顶,便于BDS信号接收。

(2)CPMS压实度传感器

CPMS压实度传感器用于测量和记录压轮

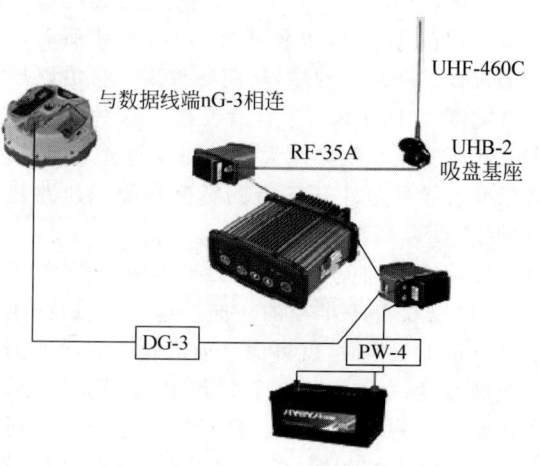

图5-319 基站设备

第5章 主要机械结构和工作原理

图 5-320 车载系统

的振幅和频率,其内部的固态处理器可以生成反映压实度值的 VCV(连续压实指标)值。振动传感器应紧密牢固地垂直安装在振动压路机振动轮的内侧机架中心位置上。

(3) 方向传感器

方向传感器通过对磁铁 S 级的感应判断磁铁的运动方向,灵敏度高,不受外界地磁干扰。传感器外面用作焊接和保护的加工件焊接在压路机大臂前端位置,伸出约 2 cm。然后将磁铁焊接加工件焊接到钢轮内侧,使之与钢轮边沿齐平,加工件凹槽处放置已经测好正反面的磁铁。最后将方向位置传感器穿过保护加工件,露出蓝色感应头,调整距离,使得感应头与磁铁保持 3 cm 左右间距,蓝色感应头处有一个方向箭头,要调整传感器使箭头方向为朝着钢轮转动的方向。

(4) ZD800 平板控制终端

ZD800 平板控制终端是系统数据存储、处理、传输、分析、显示的平台,安装在压路机驾驶室右手边,便于压路机驾驶员操控和查看路基实时碾压信息。

3) 管理软件

管理软件具体由系统软件、压实数据处理与分析控制软件、后台压实数据管理软件及信息传输软件等组成。经过连续压实与压实系数做相关校验,当压实程度通过率达到 95%时,质量合格。图 5-321 所示为管理软件界面。

图 5-321 管理软件界面

5.5.3 夯实机

1. 整机的组成和工作原理

夯实机由发动机、激振装置、缸筒和夯板等组成,有内燃式和电动式两类,如图 5-322 和图 5-323 所示。

夯实机的工作原理是由发动机(电动机)带动曲柄连杆机构运动,产生上下往复作用力使夯实机跳离地面。在曲柄连杆机构作用力和夯实机重力作用下,夯板往复冲击被压实材料,达到夯实的目的。

夯实机主要分为冲击夯实机和液压夯实机,液压夯实机安装在装载机、挖掘机上,直接借用挖掘机、装载机的液压动力输出,无须配备其他动力源,连接简单、快速、可靠,具有良好的机动性、可控性和高效性,使用极其方便。

——铁路机械

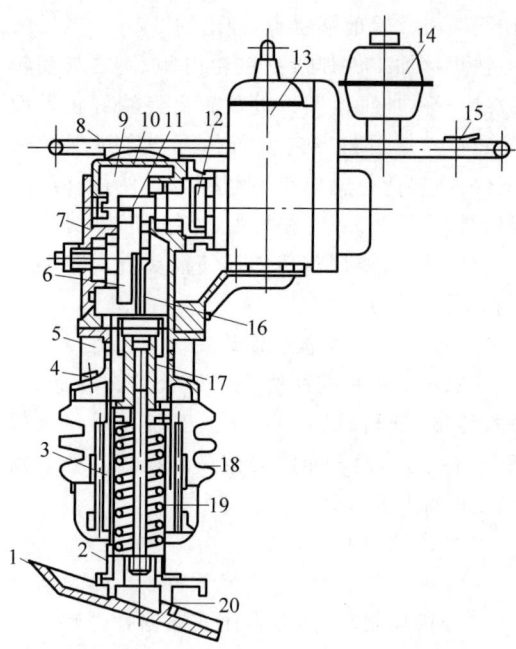

1—夯板；2—内缸体；3—工作弹簧；4—加油塞；5—外缸体；6—大齿轮；7—箱盖 8—手把；9—曲轴箱；10—减振块；11—小齿轮；12—离合器；13—发动机；14—油箱；15—油门控制器；16—连杆；17—活塞头；18—防尘罩；19—活塞杆；20—放油塞。

图 5-322 内燃式快速夯实机构造示意图

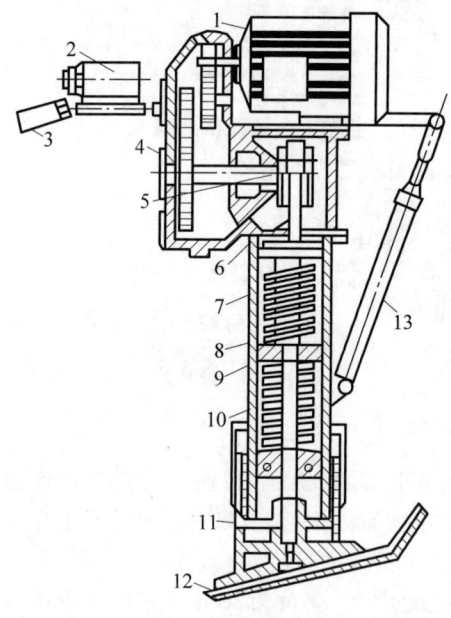

1—电动机；2—电气开关；3—操作手柄；4—减速器；5—曲柄；6—连杆；7—内套筒；8—机体；9—滑套活塞；10—螺旋弹簧组；11—底座；12—夯板；13—减振器支承器。

图 5-323 电动式快速夯实机构造示意图

2．主要系统和部件的结构原理

1）发动机

发动机由机体、曲柄连杆机构、供给系统、润滑系统、冷却系统、启动系统等组成。它是拖拉机产生动力的装置，发动机气缸内柴油燃烧产生的热能通过活塞、曲柄连杆结构转换成旋转的机械能。

2）激振装置

激振装置包括驱动轴、圆盘、偏心轴、激振环、轴承副、激振轴、轴承套和机座。

3）缸筒

缸筒采用镗削、铰孔、滚压或珩磨等精密加工工艺制造，使活塞及其密封件、支承件能顺利滑动，从而保证密封效果，减少磨损。缸筒应具有足够的强度和刚度，能承受很大的液压力。

4）夯板

夯板是由钢板做成的一块土方夯实面板。

5.6 防排水及支护机械

5.6.1 开沟机

1．整机的组成和工作原理

开沟机主要由动力系统、推土系统和挖沟系统组成。按工作方式，开沟机分为链式开沟机和轮盘式开沟机，其主要工作原理如下。

1）链式开沟机

链式开沟机的结构如图 5-324 所示。其工作原理是开沟机与拖拉机配套使用，并由拖拉机动力驱动工作，通过四联带将动力系统中柴油机的转动传递到减速箱，驱动安装在其上的主链轮，主链轮带动与之啮合的链条转动。刀

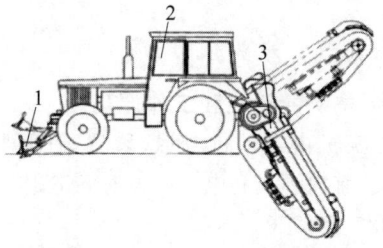

1—推土装置；2—拖拉机；3—挖沟装置。

图 5-324 链式开沟机结构示意图

具安装在链条上，在动力系统的驱动下，链条带动刀具转动加平动，从而实现开沟。

2) 轮盘式开沟机

轮盘式开沟机的工作原理是以旋转的铣抛盘为主要工作部件，用以铣切沟渠一侧的土壤，另一侧倾斜安装一把直切土刀，用以切出沟壁，切下的土壤落到铣抛盘上，同被铣抛盘切下的土壤一起抛出沟外。

2．主要系统和部件的结构原理

1) 动力系统

开沟机以拖拉机为牵引装置提供动力，动力系统主要由发动机、传动装置、转向系统、制动系统、走行系统、液压悬挂系统、底盘、电气设备等组成，如图 5-325 所示。

图 5-325　拖拉机结构示意图

(1) 发动机

发动机由机体、曲柄连杆机构、供给系统、润滑系统、冷却系统、启动系统等组成。它是拖拉机产生动力的装置，发动机气缸内柴油燃烧产生的热能通过活塞、曲柄连杆结构转换成旋转的机械能。

(2) 传动装置

传动装置由离合器、变速箱、中央传动、末端传动系统组成。它将发动机的动力通过变速箱、中央传动、末端传动系统的降速增扭后，传给驱动轮及动力输出轴和输出皮带轮。

(3) 转向系统

转向系统主要由转向盘、转向器和传动杆件等 3 部分组成。它的作用是使拖拉机两个前轮偏转，并使偏转角度符合规定的要求，实现拖拉机的转向。

(4) 制动系统

制动系统由制动器和操纵机构两部分组成。制动器安装在最终传动半轴上，左右各一个。其功用是使拖拉机在高速行驶中减速并迅速停车。

(5) 走行系统

走行系统由前轴、导向轮、驱动轮 3 部分组成。其功用是支承拖拉机整机质量，将经传动系统传来的发动机动力通过驱动轮与地面的相互作用转变为拖拉机工作时所需要的驱动力，将驱动轮的旋转运动变为拖拉机在地面上的移动。

(6) 液压悬挂系统

液压悬挂系统由液压部分、悬挂部分和操纵部分组成。拖拉机通常采用三点悬挂的形式操纵农用机具，具体形式是上拉杆和下拉杆的前端与拖拉机铰接，后端与农具铰接。农具通过下拉杆得到拖拉机的牵引力，通过操纵机构控制液压部分的升降，以便拖拉机挂带农具在田间转移或短程运输。

(7) 底盘

底盘是拖拉机传递动力的装置。其作用是将发动机的动力传递给驱动轮和工作装置，使拖拉机行驶，并完成移动作业或固定。这个过程是通过传动系统、走行系统、转向系统、制动系统和工作装置的相互配合、协调工作来实现的,同时它们又构成了拖拉机的骨架和机体。

(8) 电气设备

电气设备由电源、启动装置、充电装置、照明信号电路及仪表和辅助设备组合而成,它是拖拉机的重要组成部分,其性能好坏直接影响拖拉机的经济性、可靠性和安全性。

2) 推土系统

推土系统主要由连接装置、回转结构、铲刀机构等组成。推土系统与拖拉机之间为刚性可拆连接,其连接架两侧槽钢后端通过螺栓紧固在拖拉机前端两侧梁上,连接架两侧槽钢的前端与搭在拖拉机前端配重支座上的横梁两端以长螺栓紧固在配重支座上,另外再以一中心孔长螺栓,下端穿过设在定位转盘下方的圆形托板的中心孔,上端穿过配重支座前端中间下方的圆孔,加设压板,以螺母紧固在配重上,如图 5-326 所示。

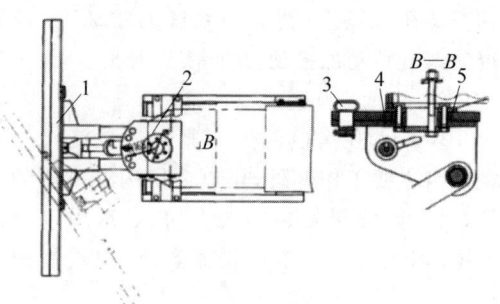

1—铲刀;2—回转支架上盖板;3—定位销;
4—定位转盘;5—连接座底板。

图 5-327 推土系统回转结构简图

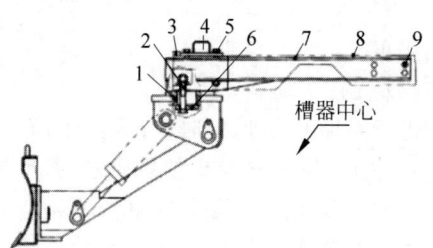

1—定位转盘;2—中心孔长螺栓;3—拖拉机配重;4—横梁;5—长螺栓;6—托板;7—槽钢;8—拖拉机侧梁;9—螺栓。

图 5-326 推土系统连接结构简图

推土系统设有铲刀水平方向回转机构,定位转盘的上部外圆与推土系统回转支架上盖板的中心孔相配,定位转盘通过螺栓紧固在连接座的底板上。定位转盘前端在距回转中心半径为 R 的圆周上设有销孔,在回转支架上盖板的前端距回转中心半径为 R 的圆周上设有若干销孔,定位转盘上销孔和回转支架上盖板的任一销孔对正后以定位销固定,如图 5-327 所示。

推土系统设有铲刀垂直方向倾摆机构,在铲刀的背面设有弯板,在弯板的中间设置一个

销轴,对称销轴在弯板的内外两侧各设有一块弧形垫板,即内弧形垫板和外弧形垫板。在同一圆周上,弯板和内、外弧形垫板上对称地设有 3 个螺纹孔,其中一端在弯板和内弧形垫板上还设有 3 个销孔,3 个销孔分布在小于 3 个螺纹孔的圆周上,并分别与 3 个螺纹孔在同一半径上。在铲刀支架前座板的中间设有一轴套,该轴套和弯板中间的销轴相配。铲刀支架座板两端的圆弧与铲刀弯板上的两对称的外弧形垫板内侧圆弧相配。在两外弧形垫板的上面分别设有弧形挡板,弧形挡板上面的 3 个螺孔分别和弧形垫板上的 3 个螺纹孔对齐,其中一弧形挡板上还设有一个销孔,该销孔和弯板及内弧形垫板上的 3 个销孔在同一圆周上,如图 5-328 所示。

3) 挖沟系统

根据挖沟方式的不同,挖沟系统分为链式挖沟系统、轮盘式挖沟系统、犁式挖沟系统、喷射式挖沟系统等。

(1) 链式挖沟系统

链式挖沟系统主要由支架、变速传动装置、液压控制机构、主梁、链传动支承结构、链刀、螺旋排土器等组成,如图 5-329、图 5-330 所示。

拖拉机动力输出轴的外花键与挖沟系统换向器输入轴前端的内花键相连,换向器的输入轴后端的外花键与主动伞齿轮的内花键相连,被动伞齿轮的内花键与连接套左端的外花键相连,连接套右端的外花键和安全离合器的

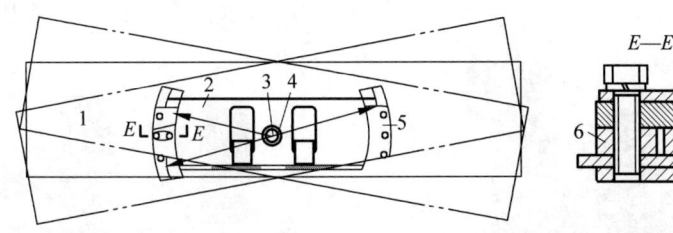

1—铲刀；2—铲刀支架前座板；3—铲刀背面销轴；4—轴套；5—弧形挡板；6—铲刀背面弧形垫板；7—定位销轴。

图 5-328　推土装置铲刀结构简图

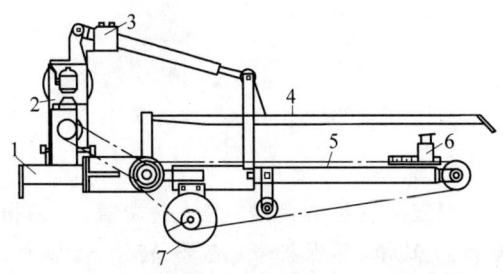

1—支架；2—变速传动装置；3—液压控制机构；4—主梁；5—链传动支承结构；6—链刀；7—螺旋排土器。

图 5-329　链式挖沟机工作装置结构简图

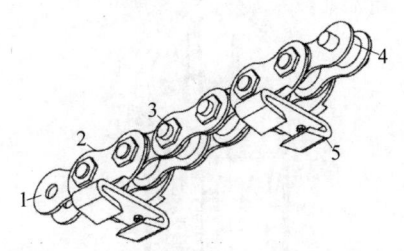

1—链板；2—刀架；3—销轴；4—辊子；5—链刀。

图 5-330　链刀在链条上排列结构简图

外轮毂的内花键相连，安全离合器的内轮毂通过平键和换向器的输出轴连接，安全离合器的内外轮毂之间设有摩擦片。换向器输出轴的另一端通过平键和主动双排链轮相连，从动双排链轮和减速器的输入轴相连。减速器输出轴套和主动链轮的驱动轴之间为花键连接，而主动链轮和驱动轴之间为胀套连接。

工作时启动发动机，发动机带动传动系统运转，传动箱运转，通过传动轴带动刀轴变速箱运转。刀轴上安装刀链，刀轴驱动刀链运转，通过安装在牵引机车上的控制阀调控液压缸的伸缩，使刀链向下运动，在地面形成沟槽。当开沟深度合适时，机车前进，沟槽开辟成形。

（2）轮盘式挖沟系统

轮盘式挖沟系统主要由清沟器、水平随动机构、切削盘、切削刀具、排土装置等组成，如图 5-331 所示。

1—清沟器；2—水平随动机构；3—切削盘；4—切削刀具；5—排土装置。

图 5-331　盘式挖沟系统结构示意图

轮盘式挖沟系统由柴油机驱动一系列带、链条、链轮、涡轮减速机等减速来实现低转速、大扭矩，从而带动切削盘旋转开挖。工作时，铣切沟渠一侧的土壤，另一侧倾斜安装一把直切土刀，用以切出沟壁，切下的土壤落到铣抛盘上，同被铣抛盘切下的土壤一起抛出沟外，通过切削盘的转动实现挖掘。

（3）犁式挖沟系统

犁式挖沟机系统主要包括机械手及导向机构、滑靴机构、转向机构、主机架、左右犁体、吊放机构、控制及动力平台等，如图 5-332 所示。

犁式挖沟机在牵引车拖动前行过程中，犁刀直接切入土壤中进行挖沟作业，能挖出整齐的 V 形沟堑，不降低邻近土壤的抗剪强度，通过控制滑靴来实现挖沟深度。其结构简单、故

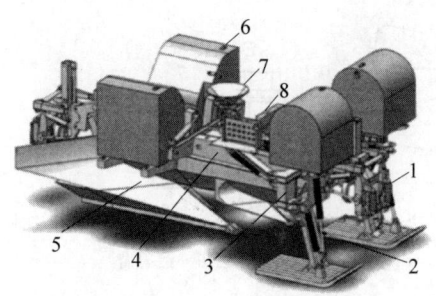

1—机械手及导向机构；2—滑靴机构；3—转向机构；4—主机架；5—左右犁体；6—浮力调节机构；7—吊放机构；8—控制及动力平台。

图 5-332 犁式挖沟机结构示意图

障率低、挖沟速度快、作业费用低。

5.6.2 水泵

水泵主要由泵体、电动机、转动轴等组成，根据工作原理分为容积水泵、叶片泵等类型。路基施工现场主要使用离心泵、轴流泵和混流泵。

1) 离心泵

离心泵主要由电动机、底板、轴承座、密封部件、泵盖、叶轮、泵体、进出口法兰等构成，如图 5-333 所示。

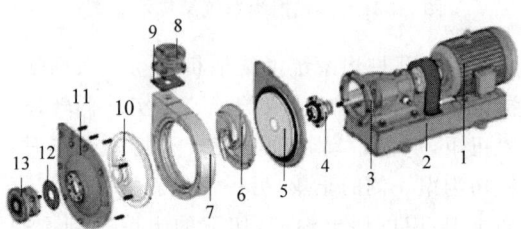

1—电动机；2—底板；3—轴承座；4—密封部件；5—后盖；6—叶轮；7—泵体；8—出口法兰；9—出口垫片；10—前泵盖；11—前夹板；12—进口垫片；13—进口法兰。

图 5-333 离心泵结构示意图

水泵开动前，先将泵和进水管灌满水，水泵运转后，在叶轮高速旋转而产生的离心力的作用下，叶轮流道里的水被甩向四周，压入蜗壳，叶轮入口形成真空，水池的水在外界大气压力下沿吸水管被吸入补充这个空间，继而吸入的水又被叶轮甩出，经蜗壳而进入出水管，如图 5-334 所示。离心泵叶轮不断旋转，连续吸水、压水，水便可源源不断地从低处扬到高处或远方。

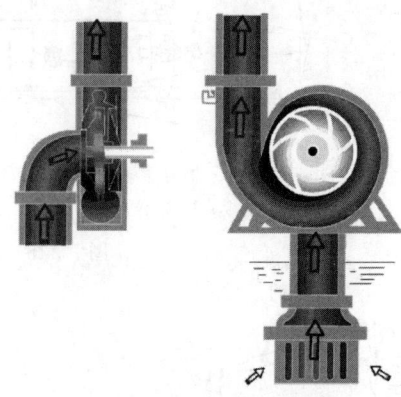

图 5-334 离心泵原理示意图

2) 轴流泵

轴流泵主要由接线盒盖、上端盖、渗漏报警器、上轴承、热保护器、定子、转子、下轴承、下端、上机械密封、电极探头、下机械密封、导叶体、叶轮部件、叶轮外壳、进水喇叭等构成，如图 5-335 所示。

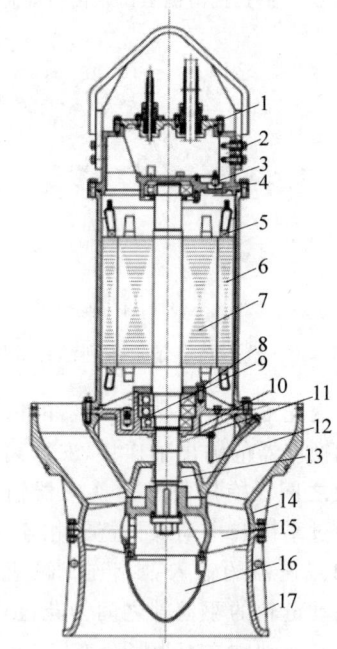

1—接线盒盖；2—上端盖；3,9—渗漏报警器；4—上轴承；5—热保护器；6—定子；7—转子；8—下轴承；10—下端盖；11—上机械密封；12—电极探头；13—下机械密封；14—导叶体；15—叶轮部件；16—叶轮外壳；17—进水喇叭。

图 5-335 轴流泵结构示意图

轴流泵工作时,其叶片浸没在被吸水源中,叶片旋转产生推力,把水从下方推到上方,由于叶轮高速旋转,在叶片产生的升力作用下,连续不断地将水向上推压,使水沿出水管流出。叶轮不断旋转,水就被连续压送到高处。

3）混流泵

混流泵主要由前泵盖、泵体、叶轮螺母、叶轮、后泵盖、机封压盖、机械密封组合、轴套、前轴承压盖、托架、泵轴、轴承盒、后轴承压盖等构成,如图5-336所示。

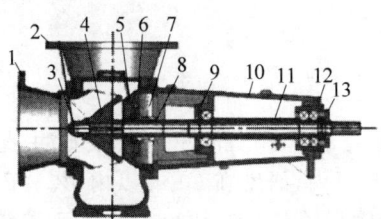

1—前泵盖；2—泵体；3—叶轮螺母；4—叶轮；5—后泵盖；6—机封压盖；7—机械密封组合；8—轴套；9—前轴承压盖；10—托架；11—泵轴；12—轴承盒；13—后轴承压盖。

图5-336 混流泵结构示意图

混流泵的叶轮形状介于离心泵叶轮和轴流泵叶轮之间,混流泵工作中既有离心力又有升力,靠两者的综合作用,水则以与轴组成一定角度流出叶轮,通过蜗壳室和管路把水提向高处。

5.6.3 液压喷播机

1. 整机的组成和工作原理

液压喷播机主要由走行系统、柴油发动机、搅拌装置、液压系统、水泵和万向喷头、电控箱等组成,其外形如图5-337所示。

图5-337 液压喷播机

液压喷播机的工作原理是把催芽的种子混入装有一定比例的水、纤维覆盖物、黏合剂、肥料的液压喷播机容器,利用离心泵把混合液通过软管输送喷播到待播的土壤上,形成均匀的覆盖层。

2. 主要系统和部件的结构原理

1）走行系统

液压喷播机安装在可拖拽轮式走行底盘或货运车车厢上,依靠汽车的动力移动,不能独立行驶。

2）柴油发动机

液压喷播机采用两台柴油发动机,分别与水泵和搅拌器相连接,水泵和搅拌器各自独立运动,相互之间不产生干扰。

3）搅拌装置

搅拌装置由搅拌器、罐体、减速机等构成。搅拌器和与其相连接的柴油发动机之间设置有带离合的变相减速机,可实现搅拌器的正转、反转、中停,使物料全方位得到搅拌。

4）电控箱

电控箱由控制器、变压器、操作台和按钮等构成,用于控制喷播机的各项工作。

5）水泵和万向喷头

回水管内的物料在水泵的作用下,从搅拌罐体右上部向罐体内部喷射,使得物料混合得更加充分、均匀,待搅拌工序完成后,将泥浆泵的开关打开,混合物料的泥浆会从喷头处高压喷出,调整万向喷头的方向,使其喷播在需要的坡面上,待坡面喷播一定厚度的泥浆后完成喷播。

第6章

主要机械参数

6.1 地基施工机械

6.1.1 袋装砂井机

地基施工中,袋装砂井机按袋装砂井的直径和深度来选择。常见的袋装砂井直径在220 mm以内,深度在30 m以内,袋装砂井机选择插管直径在100~220 mm之间,打设深度在20~30 m之间,振动锤功率在22~35 kW,具体见表6-1。

表6-1 袋装砂井机性能参数

序号	插管直径/mm	打设深度/m	规格型号	振动锤功率/kW	走行速度/(m/min)	主架高度/m	振动锤激荡力/kN	偏心轴转速/(r/min)	工作状态尺寸/(m×m×m)	参考厂家	参考价格/万元
1	133	20	13.9T	22	5.67	20	140	970	21.8×7.8×5.8	徐州海格力斯机械制造有限公司	13
2	160	25	15T	28	5.34	25	160	960	21.8×7.8×6.2	徐州海格力斯机械制造有限公司	15
3	220	30	18T	35	5.12	30	190	960	21.8×7.8×7.8	徐州海格力斯机械制造有限公司	18

6.1.2 插板机

地基施工中,插板机按照地基所需的插板深度来选择。常见的深度在25 m以内,插板机选择打设深度在20~30 m之间,振动锤功率在11~33 kW之间,具体见表6-2。

表6-2 插板机性能参数

序号	打设深度/m	振动锤电动机功率/kW	型号	走行速度/(m/min)	主架高度/m	卷扬机功率/kW	提拔力/t	自重/t	参考厂家	参考价格/万元
1	20	22	DJG20-20	3.62	24	30	F_1:8.4;F_2:12.6	13.5	徐州海格力斯机械制造有限公司	13
2	20	30	DJL30-20A	12	24.5	30	F_1:8.4;F_2:12.6	14.5	徐州海格力斯机械制造有限公司	14.5

续表

序号	打设深度/m	振动锤电动机功率/kW	型号	走行速度/(m/min)	主架高度/m	卷扬机功率/kW	提拔力/t	自重/t	参考厂家	参考价格/万元
3	20~25	22/30	DJG30	13.12	24~29	33	F_1:8.4; F_2:12.6	15.5	徐州海格力斯机械制造有限公司	16

6.1.3 柴油打桩机

地基施工中,柴油打桩机按照桩材冲击耐受力、桩质量来选择。常见桩的冲击耐受力在 3000~8000 kN 之间,桩质量在 5000~30 000 kg 之间,柴油打桩机选择冲击体质量在 18 000~30 000 kg 之间,作用于桩上的最大爆炸力在 5000~7600 kN 之间,具体见表6-3。

表6-3 柴油打桩机性能参数

序号	最大打桩规格/kg	作用于桩上的最大爆炸力/kN	规格型号	上活塞质量/kg	每次打击能量/kJ	柴油锤质量/kg	起落架质量/kg	参考厂家	参考价格/万元
1	80 000	5000	D180	18 000	≤590	37 500	1700	上海工程机械厂	70
2	100 000	6200	D220	22 000	≤733	45 400	2400	上海工程机械厂	84
3	120 000	7000	D250	25 000	≤833	49 000	2400	上海工程机械厂	92
4	128 000	7000	D260	26 000	≤866	51 500	2400	上海工程机械厂	96
5	150 000	7600	D300	30 000	≤999	60 000	3350	上海工程机械厂	112

6.1.4 电动落锤打桩机

地基施工中,电动落锤打桩机按照成桩直径、成桩深度来选择。常见的成桩直径在 1~3 m 之间,成桩深度在 10~80 m 之间,电动落锤打桩机选择桩锤直径在 1~3 m 之间,根据工程机械产品规格/型号编制方法,代表电动落锤打桩机规格/型号的主参数为工作重量,规格/型号范围为 SPR50~SPR285,立柱高度在 10~60 m 之间,具体见表6-4。

表6-4 电动落锤打桩机性能参数

序号	外形尺寸/(mm×mm)	成桩深度/m	规格型号	导轨中心距/mm	走行方式	拔桩力/kN	整机质量/t	参考厂家	参考价格/万元
1	4150×7275	30	SPR100	300/600	液压履带	450	95	上海工程机械厂	114
2	4400×8510	33	SPR115	300/600	液压履带	539	114	上海工程机械厂	136
3	4600×8890	36	SPR135	300/600	液压履带	540	132	上海工程机械厂	158
4	4890×9400	39	SPR165	300/600	液压履带	700	163	上海工程机械厂	195
5	5100×9800	45	SPR175	300/600	液压履带	700	172	上海工程机械厂	208
6	6330×9940	33	SF558	600	液压履带	700	86	三一重工股份有限公司	103
7	6330×9940	38	SF808	600	液压履带	700	105	三一重工股份有限公司	126
8	6330×10 300	44	SF818	600	液压履带	700	115	三一重工股份有限公司	138
9	6335×10 300	44	SFY858	600	液压履带	750	145	三一重工股份有限公司	174

6.1.5 振动沉桩机

地基施工中,振动沉桩机按照桩材允许加压力、允许拔桩力、沉桩作业效率来选择。装载允许加压力在 80~500 kN 之间,允许拔桩力在 100~500 kN 之间,振动沉桩机选择电动机功率在 30~150 kW 之间,激振力在 130~1300 kN 之间,桩锤振动质量为 1.5~10 t,具体见表 6-5。

表 6-5 振动沉桩机性能参数

序号	允许加压力/kN	允许拔桩力/kN	规格型号	电动机功率/kW	激振力/kN	桩锤振动质量/t	参考厂家	参考价格/万元
1	100	130	DZ45KS	22×2	270	3.7	浙江瑞安建筑机械厂	5.5
2	120	200	DZ60KS	30×2	360	4.5	浙江瑞安建筑机械厂	6.8
3	140	200	DZ75KS	37×2	440	5.2	浙江瑞安建筑机械厂	7.8
4	180	300	DZ90KS	45×2	520	6.1	浙江瑞安建筑机械厂	9.2
5	80	120	DZ30	30	160/210	2.9	上海工程机械厂	4.5
6	80	120	DZ37	37	230/260	3.4	上海工程机械厂	5
7	200	260	DZ40A	90	400/550	6.2	兰州建筑通用机械厂	9.3
8	200	260	DZ60	90	410/680	6.7	兰州建筑通用机械厂	10
9	110	160	DZ30	30	157/231	1.9	兰州建筑通用机械厂	2.8
10	150	200	DZ45	45	281/370	3.5	兰州建筑通用机械厂	5.2
11	190	250	DZ60	60	405/486	4.5	兰州建筑通用机械厂	6.8
12	240	300	DZ90	90	450/677	5.9	兰州建筑通用机械厂	9
13	340	400	DZ120	120	669	8.8	兰州建筑通用机械厂	13.5
14	440	500	DZ150	150	812/1354	9.3	兰州建筑通用机械厂	15
15	80	100	DZ-90	90	400	4.8	北京桩工机械厂	7.2
16	80	100	DZF-30Y	30	130/190	3.4	桂林建筑安装工程有限公司建工机械厂	5
17	80	100	DZF-40Y	40	148/256	3.4	桂林建筑安装工程有限公司建工机械厂	5
18	78	120	DZG-37K	37	191.6	4.7	湖南桩工机械厂	7
19	98	160	DZG-45K	45	239	4.8	湖南桩工机械厂	7.2
20	150	300	DZG-75K	75	428	6.7	湖南桩工机械厂	10

6.1.6 搅拌桩机

地基施工中,搅拌桩机按照成桩深度和成桩直径来选择。成桩直径范围为 300~1100 mm,成孔深度在 10~32 m 之间,搅拌桩机选择成桩直径小于等于 1100 mm,成桩深度小于等于 32 m,具体见表 6-6。

表 6-6 搅拌桩机性能参数

序号	成桩深度/m	成桩直径/mm	规格型号		芯桩长度/m	钻杆规格/(mm×mm×mm)		整机质量/kg	参考厂家	参考价格/万元
1	≤18	≤800	基本型	PH-5D-45	≤18	125×125×12	150×150×14	18 000	郑州巨业液压机械有限公司	27
2	≤23	≤1000	加强型	PH-5D-55	≤23	125×125×14	150×150×14	20 000	郑州巨业液压机械有限公司	32

续表

序号	成桩深度/m	成桩直径/mm	规格型号		芯桩长度/m	钻杆规格/(mm×mm×mm)		整机质量/kg	参考厂家	参考价格/万元
3	≤25	≤1000	单轴双搅型	JYSJ-55	≤25	125×125×14	150×150×14	20 000	郑州巨业液压机械有限公司	35
4	≤32	≤1000	深层型	PH-5D-Ⅱ	≤32	150×150×14	180×180×16	27 000	郑州巨业液压机械有限公司	45
5	≤32	≤1100	高压旋喷型	JYGY-55	≤32	150×150×14	180×180×16	27 000	郑州巨业液压机械有限公司	39

6.1.7 旋喷桩机

地基施工中,旋喷桩机按照桩的灌浆深度来选择。灌浆深度在 30～170 m,旋喷桩机选择最大喷射灌浆深度在 30～170 m 之间,功率在 20～75 kW 之间,提升能力在 30～70 kN 之间,具体见表 6-7。

表 6-7 旋喷桩机性能参数

序号	喷射灌浆深度/m	提升能力/kN	功率/kW	型号	转速/(r/min)	摆角/(°)	整机质量/kg	参考厂家	参考价格/万元
1	30～50	60	39	GP-2000 型	0～120	0～90	8500	天津市聚强高压泵有限公司	27
2	50～60	30	50	XPL-60B 锚固型	0～260	0～100	4500	天津市聚强高压泵有限公司	19.5
3	60	30	23.5	XPB-20B 步履型	0～110	0～360	2890	天津市聚强高压泵有限公司	17.5
4	80～100	70	65.7	XPL-80A 锚固型	0～266	0～100	5500	天津市聚强高压泵有限公司	23
5	50	30	22	HW 单管型	0～240	0～100	2000	河北汇泰地质探矿机械配件有限公司	12
6	50	30	18	XPL-30A 锚固型	1～185	0～100	2300	河北汇泰地质探矿机械配件有限公司	15
7	60	30	59	XPL-60A 锚固型	0～266	0～100	6800	河北汇泰地质探矿机械配件有限公司	26
8	80～100	70	55	XPL-80A 锚固型	0～190	0～100	7500	河北汇泰地质探矿机械配件有限公司	24
9	130～170	70	75.7	XPL-150A 锚固型	0～278	0～90	7500	河北汇泰地质探矿机械配件有限公司	22

6.1.8 振动打桩机

地基施工中,振动打桩机按照桩的质量、激振力、允许拔桩力、打桩作业效率来选择。桩的允许激振力在 300～1000 kN 之间,允许拔桩力在 160～350 kN 之间,振动打桩机选择电动机功率在 45～150 kW 之间,激振力在 300～1000 kN 之间,振动质量在 3200～9000 kg 之间,具体见表 6-8。

表 6-8 振动打桩机性能参数

序号	激振力/kN	允许拔桩力/N	规格/型号	电动机功率/kW	偏心力矩/(N·m)	振动频率/(r/min)	振动质量/kg	长/m	宽/m	高/m	参考厂家	参考价格/万元
1	361	160	DZ45A	45	244	1150	3200	1.32	1.15	2.1	浙江八达工程机械有限公司	18
2	487	200	DZ60A	60	360	1100	4000	1.43	1.25	2.3	浙江八达工程机械有限公司	20
3	570	240	DZ90A	90	463	1050	5200	1.53	1.37	2.5	浙江八达工程机械有限公司	22
4	658	350	DZ120A	120	534	1050	7000	1.72	1.54	2.8	浙江八达工程机械有限公司	25
5	1082	350	DZ150A	150	878	1050	9000	1.43	1.6	2.9	浙江八达工程机械有限公司	28
6	370	200	DZ60KSA	60	374	1100	5600	2.05	1.5	2.1	浙江八达工程机械有限公司	21
7	570	320	DZ90KSA	90	430	1050	7800	2.8	1.6	2.2	浙江八达工程机械有限公司	23
8	775	320	DZ120KSA	120	629	1050	11 600	2.95	1.65	2.3	浙江八达工程机械有限公司	27

6.1.9 压桩机

地基施工中,压桩机按照预制桩的规格/型号、最大耐受力来选择。方桩边长在 200~500 mm 之间,管桩直径在 300~800 mm 之间,最大耐受力在 800~10 000 tf 之间,压桩机选择最大压桩力在 800~10 000 tf 之间,最大升降行程在 0.9~1.2 m 之间,具体见表 6-9。

表 6-9 压桩机性能参数

序号	桩最大耐受力/tf	规格/型号	外形尺寸/(mm×mm×mm)	边桩距离/mm	最大压桩速度/(m/min)	最小压桩速度/(m/min)	纵向行程/m	横向行程/m	最大升降行程/m	参考厂家	参考价格/万元
1	1260	ZYJ1260B	16 820×9750×3305	1002	10	0.9	3.6	0.7	1.2	山河智能装备股份有限公司	216
2	1060	ZYJ1060B	16 010×9160×3300	1002	8.77	0.3	0.7	3.6	1.1	山河智能装备股份有限公司	202
3	860	ZYJ860B	14 610×8680×3300	670	9.2	0.3	3.6	0.7	1.1	山河智能装备股份有限公司	178
4	1000	GZY100	7800×7200×2200	800	4	1.8	1	2.5	0.9	武汉华威建筑桩工机械有限公司	130
5	10 000	GZY1000	12 500×12 500×3250	1200	2	0.7	0.8	3.5	0.9	武汉华威建筑桩工机械有限公司	205
6	6000	GZY600	12 000×12 000×3000	1200	2.6	1.15	1	3.5	0.9	武汉华威建筑桩工机械有限公司	162

续表

序号	桩最大耐受力/tf	规格/型号	外形尺寸/(mm×mm×mm)	边桩距离/mm	最大压桩速度/(m/min)	最小压桩速度/(m/min)	纵向行程/m	横向行程/m	最大升降行程/m	参考厂家	参考价格/万元
7	1000	JVY1000A	14 500×8910×3390	1002	9.98	0.67	3.6	0.7	1.1	恒天九五重工有限公司	208
8	1200	JVY1200H	13 500×12 500×3350	1202	7.54	0.56	3.6	0.7	1.1	恒天九五重工有限公司	229
9	800	JVY800A	14 000×8490×3360	1400	5.04	0.74	3.6	0.7	1.1	恒天九五重工有限公司	184
10	240	JVY240A	10 500×6110×3200	900	6.7	0.91	3	0.6	0.9	恒天九五重工有限公司	138

6.1.10 正循环钻机

地基施工中,正循环钻机按照桩的设计直径和深度来选择。桩的钻孔深度在50～150 m之间,直径在1～3.5 m之间,正循环钻机选择钻孔直径为1～3.5 m,最大钻孔深度为50～150 m,钻机功率在30～255 kW之间,具体见表6-10。

表6-10 正循环钻机性能参数

序号	钻孔直径/m	钻孔深度/m	规格/型号	最大提升力/kN	动力头转速/(r/min)	钻机功率/kW	主机质量/t	外形尺寸/(m×m×m)	参考厂家	参考价格/万元
1	3.5	150	GD35	1600	4～20	255	37	4.8×4.5×7.3	上海金泰工程机械有限公司	22
2	1	50	GPS-10	75	180	37	6.47	5×2.9×10.3	上海金泰工程机械有限公司	12
3	1.5	50	GPS-15	150	180	30	8	4.7×2.2×10	上海金泰工程机械有限公司	14
4	1.8	100	GPS-18A	150	180	37	8.5	4.8×2.2×10	上海金泰工程机械有限公司	16
5	2	100	GPS-20	160	180	37	10	5.7×2.4×9.3	上海金泰工程机械有限公司	17
6	2.2	100	GPS-22	180	240	55	13	6.6×2.4×11.3	上海金泰工程机械有限公司	18

6.1.11 反循环钻机

地基施工中,反循环钻机按照桩的设计直径和深度来选择。桩的钻孔深度在50～150 m之间,直径在2.5～5 m之间,反循环钻机选择钻孔直径为2.5～5 m,最大钻孔深度为50～150 m,钻机功率在95～315 kW之间,具体见表6-11。

表 6-11 反循环钻机性能参数

序号	钻孔直径/m	钻孔深度/m	钻机类型	最大提升力/kN	动力头转速/(r/min)	钻机功率/kW	主机质量/t	外形尺寸/(m×m×m)	厂家	参考价格/万元
1	5	120	KT5000	3000	0~12	315	91	12×7.5×10	郑州勘察机械有限公司	35
2	4	150	KT4000	1200	0~12	170	52	9.2×5×7.6	郑州勘察机械有限公司	30
3	3.5	150	KT3500	1500	0~20	225	47	9.2×5×7.6	郑州勘察机械有限公司	26
4	3	100	KP3000	203	600	95	18	7.1×6.4×9	郑州勘察机械有限公司	22
5	2.5	100	QJ250-1	203	600	95	19	7.1×4.6×12	郑州勘察机械有限公司	19

6.1.12 冲击钻机

地基施工中,冲击钻机按照桩的设计直径和深度来选择。桩的设计深度在 50~300 m 之间,直径在 0.9~3 m 之间,冲击钻机选择冲孔直径为 900~3000 mm,冲孔深度在 80~300 m 之间,冲锤最大质量在 2~12 t 之间,具体见表 6-12。

表 6-12 冲击钻机性能参数

序号	冲孔直径/mm	冲孔深度/m	规格/型号	冲锤最大质量/t	冲击计数/min	外形尺寸/(m×m×m)	质量/kg	厂家	参考价格/万元
1	900	80	CK900	2	5~6	6×2×6.3	5500	南通腾卷扬机制造有限公司	6
2	1500	80	CK1500	4	5~6	7×2×7	6500	南通腾卷扬机制造有限公司	6.8
3	1800	80	CK1800	5	5~6	7×2×7	6700	南通腾卷扬机制造有限公司	7.2
4	2000	100	CK2000	6	5~6	7.2×2×7.2	9500	南通腾卷扬机制造有限公司	7.8
5	2200	100	CK2200	8	5~6	7.2×2×7.2	9800	南通腾卷扬机制造有限公司	8.2
6	2500	100	CK2500	10	5~6	7.5×2.2×7.5	13 500	南通腾卷扬机制造有限公司	8.9
7	3000	100	CK3000	12	5~6	7.5×2.2×7.5	13 500	南通腾卷扬机制造有限公司	9.3
8	1500	300	CZ9	5	5~6	7.2×2×7.2	10 000	南通腾卷扬机制造有限公司	8.2
9	2500	300	CZ6D	10	5~6	7.2×2×7.2	10 000	南通腾卷扬机制造有限公司	9.5

6.1.13 旋挖钻机

地基施工中,旋挖钻机按照桩的设计直径、深度和地质环境来选择。桩的设计深度在 10~100 m 之间,直径在 0.9~3 m 之间,旋挖钻机选择冲孔直径为 880~3000 mm,冲孔深度在 10~100 m 之间,额定功率在 125~410 kW 之间,具体见表 6-13。

表 6-13 旋挖钻机性能参数

序号	桩深度/m	桩直径/mm	规格型号	额定功率/kW	设备总质量/kg	外形尺寸/(m×m×m)	动力头转速/(r/min)	最大提升力/kN	厂家	参考价格/万元
1	22	880	XR280D	298	98 000	10.7×4.8×23	28	300	徐州工程机械集团有限公司	201
2	20	1020	XR360	298	95 000	11×4.8×24.6	36	250	徐州工程机械集团有限公司	250
3	56	1500	SR150C	125	46 000	13×3×3.3	40	160	三一重工股份有限公司	96
4	61	2300	SR285R-C10	300	100 000	18×3.5×3.7	24	260	三一重工股份有限公司	189
5	69	2800	SR405R-H10	377	122 000	20×3.5×3.7	23	320	三一重工股份有限公司	310
6	52	1800	ZR200A	213	71 000	14.6×3.1×3.5	22	180	中联重科股份有限公司	143
7	26	2300	ZR220A	242	72 000	8.6×3.6×21	24	180	中联重科股份有限公司	156
8	28	2800	ZR360L	298	98 900	9.4×4×6.5	36	180	中联重科股份有限公司	263
9	96	3000	SWDm^{3}60H	410	132 000	20×4.8×3.7	25	390	山河智能装备股份有限公司	258
10	74	2200	SWDM260	242	78 000	16.9×4.5×3.3	32	280	山河智能装备股份有限公司	178
11	100	2500	SWDm^{3}60	298	115 000	19.3×4.7×3.5	29	370	山河智能装备股份有限公司	261

6.1.14 冲孔成孔机

地基施工中,冲孔成孔机按照孔的直径和深度来选择。孔直径在 80~165 mm 之间,深度在 5~30 m 之间,冲孔成孔机选择钻孔直径在 80~165 mm 之间,最大孔深在 30 m 以内,最大推力在 4500~19 000 N 之间,具体见表 6-14。

表 6-14 冲孔成孔机性能参数

序号	钻孔直径/mm	最大孔深/m	规格型号	使用气压/MPa	耗气量/(m³/min)	最大推力/N	机重/kg	厂家	参考价格/万元
1	105~165	20	DL351	1.02~2.46	17~21	13 620	5000	张家口动力机械有限公司	28
2	155~165	17.5	KQG150	1.8~2.2	16~22	19 000	16 500	张家口动力机械有限公司	35

续表

序号	钻孔直径/mm	最大孔深/m	规格型号	使用气压/MPa	耗气量/(m³/min)	最大推力/N	机重/kg	厂家	参考价格/万元
3	80～130	30	DQ100B	0.5～0.7	12	6000	4600	张家口动力机械有限公司	24
4	83～100	25	KQD100	0.5～0.7	6	6000	4000	洛阳风动机具有限公司	20
5	83～100	25	KQZ100	0.5～0.7	12	6000	4200	洛阳风动机具有限公司	21
6	83～100	20	KQY100	0.5～0.7	6	4500	3900	洛阳风动机具有限公司	19
7	80～130	25	KQY90	0.5～0.7	7.2	6000	4500	浙江开山股份有限公司	23

6.1.15 长螺旋钻机

地基施工中，长螺旋钻机按照钻孔直径、深度来选择。钻孔直径为 300～600 mm，钻孔深度为 10～35 m，长螺旋钻机选择最大钻孔直径为 600 mm，最大钻孔深度为 20～35 m，动力头功率在 90～150 kW 之间，具体见表 6-15。

表 6-15 长螺旋钻机性能参数

序号	最大钻孔直径/mm	最大钻孔深度/mm	规格型号	桩机质量/t	动力头功率/kW	最大提拔力/kN	主机转速/(r/min)	输出扭矩/(N·m)	厂家	参考价格/万元
1	600	20 000	CFG20	35	2×37	25	30.5	25.4	浙江振中工程机械有限公司	45
2	800	29 000	CFG30	70	2×55	50	21.3	44.3	浙江振中工程机械有限公司	55
3	600	26 000	JZB60	50	2×45	50	14	51	恒天九五重工有限公司	47
4	600	31 000	JZL90	64	2×55	70	16	55	恒天九五重工有限公司	57
5	600	35 000	JZL120	86	2×75	80	14	87	恒天九五重工有限公司	69
6	600	31 000	JZB90	55	2×55	70	16	55	恒天九五重工有限公司	59
7	600	32 000	SWCFG32B	80	2×75	100	28	120	山河智能装备股份有限公司	65

6.1.16 振冲器

地基施工中，振冲器按照地基承载力的设计要求和工作效率来选择。压实度越高，所需振冲器的激振力越大，功率越高。振冲器选择功率在 100～180 kW 之间，激振力在 180～300 kN 之间，最大转速在 1450 r/min 以上，具体见表 6-16。

表 6-16 振冲器性能参数

序号	激振力/kN	功率/kW	最大转速/(r/min)	型号	额定电压/V	最大振幅/mm	质量/kg	外径/mm	长度/mm	厂家	参考价格/万元
1	276	180	1450	BIV180E	380	18.9	2586	426	3100	北京振冲工程机械有限公司	18.1
2	260	150	1450	BIV150E	380	18.9	2516	426	3023	北京振冲工程机械有限公司	15.2
3	180	100	1450	ZCQ100	380	18.9	2000	480	2600	西安振冲工程机械设备有限公司	11.3
4	220	130	1450	ZCQ130	380	18.9	2320	480	2800	西安振冲工程机械设备有限公司	13
5	260	150	1450	ZCQ150	380	18.9	2510	500	2980	西安振冲工程机械设备有限公司	15
6	300	180	1800	ZCQ180	380	18.9	2400	600	3200	西安振冲工程机械设备有限公司	17.8

6.1.17 挖掘机

地基施工中,挖掘机按照路基土方量和工作效率来选择。土方量越大,挖掘机斗容量越大,工作效率越高。挖掘机选择斗容量在 0.3~1.6 m³ 之间,吨级在 6~30 t 之间,具体见表 6-17。

表 6-17 挖掘机性能参数

序号	最大挖高/mm	最大挖深/mm	最大挖掘半径/mm	斗容量/m³	型号	走行速度/(km/h)	功率/kW	质量/kg	厂家	参考价格/万元
1	5735	3770	6090	0.3	SY60C	4.2	36	6000	三一重工股份有限公司	24
					CTA306				卡特彼勒公司	35
					PC60				小松集团	40
2	9800	6095	9380	1	SY200C	5.4	103	20 150	三一重工股份有限公司	68
					CAT320				卡特彼勒公司	75
					PC200				小松集团	95
3	9925	7380	11 080	1.6	SY265C	5.5	194	34 160	三一重工股份有限公司	130
					CAT330				卡特彼勒公司	135
					PC300				小松集团	163
4	6020	4020	6780	0.3	XE75DA	4.2	42.4	7460	徐州工程机械集团有限公司	50
5	9540	6660	9760	1	XE205DA	5.7	135	21 500	徐州工程机械集团有限公司	63
6	10 048	6972	10 240	1.3	XE245DK	5.3	150	25 500	徐州工程机械集团有限公司	80
7	10 146	7200	10 680	1.6	XE310DA	5.2	169	31 500	徐州工程机械集团有限公司	105

6.1.18 装载机

地基施工中,装载机按照土方量和作业空间来选择。土方量越大,装载机斗容量越大。装载机选择 4 t、5 t、4 t 侧卸、5 t 侧卸等几种类型,斗容量分别为 2.2 m^3、3 m^3、1.8 m^3、2.2 m^3,具体见表 6-18。

表 6-18 装载机性能参数

序号	标准铲斗容量/m^3	规格型号	功率/kW	厂家	参考价格/万元
1	3.1	WA380-6	142	小松集团	76
		SW405K		三一重工股份有限公司	30
		山推 L36K		山推工程机械股份有限公司	30
2	2.3	侧卸 WA380-6	143	小松集团	97
		侧卸 SW405K		三一重工股份有限公司	33
		侧卸山推 L36K		山推工程机械股份有限公司	35
3	4.2	WA470-6	203	小松集团	160
		SYL956H		三一重工股份有限公司	32
		山推 L58-C3		山推工程机械股份有限公司	33
4	3.5	侧卸 WA470-6	203	小松集团	175
		侧卸 SYL956H		三一重工股份有限公司	35
		侧卸山推 L58-C3		山推工程机械股份有限公司	38
5	2.4	LW440FV	129	徐州工程机械集团有限公司	28
6	3	LW500KV	162	徐州工程机械集团有限公司	36
7	3.3	CAT950GC	168	卡特彼勒公司	—
8	4	CAT966GC	219	卡特彼勒公司	—

典型机械产品

1) L956HEV 纯电动装载机(山东临工工程机械有限公司,简称临工)

(1) 概述

L956HEV 纯电动装载机(图 6-1)用于搅拌站等工况,日工作时间 12 h,年工作 3600 h,其具有以下特点:

① 采用箱式车架,大跨度铰接,对中长轴距;载荷分布合理,稳定性高;铰接部位采用关节轴承与圆锥滚子轴承组合形式,采用新式密封设计,可靠性更高,使用寿命更长。

② 液压缸采用加强型设计,全部使用进口高端密封件和大宽度导向带,杜绝泄漏和拉缸,设计寿命提升;接头和管路连接采用 24°锥密封设计,让油液"无处可逃";优化液压管路走向,减少油管磨损和干涉,提高可靠性。

③ 轻量化高强度技术综合应用,优化工作

图 6-1 L956HEV 纯电动装载机

装置,提高强度,降低重量。

④ 配置临工自制加强型驱动桥,加强型传动轴,传动部件采用新工艺强化处理,优化传动比,更加适合重载工况。

⑤ 驻车制动采用全新鼓式制动器,制动力矩大,制动蹄片内藏,受泥水等影响小,制动安

全可靠；行车制动采用全液压制动系统，进口制动元件，优化制动空气源管理器设计，减少热源损伤，安全可靠。

⑥ 整车线束采用防水、防尘、防松动设计，接插件就近固定，提高可靠性，增强安全性；前灯架采用减震措施，减少整机对大灯的损伤。

⑦ 电池采用行业领先锂电池技术，单位能量密度大，在电池容量、安全性、充放电、续航能量等方面具有领先优势。

⑧ 电动机采用永磁同步电动机，变频变速，功率大、可靠性高、寿命长。

⑨ 电控平台搭建合理，自主化程度高，控制精准，可根据客户需求进行二次设置调整；自主开发电驱箱，优化电动装载机的动力传递路线；整机动力性能好，加速快，响应迅速；无级变速，自动换挡，操纵轻便舒适；整车全系采用 LED 灯。整机采用深度学习的智能控制系统，系统可根据负载、车速等条件自动调节动力输出；整机操作轻便舒适，动力性能好，冲击小，作业效率高。

⑩ 采用临工热管理系统（电池、电动机、电控配置热管理系统），不惧外部环境变化，可以满足高低温和各工况的使用需求；可根据发热量大小智能调节散热功率，保证系统的安全性和稳定性，智能化程度高。

⑪ 采用临工 H 代驾驶室，人机工程学设计，按键布局合理，空间大、视野好；配备饮料冷藏室、冷暖空调，舒适性好。

⑫ 整机采用 7 英寸液晶屏，总线传输，显示内容多；总线音响，Keypad 虚拟化操作，人机交互性高。

(2) 主要技术参数

① 整机参数见表 6-19。

② 电池/电动机参数见表 6-20。

表 6-19 整机主要技术参数

项 目	机 型		
	L956HEV		L056H0E015G29A1
动力电池	磷酸铁锂电池组	机重	18 400 kg
工作电动机连接方式	永磁同步变频电动机与上装变速箱	额定载荷	5500 kg
驱动电动机连接方式	永磁同步变频电动机与行星箱直连	标准斗容	3 m³
变速挡位	前二后一（自动挡）	轴距	3.3 m
驱动桥	临工加强桥	最大牵引力	170 kN
操纵方式	电控双手柄先导	最大掘起力	170 kN
转向系统	负荷传感转向	倾翻载荷	110 kN
制动	全液压钳式制动	前Ⅰ/后Ⅰ/前Ⅱ	13/13/38 km/h
驾驶室	H 系新外观	工作装置压力	19.7 MPa
其他	标配空调、倒车影像	三项和时间	9.6 s

注：三项和时间指臂举升的时间、翻斗卸料的时间、动臂下降的时间之和。

表 6-20 电池/电动机主要技术参数

	项 目	参 数		项 目	参 数
驱动电动机	型号	TZ380XS016J	驱动电动机	储能装置种类	磷酸铁锂电池
	额定功率	125 kW		动力电池额定容量	282 kW·h
	额定扭矩	1200 N·m		动力电池额定电压	618 V
	峰值功率	240 kW		动力电池最佳温度	25～35℃
	峰值扭矩	2600 N·m		（充电桩）最大充电功率	360 kW

续表

项 目		参　数	项 目	参　数
上装电动机	型号	TZ366XS011J	充电类型	直流
	额定功率	104.7 kW	充电时间（240 kW 充电桩）	双充 1 h 单充 2 h
	额定扭矩	500 N·m	续航时间	6～8 h
	峰值功率	180 kW	防护等级电箱、接线盒、控制盒	IP67
	峰值扭矩	1000 N·m	动力电池加热	加热膜加热
目前电动机制造商		浙江中车尚驰电气公司	动力电池/电动机散热	液冷(20 L+25 L)

(3) 操作注意事项

① 启动方法。整机插上钥匙，先开启弱电，点亮仪表盘，在仪表盘自检完毕后，再拧一下钥匙上高压电（切记不要在仪表盘自检未完成时直接上高压，容易烧毁继电器）。

② 熄火方法。整机熄火时，钥匙逆时针拧，先下高压，20 s 后（充分放电过程）下低压拔钥匙。

③ 报警问题。当仪表盘报警时，现场人员应先检查报警部位是否正常，例如转速超速、电动机扭矩超限、温度超限等情况，超限现象解除后，整机可恢复正常，否则重新熄火启动，可恢复正常；仍然解决不了问题时，可重置系统。重置系统方法如下：

(a) 熄火，拔钥匙，等待 10 s 左右；

(b) 整机右侧台架处关闭总电源，等待 30 s 左右，再开启总电源；

(c) 去驾驶室按启动方法进行重新启动。

④ 长下坡超速问题。整机设有转速超速限制，长时间下坡时，需要踩制动踏板控制车速，避免重力反拖电动机运行超速，电动机转速超 3000 r/min 时（约：一挡时速 12 km，二挡时速 36 km），整机自动进行动力切断，对电动机进行保护，否则会报警；报警清除方法见第③条。

⑤ 电动机堵转问题。电动装载机没有变矩器柔性元件，在遇到无穷大的阻力时，不能一直踩着油门向前推，否则电动机堵转，温升快，会烧毁电动机。为了解决这个问题，整机设置 12 s 时限，超过 12 s 时，整机自动切断动力，避免电动机堵转，并报警。这是和柴油机型不一样的地方，务必注意。

⑥ 液压驱动电动机问题。该机液压驱动电动机有扭矩上限和功率上限，系统出厂已设置好，不能随意调整系统压力，否则容易引起报警。

⑦ 安全问题。所有橙色线均为高压线束，电压大于 600 V，切勿擅自触摸拆卸；整机设有三级安全锁，需要拆卸维修时请联系专业人员。

⑧ 安全提示，如图 6-2 所示。

- 严禁任何时候用双手同时触摸电池箱体的正负极柱

- 维修人员必须持有当地电工证和CATL授权维修证书才能进行维修作业

- 在操作和维护电池系统时需穿戴绝缘手套，严禁佩戴手表等金属饰品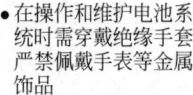

- 在清洗车辆时，应避开高压元器件，避免与水接触后产生不良后果

- 严禁人为对电池进行挤压、刺穿、燃烧等破坏电池系统的行为

- 电池系统的工作环境应无腐蚀性、爆炸性和破坏绝缘的气体或导电尘埃，并远离热源

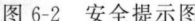

图 6-2　安全提示图

(4) 基本功能介绍
① 仪表盘,见图 6-3。
② 仪表盘功能及操作,见图 6-4。
③ 按键功能,见图 6-5 和图 6-6。
④ 操纵箱开关功能,见图 6-7。
(5) 服务保养
服务保养见表 6-21。

图 6-3 仪表盘示意图

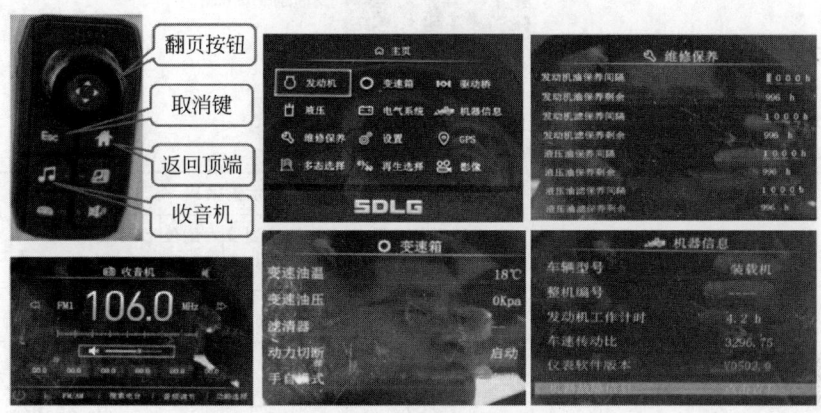

图 6-4 仪表盘功能及操作图

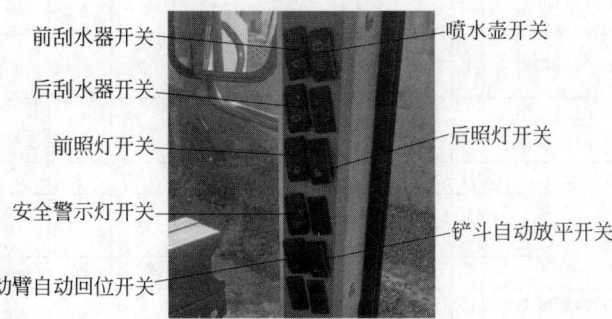

图 6-5 按键示意图 1

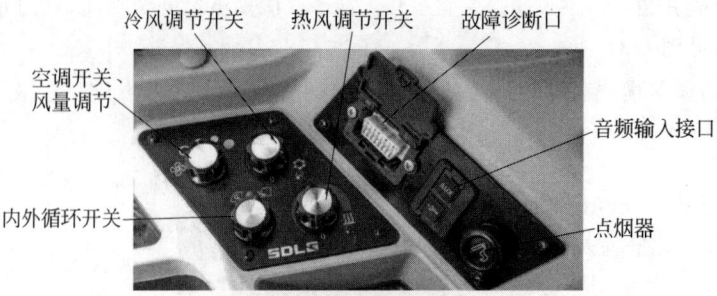

图 6-6 按键示意图 2

图 6-7 操纵箱开关示意图

表 6-21 服务保养项目图

物料名称	物料编码	单位	用量	保养类型（注：√表示更换）							备 注
				一到位 0~50	二到位 200~300	三到位 400~600	四到位 900~1100	五到位 1400~1600	六到位 1900~2100	七到位 2400~2600	
液力传动油 6#	5301000103(18L)	L	51		√		√		√		首次 250 h 第二次 1000 h 之后周期 1000 h 走行 45 L+上装 6 L
传动油滤清器滤芯	4110003167001	件	1		√		√		√		
变速箱呼吸器滤芯 SJXKL-M12-H-02	4110001544001	件	1				√		√		周期 1000 h
驱动桥齿轮油 GL-585W/90	5301000105(18L)	L	56			√		√		√	前桥 20+2×5 L，后桥 16+2×5 L
液压油 L-HV46 (VG 46)	5301000178(18L) 5301000181(200L)	L	172						√		周期 2000 h
液压油箱回油滤芯	4120007722	件	1			√		√		√	首次 500 h 周期 1000 h
先导滤清器滤芯 PLFX-30X10	4120001954001	件	1			√		√		√	
液压油箱呼吸器	4120001088	件	1						√		周期 2000 h
制动滤清器滤芯	4120004417001	件	1			√		√		√	首次 500 周期 1000 h
冷却液-35#	5301000203(18kg)	L	45							√	周期 2000 h 或 1 年 20 L-电池散热 25 L-电机散热
新风滤网	4190015311	件	1				√		√		周期 1000 h
回风滤网	4190015313	件	1				√		√		空调

6.1.19 自卸车

地基施工中,自卸车按照渣土方量、运距来选择。渣土方量越大、运距越远,所需自卸车容量越大、数量越多。自卸车斗容量为 20 m³,满载质量为 40 t,具体见表 6-22。

表 6-22 自卸车性能参数

序号	斗容量/m³	最大总质量/kg	规格/型号	核定载质量/kg	外轮廓尺寸/(mm×mm×mm)	货厢尺寸/(mm×mm×mm)	厂家	参考价格/万元
1	20	25 000	20方	12 370	8535×2550×3484	5800×2350×1500	北奔重型汽车集团有限公司	47.68
2	20	25 000	20方	12 370	8535×2550×3484	5800×2350×1500	北汽福田汽车股份有限公司	40.1
3	20	25 000	20方	12 500	7400×2500×3400	4800×2300×1400	中国重型汽车集团有限公司	30

6.1.20 铲运机

地基施工中,铲运机按照土方量和工作环境来选择。土方量越大,所需铲运机铲斗容量越大。铲运机选择铲斗容量在 0.75~2 m³ 之间,额定载质量在 1.5~4 t 之间,走行速度低于 20 km/h,具体见表 6-23。

表 6-23 铲运机性能参数

序号	铲斗容量/m³	额定载质量/t	走行速度/(km/h)	型号	最大卸载高度/mm	最小转弯半径/mm	功率/kW	厂家	参考价格/万元
1	0.75	1.5	0~6	WJD-1	900	3050	37	山东中煤工矿物资集团有限公司	23
2	1	2	0~14	WJD 1.5	1498	2800	55	山东中煤工矿物资集团有限公司	25
3	2	4	0~19	WJD-2	1740	2400	75	山东中煤工矿物资集团有限公司	67

6.1.21 推土机

地基施工中,推土机按照土方量和作业面积来选择。土方量越大,作业面积越广,推土机功率越高,吨位越高。推土机选择功率在 103~162 kW 之间,吨位在 14~22 t 之间,具体见表 6-24。

表 6-24 推土机性能参数

序号	功率/kW	规格型号	最大爬坡能力/(°)	走行速度/(km/h)	厂家	参考价格/万元
1	103	TS140	25	2.52/3.55/5.68/7.53/10.64	宣化工程机械集团有限公司	46
		DT140B			徐州工程机械集团有限公司	40
2	118	STR16	30	2.7/3.7/5.4/7.6/11.0	山推工程机械股份有限公司	60
		TG160A			天津移山工程机械有限公司	53

续表

序号	功率/kW	规格型号	最大爬坡能力/(°)	走行速度/(km/h)	厂家	参考价格/万元
3	147	SD20	30	2.7/3.7/5.4/7.6/11.0	山推工程机械股份有限公司	66
		TSC180H			天津移山工程机械有限公司	60
4	162	SD22	30	3.6/6.5/11.2	山推工程机械股份有限公司	90
		TY220H			天津移山工程机械有限公司	85
5	253	320HP	30	11	卡特彼勒公司	120
6	259	D8T	30	3.4/6.1/10.6	卡特彼勒公司	—

6.2 填料拌和机械

6.2.1 破碎筛分生产线

路基填料施工中,破碎筛分生产线按照生产填料的技术规格来选择,破碎机按照原材料的粒径、生产能力来选择,筛分机按照填料粒径来选择。原材料粒径在300～800 mm之间,破碎机选择最大进料粒径在425～1200 mm之间,进料口尺寸在500 mm×750 mm～1500 mm×1800 mm之间,电动机功率在55～385 kW之间,具体见表6-25。填料粒径尺寸在5～30 mm之间,筛分机选择最大入料粒度小于30 mm,最大筛面直径则与破碎机效率相匹配,筛面直径宽范围为0.3～2.0 m。

WXZ系列旋振筛性能和主要技术参数如表6-26所示。

WFPS系列复振筛性能和主要技术参数如表6-27所示。

WXZC系列超声波振动筛性能和主要技术参数如表6-28所示。

表6-25 石头破碎机性能参数

序号	进料粒度/mm	规格型号	给料口尺寸/(mm×mm)	排料口调整范围/mm	处理能力/(t/h)	偏心轴转速/(r/min)	电动机功率/kW	总质量/t	外形尺寸/(mm×mm×mm)	厂家	参考价格/万元
1	≤425	PE-500×750	500×750	50～100	40～110	275	55	12	1980×2080×1870	山友重工有限公司	7
2	≤500	PE-600×750	600×750	150～200	80～240	275	55	15.8	2070×2000×1920	山友重工有限公司	8
3	≤500	PE-600×900	600×900	65～160	50～160	250	55	17	2190×2206×2300	山友重工有限公司	10
4	≤630	PE-750×1060	750×1060	80～140	110～320	250	110	29	2660×2430×2800	山友重工有限公司	12
5	≤640	PE-800×1060	800×1060	130～190	130～330	250	110	29.8	2710×2430×2800	山友重工有限公司	14
6	≤650	PE-830×1060	830×1060	160～220	150～336	250	110	30.7	2740×2430×2800	山友重工有限公司	15
7	≤660	PE-870×1060	870×1060	200～260	190～336	250	110	31.5	2810×2430×2800	山友重工有限公司	16
8	≤685	PE-900×1060	900×1060	230～290	230～390	250	110	33	2870×2420×2940	山友重工有限公司	18

续表

序号	进料粒度/mm	规格型号	给料口尺寸/(mm×mm)	排料口调整范围/mm	处理能力/(t/h)	偏心轴转速/(r/min)	电动机功率/kW	总质量/t	外形尺寸/(mm×mm×mm)	厂家	参考价格/万元
9	≤750	PE-900×1200	900×1200	95～165	220～380	200	110	52	3380×2870×3330	山友重工有限公司	20
10	≤850	PE-1000×1200	1000×1200	195～265	315～500	200	110	55	3480×2876×3330	山友重工有限公司	22
11	≤1020	PE-1200×1500	1200×1500	150～350	400～800	180	160～220	100.9	4200×3300×3500	山友重工有限公司	23
12	≤1200	PE-1500×1800	1500×1800	220～350	500～1000	180	280～355	139	5160×3660×4248	山友重工有限公司	25

表 6-26 旋振筛性能参数

序号	最大入料粒度/mm	规格/型号	公称直径/mm	筛面直径/mm	有效筛面面积/m²	筛面规格(目/in)	层数	振次/(r/min)	功率/kW	厂家	参考价格/万元
1	<10	WXZ-400	400	320	0.0804	2～325	1～3	1500	0.25	河南威猛振动设备股份有限公司	0.25
2	<10	WXZ-600	600	550	0.2124	2～325	1～3	1500	0.4	河南威猛振动设备股份有限公司	0.28
3	<20	WXZ-800	800	750	0.4072	2～325	1～3	1500	0.75	河南威猛振动设备股份有限公司	0.3
4	<20	WXZ-1000	1000	950	0.6221	2～325	1～3	1500	1	河南威猛振动设备股份有限公司	0.32
5	<20	WXZ-1200	1200	1150	0.9331	2～325	1～3	1500	1.5	河南威猛振动设备股份有限公司	0.4
6	<20	WXZ-1500	1500	1450	1.5175	2～325	1～3	1500	2.2	河南威猛振动设备股份有限公司	0.5
7	<30	WXZ-1800	1800	1720	2.322	2～325	1～3	1500	3.7	河南威猛振动设备股份有限公司	0.6
8	<30	WXZ-2000	2000	1910	2.86	2～325	1～3	1500	3.7	河南威猛振动设备股份有限公司	0.8

表 6-27 复振筛性能参数

序号	入料粒度/mm	规格型号	电动机功率/kW	电动机转速最高、最低/(r/min)	振幅/mm	筛孔数量/个	处理能力/(t/h)	质量/t	外形尺寸(长×宽×高)/(mm×mm×mm)	厂家	参考价格/万元
1	0～120	WFPS-1550	4×3.0	1440～720	44 727	38 645	150	13.5	5300×3600×4000	河南威猛振动设备股份有限公司	5
2	0～120	WFPS-1850	4×4.0	1440～720	44 727	38 645	200	16.8	5300×3900×4000	河南威猛振动设备股份有限公司	6

续表

序号	入料粒度/mm	规格型号	电动机功率/kW	电动机转速最高、最低/(r/min)	振幅/mm	筛孔数量/个	处理能力/(t/h)	质量/t	外形尺寸(长×宽×高)/(mm×mm×mm)	厂家	参考价格/万元
3	0~120	WFPS-2050	6×5.5	1440~720	44 727	38 645	220~250	18.3	5300×4100×4000	河南威猛振动设备股份有限公司	7
4	0~130	WFPS-2250	4×7.5	1440~720	44 727	38 645	250~300	21.7	5300×4400×4200	河南威猛振动设备股份有限公司	8
5	0~130	WFPS-2550	4×7.5	1440~720	44 727	38 645	300~350	22.3	5300×4800×4200	河南威猛振动设备股份有限公司	9
6	0~130	WFPS-2575	6×7.5	1440~720	44 727	38 645	350~400	37.3	8000×4800×5400	河南威猛振动设备股份有限公司	12
7	0~140	WFPS-25100	8×7.5	1440~720	44 727	38 645	400~500	59.4	10 000×4800×5400	河南威猛振动设备股份有限公司	13
8	0~150	WFPS-25125	10×7.5	1440~720	44 727	38 645	500~650	70	12 500×4800×5700	河南威猛振动设备股份有限公司	15

表 6-28 振动筛性能参数

序号	有效筛面直径/mm	有效筛分面积/mm²	规格型号	筛网规格（目/in）	层数	振动电动机功率/kW	普通电动机功率/kW	厂家	参考价格/万元
1	540	0.2289	WXZC-600	100~500	1~2	0.25	0.75	河南威猛振动设备股份有限公司	3
2	730	0.4183	WXZC-800	100~500	1~2	0.55	1.1	河南威猛振动设备股份有限公司	3.2
3	900	0.6359	WXZC-1000	100~500	1~2	0.75	1.5	河南威猛振动设备股份有限公司	3.5
4	1100	0.9499	WXZC-1200	100~500	1~2	1.1	1.5	河南威猛振动设备股份有限公司	3.8

6.2.2 改良土搅拌站

路基填料施工中，改良土搅拌站按照改良土需求量和作业周期来选择。需求量越大，改良土搅拌站的产能越高。改良土搅拌站以每小时生产吨数为主参数，选择产能范围在300~800 t/h之间，功率在90~210 kW之间，具体见表6-29。

表 6-29 改良土搅拌站性能参数

序号	机械设备主参数/(t/h)	规格型号	产能/(t/h) 砂砾	产能/(t/h) 灰土	整机功率/kW	整机质量/t	厂家	参考价格/万元
1	300	WDB300	300	200	90	35	山东贝特重工股份有限公司	32

续表

序号	机械设备主参数/(t/h)	规格型号	产能/(t/h) 砂砾	产能/(t/h) 灰土	整机功率/kW	整机质量/t	厂家	参考价格/万元
2	400	WDB400	400	300	110	36	山东贝特重工股份有限公司	33
3	500	WDB500	500	400	130	38	山东贝特重工股份有限公司	34
4	600	WDB600	600	500	150	40	山东贝特重工股份有限公司	35
5	700	WDB700	700	600	190	42	山东贝特重工股份有限公司	37
6	800	WDB800	800	700	210	44	山东贝特重工股份有限公司	39

6.2.3 碎土机

路基填料施工中，碎土机按照碎土量来选择。碎土量越大，碎土机功率越大，产能越高。碎土机选择产能在100～600 t/h之间，功率在70～264 kW之间，具体见表6-30和表6-31。

表6-30 铣削式碎土机性能参数

序号	产能/(t/h)	整机功率/kW	规格型号	外形尺寸（长×宽×高）/(mm×mm×mm)	输送高度/m	土壤性质	厂家	参考价格/万元
1	100～200	90	WHB-200	5500×2600×3200	3.5～4.5	水分含量小于25%的黏性土和黄土	河南嘉德机械有限公司	6
2	200～400	108.5	WHB-400	7500×2600×3200	3.5～4.5	水分含量小于25%的黏性土和黄土	河南嘉德机械有限公司	8.5

表6-31 曲辊式碎土机性能参数

序号	产量/(t/h)	电动机功率/kW	规格型号	辊子直径/mm	辊子长度/mm	进料粒度/mm	出料粒度/mm	外形尺寸（长×宽×高）/(mm×mm×mm)	厂家	参考价格/万元
1	100～200	70	2PC900×1100	900	1100	300～600	30～200	3000×3660×1210	巩义市城区鼎大机械厂	4
2	120～220	90	2PC1000×800	1000	800	300～600	30～200	3200×3400×1380	巩义市城区鼎大机械厂	5
3	150～300	150	2PC1200×1100	1200	1000	400～800	30～200	3550×3850×1480	巩义市城区鼎大机械厂	7
4	200～300	220	2PC1400×800	1400	800	500～800	30～300	3860×4200×1680	巩义市城区鼎大机械厂	8
5	300～600	264	2PC1600×800	1600	800	500～800	30～300	3980×4300×1890	巩义市城区鼎大机械厂	9

6.2.4 粉料罐

路基填料施工中,粉料罐按照粉料的日需求量、日消耗量来选择。需求量多,消耗量大,粉料罐的吨位也越大。粉料罐选择在30～300 t之间,罐体直径在2.5～5 m之间,具体见表6-32。

表6-32 粉料罐性能参数

序号	容量/t	罐体直径/m	规格型号	罐体高度/m	搭配的螺旋输送机型号	厂家	参考价格/万元
1	30	2.5	30T	6.0	LSY 219 型	江苏恒泰建筑机械制造有限公司	2
2	50	3	50T	7.5	LSY 219 型	江苏恒泰建筑机械制造有限公司	3
3	60	3	60T	9.0	LSY 219 型	江苏恒泰建筑机械制造有限公司	3.5
4	80	3	80T	10.5	LSY 219 型	江苏恒泰建筑机械制造有限公司	5.5
5	100	3	100T	12.5	LSY 219 型/273 型	江苏恒泰建筑机械制造有限公司	6.5
6	150	3	150T	15.6	LSY 219 型/273 型	江苏恒泰建筑机械制造有限公司	7.5
7	200	4.5	200T	18.6	LSY273 型/325 型	江苏恒泰建筑机械制造有限公司	8.5
8	250	4.5	250T	20.8	LSY 325 型	江苏恒泰建筑机械制造有限公司	9.5
9	300	5	300T	24.6	LSY 325 型	江苏恒泰建筑机械制造有限公司	10.5

6.2.5 路拌机

路基填料施工中,路拌机按照填料的消耗量、深度来选择。填料拌和宽度在2300 mm以内,拌和深度在350～450 mm之间,路拌机选择主参数在2300 mm以内,拌和深度在450 mm以内,功率在164～298 kW之间,走行速度在16～28 km/h之间,具体见表6-33。

表6-33 路拌机性能参数

序号	拌和深度/mm	整机功率/kW	走行速度/(km/h)	规格型号	主参数/mm	作业速度/(km/h)	走行方式	整机质量/t	厂家	参考价格/万元
1	400	298	25	WB2300	2300	0～3	轮胎	15	徐州筑路机械有限公司	8
2	400	225	24	WBL2100	2100	0～1.5	履带	13	徐州筑路机械有限公司	9.5
3	400	220	20	WBL2000	2000	3.63	履带	13	洛阳建筑机械有限公司	9
4	370	258	28	WBL2200	2200	3.4	履带	14	洛阳建筑机械有限公司	12
5	360	164	16	WBY2200	2200	4	轮胎	13.6	西安筑路机械有限公司	5
6	450	258	25	WBY2300	2300	0～3	轮胎	14.5	江苏华通机械有限公司	7

6.2.6 粉料撒布机

路基填料施工中,粉料撒布机按照粉料的摊铺宽度和厚度来选择。粉料摊铺宽度在 2500 mm 以内,摊铺厚度在 100 mm 以内,粉料撒布机选择摊铺宽度在 2000~2500 mm 之间,摊铺厚度在 10~100 mm 之间,功率在 100~220 kW 之间,具体见表 6-34。

表 6-34 粉料撒布机性能参数

序号	摊铺厚度/mm	摊铺宽度/mm	整机功率/kW	规格型号	辊轴直径/mm	摊铺速度/(m/min)	整机质量/t	厂 家	参考价格/万元
1	10~100	2000~2500	100	LY-985	1080	5	7	济宁市兖州区利源机械厂	7.5
2	10~100	2000~2500	120	万维-2200	1200	5	9	山东万维机械有限公司	9
3	10~100	2000~2500	140	HF-8000	1100	5	9.5	山东精驰机械有限公司	9
4	10~100	2000~2500	220	LMT-5251	1200	4	12	浙江美通筑路机械股份有限公司	13

6.2.7 粉料罐车

路基填料施工中,粉料罐车按照粉料日需求量来选择。粉料日需求量越大,粉料罐车容积越大。粉料罐车选择容积在 30~50 m³ 之间,功率在 230~350 kW 之间,具体见表 6-35。

表 6-35 粉料罐车性能参数

序号	罐体容积/m³	功率/kW	规格型号	罐体尺寸/(mm×mm)	整车质量/t	厂 家	参考价格/万元
1	30	230	ZQST-30	6500×2250	11	中国重型汽车集团梁山四通专用汽车有限公司	9
2	35	260	ZQST-35	7000×2250	12	中国重型汽车集团梁山四通专用汽车有限公司	10
3	45	300	ZQST-40	7500×2250	13	中国重型汽车集团梁山四通专用汽车有限公司	11
4	50	350	ZQST-50	8000×2250	15	中国重型汽车集团梁山四通专用汽车有限公司	12

6.2.8 稳定土搅拌站

路基填料施工中,稳定土搅拌站按照填料需求量来选择。填料需求量越大,稳定土搅拌站生产能力越高。稳定土搅拌站生产能力选择在 200~800 t/h 之间,功率在 75~210 kW 之间,具体见表 6-36。

表 6-36 稳定土搅拌站性能参数

序号	生产率/(t/h)	总功率/kW	规格型号	骨料直径/mm	骨料仓储存量/m³	成品料仓储存量/m³	搅拌机转速/(r/min)	整机质量/kg	厂 家	参考价格/万元
1	200	75	WBZ-200	≤60	3×4.5	6	63.2	30 000	郑州亿立实业有限公司	15

续表

序号	生产率/(t/h)	总功率/kW	规格型号	骨料直径/mm	骨料仓储存量/m³	成品料仓储存量/m³	搅拌机转速/(r/min)	整机质量/kg	厂家	参考价格/万元
2	300	98	WBZ-300	≤60	3×6	6	93	32 000	郑州亿立实业有限公司	17
3	400	110	WBZ-400	≤60	4×6	6	93	39 000	郑州亿立实业有限公司	20
4	500	120	WBZ-500	≤60	4×8	8	117	44 000	郑州亿立实业有限公司	21
5	600	140	WBZ-600	≤60	4×10	10	117	47 000	郑州亿立实业有限公司	26
6	700	186	WBZ-700	≤60	4×12	10	117	52 000	郑州亿立实业有限公司	27.5
7	800	210	WBZ-800	≤60	4×15	15	117	61 000	郑州亿立实业有限公司	29

6.3 整平机械

6.3.1 平地机

路基施工中,平地机按照路基平整面积和宽度来选择。平整面积越大,宽度越大,则平地机的功率越高,走行速度越快,铲刀宽度越大。平地机选择功率在132～176 kW之间,前进速度在5～46 km/h之间,铲刀宽度在4270 m以内,具体见表6-37。

表6-37 平地机性能参数

序号	功率/kW	规格/型号	前进速度/(km/h)	牵引力/kN	最小转弯半径/m	铲刀尺寸(长度×弦高)/(mm×mm)	整机质量/t	厂家	参考价格/万元
1	132	STG170C-8S	5/8/13/20/30/43	—	—	3965×620	14.6	三一集团有限公司	65
2	132	G9165	5.3/8.5/14/21/30/40	—	—	3658×610	14.6	山东临工工程机械有限公司	40
3	140	G9180	5/9/11.5/19.5/23.6/38	—	—	3962×610	15.3	山东临工工程机械有限公司	45
4	147	STG190C-8S	6/10/13/21/27/42	—	—	3965×620	15.8	三一集团有限公司	69
5	147	GR200	5/11/23	87	—	4270×610	16	徐州工程机械集团有限公司	48.5
6	151	G9200	4.8/8.4/11/19/23.5/38	—	—	4267×610	16	山东临工工程机械有限公司	50
7	153	GR215	5/11/23	90	—	4270×610	16.5	徐州工程机械集团有限公司	55.2
8	162	G9220	5/9/12/20.5/25.5/39	—	—	4267×610	16.5	山东临工工程机械有限公司	55

续表

序号	功率/kW	规格/型号	前进速度/(km/h)	牵引力/kN	最小转弯半径/m	铲刀尺寸(长度×弦高)/(mm×mm)	整机质量/t	厂家	参考价格/万元
9	162	SG21-C5	5.4/9.4/12.2/20.5/25.4/39.7	87	7.6	3965×635	16.6	山推工程机械股份有限公司	60
10	176	SG24-C5	5.8/10.0/13.2/22.7/28.5/46.9	97	8.6	3965×635	18.5	山推工程机械股份有限公司	68
11	170	717T	46.7	77	7.3	3658×580	14.5	国机重工集团常林有限公司	44
12	180	718T	45.3	81	7.3	3966×580	15.5	国机重工集团常林有限公司	46
13	190	719T	45.1	82	7.3	3966×580	15.6	国机重工集团常林有限公司	51
14	220	722T	43.1	83	7.3	4268×580	15.7	国机重工集团常林有限公司	54

6.3.2 摊铺机

路基施工中，摊铺机按照路基设计摊铺厚度和宽度来选择。摊铺厚度在 50～500 mm 之间，摊铺宽度在 4.5～12.5 m 之间，摊铺机选择最大摊铺厚度在 500 mm 以内，最大摊铺宽度在 12.5 m 以内，理论生产率在 500～1200 t/h 之间，具体见表6-38。

表6-38 摊铺机性能参数

序号	摊铺宽度/m	规格/型号	理论生产率/(t/h)	最大摊铺厚度/mm	料斗容量/m³	工作速度/(m/min)	爬坡能力/(%)	整机外形尺寸/(mm×mm×mm)	整机质量/t	厂家	参考价格/万元
1	9	RP903	800	300	7.5	0～18	20	7290×3000×3950	24.5	徐州工程机械集团有限公司	155
2	9	ABG7620B	900	300	8	0～20	20	7300×2980×3700	24	陕西建设机械股份有限公司	151
3	8	SSP80C-8	800	500	8.5	0～23	20	—	—	三一集团有限公司	181
4	9	LTUY900	700	300	—	0～16	20	7330×3450×3770	25	中交西安筑路机械有限公司	159

6.4 洒水机械

路基洒水施工中使用的机械主要是洒水车。洒水车按照路基宽度、长度和洒水面积来选择。路基宽度越大、长度越长，洒水车容量越大。洒水车选择容量在 5～20 m³ 之间，功能选择洒水、喷雾、多功能一体等，具体见表6-39。

表 6-39 洒水机性能参数

序号	容量/m³	规格型号	产品特性	厂家	参考价格/万元
1	5	5方	洒水雾炮	郓城晟宇环卫设备有限公司	14.8
2	5	WTY-5方	多功能	通亚达	16.3
3	8	CLW-8方	绿化喷	程力威(CLW)国际专用汽车有限公司	15
4	9	CLW-9方	绿化喷	程力威(CLW)国际专用汽车有限公司	13.2
5	12	D-12方	环卫车	东风汽车股份有限公司	14.1
6	15	D-15方	多功能	东风汽车股份有限公司	16.6
7	20	20方	多功能	北汽福田汽车股份有限公司北京欧曼重型汽车厂	26.5
8	8	ZL-8方	多功能	中联重科股份有限公司	19.00
9	12	ZL-12方	多功能	中联重科股份有限公司	27.00
10	20	ZL-20方	多功能主力产品	中联重科股份有限公司	50.50

6.5 碾压机械

6.5.1 强夯机

路基夯实施工中,强夯机按照路基压实度设计标准来选择。压实度要求越高,强夯机的能级越高。强夯机选择夯能级在320~2500 t·m,允许最大夯锤质量 16~50 t,发动机功率在 140~350 kW 之间,具体见表 6-40。

表 6-40 强夯机性能参数

序号	夯能级/(t·m)	允许最大夯锤质量/t	发动机功率/kW	规格型号	臂架长度/m	工作角度/(°)	最大提升高度/m	作业半径/m	走行速度/(m/min)	爬坡能力/(°)	接地比压/MPa	主机质量/t	厂家	参考价格/万元
1	1000	50	250	XGH1000K	25/30	86	25	11	0.48	30	0.076	26	徐州工程机械集团有限公司	140
2	600/1500	30/75	250	XGH600	25/28	78/62	20	7.5/15	1.2	40	0.076	37	徐州工程机械集团有限公司	160
3	450(1000)	22.5	242	YTQH450B	19~25(28)	60~77	25.96	6.5~14.6	0~1.4	35	0.073	38	郑州宇通集团有限公司	162
4	1000(2500)	50	338	YTQH1000B	20~26(29)	60~77	27	7.0~15.4	0~1.5	30	0.093	41	郑州宇通集团有限公司	168
5	320(无门架)	16(无门架)	140	SWTm³20	19~25(无门架)	60~78(无门架)	20	6.1~7.4(无门架)	1.6/2.4	40	0.061	51(25 m臂+30 t吊钩)	山河智能装备股份有限公司	152

6.5.2 压路机

路基碾压施工中,根据工程机械产品规格/型号编制方法,代表压路机规格/型号的主参数为工作质量。国外的品牌主要有德国的宝马格和维特根、瑞典的戴纳派克、日本的酒井重工等。国内主要品牌有徐工、山东临工、柳工、山推、中联、三一、常林等。各厂家生产的压路机工作质量覆盖1~36 t。目前铁路路基施工现场通常使用工作质量为12~30 t的压路机机型,性能参数分别如表6-41所示。

表 6-41 压路机性能参数

序号	工作质量/t	规格/型号	激振力/kN	压实宽度/mm	外形尺寸/(mm×mm×mm)	理论振幅/mm	额定功率/kW	振动频率/Hz	理论爬坡能力/(°)	厂家	参考价格/万元
1	20 000	XS200	305/225	2130	6200×2340×3200	1.86/0.88	135	28/35	40	徐州工程机械集团有限公司	26
2	22 000	XS225H	374/290	2130	7000×2470×3260	1.86/0.93	147	28/33	44	徐州工程机械集团有限公司	28
3	22 000	RS8220H	402/280	2150	6851×2351×3180	2.0/1.0	140	28/33	30	山东临工工程机械有限公司	29
4	22 000	SSR220AC-8H	390/258	2130	6620×2270×3300	1.9/0.95	147	29/35	30	三一重工股份有限公司	30
5	26 000	RS7260H	430/298	2170	6785×2516×3268	2.0/1.0	162	28/33	30	山东临工工程机械有限公司	30
6	26 000	CLG6120E	430/300	2200	6658×2440×3150	2.0/1.0	140	28/33	30	广西柳工机械股份有限公司	35
7	22 000	6622E	400/290	2130	6608×2340×3050	2.0/1.3	140	28/33	30	广西柳工机械股份有限公司	29
8	1980	13520	186/139	HD128	5010×2090×3220	0.89/0.47	100	42/50	35	维特根(中国)机械有限公司	58
9	2140	14610	186/139	HD138	5010×2250×3220	0.81/0.41	100	42/50	35	维特根(中国)机械有限公司	66

6.5.3 夯实机

路基夯实施工中,夯实机按照路基压实度的设计要求和作业空间来选择。压实度要求越高,夯实机能级越高。夯实机选择冲击能量在30~80 kJ之间,频率在20~80次/min之间,具体见表6-42。

表 6-42 夯实机性能参数

序号	冲击能量/kJ	频率/(次/min)	规格型号	总长/mm	总宽/mm	总高/mm	质量/kg	厂家	参考价格/万元
1	40	20~40	HS40	1320	1600	3500	5000	山东公路机械厂有限公司	2.5
2	30	20~40	HS30	1320	1600	3300	4500	山东公路机械厂有限公司	1.5
3	35	20~40	HS35	1320	1600	3100	4800	山东公路机械厂有限公司	2
4	60	20~40	HS60	1320	1600	3400	5000	山东公路机械厂有限公司	3
5	30	30~80	YP30	1150	1050	3700	5500	江苏哈威重工机械设备有限公司	1.5
6	40	30~80	YP40	1160	1100	3800	6500	江苏哈威重工机械设备有限公司	2
7	50	30~80	YP50	1200	1200	4020	7500	江苏哈威重工机械设备有限公司	3
8	80	30~80	YP80	1200	1600	4400	12 000	江苏哈威重工机械设备有限公司	4.5

6.5.4 小型夯实设备

路基夯实施工中,小型夯实设备按照路基压实度的设计要求和作业空间来选择。压实度要求越高,夯实设备功率越高、激振力越强。小型夯实设备选择功率在 2~6 kW 之间,激振力在 10~40 kN 之间,操作宽度在 300~500 mm 之间,具体见表 6-43。

表 6-43 小型夯实设备性能参数

序号	额定功率/kW	激振力/kN	操作宽度/mm	规格型号	整机操作质量/kg	厂家	参考价格/元
1	5.5	20	500	GNBH23	120	江苏哈威重工机械设备有限公司	3500
2	5.5	23	370	GNBH32	105	江苏哈威重工机械设备有限公司	3300
3	5.5	30	400	GNBH31	165	江苏哈威重工机械设备有限公司	3900
4	6	38	420	GNBH41C	242	江苏哈威重工机械设备有限公司	4500
5	2.6	10	350	BP10/35	65	宝格马(中国)工程机械有限公司	1200
6	3.6	18	450	BVP18/45	91	宝格马(中国)工程机械有限公司	2000
7	2.6	12	400	BP12/40	72	宝格马(中国)工程机械有限公司	1400
8	3.1	20	500	BP20/50D	109	宝格马(中国)工程机械有限公司	2100
9	2.6	18	415	RS70	67	酒井工程机械(上海)有限公司	1100
10	5.5	15	340	STR-80	80	山东思拓瑞克工程机械有限公司	1500
11	3.1	16	370	DS70	83	北京市政路通公司	1590
12	2.8	21	330	DS70	83	上汽通用五菱汽车股份有限公司	1600

6.6 防排水及支护机械

6.6.1 开沟机

路基防排水施工中,开沟机按照沟槽的宽度和深度来选择。沟槽宽度在50~900 mm之间,沟槽深度在50~1500 mm之间,开沟机选择最大挖掘宽度在50~1000 mm之间,挖掘深度在50~1500 mm之间,具体见表6-44。

表6-44 开沟机性能参数

序号	挖掘宽度/mm	挖掘深度/mm	规格/型号	厂家	参考价格/元
1	100~250	100~800	链条开沟机	山东鸿超机械设备有限公司	8700
2	110~400	≤380	JY-TY-30 开沟机	新泰市金源机械科技有限公司	5300
3	100~400	≤900	200 开沟机	济宁市亿泰机械有限公司	12 300
4	150	≤600	YT-91 工程电缆开沟机	山东源泰机械有限公司	4722
5	150	≤600	YT-02 工程管道开沟机	山东源泰机械有限公司	4841
6	50~300	≤100	圆盘式开沟机	济宁丰雷益机械有限公司	11 300
7	50	500~1500	链式开沟机	济宁丰雷益机械有限公司	13 400
8	100~400	≤800	手扶柴油开沟机	曲阜市富兴机械设备有限公司	10 800
9	100~900	50~200	工程开沟水泥路面开沟机	济宁恒全机械设备有限公司	5000

6.6.2 挖沟机

路基防排水施工中,挖沟机按照沟槽的宽度、深度和作业环境来选择。沟槽宽度在50~1500 mm之间,沟槽深度在50~2000 mm之间,挖沟机选择最大挖掘宽度在50~1500 mm之间,挖掘深度在50~2000 mm之间,具体见表6-45。

表6-45 挖沟机性能参数

序号	挖掘宽度/mm	挖掘深度/mm	规格型号	厂家	参考价格/元
1	300	100~300	LF-02 柴油动力两驱挖沟机	曲阜市乐丰机械设备有限公司	1260
2	300	100~300	YY-06 多型开沟机新式挖沟机	曲阜市宇悦机械有限公司	2080

6.6.3 水泵

路基防排水施工中,水泵按照小时排水量和工作环境来选择。小时排水量越大,水泵功率越高,流量越大。水泵选择功率在3~15 kW之间,流量在40~100 m³/h,扬程在15~50 m之间,具体见表6-46。

表6-46 水泵性能参数

序号	功率/kW	扬程/m	流量/(m³/h)	规格型号	厂家	参考价格/元
1	3	15	40	WQD40-15-3	上海人民企业集团水泵有限公司	1122
				GNWQ40-15-3	福州市三滴水有限公司	990
				QDX40-15-3	苏州登甲工业科技有限公司	1898

续表

序号	功率/kW	扬程/m	流量/(m³/h)	规格型号	厂家	参考价格/元
2	5.5	15	65	WQD65-15-5.5	上海人民企业集团水泵有限公司	2855
		15		GNWQ65-15-5.5	福州市三滴水有限公司	2750
		18		QDX65-18-5.5	苏州登甲工业科技有限公司	2958
3	7.5	20	70	WQD70-20-7.5	上海人民企业集团水泵有限公司	3297
				GNWQ70-20-7.5	福州市三滴水有限公司	2950
				QDX70-20-7.5	苏州登甲工业科技有限公司	3188

6.6.4 液压喷播机

路基支护施工中,液压喷播机按照绿植面积和高度来选择。绿植面积越大、高度越高,喷播机功率越高、喷播射程越高。液压喷播机选择功率在20~80 kW之间,喷播射程在10~50 m之间,罐体容积在1~6 m³之间,具体见表6-47。

表6-47 液压喷播机性能参数

序号	水平射程/m	垂直射程/m	罐体容积/m³	规格/型号	外形尺寸/(mm×mm×mm)	厂家	参考价格/万元
1	30~50	20~40	6	ZYP-6型液压喷播机	3600×1800×2400	亿煤机械装备制造有限公司	5.6
2	10~30	5~20	2	ZYP-2型液压喷播机	1500×1300×1300	中煤农林科技有限公司	3.1
3	10~50	100	3.5	客土喷播机	4800×1800×2400	山东卡博恩工程机械有限公司	4.8
4	10~25	20~30	1	ZYP-1型客土湿喷机喷播机	1500×1300×1300	河南豫工机械有限公司	0.6
5	20~30	20~30	2	ZYP-2型客土湿喷机喷播机	2500×1500×1400		
6	60	60	5	ZKP-62型客土喷播机	4800×1800×2400	沃尔华集团有限公司	4
7	60	100	5	ZKP-78型客土喷播机	4800×1800×2400		4.5

参考文献

[1] 王安麟.工程机械手册:路面与压实机械[M].北京:清华大学出版社,2018.

[2] 赵丁选.工程机械手册:铲土运输机械[M].北京:清华大学出版社,2018.

[3] 何周雄.工程机械手册:挖掘机械[M].北京:清华大学出版社,2018.

[4] 高顺德.工程机械手册:工程起重机械[M].北京:清华大学出版社,2018.

[5] 何清华.工程机械手册:桩工机械[M].北京:清华大学出版社,2018.

[6] 龙国建.工程机械手册:混凝土机械与砂浆机械[M].北京:清华大学出版社,2018.

[7] 中国铁路总公司.铁路路基工程施工机械配置技术规范:Q/CR 9224—2015[S].北京:中国铁道出版社,2015.

[8] 郭小宏.高等级公路机械化施工技术[M].北京:人民交通出版社,2012.

[9] 李自光,展朝勇.公路施工机械[M].北京:人民交通出版社,2018.

第3篇

桥涵施工机械

第7章

概 述

7.1 铁路桥涵简介

铁路桥涵是铁路桥梁和铁路涵洞的统称。铁路桥梁是铁路跨越天然障碍物或人工设施的架空建筑物。铁路涵洞是横穿铁路路基,用以排洪、灌溉或作为通道的建筑物。根据桥长的不同,铁路桥梁的分类标准如表7-1所示。

表 7-1 铁路桥梁分类标准

规模分类	桥梁总长 L_1/m
特大桥	$L_1 > 500$
大桥	$100 < L_1 \leqslant 500$
中桥	$20 < L_1 \leqslant 100$
小桥	$L_1 \leqslant 20$

铁路桥梁按用途分为铁路桥和公路铁路两用桥,一般由上部结构、下部结构和附属构造物组成。上部结构主要指桥跨结构和支座系统;下部结构包括基础、桥台、桥墩;附属构造物则指桥头搭板、锥形护坡、护岸、导流工程等。

铁路桥梁按结构形式分为梁式桥、拱式桥、斜拉桥、悬索桥。我国铁路桥梁以简支梁桥为主,在地形复杂、跨越已有道路、大江大河地段,通常采用连续梁桥、拱桥及斜拉桥等桥梁结构形式。悬索桥由于刚度小,在风载荷作用下横向变形较为明显,而为保障铁路安全运行,对桥梁的刚度要求较高,因此,悬索桥在铁路桥梁中应用较少。

梁式桥由承重结构、桥墩、桥台组成,分为简支梁桥、连续梁桥、悬臂梁桥。

拱式桥由拱上建筑、拱圈和墩台组成,分为上承式拱桥、中承式拱桥和下承式拱桥。

斜拉桥由主梁、斜拉索和索塔组成,按主梁材料的不同,可分为混凝土梁斜拉桥、钢斜拉桥、混合梁斜拉桥和结合梁斜拉桥。

铁路涵洞由洞身、洞口建筑组成,按断面形式分为圆形、箱形和拱形,分别简称为圆涵(或管涵)、箱涵和拱涵。

7.2 桥涵施工及机械

根据《铁路桥涵工程施工质量验收标准》(TB 10415—2018)中对分部工程、分项工程、检验批的划分标准,按分部工程的类别划分,铁路桥梁可分为地基及基础、墩台、预应力混凝土简支T梁、预应力混凝土简支箱梁等,涵洞可分为地基及基础、框架涵、盖板涵、圆涵、顶进涵、渡槽等。因此,本节依据铁路桥涵的分部工程划分方法介绍铁路桥涵施工内容及机械。根据目前铁路工程的施工组织安排,铁路桥涵各分项工程中所用的钢筋及混凝土分别由钢筋加工厂和搅拌站统一加工生产,然后运输至桥址现场,因此分项工程中的钢筋加工及运输机械、混凝土生产及运输机械在各分部工程中不再展开,在7.2.8节、7.2.9节中统一进行说明。

7.2.1 地基及基础

基础施工技术主要包括明挖基础施工技术、沉入桩基础施工技术、钻孔灌注桩基础施工技术、承台施工技术、就地制作沉井施工技术、浮式沉井施工技术等。

1. 明挖基础

明挖基础是在原地面直接开挖，绑扎钢筋、立模板、浇筑混凝土建造而成，平面形状有圆形、矩形、T形和多边形等。

明挖基础的施工流程为地基处理、基坑开挖、钢筋及模板安装、混凝土浇筑及养护、基坑回填。

明挖基础施工的主要机械有挖掘机械、自卸车、水泵、钢筋加工及运输机械、起重机械、混凝土生产及运输机械、混凝土浇筑机械、混凝土振捣机械等，如表7-2所示。

表7-2 明挖基础施工主要机械

分项工程	施工流程（与机械设备相关）	主要施工机械
明挖基础施工	地基处理	挖掘机械、自卸车
	基坑开挖	挖掘机械、水泵
	钢筋及模板安装	钢筋加工及运输机械、起重机械
	混凝土浇筑及养护	混凝土生产及运输机械、混凝土浇筑机械、混凝土振捣机械
	基坑回填	挖掘机械

2. 沉入桩基础

沉入桩基础施工是将预制桩运至桩位处，用沉桩设备将其打入、压入或振入土中，使土被挤压密实，形成桩基础。沉入桩的沉桩方法有锤击沉桩法、静力压桩法、振动沉桩法和射水法。

沉入桩基础施工流程为预制桩的预制、运输、起吊、沉桩。

沉入桩基础施工的主要机械有钢筋加工机械、混凝土生产及运输机械、混凝土浇筑机械、混凝土振捣机械、运输设备、起重机械、打桩机械，如表7-3所示。

表7-3 沉入桩基础施工主要机械

分项工程	施工流程（与机械设备相关）	主要施工机械
沉入桩基础施工	预制桩的预制	钢筋加工机械、混凝土生产及运输机械、混凝土浇筑机械、混凝土振捣机械
	预制桩运输、起吊	运输设备、起重机械
	预制桩的沉桩	打桩机械、水泵

3. 钻孔灌注桩基础

钻孔灌注桩基础施工是直接在桩位处就地成孔，安放钢筋笼、灌注混凝土形成桩基础。按钻孔设备、破碎土层（岩层）方式及出渣方式分为旋挖钻机成孔、冲击钻机成孔、回旋钻机成孔、全套管钻机成孔和冲抓钻机成孔等。

钻孔灌注桩基础施工流程为场地平整、埋设护筒、钻孔、清孔、吊放钢筋笼、吊放导管、灌注混凝土。

钻孔灌注桩基础施工的主要机械有钻孔机械、挖掘机械、钢筋加工及运输机械、起重机械、泥浆泵、混凝土生产及运输机械等，如表7-4所示。

表7-4 钻孔灌注桩基础施工主要机械

分项工程	施工流程（与机械设备相关）	主要施工机械
钻孔灌注桩基础施工	场地平整	挖掘机械
	埋设护筒	起重机械
	钻孔、清孔	钻孔机械、泥浆泵
	吊放钢筋笼、导管	钢筋加工及运输机械、起重机械
	灌注混凝土	混凝土生产及运输机械

4. 承台

承台指为承受、分布由墩身传递的载荷，在桩基顶部设置的平台。对于陆地承台，当场地比较开阔时，采用放坡开挖法开挖承台基坑。对于水中承台，需施工钢板桩围堰、钢管桩围堰、钢套箱围堰、钢吊箱围堰等，为承台混凝土浇筑提供无水作业面。

1) 放坡开挖法

放坡开挖法指直接在原地面四周放坡开挖土体，不设置围护结构。放坡开挖施工工艺简单，采用的机械设备种类较少。

放坡开挖承台施工的流程为基坑开挖、钢筋及模板安装、混凝土浇筑和养护。

放坡开挖承台施工的主要机械有挖掘机械、水泵、钢筋加工及运输机械、起重机械、混凝土生产及运输机械、混凝土浇筑机械、混凝土振捣机械等，如表7-5所示。

表7-5 放坡开挖承台施工主要机械

施工内容	施工流程（与机械设备相关）	主要施工机械
放坡开挖承台施工	基坑开挖	挖掘机、水泵
	钢筋及模板安装	钢筋加工及运输机械、起重机械
	混凝土浇筑和养护	混凝土生产及运输机械、混凝土浇筑机械、混凝土振捣机械

2) 钢板（管）桩围堰

钢板桩由型钢通过联锁连接而成，其截面分为直板形、槽形及Z形。钢板桩围堰的形式有单行板桩、双行板桩，一般均需配合填土形成围堰。钢管桩围堰是靠精密加工的锁口和在锁口处灌注的止水材料达到止水效果的。其主要结构包括支护钢管桩、锁口、水平支承和封底混凝土。

钢板桩围堰承台与钢管桩围堰承台的施工流程基本相同，主要分为导向装置安装、插打钢板（管）桩、设置内支承、挖土和清基、封底和抽水、凿桩头、基底找平、承台施工、钢板（管）桩拆除。

钢板（管）桩围堰承台施工的主要机械有起重机械、沉拔桩设备、挖掘机械、水泵、钢筋加工及运输机械、混凝土生产及运输机械、混凝土浇筑机械、混凝土振捣机械等，如表7-6所示。

表7-6 钢板（管）桩围堰承台施工主要机械

施工内容	施工流程（与机械设备相关）	主要施工机械
钢板（管）桩围堰承台施工	导向装置安装	起重机械
	插打钢板（管）桩	沉拔桩设备
	设置内支撑、挖土	挖掘机械、起重机械
	封底和抽水	混凝土生产及运输机械、混凝土浇筑机械、水泵
	承台施工	钢筋加工及运输机械、起重机械
		混凝土生产及运输机械、混凝土浇筑机械、混凝土振捣机械
	钢板（管）桩拆除	沉拔桩设备

3) 钢套箱围堰

钢套箱围堰是为水中承台施工而设计的临时阻水结构，其作用是通过套箱侧板及底部封底混凝土为水中承台施工提供无水环境。

钢套箱围堰承台的主要施工流程为钢套箱围堰预制、钢套箱围堰运输、钢套箱围堰下沉、清底、灌筑封底混凝土、抽水、承台施工、钢套箱拆除。

钢套箱围堰承台施工的主要机械有钢结构加工机械、起重及运输机械、空气吸泥机、混凝土生产及运输机械、钢筋加工及运输机械、混凝土浇筑机械、水泵、混凝土振捣机械等，如表7-7所示。

4) 钢吊箱围堰

钢吊箱由底板、侧板、内支承系统、悬吊系统及定位系统组成，根据侧板构造形式不同可分为单壁钢吊箱和双壁钢吊箱。

钢吊箱围堰承台的施工流程为钢吊箱围堰预制、钢吊箱围堰运输、钢吊箱围堰下沉、清底、灌注封底混凝土、抽水、承台施工、钢吊箱拆除。

钢吊箱围堰施工主要的施工机械有钢结构加工机械、起重和运输机械、围堰下放机械、空气吸泥机、混凝土生产及运输机械、钢筋加工及运输机械、混凝土浇筑机械、混凝土振捣机械等,如表7-8所示。

表7-7 钢套箱围堰承台施工主要机械

施工内容	施工流程(与机械设备相关)	主要施工机械
钢套箱围堰承台施工	钢套箱围堰预制	钢结构加工机械
	钢套箱围堰运输	起重及运输机械
	钢套箱围堰下沉、清基	起重机械、空气吸泥机
	灌注封底混凝土、抽水	混凝土生产及运输机械、混凝土浇筑机械、水泵
	承台施工	钢筋加工及运输机械、起重机械
		混凝土生产及运输机械、混凝土浇筑机械、混凝土振捣机械
	钢套箱拆除	起重机械

表7-8 钢吊箱围堰承台施工主要机械

施工内容	施工流程(与机械设备相关)	主要施工机械
钢吊箱围堰承台施工	钢吊箱围堰预制	钢结构加工机械
	钢吊箱围堰运输	起重和运输机械
	钢吊箱围堰下沉	围堰下放机械
	清底、灌注封底混凝土、抽水	挖掘机、空气吸泥机、水泵
		混凝土生产及运输机械、混凝土浇筑机械
	承台施工	钢筋加工及运输机械、起重机械
		混凝土生产及运输机械、混凝土浇筑机械、混凝土振捣机械
	钢吊箱拆除	起重机械

5. 就地制作沉井

沉井基础是一个井筒状的结构物,它是从井内挖土、依靠自身重力克服井壁摩阻力后下沉到设计标高,采用混凝土封底并填塞井孔,形成基础。沉井基础按制作方式分为就地制作沉井和预制浮运沉井。就地制作沉井多采用钢筋混凝土沉井,筑岛立模浇筑混凝土后,原位挖土下沉。

就地制作沉井的施工流程为沉井制作、沉井下沉和接高、清基和封底。

就地制作沉井施工的主要机械有起重机械、钢筋加工及运输机械、混凝土生产及运输机械、混凝土浇筑机械、混凝土振捣机械、挖掘机械、空气吸泥机等,如表7-9所示。

表7-9 就地制作沉井施工主要机械

施工内容	施工流程(与机械设备相关)	主要施工机械
就地制作沉井施工	沉井制作	起重机械、钢筋加工及运输机械
		混凝土生产及运输机械、混凝土浇筑机械、混凝土振捣机械
	沉井下沉和接高	挖掘机、空气吸泥机
	清基、封底	混凝土生产及运输机械、混凝土浇筑机械

6. 浮式沉井

浮运沉井是在岸上制作沉井(钢筋混凝土沉井或钢沉井),通过滑道、驳船等方法下水浮运到位或在船上制作成形,采用一整套吊装设备和措施,使其浮运到位下沉。

浮式沉井施工流程为沉井预制、沉井运输、沉井下沉和接高、清基和封底。

钢筋混凝土浮式沉井施工的主要机械有起重机械、钢筋加工及运输机械、混凝土生产及运输机械、混凝土浇筑机械、混凝土振捣机械、沉井运输机械、挖掘机械、空气吸泥机等,如表7-10所示。钢浮式沉井施工的主要机械有钢结构加工及运输机械、沉井运输机械、起重机械、挖掘机械、空气吸泥机、混凝土生产及运输机械、混凝土浇筑机械等,如表7-11所示。

表 7-10 钢筋混凝土浮式沉井施工主要机械

施工内容	施工流程（与机械设备相关）	主要施工机械
钢筋混凝土浮式沉井施工	沉井预制	起重机械、钢筋加工及运输机械
		混凝土生产及运输机械、混凝土浇筑机械、混凝土振捣机械
	沉井运输	沉井运输机械
	沉井下沉和接高	起重机械、挖掘机械
		空气吸泥机
	清基、封底	混凝土生产及运输机械、混凝土浇筑机械

表 7-11 钢浮式沉井施工主要机械

施工内容	施工流程（与机械设备相关）	主要施工机械
钢浮式沉井施工	沉井预制	钢结构加工及运输机械
	沉井运输	沉井运输机械
	沉井下沉和接高	起重机械、挖掘机械
		空气吸泥机
	清基、封底	混凝土生产及运输机械、混凝土浇筑机械

7.2.2 桥墩、桥台、索塔

1. 普通墩台

墩台（桥墩、桥台）是桥梁重要的下部结构，主要作用是承受上部结构传递的载荷，并通过基础将载荷及本身自重传递给地基。普通桥墩（指高度不超过 30 m 的桥墩）、墩台的施工方法为原位浇筑法。原位浇筑法指采用定型钢模结合外模架或支架搭设工作平台，利用起重机配合人工绑扎钢筋、安装模板，一次或分次浇筑混凝土，待混凝土强度达到要求后拆除模板的桥墩施工方法。

普通墩台原位浇筑法的施工流程为钢筋及模板安装、混凝土浇筑及养护、拆模。

普通墩台原位浇筑法施工的主要施工机械有起重机械、钢筋加工及运输机械、混凝土生产及运输机械、混凝土浇筑机械、混凝土振捣机械等，如表 7-12 所示。

表 7-12 普通墩台原位浇筑法施工主要机械

施工内容	施工流程（与机械设备相关）	主要施工机械
普通墩台原位浇筑法施工	钢筋及模板安装	起重机械、钢筋加工及运输机械
	混凝土浇筑及养护	混凝土生产及运输机械、混凝土浇筑机械、混凝土振捣机械
	拆模	起重机械

2. 高墩及索塔

高墩指高度超过 30 m 的桥墩。高墩与索塔的施工工艺基本相同，主要采用爬模施工法、翻模施工法。这两种施工方法是将模板依附在浇筑完成的墩壁上，并随着墩身逐步加高而向上升高，逐步施工各节段。

1）爬模施工法

爬模施工法是将大模板与滑升模板工艺特点相结合的一种施工方法。该施工方法先在承台上表面按照桥墩或索塔结构平面图，沿结构周边一次装设主、下平台及模板，绑扎钢筋及浇筑混凝土。然后，待混凝土达到拆模强度后脱模，让模板与混凝土分离，再提升模板完成下一个节段的混凝土浇筑。不断重复以上工序，完成整个墩身或索塔的浇筑和成形。

高墩爬模法的施工流程为塔机安装、首节段施工、后续节段爬模施工、爬模系统拆除。

高墩爬模法施工的主要机械有起重机械、爬模设备、钢筋加工及运输机械、混凝土生产及运输机械、混凝土浇筑机械、混凝土振捣机械等，如表 7-13 所示。

2）翻模施工法

翻模施工法是将高墩或索塔沿高度方向分为若干节段，然后灌筑混凝土，待混凝土灌筑完成后，保持最上面一节模板不动，将下面两节模板及平台拆除，利用塔式起重机等起重设备提升至未拆除模板上方，安装、校正、绑扎钢筋后灌筑下一段混凝土，循环施工，直至完成整个墩身或索塔的灌筑和成形。

表 7-13　高墩爬模法施工主要机械

施工内容	施工流程（与机械设备相关）	主要施工机械
高墩爬模法施工	塔机安装	起重机械
	首节段施工	起重机械、钢筋加工及运输机械、混凝土生产及运输机械、混凝土浇筑机械、混凝土振捣机械
	后续节段爬模施工	爬模设备、塔式起重机、钢筋加工及运输机械、混凝土生产及运输机械、混凝土浇筑机械、混凝土振捣机械、施工升降机
	爬模系统拆除	塔式起重机

翻模施工法的施工流程为塔机安装、首节段施工、后续节段翻模施工、翻模系统拆除。

翻模施工法的主要机械有起重机械、翻模设备、钢筋加工及运输机械、混凝土生产及运输机械、混凝土浇筑机械、混凝土振捣机械等，如表 7-14 所示。

表 7-14　高墩及索塔翻模法施工主要机械

施工内容	施工流程（与机械设备相关）	主要施工机械
高墩及索塔翻模施工	塔机安装	起重机械
	首节段施工	起重机械、钢筋加工及运输机械、混凝土生产及运输机械、混凝土浇筑机械、混凝土振捣机械
	后续节段翻模施工	翻模设备、塔式起重机、钢筋加工及运输机械、混凝土生产及运输机械、混凝土浇筑机械、混凝土振捣机械
	翻模系统拆除	塔式起重机

7.2.3　混凝土梁

1．预制架设法

预制架设法是通过专用运梁设备将预制的预应力钢筋混凝土梁（包括 T 梁和箱梁）从梁场运输至桥位，再进行架设安装的施工方法。这是预应力混凝土简支梁的主要施工方法。

预制架设法的施工流程分为梁体预制、梁体运输、梁体架设。

预制架设法施工的主要机械有钢筋加工及运输机械、起重机械、混凝土生产及运输机械、混凝土浇筑机械、混凝土振捣机械、预应力张拉压浆机械、运梁设备、架梁设备等，如表 7-15 所示。

表 7-15　预制架设法施工主要机械

施工内容	施工流程（与机械设备相关）	主要施工机械
预制架设法施工	梁体预制	钢筋加工及运输机械、起重机械、混凝土生产及运输机械、混凝土浇筑机械、混凝土振捣机械、预应力张拉压浆机械
	梁体运输	运梁设备
	梁体架设	架梁设备

2．支架现浇法

支架现浇法指在桥孔位置安装支架、立模、浇筑钢筋混凝土的施工方法，是一种传统的施工方法，施工工艺成熟、应用广泛。

支架现浇法的施工流程为支架搭设、模板及钢筋安装、混凝土浇筑及养护、预应力筋张拉及压浆、拆除支架和模板。

支架现浇法施工的主要机械有起重机械、钢筋加工及运输机械、混凝土生产及运输机械、混凝土浇筑机械、混凝土振捣机械、千斤顶、预应力张拉压浆机械，如表 7-16 所示。

表 7-16　支架现浇法施工主要机械

施工内容	施工流程（与机械设备相关）	主要施工机械
支架现浇法施工	支架搭设、模板及钢筋安装	起重机械、钢筋加工及运输机械
	混凝土浇筑及养护	混凝土生产及运输机械、混凝土浇筑机械、混凝土振捣机械
	预应力筋张拉及压浆	千斤顶、预应力张拉压浆机械
	拆除支架和模板	起重机械

3．移动模架现浇法

移动模架现浇法指采用移动式桁架为支承结构形成模板支架，现场一次完成一跨梁体全断面混凝土浇筑，在施加预应力后将整体模板支架推移至下一孔，再进行下一孔梁体施工，直至完成各跨桥梁施工。移动模架作为梁体混凝土的直接支承体系，既是施工平台，又是箱梁混凝土的模具。

移动模架现浇法的施工流程为模架拼装及预压、模板及钢筋安装、混凝土浇筑、预应力张拉压浆、模架下落脱模、张拉剩余预应力钢束。

移动模架现浇法施工的主要机械有移动模架设备、起重机械、钢筋加工及运输机械、混凝土生产及运输机械、混凝土浇筑机械、混凝土振捣机械、张拉千斤顶、压浆机等，如表 7-17 所示。

表 7-17　移动模架现浇法施工主要机械

施工内容	施工流程（与机械设备相关）	主要施工机械
移动模架现浇法施工	模架拼装及预压	移动模架设备、起重机械
	模板及钢筋安装	起重机械、钢筋加工及运输机械
	混凝土浇筑	混凝土生产及运输机械、混凝土浇筑机械、混凝土振捣机械
	预应力张拉压浆	张拉千斤顶、压浆机
	模架下落脱模	起重机械
	张拉剩余预应力钢束	张拉千斤顶

4．移动支架拼装法

移动支架拼装法是利用移动式导梁架桥机逐步将预制梁段起吊就位，以胶黏剂作为接缝材料，再通过对预应力钢束的张拉，使各梁段连接成整体的一种梁桥施工方法。拼装的分段主要取决于吊装设备的起重能力，一般节段长度为 2～5 m。移动支架拼装法适用于具备水上运输条件、预制场地条件较好，特别是工程量大和工期较短的梁桥施工。

移动支架拼装法的施工流程为梁段预制、梁段吊运和存放、梁段运输、梁段拼装。

移动支架拼装法施工的主要机械有起重机械、钢筋加工及运输机械、混凝土生产及运输机械、混凝土浇筑机械、混凝土振捣机械、梁段运输机械、移动支架拼装架桥机、预应力张拉压浆机械等，如表 7-18 所示。

表 7-18　移动支架拼装法施工主要机械

施工内容	施工流程（与机械设备相关）	主要施工机械
移动支架拼装法施工	梁段预制	钢筋加工及运输机械、起重机械、混凝土生产及运输机械、混凝土浇筑机械、混凝土振捣机械
	梁段吊运和存放	起重机械
	梁段运输	运梁设备
	梁段拼装	移动支架拼装架桥机、预应力张拉压浆机械

5．悬臂浇筑法

悬臂浇筑法是将梁体沿桥梁轴线分成若干节段，在桥墩两侧设置工作平台，平衡、逐段向跨中悬臂浇筑混凝土梁体，并逐段施加预应力的施工方法。悬臂浇筑法的主要设备是一对走行的专用挂篮，需要的施工设备及周转材料用量少，除墩顶现浇段与边跨现浇段外，无须搭设落地支架和大型起重与运输设备。

悬臂浇筑法的施工流程为 0 号块支架或托架搭设和预压、0 号块模板及钢筋安装、0 号块混凝土浇筑、0号块预应力钢束张拉压浆、组拼挂篮、分段对称浇筑其余节段、边跨合龙、中跨合龙。

悬臂浇筑法施工的主要机械有挂篮设备、起重机械、钢筋加工及运输机械、混凝土生产及运输机械、混凝土浇筑机械、混凝土振捣机械、张拉千斤顶、预应力张拉压浆机械等，如表7-19所示。

表7-19 悬臂浇筑法施工主要机械

施工内容	施工流程（与机械设备相关）	主要施工机械
悬臂浇筑法施工	0号块支架或托架搭设和预压	起重机械
	0号块模板及钢筋安装	起重机械、钢筋加工及运输机械
	0号块混凝土浇筑	混凝土生产及运输机械、混凝土浇筑机械、混凝土振捣机械
	0号块预应力钢束张拉压浆	张拉千斤顶、预应力张拉压浆机械
	组拼挂篮	挂篮设备、起重机械
	分段对称浇筑其余节段	起重机械、钢筋加工及运输机械、混凝土生产及运输机械、混凝土浇筑机械、混凝土振捣机械、张拉千斤顶、预应力张拉压浆机械
	边跨合龙、中跨合龙	挂篮设备

6. 顶推法

顶推法是在梁体端部设置顶推平台，在平台上分节段预制混凝土梁体，并施加预应力筋将各节段连成整体，然后通过水平千斤顶施加推力，使梁体在各墩滑道上逐段向前滑动，直至全联连续梁安装就位。

顶推法的施工流程为制作安装模板和钢导梁、安装顶推设备、预制节段、张拉预应力筋、顶推施工就位、落梁。

顶推法施工的主要机械有起重机械、钢筋加工及运输机械、混凝土生产及运输机械、混凝土浇筑机械、混凝土振捣机械、千斤顶、压浆机、顶推设备等，如表7-20所示。

表7-20 顶推法施工主要机械

施工内容	施工流程（与机械设备相关）	主要施工机械
顶推法施工	制作安装模板和钢导梁	起重机械
	预制节段	起重机械、钢筋加工及运输机械
		混凝土生产及运输机械、混凝土浇筑机械、混凝土振捣机械
		千斤顶、压浆机
	张拉预应力筋	张拉千斤顶
	顶推施工	顶推设备
	落梁	千斤顶

7. 转体法

转体法指充分利用桥墩（台）附近的有利地形，在桥梁结构非设计轴线位置将上部结构制作（浇筑或拼接）成形，通过转体就位的方法。转体法在预应力混凝土连续梁、连续刚构施工中应用最广泛。

转体法的施工流程为桥梁结构施工、转体系统安装、转体施工、转盘封固、合龙。

转体法施工的主要机械有起重机械、钢筋加工及运输机械、混凝土生产及运输机械、混凝土浇筑机械、混凝土振捣机械、千斤顶、压浆机、转体牵引设备等，如表7-21所示。

表7-21 转体法施工主要机械

施工内容	施工流程（与机械设备相关）	主要施工机械
转体法（平转）施工	桥梁结构施工	起重机械、钢筋加工及运输机械、混凝土生产及运输机械、混凝土浇筑机械、混凝土振捣机械、千斤顶、压浆机
	转体系统（球铰、滑道、撑脚等）安装	起重机械
	转体施工	转体牵引设备
	转盘封固、合龙	起重机械、钢筋加工及运输机械、混凝土生产及运输机械、混凝土浇筑机械、混凝土振捣机械

7.2.4 钢梁

1. 悬臂拼装法

悬臂拼装法是在不设连续支架的条件下，钢梁由桥孔一端开始，逐节悬臂拼装，通过栓接或焊接，使梁段连接成整体的一种施工方法。

悬臂拼装法的施工流程为钢梁节段预制及运输、节段拼装、合龙。

悬臂拼装法施工的主要机械有钢结构加工机械、桥面吊机、提运梁设备、钢梁调位设备等，如表7-22所示。

表7-22 悬臂拼装法施工主要机械

施工内容	施工流程（与机械设备相关）	主要施工机械
悬臂拼装法施工	钢梁节段预制及运输	钢结构加工机械、提运梁设备
	节段拼装、合龙	桥面吊机、钢梁调位设备

2. 拖拉法

拖拉法是以千斤顶为动力，借助钢导梁导向，在带有摩擦副（可选用聚四氟乙烯板和不锈钢板等）的滑道上，纵向或横向拖拉梁体至设计位置的施工方法。该方法与顶推法的区别是拖拉过程中采用柔性拉杆（钢绞线）牵引，且主要用于钢桥施工。

拖拉法的施工流程为安装拼装支架、拼装钢梁和导梁、安装拖拉设备、钢梁拖拉、拆除导梁、顶落梁。

拖拉法施工的主要机械有起重机械、拖拉机械、千斤顶等，如表7-23所示。

表7-23 拖拉法施工主要机械

施工内容	施工流程（与机械设备相关）	主要施工机械
拖拉法施工	安装拼装支架，拼装钢梁和导梁	起重机械
	安装拖拉设备	起重机械
	钢梁拖拉	拖拉机械
		起重机械
	拆除导梁、顶落梁	起重机械、千斤顶

7.2.5 拱桥

拱桥由拱圈（拱肋）及其支座组成，主要承重构件是以承受轴向压力为主的拱圈或拱肋。依据建筑材料，拱桥分为钢管混凝土拱桥、劲性骨架拱桥、钢拱桥、钢筋混凝土拱桥等。

下面分别对拱肋、吊杆、主梁施工的工艺及所用机械设备进行介绍。

1. 拱肋

拱肋是拱桥的主要承重构件，以承受轴向压力为主。拱肋的施工方法分为缆索吊装法、转体法、垂直提升法、拱架施工法。

1）缆索吊装法

缆索吊装法是将拱圈分段制作，利用塔架、缆索起重机等分段起吊，用扣索扣挂悬臂拼装各拱段直至合龙的施工方法。

缆索吊装法的施工流程为缆索吊安装、边段拱肋吊装及悬挂、次边段拱肋吊装及悬挂、中段拱肋吊装及拱肋合龙、拱上构件的吊装或砌筑安装。

缆索吊装法施工的主要机械有钢构件加工及运输系统、起重机械、缆索起重机等，如表7-24所示。

表7-24 缆索吊装法施工主要机械

施工内容	施工流程（与机械设备相关）	主要施工机械
缆索吊装法施工	缆索吊安装	钢构件加工及运输系统、起重机械
	拱肋吊装	缆索起重机
	拱上构件的吊装或砌筑安装	缆索起重机

2）转体法

转体法指将拱圈或整个上部结构分为两个半跨，分别在河流两岸利用地形、简单支架现浇或预制装配半拱，然后利用动力装置将两个半跨拱体转动至桥轴线位置（或设计高程）合龙成拱的施工方法。

根据转动方向，转体法分为平面转体（平转）法、竖向转体法和平竖结合转体法3种，下面分别进行阐述。

(1) 平转法

平转法施工是先按照拱桥设计高程在两岸制作半拱,然后借助设置于桥台底部的转动设备和动力装置在水平面内将半拱转动至桥位轴线,最后合龙成拱。

平转法施工的流程为拱肋支架现浇、安装牵引设备和转体系统、称重和配重、平转施工、转铰锁定和固结、拱肋合龙。

平转法施工的主要机械有起重机械、钢筋加工及运输机械、混凝土生产及运输机械、混凝土浇筑机械、混凝土振捣机械、牵引设备等,如表 7-25 所示。

表 7-25 平转法施工主要机械

施工内容	施工流程(与机械设备相关)	主要施工机械
平转法施工	拱肋支架现浇	起重机械、钢筋加工及运输机械、混凝土生产及运输机械、混凝土浇筑机械、混凝土振捣机械
	安装牵引设备和转体系统	起重机械
	平转施工	牵引设备
	转铰锁定和固结、拱肋合龙	混凝土生产及运输机械、混凝土浇筑机械、混凝土振捣机械

(2) 竖向转体法

竖向转体法施工是先在桥台处竖向或在桥台前俯卧预制半拱,然后在桥位平面内绕拱脚转动半拱,达到设计高程后合龙成拱。竖转体系由拱肋、竖转铰、扣索、索塔等构成。根据河道情况、桥位地形和自然环境等条件,竖向转体法施工分两种方式:竖直向上预制半拱,然后向下转动成拱;在桥台前俯卧预制半拱,然后向上转动成拱。

竖向转体法的主要施工流程为拱肋预制、转体系统安装、索塔安装、扣索挂设、拱肋转体、拱肋合龙。

竖向转体法施工的主要机械有钢结构加工及运输机械、起重吊装机械、牵引设备等,如表 7-26 所示。

表 7-26 竖向转体法施工主要机械

施工内容	施工流程(与机械设备相关)	主要施工机械
竖向转体法施工	拱肋预制、转体系统安装	钢结构加工及运输机械、起重吊装机械
	索塔安装	起重吊装机械
	拱肋转体、合龙	牵引设备

(3) 平竖结合转体法

受山谷、河岸地形条件限制,可能存在既不能在设计高程位置制作半拱,也不能在桥位竖平面内制作半拱的情况(例如,在平原区的中承式拱桥)。此时,可在适当位置制作半拱,然后通过平转、竖转相结合的就位方式。平竖结合转体法相关技术及常用机械可参考本节前述内容(钢筋混凝土拱平转法、劲性骨架拱肋竖向转体法)。

3) 垂直提升法

垂直提升法指在工厂制造拱肋节段,通过拼装场地的支架将制作的节段组拼为更大的节段,然后在桥位处利用提升设备依次将大节段垂直提升至设计高程,直至拱肋合龙的施工方法。

垂直提升法的施工流程为支架拼装拱脚段拱肋、提升塔架安装、吊装设备安装调试、提升中间节段拱肋、钢拱合龙、灌筑钢管内混凝土。

垂直提升法施工的主要机械有钢结构加工及运输机械、起重机械、提升设备、混凝土生产及运输机械、混凝土浇筑机械等,如表 7-27 所示。

表 7-27 垂直提升法施工主要机械

施工内容	施工流程(与机械设备相关)	主要施工机械
垂直提升法施工	支架拼装拱脚段拱肋	钢结构加工及运输机械、起重机械
	提升塔架安装、吊装设备安装调试	起重机械
	提升中间节段拱肋、钢拱合龙	提升设备
	灌筑钢管内混凝土	混凝土生产及运输机械、混凝土浇筑机械

4）拱架施工法

拱架施工法指在现浇混凝土拱肋时通过搭设拱架以支承其重量的一种施工方法，适合于拱架跨度不大、拱圈净高较小或孔数不多等情况。通常以钢拱架为主，按结构形式分为落地式拱架和拱式拱架等。

拱架施工法的流程为搭设拱架、拱肋钢筋和模板安装、拱肋混凝土浇筑及合龙、拱架卸架。

拱架施工法的主要机械有起重机械、钢筋加工及运输机械、混凝土生产及运输机械、混凝土浇筑机械、混凝土振捣机械等，如表7-28所示。

表 7-28　拱架施工法主要机械

施工内容	施工流程（与机械设备相关）	主要施工机械
拱架施工法施工	搭设拱架	起重机械
	拱肋钢筋和模板安装	钢筋加工及运输机械、起重机械
	拱肋混凝土浇筑及合龙	混凝土生产及运输机械、混凝土浇筑机械、混凝土振捣机械

2．吊杆

在中、下承式拱桥和系杆拱桥中，吊杆主要采用高强度、柔性的钢索，少数吊杆采用具有一定刚度的钢吊杆。吊索的布置有平行式和斜交叉式两种形式。

拱桥吊杆施工的流程为吊杆制作及运输、吊杆安装、吊杆张拉。

拱桥吊杆施工的主要机械有钢结构加工及运输机械、起重机械、张拉千斤顶等，如表7-29所示。

表 7-29　拱桥吊杆施工主要机械

施工内容	施工流程（与机械设备相关）	主要施工机械
拱桥吊杆施工	吊杆制作及运输	钢结构加工及运输机械
	吊杆安装、张拉	起重机械、张拉千斤顶

3．主梁

拱桥主梁的施工方法有支架现浇法、悬臂浇筑法和顶推法等，施工工艺流程和常用机械设备参考7.2.3节和7.2.4节相关内容。

7.2.6　斜拉桥

斜拉桥结构主要由主梁、索塔、斜拉索组成。

1．主梁、索塔

斜拉桥的主梁按材料分为预应力钢筋混凝土梁、钢梁、混合梁及钢-混组合梁。预应力混凝土梁的施工方法有支架现浇法、悬臂浇筑法、转体法等；钢梁主要采用悬臂拼装法施工。斜拉桥的索塔按材料分为预应力钢筋混凝土索塔和钢索塔。

斜拉桥主梁施工工艺和常用机械设备参考7.2.4节和7.2.5节相关内容。斜拉桥索塔施工工艺和常用机械设备参考7.2.2节相关内容。

2．斜拉索

我国铁路斜拉桥中，主要采用平行钢丝索和钢绞线索。

斜拉索安装的流程主要为锚固件安装、斜拉索安装、斜拉索张拉和调索。

斜拉索安装的主要机械有塔式起重机、卷扬机、张拉千斤顶等，如表7-30所示。

表 7-30　斜拉索安装主要机械

施工内容	施工流程（与机械设备相关）	主要施工机械
斜拉索安装	锚固件安装	塔式起重机
	斜拉索安装	塔式起重机、卷扬机
	斜拉索张拉及调索	张拉千斤顶

7.2.7　涵洞

1．原地开挖现浇法

原地开挖现浇法指在涵洞的设计位置采

用挖掘机械开挖涵洞基坑,然后进行涵洞现浇施工,最后利用小型夯实机具、压路机等机械进行基坑回填的一种施工方法。

原地开挖现浇法的施工流程为基坑开挖、涵洞浇筑、基坑回填。

原地开挖现浇法施工的主要机械有挖掘机械、起重机械、钢筋加工及运输机械、混凝土生产及运输机械、混凝土浇筑机械、混凝土振捣机械、推土机等,如表7-31所示。

表7-31 原地开挖现浇法施工主要机械

施工内容	施工流程（与机械设备相关）	主要施工机械
原地开挖现浇法施工	基坑开挖	挖掘机械、风动凿岩机
	涵洞浇筑	起重机械、钢筋加工及运输机械
		混凝土生产及运输机械、混凝土浇筑机械、混凝土振捣机械
	基坑回填	自卸车、推土机
		小型夯实机具、压路机

2. 顶进法

顶进法是指在涵洞设计位置附近采用机械开挖工作坑,在工作坑内预制涵洞,待涵洞混凝土强度达到设计要求后,前方采用挖掘机械挖土、后方采用千斤顶顶进涵洞,使涵洞到达设计位置的一种施工方法。

顶进法的施工流程为既有线路临时加固、工作坑开挖、后背制作、滑板施工、涵洞预制、安装顶进设备、涵洞试顶进、涵洞吃土顶进、出入口端翼墙施工、恢复线路。

顶进法施工的主要机械有挖掘机械、起重机械、钢筋加工及运输机械、混凝土浇筑机械、混凝土生产及运输机械、混凝土振捣机械、顶推千斤顶等,如表7-32所示。

表7-32 顶进法施工主要机械

施工内容	施工流程（与机械设备相关）	主要施工机械
顶进法施工	工作坑开挖	挖掘机械
	涵洞预制	起重机械、钢筋加工及运输机械
		混凝土生产及运输机械、混凝土浇筑机械、混凝土振捣机械
	涵洞顶进	顶推千斤顶

7.2.8 钢筋加工及运输

铁路桥涵工程施工所需的钢筋由钢筋加工厂统一加工,由钢筋运输车运送至桥址现场,为钢筋混凝土工程或预应力混凝土工程提供各种钢筋制品。

钢筋加工及运输的施工流程为钢筋调直、钢筋切断和弯曲、钢筋连接、钢筋分类码放、钢筋运输。

钢筋加工及运输施工的机械有钢筋调直机械、钢筋切断机械、钢筋弯曲机械、对焊机、起重机械、钢筋运输车等,如表7-33所示。

表7-33 钢筋加工及运输主要机械

施工内容	施工流程（与机械设备相关）	主要施工机械
钢筋加工及运输	钢筋调直	钢筋调直机械
	钢筋切断和弯曲	钢筋切断机械、钢筋弯曲机械
	钢筋连接	对焊机
	钢筋运输	起重机械、钢筋运输车

7.2.9 混凝土生产及运输

铁路桥涵工程施工所需的混凝土由混凝土搅拌站统一生产,由混凝土搅拌运输车运送至桥址现场。

混凝土生产及运输的施工流程为原材料进场及准备、原材料输送及计量、搅拌机拌和、出料、混凝土搅拌运输车运输。

混凝土生产及运输的主要机械有装载机、

洗石机、洗砂机、皮带输送机、混凝土搅拌机、混凝土搅拌运输车,如表7-34所示。

表7-34 混凝土生产及运输主要机械

施工内容	施工流程(与机械设备相关)	主要施工机械
混凝土生产及运输	原材料进场及准备	装载机、洗石机、洗砂机
	原材料输送及计量	皮带输送机、汽车衡
	搅拌机拌和	混凝土搅拌机
	混凝土搅拌运输车运输	混凝土搅拌运输车

7.3 铁路桥涵相关技术及机械规范

铁路桥涵相关技术及机械规范主要包括桥涵施工技术规范及桥涵施工机械配置、铁路桥涵设计规范、桥涵施工验收规范,如表7-35所示。

表7-35 铁路桥涵施工技术及施工机械配置规范

序号	规范名称	标准号
1	客货共线铁路桥涵工程施工技术规程	Q/CR 9652—2017
2	铁路工程施工组织设计规范	Q/CR 9004—2018
3	铁路预应力混凝土连续梁(刚构)悬臂浇筑施工技术指南	TZ 324—2010
4	铁路移动模架制梁施工技术指南	TZ 323—2010
5	铁路后张法混凝土梁预制场建设技术指南	TZ 321—2009
6	高速铁路混凝土工程施工技术规程	Q/CR 9607—2017
7	铁路桥梁钻孔桩施工技术规程	Q/CR 9212—2015
8	铁路给水排水施工技术规程	Q/CR 9221—2015
9	高速铁路桥涵工程施工技术规程	Q/CR 9603—2015
10	铁路工程基本作业施工安全技术规程	TB 10301—2020
11	铁路桥梁工程施工机械配置技术规程	Q/CR 9225—2015
12	铁路给水排水工程施工机械配置技术规程	Q/CR 9229—2015
13	铁路混凝土搅拌站机械配置技术规程	Q/CR 9223—2015
14	铁路混凝土工程施工技术规程	Q/CR 9207—2017
15	铁路架桥机架梁技术规程	Q/CR 9213—2017
16	高速铁路箱梁运梁车	TB/T 3295—2013
17	高速铁路箱梁架桥机	TB/T 3296—2013
18	铁路桥涵工程施工安全技术规程	TB 10303—2020
19	铁路后张法预应力混凝土梁管道压浆技术条件	TB/T 3192—2008
20	铁路工程基桩检测技术规程	TB 10218—2019
21	客货共线铁路预制后张法预应力混凝土简支梁	TB/T 3043—2018
22	铁路桥涵设计规范	TB 10002—2017
23	铁路桥梁钢结构设计规范	TB 10091—2017
24	铁路桥涵混凝土结构设计规范	TB 10092—2017
25	铁路桥涵地基和基础设计规范	TB 10093—2017
26	铁路桥涵工程施工质量验收标准	TB 10415—2018
27	高速铁路桥涵工程施工质量验收标准	TB 10752—2018
28	铁路混凝土工程施工质量验收标准	TB 10424—2018
29	铁路站场工程施工质量验收标准	TB 10423—2020

第8章

选型与配备

铁路桥涵施工前,施工单位应根据设计文件编制施工组织设计,其中,施工机械的选型和配备应作为重要组成部分纳入施工组织设计。选型是按铁路桥涵施工的工艺工法,根据工程对象和作业效率选择施工机械的类别和型号;配备是根据工程量和工期,用科学的理论计算方法或现场实际经验,以高效、经济、环保为原则,按照设计文件、合同、工艺工法,确定施工机械的组合方式和数量。

根据施工组织安排,铁路桥涵各分项工程中所用的钢筋及混凝土分别由钢筋加工厂和搅拌站进行加工生产及运输至桥址现场,因此分项工程中的钢筋加工及运输机械、混凝土生产及运输机械在各分部工程中不再展开,在8.8节、8.9节中统一进行说明。

8.1 地基及基础施工机械选型与配备

明挖基础施工的主要机械有挖掘机械、自卸车、水泵、钢筋加工及运输机械、起重机械、混凝土生产及运输机械、混凝土浇筑机械、混凝土振捣机械等。

对于土质地层,主要采用单斗挖掘机进行土方开挖;对于岩石地层,需采用液压破碎锤进行岩层破碎开挖,并利用空气压缩机、风镐进行局部修整。明挖基础施工中应配置水泵将坑内的地表水排出,起重机械主要用于模板及钢筋安装。

8.1.1 明挖基础施工机械

1. 明挖基础施工机械选型

1) 单斗挖掘机

单斗挖掘机按其走行方式可分为履带式挖掘机、轮胎式挖掘机、轨轮式挖掘机和步行式挖掘机。因轮胎式挖掘机的轮胎磨损较大,在泥土地面易下陷打滑,铁路桥涵工程不予采用;履带式因其有良好的通过性能,在铁路明挖基础施工中应用广泛。

单斗挖掘机按构造特性分为正铲挖掘机、反铲挖掘机、拉铲挖掘机、抓铲挖掘机和其他机型,铁路明挖基础施工中使用反铲挖掘机。

铁路桥涵施工中,常用履带式挖掘机的斗容量为 $0.5\sim1.2\ m^3$,最大挖掘高度为 $11\ m$,最大挖掘深度为 $7.1\ m$,最大卸载高度为 $7.3\ m$,回转半径小于等于 $4.5\ m$,铲斗容量应根据现场具体土方量和运输机械的斗容量来确定。

2) 液压破碎锤

液压破碎锤按照操作方式可分为手持式与机载式。由于液压破碎锤在工作时振动力极大,所以只有小型的岩石地层局部修整才会采用手持式,在岩层量大、不适合爆破的场合,采用机载式液压破碎锤。

液压破碎锤根据其工作原理分为全液压式、液气联合式、氮爆式。在破碎作业中液压破碎锤与液压挖掘机配套使用,铁路明挖基础施工中使用全液压式破碎锤。

3) 水泵

水泵的类型很多,根据其对转变能量的方法主要分为叶轮式(旋转式)和活塞(往复)式两大类。在叶轮式水泵中,又分为离心式与轴流式两种基本类型。在铁路明挖基础施工中,使用最为广泛的为离心式水泵。

应根据水泵的流量和扬程进行水泵选型,水泵的流量应根据渗水量大小确定,水泵的流量宜为基坑内渗水量的 1.5～2 倍。水泵的扬程应与实际需要的扬程相接近,一般相差不超过 20%。在明挖基础施工中,水泵的常用功率为 5.5～11 kW,流量为 10～30 m³/h。

4) 自卸车

自卸车的选型主要受运载能力的影响,目前最常见的自卸车按驱动形式分为 4×2、6×4 和 8×4 等 3 种形式。4×2 自卸车的运载方量为 9～12 m³,6×4 自卸车的运载方量为 16～20 m³,8×4 自卸车的运载方量为 23～27 m³,应根据基础开挖土方量及工期安排来选择自卸车的装载能力。在明挖基础施工中,选择 4×2 自卸车最为常见。

柴油驱动的自卸车续航能力一般超过 300 km,几乎不受运距影响;缺点是由于采用内燃驱动,作业时排出的废气污染环境。电力自卸车一般续航能力 250～300 km,续航能力几乎不受运距影响,同时能做到污染物 0 排放,环保。目前,柴油驱动的自卸车应用最为广泛。

5) 汽车式起重机

明挖基础施工中,采用汽车式起重机进行模板、钢筋的吊装作业。汽车式起重机的选用应根据起重质量、起重距离、起重幅度结合起重机的起重性能表,选择满足起重质量和提升高度要求的起重机,具体步骤如下:

(1) 根据被吊物、吊钩、钢丝绳及索具的质量,定吊装质量。

(2) 根据被吊物体离起重机重心位置的距离,定起重高度 H:

$$H > h_1 + h_2 + h_3 \quad (8\text{-}1)$$

式中,H 为起重高度,m;h_1 为设备高度,m;h_2 为吊索高度,m;h_3 为设备吊装到位后基础高度,m。

(3) 根据被吊物体的就位高度、设备尺寸、吊索高度,确定起重幅度。

(4) 根据已确定的起重质量、幅度、起重高度、起重机的特性曲线,确定起重机的承载能力(定起重机型号)。

在明挖基础施工中,汽车式起重机常采用最大起重质量为 25 t、30 t,臂长为 10～45 m,最大起吊高度为 50 m。

6) 混凝土泵车

混凝土浇筑时根据明挖基础的混凝土方量大小和场地条件选择混凝土泵车。混凝土泵车的选型应考虑臂架长度及混凝土的泵送能力。臂架长度根据现场场地条件、混凝土泵车的站位及出料口的最远距离进行选择。混凝土的输送能力依据搅拌站、混凝土搅拌运输车的供应能力进行选择。

混凝土泵车按支腿展开形式可分为前后摆动型、前后伸缩型、前伸后摆型。前后摆动型和前后伸缩型泵车要求支腿全部伸展到位,呈全支承模式,占用的场地面积较大;而前伸后摆型泵车(特别是 X 形支腿泵车)可实现单侧支承功能,适应狭窄或者复杂工地的能力更强。基础施工时,应根据现场地形条件选择支腿展开形式。

在明挖基础施工中,混凝土泵车的臂长选用 47 m、56 m 最为常见,混凝土输送能力为 50～100 m³/h。

7) 混凝土振捣机械

混凝土振捣机械为插入式振捣器,直径规格主要为 30 mm、50 mm、70 mm,在钢筋密集部位应选用小直径振捣器。

2. 明挖基础施工机械配备

1) 单斗挖掘机

单斗挖掘机需用的台数 N 可用下式计算:

$$N = K \cdot \frac{W}{QT} \quad (8\text{-}2)$$

式中,N 为挖掘机的数量,台;K 为安全系数,无资料时可取 1.0～1.2;W 为设定期限内应由挖掘机完成的总工程量,m³;Q 为挖掘机实际生产率,$m^3/(h \cdot 台)$;T 为设定期限内挖掘机的有效工作时间,h。

2) 液压破碎锤

液压破碎锤的数量根据实际需要破碎岩层量,配备自带液压破碎锤的液压挖掘机 1~2 台,具体数量根据下式确定:

$$N = K \cdot \frac{W}{QT} \quad (8\text{-}3)$$

式中,N 为液压破碎锤的数量,台;K 为安全系数,无资料时可取 1.2~1.5;W 为设定期限内应完成的破碎工程量,m^3;Q 为破碎锤实际生产率,$m^3/(h \cdot 台)$;T 为设定期限内破碎锤的有效工作时间,h。

3) 水泵

土石方开挖中,需要配置的水泵台数,根据基坑渗水量和每台水泵的排水量,并考虑一定的能力储备确定,可按下式计算:

$$n_i = (1.2 \sim 1.5)QK/q \quad (8\text{-}4)$$

式中,n_i 为某一型号水泵的数量,台;Q 为某一型号水泵所承担的计算排水流量,L/s;q 为某一型号水泵单机排水流量,$L/(s \cdot 台)$;K 为备用系数,一般按 1∶1 备用,取 $K=2$。

4) 自卸车

根据工期计算出每天所需挖方量为 m m^3,每台汽车装土量约为 10 m^3,运距暂按 s km 考虑,车速按照 40 km/h 计算,每天汽车运行时间按 9 h 计算,则一个来回时间为 $(s+s) \div 40 = t$ h,每天单车运输次数为 $9 \div t = y$ 趟,单车日出土量为 $10 \times y = 10y$ m^3,在保证设备有余量的前提下,理论需 10 m^3 自卸车 $m \div 10y = x$ 辆。

但实际施工时根据开挖时空效应需配备充足的自卸车(拟定配备 $x+1$ 辆)。视工作面进展情况及时调配,满足施工需要。

5) 汽车式起重机

汽车式起重机需用数量根据工程量、工期要求、每天工作台班数及汽车式起重机的台班产量定额而定。可用下式计算:

$$N = \frac{1}{TmK} \sum \frac{Q_i}{P_i} \quad (8\text{-}5)$$

式中,N 为汽车式起重机需用量,台;T 为要求工期,天;m 为每天工作班数,班/天;K 为时间利用系数,取 0.8~0.9;Q_i 为每种构件的安装工程量,件或 t;P_i 为汽车式起重机相应的台班产量定额,件/台班或 t/台班。

此外,还应考虑构件装卸、拼装和就位的需要。现场施工时,每个基础工作面配置汽车式起重机 1~2 台。

6) 混凝土泵车

混凝土泵车的台数,可根据混凝土浇筑量、单机的实际平均输出量和施工作业时间,按下式计算:

$$Q_a = \xi \eta_1 Q_{max} \quad (8\text{-}6)$$

$$n = \frac{Q}{tQ_a} = \frac{Q}{\xi \eta_1 t Q_{max}} \quad (8\text{-}7)$$

式中,Q_a 为输送泵的平均输出量,m^3/h;Q_{max} 为输送泵的最大输出量,可从技术性能表中查得,m^3/h;η_1 为单位时间内混凝土输送泵的最大排出量折减系数;ξ 为泵车的作业效率,一般取 0.5~0.7;n 为所需混凝土泵车的数量,台;Q 为混凝土浇筑量,m^3;t 为混凝土浇筑的有效工作时间,h/台。

在明挖基础施工中,每个工作面单次浇筑混凝土时,1~3 台混凝土泵车即可满足要求。

7) 混凝土振捣器

插入式振捣器的数量计算公式为

$$n = \frac{B \cdot L \cdot H}{Q(t_{cs}/t_{cp})} \times 3600 \quad (8\text{-}8)$$

式中,Q 为插入式振捣器的生产率,$m^3/(h \cdot 台)$;n 为插入式振捣器的数量,台;B,L,H 为每个浇筑体的混凝土宽度、长度和厚度,m;t_{cs} 为混凝土内水泥浆初凝时间,s;t_{cp} 为混凝土从搅拌地点输送到浇筑地点所需要的时间,s。

实际施工时,振捣器要有相当的备用数量,一般要保持作业所需数量的 25%~30%。

8.1.2 沉入桩基础施工机械

沉入桩施工的主要机械有钢筋加工机械、混凝土生产及运输机械、混凝土浇筑机械、混凝土振捣机械、起重机械、打桩机械(桩机)。沉入桩施工根据成桩工艺不同,可分为锤击沉桩、振动沉桩和静力压桩,对应的机械可分为锤击沉桩机、振动沉桩机和静力压桩机。

1. 沉入桩设备选型

1) 桩机

选择桩机,要根据地质情况、桩的特性、施工环境等,对桩机能力、效率、环保、经济性进行对比分析确定。

① 能力。锤击沉桩机宜用于密实的黏性土、砂类土、含砾石砂黏土层;静力压桩机宜用于软黏土(标准贯入度 $N<20$)、淤泥质土。

② 效率。对于软土层、黏土层及砂性土层,相同条件下,锤击沉桩机的效率高于静力压桩机。

③ 环保。桩机对环境的影响主要是噪声污染,从大到小依次为锤击沉桩机、振动沉桩机、静力压桩机。

④ 经济性。在成本消耗方面,在满足效率、环保的条件下,锤击沉桩机优于静力压桩机。

(1) 锤击沉桩机

锤击沉桩机由桩锤和桩架组成,两者一般分开采购,所以需要分别选型。

① 桩锤的选型。首先要根据土的种类、土的密实程度、桩的特性、单桩轴向承载力、施工现场情况、机具设备条件、工作方式、周边环境、工作效率等条件确定桩锤的种类。各种打桩锤的适用范围及优缺点见表 8-1。其中,柴油锤本身附带有机架,不需要附属其他动力设备,目前应用广泛。

表 8-1 不同种类桩型和地质条件时适用的桩锤类型

桩的特征参数		桩锤种类			射水沉桩
		筒式柴油锤	液压桩锤	振动沉拔桩锤	
桩的种类	木桩	√	—	√	—
	钢筋混凝土桩(RC桩)	√	√	√	—
	预应力混凝土方桩(PRC桩)	√	√	√	—
	预应力混凝土管桩(PC桩)	√	√	√	√
	超高强混凝土离心管桩(PHC桩)	√	√	√	—
	钢板桩	√	√	√	—
	工字型钢桩、H型钢桩	√	√	√	—
	钢管桩	√	√	√	—
	斜桩	√(斜角<45°)	—	√(斜角<45°)	—
地质条件	黏土、亚黏土、砂土	√	—	√	√
	黄土	—	√	—	—
	软土	—	—	√	—
	密实黏土、砾砂土	—	—	—	√
	岩石、砾石土	—	—	√	—

注:√表示适用。

然后要确定桩锤的规格。桩锤的质量选择应遵循重锤低击的原则,宜大不宜小。桩锤过重,所需动力设备的功率大,不经济;桩锤过轻,必将加大落距,锤击功能很大部分被桩身吸收,桩也不易打入,且桩头容易被打坏,保护层可能被振掉。因此,用重锤低击和重锤快击的方法效果较好。可根据地质条件、桩型、桩的密集程度、单桩竖向承载力及现有施工条件等结合表 8-2,并通过计算确定。

表 8-2　桩与桩锤选配参考表

锤等级/(0.1 t)	12～15	18～25	28～35	40～45	60～70	80	150
桩质量/t	1.0～1.5	1.7～5.5	2.3～8.0	3.3～10	5.2～14	6～16	10～45
钢管桩直径/mm	300～450	400～600	500～800	600～1000	800～1500	1500 以下	2200 以下
混凝土桩直径或边长/mm	250～400	350～500	400～600	500～800	700～1200	1000 以下	1400 以下

(a) 按桩锤冲击能确定最小锤重。按照下式(8-9)计算所需要的桩锤冲击能：

$$E > 25P \quad (8-9)$$

式中，E 为锤的一次冲击动能，J；P 为单桩的设计承载能力，kN。

(b) 按桩锤的适用系数确定锤重范围。按式(8-9)确定的桩锤，应按所施打桩的重量，用下式进行复核，以决定是否采用：

$$K = \frac{M+C}{E} \quad (8-10)$$

式中，M 为桩锤重，kN；C 为桩重(包括送桩、桩帽和桩垫)，kN；E 为桩锤一次冲击能，J；K 为桩锤的适用系数，可参考表 8-3 选择。

表 8-3　桩锤的适用系数 K 值

桩型	柴油锤	双动汽锤	单动汽锤	落锤
混凝土桩、管桩	≤0.005	≤0.0035		≤0.002
钢板桩、工字型钢桩、H型钢桩及射水辅助下沉时	K 值可提高 50%			

也可以参照表 8-4 中的锤桩比进行复核选用。

表 8-4　锤重与桩重比值表(锤重/桩重)

锤类别	钢筋混凝土桩		钢桩	
	软土	硬土	软土	硬土
落锤(坠锤)	0.35	1.5	1	2
柴油锤	1	1.5	2	2.5

注：A. 锤重系指锤体总重；
B. 桩重系指除桩自重外还包括桩帽重量；
C. 桩长度一般不超过 20 m；
D. 土质较软时建议采用下限值，较坚硬时采用上限值；
E. 坠锤和单动汽锤锤重与桩重的比宜为 1.5～2.0，大于 2.0 时宜调整落锤高度。

(c) 按桩身容许应力计算锤重。根据桩长、截面形式及尺寸、材料种类等，计算桩的整体刚度和锤击作用的桩体应力。按桩身锤击应力控制锤重，应符合下列要求：

第一，混凝土桩的桩身最大锤击压应力不应超过桩身混凝土等级的抗压强度值。桩身锤击应力一般采用冲击波动方程计算：

$$\sigma_P = \frac{\sqrt[\alpha]{2eE\gamma_P H}}{1 + \frac{A_C}{A_H}\sqrt{\frac{E_C \cdot \gamma_C}{E_H \cdot \gamma_H}}\left(1 + \frac{A}{A_C}\sqrt{\frac{E \cdot \gamma_P}{E_C \cdot \gamma_C}}\right)} \quad (8-11)$$

式中，σ_P 为桩的锤击应力，kN/m²；A_H、A_C、A 分别为锤、桩垫、桩的净截面面积，m²；E_H、E_C、E 分别为锤、桩垫、桩的弹性模量，一般钢筋混凝土桩 $E = 2.1 \times 10^7$ kPa，钢桩 $E = 2.1 \times 10^8$ kPa，木桩 $E = 1.0 \times 10^7$ kPa，或取实测值；γ_H、γ_C、γ 分别为锤、桩垫、桩的重度，kN/m³；H 为落锤高度，m，一般约 2 m；α 为锤型系数，自由落锤 $\alpha = 1$，柴油锤 $\alpha = 2^{1/2}$；e 为锤击效率系数，落锤 $e = 0.6$，柴油锤 $e = 0.8$。

如果计算 σ_P 值大于桩的允许锤击应力，在锤击能量相同的条件下，可以采用限制锤的重量、降低锤的下落高度或改变桩垫材料等方法。或不使用大于桩截面的锤，以控制桩头产生的锤冲击应力值，避免桩头破裂或桩身断裂。

第二，普通混凝土桩的桩身最大锤击拉应力不应超过桩身混凝土等级的抗拉强度值的 1.3～1.4 倍(允许出现环向裂缝的除外)。

第三，预应力混凝土桩的桩身最大锤击拉应力不应超过桩身混凝土等级的抗拉强度值与有效预应力值之和的 1.3～1.4 倍。

第四，对有接头的混凝土桩，控制桩身最大锤击拉应力时还应考虑接桩处的抗拉强度。

冲击载荷和载荷重量不致产生长柱屈曲破坏。当细长比(屈曲长度与桩最小回转半径之比)超过 100 时，采用下式计算桩的最大允许屈曲载荷 P_{cr}:

$$P_{cr} = \frac{\pi^2 EI}{l_0^2} \quad (8-12)$$

式中，P_{cr} 为桩的最大允许屈曲载荷，N；E 为桩材的弹性模量，N/mm²；I 为桩截面惯性矩，mm⁴，$I = \frac{\pi}{64}[D^4 - d^4]$；$D$ 为桩截面外直径，mm；d 为桩截面内直径，mm，$d = D - 2\delta$；δ 为桩管壁厚，mm；l_0 为桩的屈曲长度，mm，一般为桩的锤击面到架设固定点的长度。

如果 P_{cr} 小于或等于桩锤冲击载荷，应该改换为较小桩锤或加大桩截面面积。

对于选择的桩锤，应进行工艺试验，并且使总的锤击次数控制在表 8-5 所列数值范围内。

表 8-5 各种桩的限制打击次数

桩种类	钢桩	钢筋混凝土桩	预应力混凝土桩
限制总打击次数	≤3000	≤1000	≤2000

② 桩架的选择。桩架用于支持桩身和桩锤，将桩吊到打桩位置，并在打入过程中引导桩的方向，保证桩锤沿着所要求的方向冲击。选择桩架时，应考虑桩锤的类型、桩的长度、桩锤的高度、桩帽厚度及所有滑轮组的高度。此外，还应留有 1~2 m 的高度作为桩锤的伸缩余地。常用的桩架可分为步履式、履带式、滚轴式、轨道式。选择桩架时应考虑以下几个方面：

（a）应与所选定的桩锤的形式、质量和外部尺寸相适应。

（b）桩的种类、桩数、桩的施工精度、桩距及桩的布置方式。例如，下沉工字型钢桩、H型钢桩时的桩架应具有横向稳定装置。

（c）桩的材料、物理性能、断面形状和尺寸，以及桩长和桩的连接方式。

（d）作业空间、打入位置和施工人员的熟练程度。

（e）桩锤的通用性和桩架数量。

（f）打桩的连续程度、进度指标和工期。

在选择桩架时，应根据桩长、桩径、打桩方式确定桩架的高度。陆上沉桩的桩架高度如图 8-1(a)所示，水上沉桩的桩架高度如图 8-1(b)所示，可按下式计算：

$$H \geq h_1 + h_2 + h_3 + h_4 - h_5 - h_6 \quad (8-13)$$

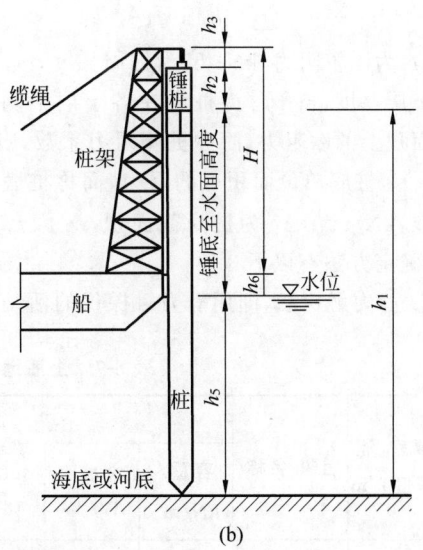

图 8-1 沉桩的桩架高度计算示意图
(a) 陆上沉桩；(b) 水上沉桩

式中，H 为桩架有效高度（水上沉桩从船面算起，陆上沉桩从地面算起），m；h_1 为桩长，m，应包括桩身、桩尖和桩头预留钢筋3部分的长度；h_2 为桩锤及桩垫高度，m，如果送桩固定在桩头上沉桩，则应包括送桩的长度；h_3 为滑轮组高度，m；h_4 为安全高度（余裕量），一般水上沉桩取 $1\sim2$ m，陆上沉桩取 $0.3\sim0.5$ m；h_5 为施工水深，m，一般应根据最低潮位或最低水位计算，陆上沉桩时 $h_5=0$；h_6 为桩架底即船面至水面高度，m，陆上沉桩时 $h_6=0$。

(2) 静力压桩机

静力压桩机分为机械式（绳索式）和液压式两种。机械式静力压桩机高大笨重，走行、移动不便，压桩速度较慢，已较少使用。液压式静力压桩机自动化程度高、结构紧凑、走行方便快捷，施压部分不在桩顶面，而在桩身侧面，是当前国内较广泛采用的一种压桩机械。

静力压桩机的选择应综合考虑桩的截面、长度、穿越土层和桩端土的特性、单桩承载力及布桩密度等因素，可参考表8-6。

表8-6 静力压桩机选择参考表

桩机规格/t	最大压桩力/kN	适用桩径/mm 最大	适用桩径/mm 最小	单桩极限承载力/kN	桩端持力层 地质特征	桩端持力层 标贯值/N	穿透中密～密实砂层厚度/m
160～180	1600～1800	400	300	1000～2000	中密～密实，砂层，硬塑～坚硬黏土层，残积土层	20～25	约2
240～280	2400～2800	450	300	1700～3000	密实砂层，坚硬黏土层，全风化岩层	20～35	2～3
300～360	3000～3600	500	350	2100～3800	密实砂层，坚硬黏土层，全风化岩层	30～40	3～4
400～460	4000～4600	550	400	2800～4600	密实砂层，坚硬黏土层，全风化岩层，强风化岩层	30～50	5～6
500～600	5000～6000	600	400	3500～5500	密实砂层，坚硬黏土层，全风化岩层，强风化岩层	30～55	5～8

静力沉桩时，压桩设备的承载力宜大于沉桩阻力的40%。沉桩阻力可以根据现场施工工艺试验确定，或根据下式计算确定：

$$p = U\sum f_i h_i + q_1 A_p \quad (8\text{-}14)$$

式中，p 为压桩阻力，kN；U 为桩周长度，m；h_i 为各土层厚度，m；f_i 为桩身在各土层中侧面单位面积上的摩阻力，简称桩侧阻力系数，kN/m^2；q_1 为桩底单位面积上的阻力，简称桩底阻力系数，kN/m^2；A_p 为桩身截面积，m^2。f_i 和 A_p 的确定方法有以下3种：

① 静力触探法，即用静力触探仪的活动探头和探管以静压力压入各土层中，分别测出探头的阻力和探管的摩阻力，根据尺寸大小计算出各土层的桩底阻力系数和桩侧的摩阻力系数。

② 现场压入试桩法，即采用断面20 cm×20 cm、底部带活动桩尖的桩，现场将其压入到施工图要求的深度，分别测出各土层桩底阻力系数和桩侧阻力系数。

③ 工程类比法，即参考土质指标基本相同的其他地区的压桩数据。表8-7是上海地区的压桩阻力系数。

表8-7 上海地区各土层压桩阻力系数

土层厚度（泥面下深度）/m	土壤名称	土质指标 容重/(kN/m^3)	土质指标 含水率 W/%	土质指标 孔隙比 e_0	土质指标 稠度 B	土质指标 内聚力 C/kPa	土质指标 内摩擦角 ϕ/(°)	土质指标 标准贯入度	压桩阻力/kPa 桩侧 f_i	压桩阻力/kPa 桩底 A_p
5.8 (1.2～7.0)	粉砂	—	24～27						14.3	2770～4340

续表

土层厚度(泥面下深度)/m	土壤名称	土质指标							压桩阻力/kPa	
		容重/(kN/m³)	含水率 W/%	孔隙比 e_0	稠度 B	内聚力 C/kPa	内摩擦角 $\phi/(°)$	标准贯入度	桩侧 f_i	桩底 A_p
20 (7.0~9.0)	亚砂土	18.5	25.8	0.82	0.91	—	—	—	14.3	3000
3.0 (9.0~12.0)	淤泥质亚黏土	17.5~18	39.2~43	1.15~1.22	>1	5~8	15~18.7	0~3	3.2	870
11.0 (12.0~23.0)	淤泥质黏土	17.2	48.3~49.1	1.38	>1	11~14	8.5~9.5	0~3	2.74	1170
4.7 (18.6~23.3)	淤泥质亚黏土	17.7~18	38~40	1.1~1.17	>1	15	8.9~9.4	<5	3.2	1170
4.7 (23.3~28.0)	亚黏土(夹砂层)	18	33.3~33.6	1.03	0.9~0.98	4~6	22.7~23.3	6~17	20 28*	1150 3150*
3.5 (28.0~31.5)	暗灰绿亚黏土	19.3~19.9	23.3~24	0.64~0.7	0.45~0.47	19~29	15.8~19.6	10~20	44.6	2400

注：* 指夹砂层时的压桩阻力。

2) 起重机械

在预制场内，起重机械用于将预制桩吊装装车。由于吊装位置相对固定，起重机械采用门式起重机，在预制桩沉桩现场，利用汽车式起重机将预制桩起吊配合打桩机进行沉桩作业，门式起重机和汽车式起重机的起吊高度和起吊重量根据预制桩的桩长及重量进行确定，具体选型方法参考8.1.1节中关于汽车式起重机选型的相关内容。

3) 运输设备

采用平板车进行桩的运输。单节桩长一般不超过13 m，采用一台平板车进行运输；对于长度18 m以上的预制桩，可采用两台平板车搭载。

4) 水泵

水泵主要根据射水施工所需要的工作压力进行选型，施工前经过试桩后选定，水泵的工作压力应满足如下要求：

$$H = H_1 + H_2 + H_3 \quad (8-15)$$

式中，H_1为射水嘴处需要的水压；H_2为水在管路中上升所需要的水压；H_3为管路中压力损失。

2. 沉入桩机械配备

1) 桩机配套数量

桩机配备数量根据工作量和工期安排确定，具体可按下式计算：

$$N = K \cdot \frac{W}{QT} \quad (8-16)$$

式中，N为桩机的数量，台；K为安全系数，无资料时可取1.2~1.5；W为每个作业面沉入桩的工作量，根据施工组织设计确定，m；Q为桩机实际生产率，m/(h·台)；T为设定期限内桩机的有效工作时间，根据施工组织设计确定，h。

通常在工期正常的情况下，在现场施工时，一个工作面配置1台桩机进行作业，当工期紧张时，可根据作业面的空间大小，合理布置2~3台桩机同步进行打桩作业。

2) 辅助设备

在沉入桩施工中，根据经验，起重设备、水泵与桩机数量一般按1∶1配比。

8.1.3 钻孔灌注桩基础施工机械

钻孔灌注桩施工的主要机械有钻孔机械、挖掘机械、钢筋笼制作和运输需用的钢筋加工及运输机械、吊装护筒及钢筋笼的起重机械、混凝土生产及运输机械。钻机主要有旋挖钻机、冲击钻机、正反循环钻机、全套管钻机、螺旋钻机、潜水钻机、冲抓钻机等。

1. 钻孔灌注桩基础施工机械选型

1) 钻机

铁路桥梁中,简支梁的钻孔桩常用桩径为 1.0 m、1.2 m、1.5 m,连续梁的钻孔桩常用桩径为 1.5 m、1.8 m、2.0 m、2.8 m,特殊结构桥梁的钻孔桩常用桩径为 2.5 m、2.8 m、3 m。应根据地质情况、桩孔直径与桩长、设备资源情况等,对钻机能力、效率、经济性、环保性进行对比后确定钻机类型。

(1) 根据地质条件进行选型

根据地质条件,选择不同的钻机的适用范围见表 8-8。

表 8-8 各种钻机的适用范围

序 号	钻机类型	地 质 条 件	桩径/cm	桩深/m
1	旋挖钻机	各种土质地层、砂类土、砾石、卵石	80~250	30~80
2	冲击钻机	黏性土、砂类土、砾石、卵石、漂石、软硬岩层及各种复杂地质,但不宜在液化粉细砂地层使用	60~200	30~100
3	正反循环钻机	细粒土、粗粒土,含卵砾石量小于20%的卵砾石土、软岩	80~300	30~150
4	全套管钻机	黏性土层、砂类土,但不宜在地下水位下有厚于5 m细砂层时使用	80~200	30~60
5	冲抓钻机	软土、细粒土、粗粒土、卵砾石土	100~200	30~50

(2) 根据效率进行选型

在其他条件相同的情况下,对于不同地质条件,不同的钻机效率不一致,具体如下:

① 对于填土层、黏性土层、粉土层、密实砂层等,效率从大到小依次为旋挖钻机、冲击钻机、回转钻机;

② 对于黏性土层、较松散砂层、淤泥质土层等,效率从大到小依次为旋挖钻机、正反循环钻机;

③ 对于砂层、砾石层、砂砾夹层和卵砾夹层等,效率从大到小依次为旋挖钻机、正反循环钻机、冲击钻机;

④ 对于软岩、硬岩等,效率从大到小依次为正反循环钻机、冲击钻机。

(3) 根据环保性进行选型

旋挖钻机振动及噪声低,泥浆污染小;冲击钻机振动及噪声中度,泥浆污染大;回转钻机振动及噪声中度,泥浆污染大;全套管钻机振动及噪声中度,无泥浆污染。

(4) 根据经济性进行选型

在成本消耗方面,对于不同地质层,不同钻机成本消耗不同,具体如下:

① 对于填土层、黏性土层、粉土层、密实砂层等,成本消耗从大到小依次为旋挖钻机、正反循环钻机、冲击钻机;

② 对于黏性土层、较松散砂层、淤泥质土层等,成本消耗从大到小依次为旋挖钻机、正反循环钻机;

③ 对于砂层、砾石层、砂砾夹层和卵砾夹层等,成本消耗从大到小依次为旋挖钻机、正反循环钻机、冲击钻机;

④ 对于软岩、硬岩等,成本消耗从大到小依次为正反循环钻机、冲击钻机。

2) 旋挖钻机

旋挖钻机按底盘结构可分为履带式旋挖钻机、轮式旋挖钻机和步履式旋挖钻机 3 种类型。根据现场施工的环境及需求,现场环境恶劣、工期紧张的,可选择履带式旋挖钻机;现场环境较好、需要移动灵活的,可选用轮式旋挖钻机;现场对经济性要求高的,可选用步履式旋挖钻机。

旋挖钻机按规格大小分为小型机、中型机、大型机,根据钻杆、钻具、动力头的选择,结合钻机扭矩、钻孔直径、成孔深度,进行研究后确定,选型时可参考表 8-9。

表 8-9 旋挖钻机选型参考表

项　　目	超小型机	小型机	中型机	大型机
动力头扭矩/(kN·m)	40～60	80～100	120～240	>240
发动机功率/kW	≤90	<150	<240	>250
钻孔直径/m	0.35～1.0	0.4～1.3	0.6～2.0	1.0～3.5
成孔深度/m	≤28	≤48	60左右	125
整机质量/t	<25	20～40	40～80	>80
适用范围	适用于狭窄地方、低净空的施工,各种小于1m的桩	各种小于1.3m的桩	各种铁路桥梁的桥桩	各种铁路特大桥桩

(1) 钻杆

钻杆要将动力头的全部扭矩一直传递到孔底的钻头上,并且还要将加压液压缸的压力、动力头自重和钻杆自重等钻压稳定地传递到几十米以下的钻头上,因此当钻进较坚硬的地层时,钻杆可能要同时承受大扭矩和大钻压,还要克服很大的弯矩,这就使得钻杆的受力条件变得非常复杂,如果钻杆本身的能力达不到要求,则很容易损坏。因此选择钻杆时需考虑以下几点:

① 根据钻机的钻进能力参数、钻孔直径、可钻深度,按 $D/d=4.5$ 的经验比值确定钻杆直径 d(钻杆外径),其中 D 为钻孔直径。钻杆最大允许长度 L 要根据桅杆有效高度和自重条件下的稳定性确定,并根据钻机设计孔深和每根钻杆有效使用长度确定钻杆的节数。

② 钻杆类型的选择。钻杆分摩擦式和机锁式两类,选择哪一类钻杆主要由地层情况决定。一般地层(如土层、砂层、砂砾层、淤泥地质层)选摩擦式钻杆;遇砾卵石、漂石层、硬质板砂和硬岩层,选机械锁定式钻杆。而机锁式钻杆也适用一般地层。有条件的,最好购置两种类型的钻杆。

③ 钻杆的重量。在选择钻杆时还必须考虑升降系统中主卷扬机的最大拉力能否与钻杆重量、钻头重量及钻渣重量相适应。

(2) 钻具

钻具有多种,目前有长螺旋和大直径短螺旋钻头、回转钻头、捞砂头、筒形钻头、扩底钻头、岩心钻头、冲击钻头、冲抓锥钻头和液压钻头等。不同地质条件时钻头的选用可参见表8-10。

表 8-10 不同地质条件时旋挖钻机钻头的选择

地质条件	适用的钻头
黏土地质	选用单层底的旋挖钻头。如果直径偏小,可采用两瓣头或带卸土板的钻头
淤泥、黏性不强的土层、砂土、胶结较差粒径较小的卵石层	可配用双层底的旋挖钻头
硬胶泥地质	选用单进土口的(单双底皆可)旋挖钻头,或斗齿直形螺钻头
冻土层	含冰量少的可用斗齿直形螺钻头和旋挖钻头,含冰量大的可用锥形螺旋钻头。螺旋钻头用于土层(除淤泥外)皆有效,但常在没有地下水的情况下使用,以免产生抽吸作用造成卡死
胶结好的卵砾石和强风化岩石	需要配备锥形螺旋钻头和双层底的旋挖钻头(粒径较大的用单口,粒径小的用双口)
中风化基岩	配备截齿筒式取心钻头、锥形螺旋钻头、双层底的旋挖钻头,或截齿直形螺旋钻头
微风化基岩	配备牙轮筒式取心钻头、锥形螺旋钻头、双层底的旋挖钻头。如果直径偏大,可采取分级钻进工艺

(3) 动力头

动力头有液压传动、电动机传动、发动机传动,无论何种都具备低速钻进、反转高速甩土功能。目前大都采用液压传动,有双变量液压马达、双速减速机驱动或低速大扭矩液压马达驱动。动力头的钻进速度一般都具有多挡,适合在多种工况下作业。电动机传动一般采用特制的恒功率双速电动机,力矩大、过载能力强。

动力头的钻机速度与钻机扭矩密切相关。选择动力头时,应该依据工程需要确定钻机扭矩,确保钻机能够可靠地工作在钻机的高效区。钻机的高效区,一般指钻机在正常钻进时,平均进度达到 5 m/h。

铁路钻孔桩施工中,常用旋挖钻机的额定输出扭矩为 280 kN·m、360 kN·m。对于大直径桩基或在硬岩中钻进时,可选用额定输出扭矩为 420 kN·m、550 kN·m、580 kN·m 的钻机。

3) 冲击钻机

冲击钻机可分为正循环冲击钻机和反循环冲击钻机。在桩孔成形方面,一般在黏土、亚黏土、淤泥质土层、粉砂层施工时,为防止塌孔,仍然采用正循环冲击钻进,桩的垂直度比较好,但易缩径;在卵、砾石层施工中都采用冲击反循环钻进,由于冲击力较大,容易塌孔,充盈系数偏大。冲击反循环钻进的充盈系数则为 1.25,在土层中的充盈系数冲击钻机和回转钻机基本接近 1.1。

选择冲击钻机时,钻孔直径和钻孔深度首先必须满足设计要求,冲击行程、冲击频率和冲锤质量决定钻机的工作效率。在其他条件不变的情况下,冲击行程越大,效率越高;冲击频率越大,单位时间内的冲击次数越多;冲锤质量越大,冲击能越大。冲击式钻机钻大直径桩孔时,为避免冲锤重量超过冲击钻机负荷,可采用分径成孔的办法解决,采用的锤重以不超过机器负荷能力的 70% 为宜,一般采用二径成孔,最多三径成孔。但应注意,分径成孔会破坏加固好的孔壁,应严格防止塌孔。

4) 正反循环钻机

正反循环钻机按主机传动方式分为机械式、液压式两类。全液压式循环钻机是机械式循环钻机的升级换代产品,目前多采用液压式。

正反循环钻机的选型,应考虑钻头,结合钻压、钻速、孔底冲洗液的冲洗量等因素,进行对比后确定。

(1) 钻压

根据不同地层地质情况,选择合理的钻压,复核钻机的提升能力。

土层及软岩钻进时的刮刀钻头所需钻压可按下式计算:

$$P_1 = E q_1 B \tag{8-17}$$

式中,P_1 为刮刀钻头所需钻压,kN;q_1 为刀具单位刃长上的钻压(长度比压),按表 8-11 选用;B 为钻头在半径方向上的切削宽度,等于钻头半径,cm;E 为刀具重复系数,一般取 $1.2\sim1.5$,扩孔钻头取 $2.2\sim2.9$。

表 8-11 刀具长度比压 q_1 的选用

岩 土 层	岩土单轴抗压强度/MPa	刀具长度比压 q_1/(kN/cm)	岩 土 层	岩土单轴抗压强度/MPa	刀具长度比压 q_1/(kN/cm)
砂层	—	0.1	砂页岩	40	1.3
砂土层	—	0.2	砂页岩	50	1.6
亚黏土	—	0.3	砾岩	60	2
黏土	—	0.4	石灰岩	80	2.5
黏土夹砾石	—	0.5	砂岩	100	3
严重风化砂页岩	20	0.6	凝灰岩	120	4
一般风化页岩	30	1	—	—	—

硬岩钻进时的滚刀钻头所需钻压可按下式计算：

$$P_2 = 0.1 q_2 a L \quad (8\text{-}18)$$

式中，P_2 为滚刀钻头所需钻压，kN；q_2 为刀具面积比压，MPa，一般取 $q_2 > 2\sigma$，σ 为岩石单轴抗压强度，MPa；a 为刀刃宽度，cm；L 为同时接触岩石的刀刃总长，cm。

（2）转速

根据钻头外缘或边刀的允许最大切线速度，复核钻机转盘或动力头的转速。

（3）冲洗量

根据冲洗液所需上返速度，选择正循环或反循环钻进工艺。反循环钻进冲洗液的上返速度大，一般达到 2～3m/s，是正循环工艺冲洗液上返速度的数十倍，应结合施工效率要求和孔径，选择合适的钻进工艺。

5）全套管钻机

全套管钻机选型时要考虑地质条件、套管直径、掘削深度等因素，此外还要考虑套管能否安全拔出。

（1）套管周围摩擦力的计算

不同土质的单位摩擦力参见表 8-12。

表 8-12　不同土质的单位摩擦力

地　　质			单位摩擦力/(N/m²)	说明
套管启动时	混凝土		≤1000	静摩擦
	碎石		6000	
	砂砾	N<20	6000	
		N≥20	7000	
	淤泥、砂、黏土	N<20	5000	
		N≥20	6000	
	软岩		3000	
	硬岩		≤1000	
套管回转中时一般地层的平均值			2000～4000	动摩擦

注：N 为土质的硬度。

（2）起拔套管所需起拔力的计算

① 启动时（还没有回转或摇动）仅仅起拔套管所需的起拔力必须满足以下条件：

$$P > C_w + B_w + f_1 \quad (8\text{-}19)$$

式中，P 为有效起拔力，$P = P_{额} \times 0.9$；C_w 为套管重量；B_w 为随着套管上下运动部分的机器重量；f_1 为启动时套管周围的静摩擦力。

② 回转（摆动）与起拔同时动作时，如要启动套管必须满足下式：

$$\sqrt{T^2 + (P - C_w - B_w)^2} > f_2 \quad (8\text{-}20)$$

式中，T 为有效扭矩的圆周力（0.9×额定扭矩/R），R 为套管半径；P 为有效起拔力（额定起拔力×0.9）；F 为启动时套管周围的静摩擦力。

③ 启动后起拔套管所需的起拔力必须满足下式：

$$P > C_w + B_w + f_2 \quad (8\text{-}21)$$

式中，P 为有效起拔力（额定起拔力×0.9）；C_w 为套管重量；B_w 为随着套管上下运动部分机器重量；f_2 为回转中套管周围的静摩擦力。

6）冲抓钻机

冲抓钻机的选型要考虑冲锥类型、质量、钻孔深度等因素。

管锥冲击钻孔，应选择能调节冲击高度（即冲程）和冲击频率的钻机；当孔径大于 0.7m 时，需分组钻进，应准备不同直径的管锥。选用的冲抓锥钻机应既能配合全护筒钻孔，也能配合顶护筒钻孔；冲抓锥的提绳应采用自挂钩单绳式；冲抓锥的锥瓣不宜超过 4 瓣，冲抓软土选用长的双瓣式，冲抓含砂、砾石的土质选用短的双瓣式；锥径（抓瓣张开时）应为孔径的 85%～90%，松散地层采用低限，较稳定地层采用高限；冲抓锥宜采用较重的锥；锥的高度不宜小于孔径的 1.5 倍。

7）挖掘机械

铁路桥梁钻孔灌注桩施工中，挖掘机仅用于平整场地，工程量小，选用机动性好的挖掘机为宜，对挖掘机型号没有特别的要求，此处不做详细介绍。

8）起重机械

桩基施工中，起重机械主要用于护筒、钢筋笼的吊装，由于汽车式起重机工作时支腿所占空间较大，因此在空间开阔、地形条件好的场地较为适用，而在作业空间受限场地（如水上钻孔平台上施工钻孔桩）或地形条件差时，应采用履带式起重机。

起重机械的选型主要考虑起重质量、作业幅度和起升高度。首先，根据护筒及钢筋笼的重量，结合现场环境确定起重质量和作业幅度，利用起重质量和作业幅度估算出起重力矩，筛选出满足此起重力矩的起重机型号；之后，根据护筒及钢筋笼需要吊起的高度，确定起升高度，结合作业幅度确定臂架组合与臂架长度，据此查询起重性能表，可按从小吨位到大吨位的顺序来查询，最终确定出能满足起重质量的具体型号。

汽车式起重机的选型参考8.1.1节相关内容。在钻孔桩施工中，对于1.0～2.0 m桩径的桩基，一般采用额定起重质量为25 t的汽车式起重机。对于2.0 m以上桩径的大直径桩基或深水桩基，常采用额定起重质量为50 t、80 t的履带式起重机。

9) 泥浆泵

泥浆泵的选型要考虑工作量和扬程，根据施工现场地形条件，选择卧式泥浆泵、立式泥浆泵或其他形式的泥浆泵。

(1) 工作量

根据施工需求流量大小，确定选单吸泵还是双吸泵，同时，按照施工需求最大流量（或在没有最大流量时，取施工正常需求流量的1.1倍作为最大流量），确定选取的泥浆泵流量。

(2) 扬程

根据施工需求扬程高低，选单级泵还是多级泵，高转速泵还是低转速泵（空调泵）。多级泵效率比单级泵低，当单级泵和多级泵都能用时，选用单级泵。

同时，将施工需求最大扬程放大5%～10%余量后，确定选取的泥浆泵扬程。

2. 钻孔灌注桩施工机械配备

1) 钻机

灌注桩施工要求达到的作业效率可按下式计算：

$$G = \frac{n \cdot H}{A \cdot B} \quad (8\text{-}22)$$

式中，G 为施工要求的作业效率，m/天；n 为每个作业面灌注桩数量，根据施工组织设计确定；H 为桩孔深度，m；A 为计划工期，根据施工组织设计确定，天；B 为工期备用系数，根据经验取得。

钻机作业效率可按下式计算：

$$P = TVK_t K_s \cdot m \quad (8\text{-}23)$$

式中，P 为钻机台班作业效率，m/台班，一般不应低于定额值，必要时还应和类似工程所达到的实际生产指标对比推定；T 为台班工作时间，min/台班，取 $T = 480$ min/台班；V 为钻速，m/min，查钻机技术性能指标，当地质条件、钻机工作压力和钻孔方向改变时，应对V值加以修正，一般采取试钻法或经验法确定；K_t 为工作时间利用系数；K_s 为钻机同时利用系数，取0.7～1.0（10～1 台），台数多取小值，反之取大值，单台时取1.0；m 为每日台班数量。

钻机配备数量可按下式计算：

$$N = \frac{K \cdot G}{P \cdot m} \quad (8\text{-}24)$$

式中，N 为机械设备配备数量；G 为施工要求的作业效率；P 为钻机实际的作业效率；K 为机械设备的备用系数。

2) 挖掘机械

铁路钻孔灌注桩施工中，挖掘机配备数量为一个作业面1～2台。

3) 起重机械

起重机械的配置方法参考8.1.1节，现场施工时，一个作业面配置1台。

4) 混凝土搅拌运输车

应首先计算首次灌注混凝土的方量，根据单个混凝土搅拌运输车的运量，配置足够数量的混凝土搅拌运输车，确保现场运送到位的混凝土方量满足首次灌注混凝土的要求，并尽量满足后续灌注桩施工连续作业要求。

5) 泥浆泵

桩基施工中，泥浆池和桩孔内均需设置一台泥浆泵，并在现场备用1台。

3. 工程案例

某铁路特大桥主墩桩基设计采用30根桩径为3.0 m的钻孔灌注桩，桩长为80 m。主墩桥位处地质以淤泥质黏土、粉质黏土、中砂、细圆砾土、泥质砂岩为主。

本工程桩基的桩径为3 m，钻孔深达100 m，因当地为雨季充沛流域,桩基施工要求越快越好。综合考虑,选择目前全球最大吨位的徐工XR550D旋挖钻机,最大钻孔直径为3.5 m,最大钻孔深度为132 m,动力头最大输出扭矩为480 kN·m。

动力头拥有普通模式和入岩模式,分别针对土层和岩层作业,并且具有自动旋转功能,在施工过程中转速连续可调。分别采用1.5 m、2.0 m、2.5 m、3 m岩芯钻、牙轮钻、筒钻对岩层进行破碎、取芯、环状切割、分层施工,确保了桩基的工程质量,且提高了工作效率。桩基旋挖钻施工主要机械设备及配置数量如表8-13所示。

表8-13 桩基旋挖钻施工主要机械设备

设备名称	数量	额定功率/kW	生产能力	用于施工部位	备注
旋挖钻机	2台	447	$\phi 3.0$ m	桩基施工	—
履带吊机	1台	199	80 t	—	设备、材料吊装
混凝土搅拌运输车	10辆	—	12 m^3	混凝土施工	
平板车	2辆	—	—	钢筋笼运输	
潜水泵	3台	11	扬程20 m	桩基施工	
泥浆泵	3台	17.5	2.5 m^3/min	桩基施工	

8.1.4 放坡开挖承台施工机械

放坡开挖承台施工与明挖基础施工的工艺和所用机械相同,放坡开挖承台施工机械的选型及配备参考8.1.1节相关内容。

8.1.5 钢板(管)桩围堰施工机械

钢板(管)桩围堰施工的主要设备为钢板(管)桩插拔设备,此外还应配备挖掘机械用于挖土作业,配备混凝土浇筑和振捣设备用于混凝土封底施工,配备水泵进行抽水作业。

1. 钢板(管)桩围堰施工机械选型

1) 钢板(管)桩插拔设备

用于钢板(管)桩施工的桩机,按沉桩方式可分为冲击式沉桩、振动沉桩、振动冲击沉桩、静力沉桩4种。因振动沉拔桩既可用于沉桩,也可用于拔桩,在铁路工程施工中选用此类沉桩方式。各种沉桩设备的适用范围不同,选择桩机施工时应考虑其安全性、效率、经济性等因素综合选择。

在铁路工程施工中,有作业平台或钢栈桥时,选用履带式振动沉拔桩机;无作业平台或钢栈桥时,选用浮式沉桩机(船)进行钢板(管)桩施工。

浮式振动沉桩机(船)适用于无作业平台或钢栈桥,在深水中沉桩。动力形式为以柴油机为动力发动发电机驱动电动机、以柴油机为动力发动发电机驱动电动机带动液压传动两种形式。浮式振动沉桩机(船)作业时设有导向设施,防止基桩发生偏移和倾斜,钢板(管)桩运输、装运配备浮吊、驳船作为辅助设备。

2) 起重机械

根据现场作业空间大小选择汽车式起重机或履带式起重机。对于水中钢围堰施工,由于起重机械需在栈桥或钻孔平台上进行作业,为减小起重作业时占用的面积,常采用履带式起重机。履带式起重机的选型参考8.1.3节相关内容。

3) 挖掘机械

挖掘机械的选型参考8.1.1节相关内容。单斗挖掘机的斗容量根据作业工效要求进行选择,常用的抓斗容量为0.8~1.2 m^3,当工期紧张时,应尽量增大抓斗容量。单斗挖掘机的臂长根据挖掘机需达到的最大开挖距离确定,当开挖深度较深时,可采用长臂挖掘机,臂长达18 m。

4) 混凝土浇筑机械

钢板桩围堰浇筑封底混凝土时采用混凝土泵车,混凝土泵车的选型参考8.1.1节相关内容。

5) 混凝土振捣机械

混凝土振捣机械的选型参考 8.1.1 节相关内容。

2. 钢板（管）桩围堰施工机械配备

1) 钢板（管）桩插拔设备

由于钢板桩插打施工现场场地狭窄，每个作业面只配置 1 套履带式沉拔桩机或浮式振动沉桩机（船）。

2) 起重机械

现场配置 1 台汽车式起重机或履带式起重机进行起重作业。

3) 挖掘机

挖掘机的配置方法参考 8.1.1 节相关内容，根据围堰平面尺寸配置 1~2 台。当围堰深度较深时，可利用起重机械将 1~2 台普通挖掘机下放到围堰内挖土，在围堰外配置 1~2 台长臂挖掘机，将围堰内的土方抓出。

4) 混凝土浇筑和振捣机械

混凝土泵车和振捣机械的配置方法参考 8.1.1 节相关内容。根据围堰平面尺寸和浇筑分区设计，混凝土泵车配置 1~3 台，混凝土振捣棒配置 2~6 个。

3. 工程案例

某跨海高铁斜拉桥主墩位于海域浅滩区，某主墩承台尺寸为 17.4 m×23.7 m×6 m，混凝土封底厚度为 1 m，基坑开挖深度为 14.75 m（考虑超挖 0.5 m 以内），基坑采用Ⅳ型钢板桩，钢板桩全长为 24 m，钢板桩入土深度为 9.55 m。

借助施工平台利用 1 台 75 t 履带吊作为起吊设备，配合 DZ90 型振动锤的施工方法逐根插打成桩，围堰内采用 1 台长臂挖掘机进行干挖，利用 2 台潜水泵进行基坑内抽水，利用 2 台臂长为 37 m 的混凝土泵车进行封底施工，混凝土振捣采用 4 台直径为 50 cm 的插入式振捣器。

8.1.6　钢套箱围堰施工机械

钢套箱围堰施工的主要机械有起重机械及运输机械、空气吸泥机、混凝土泵车、混凝土振捣机械等。

1. 钢套箱围堰施工机械选型

1) 起重机械及运输机械

在钢套箱围堰加工场，围堰采用分块组拼方式加工，分块重量为数十吨，采用履带式起重机或门式起重机对分块围堰进行吊装组拼，整节的围堰重量可达数百吨。根据围堰加工场的场地条件，并考虑码头处能否满足浮吊作业吃水深度要求，可利用浮吊在水中将分块的围堰组拼成整节，或在陆地上利用门式起重机进行整节围堰的吊装及短距离移位。

当围堰拼装场地距离承台距离为数百米范围内时，可利用大型浮吊起吊整节围堰进行运输，由于钢套箱围堰的平面尺寸通常较大，整节钢套箱围堰的重量达 200 t 及以上，因此浮吊的起重能力通常为 200~1000 t。当围堰运输距离较远时，可利用拖轮牵引提供动力，将围堰托运至承台位置。

在钢套箱围堰下沉施工中，需利用起重机械进行施工机具及材料的吊装作业，由于水上作业空间受限，因此采用履带式起重机进行材料的吊装作业。履带式起重机的选型参考 8.1.3 节相关内容，常用的履带式起重机的起重能力为 50~120 t。

2) 空气吸泥机

为了获得良好的吸泥效果，吸泥机外应有足够的水压，因此，在水深超过 5 m 的情况下使用效果较好，在浅水中不宜使用。

空气吸泥机的型号以进泥管口内径（mm）的大小而定，常用的型号有 100 mm、150 mm、250 mm、300 mm、420 mm 空气吸泥机。100 mm 与 150 mm 吸泥机适用于一般砂类土或夹有小砾石的土，250 mm 吸泥机可用于夹有较大粒径卵石土，能吸出 20 kg 的大卵石。若地层中含有大量大直径卵石，宜选择大直径的吸泥机。

3) 混凝土泵车

混凝土泵车的选型参考 8.1.1 节相关内容。混凝土泵车的臂长选用 47 m、56 m 最为常见，最大混凝土输送能力为 80 m³/h。

4) 混凝土振捣机械

插入式振捣器的选型参考 8.1.1 节相关内容。

2．钢套箱围堰施工机械配备

1）起重及运输机械

起重机械的配置数量参考 8.1.1 节相关内容。在钢围堰加工场，配置 1~2 台履带式起重机或门式起重机。需要用浮吊短距离运输围堰时，浮吊数量为 1 台；当需要利用平板驳船长距离运输围堰时，需根据平板驳船的动力及水流阻力进行配置，最好配置 1 台满足托运动力的平板驳船进行运输。

2）空气吸泥机

空气吸泥机需用台数 N 可用下式计算：

$$N = K \cdot \frac{W}{QT} \tag{8-25}$$

式中，N 为空气吸泥机的数量，台；K 为安全系数，无资料时可取 1.2~1.5；W 为设定期限内应由吸泥机完成的总工程量，m^3；Q 为吸泥机实际生产率，$m^3/(h \cdot 台)$；T 为设定期限内吸泥机的有效工作时间，h。

3）混凝土泵车

混凝土泵车的配置方法参考 8.1.1 节相关内容。根据栈桥上的场地情况，围堰封底混凝土浇筑时，可沿围堰的四周在栈桥上布设 2~4 台混凝土泵车同时浇筑封堵混凝土。

4）混凝土振捣机械

混凝土振捣器的配置方法参考 8.1.1 节相关内容。

3．工程案例

1）工程概况

某铁路斜拉桥的一个主墩为低桩承台，水深最大约 20 m，基础采用先桩基后围堰的施工方案，围堰采用双壁钢围堰施工，双壁钢围堰设计平台尺寸为 44.7 m×36.8 m×6 m。双壁钢围堰采用的施工方法为分节段进行场内制作，然后利用平板驳船运输至桥位处，利用 1200 t 浮吊分节段整体吊装下沉围堰，吸泥下沉完成后进行水下封底施工，最后围堰内抽水完成进行施工承台及以上结构。

2）围堰运输

钢围堰制作场内利用 2 台 2000 t 龙门式起重机完成 3 个节段的场内加工制造，再运输至桥位完成整体拼装。使用 1 艘平板驳船进行围堰运输。

3）围堰下沉

使用 1200 t 浮吊吊装双壁钢围堰底节和顶节围堰，考虑到围堰尺寸和围堰重量情况，选用 1200 t 浮吊作为起重吊机，具体浮吊参数如表 8-14 所示。

表 8-14　粤广州东 0089 号 1200 t 浮吊参数

序号	起重吊机负载状态技术参数						
	吊臂仰倾角度/(°)	载荷/t	船首到吊点距离/m	起升高度/m	吃水/m		
					船首	船尾	船中
1	70	2×600	28.100	60.000	3.992	4.008	4.000
2	65	2×400	34.000	57.300	3.933	3.911	3.922
3	60	2×300	39.600	54.300	3.637	4.037	3.843
4	55	2×220	44.900	50.400	3.364	4.175	3.779
5	50	2×160	49.900	46.200	3.161	4.278	3.732
6	45	2×100	54.600	41.700	2.916	4.423	3.685

4）刃角混凝土施工

在无水状态下利用两台混凝土泵车完成 1.8 m 高的刃脚混凝土的浇筑（底隔仓 100.48 m^3，壁仓 310.64 m^3）。受围堰自浮高度影响，泵车首节大臂不能处于有效范围之内，故考虑采用较大的泵车施工刃角混凝土，选定六节臂 63 m 长泵车浇筑刃角，考虑泵车有效作用半径为 57.4 m。

5）接高中节围堰

刃角混凝土浇筑完成后，首先在底隔舱内

注水下沉,然后在壁舱内注水下沉,使得钢围堰顶口距离水面5 m后停止注水,焊接中节接高工作平台及导向装置,浮吊吊装中节围堰对接,对出现对接不重合的地方,利用液压千斤顶进行调整。

6) 注水下沉

选用大于40 m³的水泵进行注水下沉,推算出需要配备的水泵的水量为:

壁舱A 水泵1台(≥40 m³/h),每小时注水23 m³(均衡下沉考虑);

壁舱B 水泵2台(≥40 m³/h),每小时注水54 m³(均衡下沉考虑);

壁舱C 水泵1台(≥40 m³/h),每小时注水38 m³(均衡下沉考虑)。

7) 封底

采用3台混凝土泵车同时进行灌注:

泵车1 臂长47 m,每小时泵送混凝土80 m³;

泵车2 臂长47 m,每小时泵送混凝土80 m³;

泵车3 臂长56 m,每小时泵送混凝土80 m³。

8.1.7 钢吊箱围堰施工机械

钢吊箱围堰施工的主要机械有起重及运输机械、围堰下放设备、挖掘机械、混凝土泵车、混凝土振捣器等。

1. 钢吊箱围堰施工机械选型

1) 起重及运输机械

钢吊箱围堰施工中所用的起重及运输机械与钢套箱围堰相同,在此不再赘述。

2) 围堰下放设备

钢吊箱围堰下放设备均采用连续千斤顶。千斤顶的起重能力根据钢吊箱围堰的平面尺寸、重量进行选择,常用的顶升能力为150~500 t。

3) 其他机械

挖掘机械、混凝土泵车、混凝土振捣器等机械与钢套箱围堰施工的机械相同,在此不再赘述。

2. 钢吊箱围堰施工机械配备

1) 起重及运输机械

起重机械、运输机械的配置方法与钢套箱围堰施工机械相同,在此不再赘述。

2) 围堰下放设备

连续千斤顶的数量根据围堰的重量及每个千斤顶的起重能力进行确定,保证连续千斤顶的总起重能力满足要求。

3) 其他机械

挖掘机械、混凝土泵车、混凝土振捣器等机械的配置方法与钢套箱围堰施工机械相同,在此不再赘述。

3. 工程案例

某铁路大桥的主墩设计采用高桩承台,采用双壁钢吊箱围堰方式施工承台。钢吊箱在加工场由30 t平板车运输至码头转驳船水运,采用1台1000 t驳船水上运输至桥位附近,再由80 t履带式起重机吊装至桥位处进行现场拼装作业。本围堰工程施工机械设备配置详见表8-15。

表8-15 主要机械设备配置表

序号	设备名称	规格型号	单位	数量	备注
1	门式起重机	80 t	台	2	围堰吊装
2	平板驳船	1000 t	艘	1	围堰运输
3	履带式起重机	80 t	台	2	材料吊装
4	泵车	80 m³/h	台	2	浇筑封底混凝土
5	水泵	≥40 m³/h	台	14	壁舱注水/抽水
6	连续千斤顶	350t	个	16	围堰下放及位置调整

8.1.8 就地制作沉井施工机械

就地制作沉井施工的主要机械有起重机械、钢筋加工及运输机械、混凝土生产及运输机械、混凝土浇筑机械、混凝土振捣机械、挖掘机械、空气吸泥机等。

1. 就地制作沉井施工机械选型

就地制作沉井施工所用的机械在明挖基础施工中均有涉及,相关内容参考8.1.1节。空气吸泥机的选型参考8.1.6节相关内容。

2. 就地制作沉井施工机械配备

就地制作沉井施工所用的机械在明挖基础施工中均有涉及,相关内容参考8.1.1节。空气吸泥机的配备方法参考8.1.6节相关内容。

8.1.9 浮式沉井施工机械

浮式沉井与就地制作沉井的主要工艺差别为沉井的浮运,沉井的浮运与钢套箱围堰的方法和所需机械相同,因此,浮式沉井施工机械的选型与配备本节不再赘述。

8.2 桥墩、桥塔、索塔施工机械选型与配备

8.2.1 普通墩台施工机械

本节介绍高度不超过30 m的桥墩及桥台,采用原位浇筑法施工,施工机械主要包括起重机械、混凝土浇筑和振捣机械。其施工的模板一般宜采用大块钢模板,起重机械为汽车式起重机或履带式起重机。

1. 墩台施工机械选型

墩台施工的汽车式起重机、混凝土泵车和混凝土振捣器的选型参照8.1.1节相关内容,履带式起重机的选型参考8.1.3节相关内容。

2. 墩台施工机械配备

墩台施工的起重机、混凝土泵车和混凝土振动器的配置参照8.1.1节相关内容。一个工作面,需配备汽车式起重机或履带式起重机1~2台、混凝土泵车1~2台、混凝土振捣器5~10台。

8.2.2 高墩、索塔施工机械

高墩、索塔施工的主要机械有起重机械、混凝土浇筑机械和振捣机械,墩身或塔身高度达到50 m及以上时应配置施工升降机。

1. 高墩、索塔施工机械选型

1) 塔式起重机

高墩及索塔的高度通常为50~300 m,塔式起重机已成为高墩及索塔施工时起吊钢筋等重物必不可少的机械。铁路高墩及索塔施工中所用的塔吊均为固定于高墩或索塔的外部附着式塔式起重机。

塔式起重机是一种具有竖直塔身的全回转动臂起重机,是高墩、索塔施工中不可缺少的起重机械。塔式起重机的选型主要考虑工作幅度、起吊高度、起重量3个因素,塔式起重机需根据工程项目结构特点,结合场地条件进行布置,最大限度发挥设备的使用能力。

(1) 工作幅度:塔式起重机应尽量覆盖现场整个施工范围,且塔式起重机在其覆盖范围内(包含堆场、卸车点等)吊装性能要满足现场施工需求。

(2) 起吊高度:塔式起重机的起吊高度应满足现场施工需求(分析现场最高位置构件吊装是否满足要求)。

(3) 起重量:起重量要满足起重量×工作幅度=起重力矩,一般控制在额定起重力矩的75%以下。

铁路高墩及索塔施工中,塔式起重机的常见臂长为70 m、80 m,起重能力为1.5~3 t(最大臂长时)。

2) 施工升降机

高墩及索塔施工时,为实现快速输送建筑材料和施工人员,需配置施工升降机。

施工升降机是一种可分层输送各种建筑材料和施工人员的客货两用电梯,大部分升降梯的导轨架附着在墩身外侧,是高墩、索塔施工垂直升降运输的理想机械。铁路高墩及索塔施工时,选用单笼式施工升降机,并附着于墩身或塔肢上,施工升降机的起重能力为1~2 t。

3) 混凝土输送泵

在高墩及索塔施工中,采用混凝土输送泵

将混凝土通过泵管输送至高空进行混凝土浇筑,铁路工程中高墩施工选用液压活塞式混凝土输送泵。混凝土输送泵的选型主要在于额定泵送压力和额定扬程。输送泵的额定泵送能力应不小于灌注速率或实际混凝土供应量的2倍。输送泵的额定压力须满足最大泵送压力,即静压力和泵送压力叠加之和。输送泵的额定扬程应大于1.5倍的灌注顶面高度。常用的混凝土理论输送量(低压/高压)为 80～150 m³/h,30～80 m³/h。

4) 混凝土振捣机械

混凝土振捣机械的选型参考8.1.1节相关内容。

2. 高墩、索塔施工机械配备

铁路高墩、索塔塔身施工,针对每个墩或每个塔肢,应选用并配置1套爬模施工系统,每个墩或塔肢应配备1台塔式起重机吊装材料,并配备1台施工升降机垂直输送小型材料和施工作业人员。此外,需配置1台混凝土输送泵用于将混凝土由下至上输送至工作面,需配置数台混凝土振动器用于混凝土振捣。

8.3 混凝土梁施工机械选型与配备

8.3.1 预制架设法施工预应力混凝土简支T(箱)梁施工机械

预应力混凝土简支T(箱)梁预制架设法的主要施工机械有起重机械、混凝土浇筑机械、混凝土振捣机械、张拉设备、压浆设备、预制梁运输机械、预制梁架设设备等。

1. 预制架设法施工预应力混凝土简支 T(箱)梁机械选型

1) 起重机械

起重机械主要用于预制场内预制梁的过程中模板安装、整体钢筋安装等,由于预制场内制梁台座位置固定,起重机械采用门式起重机。门式起重机根据走行机构的不同,可分为轮胎式门式起重机和轨道式门式起重机,在预制梁场内,以轨道式门式起重机居多。门式起重机的选型依据主要是最大起吊高度、最大起吊质量、主梁跨度。

例如,在T梁预制施工现场多采用轨道式门式起重机。按照模板、结构件、胎具、钢筋骨架等最大的净质量进行计算,单扇模板最大质量为6～7 t,预制T梁采用分体吊装,梁体钢筋骨架加吊架总质量不超过 8 t,选用门式起重机最大载质量为10 t,能够满足分体吊装作业,具体跨度、净高可根据现场调整。为保证大车走行平稳,大车走行机构采用变频调速设计,最大走行速度为 30 m/min;主要起升机构采用电动葫芦,起升速度为 8 m/min,横移采用变频设计,速度为 4～10 m/min 变频调速。

2) 混凝土浇筑机械

预制场混凝土浇筑从运输形式上可分为混凝土输送泵集中泵送和罐车运输,相关配套的浇筑设施布料机可分为平臂式布料机和曲臂式布料机。混凝土输送泵的输送能力应满足梁体混凝土连续灌注、一次成形,灌注时间满足混凝土凝结速度和浇筑速度的要求,相关对比说明如表8-16和表8-17所示。

表8-16 预制场集中泵送和罐车运输对比(箱梁)

类 别	集 中 泵 送	罐 车 运 输
人员配置	拖泵操作员2名,管道维修人员若干名	运输驾驶员4名,下料员2名
时间	混凝土可连续浇筑,施工速度较快,预计比罐车运输混凝土施工节约1 h	需要4台罐车不间断地进行混凝土的运输,经常会出现混凝土供应不及时等问题
混凝土要求	性能要求比较高,要求混凝土和易性(流动性、保水性、黏聚性)比较好,特别是混凝土的压力泌水率要符合要求。混凝土经时损失严重,对减水剂的要求更高	混凝土需按照标准规范要求,无须更高要求

注:集中泵送即从搅拌站直接泵送至制梁台座,通过布料机直接浇筑至工位,实现无人化混凝土运输作业。

表 8-17　平臂式布料机与曲臂式布料机对比

类　别	平臂式布料机	曲臂式布料机
人员配置	操作手 2 名	操作手 2 名
优点	可与防雨棚进行配套使用，雨天可正常施工	可实现三维移位，浇筑底板过程可迅速移动至对应区域，有效节省了浇筑时间
缺点	因其移动轨迹为平面，在底板补料时效率低下	无法在雨天施工时与防雨棚进行配套使用

3）混凝土振捣机械

根据预制 T（箱）梁的结构特点和混凝土自身的施工特性，混凝土振捣采用附着式振捣器、插入式振动器联合振捣的方式。为了保证梁体下翼缘板和腹板处混凝土振捣质量，梁体附着式振捣器采用高频振动器。受梁体钢筋保护层厚度及梁体预应力管道位置限制，插入式振捣棒宜选择直径 50 mm、30 mm 两种型号。

4）张拉设备

张拉设备主要有两种：传统人工张拉设备和自动张拉设备，其对比如表 8-18 所示。目前，预制 T（箱）梁场已开始普及配备自动张拉设备，除具有自动张拉功能外，其主要可以实现实时数据上传，真正实现系统的信息化和智能化。

根据张拉千斤顶的不同，可分为前卡式穿心千斤顶和内卡式千斤顶，详细对比如表 8-19 所示。

表 8-18　传统人工张拉设备与自动张拉设备对比

序　号	比较内容	传统张拉	门架式双路张拉台车
1	场内移动方式	人工推移	自带走行系统
2	工作时支承方式	张拉架	4 点液压支承
3	装顶方法	手动葫芦	自带升降系统
4	安装锚具方式	工人踩在下层钢绞线	安装平台纵横移动
5	对称张拉方式	对讲	工作系统控制
6	张拉速度控制方式	人工控制	变频控制
7	语音报警和提示	无	有
8	伸长值记录	人工测量	位移传感器实时测量
9	张拉力测量和记录	无	有
10	持荷时间控制	人工控制	系统自动计时
11	伸长值偏差	人工计算	系统自动计算
12	不同步率	人工计算	系统自动计算
13	记录表	人工出表	系统自动出表
14	备选方案	无	抖动控制
15	数据接口	无	有（开放式数据接口，支持数据上传，支持数据接入工管中心）
16	防雨措施	无	自带防雨棚
15	夜间照明	无	自带夜间照明
16	设备成本	较低	相对较高

表 8-19　前卡式穿心千斤顶与内卡式千斤顶对比

序号	设备类型	优　点	缺　点
1	前卡式穿心千斤顶	张拉缸、回程缸均采用双密封,提高了密封可靠性;二缸与活塞头设计为整体形式,避免了因两体焊接或两体以螺纹连接而出现故障的可能性,提高了可靠性	锚外钢绞线预留长度较长,增加了钢绞线成本;在液压缸伸长量到达上限时无法连续跟进、重复张拉
2	内卡式千斤顶	连续跟进、重复张拉;锚外钢绞线预留长度比采用普通穿心式千斤顶可缩短约50%,降低了成本	测量活塞伸出量、夹片外露量时较为繁琐;遇到滑丝、断丝时处理复杂

张拉设备的选型原则如下:

(1) 采用自动张拉系统制造时应具有经规定程序批准的技术证书,并出具有资质的检测机构检测合格的产品型式检验报告、配套软件评测报告。

(2) 千斤顶的额定吨位不应小于最大张拉控制力的 1.2 倍,且不应大于 2 倍。

(3) 压力传感器的额定载荷不应小于最大张拉力的 1.2 倍,示值精度应小于或等于 0.5%。

(4) 位移传感器的额定量程不应小于单次张拉最大伸长值的 1.2 倍,示值精度应小于或等于 0.5%。

张拉设备的选型依据如下:

(1) 需根据项目的实际情况,结合业主以及相关验标文件规定进行选型,在满足规范要求的基础上提高工作效率。

(2) 满足工程信息化程度要求。

5) 压浆设备

压浆设备分为半自动(手动)压浆设备和自动压浆设备(智能压浆台车),两者差异对比如表 8-20 所示。

表 8-20　半自动(手动)压浆设备与自动压浆设备(智能压浆台车)对比

序　号	比较内容	半自动(手动)压浆设备	智能压浆设备
1	水泥及搬运方式	包装水泥,叉车搬运	散装水泥,随车仓储运输
2	台车在场内移动方式	叉车牵引	工矿用车、自带动力
3	台车工作时支承方式	支腿+横杆	4 点液压支承
4	制浆和高速搅拌电动机的控制方式	无调速或者齿轮箱调速	变频控制
5	制浆量	小	大,满足双泵压浆的需要
6	温度测量和记录	无	浆体、水泥、压浆剂、水、气温的测量和记录
7	拌和水加热	无	有,满足冬季施工的要求
8	压浆泵数量	1 台	2 台
9	压浆泵安装形式	独立式	与台车一体式
10	压浆量计量	无	2 台,分孔独立记录
11	压力测量和记录	电接点压力表	压力变送器+电接点压力表
12	真空度在线测量	指针表	在线测量和记录,真空度连锁控制压浆启动
13	流动度测量和记录	独立,无自动记录	与台车一体,接入计算机显示和记录
14	安全监督部无线数据监控	无	有
15	手机 App 数据监控	无	有

续表

序号	比较内容	半自动(手动)压浆设备	智能压浆设备
16	小票打印	无	有,制浆和压浆数据小票打印
17	语音报警和提示	无	有
18	真空端出浆判断	对讲	按钮信号,无线传输
19	配件和工具箱	无	自带
20	高压清洗泵	无	有
21	数据接口	控制仪表,无数据管理和上传功能	有,平板电脑,开放式数据接口,支持数据上传,支持数据接入工管中心
22	防雨措施	无	自带防雨棚
23	夜间照明	无	自带夜间照明
24	设备成本	较低	相对较高

压浆设备的选型原则如下：

(1) 满足各种材料称量误差不超过 $\pm 1\%$。

(2) 搅拌机的转速不应低于 1000 r/min,浆叶的线速度为 10~20 m/s,浆叶的形状应与转速相匹配,并能满足在规定的时间内搅拌均匀的要求。

(3) 压浆机应采用连续式压浆泵,压力表应采用防振压力表,压力表最小分度值不应大于 0.1 MPa,最大量程应使最大允许工作压力在其 25%~75% 的量程范围内。

(4) 浆体储料罐应带有搅拌功能。

(5) 采用真空辅助压浆工艺时,真空泵应能达到 0.092 MPa 的负压力。

压浆设备的选型依据如下：

(1) 根据实际工程进度要求,配置相应施工效率的压浆设备。

(2) 工程信息化程度要求。

(3) 设备工作环境。

(4) 设备经济效益。

6) 预制梁运输机械

预制梁在预制场内的运输可采用平板车或运梁车,预制梁从预制场运至施工现场采用大型平板车或运梁车。大型平板车或道路运梁车适用于运输道路的承载力、宽度及转弯半径满足平板车要求的场合,当不具备道路运输条件时,需采用在已架设梁面上行驶的运梁车。

梁上运梁车主要有 TLC900 型运梁车、TLY900 型运梁车、DCY900 型运梁车、THY900 型运梁车及 TY900 型运梁车等。

TLC900 型轮胎式运梁车适用于运输 20~32 m 双线整孔预应力混凝土简支箱梁直接通过便道、路基、桥梁（包括刚构连续梁、钢混结合连续梁等）运至架梁现场,并与架桥机配合完成整孔双线箱梁的架设工作。

TLY900 型轮胎式运梁车适用于运输 20 m、24 m、32 m 双线整孔混凝土箱梁,可通过便道、铁路路基、桥梁（包括刚构连续梁、钢混结合连续梁等）运至架梁工位,与架桥机配合完成整孔双线箱梁的架设工作。运梁车为轮胎式、双发动机和双泵组,可同时工作,也可独立工作,液压驱动转向架自力走行。

DCY900 型轮胎式运梁车是针对我国铁路客运专线大吨位预应力混凝土箱梁的施工特点及要求而设计制造的,适用于时速 250~350 km 铁路客运专线 20 m、24 m（高、低）、32 m 整孔双线箱梁从预制场通过便道、铁路路基、桥梁（包括刚构连续梁、钢混结合连续梁等）运至架梁工位并向架桥机喂梁等工作,同时可以驮运架桥机实现桥间转移。

THY900 型轮胎式运梁车适用于时速 350 km、250 km 铁路客运专线 20 m、24 m、32 m 双线整孔混凝土箱梁整体运输、架设。通过便道、铁路路基、桥梁（包括刚构连续梁、钢混结合连续梁等）、隧道直接运梁至架梁工位,并能与架桥机配合完成相应的架梁作业。同时运梁车能够驮运架桥机实现桥间转场和驮运架桥机过隧道。

TY900型轮胎式运梁车是由中铁十一局集团汉江重工有限公司研制的可在未铺道碴的路基（或轨枕板）及箱梁上运输混凝土箱梁的特种运输车辆，能满足24 m、32 m整孔双线箱梁隧道内的运输。

7）预制梁架设设备

根据架梁作业环境的不同，架梁设备包括汽车式起重机、浮吊、跨墩龙门式起重机、架桥机等。

对于T梁，在道路运输条件可满足道路运梁车运输要求，架梁现场常规地开阔，地基承载力满足汽车式起重机架设要求时，可利用汽车式起重机进行架梁。

在通航河道或水深河道上架桥，可采用浮吊安装预制梁。采用浮吊架设要配置运输驳船，岸边设置临时码头，同时在浮吊架设时要有牢固锚碇。

位于宽、浅河滩或陆地上的桥梁，可在桥梁两侧沿纵向铺设轨道，使用两台跨过桥墩的龙门架，将从陆地或低便桥上运来的预制梁起吊，横移安装就位。跨墩龙门架宜在桥墩不高、水不深的浅滩及跨线桥上使用。

由于架桥机架梁速度快，不受桥高、水深的影响，架桥机在铁路桥梁中应用最为普遍，其他架梁方法已较少应用。架桥机的选型，主要考虑架设梁体的跨度、质量，以及单机通过最小曲线半径、最大轮廓尺寸、允许最大作业纵坡等参数。

按架梁时架桥机的受力状态划分，有悬臂式架桥机和简支梁式架桥机。由于悬臂式支点很大，且稳定性较差，现在很少采用。

按架桥机组成构件的来源划分，有专用架桥机和拼装式架桥机。前者指架桥机的主要构件为该型号架桥机专用；后者指架桥机是由万能杆件、贝雷梁、拆装梁、军用梁等常备式构件拼装而成的。目前的架桥机根据工程实际进行专门设计，均为专用架桥机。

按架桥机主梁的数目划分，有单主梁式架桥机和双主梁式架桥机。单主梁式架桥机横截面较大、自重轻，双主梁式架桥机横截面较小、自重重，目前二者均有应用。

按架桥机主梁的结构形式划分，有桁架式架桥机、箱梁式架桥机、板梁式架桥机及蜂窝梁式架桥机或箱梁桁架组合式架桥机等，目前箱梁式架桥机的结构形式最为普遍。

此外，还有上导梁式架桥机、下导梁式架桥机等。由于下导梁式架桥机操作复杂，安全风险相对较高，目前应用较少，因此通常采用上导梁式架桥机。

此外，由于运架一体式架桥机具有过隧道便捷、操作简单等优点，目前在隧道较多的项目中得到应用，效果良好。

铁路预制梁的跨度以20 m、24 m、32 m为主，部分铁路线采用40 m简支箱梁。32 m跨的简支箱梁质量为900 t左右，可使用900吨级架桥机架设20 m、24 m、32 m跨预制混凝土箱梁，可使用1000吨级架桥机架设20~40 m跨预制混凝土箱梁。

JQ900型架桥机（900 t下导梁式架桥机，中铁九桥工程有限公司生产）用于架设铁路客运专线20 m、24 m、32 m跨预制混凝土箱梁。架梁最小曲线半径3000 m，允许最大作业纵坡1.2%。

SPJ900型架桥机（900 t桁架式架桥机，武桥重工集团股份有限公司重型机械公司生产）用于架设铁路客运专线20 m、24 m、32 m跨预制混凝土箱梁。架梁最小曲线半径5000 m，允许最大作业纵坡1.2%。

900 t迈步式架桥机及运梁车（中铁科工集团装备工程有限公司生产）用于架设20 m、24 m、32 m跨预制混凝土箱梁。架梁最小曲线半径2000 m，允许最大作业纵坡2%。

900 t辅助导梁架桥机（秦皇岛天业通联重工科技有限公司生产）用于架设20 m、24 m、32 m跨预制混凝土箱梁。架梁最小曲线半径2000 m，允许最大作业纵坡2%，工作状态最大风力6级。

900 t两跨式架桥机及运梁车（苏州大方特种车股份有限公司生产）用于架设20 m、24 m、32 m跨预制混凝土箱梁。架梁最小曲线半径2500 m，允许最大作业纵坡1.2%，工作状态最大风力6级。

JQ600/32D型架桥机(600 t下导梁式架桥机,中铁九桥工程有限公司生产)用于高速铁路32 m单线整孔箱形混凝土梁的架设。工作状态最大工作风力6级,允许最大作业纵坡1.2%,架梁最小曲线半径4000 m。

SLJ900/32型流动式架桥机(中铁十一局集团有限公司生产)可用于架设20～32 m高速铁路简支箱梁。最大爬坡能力3%、架梁最小曲线半径2000 m,架梁允许最大纵坡2.5%,工作状态最大风力6级。

TQ900型架桥机(中铁十一局集团有限公司生产)可用于架设20～32 m高速铁路简支箱梁。架梁最小曲线半径2500 m,架梁允许最大纵坡2%,工作状态最大风力6级。

TJ-JQS1000/40型过隧道架桥机可以满足时速250 km和时速350 km的高速铁路及客运专线20 m、24 m、32 m、40 m双线整孔箱梁的隧道内运输,再配合适当的运梁车即可满足隧道出口3 m架梁、进口40 m架梁。允许最大作业纵坡3%、最小曲线半径2000 m。

TJ-TY1000/40型运架一体机(中铁十一局集团有限公司生产)具有提、运、架三合一功能,满足最大作业纵坡3%、最小曲线半径2000 m的高铁24～40 m多种跨度简支箱梁的运架作业。

当采用架桥机架梁且桥上运梁车运梁方式时,若采用运梁便道上桥,则不需要使用提梁设备。若现场不具备便道上桥条件,则需设置提梁站,利用提梁机提梁上桥,提梁机一般为门式起重机。提梁机选型时,需考虑箱梁质量、提梁高度等因素。

2. 预制架设法施工预应力混凝土简支T (箱)梁机械配备

1)起重机械

起重机械根据预制场每天的制梁任务安排进行配置,对于T梁,数量按每天制梁1～2个孔需4～6台套进行配备;对于箱梁,单个制梁区设置50 t、80 t门式起重机各1台,10 t门式起重机1台即可满足梁场日常生产需求。

2)混凝土浇筑机械

混凝土输送泵的数量为2台,其中1台作为备用。

3)混凝土振捣机械

预制场的振捣机械有插入式振捣棒和附着式振捣器。对于40 m简支箱梁,附着式振捣器每个台座40个,ϕ30 mm插入式振捣棒3个,ϕ50 mm插入式振捣棒15个,ϕ70 mm插入式振捣棒3个即可满足使用需求。

4)张拉千斤顶

预制场设置2套张拉系统即可满足日常的生产任务。一套张拉系统包括主机1台、分控柜3台、液压站4套、千斤顶4台及相关的配套设施。

5)压浆设备

在预制场中,压浆设备配置2台,其中1台作为备用。

6)预制梁运输机械

运输机械的配置数量根据运距、运输速度、架梁速度确定,以满足架梁现场作业要求为准。

7)预制梁架设设备

架梁设备根据架梁工期及进度安排确定。一个作业工点配置1台架梁设备并且把握动态调整原则,当现场施工情况发生变化时,及时根据相关情况做出动态调整。

若采用分体式架桥机架梁,则需配置运梁车进行运梁。若采用一体式架桥机架梁,则无须配置运梁车,由一体式架桥机完成运梁、架梁作业。架桥机的数量根据线路长度、工期紧张程度进行配置,若工期紧张,则需要配置2台架桥机,从预制箱梁上桥点向大、小里程方向分别架梁;若工期相对宽松,则可配置1台架桥机进行架梁。

若采用便道将预制箱梁运至桥上,则不需要配置提梁机;若采用提梁站将预制箱梁提升至桥面,则需要配置2台提梁机配合作业进行提梁,2台提梁机的规格和性能应一致。

3. 工程案例

1)T梁架设案例

某铁路标段内共有T梁1744孔,其中通

桥（2017年）2101型32m梁1555孔、通桥（2017年）2101型24m梁65孔、通桥（2017年）2101型16m梁81孔、壹桥参（2018年）2109型32m梁34孔、壹桥参（2018年）2109型24m梁9孔。

运梁采用运梁炮车，架梁采用汽车式起重机及架桥机，每个作业面按照日进度3孔进行。运架梁设备选型及配套如表8-21所示。

表8-21 运架梁设备选型及配套

序 号	设备名称	规格型号	数 量	备 注
1	汽车式起重机	220 t	4台	—
2	汽车式起重机	240 t	1台	—
3	公铁两用架桥机	YQX180-40	2台	架设16/24/32m梁
4	运梁炮车	—	24辆	—
5	装载机	—	2台	起重机架梁时平整路面
6	压路机	—	2台	起重机架梁时平整路面

2）箱梁架设案例

某铁路项目承担铁路628孔箱梁架设任务，其中40 m箱梁298孔、32 m箱梁296孔、24 m箱梁29孔、非标梁5孔。考虑标段内有24 m、32 m、40 m预制箱梁架设任务且需桥机过隧，整体考量后决定采用2台MG500型提梁机将预制箱梁提升上桥，采用1套1000 t/40 m运架一体机完成298孔40 m箱梁架设，配备1台SPJ900/32B分体式架桥机及1台DCY900型运梁车完成剩余330孔箱梁架设任务。

8.3.2 支架现浇法制梁施工机械

支架现浇法施工的主要机械有起重机械、钢筋加工及运输机械、混凝土生产及运输机械、混凝土浇筑机械、混凝土振捣机械、预应力张拉压浆机械。

1. 支架现浇法制梁设备选型

1）支架、模板安拆及钢筋安装起重机械

支架现浇法制梁施工中，支架高度通常不超过40 m，支架现浇法制梁的起重机械主要选用汽车式起重机，主要用于支架安拆、大块钢模板安拆、钢筋吊装等，汽车式起重机的选型参考8.1.1节相关内容。

2）混凝土浇筑机械

在铁路工程支架现浇法制梁施工中，混凝土浇筑机械主要为混凝土泵车。混凝土泵车的选型参考8.1.1节相关内容。

3）混凝土振捣机械

在铁路工程支架现浇法制梁施工中选用插入式振动器、平板振动器。插入式振动器的振动棒直径为30 mm、50 mm、70 mm，其中直径为50 mm的最为常见，用于底板、腹板、梁面混凝土振捣。平板振动器主要应用于梁面收面提浆、排水坡的设定。

4）预应力张拉机械

张拉千斤顶的型号根据设计钢绞线的数量及锚下控制应力进行选择。千斤顶额定张拉力宜为预应力筋张拉力的1.2～1.5倍。最大行程宜按预应力筋的伸长量和初始张拉时预留行程量及张拉次数来确定。

对于整束纵向预应力筋，应采用相应吨位的穿心式液压千斤顶整束张拉；对于现浇梁不多于4根的横向预应力筋，也可采用锥锚式液压千斤顶逐根张拉。

与千斤顶配套使用的压力表宜采用防振型，其精度等级不应低于1.0级，最小分度值不应大于0.5 MPa，表盘直径不小于15 cm，量程应在工作最大油压的1.25～2.0倍之间。

5）预应力压浆机械

预应力压浆机械主要包括灰浆搅拌机和连续压浆机。

灰浆搅拌机按搅拌方式分为立轴强制搅拌、单卧轴强制搅拌；按卸料形式分为活门卸料、倾翻卸料；按移动方式分为固定式和移动式。支架现浇法制梁中预应力压浆施工主要采用移动式活门卸料立轴强制搅拌机进行灰浆制拌。

灰浆搅拌机的转速应不低于 1000 r/min，桨叶的最低线速度为 10 m/s，最高线速度为 20 m/s。桨叶的形状应与转速相匹配，并能满足在规定的时间内搅拌均匀的要求。压浆机采用连续式压浆泵，其压力表的最小分度值不应大于 0.1 MPa，最大量程应使实际工作压力在其 25%～75% 量程范围内。储料罐应带有搅拌功能。过滤网空格尺寸不应大于 3 mm×3 mm。如选用真空辅助压浆工艺，真空泵应能达到 0.1 MPa 的负压力。

2. 支架现浇法设备配备

1) 支架、模板安拆及钢筋安装起重机械

起重机械的配置方法见 8.1.1 节相关内容。

2) 混凝土浇筑机械

混凝土泵车的配置方法见 8.1.1 节相关内容。混凝土泵车一般不少于 3 台，其中 1 台作为备用。

3) 混凝土振捣机械

混凝土振捣机械的数量应根据混凝土泵车数量来确定。每台泵车出料口配备不少于 1 台高频插入式振捣器，平板振动器在支架现浇法制梁梁面振捣、收平中梁体两端过程中各配备 1 台能满足施工要求。

4) 预应力张拉机械

支架现浇法制梁预应力张拉机械应满足两端同时张拉的要求，根据梁体预应力束的数量和分布，每 2 台液压千斤顶配备 1 台高压油路系统、1 套电气控制设备可满足施工需要。

5) 预应力压浆机械

以 32 m 梁梁体预应力束的数量和分布，配置 1～2 台预应力压浆系统能满足施工要求。

8.3.3 移动模架现浇法制梁施工机械

移动模架现浇法施工的主要机械有移动模架设备、起重机械、混凝土浇筑机械、混凝土振捣机械、预应力张拉和压浆机械等。

1. 移动模架法制梁机械选型

1) 移动模架设备

移动模架分为上行式和下行式两种。当地基基础不好或跨河、跨海施工，且墩身高度低于 5 m 时，宜采用上行式移动模架施工；墩身高度大于 5 m 时，宜采用下行式移动模架施工。

2) 起重机械

当墩身高度低于 30 m，且地基承载力满足汽车式起重机作业条件时，采用汽车式起重机；当墩身高度高于 30 m 时，采用塔式起重机进行吊装作业，其臂长为 60 m、70 m、80 m，起重能力为 1.5～3 t(最大臂长时)。

汽车式起重机的选型参考 8.1.1 节，塔式起重机的选型参考 8.2.2 节相关内容。

3) 混凝土浇筑机械

混凝土浇筑机械主要有混凝土泵车和混凝土输送泵。当浇筑高度小于 40 m 且场地开阔时，优先选用混凝土泵车施工；当浇筑高度超过 40 m 或施工场地受限时，选择车载泵施工。

4) 混凝土振捣机械

混凝土振捣机械主要是插入式振动器及平板振动器。混凝土振捣机械的选型参考 8.3.2 节相关内容。

5) 预应力张拉和压浆机械

预应力张拉和压浆机械的选型参考 8.3.2 节相关内容。

2. 移动模架现浇法制梁机械配备

(1) 一个工作面移动模架需配置 1 台。

(2) 汽车式起重机的配置方法参考 8.1.1 节相关内容，现场为 2～4 台。

(3) 混凝土泵车的配置方法参考 8.1.1 节相关内容，移动模架现浇法制梁时，泵车数量不少于 3 台，其中 1 台作为备用。

(4) 混凝土振捣机械的数量根据混凝土泵车的数量来确定。每台泵车出料口配备不少于 1 台高频插入式振捣器；平板振动器在制梁梁面振捣、收平中梁体两端各配备 1 台能满足施工要求。

(5) 预应力张拉机械的配备应满足两端同

时张拉的要求，根据梁体预应力束的数量和分布进行配置。

3. 工程案例

某铁路跨海大桥共有 29 孔 40 m 现浇箱梁，采用 DSZ40/1200 上行式移动模架现浇法施工。该区段地形变化较大，其中海中墩施工采用 2 台车载泵（出口压力 22 MPa），配合 2 台 HGY24-3 型布料机进行混凝土浇筑施工，陆地墩施工采用 2 台 42 m 混凝土泵车进行混凝土浇筑施工。具体施工机械配置如表 8-22 所示。

表 8-22 施工机械配置

序号	设备名称		单位	数量	功率/型号	备 注
1	移动模架		套	1	DSZ40-1200 上行式	—
2	移动模架拼装	汽车式起重机	台	1	70 t	主梁拼装
3		汽车式起重机	台	2	160 t	主梁吊装
4		汽车式起重机	台	1	50 t	导梁吊装
5	混凝土浇筑	混凝土泵车	台	2	42 m	—
6		车载泵	台	2	ZLJ5140THBEE	
10		布料机	台	2	HGY24-3	
8		插入式振捣器	台	30	2.5 kW	
9		提浆整平机	台	1	25 kW	
10	预应力施工	电动油泵	台	5	40 MPa	
11		张拉千斤顶	台	6	YCW300A	
12		空气压缩机	台	1	V1.25	
13		智能压浆设备	台	2	YVB80	
14		灰浆搅拌设备	台	1	HJ-200	

8.3.4 移动支架拼装预应力混凝土简支箱梁施工机械

移动支架拼装预应力混凝土简支箱梁主要的施工机械有起重机械、钢筋加工及运输机械、混凝土生产及运输机械、混凝土浇筑机械、混凝土振捣机械、移动支架拼装架桥机、梁段运输机械、预应力张拉压浆机械等。

1. 移动支架拼装预应力混凝土简支箱梁机械选型

起重机械、钢筋加工及运输机械、混凝土生产及运输机械、混凝土浇筑机械、混凝土振捣机械的选型参考 8.3.1 节相关内容，本节不再赘述。

1）移动支架拼装架桥机

应根据整跨桥梁的设计重量和现场条件选定架桥机。在确定承载主梁的最大承载力时，应充分考虑施工载荷的影响。移动式导梁架桥机最常用的为上行式及下行式两种，其选型差异见表 8-23。

除表 8-23 所列外，许多因素如墩柱的形状、高矮、断面大小，墩柱承受偏心（弯矩）的能力，节段的形状、大小以及何时处旋转就位等，都会造成不同架桥机的适用性差异，这些因素应在具体实施时综合考虑。

表 8-23 上行式架桥机及下行式架桥机设备选型

实施条件	上行式架桥机	下行式架桥机
桥上空间不足时	不适合	适合
桥下空间不足时	适合	不适合
桥面运输梁段	适合	适合
地面运输梁段	适合	适合

续表

实施条件	上行式架桥机	下行式架桥机
收口跨高位张拉	方便	不够方便（需专项设计）
爬坡能力（大于2%）	专项设计	专项设计
小转弯半径（小于300 m）	主梁胶接设计	主梁胶接设计

2) 梁段运输机械

梁段运输应根据路线条件、节段重量、节段尺寸等因素，选择合适的运输方式及运输设备。梁段运输主要有水、陆、栈桥等形式，相应的运输设备有运输车、驳船。

3) 预应力张拉压浆机械

预应力张拉千斤顶、压浆设备的选型参考8.3.2节相关内容。

2. 移动支架拼装预应力混凝土简支箱梁机械配备

1) 移动支架拼装架桥机

1个工作面配置1台架桥机。

2) 梁段运输机械

运输机械的配置数量应考虑运距、运输速度、架梁速度等因素，以满足架梁现场作业要求为准。

3) 预应力张拉压浆机械

预应力张拉千斤顶应满足张拉的要求，根据梁体预应力束的数量和分布，每2台液压千斤顶配备1台高压油路系统和1套电气控制设备，配置1~2台预应力压浆系统能满足施工要求。

3. 工程案例

某铁路桥有16孔64 m节段拼装箱梁跨越10号墩至26号墩，根据现场地形条件和全桥孔跨布置，架梁顺序由26号墩向10号墩逐孔架设，采用上行式SX64/2600型移动支架拼装架桥机进行拼装架设。

节段拼装箱梁采用1台载质量为200 t的运输车进行运输。相邻的两个节段采用湿接缝混凝土连接，采用1台混凝土泵车、6个ϕ50 mm插入式振捣棒进行湿接缝混凝土的浇筑和振捣。采用8台YCW400张拉千斤顶和2台YCW150张拉千斤顶进行预应力钢绞线张拉。

8.3.5 悬臂浇筑法制梁施工机械

悬臂浇筑法施工的主要机械有挂篮、起重机械、混凝土浇筑机械、混凝土振捣机械、预应力张拉压浆机械等。

1. 悬臂浇筑法制梁施工机械选型

1) 挂篮

目前，梁桥悬臂浇筑法施工用到的挂篮有三角挂篮、菱形挂篮、滑动斜拉式挂篮、预应力斜拉式挂篮、自承式挂篮、平行桁架式挂篮、平弦无平衡重挂篮、弓弦式挂篮等类型。在铁路桥梁施工中，三角挂篮、菱形挂篮最为常用。挂篮的自重、悬臂浇筑能力等参数应根据节段梁的结构尺寸和最大悬浇重量进行专项设计和验算。

2) 起重机械

起重机械主要用于垂直运输挂篮、钢筋或其他材料、工具等。与悬臂浇筑法配套的起重机械主要有汽车式起重机或塔式起重机（塔吊）。当起吊高度不超过35 m时，采用汽车式起重机，其最大起重质量通常为25 t、30 t，臂长为10~45 m，最大起吊高度为50 m。当起吊高度大于35 m时，采用塔式起重机，其臂长为50 m、60 m、70 m、80 m，起重能力为1.5~3 t（最大臂长时）。

3) 混凝土浇筑机械

混凝土浇筑机械主要为混凝土泵车或混凝土输送泵。当墩身高度不高于50 m时，选用混凝土泵车进行浇筑；当墩身高度达到50 m及以上时，选用混凝土输送泵。混凝土泵车的选型参考8.1.1节相关内容，混凝土输送泵的选型参考8.2.2节相关内容。

4) 混凝土振捣机械

混凝土振捣机械的选型参考8.1.1节相关内容。

5) 预应力张拉压浆机械

预应力张拉千斤顶、压浆设备的选型参考 8.3.2 节相关内容。

2. 悬臂浇筑法制梁施工机械配备

1) 挂篮

每种挂篮的每一支适用于连续梁主梁的一个悬臂端,即每个主墩的一个 T 构配备 2 支平衡重量的挂篮。

2) 其他机械

汽车式起重机、混凝土输送泵或混凝土泵车、混凝土振捣器等应根据每处工点施工情况进行选配,具体配置方法参考 8.1.1 节相关内容。

8.3.6 顶推法架梁施工机械

顶推法施工的主要机械有起重机械、钢筋加工及运输机械、混凝土生产及运输机械、混凝土浇筑机械、混凝土振捣机械、千斤顶、油泵、压浆机、顶推设备等。

1. 顶推法架梁机械选型

1) 混凝土箱梁预制设备

箱梁预制根据预制箱梁位置与桥位的关系,可分为两种:一种是在梁轴线的预制台座上分段预制,逐段顶推;另一种是在桥轴两旁预制,然后将预制块件用龙门式起重机运送至桥位拼装台上拼装,再逐段顶推。因此混凝土箱梁预制设备包括钢筋加工及运输机械、混凝土生产及运输机械、混凝土浇筑设备、混凝土振捣机械、预应力设备、压浆机等,在此不再赘述。

2) 临时支墩施工机械

临时支墩一般为钢管桩,采用汽车式起重机进行临时支墩的安装。其设备选型参考 8.1.1 节相关内容。

3) 顶推机械

顶推施工中采用的千斤顶为穿心式液压千斤顶。通过计算得出顶推所需的顶推力,根据顶推力及是否要求连续、同步,选择千斤顶。实际顶推力不应小于计算顶推力的 2 倍。

按照顶推力的施加位置不同,可分为单点顶推、多点顶推。单点顶推的顶推吨位较大,一般需选择较大吨位千斤顶及相应的配套油泵、控制台;多点顶推要求对全桥水平千斤顶集中控制,同步运行各千斤顶。

4) 梁体姿态调整、落梁设备

采用千斤顶进行梁体姿态调整及落梁作业。千斤顶为液压式,千斤顶的顶力根据梁体重量及顶点数量确定。

2. 顶推法架梁机械配备

1) 临时支墩施工机械

临时支墩施工机械主要为汽车式起重机,其配置方法参考 8.1.1 节相关内容,现场汽车式起重机的数量为 1~2 台。

2) 顶推机械

根据计算书中提供的各段梁顶推时的支座反力以及顶点布置进行千斤顶配备。单点顶推时,千斤顶的数量为 1 台,并配 1 台备用;多点顶推时,根据具体计算结果进行配置。

3) 梁体姿态调整、落梁设备

一般在每个梁段下面布置 4 个千斤顶,千斤顶布置在每个梁段的隔板与中腹板处。调整横坡及高程时,通过升降千斤顶进行微调,以满足钢箱梁设计的横坡值及高程值。

8.3.7 转体法架梁施工机械

转体法架梁主要包括转体梁预制、转体施工两大工序。转体法施工机械包括转体前制梁机械、转体施工机械。桥梁转体前采用支架法现浇制梁或者悬臂浇筑法制梁,相关施工机械参考 8.3.2 节支架现浇法制梁和 8.3.5 节悬臂浇筑法制梁的相关内容。转体施工机械主要包括转体牵引设备、助推设备。

1. 千斤顶牵引钢绞线转体法设备选型

1) 牵引设备

常规转体一般采用千斤顶张拉缠绕于上转盘上的钢绞线,利用钢绞线带动桥梁转体。牵引设备一般为零液体排放(zero liquid discharge,ZLD)智能顶推(转体)系统,其选型主要是选择合适的连续千斤顶,连续千斤顶主要根据公称张拉力进行选择。铁路工程中,根据设计图纸中给出的牵引力计算公式计算出最大牵引力,按照《高速铁路桥涵施工技术规程》(Q/CR 9603—2015)的要求,连续千斤顶按照计算牵引力的 2 倍配置。

铁路工程中,连续千斤顶的公称张拉力按下式计算:

$$X \geqslant 2T = 2[(2/3 \times RW\mu)/D + N\mu R_{撑}/D] \quad (8-26)$$

式中,X 为千斤顶公称张拉力,kN;T 为计算的牵引力,kN;R 为球铰平面半径,m;W 为转体总重量,kN;$R_{撑}$ 为撑脚半径,m;N 为转体时撑脚最大支承力,kN;D 为转台直径,m;μ 为球铰摩擦系数,分为 $\mu_{静}$ 和 $\mu_{动}$。

2)助推设备

当钢绞线牵引不能启动转体时,助推千斤顶施加顶力起到助推作用,助推设备主要为液压穿心式千斤顶。

2. 千斤顶牵引钢绞线转体法设备配备

1)牵引设备

铁路转体施工中,每一处转体 T 构(连续梁)设置 2 个牵引反力座,每个牵引反力座设置 1 台连续千斤顶。此外,需另配 2 台千斤顶备用。

2)助推设备

铁路转体施工中,通常配 4 台液压穿心式千斤顶作为助推千斤顶,其中 2 台备用。

3. 工程案例

某铁路(80+150+150+80)m 刚构转体连续梁全长 462.3 m。其中,358 号至 359 号主墩跨越某一运营高铁,为双侧转体,358 号转动角度 25°,359 号转动角度 27°,转体悬臂长度 74 m,转体总质量 14 000 t;转动球铰采用成套产品,转动球铰竖向承载力 175 000 kN。

转体牵引力计算公式为

$$T = \frac{\frac{2}{3}RW\mu}{D} + \frac{N\mu R_{撑}}{D} \quad (8-27)$$

式中,W 为转体总重,$W=175\,000$ kN;R 为球铰平面半径,$R=2.5$ m;$R_{撑}$ 为撑脚半径,$R_{撑}=5$ m;N 为转体时撑脚最大支承力,$N=2\,000$ kN;D 为转台直径,$D=12$ m;μ 为球铰摩擦系数,$\mu_{静}=0.1,\mu_{动}=0.06$。

启动时所需最大牵引力 $T=\left(\frac{2}{3}RW\mu_{静}\right)/D=2514$ kN;转动中所需最大牵引力 $T=\left(\frac{2}{3}RW\mu_{动}\right)/D=1508$ kN。

根据转体牵引时最大的牵引力 2514 kN,选用 2 套共 4 台 ZLD500 型液压、同步、自动连续牵引系统,牵引上转盘预埋钢束启动转体,当牵引无法启动时采用 2 台 500 t 助推千斤顶顶推。

8.4 钢梁施工机械选型与配备

8.4.1 悬臂拼装法施工机械

1. 悬臂拼装法施工机械选型

悬臂拼装法施工的主要机械有钢结构加工及运输机械、桥面吊机、提运梁设备、钢梁调位设备等。

1)桥面吊机

桥面吊机按动源可分为卷扬机动力源和液压千斤顶动力源两类,两者的比较如表 8-24 所示。

表 8-24 卷扬机动力源和液压千斤顶动力源桥面吊机特点比较

项　　目	卷扬机动力源	液压千斤顶动力源
起升重量	无限制	无限制
起升高度	无限制	无限制
起升速度	1~3 m/s	0.2~0.5 m/s
下放速度	1~3 m/s	0.2~0.5 m/s
传力媒介	钢丝绳	钢绞线
调位精度	低,厘米级	高,可达毫米级
吊装控制	计算机自动化	计算机自动化

续表

项　目	卷扬机动力源	液压千斤顶动力源
施工效率	较高	较低
工作稳定性	取决于卷扬机	取决于液压千斤顶
系统安全性	取决于钢丝绳和卷扬机制动性能	取决于锚固系统的可靠性
空载走行配重	卷扬机安装在结构后部,可作为配重的一部分,结构倾覆力矩小,稳定配重较轻	千斤顶和卷线盘均设置在悬臂上方,倾覆力矩大,稳定配重较重
主结构尺寸	较大	较小
结构自重	较大	较小
使用普遍度	较高	较低
维护方便性	较好	较差
拆装方便性	不方便,特别是钢丝绳走线多时	较方便
总造价	偏低	偏高

桥面吊机以卷扬机动力源最为常见,液压千斤顶动力源使用相对较少。桥面吊机需由专业厂家进行专门设计,出具相应的计算书和设计图纸,其起重能力应满足最大节段重量钢梁的吊装要求。

2）提运梁设备

在钢梁预制场,预制的钢梁通过门式起重机吊装钢梁上运输车或驳船。当钢梁构件尺寸小、具备陆运条件时,可由运输车将钢梁运输至现场;当钢梁构件尺寸大、质量大,不具备陆运条件,而采用航运较为经济时,可采用驳船进行钢梁运输至桥址。当驳船可将钢梁直接运输至桥面拼装处时,可不设提梁站,直接由桥面吊机起吊钢梁进行安装。当无法直接运输至桥面拼装处时,应设置提梁站,通过提梁站将钢梁吊装至桥面,通过桥面运梁车将钢梁运送至拼装处进行钢梁拼装。

2．悬臂拼装法施工设备配备

1）桥面吊机

一个悬臂拼装工作面设置1台桥面吊机,配置4～10台千斤顶。

2）提运梁设备

在钢梁加工场,应设置1个提梁站进行装梁,运输车或驳船的配置数量根据运距、运速及现场架梁速度确定,以满足现场架梁速度要求为准。现场需设置提梁站时,提梁站和运梁车均为1台。

3．工程案例

某铁路混合梁斜拉桥跨中采用钢箱梁结构形式,钢箱梁标准节段长度为12 m,梁面宽度为20 m左右,梁高4.47 m,节段质量为210 t左右,由于主跨位于河道正上方,钢箱梁采用水运方式将节段梁运输至吊装地点,由桥面吊机提升至桥面进行拼装施工。

钢箱梁吊装至桥面后,需利用电焊设备进行钢箱梁临时焊接锁定,并利用千斤顶进行钢箱梁调位,然后进行最终焊接。钢箱梁架设施工设备配置见表8-25。

表8-25　钢箱梁架设施工设备配置

序　号	船机名称	规格	单　位	数　量	备　注
1	运梁船	—	艘	1	钢箱梁运输
2	桥面吊机	250 t	台	2	—
3	三向千斤顶	100 t	台	4	钢箱梁调位
4	千斤顶	100 t	台	8	钢箱梁顶升

8.4.2 拖拉法施工机械

1. 拖拉法设备选型

钢桥拖拉法施工的主要机械有起重机械、拖拉机械、千斤顶等。

1) 起重机械

起重机械主要用于钢梁拼装支架安装,主要采用汽车式起重机,汽车式起重机的选型参考 8.1.1 节的相关内容。

2) 拖拉机械

拖拉机械为穿心式液压千斤顶,由千斤顶提供拖拉动力,通过柔性拉杆(钢绞线)牵引钢梁。

3) 梁体姿态调整、落梁设备

采用千斤顶进行梁体姿态调整及落梁作业,千斤顶为液压式,千斤顶的顶力根据梁体重量及顶点数量确定。

2. 拖拉法设备配备

1) 起重机械

汽车式起重机的配置方法参考 8.1.1 节的相关内容,现场汽车式起重机的数量为 1~2 台。

2) 拖拉机械

根据计算书中提供的各段梁拖拉时的拖拉力及拖拉点分布进行千斤顶配备。单点拖拉时,千斤顶的数量为 1 台,并配 1 台备用;多点拖拉时,根据具体计算结果确定。

3) 梁体姿态调整、落梁设备

一般在每个梁段下面布置 4 台千斤顶,千斤顶布置在每个梁段的隔板与中腹板处。调整横坡及高程时,通过升降千斤顶进行微调,以满足钢箱梁设计的横坡值及高程值。

8.5 拱桥施工机械选型与配备

8.5.1 缆索吊装法施工拱肋施工机械

拱肋的施工方法分为缆索吊装法、转体法、垂直提升法、拱架施工法。其中,转体法所用的施工机械与混凝土梁转体法基本相同,拱架施工法所用的施工机械与混凝土梁支架现浇法基本相同,本节不再赘述,仅介绍缆索吊装法和垂直提升法。

1. 缆索吊装法施工拱肋机械选型

缆索吊装法施工的主要机械有缆索起重机、钢构件加工及运输系统、起重机械、缆索吊装系统等。

1) 缆索起重机

缆索起重机按其承载索两端支点的运动或固定的情况来划分,可分为 6 种基本类型:①固定式缆索起重机;②摆塔式缆索起重机;③平移式缆索起重机;④辐射式(单弧动式)缆索起重机;⑤索轨式缆索起重机;⑥拉式缆索起重机。平移式缆索起重机是在各种缆索起重机中应用最为广泛的一种典型的构造形式,通常所说的缆索起重机往往指这种形式的缆索起重机。铁路桥梁的拱肋采用缆索吊装法施工时,通常采用该结构形式的缆索起重机。

缆索起重机是一种复杂的专用施工设备,是一种可变因素较多的非标产品。因此,在准备采用缆索起重机施工方案时,必须结合地形、地质情况,从满足施工需要、保证工程进度、减少基础工程量和降低缆索起重机造价、便利安装维修等多方面综合考虑,进行多方案比较,慎重确定缆索起重机的布置、机型和主要技术规格等,以便充分发挥缆索起重机施工的优越性,获取最佳的经济效益。

应根据额定起吊重量、跨距、垂度等进行缆索起重机的选型。缆索起重机的额定起吊重量应根据最大起吊物体重量确定。国内使用的缆索起重机,跨距在 1000 m 以内时,垂跨比多定在 5.0%,这样通用性较好,缆索起重机转用到下一工程时,可有适当增减的余地;跨距超过 1000 m,垂跨比则取 5.5% 或稍小,以减小承载索直径而减轻缆索起重机的自重和轨道基础承受的水平力。

2) 起重机械

起重机械主要用于塔架、扣索的安装,塔架一般采用钢结构杆件拼装而成,起重机械主要为汽车式起重机。

2. 缆索吊装法施工机械配备

缆索起重机的数量为1台,起重机械的配置方法参考8.1.1节的相关内容,现场施工时,每个塔架配置1～2台汽车式起重机。

8.5.2 垂直提升法施工拱肋施工机械

1. 垂直提升法施工机械选型

垂直提升法施工的主要机械有起重机械、垂直提升设备、混凝土输送泵等。

1) 起重机械

起重机械主要用于支架的安装,以及在支架上拼装钢管拱肋施工,起重机械可选择汽车式起重机或履带式起重机。对于横跨江河的桥梁,中间段拱肋可采用大型浮吊吊装到拼装支架上。汽车式起重机或履带式起重机的选型参考8.1.1节的相关内容,浮吊的选型参考8.1.6节的相关内容。

2) 垂直提升设备

垂直提升设备为穿心式液压千斤顶,液压千斤顶的顶升力根据拱肋重量及顶升点数量确定。

3) 混凝土输送泵

混凝土输送泵的选型参考8.2.2节的相关内容,在此不再赘述。

2. 垂直提升法施工机械配备

1) 起重机械

起重机械的配置方法参考8.1.1节的相关内容。可配置汽车式起重机或履带式起重机1～2台,用于钢管拱肋的吊装作业。对于长度长、质量大的中间段拱肋,可利用1台大型浮吊进行起吊。

2) 垂直提升设备

可设置4或6个顶升点,因此需配置4台或6台顶升千斤顶进行顶升作业。此外,应设置2～3台备用设备。

3) 混凝土输送泵

应配置2台混凝土输送泵,从两拱脚同时压注混凝土,并设置1台备用。

3. 工程案例

某铁路主桥为(110+230+110)m连续刚构拱桥,主跨拱部钢管拱肋计算跨径220 m,计算矢高44 m,矢跨比为1∶5,设计主拱肋轴线方程$y=-x^2/275+0.8x$的抛物线,拱肋设计为高度4.25 m(中-中)的横哑铃形截面。每片拱肋由4根$\phi 750$ mm的钢管和横向平联板、竖向腹杆连接组成。

梁部合龙后,首先260 t履带式起重机、220 t汽车式起重机和12 m平板车组织进场。然后在一侧主墩边跨场地上利用260 t履带式起重机吊装220 t汽车式起重机和12 m平板车到边跨梁面上,220 t汽车式起重机和12 m平板车配合拼装支架。

拱肋靠近大里程拱脚32.4 m范围内的小节段拱肋利用549号墩旁边跨场地上的260 t履带式起重机直接吊装到平板车上,平板车运输到位后利用220 t汽车式起重机进行原位拼装。

跨中143.6 m范围内的拱肋大节段分为4段直接利用1000 t大浮吊对称拼装,调整线形后安装跨中合龙段;跨中大节段拼装完成后利用汽车式起重机拼装液压提升塔架和同步液压提升系统,利用提升塔架垂直液压提升22 m到设计位置进行合龙;合龙完成后拆除提升塔架和拱肋卧拼支架,同时采用泵车按照设计要求按顺序依次从拱脚顶升拱内C50自密实混凝土,最后安装、张拉、调试吊杆并涂装,完成全部施工。

(1) 施工机械配置

本案例的施工机械配置如表8-26所示。

表8-26 施工机械配置

	序号	设备名称	规格/型号	单位	数量	用途	备注
起重、运输设备	1	汽车式起重机	220 t	台	1	钢管拱、支架吊装	—
	2	运输车	40 t	台	1	钢管拱、支架运输	12 m
	3	浮吊	1000 t	台	1	钢管拱吊装	—
	4	履带式起重机	260 t	台	1	钢管拱上桥	—

续表

	序号	设备名称	规格/型号	单位	数量	用途	备注
提升设备	5	560 t 提升千斤顶	—	台	6	提升、张拉	—
	6	提升液压泵站	—	台	6	提升、张拉	—
压注混凝土设备	7	泵车	超高压 SYM5161THB-10028C-8GM	台	3	压注混凝土	—

(2) 220 t 汽车式起重机选型 现场吊装时起重机大小的选用,按照梁段质量、作业半径、臂长等参数对照起重机性能表确定,针对最不利梁段吊装模拟选择起重机。

根据钢管拱现场吊装空间位置关系及梁段质量等因素,按最不利条件计算,如表 8-27 所示。

表 8-27 边跨小节段分段质量

编号	长度/m	质量/t
1	7.75	30.12
2	10.34	35.48
3	11.50	34.10
4	11.45	32.90

① 选取钢管拱肋质量为 32.9 t,起吊载荷 32.9 t×1.1=36.19 t,工作半径小于等于 12 m,吊装高度 26 m,进行吊装工况模拟,主起重机选择 220 t 汽车式起重机,如图 8-2 所示。

② 选取提升塔架横梁最高位置 42 m,起吊质量为 10.1 t,起吊载荷 10.1 t×1.1=11.11 t,工作半径 13 m,进行吊装工况模拟,主起重机选择 220 t 汽车,如图 8-3 所示。

(3) 260 t 履带式起重机选型 260 t 履带式起重机主要用于 220 t 汽车式起重机上桥和小节段拱肋上桥。拱肋节段质量不大于 40 t,汽车式起重机自重 55 t。

(4) 1000 t 浮吊选型 利用 1000 t 浮吊吊装中间拱肋大节段,中间段拱肋每段不大于 300 t,起吊最大高度 59 m,如图 8-4 所示。

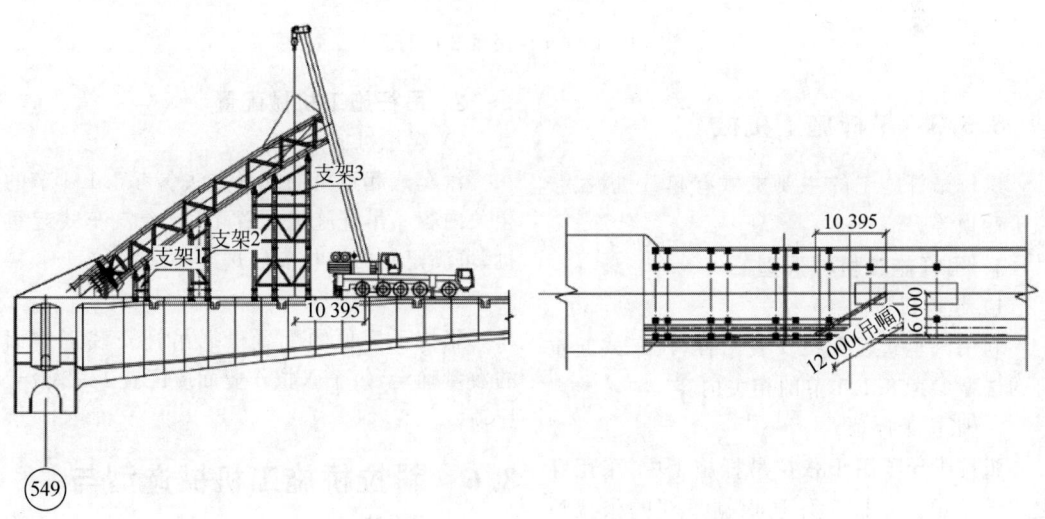

图 8-2 汽车式起重机站位图 1

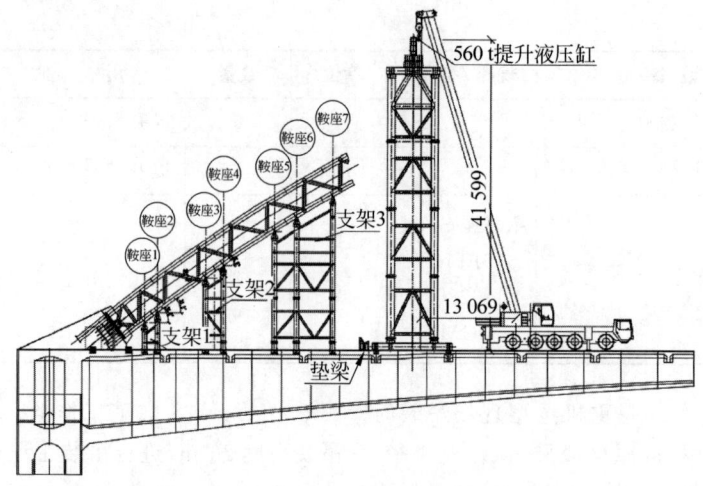

图 8-3　汽车式起重机站位图 2

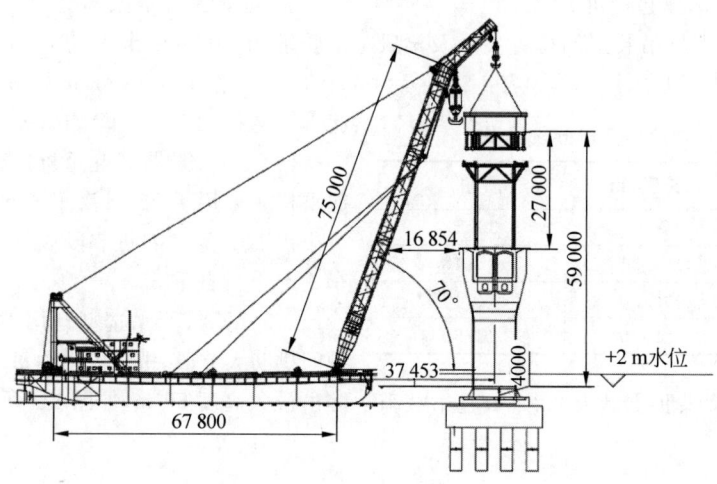

图 8-4　1000 t 浮吊吊装拱肋图

8.5.3　吊杆施工机械

拱桥吊杆施工的主要机械有起重机械、张拉千斤顶等。

1. 吊杆施工机械选型

1）起重机械

利用汽车式起重机安装吊杆,汽车式起重机的选型参考 8.1.1 节的相关内容。

2）张拉千斤顶

张拉千斤顶用于张拉吊杆施工中,采用穿心式千斤顶。张拉千斤顶根据吊杆的张拉控制力进行选择,为减小施工过程中的误差,确保千斤顶的使用安全,尽量使张拉控制力只达到所用千斤顶允许能力的 50%～85%。

2. 吊杆施工机械配置

1）起重机械

汽车式起重机的配置方法参考 8.1.1 节的相关内容。吊杆施工配置 1～2 台汽车式起重机,可满足正常吊杆安装进度要求。

2）张拉千斤顶

张拉千斤顶的配置根据吊杆安装工作面的数量确定,每个张拉作业面应配置 1～2 台千斤顶。

8.6　斜拉桥施工机械选型与配备

与其他桥型相比,斜拉索是斜拉桥的特有结构,因此,本节仅介绍斜拉索施工。斜拉索的施工方法基本都是先采用设备辅助挂设一端,然后再利用设备辅助安装另外一端。斜拉索施工的主要设备有塔吊(塔式起重机)、卷扬机、张拉千斤顶等。

8.6.1 斜拉索施工设备选型

1. 塔吊

塔吊附着于索塔,用于吊装锚固件及斜拉索,并在塔端进行斜拉索安装。塔吊的选型参考8.2.2节的相关内容。

2. 卷扬机

在斜拉索施工中,卷扬机主要用于斜拉索在桥面的展索及牵引作业。根据动力方式不同,卷扬机分为电动卷扬机、手摇卷扬机和内燃卷扬机。电动卷扬机具有通用性强、结构紧凑、体积小、重量轻、起重量大、使用转移方便等特点,在斜拉索施工中应用广泛。

卷扬机已经是系列化产品,主要根据斜拉索展索需要的牵引力确定卷扬机的型号。在利用卷扬机进行作业时,可根据经过滑车组或者导向滑车后的引出绳拉力(即卷扬机入绳拉力)来确定卷扬机的吨位(仅为数据估算用,非规范公式):

卷扬机的吨位=入绳拉力/卷扬机的传动效率

式中,卷扬机的传动效率为0.8～0.9,是卷筒效率与齿轮传动净距的乘积。

在斜拉索展索施工中,常用卷扬机的牵引力为5～10 t。

3. 张拉千斤顶

张拉千斤顶用于张拉斜拉索,斜拉索施工中,采用穿心式千斤顶。张拉千斤顶的选型根据斜拉索的张拉控制力确定。为减小施工过程中的误差,确保千斤顶的使用安全,尽量使张拉控制力只达到所用千斤顶允许能力的50%～85%。

对平行钢丝斜拉索,张拉千斤顶根据斜拉索的规格和设计索力进行选配。对于单根张拉的钢绞线斜拉索,可采用常用的预应力钢绞线张拉千斤顶。

8.6.2 斜拉索施工设备配备

1. 塔吊

一个索塔处设置1～2台塔吊。

2. 卷扬机

在每个索塔的塔端和梁端,一个索面设置1台卷扬机。

3. 张拉千斤顶

张拉千斤顶的配置根据斜拉索索面、斜拉索安装工作面的数量确定,每根斜拉索施工时应配置1～2台千斤顶。

8.6.3 工程案例

1. 工程简介

某铁路斜拉桥的斜拉索采用抗拉标准强度1670 MPa、锌-5%铝混合稀土合金镀层平行钢丝拉索,空间双索面体系,扇形布置,全桥共96对斜拉索,斜拉索长度109.593～336.782 m,最大索质量28.7 t。除最底下两层斜拉索采用锚固块锚固外,其余斜拉索与索塔采用内置式钢锚梁的锚固方式,张拉端设置在塔内。

2. 斜拉索安装配套设备选型

1) 塔吊选型及依据

塔吊的选型要综合考虑塔柱施工整个过程及斜拉索安装过程。由于H形索塔塔柱之间距离较远,需要每个索塔上配置2台平臂式塔吊。考虑塔吊吊装钢锚梁重量,采用中联重科股份有限公司生产的TC8039塔吊,臂长为35 m,满足现场吊装需要,如表8-28所示。TC8039塔吊的主要技术参数如表8-28、表8-29所示。

表8-28 TC8039塔吊特征参数(一)

项目		参数				
幅度/m		3.5～19.4	21	26	31	35
起重质量/t	两倍率	12.5				
	四倍率	25	22.8	17.17	14.32	12.33

表 8-29 TC8039 塔吊性能参数(二)

项　目		参　数					
机构工作级别		起升机构			M5		
		回转机构			M4		
		牵引机构			M5		
公称起重力矩/(kN·m)		4850					
起重工作幅度/m		最小 3.5			最大 80		
最大工作高度/m		固定式			附着式		
		81			275		
最大起重质量/t		25					
起升机构	型号	QP2580A					
	倍率	$\alpha=2$			$\alpha=4$		
	起重质量/t	1	6.25	12.5	2	12.5	25
	速度/(m/min)	80	53	27	40	27	13.5
	功率/kW	63					
变幅机构	速度/(m/min)	0~100					
	功率/kW	11					
回转机构	速度/(m/min)	0~0.7					
	功率/kW	7.5×3					
顶升机构	速度/(m/min)	0.46					
	工作压力/MPa	31.5					
塔顶处设计风速/(m/s)	顶升	14					
	工作过程	20					
	非工作工况	<20 m			36		
		20~100 m			42		
		>100 m			—		
工作温度/℃		-20~+40					

2) 卷扬机选型及依据

卷扬机不同型号配置情况及技术参数见表 8-30、表 8-31。

施工所用的卷扬机均与滑轮组配套进行施工,滑轮组采用的是 30 t 牵引滑轮组,每个滑轮组有 4 个滑槽。卷扬机的配置情况以及 JM5 型卷扬机的技术参数分别如表 8-30 和表 8-31 所示。

主塔最大成桥索力 6489.4 kN,主塔初张拉阶段全部采用 650 t 千斤顶,全桥调索阶段备用 2 台 1000 t 千斤顶,满足斜拉索张拉要求,如表 8-32 所示。

塔端硬牵引及张拉系统设备数量配置见表 8-32。

表 8-30 卷扬机配置情况

序号	设备名称	型号	数量	备　注
1	卷扬机	10 t	4 台	放置在梁面(配套 30 t 牵引滑轮组)
2	卷扬机	5 t	4 台	每个主塔侧配置 2 台备用

表 8-31　JM5 型卷扬机技术参数

项　　目	参　　数	项　　目	参　　数
配用钢丝绳直径/mm	21.5	生产厂家	如皋昌昇建工机械有限公司
钢丝绳额定拉力/kN	50	电动机型号	YZR160L-6
钢丝绳平均速度/(m/min)	10	电动机功率/kW	11
卷筒直径/mm	400	总传动比	174.3
卷筒宽度/mm	720	外形尺寸(长×宽×高)/(mm×mm×mm)	1640×1330×880
卷筒容绳量/m	250	整机质量/kg	1380

表 8-32　塔端硬牵引及张拉系统设备数量

设备名称	规　格	数　量	备　注
千斤顶	650 t	8 台+1 台	斜拉索张拉,备用 1 台
	1000 t	2 台	索塔调索阶段采用

8.7　涵洞施工机械选型与配备

8.7.1　原地开挖现浇法施工机械

原地开挖现浇涵洞施工机械与明挖基础施工机械基本相同,可参考 8.1.1 节的相关内容。

8.7.2　顶进法施工机械

顶进法施工涵洞与原地开挖现浇涵洞相比,需额外配置顶进千斤顶。千斤顶的选型参考 8.3.6 节的相关内容。千斤顶的数量应根据顶力大小、顶点布设进行确定。

8.8　钢筋加工及运输施工机械选型与配备

钢筋加工场的机械主要有钢筋加工机械(钢筋调直、切断、弯曲、连接加工机械)、钢筋吊装、运输设备等。

8.8.1　钢筋加工及运输机械选型

1. 钢筋调直机械

钢筋调直机械有半自动钢筋调直机、数控钢筋调直切断一体机。随着标准化及智能化建设要求的提高,半自动调直机已逐渐被淘汰,预制场的通长筋调直大部分采用了数控钢筋调直切断一体机,加工效率及精度都得到了有效保证。

2. 钢筋切断机械

钢筋切断机用于对钢筋原材和调直后的钢筋按混凝土结构所需要的尺寸进行切断。按切断机传动方式可分为机械传动和液压传动两类;按其装置方式分为固定式、移动式和手动式 3 种;按驱动方式可分为电动和手动两种。目前,钢筋加工场的钢筋切断机均为液压传动、固定式、电动驱动方式。

钢筋切断机可分为半自动钢筋切断机和钢筋数控剪切线,钢筋加工场根据场区布置及加工的需求量最终确定设备的选型。半自动钢筋加工设备占地小,无须组装、机动性强,但加工效率低且批量加工精度较差;钢筋数控剪切线占地大,钢筋加工场在前期场地布置时需提前规划并预留相应的管线,设备组装后挪动难度大,加工生产中,钢筋数控剪切线效率高、精度准,整条剪切生产线仅需 1 名操作手。

3. 钢筋弯曲机械

钢筋弯曲机械可分为半自动(手动)弯曲机、数控斜面式钢筋弯曲中心、数控立式钢筋弯曲中心、数控直盘条弯箍机,钢筋加工场在选择弯曲型加工设备时需根据钢筋直径、日加工量、钢筋尺寸等确定。

半自动(手动)弯曲机占地小,无须组装、机动性强,设备成本低,采用多台半自动(手动)弯曲机组合后可加工尺寸较大的钢筋，但加工效率及精度较智能化钢筋加工设备相差较大。

数控斜面式钢筋弯曲中心、数控立式钢筋弯曲中心和数控直盘条弯箍机为智能化钢筋加工设备，其占地面积较大，需提前规划钢筋加工场的整体布置并将相应的管线预埋。其中，弯曲中心设备可与钢筋数控剪切线进行合并形成一条完整的钢筋生产线，生产过程中可通过系统录入任务单，批量地进行加工生产，整条生产线仅需2～3名操作手，人员投入大大减少，但设备安装后挪动难且整体造价较高。

4. 钢筋连接加工设备

目前预制场通长筋的连接方式有两种：一种是钢筋焊接，即采用对焊机对钢筋进行闪光对焊连接；另一种是机械连接，即通过钢筋套丝利用套筒进行机械连接。相比机械连接，钢筋焊接具有操作简单、加工效率高、经济效益高等优点。

5. 钢筋智能加工生产线

原始钢筋加工设备操作复杂，精度不高，加工时误差较大，同时多个工序由人工控制，人为因素影响较大。现今使用的如立式钢筋数控弯曲机、钢筋自动剪切生产线、斜面式钢筋数控弯曲机、直盘条数控弯曲机、全自动数控弯曲机等能在提高加工精度的同时，提高工作效率，节省人力物力。

数控剪切线采用PLC控制，易于调整和操作；设备采用步进式上料和传统手工抖落两种方式；由定尺台带动定尺挡板完成钢筋锯切长度的测量和定尺，锯切钢筋定尺长度无级可调，双侧翻料及收料，占地面积小，简单可靠。

数控斜面式钢筋弯曲中心采用防噪声传送辊道设计，安全环保；主机采用无齿隙啮合技术，定位准确，无噪声；大型不锈钢面板设计，使弯曲钢筋更加平稳；采用了自动落料机构的设计技术，省时省力；曲柄式钢筋托起移送机构的设置，给操作人员的工作提供了最大便利；斜面式工作面结构，上料、下料操作方便安全。

数控立式钢筋弯曲中心改变了传统的以人力为主的多环节钢筋加工模式，采用数控全自动生产装备将钢筋一次性弯箍成形，大大提高了生产效率和钢筋加工精度，可以解放人工、降低材料消耗。将钢筋的各段长度、角度输入数控弯箍机面板中，打开开关，经过剪切线，钢筋可以自动加工成形。

钢筋自动焊接生产线相对于传统的人工焊接，不仅在加工效率上得到了提高，加工精度及作业的安全方面同样也得到了保证。定位网片的加工宜采用自动焊接设备，根据市场调研的结果，预制场定位网片的焊接多采用WH1200型全自动定位网焊接机，该款设备采用电阻电焊技术，配有水平双向（纵向）伺服移动工作台，解决了龙门式网片焊机只能单方向不能斜线焊接的弊端；且该设备配有手动、半自动、全自动等加工模式，确保了高效率的网片焊接；该设备采用坐标定位技术，定位精准，且焊接时加热时间短，热量集中，不需要焊丝、焊条及乙炔、氢等焊接材料，焊接成本低，且焊点牢固。

钢筋加工设备种类较多，各设备的功效、性能等差异较大。普通钢筋加工设备和智能化钢筋加工设备对比如表8-33所示。

表8-33 钢筋加工设备对比

序号	比较内容	普通钢筋加工设备	钢筋智能加工设备
1	技术效益	加工每种规格钢筋均需重新输入设定加工尺寸，且需要配备各种功能的加工设备	数控立式钢筋加工中心具有效率高、经济、产品合格率高，可同时加工多种规格尺寸的钢筋，操作简单、人员投入少，节约资源等优点，适用于各种钢筋加工作业
2	设备投入	价格低，但是需要配备各种功能的加工设备	价格高，1～2台设备即可满足生产需求
3	原材损耗	下料尺寸、弯制形状偏差大，原材料损耗大	计算机控制，钢筋下料尺寸、弯制形状准确，原材料损耗小

续表

序号	比较内容	普通钢筋加工设备	钢筋智能加工设备
4	人员投入	钢筋下料、弯制和调直,一个作业班组一般至少需要12个工人进行操作	钢筋的下料、弯制和调直,一个作业班组需要5个工人进行操作
5	人员工费	高	低
6	施工功效	钢筋的上料和成形钢筋卸料为人工搬运,增加了机器操作人员的工作强度	钢筋的上料和成形钢筋卸料为自动型,大大简化了机器操作人员的工作,将操作人员从各种计算工作中解放出来
7	加工效率	加工速度慢	加工速度快
8	产品合格率	工人的操作习惯和标示的误差,使加工出的一种半成品存在几种偏差,且不合格率高	可按照预先设定好的参数加工出所需规格型号的半成品,且产品合格率高
9	操作安全性	安全性低,操作人员需搬运钢筋,活动区域大	安全性高,操作人员在安全区域进行操作控制
10	转场难易度	设备数量多,转场难度大	设备数量少,转场简单
11	维修难易程度	设备维修简单,维修频率高	设备维修简单,维修频率低
12	维修配件配置	维修配件多	维修配件少
13	材料存放	离加工设备较远,原材料的存放较分散	离加工设备近,原材料存放集中
14	占地面积	数量多,占地面积大	小
15	电力消耗	大	小
16	文明工地建设	不利	有利

6. 起重吊装设备

目前,钢筋加工均在钢筋加工棚内完成,钢筋加工所需用的起重设备以行车最为常见。行车的优点是设备安装快,临建施工无须单独设计轨道基础。行车的起重能力应根据起吊钢筋的最大起吊质量确定,常用行车的额定起吊质量为10 t。

7. 钢筋运输机械

根据运距及钢筋质量的不同选择与之相适应的运输机械。当在钢筋加工场内短距离搬运钢筋时,宜采用蓄电池运料平板小车。当由钢筋加工场向桥址现场长距离运输成品钢筋,如钢筋笼时,可采用自卸车进行运输。

8.8.2 钢筋加工及运输机械配备

1. 钢筋加工设备

调直型钢筋加工设备、切断型钢筋加工设备、弯曲型钢筋加工设备、钢筋连接加工设备的配置数量均需根据工程量、工期要求及设备的台班产量定额确定,可用下式计算:

$$N_{加工} = \frac{1}{TmK}\sum \frac{Q_{加工i}}{P_{加工i}} \quad (8-28)$$

式中,$N_{加工}$ 为加工设备需用台数,台;T 为需求工期,天;m 为每天工作班数;K 为时间利用系数,取 $0.8\sim0.9$;$Q_{加工i}$ 为每种钢筋的加工工程量,t·m;$P_{加工i}$ 为加工设备相应的台班产量定额,t·m/台班。

2. 起重吊装设备

起重吊装设备的配置数量参考8.1.1节的相应内容。在钢筋加工场,起重行车的常见配置数量为2台,可满足正常的钢筋加工需求。

3. 钢筋运输设备

钢筋运输设备需用数量根据工程量、工期要求及运输设备的台班产量定额确定,可用下式计算:

$$N_{运输} = \frac{1}{TmK}\sum \frac{Q_{运输i}}{P_{运输i}} \quad (8-29)$$

式中，$N_{运输}$ 为运输设备需用数量，台；T 为要求工期，天；m 为每天工作班数；K 为时间利用系数，取 0.8~0.9；$Q_{运输i}$ 为每种钢筋的运输工程量，t·m；$P_{运输i}$ 为运输车相应的台班产量定额，t·m/台班。

8.8.3 工程案例

某铁路制梁场的钢筋加工场主要供应制梁场后张法预制简支箱梁的钢筋。钢筋加工生产量约为 40 712 t，钢筋加工场占地 8 亩（1 亩 = 666.7 m²）。

钢筋加工场有原材料存放区、原材料下料区、加工制作区和半成品、成品存放区，投入的大型钢筋设备有 1 台立式智能钢筋弯曲中心、1 台斜面式钢筋弯曲中心、2 台智能钢筋自动剪切机、1 台全自动调直切断一体机、1 台全自动螺旋筋成形机、1 台数控钢筋弯箍机、4 台电焊机、1 台对焊机、1 台切断机、2 台行吊、2 台运料平板小车。

钢筋加工厂为钢结构厂房，跨度 2 跨 24 m，柱距 6 m，钢结构顶棚起拱，长度 90 m。采用 2 台 10 t 行吊装卸材料，设置 4 条 90 m 轨道。

8.9 混凝土生产及运输机械选型与配备

8.9.1 搅拌站机械选型

搅拌站机械包括混凝土制备机械、混凝土搅拌运输车、原材料称量设备、原材料运输机械、骨料清洗机械。

1. 混凝土制备机械

混凝土制备机械主要由混凝土搅拌机、材料输送设备、配料机组成。

1）混凝土搅拌机

混凝土搅拌机是搅拌站的关键部件，一旦选定，就可以合理地进行相关附属设备的配置。

混凝土搅拌机按工作性质可分为连续式搅拌机和周期式搅拌机。周期式搅拌机为加料、搅拌、出料均按周期进行循环作业的搅拌机，一批料拌和好卸料之后，进行下批料的装料和搅拌，因此易于控制配比和保证拌和质量，是铁路工程中普遍应用的类型。

混凝土搅拌机按搅拌方式可分为自落式和强制式两类。强制式搅拌机由于拌和质量好、效率高，是铁路工程混凝土搅拌站使用的主要机型。

混凝土搅拌机按出料方式可分为倾翻式和非倾翻式。倾翻式混凝土搅拌机通过拌筒倾翻出料；非倾翻式搅拌机多通过打开搅拌机底部的卸料门出料，通过搅拌机底部卸料门的开合实现卸料，同时搅拌装置的不停转动，有助于提升出料速度，并且不会造成积料，广泛应用于各种强制式搅拌机。在铁路桥涵工程中使用较多的是非倾翻式。

铁路工程应选择周期式和强制式搅拌机，目前主要为强制式卧轴搅拌机，有单卧轴和双卧轴之分，以强制式双卧轴搅拌机最为常见。根据出料容量、进料容量不同，各类型搅拌机有多种型号，不同型号的搅拌机生产效率不同。搅拌机的型号和台数应根据线下工程混凝土使用流速峰值确定，应满足混凝土单位时间最大生产量和生产总体进度要求。

单台混凝土搅拌机的生产率可按下式计算：

$$Q_z = \frac{3600 V_1 \psi_1}{t_1 + t_2 + t_3} \quad (8-30)$$

式中，Q_z 为生产率，m³/h；V_1 为进料容量，m³；t_1 为上料时间，s；t_2 为纯搅拌时间，s；t_3 为出料时间，s；ψ_1 为出料系数。

对于铁路工程，对各种物料计量精度要求高，需单独计量；搅拌周期长，一般要求每盘搅拌时间为 90~150 s，是普通商混站搅拌机搅拌时间的 2~3 倍。因此，搅拌站的搅拌机组的实际生产率为理论生产率的 30%~60%。例如，一个 HZS120 搅拌机的理论生产率为 120 m³/h，而在高铁项目中其搅拌高性能混凝土的实际生产率只有 35~40 m³/h。

因此，铁路工程混凝土搅拌机的生产率一般根据混凝土实际投料时间、实际搅拌周期、实际出料时间等综合确定，而不能根据搅拌机厂家铭牌标称生产率确定，必要时需根据工程试验确定搅拌机小时生产能力。

搅拌站的生产能力主要是由配备搅拌机的生产率、数量、工作班数、生产不平衡度等确定的。线下工程混凝土搅拌站理论生产率的计算公式为

$$Q_h = nQ_z \quad (8\text{-}31)$$

式中，Q_h 为搅拌站理论生产率，m^3/h；n 为搅拌站配备搅拌机的数量，台；Q_z 为根据搅拌周期确定的单台搅拌机生产率，$m^3/(h \cdot 台)$。

线下工程混凝土搅拌站日产能力的计算公式为

$$Q_d = actQ_h \quad (8\text{-}32)$$

式中，Q_d 为搅拌站日产能力，$m^3/天$；a 为日产能力不均衡系数，取 0.5～0.8；c 为每日有效工作班数，班/天；t 为每班有效工作小时数，h/班；Q_h 为搅拌站理论生产率，m^3/h。

线下工程混凝土搅拌站年产能力的计算公式为

$$Q_y = KyQ_d \quad (8\text{-}33)$$

式中，Q_y 为搅拌站年产能力，$m^3/年$；K 为年产能力不均衡系数，取 0.65～0.75；y 为年有效工作天数，天/年；Q_d 为搅拌站日产能力，$m^3/天$。

混凝土搅拌机根据《建筑施工机械与设备 混凝土搅拌站（楼）》（GB/T 10171—2016）确定主参数系列，铁路混凝土搅拌机优选型号为 30、35、40、50、60、70、75、80、90、100、120、150、180、200。

2）材料输送设备

供料系统应包括骨料供料设备、粉料供料设备、水及外加剂供料设备。供料设备的输送能力应满足搅拌站生产率的用量要求。

（1）骨料供料设备

骨料的输送可采用斜皮带输送机、提升斗等。

斜皮带输送机是常用的骨料提升设备，生产安全、运行平稳、效率高、性能可靠、易封闭、不易受气候影响、维修费用低，但占地面积大。斜皮带输送机的带型和倾角按产品结构形式及现场适用条件来选择。倾角在 18°～22°之间的一般选平皮带；倾角在 22°～27°之间的一般选人字形浅花纹皮带；特殊情况下，倾角在 30°～60°之间的选用波纹挡边皮带。如场地宽阔，应优先选用小倾角 20°平皮带，搅拌站长度约为 50 m。如果场地面积受到限制，可以考虑采用大倾角（一般为 35°～45°）波纹挡边皮带，搅拌站长度约为 32 m。由于人字形浅花纹皮带和波纹挡边皮带不方便清扫，回带料问题不好解决，一般采用不多。在骨料含泥量较大或湿度较大的情况下，尽量不要选用倾角大于 22°的斜皮带输送机。

提升斗结构紧凑，占地面积小，但可靠性差、维护成本高、生产效率低，故提升斗较少使用，主要用于工程站或小方量搅拌站。

（2）粉料供料设备

水泥及掺合料的粉料输送机主要有螺旋输送机、空气输送斜槽两种。

螺旋输送机是搅拌站普遍采用的粉料输送机，其螺旋规格大小和长度由设备厂家根据搅拌站的输送量和设备布置来定，无须用户选择。

空气输送斜槽用于倾斜向下输送干燥粉状物料，其优点有以下两点。

① 结构简单，重量轻，无运转零件，磨损小；
② 操作简便，工作可靠；
③ 空气压力小，动力消耗少，节能。

其缺点是：

① 只适用于输送物料流动性好的、干燥的粉状物料；
② 计量精度不易控制；
③ 需要较高的安装空间，不能向上输送，粉仓锥部出口的高度比用螺旋输送的要高 5 m 左右，初期投资较大。

粉料输送方式选用螺旋输送机还是空气输送斜槽，需综合考虑所使用的物料特性、使用经验及区域特征。

螺旋输送机应根据输送原料的不同单独设置。水泥、掺合料不应共用 1 台螺旋输送机。

（3）水及外加剂供料设备

水和液体外加剂宜采用泵送，主要由水和外加剂箱、磁力泵、管路、气力搅拌系统组成。

3）配料机

配料机按计量方式可分为砂、石独立计量和累积计量两种。这两种计量方式都采用电子称重形式，配料计量精度都能符合标准规范要求。两者相比，独立计量方式的配料机由于各储料仓设置独立，可同时开始计量，所以计量效率高，搅拌站生产率高，是目前普遍选用的配料机形式。

2. 混凝土搅拌运输车

从混凝土搅拌站生产的混凝土通过混凝土搅拌运输车（简称搅拌车）运输到施工工地。搅拌车在运输过程中，装载混凝土的搅拌筒以低速旋转搅动，确保混凝土在运输过程中不发生离析和凝结。搅拌车已经成为一种理想的、现代化的、无道路污染的混凝土运输设备。

(1) 按装载容量，搅拌车可分为小型搅拌车（装载容量＜5 m^3）、中型搅拌车（装载容量为 6～12 m^3）、大型搅拌车（装载容量＞12 m^3）。在铁路桥涵工程中，一般采用中型搅拌车。

(2) 按搅拌装置传动形式，搅拌车可分为机械式搅拌车、液压-机械式搅拌车、全液压式搅拌车。由于液压-机械式搅拌车通过二者结合的方式进行搅拌筒作业控制，能实现无级调速，操作灵活，效率高，目前被普遍采用。

(3) 按动力配置，搅拌车可分为共用动力搅拌车和独立驱动搅拌车。对于共用动力搅拌车，车辆走行和上装作业均使用底盘发动机动力，结构简单，成本低，在铁路桥涵工程领域普遍采用。

(4) 按底盘结构，搅拌车可分为通用底盘搅拌车和专用底盘搅拌车。在铁路桥涵工程中，普遍采用普通通用载重底盘，它具有转弯半径小，维护成本较低等优点。

(5) 按卸料方式，搅拌车可分为前卸料搅拌车、后卸料搅拌车。在铁路桥涵工程中，普遍采用后卸料搅拌车。

综上所述，铁路工程一般选择液压-机械式、共用动力、普通通用载重底盘、后卸料的中型搅拌车。目前这类搅拌车已是成熟的定型产品，其搅拌容量一般有 6 m^3、7 m^3、8 m^3、9 m^3、12 m^3。

搅拌车选型时，应考虑与搅拌车配套的搅拌主机来确定。搅拌车搅动容量应与混凝土搅拌主机出料容积相匹配，混凝土搅拌主机的公称容量与搅拌车的搅拌容量一般呈整数倍关系，目前最常见的搅拌主机公称容量与搅拌车的搅动容量合理匹配关系见表 8-34。

表 8-34 搅拌主机公称容量与搅拌车搅动容量的匹配关系

搅拌主机公称容量/L	搅拌车搅动容量/m^3
1500	3、6、9、12
2000	2、4、6、8、10、12、14
3000	6、9、12

例如，在实际生产工作中，搅拌主机公称容量为 3000 L（即 3 m^3）的搅拌站，连续出料 2、3、4 罐次，则相应搅拌容量为 6 m^3、9 m^3、12 m^3 的搅拌运输车恰好达到满载要求。

混凝土搅拌运输车的选型和配置需适合施工地点的地形。一般平原地带可选择 9 m^3、12 m^3 的车型，交通不便的山区选择 6 m^3、7 m^3 的车型，每个搅拌站需根据产量调整车辆数目。根据工程经验，搅拌站配置混凝土搅拌运输车一般不少于 10 辆。

3. 原材料称量设备

混凝土搅拌站原材料进口处应设置汽车衡作材料计量设备，并根据汽车衡、粉料运输车辆、骨料运输车辆和其他运输车辆要求配置磅房等相关设施。

搅拌站应根据运输材料车辆重量选配汽车衡规格型号，汽车衡宜采用地上衡形式，以不设置或设置浅基坑为原则，其使用适应性应满足被检测车辆要求。

搅拌站汽车衡称量范围不应超过 150 t，准确的等级宜为中准确度等级。常用的自动称重汽车衡规格型号参考表 8-35。

表 8-35　常用的汽车衡规格型号参数

型号		SCS-30	SCS-50	SCS-60	SCS-80	SCS-100	SCS-120	SCS-150
最大称量/t		30	50	60	80	100	120	150
分度值/kg	模拟式	20	20	20	20	20	20	50
	数值式	20	20	20	20	20	20	20
台面尺寸(宽×长)/(m×m)		优选规格						
3×7	3.4×7	√	—	—	—	—	—	—
3×10	3.4×10	√	√	—	—	—	—	—
3×12	3.4×12	√	√	√	—	—	—	—
3×14	3.4×14	√	√	√	√	√	√	√
3×15	3.4×15	√	√	√	√	√	√	√
3×16	3.4×16	√	√	√	√	√	√	√
3×18	3.4×18	√	√	√	√	√	√	√
—	3.4×21	—	—	—	√	√	√	√
—	3.4×24	—	—	—	√	√	√	√

注：√代表常规混凝土生产工艺下，宜优选规格。

4．原材料运输机械

原材料运输车辆应包括粉料运输车、自卸车和轮胎式装载机等。

散装水泥、粉煤灰、矿粉等粉尘物料应采用粉料运输车运输和卸料，粉料运输车应自带专用压缩空气装置以实现气化卸料。粉料运输车卸料高度和水平距离应满足混凝土搅拌站储料罐要求，且垂直高度不宜小于 15 m，水平距离不宜小于 5 m。

骨料采用长距离公路运输方式时，宜采用自卸车作为运输工具。自卸车的数量、规格应根据搅拌站混凝土生产进度要求、运输便道要求等技术条件确定。

骨料存放场内短距离运输可采用轮胎式装载机。轮胎式装载机的规格和数量应根据搅拌站混凝土生产要求确定。轮胎式装载机斗容不宜小于 2 m³，卸料高度不宜小于 2.8 m。海拔高度超过 3000 m 的搅拌站宜配置高原轮胎式装载机。

轮胎式装载机的发动机宜选用涡轮增压、节能的新型柴油发动机，制动系统宜选气助力双回路制动、盘式制动系统，在炎热和寒冷地区作业时，驾驶室宜配置冷暖空调。

轮胎式装载机的作业能力应满足混凝土搅拌站最大实际生产能力时的骨料需求。轮胎式装载机小时作业能力可按下式计算：

$$Q = \frac{3600qk\eta}{T_m} \quad (8\text{-}34)$$

式中，Q 为轮胎式装载机生产能力，m³/h；q 为轮胎式装载机铲斗容量，m³；k 为轮胎式装载机铲斗装载系数，可取 0.8；η 为作业效率，可取 0.6～0.8；T_m 为作业循环时间，s，可按下式计算：

$$T_m = \frac{l}{v_1} + \frac{l}{v_2} + t \quad (8\text{-}35)$$

式中，l 为骨料堆场至搅拌站配料装置距离，m；v_1 为轮胎式装载机装料状态前进速度，m/s，无资料时可取 1.4～2.8 m/s；v_2 为轮胎式装载机空车状态返回速度，m/s，无资料时可取 2.8～4.2 m/s；t 为固定时间，即轮胎式装载机旋转、装料、卸料时间，s，无资料时可取 35～45 s。

5．骨料清洗机械

搅拌站应配备骨料清洗机械，主要为洗石机和洗砂机，用于当粗细骨料含泥（粉）量超标时对骨料进行清洗。

洗石机可分为螺旋洗石机、滚筒洗石机、水轮洗石机和振动洗石机等，搅拌站应根据粗骨料清洗产量、质量、骨料粒径、水环保等要求选用洗石机的规格和型号。螺旋洗石机使用螺旋推进石子使石子与水和泥土分离，因而石子干净但产量略低。目前，铁路工程中广泛采用螺旋洗石（砂）机，其兼具洗砂和洗石功能。

当采用制式洗石机时，洗石机单日生产能力可按照下式计算：

$$Q = k\frac{Q_d}{a}tc \quad (8-36)$$

式中，Q 为洗石机日生产能力，m^3/天；Q_d 为洗石机理论小时生产能力，m^3/h；k 为洗石机生产能力不均匀系数，可取 0.8；a 为备用系数，可取 1.1～1.2；c 为每日有效工作班数，班/天；t 为每班有效工作小时数，h/班。

洗砂机可分为螺旋洗砂机、水轮洗砂机等。搅拌站应根据细骨料产量、质量、水环保等要求选用洗砂机的规格和型号，当条件受限且含泥量较低时，可采用固定筛网洗砂。

铁路混凝土搅拌站砂（石）清洗机配置可参照表 8-36。

表 8-36 铁路混凝土搅拌站砂（石）清洗机配置表

搅拌站型号	HZS60	HZS80	HZS100	HZS120	HZS150	HZS200
配置洗砂（石）机生产能力/(m^3/h)	46	65	82	89	108	129
配置洗石机型号	RXLK-914	RXLK-1118	RXLK-1500	RXLK-1500	RXLK-1500	RXLK-1500

注：表中机械设备规格和数量应根据施工组织设计进行调整。

8.9.2 搅拌站机械配备

1. 混凝土制备机械

1）混凝土搅拌机

对于高铁工程、预制梁场等，混凝土搅拌站应配备 2 台同型号混凝土搅拌机（即双机站），不仅可完全保障年产量要求，而且可预防单台设备发生故障无法正常生产的情况。

2）材料输送设备

搅拌站配备骨料供料设备、粉料供料设备、水及外加剂供料设备各 1 套。

3）配料机

根据搅拌站的实际工程量，配料机配置 1～2 台。

2. 混凝土搅拌运输车

混凝土搅拌运输车的配置应满足单位时间混凝土实际需求量的要求，其配置数量可按下式进行计算：

$$n = \frac{Q_h}{Q_n} \quad (8-37)$$

$$Q_n = \frac{k_n k_T Q}{T}(1-\beta) \quad (8-38)$$

式中，n 为所需配备的混凝土搅拌运输车数量，辆；Q_h 为混凝土搅拌站最大生产能力，m^3/h；Q_n 为混凝土搅拌运输车运输效率，$m^3/(h \cdot 辆)$；Q 为混凝土搅拌运输车搅拌容积，m^3/辆；k_n 为装满系数，无资料时可取 0.8～1；k_T 为时间利用系数，无资料时可取 0.8～1；T 为输送循环时间，h；β 为混凝土卸载残余率，无资料时可取 1%。

3. 原材料称量设备

搅拌站配置 1 台汽车衡即可满足生产要求。

4. 原材料运输机械

搅拌站配置 1～3 台自卸车或装载机即可满足生产要求。

5. 骨料清洗机械

搅拌站配置 1 台洗石机即可满足生产要求，规格在 50～97 m^3/h。

8.9.3 工程案例

1. 工程概况

某新建高速铁路 3 标段，路线里程为 25.3 km，为设计时速 350 km 的双线铁路，主要工程量为桥梁 3 座 24.53 km，无砟道床铺轨 50.15 km 等。项目混凝土总方量 51 万 m^3，工程建设工期为 4 年。

2. 搅拌站数量选择

根据项目地形特点、工程分布情况，结合所需混凝土量大小，共设 2 个混凝土搅拌站。其中，1 号搅拌站距离小里程起点 5.7 km，占地面积为 25 824 m²，折合 38.8 亩，供应混凝土量 22 万 m³，最大运距 6 km；2 号搅拌站距离 1 号搅拌站 7 km，占地面积为 34 850 m²，折合 52.3 亩，供应混凝土量 29 万 m³。2 号搅拌站地势较为平坦，临近县道，交通运输条件方便，最大运距为 12 km，运输时间约 30 min。

3. 搅拌站机械配置

1) 混凝土生产线

2 个搅拌站均选用 2 条 HZS180 型混凝土生产线，该生产线的设备均采用自动计量系统，主机采用双卧轴强制搅拌，包括操作间、料仓、料斗、上料输送系统等。其生产线综合工作性能良好，搅拌质量好、生产效率高，电气系统配工控机、打印机，整套设备集中控制、集中管理，生产过程实时显示，具有信息存储、自动打印、落差自动补偿、异常情况报警等功能，适于搅拌高性能混凝土。

HZS180 型混凝土生产线每 2 min（含进料、搅拌、出料时间）搅拌出料容量为 3 m³，根据单台混凝土搅拌机生产率的计算公式可得 $V_1=3$ m³，$t_1+t_2+t_3=120$ s，$\psi_1=0.95$，则 $Q_z=85.5$ m³/h，混凝土搅拌站理论生产率 $Q_h=2Q_z=171$ m³/h。

$a=0.8$，$c=3$ 班/天，$t=7$ h/班，则混凝土搅拌站日产能力 $Q_d=0.8\times3$ 班/天$\times7$ h/班$\times171$ m³/d$=2872.8$ m³/天。

$K=0.75$，$y=300$ 天/年，混凝土搅拌站年产能力 $Q_y=0.75\times300$ 天/年$\times2872.8$ m³/天$=64.6$ 万 m³/年。满足 4 年内混凝土供应总量要求。

假定 2 台 HZS180 混凝土生产线全天满负荷运转，则每日供应混凝土量为 $Q_h\times24$ h$=4104$ m³，满足混凝土需求量高峰期间 3000 m³/天的要求。

2) 混凝土搅拌运输车

根据混凝土需求量，拟初步选定混凝土搅拌运输车型号为 10~12 m³/车，每车加工、运输消耗时间共需 40 min，同时考虑到机械维修保养等因素，则需混凝土搅拌运输车 20 辆。车辆配置以满足搅拌站生产需要为原则，实行动态管理，根据生产任务量的增减和繁忙程度逐渐进行增减，合理安排，保障正常施工。

3) 原材料称量机械

搅拌站设置 1 台 120t 地磅，配备广联达科技股份有限公司智能物料验收系统。

4) 原材料运输机械

搅拌站配备 2 台广西柳工机械股份有限公司生产的 50C 轮胎装载机，用于粉料的运输上料。

5) 骨料清洗机械

洗石、筛砂设备设置于料仓外。洗石设备采用 XS-150 型，每小时可洗石 140 t，可满足搅拌站生产需要。筛砂设备采用 SS-100 型，每小时可筛砂 100 t，可满足搅拌站生产需要。

第9章

主要机械结构和工作原理

9.1 基础施工机械

铁路基础施工机械有多种。其中,挖掘机械、装载机械、自卸车、履带起重机、旋挖钻机、冲击钻机、螺旋钻机、打桩机等的结构原理请参考第2篇。本节主要介绍全套管钻机、潜水钻机、预应力张拉锚固设备、预应力压浆设备、数控钢筋剪切生产线、数控钢筋弯曲中心、全自动数控钢筋弯箍机和数控钢筋网焊接生产线。

9.1.1 全套管钻机

1. 整机的组成和工作原理

全套管钻机是一种机械性能好、成孔深、桩径大的新型桩工机械,由主机、液压动力站、钢套管、取土装置(锤式抓斗、十字冲锤等)、起重机或旋挖钻机等组成,集取土、成孔、护壁、安放钢筋笼、灌注混凝土等功能为一体,施工效率高、工序较少、辅助费用低。它所采用的全套管工法可在任何地层中施工,避免了钻(冲)孔桩而出现的入岩难、塌孔、孔底沉渣等弊病;消除了人工挖孔桩等而出现的流砂渗水过量等引起的不利影响;无泥浆污染及施工时噪声低,特别适合于城区内施工。对于以各类土层组成的复杂地基而言,可提供较高的单桩允许承载力。全套管钻机是一种能够广泛应用于工业与民用建筑、交通、铁路等土木行业的高效桩基础施工机械。其配套设备如图 9-1 所示。全套管钻机按回转方式可分为摆转式和回转式两大类。

1) 摆转式全套管钻机

摆转式全套管钻机是只能使套管在一定角度内往复摆动回转的全套管钻机,一般由导向纠偏机构、摆动装置、沉拔套管液压缸、摆动臂、底架、液压动力站等组成,如图 9-2 所示。

摆转式全套管钻机的工作原理是首先由夹管液压缸夹紧套管,然后通过两个摇动臂上的摆动液压缸的伸缩,使夹管装置和套管在一定的角度内以顺时针和逆时针方向摆动,由于套管前端镶有切割刀头,这样套管剪切土体,使套管与土体间的摩擦阻力大大减少,同时通过沉拔套管液压缸的伸缩将套管压入或拔出土中。压入一节套管后,再接上另一节套管,直至预定深度,套管中的土可用冲抓斗或旋挖钻机取出。遇到大的漂石或孤石时,可先用十字冲锤砸碎再取出。

2) 回转式全套管钻机

回转式全套管钻机是可使套管回转任意角度的全套管钻机,一般由套管驱动装置、主副夹紧装置、压入拔出装置、液压站等组成,如图 9-3 所示。

楔形块通过上部回转支承安装在夹紧装置平台上,并均匀分布在套管的周围。当安装在套管夹紧装置上的夹紧液压缸收缩时,楔形块被挤进套管与大齿圈之间,夹紧套管。驱动

第9章 主要机械结构和工作原理

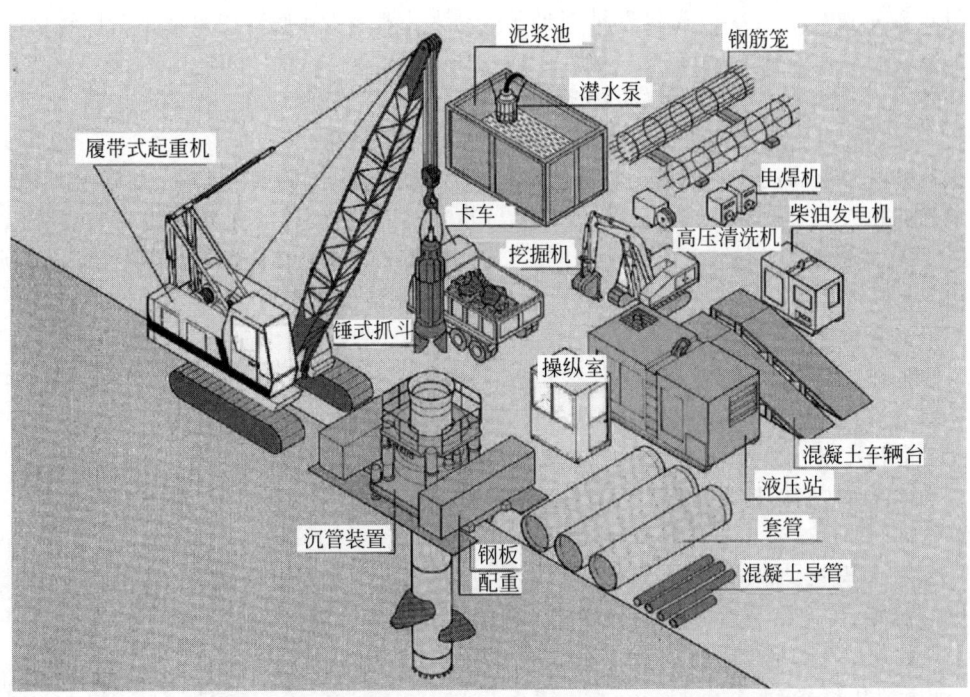

图 9-1 全套管全回转钻机施工时所需要的机械设备示意图

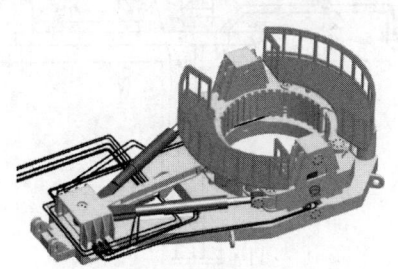

图 9-2 摆转式全套管钻机结构

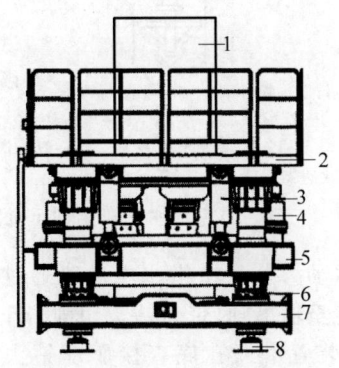

1—套管；2—上平台；3—夹紧液压缸；4—回转马达、减速机；5—中平台；6—起拔液压缸；7—下平台；8—调平液压缸。

图 9-3 回转式全套管钻机结构示意图

装置中带行星减速机的液压马达回转工作时，回转扭矩通过大齿圈和楔形块传递给套管，进行钻孔掘削作业。当夹紧液压缸伸长时，楔形块被抬起，松开套管。通过压拔装置中液压缸的伸缩将套管压入或拔出土中。套管中的岩土可用冲抓斗或旋挖钻机取出。遇到大的漂石或孤石时，可先用十字冲锤砸碎再取出。

2．主要系统和部件的结构原理

1）摆转式全套管钻机

（1）导向纠偏机构

导向纠偏机构的作用是在沉管前将套管（尤其是第一节套管）的垂直精度调整到容许的范围内。它是由钢板焊接而成的箱形结构，在前后部及侧面各装有一个液压缸，当第一节套管吊入夹管装置后，通过液压缸的伸缩对套管的垂直度进行调整。

（2）摆动装置、沉拔套管液压缸

摆动装置由夹管液压缸、夹管装置和摇动臂等组成。

（3）底架

底架由伸缩臂、定位液压缸和托板组成。当钻机与起重机连接后，利用定位液压缸对钻机进行正确定位。类似汽车式起重机矩形吊臂的伸缩臂同时伸或缩,并用定位销锁住。同时摇动臂以伸缩臂为依托,作为钻机摇动时的后助力。而托板由于与沉拔桩管液压缸铰接,所以由拔管时产生的拔管力将借助托板,以减小对地面的压力。

2) 回转式全套管钻机

(1) 楔形夹紧装置

楔形夹紧装置由楔形夹爪、夹紧液压缸等组成。与传统夹紧机构相比,无论在什么位置都能夹紧套管,并使套管保持高的垂直精度,而且套管的拉拔阻力越大,夹紧力也就越大。

(2) 套管回转驱动装置

套管回转驱动装置由液压马达、行星减速机、小齿轮、大齿轮、回转支承等组成,可以提供足够的扭矩,传递给套管强大的回转力,可适应复杂的地层及切削障碍物。

(3) 套管压拔装置

套管压拔装置由压拔液压缸、垂直导向套等组成,保证施工中钻孔的垂直度,随时纠正施工中套管角度。

(4) 直径变更装置

直径变更装置由不同尺寸的变径块组成,使设备适用于多种套管直径的要求。

(5) 辅助夹紧装置

辅助夹紧装置由辅助夹紧液压缸等组成,便于在大深度挖掘时接续或拆卸套管。

(6) 工作走行装置

钻机可配置履带式走行装置,可使设备在场地上方便自行移动及桩心定位。

(7) 液压动力站

液压动力站包括发动机、液压系统、电气系统等,它为钻机提供动力。发动机巨大的功率能够给设备提供巨大的扭矩,使得机器获得强大的扭矩去工作,能够适应任何复杂的地层。

9.1.2 潜水钻机

1. 整机的组成和工作原理

潜水钻机是一种深入到桩孔内水面下钻孔的新型灌注桩成孔机械。潜水钻机工作时动力装置潜入孔底直接驱动钻头回转切削,钻杆不转,只起连接、传递扭矩、输送泥浆等作用。其适用于淤泥、黏土、砂砾层、风化页岩等多种地层钻孔。

潜水钻机是一种旋转式钻机,主要由防水电动机、行星齿轮减速器和密封装置等组成,与钻头紧密连接在一起,因而能共同潜入水下作业,其结构如图9-4所示。

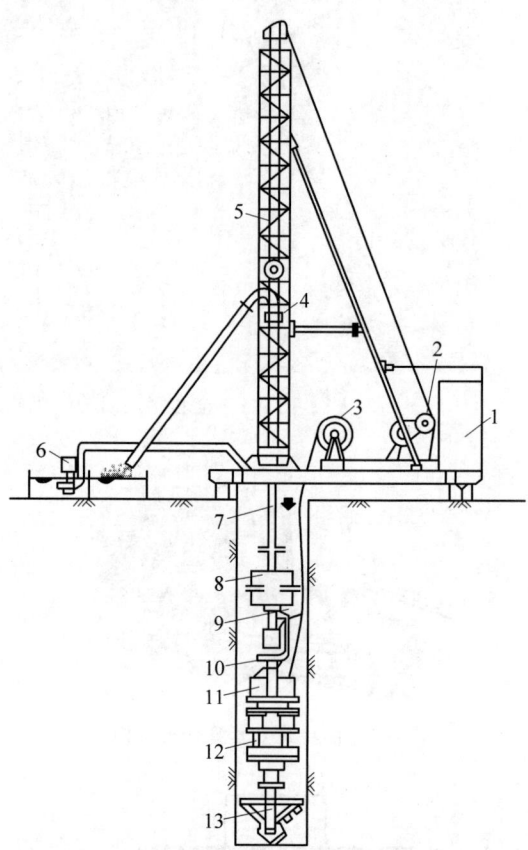

1—电控箱;2—绞车;3—电缆卷筒;4—反力平衡架;5—钻架;6—泥浆泵;7—钻杆;8—压重块;9—潜水砂石泵驱动电动机;10—潜水砂石泵;11—双速潜水电动机;12—减速器;13—钻头

图9-4 QZ150型潜水钻机结构示意图

潜水动力装置由潜水电动机通过减速器将动力传至输出轴,带动钻头切削岩土。工作时,动力装置潜入孔底直接驱动钻头回转切削,钻杆不转,只起连接、传递抗扭和输送泥浆的作用,采用泵举反循环或正循环方式将钻渣从孔内通过胶管或钻杆排出孔外。

2. 主要系统和部件的结构原理

潜水钻机的配套设备有钻架、卷扬机、配电系统、液压系统钻杆、钻头等。潜水电动机是钻机的动力部分,它为充油式潜水电动机,电动机内充有25号变压油,为防止内部变压油向外泄漏和外部的泥水进入,电动机下部配有密封装置。所有连接部位都有密封圈(或垫),电动机定子绕组引出线采用已经特殊处理的电缆接头和外部电源相连。减速器是钻机的核心部件,采用行星减速装置。钻机在泥砂浆液环境中工作,为保证密封性能可靠,采用机械密封并经特殊处理,以隔断电动机与减速器内油液外渗,防止泥砂进入机体内。目前使用的潜水钻机,钻孔直径为400～800 mm,最大钻孔深度50 m。

9.1.3 预应力张拉锚固设备

1. 整机的组成和工作原理

预应力张拉锚固设备是施加预应力值所用的设备,它通过设备工作张拉产生预应力。

预应力张拉锚固设备主要由预应力钢筋张拉机、预应力液压泵、预应力锚具和夹具组成。桥梁预应力施工中主要采用穿心式液压千斤顶、高压油泵及预应力锚具和夹具。张拉千斤顶和油泵(张拉油泵)配合使用,通过把锚固件中的钢绞线或钢筋力量增加来赋予预应力数值。

2. 主要系统和部件的结构原理

1) 穿心式液压千斤顶

穿心式液压千斤顶的构造特点是沿千斤顶轴线有一穿心孔道供穿入钢筋用,是一种通用性强、应用较广的张拉设备,如图9-5所示,用于张拉并顶锚带夹片锚具的钢丝束和钢绞线束。

穿心式液压千斤顶可以分为前卡式、后卡式、穿心拉杆式3种。前卡式千斤顶的工具锚前置,预应力筋预留长度小,可节约预应力筋材料,主要用于单孔张拉及多孔预紧、张拉和排障;拉杆式千斤顶体积小、质量轻,多用于单根预应力筋张拉;后卡式千斤顶是使用各种钢绞线锚具(群锚)对钢绞线张拉锚固的配套机具,在桥梁中应用十分广泛,如图9-6所示。

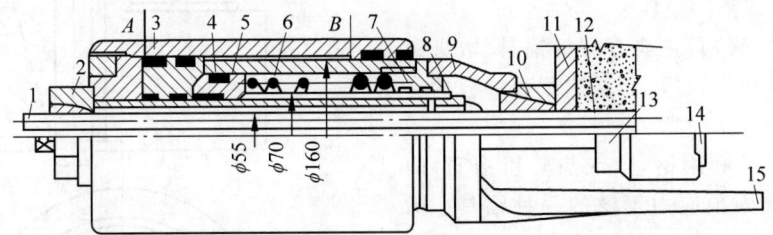

1—预应力筋;2—工具锚;3—液压缸;4—张拉活塞;5—顶压活塞;6—回程弹簧;7—连接套;8—顶压头;
9—撑套;10—工作锚;11—锚具垫板;12—拉杆;13—张拉头;14—连接头;15—撑脚。

图9-5 YDC型穿心式液压千斤顶结构

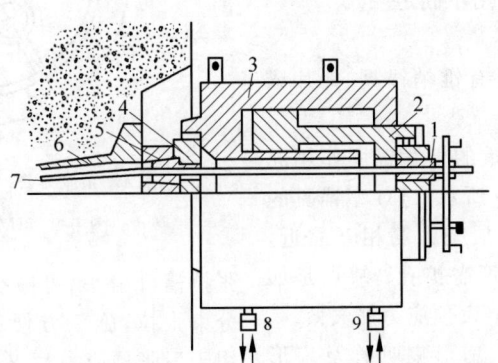

1—工具锚组件;2—活塞组件;3—液压缸组件;4—限位板;5—工作锚组件;6—垫板;7—预应力筋;8,9—油嘴。

图9-6 YCQ型(后卡式)穿心式液压千斤顶结构示意图

2）高压油泵

预应力高压油泵是预应力张拉设备的重要组成部分,是实施张拉的动力源,它与张拉千斤顶配合,构成液压系统回路,操作油泵供给千斤顶高压油,并控制千斤顶动作,实现张拉预应力筋的目的。它一般具有超高压、小流量、泵阀油箱配套和可移动等特点。其结构如图9-7所示。

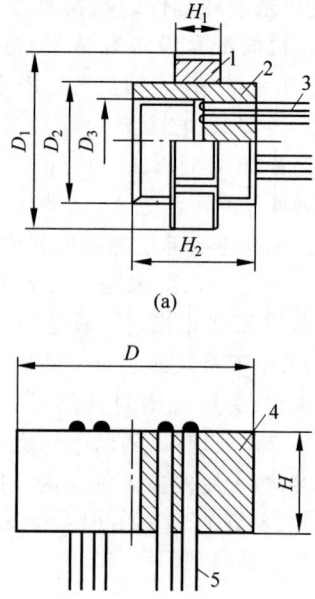

(a)

(b)

1—螺母；2—锚杯；3,5—钢丝；4—锚板

图 9-8 DM 型镦头锚具结构图
(a) DMA 型；(b) DMB 型

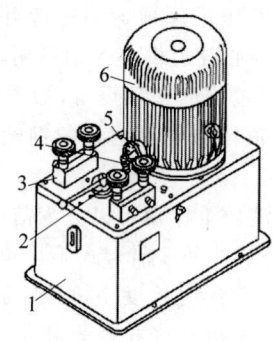

1—油箱；2—换向阀；3—节流阀；4—控制阀；
5—压力表；6—电动机。

图 9-7 高压油泵结构示意图

3）预应力锚具和夹具

（1）支承式锚（夹）具

支承式锚（夹）具主要有螺杆锚具、镦头锚具。这种锚具在张拉后,依靠螺纹和垫板的支承作用进行锚固。

镦头锚具是利用钢丝（或热轧粗钢筋）两端的镦粗来锚固预应力钢丝的一种锚具。镦头锚具加工简单、张拉方便、锚固可靠、成本低,还可以节约两端伸出的预应力钢丝。常见的 DM 型镦头锚具如图9-8所示（DMA 型用于张拉端或固定端,DMB 型用于固定端）。

（2）楔紧式锚（夹）具

楔紧式锚（夹）具主要有锥销锚具、夹片锚具等。

JM 型锚具是利用双重的楔紧锚固作用原理制造的,其结构如图9-9所示。JM 型锚具的夹具和锚具相同,优点是预应力筋相互靠近,结构尺寸小,混凝土构件不需扩孔;缺点是如果一个楔块损坏,会导致整束预应力筋失效。

扁锚由扁锚头、垫板、扁形喇叭管及扁形管道组成,其结构如图9-10所示。它的优点是

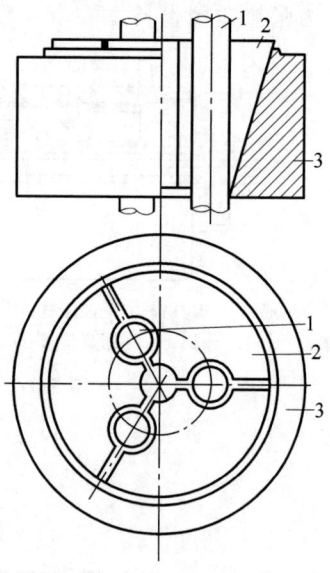

1—预应力筋；2—夹片；3—锚具。

图 9-9 JM 型锚具结构图

张拉槽口扁小,可减少混凝土板厚,可以单根分束张拉,施工方便。因此,这种锚具特别适用于后张预应力简支梁、空心板等薄壁结构以及桥面横向结构。

与楔片组成,在每个锥形孔内装一副(2片或3片)楔片,夹持一根钢绞线。其优点是每束钢绞线的根数不受限制,任何一根钢绞线锚固失效都不会引起整束锚固失效。这种锚固广泛用于斜拉索及体外预应力构件,在动载和低频疲劳载荷条件下都可使用,无须考虑有无黏结、有无地震作用。这类锚具有 XM、QM、YM、OVM 等品牌型号如图 9-11 所示为 OVM 型锚具的结构。

（3）握裹式锚具

握裹式锚具是将预应力筋直接埋入或加工后(如钢绞线压花、钢筋墩头)埋入混凝土中,或将预应力端头用挤压的办法固定一个钢套筒,利用混凝土和钢套筒的握裹锚具。其结构如图 9-12 所示。

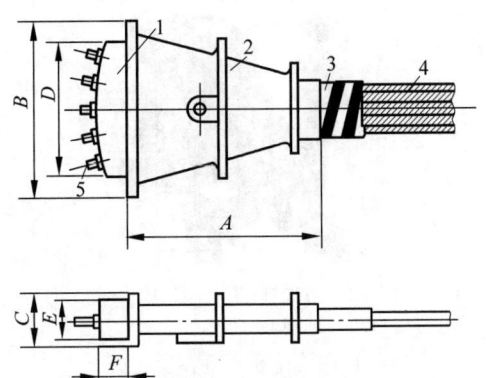

1—锚板；2—扁形垫板和喇叭管；3—扁形波纹管；4—钢绞线；5—楔片。

图 9-10　扁锚结构示意图

楔片式锚具一般也称为群锚,由多孔锚板

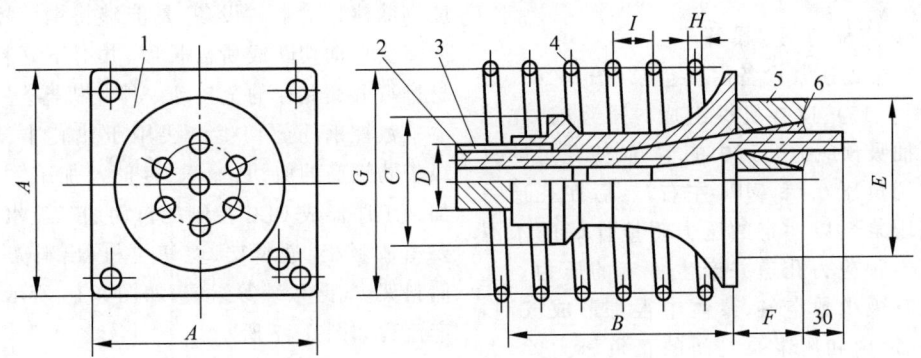

1—锚垫板；2—钢绞线；3—金属管道；4—螺旋筋；5—锚板；6—夹片。

图 9-11　OVM 型锚具结构示意图

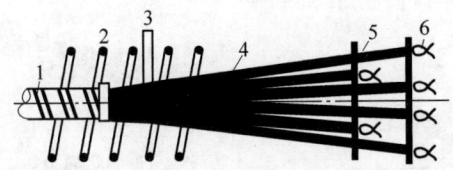

1—波纹管；2—螺旋筋；3—注浆管；4—钢绞线；5—构造筋；6—压花锚具。

图 9-12　握裹式锚具(钢绞线压花)结构示意图

9.1.4　预应力压浆设备

1. 整机的组成和工作原理

预应力压浆设备分为智能压浆一体机、真空辅助压浆设备。它采用真空泵抽吸预应力孔道中的空气,使孔道内和压浆泵之间形成正负压力差,通过压浆泵压入搅拌好的浆料。

2. 主要系统和部件的结构原理

1) 智能压浆一体机

智能压浆一体机主要由送料系统、搅拌系统、压浆系统、走行系统、电气控制系统等组成,如图 9-13 所示。它将自动上水上料、精准称重、定时搅拌、压浆、抽真空等功能集成一体,能够一键化操作,自动完成压浆的整个施工过程,并对施工过程进行实时显示和记录,自动生成并存储相关报表,且具有联网功能,能将相关数据和报表等上传至指定的服务器。

1—高速搅拌机构;2—送料机构——螺旋输送机;3—送料机构——送料斗;4—电气控制系统;5—低速搅拌机构;6—车架走行机构;7—压浆机构。

图 9-13　智能压浆一体机组成结构示意图

2) 真空辅助压浆设备

真空辅助压浆设备由真空泵(图 9-14)、压浆泵(图 9-15)、搅拌机械组成。压浆前,先用真空泵抽吸预应力孔道中的空气,使孔道的真空度达到负压 0.08 MPa 左右,然后在孔道另一端用压浆泵以一定的压力将搅拌好的水泥浆体压入预应力孔道并产生一定的压力。孔道内只有极少数空气,浆体中很难形成气泡,同时,孔道内和压浆泵之间的正负压力差,大大提高了孔道内浆体的饱满度和密实度。而且在水泥浆中,为降低水灰比,添加了专用的外加剂,从而减少了浆体的离析、析水和干硬收缩,同时提高了浆体的强度。

1—油分离器;2—排气过滤器;3—回油阀部件;4—油过滤器;5—真空泵油;6—减振垫块;7—管路;8—转子;9—旋片;10—泵体;11—逆止阀组件;12—吸气过滤网;13—吸气口。

图 9-14　真空泵结构示意图

1—压力表;2—清洗口;3—注浆口;4—进料口;5—耐用轮;6—纯铜电动机。

图 9-15　压浆泵结构示意图

9.1.5　数控钢筋剪切生产线

1. 整机的组成和工作原理

数控钢筋剪切生产线是针对大直径、高强度钢筋棒材的下料设备,是能够将钢筋棒材按照需要自动切断成所需长度,并对下好料的棒材进行分类储存的全自动一体化机器。

数控钢筋剪切生产线用于热轧Ⅰ、Ⅱ、Ⅲ级带肋钢筋的剪切、输送、存储及加工,并将各加工工序形成 PLC 控制的自动加工流水线,主要由放料架、送料架、剪切主机、出料架、移动储料架、气路系统等组成,如图 9-16 所示,其生产流程如图 9-17 所示。

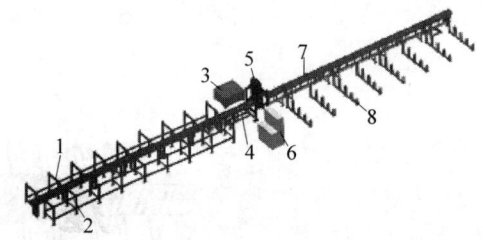

1—剪前输送轨道;2—备料架;3—液压站;4—剪前摆动轨道;5—液压剪;6—控制台;7—剪后输送卸料轨道;8—储料槽。

图 9-16　数控钢筋剪切生产线结构图

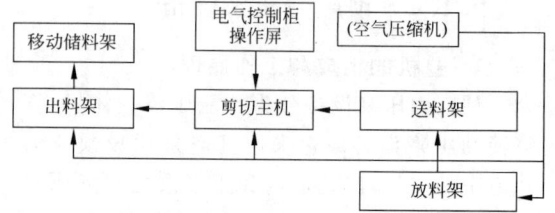

图 9-17　数控钢筋剪切生产线流程图

2．主要系统和部件的结构原理

1）放料架

放料架由钢结构支架、气缸、链条、挂钩等组成，长度为 11 390 mm，工作宽度为 1620 mm，距地面距离为 1230 mm，由 8 条链条组成滑道，如图 9-18 所示。

整捆的钢筋放置于放料架上，破捆后将适当数量（剪切能力允许）的钢筋摆放在滑道上，再使滑道正向转动，把钢筋送到挂钩处，由电控开关控制气缸收缩状态，随着挂钩的下移钢筋落入送料架。

图 9-18　放料架

2）送料架

送料架由钢结构支架、辊轮、链条、电动机等组成，长度为 11 800 mm，工作宽度为 760 mm，工作高度为 905 mm，辊轮间隙为 0.3～1 m，如图 9-19 所示。

图 9-19　送料架

为保证轨道上的钢筋处于剪切机刀片的工作范围内，送料架比剪切主机的进料口高出 5 mm，由旋转辊轮带动钢筋送入剪切主机。

3）剪切主机

剪切主机由钢结构箱体、电动机、动力传动机构等组成，如图 9-20 所示。其前后各有一个压紧装置保证钢筋剪切时的稳固。

4）出料架

出料架由钢结构支架、钢筋定尺翻料挡板、钢筋传送辊轮和移动机构组成，如图 9-21 所示。

钢筋定尺翻料挡板及钢筋传送辊轮安装

图 9-20　剪切主机

1—钢筋传送辊轮；2—移动机构；
3—钢筋定尺翻料挡板。

图 9-21　出料架

在钢结构支架上，移动机构可以带动钢结构支架移动，从而得到剪切钢筋的精确尺寸。

5）移动储料架

钢筋剪切生产的两边对称摆放着 10 个移动储料架，有效长度为 11.75 m，具有三级收集仓，不同规格的成品钢筋可以存放在不同的收集仓或位置，如图 9-22 所示。

图 9-22　移动储料架

6）气路系统

气路系统分放料、剪切主机压料、出料架上下伸缩、挡板定位、挡板翻料等动作，采用压缩空气为动力源，各部分的工作压力可以单独控制，按各部需要压力大小调整压力阀，顺时针旋转为增压，逆时针旋转为减压。气路系统主要由以下 5 部分组成：

(1) 气泵——整个气路系统的气源。要求气泵的额定排气压力为 1.6 MPa，出气量大于 0.8 m³/min。

(2) 储气罐——总储气罐担负全机所有气动件的气压供给工作，并装有压力传感器，以监控系统气压是否正常。储气罐的气源由空气压缩机（气泵）供给。

(3) 气缸——气压传动系统的直接执行机构。

(4) 气压阀（带过滤）——控制气压，过滤灰尘和水分。

(5) 电磁阀和手动阀——控制气缸动作方向。

9.1.6 数控钢筋弯曲中心

1. 整机的组成和工作原理

数控钢筋弯曲中心为混凝土结构内主骨架钢筋的弯曲加工而设计。其特点是中间有一个钢筋加紧机构，有两个机头在特定的轨道上可以自由移动弯曲，具备在一个工作单元内同时进行双向弯曲的加工能力。

数控钢筋弯曲中心主要由弯曲主机、压紧机构、储料架、电器控制等部分组成，如图9-23所示。其主要执行部件是左、右弯曲平台和钢筋夹持器。其中左、右弯曲平台的移动通过伺服电动机实现。左、右弯曲平台在导轨上移动，导轨中间夹持器两侧分别是它们的零点位置，导轨两端是它们的极限行程位置。钢筋夹持器通过气动系统控制。

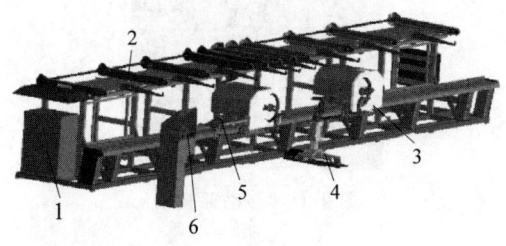

1—控制柜；2—料架；3—弯曲主机；4—压紧机构；5—对齐机构；6—操作屏。

图 9-23 数控钢筋弯曲中心

2. 主要系统和部件的结构原理

1) 操作屏

操作人员可通过操作屏的人机界面（human machine interface，HMI）对所加工钢筋图形进行编辑，包括各边长和弯曲角度的设定，操作方便、直观，如图9-24所示。操作屏可以动态显示设备工作状态、故障信息和各动作部位的运行参数。

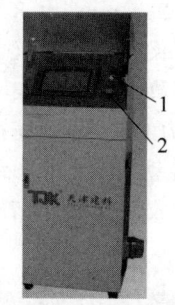

1—电源指示灯；2—急停开关。

图 9-24 操作屏

2) 弯曲主机

弯曲主机安装在一个非常结实的导轨上，采用齿轮齿条传动，尺寸准确，如图9-25所示。两套弯曲主机可在一个工作单元内同时快速左右移动，同时进行双向弯曲钢筋，显著地缩短了钢筋弯曲成形的时间。

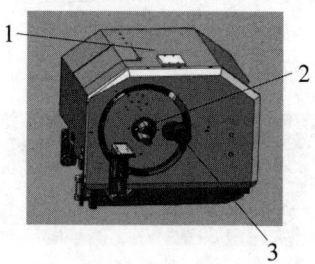

1—弯曲机壳；2—中心轴；3—弯曲轴。

图 9-25 弯曲主机

3) 储料架

储料架的作用是接收来自直条钢筋自动上料机构的钢筋，由链轨通过减速电动机作为驱动力的机构将钢筋缓慢送到弯曲机处，如图9-26所示。

图 9-26 储料架

4）压紧机构

压紧机构的作用是在钢筋弯曲成形时,采用气动方式驱动夹具,预先将钢筋夹紧,如图 9-27 所示。弯曲小中段规格的钢筋时,需将压紧装置旋转,使得夹紧装置处开口朝里,并将主机处的挡板拆除,这样便于加工小中段规格的钢筋。注意:制作小中段规格的钢筋时,要拆除挡板座及耐磨板,以防止设备压紧位置处夹手。

图 9-27 压紧机构

9.1.7 全自动数控钢筋弯箍机

1. 整机的组成和工作原理

全自动数控钢筋弯箍机通过全智能高集成控制实现了钢筋送料、去氧化皮、校直延伸、弯曲成形、切断多种工艺单机一体化,能直接制作多种尺寸多种规格的箍筋。采用计算机数控(computer numerical control,CNC)伺服控制系统,由水平和垂直的可自动调节的两套矫直轮组成,结合 4 个牵引轮,由伺服电动机驱动,确保钢筋的矫直达到精度要求。能自动完成钢筋的矫直、定尺、弯曲成形和切断等工序,加工能力非常全面,可以双向弯曲以及自由控制芯轴伸缩、上下,可以加工更多、更复杂的形状。

全自动数控钢筋弯箍机由矫直机构、牵引机构、导正机构、弯曲机构、切断机构及电控系统组成。

工作原理:通电之后,驱动电动机转动,上排导轮转动钢筋运动,下排导轮受弹簧的压力将钢筋压住。当钢筋进给到指定位置的时候,弯曲电动机正转将钢筋折弯,电动机反转工作台复位,电动钢筋剪断器剪断,完成一次弯曲任务。

2. 主要系统和部件的结构原理

1）校直机构

校直机构由引导套、定径器、校直滚轮等组成,能使钢筋一次完成除锈除氧化皮、校直等工序。其主要通过调整校直滚轮使曲线棍达到一定的偏心量,线材在高速旋转的调直筒中完成校直工作。

2）牵引机构

牵引机构由电动机、减速机、两套输送装置组成。由电动机提供动力,通过减速机机构由牵引轮拽住线材向前运动,完成线材的进出工作。

3）导正机构

导正机构由 9 个导正轮组成。

4）弯曲机构

弯曲机构由电动机、减速机、弯曲装置组成。通过液压缸推动转动偏心圆盘进行弯曲达到角度弯曲要求,复位后等待下一个工作循环。

5）切断机构

切断机构由气泵、气缸、电磁阀、切断装置组成。切断动作由 PLC 发出指令完成。

6）电控系统

电控系统由 PLC 控制器、人机对话触摸屏、伺服电动机、伺服驱动器、光电传感器及低压电器等组成。

9.1.8 数控钢筋网焊接生产线

1. 整机的组成和工作原理

数控钢筋网焊接生产线可对热轧带肋钢筋、冷轧带肋钢筋、光圆冷拔钢筋进行高质量交叉焊接,产量大、精度高、改型方便、操作故障率低、节能性强、消耗低、质量高。

数控钢筋网焊接生产线根据焊网尺寸可分为 1.2 m 网宽、1.5 m 网宽、2.4 m 网宽、2.8 m 网宽、3.3 m 网宽等类别。

数控钢筋网焊接生产线由纵筋放线架部分、纵筋预矫直部分、纵筋牵引储料部分、终端矫直机构、网片步进系统、落料机构、焊接主机部分、横筋矫直牵引部分、网片剪切部分和承料架组成,如图 9-28 所示。

其采用气动方式和伺服电动机驱动,PLC 可编程计算机控制,通过触摸式控制屏可以观看设备工作状态,调节设备参数和焊接参数,实现钢筋网加工。

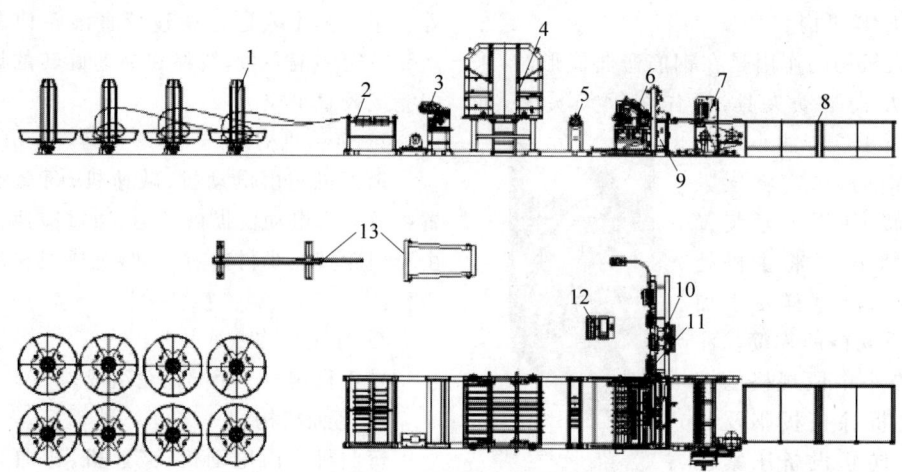

1—放线盘；2—矫直机构；3—牵引机构；4—储料架；5—终端矫直；6—落料机构；7—剪床机构；8—接网架；9—主机机构；10—横筋调直与送进机构；11—横筋剪切机构；12—操作台；13—横筋大炮放线架。

图 9-28　数控钢筋网焊接生产线组成示意图

2．主要系统和部件的结构原理

1) 纵筋放线架部分

纵筋放线架（简称放线架）是整台设备的始端，用来存放纵向的盘条钢筋。放线架由中心架、承料架、抱闸机构、旋转结构和底座构成，如图 9-29 所示。中心架和承料架固定在一起承载盘条钢筋，所承载的盘条钢筋里孔直径必须大于 410 mm，外圆直径必须小于 1400 mm，总质量必须小于 2.5 t，且钢筋必须经过正规收线机盘成规则的圆形，避免钢筋放线过程中出现的乱丝、卡丝现象。把盘条钢筋放置到放线架上，钢筋出线位置越靠近机器的中心位置越利于放线。

底座位于整个放料盘的底部，起支承整盘钢筋原料的作用，如图 9-30 所示，底座上安装有旋转结构，承料架安装在旋转结构的上部，放线过程中，在钢筋的带动下，旋转结构会随行旋转，减小钢筋送进过程中的阻力；抱闸机构位于底座上，旋转结构中轴承套的外侧，抱闸机构的两个抱闸块抱住旋转的轴承套，防止送进停止时旋转结构由于惯性旋转造成放线架上钢筋的混乱，以保证正常生产能顺利进行。

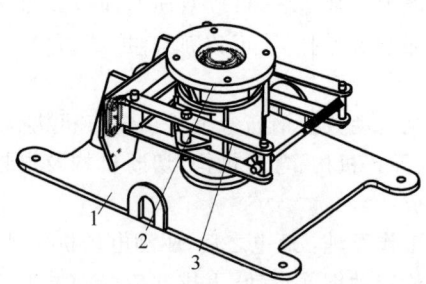

1—放线架底座；2—旋转结构；3—抱闸机构。

图 9-30　放线架底座部分示意图

2) 纵筋预矫直部分

盘条丝经过进线部分定位后就进入矫直机构。矫直机构采用五辊式矫直方式，从 90° 垂直两个方向进行矫直。纵筋预矫直整体结构如图 9-31 所示。

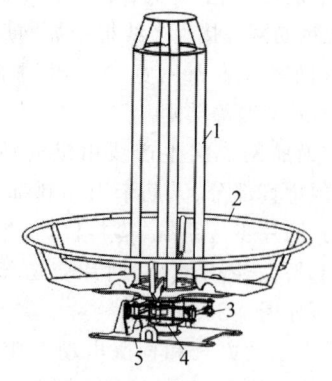

1—中心架；2—承料架；3—抱闸机构；4—旋转结构；5—底座。

图 9-29　放线架结构示意图

的固定板上,可调整其左右位置,使传动件张紧,以达到步进尺寸的精度和最佳使用效果。

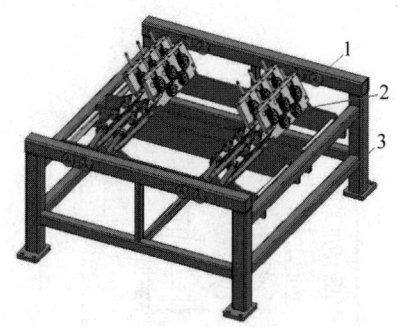

1—送进嘴;2—预矫直部分;3—纵筋预矫直机架。

图 9-31　纵筋预矫直整体结构

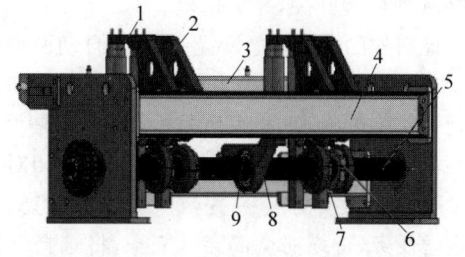

1—步进气缸;2—送进气缸架;3—牵引气管;4—牵引后支承梁;5—牵引主轴;6—盘条送进下轮座;7—盘条送进下轮;8—盘条送进轴支承;9—轴承。

图 9-33　纵筋牵引部分

3) 纵筋牵引储料部分

牵引储料机构是为了保证设备运行的稳定性和对步进装置的送进缓冲而设置的,该机构可将经过矫直后的钢筋通过牵引和储料装置引导为环形进行临时储存和缓冲。其主要包括牵引和储料两部分,如图 9-32 所示。

为了使网片网格尺寸更加精确、误差减小及减轻送丝机构的负荷,增加了储料架这一机构。它由储料框架、上下检测开关、限位辊、过线辊等组成,如图 9-34 所示。

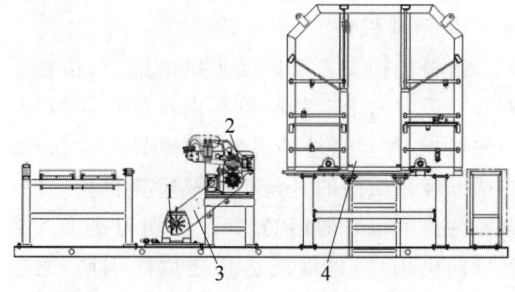

1—电动机;2—牵引机构;3—链条;4—储料架框架。

图 9-32　纵筋牵引储料整体结构示意图

牵引部分主要由牵引主轴与减速电动机相连,在牵引主轴上安装了送进下轮,送进下轮上设有齿牙,牵引轮的上部安装了带气缸的压紧机构,该机构的主要组成为气缸、摆杆、上轮和连接架,如图 9-33 所示。因为执行元件增力气缸的作用,上轮端面与送进下轮面紧密贴合,将钢筋牢固地夹住,从而保证钢筋的顺利输送。因为送进下轮上设有齿牙,可避免钢筋打滑现象,从而提高了网片的尺寸精度,使纵筋更快速地送进。下轮为套状机构,当网格变化时无须调整;下轮如果有单点磨损的情况,松开送进下轮座即可实现左右滑动,避开磨损位置,从而达到提高使用寿命的效果。牵引减速电动机安装于机架一侧,固定在可左右滑动

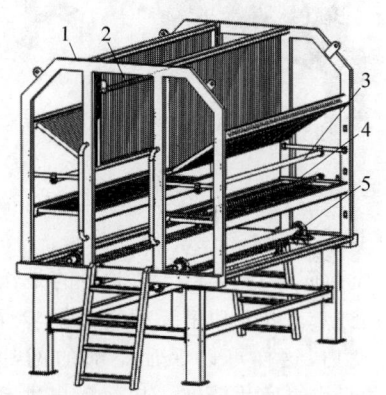

1—储料框架;2—上检测开关;3—限位辊;
4—下检测开关;5—过线辊。

图 9-34　储料架组成示意图

纵筋经过矫直、牵引之后,通过与牵引机构穿丝嘴相对的过丝管、定位管、托架,使纵筋成圆形存储在储料架内。每根纵筋都有独立的控制开关,单独控制储料架内的纵筋长度。它的工作原理是:与牵引主轴相连的电动机在工作过程中是一直转动的,当牵引机构将纵筋送到储料架之后,纵筋呈圆形或椭圆形扩大碰到最上面的接触开关,控制箱就会给相对应的牵引机构上的压紧机构一个信号,完成抬起状态;如果某根纵筋接触不到上面的接触开关,

与之相对应的牵引机构上的气缸则呈压下状态,这样上下轮将钢筋压住一起运转,直到纵筋接触到接触开关,完成送丝。

储料架的电器柜上设置了手动、自动两种模式。在实际生产中,如果将人工穿丝开关旋钮调整到手动状态,则24根纵丝的开关按钮都是手动状态,选定要穿丝的位置号码,旋转开关,相对应的牵引电磁阀接受指令,完成气缸压下状态,完成送丝任务,待纵筋全部穿丝完毕,将选择开关旋转至自动状态,设备即可自行运转。

4) 终端矫直机构

终端矫直机构是将经过储存器的纵筋再次进行单独矫直的机构。其单根纵筋独立调整,降低钢筋弯曲度,从而保证焊接网片的平整。终端矫直机构如图9-35所示。

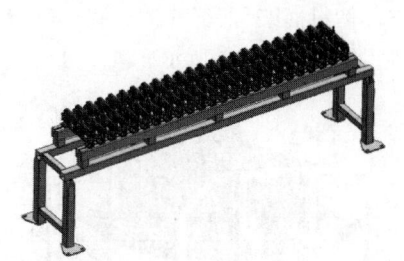

图9-35　终端矫直机构

5) 网片步进系统

数控钢筋网焊接生产线采用的是滚压送进式步进方式,以大功率三相交流异步伺服电动机为动力,这样可以保证足够的网片牵引力,提高网片的尺寸精度。其网片步进系统主要由步进架、伺服减速电动机、步进主轴、压紧机构、入出线导向管、经丝抬起轴、步进下轮支架、气动控制元件等组成,如图9-36所示。

该系统的步进主轴与伺服减速电动机相连,在步进主轴上安装了步进轮,步进轮上设有齿牙,步进轮的上部安装了带气缸的压紧机构,该机构的主要组成为增力气缸、上轮和连接架。因为执行元件气缸的作用,上轮端面与步进轮面紧密贴合,将钢筋牢固地夹住,从而保证钢筋的顺利输送。因为步进轮上设有齿牙,可避免钢筋打滑现象,从而提高网片的尺寸精度。当网格需要调整时,应松开步进压块的螺丝,移动步进架到需要的尺寸,然后再锁

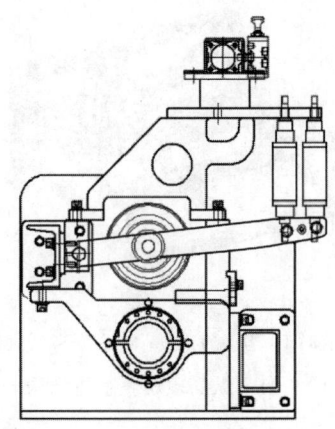

图9-36　网片步进系统结构示意图

紧螺丝。

入出线导向管有很好的耐磨性及较好的外观,通过螺栓与步进箱体架连接。步进架上固定安装了成对使用的滑座,协助气缸动作执行。

6) 落料机构

落料机构安装于焊接主机的前方,横置于网片前进方向上。落料机构由横筋剪切机构、导向机构、抓丝送丝机构组成,如图9-37所示。当横筋经过横筋的送丝机构及矫直机构之后,调整为直度很好的钢筋,穿过剪切刀座进入横丝导向机构,经过横筋剪切之后的钢筋,通过抓丝送丝机构准确地将横筋送至电极焊接处,达到落料效果。

图9-37　落料机构

落料机构主要有以下特点:

(1) 可将横筋钢筋准确地输送到焊接电极的位置。

(2) 横筋的剪切动力采用机械结构,其中抓丝送丝的动作均采用气缸控制,各个动作气

缸都安装有检测开关,保证其动作能迅速准确到位。气缸均采用国际知名品牌气缸,保证了设备的稳定性。

(3) 导向块和抓丝块均采用高耐磨高强度材料经热处理工艺而成,极大地提高了使用寿命。

(4) 送丝的动作采用直线导轨导向,能保证动作的稳定性及动作的轻盈性。抓丝机构采用铝合金轻型材料制作,减少了动作的惯性,使动作更平稳。

7) 焊接主机部分

焊接主机部分主要包括纵横钢筋交叉焊接电路、焊接气缸、焊接变压器、储气管、各种电磁阀、水管、磁力定位仪等,其结构如图9-38所示。

管道,管道内通过的水均有压力,在进水管道的上部安装了检测开关和水压表,水压表直观地显示了当前系统的水压,在控制系统中存入了检测值范围,水压不在其范围内时系统将报警。设备内通软水,以避免设备在高温状态下使用后出现结垢现象。设备本身冷却水通过处均为不锈钢或橡胶管道,这样冷却水不生锈,所以建议用户外部连接管道及水池用不锈钢材质制作。设备长时间不用时应将冷却水排净,以避免系统锈蚀、结冰,造成设备损坏。当环境温度低于或接近于0℃时,设备的冷却水系统应添加冷却液,以防止结冰。电极座、变压器、可控硅等若结冰,只能自然融化,这样,观察不漏时还能使用一段时间;若对其进行烘烤,由于热胀冷缩的作用,它们则可能直接报废。

主机机架空间比较宽敞,而且压缩空气清洁,来源容易,启动装置维修和保养也比较方便,所以本机采用气动加压方式。为了缩小气缸直径,同时保证有较大的电极压力,采用增力气缸。为了调节气压,在主气路设有调压过滤阀,可以观察、调整当前的工作气压,在主机机架的气路管道有一个调压阀,用以调整压缩空气的压力,从而保证了焊接气缸的出力大小,满足不同钢筋直径不同压力的需要。

8) 横筋矫直牵引部分

横筋矫直牵引部分主要包括矫直和牵引两部分。

矫直部分如图9-39所示,水平矫直和竖直矫直均采用相同的矫直模式,每个矫直单元均由7个矫直轮组成,各矫直轮都采用耐磨材质制作,以保证它的使用寿命。其中,下侧的3组矫直轮固定在矫直固定板上,上侧的4组矫直轮安装到矫直活动板上,转动把手可以使矫直活动板上下移动。根据所要矫直的钢筋直径调节好各螺丝的位置,并用螺母锁紧。当需要更换钢筋直径时,只需松开连接于矫直活动板一端的螺钉,调节到适合的钢筋直径时,锁紧螺母即可。这样的调节方式减少了调节时间,提高了生产效率。穿丝时转动把手使矫直活动板松开,穿完钢筋后将把手转回原位即可。

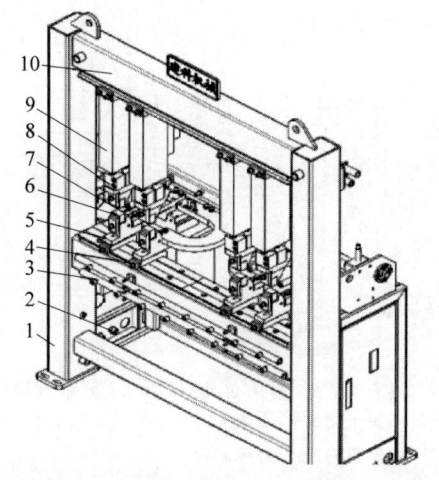

1—主机机架;2—主机进出水;3—水路;4—下电极座压块;5—下电极座;6—电极头;7—电极头压块;8—上电极座;9—焊接气缸;10—主机气罐。

图9-38 主机示意图

焊接主机机架的立柱用方管制作,当作储气管道用。注意:检修更换电极座时,拆水管管路必须防止冷却水的泄漏喷溅。若冷却水泄漏至变压器处,设备应断电并且清净变压器附近的水滴,待完全干燥后设备才能通电进行焊接工作。两套下电极座分别与变压器的正负极用导线相连,两套上电极座用上电极软导线相连,这样构成焊接回路。

焊接过程中上下电极会变热,为保证焊接质量,设备在上下电极座等处均有强制水冷却

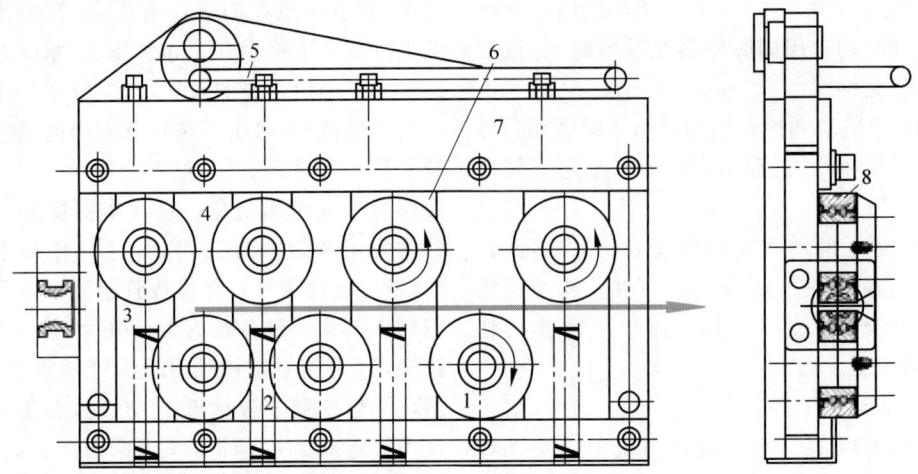

1—矫直轮轴；2—主圆柱螺旋压缩弹簧；3—活动板；4—固定板；5—把手；6—活动板；
7—矫直板压板；8—矫直轴承。

图 9-39　横筋矫直部分结构示意图

牵引机构有以下 6 个特点：

(1) 具有钢筋送进功能并控制钢筋的送进量，达到定尺效果。

(2) 牵引气缸通过压杆压下上牵引轮压紧钢筋；牵引气缸采用国际知名品牌气缸，保证了设备的稳定性。

(3) 同步带采用国外优质同步带，经久耐用。

(4) 牵引轮采用高耐磨、高强度材料经热处理工艺而成，极大提高了使用寿命。

(5) 通过张紧机构可调节同步带的松紧程度。

(6) 工作时，牵引气缸通过压杆压下上牵引轮，使之压紧钢筋，伺服电动机通过同步带轮减速驱动牵引轮转动，以达到牵引钢筋的目的。

9) 网片剪切部分

剪切机构由机架、主轴、上下刀架、左右偏心套、左右连杆、带轮、离合器、移动机构等组成，如图 9-40 所示。

下刀架固定于机架上，上刀架通过连杆和偏心套与主轴连接，通过离合器的吸合使主轴驱动偏心套转动，从而使上刀架上下运动完成剪切过程。由于偏心套的偏心距为 45 mm，因此上刀架上下运动的最大行程为 90 mm。上

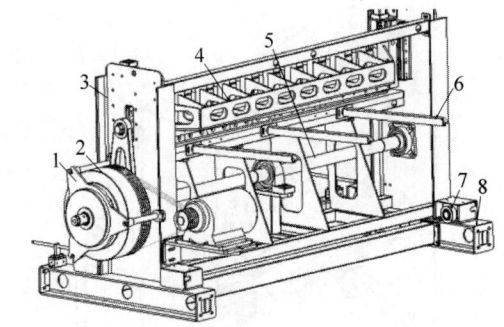

1—离合器；2—剪床传动带轮；3—剪床机架；
4—剪床上刀座；5—剪床主轴；6—剪床出网架；
7—脚轮机构；8—剪床底板。

图 9-40　剪床机构示意图

刀片固定于上刀架上，刀刃与水平方向成 0.8°，使剪切过程科学、省力。

剪切机构由左右各 4 个滚轮滑动放置在底座上，移动机构可以使剪切机构平移，从而使刀刃错开网片的纵筋进行剪切，最大移动距离 400 mm。无论剪切机构向前或向后移动，均必须保证切刀不切横丝，否则，剪床的上下刀、离合器等均会出现问题，甚至损坏。

10) 承料架

承料架是钢筋网成形机的附属设备，如图 9-41 所示。

图 9-41 承料架

9.2 桥墩(桥塔、索塔)施工机械

9.2.1 施工升降机

1. 整机的组成和工作原理

施工升降机主要指建筑施工用升降机,是一种用吊笼或平台、料斗等载人、载物并沿导轨作上下运输的施工机械。

施工升降机由基础(升降机基础)、地面防护围栏(底笼)、导轨架和附墙架、吊笼、吊杆、传动机构、电缆导向装置、电缆滑车、对重系统等部分组成,如图9-42所示。

齿轮齿条式升降机是依靠布置在吊笼上的传动装置中的齿轮与安装在导轨架上的齿条啮合,使吊笼沿导轨架作上下运动,来完成人员和物料运输的施工升降机。导轨架多为单根,由标准节拼接组成。导轨架的加节可由安装在吊笼上的吊杆完成,也可由安装在升降机附近的塔机协助完成。导轨架由附墙架与建筑物相连,刚性较好。吊笼上面有传动机构与吊笼连接以驱动吊笼。防坠落安全器上的齿轮与齿条啮合,其作用是当传动机构失速使吊笼下坠,当吊笼下降速度达到防坠落安全器标定速度时,防坠落安全器动作,小齿轮渐进式地停止,最终使吊笼停在空中。吊笼与传动机构连接处装有超载传感器,防止超载。导轨架上端与最下部分分别安装减速限位碰铁和限位开关碰铁,保证吊笼运行不会"冒顶"或"冲底"。

2. 主要系统和部件的结构原理

1) 基础

混凝土基础由预埋底架、地脚螺栓和钢

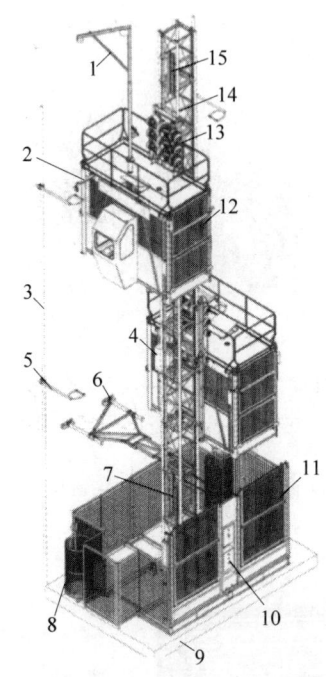

1—吊杆;2—电缆臂架;3—脚手架;4—电控箱;5—电缆护线架;6—附墙架;7—限位碰铁;8—电缆卷筒;9—升降机基础;10—电源箱;11—底架护栏;12—吊笼;13—驱动系统;14—导轨架;15—限位碰铁。

图 9-42 施工升降机结构示意图

筋混凝土组成,承受其上面的升降机的全部重量和负载重量,并对导轨架起定位和固定作用。

基础的尺寸依据升降机单、双吊笼确定。单吊笼升降机多为 4000 mm×4000 mm,双吊笼升降机多为 4000 mm×6000 mm;厚度在 300 mm 左右,若为高速升降机,基础厚度则在 400 mm 左右。

2) 底笼

底笼如图9-43所示,主要由底架和防护围栏组成。

底架如图9-44所示,由方管和型钢拼焊而成,四周与地面防护围栏相连接,中央为导轨架底座。它承受施工升降机上的全部载荷。底架通过地脚螺栓与基础预埋件紧固在一起。

防护围栏由折弯板、钢丝网或冲孔板组合而成,将施工升降机吊笼和导轨架包围起来,形成一个封闭区域。在防护围栏入口处设有护栏门,底笼门上装有机电连锁装置。

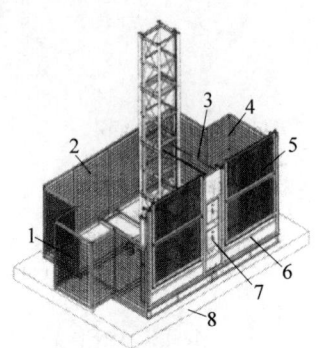

1—侧护栏；2—后护栏；3—门支承；4—侧护栏；5—外护栏门；6—门槛架；7—电源箱；8—升降机基础。

图 9-43　底笼结构示意图

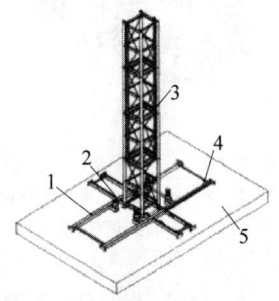

1—主底架；2—缓冲弹簧架置；3—导轨架；4—副底架；5—升降机基础。

图 9-44　底架结构示意图

3) 导轨架和附墙架

（1）导轨架

导轨架是施工升降机的运行通道，由多节标准节通过高强度螺栓连接而成，作为吊笼上下运行的导轨。标准节由无缝钢管或焊管、角钢、冷弯型钢焊接而成，每根齿条通过 3 个内六角螺钉紧固，标准节主弦管的壁厚配置也不相同，标准节长度为 1508 mm。

（2）附墙架

附墙架的一端与标准节的框架角钢用 V 形螺栓相连，另一端与嵌入建筑物内的预埋件用螺栓连接，最终起到固定导轨架的作用。

4) 吊笼

吊笼为一种钢结构框架，如图 9-45 所示。吊笼侧面装配冲孔铝板或钢丝网，两侧有单、双开门，顶部设有天窗，通过随机带有的梯子可方便地攀爬到吊笼顶部进行安装和维修。

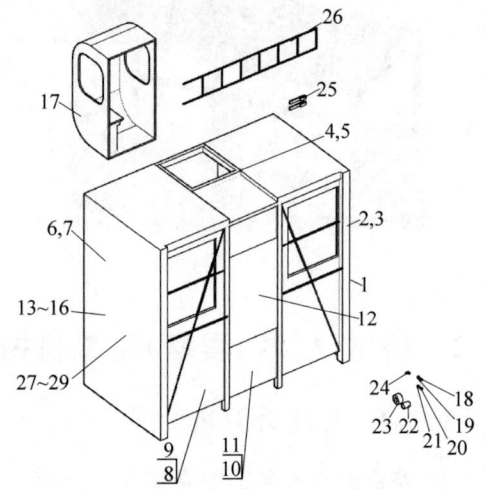

1—吊笼结构；2,4,6,8—冲孔铝板；3,5,7,9,11—防护板；10—维修门；12—铝板；13—竹胶板；14,15,16—花纹板；17—驾驶室；18,20—螺栓；19—弹垫；21,28—垫圈；22—正滚轮支座；23—滚轮总成；24,29—螺母；25—梯子支架；26—爬梯；27—螺钉。

图 9-45　吊笼结构示意图

吊笼骨架采用型材制作，四壁采用冲孔铝板或钢丝网围成，吊笼顶板和底板均采用花纹钢板，表面防滑，底板下面铺设一层竹胶板，既可以保证承重强度，也可以减轻吊笼重量。

吊笼内部安全器板上装有防坠落安全器，上、下减速限位器及上、下限位器。吊笼立柱上装有 14 个导向滚轮，滚轮经调节后，可以啮合在标准节主弦杆上，在传动机构的驱动下，载着人、货沿导轨架运行，最终实现吊笼上下运行。

5) 吊杆

吊杆是实现施工升降机自动加节或减节的部件，如图 9-46 所示。当施工升降机的基本单元安装完毕后，即可用吊杆进行标准节的安装。反之，当导轨架进行拆卸作业时，吊杆可以将标准节自上而下拆除。

6) 电缆导向装置

电缆导向装置如图 9-47 所示，包括电缆卷筒、电缆护线架和电缆臂架等。该装置是用来收、放电缆的部件。因受风力及电缆自重影响较大，电缆导向装置通常只用于安装高度不超过 100 m 且风力较小的场合。

第9章 主要机械结构和工作原理

当吊笼向下运行时,主电缆缓缓收入电缆筒内,防止电缆四处散落。

7) 电缆滑车

当施工升降机安装高度较高时(一般大于120 m),受供电电压、电缆自重及风力的影响较大,可选用电缆滑车,如图 9-48 所示。电缆滑车主电缆一端固定在吊笼上,另一端通过固定在导轨架中间部位的电缆挑线架与地面的电源箱相连。电缆滑车安装在吊笼下部,结构简单、安装方便。该升降机的导轨架也是电缆滑车的运行轨道。电缆滑车为组合式,可左右互换。

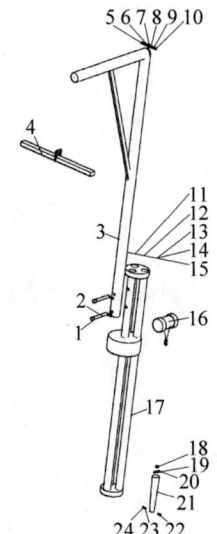

1,2,20,23—销;3—吊臂;4—吊具;5—销轴;6—挡圈;7,19—轴承;8—轮;9—轴套;10,15,22—螺母;11,24—螺栓;12—滚轮;13—垫圈;14—弹垫;16—电动葫芦;17—底架;18—套;21—轴。

图 9-46 吊杆结构示意图

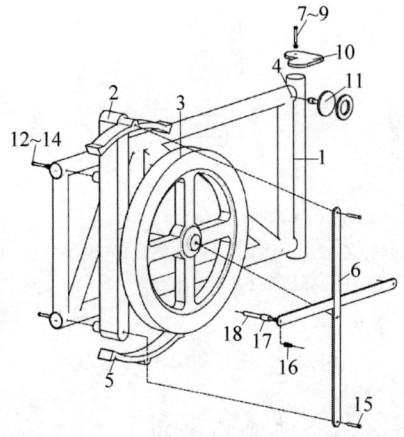

1—滑车架;2—大滑轮座;3—大滑轮组;4—小滑轮座;5—保护架;6—支架;7,12,15—螺栓;8,9,13,14—垫圈;10—防脱板;11—滑轮组;16—螺母;17—滚轮;18—轴。

图 9-48 电缆滑车结构示意图

8) 对重系统

型号中标有"D"的施工升降机配有对重系统,用于在传动机构输出功率不变的情况下提高升降机的额定载质量。对重系统主要由对重导轨、对重体、天轮、钢丝绳和吊笼顶部的钢丝绳转向器和钢丝绳卷筒等组成,吊笼和对重体通过钢丝绳连接,悬挂钢丝绳一端固定在对重体上部,穿过天轮后另一端固定在吊笼顶部的钢丝绳转向器上,用于改变吊笼运行高度的多余钢丝绳储存在笼顶卷筒上。吊笼上行时对重体下行,对重体对吊笼产生一个提升力。对重体两端都装有导向滚轮或滑靴,并安装防

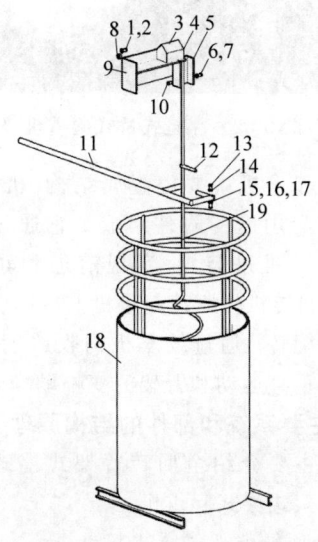

1,6,15—垫圈;2,10,13—螺栓;3—撞板;4—螺钉;5—夹板;7,8,17—螺母;9—电缆臂架;11—电缆护线架;12—聚氨酯;14—大垫片;16—垫圈;18—电缆卷筒;19—电缆。

图 9-47 电缆导向装置结构示意图

当吊笼向上运行时,吊笼上的电缆臂架带动主电缆向上运行,且电缆活动范围局限在电缆护线架里,摆动幅度不会太大,以免挂碰到脚手架。

脱轨保护装置,以保证对重体沿对重导轨运行。对重体的质量一般超过1 t,悬挂钢丝绳不得少于2根且相互独立,并要求设置自动平衡装置和防松绳保护装置。对重系统的结构如图9-49所示。

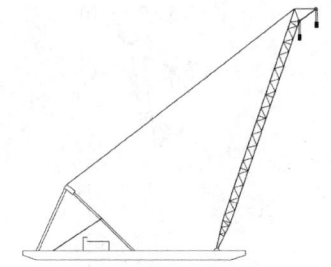

图9-50　固定臂架式浮式起重机

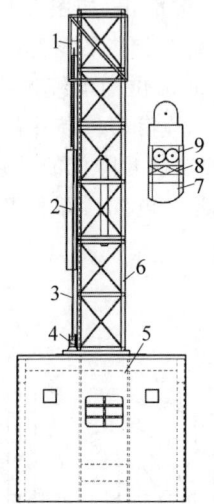

1—天轮;2—对重体;3—钢丝绳;4—钢丝绳转向器;
5—吊绳;6—导轨架;7—对重导轨;8—防脱轨装置;
9—导向轮。

图9-49　对重系统结构示意图

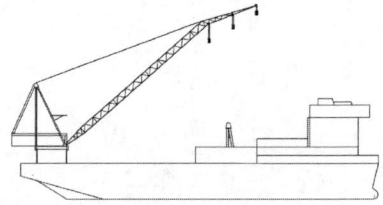

图9-51　全回转臂架式浮式起重机

图9-52　浮趸式桥式起重机

9.2.2　浮式起重机

1. 整机的组成和工作原理

浮式起重机,简称浮吊,是以浮体/船体/浮趸(趸船)作为起重机的载体,专门在水上或者岸边作业的起重机,在桥梁工程施工中,主要用于钢围堰、预制梁等起吊安装作业。

浮式起重机按照结构形式,可分为固定臂架式浮式起重机(又称固定扒杆式或固定浮式起重机)、全回转臂架式浮式起重机(简称全回转浮式起重机)和浮趸式桥式起重机。固定臂架式浮式起重机的结构简单,成本相对较低,但抗风浪能力较弱(图9-50);全回转臂架式浮式起重机的结构相对复杂,可在恶劣工况下工作,作业灵活性高,但成本较高(图9-51);浮趸式桥式起重机适用于水位落差较大的内河港口、岸壁式码头无法停靠船舶,难以进行装卸作业的情况(图9-52)。

浮式起重机主要由金属结构、机构、控制系统及专门用途的附件组成。它通过配备的动力系统及推进装置,实现前进和转弯等功能;通过回转机构驱动起重机上部回转结构绕回转中心旋转;通过绞车机构收放钢丝绳,实现吊钩的垂直运动和臂架的变幅动作。

2. 主要系统和部件的结构原理

这里主要介绍全回转臂架式浮式起重机和固定臂架式浮式起重机。

1) 全回转臂架式浮式起重机

全回转臂架式浮式起重机主要由金属结构、工作机构、控制系统及专门用途的附件组成。

(1) 金属结构

全回转臂架式浮式起重机的金属结构如图9-53所示,主要由臂架系统、人字架系统、桁框架、回转底盘、筒体、回转体及附属结构等部件组成。

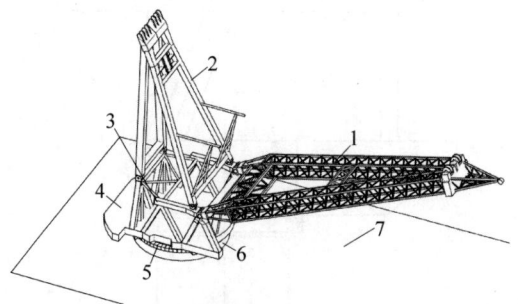

1—臂架系统；2—人字架系统；3—桁框架；4—回转底盘；5—回转体；6—筒体；7—船体上其他相关附属结构。

图 9-53　全回转臂架式浮式起重机金属
　　　　　　结构组成示意图

① 臂架系统。臂架是浮式起重机最重要的受力构件。臂架的设计是否合理，直接影响起重机的承载能力、整机稳定性和自重。为提高产品的竞争力，臂架的结构形式要求美观可靠，同时最大限度地减少自重。与实腹式结构相比较，桁架式臂架的优势更加明显，因此浮式起重机的臂架一般采用后者。

② 人字架系统。人字架也称 A 字架，一般有实腹式和框架式两种。作用于人字架的载荷主要是变幅绳的拉力和各种起升机构钢丝绳的张力。图 9-54 和图 9-55 所示为框架式人字架结构，图 9-56 所示为实腹式人字架结构，图 9-57 所示为组合式人字架结构。实腹式人字架的力学模型为一竖直悬臂梁，一般用于吨位较小的起重机。在大型起重机上一般采用框架式结构，其形式简单、质量轻、承载能力大。框架式人字架主要由压杆、拉杆、横梁以及改向滑轮支座等组成。

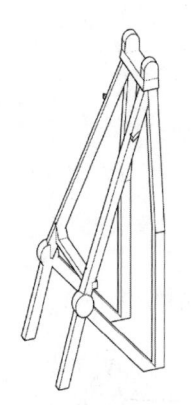 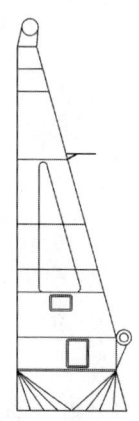

图 9-55　固定铰点人字　　图 9-56　实腹式人字架
　　　　　　架结构示意图　　　　　　　　结构示意图

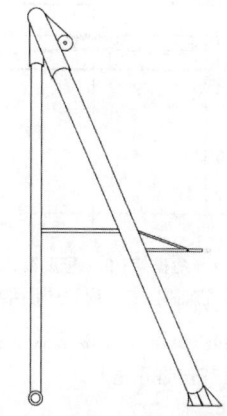

图 9-57　组合式人字架结构示意图

③ 桁框架。桁框架起到增加底盘刚度、抬高人字架和臂架从而增加起升高度的作用，一般只用于大型浮式起重机中。桁框架的上部与臂架铰点以及人字架下绞点连接，下部与底盘连接，如图 9-58 所示。

④ 回转底盘。大型全回转臂架式浮式起重机的回转底盘一般采用滚轮－反滚轮连接方式，与底座或者圆筒体连接（见图 9-59）；也有另外一种连接形式——采用轴承与下部筒体连接（见图 9-60）。回转底盘一般也以框架式结构为主，平面框架式转台由两根对称于纵向轴布置的纵梁和若干联系横梁组成。两根

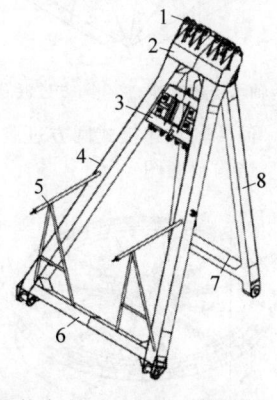

1—改向滑轮支座；2—压杆上部横梁；3—压杆中部横梁；4—压杆；5—防倾覆支架；6—压杆下部横梁；7—拉杆下横梁；8—拉杆。

图 9-54　铰接式人字架结构示意图

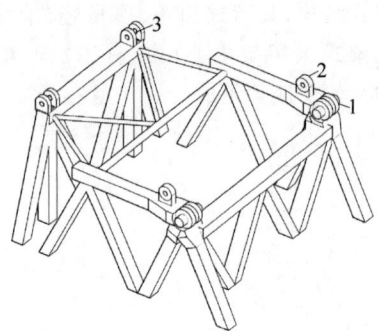

1—臂架铰点；2—人字架压杆下铰点；
3—人字架拉杆下铰点。

图9-58 桁框架结构示意图

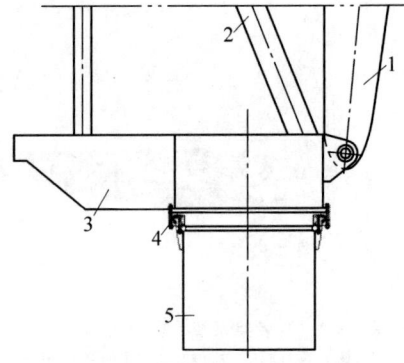

1—臂架；2—人字架；3—回转底盘；
4—回转轴承；5—圆筒体。

图9-60 回转轴承连接的底盘及其位置示意图

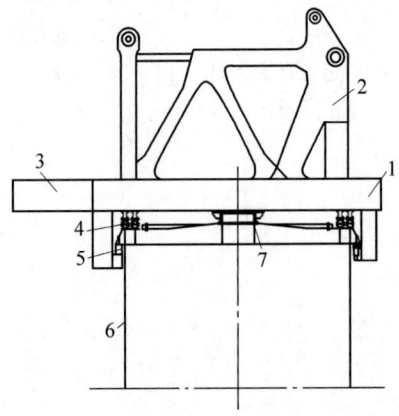

1—回转底盘；2—桁框架；3—配重箱；4—正滚轮；
5—反滚轮；6—圆筒体；7—回转中心结构。

图9-59 滚轮-反滚轮连接形式的回转底盘
及其位置示意图

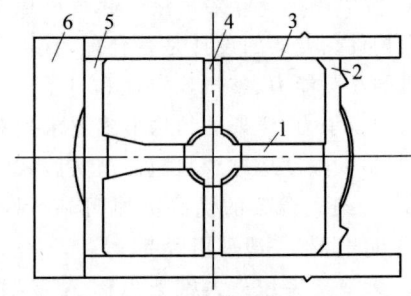

1—中心位置纵梁；2—前端位置横梁；3—侧面位置纵梁；
4—中心位置横梁；5—后端位置横梁；6—配重箱。

图9-61 回转底盘的结构形式和构成示意图

纵梁是转台的主要受力构件，人字架和臂架或桁框架都直接支承在纵梁上（也有同时支承在前部横梁上的情况）；其他部分的重量最终也通过联系横梁将力传递到纵梁上。若需要在回转底盘上增加配重，一般连接在底盘尾部。其结构形式和构成如图9-61所示。

⑤ 筒体。筒体也叫基座，其作用是将起重机与船体或平台连接起来。起重机和吊载的重量及力矩通过筒体传递到船体或者平台上。为便于船体施工，有时将圆筒体下部结构做成方形，上部结构为圆形，简称圆方过渡形式卷筒体，如图9-62所示。与回转底盘一样，筒体按照回转方式，可分为滚轮-反滚轮连接式筒体和回转轴承连接式筒体，如图9-63、图9-64所示。

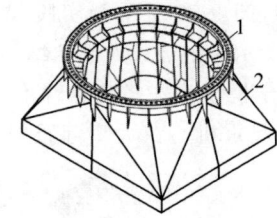

1—回转轴承连接支座；2—圆方过渡圆筒体。

图9-62 回转轴承连接式圆方过渡圆筒体
结构示意图

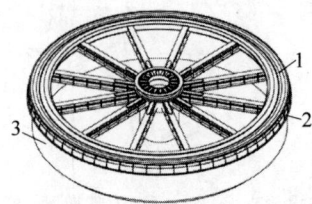

1—正滚轮承轨结构及轨道面；2—反滚轮承轨结构及轨道面；3—圆筒体。

图9-63 滚轮-反滚轮连接式筒体结构示意图

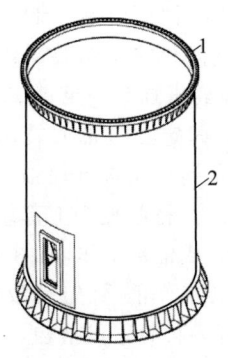

1—回转轴承连接支座；2—圆筒体。

图 9-64 回转轴承连接式筒体结构示意图

⑥ 回转体。回转体的作用等同于传统意义上的回转轴承，只是在大型全回转臂架式浮式起重机中回转轴承尺寸过大，目前还没有产品可以满足需求，因此用滚轮和回转中心结构的组合加以替代。在实现回转的同时，滚轮和反滚轮用来承受垂直载荷和倾覆力矩，回转中心结构用来承受横向载荷。

⑦ 其他附属结构。为满足起重机的正常使用，一般还配置有其他附属结构件，如钩箱、防倾覆支架、臂架搁架、梯子平台、机构平台等。

(2) 工作机构

全回转臂架式浮式起重机上常见的机构有起升绞车机构（绞车）、变幅绞车机构、辅助类绞车机构及回转机构等。大型全回转臂架式浮式起重机一般通过绞车机构收放钢丝绳，实现吊钩的垂直运动和臂架的变幅动作。通过回转机构驱动起重机上部回转结构绕回转中心旋转。绞车机构与吊钩之间通过钢丝绳缠绕系统实现驱动链的关联。

① 起升绞车机构。全回转臂架式浮式起重机的起升绞车机构用来实现吊载物件的垂直运动，是起重机上最主要的部件之一，按功能可分为主起升绞车机构、副起升绞车机构、小钩绞车机构、索具钩绞车机构等。全回转臂架式浮式起重机的起升机构可以是一组或两组对称布置的起升绞车，每组绞车由一至多台电动机或者液压马达驱动，并由相应的联轴器、制动器、减速器、卷筒等组成。通过驱动卷筒收绳或者放绳，实现物件的垂直运动。当绞车采用两组对称布置的方式时，为了保持两组绞车的同步运行，可以在高速轴（电动机轴端）或低速轴（卷筒轴）之间设置机械同步装置，也可通过电气控制方式实现同步运行。由于全回转臂架式浮式起重机载荷大，垂直运动的行程长，需要卷入或者放出的钢丝绳长，一般采用容绳量大的多层卷绕式卷筒。

② 变幅绞车机构。变幅绞车机构的组成零部件除了卷筒锁定装置之外，与起升绞车机构的基本相同。卷筒锁定一般采用棘轮棘爪装置。

③ 回转机构。在全回转臂架式浮式起重机中，回转机构是用来实现起重机上部回转部分相对于下部固定部分作回转运动的机构，一般由多套回转驱动装置组成，其作用是驱动上部结构绕起重机的中心垂直轴线在水平面内沿圆弧运移物品。当回转与变幅动作联动时，其服务范围在水平面内的投影，将是一个以最小、最大幅度为内、外半径的圆环面。

④ 机构的通用零部件，包括电动机（或液压马达）、制动器、减速器、联轴器、卷筒、钢丝绳、安全限位开关及负荷限制器等部件。

⑤ 缠绕系统。缠绕系统是通过有一定柔性的绳索和滑轮改变或保持工作部件位置的工作系统。若没有特殊要求，全回转臂架式浮式起重机上采用的绳索一般为钢质钢丝绳。缠绕系统主要由钢丝绳、滑轮、吊钩组及辅助零部件组成。

(3) 辅助装置

大型全回转臂架式浮式起重机实现正常的作业和维护，必须辅以各种辅助装置。例如，润滑系统，使起重机各个运动副保持灵活状态；顶升装置，在不对起重机作重大改动的情况下，显著增加吊载能力；系固系统，与顶升系统有类似的作用；锚定装置，用来固定全回转臂架式浮式起重机的上部转动结构，防止在船体航行时的意外转动；前防倾覆楔块装置，用来防止因起重机重心偏移而导致的上部结构前倾，影响船体航行时起重机的安全。

① 润滑系统。润滑是一项非常重要的维

护任务,是影响起重机工作状态和使用寿命的重要因素之一。正确的润滑有助于避免零件过早磨损,延长零件的使用寿命。

② 顶升装置。顶升装置是在船体前沿增加的承载支架,用来支承回转平台的前部延伸结构。通过该装置,可减少全回转臂架式浮式起重机筒体的受力,使船体直接承受一部分起重机的支反力,从而实现更大的起吊能力。顶升装置设置在起重机前方(臂架方向),位于回转平台下。顶升装置的布置位置,决定了顶升装置一般用于尾吊工况(臂架和船体长度方向180°向外)。

③ 系固系统。与顶升装置一样,人字架系固也可以增加全回转臂架式浮式起重机的吊载能力。此装置的优点是不额外增加起重机上部回转结构的尺寸,在人字架顶部设置滑轮组,在船体中部增加动滑轮组,另外配置绞车,即可实现此功能。通过拉拽人字架顶部,减小浮式起重机承受的弯矩,从而实现更大的起吊能力。系固系统由4部分组成:上滑轮组、下滑轮组、系固机构、钢丝绳等。上滑轮组布置在人字架顶端背部,下滑轮组布置在船体中部甲板上(见图9-65)。

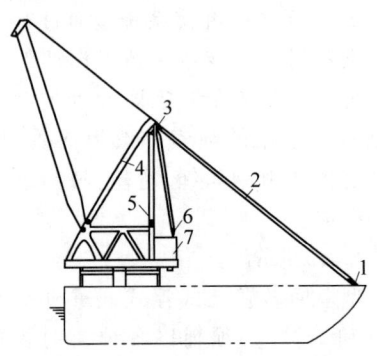

1,7—下滑轮组;2—钢丝绳;3—上滑轮组;
4—人字架;5—系固机构;6—机房。

图9-65 系固系统组成示意图

④ 锚定装置。从图9-66中可以看出,全回转臂架式浮式起重机航行时,臂架搁置在搁架上,此时,回转部分重心发生显著变化,偏离回转中心。由于船倾和加速度的原因,起重机上部回转部分有周向运动趋势,为避免由此产生的不安全因素,通常设置锚定装置将上部回

转结构和下部结构固定在一起。锚定装置一般由锚定销装置和安全销装置组成。锚定销装置由锚定销液压缸和锚定销铰接连接组成。锚定销液压缸固定在上部回转结构上。起重机航行前,锚定销液压缸推动锚定销插入起重机下部固定结构,将起重机上部结构和下部结构固定起来,完成锚定工作,如图9-67(a)所示。航行结束,回转工作前,锚定销液压缸回缩,带动锚定销脱离下面的固定结构,完成锚定装置的脱离工作,如图9-67(b)所示。

⑤ 前防倾覆楔块装置。前防倾覆楔块装置设计成类似反钩的形式,布置在臂架侧。海况运输时,由于臂架根部的卸载(臂架放置在搁座上),起重机上部回转结构的重心会向尾部移动,导致回转结构前部有向上倾斜的趋势。运输时的风浪颠簸会加剧这种趋势,前防倾覆楔块装置从底部反向钩紧下部固定结构,避免因上述上倾而产生的不安全因素。如图9-68所示,前防倾覆楔块装置由楔块组和液压缸组成。液压缸和下楔块固定在起重机上部回转结构上,上楔块和液压缸铰接连接。海况运输前,先将臂架放置在搁座上,然后液压缸推动上楔块进入下楔块中,使上楔块顶紧起重机下部固定结构。海况运输结束,起吊工作前,液压缸拖拽上楔块使其和下楔块脱离,然后再仰起臂架开始工作。

(4) 电气系统

全回转臂架式浮式起重机的电气系统有直流和交流两种。目前直流系统已很少采用,本节所述的电气系统均指交流系统。

① 供电。全回转臂架式浮式起重机一般由船舶电站进行供电。船上的供电系统为三相不接地系统,简称IT系统。从供电的电源电压等级来分,一般有高压电源和低压电源两种。从供电电源的用途来分,又可分为驱动主电源、辅助电源和应急电源。其中,驱动主电源给起重机交流变频驱动系统供电,包括交流驱动器和交流电动机,是起重机中主要的用电设备。

② 机构用交流变频电动机。交流变频电动机在机构上的应用已经是行业内的共识。交

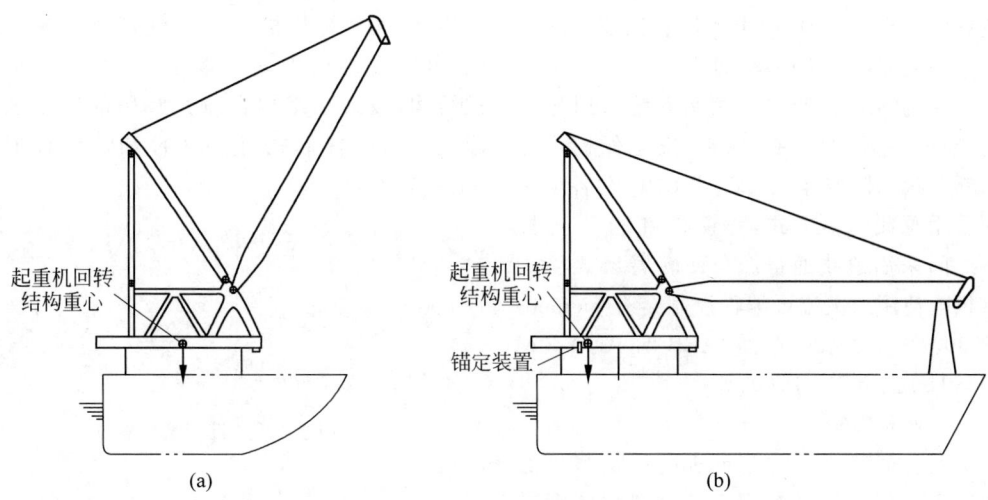

图 9-66 全回转臂式浮式起重机回转结构重心位置示意图
(a) 正常工作状态；(b) 航行状态

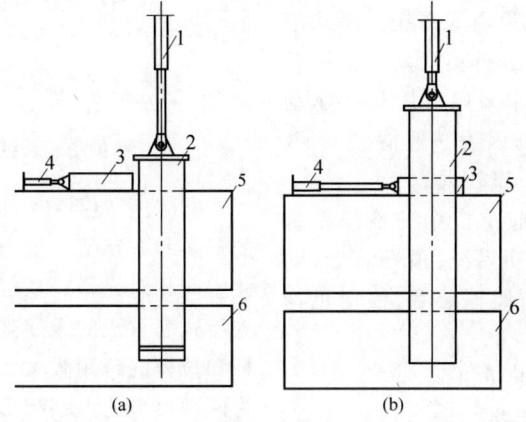

1—锚定销液压缸；2—锚定销；3—安全销；4—安全销液压缸；5—起重机上部回转结构；6—起重机下部固定结构。

图 9-67 锚定装置结构示意图
(a) 起重机航行状态的锚定装置；(b) 起重机工作状态的锚定装置

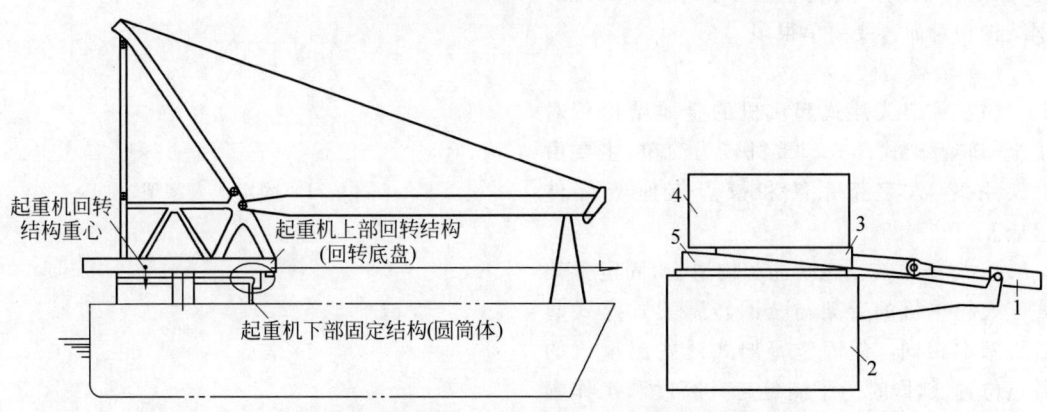

1—液压缸；2—起重机下部回转结构；3—上楔块；4—起重机上部固定结构；5—下楔块。

图 9-68 前防倾覆装置位置布置及组成示意图

流变频电动机结构简单,维护保养比前一代驱动所用的直流电动机简单、可靠。

③ 控制系统。起重机控制系统采用 PLC 实现起重机系统的控制、联锁、安全保护及故障诊断和状态监控等。PLC、主 CPU 和各从站之间采用总线通信方式,变频器和 PLC、监控设备之间采用总线通信。全回转臂架式浮式起重机上使用的主流可编程控制器有 Siemens 的 S7300、S7400 系列产品,ABB 的 AC 800M 系列,FUJI 的 NP1BS 系列等。

(5) 液压系统

全回转臂架式浮式起重机应根据整机的功能需要配置相应的液压系统。根据实际需要,可选择开式或者闭式液压系统。

全回转臂架式浮式起重机的回转机构若采用液压马达驱动,一般为闭式系统。闭式液压系统相对于开式系统,运行更稳定。全回转臂架式浮式起重机的绞车采用液压马达驱动时,需要考虑用开式系统,因为一般情况下,液压马达的驱动泵组距离绞车较远。

全回转臂架式浮式起重机中的液压系统主要用于大型绞车的制动系统、顶升装置、棘爪安全保护装置、回转防倾覆装置、锚定机构的插拔销装置。

2) 固定臂架式浮式起重机

固定臂架式浮式起重机主要由金属结构、工作机构、电气系统、液压系统及专用的附属装置等组成。与全回转臂架式浮式起重机相比,固定臂架式浮式起重机不具备回转功能,钢结构相对而言要简单很多。

(1) 金属结构

固定臂架式浮式起重机的金属结构相对于全回转臂架式浮式起重机较为简单,主要由臂架系统、人字架系统和铰点支座等部件组成。

① 臂架系统。在功能和构造上,固定臂架式浮式起重机的臂架与全回转臂架式浮式起重机基本相同。但固定臂架式浮式起重机的铰点位置低,同时为了满足起升高度和工作幅度的要求,臂架通常较长,重心位置较高。当船舶倾斜及摇摆时,会有较大的惯性力作用到臂架上,也会对整机的稳定性产生影响。因此,臂架在结构形式选取上,一般采用桁架式结构,以减小结构自重。常用的臂架结构形式有八弦杆形式(图 9-69)和六弦杆形式(图 9-70)等。

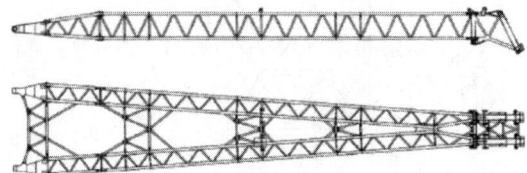

图 9-69　八弦杆桁架式臂架

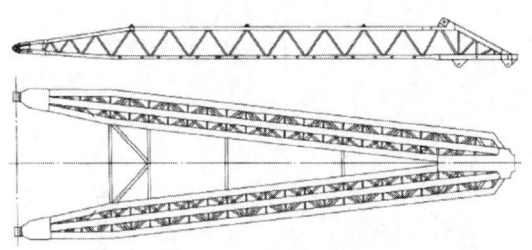

图 9-70　六弦杆桁架式臂架

② 人字架系统。固定臂架式浮式起重机的臂架和人字架一般分别位于船体的两端,因此空间相对充裕。从经济角度考虑,固定臂架式浮式起重机的人字架多为二力杆式,并且压杆和拉杆的跨距较大。图 9-71 和图 9-72 所示为两种典型的人字架形式,适用于固定臂架式浮式起重机,前者为固定式,后者为可缩放式。

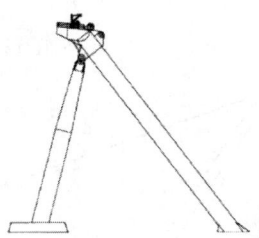

图 9-71　固定式人字架

图 9-72　可缩放式人字架

③ 铰点支座。固定臂架式浮式起重机的铰点支座(简称铰座)起到连接臂架和船体的作用。臂架通过销轴与铰座连接,并且在臂架变幅平面内沿着铰轴灵活转动。作用在臂架上的力通过铰座被安全地传递到船体结构上。因此,设计时须充分考虑铰座的强度、刚度。图 9-73 所示为典型的铰座结构。

(2) 工作机构

大型固定臂架式浮式起重机一般通过绞车机构收放钢丝绳,实现吊钩的垂直运动和臂架的变幅动作。绞车机构与吊钩之间通过钢丝绳缠绕系统,实现驱动链的关联。

固定臂架式浮式起重机上常见的绞车机构有起升绞车机构、变幅绞车机构、辅助类绞车机构等。此类绞车机构形式基本与全回转臂架式浮式起重机上的相同。

缠绕系统与全回转臂架式浮式起重机上的也基本相同。

(3) 附属装置

大型固定臂架式浮式起重机的实现正常的作业和维护必须辅以各种附属装置。由于固定臂架式浮式起重机的功能相对简单,不同于全回转臂架式浮式起重机,其附属功能装置相对较少,此处不作介绍。

(4) 电气系统

参考全回转臂架式浮式起重机的相关内容。

(5) 液压系统

参考全回转臂架式浮式起重机的相关内容。

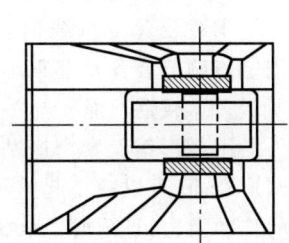 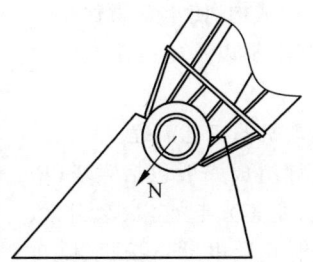

图 9-73 铰座典型结构示意图

9.2.3 缆索起重机

1. 整机的组成和工作原理

缆索起重机用于跨距很大,或跨越山谷、河流等障碍物的情况下吊运重物。它由两个支架和支架之间的承重钢缆组成,起重小车在承重钢缆上移运,进行重物的水平与垂直运送。缆索起重机的工作范围很大,吊运工作受地形影响很小,在山区和峡谷等处应用较广。因此,缆索起重机广泛用于桥梁建设。

缆索起重机根据塔架能否移动可以分为固定式和移动式两种。移动式根据移动形式又分为平移式和辐射式,如图 9-74 所示。

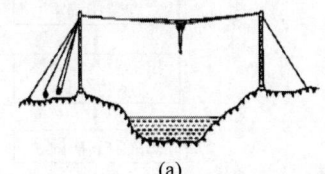 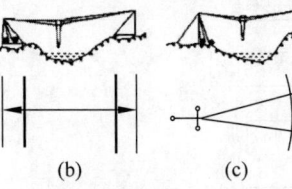

(a) (b) (c)

图 9-74 缆索起重机的类型
(a) 固定式;(b) 平移式;(c) 辐射式

缆索起重机由塔式支架、承载装置、驱动装置、电气系统和安全保护装置等组成。其利用张紧在主副塔架之间的承载索作为载重小车行驶轨道的起重机,适用于地形复杂、难以通行的施工场地,例如,低洼地带的土方工程、水坝、河流、山谷等地区的物料输送。在主塔和副塔之间张设一根承载索,作为载重小车的轨道,牵引机构牵引载重小车在承载索上来回行驶,运送物料;起升机构上下运动升降物料;主副塔架的走行机构使主副塔架沿地面轨道同步走行;工作机构由主塔架上的驾驶室进行控制。为了避免起升索和牵引索相互干扰,每隔一定距离以骑夹予以承托。为了悬挂骑夹,在两塔架之间张设专门的节索,节索上按顺序有大小不同的索节,骑夹上也相应有大小不同的节孔,小车上设有矛形鞍棒,当小车从主塔向副塔行驶时,小车左侧的骑夹依次地停留在各节点处,将起升索和牵引索承托起来,右侧的骑夹逐个地被收集在矛形鞍棒上。副塔架多采用带平衡重的摆式结构,使承载索保持一定的张力,牵引索和节索都以一定的配重使之张紧。

下面介绍缆索起重机的工艺流程。

缆索起重机的设计组成一般包括索塔(塔架及其基础)、承重索(主索)、起重索、牵引索、压塔索、风缆、锚碇、滑轮及电动卷扬机、跑车等。其安装工艺流程见图9-75。

扣挂系统由扣锚塔(墩)及其基础、扣索、锚索及锚碇等部分组成。其安装与拆除工艺流程见图9-76。

缆索起重机及扣挂法施工拱桥拱肋主要工艺流程见图9-77。

2. 主要系统和部件的结构原理

1) 塔式支架

塔式支架是缆索起重机的承受力件。固定式缆索起重机的支架有桅杆式、门式和三角形三点支承式等种类;移动式缆索起重机多为塔架三点或四点支承。支架一般是焊接桁架结构或箱形结构,顶部有承载钢丝绳,底部与轮轨台车相铰接。支架一般分段制造,便于装运和拼装。

2) 承载装置

承载装置由承载钢丝绳、承码、钢丝绳的固定与调节装置及起重小车等组成,如图9-78所示。承载钢丝绳4与一般钢丝绳不同,其最外层用Z形钢丝紧密嵌贴,形成了封闭的光滑圆形断面,可以减小起重小车5在其上运行时的移动阻力,且耐磨。承载钢丝绳4的两端通

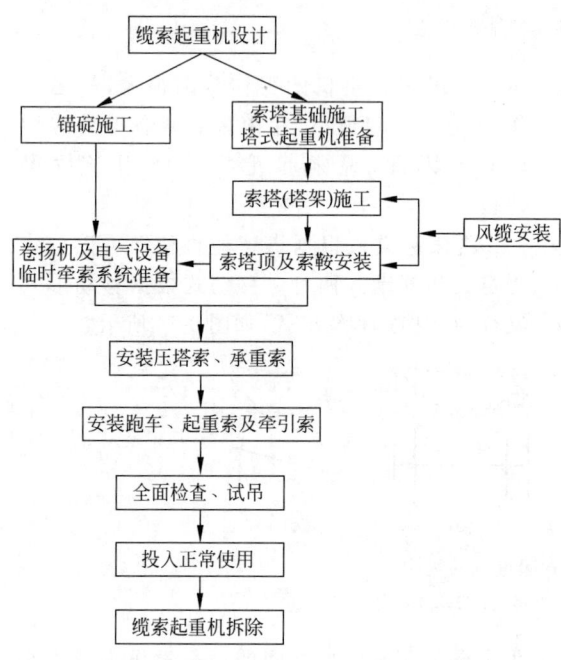

图9-75 缆索起重机安装主要工艺流程

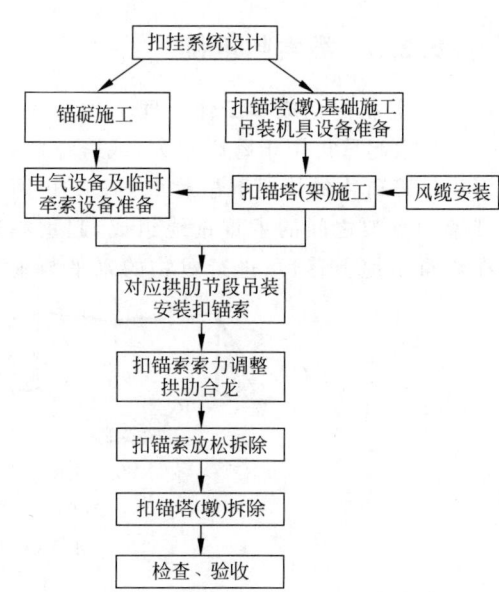

图9-76 扣挂系统安装与拆除主要工艺流程

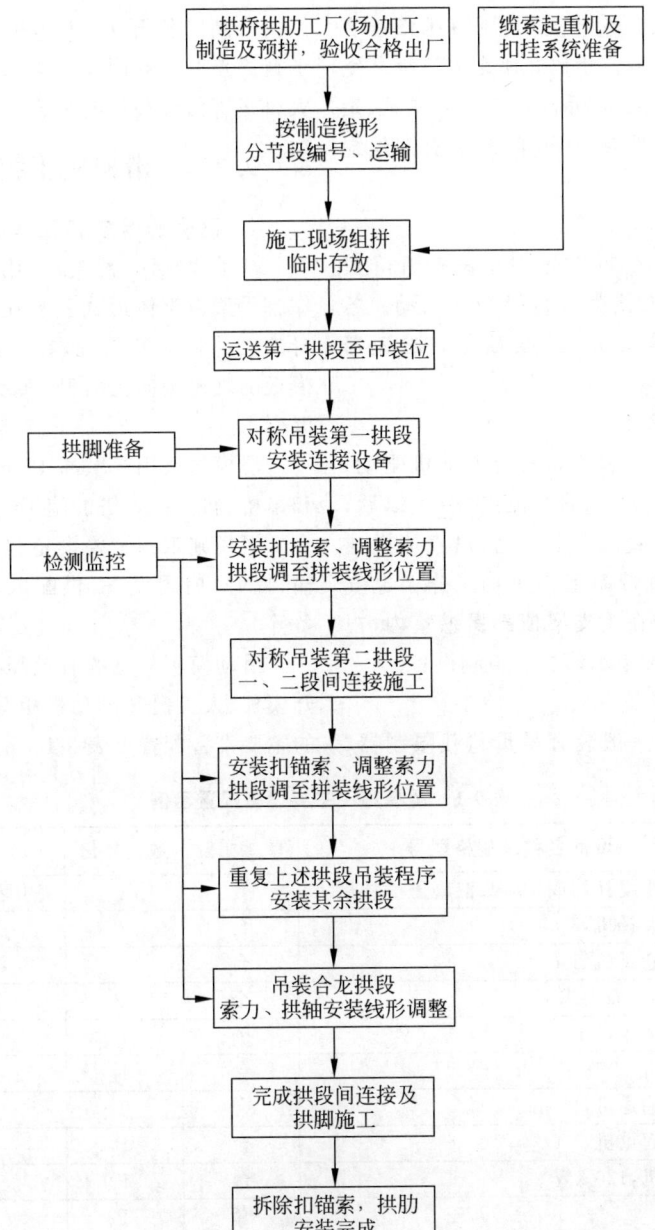

图9-77 缆索起重机及扣挂法施工拱桥拱肋主要工艺流程

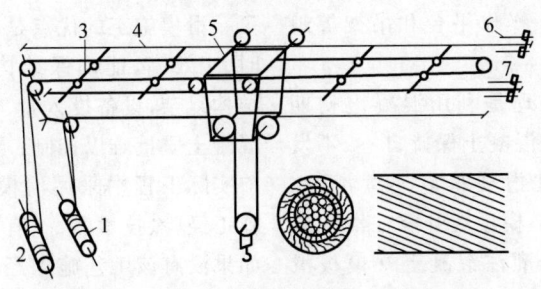

1—钓钩起升卷筒;2—起重小车牵引卷筒;3—承码;4—承载钢丝绳;5—起重小车;6—丝杆式垂直调节装置;7—导轮。

图9-78 承载装置示意图

过专门装置与塔架顶端相连,利用液压张紧装置或丝杆6调整垂度。承码3用来支持承载钢丝绳,以减少其摇晃。起重小车5由金属架、走行轮和起升滑轮等组成,由专门的牵引钢丝绳牵引移动。

3) 驱动装置

缆索起重机的驱动装置包括吊钩升降机构、小车走行机构和塔架走行机构的驱动。各机构都有独立的电动机,经联轴器和减速器驱动。

4) 电气控制系统

缆索起重机采用多独立直流电动机驱动。外电源是3000～6000 V的交流电,引入以后,经过可控硅整流或直流发电机后,以直流电通入各个直流电动机带动工作机构工作。电气系统的控制多集中在主支架顶部操纵室内,视野开阔,并装有各种指示信号和声响设备。

5) 安全保护装置

缆索起重机上一般装有吊重超载限制器、吊钩升高限位开关、小车行程限位开关、塔架走行终点开关和限位器等。中、大型机还设有大风报警信号和声响装置。

9.2.4 滑模施工装备

1. 整机的组成和工作原理

滑动模板法(滑模法)用一套模板,连同工作脚手架以整体形式安装在基础顶面,依靠自身的支承和提升系统,在灌注混凝土的同时,模板随之慢慢向上滑升,实现连续不断地灌注混凝土。

滑模法适用于墩高15 m以上的空心墩身和吊桥、斜拉桥索塔的施工。

滑模施工的主要设备包括混凝土生产、运输、提升、捣固设备,供配电设备,滑模整套设备等。

滑动模板常见的有液压滑升模板、电动滑升模板、人工提升滑动模板等3种。滑模施工的主要设备配置见表9-1。

表9-1 滑模施工主要设备配置示例

序号	设备名称及规格型号	单位	数量	附注
1	混凝土搅拌站或400 L混凝土搅拌机	台	2	适用搅拌机时备用1台
2	电动卷扬机,5 t	台	2	—
3	电动卷扬机,1 t	台	1	—
4	振捣器,插入式	个	12	
5	倒链滑车,1 t	个	1	
6	电焊机	台	1	
7	皮带输送机,15 m	台	2	
8	缆索起重机,5 t	台	1	
9	发电机,120 kW	台	1	备用电源
10	滑模	套	1	

滑动模板由模板、围圈、支承杆(亦称爬杆、顶杆)、千斤顶、顶架、操作平台和吊架等组成,如图9-79所示。

滑模施工的基本原理是利用混凝土初期(4～8 h)强度,脱模后在混凝土保持自立、不发生塑性变形的情况下使滑模得以连续滑升。滑模施工的基本环节是:模板滑升→在滑空的模板内分层绑扎钢筋→灌注混凝土→模板滑升,然后再循环,直至设计高程,如图9-80所示。

滑模施工的优点是:施工速度快,省工、省时,工效高,能确保结构整体性。缺点是施工结构复杂,设备投入量大,而且工艺要求严格,混凝土质量难以控制;易形成表面龟裂纹。目前实际工程中采用滑模施工的往往是已经有施工经验、技术熟练、有现成设备的施工队伍。如果没有该工艺施工经验的队伍,多倾向采用翻模施工。

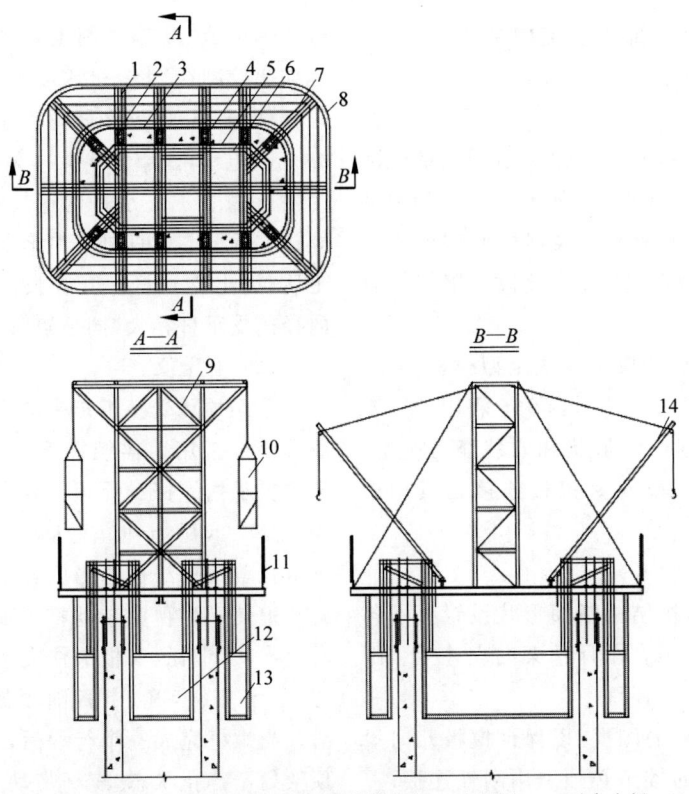

1—提升架；2—外围圈；3—外模板；4—千斤顶底座；5—内模板；6—内围圈；7—平台木板；8—外环梁；9—井架；10—吊笼；11—栏杆；12—内脚手架；13—外脚手架；14—独脚扒杆。

图 9-79 滑模构造示意图

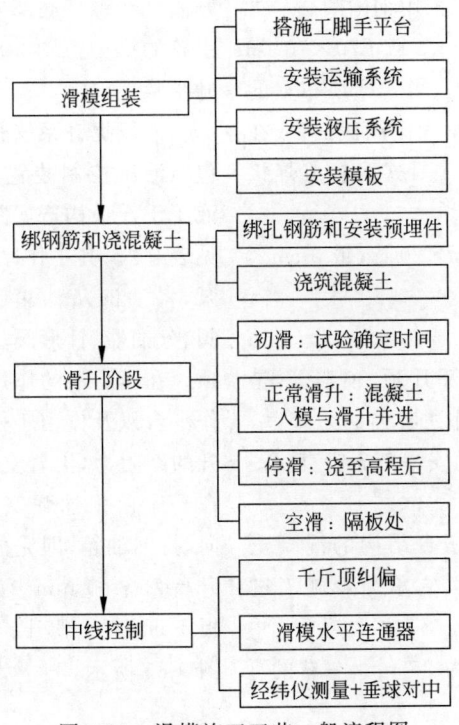

图 9-80 滑模施工工艺一般流程图

2. 主要系统和部件的结构原理

1) 模板系统

(1) 模板

模板是悬挂在围圈上,沿着所施工的混凝土结构截面的边界组配,并随着混凝土的灌注由千斤顶带动向上滑升。根据所使用的材料不同,模板可分为钢模板、木模板和钢木混合模板3种。

模板一般应设计成工具式定型模板,其规格型号应尽可能少。模板高宜采用100~120 cm,宽应根据墩台形状和安装能力确定,一般宜采用15~60 cm。模板连接工具用销钉、回形销或螺栓。

(2) 围圈

在模板外侧,按结构断面形状设置上下各一道围圈,分别支承在千斤顶架的立柱上。围圈有钢围圈和木围圈两种。

围圈应有足够的刚度,以保证模板几何尺寸的精确。围圈的接头必须采用刚性连接,上下围圈的接头不应设在同一截面上。在转角处要做成刚性或整体转角围圈,以防止混凝土灌注时变形。目前施工中多采用钢围圈。

钢围圈一般用L60×60×5或L70×70×6角钢制成,亦称角钢式围圈。当千斤顶布置的间距较大(大于3 m)时,应增大围圈截面,或在上、下角钢式围圈之间加设工具式腹杆或焊接腹杆,组成折架式围圈。

木围圈是用两三块4 cm×20 cm或5 cm×20 cm的木枋叠组而成的。

2) 提升系统

提升系统包括支承杆、千斤顶、顶架等,是模板提升的动力设备。另外还有控制系统,墩中线控制系统一般采用自动安平激光铅直仪。

(1) 支承杆

支承杆的一端埋置于墩台结构的混凝土中,另一端穿过千斤顶芯孔,它承受着施工过程中的全部载荷。

支承杆一般采用直径为25 mm左右的3号圆钢制成,制作时圆钢要经过冷拉调直,其延伸率控制在2‰~3‰为宜。为了施工方便,螺杆千斤顶的支承杆每节长度宜在2.5~3.0 m,电动液压千斤顶的支承杆每节长度宜为4 m左右。支承杆的连接可采用工具式或焊接方法。支承杆外安装套管,待灌注完混凝土后,拔出支承杆。套管长度直到模板下端,内径比支承杆稍大,同顶架一起上升。

(2) 千斤顶

千斤顶承受模板传来的全部荷重及风力。滑升模板常用手摇螺杆千斤顶和电动液压千斤顶。手摇螺杆千斤顶主要由手轮、千斤顶顶座、螺杆、卡瓦、卡板、上卡头、单向推力轴承和下卡瓦等部件组成。当旋转手轮时,由于螺杆旋转迫使千斤顶座带动整个顶架逐渐上升,此时上卡头、卡瓦、卡板卡住支承杆,处于受力状态,下卡头、卡瓦、卡板随顶架沿着支承杆上滑。当螺杆完成一个行程后,反转螺杆,此时顶架处于静止状态,螺杆带动上卡头、卡瓦、卡板沿着支承杆上滑,全部载荷由下卡头、卡瓦、卡板承受。这样反复旋转螺杆,整个钢模逐步升高。在螺杆底部安装单向推力轴承,可减小手轮的推力。图9-81示出了液压千斤顶的提升步骤。

液压提升系统是滑动模板的提升动力,它包括液压控制装置、液压千斤顶及输油管路,液压千斤顶构造如图9-82所示,主要技术指标见表9-2。其工作原理是电动机带动单级齿轮泵,将油液从油箱吸入,变为高压油,经换向阀、分油器、针形阀、输油管路分配给各个千斤顶。在压力油的作用下,千斤顶带动模板和操作平台以及作用于操作平台上的载荷,克服滑升的摩阻力,沿着支承杆向上爬升;其后,油液在千斤顶排油弹簧压力作用下,经换向阀换向,排回油箱,即完成了液压千斤顶一个行程,升高25~40 mm。如此反复进行,带动滑动模板不断向上滑升。液压千斤顶提升步骤如图9-83所示。

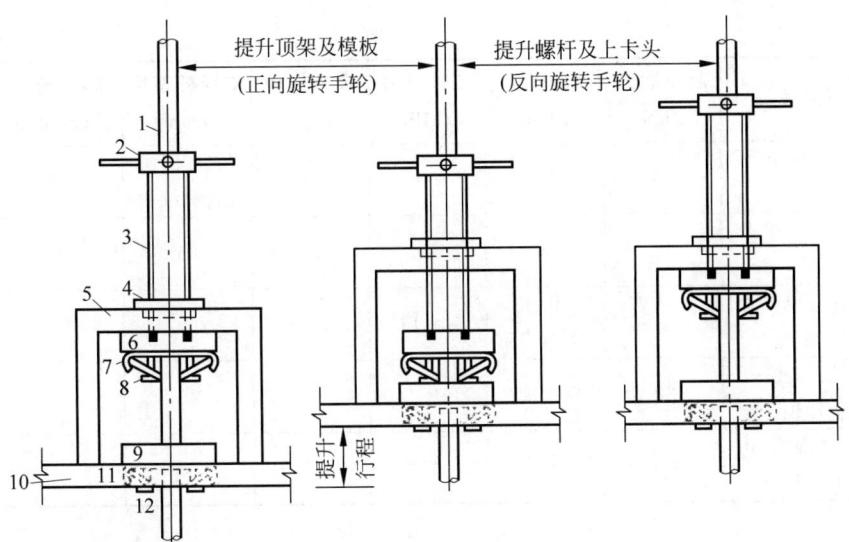

1—顶杆；2—手轮；3—螺杆；4—顶座；5—顶架上的横梁；6—上卡头；7—卡瓦；8—卡板；9—下卡头；10—顶梁下横梁；11—单向推力轴承；12—下卡瓦。

图 9-81 螺旋千斤顶构造及工作原理示意图

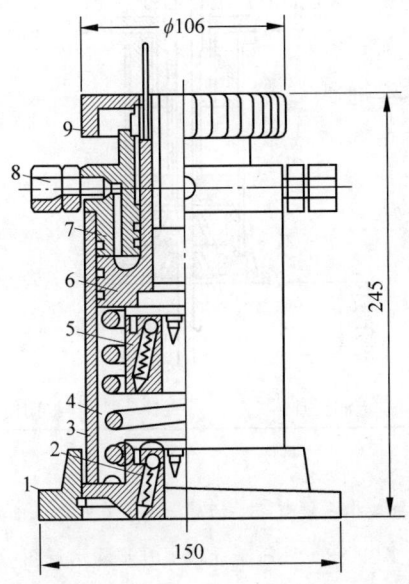

1—底座；2—下卡头；3—缸筒；4—排油弹簧；5—上卡头；6—活塞；7—缸盖；8—油嘴接头；9—行程调正。

图 9-82 液压千斤顶构造示意图

表 9-2 滑模液压千斤顶主要技术指标

千斤顶型号	起重能力 /kN	工作行程 /mm	工作压力 /MPa	活塞面积 /cm²	支承杆直径 /mm	爬升速度 /(cm/min)	机身质量 /kg
HQ-30 型通心单作用爬升式千斤顶	30	30	10	47.7	26	9	12
HQ-35 型通心单作用千斤顶	35	30	6~10	—	25	3~4.5	12

续表

千斤顶型号	起重能力 /kN	工作行程 /mm	工作压力 /MPa	活塞面积 /cm²	支承杆直径 /mm	爬升速度 /(cm/min)	机身质量 /kg
HQ-35型卡块式液压千斤顶	35	40	10	48	25~28（圆钢或螺纹钢）	10	13
HQ-40型通心单作用千斤顶	35	30	10	47.7	25	—	13.3
HQ-SG-6B型单油路升降式千斤顶	30~80	上升35，下降25	9~14	35.3	25	—	15
HQK-5A型限位可控中吨位千斤顶	60	30~35	16~14	47	25	—	12.5
HQK-5B型限位可控中吨位千斤顶	60	30	10	62	28	—	—

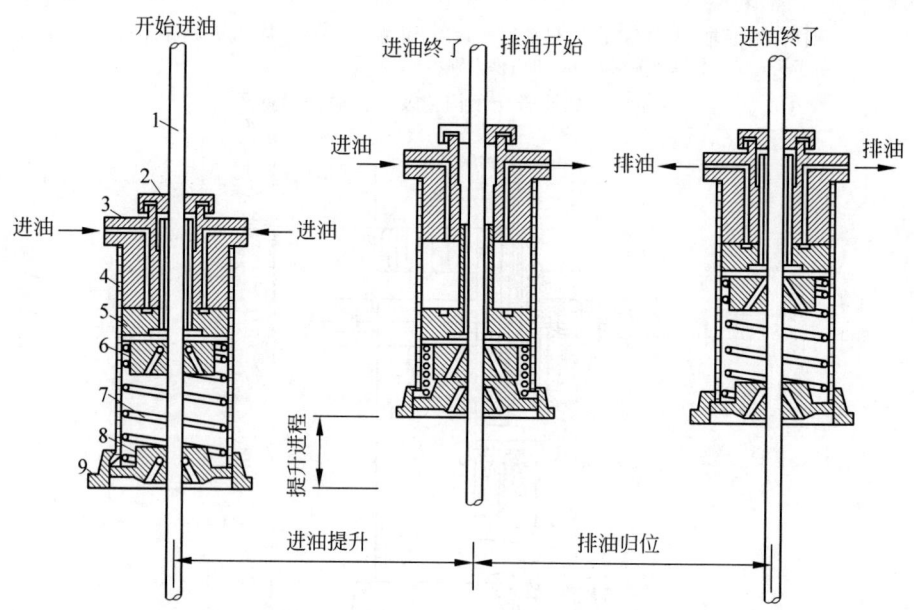

1—顶杆；2—行程调整帽；3—缸盖；4—缸筒；5—活塞；6—上卡头；7—排油弹簧；8—下卡头；9—底座。

图9-83 液压千斤顶提升步骤示意图

(3) 顶架

顶架悬挂在液压千斤顶上，用以固定围圈的几何形状，承受整个模板和操作平台的全部载荷并传递给支承杆，随千斤顶向上滑升。

在墩台滑模施工中多采用钢千斤顶架。钢千斤顶架一般由上横梁、下横梁、立柱、支托等部分组成。一般用L60×60×5的角钢制成，也可用12号槽钢制成横梁，L60×60×5的角钢制成立柱，用螺栓连接做成装配式，适用于直坡式墩台滑升模板。图9-84和图9-85所示的钢千斤顶架由上横梁、下横梁、立柱、扁担梁、调经丝杆等组成，上下横梁和扁担梁用10号槽钢制成，立柱用8号槽钢和钢板制成，适用于圆端形、圆形变截面空心墩滑模。在无钢顶架时亦可使用木千斤顶架。木千斤顶架一般使用80 mm×160 mm木枋做横梁，160 mm×160 mm木枋做立柱，用螺栓连接，木材要求用一级红松或白松。

第9章 主要机械结构和工作原理

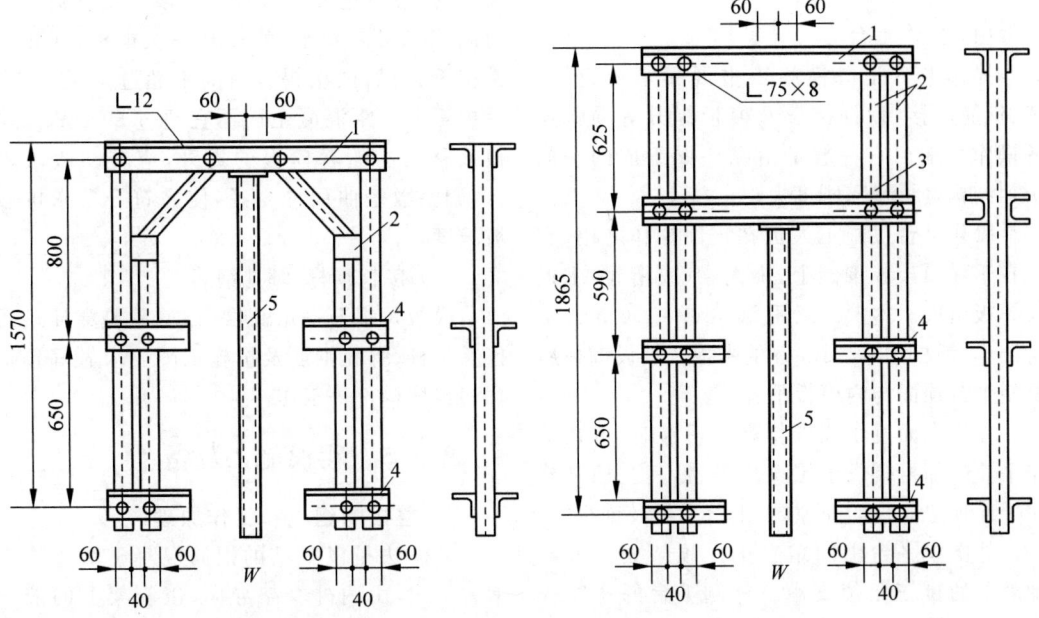

1—上横梁；2—立柱；3—下横梁；4—支托；5—$\phi29$ mm 套管。

图 9-84 直坡式墩台用钢千斤顶结构示意图

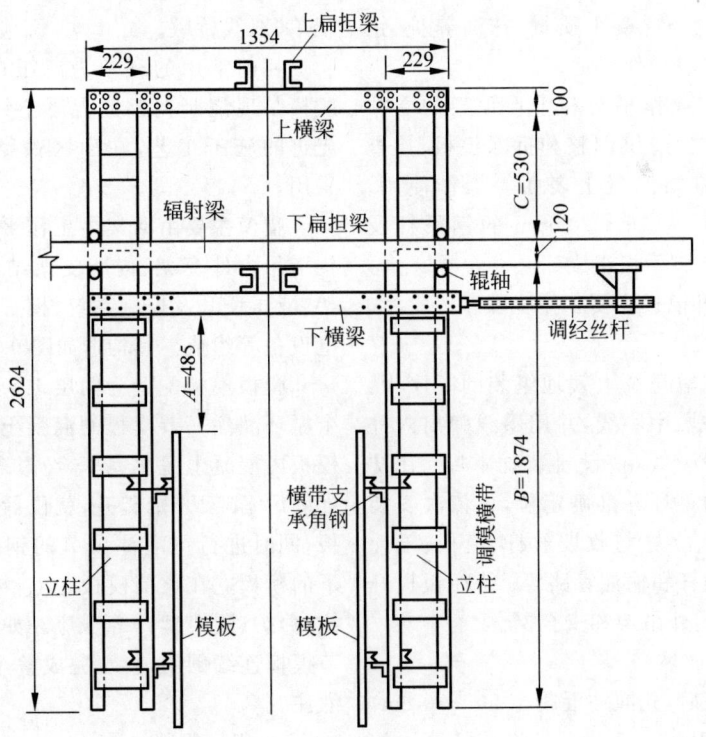

A—绑扎钢筋用的高度；B—上吊篮需要高度；C—千斤顶一个行程所需高度。

图 9-85 收坡式墩台用钢千斤顶架

3) 操作系统

(1) 操作平台

操作平台是滑模施工中混凝土灌筑、振捣、钢筋焊接、顶杆接长及模板提升等项作业的操作场地。它一般是由纵横梁组成的平面板架结构,质量轻,刚度大。

操作平台供施工人员在主面操作之用,支承在千斤顶架或围圈上,由大梁(或桁架)木檩及铺板组成。木檩一般用 80 mm×170 mm 木枋制作,铺板用 25 mm 厚的木板。铺设铺板后要使平台顶面与内模板平齐。

在操作面过小或操作高度不够时,可在操作平面上部再搭设上层操作平台,其立柱可插在千斤顶架立柱的间隙内,上钉木梁及铺板。

外操作平台由固定在千斤顶架立柱上或围圈上的挑三角架支承。外侧平台的宽度一般为 0.8 m。

(2) 吊架

吊架由吊杆、横杆和脚手板组成。设置吊架的目的是为检查混凝土质量、抹面养护、钢筋绑扎等作业提供操作场地。

吊架悬挂在操作平台和千斤顶架的立柱上,有内外吊架之分,供调整和拆除模板、检查混凝土质量和修饰混凝土表面等操作使用。吊架一般由直径为 16~20 mm 的钢吊杆及 40~50 mm 厚的脚手板组成。

4) 液压滑升模板主要工作步骤

(1) 地面拼装

滑动模板在墩身位上就地组装的顺序为:在桥基顶定出桥墩中心线,并用墨线弹出内外模板上下口的投影线,搭设拼装枕木垛;在枕木垛上先安放内钢环并准确定位,再依次安装辐射梁、外钢环、立柱与收坡丝杆、模板、千斤顶、套管、安插顶杆和输油管路等;待模板提升 2 m 后,再安装内外吊架和安全网。

(2) 提升与收坡

当滑模组装后,先灌注混凝土 50~70 cm,然后试提升(初升)3~5 cm,以防止已灌注的混凝土与模板黏结,检查提升设备与模板各部分是否正常工作,发现问题及时处理,还应检查脱模混凝土强度增长是否正常。认为符合要求时,方可进入正常提升阶段。正常提升是每灌注一层混凝土,就提升一次模板,在正常情况下,前后两次提升时间不超过 1 h。提升后模板上口距混凝土面不宜超过 50 cm,以防模板移动。随着模板的提升,应转动收坡丝杆,调整墩壁曲面的半径,使之符合要求的收坡坡度。

(3) 接长顶杆、绑扎钢筋

模板每提升一定高度后,就需要穿插进行接长顶杆、绑扎钢筋及按施工图要求做好预留孔和预埋构件等工作。

9.2.5 爬模施工装备

1. 整机的组成和工作原理

爬模法是以凝结的钢筋混凝土墩壁作为承力结构,由内外套架导向,以套架上的液压缸作动力,使模板上升。铁路桥梁高墩施工中较多采用内爬外挂双臂塔吊式爬模,适用于 30 m 以上各种截面形状的空心高墩施工,可用于单、双线桥墩。

目前常用的爬模为液压自爬模。液压自爬模是现浇竖向钢筋混凝土结构的一项较为先进的施工工艺,在山区铁路施工中被普遍采用。

爬模主要由网架主工作平台、双悬臂双吊钩塔吊内外套架、内爬支架结构、外挂 L 形支架、液压顶升及控制系统、模板及支承系统、配电设备等组成。其构造如图 9-86 所示。

爬模模板配置为两层 1.5 m 的钢模,按一个循环灌注一节模板的混凝土施工,当上一节模板内混凝土灌注完毕,经过养护达到要求的强度后,爬架开始爬升,就位后,拆下面一节模板,同时进行待灌注一节的钢筋绑扎,并把拆下的模板立在上节模板之上,再进行混凝土灌注、养护、爬架爬升等工序。如此往复循环,两节模板连续倒用,直至完成整个墩身的混凝土灌注。

1) 爬模组装

爬模可以在地面拼装成几组大件,利用辅助起重设备在基础上进行组拼,也可将单构件在基础上拼装。爬模组装流程为:墩身基础段

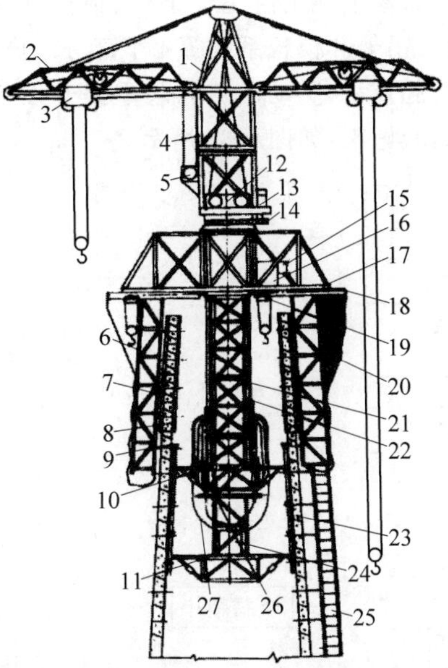

3）爬模拆卸

爬模分两部分拆卸：第一部分为位于墩身内部的内爬升机构，包括内外套架、上下爬架、液压缸等；第二部分包括网架工作平台、起重机机构、外挂架等所有外部结构。拆卸过程中必须设置安全保护措施，并按照拆卸顺序和高空作业安全规则进行，各部分的拆除必须严格对称，边拆除边运走。外部机构可利用爬模的塔吊拆除，此时应保证起重机井架底部与墩顶的连接必须牢固可靠。塔式起重机用墩顶上临时安装的简易扒杆拆除。对拆除后的爬模零部件应进行检查、维修，妥善保管，分类存放，以备再用。

2．主要系统和部件的结构原理

爬模爬升原理是以空心桥墩已凝结的具备一定强度的混凝土墩壁为承力主体，内爬支腿机构的上下爬架及顶升液压缸为爬升设备主体，液压缸的活塞杆与下爬架铰接，缸体与上爬架铰接，上爬架与外套架连接，而外套架又与网架工作平台连接，支承整个爬模结构。通过液压缸活塞杆与缸体间一个固定、一个上升，上下爬架间也是一个固定、一个相对运动，达到上爬架和外套架、下爬架和内套架交替爬升，从而完成爬模结构整体的爬升、就位、校正等工序。内爬架支腿机构的上下爬架与墩壁的支点方式采用在墩壁上预埋穿墙螺栓，然后在其上连接支承托架，上下爬架的爬靴支在托架上，以此为支承点向上爬升。其工艺流程如图9-87所示。

9.2.6 翻模施工装备

1．整机的组成和工作原理

翻模施工是目前应用最广泛的桥墩施工方法，具有投资较小、节约劳力、安全可靠性好、易于保证质量等优点。翻模施工过程中，其模板交替翻转上升。

翻模由上、中、下3节模板组成，随着混凝土的连续灌注，在下节模内混凝土达到拆模强度后，由下向上将模板拆除，连续支立，如此循环往复，完成桥墩的灌注施工。翻模施工技术适用于圆形、圆锥形、矩形等各种截面形式的高墩施工。

1—吊臂；2—塔吊吊架；3—小车；4—起重机井架；5—电动葫芦；6—外挂L支架；7—外模板；8—内模板；9—附壁爬靴支座；10—上爬升梁；11—下爬升梁；12—卷扬机；13—回转机构；14—回转支承；15—控制箱；16—配电柜；17—网架工作平台；18—导轨；19—电动葫芦；20—安全网；21—外套架；22—内井架；23—模板拉杆；24—液压泵站；25—爬梯；26—顶外液压缸；27—油管。

图9-86 爬模构造示意图

长6 m的施工→上爬梁、两节内井架→上爬梁、第一节外套架→顶升液压缸→油箱、液压泵站→第二节外套架→网架工作平台→塔吊底座、井架、顶架→吊臂→外挂L支架→内外吊脚手架→电气控制柜→脚手板→安全网及其他附属装置→环链电葫芦→模板及支承系统。

2）爬升

爬升过程为：先将上爬架的4个支腿（爬靴）部分收缩；然后操纵液压控制两顶升液压缸活塞杆支承在下爬架上，两缸体同时向上顶升，并通过上爬架、外套架带动整个爬模结构向上爬升；待行程达1.5 m时，停止爬升，调节专门丝杠，伸出4个支腿，爬靴就位，支撑在爬升支架上（此处混凝土是在3～4天前灌注的）；接着再操纵液压控制台，使活塞杆收回，带动爬架、内套架上升就位，并把下爬架支腿支承好。在爬升工序里还包括接长外挂爬梯、放钢丝绳、拆穿墙螺栓及其倒用等。

混凝土墩身翻模施工的基本方法按混凝土浇筑方式分类有分节立模间歇灌注法和分节立模连续灌注法；按结构形式分类有悬挂式脚手架翻模和液压式翻模。

桥墩翻模施工由工作平台、顶杆及提升设备、内外吊架和模板系统等4个部分组成，再配合塔式起重机、手动葫芦等起重提升设备共同完成高墩施工，如图9-88所示。

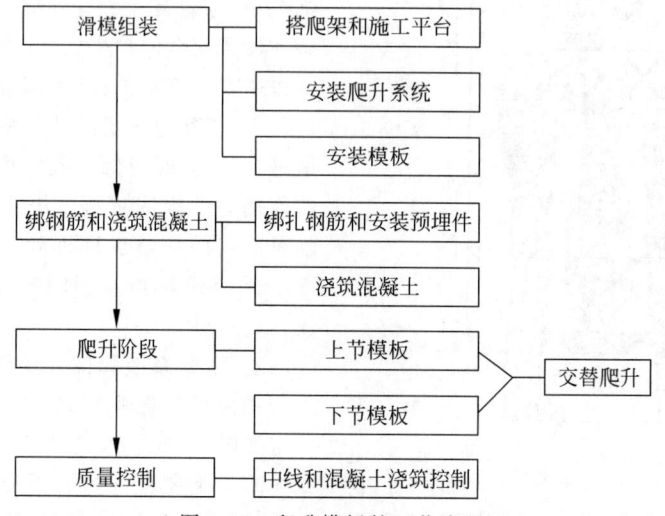

图9-87 爬升模板的工艺流程

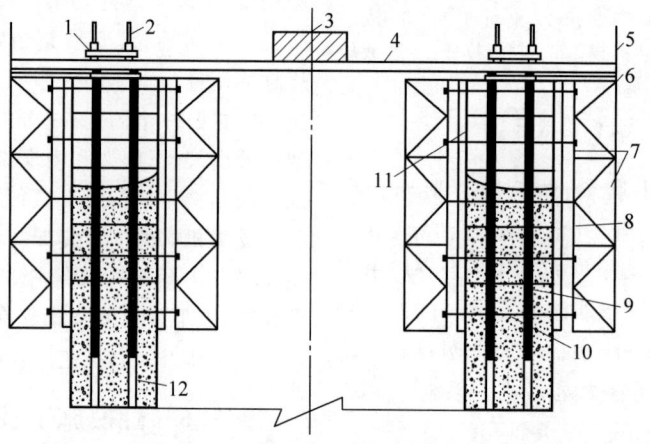

1—千斤顶；2—顶杆；3—操作台；4—工作平台；5—栏杆；6—收坡丝杆；7—围带；8—外模；9—撑杆；10—拉杆；11—内模板；12—套管。

图9-88 翻模构造示意图

先用A、B层模板在基础顶面浇筑部分混凝土墩身，建立起工作平台，将顶杆装置支承于墩身混凝土内，并用千斤顶将作业平台提升至一定高度。平台上悬挂吊架，利用辐射梁上的滚轮对模板进行拆卸、收坡、提升、安装及钢筋绑扎等工作。混凝土的灌注、捣固、纵横向中线的位移及高程控制等作业则在工作平台上进行。模板设A、B、C 3层，循环交替翻升。

开始施工时，必须将A、B两层混凝土灌注完毕后才可从第一层开始翻升，即利用辐射梁上的倒链滑车作提升设备，将第一层模板最下端一层拆卸后提升至新组装位置进行安装与校正、绑扎钢筋、灌注混凝土，如此循环上升直至完成整个墩身的施工。其施工工艺如图9-89所示。

施工时第一节模板支立于墩身基顶上，第

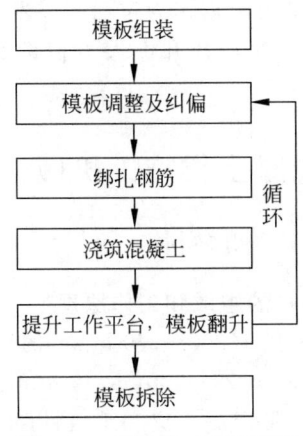

图 9-89 翻模施工工艺流程

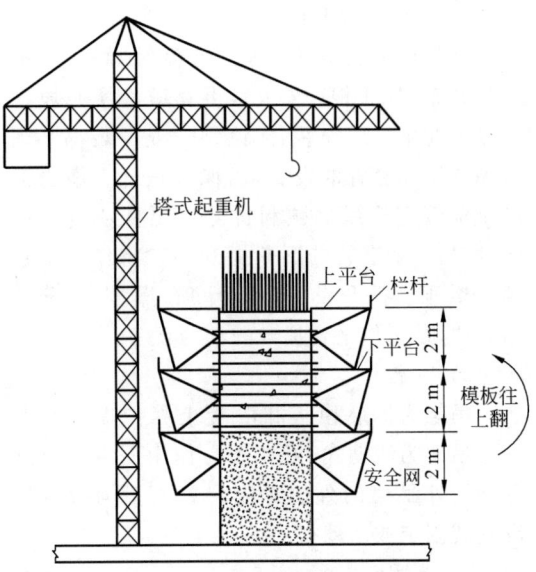

图 9-90 翻模施工示意图

二节模板支立于第一节模板上,第三节模板支立于第二节模板上。当第三节模板内混凝土强度达到 3 MPa,第一节模板内混凝土强度达到 10 MPa 时,拆除第一节模板,此时载荷由已硬化的墩身传至基顶。将第一节模板作少量调整后利用模板内外固定架和塔式起重机、手动葫芦将其翻升至第四层,依次循环向上形成拆模翻升、模板组拼、搭设内外工作平台、钢筋焊接绑扎、接长泵送管道、灌注混凝土、养护、测量定位的不间断作业,直至达到墩顶高度。

1) 翻模组装

模板采用塔式起重机吊装,人工辅助就位。先选择墩身一个面拼装外模;然后依次将整个墩身第一节段外模板组拼完毕;接着吊装内模板,用螺栓将模板连成整体;最后安装围带和对拉螺栓。模板成形后检查各部分安装尺寸,符合安装标准后吊装模板固定架,为确保已安装模板的第一节模板安装精度,用水准仪和全站仪检查模板顶面高程和墩身中心及平面尺寸,符合标准后进行下道工序,如图 9-90 所示。

2) 模板翻升

在第二节模板内外围带或模板固定架上挂好吊篮,拆除第一节内外模板固定架,用手动葫芦挂住第一节钢模板,松开内外模板之间的对拉螺栓,卸下第一节段内外围带,用塔式起重机吊运至第三节混凝土顶面平台上。将第一节段拆下的用于第四节段的模板吊运到第三节混凝土顶面,清理模板并涂刷脱模剂后按

放线尺寸组装为第四节模板。然后,按第一节的安装次序安装其余部分。每节模板安装时可在两节模板的缝隙间用薄钢板塞填以便纠偏。

3) 拆模

施工至墩顶后,墩顶仍保留 3 节模板,墩身混凝土强度大于 10 MPa 时,拆除模板。拆除时按底节→中间节→顶节的顺序进行。每节模板拆除按安全网→栏杆→脚手板→平台和模板固定架→围带→连接螺栓→钢拉杆→钢模板的顺序进行。为方便拆除,在墩顶预埋吊装环,利用吊装环悬挂吊篮和手动葫芦进行拆除吊运工作。施工电梯和塔式起重机由上至下进行拆除,拆除至底节段时,分别解体后同先期拆下的模板及模板组件一并吊运至存放场整修、存放。

2. 主要系统和部件的结构原理

1) 工作平台

工作平台由辐射梁、内外钢环、步板梁、栏杆及扶手等组成,各部件之间采用螺栓连接。工作平台既是工人进行混凝土灌注和捣固、吊架悬挂、中线水平控制等作业及堆放小型料具的场地,又是提升架、吊架等的支承结构。还可以在工作平台操作面上,通过控制各千斤顶,使工作平台随千斤顶的爬升而提升。

2) 顶杆和提升设备

顶杆设于套管内,套管与辐射梁相连,沿圆周共布置24根(12组),可在墩底实心段内预设或在第三层安装,无论预设或安装都必须考虑铁靴和套管的设置,以保证顶杆在墩身混凝土浇筑完毕后的顺利拆除。顶杆通过多次丝杆对接,随套管的不断提升一直将作业平台顶至墩顶。提升设备由千斤顶、操纵台、分油器组成,是工作平台提升的动力设备。

3) 吊架

吊架为拆装模板和混凝土养护提供作业面。吊架为活动式,可在人力作用下沿辐射梁移动。外吊架的外侧焊制栏杆。根据墩身情况安装固定或活动扶手。

4) 模板系统

模板系统是翻模的重要组成部分,由外模和内模两部分组成。外模分固定和抽动两种类型,固定模板又分固定1和固定2两种规格,抽动模板分大、中、小3种规格。该模板的特点就是用固定模板和抽动模板的不同组合来解决墩身收坡的变截面问题。为保证桥墩的施工质量,圆端部分采用曲率可调模板(在模板的板肋上设置几组对丝调节螺栓,通过拉动或推动板肋来调节面板的曲率)、墩身外形山型钢围带(用于直板段)和扁钢柔性围带(圆端段)。内模分为固定、抽动和错动3种模板类型,采用型钢支承围带,模板之间用螺栓连接,内模板间采用圆钢作为拉筋并撑木使之成为整体。模板拆装翻升由人力借助倒链滑车完成。

9.3 混凝土梁施工机械

9.3.1 搬梁机

1. 整机的组成和工作原理

搬梁机用于 200～350 km/h 的高速铁路、城际铁路 20 m、24 m、32 m、40 m 预制双线整孔预应力箱形混凝土梁和Ⅰ级铁路单箱双室简支箱梁的台座提升,台座间的横向、纵向移梁以及装卸施工。能满足不同长度运梁车的装车功能,还可用于组装、拆卸架桥机和运梁车等工作。

搬梁机主要为门式结构,按照装梁(装梁到运梁车上)方式分为单门式搬梁机和双门式搬梁机。单门式搬梁机一般用于将箱梁搬移至提梁站,不用于运梁车装梁;双门式搬梁机既可用于运梁车装梁,也可用于移梁至提梁站。

1) 单门式轮胎式搬梁机

单门式轮胎式搬梁机为单主梁单门架结构形式(人字形结构),如图9-91所示。但由于是A形支腿结构,在将箱梁提梁至运梁车时,其进入方式只有横向一个角度,纵向方向无法让运梁车驶入。

图 9-91 单门式单主梁轮胎式搬梁机

2）双门式轮胎式搬梁机

双门式轮胎式搬梁机为双主梁结构或单主梁结构，分别如图9-92、图9-93所示，可通过支腿节段的变化来满足高位和低位不同工况的要求，一机多工况的能力使得其经济性能十分突出。也可以通过调整支腿位置，满足运梁车纵向驶入的要求。

搬梁机主要由主梁、支腿、车架及支承机构、起升机构、主动轮组和从动轮组、转向机构、动力系统、电气和液压系统组成，如图9-94所示。

搬梁机工作原理：发动机通过分动箱串联多组液压泵，驱动液压马达及减速机提供搬梁机走行动力，通过电液控制系统控制整机走行、转向，控制卷扬机运行，实现箱梁搬运、起吊、降落等。配置的发电机组用于照明和空调。

图9-92 双门式双主梁轮胎式搬梁机

图9-93 双门式单主梁轮胎式搬梁机

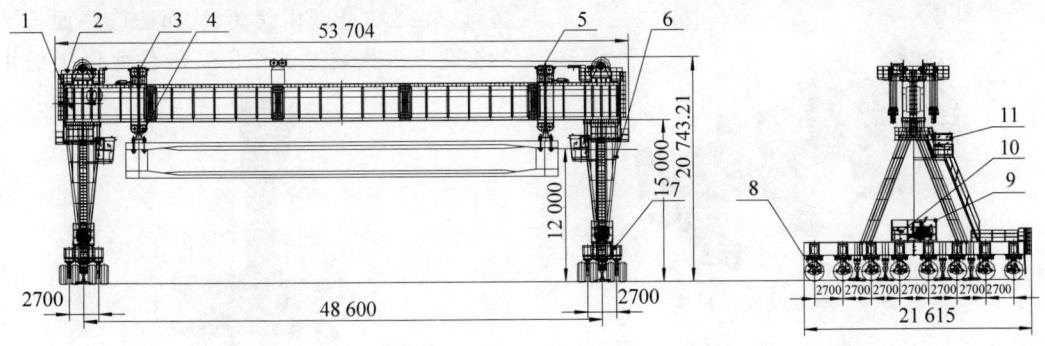

1—主梁总成；2—走台栏杆；3—前起重小车；4—吊具总成；5—后起重小车；6—支腿；7—车架；
8—悬挂转向走行系统；9—动力系统；10—液压系统；11—电气系统。

图9-94 HLT1000型轮胎式搬梁机结构示意图

2. 主要系统和部件的结构原理

1) 主梁

主梁为单主梁箱形结构（图 9-95），由 5 个节段拼装而成，每个节段均为焊接箱形结构，各节段之间采用高强度摩擦型螺栓连接。为保证箱形结构的稳定性，箱梁设有加强筋和隔板，并在箱梁内部有加强结构。主梁与支腿采用法兰连接。单件箱梁长度不超过 12 m，符合公路运输要求，并且在工作现场可以由普通的吊装设备进行组装和解体。为满足 32 m 梁场的使用要求，主梁设有 8 m 调整节。

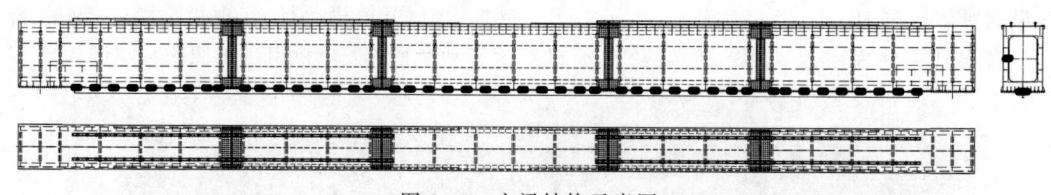

图 9-95　主梁结构示意图

2) 支腿

支腿为门形结构，由上横梁和支腿立柱组成。上横梁和支腿立柱均采用箱形结构，采用 Q355C 结构钢，内部布置有加筋板以防止局部失稳。节段之间采用 10.9 级高强度摩擦性螺栓连接，可以保证轮胎式搬梁机的抗扭性和垂直方向的稳定性。

横梁设置两组法兰，根据梁场施工需要，门架支腿可变换两种安装方式：一种为运梁车装梁安装方式，另一种为普通安装方式。

3) 车架及支承机构

车架及支承机构是走行轮组的承力部件，采用单根箱形梁结构，左右腹板外侧分别与 8 组牛腿通过高强度螺栓连接。车架顶面安装支腿，下面安装支承机构（图 9-96），钢材用 Q355C 结构钢。车架通过牛腿与悬挂轮组相连，每个车架连接有 4 轴线 8 个走行悬挂和 2 个支承机构。

行转向，将会使液压系统的压力增高，需要更大的转向液压缸，并且对轮胎的磨损严重。支承机构的功能就是辅助提梁机在重载情况下转向，在转向时液压缸顶起，使轮组仅仅承担自重所引起的承载量，此时轮胎变形量、接地面积、转向阻力矩、液压系统的压力均较小，从而保证施工安全。

支承机构由连接座、液压缸、球铰头、悬挂装置和底座组成（图 9-97），安装在走行台车下面走行轮组中间。在空载情况下整机进行 90°转向时，由支承机构通过下端的底座将力作用在地面上，使轮胎不受载重力。当重载转向时，必须先支起支承机构，并检测支腿压力，待其到达一定设计值以后才能进行转向，避免转向时轮胎受剪切力而破坏。连接座的作用是将液压缸和车架连接起来。支承液压缸的活塞杆端通过球铰头与球面底座相连，使球面底座可以在 ±5° 范围内摆动，从而适应路面不平的变化。悬挂装置的作用是卡住底座上的止

图 9-96　车架及支承机构

在重载情况下，搬梁机轮胎的接地比压较大，轮胎的变形也较大，轮胎的接地面积增加，转向阻力矩增大，若没有其他辅助设备辅助进

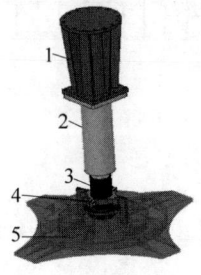

1—连接座；2—液压缸；3—球铰头；4—悬挂装置；5—底座。

图 9-97　支承机构结构示意图

转块,避免底座转动割破轮胎。

4) 起升机构

起升机构由卷扬机构、起重小车、吊具等组成。

(1) 卷扬机构

卷扬机构钢丝绳缠绕方式有两种:一种为单吊点,即采用一根钢丝绳缠绕;另一种为双吊点,即采用两根钢丝绳缠绕(四点起升、三点平衡吊装系统),使箱梁均衡受载,平稳起落,避免前后起重小车4个吊点横向起升差别对箱梁梁体造成附加扭矩,保证箱体在吊装过程中平衡、平稳、安全。

液压卷扬机采用变量马达和减速机驱动卷筒,可实现无级调速,使起升平稳无冲击。卷扬机设三级制动,工作制动采用液压制动,停车时减速机带弹簧常闭制动,安全制动采用钳盘式制动器在卷筒处制动,可保证箱梁不下滑,使起升系统有足够的安全性。

(2) 起重小车

起重小车由纵移机构、横移机构、起重车架、定滑轮组、吊具等组成,如图9-98所示。

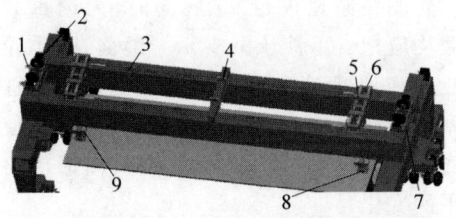

1—均衡滑轮系统;2—卷扬机;3—走行槽;
4—中间滑轮座;5—横移小车;6—大车总成;
7—固定绳具;8—吊具总成;9—动滑轮组

图9-98 起重小车结构示意图

纵移顶推机构采用液压缸推拉方案,在每个起重小车与主梁之间设置两个顶推液压缸,满载时起重小车能够纵向移位±500 mm,满足精确对位要求,同时在空载、需要长距离调整起重小车的纵向位置时,采用步履式顶推方式实现起重小车的变幅移位,满足吊装40 m、32 m、24 m、20 m等4种不同双线整孔预制混凝土箱梁的要求。还设有4个横移液压缸,满载时小车能够横向移位±200 mm,满足精确对位的需要。

(3) 吊具

吊具主要由动滑轮架、动滑轮组、摆轴、吊梁、吊轴组等组成。通过吊梁和动滑轮架之间的摆轴,可以实现吊具的前后摆动,从而使吊具在工作过程中始终保持良好的受力状态。与小车架上的定滑轮组相对应,每个吊具上装有两个动滑轮组,每个动滑轮组上有6个动滑轮。动滑轮与定滑轮一样,为轧制焊接滑轮。吊轴组由塑性、韧性良好的合金结构钢制造。吊轴共8根,吊杆安全系数大于5。

5) 主动轮组和从动轮组

整机走行通过发动机驱动左、右走行轮组来实现。左、右走行轮组上面各连接有两个车架。整机走行系统含主动走行悬挂和从动走行悬挂共32个,其中8个主动走行悬挂,16个主动轮;24个从动走行悬挂,48个从动轮。轮胎直径为1760 mm。

主动轮组由驱动车桥、液压驱动马达、减速机、轮胎、轮辋、连接销等组成,如图9-99所示。驱动车桥通过连接销连接在悬挂架上,悬挂液压缸缸头连接在悬挂架上,活塞杆头连接在驱动桥上。液压马达减速机固定在驱动桥上,通过减速机驱动轮毂上的轮胎转动。

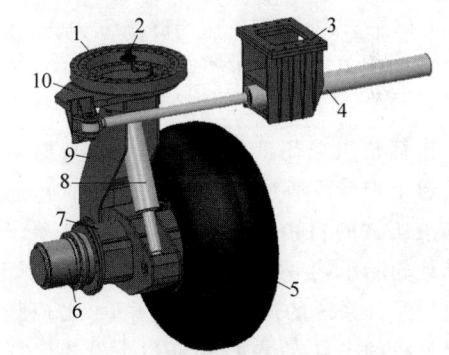

1—回转支承;2—传感器组件;3—液压缸座;4—转向液压缸;5—轮胎-轮辋组件;6—马达-减速机组件;
7—摆臂;8—均衡液压缸;9—支撑臂;10—转臂

图9-99 主动轮组结构示意图

从动轮组主要由从动车桥、轮胎、轮毂及连接销等组成,如图9-100所示,其结构形式与主动轮组类似。

整机走行驱动是由液压回路完成的。该

1—回转支承；2—传感器组件；3—液压缸座；4—转向液压缸；5—轮胎-轮辋组件；6—车桥；7—均衡液压缸；8—支撑臂；9—转臂

图 9-100　从动轮组结构示意图

液压回路是由高压变量泵、变量马达组成的闭式回路，通过传感器、电磁比例阀和微电控制系统，可无级变速，保障平稳起步和平稳制动，冲击小、平稳性好。

大车走行制动系统包括行车制动、驻车制动及紧急制动系统。其中，行车制动主要通过控制驱动泵排量，逐步降低车速实现行车到停车的过程。驻车制动为液压驻车制动。液压驻车制动系统为驱动悬挂轮边减速机内置的常闭式制动器。走行时，驱动系统压力松开制动器；停车后，驱动系统压力降为零，制动器在弹簧力的作用下与制动盘结合，实现驻车状态下制动。

走行轮组采用液压悬挂系统。当提梁机在坡道上走行或通过凸凹不平的路面时，通过均衡液压缸的自由收缩或外伸达到自动调节与其他轮胎承载平衡的目的，如图 9-101 所示。通过把悬挂系统的液压缸按组并联，实现既能满足整机的三点支承，以保证整个设备保持均衡；又能实现自动调整载荷，使轮胎承载力均匀分配。

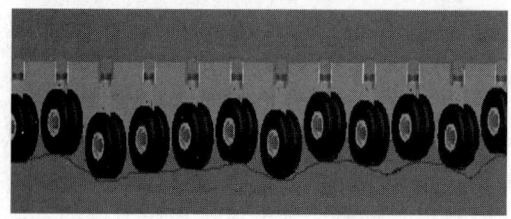

图 9-101　轮胎自动均衡调节高度示意图

悬挂具有重载升降功能，它采用柱塞缸，最大工作压力为 28 MPa，中位升降行程为 ±200 mm。

液压悬挂设有双管路保险系统，在极端情况下，液压管路爆裂时，能够确保整机平衡，不出现整机颠覆。

6）转向机构

轮胎式搬梁机设置电控独立转向机构，可实现原地 90°转向、纵向走行和横向走行过程中的 ±10°转向、斜行、原地旋转。转向机构由转向液压缸、转向支架等组成。转向液压缸的缸体通过销轴与转向支架铰接，活塞杆端与悬挂总成中的转臂铰接，通过转向液压缸的伸缩来实现轮组的转向。每个轮组上都安装有转向液压缸，通过电子控制及电子反馈系统使每个轮组按设定的角度进行转动。可以保证每个轮组转向角度完全一致，并能在行进中微调。

原地转向用于调整整机的姿态，只能在出梁通道上使用。半八字转向用于搬梁机横向运行时，在出梁通道上进行转弯运行。

轮胎在原地进行 90°转向时，无论重载或空载均应把支承液压缸支承于地面，减小轮胎的压力和地面对轮胎的磨损。支承液压缸的活塞杆端通过球面接头与球面底座相连，使球面底座可以在 ±5°范围内摆动，从而适应路面不平的变化。

7）动力系统

动力系统选用康明斯发动机组，排放满足国家相关标准。燃油箱容量为 2×1000 L＝2000 L。发动机通过弹性联轴器（扭力减振器）与驱动油泵相连，油泵通过闭式回路驱动液压马达和轮边行星减速器来实现走行；液压主油泵为进口闭式变量泵，液压系统最大工作压力为 40 MPa，安全可靠。在系统中，操纵杆通过调节变量泵的斜盘倾角，得到不同的泵的输出流量，实现各挡走行速度的调节。当操纵杆回中位后，主机走行渐停。

发动机、泵组、油箱、液压控制阀组、蓄电池等均安装在动力舱内，置于车架中部顶面平台上。配有一台 10 kW 发电机组，用于照明和空调。

8) 电气系统

(1) 电气系统的组成

搬梁机的电气系统由动力控制、车速调控、转向控制、悬挂及支腿控制、监视及显示、安全监控、电源及照明等子系统组成，其结构如图 9-102 所示。

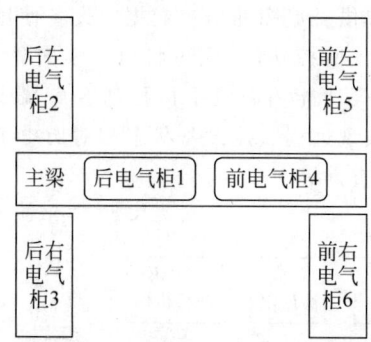

图 9-102　电气系统结构示意图

搬梁机电气系统采用基于 CAN 总线的分布式控制，选用工程车辆专用控制器，控制器具有多个 CAN 总线接口，防护等级达到 IP67，可适应振动及潮湿等工作环境，可靠性高。

(2) 发动机控制

搬梁机由两套配置完全相同的发动机提供动力，发动机控制系统由发动机启停控制、转速控制、仪表显示监控等组成。

发动机控制由驾驶室操作台发出控制指令，控制器通过 CAN 总线实现对发动机的控制和信息交互，包括发动机启停控制、转速控制、水温和机油压力及工作小时数等信息的读取等。发动机控制采用 J1939 协议读取发动机控制器数据并控制转速，数据集中显示在驾驶室人机界面，控制延迟少，操作简单。

(3) 车速调控

走行车速的控制通过调整发动机转速、驱动泵及走行马达排量 3 个变量匹配控制实现。走行驱动马达上安装有霍尔转速传感器，实现对驱动走行速度的监控。控制器采集马达转速、液压泵压力、发动机转速等参数，实现车速调整及行车过程的闭环监控。车速调控模型如图 9-103 所示。

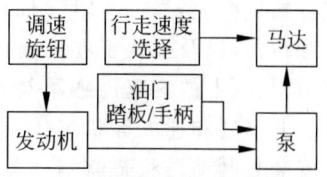

图 9-103　车速调控模型

(4) 转向控制

转向方式：液压缸驱动全轮转向。

转向实现：纵行、横行、斜行、半八字转向。

转向控制：由驾驶室选择转向模式，将转角信号传给转向控制器，控制器比较转角指令数值与轮组编码器当前角度数值偏差，通过 PID 控制转向比例阀实现高精度闭环转向控制。

转向控制过程：转角旋钮带动电子元件（高精度电位器）发出转向信号，通过控制器运算后向各转向机构发出指令，由转向液压系统推动转向机构完成转向动作。

转向双闭环控制模型如图 9-104 所示。

定义轮胎与主梁平行方向行驶为横行（轮胎转角角度范围±5°），与主梁垂直方向行驶为纵行（轮胎转角角度范围 85°~95°），斜行时所有轮胎转角为发出指令设置的角度（轮胎转角范围 -5°~95°），半八字转向转角范围为 -5°~50°（半八字转向分本侧和对侧两种模式，选择哪一侧则该侧为大角度转向）。

(5) 悬挂及支腿控制

搬梁机两侧均布若干支悬挂液压缸和一定数量的支腿液压缸，在吊装梁箱、大角度转向长时间停车时，将支腿顶升使轮胎受较小的力；在需调整两侧大车高度时，控制悬挂液压缸的升降使设备调制在合适高度。控制器输出 PWM 比例电流信号，控制电磁比例阀，进而控制液压缸的伸出和收回。

(6) 卷扬起升控制

卷扬机的动力由开式系统提供。卷扬机升降方向及速度调整由驾驶室发出控制指令，卷扬控制器输出控制信号给卷扬比例阀组及制动阀组，实现卷扬机速度及方向的控制，同时控制卷扬马达减速机制动、卷筒钳盘制动器。通过卷扬机构上安装的高度限制器、重锤高度机械限位器,以及安装于卷筒输出轴上的编码器、驱动马达上的测速传感器共同实现吊钩高度及起升高度和速度等状态的实时监控。卷扬机上安装有制动器状态监控开关、失速检测开关、重量限制器等多重保护装置,确保起升过程安全可靠。

(7) 小车纵横移控制

搬梁机整机有两台小车,每台小车均有一套纵移机构和横移机构,用于纵行移动或横行移动所吊梁片。纵移和横移机构均由两支液压缸进行驱动,由纵横移控制器控制多路阀实现纵横移控制。

(8) 安全监控

搬梁机配置有安全监控系统。系统与设备控制系统通过传感器进行融合,基于互联网、物联网和工业大数据技术,组成面向工程施工安全管理的监控平台(图9-105)。其能够实时准确、生动形象、真实全面地反映起重机的即时工况,可随时再现设备不同时段的关键数据,提供可追溯的历史数据。设备使用方若选配远程监控功能,还可将以上实时监控、数据查询等功能拓展至手机移动客户端或计算机上,实现远程监控设备状态和对历史工作过程进行查询等。

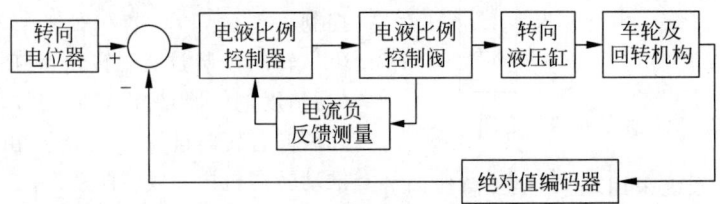

图 9-104 转向双闭环控制模型

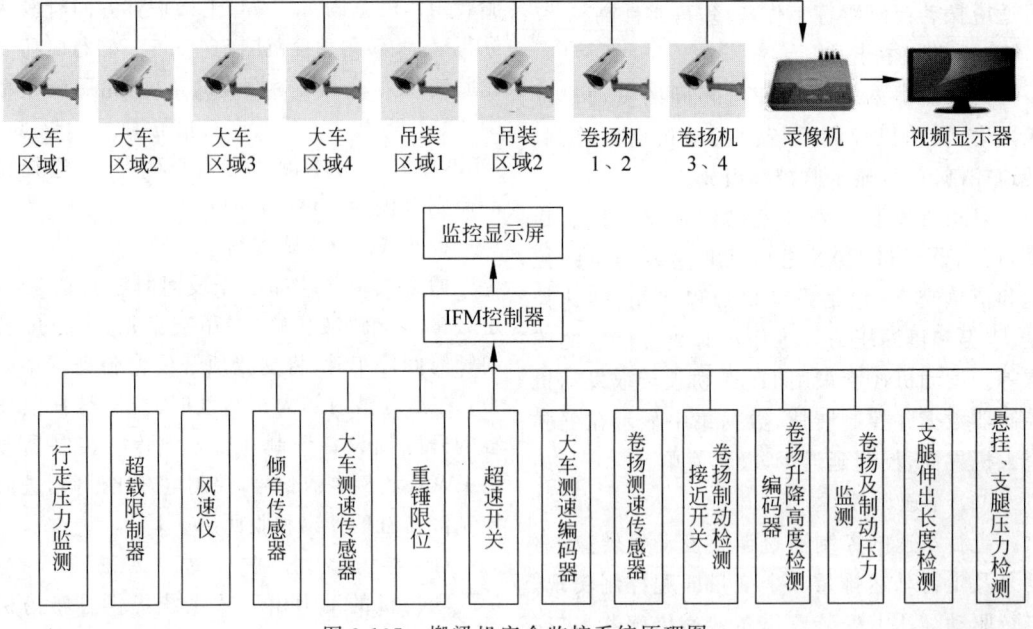

图 9-105 搬梁机安全监控系统原理图

(9) 电源及照明

搬梁机的弱电取自两侧发动机蓄电池,照明、驾驶室空调、辅助设施的供电取自 AC380V/220V30kW 交流发电机组。

操作室设室内顶灯,台车两端设左右照明大灯。主梁与支腿位置各设置若干盏主照明灯,以供夜间及光线较差天气下的施工。

9）液压系统

HLT100040C型搬梁机的液压系统由左右两侧各自独立的车架液压系统组成,其左右两侧车架结构对称,液压系统对称相同。工作时依靠电控实现两侧独立的液压系统协同工作,共同实现搬梁机的各项功能。

每侧车架液压系统均由驱动系统、制动系统、转向系统、悬挂及支腿系统、卷扬及吊具调整系统、散热系统、液压管路、液压辅件八大系统组成。

整机液压系统的动力源为两台250 kW发动机,分布于左右两侧,每台发动机通过连轴器驱动一台闭式泵、一台开式负载敏感柱塞泵和一台带压力控制的开式辅助柱塞泵,为各侧的液压系统提供压力油源。

一台闭式电比例泵驱动电比例液压马达,组成走行的闭式电比例系统（驱动系统）；一台开式负载敏感柱塞泵和一台开式辅助柱塞泵驱动卷扬马达、诸多液压缸及若干辅助功能（制动系统、转向系统、悬挂及支腿系统、卷扬及吊具调整系统、散热系统）组成开式工作系统,且负载敏感的控制特性使得子系统处于最佳功效匹配状态。由此HLT100040C型搬梁机液压系统形成了由开、闭式两种类型液压系统组合而成的一个液压系统。

（1）驱动系统

驱动系统结构示意图如图9-106所示,工作性能见表9-3。

系统最大流量320 L/min,额定压力42 MPa,理论工作压力不大于30 MPa。

图9-106　驱动系统结构示意图

表9-3　驱动系统工作性能

发动机功率	闭式泵排量	马达排量	马达数量
250 kW	180 mL/r	80 mL/r	16台
减速机速比	系统流量	额定压力	理论压力
146	320 L/min	42 MPa	不大于30 MPa

马达及减速整体直接装在驱动轮对的轮辋之内,结构紧凑（图9-107）,马达通过146速比的轮边减速机驱动车轮走行。

1—平衡臂；2—悬挂架；3—悬挂液压缸；4—减速机马达；5—摆动桥；6—轮胎轮辋。

图9-107　驱动系统结构图

走行驱动系统采用闭式液压系统,单侧一泵八马达,整机两泵十六马达。泵为一线进口品牌180 mL/r排量的电比例变量闭式泵,马达为一线进口品牌80 mL/r排量的电比例变量马达,元件可靠性高。而电比例变量泵＋电比例变量马达的液压驱动形式让整机调速性能极佳,PLC的电控技术实现对每一对主动轮对的速度控制,这就成功解决了车架在转弯过程中内外侧差速、差力的问题,使得转弯行驶时整机依然平顺,液压系统不会存在憋压或超速问题。

因闭式系统热油难回油箱导致闭式系统液压油散热难的特性,闭式走行系统要对泵侧管路进行集中冲洗,集中冲洗阀的流量为30 L/min,冲洗压力为2.5 MPa,有效将热油置换出来,降低闭式走行系统内的油温。

（2）制动系统

制动系统为走行减速机配备的驻车制动系统。常闭式盘式制动器安装在驱动轮系的行星减速机内,在整机驻车静止时制动器在弹簧的作用下可靠地将制动盘压死,整机处于驻车制动状态；当整机开始走行时,来自主油路经过梭阀选出的高压油在通过 2.5 MPa 的减压阀后,以 2.5 MPa 的压力推动 16 台减速机里的驻车制动器活塞缩回,制动解除,整机可以开始走行。

在行车过程中,制动主要通过液压系统的特性来完成。当操作者拉回车速推杆时,泵的排量逐渐降低,车速也随之降低。当推杆回零位时,变量泵排量为 0,在管路及元件的液压阻尼作用下,实现行车制动。

(3) 转向系统

转向系统结构见图 9-108,工作性能见表 9-4。

图 9-108 转向系统结构示意图

表 9-4 转向系统工作性能

转向泵排量	转向液压缸型号	转向液压缸数量
145 mL/r	140/80-1300×330	32 支
系统流量	额定压力	理论压力
260 L/min	35 MPa	不大于 20 MPa

转向系统采用负载敏感开式液压系统。泵为一线进口品牌 145 mL/r 排量的负载敏感开式泵,元件可靠性高。整机由两台 145 mL/r 排量的负载敏感变量泵,为两侧车架的 16 支转向液压缸提供动力油源。系统的最大流量 260 L/min,额定压力 35 MPa,理论工作压力不大于 20 MPa。

搬梁机采用全轮独立转向,转向系统由电比例多路阀控制转向液压缸推动转向机构来实现转向。比例阀为液压缸大腔和小腔最大供油流量分别为 25 L/min 和 16 L/min,且设置在回转支承中心的编码器检测转向角度并反馈到控制器,形成闭环控制,精确控制转向角度,实现直行、斜行、八字转向、半八字转向等多种运动模式,整车灵活、平稳、无滑移行驶,可在窄小场地执行工作任务。

(4) 悬挂及支腿系统

悬挂及支腿系统结构见图 9-109,工作性能见表 9-5。

图 9-109 悬挂及支腿系统结构示意图

表 9-5 悬挂及支腿系统结构工作性能

悬挂液压缸型号	悬挂液压缸数量	支腿液压缸型号	支腿液压缸数量
160/150-520×920	32 支	280/200-400×1500	8 支
系统流量	额定压力	理论压力	
260 L/min	35 MPa	不大于 20 MPa	—

悬挂及支腿系统采用负载敏感开式液压系统(图 9-110)。泵为一线进口品牌 145 mL/r 排量的负载敏感开式泵,元件可靠性高。整机由两台 145 mL/r 排量的负载敏感变量泵,为两侧车架的 32 支悬挂液压缸提供动力油源。系统的最大流量 260 L/min,额定压力 35 MPa,理论工作压力不大于 20 MPa。

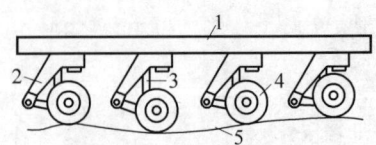

1—车架;2—悬挂架;3—悬挂液压缸;4—轮胎;5—地面

图 9-110 悬挂及支腿系统结构示意图

悬挂系统为每侧台车提供均衡,确保每组悬挂受力相等,悬挂液压缸共 32 支,每侧台车的16个悬挂可分为4个分区,当整机拼装完成时转换为两个分区,整机共4个分区,每个分区内部,悬挂液压缸的管路是相通的,在搬梁机行驶时,各组形成一个内部封闭的液压回路,当轮胎遇到凹凸不平的路况时,液压缸可通过这些相互连接的管路自动补偿伸出或者缩回,使得每组悬挂受力均匀。

悬挂支承作为承载的关键部件,在悬挂管路设计上设置双管路防爆阀。当悬挂管路中的一条管路爆裂时,双管路防爆阀可以立即关闭爆裂的管路,而另一条管路正常工作,如此搬梁机可以维持正常行驶;即使两条油管同时爆裂,双管路防爆阀可以在瞬间关闭爆裂管路,悬挂液压缸不会瞬间失压,悬挂系统仍能正常工作,极大提高了搬梁过程的安全性。

支腿系统在整机重载转向时为每侧台车提供支承力,以减小转向时轮胎的支承力,从而减小对轮胎的磨损。支腿液压缸共8支,分为4个点,每个点内的两支支腿液压缸由一片换向阀控制,总管路上加装一块管式平衡阀,用来在任意行程时锁定液压缸,并使液压缸升降平稳。

(5) 卷扬及吊具调整系统

卷扬及吊具调整系统工作性能见表9-6。

表9-6 卷扬及吊具调整系统工作性能

卷扬马达排量	卷扬马达数量	卷扬减速机减速比	
160 mL/r	4台	GFW5190F/40-AEAB209I	
卷扬多路阀单片流量	系统流量	额定压力	理论压力
150 L/min	260 L/min	35 MPa	不大于25 MPa
纵移液压缸型号	纵移液压缸数量	横移液压缸型号	横移液压缸数量
180/90-1050×1600	4支	125/63-500×1000	8支

卷扬系统采用负载敏感开式液压系统。泵为一线进口品牌145 mL/r排量的负载敏感开式泵,元件可靠性高。整机由两台145 mL/r

排量的负载敏感变量泵为整机的四台卷扬机提供动力油源。每台卷扬机由一台排量为160 mL/r的马达通过减速机进行驱动,马达的提升端装有平衡阀,用来为马达保压和使马达运转平稳,同时为减速机的制动器开启提供压力。当主油路没有接通时,减速机的制动器处于常闭状态,制动盘可靠抱死。当主油路开始建压打开主油路时,一分支油路同时打开卷扬减速机制动器,卷扬滚筒开始运行。每台卷扬马达由一片比例阀单独控制,卷筒中心设置有编码器用来检测提升高度。其中一侧台车的两台卷扬机的钢丝绳为一根通绳,形成一个浮动吊点。

吊具调整系统采用负载敏感液压系统,也是由两台145 mL/r排量的负载敏感变量泵提供动力源。吊具调整有纵移和横移两个动作,每个吊具的动滑轮组由两支纵移液压缸和4支横移液压缸进行调整。两支纵移液压缸由一片换向阀控制,换向阀后设置分流集流阀用来保证两支纵移液压缸的同步性,同时两支纵移液压缸设置有单动的功能。4支横移液压缸分左右两组,由两片换向阀分别控制,每片换向阀控制一组的两支横移液压缸,两支液压缸靠机械同步。

系统的最大流量260 L/min,卷扬多路阀单片最大流量150 L/min,额定压力35 MPa,理论工作压力不大于25 MPa。

(6) 散热系统

搬梁机的散热系统如图9-111所示。

图9-111 散热系统

散热系统为独立循环系统,配备两台044规格的风冷散热器,循环动力泵为闭式泵的补油泵和排量 28 mL/r 辅助泵，将闭式泵的泄油流量和冲洗阀的流量引到同一个散热器，将 28 mL/r 泵驱动的辅助散热阀的回油口经过 0.5 MPa 的单向阀引到另一个散热器，经散热器散热后再返回油箱。散热器的风扇转动由齿轮马达带动，齿轮马达由辅助柱塞泵提供动力源，系统额定压力为 28 MPa，理论工作压力不高于 6 MPa。

9.3.2 提梁机

1. 整机的组成和工作原理

提梁机是一种为桥梁建设而专门设计的门式起重机，主要由拼装式主梁、支腿、天车等组成，构件间采用销轴及高强螺栓连接，易于拆装、运输。与普通门式起重机相比，提梁机安装方便快捷，经济实用。目前主要为 450 t×2 提梁机和 500 t×2 提梁机，分别用于 900 t/32 m、1000 t/40 m 梁起吊。

MG500 型门式起重机如图 9-112 所示，主要由起升系统、门架结构、吊具、大车运行机构、电气系统、附属结构等组成。

提梁机工作原理：通过电缆供电，电气控制整机沿轨道走行，两台提梁机联动起吊搬运箱梁。提梁作业时采用两台提梁机共同抬吊完成施工作业，两台提梁机可单独控制，也可双机联动操作，实现两台提梁机的同步操作。

2. 主要系统和部件的结构原理

1) 主梁

主梁总长 41.65 m，单体构件长 16 m，最大质量 29 t。主梁由 6 节钢箱梁、3 根联系梁、4 套接头、栏杆及走台组成，如图 9-113 所示。

主梁作为起重机的主要承载结构，两箱梁中心距 3.66 m，每根又分为 3 节，采用 Q345C 低合金结构钢焊接而成，接头由高强度螺栓及内、外节点板拼接。3 根联系梁将两根主梁连接在一起，联系梁采用箱式结构，增强了主梁的横向刚度和整体稳定性。

在主梁的顶部外侧，提供了到天车操作区域的人走行台和栏杆。

在两根钢箱梁顶部焊接有起重机轨道，供天车在上面横向移动，端部有止轮挡块。

2) 刚性支腿

刚性支腿安装在起重机的左侧，与主梁刚性法兰连接。其底部支承在大车走行机构上。

支腿由两组桁架式立柱和下横梁通过多根撑杆连接，形成整体受力的框架结构，如图 9-114 所示。立柱与主梁采用法兰螺栓刚性连接，上部承受一定的弯矩，因此采用上宽下窄的桁架式结构。

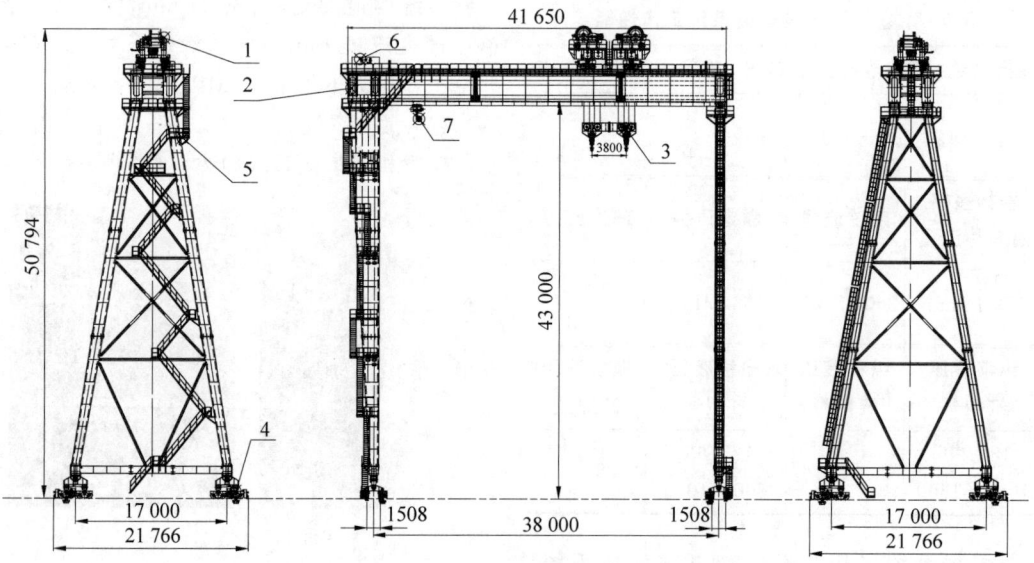

1—起升系统；2—门架结构；3—吊具；4—大车运行机构；5—附属结构；6—电气系统；7—电动葫芦。

图 9-112　MG500 型门式起重机结构示意图

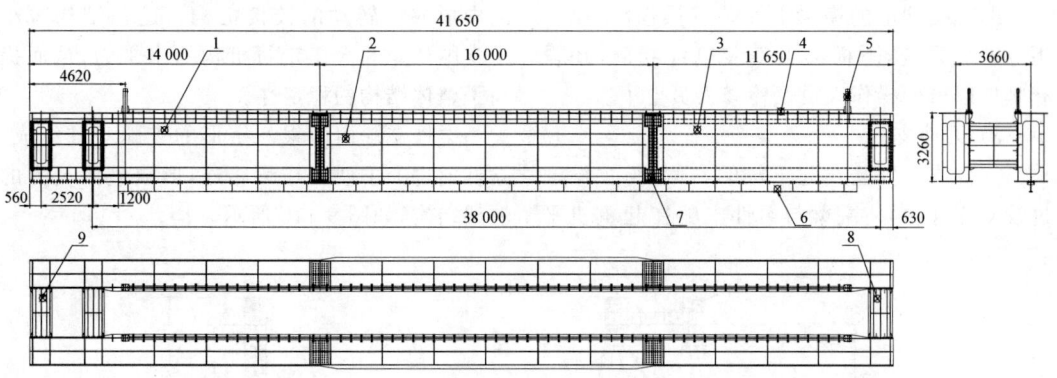

1,2,3—主梁；4,5—联系梁；6—主梁接头；7—车挡；8—电动葫芦轨道；9—小车轨道。

图 9-113 主梁总图

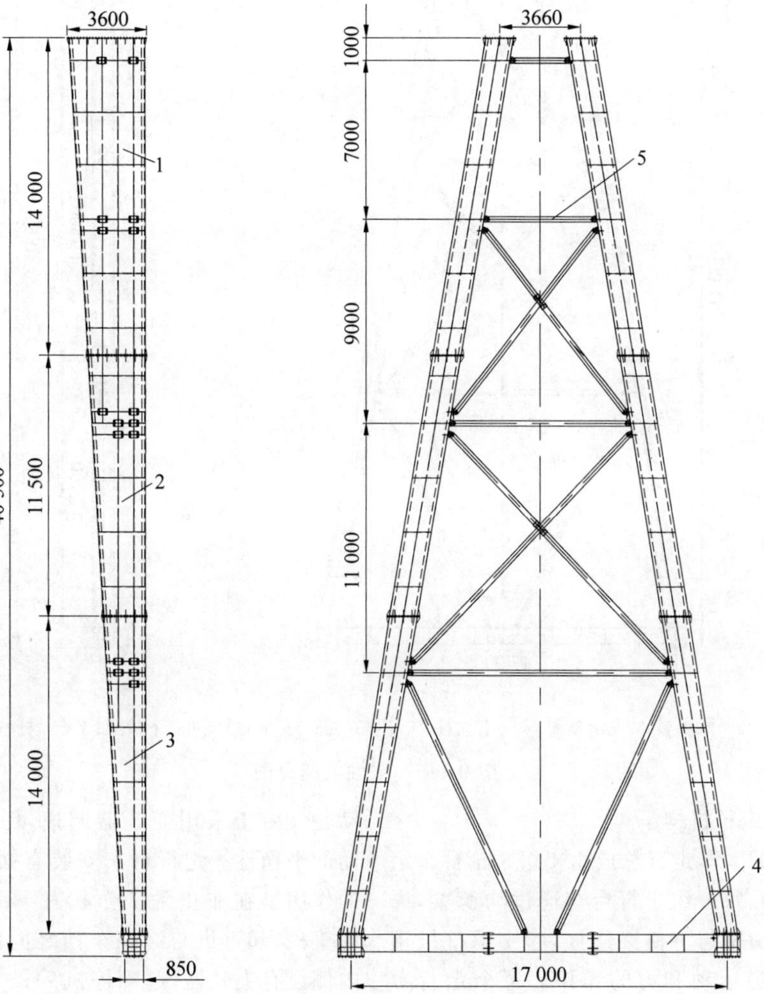

1—上立柱；2—中立柱；3—下立柱；4—下横梁；5—撑杆。

图 9-114 刚性支腿总图

刚性支腿上的横梁上安装有操作室、电控柜等电气系统,下横梁上安装电缆卷筒,还设有爬梯以方便操作人员及检修人员上下。

3) 柔性支腿

柔性支腿安装在起重机的右侧,与主梁通过铰支座连接,使主梁与柔性支腿在起重机平面内形成可转动的铰接机构。这种结构减小了支腿弯矩和大车走行机构的水平力,从而提高了整体结构的稳定性。

柔性支腿由两根八字形的支腿立柱组成,立柱通过上下两根横梁相连,形成整体受力的框架结构,如图 9-115 所示。

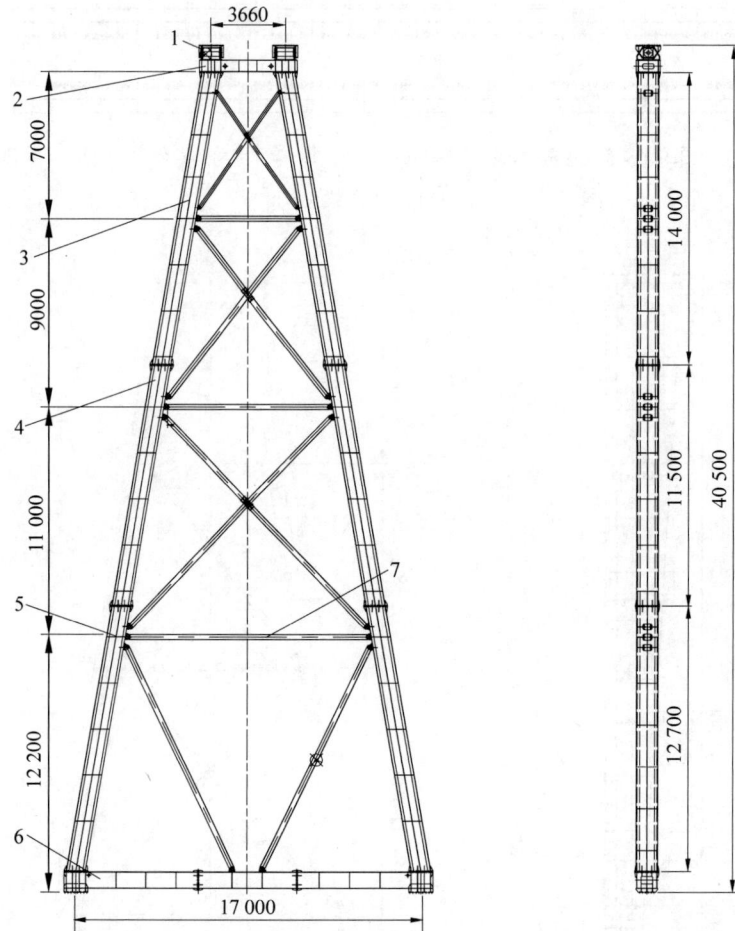

1—柔性铰;2—上横梁;3—上立柱;4—中立柱;5—下立柱;6—下横梁;7—撑杆。

图 9-115　柔性支腿总图

4) 大车走行机构

起重机的大车走行总成由 4 组 8 轮台车组成(图 9-116),每一组走行台车通过均衡梁,通过上部的均衡座与下横梁连接,起支承整机重量及均衡传递运动和力的作用。每个走行台车装有两个主动车轮组和两个从动车轮组,采用独立的驱动装置,在主动轴一端安装了带电动机的斜齿轮-伞齿轮减速机,经电动机驱动主动轮。由于采用变频器调速,保证了启动、制动的平稳性。走行台车安装有缓冲器,缓冲器的作用是在非正常工作状态下缓解起重机与起重机、起重机与终端车挡之间的碰撞。台车内侧设有夹轨器,起到停机后锚定和防风的作用,在起重机不工作时,可将其与轨道刚性连接并卡固,以防起重机在轨道上自由移动。

大车驱动采用博能产品斜齿轮-伞齿轮减

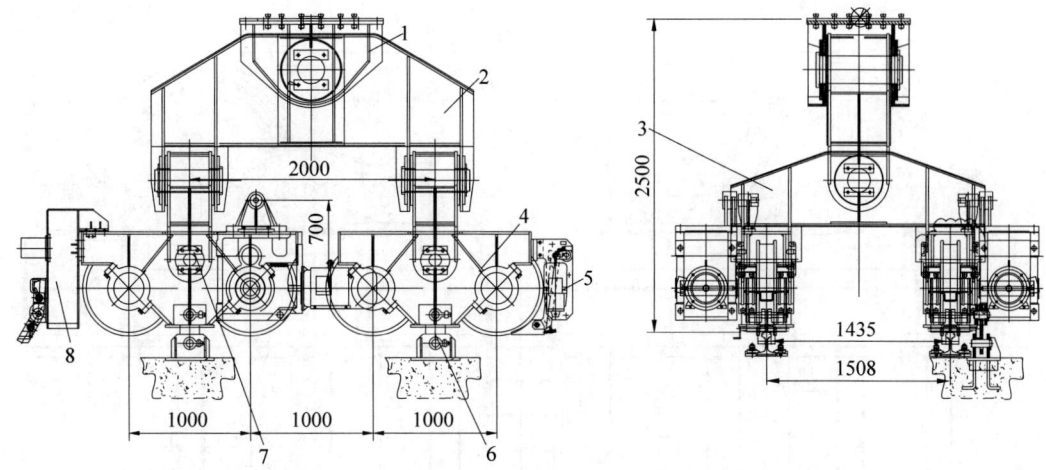

1—铰座；2—上均衡梁；3—下均衡梁；4—从动台车；5—电动防风铁楔；6—锚定装置；7—主动台车；8—手动夹轨器。

图 9-116　大车走行机构布置图

速机，每台减速电动机功率 7.5 kW，共需 8 台，大车走行总功率 44 kW。变频调速最大运行速度为 10 m/min。大车轮轮数 32 个，踏面直径 700 mm，轮压 46 t。大车轮轨为 QU100 钢轨。

5）起重天车

起重天车由车架、卷扬机组、定滑轮组、动滑轮组、均衡轮（导向轮）、钢丝绳、吊具和吊杆、载荷限制器、液压泵站及小车走行机构等组成，如图 9-117 所示。卷扬机组为 4 台 13.5 t 卷扬机，安放在车架上。定滑轮组机构安装在车架上，其中一台起重小车有平衡滑轮组，另一台没有。没有平衡滑轮组的相当于这台车有两个吊点，有平衡滑轮组的有两个平衡的吊点，相当于一个吊点，这样实现四点起吊、三点平衡的吊装。

动滑轮组与吊具通过销轴铰接，钢丝绳在动、定滑轮组之间经过 2×24 次缠绕（中间通过均衡轮或导向轮导向），两端绳头固定在卷扬机卷筒上。载荷限制器安装在固定端或导向轮位置，液压泵站作为卷扬机上钳盘式制动器的动力源，固定在车架上。小车走行机构作为起重天车横移走行的驱动装置，采用 4 台相同的两轮驱动台车。

6）副起升机构

门式起重机带有 16 t 副钩，用来吊装 16 t 以内的小构件。在起重机一根主梁的下方设置纵向 145 工字钢，用做 16 t 电动葫芦的支承梁。

7）电气控制系统

MG500 型门式起重机共有 3 个机构：起升机构、大车运行机构、小车运行机构。各机构均采用交流变频电动机驱动，变频调速装置为日本安川公司生产的 G7 系列产品。大车运行机构与小车运行机构共用一台 45 kW 变频器，通过接触器实现大小车运行机构的切换。起升机构主要由 4 台卷扬机组成，分别由 4 套 30 kW 变频器拖动，可实现卷扬机的单台单动、两台联动和 4 台联动功能。起重机同时还装有一台 16 t 电动葫芦，作为副起升机构。

起重机配套的电气控制系统的主要低压元器件均选用施耐德（Schneider）的产品。

MG500 型门式起重机所有机构都在驾驶室内的联动操作台上操作。用 PLC 作为电气系统的控制核心，触摸屏可实现人机界面操作、图形化监测。另外，PLC 采用以太网通信方式，可以使两台设备建立实时信息交换，实现联动操作。

8）钢轨

起重机在固定的轨道上移动，每侧轨道由双 QU100 钢轨和基础组成，轨道跨距为 38 m，每侧双轨轨距为 1.508 m。轨道跨距误差要求小于 10 mm，两侧轨道高差要求小于 20 mm，轨道纵坡要求小于 0.5%，两侧轨道坡度要求同向。在钢轨的两端必须安装安全限制器。

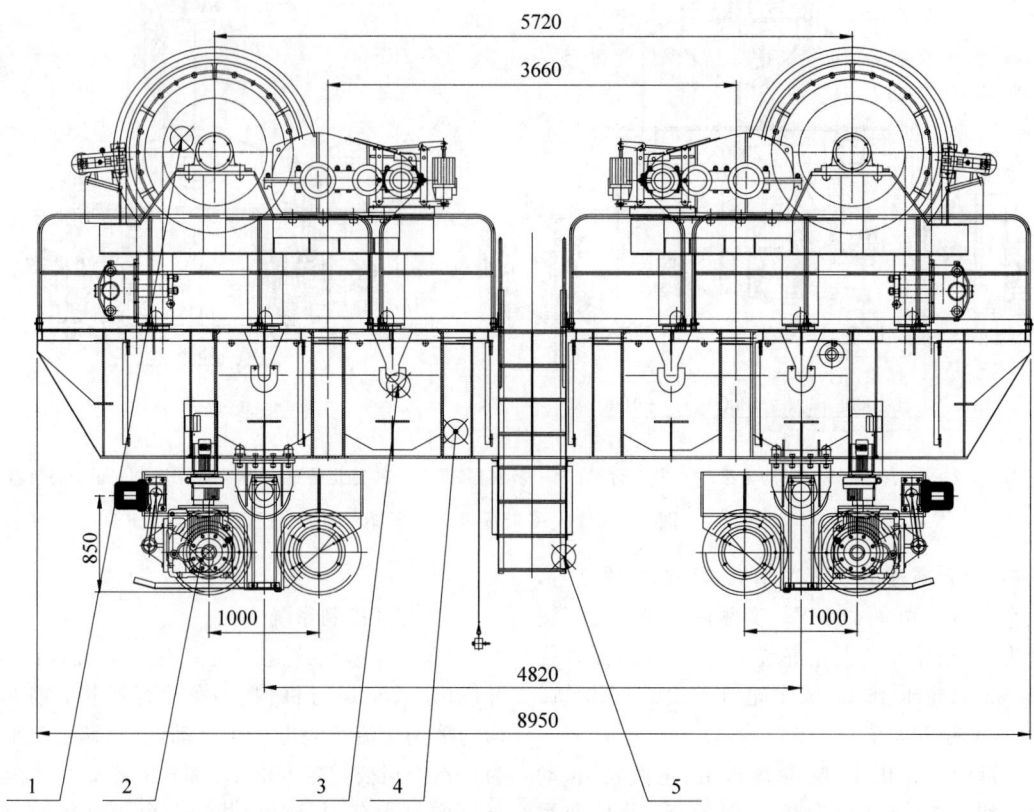

1—卷扬机组；2—小车走行机构；3—定滑轮组；4—小车架；5—附属结构。

图 9-117 起重天车结构示意图

9.3.3 运梁车

1. 整机的组成和工作原理

运梁车主要用于运输 20～40 m 箱梁，配合架桥机喂梁，可驮运箱梁、架桥机通过时速 250 km、350 km 隧道，可驮运架桥机转场。

运梁车由车架、悬挂总成、驮梁机构、转向系统、动力系统、制动系统、液压系统、电气控制系统及驾驶室等组成，如图 9-118 所示。整机采用模块化设计，运输、安装方便，连接快捷可靠。

图 9-118 过隧运梁车结构组成

运梁车按过隧功能、轮胎直径大小分为高位运梁车、低位运梁车、超低位运梁车。

运梁车工作原理：辅助发电机组为整机照明系统、驾驶室空调、视频监控系统提供电力。整机动力由发动机提供，变量泵、电磁阀、液压管路及变量马达组成闭式系统实现走行，液压泵、液压阀及液压缸组成的多泵并联合流供油开式系统实现悬挂升降机转向。通过电液控制系统控制整机实现箱梁运输。

2．主要系统和部件的结构原理

1) 车架

车架是运梁车的主要承载部件,采用单根箱形主梁或 U 形结构(图 9-119)。高位运梁车、低位运梁车车架采用单根中置箱梁结构,超低位运梁车车架采用 U 形结构。

(1) U 形结构车架

U 形结构的车架如图 9-119 所示。车架总长 45.24 m,纵向分 4 个节段,单体构件最大外形尺寸 14.47 m×1.445 m×2.56 m,最大质量约 20 t。主梁接头采用 10.9 级 M24 和 M30 高强度螺栓及内、外节点板拼接。车架结构组成的最大单元满足公路运输条件。

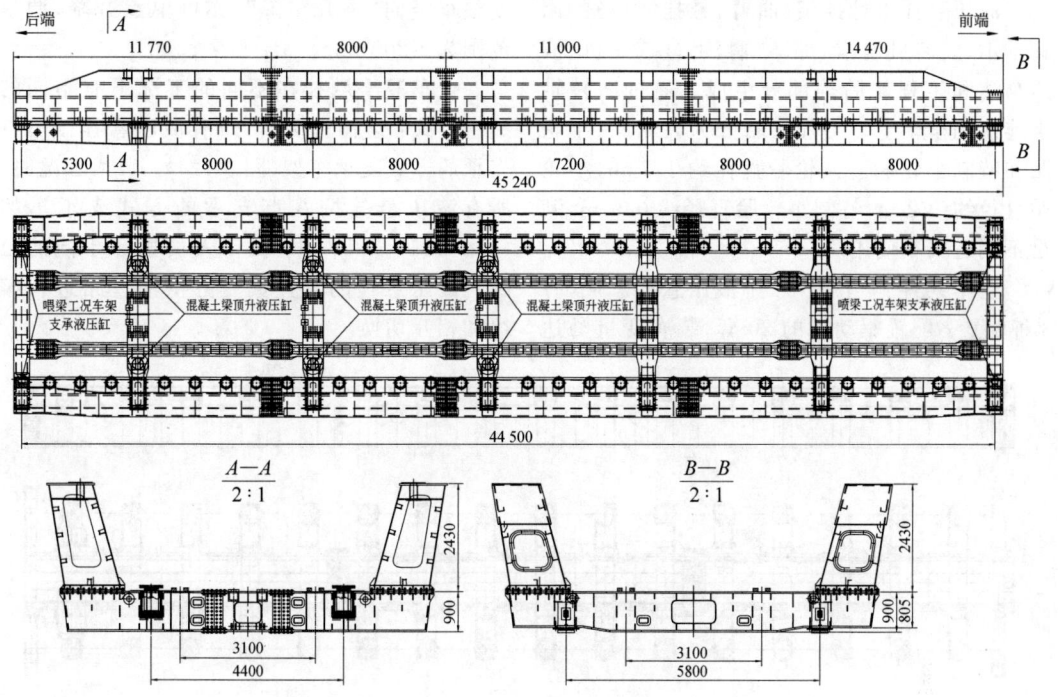

图 9-119 U 形车架结构示意图

车架后端安装有混凝土梁顶升液压缸,使用此液压缸配合前起重小车能将混凝土梁从低位运输状态切换到高位运输状态,混凝土梁顶升液压缸对应的安装位置能满足 24 m、32 m 和 40 m 3 种长度梁的安装和切换低位到高位。

车架前、后端横梁下方设有喂梁工况支承液压缸,作为前、后端的支承牛腿,当运梁车载梁到达架桥机尾部时,支承液压缸将支承到桥面,这样可以减少喂梁时由于驮梁小车移动载荷引起的运梁车前后起伏变化和不均匀载荷分布。单个喂梁工况支承液压缸最大支承载荷为 120 t,通过在液压系统设定溢流阀的压力来实现,避免液压缸过载。

(2) 箱形车架

箱形车架是按预制箱梁载荷并考虑满足运梁和喂梁两种工况条件下的强度和刚度要求来设计计算的。车架由主梁和分布其两侧的牛腿组成。

主梁为钢梁型结构、分段结构,如图 9-120 所示。沿长度方向分节,采用低合金结构钢焊接而成,接头采用 10.9 级 M30 高强度螺栓及内、外节点板拼接。

在主梁两侧腹板上分别等距布置牛腿。为方便拆装,牛腿由两节组成,由高强螺栓、销钉与主梁连接成整体,牛腿下面安装悬挂结构。

主梁上盖板按驮梁小车轨距设有两根轨道,以支承轮轨式驮梁小车,适应预制箱梁长度变化(如 20 m、24 m、32 m 梁等)并满足喂梁要求。

车架的作用:①为驮梁小车提供支承和运

行轨道；②作为运梁车的整体支承结构。

2）悬挂总成

悬挂总成是运梁车的重要部件，它的主要功能是承载、行驶、转向和升降。尤其是当路面出现凹凸不平情况时，液压悬挂（悬挂液压缸）会自动提供补偿调节，以适应路面工况，并避免或大大减小车架变形。

液压悬挂由悬挂架、曲臂、悬挂液压缸、回转轴承、转向机构、车桥、轮辋、走行减速机、液压马达和工程轮胎等部分组成。通过回转轴承连接到车架上。工程轮胎分为大轮胎、小轮胎和特制小轮胎。大轮胎直径约1.7 m，小轮胎直径约1.2 m，特制小轮胎直径约0.9 m，满足不同运梁车使用。

全车共有27个轴，54个液压悬挂总成，有3种配置：配置驱动桥的20套，装有变量马达与走行减速机（图 9-121）；配置制动桥的20套，装有液压块式制动机构（图 9-122）；配置从动桥的14套，装有不带驱动和制动的从动车桥（图 9-123）。

各液压悬挂的悬挂液压缸通过高压管道相互连接，车辆行驶过程中，按地面工况调整，使所有轮轴均匀受载；液压悬挂升降调整时可使整车竖向"整升整降"，亦可单点升降，调整范围为±200 mm。

全车液压悬挂在不同的工况下有不同的编组方式：运输工况时，所有液压悬挂按三点支承的方式支承车架（图 9-124）；喂梁工况时，所有液压悬挂按八点支承的方式支承车架（图 9-125）。工作中，操作人员按照不同的工况对液压悬挂的悬挂液压缸供油管路进行编组和相互切换。

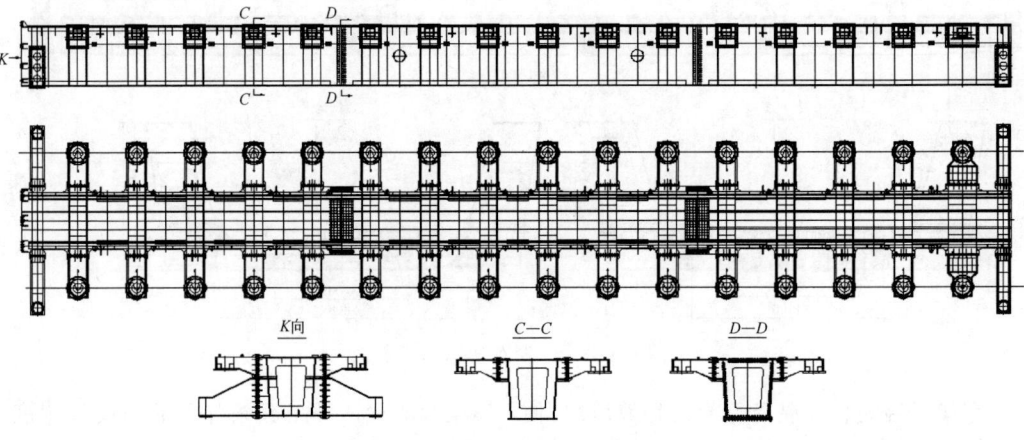

图 9-120 箱形车架结构示意图

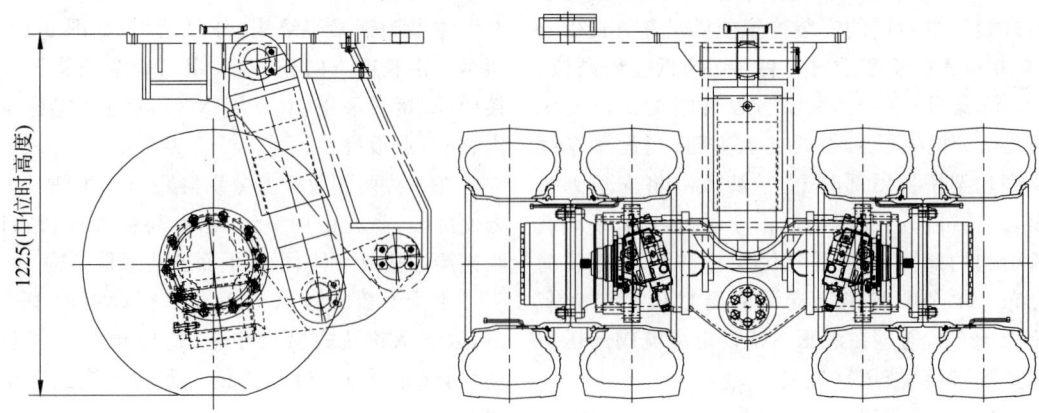

图 9-121 带驱动桥的液压悬挂总成结构示意图

第9章 主要机械结构和工作原理

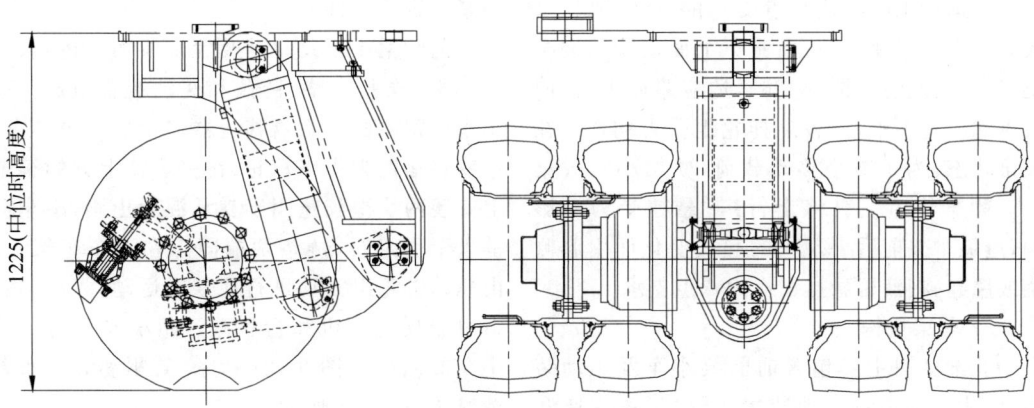

图 9-122 带制动桥的液压悬挂总成结构示意图

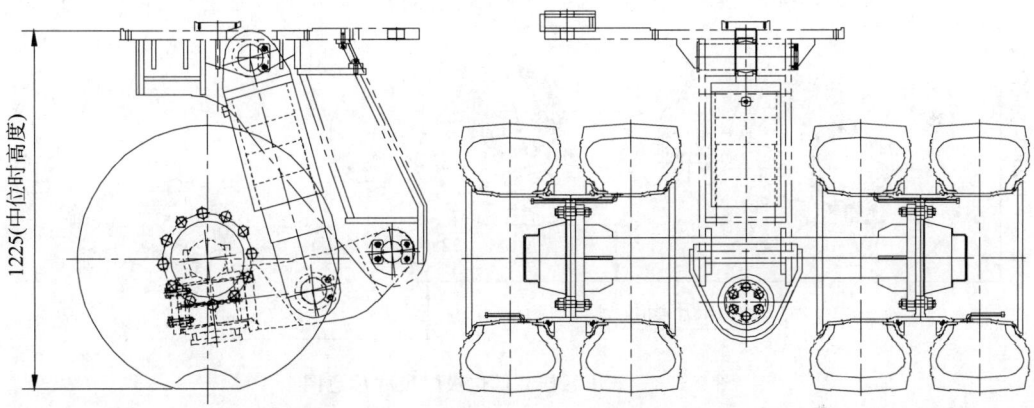

图 9-123 带从动桥的液压悬挂总成结构示意图

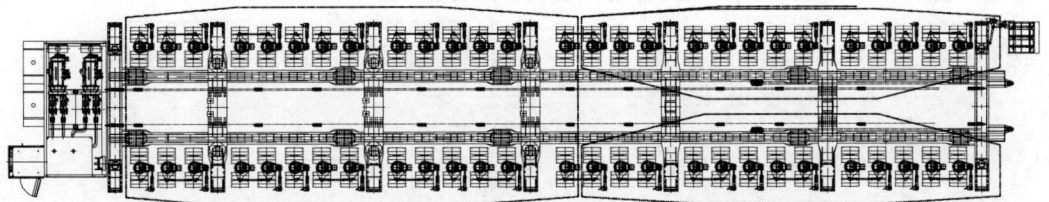

图 9-124 运输状态时液压悬挂分区示意图

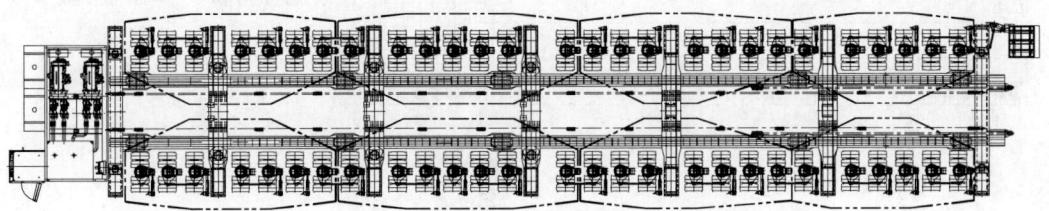

图 9-125 喂梁状态时液压悬挂分区示意图

在运梁工况采用三点支承的方式编组,可大大减小车架变形,从而避免上面运输的混凝土梁受扭转变形(图9-126),适应路面纵、横向坡度和凸起不平,使各悬挂轮组受力均衡。在喂梁状态,为了减小移动载荷(驮梁小车载梁在运梁车轨道上纵移走行)对悬挂受力的影响,避免车架前后出现大的起伏变化而引起侧翻或翘起,将液压悬挂切换为八点支承。

3) 驮梁机构

驮梁机构主要包含前驮梁小车及驱动装置、后驮梁小车及驱动装置、低位运梁支座和锁紧装置等部件。

前驮梁小车及驱动装置由重物移运器、小车车架、橡胶支垫、链条和驱动装置组成。小车车架跟两侧的重物移运器连接成一个小车,重物移运器为小车车轮,在移运器上方的车架上安装两块橡胶垫用于支承混凝土梁,小车由链条牵引走行,链条两端固定在小车车架上,由驱动链轮组驱动进行往复式运动,驱动链轮组由变频电动机和行星减速机驱动。前驮梁小车的结构如图9-127所示,其驱动装置布置情况如图9-128所示。

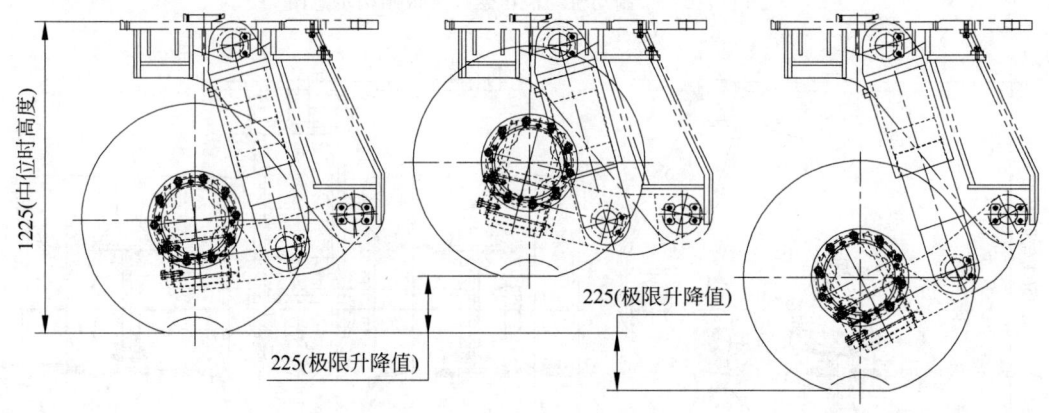

图 9-126　液压悬挂高低位极限尺寸示意图

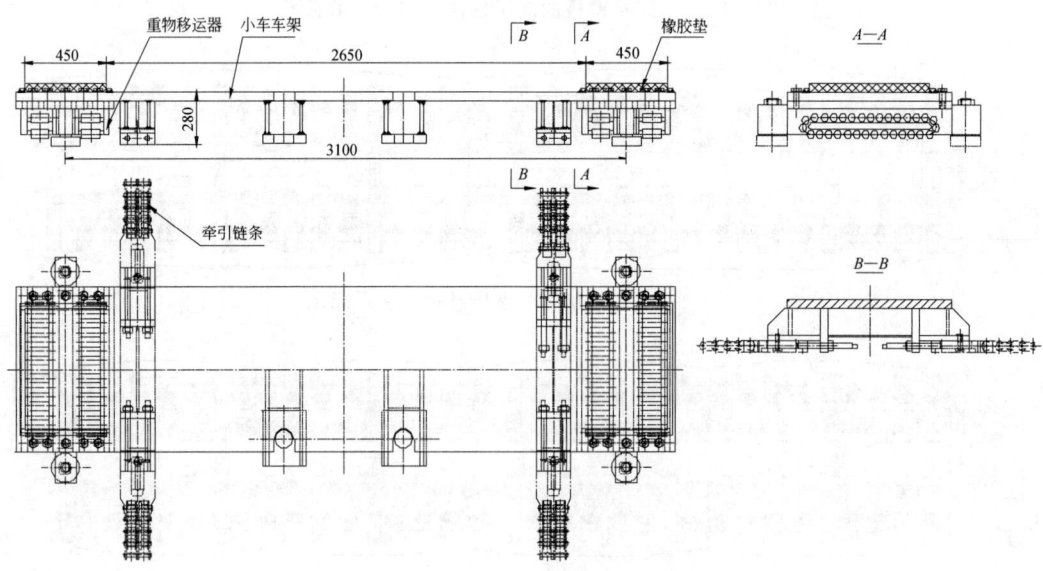

图 9-127　前驮梁小车结构示意图

第9章 主要机械结构和工作原理

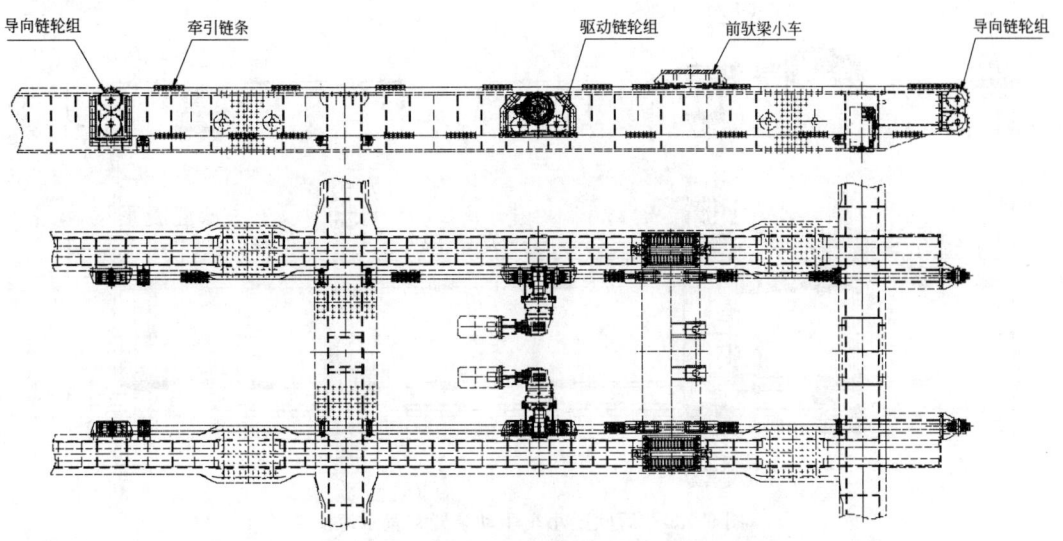

图 9-128 前驮梁小车驱动装置布置示意图

后驮梁小车的结构与前驮梁小车基本相似,只是链条牵引的方式不同。后驮梁小车也是由链条牵引走行,链条两端固定在车架上,驱动链轮组固定在后驮梁小车上并在链条上滚动走行,从而带动后驮梁小车一起运动。后驮梁小车的结构如图 9-129 所示,其驱动装置布置情况如图 9-130 所示。

低位运梁支座主要用于低位运输时支承混凝土梁。其结构主要为可拆装的垫块组成的支承座,前后由限位板止挡,防止运梁时发生滑移。低位运输时,前运梁支座位于前端横梁中心线向后 1.9 m 处,后运梁支座位于后端第 2、3 和 4 号横梁上,分别对应 40.6 m、32.6 m 和 24.6 m 梁。驮梁台座在车架上的布置情况如图 9-131 所示。

当低位运输向高位运输切换时,由混凝土梁顶升液压缸工作将混凝土梁后端顶起,同时架桥机前起重小车将混凝土梁前端吊起,拿掉橡胶垫,使用垫块安装工具将垫块移除,然后将混凝土梁后端由后驮梁小车支承起,开始进行喂梁作业。后端低位运梁支座高位和低位工作切换如图 9-132 所示。

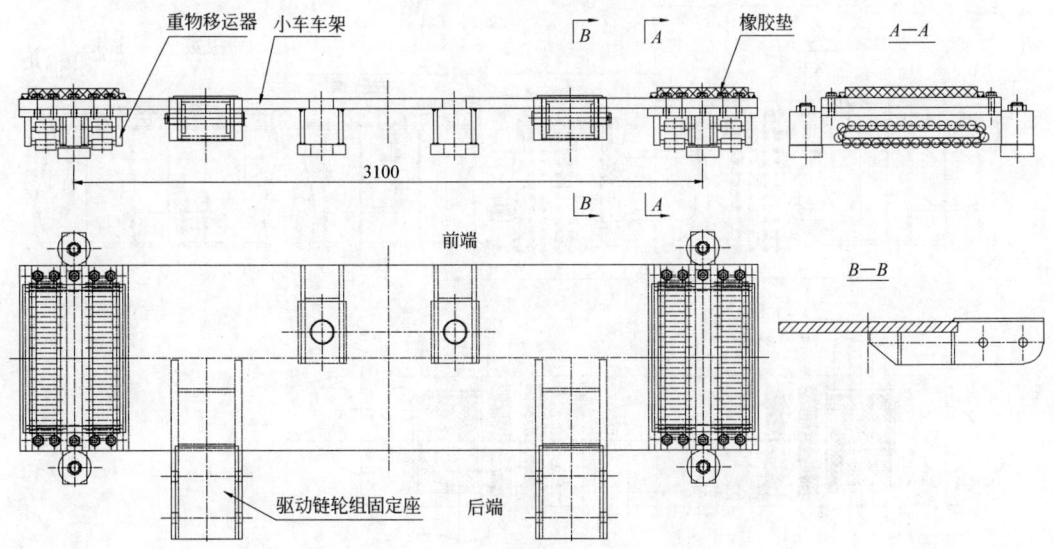

图 9-129 后驮梁小车结构示意图

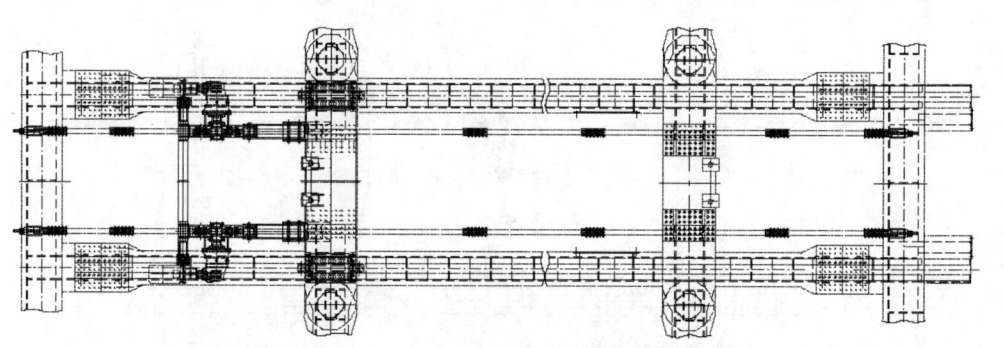

图 9-130 后驮梁小车驱动装置布置示意图

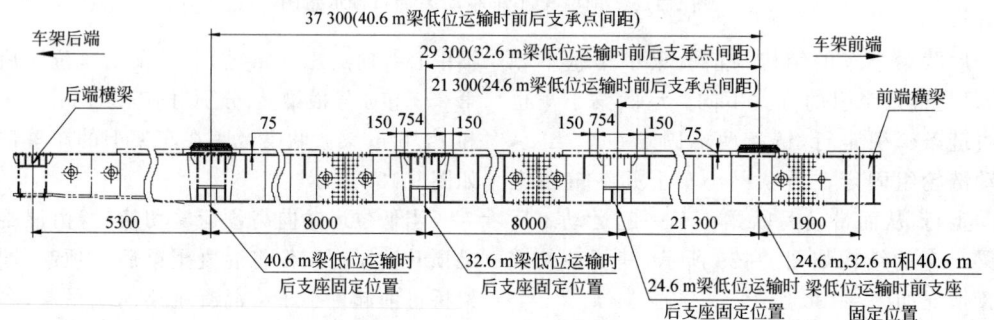

图 9-131 驮梁台座在车架上布置示意图

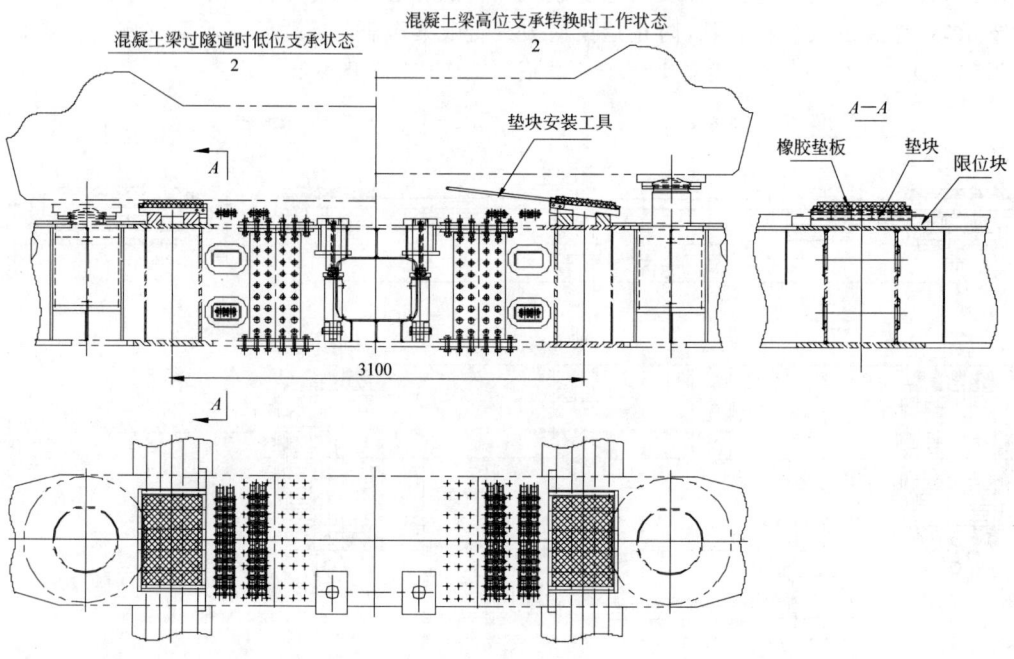

图 9-132 后端低位运梁支座高位和低位工作切换示意图

在高位运输时,后驮梁小车跟车架之间使用两根 110 mm 的销轴锁定,这样就能有效保证混凝土梁在运梁车上的安全,使其不会在坡度走行或制动时在车架上发生滑移。锁紧装置的布置情况如图 9-133 所示。

4) 转向系统

运梁车转向轮组分为两种:单轮组独立转向和双轮组独立转向。单轮组独立转向是每组悬挂上配置 1 个转向液压缸、1 个旋转编码器和 1 组比例阀实现全轮独立转向。双轮组独立转向由 1 个独立转向的单轮组通过螺杆连接 1 个被动转向的轮组,被动转向的轮组始终与相连的独立转向轮组同步。两种转向方式分别如图 9-134、图 9-135 所示。

独立转向系统使得每个悬挂轮组的角度均为可控,这样使得转向更为灵活,不仅能满足八字转向、半八字转向,还能满足运梁车斜行和首尾轴固定转向。斜行和首尾轴固定转向功能在实际使用中也是非常重要的,特别是首尾轴固定转向,更容易实现在小半径曲线上作业。运梁车轮组最大转向角度为±25°,外侧轮组最小转弯半径为 50 m,最大负荷时可以实现静止转向。

转向系统由 3 部分组成:转向机构、液压系统和微电控制系统。传动链是微电系统根据驾驶员转动方向盘的信号,由微电控制器向电液比例阀发出指令,控制阀按指令要求控制(阀门)开或关、大或小,转向液压缸即随之动作,推动连杆机构使转向轮转动,同时由(转向轮上的)旋转编码器将转动值反馈到微电控制器。可见转向机构的传动链是一闭环控制系统。

5) 动力系统

动力系统由发动机、弹性联轴器、分动箱和变量泵组成。两台 522kW 重庆康明斯发动机集中布置在运梁车后端,这种双动力系统增大了系统可靠性,当一套系统出现故障时,也能实现车辆顺利行驶到终点(驱动能力不变,

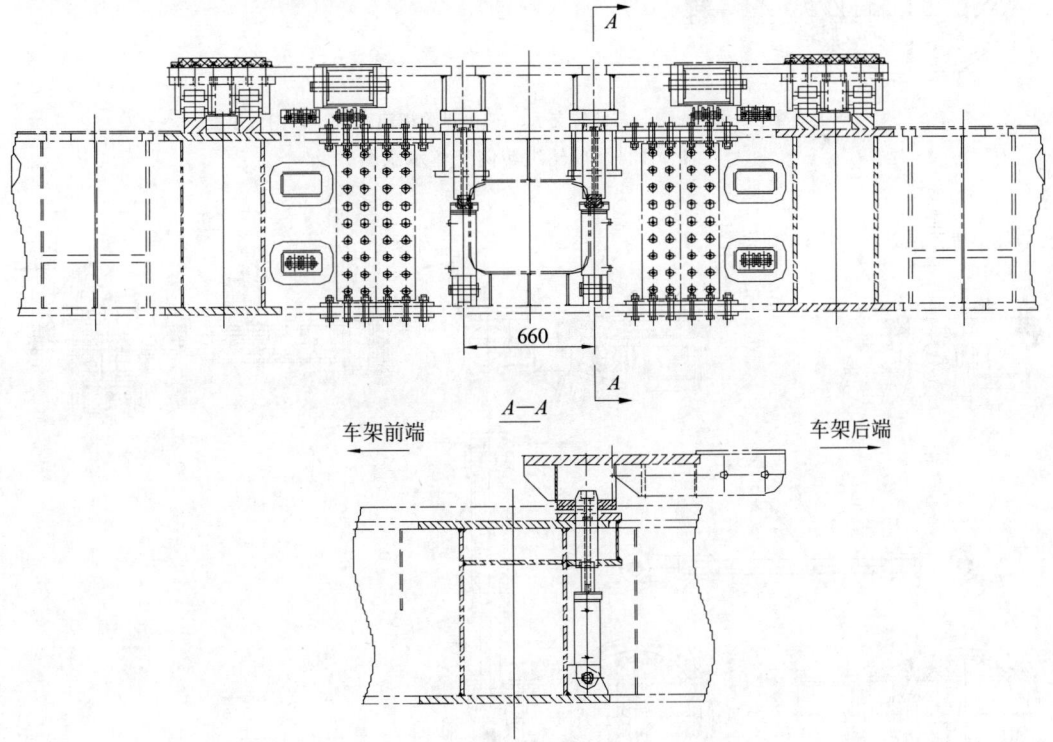

图 9-133 后驮梁小车锁紧装置布置示意图

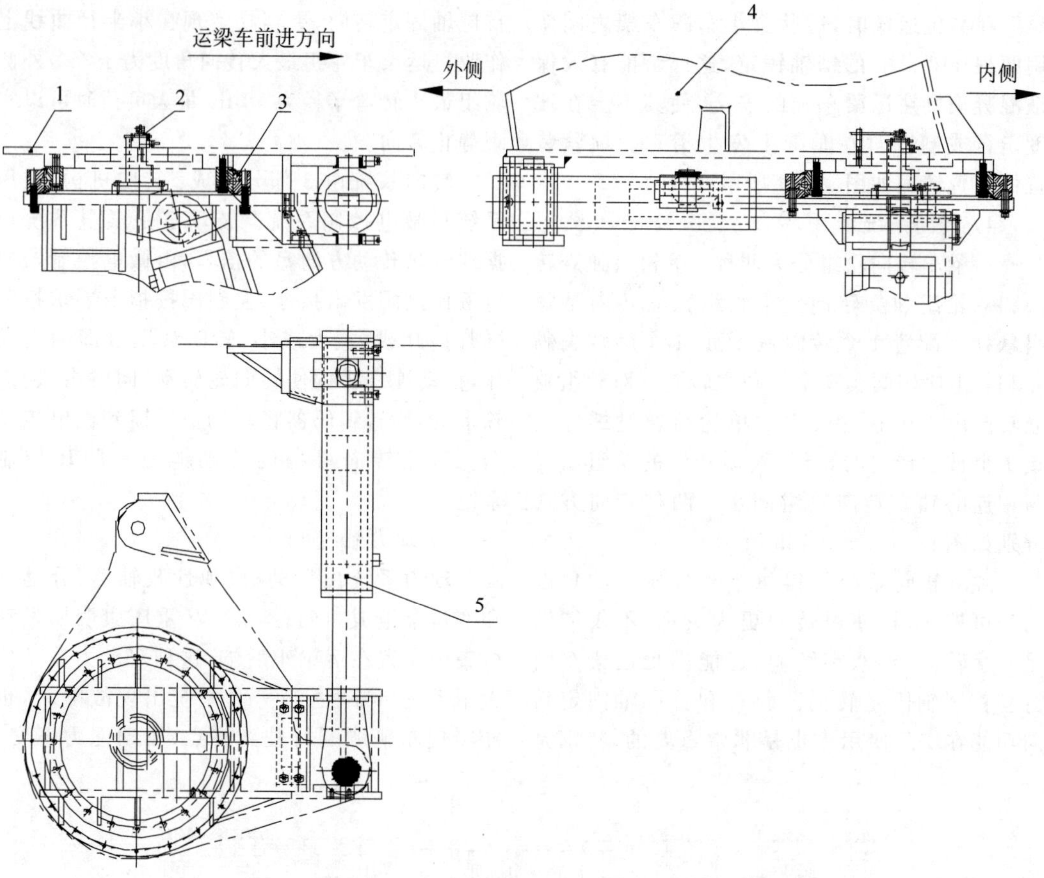

1—上纵梁；2—编码器；3—回转支承；4—上纵梁横截面；5—转向液压缸。

图 9-134 单轮组转向工作示意图

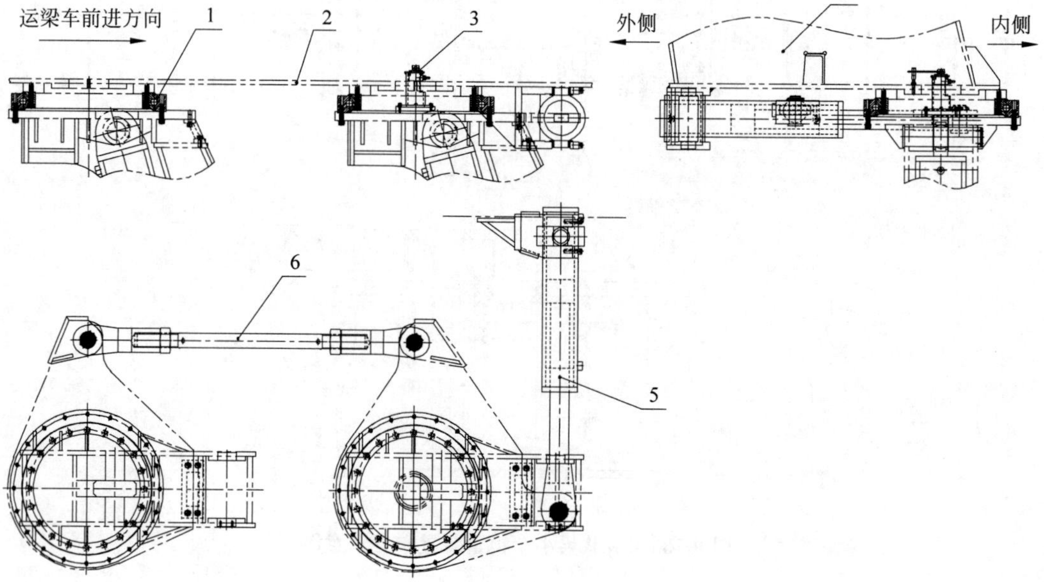

1—回转支承；2—上纵梁；3—编码器；4—上纵梁横截面；5,6—转向液压缸。

图 9-135 双轮组转向工作示意图

速度降低为原来的一半)。每台发动机通过分动箱驱动6台泵,为驱动系统、转向系统、悬挂系统等提供液压动力源。

运梁车的动力由重庆康明斯风冷发动机提供。该机型适用于轨道、石油及特种工程机械,具有扭矩大、油耗低、使用成本低等特点。具体参数见表9-7。

表9-7 康明斯风冷发动机主要技术参数

序号	项 目	技 术 参 数
1	型号	KTA19-C700
2	缸径×冲程	159 mm×159 mm
3	排量	19 L
4	吸气方式	涡轮增压、空空中冷
5	启动方式	电启动
6	冷却方式	风冷
7	额定功率/转速	522 kW,1900 r/min
8	最大扭矩/转速	2969 N·m,1400 r/min
9	最低怠速	625~700 r/min
10	最低燃油消耗率	211 g/(kW·h)
11	排放水平	国Ⅱ

6)制动系统

整车配置液压制动,制动平稳、可靠。具有行车制动、驻车制动和紧急制动功能。

(1)行车制动

行车制动指静液压制动和制动桥里安装的鼓式制动。静液压制动是利用马达的牵制反力增大马达的排量,使车速降低,同时减小泵的排量,使车速继续降低直至停车。

鼓式制动器具有行车制动和驻车制动两种功能。它由单作用弹簧液压缸控制,液压缸在不充液时在弹簧力的作用下处于伸出状态,鼓式制动器起驻车制动功能。当车辆行驶时,液压缸充液活塞杆拉动制动器调节臂缩回,解除制动,由电液比例阀对液压缸里的油液进行可控的释放,活塞杆推动制动器调节臂进行可控的伸出,从而实现力矩可控的行车制动。

(2)驻车制动

在驻车制动中,除了上述的鼓式制动器的驻车制动功能外,在驱动悬挂的减速机内设置了液压开启多片式停车制动器。停车时,制动器的解除压力降为零,在弹簧力的作用下压紧制动盘,实现驻车制动。行车时,制动器的解除压力升高,克服弹簧力,将制动盘脱开,驱动马达工作,整车走行。

(3)紧急制动

紧急情况下,操作者首先抬脚释放行车控制踏板,驱动系统停止供油,液压阻尼使得系统减速;踩下制动踏板,通过液压制动减速,系统快速减速并实现紧急制动。

7)液压系统

液压系统由液压驱动系统、液压转向系统、液压悬挂系统和液压支承系统等组成。

液压驱动系统是由变量泵、电磁阀、液压管路及变量马达组成的闭式系统。泵的变量采用电子控制,根据车辆的实际负载,改变主泵或马达的工作参数。另外,各驱动轮之间的"差力差速"问题,可能出现的"打滑"问题,微电系统都瞬时加以控制,使驱动系统及时恢复正常。液压驱动系统通过微电控制,达到充分利用发动机功率、提高生产率、节约能源的目的。

转向和悬挂是由液压泵、液压阀及液压缸组成的多泵并联合流供油开式系统。转向系统采用液压缸驱动的转向方案。各液压缸动作都由微电系统控制,驱动整车转向。悬挂采用液压缸悬挂,其升降通过操纵电磁比例阀,由液压缸来执行。液压悬挂系统配置双管路油管破损安全阀,保证一旦油管破裂,其他油管均保证正常油压,以避免箱梁运梁车倾斜。

为避免满载时车架变形问题,尤其在喂梁过程产生交变变形情况,主油管采用无缝钢管连接高压软管方案。无缝钢管随车架分段,各分段之间以高压软管连接。

8)电气控制系统

(1)控制器的组成

HJY1000/40m型轮胎式运梁车整机控制系统采用分布CAN总线方式,控制器之间采用CAN总线将15台控制器和2个显示屏及所有转向编码器连成一体,如图9-136所示。

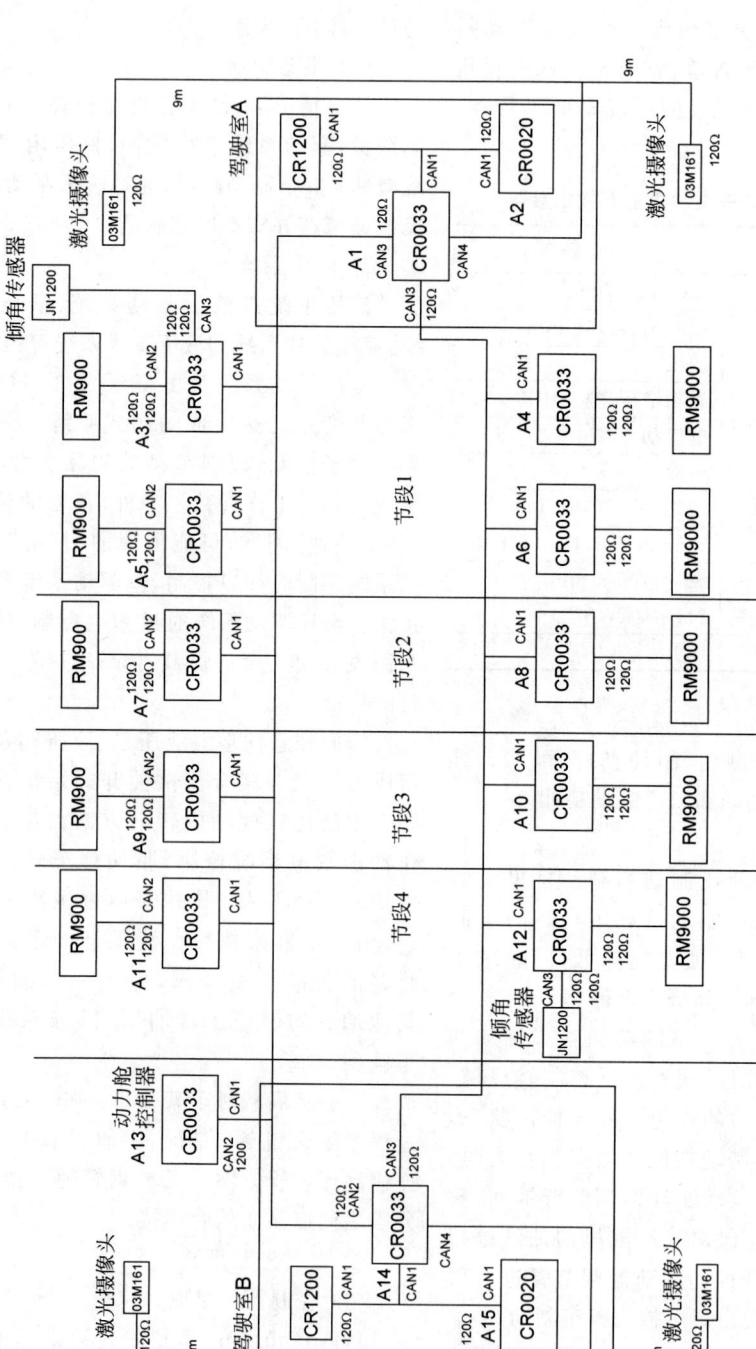

图 9-136 CAN 总线布置图

(2) 动力系统的组成

① 动力舱：包括两台柴油发动机、分动箱、串联液压泵、蓄电池组、28V120A 充电动机；

② 辅助发电机组：由一台 220 V 发电机组给整机照明系统、驾驶室空调、视频监控系统提供电力。

(3) 转向控制

运梁车可以实现八字、半八字、斜行转向。转向控制由驾驶室选择转向模式，方向盘发送转角信号给总线编码器与车载控制器控制转向比例阀实现高精度闭环转向。

(4) 走行驱动控制

走行控制由 3 个变量共同协调控制，走行速度及输出扭矩实现发动机、闭式走行泵及液压马达进行功率匹配。每个马达安装有霍尔转速传感器实现对驱动走行速度的监控。

(5) 支腿及悬挂控制

TJ-YLS1000/40 型运梁车在喂梁、检修及长时间停车时将支腿顶升，使轮胎受较小的力，在需调整两侧大车高度时控制悬挂液压缸的升降，使设备调制在合适高度。控制器控制电磁阀实现液压缸的伸出和收回。

(6) 驮架液压缸、顶梁液压缸及驮梁小车锁定插销液压缸控制

运梁车随车配置有 2 套驮架用于驮运架桥机，每个驮架上有 2 个顶升液压缸，液压缸与主梁两侧的阀组进行快速连接。主梁内设置有 6 个顶梁液压缸（适应 24 m 梁、32 m 梁和 40 m 梁），用于顶起梁片，使驮梁小车进入梁片下方，与之匹配的还设置有 6 个插销液压缸，用于定位驮梁小车。

(7) 驮梁小车控制

整车设置有 2 台驮梁小车，每台驮梁小车配有 1 套变频控制系统，驮梁小车由外部供电。

(8) 行车监控系统

运梁车设置有全面的监视监控系统，用以监控并保障运梁车的安全稳定运行；车体设置有倾角传感器，用以监控运梁车主梁的水平姿态；所有轮组均设置有高精度绝对值编码器，用以实时监控每个轮组的转角；所有的电磁阀均设置有电流测量传感器，用以监控阀组电磁铁的输出电流状态；所有马达均设置有霍尔测速传感器，用以实时检测每个马达的实时转速；驾驶室设置有摄像头监控显示器及全程微电监控系统显示器，可以在驾驶室实时全面掌控全车各位置状态，保障行车安全。

9) 驾驶室

运梁车两端各设置一个驾驶室，可在任意一头操作驾驶，两个操作室有互锁。前驾驶室可以回转 162°，回转后或采用遥控操作时运梁车只能以微动速度行驶。驾驶室内设置方向盘、操纵杆、按钮和开关等操作部件，以及满足工作需要的各种监视仪表、显示器和故障报警系统。

驾驶室隔热隔音，配有冷暖空调、安全玻璃，前挡风窗带有刮水器，前驾驶室噪声小于 75 dB，前后驾驶室附近各安装一个电喇叭用于行车警示。

运梁车前后驾驶室均设置一台工业彩色显示屏，用以显示运梁车整机工作过程实时数据及运梁车的参数设置等（图 9-137）。显示画面由显示屏两侧的功能键进行翻屏。各页面分别显示有各子系统的压力、电磁阀电流、编码器角度及发动机转速、发动机运行数据等（转速、冷却液温度、机油压力）。

前后驾驶室的布局基本相同，方向盘、按钮及开关等均按人机工程学布置（图 9-138）。座椅居中布置，并具有良好的传递特性，其位置可以前后调节，靠背角度也可以调节。

前驾驶室尺寸为 1.6 m（长）×1.6 m（宽）×1.6 m（高），后驾驶室尺寸为 1.6 m（长）×2 m（宽）×1.6 m（高）。驾驶室内部由座椅、方向盘、前操作面板、后操作面板等组成。方向盘控制运梁车行驶方向以及轮组标定时轮组转向控制。

前操作面板主要有车灯、刮水器、警灯、喇叭控制，以及两台发动机的启停控制。座椅右前方地面设置有制动踏板（左）和油门踏板（右），分别为整机行车过程的制动和速度控制，如图 9-139 所示。

右侧操作面板从上到下排列依次为报警指示灯、液压缸选择及操作旋钮、升降液压缸选择旋钮，插销液压缸及自动驾驶选择旋钮、控制权及驻车制动选择旋钮、冷却器及遥控

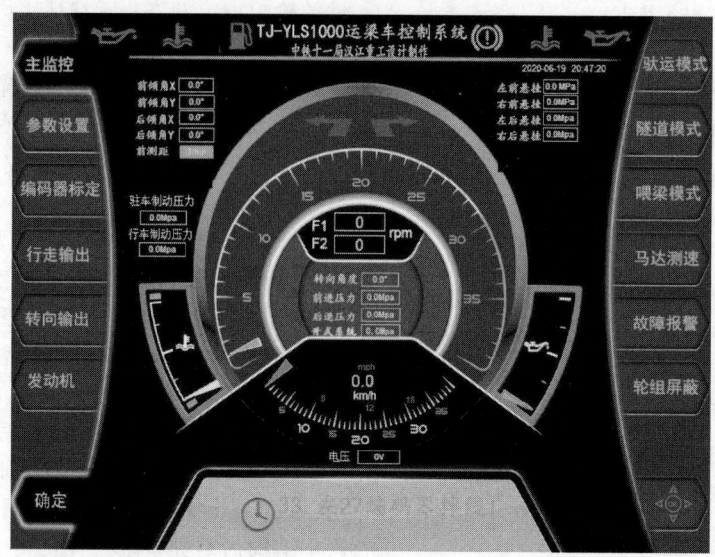

图 9-137 彩色显示屏

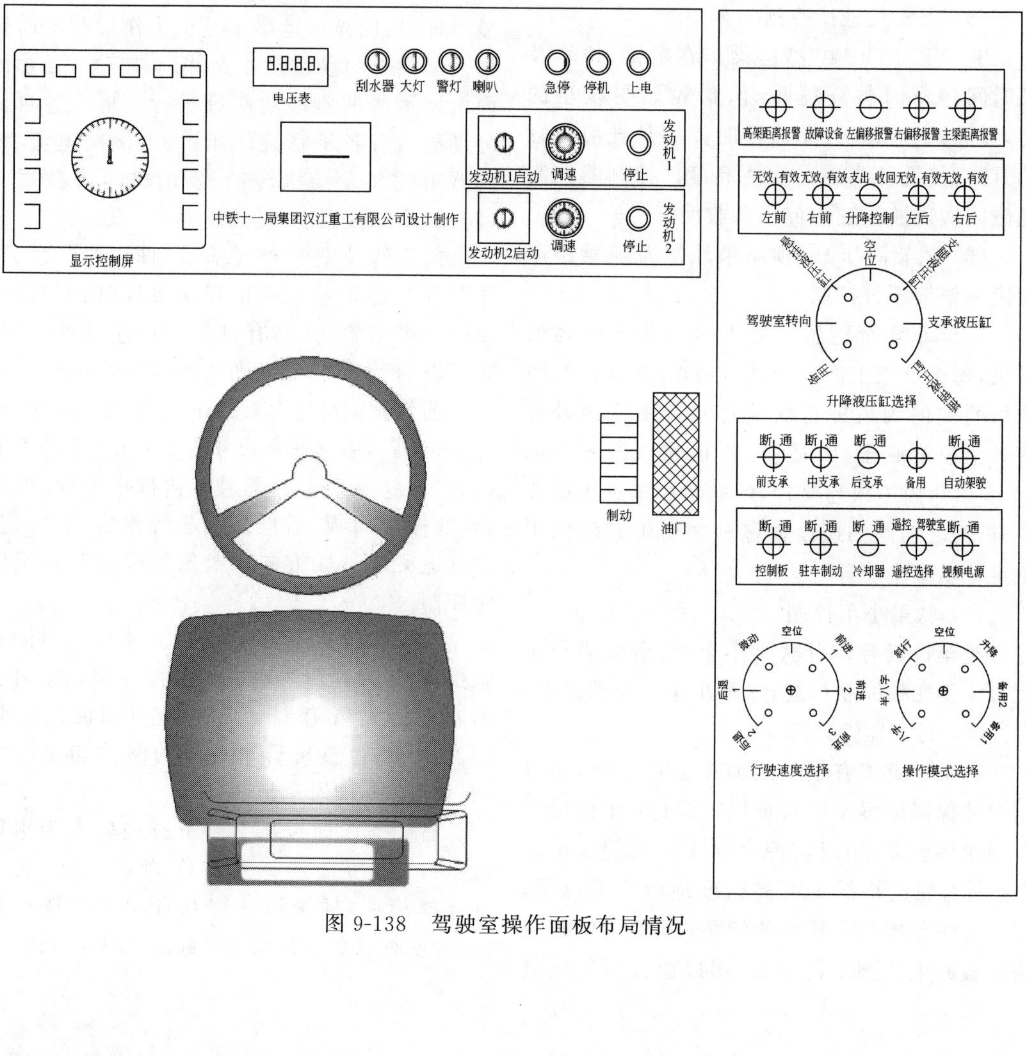

图 9-138 驾驶室操作面板布局情况

选择旋钮,最下方为行驶速度选择旋钮和操作模式选择旋钮,如图9-140所示。

运梁车设置编码器32个(转向系统),倾角传感器2个(前后各1个),压力传感器24个(悬挂8个,车架支承液压缸4个,混凝土梁顶升液压缸6个,前进后退2个,制动系统2个,开式系统2个),见表9-8。通过故障诊断软件实时监控系统运行情况,当某一系统出现故障时给出警告提示。根据面板报警灯、报警提示音及屏幕文字提示可以及时判断系统故障,为操作人员及时排除故障提供可靠依据。

图9-139 前操作面板界面

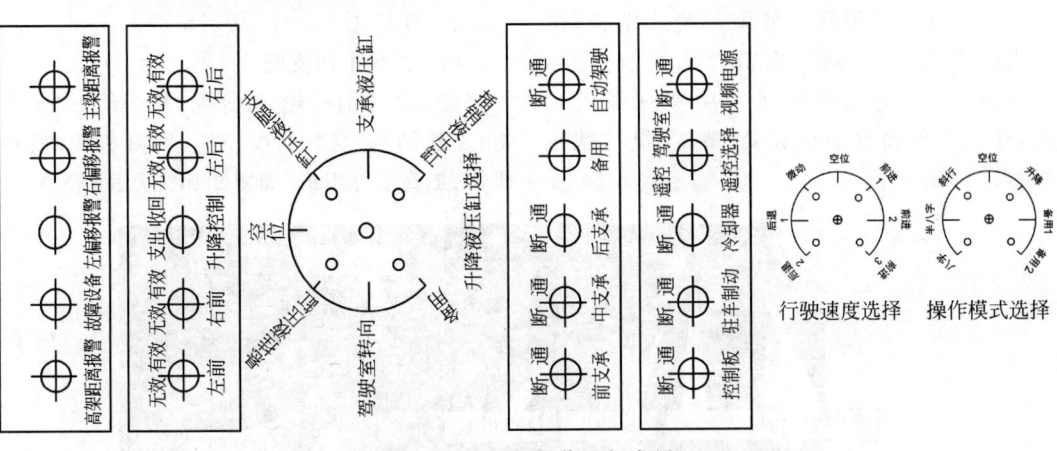

图9-140 右侧操作面板布局

表9-8 编码器、传感器汇总表

序号	功能	位置	数量/个	型号	压力等级/MPa
1	驻车制动压力	动力舱 A13	1	PBM4-13.B33R.A115.2663	16
2	行车制动压力	动力舱 A13	1	PBM4-13.B33R.A115.2663	16
3	闭式泵压力	动力舱 A13	2	PBM4-13.B39R.A115.2663	60
4	闭式泵补油压力	前车小车纵横移 A11、A12、A13	4	PBM4-13.B33R.A115.2663	16
5	开式泵压力	动力舱 A13	1	PBM4-13.B38R.A115.2663	40
6	支腿压力	A3、A4、A11、A12	4	PBM4-13.B38R.A115.2663	40
7	悬挂压力	—	8	PBM4-13.B38R.A115.2663	40
8	顶梁液压缸压力	前后车动力舱 A10	6	PBM4-13.B38R.A115.2663	40
9	辅助泵压力	A11	2	PBM4-13.B38R.A115.2663	40

9.3.4 架桥机

1. 整机的组成和工作原理

一跨式架桥机可以满足时速 350 km 和时速 250 km 的高速铁路及城际铁路 20~40 m 双线整孔箱梁的隧道内运输,并满足隧道出口 3 m 架梁、进口 -40 m 架梁。适应线路最大纵坡 3‰,最小曲线半径 2000 m。

架桥机由主梁、前支腿、辅助支腿、后支腿、起重小车、起升机构、动力系统、液压系统、电气系统、驾驶室等组成,如图 9-141 所示。

架桥机工作原理:采用一跨式结构,由发电机提供动力,通过电液控制系统控制,后支腿驱动、前支腿支承主梁实现整机过孔,通过两台起重小车取梁、喂梁、纵移就位架梁。

2. 主要系统和部件的结构原理

1)主梁

主梁采用双梁箱形结构(图 9-142),中心距 6 m,分 6 个节段,最长节段 17.4 m,最大质量 31 t,满足公路运输条件。自主梁最前端开始向后,依次为主梁节段 1~6,其中节段 3 为调整节段,架桥机在只有 32 m 及以下线路施工时可以不组装节段 3。

主梁顶部设有起重小车走行轨道,走行轨道采用 45°斜切搭接接头,主梁前部下侧设计有前支腿托轮机构、挂轮机构、导向轮轨道。

2)前支腿

(1)三角形前支腿

前支腿由后托轮、前托轮、挂轮组、水平轮组、支腿结构、翻转折叠机构、升降机构、横移机构、加高节等组成,如图 9-143 所示。

图 9-141 架桥机结构组成

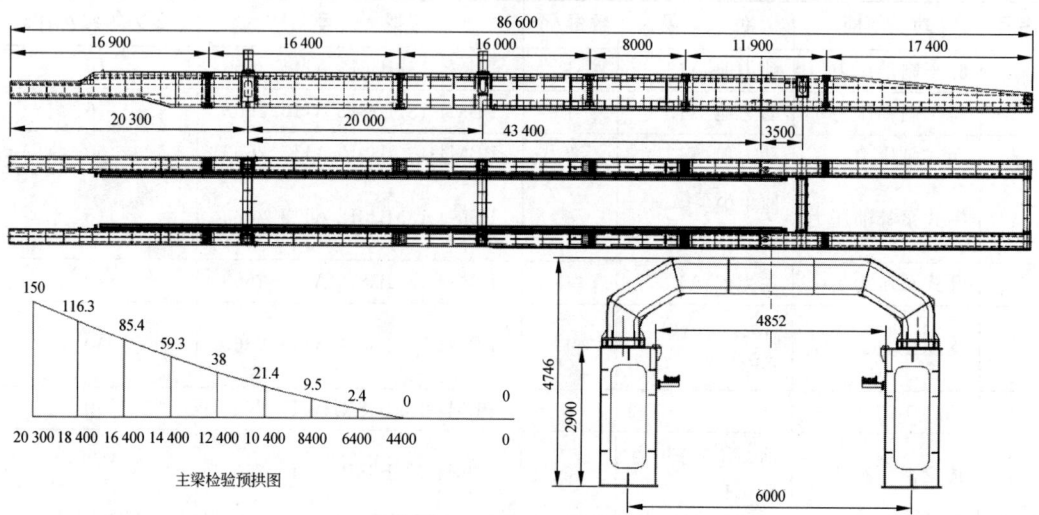

图 9-142 主梁结构示意图

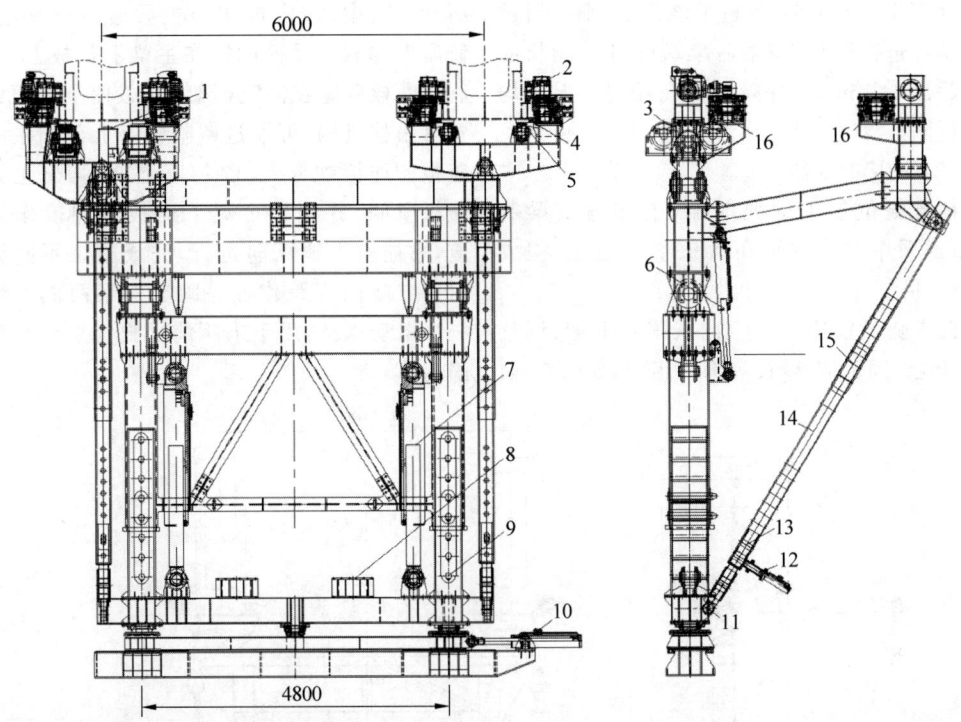

1—主梁插销；2—挂轮组；3—后托轮；4—导向轮；5—前托轮；6—翻转液压缸；7—顶升液压缸；8—加高墩；9—伸缩立柱；10—横移液压缸；11—传感器轴；12—斜撑下插销；13—保险钢销；14—斜撑杆；15—中部钢销；16—导向轮。

图 9-143　三角形前支腿结构示意图

所有轮系组在架桥机作业时都十分关键，过孔时必须保证其转动顺畅、无卡滞，使用过程中润滑脂加注周期为每月至少一次。轮组与主梁间隙必须调整合理，在确保前支腿托轮组与主梁底部轨道对中的前提下，确保水平导向轮组与主梁侧边导向轨道间隙为 5～8 mm，间隙过大易导致挂轮与主梁接头螺栓干涉。在挂轮悬挂状态下，托轮与主梁轨道间隙（单根主梁同一支点）的平均值应在 5～12 mm 范围之内。

中部设计有伸缩立柱及翻转机构，在进行变坡架桥时，应对中部伸缩进行调整，确保架梁时主梁纵坡不超过 0.8%，空载过孔时主梁纵坡不超过 1.5%；末孔梁架设时需要通过翻转机构将上下伸缩立柱部分进行翻转折叠，末孔梁架调坡通过增加或减少垫墩实现。

支腿下部设计有下横梁、横移回转梁、垫梁，横移回转梁与支腿下横梁间设置了 3 个推

力关节轴承，两侧的关节轴承下垫有聚四氟乙烯滑块，使主支腿和下垫梁在架桥机曲线过孔时可以发生轻微转动。

后托轮均衡架上设计有与主梁之间的插销液压缸。架桥时，应确保插销液压缸保持插入状态；过孔时，插销液压缸应保持拔出状态。插销液压缸在主梁内设计有行程检测，任何工况下应保持行程检测有效。

斜撑杆下部设计有水平力传感器，安装方向应朝向立柱垂直方向（与水平线平行）。其对架桥机过孔时产生的水平力进行监控，正常过孔水平力应小于 6 t，当水平力达到 7 t 时进行报警，水平力达到 9 t 时进行断电。

斜撑杆下部设计有长度微调螺杆、液压缸插销、保险销，中部设计有斜撑杆长度调整钢销。架梁时斜撑液压缸插销应保持拔出状态，过孔时保持插入状态。斜撑杆长度应根据上平面构架与立柱夹角进行调整，保持两者之间

的角度为100°±0.5°,若超出该角度,则需通过微调螺杆进行调整,调整后单端螺杆外露长度不得超出140 mm。保险钢销在任何工况下均严禁拆除。

(2) 铰接前支腿

前支腿位于主框架前端,上部与主梁铰接,下部采用球铰支承在墩顶垫石之上,构成二力杆件。

前支腿由铰座、吊挂机构、固定框架、调整节、液压缸、固定节、球铰等部分组成,如图9-144所示。其中,固定框架与主梁通过铰座连接,铰座上部利用螺栓固定在主梁下盖板上,下部利用螺栓固定在固定框架上;铰座上部两侧设置有吊挂机构,可通过解除铰座上部和主梁下盖板的连接螺栓,去除铰座上部,腾出主梁下盖板空间,并利用主梁下盖板外伸段作为轨道,吊挂前支腿纵向走行,完成施工不同梁跨时前支腿的变跨作业。固定框架两侧各设置一个电动倒链,用于末跨前支腿上桥台时翻转固定节。

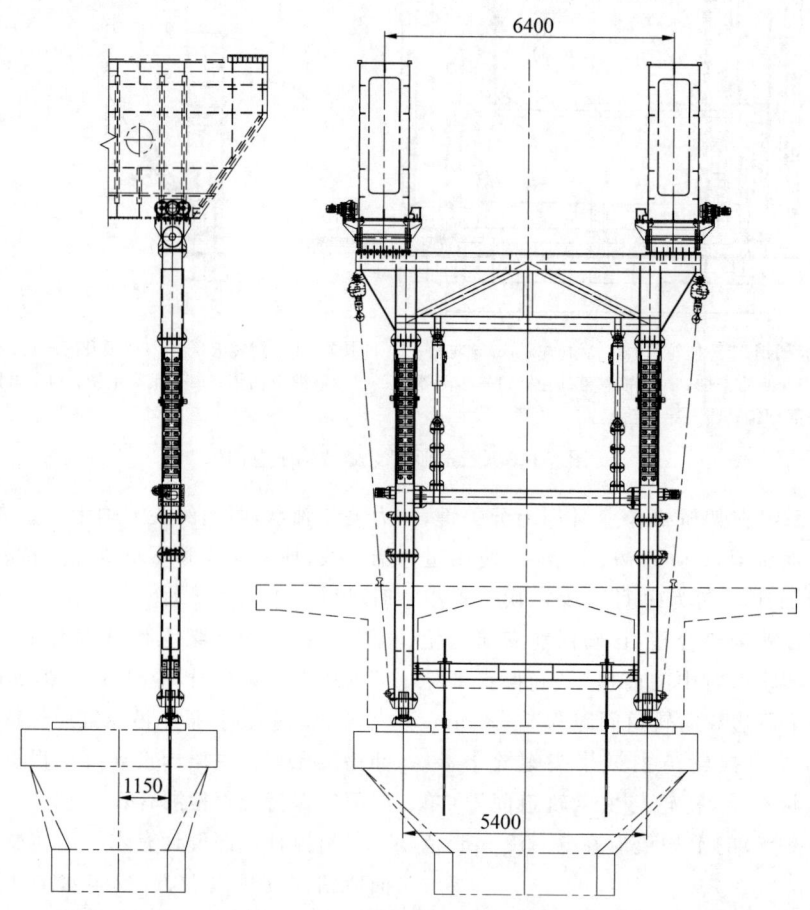

图 9-144 铰接式腿结构示意图

调整节为伸缩套柱结构,利用插销改变支腿高度,前后方向和左右方向分别设置两枚插销,调整范围为 2.4 m(−1600~800 mm),满足变梁高、坡道等工况施工要求。调整节的高度调整需依靠液压缸完成,前支腿共设两个液压缸。调整节内套管下部每侧安装一个导向滑轮,用于走行钢轨的拖拉倒换。

3) 辅助支腿(中支腿)

(1) 辅助中支腿

辅助中支腿由支腿结构、顶升液压缸、翻转机构等组成,主要作用是辅助架桥机过孔,架桥时辅助中支腿翻转折叠收起。

辅助中支腿支承时，应先操作上部翻转液压缸，使辅助支腿呈铅垂状态（偏斜不应超过15%），然后翻转下部翻转节到位，再顶升顶升液压缸，使前支腿脱空至可以达到正常上前方垫石或者桥台的高度后插入插销液压缸，插销液压缸行程有300 mm间距，并可随机配置150 mm调整垫墩作为调整使用，如图9-145所示。支点中心位置距离梁端750 mm，若遇到悬臂桥台或在现浇梁悬臂处支承，中心位置应位于悬臂后方100 mm处进行支承。支承完毕后，上部翻转液压缸点动伸出10 mm（处于上立柱液压缸销孔中位）。

辅助中支腿在支承完毕，需要翻转时，首先应拔出伸缩立柱插销液压缸，收缩中支腿顶升液压缸使前支腿支承可靠，再次收缩辅助支腿顶升液压缸使中支腿脱离桥面，然后翻转下部翻转节，最后翻转上部翻转液压缸使辅助中支腿与主梁保持平行，如图9-146所示。

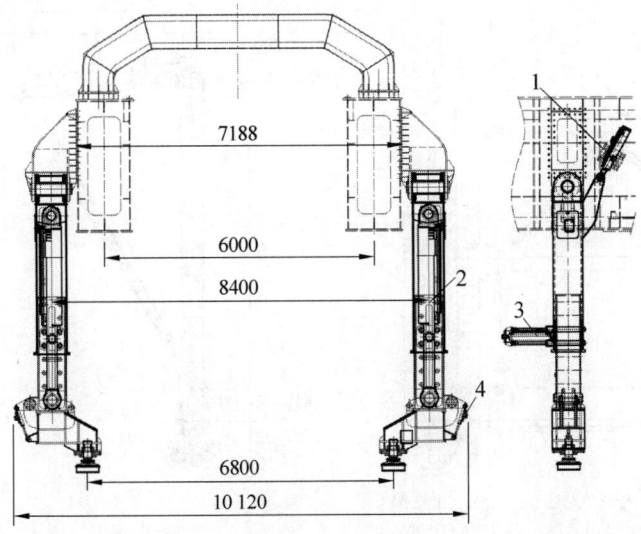

1—翻转液压缸；2—顶升液压缸；3—插销液压缸；4—折转液压缸。

图 9-145　辅助中支腿支承状态示意图

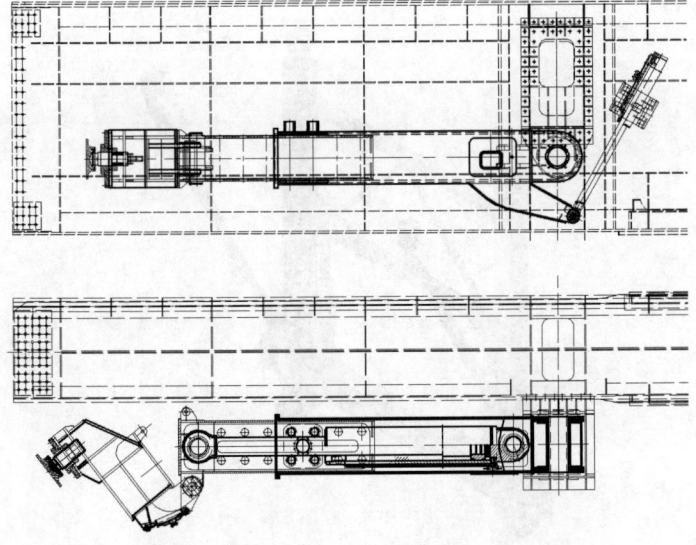

图 9-146　辅助中支腿翻转折叠状态示意图

(2) 后辅助支腿

后辅助支腿位于主框架后端,立柱上部与主梁铰接,下部连接在下横梁上,并通过走行轮组支承在轨道上。斜撑杆上部与主梁铰接,下部连接在下横梁上,形成稳定的三角形框架结构。

后辅助支腿由上横梁、联系杆、中横梁、外套柱、内套柱、斜撑杆、下横梁、顶升液压缸、横移机构、走行轮组等部分组成,如图9-147、图9-148所示。

4) 后支腿

后支腿采用O形结构,由马鞍梁、上横梁、加高节、下曲梁、走行机构及升降机构等组成,如图9-149所示。

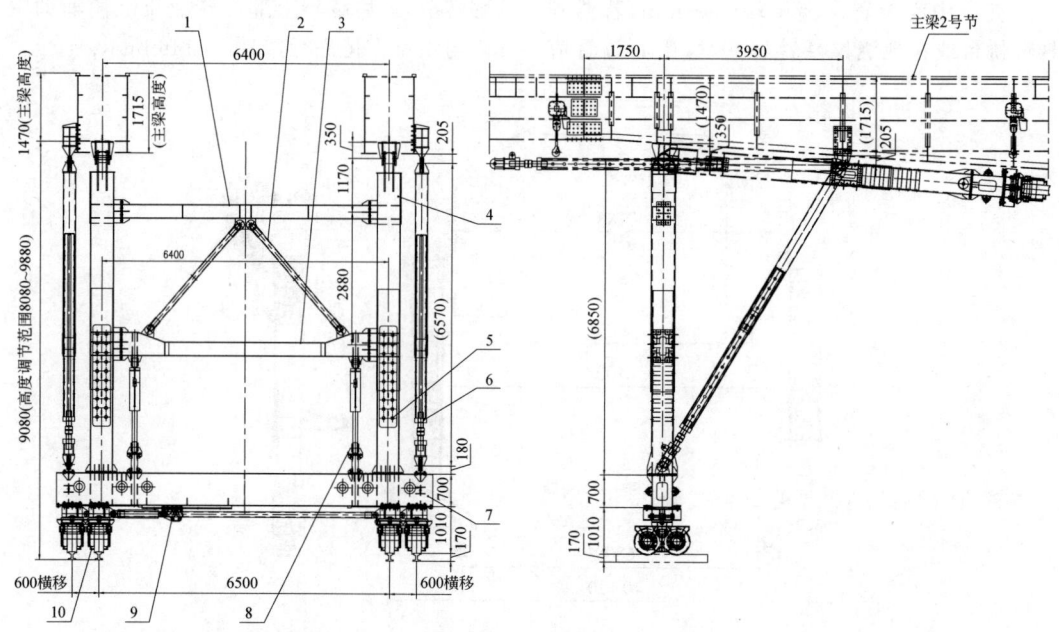

1—上横梁;2—斜撑杆;3—下横梁;4—立柱;5—销轴;6—伸缩斜杆;7—下横梁;8—伸缩油缸;9—调整机构;10—走行机构。

图 9-147 后辅助支腿结构示意图

图 9-148 后辅助支腿三维示意图

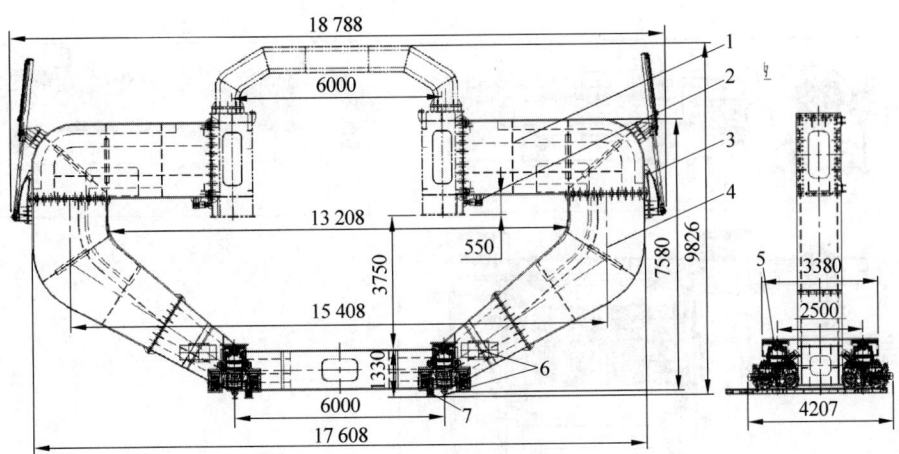

1—上横梁；2—折叠机构；3—翻转机构；4—竖曲梁；5—走行机构；6—走行轨道及拖拉机构；7—弧形座。

图 9-149 后支腿机构示意图

后支腿为箱形截面，用拼接板及螺栓连接，支腿内部最大净宽 13.2 m。底横梁上安装走行机构、走行轨道及轨道拖拉机构。走行机构上设计有液压缸，液压缸通过前后连通（左右不允许连通），确保架桥机后支腿在任何工况下前后走行机构受力大小一致。

过孔时，由走行机构直接在布设好的轨道上走行。架梁时需通过液压缸及底横梁底部的弧形座进行转换，在走行轮箱下支垫垫板，使车轮悬空，方可进行架梁作业。

过隧道时，拆除支腿横梁与主梁连接面、上横梁与竖曲梁连接面、竖曲梁与底横梁连接面的螺栓，然后通过起重小车将底横梁及走行机构提运前移，翻转机构将下曲梁向上翻起，两侧上横梁水平翻折 90°与主梁平行，并利用拉杆将竖曲梁与主梁进行临时连接（减小驮运过程中的晃动及冲击），从而减小架桥机后支腿处的断面尺寸，适应驮运过隧道时对隧道净空的要求，如图 9-150 所示。

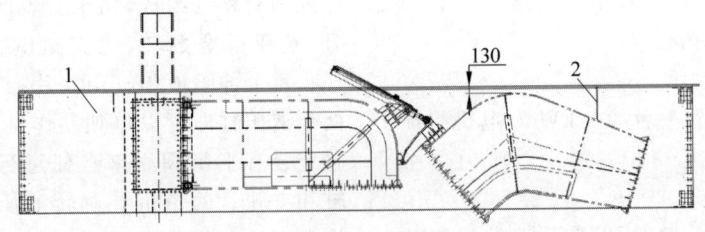

1—主梁；2—拉杆。

图 9-150 后支腿过隧道时状态示意图

走行轨道前端设计有锚定横向连接梁，在雨雪天气大下坡架桥时进行钢轨锚定，使轨道与桥梁之间的附着更加可靠。

5）起重小车

起重小车分为前起重小车和后起重小车两种，前起重小车为单吊点，后起重小车为双吊点。因此，落梁时必须保证后吊点（双吊点）先落，前吊点（单吊点）后落。

起重小车由下层车架、上层车架、走行机构等组成，如图 9-151 所示。架桥机设有前、后两台起重小车，两台小车共同抬吊整孔箱。单个小车采用 4 根吊杆，吊杆安全系数可达 5。

6）起升机构

起升机构由卷扬机、钢丝绳、钢丝绳端固定组件、平衡组件等组成。采取四点起升、三点平衡的方式进行吊梁作业，保证箱梁梁体在

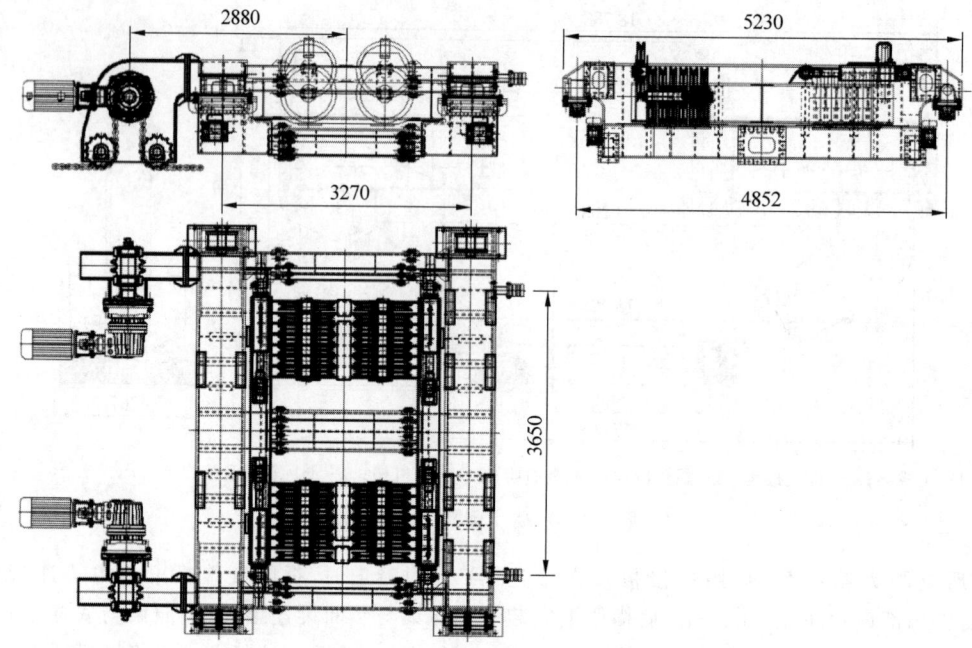

图 9-151 起重小车结构示意图

吊装过程中受力平衡、安全。起升机构设双级制动，低速制动采用钳盘式制动器。

单个起升机构的小车滑轮倍率为 24 倍，钢丝绳单绳最大静拉力为 13.7 t；选用韩国进口钢丝绳，型号为 DSR6×WS(36)+IWRC-30-1960-ZS，单绳最小破断拉力为 77 t，安全系数为 5.6；卷扬机选用 4 台南通力威机械有限公司生产的 14 t 卷扬机。

7）动力系统

动力系统配置一台 300 kW 发电机组提供施工动力及照明。

8）液压系统

因整机机构分散，所以液压系统采用独立单元设计，系统简化和模块化，减少了沿程损失和功率损耗，方便维修和搬运。整机液压系统共 5 套：前支腿液压系统 1 套、辅助支腿液压系统 1 套、后支腿液压系统 1 套、起重小车液压系统 2 套。系统电动机总功率为 33.5 kW，但所有电动机不会同时工作，同时动作的功率为 2×5.5 kW。每套液压系统都由液压泵站、液压管路和液压缸等组成。

整机共 5 台液压泵站，它是集油泵、电动机、控制电磁阀组、油箱、吸回油过滤器等于一体的部件，设有压力表和液位计等辅件，具有结构紧凑、体积小、方便搬运和安装的特点。

(1) 前支腿液压系统

前支腿液压系统系统由 1 台十联阀泵站、2 个伸缩液压缸、2 个折叠翻转液压缸、1 个横移液压缸、2 个竖向插销液压缸、8 个斜撑插销液压缸和管路等组成，用来实现前支腿内立柱提升、支腿折叠翻转、前支腿横移、插拔销的动作。每个伸缩液压缸由一片换向阀单独控制，两个液压缸即可以单独动作又可以联动，液压缸上装有平衡阀用来在任意行程时锁定液压缸和支腿。两个折叠翻转液压缸由一片电磁换向阀控制，两个液压缸的管路并联，由前结构件的刚度实现两个液压缸的同步，换向阀下叠加有液压锁用来在任意行程时锁定折叠翻转液压缸。8 个斜撑插销液压缸由 4 片换向阀控制，每个斜撑上部的 3 个液压缸用一片换向阀控制，3 个液压缸的作用相同，动作先后顺序不作控制。每个斜撑下部的一个液压缸用一片换向阀单独控制。斜撑插销液压缸上装有双向液压锁，可以在插销和拔销状态下锁定液压缸。

(2) 辅助支腿液压系统

辅助支腿液压系统由 1 台八联阀泵站、2

个顶升液压缸、2个折叠翻转液压缸、2个下部折叠液压缸、2个插销液压缸和管路等组成,用来实现辅助支腿的顶升、折叠翻转、下部折叠和插拔销的动作。8个液压缸由8片电磁换向阀分别控制,每个液压缸都可以单动,两个顶升液压缸可以联动。电磁换向阀下叠加有双单向节流阀,可以用来调整液压缸的速度。顶升液压缸上装有平衡阀使液压缸动作平稳,也可以在任意行程上锁定液压缸。折叠翻转液压缸、下部折叠液压缸和插销液压缸上装有液压锁,可以在液压缸任意行程上锁定液压缸。

(3) 后支腿液压系统

后支腿液压系统由1台两联阀泵站、4个顶升液压缸、2个折叠翻转液压缸、2个中部折叠液压缸和管路等组成,用来实现后支腿的顶升、支腿折叠、翻转的动作。4个顶升液压缸分成两点,左边两个为一点,右边两个为一点,由两片电磁换向阀分别控制,左右两点既能单动又能联动。电磁换向阀下叠加有双单向节流阀,可以用来调整液压缸的速度。每一点的两个液压缸均有自动平衡功能,可以很好地适应纵坡。每点的两个顶升液压缸的总管路上设计一个液压锁,能在任意行程时锁定顶升液压缸和支腿。在液压锁和两液压缸之间设置有双管路防爆阀,一旦其中一根管路爆裂可立即将其封闭且不影响另外一根管路正常工作。折叠翻转液压缸、中部折叠液压缸均设置有快速接头,需要动作时从起重小车的泵站上取油。

(4) 起重小车液压系统

架桥机有两套起重小车液压系统,后起重小车液压系统由1台两联阀泵站、2个横移液压缸和管路等组成,用来实现后起重小车横移的动作。两个横移液压缸由两片电磁换向阀分别控制,既能单动又能联动。电磁换向阀下叠加有双单向节流阀,可以用来调整液压缸的速度。前起重小车液压泵站有六联阀,比后起重小车多了四联电磁换向阀,用来控制后支腿的折叠和翻转动作。连接后支腿液压缸的管路设置了快速接头,当后支腿需要折叠和翻转时,前起重小车行驶至指定位置,连接快速接头即可。

9.3.5 简支T梁架桥机

1. 整机的组成和工作原理

180 t/32 m 简支T梁铁路架桥机(简称180 t/32 m 铁路架桥机)用于铁路32 m及以下跨度预应力钢筋混凝土梁、新建和旧线改造时速200 km及以下客货共线T形梁(通桥2201、2101、2103型)、专桥9753梁等的架设,也可用于轨排的铺设。该机属单臂简支型,可架设梁片最大跨度32 m,额定起重质量180 t。能够方便地进行曲线铺轨架梁和变跨架梁,能够满足隧道口架梁,可实现全幅机械横移梁片(单、双线),达到一次落梁到位。其具有以下特点:

(1) 采用一跨式主体结构,可借助辅助支腿自行过孔,不需要任何其他辅助结构,作业程序简洁,安全可靠。

(2) 可进行32 m及以下铁路梁的架设,通过增加节段可架设35 m及以下公路桥梁的架设。

(3) 可方便地进行首末孔梁的架设,尤其可以方便快捷地进行变跨作业。

(4) 可实现大纵坡、小曲线架梁。

(5) 作业程序简单,架梁速度较快。

(6) 铁路双线或者编组站多线架梁无需人工移梁,可一次横移就位。

(7) 可整机驮运通过隧道,无须大的拆解动作,也不需要大型起重机械配合。

(8) 架桥机过孔、横移及起重小车走行采用变频调速技术,启、制动平稳;中央控制系统采用PLC程序控制技术,高效先进,安全可靠。

(9) 设有完备的安全保护装置,即便发生误操作,也可防止重大事故发生。

(10) 可与有轨运梁车和无轨运梁车配套使用。

180 t/32 m 铁路架桥机由主梁,后支腿结构,前支腿结构,辅助支腿,起重小车,主机走行机构(纵向走行机构),大车轮胎走行机构,横移走行机构,前支腿顶部支承导向走行机构,后支腿顶升、横移、支承机构,前支腿液压顶升、插销、横移机构,辅助支腿顶升机构,电气系统等组成,如图9-152。

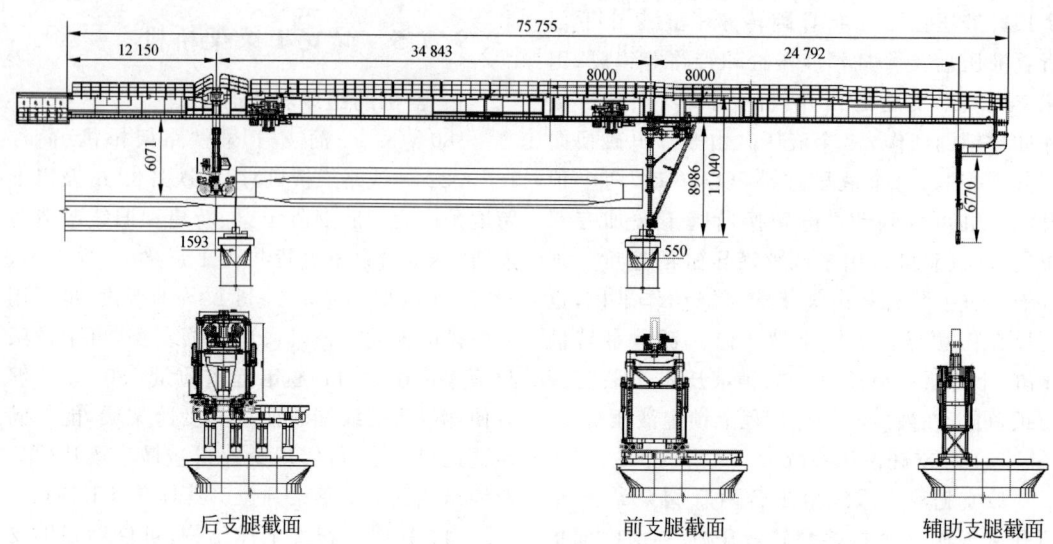

图 9-152　180 t/32 m 铁路架桥机结构示意图

180 t/32 m 铁路架桥机工作原理:发电机提供动力,电液控制各机构动作,起重小车提梁、纵移走行,整机横移就位落梁,后支腿驱动,前支腿支承纵移过孔。

2. 主要系统和部件的结构原理

1) 主梁

主梁采用一跨式单主梁的结构形式(图 9-153),分 5 节制造,采用轮胎走行方式时,节段 4 不安装,只安装节段 1、2、3、5 即可(当需要铺轨排,采用轮轨式走行时,再安装节段 4)。各梁节之间采用销轴连接。主梁前端通过法兰与辅助支腿象鼻梁连接,中间通过托轮-压轮系统与前支腿连接,尾部通过滑板-销轴系统与后支腿连接。主梁采用箱形梁结构,主梁下侧设耳梁供起重小车走行,下翼缘底面两侧设有轨道供前支腿过孔走行,下翼缘底面中间设有齿条供起重小车纵走驱动。

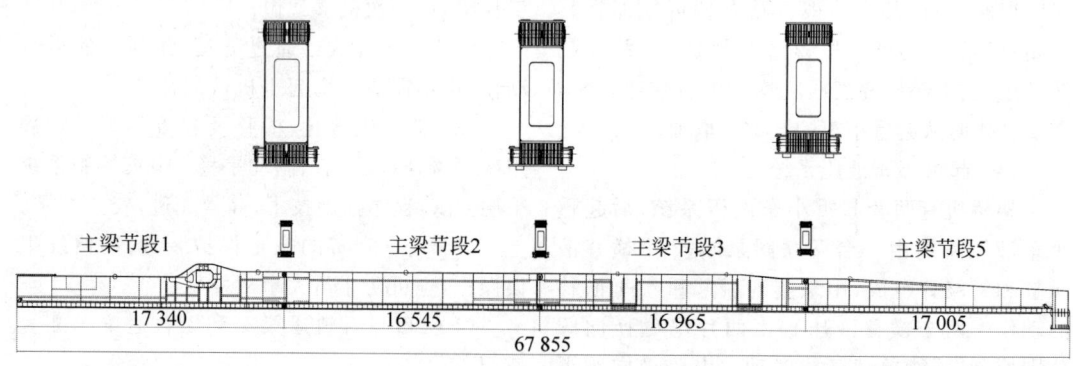

图 9-153　架桥机主梁结构示意图

主梁最大运输长度为 17.48 m,高度为 2.4 m,宽度为 1.05 m,最大质量为 19.7 t。

2) 后支腿结构

后支腿采用门架结构形式,由上横梁、下横梁、上立柱和伸缩立柱组成,如图 9-154 所示。支腿上横梁穿入主梁腹内,通过滑块-转轴系统与主梁连接,支腿下横梁通过螺栓与横移台车连接。架桥机主梁可相对后支腿上横梁横向移动,横移动作通过后支腿、主梁间的横移液压缸实现,从而实现两片横移就位,其横移行程为 ±1180 mm。为了驮运通过隧道,后支腿立柱下部设一伸缩节,伸缩量为 2350 mm,支腿收缩柱的伸缩通过立柱侧面的液压缸实现,伸缩到位后安装钢销固定。

后支腿结构件全部采用箱形截面,上横梁端部设计成弧形以增强过隧适应性,下横梁设计成弓形以增加喂梁空间。构件中最大外轮廓尺寸为 4500 mm×800 mm×650 mm(长×宽×高),单件最大质量为 2.44 t。

3) 前支腿结构

前支腿结构横向采用上部平面构架、下部可伸缩立柱的结构形式,侧向为横向的平面构架与斜向可大范围伸缩液压缸构成的三角形构架结构,如图 9-155 所示。三角形构架上部设有小斜撑,以便斜向伸缩液压缸收缩时带动横向平面构架下部立柱同时伸缩运动。

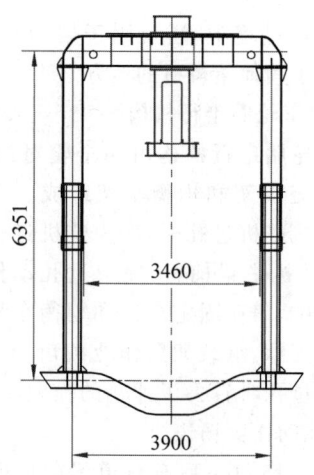

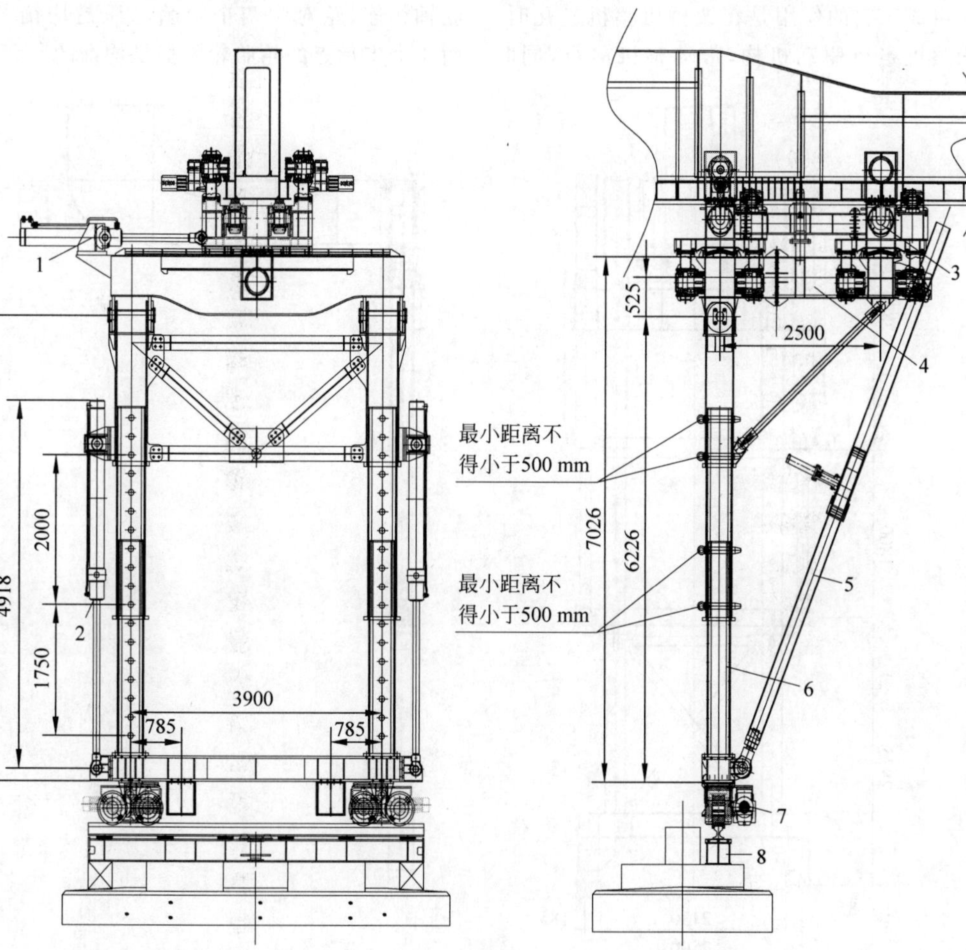

图 9-154 后支腿结构示意图

后的高度可满足过隧道时隧道净空的要求。立

1—伸缩液压缸;2—横移液压缸;3—变跨支承导向机构;4—横梁框架;5—伸缩斜撑;6—伸缩立柱;7—横移台车;8—横移轨道。

图 9-155 前支腿结构示意图

4) 辅助支腿

辅助支腿采用象鼻梁加平面构架的结构形式,由象鼻梁、上轴铰、上横梁、立柱系和下轴铰组成,如图 9-156 所示。辅助支腿上部象鼻梁通过螺栓与主梁连接,下部通过下轴铰支承在桥墩(台)上。

5) 起重小车

180 t/32 m 铁路架桥机上配有两台起重小车,每台起重小车装有两套起升系统,主要由小车架钢结构、定滑轮组、卷扬机、导向滑轮、水平轮组、小车驱动系统等机构组成,如图 9-157 所示。

6) 主机走行机构(纵向走行机构)

主机走行机构指后车走行机构(纵向走行机构),由 4 个台车、4 台减速机及电动机和轨道梁组成。它的作用是在架桥机整机过孔时,作为整机走行驱动机构,带动整机前行,同时在架梁作业过程中,还要用于架梁作业支承,这是区别于其他架桥机的地方。

7) 大车轮胎走行机构

大车轮胎走行机构由 4 个轮对组、8 台减速机及固定车架和均衡车架组成。它的作用是在架桥机整机过孔时,作为整机走行驱动机构,带动整机主梁前行,完成过孔动作。架梁作业过程中,需在固定车架和均衡车架 4 个支承点打好支承,承载架梁作业载荷。大车轮胎走行机构过孔时省去了铺轨的作业工序,转向灵活,过孔动作顺畅快捷。

在图 9-158 中,后车轨道梁前后两轮对分别支承在固定车架和均衡车架上,形成了稳定的平衡支承体系,加之轮对的车桥是由轴铰与立轴相连,轮对中两个轮胎轮压是均衡的,因而 4 个支承点的轮胎轮压都是均衡的。

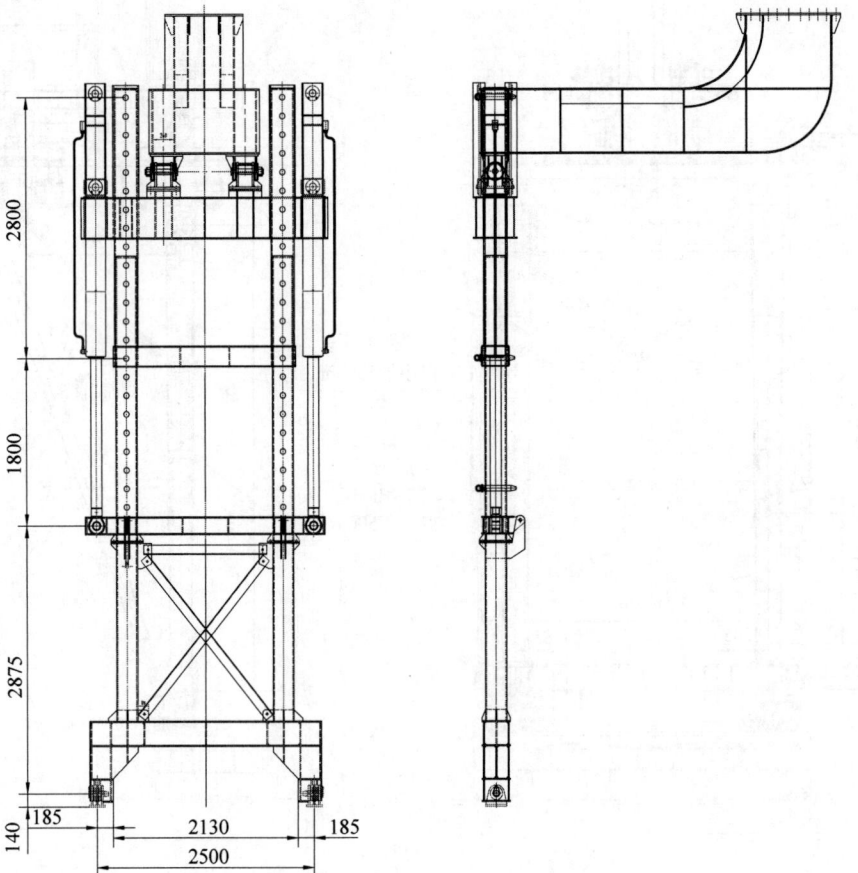

图 9-156 辅助支腿结构示意图

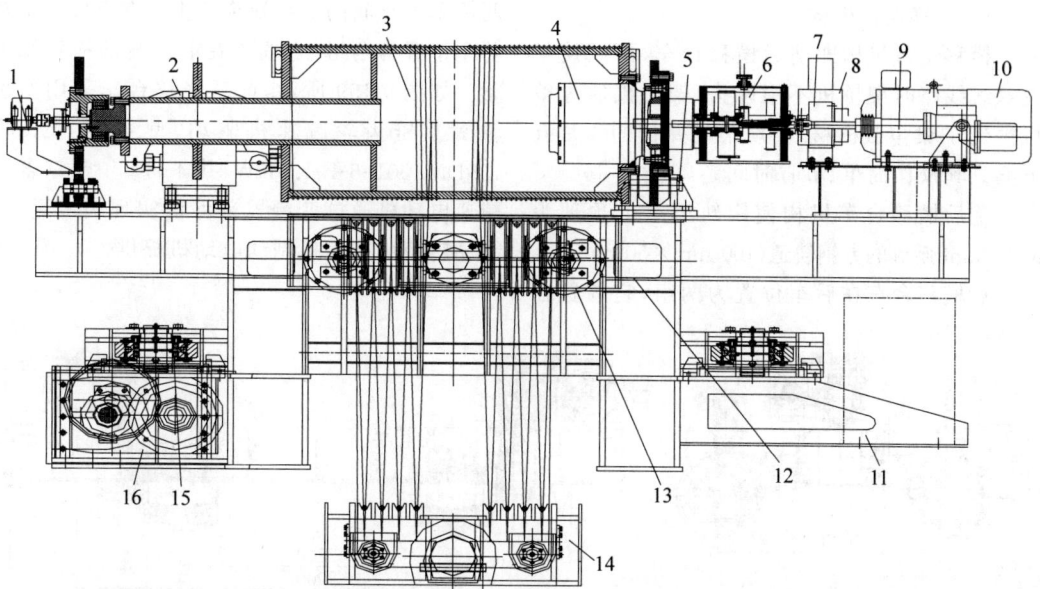

1—旋转编码器；2—液压失效保护制动器；3—单层绕双联卷筒；4—减速机；5—测重传感器；6—变速箱；7—联轴器；8—块式制动器；9—电动推杆；10—电动机；11—泵站；12—起重桁车；13—定滑轮组；14—吊具；15—水平轮组；16—传动机构。

图 9-157　起升系统正面图

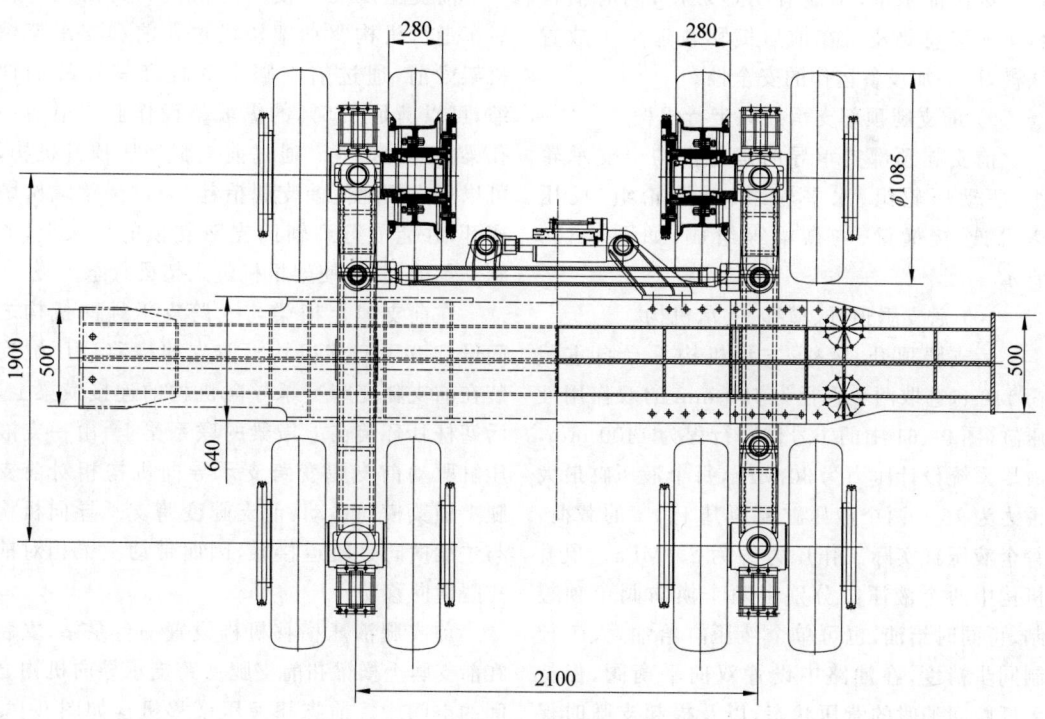

图 9-158　大车轮胎走行机构示意图

8) 横移走行机构

横移走行机构即前后横移台车，可以使架设双线线路时架桥机不用调头，架桥机通过整机携带 T 梁重载横移，实现架设并排的 4 片 T 形梁。其操作简单、节省时间。

前后横移台车机构使用轨道梁上顶部为 $R500$ mm 弧形的方钢轨道（100 mm×50 mm）。

后横移台车在后车位置为两组，它放置在两后车大车间的横移轨道梁上；前横移台车在前车位置为两组，它放置在前支腿的横移轨道梁。如图 9-159 所示，前后横移台车采用斜齿轮-螺旋锥齿轮减速机驱动，型号为 DLK07-159DM100L-6-E-1.5KW，共 4 台。4 台三合一减速电动机通过变频器来保证实现同步运行。制动转矩由减速机制动电动机提供。

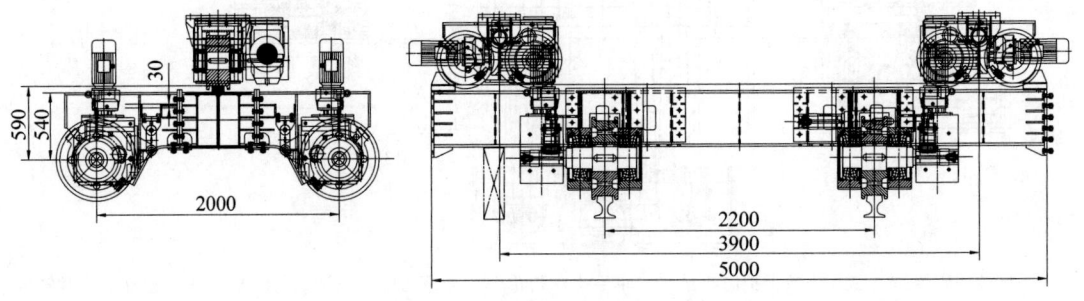

图 9-159　前后横移台车机构驱动布置

另外需要注意，当进行横移操作时，要使轨道梁保证水平，不能有明显坡度，同时横移台车横移前要及时在前后横移轨道梁上放置铁楔，以增加设备运作的安全性。

9) 前支腿顶部支承导向走行机构

前支腿顶部支承导向走行机构由支承轮组、驱动压轮组、水平轮组、反压轮组、反压弯梁、连接横梁、均衡梁等组成，如图 9-160 所示。

10) 后支腿顶升、横移、支承机构

后支腿顶升、横移、支承机构承受自重载荷 110 t，选取两个直径为 180 mm 的双作用液压缸（图 9-161 中的 1 号件），行程为 1400 mm，液压系统设计压力为 30 MPa，每个液压缸最大推力为 76 t，两个液压缸要顶升 110 t 的载荷，每个液压缸实际工作压力约为 26 MPa。顶升机构中两个液压缸分别由两个换向阀单独控制，可同时给油，也可单个液压缸给油，人工控制同步精度，在油路中设置双向平衡阀，保持无杆腔回油时的背压状态，以及提起支腿时保持提起状态。

11) 前支腿液压顶升、插销、横移机构

前支腿设液压顶升、插销机构，该机构在后车走行机构驱动架桥机过孔前和支承架桥机架梁前，通过前支腿主立柱和斜撑杆的伸缩，可以满足 2.5% 的纵坡架设作业和最后一孔梁的架设作业。通过前支腿液压顶升机构，可以更方便地使前支腿抬起，与已架梁端桥墩离开，并能前行到辅助支腿支顶的桥墩上，顺利支承前支腿，使架桥机进入架梁状态。

在前支腿上横梁与变跨支承导向机构之间设有液压横移机构。前支腿横移液压缸安装在前支腿变跨支承导向机构的连接横梁上，活塞杆耳环装在上横梁的联系梁上，由一支液压缸驱动前支腿变跨支承导向机构相对前支腿上横梁横向移动，前支腿变跨支承导向机构与主梁横向是轨道接触，因而带动主梁相对前支腿横向移动。

前支腿液压横移机构设置一台泵站，安装在前支腿上横梁和前支腿变跨支承导向机构之间的空间中。前支腿液压横移机构如图 9-162 所示。

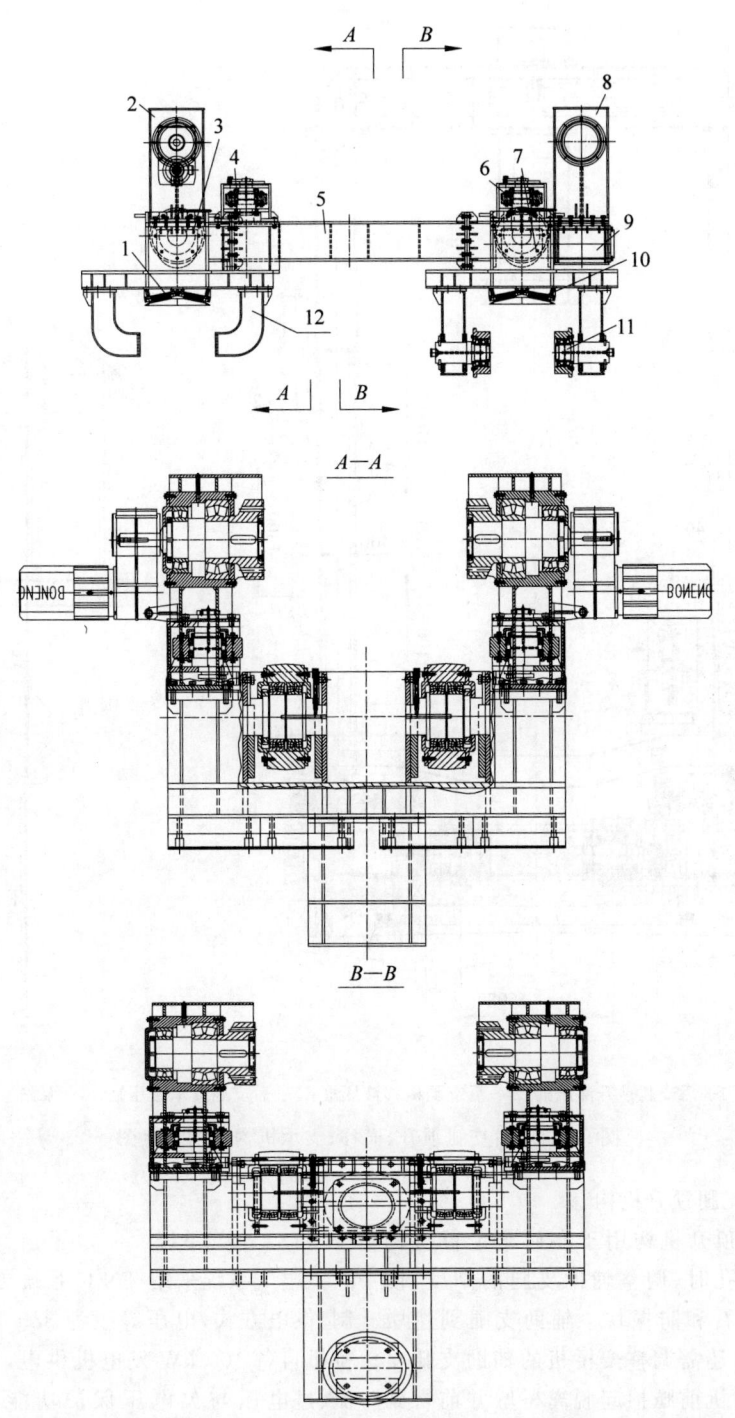

1—横移滑道；2—驱动压轮组；3—支承轮组；4—水平轮组；5—连接横梁；6—水平轮组；
7—支承轮组；8—从动压轮组；9—均衡梁；10—横移滑道；11—反压轮组；12—反压弯梁。

图 9-160　前支腿顶部支承导向走行机构结构示意图

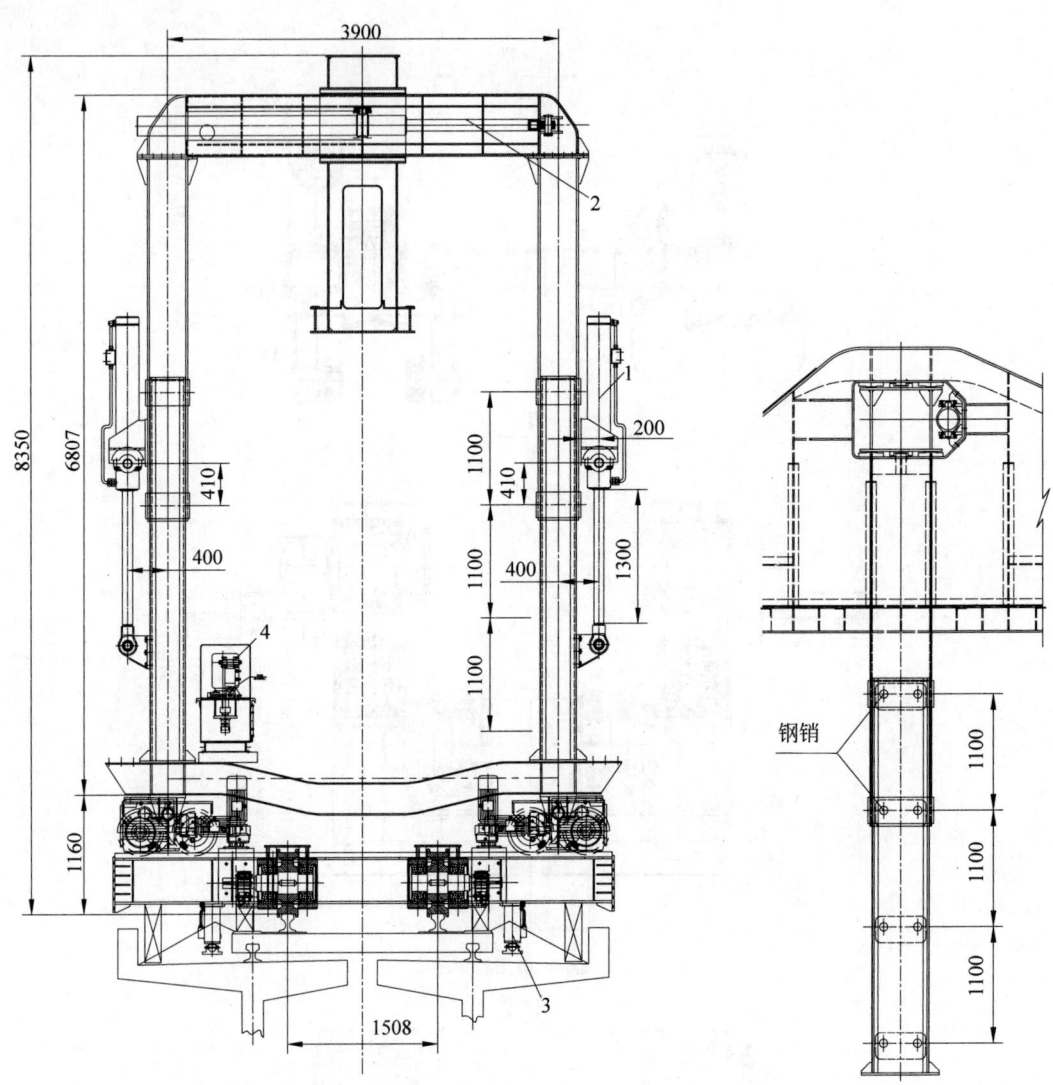

1—后支腿顶升液压缸；2—后支腿横移液压缸；3—后支腿支承液压缸；4—泵站。

图 9-161 后支腿顶升、横移、支承机构结构示意图

12）辅助支腿顶升机构

辅助支腿顶升机构用于在后车走行机构驱动架桥机过孔时，调整辅助支腿的高度，使之越过桥墩垫石和防振块。辅助支腿到达墩顶支顶位置时，还需调整架桥机的辅助支腿支承状态，使架桥机前腿抬起脱离桥墩并前行到辅助支腿支顶的桥墩上，协助支好前支腿，使架桥机进入架梁状态。其结构如图 9-163 所示。

13）电气系统

电气系统采用 TN-C 系统方式（三相四线制）供电方式，电压等级为 380 V/220 V，由架桥机自备 100 kW 发电机供电，电路具有过电流、过电压与欠电压保护功能，由 PLC 自动控制。

第9章 主要机械结构和工作原理

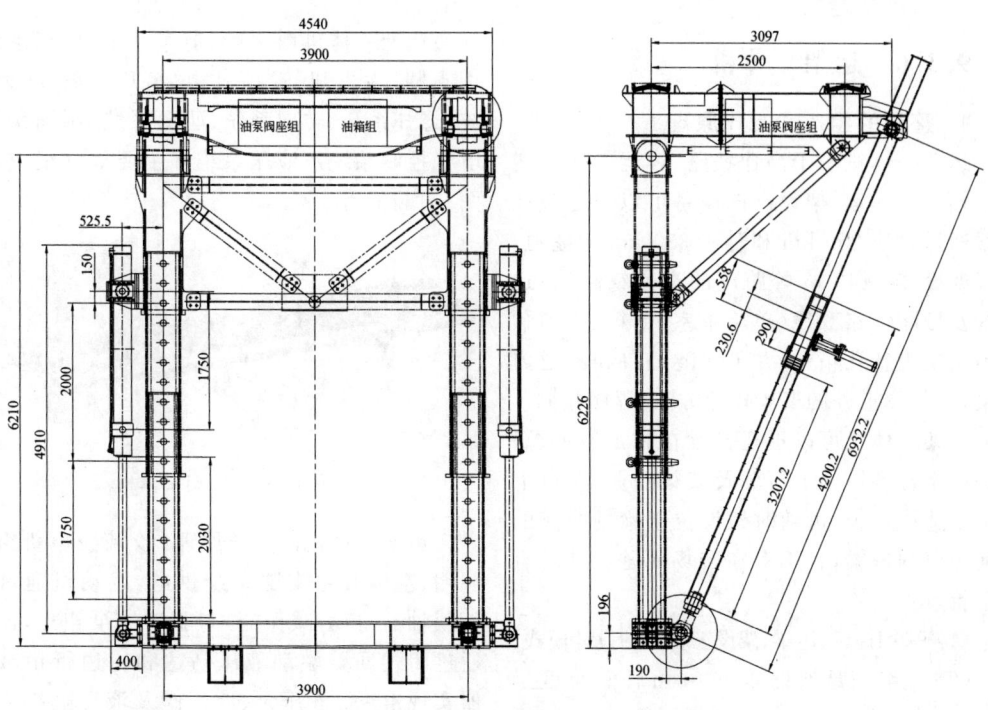

图 9-162 前支腿液压横移机构结构示意图

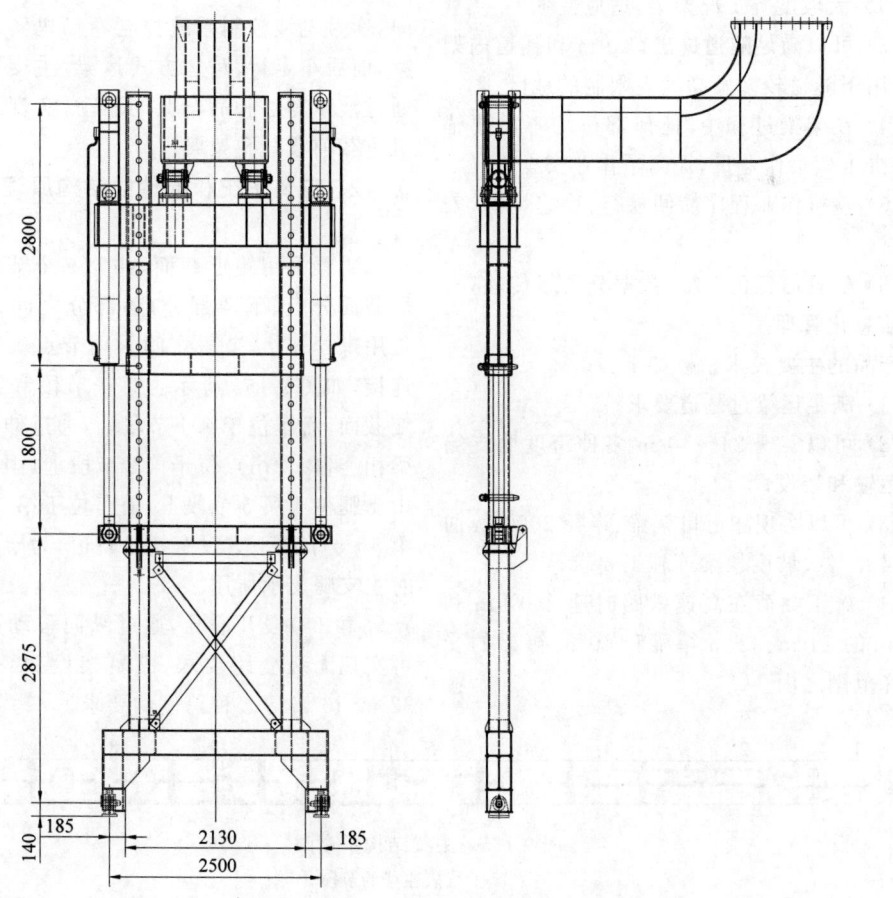

图 9-163 辅助支腿顶升机构结构示意图

9.3.6 运架一体机

1. 整机的组成和工作原理

运架一体机用于高速铁路、客运专线双线整孔箱梁的提运、架设。该设备可以提运整孔箱梁通过时速 250 km 和时速 350 km 的隧道，可以架设 24～40 m 等跨度的高速铁路、客运专线及城际铁路双线（单箱单室、单箱双室）预应力混凝土整孔箱梁，并可在隧道口和隧道内架梁，且与隧道外的架梁作业方法、程序相同。

运架一体机可以提运箱梁在施工便道、路基和已架好的箱梁上行驶及架梁作业，对以上设施不造成危害，可随时架设位于梁场两侧的任何一侧的桥梁，且不存在转场问题。其具有以下特点：

（1）采用提梁、运梁、架设三合一的设计模式。

（2）能够满足架设 24～40 m 任意跨度梁段，且变跨操作方便，可以实现半径 2000 m 小曲线、3‰大坡度等工况架梁，适应性强。

（3）可以满足隧道进出口 0 m 和隧道内架梁，适用于隧道较多及高度受限制的地区。

（4）在架梁过程中，任何部位均不需要锚固，减少了架梁作业量，提高了作业安全性。

（5）整机作业程序简便易行，稳定性好，安全可靠。

（6）配置信息化系统，数据分层级传输，实现了信息化管理。

产品的主要技术指标如下：

（1）满足运梁过隧道要求；

（2）可以实现 24～40 m 多种跨度简支箱梁的运输和架设；

（3）可以实现隧道口架梁、半径 2000 m 曲线架梁、3‰大坡度架梁等施工要求；

（4）施工载荷在高速铁路时速 250 km 和 350 km 的 24 m、32 m 箱梁和 40 m 箱梁的受力允许范围之内。

运架一体机由主梁、前车系统、后车系统、中支腿、主支腿、卷扬机构、起升系统、动力系统、悬挂系统、转向系统、驱动系统、制动系统、电气控制系统及液压系统等主要部分组成，如图 9-164 所示。

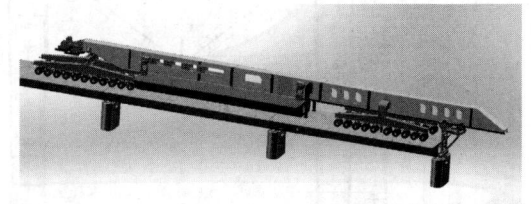

图 9-164 运架一体机

运架一体机的工作原理：交流发电机组为照明、空调及主支腿系统供电，发动机通过弹性联轴器（扭力减振器）与驱动油泵相连，油泵通过闭式回路驱动液压马达和轮边行星减速器实现走行；液压泵、液压阀及液压缸组成的多泵并联合流供油开式系统实现悬挂升降、转向，通过电液控制系统控制卷扬机实现起吊箱梁，前后车走行、跨运方式运梁，主支腿支承并通过液压马达和后车共同驱动，实现运架一体机重载前移过孔架梁。

2. 主要系统和部件的结构原理

1) 主梁

主梁采用箱形截面，共分 9 个节段。各节段截面分上、下两部分，各部分之间采用法兰板用螺栓连接，节段之间采用节点板精制螺栓连接，如图 9-165 所示。第 1 节段和第 9 段为变截面，后车位于第 1 节段上，通过伸缩柱与主梁相连，移动吊点位于第 2 节段上，固定吊点和中支腿位于第 5 节段上，前车位于第 7 节段上。第 5～9 节段下方设有托轮轨道，为架梁及过孔时主支腿支承所用。

第 2 节段开通孔，通过纵向移动吊具位置可实现无级变跨要求，满足架设 22 m、24 m、32 m、40 m 等多种跨度的要求。

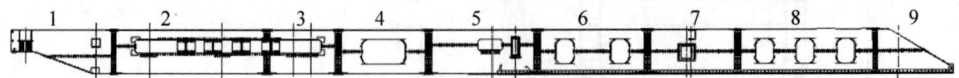

图 9-165 主梁结构示意图

注：1～9 代表主梁的节段。

在长期用于架设32 m梁时可以拆除第3节段(8 m)和第9节段(8 m),将40 m架桥机改装成32 m梁架桥机,以减小一体机的质量。最大节段长度为17 m,最小节段长度为8 m,最大运输质量为38 t。

2) 前车系统

前车系统是运架一体机整机走行、承受高速铁路40 m简支箱梁部分重量和整车自重部分的重要结构。除满足结构受力要求外,运架一体机前车还具有90°转向,对主梁进行高度调节,平衡主梁因线路纵坡、横坡对前车产生的弯矩,具有驱动和制动的功能。

前车单侧结构由连接法兰、曲梁、垫梁、走行纵梁、悬挂走行系统、液压驱动系统、轮系和横向连接系统等部件组成,如图9-166和图9-167所示。前车单侧采用螺栓与主梁腹板连接为一体,前车单侧各部件之间也采用螺栓连接。

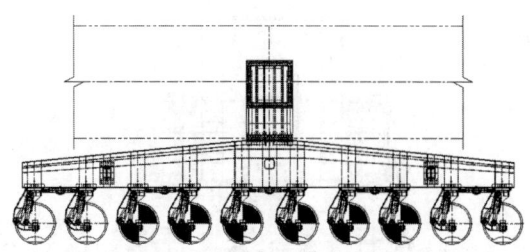

图9-167 前车结构侧面图

胎承载力均匀分配,能自动适应路面不平度。

运架一体机前车驱动走行系统设有24个驱动轮(12个驱动悬挂)作为驱动部件,采用马达+减速机驱动方式,悬挂采用摆动轴,能自动适应横坡的要求,亦可单点调平或者同步提升,保证每个悬挂承载基本相同。当车辆行驶在纵向不规则的路面时,由轴负载液压缸进行补偿,实现车辆的水平走行,出现超差情况能自动报警、锁闭,从而提高行驶中的安全性。

运架一体机前车走行系统由左右两套轮胎式承重走行装置组成,左右两侧车轮组中心距离6.05 m。前车共10个轴线,每个轴线上有4个车轮(轮胎),车轮直径约1.7 m。其中,6轴为驱动轴,4轴为制动轴,液压驱动车轮转动及转向。

(2) 液压驱动系统

运架一体机的前车液压驱动系统采用静液压变量闭式驱动系统,动力源为柴油发动机,通过弹性联轴器与配置的驱动泵相连来驱动安装于驱动轮组中的液压马达和行星减速器从而实现走行。液压主油泵为闭式变量泵,液压系统最大工作压力为35 MPa。

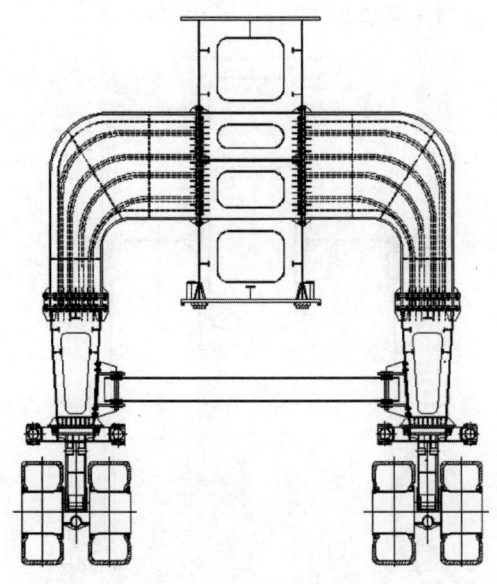

图9-166 前车结构断面图

(1) 悬挂走行系统

悬挂走行系统分为驱动桥和从动桥两种结构,具有重载升降功能,悬挂升降行程为±400 mm,采用双作用缸,最大工作压力为28 MPa。

运架一体机的前车走行系统采用液压悬挂走行系统,每组大车架的所有悬挂液压缸通过并联形成一个支点,可自动调整载荷,使轮

3) 后车系统

运架一体机的后车系统主要由后车走行系统、转向支承机构、后车架纵梁、后车架横梁、伸缩柱、主梁顶升液压缸等组成,如图9-168、图9-169所示。其中,后车走行系统又包含走行轮组、转向系统、动力系统、液压系统、制动系统等。后车走行系统由左右两套轮胎式承重走行装置组成,左右两侧车轮组的中心距为5.2 m。后车共11个轴线,每个轴线上有4个车轮(轮胎),车轮直径约为1.7 m。其中,6轴为驱动轴,5轴为制动轴,液压驱动车轮转动及转向。

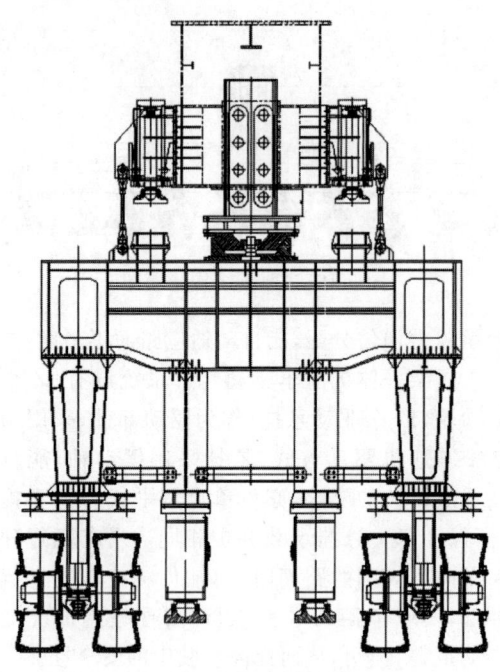

图 9-168 后车结构断面图

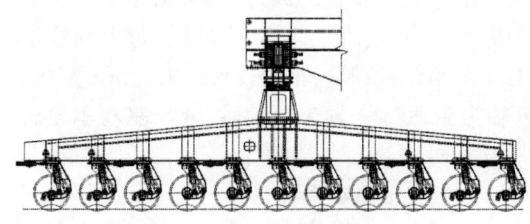

图 9-169 后车结构侧面图

后车架纵梁和横梁通过高强度螺栓连接。横梁上部设有特大型推力关节轴承,通过高强度螺栓与横梁连接。特大型推力关节轴承具有自润滑功能,可承受 1500 t 的动载荷,工作时轴圈最大摆动角可达 3°,满足了后车的受力要求和转动需求。特大型推力关节轴承上部通过高强度螺栓与调高立柱连接,调高立柱对主梁的调整量为 ±400 mm,由液压系统实现调整过程,调高立柱通过销轴与设置在主梁内部的柱套采用销接连接。由于调高立柱对主梁的调整量为 ±400 mm,悬挂架自身具有 ±400 mm 调节功能,故后车高度共有 ±800 mm 的调整量。后车的结构尺寸为 24 330 mm(长)×7088 mm(宽)×8370 mm(高)。中位时,运架一体机整机高度为 9200 mm;高位时,整机高度为 10 000 mm;低位时,整机高度为 8400 mm。

4) 中支腿

中支腿在施工过程中作为支腿转换过程中的中间支承结构,须承担架桥机系统和预制箱梁载荷。其支腿结构除满足机构受力要求外,还需与架桥机其他构件协调空间需求。根据使用要求,运梁阶段,支腿底部距离桥梁箱梁顶部不小于 0.75 m,支腿在架梁时支承于箱梁顶部,支腿伸缩长度为 1.25 m。支腿上部结构采用箱形截面,支腿上部铰接于主梁牛腿装置下部,支腿下部通过法兰板安装千斤顶装置,支腿千斤顶伸缩控制支腿结构收支,收缩长度满足支腿工作需求。支腿各部件结构尺寸除满足结构受力要求外,还综合考虑了曲线架梁和前部支腿走行等多方面的影响,两支腿的中心距为 5.5 m。主梁通过牛腿装置与支腿连接,牛腿结构采用变高度截面,端部通过螺栓群与主梁腹板拼接,如图 9-170 所示。

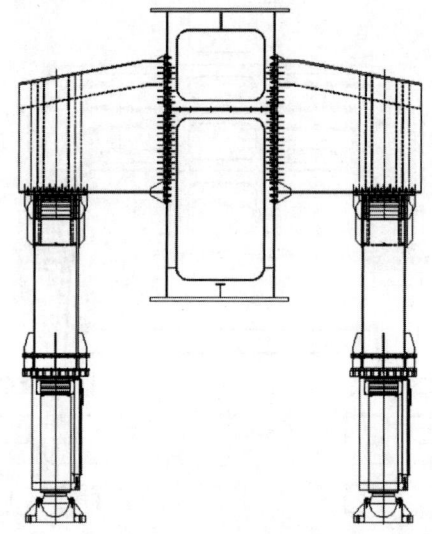

图 9-170 中支腿结构示意图

5) 主支腿

主支腿主要由上部轮系部分、下部支腿结构及电液系统等组成,如图 9-171 所示。主支腿主要用于支承主梁,并可与后车共同驱动主机纵移。主支腿可自行纵移变位。

主支腿上部轮系部分由后托轮组、前托轮组、挂轮组、水平轮组等组成。前、后托轮组分别作用于主梁下翼板的轨道上,喂梁时后托轮组(带动力)支承主梁,并和架桥机后车共同驱动主机前移就位,落梁时,起支承作用。挂轮组(带动力)作用在主梁的耳梁轨道上,驱动主支腿纵移,实现变位,并具有防翻功能。水平轮组位于主梁下翼缘外侧,主要起水平导向作用。

支腿结构由水平面上构架、主立柱构架和斜撑构架等3个平面构架通过轴铰连接,形成一个稳定的结构体系。支腿上方通过托轮组和挂轮组与运架一体机的主梁连接。支腿斜撑构架由上下两个构架通过销轴连接而成,销轴为传感器轴,通过设置预警值保证设备安全。支腿下面设有垫梁支承在桥墩上,垫梁与支腿下横梁间设置了3个推力关节轴承,两侧的关节轴承下垫有聚四氟乙烯滑块,使主支腿和下垫梁间可发生轻微转动,满足曲线梁桥的架设需要。

为了架设不同坡度、不同高度的箱梁,主立柱下部设调整节,以改变主支腿的高度。运梁作业时,通过翻转液压缸的作用,斜撑构架可折转向外,带动主立柱向外翻起并降低整个主支腿的高度,从而适应运梁工况的需要。末孔梁架设时,通过翻转液压缸折起支腿下节,安装短斜撑,主支腿变短,变为末孔梁支承状态,实现末孔梁架设。

6) 卷扬机构

具有前后两台起重小车的起升卷扬机构安装在主梁后端的平台上,如图9-172所示。起重小车是牵引式小车布置形式,对应每个吊点都有一套独立的起升卷扬机构,动力由卷扬马达提供,传动装置包括液压马达、减速机、卷筒等,马达输出轴与卷筒轴同轴布置,卷筒轴线垂直于主梁方向,卷筒上的钢丝绳经定滑轮组、动滑轮组卷绕,构成不同的卷绕方式,即平衡卷绕方式和独立卷绕方式。起升机构设置双制动装置,工作制动由传动装置的高速端(液压马达)设置液压系统中的平衡阀进行制动,低速端(卷筒)设置失效保护盘式制动器。减速机输入轴设置夹片制动器作为驻车制动器,达到工作制动、超速安全制动和驻车制动的目的。

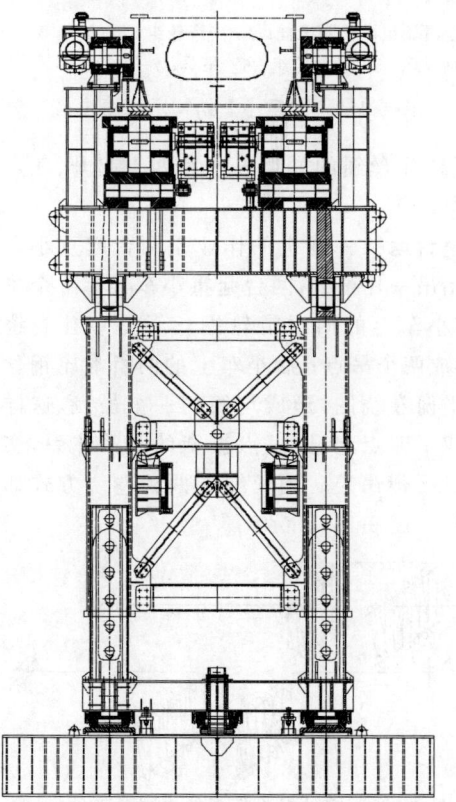
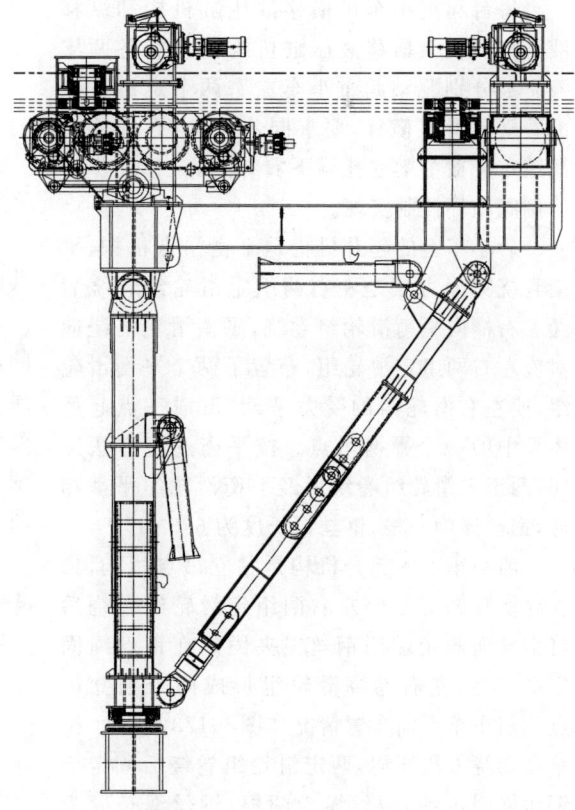

图9-171 主支腿结构示意图

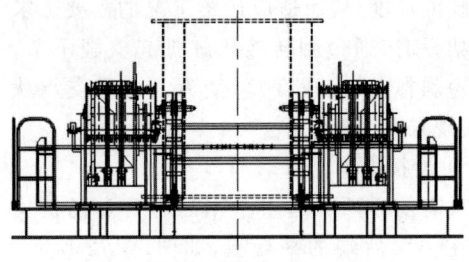 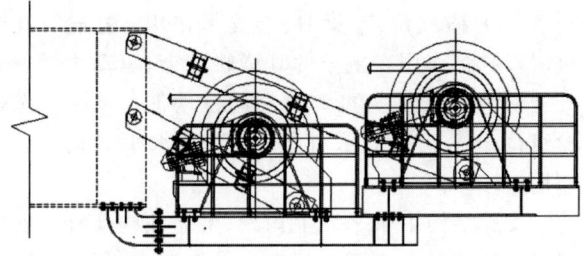

图 9-172　卷扬机构结构示意图

7) 起升系统

(1) 起重小车技术性能

运架一体机配有前后两台起重小车，分别称为前小车和后小车，总额定起重质量达 1100 t。每台起重小车上有两个吊点，整台运架一体机共有 4 个吊点。起重小车的起升机构采用四点受力静定起吊的起升原理，通过均衡装置使后小车的两个吊点受力均衡，从而形成静定的三吊点起升机构，避免前、后小车 4 个吊点横向起升差别对箱梁梁体造成附加扭矩，保证箱体在吊装过程中平衡、平稳、安全。

每台起重小车设横移液压缸机构和纵移液压缸机构。横移液压缸机构由左右各两支液压缸分别驱动起重小车左右两个定滑轮组沿着横向滑道横移，要求同步移动，纵向移动滑道布置在主梁的孔洞下翼缘上，纵移同步由比例阀闭环控制实现。

后小车上的起升机构是平衡吊点机构，平衡卷绕穿绳方法是左右两组定滑轮组卷绕后经左右横向平衡滑轮组卷绕，平衡滑轮的绕向对应左右两组定滑轮组，布置了两个平衡滑轮组，使左右滑轮组的受力平衡，形成三点起吊体系中的一个平衡吊点。按平衡卷绕方法穿绳，两组定滑轮组卷绕后经平衡滑轮组平衡相通，钢丝绳为一根，钢丝绳长度为 630 m。

前小车上的起升机构是独立吊点机构，独立卷绕穿绳方法经左右两组定滑轮组卷绕后将钢丝绳固定端用钢丝绳夹固定在钢丝绳固定端座上，左右卷绕滑轮组形成两个独立吊点。前小车平面布置情况如图 9-173 所示。按单独卷绕方法穿绳，两定滑轮组卷绕后固定于钢丝绳固定端，钢丝绳为两根，钢丝绳长度为 2×350 m。

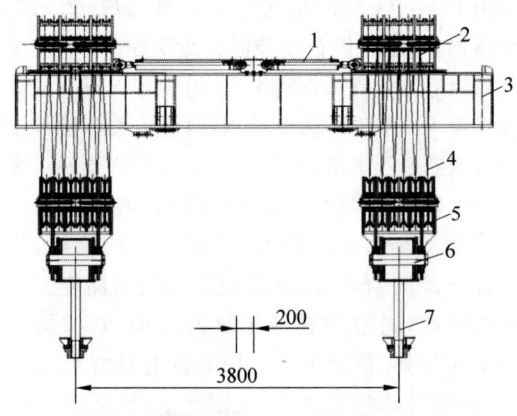

1—定滑轮组横移液压缸；2—定滑轮组；3—滑架梁；4—钢丝绳；5—动滑轮组；6—吊具；7—吊杆。

图 9-173　起重小车结构示意图

(2) 钢丝绳的卷绕方式和四点起升、三点平衡原理

整台运架一体机的作业是两台起重小车共同抬吊一片箱梁，两台起重小车共有 4 个吊点，前小车上的两组滑轮钢丝绳是单独卷绕的，形成两个吊点；后小车上的两组滑轮钢丝绳是平衡卷绕的，形成均衡的一个吊点，这样就构成了四点起升、三点平衡的起吊体系，实现三点平衡吊装。钢丝绳的两种卷绕方式如图 9-174、图 9-175 所示。

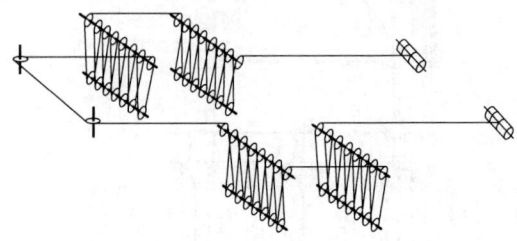

图 9-174　钢丝绳平衡卷绕方式示意图

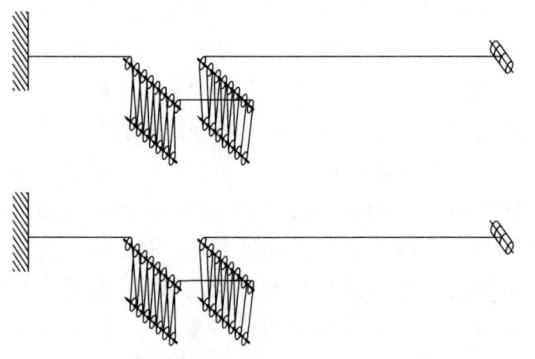

图 9-175　钢丝绳独立卷绕方式示意图

(3) 起重小车的组成及主要功能

运架一体机的起重小车分别装在主梁的后车滑道和前车滑道上,其结构呈扁担梁受力形式,每台起重小车装有两套起升装置,主要由滑移横梁、定滑轮组、起重小车纵移液压缸机构、起重小车横移液压缸机构、平衡滑轮组、钢丝绳固定端、吊具等装置组成。

① 滑移横梁。滑移横梁是两个长的箱形纵梁,中间和两端由横联结构相连而成的框架结构,主要作用是像扁担梁一样,中间下边横联结构对应纵梁上安装钢复弧面滑块,支承在主梁纵向滑道上,中间横联结构的纵梁外边焊有小车纵移液压缸安装耳座,后小车在两侧布置,前小车只在一侧布置。两箱形纵梁上平面经加工后分别焊接不锈钢板,构成支承定滑轮组的起升质量和实现定滑轮组横移动作(即小车横移动作)的滑道。

② 定滑轮组。每台小车上装有两个定滑轮组,分别置于滑移横梁的两端。滑轮组由定滑轮架、定滑轮轴、滑轮、聚四氟乙烯滑板、反抓板、护绳轴等组成。在每个定滑轮组中分别平行布置着两个滑轮组,每个滑轮组将 7 个滑轮安装在一根轴上,其中 4 个滑轮为 90°钢丝绳卷绕,出绳为垂直方向和水平方向,承受单绳垂向载荷,分别起到转向滑轮、平衡滑轮的作用,其余 10 个滑轮为 180°钢丝绳卷绕,出绳都在垂直方向上,承受双绳垂向载荷。

每个滑轮组装到定滑轮架上后,在钢丝绳卷绕的滑轮边缘要安装 5 根护绳轴,以防止钢丝绳从滑轮绳槽中跳出。新机钢丝绳穿绳或拆装后重新穿绳时,为了穿绳方便,可以将护绳轴拆掉,穿完绳后,必须将护绳轴安装好。如没有卸掉护绳轴,注意不要将钢丝绳穿到护绳轴外边。

定滑轮架下方的聚四氟乙烯滑块被封在一个半潜的框架内,它与箱形纵梁上平面的滑道构成小车横移滑道(靠小车横移液压缸机构驱动),使定滑轮组在滑移横梁上能够横向移动,即小车横移动作。为防止定滑轮组脱开小车横移滑道,定滑轮架下方还在滑道两边设置了反抓板,用螺栓将其固定在定滑轮架下方滑道两边,钩在小车横移滑道板的下方,保证在任何情况下定滑轮组与滑移横梁横滑道是接触状态。

③ 起重小车纵移液压缸机构。起重小车纵移液压缸机构安装在主梁纵向滑道方向上,其详细结构性能在液压系统中阐述。前后小车纵移液压缸是一样的,只是安装方式由于安装空间的限制有所不同。小车纵移液压缸机构具有 $-450 \sim 200$ mm 的纵移行程。

④ 起重小车横移液压缸机构。起重小车横移液压缸机构安装在滑移横梁滑道方向上,其详细结构性能在液压系统中阐述。前后小车横移液压缸是一样的,安装方式也一样。小车横移液压缸机构具有 ± 200 mm 的横移行程。

⑤ 平衡滑轮组。后小车的平衡滑轮组有两个,分别安装在主梁两面腹板的孔洞上面。从后小车左右两侧定滑轮组卷绕后,钢丝绳横向水平卷绕两个平衡滑轮组,使左右定滑轮组受力均衡,构成四点起升、三点平衡起吊体系中的一个平衡吊点。起吊时,这一吊点要先起升,后落下。由于后小车平衡滑轮组是固定在主梁固定位置上的,后小车变跨时,钢丝绳的入绳角度是变化的,22 m 吊点时是 1.2°。平衡滑轮组的滑轮轴是传感器轴,传感器轴能够测量起升状态时钢丝绳的拉力大小,此数据是起重质量限制器的数据采集装置,以此来控制起重质量的报警和起升停止功能。

⑥ 钢丝绳固定端。前小车上的两个吊点都经过两个滑轮组钢丝绳卷绕后到达钢丝

的固定端点,因而被称为钢丝绳固定端,此端点是将钢丝绳跑头固定在结构上,钢丝绳的位置是固定在主梁的两边腹板的外边。钢丝绳固定端由钢丝绳固定座、传感器轴、钢丝绳重型套环及钢丝绳夹等构成。传感器轴同样能够测量起升状态时钢丝绳的拉力大小,以此来控制起重质量的报警和起升停止功能。

⑦吊具。吊具主要由吊具结构、动滑轮组、摆轴、吊梁、吊轴组等组成。通过吊梁和吊具结构之间的摆轴,可以实现吊具的前后摆动,从而使吊具在工作过程中始终保持良好的受力状态。与滑移横梁上的定滑轮组相对应,每个吊具上装有两个动滑轮组,每个动滑轮组上有6个动滑轮,与定滑轮一样为轧制焊接滑轮。吊轴组由塑性、韧性良好的合金结构钢制造。

8）动力系统

运架一体机的动力系统主要由悬挂系统、转向系统、驱动系统、制动系统等组成。整机走行主要通过发动机驱动前、后走行轮组来实现。

前车设置有10轴线悬挂轮组。前车架下面装有6轴线12个驱动悬挂、4轴线8个制动悬挂、4轴线8个从动悬挂。

后车架下面装有6轴线12个驱动悬挂、5轴线10个制动悬挂。每个悬挂装有2个轮胎、1个双作用悬挂液压缸,配有防爆安全阀。

9）悬挂系统

运架一体机的走行采用液压悬挂系统,每组悬挂液压缸通过并联形成一个支点,实现自动调整载荷,使轮胎载荷均匀分配,能自动适应路面不平度。悬挂采用摆动轴,可以自动适应横坡的要求。整机分配有调平点,通过单点调平或者同步提升,保证每个悬挂承载基本相同,出现超差情况能自动报警、停车,从而提高行驶中的安全性能。悬挂具有重载升降功能,采用双作用液压缸,最大工作压力28 MPa,中位升降行程±400 mm。整机共设置48个驱动轮(24个驱动悬挂),其中前、后车各有24个驱动轮(12个驱动悬挂),驱动悬挂内安装有液压马达和减速机。

10）转向系统

转向系统采用全轮独立转向,由遥控器或方向盘操作,比例阀控制转向液压缸推动悬挂来实现转向。整机具有多种转向模式:纵向走行、横向走行、斜行和小角度转向,悬挂转向角度范围为 $-15°\sim 95°$。纵向走行时转向角度 $±15°$,横向走行时转向角度 $±5°$。控制系统按照运行模式和手柄的指令,按照各转向轮组的转角关系解析出各悬挂转角,安装在转向悬挂上的角度传感器实时测得当前转角,推算出各对应转向液压缸的伸缩位移量,通过控制多路比例阀开口量来控制各转向液压缸的伸缩位移和速度。同时通过转角传感器反馈悬挂转角控制系统进行实时修正,实现各悬挂协调的精确转向。单轴转向精度为 $0.5°$,结构上采用回转支承装置。当需要重载原地 $90°$ 转向时,设置在车架下面的 4 个支承液压缸着地,前后车架中的悬挂间隔地完成 $90°$ 转向。

11）驱动系统

选用涡轮增压发动机,功率770 kW,排放满足国家相关标准。燃油箱容量为2400 L,发动机通过弹性联轴器(扭力减振器)与驱动油泵相连,油泵通过闭式回路驱动液压马达和轮边行星减速器来实现走行;液压主油泵为进口闭式变量泵,液压系统最大工作压力为40 MPa,安全可靠。驱动液压马达为并联供油,保证它们相互间有相同的输出扭矩。在系统中,操纵杆通过调节变量泵的斜盘倾角,得到不同的泵的输出流量,实现各挡走行速度的调节。当操纵杆回中位后,主机走行渐停。发动机、泵组、油箱、液压控制阀组、蓄电池等均安装在动力舱内,置于主梁尾端平台上,不高于主梁的顶面。

12）制动系统

运架一体机的制动系统包括行车制动系统、驻车制动系统及紧急制动系统。行车制动系统主要通过控制驱动泵排量,逐步降低车速来实现行车到停车的过程。驻车制动系统为液压驻车制动系统和液压制动系统两套,液压驻车系统为驱动悬挂中轮边减速机内置的常闭制动器。走行时驱动系统压力松开制动器,停车后,驱动系统压力降为零,制动器在弹簧力的作用下与制动盘结合,实现驻车状态下制动。紧急制动系统为液压制动,紧急情况下,操作者踩下制动踏板,液压缸拉动制动轮毂制动。

13)电气控制系统

(1)电气控制系统的组成

运架一体机的电气控制系统由发动机控制系统、前后车运行控制系统(含驱动、转向、悬挂子系统)、起升控制系统、显示监视系统、安全监控报警系统(含起重载荷测量、起升及主支腿受力监测报警系统、视频监测系统等)、照明系统、液压控制系统等组成。

整机弱电电源取自两台发动机的蓄电池。照明、空调及主支腿系统的电源取自 AC380 V/220 V 的交流发电机组。

(2)分布式总线控制

运架一体机的整机控制系统采用分布 CAN 总线方式,控制器之间采用 CAN 总线将前后车、主支腿控制器、3个驾驶室各显示监控系统及所有转向编码器连成一体。控制系统采用多层网络结构,将若干个子系统通过总线连成一体,将复杂的电路结构变得简单有序。

(3)动力系统的组成

① 动力舱两套(各由一台柴油发动机、串联液压泵、蓄电池组、28 V120 A 充电动机)。

② 辅助发电机组:由一台 AC380/220 V 发电机组给整机照明系统、驾驶室空调、主支腿控制柜、视频监控系统提供电力。

(4)转向控制

运架一体机可以实现八字、半八字、斜行、小八字转向。

转向控制由方向盘转向电位器发送转角信号给车载控制器,控制器结合总线编码器的转角数值进行闭环计算,并输出 PWM 电流信号给转向比例阀,实现高精度闭环转向控制。

(5)走行驱动控制

走行车速由 3 个变量共同协调控制。每个马达安装有霍尔转速传感器实现对驱动走行速度的监控,控制器采集马达转速信号实现对车速的监控。运架一体机的前后车驱动还需实现前后车走行的同步,以及后车大铰角度的纠偏控制,保证运梁过程的行车平稳及角度偏转在设计范围内。

(6)悬挂及支腿控制

在需调整前后车高度时,可通过操作悬挂液压缸的升降实现。控制器输出 PWM 比例电流信号控制电磁比例阀进而控制液压缸的伸出和收回。中支腿设计有 2 个顶升液压缸,在过孔时起到临时支承辅助过孔功能。前支腿设置有翻折液压缸和插销液压缸,在喂梁和过孔工况时支承在桥墩上,运梁和空车走行时需收回插销并折叠支腿。

(7)照明、主支腿、驾驶室空调配电

整机设置一台交流发电机组,分别由前车交流柜和后车交流柜给 3 个驾驶室、主支腿以及照明回路配电。交流总电源控制箱设置在后车发电机组旁。

(8)安全监控系统

运架一体机设置有数据监控和视频监控系统,如图 9-176、图 9-177 所示。所有轮组设置有高精度绝对值编码器,实时监控每个轮组的转角;所有电磁比例阀设置有电流测量传感器,用以监控阀组电磁铁输出电流状态;所有马达设置有霍尔测速传感器,实时检测每个马达的转速;起升机构设置有高度、超速、制动监测等功能,监控设备的安全运行;驾驶室设置有摄像头,监控显示器及全程微电监控系统显示器,可以在驾驶室实时全面掌控全程各位置状态,保障设备安全运行。

数据监控主要由分布在设备上的各类传感器采集设备各机构的工作实时数据,通过控制器对数据进行处理后显示在驾驶室高清显示屏上,实现对设备的全方位监控。驾驶室还设置有一台数据记录仪,实现对操作数据及关键过程数据的记录,数据可复制导出供工作过程分析、故障历史查询等。

运架一体机安全监控系统符合以下国家标准及规范:《起重机械 安全监控管理系统》(GB/T 28264—2017)、《起重机械安全规程 第 1 部分:总则》(GB/T 6067.1—2010)、《起重机设计规范》(GB/T 3811—2008)、《架桥机安全规程》(GB/T 26469—2011)。

根据国家规范以及设计要求,运架一体机运架过程监测内容包括卷扬机超速、卷扬机起

图 9-176　监控现场分布示意图

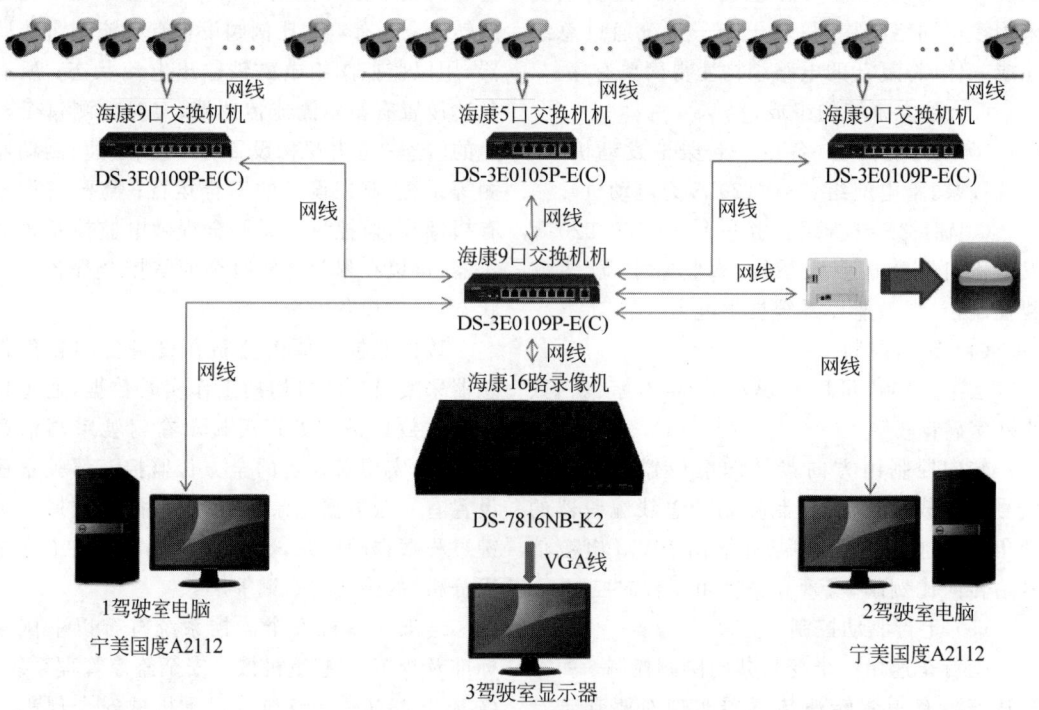

图 9-177　视频监控组网图

升高度、风速、行车速度、运架一体机过隧道防撞监测、主梁/主支腿倾斜监测、运架一体机倾斜监测、支腿力监测、起重吊点力监测、关键部位压力监测、视频监控等。数据预留 CAN 总线数据接口接入 40 m 梁运架一体机信息化管理系统。

① 运架一体机过隧道防撞监测及辅助驾驶。当运架一体机通过隧道时,主梁和所运箱梁与隧道之间的间距很小,易发生碰壁事故,通过实时监测主梁前后端顶部及 40 m 箱梁跨中与隧道壁的最小距离,当最小距离小于预警值时进行报警提示,可以为驾驶员采取措施提供参考,同时实时监测的最小距离数据及预警信息上传信息管理平台。

运架一体机和所运箱梁与隧道壁之间的距离使用激光测距传感器进行实时监测,运架一体机前后四角共布置 4 套。每个激光测距传感器监测到的最小距离通过线缆传输到控制室的数据处理工作站,工作站通过计算分析,根据最小间距大小进行分级预警,预警结果及各个截面位置最小距离通过驾驶室屏幕直接展示给驾驶员,帮助驾驶员进行及时调整。预警控制值根据现场测试确定,并进行分级预警。根据超出正常值的范围,分别进行预警。

系统还开发了隧道辅助驾驶功能,当开启自动驾驶模式后,系统可根据传感器测得数据进行自动转向控制,操作者仅需脚踏油门控制车速并观察路面情况即可。

② 运架一体机主梁/主支腿倾斜监测。如果运架一体机主梁和主支腿倾斜过大,会导致运架一体机侧翻。通过实时监测运梁过程中主梁的空间倾斜度,以及架梁过程中主梁和主支腿的倾斜,倾斜度超出预警值时发出预警,可以及时提示操作人员采取措施,为现场运架梁安全提供进一步保障。

设备采用倾角传感器完成运架一体机主梁和支腿的倾斜数据采集。主梁倾斜测点在主梁分前后两个截面进行布置,每个截面布置一个双轴倾角传感器,主支腿倾斜测点布置在主支腿的上部。各个倾斜测点采集的数据接入数据处理工作站,根据计算分析结果进行预警,预警结果通过驾驶室屏幕直接展示给驾驶员,驾驶员根据情况调整设备操作。

③ 关键部位压力监测。对设备的受压关键部位,在运架阶段进行压力实时监测。根据压力测试结果,判断设备的结构安全性。压力监测采用大范围高精度压力传感器进行压力数据采集,并通过数据处理工作站进行分析处理。主要压力监测包括两侧闭式泵压力、开式回路压力监测。其中,闭式泵与开式泵压力监测部位包含卷扬机、支腿等。

④ 起重吊点力监测。通过在运架一体机各个吊点固定端及转向滑轮位置安装起重限制器(销轴传感器),对运架过程中各个吊点力进行实时监测,当发生超重及各个吊点力不平衡超出限值时进行预警,指导现场操作,并将实时获取的吊点力信息及预警信息接入监控系统。

⑤ 支腿力监测。主支腿每个斜撑的两端各安装一个销轴式传感器,共安装 4 个销轴式传感器对运架过程中各个支腿力进行实时监测,当发生超出限值时进行预警,指导现场操作,并将实时获取的支腿力信息及预警信息接入信息管理平台。其中设有上销轴 21 t 报警、24 t 不允许喂梁,下销轴 81 t 报警、90 t 不允许喂梁。

⑥ 视频监控。设备共设置了 14 个视频监测点,用于对主梁前后吊具、驾驶室、卷扬机及主支腿进行监控。监控系统可以方便驾驶员观察轮组的情况和躲避障碍物;可以保存一定时间段内的本地视频监控录像资料,并能方便地查询、分析;也可以监控驾驶室内是否规范操作。

(9)人机界面

① 工业显示屏。运架一体机的前、中、后 3 个驾驶室均设置有工业彩色显示屏,显示运梁车整机工作过程实时数据及运梁车的参数设置等,如图 9-178 所示。显示画面由显示屏两侧的功能键进行翻屏。各页面分别显示有各子系统的压力、电磁阀电流、编码器角度、发动机转速、发动机运行数据等(转速、冷却液温度、机油压力)。

② 操作面板。运架一体机共设置了 3 个驾驶室,前后两个驾驶室的操作面板及布置完全一样,集成运梁操作功能,包括整机走行、转向、悬挂操作等,如图 9-179 所示;中驾驶室集成过孔和架梁功能,包括整机低速走行、转向、中支腿和主支腿操作、起升机构操作等,如图 9-180 所示。

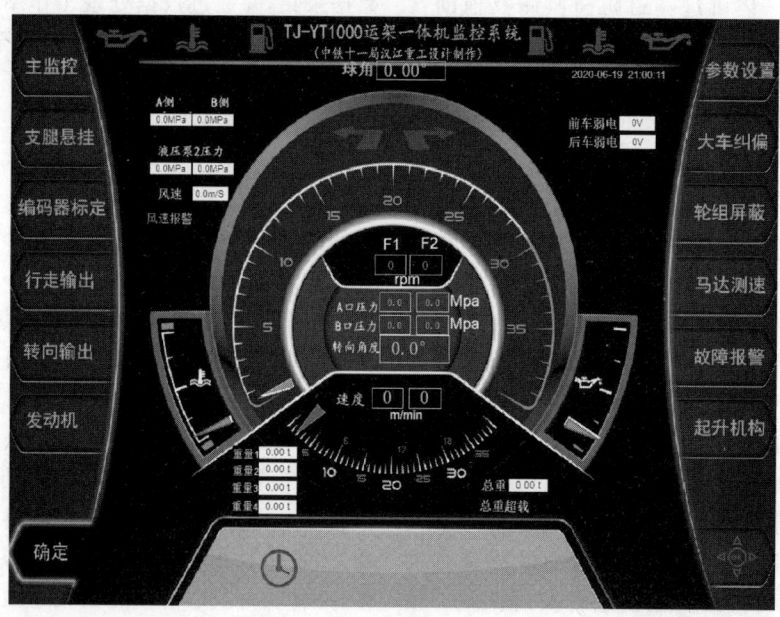

图 9-178 工业显示屏

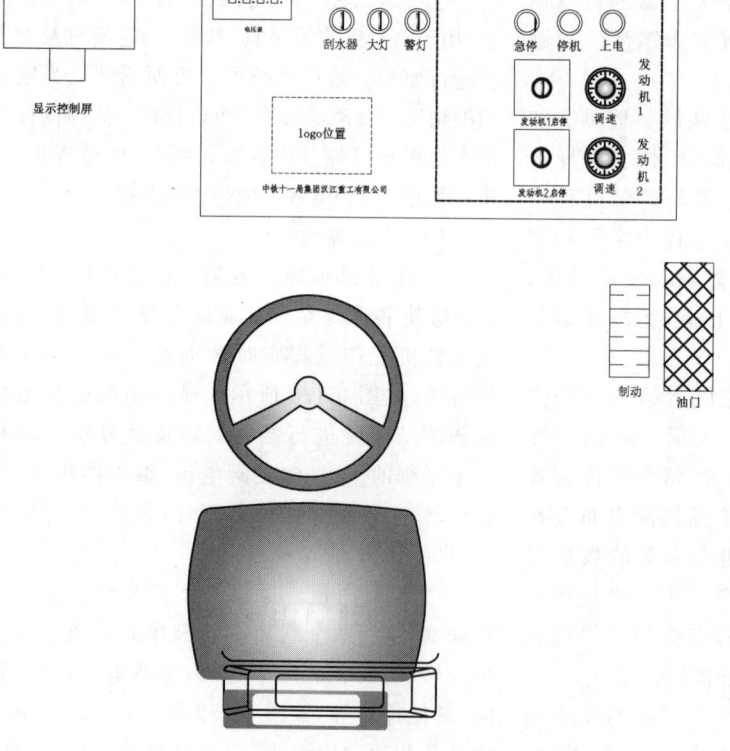
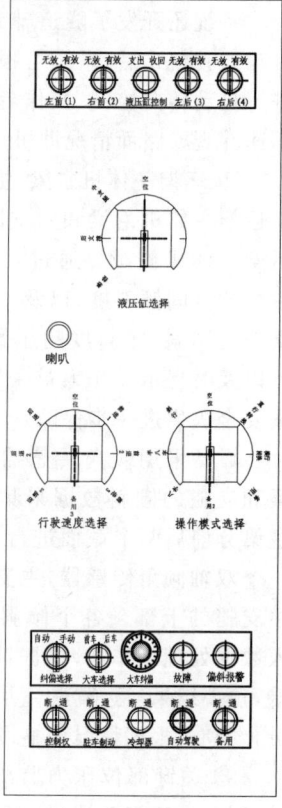

图 9-179 前后驾驶室操作面板布局示意图

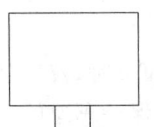
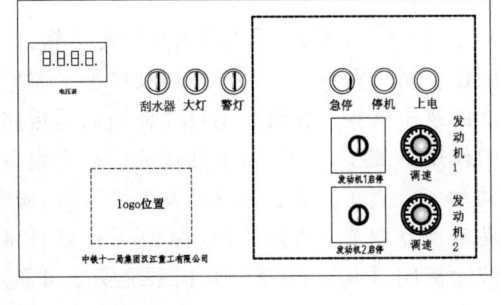

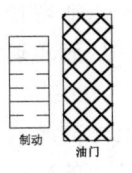
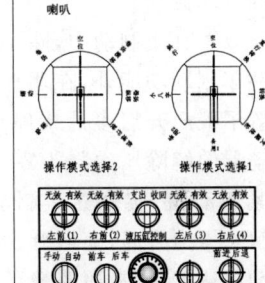

图 9-180 中驾驶室操作面板布局示意图

14）液压系统

运架一体机整机由液压系统实现的动作有：前后车走行及制动，轮胎转向，悬挂升降，卷扬起升，后车架顶升，后车主梁顶升、插销，起吊系统纵、横移，中支腿顶升，主支腿顶升、折转、插销、辅助驱动等。

整车液压系统由驱动系统、制动系统、转向系统、悬挂系统、卷扬系统、辅助系统、散热系统、主支腿液压系统、液压辅件及管路等组成。

整车液压系统主要划分为后车部分、前车部分和主支腿部分。后车部分和前车部分的动力源均为一台水冷涡轮增压柴油发动机，通过一拖三分动箱驱动 3 台闭式泵，其中两台闭式泵后面各串接了一台负载敏感开式泵，每台负载敏感开式泵后面又串接了两台辅助泵。闭式泵用来驱动走行系统，负载敏感开式泵用来驱动液压缸动作，辅助泵用来驱动散热和制动系统。主支腿部分为独立的液压系统，由电动机提供动力源。

（1）驱动系统

驱动系统采用闭式液压系统，前后车的液压驱动系统完全相同，均由 3 台电比例变量闭式泵为 24 台安装于驱动悬挂中的电比例变量马达提供动力油源，马达通过轮边减速机驱动车轮走行，车速可以无级调节。闭式液压系统中的所有驱动液压马达并联，分布在 6 条轴线上，在转向时作用于各个车轮上的阻力不同，根据静压驱动流量与压力的关系，以及压力取决于外负载的原理，左右车轮马达得到的流量与其阻力成反比，从而实现转向要求的差速行驶。闭式系统的冲洗采用马达侧冲洗，置换出来的热油和马达壳体泄漏的油一起返回油箱。

（2）制动系统

运架一体机的走行制动系统设计了双重行车制动和双重驻车制动。双重行车制动指静液压制动和制动桥里安装的鼓式制动。静液压制动是利用马达的牵制反力，增大马达的排量，使车速降低，同时减小泵的排量，使车速继续降低直至停车。

鼓式制动器具有行车制动和驻车制动两种功能。鼓式制动器由单作用弹簧液压缸控制，液压缸在不充液时在弹簧力的作用下处于伸出状态，鼓式制动器起驻车制动功能。当车辆行驶时，液压缸充液活塞杆拉动制动器调节臂缩回，解除制动。制动时由电液比例阀对液压缸里的油液进行可控的释放，活塞杆推动制动器调节臂进行可控的伸出，从而实现力矩可控的行车制动。

双重驻车制动中，除了上述的鼓式制动器的驻车制动功能外，在驱动悬挂的减速机内还设置了液压开启多片式停车制动器。停车时，制动器的解除压力降为零，在弹簧力的作用下压紧制动盘，实现驻车制动。行车时，制动器的解除压力升高，克服弹簧力，将制动盘脱开，驱动马达工作，从而使整车走行。

(3) 转向系统

转向系统采用负载敏感泵＋比例阀＋角度传感器闭环控制。泵的流量与负载需要相匹配，可减少溢流和节流损失，达到节能的目的。控制器根据运行模式和方向盘的指令，计算出各轮组的转向角度，每个悬挂中的转角传感器实时反馈轮组转角，与控制器计算的目标值进行比较，通过控制比例阀的开口量以控制各转向液压缸伸缩位移和速度，实现各悬挂协调精确转向，整车设置的转向模式有直行、斜行、横行、八字转向、半八字转向等模式。

(4) 悬挂系统

悬挂系统采用双作用液压悬挂，能够方便地实现架梁过程中前车悬空时，悬挂液压缸能够可靠地收起车桥和轮组。前车与主梁为刚性连接，10轴20个双作用悬挂液压缸分为两个区域，由两片比例换向阀控制其升降，形成两点支承，与后车顶部的球座一起形成对主梁的三点支承，稳定而可靠。

后车通过顶部球座与主梁形成单点支承，后车架与主梁之间可自由转动。后车11轴22个双作用悬挂液压缸先分为4个区域，由4片比例换向阀控制其升降，再将前方两个区域的悬挂用管路连通成一个区域，保证后车三点支承，受力均匀且稳定可靠。

当车辆行驶在不平整的路面上时，液压悬挂可分别自动伸缩以适应路面，保持车架的水平。每个悬挂液压缸上设置了管路安全阀，当胶管因意外发生破裂时，安全阀能立刻将悬挂管路关闭，保证所有悬挂液压缸处于锁定状态，确保悬挂系统安全可靠地支承。同时在系统中设置压力传感器，实时监控负荷的变化，一旦超出偏载范围，立即报警，增加了安全性。

(5) 卷扬系统

运架一体机整车共设置4台卷扬机，均由液压马达通过行星齿轮减速机驱动，4台卷扬马达由后车的负载敏感开式泵提供油源，由电比例换向阀控制起升或下降。马达上设置有转速传感器，用来实时监测卷扬机的起升速度，比例换向阀通过电流大小可实现对马达的无级调速。每台卷扬机都设置了三级制动，另外增加了一套机械保险。一级制动为液压系统平衡阀，只有当换向阀向液压马达供油时，设置在马达油口处的平衡阀才会被打开，换向阀不供油时，马达停止的同时平衡阀也将马达锁定；二级制动为减速机内部制动器，属高速端制动器；三级制动为钳盘制动器，属低速端制动。二级制动器和三级制动器的弹簧压紧制动片均处于常闭状态，需要释放制动时由压力油将其打开，二者的开启压力不同，由独立的电磁换向阀分别控制，压力油来自串在开式泵后面的较小排量的辅助泵，由程序控制其打开或关闭。机械保险为棘轮制动器，是运架一体机区别于提梁机、搬梁机、架桥机卷扬的特点之一，因运架一体机需要提着梁片长距离运输，且路况比较复杂，所以特意增加了一套机械保险。

(6) 辅助系统

辅助系统主要包括：后车架顶升，后车主梁顶升、插销，起吊系统纵移、横移，中支腿顶升等功能。后车架顶升液压缸设置在后车横梁的下面，左右各一个，两个顶升液压缸由两片电比例换向阀分别控制，由负载敏感开式泵提供油源，用于在整机重载工况下大角度转向时为后车架提供辅助支承,降低后车的胎压,减小转向阻力和轮胎磨损。后车主梁顶升液压缸设置在后台车顶部球座的两边,左右各一个,与后车架顶升液压缸共用两片换向阀,用三通球阀来切换动作。其作用是调整主梁与后台车的间距,从而调整主梁与路面的夹角,用来实现纵坡工况下主梁的调平。主梁通过内外套插销轴的结构支承于后台车顶端的球座上,插销液压缸用来为内外套结构插销和拔销,其油源为负载敏感泵后面的辅助泵。

起吊系统具有纵移和横移的功能,用来在落梁到桥墩前的微调对位,后起吊系统的纵移功能还可以实现 32 m 梁到 40 m 梁的变跨。前后起吊系统各设置 4 个横移液压缸和两个纵移液压缸,由电比例换向阀控制,由后车的负载敏感开式泵提供油源。中支腿顶升液压缸也由后车负载敏感开式泵提供油源,由开关式电磁换向阀控制动作,设置有同步马达以确保左右两个液压缸的同步性。虽然前起吊系统和中支腿离前台车很近,但并没有从前台车液压系统取油,因为这两个部位在喂梁和架梁过程中需要动作时,前车发动机是可以不启动的,而后车需要驱动发动机本来就处于启动状态,所以从后车系统取油。

(7) 散热系统

散热系统为独立循环系统,前后车各一套,每套均由两台开式泵后串接的较大排量的辅助泵从油箱吸油,汇流后经散热器散热后再返回油箱。因闭式系统采用了马达侧冲洗,冲洗出来的热油需要经过马达壳体返回油箱。为了尽量减小管路背压,防止马达壳体超压,所以冲洗回路没有经过散热器,而是直接返回油箱。散热器的风扇转动由齿轮马达带动,齿轮马达由串在开式泵后面的较小排量的辅助泵提供动力源。

(8) 主支腿液压系统

主支腿液压系统是一套独立于前后车的系统,其动力源是电动机,通轴驱动一台高压柱塞泵、一台低压泵,为系统提供油源。主支腿由液压系统实现的动作有主支腿折转、斜撑插拔销、托轮马达的恒扭矩辅助驱动。主支腿的折转和斜撑的插拔销由高压柱塞泵提供油源,通过电磁换向阀控制其动作;折转液压缸设置有同步马达以确保左右两个液压缸的同步性。托轮马达的恒扭矩驱动由低压泵提供油源,是为了消除主梁对主支腿向前的推力,其转速取决于喂梁状态时后车的驱动速度。低压泵的流量满足最大喂梁速度时马达的流量需求且有富余,多余流量从低压溢流阀溢流走,驱动扭矩取决于溢流阀的压力设定值。

(9) 液压辅件及管路

运架一体机是集闭式系统、开式系统、辅助系统于一体的大型运输设备,系统比较复杂,且比例阀及闭式泵对油液的清洁度要求较高,一旦液压系统出现故障,检查时费工费力。为此,在系统中合理设置了高效吸油过滤器、回油过滤器、高压管路过滤器等。在液压系统中的关键部位设置了多处测压传感器,满足实时检测系统关键参数的需要。液压管路采用焊接式 24°锥密封形式,不使用卡套预装工艺,以防渗油、脱落和反复拆装失效。

9.3.7 节段拼装架桥机

1. 整机的组成和工作原理

桥梁节段拼装施工作业原理是通过将一孔混凝土梁分成若干个节段(可分成纵向、横向节段),先在预制场预制各节段,然后将各节段安放在架桥机上,用接缝现浇(湿接缝)或涂胶(干接缝)将节段连接在一起,在架桥机上原位张拉预应力钢束,将各节段连接为整体。

国内现有架桥机按预应力混凝土梁在支架(模架)的位置可分为 3 种类型。

(1) 预应力混凝土梁位于支架梁的腹内

预应力混凝土梁在工地预制场分节预制,然后由运梁台车运至造桥机尾部的桁吊之下,由起吊天车(或叉车)将梁节起吊运至支梁腹内。梁节之间用湿接缝连接,整孔张拉。其缺点是不适于预应力混凝土梁顶板较宽的高速铁路桥和公路桥。

(2) 预应力混凝土梁位于支架主梁之上

该设备由主梁、导梁、横梁、推进台车、支承托架、外模、内模、挂梁等部分组成,利用承台或墩身作为支承托架的支承点,模板及施工载荷由主梁承担。主梁加上导梁的总长大于2倍跨径,便于支架在各墩之间移动。模板系统与主梁连为一体,并与桥轴线分开,使得支架能顺利通过墩身。当浇筑第一跨梁时,其主梁支承于2个支承托架上;当施工后梁段时,其前支点支于支承托架上,后支点则利用门式起重机支于已浇梁段上。各支点设大吨位千斤顶,脱模十分方便。

该设备的优点是预制混凝土梁的宽度不受限制,另外可采用节段拼装施工,但是需要在桥墩上安装大型的支承托架。

(3) 预应力混凝土梁位于支架主梁之下

该类型的架桥机由主梁、起重机、模架、支承结构、移位结构等5部分组成。其主要优点是架桥机作业面在桥墩的顶部,不需要限制桥下净空,特别适合城市立交桥或高架桥的施工,以及软土地基高架桥的施工,主梁支承在已成梁和墩顶上,不需要墩旁托架。因此,该架桥机是现浇施工中较理想的设备。

1) 梁节的运输及喂梁作业

其采用轮胎式运梁车运梁,每次运输一个梁节。梁节在梁场旋转90°装梁,以便顺利运梁通过两侧公路墩及其施工模板预留的空间,运梁车进入尾桁之前需要将梁节旋转回造桥方向,梁节的旋转通过运梁车上的旋转机构进行。梁节完成转位后,再慢慢驶入尾桁,当运梁车行至造桥机后端临时支腿横梁后方200 mm处停止,然后进行喂梁作业。

喂梁时,提梁龙门式起重机后退到尾桁运梁车上方,通过吊具和吊杆将梁节吊起,运梁车驶回梁场,提梁龙门式起重机沿主桁上弦杆上的走行轨道前行,将梁节吊至摆放位置。

2) 梁节的摆放和支承

梁节的吊装和摆放通过架桥机的提梁龙门式起重机进行。造桥机采用和线路同样的纵向坡度,每段梁节的标高调整采用下托梁纵梁上的丝杠支承并配合低高度千斤顶进行调节,顺桥向和横桥向的位置调整通过提梁龙门式起重机实现。

架桥机的下托梁系统提供了节段箱梁在机腹内的摆放平台和湿接缝浇筑时的模板支承平台。下托梁丝杠支承是用来支承混凝土梁节的,除端梁节段外,其余每个节段均有4个支点,每个支点处均有两个丝杠和一个盖板,外加一个薄橡胶垫组成。

根据设计图中的要求将丝杠支承进行编号,然后根据要求进行每个箱梁节段的支承布置,尽量使每个节段下的4组支承丝杠受力相对均衡。

3) 箱梁预拱度及线形控制措施

整孔梁的全部节段摆放就位后,需进行线形的精确调整。梁段的平面位置可通过提梁龙门式起重机进行调整,高程可通过提梁门式起重机或扁平千斤顶进行调整,通过纵梁上的丝杠保持。

采用节段拼装法造桥,需要经过几个施工阶段,各阶段相互影响,这种影响在各阶段又有差异。在施工过程中,为保证成桥后竖向挠度的偏差、梁体轴线横向位移不超过容许范围、桥面线形良好,必须对不同阶段实施观测,根据施工监测所得的结构变形参数真实值在施工阶段最后调节确定各节段的支承水平方位和高程。

1800 t/50 m节段拼装架桥机主要由主框架、支腿(1号支腿、2号支腿、3号支腿、4号支腿)、主天车、辅助天车、吊挂系统、湿接缝模板、附属结构、液压系统、电气系统、安全监控系统等组成,如图9-181所示。重载时2号支腿和3号支腿支承主框架,过孔时1号支腿和4号支腿配合完成,主天车和辅助天车在主框架顶部轨道上移动。

(1) 架梁状态

2号支腿和3号支腿支承主框架,运梁车运节段梁至架桥机尾部,主天车提梁,依次将节段梁布置在主框架上,利用主天车调整各节段梁三维姿态,完成精确对位→调整湿接缝尺寸→安装湿接缝模板→浇筑湿接缝混凝土→等强度→预应力钢筋束张拉→打开湿接缝模板;整孔张拉完成后,2,3号支腿液压缸收缩,整机卸载,拆除吊挂,架桥机过孔前利用辅助天车将吊挂提至运梁车,转运到梁场,架桥机

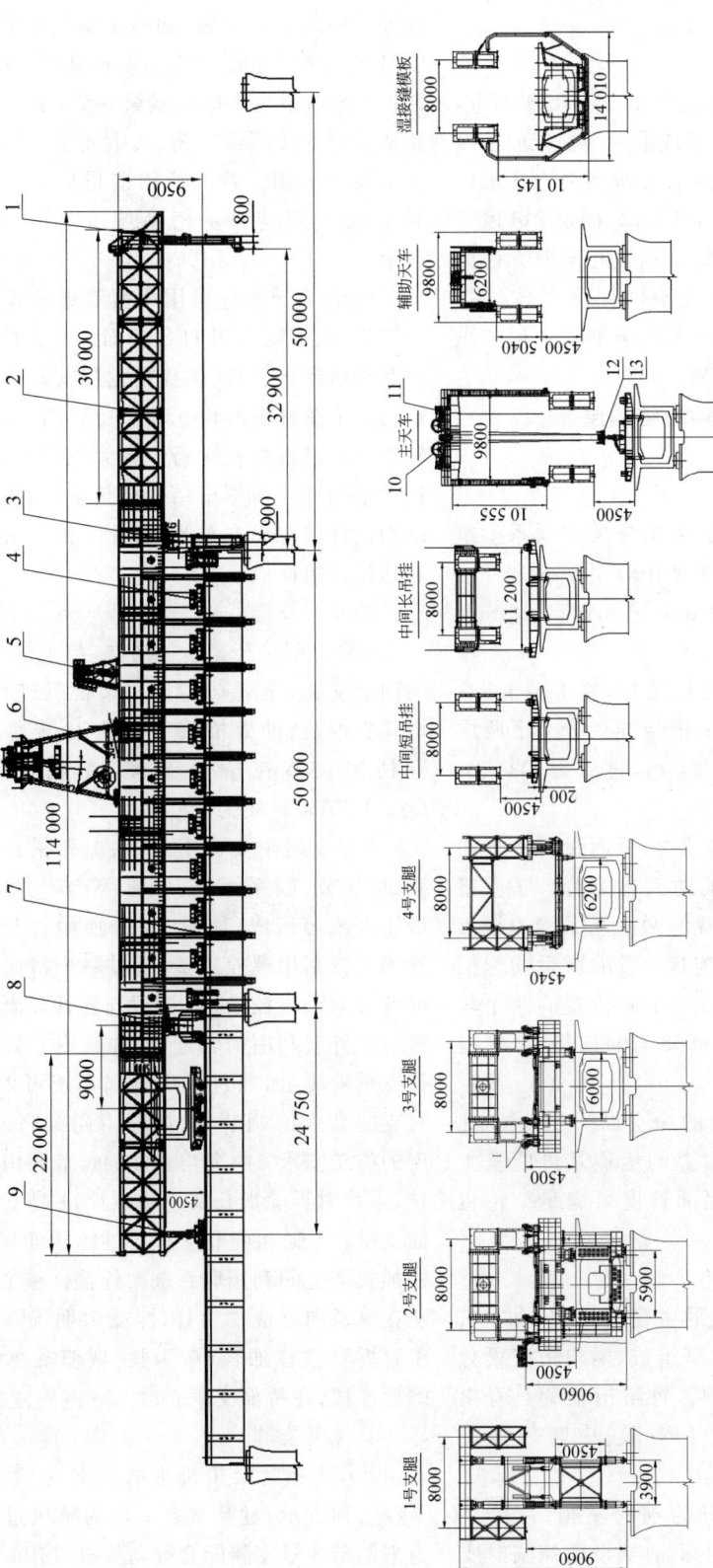

图 9-181　1800 t/50 m 型节段拼装架桥机结构示意图

1—1 号支腿；2—主框架；3—2 号支腿；4—吊挂系统；5—辅助天车；6—主天车；7—湿接缝模板；8—3 号支腿；9—4 号支腿；10—附属结构；11—液压系统；12—电气系统；13—安全监控系统。

完成一跨梁架设准备过孔。

(2) 过孔状态

主天车及辅助天车运行至3号支腿上方，利用2、3号支腿的液压系统推动主框架向前纵移18.4 m，1号支腿到达前方墩顶垫石支承位置，调整1号支腿支承液压缸，在前方墩顶支承；3号支腿和2号支腿分别过孔至前方桥面及墩顶支承；脱空1号支腿，2、3、4号支腿支承，启动2、3号支腿的液压系统推动主框架纵移31.6 m，达到架梁位置。

2. 主要系统和部件的结构原理

1) 主框架

(1) 主框架

主框架由箱形主梁、桁架导梁和联系梁组成，如图9-182所示。主框架中心距8 m，每条主框架分10段，长度为12 m+10 m+5×12 m+2×10 m+12 m=114 m。

箱形主梁分上下两层结构，宽2.0 m、高5.04 m，材质为Q345B；桁架导梁分上下两层结构，宽2.14 m、高5.04 m，材质为Q345B。主框架接头按等强度设计。

主框架横向为对称结构，顶面设置两条通长轨道用于主天车和辅助天车走行。联系梁分3种：2、3号支腿位置的两个联系梁为箱形结构，均和主框架螺栓连接；后端联系梁为桁架结构，与导梁销轴连接；中间位置的两个联系梁为箱形结构，与主框架销轴连接，可横向旋转打开。

主框架底面至桥面的净空设为4.5 m，此为方便节段梁块在桥面上的运输及可能发生的临时存放。主框架尾部长度可满足架桥机尾部喂梁的要求。

(2) 桁架式主桁系统

主桁系统是架桥机的主受力构件，由左右两组桁架梁及其连接横梁组成，两组桁架梁分别布置在待造桥跨两侧。每组桁架梁自身由两片平面桁架通过上下平联、横联等连接而成。

主桁结构沿纵向分为前跨主桁、后跨主桁、尾桁3部分。前跨主桁前端设前端临时支腿，后跨主桁后端设后端临时支腿，前后跨连接处设中间临时支腿，两组主桁通过前、中、后临时支腿横梁连成一体。此外，在后40 m跨处两组主桁各设有一临时横梁端节，在首孔40 m跨造桥时连接两组主桁，其中间节与后端临时支腿横梁共用。首孔桥梁造桥后移至后端临时支腿处固定。主桁系统立面如图9-183所示。

主桁上下弦杆采用小型箱梁截面，斜杆、上下平联、横联采用H形断面。上弦杆上设门式起重机走行轨道，供提梁龙门式起重机大车走行。下弦杆底部设托轮走行轨道，支承在托轮系统上进行过孔走行。提梁龙门式起重机、托轮系统需要沿主桁结构全长走行，为此主桁结构设计成双层齐头式，每片主桁由上下弦杆和斜杆拼组而成。

2) 1号支腿

1号支腿位于架桥机前端，与主框架铰接，为固定支腿，主要功能是在架桥机过孔时，在墩顶支承，辅助架桥机完成过孔，末跨时拆除立柱加长节在桥面支承。结构件材质为Q345B，销轴材质为40Cr。

1号支腿主要由上横梁、曲臂梁、外套、内套、加长节、联系框架、牛腿、调节支腿、撑杆、液压系统等组成，如图9-184所示。上横梁与导梁上弦利用螺栓连接，通过两个横向销轴和曲臂梁的铰座铰接；曲臂梁与立柱外套螺栓连接，内、外套利用销轴连接，并且内外套之间连接支承液压缸，通过液压升降系统可以实现1号支腿高度的调节，以适应不同梁高、纵向坡度的施工需求；内套与立柱加长节利用螺栓连接，末跨时拆除加长节连接螺栓，1号支腿在桥面支承；牛腿和调节支承通过螺栓连接；两立柱加长节之间利用联系框架连接。整个1号支腿在纵桥向形成二力杆件，受力明确。末跨施工时拆除立柱加长节，牛腿、调节支承与内套螺栓连接，在桥面支承。

3) 2号支腿

2号支腿为架桥机主承载支腿，架梁状态下在墩顶支承，过孔状态下作为整机过孔的动力来源与3号支腿配合推动桥机过孔。在重载架梁过程中，2号支腿与主框架之间安装锚固

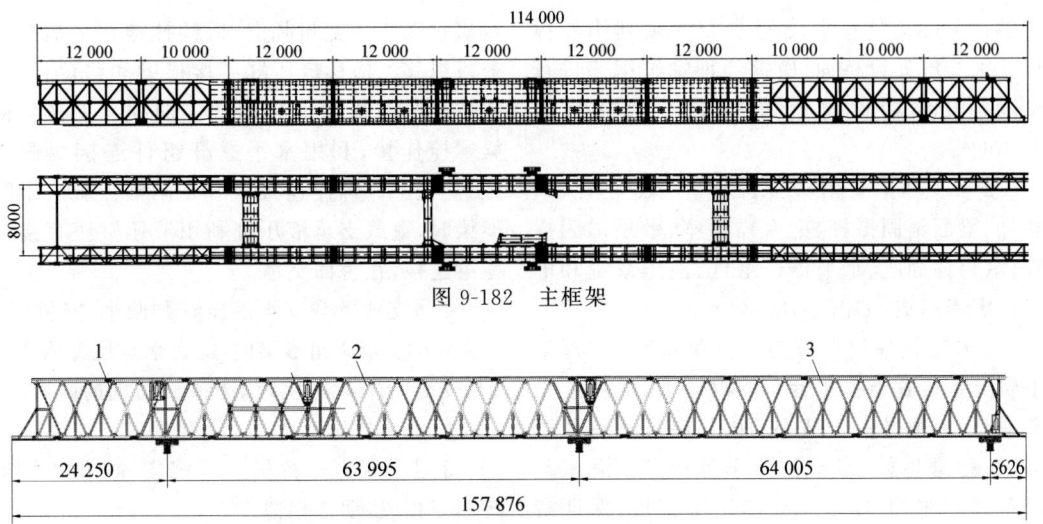

图 9-182 主框架

1—尾桁；2—后跨主桁；3—前跨主桁。

图 9-183 主桁系统立面示意图

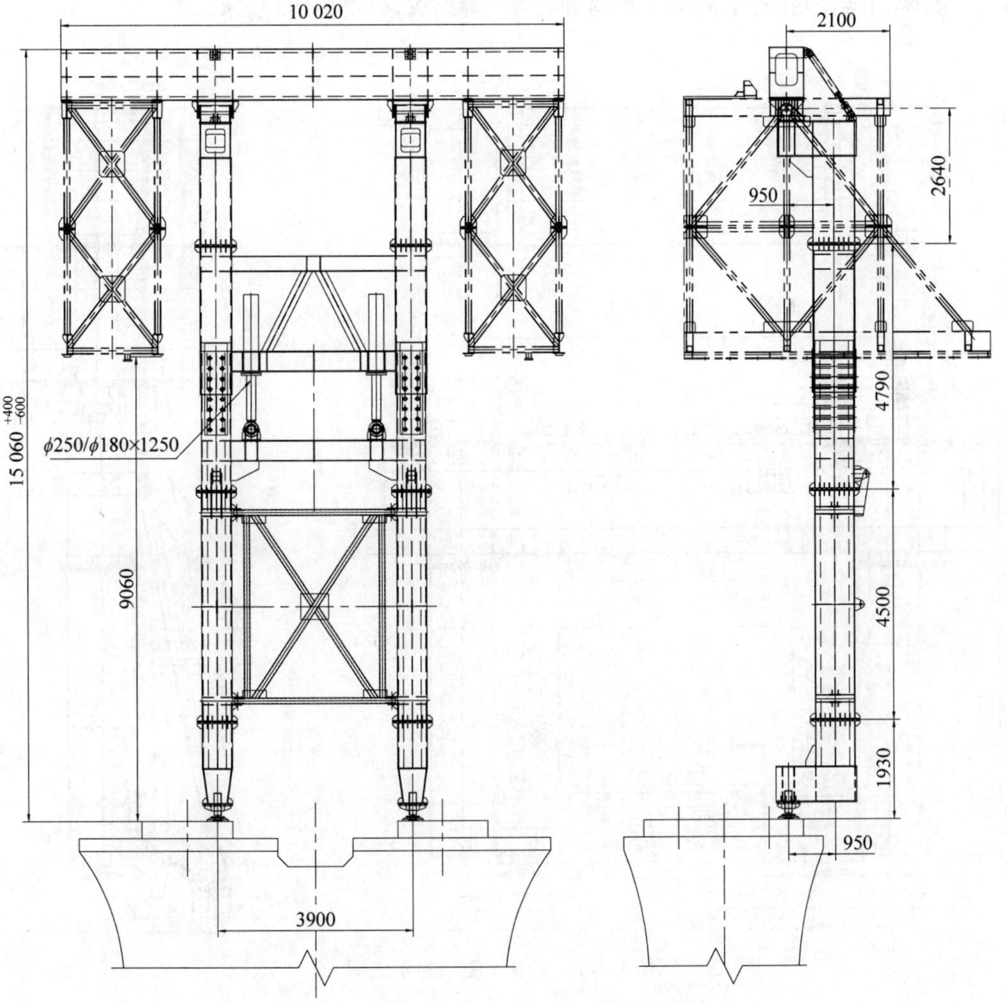

图 9-184 1号支腿（墩顶支承）结构示意图

销轴;在过孔过程中,2号支腿必须利用斜撑杆分别与已架设桥面、墩顶预埋螺纹钢筋进行锚固。其结构件材质为 Q345B,销轴材质为 40Cr。

2号支腿主要由移位台车、横梁、立柱、横联杆、梁面锚固撑杆、梁面锚固座、墩顶锚固撑杆、墩顶锚固座、水平撑杆组件、液压系统和电气系统等组成,如图9-185所示。

2号支腿移位台车与主框架接触,主框架下轨道直接置于移位台车的滑座上,滑座上设有减摩板(牌号:CNW-B),该材料具有承载能力大、耐磨性好、滑动系数小等特点。滑座与台车底座采用 φ200 mm 的销轴铰接,保证滑座支承面受力均匀,并可适应主框架的挠度变化。滑座与钩挂利用螺栓连接,架桥机重载架梁时,钩挂上有销轴孔与主框架进行锚固;架桥机过孔2号支腿脱空时,钩挂挂在主框架下盖板纵移。横移液压缸连接横梁和移位台车,移位台车在横梁上移动适应曲线。立柱与横梁螺栓连接,利用水平撑杆组件连接两侧立柱,立柱下方螺栓连接重载支承液压缸。末跨架梁时,重载支承液压缸利用液压缸座直接与横梁连接,在桥面支承。

2号支腿重载支承液压缸共两个,安装在2号支腿的支承梁箱形梁内,配合承重抱箍构成了2号支腿顶升装置,实现整机高度方向的调整。

4) 3号支腿

3号支腿为架桥机主承载支腿,和2号支腿相辅相成,动作相似。

3号支腿主要由移位台车、横梁、横联杆、锚固撑杆、锚固座、垫板、液压系统和电气系统等组成,如图9-186所示。

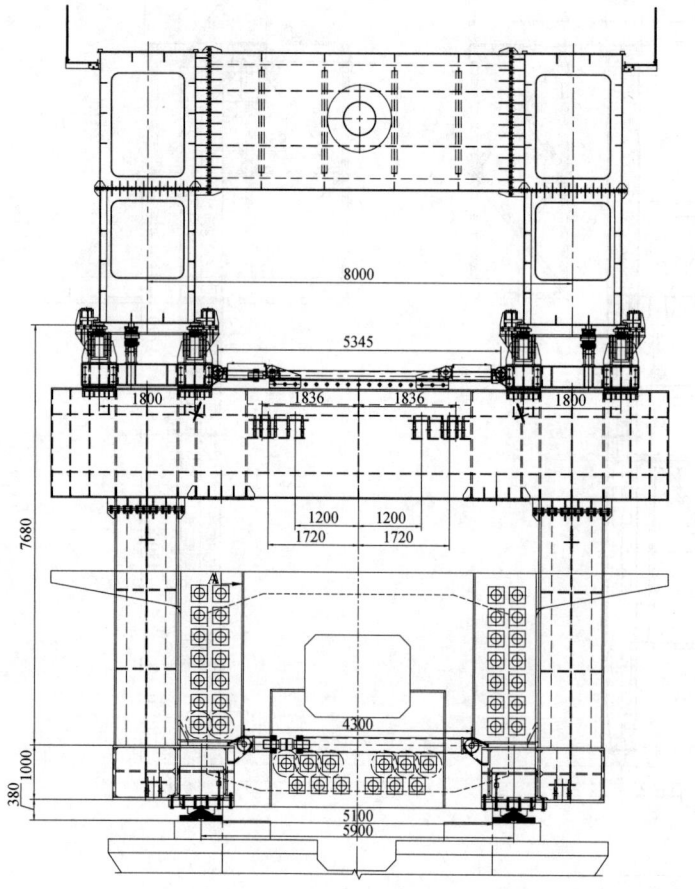
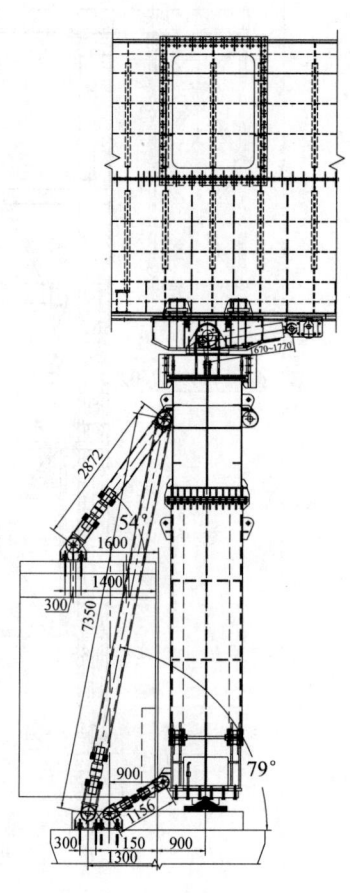

图 9-185 2号支腿结构示意图

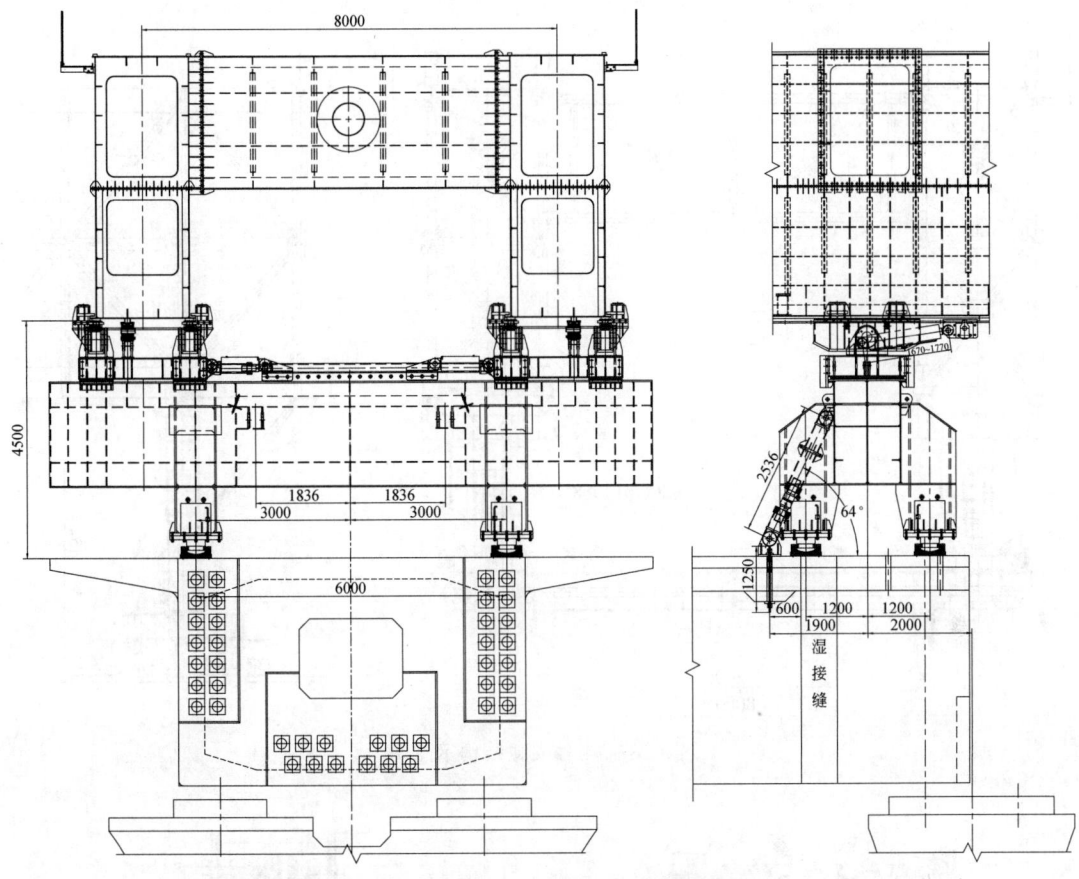

图 9-186　3 号支腿结构示意图

3 号支腿重载支承液压缸共 4 个，安装在 3 号支腿的横梁箱形梁内，配合承重抱箍构成了 3 号支腿顶升装置，实现整机高度方向的调整。

5）4 号支腿

4 号支腿在架桥机的尾部，与主框架利用螺栓连接，架桥机过孔时 4 号支腿托辊机构在桥面铺设轨道上运行，保证整机有足够的纵向稳定性。其结构件材质为 Q345B，销轴材质为 40Cr。

4 号支腿主要由连接上铰座、外套、内套、下横梁、斜撑、联系梁、轮箱、轮轨、齿条传动机构等组成，如图 9-187 所示。

上铰座与主框架下弦利用螺栓连接，外套铰座与上铰座利用销轴连接，内外套之间利用销轴连接，两侧液压缸连接内外套横梁，通过液压升降系统可以实现 4 号支腿的高度升降，以适应不同纵向坡度的施工需求。下横梁底板连接托辊机构，架桥机过孔时，4 号支腿在桥面铺设的轨道上运行。下横梁与内套之间连接齿条传动机构，架桥机架梁时，下横梁中间螺栓拆除，通过齿条传动机构下横梁横向打开，运梁车从架桥机尾部喂梁。

6）主天车

主天车是架桥机的主要工作单元，它的操作方便与否，直接关系到架桥机的性能。为此，主天车采用了先进的电、液控制系统，自动化程度高，除了必要的启动、停止按钮外，主天车全部采用无线遥控，无线遥控操作台上设有卷扬机升降手柄、主天车走行控制手柄和起平台左右移动按钮。

主天车主要由：天车门架、走行机构、横移机构、起升系统、附属结构、遥控装置、液压系统、电气系统等部分组成，如图 9-188 所示。天车门架由支腿和天车横梁组成，支腿与横梁之间利用螺栓连接，整体为刚性结构。

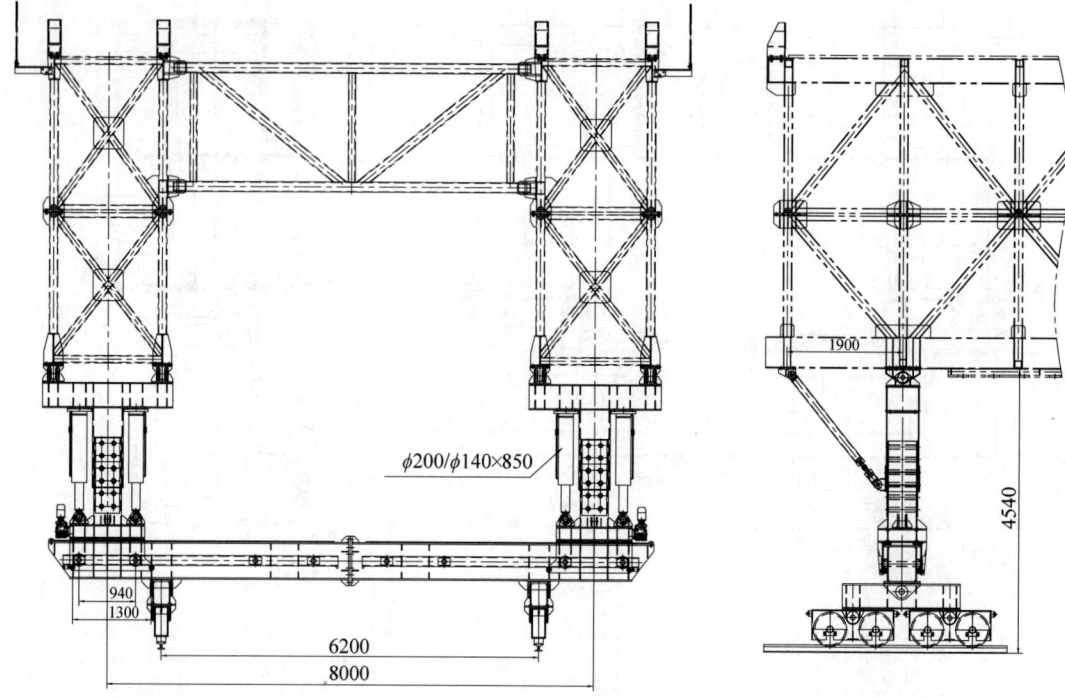

图 9-187　4 号支腿结构示意图

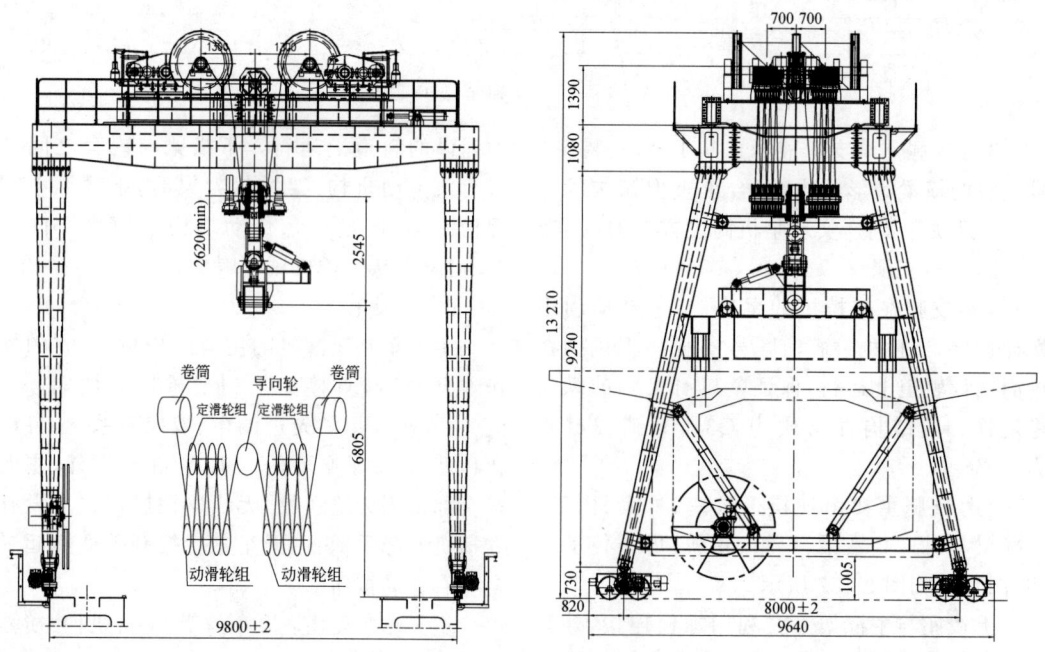

图 9-188　主天车结构示意图

走行机构由轮箱、电动机、减速器、缓冲块等部分组成。它与支腿利用销轴连接,在主框架外侧轨道上运行。横移机构由卷扬机支架和横移液压缸组成,主天车提节段梁精确对位时,通过横移液压缸可实现横向±300 mm 的调整。起升系统由卷扬机、钢丝绳、导向轮、定滑轮组、动滑轮组、吊具组件、载荷限制器、高度限位器等部分组成。

主天车的走行机构由4个相同的台车组成，每个台车上有两个通过齿轮连在一起的主动轮，由一台硬齿面螺旋锥齿轮减速器及带制动的变频电动机驱动。运行速度为0~15 m/min，由于台车采用了全驱动方式（8轮驱动），可避免打滑、溜坡、卡轨等现象发生。为适应架桥机特殊工作环境，主天车还设有如下自动保护装置：

（1）卷扬机起重质量超载保护装置。当起升质量超过180 t（不含吊具）时，卷扬机将自动停止工作，只能下放、不能上升。

（2）卷扬机超高限位装置。为防止卷筒过多缠绕使钢丝绳溢出发生事故，在卷扬机上设置了重锤式限位开关，一旦主吊具提升超过设定高度，该保护装置就会使卷扬机停止转动，同时卷扬机只能向安全方向运行。

（3）主天车轨道端头设有车挡，两端头设有接近式限位开关，一旦天车互相靠近，限位开关就发出信号切断运行回路使主天车制动，防止发生碰撞。另外，主天车两头还设有橡胶缓冲器。

（4）防风装置。主天车位于高空，风速较大，因此安装有大风报警装置，当风速超过规定风级时，报警器报警并切断走行电动机电路，使主天车车轮停止运行。当遭遇强风或停车休息时，应将主天车开至固定锚固点，使用钢丝绳将天车固定在主桁架上。非工作状态时，除了上述措施外，每个走行轮两侧需安装木楔，以防止大风将主天车吹跑。

（5）主天车上配置有爬梯、护栏等安全附属装置，当需要检修卷扬机时，维修人员需通过设计好的爬梯进入横移小车平台，并注意系好安全带。

吊具可根据节段梁长度的不同相应改变吊点位置，以适应不同节段梁的吊装。该吊具能实现360°回转，同时可根据桥梁的纵坡和横坡要求，利用液压缸的伸缩对节段梁块进行调整，以保证节段梁的匹配端面与已装节段的端面相互平行，保护好节段梁的剪力键，其纵坡调整范围为±2.5%，横坡调整范围为±3%。所有调整均为无线遥控，操作人员可以在拼接梁面范围内的适当位置进行作业。

7）辅助天车

辅助天车是架桥机的辅助工作单元，主要由辅助天车门架、走行机构、起升系统、附属结构、电气系统等部分组成，如图9-189所示。辅助天车门架由支腿和横梁组成，支腿与横梁之间利用螺栓连接，整体为刚性结构。走行机构由轮箱、电动机、减速器、缓冲块等部分组成，走行机构与支腿利用螺栓连接，在主框架内侧轨道上运行。为了防止辅助天车在终端发生碰撞，轮箱最外端分别安装有缓冲器和接近式限位开关。起升系统由卷扬机、钢丝绳、导向轮、定滑轮组、动滑轮组、吊钩等部分组成。

辅助天车的起升速度为0~5 m/min，运行速度为0~15 m/min，由于走行机构采用了全驱动方式（4轮驱动），可避免打滑、溜坡、卡轨等现象发生。

8）吊挂系统

架桥机整机配备了11套吊挂，根据节段梁吊点的位置及架桥机施工的特点，吊挂系统包含1号节段梁吊挂（2套）、2号节段梁吊挂（2套）、中间短吊挂（5套）、中间长吊挂（2套），如图9-190所示。

9）湿接缝模板

架桥机配备有10套湿接缝模板，浇筑湿接缝时通过全液压系统合模，外模通过螺纹钢筋与内模对拉，防止浇筑湿接缝时漏浆。预应力钢筋束张拉完成后，待湿接缝达到一定强度级别，就拆除内外模对拉的螺纹钢筋，湿接缝模板便旋转打开，操作简单方便。湿接缝模板两侧设有走道平台和栏杆，方便操作人员绑扎钢筋、调整模板等。湿接缝模板如图9-191所示。

10）液压系统

1800 t/50 m节段拼装架桥机因整机机构分散，所以液压系统采用独立单元设计，使系统简化和模块化，减少了沿程损失和功率损耗，方便维修和搬运。整机液压系统共8套：4个支腿液压系统各1套、天车调整液压系统1套、吊具调整液压系统1套、外肋旋转液压系统

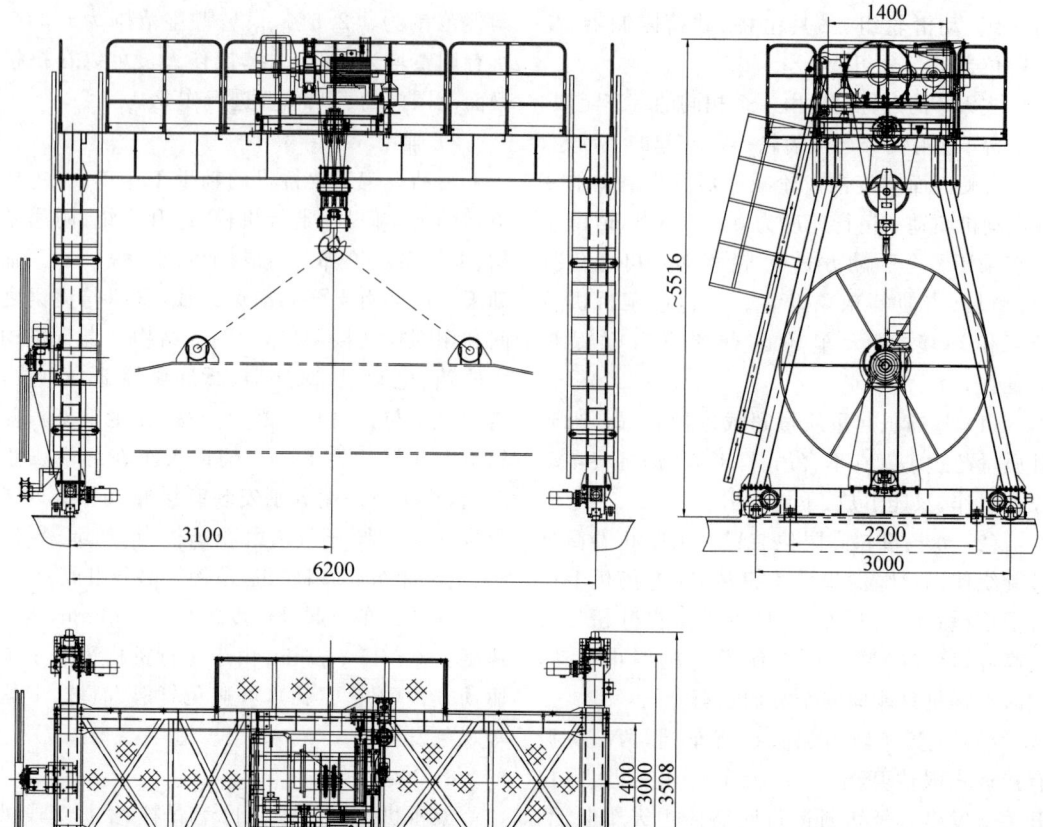

图 9-189 辅助天车结构示意图

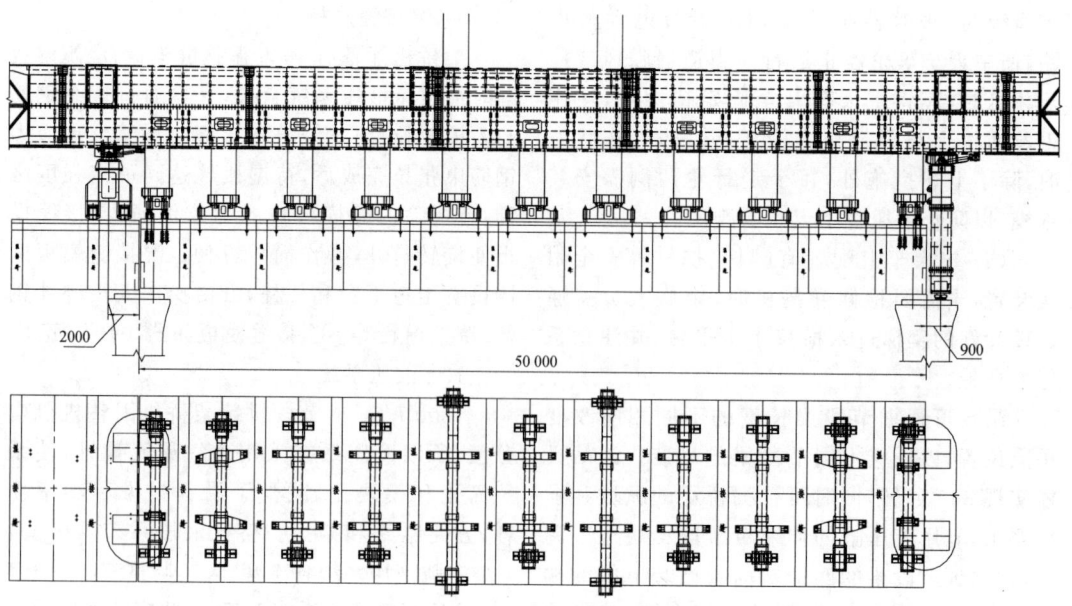

图 9-190 吊挂系统结构示意图

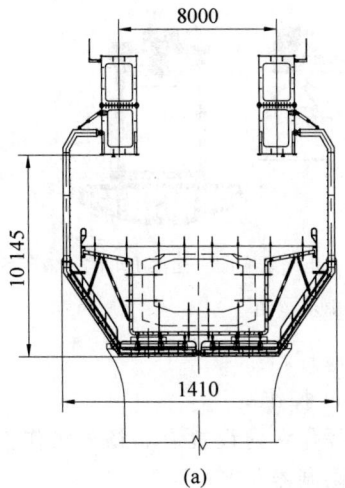
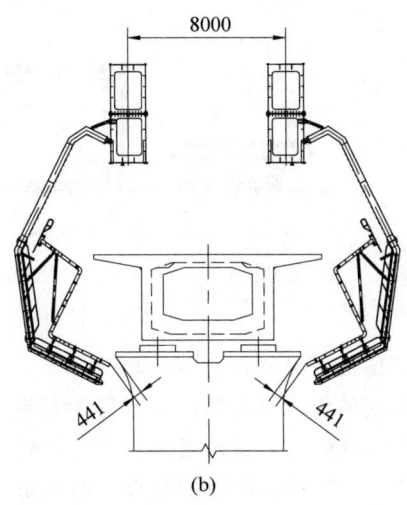

图 9-191　湿接缝模板结构示意图
(a) 浇筑湿接缝状态；(b) 湿接缝模板打开状态

2套。系统所需液压油总量 1580 L，电动机总功率为 71.5 kW，但所有电动机不会同时工作。最大功率为 2×18.5 kW。每套液压系统都由液压泵站、液压管路和液压缸等组成。

整机共 8 台液压泵站，它是集油泵电动机组、控制电磁阀组、油箱、空气滤清器、回油过滤器等于一体的部件，设有压力表和液位液温计等辅件，具有结构紧凑、体积小、方便搬运和安装的特点。

11）电气控制系统

1800 t/50 m 节段拼装架桥机的电气系统主要由主天车电气系统、辅助天车电气系统、主梁下部电气系统 3 部分组成。主天车包含起升机构、小车纵移机构、旋转吊具机构、天车横移机构。起升机构、小车纵移机构和旋转吊具机构均采用变频驱动，变频调速装置为 FR-A840 系列产品。主天车用两台变频器，起升和天车走行与吊具旋转共同使用一台变频器，通过接触器进行切换，天车横移和吊具调整机构采用液压缸进行控制。辅助天车包含起升机构和纵移机构，均采用变频驱动，变频调速装置为 FR-A840 系列产品。辅助天车使用一台变频器，天车走行与起升共同使用一台变频器，通过接触器进行切换。天车操作方式有两种：遥控器操作和面板操作。面板操作默认为低速模式。速度分为重载低速和空载高速两

种模式，每种模式下对应多段速度，面板操作默认为低速模式。主梁下部电气系统主要包括支腿泵站部分，泵站为本地按钮操作。

9.3.8　桥面吊机

1. 整机的组成和工作原理

桥面吊机又称桥面吊，主要分变幅式、不变幅式（即普通固定吊臂式）、塔柱式（此形式又分为卷扬机式和连续作用千斤顶式）3 种结构形式。其主要用于跨江、跨海大桥钢箱梁或其他标准梁段的拼装施工，利用该机将运梁船（或钢栈桥）上的钢箱梁段，安全准确地提升至桥面进行对位拼装和焊接。也可用于其他梁块或钢梁的吊装。

桥面吊机主要由主框架、起升小车、可调支承、纵移系统、电气系统、运梁小车、液压系统等组成，如图 9-192 所示。

悬臂拼装是将已预制好的梁段（混凝土梁或钢梁）或拱段，用悬臂吊机起吊到已完成结构端部进行拼装，一个节段拼装完毕后，将吊机移动至下一节段，然后进行下一节段的拼装，悬臂不断增加，直至结构在跨中合龙或直接拼至下一墩台上。

2. 主要系统和部件的结构原理

1）可变幅吊臂及其变幅机构

可变幅吊臂及其变幅机构由吊臂、滑轮组、

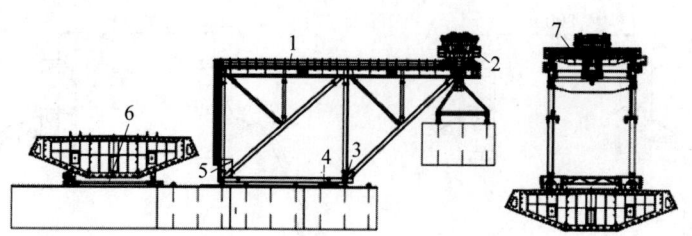

1—主框架；2—起升小车；3—可调支承；4—纵移系统；5—电气系统；6—运梁小车；7—液压系统。

图 9-192 桥面吊机结构示意图

钢绳、变幅卷扬机等组成。卷扬机驱动吊臂上的动滑轮组，使吊臂旋转变幅。吊臂臂头安装有重量传感器，外侧安装有角度尺和角度传感器，驾驶室的力矩限制器能指示吊臂当前仰角和最大吊重。变幅系统的转向滑轮能在变幅时摆动，自动适应钢丝绳入绳角。

2）吊具

为保证钢箱梁的施工要求，吊具设计了两处调节点，使用一副吊具能同时满足多型号梁段的吊装，并保证钢箱梁倾斜坡度满足施工要求。对最后合龙段的 4 个吊机的抬吊，也专门设计了两个专用吊具。

3）卷扬机

为保证起重机的可靠性，卷扬机高速轴上安装有双制动器，卷筒增设了插销式驻车制动部件，保证长时间停机的安全性、可靠性。另外，该卷扬机具有通用性，每台卷扬机都通过高强度螺栓固定在底架上，方便拆装，也可以同其他机械相配作起吊设备用。

4）顶升液压缸

吊机机架的水平度可以通过顶起顶升液压缸，在前分配梁下垫合适高度的垫块进行调整。

5）整机前移机构

桥面吊机设计有一套下滑道，依靠顶升液压缸配合推拉液压缸的伸缩，实现滑道前后移动及整机前后移动，使吊机步履式前进。

6）前后锚固机构

在整个起吊过程中，前后锚固机构通过前分配梁支承、后拉板锚定，使整机具有良好的稳定性。

7）液压站

该液压站主要用于驱动顶升液压缸和推拉液压缸。

8）操作室

操作室内设置有卷扬机操作按钮、手柄、力矩限制器和警铃。

9.3.9 移动模架

1. 整机的组成和工作原理

移动模架造桥机是一种自带模板，利用承台或墩柱作为支承，对桥梁进行现场浇筑的施工机械。其主要特点是施工质量好、施工操作简便、成本低廉等。移动模架造桥机主要由支腿机构、支承桁梁、内外模板、主梁提升机构等组成，可完成由移动支架到浇筑成形等一系列施工。

移动模架主要由主支腿、推动机构、主梁、外模、内模、端模、后辅助支腿、中辅助支腿、前辅助支腿、电气系统及液压系统等部分组成，如图 9-193 所示。

1）分类及特点

根据其承重主梁位置的不同，移动模架造桥机又分为上行式、下行式、复合式 3 种。

（1）上行式移动模架

上行式移动模架造桥机的承重主梁和走行系统在现浇箱梁的上方，承重主梁通过支腿支承在箱梁顶（后端）和桥墩顶上（前端），模板通过挑梁及吊杆吊挂在承重主梁上。其结构形式如图 9-194 所示。

上行式移动模架造桥机的承重主梁和支架在箱梁以上，高度较大，因此其稳定性相对差一些。上行式移动模架造桥机可以纵移和横移，不受墩身和已浇箱梁的影响；可以在桥头路基上或在已架好的箱梁、已浇好的连续梁

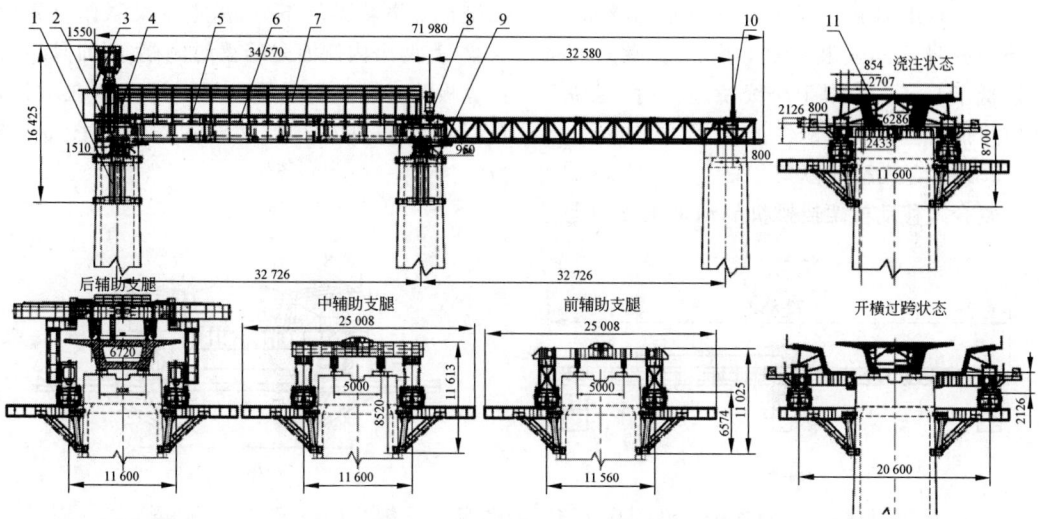

1—主支腿；2—推动机构；3—后辅助支腿；4—32 m端模；5—主梁；6—电气系统；7—32 m外模；8—中辅助支腿；9—液压系统；10—前辅助支腿；11—32 m内模。

图 9-193 移动模架总图

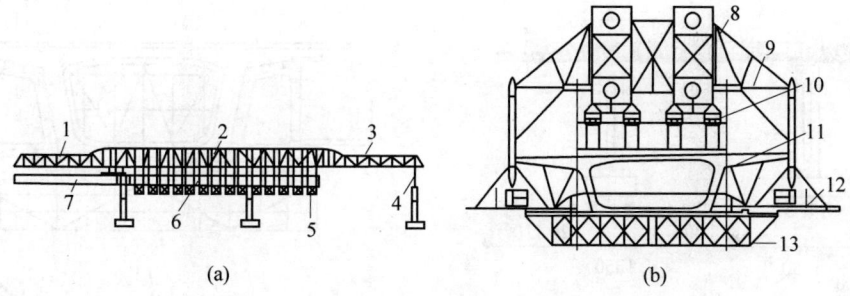

1—后导梁；2—主梁框架；3—前导梁；4—前支腿；5—侧、翼模；6—底模及其桁架；7—混凝土箱梁；8—承重主梁；9—吊架挑梁及梯子平台；10—支承机构；11—侧、翼模；12—施工平台；13—底模及其桁架。

图 9-194 上行式移动模架造桥机结构示意图
(a) 立面；(b) 侧面

上拼装，再前移到桥位上；其拆卸也可以在桥头路基上或在已架好了的箱梁、已浇好的连续梁上进行，因此适合在高墩、大跨、桥下无法停放大型起重机或水上浮吊的桥梁中使用；施工中对施工场地没有特别的要求；若用于跨线桥施工，对桥下净空影响较小。与下行式和复合式相比，上行式移动模架造桥机的设备质量相对较大。

(2) 下行式移动模架

下行式移动模架造桥机的承重主梁和走行系统在现浇箱梁的下方，支承在预先安装好的桥墩墩身两侧的钢制牛腿上，模板直接支承在承重主梁上。其结构形式如图 9-195 所示。

下行式移动模架造桥机架设在墩身两侧的钢制牛腿上，因此其稳定性比较好。但下行式移动模架造桥机纵移时，因受墩身和已浇箱梁的阻挡，需要先解开横梁，将左右两侧的外模板系统包括两侧的半片横梁在钢制牛腿上分别向外横移，避开墩身后才能前移，与上行式和复合式相比较为繁琐。下行式移动模架造桥机只能在第1、2孔桥位墩身两侧的钢制牛腿上拼装，在最后两孔桥位墩身两侧的钢制牛腿上拆卸，因此，在第1、2孔桥位处和最后两孔桥位处桥下应能停放大型起重机或水上浮吊。

其施工过程中对施工场地没有特别的要求,因为要在墩身两侧安装牛腿,所以,桥墩的高度不能低于 6 m。若用于跨线桥施工时,对桥下净空可能会有影响。

(3) 复合式移动模架

复合式移动模架造桥机的承重主梁和走行系统在现浇箱梁的下方,承重主梁制作成异形箱梁,其两个内侧面是箱梁的侧模,顶面是箱梁翼缘板的底模。钢承重主梁一般支承在墩顶,走行系统也在墩顶。其结构形式如图 9-196 所示。

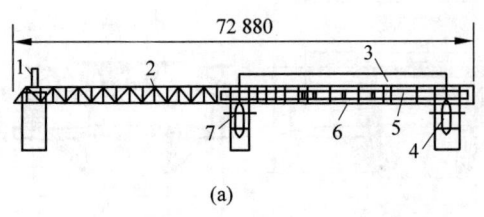
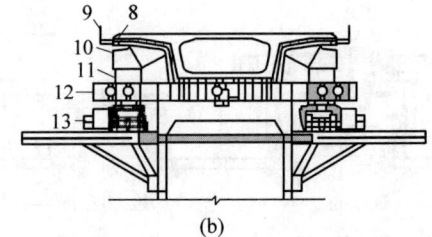

1—前横梁;2—前鼻梁;3—内外模板;4—墩顶牛腿;5—横梁;6—主梁;7—墩顶牛腿;
8—外模;9—外模护栏;10—外模支承螺旋;11—主梁;12—横梁;13—推进平车。

图 9-195 下行式移动模架造桥机结构示意图
(a) 立面;(b) 侧面

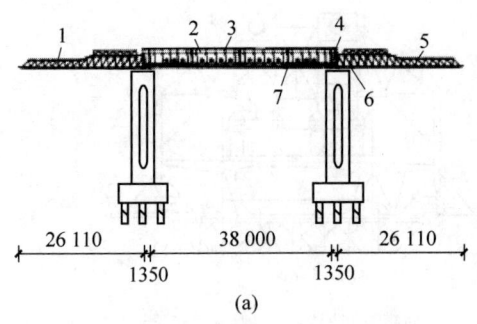
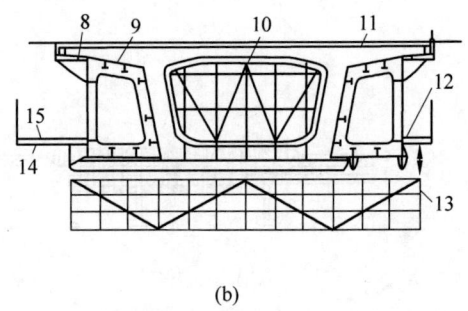

1—导梁;2,9—钢箱梁;3—翼模板系统;4,14—液压系统;5—导梁;6—纵横移系统;7—底模系统;
8—翼模板系统;10—内模系统;11—对拉钢筋;12,15—操作平台;13—操作挂篮。

图 9-196 复合式移动模架造桥机结构示意图
(a) 立面;(b) 侧面

复合式移动模架造桥机虽然也架设在墩顶,但其高度较低,所以其稳定性比上行式的好一些;可以纵移和横移,不受墩身和已浇箱梁的影响;可以在桥头路基上或在已架好的箱梁、已浇好的连续梁上拼装,再前移到桥位上,拆卸也可以在桥头路基上或在已架好了的箱梁、已浇好的连续梁上进行,因此适合在高墩、大路、桥下无法停放大型起重机或水上浮吊的桥梁中使用;施工中对施工场地没有特别的要求;若用于跨线桥施工时,对桥下净空影响较小。与上行式和下行式相比,复合式移动模架造桥机的设备质量最轻。

移动模架现浇施工指采用移动式桁架为主要支承结构的整体模板支架,现场一次完成一跨梁体全断面混凝土浇筑并施加预应力后,将整孔移动式桁架及模板推移至下一孔,再进行下一孔梁体施工,如此重复,逐跨推进,直至完成桥梁施工。移动模架是梁体混凝土的直接支承体系,既是施工平台,又是箱梁混凝土的模具。

2) 施工流程

(1) 上行式移动模架施工

上行式移动模架施工时,首跨混凝土箱梁一般采用落地支架施工,以便拼装上行式移动模架。进行标准跨施工时的流程如下：

① 安装前支承吊架时，吊架的中心位置通过精密测量仪器进行定位，以控制上部结构的偏载对墩身受力的不利影响。

② 主梁承重系统通过移位系统悬臂移动到前支点处，经过纵桥向细部位置和高程调整后进行固定。

③ 通过主梁承重系统顶部的移位系统将吊架整体移运到设计位置，当吊架系统通过墩身后，将箱梁底模合龙固定。

④ 进行加载试验，检验结构的安全可靠性，为施工中有效控制箱梁的线形、预拱度提供有力的依据。

⑤ 安装底、腹板钢筋及预应力束，安装内模板、端头模板及其支承架，绑扎顶板钢筋，并安装顶板预应力束。

⑥ 浇筑混凝土，养护。

⑦ 待混凝土达到设计强度要求后，张拉预应力钢束。

⑧ 箱梁施工完成后，向两侧打开模板，托架系统与主梁承重系统分离，过孔进入下一标准块施工。已浇筑梁体继续养护，并根据设计要求依次进行终张拉、灌浆及封锚等后续作业。

（2）下行式移动模架施工

下行式移动模架施工时，浇筑第一跨梁时，其主梁支承于两支承托架上。施工后续梁段时，其前支点位于支承托架上，后支点由门架提吊主梁，并通过门式起重机的支腿将载荷传递至已浇筑梁段上。进行标准施工的工艺流程如下：

① 安装移动模架。

② 进行加载试验。

③ 调整模板，安装底、腹板钢筋，布置底、腹板预应力束，安装内模板、端头模板及其支承架，绑扎顶板钢筋及安装顶板预应力束。

④ 浇筑混凝土并养护。

⑤ 拆除托架上对拉精轧螺纹钢筋，利用横移液压缸将托架打开，并利用辊轮悬挂于主梁下方，利用主梁下方走行轨道和卷扬机牵引，将托架滑移至下一跨安装。

⑥ 达到设计强度后，按设计要求进行预应力张拉。

⑦ 打开横梁系统的连接螺栓，打开模板系统。

⑧ 横移分开主梁直到底模能顺利通过墩身，然后启动移位系统的千斤顶将支架移动到下一跨，横移主梁使横梁合龙，通过销棒连接，调节模架位置，顶升千斤顶使主梁就位。

⑨ 进入下一孔梁体施工。

2．主要系统和部件的结构原理

1）主支腿

主支腿共有4套，由支承托架上体、支承托架下体、上固定座和下固定座部件组成，如图9-197所示。

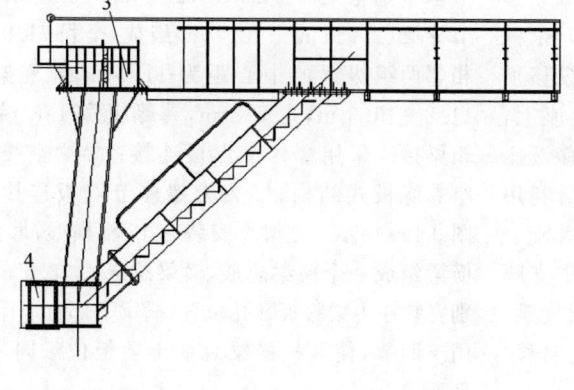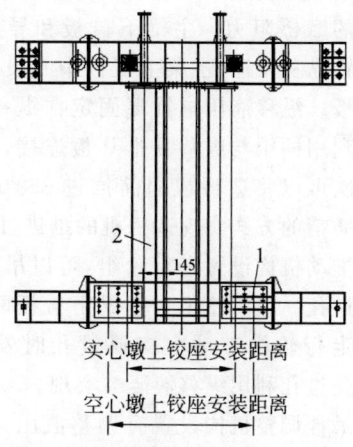

1—下固定座；2—支承托架下体；3—支承托架上体；4—上固定座。

图9-197 移动模架主支腿结构示意图

主支腿是造桥机的支承基础,每个桥墩上的支承托架由相同的左右两个支承托架组成,为三角形框架结构,下部设置剪力键,与桥墩中的预埋件相配合以承受垂向力。支承托架的左右两部分利用 PSB1080 高强精轧螺纹钢($\phi 36$ mm)对拉与桥墩固结成一个整体。每根高强精轧螺纹钢需施加 5 t 质量的预紧力,采用两台 YCW60B-200 型千斤顶(需配 BZ 系列泵站)进行张拉预紧,张拉时应在顺桥方向两侧同步进行。

2) 推动机构

推动机构主要由走行轮架、走行轮组、滑移座、导向轮组、横移机构、纵移机构、顶升机构、吊挂调整机构等部件组成,如图 9-198 所示。

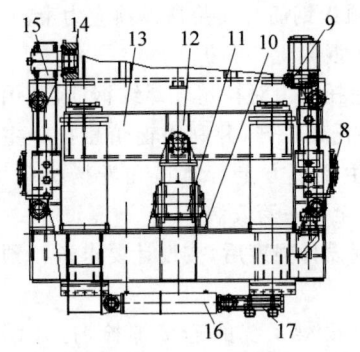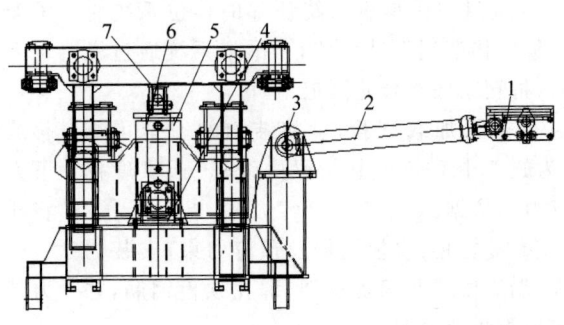

1—纵移顶推机构;2—纵移液压缸;3—纵移液压缸耳板;4—调整液压缸底座;5—顶升液压缸;6—调整液压缸;7—调整液压缸顶座;8—走行轮架滑座;9—导向轮组;10—小车架;11—纵移液压缸座;12—横移液压缸座;13—支承滑移座;14—走行轮组;15—走行轮架;16—横移液压缸;17—横移机构。

图 9-198 移动模架推动机构结构示意图

推动机构在横移液压缸的推拉作用下在支承托架的横梁上横向移动。横移液压缸的缸端与支承装置销接,杆端利用插销与支承托架的横梁连接,支承托架横梁上等距设置若干插孔,以倒换插销位置的方式实现主梁在托架上移动 4500 mm。

纵移滑道与主梁腹板和导梁下弦杆相对,纵移支座上设有减摩材料,以减少造桥机纵移过孔的摩擦阻力。主梁下盖板和导梁下弦杆上设置纵移轨道,主梁下盖板中心设置纵移顶推耳板。纵移液压缸缸端固定在纵移支座上,杆端利用插销与纵移顶推耳板连接,纵移液压缸每次可以将造桥机向前推进 850 mm,利用倒换插销的方式实现造桥机的推进过孔作业。

推动机构设置走行轮组,可以吊挂主支腿自行过孔。导向轮组与主梁下盖板两侧接触,避免走行轮组带动主支腿过孔时发生偏移。主支腿过孔利用纵移液压缸实现。

吊挂调整机构设置有调整液压缸,通过调整液压缸调节,使推动结构中下部滑移机构钩挂上主支腿,提起主支腿,通过推动机构中的横移机构,使主支腿横移到墩身预留孔,然后利用纵移机构完成主支腿和推动机构的自行过孔。

3) 主框架

主框架部分由并列的两组纵梁组成,主要承托底模桁架、模板系统等设备的重量及钢筋、混凝土等结构材料的重量。每组纵梁由 3 节承重钢箱梁(11.8 m+12.4 m+13.3 m)+3 节导梁(2×11 m+12.4 m)组成,全长 71.9 m;相邻两组纵梁的中心距为 11.6 m,钢箱梁长 11.8~13.3 m,高 2.8 m,翼缘板宽 1.8 m,钢箱梁接头采用螺栓节点板连接;导梁空腹式、空翼缘板式结构,接头为螺栓节点板连接,如图 9-199 所示。主梁上安装有 16 根横梁,每 2 根横梁组成一个横梁总成,横梁总成长 18.6 m,分别安装在主梁腹板开孔位置,横梁下部有千斤顶,用于调节,使 8 根横梁总成上盖板位于同一水平面上。

4) 外模系统

外模系统由底模、侧模、翼模、可调支承系统组成,底模放置在主梁的横梁上,底模桁架

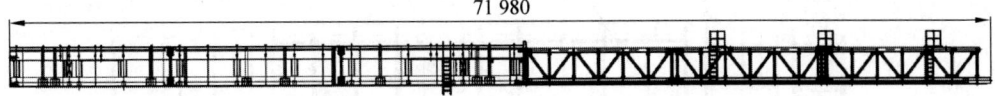
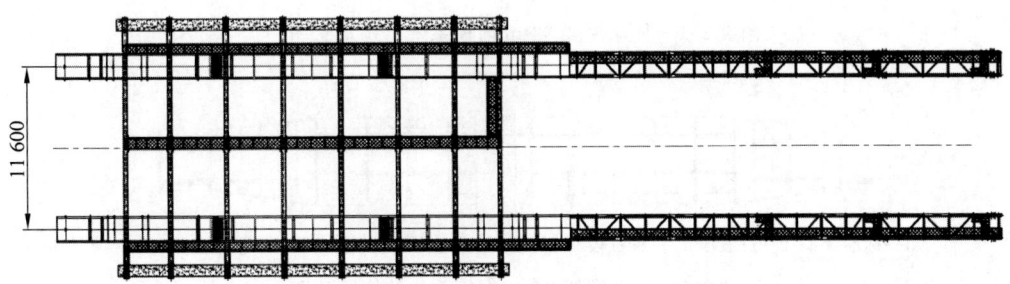

图 9-199　移动模架主框架结构示意图

从中部剖分,每侧均与主梁相连,侧模、翼模通过可调支承系统支承在承重钢箱梁上,如图 9-200 所示。

模板由面板及骨架组焊而成,面板厚 6 mm,每块模板在横向和纵向都通过螺栓连接。墩柱处的底模现场使用散模组立并固定牢靠。外模板应起拱,起拱度应按造桥机主梁承受的由实际混凝土载荷(包括钢筋)+内模自重产生的曲线特征值确定,以使成桥后桥梁曲线与设计值吻合。模架就位后,应调整底模标高(侧模、翼模也应随底模一起起拱,且必须是同一线型同一拱量),使其与所提供(或修正后)的预拱曲线特征值吻合。而可调支承系统是用来支承模板和调节模板的,把模板承受的力通过底模传给主框架结构。

外模的设计满足 32 m 梁且兼顾 24 m 梁的预制施工。架设 24 m 梁时,要拆除后端干涉的模板。

5)内模系统

内模系统采用机械式结构,由内模架、模板、支承杆组成。内模架为可拆卸拼装式结构,材料有 10♯槽钢、L50 角钢等,面板厚度为 5 mm。内模架之间采用螺栓连接,拆卸快捷、方便。模板采用分块式结构,单块质量不大于 45 kg,适用人工在窄小地方作业。内模系统设计满足 32 m 梁且兼顾 24 m 梁的预制施工,如图 9-201、图 9-202 所示。

6)端模系统

端模由模板与封锚两部分组成,与外模板两端连接,应用于在浇筑梁片时两端的支承。端模分为 24 m 端模(1 套)和 32 m 端模(1 套),如图 9-203、图 9-204 所示。

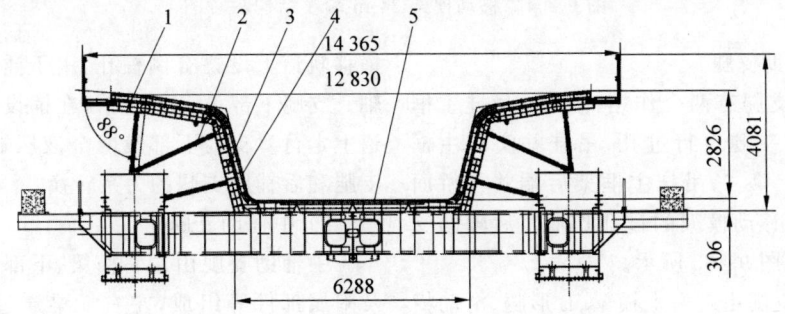

1—翼模;2—千斤顶;3—侧模;4—模板;5—底模。

图 9-200　移动模架外模系统结构示意图

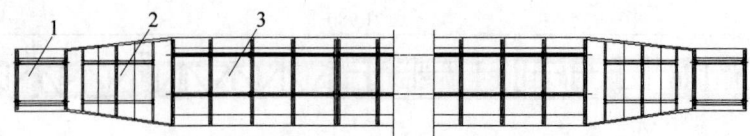

1—标准段1;2—过渡段;3—标准段2。

图9-201 移动模架32 m内模系统结构示意图

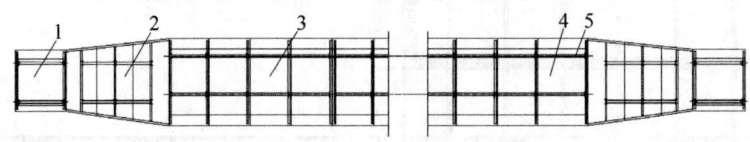

1—标准段1;2—过渡段;3—标准段2;4—24 m梁组合钢模板;5—24 m框架连接杆。

图9-202 移动模架24 m内模系统结构示意图

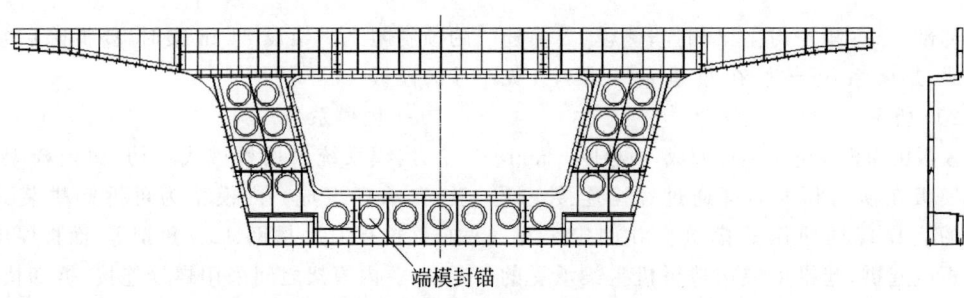

端模封锚

图9-203 移动模架32 m端模结构示意图

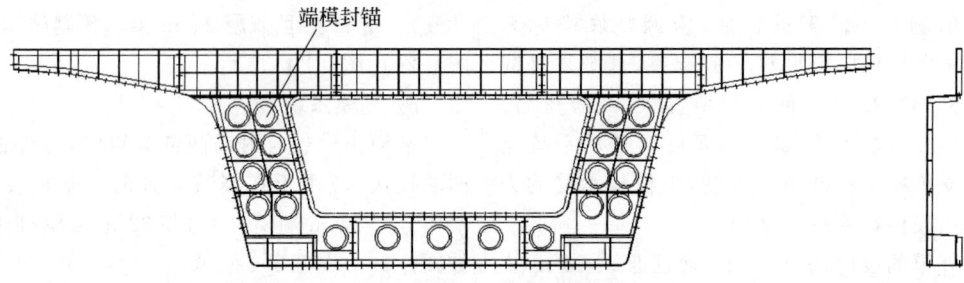

端模封锚

图9-204 移动模架24 m端模结构示意图

7) 后辅助支腿

后辅助支腿有两个作用:第一,吊挂主框架,实现后主支腿自行过孔,吊挂并实现主框架横向开启;第二,吊挂主框架后端并在桥面上走行,实现移动模架的过孔作业。后辅助支腿的结构,如图9-205所示。

后辅助支腿由左右上横梁、L形腿、滑动横梁、横移液压缸、支腿附属部分等组成。左右上横梁上分别有一个液压缸,用于配合主支腿的横移液压缸把主梁打开和合并。液压缸的横移轨道上设置有倒桩孔,用于插拔液压缸销轴。支腿下部设走行轮系,在铺设于桥面的轨道上走行。支腿下部设两个液压缸,用于后主支腿和后辅助支腿的力系转换。

8) 中辅助支腿

中辅助支腿由左右横梁、下部支承液压缸及附属部件等组成,左右横梁通过销轴连接,在主梁架设完成后,需要把连接销轴拔出,使左右横梁成为单个独立结构,如图9-206所示。

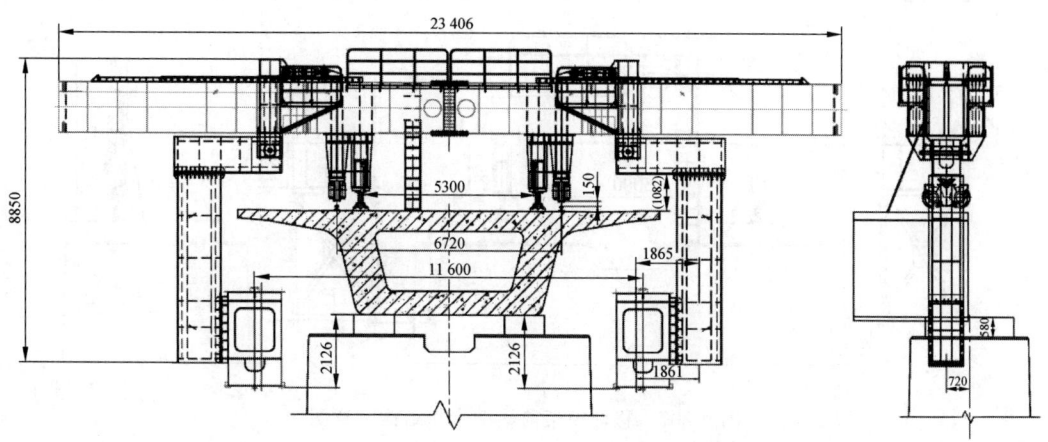

图 9-205 移动模架后辅助支腿结构示意图

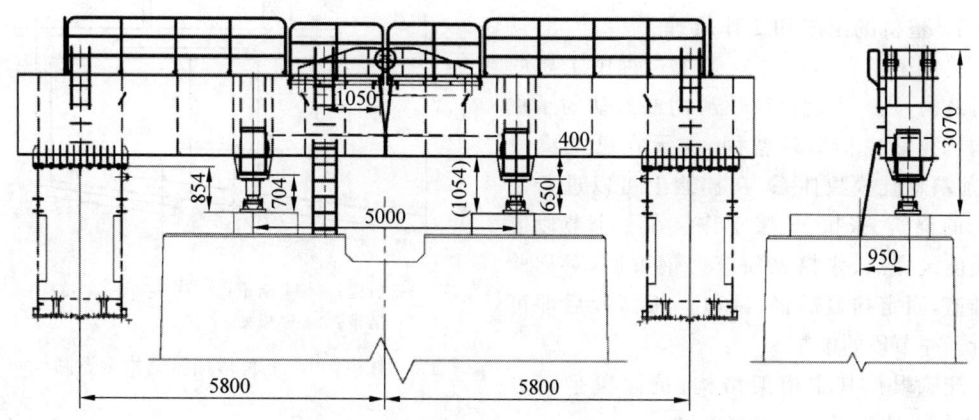

图 9-206 移动模架中辅助支腿结构示意图

中辅助支腿是承重主梁前端伸出的牛腿，合龙状态，在牛腿和墩顶之间设置液压缸，可以临时支承主框架，作为主支腿吊挂过孔时的临时支承。

9) 前辅助支腿

前辅助支腿设置在导梁前端并与导梁连接为一个整体，作为主支腿吊挂过孔时的临时支承。前辅助支腿可以从中间剖分，以适应移动模架横向开启过孔作业的需要，如图 9-207 所示。前辅助支腿设置两台液压缸，可以调整支腿的高度，以适应导梁上墩和主支腿前移安装的需要。

10) 电气系统

为保证设备在各工况下的安全，造桥机主要设置了以下安全装置：

(1) 总电气柜中安装有总断路器和各分支断路器，在分支电气柜中再安装断路器，进行双重保护。

(2) 配备 380 V 和 220 V 备用线路，保证系统稳定和在突发情况下使用。

(3) 电气系统采用 TN-S 方式（三相五线制）供电，电压等级为 380 V/220 V，由外部供电，电路具有过电流、过电压的相序保护等功能。

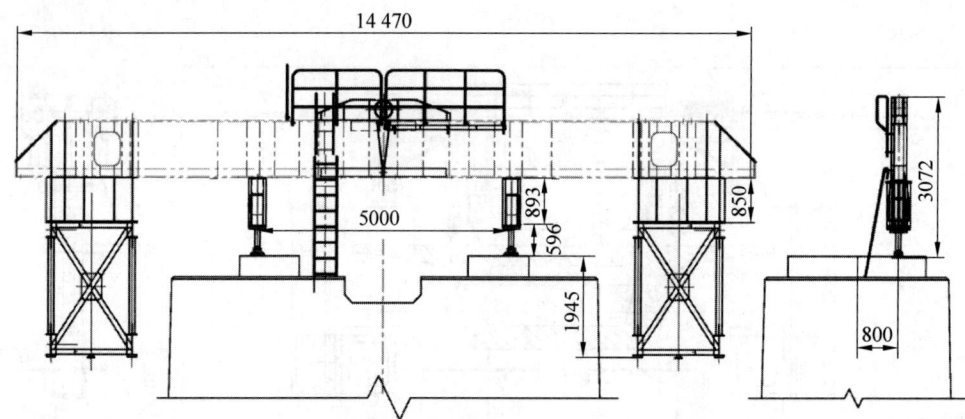

图 9-207 移动模架前辅助支腿结构示意图

9.3.10 挂篮

1. 整机的组成和工作原理

挂篮是悬臂对称浇筑施工过程中主要的临时结构,是一个能沿梁顶滑动或滚动的承重结构。挂篮主桁后端锚固、支承在已浇梁段上,前端悬挂模板体系,在挂篮上可以进行混凝土的浇筑、张拉、压浆工作。在一个节段混凝土浇筑完成、张拉完预应力钢束后,对称前移挂篮,固定挂篮后锚、调整模板高程后即可进行下一节段的施工。

挂篮根据其主桁架结构、抗倾覆平衡方式、走行方式等可分为很多类别。

挂篮按主桁架结构可分为桁架式挂篮、三角形挂篮、斜拉滑动式挂篮和菱形挂篮,如图 9-208～图 9-211 所示。

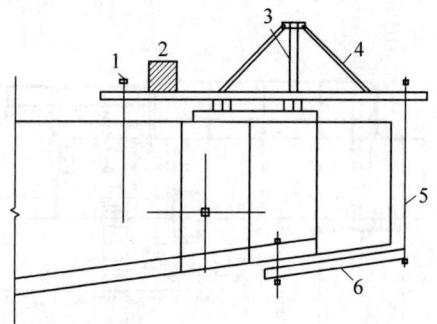

1—后锚;2—平衡重;3—立柱;4—斜拉杆;
5—吊带;6—底模架。

图 9-209 三角形挂篮结构示意图

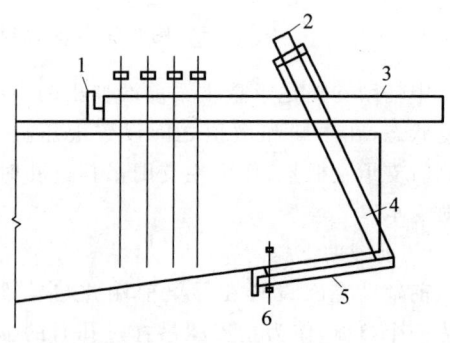

1—上限位器;2—后上横梁;3—主梁;4—斜拉带;
5—底模架;6—下限位器。

图 9-210 斜拉滑动式挂篮结构示意图

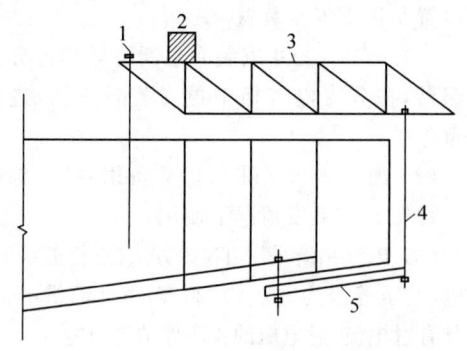

1—后锚;2—平衡重;3—主梁;4—吊带;5—底模架。

图 9-208 桁架式挂篮结构示意图

桁架式挂篮一般采用多片军用梁或贝雷梁作为一组挂篮主桁架,两组挂篮主桁架间通过横梁连接为整体,如图 9-212 所示。

三角挂篮的主桁架结构为三角形。一幅

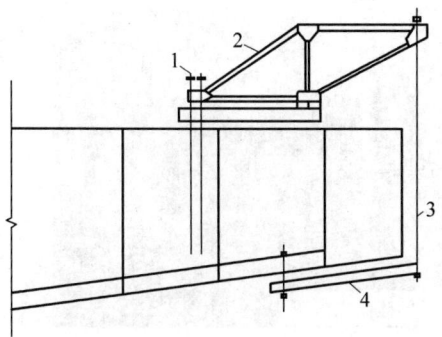

1—后锚；2—主桁架；3—吊带；4—底模架。

图 9-211　菱形挂篮结构示意图

图 9-212　贝雷梁挂篮主桁架

挂篮由两片三角形主桁架组成，两片三角形主桁架间采用横梁连接在一起。立柱与主梁之间为固结，斜拉杆和立柱、主梁之间采用销结，如图 9-213 所示。

图 9-213　三角形挂篮主桁架

菱形挂篮的主桁架为菱形。一副挂篮由两片菱形主桁架组成，两片菱形主桁架间采用横梁连接在一起。菱形主桁架各杆件之间可以采用焊接连接，也可以采用销接或栓接。菱形挂篮的结构见图 9-214。

除以上挂篮结构形式外，在斜拉桥中为适应斜拉索布置及主梁结构形式，可采用斜拉式挂篮。

挂篮按抗倾覆平衡方式分为压重式、锚固式、半锚固半压重式。压重式挂篮需在挂篮后端加设压重，以保证在挂篮前移、浇筑混凝土时抗倾覆系数满足设计要求；锚固式挂篮不加设压重，挂篮前移时利用主梁上设置的竖向预应力精轧螺纹钢筋（如设计中无竖向精轧螺纹钢筋，在施工时应按一定间距加设竖向精轧螺纹钢筋）反扣挂篮前移轨道（工字钢），挂篮后部设置反扣在工字钢轨道上的轮对，利用轮对和工字钢间的反力抵抗挂篮前移或浇筑混凝土时产生的倾覆力矩。浇筑混凝土时，利用主梁腹板内的精轧螺纹钢筋压紧挂篮下水平杆，提供抗倾覆反力，组合式抗倾覆采用压重和锚固两种方式共同抵抗倾覆力矩。

挂篮按其前移方式分为滚动式、滑动式和组合式。滚动式前移指在轨道和主桁下弦杆间设置滚轴；滑动式前移指在轨道和挂篮主桁下弦间设置聚四氟乙烯板或在轨道和挂篮主桁下弦间直接涂抹机油，利用主桁下弦在轨道上的滑动前移；组合式前移采用滚动和滑动两种方式使挂篮前移。

在我国桥梁现场施工中，对于臂浇筑连续梁施工，目前主要采用三角形、菱形挂篮，菱形挂篮应用更为广泛。挂篮抗倾覆方式多采用锚固方式，挂篮前移的方式中滚动、滑动、组合式均有应用实例。

挂篮首先在预应力施工已经完成的 0 号或者 1 号块上安装（待 0 号、1 号的纵向、横向、竖向预应力束按设计要求施工完成后开始安装），挂篮安装调试完成后进行 2 号块施工。当 2 号块混凝土浇筑完成达到设计张拉强度后，按设计要求进行 3 号块预应力束施工，待 3 号块预应力束施工完成后，开始对称地向前移动挂篮到 3 号块，进行 4 号块施工。如此循环前进，直至悬臂梁浇筑完成。

2．主要系统和部件的结构原理

1）菱形挂篮构造及组成

（1）桁架：挂篮的主要承重结构。主桁构架竖放于箱梁腹板位置，构架的片数可根据主梁的截面特性来确定。

（2）悬吊系统：由螺旋千斤顶、扁担梁、吊

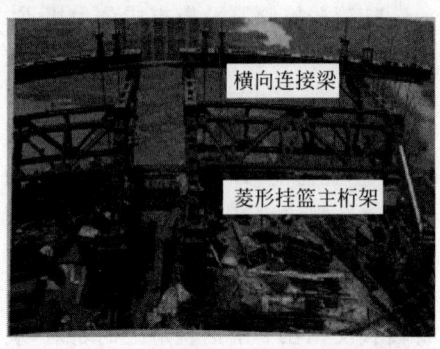

图 9-214 菱形挂篮

带或吊杆组成,用于悬挂模板系统调整模板的高程。

(3) 模板系统:由外侧模、内模和底模等部分组成。

(4) 张拉操作平台:通过钢丝绳悬吊在菱形桁架的前端小悬臂梁上,一般用角钢和钢筋组成,平台平面铺以木板供作业人员站立走行。可用手动葫芦调整其高度。

(5) 走行系统:分为桁架走行系统,底模、外模走行系统及内模走行系统。在主桁构架下的箱梁顶面铺设用钢板组焊的轨道,轨道用竖向预应力筋通过短梁固定,轨道顶面放置前后支座,支座与桁架节点栓接,前支座沿轨道滑行,后支座以反扣轮(或后勾板)的形式沿轨道板下缘滚(滑)动,不需加设平衡重。菱形挂篮走行反扣装置如图 9-215 所示。

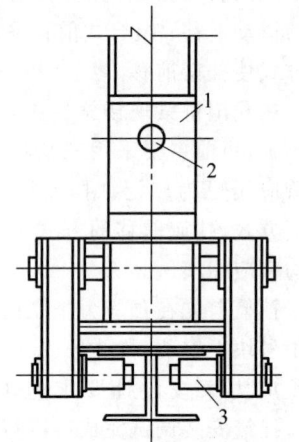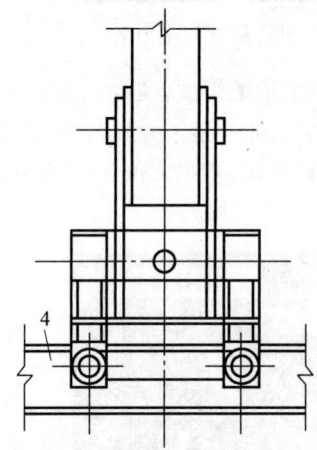

1—连接拉杆;2—销轴;3—滚轮;4—滑道。

图 9-215 菱形挂篮走行反扣装置结构示意图

2) 三角形挂篮构造及组成

三角形挂篮除主桁架结构形式与菱形挂篮不同外,其他构造与菱形挂篮完全相同,在此不再赘述。

3) 滑动斜拉式挂篮构造及组成

滑动斜拉式挂篮主要由主梁、各种横梁、斜拉带系、模板系统、滑梁、上下限位装置等组成,如图 9-216 所示。

主梁是挂篮的主要受力结构之一,承受梁段混凝土及模板系统等的重量。每根主梁由两根工字钢组合而成,其通过钢垫板、枕木等垫在桥面上。主梁后部在两工字钢间用竖向预应力筋通过压紧器锚固在已灌梁段的顶面,主梁尾部连接限位压板,用竖向预应力压紧在桥面上,以限制主梁在重载时前移,如图 9-216(a) 所示。

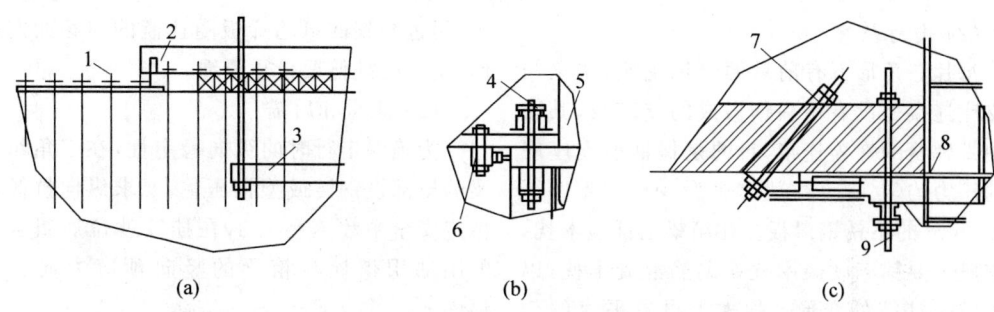

1—上限位器；2—主梁；3—滑梁；4,9—后下吊杆；5,8—侧模；6,7—下限位器。

图 9-216 滑动斜拉式挂篮结构示意图
(a)上限位器示意图；(b)下限位器1示意图；(c)下限位器2示意图

4) 弓弦式挂篮构造及组成

弓弦式挂篮由弓弦桁架、吊吊杆及后锚栓、走行系统、模板系统等 4 部分组成，如图 9-217 所示。

将其传至箱梁底板上。

模板系统的外模、内模及顶板底模与滑动斜拉式挂篮的结构基本相同。

走行系统分为弓弦桁架走行系统，底模、外模走行系统及内模走行系统3部分。弓弦桁架走行系统与菱形挂篮的基本相同。底模、外模走行系统与滑动斜拉式挂篮的基本相同。内模走行系统与菱形挂篮的也基本相同。

5) 三角形组合梁式挂篮构造及组成

三角形组合梁式挂篮由底模平台、悬挂调整系统、三角形组合梁、滑行系统、平衡及锚固系统、工作台等组成，如图 9-218 所示。

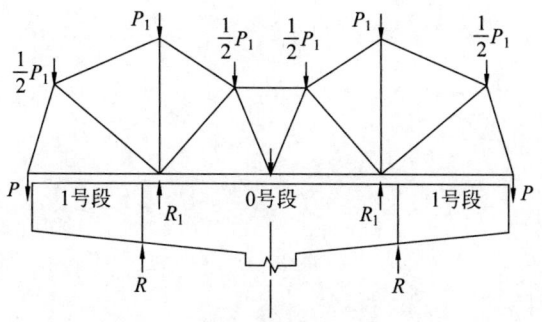

图 9-217 弓弦式挂篮尾部连接示意图

桁架弧杆全为拉杆，腹杆全为压杆，两者均用万能杆件/V1 杆组拼而成，弓弦杆用槽钢组拼，并与弧杆铰接，其余部分用节点板采用螺栓连接。主桁片设于箱梁腹板上方，两桁片间以万能杆件平联连接，后锚梁亦为两槽钢组拼成的空腹工字形梁。为消除桁架拼装时产生的非弹性变形，对桁架施加预应力，使弦杆上翘，同时改变了桁架的受力。

前吊杆全部采用冷拉Ⅳ级精轧螺纹钢筋，按设计预留上拱度，用螺栓连接于桁架前桁梁与底模前横梁上，将挂篮一半左右的载荷传至桁架上。后锚栓采用Ⅳ级冷拉精轧螺纹钢筋或 45 钢棒，除后横梁预留调升高程的千斤顶位置外，其余部位通过锚栓施以一定的预拉力，使模板产生预压弹性变形，密贴于已灌箱梁底而不漏浆，后锚栓承担挂篮一半左右的载荷并

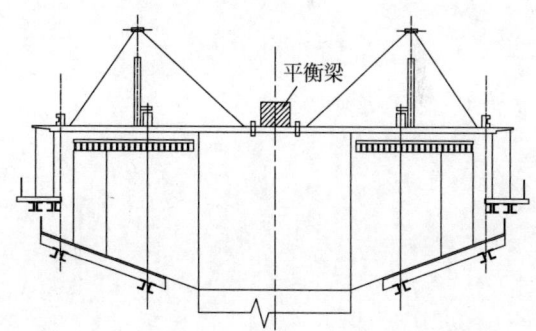

图 9-218 三角形组合梁式挂篮局部连接示意图

每个挂篮有两片三角形组合梁。底模平台及悬挂调整系统与菱形挂篮的基本相同。前吊带一般设销孔配合螺旋千斤顶调整底模高程，底模后吊杆可用千斤顶或砂筒卸载。

(1) 三角形组合梁

三角形组合梁由Ⅰ型或Ⅱ型主梁和立柱、斜拉钢带及型钢平联等组成，其下面为支座和滑道。

(2) 滑行系统

每片三角形下有前后两个钢支座,主梁与前支座连接处设有用扁钢做成的支座铰,其余梁用带弹簧的螺栓连接,目的是保证前支座底板的压力均匀,容许主梁有少量变形。支座下为 30 mm 的不锈钢滑板。在箱梁上铺短木枕,前支座下要铺满硬杂木枕或钢筋混凝土枕,以减少整个挂篮的变形。枕木上设置平直的V形滑槽,槽内放 3 mm 厚的聚四氟乙烯板。枕木、滑道和聚四氟乙烯板随挂篮的前移而向前倒,走行时挂篮要设止滑绳。

(3) 压重和后锚

为确保走行时的纵向稳定性,在三角组合梁的尾部设钢锭或型钢压重,要求纵向抗倾覆稳定安全系数 $K=1.3$,在挂篮就位后组合梁的尾部用螺栓与箱梁的竖向预应力筋相连锚固。

第10章

主要机械参数

10.1 基础施工机械

10.1.1 挖掘机械

挖掘机械的主要参数是斗容量,其值为 0.8~1.6 m³。履带式挖掘机的主要性能参数如表 10-1 所示,轮式挖掘机的主要性能参数如表 10-2 所示。

10.1.2 装载机械

装载机械的主要参数为斗容量,其值为 1.4~4.5 m³。装载机的主要性能参数如表 10-3 所示。

10.1.3 自卸车

自卸车的主要参数为载重质量,其值为 6000~16 000 kg。自卸车的主要性能参数如表 10-4 所示。

10.1.4 汽车起重机

汽车起重机的起重质量为 12~220 t,其主要性能参数如表 10-5 所示。

10.1.5 履带起重机

履带起重机主要参数为起重质量,其值为 50~4000 kg。履带起重机的主要性能参数如表 10-6 所示。

10.1.6 旋挖钻机

旋挖钻机的主要使用参数为钻孔直径和钻孔深度,其钻孔直径为 1500~2500 mm,钻孔深度为 70 m。旋挖钻机的主要性能参数如表 10-7 所示。

10.1.7 冲击钻机

冲击钻机的主要使用参数为钻孔直径和钻孔深度,其钻孔直径为 600~2500 mm,钻孔深度为 80 m。冲击钻机的主要性能参数如表 10-8 所示。

10.1.8 回旋钻机

回旋钻机的主要使用参数为钻孔直径和钻孔深度,其钻孔直径为 800~3000 mm,深度为 80 m。回旋钻机的主要性能参数如表 10-9 所示。

10.1.9 全套管钻机

全套管钻机的主要使用参数为钻孔直径和压入行程,其钻孔直径为 1000~3200 mm,压入行程为 750 mm。全套管钻机的主要性能参数如表 10-10 所示。

10.1.10 螺旋钻机

螺旋钻机的主要使用参数为钻孔直径和钻孔深度,其钻孔直径为 600~1200 mm,钻孔深度为 40 m。螺旋钻机的主要性能参数如表 10-11 所示。

表 10-1 履带式挖掘机主要性能参数

序号	斗容量/m³	型号	最大挖高/mm	最大挖深/mm	最大挖掘半径/mm	斗杆挖掘力/kN	铲斗挖掘力/kN	回转速度/(r/min)	走行速度/(km/h)	功率/kW	质量/kg	厂家	参考价格/万元
1	0.93	SY215C-10	9600	6600	10 280	103	138	11	5.4	118	22 000	三一重工股份有限公司	—
2	1	XE230	9670	6920	10 270	—	163	12.1	3.5/5.5	125	23 520	徐州工程机械集团有限公司	—
3	1	320D2	9490	6720	9890	107	140	10.9	5.4	112	21 100	卡特彼勒公司	—
4	1.03	PC220-8MO	9790	6320	9670	148	172	11.7	5.5	123	23 100	小松集团	—
5	1.05	SWE230E	9830	6685	9980	113.3	161.3	13.4	3.5/5.6	125	22 600	山河智能装备股份有限公司	—
6	1.2~1.3	DX230LC-9C	9616	6592	9873	108	152	—	3.1/5.7	—	22 260	斗山工程机械有限公司	—
7	1.4	SY305H-10	10 100	7410	11 050	170	220	9.5	5.2	212	32 800	三一重工股份有限公司	—
8	1.45	E330E	10 210	7380	11 100	—	—	—	3.3/5.1	198	31 500	中联重科股份有限公司	—
9	1.54	330D2L	10 040	7290	10 720	126	179	9.6	5.3	159	29 115	卡特彼勒公司	—
10	0.45~1.2	SE215-9A	10 080	6490	9860	99/107	135/146	11	3.7/5.7	124	21 200	山推工程机械股份有限公司	—

表 10-2 轮式挖掘机主要性能参数

序号	斗容量/m³	型号	最大挖高/mm	最大挖深/mm	最大挖掘半径/mm	斗杆挖掘力/kN	铲斗挖掘力/kN	回转速度/(r/min)	走行速度/(km/h)	功率/kW	质量/kg	厂家	参考价格/万元
1	0.6	M315D2	8060	4810	7940	69	103	9.8	37/9	108	13 500	卡特彼勒公司	—
2	0.57	DH150W-7	8015	4615	7530	68.6	94.1	12.5	37/10	96	12 900	斗山工程机械有限公司	—
3	0.71	R150W-9	8470	4850	7920	71.6	83.4	13	37	112	13 700	现代工程机械有限公司	—

表 10-3 装载机主要性能参数

序号	斗容量 /m³	型号	卸载高度/mm	卸载距离/mm	最大掘起力/kN	厂家	参考价格/万元
1	1.4	XT992	2950	1280	100	徐州工程机械集团有限公司	—
2	1.8	SL33H	—	—	96	山推工程机械股份有限公司	—
3	1.8~2.2	DL300	2960	1040	100	斗山工程机械有限公司	—
4	2.3	CLG842H	2880	—	124	广西柳工机械股份有限公司	—
5	2.5~3.5	950H	—	—	—	卡特彼勒公司	—
6	2.7~4.5	SYL956H	3118	1215	180	三一重工股份有限公司	—

表 10-4 自卸车主要性能参数

序号	载重质量/kg	型号	厂家	参考价格/万元
1	6750	EQ3145F	东风汽车集团有限公司	—
2	12 300	EQ3238G2	东风汽车集团有限公司	—
3	13 000	EQ3251G	东风汽车集团有限公司	—
4	7805	CA3165K2E	一汽解放汽车有限公司	—
5	12 315	CA3253P7K2T1AE	一汽解放汽车有限公司	—
6	15 925	CA3310P66K2L3T4A1E	一汽解放汽车有限公司	—
7	7870	ZZ3166M4616	中国重型汽车集团有限公司	—
8	12 470	ZZ3256M3246	中国重型汽车集团有限公司	—
9	15 800	ZZ3316M2566	中国重型汽车集团有限公司	—

表 10-5 汽车起重机主要性能参数

序号	最大额定起重质量/t	厂家	参考价格/万元
1	12	中联重科股份有限公司	—
2	16	中联重科股份有限公司	—
3	20	中联重科股份有限公司	—
4	25	中联重科股份有限公司	—
5	35	中联重科股份有限公司	—
6	55	中联重科股份有限公司	—
7	70	中联重科股份有限公司	—
8	80	中联重科股份有限公司	—
9	100	中联重科股份有限公司	—
10	130	中联重科股份有限公司	—
11	220	中联重科股份有限公司	—

续表

序号	最大额定起重质量/t	厂家	参考价格/万元
12	12	三一重工股份有限公司	—
13	16		—
14	20		—
15	25		—
16	50		—
17	75		—
18	80		—
19	90		—
20	100		—
21	125		—
22	220		—
23	45	利勃海尔集团	—
24	60		—

表 10-6　履带起重机主要性能参数

序号	最大额定起重质量/kg	厂家	参考价格/万元
1	104	利勃海尔集团	—
2	137		—
3	160		—
4	220		—
5	280		—
6	300		—
7	350		—
8	400		—
9	600		—
10	750		—
11	1350		—
12	3000		—
13	72	特雷克斯起重机（中国）制造有限公司	—
14	100		—
15	150		—
16	208		—
17	230		—
18	259		—
19	350		—
20	50	三一重工股份有限公司	—
21	75		—
22	80		—
23	90		—
24	100		—
25	125		—
26	150		—

续表

序号	最大额定起重质量/kg	厂家	参考价格/万元
27	180	三一重工股份有限公司	—
28	250		—
29	360		—
30	400		—
31	500		—
32	650		—
33	1000		—
34	1600		—

表 10-7 旋挖钻机主要性能参数

序号	扭矩/(kN·m)	钻孔速度/(r/min)	最大钻孔深度(机锁杆)/m	最大钻孔深度(摩擦杆)/m	钻孔直径/mm	型号	厂家	参考价格/万元
1	150	7~40	56	56	1500	SR150C	三一重工股份有限公司	—
2	200	7~30	44	58	1800	SR200C		—
3	285	6~30	50	70	2500	SR250		—
4	200	6~20	52	65	1800	ZR200A	中联重科股份有限公司	—
5	220	7~26	48	60	2000	ZR220A		—
6	220	7~26	56	70	2000	ZR220C		—
7	250	6~24	70	80	2500	ZR250B		—
8	150	11~22	50	50	1500	ZR150A		—

表 10-8 冲击钻机主要性能参数

序号	冲击行程/mm	冲击频率/(n/min)	钻孔深度/m	钻孔直径/mm	型号	厂家	参考价格/万元
1	1000	40	80	600~1500	CJF—15	山东省地质探矿机械厂	—
2	200	300~1300	80	700~2000	YCJF—20		—
3	285	300~1300	80	1200~2500	YCJF—25		—

表 10-9 回旋钻机主要性能参数

序号	钻孔深度/m	钻孔直径/mm	型号	厂家	参考价格/万元
1	80	2500	BRM-4	武桥重工公司	—
2	80	3000	BRM-4A		—

表 10-10 全套管钻机主要性能参数

序号	套管拉拔力/kN	套管压入力/kN	压入行程/mm	钻孔直径/mm	型号	厂家	参考价格/万元
1	3647,瞬时4255	最大590+自重255	750	1000~2000	TRT-200H	中国中车集团有限公司	—
2	2440,瞬时2690	最大540	500	600~1300	DTR1305H	徐州盾安重工机械制造有限公司	—
3	3760,瞬间4300	最大600	750	1000~2000	DTR2005H		—
4	4210,瞬间4810	最大8300	750	1200~2600	DTR2605H		—
5	7237,瞬间8370	最大1100	750	2000~3200	DTR3205H		—

表 10-11 螺旋钻机主要性能参数

序号	钻孔深度/m	钻孔直径/mm	型号	厂家	参考价格/万元
1	40	600～1200	CFG40	河北新钻钻机有限公司	—
2	33	1000	JZL120	山东卓力桩机有限公司	—
3	40	600～1000	JZB180型		—

10.1.11 潜水钻机

潜水钻机的主要使用参数为钻孔直径和钻孔深度,其钻孔直径为 450～3000 mm,钻孔深度为 180 m。潜水钻机的主要性能参数如表 10-12 所示。

表 10-12 潜水钻机主要性能参数

序号	钻孔深度/m	钻孔直径/mm	型号	厂家	参考价格/万元
1	80	450～800	KQ800		—
2	100	550～1200	KQ1200G		—
3	100	550～1250	KQ1250		—
4	80	800～1500	KQ1500	河北新钻钻机有限公司	—
5	80	800～2000	KQ2000		—
6	100	1800～2500	KQ2500B		—
7	180	2000～3000	KQ3000		—

10.1.12 冲抓钻机

冲抓钻机的主要使用参数为钻孔深度和钻进速度,其钻孔深度为 60 m,钻进速度为 3～5 m/h。冲抓钻机的主要性能参数如表 10-13 所示。

表 10-13 冲抓钻机主要性能参数

| 序号 | 钻孔深度/m | 动力卷扬机 | | | | | 钻锥质量/t | 钻进速度/(m/h) | 厂家 | 参考价格/万元 |
		功率/kW	转速/(r/min)	起重力/kN	提升速度/(m/min)	卷筒个数				
1	60	22/30	960	30～50	—	2	1.5	3～5	浙江天台县机械厂	—

10.1.13 液压打桩锤

液压打桩锤的主要使用参数为打桩直径,其值为 1～6 m。液压打桩锤的主要性能参数如表 10-14 所示。

表 10-14 液压打桩锤主要性能参数

序号	打桩直径/m	最小能量/kJ	最大能量/kJ	油流量/(L/min)	最大打击频次/(bl/min)	型号	厂家	参考价格/万元
1	1～2	20	200	870	32	TZ-200		—
2	1～3	50	500	1200	32	TZ-500		—
3	2～5	80	800	1600	32	TZ-800	太原重工股份有限公司	—
4	3～5	120	1200	2400	30	TZ-1200		—
5	3～6	160	1600	3200	28	TZ-1600		—

10.1.14 液压静力压桩机

液压静力压桩机的主要使用参数为压桩直径、最大压桩力、压桩行程等,其值分别为 350~800 mm、1200~10 000 kN、1.3~1.8 m。液压静力压桩机的主要性能参数如表 10-15 所示。

表 10-15 液压静力压桩机主要性能参数

序号	最大压桩力/kN	最大压桩速度/(m/min)	一次压桩行程/m	可配最大圆桩钳口直径/mm	可配最大方桩钳口直径/mm	型号	厂家	参考价格/万元
1	1200	6.2	1.3	350	350	ZYJ120B	山河智能装备股份有限公司	—
2	3600	7.2	1.6	600	600	ZYJ360B		—
3	6800	7	1.8	600	400/600	ZYJ680B		—
4	8000	5.2	1.8	600	400/600	ZYJ800B		—
5	8600	7.7	1.8	600	400/600	ZYJ860B		—
6	10 600	8	1.8	800/600	500/600	ZYJ1060B		—
7	1800	5.4	1.5	400	350	YZY180	广东力源液压机械有限公司	—
8	2400	4.4	1.5	400	350	YZY240		—
9	3200	5.6	1.8	500	400	YZY320		—
10	7000	5.2	1.8	600	400	YZY700		—
11	8000	5.3	1.8	600	500	YZY800		—
12	10 000	6.1	1.8	600	600	YZY1000		—

10.1.15 振动桩锤

振动桩锤的主要使用参数为激振力,其值为 300~1100 kN。振动桩锤的主要性能参数如表 10-16 所示。

表 10-16 振动桩锤主要性能参数

序号	型号	静偏心力矩/(kN·m)	最大振动频率/(r/min)	激振力/kN	空载振幅/mm	允许最大拔桩力/kN	振动质量/kg	厂家	参考价格/万元
1	DZP45	250	1150	370	8.9	200	2800	上海振中机械制造公司	—
2	DZP60	370	1100	500	9.8	200	3744		—
3	DZP90	470	1050	580	10.2	250	4560		—
4	DZP9OKS	520	1000	580	9.7	250	5370		—
5	DZP120	710	1000	800	13.8	400	5195		—
6	DZP120KS	710	1000	800	8.3	400	8610		—
7	DZP150	970	970	1030	14	400	6900		—
8							6750		

10.1.16 液压抓斗

液压抓斗的主要使用参数为成槽宽度、成槽深度及成槽长度,其值分别为 0.35~1.2 m、62 m、2.8 m。液压抓斗的主要性能参数如表 10-17 所示。

表 10-17 液压抓斗主要性能参数

序号	型号	成槽宽度/m	成槽深度/m	成槽长度/m	最大提升力/kN	满载起升速度/(m/min)	厂家	参考价格/万元
1	SWHG42	0.35~1.2	62	2.8	420	35	山河智能装备股份有限公司	—

10.1.17 预应力张拉锚固设备

预应力张拉锚固设备的张拉力为 200~9000 kN。预应力张拉锚固设备的主要性能参数如表 10-18 所示。

表 10-18 预应力张拉锚固设备主要性能参数

序号	张拉力/kN	油压/MPa	型号(千斤顶)	厂家	参考价格/万元
1	220	50	YDC220	河南雷特预应力有限公司	—
2	650	51	YDC650		—
3	1100	54	YDC1100		—
4	1500	50	YDC1500		—
5	2000	56	YDC2000		—
6	2500	52	YDC2500		—
7	3000	52	YDC3000		—
8	3500	49	YDC3500		—
9	4000	53	YDC4000		—
10	4600	53	YDC4600		—
11	5000	53	YDC5000		—
12	5600	52	YDC5600		—
13	6500	52	YDC6500		—
14	4498	51	YCW450D		—
15	4926	49	YCW500D		—
16	6434	49	YCW650D		—
17	8073	51	YCW800D		—
18	8952	54	YCW900D		—
19	3500	54	YDC3500N-100	柳州欧维姆机械股份有限公司	—
20	3500	54	YDC3500N-200		—
21	4000	52	YDC4000N-100		—
22	4000	52	YDC4000N-200		—
23	4500	50	YDC4500N-100		—
24	4500	50	YDC4500N-200		—

10.1.18 预应力压浆设备

预应力压浆设备的主要参数为称重质量及计量精度,其称重质量为 200~500 kg,计量精度为 -1%~1%。预应力压浆设备的主要性能参数如表 10-19 所示。

表 10-19　预应力压浆设备主要性能参数

序号	压力表总量程/MPa	最大称重量程/kg	计量精度	型号（千斤顶）	厂家	参考价格/万元
1	2.5	500	<0.2%	NTM-YJ01	河南雷特预应力有限公司	4
2	—	400/750	−1‰～1‰	ZNYZ750	柳州欧维姆机械股份有限公司	4
3	0.1～0.8	420	<0.5%	ZYJ260		4
4		420	<0.5%	ZJB260		5
5	—	200～500	1 kg 左右	YG-500	河南豫工机械有限公司	4

10.1.19　混凝土搅拌站

混凝土搅拌站的主要使用参数为生产率，其值为 90～240 m³/h。混凝土搅拌站的主要性能参数如表 10-20 所示。

10.1.20　混凝土搅拌运输机

混凝土搅拌运输机的主要使用参数为运输能力，其值为 6～12 m³。混凝土搅拌运输机的主要性能参数如表 10-21 所示。

表 10-20　混凝土搅拌站主要性能参数

序号	生产率/(m³/h)	型号	厂家	参考价格/万元
1	90、2×90、2×90	HZS90、2HZS90、2×HZS90	中联重科股份有限公司	—
2	120、2×120、2×120	HZS120、2HZS120、2×HZS120		—
3	180、2×180、2×180	HZS180、2HZS180、2×HZS180		—
4	90	HZS90	泉州东南筑路机械有限公司	—
5	120	HZS120		—
6	150	HZS150		—
7	200	HZS200		—
8	75	HZS75	南方路面机械有限公司	—
9	100	HZS100		—
10	150	HZS150		—
11	240	HZS240		—

表 10-21　混凝土搅拌运输机主要性能参数

序号	运输能力/m³	型号	厂家	参考价格/万元
1	6	SY5250GJ4	三一重工股份有限公司	—
2	10	SY5250GJ4		—
3	8	SY5310GJB		—
4	9	SY5310GJB		—
5	12			—
6	8	ZLJ5252GJBZS	中联重科股份有限公司	—
7	9			—
8	10			—
9	12			—
10	9	NYC5255GJB	江苏极东特装车有限公司	—
11	10	ZZ5257GJBN3847C		—
12	12	SX5315GJBJT346		—

10.1.21 混凝土泵车

混凝土泵车的主要参数为臂架尺寸和混凝土排量,其主要性能参数如表10-22所示。

10.1.22 混凝土振动器

混凝土振动器的主要参数为振动频率、振幅等。插入式混凝土振动器的主要性能参数如表10-23所示,附着式混凝土振动器的主要性能参数如表10-24所示。

表10-22 混凝土泵车主要性能参数

序号	臂架垂直高度/m	臂架水平长度/m	臂架垂直深度/m	最小展开高度/m	混凝土理论排量(高压/低压)/(m³/h)	型号	厂家	参考价格/万元
1	32	28.10	16.60	7.40	120/70	SY15230THB 32w	三一重工股份有限公司	—
2	37	33	21.30	8.30	140/100	SY5271THB 37D		—
3	40	35.80	23.80	10.20	140/100	SY5313THB 40D		—
4	43	38.80	27	12.20	140/100	SY5313THB 43D		—
5	46	41	28.80	13.40	170/120	SY5315THB 46D		—
6	48	44	30.80	12.70	170/120	SY5382THB 48D		—
7	36.60	32.60	24.90	8.50	120/70	ZLJ5281THB125-37	中联重科股份有限公司	—
8	37	33	24.70	8.30	120/70	ZLJ5260THB37X-4Z		—
9	40.50	36.50	27	8.50	120/70	ZLJ5300THB125-40		—
10	40.50	36.50	27	8.30	120/70	ZLJ5300THB40X-5RZ		—
11	43	39	29.80	8.50	120/70	ZLJ5337THB43X-5Z		—
12	46.60	42.60	32	9.30	120/70	ZLJ5382THB46-5RZ		—
13	46	41.65	32.60	9.62	120/70	ZLJ5335THB46X-5RZ		—
14	49.50	45	34.80	9.80	120/70	ZLJ5383THB49-5RZ		—

表10-23 插入式混凝土振动器主要性能参数

序号	振动棒直径/mm	空载振动频率/(次/min)	振幅/mm	型号	类型	厂家	参考价格/万元
1	25	15 000(最小值)	—	ZP-25	ZP系列电动偏心插入式	安阳振动器有限责任公司	—
2	35	13 000(最小值)	—	ZP-35		安阳振动器有限责任公司	—
3	50	11 000(最小值)	—	ZP-50		安阳振动器有限责任公司	—
4	70	6000(最小值)	—	ZP-70		安阳振动器有限责任公司	—
5	直径φ×长度L(mm):29×337	260	0.81	AT29	AT系列电动偏心插入式	安阳市安搏震动器厂	—
6	直径φ×长度L(mm):39×318	280	0.77	AT39		安阳市安搏震动器厂	—
7	直径φ×长度L(mm):49×312	283	0.7	AT49		安阳市安搏震动器厂	—

表 10-24 附着式混凝土振动器主要性能参数

序号	功率/kW	电流/A	振幅/mm	激振力/kN	外形尺寸/(mm×mm×mm)	安装尺寸/(mm×mm)	型号	安装螺栓规格	质量/kg	厂家	参考价格/万元
1	0.55	1.2	2.5	5	310×220×190	180×120	ZF55-50	M16	18	新乡市宏达振动设备有限责任公司	—
2	0.8	1.8	2.5	6	375×240×220	200×180	ZF80-50	M16	32	新乡市宏达振动设备有限责任公司	—
3	1.1	2.35	2.4	6	375×240×190	200×180	ZF110-50	M16	33	新乡市宏达振动设备有限责任公司	—
4	2	4.0	2.8	12	350×280×240	230×150	ZF150-50(B)	M16	42	新乡市宏达振动设备有限责任公司	—
5	2.2	4.6	—	10,16,18	354×300×300	250×170	ZF220-50	M18	56	新乡市宏达振动设备有限责任公司	—

10.1.23 数控钢筋剪切生产线

数控钢筋剪切生产线的主要参数是剪切钢筋直径和长度,铁路工程中主要剪切钢筋直径为10~50 mm,长度为500~12 000 mm。数控钢筋剪切生产线的性能参数如表10-25所示。

表10-25 数控钢筋剪切生产线主要性能参数

序号	钢筋直径范围/mm	剪切长度范围/mm	型号	厂家	参考价格/万元
1	10~50	750~12 000	GJW150B	建科机械(天津)股份有限公司	23
2	10~50	750~12 000	GJW1240		23
3	10~38	750~12 000	XQ120		24
4	10~32	500~12 000	FHS-32	山东飞宏工程机械有限公司	21
5	10~40	900~12 000	KZQ150	深圳市康振机械科技有限公司	22
6	12~40	1500~12 000	GQX120	廊坊凯博建设机械有限公司	22

10.1.24 数控钢筋弯曲中心

数控钢筋弯曲中心的主要参数是弯曲钢筋直径和角度,铁路工程中弯曲钢筋直径为10~50 mm,弯曲角度为上弯曲0°~190°、下弯曲0°~120°。数控钢筋弯曲中心的性能参数如表10-26所示。

表10-26 数控钢筋弯曲中心主要性能参数

序号	钢筋直径/mm	最大弯曲角度/(°)	型号	厂家	参考价格/万元
1	双向弯曲:10~32 单向上弯曲:36~50	上弯曲0~180,下弯曲0~120	GJW150B	建科机械(天津)股份有限公司	16
2	双向弯曲:10~28 单向上弯曲:30~32	上弯曲0~180,下弯曲0~120	G2L32E-2		14
3	10~25,28~32	上弯曲0~190,下弯曲0~120	FSH-32	山东飞宏工程机械有限公司	14
4	最大加工直径32	上弯曲0~180,下弯曲0~120	GWXL2-32	廊坊凯博建设机械有限公司	13

10.1.25 全自动数控钢筋弯箍机

全自动数控钢筋弯箍机的主要参数是单、双线弯箍钢筋直径,其值为5~18 mm。全自动数控钢筋弯箍机的主要性能参数如表10-27所示。

表 10-27 全自动数控钢筋弯箍机主要性能参数

序号	单线加工能力范围/mm	双线加工能力范围/mm	型号	厂家	参考价格/万元
1	$\phi 5\sim 13$	$\phi 5\sim 10$	WG3D12	建科机械(天津)股份有限公司	7
2	$\phi 5\sim 13$	$\phi 5\sim 10$	WG12D-5X		7
4	$\phi 6\sim 16$	$\phi 6\sim 12$	WG16B		8
5	$\phi 5\sim 12$	$\phi 5\sim 10$	FHG-12 型	山东飞宏工程机械有限公司	7
6	$\phi 5\sim 10$	$\phi 5\sim 10$	FHG-12B 型		7
7	$\phi 5\sim 14$	$\phi 5\sim 12$	FHG-14 型		8
8	$\phi 6\sim 14$	$\phi 6\sim 12$	GX10	上海容光机电设备有限公司	7
9	$\phi 6\sim 16$	$\phi 6\sim 14$	GX12		8
10	$\phi 6\sim 18$	$\phi 6\sim 16$	GX14		9
11	$\phi 5\sim 12$	$\phi 5\sim 8$	GGJ12D	廊坊凯博建设机械有限公司	16.1

10.1.26 数控钢筋网焊接生产线

数控钢筋网焊接生产线的主要参数为加工钢筋直径,其值为 4~12 mm。数控钢筋网焊接生产线的主要性能参数如表 10-28 所示。

表 10-28 数控钢筋网焊接生产线主要性能参数

序号	加工能力/mm	型号	厂家	参考价格/万元
1	$\phi 4\sim 12$	GWCSP1500JZ	建科机械(天津)股份有限公司	23
2	$\phi 4\sim 12$	GWC-A-3300	宁波新州焊接设备有限公司	21
3	$\phi 4\sim 12$	GW1500-Z	廊坊凯博建设机械有限公司	11

10.2 桥墩(桥塔、索塔)施工机械

10.2.1 施工升降机

施工升降机的主要参数为起重质量和起升高度,起重质量为 4000 kg,起升高度为 400 m。施工升降机的主要性能参数如表 10-29 所示。

表 10-29 施工升降机主要性能参数

序号	额定起重质量/kg	起升高度/m	型号	厂家	参考价格/万元
1	1000	220	ZSH1000	南京中昇建机重工有限公司	16
2	2×2000	400	SCD200/200B	湖北江汉建筑工程机械公司	20
3	2000	50	SC200/200	方圆集团有限公司	25
4	2×2000	60	SC200/200BD	山河江麓(湘潭)建筑机械设备有限公司	23

10.2.2 浮式起重机

浮式起重机的主要参数为起重质量和起升高度,起重质量为 1700~12 100 t,起升高度为 120 m。浮式起重机的主要性能参数如表 10-30 所示。

表 10-30 浮式起重机主要性能参数

序号	产品名称	额定起重质量/t	起升高度/m	幅度/m	额定起升速度/(m/min)	吃水深度/m	型式	厂家	参考价格/万元
1	Left Coast Lifter	1700	甲板上75/甲板下3	33.2~83.2（弦外幅度）	0~1	3.5	固定臂架	上海振华重工（集团）股份有限公司	—
2	HYSY202	12 100	水上75/水下7.5	24~67（距离回转中心）	0~3	9	全回转	上海振华重工（集团）股份有限公司	—
3	Quippo Prakash	4400	水上95/水下5	32~85（距离回转中心）	0~2.5	6.6	全回转	上海振华重工（集团）股份有限公司	—
4	蓝鲸号	7500	水上110	35~100（距离回转中心）	0~1.25	13.8	全回转	上海振华重工（集团）股份有限公司	—
5	Samsung 8000	8000	水上120	45~114（弦外幅度）	0~1.2	6	固定双臂架	上海振华重工（集团）股份有限公司	—
6	振华30	12 000	水上120	44~110（距离回转中心）	0~1.2	18	全回转	上海振华重工（集团）股份有限公司	—

10.2.3 缆索起重机

缆索起重机为桥梁施工专用设备，根据参数定制或购置。缆索起重机的主要性能参数如表10-31所示。

表10-31 缆索起重机主要性能参数

序号	参数	型号	厂家	参考价格/万元
1	—	根据具体参数定制或购置	河南矿山重型起重机械公司	—

10.2.4 滑模施工装备

滑模施工装备为专用设备，需根据桥墩、索塔参数定制。滑模施工装备的主要性能参数如表10-32所示。

表10-32 滑模施工装备主要性能参数

序号	参数	型号	厂家	参考价格/万元
1	—	专用设备，根据桥墩、索塔参数定制	江苏鑫亿达建设工程有限公司	—

10.2.5 爬模施工装备

爬模施工装备为专用设备，需根据桥墩、索塔参数定制。爬模施工装备的主要性能参数如表10-33所示。

表10-33 爬模施工装备主要性能参数

序号	参数	型号	厂家	参考价格/万元
1	—	专用设备，根据桥墩、索塔参数定制	中铁五新钢模有限责任公司	—

10.2.6 翻模施工装备

翻模施工装备为专用设备，需根据桥墩、索塔参数定制。翻模施工装备的主要性能参数如表10-34所示。

表10-34 翻模施工装备主要性能参数

序号	参数	型号	厂家	参考价格/万元
1	—	专用设备，根据桥墩、索塔参数定制	中铁五新钢模有限责任公司	—

10.3 混凝土梁施工机械

10.3.1 搬梁机

简支箱梁搬梁机的主要使用参数为适应梁型、起升质量、起升高度等，主要规格为1000 t/40 m箱梁搬梁机、900 t/32 m箱梁搬梁机等，起升质量为1000 t、900 t，起升高度为13 m。简支箱梁搬梁机的主要性能参数如表10-35所示。

下面以中铁十一局集团汉江重工有限公司生产的HLT1000.40C型轮胎式搬梁机为例说明搬梁机的主要性能及参数。

1．概述

HLT1000.40C型轮胎式搬梁机可以完成40 m、32 m、24 m、20 m 的单（双）线，整孔预应力混凝土梁在预制场内的起吊、场内运输（纵向、横向）、单（双）层存梁及向运梁车装梁等工作。该设备还可以在预制场内用于吊装额定起吊质量以内的其他物品（如钢筋骨架以及模板），以完成可能对预制场施工有帮助的任务。它具备"提一过二"的能力，即提一片箱梁从重叠的两片箱梁上方通过。

轮胎式搬梁机具有施工速度快、运转灵活，可以在任意台座处取梁、移梁、落梁，不需要辅助机械和过多的人工等优点。

2．主要技术参数

搬梁机的主要技术参数如表10-36所示。

表10-35 简支箱梁搬梁机主要性能参数

序号	适应梁型	跨度/m	型号	重载起升速度/(m/min)	空载起升速度/(m/min)	起升高度/m	厂家	参考价格/万元
1	1000 t/40 m箱梁	20~40	TJ-BL1000/40	0~0.5	0~1.5	13	中铁十一局集团汉江重工有限公司	1330
2			TJ-BL1000/40				中铁科工集团有限公司	1350
3			DLT1000				郑州新大方重工科技有限公司	1320
4			TLMEL1000				秦皇岛天业通联重工科技有限公司	1330
5	900 t/32 m箱梁	20~32	TJ-BL900/32				中铁十一局集团汉江重工有限公司	1230
6			MDEL900				中铁科工集团有限公司	1250
7			DLT900				郑州新大方重工科技有限公司	1220
8			TLMEL900				秦皇岛天业通联重工科技有限公司	1230

表10-36 HLT1000.40C型搬梁机主要技术参数

序号	参数名称	技术参数或性能
1	额定运载质量/t	1000(不含吊具)
2	跨度/m	48.5
3	起升高度/m	13
4	主梁刚度	≤1/500
5	整机抗倾覆稳定性系数	≥1.5
6	起升速度/(m/min)	0~0.5(重载),0~1(空载)
7	大车运行速度/(m/min)	0~17(重载),0~35(空载)
8	满载爬坡能力/%	1.5
9	轮胎接地比压/MPa	≤0.7
10	转向角度/(°)	−10~100
11	运行模式	直行、斜行、横行、半八字转向
12	整机长度/m	51
13	整机宽度/m	窄式20.95,宽式28.95
14	整机高度/m	19.5
15	悬挂升降调节范围/mm	±200
16	轮轴数(总数/驱动轴数)/轴	32/8
17	钢丝绳安全系数	≥5
18	吊杆安全系数	≥5
19	结构强度安全系数	≥1.5
20	机构传动零件安全系数	≥1.5
21	整机质量/t	577.42
22	工作级别	A3

3. 设备组成

本型号搬梁机主要由门架总成、大车走行转向系统、动力系统、附属结构、液压和电气系统组成。其额定起重质量为 1000 t，采用单主梁结构，门形支腿，起升系统采用"四点起吊三点均衡"的吊梁方式。

根据梁场施工需要，门架支腿有两种安装方式，其中一种为运梁车装梁安装方式，如图 10-1 所示；另一种为普通安装方式，如图 10-2 所示。

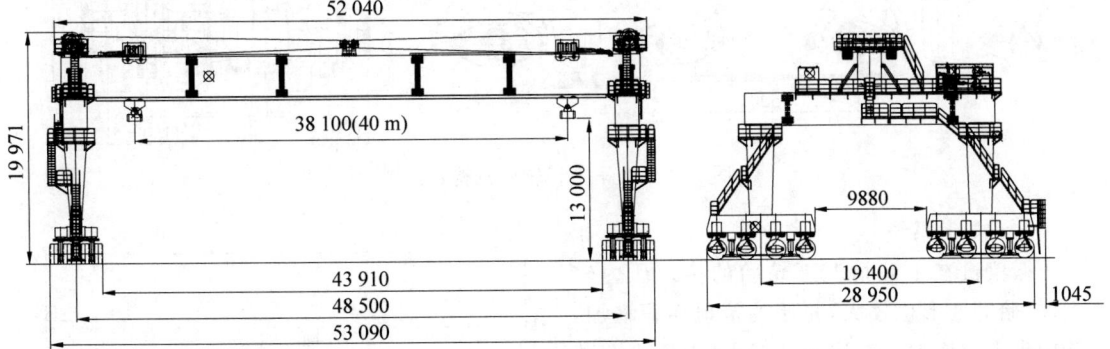

图 10-1　运梁车装梁安装方式示意图

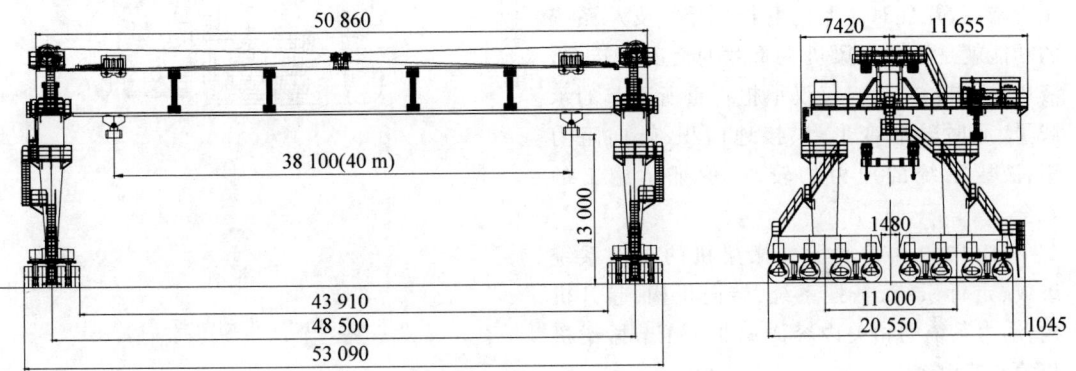

图 10-2　普通安装方式示意图

1）门架

门架结构总成由主梁、门形支腿等组成。

主梁为单主梁箱形结构，由 5 个节段拼装而成，每个节段均为焊接箱形结构，截面高 3.4 m，宽 2.2 m，节段之间采用高强度螺栓连接，设计有 8 m 调整节，与门形支腿采用法兰连接。整体采用 Q355C 结构钢，箱梁设有加劲板和隔板，并在箱梁内部有加强结构。

支腿为门形结构，由上横梁和支腿立柱组成，均采用箱形结构，采用 Q355C 结构钢，内部布置有加劲板以防止局部失稳。节段之间采用 10.9 级高强度摩擦性螺栓连接，可以保证轮胎式搬梁机的抗扭性和垂直方向的稳定性。

横梁设置两组法兰，根据梁场施工需要，门架支腿可变换两种安装方式：一种为运梁车装梁的安装方式；另一种为普通安装方式。

2）大车走行及转向机构

整机共 4 个大车走行转向机构，如图 10-3 所示，由车架、悬挂系统、走行系统、转向系统、支承系统等组成。

(1) 车架

车架是走行轮组的承力部件，采用单根箱形梁结构，左右腹板外侧分别与 8 组牛腿通过高强度螺栓连接。车架顶面安装支腿，下面安装支承系统，钢材为 Q355C 结构钢。车架通过牛腿与悬挂轮组相连，每个车架连接有 4 轴线 8 个走行悬挂和 2 个支承系统。

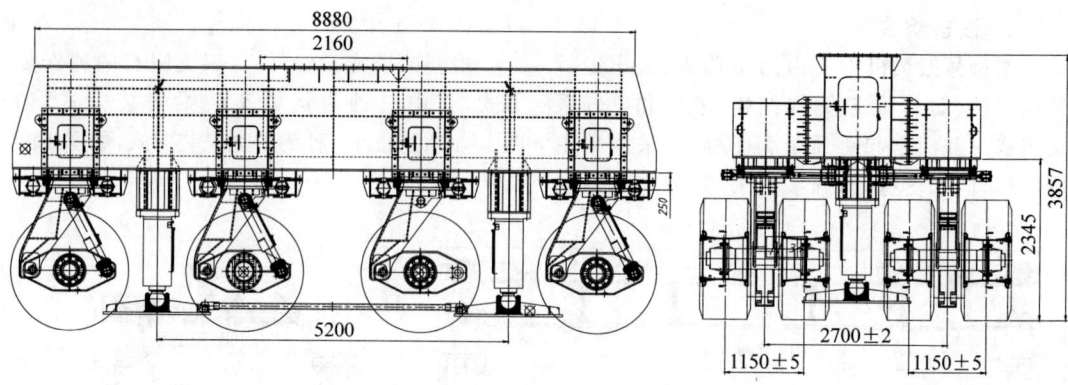

图 10-3 大车走行转向机构示意图

(2) 支承系统

搬梁机在重载情况下轮胎的接地压力较大,轮胎的变形也较大,轮胎的接地面积增加,转向阻力矩增大。在这种情况下,如果没有其他辅助设备辅助进行转向,将会使液压系统的压力增高,并且对轮胎的磨损严重。支承系统的功能就是辅助搬梁机在重载的情况下转向,液压缸顶起,使轮组仅仅承担自重所引起的承载量,此时轮胎变形量、接地面积、转向阻力矩、液压系统的压力均较小,保证了施工的安全。

HLT000.40C 轮胎式搬梁机的支承系统组成、走行系统、悬挂系统、转向机构、起升机构、动力系统的相关内容详见 9.3.1 节搬梁机相关章节内容。

3) 电动葫芦

主梁下挂两台 1 t 电动葫芦,可沿主梁下方轨道运行,用来吊装吊杆、垫片、螺母等,如图 10-4 所示。

4) 电气系统

搬梁机控制系统采用分布 CAN 总线方式,控制器之间采用 CAN 总线将 16 台控制器、2 个显示屏、32 个转向编码器及 4 个卷扬同步纠偏编码器连成一体。

控制系统总线拓扑结构如图 10-5 所示。

(1) 动力控制系统

① 主动力系统组成:动力舱两套(各有一台柴油发动机、两台液压泵串联、蓄电池组、28 V120 A 充电机)。

② 辅助发电机组:由一台 220 V 发电机

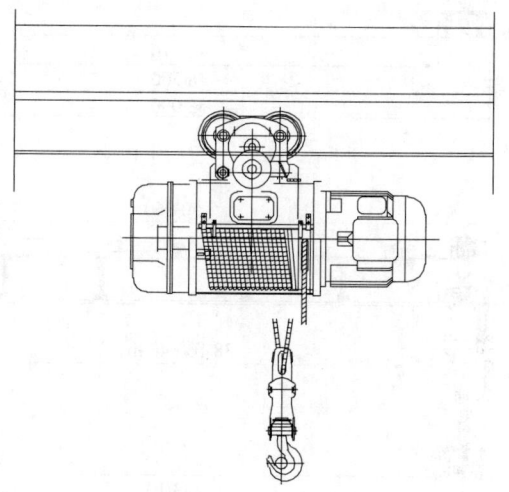

图 10-4 电动葫芦

组给整机照明系统、驾驶室空调、视频监控系统提供电力。

③ 控制系统电源:由蓄电池组组成,给整机控制器、传感器等供电。

④ 发动机控制:由驾驶室联动台发出控制指令,通过控制器 CAN 总线实现对发动机的控制(发动机启停控制、转速控制、水温和机油压力等的读取)。

(2) 转向控制系统

① 转向方式:液压缸驱动全轮转向。

② 转向实现:纵行、斜行、90°横行、小角度转向、半八字转弯走行(选配功能)。

③ 转向控制:由驾驶室选择转向模式,方向盘发送转角信号给总线编码器与车载控制器(IFM CR0033),控制转向比例阀实现高精度闭环转向控制。

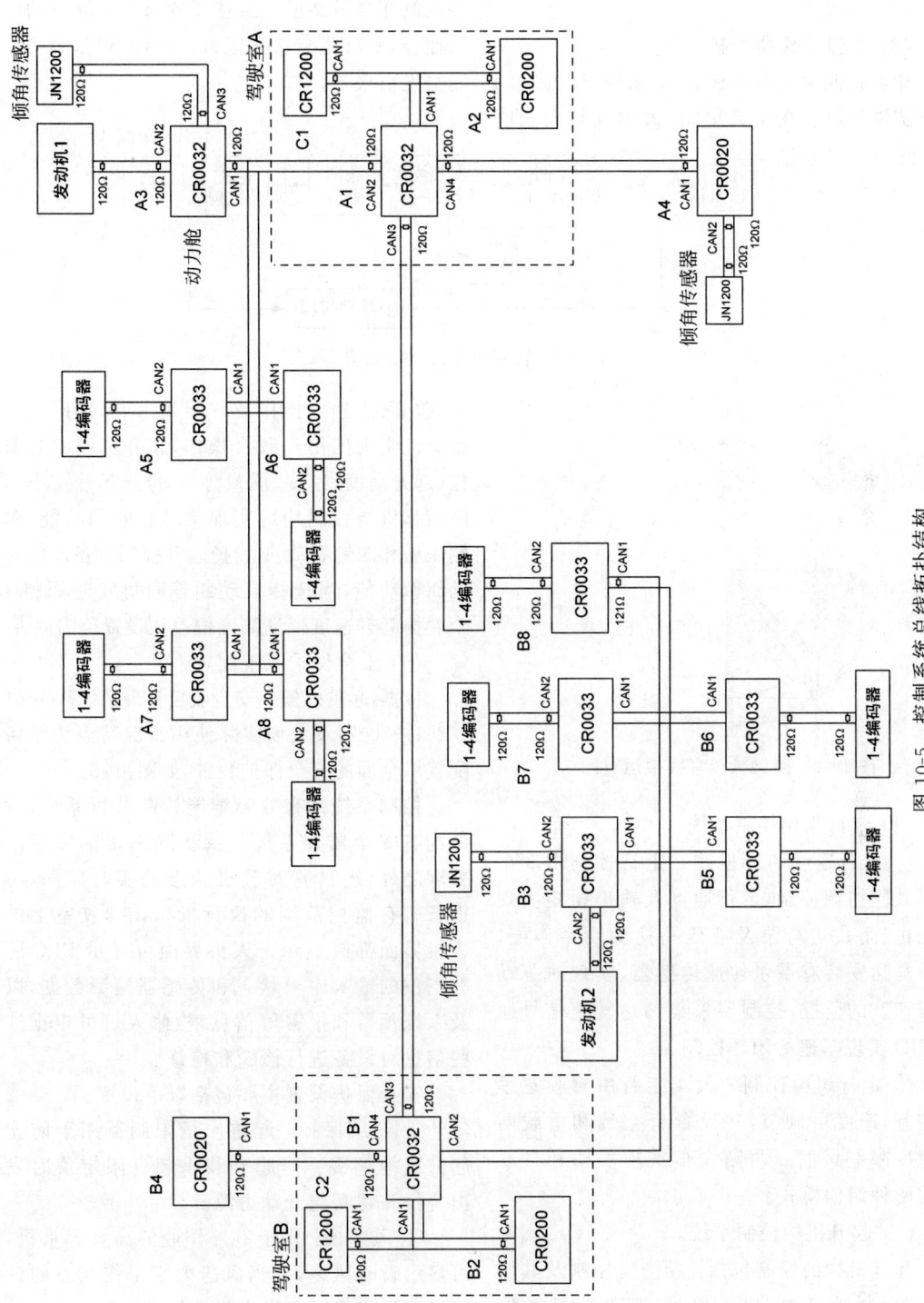

图 10-5　控制系统总线拓扑结构

转向闭环控制模型如图 10-6 所示。

搬梁机半八字转弯走行模拟运行图如图 10-7 所示。

(3) 支腿及悬挂控制系统

搬梁机两侧大车均有 16 个悬挂液压缸和 4 个支腿液压缸。在吊装梁箱、大角度转向长时间停车时,将支腿顶升使轮胎不受力;在需调整两侧大车高度时,控制悬挂液压缸的升降使设备调制在合适高度。悬挂设置有 8 个测点的压力监控,实时监控悬挂压力,当检测到压力超差时会发出报警。

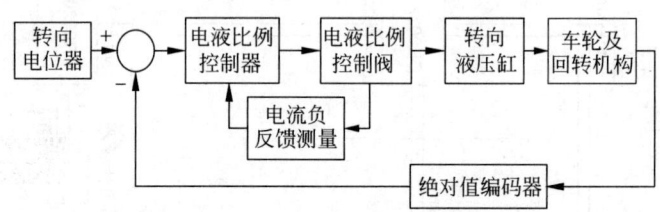

图 10-6　转向闭环控制示意图

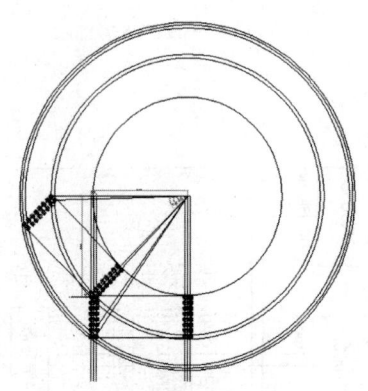

图 10-7　搬梁机转弯模拟运行图

(4) 走行驱动控制系统

① 走行速度闭环控制。走行控制由 3 个变量共同协调控制,走行速度及输出扭矩实现发动机、闭式走行泵及液压马达的功率匹配。每个马达安装有霍尔转速传感器,实现对驱动走行速度的监控,控制器采集马达转速信号通过 PID 实现车速的闭环控制。

② 走行纠偏控制。大车走行由驾驶室手柄控制,速度可调节,并设置有空载和重载两个速度限制区间。两侧大车实现手动和自动纠偏两种纠偏模式。

(5) 起升机构控制系统

起升机构的控制包括:卷扬机控制及其保护装置(制动保护、超速保护、高度监控及保护、超载保护);起重小车纵移液压缸控制;起重小车横移液压缸控制;起升机构的控制可以实现单吊点独立操作或一端两吊点同时操作,也可以实现四吊点联合操作,起升过程实时监控(起升高度、速度、质量等);卷扬起升及小车纵横移机构控制均可实现单动和联动功能(单侧联动和四钩联动);卷扬起升控制具备高度自动纠偏功能,当选择自动纠偏时可实时调整 4 个卷扬起升速度保证高度偏差在设置范围内。

(6) 安全保护系统配置

依据《起重机械　安全监控管理系统》(GB/T 28264—2017)及现场实际使用工况特点为设备配置了全面的安全保护装置,如图 10-8 所示。

控制系统带有故障智能诊断分析系统,设备配有安全监控系统。系统除满足国家标准要求之外,还具有对整机状态的实时监测,对设备所有监控范围内的执行机构在驾驶室上的人机界面都有显示。人机界面可显示 PLC 所有点位的输入输出状态和传感器检测数据,以及系统预警和报警等信息,检修人员可根据这些信息对设备进行诊断和检修。

安全保护设置主要包括以下设置。

① 超载保护:起重质量限制器用于防止起升机构超载。当起升载重超过限定值时发出警报并切断起升动力源。

② 风速仪:用于室外作业的高大起重机,可显示瞬时风速,且当风速大于工作状态的计算风速设定值时能发出报警信号。

③ 登机门限保护:设置有登机门限及驾驶室门限开关,保证起重机运行机构在有检修

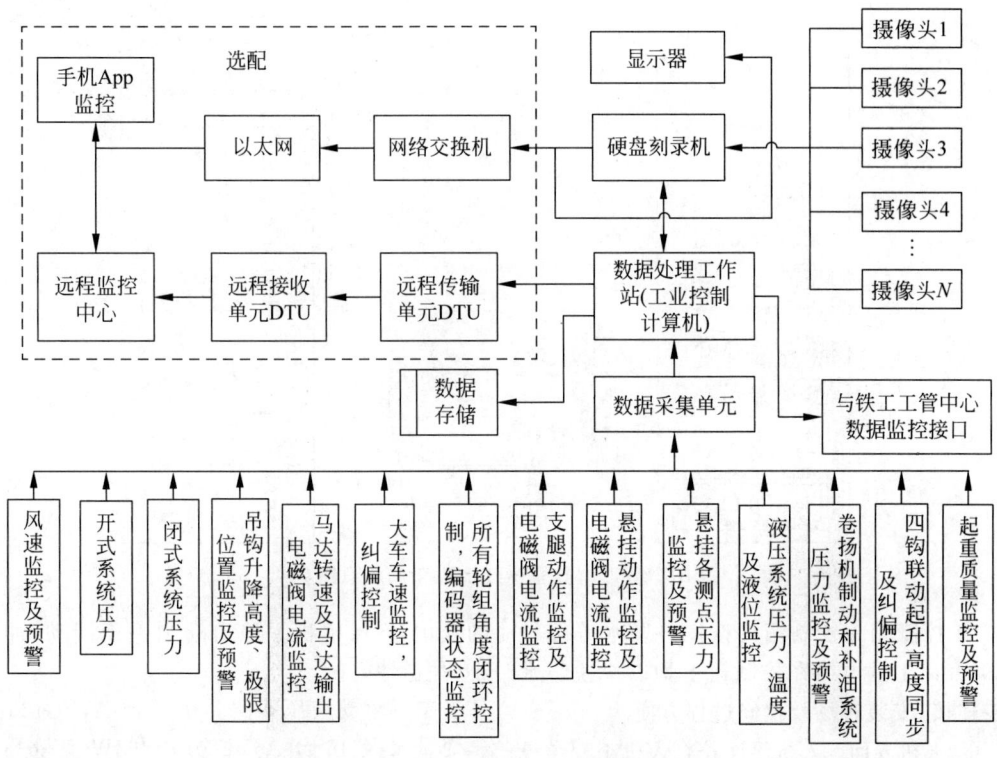

图 10-8 安全保护系统结构图

人员及驾驶室有人进入时减速并停止运行且报警;同时可防止检修人员或其他无关人员进入设备造成意外事故。

④ 起升机构监测起升高度/下降深度,并设有 3 级升限位保护(DZX 多功能限位、重锤),2 级下降保护。

⑤ 大车设置有测速传感器,并通过测速传感器监控大车行程及大车纠偏控制。

⑥ 超速保护:起升卷扬机构上安装有超速保护开关,用于卷扬机构运行速度超限保护。

⑦ 欠压及错相保护:相序保护器是一种自动相序判别的保护继电器,也主要是为了防止一些用电设备在相序接反和断相的情况下导致用电事故,可实现欠压及过压保护。

⑧ 配电保护:包括漏电保护、过电流保护、短路保护等。

⑨ 急停保护、联锁保护、警示和报警,系统各测点的压力监测和预警等。

⑩ 对卷扬机的制动器、起升高度及超速的检测保护。

⑪ 系统通过分布式 I/O 分别采集变频器和门式起重机状态数据,最终显示在显示屏上,实时显示存储门式起重机的状态和故障信息。

⑫ 实现监视各吊点起重质量、风速、各机构的行程、限位状态、制动器状态及断路器、接触器状态。

⑬ 将起重机生产作业过程的全部数据采集并存储起来,在需要的时候,可以通过读取这些历史数据,将过去某段时间内生产全过程的状态、动作、各种数据通过人机交互画面展示出来。

⑭ 配置视频监控系统,实时显示各个关键部位的运转情况,并存储记录在硬盘内,需要时可随时调阅回放。

(7) 操作及维护

① 驾驶室。HLT1000.40C 型搬梁机配备两个驾驶室,驾驶室及联动台座椅等按照门式起重机国家标准要求设置,操作舒适。驾驶室视野开阔,设置有空调、插座、窗帘、灭火器等设施。驾驶室操作面板布局如图 10-9 所示。

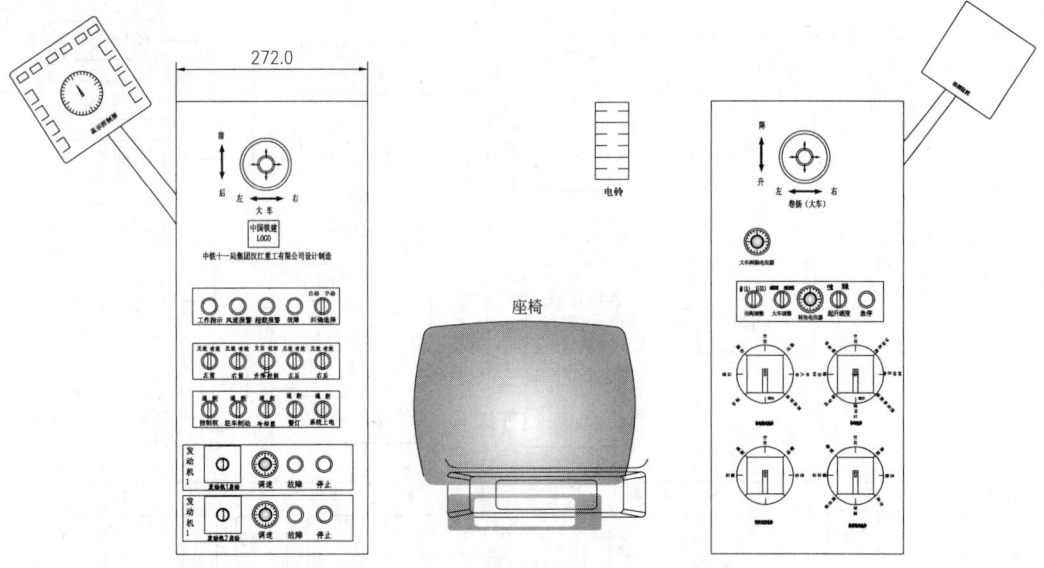

图 10-9 驾驶室操作面板布局示意图

② 控制箱。控制箱均按室外防水等级设置,90%以上的电缆在控制箱上均以快速防水插头连接,安装转场及检修过程方便。

③ 人机界面。人机界面符合人机工程学设置要求,且操作方便、维护简单。显示画面简单明了,显示数据全面可靠,具有较强的可操作性、可参考性、可维护性。显示屏如图10-10所示。

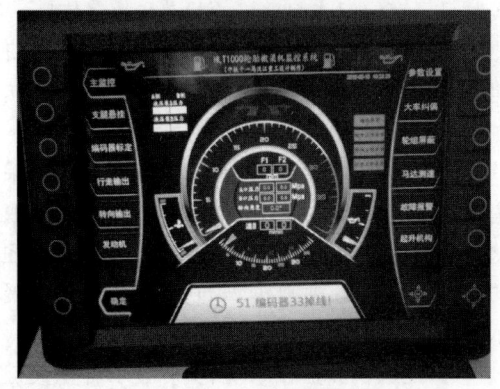

图 10-10 显示屏

5) 液压系统

液压系统由走行驱动、转向、悬挂、支承、起升、纵移、横移、钳盘制动、散热等几大回路与液压辅助系统组成。

整机液压系统通过电磁比例阀和微电系统控制,走行和起升采用无级调速,实现了轮胎搬梁机在启动和停机时传动速度保持平稳的变化,确保整机平稳启动和平稳制动,冲击小、平稳性好。

走行驱动液压回路是由两台 A4VG125 高压变量泵及 16 台 A6VE80EP2/63W 变量马达组成的闭式回路。变量泵、变量马达的流量由微电控制系统控制,实现走行驱动的无级调速。

转向、均衡、支承液压回路是由开式系统的两台 190 高压变量泵提供液压油,通过各路电磁阀分别控制各路转向、均衡、支承液压缸工作的开式回路。转向系统由各转向液压缸采用独立转向的方式实现。各液压缸的动作由微电系统控制比例换向阀驱动整车转向。这里的"均衡"是指液压均衡,升降动作通过操纵换向阀由液压缸来执行。

液压卷扬起升回路通过开式系统的高压变量泵供油给变量马达和减速机,由微电系统控制比例换向阀驱动卷筒,可实现无级调速。

吊梁小车的纵、横移通过开式系统的高压变量泵输出的液压油驱动,在操作室控制电磁换向阀完成其动作。也可以在主梁顶部控制柜操作完成,便于起吊小车步履式纵向移位。

液压辅助系统包括油箱、进回油路过滤器、压力过滤器、散热器等。

悬挂支腿转向系统、卷扬和吊具系统、泵站走行系统的液压原理分别如图 10-11～图 10-13 所示。

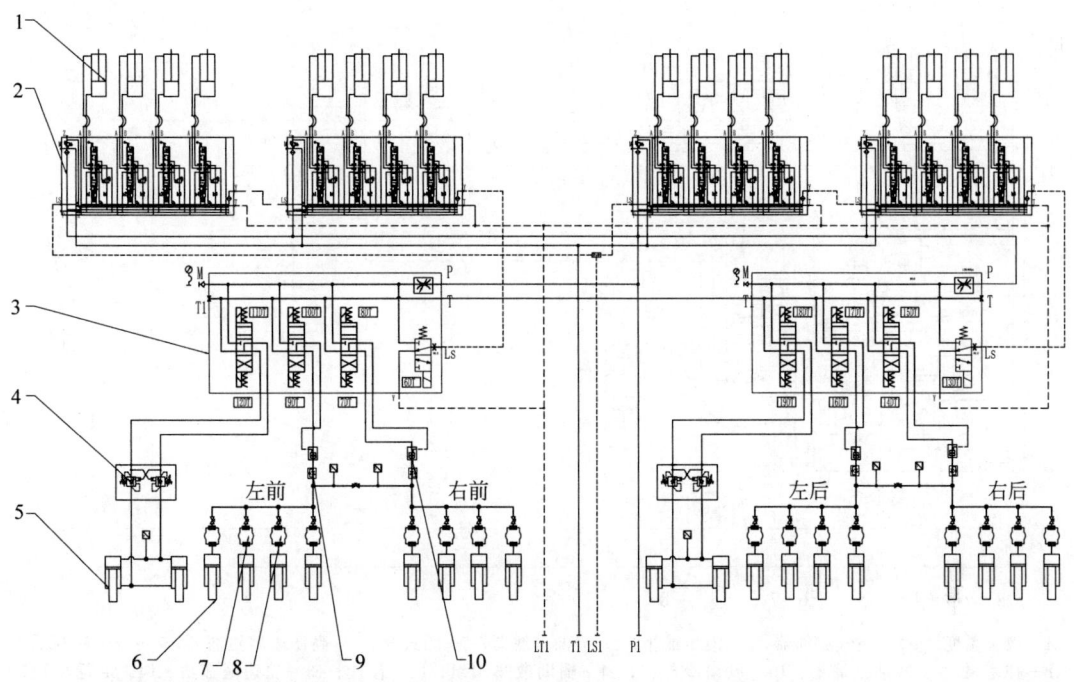

1—转向油缸；2—比例多路阀；3—升降阀组；4—双向平衡阀；5—支腿油缸；6—悬挂油缸；7—高压球阀；
8—双管路安全阀；9—液控单向阀；10—单向节流阀。

图 10-11　悬挂支腿转向液压系统示意图

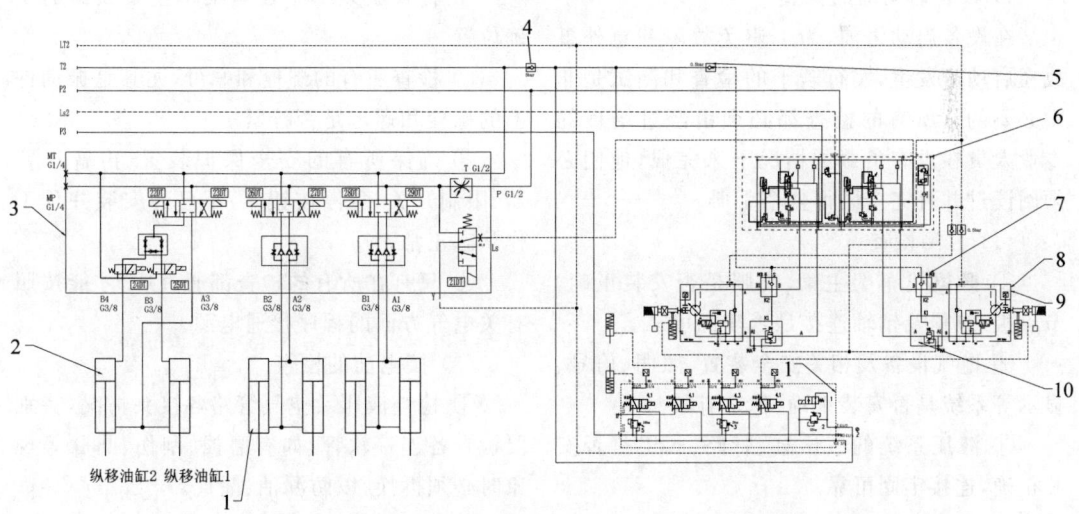

1—横移油缸；2—纵移油缸；3—吊具调整阀组；4—单向阀；6—多路阀；7—补油阀；
8—卷扬马达；9—减速机；10—卷扬平衡阀。

图 10-12　卷扬和吊具系统液压示意图

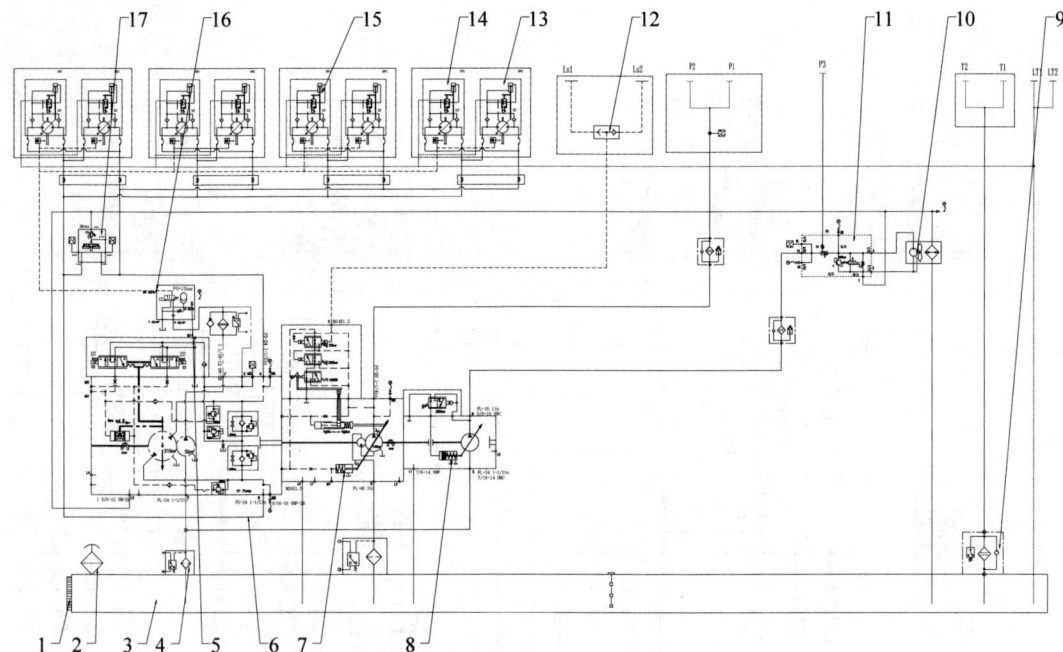

1—液位温度计；2—空气滤油器；3—液压油箱；4—吸油过滤器；5—闭式泵；6—高压管路过滤器；7—高压柱塞泵；8—柱塞泵；9—回油过滤器；10—风扇冷却器；11—辅助散热阀组；12—梭阀；13—轮边减速机；14—走行马达；15—高压球阀；16—驻车制动阀；17—冲洗阀组。

图 10-13　泵站走行系统液压示意图

4．操作与使用

1) 设备启动前的检查

在设备启动之前，为了避免故障和意外事故在启动时发生，实行若干的检查和测试是非常必要的。所有的检查都必须由经过培训的专业人员在没有负载的情况下来完成，他们必须阅读过并且完全懂得整个手册。

(1) 目测检查

① 搬梁机车架主梁、支腿是否安装正确，节点板、螺栓及销轴连接是否牢固可靠。

② 电气设备及相关安全装置、照明、信号、显示等系统是否安装正确、稳定有效。

③ 液压系统的液压缸、管路、阀组是否安装正确，连接牢固可靠。

④ 液压系统的液压缸、管路、阀组等部位是否存在渗、漏油现象。

⑤ 减速机、轴、套等处所需要加注的润滑油是否品种正确，油面到位。

⑥ 目测检查时不必打开任何部件，但应打开在正常维护和检查时应打开的盖子或检查口。

(2) 一般性检查

① 检查驮梁小车在运梁车主梁顶面的正确位置。

② 检查所有的螺栓和螺母，尤其是振动件上的螺栓和螺母是否拧紧。

③ 确保所有的安全保护装置（声音报警器、限制开关、急停按钮等）都已经安装并且工作状态正常。

④ 只有在所有的检查都通过后，才能按照有关电气方面的程序接通电源。

(3) 接电前的检查

① 检查液压及空气管路各接头情况，特别要检查各连接软管，如有磨损、刮伤、凸肚等现象时必须拆换，以防漏油、漏气。

② 所有外露的连接件和紧固件，如螺栓、螺母等都必须拧紧。

③ 确保发动机皮带松紧程度适中。

④ 确保动力系统处于完好状态。

⑤ 检查轮胎的气压是否符合规定（0.8 MPa），气门帽是否齐全，气门嘴是否有碰擦现象及胎

面是否有损坏。

⑥ 检查轮轴是否有松动、裂纹。

⑦ 检查所有的接插件是否正确插入。

⑧ 打开并检查油箱吸、回油路上的截止阀。

⑨ 观察蓄电池电压表。

⑩ 观察发动机、润滑油油位。

⑪ 观察液压油油位。

⑫ 检查速度控制手柄(油泵排量控制手柄)是否在中间零位。

⑬ 检查各电气接头是否正确连接。

⑭ 悬挂液压缸应按标识打开或关闭截止阀。

⑮ 悬挂支承点压力的示值应基本一致。

(4) 接通电源后的检查

① 开机首先开启微电控制系统电源,即观察液晶显示屏是否正常显示、各悬挂是否处零位。

② 发动机机油压力表是否正常。

③ 支承油压传感器工作是否正常。

2) 控制权及启动方法

本系统根据车辆的常规操纵方式进行设计,用电位计旋钮输入转向信号;加、减速和紧急制动使用旋钮输入信息;选择运行模式、挡位(速度)控制、转向模式等用万能转换开关及按钮输入信息。

本车的控制可分为 A 驾驶室控制和 B 驾驶室控制,因此存在两个控制权的切换问题。当其中一个驾驶室处于主控状态时,另一个驾驶室起补齐作用,因此系统不再响应其他控制点的各输入信号,从而避免误操作,保证安全性。为保证信号不受其他控制点的干扰,对整个系统的控制信号同时进行了硬件和软件互锁。

(1) 启动发动机

依次启动两台发动机,怠速运行预热后将发动机转速调至 1500～1800 r/min,并将两台发动机转速调整一致,转速相差不超过 10 r/min。

发动机启动后,观察发动机冷却液温度及机油压力是否正常,检查液压泵1、2、3等处压力值是否正常。

(2) 启动发动机后的检查

检查内容包括发动机转速、润滑油油压、润滑油油温、液压油油温、冷却液温度、发电机工作情况,启动前 24～25 V,启动后 27～28 V。

3) 设备的启动

(1) 驾驶员进入驾驶室前,首先将所有空开闭合(空开位于 A/B 侧动力舱旁的弱电控制箱),所有急停旋钮释放,然后进入驾驶室检查方向盘转动角度是否和轮组一致,以及操作面板模式是否清空,再旋转"系统上电"按钮至"通"。若要让系统断电,先将所有控制旋钮及手柄归到零位、空位位置,将发动机转速调至怠速,按下发动机停止按钮 3 s 关停发动机后,旋转"系统上电"按钮至"断"。注意在哪个驾驶室启动电源就要在哪个驾驶室关闭电源。

(2) 旋转发动机启动按钮至挡位1,发动机 ECU 通电并开始给发动机泵油 50 s;将旋钮选至挡位2,发动机开始启动;每次启动发动机的时间不得超过 8 s,连续启动次数不得超过 3 次,如果连续 3 次不能启动,请耐心等待 5～10 min,待发动机活塞冷却之后方可再次启动。

(3) 发动机启动后再次选择发动机,观察发动机转速表,增加或减小发动机油门,将转速逐步调整到 1500～1800 r/min,需将两台发动机转速调整一致,以保证两台车的速度同步。

(4) 观察电压值、机油压力、液压油温等参数是否正常。机油压力表应显示 2.5～5 bar,机油温度表应显示小于 70℃,冷却液温度应显示小于 90℃,弱电电压应显示 27～28 V。

(5) 当发动机启动时,如果发现启动机不能脱开,表现为发动机转速上不去,说明控制启动机的接触器触点粘连,此时应按下电源急停按钮,迫使启动机断电,并尽快修复接触器。

注意事项:在操作前应检查转向旋钮的当前角度是否和轮组的角度大体一致,特别是防止重载时启动发生误操作。检查操作面板上"升降液压缸选择""行驶速度选择""操作模式选择""发动机启动"钥匙、"调速"挡位是否处于空位。

4) 转向操作

整个转向过程为:转角旋钮带动电子元件(高精度电位器),实时发出转向信号,通过计算机运算后向各转向机构发出指令,由转向液压系统推动转向液压悬挂完成转向动作。各转向悬挂转角是按理论最佳转向轨迹运行的，可减小轮胎磨损。因为采用计算机控制，各种转向模式可以按要求预先编程输入计算机，因此可以实现多模式转向。整个转向过程均由微电控制，反应速度快，随动性好。

根据不同的工况，本车的转向模式有 5 种：横行、纵行、空位、斜行、45°半八字、半八字。工作模式之间的切换通过万能转换开关实现。操作时先选择模式，将"操作模式选择"旋钮旋至"转向"挡再进行转向操作。转向模式的选择在"转向模式选择"旋钮上进行选择。

（1）斜行：在斜行模式下，旋转"转向电位器"旋钮，所有轮组都按照方向盘的指令以同一角度旋转。车轮转角到位后车轮都朝着一个方向，显示屏上会显示该角度。

注意：要在斜行模式下完成纵行和横行角度转换。

（2）纵行和横行：纵行和横行是使用最多的两种转向模式，纵行定义为走行方向与主梁平行的方向，横行定义为走行方向与主梁垂直的方向，在操作前序保证所有轮组角度与"转向电位器"设定角度一致。横行角度定义为 90°，转向范围为 85°～95°；纵行角度定义为 0°，转向范围为 -5°～+5°。纵横方向通过斜行进行过渡。

（3）半八字及 45°：在该模式下，旋转"转向电位器"旋钮，一侧大车第一轮组将转至与"转向电位器"旋钮指令对应的角度，其余轮组依次按照一定的规律减小角度。

注意：转向操作时需将驻车制动打开，否则会造成设备损坏。

5）走行操作

（1）操作前的准备

首先，在发动机启动后先检查：A、B 侧闭式系统压力即 A 口压力和 B 口压力是否正常，支腿是否收起，各轮组转向是否在设定角度位置，有无编码器及其他报警，悬挂分组及各点位的压力值是否正常；

其次，将联动台右下角的"操作模式选择"开关拨到"走行"挡位；然后，选择行车速度，在左下角"行驶速度选择"挡位开关上选择对应的速度（微动、重载、空载 3 挡），在左侧联动台"转向模式选择"开关上根据当前轮组角度选择当前转向走行模式；最后，将驻车制动拨到"通"，之后按照行驶方向拨动左侧大车手柄进行速度和行驶方向控制。

停车时，缓慢松开左侧"大车控制手柄"来实现减速，最终达到停车目的。

走行操作时需实时观察两侧系统 A、B 口压力，以及各轮组马达转向角度情况是否异常。

（2）行车时的转向操作：

① 斜行：必须在停车时将"操作模式选择"开关拨到"转向"挡位，在"斜行"转向模式下将轮组角度转至所需要的角度，再将"操作模式选择"开关拨到"走行"挡位，按上述操作流程进行走行操作。

② 横行、纵行：横行角度定义为 90°，转向范围为 85°～95°；纵行角度定义为 0°，转向范围为 -5°～+5°。先将角度在斜行模式转换至走行模式，再在走行模式进行上述流程的走行操作，走行过程中可进行 ±5°小角度调整走行方向。

③ 半八字及 45°：必须在停车时将"操作模式选择"开关拨到"转向"挡位，在"半八字"或"45°"转向模式下将轮组角度转至所需要的角度，再将"操作模式选择"开关拨到"走行"挡位，按上述操作流程进行走行操作。

④ 走行纠偏控制：控制系统设置有"自动"和"手动"两种纠偏方式。

（a）自动纠偏操作：首先将 A、B 驾驶室左侧联动台上的"本侧/对侧"旋钮旋转至"本侧"，将右侧联动台上的"大车调整"旋钮旋转至中间位置，按正常操作便可实现自动纠偏。

注意：自动纠偏仅在斜行、纵行、横行模式下才起作用。自动纠偏需保证大车马达测速传感器正常工作，若在显示屏上发现 A、B 侧大多数转速值都是 0，自动纠偏就不会工作。

（b）手动纠偏操作：首先将 A、B 驾驶室左侧联动台上的"本侧/对侧"旋钮旋转至"对侧"，将右侧联动台上的"大车调整"旋钮旋转至所需要调整的大车（A 侧或 B 侧），调整右侧联动台卷扬起升手柄左下角的备用电位计旋钮,边调整边观察调整电流数值,同时观察 A、B 侧闭式泵液压压力,保证两侧压力值差在正常偏差范围内,再根据大车两侧实际行驶速度进行调整。

注意:手动纠偏原理是将快的一侧速度调慢或将慢的一侧速度调快,所需关注的两点一是压力不能超限,二是两侧大车实际行驶速度需仔细把控。重载时候不允许运行在高速状态。手柄操作时先按下手柄上方的按钮 1 s 才可松开。

6) 悬挂操作

(1) 将右侧联动台上的"操作模式选择"旋钮旋至"悬挂"挡。

(2) 将右侧联动台上的"大车调整"旋钮旋至 A 或 B 侧(所需要调整的一侧)。

(3) 根据所调整悬挂点位选择左侧联动台上的"左前""右前""左后""右后"旋钮旋至"有效"("左前""右前""左后""右后"分别对应 A、B 侧坐在驾驶室所在方位)。

(4) 操作左侧联动台上的"升降控制"旋钮,即可控制所选悬挂的升降控制。

注意:不可以在运行中切换工作模式,以避免误操作。

7) 支腿操作

(1) 将右侧联动台上的"操作模式选择"旋钮旋至"支腿"挡。

(2) 根据驾驶室方位选择所调整支腿点位,选择左侧联动台上的"左前""右前""左后""右后"。

(3) 操作左侧联动台上的"升降控制"旋钮,即可控制所选支腿的升降。

注意事项:不可以在运行中切换工作模式,以避免误操作。

悬挂支腿操作过程中要实时观察两侧开式系统压力及悬挂、支腿各位置压力是否平衡和正常,如图 10-14 所示。

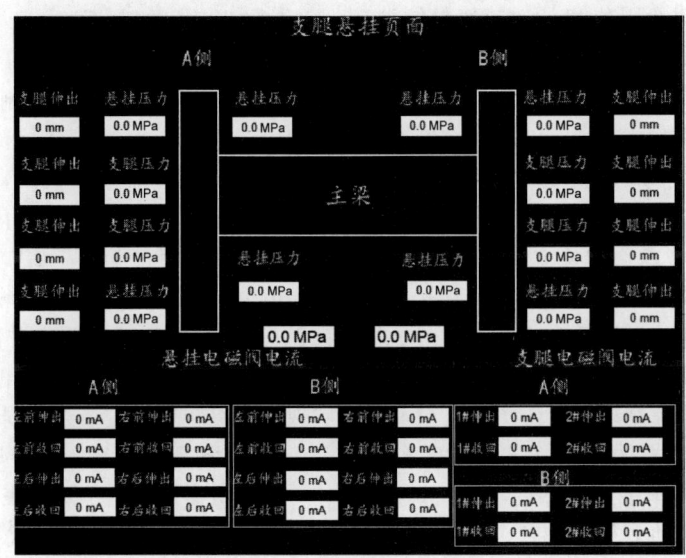

图 10-14 支腿悬挂显示截图

8) 起升机构操作

操作前先检查所有手柄及选择开关是否在空位,发动机及动力系统压力值是否正常。

(1) 横移操作:先将右侧联动台上的"操作模式选择"旋钮旋至"左右移"挡;然后将"吊钩选择"旋钮旋至所需要横移的液压缸,1♯及 2♯为 A 侧左侧及右侧横移液压缸,3♯及 4♯为 B 侧右侧及左侧横移液压缸。选择好操作对象后,旋转右侧联动台左上角的"吊钩调整"旋钮,旋转至"左"或"右",对应小车的横移操作。

(2) 纵移操作:先将右侧联动台上的"操作模式选择"旋钮旋至"前后移"挡;然后将"吊钩选择"旋钮旋至所需要纵移的液压缸,1♯及

2#为A侧左侧及右侧纵移液压缸,3#及4#为B侧右侧及左侧纵移液压缸。选择好操作对象后,旋转右侧联动台左上角的"吊钩调整"旋钮,旋转至"前"或"后",对应小车的纵移操作。

注意:吊钩选择是针对驾驶室的方位来设置的,操作时要注意观察显示屏上的"起升机构"画面,可看到对应阀组电流。

(3)卷扬升降操作:先确定A、B侧补油压力是否大于3 bar,这是卷扬机工作的前提条件。先将右侧联动台上的"操作模式选择"旋钮旋至"卷扬"挡;然后将"吊钩选择"旋钮旋至所需要操作的卷扬机,1#及2#为A侧左侧及右侧卷扬机,3#及4#为B侧右侧及左侧卷扬机。选择好操作对象后,操作右侧联动台上的卷扬手柄,往前推为上升,往后拉为下降。卷扬机的工作顺序:系统先检测是否有重锤、高低限位、超速、超载等限制条件;手柄信号给出后先打开棘轮制动,检测到棘轮制动打开的位置开关后再打开钳盘限位和马达减速机制动;之后卷扬机开始运转。操作过程中要时刻监控补油压力、开式泵压力及高低速制动压力、钳盘制动压力是否异常。

注意:吊钩选择是针对驾驶室的方位来设置的,操作时要注意观察显示屏上的"起升机构"画面,可看到对应阀组电流。页面上实时显示吊钩下降深度,当卷扬编码器的偏差超过20 cm时停止纠偏。手柄操作时要先按下手柄上方的按钮1 s后才可松开。

9)制动、急停及冷却器操作

在每个驾驶室的左边均有一个"驻车制动"旋钮,相当于汽车手制动器的功能,减速至完全停下来后才可将其旋至"断"。

注意事项:由于整车在重载情况下行驶时,即使速度很低,其自身的运动惯性依旧很大,贸然使用手制动有可能使车上的重物产生滑移,造成危险,也会损坏减速机。所以建议在车速没有降下来之前不要使用手制动控制。

10)报警系统

驾驶室的控制面板装有报警指示灯、蜂鸣器及其他功能按钮。

当PLC编程出现故障、液压系统堵塞、液压油温超过80℃、液位低时,面板上"故障报警"均会动作。

11)显示系统

本机采用易福门CR1200显示器,用户可以使用面板上的数字键和功能键进行操作、翻屏、查看各项参数等,便于了解整机的工作状态。显示器主界面如图10-15所示。

图10-15 显示器主界面

12)发动机控制系统

本系统采用电控的发动机,发动机通过CM2150控制器完成闭环控制,实现转速和扭矩的协调控制。发动机转速的调节由面板上的转速调节电位器直接给出,CM2150控制器接收到设定信号后通过内部闭环将发动机转速稳定在一个对应值上,如需要将转速稳定在某一值上,只需将电位器上的锁定按钮锁定即可,如需要调节只需拨开该按钮。发动机的转速、水温、油压等参数值发送给易福门控制器,实现发动机转速和变量泵的同步协调控制。

5. 设备需用燃料

搬梁机需用燃料清单如表10-37所示。

6. 常见故障及处理方式

气压过低、燃油油量过少、液压油位过低时均可在显示屏上的"主监控"页面看到,对应参数呈红色,主页面底部也有文字提醒。

控制器、编码器、倾角的工作状态在显示屏上的"故障报警"页面可以看到。正常状态下,控制器、编码器、倾角的工作状态呈绿色闪烁;若是灰色和绿色常亮,均表示有故障。并且在显示屏的"主监控"页面底部也会有文字提醒。

表 10-37 搬梁机需用燃料清单

序号	部件名称	牌号	备注
1	液压油（油品标准详见附注）	L-HM46♯抗磨液压油 或 L-HV32♯低温抗磨液压油（寒冷地区） 过滤精度≤10μm	两种型号不能混用
2	分动箱齿轮油	220号工业齿轮油	—
3	柴油机（燃油）	0号柴油（使用最低气温≥4℃） −10号柴油（使用最低气温≥−5℃） −20号柴油（使用最低气温−5～−14℃）	燃油箱容量
4	柴油机机油	CH4-15W/40（多级油，一般最低环境温度不低于−15℃）	—
5	汽车通用锂基润滑脂	—	各润滑点
6	冷却液	长期使用防冻防锈液：50%水+50%乙二醇防冻锈剂	

可以在显示屏上的"走行输出"页面看到马达输出值；可以在显示屏上的"马达测速"页面看到测速传感器值。

当设备出现故障时，面板上的报警器将闪烁并鸣叫，并在显示屏上给出故障类型的提示，方便驾驶员处理。

搬梁机常见故障及处理方法如表 10-38 所示。

表 10-38 搬梁机常见故障及处理方法

序号	故障现象	原因分析	处理方法
1	发动机不启动	电瓶电压过低、启动按钮故障、启动继电器接触不良等	更换电瓶、按钮、启动继电器、保险等
2	充电发电机不充电	发电机皮带松、发电机损坏或线路故障	更换皮带，检修发电机
3	不能走行	急停开关被按下	急停开关复位
		没有选择速度挡	选择速度
		走行手柄接线松动或走行手柄损坏	检查接线或更换手柄
		控制器故障	检查接线
		控制权没选择	断开另一驾驶室控制权开关后，再合上当前驾驶室控制权开关
4	不能升降	急停开关被按下	急停开关复位
		速度挡不在空挡位	把速度挡置于空挡
		走行手柄接线松动或走行手柄损坏	检查接线或更换手柄
		控制器故障	检查接线
		控制权没选择	断开另一驾驶室控制权开关后，再合上当前驾驶室控制权开关
5	个别轮转角不对或乱摆	轮的零位没调好	重新调零
		编码器接线松动	检查接线
		编码器损坏	更换编码器
		转向阀卡塞	清洗转向阀

续表

序号	故障现象	原因分析	处理方法
6	个别轮转速慢	比例阀接线松动	检查接线
		比例阀电流小	调整比例阀电流
7	转向时轮乱摆	比例阀最小电流太大	减小比例阀电流
		参数调整的不合适	重新调整参数
8	车走不直	零位没调好	重新调零位
9	灯不亮	灯丝烧、保险熔断	换灯或保险
		刮水器松动	紧定刮水器螺丝
10	液压油散热风扇不转	保险熔断、温度开关故障、电动机损坏	换保险

10.3.2 提梁机

提梁机的主要使用参数为适应梁型、起升质量、起升高度等,主要型号为 MG500 型、MG450 型等,两台(一套)配合使用,提吊 1000 t/40 m、900 t/32 m 箱梁,起升质量为 500 t、450 t,起升高度为 20~40 m。简支箱提梁机的主要性能参数如表 10-39 所示。

表 10-39 简支箱提梁机主要性能参数

序号	适应梁型	跨度/m	型号	重载起升速度/(m/min)	空载起升速度/(m/min)	起升高度/m	厂家	参考价格/万元
1	1000 t/40 m 箱梁	20~40	MG500	0~0.5	0~1.5	20~40	中铁十一局集团汉江重工有限公司	1330
2			TLJ500				中铁科工集团有限公司	1300
3			MG500				郑州新大方重工科技有限公司	1300
4			MG500				秦皇岛天业通联重工科技有限公司	1300
5			HMQ500				邯郸中铁桥梁机械有限公司	1300
6	900 t/32 m 箱梁	20~32	MG450	0~0.5	0~1.5	20~40	中铁十一局集团汉江重工有限公司	1150
7			TLJ450				中铁科工集团有限公司	1150
8			MG450				郑州新大方重工科技有限公司	1150
9			MG450				秦皇岛天业通联重工科技有限公司	1150
10			HMQ450				邯郸中铁桥梁机械有限公司	1150

1. 典型机械产品

下面以中铁十一局集团汉江重工有限公司生产的提梁机为例说明提梁机的主要技术参数,如表 10-40 所示。

表 10-40 提梁机主要技术参数

序号	项 目		技 术 参 数	备 注
1	额定起重质量	主钩	500 t	—
2		副钩	10 t	—
3	跨度		50 m(36 m)	—
4	起升高度		28 m	—
5	结构形式		箱形双主梁结构	—
6	适应坡度		0.3%	—
7	适应环境温度		−15～45℃	—
8	整机抗风等级		工作状态时 6 级,非工作状态时 11 级	—
9	整机工作级别		A3	—
10	主起升速度		0～0.6 m/min	变频调速
11	副起升速度		7 m/min	—
12	主钩		500 t 吊具	—
13	副钩		10 t 电动葫芦	—
14	小车运行速度		0～6 m/min	变频调速
15	大车运行速度		0～10 m/min	变频调速
16	供电方式		电缆卷筒	—
17	大车最大轮压		455 kN(390 kN)	—
18	控制方式		驾驶室＋遥控	—
19	整机功率		约 180 kW	—
20	整机质量		约 555 t(427 t)	—
21	整机颜色		用户指定	—

2．设备组成

MG500 型门式起重机主要由主梁、刚性支腿、柔性支腿、大车走行机构、起重天车、电控系统等组成。提梁机简要概述以及主梁、刚性支腿、柔性支腿和大车走行机构相关内容详见 9.3.2 节提梁机相关章节内容。

1）起重天车

起重天车由车架、卷扬机组、定滑轮组、动滑轮组、均衡轮（导向轮）、钢丝绳、吊具和吊杆、载荷限制器、液压泵站及小车走行机构等组成，如图 10-16 所示。

（1）车架

车架是由钢板焊接而成的框架结构，上面安装卷扬机组，下面与小车走行机构连接。车架的平面尺寸为 8.95 m×2.94 m。车架上安装定滑轮组，单台车架的质量约 16.6 t。

（2）卷扬机组

在小车车架上装有两个独立驱动的起升机构——卷扬机。卷扬机由电动机驱动，经制动轮联轴器带动减速器，减速器的低速轴通过一套开式齿轮驱动绕有钢丝绳的卷筒，只要控制电动机正反转，就可以实现箱梁的升降。

卷扬机的结构如图 10-17 所示。设工作制动和安全保护制动两种制动装置，为了保证起升机构工作的安全可靠性，在传动装置的高速端（减速机输入轴）设置电力液压块式制动器，并且在减速机高速端的双轴伸端又加了一台电力液压块式制动器，从而大大提高了高速端的制动安全性能，有效地防止了溜钩及其他意外事故的发生。低速端（卷筒）设液压钳盘式制动器和液压钳盘式制动器泵站，正常工作时，盘式制动器相对块式制动器延迟 0.4 s 制动；当卷扬机传动机构失效，卷筒超速旋转时，盘式制动器会自动释放制动，达到超速安全制动的目的。

起重机构设置高度限制器、重量限制器。起升机构设置多功能螺旋式上升限位开关及重锤式限位开关，分别控制吊具上升和下降的极限位置。此外，起升机构还设有超载保护功

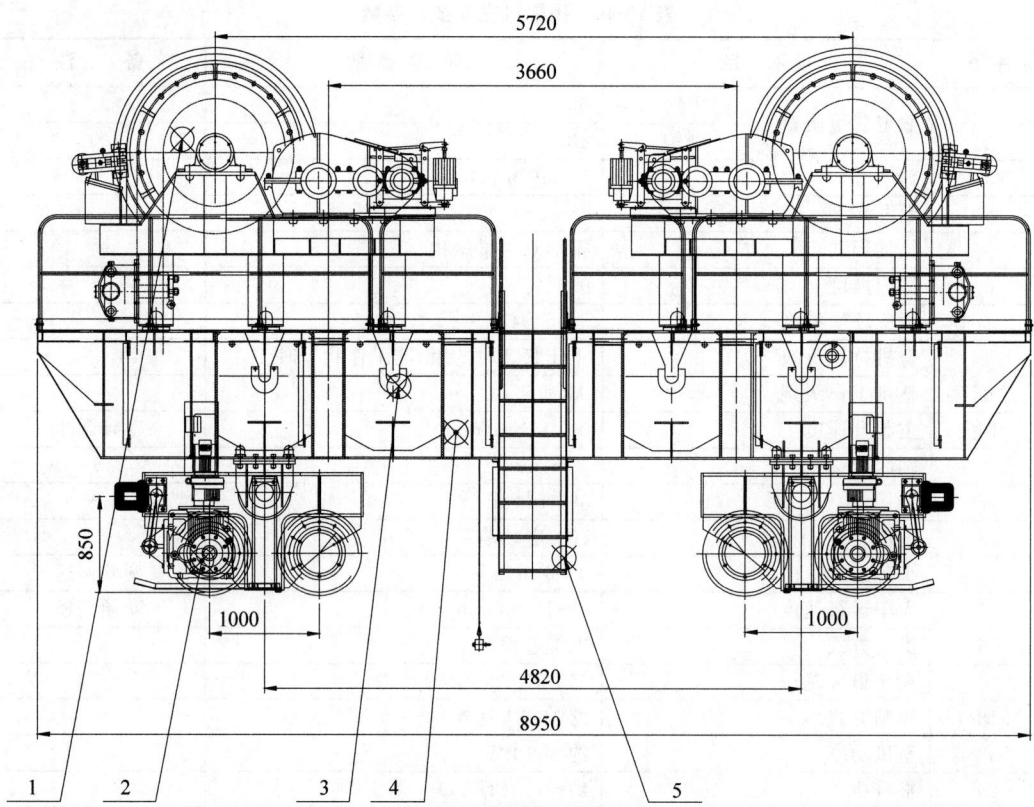

1—卷扬机组;2—小车走行机构;3—定滑轮组;4—小车架;5—附属结构。

图 10-16　起重天车结构图

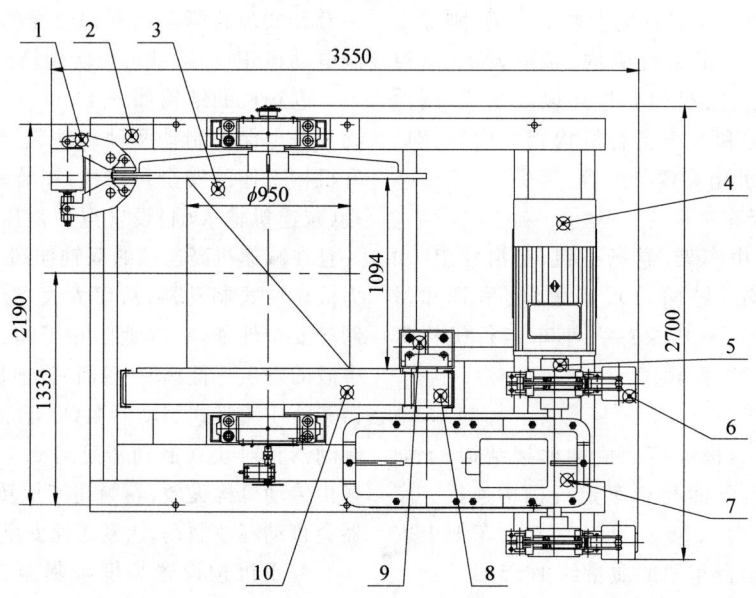

1—液压失效保护制动器;2—卷扬机座;3—卷筒组;4—电动机;5—制动轮联轴器;6—制动器;
7—减速器;8—小齿轮;9—小齿轮座;10—大齿轮。

图 10-17　卷扬机结构示意图

能,当重量大于等于90%额定负荷时发出预报警,大于等于105%额定负荷时只能下降,不能上升。

卷扬机具体参数如下。
卷扬机型号：JM13 t；
生产厂家：南通力威机械有限公司；
单绳拉力：130 kN；
绳速：0~14 m/min；
卷筒直径：950 mm；
钢丝绳直径：30 mm；
减速机型号：JZQ750；
制动器型号：YWZ4-300/E50；
液压失效保护制动器型号：ST3SH-A；
电动机型号/功率：YZP250M1-6/37kW；
外形尺寸：2465 mm×2700 mm×3550 mm；
整机质量：约8000 kg。

（3）滑轮组

定滑轮组固定在天车底架上,动滑轮组与吊具铰接。

起重机A通过横向两台卷扬机共用一根钢丝绳,单根钢丝绳从左侧的卷扬机出来后在动、定滑轮组之间经过12次缠绕,然后通过两个导向轮进入另一侧的动、定滑轮组之间再经过12次缠绕,最后缠绕到右侧的卷扬机固定,这样形成的单吊点结构如图10-18所示。起重机B通过纵向两台卷扬机共用一根钢丝绳,单根钢丝绳从前面的卷扬机出来后在动、定滑轮组之间经过12次缠绕,然后通过均衡轮进入后面的动、定滑轮组之间再经过12次缠绕,最后缠绕到后面的卷扬机固定,这样左右侧卷扬系统便形成两个吊点,如图10-19所示。

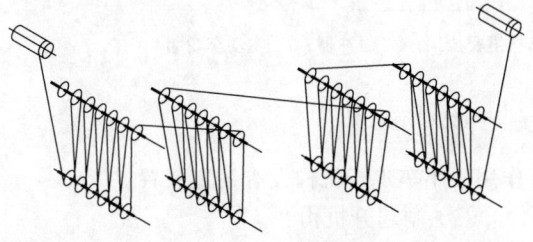

图10-18 起重机A钢丝绳缠绕系统（单吊点）示意图

两台起重机的起升机构通过钢丝绳缠绕系统,实现四点起升、三点平衡功能,确保各吊具受力均衡,同时避免了混凝土箱梁在起吊过

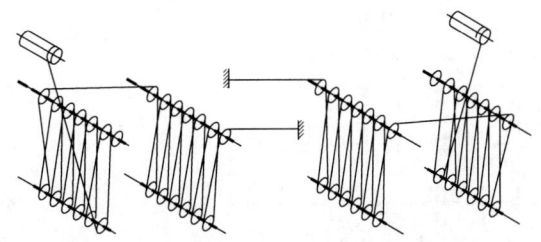

图10-19 起重机B钢丝绳缠绕系统（双吊点）示意图

程中受损。

（4）吊具

吊具主要由吊具结构、纵摆吊架、纵摆轴、吊梁销轴、吊梁、吊轴组、动滑轮组等组成,如图10-20所示。通过纵摆机构和吊梁销轴,可以实现吊具的左右摆动和前后摆动,从而使吊具在工作过程中始终保持良好的受力状态。与小车架上的定滑轮组相对应,每个吊具上装有4个动滑轮组,每个动滑轮组上有7个动滑轮,这些动滑轮与定滑轮一样为轧制焊接滑轮。

（5）钢丝绳及吊杆

钢丝绳及吊杆的参数如下。
生产厂家：韩国DSR钢丝绳工厂；
钢丝绳型号：6×WS(36)+IWRC-1960；
结构形式：填塑面接触钢芯；
钢丝绳直径：30 mm；
公称抗拉强度：1960 MPa；
单绳拉力：130 kN；
最小破断载荷：77 tf；
破断安全系数：6.3。

两台起重机共有8根吊杆与吊梁孔连接,吊杆直径为115 mm。吊杆上、下端螺母与吊具、垫板之间设置球铰垫片,以改善吊杆的受力条件和安装方便。

（6）小车走行机构

小车走行机构采用4台结构完全相同的驱动台车。驱动台车主要由车架、变频电动机、铰结构、车轮、传动轴及缓冲器等部件构成,如图10-21所示。每个驱动台车由一个主动轮和一个被动轮组成,车轮直径为700 mm,最大轮压为72.5 tf。主动轮组由一个电动机提供动力,电动机采用三合一减速机,减速机与驱动车轮之间通过车轮轴直连,变频电动机使走行传动装置成为变频控制、无级变速。

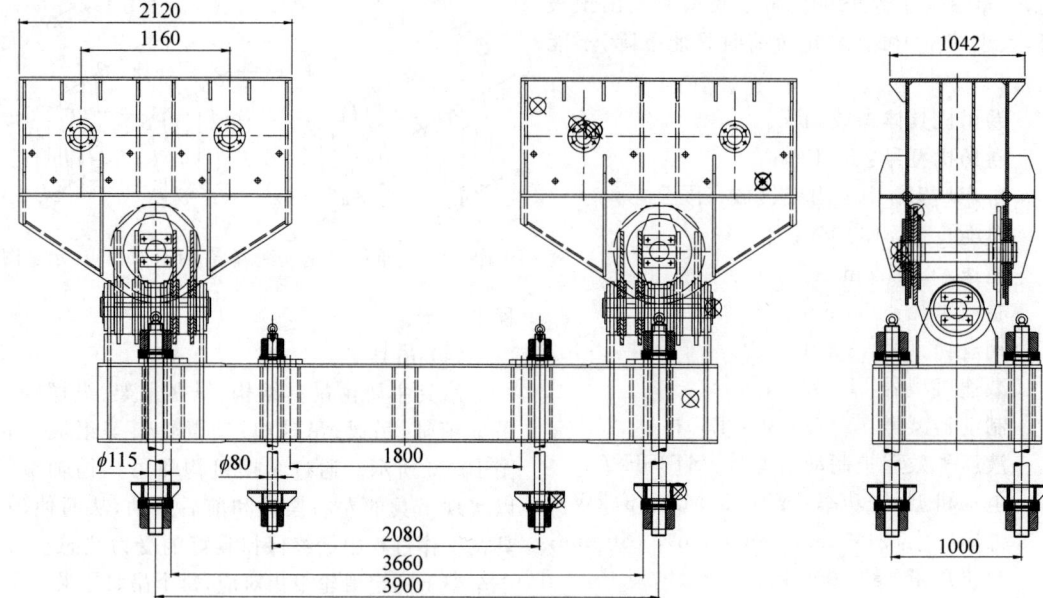

图 10-20 吊具结构示意图

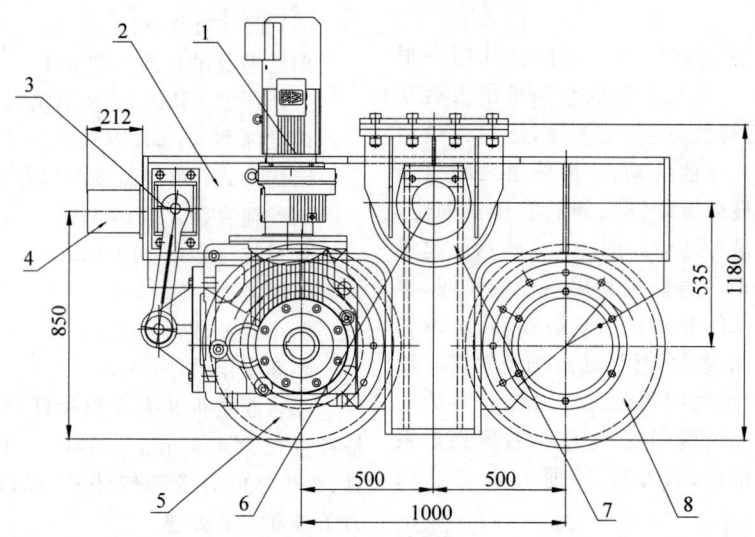

1—电动机与摆线针轮减速机；2—台车架；3—扭臂挂架；4—缓冲器；5—主动车轮组；
6—均衡轴；7—均衡座；8—从动车轮组。

图 10-21 小车走行台车组结构示意图

小车走行机构设置有运行极限位置行程开关，当小车运行到小车轨道极限位置时，安全尺与轨道端部的行程开关相撞，行程开关动作，断开小车走行机构驱动装置电源，达到安全限位。小车走行机构两端外侧台车上设置缓冲器，与小车轨道端部死挡相撞，起到缓冲作用。小车走行机构设有锚定装置。

（7）副起升机构

门式起重机带有 10 t 副钩，用来吊装 10 t 以内的小构件。在起重机一根主梁的下方设置纵向 I45 工字钢，用做 10 t 电动葫芦的支承梁。

2)电气控制系统

(1)概述。MG500 型门式起重机共有 3 个机构:起升机构、大车运行机构、小车运行机构。各机构均采用交流变频电动机驱动,变频调速装置为日本安川公司 G7 系列产品。大车运行机构与小车运行机构共用一台变频器,通过接触器实现大小车运行机构的切换;起升机构主要由 4 台卷扬机组成,分别由 4 套变频器拖动,可实现卷扬机的单台单动、两台联动和 4 台联动功能。起重机同时还装有一台 16 t 电动葫芦,作为副起升机构。

起重机配套的电气控制系统的主要低压元器件均选用 Schneider 的产品。

MG500 型门式起重机所有机构都在驾驶室内的联动操作台上操作。用 PLC 作为电气系统的控制核心,触摸屏实现人机界面操作,图形化监测。另外 PLC 采用以太网通信方式可以使两台设备建立实时信息交换,实现联动操作。

根据实际使用要求,MG500 型门式起重机有两种使用工况(SA1 转换开关选择):联机操作和单机运行。起吊时又分重载及空钩运行工况(SA3 转换开关选择)。

(2)主要驱动设备参数

本机的装机总功率约 180 kW,主要驱动设备参数如表 10-41 所示。

表 10-41 主要驱动设备参数

序号	名 称	电动机型号/功率	数 量
1	起升机构	YZB250M1-8/37 kW	2
2	大车运行机构	YZPE160M-6/7.5 kW	8
3	小车运行机构	YZPE100L2-4/3.0 kW	4
4	电动葫芦	13 kW+2×0.8 kW(13 kW 为起升功率,2 为 2 台电动机,0.8 kW 为运行功率)	1

(3)控制面板联动台

控制面板联动台如图 10-22 所示。

(4)供电系统

本机采用交流低压供电,供电电源为三相 380 V 交流电,供电电流经过电缆卷筒送到电控柜。电源系统分成 3 部分:动力电源、控制电源和照明电源。控制电源和照明电源均为单相 220 V 交流电,控制电流经专用变压器 T1 降压给出,PLC 输入输出端的电源均为直流 24 V(由直流电源供给)。

动力电源的通断受主电源接触器 KM1 控制。照明电源断路器 QF4 作为照明灯具、空调及驾驶室内部等用电设备的电源,独立于动力电源,确保起重机动力部分检修时照明正常。

本系统中低压短路器 QF2 控制的回路电压等级为 380 V 交流电,此回路可实现在联动台上远距离供给和切除所有机构的动力电源,使得操作人员在驾驶室内集中控制,也能够实现紧急停车。其中,电动操作回路中 KM2(A2、A3)触点和 KM3 接触器组合,用于检测三相供电电源,并具有缺相和欠压保护功能。

本门式起重机可在右联动台上(SB2)和 PLC 柜门上(SB4)切断各机构的动力电源,实现整机紧急停车。此外,在其他位置安装的急停按钮有以下几个。

① 起升柜门上(SB12):可单独急停起升机构变频器。

② 大车柜门上(SB32):可单独急停大小车机构变频器。

③ 大车走行下横梁四角(SB43~SB46):可单独急停大车运行机构。

另外,联动操作台上分别安装了电压表和电流表,用于监控动力电源的电压及电流。

控制电源及动力电源上电顺序如下:

① 操作设备前,操作人员应检查设备上是否有人,设备周围是否存在影响运行的障碍,确定安全后,方可运行设备。

② 首先闭合所有空气开关并将所有控制手柄置于零位,关闭驾驶室门限位,然后启动电源。

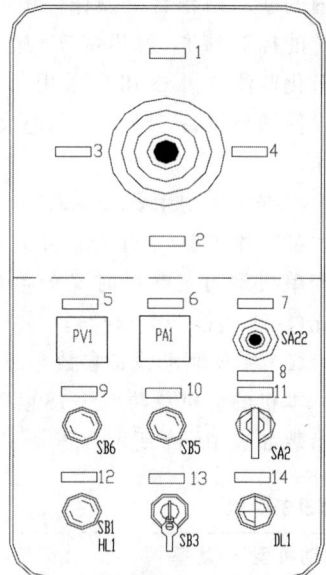
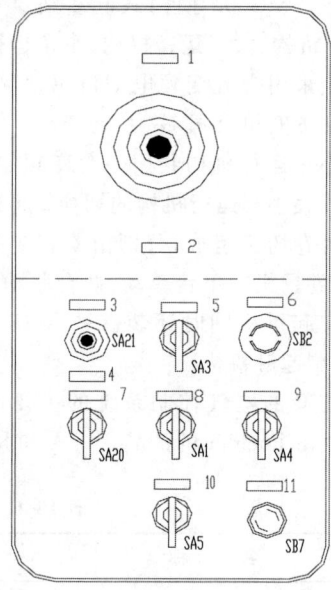

序号	代号	标签框内容	型号
1	SA41	小车前行	LK17…
2	SA41	小车后行	LK17…
3	SA31	大车左行	LK17…
4	SA31	大车右行	LK17…
5	PV1	进线电压	85L1-V 0~450V
6	PA1	工作电流	85L1-A 400A
7	SA22	副钩前行	XD2PA22CR
8	SA22	副钩后行	—
9	SB6	主电源启动	XB2-BW33M1C
10	SB5	主电源关闭	XB2-BA42C
11	SA2	大车 小车	XB2-BJ33C
12	SB1 HL1	控制电源启动	XB2-BW33M1C
13	SB3	允许/禁止	XB2-BG21C
14	DL1	风速警报	AD16-22SM

序号	代号	标签框内容	型号
1	SA11	起升下降	LK17…
2	SA11	起升上升	LK17…
3	SA21	副钩上升	XD2PA22CR
4	SA21	副钩下降	—
5	SA3	重载 空钩	XB2-BJ25C
6	SB2	整机急停	XB2-BS542C
7	SA20	副钩控制	XB2-BJ25C
8	SA1	联机 从机 单机	XB2-BJ33C
9	SA4	钩一 联动 钩二	XB2-BJ33C
10	SA5	起升单动选择	XB2-BJ25C
11	SB7	通信故障复位	XB2-BA51C
12	—	—	—

图 10-22　控制面板联动台示意图

③ 钥匙开关 SB3 置于允许位置→合控制电源启动按钮 SB1→控制电源指示灯 HL1 点亮，控制电源正常→合主电源启动按钮 SB6→KM1 吸合，动力电源指示灯 HL3 点亮，各运行机构主回路得电。断电顺序与此相反。

（5）PLC 控制系统

PLC 作为门式起重机电气控制系统的核心，可以实现全部逻辑关系和联锁功能，其输入用于检测各机构状态和外部保护信号，起升、大小车操作手柄的挡位信号是对应于调速装置的速度给定信号，输出是根据输入信号按照一定逻辑关系给出的，用于控制各机构的运行。PLC 可以检测一些重要环节的执行元件如主电源、起升制动器、大小车运行等接触器状态，反馈这些触点用于检查对应系统和机构是否正常运行。

本系统主要通过以下装置将外部保护信号输入到 PLC：重量传感器；驱动装置；风速

仪;限位开关;超速开关。

可编程控制器 PLC 采用先进的日本光洋 SZ 系列,该控制器具有独特的扩展槽式扩展结构,配备特殊功能板,可以有效拓展 PLC 使用领域;其程序处理速度快、功能强、可控范围广、控制精度高、体积小、质量轻,为整个系统的可靠性提供了坚实的基础。控制系统框图如图 10-23 所示。

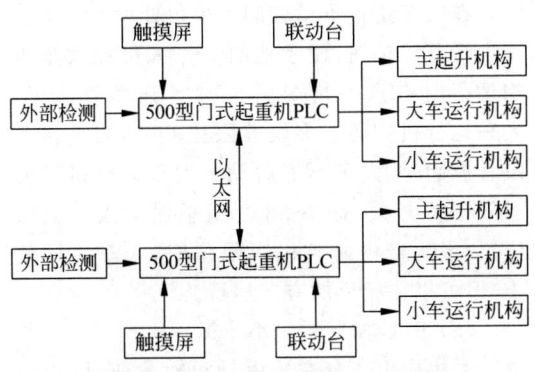

图 10-23　门式起重机控制系统框图

PLC 框架内配置了一块高速计数器模块——D2-CTRINT,一块以太网通信模块——H2-ECOM,一块模拟量输入模块——F2-04AD,一个 32 点输入模块,两个 16 点直流输入模块,两个 16 点直流输出模块。PLC 的输出点全部为继电器输出形式,其输出信号又通过中间继电器隔离和放大后输出到各调速装置的输入端以及各个执行元件。高度编码器与高速计数器模块配合使用,可使吊钩的起升高度在触摸屏上实时显示,并能在 PLC 内部作起升高度的软限位,与高度限位开关同时作用,实现高度限位的双重保护。模拟量输入模块接受重量传感器的电流信号(4~20 mA),在触摸屏上实时显示起吊重量,并通过 PLC 实现超载保护功能。

PLC 不仅管理本机的工作,而且通过各自配备的以太网通信模块,可以实现两机的联动控制。任意一台门式起重机均可作为主机,另一台则作为从机。当两台门式起重机联机控制时,从机的操作命令被禁止,只接受主机控制,但从机的外部保护信号受主机实时监控,无论主机或从机发生报警或故障,两台门式起重机均作出相应的保护动作。用 PLC 通信解决两机联动,可以做到线路简单(只有一根以太网线)、响应迅速、动作可靠。

在操作各机构前,先选择使用工况:两台门式起重机需要单独运行时,则 SA1 打在单机位置;两台门式起重机需要联机运行时,作为主机的门式起重机 SA1 打在联动位置,作为从机的 SA1 则打在从机位置。

(6) PLC 控制系统主起升机构

主起升机构采用 4 台 30 kW 变频器分别驱动 4 台卷扬机的变频电动机,各台卷扬机的变频电动机上采用带编码器反馈的闭环控制,以提高电动机速度和转矩的控制精度、响应速度。

本机构由右联动台上 3-0-3 主令控制器(SA11:上升、下降各 3 挡)配合选择开关 SA4、SA5 实施控制,操作方向与机构运动趋势一致,SA11 操作手柄具有零位保护。操作 SA11 手柄时应逐挡地、有间隔地均匀操作,禁止一个方向的动作尚未结束就立即反向操作,这样可避免切换和加速过程过快给机构带来机械冲击。通过联动台上的选择开关 SA4(钩一、钩二、联动选择)、SA5(起升单动选择)及触摸屏上的卷扬机选择按钮,可实现 4 台卷扬机的单动调平、两台卷扬机的吊钩调整(限双吊点门式起重机)、4 台卷扬机联动。

操作手柄设置 3 挡速度:低速(0.25 m/min)、中速(0.5 m/min)、高速(1.0 m/min),通过手柄操作,可采用低速挡进行准确对位。重载时只能投入前面二挡速度;空载时可以投入到高速挡。重载时如果驾驶员打到高速挡,机构仍只能以 0.5 m/min 的速度运行。

起升机构装置投入过程如下:首先,本系统所有的电源全部投入,变频器自检结束后,变频器内部继电器动作启动电动机风机(KM12);PLC 检测到操作手柄 SA11 离开零位,立即启动变频器,通过变频器内部抱闸功能块控制制动器松闸。正常情况下,因起升变频器采用的是带 PG 卡的矢量控制,可以在零速时产生 150% 的转矩,可有效防止溜钩;而当装置接收到停止指令时,待电动机转速下降到设定速度时,再将制动器抱闸,可避免高速制动对机构和变频器造成冲击。

如果装置发生故障或遇紧急停车等特殊情况,制动器将快速抱闸,失效保护盘式制动器也立即失电抱闸,此时所有的动力电源都断开,甚至主接触器 KM1 也断开。由于有了手柄零位保护回路,如果运行中途出现故障而停机,手柄必须先回零位才能重新启动运行,可有效防止故障复位后自启动。

起升柜上安装了急停按钮(SB12)、复位按钮(SB11)。如果调速装置出现故障,正常处理程序为:先查明故障原因和消除故障,再按下复位按钮(柜门上),解除装置故障报警后方能启动装置和运行本机构。

重量传感器参与吊钩上升控制,其超载信号的输出可防止起升机构超载起吊,这时机构可以做下降运行。本机构还有其他保护措施,如缺相、欠压、短路、超速、过载、限位等。

(7) PLC 控制系统大车运行机构

本机构由 8 台交流电动机对称驱动,由一台变频器控制 8 台交流电动机。大车减速、制动时,变频器将惯性能量通过制动单元和电阻吸收掉,以达到平稳减速和制动。

大车运行机构控制系统由左联动台上的 4-0-4(左行、右行各 4 挡)主令控制器 SA31 实施控制。SA31 操作手柄具有零位保护,有四挡速度切换,低速(2.5 m/min)、中速(5.0 m/min)、高速(7.5 m/min)和超高速(10 m/min)。重载时只能投入前面两挡速度;空载时可以投入到高速及超高速挡。重载时如果驾驶员打到高速挡或超高速挡,机构仍只能以 5.0 m/min 的速度运行。

大车必须在走行预警铃响之后才可以运行,驾驶员必须先踩走行预警脚踏开关,待声光报警动作后再实施大车走行机构的操作。

在启动变频器前,必须确认选择开关 SA2 置于大车运行位置,此时大车运行接触器 KM31 吸合,变频器 U301 到大车电动机的输出回路打开。

操作主令 SA31 离开零位,则大车制动器 KM32 及电缆卷筒接触器 KM51 立即吸合,声光报警指示持续动作,变频器启动;当操作主令 SA31 回到零位时,变频器立刻停止输出,KM32、KM51 延时断开。

控制系统中具有过流、过载、缺相、欠压和短路等保护功能。由于有了零位保护回路,如果运行中由于故障停机,手柄必须先回零才能重新启动运行,可有效防止故障复位后自启动。

在大车走行下横梁的 4 个角处设有 4 个大车走行急停按钮,便于地面工作人员在大车机构运行时有意外情况发生时实施紧急停车。大车运行机构还有夹轨器限位开关,当夹轨器没有扳起时,大车不能启动。大车运行机构的极限限位开关 S301、S302 用于保护大车运行位置,当运行中碰到极限限位时,大车立即停止,但可以往相反的方向运行。

(8) PLC 控制系统小车运行机构

本机构由 4 台交流电动机对称驱动,由一台变频器控制 4 台交流电动机。小车减速、制动时,变频器将惯性能量通过制动单元和电阻吸收掉,以达到平稳减速和制动。

小车运行机构控制系统由左联动台上的 3-0-3(前行、后行各 3 挡)主令控制器 SA41 实施控制。SA41 操作手柄具有零位保护,有三挡速度切换,低速(1.0 m/min)、中速(2.0 m/min)、高速(4.0 m/min)。重载时只能投入前面两挡速度;空载时可以投入到高速挡。重载时如果驾驶员打到高速挡,机构仍只能以 2 m/min 的速度运行。

操作主令 SA41 离开零位,则小车制动器 KM41 立即吸合,变频器启动;当操作主令 SA31 回到零位时,变频器立刻停止输出,KM41 延时断开。

小车运行机构还有夹轨器限位开关,当夹轨器没有扳起时,小车不能启动。小车运行机构的极限限位开关 S401、S402 用于保护大车运行位置,当运行中碰到极限限位时,小车立即停止,但可以往相反的方向运行。控制系统中具有过流、过载、缺相、欠压和短路等保护功能。

(9) 其他机构

副起升机构采用标准电动葫芦,由操作台

上的小主令 SA21 和 SA22 分别控制电动葫芦的起升及走行。电缆卷筒由带自耦变压器的力矩电动机驱动。液压泵站为失效保护盘式制动器提供制动力,当卷扬机超速或发生机械故障时,提供安全保障。

(10) 检测控制仪表

① 触摸屏(驾驶室内):联动台上配置一个日本光洋 GC 触摸屏,可实现对整台门式起重机的辅助操作,并对运行状况实时监测,包括吊钩的起升高度、起吊重量等。当发生故障时,触摸屏的故障显示画面可以帮助检修人员快速查找故障点,缩短检修时间。

② 风速仪(驾驶室内):用于输出大风预警报和超风速报警,超风速时输出控制联动操作台上的蜂鸣器鸣响,提醒驾驶员采取相应的措施。

(11) 照明

在两主梁上设 4 处金属卤化物光源,供夜间作业照明使用,单台光源功率为 400 W/220 V。在扶梯上设两个 60 W/220 V 防水防尘灯,供夜间扶梯照明。

(12) 主要保护功能

① 供电系统:缺相、欠压、短路。

② 起升机构:装置失效和故障,如相序、缺相、欠压、过流、失磁等;超载、超速;过载和短路;制动器抱死;零位自锁;上、下限位。

③ 大车运行机构:装置失效和故障,如缺相、欠压、过流、过热等;过载和短路;零位自锁;夹轨器限位;左、右终端限位。

④ 小车运行机构:装置失效和故障,如缺相、欠压、过流、过热等;过载和短路;零位自锁;夹轨器限位;前、后终端限位。

3) 驾驶室

驾驶室视野开阔,安装在刚性支腿两立柱之间的横梁上,底面高出大车走行轨面 25 m,有以下装置或系统:

① 各种操作手柄及控制按钮;

② 电压表、电流表、载荷限制器;

③ 显示仪表、风速风向仪等显示器;

④ 故障报警系统;

⑤ 语音系统;

⑥ 冷暖空调。

4) 安全装置

(1) 电气安全装置

① 总电源空气开关装有漏电保护模块;

② 大车走行急停按钮 5 个,位于驾驶室和大车走行下横梁的 4 个角处;

③ 大车走行下横梁的 4 个角处设 4 个警示灯;

④ 起升行程限位(最高和最低)、大车走行限位、小车走行限位;

⑤ 起升载荷限制器;

⑥ 卷扬机设置液压推杆制动器和钳盘式制动器;

⑦ 防超速装置;

⑧ 两台起重机之间的防撞装置;

⑨ 风速风向仪;

⑩ 起重小车停车锁定装置;

⑪ 大车停车夹轨装置。

(2) 电气系统保护装置

① 过载、过流、短路保护、监测指示灯和互锁装置;

② 过电压、欠电压保护;

③ 机械、电气互锁机构(防止误操作)。

(3) 其他安全装置

起重机设置爬梯、栏杆、走台等各种安全辅助设施,方便施工及检修人员上下并确保安全。

3. 操作与使用

1) 启动前的检查

在设备启动之前,为了避免故障和意外事故在启动时发生,实行若干的检查和测试是非常必要的。

所有的检查都必须由经过培训的专业人员在没有负载的情况下来完成,他们必须阅读过并且完全懂得说明书。

(1) 目测检查

① 起重机主梁、支腿是否安装正确,节点板、螺栓及销轴连接是否牢固可靠。

② 起重小车的吊具、钢丝绳、滑轮组等是否安装正确、连接牢固可靠。

③ 栏杆、梯子等安全设施是否安装正确、

连接牢固可靠。

④ 电气设备及相关安全装置、制动器、控制器、照明、信号、显示等系统是否安装正确、稳定有效。

⑤ 减速箱、轴、套等处所需要的润滑油是否品种加注正确、油面到位。

⑥ 目测检查时不必打开任何部件，但应打开在正常维护和检查时应打开的盖子或检查口。

(2) 一般性检查

① 检查在主梁顶面的起吊小车的正确位置。

② 检查所有的螺栓和螺母，尤其是振动件上的螺栓和螺母是否拧紧。

③ 确保钢丝绳没有脱槽，吊具没有出现倾斜等危险情况。

④ 确保每个需要的电子元件都有电力供应。

⑤ 确保所有的安全保护装置（声音报警器、闪光灯、限制开关、急停止按钮等）都已经安装并且工作状态正常。

(3) 负荷检查

目测检查完毕并确认正确无误后，即可进行试运行，有关顺序步骤如下：

① 检查操作室、电控柜、各配电盒的各种操作按钮、操作柄、保险装置是否可靠、有效。

② 检查起重天车各项动作（包括起落、横移）是否满足起重机的设计功能要求。启动时按先点动后连续的原则，先看电动机或卷扬机的转动方向是否正确，制动器及限位器是否有效。

③ 启动整机纵移走行机构，检验整机运行是否平稳，速度、噪声等是否正常。启动时按先点动后连续的原则，先观察每台电动机的转动方向是否正确，制动器及限位器是否有效。

(4) 检查提升装置

① 在选择提升模式时，用适当的方法检查紧急停止。

② 检查沿任何路径的提升动作。

③ 用适当的方式检查在卷扬机上的升降限位开关。提升限位开关的设置是为了防止到了最大位置时吊钩撞到结构部分。低限位开关的设置是为了防止在吊钩到达最下位置时卷筒上的钢丝绳不小于3圈。

④ 检查设计速度能够达到任何工作模式。

⑤ 当控制块在中间位置时，检查运行中停止按钮的敏捷性。

(5) 检查大、小车走行装置

① 检查在所有路线上的运行。

② 检查尾部的限位开关。

③ 检查设计速度是否能够达到任何工作模式。

④ 当控制块在中间位置时，检查运行中停止按钮的敏捷性。

2) 操作

(1) 整机走行操作

起重机走行前首先检查夹轨器是否已解除，走行轨道上是否有障碍物。走行时先点动确认无异常后再连续前移。

起重机起步和停车时均采用变频技术，严禁高速起步和高速急停。

整机走行时禁止吊钩的升降和天车的横移动作。

大车走行箱一端装有夹轨器，它是一种安全防护设施，工作前必须松开夹轨器至最大开口状态才能开机运行，工作结束后应及时将夹轨器置于夹紧状态，以确保整机安全。

大车走行箱的外侧装有缓冲器，应在工作轨道末端设置碰块，以实现缓冲器作用；在距缓冲器碰块 3 m 位置前设有断电保护措施。

两台起重机抬吊一片梁体重载运行时，要确保动作协调一致，启制动时要求采用变频装置，避免梁体产生剧烈晃动，运行过程中驾驶员的注意力应高度集中，时刻观察梁体的状态，如果出现梁体倾斜以及钢丝绳不垂直的情况，要立刻停车检查并注意纠偏。

起重机在接近预定停车位置时，提前由高速挡位换到低速挡位减速，并缓慢停车。在进行梁体精确对位时，起重机要进行低速点动操作，避免梁体和吊具大幅度晃动。

(2) 起升操作

梁体从制、存梁台座上提起后，先低位运

行进行试制动,确认完好后才允许大幅度起升。

梁体向运输车或存梁台座落放,在接近预定位置 0.5 m 时各动作要换为低速挡位,精确对位时要采用低速点动方式,避免梁体与运输车或存梁台座发生剧烈碰撞。

两台起重机共同提升同一片梁时,应使两台起重机吊钩的初始位置尽量趋于一致,起吊后使梁片处于同一水平面上。对由于电动机性能的差异、轨道阻力的不均匀或突变等因素引起的不同步现象,需要及时调整和纠正。运行过程中,一旦发现梁体在运行方向突然抖动,且这种抖动频繁发生时,则应检查并调整电控系统同步控制部分的功能。

(3) 起重机的停放

起重机的停放位置选择在不会给其他机械和在该区域穿行的车辆造成妨碍的地方。

起重机停止工作后须关闭所有操作按钮并切断电源,锁住所有操作室及电控柜。

起重机停放时须将吊钩起升到最高位置,天车走行到靠近刚性支腿位置,同时将大车走行机构上的夹轨器与走行轨道卡死。

当风力达到 6 级时必须停止作业,台风来临或风力达到 11 级时须将吊钩与一片箱梁锚紧作为配重。

4. 维修与保养

1) 结构部分的维修与保养

至少每个月从头到尾检查一下结构件的连接情况,包括主梁连接板、主梁与支腿、车架与支腿、牛腿之间等部位的螺栓、螺母的连接状态是否正常,有无松动。发现问题应立即停止作业,及时予以处理。需更换螺栓或螺母时,必须保证其原强度级别及规格。

需要经常检查的主要焊缝有:主梁上下盖板与腹板、刚性支腿和柔性支腿的垂直焊缝、刚性支腿和柔性支腿与其上下横梁之间的焊缝等。检查焊缝是否产生了撕裂或疲劳裂纹,如发现有隐患存在,则应立即停止作业。当用肉眼发现已有裂纹存在,但不能断定其危害程度时,应采用焊缝探伤仪器判断,并采取合理的措施予以处理。

对结构件的油漆,每两年应重新涂刷一次。涂刷前应用钢刷清理干净原表面,并注意检查相关焊缝状态。在对结构部件进行拆装、运输时,严禁野蛮作业,不得剧烈碰撞,起吊时利用专用吊钩或吊具。连接螺栓、销轴拆卸后要分类存放,防止混乱丢失。对于连接板必须按"对号入座"的原则拆卸、安装,不得混乱,保证每次拆卸以及装配前后标记明确。

2) 机械部分的维修与保养

(1) 电动机、减速机的维护

① 经常检查电动机外壳及轴承部位的温度以及电动机的噪声、振动有无异常现象。

② 在频繁启动情况下,由于转速低而引起通风冷却能力降低,且电流较大,电动机温升会很快提高,所以应注意电动机温升不得超过其说明书规定的上限值。

③ 按电动机使用说明书的要求调整制动器。

④ 减速机的日常维护可参考生产厂的使用说明书。应经常检查减速机的地脚螺栓,连接不得松动。

(2) 走行装置的润滑

① 首次使用时应先打开减速机通气帽,保证通气良好,以减轻内压。工作前应检查减速机润滑油面的高度是否达到要求,若低于正常油面,应及时增加同一型号的润滑油。

② 走行机构各车轮的轴承,在装配时都已填充了足够的润滑脂(钙基润滑脂),无须日常加油,每隔两个月可通过注油孔或打开轴承盖补充一次润滑脂,每年拆卸、清洗并更换一次润滑脂。

③ 各开式齿轮啮合处每周涂抹一次润滑脂。

(3) 卷扬机组的维护与保养

① 经常观察减速箱油窗,检查润滑油油面是否在规定的范围内,当低于规定的油位时,应及时补充润滑油。

② 在吊机使用不是很频繁且密封状况及使用环境良好的情况下,减速箱内的润滑油每半年更换一次;使用环境恶劣时,每季度更换一次。当发现箱内进水或油面始终有泡沫并

确定油已变质时,应立即换油。换油时,应严格按减速箱使用说明书规定的油品更换,切忌油品混合使用。

③ 卷筒两端轴承座内应每两天加注一次润滑脂,卷筒表面及钢丝绳根据情况涂抹润滑脂。定、动滑轮组的滚动轴承内应每个月补充一次润滑脂。

④ 制动器各连杆活动轴应每周加注润滑油。

3) 电气系统的维护

(1) 一般维护

① 经常检查各显示仪表、指示灯、载荷限制器、行程开关及声、光报警信号等设备的功能是否正常。

② 每次开机运行前,应认真检查各种控制手柄及按钮是否灵活,有无松动及卡死等现象。

③ 应定期检查接触器及控制开关触点有无打火及烧结现象,外壳是否存在破裂、损坏,若发现应及时予以更换。

④ 当遇到下雪及阴雨天气时,应及时对各电动机等电气设备进行绝缘测试,其阻值应大于或等于 4 MΩ。

⑤ 定期检查漏电开关实验按钮。

⑥ 电气检查维修过程中,严禁用兆欧表测量变频器的输出端。

(2) 电气安全装置

以下关于电气安全装置的检查必须每周一次:

① 检查所有限位开关的机能,如果有故障,立即更换有问题的开关。

② 检查载荷限制器的功能,检查显示的负载值与实际负载是否一致。

③ 检查防撞击系统的性能。

(3) 紧急停止按钮

下面关于所有紧急按钮的维修操作必须每周进行一次:

① 检查紧急停止按钮的性能。

② 检查所有紧急按钮的电气性能,在设备移动时,逐个地按下,检查是否能立即安全地使设备停止。如果有故障,立即更换有故障的装置。

5. 常见故障及处理方法

1) 钢丝绳故障

原因分析:钢丝绳处于负载运行时,由于受力情况不均匀而且很复杂,在受力时,钢丝绳就会产生挤压应力、弯曲应力、拉伸应力及残余应力,在实际工作中,即使是最轻的一种拉伸应力,钢丝绳的应力也是不均匀的。

排除方法:提梁机工作时,不允许负重超过规定的额定重量,同时要在机器上装上起重量的限制器装置;并且需要根据起重机的工作类型和环境来选择合适的钢丝绳。

2) 减速齿轮故障

原因分析:齿轮出现疲劳裂纹及瞬间负荷过大时,会导致齿轮折断;当齿面比较软或者负荷比较大时,如果再传动齿轮,就会由于摩擦力较大而使齿面出现塑性变形;当齿面温度过高或者是没有进行一定的润滑时,会引起齿面胶合。

排除方法:在实际工作中,禁止突然让起重机"打反车",并且还不可以超载,在起重机启动和制动的时候动作要平稳缓慢;并且要经常对起重机的润滑油清洁状态进行检查,如果发现使用的润滑油不够清洁,必须及时进行更换。

10.3.3 运梁车

铁路桥涵施工现场所使用的简支箱梁运梁车为桥梁施工专用设备,主要使用参数为运行速度、爬坡能力等,主要规格为 1000 t/40 m 箱梁运梁车(凹体式)、900 t/32 m 箱梁运梁车(大轮胎、小轮胎)等,运行速度满载 0~5 km/h,空载 0~10 km/h,爬坡能力 4%,可运梁过隧道。简支箱梁运梁车主要性能参数如表 10-42 所示。

1. TJ-YLS1000/40 型运梁车(中铁十一局集团汉江重工有限公司)

1) 概述

TJ-YLS1000/40 型运梁车可以驮运一片箱梁,在路基或已架桥面上走行,如图 10-24 所示,完成箱梁从制梁区到架桥机尾部工作,通过运梁车能驮运架桥机实现桥间转移。

表 10-42 简支箱梁运梁车主要性能参数

序号	适应梁型	跨度/m	能否运梁过隧道	型号	重载运行速度/(km/h)	空载运行速度/(km/h)	喂梁速度/(m/min)	设备适应曲线/m	爬坡能力/%	厂家	参考价格/万元
1	1000 t/40 m 箱梁	20~40	可以	TJ-YLS1000/40						中铁十一局集团汉江重工有限公司	1500
2				TJ-YLS1000/40						中铁科工集团有限公司	1530
3				DCY1000						郑州新大方重工科技有限公司	1500
4				TLC1000						秦皇岛天业通联重工科技有限公司	1500
5				TLC1000						邯郸中铁桥梁机械有限公司	1300
6	900 t/32 m 箱梁	20~32		TY900	0~5	0~10	0~3	2000	4	中铁十一局集团汉江重工有限公司	1200
7				YL900						中铁科工集团有限公司	1200
8				DCY900						郑州新大方重工科技有限公司	1400
9				TLC900						秦皇岛天业通联重工科技有限公司	1200
10				TYLC900						邯郸中铁桥梁机械有限公司	1200

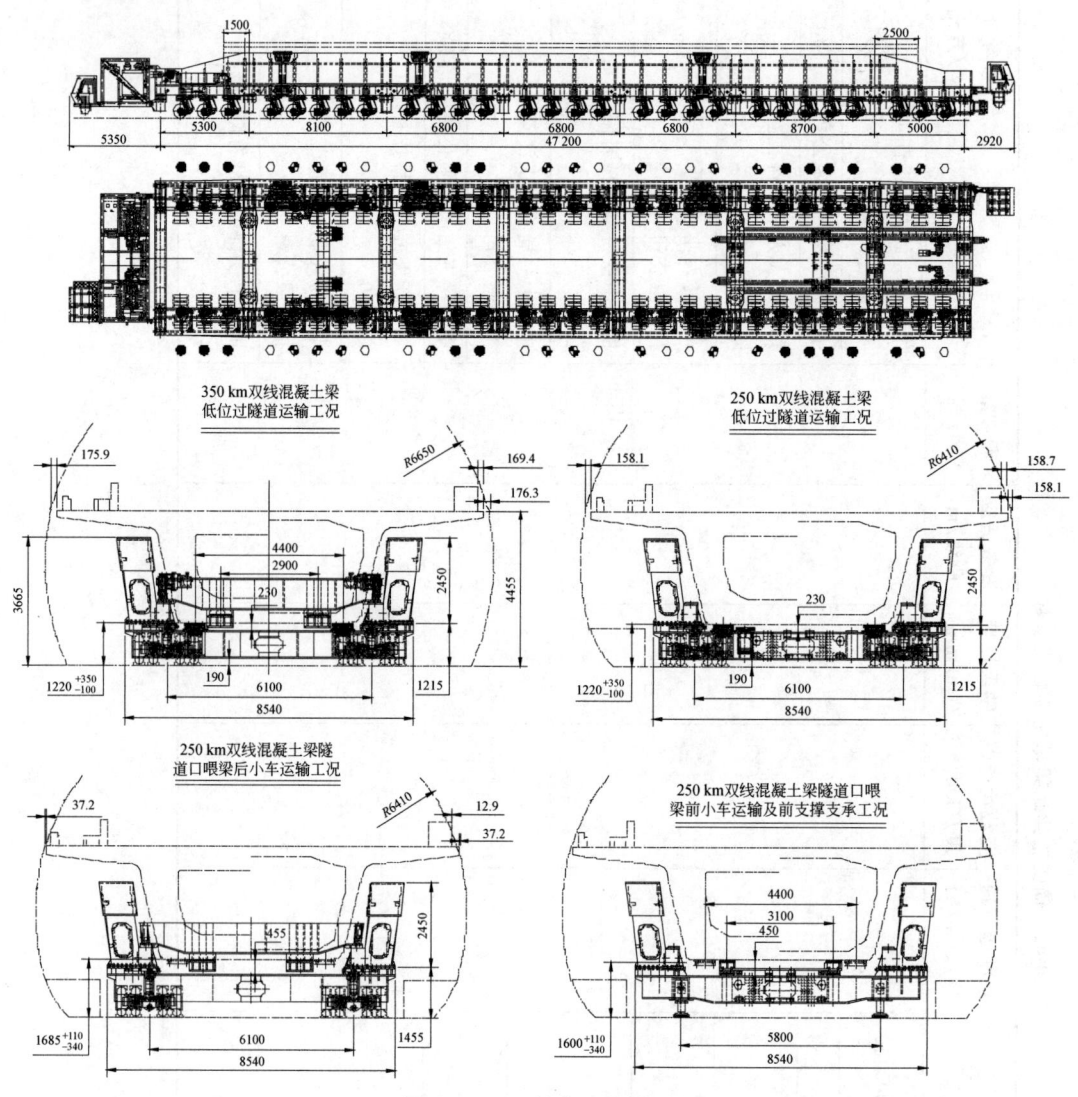

图 10-24 运梁车运输箱梁

TJ-YLS1000/40 型运梁车是高技术含量的"机-电-液"一体化产品，采用全液压驱动行驶，各走行桥通过液压悬挂升降，转向采用每两个悬挂走行轮组独立转向的"机-电-液"控制转向系统。

全车设两台发动机，每台发动机连接分动箱变成两个输出轴，每个输出轴连接一个闭式泵，再串联两个开式泵，这样全车共配置 12 台液压泵。闭式泵产生循环的高压液流驱动马达走行，开式泵产生的高压液流驱动转向（液压）液压缸和悬挂液压缸实现转向和支承的功能。闭式泵、开式泵、驱动马达、转向液压缸和悬挂液压缸均由微电系统控制、协调工作，使性能最好、工作效率最高。

2）主要技术特点及技术参数

(1) 主要技术特点

TJ-YLS1000C/40 型运梁车采用液压驱动走行、液压悬挂升降和支承、"机-电-液"协调控制多轴线转向系统，实现直行、斜行、八字转向、半八字转向等运动模式。整机运行非常机动、灵活，通过微电系统来控制、协调和实现各系统的功能，解决了行驶时"差力差速"和"打滑"的问题，使各轮胎实现"纯滚动"走行，基本可实现无滑移或少滑移行驶。整车可实现"整升整降"和"单点升降"的功能,满足了运梁车自动调平和喂梁时精确对位的要求。

① 液压悬挂自动调整技术。运梁车运输工况时液压悬挂三点编组连接,能够根据路况自动调整悬挂液压缸的伸缩量,保证车辆平台水平和每个轮胎受力相等。悬挂轴能够实现竖向±225 mm 的升降量,满足了在横向(人字)坡的安全运行,保证运梁车行驶时每个轮受力均匀。

② 全轮转向。运梁车悬挂分两类转向方式:单悬挂转向和双悬挂转向。单悬挂转向是由一个转向液压缸推拉一个主动转向悬挂实现转向;双悬挂转向则由一个主动转向悬挂、一个从动转向悬挂和转向液压缸组成,转向液压缸推拉主动转向悬挂转向,从动转向悬挂则由连杆连接到主动转向悬挂上,随主动转向悬挂一起转向。整车具有斜行、八字转向、半八字转向等运动模式,最大转向角度为±25°,很好地适应了铁路客运专线运、架梁施工特点和架桥机对喂梁施工的要求,其斜行和半八字转向功能使喂梁对位工作比连杆转向运梁车更加方便快捷。

③ 悬挂编组。运梁车悬挂组进行合理的编组以满足箱梁运输和喂梁等不同工况的要求。运输混凝土箱梁时,悬挂组按 14+14 编组,前端 14 轴线 28 个悬挂左右各编成 1 组,相当于形成两个支承点,后端 14 轴线 28 个悬挂编成 1 组,各悬挂承载完全相同,相当于形成一个支承点,从而实现三点支承,保证箱梁在运输过程中 4 个支点均匀受力且在同一平面上。为架桥机喂送箱梁时,驮梁小车作为移动载荷通过运梁车传递到桥面上,为了使载荷均匀传递同时确保运梁车自身稳定,需要切换悬挂编组使悬挂分为 8 组,从前到后轴线分为:7+7+7+7,即前端 7 个轴线左右各分成 2 个区,紧跟向后的 7 个轴线左右分成 2 个区,之后的 7 个轴线左右也分成 2 个区,最后端 7 个轴线左右也分成 2 个区。两种工况时悬挂编组分区情况如图 10-25 所示。

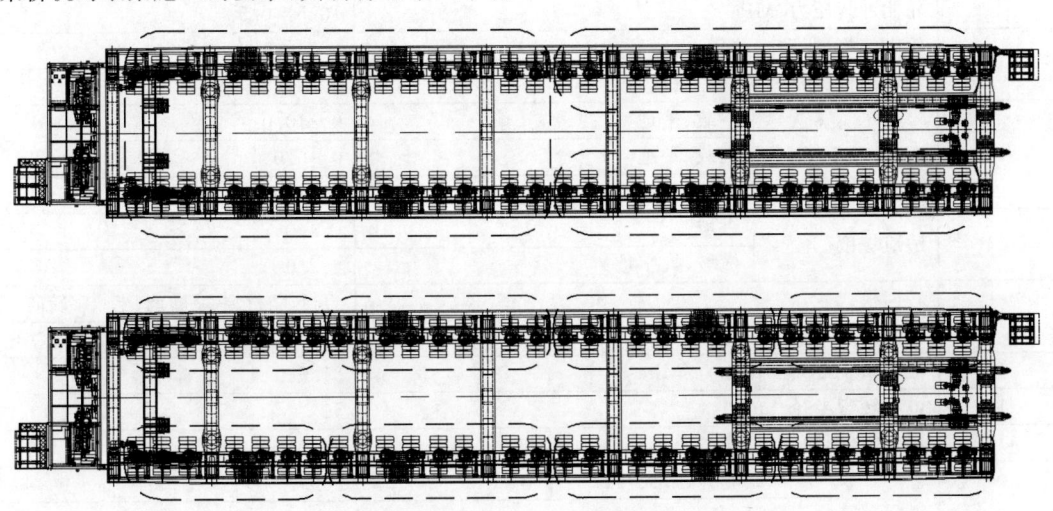

图 10-25 运梁车液压悬挂分组示意图

④ 故障报警与诊断功能。运梁车设置有各种传感器,通过故障诊断程序实时监控各系统情况,当系统出现故障时,会发出声音报警并闪烁,终端显示屏可显示各种诊断数据,通过中文界面故障查询系统可查询故障具体位置,为操作人员及时排除故障提供可靠依据。

⑤ 与架桥机间的防撞设计。当运梁车前端驾驶室向后旋转约 160°后,避免了运梁车高速与架桥机对位的可能,同时在运梁车前端设置有位置传感器,当运梁车与架桥机支腿之间的距离达到设定值(如 300 mm)时,运梁车能自动停车,运梁车的前进功能将锁定,再次启

动后才能缓慢行驶对位。

⑥ 发动机控制系统。本系统采用电控发动机,发动机通过控制器完成闭环控制,实现转速和扭矩的协调控制。发动机转速的调节由面板上的转速调节电位器直接给出,如需要将转速稳定在某一值上,只需将电位器上的锁定钮锁定即可,如需要调节只需拨开。发动机的转速、水温、油压等参数值被发送给易福门控制器,从而实现发动机转速和变量泵的同步协调控制。

(2) 技术参数

TJ-YLS1000/400型运梁车的主要技术参数如表10-43所示。

表10-43 TJ-YLS1000/40型运梁车主要技术参数

序号	项目		参数
1	额定装载质量/t		1000
2	车辆自身质量(含驮梁小车)/t		≤420
3	总质量(按额定装载质量计)/t		≤1420
4	轮系		2纵列28轴线
5	悬挂数量/套		56
6	驱动轴(悬挂)数量/套		20
7	制动轴(悬挂)数量/套		20
8	从动轴(悬挂)数量/套		16
9	最大轴载质量/t		≤32
10	接地比压/MPa		≤0.7
11	工程轮胎(驱动、制动、从动)规格/数量		355/65R18 NHS/224
	轮胎冲气压力/MPa		10.5±0.5
12	轮辋规格(驱动)/数量		9.75~18/80
	轮辋规格(制动、从动)/数量		9.75~18/136
13	车速/(km/h)	空载、平地	0~10.0
		满载、平地	0~5.0
		满载、爬坡	0~2.0
14	适应坡度/%	纵坡	±4.0
		横坡(人字坡)	±2.0
15	转向模式		直行、斜行、八字转向、半八字转向
	转向角/(°)		±25
16	液压系统最大工作压力/MPa		31.5
17	最小转弯半径/m		51
18	驾驶室(摆动90°)/套		2
19	驮梁小车	承载能力(最大)/t	500
		数量/套	1
		走行速度(与架桥机起吊小车同步)/(m/min) 空载	0~3.0
		重载	0~3.0
20	动力机组	发动机功率/kW,数量/台	522,2
		发电机功率/kW,数量/台	10,1
21	整车外形尺寸(2驾驶室均不摆转,中位、空载时)/(m×m×m)		55.5×9.07×3.79

3) 设备组成

TJ-YLS1000/40 型运梁车由车架、液压悬挂总成、驮梁机构、转向系统、动力系统、制动系统、液压系统、电气控制系统及安全装置等组成,如图 9-118 所示。整机采用模块化设计,运输、安装方便,连接快捷可靠。

运梁车车架采取 U 形结构,主承重梁(即上纵梁)放在两侧,位于混凝土梁的翼板下方;悬挂走行轮胎采用 920 mm 直径小轮胎,悬挂系统通过回转支承反装在上纵梁下端;驮梁机构由链条驱动,其走行部分采用重型移运器,替代传统钢质车轮,有效降低了运梁空间;在车架后端安装有动力舱,动力舱框架上安装一个后驾驶室;为满足架桥机的使用,车架前端还配置一可摆动 162°的驾驶室,喂梁时需将驾驶室向后旋转以避开架桥机后支腿。在车架两侧面装有气、液、微电、车电等系统的管线;在车架前、后端装有辅助支腿;在车架下纵梁后端的第 2、第 3、第 6 和第 7 个横梁上安装有混凝土梁顶升液压缸。

(1) 车架、液压悬挂总成、驮梁机构、转向系统、动力系统、制动系统、液压控制系统详见 9.3.3 节运梁车章节的相关内容。

(2) 安全装置

① 故障分析。终端显示屏可显示各种诊断数据以及各种故障和位置。

② 急停按钮。每个驾驶室内以及运梁车 4 个角上均有一个急停按钮,紧急情况下运梁车所有的操作均可通过按急停按钮停机。

③ 车体倾斜报警装置。运梁车设置了车体倾斜报警装置,如果 3 点支承发生倾斜,控制系统会自动报警,具备车体调平功能。

④ 防撞装置。运梁车前端设置有位置传感器,能使运梁车到达设定位置后自动停车。例如,设置值为 300 mm,当运梁车与架桥机支腿之间的距离到达设定值 300 mm 时,运梁车能自动停车。

4) 操作与使用

(1) 设备启动前的检查

在设备启动之前,为了避免故障和意外事故在启动时发生,实行若干的检查和测试是非常有必要的。所有的检查都必须由经过培训的专业人员在没有负载的情况下来完成,他们必须阅读过并且完全掌握整个手册。

① 目测检查的内容如下:

(a) 运梁车车架、混凝土梁顶升液压缸、支腿液压缸是否安装正确,节点板、螺栓及销轴连接是否牢固可靠。

(b) 电气设备及相关安全装置、照明、信号、显示等系统是否安装正确、稳定有效。

(c) 液压系统的液压缸、管路、阀组是否安装正确,连接牢固可靠。

(d) 液压系统的液压缸、管路、阀组等部位是否存在渗、漏油现象。

(e) 减速机、轴、套等处所需要的润滑油是否品种加注正确,油面到位。

(f) 目测检查时不必打开所有部件,但应打开在正常维护和检查时应打开的盖子或检查口。

② 一般性检查的内容如下:

(a) 检查驮梁小车和驮梁台座在运梁车主梁顶面的正确位置。

(b) 检查所有的螺栓和螺母,尤其是在那些振动件上的是否拧紧。

(c) 确保所有的安全保护装置(声音报警器、限制开关、急停止按钮等)都已经安装并且工作状态正常。

(d) 只有在所有的检查都通过后,才能按照下一步的有关电气方面的程序接通电源。

③ 接电前检查的内容如下:

(a) 检查液压及空气管路各接头情况,特别要检查各连接软管,如有磨损、刮伤、凸肚等现象时必须拆换,以防漏油、漏气。

(b) 所有外露的的连接件和紧固件,如螺栓、螺母必须拧紧。

(c) 发动机皮带松紧程度是否良好。

(d) 确保动力系统的完好状态。

(e) 轮胎的气压是否符合规定(0.8 MPa),气门帽是否齐全,气门嘴是否有碰擦现象及胎面是否有损坏。

(f) 轮轴是否有松动、裂纹。

(g) 所有的接插件是否正确插入。

(h) 打开并检查油箱吸、回油路上的截止阀是否正常。

(i) 观察蓄电池电压表是否正常。

(j) 观察发动机、润滑油油位是否正常。

(k) 观察液压油油位是否正常。

(l) 速度控制手柄（油泵排量控制手柄）位置是否在中间零位。

(m) 各电气接头是否正确连接。

(n) 悬挂液压缸按标识打开或关闭截止阀。

(o) 悬挂支承点压力的示值应基本一致。

④ 接通电源后检查的内容如下：

(a) 开机首先开启微电控制系统电源，即观察液晶显示屏是否正常显示、各悬挂是否处于零位。

(b) 发动机机油压力表是否显示正常。

(c) 各控制器无故障显示。

(d) 支承油压传感器工作是否正常。

(e) 悬挂调整开关工作是否正常。

(f) 液压油过滤无堵塞（红灯熄灭），否则应予更换。

(2) 控制权

本系统根据车辆的常规操纵方式进行设计，用方向盘输入转向信号；加、减速和紧急制动使用脚踏板输入信息；选择运行模式、挡位（速度）控制、升降调平等用万能转换开关及按钮输入信息。

本车的控制可分为主驾驶室控制、副驾驶室控制，因此存在两个控制权的切换问题。当其中一处控制点处于主控状态时，若在另一处选择"控制权"则两处都不能操作，若在另一处按下本控制点面板上操作除"控制权"旋钮的其他开关，则系统不再响应其他控制点的各输入信号，从而避免误动作，保证安全性。

为保证信号不受其他控制点的干扰，对整个系统的控制信号同时进行了硬件和软件互锁。

(3) 发动机启动

① 启动发动机。依次启动两台发动机，怠速运行预热后将发动机转速调至 1500～1800 r/min，观察转速是否保持稳定（波动值在 20 r/min 左右），两台发动机转速差不超过 50 r/min。

发动机启动后，观察冷却液温度和机油压力，要求机油压力大于 100 kPa，冷却液温度无报警且温度值无异常。

② 发动机启动注意事项。发现启动机因继电器触点粘连而不能脱开时，应迅速按下电源急停按钮，以保护启动机。

观察发动机充电情况，此时充电指示灯应不发光，电压表应显示 26～28 V，同时，机油压力应为 0.2 MPa 以上，各温度指示应在绿色区域内。

本车带有空气滤清器报警灯，当空气滤清器堵塞时报警灯发光，此时应清理或更换空气滤清器。本车带有液压油滤清器报警灯，当液压油滤清器堵塞时发动机出现报警或异常停机，此时应清理或更换液压油滤清器。

③ 启动发动机后的检查。检查内容包括发动机转速、液压油油温、冷却液温度、发电机工作情况（启动前为 23～25 V，启动后为 26～28 V）。

(4) 设备的启动

① 驾驶员进入驾驶室前，首先要将所有空开闭合，所有急停旋钮释放，然后进入驾驶室检查方向盘转动角度是否和轮组一致，以及操作面板模式是否清空，再按下"上电"按钮。

② 旋转发动机启动钥匙，发动机开始启动。每次起动发动机的时间不得超过 10 s，连续启动次数不得超过 3 次。如果连续 3 次不能启动，要等待 5～10 min，待发动机活塞冷却之后，方可再次启动。

需注意：故障停机及启动过程异常需断电（断掉发动机控制箱电源，关掉发动机控制箱钥匙开关或地刀开关）至发动机控制箱面板指示灯及显示屏灭后再重新启动。

③ 发动机启动后再次选择发动机，观察发动机转速表，增加或减小发动机油门，将转速逐步调整到 1500～1800 r/min，将两台发动机转速调整至转速大致相同（2000 r/min 内）。

④ 此时观察电压值、机油压力、液压油温等参数是否正常。机油压力应为 1.8～5 bar，

冷却液温度应小于 90℃，电压表应为 26～28 V。

⑤ 当发动机启动时，如果发现启动机不能脱开，表现为发动机转速上不去，说明控制启动机的接触器触点粘连或调速控制箱有问题，此时应按下电源急停按钮，迫使启动机断电，并尽快修复接触器或联系厂家报修。

注意事项：在选择控制选旋钮前应检查方向盘的当前角度是否和轮组的角度大致一致；检查操作面板上"升降液压缸选择""行驶速度选择""操作模式选择""发动机启动"钥匙、"调速"挡位是否处于空位。

(5) 设备操作

① 走行操作。运梁车通过驾驶室的万能转换开关实现挡位控制，分为前进 3 挡和后退 2 挡、微动（前进）挡，加上空位挡共 7 个挡位。在工作中，用户可以根据需要切换不同的挡位。

特别注意：行车之前先打开驻车制动，待驻车制动压力大于 2.5 MPa、行车制动压力大于 7 MPa 时方可行车。

当压力达到条件后，先选择行驶速度和方向，再轻踩油门（右侧踏板），缓慢提速；减速时，缓慢松开油门，松完油门需加快停车时，匀速缓慢踩下左侧制动踏板。

坡道停车时，需在速度降低接近零前踩下制动踏板，关掉驻车制动旋钮；坡道启动时，无需打开驻车制动，选择好速度和方向，轻踩油门，系统会自动打开制动。

注意事项：

(a) 运梁车走行前首先检查停车制动是否已解除，走行前方道路上是否有障碍物。走行时先点动，确认无异常后再连续前移。

(b) 运梁车起步和停车时，均采用低速挡位，严禁高速起步和高速急停。

(c) 在移动运梁车之前检查轮组方向是否一致，辅助支腿液压缸是否缩回。

(d) 运梁车在接近预定停车位置时，提前由高速挡位换到低速挡位减速，并缓慢停车。

(e) 运梁车在走行时开启喇叭提醒现场人员注意。

(f) 运梁车重载时不允许在高速状态下运行，最大速度不得超过 5 km/h，重载爬坡要采用 1 挡或微动挡（发动机转速调整到 1600 r/min 左右）。

(g) 行进过程中禁止切换速度、升降操作和转向模式操作，只有在停稳后，方可改换走行方向。

(h) 当车辆出现故障时，面板上的"故障"指示灯将点亮，运梁车运行将立即停止，并在显示屏上给出故障类型的提示；故障排除后，要重新确认模式选择，对系统进行仔细检查后恢复运行。

(i) 重载时不允许运行在高速 3 挡状态。

② 转向操作。整个转向过程为：方向盘转动带动电子元件（高精度电位器）实时发出转向信号，通过控制器运算后向各转向机构发出指令，由转向液压系统推动转向液压缸完成转向动作。各转向悬挂转角是按理论最佳转向轨迹运行的，可减小轮胎磨损。因为采用计算机控制，各种转向模式可以按要求预先编程输入控制系统，因此可以实现多模式转向。整个转向过程均由微电控制，反应速度快、随动性好。

根据不同的工况，本车的工作模式有 4 种：八字、半八字、斜行、升降。工作模式之间的切换通过万能转换开关实现。操作时先选择运行模式，然后根据需要确定速度挡位。

(a) 半八字：在半八字模式下旋转方向盘，前方第一轮组将转至与方向盘指令对应的角度，其余轮组依次按照一定的规律减小角度，最后一个轮子将保持 0°不变。

(b) 八字：在八字模式下旋转方向盘，操作方向第一轮组将转至与方向盘指令对应的角度，中心线位置轮组将保持 0°不变，其余轮组依次按照八字模式规律减小角度。

(c) 斜行：在斜行模式下旋转方向盘，所有轮组都按照方向盘的指令以同一角度旋转。车轮转角到位后车轮都朝着一个方向，显示屏上会显示该角度。

(d) 升降：在升降模式下，把"升降液压缸选择"旋钮选择操作对象，将面板上"左前""右前""左后""右后"旋钮旋至有效挡位,用户再通过面板上的"升降控制"按钮操作实现各目标液压缸的升降,也可以单独进行"左前""右前""左后""右后"等单点动作。

注意事项:不可以在运行中切换工作模式,以避免误操作。

③ 辅助支腿操作。辅助支腿液压缸位于整车的4个角上,其对应的控制阀组也在就近位置。当需要操作支腿升降动作时,按以下步骤执行:

(a) 将"操作模式选择"旋钮旋至"升降"。

(b) 将"升降液压缸选择"旋钮旋至"支腿液压缸"。

(c) 将面板上"左前""右前""左后""右后"旋钮旋至有效挡位(当需要操作其中某一个位置液压缸时,只需将目标方位的旋钮选为"通"即可)。

(d) 操作"升降控制"旋钮,按需要旋转至"支出"或"收回"。

只有当操作模式切换到"升降"模式时,面板上的辅助支腿升降组合开关才起作用,"左前""右前""左后""右后"选择才有效,此时"升降控制"旋钮将控制4个支腿同时升降。也可以单独进行"左前""右前""左后""右后"等单点动作。

④ 行车制动操作。行车制动踏板位于驾驶室车速控制脚踏板的左边,在需要紧急减速时,可以通过控制该踏板使车速降下来。

注意事项:由于整车在重载的情况下行驶时,即使速度很低,其自身的运动惯性依旧很大,如果很急速地踩脚踏板,有可能使车上的重物产生滑移,造成危险。

⑤ 悬挂液压缸操作。悬挂液压缸由位于主梁两侧悬挂液压主管路的手动球阀进行分组,操作前需先确定球阀的分组情况再进行操作,悬挂控制阀与支腿阀在一个阀组中。当需要操作悬挂升降动作时,按以下步骤执行:

(a) 将"操作模式选择"旋钮旋至"升降"。

(b) 将"升降液压缸选择"旋钮旋至"悬挂液压缸"。

(c) 将面板上"左前""右前""左后""右后"旋钮旋至有效挡位(当需要操作其中某一个悬挂液压缸时,只需将目标方位的旋钮选为"通"即可)。

(d) 操作"升降控制"旋钮,按需要旋转至"支出"或"收回"。

⑥ 插销液压缸操作。步骤如下:

(a) 将"操作模式选择"旋钮旋至"升降"。

(b) 将"升降液压缸选择"旋钮旋至"插销液压缸"。

(c) 操作"升降控制"旋钮,按需要旋转至"支出"或"收回"。

(d) 当需要单动左侧或右侧插销时,将"左前"或"右前"旋钮旋至"通"。

⑦ 顶梁液压缸操作。步骤如下:

(a) 将"操作模式选择"旋钮旋至"升降"。

(b) 将"升降液压缸选择"旋钮旋至"支承液压缸"。

(c) 选择需要操作的支承液压缸组,选"前支承""中支承""后支承"中的一个为"通"。

(d) 操作"升降控制"旋钮,按需要旋转至"支出"或"收回"。

⑧ 驮架液压缸操作。步骤如下:

(a) 将"操作模式选择"旋钮旋至"升降"。

(b) 将"升降液压缸选择"旋钮旋至"备用"。

(c) 将面板上"左前""右前""左后""右后"旋钮旋至有效(当需要操作其中某一个悬挂液压缸时,只需将目标方位的旋钮选为"通"即可)。

(d) 操作"升降控制"旋钮,按需要旋转至"支出"或"收回"。

⑨ 驮梁小车操作。运梁车有前、后台驮梁小车,与之对应设置了两套变频控制柜,每套控制系统配置相同,操作方式也相同。变频柜侧面有电源插头和信号插头各一个,用于与外部供电和远程控制端(架桥机)相连。驮梁小车在驮梁小车轨道上以无动力舱一头为前,小车的前进后退及速度控制既可以在变频柜上操作,也可以在远程操作随架桥机前小车一起同步运行。

⑩ 变频柜操作。操作前需先确认变频柜内空开已送电,变频器显示正常无故障,小车位置不在前后极限位置,供电拖链运转正常。

然后将变频柜上"本地/架桥机"选择旋钮旋至"本地"挡位。

(a) 小车前进：旋转"前进/后退"旋钮至"前进"挡位；

(b) 小车后退：旋转"前进/后退"旋钮至"后退"挡位；

(c) 小车换挡：旋转"快速/慢速"旋钮至快慢速操作。

⑪ 运梁车装梁及运输。装梁前，前、后驮梁小车支承位置要准确定位，并按设计要求用插销液压缸将前驮梁小车锁定；由固定的人员进行操作（图10-26），把悬挂分区切换至运梁模式，且另外安排人员进行操作复核，确认前面工作人员操作无误且无遗漏；装梁时，对可能构成干涉影响的部件进行观测，注意是否有异常情况，如有异常情况随时准备停车；装梁完成后，跨线提梁机吊点暂时先不拆除以起保护作用，等运梁车承载3～5 min以后，再将提梁机吊挂拆除；运梁车运梁走行一小段距离后停车，各观测人员对运梁车各部位和部件检查一遍，确认无异常情况后继续进行运梁。运梁车行驶过程中，悬挂必须处于中位。

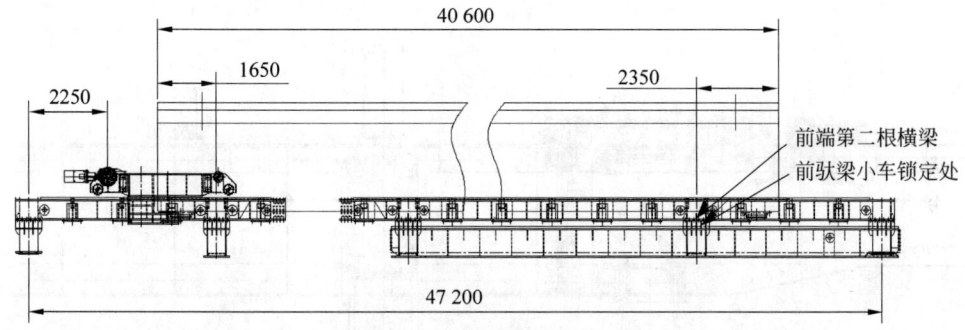

图10-26　运梁车运输40.6 m混凝土梁时前后支点支承定位示意图

⑫ 运梁车与架桥机对位。运梁车在距离架桥机6 m左右的时候，运梁车停止前进，驾驶员将"操作模式选择"旋钮旋至"喂梁"模式，"右前"选择旋钮旋至"有效"，操作面板上的"升降液压缸选择"旋钮旋至"驾驶室转向"，操作"升降控制"旋钮至"支出"，将驾驶室左转约160°，到位后将旋钮释放即可；然后将速度挡位选择微动挡，操作车辆前进，直到运梁车到达与架桥机对位的设计距离（前端横梁中心线距混凝土梁端面4.5 m）时（图10-26），运梁车停车，关闭驻车制动，如图10-27所示。

调整运梁车高度至喂梁工况要求的高度值，车架喂梁支承液压缸支承到梁面，关闭车身两侧的5个球阀，实现喂梁模式的悬挂分组。拔出前驮梁小车的固定销轴。把驮梁小车的电源插头接到架桥机上，驮梁柜子侧面的"本地/远程"开关打到"远程"，此时运梁车的混凝土梁小车与架桥机联机，喂梁走行操作由架桥机接管，架桥机可控制驮梁小车的前进、后退和速度挡位选择。也可以在驮梁柜子上进行操作，将驮梁柜子侧面的"本地/远程"开关打到"本地"，选择"正转/反转"和"二挡/三挡"。

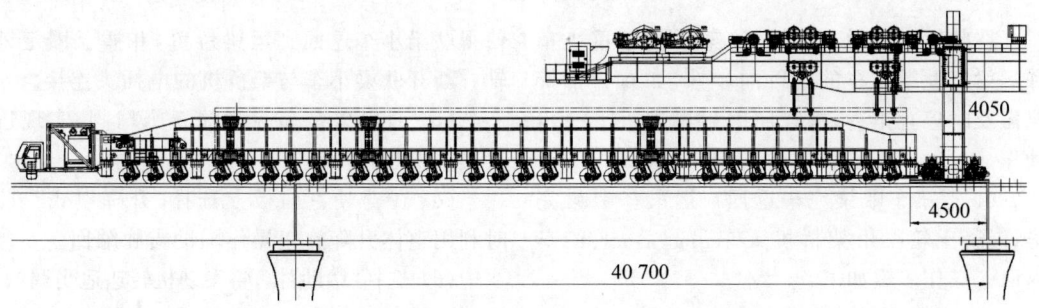

图10-27　运梁车与架桥机对位喂梁时定位示意图

注意事项：从运梁模式到喂梁模式必须关闭车身两侧的5个球阀，实现喂梁模式的悬挂分组，否则运梁车有倾翻或前后翘头的可能。

⑬ 运梁车喂梁。喂梁对位完成后，根据架桥机后支腿的工作高度，调整整车高度和纵向坡度，车架喂梁支承液压缸伸出支承到梁面，前端支承液压缸支承时工作压力需要大于等于18 MPa，后端支承液压缸支承时工作压力需要大于等于10 MPa。在两侧的部分悬挂轮组轮胎两侧安装木头楔块，防止整车溜滑；将前、后驮梁小车外接电源连接，连接时注意接线方向，确保两侧的驱动电动机前进方向相同，并对架桥机的起重小车和运梁车的驮梁小车走行同步性进行控制；前起重小车将混凝土梁前点提起(此时前起重小车与后支腿的中心距为4.05 m)，将前驮梁小车向前移动，让开后驮梁小车的工作区域；由前起重小车操控后驮梁小车同步喂梁，直至后驮梁小车喂梁到位，由后起重小车提梁并向前继续喂梁(此时后起重小车与后支腿的中心距为5 m，混凝土梁后端面距离前端横梁中心线的距离为3.7 m)，直至完成架梁，如图10-28所示。

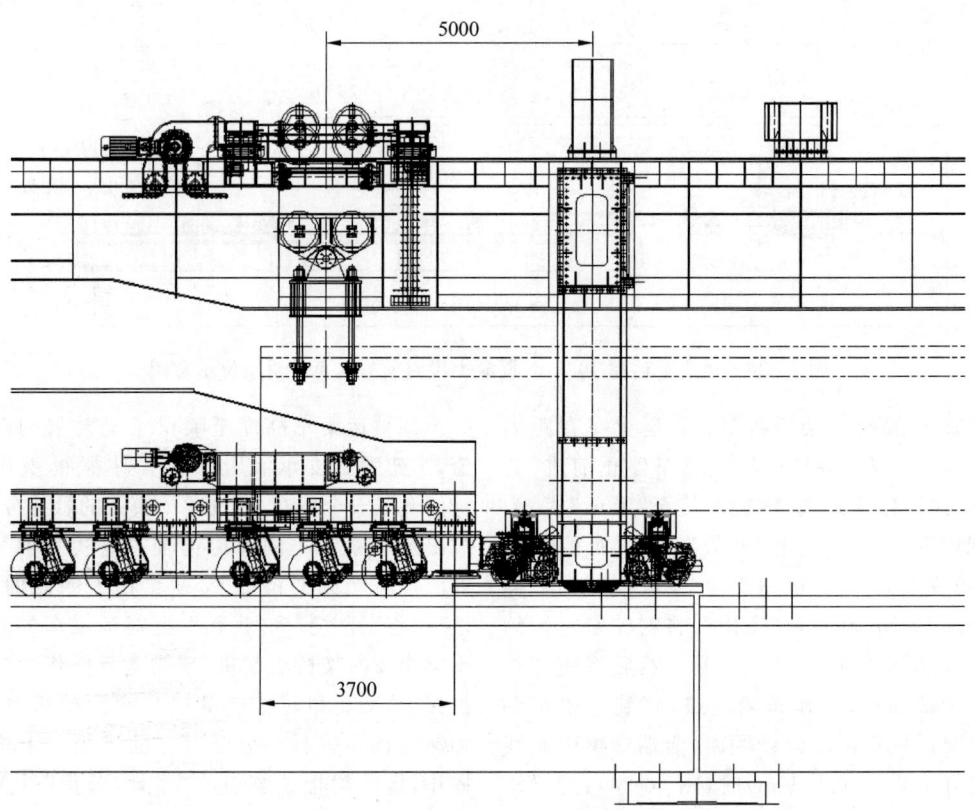

图10-28 运梁车40.6 m梁喂梁到位后驮梁小车定位尺寸示意图

在喂梁过程中，随时关注架桥机起重小车和运梁车驮梁小车的走行同步性，如有异常情况需及时停止走行，排查原因后再进行下一步动作。

⑭ 运梁车喂梁完毕返回。运梁车喂梁完毕，混凝土箱梁由架桥机天车吊起后，运梁车返回。操作步骤如下：

(a) 操作运梁车上驮梁小车的控制按钮，使得驮梁小车返回到运梁位置，并插上固定销轴。断开驮梁小车与架桥机的电插头连接。

(b) 开启运梁车两侧的5个球阀，实现运梁模式的悬挂分组。

(c) 在驾驶室面板上选择"升降模式"，此时利用整体升降旋钮操作辅助支腿缩回。

(d) 选择"微动"挡，将发动机转速适当调低，操作控制后退，直到离开架桥机到达安全位置。

操作驾驶室摆动旋钮使驾驶室右转约160°。

(e) 驾驶员到副驾驶室中进行操作,返回存梁场,实现下一次的运梁和喂梁。

注意事项:从喂梁模式到运梁模式必须开启车身两侧的5个球阀,实现运梁模式的悬挂分组,否则混凝土箱梁有扭曲的可能。

5) 维护与保养

(1) 机械保养

① 结构部分的维护与保养。至少每个月从头到尾检查一下结构件的连接情况,包括车架梁连接板、车架与牛腿之间等部位的螺栓、螺母的连接状态是否正常,有无松动。发现问题应立即停止作业,及时予以处理。需更换螺栓或螺母时,必须保证其原强度级别及规格。

需要经常检查的主要焊缝有:车架上纵梁和下纵梁上下盖板与腹板、前后端梁的焊缝,转向轮组架的焊缝等。检查焊缝是否产生了撕裂或疲劳裂纹,如发现有隐患存在,则应立即停止作业。当用肉眼发现已有裂纹存在,但不能断定其危害程度时,应采用焊缝探伤仪器判断,并采取合理的措施予以处理。

对结构件的油漆,每两年应重新涂刷一次。涂刷前应用钢刷清理干净原表面,并注意检查相关焊缝状态。在对结构部件进行拆装、运输时,严禁野蛮作业,不得剧烈碰撞,起吊时要利用专用吊钩或吊具。连接螺栓、销轴拆卸后要分类存放,防止混乱丢失。对于连接板必须按"对号入座"的原则拆卸、安装,不得混乱,保证每次拆卸及装配前后标记明确。

② 油品选用。为保证设备具有良好的工作状态和工作寿命,油品选用是一项非常重要的工作。应避免油品在存储、运输和供应过程中的变质,以避免造成损失。运梁车所用各类油品如表10-44所示。

表10-44 运梁车所用油品

部件名称	牌号	数量	备注
液压油	抗磨低凝液压油,过滤精度≤10 μm 夏季:40号稠化液压油; 冬季:Mobil DTE16M	3000 L	油品标准详见附注 无论工作与否每半年更换一次液压油
发动机燃油	0号柴油(使用最低气温≥4℃) -10号柴油(使用最低气温≥-5℃)	1600 L(2个油箱)	—
发动机机油	15W/40(最低 API CF-4 级,推荐 CG-4 级以上级别)	约50 L(2台发动机)	长城; Mobile;Shell
极压锂基润滑脂,稠度等级1号、2号(GB/T 7324—2010)	极压锂基润滑脂1号、极压锂基润滑脂2号	按需	大直径回转轴承
轮边减速箱齿轮油	Mobil SHC630 齿轮油	按需	驱动轮边减速箱

(2) 电气设备保养

① 一般要求。为了使运梁车电气设备保持更长的工作寿命和更好的工作状态,经常保养是非常必要的。保养应该有计划地进行,尽管由于操作和环境等因素,保养计划的内容经常变化,但在大多数情况下,可以遵循下列标准:

(a) 无论何时何地,都要遵守安全规范。

(b) 保证能很容易接触到需要检查和修理的设备。

(c) 应保持适当数量的备用件。

(d) 应及时替换接触压力不足的制动或控制设备。

(e) 任何情况下产生的设备过热状况都必须消除或者至少将其降至可接受的范围。在怀疑系统温度过高的情况下必须时刻监控系统温度。

(f) 必须及时发现并迅速消除任何泄漏,否则有可能导致系统短路。

② 日常保养。为保持保养操作的连续性,

需要每天在专用的保养手册上记录设备的异常状态。以下的异常状况应该记录：

(a) 环境温度过高；

(b) 湿度状况异常；

(c) 灰尘状况异常；

(d) 因温度过高或设备燃烧产生的气味；

(e) 任何其他不正常的状况。

③ 一般维护。内容如下：

(a) 经常检查各显示仪表、指示灯及声、光报警信号等设备的功能是否正常。

(b) 每次开机运行前，应认真检查各种控制手柄及按钮是否灵活，有无松动及卡死等现象。

(c) 应定期检查接触器及控制开关触点有无打火及烧结现象，外壳是否存在破裂、损坏。若发现，应及时予以更换。

(d) 定期检查漏电开关试验按钮。

④ 电气安全装置。以下关于电气安全装置的检查必须每周进行一次：

(a) 检查所有限位开关的性能。如果有故障，立即更换有故障的装置。

(b) 检查车体偏载和倾斜报警系统的功能，检查显示的负载值与实际负载是否一致。

⑤ 紧急停止按钮。下面关于所有紧急按钮的维修操作必须每周进行一次：

(a) 检查紧急停止按钮的性能。

(b) 检查所有紧急按钮的电气性能，在设备移动时逐个按下，检查是否能立即安全地使设备停止。如果有故障，立即更换有故障的装置。

(3) 液压系统保养

① 定期检查液面高度和工作温度。在恶劣环境(沙尘，水汽等)下工作时，液压油的更换周期要更短，必须每周检查油品状态。

② 当进行油品更换时，必须将油品在工作温度下倒出来，清除箱底可能存在的污泥。在首次运行500 h后必须从油箱中将液压油全部抽出进行过滤。彻底清洗油箱、吸油过滤器，更换回油过滤器与压力过滤器的滤芯。检查液压油，在无变质和没有水分的情况下将油加入油箱中继续使用。

③ 液体温度要通过一个内置温度计进行经常检查，如果使用的是电加热器，则要检查其自动调温设备。

④ 连接器件必须定期检查以进行合适的调整。如果有外部的物体落入了循环体系中，例如，泵的碎片或液压部件，则整个液压系统都要进行清理并更换用油。

⑤ 工作压力要定期检查。每个过滤器都要配备一个目测或光学堵塞指示器，一旦指示有堵塞，立即更换过滤元件。特别要注意安装在油泵吸油口上的过滤器。

6) 常见故障及处理方式

驮架液压缸和压力状况可以在显示屏的"驮运模式"页面的压力数值处查看，驮架比例阀电流也可以在此看到。操作面板有一排报警灯，包括喂梁距离报警、故障报警、左倾斜报警、右倾斜报警、主梁距离报警，当车辆出现故障时，面板上的报警器将闪烁并鸣叫，并在显示屏上给出故障类型的提示。

TJ-YLS1000/40型过隧运梁车常见故障及处理方式详见10.3.1节搬梁机相关章节的内容。

2. DCY1100型轮胎式运梁车（郑州新大方重工科技有限公司）

1) 概述

(1) 适用的工作环境

① 海拔高度≤1000 m；

② 环境温度：0~45℃；

③ 风力：运梁作业时不超过7级(20 m/s)，停放作业时不超过11级(44 m/s)；

④ 无易燃、易爆及腐蚀性气体。

(2) 电源参数

① 车辆系统：24 V直流电；

② 驮梁小车系统：415 V交流电，50 Hz。

(3) 工作时间

全天候(大风、雨、雪、雾等恶劣天气除外)，设计有足够灯光，满足夜间施工要求。

2) 主要技术参数

DCY1100型运梁车主要技术参数如表10-45所示。

表 10-45 DCY1100 型运梁车主要技术参数

序号	项目	参数
1	额定运载量/t	1100
2	空载运行速度/(km/h)	0~10
3	重载运行速度/(km/h)	0~5
4	微动速度/(km/h)	0~1(可调)
5	满载时最大爬坡能力/%	6
6	横向坡度(人字坡)/%	2
7	接地比压/MPa	≤0.6
8	最小转弯半径/m	外侧57(含驾驶室)，内侧40
9	平台升降范围/mm	±300
10	总悬挂数(驱动/制动/从动)/套	54/14/20/20
11	轮胎数量/个	216
12	轴距/m	1.8
13	轮距(横向)/m	6.5
14	柴油机额定功率/kW	2×566
15	整车质量/t	≈380
16	转向模式	直行、斜行、八字转向
17	驮梁方式	驮梁小车＋驮梁小车
18	外形尺寸(长×宽×高)/(m×m×m)	63.06×8.45×3.755(±0.3)(含驾驶室)
19	使用环境	工作海拔高度/m ≤1000
		工作环境温度/℃ 0~45
		工作状态允许风速/(m/s) 20
		非工作状态允许风速/(m/s) 44

3) 设备组成

DCY1100 型轮胎式运梁车主要由车架、悬挂总成、驱动桥、从动桥、制动桥、转向机构、动力系统、制动系统、液压系统、电气控制系统、驾驶室、液压支腿、驮梁系统、安全装置等组成，如图 10-29 所示。

(1) 车架

车架是运梁车承受和传递载荷的主要部件，主要由主梁、牛腿和液压支腿组成，如图 10-30 所示，均采用螺栓连接。其中主梁分为 1 号梁、2 号梁、3 号梁、4 号梁、5 号梁和小车支架。前端为小车支架。

图 10-29 DCY1100 型运梁车

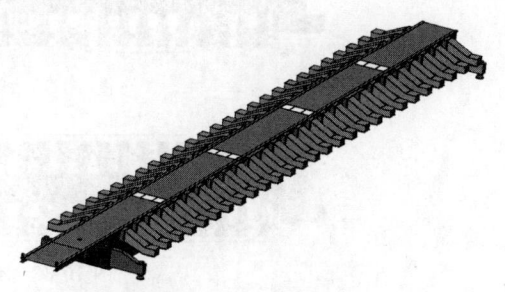

图 10-30 车架 3D 示意图

车架前端 5 号梁悬臂端是与架桥机配合的悬臂，也叫鹅颈。

车架的作用如下：

① 作为运梁车的整体支承结构；

② 为驮梁小车提供支承和运行轨道；

③ 为液压管路、电气管路、气压管路及附件提供安装位置。

(2) 悬挂总成

该车整机由 27 根轴线、54 个悬挂总成。悬挂总成为液压悬挂,其由回转支承、悬挂架、平衡臂、悬挂液压缸、转臂、编码器总成等组成,如图 10-31 所示。顶部通过大直径回转支承与车架牛腿连接。

液压悬挂是运梁车的重要部件,其主要功能是承载和升降,每个悬挂配有一个悬挂液压缸,以便运梁车在坡道上走行或通过凸凹不平的路面时,悬挂液压缸会自动提供补偿调节,自动适应路况、自动调整对地面的载荷使之均匀一致,避免车架出现变形。悬挂升降行程为 ±300 mm。

运梁车悬挂组进行合理编组以满足箱梁运输和向架桥机喂梁等不同工况的要求。整机可实现 3 点、4 点和 6 点编组,如图 10-32～图 10-34 所示。3 点编组为前端 13 轴线为一点,后端 14 轴线为左右两点;4 点编组为前端 13 轴线左右为两点,后端 14 轴线为左右两点;6 点编组为前端 9 轴线为左右两点,中间 9 轴线为左右两点,后端 9 轴线为左右两点。运梁状态下采用 3 点编组,可大大减小车架变形,适应路面纵、横向坡度,使各悬挂轮组受力均衡;喂梁状态下采用 6 点编组,可增强喂梁状态运梁车的稳定性;驮运架桥机或其他刚性物体时,采用 4 点编组,主要是保证整机运输高重心物体时整体的横向稳定性。

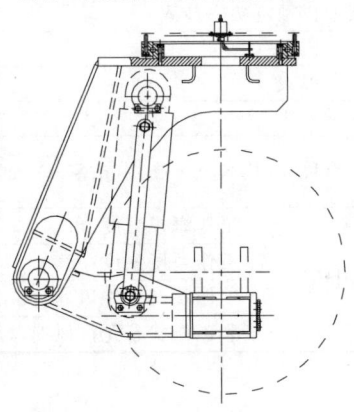

图 10-31 悬挂总成

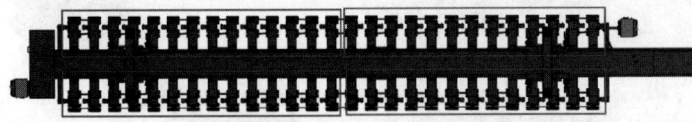

图 10-32 3 点编组示意图

图 10-33 4 点编组示意图

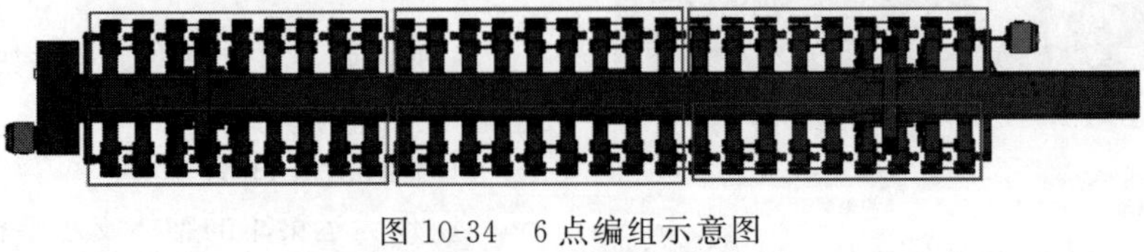

图 10-34 6 点编组示意图

液压悬挂上的防爆安全阀能使油管爆裂后安全锁定,确保行车安全。

液压悬挂带有吊板,主要是运输时使用或某个悬挂受损需要吊起时使用。车辆正常使用时需将吊板拆除,收集并存放在备件库,需要使用时再进行安装。

液压悬挂的作用如下:

① 作为整机的承载机构;

② 作为整机的转向和升降机构,满足转向和车辆调平功能。

(3) 驱动桥、从动桥和制动桥

该车走行轮组分为驱动桥、从动桥和制动桥,如图10-35～图10-37所示。整车由14个驱动桥、20个从动桥和20个制动桥组成。驱动桥安装液压马达和减速机实现整机驱动走行,马达及减速机安装在轮辋内。制动桥上安装了蹄式制动器。从动桥不带制动鼓,仅起承重作用。

图10-35 驱动桥

图10-36 制动桥

图10-37 从动桥

走行轮组作为整机的承载、行驶机构,可以满足车架支承和行驶驱动功能。

(4) 转向机构

运梁车共布置28个转向液压缸,单个转向液压缸推动一组悬挂转动,可实现直行、斜行、八字转向等转向模式。转向机构如图10-38所示,转向方式如图10-39～图10-41所示。

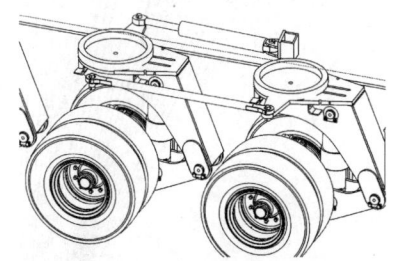

图10-38 转向机构示意图

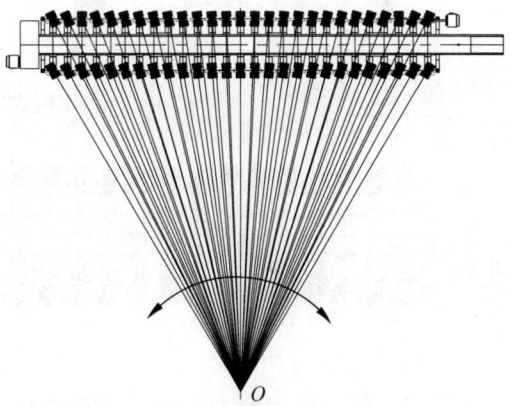

图10-39 直行/正常转向示意图

转向机构的作用如下:作为整机的转向机构,在控制系统作用下实现各种转向功能。

(5) 动力系统

动力系统主要由潍柴WP17发动机总成、柴油箱、分动箱、联轴器、液压泵、液压油箱及散热器等组成。

发动机总成包括潍柴WP17发动机机体、水箱、空气过滤器、消声器等,如图10-42所示。

动力系统作为整机的动力模块,可以为驱动、悬挂、转向、支承等机构提供动力源。

(6) 制动系统

整车配置有气压制动,制动平稳、可靠,可实现有行车制动、驻车制动和紧急制动功能。

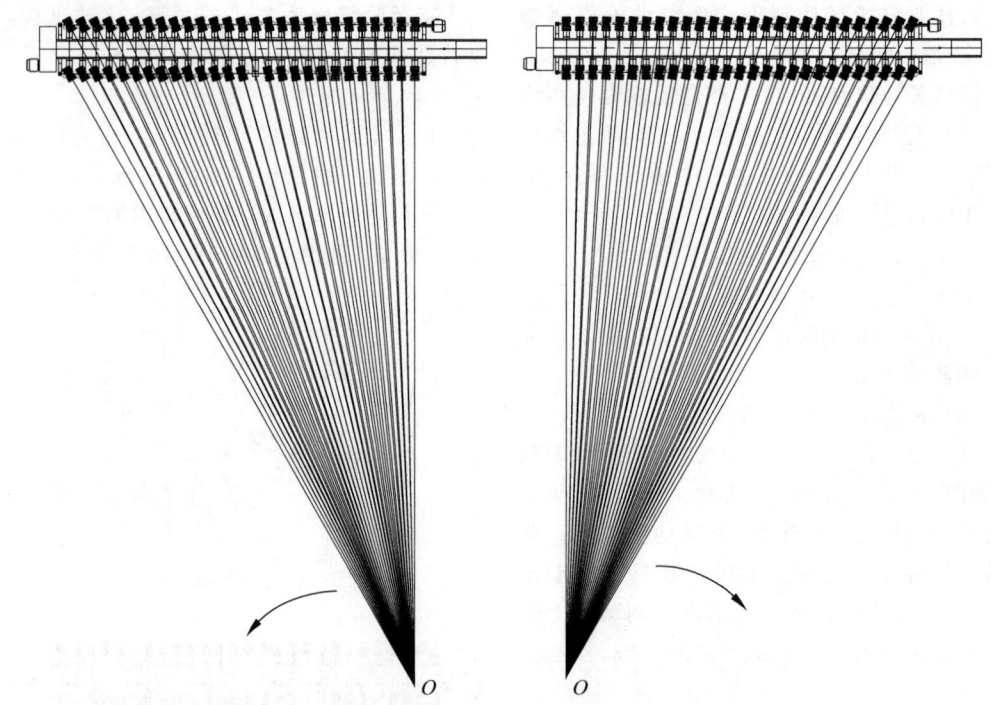

图 10-40　汽车模式(前、后摆转)转向示意图

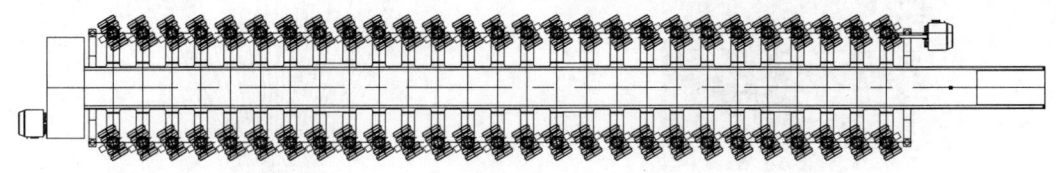

图 10-41　斜行示意图

图 10-42　发动机总成

① 行车制动：行车制动主要通过控制驱动液压系统来实现。当驾驶员释放车速脚踏板时，变量驱动泵排量逐步降低，车速也随之降低。当脚踏板完全松开后，变量泵排量为0，在液压阻尼的作用下实现行车制动直至停车。

② 驻车制动：气压制动，通过手制动实现。

③ 紧急制动：紧急情况下，操作者首先抬脚释放行车控制踏板，驱动系统停止供油，液压阻尼使得系统减速；踩下制动踏板，使压缩

空气从储气罐通过控制阀直接供给隔膜式制动气室,系统快速减速并实现紧急制动。

制动系统的作用是为车辆提供制动功能,确保行车安全。

(7) 液压系统

液压系统由液压驱动系统、液压转向系统、液压悬挂系统、液压支承系统和液压摆转驾驶室等组成,其原理如图 10-43 所示。

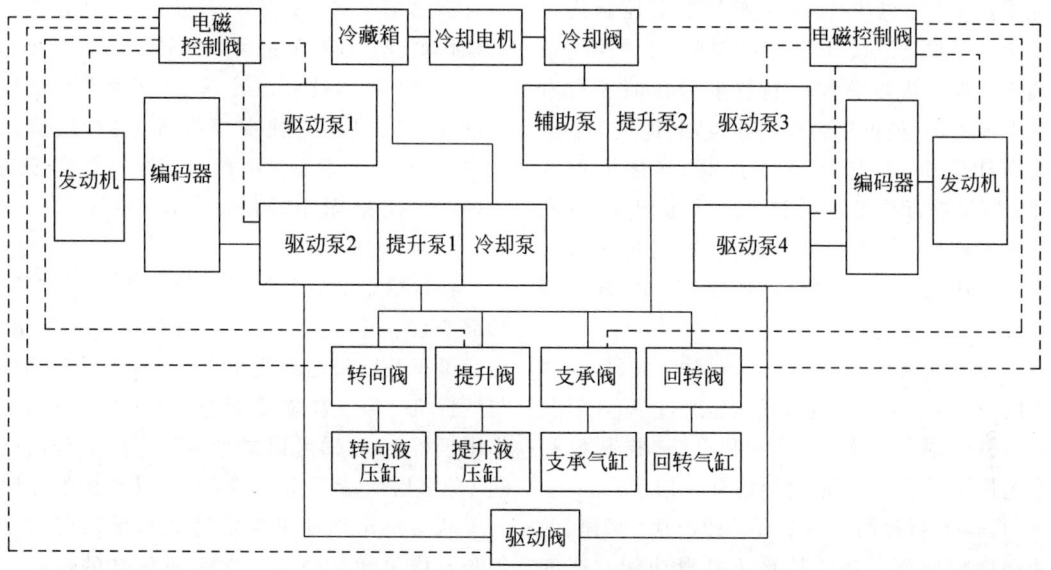

图 10-43　液压系统原理框图

液压驱动系统是由变量泵、液压管路及变量马达组成的闭式系统。泵的变量采用电子控制,根据车辆的实际负载,改变主泵或马达的工作参数;另外,各驱动轮之间的"差力差速"问题和可能出现的"打滑"问题,微电系统都可以瞬时加以控制,使驱动系统及时恢复正常。液压驱动系统通过微电控制,达到充分利用发动机功率、提高生产率、节约能源的目的。

液压转向和液压悬挂系统是由液压泵、比例多路阀、电磁阀及液压缸组成的多泵并联合流供油开式系统。液压转向系统采用液压缸驱动的独立转向方案,各液压缸的动作都由微电系统控制,驱动整车转向。液压悬挂系统采用液压缸悬挂,其升降通过操纵电磁阀,由液压缸来执行。液压悬挂系统配置双管路油管破损安全阀,一旦某一油管破裂,其他油管均能保证正常油压,以避免梁运梁车倾斜。

考虑到满载时车架变形问题,尤其是在驮梁过程中产生交变变形的情况,主油管采用无缝钢管连接高压软管方案。无缝钢管随车架分段,各分段之间以高压软管连接。

根据运梁车结构,液压系统可分为油箱及散热总成和液压管路。其中,油箱及散热总成布置于动力系统内部,为整车提供液压动力及辅助系统;液压管路布置于车架及悬挂上,为整车提供控制和执行动作。

(8) 电气控制系统

整车通过工程机械专用控制器来控制各个动作,具有控制精度高、反应速度快、故障率低、防护等级高等特点;控制器之间采用国际上流行的 CAN 总线通信,具有抗干扰能力强、通信速度快等特点,同时大量减少了电缆的使用量,降低了系统故障率。

整个控制系统由车电控制系统和微电控制系统两部分组成。

① 车电控制系统。车电控制系统主要负责给整个控制系统配电。

驮梁小车的控制、驮梁小车电源来自架桥机。

运梁车有 A、B 两个驾驶室,分别位于车体两头,驾驶室的控制权可以通过各个驾驶室的钥匙开关进行切换,具有互锁功能。驾驶室的车电控制面板上装有控制按钮和各种监视仪表,监视仪表包括发动机仪表,主要监视发动机工作状况、燃油液位等。

② 微电控制系统。运梁车的微电控制系统采用 CAN 总线技术,所有的电气控制均由一套基于现场总线(CAN-BUS)的 PLC 控制系统来实现。现场总线控制技术是目前工程机械上最先进、最可靠的控制方式,其优点为:电缆布线简单、节点少、可靠性高、连接检查方便;容易进行故障诊断和运行状态记录,有利于维修检查;设置控制点方便,容易更改参数和增减功能;能适应露天、雨雪、灰尘、振动等野外作业的恶劣环境。

微电控制系统由 10 个控制器组成,控制器之间通过 CAN 总线进行通信;通过 A、B 驾驶室可以控制车的走行、转向和升降,控制权和车电控制系统一样,通过钥匙开关切换。

(a) 走行控制。本车有 3 种速度:高速、低速和微动速度。并且具有防打滑功能。速度改变通过控制器改变马达和驱动泵的电流大小来实现,行进方向可以通过改变驱动泵的电流方向来实现。

(b) 转向控制。轮位的转向由两个模块控制,是一个闭环控制系统。角度反馈由安装在轮位上的编码器来完成;控制器根据方向盘给定的转向角度和编码器的角度进行比较运算后,控制转向液压缸来实现转向;编码器通过 CAN 总线和控制器通信,具有转向精度高、反应速度快等优点。本车具有直行、八字转向、斜行、摆头、摆位等转向模式,用户可以根据不同的路况来选择不同的转向模式。

(c) 升降控制。本车悬挂分为 3 组或 4 组单独升降,也可以整体升降,由驾驶员进行选择。注意:分为 6 组时,不能进行升降动作。

(d) 液压支腿液压缸控制。液压支腿控制由控制器来完成,通过驾驶室的开关可以控制 4 个液压支腿液压缸的伸缩。

(e) 其他。A、B 驾驶室各装有一个显示器来显示车的运行状况和报警信息,并且可以通过它修改走行、转向和升降的参数。A、B 驾驶室和车的四角都设有急停开关,遇到紧急情况时可以按下任意一个急停开关来停止车的动作。A、B 驾驶室都设有视频监控系统,可以观察车体两侧的情况。

(9) 驾驶室

运梁车两端各设置一驾驶室,可在任意一头操作驾驶。B 驾驶室可以回转 90°,两个操作室有互锁。B 驾驶室回转 90°后运梁车只能以微动速度行驶。驾驶室内设置方向盘、脚踏板、按钮和开关等操作部件及满足工作需要的各种监视仪表、显示器和故障报警系统。

(10) 液压支腿

在运梁车前后两端各设置两个液压支腿,端部安装一个支承液压缸,如图 10-44 所示。当运梁车载梁到达架桥机尾部时,运梁车鹅颈与架桥机 2 号支腿横梁配合后,将支承液压缸作用于桥面,这样可以减少运梁车 3 点分组变 6 点分组后两端轮组超载,还可以减少喂梁时由于驮梁小车移动引起的运梁车前后起伏变化和不均匀载荷分布。支承液压缸的最大支承力为 100 tf,通过调整溢流阀可以避免液压缸过载,出厂时已经调整好。

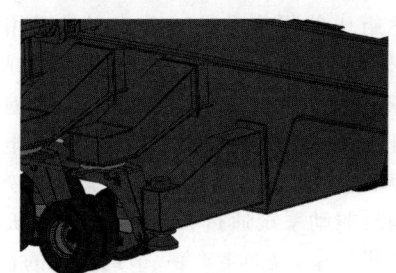

图 10-44 液压支腿

(11) 驮梁系统

为满足与 DF1100 型架桥机配合喂梁的要求,该运梁车车顶配置了两台驮梁小车,如图 10-45 所示。前、后驮梁小车的动力配置一样,但前小车比后小车低 80 mm,目的是方便喂梁。驮梁小车与混凝土箱梁接触位置设置

图 10-45 驮梁小车

有橡胶垫,驮梁小车采用电动机驱动、轮轨走行,由架桥机供电。

① 主要技术参数

运载能力:550 t。

驱动方式:变频电动机减速机驱动车轮。

走行速度:0~3 m/min(可调)。

轮压:70.75 tf。

爬坡能力:≤2%。

电动机功率:4×4 kW。

② 驮梁小车与架桥机配合。运梁车给架桥机喂梁时,前、后驮梁小车同步前移,当前小车到达架桥机 2 号支腿上方,1 号吊梁小车提梁位时,架桥机的 1 号吊梁小车首先吊起混凝土梁前端,前小车脱空前移(此时机械限位拔掉),当前小车前移到位后,机械限位插上,1 号吊梁小车同后驮梁小车同步前移;当架桥机的 1 号吊梁小车与后驮梁小车一起运行到第 2 吊点时,架桥机的 2 号吊梁小车将混凝土梁后端吊起,架桥机架梁,驮梁小车返回预定位置,运梁车按照运梁操作要求调整状态后进行下一循环。

架桥机与运梁车之间将交换下列信号以实现两者之间的互联:

(a) 架桥机 1 号吊梁小车准备就位。

(b) 1 号吊梁小车开始吊梁。

(c) 架桥机的紧急停机。

(d) 运梁车的紧急停机。

(e) 架桥机 1 号吊梁小车的限位开关信号。

架桥机与运梁车上驮梁小车的信号传递如下:

(a) 三相 50 Hz、415 V 交流电源。

(b) 单相 415 V/交流制动电源。

(c) 1 号吊梁天车走行启动信号。

(d) 运梁车与架桥机接口配电箱。

架桥机为驮梁小车提供以下功能:

(a) 运梁车为架桥机提供驮梁小车减速机故障信号。

(b) 运梁车利用 50 Hz、415 V 交流电源,经变频器调整驮梁小车的走行速度,保持与架桥机 1 号吊梁天车同步运行。同步走行作业由架桥机控制。

(c) 驮梁小车后退等运行由运梁车自行控制,此时架桥机对运梁车驮梁小车变频器控制应为断开状态。

③ 功能设置。驮梁小车运行距离能够满足架桥机吊梁小车起吊箱梁吊点的位置要求。在运梁车上台面设置有锁紧支座,可以用销轴将驮梁小车固定;设置有驮梁小车运行限位装置,防止小车滑移,如图 10-46 所示。驮梁小车采用电动机驱动、轮轨走行,与架桥机配合架梁作业时,驮梁小车的动作由架桥机操纵台进行控制。为防止箱梁运输过程中产生扭转应力,在小车上设置有橡胶支承,可以确保梁体不受损坏。

运梁装梁时,一般驮梁小车及喂梁端设置的固定弹性支座(橡胶垫)支承点纵向距混凝土梁端 1.2 m、横向 5.4 m,出厂时配备的支承位置为对应的 39.9 m、34.9 m、29.9 m 箱梁,具体施工时应根据具体的梁型要求确定支承点范围。要特别注意,运输箱梁时仅锁定后驮梁小车。

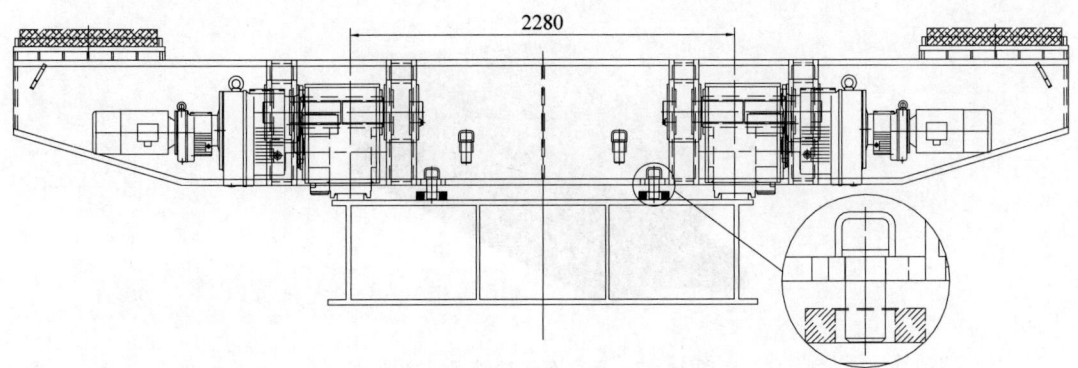

图 10-46 驮梁小车锁定装置示意图

(12) 安全装置

① 故障分析。终端显示屏可以显示各种诊断数据,提供各种故障和位置信息。

② 急停按钮。每个驾驶室内及运梁车4个角上均有一个急停按钮,紧急情况下运梁车所有的操作均可通过按急停按钮停止。

③ 偏载报警装置。运梁车各组悬挂配备有压力传感器,可以实时检测各组悬挂的载荷情况。当任意两组悬挂偏差超过10%时,控制系统会报警。

④ 防撞装置。运梁车前端设置有位置传感器,当运梁车与架桥机支腿之间的距离达到1000 mm(此值在显示器上可以设定)时,运梁车自动减速;达到300 mm(此值在显示器上可以设定)时,运梁车会自动停车。

4) 施工作业

(1) 运梁工况

运梁车调整为中位水平状态,整机分组为液压3点分组,驮梁小车按照要驮运箱梁规格停放到相应位置,如图10-47所示。驾驶运梁车运行到取梁区,跨线提梁机或轮胎提梁机缓慢落梁,放置箱梁于运梁车驮梁小车上。

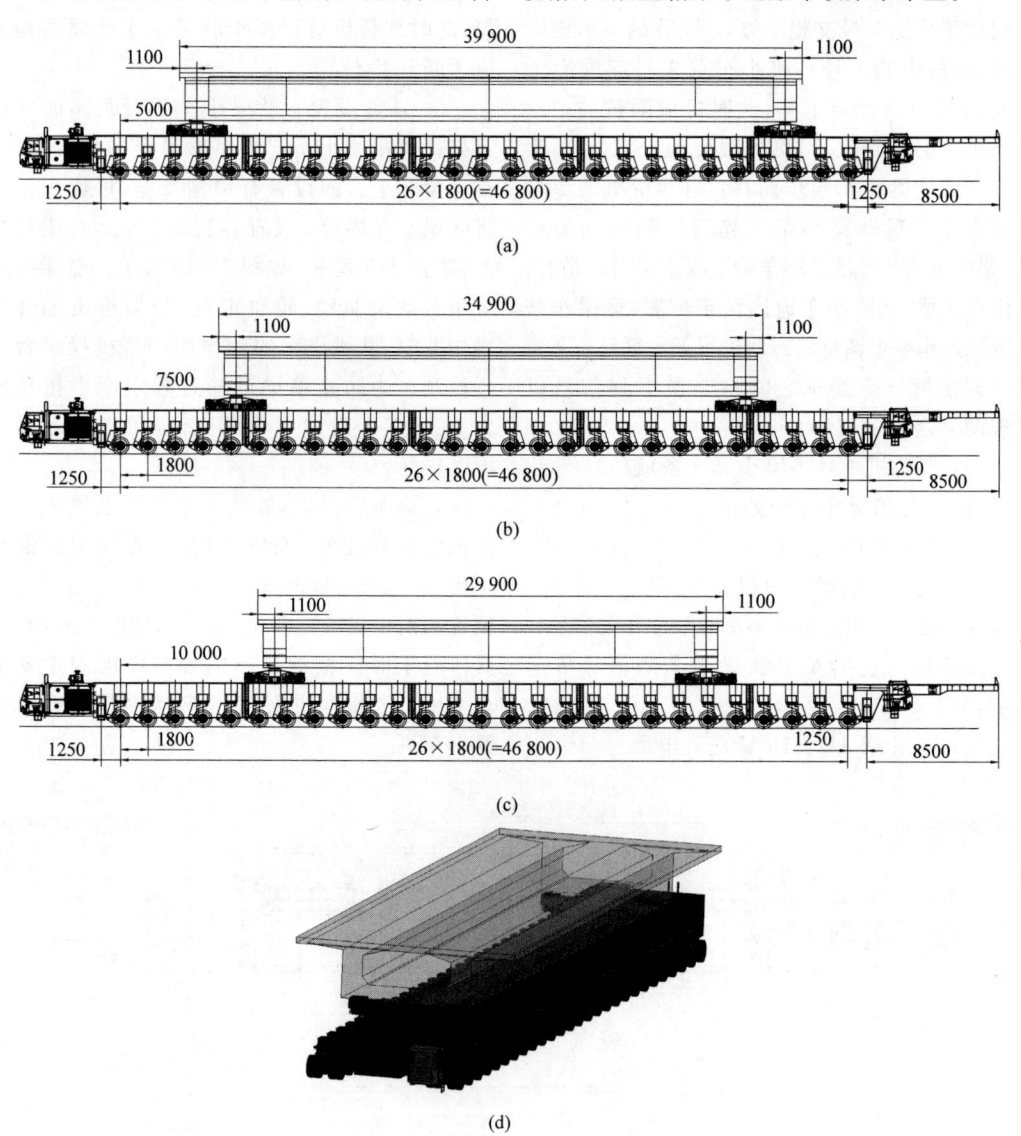

图 10-47 运梁车运输箱梁示意图

(a) 40 m 箱梁运输;(b) 35 m 箱梁运输;(c) 30 m 箱梁运输;(d) 运梁车三维图

(2) 喂梁及架梁工况

① 当运梁车运梁到位后,将摆动驾驶室转90°,如图10-48所示。

② 运梁车与架桥机微动对位,鹅颈搭载架桥机2号支腿横梁上方,如图10-49所示。要特别注意,鹅颈与架桥机2号支腿横梁对位,运梁车液压支腿与架桥机2号支腿横梁中心距控制在1920~2050 mm之间,该位置有颜色标注。

③ 运梁车打前后4个液压辅助支腿支承地面,然后整车悬挂液压缸分组由3点支承变为6点支承,如图10-50所示。

特别注意:打液压支腿时,支承面可以垫上钢板或木质垫,起到增大接触面积、保护液压缸下圆盘的作用。液压支腿旁的走行轮组用木楔做挡块,木楔放置在运梁车第一轴线和最后一轴线轮组的外侧,防止喂梁过程中运梁车前后窜动。

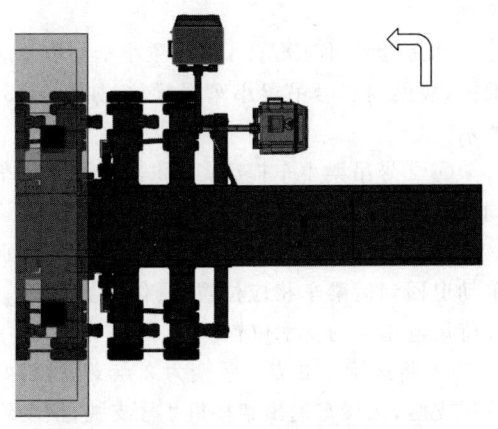

图10-48 摆动驾驶室转90°

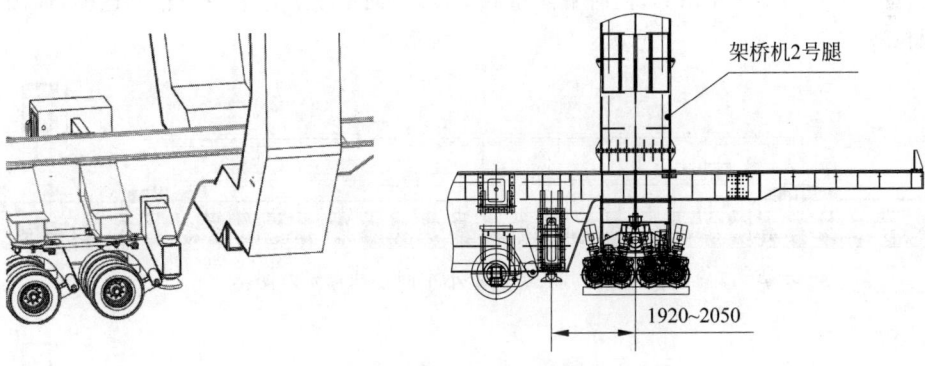

图10-49 鹅颈与架桥机2号支腿配合示意图

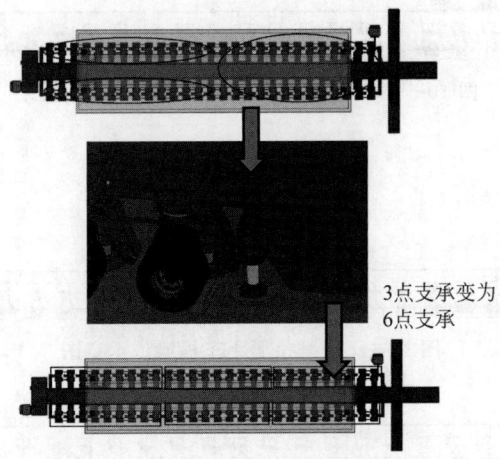

图10-50 打支腿由3点支承变为6点支承

④ 安装驮梁小车重载机械限位块,如图10-51所示。

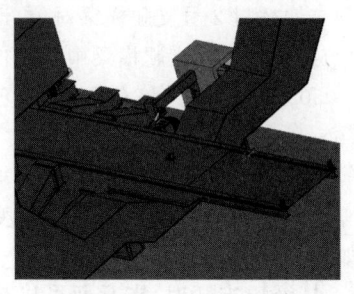

图10-51 限位块的安装及位置

⑤ 接通驮梁小车电源线,通过操作箱操作前、后驮梁的小车同步前移,如图10-52所示。前移到架桥机1号吊梁小车提梁位,即前天车到达架桥机2号支腿上方提梁位,如图10-53所示。

⑥ 安装1号吊梁小车吊具,同时解除重载机械限位块。

⑦ 1号吊梁小车提梁。

⑧ 前驮梁小车载荷脱空后,单动前移到前端停放位置,并再次安放重载机械限位块。

⑨ 后驮梁小车配合1号吊梁小车同步向前喂梁,喂梁到2号吊梁小车提梁位,如图10-54所示。

⑩ 2号吊梁小车提梁,1号、2号吊梁小车同步前移架梁。

⑪ 解除重载机械限位块,前、后小车分别单动退回到运梁车相应位置,具体位置为下一片待运输箱梁的支承位置。

⑫ 将运梁车6点支承变为3点支承,收好液压支腿,运梁车退出架桥机2号支腿,摆动驾驶室调整回运梁状态,调整整机高度到中位高度,返回梁场进行下一片箱梁运输,如图10-55所示。

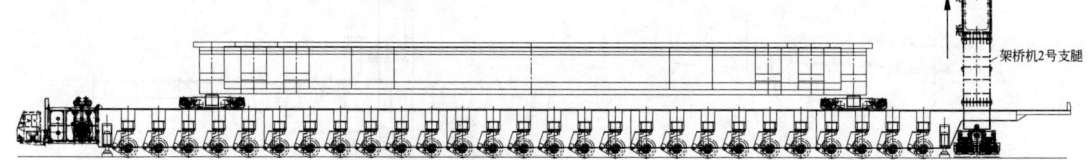

图10-52 前、后驮梁小车同步前移示意图

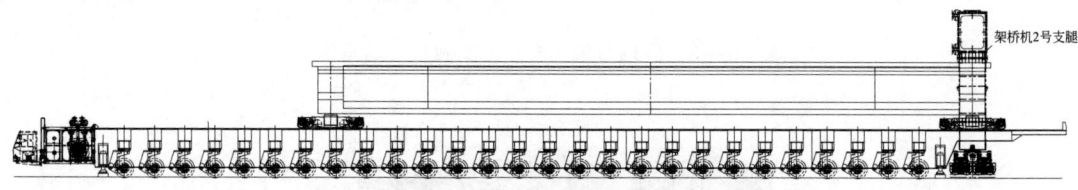

图10-53 前移到1号吊梁小车提梁位示意图

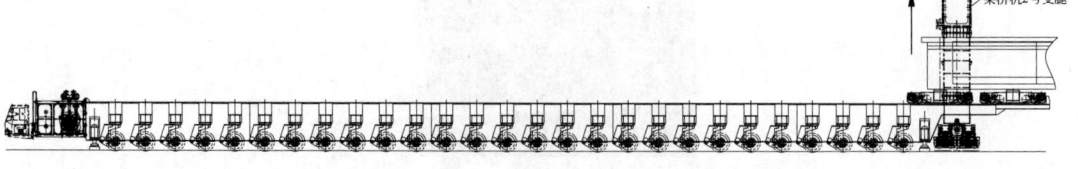

图10-54 2号吊梁小车提梁位示意图

图10-55 返回梁场状态示意图

(3) 整机吊装上桥

运梁车整机吊装上桥采用 MG550 型跨线提梁机,采用扁担梁(4 件),ϕ40 mm 精轧螺纹钢筋及其配套连接件(垫板、锥垫、球垫、螺母)共需 8 套。扁担梁钩挂在液压支腿下方(若管线干涉,可将管线移开一定距离),通过精轧螺纹钢与 MG550 型跨线提梁机吊具连接,如图 10-56 所示。MG550 型跨线提梁机同步提升运梁车上桥。

注意:①提升时驮梁小车需要停放在图示位置,保证前后平衡;②ϕ40 mm 精轧螺纹钢筋及其配套连接件用架桥机整体提升上桥时的配套件。

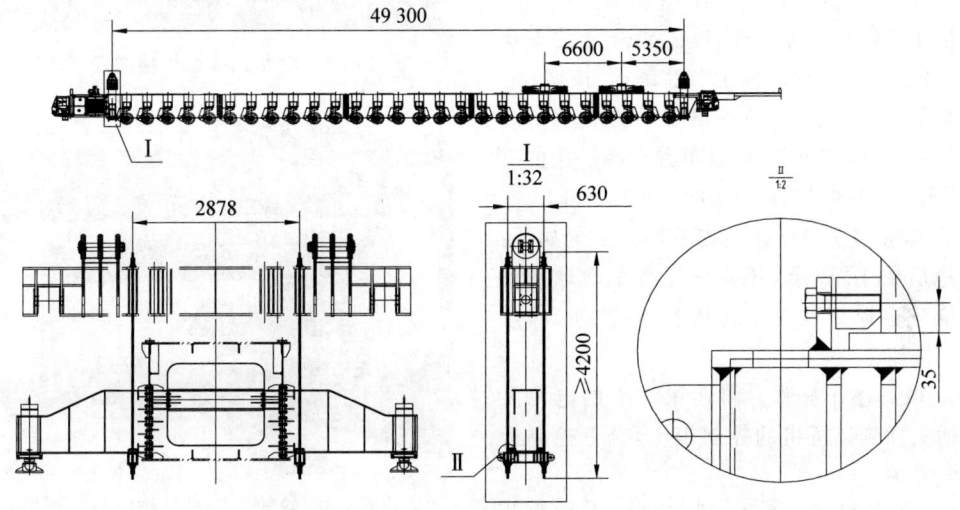

图 10-56 运梁车整体提升位置示意图

5) 操作与使用

(1) 运梁车启动前检查、发动机启动、设备启动的相关操作与使用详见 10.3.3 节运梁车中 TJ-YLS1000/40 型运梁车(中铁十一局集团汉江重工有限公司)相关章节的内容。

(2) 设备操作

① 走行操作。走行操作时要注意以下问题:

(a) 运梁车走行前首先检查停车制动是否已解除,走行前方道路上是否有障碍物。走行时先点动确认无异常后再连续前移。

(b) 运梁车停车时,严禁高速急停。

(c) 在移动运梁车之前检查轮组方向是否一致,辅助支腿液压缸是否缩回。

(d) 运梁车在接近预定停车位置时,提前由高速挡位换到低速挡位减速,并缓慢停车。

(e) 驾驶员在运梁车走行启动时要按下警笛提醒现场人员注意。

(f) 运梁车重载时不允许在高速状态下运行,最大速度不得超过 5 km/h,重载爬坡要采用微动挡。

(g) 当车辆出现故障时,面板上的"故障"指示灯将点亮,运梁车运行可能会停止,并在显示屏上给出故障类型的提示;故障排除后才可重新启动车辆。

进行走行和转向部分的操作时,首先要确定载荷情况及要求,按照高速、低速、微动来选择速度挡位。走行操作步骤如下:系统送电→启动发动机→合上左侧面板走行按钮→选择转向模式→选择速度→踩油门踏板让车开始走行。

转向工作模式有直行、摆头、摆尾、斜行。转向模式之间的切换不能冲突,也就是不能够同时按下两个模式的按钮,只有速度模式和转向模式都选择以后车才能走行。

速度挡位分为高速、低速、微动 3 种,在工作中,重载时不允许运行在高速状态。

用户在使用过程中经常会遇到车打滑的现象,车在行驶过程中一旦出现打滑的征兆,系统会自动消除打滑现象。

车辆行进时,平台应处于中位行驶高度,不得在平台处于最低或最高位时行驶。

② 升降与调平操作。升降操作步骤如下:车停稳后按下"悬挂"开关→选择需要升降的悬挂组(1~4点开关)→按"伸出"或"缩回"按钮。

悬挂选择可以单点或多点组合,根据需要确定。

③ 支承操作。支承操作步骤如下:车停稳后按下"支承"开关→选择需要升降的支承腿(1~4点开关)→按"伸出"或"缩回"按钮。

选择1或4点代表A头的支承腿,选择2或3点代表B头的支承腿,可以单独选择一头的支承腿升降,也可同时选择两头的支承腿升降。

④ 驾驶室摆动操作。支承操作步骤如下:车停稳后按下"支承"开关→先将手动球阀切换到位→选择2点或3点开关→按"伸出"或"缩回"按钮。

⑤ 驮梁小车操作。将运梁车上的电源及控制插头插到架桥机的控制柜上,合上控制柜内空气开关。

(a) 本地操作:首先,将运梁车上控制驮梁小车的控制盘远程/本地选择开关打到"本地"的位置,并将面板上的急停按钮复位。其次,选择速度。速度选择开关有"低速"和"高速"两挡,中间位置是空挡,根据需要选择。第三,选择小车。小车选择开关有"1#""联动""2#"3个位置,根据需要可以单独选择"1#"或"2#"小车单动,也可选择"联动"两小车同时动作。第四,将方向开关打到"前进位置",小车向鹅颈方向运动,"后退位置"相反,中间位置停止。最后,启动小车。点动时,速度开关应处于中间空挡位置,方向由方向开关确定,按下点动开关,小车开始低速运动。

(b) 远程控制:将运梁车上控制驮梁小车的控制盘远程/本地选择开关打到"远程"的位置,此时1#小车是受架桥机控制的,本地开关除急停外,其他的都失效。

⑥ 装车操作。在预制场通过提梁机将混凝土箱梁落放在运梁车上称为装车,装车根据地点不同分为地面装车和桥面装车两种方式,装车提梁机可以采用轮轨式和轮胎式两种形式,如图10-57、图10-58所示。

图10-57 轮胎式提梁机地面装车现场

图10-58 轮轨式提梁机桥面装车现场

运梁车顶面有前驮梁小车和后驮梁小车,提梁机把梁体提起后,落放在驮梁小车上。梁体落放前需要将驮梁小车走行到合适的位置,同时梁体落放后需要将驮梁小车与运梁车锁定。

装车前需要将车体高度(轨道面到路面的高度)调整到2.8m左右,同时确保4个点高度保持一致。

梁体落放到运梁车上后,注意观察驾驶室4点压力,如出现偏载情况,则需要调整梁体位置,保持4点压力一致;梁体落放时要保持梁体水平,接近驮梁小车时一定要采用低速,避免对运梁车造成大的冲击,注意观察车体的受压情况,避免发生意外。

⑦ 喂梁操作。运架设备对位时速度一定要缓慢,避免发生碰撞,前端摆动驾驶室需要摆到侧面,微动到达喂梁位置。鹅颈与架桥机2号支腿横梁对位。

(a) 喂梁前,将4个角的辅助支腿支承液压缸作用在桥面上。A、B驾驶室都有控制位于两端液压支腿支承液压缸的按钮,在有控制权的驾驶室选择"支承"按钮,选择好支腿后,按下"伸出"按钮时,两个支承液压缸会慢慢往下降,松开按钮,液压缸停止动作。如果一直按着按钮,液压缸会在压力达到设定值(210 bar)时停止。按下"缩回"按钮,支承液压缸会慢慢上升。喂梁时,两个支承腿必须下降到位。

(b) 喂梁前必须按下有控制权的驾驶室"3/6"按钮,整个车的悬挂会由3点编组变为6点编组。

(c) 将运梁车上的电源及控制插头插到架桥机的控制柜上。

(d) 驮梁小车本地控制,通过操作箱操作1#、2#驮梁小车同步前移,前移到架桥机1号吊梁小车提梁位,即前天车到达架桥机2号支腿上方提梁位。

(e) 安装1号吊梁小车吊具,同时解除重载机械限位块。

(f) 1号吊梁小车提梁。

(g) 2#驮梁小车载荷脱空后,本地操作2#驮梁小车单动前移到前端停放位置,并再次安放重载机械限位块。

(h) 远程控制1#驮梁小车配合1号吊梁小车同步向前喂梁,喂梁到2号吊梁小车提梁位。

(i) 2号吊梁小车提梁,1号、2号吊梁小车同步前移架梁。

(j) 解除重载机械限位块,前后小车分别单动退回到运梁车相应位置,具体位置由下一片待运输箱梁的支承位置确定。

(k) 运梁车悬挂由6点编组变为3点编组,收好液压支腿,运梁车退出架桥机2号支腿,摆动驾驶室调整回运梁状态,调整整机高度到中位高度,返回梁场进行下一片箱梁运输。

⑧ 其他操作。当出现紧急情况时,按下急停按钮,起吊动作停止,走行逐渐停止。若遇到下雨天气,玻璃窗上已经结满水珠,这时可根据需要打开玻璃窗的刮水器。将方向盘右组合开关旋到"1"位,刮水器低速运转;旋到"2"位,刮水器高速运转;不用时,将刮水器开关旋到"0"位即可。

⑨ 运梁车控制权的转换。首先要关闭不使用的驾驶室控制权开关及电源开关。然后进入另一个驾驶室,打开操作面板控制开关及电源开关。

⑩ 运梁车的停放。运梁车停放时要注意以下问题:

(a) 运梁车的停放位置选择在不会给其他机械和在该区域穿行的车辆造成妨碍的地方。

(b) 停车场地应力求平整、干燥、清洁,没有油污,应特别注意有无尚未熄灭的炭渣和灰烬等火种。严冬遇下雪,应扫除场地上的积雪。每班工作停车后,应按下储气筒放水阀放空储气筒中的油水。

(c) 运梁车停止工作后须关闭所有操作按钮并切断电源,锁住所有驾驶室及电控柜。

(d) 运梁车停放时须将其处于停车制动状态。

(e) 如停车时间超过24 h,应关闭所有悬挂液压缸的所有截止阀。

(f) 如停车时间长至1个月或更长,应每月启动一次液压系统,使液压油箱中的油温至少达到40~50℃,避免沉淀物或胶质物生成在液压元件中,然后应取出蓄电池组按其规定存放。

(g) 如停机时间长至3个月或更长,必须根据气候条件妥善防护,此时保养间隔依然有效。

停机时,首先将发动机转速降至怠速,空转约1 min后按下"熄火"按钮,直至发动机停下;然后关掉所有用电设备,如驾驶室灯等;最后将钥匙开关恢复到"0"位,关闭电源开关。

6) 其他

DF1100/40型运梁车的维护保养、常见故障及处理方式详见10.3.3节运梁车中TJ-YLS1000/40型运梁车(中铁十一局集团汉江重工有限公司)相关章节内容。

10.3.4 架桥机

简支箱梁架桥机为桥梁施工专用设备,主要使用参数为起升速度、起升高度、过孔速度、架梁坡度等,主要有1000 t/40 m、900 t/32 m等规格,重载起升速度为0~0.5 m/min,起升高度为6~9 m,过孔速度为0~3 m/min,架梁坡度为2.5%~3%。简支箱梁架桥机主要性能参数如表10-46所示。

表 10-46 简支箱梁架桥机主要性能参数

序号	适应梁型	跨度/m	架梁坡度/%	型号	重载起升速度/(m/min)	空载起升速度/(m/min)	起重小车运行速度/(m/min)	过孔速度/(m/min)	起升高度/m	设备适应曲线/m	厂家	参考价格/万元
1	1000 t/40 m 箱梁	20~40	3	TJ-JQS1000/40							中铁十一局集团汉江重工有限公司	1400
2				TJ-JQS1000/40							中铁科工集团有限公司	1450
3				DF1000							郑州新大方重工科技有限公司	1400
4				TLJ1000							秦皇岛天业通联重工科技有限公司	1410
5				DJ1000	0~0.5	0~1	0~5	0~3	6~9	2000	邯郸中铁桥梁机械有限公司	1400
6	900 t/32 m 箱梁	20~32	2.5	JQ900/32							中铁十一局集团汉江重工有限公司	1100
7				JQ900							中铁科工集团有限公司	1100
8				DF900S							郑州新大方重工科技有限公司	1300
9				TLJ900							秦皇岛天业通联重工科技有限公司	1100
10				DJ900							邯郸中铁桥梁机械有限公司	1100

1. TJ-JQS1000/40型过隧道架桥机（中铁十一局集团汉江重工有限公司）

1）概述及设备组成

架桥机主要功能介绍及设备组成（主梁、三角形前支腿、辅助中支腿、后支腿、起重小车、起升机构、动力系统、液压系统）详见9.3.4节架桥机相关章节内容。

2）主要技术参数

本架桥机的主要技术参数如表10-47所示。

3）施工作业流程

（1）正常架梁流程

① 架桥机就位。架桥机就位时，前、后支腿截面与线路中线横向偏移应小于10 cm，辅助支腿翻转在主梁两侧。

前支腿站位处垫石顶面应处理平整（若不平整应进行找平处理），然后支垫一层帘布橡胶垫，橡胶垫尺寸为80 cm×80 cm×1 cm（长×宽×高），并确保垫梁与垫石周边不接触，保持1 cm的间隙（若一层帘布橡胶板不足以保持该间隙，应增加支垫层数，帘布橡胶之间必须加垫厚度不小于2 cm的薄钢板，支垫方式不允许出现橡胶板直接与橡胶板接触或者钢板直接与钢板接触的情况，支垫层数最多不得超过3层，支垫的橡胶板不得沾污油液），避免架梁时垫梁将桥墩垫石边缘压裂。

后支腿中线与已架端的距离为2.2 m（与桥墩中线的距离为2.25 m），前、后起重小车均位于主梁尾端，如图10-59所示。

表10-47 TJ-JQS1000/40型过隧道架桥机主要技术参数

序号	参数名称	技术参数
1	额定起重质量/t	1000
2	整机质量/t	645
3	整机外形尺寸（长×宽×高）/(m×m×m)	约90.5×18.7×9.8
4	适应梁型	20 m、24 m、32 m、40 m双线整孔箱梁
5	适应最大纵坡/‰	3
6	适应最小曲线半径/m	2000
7	适应海拔高度/m	≤2000
8	环境工作温度/℃	−20/+50
9	工作状态最大风力/级	7
10	非工作状态风力/级	11
11	利用等级	U0
12	载荷状态	Q3
13	整机工作级别	A3
14	机构工作级别	M4
15	变跨方式	主支腿变位
16	过孔速度/(m/min)	5
17	满载横向微调距离/mm	±200
18	横向移动速度/(m/min)	0.2
19	起升高度/m	7
20	起升速度/(m/min)	0~0.5
21	整机功率/kW	300

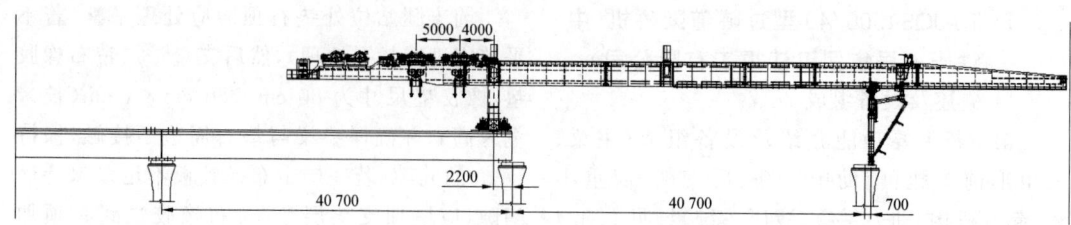

图 10-59 架桥机就位示意图

后支腿底横梁弧形座下加垫钢板,收缩后支腿走行液压缸使走行轮脱离轨道约 1~2 cm,在走行轮箱正下方加垫垫板,使车轮脱离轨道约 1~2 cm;锁紧后支腿走行轮的前后夹轨器,夹轨器应紧贴车轮踏面。

前支腿上部插销液压缸保持插入状态,斜撑杆中部液压缸保持插入状态(目前是机械钢销,后期改为液压缸插销),保险钢销在任何工况下均不得拔出,斜撑杆最下端的插销液压缸拔出,操作顺序为:首先将上部的插销液压缸插入主梁,然后拔出最下部的左右两只斜撑杆插销液压缸。该操作的前提是后支腿的操作全部完成以后方可实施,操作顺序不得出现差错(电气必须进行操作顺序锁定控制,确保除了辅助支腿支承、前支腿需要调整高度或者更换为末孔梁短支腿状态以外,其余任何工况下主梁插销与斜撑杆插销不得处于同时拔出的状态)。

② 运梁车与架桥机对位。运梁车对位时,架桥机起重小车吊杆应确保离地高度达到 5 m 以上,架桥机标准走行轨道侧移至桥面靠近挡渣墙预埋钢筋处,距离桥面中心距离应大于 8.40 m,提梁前运梁车支承体系必须进行调整(调整方式见运梁车使用维护说明书)。对位到位后,架桥机尾端快速控制线与运梁车驮梁台车控制线进行对接,对位到位时,运梁车前横梁中心线距离已架梁端约 4.95 m,如图 10-60 所示。

③ 前起重小车提梁。提梁时应确保提梁位置距离后支腿中心的距离小于 4 m,前、后起重小车中心距离约 5 m;吊杆穿入吊杆孔并安装好垫板及螺母,螺母安装后吊杆应伸出螺母下端不小于 2 个螺距。提梁时应注意观察卷扬机绕绳是否正常,观察运梁车整机高度变化情况,是否与箱梁有干涉,如图 10-61 所示。

④ 高位提梁。高位提梁时通常为无须运梁穿过隧道的工况,运梁时,梁片前、后端直接放置在驮梁台车上(前端可不安装台车,可以直接放置临时台座),前起重小车可以直接提梁。

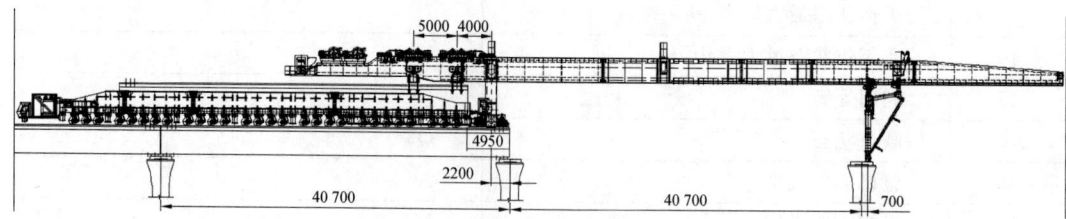

图 10-60 运梁车与架桥机对位示意图

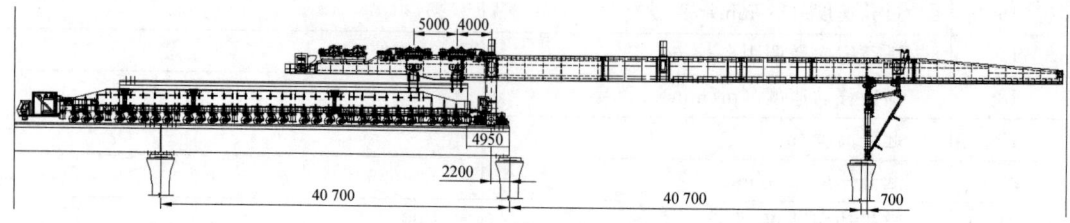

图 10-61 前起重小车提梁示意图

⑤ 低位取梁。低位提梁时通常为需要运梁穿过隧道的工况,梁片前、后端放置于低位临时台座上。前起重小车提梁前应进行如下操作:

(a) 前、后车架上的梁片顶升液压缸将箱梁顶起(前端也可以利用起重小车前吊点直接用起重小车提吊),后驮梁台车驶入箱梁底部支座内侧;

(b) 梁片顶升液压缸缩回,箱梁前、后端放置于驮梁台车上(前端若未安装前驮梁台车则由起重小车提吊);

(c) 前起重小车提吊箱梁,使箱梁底部距离地面高度达到喂梁高度(1.6 m)。

⑥ 前起重小车与驮梁台车同步喂梁。前起重小车与运梁车后驮梁台车同步喂梁至后起重小车到达提梁位。喂梁过程中,应严密观察起重小车及驮梁台车牵引机构运行是否平稳、有无卡滞,走行移运器是否运行平稳,有无偏移轨道中线超标(不应超出 2 cm)或走行歪斜,运梁车支承状态是否正常,若出现异常应及时停车,如图 10-62。

⑦ 后起重小车提梁。提梁位置与后支腿中心的距离不得大于 5 m。后起重小车提梁(图 10-63)完成后,拆除运梁车与架桥机的控制连接线,运梁车可以返回梁场。

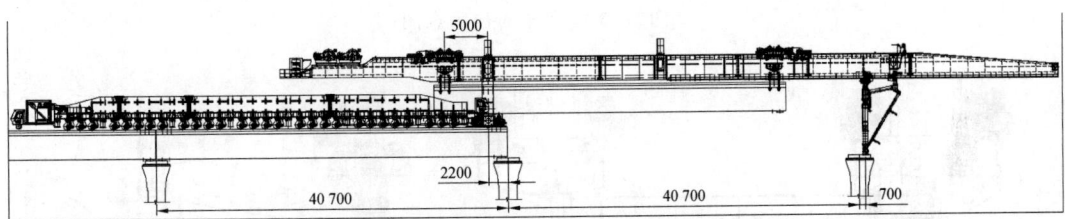

图 10-62　前起重小车与驮梁台车同步喂梁示意图

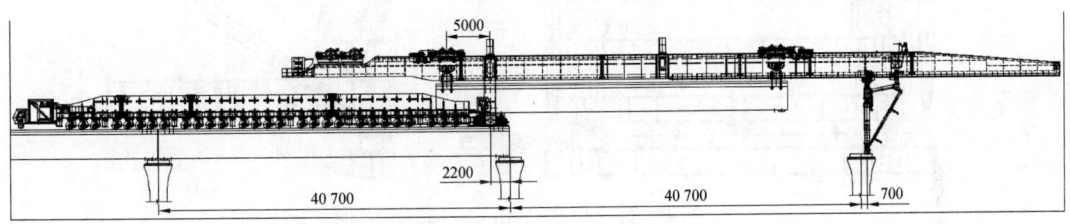

图 10-63　后起重小车提梁示意图

⑧ 前、后起重小车同步喂梁。如图 10-64 所示,喂梁即将到位时,应注意梁端与前支腿后托轮组及立柱之间的距离,最小有效距离不应小于 10 cm(喂梁距离接近 1 m 时应降低喂梁速度)。

⑨ 落梁对位。如图 10-65 所示,落梁对位时,应注意梁片前、后端与前支腿及已架梁之间的间隙;同时需注意箱梁四角的水平度,梁片纵向及横向偏斜不得超过 1.5‰。

注意事项:

(a) 后支腿走行轮必须脱离轨道,顶升液压缸管路前后连通,左右不通;

(b) 必须锁紧卡轨器,卡轨器必须与车轮有效锁紧;

(c) 前支腿主梁插销液压缸必须有效插入主梁内(先插),斜撑杆下部的插销液压缸必须完全拔出(后拔);

(d) 必须保证主梁与水平面的坡度夹角调整至 0.8‰ 以内;

(e) 整机各传感器必须保证完好、有效,不得短接。

(2) 末孔桥架设施工流程

末孔桥的架设流程与正常架梁流程完全相同,但在架桥机过孔工况上有区别,具体区别如下:

① 架桥机在第一次过孔到位且辅助支腿支承完毕后,需要把前支腿调整为短支腿,然后再前行支承到桥台或现浇梁上,如图 10-66 所示。

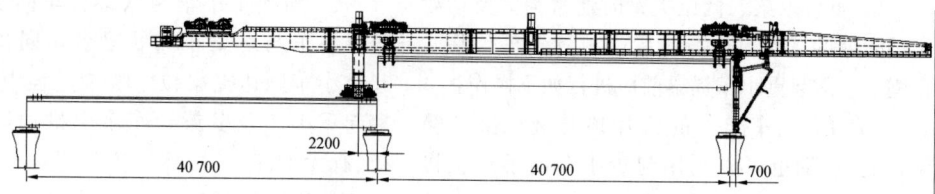

图 10-64　前、后起重小车同步喂梁示意图

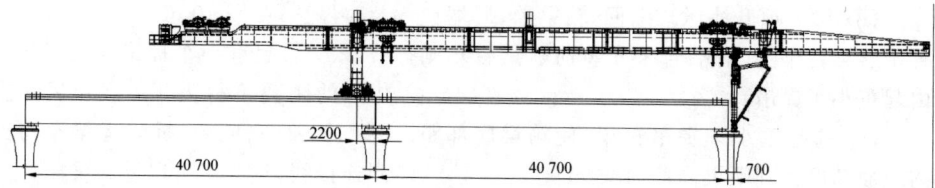

图 10-65　落梁对位示意图

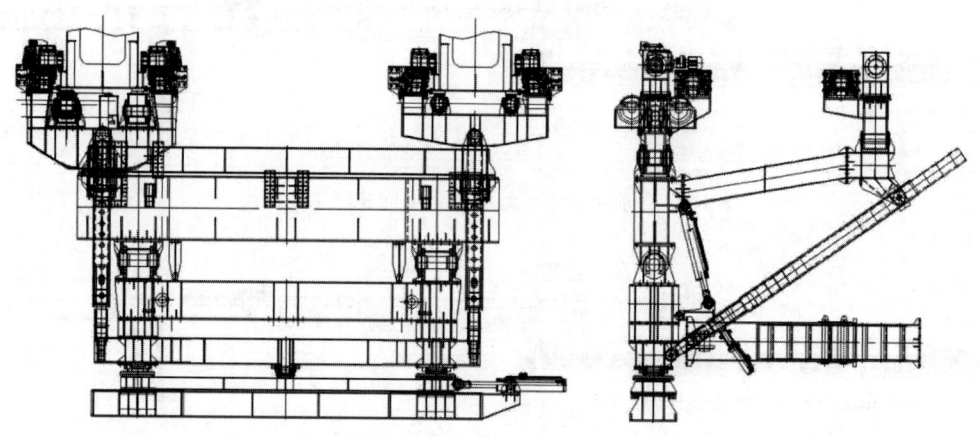

图 10-66　前支腿末孔梁支承状态示意图

② 架桥机第二次过孔到位，按照架梁施工流程中的架桥机就位所述要求对架桥机进行调整，达到待架梁施工状态（架桥机就位状态），如图 10-67 所示，后支腿站位距离桥墩中线 2.15 m。

注意事项：末孔桥过孔、架设，除上述流程中前支腿高度变化以外，其余流程及注意事项均与正常过孔及箱梁架设流程完全一致。

(3) 过孔流程

① 架桥机过孔就位。流程如下：

(a) 前、后起重小车运行至架桥机尾端，前起重小车在后支腿往后距离不小于 5 m。

(b) 收缩后支腿顶升液压缸，抽出走行轮箱底部垫板，解除后支腿后侧的夹轨器，通过后支腿轨道拖拉机构将轨道向前拖拉至待架梁位置（前端距离已架梁端 15 cm）。

(c) 顶升走行轮箱，车轮支承在轨道上，使底横梁距离已架梁面约 20 cm，然后抽出弧形座底部垫板及橡胶板。

(d) 将前支腿斜撑下部的插销有效插入斜撑杆中（若架梁后孔位有偏差，应调整下部微调丝杆），然后完全收回前支腿与主梁的插销。

(e) 翻转辅助支腿达到竖直状态，保持离地间隙约 10 cm，如图 10-68 所示。

② 架桥机第一次过孔。流程如下：

(a) 解除后支腿夹轨器，后支腿驱动架桥机第一次过孔，使辅助支腿到达前方桥墩站位处，辅助支腿中线距离已架梁端 75 cm（过孔过程中辅助支腿尽可能保持离地间隙约 10～20 cm），如图 10-69 所示。

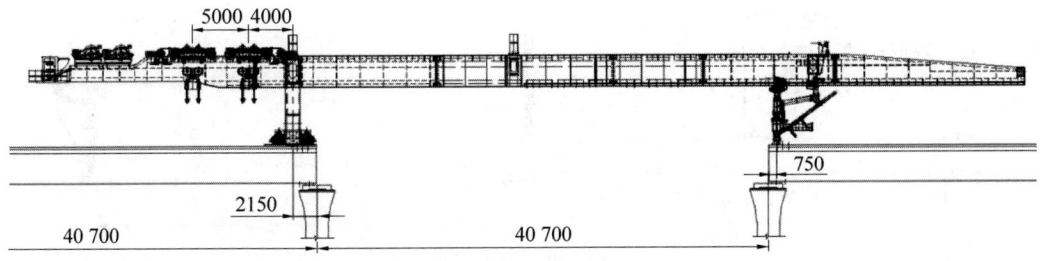

图 10-67　末孔梁待架设状态示意图

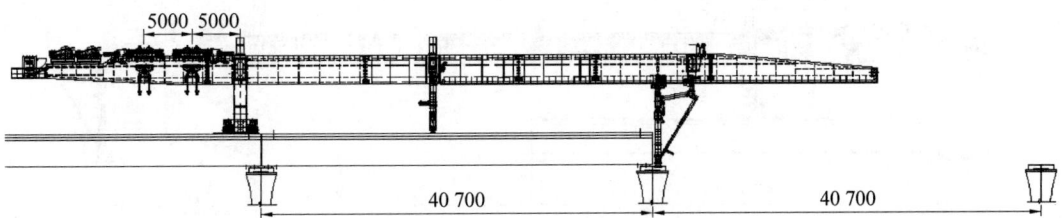

图 10-68　过孔就位状态示意图

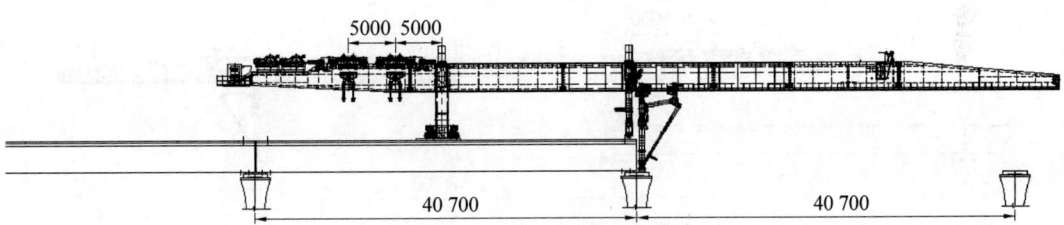

图 10-69　第一次过孔示意图

(b) 支承辅助支腿,使前支腿脱离垫石(注意根据线路坡度,确保前支腿脱离高度可以正常到达前方桥墩垫石上)。

注意事项：若在大于 20‰ 下坡工况下过孔,可根据上一次过孔位置,夹轨器应提前按预估距离预留 5~10 cm 预先锁紧在轨道上,过孔到位后重新顶紧车轮踏面锁紧。

③ 辅助支腿支承。辅助支腿支承前,后车卡轨器锁紧在后支腿走行轨道上,并顶紧后支腿走行车轮,防止后支腿走行车轮走动。然后拔出辅助支腿插销,顶升辅助支腿液压缸,使前支腿脱空后,插入辅助支腿销轴,完成支承体系转换。

注意事项：

(a) 辅助支腿支承竖直并与地面接触后,上部翻转液压缸应反向点动,使液压缸卸载,然后再进行支承；

(b) 支承到位后,插入伸缩立柱插销液压缸(液压缸操作),若行程偏差较大,应通过 15 cm 的辅助支腿调整垫墩进行调节。

④ 前支腿过孔。前支腿前行过孔到达前方桥墩,并按架桥流程中的要求对支垫处进行找平处理,如图 10-70 所示。

⑤ 前支腿支承。前支腿的支承是通过辅助支腿液压缸收缩脱空后实现的,应拔出辅助支腿伸缩立柱钢销,然后收缩辅助支腿使其脱空,使前支腿支承在架桥机前端,完成支承体系转换,如图 10-71 所示。

⑥ 架桥机二次过孔,到达待架梁状态。流程如下：

(a) 解除后支腿卡轨器,并移装至梁端轨道端部锁紧；

(b) 后支腿驱动架桥机二次过孔,到达梁端；

(c) 按照架梁施工流程中的架桥机就位所述要求对架桥机进行调整,达到待架梁施工状态(架桥机就位状态),如图 10-72 所示。

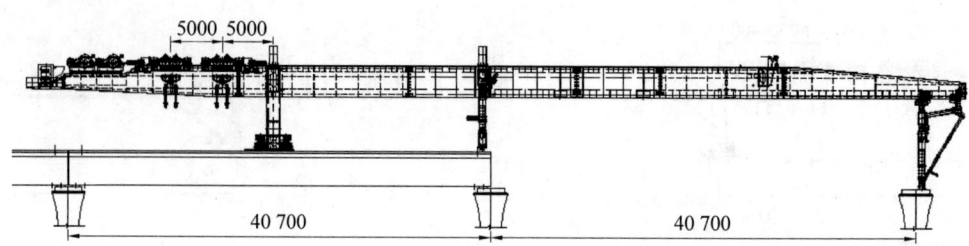

图 10-70 前支腿过孔示意图

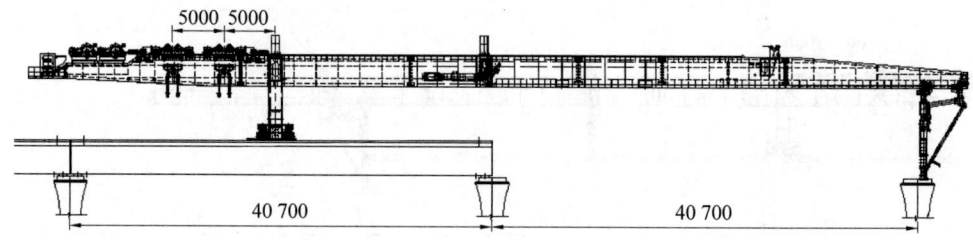

图 10-71 前支腿支承示意图

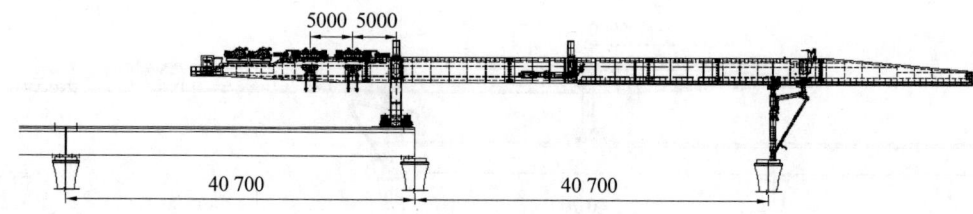

图 10-72 架桥机架梁状态示意图

(4) 架桥机变跨施工流程

架桥机的变跨施工是在过孔过程中直接完成的,其与正常过孔的唯一区别在于后支腿驱动整机在第一次过孔和第二次过孔的距离不同,但是中支腿与梁端的支承距离、前支腿与桥墩垫石的支承距离始终不变,过孔流程及注意事项完全一致。

① 40 m 跨变 20 m 跨。流程如下:

(a) 将架桥机按过孔流程调整至待过孔状态,如图 10-73 所示。

(b) 架桥机第一次过孔到位,如图 10-74 所示。

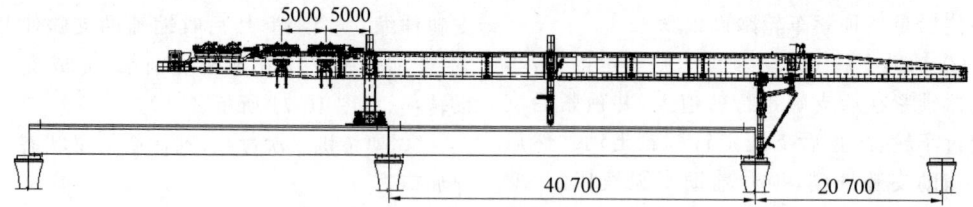

图 10-73 40 m 跨变 20 m 跨步骤(a)示意图

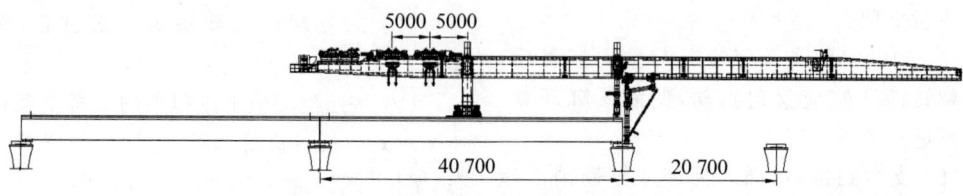

图 10-74 40 m 跨变 20 m 跨步骤(b)示意图

(c) 按过孔流程要求支承辅助支腿,前支腿过孔,如图 10-75 所示。

(d) 按过孔流程要求收缩辅助支腿,使前支腿支承,如图 10-76 所示。

(e) 架桥机第二次过孔到位完毕,按架梁流程中的架桥机待架梁状态调整架桥机,变跨完毕,如图 10-77 所示。

② 20 m 跨变 40 m 跨。流程如下:

(a) 将架桥机按过孔流程调整至待过孔状态,如图 10-78 所示。

(b) 架桥机第一次过孔到位,如图 10-79 所示。

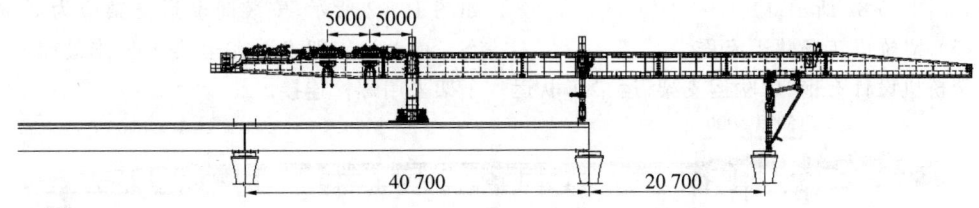

图 10-75　40 m 跨变 20 m 跨步骤(c)示意图

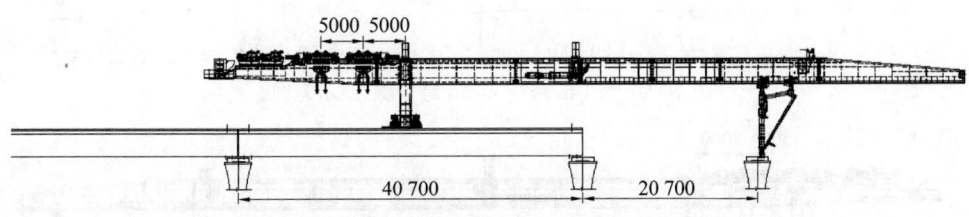

图 10-76　40 m 跨变 20 m 跨步骤(d)示意图

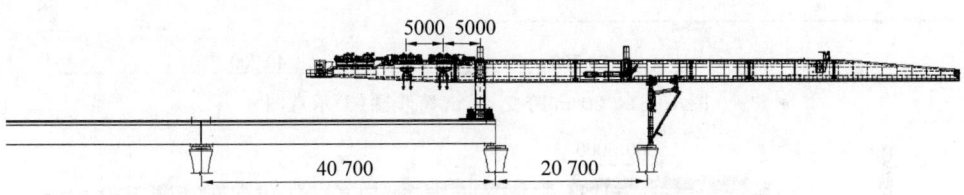

图 10-77　40 m 跨变 20 m 跨步骤(e)示意图

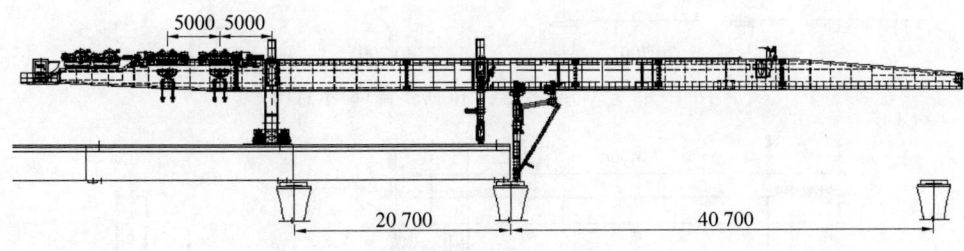

图 10-78　20 m 跨变 40 m 跨步骤(a)示意图

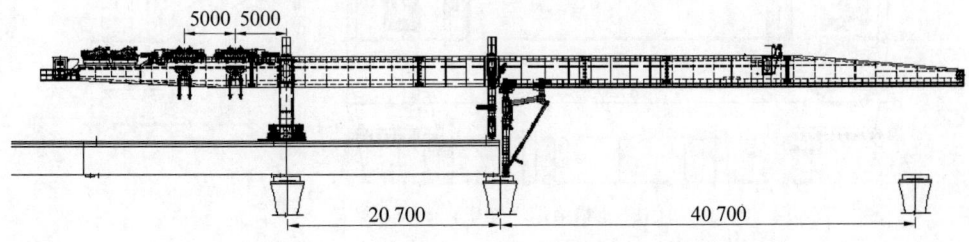

图 10-79　20 m 跨变 40 m 跨步骤(b)示意图

(c) 按过孔流程要求支承辅助支腿,前支腿过孔,如图 10-80 所示。

(d) 按过孔流程要求收缩辅助支腿,使前支腿支承,如图 10-81 所示。

(e) 架桥机第二次过孔到位完毕,按架梁流程中的架桥机待架梁状态调整架桥机,变跨完毕,如图 10-82 所示。

(5) 架桥机转场驮运流程

架桥机设计有前、后驮运支架,运梁车驮运架桥机转场或者调头可以选择高位驮运或低位驮运进行,过隧道必须采取低位驮运方式。若需要驮运架桥机过隧道且隧道口距离胸墙小于等于 6 m 恢复架梁,运梁车前驾驶室需要拆除。

① 驮运支架安装。运梁车行驶回梁场,通过搬梁机或者跨线提梁机进行驮运支架安装,如图 10-83 所示,安装时驮运支架应为低位状态。前驮运支架安装在运梁车车体最前端,与车架采用螺栓连接。

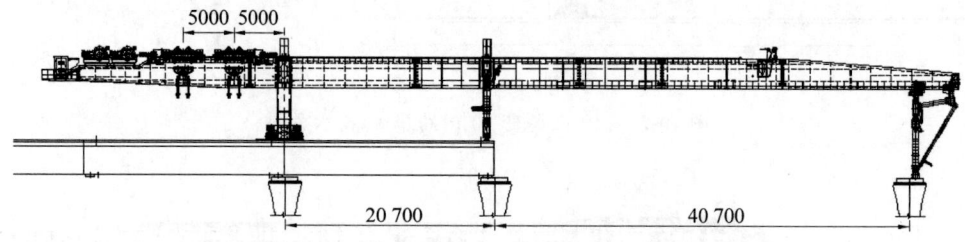

图 10-80　20 m 跨变 40 m 跨步骤(c)示意图

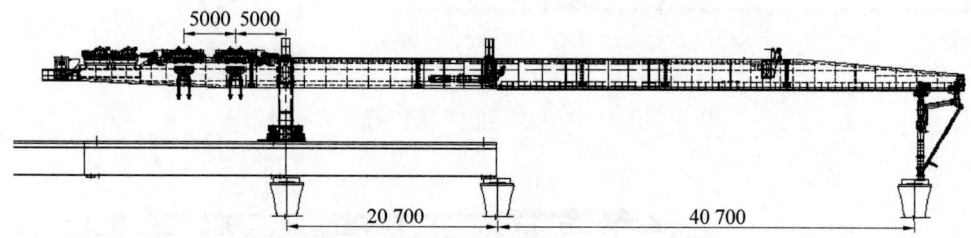

图 10-81　20 m 跨变 40 m 跨步骤(d)示意图

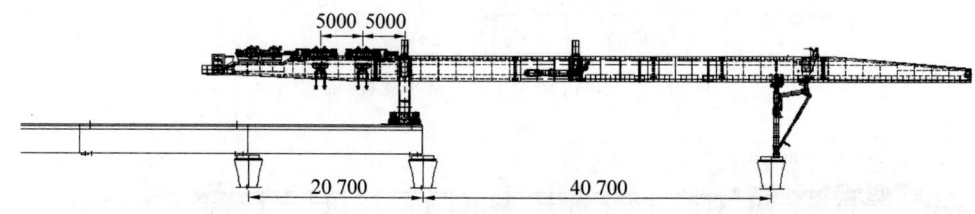

图 10-82　20 m 跨变 40 m 跨步骤(e)示意图

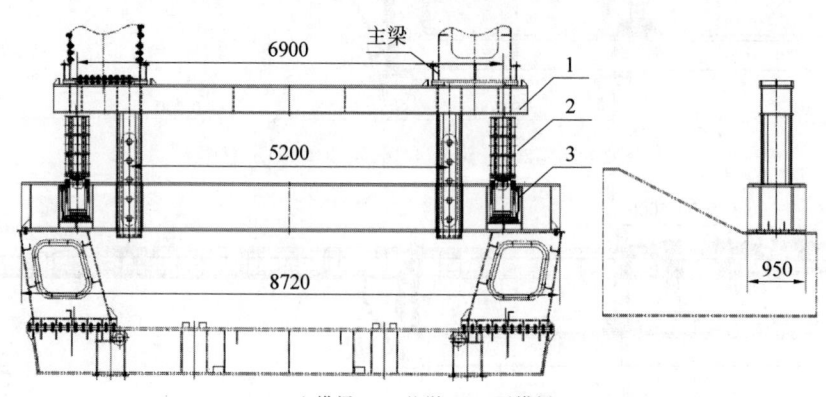

1—上横梁;2—垫墩;3—下横梁。

图 10-83　前驮运支架安装示意图

后驮运支架安装在运梁车驮梁台车上,并利用定位连接销与驮梁台车进行定位连接,如图10-84所示。

② 架桥机调整。架桥机首先调整至待过孔状态,然后后车驱动架桥机按过孔方式前行至第一次过孔完毕,如图10-85所示。

③ 运梁车与架桥机连接。运梁车缓慢驶入架桥机尾部,后驮运支架上连接座与架桥机主梁下翼缘板底部预留连接孔进行连接(后支腿中心往后6 m处),连接时应配备出厂专配的大垫圈,此时运梁车前横梁中心到后支腿中心约2.7 m。连接完毕后将运梁车调整至喂梁支承状态,如图10-86所示。

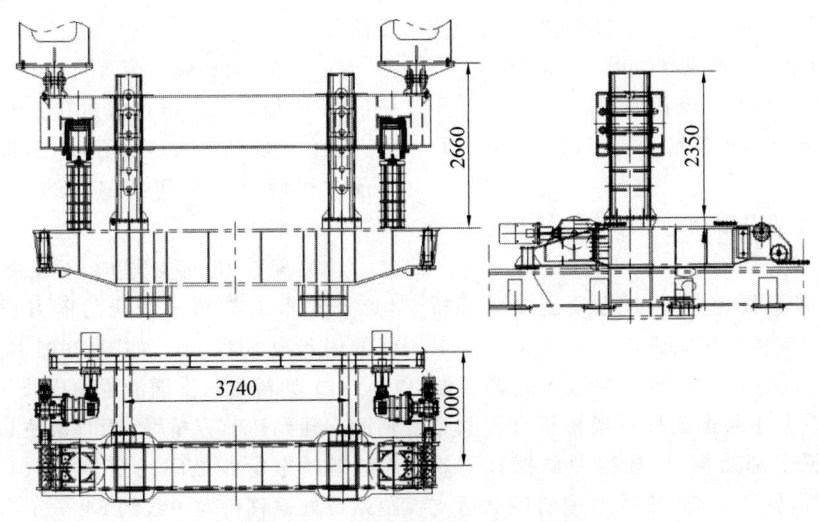

图10-84　后驮运支架安装示意图

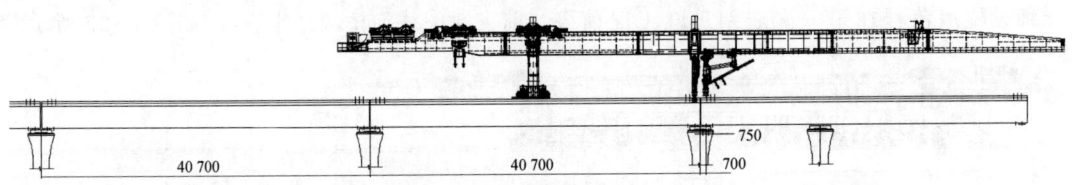

图10-85　架桥机调整示意图

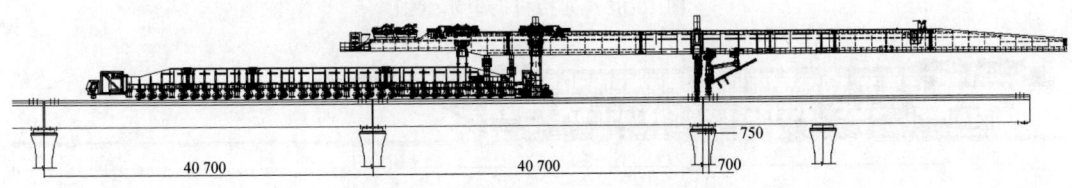

图10-86　运梁车与架桥机连接示意图

④ 架桥机底横梁拆解。流程如下:

(a) 支承后驮运支架或收缩架桥机后支腿顶升液压缸,使后支腿底横梁略微脱离轨道;

(b) 拆除架桥机底横梁与竖曲梁连接的法兰螺栓、后支腿液压泵站电源线;

(c) 后起重小车前行至架桥机后支腿正上方;

(d) 若架桥机需要驮运过隧道,需再拆除后支腿竖曲梁与上横梁、上横梁与主梁之间的连接螺栓,然后通过翻转折叠机构对后支腿竖曲梁及上横梁进行翻转折叠(若不过隧道则该步骤省略),先翻转下部,再水平折转至与主梁平行,如图10-87所示。

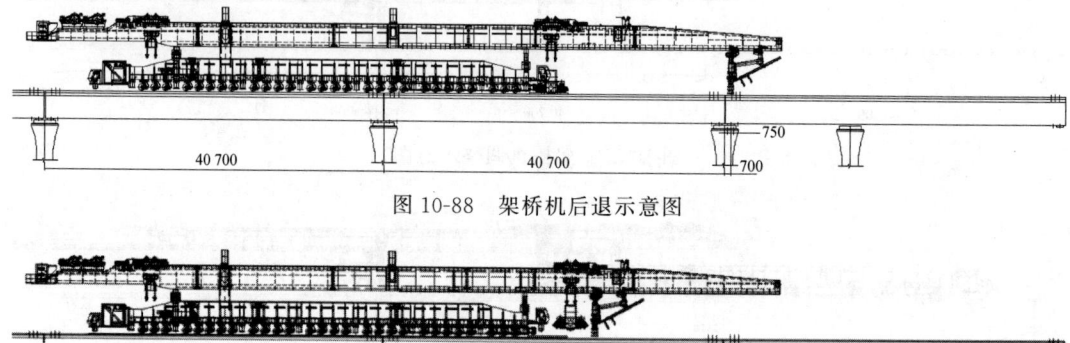

图 10-87　架桥机底横梁拆解示意图

⑤ 架桥机后退。通过运梁车后驮梁台车牵引架桥机后移至运梁车上，并利用前驮运支架支承架桥机，直至前支腿脱空，如图 10-88 所示。

⑥ 前支腿后退。流程如下：

（a）前起重小车提吊后支腿底横梁及走行机构；

（b）前支腿退回至起重小车前，如图 10-89 所示；

（c）收缩前驮运支架，使前支腿支承架桥机前端（驮运准备工作完成）。

⑦ 驮运过隧道及隧道口恢复。若需要驮运过隧道，按上述驮运流程对架桥机进行驮运调整，前支腿下部结构（底横梁及斜撑杆下钢销）简单拆解，翻转折叠，然后通过前后驮运支架将整机降低 1 m 即可达到驮运过隧道状态。详细过隧道流程在第一次遇到过隧工况前咨询设备制造商，参考其提供的详细过隧道及恢复流程。

（6）曲线架桥施工流程

① 半径为 600 m 曲线过孔。流程如下：

（a）架桥机进入待过孔状态，架桥机中线与前方桥墩中线之间的偏差约 1785 mm，如图 10-90 所示。

（b）架桥机前支腿向内曲线方向横移 400 mm，此时架桥机中线与前方桥墩中线之间的偏差约 1047 mm，如图 10-91 所示。

（c）架桥机后支腿沿桥面中线过孔前行至辅助支腿到达前方桥墩，此时架桥机辅助支腿中线与桥墩中线之间的偏移约 101 mm，前支腿站位处偏移桥墩中线约 64 mm，前支腿前行至前方桥墩并进行支承，然后向内曲线横移至前支腿中线与桥墩基本重合，如图 10-92 所示。

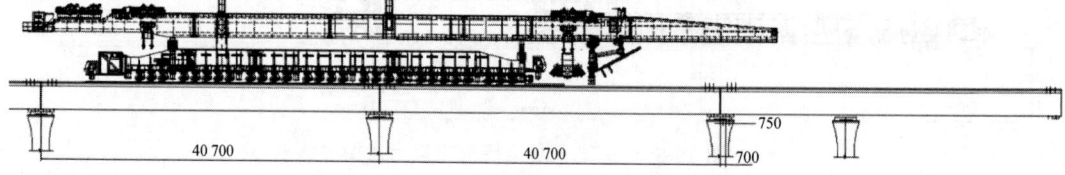

图 10-88　架桥机后退示意图

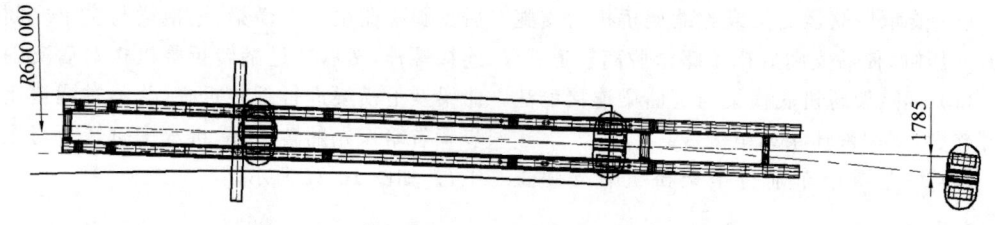

图 10-89　前支腿后退示意图

图 10-90　半径为 600 m 曲线过孔步骤（a）示意图

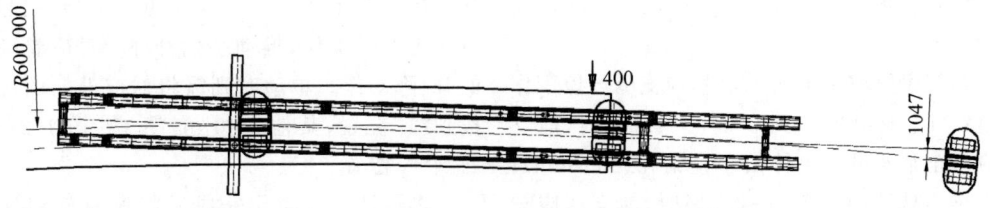

图 10-91　半径为 600 m 曲线过孔步骤(b)示意图

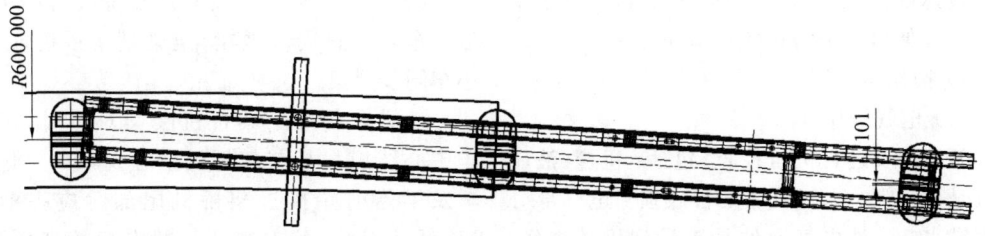

图 10-92　半径为 600 m 曲线过孔步骤(c)示意图

(d) 架桥机第二次过孔达到架桥位置,调整架桥机达到待架梁状态,如图 10-93 所示。

注意事项:

(a) 架桥机适应最小曲线半径为 600 m;若遇架梁曲线小于 600 m 时,应与制造厂进行咨询,不得自行架设;

(b) 架桥机直线正常过孔流程及相关注意事项同样适用于曲线过孔,曲线过孔时必须遵循;

(c) 曲线架桥状态与正常架桥机调整状态完全一致;

(d) 在其他曲线桥半径架桥时,也可以进行前支腿的适当横移调整,第一次过孔到位后,再次横移前支腿使架桥机前端与桥墩对中即可。

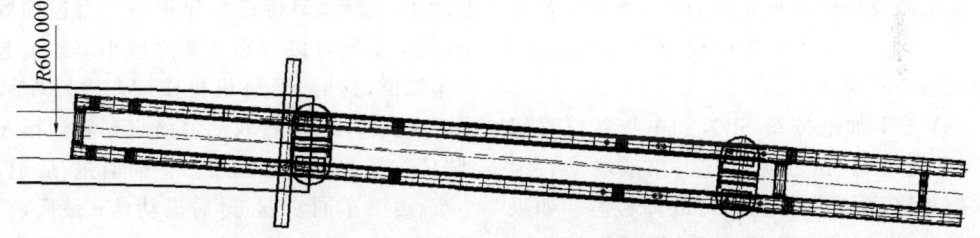

图 10-93　半径为 600 m 曲线过孔步骤(d)示意图

② 曲线架梁。600 m 曲线半径架桥时,运梁车与正常架桥喂梁位置基本相同,运梁车前端向外曲线方向偏移约 50 mm 即可;任何低于 2000 m 曲线半径的桥梁运架施工时,必须将运梁车驮梁台车上回转盘两端的回转定位销拔出,中心的回转钢销不得拆除。

(7) 纵坡梁的架设

① 上坡梁的架设。架桥机在上坡梁架设时,需对前支腿进行调低处理,确保架桥机主梁整体水平坡度小于 10‰,架桥机前支腿伸缩量为±900 mm。

当架梁纵坡小于 0.7% 时,前支腿可以不做调整;当架梁纵坡达到 0.8%~1.6% 时,前支腿应与正常架设工况缩回 1 个销孔(300 mm);当架梁纵坡达到 1.7%~2.5% 时,前支腿应与正常架设工况缩回 2 个销孔(600 mm);当架梁纵坡达到 2.6%~3.0% 时,前支腿应与正常架设工况缩回 3 个销孔(900 mm)。

② 下坡梁的架设。架桥机在下坡梁架设时,需对前支腿进行调高处理,确保架桥机主

梁整体水平坡度小于10%,架桥机前支腿伸缩量为±900 mm。

当架梁纵坡小于0.7%时,前支腿可以不作调整;当架梁纵坡达到0.8%~1.6%时,前支腿应与正常架设工况伸出一个销孔(300 mm);当架梁纵坡达到1.7%~2.5%时,前支腿应与正常架设工况伸出两个销孔(600 mm);当架梁纵坡达到2.6%~3.0%时,前支腿应与正常架设工况伸出三个销孔(900 mm)。

4) 操作与使用

(1) 电气操作

开机前要进行例行检查,包括:机械、液压部分是否正常?电气线缆是否破损?电气部分是否进水?户外电气元件是否受到机械损伤?确认无上述明显异常现象后方可启动发电机。

按发电机操作规程正常进行。

① 打开总电源。

② 待发电机输出电压稳定之后,首先打开电气柜门,将总空气开关QF0合上,联动台电压表指示380 V左右。

③ 按下列顺序接通控制电源:

(a) 打开微机电源SA1,接通PLC电源,同时触摸屏开始工作,电气系统开始故障自检。如电源及操作面板正常,可继续下一步工作。此时,触摸屏会有各种故障显示,这是为了保证系统不误动作。

(b) 按下加电按钮SB6,加电指示灯亮绿灯,加电完成后,在触摸屏右上角或联动台上点故障复位,系统将再次进行故障检测。如果一切正常,启动准备阶段完成,架桥机处于工作就绪状态;如果有故障,系统会有详细的故障提示,维护人员可以根据具体情况处理故障。

(2) 架桥机运行操作

本架桥机所有的执行动作是按照不同的工况,采用工况选择开关和功能开关组合,再加上手柄操作开关共同完成的。加电完成后即可以进行操作。下面按照架桥过程的工况分别叙述。

① 卷扬。卷扬动作包括4个主起升电动机的动作。将右联动台多段旋钮拨到卷扬,右联动台卷扬1/2/3/4拨到"1"位置,4台主起升电动机同时工作,推动手柄升/降,对应卷扬机的升/降动作。单动时则需将对应卷扬的旋钮拨到"1"位置,其他为"0"位置。卷扬1/2/3/4回到"0"位置。

需要注意:动作完成后将所有旋钮回到"0"位置,方便下一个动作的操作。

② 喂梁和架梁。喂梁是架桥机前小车和运梁车后小车同步喂梁,架梁是架桥机前、后小车同步喂梁。

运梁车载梁给架桥机喂梁对位时,运梁车中心线应尽量与架桥机中心线一致。运梁车及梁体前端接近架桥机尾部时应提前减速,低速对位,绝对禁止运梁车碰撞架桥机;对好位后,将运梁车制动,并伸出前后支承液压缸支在桥面上,提高喂梁时运梁车的稳定性。

运梁车与架桥机对接好后,采用快速工业插头(控制插头)将运梁车与架桥机尾部的控制插座相连接,运梁车的驮梁台车控制权交由架桥机控制。首先,将多段旋钮拨到架梁,右联动台前小车、后小车拨到"1"位置(架梁),推动手柄前进/后退,前小车、后小车作前进/后退动作;之后,架桥机将起重小车后退到取梁位(架梁工况可以分别单动前后小车),前起重小车取梁,这时,架桥机操作前起重小车和驮梁台车同步喂梁,右联动台前小车和运梁车拨到"1"位置(第一步),推动手柄前进/后退,前小车、运梁车同步前进/后退动作;最后,箱梁后吊点运动到后小车取梁位置,喂梁结束,后起重小车取梁,将运梁车旋钮回到"0"位置,后小车拨到"1"位置(第二步),前、后起重小车同步移梁、落梁,完成箱梁的架设。架梁同时,运梁车可以更换电源插头,从架桥机取电,使用自带的控制,实现驮梁台车的退车、对位。

③ 过孔。将多段旋钮拨到整机过孔,右联动台后支腿拨到"1"位置,推动手柄前进/后退,后支腿作前进/后退动作,后支腿运动到梁端。

④ 变跨。变跨是前支腿的工况,目的是适应不同跨度的箱梁。将多段旋钮拨到变跨,右

联动台的前支腿拨到"1"位置,推动手柄前进/后退,前支腿作前进/后退动作。

(3) 断电关机

按下急停按钮SB2,将钥匙旋钮拨到"0"位置,关闭发电机。

5) 维护及保养

(1) 架桥机结构、机构的维护及保养

① 主结构。主结构指的是架桥机所有结构、机构总成中的主要受力钢结构构件。具体维护内容如下:

(a) 检查主焊缝(每两个月一次)。

(b) 检查各连接螺栓(每两周一次)。

② 运行机构。运行机构指的是架桥机所有带有纵向、横向、升降等位移动作的机构。具体维护内容如下:

(a) 走行机构结构检查与维护。

(b) 检查车架周边焊缝。

(c) 检查各连接螺栓(每两周一次)。

(d) 加注黄油(每个月一次,前支腿所有轮系组每周一次)。

(2) 电气系统的维护保养

① 常规检查。内容如下:

(a) 定期检查走行限位开关、高度限位开关是否安全可靠,限位撞块能否可靠地碰撞动作。

(b) 由于是移动设备,存在机械振动,需定期检查控制柜内是否有接点松动现象,主要是螺丝接线端子。

(c) 定期检查线缆是否有破损现象。

(d) 定期开机,运行中检查各个运动部件工作是否正常。

注意事项:

(a) 严禁拆除各个电器限位开关;

(b) 严禁更改变频器参数;

(c) 变频器维护检测时要断电15 min以后进行,否则有电击危险;

(d) 对电气系统除了做好开机例行检查外,还要定期检查各电器元件的接点是否有松动,保证接点的紧固,定期对户外部分除尘、除异物。

② 变频器的应用与维护。通用的变频器是采用最新半导体器件制成的控制动力设备的电子产品。变频器受温度、湿度、振动等周围环境的影响,或是由于时间漂移等原因,有可能发生各种故障。为了防患于未然,保持最佳的使用效果,日常维护是非常必要的。以下内容要进行定期检查:

(a) 是否受环境影响,发生了螺丝松动或锈蚀现象,若有,应立即拧紧或更换;

(b) 变频器内部或散热板上是否有异物落入,若有,应立即用压缩空气吹掉;

(c) 认真检查各印刷电路连接板是否接触良好,要及时更换不良产品。

变频器维护时要注意以下事项:

(a) 进行维护时,操作者必须直接确认变频器输入电源处于切断状态。

(b) 切断电源后,变频器主电路的电解容里仍有可能残留高压电。必须等待和确认放净电容器里的残留电压后才能进行操作。参考步骤:切断电源→等待5~10 min,充电指示灯熄灭→用万用表测量直流滤波电容,电压小于36 V→对变频器进行维修。

(c) 直接测量变频器输出电压时,必须使用整流式交流电压表。使用其他一般电压表或数字表测量高压脉冲时,容易产生误动作或显示不准确。

(d) 严禁用摇表检测变频器进线端和出线端,如果要对相关部分做检测,要将变频器进出线拆除。

(e) 使用变频器时,应每天注意观察如下事项:冷却系统是否工作正常;周围振动情况;变频器与周围的发热情况。

③ 电动机检查及维护。电动机检查内容及维护方法如表10-48所示。

表 10-48　电动机检查内容及维护方法

序号	设备/部件	频　次	做　　法
1	制动器	如果作为工作制动器，至少每 3000 h 检查一次；如果作为保持制动器，在负载情况下，每 2～4 年检查一次	检查制动器；测量和设置工作间隙不大于 0.7 mm；检查制动盘垫；检查压力盘；检查支架/花键盘；检查压力表；剔除引起研磨的异物；检查开关因素，如需要则更换（因为会引起燃烧）
2	电动机	每 10 000 h 检查一次	检查电动机；检查轴承是否需要更换；更换油封；清洁冷却风道
3	电动机带有逆止器		检查逆止器低黏度油脂
4	测速发电机		检查运转是否灵活
5	变频驱动器	不定期（根据外部因素）	表面无损伤，内部无闪烁、击穿痕迹，导线无松动

④ 减速机检查及维护。内容如下：

(a) 不同的润滑剂禁止相互混合使用。

(b) 油位塞、排油塞和透气阀的位置由安装位置决定（它们的相关位置可根据减速机的安装位置来确定）。

(c) 检查油位。首先切断电源，防止触电，等待减速器冷却；其次移去油位塞检查油是否充满；最后再将油位塞装好。

(d) 油的检查。首先切断电源，防止触电，等待减速器冷却；其次打开排油塞，取油样；检查油的黏度指数，如油明显浑浊，建议尽快更换；对于带油位塞的减速机，检查油位是否合格；最后将油位塞装好。

(e) 油的更换。冷却后油的黏度增大，放油困难，减速器应在运行温度下换油，具体流程为：切断电源，防止触电，等待减速器冷却下来无燃烧危险为止（要注意换油时减速器仍应保持温热）；在排油塞下面放一个接油盘；打开油位塞、透气阀和排油塞；将油全部排出；装上排油塞；注入同牌号的新油，油量应与安装位置一致（见铭牌），在油位塞处检查油位；拧紧油位塞及透气阀。

(3) 液压系统的维护与保养

架桥机液压泵站通常采用日常检查和定期检查的方法，以保证设备的正常运行。要做到液压系统的合理使用，还必须注意以下事项：

① 油箱中的液压油应经常保持正常液位。配管和液压缸的容量很大时，最初应放入足够数量的油液，在启动之后，由于油液进入了管道和液压缸，液面会下降，甚至使过滤器露出液面，因此必须一次补充够油液。在使用过程中，还会发生泄漏，应该经常观察油箱中的液位计，以便及时补充油液。

② 液压油应保持清洁。检查油液是否清洁应与检查油液面的高度同时进行。

(a) 油桶上不要积聚雨水和尘土，也不要直接放在地上。

(b) 在擦拭泵、阀或装油液的容器时要极力防止布屑之类的杂质落入油液中。

(c) 油箱要经常清洗，在灌油时应通过 10 μm 的空气滤清器。

③ 换油时要注意以下问题：

(a) 更换的新油或补加的油必须符合本系

统规定使用的油液牌号,并应经过检验,符合规定的指标。

(b) 换油时须将油箱内部的旧油全部放完,并且冲洗合格。

(c) 新油过滤后再注入油箱,过滤精度不得低于系统的过滤精度。

(d) 新油加入油箱前,应把流入油箱的主回油管拆开,用临时油桶代替油箱。点动液压泵的原动机,使新油将管道内的旧油"推出"(置换出来),如在液压泵转动时,操纵液压缸的换向阀,还可将缸内的旧油置换出来。

(e) 加油时,注意油桶口、油箱口、滤油机进出油管的清洁。

(f) 油箱的油液量在系统(管道和元件)充满油后应保持在规定液位范围内。

(g) 更换工作介质的期限因使用条件、使用地点不同而有很大出入,一般来说,大概一年更换一次;在连续运转、高温、高湿、灰尘多的地方,需要缩短换油的周期。

④ 油温应适当。

⑤ 回路里的空气应完全清除掉。回路里进入空气后,因为气体的体积和压力成反比,随着负荷的变动,液压缸的运动也会受到影响,为了保持送进速度的平稳,应特别避免空气混入。另外,空气也是造成油液变质和发热的重要原因。

⑥ 在初次启动液压泵时,应注意以下事项:

(a) 向泵里灌满工作介质。

(b) 检查转动方向是否正确。

(c) 检查入口和出口是否接反。

(d) 用手试转。

(e) 检查吸入侧是否漏入空气。

(f) 在规定的转速内启动和运转。

⑦ 其他注意事项:

(a) 在液压泵启动和停止时,应使溢流阀卸荷。

(b) 溢流阀的调定压力不得超过液压系统的最高压力。

(c) 应尽量保持电磁阀的电压稳定,否则可能导致线圈过热。

(d) 易损零件,如密封圈等,应经常有备品,以便及时更换。

6) 常见故障及处理方法

电动机常见故障及处理方法如表 10-49 所示。

电动机制动器常见故障及处理方法如表 10-50 所示。

液压缸常见故障及处理方法如表 10-51 所示。

表 10-49 电动机常见故障及处理方法

序号	故障现象	故障原因	处理方法
1	电动机不启动	电缆损坏	检查电缆
		制动器没有释放	检查制动器电路是否良好
		电动机保护器跳闸	检查电动机保护器设置是否正确,纠正错误
		电动机保护器没有接通,控制故障	检查电动机保护器控制,纠正错误
2	电动机不启动或启动困难	电压和频率严重偏离设置点	提供质量好的供电系统,检查电缆连接是否良好
		星角转换接触问题	纠正错误
3	转向不正确,有嗡嗡声且有大的电流	电动机缺相运行	把电动机送到车间进行维修
		转子卡住或制动器未打开	检查制动器电路或制动工作间隙
4	电动机保护器立即跳闸	电动机短路	把电动机送到特殊的车间进行维修
		线端连接不正确	纠正电路
		电动机地线故障	把电动机送到特殊的车间进行维修

续表

序号	故障现象	故障原因	处理方法
5	负载时的转速严重失速	超负荷	测量功率,检查其他电动机是否工作
		电压降低<10%	解决供电质量问题
		冷却不足	清理电动机风道
6	电动机过热(测量温度)	电动机温度过高	检查温度环境是否过高,检查电动机轴承的润滑脂是否缺乏或过多(>2/3)
7	噪声太大	接线处松弛(有一相电源没接好)	纠正松弛的连接线
		电源电压偏离额定电动机电压±10%以上,高电压时对低速电动机绕组有不利影响,因为这样,空载电流已经非常接近正常电压时的额定电流	检查电动机风扇是否和外防护壳碰撞
		超出额定工作制(S1 到 S10,DN57530),例如超出预期的启动频率	调整额定工作制,使之适应所需要的运行条件,建议向专家咨询,以确定正确的驱动方案
8		球轴承变形、变脏或变坏	重新调整电动机,检查轴承,如有必要更改润滑油
9		转动部件振动	纠正原因,如有必要作动作平衡
10		冷却风道中有异物	清理冷却风道

表 10-50 电动机制动器常见故障及处理方法

序号	故障现象	原因分析	处理方法
1	制动器不能释放	制动器控制器电源不正确	检查连线是否正确
		制动器控制器故障	更换新的制动控制系统,检查制动器线圈和制动整流器
		制动垫磨损,超过最大工作间隙	测量和设置工作间隙
		导线电压下降>10%	更换正确的导线,检查导线截面积
		冷却不足,制动器过热	用 BGE 代替 BG
		制动器线圈内部短路和电路故障	更换制动器和控制系统(在特殊车间中操作),检查开关
2	电动机不能制动	工作间隙不正确	检查和设置工作间隙
		制动垫磨损	更换制动器
		制动力矩错误	检查制动力矩,检查型号和制动弹簧数量
		BM(G):由于工作气隙太大使得定位螺母突出	检查工作间隙
		BR03BM(G):手动释放装置安装不正确	调整定位螺母
3	制动延迟	制动器关断在交流电路中	制动器应在交流和直流电路中同时断路(如 BSR)请参考电路图
4	制动器噪声	由于振动引起的传动装置磨损	根据磨损位置,确定检查方案,并更换相应零件
		由不正确设置的变频器作电源引起脉动制动力矩	按照操作说明书,检查和正确使用设置变频器

表 10-51 液压缸常见故障及处理方法

序号	故障现象	原因分析	处理方法
1	外部漏油	活塞杆碰伤或拉伤	用极细的砂纸或油石修磨,不能修的更换新件
		缸筒内表面拉伤	与活塞杆处理方法一致
		防尘圈挤出和反唇	拆开检查,重新更换
		活塞和活塞杆上的密封件磨损、损伤	更换新密封件
		安装定心不良,使活塞杆伸出困难	拆下检查安装的位置是否符合要求并处理
2	活塞杆爬行和蠕动	液压缸内进入空气或油中有气泡	松开接头,将空气排出
		液压缸的安装位置偏移	在安装时检查是否与主机运行方向平行并调整
		活塞杆全长或局部弯曲	活塞杆全长校正,每 100 mm 的不直度不超过 0.3 mm,或更换活塞杆
		缸筒内锈蚀或拉伤	去除锈蚀、毛刺,严重时更换缸筒

液压泵常见故障及处理方法如表 10-52 所示。

表 10-52 液压泵常见故障及处理方法

序号	故障现象	原因分析	处理方法
1	流量不够	油液混浊造成进口滤清器堵死或阀门吸油阻力较大	去掉滤清器,提高油液清洁度;增大阀门,减少吸油阻力
		中心弹簧断裂,缸体和配油盘无初始密封力	更换中心弹簧
		变量泵倾角处于小偏角	增大偏角
		配油盘与泵体配油面贴合不平或严重磨损	消除贴合不平的原因;更换配油盘
		油温过高	查出原因,降低油温
2	压力波动、压力表指标值不稳	系统中压力阀本身不能正常工作	更换或修复压力阀
		系统中有空气	在系统最高处或吸油管处排除空气
		吸油腔真空度太大	降低真空度,使之小于 0.016 MPa
		因油液混浊等原因使配油面严重磨损	修复或更换零件并消除磨损原因
		压力表座振动	消除振动原因
3	无压力或压力大量泄漏	滑靴脱落	更换柱塞滑靴组件
		调压弹簧未调整好或建立不起压力	重新调整或更换调压阀
		中心弹簧断裂,无初始密封力	更换中心弹簧
		泵和电动机安装不同轴,造成泄漏严重	调整泵轴与电动机轴的同轴度
		配油面严重磨损	更换或修复零件

续表

序号	故障现象	原因分析	处理方法
4	噪声过大	吸油阻力太大,自吸真空度太大	增大管径,减少弯头,降低真空度,使其小于 0.016 MPa;检查接头,排除不密封原因,排出空气
		泵和电动机安装不同轴,主轴受径向力	调整泵轴与电动机轴的同轴度
		油的黏度太大	降低黏度
		油液有大量气泡	视不同情况消除
5	油温提升过快	油箱容积太小	增加容积或加冷却装置
		油泵内部漏损太大	检修油泵
		液压系统泄漏太大	修复或更换有关元件
		周围环境温度过高	改善环境条件
6	伺服变量机构失灵	伺服活塞卡死	消除卡死原因
		变量活塞卡死	消除卡死原因
		变量头转动不灵活	消除转动不灵活原因
		单向阀弹簧断裂	更换弹簧

2. DF1100/40 型架桥机(郑州新大方重工科技有限公司)

1) 概述

DF1100/40 型架桥机适应跨度为 30~40 m,单个天车额定起重质量 550 t,总计两个天车,最大梁质量 1100 t。该设备能适应整孔箱梁的首跨、末跨、标准跨及其相互变跨的架设施工;架桥作业时,需与 DCY1100 型运梁车配套使用。

该架桥机在桥间转移时可利用运梁车整体驮运,距离较短时也可采用架桥机自行移位方式。

(1) 架梁原理

DF1100/40 型架桥机采用两跨式主梁、三支腿结构,主梁横向中心距 6.4 m。架梁状态时 1、2 号支腿支承主框架,1 号支腿支承于桥墩,2 号支腿支承于已架梁梁面,3 号支腿脱空并旋转折叠约 90°以满足运梁车驮运箱梁进入架桥机巷内。

运梁车携梁进入架桥机巷内走行到位后,运梁车切换为喂梁模式,前后液压缸在梁面支承;解除驮梁小车和运梁车之间的锚固,前后驮梁小车同步携梁走行至前天车提梁位置,前天车提梁,前天车和后驮梁小车配合同步使混凝土梁前移至后天车提梁位置后停止,后天车提梁,运梁车携驮梁小车返回梁场,同时前、后天车配合同步使混凝土梁继续前移到位后落放桥墩上;解除吊具,完成架梁作业。

(2) 过孔原理

DF1100/40 型架桥机有 3 个支腿,均位于主框架下方,从前至后依次为 1 号支腿、2 号支腿、3 号支腿。过孔时 3 个支腿均为固定支腿,1 号支腿支承于桥墩之上,2、3 号支腿支承于已架梁面;2、3 号支腿具有走行轮箱,2 号支腿为主动轮,3 号支腿为被动轮;天车落梁完成后,解除吊具,恢复 3 号支腿支承,前、后天车走行至主梁尾端,脱空 1 号支腿后,将整机转换为过孔模式,驱动 2 号支腿走行轮,可实现整机过孔功能。

(3) 主要技术特点

① 整机采用 2 跨长主框架和 3 号支腿体系,结构简单、受力明确。

② 主框架在架梁工况为简支结构,受力明确、安全度高。

③ 主框架在过孔工况为简支过孔,一次性连续走行到位,施工工艺简单,受力明确、安全度高。

④ 天车吊具可横移,便于混凝土梁精确对位。

⑤ 走行机构、起升机构均采用变频技术，启动、制动平稳；整机采用 PLC 程序控制技术，安全可靠。

⑥ 液压系统采用独立单元设计，使系统简化和模块化，减少沿程损失和功率损耗，方便维修和搬运。

⑦ 设备配置遥控装置，可以实现遥控操作，避免因视线不通、沟通不畅、判断失误等因素造成的系统风险。

2）主要技术参数

DF1100/40 型架桥机的主要技术参数如表 10-53 所示。

表 10-53　DF1100/40 型架桥机主要技术参数

序号	参 数 名 称	技 术 参 数	备　注
1	适应跨度/m	30～40（每 1 m 一跨）	—
2	额定起重质量/t	1100	—
3	整机质量/t	约 540	—
4	适应最小曲线半径/m	2000	—
5	适应最大坡度/%	纵坡：2；横坡：0	—
6	天车纵移速度/(m/min)	重载：0～3；空载：0～6	—
7	起重天车升降速度/(m/min)	重载：0～0.5；空载：0～1	—
8	起升高度/m	8	—
9	天车纵/横向微调范围/mm	纵向：不限；横向：±250	—
10	整机过孔速度/(m/min)	0～3	—
11	整机总功率/kW	340	—
12	整机最大使用功率/kW	190	—
13	发电机功率/kW	300	—
14	最大单件尺寸（长×宽×高）/(mm×mm×mm)	13 500×1505×3450	不同时发生
15	最大单件质量/t	24	—
16	整机外形尺寸（长×宽×高）/(m×m×m)	80.5×17.9×13	—
17	作业效率/(跨/h)	0.25	—
18	风力条件/(m/s)	工作状态：20；非工作状态：44	—

3）设备组成

该架桥机主要由主框架、1 号支腿、2 号支腿、3 号支腿、前天车、后天车、附属结构、大车走行轨道、液压系统、电气系统、前端配重、后天车配重等组成，如图 10-94、图 10-95 所示。

（1）主框架

主框架由两根主梁和前、后联系梁组成，两根主梁的中心距为 6.4 m，单根主梁的长度为 80.5 m。为控制单件尺寸和质量，满足运输和吊装要求，主梁采用分节箱梁结构。每根主梁分 7 段。主梁各节段之间采用高强度螺栓连接。主梁为箱形断面，内部布置有隔板及加强筋板以防止局部失稳，如图 10-96 所示。

主框架横向为对称结构，主梁上盖板上部通长设置轨道用于天车走行。主梁 1 号节下盖板分别设置 11 处前支腿安装位置，同时 1 号支腿可以吊挂在主梁腹部外侧下盖板上纵向移动，用以满足架设 30～40 m 每隔 1 m 施工的需求。主梁中部（4 号节）腹板外侧设置法兰，可连接 2 号支腿；主梁尾部下盖板下方设置铰座，可连接 3 号支腿。

前、后联系梁同时作为主天车导向滑轮的支承横梁，每个联系梁上设置有 6 个导向滑轮支架。

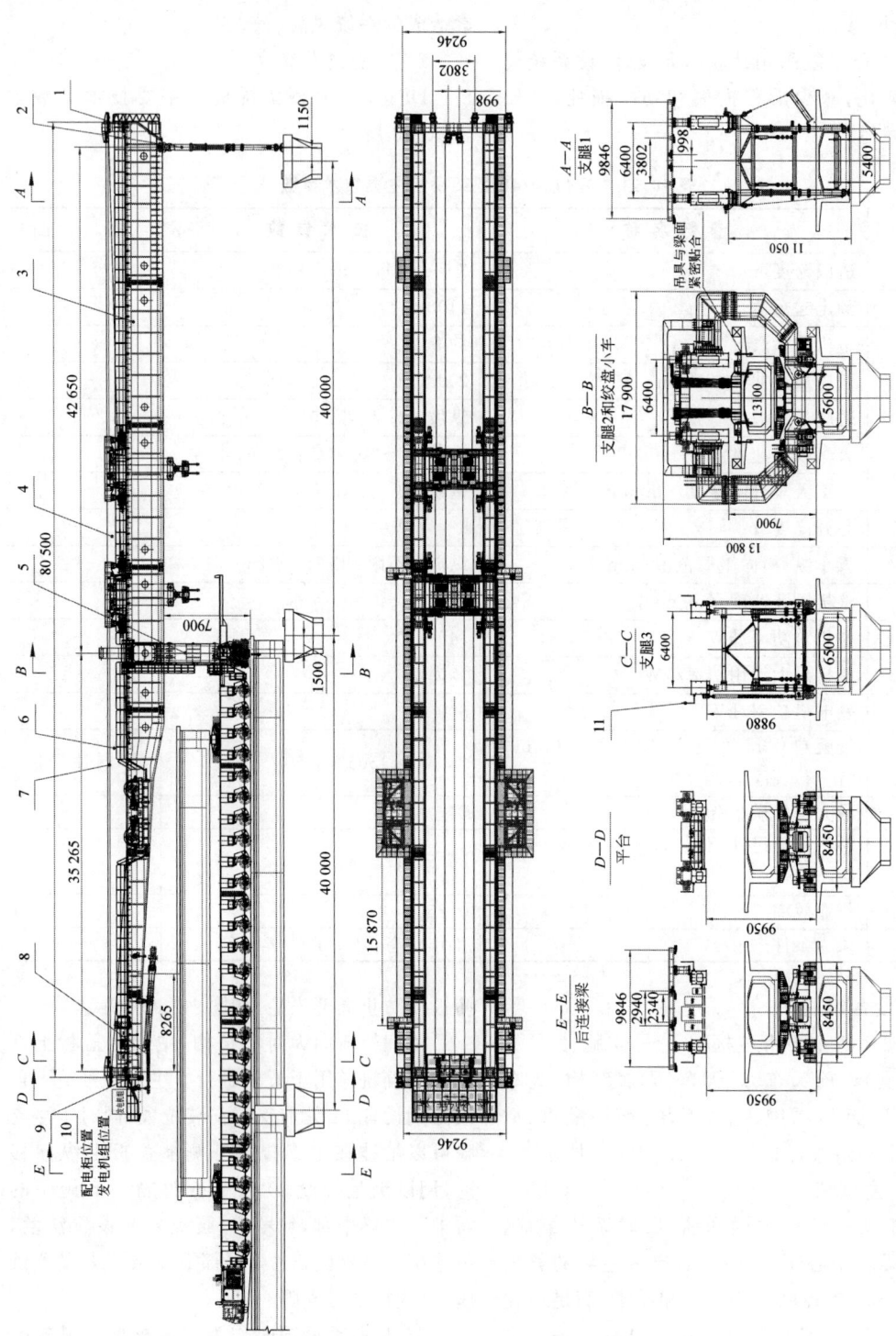

图 10-94 DF1100/40 型架桥机总体结构示意图

1—前端配重；2—1号支腿；3—主框架；4—前天车；5—2号支腿；6—后天车配重；7—后天车；8—3号支腿；9—液压系统；10—电气系统；11—附属结构。

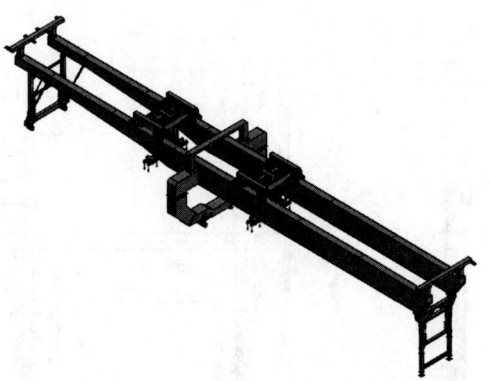

图 10-95 DF1100/40 型架桥机三维示意图

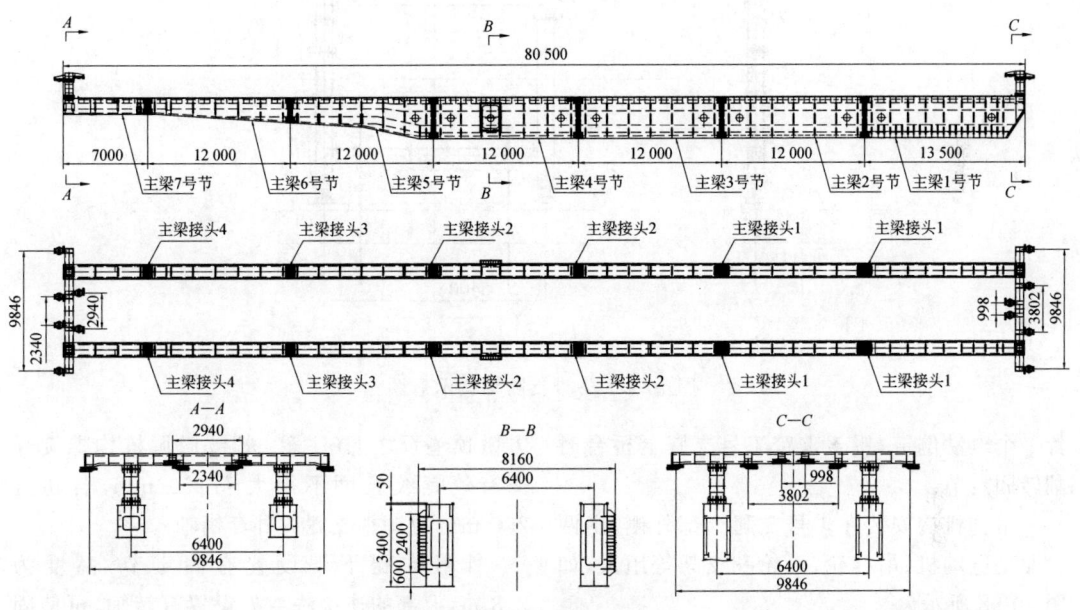

图 10-96 主梁结构示意图

主梁顶面布置起重天车纵移供电拖链,左、右侧主梁上各有两条拖链。左、右侧主梁的外侧布置有安全通道及卷扬机平台。主框架后端设置了发电机组及配电柜平台。主框架的作用如下:

① 为前、后天车提供支承和运行轨道;

② 通过主框架将施工载荷传递到各支腿结构上;

③ 为1号支腿吊挂提供支承;

④ 为安全通道提供安装支承;

⑤ 为电气系统提供布线通道;

⑥ 为起升系统卷扬机安装平台提供支承;

⑦ 为起升系统导向轮提供支承。

(2) 1号支腿

1号支腿位于主框架前端,上部与主梁铰接,下部采用球铰支承在墩顶垫石之上,构成二力杆件。

1号支腿由铰座、吊挂机构、固定框架、调整节、液压缸、固定节、球铰等部分组成,如图 10-97 所示。其中,固定框架与主梁通过铰座连接,铰座上部利用螺栓固定在主梁下盖板上,下部利用螺栓固定在固定框架上。铰座上部两侧设置有吊挂机构,解除铰座和主梁下盖板的连接螺栓,可利用主梁下盖板外伸段作为轨道吊挂1号支腿纵向走行,完成施工不同梁跨时1号支腿的变跨作业。固定框架两侧各设

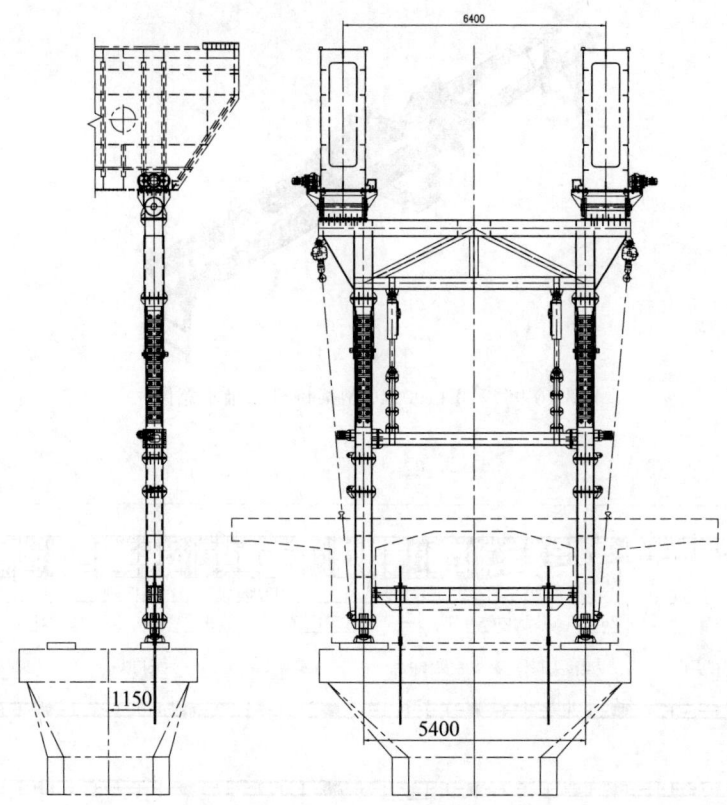

图 10-97　1 号支腿结构示意图

置一个电动倒链,用于末跨 1 号支腿上桥台时翻转固定节。

吊挂机构安装在 1 号支腿上部外侧,由两台驱动电动机、吊挂轮、齿轮和支架等组成,如图 10-98 所示。

调整节为伸缩套柱结构,利用插销改变支腿高度,前后方向和左右方向各设置两枚插销,调整范围为 2.4 m(−1600∼+800 mm),满足变梁高、坡道等工况施工要求。调整节的高度调整需依靠液压缸完成,1 号支腿共设两个液压缸。调整节内套管下部每侧安装有一个导向滑轮,用于走行钢轨的拖拉倒换。

固定节和调整节横桥向中心间距为 5.4 m。1 号支腿墩顶支承时,需利用两根螺纹钢筋进行锚固。

球铰安装在固定节或调整节的下端,球铰设有手动螺纹微调机构,用于微调不同高度调整节的高度调整,使 1 号支腿的高度可以实现无级调整。架梁时,球铰通过其底座支承在前方墩顶垫石之上(注意:螺纹微调机构螺旋外露有效螺纹长度不得大于 250 mm,若超过 250 mm 应调整支腿内外套销轴)。

1 号支腿下端设置有固定节,高度为 2.8 m,上部的连接法兰处设置有转轴,可使固定节绕轴横桥向旋转,以满足设备末跨上桥台工况的施工要求。固定节的旋转需依靠两侧的两个电动倒链完成。

1 号支腿桥面支承时,需利用 4 根螺纹钢筋进行锚固(注意:节段梁梁面和连续梁梁面锚固位置不同),如图 10-99∼图 10-101 所示。

架桥机驮运状态时,1 号支腿需利用 3 号支腿结构(下横梁、走行机构、斜撑等)支承于梁面轨道上,以便实现整机走行,如图 10-102 所示。

1 号支腿上设置有梯子平台,满足与主梁平台及桥墩的相互衔接,方便施工人员到达。1 号支腿的作用如下:

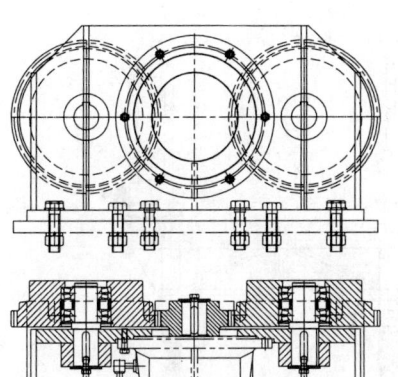
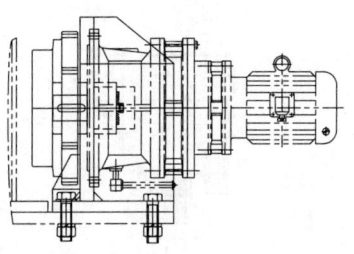
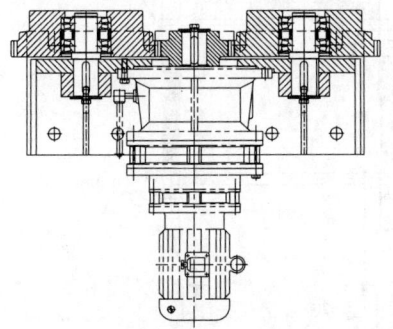

图 10-98　1 号支腿吊挂装置结构示意图

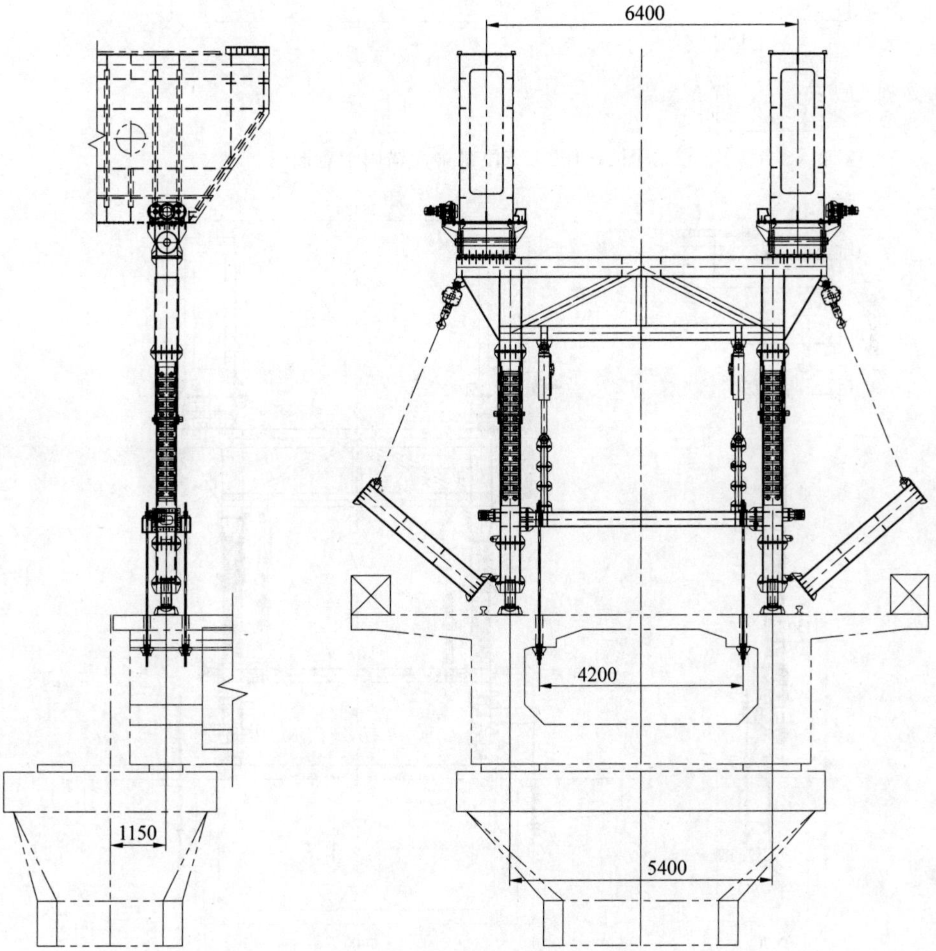

图 10-99　1 号支腿末跨上桥台示意图

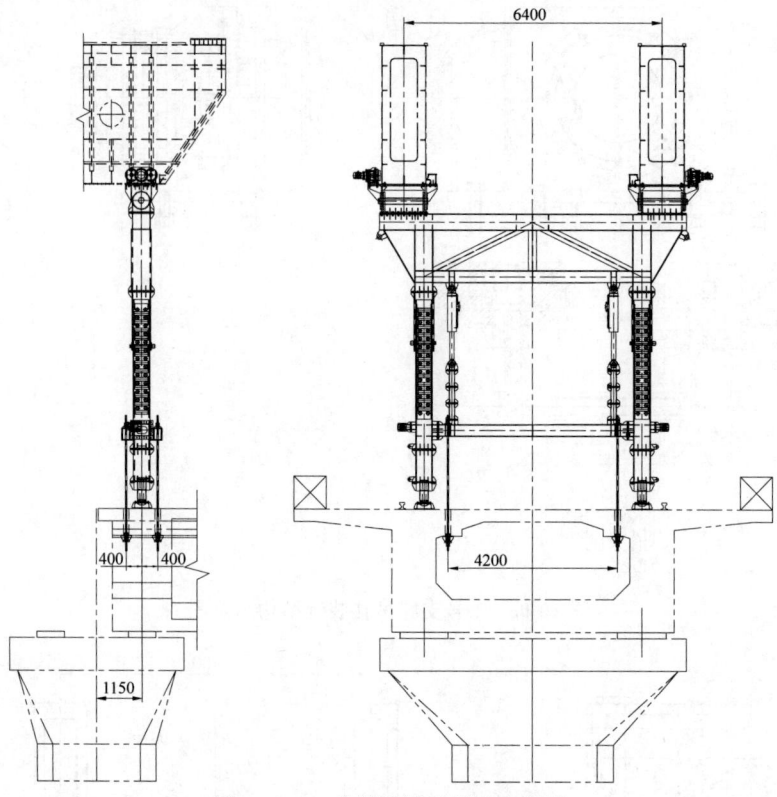

图 10-100 节段梁梁面锚固示意图

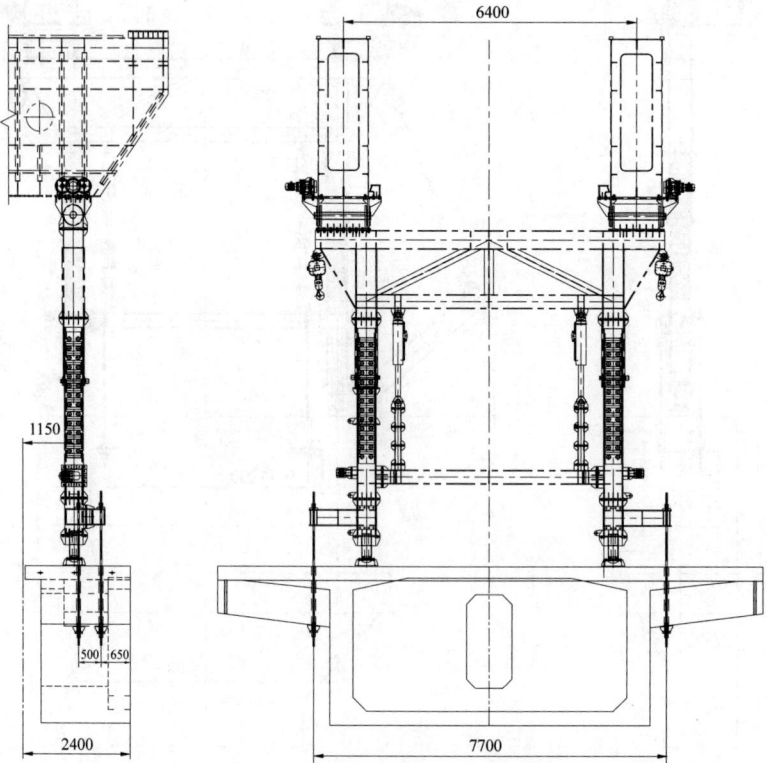

图 10-101 连续梁梁面锚固示意图

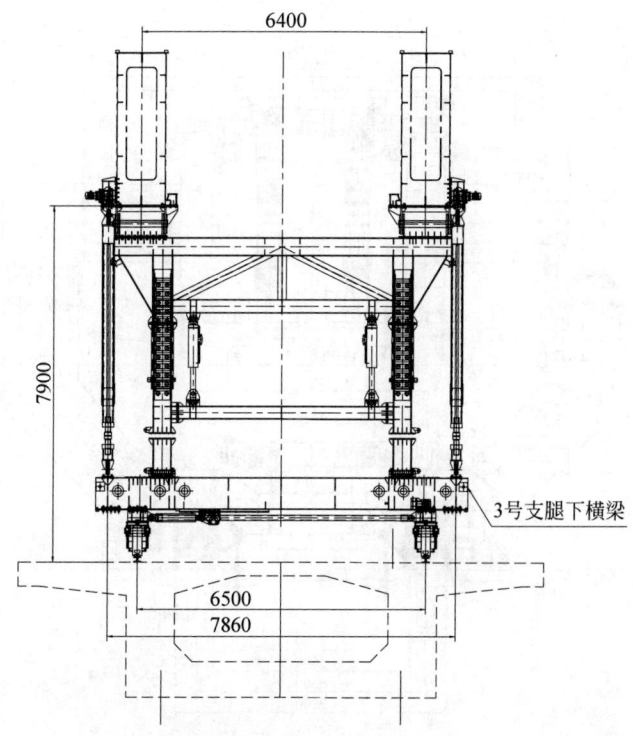

图 10-102　1 号支腿驮运工况示意图

① 架桥机过孔到位后及架梁工况在前方墩顶支承；

② 1 号支腿的附属结构可方便施工人员从架桥机到达桥墩顶部；

③ 为倒换桥面钢轨导向滑轮提供支承。

(3) 2 号支腿

2 号支腿位于主框架中部，为固定支腿，支承在桥面上。2 号支腿采用箱形断面的 U 形腿结构，U 形腿与马鞍整体组成 O 形封闭结构。支腿与主梁采用法兰高强螺栓连接，如图 10-103 所示。

2 号支腿下横梁下设置有两个支承液压缸和两组走行机构，支承液压缸横向中心距为 5600 mm。

架桥机 2 号支腿两组走行机构横向中心距为 6500 mm，每组走行机构由两台驱动台车、均衡梁、铰座销轴、连接芯轴组件、减摩板等组成，如图 10-104 所示。

均衡梁上部通过铰座和连接芯轴组件与支腿连接，下部与驱动台车连接。驱动台车主要由车架、电动机、车轮等部件构成。台车轴距为 0.62 m，走行速度为 0～3 m/min。每个驱动台车由电动机提供动力，减速机采用硬齿面立式减速机。走行轮箱仅空载过孔使用。

2 号支腿架梁工况时由超高压液压缸重载支承，此支承装置设置有锚固机构，用于重载支承时超高压液压缸纵横向稳定，如图 10-105 所示。

2 号支腿下横梁下设置有支腿锚固机构，起安全防护作用，如图 10-106 所示。

2 号支腿下横梁上设置有两个卷扬机，用于走行钢轨的拖拉倒换，卷扬机之间横向中心距约 7.65 m，容绳量为 130 m。2 号支腿高度固定，其高度满足 2% 下坡喂梁工况需求；2 号支腿采用箱形断面，其内净宽满足 13.1 m 梁宽的通过需求。2 号支腿下横梁下方安装有液压缸泵站。

2 号支腿的作用如下：

① 架桥机架梁施工时前方墩顶主要支承；

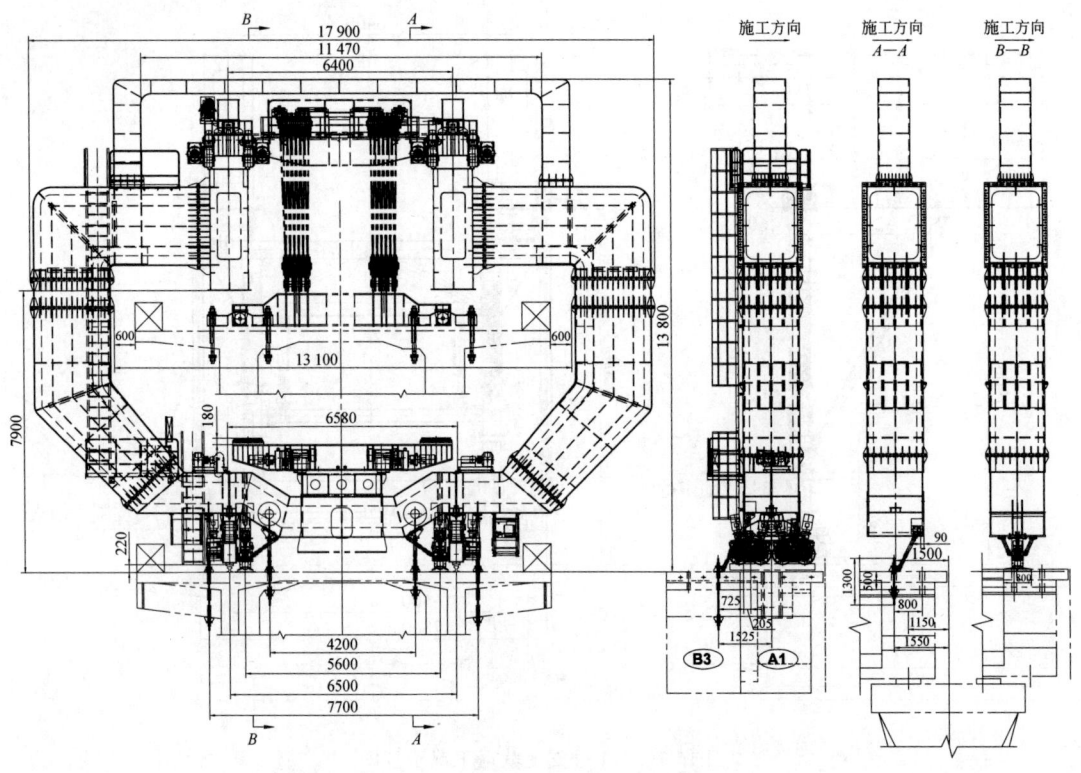

图 10-103　2 号支腿结构示意图

② 架桥机过孔时对主梁的支承；
③ 为架桥机过孔提供动力；
④ 实现施工人员的操作通道和平台支承；
⑤ 为倒换钢轨卷扬机提供支承。

(4) 3 号支腿

3 号支腿位于主框架后端，立柱上部与主梁铰接，下部连接在下横梁上，并通过走行轮组支承在轨道上，斜撑杆上部与主梁铰接，下部连接在下横梁上，形成稳定的三角形框架结构，如图 10-107 所示。

3 号支腿由上横梁、联系杆、中横梁、外套柱、内套柱、斜撑杆、下横梁、顶升液压缸、横移机构、走行轮组等部分组成。

立柱与主梁通过铰座连接，铰座上部利用螺栓固定在主梁下盖板上。斜撑杆与主梁通过铰座连接，铰座上部利用螺栓固定在主梁下盖板上，使 3 号支腿组成稳定的三角形框架结构。

立柱为内、外伸缩套柱结构，利用插销改变支腿高度，单侧立柱设置两个插销，调整范围为 $-1000 \sim 800$ mm，满足 2‰ 坡度施工要求。调整节的高度调整需依靠液压缸完成，共设两个液压缸，液压缸下方设增高节，以适应高度调整，如图 10-108、图 10-109 所示。

下横梁下部设置有横移机构，横移机构主要由导向轮、横移梁、横移滑靴、连杆、销轴、横移液压缸等部件组成，横移范围为 ±710 mm，满足 2000 m 曲线施工要求，如图 10-110、图 10-111 所示。

3 号支腿下部为走行轮组，走行轮支承在梁面轨道上，辅助架桥机实现过孔作业。

3 号支腿走行机构由两台从动台车、铰座销轴、铁楔、减摩板等组成，如图 10-112 所示。

3 号支腿具备翻转功能，立柱、横梁等部件所组成的主体结构由卷扬机实现翻转，如图 10-113 所示，斜撑杆由电动导链实现翻转。翻转后，立柱向施工前方折叠，斜撑杆向施工后方折叠，从而实现运梁车后方喂梁进入架桥机，避免干涉。

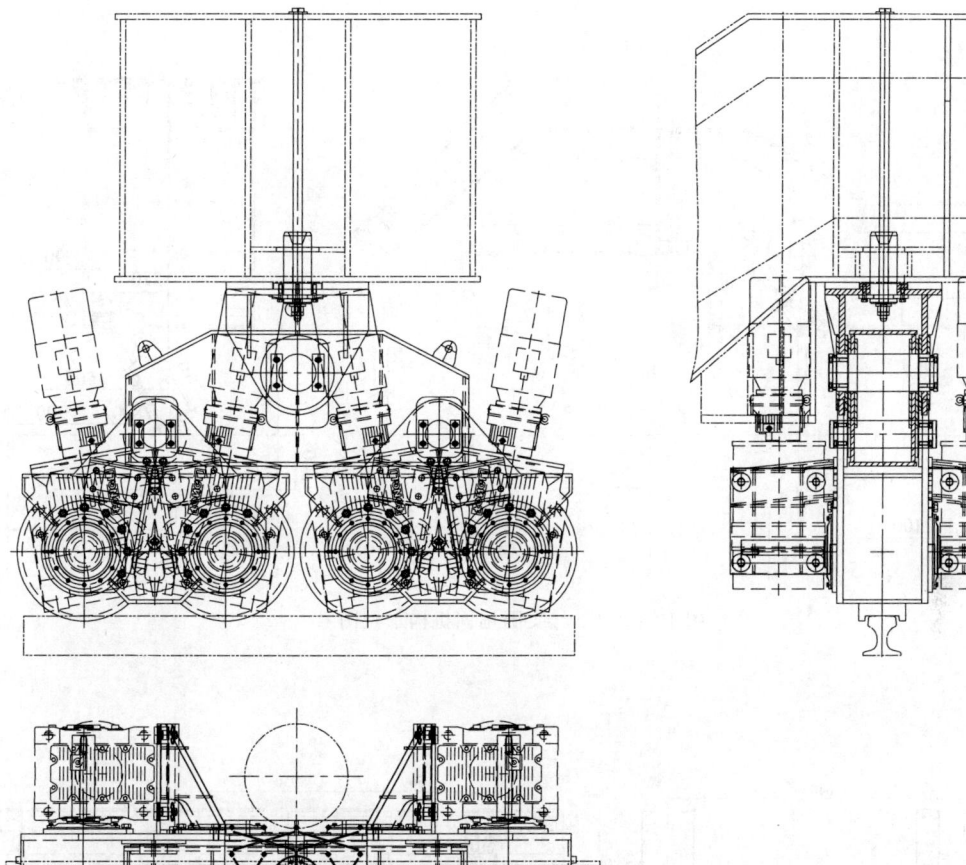

图 10-104　2 号支腿走行机构示意图

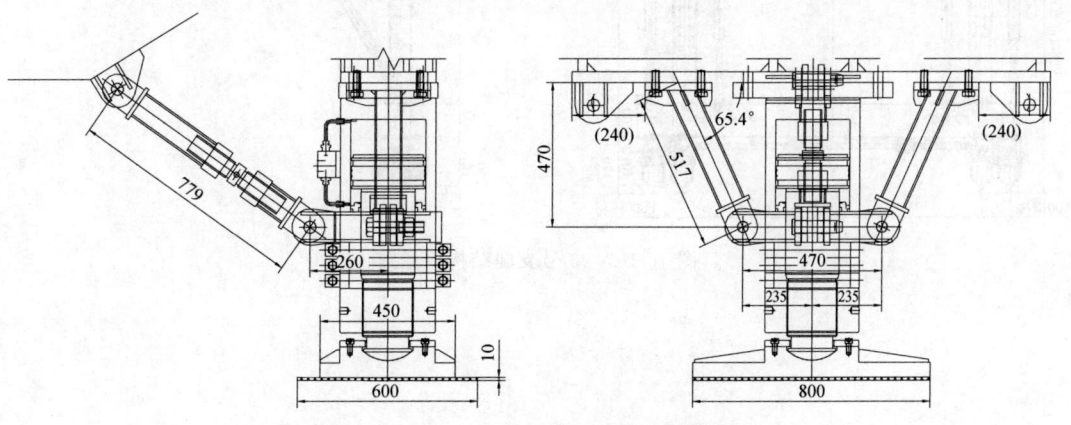

图 10-105　2 号支腿超高压液压缸锚固装置

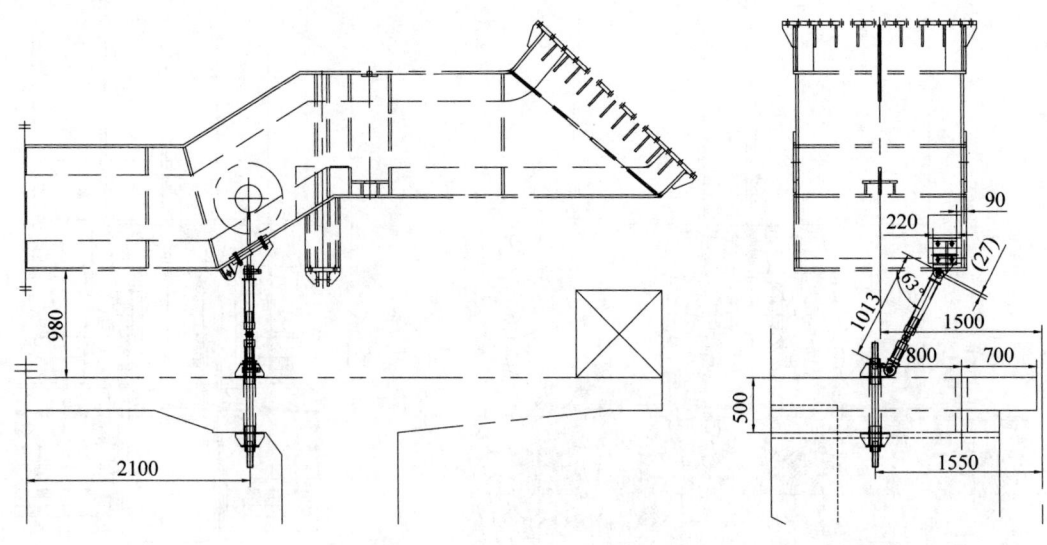

图 10-106　2号支腿锚固机构示意图

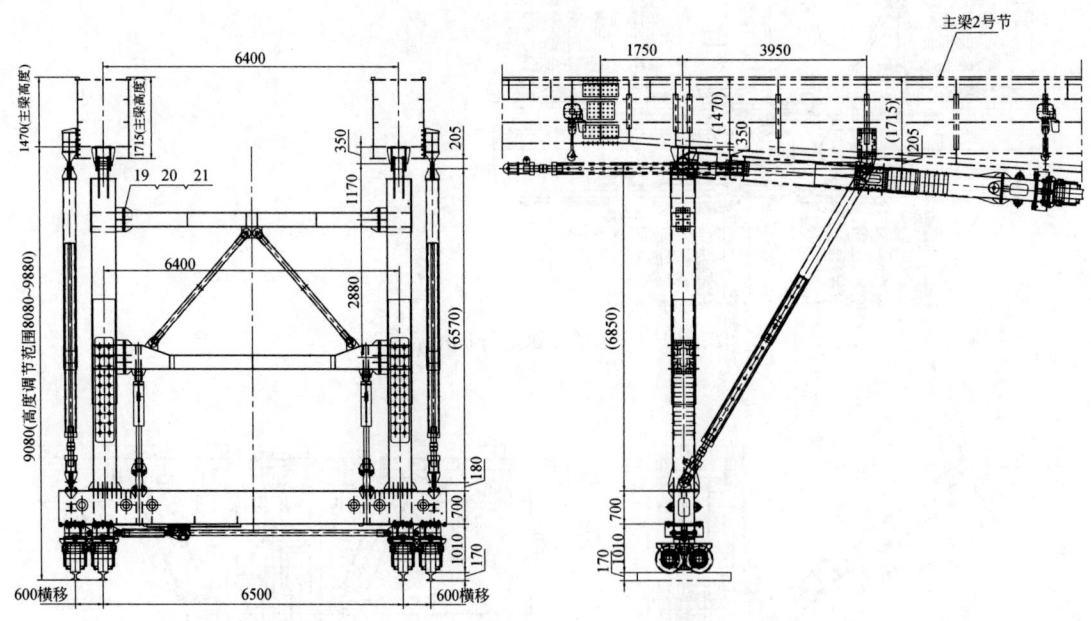

图 10-107　3号支腿结构示意图

第10章 主要机械参数

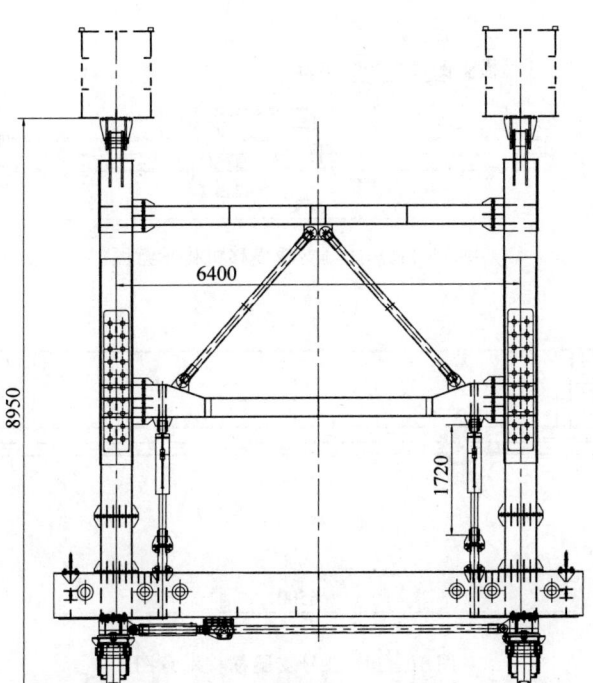

图 10-108　3号支腿低位示意图

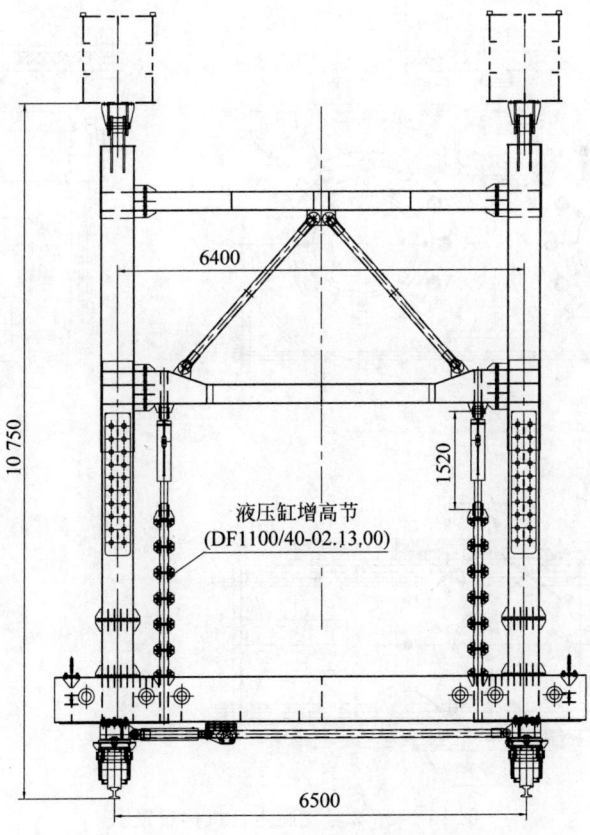

图 10-109　3号支腿高位示意图

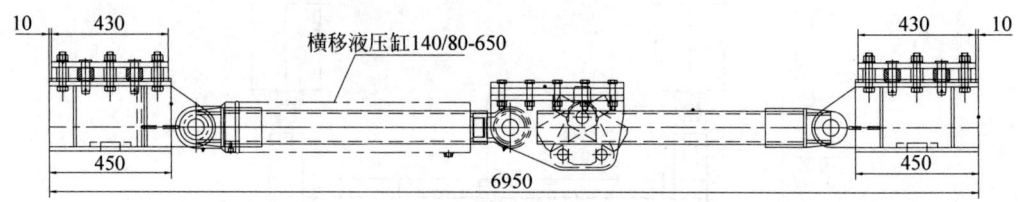

图 10-110　3 号支腿横移机构示意图

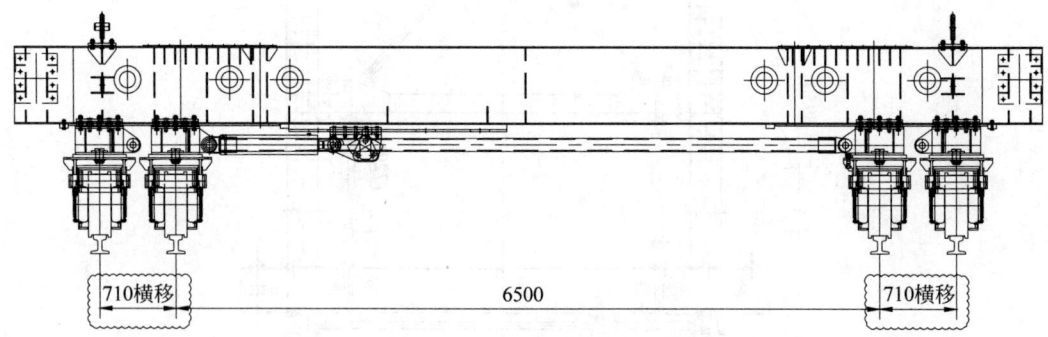

图 10-111　3 号支腿横移示意图

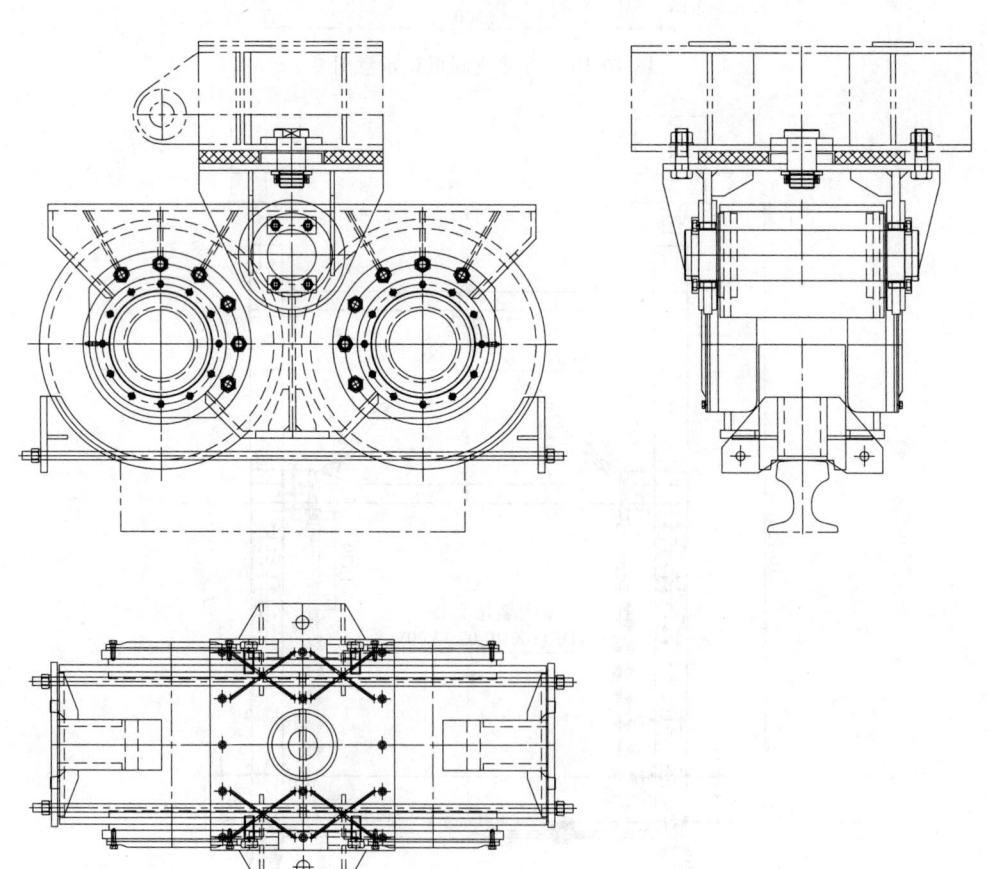

图 10-112　3 号支腿走行机构布置图

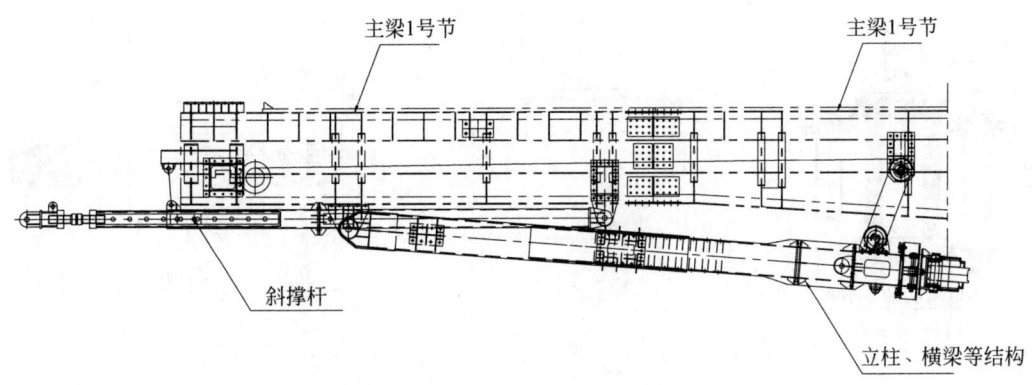

图10-113 3号支腿翻转示意图

注意：3号支腿进行翻转前，需顶升2号支腿支承液压缸，使3号支腿走行轮组完全脱离轨道；走行轮组旋转90°与下横梁呈水平状态，并用螺栓固定；斜撑杆翻转前，要先拆除斜撑杆下部与下横梁的连接销轴。

3号支腿翻转机构由卷扬机、定滑轮组、动滑轮组等组成，如图10-114所示。主梁外侧各安装一台卷扬机，通过钢丝绳、定滑轮组和动滑轮组与3号支腿下部横梁连接。

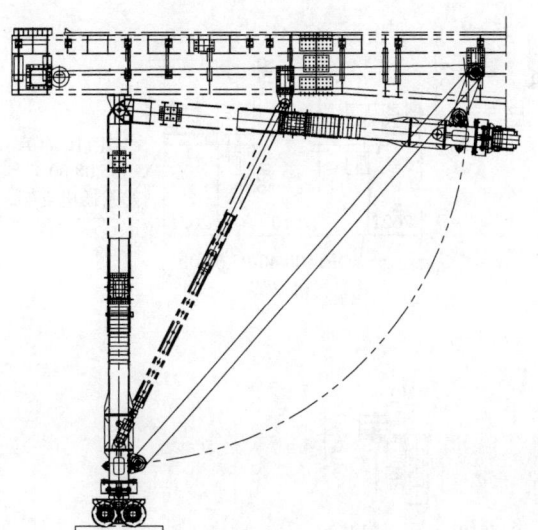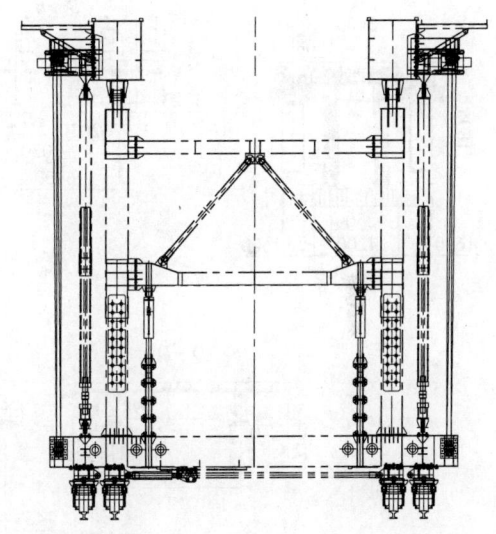

图10-114 3号支腿翻转机构示意图

支腿翻转前，调整支腿高度，将走行轮组旋转90°后将其与支腿下横梁用销轴固定。再启动卷扬机进行翻转，至重锤接触横梁时翻转到位。

（5）前、后天车

前、后天车均由走行轮组、定滑轮系统、吊具组件、动滑轮组件、卷扬机、横移组件、起重大车车架、导向轮组、卷扬机平台等组成，如图10-115、图10-116所示。

前、后天车上均布置了两台卷扬机，卷扬机安装在卷扬机平台上（后天车与前天车卷扬机共用一平台），分别布置在两根主梁的外侧，钢丝绳在动、定滑轮组之间经过2×24次缠绕（中间通过导向轮导向）。

后天车上布置两台16 t电动卷扬机，钢丝绳在卷扬机上为四层缠绕，卷扬机采用电动机驱动，变频调速使起升平稳无冲击。卷扬机的高速轴为液压制动，低速端为钳盘制动器。

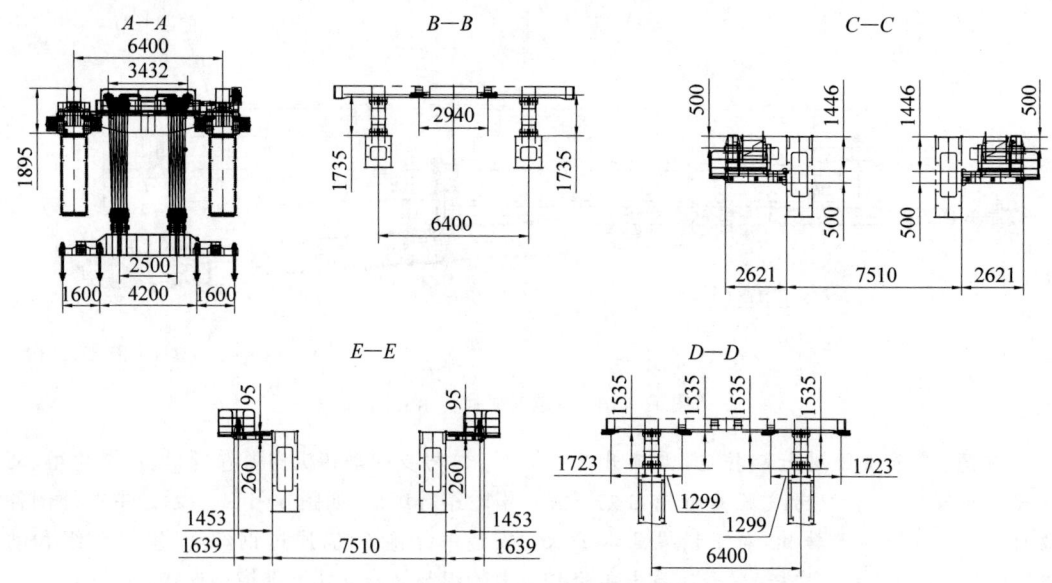

图 10-115　前天车结构示意图

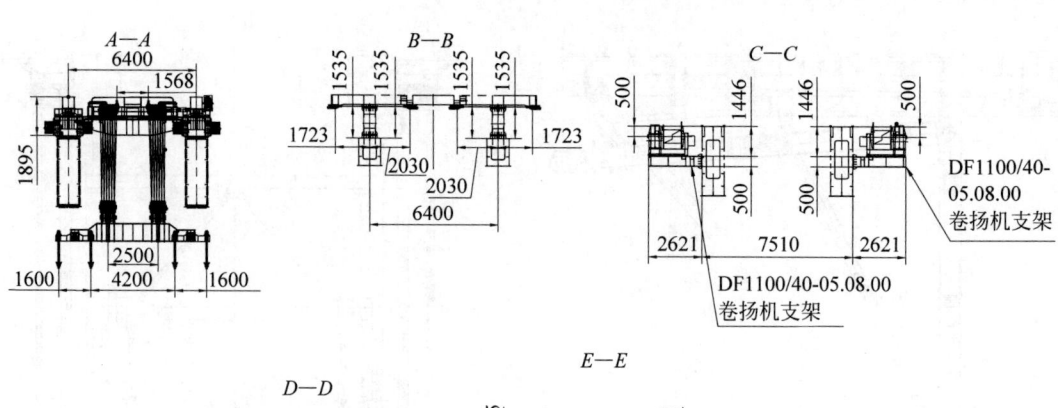

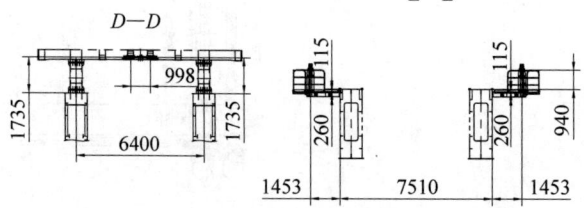

图 10-116　后天车结构示意图

① 走行轮组。前、后天车均由 4 组走行轮组组成，其中两组走行轮组带有缓冲器，前天车带有缓冲器的轮组向后安装，后天车带有缓冲器的轮组向前安装。每个走行轮组由两个走行轮箱和均衡梁等组成，如图 10-117 所示。

② 定滑轮系统。该部分由横梁组件、定滑轮组件、导向轮组件组成。前天车设有两个卷扬机承重横梁，对称布置，通过连接梁法兰连接，定滑轮组件、导向轮组件通过螺栓与横梁连接成一个整体，其中一组导向轮上安装有轴式载荷限制器。横梁及定滑轮系统组件的结构如图 10-118 所示。

③ 吊具组件。吊具组件由吊具支架、吊杆、垫板、螺母、垫圈等部分组成，如图 10-119 所示。

总吊具横梁上设置有 8 个吊杆孔，横向左右各 4 个，左右中心距横向间距为 5.8 m，每侧两根吊杆的中心距为 1.6 m，纵向间距为 0.8 m，每根

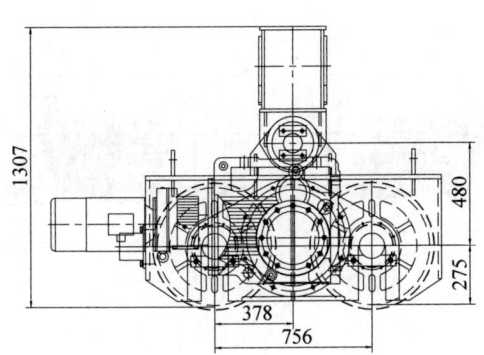
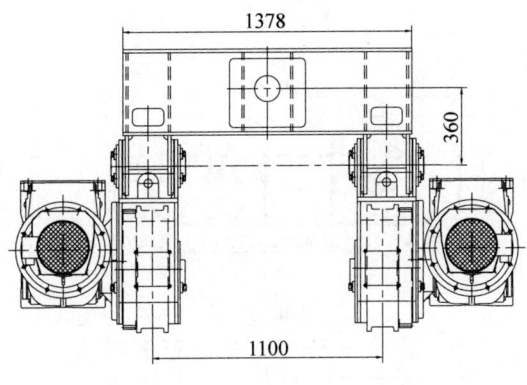
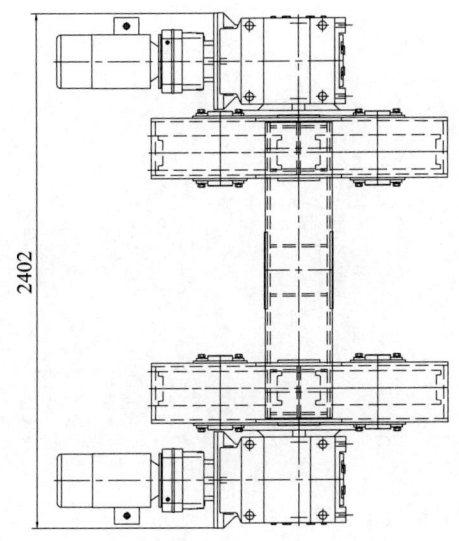

图 10-117　前、后天车走行轮组示意图

吊杆两端分别配置有螺母、球面垫圈、锥面垫圈，下端设置有垫板和垫座用于保护混凝土梁体。

吊杆共 8 根，吊杆上、下端螺母与吊具、垫板之间设置有球铰垫片，以改善吊杆的受力条件和安装方便。横向最外侧的 4 根吊杆配有垫座，通过增加或去掉垫座来适应不同的吊点孔高度。

④ 动滑轮组件。动滑轮组件共两组，每组由 2×6 片滑轮片组成，动滑轮系统和吊具之间采用销轴连接，以方便调整和确保受力均匀。动滑轮如图 10-120 所示。

⑤ 卷扬机。前、后天车均由两台卷扬机提供起升动力。卷扬机由机座、减速器、卷筒、制动器（液压推杆制动器和盘式制动器）、电动机等组成。电动机通过弹性联轴器经减速器直接带动卷筒转动。

⑥ 横移组件。横移组件由液压缸和铰座组成，可以实现 ±250 mm 的横向调节；铰座分别焊接在天车横梁和天车端梁上，如图 10-121 所示。

(6) 附属结构

整机的附属结构主要由主框架附属结构、1 号支腿附属结构、2 号支腿附属结构、3 号支腿附属结构、天车附属结构等组成。

各部件的附属结构包括平台、走道、爬梯、栏杆等。在需要操作、检查、维修的地方都设有安全可靠的梯子、平台与走道，并且有足够的作业空间。

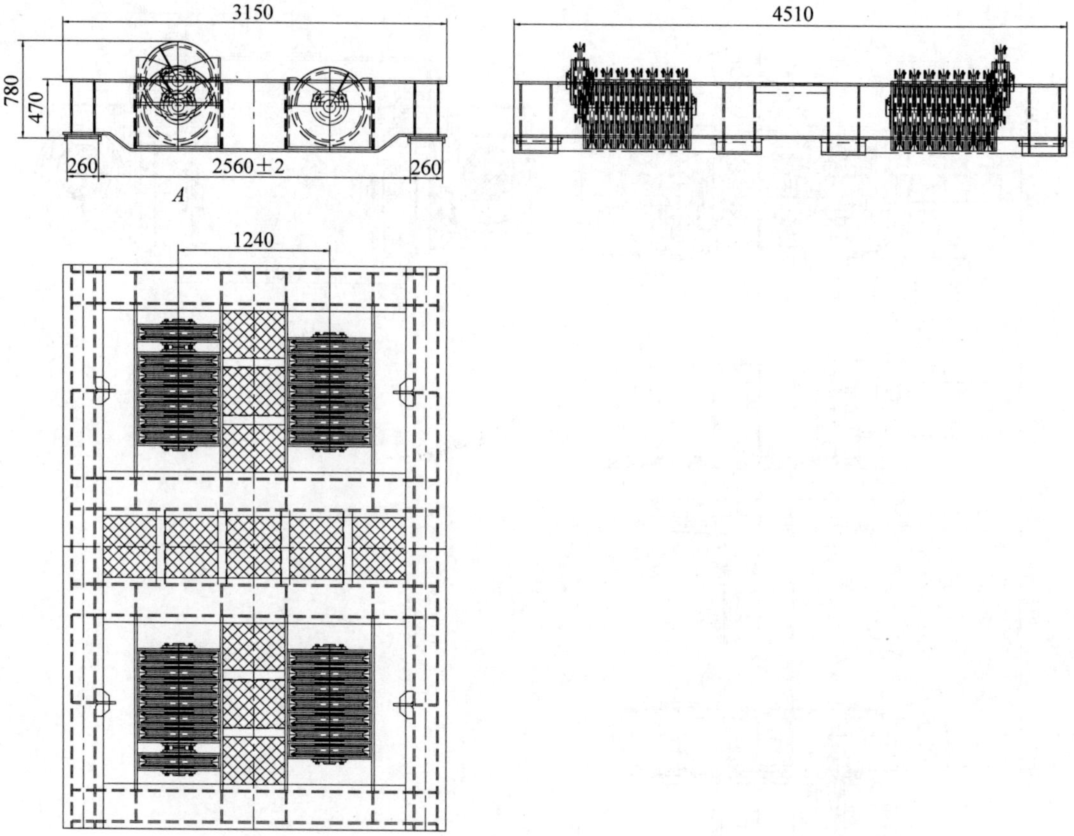

图 10-118　横梁及定滑轮组件结构示意图

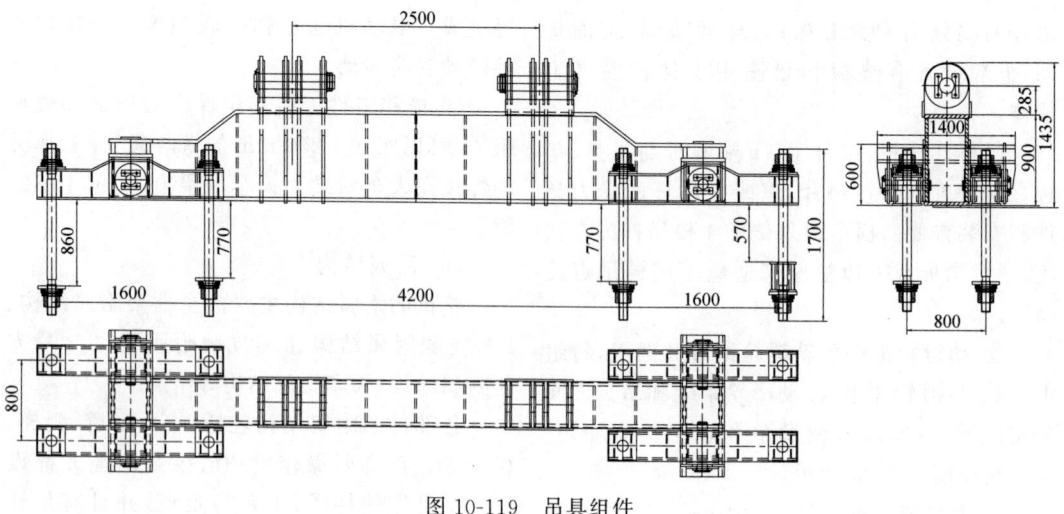

图 10-119　吊具组件

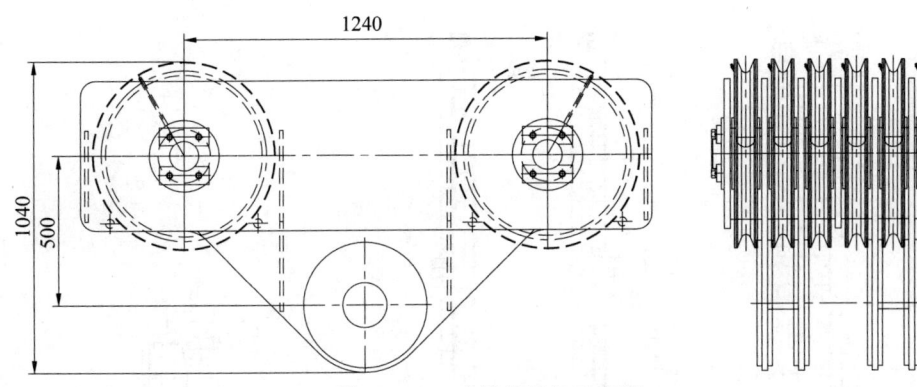

图 10-120　动滑轮组件示意图

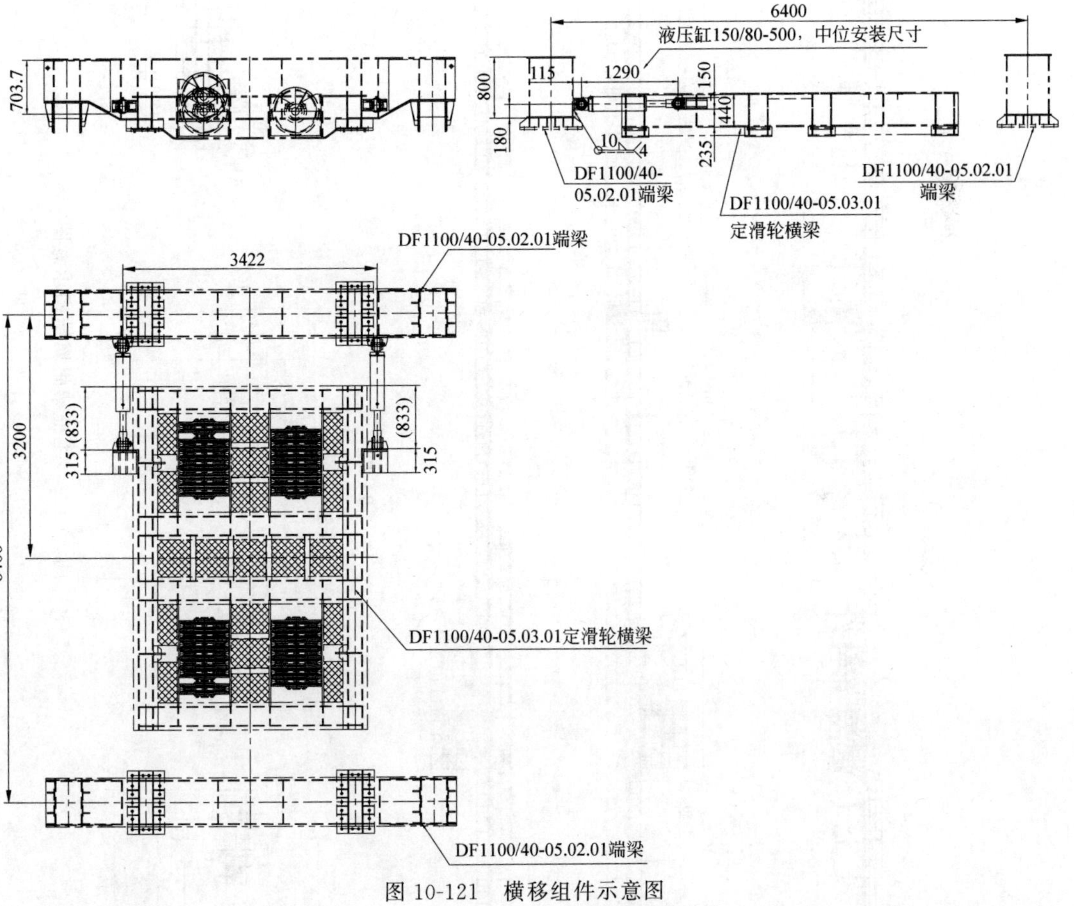

图 10-121　横移组件示意图

操作人员在既有梁面可通过 2 号支腿爬梯到达主梁的上部走道上；在前方墩顶可通过 1 号支腿爬梯到达主梁的顶部；在主梁的顶部可到达天车平台上；在主梁顶部通过前端的爬梯可到达主梁箱内。

2 号支腿、3 号支腿走行钢轨依靠 2 号支腿下横梁上方的卷扬机拖拉倒换，施工效率高。

拖拉时应在钢轨下垫滚杠以免损伤桥面。架桥机走行到位后，应将走行钢轨移到桥面的两侧，以便运梁车喂梁。

① 主框架附属结构。主框架的附属结构由发电机及配电柜平台、走道、栏杆、爬梯等组成，如图 10-122 所示。

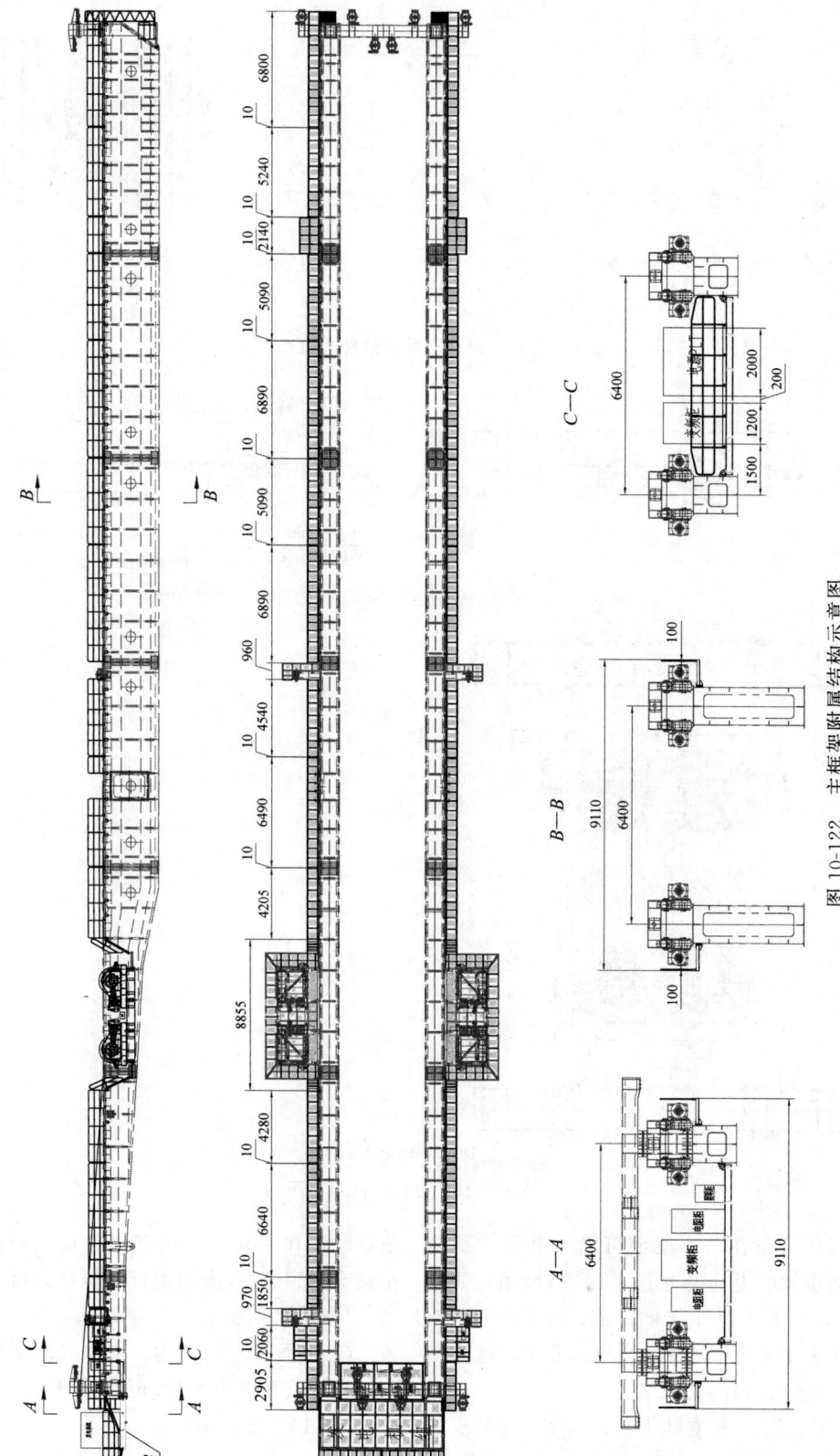

图 10-122 主框架附属结构示意图

主框架尾端设置有平台供放置发电机组及配电柜，平台前、后及两侧设置栏杆确保人员安全；主梁后端设置有爬梯供人员从主框架顶面顺利下到平台上。

左、右主梁的外侧设置有走道供操作人员通行，走道设置有栏杆确保通行人员安全。走道在纵向范围内设置了多处加宽位置，以供天车通过时人员避让使用，后端的加宽位置兼作3号支腿泵站平台。

主梁的前端设置有爬梯供操作人员从主框架顶面进入主框架箱梁箱内。主框架箱梁的顶面设置有天车供电拖链。

② 1号支腿附属结构。1号支腿附属结构由挂梯、爬梯、上部泵站平台、栏杆及下部平台等组成，如图10-123所示。

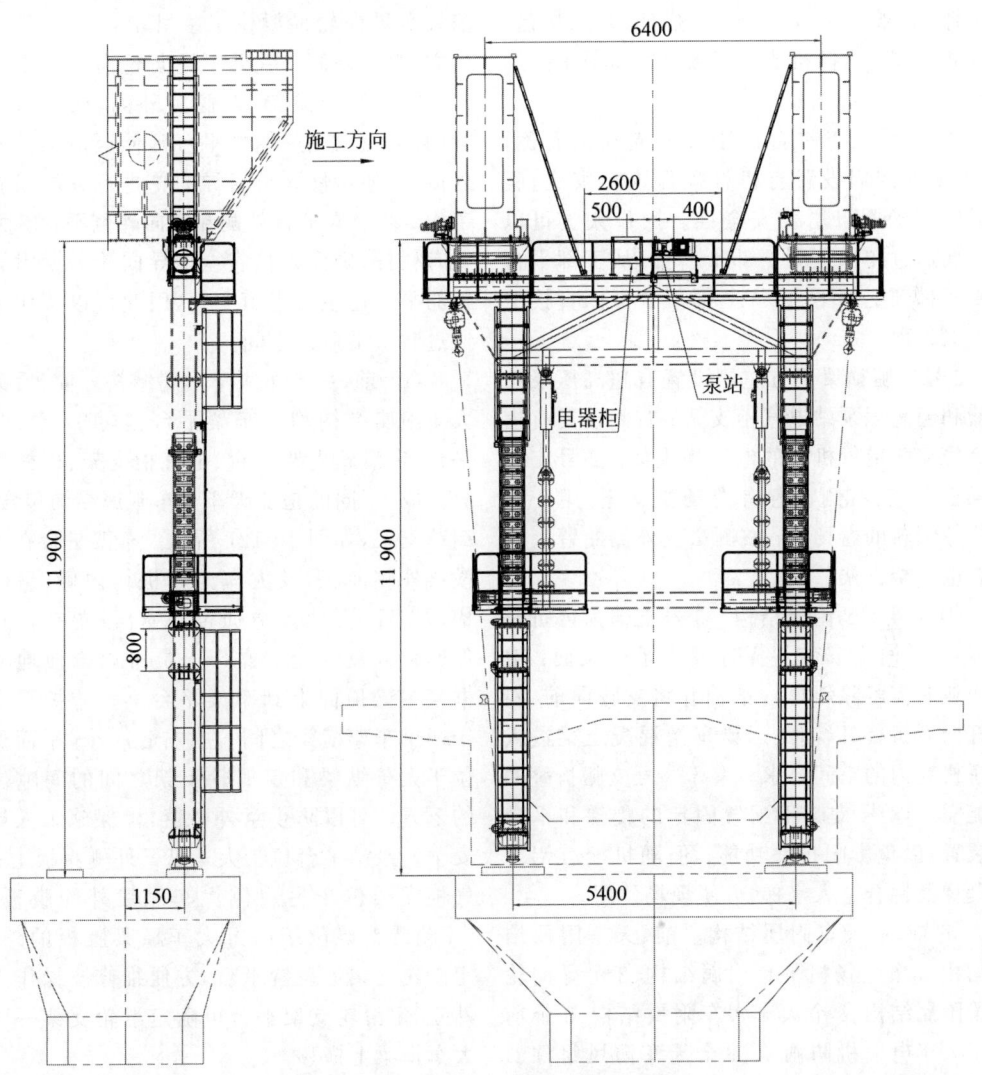

图10-123　1号支腿附属结构示意图

操作人员可从前方墩顶通过1号支腿爬梯上到1号支腿下部平台，1号支腿下部平台设置有栏杆，方便操作人员在此平台上插拔内、外套销轴及倒换液压缸垫块。在立柱内、外套位置处设置有挂梯，以适应内、外套之间高度变化时方便调整挂梯位置。操作人员可从下部平台通过挂梯、爬梯上到上部泵站平台，1号支腿泵站及配电柜放置在此平台之上，平台四周设置有栏杆确保人员安全。操作人员在此平台上可以方便地连接1号支腿和主框架之间的螺栓。上部泵站平台上设置有两处爬梯，可以方便人员从上部泵站平台上到左、右两侧主梁的顶面。

1号支腿立柱上设置的固定爬梯设置了护圈以增加安全性。

③ 2号支腿附属结构。2号支腿附属结构由爬梯、下部平台、上部平台、栏杆、泵站挂篮、电气柜支架、卷扬机支座等组成，如图10-124所示。

爬梯及上、下平台位于2号支腿的右侧，上、下平台四周设置有栏杆确保人员安全，爬梯设置了护圈以增加安全性。操作人员可以从梁面通过爬梯上到下部平台上，从下部平台经由爬梯到上部平台，从上部平台可以直接上到主梁顶面。

2号支腿横梁下方左侧设置有超高压泵站挂篮和超高压泵站电气柜支架；右侧设置有控制2号支腿走行机构的电气柜支架。2号支腿横梁上方左、右侧设置有卷扬机支座，用于连接拖拉钢轨的卷扬机；右侧法兰外侧曲臂上设置有电气柜支架。

④ 3号支腿附属结构。3号支腿为可折叠支腿，过孔时需安装斜撑杆并支承于梁面；架梁作业时需解除斜撑杆销轴并将支腿向前、斜撑杆向后折叠，以满足运梁车携混凝土梁进入架桥机巷内的空间要求。鉴于3号支腿折叠的功能需求，3号支腿不配置固定的爬梯和平台等装置，以免影响折叠功能；但随机配有铝合金爬梯及铝合金人字梯，方便现场使用。

⑤ 前、后天车附属结构。前、天车附属结构均由2个卷扬机平台附属结构、2个导向轮横梁附属结构、1个天车大车附属结构、8个前天车大车电动机防雨罩、1个天车防风组件、1个天车限位装置、1个天车拖链装置、1个天车测位装置组成。

(a) 卷扬机平台附属结构。卷扬机平台附属结构由卷扬机平台、斜梯、走道、栏杆等部分组成，如图10-125所示。卷扬机平台位于主梁3号节腹板外侧，通过高强螺栓与腹板法兰连接，连接部位主梁腹板预留安装孔位并已作相应的加强处理，确保连接安全可靠。卷扬机平台前、后端均设有斜梯与主梁走道连接，方便施工人员从主梁走道进入卷扬机平台。平台3面设置走道，方便人员通过。斜梯及走道均设置有栏杆扶手，确保通行人员安全。

(b) 导向轮横梁附属结构。导向轮横梁附属结构由平台、栏杆等组成，如图10-126所示。前天车导向轮横梁位于主梁4号节、2号支腿前方、腹板外侧；后天车导向轮横梁位于主梁1号节、3号支腿前方、腹板外侧，在导向轮横梁的前方设置有平台，平台延伸至横梁横向的外侧，方便检修人员对导向轮进行维修保养等工作；在前方平台外侧和横向外侧平台3面设置有栏杆，确保人员安全。导向轮横梁附属结构的平台比主梁走道更宽，因此可以兼作天车通过时人员避让空间。

(c) 前、后天车大车附属结构。前、后天车大车附属结构均由车架平台、防护平台、泵站平台、定滑轮支架平台、电气柜支架、栏杆等部分组成，不同的是前天车大车附属结构包含5 t葫芦支架，如图10-127所示。车架平台在车架横梁外侧前、后及大车走行机构内侧，呈两个槽形布置，方便人员通过，平台设置有栏杆确保通行人员安全。操作人员可以方便地从主框架主梁顶面上到车架平台上。防护平台位于两个车架横梁之间，左、右各一个，平面位置位于大车纵梁和定滑轮支架之间的间隙位置的下方。可以防止意外坠落，确保施工人员的安全。泵站平台位于大车纵梁外侧腹板上；电气柜支架位于另一侧大车纵梁外侧腹板上；5 t葫芦支架位于前方大车横梁腹板的外侧。定滑轮支架上设置平台，方便维修及操作人员站立，定滑轮支架平台可随定滑轮支架一同在大车横梁上横移。

(d) 天车大车电动机防雨罩。为防止雨水浸入电动机影响电动机正常工作，确保电动机安全，前天车大车电动机设置了防雨罩。电动机防雨罩由防雨罩支架及防雨罩两部分组成，确保了防雨罩牢固可靠，如图10-128所示。

第10章 主要机械参数

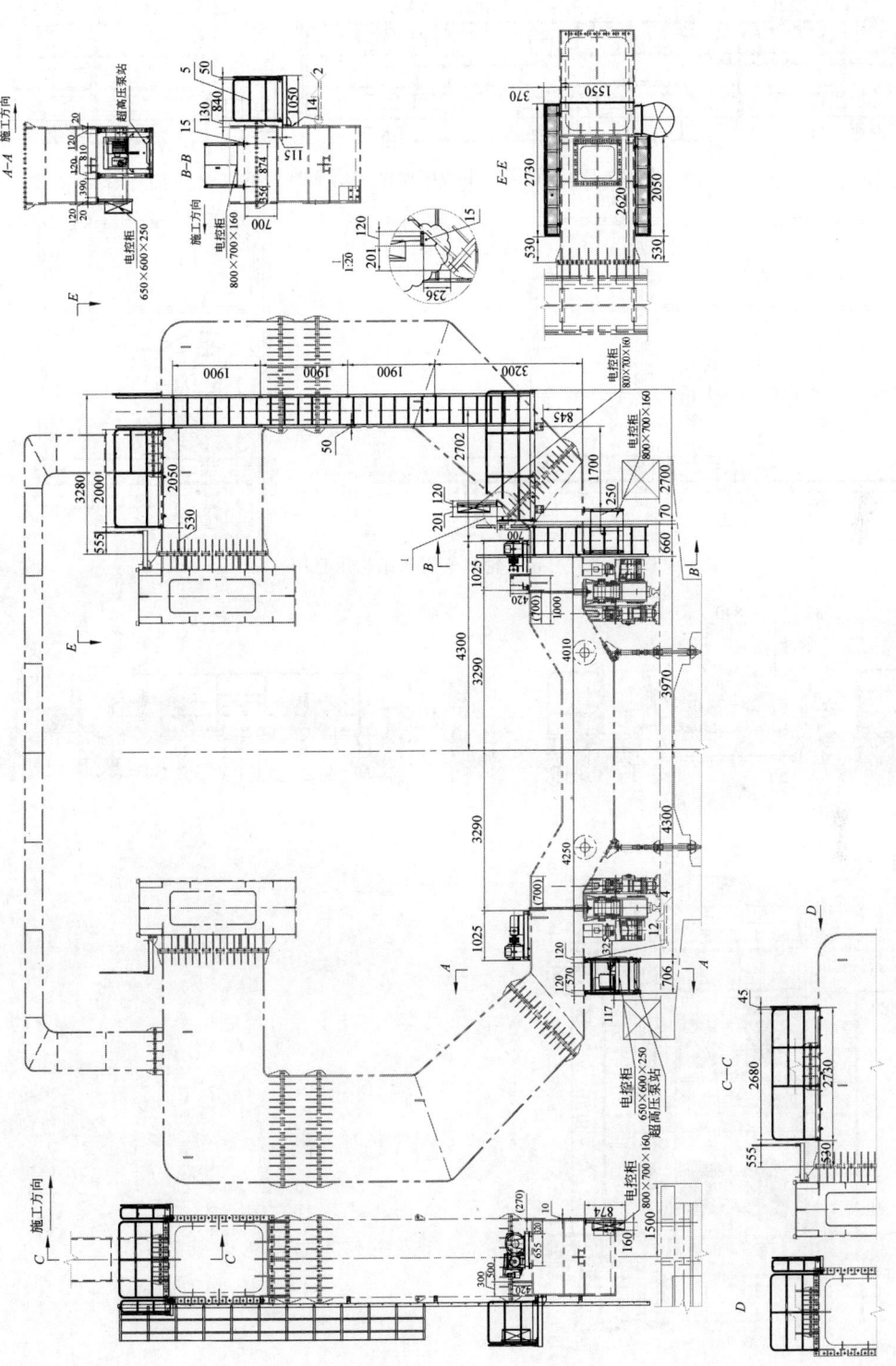

图 10-124 2号支腿附属结构示意图

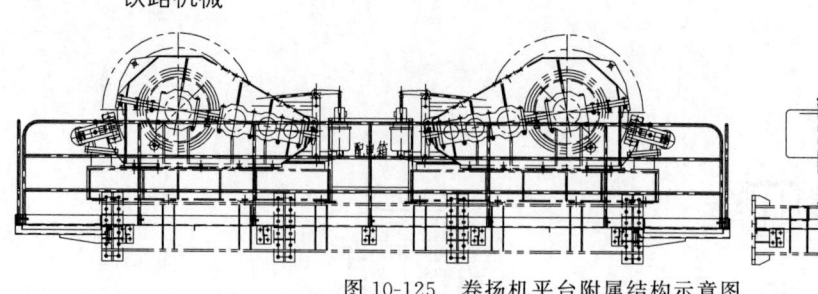

图 10-125　卷扬机平台附属结构示意图

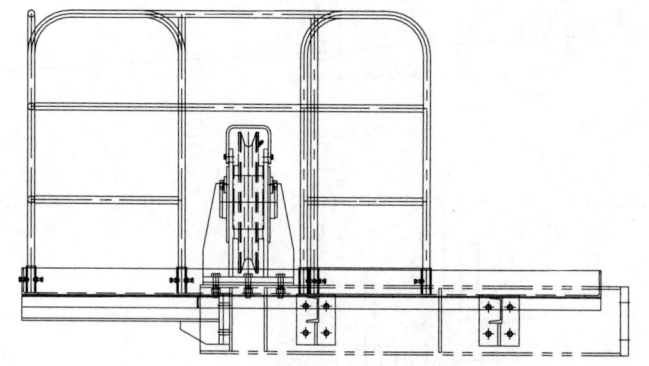 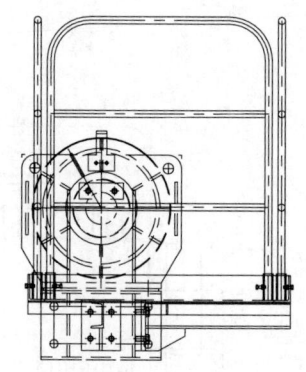

图 10-126　导向轮横梁附属结构示意图

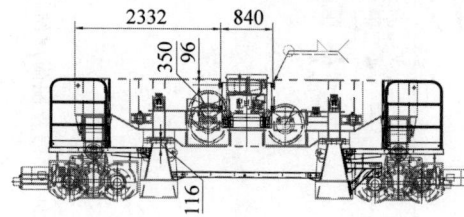 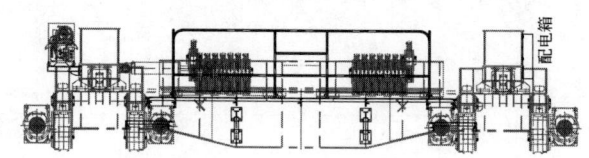

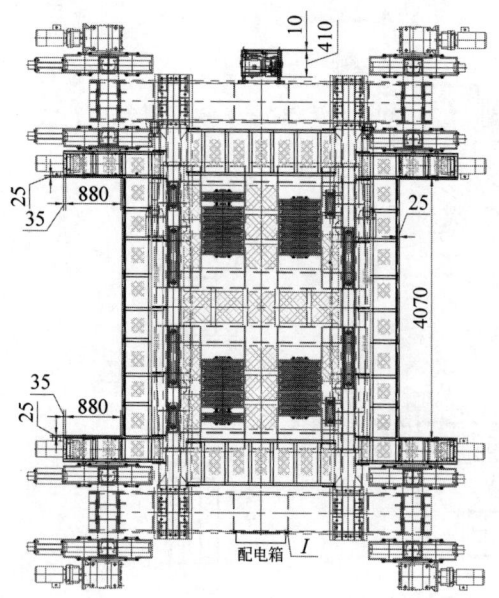

图 10-127　前天车大车附属结构示意图

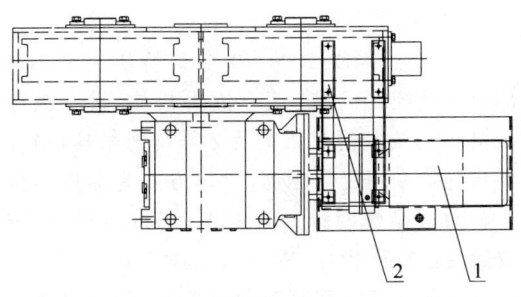

1—防雨罩;2—防雨罩支架。

图 10-128 天车大车电动机防雨罩结构示意图

(e) 天车防风组件。为确保天车非工作时的安全性,天车配置了防风装置,防风装置由上锚固座、销轴及锚固板等部分组成,如图 10-129 所示。前天车防风装置的锚固板位于一侧主梁 2 号节上,后天车防风装置的锚固板位于一侧主梁 1 号节上,前、后天车上锚固座位于天车外侧的走行轮箱上。每个锚固座由上、下两个组成,天车走行状态时,销轴放到上面的锚固座上;每天工作结束后,天车开到相应位置,销轴插在下面的锚固座上,防止突发情况造成天车溜车。

(f) 天车限位装置。天车限位装置由限位开关、预限位开关、预限位开关挡板、限位开关挡板等部分组成,如图 10-130 所示。天车走行

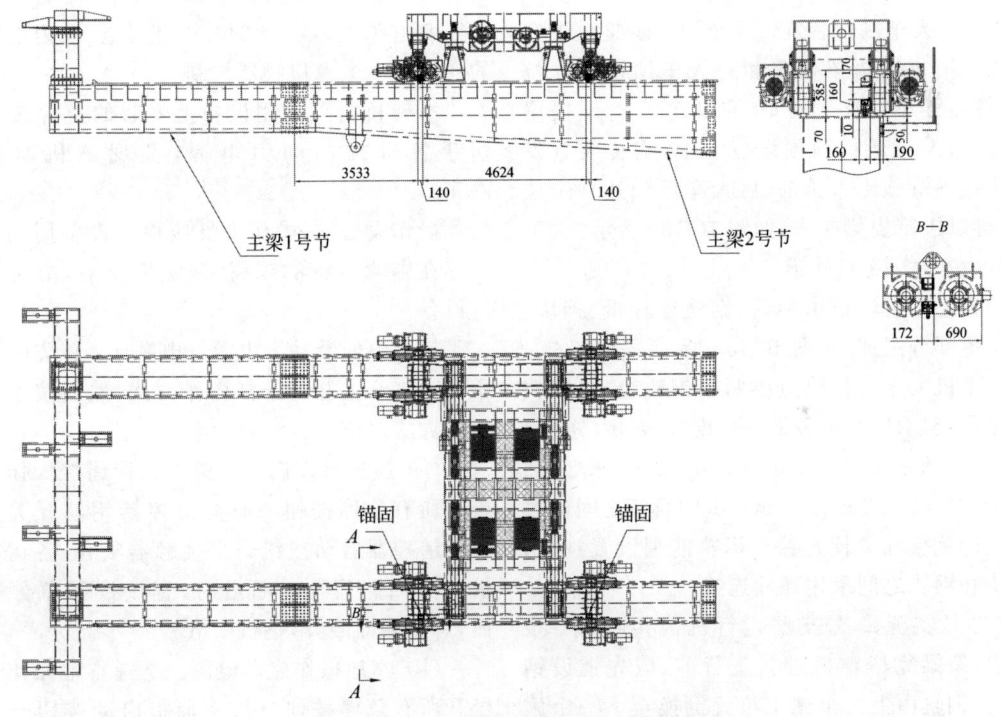

图 10-129 前天车防风装置结构示意图

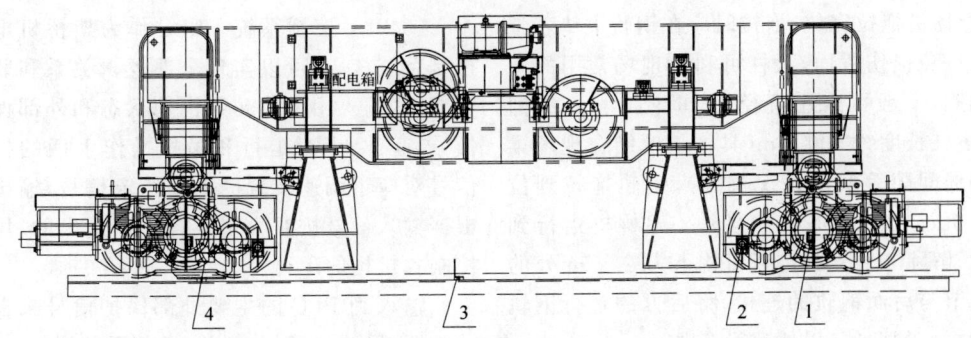

1—限位开关;2—预限位开关;3—预限位开关挡板;4—限位开关挡板。

图 10-130 前天车限位装置结构示意图

到预设位置前,预限位开关先触发预限位开关挡板,天车减速慢行;经过一定距离减速到达预定位置后,天车限位开关触发限位开关挡板,天车停止运行,进行下一步工作环节。天车限位装置设有前预限位、前限位、后预限位、后限位。

前天车有 10 个工况位置,设置有 10 套前预限位(14 个固定座)、前限位固定座,可根据实际工况安装前预限位、前限位的开关挡板。

(g) 天车拖链装置。天车拖链装置由拖链活动端、拖链固定端、拖链导向槽组成,如图 10-131 所示。

(h) 天车测位装置。天车测位装置设置在前天车第一次提梁位置和后天车预设站立位置,待运梁车喂梁到位时,前天车走行到提梁位置,后天车走行到预设位置上,测位装置发出响声提醒施工人员前、后天车已到达预定位置,可以进行提梁操作,如图 10-132 所示。

(7) 大车走行轨道

大车走行轨道由钢轨、钢轨连接板、挡块、滑车等部分组成,如图 10-133 所示。

整机大车走行轨道由两条钢轨组成,钢轨型号是 ISCR120,每条钢轨长度 75.8 m,分为 8 节,长度依次为:2.9 m、12 m、12 m、9.2 m、12 m、12 m、9.2 m、6.5 m。不同轨节之间通过钢轨连接板和螺栓连接。钢轨前端设置挡块,挡块和钢轨之间采用螺栓连接。

2 号支腿、3 号支腿走行机构共用同一条钢轨,架梁完毕整机过孔走行前,应先铺设钢轨,将钢轨由上一个施工位置倒换至下一个施工位置。钢轨倒换可利用 2 号支腿横梁上方的 2 t 卷扬机拖拉完成,拖拉时应在钢轨下垫若干滚杠以免损伤桥面,滚杠可利用现场常用的光面钢筋,一般可采用直径为 16~20 mm 的圆钢,滚杠长度约 500 mm(具体长度结合现场梁面钢筋间隙等实际情况确定),钢轨拖拉到位架桥机过孔前应将滚杠移除。架桥机走行到位后,解除 2 号支腿走行机构下方 2.9 m 处的钢轨节与后面钢轨的连接,将后方的走行钢轨移到桥面的两侧,以便运梁车喂梁。

(8) 电气系统

① 概述。DF1000/40 型架桥机主要有 4 部分电气控制机构:天车起升机构、天车纵移机构、1 号支腿纵移机构及 2 号支腿吊挂机构。各机构均采用变频驱动,操作方式为遥控器操作和面板操作两种。面板操作为遥控器系统故障后的应急操作,默认为低速模式。速度分为重载低速和空载高速两种模式,每种模式下对应 3 段速度。

② 供电系统。本机采用外接发电机组供电,供电电源为三相 415 V 交流电,供电电源直接送到电控柜。电源系统分成 3 个部分:动力电源、控制电源和照明电源。其中,控制电源和照明电源均为单相 240 V 交流电,动力电源的通断受主电源接触器控制。

本架桥机可使用设备上安装的急停按钮切断各机构的动力电源,实现整机紧急停车。

操作设备前,操作人员应检查设备周围是否存在影响运行的障碍,确定安全后,方可运行设备。

控制电源及动力电源上电顺序:首先闭合所有空气开关并且选择操作方式,然后按不同操作方式对应的方法启动电源。

(a) 遥控操作启动电源。选择遥控操作→松开所有急停按钮→打开遥控器钥匙开关→按下遥控器启动按钮→主接触器吸合,各运行机构主回路得电。断电时,直接按下急停按钮,总接触器断开,整机断电。

(b) 本地操作启动电源。选择本地操作→松开所有急停按钮→按下面板启动按钮→主接触器吸合,各运行机构主回路得电。

③ PLC 控制系统。PLC 作为架桥机电气控制系统核心,可以实现全部逻辑关系和联锁功能,其输入用于检测各机构状态和外部保护信号,起升、小车走行和吊挂操作手柄的挡位信号对应于调速装置的速度给定信号,输出是根据输入信号按照一定逻辑关系给出的,用于控制各机构的运行。

输入到 PLC 的主要外部保护信号来自驱动装置、风速仪、限位开关、载荷限制器。

第10章 主要机械参数

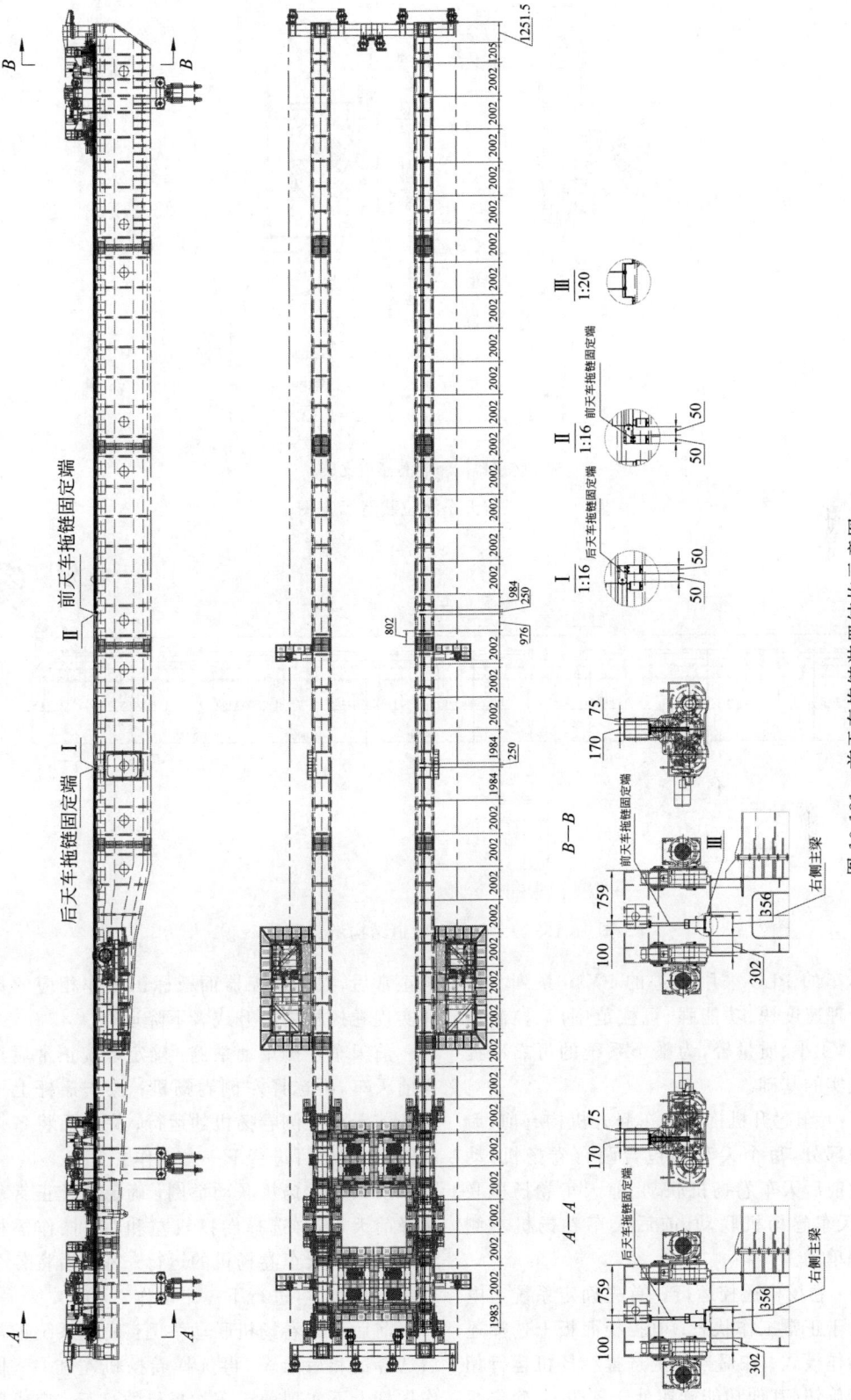

图 10-131 前天车拖链装置结构示意图

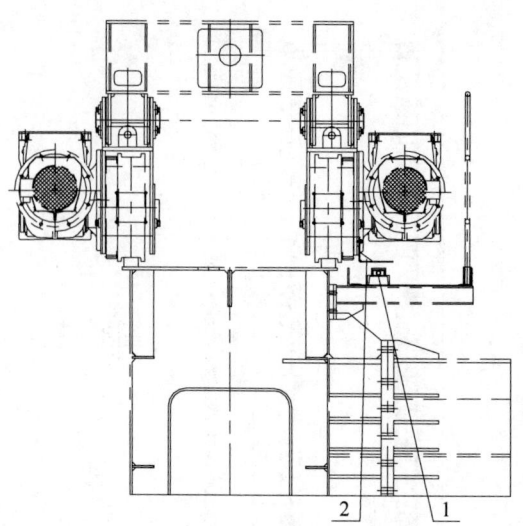

1—测位传感器；2—测位感应支架。

图 10-132 前天车测位装置示意图

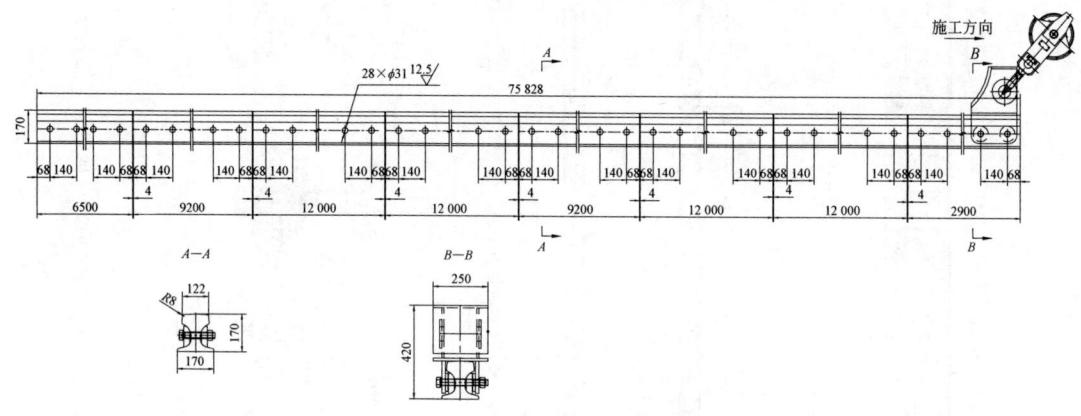

图 10-133 大车行车轨道结构示意图

本车的 PLC 采用先进的 FX3u 系列。其程序处理速度快、功能强、可控范围广、控制精度高、体积小、质量轻，为整个系统的可靠性提供了坚实的基础。

④ 天车起升机构。天车起升机构有前、后天车两部分，每个天车均包含两台卷扬机，动作包含前后天车卷扬机联动、前天车卷扬机联动、后天车卷扬机联动、前后天车卷扬机左侧和右侧单动。

（a）卷扬机遥控运行。首先确定系统上电并且处于正常工作状态；电控柜面板上选择遥控器操作模式；在遥控器上选择卷扬机运行相关功能旋钮（其他功能旋钮处于零位）；确定系统正常后，根据遥控器面板标识操作相应的摇杆实现卷扬机的上升或者下降运行。

前天车左侧单动举例：确定系统正常后选择前天车，再选择左侧卷扬机；操作摇杆上下实现前天车左侧卷扬机的运行；完成后将各个旋钮归零，方可进行下一个动作。

前天车卷扬机联动举例：确定系统正常后选择前天车，再选择卷扬机左和右；操作摇杆上下实现前天车卷扬机的运行；完成后将各个旋钮归零，方可进行下一个动作。

前后天车卷扬机联动举例：确定系统正常后选择前和后天车，再选择卷扬机左和右；操作摇杆上下实现前天车卷扬机的运行；完成后将各个旋钮归零,方可进行下一个动作。

(b) 卷扬机面板运行。首先确定系统上电并且处于正常工作状态;在电控柜面板上选择面板操作模式,在面板上选择卷扬机运行相关的功能旋钮(其他功能旋钮处于零位);确定系统正常后,根据电控柜面板标识操作正向或者反向旋钮实现卷扬机的上升或者下降运行。操作步骤与遥控器操作相同。

卷扬机机构设置有上升限位,触发限位开关后只能进行下降操作(系统此时处于报警状态),报警后,面板报警指示灯点亮指示报警信息。排除故障后,复位按钮用来复位故障报警。

卷扬机在遥控器操作模式下,分为重载低速模式和空载高速模式,每种模式下对应3个速度。在面板操作模式下默认为重载低速中1速状态。在吊梁时要将速度选择开关选为重载低速模式。操作手柄时应逐挡地、有间隔地均匀操作,禁止一个方向的动作尚未结束时立即反向操作,这样可避免切换和加速过程过快给机构带来的机械冲击。

当变频器出现故障时,须先查明故障原因和消除故障,方能启动装置和运行本机构。

⑤ 天车走行机构。天车走行机构包括前、后天车两部分,包含天车纵移联动以及前、后天车纵移单动3个动作。

(a) 天车走行机构遥控运行。首先确定系统上电并且处于正常工作状态;面板上选择遥控器操作模式,遥控器上选择天车纵移运行相关的功能旋钮(其他功能旋钮处于零位);确定系统正常后,再根据遥控器面板标识操作对应的摇杆实现天车的正向或者反向运行。

前天车纵移单动举例:确定系统正常后选择前天车,再选择天车纵移,操作摇杆上下实现前天车纵移的运行;完成后将各个旋钮归零,方可进行下一个动作。

天车纵移联动举例:确定系统正常后选择前、后天车,再选择天车纵移,操作摇杆上下实现前后天车纵移的联动运行;完成后将各个旋钮归零,方可进行下一个动作。

(b) 面板操作天车运行。首先确定系统上电并且处于正常工作状态,面板上选择本地操作模式,面板上选择天车纵移运行相关的功能旋钮(其他功能旋钮处于零位);确定系统正常后,再根据电控柜面板标识操作正向或者反向旋钮实现天车的正向或者反向运行。操作步骤与遥控器操作相同。

上述机构的驱动电动机均有热继电器保护,任意一个电动机过载后,该机构均不能运行(系统此时处于报警状态)。小车运行机构安装有限位装置,触发限位后,只能向相反的方向运行(系统此时处于报警状态)。报警后,电控柜面板上的报警指示灯点亮,指示报警信息。排除故障后,复位按钮用来复位故障报警。

在遥控器操作模式下,分为重载低速模式和空载高速模式,每种模式下对应3个速度。在面板操作模式下默认为重载低速中1速状态。在吊梁时要将速度选择开关选为重载低速模式。操作手柄时应逐挡地、有间隔地均匀操作,禁止一个方向的动作尚未结束时立即反向操作,这样可避免切换和加速过程过快给机构带来的机械冲击。

⑥ 支腿运行。支腿包含1号支腿纵移和2号支腿纵移两个部分。

(a) 1号支腿纵移遥控运行。首先确定系统上电并且处于正常工作状态;面板上选择遥控器操作模式,遥控器上选择1号支腿纵移相关的运行按钮(其他功能旋钮处于零位);确定系统正常后,再根据遥控器面板标识操作对应的摇杆实现1号支腿的正向或者反向运行。1号支腿纵移举例:确定系统正常后选择1号支腿,操作摇杆上下实现1号支腿的纵移运行;完成后将各个旋钮归零,方可进行下一个动作。

(b) 2号支腿纵移遥控运行。首先确定系统上电并且处于正常工作状态;面板上选择遥控器操作模式,遥控器上选择2号支腿纵移相关的运行按钮(其他功能旋钮处于零位);确定系统正常后,再根据遥控器面板标识操作对应的摇杆实现2号支腿的正向或者反向运行。2号支腿纵移举例:确定系统正常后选择1号支腿,操作摇杆上下实现2号支腿的纵移运行;完成后将各个旋钮归零,方可进行下一个动作。

(c) 1号支腿纵移面板运行。首先确定系统上电并且处于正常工作状态,面板上选择本地操作模式,面板上选择1号支腿相关的运行按钮(其他功能旋钮处于零位),确定系统正常后,再根据面板标识操作对应的旋钮实现1号支腿的正向或者反向运行。操作步骤与遥控器操作相同。

(d) 2号支腿纵移面板运行。首先确定系统上电并且处于正常工作状态,面板上选择本地操作模式,面板上选择后支腿托辊相关的运行按钮(其他功能旋钮处于零位),确定系统正常后,再根据面板标识操作对应的旋钮实现2号支腿的正向或者反向运行。操作步骤与遥控器操作相同。

在遥控器操作为重载低速模式,对应3个速度。在面板操作模式下默认为重载低速中1速状态。在过孔时要将速度选择开关选为重载低速模式。操作手柄时应逐挡地、有间隔地均匀操作,禁止一个方向的动作尚未结束时立即反向操作,这样可避免切换和加速过程过快给机构带来的机械冲击。

⑦ 天车横移机构。天车横移机构有前、后天车两部分,包含前后天车横移联动、前天车横移单动、后天车横移单动3个动作,采用液压缸驱动。

(a) 天车横移遥控运行。首先确定系统上电并且处于正常工作状态,面板上选择遥控器操作模式,遥控器上选择天车横移相关的功能旋钮(其他功能旋钮处于零位),确定系统正常后,再根据遥控面板标识操作对应的摇杆实现天车横移的正向或者反向运行。

前天车横移液压缸1单动举例:确定系统正常后选择前天车,然后启动天车泵站,再选择液压缸1,操作摇杆上下实现前天车横移液压缸1的运行;完成后将各个旋钮归零,方可进行下一个动作。

前天车横移液压缸联动举例:确定系统正常后选择前天车,然后启动泵站,再选择液压缸1和2,操作摇杆上下实现前天车横移的运行;完成后将各个旋钮归零,方可进行下一个动作。

前后天车横移液压缸联动举例:确定系统正常后选择前后天车,然后启动泵站,再选择液压缸1和2,操作摇杆上下实现前后天车横移的联动运行;完成后将各个旋钮归零,方可进行下一个动作。

(b) 面板操作天车运行。首先确定系统上电并且处于正常工作状态,面板上选择本地操作模式,再选择天车运行横移相关的功能旋钮(其他功能旋钮处于零位),确定系统正常后,再根据电控柜面板标识操作正向或者反向旋钮实现天车横移的正向或者反向运行。操作步骤与遥控器操作相同。

⑧ 支腿泵站。支腿泵站包含1号支腿泵站、2号支腿泵站、3号支腿泵站3部分,采用本地按钮操作。步骤如下:确认系统上电并且处于正常工作状态,在电控柜面板上启动泵站电源(其他功能旋钮处于零位),确定系统正常后根据泵站电控柜面板标识操作相应的旋钮,实现液压缸的横移伸出和缩回操作。

⑨ 照明。在主梁上设有LED光源,供夜间作业照明使用。单台光源功率为100 W,额定电压220 V。

⑩ 主要保护功能

(a) 供电系统:缺相、欠压、短路。

(b) 起升机构:相序、缺相、欠压、过流等;过载和短路;上限限位。

(c) 天车和吊挂运行机构:缺相、过载等;前、后终端限位;防撞限位。

⑪ 电气安全装置:行程限位、风速风向仪、载荷限制器、超速开关。

(9) 液压系统

① 概述。DF1100/40型架桥机整机机构分散,液压系统采用独立单元模块化设计,简化了系统,减少了系统管路沿程损失和功率损耗,方便维修和搬运。整机液压系统共5套:1号支腿液压系统1套、2号支腿超高压液压系统1套、3号主支腿液压系统1套、天车调整液压系统2套。系统所需液压油总量450 L,电

动机总功率为 26.5 kW,但所有电动机不会同时工作,最大使用功率为 8 kW。每套液压系统都由液压泵站、液压管路和液压缸等组成。

② 液压泵站。液压泵站是集油泵电动机组、控制电磁阀组、油箱、空气滤清器、回油滤油器等于一体的部件,设有压力表和液位液温计等辅件。它具有结构紧凑、体积小、方便搬运和安装的特点,其结构见图 10-134 所示。

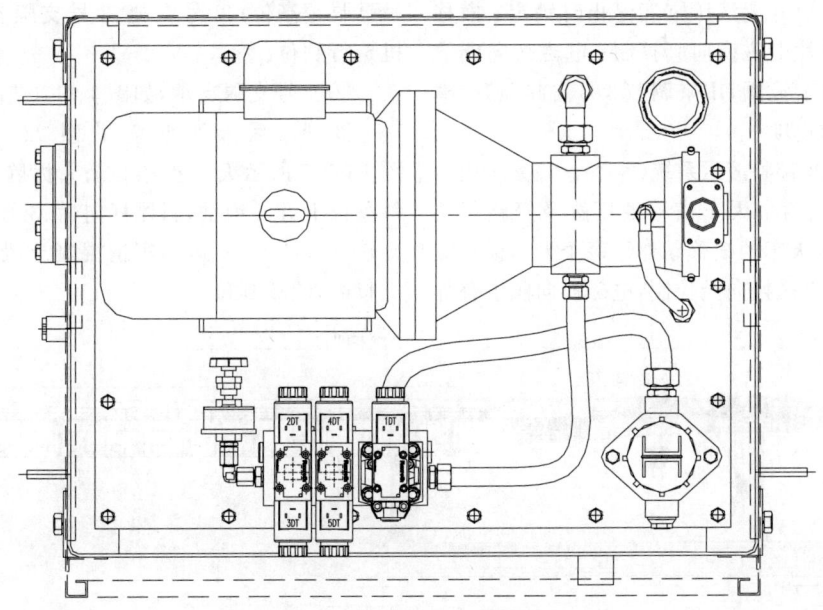

图 10-134 泵站结构示意图

③ 液压系统工作原理。电动机启动驱动轴向变量柱塞泵运行,此时电磁溢流阀处于断电卸荷状态,泵排出的压力油以较低的压力通过溢流阀直接返回油箱,使电动机空载启动,启动电流小,液压系统启动无冲击;然后再启动相应的按钮,电磁换向阀和溢流阀得电,高压油通过泵→电磁换向阀→液压缸,克服负载工作。

④ 液压油。系统所用液压油牌号为美孚 Mobil DTE10 EXCEL 68,过滤精度为 NAS1638—1994 标准 9 级,工作温度为 $-10 \sim 70 \, ℃$,系统总需油量为 450 L。

⑤ 各个部件液压系统简介。

(a) 1 号支腿液压系统(1 套)。该系统由一台两联阀泵站、两个支腿顶升液压缸及管路等组成,用来实现 1 号支腿的升降动作。每个支腿顶升液压缸由一片电磁换向阀和平衡阀控制,保证其自身运行的平稳并使液压缸能停止时锁定。系统装有节流阀用来调节 1 号支腿顶升液压缸的速度。

(b) 2 号支腿超高压液压系统(1 套)。该系统由一台超高压泵站、两个支腿顶升液压缸(一拖二)及管路等组成,用来实现 2 号支腿的升降动作;2 号支腿顶升液压缸上装有液压锁用来锁定液压缸,液压缸上有机械锁紧装置,替代液压锁承受液压缸所承载的反向载荷。超高压泵站操作说明:启动超高压泵站电动机,电动机为空载启动,系统处于卸荷状态;操作卸荷阀,关闭卸荷,系统处于超高压状态;操作两手动换向阀,向 A 侧转动到位,两液压缸伸出至所需位置,转动阀至中位,两液压缸停止并液压锁紧,随之转动机械锁紧螺帽至锁紧,当工作需要液压缸缩回时,反向转动机械锁紧螺帽松开,操作两手动换向阀,向 B 侧转动到位,两液压缸缩回,转动阀回中位,两液压缸停止,操作其中一手动换向阀,单液压缸动作,原理同上,本系统可实现液压缸单动,也能实现两液压缸联动;液压缸动作到位后,操作卸荷阀,至卸荷,系统处于卸荷状态;关闭超高压泵站电动机。

(c) 3 号支腿液压系统(1 套)。该系统由一台三联阀泵站、两个支腿顶升液压缸、一个支腿横移液压缸和管路等组成,用来实现3号支腿的伸降及横移动作。每个支腿顶升液压缸由一片电磁换向阀和平衡阀控制,保证其自身运行的平稳并使液压缸能停止时锁定;横移液压缸由一片电磁换向阀控制;电磁换向阀下叠加有单向节流阀,用来调节3号支腿顶升、横移液压缸的速度。

(d) 天车调整液压系统(2套)。该系统由一台两联阀组、两个天车横移液压缸及管路等组成,用来实现天车的横移动作。每个天车横移液压缸由一片电磁换向阀控制,电磁换向阀下叠加有单向节流阀,用来调节横移液压缸的速度。

4) 施工作业流程

(1) 正常架梁

① 前、后天车走行至图10-135所示位置,吊具收至高位;2号支腿、3号支腿支承,架桥机走行到位。

② 1号支腿支承,如图10-136所示。

③ 前、后天车向前平移22.265 m至图10-137所示天车提梁位置;拆除3号支腿斜撑杆下方的销轴,斜撑杆向后、3号支腿向前旋转折叠约90°;运梁车携混凝土梁驶入架桥机腹内,喂梁到位。

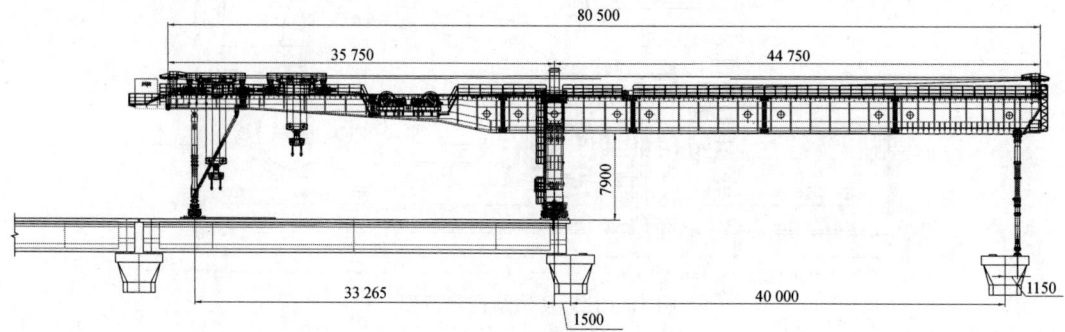

图10-135 架梁步骤①示意图

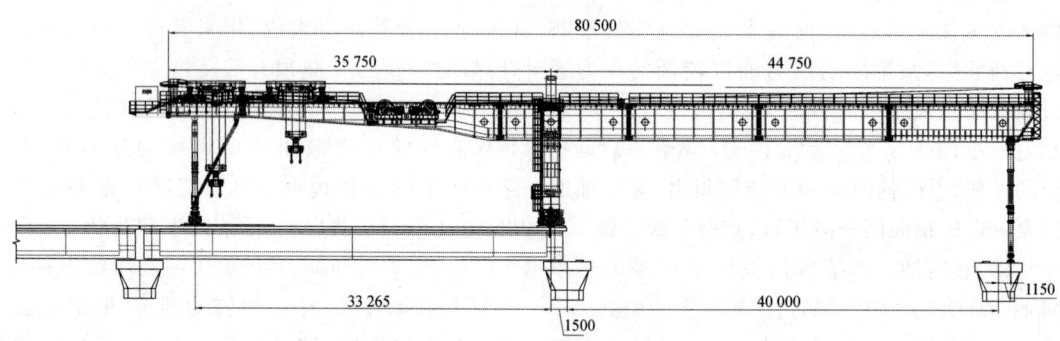

图10-136 架梁步骤②示意图

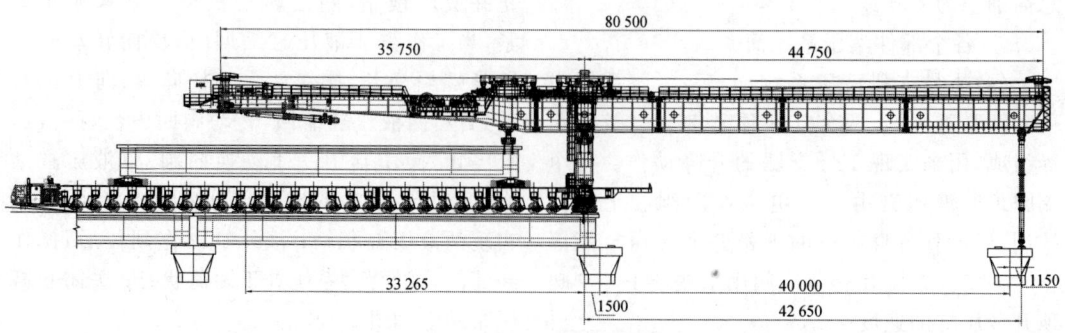

图10-137 架梁步骤③示意图

④ 前、后驮梁小车配合，同步地将混凝土梁前移 7.27 m 到提梁位置后停止；前天车吊具下落，安装天车吊杆完毕后将混凝土梁前端提起约 150 mm，如图 10-138 所示。

⑤ 前天车与运梁车后端的驮梁小车配合，同步地将混凝土梁前移 37.7 m 到第二吊提梁位置后停止；后天车向前跟进 7.5 m，吊具下落，安装天车吊杆完毕后将混凝土梁后端提起约 150 mm，如图 10-139 所示。

⑥ 运梁车携驮梁小车返回梁场；前、后天车配合，同步地将混凝土梁前移 2.65 m 后停止，如图 10-140 所示。

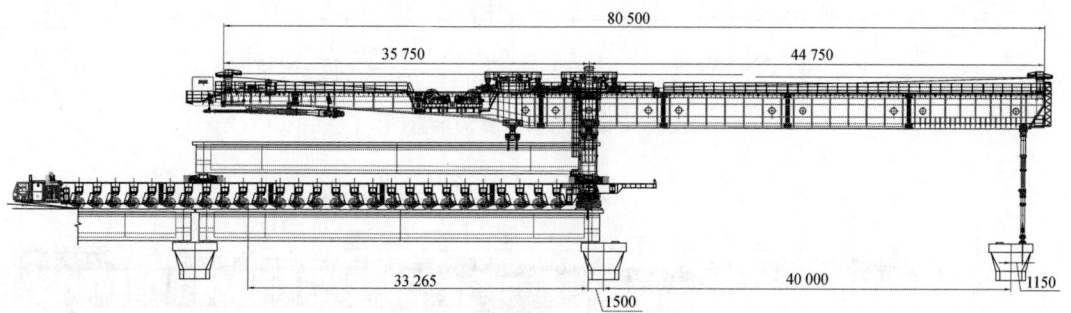

图 10-138　架梁步骤④示意图

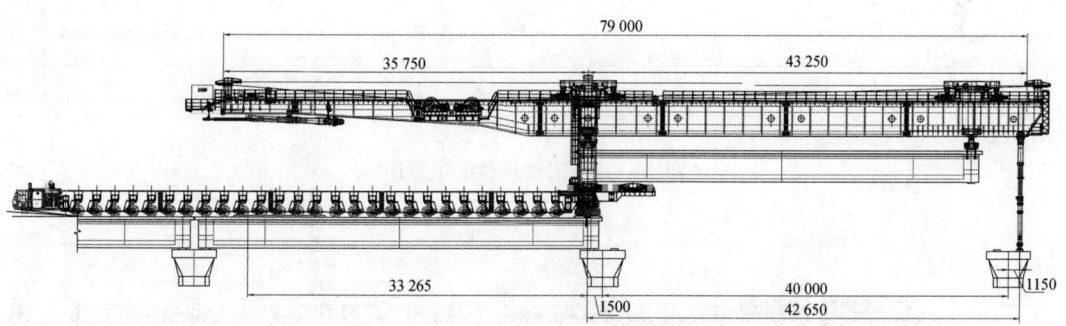

图 10-139　架梁步骤⑤示意图

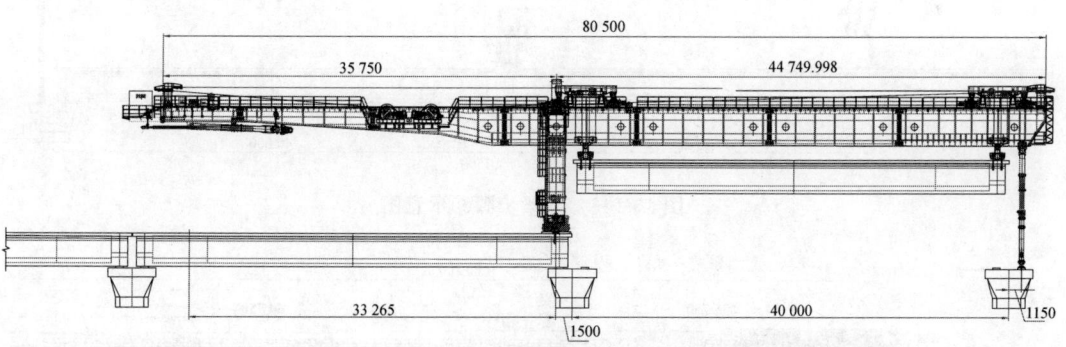

图 10-140　架梁步骤⑥示意图

⑦ 前、后天车同步将混凝土梁落放到墩顶就位；解除前、后天车吊具，将天车吊具升至高位，如图 10-141 所示。

⑧ 3 号支腿旋转 90°，安装 3 号支腿斜撑杆，重新在梁面支承，如图 10-142 所示。

⑨ 前、后天车及配重小车向后走行至图 10-143 所示位置；脱空 1 号支腿；将 2 号支腿转换为轮轨走行状态。

⑩ 铺设 2 号支腿、3 号支腿桥面走行钢轨；驱动 2 号支腿走行机构，使架桥机整机前移 40 m，完成一个作业循环，如图 10-144 所示。

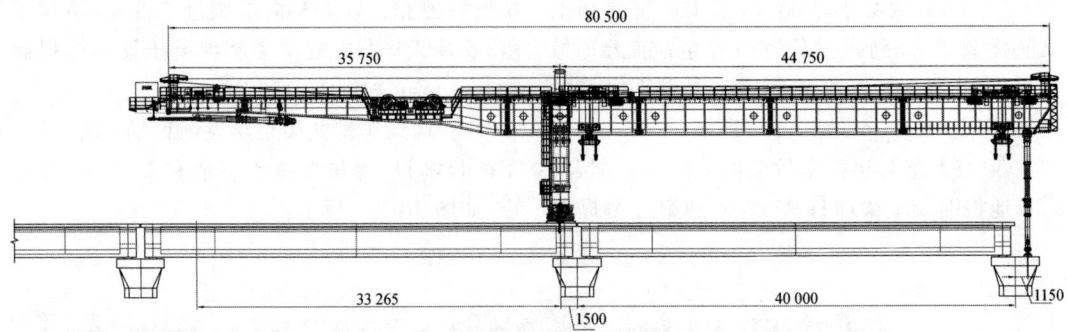

图 10-141　架梁步骤⑦示意图

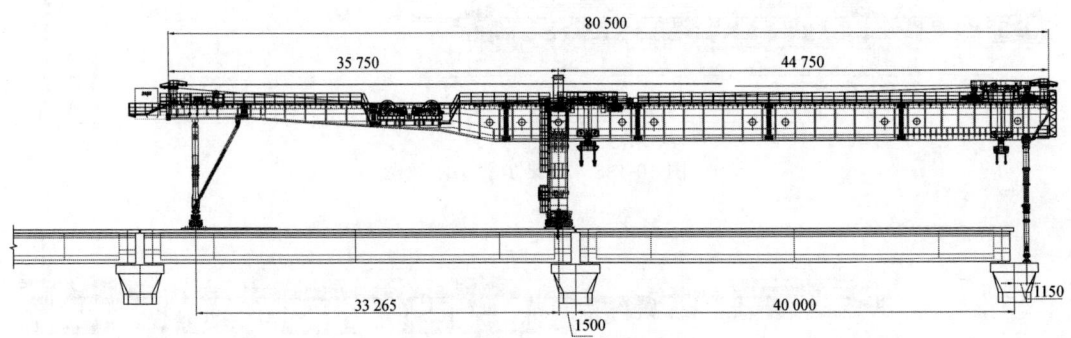

图 10-142　架梁步骤⑧示意图

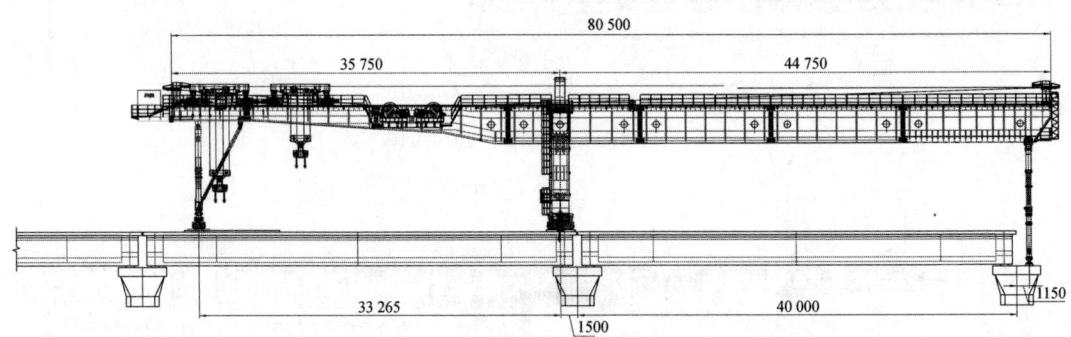

图 10-143　架梁步骤⑨示意图

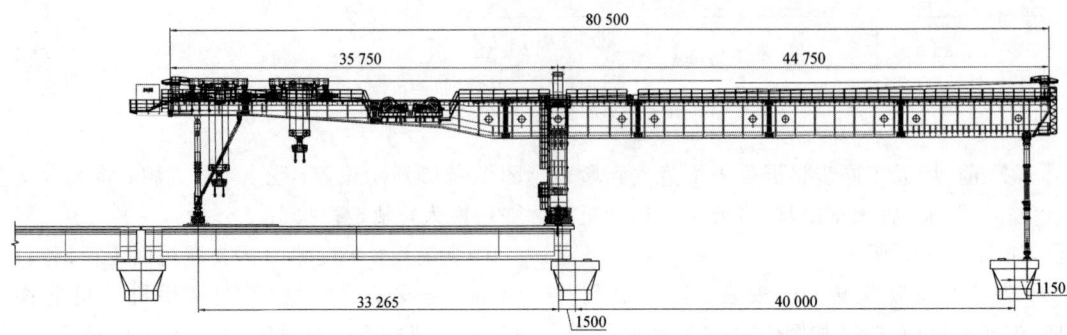

图 10-144　架梁步骤⑩示意图

(2) 变跨架梁作业

主梁1号节下盖板分别设置11处前支腿安装位置,同时1号支腿可以吊挂在主梁腹部外侧下盖板上纵向移动,用以满足架设30~40 m每隔1 m施工的需求。

变跨架梁作业时前支腿需根据所架梁跨调整位置,根据所架梁跨的组合不同,后支腿在梁面上的纵向位置会有变化,其余与架设40 m梁作业流程相同。

因为架桥机可适应30~40 m每米一跨,总计11种跨度,各种跨度变跨组合时种类繁多,仅仅看连续两跨理论上即可有11×11=121种组合,因此各种不同跨度组合时的站位不再列举,只挑选3种典型跨度——30 m、35 m、40 m予以展示,如图10-145~图10-153所示。

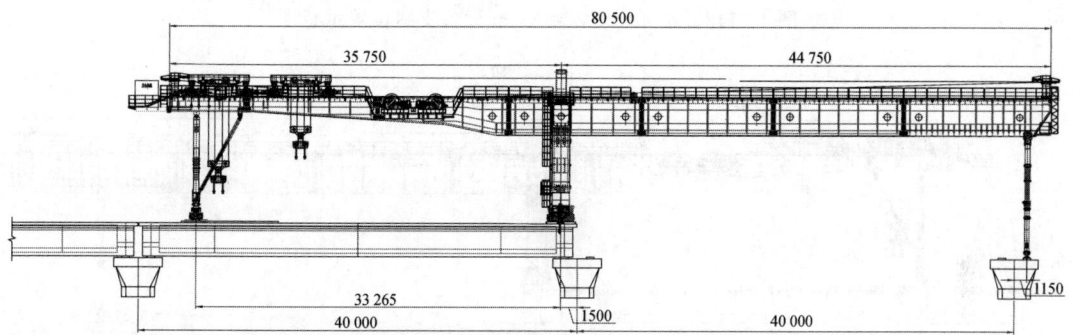

图10-145 站40 m梁架40 m梁各支腿位置示意图

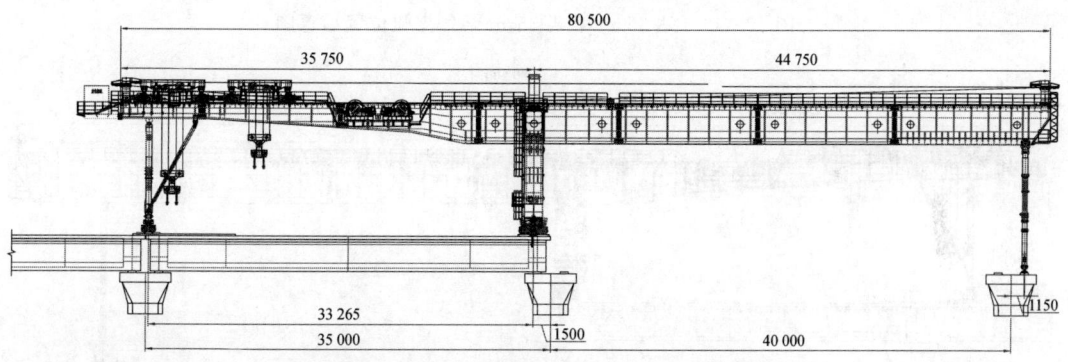

图10-146 站35 m梁架40 m梁各支腿位置示意图

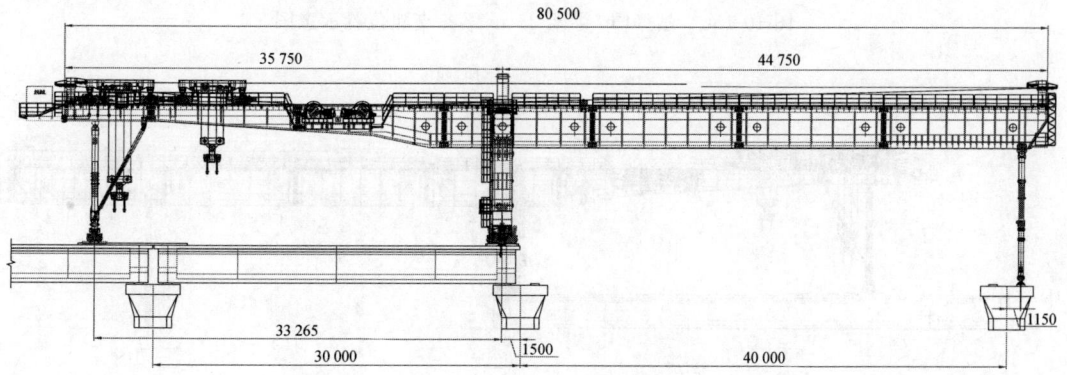

图10-147 站30 m梁架40 m梁各支腿位置示意图

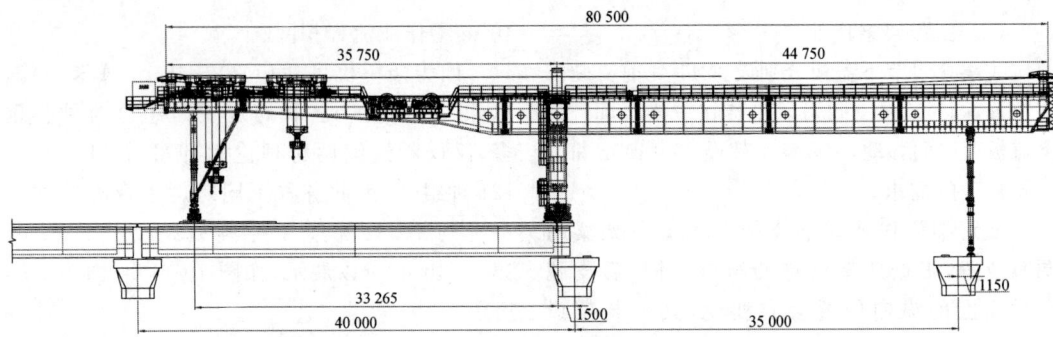

图 10-148　站 40 m 梁架 35 m 梁各支腿位置示意图

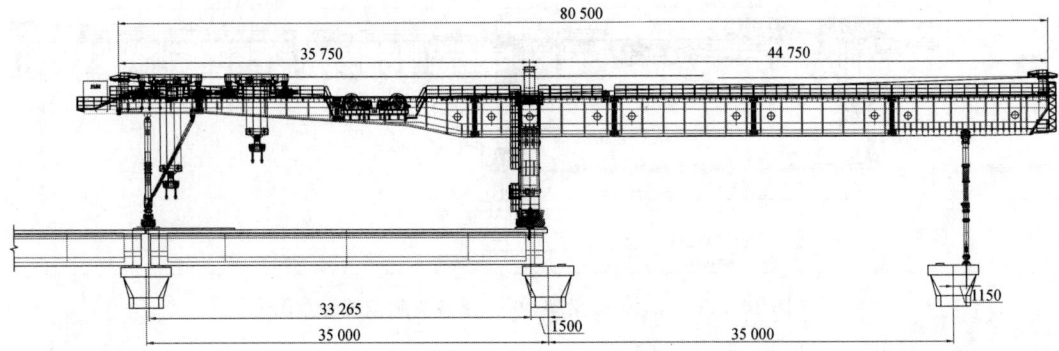

图 10-149　站 35 m 梁架 35 m 梁各支腿位置示意图

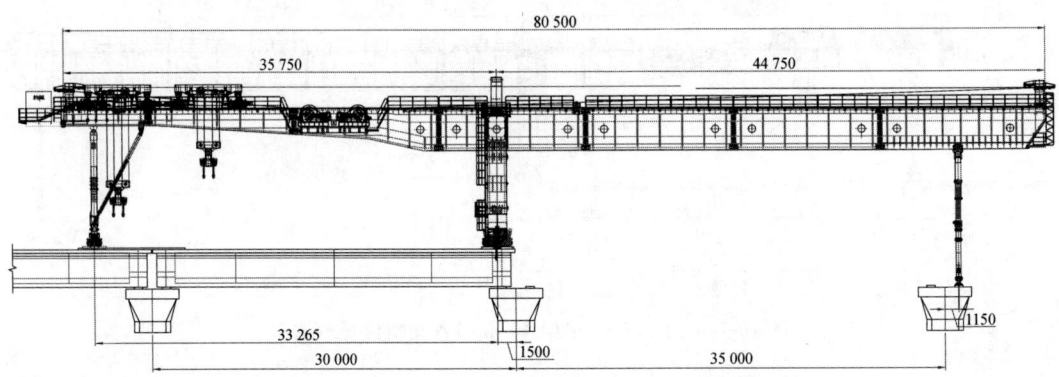

图 10-150　站 30 m 梁架 35 m 梁各支腿位置示意图

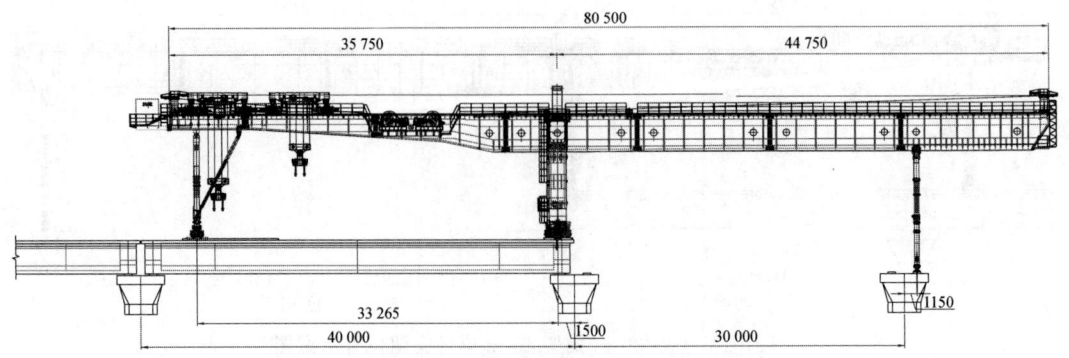

图 10-151　站 40 m 梁架 30 m 梁各支腿位置示意图

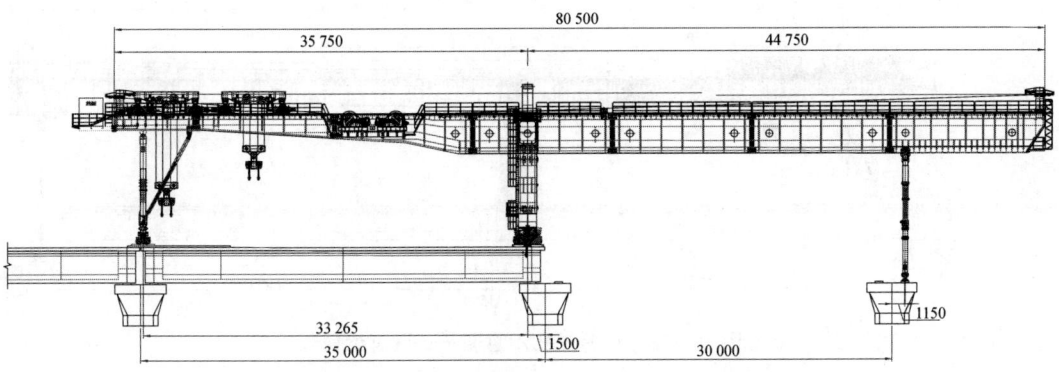

图 10-152　站 35 m 梁架 30 m 梁各支腿位置示意图

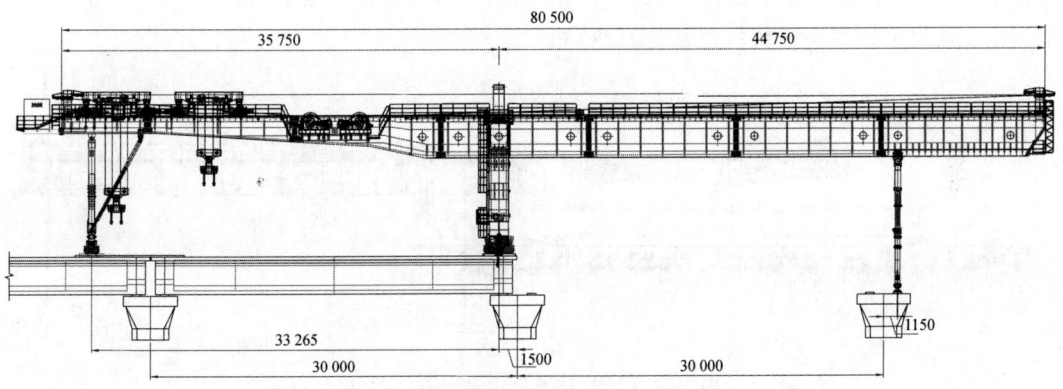

图 10-153　站 30 m 梁架 30 m 梁各支腿位置示意图

(3) 首跨架设

架桥机首跨架梁施工时,根据现场施工条件及施工组织安排分为以下两种情况:一种是中支腿支承在既有梁面,即待架梁后方是既有已架桥梁;另一种是中支腿支承在桥台胸墙上,即待架梁后方是既有路基。

首跨架梁的作业流程与标准作业流程相同。首跨架梁若是遇到不同跨度时,1 号支腿的站位要根据架设跨度的不同做相应位置的调整。

① 在既有梁面的首跨架梁。整体施工组织设计中,若安排跨线提梁机上桥给处于梁面的运梁车装梁,运梁车携梁在梁面运抵架桥机尾部喂梁,则架桥机首跨架设时,架桥机首跨待架梁的后方是跨线提梁机覆盖范围内已经利用跨线提梁机架设的安装混凝土梁,其首跨架设如图 10-154、图 10-155 所示。

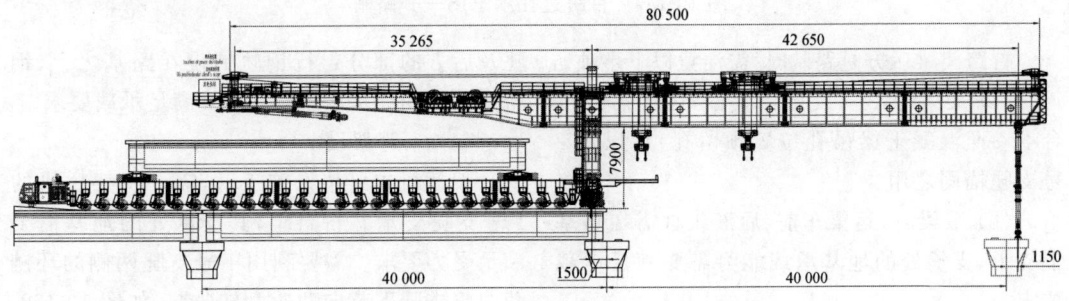

图 10-154　首跨架设示意图——既有梁面

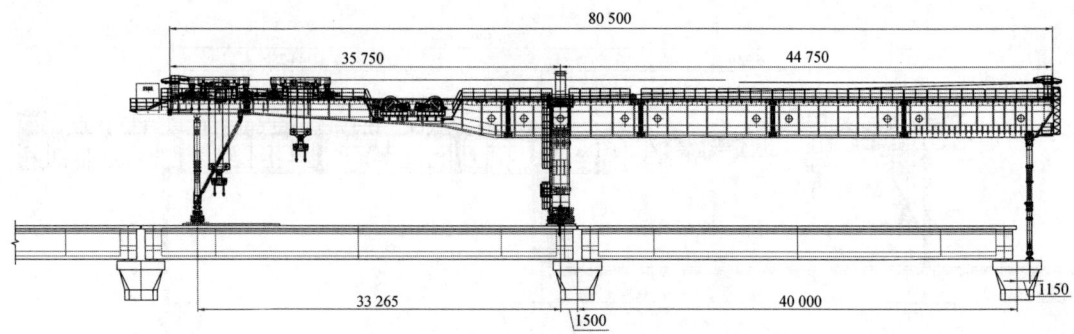

图 10-155　首跨过孔示意图——既有梁面

② 在路基上的首跨架梁。整体施工组织设计中,若安排运梁车自梁场运梁,运梁车携梁经施工便道上路基至架桥机尾部,则架桥机首跨架设时,架桥机首跨待架梁的后方是路基,其首跨架设如图 10-156、图 10-157 所示。

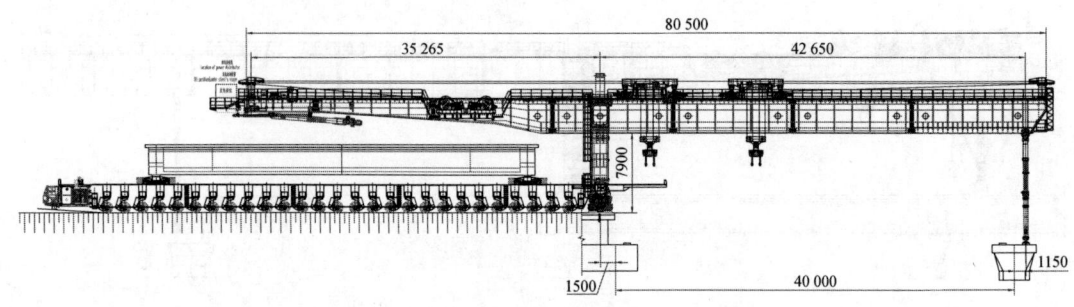

图 10-156　首跨架设示意图——路基

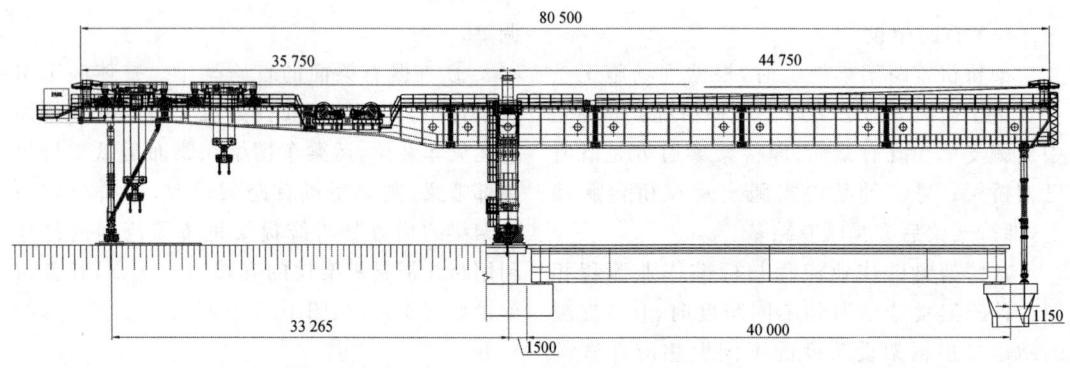

图 10-157　首跨过孔示意图——路基

首跨架梁后方是路基时,需注意以下事项。

(a) 架梁时,2 号支腿需锚固,因此需在桥台上参照混凝土梁吊孔位置预留孔位,以供 2 号支腿锚固之用。

(b) 喂梁时,运梁车前、后液压缸需在路基上支承,支承处的地基承载能力需要满足承载要求。

(c) 架梁完毕架桥机过孔时,架桥机 2 号支腿及后方的部分走行钢轨铺设在路基之上,钢轨支承处的地基承载能力需要满足承载要求。

(4) 末跨架设

架桥机末跨架设施工时,需要将架桥机的 1 号支腿支承在桥台上,其支承处的地基需要满足受力要求。需要利用 1 号支腿两侧的环链葫芦将支腿下节向两边翻转收起,如图 10-158、图 10-159 所示。

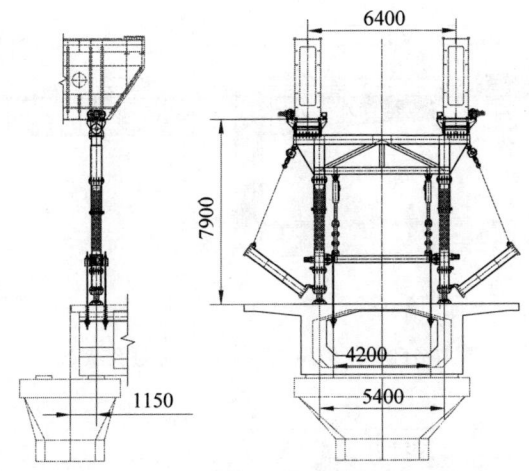

图 10-158　末跨架设 1 号支腿支承示意图

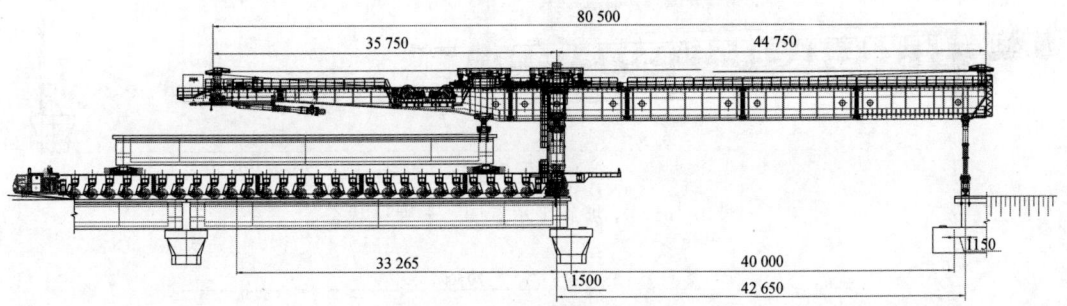

图 10-159　末跨架设示意图

末跨架设的作业流程与标准作业流程相同。末跨架设若是遇到不同跨度时,1 号支腿的站位要根据架设跨度的不同做相应位置的调整。

末跨架梁时,需注意以下事项:

(a) 需要利用 1 号支腿两侧的环链葫芦将支腿下节向两边翻转收起。

(b) 末跨架梁前方是已架桥梁时,利用吊梁孔锚固 1 号支腿。

(c) 末跨架梁前方是桥台时,需在桥台上参照混凝土梁吊孔位置预留孔位,以供 1 号支腿锚固之用。

(5) 曲线架设

曲线施工时,1 号支腿、2 号支腿居中站位,3 号支腿偏置,3 号支腿走行机构具有横移功能。

该架桥机处于走行工况时,走行钢轨在梁面居中放置位于腹板中心上方,通过人工拨轨使钢轨模拟线路曲线轨迹,先将 3 号支腿走行机构横移到位,再在轨道上支承,将整机转换为过孔状态,启动走行机构,使整机走行到位。

架桥机可适应最小曲线半径为 2000 m。半径为 2000 m 时,3 号支腿的最大偏移量为 695 mm;半径为 6000 m 时,3 号支腿的最大偏移量为 210 mm。

(6) 坡度施工

该架桥机可适应 ±2% 的纵坡,坡度施工时,主梁为水平状态,架桥机 2 号支腿为固定高度,1 号支腿和 3 号支腿可根据不同坡度调整支腿高度。

① 下坡施工。下坡施工时,1 号支腿伸长、3 号支腿缩短,支腿的伸长或缩短量与坡度变化相适应,如图 10-160、图 10-161 所示。

② 上坡施工。上坡施工时,1 号支腿缩短、3 号支腿伸长,支腿的伸长或缩短量与坡度变化相适应,如图 10-162、图 10-163 所示。

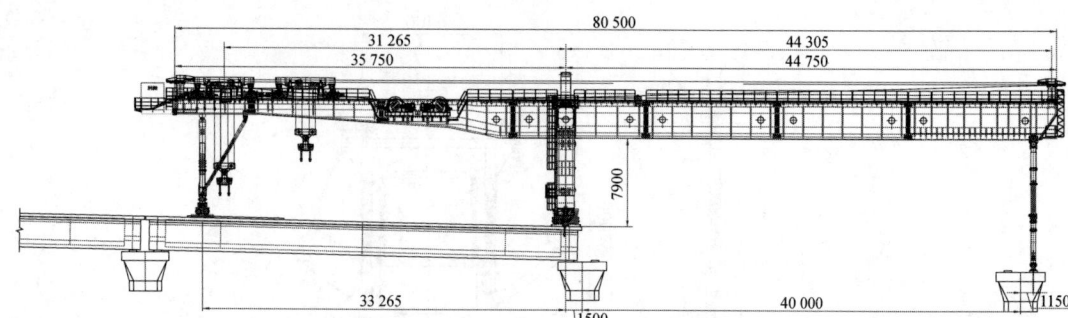

图 10-160　下坡施工示意图——过孔状态

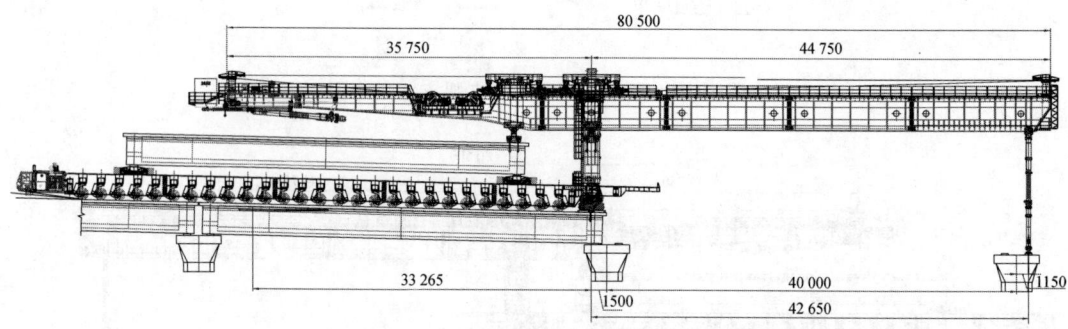

图 10-161　下坡施工示意图——喂梁状态

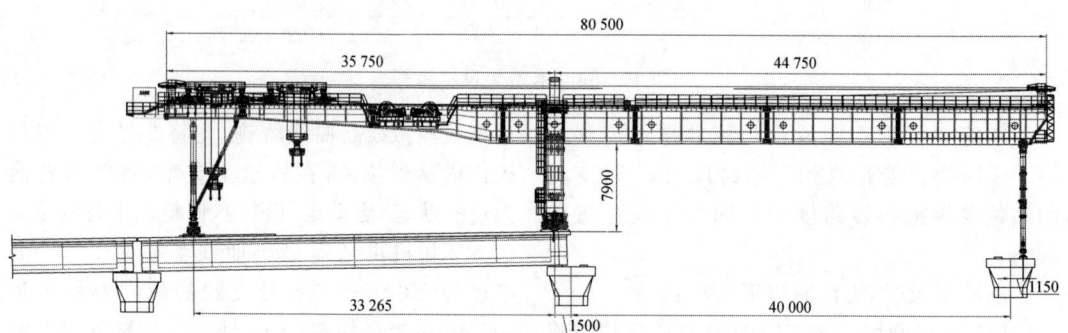

图 10-162　上坡施工示意图——过孔状态

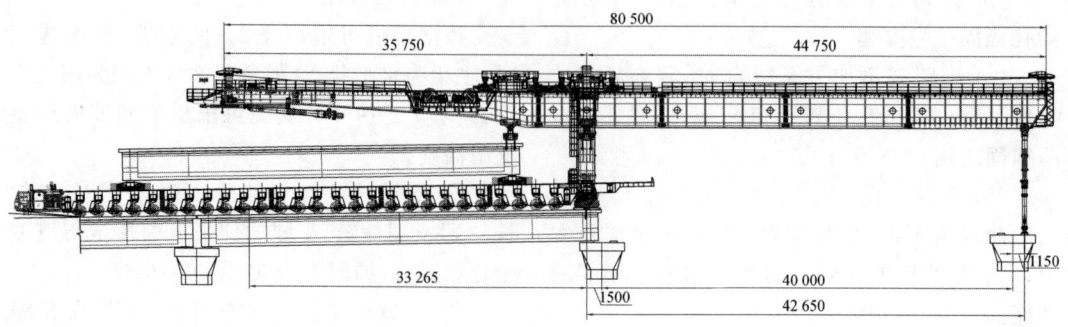

图 10-163　上坡施工示意图——喂梁状态

（7）整体提升

当施工组织采用跨线提梁方案时,架桥机在跨线提梁机覆盖范围的地面拼装并通过跨线提梁机整体提升上桥面,这样能够降低费用、提高效率,如图10-164、图10-165所示。

图10-164　整体提升现场1

图10-165　整体提升现场2

整体提升步骤如下:

① 设备在跨线提梁机覆盖范围内拼装完毕,如图10-166所示。

② 利用A、B跨线提梁机同步提升架桥机至已经架设完成的混凝土梁面,如图10-167所示;架桥机1、2、3号支腿支承在已架混凝土梁面上;

③ 解除跨线提梁机吊具;拆除驮运支架横梁。

（8）桥间转场

当一座桥架设完毕,设备要转入下一桥梁场地施工时,根据两座桥梁之间的关系,可采用不同的转场方案。

① 桥间自行转场。当一座桥架设完毕,距下一待架设的桥梁距离较近时（一般小于200 m）,可采用整机自行转场的方案。其做法是:模拟架桥机过孔步骤,循环倒换2号支腿、3号支腿钢轨;脱空1号支腿;2、3号支腿轮轨支承,驱动2号支腿走行机构实现整机纵移转场。详细步骤参见标准跨作业流程,略去其中喂梁、运梁、落梁等步骤即可。

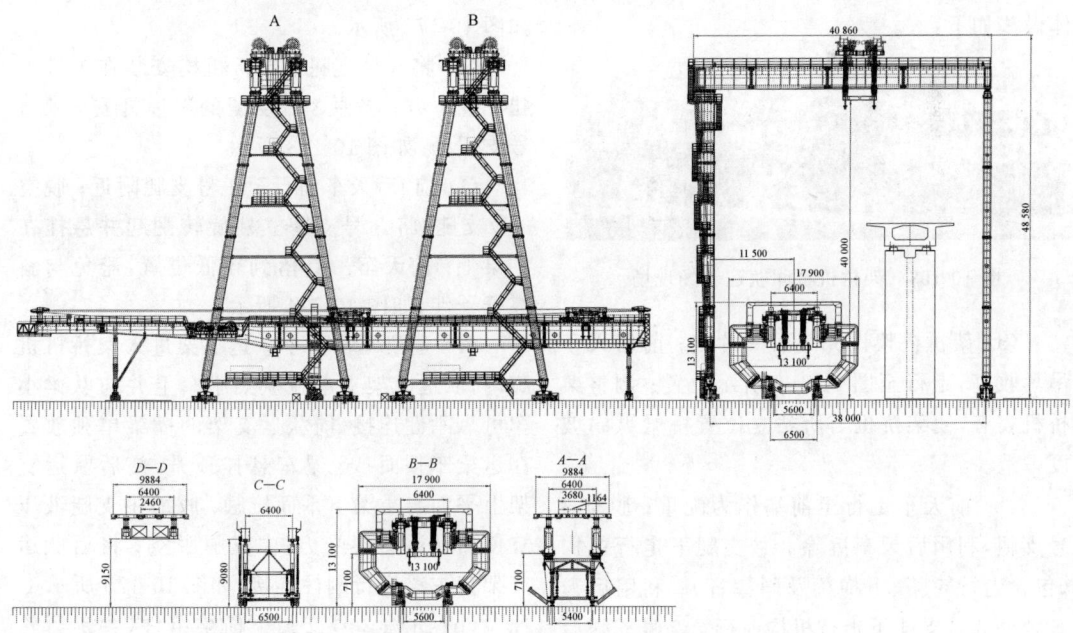

图10-166　整体提升步骤①示意图

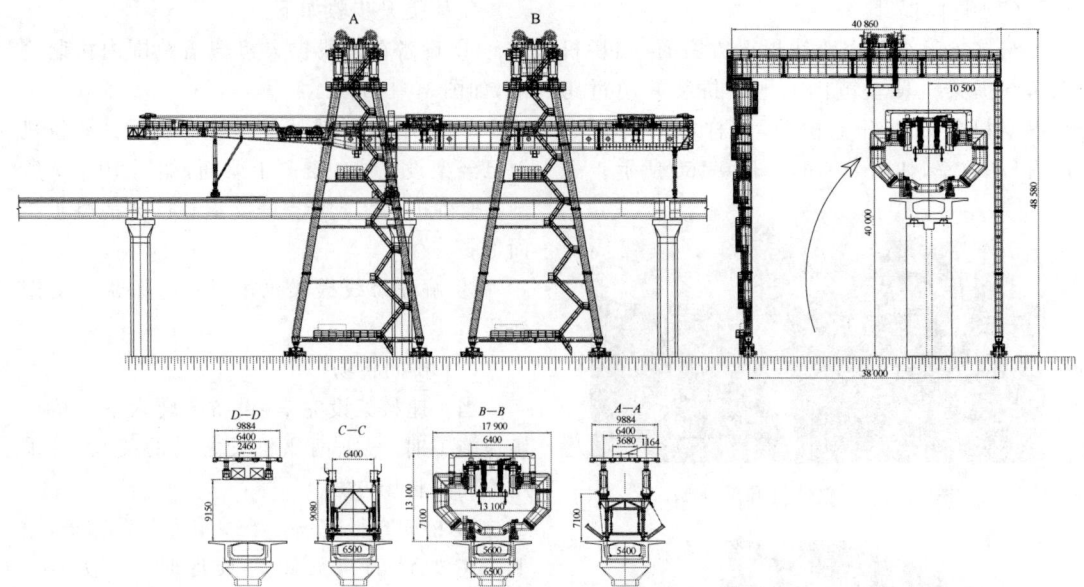

图 10-167　整体提升步骤②示意图

② 桥间驮运转场。当一座桥架设完毕，距下一待架设的桥梁距离较远（一般大于 200 m）时，采用自行转场效率较低，可利用运梁车驮运转场的方案以提高效率，如图 10-168 所示。运梁车驮运时应使用两个专用的驮运支架，具体做法如下：

图 10-168　架桥机桥间驮运转场现场

（a）架桥机架设完最后一片梁；前后天车吊具收高，走行至图 10-169 所示位置；调整架桥机姿态，使架桥机与所站立位置桥梁纵向坡度一致。

（b）前天车走行至前端作为配重；脱空 3 号支腿，利用后天车拆除 3 号支腿下走行机构（包含走行轮箱、下横梁及斜撑杆）；利用后天车辅助 3 号支腿下走行机构前行至 2 号支腿后方附近（为便于吊装，斜撑杆可单独倒运）；将 3 号支腿立柱下方增加垫座并调整液压缸使其为受载状态，如图 10-170 所示。

（c）前、后天车配合将 3 号支腿下走行机构倒运至 1 号支腿后方附近（为便于吊装，斜撑杆可单独倒运），如图 10-171 所示。

（d）前、后天车后退至主梁尾部；脱空 1 号支腿，将 1 号支腿内套向上收缩 1400 mm，如图 10-172 所示。

（e）将 3 号支腿下走行机构安装在 1 号支腿立柱下方；将原 3 号支腿的斜撑杆安装在 1 号支腿处，如图 10-173 所示。

（f）前、后天车前行至 1 号支腿附近；脱空 3 号支腿，将 3 号支腿立柱旋转翻起并悬挂在主梁上；前天车吊具落到较低位置，避免与斜撑杆干涉，如图 10-174 所示。

（g）运梁车携两个驮运支架进入架桥机机腹内，驮运支架支承在驮梁小车上并与驮梁小车可靠刚性连接，前驮运支架的横梁单独放置在运梁车顶面；运梁车悬挂顶升，使后驮运支架上平面与主梁下平面接触；收缩中支腿液压缸使后驮运支架受力，中支腿脱空；将后驮运支架与主梁进行刚性连接，如图 10-175 所示。

（h）拆除 2 号支腿下横梁组件（含走行轮箱、下横梁及液压缸）；驱动驮梁小车走行轮箱，驮梁小车携后驮运支架作为主动支腿沿运梁车轨道向施工后方运行，1 号支腿沿混凝土

第10章 主要机械参数

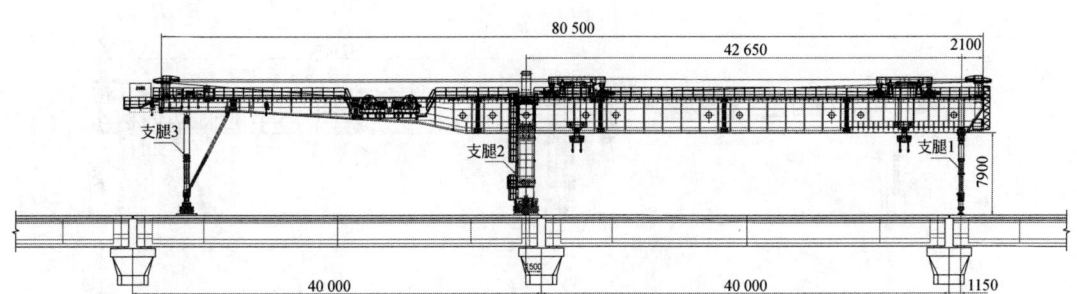

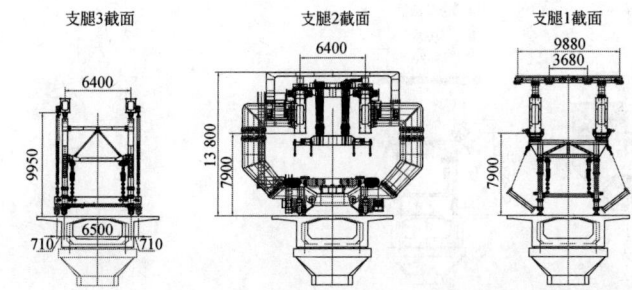

图 10-169　架桥机桥间驮运转场步骤(a)示意图

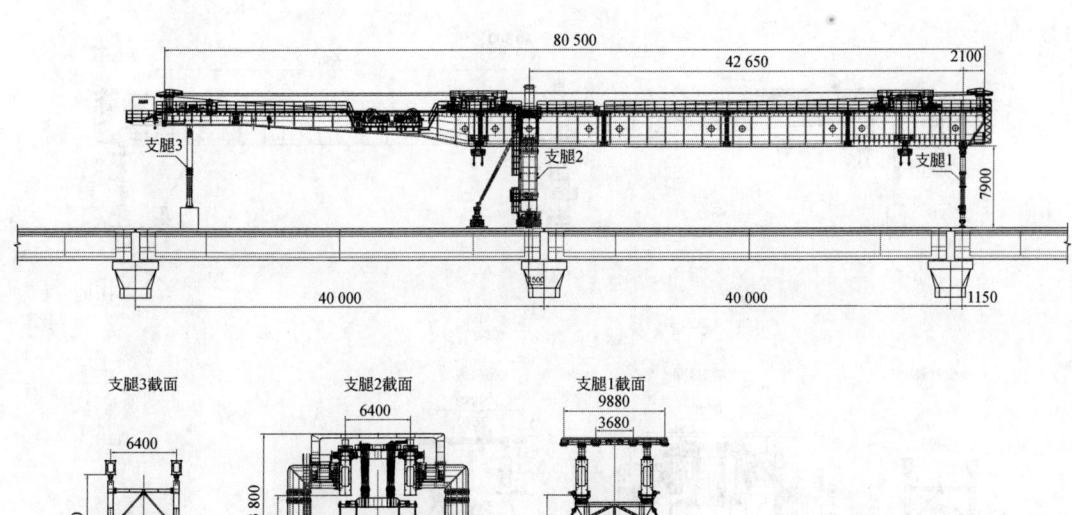

图 10-170　架桥机桥间驮运转场步骤(b)示意图

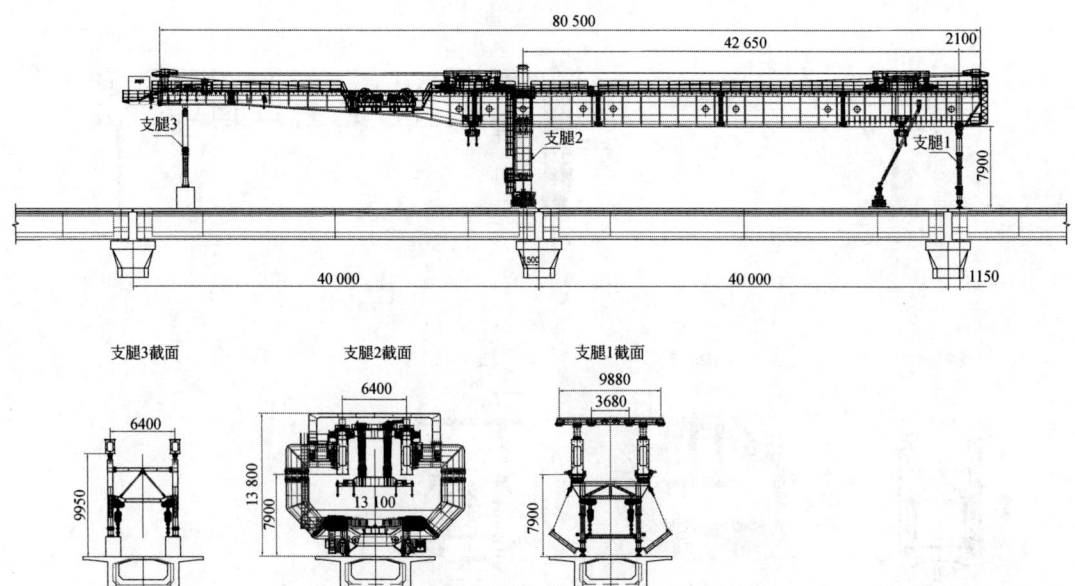

图 10-171 架桥机桥间驮运转场步骤(c)示意图

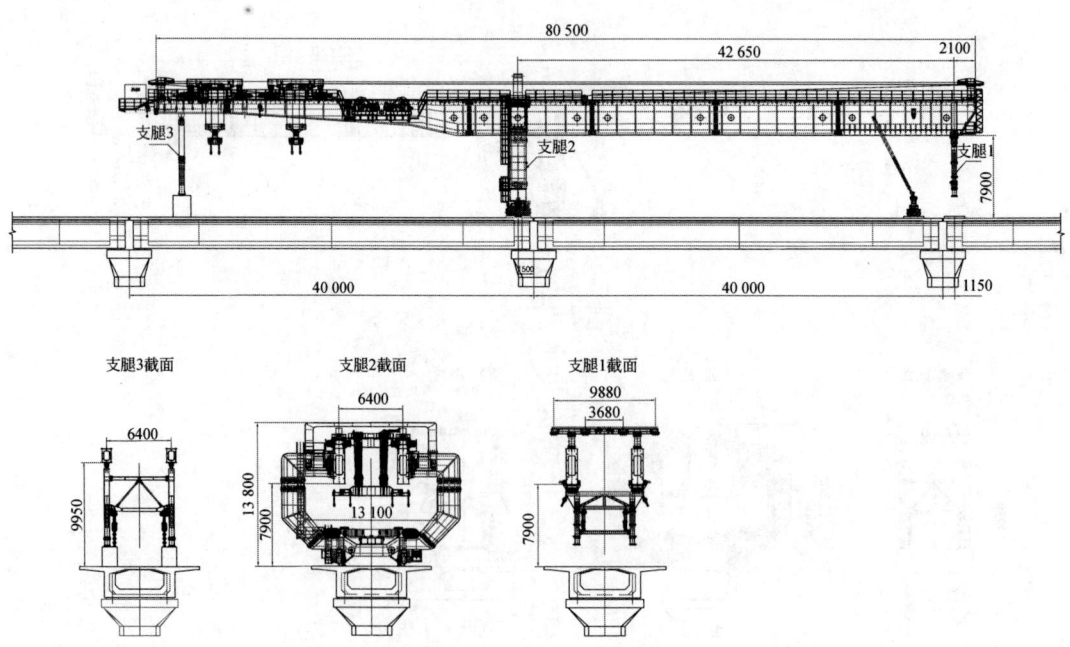

图 10-172 架桥机桥间驮运转场步骤(d)示意图

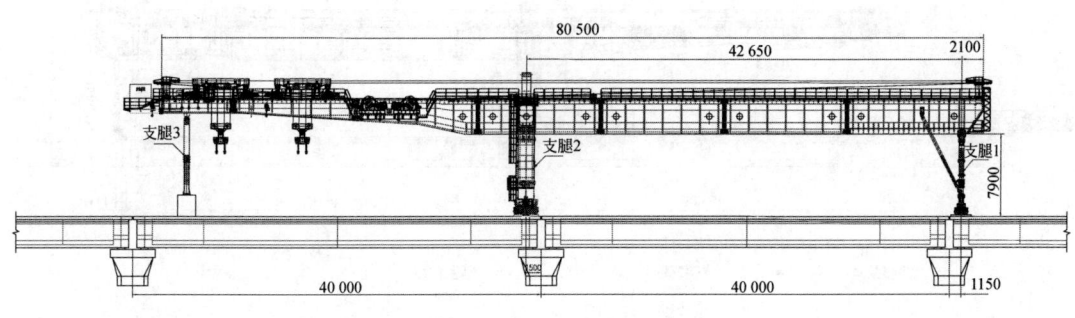

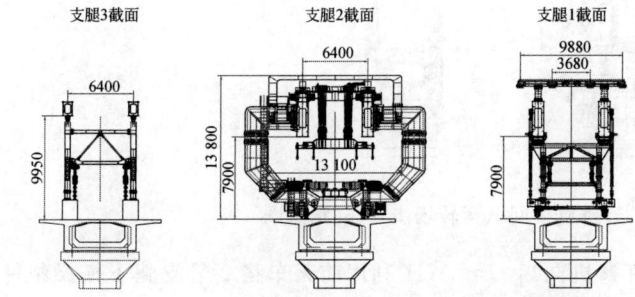

图 10-173 架桥机桥间驮运转场步骤(e)示意图

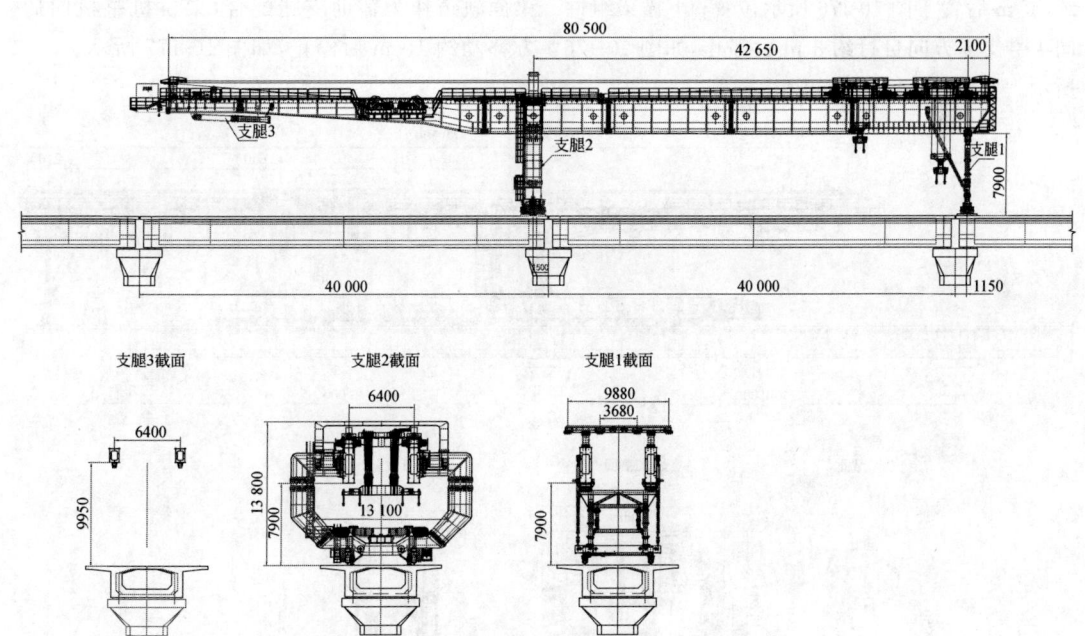

图 10-174 架桥机桥间驮运转场步骤(f)示意图

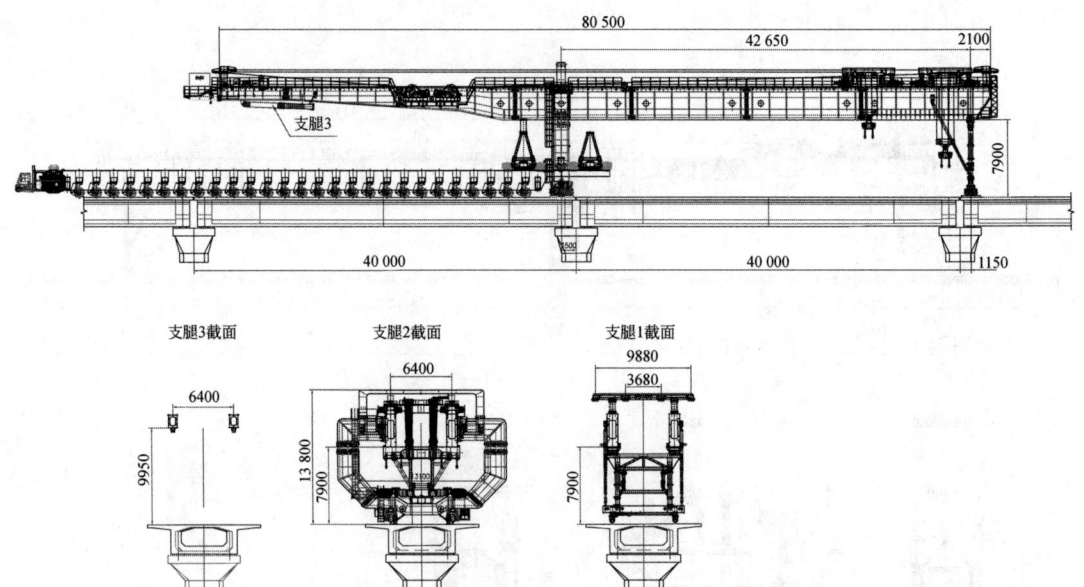

图 10-175 架桥机桥间驮运转场步骤(g)示意图

梁面轨道作为辅助支腿配合,架桥机整机向后方移动约 30 m 后停止;利用前天车将前驮运支架横梁向后方移动约 10 m 后置于图 10-176 所示位置;前驮梁小车携前驮运支架向后方移动约 10 m 后置于图 10-176 所示位置;下横梁组件向 1 号支腿方向自行约 8 m 后停止,如图 10-176 所示。

(i) 利用前天车将 2 号支腿下横梁组件吊至运梁车上前端放置;驱动驮梁小车走行轮箱,驮梁小车携后驮运支架作为主动支腿沿运梁车轨道向施工后方运行,1 号支腿沿混凝土梁面轨道作为辅助支腿配合,架桥机整机向后方移动约 10 m 后停止,如图 10-177 所示。

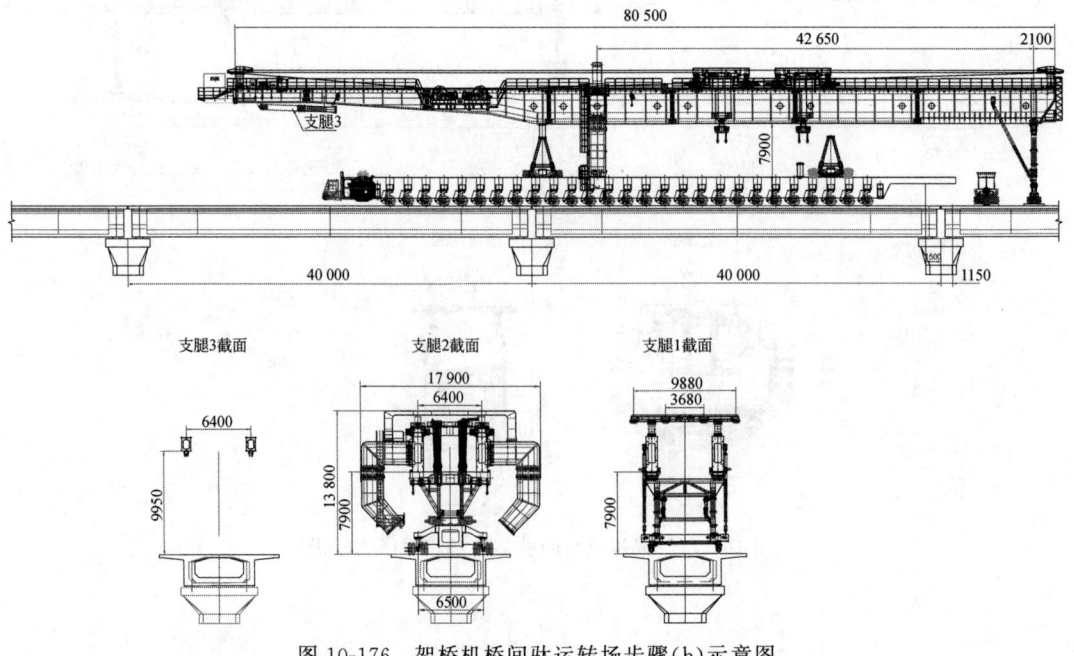

图 10-176 架桥机桥间驮运转场步骤(h)示意图

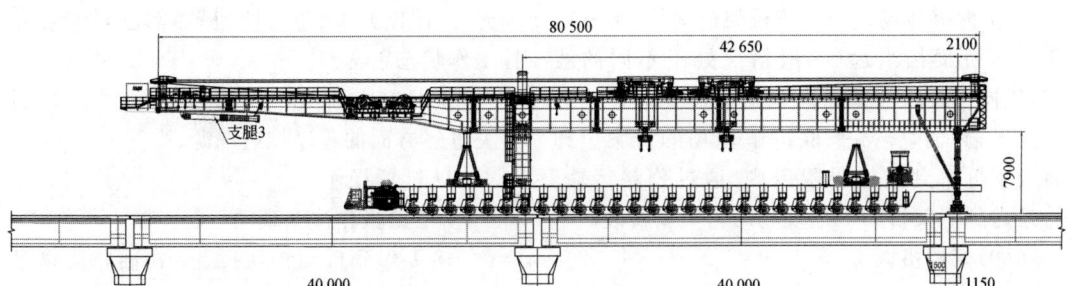

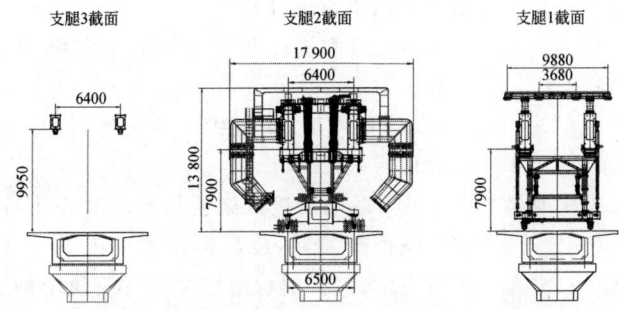

图 10-177　架桥机桥间驮运转场步骤(i)示意图

(j) 利用前天车安装前驮运支架的横梁，安装完毕后前天车行至前、后驮运支架之间，将前驮运支架与主梁下平面之间塞紧；将前、后驮梁小车和运梁车之间锚固；解除 1 号支腿处的斜撑，收缩 1 号支腿液压缸，1 号支腿脱空，使前驮运支架受力；在前、后驮运支架的位置将驮运支架和运梁车之间，以及架桥机主梁和运梁车之间通过揽风绳拉紧，揽风绳由用户自备，直径 24 mm，可承受 10 tf 的拉力；运梁车携前、后驮运支架驮运整机至目标位置，如图 10-178 所示。

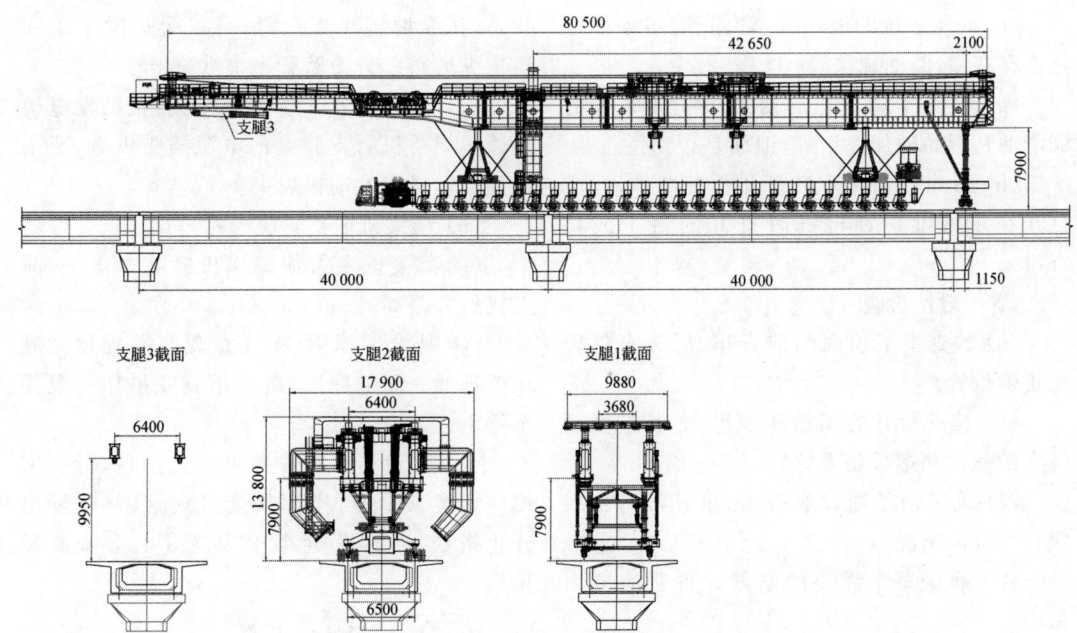

图 10-178　架桥机桥间驮运转场步骤(j)示意图

③ 拆解转场。当一座桥架设完毕,下一待架设的桥梁相当远(一般情况处于不同的线路,或同一线路但线路尚未贯通需要通过一般公路运输)时,需要采取拆解转场的方案。即将设备拆解到运输界限以内,通过公路运输。待运送到待架桥梁工地现场时再重新拼装。

(9) 架桥机调头

通过运梁车驮运,利用运梁车走行进行转向,多次调整完成调头作业。

5) 操作与使用

(1) 设备启动前的检查

① 目测检查

(a) 架桥机的主梁、支腿及前天车、后天车等主要结构是否安装正确,节点板、螺栓及销轴连接是否牢固可靠。

(b) 前天车、后天车的吊具、钢丝绳、滑车组等是否安装正确,连接是否牢固可靠。

(c) 栏杆、梯子等安全设施是否安装正确,连接是否牢固可靠。

(d) 电气设备及相关安全装置、制动器、控制器、照明、信号、显示等系统是否安装正确、稳定有效。

(e) 液压系统的泵站、液压缸、管路、阀组是否安装正确,连接是否牢固可靠。

(f) 液压系统的液压缸、管路、阀组等部位是否存在渗、漏油现象。

(g) 卷扬机、减速机的轴、套等处所需要的润滑油是否品种加注正确,油面是否到位。

(h) 目测检查时不必打开所有部件,但应打开在正常维护和检查时打开的盖子或检查口。

② 一般性检查

(a) 检查主梁顶面的前天车、后天车是否在正确位置。

(b) 检查所有的螺栓和螺母,尤其是振动件上的螺栓和螺母是否拧紧。

(c) 确保钢丝绳没有脱槽,吊具没有出现倾斜等危险情况。

(d) 确保每个需要的电气元件都有电力供应。

(e) 确保所有安全保护装置(声音报警器、闪光灯、限制开关、急停按钮等)都已经安装并且工作状态正常。

(f) 只有在所有检查都通过后,才能按照有关电气方面的程序接通电源。

(2) 喂梁操作

① 喂梁操作注意事项

(a) 要做到桥面钢轨拨开;桥面障碍物已经移除;桥梁接缝处铺设砂袋或钢板使桥面满足轮胎运梁车走行要求。

(b) 架梁机 3 号支腿要脱空并纵向旋转收起。

(c) 喂梁时,架桥机 2 号支腿制动及锚固要确保有效。

(d) 运梁车接近架桥机尾端时停止,前端操作室摆臂旋转,旋转覆盖范围内不得站人、不得有障碍物,摆臂后继续走行应使用慢速微动,由指挥员亲自观察就位情况,根据实际就位情况发出相应指令;严禁运梁车碰撞架桥机。

(e) 运梁车走行到位后,前端悬挂轮胎前、后均用木楔抄紧,后端悬挂轮胎后方用木楔抄紧,启用驻车制动并保证制动有效;运梁车端部的支承液压缸伸出并支承于桥面。

(f) 运梁车就位后,要求运梁车趋于水平状态(在纵坡施工工况时,可减缓运梁车顶面轨道纵坡),以方便驮梁小车纵向走行。

(g) 驮梁小车动力电源由架桥机的发电机组通过架桥机后支腿上的电源插头供电,喂梁过程中运梁车发动机熄火。

(h) 架梁机前支腿应确保垂直。

(i) 架梁机主梁应确保机臂基本水平,前方比后方略高 50 mm。

(j) 喂梁过程中,应注意观察吊具和混凝土梁顶面之间的间隙,防止吊具或吊杆与混凝土梁干涉。

(k) 驮梁小车电缆要由专人护理,行程末端应切换为 I 速,指挥员亲自观察,及时发出停止指令,严禁驮梁小车或混凝土梁碰撞架梁机。

② 安装吊具注意事项

(a) 天车监护员到位,检查天车卷扬机钢丝绳缠绕圈数,应保证同一根钢丝绳对应的两个卷扬机钢丝绳缠绕圈数一致,误差不大于1圈。

(b) 吊杆穿入吊梁孔时应有专人扶持、看护,避免吊杆卡住;若吊杆卡住或吊具停止下落,应及时停止卷扬机,避免钢丝绳脱槽。

(c) 安装吊具时应确保同一吊具上的各吊杆夹持长度一致、受力均匀,螺母外端应不少于3圈螺纹。

(d) 吊具横梁底面与混凝土梁顶面之间应留有间隙,间隙不小于50 mm。

(e) 指挥员应询问各点监护员各监护点状况是否正常,如有异常情况,指挥员必须亲自检查并予以排除,确认正常后再进行下一工序。

③ 提梁注意事项

(a) 前天车提梁位置为前天车中心处于2号支腿正上方,后天车提梁位置为后天车中心处于2号支腿正上方;指挥员确认各监护点正常后,发出指令,准备提梁。

(b) 调整2钩或4钩使其受力均匀,动滑轮组调平后,4钩联动整体Ⅰ速提升约200 mm停止,观测确认没有溜钩现象;然后分别进行Ⅰ速、Ⅱ速下落制动试验,确保制动有效;制动后混凝土梁体不得下溜,否则必须调整制动系统确保制动可靠、有效。首次架梁前,卷扬机制动必须由专业人员现场空载、重载调试,确保可靠、有效;日常使用过程中每台班均应检查制动情况,确保制动可靠、有效。

(c) 整体提升过程中观察梁体是否倾斜,若有倾斜应及时使用后天车(双吊点)左右吊点单动功能调整。

(d) 提升过程中应注意观察混凝土梁和钢箱梁底、吊具和钢箱梁底、动滑轮和定滑轮之间的间隙,防止碰撞。

(e) 提升过程中监护员应随时观察卷筒钢丝绳绕绳情况,发现异常及时发出停止指令。

(f) 吊梁小车重载必须使用Ⅰ速或Ⅱ速,在停止前必须转换为Ⅰ速停止,禁止高速落梁、高速运行时制动。

④ 运梁车退出注意事项

(a) 驮梁小车退至运梁车就位并安装定位插销。

(b) 拆除驮梁小车和架桥机中支腿之间的连接(供电电缆)。

(c) 启动运梁车,支承液压缸收缩、脱空,解除驻车制动,取出运梁车轮胎后方木楔,运梁车调平微动退出。

(d) 运梁车前端驾驶室复位,旋转覆盖范围内不得站人、不得有障碍物,运梁车返回梁场。

(e) 桥面不得有障碍物。

⑤ 喂桥梁操作步骤

(a) 架桥机过孔完毕就位处于喂梁待架状态,运梁车载梁到达架桥机后端准备就位。

(b) 运梁车缓慢接近架桥机2号支腿,应确保运梁车和2号支腿之间的安全距离。

(c) 调整运梁车悬挂液压缸并顶升支承运梁车端部的支承液压缸,使运梁车趋于水平状态。连接驮梁小车的动力电源,解除驮梁小车与运梁车之间的锁定,启动驮梁小车使混凝土梁走行至架桥机第一吊取梁位置。

(d) 驱动前吊梁小车起升装置,使吊具下落,安装前吊梁小车吊具,提升前天车吊具将混凝土梁前端提升约150 mm。

(e) 前天车和运梁车后端的驮梁小车同步走行,携混凝土梁至架桥机第二吊取梁位置后停止。

(f) 驱动后天车起升装置,使吊具下落,安装后天车吊具,提升后天车吊具将混凝土梁后端提升约150 mm。

(g) 梁体与驮梁小车脱空后,驮梁小车退回到运梁车上预定位置锁定。

(h) 解除驮梁小车的动力电源,收空运梁车支承液压缸并调整运梁车状态,运梁车开始返回预制场。

(3) 架梁操作

① 架梁注意事项

(a) 梁体在起落过程中需要有专人在前、后天车卷扬机平台上查看,避免出现卷扬机制动器没有打开及滚筒上错乱排绳等意外情况发生。

(b) 前、后天车的升降及纵、横向微调通过遥控器操作。

(c) 架梁时架桥机2号支腿制动及锚固要确保有效。

② 落梁注意事项

(a) 前、后天车监护员、驾驶员、架梁机各支腿处监护员就位。指挥员询问各点监护员准备情况，确认正常后发出指令开始落梁。

(b) 落梁时应使用低速，过程中监护员要确认混凝土梁前、后端无障碍物；各监护员应随时观察梁体情况，混凝土梁出现倾斜应及时使用后天车左右吊钩单动功能调整。

③ 架梁操作步骤

(a) 前、后天车吊梁同步走行到位后停止。

(b) 前、后天车同步下落将梁体放置到桥墩上；在梁体下落接近墩顶时，利用天车上的横移液压缸调整梁体位置以便混凝土梁精确就位。

(c) 落梁后使用落梁千斤顶支承梁体，安装支座、灌浆、养护。

(d) 梁体落放到位后，解除吊杆与梁体的连接，前、后天车吊具起升到最高位置，然后走行至后跨，准备架桥机过孔。

(4) 架桥机过孔、就位操作

① 过孔注意事项

(a) 架梁机3号支腿、2号支腿、钢轨等处监护员要就位。

(b) 架梁机前、后天车走行至架桥机主梁尾端作为配重。

(c) 架桥机过孔前需要将1号支腿脱空；解除2号支腿锚固，将2号支腿转换为轮轨走行模式(轮轨接触承载，千斤顶脱空)，将3号支腿铁楔解除；1号支腿的脱空要求直接收缩前支腿液压缸，不得收缩3号支腿液压缸使机臂倾斜来翘起1号支腿。

(d) 在曲线上过孔走行时，在3号支腿脱空状态下先通过3号支腿横移功能使3号支腿轮箱走行轮和桥面钢轨对正，然后3号支腿入轨支承；2号支腿、3号支腿在桥面的横向位置由桥机钢轨铺设决定。

(e) 架桥机过孔到位后调整1号支腿高度，使架桥机主梁基本处于水平状态(或1号支腿处略高于2号支腿处50 mm)。

(f) 架桥机过孔时，3号支腿活动套节销轴必须安装，3号支腿液压缸仅作为设备纵向静止时调节3号支腿高度使用，设备纵向过孔工况应使用销轴传递竖向载荷，禁止直接使用液压缸传递竖向载荷，否则将出现危及人身和设备安全的事故。

(g) 2号支腿及3号支腿的走行钢轨使用2号支腿上安装的卷扬机倒换。

(h) 过孔操作前指挥员应询问各监护点状况，确认具备走行条件后发出指令；3号支腿和2号支腿同步走行40 m到位；走行过程中各点监护员随机监护，发现异常立即发出停止指令。

② 架桥机就位注意事项

(a) 架梁机就位时应先支承架梁机2号支腿液压缸使走行轮脱空，将2号支腿转换为架梁模式，然后再顶升1号支腿液压缸安装前支腿销轴，使架梁机1号支腿在垫石顶支承。架梁机1号支腿支承前时必须调整1号支腿立柱竖直，确保支腿下端螺旋外露有效螺纹长度大于200 mm，若超过200 mm应调整支腿内外套销轴。

(b) 架桥机1号支腿在垫石顶支承前，应先将2号支腿锚固装置安装好，确保其有效。

③ 架桥机过孔、就位操作步骤

(a) 前、后天车完成落梁作业后，利用架桥机中支腿上的卷扬机依次牵引桥面中支腿及后支腿走行钢轨前移一跨，调整钢轨位置，解除2号支腿锚固。

(b) 将3号支腿恢复至轮轨支承状态，调整前、后天车吊具位置，然后移至后跨过孔工况的位置后停止。

(c) 收缩1号支腿液压缸，拆除1号支腿销轴，使1号支腿脱空。

(d) 将2号支腿转换为轮轨支承模式，此时应确保1号支腿脱空。

(e) 驱动2号支腿走行机构，设备整体前移一跨后停止。

(f) 将2号支腿恢复至架梁模式(应确保

走行轮脱空)。

(g) 恢复1号支腿使其在垫石顶支承(应确保竖向载荷通过销轴传递)。

(h) 前、后天车走行至喂梁位置,前天车位于2号支腿正上方,后天车尽量靠近前天车。

(i) 脱空3号支腿,3号支腿纵向旋转折叠,确保喂梁通过空间。

(j) 将桥面走行钢轨向两侧拨开,准备喂梁。

(5) 其他操作

DF1100/40型架桥机架设施工有一些特殊工况,如变跨、首尾跨及曲线桥的架设等,其施工操作需要注意以下事项。

① 变跨架设。变跨作业分为大跨变小跨和小跨变大跨两种情况,需要在架桥机过孔时调整1号支腿位置。架桥机1号支腿变跨时天车应处于后跨并尽量靠后,2号支腿应处于架梁模式,3号支腿加装铁楔应确保有效;然后拆除1号支腿销轴,收缩1号支腿液压缸使1号支腿脱空,解除1号支腿铰座和主梁之间的连接螺栓后利用1号支腿吊挂装置完成其位置变换。1号支腿高度的调整依靠其本身的液压缸完成。

② 首尾跨架设。架桥机首、尾跨架设施工时,需要将架桥机的2号支腿、1号支腿作用在桥台胸墙上,其支承处需要满足受力要求。尾跨施工时需要利用1号支腿两侧的环链葫芦将支腿下节向两边翻转收起。

③ 曲线桥架设。架桥机在曲线桥架设施工时,3号支腿需在脱空状态时根据曲线状态将走行机构横移到位,将轨道铺设到位控制横向位置,过孔到位后整机前跨即处于曲线桥位对中位置。同时由于前、后天车具有横向调整功能,可以方便地适应曲线桥梁体对位调整的要求。架桥机过孔走行时,还可以通过微量拨正桥面走行轨道的方法,来微量调整架桥机的横向位置,以适应曲线桥施工对位要求。

(6) 架桥机的停放

① 注意事项

(a) 架桥机停止工作后须关闭所有操作按钮并切断电源,锁住所有电控柜。

(b) 架桥机停放时须将吊钩起升到最高位置。

(c) 当风力达到6级时必须停止作业,台风来临或风力达到11级时须将吊钩与箱梁锚紧作为配重。

(d) 如停车时间长至1个月或更长,应每月启动一次液压系统,使液压油箱中的油温至少达到40~50℃,避免沉淀物或胶质物生成在液压元件中,然后应取出蓄电池组按其规定存放。

(e) 如停机时间长至3个月或更长,必须根据气候条件妥善防护,此时保养间隔依然有效。

② 停机流程

(a) 首先要将吊装物卸载,停机时不允许设备带载荷停机。

(b) 将起升和走行操纵手柄置于零位。

(c) 关掉所有用电设备,如扩音机、载荷限制器、风速风向仪、监视器、微电电源、空调、照明灯等。

(d) 将钥匙开关恢复到"0"位,按下电源急停按钮。

(e) 将发电机转速降至怠速,空转约1 min后,按下"熄火"按钮,直至发电机停下。

6) 常见故障及处理方法

DF1100/40型架桥机常见故障及处理方法如表10-54所示。

7) 其他

(1) DF1100/40型架桥机的结构件、电气系统的维护保养相关内容详见10.3.3节运梁车中TJ-YLS1000/40型运梁车(中铁十一局集团汉江重工有限公司)相关章节内容。

(2) DF1100/40型架桥机的液压系统维护保养和液压缸、液压泵常见故障及处理相关内容详见10.3.4节架桥机中TJ-JQS1000/40型架桥机(中铁十一局集团汉江重工有限公司)相关章节内容。

表 10-54 常见故障及处理方法

序号	故障现象	原因分析	处理方法
1	某台卷扬机一启动变频器就保护跳闸	对应的卷扬机电动机制动器和钳盘制动器没有打开或制动器太紧	调整液压推杆制动器和钳盘制动器
		供电电缆缺相断相	相应处理
		电动机故障或机械故障	维修电动机
2	某功能电动机一起动变频器就保护跳闸	对应的电动机制动器没有打开或制动器太紧	调整电动机制动器
		供电电缆缺相断相	相应处理
		电动机故障	维修电动机
3	总电源送不上	相序错误	调整相序
		超速开关没有复位	复位超速开关
		某接触器粘连	更换接触器
4	某功能无动作	对应的转换开关损坏	更换转换开关
		对应的信号灯损坏	更换信号灯
		对应的接触器及中间继电器损坏	更换接触器或中间继电器
		对应的电动机及制动器损坏	更换或调整电动机或制动器
5	显示器界面不正常	485 通讯线接触不良	更换 485 通讯线
		232/CAN 总线接触不良	更换 232/CAN 总线
6	监视器无画面或不清晰	工业摄像头位置不对	调整工业摄像头位置
		视频线接触不良	更换视频线
7	遥控器工作不正常	遥控器电池电量过低	给电池充电或更换电池
8	前、后天车,横移工作不正常	比例阀卡死	更换比例阀或通知比例阀厂家处理
		直线位移电位器卡死或接触不良	更换或调整电位器
		CAN 总线及总线电阻过大	调整 CAN 总线及总线电阻

10.3.5 架桥机(32 m 简支 T 梁)

铁路桥涵施工现场所使用的简支 T 梁架桥机是桥梁施工专用设备,主要使用参数为起重质量、起升速度、高度、过孔速度、适应坡度等,起重质量为 180 t,起升高度为 6~9 m,过孔速度为 0~3 m/min,适应坡度为 2.5%。简支 T 梁架桥机主要性能参数如表 10-55 所示。

下面以中铁十一局集团汉江重工有限公司生产的 JQJ180/32 型架桥机为例说明架桥机的主要性能及参数。

1. 概述

JQJ180/32 型公铁两用架桥机主要功能相关内容详见 9.3.5 节简支 T 梁架桥机相关章节内容。

2. 主要技术参数

JQJ180/32 型架桥机的主要技术参数如表 10-56 所示。

表 10-55 简支 T 梁架桥机主要性能参数

序号	整机质量/t	跨度/m	型号	重载起升速度/(m/min)	空载起升速度/(m/min)	过孔速度/(m/min)	起升高度/m	架梁坡度/%	厂家	参考价格/万元
1	≤180	20～32	JQJ180/32	0～0.5	0～1	0～3	6～9	2.5%	中铁十一局集团汉江重工有限公司	325
2			DF180						郑州新大方重工科技有限公司	325
3			TLJ180						秦皇岛天业通联重工科技有限公司	320
4			DJ180						邯郸中铁桥梁机械有限公司	320

表 10-56 JQJ180/32 型架桥机主要技术参数

项 目	设计性能指标	备 注
规格型号	JQJ180/32 型公铁两用架桥机	—
额定起重质量/t	180	铁路
	150	公路
适应跨度/m	32、24、20	铁路
	35 及以下	公路
架梁最小曲线半径/m	400	—
允许最大作业纵坡坡度/%	2.5	—
起升高度/m	6	—
起升速度/(m/min)	0.9(架梁),1.5(吊轨排)	—
起重小车走行速度/(m/min)	0～5.2	—
吊梁机臂横移速度/(m/min)	0.2～0.4	—
吊梁整机横移速度/(m/min)	0～2.5	—
大车走行速度/(m/min)	0～5(过孔)	—
大车轮距/m	2.1	轮胎式
综合作业效率/h	每片 1.5	—
允许作业最大风力/级	6	—
允许非作业最大风力/级	11	—
整机工作级别	A3	—
机构工作级别	M4	—
利用等级	U0	—
载荷等级	Q3	—
架桥机整机质量/t	175	—
整机外轮廓尺寸(长×宽×高)/(m×m×m)	75.4×5.4×10.9	—
装机功率/kW	97	—
同时使用功率/kW	44	—
配备功率/kW	150(发电机组)	—
环境温度/℃	−20～50	—
海拔高度/m	≤2500	—
整机转场、过隧方式	运梁车驮运	—

3. 设备组成

JQJ180/32型公铁两用架桥机设备组成（主金属结构、起升机构、走行机构、前支腿顶部支承导向走行机构、架桥机液压系统及机构、电气系统）相关内容详见9.3.5节简支T梁架桥机相关章节内容。各走行机构相关图集详见9.3.5节简支T梁架桥机相关章节内容。

1) 主金属结构

(1) 前支腿结构

前支腿结构横向采用上部平面构架，下部可伸缩立柱的结构形式，侧向为横向的平面构架与斜向可大范围伸缩液压缸构成的三角形构架结构，如图10-179所示。

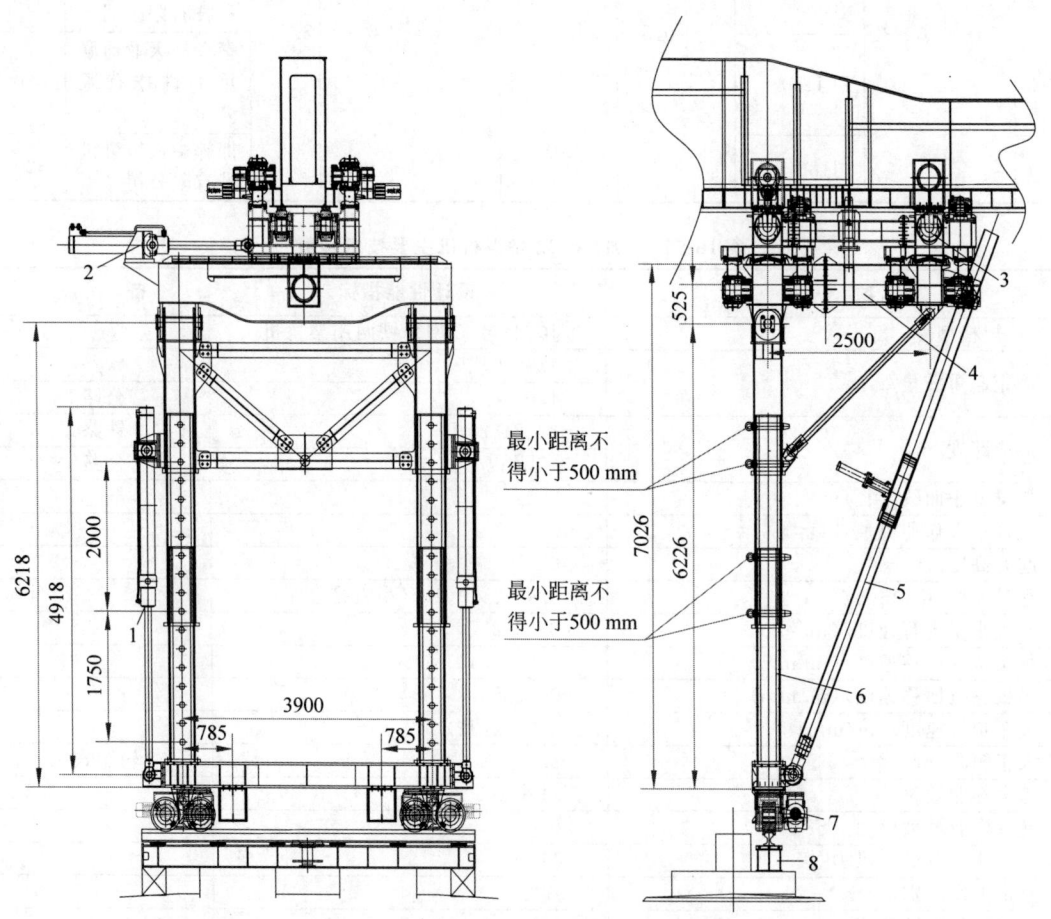

1—伸缩液压缸；2—横移液压缸；3—变跨支承导向机构；4—横梁框架；5—伸缩斜撑；6—伸缩立柱；7—横移台车；8—横移轨道。

图10-179 前支腿结构示意图

三角形构架上部设有小斜撑，以便斜向伸缩液压缸收缩时带动横向平面构架下部立柱同时伸缩运动。小斜撑下部与平面构架连接处为长圆孔，避免前支腿正常作业时斜撑受力（安装时必须注意：前支腿安装完毕后，正常受力作业时，斜撑钢销须位于长圆孔中位）。

前支腿结构上部为水平框架，将横向平面构架与斜向伸缩液压缸连接在一起。前支腿变跨导向机构坐落在前支腿上横梁滑道上部，通过导向机构前后反抓机构与前支腿上横梁相对固定，避免其倾斜（但需保证变跨导向机构能够在前支腿上横梁滑道上自由左右横移）。

前支腿伸缩立柱下部设有下横梁，下横梁

与横移台车连接,用于整机横移作业。下横梁配有两个隧道铺轨用前支腿支墩(仅仅在架桥机隧道内铺轨时用于临时支承,正常作业时不用),利用螺栓与下横梁连接。

考虑本机前支腿升降幅度需要(满足2%下坡及桥台作业),其最大伸缩量为4000 mm,伸缩立柱由3节伸缩套和钢销组成,通过各节立柱的搭接长度来调整前支腿的支承高度(最短搭接距离需保证上下钢销相距500 mm及以上)。前支腿最大收缩状态如图10-180所示。

(2) 辅助支腿

辅助支腿采用象鼻梁加平面构架的结构形式,由象鼻梁、上轴铰、上横梁、立柱系和下轴铰组成,如图10-181所示。支腿上部象鼻梁通过螺栓与主梁连接,下部通过下轴铰支承在桥墩(台)上。

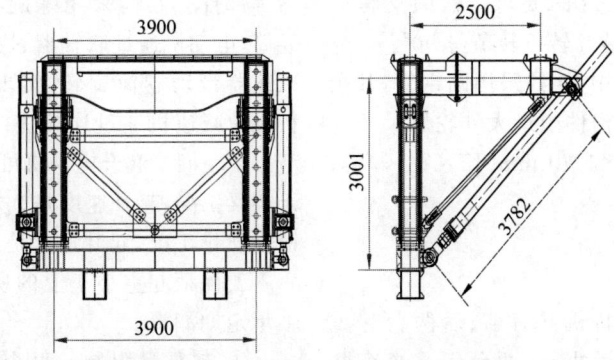

图 10-180　前支腿最大收缩状态示意图

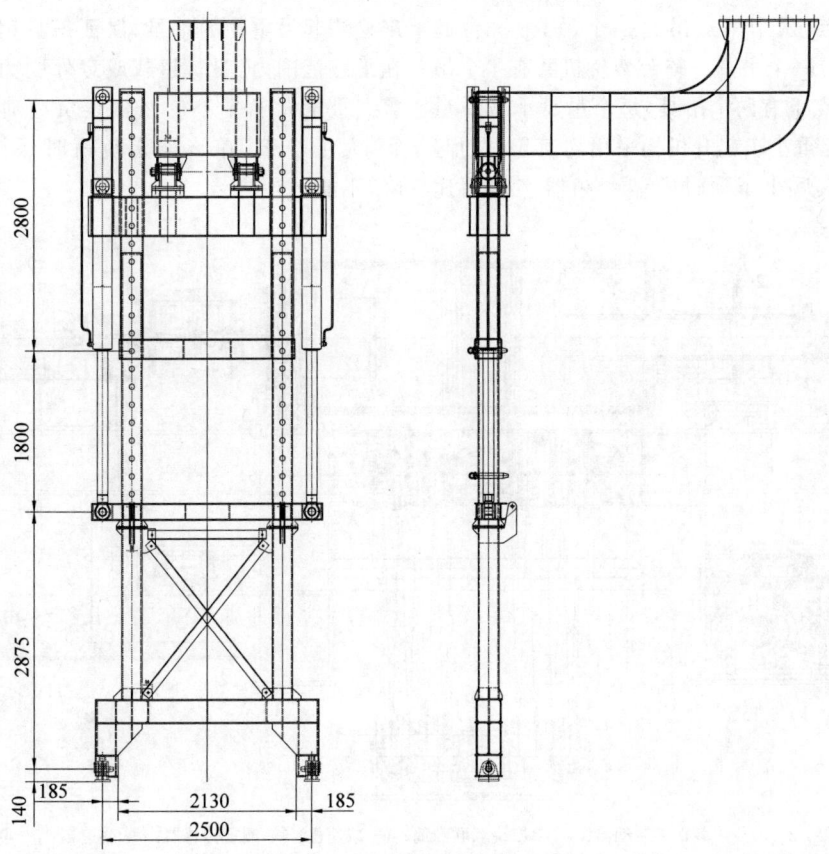

图 10-181　辅助支腿结构示意图

过孔时,前支腿和辅助支腿有一并拢工况,象鼻梁结构为前支腿上部构架驶入辅助支腿提供了所需的空间。为了消除过孔时主梁的挠度、越过桥墩垫石和防振块,同时适应不同高度梁型、不同纵坡及上桥台等工况的要求,立柱系设计成2节U形伸缩段通过钢销连接,外加一个折转节的形式,各U形伸缩段通过两侧的伸缩液压缸实现缩拢和伸开,使辅助支腿的高度满足各工况的要求。辅助支腿上桥台时,通过临时倒链翻转折转节呈90°。

辅助支腿结构件中,立柱采用圆钢管,其余构件采用箱形截面。构件中最大外轮廓尺寸为4120 mm×1790 mm×1270 mm(长×宽×高),单件最大质量2.4 t。

2)起升机构

(1)概述

JQJ180/32型架桥机共有前、后两台起重小车,分为前小车和后小车,两台起重小车联合起吊180 t的额定总质量。每台起重小车上有两个吊点,两个吊点吊起一个吊具,一台起重小车对应一个吊具。整台架桥机共有4个吊点,4个吊点下有两个吊具,每个吊具承载质量为90 t。起重小车起升机构采用均衡起吊的起升原理,前、后小车通过安装变频器实现调速和同步,避免前、后小车4个吊点横向起升差别对T梁梁体造成附加扭矩,保证梁体在吊装上升、下降落梁的过程中同步、平衡、平稳、安全运行。钢丝绳卷绕系统由卷筒、定滑轮组、动滑轮组、挠性钢丝绳组成,钢丝绳的直径为16 mm。起升机构如图10-182~图10-184所示。

每台起重小车具有两套独立的驱动装置,每套起升机构包括电动机、减速机、卷筒、制动器等部件。卷筒采用螺旋绳槽的单层绕双联卷筒,电动机通过联轴器、块式制动器、变速箱、减速器带动卷筒旋转,实现被吊重物的升降。行星轮减速机通过连接法兰内置于卷筒内腔,节省了空间。起升电动机可以变频调速,1挡用于架梁工况,起升速度是0.9 m/min;2挡用于铺设轨排工况,起升速度是1.5 m/min。

要保证起重小车上的所有连接螺栓可靠,轴承定期润滑。

① 起重量限制。每个卷扬座的下方有4个连接支座,每侧一个传感器轴(共两个),用来检测起吊重物的重量,保证吊具钢丝绳系统在承载范围内工作,超载或意外受力超标即报警。重量大于等于90%额定负荷时发出预报警,大于等于105%额定负荷时保护,只能下降,不能上升。

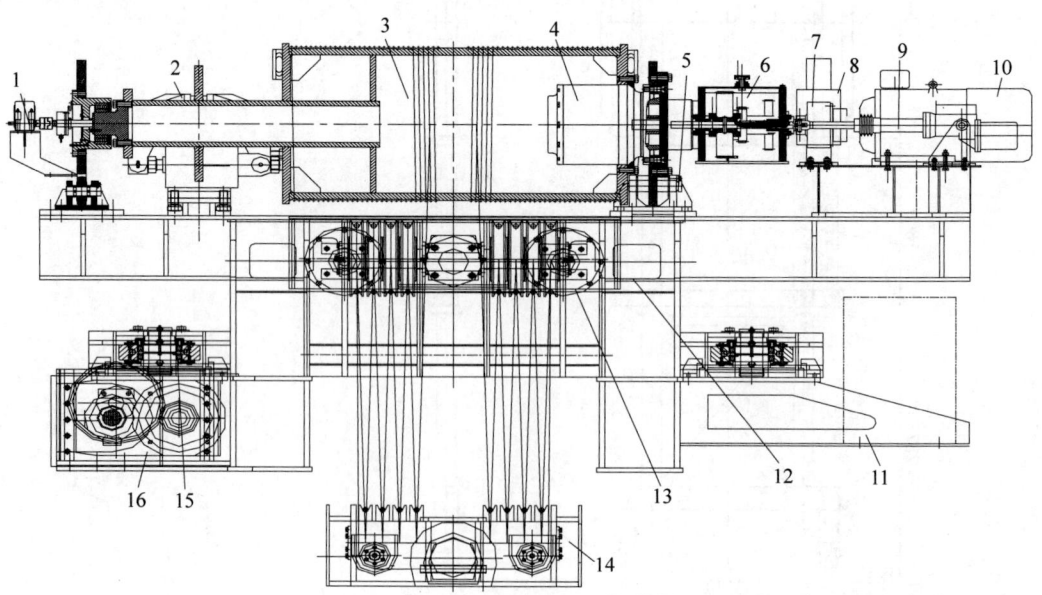

1—旋转编码器;2—液压失效保护制动器;3—单层绕双联卷筒;4—减速机;5—测重传感器;6—变速箱;7—联轴器;8—块式制动器;9—电动推杆;10—电动机;11—泵站;12—起重桁车;13—定滑轮组;14—吊具;15—水平轮组;16—传动机构。

图10-182 起升机构正面图

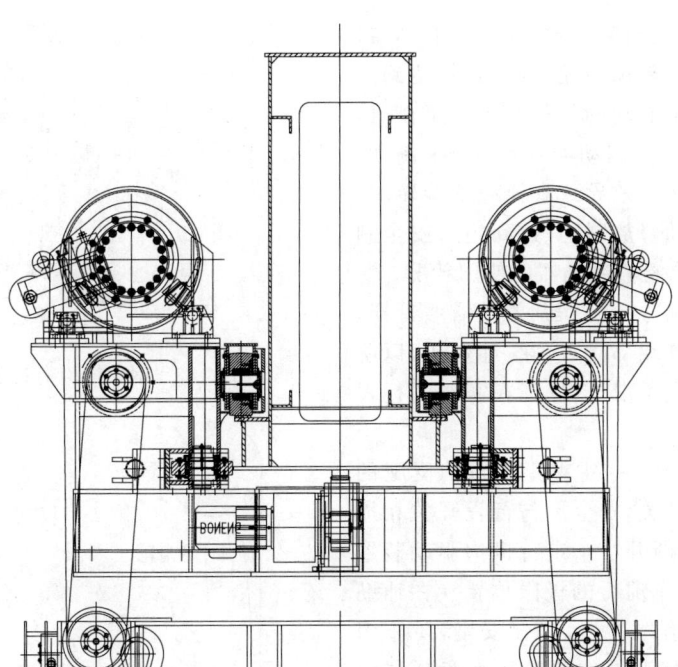

图 10-183　起升机构侧面图

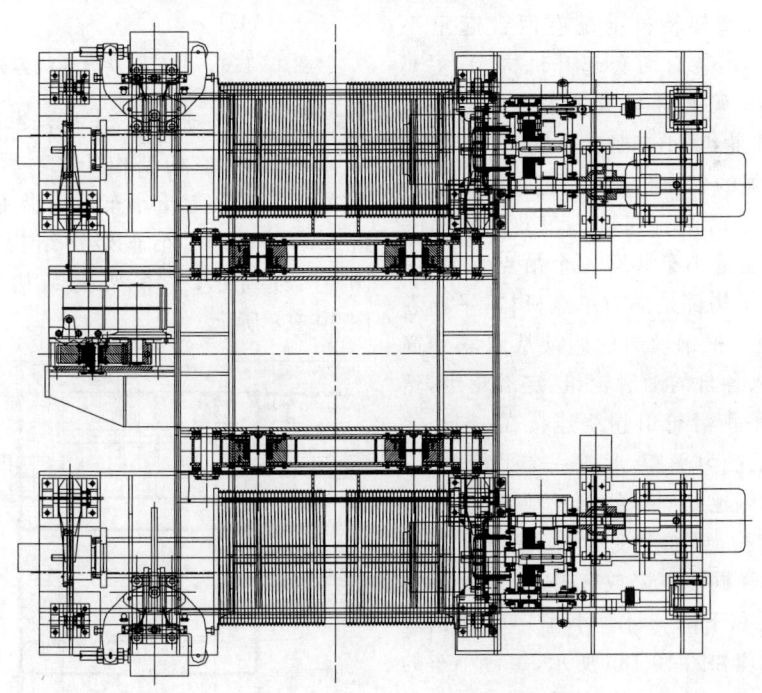

图 10-184　起升机构平面投影图

② 起升高度限制。卷扬机的另一端有旋转编码器,通过卷筒的旋转来检测被吊重物的起升高度,防止由误操作造成重物与结构在起升中相碰撞引起事故。

③ 安全制动。为了保证起升机构工作的安全可靠性,起升机构设双制动装置,在传动

装置的高速端(变速箱输入轴)设块式制动器，低速端(卷筒)设失效保护盘式制动器，达到工作制动和超速安全制动的目的。正常工作时，盘式制动器相对块式制动器延迟0.4 s制动；当卷扬机传动机构失效导致卷筒超速旋转时，盘式制动器会自动释放制动，达到超速安全制动的目的。要经常检查制动器的使用状况。

④ 后行程限制。在主梁后端装有缓冲器，起重小车在运行到端部时起到缓冲作用，以防起重小车运行从主梁滑下，保证在需要的行程内安全运行。

⑤ 前行程限制。在主梁上靠近前支腿的位置安装有限位开关，安全尺与行程开关相撞后行程开关动作，断开小车走行机构驱动装置电源，从而控制小车前行的极限位置。在辅助支腿附近也安装有缓冲器，确保安全，防止因误操作或者特殊情况导致的起重小车越位而导致的危险。

(2) 起重小车的组成及主要功能

JQJ180/32型架桥机上配有两台起重小车，每台起重小车装有两套起升机构，其主要组成部分是小车架钢结构、定滑轮组、卷扬机、导向滑轮、水平轮组、小车驱动系统等。

(3) 钢丝绳的卷绕方式及原理

架桥机作业时两台起重小车共同抬吊一榀T梁，两台起重小车共有4个吊点。前、后小车上的起升机构都是平衡吊点机构，平衡卷绕穿绳方法是一根钢丝绳的两端从双联卷筒两侧出来，进入各自的动滑轮组、定滑轮组，然后通过左、右平衡滑轮组卷绕连接在一起，使左、右滑轮组的受力平衡，形成一个平衡吊点；而小车的对称侧也是同样的布置和缠绕方式，因为同样的结构，再加上变频器，保证同一台小车上的钢丝绳同步下降或起升，从而保证吊具的平衡起升和下降。每台小车一侧的钢丝绳均衡卷绕原理如图10-185所示，每台小车的钢丝绳卷绕方式如图10-186所示。

(4) 小车架钢结构

小车架钢结构是由连接构架、定滑轮架、起升走行均衡架、起升走行固定架等结构组成的箱形结构或框架结构，主要用来支承安装定

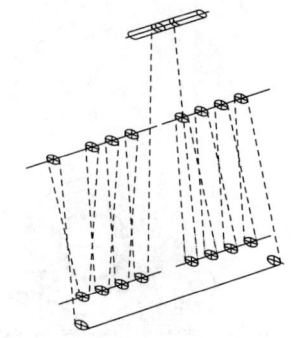

图10-185 钢丝绳均衡卷绕方式示意图

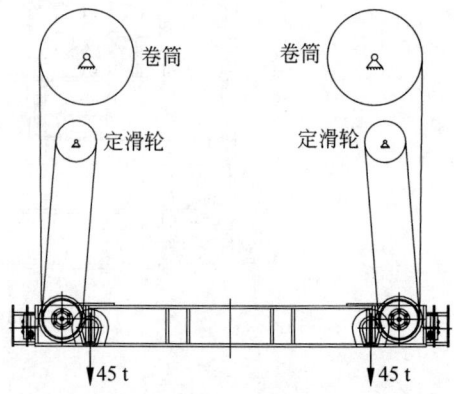

图10-186 小车钢丝绳卷绕方式示意图

滑轮组、走行传动系统、走行台车、卷扬机构等的安装平台。它的结构几乎对称地安装于单主梁的两侧，使起重小车可以沿主梁正下方的齿条纵向移动。小车架钢结构平面布置如图10-187所示，小车架钢结构正面布置如图10-188所示。

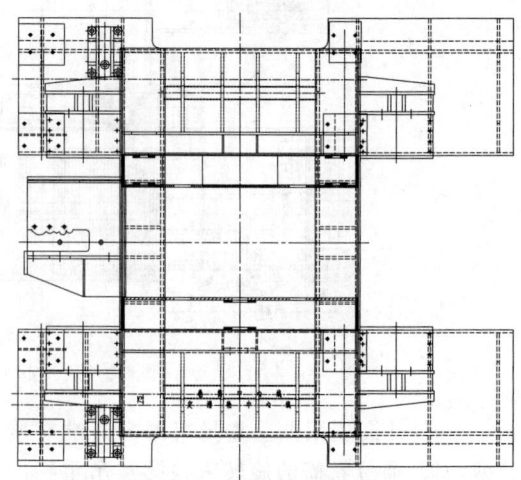

图10-187 小车架钢结构平面布置示意图

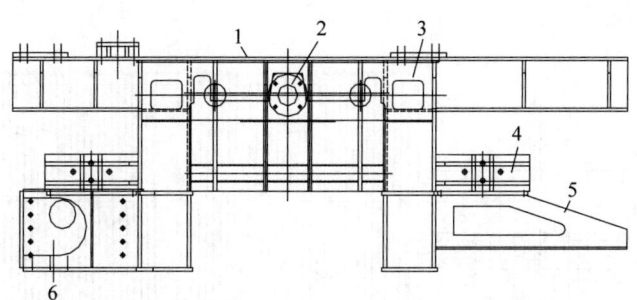

1—卷筒组安装座；2—桁车架；3—定滑轮组架；4—水平轮组安装座；5—泵站座；6—传动机构安装座。

图 10-188　小车架钢结构正面布置示意图

(5) 定滑轮组

每台起重小车上装有 4 组定滑轮组，每组上的 4 个滑轮串联在一根轴上，滑轮组由轴承、定滑轮轴、滑轮(4 个)、护绳轴、注油管等组成，如图 10-189 所示。定滑轮组和动滑轮组完全相同。便于制造、维护、使用。4 组定滑轮组前后、左右两两对称布置，每组组装后安装到小车架钢结构上的定滑轮架上。动滑轮组安装在吊具上，每个吊具上 4 组，前后、左右两两对称布置。

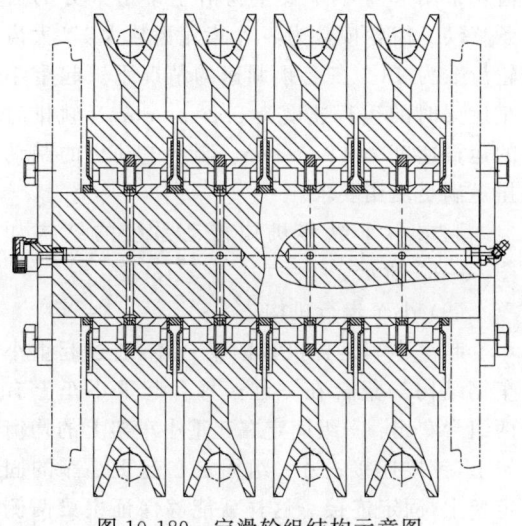

图 10-189　定滑轮组结构示意图

(6) 起升卷扬机构

前、后两台起重小车安装有 4 套起升卷扬机构。每台小车上两台，对称放置。卷扬机构由电动机驱动联轴器、变速箱，带动内置行星轮减速器，驱动绕有钢丝绳的卷筒，只要控制电动机正反转，就可以实现 T 梁的起升下降。

图 10-190、图 10-191 分别为起升卷扬机构正面和平面图。

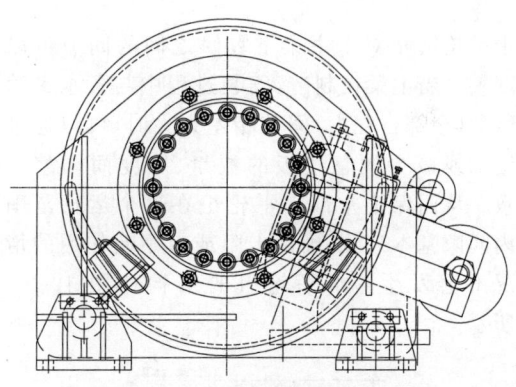

图 10-190　起升卷扬机构正面图

卷扬机卷筒上有螺旋绳槽，起到有规律排绳的效果。两个小车上卷筒绳槽旋向是对称制造安装的，同一个双联卷筒的两侧的绳槽旋向也是对称的。一个双联卷筒容绳量是 142 m，共 4 根。

起升系统滑轮组倍率为 9×4。电动机型号为 YZP160S-6-7.5 kW，4 台。减速机型号为 QJC360-233C-03(尾座 MZ-17)，4 台。块式制动器型号为 YWZ8-200/E30，4 台。盘式制动器型号为 ST3SH-A，4 台。钢丝绳规格为 $6 \times 31WS+FC$-16-1770-I-光-右交。钢丝绳要经常检查。

(7) 水平轮组

水平轮组起导向作用并可以减小运行阻力。其焊接、安装在小车架钢结构上，每台小车上 4 组，两两对称布置，保证小车能够沿主梁前行，不致发生太大的偏斜运行。同时这 4 组

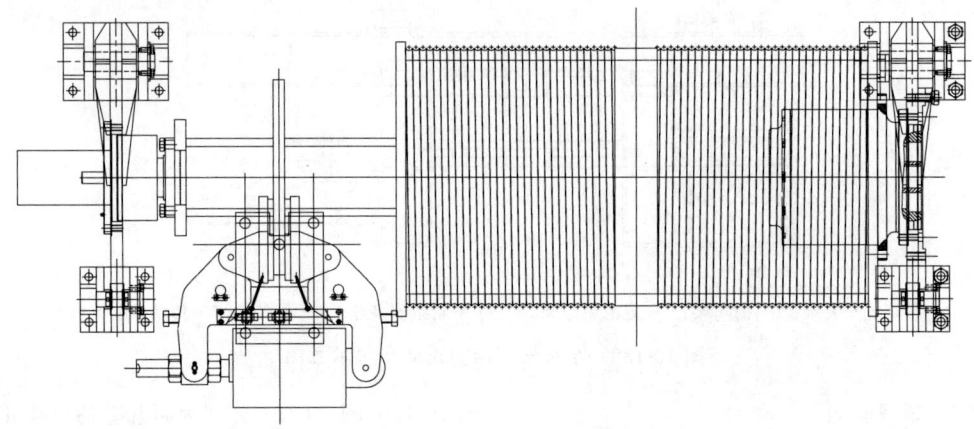

图 10-191 起升卷扬机构平面图

水平轮组相对于主梁下翼缘之间的间隙可以调整。当主梁在制造、安装过程中与各水平轮组的(全部行程内)间隙相差太大时,可以通过增加或减少调整垫板的数量、厚度而调整一致。从而保证全部水平轮组在这个运行范围内间隙基本一致,确保卡阻或者不起作用的情况不会发生。水平轮组的结构如图 10-192 所示。

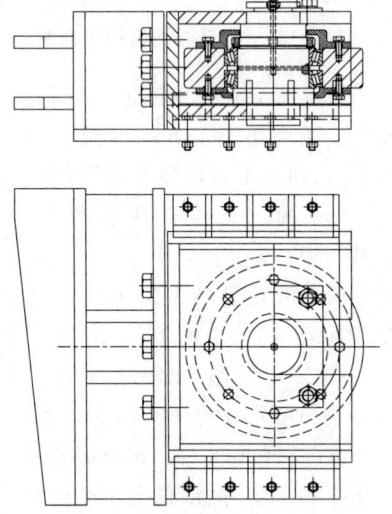

图 10-192 水平轮组结构示意图

(8) 小车纵移机构传动系统

起重小车传动机构是起重小车前、后移动的动力系统,安装固定在小车架钢结构的中间,由三合一减速制动电动机、大小啮合齿轮、大齿轮啮合主梁上的齿条实现起重小车的移动,通过电动机的正反转实现前行或者后移。

每台起重小车上有一套传动机构。每套传动机构有一台电动机,型号为 YEJ132S-5.5 kW-4P;一台减速机,型号为 FF87-55.1-V1-A。减速电动机驱动小齿轮,小齿轮驱动大齿轮,大齿轮带动起重小车及重物沿主梁正下方的齿条移动。齿轮模数为 8,小齿轮齿数为 17,大齿轮齿数为 43。在变频调速的情况下。起重小车运梁时的运行速度为 5.2 m/min,运轨排时的运行速度为 11 m/min。制动电动机的制动扭矩满足使用要求。

起重小车纵移机构传动系统的结构如图 10-193 所示。

(9) 小车走行机构

起重小车是各机构的集合体,通过起重小车钢结构架集合在一起。每台起重小车上有两组台车组:一组固定在起重小车架上的均衡架上,铰接连接;另一组固定在起重小车的固定架上,固定连接。这样就能够保证主梁两侧的 4 个车轮同时和主梁的耳梁轨道接触,保证各轮受力均衡,从而带动起重小车架及其上的重物沿主梁耳梁轨道移动。

台车组相对于均衡架、耳梁的轨道间隙可以调整,便于在现场安装使用过程中的灵活调整,从而保证运行平稳可靠。台车架与小车架结构的连接便于维护和检修。

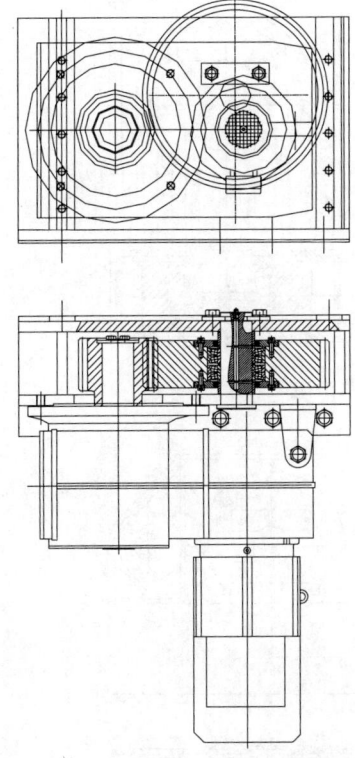

图 10-193　起重小车纵移机构传动系统结构示意图

台车组由台车架、车轮轴系组等组成。车轮直径 300 mm，全部为从动车轮组。固定转轴提高了使用寿命。图 10-194、图 10-195 分别为均衡台车组和固定台车组的正面及平面图。

(10) 吊具

吊具主要由吊具结构、动滑轮组、均衡滑轮组、吊耳等组成，如图 10-196 所示。此吊具的最大特点是均衡滑轮在吊具的两端而不是在起重小车上。通过均衡滑轮可以使双联卷筒的两根钢丝绳受力均衡并保持同步，从而使吊具在工作中始终保持良好的受力状态，与起重小车上的定滑轮组相对应，每个吊具上装有 4 组动滑轮组，每个动滑轮组上有 4 个动滑轮，动滑轮与定滑轮一样为轧制焊接滑轮。

3) 走行机构

(1) 技术性能

主机走行机构指后车走行机构（纵向走行机构），由 4 个台车、4 台减速器及电动机和轨道梁组成。针对桥面是否铺设临时轨排的不确定情况，该架桥机配有两种走行台车：一种台车用于铺轨作业工况，即架梁过程中桥面上要铺上临时轨排，这时的轨距为 1508 mm；另一种台车用于不铺轨作业工况，即架梁过程中桥面上不铺临时轨排，只放置简易钢轨（没有枕木等），这时的轨距为 2200 mm。大车台车走行轨道采用的钢轨型号为 QU120。

主机走行机构的台车通过螺栓与轨道梁的牛腿对称相连配置，法兰安装在有两个位置，分别对应两种轨距。后车走行机构台车采用斜齿轮-螺旋锥齿轮减速机分别驱动。后车制动转矩由减速机制动电动机提供。

(2) 大车轮胎走行机构

大车轮胎走行机构的每个走行轮都是主动轮。每个轮胎的轮毂上都安装有从动的大链轮，驱动减速机安装在机架的两侧，减速机输出轴安装主动小链轮，通过链条传递运动和扭矩，带动走行轮运行。走行机构制动靠减速电动机制动器来提供制动力，整机过孔时要在已加孔梁端用木楔做死挡固定，以阻止走行机构误操作时出现的失误。驱动机构的布置如图 10-197 所示。

4) 前支腿顶部支承导向走行机构

前支腿传动机构由支承轮组、压轮组、水平轮组、反压轮组、反压弯梁、连接横梁、均衡梁等组成。

(1) 支承轮组

箱形主梁下有前、后两个支承轮组。车轮直径 400 mm，需承载 85 tf 的最大载荷。在过孔和提梁落梁过程时，支承轮组对主梁及其梁上载荷起支承导向作用。所以各轮与主梁在相对运动过程中，要保证是滚动摩擦而非滑动摩擦，保证车轮灵活转动，以防卡死引起事故。轴承要定期润滑。支承轮组和压轮组不能同时与轨道接触。

(2) 压轮组

箱形主梁上有 4 个压轮组，压在箱形主梁的两侧耳梁上，每侧两个，其中包括一个驱动压轮组和一个从动压轮组。每个压轮组需要承受 30 tf 的力，车轮直径 300 mm。在过孔、变

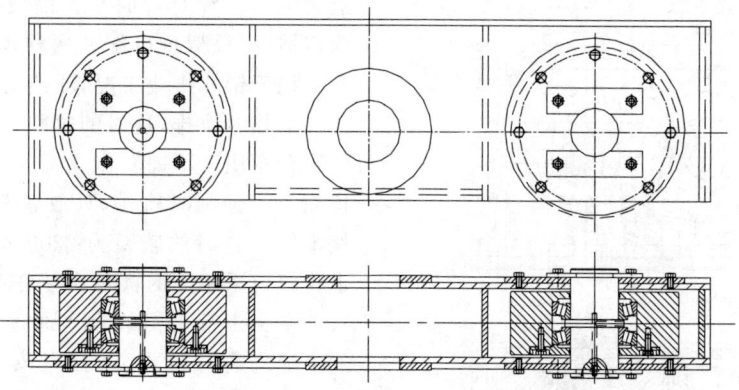

图 10-194 均衡台车组正面及平面图

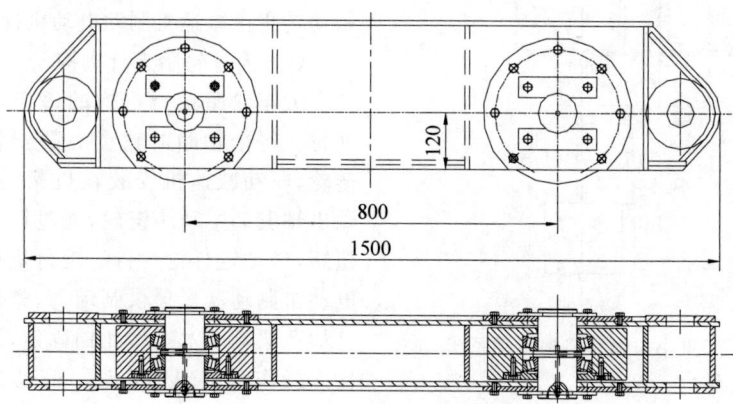

图 10-195 固定台车组正面及平面图

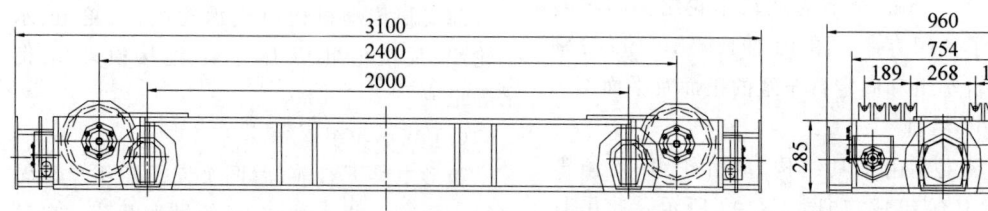

图 10-196 吊具总成图

跨时，驱动压轮组可以带动前支腿相对主梁运动到达预定位置。各压轮同时起反压、导向作用，在与主梁相对运动过程中，要保证车轮始终灵活转动，以防卡死引起事故。同时要保证其上的连接螺栓可靠，轴承定期润滑。

(3) 水平轮组

箱形主梁上有 4 个水平轮组，水平轮压在箱形主梁的下翼板上，主梁每侧各两个。每个水平轮组需要承受 20 tf 的力。车轮直径 300 mm，它在前支腿与主梁相对运动过程中起导向作用，防止主梁侧向摆动过大。所以各轮与主梁在相对运动过程中，要保证车轮始终保持灵活转动，并与主梁的间隙在行程范围内基本一致，以防卡死引起事故。同时要保证其上的连接螺栓可靠，轴承定期润滑。

(4) 反压轮组

反压轮组压在前支腿钢结构四方框架的耳梁上，两侧各一个。每个反压轮需要承受 30 tf 的力。车轮直径 300 mm，它在主梁沿滑道横移运动过程中起导向作用，同时防止主梁

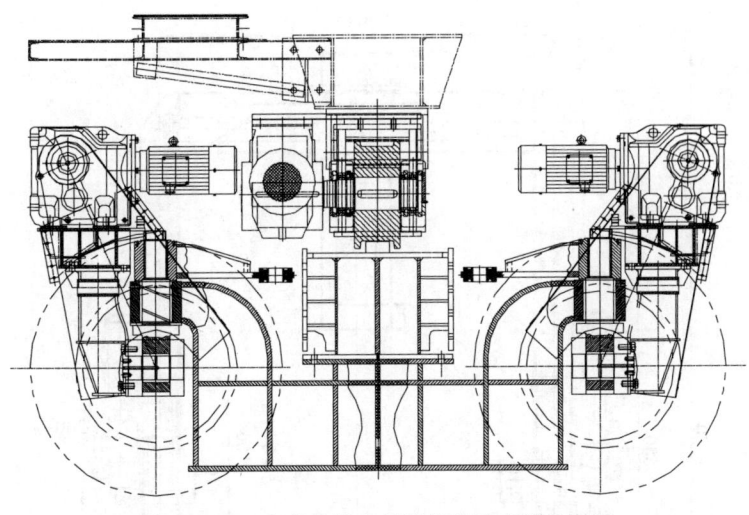

图 10-197　大车轮胎走行机构驱动布置示意图

与钢结构脱离。所以各轮与主梁在相对横移运动过程中，要保证车轮始终保持灵活转动，以防卡死引起事故。同时要保证其上的连接螺栓可靠，轴承定期润滑。反压轮组与轨道在行程内要保证有 5 mm 的间隙。

（5）反压弯梁

反压弯梁压在前支腿钢结构四方框架的耳梁上，两侧各一个。每个反压弯梁需要承受 30 tf 的力。它在主梁沿滑道横移运动过程中，防止主梁与钢结构脱离，起连接保护作用。要保证其上的连接螺栓可靠。反压弯梁与轨道在行程内要保证有 5 mm 的间隙。

（6）连接横梁

箱形主梁下有一连接横梁，用来保证前、后支承轮组的相对位置。在过孔过程中，连接横梁将前后支承轮组及其钢结构连接为一个刚性平台，保证主梁在其滚轮上平稳地平移，要保证其上的连接螺栓可靠。

（7）均衡横梁

为了保证架桥机在非正式架梁的路面上正常运行，需要适应常规路面的工况，所以在两个从动压轮组设有均衡装置，保证各轮在带动前支腿前行时，都能始终与主梁耳梁接触，正常驱动，要保证其上的销轴连接可靠。

5）架桥机液压系统及机构

（1）后支腿顶升、横移、支承机构的原理与构成

后支腿顶升、横移、支承机构的结构如图 10-198 所示，其液压系统原理如图 10-199 所示。

（2）前支腿液压顶升、插销、横移机构

① 前支腿液压顶升、插销机构。如图 10-200 所示，该机构在后车走行机构驱动架桥机过孔前和支承架桥机架梁前，通过前支腿主立柱和斜撑杆的伸缩，可以满足 2% 纵坡架设作业和最后一孔梁的架设作业。通过前支腿液压顶升机构，可以更方便地使前支腿抬起与已架梁端桥墩离开并能前行到辅助支腿支顶的桥墩上，顺利支承前支腿，使架桥机进入架梁状态。

② 横移机构。前支腿设液压横移机构，如图 10-201 所示，此机构设置在前支腿上横梁与前支腿变跨支承导向机构之间，前支腿横移液压缸安装在前支腿变跨支承导向机构的连接横梁上，活塞杆耳环装在上横梁的连接梁上，由一支液压缸驱动前支腿变跨支承导向机构相对前支腿上横梁相对横移，前支腿变跨支承导向机构与主梁横向是轨道接触，因而带动主梁相对前支腿横向移动。

前支腿横移液压系统原理如图 10-202 所示。

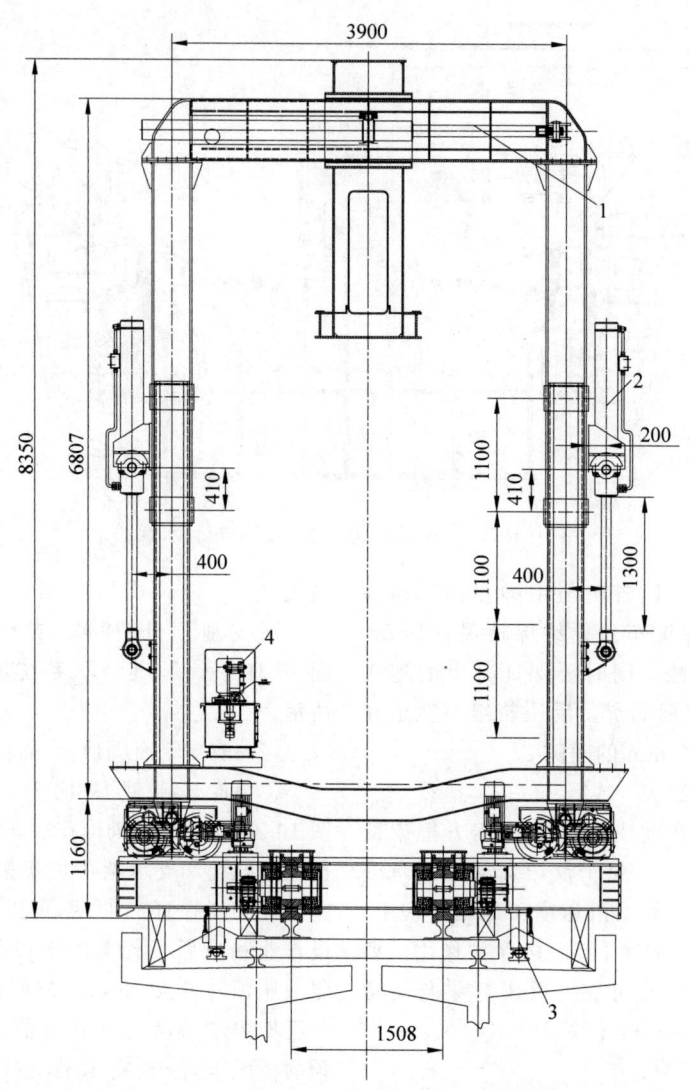

1—后支腿横移液压缸；2—后支腿顶升液压缸；3—后支腿支承液压缸；4—泵站。

图 10-198　后支腿顶升、横移、支承机构结构示意图

（3）辅助支腿顶升机构

辅助支腿设顶升液压机构如图 10-203 所示，该机构可以在后车走行机构驱动架桥机过孔时，调整辅助支腿的高度，使之越过桥墩垫石和防振块。辅助支腿到达墩顶支顶位置时，还需调整架桥机的辅助支腿支承状态，使架桥机前腿抬起脱离桥墩并前行到辅助支腿支顶的桥墩上，协助好前支腿，使架桥机进入架梁状态。辅助支腿顶升液压系统原理图如图 10-204 所示。

6）电气系统

（1）电源

电气系统采用 TN-C 方式（三相四线制）供电方式，电压等级为 380 V/220 V，由架桥机自备 150 kW 发电机供电，电路具有过电流、过电压与欠电压保护功能，由 PLC 自动控制。

（2）动力分布

① 卷扬机由 4 台功率为 7.5 kW 电动机驱动，每台卷扬机除配置有高速端制动器外，还配置有 1.5 kW 电动机驱动的低速端制动器。

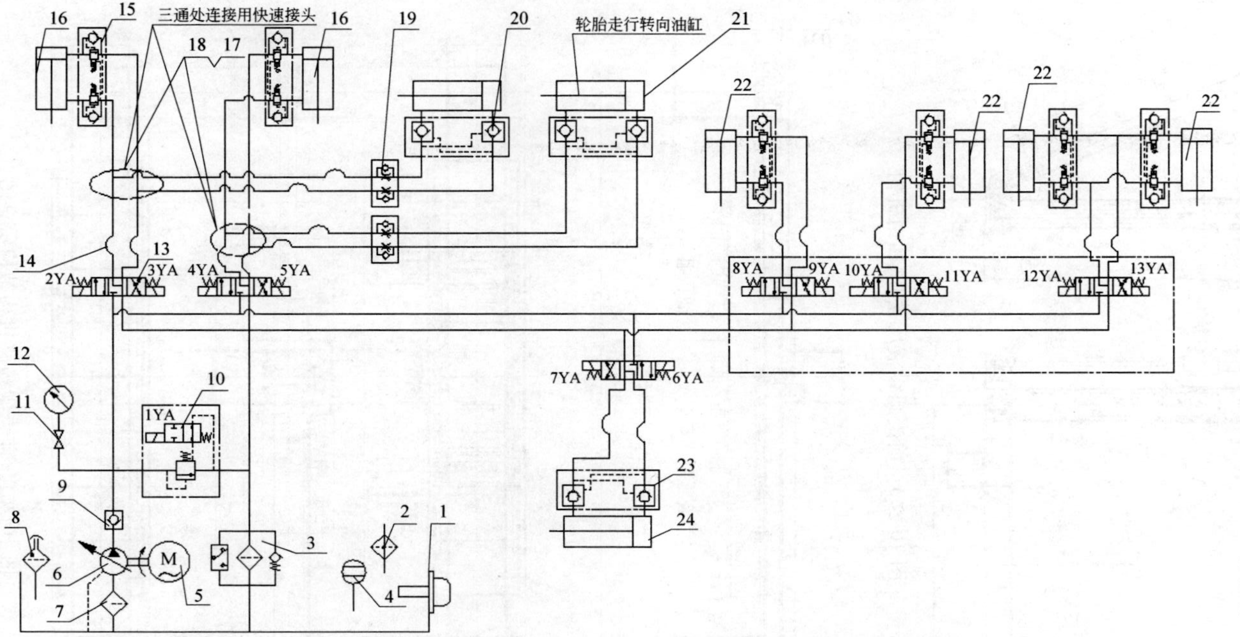

动作名称	发讯元件		电磁铁												
	1NA	2NA	1YA	2YA	3YA	4YA	5YA	6YA	7YA	8YA	9YA	10YA	11YA	12YA	13YA
电动机启动	+														
后支腿同步顶升			+	+		+									
后支腿同步下降			+		+		+								
保压															
左侧后支腿顶升			+	+											
右侧后支腿顶升			+			+									
保压															
左侧后支腿下降			+		+										
右侧后支腿下降			+				+								
保压															
后支腿向左横移			+					+							
后支腿向右横移			+						+						
保压															
横梁同步顶升			+								+		+		+
横梁同步下降			+							+		+		+	
左侧横梁单独顶升			+								+				+
右侧横梁单独顶升			+												+
左侧横梁单独下降			+							+				+	
右侧横梁单独下降			+											+	
保压															
电动机停止		+													

1NA、2NA—电机起动和停止开关

1YA、2YA、3YA、4YA、5YA、6YA、7YA、8YA、9YA、10YA、11YA、12YA、13YA—电磁铁，输入开关信号

1—油箱；2—加热器；3—回油过滤器；4—油位油温剂；5—电动机；6—轴向柱塞泵；7—吸油滤油器；8—空气滤清器；9—单向阀；10—电磁溢流阀；11—压力表开关；12—耐震压力表；13—电磁换向阀；14—胶管；15—双向平衡阀；16—后支腿顶升液压缸；17—截止阀；18—快速接头；19—节流调速阀；20—双向液控单向阀；21—轮胎走行转向液压缸；22—轨道梁支承液压缸；23—双向液控单向阀；24—后支腿横移液压缸。

图 10-199 后支腿顶升、横移、支承机构液压系统原理示意图

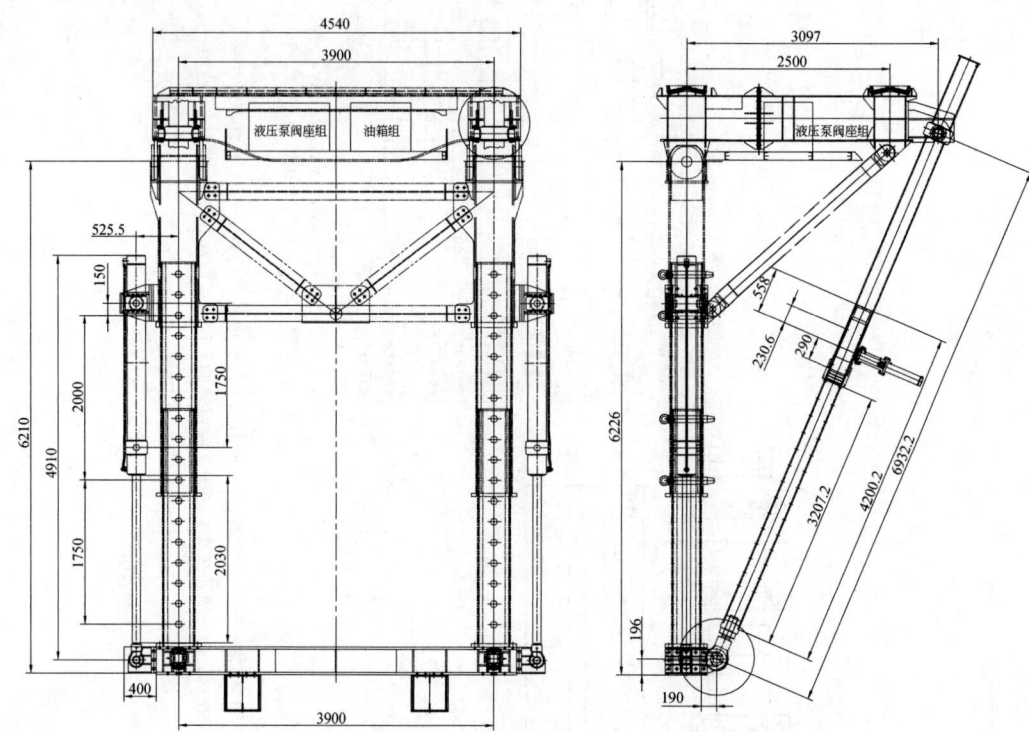

图 10-200　前支腿设液压顶升、插销机构

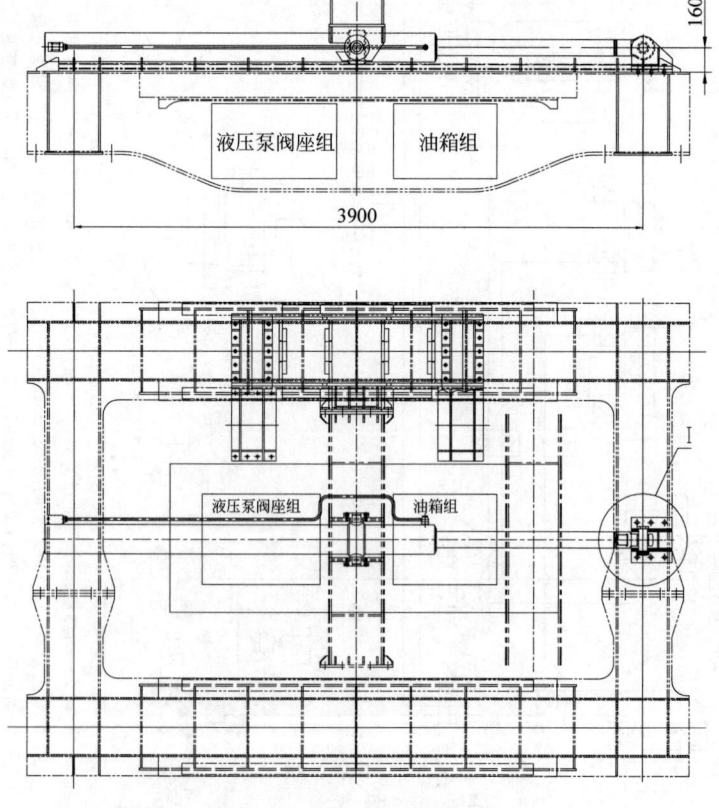

图 10-201　前支腿横移机构结构示意图

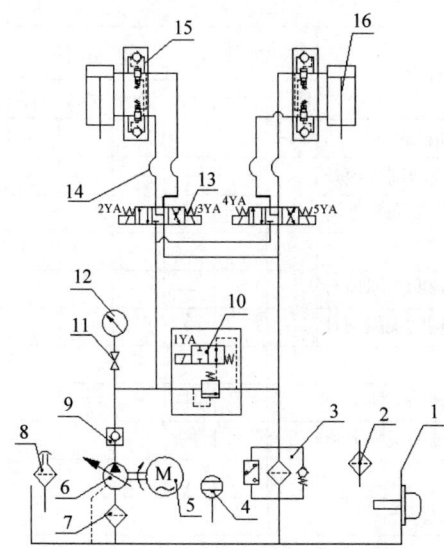

动作名称	发讯元件		电磁铁				
	1NA	2NA	1YA	2YA	3YA	4YA	5YA
电动机启动	+						
辅助支腿同步顶升				+	+	+	
辅助支腿同步下降				+		+	+
保压							
左侧辅助支腿顶升				+	+		
右侧辅助支腿顶升				+		+	
保压							
左侧辅助支腿下降				+		+	
右侧辅助支腿下降				+			+
保压							
电动机停止		+					

1NA、2NA—电动机启动和停止开关
1YA、2YA、3YA、4YA、5YA—电磁铁，输入开关信号

1—油箱；2—加热器；3—回油过滤器；4—油位油温剂；5—电动机；6—轴向柱塞泵；7—吸油滤油器；8—空气滤清器；9—单向阀；10—电磁溢流阀；11—压力表开关；12—耐震压力表；13—电磁换向阀；14—胶管；15—双向平衡阀；16—辅助支腿顶升液压缸。

图 10-202　前支腿横移液压系统原理示意图

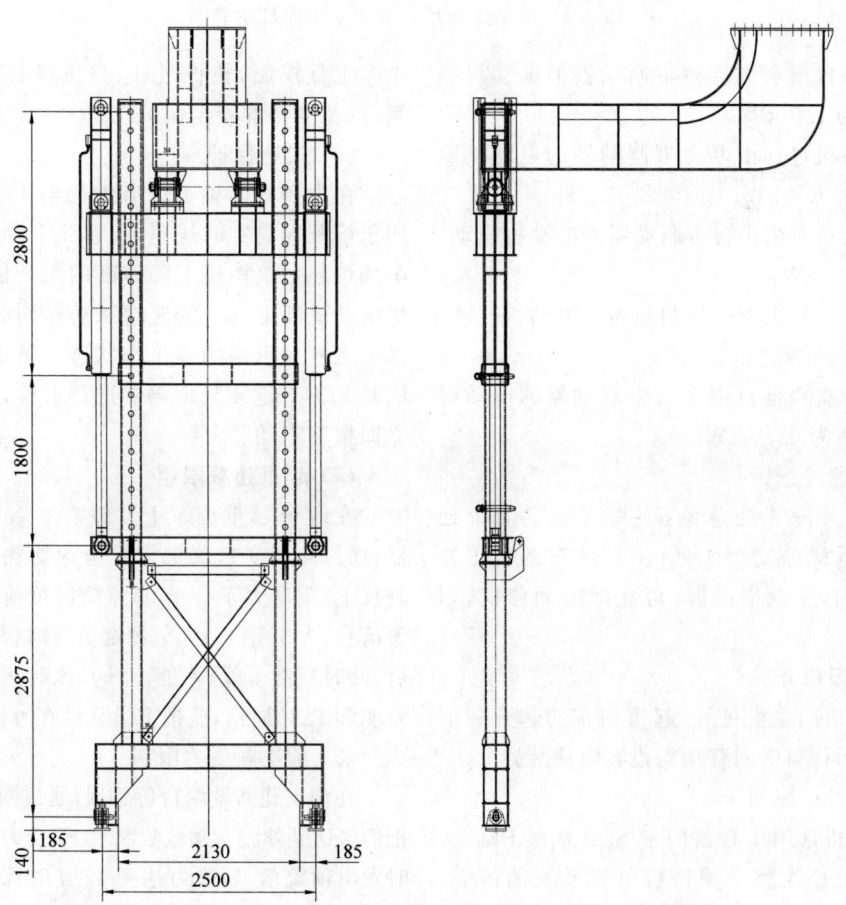

图 10-203　辅助支腿顶升机构

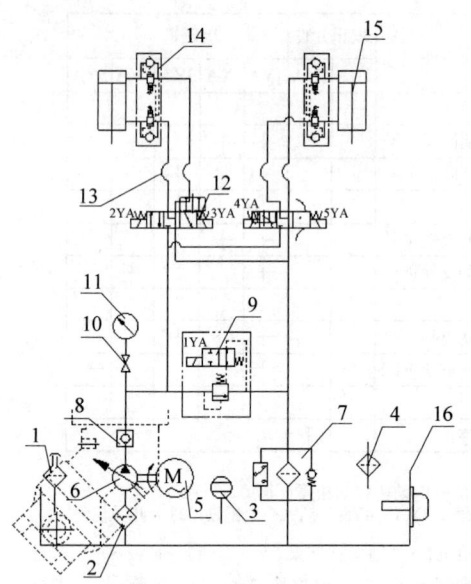

动作名称	发讯元件		电磁铁				
	1NA	2NA	1YA	2YA	3YA	4YA	5YA
电动机启动	+						
辅助支腿同步顶升			+	+		+	
辅助支腿同步下降				+	+		+
保压							
左侧辅助支腿顶升			+			+	
右侧辅助支腿顶升			+				+
保压							
左侧辅助支腿下降				+	+		
右侧辅助支腿下降				+			+
保压							
电动机停止		+					

1NA、2NA—电动机启动和停止开关
1YA、2YA、3YA、4YA、5YA—电磁铁，输入开关信号

1—空气滤清器；2—吸油滤油器；3—油位油温机；4—加热器；5—电动机；6—轴向柱塞泵；7—回油过滤器；8—单向阀；9—电磁溢流阀；10—压力开关表；11—耐震压力表；12—电磁换向阀；13—胶管；14—双向平衡阀；15—辅助支腿顶升液压缸；16—油箱。

图 10-204　辅助支腿顶升液压系统原理示意图

② 整机横移由 4 台带制动器的电动机驱动，功率为 1.5 kW。

③ 整机过孔由 8 台带制动器的电动机驱动，功率为 1.5 kW。

④ 前小车由 1 台带制动器的电动机驱动，功率为 5.5 kW。

⑤ 后小车由 1 台带制动器的电动机驱动，功率为 5.5 kW。

⑥ 前支腿走行由 2 台带制动器的电动机驱动，功率为 0.75 kW。

(3) 急停按钮

本机共设 3 处急停按钮，驾驶室内 1 处 (S3)，架桥机前支腿 1 处 (S1)，中车部位 1 处 (S2)。遇有紧急情况时，可立即按动停机，切断总电源。

(4) 限位开关

架桥机的主机过孔、起重桁车的起升和下降、纵向运行与横向移动均设置限位装置。

(5) PLC 控制

架桥机选用 1 台西门子 S7-200 型 PLC 实现控制，PLC 为整个架桥机电气系统的核心，它负责 4 台卷扬机起升和下降控制，前小车、后小车走行控制，整机过孔、整机横移和变跨控制，以及全部的安全保护控制。

(6) 失速保护

在卷扬机筒轴上设有编码器 PG1～PG4，用于检测卷筒实时线速，当卷筒下降速度在各个挡位超过该挡位下降速度的 1.2 倍时，卷扬机电动机断电，高、低速端制动器同时动作，触摸屏上能显示编码器工作状态。每次开机时，PLC 均需对这 4 只编码器进行自检，发现故障立即报警拒动。

(7) 起重超载限制

在两台起重小车上共设有 4 台超载传感器，通过 4 台变送仪把信号送到驾驶室超载限制仪上，重量大于等于 95% 额定负荷时发出预警信号，大于等于 105% 额定负荷时保护动作开启，此时只能下降、不能上升。该起重超载限制器能和 PLC 通信，能把重量显示在触摸屏上。

(8) 前支腿受力限制

在前支腿共设两台传感器，通过两台变送仪把信号送到驾驶室超载限制仪上，受力达到 10 tf 时发出预警信号，受力达到 12 tf 时保护动作开启，此时整机只能后退、不能前进。该受力限制器能和PLC通信,能把重量显示在触摸屏上。

(9) 起重系统

两台小车的供电采用 I 型悬挂轨道,用滑车悬挂牵引的运行方式。在卷扬机传动机构的低速端设有一台碟刹保护制动器。在正常工作上闸时,低速端比高速端延迟1～2 s工作。当卷筒转速超过设定值时,高低速制动器同时上闸。

(10) 风速报警

风速报警器可以随时显示风速情况,当风速达到设定值时能自动切断总电源。

(11) 照明

该机共设有 8 处 400 W/220 V 的照明灯,前小车和后小车各两处,前支腿和后端部各两处,中车处、驾驶室内设 40 W 照明灯,驾驶室操作台设 220 V 插座,电控柜内设 2×20 W 日光灯,便于检修。

(12) 电器柜布置

配电中心设在主梁后部发电机平台上,PLC 控制柜1个、起重变频器柜2个、变频器走行控制柜1个,电阻柜放在大梁箱梁内部的尾部;前、后小车上分别放置1个分线箱;在后支腿放置1个泵站控制箱、1个过孔走行接线箱和1个喂梁插座箱;在前支腿放置1个泵站控制箱、1个前支腿走行接线箱;辅助支腿放置1个泵站控制箱、1个前横移接线箱;驾驶室设在后支腿右侧,操作台、超载限制器、触摸屏安置在其中。

(13) 泵站布置

架桥机共设 3 个泵站,辅助支腿设 1 个,承担辅助支腿的升降;前支腿设 1 个,承担前腿的升降;后支腿设 1 个,承担后支腿的升降。前支腿、辅助支腿和后支腿的泵站本地用按钮盒控制。

4. 施工作业程序

1) 架桥机作业程序

(1) 架梁作业准备

架桥机架梁作业前必须做好人员分工,责任明确并落实到个人,每次作业以前做好班前检查,检查项目如下:

① 检查架桥机主机、起重小车的安装调试状况,检查走行减速机的安装调试状况,走行减速机的制动器要调整好间隙,保证打开和释放的良好制动效果;查看空载运行时主机、小车走行的平稳度、轮缘距钢轨的间隙、变频调速情况等。

② 检查起升机构传动装置安装状态,包括电动机、减速机、制动轮联轴器、制动轮、电力液压块式制动器、液压失效保护制动器、卷筒、大小齿轮的安装和配合;调整好电力液压块式制动器、液压失效保护制动器间隙,保证打开和释放的良好制动效果;确认起升机构传动装置有无异常声响。

③ 检查钢丝绳在卷筒上的卷绕排绳状况,查看卷筒下绳与结构之间的间隙;查看钢丝绳在动、定滑轮绳槽中的卷绕情况,保证钢丝绳都在护绳轴之内,不能跳槽;检查钢丝绳夹的数量、质量、夹紧程度;检查钢索绳有无断丝、打搅、断股情况。如有不良状况,需及时进行处理。

④ 检查吊具的安装调试状况,查看纵摆吊梁、吊梁之间的连接状况,确保连接可靠;检查吊具、滑轮组座板有无变形、裂缝。

⑤ 检查各类限位器、行程开关是否准确可靠,缓冲器、死挡是否牢固可靠;检查主机待架状态,主机走行轨道前、后端是否安装了限位卡轨器。

⑥ 架桥机处于待架状态时,检查前支腿的支承状态是否垂直(倾斜度小于等于1/150)、前支腿支垫是否可靠。

⑦ 检查液压泵站的状态,检查液压系统油面高度是否符合要求。空载运行泵站,检查系统压力,检查液压件密封是否可靠,严禁漏油;检查电磁换向阀是否灵敏,检查油路是否阻塞,空载试验液压执行机构的动作,有异常状况及时进行处理。

⑧ 检查发动机(使用随机发电机组的话)工作是否正常,机油油位是否正常,各连接部位是否松动,冷却系统、空气滤清器是否正常,各仪表指示是否正确;柴油机燃油系统是否有泄漏、松动,燃油量是否足够;发电机蓄电池液面高度和比重是否符合规定;发电机、电压调节器、启动机等各接头和连接线路是否良好。

⑨ 检查照明、警示系统工作是否正常,随机工具及附件是否齐全。

⑩ 整机进行一次全面润滑检查。

确保上述各项检查无问题正常后,方可进行重载起吊。

(2) 架梁作业原则

① 架桥机的最大工作风力为 6 级风,当架桥机的风速仪发出警报时,应立即采取措施将梁体临时放置妥当,暂停作业。

② 原则上在超过 5 级风或中雨天气下不进行吊梁作业。但如果工作已经进行了一半,则需现场指挥员酌情处理。

③ 架桥机严禁超载使用;架桥机每次就位后,起重小车均要空车试运行,特别注意启动、停止控制是否灵敏,语音系统是否可靠,轨道车有无咬轨现象。

④ 架桥机过孔和喂梁时对起重小车位置有具体要求,必须严格执行。

(3) 架桥机过孔作业程序及注意事项

① 退回起重小车。现场指挥员下指令将前、后起重小车开至主梁后端,使后起重小车尽可能靠近主梁后端死挡,前起重小车尽可能靠近后起重小车(但至少保持 200 mm 净距)。需要注意:必须确保前、后起重小车后移到位后,才能启动后车走行。

② 后车驱动整机在前支腿托轮上走行,使辅助支腿上待架桥墩。启动后车(1 挡)同时观察水平力监测显示是否正常(此时显示数据大致在 15~20 kN,且随着后车前移,数字逐渐增大),如一切正常,则可以 2 挡或 3 挡速度前行。当辅助支腿已上到前方桥墩时,用 1 挡慢速使辅助支腿就位,其纵向位置应紧靠桥墩垫石,横向位置应位于桥墩横向中心,偏差不得超过 50 mm,否则可通过前支腿横移机构进行调整。辅助支腿就位后,应与桥墩垫石可靠支承,如图 10-205 所示。操作过程中需注意以下事项:

(a) 后车走行过程中应对前支腿水平力的大小进行实时监控,如发现架桥机前进而数字不变或无显示说明监控系统无效,则必须检查修复后方可作业。如果过程中出现卡、别等现象,则监控数据会迅速增大,当斜杆内力达到 100 kN 时系统报警,当达到 120 kN 时大车断电,以保证前支腿安全。

(b) 由领班指定拆除后车铁鞋或卡轨器。

(c) 在已架箱梁前端安放大车走行限位铁鞋或走行轨道前端的限位卡轨器,误差不大于 2 cm。

(d) 指定专人在架桥机走行过程中看护大车走行状态和电缆等。

(e) 各项工作就绪后,由现场指挥员下令架桥机大车走行前移。

(f) 走行即将到位时及时降速,提前停车,然后点动前行到规定位置。

(g) 到位后迅速楔紧大车走行轮铁鞋或拧紧钢轨卡轨器,保证其与车轮密贴。

(h) 时刻注意架桥机走行情况,发现异常情况立即停车检查。

③ 前支腿走行至待架孔桥墩。辅助支腿就位后,顶起辅助支腿液压缸,使前支腿脱离墩顶,启动前支腿前行驱动机构,将前支腿移至待架孔桥墩垫石顶面就位,如图 10-206 所示。操作过程中需注意以下事项:

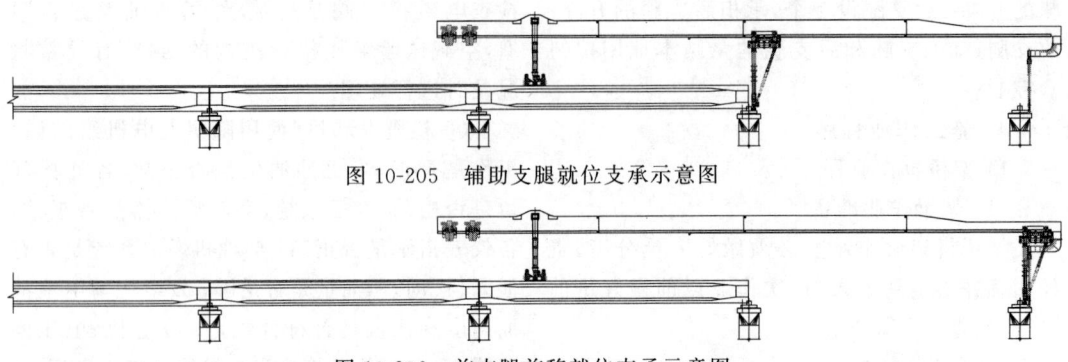

图 10-205 辅助支腿就位支承示意图

图 10-206 前支腿前移就位支承示意图

(a) 大车就位和辅助支腿支承可靠后(倾斜度不超过 1/150),方可进行前支腿前移作业。

(b) 找出支座中心位置,根据垫石顶面标高情况安放好垫板;前支腿支承处的垫石须平整,前支腿复位时必须保证其垂直度(倾斜度不超过 1/150),支承要牢固可靠。

④ 后车继续前行至待架状态。启动后车继续前行,待后车到达梁端正常架梁位置时停下。检查各部位的状态,就绪后,架桥机处于待架状态,如图 10-207 所示。操作过程中需注意以下事项:

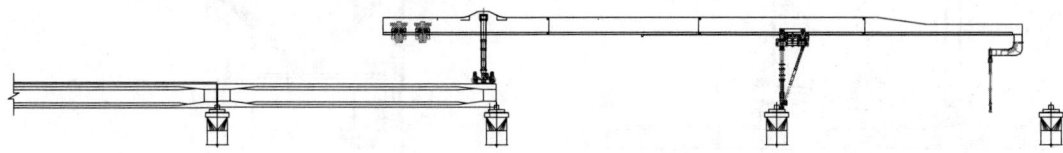

图 10-207　架桥机待架梁状态示意图

(a) 架桥机主机纵走到位后,将主机纵走电路的低压断路器断开,以防误操作带来的危害。

(b) 参照"②后车驱动整机在前支腿托轮上走行,使辅助支腿上待架桥墩"中注意事项(a)(b)(d)(f)(g)项内容。

(4) 喂、落梁作业程序及注意事项

① 运梁平板车喂梁。运梁车开至架桥机腹内喂梁,前端行至离后车 300 mm 左右时停止,前起重小车就位,落下吊具。此时吊具中心距后支腿中心的距离不应大于 5 m。

② 安装前起重小车吊具。领班指挥安装吊具。吊具严禁过度下放,吊具吊梁下平面距梁体上平面之间的间距保证留有 4~5 cm,保证钢丝绳有一定的张力,以防钢丝绳跳槽、卷扬机排绳混乱。

③ 前起重小车起吊。现场指挥员下达命令,前起重小车吊起 T 梁前端至离开支点 10 cm 左右,并且保证支座底高于后支腿横梁顶面 5 cm 以上,准备前行。

④ 运梁车后车和前起重小车前行。由现场指挥员负责发令,运梁车后车和前起重小车同步前行。各领班分管运梁车后车和前起重小车,随时通报运行一致情况;同时密切观察 T 梁的运行位置,绝对禁止 T 梁撞击后支腿。如发现异常声响或异常现象应立即停车检查,确认正常后方可继续运行。

⑤ 安装后起重小车吊具(此时吊具中心与后支腿中心的距离不应大于 10 m)。

⑥ 后起重小车起吊。后起重小车起吊 T 梁要达到一定高度(注意在起升过程中严禁超过滑车的最大起升高度),之后运梁车退出。

⑦ 前、后起重小车同步走行。由现场指挥员负责发令,各领班分管前、后起重小车运行情况,正常运行速度不得超过 3 m/min;同时密切观察 T 梁的运行位置。如发现异常声响或异常现象应立即停车检查,确认正常后方可继续运行。T 梁尾部越过后支腿下横梁后,必须先下降 1 m 再前行;接近设计位置时要提前变频降速。

⑧ 横移、落梁就位。起重小车吊梁纵行到位后,落梁,第一榀梁落至距垫石顶 10 cm,第二榀梁落至距第一榀梁梁面 10 cm 高处;通过前、后支腿上的横移液压缸进行横移梁作业,架桥机主梁横移梁约为 1.1 m。横移、落梁过程中密切监视 T 梁与已架 T 梁的前后位置,不得撞击已架 T 梁或前支腿。如果架设双线梁,则中间两片梁可通过前、后支腿的横移小车横移就位,边梁仍需在横移小车走行到位后,通过主梁的横移使梁片就位,如图 10-208 所示。横移小车横移时,应注意不要超过横移量,横移小车轨道梁两端要设临时限位,避免因误操作使横移小车移出轨道梁。在接近设计位置时要提前变频降速。

(5) 架梁作业流程

① 架桥机处于待架梁状态,运梁车运梁至架桥机尾部,如图 10-209 所示。

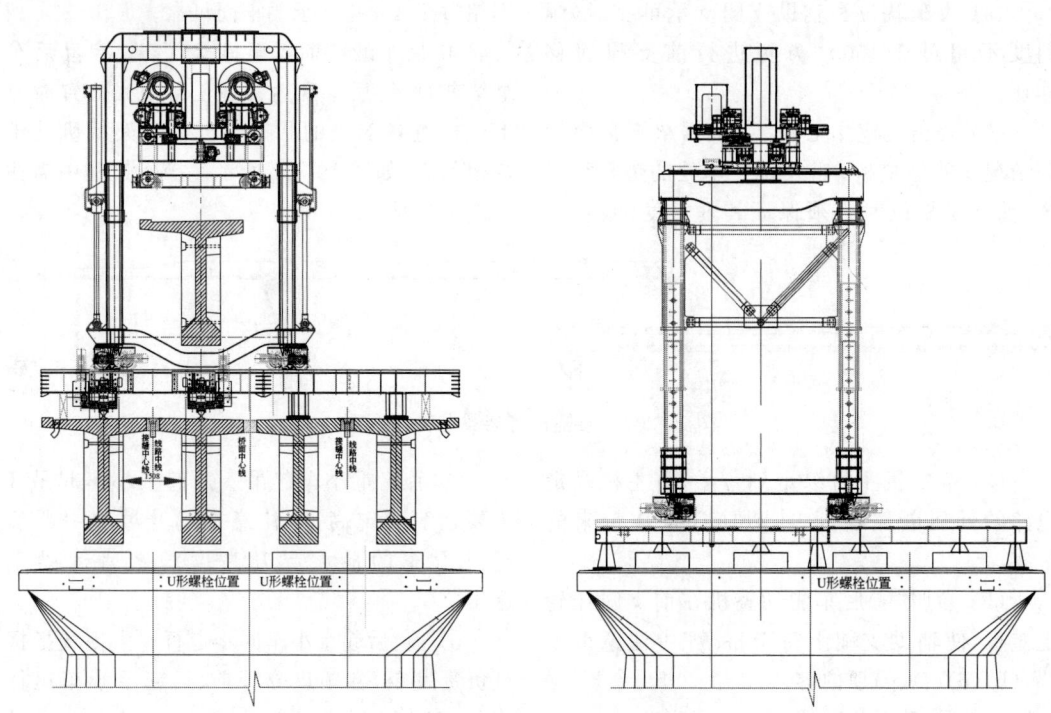

图 10-208　架桥机横移示意图

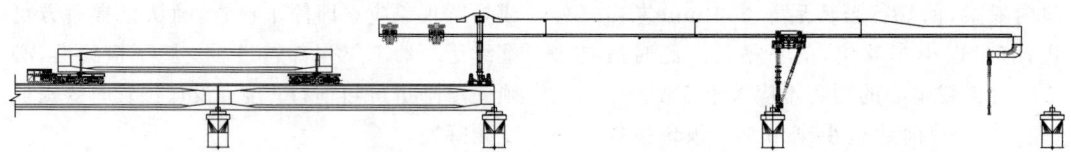

图 10-209　架梁步骤①示意图

② 前、后起重小车分两步吊起 T 梁；前、后起重小车吊梁同步前行，T 梁尾部越过架桥机后支腿尾部，必须先下降 1 m，再前行至落梁位置，如图 10-210 所示。

③ 纵移到位后，边梁通过架桥机主梁横移，中间梁片也可通过横移台车横移，横移到位后落梁，如图 10-211 所示。

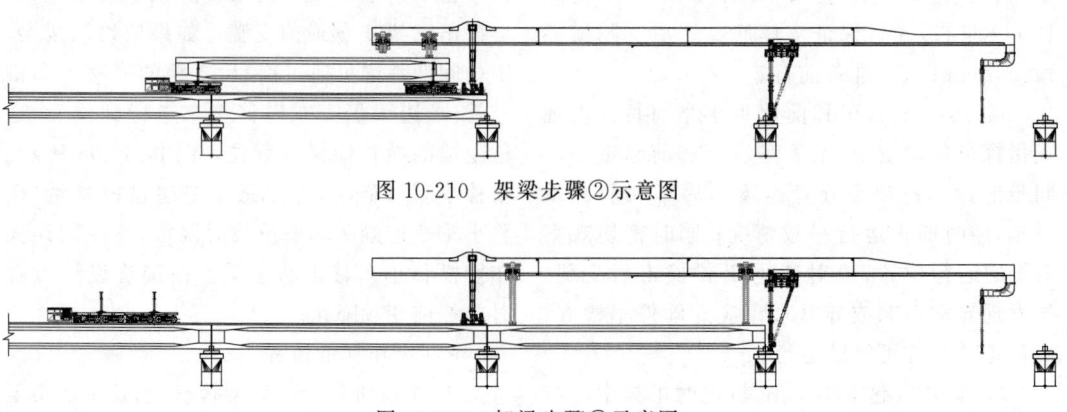

图 10-210　架梁步骤②示意图

图 10-211　架梁步骤③示意图

注意事项：

① 喂梁作业前要检查运梁车与架桥机的电气接口是否调试妥当，是否达到设计上关于同步与控制的要求，若发现不同步走行及控制异常现象应立即停车，排除故障后方可继续作业。

② 梁体吊起时逐步加载，控制梁体底面距下部物体顶面 10 cm 左右，静止 3~5 min，全面详细检查架桥机，保证一切正常。

③ 时刻注意 T 梁底部高度，避免 T 梁与后支腿碰撞。

④ 小车运行接近前行极限位置时降速，缓慢前移。

⑤ 吊梁作业严禁用高速挡工作。

⑥ 起升过程中应注意观察 4 台卷扬机的同步性，并注意观察结构和机构的变化，若发现异常应及时停车。

⑦ 吊具严禁过度下放，接近到位时微调，吊具不能全松，吊具吊梁下平面距梁体上平面之间的距离保证留有 4~5 cm，保证钢丝绳有一定的张力，以防钢丝绳跳槽、卷扬机排绳混乱。

2) 架桥机变跨作业

架桥机架完 32 m 梁后，接着架设 24 m 梁，架桥机过孔时，只需按照正常过孔步骤进行，后车走到 32 m 梁端正常位置时，即为架设 24 m 梁状态，此时相当于前支腿位置比架设 32 m 梁时后退了 8 m。

注意：如果架桥机主梁是全部安装了 5 节的主梁，在架设 20 m 梁时，必须按照架设 24 m 梁时的状态过孔和就位，进行 20 m 梁的架设；如果架桥机主梁是全部安装了 4 节的主梁，在架设 20 m 梁时，可按照架设 20 m 梁时的状态过孔和就位，进行 20 m 梁的架设。

其余跨度之间的变化方法同上，各种跨度下前、后支腿间的对应关系如图 10-212、图 10-213 所示。

3) 架桥机首、末孔架梁作业

本机可以方便地进行第一孔、最末孔及出隧后第一孔、进隧前最后一孔 T 梁的架设。

进行首孔 T 梁架设时，只需将后支腿支承在桥台胸墙上即可，如图 10-214 所示。

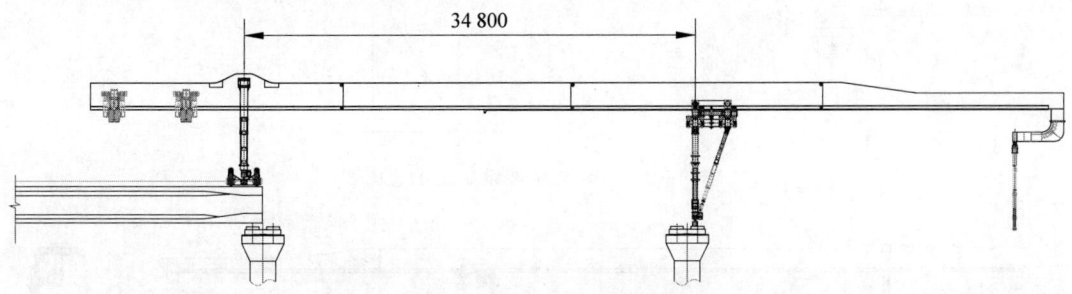

图 10-212　32 m 梁架设状态示意图

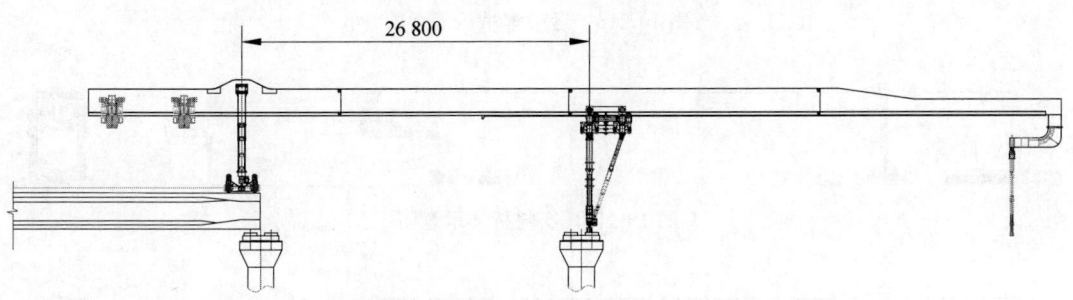

图 10-213　24 m 梁架设状态示意图

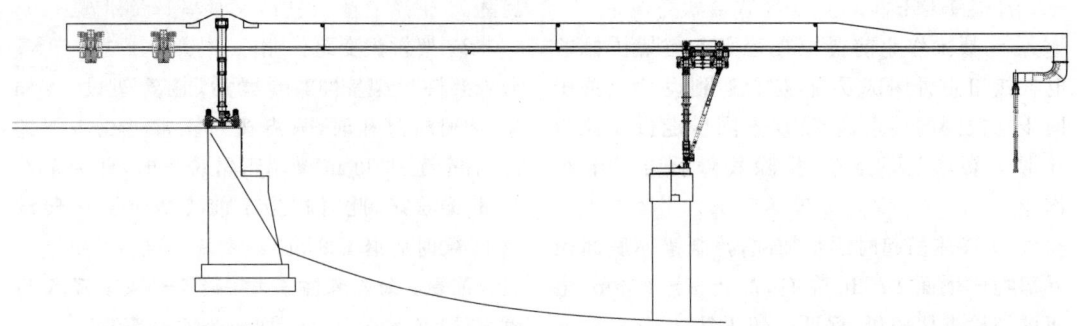

图 10-214　首孔梁架设状态示意图

进行末孔 T 梁架设时,架桥机过孔时需要将辅助支腿、前支腿缩短,上桥台至桥台高度,然后按一般方法架梁即可,如图 10-215 所示。

4）架桥机转场和过隧作业

（1）架完最后一孔梁后,利用前起重小车将前节运梁车吊至前支腿后方,如图 10-216 所示。

（2）前支腿斜杆和立柱系分别向前、后翻起,如图 10-217 所示。

（3）利用后支腿、辅助支腿液压缸将架桥机主梁降至运梁车上的驮运支架上,将辅助支腿向前翻起。运梁车驮运架桥机整机通过隧道,如图 10-218 所示;过隧后,以相反的程序恢复至架梁状态。

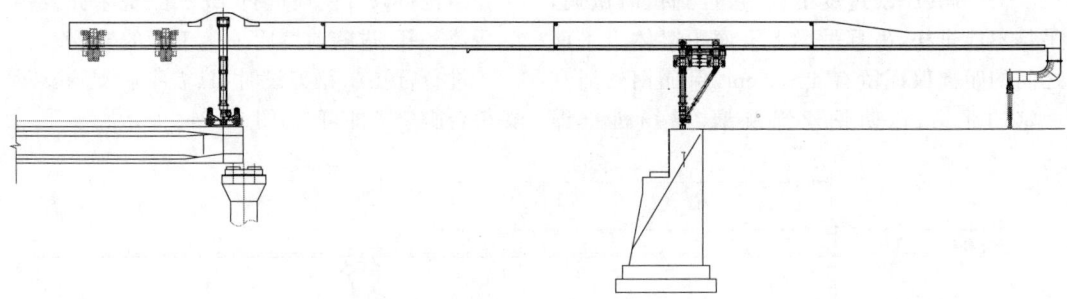

图 10-215　末孔梁架设状态示意图

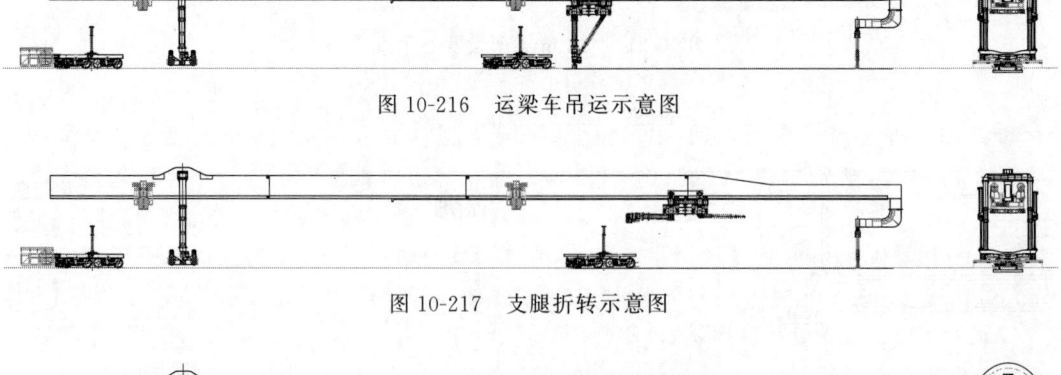

图 10-216　运梁车吊运示意图

图 10-217　支腿折转示意图

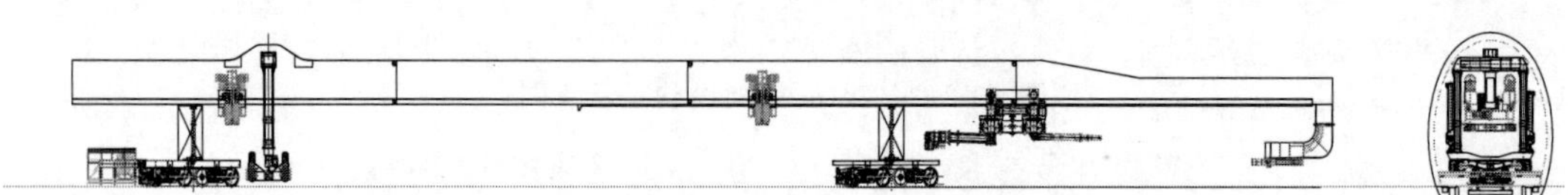

图 10-218　驮运转场、过隧示意图

5）架设不同高度梁型、不同纵坡桥梁时支腿高度的调节

架设不同高度梁型、不同纵坡的桥梁时，需要对支腿高度进行调整，其总体原则是保证架梁时架桥机主梁的坡度在 0.6% 以内。

(1) 后支腿高度的调整

① 架梁后支腿的高度一般保持不变，只在转场时降低高度，通过后支腿顶升液压缸的两次倒顶，可以降高 2.2 m。

② 如需在隧道口架梁，后支腿高度可以降低 250 mm。

③ 特殊大纵坡工况下，如需配合辅助支腿上桥、前支腿脱离桥墩，后支腿高度可以适当升降，但升降范围不得大于 500 mm。

(2) 前支腿高度的调整

① 架设不同高度梁型时，前支腿升降相应的梁型高差即可。

② 架设不同纵坡桥梁时，桥梁纵坡坡度每增减 0.7%，前支腿高度相应升降 250 mm。即：

(a) 架设 0.6% 以内纵坡桥梁时，前支腿高度不变；

(b) 架设 0.6%～1.3% 上坡时，前支腿较平坡降低 250 mm；

(c) 架设 1.3%～2% 上坡时，前支腿较平坡降低 500 mm；

(d) 架设 0.6%～1.3% 下坡时，前支腿较平坡升高 250 mm；

(e) 架设 1.3%～2% 下坡时，前支腿较平坡升高 500 mm。

③ 末孔架梁时，前支腿需降高至桥台顶面以上。

(3) 辅助支腿高度的调整

辅助支腿用于协助架桥机过孔操作，其高度受过孔时主梁悬臂状态辅助支腿处的挠度、简支状态前支腿高度的挠度、主梁预拱度、垫石和防振墩高度等的综合影响。

① 对不同纵坡工况，需要摸索一个合适的基准高度，使辅助支腿在过孔时液压缸的升降行程够用。在 0.6% 纵坡以内，如果桥墩不设防振墩，辅助支腿液压缸可一次升降到位；其余工况都需要倒顶一次。

② 架设末孔梁时，辅助支腿需要降高至桥台顶面以上。

③ 架设不同高度梁型时，辅助支腿以基准高度为基础，升降相应的梁型高差即可。

注意事项：

① 无论是上坡还是下坡，都是在前支腿和后支腿做了相应的调整，使架桥机保持在 0.6% 的坡度之内后，才能进行辅助支腿的过孔操作。

② 必须每天检查辅助支腿的结构状态（焊缝、结构变形等），发现问题及时解决。

③ 必须经常检查支承液压缸的状态是否正常。

④ 保证支腿的垂直度在 ±1° 之内。

5．操作与使用

1）电源

接上发电机电瓶电源，检查有无柴油、水位、机油情况。按下发电机启动按钮（START），发电机启动，合上发电机处总电源开关。

2）PLC

合上 PLC 电源柜内 150A 主空气开关（QF），驾驶室左联动台电压表有显示，把总电源开关（S4）打在接通位置，主电源接触器（KM）吸合，主电源接通，红色指示灯亮。

3）起升控制

(1) 卷扬单动控制

1#、2#、3#、4# 卷扬机单动控制操作如下：

① 1# 卷扬机单动控制时，把操作台卷扬机构选择开关（S10）打到"1# 单动"位置，选择 1# 卷扬机，同时 1# 卷扬机指示灯（2HL）亮，操作主令控制开关（S8）控制 1# 卷扬机的起升和下降；

② 2# 卷扬机单动控制时，操作台卷扬机构选择开关（S10）打到"2# 单动"位置，选择 2# 卷扬机，同时 2# 卷扬机指示灯（3HL）亮，操作主令控制开关（S8）控制 2# 卷扬机的起升和下降；

③ 3# 卷扬机单动控制时，操作台卷扬机构选择开关（S10）打到"3# 单动"位置，选择 3# 卷扬机，同时 3# 卷扬机指示灯（4HL）亮，

操作主令控制开关(S8)控制3#卷扬机的起升和下降；

④ 4#卷扬机单动控制时,操作台卷扬机构选择开关(S10)打到"4#单动"位置,选择4#卷扬机,同时4#卷扬机指示灯(5HL)亮,操作主令控制开关(S8)控制4#卷扬机的起升和下降。

(2) 1#和2#卷扬机联动控制

把操作台卷扬机构选择开关(S10)打到"1#+2#联动"位置,选择1#和2#卷扬机,同时1#和2#卷扬机指示灯(2HL、3HL)亮,操作主令控制开关(S8)控制1#、2#卷扬机同步上升和下降。

(3) 3#和4#卷扬机联动控制

把操作台卷扬机构选择开关(S10)打到"3#+4#联动"位置,选择3#和4#卷扬机,同时3#和4#卷扬机指示灯(4HL、5HL)亮,操作主令控制开关(S8)控制3#、4#卷扬机同步上升和下降。

(4) 1#、2#、3#、4#卷扬机联动控制

把操作台卷扬机构选择开关(S10)打到"4机联动"位置,选择1#、2#、3#、4#卷扬机,同时1#、2#、3#、4#卷扬机指示灯(2HL、3HL、4HL、5HL)同时亮,操作主令控制开关(S8)控制1#、2#、3#、4#卷扬机同步上升和下降。

4) 走行电动机控制

(1) 前小车走行控制

把走行机构选择开关(S11)打在"前小车"位置,前小车指示灯(6HL)亮,操作主令控制开关(S9)控制前小车的前进和后退,前进和后退分为3挡速度。

(2) 后小车走行控制

把走行机构选择开关(S11)打在"后小车"位置,后小车指示灯(7HL)亮,操作主令控制开关(S9)控制后小车的前进和后退,前进和后退分为3挡速度。

(3) 前/后小车同步走行控制

把走行机构选择开关(S11)打在"前后联动"位置,前小车指示灯(6HL)和后小车指示灯(7HL)同时亮,操作主令控制开关(S9)控制前、后小车的前进和后退,前进和后退分为3挡速度。

(4) 运梁车走行控制

把走行机构选择开关(S11)打在"喂梁"位置,指示灯(11HL)亮,插好运梁车相应插头,操作主令控制开关(S9)控制运梁车和前小车同步的前进和后退,前进和后退分为3挡速度。

(5) 整机过孔走行控制

把走行机构选择开关(S11)打在"整机过孔"位置,整机过孔指示灯(9HL)亮,操作主令控制开关(S9)控制整机过孔电动机的前进和后退,前进和后退分为3挡速度。

(6) 整机横移走行控制

把走行机构选择开关(S11)打在"整机横移"位置,整机横移指示灯(8HL)亮,操作主令控制开关(S9)控制整机过孔电动机的前进和后退,前进和后退分为3挡速度。

(7) 前支腿走行控制

把走行机构选择开关(S11)打在"前支腿"位置,前支腿指示灯(10HL)亮,操作主令控制开关(S9)控制前支腿走行电动机的前进和后退,前进和后退分为3挡速度。

(8) 前支腿泵站控制

合上前支腿泵站控制箱内断路器(QMb2),按下操作盒上泵站启动按钮(S30),泵站运转,为液压缸动作做好准备。所有电磁阀的控制都为点动控制,前支腿控制箱主要控制前支腿的支承动作。

(9) 辅助支腿泵站控制

合上辅助支腿控制箱内断路器(QFb1),按下操作盒上泵站启动按钮(S42),泵站运转,为液压缸动作做好准备。所有电磁阀的控制都为点动控制,中车泵站主要控制辅助支腿的支承动作。

(10) 后支腿泵站控制

合上后支腿控制箱内断路器(QFb2),按下操作盒上泵站启动按钮(S44),泵站运转,为液压缸动作做好准备。所有电磁阀的控制都为点动控制,后支腿泵站主要控制后支腿的支承动作。

5) 电气操作注意事项

(1) 重载吊梁启动走行时,严禁用高速挡

启动,防止走行时梁体晃动。停车时把速度降为低速1挡后再停止运行。

(2) 关闭发电机时,应先把总电源开关关闭,送电时相反。

(3) 故障报警时,两个主令控制器打在零位时才能复位。蜂鸣器不能复位时,先复位外部故障信号,然后在触摸屏上按故障复位按钮后才能复位蜂鸣器。

(4) 严禁把盘式制动器手动打开重载架梁,或短接低速端制动到位接近开关信号。

6. 维护保养

1) 架桥机结构、机构的维护保养

(1) 金属结构

① 检查箱梁主焊缝(每两个月一次);

② 检查各连接螺栓(每两周一次)。

(2) 台车组

① 检查台车架周边焊缝;

② 半剖底座与车架焊接处焊缝;

③ 检查各连接螺栓(每两周一次);

④ 轴承、转动铰加注黄油(每个月一次)。

(3) 走行轨道

检查轨道节底面与橡胶黏合情况。

(4) 主梁

① 检查各连接螺栓(每天抽检);

② 检查两片主梁的中心距;

③ 检查主梁旁弯;

④ 两主梁同截面相对高差,要求要小于10 mm。

(5) 吊具

① 检查主焊缝(每两个月一次);

② 检查吊轴螺纹情况(每两周一次)。

(6) 钢丝绳

① 检查钢丝绳死头的绳卡有无松动;

② 检查钢丝绳筋有无断裂痕迹;

③ 检查钢丝绳表面油层。

2) 电气系统的维护保养

(1) 卷扬机的维护及安全规程

① 机器应坚持平时维护保养,特别应定期检查制动器及电气系统的防潮情况。

② 定期检查制动器,应按制动器相关标准规定进行调整。并特别注意下列几点:

(a) 制动器的构件运动是否正常,调整螺母是否紧固。

(b) 推动器的工作是否正常,液压油是否足量,有无漏油渗油现象,引入电线的绝缘是否良好。

(c) 制动瓦是否正常靠在制动轮上,摩擦表面的状态是否良好,若发现油腻脏物应及时清除。制动器中部厚度小于4 mm 或最小厚度小于3 mm 时必须更换制动带。

(d) 杠杆和弹簧若发现裂纹应更换。

(e) 严禁超负荷运转,严禁用于运送人员。钢丝绳周围及重物下方严禁站人。

(f) 操作人员必须随时注意电动机温度。

(g) 制动轮的温度不得超过200℃,在制动轮上具有深0.5 mm 的划痕时应重新研磨。当制动轮直径小于298 mm 时应更换制动轮。

(h) 各部位轴承温升不得超过35℃,最高温度不得超过70℃。

(i) 新机器使用半月后应对机器各部位清洗加油一次,并将减速箱内齿轮油全部更换。

(j) 定期进行检修,每半年检修一次,并更换磨损的易损件。

(k) 用户应根据机器使用的具体情况制订维护及安全操作规程。

(2) 盘式制动器的维护及安全规程

① 定期检查推动器的工作是否正常。

② 检查接线是否牢固,以免因振动造成短路、缺相,以至烧坏电动机。

③ 每6个月检查一次油液,当油液变质或混入杂物时应换油。油液不足时应补充油液,用户可以从注油螺塞加注,不得超过溢流螺塞的位置。应注意:在注油过程中上下拉动推杆几次,以便排除空气,使油液充实油腔。

④ 在工作状态下,活塞的最下端位置应与缸底保持一定的距离(一般不小于5 mm)否则会影响正常工作。

⑤ 当推动器安装在主机上之后,又需重新涂漆时,要谨防活塞杆上着漆,否则会破坏其密封性能。

⑥ 当推动器存放一年半以上时,使用前应

更换密封件。

3) 液压系统的维护保养

(1) 架桥机每接一次电源,必须对每个泵站电动机正反转进行检查,确保各泵站电动机转向正确。

(2) 架桥机架完 10 孔梁后,应对架桥机的 4 个液压泵站的油箱进行全面清洗。吊起油泵电动机组,对吸油管路、回油滤清器等进行清洗或更换(清洗液可选用柴油)。清洗后加油时需用 10 μm 精度的滤油机对液压油进行过滤。以后每架 100 孔梁后对液压系统进行全面清洗。架桥机使用的液压油为 L-HM46 号抗磨液压油。

(3) 在使用中每隔 5 天观察各滤清器是否堵塞,观察方法为:针对高压管路滤清器、回油滤清器、吸油滤清器、泵站启动后的噪声、振动明显变大而液位足够等状况应经常检查。

(4) 正常使用时一般不允许对各泵站上的溢流阀进行调节,但应经常检查压力显示的变化,以确定系统工作是否正常。

(5) 当环境温度低于 10℃ 时,使用前应对油液进行电加热,使其油温达到 15℃ 后方可工作。当环境温度较高时,随时观察各系统油温,油温一般不应超过 65℃,特殊情况可为 80℃,当油温超过 80℃ 时应停机散热。

(6) 使用时应经常观察各泵站的油位,油位应在油位表可示范围内。如油位过低,油泵可能吸空,油泵吸空时振动、噪声会明显变大。油位过低时应向油箱补油。

7. 常见故障及处理方法

1) 总电源接触器合不上

(1) 检查驾驶室、架桥机尾部和中车部位的紧急停止按钮是否按下。

(2) 检查风速是否超过设定值。

(3) 检查左、右联动台主令控制器是否在零位。

(4) 检查控制回路断路器是否跳闸,熔断器是否熔断。

(5) 检查电源接触器线圈是否损坏。

(6) 检查左联动台钥匙开关是否打开。

(7) 检查门开关是否闭合。

2) 1♯卷扬机不能起升

(1) 检查 1♯卷扬机电源开关(QF4)是否合上。

(2) 检查 1♯卷扬机低速端制动电动机空气开关(QF11)是否合上,接触器(KM11)是否吸合。

(3) 检查 1♯卷扬机低速端制动到位行程开关(SQ7)是否闭合,在触摸屏上查看输入点(I3.2/NC)是否闪亮(如闪亮则为正常)。

(4) 检查右联动台选择 1♯卷扬机开关(S10)是否打开。

(5) 检查 1♯卷扬机是否到达上升极限,重锤式与旋转式上升极限是否动作,超载限制器是否动作,BP1 变频故障(I3.0/NC)是否闪亮,开闭闸信号(I3.1/NC)是否不闪亮。如符合以上情况则为正常。

(6) 检查总电源接触器(KM)是否合闸,合闸时左联动台红色指示灯(1HL)应点亮。

3) 1♯卷扬机不能下降

(1) 检查 1♯卷扬机电源开关(QF4)是否合上。

(2) 检查 1♯卷扬机低速端制动电动机空气开关(QF11)是否合上,接触器(KM11)是否吸合。

(3) 检查 1♯卷扬机低速端制动到位行程开关(SQ7)是否闭合,在触摸屏上查看输入点(I3.2/NC)是否闪亮(如闪亮则为正常)。

(4) 检查右联动台选择 1♯卷扬机开关(S10)是否打开。

(5) 检查 1♯卷扬机是否到达下降极限,开闭闸信号(I3.1/NC)是否不闪亮;BP1 变频故障(I3.0/NC)是否闪亮。如符合以上情况则为正常。

(6) 检查总电源接触器(KM)是否合闸,合闸时左联动台红色指示灯(1HL)应点亮。

4) 2♯卷扬机不能起升

(1) 检查 2♯卷扬机电源开关(QF5)是否合上。

(2) 检查 2♯卷扬机低速端制动电动机空气开关(QF12)是否合上,接触器(KM12)是否吸合。

(3) 检查2#卷扬机低速端制动到位行程开关(SQ8)是否闭合,在触摸屏上查看输入点(I3.5/NC)是否闪亮(如闪亮则为正常)。

(4) 检查右联动台选择2#卷扬机开关(S10)是否打开。

(5) 检查2#卷扬机是否到达上升极限,重锤式与旋转式上升极限是否动作,超载限制器是否动作,BP2变频故障(I3.3/NC)是否闪亮,开闭闸信号(I3.4/NC)是否不闪亮。如符合以上情况则为正常。

(6) 检查总电源接触器(KM)是否合闸,合闸时左联动台红色指示灯(1HL)应点亮。

5) 2#卷扬机不能下降

(1) 检查2#卷扬机电源开关(QF6)是否合上。

(2) 检查2#卷扬机低速端制动电动机空气开关(QF26)是否合上,接触器(KM26)是否吸合。

(3) 检查2#卷扬机低速端制动到位行程开关(SQ2)是否闭合,在触摸屏上查看输入点(I3.7/NC)是否闪亮(如闪亮则为正常)。

(4) 检查右联动台选择2#卷扬机开关(S9)是否打开。

(5) 检查2#卷扬机是否到达下降极限,BP2变频故障(I3.4/NC)是否闪亮,制动单元故障(I3.5/NC)是否不闪亮。如符合以上情况则为正常。

(6) 检查总电源接触器(KM)是否合闸,合闸时左联动台红色指示灯(1HL)应点亮。

6) 3#卷扬机不能起升

(1) 检查3#卷扬机电源开关(QF7)是否合上。

(2) 检查3#卷扬机低速端制动电动机空气开关(QF29)是否合上,接触器(KM29)是否吸合。

(3) 检查3#卷扬机低速端制动到位行程开关(SQ3)是否闭合,在触摸屏上查看输入点(I4.3/NC)是否闪亮(如闪亮则为正常)。

(4) 检查右联动台选择3#卷扬机开关(S11)是否打开。

(5) 检查3#卷扬机是否到达上升极限,重锤式与旋转式上升极限是否动作,超载限制器是否动作,BP3变频故障(I4.0/NC)是否闪亮,制动单元故障(I4.1/NC)是否不闪亮。如符合以上情况则为正常。

(6) 检查总电源接触器(KM)是否合闸,合闸时左联动台红色指示灯(1HL)应点亮。

7) 3#卷扬机不能下降

(1) 检查3#卷扬机电源开关(QF7)是否合上。

(2) 检查3#卷扬机低速端制动电动机空气开关(Q29)是否合上,接触器(KM29)是否吸合。

(3) 检查3#卷扬机低速端制动到位行程开关(SQ3)是否闭合,在触摸屏上查看输入点(I4.3/NC)是否闪亮(如闪亮则为正常)。

(4) 检查右联动台选择3#卷扬机开关(S11)是否打开。

(5) 检查3#卷扬机是否到达下降极限,BP3变频故障(I4.0/NC)是否闪亮,制动单元故障(I4.1/NC)是否不闪亮。如符合以上情况则为正常。

(6) 检查总电源接触器(KM)是否合闸,合闸时左联动台红色指示灯(HL)应点亮。

8) 4#卷扬机不能起升

(1) 检查4#卷扬机电源开关(QF8)是否合上。

(2) 检查4#卷扬机低速端制动电动机空气开关(QF32)是否合上,接触器(KM32)是否吸合。

(3) 检查4#卷扬机低速端制动到位行程开关(SQ4)是否闭合,在触摸屏上查看输入点(I4.7/NC)是否闪亮(如闪亮则为正常)。

(4) 检查右联动台选择4#卷扬机开关(S12)是否打开。

(5) 检查4#卷扬机是否到达上升极限,重锤式与旋转式上升极限是否动作,超载限制器是否动作,BP4变频故障(I4.4/NC)是否闪亮,制动单元故障(I4.5/NC)是否不闪亮。如符合以上情况则为正常。

(6) 检查总电源接触器(KM)是否合闸,合闸时左联动台红色指示灯(1HL)应点亮。

9) 4#卷扬机不能下降

(1) 检查4#卷扬机电源开关(QF8)是否合上。

(2) 检查4#卷扬机低速端制动电动机空气开关(QF32)是否合上,接触器(KM32)是否吸合。

(3) 检查4#卷扬机低速端制动到位行程开关(SQ4)是否闭合,在触摸屏上查看输入点(I4.7/NC)是否闪亮(如闪亮则为正常)。

(4) 检查右联动台选择4#卷扬机开关(S11)是否打开。

(5) 检查4#卷扬机是否到达下降极限,变频故障(I4.4/NC)是否闪亮,制动单元故障(I4.5/NC)是否不闪亮。如符合以上情况则为正常。

(6) 检查总电源接触器(KM)是否合闸,合闸时左联动台红色指示灯(1HL)应点亮。

10) 前小车不能运行

(1) 检查走行空气开关(QF9)和总电源开关(QF)是否合闸。

(2) 检查总电源接触器(KM)是否合闸,合闸时左联动台红色指示灯(1HL)应点亮,检查前小车选择开关(S14)是否打开,相对应的指示灯(3HL)应发亮。

(3) 检查是否到达前进或后退极限,主梁前极限开关SQ13与两台小车之间的极限开关SQ15是否动作。

(4) 检查前小车走行控制箱中保护断路器是否跳闸,查看输入点(I7.1.0/NC)是否不闪亮。

(5) 检查走行变频器(BP5)是否故障,查看输入点(I5.6/NC)是否不闪亮。

(6) 检查制动单元(UD5)是否故障,查看输入点(I6.0/NC)是否闪亮。

(7) 检查PLC是否有前进或后退信号,在触摸屏上检查PLC输入点(前进I5.1/NO,后退I5.2/NO)是否闪亮,检查PLC输入有无24V直流电压。

11) 后小车不能运行

(1) 检查走行空气开关(QF9)和总电源开关(QF)是否合闸。

(2) 检查总电源接触器(KM)是否合闸,合闸时左联动台红色指示灯(1HL)应点亮,检查后小车选择开关(S15)是否打开,相对应的指示灯(4HL)应发亮。

(3) 检查是否到达前进或后退极限,主梁后极限开关(SQ14)与两台小车之间的极限开关(SQ15)是否动作。

(4) 检查后小车走行控制箱中保护断路器是否跳闸,查看输入点(I7.1)是否不闪亮。

(5) 检查走行变频器(BP5)是否故障,查看输入点(I5.6/NC)是否不闪亮。

(6) 检查制动单元(UD5)是否故障,查看输入点(I6.0/NC)是否闪亮。

(7) 检查PLC是否有前进或后退信号,在触摸屏上检查PLC输入点(前进I5.1/NO,后退I5.2/NO)是否闪亮,检查PLC输入有无24V直流电压。

12) 整机过孔电动机不能运行

(1) 检查走行空气开关(QF9)和总电源开关(QF)是否合闸。

(2) 检查总电源接触器(KM)是否合闸,合闸时左联动台红色指示灯(1HL)应点亮。检查整机过孔选择开关(S17)是否打开,相对应的指示灯(5HL)应发亮。

(3) 检查中车走行控制箱中保护断路器是否跳闸。

(4) 检查走行变频器(BP5)是否故障,查看输入点(I5.6/NC)是否不闪亮。

(5) 检查制动单元(UD5)是否故障,查看输入点(I6.0/NO)是否闪亮。

(6) 检查PLC是否有前进或后退信号,在触摸屏上检查PLC输入点(前进I5.1/NO,后退I5.2/NO)是否闪亮,检查PLC输入有无24V直流电压。

13) 泵站不能运行

(1) 检查泵站控制柜内断路器是否合上。

(2) 检查泵站控制柜电动机热保护继电器是否跳闸。

(3) 检查泵站控制柜内控制回路保护断路器是否跳开。

(4) 检查控制线路是否断路。

14）换挡不能到位

（1）检查 4 个换挡电动机断路器 QF11、QF14、QF17、QF20 是否跳开。

（2）检查 4 个高速挡换挡行程开关 QS7～SQ10 是否损坏。

（3）检查 4 个低速挡换挡行程开关 QS11～SQ114 是否损坏。

（4）检查控制线路是否断路。

（5）检查换挡齿轮是否顶齿插不进或咬齿拔不出。

（6）检查 PLC 是否输出换挡信号，检查 PLC 输出 Q6.2 或 Q6.3 是否有输出。

（7）检查高速挡换挡接触器 KM11、KM25、KM29、KM33 和低速挡换挡接触器 KM22、KM26、KM30、KM34 是否损坏。

10.3.6 运架一体机

简支箱梁运架一体机为桥梁施工专用设备，主要使用参数为起升速度、高度、运行速度、过孔速度、适应坡度等，主要有 1000 t/40 m 型箱梁运架一体机，900 t/32 m 型箱梁运架一体机等，重载起升速度 0～0.5 m/min，空载起升速度 0～1 m/min，起升高度 6～9 m，运行速度满载 0～5 km/h，空载 0～10 km/h，过孔速度 0～3 m/min，适应坡度 2.5%～3%。简支箱梁运架一体机的主要性能参数如表 10-57 所示。

下面以中铁十一局集团汉江重工有限公司生产的 TJ-YT1000/40 型运架一体机为例说明运架一体机的主要性能及参数。

1. 概述

TJ-YT1000/40 型运架一体机主要功能详见 9.3.6 节运架一体机相关章节内容。

2. 主要技术参数

TJ-YT1000/40 型运架一体机的主要技术参数如表 10-58 所示。

3. 设备组成

TJ-YT1000/40 型运架一体机设备组成（主梁、前车系统、后车系统、中支腿、主支腿、卷扬系统、起升系统、动力系统、电气控制系统及液压系统）相关内容详见 9.3.6 节运架一体机相关章节内容。

4. 施工作业程序

1）正常架梁作业

运架一体机施工主要包括套梁、运梁、第一次过孔、第二次喂梁、落梁等工序。具体施工流程为：提吊架桥机套梁→套梁完成，准备运梁→运架一体机运梁→梁至待架孔位，主支腿支承→第一次过孔就位→中支腿支承→主支腿前移支承就位→第二次喂梁开始→喂梁就位→落梁并调整箱梁就位→灌浆封锚，如图 10-219～图 10-227 所示。

2）特殊工况施工

（1）末孔梁架设

① 按照架梁过程操作，中支腿到达梁端位置，临时落梁，如图 10-228 所示。

② 中支腿支承，并安装主支腿短斜支承，如图 10-229 所示。

③ 主支腿翻转液压缸顶升到位，主支腿处于收折状态，如图 10-230 所示。

④ 主支腿前移至桥台位置，安装加高座及连接法兰，如图 10-231 所示。

⑤ 支腿完成转换并支承，如图 10-232 所示。

⑥ 按正常架梁流程完成末孔梁架设。

（2）变跨作业

架桥机架完 40 m 梁后，接着架设 32 m 梁时，通过纵移液压缸倒顶的方式将后吊点前移 8 m，其余架梁作业程序完全相同。其他跨度的变跨方式同上。各种跨度的支承架位置及后吊点位置如图 10-233 所示。

（3）坡道架梁作业

架设不同坡度、不同高度的箱梁时，需要对后车悬挂、主支腿高度进行调节，以尽可能减小架梁时架桥机主梁的坡度。

① 3% 下坡架梁流程：

（a）后车悬挂总体下降 300 mm（图 10-234），主梁后端下降 400 mm 且前车系统总体上升 184 mm（图 10-235），最前侧车轮上升 300 mm，运梁至待架孔，主支腿较平坡工况伸长 300 mm，主支腿支承上桥墩（图 10-236）。

表 10-57 简支箱梁运架一体机主要性能参数

序号	适应梁型	跨度/m	型号	重载起升速度/(m/min)	空载起升速度/(m/min)	重载运行速度/(km/h)	空载运行速度/(km/h)	过孔速度/(m/min)	起升高度/m	设备适应曲线/m	架梁坡度/%	厂家	参考价格/万元
1	1000 t/40 m 箱梁	20~40	TJ-YT1000/40									中铁十一局集团汉江重工有限公司	3500
2			SLJ900/32									中铁十一局集团汉江重工有限公司	2400
3	900 t/32 m 箱梁	20~32	WE-SCH900	0~0.5	0~1	0~5	0~10	0~3	6~9	2000	3	北京万桥兴业机械有限公司	2500
4			DYJ900									郑州新大方重工科技有限公司	2400
5			TYJ900									秦皇岛天业通联重工科技有限公司	2400

表 10-58　TJ-YT1000/40 型运架一体机主要技术参数

	整　机	
	项　目	参　数
1	整机质量/t	约 967.7
2	整机外形尺寸(长×宽×高)/(mm×mm×mm)	116 709×9867×(9200±400)
3	额定起重质量/t	1000
4	适应梁型	高铁 24~40 m 跨度整孔箱梁
5	适应最小曲线半径/m	2000
6	适应坡度/‰	3
8	适应海拔高度/m	≤2000
9	环境工作温度/℃	－20~+50
10	工作状态最大风力/级	7
11	非工作状态风力/级	11
12	整机工作级别	A3
13	机构工作级别	M4
14	夜间施工照明	满足夜间施工要求

	起重系统	
	项　目	参　数
1	起重提升装置数量/个	4
2	纵向吊点间距/m	38.1(可调,用于 40 m、1000 t 梁)及以下
3	变跨方式	后起重提升装置移位
4	满载纵向微调距离/mm	－200~450
5	满载横向微调距离/mm	±200
6	纵向移动速度/(m/min)	0.2
7	横向移动速度/(m/min)	0.2
8	运行方式	液压缸推动
9	起升高度/m	6.5(箱梁顶面距地面距离)
10	空载起升速度/(m/min)	0~1.5
11	满载起升速度/(m/min)	0~0.5
12	卷扬机数量/个	4
13	钢丝绳型号	6×WS(26)+IWRC-32-1960 面接触
14	钢丝绳公称抗拉强度/MPa	1960
15	安全系数	6
16	钢丝绳吊装系统	四点起升、三点平衡吊装系统
17	制动装置	停车制动和钳盘式制动
18	钳盘式制动器型号规格	SBD315-A
19	钳盘式制动器数量/个	4

	整机走行系统	
	项　目	参　数
1	满载走行速度/(km/h)	0~5(平坡);0~3(3‰纵坡)
2	空载走行速度/(km/h)	0~10

续表

整机走行系统		
	项 目	参 数
3	台车运行速度/(m/min)	0～3
4	过孔速度/(m/min)	0～3
5	悬挂升降行程/mm	前车：±400；后车：±400
6	纵向走行时转向角/(°)	±15
7	90°转向后转向角/(°)	±5
8	运行方式	直行、斜行、横行、八字、半八字转向
9	转向方式	液压缸驱动独立转向
10	轮胎充气压力/bar	8
11	轮胎接地比压/bar	6
12	轮胎型号	26.5R25
动力系统		
	项 目	参 数
1	发动机功率/kW	700、500
2	燃油品种	柴油

图 10-219　提吊架桥机套梁

图 10-220　套梁完成，准备运梁

图 10-221　运架一体机运梁

图 10-222　前支腿支承

图 10-223 第一次过孔就位

图 10-224 主支腿支承就位

图 10-225 第二次喂梁开始

图 10-226 喂梁就位

图 10-227 落梁就位

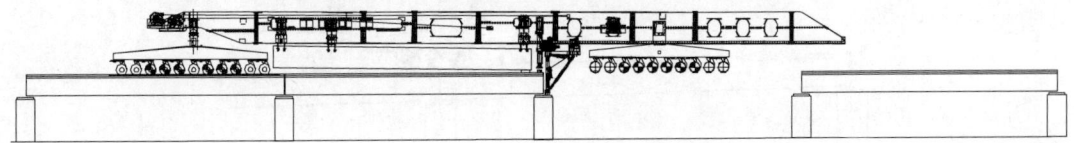
图 10-228 临时落梁示意图

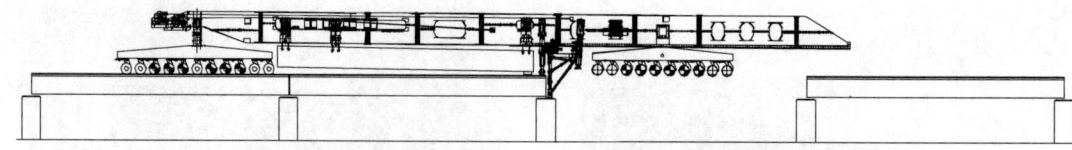

图 10-229　中支腿支承以及主支腿短斜支承示意图

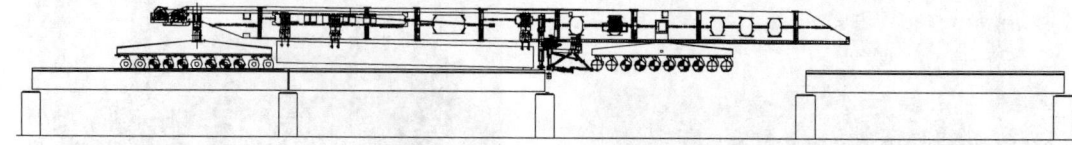

图 10-230　主支腿处于收折状态示意图

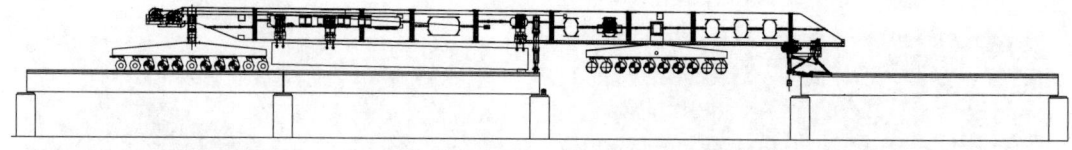

图 10-231　安装加高座及连接法兰示意图

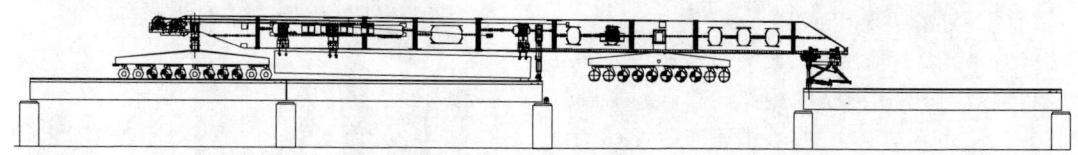

图 10-232　支腿完成转换并支承示意图

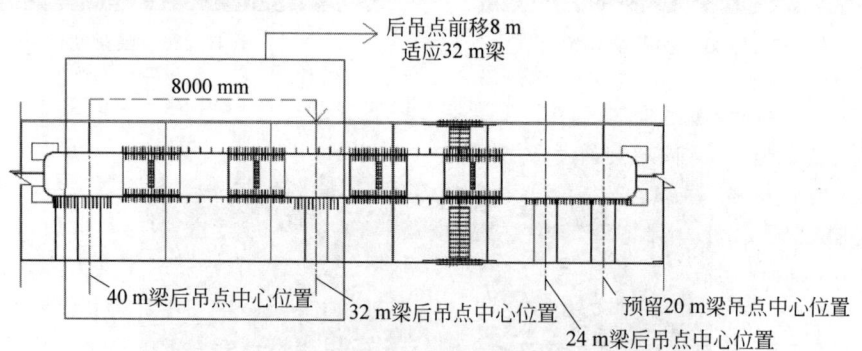

图 10-233　各种跨度的支承架位置及后吊点位置示意图

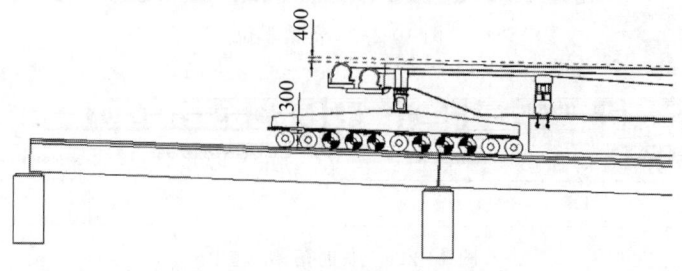

图 10-234　后车悬挂总体下降示意图

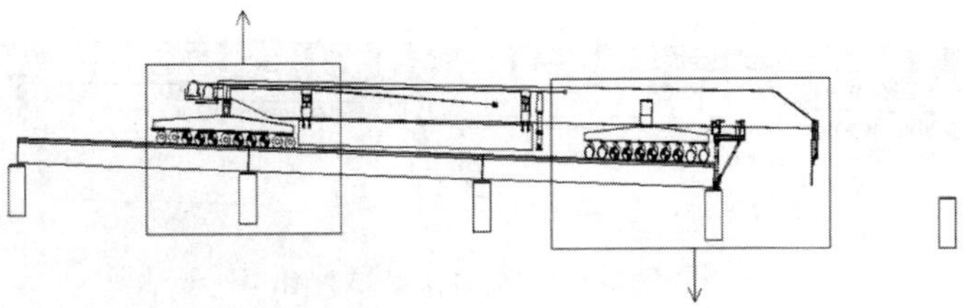

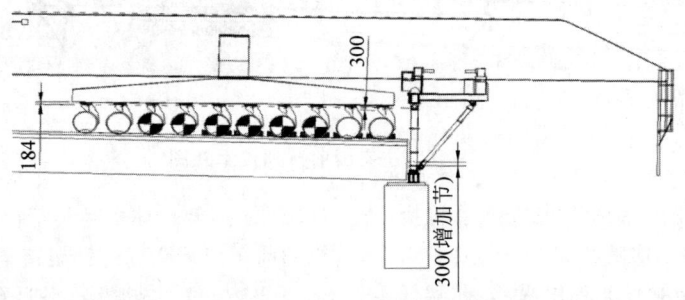

图 10-235　主梁后端下降且前车系统总体上升示意图

图 10-236　主支腿支承上桥墩示意图

(b) 支好主支腿,前车悬挂收回,准备第一次喂梁。

(c) 按前述通用架梁作业程序使整机前行,当中支腿到达待架孔前方桥墩支承位置时停车。

(d) 临时落梁,中支腿继续伸长,支承就位并使主支腿脱离垫石。

(e) 主支腿前行到位,如图 10-237 所示。

(f) 在中支腿的帮助下完成体系转换,如图 10-238 所示。准备第二次喂梁。

(g) 按通用架梁作业程序纵移、落梁就位。

(h) 整机后移,使前车到达已架箱梁顶面,完成下坡架梁工序。

(i) 转折回收主支腿,返回梁场,开始下一孔梁运架作业。

② 3‰上坡架梁流程:

(a) 后车悬挂总体上升 300 mm,主梁后端上升 400 mm,前车悬挂系统总体上升 100 mm,运梁至待架孔,主支腿较平坡工况收缩 300 mm,主支腿支承上桥墩。

(b) 支好主支腿,前车悬挂全部收回,准备第一次喂梁。

(c) 按前述通用架梁作业程序使整机前行,当中支腿到达待架孔前方桥墩支承位置时停车。

(d) 临时落梁(图 10-239),中支腿伸出,再支承就位并使主支腿脱离垫石。

(e) 主支腿前行到位,如图 10-240 所示。

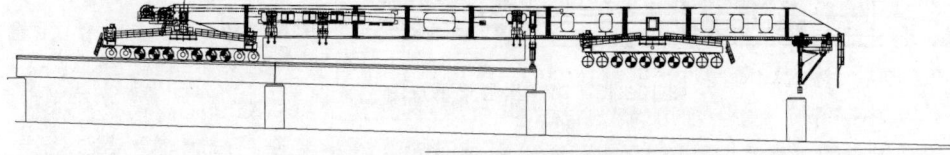

图 10-237　主支腿前行到位示意图

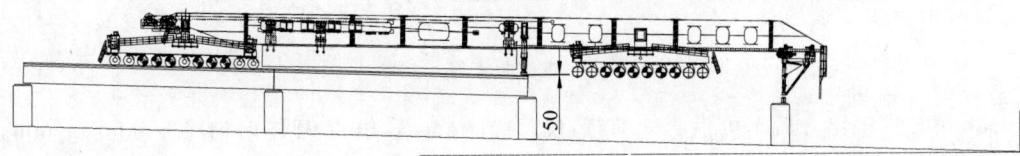

图 10-238　主支腿支好示意图

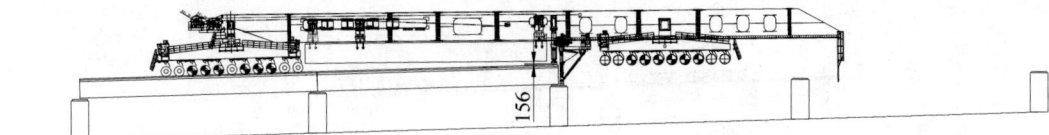

图 10-239 临时落梁示意图

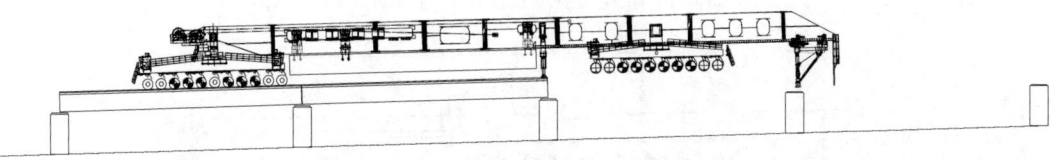

图 10-240 主支腿前行到位示意图

(f) 在中支腿的帮助下完成体系转换,支好主支腿,准备第二次喂梁。

(g) 按正常架梁作业程序纵移、前端低头、落梁就位。

(h) 整机后移,使前车到达已架箱梁顶面,完成上坡架梁工序。

(i) 转折回收主支腿,返回梁场,开始下一孔梁运架作业。

(4) 曲线架梁作业(半径 2000 m)

① 曲线架设 40 m 梁流程:

(a) 运架一体机运梁至待架孔。运架一体机的前车架端头到达已架箱梁端部停止移动。

(b) 支好主支腿,准备过孔(图 10-241),主支腿偏离中线向内 175 mm。

(c) 第一次喂梁(图 10-242),中支腿偏移中线向内 124 mm。准备前移主支腿,此时主支腿距离中支腿 1350 mm。

(d) 在中支腿的帮助下完成体系转换,支好主支腿(图 10-243),主支腿偏移桥墩中线向外 220 mm。

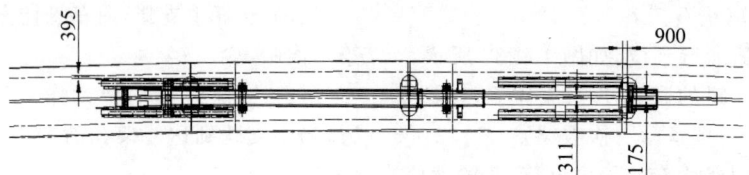

图 10-241 准备过孔示意图

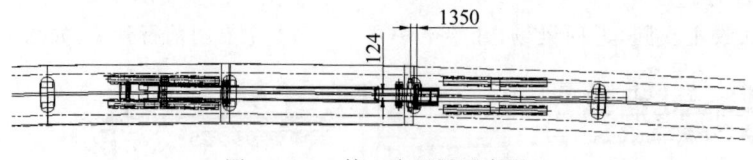

图 10-242 第一次喂梁示意图

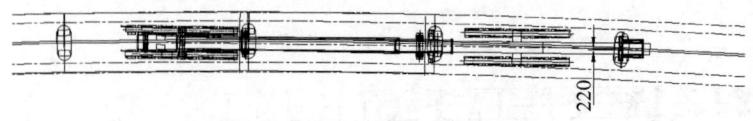

图 10-243 主支腿支好示意图

(e) 第二次喂梁。后车可沿直线前行,慢行到规定位置,此时前吊点偏移向外 144 mm/191 mm,后吊点偏移向内 138 mm/22 mm。

注:144 mm/191 mm、138 mm/22 mm 为吊点

最远点偏移中线最大距离和最远点偏移中线最小距离。

(f) 横移吊点落梁就位,完成架梁。

② 曲线架设 32 m 梁流程:

(a) 运架一体机运梁至待架孔。运架一体机前车架端头到达已架箱梁端部停止移动。

(b) 支好主支腿,准备过孔,主支腿偏离中线向内 153 mm。

(c) 第一次喂梁,中支腿偏移中线向内 193 mm。准备前移主支腿,此时主支腿距离中支腿 1350 mm。

(d) 在中支腿的帮助下完成体系转换,支好主支腿,主支腿偏移桥墩中线向内 176 mm。

(e) 第二次喂梁。后车可沿直线前行,慢行到规定位置,此时前吊点偏移向内 144 mm,后吊点偏移向外 138 mm,横移吊点落梁就位。

(f) 横移吊点落梁就位,完成架梁。

(5) 运梁过隧作业

运架一体机运梁通过隧道时,如图 10-244 所示,应注意与隧道梁端的距离,采用中位低速通过隧道。

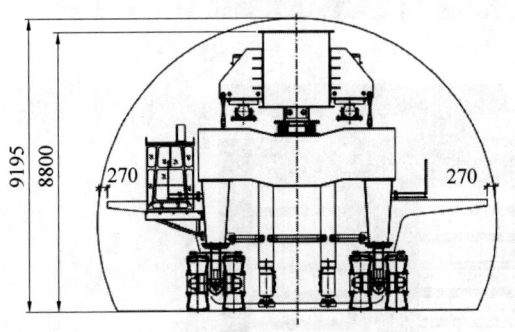 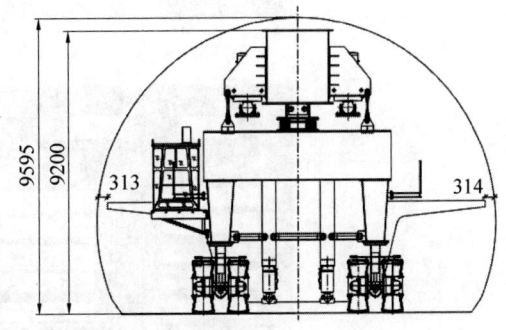

图 10-244　运架一体机运梁过隧道断面示意图

5. 电气系统操作与使用

1) 急停及冷却器操作

每个驾驶室均设置有冷却器通断旋钮,用于启动液压冷却器工作。

在设备前车和后车的大车 4 个角位置均设计有外部急停按钮,紧急情况下拍下急停按钮设备将停止一切动作,3 个驾驶室前面板还设计有断电急停按钮和停机按钮,用于紧急情况下断开设备电源。驾驶室急停按钮和停机按钮有更高权限,可断开设备控制电源。

无论是外部急停还是驾驶室内急停,均是为了应对紧急情况,注意慎用。若设备在重载运梁情况下拍下急停,由于设备惯性较大,可能导致意外设备损坏和危险。

2) 报警系统

驾驶室的控制面板装有报警指示灯、蜂鸣器及其他功能按钮。

当 PLC 编程出现故障时,如液压系统堵塞、液压油温、油位或压力传感器超限等,面板上的"故障报警"均会显示红色。

3) 显示系统

该机采用工业显示器,用户可以使用面板上的数字按键和功能按键进行操作、翻屏、查看各项参数等。通过驾驶室内的显示器可以方便地了解到整车的工作状态。如图 10-245 所示,主界面可以看到各个轮组的角度、设备行驶速度、闭式系统及开式系统压力、发动机转速、燃油油量、液压油温、液压油量等基本参数。

编码器标定界面是对转向轮组进行零位标定的操作界面,如图 10-246 所示。首先通过操作台的十字按钮上下移动选定轮组编号,再左右移动进行标定功能选定,最后按下操作台的确定键进行确认,即可完成轮组或卷扬编码器角度或高度位置标零。

在走行输出界面可以清晰地看到 48 个马达的输出电流值,以及走行闭式泵电磁阀的输出电流值等,如图 10-247 所示。

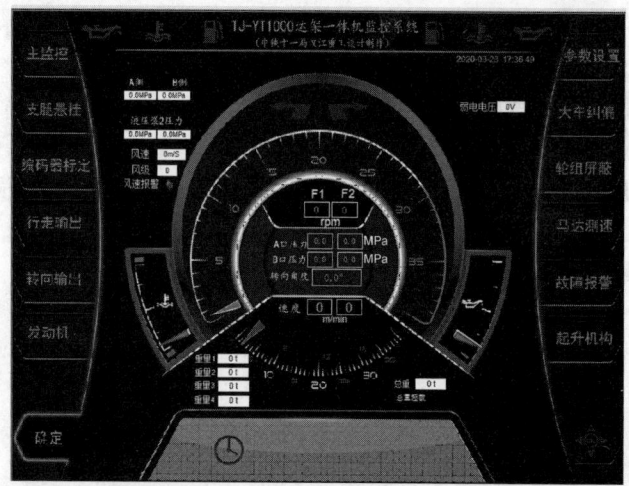

图 10-245　主界面

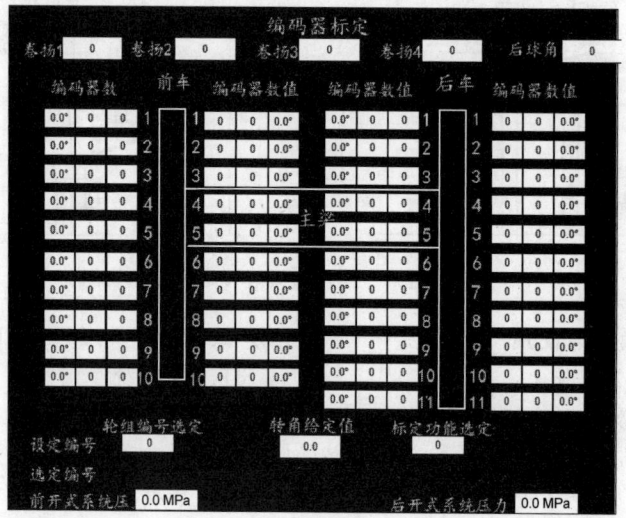

图 10-246　编码器标定界面

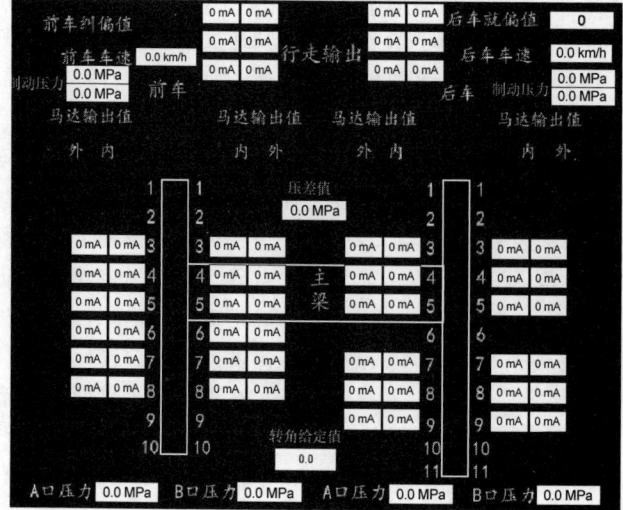

图 10-247　走行输出界面

在转向输出界面可以清晰地看到42组轮组中每个轮组的转角,以及对应轮组的电流输出值和开式系统压力等,如图10-248所示。

在发动机界面显示有两台发动机机油压力、发动机转速、发动机小时数、冷却液温度参数、液压系统回路压力、堵塞报警等,如图10-249所示。

在马达测速界面显示有48个马达对应的测速传感器的数值,两台走行泵的前进、后退输出值,以及前进、后退压力等,如图10-250所示。

故障报警:显示器将控制器发出的信号进行分析,判断并实时显示报警信号。可以看到控制器、编码器是否在线,绿闪表示正常,常绿和灰色均表示不正常,如图10-251所示。

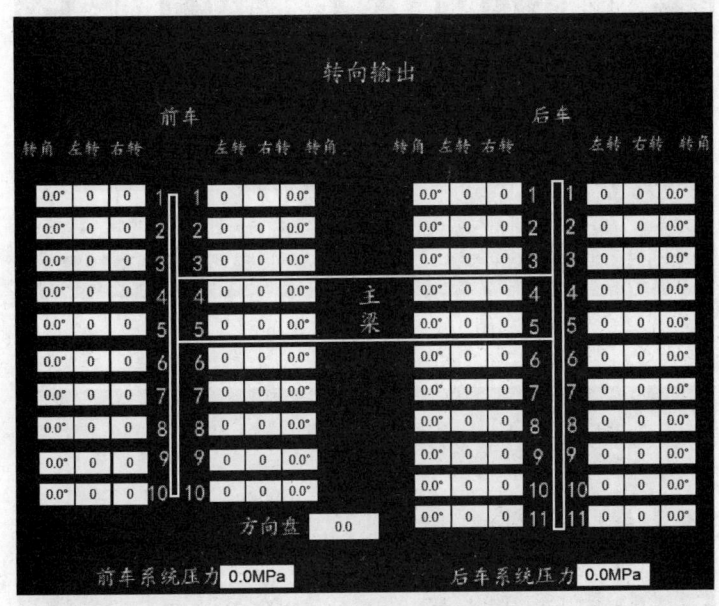

图10-248 转向输出界面

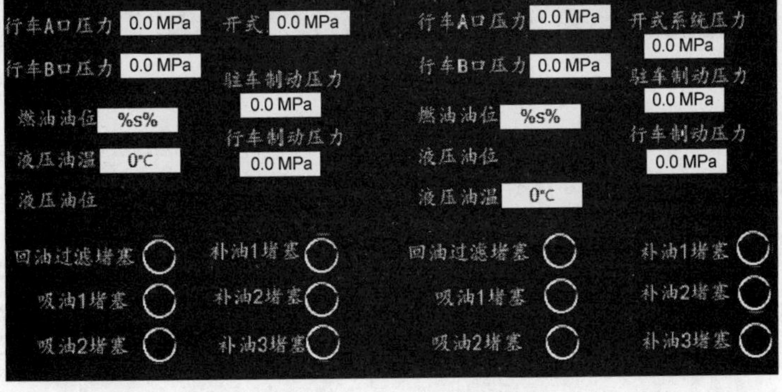

图10-249 发动机界面

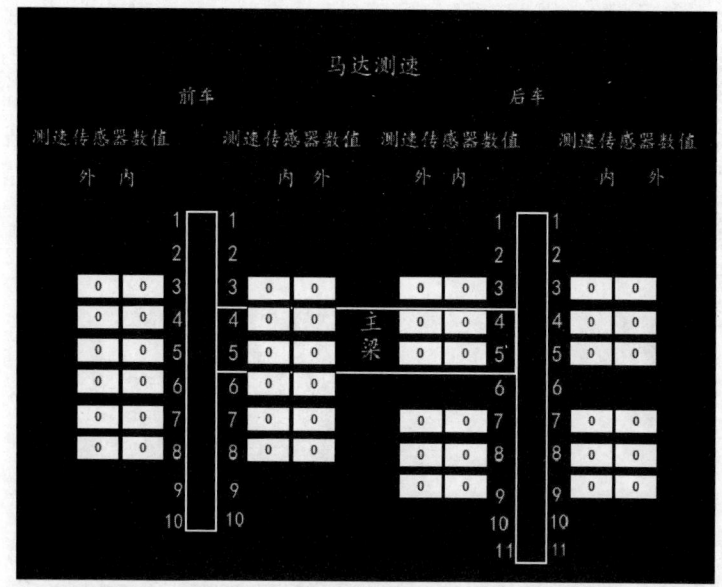

图 10-250 马达测速界面

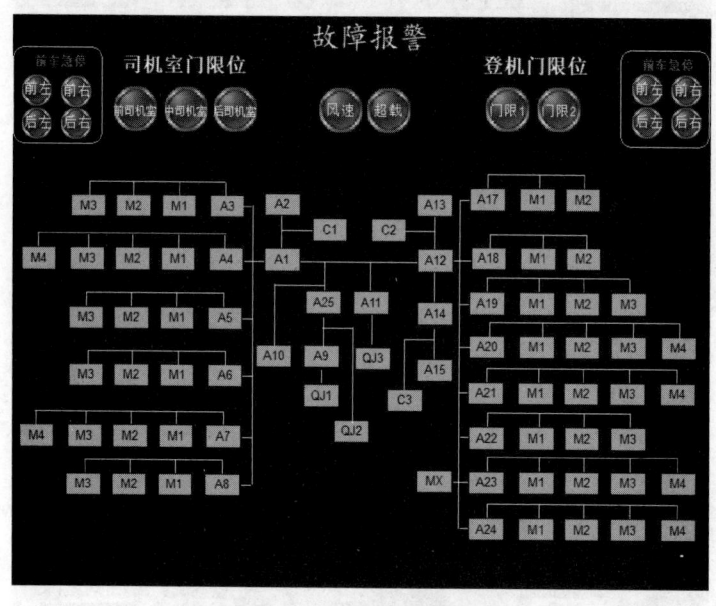

图 10-251 报警系统界面

轮组屏蔽：首先选定计算出要屏蔽的轮组编号，然后通过右下角的上下按键选择准备屏蔽的轮组，再通过左下角的"确定"按键确认，如图 10-252 所示。

起升机构界面可显示 4 台卷扬机液压系统工作压力（马达减速机及钳盘制动回路液压压力、卷扬马达补油压力等），以及卷扬升降电磁比例阀、马达排量电磁比例阀、纵横移控制比例阀实时电流情况，还有升降限位、实时高度位置情况等，如图 10-253 所示。

系统设计有大车纠偏系统，可在左侧联动台选择自动纠偏和手动纠偏两种模式。自动纠偏根据左、右侧行程传感器及悬挂压力进行自动纠偏；手动纠偏可在右侧联动台通过备用电位计实时调整前车速度，将前车速度调整至与后车同步，如图 10-254 所示。

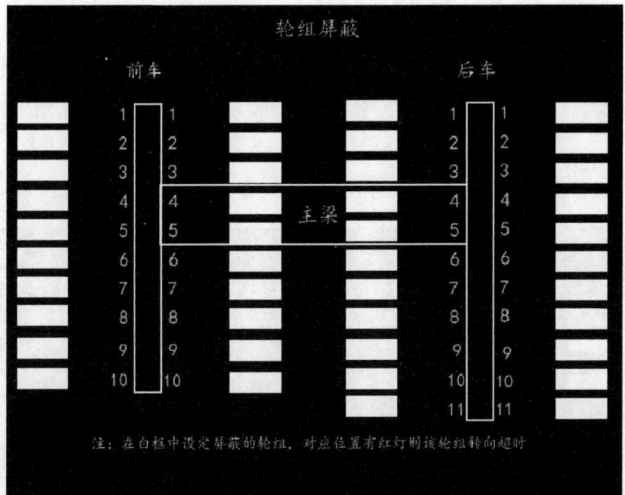

图 10-252　轮组屏蔽界面显示

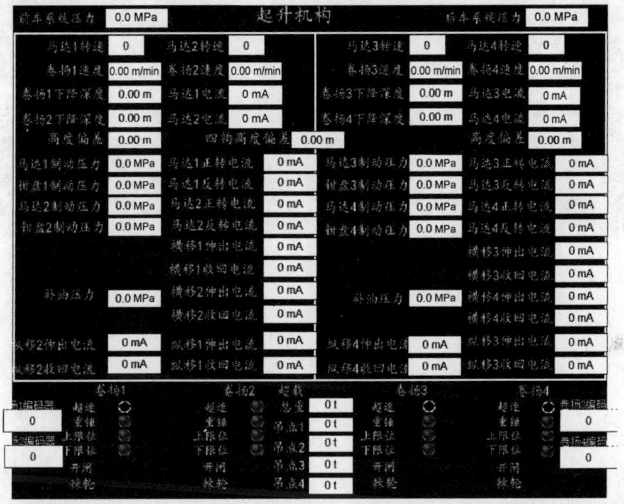

图 10-253　起升机构界面显示

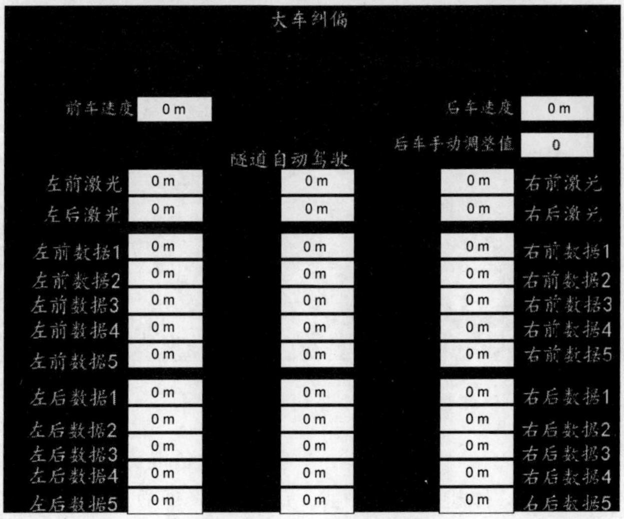

图 10-254　大车纠偏界面显示

支腿悬挂界面可实时显示各测点压力值、悬挂和支腿电磁比例阀实时输出电流值,如图10-255所示。

4)遥控器操作

主机遥控器可对整机的大部分机构和总动作实现控制(除主支腿部分),其操作界面如图10-256所示。主机遥控器安装在中驾驶室,工作电源为24 V直流电,与中驾驶室通过CAN总线方式进行通信。

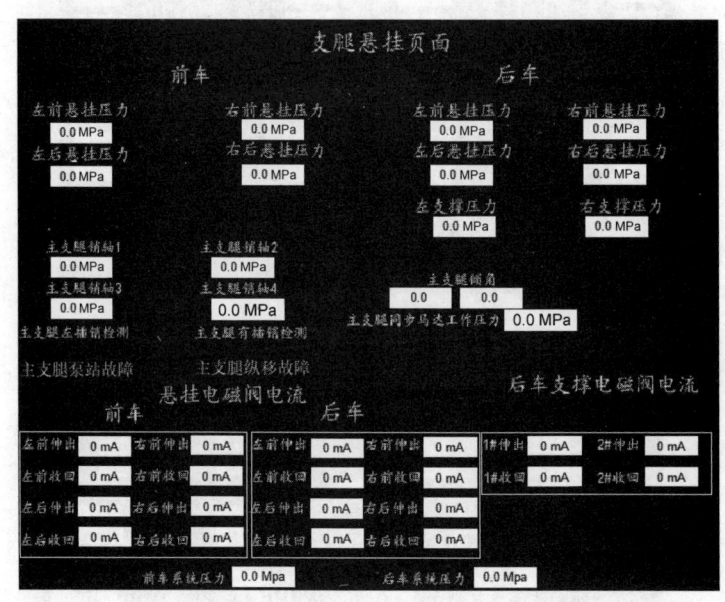

图10-255 支腿悬挂界面显示

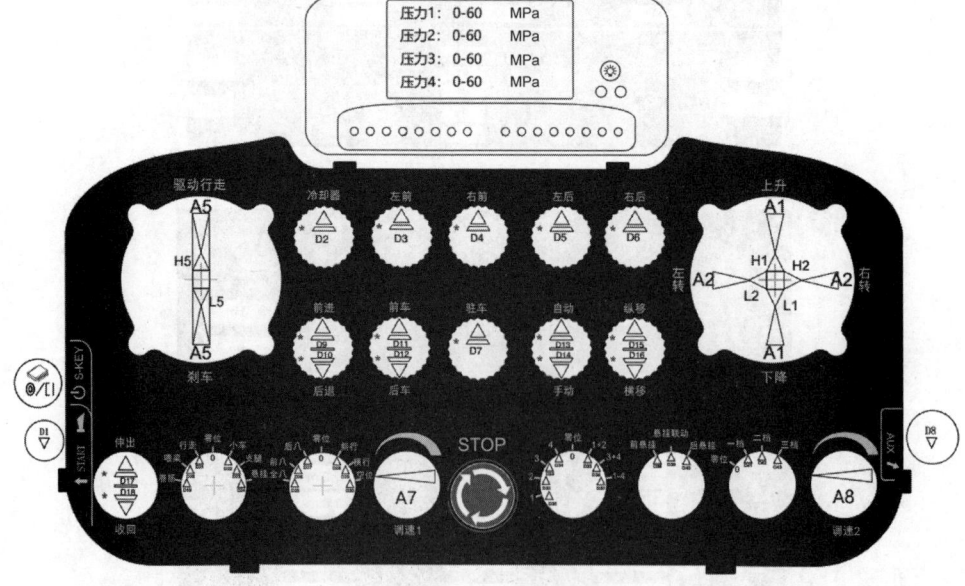

图10-256 主机遥控器界面

6. 维护保养

为正确使用、维护该运架一体机,最大程度地发挥设备能力,延长设备使用寿命,提高设备完好率、降低故障率,设备使用单位应结合实际情况,制定合理的设备使用及维护计划。

1) 设备总体维护

(1) 安排人员定期检查、清理设备表面卫生,使设备特别是液压系统、电气系统保持清洁。

(2) 定期对设备进行日常检查及润滑,做好设备的巡检、维护和保养工作。

(3) 严格执行相关设备维护保养规范,通过定期检查,发现设备隐患并及时排除,避免故障发生而影响生产。

(4) 定期对设备的紧固件、插接件、易损焊接件等的松动情况进行检查,并及时紧固或维修。

(5) 定期检查设备零部件是否有锈蚀、碰撞、变形,液压系统漏油,电气系统漏电等情况,发现问题及时处理。

2) 结构部分维护

(1) 定期检查各结构之间的连接螺栓是否松动,若发现松动必须全部加固。

(2) 定期检查各连接销轴是否牢固,连接是否可靠,对销轴、垫片、开口销等连接件产生变形或不满足使用要求的销轴予以更换。

(3) 定期为各润滑点涂加润滑油或润滑脂。

(4) 各滑动面涂通用锂基润滑脂。

3) 电气系统维护

(1) 根据现场实际情况,做好电控柜防尘防水措施。

(2) 所有低压电气设备在交接班、接班停电或送电前必须进行检查,只有确认无异常状态才可送电。

(3) 各种开关在断电情况下进行操作检查。检查机构是否完整、动作是否灵活、接触是否良好、有无过热现象。对烧损严重的电器触头必须修整或更换。

(4) 检查各种继电器和接触器动作是否灵活可靠,触头压力、行程是否恰当。当触头烧损超过原厚度的1/3时应更换。

(5) 检查控制器和主令电器动作是否灵活可靠,定期检查触头磨损情况。

(6) 检查所有螺钉螺帽是否紧固,各接线头是否松动,导线连接是否紧固。

(7) 检查电器动作程序和动作可靠性。

(8) 在运行中对低压电气设备进行巡回检查,每班最少检查两次。

(9) 检查各种低压电器导电部分的温升是否过高。

(10) 检查接触器、继电器等运行的声音是否正常。

(11) 检查接触器、继电器的线圈是否正常。

(12) 检查各种保护和控制继电器工作情况是否符合要求,动作程序是否正确,动作是否可靠。

(13) 检查操作面板上的开关、按钮、指示灯是否正常,如有损坏及时更换。

(14) 每次启动或跳闸经过大电流后,应检查电路中各电器导电部分有无过热和烧损现象。

(15) 塑壳式自动开关及大容量框架式自动开关在每次保护动作后,必须查明原因,只有在查明原因并排除故障后才允许送电。检查内容包括:

① 是否因为过载引起了热保护动作。

② 是否因为系统短路引起了瞬时或延时保护动作。

③ 具有漏电保护功能的自动开关,各相绝缘电阻是否正常。

④ 是否存在人为的误动作。

(16) 泵站电动机在长时间停用或重新更换后,启动前必须检查绕组间及绕组对地间的绝缘电阻,一般 380 V 交流电动机用 500 V 兆欧表测量,其绝缘电阻应大于 0.5 MΩ。同时检查电动机内外有无杂物、转轴是否能自由旋转、轴承是否有油、电动机接地是否可靠等。

(17) 泵站电动机运行过程中应经常检查负载电流,轴承发热、漏油情况,若发现运行过程中出现摩擦声、尖叫声或其他杂音,应立即停机检查,消除故障后方可继续运行。

(18) 泵站电动机运行过程中要保持清洁,防止水、油污或灰尘进入电动机内部。保证电动机通风良好,进出风口畅通。

(19) 定期检查电缆是否排放整齐。电缆表层保护胶有无剥落,外皮有无破损,电缆各部有无不符合规程的急弯。定期检查电缆的绝缘性能,其绝缘电阻应大于 0.5 MΩ。

4) 液压系统维护

液压系统的正确使用与精心保养,能够保证液压系统正常工作,保持液压设备的工作精度,使设备长期处于良好的技术状态,发挥应有的效能。

(1) 日常检查

在液压泵启动前后和停止运转前检查油量、油温、油质、压力、泄漏、噪声、振动等情况。若出现不正常现象应停机检查原因,及时排除异常。

(2) 定期保养

调查日常检查中发现而又未及时排除的异常现象和潜在的故障预兆,查明其原因并给予排除;对规定必须定期检查的基础部件,应认真检修、保养;检查油量,加油、补油,清洗油箱等。

(3) 综合维护

综合维护大约每 3 个月一次,主要检查液压装置的各元件和部件,判断其性能和寿命,进行分解检修或更换元件,对液压系统进行清洗和换油。

(4) 液压设备的使用维护和操作保养要求:

① 使用维护要求

为了保证液压设备能达到预定的生产能力和稳定可靠的技术性能,对液压设备必须做到熟练操作、合理调整、精心保养和计划检修。使用液压设备时有下列要求:

(a) 按设计规定和工作要求合理调节液压系统的工作压力和工作速度。

(b) 按使用说明书规定的品牌号选用液压油。在加油之前油液必须过滤。同时要定期对油质进行取样化验,若发现油质不合使用要求时必须更换。

(c) 液压系统油液的工作温度不得超过 60℃,一般应控制在 10~50℃ 范围内。若超过规定范围,应检查原因并予以排除。

(d) 要保证电磁阀正常工作,就必须保证电压稳定,其波动值不应超过额定电压 5%~15%。

(e) 不许使用有缺陷的压力表,不许在无压力表的情况下工作或调压。

(f) 当液压系统某部位产生故障时(如油压不稳、油压太低、振动等),要及时分析原因并处理,不要勉强运转以防造成大事故。

(g) 经常检查和定期紧固管件接头、法兰等以防松动。

(h) 液压升降平台用升降液压缸高程保压观察,若保压不好,应检查液压缸液压锁及液压缸本身有无内漏。

② 操作保养规程

液压设备的操作保养除满足对一般机械设备的保养要求外,还有一些特殊要求,其内容如下:

(a) 操作者必须熟悉本设备所用的主要液压元件的作用,熟悉液压系统原理,掌握系统动作顺序。

(b) 操作者要经常监视液压系统的工作状况,观察工作压力和速度,检查液压缸或马达情况,以保证液压系统工作稳定可靠。

(c) 在开动设备前应检查所有运动机构的主电磁阀是否处于原始状态,检查油箱油位。若发现异常或油量不足,不准启动液压泵电动机,并找维修人员进行处理。

(d) 当油箱内的油温未达到 10℃ 时,各执行机构不准开始按顺序工作,而只能启动液压泵电动机使液压泵空运转。工作过程中,当油箱内的油温高于 50℃ 时要注意液压系统工作状况并通知维修人员进行处理。

(e) 操作者不准对各液压元件私自调节或拆换。

(f) 当液压系统出现故障时,操作者不准私自乱动,应立即报告维修部门。维修部门有关人员应速到现场对故障原因进行分析并排除。

(g) 液压设备应经常保持清洁,防止灰尘、棉纱等杂物进入油箱。

(h) 操作者要按设备点检卡规定的部位和项目进行每班制认真点检,基础点检项目为油位是否正常、油压是否稳定、泵站运行有无异响、油路有无漏油等。

7. 常见故障及处理方法

燃油油量过少、液压油位过低时均可在显示屏的"主监控"页面看到，对应参数为红色，主页面底部也有文字提醒。

控制器、编码器、倾角的工作状态在显示屏的"故障报警"页面可以看到，正常状态下控制器、编码器、倾角的工作状态为绿色闪烁，灰色和绿色常亮均表示有故障。在显示屏的"主监控"页面底部也会有文字提醒。

马达状态可以在显示屏的"走行输出"页面通过马达输出值看到；马达测速传感器状态可以在显示屏的"马达测速"页面通过测速传感器值看到。

当设备出现故障时，面板上的报警器将闪烁并鸣叫，并在显示屏上给出故障类型的提示。

运架一体机常见故障及处理方法如表 10-59 所示。

表 10-59　运架一体机常见故障及处理方法

序号	故障现象	原因分析	处理方法
1	发动机不启动	电瓶电压过低、启动按钮故障、启动继电器接触不良等	更换电瓶、按钮、启动继电器、保险丝等
2	充电发电机不充电	发电机皮带松、发电机损坏或线路故障	更换皮带，检修发电机
3	不能走行	急停开关被按下	急停开关复位
		没有选择速度挡	选择速度挡
		走行手柄接线松动或走行手柄损坏	检查接线或更换手柄
		控制器故障	检查接线
		控制权没选择	断开另一驾驶室控制权开关后，再合上当前驾驶室控制权开关
4	不能升降	急停开关被按下	急停开关复位
		速度挡不在空挡位	把速度挡置于空挡
		走行手柄接线松动或走行手柄损坏	检查接线或更换手柄
		控制器故障	检查接线
		控制权没选择	断开另一驾驶室控制权开关后，再合上当前驾驶室控制权开关
5	个别轮转角不对或乱摆	轮的零位没调好	重新调零
		编码器线松动	检查接线
		编码器损坏	更换编码器
		转向阀卡塞	清洗转向阀
6	个别轮转的慢	比例阀接线松动	检查接线
		比例阀电流小	调整比例阀电流
7	转向时轮乱摆	比例阀最小电流太大	减小比例阀电流
		参数调整的不合适	重新调整参数
8	走不直	零位没调好	重新调零位
9	灯不亮	灯丝烧、保险丝熔断、刮水器松动	换灯或保险丝，紧固刮水器螺丝
10	液压油散热风扇不转	保险丝熔断、温度开关故障、电动机损坏	换保险丝
11	控制器掉线	电源线或熔断器断路（短路）熔断；CAN1 网线断路（短路）或插接件接触不良	复位、更换并检查线路

续表

序号	故障现象	原因分析	处理方法
12	转向编码器报警	编码器插头松动、接触不良或接线断路（短路）	重插恢复；检查线路；
		编码器损坏（进水或机械损毁）	更换编码器
13	轮组左右摇摆，编码器无报警，数据随轮组变化	多路阀先导阀堵卡	打开先导阀放油并清洗
		多路阀先导阀划伤内泄	更换先导阀并清洗油路
14	轮组转向不受控制	联轴器（拨杆）脱落	恢复紧固
15	某一组轮组编码器报警	控制器 CAN2 线接触不良或终端电阻故障；编码器电源线短路或断路	检查更换，阻值应在 60 Ω 左右
16	整车轮组无转向	方向盘电位器故障	检查更换
		模式旋钮信号线松动；启动按钮信号线松动或损坏	紧固及更换
17	无驱动压力	模式挡位旋钮接线脱落松动	紧固更换挡位旋钮
		启动按钮接线脱落或损坏	紧固更换启动旋钮
		油门踏板电位器损坏	更换油门踏板电位器
		闭式泵故障	维修更换闭式泵
18	有驱动压力但不能走行，有憋压声响	液压制动未打开	打开液压制动
19	个别轮组无驱动	液压制动解除压力	压力应大于 2 MPa 且小于 2.8 MPa
20	驱动轮组打滑	驱动马达测速线断路（短路）；测速传感器损坏；驱动马达内泄	维修或更换
21	卷扬机无动作	模式选择信号线松脱；手柄信号线松脱	检查接线并紧固
22	个别卷扬机无动作或速度极慢	模式单选旋钮信号线松脱；钳盘接近开关故障；机闸限位开关故障；吊梁限位及卷扬位开关故障；限位及接近开关线路断（短）路	检查接线并紧固
23	个别卷扬机失速	卷扬马达测速线断路；卷扬测速传感器损坏；卷扬比例阀故障	检查并更换处理

10.3.7 节段拼装架桥机

节段拼装架桥机为桥梁施工专用设备，根据参数定制，主要参数包括整孔梁质量、跨度、最大节段质量，起升速度、高度等。例如，1800 t/50 m 节段拼装架桥机，整孔梁质量 1800 t、跨度 50 m，最大节段质量 180 t,重载起升速度 0～0.5 m/min,空载起升速度 0～1 m/min,起升高度 0～35 m。节段拼装架桥机主要性能参数如表 10-60 所示。

表 10-60　节段拼装架桥机主要性能参数

序号	整孔梁质量/t	跨度/m	最大节段质量/t	型　号	重载起升速度/(m/min)	空载起升速度/(m/min)	过孔速度/(m/min)	起升高度/m	厂　家	参考价格/万元
1	2700	64	250	SPZ2700/64	0～0.5	0～1	0～3	0～40	中铁十一局集团汉江重工有限公司	2600
2				SPZ2700/64					秦皇岛天业通联重工科技有限公司	2600
3	1800	50	180	HJP1800/50				0～35	中铁十一局集团汉江重工有限公司	1750
4				50/1800节拼					武汉通联路桥机械技术有限公司	1700
5				DP1800/50					郑州新大方重工科技有限公司	1300
6				TP180/50					秦皇岛天业通联有限公司	1800
7				LG1800					邯郸中铁桥梁机械有限公司	1750

1. SPZ2700B/64 型节段拼装架桥机（中铁十一局集团汉江重工有限公司）

1) 概述

箱梁节段拼装架桥机是介于架桥机和现浇支架之间的一种桥梁施工装备，用于将箱梁节段吊装至架桥机腹内、支承箱梁节段并在其上完成干/湿接缝、张拉预应力筋成桥。SPZ2700B/64 型节段拼装架桥机采用两跨连续主桁加尾桁的结构形式，前跨用作过孔时的前导梁，后跨为工作跨，架桥跨度可为 64 m 和 40.7 m，尾桁用于节段箱梁的喂梁作业。主桁下面设下托梁系统，用于支承箱梁节段，梁节的摆放、调整通过主桁上面的提梁龙门式起重机实现。

SPZ2700B/64 型节段拼装架桥机具有以下特点：

（1）可满足 64 m、40.7 m 跨度的双线整孔箱梁的节段拼装要求。

（2）架桥机过孔作业的支承和驱动全部依靠主桁下面的托轮系统实现，无须在架桥机尾部已造混凝土梁面上设置过孔后支点，节省了驮运支架和驮运台车，同时避免了在已架箱梁顶面走行时繁琐的铺轨作业。

（3）过孔用的 3 套托轮系统变换支承状态后，同时兼做架桥状态的支承点。支承点直接作用于主桁平面，使得主桁结构受力合理，并且无须设置强壮的支点支承横梁。

（4）架桥机重心低，梁体位于架桥机腹内，载荷经下托梁系统作用于主桁下弦上，具有较高的稳定性。

（5）可适应 4000 m 曲线半径桥梁的造设。

（6）可与有轨运梁车和无轨运梁车配套使用。

2) 主要技术参数

SPZ2700B/64 型节段拼装架桥机的主要技术参数如表 10-61 所示。

表 10-61　SPZ2700B/64 型节段拼装架桥机主要技术参数

项　目	设计性能指标	备　注
规格型号	SPZ2700B/64	—
适应架桥跨度/m	64，40.7	—
门式起重机额定起重质量/t	250	—
门式起重机起升高度/m	15.5	—
门式起重机横向调整距离/mm	±300	端梁节±115

续表

项　　目	设计性能指标	备　　注
门式起重机起升速度/(m/min)	0~0.9	—
门式起重机大车走行速度/(m/min)	0~5(重载);0~7.7(空载)	—
整机过孔走行速度/(m/min)	0~5	—
架桥机最大承载质量/t	2500	—
喂梁方式	尾部喂梁	—
允许最大作业纵坡坡度/‰	1.5	—
适应最小曲线半径/m	4000	—
综合作业效率/(天/孔)	10	—
整机工作级别	A3	—
机构工作级别	M4	—
利用等级	U0	—
载荷等级	Q4	—
架桥机整机质量/t	2100	—
整机外轮廓尺寸(长×宽×高)/(m×m×m)	158×27.3×24	—
装机功率/kW	501	—
可同时使用功率/kW	141	—
备用动力	主用功率为250kW的发电机组1台	—
允许作业最大风力/级	8	过孔作业7级
允许非作业最大风力/级	13	—
环境温度/℃	−20~50	—
海拔高度/m	≤2500	—

3) 设备组成

SPZ2700B/64型节段拼装架桥机主要由主桁系统、下托梁系统、托轮系统、后端临时支腿、前端临时支腿、中间临时支腿、提梁龙门式起重机、液压系统和电气控制系统等部分组成,如图10-257所示。

(1) 主桁系统

主桁系统是架桥机的主要受力构件,由左右两组桁架梁及其连接横梁组成,两片平面桁架中心距3 m,两组桁架梁中心距17.5 m,主桁总长度为157.9 m,高8.5 m,结构件总质量约1336 t。

主桁结构主要由前跨主桁、后跨主桁、尾桁及临时支腿等部分组成。单片桁架包括上下弦杆、斜杆、上下平联、横联等。上弦杆上设门式起重机走行轨道,以供提梁龙门式起重机大车走行。下弦杆底部设托轮走行轨道,保证托轮系统过孔走行。主桁系统立面如图10-258所示。

后跨主桁在40 m跨度处增设中间弦杆,首次造设40 m梁时,尾桁及中间主桁以下,以后部分先不拼组,增设的中间弦杆和上弦杆、上层斜杆构成临时喂梁尾桁。前两孔架桥完成后,再恢复成完整的主桁结构。主桁结构前、后端各设一节活动翻转节,用于协助托轮系统的倒换。主桁前端翻转节翻转示意如图10-259所示。

主桁结构为两跨连续结构,前跨64 m主桁用作过孔的前导梁,后跨64 m是架桥的工作跨。在架桥状态,主桁系统通过前、中、后托轮系统支承在待架桥跨桥墩两侧。在过孔状态,主桁系统短时支承在3套托轮系统上,大部分时间支承在两套托轮系统上,其驱动力始终由前两套托轮系统提供。

(2) 下托梁系统

下托梁系统是架桥机承载混凝土梁节的平台,由下托横梁、下托纵梁、翻转吊耳、下托梁附属结构、连接钢销等部分组成,总质量约

第10章 主要机械参数

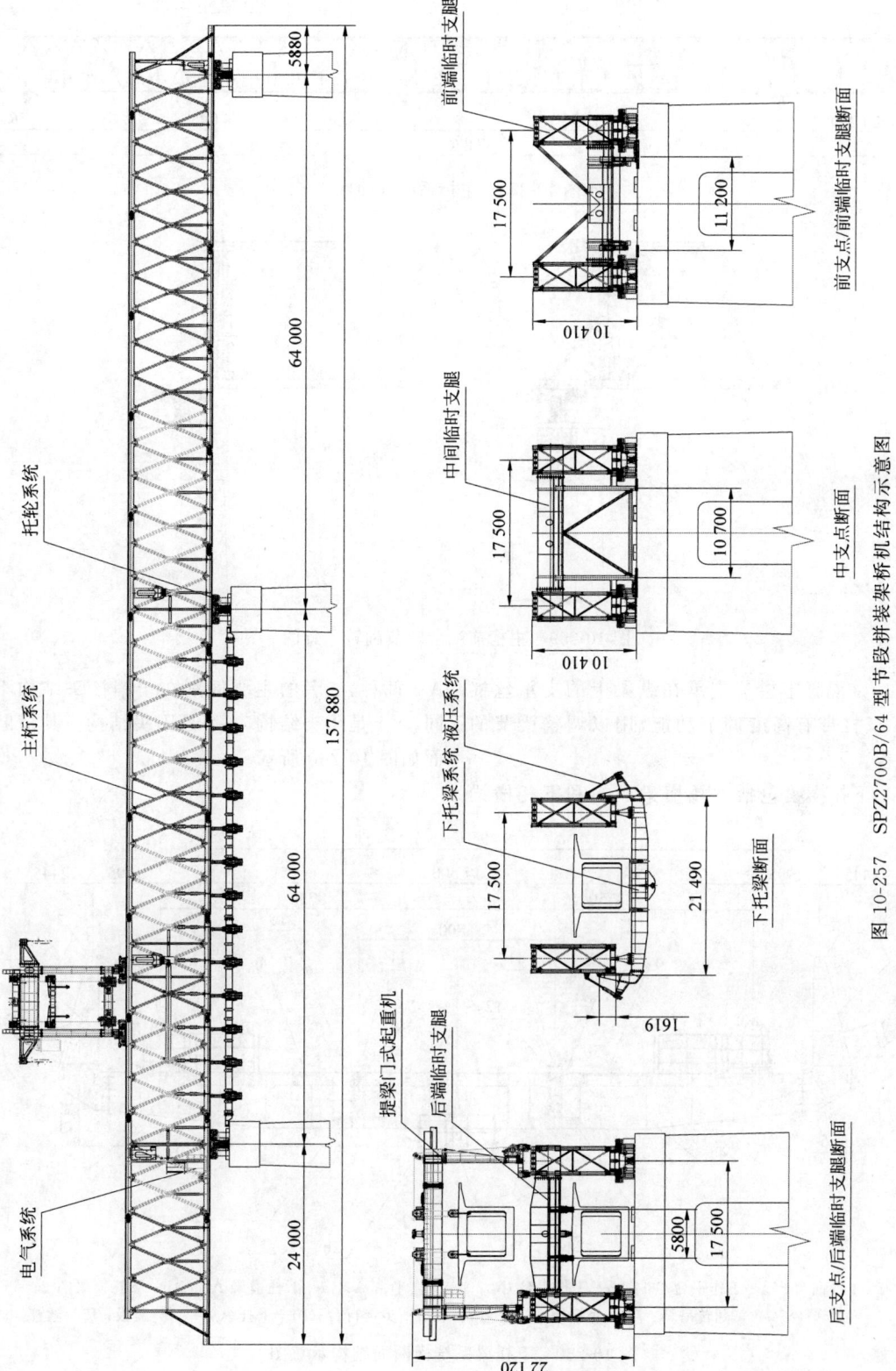

图 10-257　SP2Z700B/64 型节段拼装架桥机结构示意图

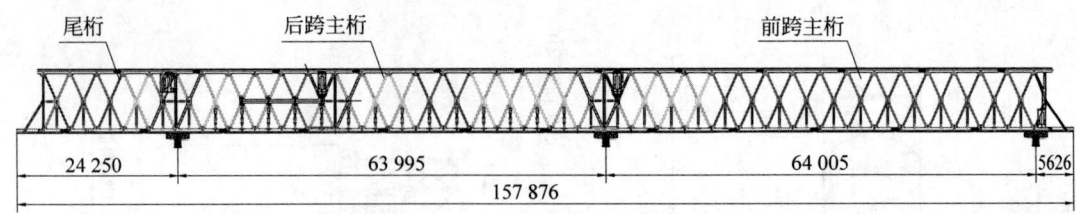

图 10-258 主桁系统立面图

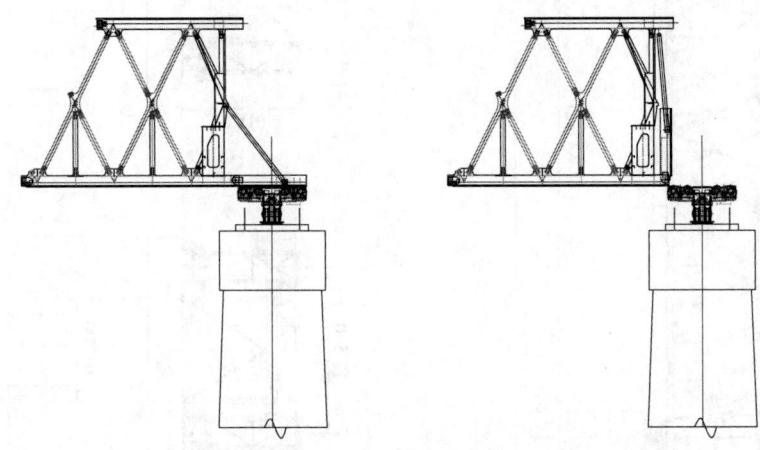

图 10-259 主桁前端翻转节翻转示意图

318 t。混凝土梁节支承在纵梁上的支承丝杠上,丝杠带有高度调节功能,用以调整梁节的高程。

下托横梁包括下托横梁 A-1 和下托横梁 A-2 两种,二者的主要区别在于销接头结构不同,A-1 是阴头结构,A-2 是阳头结构。其横断面如图 10-260 所示。

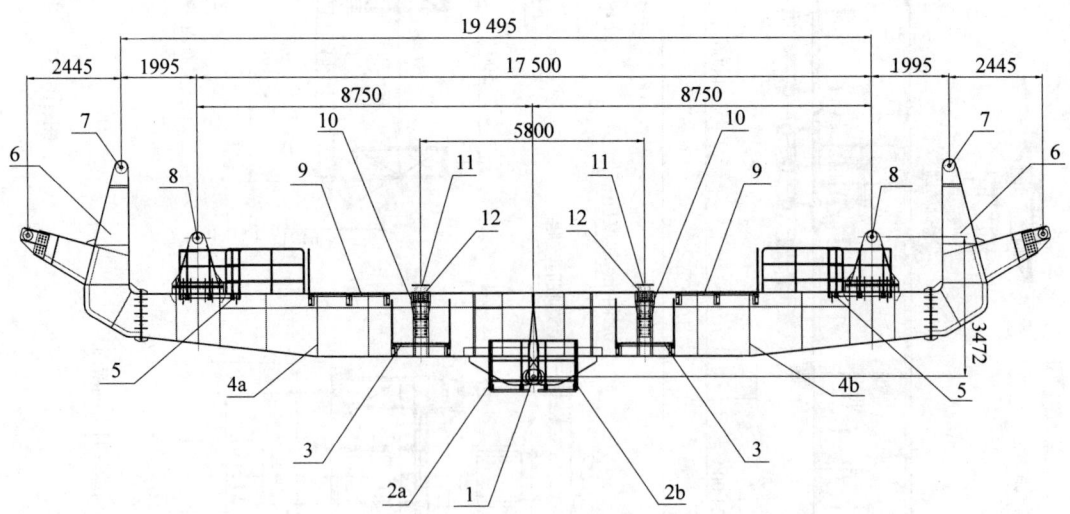

1—1 号钢销;2a—工作平台 C-1;2b—工作平台 C-2;3—工作平台 A;4a—下托横梁 A-1;4b—下托模梁 A-2;5—工作平台 B;6—翻转吊耳;7—3 号钢销;8—2 号钢销;9—步走行台;10—下托纵梁;11—盖板;12—丝杠。

图 10-260 下托梁系统横断面结构示意图

下托纵梁包括1~15号纵梁,纵梁的截面形式一样,但是丝杠支承座的位置不同。其中1号、7号和15号纵梁是组合结构,由两部分组成,中间有法兰盘连接。

翻转吊耳是异形结构,一侧靠法兰盘和下托横梁法兰盘相连,另一侧是两个牛腿结构,一个牛腿通过3号钢销和主桁竖杆上的耳座相连,另一个牛腿通过钢销和翻转液压缸相连。

下托梁附属结构包括步走行台、工作平台。

下托纵梁三角底托用来支承下托纵梁,它与下托横梁的侧面法兰相连。

下托梁系统钢销包括1号钢销、2号钢销、3号钢销。1号钢销用于下托横梁A-1和A-2的接头连接;2号钢销用于下托横梁上吊耳结构和主桁下平联的横梁上的相应吊耳进行连接;3号钢销用于翻转吊耳上牛腿和主桁竖杆上的下耳板进行连接。

(3) 托轮系统

托轮系统位于主桁系统每组桁架梁正下方,用于支承和驱动架桥机过孔,同时也是架桥机架桥状态的支承点。托轮系统共3套(6个),相互独立,分别支承在前跨主桁前端,后跨主桁后端,以及前、后跨连接处下方,每组桁架梁下各3个。

在某些施工中铁路桥垫石外的公路墩墩身暂不浇筑,托轮系统直接放置在公路墩墩身位置,其上再支承主桁系统。公路墩墩身预留有一圈钢筋,托轮系统坐落其中,无法通过沿主桁下弦杆自行的方法移动,只能从上方吊出的方法进行倒换,前、中、后托轮系统依次从后往前倒换,采用这一倒换方式后,3套(6个)托轮系统必须完全一致,以支承在前、后跨连接处的最大承载力进行设计。托轮系统安放位置如图10-261所示。

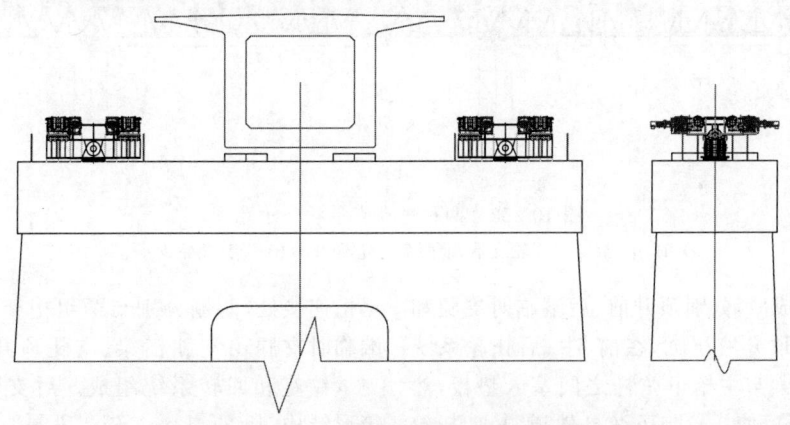

图10-261 托轮系统安放位置示意图

每个托轮系统均由托轮组及其驱动减速机、纵横向均衡梁、支承铰座等部分组成。托轮系统的一级均衡为横桥向均衡,用于均衡组成单侧桁架梁的两片桁架之间的支承反力。托轮系统的二、三级均衡为顺桥向均衡,用于均衡单片桁架下的4对托轮。每个托轮系统共有8对(16个)托轮,每片桁架下弦杆下各有4对。过孔时,托轮系统采取双线双轨走行形式,支承车轮组对主桁起支承导向作用。托轮直径为500 mm,车轮为单侧轮缘,两个一对,轮缘朝外,共同支承一根桁架下弦杆。托轮系统支承状态如图10-262所示。

每个托轮系统均配置了驱动装置,驱动装置采用斜齿轮-伞齿轮减速机分别驱动,采用1/2驱动形式。托轮系统的制动转矩由电动机制动器提供。

在过孔状态,托轮系统的踏面与主桁下弦杆的轨道相接触,主桁系统短时支承在3套托轮系统上,大部分时间支承在两套托轮系统上。但驱动力始终由前两套托轮系统提供,后托轮驱动系统不予供电。架桥机过孔支承状态如图10-263所示。

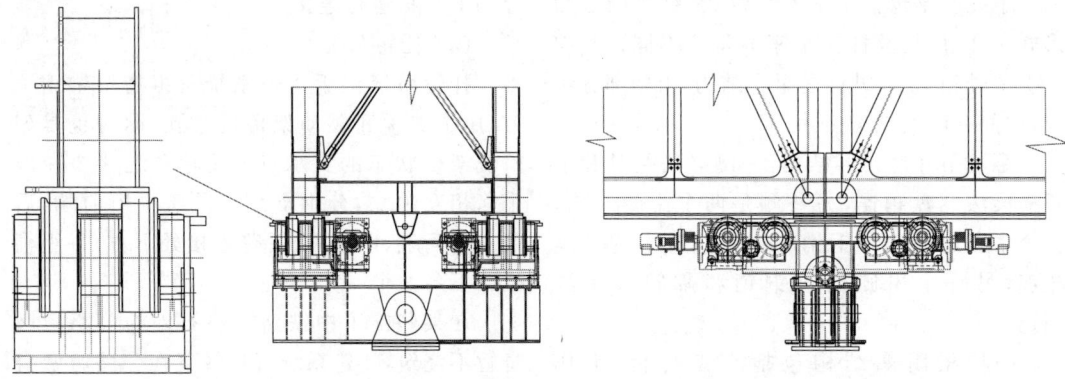

图 10-262　托轮系统支承状态示意图

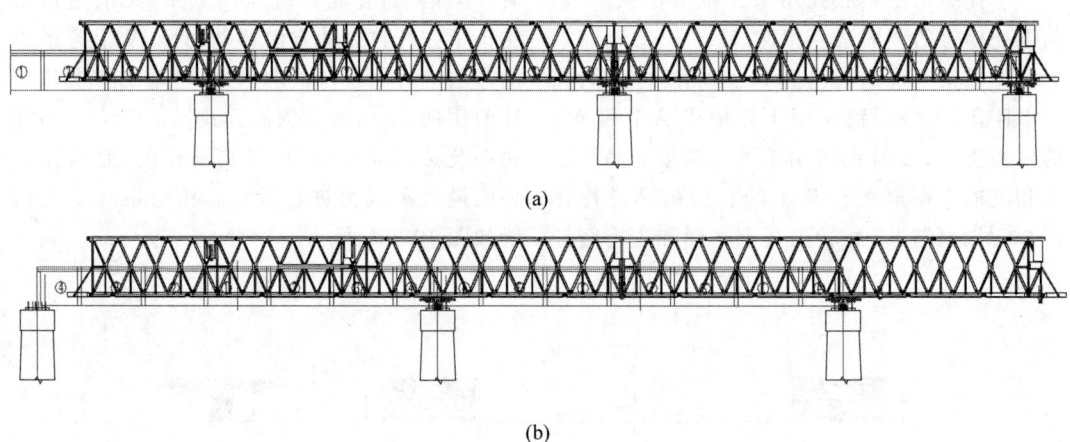

图 10-263　两种过孔支承状态示意图
(a) 前、中、后 3 套托轮支承，前两套托轮驱动；(b) 两套托轮支承、驱动

过孔完成后，分别顶升前、后端临时支腿和主桁中部的顶升液压缸，在前、中、后托轮系统的二级均衡梁与主桁下弦杆之间塞入垫板，然后收缩液压缸，使托轮与下弦杆轨道脱离，托轮系统转换为架桥支承状态，如图 10-264 所示。

当 64 m、40.7 m 桥跨交叉布置，连续造完两孔 40.7 m 跨梁，再过孔造设 64 m 跨桥梁时，后托轮系统将无法倒换出来（前悬臂过大，需要先前悬 71.5 m 取出后托轮系统，再后退让出前托轮系统安放位置）。为保证安全并提高作业效率，需要配置一套备用托轮系统，用作备件和 40.7 m＋40.7 m＋64 m 工况的替换托轮系统，该替换托轮系统同时与两孔连做架桥机共用，如图 10-265 所示。

(4) 后端临时支腿

该架桥机后端临时支腿位于后跨主桁与尾桁连接处，两侧分别与两组桁架梁相连。后端临时支腿由支腿横梁、支腿顶升液压系统、支承铰座和回转系统组成。后支腿横梁采用箱形结构，长 21.14 m，分 3 段制造。中间节长 13.4 m，与后跨 40 m 跨度处连接横梁共用，造设首孔 40 m 梁时与 40 m 跨处横梁连接，首孔架桥完成后移至后端支腿横梁处固定。

后端临时支腿的顶升液压系统由泵站和两个 350 t 顶升液压缸组成，如图 10-266 所示。液压缸设于横梁中间段，行程 700 mm。支承铰座分上支承铰座和下支承铰座两部分，架桥时下支承铰座向后翻起，固定在后支腿横梁上。顶升液压系统的作用有两个：第一个作用是过孔作业时与支承铰座相配合，当架桥机前行至主桁尾部翻转节位于后托轮系统上方时，顶起顶升液压缸，翻下下支承铰座，在铰座下

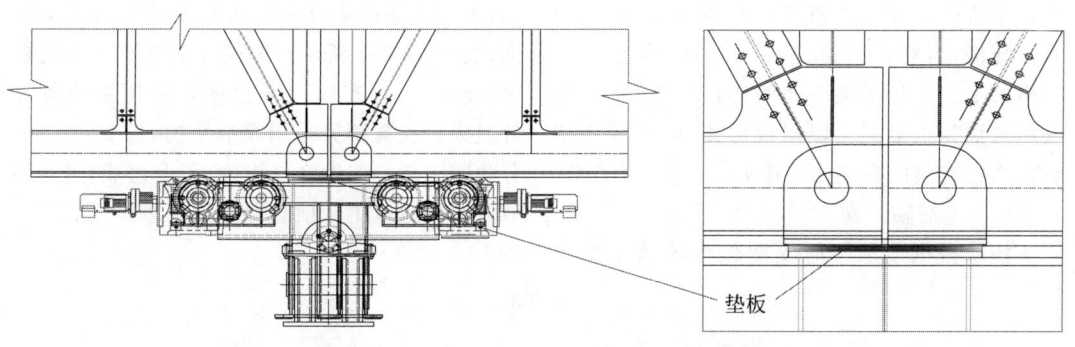

图 10-264　过孔、架桥支承状态转换示意图

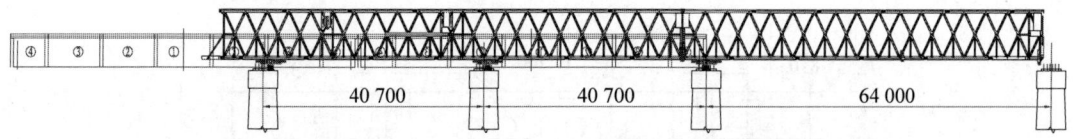

图 10-265　40.7 m+40.7 m+64 m 工况第 4 套替换托轮结构示意图

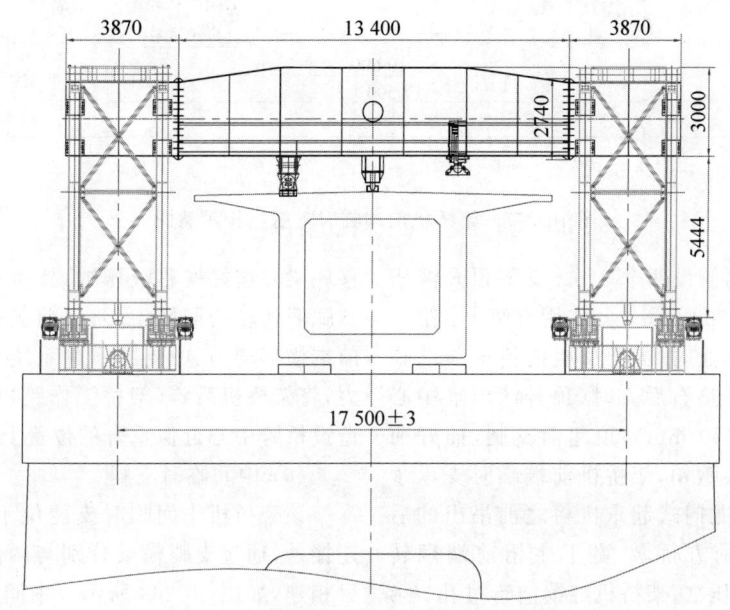

图 10-266　架桥机后端临时支腿结构示意图

放置 200 mm 的配套垫墩，支好支承铰座，使尾桁翻转节脱离托轮系统，翻转节向上翻起，然后利用提梁门式起重机将托轮系统吊出，倒换到前方桥墩上；第二个作用是过孔完成后，需要顶升后端临时支腿，在后托轮系统与主桁下弦杆之间塞入支承垫块，协助后托轮系统转换成架桥支承状态。后端临时支腿的液压顶升系统可以同时为 64 m 和 40 m 跨架桥工况的后托轮系统支承状态转换提供帮助。

支承铰座除在提梁门式起重机吊离后托轮系统时临时支承外，在造设 40.7 m 桥梁时，可以支承在已造混凝土梁上（此时铰座下不得放置 200 mm 垫墩），以分担提梁门式起重机喂梁时的部分载荷。

后支腿回转系统的作用是在前 4 孔桥梁过孔过程中，用作架桥机曲线调整就位的回转中心。架桥机前行过孔到横移调整位置时,顶起后支腿横梁,将回转轴座插入底座,移至后支腿横梁下方并与横梁下面的连接座连接,再将底座与混凝土梁端预埋钢板焊接,即可成为架桥机横移调整的后端回转中心。

(5) 前端临时支腿

该架桥机前端临时支腿位于前跨主桁前端,通过支腿横梁分别与两侧的两组桁架梁相连,如图10-267所示。前端临时支腿由支腿横梁、伸缩立柱、支腿顶升及横移液压系统等部分组成。支腿横梁采用箱形结构,长21.14 m,分3段制造。伸缩立柱由内、外套组成,可伸缩870 mm,适应主桁前悬臂挠度要求。

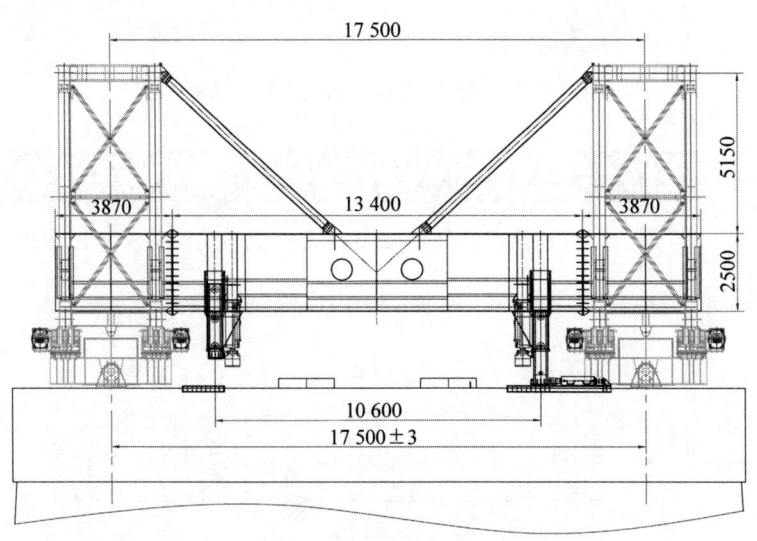

图10-267 架桥机前端临时支腿结构示意图

伸缩立柱内侧设两个225 t支腿顶升液压缸,液压缸行程900 mm。其作用有两个:第一个作用是过孔作业时,当架桥机前行至前端临时支腿上到桥墩垫石后方时(顶升液压缸中心距离墩帽后缘450 mm),顶起前支腿,插好前支腿内外套连接钢销,架桥机前端临时支承于桥墩后方,提梁龙门式起重机将之前吊出的后托轮系统吊入前方桥墩,翻下主桁前端翻转节,收起顶升液压缸,架桥机继续前行过孔;第二个作用是过孔完成后,前端临时支腿位于垫石前方,顶起顶升液压缸,在前托轮系统与主桁下弦杆之间塞入支承垫块,协助前托轮系统转换成架桥支承状态,如图10-268所示。

伸缩立柱下设前支腿横移液压系统,由一个80 t顶升液压缸和横移底梁组成,液压缸行程800 mm。横移液压系统的作用是在前4孔桥梁过孔过程中,用作架桥机曲线调整就位时的前端横移装置。架桥机过孔前行到横移调整位置时,顶起前支腿,在伸缩立柱下放置横移底梁并连好横移液压缸,架桥机就可以以后支腿回转轴为回转中心,以前支腿横移系统为前端横移动力、中支腿横移系统为中间横移动力,将架桥机后跨(架桥工作跨)中心调整到待造设桥跨中心近似重合的位置上。

(6) 中间临时支腿

该架桥机中间临时支腿位于前、后跨主桁连接处,通过支腿横梁分别与两侧的两组桁架梁相连,如图10-269所示。中间临时支腿由支腿横梁、立柱系和横移液压系统等部分组成。支腿横梁采用箱形结构,长21.14 m,分3段制造。两侧主立柱采用箱形截面,上端与支腿横梁、外侧与主桁下弦杆通过法兰连接。中间支腿横梁仅在前4孔桥梁架桥机过孔曲线调整时工作,其余情况不工作。

中间临时支腿立柱下设中支腿横移液压系统,由一个120 t顶升液压缸和横移底梁组成,液压缸行程800 mm。中支腿横移液压系统的作用与前端临时支腿横移液压系统作用一致。

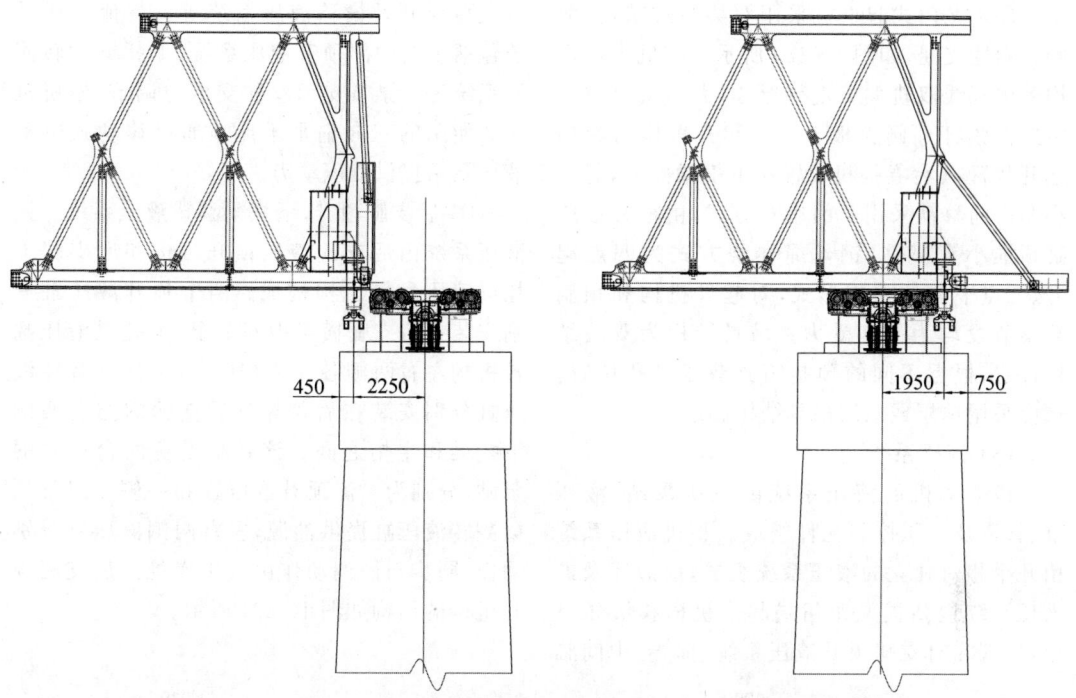

图 10-268 架桥机前端临时支腿顶升液压缸的两种支承位置示意图

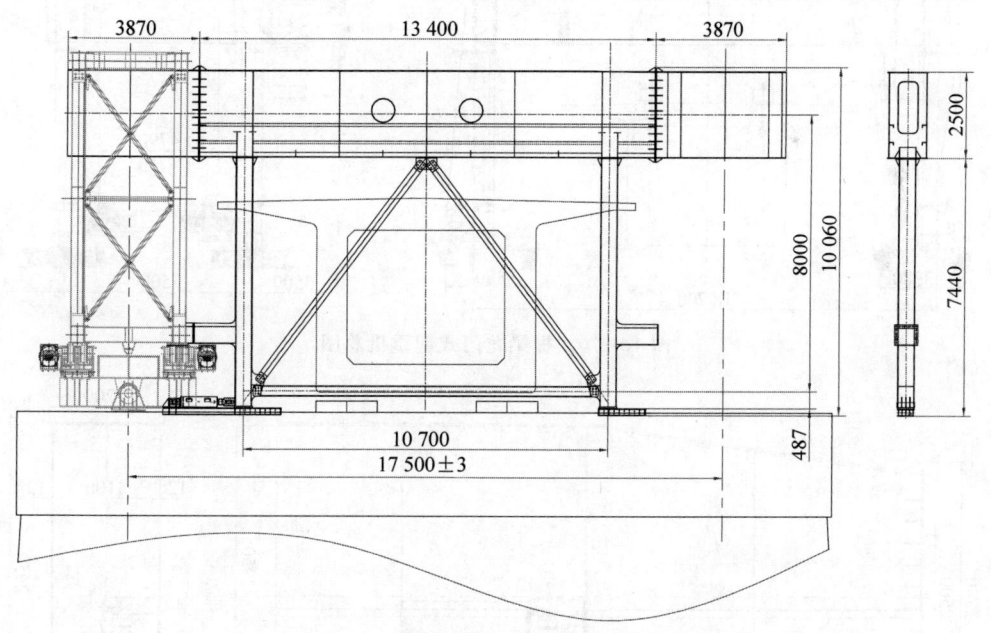

图 10-269 架桥机中间临时支腿结构示意图

(7) 提梁龙门式起重机

提梁龙门式起重机是专为起吊桥梁预制节段而设计的专用起重设备。其主起升机构用于预制箱梁节段起吊和在架桥机下托梁上摆放作业,还可兼顾下托梁打开、闭合的辅助起吊作业。电动葫芦副钩起升机构用于起吊架桥机托轮系统、倒换作业,并可用于其他辅助器具的挪动起吊作业。

提梁龙门式起重机采用双梁门式结构，两侧有刚性支腿，如图10-270所示。整机走行机构采用双线双轨大车走行形式，大车轨道位于主桁上弦杆外侧腹板上方。起升机构为卷扬起升装置，4台卷扬机设置在下横梁侧面，起重小车横向移动采用牵引小车方式，由横移液压缸顶推小车横移，钢丝绳卷绕方式为四点起升、三点平衡的卷绕形式，对起升机构和预制箱梁节段均为平衡受力。吊具结构为双层结构设置，根据不同的预制箱梁节段吊孔位置，选择采用单层或双层吊具结构起吊。

（8）液压系统

该架桥机的液压系统由液压泵站、液压缸、管道及液压控制元件组成。整机液压系统由几个相对独立的液压系统组成，前面述及的液压系统包括提梁龙门式起重机横移液压系统、后端临时支腿顶升液压系统、前端、中间临时支腿顶升及横移液压系统等。其他液压系统包括主桁中部顶升液压系统、下托梁翻转液压系统等。梁节支承丝杠支承力调节、架桥机落架使用的三向扁平千斤顶通过移动式电动液压泵站提供液压动力。

① 后支腿顶升、下托梁翻转液压系统。该液压系统由后支腿液压顶升机构和后支腿下托梁液压翻转机构构成。两个顶升液压缸分别安装在后支腿横梁中间节上，下托梁液压翻转机构左右两侧各4组（16个）下托梁翻转液压缸分别安装在后跨靠近后支腿的左右两侧下托梁和主桁之间。该系统设置两台独立的泵站，分别为一侧顶升液压缸和一侧4组下托梁翻转液压缸提供油源，左右两侧液压缸分别动作，同步与协调动作由人工操控。后支腿顶升机构的结构如图10-271所示。

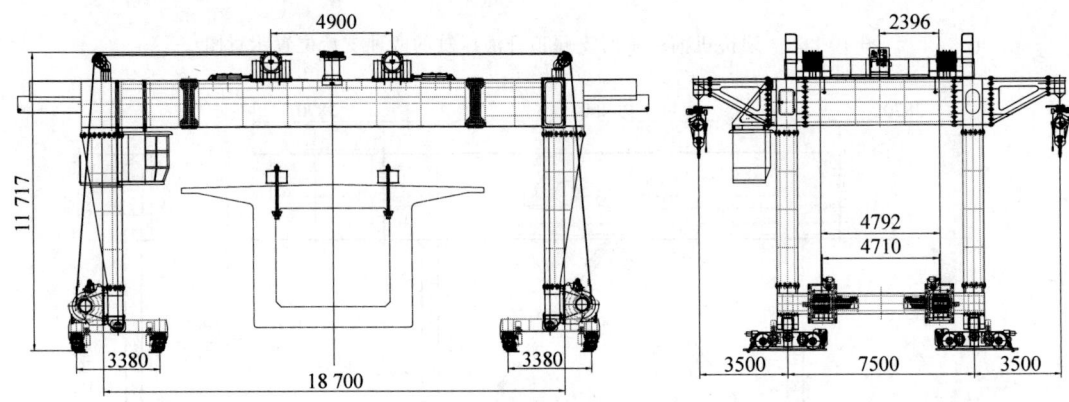

图10-270 提梁龙门式起重机总图

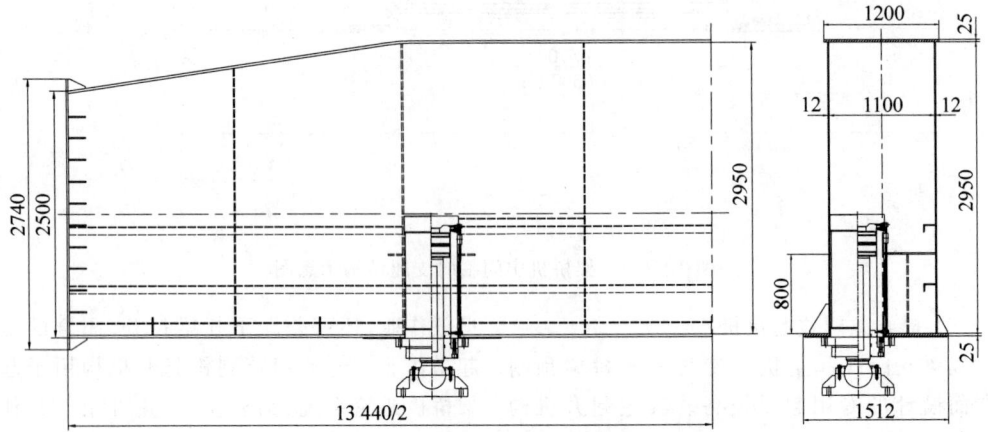

图10-271 后支腿顶升机构结构示意图

每组下托梁翻转液压机构中两个液压缸由一台泵站供油,换向阀控制,两个液压缸又靠下托梁结构刚性同步。在液压缸有杆腔出口近处设置有双向平衡阀,起到保持液压缸出杆位置和两腔重载回油背压的作用。下托梁翻转机构如图10-272、图10-273所示。系统两台泵站分别安装在两侧主桁下平联空间之内。

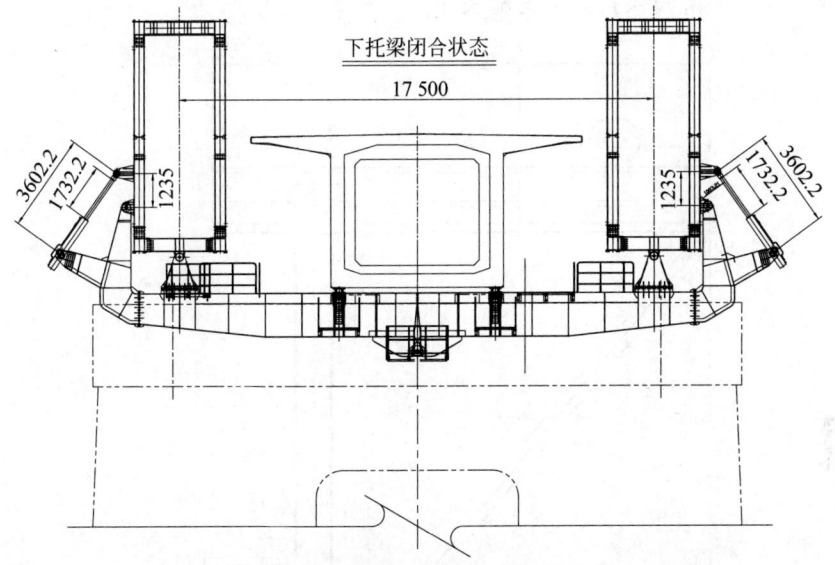

图10-272　下托梁翻转液压机构——下托梁闭合状态示意图

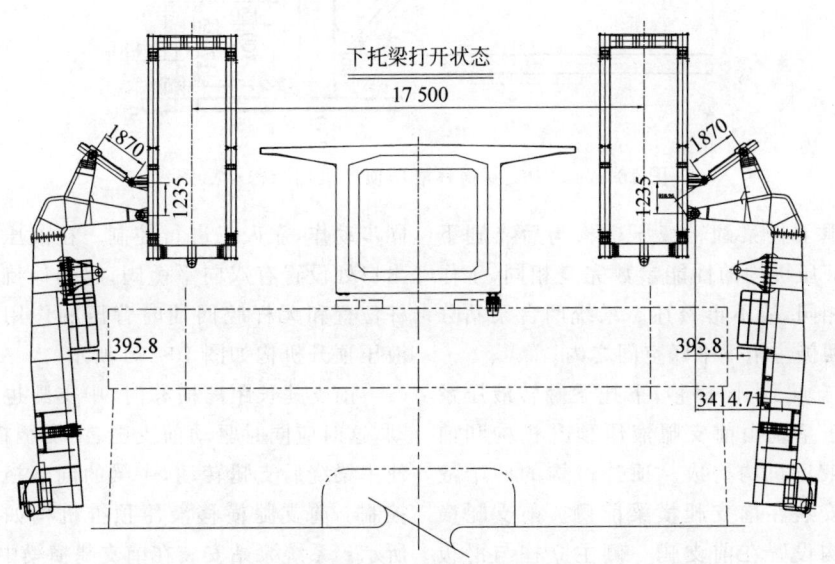

图10-273　下托梁翻转液压机构——下托梁闭合状态示意图

② 中支腿顶升、横移,下托梁翻转液压系统。该液压系统由中支腿液压顶升机构、中支腿横移机构和中支腿下托梁液压翻转机构构成。中支腿两侧主桁间承载横梁上分别安装有两个顶升液压缸。中支腿横移液压顶推机构设置在中支腿一侧主立柱与滑板导向机构之间。后跨靠近中支腿的左右两侧,3组下托梁分别安装有12个下托梁翻转液压缸。该系统设置了两台独立的泵站,分别为一侧的顶升液压缸、一侧横移液压缸和后跨3组下托梁翻

转液压缸提供油源,两侧液压缸分别动作,同步与协调动作由人工操控。

中支腿横移液压顶推机构设置在中支腿一侧主立柱与滑板导向机构之间,液压缸移动到位的位置由双向平衡阀保持。中支腿长距离横移时,前支腿也应同步移动,这时应同时驱动前支腿、中支腿横移机构,使主梁绕后支腿转动,主梁的同步横移由人工控制。中支腿横移液压顶推机构如图10-274所示。

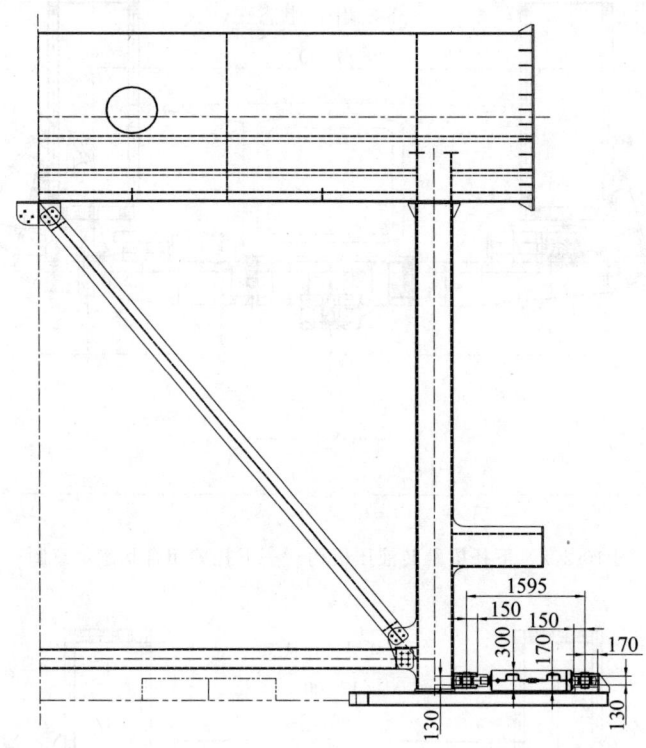

图10-274 中支腿横移液压顶推机构结构示意图

中支腿下托梁翻转液压机构与后支腿下托梁翻转液压机构的性能参数完全相同,工作性质完全相同,故不再赘述。系统两台泵站分别安装在两侧主桁下平联空间之内。

③ 前支腿顶升、横移,下托梁翻转液压系统。该液压系统由前支腿液压顶升机构和前支腿横移液压机构构成。顶升机构的两个液压缸分别安装在前支腿横梁前侧。前支腿横移液压机构设置在前支腿一侧主立柱与滑板导向机构之间。该系统设置了一台独立的泵站,为两侧顶升液压缸和横移液压缸提供油源,左右两侧液压缸分别动作,同步与协调动作由人工操控。

两个顶升液压缸由设置在前支腿横梁中间位置的泵站分别供油,换向阀控制、液压缸同步动作,靠人工进行控制。在液压缸无杆腔出口处设置有双向平衡阀,起到保持液压缸出杆位置和无杆腔回油时背压的作用。前支腿液压顶升机构如图10-275所示。

前支腿长距离横移时,中支腿也应同步移动,这时应同时驱动前支腿、中支腿横移机构,使主梁绕后支腿转动,主梁的同步横移由人工控制。前支腿横移液压顶推机构如图10-276所示。系统泵站安装在前支腿横梁中间。

(9) 电气控制系统

① 电源。电气系统采用TN-C(三相四线制)供电方式,电压等级为380 V/220 V,可用网电供电,也可由自备250 kW发电机供电,电路具有过电流保护、过电压保护、零位保护、联锁保护等功能。整机总配置电气功率501 kW,

第10章 主要机械参数

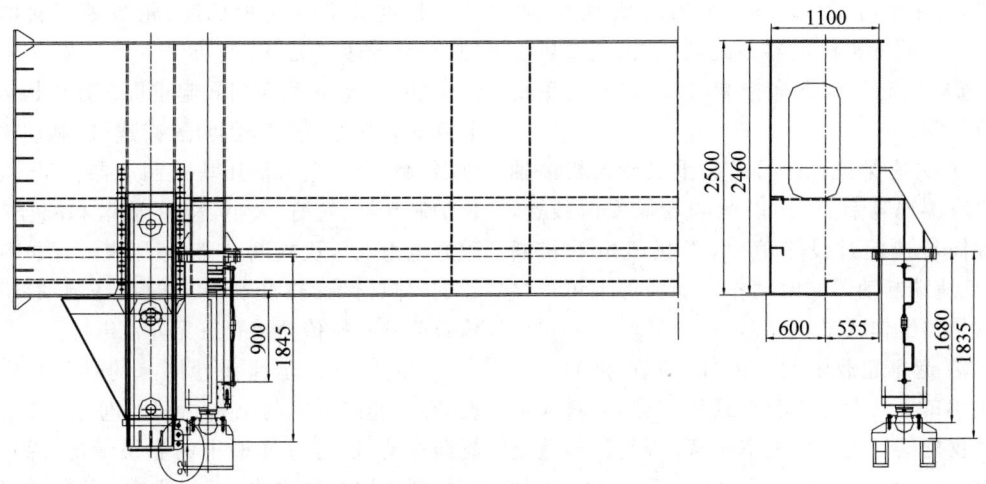

图 10-275　前支腿液压顶升机构结构示意图

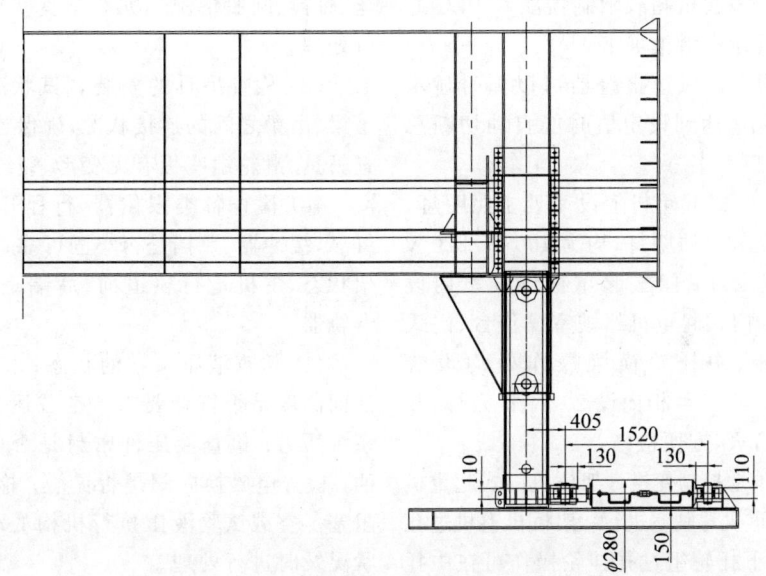

图 10-276　前支腿横移液压顶推机构结构示意图

可同时使用最大功率为 141 kW。考虑到该架桥机体型庞大、电动机布置分散等特点，采取多中心供电方式。

② 门式起重机系统。该机配有 4 台 15 kW 卷扬机（各用一台变频器拖动）+高速端制动器+低速端制动器、8 台 3 kW 门式起重机走行减速机（共用一台变频器拖动）+制动器、2 台 7.5 kW 横移泵站电动机，以及 1 台 20 t 电动葫芦（起重功率 13 kW，走行功率 2×0.4 kW）。此外，还有门式起重机照明、插座、控制电源等。

③ 托轮系统。该机的托轮系统配有 3 组 8 台 5.5 kW 下托轮驱动减速机+制动器，架桥机整机纵移时同时使用两组，另一组前后倒换使用；共设 8 台泵站，配有 1#～8# 泵站电动机（15 kW，Y-△降压启动）。

④ 门式起重机起升双限位。门式起重机起升按要求设置重锤式上极限限位开关，同时设有旋转式过欠卷扬极限保护开关。

⑤ PLC 控制，触摸屏显示。架桥机门式起

重机选用西门子 S7-200 型 PLC 实现控制。PLC 为门式起重机电器系统的核心,主要负责 4 台卷扬机起升和下降控制,以及门式起重机走行控制。

⑥ 失速保护。在门式起重机卷扬机筒轴上设有编码器装置,用以检测卷筒实时线速,当卷筒转速超过设定值时,卷扬机电动机断电,低速端制动器同时动作。触摸屏上可以显示编码器工作状态。

⑦ 起重超载限制。在门式起重机的 4 台起重小车上共设有 4 台超载传感器,通过 4 台变送仪把信号送到驾驶室超载限制仪上,重量达到 95% 额定负荷时发出预警信号,达到 105% 额定负荷时保护动作启动,此时只能下降,不能上升。该起重超载限制器能和 PLC 通信,能把重量显示在触摸屏上。

⑧ 风速报警。风速报警器可以随时显示风速情况,当风速达到设定值时能自动切断总电源。

⑨ 照明。门式起重机上设 4 处主照明灯,整机上另设 12 处主照明灯,均为 400 W/220 V 防振型自镇流汞灯;门式起重机驾驶室内设 40 W 照明灯;门式起重机驾驶室操作台、门式起重机配电柜、中托轮横梁操作处均设置 220 V 插座;1#～7# 柜内设 20 W 日光灯,开柜自亮,关柜自灭,方便检修。

⑩ 遥控-本地控制变换。架桥机门式起重机操作在门式起重机驾驶室进行;架桥机整机过孔下托轮操作和下托轮组过孔挂轮操作可在中托轮横梁处手动操作,也可以使用遥控器操作。

4) 施工作业程序

(1) 架桥机作业方法和程序

① 作业准备

架桥机架桥作业前必须做好人员分工,责任明确并落实到个人,每次作业以前做好班前检查,检查项目如下:

(a) 检查架桥机主机、提梁龙门式起重机的安装调试状况,检查托轮系统、提梁龙门式起重机走行减速机的安装调试状况,走行减速机的制动器要调整好间隙,保证打开和释放的良好制动效果。查看空载运行时主机、提梁龙门式起重机走行的平稳度、轮缘距钢轨的间隙、变频调速情况等。

(b) 检查提梁龙门式起重机起升机构传动装置安装状态,包括电动机、减速机、制动轮联轴器、制动轮、电力液压块式制动器、液压失效保护制动器、卷筒、大小齿轮的安装和配合;调整好电力液压块式制动器、液压失效保护制动器的间隙,保证打开和释放的良好制动效果;检查起升机构传动装置有无异常声响。

(c) 检查钢丝绳在卷筒上的卷绕排绳状况,查看卷筒下绳与结构之间的间隙;查看钢丝绳在动、定滑轮绳槽中的卷绕情况,保证钢丝绳都在护绳轴之内,不能跳槽;检查钢丝绳夹的数量、质量、夹紧程度;检查钢索绳有无断丝、打搅、断股情况。如有不良状况,需及时进行处理。

(d) 检查吊具的安装调试状况,查看纵摆吊梁、吊梁之间的连接状况,确保连接可靠;检查吊具、滑轮组座板有无变形、裂缝。

(e) 检查各类限位器、行程开关是否准确可靠,缓冲器、死挡是否牢固可靠;检查主机待架状态,主机走行轨道前、后端是否安装限位卡轨器。

(f) 检查液压泵站的状态;检查液压系统油面高度是否符合要求。空载运行泵站,检查系统压力;检查液压件密封是否可靠,严禁漏油;检查电磁换向阀是否灵敏,检查油路是否阻塞。空载试验液压执行机构的动作,有异常状况及时进行处理。

(g) 检查架桥机门式起重机安全监控管理系统工作是否正常,起重量限制器、风速仪工作是否正常;检查电器柜内部各电器、电线有无变色、异味;检查接线端子是否松动,变频器工作是否正常;检查各类限位器、行程开关是否可靠有效,照明、警示系统工作是否正常,随机工具及附件是否齐全。

(h) 整机进行一次全面润滑检查。

确保上述各种检查无问题后,方可进行架桥作业。

② 梁节的运输及喂梁作业

采用轮胎式运梁车运梁,每次运输一个梁

节。梁节在梁场旋转 90°装梁，以便顺利运梁通过两侧公路墩及其施工模板预留的空间，运梁车进入尾桁之前需要将梁节旋转回架桥方向，梁节的旋转通过运梁车上的旋转机构进行。梁节完成转位后，再慢慢驶入尾桁，当运梁车行至架桥机后端临时支腿横梁后方

200 mm 处停止，然后进行喂梁作业。

喂梁时，提梁龙门式起重机后退到尾桁运梁车上方，通过吊具和吊杆将梁节吊起，运梁车驶回梁场，提梁龙门式起重机沿主桁上弦杆上的走行轨道前行，将梁节吊至摆放位置，如图 10-277 所示。

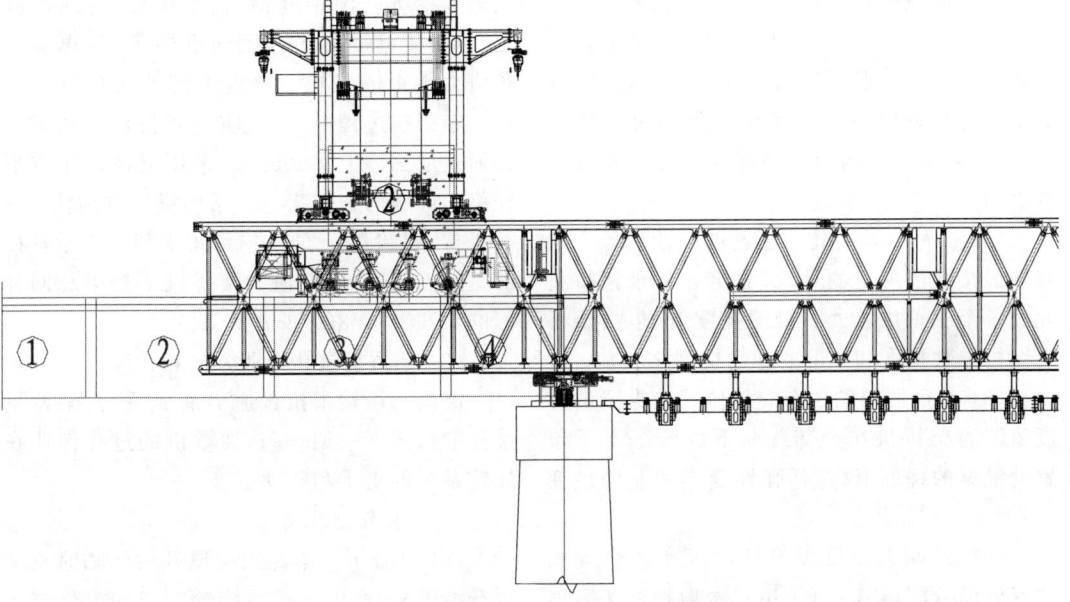

图 10-277 喂梁作业示意图（①～④为梁节）

③ 梁节的摆放和支承

梁节的吊装和摆放通过架桥机的提梁龙门式起重机进行。架桥机采用和线路同样的纵向坡度，每段梁节的标高调整采用下托梁纵梁上的丝杠支承并配合低高度千斤顶进行调节。纵桥向和横桥向的位置调整通过提梁龙门式起重机实现。

架桥机的下托梁系统提供了节段箱梁在机腹内的摆放平台和湿接缝浇注时的模板支承平台。下托梁丝杠支承是用来支承混凝土梁节的，除端梁节外，其余每个节段均有 4 个支点，每个支点处均由两个丝杠和一个盖板，外加一个薄橡胶垫组成。梁节的摆放和支承情况如图 10-278 所示。

根据设计图中的要求将丝杠支承进行编号，然后根据要求进行每个箱梁节段的支承布置，尽量使每个节段下的 4 组支承丝杠受力相对均衡。

图 10-278 梁节摆放和支承示意图

④ 箱梁预拱度及线形控制措施

整孔梁的全部节段摆放就位后，进行线形的精确调整。梁段的平面位置可通过提梁龙门式起重机进行调整，高程可通过提梁龙门式起重机或扁平千斤顶进行调整，通过纵梁上的丝杠保持。

采用节段拼装法架桥，需要经过几个施工阶段，各阶段相互影响，这种影响在各阶段又有差异。在施工过程中，为保证成桥后竖向挠度的偏差、梁体轴线横向位移不超过允许范围，保证桥面线形良好，必须对不同阶段实施

监测,根据施工监测所得的结构变形参数真实值进行最后调节,确定施工中采用的各节段的支承水平方位和高程。

前几孔桥的施工过程中:

(a) 要测定记录架桥机初始自重载荷下的每个支承位置处纵梁的挠度值(包括架桥机结构自重弹性挠度和部分非弹性挠度之和)。

(b) 摆放完全部梁节后通过逐节的多次调整将整孔梁的线形调整到设计标高后,测定并记录架桥机此时每个支承位置处纵梁的挠度值(包括架桥机结构弹性挠度和部分非弹性挠度之和)。

(c) 在每个湿接缝处通过堆架沙袋等方法施加湿接缝混凝土的重量,测定并记录架桥机此时每个支承位置处纵梁的挠度值(包括架桥机结构弹性挠度和全部非弹性挠度之和)。

(d) 最后测得的各个支承位置处纵梁的挠度值即为架桥机在全部载荷下的各个支承位置处纵梁的挠度值(包括弹性变形和非弹性变形)Δ_0。

(e) Δ_0 减去箱梁预设反拱度在各个支承位置处的分配值 Δ'(可采用二次抛物线法),即得到最终每个丝杠的旋出长度值。此值可通过实际测量每个丝杠支承的旋出长度来进行确认和校核。并把它作为后面各待架孔摆放梁节前各个丝杠支承的旋出长度参考值。

整孔梁的全部节段摆放就位后,梁段的平面位置可通过架桥机的起重小车来实现,梁节的高程控制可通过每个节段箱梁底的 4 台扁平千斤顶和纵梁上的丝杠支承进行调整和保持。

架桥机下托梁支点的初始上拱度值为
$$\Delta_0 = \Delta_1 + \Delta_2 + \Delta_3$$

其中,Δ_1 为架桥机在摆放梁节前整机自重状态下的下托梁挠度;Δ_2 为梁节摆放好后,下托梁再次发生变形的挠度;Δ_3 为现浇湿接缝混凝土后,下托梁再次发生变形的挠度。

此时,跨中的预留拱度(即丝杠的旋出长度)为
$$\Delta = \Delta_0 - \Delta'$$

其中,Δ' 为梁体预设反拱度值。

以固定支座为坐标原点,梁轴线为 X 轴,竖向为 Y 轴,按照二次抛物线进行计算,设置各个梁节支点的预拱度,通过下托梁上调节丝杠来完成。

⑤ 支承丝杠的卸载

箱梁节段摆放完成并调整好线形后,后续工作包括绑扎湿接缝钢筋、立模板、浇筑混凝土,待湿接缝混凝土强度达到要求后,再进行预应力钢束的张拉。预应力筋的张拉分批进行。在张拉过程中,为了防止架桥机下托梁反弹而造成梁体上翼缘开裂,采用梁体边张拉下托梁边卸载的施工工艺。梁体纵向预应力分 3 批张拉,则卸载分 3 次进行,每次降低支承丝杠的支承点高度,降低值为架桥机下托梁总回弹值的 1/3,即 $1/3(\Delta_1 + \Delta_2 - \Delta_3)$。

(2) 架桥机过孔作业方法和程序

混凝土箱梁张拉预应力筋成桥后,架桥机过孔前行至下一架桥跨,架桥机的过孔作业在托轮系统的支承和驱动下进行。

① 过孔作业步骤

(a) 打开下托梁。依次顶升后端临时支腿顶升液压缸,取出后托系统轮二级均衡梁与主桁下弦杆之间的支承垫块和橡胶垫(如果后端临时支腿液压缸顶升力不足,可同时顶升前、后跨连接处的中间顶升液压缸协助),收起顶升液压缸;顶升主桁跨中顶升液压缸,取出中间托系统轮二级均衡梁与主桁下弦杆之间的支承垫块和橡胶垫,收起顶升液压缸;顶升前端临时支腿的顶升液压缸,取出前托系统轮二级均衡梁与主桁下弦杆之间的支承垫块和橡胶垫,收起顶升液压缸。从而使架桥机支承在前、中、后 3 套托轮系统走行轮上,完成过孔准备工作。顶升液压缸时提梁门式起重机可前后移动,准备过孔前门式起重机位置,如图 10-279 所示。

(b) 架桥机在前两套托轮系统的驱动下过孔前行,直到后托轮系统完全行至主桁后端可翻转节上方停止,如图 10-280 所示。

(c) 顶起后端临时支腿顶升液压缸,翻下后端临时支腿下支承铰座,垫好 200 mm 垫墩,使后托轮系统与主桁下弦杆脱离;翻起主桁后

端翻转节,提梁龙门式起重机行至主桁尾部,吊起后托轮系统,如图10-281所示。

(d) 龙门式起重机吊运后托轮系统至已造混凝土箱梁前端;收起后端临时支腿顶升液压缸,翻起下支承铰座;整机继续过孔前行至前端临时支腿顶升液压缸中心,越过前方桥跨墩帽后缘 450 mm 时停止。此为提梁门式起重机位置,如图 10-282 所示。

(e) 顶起前端临时支腿顶升液压缸,插好前支腿伸缩套钢销;翻起主桁前端可翻转节;龙门式起重机吊起托轮系统,前行至架桥机前端,将托轮系统吊放至前方桥墩就位,如图10-283所示。

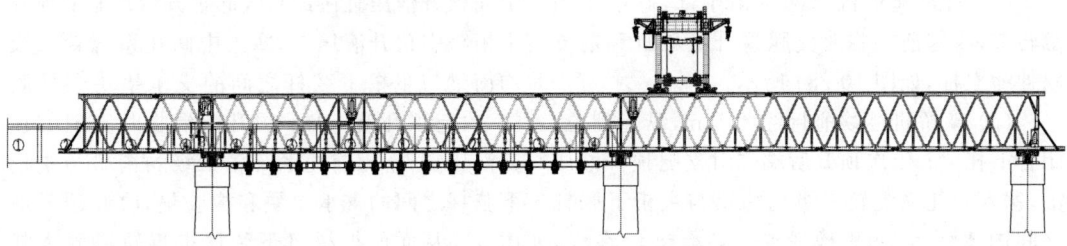

图 10-279 过孔步骤(a)示意图

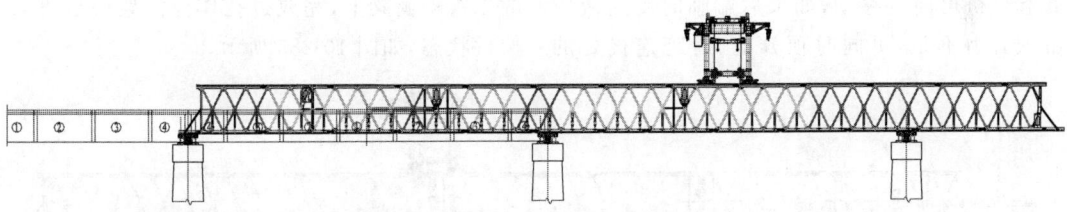

图 10-280 过孔步骤(b)示意图

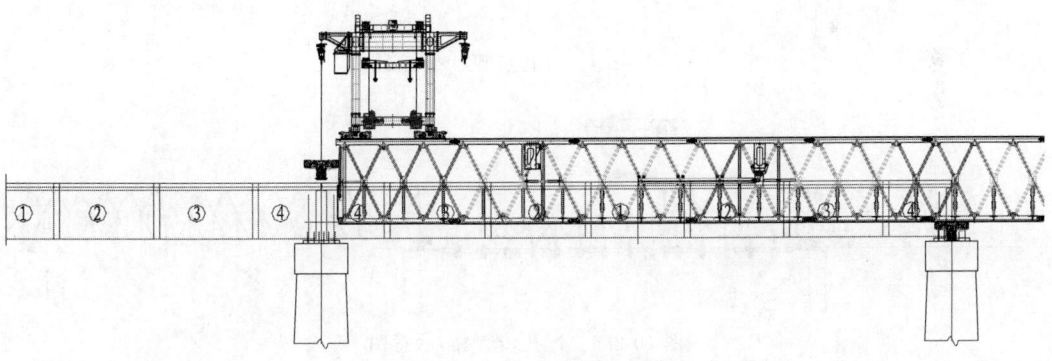

图 10-281 过孔步骤(c)示意图

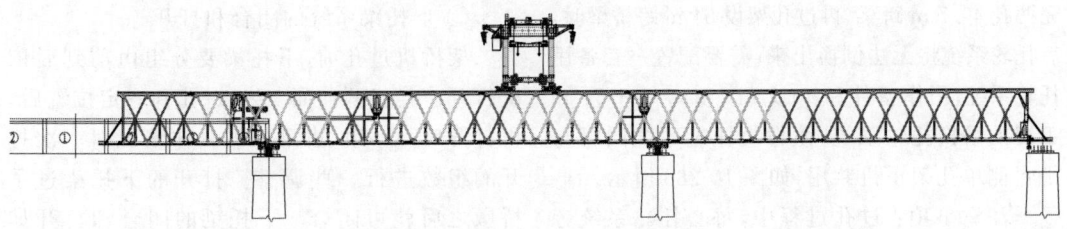

图 10-282 过孔步骤(d)示意图

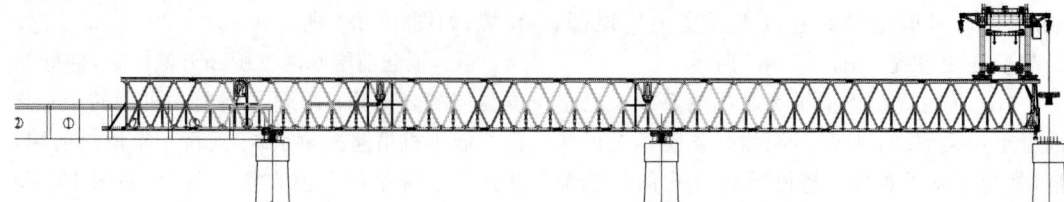

图 10-283 过孔步骤(e)示意图

(f) 门式起重机退回主桁中部,翻下主桁翻转节,收起前端临时支腿顶升液压缸和前支腿伸缩立柱,如图 10-284 所示。

(g) 架桥机继续前行约 4.5 m,纵走到位;闭合下托梁;依次顶升后端临时支腿顶升液压缸,塞入后托系统轮二级均衡梁与主桁下弦杆之间的支承垫块和橡胶垫(支承垫块在上,10 mm 厚橡胶垫在下;顶升液压缸时提梁门式起重机可前后移动,如果后端临时支腿液压缸顶升力不足,可同时顶升前、后跨连接处的中间顶升液压缸协助),收起顶升液压缸;顶升主桁跨中顶升液压缸,塞入中间托系统轮二级均衡梁与主桁下弦杆之间的支承垫块和橡胶垫,收起顶升液压缸;顶升前端临时支腿的顶升液压缸,塞入前托系统轮二级均衡梁与主桁下弦杆之间的支承垫块和橡胶垫,收起顶升液压缸。从而使架桥机下弦杆走行轨道脱离托轮系统走行轮,支承在前、中、后 3 套托轮系统的二级均衡梁上,完成过孔作业。架桥机进入架桥状态,如图 10-285 所示。

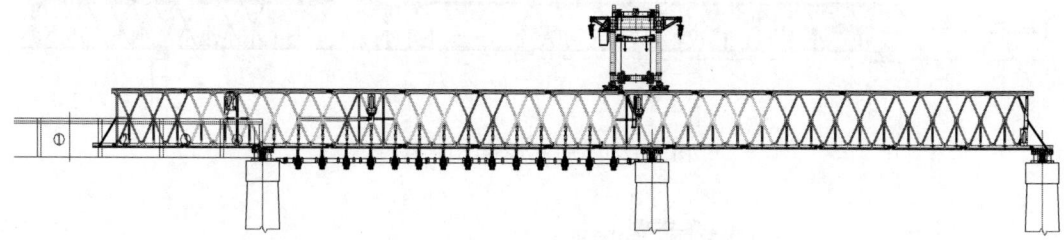

图 10-284 过孔步骤(f)示意图

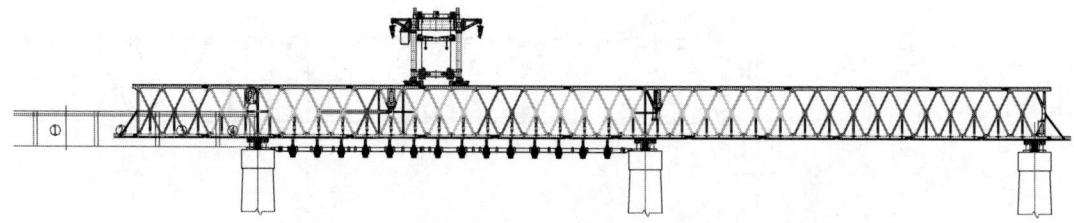

图 10-285 过孔步骤(g)示意图

如果 64 m、40.7 m 桥跨交叉布置,当连续架完两孔 40.7 m 跨梁,再过孔架设 64 m 跨桥梁时,后托轮系统将无法倒换出来,需要配置一套备用托轮系统,用作备件和 40.7 m+40.7 m+64 m 工况的替换托轮系统,该替换托轮系统同时与平台侧单孔架桥机共用,如图 10-286 所示。

注意事项:过孔过程中,每套托轮系统旁要安排专人看护,托轮旁放置好楔块备用;过孔走行各步骤中提梁门式起重机的位置严格按上述规定执行并与主桁做好锚固。

② 下托梁系统的闭合和打开

架桥机过孔前,下托梁要分组由前到后依次打开。先打开前面 3 组,过孔到一定位置后,再打开后面 4 组,也可根据具体情况对一次打开的组数进行一些调整。打开的下托梁过了桥墩之后就可闭合。下托梁的闭合和打开如图 10-287 所示,依靠翻转吊耳和主桁相连的液压缸来进行。

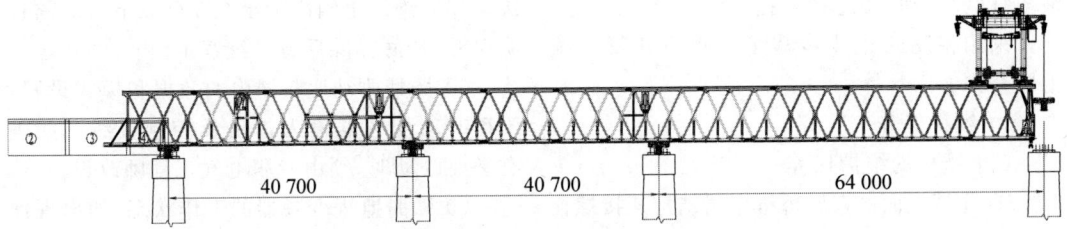

图 10-286 共用托轮示意图

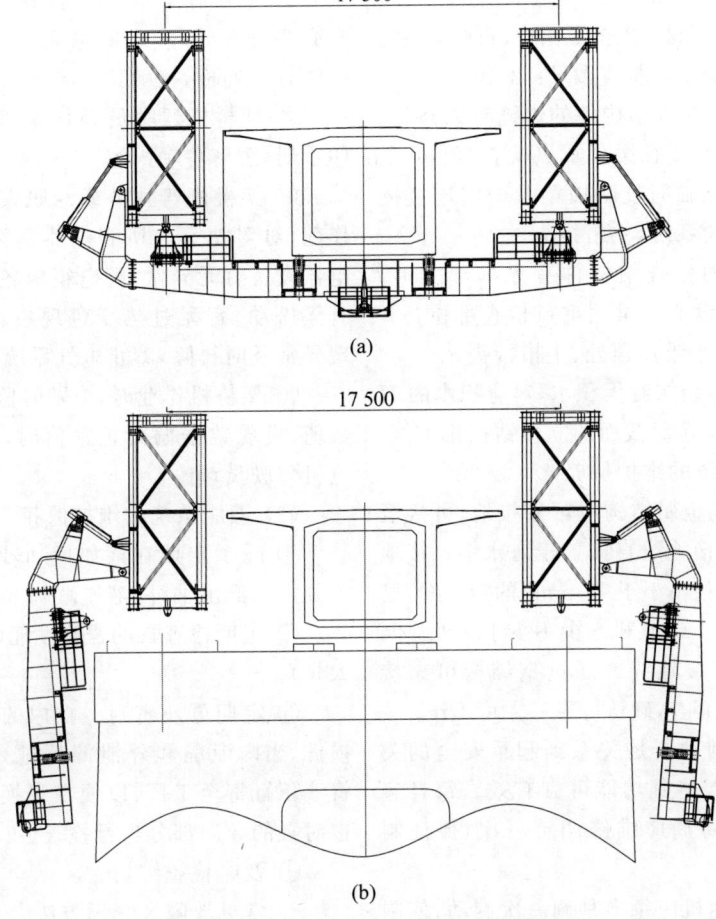

图 10-287 下托梁闭合及打开状态示意图
(a) 下托梁闭合状态；(b) 下托梁打开状态

在打开下托梁系统前,应做以下几项工作:
(a) 卸掉相邻组间步行平台的连接螺栓。
(b) 卸掉相邻组间下托纵梁和横梁间的连接螺栓。
(c) 卸掉相应的下托纵梁三角底托和横梁间的连接螺栓,并将其沿纵梁移动一个距离,将其和纵梁用螺栓固定。

(d) 打开靠近桥墩的第一组下托梁时,还需将端部的纵梁前段打开并旋转 180°后固定,目的是翻转时让开桥墩。
(e) 启动翻转液压缸,点动伸出稍许(出缸动作),使下托梁稍稍翘起,以便拆卸掉 1 号钢销和 2 号钢销。
(f) 准备工作就绪并检查无障碍后,启动液压缸（收缸动作）进行下托梁组的翻转。

采用相反的作业步骤可实现下托梁系统的闭合作业。

5）维护保养

（1）结构的维护保养

① 定期全面检查架桥机金属结构连接螺栓的松紧度。检查周期：3个月或每架设6孔梁。

② 对架桥机金属结构的连接螺栓做防腐处理，并定期抽查其锈蚀程度。检查周期：2个月。抽查部位：主桁上弦杆、主桁下弦杆、斜杆连接螺栓的光杆和螺纹部分。抽查数量：12颗。

③ 定期全面检查结构件的焊缝有无开裂。检查周期：每架设2孔梁。重点检查部位：主桁杆件与前、后端临时支腿横梁及中间连接横梁的连接处，托轮系统，主桁接头。

④ 定期全面检查结构件有无局部变形。检查周期：每架设2孔梁。重点检查部位：下托梁纵梁放置扁平千斤顶处、主桁接头。

⑤ 检查金属结构有无积水，对有积水的H形杆件的水平板、箱形截面的立板钻孔排水。

（2）电气系统的维护保养

① 架桥机的金属结构应可靠接地，可接至桥墩接地体或将接地线直接置于海水中。接地线截面应采用直径不小于16 mm^2 的铜芯线，接地电阻小于等于4 Ω，整机最少不少于4处。同时变频器也应有接地线或通过钢结构可靠接地。接地线每日必查，确认可靠后才可工作。

② 卷扬机制动器是关系到起重安全的关键部位，应随时保持其功能可靠有效。每日起吊前均应检查，每周应维修调整一次，保证制动行程适当。

③ 全部减速机应每半月调一次制动，使制动器性能可靠有效。减速机制动器要有防雨措施，以防进水打滑。

④ 全部的电缆均应经常检查，要求无破皮和老化现象。各相线之间、相线对地之间的绝缘电阻不得小于0.5 Ω。

卷扬机和减速机电动机的定子相线对地绝缘电阻不得小于0.5 Ω，要求每月测试一次。

变频器制动电阻器应防雨且通风良好，并应定期测试，防止产生断路现象，要求每周测试一次。如有绝缘电阻降低至0.5 Ω以下时必须查明根源，彻底排除后方可继续工作。

⑤ 严禁改动变频器内的数据和模式设置，不可改动变频器输入输出及控制接线。如确有必要改动时，须由专职电气工程师改设。

⑥ 随时监视变频器的工作状态，如出现保护警告或工作异常，应立即停止工作，查明原因，排除故障后方可继续操作。

⑦ 一般情况下，不可打开变频器面板。确有必要打开时，应在断电后，待指示灯熄灭后才能打开面板，接触其内部。

⑧ 架桥机驾驶员必须详细阅读变频器说明手册，理解各项内容。

⑨ 架桥机驾驶员或专职人员应于每班工作前，对驾驶室内所有电器巡视一遍，查看各电器设备有无异常，配电箱内各导电体连接处有无松动、有无过热变色现象、有无异味。发现异常及时排除，禁止电气系统带故障工作。

⑩ 架桥机作业时，应随时监视电压和频率数值，发现数据偏离正常值时，应立即通知发电机驾驶员调改。

（3）液压系统的维护保养

① 除了定期在诸如摆动轴、铰接点、销轴等处加入润滑油外，液压缸基本上免维护。

② 定期检查缸的密封性能（检查周期不要太长）。

③ 定期更换密封。缸内的动密封属于易损件，当内泄漏和外泄漏超过允许值时，最好将液压缸寄至工厂，以便在更换密封件的同时也对缸的导向部分进行检查。

④ 及时检查维护。

6）常见故障及处理方法

SPZ2700B/64型箱梁节段拼装架桥机的电动机、液压缸、液压泵常见故障及处理方法相关内容详见10.3.4节架桥机中TJ-JQS1000/40架桥机（中铁十一局集团汉江重工有限公司）相关章节内容。

2. DP180/50型节段拼装架桥机（郑州新大方重工科技有限公司）

1）概述

DP180/50型节段拼装架桥机包含箱形主

梁和桁架导梁及联系梁组成的主框架、4条支腿、主天车、辅助天车、吊挂系统、湿接缝模板、液压系统、电气系统和安全监控系统等。重载时2号支腿和3号支腿支承主框架，过孔时1号支腿和4号支腿配合完成，主天车和辅助天车在主框架顶部轨道上移动。

架梁状态：2号支腿和3号支腿支承主框架，运梁车运节段梁至架桥机尾部，主天车提梁，依次将节段梁布置在主框架上，利用主天车调整各节段梁三维姿态，完成精确对位，调整湿接缝尺寸，安装湿接缝模板，浇筑湿接缝混凝土。等强度达到要求后，将预应力钢筋束张拉，打开湿接缝模板。整孔张拉完成后，2、3号支腿液压缸收缩，整机卸载，拆除吊挂，架桥机过孔前利用辅助天车将吊挂提至运梁车，转运到梁场。架桥机完成一跨梁架设，准备过孔。

过孔状态：主天车及辅助天车运行至3号支腿上方，利用2、3号支腿的液压系统推动主框架向前纵移18.4 m；1号支腿到达前方墩顶垫石支承位置，调整1号支腿支承液压缸，在前方墩顶支承；3号支承和2号支承分别过孔至前方桥面及墩顶支承；脱空1号支腿，2、3、4号支腿支承，启动2、3号支腿的液压系统，推动主框架纵移31.6 m，达到架梁位置。

其DP180/50型节段拼装架桥机的主要技术特点如下：

（1）架桥机为上承自行式，可满足线路首、末跨以及50 m简支箱梁施工要求，同时可通过升级改造，满足跨度48 m、64 m铁路双线节段箱梁施工。

（2）架桥机配备10套湿接缝模板以及对应的施工平台，预应力钢筋束张拉完成后，浇筑湿接缝时通过全液压系统合模，混凝土达到强度后，湿接缝模板旋转打开，方便高效、安全可靠。

（3）主框架采用箱形主梁和桁架导梁的结构形式，中间利用联系梁连接，整体形成刚性结构，受力明确、稳定性好；适应桥梁2200 m曲线半径时，2、3号支腿站位在桥梁中心线上，节段梁横向调整的范围减小。

（4）2、3号支腿配置大吨位卸载液压缸，便于整机卸载和拆除吊挂螺纹钢筋，大幅提高了工效。

（5）端部张拉不受影响。在保证安全、承载能力及墩顶站位需求的前提下，2号支腿的设计避开了各张拉孔道，保证预应力施工不受支腿站位影响。

（6）主框架在过孔及架梁工况均为简支结构，受力明确、安全性高。

（7）各支腿均配置液压系统，架桥机通过2、3号支腿的液压推进机构，无须借助任何辅助设备，完全依靠设备自身即可完成过孔，施工效率高、方便快捷。

（8）吊挂系统由2套长吊挂和9套短吊挂组成，架桥机在适应桥后喂梁时，通过对主框架及吊挂系统的特殊处理，保证节段块桥后喂梁无须错层摆放，安全、高效。

（9）主天车吊具设计理念先进，自动化程度高，可实现360°旋转。天车吊具设置有三维调整装置，便于节段块空中姿态调整，使节段块精确对位。架桥机除主天车外，还配备了一套15 t辅助天车，利用辅助天车运行速度高的优势，可提吊挂横梁、湿接缝内模板等小部件，从而有效提高施工效率。

（10）主天车走行机构、起升机构均采用变频技术，启动、制动平稳；整机采用PLC程序控制技术，安全可靠。

（11）液压系统采用独立单元设计，使系统简化和模块化，减少了沿程损失和功率损耗，方便维修和搬运。

（12）设备操作配置了遥控设备，可以实现就近操作，避免了因视线不通、沟通不畅、判断失误等因素造成的系统风险。

（13）设计有专用的安全监控系统，安全性能高。

（14）施工过程中采用外接电源，施工噪声小，环境效益好；架桥机在桥面以上作业，对桥下空间要求低。

2) 主要技术参数

DP180/50型节段拼装架桥机的主要技术参数如表10-62所示。

表 10-62　DP180/50 型节段拼装架桥机主要技术参数

序号	项　　目	参　　数
1	适应跨度/m	≤50
2	架梁方式	整孔原位张拉
3	喂梁方式	桥后(预留桥下)
4	节段块最大质量/t	180
5	最小曲线半径/m	2200
6	最大纵坡坡度/%	±2.5
7	桥面横坡坡度/%	±3
8	50 m 整跨节段梁最大质量/t(节段数)	1800/(11)
9	主框架至梁面净空/m	4.5
10	主框架系统挠跨比	≤1/500
11	整机抗倾覆稳定系数	≥2
12	整机工作级别	A5
13	工作海拔高度/m	≤2000
14	工作环境温度(气象温度)/℃	−20~40
15	整机纵移过孔速度/(m/min)	0~1
16	作业效率/(天/跨)	10(包含浇筑湿接缝)
17	工作环境风速/级	工作状态：过孔≤5,架梁≤6 非工作状态：≤11
18	总功率(外供电方式)/kW	230
19	最大使用功率/kW	100
20	最大单件外形尺寸(长×宽×高)/(m×m×m)	12×2.1×2.5
21	长途运输	汽车、火车运输不超限
22	节段块吊挂方式	四点起升、三点平衡
23	外形尺寸(长×宽×高)/(m×m×m)	114×14.5×27.3
24	整机质量/t	约 1076

3) 设备组成

(1) DP180/50 型节段拼装架桥机主要由主框架、1 号支腿、2 号支腿、3 号支腿、4 号支腿、主天车、辅助天车、吊挂系统、湿接缝模板、附属结构、液压系统、电气系统、安全监控系统等组成,各部件结构构成详见 9.3.7 节段拼装架桥机相关章节内容。结构构成如图 10-288 所示。

① 2 号支腿顶升过程。2 号支腿立柱内安装了两个液压顶升液压缸。工作时,首先启动液压顶升液压缸,顶升 2 号支腿带动整个主框架上升,当主框架下轨道面与桥面之间的距离为 4.6 m 时,调平 2 号支腿,停止液压缸工作。安装重载液压缸抱箍,使液压缸抱箍承受整个重量。

② 架桥机过孔过程。当完成一跨梁架设后,架桥机需向前纵移过孔。拆除主框架与 2、3 号支腿的锚固装置,启动液压纵移液压缸,架桥机在 2、3 号支腿 4 个纵移液压缸的推动下纵向前移,每次推 1000 mm 再收缩。如此循环,直至纵移到下一跨架梁位置。

③ 架桥机横移过程

架桥机在过孔中适应 2200 m 曲线半径时,需启动 2、3 号支腿横移液压缸进行调整,两侧移位台车之间用两个横连杆连接在一起。驱动液压横移液压缸,通过收缩或者顶推液压缸,使移位台车在横梁上平行移动。

(2) 3 号支腿

① 3 号支腿顶升过程。3 号支腿立柱内安装了 4 个液压顶升液压缸。工作时,首先启动液压顶升液压缸,顶升 3 号支腿带动整个主框

第10章 主要机械参数

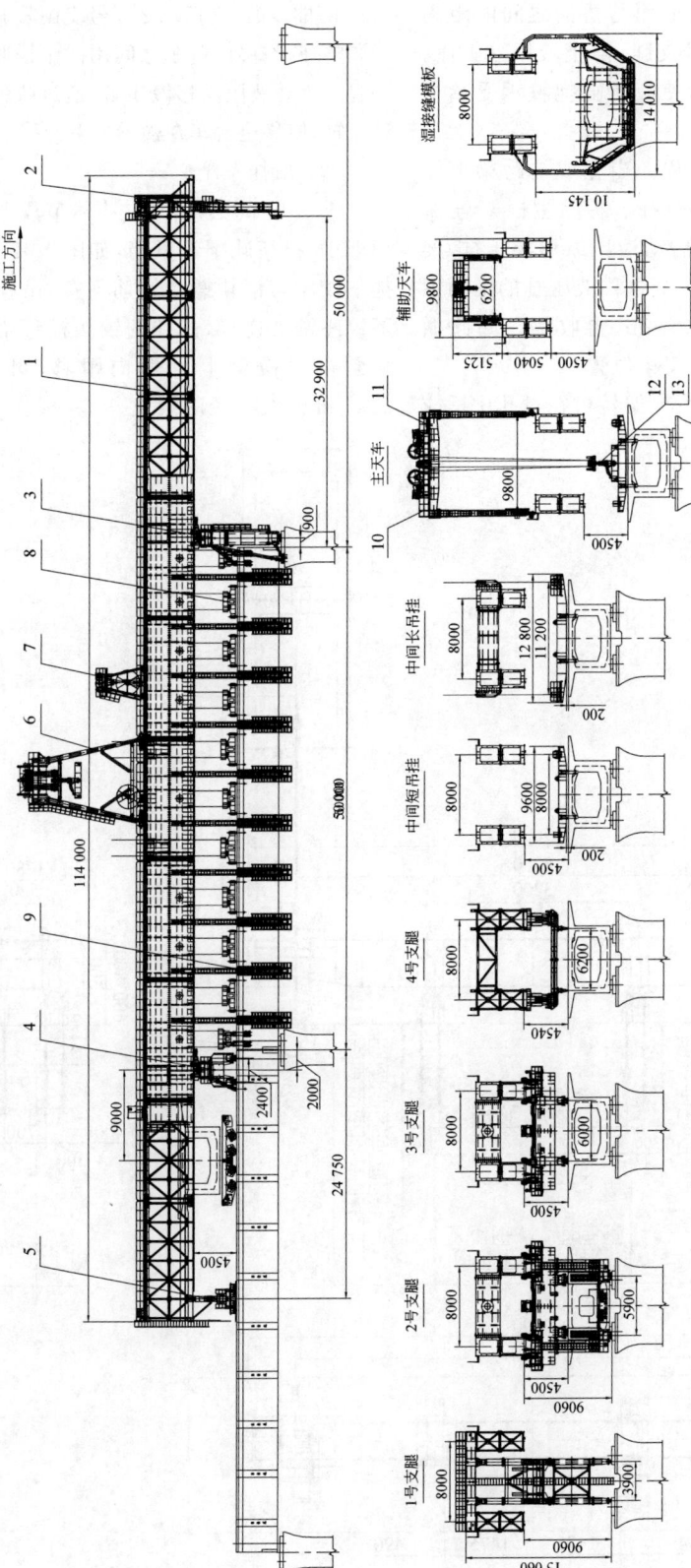

图10-288 DP180/50型节段拼装架桥机总图

1—主框架；2—1号支腿；3—2号支腿；4—3号支腿；5—4号支腿；6—主天车；7—辅助天车；8—吊挂系统；9—湿接缝模板；10—附属结构；11—液压系统；12—电气系统；13—安全监控系统。

架上升,当主框架下轨道面与桥面之间的距离为 4.6 m 时,调平 3 号支腿,停止液压缸工作。安装重载液压缸抱箍,使液压缸抱箍承受整个重量。

② 架桥机过孔过程。当完成一跨梁架设后,架桥机需向前纵移过孔。拆除主框架与 2、3 号支腿的锚固装置,启动液压纵移液压缸,架桥机在 2、3 号支腿的 4 个纵移液压缸的推动下纵向前移,每次推 1000 mm 再收缩。如此循环,直至纵移到下一跨架梁位置。

③ 架桥机横移过程。架桥机在过孔中适应 2200 m 曲线时,需启动 2、3 号支腿横移液压缸进行调整,两侧移位台车之间用两个横联杆连接在一起。驱动液压横移液压缸,通过收缩或者顶推液压缸,使移位台车在横梁上平行移动。

(3) 吊挂系统

① 1 号节段梁吊挂。1 号节段梁吊点位置预埋 16 根精轧螺纹钢筋,如图 10-289 所示,吊挂下铰座与精轧螺纹钢筋连接,吊挂主横梁与下铰座销轴连接,吊挂的铰接横梁和刚接横移梁在主横梁上可横向滑移,可满足线路 2200 m 曲线半径的架设。

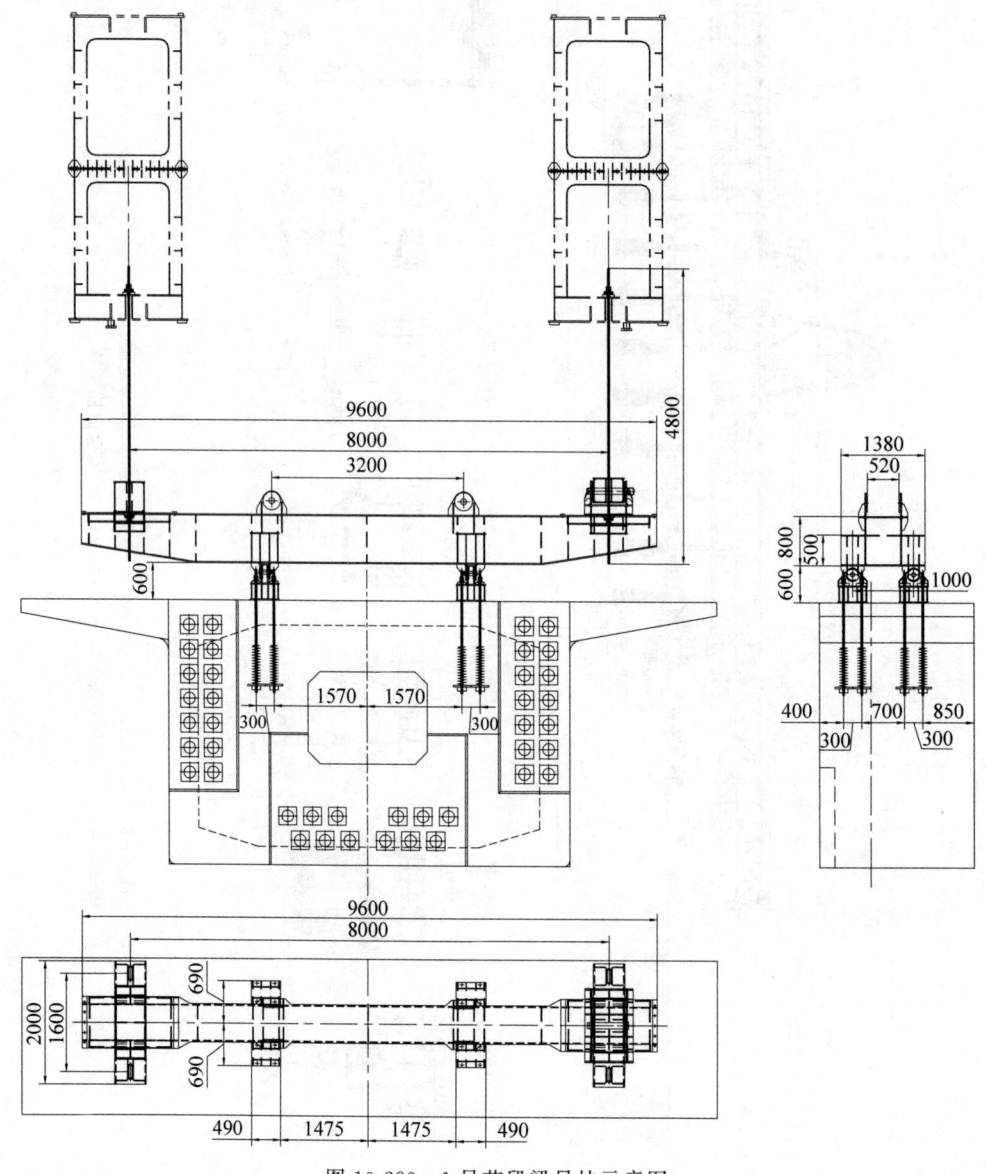

图 10-289 1 号节段梁吊挂示意图

在施工过程中,吊挂与主天车的吊具连接,完成节段梁的吊装及梁块纵横坡的调整作业,通过主天车实现吊具与主框架悬挂吊杆载荷的转换,铰接横移梁、刚接横移梁与主框架之间的吊杆采用精轧螺纹钢筋连接,吊挂整体为四点受力、三点平衡。

② 2号节段梁吊挂。2号节段梁吊点位置为 $\phi 100$ 预留孔,根据2号节段梁吊点孔位置的特点,2号节段梁吊挂为左右对称、前后不对称结构形式,主横梁与节段梁之间采用精轧螺纹钢筋连接,主横梁底部利用支承座顶紧,主天车提升节段梁时防止精轧螺纹钢筋横向受力。

2号节段梁吊挂的横向调整及主天车提升时载荷转换与1号节段梁吊挂相同,如图10-290所示。

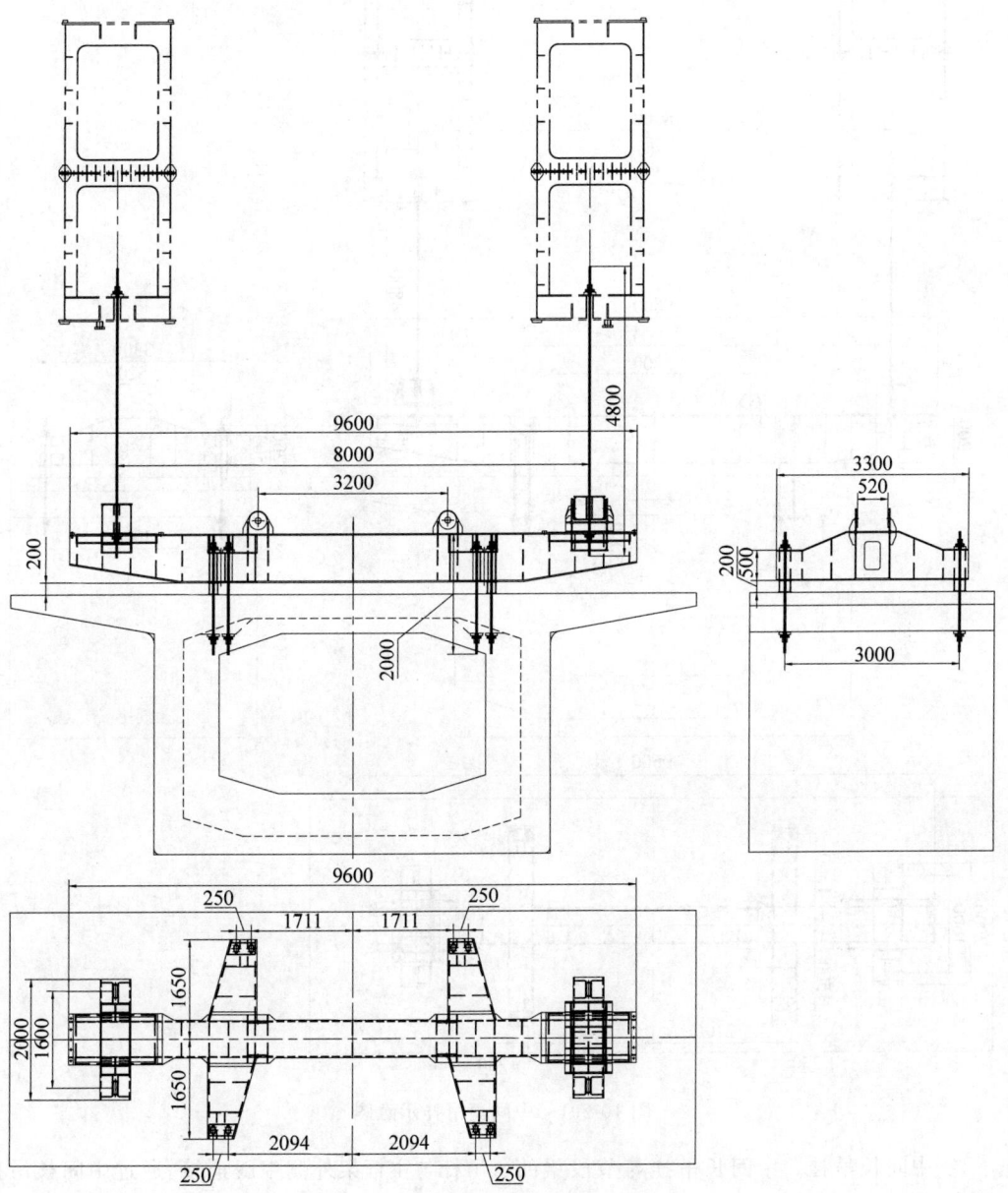

图10-290 2号节段梁吊挂示意图

③ 中间短吊挂。中间标准节段梁吊点为 $\phi 100$ 预留孔,根据中间标准节段梁吊点孔位置的特点,中间短吊挂为左右、前后对称结构形式,主横梁与节段梁之间采用精轧螺纹钢筋连接,主横梁底部利用支承座顶紧,主天车提升节段梁时防止精轧螺纹钢筋横向受力。

中间短吊挂的横向调整及主天车提升时载荷转换与1号节段梁吊挂相同,如图10-291所示。

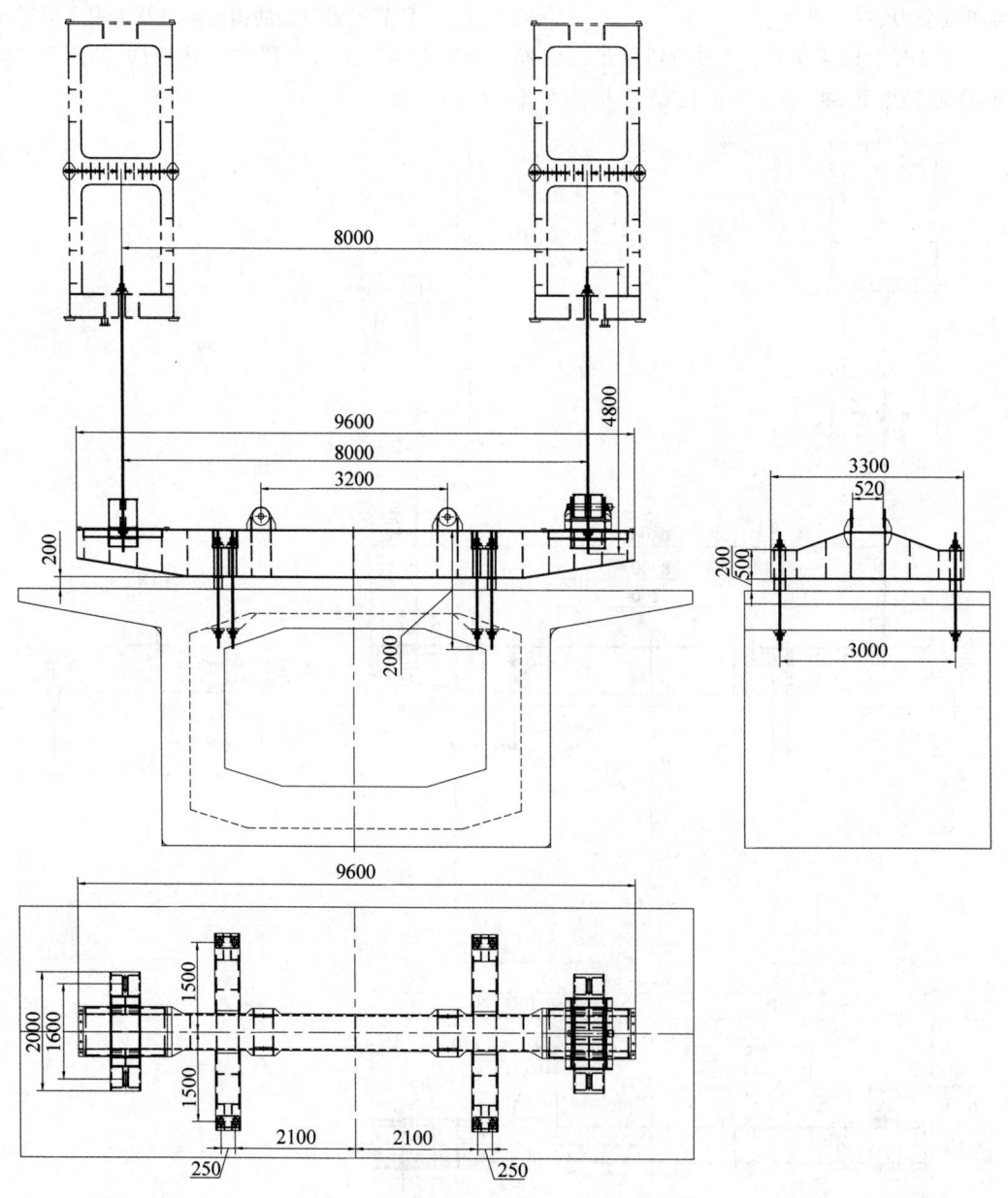

图 10-291 中间短吊挂示意图

④ 中间长吊挂。中间长吊挂与节段梁的连接与中间短吊挂的连接形式相同。长吊挂下横梁的长度为 12.8 m,主天车提节段梁利用吊杆与主框架外侧牛腿连接,通过中间长吊挂的优势,架桥机在架梁施工时,节段梁桥后喂梁无须错层摆放,安全、高效。

中间长吊挂为左右、前后对称结构形式，主横梁与节段梁之间采用精轧螺纹钢筋连接，主横梁底部利用支承座顶紧，主天车提升节段梁时防止精轧螺纹钢筋横向受力，如图10-292所示。

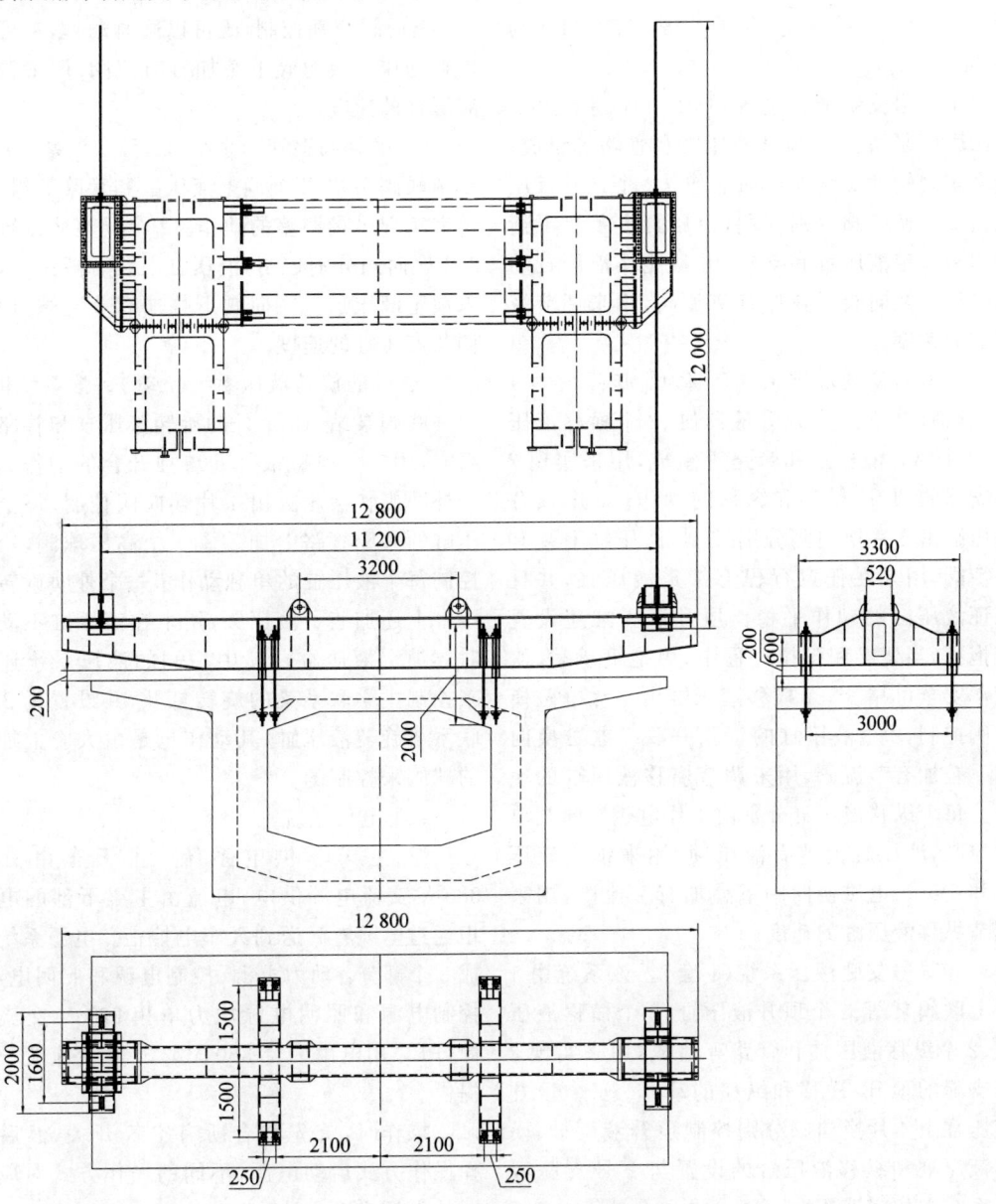

图10-292 中间长吊挂示意图

(4) 附属结构

设备上配置有爬梯、平台及栏杆等附属设施，方便施工及检修人员上下或通过，并可确保其安全。

(5) 液压系统

液压系统的工作原理：电动机启动，通过联轴器驱动轴向变量柱塞泵，此时电磁溢流阀处于断电状态，泵排出的压力油以较低的压力通过溢流阀直接返回油箱，使电动机空载启动，因启动电流小，液压系统无冲击；启动相应的按钮，电磁换向阀和溢流阀同时带电，高压油通过泵、电磁换向阀、液压缸，克服负荷工作。

系统所用液压油的牌号为 L-HM46,过滤精度为 NAS1638-1994 标准 9 级,工作温度为 $-10 \sim 70$℃,系统总需油量为 1580 L(约 200 L×8 桶)。

① 1 号支腿液压系统(1 套)。该系统由 1 台两联阀泵站、2 个顶升液压缸和管路等组成,用来实现辅助支腿顶升的动作。2 个顶升液压缸由 2 片换向阀分别控制,液压缸上装有平衡阀用来锁定液压缸和支腿,并且能使液压缸动作平稳。换向阀下叠加有节流阀,用来调节液压缸的速度。

② 2 号支腿液压系统(1 套)。该系统由 1 台五联阀泵站、2 个顶升液压缸、2 个横移液压缸、2 个纵移液压缸和管路等组成,用来实现 2 号支腿的顶升、横移和纵移的动作。2 个顶升液压缸由 2 片换向阀分别控制,液压缸上装有平衡阀,用来在任意行程上锁定液压缸,并且保证液压缸的动作平稳。顶升液压缸还设置有抱箍,当架梁和张拉过程中,由抱箍承载,使支承安全可靠。2 个横移液压缸由 1 片电磁换向阀控制,2 个液压缸的管路并联。电磁换向阀下叠加有节流阀,用来调节横移液压缸的速度。每个纵移液压缸分别由 1 片电磁换向阀单独控制,液压缸上装有液压锁,用来锁定液压缸和主梁。电磁换向阀下叠加有节流阀,用来调节纵移液压缸的速度。

③ 3 号支腿液压系统(1 套)。该系统由 1 台七联阀泵站、4 个顶升液压缸、2 个横移液压缸、2 个纵移液压缸和管路等组成,用来实现 3 号支腿的顶升、横移和纵移的动作。4 个顶升液压缸由 4 片换向阀分别控制顶升液压缸、横移液压缸和纵移液压缸的设置与 2 号支腿液压系统中相应液压缸设置一致。

④ 4 号支腿液压系统(1 套)。该系统由 1 台四联阀泵站、4 个顶升液压缸和管路等组成,用来实现 4 号支腿顶升的动作。4 个顶升液压缸由 4 片换向阀分别控制,液压缸上装有平衡阀用来锁定液压缸和支腿,并且能使液压缸动作平稳。换向阀下叠加有节流阀,用来调节液压缸的速度。

⑤ 天车调整液压系统(1 套)。该系统由 1 台两联阀泵站、2 个横移液压缸和管路等组成,用来实现天车横移的动作。2 个横移液压缸由 2 片换向阀分别控制,既可以同时动作,又可以单独动作。换向阀下叠加有节流阀,用来调节液压缸的速度。

⑥ 吊具调整液压系统(1 套)。该系统由 1 台两联阀泵站、2 个调整液压缸和管路等组成,用来实现吊具调整的动作。2 个调整液压缸由 2 片换向阀分别控制,液压缸上装有液压锁,用来锁定液压缸。换向阀下叠加有节流阀,用来调节液压缸的速度。

⑦ 外肋旋转液压系统(2 套)。该系统由 1 台一联阀泵站、10 个外肋旋转液压缸和管路等组成,用来实现每根外肋单独开合的动作。10 个外肋旋转液压缸由 1 片换向阀控制,每个液压缸的大腔管路上加装了 1 个高压球阀,用来控制每个液压缸的单独动作;每个外肋旋转液压缸上还加装了液压锁,用来在液压缸不动的时候锁定液压缸。其中一侧的液压系统还用来控制主梁联系梁的旋转打开,共设置了 2 个联系梁旋转液压缸,其动作也是由大腔上加装的球阀来控制的。

(6) 电气系统

① 主天车供电系统。主天车由三相 380 V 交流电源供电,电流由主梁下部的电源柜通过电缆卷筒送到天车电控柜。电源系统分成 3 个部分:动力电源、控制电源和照明电源。控制电源和照明电源均为单相 220 V 交流电源,PLC 用电由一台 380 V/220 V 交流变压器提供。

操作时,首先闭合所有空气开关,然后选择操作方式启动电源(不同的操作方式对应不同的电源启动方法)。

(a) 遥控操作启动电源。选择遥控操作→松开所有急停按钮→打开遥控器钥匙开关→按下遥控器启动按钮→主接触器吸合,各运行机构主回路得电。

断电时,直接按下急停按钮,总接触器断开,整机断电。

(b) 本地操作启动电源。选择本地操作→

松开所有急停按钮→按下面板启动按钮→主接触器吸合,各运行机构主回路得电。

② 主天车 PLC 控制系统。PLC 作为架桥机电气控制系统的核心,可以实现全部逻辑关系和联锁功能。其输入用于检测各机构状态和外部保护信号,起升、小车走行操作手柄的挡位信号对应于调速装置的速度给定信号;输出是根据输入信号按照一定逻辑关系给出的,用于控制各机构的运行。

③ 主天车起升机构。主天车起升机构上的两台卷扬机的变频电动机采用两台变频器驱动。

卷扬机遥控运行流程:确定系统上电并且处于正常工作状态→在电控柜面板上选择遥控器操作模式→在遥控器上选择卷扬机运行功能旋钮(其他功能旋钮处于零位)→确定系统正常后,根据遥控器面板标识操作相应的摇杆,实现卷扬机的上升或者下降运行。

卷扬机面板操作运行流程:确定系统上电并且处于正常工作状态→在电控柜面板上选择面板操作模式→在面板上选择卷扬机运行功能旋钮(其他功能旋钮处于零位)→确定系统正常后,根据电控柜面板标识操作正向或者反向旋钮,实现卷扬机的上升或者下降运行。

卷扬机构设置有上升限位,触发限位开关后只能进行下降操作(系统此时处于报警状态),报警后,面板报警指示灯点亮,指示报警信息。排除故障后,复位按钮用来复位故障报警。

在遥控器操作模式下,分为重载低速模式和空载高速模式,每种模式下对应多个速度。在面板操作模式下默认为重载低速中Ⅰ速状态。在吊梁时要将速度选择开关选为重载低速模式。操作手柄时应逐挡地、有间隔地均匀操作,禁止一个方向的动作尚未结束时立即反向操作,这样可避免切换和加速过程过快给机构带来的机械冲击。

在正常情况下,因起升变频器采用的是带制动电阻和制动单元控制,可有效防止溜钩;而当装置接收到停止指令时,待电动机转速下降到设定速度,再将制动器抱闸,可避免高速制动对机构和变频器的冲击。如果装置发生故障或需紧急停车等特殊情况,制动器将快速抱闸,此时所有的动力电源都断开,甚至主接触器也断开。由于有了手柄零位保护回路,如果运行中途出现故障而停机,手柄必须先回零位才能重新启动运行,这样可有效防止故障复位后的自启动。

变频器出现故障时的处理程序如下:先查明故障原因和消除故障,再按下复位按钮,解除故障报警装置,方能启动装置和运行本机构。

④ 主天车纵移及吊具机构。天车走行机构与起升机构中的一台卷扬机共用一台变频器驱动,通过接触器进行切换。天车走行机构减速、制动时,变频器将惯性能量通过制动单元和电阻吸收掉,以达到平稳减速和制动。吊具机构通过卷筒供电,使用一台按键遥控器进行控制。

天车纵移遥控运行流程和面板操作运行流程与卷扬机的相同。

吊具遥控过程:确定系统上电并且处于正常工作状态→在面板上选择遥控器操作模式→在遥控器上选择吊具运行功能旋钮(其他功能旋钮处于零位)→确定系统正常后,根据手持遥控器面板标识操作对应的按键,实现吊具的正向或者反向及液压缸的操作运行。

上述两种机构驱动电动机均有热继电器保护,任意一个电动机过载后,该机构均不能运行(系统此时处于报警状态)。小车运行机构安装有限位装置,触发限位后,只能向相反的反向运行(系统此时处于报警状态)。报警后,电控柜面板上的报警指示灯点亮,指示报警信息。排除故障后,复位按钮用来复位故障报警。

在遥控器操作模式下,分为重载低速模式和空载高速模式,每种模式下对应多个速度。在面板操作模式下默认为重载低速状态。在吊梁时要将速度选择开关选为重载低速模式。操作手柄时应逐挡地、有间隔地均匀操作,禁止一个方向的动作尚未结束时立即反向操作,这样可避免切换和加速过程过快给机构带来

⑤ 辅助天车供电系统。辅助天车由三相380 V交流电源供电，电流由主梁下部的电源柜通过电缆卷筒送到天车电控柜。电源系统分成3个部分：动力电源、控制电源和照明电源。控制电源和照明电源均为单相220 V交流电源，PLC用电由一台380 V/220 V交流变压器提供。

整机设有相序保护器，以防相序的变化造成误动作。

操作设备前，操作人员应检查设备周围是否存在影响运行的障碍，确定安全后方可运行设备。

控制电源及动力电源上电顺序：闭合所有空气开关→松开所有急停按钮→按下启动按钮→主接触器吸合，各运行机构主回路得电。

⑥ 辅助天车PLC控制系统。PLC作为架桥机电气控制系统核心，实现全部逻辑关系和联锁功能，其输入用于检测各机构状态和外部保护信号，起升、小车走行操作手柄的挡位信号是对应于调速装置的速度给定信号，输出是根据输入信号按照一定逻辑关系给出的，用于控制各机构的运行。

PLC的外部保护信号主要由驱动装置、限位开关输入。

PLC采用先进的日本三菱FX3u系列，程序处理速度快、功能强、可控范围广、控制精度高、体积小、质量轻，为整个系统的可靠性提供了坚实的基础。

⑦ 辅助天车起升机构。卷扬机遥控运行流程：确定系统上电并且处于正常工作状态→在电控柜面板上选择遥控器操作模式→根据遥控器面板标识操作相应的按键，实现卷扬机的上升或者下降运行。

卷扬机面板运行如下：首先确定系统上电并且处于正常工作状态，电控柜面板上选择面板操作模式，在面板上选择卷扬机运行功能旋钮（其他功能旋钮处于零位），确定系统正常后，根据电控柜面板标识操作正向或者反向旋钮，实现卷扬机的上升或者下降运行。

卷扬机机构设置有上升限位，触发限位开关后只能进行下降操作（系统此时处于报警状态），报警后，面板报警指示灯点亮指示报警信息。排除故障后，复位按钮用来复位故障报警。

遥控器的按键为双速形式，第一个位置为重载低速，第二个位置为空载高速。在吊重时要将速度设为重载低速模式。操作时禁止一个方向的动作尚未结束就立即反向操作，这样可避免切换和加速过程过快给机构带来的机械冲击。

变频器出现故障时的正常处理程序如下：先查明故障原因和消除故障，再按下复位按钮，解除故障报警装置后才能启动装置和运行本机构。

⑧ 辅助天车纵移机构。天车走行机构与起升机构中的卷扬机共用一台变频器驱动，通过接触器进行切换。天车走行机构减速、制动时，变频器将惯性能量通过制动单元和电阻吸收掉，以达到平稳减速和制动。

天车纵移遥控运行流程：确定系统上电并且处于正常工作状态→在面板上选择遥控器操作模式→根据遥控器面板标识操作对应的按键，实现天车的正向或者反向运行。

面板操作天车运行流程：确定系统上电并且处于正常工作状态→在面板上选择本地操作模式→在面板上选择天车运行功能旋钮（其他功能旋钮处于零位）→确定系统正常后，根据电控柜面板标识操作正向或者反向旋钮，实现天车的正向或者反向运行。

走行机构驱动电动机有热继电器保护，任意一个电动机过载后，该机构均不能运行（系统此时处于报警状态）。小车运行机构安装有限位装置，触发限位后，只能向相反的方向运行（系统此时处于报警状态）。报警后，电控柜面板上的报警指示灯点亮，指示报警信息。排除故障后，复位按钮用来复位故障报警。

遥控器的按键为双速形式，第一个位置为重载低速，第二个位置为空载高速。在吊重时要将速度设为重载低速模式。操作时禁止一个方向的动作尚未结束就立即反向操作，这样可避免切换和加速过程过快给机构带来的机械冲击。

⑨ 主梁下部供电系统。主梁的供电电源为三相 AC380 V,供电电源由外接电源送到电控柜(安装在主梁中部)。电源系统分成 3 个部分:动力电源、控制电源和照明电源。控制和照明电源均为单相 AC220 V,PLC 供电电源由一台 AC380 V/220 V 变压器提供。

本架桥机可使用在支腿和天车上部及电控柜上安装的急停按钮切断各机构的动力电源,实现整机紧急停车。

整机设有相序保护器,以防相序的变化造成误动作。

操作设备前,操作人员应检查设备周围是否存在影响运行的障碍,确定安全后方可运行设备。

控制电源及动力电源上电顺序:启动电源→闭合所有空气开关→松开所有急停按钮→打开钥匙开关→按下启动按钮→主接触器吸合,各运行机构主回路得电。

断电时,直接按下急停按钮,总接触器断开,整机断电。

⑩ 主梁下部 PLC 控制系统。PLC 作为架桥机电气控制系统的核心,可以实现全部逻辑关系和联锁功能。

⑪ 主梁下部泵站。泵站包含 1~4 号支腿泵站和两个开模泵站,均采用本地控制。

操作泵站时首先启动泵站电动机,确认正常后按照泵站电控箱上的标识操作相应的旋钮,实现液压缸的伸出和缩回操作。

⑫ 主要检测控制仪表。风速仪用于输出大风预警报;载荷限制器用于输出超载信号。上述报警触发后,电控柜面板报警指示灯点亮,指示报警信息。

⑬ 照明。在主梁上设有金属卤化物光源,供夜间作业照明使用。单台光源功率为 400 W/220 V。

⑭ 主要保护功能。

(a) 供电系统:缺相、欠压、短路。

(b) 起升机构:相序、缺相、欠压、过流、超速等;过载和短路;上限限位。

(c) 天车运行机构:缺相、过载等;前、后终端限位;防撞限位。

⑮ 安全装置。

(a) 电气安全装置:起升行程限位(最高)、小车走行限位;风速风向仪;载荷限制器。

(b) 电气系统保护装置:过载、过流、短路保护,变频器故障监测指示灯,互锁装置;过电压、欠电压保护;机械、电气互锁机构(防止误操作)。

4) 施工作业流程

(1) 架梁作业

DP180/50 型节段拼装架桥机的施工线路跨度为 50 m,施工步骤如下。

① 架桥机过孔到位,打开主框架中间联系梁,准备架梁;运梁车运节段梁至架桥机尾部,主天车提梁,依次将 1~8 号节段梁布置在主框架上;利用液压缸关闭主框架联系梁,如图 10-293 所示。

注意事项:

(a) 架桥机架梁时,2、3 号支腿支承,1、4 号支腿处于脱空状态;2 号支腿在墩顶垫石上支承时,在垫石上铺设橡胶垫;架梁时,3 号支腿与梁面利用撑杆锚固,整机卸载时拆除锚固撑杆。

(b) 运梁车运节段梁进入架桥机尾部,主天车提节段梁中心位置距离 3 号支腿中心不大于 9 m。

② 主天车提 9、10 号节段梁布置在主框架挑梁上,如图 10-294 所示;主天车提最后一节段梁,旋转后悬挂在主框架上;主天车提升 9、10 号节段梁至拼装位置。

③ 利用主天车依次调整各节段梁的三维姿态,完成精确对位→调整湿接缝尺寸→安装湿接缝模板→浇筑湿接缝混凝土→等强度养护→预应力钢筋束张拉→打开湿接缝模板;整孔张拉完成后,2、3 号支腿液压缸收缩,整机卸载,拆除吊挂,架桥机过孔前利用辅助天车将吊挂提至运梁车,转运到梁场,如图 10-295 所示。

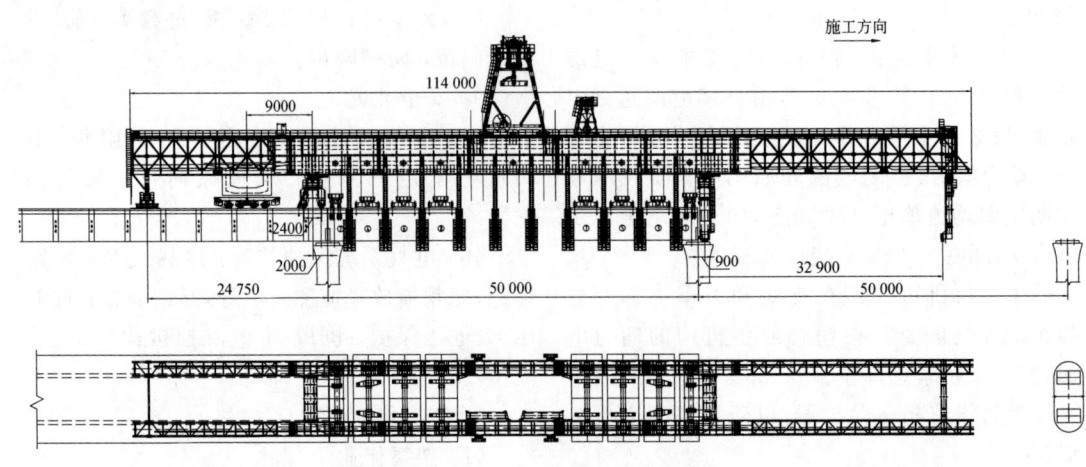

图 10-293 架梁步骤①示意图

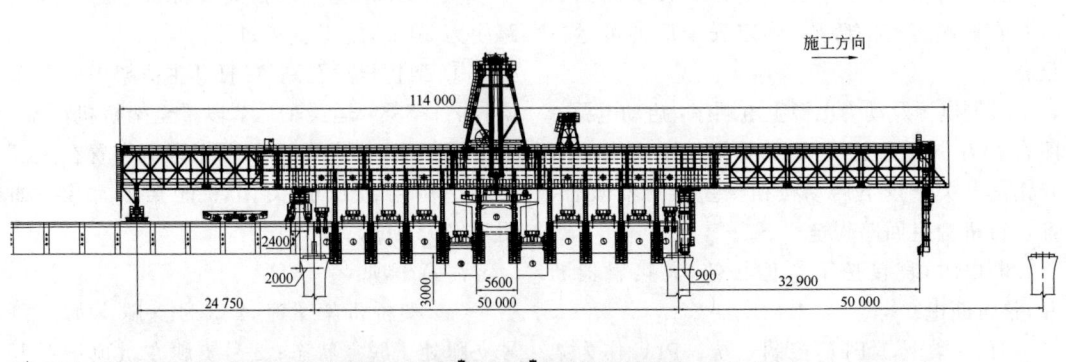

图 10-294 架梁步骤②示意图

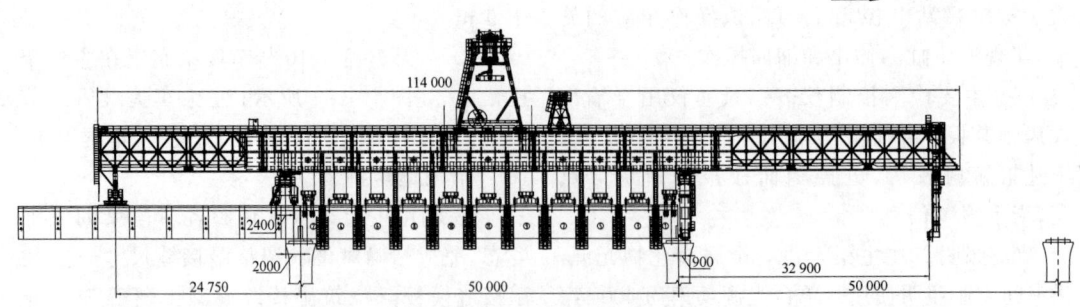

图 10-295 架梁步骤③示意图

注意事项：

(a) 整机卸载时，拆除 3 号支腿与梁面的锚固撑杆。

(b) 架桥机过孔时，安装 3 号支腿与梁面的锚固撑杆。

④ 架桥机准备过孔；所有吊挂吊杆向上提升约 3.5 m；利用撑杆将 2 号支腿与 1 号节段梁梁面预埋螺纹钢筋进行锚固，如图 10-296

所示。

注意事项：

(a) 过孔时，2号支腿必须与桥面、墩顶分别进行锚固，3号支腿与梁面进行锚固。

(b) 第一次过孔时，先启动2号支腿纵移液压缸，再启动3号支腿纵移液压缸，循环操作，直到1号支腿到达前方墩顶。

⑤ 过孔时，2、3号支腿支承，1、4号支腿处于脱空状态，主天车及辅助天车运行至3号支腿上方，利用2、3号支腿的液压系统推动主框架向前纵移18.4 m，1号支腿到达前方墩顶垫石支承位置（注意：主框架向前推进过程中，主天车及辅助天车同步后移，始终保持与3号支腿相对位置不变）；调整1号支腿支承液压缸，使1号支腿在前方墩顶支承，如图10-297所示。

⑥ 主天车和辅助天车运行至2号支腿上方，1、2、4号支腿支承，3号支腿液压缸收缩，使3号支腿处于脱空状态；启动3号支腿液压系统，3号支腿自行过孔至前方已架设桥面位置（距墩中心2 m），支承3号支腿，并与梁面进行锚固，如图10-298所示。

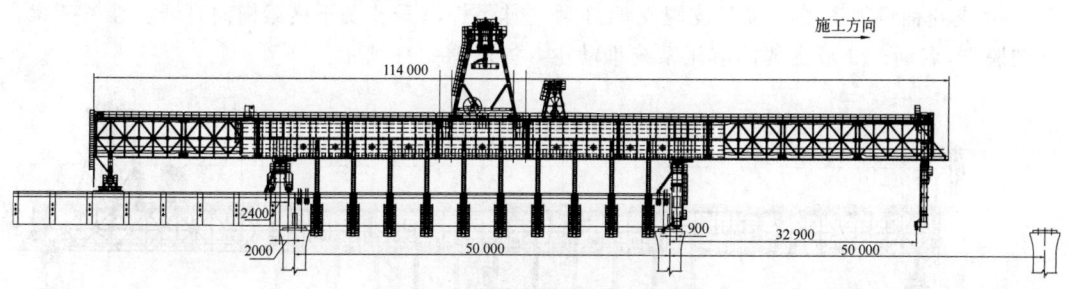

图10-296 架梁步骤④示意图

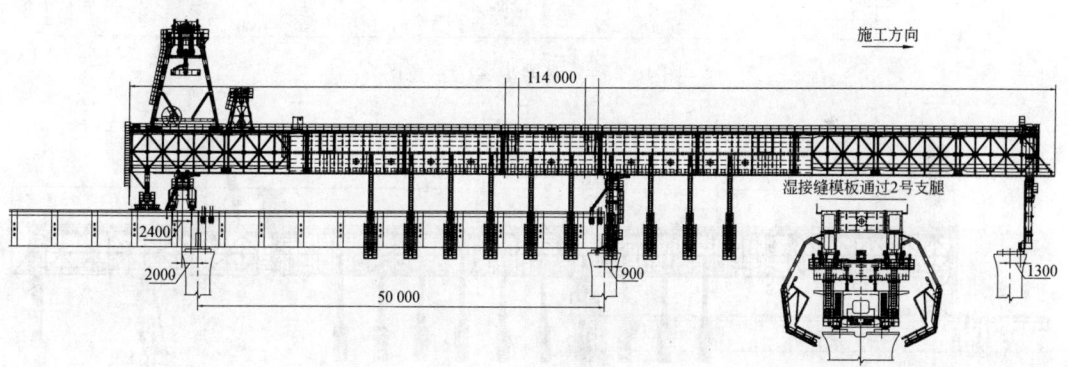

图10-297 架梁步骤⑤示意图

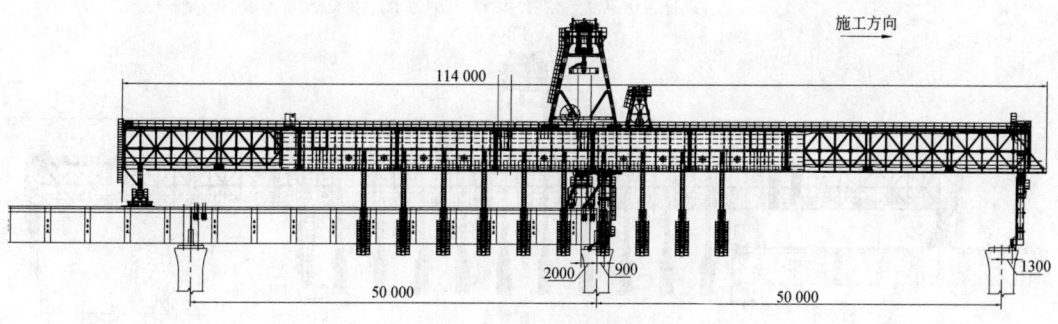

图10-298 架梁步骤⑥示意图

⑦ 解除2号支腿与梁面锚固,1、3、4号支腿支承,2号支腿液压缸收缩,使2号支腿处于脱空状态;启动2号支腿液压系统,2号支腿自行过孔至前方墩顶(距墩中心900 mm),2号支腿在前方垫石上支承,并利用斜撑将2号支腿与墩顶预埋螺纹钢筋进行锚固,如图10-299所示。

注意事项:过孔时,2号支腿利用两种撑杆必须与墩顶分别进行锚固,3号支腿与梁面进行锚固。

⑧ 主天车和辅助天车运行至前方导梁位置,4号支腿铺设轨道,2、3、4号支腿支承,1号支腿脱空,启动2、3号支腿的液压系统推动主框架纵移12 m(注意:主框架向前推进过程中,主天车及辅助天车同步后移,始终保持与2号支腿相对位置不变);收缩4号支腿液压缸,脱空4号支腿,2、3号支腿支承,如图10-300所示。

⑨ 启动2、3号支腿的液压系统推动主框架纵移19.6 m,达到架梁位置(注意:主框架向前推进过程中,主天车及辅助天车同步后移,始终保持与2号支腿相对位置不变);架桥机过孔到位,连接2号支腿、3号支腿与主框架的锚固销轴,解除2号支腿与墩顶锚固,调整吊挂吊杆,4号支腿下横梁横向打开。准备架梁,如图10-301所示。

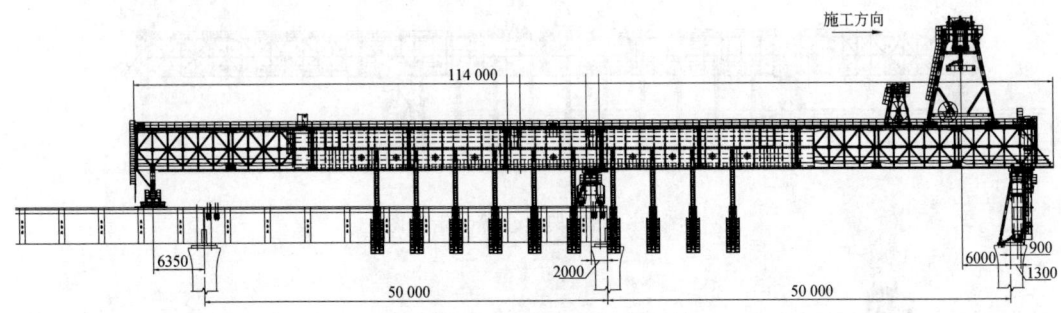

图10-299 架梁步骤⑦示意图

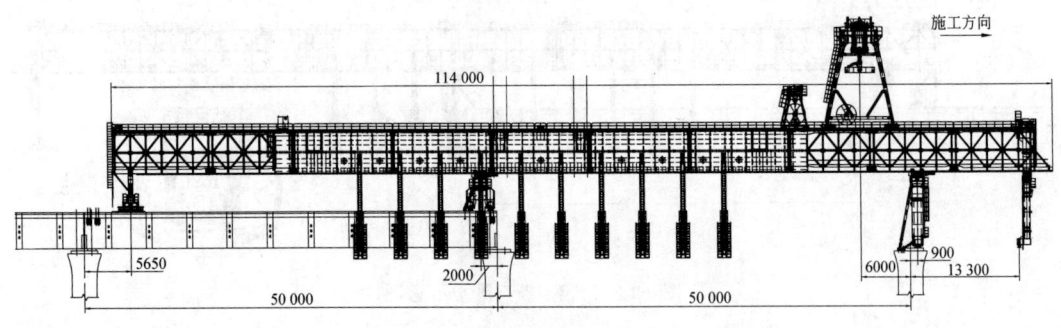

图10-300 架梁步骤⑧示意图

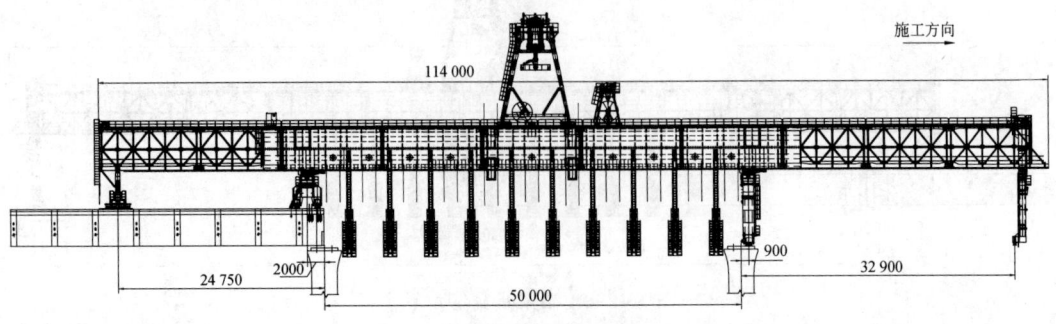

图10-301 架梁步骤⑨示意图

该架桥机具有两跨长的主框架和4条支腿结构体系、主框架左右对称设计、支腿通过液压缸可调节高度、架桥机过孔时液压顶推机构驱动主框架前移、主天车和辅助天车置于主框架顶部等独特的优点,为整机适应各种特殊工况带来了极大的便利。

(2) 首跨架设

架桥机在三跨现浇梁上安装完成后,50 m 节段梁首跨施工,3号支腿站位在已现浇的混凝土箱梁上,距离墩中心2 m位置,2号支腿站位在前方墩顶垫石上。首跨架设与正常架梁工艺相同。

(3) 末跨架设

架桥机架设至最后一跨时,需拆除2号支腿立柱。2号支腿重载支承液压缸安装至横梁下方,在已架设梁面支承;1号支腿拆除立柱,在前方梁面支承;3号支腿和4号支腿在后方梁面支承;2号支腿在末跨梁面支承。过孔时,利用3号支腿梁面的锚固撑杆将2号支腿与梁面进行锚固。其余与正常架梁工艺相同。

(4) 桥间转场

40孔50 m跨节段梁架设完毕,需要转场到下一待架的桥梁施工时,其做法和工艺与正常架梁工艺相同。当两座高架桥距离较近时,可以借助两个轮轨或轮胎节段块运输车完成架桥机的整机桥机转场;当两座高架桥距离较远且不能借助运梁车整机运输到位时,可按部件进行拆解后运输再拼装。

(5) 后退过孔

40孔50 m跨节段梁架设完毕后,架桥机可退回至安装位置,反向安装2、3号支腿纵移液压缸,按照架桥机后退过孔流程步骤操作。在后退过孔过程中,2号支腿需要与两面预埋螺纹钢筋进行锚固,以提高整机的纵向稳定性。

(6) 曲线架设

该设备2号支腿、3号支腿在走行过程中具备横移功能,可以确保在架梁工况时2号支腿、3号支腿处于墩、梁中线位置。

根据架桥机设计原则,架桥机支腿站位均在腹板上方,当架桥机施工曲线段时,1号支腿偏离桥墩中心线约1190 mm,先启动2号支腿液压横移系统,向曲线内侧推进400 mm,主框架以3号支腿为定点旋转,此时1号支腿偏离桥墩中心线约400 mm;再启动3号支腿液压横移系统,向曲线外侧推进400 mm,主框架以2号支腿为定点旋转,此时1号支腿中心与桥墩中心线相切。

通过各支腿的配合,该设备可以实现2200 m曲线半径的架梁要求。

(7) 纵坡施工

根据不同的线路特点,需要在坡度小于等于±1.2%的纵坡施工时,架桥机主框架与坡度呈平行状态,2号支腿和3号支腿与主框架锚固,防止溜坡。

5) 操作与使用

(1) 设备启动前的检查

① 目测检查

(a) 架桥机主梁、支腿以及起重天车、吊具、吊挂等主要结构是否安装正确,节点板、螺栓及销轴连接是否牢固可靠。

(b) 起重天车的下滑轮吊具、钢丝绳、滑车组、吊杆等是否安装正确,连接是否牢固可靠。尤其是钢丝绳在卷筒上的连接是否可靠。

(c) 栏杆、梯子等安全设施是否安装正确,连接是否牢固可靠。

(d) 电气设备及相关安全装置、制动器、控制器、照明、信号、显示等系统是否安装正确、稳定有效。

(e) 液压系统的泵站、液压缸、管路、阀组是否安装正确,连接是否牢固可靠。

(f) 液压系统的液压缸、管路、阀组等部位是否存在渗、漏油现象。

(g) 卷扬机、减速机、轴、套等处所需要的润滑油是否品种加注正确,油面是否到位。

(h) 目测检查时不必打开所有部件,但应打开在正常维护和检查时打开的盖子或检查口。

② 一般性检查

(a) 检查在主梁顶面端吊挂及中间吊挂的正确位置。

(b) 检查所有的螺栓和螺母,尤其是在那些振动件上的螺栓和螺母是否拧紧。

(c) 确保钢丝绳没有脱槽,吊具没有出现倾斜等危险情况。

(d) 确保每个需要的电气元件都有电力供应。

(e) 确保所有的安全保护装置(声音报警器、闪光灯、限制开关、急停按钮等)都已经安装并且工作状态正常。

(f) 只有在所有检查都通过后才能按照有关电气方面的程序接通电源。

(2) 喂梁操作

① 注意事项

(a) 在进行节段块吊装时,要检查吊具安装是否正确,检查支腿液压缸是否连接可靠。

(b) 检查梁块是否正确,防止编号错误。

(c) 运梁车从尾部喂梁时,要求运梁车缓慢接近架桥机,必须有防撞架桥机机构,防止运梁车与架桥机发生碰撞,造成严重后果。

(d) 运梁车开进架桥机内部,主天车提升节段梁的中心位置距离3号支腿不大于9 m,提升节段梁要缓慢,防止与架桥机或已安装梁段的碰撞。

② 喂梁操作步骤

(a) 架桥机过孔完毕就位,调整好支腿高度,检查完所有项目,处于待架状态,运梁车载梁到达架桥机尾部或到达桥墩下待架跨内。

(b) 运梁车载梁缓慢接近架桥机尾部或下部,此时主天车到达预定位置(根据主梁规格及吊点孔位置决定)。

(c) 起吊天车下放,将天车吊具与梁块上吊具连接好,起吊并转动梁块,运行至指定位置。

(d) 调整中间或端吊挂吊杆位置,与要吊挂梁块上吊具连接好,完成把梁块从天车至吊挂的连接置换。

(e) 依次吊挂各块,按要求涂抹梁块间环氧树脂,并张拉好。

(f) 天车起吊节段块时,架桥机在重载提升箱梁时要防止梁体在纵、横向偏斜,要求最大偏斜角度不大于2°,否则采用单动功能调整梁体水平。

(g) 架桥机吊具安装由人工牵引螺纹钢筋对位,在吊杆底部接近箱梁顶面时,采用低速缓慢下降吊具,人工牵引吊杆对准吊梁孔。

注意事项:如果螺纹钢筋没有落进吊梁孔,或者已落进吊梁孔但被吊梁孔卡住无法下落,切勿继续下落吊具,这样会引起钢丝绳松散而从滑轮槽中脱出;钢丝绳从滑轮槽中脱出会造成严重的后果,发生以上情况需要操作或指挥人员立即检查钢丝绳情况。

架桥机吊具安装完毕,要保证吊具和钢丝绳处于铅垂状态,每根螺纹钢筋都处于受力状态,确保吊杆同时受力而且不会对吊梁孔边缘混凝土造成损坏。

钢丝绳不能按照绳槽的方向在滚筒上有序、紧密地排列,或者钢丝绳从滑轮槽中脱出都是非常危险的,因此要求架桥机架梁时吊梁天车上有人观察钢丝绳在滚筒上排列情况,同时操作和指挥人员要在确定以上两项检查无误后才允许起吊作业。

吊具接触梁体或地面后继续下落吊钩,或者安装完吊具后本应上升却误操作为下降,均有可能引起钢丝绳的松脱,造成钢丝绳从滑轮槽中脱出或者钢丝绳在滚筒上的跳槽,都是严厉禁止的事项。如果万一发生以上情况,立即停车进行检查钢丝绳情况,发生跳槽或脱槽时要恢复正常状态后方可继续操作。

(3) 架梁操作

① 注意事项

(a) 吊挂在与主天车吊具进行梁块转换时,一定要检查吊挂已经连接好,才可解除主天车上吊具。

(b) 主天车的升降在完成后,操作人员在听完指挥指令后,重复操作内容,并在确认操作按钮后再操作,保证操作的安全。

(c) 节段梁在调整横向坡度时要注意调整块不得与已架设好梁块剐蹭,以免造成梁块或工具的损坏。

(d) 在节段梁整体张拉完成后,架桥机卸载时,拆除2、3号支腿的重载支承液压缸抱箍,2、3号支腿同步下降,同一支腿重载液压缸的高低差不超过5 mm。

② 节段梁调整流程

(a) 中间长吊挂和中间短吊挂节段梁分上下两层吊挂放置，留出最后一节段块的旋转空间。

(b) 起升天车纵移携梁前行，待到预定位置后，要提前减速慢行，提梁及落梁时禁止中途频繁变速，尤其在落梁时。

(c) 所有节段梁布置在主框架上，通过主天车旋转吊具调整节段梁三维空间姿态。

(d) 每孔的第一片梁要进行位置定位，保证后续节段梁的空间位置。

(4) 过孔操作

① 架桥机曲线过孔走行前，要画出架桥机走行线路。

② 为抵消架桥机前行沿桥方向的推力，过孔时，2号支腿必须与桥面、墩顶分别进行锚固，3号支腿与梁面进行锚固。第一次过孔时，先启动2号支腿纵移液压缸，再启动3号支腿纵移液压缸，循环操作，直到1号支腿到达前方墩顶；第二次过孔时，先启动3号支腿纵移液压缸，再启动2号支腿纵移液压缸，循环操作，直到架桥机到达架梁位置。

③ 注意保持2、3号支腿滑移面的润滑，切忌被砂浆或其他物品污损。如果不小心污损，要及时清洁，以免影响设备使用。

④ 横向摆动时2、3号支腿横移用液电设备严禁同时开启。

⑤ 架桥机过孔前应全面检查架桥机各部件，尤其是各驱动部件的完好性。

⑥ 每次架桥机过孔前3h，应关注天气预报，如风速达到5级或以上时，及时做好防风工作。

(5) 架桥机的停放

① 注意事项

(a) 架桥机停止工作后须关闭所有操作按钮并切断电源，锁住所有操作室及电控柜。

(b) 架桥机停放时须将吊钩起升到最高位置。

(c) 当风力达到5级时不得进行过孔，当风力大于6级时必须停止作业，台风来临或风力达到11级时须将吊钩与箱梁锚紧作为配重。

(d) 如停车时间长至1个月或更长，应每月启动一次液压系统，使液压油箱中油温至少达到40~50℃，避免沉淀或胶质生成在液压元件中。液压系统启动时需严格按照液压操作安全操作规程以及注意事项中相应条款执行。

(e) 如停机时间长至3个月或更长，必须根据气候条件妥善防护，此时保养间隔依然有效。

② 停机流程

(a) 首先要将预制梁放下，停机时，不允许设备带载荷停机。

(b) 将所有操纵手柄置于"中位"。

(c) 关掉所有用电设备，如扩音机、风速风向仪、监视器、微电电源、空调、照明灯等。

(d) 将钥匙开关恢复到"0"位，按下电源急停按钮。

6) 维护及保养

(1) 结构部分的维护保养

至少每个月从头到尾检查一下结构件的连接情况，包括主梁连接板、主梁与支腿等部位的螺栓、螺母的连接状态是否正常，有无松动。发现问题应立即停止作业，及时予以处理。需更换螺栓或螺母时，必须保证其原强度级别以及规格。

需要经常检查的主要焊缝有主梁和天车大梁上下盖板与腹板、支腿的垂直焊缝等。检查焊缝是否产生了撕裂或疲劳裂纹，如发现有隐患存在，则应立即停止作业。当用肉眼发现已有裂纹存在，但不能断定其危害程度时，首先要停止使用，并采用焊缝探伤仪器做进一步判断，采取合理的措施予以处理。

对结构件的油漆，每两年应重新涂刷一次。涂刷前应用钢刷清理干净原表面，并注意检查相关焊缝状态。在对结构部件进行拆装、运输时，严禁野蛮作业，不得剧烈碰撞，起吊时利用专用吊钩或吊具。连接螺栓、销轴拆卸后要分类存放，防止混乱、丢失，对于连接板必须按"对号入座"的原则拆卸、安装，不得混乱，保证每次拆卸以及装配前后标记明确。

(2) 电气系统的维护保养

① 一般维护

经常检查各显示仪表、指示灯、载荷限制器、行程开关等设备的功能是否正常。

每次开机运行前,应认真检查各种控制手柄及按钮是否灵活,有无松动及卡死等现象。

应定期检查接触器及控制开关触点有无打火及烧结现象,外壳是否存在破裂、损坏,若发现应及时予以更换。

当遇到下雪及阴雨天气,应及时对各电动机等电气设备进行绝缘测试,其阻值应大于或等于 4 MΩ。

电气检查维修过程中,严禁用兆欧表测量变频器的输出端。

② 电气安全装置

以下关于电气安全装置的检查必须每日一次。

(a) 检查所有限位开关的机能,如果有故障,立即换掉有问题的装置。

(b) 检查载荷限制器的功能;检查显示的负载值与实际负载是否一致。

(c) 检查防撞击系统的性能。

③ 紧急停止按钮

下面关于所有紧急按钮的检查操作必须每天进行一次。

(a) 检查紧急停止按钮的性能。

(b) 检查所有紧急按钮的电气性能,在设备移动时,逐个地按下,检查是否能立即安全地使设备停止。如果有故障,立即换掉有故障的装置。

④ 电气检查清单

电气检查清单如表 10-63 所示,应每周进行检查。

表 10-63 电气检查清单

序号	组成	检查内容
1	电气设备	检查各类电控柜内是否清洁和干燥
		检查磨损部分是否需要更换
		检查接触部分的清洁,并确定原始外形没有改变
		检查接触部分的连接是否紧密(主线与主线、主线与电缆、电缆与电缆)
		检查柜内电气元件,确认无异常
		检查开关,电流接触器和继电器的连接,确保清洁
		检查线圈在额定电压下的工作
		确定开关和交流接触器处的消弧装置在正确的工作位置,并有良好的工况
		检查接地情况
2	开关、交流接触器和继电器	检查设备的移动不会引起过多的摩擦
		检查保险丝的完整性并保证它们没有退化的迹象
3	电力	仔细清理有破损及绝缘不好的电缆。清理接线端子,检查它们与所有电缆之间的连接

(3) 液压系统的维护保养

① 液压缸使用工作油的黏度为 29~74 mm^2/s,推荐使用 ISOVG46 抗磨液压油。工作油温在 -20~80℃ 范围内。在夏季高温季节时,可选择黏度较高的 46 号液压油,冬季温度较低时,用黏度较低的 32 号液压油。

② 液压缸要求系统过滤精度不低于 80 μm 要求,要严格控制油液污染,保持油液的清洁,定期检查油液的性能,并进行必要的精细过滤和更换新的工作油液。

③ 安装时,要保证活塞杆顶端连接头的方向与缸头、耳环(或中间铰轴)的方向一致,并保证整个活塞杆在进退过程中的直线度,防止出现刚性干扰现象,造成不必要的损坏。

④ 当液压缸安装上主机后,在运转试验中应先检查油口配管部分和导向套处有无漏油,并应对耳环中关节轴承部位加润滑油。

⑤ 液压缸若发生漏油等故障要拆卸时,应用液压力使活塞的位置移动到缸筒的任何一个末端位置,拆卸中应尽量避免不合适的敲打

⑥ 在拆卸之前应松开溢流阀,使液压回路的压力降低为零,然后切断电源,使液压装置停止运转,松开油口配管后,应用油塞塞住油口。

⑦ 液压缸不能作为电极接地使用,以免击伤活塞杆。

⑧ 保持各液压元件完好无损。应经常清洗吸回油滤清器,如发现液压油内含有杂质时,应及时更换滤清器和液压油。

⑨ 清洗、装配各液压元件时,不要损伤各配合密封面。如发现密封件老化或损伤,应及时更换。

⑩ 各管路不得漏油和随意更改,液压元件不得露天存放。

⑪ 液压缸、阀等不得有渗油、漏油现象。

7) 常见故障及处理方法

常见故障及处理如表 10-64 所示。

表 10-64 常见故障及处理方法

序号	故障现象	原因分析	解决方案
1	某台卷扬机一起动变频器就保护跳闸	对应的卷扬机电动机制动器和制动器没有打开或制动器太紧	调整电动机制动器
		供电电缆缺相断相	相应处理
		电动机故障或机械故障	维修电动机
2	某功能电动机一起动变频器就保护跳闸	对应的电动机制动器没有打开或制动器太紧	调整电动机制动器
		供电电缆缺相断相	相应处理
		电动机故障	维修电动机
3	总电源送不上	相序错误	调整相序
		驾驶室门限位	相应处理
		天窗限位	相应处理
		超速开关没有复位	复位超速开关
		某接触器粘连	更换接触器
4	某功能无动作	对应的转换开关损坏	更换转换开关
		对应的信号灯损坏	更换信号灯
		对应的接触器及中间继电器损坏	更换接触器或中间继电器
		对应的电动机及制动器损坏	更换或调整电动机或制动器

3. DP60/32 型节段拼装架桥机(郑州新大方重工科技有限公司)

1) 概述

DP60/32 型节段拼装架桥机包含主梁、1~4 号支腿、天车、端吊挂、中吊挂组件、长吊挂、体外修饰平台、附属结构、液压系统、电气系统和安全监控系统等。重载时,2、3 号支腿支承主梁,过孔时,1、4 号支腿配合完成,天车在主梁内侧轨道上移动,端吊挂及中吊挂布置在主梁上。

架梁状态:2 号支腿在前方墩顶支承,3 号支腿在后方桥面支承,1、4 号支腿脱空,天车依次提升节段块并悬挂于端吊挂及中吊挂下方。提梁完成后,端部首个节段块精确测量并临时固定,其余节段块以首个节段块为基准,依次完成初对位→节段块之间涂抹环氧树脂→张拉临时预应力钢筋→节段块依次全部胶拼完成→穿整孔预应力钢筋束→整孔张拉,端吊挂提梁。拆除中吊挂与各节段梁的连接,端吊挂纵、横移调整将整孔梁落放到墩顶垫石上,解除端吊挂与梁段之间的连接,天车将各个吊挂的下层横梁由前跨落放到运输车上运回制梁场或临时存放下一跨地面。架桥机完成一跨梁施工。

过孔状态:天车提端吊挂下横梁运行至架桥机后方作为配重,启动 2、3 号支腿托辊机构,整机向前纵移过孔。1号支腿到达前方墩顶位置支承,支承4号支腿,斜拉缆风绳将4号支腿与桥面进行锚固,3号支腿脱空。利用天车提3号支腿至前方桥面位置支承,脱空2号支腿,利用天车提2号支腿穿过1号支腿至前方墩顶位置支承,利用2号支腿锚固机构与墩顶垫石进行锚固,天车提端吊挂下横梁作为配重运行至架桥机前方,启动2、3号支腿托辊机构,整机再次向前纵移过孔到架梁位置。

DP60/32型节段拼装架桥机的主要技术特点如下:

(1) 架桥机为上行式,适应性、通用性强,重复利用率高,可方便满足线路首、末跨低墩施工、自行通过大跨度连续梁,对墩身结构无影响。

(2) 架桥机变跨操作便捷,可适应各类跨度施工。

(3) 各支腿可调节高度,便于架桥机通过限高以及纵坡施工调平,安全性高。

(4) 端吊挂落梁为液压缸落梁,连续性好、安全性高,运作平稳,便于微调。

(5) 采用箱形主梁和4条支腿的结构体系,主梁在过孔及架梁工况均为简支结构,受力明确、安全性高。

(6) 过孔采用轮轨、托辊技术,无需铺设桥面轨道,可将对桥面的影响降至最低,连续性好,方便快捷,施工效率高。

(7) 吊具设计理念先进,自动化程度高,方便实用,可有效提高施工效率,可实现360°平转。

(8) 节段梁无需错层。通过长吊挂和短吊挂的布置,可满足运梁车在桥后或桥前喂梁时,节段块无需错层摆放,安全、高效。

(9) 通过调整各支腿的高度可以使整机高度降低,有利于架桥机通过高压线和既有桥的限高。

(10) 架桥机主梁为前后对称结构,可通过倒换前、后辅助支腿安装位置,实现反向施工,方便快捷。

(11) 天车置于主梁内侧,有效降低了整机高度,天车设计独特,动、定滑轮间距可达最小化,整机高度低而且可实现桥后喂梁,天车可纵横移,便于节段块精确对位。

(12) 走行机构、起升机构均采用变频技术,启动、制动平稳;整机采用PLC程序控制技术,安全可靠。

(13) 液压系统采用独立单元设计,使系统简化和模块化,减少了沿程损失和功率损耗,方便维修和搬运。

(14) 设备操作配置遥控,可以实现就近操作,避免因视线不通、沟通不畅、判断失误等因素造成的系统风险。

(15) 设备安全系统完备,设计有专用安全监控系统,可以对主要位置进行实时监测,安全性能高。

2) 主要技术参数

DP60/32型节段拼装架桥机的主要技术参数如表10-65所示。

表10-65 DP60/32型节段拼装架桥机主要技术参数

序号	项目	参数
1	适应跨度/m	≤32.7
2	架梁方式	高位张拉
3	喂梁方式	桥下或桥后喂梁
4	节段块最大质量/t	56.3
5	最小曲线半径/m	双线:3500;单线:500
6	最大纵坡坡度/‰	双线:±2;单线:±2.87
7	桥面横坡坡度/‰	双线:±2;单线:±2
8	32.7 m整跨节段梁最大质量/t(节段数)	613/(13)

续表

序号	项 目	参 数
9	主梁底部至梁面净空/m	5.5 m
10	天车额定起重能力/t	60(不含吊具)
11	天车纵向移位方式	轮轨走行,电动机、减速机驱动
12	天车横向移位方式	微调液压缸驱动
13	起升高度/m	34
14	天车起升速度/(m/min)	重载:0~1.5;空载:0~3
15	天车纵向移动速度/(m/min)	重载:0~6;空载:0~12
16	钢丝绳安全系数	4.5
17	吊具旋转/(°)	360(平转)
18	工作海拔高度/m	≤2000
19	工作环境温度(气象温度)/℃	-20~45
20	整机纵移过孔速度/(m/min)	0~1
21	工作环境风速/级	工作状态:过孔≤6,架梁≤8 非工作状态:≤12(需锚固)
22	发电机组功率/kW	85
23	最大单件外形尺寸(长×宽×高)/(m×m×m)	14×1.54×2.8
24	长途运输	汽车、火车运输不超限
25	节段块吊挂方式	四点起升、三点平衡
26	外形尺寸(长×宽×高)/(m×m×m)	76×7.5×11.4

3) 设备组成

DP60/32型节段拼装架桥机主要由主梁、1~4号支腿、天车、端吊挂、中吊挂组件、长吊挂、体外修饰平台、附属结构、液压系统、电气系统和安全监控系统等组成,如图10-302所示。

(1) 主梁

主梁为箱形结构,如图10-303所示。主梁中心距3.8 m,每条主梁分6段,长度为2×14 m+4×12 m=76 m。单节主梁宽1.54 m,高2.8 m。

主梁为前后对称结构,在主梁内侧腹板通长设置有轨道,用于天车走行。主梁端部外伸悬臂段轨道部分只允许调运2、3号支腿,不能用于天车提节段块。两条联系梁分别位于2、3号支腿位置,联系梁与主梁用螺栓连接,主梁前、后端分别连接1、4号支腿。

平坡施工时,主梁底面至桥面的净空设为5.5 m。

(2) 1号支腿

1号支腿位于主梁前端,为固定支腿,过孔时在前方墩顶或桥面支承,如图10-304所示。

1号支腿主要由上横梁、上铰座、立柱、提升梁、横向打开机构、下横梁、液压电气系统等组成。

上横梁通过两个横向销轴和铰座铰接,铰座和主梁上盖板之间用螺栓连接;立柱1与联系梁、提升梁通过销轴连接,下端通过螺栓和立柱2、下横梁螺栓连接;通过液压升降系统可以实现可调立柱的高度升降,以适应不同梁高、纵向坡度的施工需求。下横梁中间利用螺栓连接,过孔时拆除连接螺栓,通过液压机构把下横梁横向打开。

1号支腿在纵桥向形成二力杆件,受力明确。末跨施工时拆除立柱2,立柱1与下横梁用螺栓连接,下横梁在桥面支承。

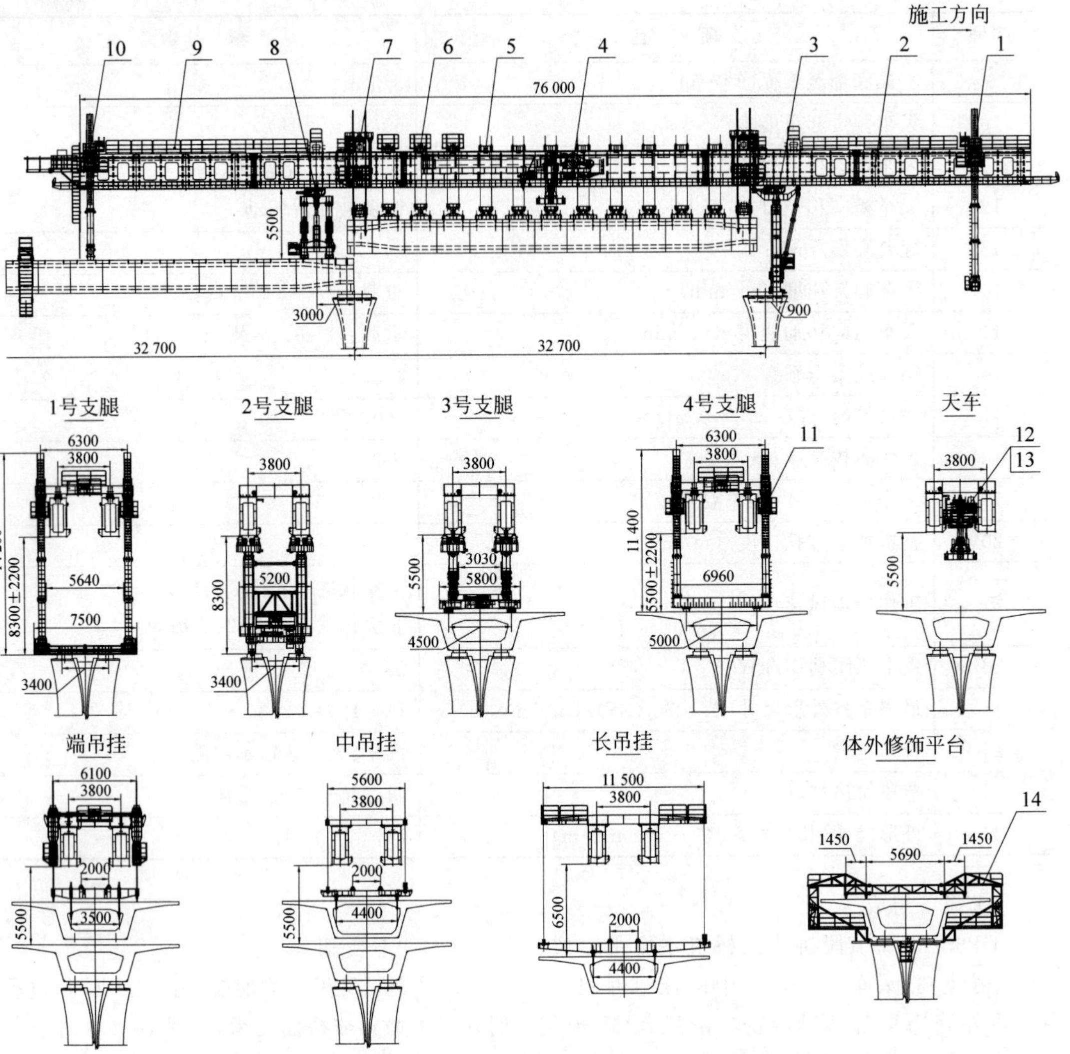

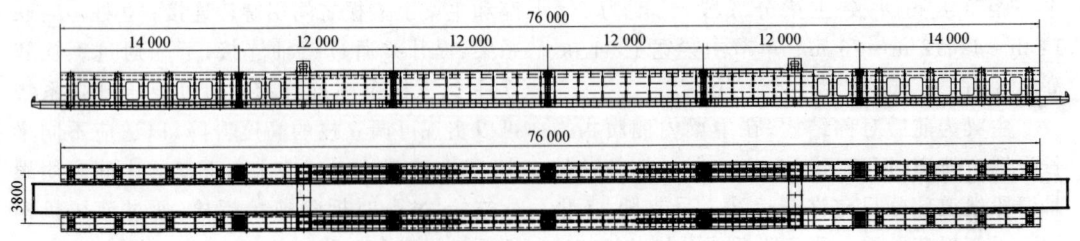

1—1号支腿；2—主梁；3—2号支腿；4—天车；5—中吊挂组件；6—长吊挂；7—端吊挂；8—3号支腿；9—附属结构；10—4号支腿；11—液压系统；12—电气系统；13—安全监控系统；14—体外修饰平台。

图 10-302　DP60/32 型节段拼装架桥机总图

图 10-303　主梁结构示意图

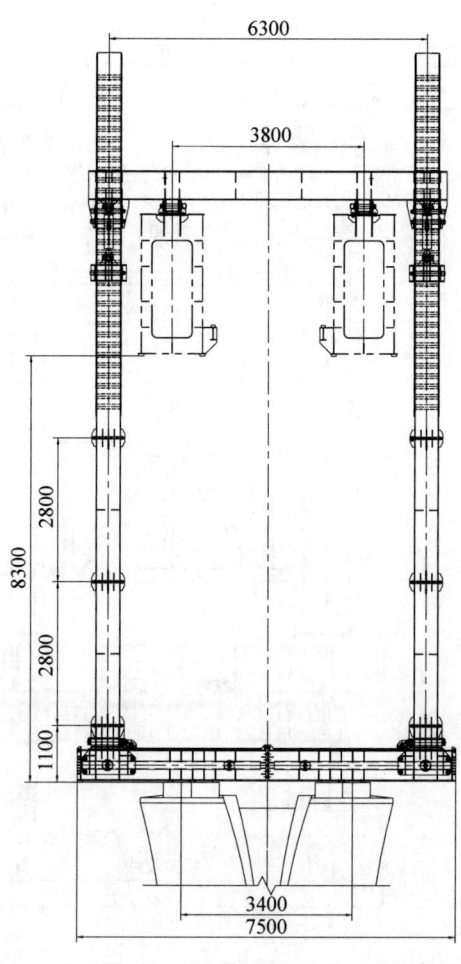
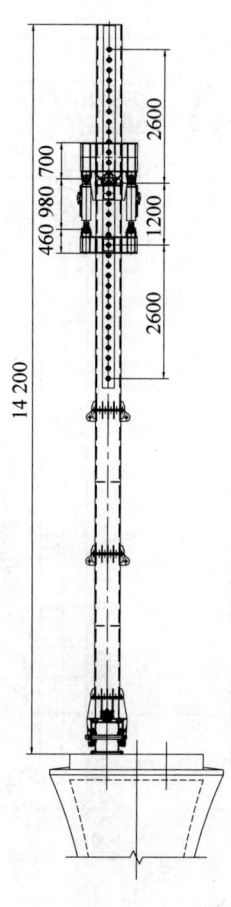

图 10-304　1 号支腿结构示意图

1 号支腿使用说明：

① 1 号支腿仅用作架桥机过孔时的辅助支承，完成 2 号支腿的倒换和安装，不得作其他功能使用。

② 1 号支腿只考虑承受竖向载荷，顶升 1 号支腿液压缸调节高度前，需测量各支腿的标高，各支承点的标高处于同一直线上。1 号支腿液压缸顶升过高会使 2 号支腿脱空，1 号支腿支承过低会使 1 号支腿处于虚空状态，都有整机失稳的风险。

③ 1 号支腿与主梁连接位置纵向可调，以满足不同跨度时支腿在桥墩顶位置。

④ 在曲线段施工墩顶和桥面存在横坡时，桥面需垫平以适应左右侧高度差。

（3） 2 号支腿

2 号支腿为活动支腿，在墩顶支承，末跨或连续梁上过孔时在桥面支承。2 号支腿为重载支承支腿，在架梁过程中，2 号支腿必须为竖直状态支承，在过孔时，2 号支腿与桥面或地面斜拉缆风绳进行锚固，如图 10-305、图 10-306 所示。

2 号支腿主要由托辊机构、防倾横梁、上铰座、立柱、横移上横梁、横移下横梁、斜撑杆、联系梁、液压电气系统等组成。

2 号支腿的托辊轮共 8 个，其中 4 个为被动轮，4 个为主动轮。

主托辊由 4 个轮箱组成，左右各两个轮箱，每侧的两个轮箱分别与走行机构托盘铰接，走行机构托盘下端和防倾横梁连接。

支承横梁支承在墩顶之上，末跨支承于桥面之上（与桥面锚固），下支承横梁分上下两层，通过横移机构可使 2 号支腿横移，以满足曲

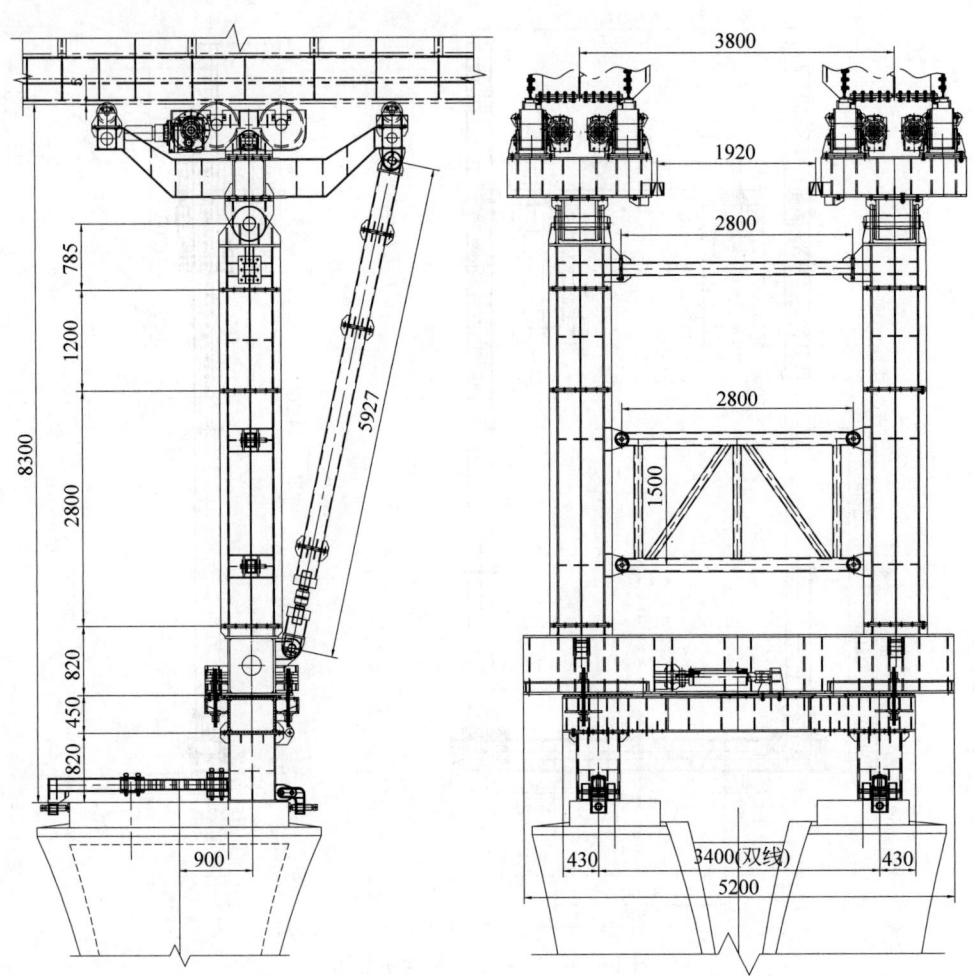

图 10-305 2 号支腿（墩顶支承）结构示意图

线施工的需求。

当主梁过孔时，2、3 号支腿的托辊轮共同驱动主梁前移，过孔前，2 号支腿必须与墩顶可靠锚固，要有专人检查 2、3 号支腿托辊轮箱及载荷限制器的完好性。过程中，为保证 2、3 号支腿托辊轮同步，必须有专人监控 2 号支腿的竖直程度、反应斜撑杆轴向力的载荷限制器读数以及两支腿托辊轮的转动情况。正常情况下，载荷限制器读数 $N<10$ t 时，托辊轮箱调速使得 2、3 号支腿托辊轮箱同步；当读数 $N\geqslant 10$ t 时，系统报警，相应方向动作停止，手动调整，手动调整时需确认调整方向满足减小支腿倾斜趋势的要求。一旦发现读数异常，立即通知指挥员停机，调整后继续过孔。如无法及时通知指挥员，则立即拍下急停开关。如发现有托辊轮转动卡涩，亦应及时通知指挥员或立即拍下急停开关。（注：2 号支腿速度慢，3 号支腿速度快，则 2 号支腿斜撑杆受拉力，反之则受压力。）

(4) 3 号支腿

3 号支腿为活动支腿，支承在已架设的梁面上。3 号支腿为重载支腿，在架梁过程中，3 号支腿的托辊与主梁之间安装有锚固装置。

3 号支腿主要由托辊机构、托盘梁、外套柱、内套柱、增高节、上横梁、下横梁、液压缸垫座、液压电气系统等组成，如图 10-307 所示。

3 号支腿的托辊轮共 8 个，其中 4 个为被动轮，4 个为主动轮。

托辊由 4 个轮箱组成，左右两侧各有两个轮箱，每侧均有一组主动轮箱和一组被动轮箱。

第10章 主要机械参数

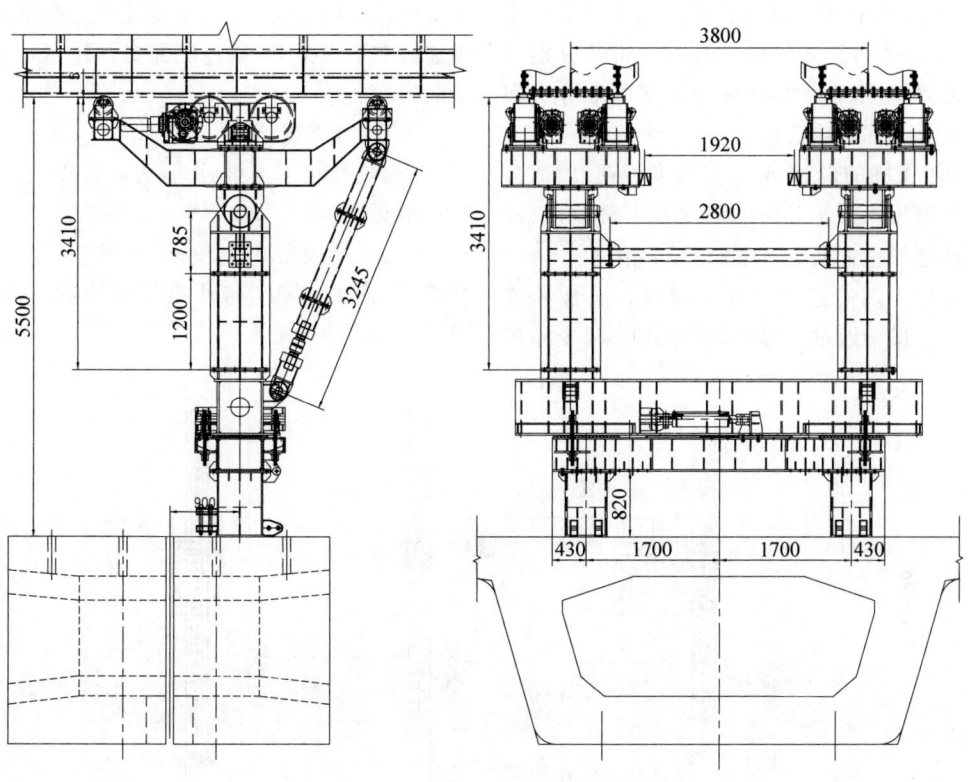

图 10-306　2 号支腿(桥面支承)结构示意图

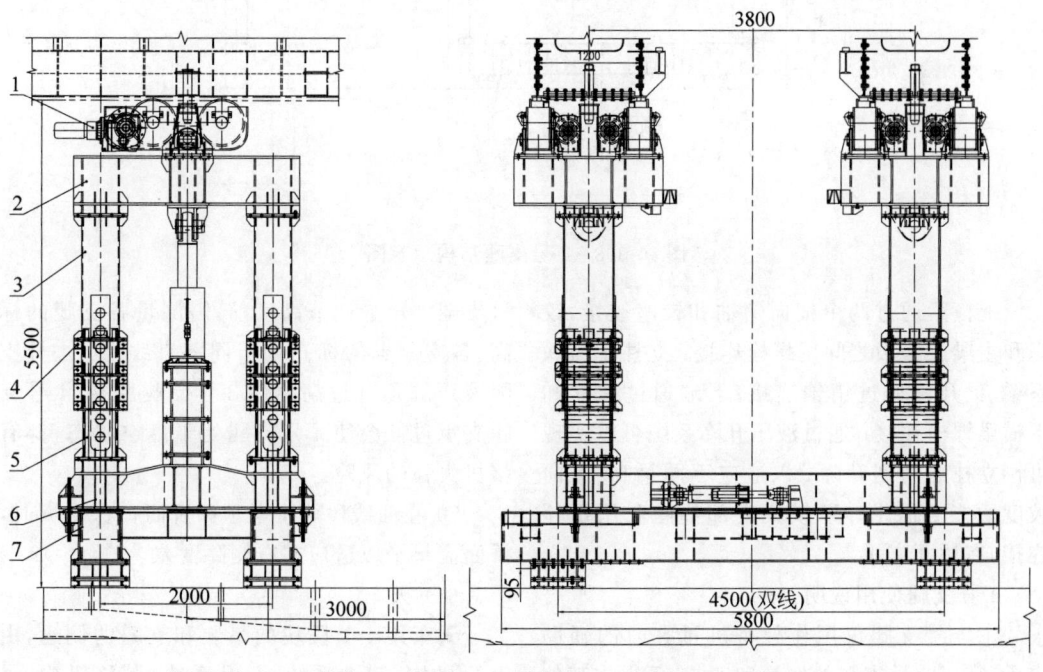

1—托辊机构；2—托盘梁；3—外套柱；4—增高节；5—内套柱；6—上横梁；7—下横梁。

图 10-307　3 号支腿结构示意图

3号支腿托辊机械传动机构配置与2号支腿相同,要确保二者同步;每侧的两个轮箱分别与托辊横梁铰接,每个托辊横梁下部两端分别和两个支承立柱螺栓连接。

3号支腿的内、外套立柱高度可调,以适应不同纵坡施工需求;在施工过程中每个内、外套立柱必须穿上两个 ϕ100 mm 的销轴。

立柱下端通过法兰和上层横移梁螺栓连接,上、下横梁通过横移机构可实现3号支腿携主梁横移,以满足曲线施工的需求;底部支承座连接在下横梁上,通过底部支承座可以适应梁面横坡。

(5) 4号支腿

4号支腿位于主梁后端,为固定支腿,过孔时在桥面支承。

4号支腿主要由上横梁、上铰座、立柱、提升梁、下横梁、垫座、液压电气系统等组成,如图10-308所示。

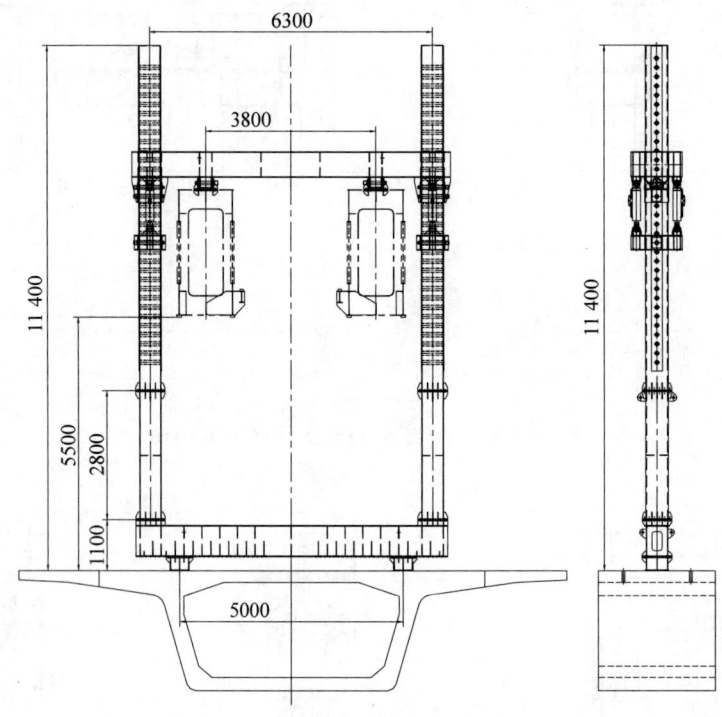

图 10-308　4号支腿结构示意图

上横梁通过两个横向销轴和铰座铰接,铰座和主梁上盖板之间用螺栓连接;立柱1与联系梁、提升梁通过销轴连接,下端通过螺栓和下横梁螺栓连接;通过液压升降系统可以实现可调立柱的高度升降;以适应不同梁高、纵向坡度的施工需求。下横梁底部垫座利用螺栓连接,在桥面支承。

4号支腿使用说明:

① 4号支腿仅用作架桥机过孔时的辅助支承,完成3号支腿的倒换和安装,不得作其他功能使用。

② 4号支腿只考虑承受竖向载荷,顶升4号支腿液压缸调节高度前,需测量各支腿的标高,各支承点的标高处于同一直线上。4号支腿液压缸顶升过高会使3号支腿脱空,4号支腿支承过低会使4号支腿处于虚空状态,都有整机失稳的风险。

③ 在曲线段施工墩顶和桥面存在横坡时,桥面需垫平以适应左右侧高度差。

(6) 天车

天车用于节段块的吊装和支腿的倒运,由走行机构、制动系统、起升系统、横移机构、吊梁组件、附属结构、电气液压等部分组成,如图10-309所示。

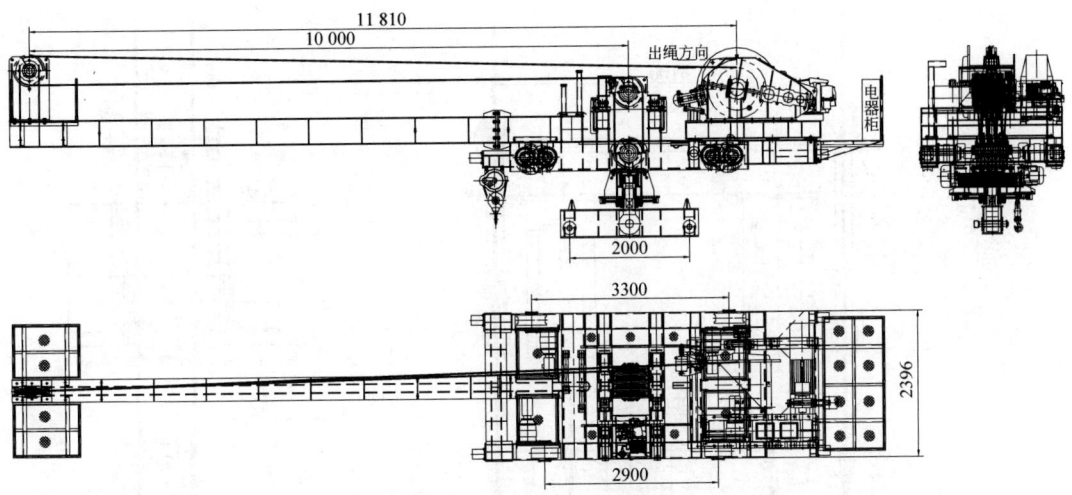

图 10-309 天车结构示意图

走行机构由横梁组件、走行轮箱、车轮、电动机减速器、缓冲器等部分组成，可沿主梁内侧轨道运行。轨道中心距为 2.18 m，走行机构与天车架用法兰连接，4 个走行车轮全部可单独驱动，制动系统可以保证在适应坡度时不会出现溜车。

起升系统由卷扬机、钢丝绳、导向轮、定滑轮组、动滑轮组、吊具、载荷限制器、高度限位器等部分组成，定滑轮组固定在上部卷扬机支架上，动滑轮组与回转机构安装在一起，载荷限制器安装于导向轮轴上，能清楚明确地显示吊重物质量。

天车额定起吊能力为 60 t，起升速度重载 1.5 m/min、空载 3 m/min，走行速度重载 6 m/min、空载 12 m/min，起升和走行均采用变频控制。

横移系统由平台和横移装置组成，横移平台通过液压缸可携吊具在天车车架上实现 ±200 mm 的横移，以实现梁体横向精确对位，满足曲线施工时节段块的吊挂位置。

回转机构可以回转 360°，通过电动机驱动，可满足梁块的平转功能。所有调整为无线遥控，操作人员可以在拼接梁面范围内的适当位置进行作业。动滑轮组与回转机构一起固定在下回转架上，吊具通过动滑轮组中心设置推力轴承与吊轴连接，通过设置在回转架上的驱动电动机，可将吊轴回转，从而带动吊具上的物体进行水平旋转，达到施工使用要求。

天车配置一台电动葫芦辅助吊钩系统，可提供吊挂横梁、钢绞线、临时张拉台座等。

为适应架桥机特殊工作环境，天车还设有如下自动保护装置：

① 卷扬机起重量超载保护装置。若起升质量超过 60 t (不含吊具)，卷扬机将自动停止工作，此时卷扬机只能下放、不能上升。

② 卷扬机超高限位装置。为防止卷扬过多缠绕使钢丝绳溢出发生事故，在卷扬机上设置了重锤式限位开关，一旦主吊具提升超过设定高度，该保护装置就使卷扬机停止转动，同时卷扬机只能向安全方向运行。

③ 天车轨道端头设有车挡，两端头还设有接近式限位开关，天车靠近主梁端部时，限位开关发出信息，切断运行回路制动天车，防止发生碰撞。另外，天车两端设有橡胶缓冲器。

（7）端吊挂

单台设备配置两套端吊挂，主要完成端部节段块的提升及整跨梁精确落放到垫石支座上。端吊挂包含上横梁、连接杆、横移滑座、均横梁、支承横梁、中间横梁、吊具横梁、精轧螺纹钢筋等，如图 10-310 所示。

上横梁为箱形结构，横置在主梁之上，并与纵移液压缸连接，实现整孔梁纵向位置调整。

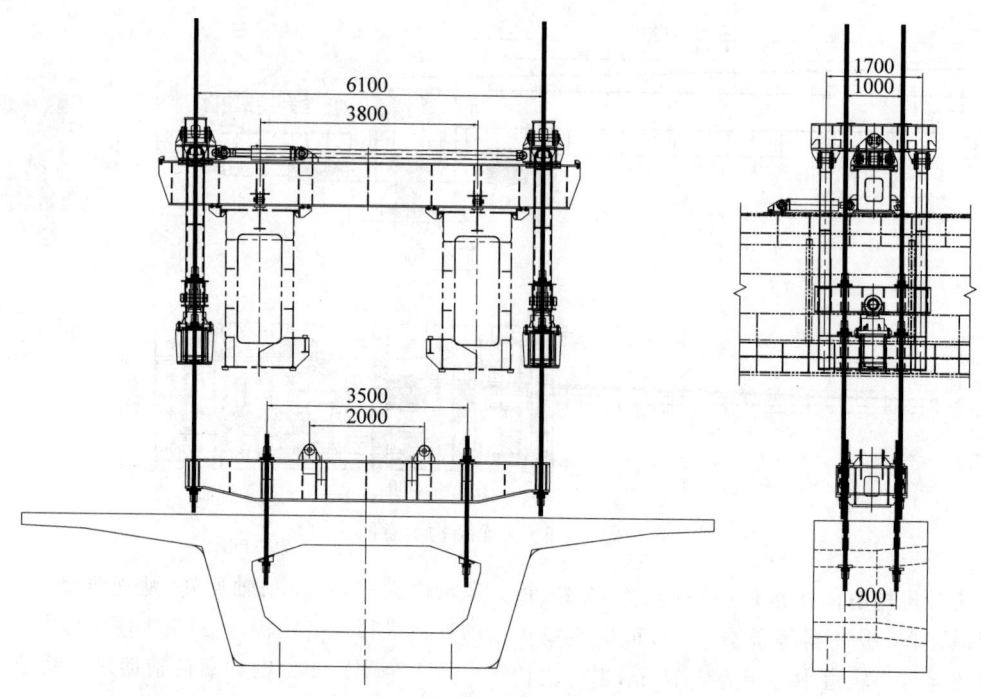

图 10-310　端吊挂结构示意图

纵移液压缸安装于上横梁与主梁之间，可以完成整体梁块纵向调整。

横移滑座可以在上横梁上移动，落梁时通过横移液压缸调节整孔的横向位置，完成精确对位。横移液压缸安装于上横梁与横移滑座之间，可以完成整体梁块横向调整。

均横梁为箱形结构，用于承担梁重，与支承横梁和横移滑座连接。均横梁为铰接结构，可使单侧的提梁点受力均匀。

中间横梁为箱形结构，与落梁液压缸、吊杆连接，可在落梁时受力转换。

支承横梁与均衡梁、落梁液压缸连接，为主受力构件。

吊具横梁是端部节段梁与吊杆的连接部分。在吊具横梁上吊杆位置开有长圆孔，可以沿纵向方向适应一定的吊孔偏差。横向有两个安装位置，可满足单、双线两种不同梁型的吊点。

每套端吊挂配置有 4 根公称精轧螺纹钢筋吊杆，在螺纹钢筋吊杆顶部设置两个螺母，两个螺母通过落梁液压缸交替承载完成梁体的升降。每个端吊挂配置两个液压落梁液压缸，两个液压缸共用一个泵站，液压缸的行程为 450 mm，端吊挂落梁时，两侧液压缸同步收缩，每次降低一个行程，循环操作。落梁液压缸安装于支承横梁和中间横梁之间，可以完成整孔的落梁。

(8) 中吊挂组件

中吊挂主要用于单个节段块的临时组件布置在主梁上，整台设备包含 11 套中吊挂，其中 9 套为吊挂 A，2 套为吊挂 B，如图 10-311、图 10-312 所示。

吊挂主要由上横梁、下横梁、铰接钩挂、均衡梁、吊挂架、横移梁、吊杆等组成。吊挂 A 是适应中间标准节段块的吊点，吊挂 B 是适应过渡节段块的吊点。

节段块与吊挂下横梁利用精轧螺纹钢筋连接，通过天车调整各节段块高度，横移梁和均衡梁可在吊挂下横梁上横向移动±300 mm，施工时根据线路曲线对节段块进行横向调整。横移梁、均衡梁通过精轧螺纹钢筋与上横梁连接，上横梁布置在主梁顶部，可沿纵向调整，以适应不同跨度。

吊杆由 4 根精轧螺纹钢筋组成，螺纹钢筋端部通过螺母连接，螺母均配有专用垫板，螺

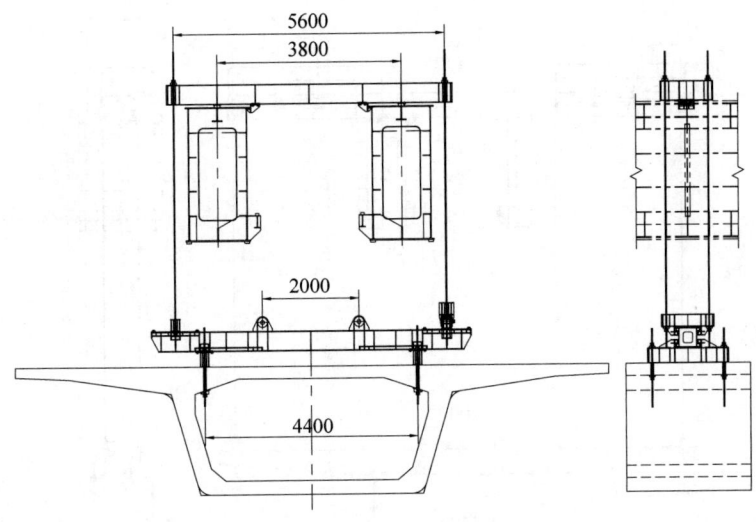

图 10-311　吊挂 A 结构示意图

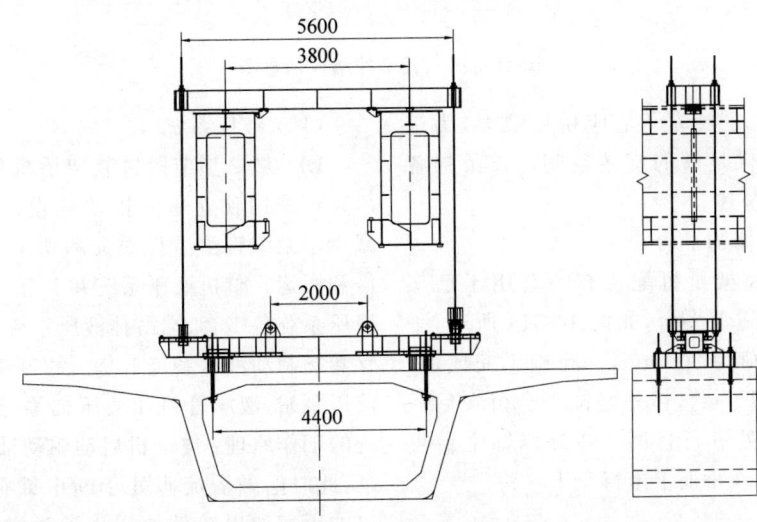

图 10-312　吊挂 B 结构示意图

母一端头为球头,可在垫圈上进行摆动,以保证吊杆仅承受轴向拉力。

吊挂架纵向开有长孔,横向可在下横梁上移动,可适应吊点位置变化时与节段梁的连接。吊挂下横梁上的两个连接销孔与天车吊具横梁连接,可以重复使用。

吊挂使用的注意事项:

① 吊挂所用吊杆为高强度螺纹钢筋,只能承受轴向载荷,在悬挂节段时如果承受径向载荷,会造成吊杆损坏,造成事故。在重载使用中,吊杆不得与设备的其他部位有刷蹭,否则要对吊点孔进行修正处理。

② 吊挂如果使用接长器时,在每次使用前要检查接长器的完好性,并且要在接长器两端的吊杆上涂明显颜色的标记,保证两端连接吊杆与接长器有均等合适的重合长度,以免造成事故。

③ 吊挂为重要的使用频次较多的构件,要经常检查其结构件的焊缝,保证结构件使用的安全性。

(9) 长吊挂

DP60/32 型节段拼装架桥机另外配置 3 套长吊挂,如图 10-313 所示,长吊挂的结构形式与短吊挂相似,不同之处在于:长吊挂的上、下

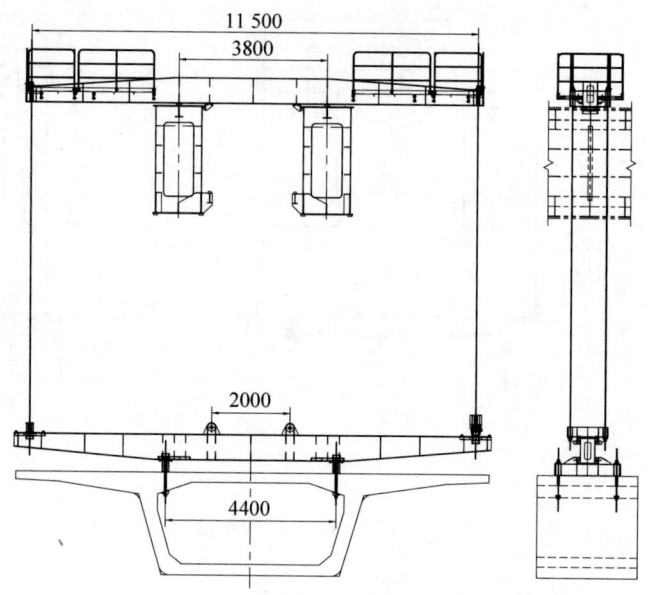

图 10-313　长吊挂结构示意图

横梁横向加长,主要为了适应桥后喂梁,为最后一节段梁提供足够的旋转空间。长吊挂各部分功能不再赘述。

(10) 体外修饰平台

DP60/32 型架桥机配置有一套用于已架设梁体修饰的施工平台,如图 10-314 所示,平台可承重的载荷为 300 kgf,一跨施工完成后,架桥机过孔到下一跨,体外修饰平台留在后一跨对胶拼接缝处进行打磨。体外修饰平台可借助外力作用,在桥面上走行至下一跨。

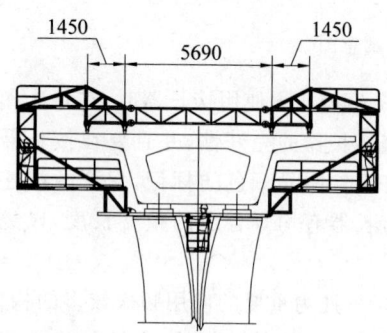

图 10-314　体外修饰平台结构示意图

(11) 附属结构

设备上配置有爬梯、平台及栏杆等附属设施,方便施工及检修人员上下或通过并确保安全。

(12) 液压系统

DP60/32 型节段拼装架桥机机构分散,液压系统采用独立单元模块化设计,系统简化,减少了系统管路沿程损失和功率损耗,方便维修和搬运。整机液压系统共 7 套:1~4 号支腿液压系统各 1 套、端吊挂液压系统 2 套、天车横移卷扬制动液压系统 1 套。每套液压系统都由液压泵站、液压管路和液压缸等组成。液压系统的工作原理:电动机启动驱动轴向变量柱塞泵,此时电磁溢流阀处于断电卸荷状态,泵排出的压力油以较低的压力通过溢流阀直接返回油箱,使电动机空载启动,启动电流小,液压系统启动时无冲击;然后再启动相应的按钮,电磁换向阀和溢流阀得电,高压油通过泵、电磁换向阀、液压缸,克服负载工作。

液压泵站是集油泵电动机组、控制电磁阀组、油箱、空气滤清器、回油滤油器等于一体的部件,设有压力表和液位液温计等辅件,如图 10-315 所示。它具有结构紧凑、体积小、方便搬运和安装的特点。

系统所用液压油推荐牌号:美孚 Mobil DTE10 EXCEL 68,过滤精度为 NAS1638-1994 标准 9 级,工作温度为 $-10 \sim 70$ ℃。

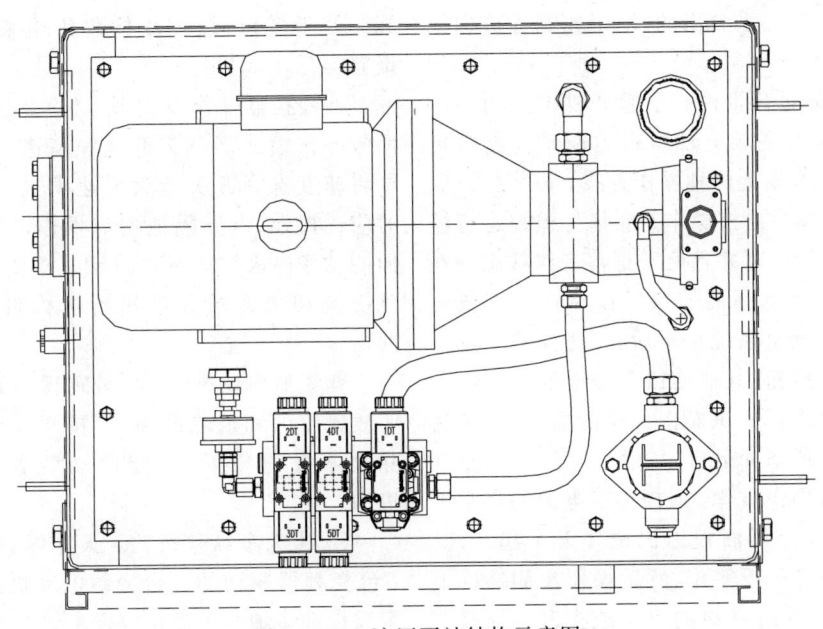

图 10-315　液压泵站结构示意图

(13) 电气系统

DP60/32 型节段拼装架桥机的电气部分主要有 3 种由电气参与完成动作的机构：起升机构、天车纵移机构、支腿纵移机构。各个机构均采用变频驱动，使用一台变频器完成天车起升及天车走行电动机的驱动，使用两台变频器完成支腿走行电动机的驱动，操作方式可为遥控操作和面板操作两种。遥控操作指的是使用遥控器进行机构的操作运行，遥控模式下对应 3 段速度。本地面板操作为遥控器系统故障后的应急操作，设有低速和高速两种模式。

① 供电系统。本机由三相 380 V 交流发电机组供电。电源系统分成 3 个部分：动力电源、控制电源和照明电源。控制电源和照明电源均为单相 220 V 交流电源，PLC 用电由一台 380 V/220 V 交流变压器提供。

动力电源的通断受主电源接触器控制。可使用在设备上安装的急停按钮切断各机构的动力电源，实现整机紧急停车。

整机设有相序保护器，以防相序的变化造成误动作。操作设备前，操作人员应检查设备周围是否存在影响设备运行的障碍，确定安全后方可运行设备。

操作时，首先闭合所有空气开关，确认系统没有异常情况后选择操作方式启动电源（不同的操作方式对应不同的电源启动方法）。

(a) 遥控操作启动电源。首先确认操作面板及遥控器的旋钮处于零位，然后打开钥匙开关，控制接触器吸合控制电源上电，检查系统无异常后进行以下操作：面板选择遥控操作→松开所有急停按钮→打开遥控器钥匙开关→按下遥控器启动按钮→主接触器吸合，各运行机构主回路得电。断电时，按下遥控器或者其他急停按钮，主回路接触器断开，整机断电。

(b) 本地操作启动电源。首先确认操作面板及遥控器的功能旋钮处于零位，然后打开钥匙开关，控制接触器吸合控制电源上电，检查系统无异常后进行以下操作：面板选择本地操作→松开所有急停按钮→按下面板启动按钮→主接触器吸合，各运行机构主回路得电。断电时，按下面板或者其他急停按钮，主回路接触器断开，整机断电。

② 天车 PLC 控制系统。本设备采用 PLC 作为架桥机电气控制系统的核心，可以实现全部逻辑关系和联锁功能。其输入用于检测各机构状态和外部保护信号及动作的指令信号，起升、天车走行操作手柄的挡位信号对应于调速装置的速度给定信号；输出是根据输入信号

按照一定逻辑关系给出的,用于控制各机构执行器的运行。

③ 天车起升机构。主起升机构采用一台变频器驱动的变频电动机进行驱动。起升机构采用遥控和本地两种操作方式。

(a) 卷扬机遥控操作。卷扬机遥控运行流程:确定系统上电并且处于正常工作状态→在电控柜面板上选择遥控器操作模式→完成电源的上电并确定系统正常后,在遥控器上选择天车起升等旋钮,其他旋钮和按键处于零位→根据遥控器面板标识操作相应的摇杆,实现卷扬机的上升或下降运行。

卷扬机操作步骤:遥控完成电源的正常上电后,按照遥控器面板标识选择天车起升,其他旋钮和按键处于零位,然后操作左侧摇杆上或下,实现天车卷扬机的下降或上升。摇杆有3挡,代表3段速度,离原点越远速度越大。停止动作时,缓慢收回手柄至零位,然后归零所有旋钮。

注意事项:用遥控器进行吊梁操作时,遥控器不能选择高速模式。

(b) 卷扬机本地操作。卷扬机面板运行流程:确定系统上电并且处于正常工作状态→在电控柜面板上选择本地操作模式→在面板上选择天车起升等旋钮,其他旋钮和按键处于零位→确定系统正常后,根据电控柜面板标识操作正向或反向旋钮,实现卷扬机的上升或下降运行。

卷扬机操作步骤:本地完成电源的正常上电后,按照本地操作面板标识,选择天车起升并选择相应速度,其他旋钮和按键处于零位,然后操作面板上的正向或反向旋钮,实现天车卷扬机的下降或上升。停止动作时首先归零方向旋钮,机构停止后,各个功能旋钮归零位。

卷扬机机构设置有上升及下降限位,触发限位开关后只能进行相反方向的操作(系统此时处于报警状态),同时还设有高低速制动打开和闭合开关,这些开关用来检测制动动作的及时性和制动器的状态。当制动动作超时和状态错误发生时,系统报警,报警后,面板报警指示灯点亮,指示报警信息。排除故障后,将旋钮处于零位,按下复位按钮用来复位故障报警。

在遥控器操作模式下,对应3挡速度。在面板操作模式下分为低速和高速。在吊梁时要将速度选择开关选为低速模式。操作手柄时应逐挡地、有间隔地均匀操作,禁止一个方向的动作尚未结束时立即反向操作,这样可避免切换和加速过程过快给机构带来的机械冲击。

变频器出现故障时的处理程序如下:先查明故障原因和消除故障,再按下复位按钮,解除故障报警装置,方能启动装置和运行本机构。

④ 主天车纵移机构。天车纵移机构采用1台变频器驱动的4台变频电动机进行驱动,有遥控和本地两种操作方式。

(a) 天车纵移遥控运行。天车纵移遥控运行流程:确定系统上电并且处于正常工作状态→在面板上选择遥控操作模式→在遥控器上选择天车纵移运行等旋钮,其他旋钮和按键处于零位→确定系统正常后,再根据遥控器面板标识操作对应的摇杆上或下,实现天车的正向或反向运行。

天车纵移操作步骤:遥控完成电源正常上电后,按照遥控器面板指示选择天车纵移旋钮,其他旋钮和按键处于零位,然后按照遥控器面板标识操作左侧摇杆上或下,实现前天车的纵移前进或后退。在停止时要缓慢将手柄扳回零位,机构停止后再将各功能旋钮归零。

(b) 天车纵移本地运行。面板操作天车纵移运行流程:确定系统上电并且处于正常工作状态→在面板上选择本地操作模式→在面板上选择天车纵移运行等旋钮,其他旋钮和按键处于零位→确定系统正常后,再根据电控柜面板标识操作正向或反向旋钮,实现天车的正向或反向运行。

天车纵移操作步骤:本地完成电源正常上电后,按照本地面板标识选择天车纵移旋钮并选择相应速度,其他旋钮和按键处于零位,操作正向或反向旋钮,实现天车纵移的前进或后退运行。在停止时要将方向旋钮旋回零位,机构停止后再将各旋钮归零。

天车机构驱动电动机均有热继电器用来实现对电动机的过载保护,任意一个电动机过载后,该机构均不能运行(系统此时处于报警状态)。天车运行机构安装有限位装置,触发限位后,只能向相反的方向运行(系统此时处于报警状态)。报警后,电控柜面板上的报警指示灯点亮,指示报警信息。排除故障并将功能旋钮置于零位,按下复位按钮用来复位故障报警。

⑤ 主天车横移机构。天车横移机构使用液压缸控制,采用遥控和本地两种操作方式。

(a) 天车横移遥控运行。具体流程与纵移遥控相似。

天车横移液压缸1单动操作步骤:遥控完成电源正常上电后,按照遥控器面板标识启动泵站,然后选择天车横移液压缸1/2号托辊,其他旋钮和按键处于零位,再按照遥控器面板标识操作左侧摇杆上或下,实现天车横移液压缸1的伸出或缩回。在停止时将手柄扳回零位,机构停止后再将各旋钮归零。

天车横移液压缸2单动操作步骤:遥控完成电源正常上电后,按照遥控器面板标识启动泵站,然后选择天车横移液压缸2/3号托辊,其他旋钮和按键处于零位,再按照遥控器面板标识操作左侧摇杆上或下,实现天车横移液压缸2的伸出或缩回。在停止时将手柄扳回零位,机构停止后再将各旋钮归零。

天车横移液压缸联动操作步骤:遥控完成电源正常上电后,按照遥控器面板标识启动泵站,然后选择天车横移旋钮,其他旋钮和按键处于零位,再按照遥控器面板标识操作左侧摇杆上或下,实现天车的横移运行。在停止时将手柄扳回零位,机构停止后再将各旋钮归零。

(b) 天车横移本地运行。具体流程与纵移操作相似。

天车横移液压缸1单动操作步骤:本地完成电源正常上电后,按照本地面板标识启动泵站,然后选择天车横移液压缸1/2号托辊,其他旋钮和按键处于零位,操作正向或反向旋钮实现天车横移液压缸1的伸出或缩回。在停止时要将方向旋钮旋回零位,机构停止后再将各旋钮归零。

天车横移液压缸2单动操作步骤:本地完成电源正常上电后,按照本地面板标识启动泵站,然后选择天车横移液压缸2/3号托辊,其他旋钮和按键处于零位,操作正向或反向旋钮实现天车横移液压缸2的伸出或缩回。在停止时要将方向旋钮旋回零位,机构停止后再将各旋钮归零。

天车横移液压缸联动操作步骤:本地完成电源正常上电后,按照本地面板标识启动泵站,然后选择天车横移,其他旋钮和按键处于零位,操作正向或反向旋钮实现天车横移运行。在停止时要将方向旋钮旋回零位,机构停止后再将各旋钮归零。

⑥ 天车电动葫芦运行机构。天车电动葫芦使用直接启动方式,采用遥控和本地两种操作方式。

(a) 天车电动葫芦遥控运行。天车电动葫芦遥控运行流程:确定系统上电并且处于正常工作状态→在面板上选择遥控器操作模式→在遥控器上选择电动葫芦旋钮,其他旋钮和按键处于零位→确定系统正常后,根据遥控器面板标识操作对应的摇杆上或下,实现天车电动葫芦的下降或上升。

天车电动葫芦操作步骤:遥控完成电源正常上电后,按照遥控器面板标识选择电动葫芦,其他旋钮和按键处于零位,然后按照遥控器面板标识操作左侧摇杆上或下,实现电动葫芦的下降或上升。在停止时将手柄扳回零位,机构停止后再将各旋钮归零。

(b) 天车电动葫芦本地运行。面板操作天车电动葫芦运行流程:确定系统上电并且处于正常工作状态→在面板上选择本地操作模式→在面板上选择电动葫芦旋钮,其他旋钮和按键处于零位→确定系统正常后,根据电控柜面板标识操作正向或反向旋钮,实现电动葫芦的正向或反向运行。

天车电动葫芦操作步骤:本地完成电源正常上电后,按照本地面板指示选择电动葫芦,其他旋钮和按键处于零位,操作正向或反向旋钮,实现电动葫芦的上升或运行。在停止时要将方向旋钮旋回零位,机构停止后再将各旋钮归零。

⑦ 支腿运行机构。支腿机构采用变频器驱动的变频电动机进行驱动,有遥控和本地两种操作方式,包括 2 号支腿纵移、3 号支腿纵移、托辊联动 3 种模式。

(a) 支腿遥控运行。支腿遥控运行流程:确定系统上电并且处于正常工作状态→在面板上选择遥控器操作模式→在遥控器上选择托辊旋钮,其他旋钮和按键处于零位→确定系统正常后,根据遥控器面板标识操作对应的摇杆,实现纵移的正向或反向运行。

2 号支腿纵移操作步骤:遥控完成电源正常上电后,按照遥控器面板指示选择托辊旋钮,然后按下纵移液压缸1/2号支腿托辊按钮,其他旋钮和按键处于零位,再按照遥控器面板标识操作左侧摇杆上或下,实现 2 号支腿的前进或后退。在停止时要缓慢将手柄扳回零位,机构停止后再将各旋钮归零。

3 号支腿纵移操作步骤:遥控完成电源正常上电后,按照遥控器面板指示选择支腿纵移旋钮,然后按下纵移液压缸 2/3 号支腿托辊按钮,其他旋钮和按键处于零位,再按照遥控器面板标识操作左侧摇杆上或下,实现 3 号支腿的前进或后退。在停止时要缓慢将手柄扳回零位,机构停止后再将各旋钮归零。

托辊联动操作步骤:遥控完成电源正常上电后,按照遥控器面板标识选择托辊旋钮,其他旋钮和按键处于零位,然后按照遥控器面板标识操作左侧摇杆上或下,实现托辊前进或后退,此时主梁移动。在停止时要缓慢将手柄扳回零位,机构停止后再将各旋钮归零。

(b) 支腿本地运行。面板操作支腿运行流程:确定系统上电并且处于正常工作状态→在面板上选择本地操作模式→在面板上选择托辊等功能旋钮,其他旋钮和按键处于零位→确定系统正常后,根据电控柜面板标识操作正向或反向旋钮,实现支腿的正向或反向运行。

2 号支腿纵移操作步骤:本地完成电源正常上电后,按照本地面板指示选择纵移液压缸 1/2 号支腿托辊旋钮,选择相应的速度旋钮后,其他旋钮和按键处于零位,操作正向或反向旋钮,实现 2 号支腿托辊的前进或后退。在停止时要将方向旋钮旋回零位,机构停止后再将各旋钮归零。

3 号支腿纵移操作步骤:本地完成电源正常上电后,按照本地面板指示选择纵移液压缸 2/3 号支腿托辊旋钮,选择相应的速度旋钮,其他旋钮和按键处于零位,操作正向或反向旋钮,实现 3 号支腿托辊的前进或后退。在停止时要将方向旋钮旋回零位,机构停止后再将各旋钮归零。

托辊联动操作步骤:本地完成电源正常上电后,按照本地面板指示选择托辊旋钮,选择相应的速度旋钮,其他旋钮和按键处于零位,操作正向或反向旋钮,实现主梁的前进或后退。在停止时要将方向旋钮旋回零位,机构停止后再将各旋钮归零。

支腿机构驱动电动机均有热继电器用来实现对电动机的过载保护,任意一个电动机过载后,该机构均不能运行(系统此时处于报警状态)。支腿机构安装有限位装置,触发限位后,只能向相反的反向运行(系统此时处于报警状态)。同时,2 号支腿托辊装有测力装置,可指示当前支腿撑杆受力情况。报警后,电控柜面板上的报警指示灯点亮,指示报警信息。排除故障后要将功能旋钮置于零位,按下复位按钮用来复位故障报警。

⑧ 泵站控制。该设备包含 1~4 号支腿泵站及前后端吊挂泵站,均采用手动控制。启动泵站电源后,按照本地操作箱操作面板上的标识操作相应旋钮即可实现液压缸的伸出、缩回。

⑨ 主要检测控制仪表。风速仪用于输出大风预警报信号;载荷限制器用于输出超载信号;超速开关用于输出超速信号。

上述报警触发后,电控柜面板报警指示灯点亮,指示报警信息。

⑩ 照明。在主梁及天车上设 LED 光源,供夜间作业照明使用。单台光源功率为 100 W/220 V 交流电。

⑪ 安全装置。

(a) 电气安全装置。主要指行程限位装置,如风速风向仪、载荷限制器、超速开关、相序保护器。

(b) 电气系统保护装置,包括:过载、过流、短路保护装置,变频器故障监测指示灯和互锁装置;过电压、欠电压保护装置;机械、电气互锁机构(防止误操作)。

4) 施工作业流程

(1) 架梁作业

DP60/32 型节段拼装架桥机的施工线路跨度为 24.7~32.7 m。下面以 32.7 m 跨度为例详细介绍其架梁作业流程。

① 架桥机处于架梁站位状态,2 号支腿在前方墩顶支承,3 号支腿在后方桥面支承,1、4 号支腿脱空;运梁车运梁至架桥机下方;天车吊具与吊挂下横梁连接;天车提升节段块,如图 10-316 所示。

注意事项:

(a) 架梁施工时,2、3 号支腿分别在墩顶、桥面支承,墩顶和桥面的支承位置可用细沙进行超平;

(b) 3 号支腿利用销轴与主梁进行锚固,防止前后滑移。

② 天车两端依次提升节段梁,各节段梁与吊挂吊杆连接;天车提升最后一节段梁,如图 10-317 所示。

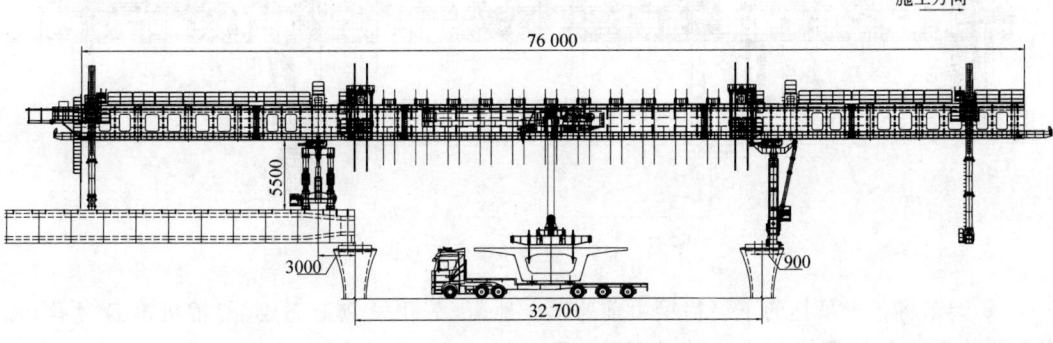

图 10-316 架梁步骤①示意图

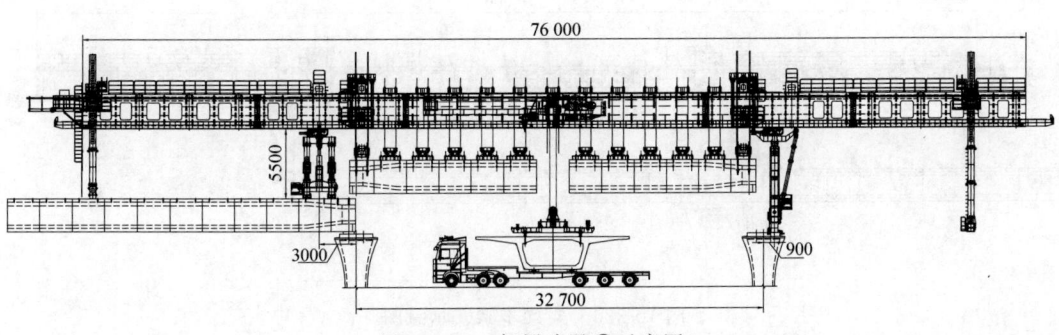

图 10-317 架梁步骤②示意图

③ 提梁完成后,端部首个节段块精确测量并临时固定,其余节段块以首个节段块为基准,依次完成:初对位→节段块之间涂抹环氧树脂→张拉临时预应力钢筋→节段块依次全部胶拼完成→穿整孔预应力钢筋束→整孔张拉;端吊挂提梁,拆除中吊挂与各节段梁的连接,如图 10-318 所示。

④ 启动端吊挂纵横移系统,将梁体精确对位;端吊挂同步落梁就位,解除端吊挂与梁段之间的连接,如图 10-319 所示。

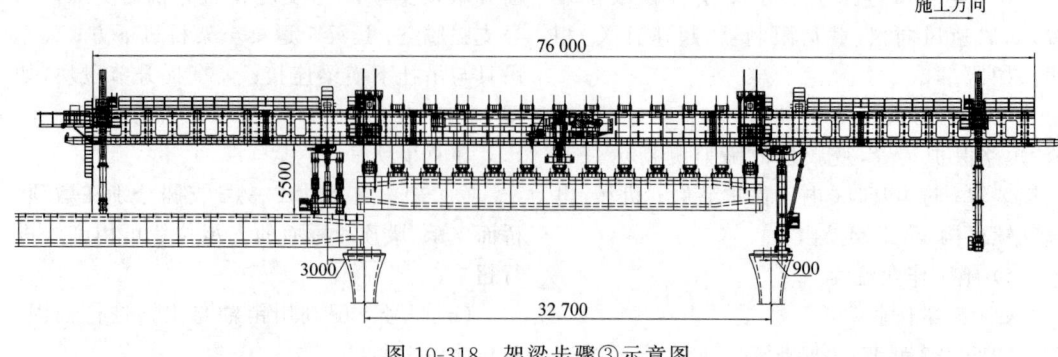

图 10-318　架梁步骤③示意图

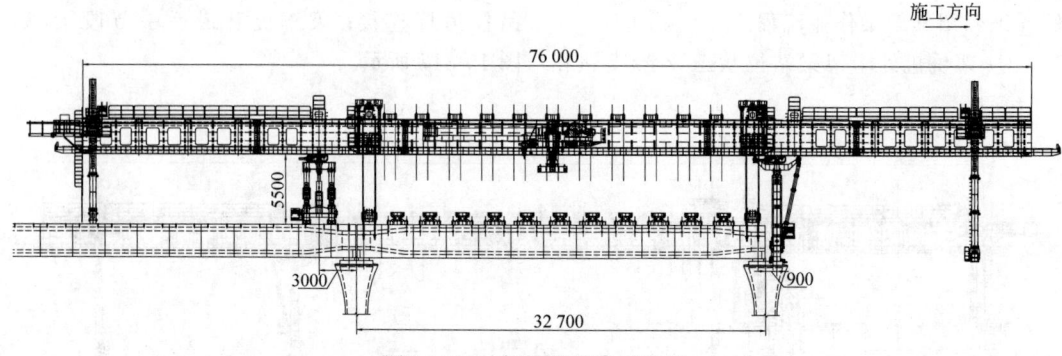

图 10-319　架梁步骤④示意图

⑤ 天车将各个吊挂的下层横梁由前跨落放到运输车上运回制梁场或临时存放下一跨地面，一孔梁施工完成，架桥机准备过孔，如图 10-320 所示。

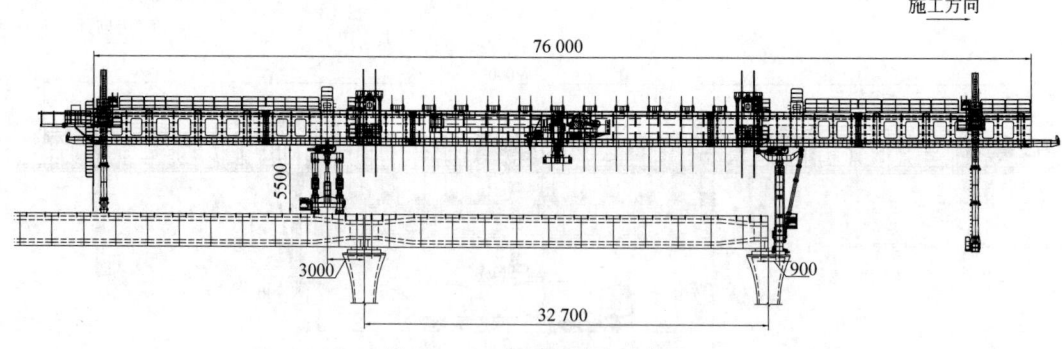

图 10-320　架梁步骤⑤示意图

⑥ 天车提端吊挂下横梁运行至架桥机后方作为配重，启动 2、3 号支腿托辊机构，整机向前纵移过孔 15.3 m，1 号支腿到达前方墩顶位置（此时，2、3 号支腿分别在墩顶和桥面支承）；启动 1 号支腿在前方墩顶支承，如图 10-321 所示。

注意事项：

(a) 架桥机第一次过孔前，2 号支腿墩顶锚固机构前方与垫石顶紧，后方与桥面斜拉两根缆风绳锚固，单绳拉力不小于 10 tf，缆风绳与桥面夹角小于 45°。

(b) 1 号支腿墩顶支承时，分别测量 1、2、3 号支腿位置的标高（3 个测量点的标高处于同一直线上）防止 1 号支腿支承过高，使 2 号支腿脱空（或防止 1 号支腿支承过低，使 1 号支腿处于虚空状态),架桥机主梁处于水平或前高后低的状态,高低差小于 100 mm。

⑦ 支承 4 号支腿,斜拉缆风绳将 4 号支腿与桥面进行锚固,3 号支腿脱空(此时,1、2、4 号支腿分别在墩顶和桥面支承);利用天车提 3 号支腿至前方桥面支承位置(距离桥墩中心 3 m),如图 10-322 所示。

注意事项:

(a) 支承 4 号支腿时,支腿前、后分别与桥面斜拉缆风绳锚固,单绳拉力不小于 10 tf,缆风绳与桥面夹角小于 45°。

(b) 4 号支腿的支承标高与 3 号支腿脱空前一致。

⑧ 3 号支腿在桥面支承,顶升 3 号支腿支承液压缸(支承液压缸顶升高度小于 50 mm),解除 2 号支腿锚固,脱空 2 号支腿(此时,1、3、4 号支腿分别在墩顶和桥面支承),利用倒链使 2 号支腿底部支承座翻转;利用天车提 2 号支腿穿过 1 号支腿至前方墩顶支承位置,如图 10-323 所示。

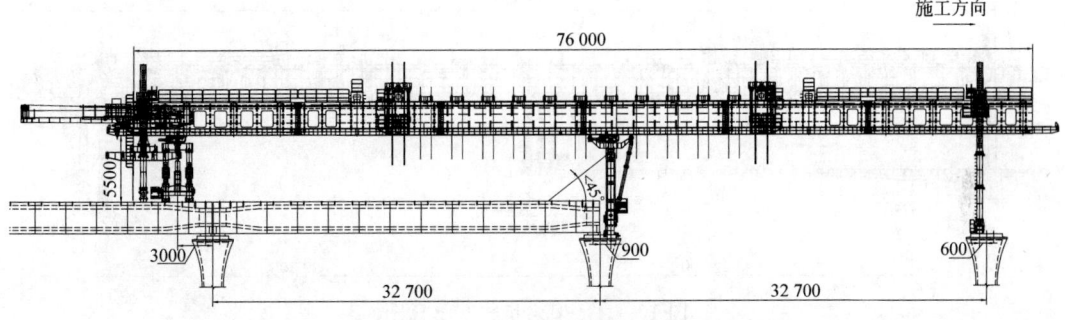

图 10-321　架梁步骤⑥示意图

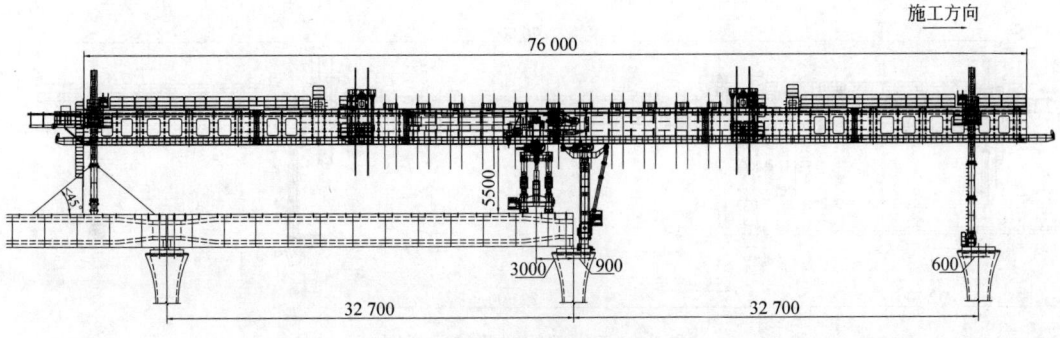

图 10-322　架梁步骤⑦示意图

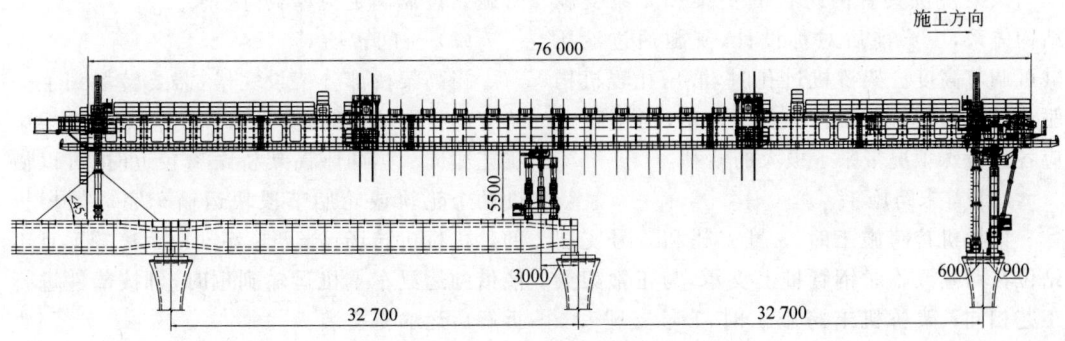

图 10-323　架梁步骤⑧示意图

⑨ 支承2号支腿,利用2号支腿锚固机构与墩顶垫石进行锚固,天车提端吊挂下横梁作为配重运行至架桥机前方;解除4号支腿与桥面的缆风绳锚固,脱空1、4号支腿,1号支腿下横梁横向打开(此时,2、3号支腿分别在墩顶和桥面支承),如图10-324所示。

⑩ 启动2、3号支腿托辊机构,整机向前纵移过孔17.4 m,到达架梁位置;解除2号支腿墩顶锚固机构,调整各支腿及吊挂状态,准备架梁,如图10-325所示。

注意事项:

(a) 第二次过孔时,2号支腿墩顶锚固机构与垫石前后顶紧锚固,必要时,2号支腿可斜拉缆风绳与地面锚固,2号支腿支承座与垫石之间增加橡胶垫;

(b) 过孔过程中,2、3号支腿托辊机构推动主梁前移2 m暂停,天车后退至2号支腿上方,循环操作,始终保持天车在2号支腿上方。

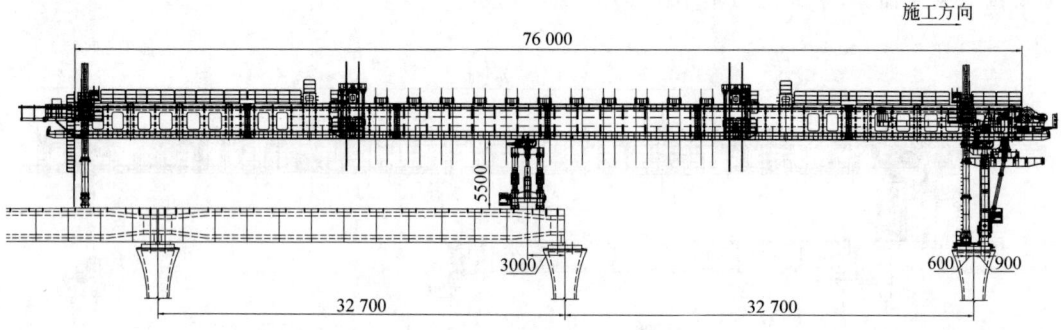

图10-324 架梁步骤⑨示意图

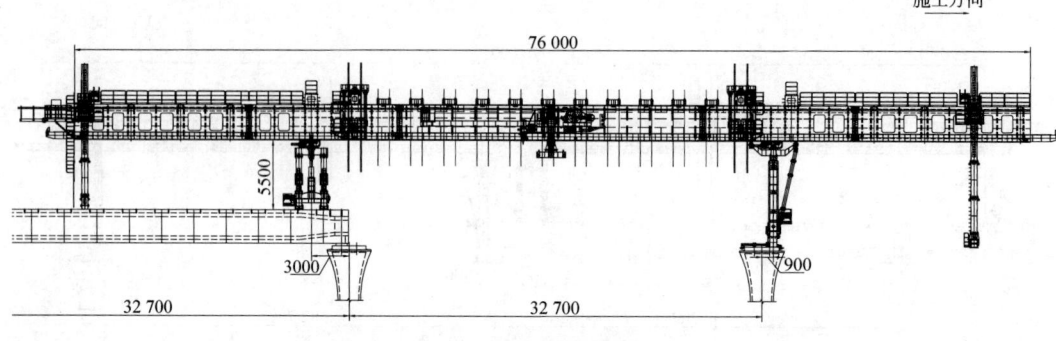

图10-325 架梁步骤⑩示意图

该架桥机具有两跨长的主梁和4条支腿结构体系,主梁前后对称设计,支腿通过液压缸可调节高度。架桥机过孔时,液压托辊机构驱动主梁过孔,天车置于主梁内侧,为整机适应各种特殊工况带来了极大的便利。

(2) 首末跨施工

架桥机首跨施工时,3号支腿和4号支腿站位在路基或临时钢管桩上支承,与正常架梁工艺相同;架桥机末跨施工时,1号支腿和2号支腿拆除立柱增高节,站位在路基或已架设的梁面上,其余与正常架梁工艺相同,架桥机支腿站位需满足检算载荷要求。

(3) 桥间转场

当高架桥部分架设完毕,需要转场到下一待架的桥梁施工时,其做法和工艺与正常架梁工艺相同。当两座高架桥距离较近时,可以借助两个轮轨或轮胎节段块运输车完成架桥机的整机桥机转场;当两座高架桥距离较远且不能借助运梁车整机运输到位时,可按部件进行拆解后运输再拼装。

(4) 通过已架设的连续梁

架桥机通过已浇筑的混凝土连续梁时,拆

除1号支腿和2号支腿的立柱增高节,按照架桥机过孔步骤操作。与正常过孔步骤不同的是,该架桥机是在浇筑的混凝土连续梁上过孔。架桥机在连续梁上过孔完毕后,安装1号支腿和2号支腿的立柱增高节,架桥机转换为正常状态。

注意:架桥机通过混凝土连续梁之前,设计院需根据各支腿站位的反力对混凝土连续梁进行检算,满足载荷要求方可在混凝土连续梁上过孔。

(5) 曲线架设

架桥机2、3号支腿在走行过程中具备横移功能,可以确保在架梁工况2、3号支腿处于墩、梁中线位置;通过各支腿的配合,可实现500 m最小曲线半径的施工要求。

根据架桥机设计原则,架桥机支腿站位均在腹板上方,当架桥机施工曲线段时,2、3号支腿无论架梁及过孔工况均可满足此要求。但在架桥机过孔过程中需要4号支腿配合支承,由于架桥机主梁与线路夹角的客观存在,使得4号支腿支承时偏离混凝土梁腹板,故需做特殊处理,即倒换4号支腿下横梁底部垫座的安装位置,保证整机的横向稳定及支承位置作用在腹板上方。

(6) 反向施工

架桥机主梁为前后对称设计,当线路需反向施工时,倒换1、4号支腿的安装位置,发电机组及附属爬梯安装至主梁另一端,在已架设桥面上过孔过程中,利用天车调整2、3号支腿位置,再过孔至待架梁位置,即可实现反向施工。这样架桥机无须拆解,提高了施工效率。

(7) 变跨施工

根据现场的施工组织安排,该设备需要架设的跨度为24.7~32.7 m,由于该架桥机具有两跨式主梁和4条支腿体系,2、3号支腿为托辊结构,整机过孔托辊走行的特点,为整机适应变跨施工带来了极大的便利。

变跨施工过程中,根据待架设跨度倒换1号支腿安装位置,桥面检算载荷满足要求,可不倒换4号支腿安装位置,而是将2、3号支腿过孔至各跨度指定的位置。各跨度对应3号支腿支承位置的主梁上预留锚固孔,架梁时,安装锚固销轴。

(8) 纵坡施工

根据线路特点,需架设桥梁的最大纵向坡度为±2.87%,架桥机1、3、4号支腿配置液压顶升机构,施工过程中,通过支腿液压顶升机构把主梁调整为水平状态,施工更加安全。

(9) 桥后喂梁

在桥下既有线通过的位置,运梁车无法实现从桥下喂梁,此工况下可利用架桥机长、短吊挂的优势,让运梁车从桥后喂梁,天车在桥后悬臂提节段梁,穿过3号支腿,从前向后依次将节段梁布置在吊挂上,其他步骤按正常施工流程进行。

其架梁作业流程与桥下喂梁流程稍有不同,需通过调整长吊挂装置和高低交错悬挂的方法预留最后一端部节段梁的旋转空间,各节段梁全部提至跨内后,再将长吊挂的节段梁提升至张拉位置。

(10) 通过限高

架桥机在通过限高位置时,在过孔过程中,需拆除各支腿的立柱增高节,使整机高度降低1 m,从而实现限高区域的正常施工。

架桥机液压泵站通常采用日常检查和定期检查的方法,以保证设备的正常运行。

要做到液压系统的合理使用,还必须注意以下事项。

① 油箱中的液压油应经常保持正常液面。配管和液压缸的容量很大时,最初应注入足够数量的油液,在启动之后,由于油液进入了管道和液压缸,液面会下降,甚至使过滤器露出液面,因此油液必须一次补充到位。在使用过程中,还会发生泄漏,应该经常观察在油箱的液位计,以便补充油液。

② 液压油应经常保持清洁。检查油液的清洁应与检查油液面的高度同时进行。

(a) 油桶上不要积聚雨水和尘土,也不要直接放在地上。

(b) 在擦拭泵、阀或装油液的容器时要极力防止布屑之类杂物落入油液中。

(c) 油箱要经常清洗,在注油时应通过

10 μm 的空气滤清器。

③ 换油时要注意以下事项：

(a) 更换的新油或补加的油必须符合本系统规定使用的油液牌号，并应经过化验，确认其符合规定的指标。

(b) 换油时须将油箱内部的旧油全部放完，并且将油箱冲洗合格。

(c) 新油过滤后再注入油箱，过滤精度不得低于系统的过滤精度。

(d) 新油加入油箱前，应把流入油箱的主回油管拆开，用临时油桶代替油箱。点动液压泵的原动机，使新油将管道内的旧油"推出"（置换出来），如在液压泵转动时操纵液压缸的换向阀，还可将缸内的旧油置换出来。

(e) 加油时，注意油桶口、油箱口、滤油机进出油管的清洁。

(f) 油箱的油量在系统（管道和元件）充满油后应保持在规定液位范围内。

(g) 更换工作介质的期限，因使用条件、使用地点不同而有很大出入。一般来说，大概一年更换一次；在连续运转、高温、高湿、灰尘多的地方，需要缩短换油的周期。

④ 油温应适当。

⑤ 回路里的空气应完全清除掉。回路里进入空气后，因为气体的体积和压力成反比，所以随着负荷的变动，液压缸的运动也要受到影响，因需要保持送进速度的平稳，所以应特别避免混入空气。另外，空气也是造成油液变质和发热的重要原因。

⑥ 在初次启动液压泵时，应注意以下事项：

(a) 向泵里灌满工作介质。

(b) 检查转动方向是否正确。

(c) 检查入口和出口是否接反。

(d) 用手试转。

(e) 检查吸入侧是否漏入空气。

⑦ 其他注意事项：

(a) 要在规定的转速内启动和运转。

(b) 在液压泵启动和停止时，应使溢流阀卸荷。

(c) 溢流阀的调定压力不得超过液压系统的最高压力。

(d) 应尽量保持电磁阀的电压稳定，否则可能会导致线圈过热。

(e) 易损零件，如密封圈等，应经常有备品，以便及时更换。

5) 其他

DP60/32 型节段拼装架桥机的操作与使用、结构件及电气系统的维护保养、常见故障及处理方法相关内容详见 10.3.7 节节段拼架桥机中 DP180/50 型节段拼装架桥机（郑州新大方重工科技有限公司）相关章节内容。

10.3.8 桥面吊机

桥面吊机是桥梁施工专用设备，根据桥梁参数定制，一般有 250 t、225 t 等类型，重载起升速度为 0~1 m/min，空载起升速度为 0~1.5 m/min。桥面吊机的主要性能参数如表 10-66 所示。

表 10-66 桥面吊机主要性能参数

序号	梁质量/t	型号	重载起升速度/(m/min)	空载起升速度/(m/min)	起升高度/m	厂家	参考价格/万元
1	250	QMD250	0~1	0~1.5	0~40	中铁十一局集团汉江重工有限公司	420~530
2	250	LGB250				邯郸中铁桥梁机械有限公司	420~530
3	250	DQP250				郑州新大方重工科技有限公司	420~530
4	225	QMD225				中铁十一局集团汉江重工有限公司	350
5	225	LGB225				邯郸中铁桥梁机械有限公司	350
6	225	DQP225				郑州新大方重工科技有限公司	340

下面以中铁十一局集团汉江重工有限公司生产的QMD225型桥面吊机为例说明桥面吊机的主要性能及参数。

1. 概述

QMD225型桥面吊机将运梁船上的钢箱梁段安全准确地提升至桥面(或顶推平台)进行对位和拼装。该吊机施工时需要将边跨的钢箱梁吊装到顶推平台上与上一钢梁节段拼装,然后整体向岸边顶推直至架设就位,架完边跨钢箱梁节段后,在桥面上吊装中跨钢箱梁节段,直至合龙。工作时由两台桥面吊机抬吊一个钢箱梁节段,这样桥面吊机更易于后期施工其他桥梁。

(1) 根据不同的梁段类型和施工情况,设计不同的吊具和设置吊点位置,使吊具更适用于特定钢箱梁的起吊。吊具与钢箱梁采用双销轴设计,可有效抵消吊点的偏差,同时连接销孔采用钥匙孔设计,能够方便、快捷地与节段吊耳匹配。

(2) 卷扬机均采用起重机械专用变频电动机驱动,配置硬齿面高承载减速机,高速轴上安装有电力液压块式制动器,低速轴上设置液压盘式制动器,大大增强了卷扬机工作期间运行的安全性。

(3) 绳筒采用折线式绳槽,出绳角不超过1.7°,同时设置过渡块和补偿块,有效地保证了良好的排绳状况。

(4) 桥面吊机工作时可以进行机架水平调整。通过顶升液压缸顶起机架,仅调节后部支承螺杆的伸出长度和后锚固拉杆长度就能实现桥面吊机架纵向水平调整,使桥面吊机工作时纵向水平度始终小于等于2‰。

(5) 桥面吊机的走行采用棘轮棘爪式自动换位顶推的方式,不需要人工频繁操作插销,方便快捷。

2. 主要技术参数

QMD225型桥面吊机的主要技术参数如表10-67所示。

表10-67 QMD225型桥面吊机主要技术参数

机构名称	项目	参数
整机	整机工作级别	A3
	机构工作级别	M4
	前支点最大反力/tf	266.57×4
	后锚点最大拉力/tf	−94×4
	适应横坡坡度/‰	±2
	适应纵坡坡度/‰	±3
	动力条件	380 V、5 A
	装机功率/kW	80
起升机构	起升能力/tf	225+225(吊具以下)
	起升速度/(m/min)	0~1.0
	起升高度/m	64(桥面以下)+1(桥面以上)
	起升滑轮倍率	2×8=16
	起升卷扬机能力	18.5 t、8 m/min、30 kW、2套
变幅及横移	变幅范围/m	6.1~8.7
	平均变幅速度/(m/min)	0.5
	横移范围/mm	±150
	横移速度/(m/min)	0.5
走行机构	走行速度/(m/min)	1
	一次步进最大距离/m	7(分两步走完一个节段长度)
	走行倾覆安全系数	1.75

3. 设备组成

QMD225型桥面吊机主要由机架、吊具总成、起升系统、前支点总成、后支点总成、后锚总成、纵移机构、卷扬机、梯子平台、驾驶室总成、液压系统、电气系统(含监控系统)等组成。整机结构如图10-326、图10-327所示。

1) 机架

机架是桥面吊机的传力构件,能够将吊重力转化为桥面的支承和锚固力,它是主要的承载部件。

机架采用菱形框架形式,主要受力类型为轴向拉压(二力杆),各杆件均采用实腹式箱形结构,主要材料为Q355C。机架结构如图10-328所示。

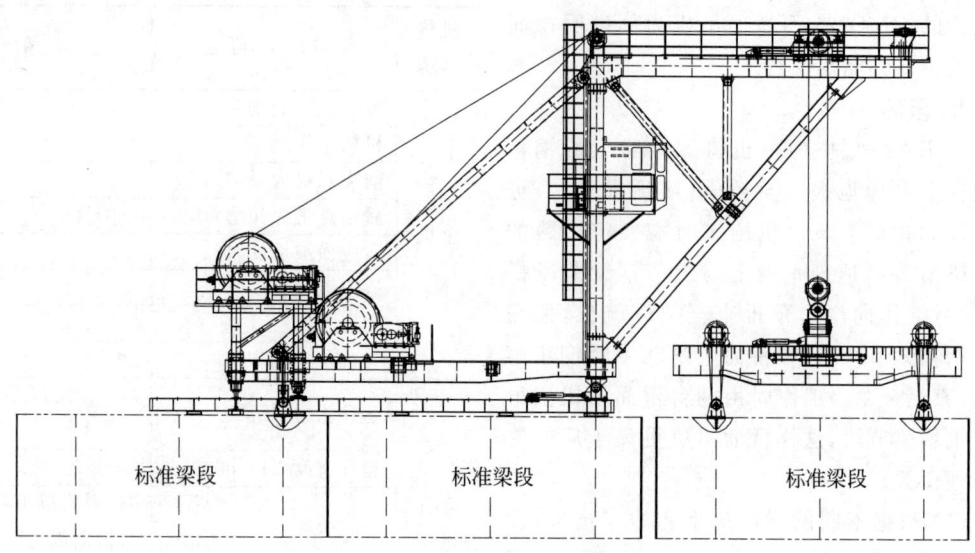

图 10-326　QMD225 型桥面吊机正视图

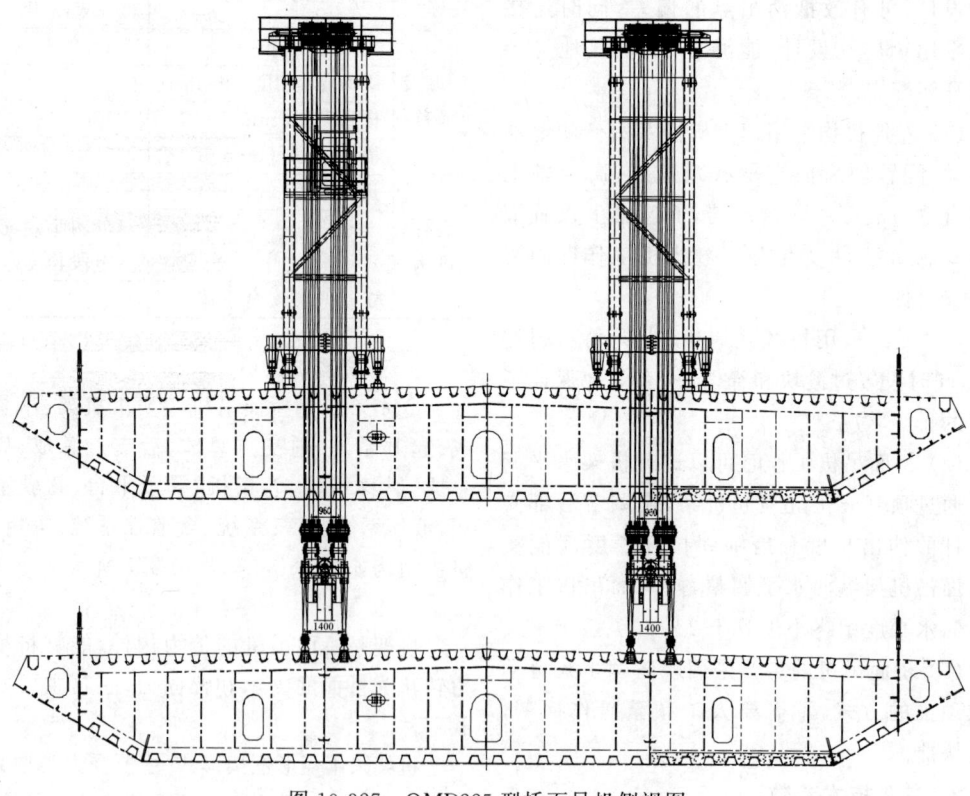

图 10-327　QMD225 型桥面吊机侧视图

第10章 主要机械参数

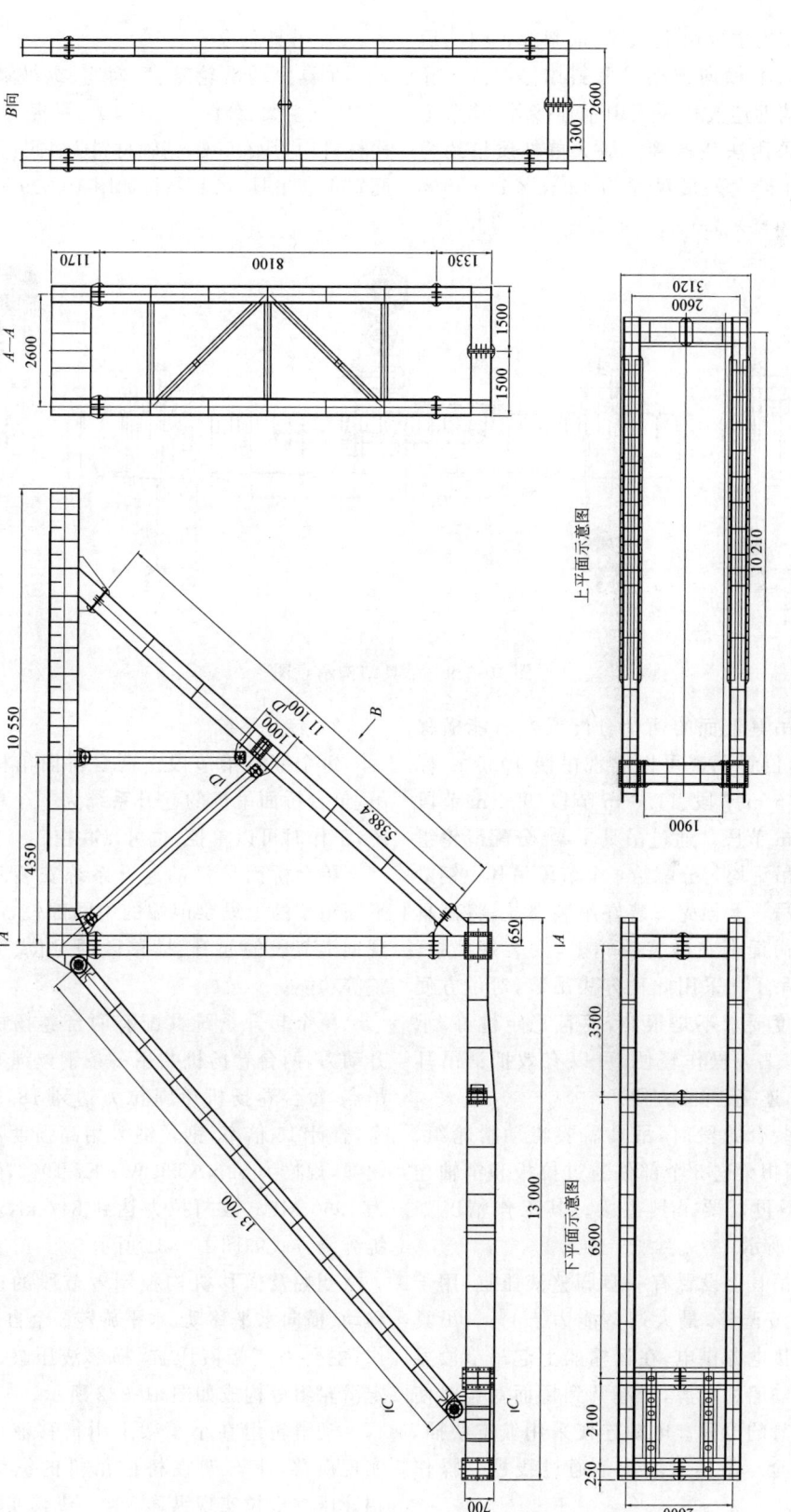

图 10-328　机架结构三视图

金属结构主要由上纵梁、前斜撑、立柱、后拉杆、下纵梁、横向连接梁及斜撑等组成。除后拉杆和辅助连接杆采用销轴连接外,其余主要杆件皆采用法兰连接。最大单件质量约为4.1 t,单件最大外形尺寸为13 m×1.5 m×1.2 m(长×宽×高)。

2) 吊具总成

吊具由动滑轮组、反勾座、纵坡调节液压缸、吊具主梁、分配梁、扁担梁、吊绳等组成,结构材料均为Q355C,销轴材料为40Cr。整机共配置1套吊具,吊具结构如图10-329所示。

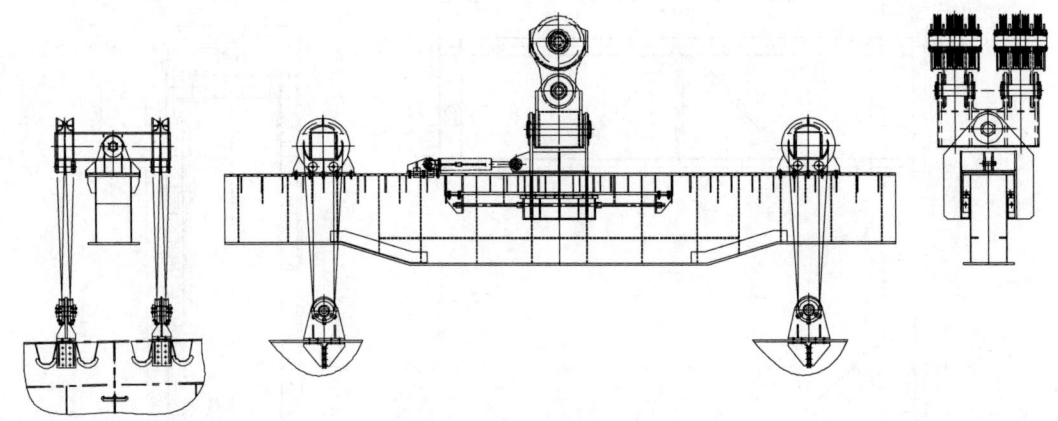

图 10-329 吊具结构示意图

单个吊具上面的两个分配梁左右能横移安装,通过位置调整可以实现吊装10.5 m标准节、13.45 m节段、11.6 m节段、9.2 m节段和13.01 m节段。通过吊具主梁、分配滑轮组和吊绳将吊重均匀分配给4个节段吊耳。钢梁节段每组吊耳上预先安装好吊装滑轮,将吊具上装配的吊绳套在吊装滑轮上,安装好挡板,就可以起吊了。采用此种方法吊装,对位方便且定位精度要求不是很高,而且稳定性好、承载能力强,工人操作轻便,可以有效抵消吊耳位置误差,连接、拆除方便。

在吊装合龙段时,吊具需要将动滑轮组、分配梁、扁担梁这3个部件通过拉板和销轴连接起来,不再需要吊具主梁。其工作情况如图10-330所示。

每个吊具上设置有一套调整液压缸,用于节段的纵坡调整,最大调整能力±4%。吊具泵站由外接电源供电,在运输船上起吊节段梁时使用运输船的电源,当起升到桥面对位时使用桥面吊具的电源。电源连接采用航空快插,方便且安全。吊具纵坡调整通过线控盒操作实现。

3) 起升系统

每个钢箱梁节段由两台桥面吊机共同抬吊,单台桥面吊机的起升系统为一个单独的系统,工作时可以单控,也可以联控。

单台桥面吊机的起升系统安装两片竖直平面桁架的上纵梁前端的中间部位,吊点能实现钢梁节段的起升、横移微调对位、纵横坡调整等功能。

单个起升系统共配有两台卷扬机作为起升动力,两台卷扬机共用一条钢丝绳来实现单吊点,每台卷扬机单绳拉力达到18.5 tf,8倍率,合计16倍率,钢丝绳采用高强度不旋转钢丝绳,规格为32NAT35W×K7-1960,强度级别为1960 MPa,破断拉力达到847 kN。起升系统缠绕方式如图10-331所示。

变幅及横移机构控制着节段的纵向水平移动、横向水平移动、水平旋转3个自由度的动作,主要由变幅液压缸、横移液压缸、小车架、定滑轮组等构成如图10-332所示。

动滑轮组在小车架上由横移液压缸推拉实现横移,小车架在桥面吊机的纵梁上由变幅液压缸推拉实现纵移变幅。纵移变幅范围为

第10章 主要机械参数

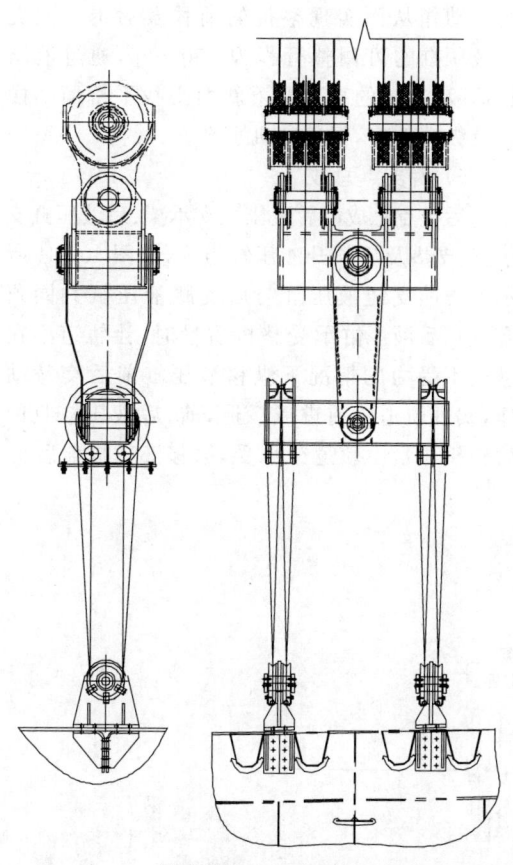

图 10-330　吊具吊装合龙段时的组合示意图

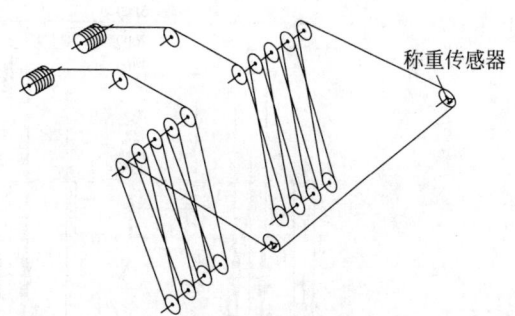

图 10-331　整机两台卷扬机钢丝绳缠绕方式示意图

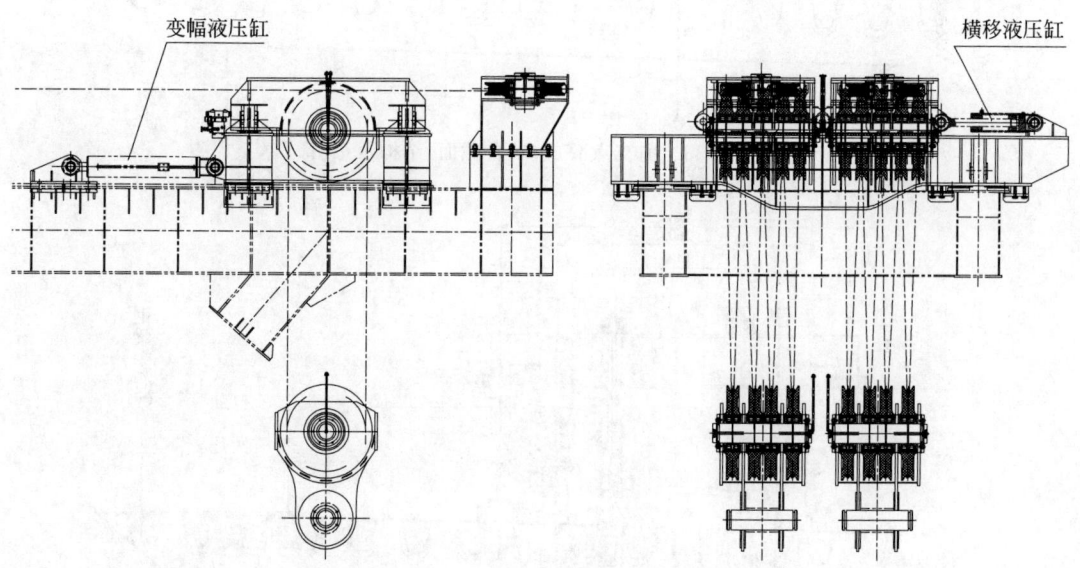

图 10-332　变幅及横移机构示意图

6.1～8.7 m，变幅量为 2.6 m，采用行程为 0.65 m 的变幅液压缸，能够实现吊装钢梁节段一次变幅到位的目标，不需要频繁拆装变幅液压缸固定座的安装位置。横移范围为±150 mm。所有滑动副均采用 MGE 滑板和不锈钢加油润滑的方式。

4) 前支点总成

前支点总成由前液压缸支承梁、前液压缸支承座、支垫及顶升液压缸组成，如图 10-333 所示。当前支腿液压缸与后支腿液压缸共同顶升，前、后液压缸承受整机质量时，让轨道梁在悬空不受力的情况下纵移液压缸前后交替动作，实现轨道梁前进或后退，前、后液压缸收回后整机质量由轨道梁承受，纵移液压缸前后交替动作从而实现整机的前移及后退。前支承液压缸的可调整行程为 250 mm，通过液压缸球铰、支垫的高度及下斜面来找平桥面的横向及纵向坡度，保证整机水平。

5) 后支点总成

后支点总成由后液压缸支承梁、后液压缸支承座、支垫及后顶升液压缸组成，如图 10-334 所示。当前支腿液压缸与后支腿液压缸共同顶升，前、后液压缸承受整机质量时，让轨道梁在悬空不受力的情况下纵移液压缸前后交替动作，实现轨道梁前进或后退，前、后液压缸收回后整机质量由轨道梁承受，纵移液压缸前后交

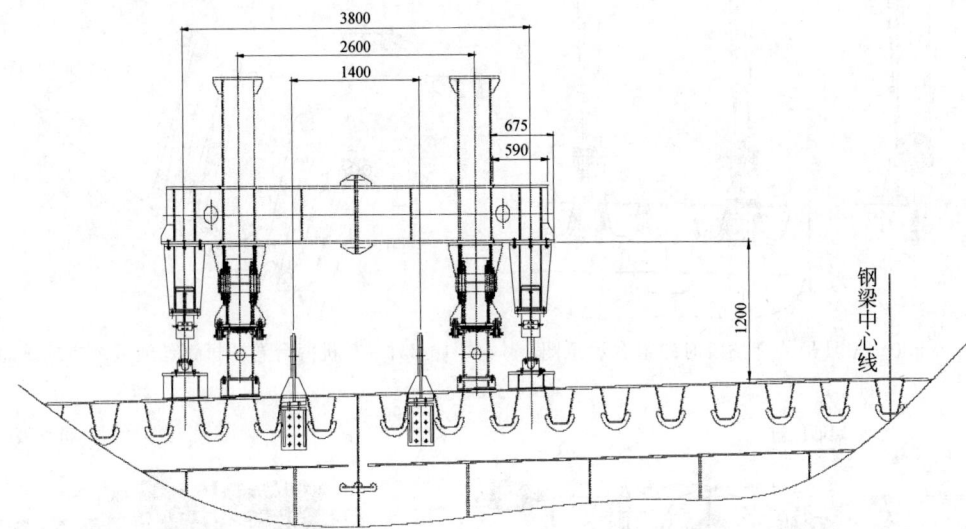

图 10-333　前支点总成（单台截面）结构示意图

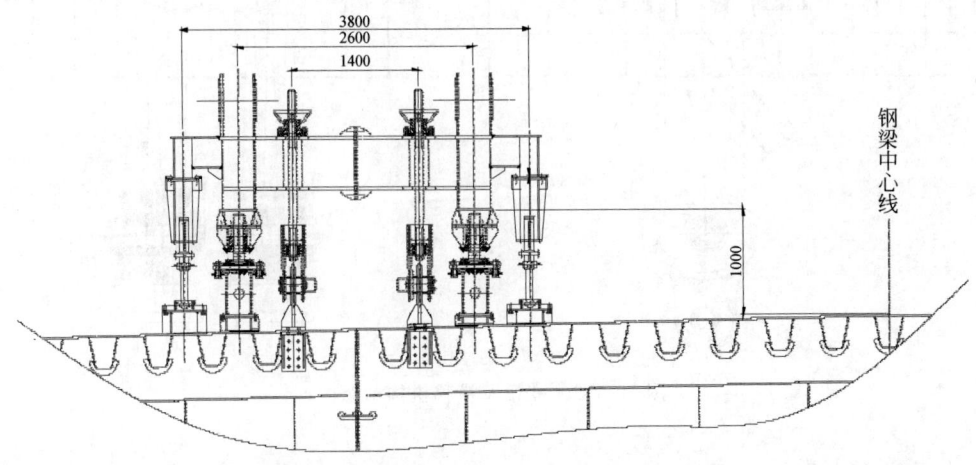

图 10-334　后支点总成（单台截面）结构示意图

替动作从而实现整机的前移及后退。前支承液压缸的可调整行程为 400 mm,通过液压缸球铰、支垫的高度及下斜面来找平桥面的横向及纵向坡度,保证整机水平。为适应不同梁段,需要将后支点安装液压缸座设计为可调。

6) 后锚总成

吊装作业时,单台桥面吊机后部是通过两组后锚固(中心距为 1.4 m),双机共 4 根锚杆进行连接的,锚固力最终传递给箱梁后锚耳板(即吊耳),单点最大后锚力 86 tf。后锚固工作状态如图 10-335 所示。

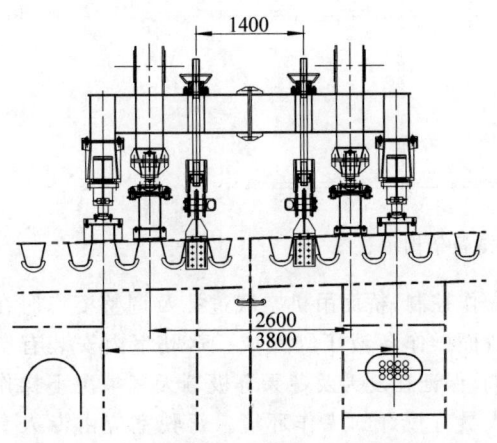

图 10-335　后锚固机构(单台架梁锚固状态)结构示意图

双机的后锚固通过 4 根 φ95 的特制螺杆(Tr90×12)通过吊座和 φ140 mm 销轴连接到钢梁节段的吊耳上,后锚杆与吊座采用螺母固定,吊座与吊耳采用销轴连接,机架上的吊杆孔直径较大且纵向为长孔,这样能有效抵消锚点偏差。吊座下部的连接销孔采用钥匙孔设计,能够方便地进行匹配。

标准长度的钢梁吊装时后锚距为 10.5 m,其他特殊节段吊装时,后锚距前支点的距离还有 10 m、11.6 m 和 12.1 m 这 3 种长度可选。

每一次吊装钢箱梁前,都应当调整螺杆螺母,使单台桥面吊机的两根螺杆受力一致。

7) 纵移机构

在机架底部设计有液压步履走行机构,通过走行轨道和液压缸推拉实现整机的前后移动。桥面吊机走行时,双机不必完全同步走

行,可分别向前移动。每台桥面吊机配置了两套走行机构,其结构如图 10-336 所示。

走行前,依靠前、后顶升液压缸先把整机抬起,将滑轨梁腾空,依靠纵移推拉液压缸的伸缩,把滑轨梁一步一步往前移,每步前移 0.8 m,然后顶升液压缸缩回,整机落在滑轨梁上,再依靠纵移推拉液压缸实现整机前移,使吊机步履式前进,一次步进最大距离为 7 m。若钢梁节段长度为 9.2～13.5 m(不包含合龙段),通过两次循环操作就能实现一次前移站位,如图 10-337 所示。

整机走行时是不能锚固的。为了确保走行安全,在每次锚固解除前,必须用变幅及横移机构将上纵梁上方的起升系统和吊具一起后退至 5.5 m 幅度位置,然后再解除锚固,进行纵移工作,以确保整机的稳定性。

在走行状态,单机通过 4 组滑靴(每侧 2 组)支承在两条滑轨梁上,前、后滑靴为主受力部件。轨道底面设置垫块,垫块下部设有 2%的横坡,能将滑轨梁上表面调整成水平,各组滑靴直接支承在滑轨梁上。其中,后部滑靴的滑座跟支承螺杆之间采用球铰连接,能很好地适应滑轨梁的支承面。

8) 卷扬机

卷扬机是起重设备最典型的部件,其参数直接决定了设备的工作能力。由于桥面吊机的起升高度达到 65 m,导致卷扬机的容绳量很大,达到约 520 m。缠绕的钢丝绳直径粗达 φ32 mm,绳筒的缠绕层数达到 5 层。为了确保钢丝绳良好地排列,绳筒设计时采用了更加先进的折线式绳槽,并控制卷扬机出绳角不超过 1.7°(实际出绳角为 1.68°)。另外,绳筒上还设置有过渡块和补偿块,有助于钢丝绳顺利变层,并防止下陷。

起升采用 30 kW 变频制动电动机,通过硬齿面减速机和外齿轮副的二级减速,驱动绳筒收放钢丝绳。高速端配有 YWZ 型电力液压块式制动器,低速端还装有两套 SBD 液压盘式制动器,能确保卷扬机可靠减速及停机。每台卷扬机都通过高强度螺栓固定在底架上,方便拆装及维护。

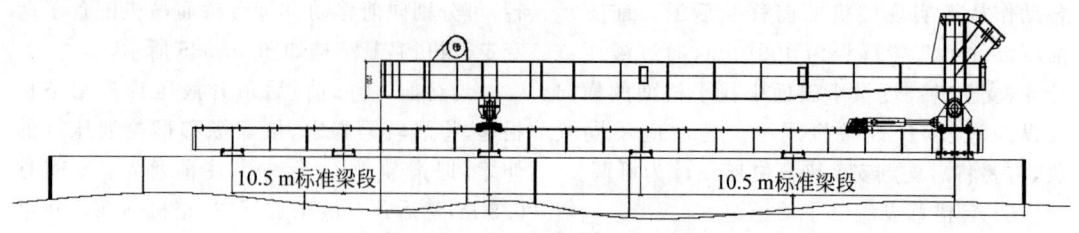

图 10-336　走行机构结构示意图

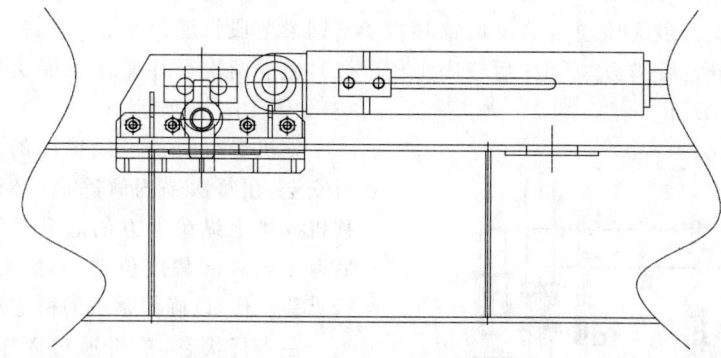

图 10-337　纵移走行滑靴架构示意图

绳筒轴上安装有 DXZ 型高度限位器和多圈编码器。编码器用于控制卷筒的转速和同步性。DXZ 型高度限位器用于控制起升上、下极限位置。

定滑轮组直接放置在小车架上，钢丝绳穿过固定在上纵梁后端横梁上的导向滑轮进入到定滑轮组，然后与动滑轮组缠绕相连。动滑轮组直接与吊具相连。起升系统工作时，吊具连接钢梁节段，将钢梁节段起升到位并调整好纵横向空间姿态，实现节段对位及安装。

9）梯子平台

桥面吊机配有完善的工作平台及爬梯，方便人员工作、监控和维护等。

工作人员通过爬梯可以从桥面爬到下层平台上，观察和监控卷扬机、电气系统等部件的工作情况，并按时维护。

通过爬梯可以从下层平台上到上层平台，工作人员可以在上层平台进行起升系统的安装、维护保养、变幅操作等工作。

10）驾驶室总成

驾驶室是操作人员进行操作的工作平台，双机架梁施工时由操作人员在驾驶室内进行操作控制，桥面吊机空载过孔及调整姿态时在桥面操作各液压缸完成。驾驶室内安装有空调，保证在夏天及冬天等极端天气情况下操作人员有较好的工作环境。驾驶室应由专人专职负责，除操作人员以外其他人员不得进入，并严格遵守操作规程。

11）液压系统

本设备共有 4 套液压系统。其中，主液压系统 1 套，其额定压力为 25 MPa，功率为 7.5 kW；吊具液压系统 1 套，其额定压力为 25 MPa，功率为 3 kW；盘式制动器液压系统 2 套，其额定压力为 12 MPa，功率为 1.1 kW。

主液压系统控制整机的主要动作，包括变幅、横移、走行、顶升。其中，变幅液压缸有 2 个，型号为 HSG 140/70-650；横移液压缸有 2 个，型号为 HSG 125/70-300；纵移走行液压缸有 2 个，型号为 HSG 125/70-1100；前顶升液压缸有 2 个，型号为 HSG 160/80-250；后顶升液压缸有 2 个，型号为 HSG 90/63-300。吊具液压系统控制着 1 套吊具的 1 个纵坡调节液压缸动作。吊具纵坡调整液压缸的型号为 HSG 140/70-550。每套液压站控制 1 台卷扬机的 2

个盘式制动器工作。

12）电气系统

桥面吊机采用集装箱式的电控室，便于拆装与维护，有利于控制系统的防风固定。电气系统主要控制卷扬机和液压系统电磁阀的工作，以及同步和系统安全的把控。

（1）卷扬机的同步控制

① 卷筒轴外侧安装编码器，可以控制电动机的转速同步。

② 卷筒轴外侧安装编码器，可以准确测定钢丝绳的收卷长度，然后显示在人机界面上。

（2）卷扬机力的控制

① 导向滑轮轴上设计有轴销式传感器，可以测定每条钢丝绳的受力。如果受力差值超过设定值，则停机保护。

② 后锚固设计了力传感器，纵移调节机构设计了拉线式位移传感器，可以测定吊幅。通过逻辑转换得出后锚力与吊重的关系，如果测定值与前面的差值超过范围，则停机保护。

为了保障工作人员的人身安全，以及吊机、梁块的安全施工，本机配备了各种安全保障装置。起升卷扬机电动机采用变频制动电动机，高速轴上装有电力液压块式制动器，低速轴上安装有钳盘式制动器，并且配有高低位限位器，防止钢丝绳缠绕超过允许高度；在滑轮可能产生跳绳的位置都设置了防跳绳装置，保证钢丝绳正常、安全地收放；在实际起吊过程中可能出现吊重超过额定起重量的情况，为此，吊机安装有起重量限制器，超载时报警并且停止起吊；驾驶室内部配有数显力矩显示器，可以直观地表现出当前起吊状态下产生的力矩大小。

整机还配备了独立的安全监控系统，除具备上述一些功能要求外，还有一些额外的监控参数，确保桥面吊机使用安全，在此不再赘述。

13）安全保护装置

（1）起升系统

① 高速端装有电力液压块式制动器，低速端装有盘式制动器。

② 配有过缠绕、欠缠绕计数保护装置和钢丝绳防扭转装置。

③ 卷筒轴外侧安装编码器，保证电动机转速同步，测定钢丝绳的收卷长度，传送显示在人机界面上。

④ 导向滑轮轴上设计有轴销式传感器，可以测定每条钢丝绳的受力。如果受力差值超过设定值，则停机保护。

⑤ 高度限位器：安装在钢丝绳的尾部固定端，吊具起升到一定高度时，接触到高度限位器，开关断电，使得吊重不能继续提升，防止起升过高碰到吊臂臂头。

（2）后锚总成

测力传感器：通过逻辑转换得出后锚力与吊重的关系，如果测定值与前面的差值超过范围，则停机保护。

（3）纵移系统

① 走行限位器：在下滑道两端极限位置分别装有走行限位器，防止整机纵移超出滑道。

② 拉线式传感器：纵移调节机构设计了拉线式位移传感器，可以测定吊幅。

（4）大风报警

风速仪：在工作时能及时了解及掌控即时风速值，当风速超过预设定值时整机停机报警。

（5）防雷

避雷针：在极端雷雨天气，保证整机及相关操作人员免受因雷击造成的伤害。

（6）整机监控

监控系统：整机工作时操作人员可以通过监控系统对各机构的工作状态进行查看；不工作时也可通过远程监控对设备状况进行了解。

（7）纠偏装置

桥面吊机在起升联动时，为防止起升1和起升2偏斜，电气系统采用了纠偏控制。

在两套运行机构的检测轮上各设一套编码器，检测两机构行程的相对量，当运行偏差大于最小设定值时，PLC高速计数模块计算偏差后发出报警，同时停止系统运行，由驾驶员进行手动单动调整使两机构不再有偏差。再启动机构联动时，则可正常工作。

在使用起重机时，要适时进行校准，消除

由于长时间运行引起的误差造成仪表测量不准确。

在进行校准时,驾驶员必须将起重机开到指定校准位置,对起升机构编码器进行复位。在正常工作时,严禁对编码器进行复位。

如不进行此项操作。起重机运行可能会造成危险,导致设备损坏,甚至威胁人身安全。

4. 操作与使用

1) 驾驶室操作注意事项

（1）严禁不熟悉系统及未授权的人员操作本机。

（2）由于 PLC 是一种高度集成的精密电子设备,严禁不熟悉设备技术性能及调试要求的人员随意更改 PLC 原有程序,以免造成系统故障,影响正常使用。

（3）如果在运行中发生故障而停机,要先仔细检查外围元件或线路,使用人员能排除的可自行解决,如属于操作原因,使用人员应避免错误操作。

（4）如属于 PLC 内部原因故障,可立即通知供货商或维修部门协助解决,不要盲目自行解决,以免产生不必要的损失。

2) 通电准备流程

（1）检查各联动台操作手柄是否为零位。

（2）合上总电源断路器 QF。

（3）合上控制回路断路器 QF13、QF14、QF15、QF16。

（4）合上照明回路断路器 QF11、QF12。

（5）合上各主回路断路器 QF1、QF2、QF3、QF4。

（6）合上钥匙开关并使停止按钮处于非急停位置。

（7）按联动台上的启动按钮启动整个系统。

（8）按下电铃按钮,发出开车信号。

3) 各机构操作

各机构操作包括起升操作、变幅操作、纵移操作。

当电控系统启动成功后,即可进行各种机构的操作了。操作时使用联动台上的两只操作手柄和各种按钮。在使用操作手柄时,应先将手柄球头内的滑动块往下按,解除零位自锁,方能推动自如。操作时要留意电控系统发生的报警信号。一般来说,当报警信号发生时,电控系统会自动作出相应的反应。

（1）起升操作

正常工作时,把 SA2 选择开关置于联动位置。此时起升1工作,起升2工作指示灯亮。

当需要单个起升机构单独工作时,将 SA2 选择开关置于起升1或起升2位置,此时某台卷扬机可单独工作,另一台卷扬机不工作。起升1工作时,起升1工作指示灯亮；起升2工作时,起升2工作指示灯亮。

起升操作通过右联动台上的手柄控制,上升时往下拉,下降时往上拉。上升和下降各分3个挡位,对应由低到高3种速度。

当需要比较两个起升机构高度时,将选择开关 SA3 打到开位置,联动台左台指示灯显示起升2超前还是起升2滞后；当不需要比较高度时,将 SA3 打到关位置。

（2）变幅操作

正常工作时,把 SA4 选择开关置于联动位置。此时变幅左、右工作指示灯亮。

当需要单个变幅机构单独工作时,将 SA4 选择开关置于变幅左或变幅右位置,此时某个变幅机构可单独工作,另一个变幅机构不工作。变幅左工作时,变幅左指示灯亮；变幅右工作时,变幅右指示灯亮。

变幅操作通过左联动台上的手柄控制,前进时往下拉,后退时往上拉。前进、后退各分3个挡位,对应由低到高3种速度。

（3）顶升操作

在执行顶升操作前,必须用变幅及横移机构将上纵梁上方的起升系统和吊具一起后退至5.5 m 幅度位置,然后再解除锚固,确保整机的稳定性。

准备工作就绪后,启动液压站,分别操作顶升液压缸的手动换向阀,操作前、后顶升液压缸（顶升液压缸可单动或联动）用来调节底架水平和所需高度,由液压缸支承机架及上部结构的重量；当操作前、后顶升液压缸下降直至与梁面不接触后,整机由轨道梁来受力,受力转换过程中可以实现整机纵移。

注意：在前、后液压缸上升及下降过程中，前、后液压缸四点应有观测人员，升降过程中要尽量保证整机的水平上升或下降，如发现液压缸工作异常或不工作情况，立即停止工作，故障排除后方可继续工作。

(4) 纵移操作

当桥面吊机需要纵移时，先按下纵移液压电动机启动按钮 SB2，再操作相应方向的液压推杆使桥面吊机向相应方向运动。纵移完成后，按下纵移液压电动机停止按钮 SB3，停止纵移工作。

(5) 后锚操作

旋转手轮，后锚耳板与钢箱梁吊装耳板销孔重合时，安装插销、销套及销挡，依次拧紧手轮，完成整机锚固。解除整机锚固时，反向操作即可。锚固上装有测力传感器，锚固系统工作时，如果发现两根锚杆受力不均匀，则需重新调整安装。

4) 断电操作

当驾驶员下班、准备离开驾驶室前，要按以下步骤进行断电操作：

(1) 将各机构开到各自规定的位置停车（切忌使用紧急停止按钮停车）。

(2) 将联动台上各操作手柄回零位。

(3) 按下联动台停止按钮 TZ。

(4) 离开驾驶室。

(5) 关掉总断路器。

5. 维护保养

因为维护及检查的目的是让节段桥面吊机始终处于完好操作状态，所以及时发现缺陷非常重要，一旦发现应立即采取改正措施及预防维护措施。

(1) 日常检查

日常检查通常由驾驶员来进行，包括检查润滑情况，有无异常发热、异响，紧固件是否松动，还要检查电气设备、制动器、吊具滑轮、钢丝绳是否存在缺陷。一旦发现有隐患存在，应采取措施进行修理或更换。

(2) 定期检查

在此类检查中，不管是否存在机械故障或缺陷，一些重要的部件都要拆卸下来进行检查，这样可以发现日常检查不到的缺陷。定期检查的间隔要根据桥面吊机的工作频率及工作量来定。

① 月度检查项目：

(a) 检查钢丝绳磨损状况，必要时更换。

(b) 检查滑轮和轴承的运行状况，检查下支承轴承的运行情况，观察是否有异响或异常情况。

(c) 检查制动瓦、制动轮的磨损状况，必要时进行调节。

(d) 检查螺栓连接，确保接触紧密。

(e) 检查弹性联轴节的橡胶圈是否有磨损。

(f) 检查电动机电刷是否有磨损。

(g) 检查接触器、控制器的接触状态。

(h) 检查并清洁阻抗器。

(i) 检查所有限位是否可靠。

② 季度检查项目。除了月度检查内容外，还要检查以下几点：

(a) 检查桥面吊机结构件所有螺栓连接处，确认有无松动。

(b) 检查并清洁开式齿轮。

③ 年度检查项目。

在节段桥面吊机工作超过 6 个月之后，需对节段桥面吊机进行总体检查。除了月度和季度检查内容外，还包括以下补充项目：

(a) 检查所有结构件和焊缝是否有裂缝、断裂和弯曲情形。

(b) 检查吊钩和滑轮是否状态良好。

(c) 打开减速箱，检查并清洁齿轮咬合情况及轴承间隙，检查键连接情况，必要时作调整。

(d) 检查大轴承。

(e) 根据规范检查桥面吊机接地保护是否符合要求。

1) 机械的检查与维护

(1) 金属结构

① 在发生事故后及年度检查中，应仔细检查扭曲裂缝。一般长期使用后，焊接件会产生裂缝。当出现这些状况时，整个结构会因此扭曲，轴承会熔固，齿轮结合面也不完整而产生

巨大噪声。如发现有缺陷,应立即重新焊接。

② 因脏物堵塞的泄水孔和容易变脏的地方应在操作后仔细清洁。在桥面吊机保持清洁时,可以更容易发现设备裂缝所在。

③ 如有迹象表明有锈蚀情况,应立即刷防锈油漆。

④ 暴露在外的平台与走道受天气影响很大。因此在长期使用后应特别注意维护。要保持机器房及驾驶室状态良好,需将注意力放在排水、门锁及室内的自然照明上。

(2) 轨道

在每次倒运轨道之前,应该划线保证轨道平直,防止吊机纵移走偏。

(3) 吊具

吊具必须定期检查,如有下列情况出现时应立即报废,更换新件:

① 表面出现任何裂纹、破口(严禁焊补使用)。

② 吊钩危险断面或尾部产生残余变形。

③ 吊钩危险断面的磨损量达到了原断面高度的10%。

④ 钩尾部分退刀槽或过渡圆角附近出现疲劳裂纹。

⑤ 螺母、吊钩横梁出现任何裂纹和变形。

2) 电气部件的检查和维护

(1) 总则

① 所有电气设备要时刻防潮,破碎的玻璃、漏雨的房顶要及时修理以防潮。

② 绝缘器比较容易失去绝缘性能。潮气、高温、日晒雨淋、与其他物体摩擦和接触都会影响绝缘性能。当油滴到或渗透到线圈里会加速绝缘性能的变化。通电后,绝缘不好的地方会漏电,使起重机上或周围的工作人员受到电击而受伤,还可能导致短路烧掉电气设备或引起火灾,这是十分危险的。因此应仔细做好日常检查,在暴雨或雨季过后更应如此。

③ 即使绝缘器表面未显示任何有缺陷迹象,还是要经常进行绝缘电阻检查。除了因绝缘不良而导致的漏电情况外,灰尘和其他异物(雨水、螺栓和螺母,尽管此种情形较少)也可能引起漏电和短路。

④ 当检查或清洁电气设备时,首先要确认电源已完全切断,防止有人打开开关,在进行这些操作时应放好危险指示牌。

⑤ 防止产生电火花。对桥面吊机来说,电流继电器接触点、电磁开关接触点、闸式开关接触点易产生火花点。

下列情形下更易产生电火花:

(a) 电路切断时产生的电火花要多于电路开启时。

(b) 当流过接触点电流值较高且接触点间电压较高时会产生更多电火花。

(c) 接触点表面越不平整,就越容易产生电火花。

(d) 直流电产生的电火花要多于交流电。

(e) 如使用交流电源,电流频率越高,电火花就越多。

(2) 正常操作

① 桥面吊机使用初期严格按照相关注意事项进行操作。

② 应每日检查各限位开关急停等的动作情况;检查各制动器的动作及固定螺栓;各电气设备是否过热或有报警信息;各电气设备是否有异常等。

(3) 维修与保养

电气设备的维修与保养是保证桥面吊机正常、安全、可靠工作的必要条件。

桥面吊机电气设备的维修保养工作,按其检修周期可分为日常检修、旬日检修、年度检修。

各种检修周期应按桥面吊机的工作情况和环境条件而定,一般情况下按检修制度进行。

6. 常见故障及处理方法

电动机常见故障及处理方法如表10-68所示。

电路和元件常见故障及处理方法如表10-69所示。

继电器和接触器常见故障及处理方法如表10-70所示。

表 10-68 电动机常见故障及处理方法

序号	故障现象	原因分析	处理方法
1	整个电动机均匀过热	工作类型超过额定值	减少电动机的工作次数
		电源电压过低	低电压时减少电动机的负荷
		使用环境超过规定值	降低环境温度或减轻电动机的负荷
		变频器参数被误修改	恢复变频器参数到正常值
2	电动机转速不正常	电源电压过低	检查电源电压过低的原因并消除
		接点接触不良	检测并紧固接点
		制动器调整不合适	调整制动器
		变频器参数被误修改	恢复变频器起始参数
3	电动机不转动	电动机启动负荷过大	消除过载部分
		电源电压过低	检查电源并处理
		变频器没有运转信号	检查变频器参数或控制信号
		制动器抱死或生锈	检查制动器

表 10-69 电路和元件常见故障及处理方法

序号	故障现象	原因分析	处理方法
1	总断路器跳闸	主回路有短路或接地故障	检查主回路并消除故障
2	电动机旋转减慢不能发出额定功率	制动器未打开	检查并调整制动器
		电源电压过低	检查主回路并消除电压过低的原因
		主回路电压损失过大	检查主回路并消除电压损失过大的原因
3	限位开关动作后不起保护作用	触点焊住	修复开关触点
		电路中有接地或短路故障	检查电路,修复接地或短路故障
		电路中产生寄生电路	检查并消除寄生电路
		调整点不准确	重新调整接近开关位置
4	断电后继电器接触器不释放	触点焊住	修复触点
		电路中有接地或短路故障	检查电路,修复接地或短路故障
		电路中产生寄生电路	检查并消除寄生电路
		接线与图纸不符	按图纸更正接线
5	控制器卡住	触点焊住	修复触点
		定位机构故障	修复定位机构
6	控制器操作失灵	电路断路或接线有误	检查并更正接线
		触点接触不良	检查并修复触点
		定位机构失灵	检查并修复定位机构
		凸轮片松动	调整和紧固凸轮片
		触点动作有误	修复触点
7	限位开关失灵	距离调整不准	调整好位置
		接线有误	更正接线

表 10-70　继电器和接触器常见故障及处理方法

序号	故障现象	原因分析	处理方法
1	线圈温度过高	线圈电压过高	调整线圈至额定电压
		线圈吸力过大	调整触点弹簧压力
		吸合时动、静线圈之间有间隙	消除间隙
2	吸合噪声过大	线圈吸力过大	调整触点弹簧压力
		动、静铁芯结合面有油污	清除油污
		磁路未对准	调整磁路使其对准
		活动部分卡住	消除附加阻力
3	吸合动作迟缓	动、静铁芯距离过远	调整动、静铁芯初始位置
		可动部分摩擦过大	增加润滑、减少摩擦
		线圈电压过低	调整线圈电压
4	释放动作迟缓	触点压力不足	调整触点弹簧
		铁芯有剩磁或有油污	消除剩磁、清除油污
		活动部分卡住	消除附加阻力
5	触点过热烧毁	触点压力不足	调整触点弹簧
		触点有油污	清除触点油污
		触点容量不足	更换继电器接触器

配电保护常见故障及处理方法如表 10-71 所示。

表 10-71　配电保护常见故障及处理方法

序号	故障现象	原因分析	处理方法
1	总断路器不能合闸	断路器上口电源故障	检查电源
		控制回路未上电	给控制回路上电
		失压线圈损坏	检查失压线圈
		断路器下口有短路接地等故障	检查电气线路
2	总接触器不能吸合	电锁故障	检查电锁
		总电源启动按钮故障	检查总电源启动按钮
		总电源停止按钮故障	检查总电源停止按钮
		控制线路故障	检查控制线路
		主回路无电	检查主回路电源

起升部分常见故障及处理方法如表 10-72 所示。

表 10-72　起升部分常见故障及处理方法

序号	故障现象	原因分析	处理方法
1	不能送电	有短路、接地等情况	检查线路
2	吊具不能升降到位	限位开关无动作	检查调整限位
		联动时另一机构没到限位	取消联动
		电动机故障	检查电动机
		制动器故障	检查制动器

变幅部分常见故障及处理方法如表 10-73 所示。

表 10-73 变幅部分常见故障及处理方法

序号	故障现象	原因分析	处理方法
1	不能送电	有短路、接地等情况	检查线路
2	吊具不能变幅到位	限位开关故障	检查调整限位
		联动时另一机构没到限位	取消联动
		电动机故障	检查电动机
		制动器故障	检查制动器

10.3.9 移动模架

移动模架为桥梁施工专用设备,根据桥梁参数定制,一般适用于 1200 t/40 m、900 t/32 m 现浇梁。移动模架的主要性能参数如表 10-74 所示。

表 10-74 移动模架主要性能参数

序号	现浇梁质量/t	现浇梁长度/m	型号	厂家	参考价格/万元
1	1200	40	HMJ1200/40	中铁十一局集团汉江重工有限公司	980
2			TM40/1200	武汉通联路桥机械技术有限公司	950
3			DSZ40/1200	郑州新大方重工科技有限公司	1000
4			MZS1200/40	秦皇岛天业通联有限公司	980
5	900	32	HMJ900/32	中铁十一局集团汉江重工有限公司	750
6			TM32/900	武汉通联路桥机械技术有限公司	740
7			DSZ32/900	郑州新大方重工科技有限公司	700
8			MZS900/32	秦皇岛天业通联有限公司	750

下面以郑州新大方重工科技有限公司生产的 DSZ32/900 型上行式移动模架为例说明移动模架的主要性能及参数。

1. 概述

DSZ32/900 型上行式移动模架采用主梁置于桥面上方结构,利用梁端、桥墩安装支腿,具有良好的稳定性。其具体特点为:

(1) 采用双主梁结构,横向稳定性更好,抗风能力强。

(2) 采用两跨式结构,过孔更快捷,抗前倾安全性更好。

(3) 模架施工及过孔状态均不需要对梁体及墩身增加预埋件。

(4) 采用外模系统横向平移开启和闭合,可操作性更好,结构更合理,更能适应桥下净空对施工的限制,可适应最低桥下净空的高度为 1.6 m。

(5) 后支腿设横移功能,能方便地适应小曲线施工。

(6) 设置有吊卸能力为 3 t 的起吊装置,用来安拆移动模架的其他小组件,以及施工时的钢筋、内模、波纹管、钢绞线等材料或其他小型机具设备。

(7) 移动模架升降、横向开合均采用液压控制,动作平稳、安全可靠。

(8) 各支腿能够实现自行过孔就位安装,减少了辅助设备的投入,降低了劳动强度,同时提高了施工效率,且极大地降低了施工成本。

(9) 支腿直接支承在墩顶,对桥墩形状、高度无要求。

(10) 该机可整体通过连续梁及路基,实现桥间转场,方便快捷;主梁系统不需拆除即可直接通过隧道空间。

2. 主要技术参数

DSZ32/900 型移动模架的主要技术参数如表 10-75 所示。

表 10-75　DSZ32/900 型移动模架主要技术参数

序号	项目	技术规格及特性
1	施工工法	逐跨段原位现浇
2	施工梁跨度/m	32.7（兼顾 24.7）
3	混凝土梁跨质量/t	≤900
4	适应纵坡坡度/%	≤2.5
5	适应曲线半径/m	≥1000
6	适应最低墩高/m	1.6
7	后支腿最大反力/tf	2×315
8	中支腿最大反力/tf	2×365
9	后走行最大轮压/tf	25
10	前支腿托辊最大轮压/tf	34
11	起吊小车走行速度/(m/min)	3
12	3 吨电动葫芦起升速度/(m/min)	8,0.8
13	总电容量/kW	约 80
14	最大件尺寸及质量 (长×宽×高)/(m×m×m)	14×1.8×3
	质量/t	≤21
15	风力条件	移位时≤6 级，浇注时≤8 级，非工作时≤12 级
16	主梁挠度比	<L/700
17	模架移位速度/(m/min)	0.8
18	前移过孔稳定系数 n	>2
19	工作效率/(天/单孔)	13（按每天工作 24 h 计）
20	液压系统压力/MPa	31.5/16
21	整机质量/t	约 470（不含墩顶散模）
22	动力条件	380 V/50 Hz 交流电
23	自动化方式	竖向顶落用大吨位分离式千斤顶实现；纵向移位用液压缸驱动完成；模架横向开、合用液压缸完成

3. 设备组成

DSZ32/900 型上行式移动模架系针对铁路客运专线双线整孔桥梁施工而设计的，为上行式结构，能够自行倒装主支腿。主要由吊挂外肋、横移机构及锁定机构、外模系统、内模系统、端模系统、后支腿、后走行机构、中主支腿、前辅助支腿、起吊小车、吊挂走通及 3 t 电动葫芦，附属设施、液压系统、电气控制系统等部分组成，如图 10-338 所示。

1) 主框架

主框架由并列的两组纵梁＋连接梁、挑梁组成，如图 10-339 所示，主要有吊挂外模板系统等设备及钢筋、混凝土等结构材料。

每组纵梁由 3 节承重钢箱梁和 3 节导梁组成，相邻两组纵梁中心距为 6 m。浇筑状态时，钢箱梁的设计刚度大于 1/700。

钢箱梁高 3 m，翼缘板宽 1.7 m，腹板中心距 1.5 m。钢箱梁接头采用螺栓节点板连接。每节钢箱梁质量小于 21 t。钢箱梁采用对称设计。

导梁 1 号节采用空腹式箱梁结构，接头用螺栓节点板连接。

导梁 2、3 号节采用桁架式结构，接头上弦用螺栓法兰连接，下弦用螺栓节点板连接。

主梁连接系共 10 组，挑梁每侧 8 组。挑梁与连接系位置对应，便于力的对称传递。

2) 吊挂外肋、横移机构及锁定机构

吊挂外肋共 8 组，吊挂安装在主梁的挑梁上，用以支承外模系统；吊挂外肋沿中部可以剖分，携带外模系统在横移机构的作用下可以横向打开和合龙，合龙后由锁定机构锁定，可以避免外肋的横向滑动，如图 10-340 所示。

(1) 吊挂外肋

吊挂外肋分为 4 段，由 2 段上肋、2 段下肋和限位装置组成，限位装置用于外肋在主梁挑梁上滑动时，起导向和防止侧翻的功能。

(2) 横移机构

横移机构由支承座、液压缸和连接销轴组成，共 16 套。其一端与外肋顶端连接，一端与主梁或挑梁连接，横移机构的液压缸循环伸缩，可实现外肋沿挑梁的开启和合龙。

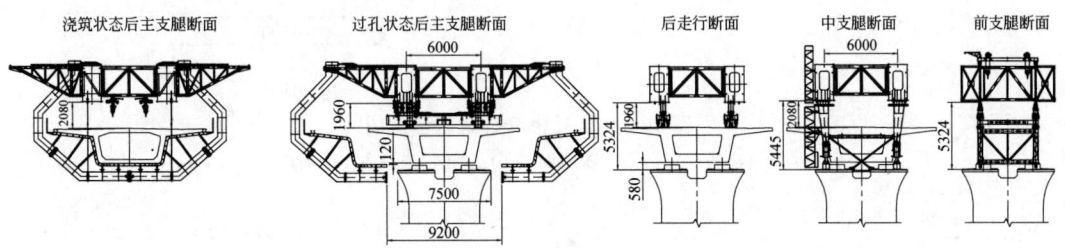

图 10-338 移动模架结构示意图

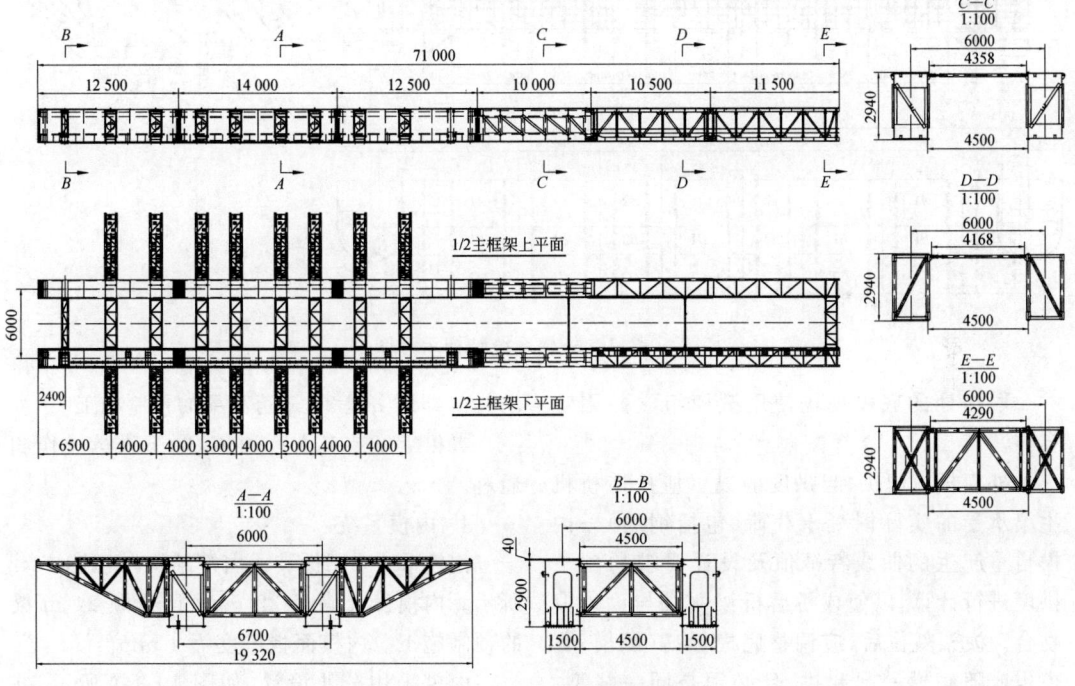

图 10-339 主框架结构示意图

（3）横向锁定机构

外肋横向合龙后，在外肋外侧的挑梁上安装横向锁定机构，由人工调整锁定机构上螺杆的长度，使其与外肋顶紧，以固定外肋的横向位置。横向锁定机构共16套。

3）外模系统

外模系统由底模、腹模、翼模、可调支承系组成，如图10-341所示。模板通过可调支承系支承在吊挂外肋上。

底模随着吊挂外肋从中部剖分，便于横向打开和合龙。

模板由面板及骨架焊接而成，每块模板在横向和纵向都有螺栓连接。

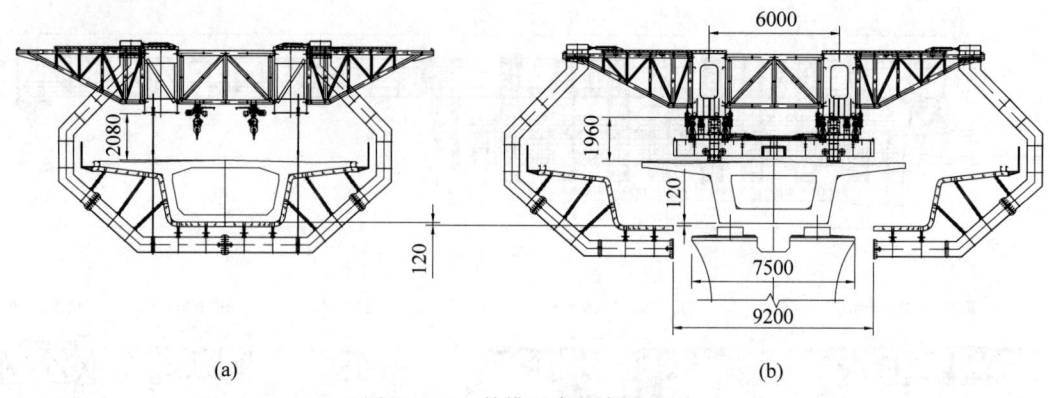

图 10-340　外模开合状态示意图
(a) 浇筑状态后主支腿断面；(b) 过孔状态后主支腿断面

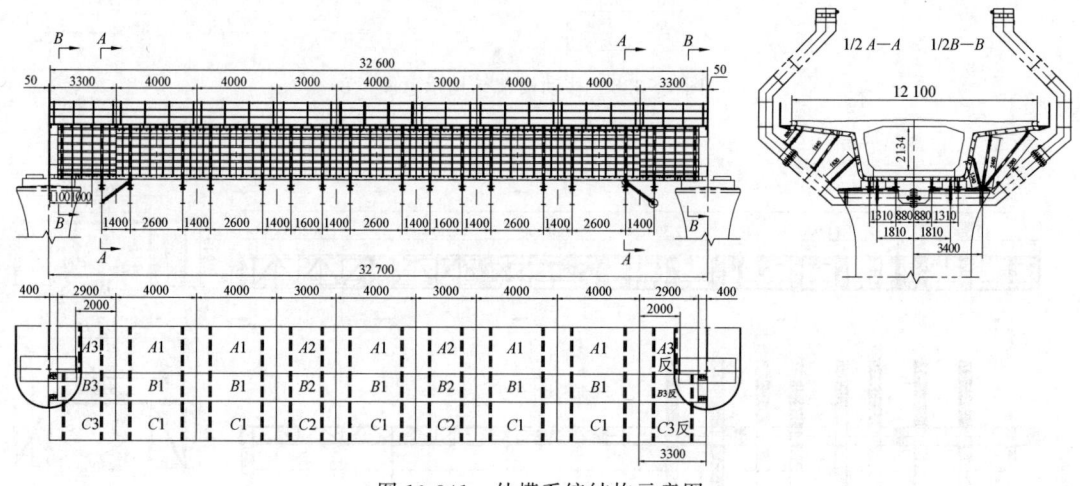

图 10-341　外模系统结构示意图

墩柱处的底模现场使用散模组立并固定牢靠。

外模板应起拱，起拱度的设置应按造桥机主梁承受的实际混凝土载荷（包括钢筋）+内模自重产生的曲线特征值及设计要求的预下拱度进行计算，以使成桥后桥梁曲线与设计值吻合。模架就位后，应调整底模标高（侧模、翼模也应随底模一起起拱，且必须是同一线型、同一拱量），使其与所提供（或修正后）的预拱曲线特征值吻合。

外模及底模纵向标准节按 4 m 和 3 m 两种分段。外侧模及底模的起拱通过可调支承系实现：底模共设置 64 根可调支承杆，外侧模共设置 108 根可调支承杆。

外模的设计满足 32 m 梁且兼顾 24 m 梁的预制施工，将梁端处的腹模、翼模和底模向前移

动 8 m 即可实现 24 m 跨高梁的预制施工。

翼模上安装有人行通道，便于人员操作和通过。

4) 内模系统

内模系统采用拆装式内模结构，如图 10-342 所示。内模设计满足 32 m 梁且兼顾 24 m 梁的预制施工。内模面板厚度为 4 mm。

内模采用分块设计，如图 10-343 所示，并充分考虑最后一孔梁浇筑完毕后内模出腔的要求，内模标准分块尺寸为 1500 mm × 600 mm × 55 mm（长×宽×高）。

5) 端模系统

端模共分成 18 个节段，单件质量小于 0.18 t，节段之间通过螺栓连接，端模与侧模之间、端模与内模之间用螺栓连接。端模安装、拆卸时要有起吊装置。

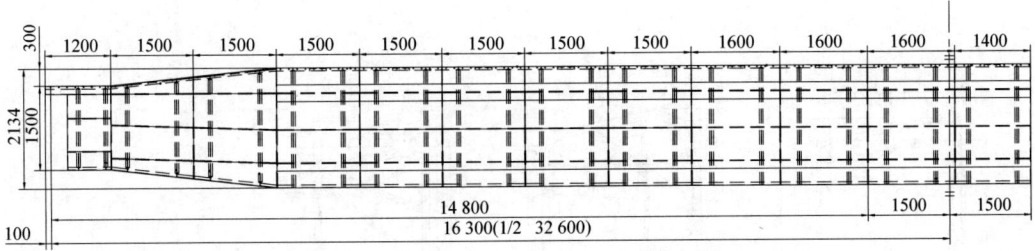

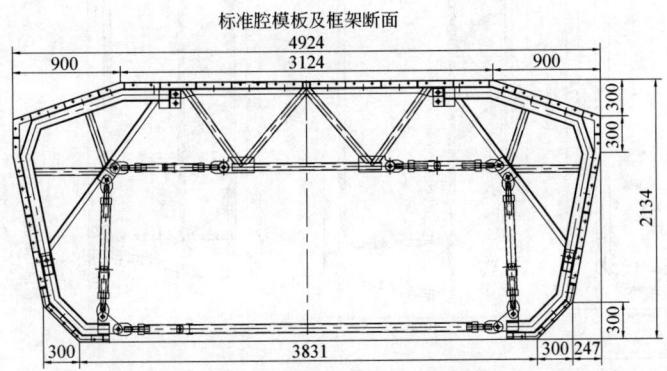

图 10-342　内模系统结构示意图

端模节段配置满足 32 m 梁及 24 m 梁施工。

6) 后支腿

后支腿共 1 套,位于主梁系统的尾部,支承于已浇筑好的桥梁端部,主要由移位台车、横移梁、支承垫座、横向联杆等组成,如图 10-344 所示。

移位台车由托架、滑座总成、钩挂机构、纵移机构、横移机构及支承液压缸等部分组成。

纵移滑道与主梁腹板相对,纵移支座上设有减摩材料,以减少模架纵移过孔时的摩擦阻力。主梁下盖板上设置纵移轨道,主梁下盖板中心附近设置纵移顶推轨道。纵移液压缸缸端固定在纵移支座上,杆端利用插销与纵移顶推耳板连接,杆端利用插销与纵移顶推耳板连接。

纵移机构为拨叉机构,根据机械杠杆机构原理,由其里面插销轴方向的位置不同而实现液压缸推着移动模架钢箱梁向前或向后滑动。改变一次方向只需换插一次销轴的方向,不需要每次液压缸推或拉时人工换销轴,从而很大地节省了劳动力。

横移梁为箱形结构,总长度满足模架横向移动 ±600 mm 的要求,以便通过小曲线。

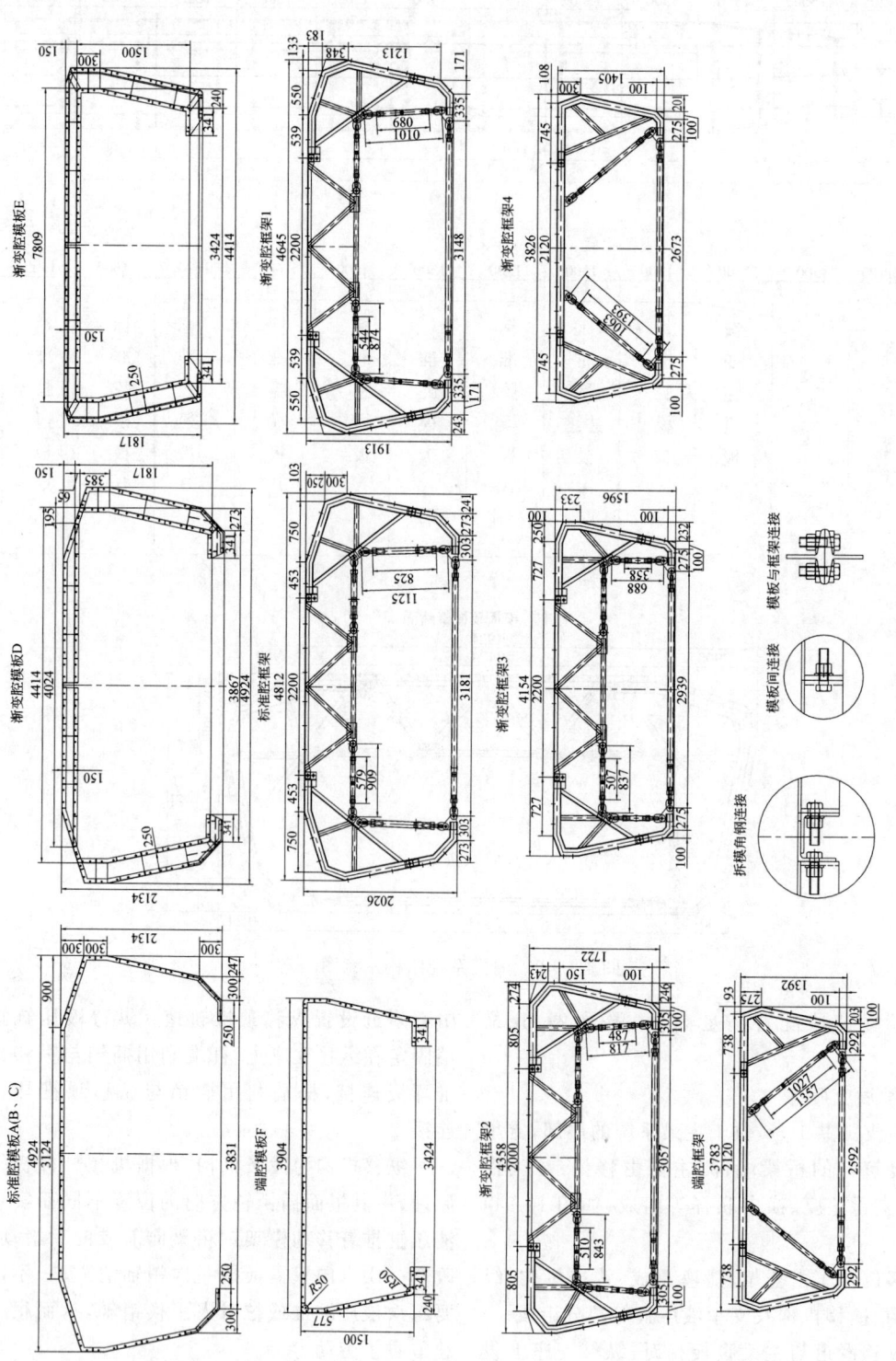

图 10-343 内模截面结构示意图

7) 后走行机构

后走行机构为从动轮轨式,由支承柱、轮箱、走行轮、轨道及支承顶等部分组成,如图10-345所示,可以实现主梁系统携外模系统纵移过孔。

后走行轮共8个,启动时轮压最大为25 t,过孔过程中轮压酌减,大约走行12 m时可以脱空。

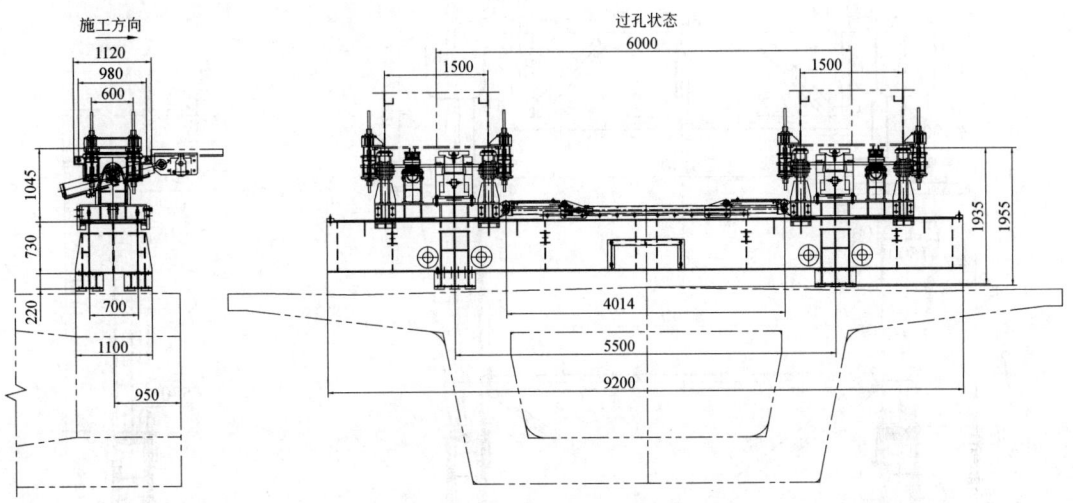

图10-344 后支腿结构示意图

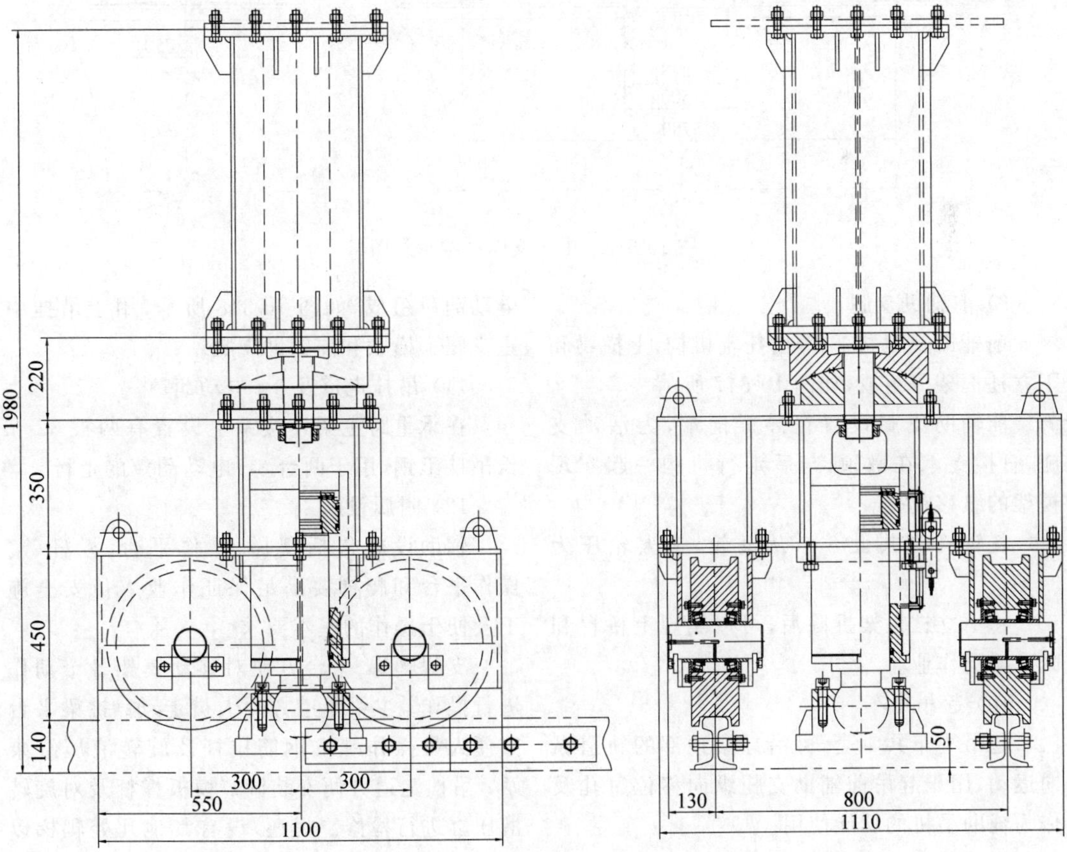

图10-345 后走行机构结构示意图

8) 中主支腿

中主支腿共 1 套，由支承立柱、下横梁和 400 t 竖向支承液压缸等组成，如图 10-346 所示。

中主支腿固定于主梁系统的中部，直接支承在墩顶上，纵向距离墩中心 0.75 m。

中主支腿上桥台或既有桥梁时，需先拆除支承立柱，400 t 竖向支承液压缸直接支承钢箱梁。

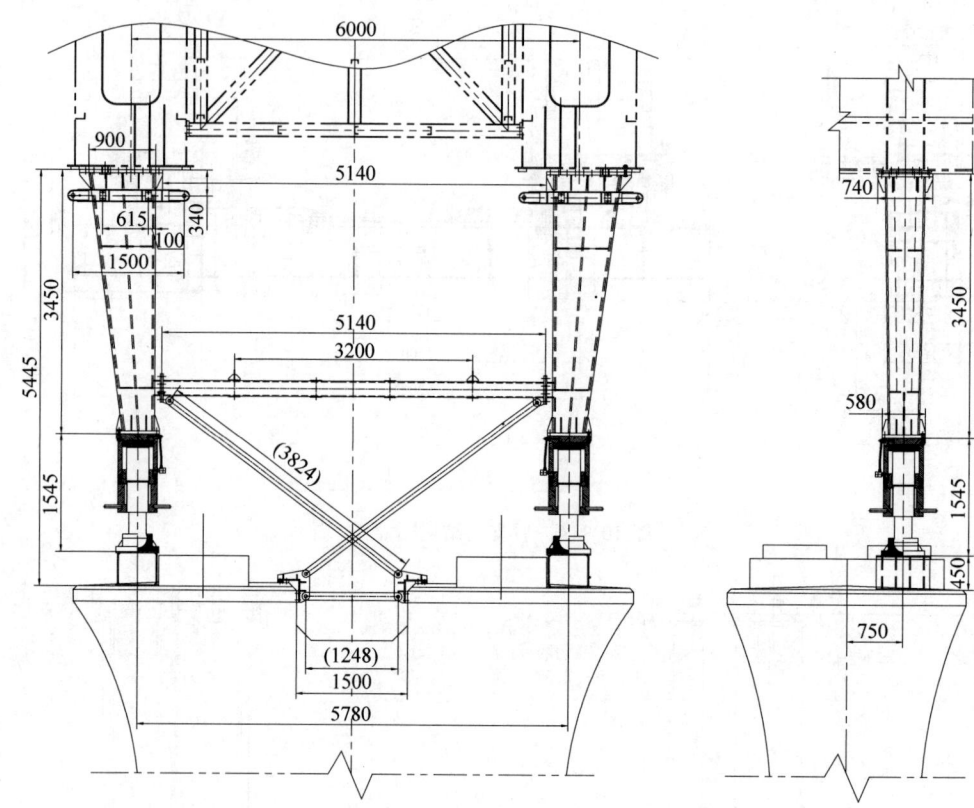

图 10-346 中主支腿结构示意图

9) 前辅助支腿

前辅助支腿共 1 套，由托辊机构、上横梁和下立柱框架等组成，如图 10-347 所示。

前辅助支腿设置在导梁前端，为活动支腿，直接支承在墩顶，与后走行机构一起实现模架的纵移过孔。

托辊机构共设 8 个从动轮，最大轮压为 34 tf。

将下立柱框架拆除后，可以实现上桥台和既有桥梁作业。

10) 起吊小车

起吊小车共 1 套，可沿导梁顶部的轨道纵向运动，用于起吊前辅助支腿纵向移位过孔及作为辅助吊机的功能使用。

吊挂小车主要由四轮台车、2 台 8 t 固定式电动葫芦组成，如图 10-348 所示，用于吊挂中主支腿下横联和前辅助支腿。

11) 吊挂走道及 3 t 电动葫芦

在承重跨主梁连接系上设置有两根 32 m 长吊挂工钢，用于两台 3 t 电动葫芦的走行。

12) 附属设施

辅助设施包括爬梯、操作平台、栏杆等。操作平台和爬梯要满足保证作业人员安全施工及便于操作的基本要求。

支腿爬梯、平台方便对移动模架各个动作进行操作；主梁走道方便人员走动；挑梁平台方便人员操作螺纹钢筋拉杆及旋转液压缸泵站；吊挂走道方便安装调节模板撑杆及对旋转液压缸进行检修。另还，设有其他几处爬梯以方便操作人员上下。

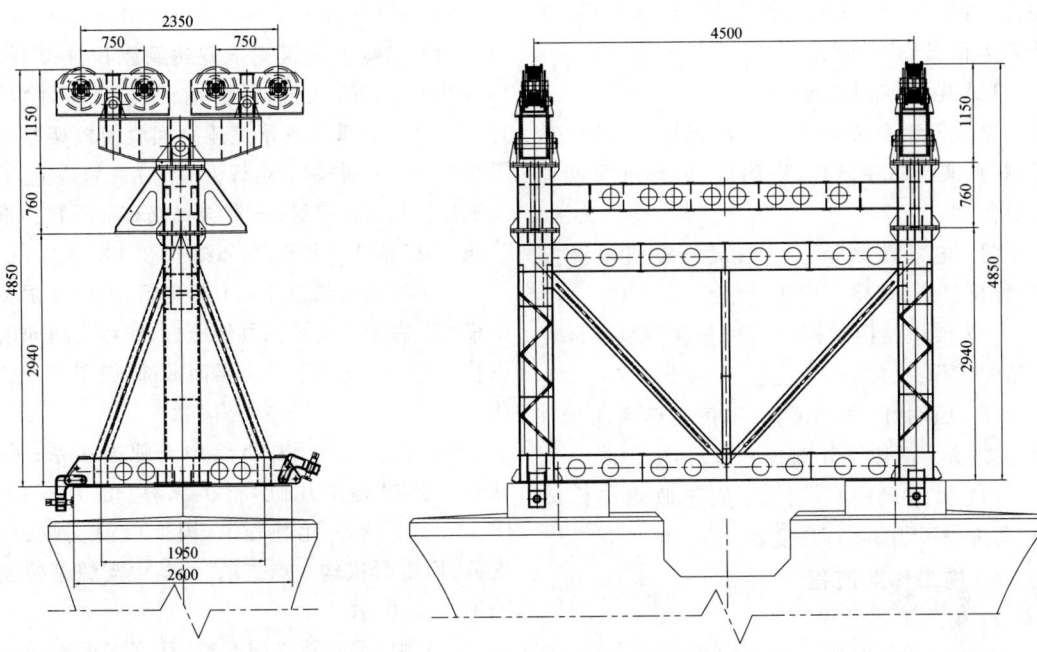

图 10-347 前辅助支腿结构示意图

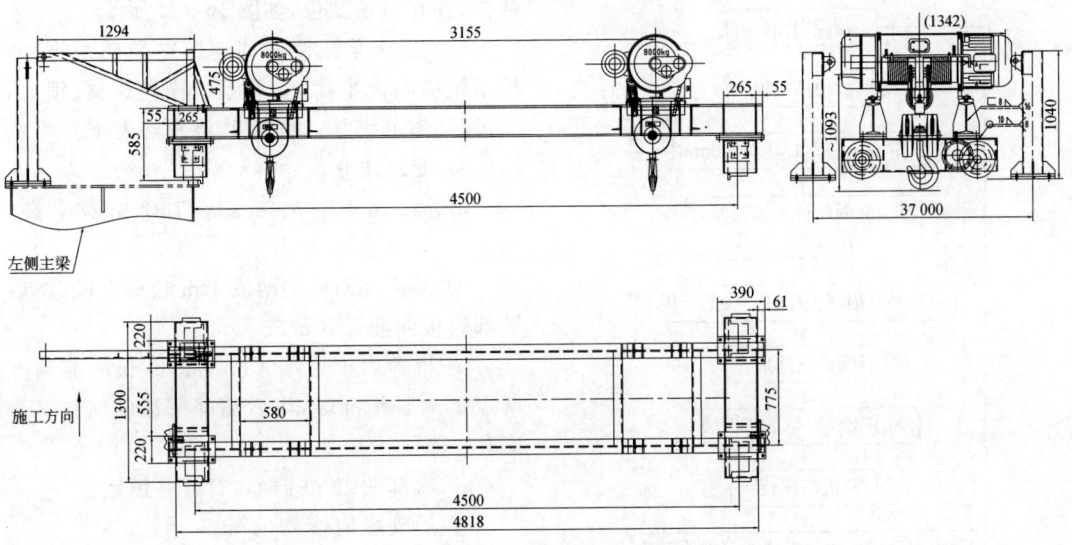

图 10-348 起吊小车结构示意图

梯子、平台必须与主体结构有效连接。

13）液压系统

DSZ32/900 型上行式移动模架因整机机构分散，所以液压系统采用独立单元设计，系统简化和模块化，减少了液压管路沿程损失及相应功率损耗，方便维修和搬运。整机液压系统包含后支腿液压系统、前端开模液压系统及后端开模液压系统。每套液压系统都由液压泵站、液压管路和液压缸等组成。

整机液压系统共有 3 套液压泵站，每套泵站由油泵电动机组、控制电磁阀组、油箱、空气滤清器、回油过滤器等组成。泵站设有压力表和液位液温计等辅件，用于系统调试及在作业时观察液压缸的工作压力和油箱中液压油的油位、油温等。泵站具有结构紧凑、体积小、方便搬运和安装等特点。

14) 电气控制系统

电气控制系统由主电气控制柜、起吊小车控制柜、液压站控制柜、照明灯、风速风向仪等组成。

(1) 电气控制柜:1台,具有整机电源控制,整机过载、短路等保护功能。

(2) 液压站控制柜:3台,分别控制3台液压站的工作。

(3) 照明灯:共10盏,每条主梁内布置3盏,共6盏,两边梁外部各2盏,共4盏。

(4) 风速风向仪:1套,用于监测工作风力、非工作风力、风向及报警。

4. 施工作业流程

1) 施工工艺流程

DSZ32/900型移动模架的施工工艺流程如图10-349所示。

2) 过孔作业

(1) 混凝土浇筑完毕并达到张拉强度后,拆除内模撑杆,张拉,桥面铺设轨道;拆除吊杆,中、后支腿垂直支承液压缸回收使模架整体下落约12 cm脱模,后走行机构作用在轨道上,前支腿托辊与轨道接触;操作泵站横移液压缸顶推外肋,外模系统横移开启,如图10-350所示。

(2) 移动模架整体顶升后走行,使后支腿脱空梁面;启动后支腿纵移液压缸,使后支腿向前纵移32.7 m,支承于已浇梁面端部,如图10-351所示。

(3) 脱空中支腿,拆除中支腿连接系;驱动后支腿纵移液压缸,整机纵移32.7 m,如图10-352所示。此过程中,模架由前支腿、后支腿、后走行机构3点支承。前、中支腿站位如图10-353所示。

(4) 中、后支腿横向调整,垂直支承液压缸支承、锁定;起吊小车将前支腿吊挂前移一孔就位,并在墩顶就位,如图10-354所示。

(5) 操作泵站使横移液压缸循环回收,外模系统横向合龙就位;模系横向调整、锁定,穿吊杆、钢筋绑扎;立内模,浇筑混凝土。

3) 变跨作业

(1) 32 m跨→24 m跨(与32 m梁等高)施工

① 拆掉外模后端两段4 m长标准段,将后端部模板向前移8 m安装。

② 拆掉内模后端4段1.5 m长标准端+两段1 m长标准端,将后端部模板向前移8 m安装。

③ 后部两组吊挂横向打开并锁定。

④ 后支腿前移7.64 m支承。

(2) 24 m跨(与32 m梁等高)→32 m跨施工

① 安装外模后端两段4 m长标准端,将后端部模板向后移8 m安装。

② 安装内模后端4段1.5 m长标准端+两段1 m长标准端,将后端部模板向后移8 m安装。

③ 后部两组吊挂安装。

④ 后支腿后移7.64 m支承。

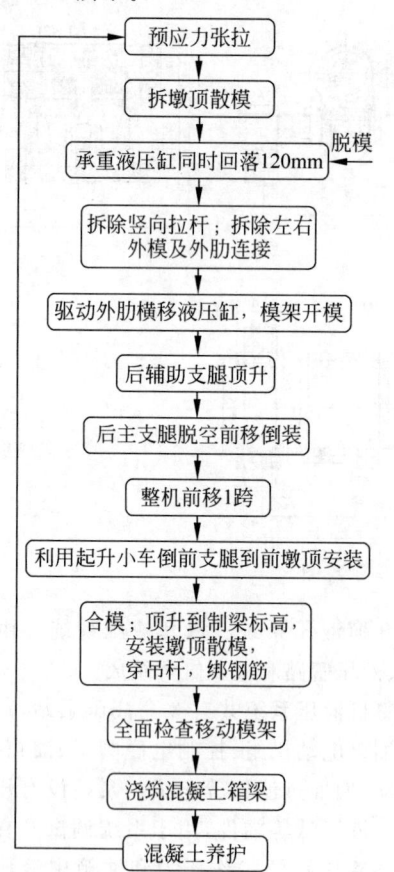

图10-349 移动模架施工工艺流程

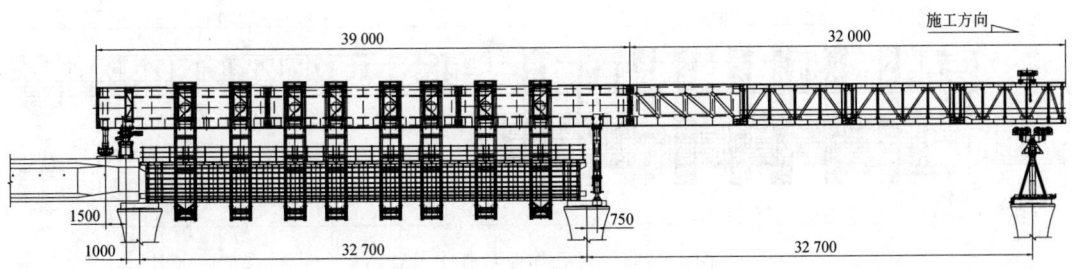

图 10-350　过孔作业步骤①示意图

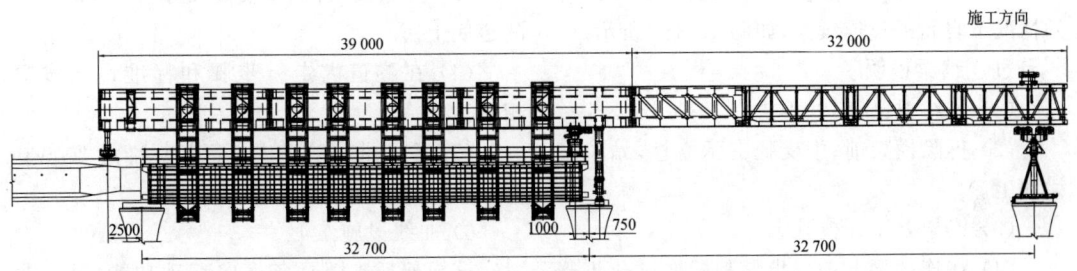

图 10-351　过孔作业步骤②示意图

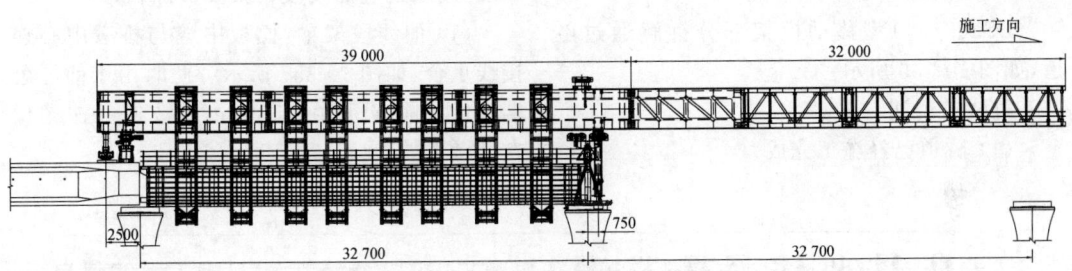

图 10-352　过孔作业步骤③示意图

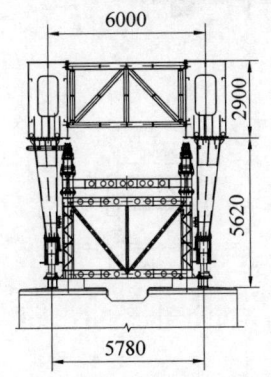

图 10-353　前、中支腿站位示意图

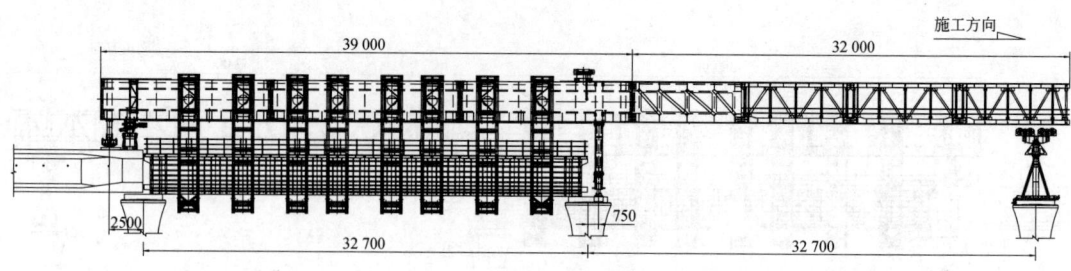

图 10-354　过孔作业步骤④示意图

4）模架过连续梁

DSZ32/900 型移动模架可以在主梁不解体的情况下自行通过连续梁，如图 10-355 所示。

过连续梁说明：

（1）连续梁已浇，并养护。

（2）拆除模架前、中支腿支承立柱，站位在梁面上。

（3）模架处于开模状态。

（4）在连续梁上走行步骤和标准过孔步骤相同。

5）过隧道作业

DSZ32/900 型移动模架部分拆解通过隧道，如图 10-356 所示。

过隧道说明：

（1）隧道已经施工完成。

（2）拆除模架模板、吊挂及挑梁。

（3）拆除模架前、中支腿支承立柱，站位在隧道底上。

（4）在隧道内走行步骤和标准过孔步骤相同。

（5）在小曲线隧道内走行和标准过 2000 m 曲线相同，模架前端需偏摆 535 mm。

6）曲线段施工

该模架后支腿具备横向移动功能，过小曲线方便快捷。模架端部翼模板设有 200 mm 调节段，用来适应曲线段箱梁翼板加长。

（1）曲线段架梁，模板中缝与桥墩中心连接线重合，如图 10-357 所示。此时由于前导梁端部偏移前方桥墩 0.535 m，前支腿无法站位在桥墩上。

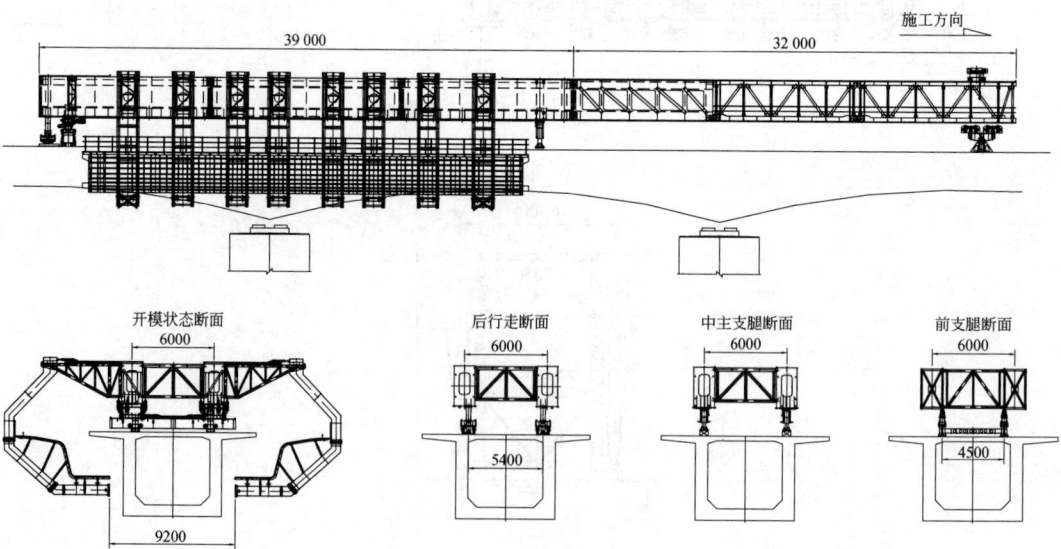

图 10-355　过连续梁示意图

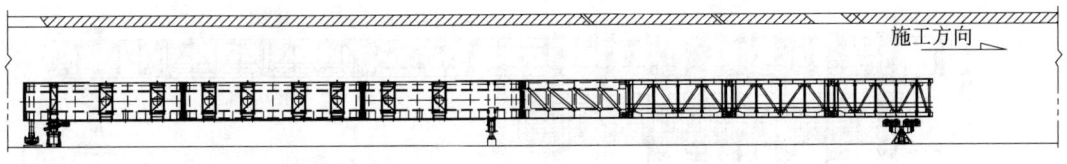

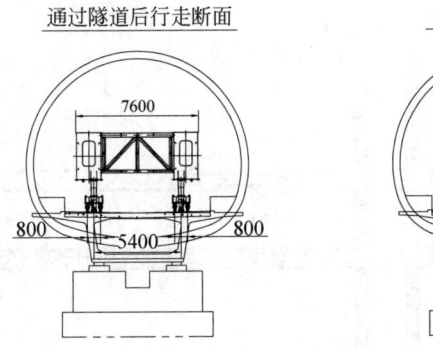

图 10-356 过隧道示意图

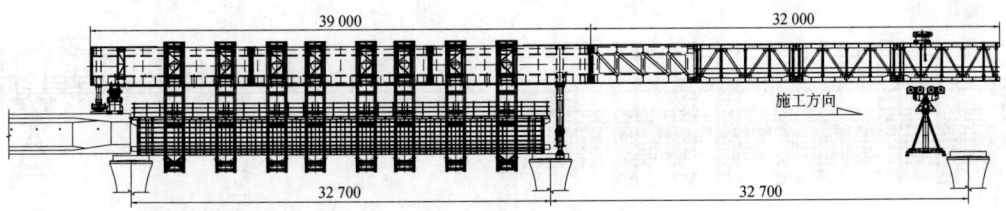

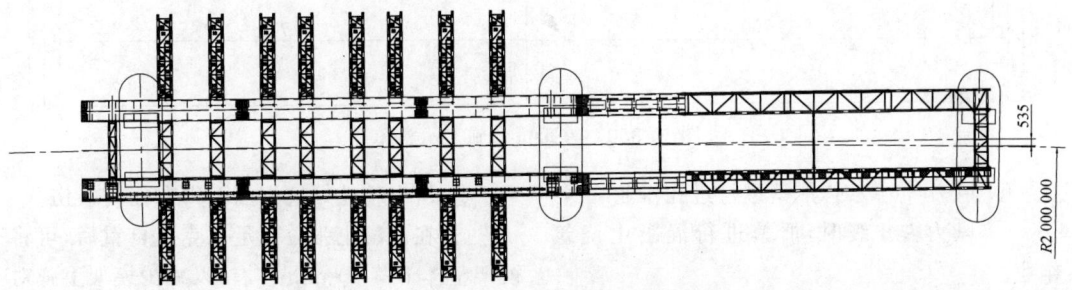

图 10-357 曲线施工步骤①示意图

(2) 混凝土养护后,模架脱模、开模;后支腿前移 32.7 m 支承在已浇混凝土梁面端部;脱空中支腿;启动后支腿横移液压缸,模架中部绕后走行机构向内侧横移 0.277 m;导梁前端与桥墩中心线重合,移动安装前支腿;模架纵移过孔,如图 10-358 所示。

7) 首跨桥台施工

首跨施工如图 10-359 所示。

(1) 后支腿通过拼装支架支承在桥墩上,拼装支架需与桥墩预埋件有效固定,移位台车钩挂需与主梁钩紧。

(2) 在设备拼装时前支腿安装在 4 号墩,需与预埋件有效固定,待拼装完成后移至 5 号墩。

(3) 模板调整到位后,需将外模及端部外肋与桥墩之间有效顶紧,将水平力传至桥墩上。

5. 操作与使用

1) 使用要求

(1) 风力要求

① 不得在超出允许风速的恶劣天气下操作设备。

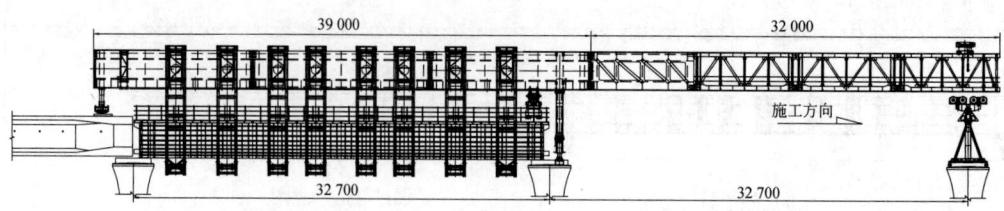

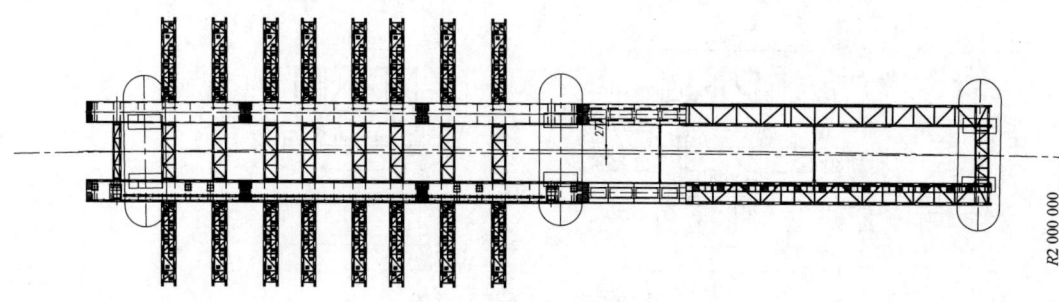

图 10-358 曲线施工步骤②示意图

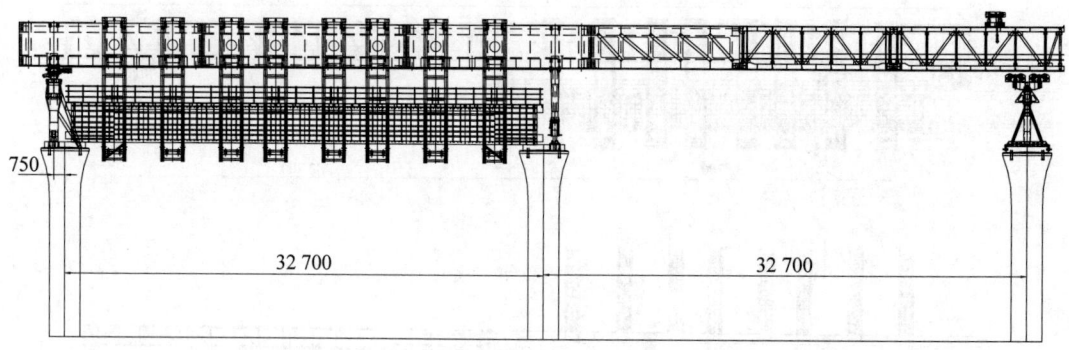

图 10-359 首跨桥台施工示意图

② 风力≥6级时,严禁进行过孔作业。

③ 风力≥8级时,严禁进行混凝土浇筑作业。

④ 风力≥8级时,必须保证移动模架处于整机合龙并连接完毕状态。

⑤ 风力≥12级时,应停止任何施工作业,切断电源,并固定必要的缆绳。

(2) 移动模架移位操作

① 必须在有关技术人员的监视下进行。

② 必须检查所有影响移位的约束是否解除,移动方向是否有障碍。

③ 必须基本同步,并注意纠偏。

(3) 其他使用要求

① 所有机构相对运动(面)处,应涂3号钙基润滑脂。

② 所有精轧螺纹钢筋不得有任何损伤。

③ 在混凝土张拉到足以克服自重后,可将模架整体下落20 mm左右,以减少模架上弹对混凝土的不良影响。

④ 应经常检查各处连接螺栓是否松动。

⑤ 操作人员必须听从指挥人员的统一指挥,严禁出现误操作。

⑥ 移动模架移位前,非操作人员严禁进入现场,更不允许随意启动或操作各种控制元件。

⑦ 临时支架的基础应坚实可靠,能达到设计要求的容许承载力。

⑧ 主机过孔时,在主机接头通过前支腿托辊时必须仔细观察,查看有否卡滞。

⑨ 吊挂模板外肋用的 $\phi 32$ mm 高强度精

轧螺纹钢筋应旋紧。加载后吊杆伸长量理论值为 6 mm。

⑩ 安装 φ32 mm 精轧螺纹钢时,应顺直,禁止受横向剪力作用。

⑪ 用竖向支承液压缸顶升模架时,严禁在最高位锁紧液压缸,否则难以脱模。操作时可先将其顶至最高位,再落下至少 3 mm。液压缸回落时,机械锁紧螺母与缸筒间隙应保持在 30 mm 左右。

⑫ 在浇筑混凝土时,吊挂外肋中间的对接法兰上部必须顶紧。

⑬ 高空作业时务必系好安全带。

⑭ 操作人员不能正对着张拉千斤顶站位,以防意外。

⑮ 在浇注混凝土时,应注意保护液压缸的活塞杆,可将活塞杆缩回或加以覆盖,防止混凝土落于活塞杆上。

⑯ 模架经过一次循环作业后,须有专人对设备进行全面的检查与处置。

⑰ 在浇筑时,中主支腿的垂直液压缸要按图 10-360 所示进行支垫,要求严格执行。

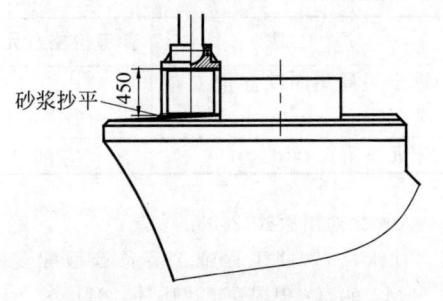

图 10-360　中支腿支垫示意图

2) 电气系统

(1) 主电器控制柜:合上空气开关,接通总电源,使各支路均处于待命状态。

(2) 液压站控制柜:液压泵站柜为本地操作,首先确定泵站电源上电,确定无异常后,启动泵站电源接触器,系统正常则可以启动电动机,然后根据所要完成的动作,按照面板的标识,操作旋钮,实现相应的动作。在泵站不工作时,关闭泵站的电源。

(3) 电动葫芦:本机安装有电动葫芦,使用自带手柄操作。

(4) 起吊小车:起吊小车采用遥控器控制。

(5) 照明:两个断路器控制现场照明。

(6) 风速风向仪:当风力超过工作风力时,风速风向仪发出报警,提醒工作人员停止施工。

3) 液压系统

(1) 启动液压泵之前,检查截止阀是否关闭,换向阀是否在中位。

(2) 启动液压泵,检查系统压力是否正常,管路是否有渗油。

(3) 每施工一孔,垂直液压缸要进行排气。

(4) 操作各阀时应注意所对应的液压缸、动作或方向,严禁出现误操作。

(5) 胶管拆开后应有保护措施,严禁任何杂质进入其内部。

(6) 当泵站不使用时,应及时切断电源。

(7) 经常检查液压油路钢管、胶管、接头的螺栓是否完全紧固,避免漏油现象发生。

(8) 经常检查系统中各种液压滤清器的滤芯与空气滤清器的滤芯是否堵塞。

(9) 经常检查液压油的油位是否达到要求,工作中也要时刻注意油位的变化,一旦发现油液不足,应马上补充,避免油泵吸空,形成真空,从而烧坏液压油泵,造成不必要的损失。

(10) 液压系统能否正常工作,完全依赖于各个液压元件的工作状态,而各个液压元件的工作状态取决于联系它们的油液的清洁度和温度。因此,操作人员要时刻注意各个液压系统油液的清洁,保持油的温度在设定的范围内。

(11) 若系统出现问题,应首先仔细阅读液压原理图,搞清楚各元件的功能后,研究出现的问题,等故障原因明了后才能对各个元件进行清洗、调节或更换,以免造成严重不良后果。

(12) 拆卸运输或重新组装时,应将拆卸下来的各种钢管或胶管进行密封(油道堵塞);组装时注意清洁,防止污物进入管道,损坏系统中的液压元器件。

(13) 在液压缸附近进行焊接、切割或打磨作业时,必须对液压缸的活塞杆进行必要的防护,以防损伤活塞杆表面。

(14) 浇筑混凝土前必须对液压缸的活塞

杆进行必要的防护,以防止活塞杆表面粘上灰浆。

6. 维护及保养

1) 结构部分的维护保养

(1) 移动模架工作过程中,如发现个别零件异常,应及时更换。

(2) 对有相对运动的部位,应随时添加润滑油。

(3) 装卸、运输时严禁野蛮作业;起吊时使用专用吊点和专用工具;拆卸后的连接螺栓和销轴应分类存放,并进行防腐处理。

(4) 各构件若有塑性变形、损伤,要及时修复。

2) 电气系统的维护保养

(1) 一般维护,主要包括以下内容:

① 经常检查各电器元件的功能是否正常。

② 每次开机运行前,应认真检查各种控制手柄及按钮是否灵活,有无松动及卡死等现象。

③ 应定期检查接触器及控制开关触点有无打火及烧结现象,外壳是否存在破裂、损坏,若发现问题应及时处理。

④ 当遇到下雪及阴雨天气时,应及时对各电动机等电气设备进行绝缘测试,其阻值应大于或等于 4 MΩ。

(2) 电气安全装置。关于电气安全装置的检查必须每周一次。

(3) 紧急停止按钮。所有紧急按钮的检查操作必须每周进行一次。

7. 其他

电气检查清单、液压系统维护保养、常见故障及处理方法相关内容详见 10.3.7 节节段拼装架桥机中 DP180/50 型节段拼装架桥机(郑州新大方重工科技有限公司)相关章节内容。

10.3.10 挂篮

铁路桥涵施工现场所使用的挂篮为桥梁施工专用设备,根据桥梁参数定制。挂篮的主要性能参数如表 10-76 所示。

表 10-76 挂篮主要性能参数

序号	参数	型号	厂家	参考价格/(元/t)
1	—	专用设备,根据桥梁参数定制	中铁十一局集团汉江重工有限公司	7200
2	—	专用设备,根据桥梁参数定制	山东元东重工有限公司	7200

参考文献

[1] 王进. 工程机械概论[M]. 北京:人民交通出版社,2011.

[2] 黄士基,赵奇平,王宁. 土木工程机械[M]. 北京:中国建筑工业出版社,2010.

[3] 张青,宋世军,张瑞军,等. 工程机械概论[M]. 北京:化学工业出版社,2016.

[4] 高振锋. 土木工程施工机械实用手册[M]. 济南:山东科学出版社,2005.

[5] 曹丽娟. 建筑机械常用图表手册[M]. 北京:机械工业出版社,2013.

[6] 陈龙剑,胡海滨,胡国庆. 桥梁工程机械技术性能手册[M]. 北京:中国铁道出版社,2012.

[7] 李自光. 桥梁施工成套机械设备[M]. 北京:人民交通出版社,2003.

[8] 杜永昌. 铁路工程施工装备选型配套手册[M]. 北京:中国铁道出版社,2011.

[9] 管会生,吴向东,黄松和,等. 土木工程机械[M]. 成都:西南交通大学出版社,2018.

[10] 顾文卿. 新编工程机械选型与技术参数汇编实用手册[M]. 北京:中国知识出版社,2006.

[11] 顾文卿. 简明建筑施工机械实用手册[M]. 北京:中国建筑工业出版社,2003.

[12] 陈宝春. 钢管混凝土拱桥[M]. 北京:人民交通出版社,2016.

[13] 张喜刚. 大跨境预应力混凝土梁桥设计施工技术指南[M]. 北京:人民交通出版社,2012.

[14] 季文玉. 铁路桥梁施工[M]. 北京:中国铁道出版社,2012.

[15] 高忠民. 工程机械使用与维修[M]. 北京:金

盾出版社，2002.
[16] 许光君,李成功.工程机械概论[M].沈阳：东北大学出版社,2014.
[17] 高顺德,王欣,张氢.工程机械手册：工程起重机械[M].北京：清华大学出版社,2018.
[18] 何清华,朱建新,郭传林,等.工程机械手册：桩工机械[M].北京：清华大学出版社,2018.
[19] 何贤军.铁路路基工程施工机械配置技术规范[M].北京：中国铁道出版社,2015.
[20] 陈龙剑.铁路客运专线混凝土箱梁制梁运梁架梁施工设备[M].北京：中国铁道出版社,2007.
[21] 李世龙,王心利.高速铁路箱梁运架施工技术和关键装备的发展及应用[J].建设机械技术与管理,2021,34(5)：30-35.
[22] 陈叔,李世龙,王心利,等.高铁40 m整孔预制箱梁运架设备关键技术[J].建设机械技术与管理,2019,32(4)：53-58.
[23] 陈叔,王强,林国辉,等.高铁箱梁技术发展与40 m/1000 t级创新技术装备研究[J].建设机械技术与管理,2020,33(2)：44-52.
[24] 王心利,李世龙,朱光平,等.1000 t/40 m过隧箱梁运梁车的研制与应用[J].建设机械技术与管理,2020,33(2)：108-112.
[25] 黄耀怡,余春红.略论我国大吨位架桥机从创始到世界领先之路（上）[J].铁道建筑技术,2015(2)：1-13.
[26] 谌启发,罗九林,王治斌,等.高速铁路40 m简支箱梁提运架成套设备研制及应用[J].铁道建筑技术,2021(1)：1-7,17.
[27] 刘培勇,张利军,杨桂龙,等.1000吨整孔预制混凝土箱梁轮胎式提梁机技术研究[J].新型工业化,2021,11(4)：98-99.
[28] 李世龙,张浩,赖云.郑济高铁40 m简支箱梁制运架施工设备配置与选型[J].建设机械技术与管理,2020,33(4)：80-84.
[29] 张奇.提梁机走行同步控制系统的设计与试验[J].工程机械与维修,2020(4)：65-67.
[30] 冯扶民,王爱国,杜以军,等.1000吨轮胎式提梁机液压驱动系统同步性研究[J].液压气动与密封,2019,39(12)：70-73.
[31] 张晓炜,智小慧.高速铁路桥梁施工技术与装备[M].武汉：华中科技大学出版社,2010.
[32] 李立铭.TLJ500-36-30/40轮轨式提梁机[J].山东工业技术,2018(24)：34,56.
[33] 唐坤元,李明,梁志新.高铁1000 t/40 m过隧道运梁车研究[J].铁道建筑技术,2021(1)：18-21.
[34] 常晨曦.轮胎式运梁车常见故障及其结构研究[J].工程技术研究,2020,5(3)：136-138.
[35] 张勇华,李捷,杨巍,等.传统运梁车与架桥机的改造升级方案[J].筑路机械与施工机械化,2019,36(8)：107-111.
[36] 沈超,唐娅玲.高速铁路1000 t级箱梁过隧运梁车[J].工程机械,2019,50(7)：11-17,6.
[37] 王伟,李寒光,王苏东,等.运梁车的液压顶升控制系统的应用研究[J].建设机械技术与管理,2018,31(5)：39-40.
[38] 唐娅玲,沈超.高速铁路1000 t/40 m过隧运梁车车体结构设计[J].工程机械,2018,49(5)：1-7,95.
[39] 杜宝江,曹威,潘祺鑫,等.高铁运梁车实时联动控制技术的实现[J].中国水运（下半月）,2017,17(9)：151-153,177.
[40] 罗利军,张司博,郭欣.TLC550型运梁车转向、支腿液压系统故障分析与解决[J].工程机械,2017,48(9)：67-70,9.
[41] 蒋中明,王治斌.高铁1000 t/40 m梁新型吊运分体式架桥机总体方案研究[J].铁道建筑技术,2021(1)：12-17.
[42] SLJ900/32流动式架桥机[J].国防交通工程与技术,2019,17(1)：5-6.

第4篇

隧道施工机械

第11章

概　　述

11.1　铁路隧道

铁路隧道是修建在地下并铺设铁路供机车车辆通行的建筑物。隧道类别主要按隧道施工方法、隧道所处的地理位置、隧道所在的地质条件、隧道内铁路线数来划分。根据隧道施工方法,分为矿山法施工隧道、掘进机法施工隧道、明挖法施工隧道等;按照隧道所处的地理位置,分为山岭隧道、水底隧道和城市隧道;根据地质条件,分为土质隧道和石质隧道;按隧道内铁路线数,分为单线隧道、双线隧道、多线隧道。

隧道组成分为主体建筑物和附属建筑物两大类。主体建筑物有洞门、明洞、洞身等。附属建筑物包括防排水系统,通风、照明与供电系统,辅助坑道等。隧道施工的分项工程主要有混凝土工程、钢筋工程、钢拱架及钢筋格栅、钢筋网片加工工程。施工保障作业有高压供风、通风工程、降水及排水、施工供水、施工供电、洞内临时通信等。

11.2　隧道施工及机械

铁路隧道可分为矿山法隧道、TBM法隧道、盾构法隧道、明挖法隧道等。

11.2.1　矿山法隧道施工

矿山法隧道施工包括洞口施工、洞身施工、附属建筑物施工。

1. 洞口施工

洞口施工主要分为截排水沟施工、地表加固、边仰坡开挖、边仰坡临时防护、边仰坡永久防护、导向墙与管棚施工、明洞及洞门施工。

截排水沟施工流程包括施工准备、测量放线、开挖、铺设钢筋网、支模、浇筑混凝土等;地表加固流程包括施工准备、测量放线、钻孔、注浆等;边仰坡开挖流程包括施工准备、测量放线、开挖等;边仰坡临时防护流程包括施工准备、测量放线、钻孔、安装锚杆、挂网、喷射混凝土等;边仰坡永久防护流程包括施工准备、测量放线、钻孔、安装锚杆等;明洞及洞门施工流程包括施工准备、洞口段及基槽开挖支护、基底物探及承载力试验、仰拱混凝土、填充混凝土、模板台车就位、模板检查、钢筋绑扎、安装外模、浇筑衬砌混凝土、施作防水层及排水设施、回填等。

洞口施工的主要机械如表11-1所示。

2. 洞身施工

洞身开挖方法应根据隧道的地质条件、隧道的断面尺寸、机械设备配置及周边条件等因素综合选择,常用的开挖方法有全断面法、台阶法、三台阶七步法、中隔壁法(center diaphragm,CD法)、交叉中隔壁法(cross diaphragm,CRD法)和双侧壁导坑法等。施工流程包含超前支护施工、开挖施工、初期支护施工、仰拱施工、防水施工、衬砌施工、水沟与电缆槽施工、辅助作业线施工。

表 11-1 洞口施工主要机械

施工内容	施工流程（与机械相关）	主要施工机械
截排水沟施工	开挖施工	挖掘机
	浇筑混凝土	混凝土泵车
		混凝土搅拌运输车
		混凝土搅拌机
地表加固	钻孔	风镐
		单管高压旋喷钻机
		旋喷机
		气动式边坡锚固钻机
		履带式边坡锚固钻机
		履带式潜孔钻机
	注浆	拖挂式输送泵
		注制浆一体机
边仰坡开挖	开挖	履带式挖掘机
	装运	自卸车
边仰坡临时防护	钻孔、安装锚杆	风动凿岩机
		锚杆钻机
		空气压缩机
		注制浆一体机
	喷射混凝土	小型湿喷机
		湿喷机械手
边仰坡永久防护	挖掘或钻孔	履带式挖掘机
		气动式边坡锚固钻机
		履带式边坡锚固钻机
		履带式潜孔钻机
	填筑混凝土或注浆	臂架式输送泵
		拖挂式输送泵
		注制浆一体机
导向墙及管棚施工	开挖或钻孔	履带式挖掘机+破碎锤头
		气动式边坡锚固钻机
		超前地质钻机
		履带式潜孔钻机
	模筑混凝土或注浆	臂架式输送泵
		拖挂式输送泵
		注制浆一体机
明洞及洞门施工	洞口段及基槽开挖支护	履带式挖掘机
		自卸车
	仰拱混凝土、填充混凝土、浇筑衬砌混凝土	混凝土输送泵
		凝土运输车
		二衬台车
		仰拱栈桥及模板

1) 超前支护施工

不良地质的隧道应按照设计或经批准的方案进行超前支护，以提高围岩强度、自稳和止水能力。超前支护施工主要包括管棚施工、超前小导管施工、超前预注浆施工、超前锚杆施工等。

(1) 管棚施工

管棚施工适用于洞口浅埋段、软弱破碎地层、断层破碎带、破碎富水地层等，内容包括施工准备、施工操作室、搭设施工操作平台、施工导向墙、钻机就位、钻孔、检查孔深（孔深达到设计要求）、安装管棚、注浆、检查注浆终孔条件等。

(2) 超前小导管施工

超前小导管施工适用于自稳时间较短的软弱破碎带、浅埋段、洞口偏压段、砂卵石地层、断层破碎带等地段的超前预支护，内容包括施工准备、地质调查（土质、孔隙、渗水率等）、布孔、钻孔、安装小导管、喷射混凝土封闭掌子面、检查连接管路及封闭孔口、压水试验、注浆、检查注浆终孔条件等。

(3) 超前预注浆施工

注浆技术适用于隧道富水地段或软弱地层的堵水加固，主要加固隧道开挖轮廓线以外的一定范围及隧道开挖面。

(4) 超前锚杆施工

超前锚杆施工技术适用于掌子面临空状态下的加固措施。

超前支护施工的主要机械如表 11-2 所示。

表 11-2 超前支护施工主要机械

施工内容	施工流程（与机械相关）	主要施工机械
超前支护施工	管棚施工	凿岩台车
		多功能钻机
		注浆机
		混凝土搅拌机
	超前小导管施工	气动或液压凿岩机
		凿岩台车
		注浆机
	超前预注浆施工	多功能钻机
		注浆机
	超前锚杆施工	锚杆钻机
		凿岩台车

2) 开挖施工

开挖施工分为机械开挖施工和爆破开挖施工。机械开挖施工内容包括凿除、出渣。爆破开挖施工内容包括施工准备、地质预报、测量与量测、钻爆设计、台车(台架)就位、布置炮孔、钻孔、装药、爆破、通风排烟、找顶排险、装运机械就位、出渣运输、开挖质量检查、地质描述等。

开挖施工的主要机械如表11-3所示。

表11-3 开挖施工主要机械

施工内容	施工流程 (与机械相关)	主要施工机械
开挖施工	机械凿岩	悬臂掘进机、铣挖机、挖掘机
	钻孔	凿岩台车
	装药	装药台车
	出渣	挖掘机
		装载机
		自卸车

3) 初期支护施工

初期支护施工方法有喷射混凝土施工、锚杆施工、钢架及网片施工等。

(1) 喷射混凝土施工

喷射混凝土施工内容包括施工准备、开挖面清理、埋设喷层厚度标钉、接通风水电、试机、混凝土拌制、运输、喷射作业、喷射质量检查等。

喷射混凝土施工机械分为混凝土生产机械、混凝土运输机械、混凝土喷射机械。混凝土喷射机械有混凝土湿喷台车,混凝土生产机械有混凝土搅拌站,混凝土运输机械有混凝土罐车,速凝剂运输采用装载机,如表11-4所示。

表11-4 喷射混凝土施工主要机械

施工内容	施工流程 (与机械相关)	主要施工机械
喷射混凝土	混凝土拌和	混凝土搅拌站
	混凝土运输	混凝土罐车
	速凝剂运输	装载机
	混凝土喷射	混凝土湿喷台车

(2) 锚杆施工

锚杆施工是在隧洞周边或工作面上按一定格式布置安设锚杆,使围岩整体稳定的支护加固施工工艺,施工内容一般包括钻孔及清孔、锚杆安装(中空锚杆先安装后注浆)、注浆等。

锚杆施工的主要机械如表11-5所示。

表11-5 锚杆施工主要机械

施工内容	施工流程 (与机械相关)	主要施工机械
锚杆施工	钻孔及清孔	锚杆钻注一体机、风动或液压凿岩机
	锚杆安装	锚杆钻注一体机、风动或液压凿岩机
	注浆	注浆机

(3) 钢架及网片施工

钢架及网片施工包括施工准备、开挖面检查处理、测量定位、钢架及网片加工、钢架及网片运输、钢架及网片安装、锁脚施工、质量检查等。

钢架及网片施工的主要机械如表11-6所示。

表11-6 钢架及网片施工主要机械

施工内容	施工流程 (与机械相关)	主要施工机械
钢架及网片施工	钢架及网片加工	钢筋弯曲机
	钢架及网片运输	装载机
	钢架及网片安装	隧道钢架安装台车
	锁脚施工	凿岩台车、风动或液压凿岩机

4) 仰拱施工

仰拱施工一般把一个仰拱作业面分为两个作业区按流水作业方式进行施工,具体内容包括施工准备、仰拱开挖与栈桥复位(隧底开挖、隧底出渣、虚渣清理)、钢筋绑扎、模板复位、仰拱混凝土浇筑、填充混凝土浇筑、仰拱拆模等。

仰拱施工的主要机械如表11-7所示。

表 11-7 仰拱施工主要机械

施工内容	施工流程（与机械相关）	子工序	主要施工机械
仰拱施工	仰拱开挖与栈桥复位	仰拱开挖	凿岩台车、气动或液压凿岩机、挖掘机（破碎锤）
		隧底出渣、虚渣清理	挖掘机、出渣车
		栈桥复位	移动栈桥
		—	仰拱滑模
	模板复位	混凝土拌和	混凝土搅拌机
	仰拱及填充混凝土浇筑	混凝土运输	混凝土罐车
		混凝土浇筑	布料机、自动振捣整平机械手

5) 防水施工

隧道防水施工包括施工防排水和结构防排水。施工防排水主要指施工期间对洞内进行排水。结构防排水施工内容包括施工准备、防水层作业台车就位、围岩或初期支护表面处理、表面质量检验、环纵向排水盲管安装、铺设防水板、衬砌台车就位、安装止水带及施工缝止水条、设置注浆管等。

防水施工主要机械有防水板台车、电磁焊机等。

6) 衬砌施工

目前，铁路隧道衬砌主要采用复合式衬砌、单层衬砌（模筑混凝土衬砌）、拼装式衬砌等结构形式。隧道衬砌施工主要采用整体移动式衬砌台车，其施工内容包括施工准备、衬砌断面检查、防水施工、钢筋安装、模板就位、预埋件安装、挡头板安装、止水带安装、拱墙混凝土浇筑、衬砌脱模、混凝土养护等。

整体移动式衬砌台车法施工的主要机械如表 11-8 所示。

7) 水沟与电缆槽施工

水沟与电缆槽施工内容包括边墙凿毛、基底清理冲洗、测量放线、钢筋及预埋件安装、沟槽模板复位、混凝土浇筑、混凝土拆模、混凝土养护等。

水沟与电缆槽施工的主要机械如表 11-9 所示。

表 11-8 整体移动式衬砌台车法施工主要机械

施工内容	施工流程（与机械相关）	主要施工机械
整体移动式衬砌台车法施工	施工准备	边墙凿毛机
	混凝土浇筑	整体移动衬砌台车
	混凝土拌和	混凝土搅拌机
	混凝土输送	混凝土输送泵
	混凝土运输	混凝土搅拌运输车

表 11-9 水沟与电缆槽施工主要机械

施工内容	施工流程（与机械相关）	主要施工机械
水沟与电缆槽施工	边墙凿毛	边墙凿毛机
	沟槽模板复位	水沟电缆槽台车
	混凝土拌和	混凝土搅拌机
	混凝土运输	混凝土罐车

11.2.2　TBM 法隧道施工

1. TBM 法施工内容

TBM 法施工主要流程包括洞口施工、始发基础、TBM 组装调试、TBM 始发及步进等，同时包括拱架拼装、混凝土喷射等。其中，洞口施工包含洞口边仰坡开挖及支护、洞门制作、排水沟制作、明洞开挖、缓冲结构等，施工方法同矿山法，详见 11.2.1 节矿山法隧道洞口施工的内容。

1) 始发基础

一般铁路隧道洞口地处偏远地区，并且处于山坡脚下，有石质风化等因素，通常采用钻爆法开挖步进洞 150～200 m，直至围岩稳定地段后使用 TBM 始发试掘进。

2) TBM 组装调试

TBM 组装主要包括主机组装、后配套组装和连续皮带机组装。

(1) 主机组装

主机组装流程见图 11-1。

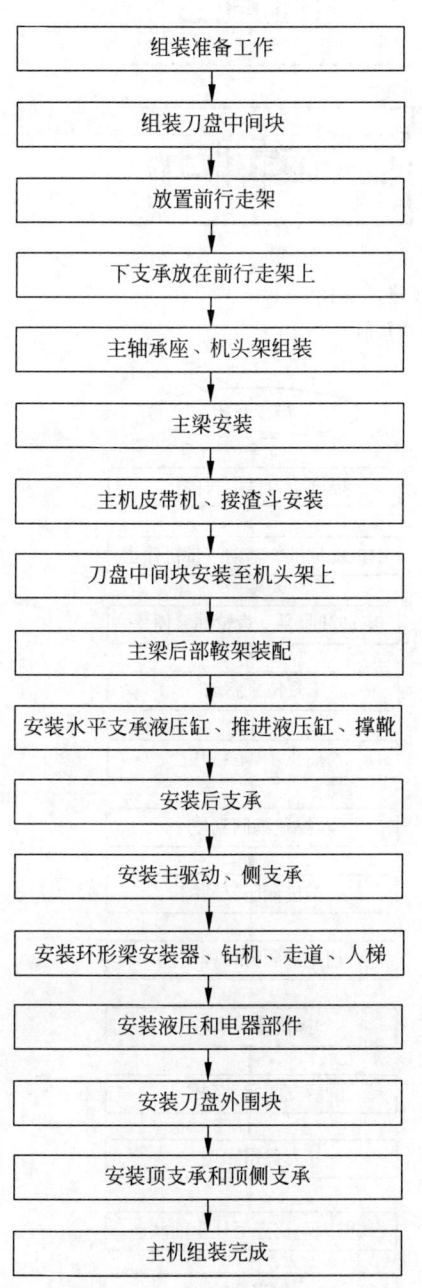

图 11-1　TBM 主机组装流程

(2) 后配套组装

后配套走行轨道铺设完成后,先组装第一节后配套拖车与主机相连,然后逐节进行组装,直至全部组装完成。

(3) 皮带机组装

TBM 主机组装完成后,步进至始发洞内,如图 11-2 所示,预留出皮带机安装位置,进行连续皮带机组装。

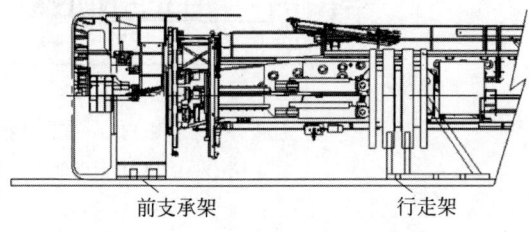

图 11-2　TBM 步进架示意图

(4) TBM 调试

TBM 整机组装完成后进行联动调试,调试内容包括电气系统和液压系统、皮带机运行系统、辅助设备等。

3) TBM 始发及步进

当主推进液压缸达到最大掘进行程时,TBM 需停机换步。此时刀盘停止转动,放下后支承和刀盘底护盾支承,将撑靴收回并前移一个行程,撑靴前移到位后再次撑紧岩壁并收回后支承和底护盾支承,操作后配套伸缩液压缸牵引后配套走行一个循环。TBM 始发及步进原理及流程见图 11-3～图 11-5。

4) 衬砌支护

针对敞开式 TBM 在破碎、软弱围岩、地下水发育等不良地质地段掘进的实际情况,在进行超前地质预报的基础上需进行超前加固后掘进通过,再通过加强初期支护等手段减少掘进过程中的坍塌剥落量和围岩出护盾后的变形量,及时运用 TBM 自身配备的拱架安装器、锚杆钻机、混凝土喷射系统进行围岩加固。

2. TBM 法施工机械

TBM 法施工的主要机械如表 11-10 所示。

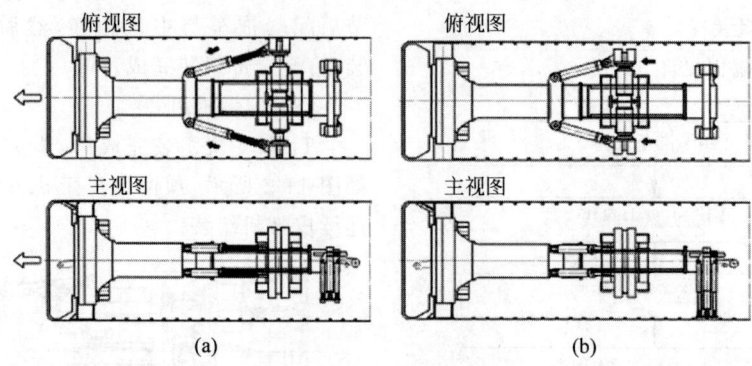

图 11-3 TBM 推进及步进示意图
(a) 掘进推进；(b) 回收撑靴前移

图 11-4 TBM 法掘进流程

图 11-5 TBM 法换步流程

表 11-10 TBM 法施工主要机械

施工内容	施工流程（与机械相关）	主要施工机械	用途
TBM法施工	洞口施工	钻注一体机	—
		挖掘机	—
	TBM组装调试	履带式起重机	—
		液压泵站	—
	TBM始发	TBM掘进机	
		内燃机车	材料运输
		门式起重机	材料吊装
		制砂机	豆砾石
		无轨胶轮车	
		混凝土搅拌运输车	
	TBM掘进	开挖系统	刀盘	—
			主驱动系统	
			推进系统	
			主机皮带机	
			连续皮带机	渣土运输（洞内）
			挖掘机	渣土运输（洞外）
		壁后吹填系统	豆砾石喷射系统	
			细石混凝土系统	
			回填注浆系统	
			无轨胶轮车	
			混凝土搅拌运输车	
			碎石机	
		钢拱架拼装	钢拱架安装器	
			内燃机车	拱架运输
			门式起重机	拱架吊装
			导向测量系统	
			集中润滑系统	
			液压控制系统	
			电气控制系统	
			数据采集系统	
			监控系统	
			过滤冷却系统	
			通风系统	
			空气压缩系统	
			污水系统	
	TBM到达	履带式起重机	—
		电机车	
		液压泵站	

11.2.3 盾构法隧道施工

1. 土压平衡盾构法施工内容

土压平衡盾构法隧道施工主要流程包括端头加固、托架安装、盾构机组装调试、盾构始发、盾构掘进、盾构到达等,如图 11-6 所示。此外,还有托架反力架安装、洞门破除、渣土改良、管片拼装、壁后注浆等工序。

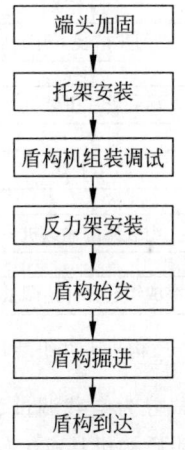

图 11-6 土压平衡盾构法施工主要流程

1）端头加固

端头加固是盾构始发、到达技术的一个重要组成部分,加固方法应综合考虑隧道直径、埋深、土层物理力学指标、环境保护要求、地下管线与地面建筑物等因素的影响,选用合理、安全的端头加固处理工法和加固范围。端头加固常用方法有高压旋喷注浆法、水泥搅拌桩法、SMW(soil mixing wall)工法、素混凝土桩法、素混凝土连续墙法,辅助方法有降水法、袖阀管注浆法等,国内常用端头加固方法有 MJS (metro jet system)工法、高压旋喷注浆法、水泥搅拌桩法。

2）盾构机组装调试

盾构机下井组装及调试与盾构机拆除吊出为互逆过程,常见的盾构机下井吊装方式有单台履带式起重机吊装下井、两台汽车式起重机配合吊装下井、汽车式起重机配合履带式起重机吊装下井、门式起重机吊装下井等。盾构机下井组装作业流程如图 11-7 所示。

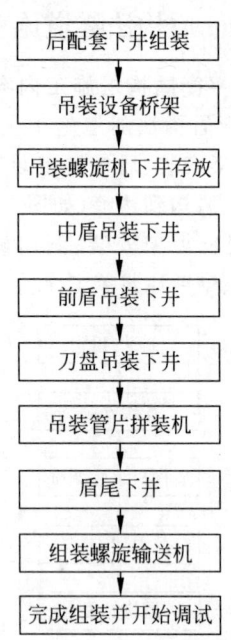

图 11-7 盾构机下井组装作业流程

盾构机调试分为空载调试、负载调试。通过空载调试证明盾构机具有工作能力后即可进行盾构机的负载调试。负载调试的主要目的是检查各种管线及密封设备的负载能力,对空载调试不能完成的调试工作进一步完善,以使盾构机的各个工作系统及其辅助系统达到满足正常施工要求的工作状态。通常试掘进时间即为设备负载调试时间。

3)盾构始发

盾构始发是利用反力架和负环管片,将始发基座上的盾构机向前推进贯入围岩,沿设计线路向前掘进,直至具备拆除负环条件为止的施工过程。试掘进阶段通过不断模拟盾构掘进参数总结最优控制参数,为后续施工提供参考。

4)盾构掘进

盾构掘进施工按照掌子面开挖、输送渣土、管片拼装为主要流程,循环向前掘进。掘进过程中的主要控制参数有刀盘转速、盾构扭矩、盾构推力、掘进速度、土压力、出土量、注浆压力、注浆量等。土压平衡盾构单环掘进施工流程如图 11-8 所示。

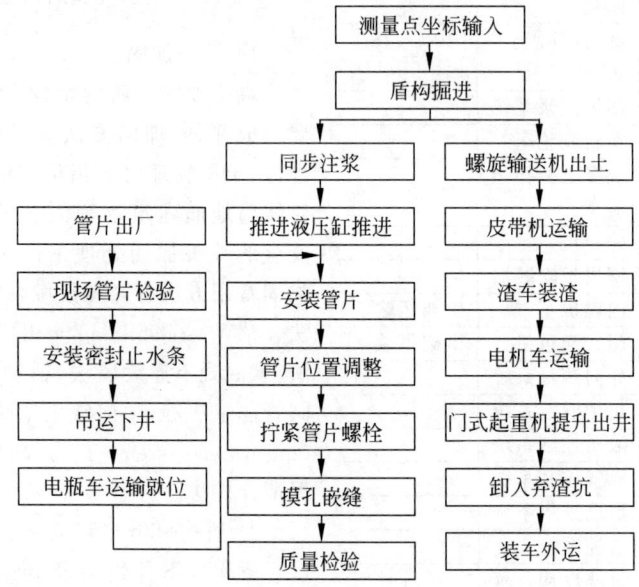

图 11-8 土压平衡盾构单环掘进施工流程

5)盾构到达

盾构到达指盾构沿设计线路,在距离接收位置前约 100 m 区间的施工过程。接收完成后进行盾构机拆机吊装,施工内容及流程如图 11-9 所示。

2. 土压平衡盾构法施工机械

土压平衡盾构法施工的主要机械如表 11-11 所示。

续表

施工内容	施工流程（与机械相关）	主要施工机械	用途
土压平衡盾构法施工	盾构掘进	出渣系统	螺旋输送机	—
		皮带机	—
		电机车（渣土斗）	渣土运输
		门式起重机	渣土吊装
		挖掘机	
	壁后填充系统	同步注浆系统	
		二次注浆系统	
		电机车（砂浆车）	砂浆运输
		砂浆搅拌站	砂浆拌制
	管片拼装	管片拼装系统	—
		双轨梁吊机	
		喂片机	
		电机车（平板车）	管片运输
		门式起重机	管片吊装
		导向测量系统	
		铰接系统	
		集中润滑系统	
		液压控制系统	
		电气控制系统	
		数据采集系统	
		监控系统	
		过滤冷却系统	
		通风系统	
		空气压缩系统	
		污水系统	
	盾构到达	履带式起重机	端头加固、洞门破除、托架组装同上
		电机车	
		液压泵站	

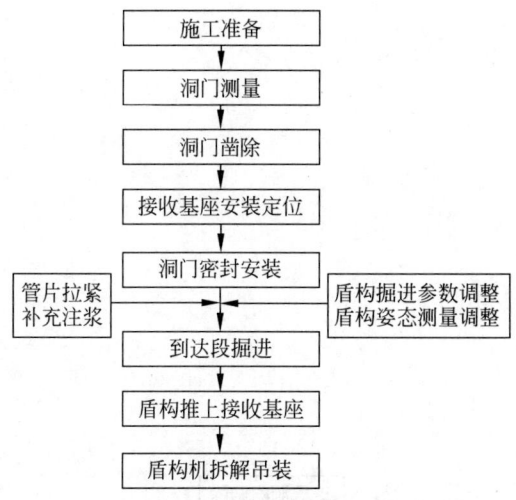

图 11-9　盾构到达施工流程

表 11-11　土压平衡盾构法施工主要机械

施工内容	施工流程（与机械相关）	主要施工机械	用途
土压平衡盾构法施工	端头加固	三轴搅拌桩机	—
		旋喷桩机	—
		挖掘机	—
		泥浆车	—
	洞门破除	风镐	—
		空气压缩机	—
		汽车起重机	—
	托架组装	汽车起重机	—
	盾构机组装调试	履带式起重机	—
		电机车	移动拖车
		液压泵站	—
	盾构始发	土压平衡盾构机	—
		电机车（渣土斗）	管片运输、渣土运输
		电机车（砂浆车）	砂浆运输
		门式起重机	管片吊装、渣土吊装
		砂浆搅拌站	砂浆拌制
	盾构掘进	开挖系统	刀盘
			主驱动系统
			渣土改良系统
			推进系统

3. 泥水平衡盾构法施工内容

泥水平衡盾构法施工主要流程包括端头加固、盾构组装调试、盾构始发、盾构掘进、泥水循环、泥水处理、盾构到达等，同时包括洞门破除、管片拼装、壁后注浆等工序。除泥水循环、泥水处理外，其他内容详见土压平衡盾构法施工内容。泥水平衡盾构法施工流程如图 11-10 所示。

1）泥水循环

泥水循环是将膨润土浆液送至开挖面，保

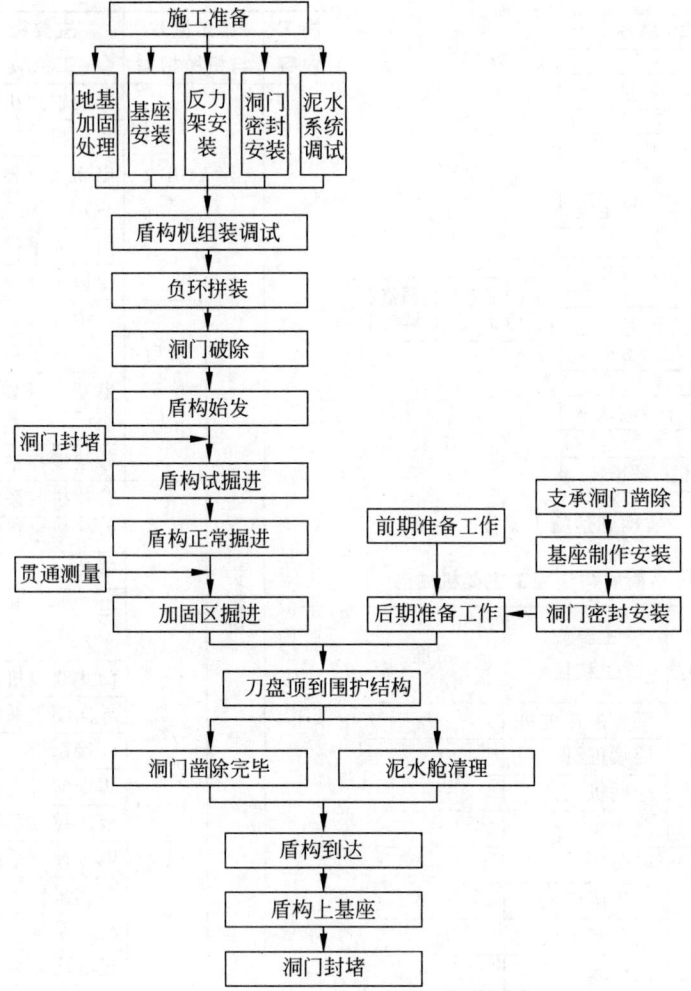

图 11-10 泥水平衡盾构法施工流程

持开挖面稳定并把泥水舱里的渣土通过管道以泥浆的形式泵送到地面的泥浆处理方法。泥水循环系统由进浆泵、排浆泵、进浆管、排浆管、延伸管线、辅助设备等组成。

2) 泥水处理

盾构推进时，旋转刀盘切削下来的土砂经搅拌装置搅拌后形成高浓度泥水，用流体输送方式送到地面泥水分离系统，将渣土、水分离。经过泥水分离系统筛分后，指标合格的泥浆则继续循环至盾构机，用于下一循环的掘进施工；当泥浆不达标需要调制时，则将一部分弃浆集中至弃浆池，经压滤系统、离心系统或沉淀后捞渣外运，其余部分作为基浆加入膨润土、CMC(羧甲基纤维素钠)、纯碱等材料进行调制至合格浆液，用于泥水盾构循环。泥水处理流程见图 11-11。

(1) 泥水调制系统

泥水调制系统会对未达标的泥浆进行调整，使其成为合格泥浆。

(2) 压滤设备

压滤设备是针对废弃泥浆处理而设计的施工设备，可快速将泥浆处理为可直接运输的泥饼与滤液。

4. **泥水平衡盾构法施工机械**

泥水平衡盾构法施工的主要机械如表 11-12 所示。

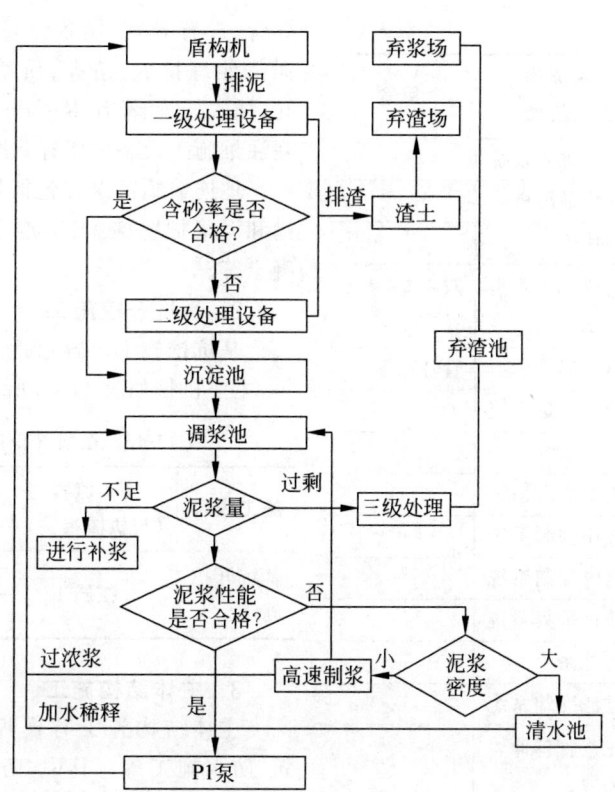

图 11-11 泥水处理流程

表 11-12 泥水平衡盾构法施工主要机械

施工内容	施工流程（与机械相关）	主要施工机械	用途
泥水平衡盾构法施工	端头加固	三轴搅拌桩机	—
		旋喷桩机	—
		挖掘机	—
		泥浆车	—
	洞门破除	风镐	—
		空气压缩机	—
		汽车起重机	—
	托架组装	汽车起重机	—
	盾构机组装调试	履带式起重机	—
		电机车	移动拖车
		液压泵站	—
	盾构始发	泥水平衡盾构机	—
		电机车（平板车）	双头车（大直径）
		门式起重机	管片吊装、渣土吊装
		砂浆搅拌站	—

续表

施工内容	施工流程（与机械相关）	主要施工机械	用途
泥水平衡盾构法施工	盾构掘进	开挖系统	刀盘	—
			主驱动系统	—
			推进系统	—
			制调浆系统	—
			进浆系统	—
			排浆系统	—
		出渣系统	采石箱	—
			碎石机/搅拌器	—
			泥水分离系统	—
			泥水压滤系统	—
		壁后填充系统	同步注浆系统	—
			二次注浆系统	—
			电机车（砂浆车）	砂浆罐车（大直径）
			砂浆搅拌站	砂浆拌制

续表

施工内容	施工流程（与机械相关）	主要施工机械	用途
泥水平衡盾构法施工	盾构掘进	管片拼装系统	—
		双轨梁吊机	—
		喂片机	—
		电机车(平板车)	双头车(大直径)
		门式起重机	管片吊装
		导向测量系统	—
		铰接系统	—
		集中润滑系统	—
		液压控制系统	—
		电气控制系统	—
		数据采集系统	—
		监控系统	—
		过滤冷却系统	—
		泥浆管延伸装置	—
		通风系统	—
		空气压缩系统	—
		污水系统	—
	盾构到达	履带式起重机	端头加固、洞门破除、托架组装同上
		电机车	
		液压泵站	

11.2.4 明挖法隧道施工

明挖法隧道主要由主体结构、防水层及其他附属结构组成。明挖基坑一般可分为敞口放坡开挖基坑与围护结构基坑(围护结构形式包括土钉墙、工字钢、钢板桩围护、钻孔灌注桩、挖孔灌注桩、地下连续墙等)两种形式,应根据地质条件确定合理的地基加固与基坑围护结构形式,制定基坑开挖与支撑等施工技术方案。

1.围护体系与地基加固施工

围护体系与地基加固施工主要有钻孔灌注桩施工、地连墙施工。

钻孔灌注桩施工内容包括施工准备、插入导管、设置导管、制备泥浆、钻孔泥浆沉淀池、泥浆处理排放、清孔、质量检测、吊钢筋笼入孔、插入导管、灌注混凝土、拔出护筒等。钻孔灌注桩施工设备主要有旋挖钻机等。

地连墙施工内容包括导墙施工、连续墙成槽和泥浆护壁施工、下连续墙钢筋笼、浇灌混凝土等。

2.基坑开挖施工

基坑挖施工内容包括土方开挖、基坑排水等,主要机械如表 11-13 所示。

表 11-13 基坑开挖施工主要机械

施工内容	施工流程（与机械相关）	主要施工机械
基坑开挖施工	开挖施工	挖掘机
		自卸车

3.主体结构施工

主体结构施工有模板与支架、混凝土浇筑、防水施工等。其中,防水施工的有关内容可参见隧道防排水施工部分。主体结构施工的主要机械如表 11-14 所示。

表 11-14 主体结构施工主要机械

施工内容	施工流程（与机械相关）	主要施工机械
主体结构施工	混凝土浇筑施工	混凝土搅拌机
		混凝土搅拌运输车

11.3 隧道相关技术标准及规范

铁路隧道标准及规范按标准类别分为隧道设计标准、施工技术标准、施工验收标准及隧道施工机械配置标准,按施工方法分为矿山法隧道相关技术标准、TBM 法隧道相关技术标准、盾构法隧道相关技术标准等。

11.3.1 矿山法隧道相关技术标准

矿山法隧道相关技术标准如表 11-15 所示。

表 11-15 矿山法隧道相关技术标准

序号	标 准 名 称	标 准 号
1	铁路混凝土工程施工技术规程	Q/CR 9207—2017
2	铁路隧道工程施工信息化技术规程(试行)	Q/CR 9215—2017
3	铁路隧道监控量测技术规程	Q/CR 9218—2015
4	客货共线铁路隧道工程施工技术规程	Q/CR 9653—2017
5	铁路隧道盾构法技术规程	TB 10181—2017
6	铁路隧道衬砌质量无损检测规程(附条文说明)	TB 10223—2004
7	铁路工程基本作业施工安全技术规程	TB 10301—2020
8	铁路隧道工程施工安全技术规程	TB 10304—2020
9	铁路工程混凝土实体质量检测技术规程	TB 10433—2023
10	铁路隧道湿喷混凝土施工技术规程	Q/CR 9249—2020
11	铁路隧道衬砌施工技术规程	Q/CR 9250—2020
12	铁路隧道锚杆施工技术规程	Q/CR 9248—2020
13	铁路隧道机械化全断面设计施工指南	Q/CR 9575—2021
14	铁路挤压性围岩隧道技术规范	Q/CR 9512—2019
15	工程基本作业施工安全技术规程	TB 10301—2020
16	铁路隧道工程施工安全技术规程	TB 10304—2020
17	岩土锚杆与喷射混凝土支护工程技术规范	GB 50086—2015
18	地下工程防水技术规范	GB 50108—2008
19	混凝土结构工程施工规范	GB 50666—2011
20	高速铁路工程测量规范	TB 10601—2009
21	钢结构工程施工规范	GB 50755—2012
22	高强混凝土应用技术规程	JGJ/T 281—2012
23	自密实混凝土应用技术规程	JGJ/T 283—2012
24	钢结构焊接规范	GB 50661—2011
25	混凝土泵送施工技术规程	JGJ/T 10—2011
26	钢筋机械连接技术规程	JGJ 107—2016
27	混凝土外加剂应用技术规范	GB 50119—2013
28	普通混凝土拌合物性能试验方法标准	GB/T 50080—2016
29	钢筋焊接接头试验方法标准	JGJ/T 27—2014
30	混凝土用水标准	JGJ 63—2006
31	混凝土结构试验方法标准	GB/T 50152—2012
32	铁路隧道工程施工信息化技术规程(试行)	Q/CR 9215—2017
33	铁路工程爆破振动安全技术规程	TB 10313—2019
34	铁路黄土隧道技术规范	Q/CR 9511—2014
35	通用硅酸盐水泥	GB 175—2007
36	混凝土膨胀剂(2018 修订)	GB/T 23439—2017
37	粉煤灰混凝土应用技术规范	GB/T 50146—2014
38	混凝土外加剂	GB 8076—2008
39	高强高性能混凝土用矿物外加剂	GB/T 18736—2017
40	铁路隧道超前地质预报技术规程	Q/CR 9217—2015

续表

序号	标准名称	标准号
41	铁路岩溶隧道技术规范	T/CRS C0801—2018
42	钢筋机械连接用套筒	JG/T 163—2013
43	铁路隧道工程施工质量验收标准	TB 10417—2018
44	铁路混凝土工程施工质量验收标准	TB 10424—2018
45	铁路混凝土强度检验评定标准	TB 10425—2019
46	高速铁路隧道工程施工质量验收标准	TB 10753—2018
47	混凝土结构工程施工质量验收规范	GB 50424—2015
48	高速铁路隧道工程施工质量验收标准	TB 10753—2018
49	混凝土质量控制标准	GB 50164—2011
50	钢筋焊接及验收规程	JGJ 18—2012
51	混凝土中钢筋检测技术标准	JGJ/T 152—2019
52	回弹法检测混凝土抗压强度技术规程	JGJ/T 23—2011
53	钢结构工程施工质量验收标准	GB 50205—2020
54	铁路综合接地系统测量方法	TB/T 3233—2010

11.3.2 TBM法隧道相关技术标准

TBM法隧道相关技术标准如表11-16所示。

表11-16 TBM法隧道相关技术标准

序号	标准名称	标准号
1	全断面隧道掘进机 盾构机安全要求	GB/T 34650—2017
2	全断面隧道掘进机 复合式盾构机	JB/T 13707—2019
3	铁路隧道盾构法技术规程（附条文说明）	TB 10181—2017
4	全断面隧道掘进机 术语和商业规格	GB/T 34354—2017
5	双护盾岩石隧道掘进机	JB/T 13672—2019
6	全断面隧道掘进机 单护盾-土压平衡双模式掘进机	GB/T 35020—2018
7	全断面隧道掘进机 单护盾岩石隧道掘进机	GB/T 34653—2017
8	全断面隧道掘进机用盘形滚刀	JB/T 13385—2018
9	敞开式全断面岩石巷道掘进机	JB/T 13001—2017
10	全断面隧道掘进机再制造	GB/T 37432—2019
11	全断面隧道掘进机用刮刀	JB/T 13384—2018
12	全断面隧道掘进机用橡胶密封件	GB/T 36879—2018
13	全断面隧道掘进机 双护盾岩石隧道掘进机	GB/T 41056—2021
14	全断面隧道掘进机 远程监控系统	GB/T 41052—2021
15	全断面隧道掘进机用盘形滚刀楔装锁紧组件	JB/T 13386—2018
16	全断面隧道掘进机 敞开式岩石隧道掘进机	GB/T 34652—2017
17	全断面隧道掘进机 岩石隧道掘进机安全要求	GB/T 41051—2021

11.3.3 盾构法隧道相关技术标准

盾构法隧道相关技术标准如表 11-17 所示。

表 11-17 盾构法隧道相关技术标准

序号	标准名称	标准号
1	泥水平衡盾构机	CJ/T 446—2014
2	ϕ5.5 m～ϕ7 m 土压平衡盾构机(软土)	CJ/T 284—2008
3	建筑施工机械与设备 盾构机 术语和商业规格	JB/T 12162—2015
4	全断面隧道掘进机 土压平衡盾构机	GB/T 34651—2017
5	盾构机用变频调速三相异步电动机技术条件	JB/T 12968—2016
6	全断面隧道掘进机 泥水平衡盾构机	GB/T 35019—2018
7	盾构机切削刀具	JB/T 11861—2014
8	盾构机操作、使用规范	T/CCMA 0063—2018
9	全断面隧道掘进机 土压平衡-泥水平衡双模式掘进机	GB/T 41053—2021
10	盾构隧道管片质量检测技术标准	CJJ/T 164—2011
11	盾构法隧道施工与验收规范	GB 50446—2017

第12章

选型与配备

12.1 矿山法隧道施工机械选型与配备

12.1.1 洞口工程施工机械

1. 洞口工程施工机械选型

洞口施工主要包括截水天沟开挖、地表加固、边仰坡开挖、边仰坡临时防护、边仰坡永久防护、导向墙及管棚施工、明洞及洞门施工。

1) 截水天沟开挖

洞口截水天沟开挖应根据洞口地势地形条件选择合适的设备。当地表围岩为土质时,采用挖掘机开挖;当地表为岩石时,采用气腿式凿岩机爆破开挖,之后采用挖掘机进行清理土石方。在地势相对平坦、具备小型机械作业条件时,选择小型挖掘机及破碎锤开挖;地势较陡、机械无法作业时,选择人工手持风镐开挖。天沟混凝土浇筑时主要采用混凝土输送泵,混凝土输送泵可分为臂架式输送泵(天泵)和拖挂式输送泵(地泵)。泵送高度依据洞口边仰坡高度确定,高度不超过100 m。

2) 地表加固

地表加固工程主要有锚固桩、地表旋喷桩、地表预注浆等。锚固桩受地形及结构尺寸影响,一般采用人工挖孔施工,洞口设置门架式卷扬机作为井口提升设备,混凝土浇筑时根据放量大小和场地条件选择混凝土直接入模或采用臂架式泵车、拖挂式泵车泵送入模。地表旋喷桩加固主要采用高压旋喷钻机施工,常用的为履带式单管、双管、三管高压旋喷钻机,钻孔深度0~100 m,成桩直径0.8~4 m。地表预注浆是通过地表钻孔,然后注入水泥浆加固,注浆设备选用注浆压力0~8 MPa,生产能力2~8 m^3/h的注制浆一体机。钻孔设备主要有气动式边坡锚固钻机、履带式边坡锚固钻机和履带式潜孔钻机,一般钻孔深度0~100 m,机动灵活,适用于洞口地势地形相对平坦的工点。洞口地形较陡时,需修建专用的作业平台及走行道路,防止破坏地表地形,同时利于边坡稳定。

3) 边仰坡开挖

洞口边仰坡通常采用履带式挖掘机配备破碎锤头开挖,自卸车出渣。为确保边坡稳定,一般不采用爆破开挖。履带式挖掘机建议选用斗容量为2~3 m^3的大型挖掘机,考虑到洞内设备的配套,优先选用1~2 m^3的隧道用挖掘机。当遇到坚硬岩体,机械开挖难以实施时,采用控制爆破开挖,使用风动凿岩机钻孔、人工装药,预裂爆破开挖。

4) 边仰坡临时防护

洞口边仰坡临时防护结构主要为锚固喷浆。锚杆施工常用锚杆钻机或风钻打眼,人工安装锚杆注浆,采用大型机械化配套组织施工的洞口可采用锚杆钻机实现打眼、安装、注浆一体化。遇到地形较陡、洞口场地不足以提供锚杆钻机作业平台时,需采用人工风钻打眼安装锚杆,注制浆一体机注浆加固。边坡喷浆优先采用湿喷机械手,同时配备小型人工湿喷机以备机械手覆盖面积之外的部位补喷。

5) 边仰坡永久防护

边仰坡永久防护工程主要有骨架护坡、锚杆(索)框架梁施工等,钻孔设备常用履带式潜孔钻机、气动式边坡锚固钻机和履带式边坡锚固钻机。

6) 导向墙及管棚施工

导向墙及管棚施工主要采用大直径钻孔设备打眼,主要钻孔设备有多功能钻机、凿岩台车。当管棚深度小于30 m时,可采用凿岩台车或多功能钻机作业;当钻孔深度大于30 m时,采用多功能钻机作业。

7) 明洞及洞门施工

明洞及洞门施工主要涉及机械开挖及模筑混凝土工程,仰拱使用履带式挖掘机配备破碎锤头开挖,自卸车出渣,仰拱衬砌及填充采用定型钢模板浇筑,拱墙衬砌采用衬砌台车浇筑。

综上所述,洞口工程所涉及施工工序较多,交叉作业频繁,机械设备的选型首先应结合暗洞工程设备的配置而配置,其次根据洞口地势、边仰坡高度、洞口场地大小来综合选择。地势平缓、场地面积大的洞口,优先采用大型设备以提高作业效率;地势陡峭、场地面积较小的洞口,尽量配置小型机械配合人工作业。

2. 洞口工程施工机械配备

根据洞口工程设备的适用性评价综合分析和对当前隧道工程主要洞口工程设备配置的总结,对隧道洞口工程机械选型的优化配备如表12-1所示。

表12-1 洞口工程施工机械配备

洞口工程类型	洞口地质、施工条件	施工内容	施工方式	设备配置 设备类型	设备配置 推荐配置数量/台	备注
铁路隧道洞口工程	截水天沟 地势陡峭、洞口场地狭小	开挖	人工+小型机械	风镐	5~10	根据天沟施工长度和工期要求选择设备配置数量
		模筑混凝土	机械泵送	拖挂式输送泵	1	与暗洞衬砌混凝土施工共用
	地势平坦、洞口场地较大	开挖	机械开挖	履带式挖掘机	1	与暗洞装运作业共用
		模筑混凝土	机械泵送	臂架式输送泵/拖挂式输送泵	1	泵送高度低于56 m时优先选用臂架式输送泵,高于56 m时与暗洞衬砌混凝土施工共用拖挂式输送泵
	锚固桩	开挖	人工+小型机械	风镐	2	—
		模筑混凝土	机械泵送	拖挂式输送泵	1	与暗洞装运作业共用
	地表加固 地表旋喷桩	松散、稍密砂层	旋喷桩	机械施工	单管高压旋喷钻机	1	桩径≤0.6 m
		中密砂层			双管高压旋喷钻机	1	桩径0.6~0.8 m
		圆砾层			三管高压旋喷钻机	1	桩径1.0~1.2 m

续表

洞口工程类型	洞口地质、施工条件	施工内容	施工方式	设备配置		备注
				设备类型	推荐配置数量/台	
铁路隧道洞口工程	地表加固 地表预注浆 地势陡峭、洞口场地狭小	钻孔	机械钻孔	气动式边坡锚固钻机	2~4	根据边坡加固面积和工期选择设备数量
		注浆	机械注浆	注制浆一体机	1	与暗洞锚杆注浆、衬砌回填注浆共用
	地势平坦、洞口场地较大	钻孔	机械钻孔	气动式边坡锚固钻机/履带式边坡锚固钻机/履带式潜孔钻机	2~4/1/1	—
		注浆	机械注浆	注制浆一体机	1	与暗洞锚杆注浆、衬砌回填注浆共用
	边仰坡开挖 岩体破碎、土质	开挖	人工+机械	履带式挖掘机	1	斗容量1~2 m^3，与暗洞装运作业共用
	岩体完整、石质坚硬	开挖	机械+控制爆破	履带式挖掘机	1	斗容量1~2 m^3，与暗洞装运作业共用
	—	装运	机械装运	履带式挖掘机、6×4自卸卡车	1、2~4	与暗洞装运作业共用
	边仰坡临时防护 锚杆 地势陡峭、洞口场地狭小	钻孔	人工+小型机械	风动凿岩机、空气压缩机	4~8/1~2	根据临时防护面积和工期选择设备数量，与暗洞人工开挖设备共用
		注浆	机械注浆	注制浆一体机	1	与暗洞锚杆注浆、衬砌回填注浆共用
	地势平坦、洞口场地较大	钻孔	机械钻孔/人工+小型机械	锚杆钻机/风动凿岩机、空气压缩机	1/4~8、1~2	根据临时防护面积和工期选择设备数量，与暗洞人工开挖设备共用
		注浆	机械注浆	注制浆一体机	1	与暗洞锚杆注浆、衬砌回填注浆共用
	喷射混凝土 地势陡峭、洞口场地狭小	喷射混凝土	人工+小型机械	小型湿喷机	1	—
	地势平坦、洞口场地较大	喷射混凝土	机械喷浆	湿喷机械手	1	与暗洞喷射混凝土作业共用

续表

洞口工程类型		洞口地质、施工条件	施工内容	施工方式	设备配置		备 注
					设备类型	推荐配置数量/台	
铁路隧道洞口工程	边仰坡永久防护	骨架护坡	地势陡峭、洞口场地狭小	模筑混凝土	机械泵送	履带式挖掘机	1	与暗洞装运作业共用
			地势平坦、洞口场地较大	模筑混凝土	机械泵送	臂架式输送泵/拖挂式输送泵	1	泵送高度低于56 m时优先选用臂架式输送泵,高于56 m时与暗洞衬砌混凝土施工共用拖挂式输送泵
		锚杆(索)框架	地势陡峭、洞口场地狭小	钻孔	机械钻孔	气动式边坡锚固钻机	1	—
				注浆	机械注浆	注制浆一体机	1	与暗洞锚杆注浆、衬砌回填注浆共用
			地势平坦、洞口场地较大	钻孔	机械钻孔	气动式边坡锚固钻机/履带式边坡锚固钻机/履带式潜孔钻机	2~4/1/1	—
				注浆	机械注浆	注制浆一体机	1	与暗洞锚杆注浆、衬砌回填注浆共用
	导向墙及管棚施工		—	开挖	机械开挖	履带式挖掘机+破碎锤头	1	斗容量1~2 m³,与暗洞装运作业共用
			地势陡峭、洞口场地狭小	模筑混凝土	机械泵送	拖挂式输送泵	1	与暗洞衬砌混凝土施工共用
			地势平坦、洞口场地较大	模筑混凝土	机械泵送	拖挂式输送泵/臂架式输送泵	1/1	优先选用拖挂式输送泵(与暗洞衬砌混凝土作业共用)
			地势陡峭、洞口场地狭小	钻孔	机械钻孔	气动式边坡锚固钻机	1	—
				注浆	机械注浆	注制浆一体机	1	与暗洞锚杆注浆、衬砌回填注浆共用
			地势平坦、洞口场地较大	钻孔	机械钻孔	超前地质钻机/履带式潜孔钻机	1	优先采用超前地质钻机(与暗洞超前地质预报工程共用)
				注浆	机械注浆	注制浆一体机	1	与暗洞锚杆注浆、衬砌回填注浆共用
	明洞及洞门施工		—	开挖	机械开挖	履带式挖掘机	1	斗容量1~2 m³,与暗洞装运作业共用
				模筑混凝土	机械泵送	拖挂式输送泵	1	与暗洞衬砌混凝土作业共用

12.1.2 洞身工程施工机械

洞身工程施工机械主要按照作业线工序介绍机械的选型与配备，主要有超前支护机械、凿岩机械、装运机械、初期支护机械、仰拱机械、防水机械、衬砌机械、养护机械、水沟电缆槽机械和辅助机械。

1. 超前支护机械

超前支护机械的选型与配备涉及管棚及小导管机械、锚杆机械和超前注浆机械。这里将注浆机械纳入辅助设备。

1）管棚及小导管机械

（1）管棚及小导管机械选型

管棚及小导管机械选型的主要依据是钻孔直径与钻孔深度、断面大小和钻孔效率等。

① 钻孔直径与钻孔深度。根据规范，洞内管棚及小导管施工直径为 40~300 mm，钻孔深度一般在 30 m 左右。按照直径分类，当钻孔直径介于 40~50 mm 时，钻孔机械可由气腿式凿岩机、凿岩台车、多功能钻机完成。小导管按照深度可分为两种：一种小于 5 m，可由气腿式凿岩机、凿岩台车完成；一种大于 5 m，可由凿岩台车完成。当钻孔直径介于 50~140 mm 时，钻孔机械可选用凿岩台车、水平钻机完成。按照钻孔深度可分为两种：钻孔深度小于 30 m 时，可选用凿岩台车、水平钻机完成；钻孔深度大于 30 m 时，可选用多功能钻机完成。当钻孔直径介于 140~220 mm 时，钻孔机械可选用多功能钻机完成。

② 断面大小。断面大小对管棚及小导管机械的选型主要是影响设备的臂长、作业高度与宽度。多功能钻机不受断面大小影响，影响较大的是凿岩台车，断面大小对管棚机械和凿岩台车的选型影响分析见本节"2. 凿岩机械"的相关内容。

③ 钻孔效率。多功能钻机由于作业高度范围有限，需要增设台架辅助钻孔作业。机械臂数量少，作业时间长。注浆机械需另外配备，整个工序时间较长。凿岩台车比水平钻机作业范围大，单根钻杆长度 5 m 多，换管次数少，且灵活。单台凿岩台车可 4 臂/3 臂/2 臂/1 臂，臂架之间互不干扰，可同步作业。

综合以上选型因素，管棚及小导管机械具体选型如表 12-2 所示。

表 12-2 管棚及小导管机械选型

支护类型	钻孔直径 ϕ/mm	钻孔深度 L/m	施工效率	设备选型
小导管	$40<\phi\leqslant50$	$L\leqslant5$	合理	气动或液压凿岩机、凿岩台车、多功能钻机
		$5<L\leqslant30$	合理	凿岩台车、多功能钻机
管棚	$50<\phi\leqslant140$	$L\leqslant30$	合理	凿岩台车、多功能钻机
		$L>30$	合理	多功能钻机
	$140<\phi\leqslant300$	—	合理	多功能钻机

（2）管棚及小导管机械配备

管棚及小导管机械配备主要考虑断面大小、设备结构尺寸、作业范围、工序成本等因素，设备结构尺寸越小，同等断面可放置管棚机械的数量越多，作业越快，但工序成本较高。工期因素主要与凿岩机钻孔时间、断面面积、单位面积钻孔数、单台机械臂数量、台车进出场时间、单孔钻进时间等相关。掌子面开挖情况下，钻孔呈面状分布，工序不影响设备配备数量，同步作业可能性更大，施工效率更高。同等数量配置下，单台作业效率越高，工期越短。

结合选型和配备因素考虑，管棚及小导管机械具体配备如表 12-3 所示。

表 12-3 管棚及小导管机械配备

支护类型	钻孔直径 ϕ/mm	钻孔深度 L/m	经济性	设备选型	配备数量/台
小导管	$40<\phi\leqslant50$	$L\leqslant5$	合理	气腿式凿岩机	4
				凿岩台车或多功能钻机	1
		$5<L\leqslant30$	合理	凿岩台车或多功能钻机	1

续表

支护类型	钻孔直径 ϕ/mm	钻孔深度 L/m	经济性	设备选型	配备数量/台
管棚	$50 < \phi \leqslant 140$	$L \leqslant 30$	合理	凿岩台车或多功能钻机	1
	$50 < \phi \leqslant 140$	$L < 30$	合理	多功能钻机	1
	$140 < \phi \leqslant 300$	—	合理	多功能钻机	1

2) 锚杆机械

锚杆机械与初期支护锚杆施工机械相同，其选型与配备参见本节"4. 初期支护机械"的内容。

2. 凿岩机械

开挖作业线分为两种：钻爆开挖和机械开挖。钻爆开挖的工序主要是钻孔和装药，钻孔所涉及的设备主要有风枪、凿岩台车、液压凿岩机；装药所涉及的设备主要有地下装药器、开挖台架、装药吊篮。机械开挖所涉及的设备主要有挖掘机、悬臂掘进机、铣挖机，辅助机械包括空气压缩机、小型挖掘机等。

1) 凿岩机械选型

凿岩机械的选型主要考虑围岩地质条件、断面大小与开挖工法、施工效率、经济指标等因素。

(1) 围岩地质条件

隧道岩土体因沉积年代不同，其物理力学性质差异较大。针对强度较低的岩土体主要采用机械开挖，如挖掘机、铣挖机、悬臂掘进机等。针对强度较高的岩土体主要采用爆破开挖。围岩的强度越高，对开挖机械的性能要求更高。

(2) 断面大小与开挖工法

断面大小与开挖工法决定着凿岩台车的适应性，如图 12-1 所示。

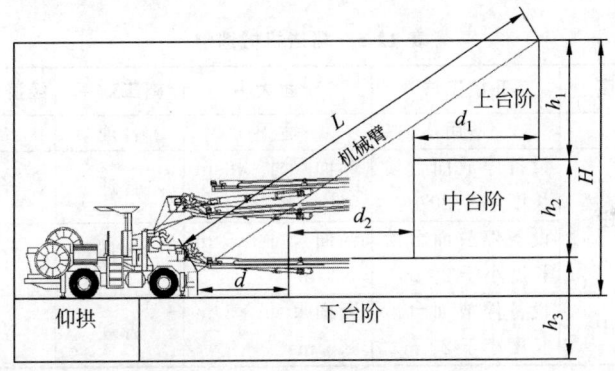

图 12-1 台阶法开挖作业示意图

由图 12-1 可知，开挖机械臂长度可参考下列公式计算：

$$L \geqslant \sqrt{(H-h)^2 + (d+d_1+d_2)^2} \tag{12-1}$$

式中，L 为开挖机械臂长度，m；H 为开挖机械驻停平台距拱顶高度，m；d_1、d_2 分别为上台阶、中台阶长度，m；d 为开挖机械驻停位置距中台阶的水平距离，取 1～2 m；h 为开挖机械臂根部距地面高度，取 1 m。

目前，凿岩台车作业主要适用于大断面法施工，可适用于正洞双线、正洞单线、辅助坑道双线。《铁路隧道机械化全断面施工技术指南》(Q/CR 9575—2021) 规定：微台阶法要求"台阶长度应控制在 3～5 m，上台阶高度一般在设计断面高度的 1/2～2/3 之间"，考虑臂架长度，采用全断面不带仰拱工法作业，台车停放在洞内地面上，长度按照 5 m 考虑，台车距下台阶考虑预留 1 m 距离。辅助坑道单线不适宜采用凿岩台车作业，适合气腿式凿岩机作业。凿岩台车作业范围如表 12-4 所示。

(3) 施工效率

施工效率主要取决于凿岩机功率和机械臂数量。凿岩机功率越大，凿岩效率越高；机械臂数量越多，凿岩效率越高。

表 12-4　凿岩台车作业范围选型参考表

断面类型	断面面积/m²	断面宽度/m	断面高度/m	仰拱高度/m	施工工法	台阶长度/m	作业范围/m
正洞双线	140~160	14~16	11.1~13.2	0.5~2.0	微台阶	5	10.9~14.1
					全断面	—	9.15~12.74
正洞单线	80~100	8~10	10~11.3	0.5~2.0	微台阶	5	10~12.35
					全断面	—	8.06~10.85
辅助坑道双线	45~63	7.5~9.5	6.3~7.0	0~0.5	微台阶	5	8.35~9.22
					全断面	—	5.89~7.07

(4) 经济指标

结合隧道开挖需求，具备与断面施工能力相当的机械即可。因此，在机械施工能力满足现场需求的前提下，优先考虑经济适用，选择合理的机械设备。

凿岩机械的选型需综合考虑以下因素：

① 当隧道为土质隧道时，优先采用挖掘机、铣挖机配合开挖，其断面适用性广、工法适应性强、经济指标合理。

② 当隧道为岩质隧道，围岩强度小于 30 MPa，断面宽、高小于 8 m×8 m，停放面长度大于 20 m 时，可选用悬臂掘进机开挖；断面宽、高大于 5 m×5 m，停放面长度大于 20 m 时，可选用凿岩台车开挖；当围岩强度大于 30 MPa 时，悬臂掘进机施工效率与机械配件消耗较大，不满足经济性指标要求，宜采用凿岩台车开挖。凿岩台车具体选型要求如表 12-5 和表 12-6 所示。

表 12-5　凿岩机械选型

隧道类型	围岩强度	开挖工法	断面大小	施工效率	经济性指标	设备选型
土质隧道	适用	适用	适用	合理	合理	挖掘机、铣挖机
岩质隧道	小于 30 MPa	设备停放面台阶长度小于 20 m	断面尺寸<8 m×8 m	合理	合理	悬臂掘进机
		设备停放面台阶长度小于 20 m	断面尺寸>5 m×5 m	合理	合理	凿岩台车
	大于 30 MPa	设备停放面台阶长度小于 20 m	断面尺寸>5 m×5 m	合理	合理	凿岩台车

表 12-6　凿岩台车需求作业范围与臂数量选型

隧道类型	断面类型	断面面积/m²	凿岩台车需求作业高度/m	凿岩台车需求作业宽度/m	臂数量
岩质隧道	正洞双线	140~160	10.9~14.1	14~16	3
	正洞单线	80~100	10.0~12.35	8~10	3
	辅助坑道双线	45~63	8.35~9.22	7.5~9	3

2) 凿岩机械配备

结合上述凿岩机械选型，目前适用于凿岩机械的设备主要为凿岩台车、悬臂掘进机、挖掘机。挖掘机通常与破碎锤配合。机械配备数量与工期、断面尺寸和工序特点有关。结合选型与配备因素综合考虑，凿岩机械具体配备如表 12-7 所示。

3. 装运机械

隧道使用的装渣机械主要有挖掘机、侧卸式装载机等，运渣设备按运输形式主要分为有轨运输、无轨运输和皮带运输，隧道主要采用无轨运输。

表 12-7 凿岩机械选型与配备

隧道类型	围岩强度/MPa	断面面积/m²	作业断面尺寸/m	设备类别	凿岩台车需求作业高度/m	凿岩台车需求作业宽度/m	最佳型号（臂数量）	设备数量/台
土质隧道	—	—	—	挖掘机、铣挖机	—	—	—	1
岩质隧道	≤30	140~160	宽度：14~16；高度：12	凿岩台车	10.9~14.1	14~16	3	2
		80~100	宽度：8~10；高度：10~11.3	凿岩台车	10.0~12.35	8~10	3	2
		45~63	宽度：7.5~9.5；高度：6.5~8.2	凿岩台车	8.35~9.22	7.5~9	3	1
		29~32	宽度：5.0~6.4；高度：6.0~7.0	悬臂掘进机	—	—	—	1
	>30	140~160	宽度：14~16；高度：12	凿岩台车	10.9~14.1	14~16	3	2
		80~100	宽度：8~10；高度：10~11.3	凿岩台车	10.0~12.35	8~10	3	2
		45~63	宽度：7.5~9.5；高度：6.5~8.2	凿岩台车	8.35~9.22	7.5~9	3	1
		29~32	宽度：5.0~6.4；高度：6.0~7.0	气腿式凿岩机	—	—	—	10

1）扒渣机械

（1）扒渣机械选型

断面大小决定了扒渣机械的选型。扒渣机械选型影响断面工法结构尺寸划分，工法尺寸依据扒渣机械的结构尺寸做出相应的调整。目前隧道施工中常用的扒渣机械主要是挖掘机。挖掘机主要承担隧道排险、找顶、勾渣、地面整平功能。结合挖掘机排险、找顶、扒渣作业过程，台阶长度、高度和斗容量等是影响挖掘机（挖装机）臂长的重要因素。

① 台阶长度、高度的影响。如图 12-2 所示。台阶法施工时，挖掘机（挖装机）的臂长 L 可参考下式确定：

$$L = \sqrt{h_1^2 + d_1^2} \quad (12\text{-}2)$$

式中，L 为挖掘机（挖装机）的臂长，m；h_1 为上台阶高度，m；d_1 为上台阶长度，m。挖掘机（挖装机）最大工作高度 h 由下式确定：

$$h = h_1 \quad (12\text{-}3)$$

式中，h 为挖掘机（挖装机）的最大工作高度，m；h_1 为上台阶高度，m。

全断面法施工时，由图 12-3 可知，挖掘机（挖装机）的最大工作高度 h 可参考下式确定：

$$h = H \quad (12\text{-}4)$$

式中，h 为挖掘机（挖装机）的最大工作高度，m；H 为最大台阶断面高度，m。

根据《铁路隧道机械化全断面施工技术指南》(Q/CR 9575—2021) 的要求，考虑挖掘机不同工法作业方式，台车距下台阶预留 1 m 距离。挖掘机最大挖掘半径范围选型分析如表 12-8 所示。

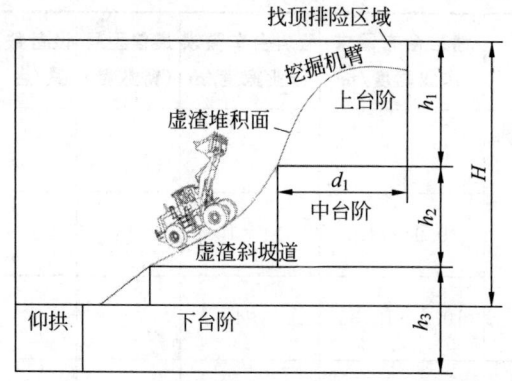

图 12-2 三台阶法挖掘机中台阶作业示意图

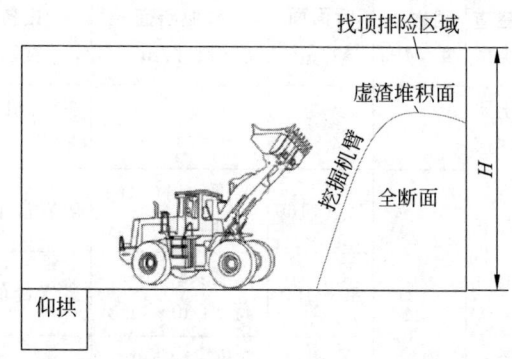

图 12-3 全断面法法拱架安装示意图

表 12-8 挖掘机最大挖掘半径范围选型分析

断面类型	断面面积/m²	断面高度/m	断面宽度/m	仰拱高度/m	施工工法	上台阶高度/m	台阶长度/m	最大挖掘半径范围/m
正洞双线	140～160	11.1～13.2	14～16	0.5～2.0	三台阶	4～5	5	5～7.1
					全断面	—	—	9.1～11.2
正洞单线	80～100	10～11.3	8～10	0.5～2.0	三台阶	4～5	5	5～7.1
					全断面	—	—	8～9.3
辅助坑道双线	45～63	6.3～7.0	7.5～9.5	0.5～2.0	微台阶	3～4	5	4.3～6.5
					全断面	—	—	5.8～6.5
辅助坑道单线	29～32	6.1～6.7	5.0～6.4	0～0.5	微台阶	3～4	5	4.3～6.5
					全断面	—	—	5.6～6.2

② 斗容量的影响。挖掘机(挖装机)斗容量计算公式如下：

$$v = \frac{(1.4 \sim 1.5)V}{(2.0 \sim 2.5)t} \quad (12-5)$$

式中，v 为挖掘机(挖装机)的斗容量，m³；V 为上台阶设计渣量，m³，其中，1.4～1.5 为虚方系数；t 为上台阶扒渣时间，min，其中，2.0～2.5 为每分钟扒渣次数。

不同断面尺寸在不同工法情况下的挖掘机斗容量计算如表 12-9 所示。

表 12-9 挖掘机斗容量选型分析

断面类型	断面面积/m²	施工工法	台阶长度/m	上台阶扒渣时间/min	斗容量范围/m³
正洞双线	140～160	三台阶	5	60	1.04～1.19
		全断面	—	150	1.04～1.19
正洞单线	80～100	三台阶	5	35	1.02～1.28
		全断面	—	90	0.99～1.24
辅助坑道双线	45～63	微台阶	5	30	0.84～1.17
		全断面	—	60	0.81～1.17
辅助坑道单线	29～32	微台阶	5	20	0.81～0.89
		全断面	—	50	0.81～0.89

③ 走行方式。结合隧道围岩变化多样、有水、坡度大等特点，台阶法、三台阶法、全断面法等均采用履带式挖掘机（挖装机）。

④ 经济性。台阶法、三台阶法、微台阶法和全断面法施工，挖掘机和挖装机都能满足现场需求时，从经济上考虑，优先选用挖掘机。

(2) 扒渣机械配备

扒渣机配备主要考虑断面尺寸、工期和工序特点等因素。

① 配备与断面尺寸。断面尺寸越大或挖掘机结构尺寸越小，断面停放的挖掘机数量越多，越有利于扒渣。

② 配备与工期。挖掘机作业影响工期主要表现为：掌子面扒渣量供应不上装渣机械作业量；掌子面排危时间。掌子面排危时间主要受围岩特点和爆破情况决定，在此不做考虑。扒渣量供应问题可结合断面情况适当增加机械数量。

③ 配备与工序特点。由于扒渣机械在掌子面正下方作业，且机械停放在渣堆上，作业高度和作业范围均受断面影响，渣堆不稳定性风险较高，渣堆后方即为装渣机械和运渣机械作业。因此，结合工序特点，掌子面配备1台扒渣机械。

结合选型和配备因素考虑，扒渣机配备1台。

2) 装渣机械

(1) 装渣机械选型

装渣机械选型主要考虑隧道断面面积、运渣设备料斗高度、生产率等因素。

① 隧道断面面积。

(a) 断面面积为 $140\sim160\ m^2$，断面宽度为 $14\sim16\ m$，高度为 $11.1\sim13.2\ m$ 时，装渣设备结构尺寸高度应小于 $11\ m$，作业宽度应大于 $16\ m$，转弯半径应小于 $14\ m$。

(b) 断面面积为 $80\sim100\ m^2$，断面宽度为 $8\sim10\ m$，高度为 $10\sim11.3\ m$ 时，装渣设备结构尺寸高度应小于 $10\ m$，作业宽度应小于 $10\ m$，转弯半径应小于 $8\ m$。

(c) 断面面积为 $45\sim63\ m^2$，断面宽度为 $7.5\sim9.5\ m$，高度为 $6.5\sim8.2\ m$ 时，装渣设备作业高度应小于 $6.5\ m$，作业宽度应小于 $9.5\ m$，转弯半径应小于 $7\ m$。

(d) 断面面积为 $29\sim32\ m^2$，断面宽度为 $5.0\sim6.4\ m$，高度为 $6.0\sim7.0\ m$ 时，装渣设备作业高度应小于 $6\ m$，作业宽度应大于 $6.4\ m$，转弯半径应小于 $5\ m$。

② 运渣设备料斗高度。运渣设备栏板高度 H_1 受隧道断面大小等因素影响，装渣设备高度 H 应大于 H_1。

③ 生产率。生产率与装渣设备斗容量、铲渣速率、卸渣速率、走行形式均有关。装载机斗容量越大，越有利于隧道出渣；铲渣速率与卸渣速率越快，越有利于出渣。走行方式主要分为履带式与轮胎式，轮胎式装载机相较于履带式装载机具有更灵活、走行快捷、能适应隧道内外多种作业等优点，因此在隧道设备选型中优先选取。

装载机只在作业场地进行装卸，不担负远距离的运输任务，其生产率由下式确定：

$$Q = \frac{3600 \times V_H \times r \times K_L \times K_m}{T} \quad (12-6)$$

式中，Q 为装载机生产率，t/h；V_H 为额定铲斗容量，m^3；r 为物料密度，t/m^3；K_L 为装载机时间利用系数，取 $K_L=0.75\sim0.85$；K_m 为铲斗装满系数，取决于所装物料的种类、状态、块度，铲斗的形态，装载机的结构和驾驶员的熟练程度，对于容易装载的物料，如松散的或成堆的、不需铲掘的、很容易堆积在铲斗中的普通土和砂，取 $K_m=1.0\sim1.25$；对于中等程度装载的物料，如松散的或堆积的砂、砂壤土，或由山地直接铲掘的松软砂土，取 $K_m=0.75\sim1.0$；对于困难装载的物料，如用爆破或松土机采掘的石块、砾石，取 $K_m=0.45\sim0.65$；T 为1个作业循环时间，其计算公式为

$$T = 3.6 \times \left(\frac{S}{v_m} + \frac{S}{v_0}\right) \quad (12-7)$$

式中，S 为装载机运输距离，m；v_m 为装载机满载平均速度，km/h，与运输距离、路面状况有关；v_0 为装载机空载平均行驶速度，km/h。

(2) 装渣机械配备

装渣机械配备要考虑断面面积、工程量、

工序特点等因素。断面越宽、机械尺寸越小，同时作业的机械数量越多；工程量越大，同等机械配置情况下，对机械需求越大。装渣作业通常与挖掘机配合，装渣机械与运输机械主要置于挖掘机后方，进行装渣作业时，可以多台装载机同步作业。

综合考虑以上因素，装渣机械选型和配备结果如下：

① 断面面积为 140～160 m²，断面宽度为 14～16 m，高度为 11.1～13.2 m 时，配备 2 台装载机；

② 其他断面大小时，配备 1 台装载机。

3) 运渣机械

运渣机械选型与配备主要分为有轨运输和无轨运输两类。无轨运输自卸车在本书第 2 篇中已经介绍，本节只介绍有轨运输的情况。

(1) 有轨运输机械选型

装渣与运输机械选型应遵循挖、装、运机械能力协调配套的原则，其中运输机械配置能力不应小于挖装能力的 1.2 倍。正洞有轨运输设备选型与配套数量应根据隧道长度和断面大小确定，并满足下列要求：采用梭式矿车运渣的容量应大于 16 m³，侧卸式矿车运渣的容量应大于 6 m³，所选翻框式调车器、浮放道岔等专用调车设备应配套合理；出渣运输车辆数量可根据隧道掘进长度进行合理配置。

斜井运输设备及辅助设施应根据斜井断面大小、斜井坡度、施工组织要求等条件合理配套，并应符合下列要求：斜井综合坡率 $i \leqslant 13\%$ 时，宜采用无轨运输，运输设备配置应与正洞运输能力统筹考虑；斜井综合坡率 $13\% < i \leqslant 27\%$ 时，可选用轨道矿车提升或皮带运输方式，选用皮带运输时应根据渣块尺寸要求配置破碎设备；斜井综合坡率 $27\% < i \leqslant 47\%$ 时，宜采用有轨运输，可采用轨道矿车提升，并应配备滚筒直径不小于 2.5 m 的提升机，井底设置渣仓并采用自卸车直接装渣，矿车运渣，洞外采用栈桥卸渣；斜井综合坡率 $47\% < i \leqslant 70\%$ 时，可采用大型箕斗提升。

(2) 有轨运输机械配备

为了提高有轨运输能力，加快隧道施工速度，应备齐足够数量的牵引机车和出渣斗车。

① 机车牵引定数 Q_c：

$$Q_c = \frac{F}{\omega - i_p} - W \quad (12\text{-}8)$$

式中，Q_c 为机车牵引定数，t；F 为机车牵引力，N；ω 为列车的单位阻力，N/t，考虑附加阻力，可近似取 80 N/t；i_p 为坡度单位阻力，取运输道路的最大限制坡度，％；W 为机车质量，t。

② 每列车牵引的斗车数目 n：

$$n = \frac{Q_c}{Q + q} \quad (12\text{-}9)$$

式中，Q_c 为机车牵引定数，t；Q 为斗车载质量，t。

③ 出渣需要的斗车数量 y：

$$y = \frac{N}{n_1} \quad (12\text{-}10)$$

$$n_1 = \frac{T}{t} \quad (12\text{-}11)$$

$$N = \frac{V \cdot K}{m \cdot n_2} \quad (12\text{-}12)$$

式中，N 为每班出渣总车数；V 为开挖数量（实方），m³；K 为土石松散系数，松软土石为 1.1～1.2，坚硬岩石为 1.15～1.6；m 为斗车容积，m³；n_1 为每工班车辆循环次数；n_2 为斗车装满系数，一般取 0.7～0.9；T 为每工班净出渣时间，min；t 为车辆循环一次需要的时间，min。

④ 需要机车数量 N_c：

$$N_c = \frac{N}{n \cdot m_1} \quad (12\text{-}13)$$

式中，m_1 为每工班机车的循环次数，$m_1 = T/T_p$；T_p 为机车循环一次需要的时间，min，由调车、编组、运行、会车、卸渣等时间综合求得；N、n、T 同前。

综合考虑以上因素，有轨运输机械选型优化配备情况如表 12-10 和表 12-11 所示。

4. 初期支护机械

初期支护机械根据支护施工工法的不同，有混凝土喷射施工机械、锚杆施工机械及钢架施工机械等。

表 12-10 装运机械选型配备

隧道断面面积/m²		断面尺寸/m	出碴设备			运渣设备	
			设备类型	斗容量或技术生产率/m³	数量/台	设备类型	数量/台
铁路隧道	140~160	宽度 14~16；高度：11.1~13.2	挖掘机、装载机	1.04^3~1.19^3	1、1	6×4 自卸卡车	3~5
	80~100	宽度 8~10；高度：10~11.3	挖掘机、装载机	1.02^3~1.28^3	1、1	6×4 自卸卡车	4~7
	45~63	宽度 7.5~9.5；高度：6.5~8.2	挖掘机、装载机	0.81^3~1.17^3	1、2	6×4 自卸卡车	6~10
	29~32	宽度 5.0~6.4；高度：6.0~7.0	挖掘机、装载机/挖装机	0.81^3~0.89^3	1、1/1	4×2 自卸卡车	4~7

表 12-11 辅助坑道有轨运输单工作面装运作业线选型配置

断面面积/m²	断面尺寸/m	辅助坑道坡率 i	有轨运输	
			设备选型	设备配备
45~63	宽度：7.5~9.5；高度：6.5~8.2	13%<i≤27%	轨道矿车或隧道连续皮带机	根据计算定
		27%<i≤47%	大型梭矿车	根据计算定
		47%<i≤70%	大型箕斗	根据计算定
29~32	宽度：5.0~6.4；高度：6.0~7.0	13%<i≤27%	轨道矿车或隧道连续皮带机	根据计算定
		27%<i≤47%	大型梭矿车	根据计算定
		47%<i≤70%	大型箕斗	根据计算定

1) 混凝土喷射施工机械

混凝土喷射施工机械由混凝土喷射机械、混凝土生产机械、混凝土运输机械组成。混凝土喷射机械按施工对象的作业要求选择，混凝土生产机械按混凝土喷射机械作业的喷射量配置，混凝土运输机械按照喷射机械的需要和生产机械的产量合理选型配置，三者要根据混凝土初期支护时的混凝土量来进行经济的、保证作业连续的、合理匹配的选配。

混凝土喷射机械有混凝土喷射台车和小型混凝土喷射机，其根据施工空间、作业效率选择。混凝土喷射台车适用于施工空间适合、作业效率和自动化程度要求高的作业；小型混凝土喷射机适用于施工空间狭小、作业效率相对较低并且辅以简单台架等附属设施的作业。

(1) 混凝土喷射台车选型

① 隧道断面尺寸、工法决定着混凝土喷射台车的喷射高度和喷射宽度，如图 12-4 所示。

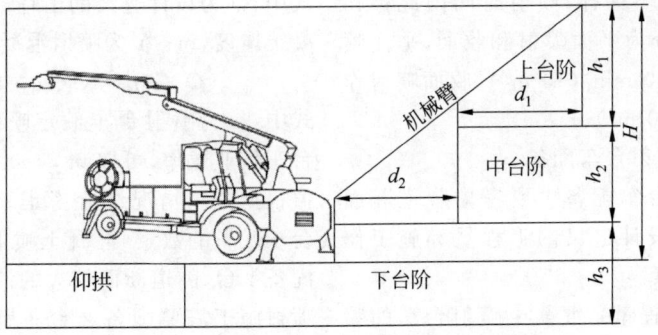

图 12-4 混凝土喷射台车伸缩臂作业示意图

由图 12-4 可知，混凝土喷射台车伸缩臂的长度可参考下式确定：

$$L = \sqrt{(H-h)^2 + (d+d_1+d_2)^2} \quad (12\text{-}14)$$

式中，L 为混凝土喷射台车伸缩臂长度，m；H 为混凝土喷射台车驻停平台距拱顶的高度，m；d_1、d_2 分别为上台阶、中台阶的长度，m；d 为混凝土喷射台车驻停位置距中台阶的水平距离，取 1~2 m；h 为混凝土喷射台车机械臂根部距地面的高度，取 1 m。

根据《铁路隧道机械化全断面施工技术指南》(Q/CR 9575—2021)的要求，隧道开挖应根据围岩级别及其自稳能力控制循环进尺按表 12-12 选择。

表 12-12 各级围岩进尺适用表

围岩级别	Ⅱ	Ⅲ	Ⅳ	Ⅴ
循环进尺/m	4.0~5.0	3.5~5.0	2.0~4.5	1.2~2.4

考虑作业范围，采用全断面不带仰拱工法作业，台车停放在洞内地面上，长度按照 5 m 考虑，台车距下台阶预留 1 m 距离。辅助坑道单线不适宜采用大小喷射台车。喷射台车作业范围选型可参考表 12-13。

表 12-13 喷射台车作业范围选型参考表

断面类型	断面面积/m²	断面宽度/m	断面高度/m	仰拱高度/m	施工工法	开挖进尺/m	上台阶尺寸/m	作业高度/m	作业范围/m	选型范围/m
正洞双线	140~160	14~16	11.1~13.2	0.5~2	全断面	5	—	10.9	10.9~17.4	10.9~15.23
					微台阶	2.4	5	15.23	13.9~15.23	
正洞单线	80~100	8~10	10~11.3	0.5~2	全断面	5	—	10	10~12.5	10~13.68
					微台阶	2.4	5	13.68	13.2~13.68	
辅助坑道双线	45~63	7.5~9.5	6.3~7	0.5~2	微台阶	2.4	5	10.63	10.63~11.6	7.39~10.63
					全断面	5	—	7.39	7.39~8.4	

② 工序作业时间决定设备的作业能力。结合隧道工序作业时间要求，越节省时间，对设备作业能力要求越强。因喷浆质量控制要求，喷射要求控制不一样，喷射时间因此存在不同。喷浆复喷分为平面喷射和收面，平面喷射作业要求 20~30 min/(10 m³)，收面喷射作业要求 60 min/(10 m³)。

(2) 混凝土喷射台车配备

混凝土喷射台车配备主要考虑隧道断面尺寸、开挖工法、设计进尺的工程量和施工作业安排时间等因素。

① 配备与工程量。混凝土喷射台车的喷射量由设计进尺的工程量、施工作业安排时间和配备混凝土喷射台车的数量确定，可用下式计算：

$$Q = d \times A \quad (12\text{-}15)$$

式中，Q 为设计进尺的工程量，m³；d 为喷射混凝土厚度，m；A 为喷射混凝土面积，m²。

$$Q \leqslant q = N \cdot w \cdot \eta(1-\varepsilon) \quad (12\text{-}16)$$

式中，w 为喷射台车额定喷射效率；η 为喷射台车作业效率，可取 0.7~0.9；ε 为反弹率，其值根据施工情况综合考虑；N 为混凝土喷射台车配备的数量（混凝土喷射台车一般情况下配备 1 台，隧道断面较大的情况下，根据混凝土喷射施工需要配备 2 台单臂或 1 台多臂喷射设备）。

② 配备与断面尺寸。断面尺寸越大,机械结构尺寸越小,设备允许同时作业的数量越多。结合断面宽度,在满足其他工序的要求下,掌子面可以停放 2 台设备。

2) 锚杆施工机械

(1) 锚杆施工机械选型

锚杆施工主要分为锚杆钻孔、安装和注浆。锚杆钻孔、安装均采用大型机械完成,注浆采用注浆机。锚杆钻孔机械按照工程量、工期选择,工程量大、施工工期紧,采用锚杆钻机台车;工程量小、施工工期充足,采用气腿式锚杆钻机,辅以多功能台架。

锚杆机械的选型主要考虑开挖工法、断面大小、工序作业时间、锚杆设计长度等因素。开挖工法影响了锚杆施工机械伸缩臂长度要求;断面大小决定了机械设备的结构尺寸;工序作业时间影响锚杆凿岩效率选型、设备配置能力;锚杆设计长度决定钻臂长度、钻杆长度。

① 开挖工法中台阶的长度和高度、断面的高度决定着拱架安装机的臂长,如图 12-5 所示。

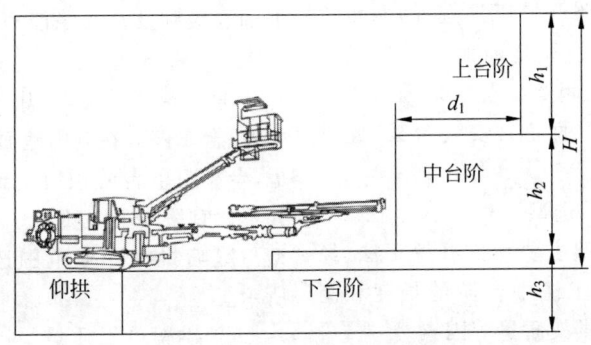

图 12-5 台阶法拱架安装示意图

由图 12-5 可知,锚杆机械伸缩臂的长度可参考下式确定:

$$L = \sqrt{(H-h)^2 + (d+d_1+d_2)^2}$$

(12-17)

式中,L 为锚杆机械伸缩臂的长度,m;H 为锚杆机械驻停平台距拱顶的高度,m;d_1、d_2 分别为上台阶、中台阶的长度,m;d 为锚杆机械驻停位置距中台阶的水平距离,取 1～2 m;h 为锚杆机械臂根部距地面的高度,取 1 m。

根据《铁路隧道机械化全断面施工技术指南》(Q/CR 9575—2021)的要求,隧道开挖应根据围岩级别及其自稳能力控制循环进尺,可按表 12-12 进行选择。

考虑臂架长度,采用全断面不带仰拱工法作业,台车停放在洞内地面上,长度按照 5 m 考虑,台车距下台阶预留 1 m 距离。辅助坑道单线不适宜采用大湿喷机。锚杆台车机械作业范围选型与湿喷机械作业范围一致,见表 12-13。

② 工序作业时间影响锚杆凿岩效率选型、设备配置能力。凿岩效率越高,单根锚杆钻孔时间越快;设备配置的功能越满足快速钻孔、快速安装和注浆要求,就越节省工序作业时间,设备选型优先选用锚杆钻机,后选用凿岩台车;设备具备同种工序作业能力越强,工序作业时间越少,设备选型优先选用多臂钻机。

③ 锚杆设计长度决定钻臂长度、钻杆长度。锚杆长度按现有规范分为 3 种:3.5 m、4.5 m、9 m,钻臂长度需满足设计要求。

(2) 锚杆施工机械配备

① 配备与断面尺寸。结合断面宽度,在满足其他工序要求的前提下,单掌子面可以停放 2 台设备。

② 配备与工作量、施工组织、工期。锚杆施工机械配备的数量可通过工作量、工期、掌子面数量,结合单机作业效率求得。锚杆钻机台车的数量 n 可用下式求得:

$$n = \frac{TNY}{Qt}$$

(12-18)

式中,n 为锚杆钻机台车台数;T 为工期,min;

Q 为需要打锚杆的数量；N 为锚杆钻机台车单次打锚杆数量，设备一次带 9～10 根锚杆；t 为锚杆钻机台车单次打锚杆时间，min，锚杆台车可在 2 min 内完成 5 m 深钻孔作业，2 min 内完成锚杆安装及注浆；Y 为备用系数，根据经验取得。

由于隧道截面尺寸的限制，隧道单掌子面作业锚杆施工最多使用 2 台，因此锚杆设备配备数量不超过 2 倍的掌子面数量 A。

3) 钢架施工机械

钢架施工机械按照开挖工法选择，两台阶法、三台阶法、微台阶法和全断面法采用拱架安装机，CD、CRD 和双侧壁导坑法采用人工方式立架，辅以现场制作的简易安装台架，此处不作介绍。

(1) 钢架施工机械选型

钢架施工机械选型主要考虑开挖工法、经济性、施工效率、开挖工法中台阶的长度和高度、断面的高度、单榀拱架质量等因素。

① 开挖工法、经济性和施工效率决定着拱架安装机机械臂的数量。从施工的经济性角度出发，两台阶法、三台阶法采用两臂，微台阶法和全断面法采用三臂；从投资的经济性和施工效率出发，两台阶法、三台阶法、微台阶法和全断面法均采用拱架安装机较为适宜。

② 开挖工法中台阶的长度和高度、断面的高度决定着拱架安装机机械臂的长度，如图 12-6 所示。

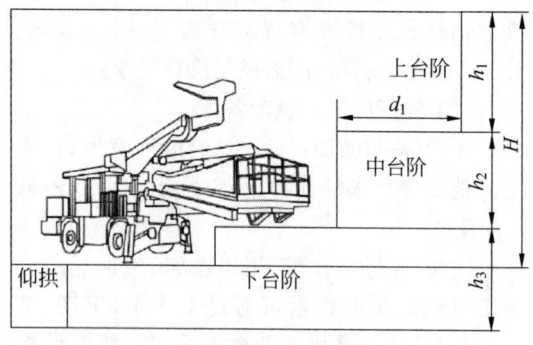

图 12-6　台阶法拱架安装示意图

由图 12-6 可知，拱架安装机机械臂长度可参考下式确定：

$$L = \sqrt{(H-h)^2 + (d+d_1+d_2)^2}$$
(12-19)

式中，L 为拱架安装机机械臂长度，m；H 为拱架安装机驻停平台距拱顶的高度，m；d_1、d_2 分别为上台阶、中台阶的长度，m；d 为拱架安装机驻停位置距中台阶的水平距离，取 1～2 m；h 为拱架安装机机械臂根部距地面的高度，取 1 m。

根据《铁路隧道机械化全断面施工技术指南》(Q/CR 9575—2021) 的要求，隧道开挖应根据围岩级别及其自稳能力控制循环进尺，可按表 12-12 进行选择。

考虑臂架长度，采用全断面不带仰拱工法作业，台车停放在洞内地面上，长度按照 5 m 考虑，台车距下台阶预留 1 m 距离。辅助坑道单线不适宜采用大湿喷机。立架台车作业范围选型与湿喷机械作业范围选型一致，如表 12-13 所示。

③ 拱架单榀质量。拱架安装机机械臂举重能力主要取决于拱架单榀质量，计算公式如下：

$$G = 3 \times g/n$$
(12-20)

式中，G 为拱架安装机单臂举重能力，t；g 为单榀拱架质量，t；n 为单榀拱架划分单元个数。

根据不同断面尺寸，单榀拱架质量如下：

(a) 断面面积为 140～160 m² 时，Ⅲ级围岩采用格栅拱架，单榀拱架质量 0.5～1.0 t；Ⅳ级和Ⅴ级围岩采用钢拱架，单榀拱架质量 1.2～1.8 t。

(b) 断面面积为 80～100 m² 时，单榀拱架质量 0.5～1.0 t，要求拱架安装台车单臂举重能力大于 1 t。

(c) 断面面积为 45～63 m² 时，单榀拱架质量 0.40～0.45 t，要求拱架安装台车单臂举重能力大于 0.45 t。

(d) 断面面积为 29～32 m² 时，单榀拱架质量 0.35～0.37 t，要求拱架安装台车单臂举重能力大于 0.37 t。

(2) 钢架施工机械配备

钢架施工机械配备数量要考虑断面大小

适应性、施工能力匹配、经济性指标、作业环境和工序要求等因素。因隧道断面限制和工序要求，拱架拼装要求一节段与一节段之间拼装，单台拱架安装台车至少为两臂，可满足拱架节段拼装要求。因此单掌子面允许 1 台钢架安装台车作业。

5. 仰拱机械

隧道使用的仰拱机械由移动栈桥和辅助机械组成。辅助机械有混凝土搅拌站、混凝土搅拌运输车等。仰拱栈桥选型时主要从栈桥功能、长度、数量、造价等方面进行比选。

1）仰拱机械选型

仰拱机械选型主要考虑围岩地质情况、作业效率、设备成本等因素。

围岩地质情况越好，对栈桥多区平行作业越高，栈桥长度越长，栈桥功能也因平行作业选配不一样。当围岩地质以Ⅲ级围岩为主时，掌子面施工进度较快，月进尺可达 130～180 m，选择 24 m 栈桥与仰拱模板组合，月进度最快可达 120 m 左右，无法匹配掌子面进度。按照铁路安全步距相关条文及暂行规定，掌子面需停工。因此栈桥长度不足，会严重影响掌子面掘进进度。结合施工经验，栈桥优先选择 36 m 长栈桥。

作业效率主要影响栈桥长度选型，栈桥长度通常有 3 种：12 m、24 m 和 36 m。由于液压栈桥及施工配套设备一次性投资大、施工准备期长，仰拱栈桥第一次选型时就要满足掌子面对仰拱安全步距和二衬施工对仰拱施工平台的要求。

仰拱栈桥长度不同，设备配备功能不一样，设备成本不同。当断面面积为 29～32 m² 时，通常采用简易栈桥，吊装方便，摆放位置不影响交通。

隧道仰拱机械选型的基本要求如表 12-14 所示。

表 12-14 隧道仰拱机械选型基本要求

隧道断面面积/m²	隧道长短	隧道情况	工期指标/(m/月)	工期情况	悬臂式液压栈桥（12 m）	简支梁式液压栈桥（24 m）	简支梁式液压栈桥（36 m）
45～63	短隧道	曲率半径正常	—	紧张	★	—	—
	长隧道	曲率半径大	—	紧张	☆	★	—
80～100	短隧道	Ⅲ级围岩	200～300	紧张	☆	★	—
			200	一般	★	—	—
		Ⅳ级围岩	150～200	紧张	☆	★	—
			150	一般	★	—	—
		Ⅴ级围岩	90～120	紧张	☆	★	—
			90	一般	★	—	—
	中长隧道	Ⅲ级围岩	200～300	紧张	—	★	○
			200	一般	☆	★	—
		Ⅳ级围岩	150～200	紧张	—	★	○
			150	一般	☆	★	—
		Ⅴ级围岩	90～120	紧张	—	★	○
			90	一般	★	☆	—

续表

隧道断面面积/m²	隧道长短	隧道情况	工期指标/(m/月)	工期情况	悬臂式液压栈桥(12 m)	简支梁式液压栈桥(24 m)	简支梁式液压栈桥(36 m)
140～160	短隧道	Ⅲ级围岩	130～150	紧张	☆	★	—
			130	一般	★	—	—
		Ⅳ级围岩	70～100	紧张	☆	★	—
			70	一般	★	☆	—
		Ⅴ级围岩	40～70	紧张	☆	★	—
			40	一般	★	☆	—
	中长隧道	Ⅲ级围岩	130～150	紧张	—	☆	★
			130	一般	☆	★	—
		Ⅳ级围岩	70～100	紧张	—	☆	★
			70	一般	—	★	☆
		Ⅴ级围岩	40～70	紧张	—	☆	★
			40	一般	—	★	☆

注:"★"表示应采用;"☆"表示宜采用;"○"表示可采用;—表示不建议采用。

2) 仰拱机械配备

仰拱机械配备数量主要与断面大小、工期有关。当仰拱进度制约掌子面掘进时,安全步距不能满足安全施工要求,需通过增加仰拱机械的数量实现跳板施工。结合仰拱选型与配备,单个掌子面栈桥配备1～2台仰拱机械。

6. 防水机械

1) 防水机械选型

防水机械选型主要考虑隧道断面尺寸、衬砌长度、工序特点和工序循环时间等因素。隧道断面尺寸决定了防水机械的作业半径,防水板台车的长度主要考虑防水板宽度、衬砌长度要求。防水板单幅宽度通常为6 m,因此防水板长度应大于6 m,保证至少单幅防水板能作业。防水机械主要完成土工布铺设、防水板施工和钢筋绑扎,其机械性能选择主要受工序循环时间和工序特点影响。若防水板台车在同时段可保证两道工序或三道工序同时作业,将减少工序循环时间。

铁路隧道防水板台车主要分为3类:轻型铺挂台车、半自动化铺挂台车和自动化铺挂台车。根据铺挂台车有效作业长度,还可分为9 m轻型铺挂台车和7 m半自动化及自动化铺挂台车,轻型铺挂台车与半自动化台车需人工安装二衬钢筋,自动化铺挂台车可实现二衬钢筋自动安装作业。

2) 防水机械配备

防水机械配备数量主要与衬砌距掌子面的安全步距有关。当仰拱进度制约掌子面掘进时,需通过增加防水板台车数量实现跳板施工。结合防水板机械选型与配备,单个掌子面栈桥配备1～2台防水机械。

7. 衬砌机械

1) 衬砌机械选型

衬砌机械选型主要考虑隧道长度、隧道断面尺寸、隧道围岩地质条件、隧道工期等因素。隧道长度代表隧道衬砌台车作业长度,与衬砌台车的使用寿命相关,与衬砌台车的经济成本有关;隧道断面尺寸影响衬砌台车设计尺寸,以及衬砌台车功能实现途径。铁路隧道斜井断面小,衬砌台车长度设计为6 m;正洞断面较大,衬砌台车长度设计为9 m、12 m。隧道围岩地质级别决定隧道开挖工法,开挖方式影响隧道施工进度,衬砌台车作业工效与隧道施工进度相匹配。

铁路隧道衬砌台车选型主要考虑台车刚度、断面大小、台车长度、辅助设备配备情况和设备灌注方式。目前主要选用具备可视化端头、气动振捣、自动布料、走行定位系统、插入振捣、饱满度监测装置、软搭接装置等若干功能的衬砌台车,能满足质量控制要求。

2) 衬砌机械配备

衬砌机械配备数量主要与衬砌距掌子面的安全步距有关。若衬砌端头距掌子面超过了安全步距,则需通过增加衬砌台车数量实现跳板施工。结合衬砌机械选型,单个掌子面配备1~2台。

8. 养护机械

1) 养护机械选型

铁路隧道养护机械选型主要考虑断面大小、台车长度、养护方式等因素。目前养护台车主要分为喷淋养护台车和蒸汽养护台车。喷淋养护台车通常具备自动喷淋功能,结构较为简单,本节不做介绍;蒸汽养护台车可自动调整养护空间温度、湿度,实现养护期间保温保湿,保证混凝土早期强度,解决传统二衬养护不及时、混凝土表面温度、湿度不可控等问题。

2) 养护机械配备

养护机械配备数量与养护要求、衬砌台车作业数量有关。当养护台车养护时间不能满足养护要求时,需同步增加养护台车数量,加强养护,单部位采用双养护台车。当单部位单台车可满足养护要求时,养护台车配备数量与衬砌台车保持一致。结合养护机械选型,单个掌子面配备1~3台养护台车。

9. 水沟电缆槽机械

1) 水沟电缆槽机械选型

水沟电缆槽机械选型主要考虑设计要求和隧道特点。沟槽长度通常是衬砌长度的倍数,隧道类型不同,衬砌长度也不同。拆换隧道,考虑拆换施工,衬砌长度通常为6 m,其他隧道设计要求通常为9 m和12 m。沟槽施工目前均选用整体式沟槽台车,即选择6 m/9 m/12 m的整体模板台车。

2) 水沟电缆槽机械配备

沟槽台车配备数量主要与工期和成本造价有关。

(1) 工期

水沟电缆槽作业完成一板沟槽时间与人员配备数量有关,根据隧道工期要求,结合月度完成进度情况配备对应数量的台车。

(2) 成本造价

从隧道施工经济角度出发,综合考虑仰拱造价费用及其市场保有量的情况,科学、合理地配备沟槽台车数量。

结合以上因素,沟槽台车配备数量主要考虑工期影响,一般为1~2台。

10. 辅助机械

1) 地质钻机

(1) 地质钻孔机械选型

地质钻孔机械选型主要考虑围岩地质情况、钻孔直径、钻孔长度等因素。围岩地质情况差,会导致成孔困难,因此选型时需考虑是否采用跟管钻进工艺。同时围岩地质情况差,地质钻孔取芯也较困难,因此取芯钻孔钻机选型需考虑单管钻进或双管钻进。设计要求不同,钻孔直径大小也不同。钻孔直径有60 mm、76 mm、89 mm、108 mm等几种,根据孔径大小选择适宜的地质钻机。因需要进一步查明掌子面工程地质情况,钻孔长度存在30 m、150 m及更深的情况,选型时需要考虑钻机对地质情况的适应性。

(2) 地质钻孔机械配备

根据隧道地质钻孔需要,考虑钻孔机械结构尺寸和经济性,在保证工期的情况下,确定钻机数量,通常配备1台钻机。

2) 注浆机械

(1) 注浆机械选型

注浆机械选型主要考虑注浆压力、工作效率等因素。

① 注浆压力。因掌子面围岩的破碎程度不同,对注浆的工艺要求不同,注浆压力是评定掌子面注浆效果的判断依据。根据郑万高铁湖北段的施工经验,注浆压力分为小于3 MPa和大于3 MPa。大于3 MPa为超高压注浆,小于3 MPa为高压注浆。

② 工作效率。工作效率主要与搅拌时间、单孔注浆时间有关。单孔注浆时间因围岩情况而定,因此搅拌时间越短,注浆机工作效率越高。搅拌时间主要分为120 s和180 s。

(2) 注浆机械配备

注浆机械配备数量主要依据断面宽度、工

期来确定。断面越宽,设备结构尺寸越小,允许配备数量越多;若工期紧张,注浆设备结合经济性可适量增加。综合考虑选型和配备因素,一般配备 1~2 台注浆机。

3) 通风机械

选择施工通风机械的程序是:确定通风方式、计算通风量、选择风管、计算通风阻力、选择通风机。确定通风方式通常与确定施工方案一起进行。在确定施工方案以后,才能确定独头掘进的长度和通风长度,然后才能计算工作面风量。

(1) 确定通风方式与计算风量

风量计算的目的是为正确选择通风设备和设计通风系统提供依据。通风系统的供风能力应能满足工作面对风量的最大需求。隧道施工中,掘进工作面所需的风量与施工方法、施工作业的机械配套条件关系很大,且在一个作业循环中,不同作业工序对风量的要求也有较大差别。因此,特长隧道施工通风量的计算不能照搬矿山巷道掘进通风的方法,而应结合施工特点,在实践和试验的基础上,筛选、验证、改进或建立新的计算方法。

① 按排出炮烟计算工作面风量。按排出炮烟计算工作面风量的公式甚多,基本上都沿用矿山地下掘进的计算公式,这些公式虽然都有其理论基础,但由于实际情况复杂、影响因素众多,公式中不可避免地带有各种系数,而且系数的变动幅度很大,使得这些公式仍然带有经验公式的特点,在应用这些公式时要充分考虑到这一点,了解这些公式的局限性,并在实践中予以修正。根据对秦岭隧道Ⅱ线平导、长梁山隧道进口段以及几个单线隧道通风系统设计和现场观测结果,验证了下述公式可作为掘进通风设计的依据。

(a) 压入式通风的风量计算。

方法一:计算公式为

$$Q = \frac{9.824}{t} \sqrt[3]{\frac{Gb(AL_0)^2}{P_q^2 C_a}} \quad (12\text{-}21)$$

式中,Q 为工作面风量,m^3/min;t 为通风时间,min;G 为同时爆破的炸药量,kg;b 为每千克炸药产生的 CO 当量,L/kg,岩层爆破取 40 L/kg,煤及土质层爆破取 100 L/kg;A 为掘进隧道开挖的断面积,m^2;L_0 为通风区段的长度,m;P_q 为通风区段内风筒始末端风量之比;C_a 为要求达到的 CO 浓度,ppm。

当 $b = 100$ L/kg,$C_a = 200$ ppm,通风管路不漏风,即 $P_q = 1$ 时:

$$Q = \frac{7.8}{t} \sqrt[3]{G(AL_0)^2} \quad (12\text{-}22)$$

方法二:该方法考虑到放炮后的瞬间工作面附近一段距离内即已充满了炮烟(这段距离即炮烟抛掷长度 L_0)。在炮烟抛掷长度内已存在空气参与稀释炮烟,因此在计算工作面所需风量时按下式计算:

$$Q = \frac{5Gb - AL_0}{t} \quad (12\text{-}23)$$

式中,b 为炸药爆炸时的有害气体生成量,L/kg,岩层中爆破取 40 L/kg;其他符号含义同式(12-21)。

(b) 混合式通风的风量计算。在混合式通风系统中,使用两台工作方式不同的通风机或局部扇风机,它们的风量应分别计算。以压入方式工作的风机应向工作面提供的风量可用以下两种方法计算。

方法一:计算公式为

$$Q = \frac{9.824}{t} \sqrt[3]{\frac{Gb(AL_0)^2}{P_q^2 C_a}} \quad (12\text{-}24)$$

式中,各符号意义同式(12-21)。

以抽出方式工作的风机,从工作面吸出的风量(扣除漏风量)按工作面风量与隧道最低允许平均风速计算,即

$$Q_1 = Q + Av \quad (12\text{-}25)$$

式中,Q 为抽出式风机从工作面净吸风量,m^3/min;v 为隧洞的允许最低平均风速,m/min;其他符号意义同式(12-21)。

方法二:估算抽出风机的吸风量,即

$$Q_1 = (1.2 - 1.25)Q \quad (12\text{-}26)$$

式中,Q 为压入式风机的供风量,m^3/min。

② 按排出粉尘计算工作面风量。计算公式为

$$Q = \frac{G}{G_p - G_i} \quad (12\text{-}27)$$

式中，Q 为排尘需要的通风量，m^3/min；G 为工作面的产尘量，m^3/min；G_p 为最高允许含尘量，取标准规定值；G_i 为仅风流中基底含尘量，mg/m^3，一般要求不超过 $0.5\ mg/m^3$。

③ 按隧道内的最多工作人数计算风量。国家铁路局 2019 年 8 月发布的《铁路瓦斯隧道技术规范》(TB 10120—2019)和交通运输部最新发布的《公路隧道施工技术规范》(JTG/T 3660—2020)均规定，每人供风供应新鲜空气 3 m^3/min，则

$$Q = 3N \quad (12-28)$$

式中，Q 为工作面风量，m^3/min；N 为隧道内最多人数。

④ 按允许最低风速验算风量。《铁路瓦斯隧道技术规范》(TB 10120—2019)规定：风速在全断面开挖时不小于 $0.15\ m/s$，坑道内不小于 $0.25\ m/s$，但均应不大于 $6\ m/s$。《煤矿安全规程》规定：掘进中的煤巷允许最低风速为 $0.25\ m/s$，掘进中的岩巷的最低允许风速为 $0.15\ m/s$。则工作面风量为

$$Q = vA \quad (12-29)$$

式中，Q 为工作面风量，m^3/min；v 为允许最低风速，m/s；A 为开挖断面面积，m^2。

⑤ 按瓦斯涌出量计算风量。若工作面有沼气涌出，必须供给工作面充足的风量，冲淡、排出沼气，保证沼气浓度在 1% 以下。即

$$Q = \frac{Q_{CH_4}}{B_g - B_{g_0}} \cdot K \quad (12-30)$$

式中，Q 为工作面风量，m^3/min；Q_{CH_4} 为工作面沼气涌出量，m^3/min；B_g 为工作面允许沼气浓度，取 1/100；B_{g_0} 为送入工作面的风流中沼气的浓度；K 为沼气涌出不均衡系数，$K = 1.5 \sim 2$。

⑥ 按稀释和排出内燃机废气计算通风量。使用内燃机动力设备时，隧道的通风量应足够将设备所排出的废气全部稀释和排出，使隧道内各主要作业点的空气中有毒、有害气体的浓度降至允许浓度以下。通风量的计算方法有安全稀释法、复合危害计算法、柴油机额定功率系数法等。从理论上看，复合危害计算法最科学，但它要求对柴油机各种工况下的污染物排放量都事先了解，因而很难采用。目前用得较多的仍是按柴油机额定功率系数法计算。

无轨运输施工的通风风量直接与内燃机械的数量和装机功率有关。无论采用何种计算方法，首先应较准确地计算一个作业循环中隧道内同时作业的出渣车辆台数。

（a）隧道内同时作业的出渣车辆台数计算。公式为

$$n_i = \frac{120L}{\Delta t \cdot v} + 1 \quad (12-31)$$

式中，L 为隧道内运输距离，km；Δt 为时间间隔，min；v 为隧道内运输车辆平均速度，km/h。

若每循环石碴的松方数量为 V，每车装运松方量为 V_c，则每个循环装车总数为

$$n_0 = V/V_c \quad (12-32)$$

当 $n_i \geqslant n_0$ 时，则取 $n_i = n_0$。

（b）风量计算。根据《铁路瓦斯隧道技术规范》(TB 10120—2019)，稀释内燃设备废气所需的总风量为

$$Q = 3\sum_{i=1}^{} N_i \quad (12-33)$$

式中，N_i 为每种内燃设备的额定功率，kW；$\sum_{i=1}^{} N_i$ 为隧道内同时作业的内燃设备的总功率，kW；Q 为稀释内燃设备废气所需的总风量，m^3/min。

应该注意的是，式(12-33)按 $3\ m^3/(min \cdot kW)$ 供风，实际上执行的是 50 ppm 的卫生标准，若采用其他标准，需要进行相应的换算。

当然也可以根据每种内燃设备的负荷率和利用率，算出其相应的实际使用功率，然后再计算供风量。但实际上并没有必要，首先实际功率难以准确计算，只能大致估算；其次风量计算公式本身就是半经验公式，应尽量简化。因此，风量的计算应按隧道内同时作业的内燃设备的总额定功率计算，有一台算一台，不必用实际功率。

所计算的总风量 Q 即为稀释内燃设备排放废气的总通风量，而不是指工作面要求的新风量。一般情况下，隧道通风设备的设计风量也由此控制。通风系统的设计风量还要考虑

隧道内允许的最低平均风速、人员呼吸所应保证的风量，排除炮烟、粉尘、瓦斯所需风量及通风管道的漏风率等因素，但在长隧道施工又采用无轨运输的情况下，按上述计算稀释内燃设备废气所需的风量通常是最大的，因而这也是确定通风系统设计风量的主要依据。

(2) 选择风管与计算通风阻力

① 管道漏风系数。计算公式为

$$P = \frac{1}{1 - \frac{L}{100}P_{100}} \quad \text{或} \quad P = \frac{1}{(1-\beta)^{\frac{L}{100}}}$$

(12-34)

式中，L 为管道长度，m；P_{100} 为平均百米漏风率；β 为百米漏风率。

② 风机供风量。计算公式为

$$Q_j = PQ_h \quad (12\text{-}35)$$

式中，Q_h 取工作面风量计算中各项之最大者。

③ 管道风阻系数。计算公式为

$$R_f = \frac{6.5\alpha L}{D^5} \quad (12\text{-}36)$$

$$\alpha = \frac{\lambda \rho}{8} \quad (12\text{-}37)$$

式中，R_f 为管道风阻系数，N·s²/m³；L 为管道长度，m；D 为管道内径，m；α 为管道摩擦阻力系数，kg/m³；λ 为管道沿程阻力系数（达西系数），无因次；ρ 为空气密度，kg/m³。

P_{100}、β 和 α 等是系统设计中最重要的参数，又都与管道的材质、直径、连接形式、表面状况、制造及安装维护的质量密切相关，只有通过大量工程试验，才能获得较准确的值。我国所有通风系统设计文献只能提供直径800 mm 以下通风管道的技术性能数据。对特长隧道使用的新型大直径管道，目前尚无确切的实测数据。根据秦岭隧道Ⅱ线平导和长梁山隧道进口段分别对 DSR 系列 1.3 m 和 1.5 m 直径软管的现场测试分析，在设计中暂可取 $P_{100} = 1.1\% \sim 2.0\%$ 或 $\beta = 1.5\% \sim 2.5\%$，$\lambda = 0.012 \sim 0.015$，或当 $\rho = 1.2$ kg/m³ 时，取 $\alpha = 1.8 \times 10^{-3} \sim 2.25 \times 10^{-3}$ kg/m³。

④ 管道压力损失及通风机全压。通风管道的通风阻力损失包括沿程阻力损失和局部阻力损失两部分。

(a) 沿程阻力损失。由于长距离通风系统管道的泄漏不可忽视，计算沿程阻力损失时，管道风量 Q 应取风机风量 Q_j 与工作面风量 Q_h 的几何平均值，即 $Q = \sqrt{Q_j Q_h}$。沿程阻力损失计算公式为

$$h_f = R_f Q^2 \quad (12\text{-}38)$$

式中，R_f 为管道沿程摩擦风阻系数，N·s²/m⁸；Q_j 为风机风量，m³/s；Q_h 为工作面风量，m³/s；Q 为计算几何平均风量，m³/s。

(b) 局部阻力损失。计算公式为

$$h_x = \sum \xi \cdot \frac{Q_i^2}{d^4} \quad (12\text{-}39)$$

式中，ξ 为管道局部阻力系数；Q_i 为局部风阻处的风量，m³/s；d 为管道直径，m。由于局部损失的形式多样，局部流场也很复杂，多数情况下由试验确定。在隧道施工管理通风中常用的局部阻力系数 ξ 可取以下值：

- 突然扩大的异径管接头处，$\xi = (1 - A_1/A_2)^2$。A_1、A_2 分别为进出接头的管道截面面积。
- 突然缩小的异径管接头处，$\xi = 0.5(1 - A_1/A_2)^2$。A_1、A_2 分别为进出接头的管道截面面积。
- 管道转弯时，$\xi = \frac{0.008 \partial^{0.75}}{n^{0.8}}$。$\partial$ 为转弯角度；$n = R/d$，R 为转弯处的曲率半径；d 为管道直径。
- 管道入口处，$\xi = 0.6$。
- 管道出口处，$\xi = 1.0$。
- 管道分岔处，$\xi = 1.0$。

(c) 通风机的设计全压。计算公式为

$$H_t \geq h_t \quad (12\text{-}40)$$

式中，H_t 为风机的设计全压，Pa；h_t 为总的管道阻力损失，Pa，其中 $h_t = h_f + h_x$。

⑤ 通风机功率。计算公式为

$$N = KH_t Q_j / \eta \quad (12\text{-}41)$$

式中，η 为风机效率，一般取 0.75~0.85；K 为功率储备系数，小功率电动机取 1.1~1.15，大功率电动机取 1.05~1.1。

(3) 系统工况及风机选型配备

在忽略 h_{v0} 的情况下，根据 Q_j 和 H_t 可初选通风机，由式(12-41)绘制管道特性曲线，它与通风机特性曲线的交点即为系统的工作点。对于一个设计合理的系统，应当使在最长通风距离时满足以下条件：

① 该工作点应处在风机高效稳定工作区内；
② 工况点的风量 $Q_A \geqslant Q_j$；
③ 工况点的全压 H_A 低于风机额定全压；
④ 与风机设计工况尽量靠近。

针对特殊隧道通风，需考虑特殊因素，诸如高海拔、瓦斯、高地温等，进行修改通风计算，从而进行风机选型。

通风机械的配备主要依据通风计算需风量，结合现有设备功率及组合，配置合理的风机数量和组合模式进行通风。

12.2 TBM法隧道施工机械选型与配备

12.2.1 TBM法设备选型

1. TBM选型原则

1）选型影响因素

若选择敞开式 TBM，则采用初期支护和模筑混凝土衬砌。护盾式 TBM 必须采用管片支护，由于管片可提前预制，因此相对于模筑衬砌速度快、综合成洞效率高，但由于隧道地质条件复杂，管片结构不能根据地质条件对衬砌结构灵活调整。

2）地质适应性

TBM 对地质条件的适应性是影响 TBM 施工整体工效的关键因素。在适宜的地质条件下，TBM 施工效率高，当地质条件较差，如遇到塌方、岩爆、断层、蚀变等情况时，TBM 施工能力会受到限制。

(1) 敞开式 TBM：适用于围岩完整、自稳能力好的地质条件，初期支护工作量小，掘进速度高。不良地质洞段的施工安全性、施工速度会受到明显制约，尤其洞底落渣清理量远高于护盾式 TBM，同时不良地质条件下初期支护工作量大。另外，恶劣地质条件下需要采取辅助措施通过，甚至只能通过矿山法等方式完全处理后再步进通过。

(2) 单护盾 TBM：适用于围岩抗压强度低、自稳能力差的地质条件。无撑靴对洞壁的扰动，对软弱围岩的适应性强。

(3) 双护盾 TBM：适用于围岩完整、自稳能力好、塑性变形小的地质条件。影响程度较小的不良地质，其适应性略高于敞开式 TBM，恶劣地质条件下需采取辅助措施后缓慢通过，甚至只能通过矿山法等方式完全处理后再步进通过。在洞壁无自稳能力且无法承受撑靴必要撑紧力的情况下，可转换为单护盾模式掘进。

3）不良地质

(1) 卡机(卡盾)风险

由于围岩收敛变形的时效性、盾体长度及盾体伸缩功能的影响，3 种机型对围岩收敛变形的适应性从高到低排序为：敞开式 TBM；单护盾 TBM；双护盾 TBM。敞开式 TBM 盾体较短且具有一定的径向伸缩能力，超前处理手段相对灵活，采用新奥法人工干预的条件相对较好，卡盾风险相对较小；护盾式 TBM 管片支护位置到掌子面距离相对较大，应对围岩收敛变形能力差，卡机(卡盾)和管片损伤的风险较大。由于单护盾 TBM 盾体较短、管片支护位置到掌子面距离小于双护盾 TBM，卡盾风险低于双护盾 TBM，但两者均不及敞开式 TBM。

(2) 恶劣地质条件适应性

TBM 无法高效应对长距离极端破碎、大变形（Ⅱ级、Ⅲ级变形）、强岩爆、强蚀变、高地温(50℃以上)、大流量突涌水、严重涌泥涌砂、大规模溶洞等恶劣地质条件。这时建议选用其他工法施工。

4）结构适应性

(1) 断面形式

目前 TBM 开挖断面均为圆形。

(2) 断面大小

TBM 开挖直径通常大于 3.5 m，最大接近 15 m。

(3) 初期支护

敞开式 TBM 开挖和初期支护同步施作，

Ⅰ、Ⅱ级围岩和条件较好的Ⅲ级围岩（Ⅲa）条件下可无初期支护或随机支护；护盾式TBM无初期支护，以管片作为支护结构；单护盾TBM以管片承受掘进反力，必须全洞段拼装管片，双护盾TBM通常以撑靴撑紧洞壁承受掘进反力，以管片作为支护结构，允许在稳定性良好的洞段取消管片支护。

（4）永久支护

敞开式TBM通常采用现浇混凝土二次衬砌作为永久支护结构，其强度、耐久性与钻爆法施工的隧道相同，部分隧道在Ⅰ～Ⅲa级围岩条件下以裸洞作为永久结构，提高了掘进速度；护盾式TBM采用预制混凝土管片作为永久支护结构，管片错台、开裂、密封失效、渗水漏水风险较高，管片背后回填密实度可靠性不高，且造价偏高。

5）工期适应性

TBM综合掘进速度、综合成洞速度和总工期是衡量TBM对工期适应性的3个关键要素。

（1）综合掘进速度

TBM掘进速度受围岩条件影响，从推力、推进速度等设备性能上来说，3种类型的TBM掘进速度都有足够的裕量，通常设计最大掘进速度为120 mm/min。地质条件是影响TBM综合掘进速度的关键，敞开式TBM和双护盾TBM在Ⅰ～Ⅲa级围岩条件下具有相同的掘进速度，单护盾TBM由于管片承载力限制导致掘进速度偏低；围岩破碎时敞开式TBM需要施作大量初期支护及注浆加固，其综合掘进速度会显著降低；单护盾TBM由于掘进和拼装管片交替施工，掘进时间利用率较低，综合掘进速度低于双护盾TBM；但因洞壁自稳能力差，无法为撑靴提供足够承载力时，单护盾TBM的综合掘进速度高于双护盾TBM。

（2）综合成洞速度

双护盾TBM掘进和管片拼装同步作业，以管片作为最终支护结构，综合成洞速度最快；单护盾TBM掘进与管片拼装交替作业，综合成洞速度明显低于双护盾TBM；敞开式TBM需隧道贯通后，再施作现浇混凝土衬砌作为永久支护（适宜的断面下可同步衬砌），其综合成洞速度明显低于双护盾TBM。

（3）总工期

TBM施工项目工期包括施工准备、设备制造、组装调试、转场拆卸、隧道支护、交工验收等。其中，敞开式TBM的制造周期与双护盾TBM相当，单护盾TBM最短。另外，建造总工期需根据不同断面、不同成洞结构及其他工序综合比较。

6）成本适应性

根据TBM的设备配备情况，同断面双护盾TBM的造价较敞开式TBM高，单护盾TBM介于二者之间。

适用的同等地质条件下，3种机型的开挖价格总体上基本持平，敞开式TBM以现浇混凝土作为永久支护结构，必要时施作初期支护，综合成本最低；护盾式TBM以预制混凝土管片作为永久支护结构，成本高于敞开式TBM；单护盾TBM的掘进速度低于双护盾TBM，设备造价低于双护盾TBM，二者的综合成本需要根据具体工程分析。

7）环境适应性

TBM的工程适应性需全面调查施工环境，如运输条件、水电供应条件、施工场地、物资供应条件、环境保护与水土保持、社会环境、施工交通布置等。

8）整体选型结论

TBM对地质条件的适应性是影响TBM施工整体工效的关键因素。在适宜的地质条件下，TBM施工效率高，当地质条件较差，如塌方、岩爆、断层、蚀变等情况，TBM施工能力会受到限制，施工效率大幅度降低。

（1）良好地质条件下宜采用开敞式TBM。

（2）整条隧道地质情况均差时宜采用单护盾TBM。

（3）双护盾TBM常用于复杂地层的长隧道开挖，一般适用于中厚埋深、中高强度、地质稳定性基本良好的隧道，对各种不良地质与岩石强度变化有较好的适应性。

2. TBM法适用范围及对比

不同类型的TBM关键指标对比分析如表12-15所示。

表 12-15 不同类型的 TBM 关键指标对比分析

项目	敞开式 TBM	双护盾 TBM	单护盾 TBM
地质条件适应性	一般为Ⅰ、Ⅱ、Ⅲ级围岩,稳定性要求较高,岩石为中硬岩、坚硬岩、极硬岩	适应地层较广,一般为Ⅱ、Ⅲ、Ⅳ、Ⅴ级围岩,岩石为软岩、中硬岩、坚硬岩	一般为Ⅳ、Ⅴ级围岩,即围岩的稳定性差
施工速度	地质条件好时只需进行挂网锚喷,支护工作量小,速度快;地质条件差时需要超前加固,需钢拱架支护,工作量大,速度慢	围岩较稳定时,掘进的同时可安装管片,掘进速度快	只能支承在管片上掘进,施工速度相对较慢
衬砌效果及质量	采用复合式衬砌形式,可根据开挖情况随时调整初支和二衬措施,费用低	所需较多管片生产模具及管片场预制,管片总体造价高,支护整体性和防水性不如模筑衬砌	所需较多管片生产模具及管片场预制,管片总体造价高,支护整体性和防水性不如模筑衬砌。同时必须进行壁厚回填,施工速度较慢
超前支护	灵活	不灵活	不灵活
安全性	设备与人员暴露在围岩下,需加强防护	设备与人员处于护盾保护下,安全性好	同双护盾式,安全性好
经济性	工程造价较低,不需单独建设管片厂,施工场地占用面积小,制造周期短,设备造价低	工程造价较高,需单独建设管片厂,施工场地占用面积较大,制造周期长,设备可改造为锚喷支护形式,但造价较敞开式 TBM 高	工程造价较高,需单独建设管片厂,施工场地占用面积较大,制造周期长,设备造价低
应急处理的灵活性	灵活性好,在处理小型断层、破碎带、涌水等不良地质条件时可采用辅助设备进行临时处理,适当调整掘进参数,待掘进通过时再加固	灵活性差,遇到软岩大变形地层时应急处理较差。由于护盾较长,遇到断层、破碎带时很容易被卡,脱困时间较长	灵活性差,由于没有支承反力,没有后退功能,很难对刀盘前者围岩进行处理。对软岩大变形的应急处理灵活性较差

12.2.2 TBM 法洞口施工机械

TBM 法隧道洞口施工主要包括地表清理、洞口边仰坡开挖及支护、洞门制作、排水沟制作、明洞开挖、缓冲结构施工等,施工方法同钻爆法,详见 12.1.1 节矿山法洞口工程施工机械相关内容。

12.2.3 TBM 法洞身施工机械

1. 洞身施工机械选型

1) 刀盘选型

TBM 刀盘是整个设备中最为关键的结构,为了保证施工进度及防止卡盾风险,针对刀盘结构主要从 TBM 掘进机径向方面进行选型,具体包括理论开挖直径、刀盘转速、刀盘回转力矩、刀盘回转功率、刀盘喷水系统和刀盘耐磨保护等。

(1) 理论开挖直径

理论开挖直径的计算公式为

$$D_{理} = D_{通} + 2\delta_{衬max} \tag{12-42}$$

式中,$D_{理}$ 为理论开挖直径,m;$D_{通}$ 为成洞后的直径,m;$\delta_{衬max}$ 为最大衬砌厚度,mm。

(2) 刀盘转速

刀盘转速的计算公式为

$$n = \frac{60V_{max}}{D_{理}} \tag{12-43}$$

式中,n 为刀盘转速,r/min;V_{max} 为边刀回转最大线速度,m/s,通常小于 2.5 m/s;$D_{理}$ 为理论开挖直径,m。

(3) 刀盘总回转转矩

刀盘总回转转矩的计算公式为

$$T = \sum(f \cdot F_i \cdot R_i) + \sum T_m \quad (12\text{-}44)$$

式中,T 为 TBM 掘进机刀盘总回转转矩,kN·m; f 为滚刀滚动阻力系数,可取 $0.15 \sim 0.2$; F_i 为每把滚刀最大承载能力,kN,可取 $210 \sim 310$ kN,常用 240 kN;R_i 为每把滚刀在刀盘上的回转半径,m;T_m 为摩擦转矩,kN·m,可按 $20\%(f \cdot F_i \cdot R_i)$ 选取。

TBM 刀盘最大回转转矩由刀盘驱动电动机功率及传动系统效率决定,TBM 刀盘实际使用转矩是在最大转矩范围内,由所有刀具的滚动阻力转矩和相对转动部件的摩擦阻力转矩决定的。

(4) 刀盘回转功率

刀盘回转功率的计算公式为

$$W = \frac{T \cdot n}{0.975\eta} \quad (12\text{-}45)$$

式中,W 为刀盘回转功率,kW;T 为刀盘总转矩,kN·m;n 为刀盘转速,r/min;η 为机械回转效率,一般取 $0.9 \sim 0.95$。

(5) 刀盘喷水系统

刀盘面板上布置有若干除尘、降温的喷嘴,刀盘面板喷水嘴装置一般设计为隐藏式结构,能有效保护喷嘴,同时降低喷嘴被堵塞的概率。工业水通过安装在刀盘后部的回转接头及管路由喷嘴喷雾到刀盘面板前部,如图 12-7 所示,可以清洗润滑刀盘。

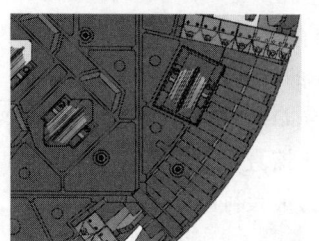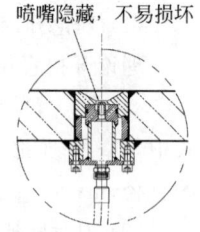

图 12-7 刀盘喷水嘴结构示意图

(6) 刀盘耐磨保护

为了满足长距离硬岩隧道的掘进,对刀盘易磨损区域进行了针对性的耐磨设计,如图 12-8 所示,特点如下:

① 刀盘面板上焊有 20 mm 厚的 SA1750CR、Kenna 复合耐磨板或 Hardox 耐磨板。

② 刀盘过渡弧面及后部锥面焊有 Hardox500 耐磨板。

③ 滚刀侧部焊有 Hardox 耐磨保护块。

④ 大圆环外侧焊有镶嵌合金耐磨板。

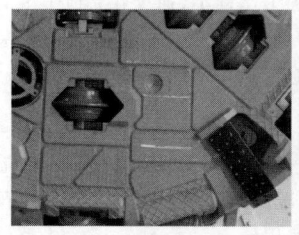

图 12-8 刀盘面板耐磨板和外环焊接镶嵌合金

2) 刀具选型

(1) 滚刀

根据 TBM 刀盘的结构性能设计,选用合适的刀具尺寸,一般刀盘上布置 17 in(432 mm) 中心双刃滚刀、19 in(483 mm) 单刃正面滚刀和边缘滚刀,所有滚刀均为背装式,滚刀采用楔块锁紧安装方式,所受载荷能够均匀传递至刀座及刀盘上,如图 12-9 所示。刀具有以下特点:

① 性能可靠的滚刀轴承具有较长的使用寿命。

② 采用重载型密封装置。

③ 采用封闭式的润滑类型。

④ 重载型刀圈破岩能力达 350 MPa 以上。

图 12-9 正面(边)滚刀及安装刀座

(2) 铲斗及铲刀

刀盘刮渣口设计有大容积的刮渣铲斗,具有高效的刮渣效率,保证石渣能顺畅通过溜渣槽进入接渣斗,如图 12-10 所示。其特点如下:

① 刮渣铲斗上设计有格栅,防止大尺寸石渣进入刀盘。

② 合适的铲刀与滚刀刀间距可以保证铲刀不易破岩磨损。

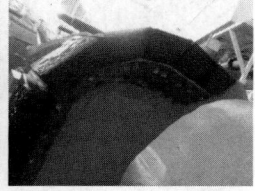

图 12-10　铲斗

（3）溜渣槽

刀盘铲斗位置设计有相同数量的溜渣槽，可以保证刀盘的最大出渣能力；同时溜渣槽易磨损的位置焊有耐磨复合钢板，可以保证耐磨性能，如图 12-11 所示。

图 12-11　溜渣槽

（4）接渣斗

接渣斗是安装在刀盘大法兰内圈的斗状钢结构件，采用具有高耐磨性的钢板焊接而成，其主要作用是将从溜渣槽里掉落的岩渣转运到皮带输送机上，如图 12-12 所示。

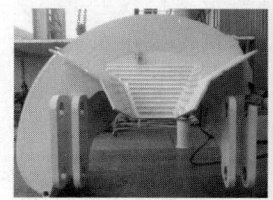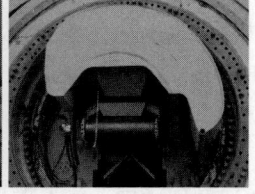

图 12-12　接渣斗

3）推进系统

(1) 总推力计算

总推力计算公式为

$$F = NF_i + \sum F_m \quad (12\text{-}46)$$

式中，F 为 TBM 总推力，kN；N 为滚刀数；F_i 为每把滚刀最大承载能力，kN，可取 210～310 kN，通常取 240 kN；F_m 为摩擦阻力，kN，按 30% $N \cdot F_i$ 选取。

① TBM 最大总推力由 TBM 推进缸数量、供油压力、液压缸与 TBM 轴线夹角、液压缸端直径决定。

② TBM 实际推力是在最大设计推力范围内，由掌子面岩石的软硬、完整程度所需破岩推力和 TBM 移动部分的摩擦力的总和所决定。

(2) 滚刀刀间距计算

滚刀刀间距计算公式为

$$\lambda = \frac{D_\text{理}}{2N} \quad (12\text{-}47)$$

式中，λ 为刀间距，mm；N 为滚刀数；$D_\text{理}$ 为理论开挖直径，mm。

相邻滚刀的间距取决于岩石种类、抗压强度、节理分布等因素，但每条隧道的上述因素均是沿隧道洞线发生变化的，所以实际工程中，一般以岩石种类为主要依据，参考岩石抗压强度确定滚刀间距，如表 12-16 所示。

表 12-16　各类岩石设计选用滚刀刀间距表

mm

岩石种类	片麻岩	花岗岩	石灰岩	砂岩	页岩
刀间距 λ	60～70	65～75	70～85	70～85	85～100

(3) TBM 掘进行程

合理选择 TBM 掘进行程对加快掘进速度、提高施工质量是十分有利的。目前，可供选择的一次 TBM 掘进行程（S）有 0.6 m、0.8 m、1 m、1.2 m、1.4 m、1.5 m、1.8 m 和 2.1 m。

① 在设备制造能力允许的条件下，建议选用长的 TBM 掘进行程，以减少换行程次数，从而提高总体施工速度，同时减少停开机次数，有利于延长 TBM 寿命。

② 选择 TBM 掘进行程还涉及混凝土管片宽度、后配套接轨长度及后配套接轨处的水、

风管长度,要求这些参数与 TBM 掘进行程互成公倍数,有利于施工的配套作业。

4) 出渣系统

TBM 出渣方式可分为有轨运输和连续皮带机两种形式,主要的出渣方式为连续皮带机形式,常规配备满足 TBM 快速施工及长距离皮带延伸要求即可。根据动力需要可在中间加设中继站,以增加动力;或开挖支洞,转变出渣位置。

(1) 连续皮带机的存储皮带应满足单次掘进距离要求。

(2) 连续皮带机的存储皮带需要具有可分段拆装、分段使用功能,满足分体始发要求。

(3) 连续皮带机在转弯与上、下坡时需要具有调节角度功能,使皮带始终处于正中间运行,避免跑偏落渣。

(4) 连续皮带机的驱动电动机要求有变频调速功率,可根据隧道掘进长度自动调整输出功率。

根据连续皮带机截面特征,皮带机的最大输送能力计算如下:

$$Q_{max} = 3600 A_{max} \cdot V \cdot K \cdot \rho_r \quad (12\text{-}48)$$

式中,Q_{max} 为理论最大瞬时量,m^3/h;K 为倾斜系数,一般选取 0.98;V 为带速,m/s,一般选取 3.15 m/s;A_{max} 为最大装料断面面积,m^2;ρ_r 为输送物料松散容重,t/m^3,一般选取 2.5 t/m^3。

$$P = Q_{max} - Q_{实际} \quad (12\text{-}49)$$

式中,P 为皮带机最大运输能力(P 为正值时,满足运输能力;P 为负值时,不满足运输能力);Q_{max} 为理论最大瞬时量,m^3/h;$Q_{实际}$ 为实际最大瞬时量,m^3/h。

5) 运输设备选型

运输方式采用无轨胶轮车(图 12-13)、内燃机车(图 12-14)、混凝土搅拌运输车(图 12-15)、连续皮带机,按照隧道开挖直径、设计轴线等要求选择对应型号的设备,无统一规定。

图 12-13 无轨胶轮车

图 12-14 内燃机车

图 12-15 混凝土搅拌运输车

2. 洞身施工机械配备

1) TBM 配备

TBM 法隧道施工所需设备台数主要与斜井数量、隧洞长度、TBM 掘进机寿命和工程工期有关,同时需考虑施工场地的实际情况。

2) TBM 法施工运输机械配备

有轨运输及无轨运输设备的配备要考虑运输最远距离、最大坡度、最小半径等因素,同时考虑运输材料质量、掘进/运输时间、隧道内材料存放位置/场地等条件限制。常见 6~8 m 级 TBM 法施工机械配备情况可参照表 12-17。

表 12-17　有轨运输及无轨运输设备的配备表

TBM 掘进机类型		配备机械				
		门式起重机	内燃机车	无轨胶轮车	混凝土搅拌运输车	连续皮带机
TBM	6 m 级	45 t,2 台	25 t,2 辆	40 t,2 辆	10 m³,2 辆	300 m³/h,1 台
	8 m 级	45 t,2 台	35 t,2 辆	40 t,2 辆	15 m³,2 辆	500 m³/h,1 台

12.3　盾构法隧道施工机械选型与配备

12.3.1　盾构法设备选型

1. 盾构机选型原则

盾构机的选型是盾构法隧道施工安全、环保、优质、经济、快速建成的关键工作之一。盾构机选型应综合考虑安全适应性(也称可靠性)、先进性、经济性等因素,所选择的盾构机形式要能尽量减少辅助施工,并确保开挖面稳定和适应围岩条件。盾构机选型时主要遵循下列原则:

(1) 应对工程地质、水文地质有较强的适应性,满足施工安全的要求。

(2) 适应性、先进性、经济性相统一,在安全可靠的情况下,考虑技术先进性和经济合理性。

(3) 满足隧道外径、长度、埋深、施工场地、周围环境等条件。

(4) 满足安全、质量、工期、造价及环保要求。

(5) 后配套设备的能力与主机配套,满足生产能力与主机掘进速度相匹配,同时具有施工安全、结构简单、布置合理和易于维护保养的特点。

(6) 同时要考虑盾构机制造商的知名度、业绩、信誉和技术服务。

盾构施工的关键在于盾构机的选型,取决于盾构是否适应现场的地质条件和施工环境,盾构机的选型正确与否直接决定着盾构施工的成败。不同形式的盾构机所适应的地质范围不同,盾构机选型总的原则是适应性第一位,以确保盾构法施工的安全可靠。在安全可靠的情况下再考虑先进性,即先进性和经济性第二位。

2. 盾构机选型流程

结合盾构机选型原则,选型时先确认盾构机是否有利于开挖面的稳定,其次才考虑环境、工期、造价等限制因素,同时考虑合适的辅助工法。选型流程如图 12-16 所示。

(1) 在对工程地质和水文地质条件、周围环境、工期要求、经济性等进行充分研究的基础上,选定盾构机的类型。

(2) 根据地层的渗透系数、颗粒级配、地下水压、环保、辅助施工方法、施工环境、安全等因素,对土压平衡盾构机和泥水盾构机进行比选。

(3) 根据详细的地质勘探资料,对盾构机各主要功能部件进行选择和设计(对于土压平衡盾构机,确定刀盘驱动形式、结构形式、开口率,刀具种类与配备,螺旋输送机的形式与尺寸,皮带机规格等;对于泥水平衡盾构机,确定刀盘驱动形式、结构形式、开口率,刀具种类与配备,前隔板的结构设计与泥浆门的形式,破碎机的布置与形式,进排泥浆泵,泥浆管的直径等),并根据地质条件等,确定盾构机的主要技术参数。在选型时应进行盾构机的主要技术参数详细计算,主要包括刀盘直径、刀盘开口率、刀盘转速、刀盘扭矩、刀盘驱动功率、推力、掘进速度、螺旋输送机功率和长度、进排泥浆管直径、进排泥浆泵功率和扬程等。

(4) 根据地质条件,选择与盾构机掘进速度相匹配的盾构机后配套施工设备。

3. 盾构机选型方法

盾构机选型应以工程地质和水文地质条件为主要依据,综合考虑周围环境条件、隧道断面尺寸、施工长度、埋深、线路的曲率半径、沿线地形、地面及地下构筑物等条件,以及周围环境对地面变形的控制要求,同时包括工期、

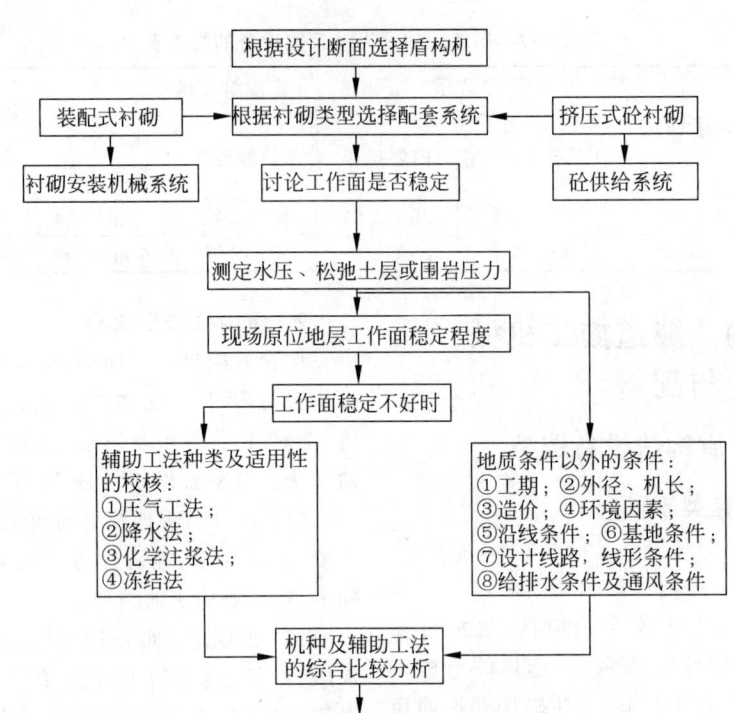

图 12-16 盾构机选型流程图

环保等因素。除此之外,盾构机选型还需参考国内外已有盾构工程实例及相关的盾构机技术规范、施工规范及相关标准,对盾构机类型、驱动方式、功能要求、主要技术参数、辅助设备的配备等进行研究。

1) 根据地层渗透系数选型

地层渗透系数对于盾构机的选型是一个很重要的因素。当地层渗透系数小于 10^{-7} m/s 时,宜选用土压平衡盾构机;当地层透水系数大于 10^{-4} m/s 时,宜选用泥水平衡盾构机;当地层渗透系数在 $10^{-7} \sim 10^{-4}$ m/s 之间时,既可以选用土压平衡盾构机,也可以选用泥水平衡盾构机。若地层以各种级配富水的砂层、砂砾层为主时,宜选用泥水平衡盾构机;其他地层宜选用土压平衡盾构机,如图 12-17 所示。

2) 根据地层的颗粒级配选型

一般情况下,以Ⅰ、Ⅱ级围岩为主的隧道适合采用敞开式 TBM 施工,以Ⅲ、Ⅳ级围岩为主的隧道适合采用双护盾 TBM 施工,对于Ⅴ级围岩为主和地下水位较高的浅埋隧道或越江隧道则适合采用盾构法施工。

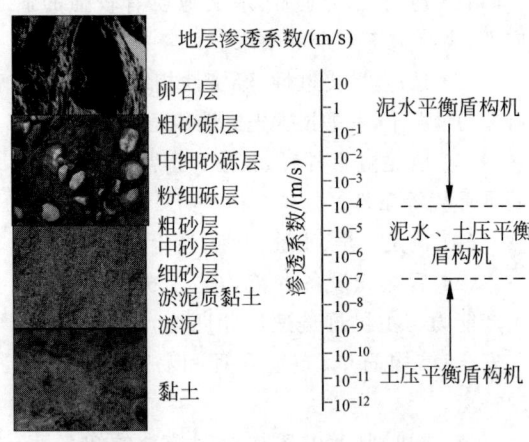

图 12-17 盾构机类型与渗透系数的关系

土压平衡盾构机主要适用于粉土、粉质黏土、淤泥质粉土、粉砂层等黏稠土壤的施工;砾石粗砂区为泥水盾构机适用的颗粒级配范围;粗砂、细砂区可使用泥水平衡盾构机,也可改良土质后使用土压平衡盾构机,如图 12-18 所示。

一般来说,当岩土中的粉粒和黏粒的总量达到 40% 以上时,宜选用土压平衡盾构机,否

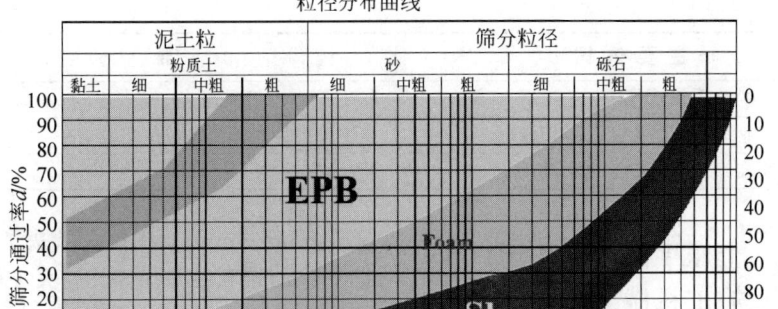

图 12-18　盾构机类型与地层颗粒级配关系（图中 EPB 为土压平衡，Foam 为泡沫，Slurry 为泥浆）

则选择泥水平衡盾构机比较合适，粉粒的绝对大小通常以 0.075 mm 为界。

3）根据地下水压选型

隧道穿越江河湖海，当水压大于 0.3 MPa 时，适宜采用泥水平衡盾构机，若采用土压平衡盾构机，螺旋输送机难以形成有效的土塞效应，在螺旋输送机排土闸门处易发生渣土喷涌现象，引起土仓压力下降，导致开挖面坍塌。若因地质原因需采用土压平衡盾构机，则需增大螺旋输送机的长度，或采用二级螺旋输送机，或采用保压泵。

4）盾构机选型时必须考虑的特殊因素

盾构机选型实际实施时，需解决理论合理性与实际可能性之间的矛盾，包括环保、工程地质和安全等因素。

（1）环保因素

泥水盾构施工的泥浆虽经过筛滤、旋流、沉淀等工序后将弃土浆液中的粗颗粒分离，并通过车、船等工具运输弃渣，但泥浆中的悬浮或半悬浮状态的细土颗粒仍不能完全分离，这是泥水盾构施工在保护环境方面的难题，因此需考虑泥浆弃置江河湖海等水体后造成的污染问题。

废弃泥浆也可作为固体物料运输，国内外有成功的实例，但存在以下问题：

① 处理设备昂贵，增加工程投资；

② 处理设备所需场地较大；

③ 处理周期较长。

（2）工程地质因素

盾构施工段地质情况的复杂性主要为工程地质特性多变，部分施工环境适合选用土压平衡盾构机，部分又适合选用泥水平衡盾构机，因此选型时应综合考虑不同施工方法的风险，择优选择。

（3）安全因素

从保持施工面的稳定、控制地面沉降的角度来看，特别是在河湖等水体下、在密集的建筑物或构筑物下及上软下硬的地层中施工，且隧道断面较大时，宜使用泥水平衡盾构机。

5）选型适应性评审

选型的主要依据来源于项目实际情况，结合周边地理环境以及盾构机现状进行综合分析，确定盾构机适应性方案，如表 12-18 所示。

表 12-18　盾构机适应性评审依据

序号	主 要 依 据	要　　点
1	项目总体概况	—
2	区间地质水文条件	影响范围内的地质水文条件，尤其是不良地质情况
3	盾构穿越特殊地层，下穿重要管线、铁路、建筑物等调查报告	与建（构）筑物、管线、铁路等位置的距离关系
4	区间重难点分析及对策	—

续表

序号	主要依据	要点
5	盾构机选型及系统配备	关注盾构机刀具配备、掘进里程、系统配备
6	盾构施工业绩、重大维修保养记录	关注设备维修保养情况
7	盾构设备维修、制造过程的管理情况	—

12.3.2 土压平衡盾构法洞口施工机械

土压平衡盾构法洞口施工主要包括端头加固、始发接收基座安装、反力架安装。

1. 洞口施工机械选型

1) 端头加固

(1) 纵向加固长度

端头土体加固范围应根据始发接收端头的地层情况、盾构主机长度以及土体强度、整体稳定验算结果来综合确定。

① 不受地下水影响或者受地下水影响较小的地层(黏土、粉质黏土层等),可直接根据强度验算、稳定性验算的计算结果和工程经验取值,一般 6 m 级盾构始发端头加固长度大于等于 6 m,接收端头加固长度大于等于 3 m。

② 稳定性较差且受地下水影响较大的地层(如砂层、砂卵石层等),除了考虑强度验算和稳定性验算的结果,还要考虑水土沿盾壳与土体间的间隙流入始发井的情况,一般端头加固长度应该比盾构主机长度长 1.5~2 m。

(2) 横向加固范围

盾构始发、到达横向加固范围一般根据地层特性按照以往施工经验选取。横向加固最小范围如表 12-19 所示。

端头加固常用机械的适用范围如表 12-20 所示。

表 12-19 端头加固范围表

范围/直径	$D<1$	$1<D<3$	$3<D<5$	$5<D<8$
B	1	1	1.5	2
H_1	1	1.5	2	2.5
H_2	1	1	1	1.5

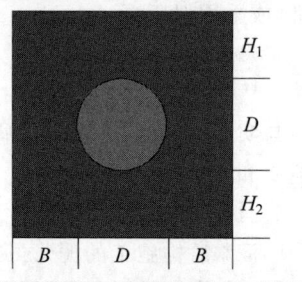

表 12-20 端头加固常用机械的适用范围

序号	工法名称	工法内容	机械	常用组合
1	搅拌桩	三轴搅拌桩、二轴搅拌桩	搅拌装机等	一般采取两种或两种以上方法组合(结合基坑开挖时实际地质情况,作出科学合理的选择、优化)
2	旋喷桩	三重管、两重管和单管	旋喷桩机等	
3	MJS 工法	双高压旋喷桩	旋喷桩机等	
4	SMW 工法	三轴搅拌桩、二轴搅拌桩(H 型钢作应力补强材)	搅拌装机等	
5	注浆法	袖阀管劈裂注浆、水泥压密注浆、双液注浆	注浆泵等	
6	挡土加固法	玻璃纤维筋桩、素桩或素墙(≤C20)	混凝土施工机械等	
7	辅助加固方法	管棚法、端头降水、特殊管片注浆方法	管棚钻机等	

2) 始发接收基座安装

始发接收基座一般包括2幅底座、2根纵梁、底部支承、钢轨等结构,如图12-19所示。基座型号需要按照盾构机尺寸及重量确定,安装过程中分件安装连接。始发接收基座安装机械主要包括履带式起重机、汽车起重机、门式起重机,具体始发接收基座安装机械配备满足最大件重量要求及最长件位置要求即可。

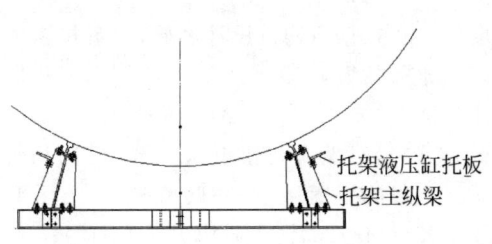

图12-19 始发接收基座示意图

3) 反力架安装

反力架结构一般包括2根立柱、2根横梁、4个内支承、1个基准环、斜向支承及横梁支承等结构,如图12-20所示。反力架型号需要按照盾构机尺寸及推力确定,安装过程中分件安装连接。反力架安装机械主要包括履带式起重机、汽车起重机、门式起重机,具体反力架安装机械配备满足最大件重量要求及最长件位置要求即可。

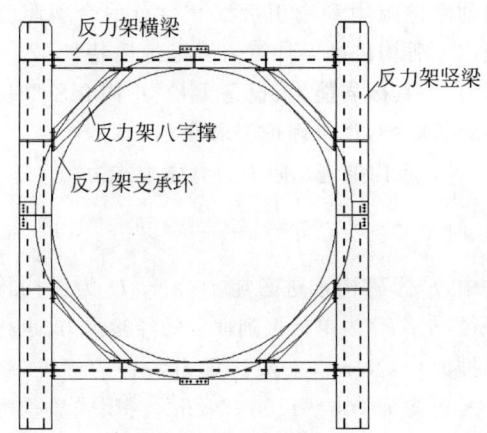

图12-20 反力架结构示意图

2. 洞口施工机械配备

1) 端头加固机械配备

盾构端头加固按照工程地质、水文条件、加固长度、加固深度等条件进行设备选型,具体配备台数需考虑加固场地位置条件及周围环境条件要求。一般情况下,一个端头位置配备1套加固设备。

2) 始发接收基座、反力架安装机械配备

盾构始发接收基座、反力架安装机械配置要考虑起重质量、吊装位置、工作半径、起身高度、吊臂长度、主臂主角等因素,同时考虑安装形式、周围环境、结构尺寸关系等限制条件。常见始发接收基座、反力架安装机械配备情况可参照表12-21。

表12-21 托架、反力架安装机械

设备名称	开挖直径	型号	条件
汽车起重机	6 m 级	25 t	物件尺寸,吊装位置
		50 t	
	8~10 m 级	80 t	
		100 t	
	10 m 级以上	130 t	

12.3.3 土压平衡盾构法洞身施工机械

洞身施工主要设备为土压平衡盾构机,辅助设备包括电机车、门式起重机、砂浆搅拌站等。

1. 洞身施工机械选型

盾构施工过程中,地质是基础、设备是关键、人是根本,地质资料的掌握和分析是施工方案、设备选型的出发点。盾构机选型应在整机适应性选型的基础上进行关键系统的验算及配备,兼顾经济性、安全性等。

1) 刀盘选型

刀盘选型包括刀具数量及形式、开口率,

主要考虑地层强度、地下水、掘进效率等关键因素，使之满足掘进要求。

（1）刀盘分类

刀盘分为软土刀盘、硬岩刀盘、复合刀盘等。

① 软土刀盘以切刀为主，同时配置周边刮刀和先行刀，无滚刀。一般用于抗压强度（unconfined compressive strength，UCS）小于5 MPa的软土地层或强风化的软岩地层。软土刀盘可以是辐条式刀盘、辐板式刀盘。

② 硬岩刀盘以滚刀为主，边缘和部分面板上装有铲刀，无切刀。一般用于UCS大于50 MPa的全断面岩石地层，开口率小于20%。硬岩刀盘是一种特殊的面板式刀盘，一般称为鼓形刀盘。

③ 复合刀盘既有滚刀，又有切刀和周边刮刀，还可以安装先行刀，一般用于UCS大于5 MPa的软硬不均的地层，复合刀盘一般都是面板式刀盘。

（2）刀盘开口

刀盘开口参数包括开口率、开口形状及大小，选型不当会存在结泥饼、卡螺旋输送机、堵塞排浆管、掌子面沉降坍塌、掘进效率低等风险，因此开口选择需综合考虑地质特性的影响。

① 开口率选择。开口率指刀盘开口面积占刀盘总面积的百分比，主要根据盾构掘进效率和地层特性进行选择。自稳性差的地层，开口率宜控制在30%～40%，可控制渣土流动，有助于掌子面稳定；自稳性良好的地层，开口率控制在60%～70%，可保证渣土流通性，提高掘进效率。

② 开口形状和大小选择。开口形状和大小指开口的截面形状及大小，其主要依据渣土排出方式进行选择。土压平衡盾构机刀盘开口大小必须小于螺旋输送机理论通过粒径的最大值；泥水平衡盾构机在含有特大卵石的地层中施工，刀盘开口大小必须小于盾构机碎石机的最大碎石能力，保证进入土仓的特大卵石能够顺利破碎排出。

2）主驱动扭矩

（1）扭矩组成

刀盘的扭矩包括克服刀盘切削扭矩、刀盘自重产生的旋转力矩、刀盘的推力载荷产生的旋转扭矩、密封装置产生的摩擦力矩、刀盘圆周面上的摩擦力矩、刀盘背面的摩擦力矩、刀盘开口槽的剪切力矩、刀盘土腔内的搅动力矩等。

（2）扭矩计算

根据盾构机设计经验，刀盘扭矩可按下式进行估算：

$$M = KD_3 \qquad (12\text{-}50)$$

式中，M 为刀盘扭矩，kN/m；K 为相对于刀盘直径的扭矩系数（一般情况下，土压平衡盾构 $K=14\sim23$，泥水盾构 $K=9\sim18$）；D_3 为刀盘开挖直径，m。

综合式(12-50)计算结果，要求刀盘驱动扭矩具有一定的富余量，扭矩储备系数一般为1.5～2倍。

3）推进系统

（1）推力计算

盾构机的总推力根据各种推进阻力的总和及所需的富余量决定，通常考虑的推进阻力由盾构外壳与土体之间的摩擦力、刀盘面板的推进阻力、切土所需要的推力、管片与盾尾之间的摩擦阻力和牵引后配套拖车的牵引阻力组成。盾构机推力计算需考虑地质特性、岩土压力、刀具破岩能力、设备重量、不同介质摩擦系数等影响，得出理论需求推力。

① 盾构推进总阻力。具体公式为

$$F = \frac{\pi D^2 P_j}{4} \qquad (12\text{-}51)$$

式中，F 为盾构推进总阻力，kN；D 为盾构机外径，m；P_j 为单位掘削面上的经验推力（也称比推力），kN/m²，一般比推力装备的标准，敞开式盾构为 700～1100 kN/m²，封闭式盾构为 1000～1500 kN/m²。

② 盾构机总推力。具体公式为

$$F_e = A \cdot F \qquad (12\text{-}52)$$

式中，F_e 为盾构机总推力，kN；A 为安全储备系数，一般取 1.5～2 倍；F 为盾构推进总阻力，kN。综上所述，推力必须留有足够的余量，总推力一般为总阻力的1.5～2倍。

（2）液压缸

液压缸的选型和配备应根据盾构机的可

操作性、管片组装施工方便性等确定,须满足下列要求:

① 液压缸数量。液压缸数量的确定要综合考虑盾构机直径、液压缸推力、管片结构、隧道轴线等因素。一般中小型盾构机(6 m 级及以下)中每个液压缸的推力为 600～1500 kN,大型盾构机(8 m 级及以上)中每个液压缸的推力多为 2000～4000 kN。

② 液压缸行程。盾构机推进液压缸的行程应考虑盾尾管片拼装及曲线施工等因素,通常按下式进行配置:

$$液压缸行程 = 管片宽度 \times 2 - \frac{2}{3} \times 搭接长接 + 预留余量 \quad (12-53)$$

预留余量一般取 200～300 mm。

③ 液压缸速度。盾构机推进液压缸的速度必须根据地质条件和盾构机性能来决定。为了提高工作效率,液压缸的回缩速度要求越快越好。

4) 铰接系统

为满足盾构机掘进时能灵活地调整姿态,可通过调整铰接液压缸行程差弯曲盾构本体,保证顺利通过小曲线半径掘进,铰接方式分为主动铰接和被动铰接。

(1) 主动铰接

主动铰接结构设置于前、中盾之间,依靠铰接千斤顶的主动伸缩调节盾构机前后部分的弯折角度,从而实现盾构机转弯,如图 12-21 所示。

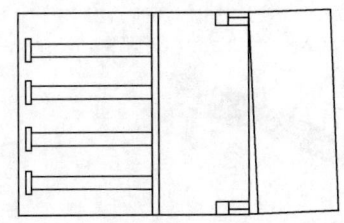

图 12-21 主动铰接调整角度示意图

(2) 被动铰接

被动铰接的千斤顶安装在盾构机的中盾上,推进千斤顶的推力作用在前盾上,铰接千斤顶在盾尾受到外力作用下使盾构机中盾与盾尾产生一定角度,从而实现盾构机转弯,如图 12-22 所示。

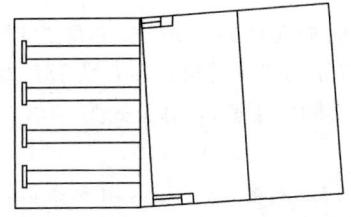

图 12-22 被动铰接调整角度示意图

(3) 转弯能力

已知隧道转弯半径为 R,盾尾长度为 L_1,盾体长度为 L_2,如图 12-23 所示,则盾体轴线与盾尾轴线之间的夹角可按相似三角形原理计算,即

$$\angle \beta = \angle \theta = \frac{90}{\pi R}(L_1 + L_2) \quad (12-54)$$

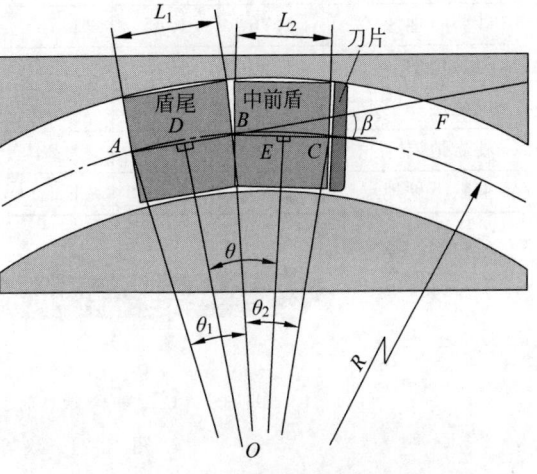

图 12-23 铰接调整角度模拟

综上所述,盾构机铰接装置液压缸行程设计应充分考虑隧道设计轴线平面转弯半径,在理论计算基础上有一定的富余量即可。

5) 注浆系统

因盾体锥形设计、管片与刀盘尺寸差值、地层稳定性及成形隧道质量控制需求,要配备专门的注浆设备进行建筑空隙填充,保证壁后密实,所以要求配备同步注浆设备满足盾构掘进速率与注浆速率同步的要求。

(1) 同步注浆量计算

① 理论注浆量,计算公式为

$$V = \frac{\pi}{4}(D^2 - d^2)L \quad (12-55)$$

式中,V 为盾尾建筑空隙,m^3;D 为刀盘开挖直径,m;d 为管片外径,m;L 为管片宽度,m。

② 实际注浆量,计算公式为

$$Q = \lambda V \quad (12-56)$$

式中,Q 为注入量,m^3;λ 为填充系数,也称扩散系数,根据施工经验,取值建议值如表12-22所示。

表 12-22 同步注浆浆液填充系数取值建议

地 层	填充系数平均值	填充系数最大值	填充系数最小值
砂层地层	1.75	2.42	1.22
黏土地层	1.49	1.95	1.05
淤泥地层	1.69	1.94	1.12
砂卵石地层	1.76	1.85	1.73
泥岩地层	1.30	1.48	1.23
风化层	1.70	1.96	1.34
硬岩地层	1.80	1.97	1.23
上软下硬地层	1.85	2.23	1.48

(2) 注浆泵能力

盾构机同步注浆系统配备 KSP12 施维英泵,单台泵的注浆能力达 10 m^3/h,同时拖车上配有双液浆设备,可及时补充并加快浆体凝固。

(3) 注浆泵数量

注浆泵数量的计算公式为

$$n = \eta \frac{Q}{V} \quad (12-57)$$

式中,n 为注浆泵数量,台,计算值取向上整数;Q 为单环注浆量,m^3;V 为单台注浆泵 1 h 注入能力,m^3/台;η 为注浆泵效率。

综上所述,结合盾构同步注浆量配备同步注浆泵台数,保证具有一定的富余量,满足施工要求即可。

6) 螺旋输送机

在强富水且水压大于 0.3 MPa 的地层,根据工程地质条件选择土压平衡盾构机施工时,若一个螺旋输送机的长度不能完全有效控制土渣喷涌,可以配置双闸门或双螺旋结构,如图12-24、图12-25所示,充分利用"迷宫密封"的原理,不仅可实现螺旋输送机降压目的,还可从第二螺旋输送机底部的排水管中排水,降低施工风险。

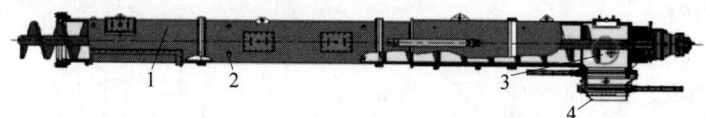

1—4×改良剂注入口;2—4×改良剂注入口;3—保压泵渣接口;4—双出渣门。

图 12-24 双闸门式螺旋输送机

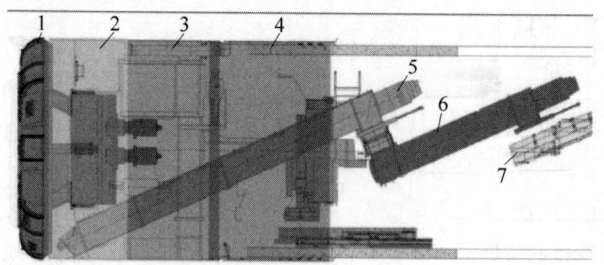

1—刀盘;2—前盾;3—中盾;4—盾尾;5—一级螺旋;6—二级螺旋;7—皮带机。

图 12-25 双螺旋输送机

7) 皮带输送机

土压平衡盾构机出渣方式一般选择螺旋输送机输出至盾构机皮带机,经皮带机输送至电机车后向外运输,要求皮带机输送能力大于螺旋输送机最大出渣速度即可。

(1) 单位时间掘进出渣量,计算公式为

$$Q_{开挖max} = D^2 \cdot \frac{\pi}{4} v \xi \quad (12\text{-}58)$$

式中,$Q_{开挖max}$ 为单位时间掘进出渣量,m³/h;D 为开挖直径,m;v 为开挖速率,m/h;ξ 为松散系数,一般取 1.4。

(2) 单位时间皮带机出渣量,计算公式为

$$Q_{出渣max} = AV\tau \quad (12\text{-}59)$$

式中,$Q_{出渣max}$ 为单位时间皮带机出渣量,m³/s;A 为物料的最大截面积,m²;V 为带速,m/s;τ 为断面折损系数,其主要受带宽 B、物料堆积角 Q 影响,当 B 取 800 mm、Q 取 20°时,τ 的取值参考表 12-23 和图 12-26。

表 12-23　倾斜输送机断面折损系数

倾角/(°)	2	4	6	8	10	12	14	16
τ	1	0.99	0.98	0.97	0.95	0.93	0.91	0.89

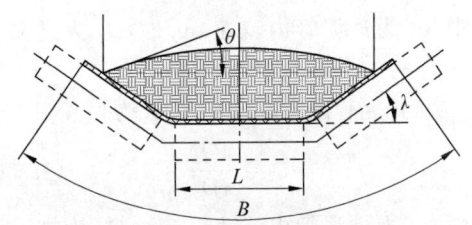

图 12-26　皮带机截面示意图

(3) 皮带机出渣能力校验,公式为

$$A = \frac{Q_{出渣max}}{Q_{开挖max}} \quad (12\text{-}60)$$

$$B = \frac{Q_{出渣max}}{Q_{螺旋max}} \quad (12\text{-}61)$$

式中,A 为皮带机出渣与单位时间掘进出渣量系数;B 为单位时间皮带机出渣量与单位时间螺旋机输送量系数。

综上所述,土压平衡盾构机皮带机选型要求 $A>1$,$B>1$ 且有一定富余量,同时考虑地层施工难度和设计轴线坡度等方面原因,为了避免斜坡段渣土因动力不足出现打滑而降低运输能力和螺旋机发生喷涌现象时皮带机堆积较多渣土无法启动等现象,需配备大功率皮带机电动机,解决脱困及渣土输送问题。一般 8 m 级土压平衡盾构机皮带机配备电动机功率为 75 kW。

8) 电机车

电机车选型要考虑隧道渣土方量、同步注浆浆液方量、管片重量及数量、隧道轴线等因素,满足盾构单环掘进物料运输要求即可。常见 6 m 级隧道盾构施工,多采用 1+4+1+2 的形式,即一列编组包括 1 辆 45 t 电机车车头、4 辆 18 m³ 渣土车、1 辆 7 m³ 砂浆车、2 辆 15 t 管片平板车。

9) 门式起重机

门式起重机选型要考虑渣土重量、管片重量、辅助材料重量、场地布置方式等因素,满足盾构掘进效率及吊装重量要求即可。常见 6 m 级隧道盾构施工配备 45 t+16 t 门式起重机,其中 45 t 起重机主要用于渣土斗卸渣,16 t 起重机用于管片吊装、辅助材料吊装等。

10) 砂浆搅拌站

砂浆搅拌站选型要考虑施工进度、同步注浆方量、物料储存罐、砂浆搅拌能力等因素,同时考虑场地布置方式、运输距离、环保要求等限制条件,满足盾构掘进效率要求即可。常见 6 m 级隧道盾构施工配备 HZS-75 型砂浆搅拌站,辅助配备临时存储罐,一般方量为 10 m³,即砂浆站拌制合格的浆液可以临时存储,不必与电机车配合,保证施工的连续性。

2. 洞身施工机械配备

1) 土压平衡盾构机配备

根据项目工程量计算,按照整个工程长度、项目工期、车站结构配备盾构机。一般情况下,单个盾构区间配备 2 台盾构机同向施工共同完成;若盾构区间较长且设有中间风井等结构时,选择双向掘进至中间风井接收,盾构机配备台数大于等于 4(且为偶数);若接收井一端不具备吊装条件时,配备 1 台盾构机分别施工左线或右线,在接收井位置进行平移调头后再掘进。

2) 电机车配备

1 台盾构机一般配备 2 列电机车编组，从而保证盾构施工的连续性。电机车车头吨位及编组以满足盾构施工实际需求进行配备。

3) 门式起重机配备

在吊装井口及场地布置允许的情况下，根据盾构施工掘进效率和电机车准备时间计算选择门式起重机的数量、吨位和跨度。一般情况下，2 台盾构机左、右线同时施工时配备 2 台门式起重机。

4) 砂浆搅拌站配备

根据盾构施工现场情况，一般一个区间配备 1 套砂浆搅拌站。若需要相邻区间共同施工且场地、距离满足要求，可选择配备多套或较大拌和能力的砂浆搅拌站。

5) 土压平衡盾构法施工辅助机械配备

结合盾构施工经验，常见 6~8 m 级土压平衡盾构法施工辅助机械配备情况可参照表 12-24。

表 12-24　土压平衡盾构法施工常见辅助机械配备

盾构机类型		配置机械		
		门式起重机	电动机车	砂浆搅拌站
土压平衡盾构机	6 m 级	45 t，2 台	45 t，2 列	HZS-75，1 个
	8 m 级	70 t，2 台	65 t，2 列	HZS-90，1 个

12.3.4　泥水平衡盾构法洞口施工机械

泥水平衡盾构法洞口施工主要包括端头加固、始发接收基座安装、反力架安装，施工方法中涉及的机械选型与配备同土压平衡盾构法洞口施工，详见 12.3.2 节。

12.3.5　泥水平衡盾构法洞身施工机械

1. 洞身施工机械选型

1) 泥浆环流系统

(1) 泥浆输送能力计算

① 开挖土体流量计算，公式为

$$Q_E = \frac{1}{4}\pi D^2 v \tag{12-62}$$

式中，Q_E 为开挖土体流量，m^3/h；D 为刀盘开挖直径，m；v 为最大推进速度，m/h。

② 排泥流量计算，公式为

$$Q_2 = \frac{Q_E(\rho_E - \rho_1)}{\rho_2 - \rho_1} \tag{12-63}$$

式中，Q_2 为排泥流量，m^3/h；Q_E 为开挖土体流量，m^3/h；ρ_E 为开挖土体密度，t/m^3；ρ_1 为进泥密度，t/m^3；P_2 为排泥密度，t/m^3。

③ 进泥流量计算，公式为

$$Q_1 = Q_2 - Q_E \tag{12-64}$$

式中，Q_1 为进泥流量，m^3/h；Q_2 为排泥流量，m^3/h；Q_E 为开挖土体流量，m^3/h。

在以上计算的基础上，进、排泥流量应考虑一定的富余量，储备系数一般为 1.2~1.5 倍。同时考虑到进、排泥系统在旁通模式时进、排泥流量相等的特点，在进浆泵选型时，其排量值的选取应不小于计算的排泥流量。

(2) 进排泥能力计算

① 进泥管内流速计算，公式为

$$v_1 = \frac{4Q_1}{\pi D_2^2} \tag{12-65}$$

式中，v_1 为进泥管内流速，m/h；Q_1 为进泥流量，m^3/h；D_2 为进泥管内径，m。

② 排泥管内流速计算，公式为

$$v_2 = \frac{4Q_2}{\pi D_2^2} \tag{12-66}$$

式中，v_2 为排泥管内流速，m/h；Q_2 为排泥流量，m^3/h；D_2 为排泥管内径，m。

2) 碎石搅拌装置选型

碎石搅拌装置分为碎石机和左、右搅拌器。根据施工项目的地质情况，在软土地层（如粉砂、粉土地层）多配备左、右搅拌器，在复合地层（如岩层、砂卵石地层）常配备碎石机，旨在将刀盘切削下来的大石块破碎，能顺利进入泥浆环流。

3) 泥水处理系统选型

(1) 泥水分离设备选型

泥水盾构施工的出渣方式是通过泥浆携带渣土至泥水分离站，经过粗筛、一级分离、二级分离后进入压滤机进行脱水,形成泥饼后外运。泥水分离设备及场地布置通常需要考虑场地大小、场地布置及盾构正常掘进期间需要的设备处理能力。

① 选型流程

(a) 根据地层的颗粒分析,确定选用何种泥水处理设备进行泥水分离,以达到形成泥膜所需要的泥浆比重。

(b) 根据盾构机排浆量,确定单位时间的排浆流量,以便配备相对应处理能力的泥水处理设备。

(c) 根据初步计算结果,绘制泥水处理系统图及物流平衡图,确定弃浆量及清水供应量等重要数据。

(d) 根据确定的泥水处理方案,完成设备选型,尽可能选用现有型号规格的技术成熟设备,力求提高处理效能,同时考虑设备耐久性;如需使用非标设备,则需提前与相关生产厂商合作,进行二次设计,以满足使用需求。

(e) 根据处理方案,并结合施工现场条件,绘制泥水处理场地平面布置图及泥水场地土建施工图。

② 场地选址原则

(a) 合理控制泥水场地规模,力求节约用地,减少征地拆迁费用。

(b) 尽量远离密集居民区,降低对密集居民区的扬尘、噪声、光污染影响。

(c) 尽量靠近隧道工作井,减少进、排泥管路的输送距离;同时,尽量靠近清水取水点以及弃浆处理点,减少取水管路以及弃浆管路的输送距离。

(d) 尽量选择地势较为平坦、远离有土方开挖和基础加固的区域。

(e) 场地周边具有宽阔的施工便道、良好的交通条件,以方便设备、材料、施工机具及渣土的出入。

(2) 泥水分离能力

盾构泥水分离能力处理系统为参数计算包括物质守恒计算(泥水盾构匹配能力计算)、旋流器处理能力计算、泥浆泵电动机功率计算、耗材计算(水、新浆材料等)、耗电量计算及设备总功率计算等。相关环流参数计算时所涉及的变量名称和符号如表 12-25 所示。

表 12-25 泥水分离设备的设计计算依据

变 量 名 称	符 号
开挖直径/m	D
隧道截面面积/m²	S_e
掘进距离/m	L
最大掘进速度/(mm/min)	v_{max}
出渣质量/t	M_{SM}
原状土相对密度/(kg/m³)	ρ_{SM}
进浆相对密度/(kg/m³)	ρ_B
排浆相对密度/(kg/m³)	ρ_S
进浆流量/(m³/h)	Q_B
排浆流量/(m³/h)	Q_S

(1) 单台盾构环流出渣计算公式

① 出渣方量 Q_{SM}:
$$Q_{SM} = S_e v_{max}$$

② 出渣质量 M_{SM}:
$$M_{SM} = S_e v_{max} \rho_{SM}$$

(2) 单台盾构环流循环泥浆计算公式

① 排浆流量 Q_S:
$$Q_S = Q_{SM} \frac{\rho_{SM} - \rho_B}{\rho_S - \rho_B}$$

② 进浆流量 Q_B:
$$Q_B = \frac{Q_S \rho_S - Q_{SM} \rho_{SM}}{\rho_B}$$

4) 泥水压滤设备选型

泥水压滤机由于处理之后形成的是泥饼和滤液水,分离更加彻底,滤液水的重复利用不仅降低了泥浆比重,对黏度的降低也有明显效果,断续工作对其处理能力的提升也有影响。所以选用压滤处理废浆的方式,不仅对降低泥浆比重和黏度有效,还对增黏负效应有所改善。

泥水分离设备按照常见型号,一般泥浆中粒径大于 2 mm 的颗粒可通过预筛分离;粒径 20 μm~2 mm 之间的颗粒可通过两级旋流分离;粒径小于 20 μm 的颗粒进入压滤设备进行再次处理。

泥水压滤机对应参数计算公式如下。

① 最大产生干渣量 $Q_{max渣}$（m^3）：

$$Q_{max渣} = \frac{\pi D^2}{4} v_{max} t \qquad (12-67)$$

式中，v_{max} 为最大掘进速度，mm/min；D 为开挖直径，m；t 为掘进时间，min。

② 最大排浆流量 Q_{out}（m^3/h）：

$$Q_{out} = \frac{Q_{渣}(\rho_{渣} - \rho_{in})}{\rho_{out} - \rho_{in}} \qquad (12-68)$$

式中，$Q_{渣}$ 为每环产生干渣量，m^3；ρ_{out} 为排浆比重，g/cm^3，通过试验取值，一般取 1.35 g/cm^3；ρ_{in} 为进浆比重，g/cm^3，通过试验取值，一般取 1.1 g/cm^3；$\rho_{渣}$ 为干渣比重，g/cm^3，通过试验取值，一般取 2.4 g/cm^3。

③ 进浆流量 Q_{in}（m^3/h）：

$$Q_{in} = Q_{out} - Q_{max渣} \qquad (12-69)$$

$$Q_{渣} = QA \qquad (12-70)$$

式中，Q 为每环掘进开挖土体体积，m^3；A 为粒径小于 20 μm 颗粒占比，%。

常见压滤机 APN18SL80M 的单台处理能力为 350~600 m^3/天（弃浆比重 1.3~1.4 g/cm^3，需要添加药剂），按照计算值配备对应压滤机台数，满足施工要求，且具备一定的富余量即可。

5）运输设备选型

运输车辆采用双头管片运输车（图 12-27）、砂浆运输车（图 12-28）、箱涵运输车（图 12-29）。按照隧道开挖直径、设计轴线、箱涵尺寸及箱涵承载力要求，选择对应型号的设备进行水平运输。

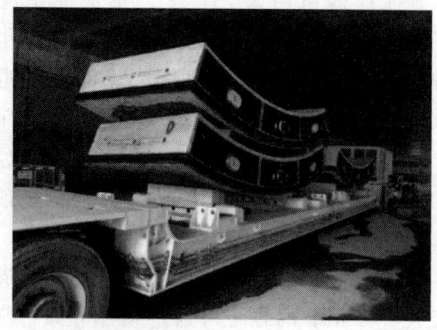

图 12-27 管片运输车

图 12-28 砂浆运输车

图 12-29 箱涵运输车

2. 洞身施工机械配备

1）泥水平衡盾构机配备

泥水平衡盾构机配备与土压平衡盾构机配备要求一致，同时，需要综合考虑泥水分离设备能力、压力、流量及距离等因素综合决定。

2）泥水处理系统配备

泥水处理系统选型要考虑开挖直径、颗粒级配、施工效率等因素，同时考虑场地规模、环保要求等限制条件，常见系统有 2500 型泥水分离系统、ZTJ-200 型制调浆系统和 APN18SL80M 型压滤系统，具体结构组成及配置台数根据工程实际情况决定。

（1）2500 型泥水分离系统，配备情况如表 12-26 所示。

表 12-26 2500 型泥水分离系统配备

序号	名称	型号或参数	单位	数量
1	预分筛分离部分	MTP-1250	套	2
1.1	入料消压箱	XY-350	个	2
1.2	粗筛	VS-2139	台	2
1.3	振动电动机	VV130B/6	台	4
1.4	高强弹簧	φ24×340 L	根	20

续表

序号	名称	型号或参数	单位	数量
1.5	钢制筛网	MTP-1	套	2
1.6	A 储浆槽	MTP-A	套	2
1.7	附件	管路阀门	套	2
1.8	电控装置	—	套	2
1.9	电磁流量计	DN400	套	1
2	一级旋流分离部分	MTP-1250	套	2
2.1	一级脱水筛	VD-2136	台	2
2.2	振动电动机	VV81B/6	台	4
2.3	洗沙装置	—	套	2
2.4	高强弹簧	$\phi 22 \times 315$ L	根	20
2.5	PU 筛网	MTP-2	套	2
2.6	B 储浆槽	MTP-B	套	2
2.7	一级旋流器	HC-900	支	4
2.8	一级旋流回浆箱	MTP-3	套	2
2.9	渣浆泵	12/10	台	2
2.10	主电机	220 kW/6	台	3
2.11	附件	管路阀门	套	2
2.12	电控装置	—	套	2
3	二级旋流分离部分	MTP-1250	套	2
3.1	二级脱水筛	VD-2136	台	2
3.2	振动电机	VV71B/4	台	4
3.3	高强弹簧	$\phi 22 \times 315$ L	根	20
3.4	PU 筛网	MTP-4	套	2
3.5	C 储浆槽	MTP-C	套	2
3.6	二级旋流器	$\phi 150$	套	2
3.7	二级旋流底流收集槽	MTP-5	套	2
3.8	渣浆泵	12/10	台	2
3.9	主电机	220 kW/6	台	3
3.10	附件	管路阀门	套	2
3.11	电控装置	—	套	2
4	入料分配箱	—	套	1

(2) ZTJ-200 型制调浆系统,配备情况如表 12-27 所示。

表 12-27　ZTJ-200 型制调浆系统配备表

序号	名称	型号或参数	单位	数量
1	调整池搅拌器	Bld7-37	台	2
2	浓缩机	Bld6-4	台	2
3	电动葫芦	2 t	套	1
4	新浆制备池搅拌器	BLD3-7.5	台	1

续表

序号	名称	型号或参数	单位	数量
5	新浆贮存池搅拌器	BLD4-15	台	1
6	化学药剂贮存池搅拌器	BLD3-7.5	台	1
7	高速制浆系统	KB-100	套	2
8	新浆制备剪切泵	WJQ5×6J-75	台	2
9	新浆输送渣浆泵	150TZS-PD	台	1
10	CMC 制备机	10 m³/h	台	1
11	CMC 泵	50TZS-PB	台	1
12	清水泵	IS200-150-250	台	2
13	水封泵	CDL8-4	台	3
14	底流渣浆泵	100TZS-PC	台	1
15	药剂库房	—	套	1
16	污水泵	WQ40-20	套	2
17	控制柜	EC-200	套	1
18	附件	管路阀门等	套	1

(3) APN18SL80M 型压滤系统,配备情况如表 12-28 所示。

表 12-28　APN18SL80M 型压滤系统配备表

序号	名称	单位	数量
1	主机	套	2
1.1	机架	套	2
1.2	隔膜滤板	块	80
1.3	孔板	块	78
1.4	移动板	块	2
1.5	液压装置	套	2
1.6	主液压缸	个	4
1.7	辅助液压缸	个	20
1.8	控制系统	套	2
1.9	吹风装置	套	2
1.10	自动润滑装置	套	2
2	入料隔膜泵	台	4
3	液压管路	套	2
4	入料桶搅拌器	套	1
5	空气压缩机	套	1
6	储气罐	套	1
7	弃浆罐搅拌器	套	1
8	废浆泵	套	1

3) 运输设备配备

常规直径泥水盾构机辅助设备与土压平

衡盾构机的类似，具体配备详见12.3.3节，所以泥水盾构施工水平运输按照大直径泥水盾构拥有调车平台的情况进行相关辅助机械配备。

(1) 砂浆运输车配备

砂浆运输车规格及数量配备要考虑单环同步注浆量、掘进时间等因素，同时考虑运输距离、浆液装载时间等限制条件，在保证单环同步注浆量的前提下，满足施工连续性及掘进效率即可。常见12 m级泥水盾构施工配备5 m³砂浆运输车5辆。

(2) 双头车配备

双头车规格及数量配置要考虑管片数量、管片重量、掘进时间等因素，同时考虑运输距离、管片装载时间等限制条件，满足施工连续性及掘进效率即可。常见12 m级泥水盾构施工配备60 t双头车3辆。

(3) 箱涵运输车配备

因为箱涵拼装与盾构掘进无强行关系，正常施工情况下，在管片拼装期间可以进行箱涵运输，同时在停机期间也可进行箱涵拼装。常见12 m级泥水平衡盾构施工每条隧道配备1辆箱涵运输车，或使用双头车运输箱涵。

4) 泥水平衡盾构法施工辅助机械配备

结合盾构施工经验，常见6～15 m级泥水平衡盾构施工辅助机械配备可参考表12-29。

表12-29　6～15 m级泥水平衡盾构施工常见辅助机械配备

盾构机类型		配备机械						
		门式起重机	电机车	砂浆搅拌站	泥水分离站	双头车	砂浆运输车	箱涵运输车
泥水平衡盾构机	6 m级	45 t,2台	45 t,2列	HZS-75	ZXSⅢ-800	—	—	—
	8 m级	45 t,2台	45 t,2列	HZS-90	ZXSⅢ-1000	—	—	—
	12 m级	50 t,2台	—	HZS-120	ZXSⅢ-2200	60 t,3辆	5 m³,5辆	可与双头车共用或按照运输要求配置
	15 m级	65 t,2台	—	HZS-180	ZXSⅢ-3300	60 t,4辆	8 m³,4辆	

12.4　明挖法隧道施工机械选型与配备

12.4.1　围护体系与地基施工机械

围护体系与地基加固施工有钻孔灌注桩施工、地下连续墙施工、搅拌桩施工、旋喷桩施工等，其中搅拌桩施工、旋喷桩施工参考12.1.1节的内容。

1. 围护体系与地基施工机械选型

1) 钻孔灌注桩选型影响因素

钻孔机的种类有旋转式钻孔机、冲击式钻孔机等。各种钻机有其各自的工作特点和使用范围，因此钻机的选择往往是顺利完成施工的重要环节。钻机的选择根据如下原则进行：

① 选择钻机类型时，必须考虑钻孔位的地质（土壤及土层结构）情况和钻机的适用能力，如表12-30所示。

表12-30　钻机选型

常用罐注桩适用范围		使用条件
护臂成孔灌注桩	冲击成孔	用于各种地质情况
	旋转正、反循环钻成孔	用于一般黏土、砂土、砂砾土等土层，在砂砾或风化岩层中亦可应用机械旋转钻孔，但砾石粒径超过钻杆内径时不宜采用反循环钻孔

② 钻机的型号应根据设计钻孔的直径和深度结合钻机钻孔能力而定。

③ 一台钻机配备有不同型式的钻头，而钻头应根据地质结构情况进行选择。

④ 钻机的选择还应考虑钻架设立的难易

程度,钻机的运输条件及钻机安装场地的水文、地质、钻机钻进反力等因素,力求所选钻机结构简单、工作可靠、使用及运输方便。

⑤ 钻机的选择要考虑其生产率应符合工程进度的要求。在保证工程质量和工作进度的前提下生产率不宜过大,因为生产率高的钻机费用高,工程造价高。

⑥ 一个工程队如要配备两台以上钻机时,应尽可能统一其型号/规格,这样便于管理。根据施工需要也可配备不同型号种类的钻机。

总之,在钻机选型时,要综合考虑各种因素,力求经济实用。

(1) 能力

一般冲击钻机适用于各种地形。冲击钻机的外形尺寸为 7500 mm×2200 mm×7000 mm(长×宽×高),钻孔直径为 1600~2500 mm,可钻孔长度为 0~100 m,冲击次数为 5~6 次/min;卷扬机拉力为 100 kN。冲击钻机的代表型号是腾龙 CK1800。

正循环钻机、反循环钻机一般用于一般黏土、砂土、砂砾土、砂砾或风化岩层等地质条件。旋挖钻机的外形尺寸为 7000 mm×2200 mm×2560 mm(长×宽×高);冲击钻机的钻孔直径为 300~3000 mm,可钻孔长度为 0~300 m。代表型号为华构 ZFJ-1500 正反循环钻机。

(2) 效力

冲击钻机一般冲击砂砾或风化岩层成孔在 6~8 m/天,正循环钻机、反循环钻机一般砂砾或风化岩层钻孔成孔在 8~10 m/天。

2) 地下连续墙施工机械

地下连续墙施工机械主要为地下连续墙抓斗(中心提拉式升槽机)。

(1) 能力

地下连续墙抓斗的地层适应性广(如 $N<40$ 的黏性土、砂性土及砾卵石土等),除大块的漂卵石、基岩外,一般的覆盖层均可适用。其标准斗宽 0.3~1.5 m,可挖掘深度为 45~80 m,抓斗质量为 6~26 t。

(2) 工效

使用抓斗成槽,可以单抓成槽,也可以多抓成槽,槽段幅长一般为 3.8~7.2 m。单抓成槽,即一次抓取一个槽幅;多抓成槽,即每个槽幅由三抓或出水口多抓形成。通常单序抓的长度等于抓斗的最大开度(2.4 m 左右),双序抓的长度小于抓斗的最大开度。

(3) 价格

目前,地下连续墙抓斗的价格在 100 万~480 万元之间。据早期的可靠统计,土力 BH-12 抓斗售价 279 万元,上海金泰进口组装的 GB-24 抓斗加底盘的售价为 480 万元,国产抚挖的 ZLD80 型连续墙抓斗的售价为 100 万~110 万元。

3) 搅拌桩施工机械

搅拌桩施工机械主要是水泥搅拌机。

(1) 能力

水泥搅拌机最适宜用来加固各种成因的饱和软黏土,常用于淤泥、淤泥质土、黏土、亚黏土等地质的加固,成桩深度可达 30 m,采用多头小直径桩成墙深度可达 18 m。水泥搅拌桩机一般搅拌槽长度为 2000~4000 mm,生产能力为 3~110 m³/h。

(2) 效力

水泥搅拌机下钻的钻进速度为 0.8~1.0 m/min,转速为 50~80 r/min,喷浆量不小于 40 L/m,下钻喷浆量占总浆量的 60% 以上;提升速度 0.8~1.5 m/min,转速为 60~100 r/min,喷浆量不大于 10 L/m,提钻喷浆量占总浆量的 40% 以下。喷浆压力为 0.4~1.5 MPa。

4) 旋喷桩施工机械

高压旋喷桩施工机械主要为高压旋喷钻机。

(1) 能力

地表旋喷桩加固主要采用高压旋喷钻机施工,常用的为履带式单管、双管、三管高压旋喷钻机,其钻孔深度为 0~100 m 成桩直径为 0.8~4 m。

(2) 效力

高压旋喷钻机的成桩速度主要看土质,其钻进和提出速度以及水泥喷射量要满足规范要求,每天可成桩 6~10 根。

2. 围护体系与地基施工机械配备

根据明挖工程设备的适用性评价综合分析和对当前隧道工程主要设备配置的总结,明挖法隧道工程机械选型优化配备如表 12-31 所示。

表 12-31 明挖法隧道施工机械配备

工程类型		地质、施工条件	设备配置		备注
			设备类型	推荐配置数量	
铁路隧道明挖工程	地基加固	钻孔灌注桩	用于各种地质情况	冲击钻机	1台	—
				旋挖钻机(正、反循环)	1台	
			黏土、砂土、砂砾土等	履带式挖掘机	1台	在砂砾或风化岩层中亦可应用机械旋转钻孔,但砾石粒径超过钻杆内径时不宜采用反循环钻孔
		搅拌桩	软土地基	水泥搅拌机	1台	—
		旋喷桩	松散、稍密砂层	单管高压旋喷钻机	1台	桩径≤0.6 m
			中密砂层	双管高压旋喷钻机	1台	桩径0.6~0.8 m
			圆砾层	三管高压旋喷钻机	1台	桩径1.0~1.2 m
	围护体系	地下连续墙	黏性土、砂性土及砾卵石土	地下连续墙抓斗	1个	
		钻孔灌注桩	用于各种地质情况	冲击钻	1	
				旋挖钻(正、反循环)	1	
			用于一般黏土、砂土、砂砾土等土层	履带式挖掘机	1	在砂砾或风化岩层中亦可应用机械旋转钻孔。但砾石粒径超过钻杆内径时不宜采用反循环钻孔

12.4.2 基坑施工机械

基坑施工机械主要为挖掘机、装载机、自卸车。

1. 基坑施工机械选型

1) 挖掘机选型

挖掘机主要分为大型挖掘机和小型挖掘机。

(1) 能力

大型挖掘机适用于基坑开挖,小型挖掘机适用于基坑清底。

① 环境及地质条件适应性

(a) 轮胎式挖掘机。适用于围岩较好、无较大涌水的石质隧道,其爬坡能力有限,同时对轮胎磨损较大,在涌水较大的土质隧道中易下陷打滑,隧道工程中一般不予采用。

(b) 履带式挖掘机。适用于各种围岩条件,对土质、涌水等复杂的地下环境有良好的适应性,在设备选型中优先选取。

② 结构尺寸

(a) 轮胎式挖掘机。斗容0.2~1.6 m³,最大挖掘高度9.7 m,最大挖掘深度5.1 m,回转半径≤2.5 m,适用于基坑台阶法开挖。

(b) 履带式挖掘机。斗容0.8~2 m³,最大挖掘高度11 m,最大挖掘深度7.1 m,最大卸载高度7.3 m,回转半径≤4.5 m,适用于现有基坑。

(2) 效力

挖掘机具体生产能力如表12-32所示。

表 12-32　挖掘机生产能力指标

序号	机械名称	型号规格	斗容量/m³	数量/台	生产能力/(m³/天)	生产效率/%	有效生产能力/(m³/天)
1	大型挖掘机	PC220	1.2	2	600	75	450
2	大型挖掘机	PC360	1.6	1	1000	80	800
3	小型挖掘机	PC120	0.35	1	350	60	210
4	长臂挖掘机	19 m 臂	0.5	1	400	60	240

注：基坑开挖按分层开挖，①第 1 层土方开挖时，受护坡施工作业影响，生产效率考虑发挥到 80%；②第 2 层为冠梁以下 5 m 土方挖掘时，受地质影响，生产效率考虑发挥到 80%；③第 3、4 层土方开挖时，考虑过程中架设支承及其他因素影响，生产效率考虑发挥到 60%。

2）装载机选型

斗容量 2~4 m³ 的装载机主要用于基坑的清渣装运工作。装载机的选型主要受环境及地质条件的影响。装载机按卸渣形式分为侧卸式装载机和翻斗式装载机，侧卸式装载机具有更强的适应性。基坑采用的装载机主要为轮胎式装载机。

（1）环境及地质条件适应性

轮胎式侧卸装载机的整机质量为 15~20 t，最大行驶速度可达 30 km/h，适用于围岩条件较好的隧道工程。在涌水较大的土质隧道中，通过加装防滑链可改善对环境的适应性。其车身机动灵活，卸载高度大，车体重量较轻，适用于现有基坑施工。

（2）结构尺寸

轮胎式侧卸装载机的最大卸载高度为 4.2 m，车长为 5~7 m。卸载高度大、车长较短，适用于各种基坑作业施工。

（3）装载机选型

轮胎式装载机相较于履带式装载机具有灵活、走行快捷、能适应基坑开挖快速装运的优点，因此在选型中优先选取。综合考虑装运需求等因素，基坑开挖施工时，建议每个作业面配备 1 台或 2 台斗容量为 3~4 m³ 的轮胎式侧卸装载机。

2. 基坑施工机械配备

根据基坑施工机械的适用性评价综合分析和对当前基坑开挖主要设备配置的总结，明挖法基坑施工机械选型优化配备如表 12-33 所示。

表 12-33　明挖法基坑施工机械选型优化配备

工程类型	地质、施工条件	设备配置 设备类型	设备配置 推荐配置数量	备　注
基坑开挖	软质泥土	履带式挖掘机	1 台	斗容量 1~2 m³，与装运作业共用
基坑开挖	岩体完整、破碎岩质	履带式挖掘机	1 台	斗容量 1~2 m³，与装运作业共用
基坑开挖	岩体完整、破碎岩质	轮胎式装载机	1 台	斗容量 2~4 m³，与装运作业共用
基坑开挖	—	自卸车	8~10 辆	4×2,6×4,8×4 自卸卡车
基坑开挖	岩体完整、破碎岩质	机械抓斗	1	斗容 2~4 m³，常用抓斗
基坑开挖	岩体完整、破碎岩质	液压抓斗	1	斗容 2~7 m³，常用抓斗

第13章

主要机械结构和工作原理

隧道施工机械主要有矿山法施工机械、TBM法施工机械、盾构法施工机械、明挖法施工机械等。其中,明挖法施工机械有旋挖钻机、冲击钻机等,多为通用施工机械,请参考第2篇"路基施工机械"。

13.1 矿山法施工机械

矿山法施工机械有洞口工程施工机械、洞身工程施工机械。洞口施工机械有螺旋钻机、挖掘机等,其结构原理参考第2篇"路基施工机械";洞身工程施工机械有超前支护机械、开挖机械、装运机械等,本章着重介绍其结构原理。

13.1.1 超前支护机械

超前支护机械的代表是多功能钻机,本节对其进行介绍。

1. 多功能钻机的组成和工作原理

多功能钻机由绞车、进给梁、动力头及小车、夹持器、滑槽与摆动座、大臂、液压系统、下车架、履带总成、后平台、发动机系统、操作台组成,其结构如图13-1所示。

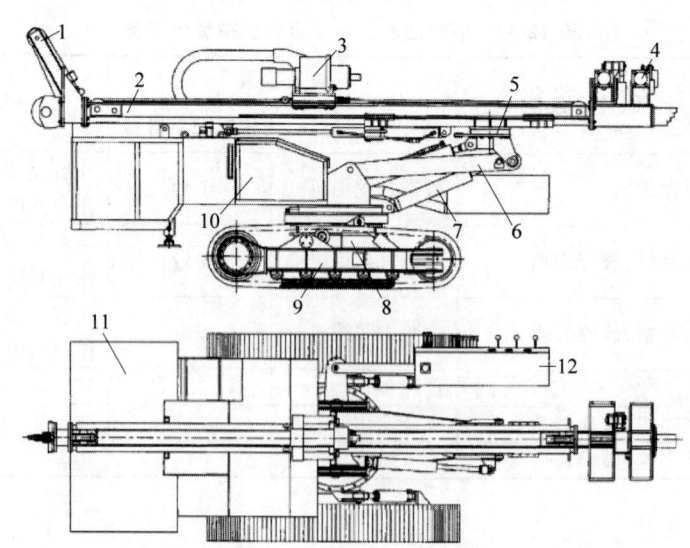

1—绞车;2—进给梁;3—动力头及小车;4—夹持器;5—滑槽与摆动座;6—大臂;7—液压系统;8—下车架;9—履带总成;10—后平台;11—发动机系统;12—操作台

图13-1 多功能钻机结构示意图

多功能钻机的工作原理是在工地上行驶到位后,通过钻架调整机构中各个液压缸的伸缩,将进给梁摆到特定的位置和角度,使动力头输出轴和即将要钻的孔同轴,再通过操作液压手柄,使动力头带动钻具进行旋转、冲击进给的动作。在此过程中,如果需要加接钻杆,则用固定夹具和可卸扣夹具分别夹紧相邻的钻杆,卸扣夹具反转将两夹具之间的螺纹连接松开,卸扣夹具松开钻杆,动力头反转,彻底旋开钻杆之间的螺纹连接,使相接钻杆分离;然后动力头回退留出一根钻杆的空间,接入钻杆,两端对齐,动力头正转拧紧两端的螺纹,如此完成一根钻杆的加接过程。在作业过程中,如有需要,可用绞车吊取钻具牵拉锚索。

2. 多功能钻机主要系统和部件的结构原理

1)绞车

绞车安装于进给梁的尾部,用于起吊钻具及拖拽锚索。

2)进给梁

进给梁是动力头运行的机载导向及拖动机构,由箱形梁及进给机构组成。箱形梁上部轨道供动力头小车运行,下部轨道夹持在滑槽与摆动座的滑槽内。动力头小车的前、后端均与进给链条连接。多功能钻机的进给机构一般有两种形式:一种是液压缸-链轮滑块-链条组成的倍速进给机构,由液压缸推动链轮滑块运动,链条通过特定的固定和缠绕方式拖拽动力头小车前进或后退;另一种是液压马达-减速机-链轮链条传动机构,动力头小车处于链条的闭合环路中,随链条在进给梁上前进或后退。

3)动力头及小车

动力头是钻孔作业的最主要执行机构,是输出扭矩和冲击功的工作装置。同一台钻机可以选配不同的动力头,如顶锤冲击式动力头、纯旋转式动力头、双动力头、旋喷动力头等。动力头小车搭载动力头在进给梁的轨道上做进给运动。

4)夹持器

夹持器一般为双夹具,每个夹具由一对夹持液压缸组成,通过夹持液压缸推动夹爪夹住钻具。前端夹具为固定夹具,后端为卸扣夹具。卸扣液压缸推动卸扣夹具转动,可使两根钻具之间的螺纹连接松开。

5)钻架调整机构

钻架调整机构是调整进给梁的姿态,使钻机能按需要的方向钻孔的机构,由大臂举升机构和滑槽与摆动座构成。大臂液压缸的伸缩可以带动大臂举升或下沉;变角液压缸可以改变进给梁和大臂的夹角,使进给梁立起来;摆动液压缸可以使进给梁绕摆动座左右摆动;滑动液压缸可以使进给梁前后滑动,利于就位。不同厂家的钻机钻架调整机构各不相同,自由度也不同。

6)液压系统

液压系统由液压泵、多路阀、先导控制阀、其他阀组、液压缸、回转装置、走行装置、管件和液压辅件等组成。发动机输出的动力,通过液压系统转换为驱动各执行部件工作的动力,并对各执行部件的运动进行有效控制,先导控制主回路使流量按需分配到动力头、动力头进给机构、钻架调整机构及走行装置。

7)操作台

工作装置的液压控制手柄、发动机操作系统、仪表、急停开关安置于操作台。

8)履带底盘及俯仰机构

履带底盘承载钻机的总质量,实现前进、后退、转弯的功能。下车架通过左右半轴和履带总成组成底盘,左、右俯仰液压缸使后平台在下车架带动下可以相对于履带架俯仰摆动。履带可以俯仰的优点是能适应倾斜和不平整的地形,便于上机部分工作时得以保持理想的水平状态。

9)后平台

后平台是钻架调整机构和操作台的安装座,是液压油箱、柴油箱、液压阀组、发动机系统的安装平台,也是驾驶员驾驶钻机走行的位置。后平台可以通过回转支承与底盘连接,在回转机构的带动下,做360°全回转。

13.1.2 开挖机械

1. 锚杆台车

1) 整机的组成和工作原理

锚杆台车主要由工作臂、工作平台、底盘、凿岩系统、锚杆安装系统、注浆系统、电气系统、液压系统、空气压缩机和水泵等组成,可以一次完成钻孔、清孔、拌浆、注浆和锚杆安装等工序。锚杆台车的结构如图 13-2 所示。该机走行动力由发动机提供,工作动力由主电动机提供,台车凿岩系统、工作平台与空气压缩机的动力由液压系统提供,拌浆、注浆与水泵的动力由电气系统提供。

工作时,主电动机带动液压油泵为钻臂、工作平台、空气压缩机等提供动力,电气系统为水泵提供动力。操作人员在主操控台控制钻臂和凿岩机工作,实现钻杆定位和钻孔。钻孔结束后,钻臂落下,工人控制工作平台升至锚杆孔位置,根据孔口与水平面夹角的大小和方向,选择采用高压水或高压空气对锚杆孔进行清洗(孔口与水平面夹角大于等于 15°且孔口向上时,采用高压空气清洗;孔口与水平面夹角小于 15°或孔口向下时,采用高压水清洗),清洗后对锚杆孔进行注浆作业,采用锚杆安装器将锚杆安装在锚杆孔内,安装预先制作的钢筋网片,采用湿喷台车喷射混凝土,完成锚护作业。

2) 主要系统和部件的结构原理

(1) 钻臂

钻臂主要用来对隧道开挖平面进行钻孔前定位和钻孔,钻臂主要由凿岩机、钻臂大梁、钻臂伸缩梁、推进梁、拐臂、控制系统、液压系统等组成。钻臂结构如图 13-3 所示。

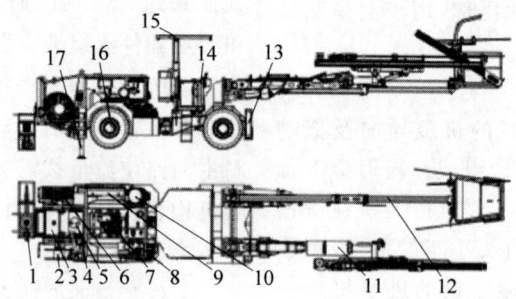

1—注浆机;2—水管卷盘;3—柴油箱;4—水泵;5—液压油箱;6—电缆卷盘;7—发动机;8—空气压缩机;9—电控柜;10—主电动机;11—钻臂;12—工作平台;13—前支腿液压缸;14—主操控台;15—驾驶室顶棚;16—车桥;17—后支腿液压缸。

图 13-2 锚杆台车结构示意图

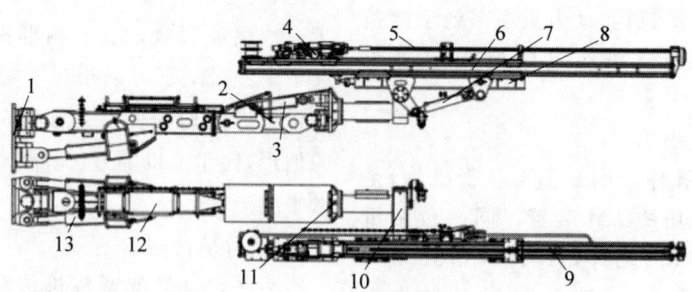

1—臂座;2—钻臂大梁;3—钻臂俯仰液压缸;4—凿岩机;5—钻杆;6—推进梁;7—推进梁翻转液压缸;8—推进梁导轨;9—凿岩机推进液压缸;10—拐臂;11—拐臂臂座;12—钻臂大梁;13—钻臂大梁摆动液压缸。

图 13-3 钻臂结构示意图

工作时，钻臂由主操控台进行控制，根据隧道锚护需求，调节钻臂大梁摆动液压缸、钻臂伸缩梁调节液压缸、钻臂俯仰液压缸、推进梁翻转液压缸的伸缩量和拐臂油泵的旋转角度，实现钻杆的准确定位。钻杆定位后，推进梁顶紧隧道开挖面，防止钻孔过程中由于振动造成钻杆位置变化。启动凿岩机，凿岩机自身产生冲击和旋转两种动作，在凿岩机推进液压缸的作用下前进，多种运动组合实现对隧道开挖面的钻孔作业。多级定位调节装置可以快速准确实现钻杆的定位，且钻臂工作结构尺寸小、工作范围大、适用面广。

(2) 工作平台

工作平台主要用来对锚杆孔进行清洗、注浆和安装锚杆，主要由吊篮、工作平台大梁、工作平台伸缩梁、吊篮调平液压缸、锚杆安装器、锚杆、注浆软管、冲洗接头、控制系统、液压系统等组成。工作平台结构如图13-4所示。

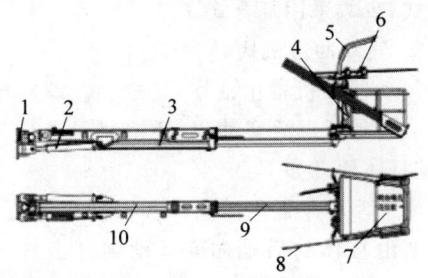

1—臂座；2—工作平台大梁摆动液压缸；3—工作平台伸缩梁调节液压缸；4—吊篮调平液压缸；5—吊篮护罩；6—锚杆安装器；7—吊篮；8—锚杆；9—工作平台伸缩梁；10—工作平台大梁。

图13-4 工作平台结构示意图

工作时，工人操作吊篮上的控制系统，调节工作平台大梁摆动液压缸、工作平台伸缩梁调节液压缸的伸缩量，将吊篮移动至锚杆孔位置。根据锚杆孔与水平面的夹角和方向，选择高压水或高压空气对锚杆孔进行清洗，去除孔内杂质。采用注浆软管将预制的水泥砂浆注进锚杆孔内，采用锚杆安装器将锚杆安装在锚杆孔内，达到一定结构强度后，将预先制作的钢筋网片安装在锚杆上。

工作平台为双控制系统，即主操控台和工作平台上均可实现对工作平台的控制。当工人在吊篮上工作时，启动吊篮上的锁定开关，可以使主操控台上控制工作平台的控制手柄失效，防止人为误操作，提高施工安全性。吊篮上设有紧急开关，当出现紧急情况时，打开紧急开关，吊篮会缓缓放下。吊篮上方设有护罩，防止隧道塌方时对吊篮上的工人产生伤害。吊篮上的调平液压缸由传感器控制，当吊篮底板倾斜时会自动调节吊篮调平液压缸，使吊篮始终处于水平状态。

其余部件主要是辅助钻孔、清孔、注浆、安装锚杆的装置，主要由主电动机、发动机、空气压缩机、水泵、注浆机、照明装置、电缆卷盘、水管卷盘、车架、车桥、电控柜等组成。

2. 凿岩机

1) 整机的组成和工作原理

凿岩机(图13-5)主要由冲击机构、回转机构及供水装置等部分组成，其凿岩作业是冲击、回转、推进与岩孔冲洗功能的综合。

图13-5 凿岩机

凿岩机是按冲击破碎原理进行工作的。工作时，活塞做高频往复运动，不断地冲击钎尾。在冲击力的作用下，呈尖楔状的钎头将岩石压碎并凿入一定的深度，形成一道凹痕。活塞退回后，钎子转过一定角度，活塞向前运动，再次冲击钎尾时，又形成一道新的凹痕。两道凹痕之间的扇形岩块被由钎头上产生的水平分力剪碎。活塞不断地冲击钎尾，并从钎子的中心孔连续地输入压缩空气或压力水，将岩渣排出孔外，形成一定深度的圆形钻孔。

2) 主要系统和部件的结构原理

(1) 冲击机构

冲击机构是冲击做功的关键部件，它的性能直接决定了液压凿岩机整机的性能。凿岩机的冲击机构主要有两种：液压冲击机构、气动冲击机构。

① 液压冲击机构

液压冲击机构由活塞、配流阀、蓄能器、缸体及活塞导向套与密封装置等组成。其工作原理是将高压液压油的压力能转换为冲击活塞的动能。液压凿岩机在凿岩作业时,冲击活塞在高压液压油压力的作用下,向钎尾方向做加速运动,然后以一定的末速度撞击钎杆,撞击的同时将能量以应力波的形式传递给钎具,钎具的另一端与岩石接触,使岩石破碎,从而完成凿钻炮孔的工作。

(a) 活塞。活塞是传递冲击能量的主要零件,其形状对破岩效果有较大影响。由波动力学理论可知,活塞直径与钎尾直径越接近越好,且在总长度上直径变化越小越好。通过对气动和液压凿岩机两种活塞的效果比较发现,液压凿岩机的活塞只比气动凿岩机的活塞重19%,可是输出功率却提高了1倍,而钎杆内的应力峰值则减小了20%。因此,双面回油型液压凿岩机的活塞断面变化最小且细长,是最理想的活塞形状。

(b) 配流阀。凿岩机的配流阀有多种形式,概括起来有套阀和芯阀两大类,芯阀按形状又可分为柱状阀和筒状阀。套阀只有一个零件,结构简单。

(c) 蓄能器。冲击机构的活塞只在冲程时才对钎尾做功,回程时不对外做功。为了充分利用回程能量,需配置高压蓄能器储存回程能量,并利用它提供冲程时所需的峰值流量,以减小泵的排量。此外,由于阀芯高频换向引起压力冲击和流量脉动,也需配置蓄能器吸收系统的压力冲击和流量脉动,以保证机器工作的可靠性,提高各部件的使用寿命。目前国内外各种有阀型液压凿岩机都配有一个或两个高压蓄能器。有的液压凿岩机为了减少回油的脉动,还设有回油蓄能器。因液压凿岩机冲击频率较高,故都采用反应灵敏、动作快的隔膜式蓄能器。

(d) 缸体。缸体是凿岩机的主要零件,体积和质量都较大,结构复杂,孔道和油槽多,要求加工精度高。

(e) 活塞导向套。活塞的前后两端都有导向套支承,其结构有整体式和复合式两种。前者加工简单,后者性能优良。目前国内多采用整体式,少数采用复合式。

② 气动冲击机构

气动冲击机构由活塞、气缸、阀、螺旋棒等组成。它是通过活塞冲程、活塞回程进行工作的,其具体原理如下。

(a) 活塞冲程。活塞冲程即冲击行程,是指活塞由缸体的后端向前运动到打击钎尾的整个过程,如图13-6所示。

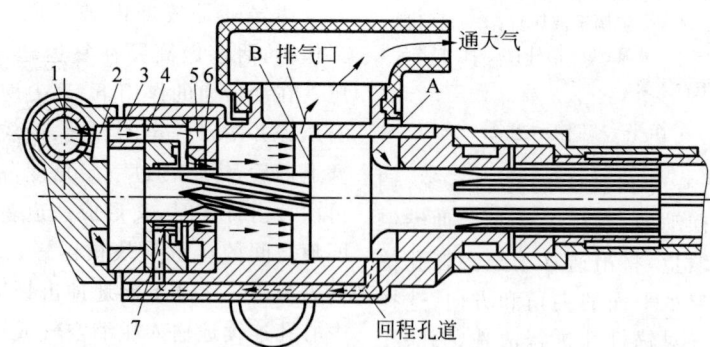

1—操纵阀气孔;2—柄体气室;3—棘轮孔道;4—阀柜孔道;5—环形气室;6—配气阀右端阀套孔;7—配气阀左端气室;A—活塞右端面;B—活塞左端面。

图 13-6 冲击行程气路

冲击行程开始时,活塞在左端,阀在极左位置。从操纵阀气孔来的压气经柄体气室、棘轮孔道、阀柜孔道、环形气室和配气阀右端阀套孔进入缸体左腔,推动活塞前进形成冲击行程。这时活塞右腔经排气口与大气相通。当活塞的右端面越过排气口时,缸体的前腔气体受活塞压缩形成气垫,即时气压随之增高,使前腔被压缩的气体经过回程孔道回到配气阀的左端气室。这时活塞继续前进,气压随着逐渐增高,迫使阀有前(右)移趋势,当活塞的左端面越过排气口时,缸体左腔的压气便从排气口排出,左腔的气压突降,于是配气阀左端气室的压强推动阀前移,此时阀与阀套闭合,切断缸体左腔的气路,瞬间活塞冲击钎杆,冲程结束,开始回程。

(b)活塞回程。活塞回程即返回行程,如图13-7所示。

返回行程开始时,活塞在右端,阀在极右位置。从操纵阀气孔来的压气经柄体气室、棘轮孔道、阀柜孔道、阀柜和阀的间隙、配气阀的左端气室和回程孔道进入缸体右腔,而活塞左腔经排气口与大气相通,故活塞开始向左运动。当活塞的左端面越过排气口时,缸体左腔的气体受活塞压缩形成气垫,气压随之增高,迫使阀有后(左)移的趋势,当活塞的右端面越过排气口时,排气缸体右腔的气压突降,于是缸体左腔的气室压强推动阀后移,阀与阀柜闭合,回程结束。压气再次进入气缸左腔,开始下一个工作循环。

(2)回转机构

回转机构主要用于转动钎具和接卸钎杆,有液压回转机构、气动回转机构。

① 液压回转机构。液压回转机构主要采用独立外回转机构,由花键套、齿轮副、传动轴以及液压马达等组成。该机构由液压马达提供动力,通过驱动传动轴、齿轮副、花键套带动钎具做回转运动,配合冲击机构进行岩石破碎。

② 气动回转机构。气动回转机构由活塞、转动套、棘轮等组成,如图13-8所示。

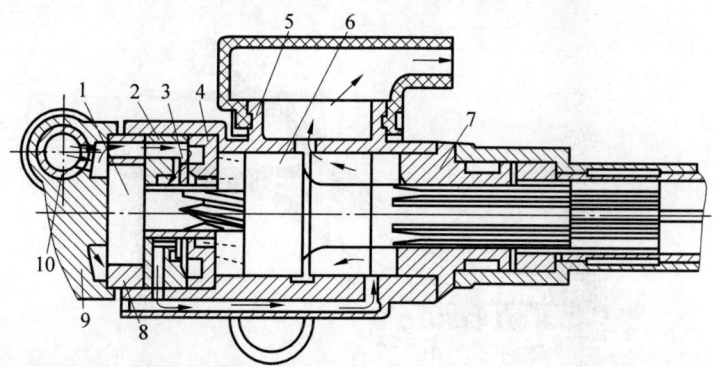

1—螺旋棒;2—阀柜;3—阀;4—阀套;5—气缸;6—活塞;7—导向套;8—棘轮;9—操纵阀;10—柄体。

图13-7 返回行程气路

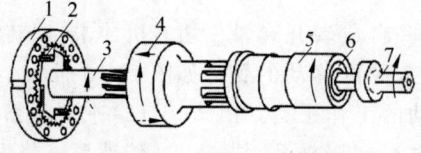

1—棘轮;2—棘爪;3—螺旋棒;4—活塞;5—转动套;6—钎尾套;7—钎子。

图13-8 凿岩机的转钎机构示意图

注:①虚线箭头表示冲程时各零件方向;②实线箭头表示回程时各零件方向。

气动回转机构螺旋棒插入活塞大端内的螺旋母中,其头部装有4个棘爪。这些棘爪在塔形弹簧的作用下抵住棘轮的内齿。棘轮用定位销固定在气缸和柄体之间而不能转动。转动套的左端有花键孔,与活塞上的花键相配合,其右端固定有钎尾套。钎尾套内有六方孔,六方形的钎尾插入其中。整个转钎机构贯穿于气缸及机头中。由于棘轮机构具有单方向间歇旋转特征,故当活塞冲程时,利用活塞大头上螺旋母的作用,带动螺旋棒沿图 13-8 中虚箭头所示的方向转动一定角度。棘爪在此情况下,处于顺齿位置,它可压缩弹簧而随螺旋棒转动。当活塞回程时,由于棘爪处于逆齿位置,它在塔形弹簧的作用下抵住螺旋内齿,阻止螺旋棒转动。这时,由于螺旋母的作用,活塞在回程时将会沿螺旋棒上的螺旋槽依图 13-8 中实线所示的方向转动,从而带动转动套及钎尾套,使钎子转动一个角度。这样活塞每冲击一次,钎子就转动一次。钎子每次转动的角度与螺旋棒纹导程及活塞运动的行程有关。

(3) 供水装置

凿岩机采用压力水作为冲洗介质,其供水装置的作用就是供给冲洗水以排除岩孔内的岩渣,有中心供水式和旁侧供水式两种方式。

中心供水装置多与气动冲击机构配合,压力水从凿岩机后部的注水孔通过水针从活塞中间孔穿过,进入前部钎尾来冲洗钻孔。这种供水方式的优点是结构紧凑,机头部分体积小,但密封比较困难。

旁侧供水装置多与液压冲击机构配合,冲洗水通过凿岩机前部的供水套进入钎尾的进水孔去冲洗钻孔。这种供水方式的水路短,易于实现密封,且即使发生漏水也不会影响凿岩机内部的正常润滑;其缺点是机头部分增加了长度。

3. 凿岩台车

1) 整机的组成和工作原理

凿岩台车主要由工作平台、加杆系统、翼式臂座、驾驶室、液压系统、电气系统、水冲洗系统、动力系统、传动系统、气润滑系统、集中润滑系统、钻臂、推进器(含液压凿岩机)及其他附属设备等组成,如图 13-9 所示。

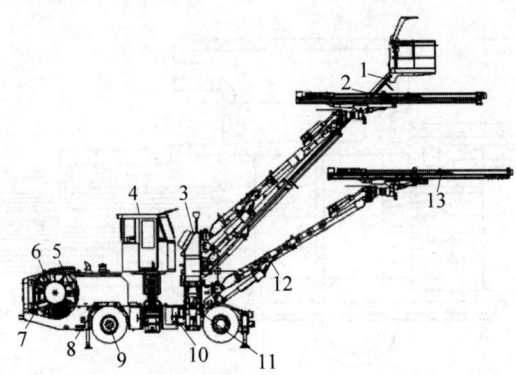

1—工作平台;2—加杆系统;3—翼式臂座;4—驾驶室;5—液压系统;6—电气系统;7—水冲洗系统;
8—动力系统;9—传动系统;10—气润滑系统;11—集中润滑系统;12—钻臂;13—推进器。

图 13-9 凿岩台车结构示意图

凿岩台车是把推进梁与一台或者几台液压凿岩机安装在可以在一定范围内移动的钻臂上,同时有一套能方便移动的工作平台,在配上底盘等设备的前提下,进行钻爆破孔、锚杆孔、掏槽孔、超前灌浆孔,并可辅助装药、安装锚杆等作业。

2) 主要系统和部件的结构原理

(1) 动力系统

凿岩台车的动力系统采用柴油发动机,在行车过程中为行驶、制动等提供动力,还为除凿岩机冲击、回转以外的其他动作提供动力,如图 13-10 所示。

(2) 传动系统

传动系统将发动机的动力转化为车辆走行的动力,同时满足制动要求,配有前桥差速锁、变矩器冷却回路节温器、一二挡手刹保护、轴间差速器。其中,前桥液压差速锁用来提高恶劣路况通过性;变矩器冷却回路节温器使变矩器油温处在最佳温度范围,提高了效率;一二挡手刹保护可以有效地保护手刹制动;拨叉

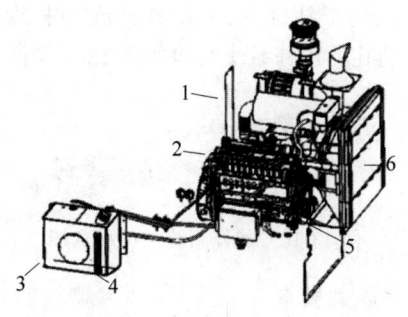

1—防烫伤隔板；2—道依茨发动机，欧Ⅲ排放；3—柴油箱；4—便捷式放油口；5—机油过滤器、柴油过滤器；6—组合式吸风散热器。

图 13-10　动力系统示意图

式轴间差速器可降低轮胎拖磨，提升恶劣路况通过性。传动系统组成见图 13-11 所示。

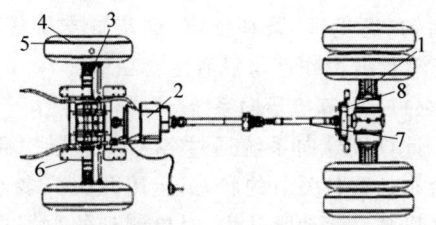

1—前桥；2—变速箱；3—后桥；4—轮胎；5—轮辋；6—分离式摆动架；7—传动轴；8—钳式制动器。

图 13-11　传动系统组成示意图

(3) 电气系统

电气系统主要进行钻进控制、钻臂控制、服务平台控制、走行控制、水气路控制、加杆控制、辅助动作控制。

整车具有回退防卡钎、比例防卡钎、防空打、软开孔、三级冲击功率自动调节、推进压力控制、强制拔钎、大孔/小孔转换、气润滑保护、水冲洗保护、冲击泵稳压（蓄能器）、液压油温自动控制等功能，显著提升了打孔效率，避免卡钎风险，降低钻具消耗。

(4) 电控系统

电控系统由行车影像系统、GPS 监控与解锁车系统、电气柜及车架照明灯、多重安全防护系统、计算机导向系统等组成。

行车影像功能可提升行车安全性；GPS 监控与解锁车功能可降低车辆经营风险；电气柜及车架照明灯可提升保养方便性；多重安全防护措施可确保施工安全性；计算机导向系统可完成孔位布置、用药建议、凿岩云图输出等多种操作，提升钻进准确性，降低对机手操作经验的要求。

(5) 臂座系统

臂座系统主要用于连接车架和各执行机构，下方使用两组螺栓安装在前车架上，上方安装 3 个钻臂和 1 个作业平台，通过左右各 2 个 4 级液压缸的伸缩，达到扩展及收缩的目的，兼顾覆盖性能及通过性。臂座系统组成如图 13-12 所示。

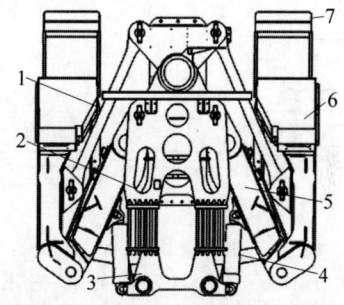

1—拉杆；2—主座；3—底座；4—4 级液压缸；5—下臂；6—上臂；7—灯架。

图 13-12　臂座系统组成示意图

(6) 钻臂

钻臂由钻臂座、后三角液压缸、主臂、伸缩臂、软管固定座、前三角液压缸安装座、前三角液压缸、旋转液压缸、拐臂体、推进器托架、偏摆液压缸等组成。钻臂座可与翼式臂座连接，后三角液压缸与前三角液压缸通过液压系统互联，达到保持钻臂平行的功能；推进器托架用于安装推进器，旋转液压缸和偏摆液压缸分别可使推进器轴向 360° 旋转或垂直于拐臂轴线 90° 摆动。钻臂组成如图 13-13 所示。

(7) 作业平台

作业平台采用三节臂结构，使作业高度达到 12 m，对吊篮结构采用轻量化设计；增加了防护顶棚设计，可在旋转液压缸驱动下开启或折叠，方便在隧道内使用。作业平台组成如图 13-14 所示。

(8) 推进器

推进器由钻杆、凿岩机、U 形管夹等组成。其中，钻杆设计有不同的规格，可达到不同的

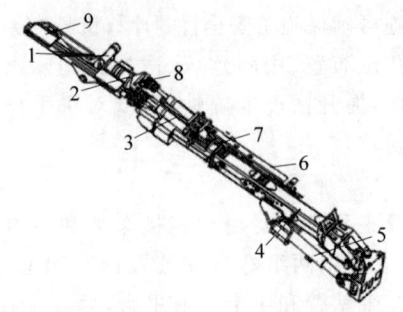

1—拐臂体；2—旋转液压缸；3—前三角液压缸；4—主臂；5—后三角液压缸；6—软管固定座；7—伸缩臂；8—前三角液压缸(安装座)；9—推进器托架。

图 13-13　钻臂组成示意图

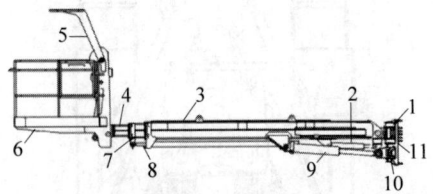

1—上铰接头；2—上调平液压缸；3—基本臂；4—二伸臂；5—翻转顶棚；6—吊篮；7—一伸臂；8—下伸缩臂；9—变幅液压缸；10—下铰接头；11—底座。

图 13-14　作业平台组成示意图

钻孔深度；凿岩机更换时仅需改用不同的凿岩机安装托板，并对钻进液压缸、钢丝绳等安装位置进行一些调整即可；U形管夹配尼龙小滚轮，可防止磨损软管。推进器组成如图13-15所示。

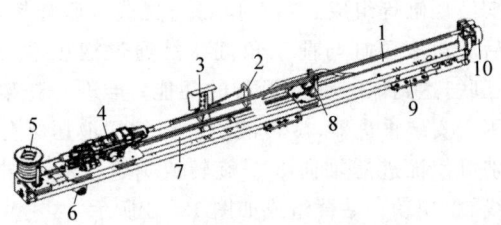

1—推进梁；2—油管束支架；3—油管支架；4—凿岩机；5—卷盘总成；6—补偿液压缸座；7—推进液压缸；8—中间基座；9—长滑槽；10—顶架。

图 13-15　推进器组成示意图

（9）加杆系统

加杆系统安装于推进器上，可将其上保存的辅助钻杆旋转至钻杆的位置，通过凿岩机旋转、推进器前端顶盘夹紧等动作将辅助钻杆与已钻入岩层的钻杆相连接，相当于增加了钻杆的长度，用于钻管棚、地质探测孔等长度超过30 m的孔。加杆系统结构如图13-16所示。

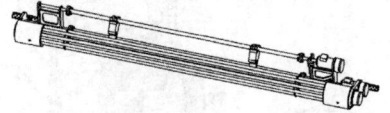

图 13-16　加杆系统结构示意图

（10）驾驶室

驾驶室为封闭全景式，视野广阔，整体按照人机工程学设计，操作简单、维修便捷。其内部包含驾驶操作位及施工操作位两个区域，施工操作位包含3套钻臂操作台、1套工作平台操作台、1套加杆系统操作台；封闭防水隔噪效果良好，配置室内灯、空调系统、刮水器（带喷水清洗功能）、灭火器、门锁、门吸装置、衣帽钩、逃生锤、茶杯支座、烟灰缸支架等，可以显著提升操作性与舒适性。

（11）计算机导向系统

计算机导向系统通过各种传感器检测凿岩台车钻臂各关节的状态，运用九关节多连杆串联机械臂运动学技术，对检测到的数据进行解析，获得精确的钻孔深度、角度和位置，并在机载计算机上实现钻臂图形化的显示，辅助凿岩台车操作手快速完成整个施工断面的钻孔定位。其具有精度高、超挖欠挖少、经济性好、效率高、劳动强度低等优点。

计算机导向系统通过采集凿岩过程中的数据信息，确定围岩等级、节理发育等地质数据，并以地质云图的形式直观体现，每次施工可形成阶段地质报告，并将地质参数纳入地质大数据库，辅助施工决策。工程完成后形成整个工程的地质报告及工程地质大数据库，为工程检修及后续类似地质工程提供详实素材，方便后续工作和研发的开展。

通过该系统在凿岩台车上的应用，能够减少超挖与欠挖，提高隧道施工质量，获得精确的隧道断面轮廓，有效提高凿岩台车的工作效率，降低工程施工的成本。

4. 悬臂掘进机

1）整机的组成和工作原理

悬臂式掘进机（图13-17）是一种集截割、

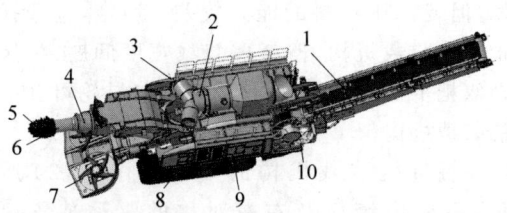

1—回转皮带机；2—机载除尘风机；3—覆盖件；4—截割减速机；5—截割头；6—悬臂段；7—装载装置；8—底盘走行系统；9—电气系统；10—电缆卷筒

图 13-17 悬臂式掘进机

装载、运输、走行于一体的隧道掘进设备。其低振动、低噪声的特性，可在限制爆破地段（如机场、居民聚集区和野生动物保护区等不能进行钻爆法施工地段）有效替代爆破施工，也可对松散围岩施工，从而减少超挖，避免塌方等情况发生。悬臂掘进机主要由切割机构、装载机构、机架及回转台、运输机构、走行机构、电气系统、液压系统、冷却灭尘供水系统及操作控制系统等组成。其中，切割机构、回转台、装渣板、运输机构、装载机构、履带等为主要工作机构。

2）主要系统和部件的结构原理

（1）切割机构

根据切割机构截割头旋转线与悬臂轴线的相互关系不同，将悬臂式掘进机分为横轴式掘进机和纵轴式掘进机，二者在减速箱的传速方式上也存在一定的差异，主要结构如图 13-18 所示。

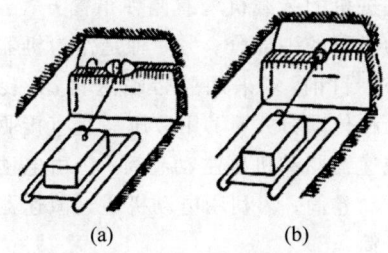

图 13-18 切割机构结构示意图
（a）横轴式；(b) 纵轴式

① 横轴式掘进机切割机构。横轴式掘进机的截割头旋转线与悬臂轴线互相垂直。它一般有两个截割头，并且形状都呈对称的半球状分布，齿座的分布主要是沿着滚筒的表面按照一定的规律进行排列。当截割头进行旋转时，截齿尖与截割头按照一定的顺序进行旋转。如果截割头能够正常运转，在破碎围岩时就会较为顺利，并且破碎的煤岩石块的排除也较为容易。由于其截割头旋转线与悬臂轴线垂直，因此需要通过圆锥齿轮传动才能确保其正常运转。而当前较为普遍的减速箱的分布和输出形式，一种是将减速箱设置在截割头的位置，当减速机开始运转时其能够与周围的锥齿形成契合的运动，这时截割头的伸缩就会对设备产生一定的阻碍，达到减速的目的；另一种则是对截割部位进行整体固定或整体移动，这时截割臂不会产生伸缩作用，可以通过直齿轮传动达到减速的目的。

② 纵轴式掘进机切割机构。纵轴式掘进机的截割头旋转线与悬臂轴线同向，甚至是重合的。在纵轴式掘进机中，一般截割头的形状是锥形，当其运转时截齿齿轮做摆线运动。纵轴式掘进机切割出来的巷道一般较为平整，有利于后期巷道和水沟的开挖，在减速箱的排列方面也十分方便，不需要改变齿轮传动的方向就能达到减速的目的。当前我国生产的掘进机以纵轴式掘进机为主，而且生产厂家也较多。在减速箱的使用方面，使用 2 级 2K-H 型行星轮减速的方式较为普遍，其能够有效降低减速箱的传动，机械设备本身的结构十分紧凑，方便使用。

③ 切割机构工作原理。纵轴式掘进机和横轴式掘进机在主截割运动方面，都是通过截割头的旋转和截割臂的摆动来完成的，其区别在于截割臂的摆动是水平摆动还是垂直摆动。当截割头水平摆动时，两种掘进机的截齿所进行的都是复合运动，但是二者的运行轨迹有一定的区别。纵轴式掘进机截割齿的运动轨迹接近一个平面摆线；而横轴式掘进机截割齿的运动轨迹则是旋转形状。同时，纵轴式掘进机与横轴式掘进机在工作过程方面也存在一定差异，两种掘进机的截割头的截削力（F_S）、进给力（F_A）和摆动力（F_H）的方向各异。由于不同的掘进机设备有不同的功率，因此在对煤岩进行截割时，所产生的阻力和截割产生的进给力也不同，其力度的大小往往与截削力有直接

关系,而进给力方向与摆动力方向是保持一致的。如果进行水平摆动,则纵轴式截割头的摆动方向与截齿截削力和进给力构成的平面呈现平行的形式,而横轴式截割头的摆动方向与截齿截削力和进给力构成的平面则是旋转式的。如果截削力的大小无法满足机械截削的需要,则截割头停止转动,如果摆动的力度太小,截齿就无法进行深入的截割工作,从而无法保持正常的截削状态,一般只能对围岩表面进行截割。进给力与截削力之间有紧密联系,它们与摆动力之间存在一定的线性关系,在对机械设备进行设计时,要充分考虑机械设备的稳定性。

（2）装载机构

装载机构位于机器前端的下方,主要作用是将被切割机构分离和破碎下来的围岩渣集中装载到运输机械上。装载机构主要由铲板和左右对称的收集装置组成。根据收集装置结构的不同,装载机构可分为刮板式、螺旋式、耙爪式和星轮式。其中,星轮式运转平稳、结构简单、故障率低,目前使用最多。

① 单双环形刮板链式结构中,单环形利用一组环形刮板链直接将岩石装到机体后面的装载机上。双环形由两排并列、转向相反的刮板链组成,若刮板链能左右张开或收拢,就能调节装载宽度,但结构复杂。环形刮板链式装载机构制造简单,但由于是单向装载,在装载边易形成岩石堆积,造成卡链和断链,同时,由于刮板链易磨损,功率消耗大,使用效果较差。

② 螺旋式是横轴式掘进机上使用的一种装载机构,它利用左右两个截割头上旋向相反的螺旋叶片将岩石向中间推入输送机构。由于截割头形状存在缺陷,这种机构目前使用很少。

③ 耙爪式是利用一对交替动作的耙爪不断地耙取物料并将其装入装载运输机构。这种方式结构简单、工作可靠,外形尺寸小,装载效果好,目前应用很普遍。但这种装载机构宽度受限制。为扩大装载宽度,可使铲板连同整个耙爪机构一起水平摆动,或设计成双耙爪机构,以扩大装载范围。

④ 星轮式比耙爪式简单,强度高、工作可靠,但装大块物料的能力较差。通常,应选择耙爪式装载机构,但考虑装载宽度问题,可选择双耙爪机构,也可设计成耙爪与星轮可互换的装载机构。

掘进机装载机构的结构如图13-20所示,主要由铲板及左右对称的驱动装置组成,通过低速大扭矩液压马达直接驱动三爪星轮转动,从而达到装载煤岩的目的。该机构具有运转平稳、连续装载、工作可靠、事故率低等特点。

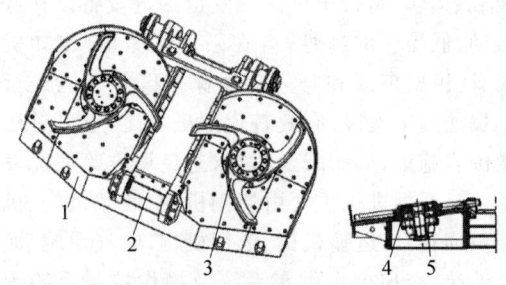

1—铲板体；2—改向链轮组；3—三爪星轮；
4—驱动装置；5—液压马达。

图13-19 掘进机装载机构结构示意图

（3）机架及回转台

回转台在回转液压缸的推动下能带动截割部左右摆动。机架的右侧装有液压系统的泵站,左侧装有操作台,前面上部装有截割部,下面装有铲板部及第一运输机,在其左、右侧下部分别装有走行部、后支承部。

掘进机的装载机构有两种布置方式:一种是作为机器的一部分;另一种是作为机器的配套设备。目前,多采用胶带输送机,其装载机构有3种传动方式:①用液压马达直接驱动或通过减速器驱动机尾主动卷筒；②由电动卷筒驱动主动卷筒；③利用电动机通过减速器驱动主动卷筒。

为使卸载端做上下、左右摆动,一般将装载机构机尾安装在掘进机尾部的回转台托架上,可用人力或液压缸使其绕回转台中心摆动,达到摆角要求；同时,通过升降液压缸使其绕机尾铰中心做升降动作,以达到卸载的调节范围。装载机构多采用单机驱动,可用电动机或液压马达。

(4) 运输机构

运输机构主要为刮板输送机,其结构如图 13-20 所示,主要由机前部、机后部、边双链刮板、张紧装置、驱动装置和液压马达等组成。

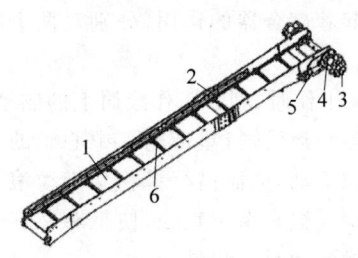

1—机前部;2—机后部;3—液压马达;4—驱动装置;
5—张紧装置;6—边双链刮板。

图 13-20　掘进机刮板输送机结构示意图

刮板输送机位于机器中部,前端与主机架和铲板铰接,后部托在机架上。刮板输送机采用低速大扭矩液压马达驱动,在液压回路上设有安全阀,即使有大的岩块卡在龙门上也不会造成机器损坏。刮板链条的张紧是通过在输送机尾部的张紧液压缸来实现的。

(5) 走行机构

走行机构的功能是带动机器前进、后退或转弯。根据机器走行方式的不同,走行机构可分为履带式、迈步式和组合式3种,现代掘进机多采用履带式。它支承机器的自重和牵引装载机走行,工作时承受切割机构的反力、倾覆力矩及动载荷。走行机构主要由引导轮、支重轮、驱动轮、履带、张紧装置、驱动减速器和履带悬架组成。动力多由马达通过走行减速器传递给履带,完成履带的运动。履带的张紧与缓冲靠张紧装置中的液压缸和缓冲弹簧来实现。

(6) 电气系统

电气系统相当于人的神经,同液压系统一起使掘进机各机械部分联动,完成掘进工作。电气系统主要由操作箱、电控箱、截割电动机、油泵电动机、锚杆电动机、矿用隔爆型压扣控制按钮、防爆电铃、照明灯、防爆电缆等组成。

(7) 液压系统

液压系统在掘进机上非常重要,大多数机型除截割头旋转单独由一个截割电动机驱动外,其余动作都是靠液压系统来实现的,这种掘进机定义为"全液压掘进机"。液压系统由泵站、操作台、液压缸、液压马达、油箱及相互连接的配管组成,主要实现以下功能:

① 机器走行。
② 截割头的上、下、左、右移动及伸缩。
③ 星轮转动。
④ 第一运输机驱动。
⑤ 铲板升降。
⑥ 后支承部升降。
⑦ 提高锚杆钻机接口。

(8) 冷却灭尘供水系统

水在掘进机上有两个功能:一是冷却,冷却液压油和截割电动机;二是喷雾,除尘系统由内、外喷雾装置组成,用来向工作面喷雾,除去截割时产生的粉尘。除尘系统还有冷却截割电动机和液压系统的功能。

外喷雾降尘是在工作机构的悬臂上装设喷嘴,向截割头喷射压力水,将截割头包围。这种方式结构简单、工作可靠、使用寿命长。但由于喷嘴距粉尘源较远,粉尘容易扩散,除尘效果较差。

内喷雾降尘喷嘴在截割头上按螺旋线布置,压力水对着截齿喷射。由于喷嘴距截齿近,除尘效果好、耗水量少,冲淡瓦斯、冷却截齿和扑灭火花的效果也较好。但喷嘴容易堵塞和损坏,供水管路复杂,活动连接处密封较困难。实际工程中,为提高除尘效果,一般采用内、外喷雾相结合的方式。

冷却灭尘供水系统的外来水经过滤器和球阀后分 4 条分路:第一分路是外喷雾将水直接喷出;第二分路经过减压阀(1.5 MPa),到油冷却器和截割电动机后进入外喷雾系统;第三分路经冷却阀减压阀(3 MPa)后进入内喷雾系统喷出,起到灭尘和冷却截齿的作用,内喷雾的动力源是液压马达;第四分路是外来水经过过滤器、球阀进入油箱蛇形管后进入外喷雾系统。

13.1.3　装运机械

隧道装运机械有装载机、自卸车、装岩机

等,其中装载机、自卸车的结构原理参考第2篇,本节只对装岩机进行介绍。

1. 装岩机的组成和工作原理

装岩机主要由固定楔、尾轮、耙斗、台车、绞车、操纵机构、导向轮、料槽、电气部分组成,如图13-21所示。

图 13-21 装岩机

装岩机通过绞车的两个滚筒分别牵引主绳、尾绳,使耙斗作往复运动,把岩石扒进料槽,至卸料槽的卸料口卸入矿车或箕斗内,从而实现装岩作业。PD型耙斗装岩机带有调车盘,调车盘类似钢板结构的移动式道岔,由调车盘本体、牵引空矿车用的风动调车绞车、空车推车风缸、重车推车风缸及风动操作系统组成,主机与调车盘之间用绞车链连接。

2. 装岩机主要系统和部件的结构原理

1) 固定楔

固定楔固定在迎头上,用以悬挂尾轮,它由一个紧楔和一个楔部带锥套的钢丝绳套环组成。

2) 尾轮

尾轮挂在固定楔上,用以引导尾绳,使耙斗返回迎头,它由侧板、绳轮、心轴、吊勾等主要零件组成。

3) 耙斗

耙斗在主绳、尾绳的牵引下作往复运动来扒取岩石,可用于平巷和倾斜巷道。耙齿磨损后可调换。

4) 操纵机构

操纵机构由两组操纵杆、拉杆、连杆、调整螺杆等组成。调整螺杆的一端与绞车闸带相连,通过操纵杆控制闸带的开合,对绞车的两个滚筒分别进行操纵。操作杆可安装在绞车的左右任一侧进行操纵。

5) 绞车

绞车由电动机、减速器、两个行星传动滚筒及两组制动器和辅助制动带组成。制动器实际上起着离合器的作用,分别对两个滚筒进行控制。

(1) 工作时,刹紧工作滚筒上的制动器,使内齿轮停止运转,行星齿轮在中心轮的带动下沿内齿轮滚动,从而借行星轮架带动滚筒转动而缠绕钢丝绳来牵引耙斗,使耙斗在迎头装矸后沿料槽到卸料口卸料。

(2) 回程时,松开工作滚筒的制动器,刹紧空程滚筒的制动器,按上述原理尾绳把耙斗牵回迎头。

(3) 由于两个滚筒中齿轮的齿数不同,两个滚筒的转速也就不同,空程滚筒比工作滚筒有较高的绳速。

(4) 为了防止停车后滚筒由于惯性仍要转动而引起钢丝绳起圈乱绳,在两个滚筒的边沿上还安有两组辅助制动器,以防止滚筒因惯性而继续转动。

6) 台车

台车由车架、轮对、碰头等组成,它是耙斗装岩机的机架及行车部,承载装岩机的全部重量。在台车上安装有绞车、操纵机构、风动系统,并装有支承中间槽的支架和支柱,台车前后部装有4套卡轨器,作为平装岩时固定机器之用。

7) 导向轮和托轮

导向轮和托轮安装在耙斗装岩机中部及端部,以引导、改变钢丝绳的方向。它由侧板、绳轮、心轴、滚动轴承等零件组成,并采用防尘结构,以延长其使用寿命。

(1) 进料槽、中间槽、卸载槽是通过耙斗扒取矸石的部分,耙斗扒取的矸石依次沿进料槽、中间槽、卸载槽至卸载槽的卸料口卸至矿车或箕斗,中间槽安装在台车上,而进料槽、卸载槽分别在其前、后与之衔接。

(2) 进料槽的中部安有升降装置,用以调节簸箕口的高低位置,簸箕口前面两侧装有挡板,引导耙斗进入料槽。中间槽有两个弧形弯曲处,为考虑磨损及便于更换,弯曲处装有可拆卸的耐磨弧形板。卸载槽端部安有弹簧碰头,矿车耙斗相碰时起缓冲作用。

8) 风动系统

为保证风动系统工作可靠,采取压风过滤、注油器"油头滑脑"的措施,由粗滤风包、油雾器、旋转阀、推车缸等组成。推车缸主要由缸筒、活塞杆、活塞、前后盖、YX形聚氨酯密封圈等构成,缸的前、后端均有气垫结构以保证动作平稳,活塞杆顶端与矿车碰头处装有弹簧,以防止矿车碰击时损伤活塞杆。

9) 电气部分

电气部分采用的各元部件均为矿用隔爆型,可用于有沼气及煤尘爆炸的矿井中,有能适应掘进迎头电压波动较大工况条件的隔爆控制箱。

13.1.4 初期支护机械

1. 多功能作业车

1) 整机的组成和工作原理

多功能作业车是一种由走行底盘、滑移系统、臂架、发动机动力系统、电气系统、液压控制系统、液压油箱、电动机泵组等组成的机械设备,如图13-22所示。下面介绍其作业过程。

图13-22 多功能作业车

(1) 拱架拼装

采用三臂拱架台车进行拱架安装,先在地面用主臂抓紧1节A单元(图13-23),提升一定高度后辅臂配合安装另外2节A单元。因为B单元为断面最大处,主臂提升整个A单元接近拱顶位置,左右两侧辅臂分别进行左右侧B单元安装,再分别进行C单元安装。

(2) 拱架定位加固

多功能作业车定位安装时可有效保证垂

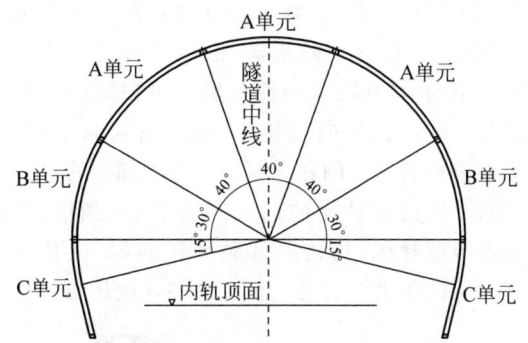

图13-23 拱架单元分布示意图

直度,不会发生扭曲变形,可防止出现左前右后或前倾后倒现象。钢架中线水平测量钢架初步就位后,加固前,现场架设测量仪器,拱架台车载测量人员检查钢架各节点处的设计高程和支距,严格控制中线及高程,达到要求后才能进行钢架加固。

(3) 连接筋和网片安装

多功能作业车有临时存放连接筋和网片的位置,按设计焊连定位筋及纵向连接筋,环向间距1 m。各节钢架以螺栓连接,连接板应密贴。

2) 主要系统和部件的结构原理

(1) 底盘

底盘主要由车架、附架、前支腿、后支退、走行系统等组成,如图13-24所示。每个模块单独制作与装配。

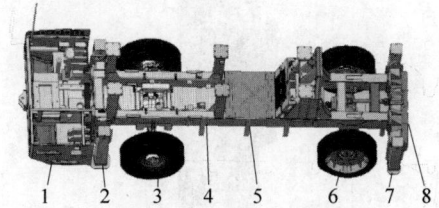

1—附架;2—前支腿;3—轮胎;4—车架;5—盖板;
6—走行系统;7—后支腿;8—灯架。

图13-24 底盘结构轴测图

① 走行系统。走行系统由工作泵、变速箱、传动轴、后桥、转向液压缸、发动机、前桥等组成,如图13-25所示。发动机6直接驱动变速箱2及车桥,实现整车走行功能。工作泵1为驾驶室的脚刹、手刹和转向器提供动力,实

现整车的行车制动、驻车制动和转向。工作泵1的压力油进入到踏板阀,由踏板阀控制整车的行车制动,从踏板阀油口另外出来两路工作油与手刹电磁换向阀相连,通过盘式制动器,由按钮控制整车的驻车制动。变速箱2的取力口带动转向泵液压油通过制动器后从制动器口接至选择阀,再接至驾驶室转向器,从转向器出来的压力油引至前桥上的转向液压缸。

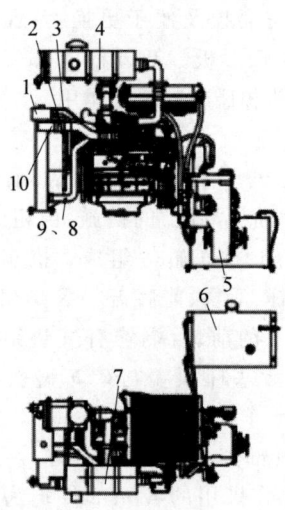

1—油冷却器;2—风扇;3—橡胶管;4—排气系统;5—变速箱;6—供油系统;7—进气系统;8—散热管;9—卡箍;10—散热管。

图 13-27 发动机动力系统结构图

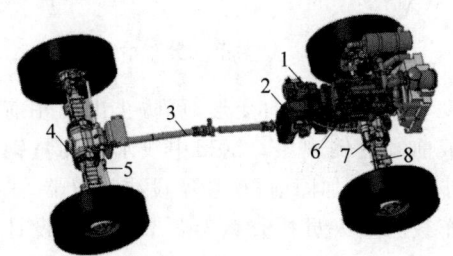

1—工作泵;2—变速箱;3—传动轴;4—后桥;5、8—转向液压缸;6—发动机;7—前桥。

图 13-25 走行系统结构图

② 前、后支腿。前、后支腿作为设备稳定工作的前提,采用内置式平衡阀结构形式,即使支腿油管损伤,平衡阀也会锁死液压缸,确保设备安全稳定工作。支腿与车架采用螺栓连接,连接法兰采用止口形式,止口结构传递内应力,避免连接件受剪切力失效。其结构如图13-26所示。

(2) 平台滑移系统

平台滑移系统主要由走行马达总成、链轮、张紧机构支座、导向板、张紧机构、链条箱等组成,如图13-28所示。平台滑移系统由走行马达驱动链轮,带动链条传动,从而带动安装于链条上的滑移平台前后滑移。

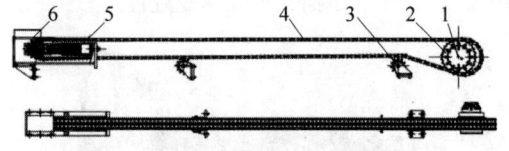

1—走行马达总成;2—链轮;3—张紧机构支座;4—导向板;5—张紧机构;6—链条箱。

图 13-28 平台滑移系统结构示意图

(3) 臂架总成

臂架总成主要由臂架安装座、被动调平液压缸、举升液压缸、一臂、一级伸缩液压缸、二臂、三臂和二级伸缩液压缸组成,如图13-29所示。臂架安装座可以带动整个臂架水平转动0°~50°,举升−20°~53°;一级伸缩液压缸最大行程2300 mm,可以带动二臂自由伸缩0~6400 mm;二级伸缩液压缸最大行程3200 mm,可以带动三臂自由伸缩0~3200 mm,以满足各种工况的需要。中臂、左臂、右臂结构完全一样。

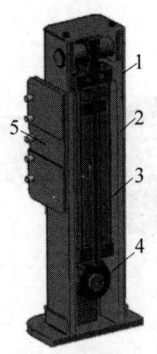

1—外套筒;2—内套筒;3—支腿液压缸;4—销轴;5—连接法兰(带止口)。

图 13-26 前、后支腿剖视图

③ 发动机动力系统。发动机动力系统主要为整车的走行系统及工作臂架提供动力,其结构如图13-27所示。

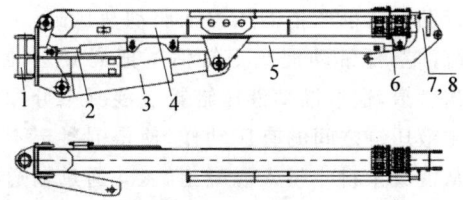

1—臂架安装座；2—被动调平液压缸；3—举升液压缸；4—一臂；5—一级伸缩液压缸；6—二臂；7—三臂；8—二级伸缩液压缸。

图 13-29　臂架总成结构图

(4) 吊篮机械手

吊篮机械手的组成主要由支承座、回转减速机、底座、工作篮、操作箱、伸缩臂、夹紧装置组成，如图 13-30 所示。底座、工作篮、伸缩臂、夹紧装置可以通过回转减速机左、右回转各180°；伸缩机械手可通过液压缸左右及前后摆动，通过伸缩液压缸可伸缩；夹紧装置用来夹紧拱架，且夹紧装置可通过摆动进行微调。中臂吊篮机械手、左臂吊篮机械手、右臂吊篮机械手的结构基本相同。

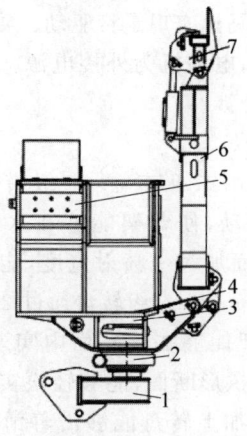

1—支承座；2—回转减速机；3—底座；4—工作篮；5—操作箱；6—伸缩臂；7—夹紧装置。

图 13-30　吊篮机械手结构

2. 混凝土喷射机

1) 整机的组成和工作原理

混凝土喷射机(图 13-31)的一般结构包括传动系统、给料系统、压紧机构、输料系统、走行机构、喷射系统、气路系统等。

混凝土喷射机利用压缩空气或其他动力，将按一定比例配合的混凝土拌和料，通过管道

图 13-31　混凝土喷射机

输送并以高速喷射到受喷面上凝结硬化。

2) 主要系统和部件的结构原理

(1) 传动系统

传动系统由电动机、减速器等组成。减速器采用齿轮传动，其作用是带动转子、拨料器等旋转。

(2) 给料系统

给料系统由筛网、料斗、拨料器、定量板及配料盘等组成。其作用是连续均匀地定量加料。调节定量板的高度可以控制给料量的多少，从而调节生产能力的大小。通常情况下，定量板应调整在低位。

(3) 压紧机构

转子和上、下橡胶衬板之间夹紧力的大小直接影响整机的使用性能和橡胶衬板的使用寿命，为此采用液压机构压紧。这种压紧方式与传统的靠螺栓连接压紧的结构相比，具有夹紧迅速、压紧力可调、压紧力均匀合理等特点，有利于提高工效和延长橡胶衬板的使用寿命，给操作者带来了极大方便。

(4) 输料系统

输料系统主要由出料弯头、输料管、快速接头、喷头等组成。出料弯头由螺栓固定在转子底座上，进气管固定在转子盖板上，在转子上、下两面与转子盖和转子底座之间有橡胶衬板，由压紧机构根据要求压紧，以保证工作时转子的结合面处不漏气。

(5) 走行机构

走行系统由两组胶轮组成。

(6) 喷射系统

喷射系统由输料管路、阀门、喷头和喷嘴

等组成。其作用是实现混合料的输送及喷射。调节喷头水阀可控制混合料的加水量,改变喷射混凝土的水灰比。

(7) 气路系统

气路系统由阀门、压力表、管路、结合板和出料弯头等组成。其作用是利用压缩空气在密封状态下实现混合料的输送。

3. 混凝土喷射机械手

1) 整机的组成和工作原理

混凝土喷射机械手由底盘、泵送机构、操作机构、转盘、臂架、空气压缩系统、电控系统等构成,它有 8 个自由度:腰部转动、大臂俯仰、小臂俯仰、大臂伸缩、水平臂伸缩、水平臂摆动、手腕转动、枪杆姿态调整,其结构如图 13-32 所示。

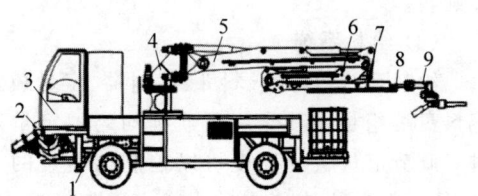

1—底盘;2—泵送机构;3—操作机构;4—转盘;5—大臂;6—二臂;7—三臂;8—伸缩臂;9—喷射头。

图 13-32 混凝土喷射机械手结构示意图

混凝土喷射机械手的工作原理是将水泥、骨料、水和外加剂等按配合比搅拌均匀后,利用混凝土运输罐车运送至喷射地点并加入喷射机,通过喷射机泵将混凝土输送泵送至喷头处,与计算机全自动配比掺量控制的速凝剂混合,再用压缩空气装置进行喷射。

2) 主要系统和部件的结构原理

(1) 底盘

底盘采用自制刚性底盘,内燃-静液压传动方式,液压马达四轮驱动,启动平稳,变速方便;前轮转向;湿式多片盘式四轮制动;具有独立驾驶室结构。刚性底盘连接座采用整体结构,4 个液压支腿使底盘在承受喷射手施喷及料斗进料的动载荷时具有足够的稳定性。

(2) 泵送机构

泵送机构采用主液压缸和摆动液压缸共用一台液压泵,其原理如图 13-33 所示。电动机带动液压泵产生的压力油驱动液压缸,主液压缸活塞杆带动混凝土缸活塞把混凝土推入输送管道,通过摆动液压缸控制混凝土分配阀和主液压缸之间的有序动作,使得混凝土不断地从混凝土料斗吸入混凝土缸,并通过输送管道输送到浇筑地点。

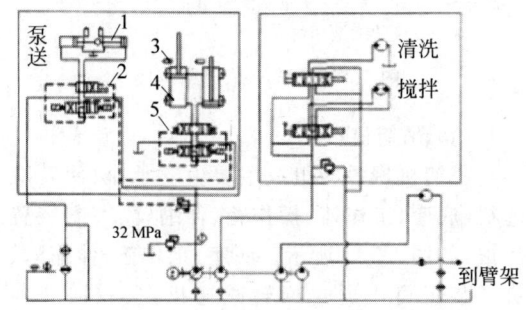

1—摆动液压缸;2—电液换向阀;3—接近开关;
4—主液压缸;5—电液换向阀。

图 13-33 泵送原理图

泵送机构和走行系统分别采用不同的动力驱动。走行系统采用发动机和恒功率柱塞泵驱动液压马达实现走行驱动;泵送机构采用电动机驱动,电动机为外接电源。两部分相互独立,互不干涉。

(3) 转盘

转盘采用二级转盘。一级转盘通过单个液压马达驱动,使臂架能够在水平面内实现 90°回转,从而加大了喷射宽度,能够达到施工要求的喷射范围;二级转盘通过 2 个液压马达驱动,使臂架能够在垂直面内实现 360°旋转,喷射面形成拱形断面,能够轻松实现隧道施工的需要。再加上转盘能够沿着滑动导轨移动的功能,使喷射机一次喷射的距离加长,形成连续的喷射断面,减少喷射过程中整机的移动,提高了工作效率。

(4) 臂架

臂架如图 13-34 所示,包括大臂、二臂、三臂、伸缩臂和喷射头等。大臂是混凝土喷射机械手工作的支承件,在大臂液压缸的驱动下可在 0°~90°范围内做上下仰俯运动,和回转机构一起运动,能够实现连续平面的喷射。二级转盘与回转台通过螺栓连接。大臂、二臂、三臂均采用铰接连接,与之匹配的液压驱动机构均采用连杆机构连接。通过液压缸的控制,实现伸缩臂架的伸缩,从而扩大整个臂架的喷射范围。

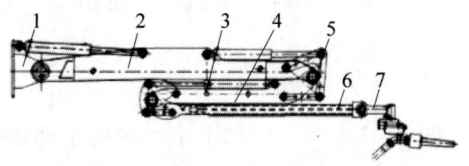

1—回转台;2—大臂;3—二臂;4—三臂;5—连杆机构;6—伸缩臂;7—喷射头。

图 13-34 臂架结构示意图

喷射头如图 13-35 所示,用于把混凝土与压缩空气及速凝剂混合后喷出喷嘴。喷射头的回转马达 1 能够保证喷射头在垂直面内作 180°旋转。摆动马达 2 控制喷射头 180°轴向摆动,马达 3 带动偏心块实现划圆运动,使喷射范围能够满足各个方向和角度的需要。

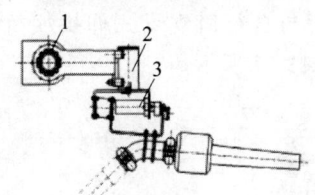

1—回转马达;2—摆动马达;3—马达。

图 13-35 喷射头结构示意图

整个臂架系统通过液压系统驱动二级转盘结构、臂架及喷射头的联合运动,实现了喷射面不同断面的连续性,使整机系统操作简单可靠。

(5) 空气压缩系统

为有效地使喷射的混凝土附着在喷射壁上,喷射过程中必须混合压缩空气使之进入混凝土内。选用国外进口的空气压缩机,使用性能比较可靠。

(6) 电控系统

电控系统采用可编程控制器和继电器。配备盘面和无线遥控两种操纵装置,操作轻松自如。其设有多种报警装置,使机器工作时具有很高的安全性。整机智能化的电液控制系统,实现了各工作系统工作切换的安全互锁,

安全操纵更有保证。系统拥有人机对话界面和智能管理功能,人机界面友好,图解易懂,功能全面。机器工作时系统可对多个元器件及状态进行实时监控,可实现对臂架、泵送方量(次数)及底盘柴油机转速的控制。泵送操作与拖泵相同,方便可靠。智能化遥控装置可以控制机械手,使其动作更平稳、更可靠。

13.1.5 仰拱机械

仰拱机械主要是仰拱台车。

1. 仰拱台车的组成和工作原理

仰拱台车由仰拱栈桥、仰拱模板、电液系统等组成。按照结构分为自行简支梁式仰拱台车和自行悬臂梁式仰拱台车。

1) 自行简支梁式仰拱台车

自行简支梁式仰拱台车主梁结构通过后支腿支承在仰拱填充面,前支腿支承在仰拱开挖面或初支面上,台车前、后设置引桥,施工车辆通过引桥上、下栈桥,通过仰拱施工区域。台车下部配置一体化仰拱模板,仰拱模板可通过栈桥上的起吊小车完成模板移动及定位。栈桥走行时,收起前、后引桥,后走行机构及中支腿撑地,前支腿及后支腿脱空,走行机构驱动栈桥整机前行,每次前行 6 m。

2) 自行悬臂梁式仰拱台车

自行悬臂梁式仰拱台车通过底座、支承架、走行机构及轨道支承在仰拱填充面上,前部长悬臂搭在仰拱开挖渣土上,形成仰拱区域过车通道。栈桥走行时,收起前、后引桥,通过走行机构驱动栈桥整机前行。栈桥长引桥侧端悬挂有起吊小车,可实现仰拱模板的纵移。

2. 仰拱台车主要系统和部件的结构原理

1) 仰拱栈桥

仰拱栈桥有自行简支梁式仰拱栈桥和自行悬臂梁式仰拱栈桥。

(1) 自行简支梁式仰拱栈桥

自行简支梁式仰拱栈桥由前后引桥、后走行机构、后支腿、主桥、纵移小车、中支腿、前腿、前引桥、电气系统及液压系统组成等部件组成,其结构如图 13-36 所示。

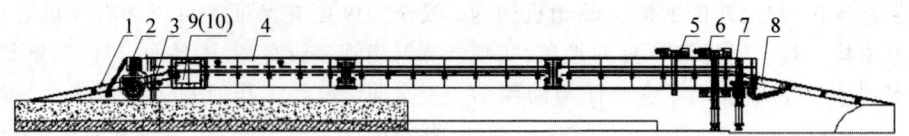

1—后引桥；2—后走行机构；3—后支腿；4—主桥；5—纵移小车；6—中支腿；7—前支腿；8—前引桥；9—电气系统；10—液压系统。

图 13-36　自行简支梁式仰拱台车结构示意图

① 前、后引桥。前、后引桥是车辆上、下栈桥的主要通道，坡度按 11°设置，满足车辆爬坡要求；栈桥前行时，翻转液压缸使前、后引桥脱离填充面，以便整机前行。

② 后走行机构。后走行机构在栈桥前行时为栈桥后部提供支承，栈桥走行到位后，后支腿落在仰拱填充面上，保证车辆通行时轮胎不受力。同时后走行机构上安装有液压马达，可驱动栈桥整机运动。

③ 后支腿。后支腿在车辆通行时为栈桥后端提供支承，并可实现栈桥后部左右横移。

④ 主桥。主桥是栈桥的主要承载部件，为车辆通行提供平台通道。

⑤ 纵移小车。纵移小车主要用于仰拱弧模及中心水沟模板的吊装及快速定位。

⑥ 中支腿。中支腿是栈桥前端的主要支承部件，并为栈桥前行时提供支承。

⑦ 前支腿。前支腿在中支腿移动时，为栈桥前端提供临时支承，并实现栈桥前端左右横移。

(2) 自行悬臂梁式仰拱栈桥

自行悬臂梁式移动栈桥主要由端引桥、主桥、底座、长引桥、轨道、走行架、底座、驱动机构、电气及液压系统等组成，其中，端引桥、主桥、长引桥与自行简支梁式仰拱栈桥类似，其结构如图 13-37 所示。

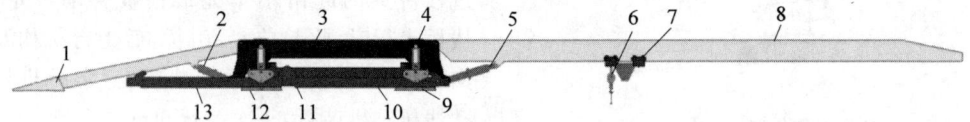

1—短引桥；2—引桥液压缸；3—主桥；4—顶升液压缸；5—引桥液压缸；6—葫芦；7—起吊小车；8—长引桥；9—走行架；10—底架；11—驱动机构；12—底座；13—轨道。

图 13-37　台车结构

① 柔性底座。底座与栈桥采用万向铰连接，栈桥重量与通过载荷均匀地传递到 8 个底座上；每个底座再将载荷通过 30 个高弹性橡胶垫及 15 个垫板传递到混凝土上，这样即使浇筑混凝土不够平整也能保证受力均匀。柔性底座的结构如图 13-38 所示。

② 轨道。轨道通过承重轮与勾轮和走行架相连，轨道上设有驱动装置，驱动装置通过连接在走行架上的牵引链条带动栈桥移动。通过每条轨道上的 66 个高弹性橡胶垫及垫板将栈桥重量传递到混凝土上，以保证混凝土受力均匀。轨道结构如图 13-39 所示。

③ 起吊小车。在长引桥上设置有小车轨道，小车通过承重轮在轨道上走行，小车上设置有驱动装置，驱动装置通过牵引链条带动小车移动；小车上设置有挂钩连接起吊葫芦，通过葫芦起吊安放边墙及中央排水沟模板。起吊小车结构如图 13-40 所示。

2) 仰拱模板

仰拱模板由仰拱腹模、仰拱端模、中心水沟模板组成，有半弧模仰拱模板（图 13-41）和全弧模仰拱模板（图 13-42）两类。

(1) 仰拱腹模及端模

仰拱腹模采用轻质曲面钢模板，按照设计曲面弧度制作成形，不仅满足结构形状尺寸，且具有足够的强度、刚度和稳定性。曲面钢模板上设置有浇筑、振捣窗口，端头钢模与曲面钢模组合连接，形成封闭空间，整体采用地锚加

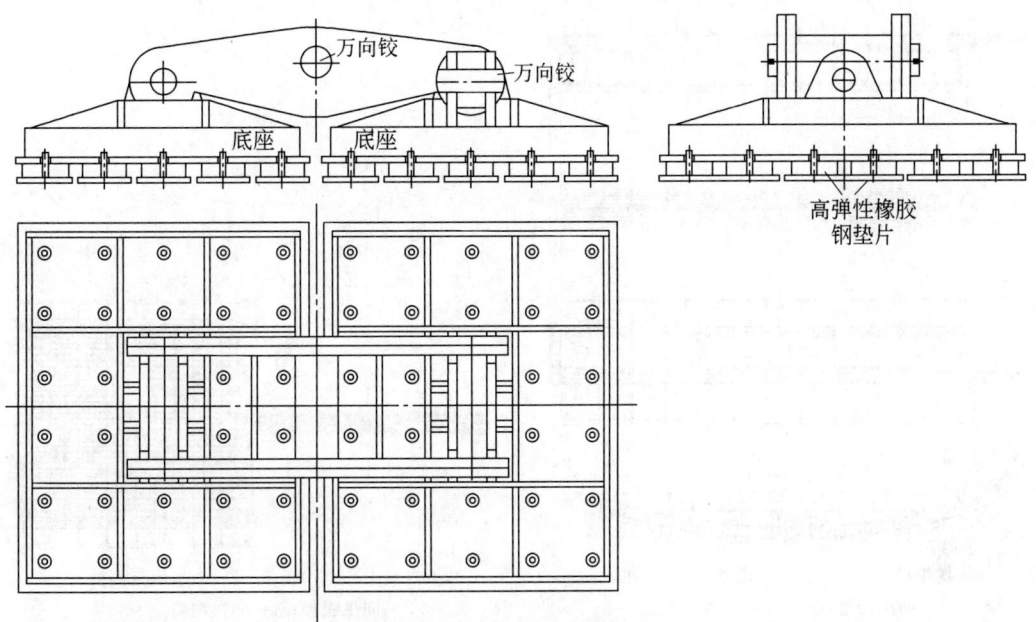

1—万向铰；2—底座；3—高弹性橡胶垫；4—钢垫片。

图 13-38 柔性底座结构示意图

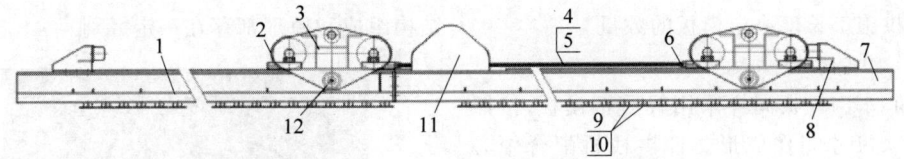

1—轨道1；2—承重轮；3—走行架；4—链条；5—链条销；6—套；
7—轨道2；8—防撞机构；9—高弹性橡胶垫；10—钢垫板；
11—牵引机构；12—勾轮。

图 13-39 轨道结构示意图

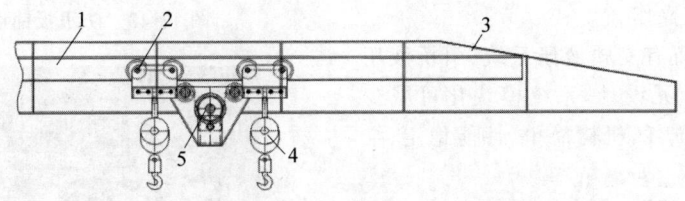

1—小车轨道；2—起吊小车；3—长引桥；
4—起吊葫芦；5—驱动机构。

图 13-40 起吊小车

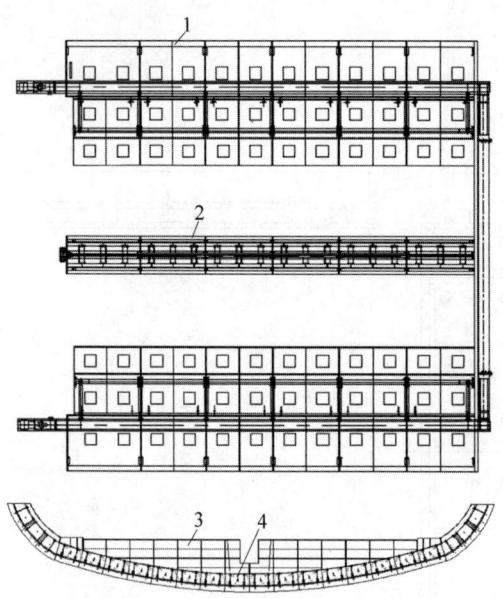

1—仰拱腹模；2—中心水沟模板；3—仰拱填充端模；4—仰拱端模。

图 13-41 半弧模仰拱模板结构示意图

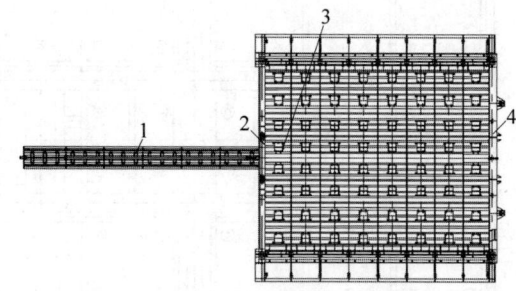

1—中心水沟模板；2—仰拱填充端模；3—仰拱腹模；4—仰拱端模。

图 13-42 全弧模仰拱模板结构示意图

固方式施工，实现仰拱与仰拱填充的分层浇筑。通常情况下每块模板单位长度为 1.5 m，根据仰拱施工长度决定模板的数量。

（2）中心水沟模板

中心水沟模板同样采用轻质钢模板，按照设计形状尺寸制作成形。仰拱栈桥配合中心水沟模板，能够实现仰拱、仰拱填充分层浇筑。

3）电液系统

电气控制系统设置有支腿和引桥独立的电气柜、主控制柜，各柜之间通过以太网通信组网联成整体，在主控制柜进行仰拱栈桥集中控制，可采用遥控操作。

液压系统设置有支腿液压系统、引桥液压系统，采用独立单元设计，系统模块化可减少沿程损失和功率损耗，机构简单、性能稳定、维修方便。

13.1.6 防水机械

防水机械主要指防水板台车。

1. 防水板台车的组成和工作原理

防水板台车由车架、走行系统、铺设系统、钢筋安装系统、液压系统、电气系统等部分组成，主要有两类：防水板铺设台车（图 13-43）和防水板钢筋安装一体台车（图 13-44），二者的结构组成和原理都存在一定区别。

图 13-43 防水板铺设台车

图 13-44 防水板钢筋安装一体台车

防水板铺设台车上设置有与隧道断面相似的仿轮廓面铺设轨道,以液压马达等作为动力。铺设装置沿铺设轨道走行的同时使防水卷材沿隧道轮廓面环向展开,然后使用辐射状的伸缩支承液压缸进行有效支承,从而实现防水卷材的机械化自动铺设和支承。工人在作业平台上进行固定或焊接,结束后缩回支承液压缸。

防水板钢筋安装一体台车不仅具有防水布铺设的功能,还可以针对隧道断面的变化,通过液压装备对铺设系统进行调节,适应不同加宽断面的隧道。同时,在防水板挂设和钢筋安装过程中,可以通过调节液压装置对防水板和钢筋等进行提升,提高了防水板挂设质量和钢筋效率。

2. 防水板台车主要系统和部件的结构原理

1) 车架

车架系统主要由门架、平台、升降支腿、通风管道、爬梯等组成,整体钢结构框架通过焊接和螺栓等方式连接,结构简易,受力安全。

门架根据所要铺设的隧道断面设计高度和宽度,其净空尺寸应满足大型运输设备的通行。

平台供作业人员对土工布打射钉和防水板的焊接,分为多层,每层高 1.8~2.0 m,必要时可设置翻转平台,便于作业人员接近超挖的轮廓面。

升降支腿可在一定程度上适应超、欠挖的轮廓面。

对于通风管道,设计时需要施工方对风管的铺设位置、有效断面直径等进行详细的技术交底。

爬梯供作业人员上下台架,且同侧的爬梯用于连通上、中、下 3 层作业平台。

2) 走行系统

台车采用轮轨式走行装置。两侧各有 4 台有滚轮的电动机,两台用于台车在轨道上走行,走行速度 3~4 m/min,剩余两台电动机用于顶升台车,方便轨道前移。轨道两端设置有双向液压锁,当台车到位后自动锁牢,防止台车在外力下自由移动,避免出现溜车事故。

3) 铺挂系统

铺挂系统分为防水板铺设台车铺挂系统和防水板钢筋安装一体台车铺挂系统两种。

(1) 防水板铺设台车铺挂系统

防水板铺设台车铺挂系统由弧形轨道、铺设装置组成。

① 弧形轨道。弧形轨道有两条:一条为铺设防水板装置的走行轨道,由 H 型钢弯制而成,背面焊有链条控制走行方向,两条轨道之间的距离为 5 m;另一条为操作平台的走行轨道,由 H 型钢弯制而成,背面焊有链条控制走行方向。

② 铺设装置。铺设装置由驱动电动机、变速箱、连接滚轮、布料杆及螺旋撑杆组成。驱动电动机、变速箱、连接滚轮有两套,分别安装在两条弧形轨道上,通过滚轮与弧形轨道 H 型钢翼板咬合,之间用布料杆连接,形成整体,同步运动,布料杆从防水板(无纺布)卷材中间圆孔穿过。由于布料杆距离隧道初支面较远,工人无法操作,可以利用螺旋撑杆调节距离。铺设装置带动防水板(无纺布)沿初支面运动,逐渐铺开防水板(无纺布),工人紧跟进行焊接(打设垫片)防水板(无纺布)。

(2) 防水板钢筋安装一体台车铺挂系统

防水板钢筋安装一体台车铺挂系统由旋转驱动装置和伸缩臂组成。

① 旋转驱动装置。旋转驱动装置由液压马达、减速机和制动保护装置 3 部分组成。液压马达采用低速高扭矩马达,减速机采用高速比两级减速机,两者结合使转速控制在 2~4 r/min,液压系统设计有液压锁,可防止伸缩臂掉下来,为保证万无一失,增加了机械制动保护装置——快速制动棘轮。

② 伸缩臂。伸缩臂单液压缸双向同步伸缩多节臂具有以下特点:

(a) 工作端伸缩臂共设计为 3 节,将液压缸安装在第 2 节上,第 1 节与第 3 节用链轮链条形成封闭环,液压缸伸缩通过链轮链条带动第 3 节伸缩,从而达到工作端伸缩的目的。

(b) 配重端伸缩臂内没有液压缸,其动力来源于工作端链条。其关键技术有两点：一是必须在配重端内安装一种空心钢管代替液压缸用来安装链轮，否则无法实现3节联动；二是第3节（最小节）加装一个链轮，利用动滑轮原理实现配重端伸缩量减半的目的。

(c) 伸缩臂前端设计有轴承支座、轴、红外光电测距仪及行程开关。工作时，将防水板直接安装在轴上，再将轴安装到轴承支座即可开始铺设。

4）钢筋安装系统

钢筋安装系统是防水板钢筋安装一体台车独有的，由提升系统和顶升系统组成。

(1) 提升系统

提升系统在台车两端，由4根管桁架刚性连接而成，为凹槽形式，是铺设二衬钢筋的吊升作业平台。平台可沿隧道纵向旋转90°，可一次容纳提升15根二衬环向钢筋。提升系统具有以下特点：

① 在防水板钢筋自动化安装一体台车环向设置有二衬弧形轨道（半径小于二衬半径），可沿台车纵向移动。

② 设置有驱动弧形轨道沿台车走行的往复式驱动装置。

③ 设置有在弧形轨道上往复走行的纵向钢筋拉拽小车。

④ 设置有驱动钢筋拉拽小车的往复式驱动装置。

⑤ 设置有钢筋由地面到入轨点的拉拽装置。

⑥ 在弧形轨道的适当位置设置有钢筋入轨点（高度要适当，若太靠近地面，则钢筋入轨后会变形；若太靠上，末端钢筋不易归位）。

⑦ 入轨点设有（可调）导向轮使钢筋入轨，沿途在适当位置设置了一定数量的限位轮。钢筋拉拽端到位后，将末端归置至所需位置。

⑧ 盛装纵向钢筋的盛具在机械拉拽布置装置铺设好后，将纵向钢筋装入纵向钢筋盛具，用传动链将纵向钢筋沿隧洞环向拉拽提升，经人工取出，按位置逐一绑扎。

(2) 顶升系统

钢筋顶升系统由二衬钢筋纵向卡具和二衬钢筋环向支承组成。钢筋顶升定位，竖向3排卡距，横向4排。

5）液压系统

液压系统是完成铺设台车支腿升降和实现防水卷材支承的关键系统。液压系统的设计类比了二次衬砌用钢模板台车的液压系统。

6）电气系统

电气系统采用PLC控制，较继电器控制方式更稳定、可靠，查找故障更加方便、准确。设置了本地或无线遥控操作模式，能适应更复杂工况下的隧道作业。

13.1.7 衬砌机械

衬砌机械主要指衬砌台车。

1. 衬砌台车的组成和工作原理

隧道衬砌台车由骨架结构、模板系统、作业平台、布料系统、管路清洗系统、振捣系统、模板清洗及润滑系统、端头模板及固定构件、搭接及限位装置、信息化监控系统、信息化显示装置、液压系统、电气控制系统、走行系统等组成，其结构如图13-45所示。

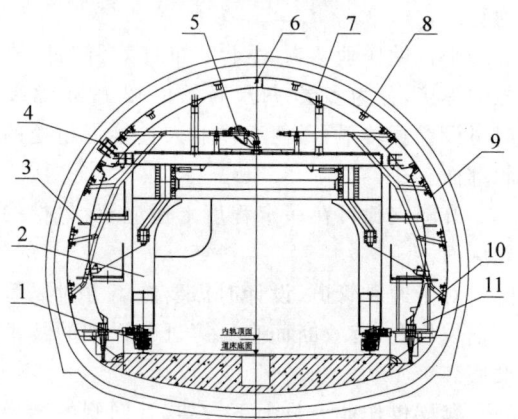

1—走行系统；2—支承结构；3—主模板系统；4—端头模板；5—布料系统；6—定位系统；7—清洗润滑系统；8—振捣系统；9—搭接构件；10—控制系统；11—信息化监控系统。

图13-45 隧道衬砌台车

铁路隧道衬砌台车的外轮廓与隧道衬砌理论内轮廓一致，通过端头模板封堵模板两端的开挖仓面,与已开挖面形成封闭的环形仓,然后浇筑混凝土而实现隧道的衬砌。模板台车可完成洞内走行、立、收模及模板中心偏差的调整等动作;台车立模后,需要把模板与架体连成整体,以承受混凝土浇筑过程中的施工载荷;布料系统及清洗系统实现了封闭管路带压灌注和高压水气管路清洗;振捣系统实现了混凝土的充分振捣;模板清洗和模板保养装置,使模板清洗更干净,保养更充分;信息化监控与传输系统实现了混凝土浇筑施工全过程信息化数据采集和存储。

2. 衬砌台车主要系统和部件的结构原理

1) 骨架结构

骨架结构有门架式骨架和两端门梁式骨架两种形式。

(1) 门架式骨架结构

门架式骨架由上飘梁、底纵梁、立柱、横向斜拉杆、横梁等构件依靠螺栓连接而成,各横梁及立柱间通过斜拉杆及连接梁连接,如图 13-46 所示。横梁、立柱用钢板焊成工字形钢梁,底纵梁用钢板焊成箱形梁。在门架的主横梁下增加了一根辅助横梁,为了确保整个门架的强度、刚度和稳定性,空间框架由钢梁连接主横梁和辅助横梁构成,不但确保了立柱的压杆稳定性,而且保证了在侧向压力的作用下仍有足够的刚度要求。

(2) 两端门梁式骨架结构

如图 13-47 所示,两端门梁式骨架采用模板外 4 条支腿承重,可增大净空面积,使隧道通风与施工环境得到改善,并通过调整台车模板的支承方式,通过模板系统与仰拱填充层支承连接形成封闭式结构,增强了模板系统的稳定性,使模板系统与底部仰拱填充层形成封闭稳定结构,提高了模板整体刚度及其抗压能力,杜绝了台车因为变形而导致衬砌时跑模的现象发生。

图 13-46 新型衬砌台车主骨架(门架式)

图 13-47 新型衬砌台车主骨架(两端门梁式)

两端门梁式骨架的门架上方是横移架,横移架通过若干立柱与台车模板连接。通过顶升液压缸可以实现整个台车模板上下移动,通过边模液压缸可实现边模伸缩。门架使用 4 条支腿置于 12 m 模板的两侧,支腿内部有顶升机构的滑套,在顶升液压缸的作用下,4 条支腿可伸长、缩短。4条支腿的上方通过桁架连接，使支腿形成"板凳"状，具有良好的刚性。

2) 模板系统

(1) 门架式新型铁路隧道衬砌台车模板系统

门架式新型铁路隧道衬砌台车模板系统如图13-48所示，由通过螺栓连为一体的两块顶模和两边各一块侧模组成。顶模与侧模采用铰接，侧模可相对顶模绕销轴转动。支模时，顶部液压缸将顶模伸到位，再操纵侧向液压缸，将侧模伸到位，调整顶部、侧部支承丝杠完成支模；收模时，按上述相反顺序实施。因为不需拆模板，采用新型隧道衬砌台车可提高衬砌质量和施工效率，降低劳动作业强度。

为保证新型隧道衬砌台车模板质量，衬砌台车研制过程中制定了合理的模板加工、焊接工艺，设计并加工了专用拼装焊接胎模，以保证整体外形尺寸的准确度，尽量减少焊接变形，保证外表面光滑，无凹凸等缺陷。为了增强模板的整体功能，衬砌台车设计时采用了12 mm及16 mm厚的Q345B钢板，在模板内侧设置了纵向加劲肋（工字钢、角钢）、斜撑、剪刀撑及筋板等，确保模板具备足够的强度和刚度。为控制相邻模板的错台，采用过盈配合的稳定销将相邻模板的连接板固定为一体，有效防止了由于螺栓孔间隙造成的相邻模板的错台问题，使得实现高质量的浇筑二衬混凝土成为可能。

(2) 两端门梁式新型铁路隧道衬砌台车模板系统

两端门梁式新型铁路隧道衬砌台车模板系统如图13-49所示，由边模、顶模及其之间的连接支承件组成。为便于制造、运输，顶模又分为两部分，通过法兰连接为一个整体。顶模与边模之间采用销轴连接，使其可以相对转动。顶模与边模之间可使用螺杆将其连接为一个整体，与两侧边模形成一个开环结构，边模底部可通过底螺杆、支腿将模板上的压力传递到仰拱填充上，从而保证混凝土浇筑时模板受力稳定。衬砌台车立模或者脱模时，应将螺杆取出，使边模板处于自由状态，通过边模液压缸伸缩使其以与顶模的铰接点为圆心转动，实现衬砌台车立模和脱模的功能。台车模板整体上下移动可通过顶升液压缸实现。

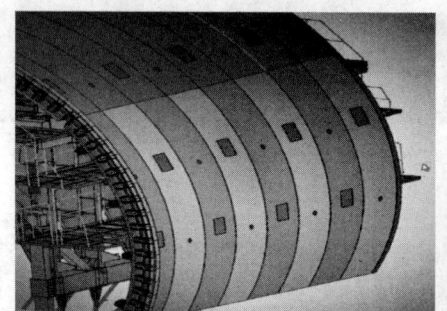

图13-48 新型隧道衬砌台车模板系统（门架式）

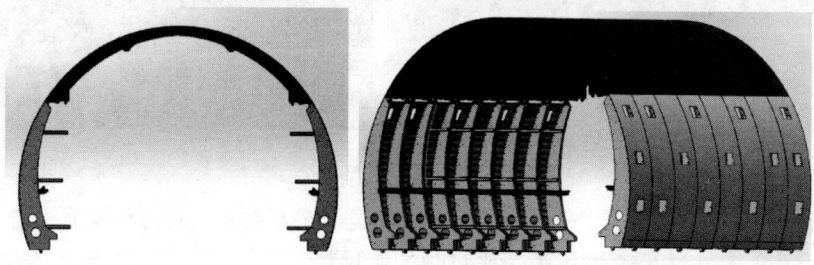

图13-49 新型隧道衬砌台车模板系统（两端门梁式）

模板与底部边墙搭接长度为 100 mm。模板底部设斜支承丝杠,一端与模板铰接,另一端支承在填充面的台阶上,便于将模板及混凝土竖直向下的分力传导至地面,减小台车门架在衬砌过程中的受力,因此结构稳定性高,同时无须打锚杆固定,拆卸方便。模板台车边模操作区域无传统台车的门架和底梁,操作空间大。为保证边模板强度,边模板的腹板采用上窄下宽的设计方式,并在边模底部设有支承纵梁,保证整个台车支承体系封闭稳固。

模板的边模和顶模板分别有 16 块,左右两侧各有 8 块,每块模板宽度为 1500 mm,拼接后的总长度为 12 m,即一组衬砌的长度。边模板和顶模板均由面板、腹板和槽钢组成。面板是混凝土衬砌的成形面,通常根据隧道设计断面的弧度弯制而成。腹板是为加强面板的径向刚度而焊接在面板背面的钢板。槽钢焊接在面板的背面、腹板的中间,用于增加面板的纵向刚度。为保证相邻两个模板无缝贴合,模板的边缘需要经过铣边处理。

3) 作业平台

作业平台(图 13-50)是工作人员操作使用台车和放机具的地方,分前后两端工作平台和台车两侧纵向间的走道及操作平台。工作平台一般位于门架之上,分上下两层,以翼状分居台车前后两侧。液压系统控制平台及电气控制平台安装于台车前侧第一层工作平台之上。操作台车时,调试人员在搭配好木板或栅格的操作平台上完成台车走行、调试、立模、脱模等工作。浇筑混凝土时,工作人员可在操作平台上观察混凝土的浇筑情况及台车的工作状况。工作平台周围设有护栏,以保证工作人员的安全。

(a) (b)

图 13-50 新型门架式隧道衬砌台车作业平台
(a) 作业平台整体效果图;(b) 作业平台局部图

4) 布料系统

新型隧道衬砌台车的布料方式主要有两种:布料小车平移对接式和出料管口旋转对接式。

(1) 布料小车平移对接式布料系统

布料小车平移对接式布料系统主要包括混凝土输送泵、送料管、布料小车及布料台架。布料台架上设置有轨道,布料小车在轨道上移动。混凝土输送泵通过送料管与布料小车连接,布料小车上有送料口,送料口与注浆口相对应,可实现快速移动与对齐,操作简单、省力。

为实现混凝土的快速、稳定、连续浇筑,新型衬砌台车采用带压灌注系统如图 13-51 所示。用可伸缩调整位置的输送管、橡胶密封装置结构取代传统的溜槽,实现混凝土带压灌注,极大地解决了拱顶混凝土浇筑不足等衬砌施工难题。

(2) 出料管口旋转对接式布料系统

出料管口旋转对接式布料系统如图 13-52 所示,主要包括混凝土输送泵、主料管、旋转伸缩机构、分管路总成及布料台架。主管路运动由旋转运动和伸缩运动两种动作方式组成。主管路旋转运动采用液压马达驱动,其最大旋转角度为±180°;主管路伸缩运动采用液压缸

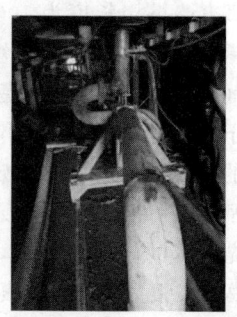

图 13-51 布料小车平移对接式布料带压灌注系统

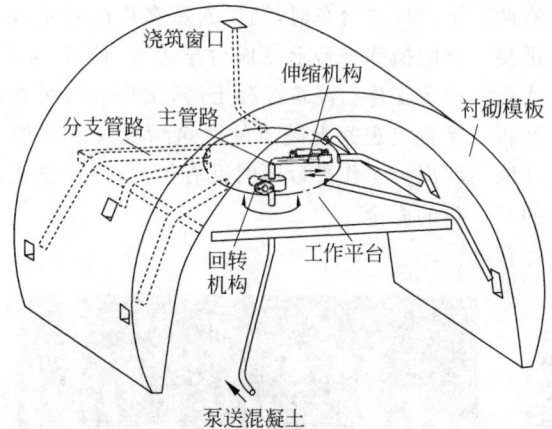

图 13-52 出料管口旋转对接式布料系统

驱动。主管路采用内外滑套式,主管路外套与分管路的对接法兰采用管箍标准法兰。此自动布料系统操作简单、工人劳动强度低、施工效率高、浇筑间歇时间短,有利于提高衬砌的施工质量。

5) 管路清洗系统

采用封闭管路带压浇筑系统,存在混凝土残留和堵管的潜在风险。堵管一旦发生,轻则降低泵送速度、影响施工进度,重则造成管路的报废和衬砌施工质量问题。因此,管路清洗是布料系统不可或缺的基本功能之一。管路清洗系统(图 13-53)要求安装与设计管道时,尽可能避免直角弯和 S 形弯,尽量不使用有明显凹坑的泵管,以减少泵送混凝土的阻力,防止堵塞。同时应经常检查泵管,若泵管一个方向磨损程度较大,及时将管倒换位置使用。若泵管厚度太薄,应及时更换新管,以防在工作过程中泵管打爆或因更换泵管时间较长而导致的堵管现象。此外,采用了高压水汽管路清洗设计,利用同一套管路,设置换向阀门,利用混凝土输送泵,压入高压水汽,既能保证快速、高效、高质量的管路自清洗,又可将污水从排水口排出及收集,实现零污染、节省成本。

图 13-53 衬砌台车管路清洗系统

6) 振捣系统

新型智能化隧道衬砌台车采用了电动插入式振捣棒与气动附着式振捣器,如图 13-54 所示。气动附着式振捣器具有超高振动频率,用于混凝土振捣时有良好的排气性能，其振幅是相同振捣里电动振捣器的1/3，同时可加速越过模板自身共振频率，因而比电动振捣器少损害模板。为了保证局部振捣效果，可将振捣棒通过注浆窗插入模板背后进行振捣。素混凝土衬砌可采用组合式振捣，钢筋混凝土衬砌以气动附着式振捣为主。

全自动打磨、清理、润滑等保养操作。

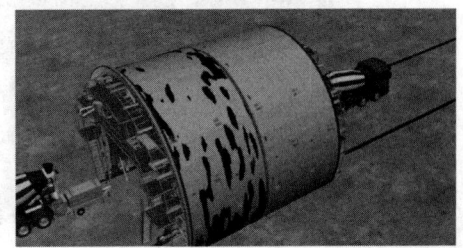

图 13-55 衬砌台车模板清洗及润滑系统

8）端头模板

新型智能化隧道衬砌台车的端头模板要确保拱部混凝土浇筑时端模不漏浆、不跑模，端部混凝土可振捣，中埋止水带不偏位、不松弛等。其有气囊式端头模板、橡胶气压端头模板、复合橡胶升降端头模板和高分子复合材料端头模板等多种类型，如图 13-56 所示。

 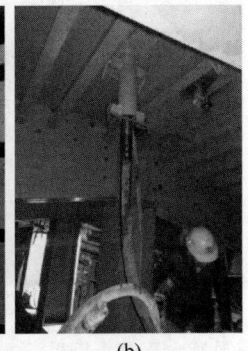

(a)   (b)

图 13-54 衬砌台车振捣系统
(a) 附着式振捣器；(b) 插入式振捣棒

振捣系统主要性能参数如表 13-1 所示。

表 13-1 振捣系统主要性能参数

内　容	插入式振捣棒	附着式振捣器
同样振动力下对台车的振幅	1	1/3
振动频率/(r/min)	3000	15 200
振幅/mm	1～7	2～3
振捣半径/mm	1000	1500
质量/kg	35	14.5

7）模板清洗及润滑系统

新型智能化隧道衬砌台车模板清洗及表面润滑系统（图 13-55）包括毛刷、弹簧、滑道和由圆盘、摇杆和滑块组成的曲柄滑块机构、弧形管道和走行机构。走行机构与曲柄滑块机构连接，滑道与走行机构连接，曲柄滑块机构的滑块在滑道内滑动，弹簧的一端与滑块相连接，另一端与弧形管道相连接，在弧形管道的周向和轴向上均匀设置有若干通孔，毛刷均匀地覆盖在弧形管道的外壁上。应用"搓澡式"清理原理，清理后涂抹脱模剂，实现钢模板的

同时，为避免待浇段与已浇段衬砌施工搭接出现的已浇筑混凝土被直接顶裂，衬砌台车端部还要设置保护二衬端头混凝土的柔性接头装置。可以在衬砌台车与上一板混凝土的搭接部位设置具有较大压缩量的可压缩橡胶垫片，采用承插式连接等方式与台车端部连接（图 13-57）。

9）走行系统

为满足川藏铁路隧道等长大坡道施工要求，衬砌台车应具备良好的走行系统，以保证台车正常走行和驻停。新型智能化隧道衬砌台车走行系统主要有常规轮轨式走行系统和自铺轨走行系统。

（1）常规轮轨式走行系统

常规轮轨式走行系统如图 13-58 所示，主要组成包括导轨、动力单元、减速机、小链轮和安装板，还包括支承框、第一支承轴、第二支承轴、第一走轮、第二走轮、支承单元、连接销、连接块及锁紧单元。两个支承单元安装在支承框中部且其设有与连接销相配合的孔，连接块设有与连接销相配合的孔，连接销穿入两个支承单元和连接块的孔内，使两个支承单元和连接块形成连接。第一支承轴和第二支承轴安装在支承框内部，第一走轮安装在第一支承轴上，第二走轮安装在第二支承轴上，第一走轮和

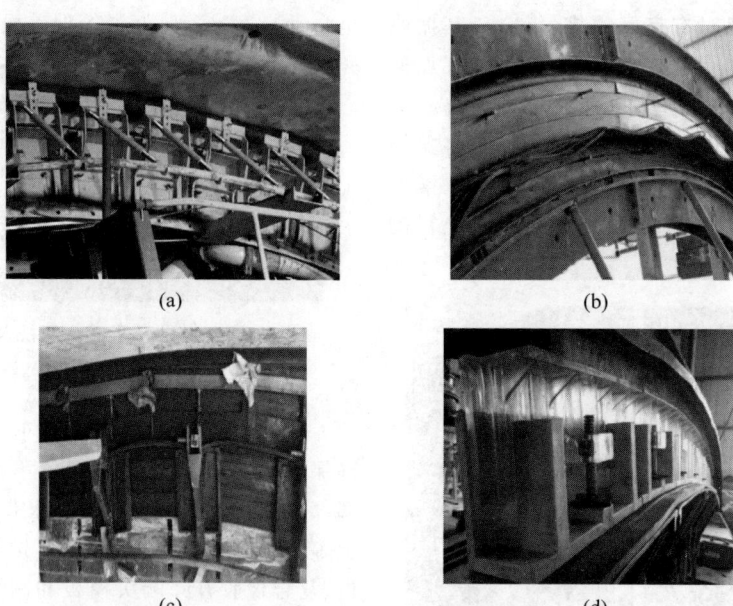

图 13-56 新型智能化隧道衬砌台车端头模板

(a) 气囊式端头模板；(b) 橡胶气压端头模板；(c) 复合橡胶升降端头模板；(d) 高分子复合材料端头模板

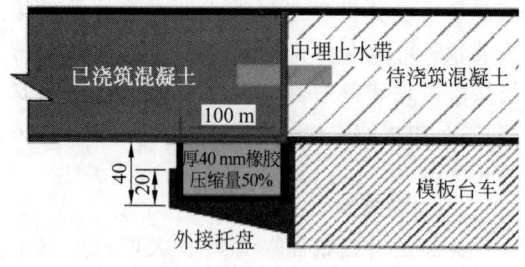

图 13-57 柔性接头装置示意图

第二走轮在导轨上滚动,小链轮安装在减速机的输出轴上,锁紧单元固定在支承框外部。

图 13-58 衬砌台车常规轮轨式走行系统

(2) 自铺轨走行系统

衬砌台车自铺轨走行系统安装在台车的 4 个支腿位置,如图 13-59 所示。其包括举升液压缸、支腿、台车走行机构、自铺轨电动机减速机、链轮、链条和轨道夹紧轮等。升降液压缸下部设置有顶升支腿和台车走行机构,台车走行机构后部有电动机减速机,电动机减速机通过链条和链轮与轨道夹紧机构连接,轨道夹紧机构带动钢轨进行前后移动。

在衬砌台车需要进行自铺轨时,将举升液压缸缩回使支腿着地支承台车,液压缸缩回的同时将走行机构和自铺轨装置进行提升,由于钢轨夹紧轮与钢轨夹紧接触,所以钢轨也同时抬高离开地面。然后自铺轨电动机减速机转动,通过链条与链轮带动钢轨夹紧轮同时转动,从而带动钢轨前后移动。钢轨移动到指定位置后,举升液压缸伸出,使钢轨落地,支腿离地,完成自铺轨。

3. 典型系统和部件技术

新型智能化隧道衬砌台车施工信息化监控和传输体系包括激光扫描传感器、流量泵、温度测量装置、高清工业摄像机、限位传感器、弹簧片、微动开关、操控面板、数据存储及传输设备,主要集成了混凝土浇筑状况监测、混凝土压力监测、端部搭接预警监测系统、自动布料系统、拱顶自动振捣系统、液压控制系统、台

图 13-59 衬砌台车自铺轨走行系统

车走行系统、拱顶空洞监测系统、衬砌数据报表等。

混凝土灌注方量通过三维激光装置扫描和终端计算机计算；灌注压力监控采用压力敏感传感器，实现灌注压力的全方位监测；拱顶饱满度测量采用液位计和压力敏感传感元件等传感器，实现拱顶灌注饱满程度实时监测。三维激光扫描传感器配置在门形主钢架所设的支承件上；流量泵配置在上料口处；温度测量装置配置在布料小车和封闭灌注管道上；模板单元上设有多个安装孔，安装孔内设有弹簧片和微动开关；端头模板上配置有观察窗，高清工业摄像机配置于观察窗的外侧；限位传感器设置于拱顶模板的端部边缘，同微动开关一起，与操作台电路连接；操作台上具有控制隧道衬砌台车进行作业的控制开关，操作台与平板计算机通过应用软件实现信息交互。

信息评估是依据自动检测系统输入的数据对各项参数性能是否达标进行系统评估，从而通过数据信息指导拱墙衬砌施工，保障拱墙衬砌施工质量的提升。

信息评估系统主要针对衬砌拱顶压力、混凝土浇筑状况、布料换窗、拱顶自动振捣、端部搭接预警、混凝土入模温度、液压控制系统、台车走行系统进行评估。信息评估系统平台界面如图 13-60 所示。

1) 信息评估系统平台主界面设计

拱墙衬砌台车信息评估系统通过 PLC 智能集成了台车浇筑状况、布料系统、拱顶自动振捣、拱顶空洞监测、端部搭接监测、侧部压力监测、液压系统、走行系统及衬砌数据报表。其中，数据报表及压力数据曲线具备自动存储功能，可随时调取每组衬砌施工相关数据。

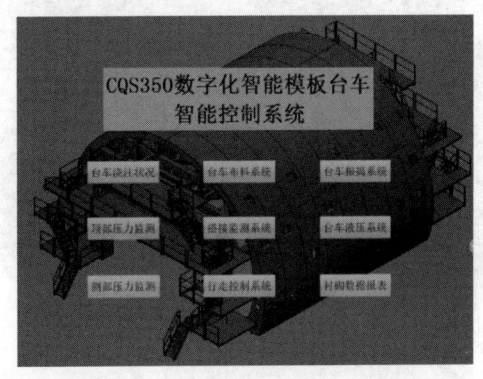

图 13-60 信息评估系统平台界面

2) 浇筑状况信息评估研究

浇筑状况评估通过拱腰处液位传感器，利用液体导电原理实现混凝土浇筑进度监控显示。液位传感装置在台车中部环向均匀布置有 16 个液位传感器，当混凝土浇筑到液位传感器位置时，传感器液位导电输出信号，智能系统接收信号，实时显示混凝土浇筑进度。浇筑状况评估的目的主要是为混凝土分仓分层浇筑换管时机把控提供依据。浇筑状况信息评估系统界面如图 13-61 所示。

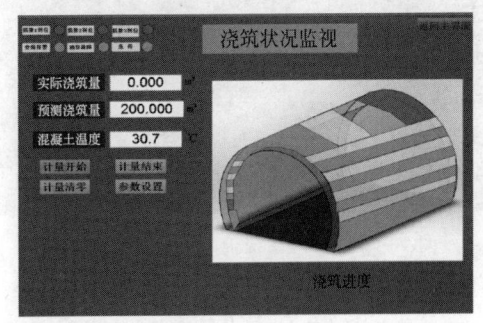

图 13-61 浇筑状况信息评估系统界面

3) 布料系统信息评估研究

布料系统信息评估根据浇筑状况来控制

布料机浇筑位置,自动布料可以360°旋转,分配给15条分管路进料浇筑。系统采用液压马达驱动旋转,主管路的对接通过液压缸伸缩实现。布料系统信息评估系统界面如图13-62所示。

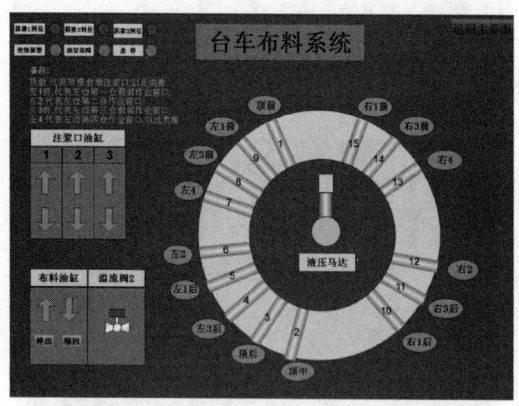

图13-62 布料信息评估系统界面

4)振捣系统信息评估研究

衬砌台车拱部设置4排共24台气动式振动器。该设备采用新型振捣方式,将常规的平板式改为垂直振动,通过高压风进入振捣气缸,实现活塞式高频振捣,振捣系统评估系统可在平台界面根据振捣工艺设置每台振捣器的振捣时间进行自动启停。振捣系统信息评估系统界面如图13-63所示。

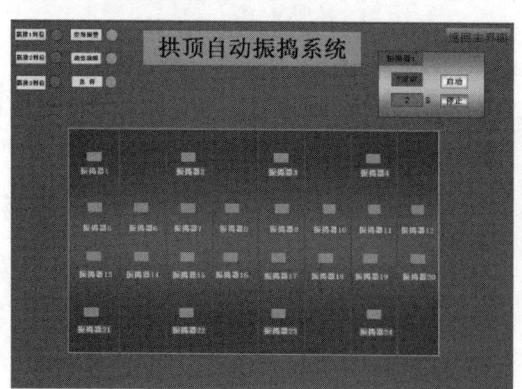

图13-63 振捣系统信息评估系统界面

5)顶部压力信息评估研究

顶部压力信息评估利用安装在拱顶的4个压力传感器信息反馈,当混凝土浇筑到压力传感器位置时,压力传感器输出信号,评估系统接收信号,随着拱顶混凝土厚度变化,系统实时显示台车拱顶混凝土压力值。当拱顶压力显示值大于系统中设定压力值时,台车系统发出报警指示,显示台车混凝土浇筑到位。顶部压力信息评估系统界面如图13-64所示。

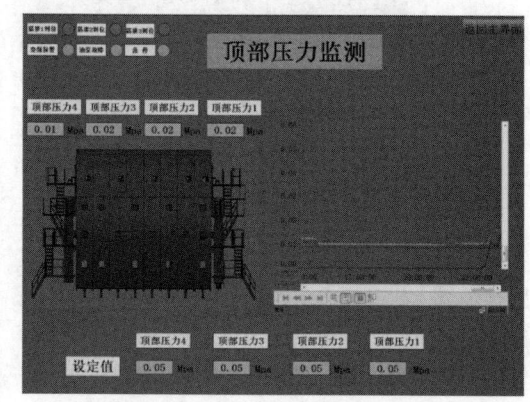

图13-64 顶部压力信息评估系统界面

6)搭接监测信息评估研究

搭接监测信息评估通过光电位移传感器信息反馈进行评估。当台车定位,模板面距离混凝土面约2cm时,台车显示报警,报警后,图中绿色箭头均变为红色闪烁,提示模板已经逐步靠近搭接混凝土,这时需要谨慎操作,防止搭接混凝土压溃。搭接监测评估系统界面如图13-65所示。

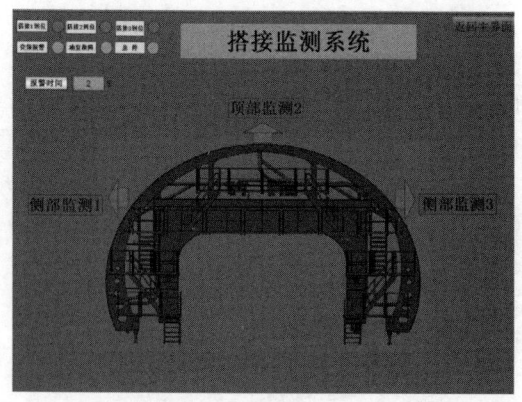

图13-65 搭接监测信息评估系统界面

7)侧部压力信息评估研究

侧部压力信息评估利用安装在衬砌台车两侧各3个压力传感器进行信息反馈,当混凝土浇筑到压力传感器位置时,压力传感器输出信号，评估系统接收信号对浇筑侧部压力进行评估。侧部压力信息评估系统界面如图 13-66 所示。

8）拱顶防脱空信息评估研究

拱顶防脱空信息评估主要利用安装在土工布与防水板之间的分布式压力传感带，当防水板因混凝土挤压与土工布和初期支护密贴时，传感器将信号实时输送至信息化控制系统中，同时评估系统中对应的警示灯亮起，提示台车拱顶此处浇筑完成。拱顶防脱空信息评估系统界面如图 13-67 所示。

9）数据报表信息整体评估研究

衬砌台车数据报表信息系统每隔 10 min 采集一组浇筑量、温度、压力等数据形成报表，拱顶防脱空数据对拱顶 15 组对应的信号灯的显示状况进行数据采集并自动存储，以供查询和存档。数据报表信息整体评估系统界面如图 13-68 所示。

衬砌台车信息评估系统通过检测传感器所采集的信号实时对相应数据信息进行评估，可通过数据指导衬砌施工。通过现场运用试验、监测试验和第三方检测验证，衬砌混凝土在拱顶脱空、密实度、强度、衬砌厚度、搭接端压溃等方面有明显改善，有效避免了隧道衬砌开裂、拱顶掉块、衬砌背后空洞等病害发生，减少了质量缺陷现象。

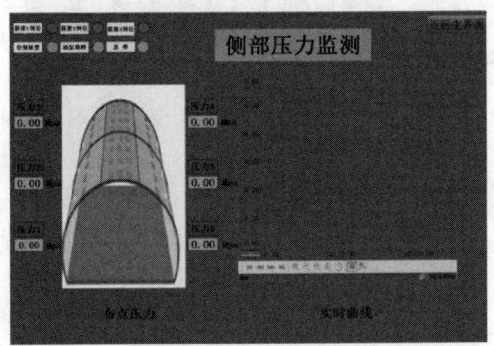

图 13-66　侧部压力信息评估系统界面

图 13-67　拱顶防脱空信息评估系统界面

	时间	顶部压力1	顶部压力2	顶部压力3	顶部压力4	压力1	压力2	压力3	压力4	压力5	压力6	实测浇注量	预测浇注
190	2019/1/16 星期三 下午 3:24:16	0.00	0.01	0.01	0.01	0.00	0.00	0.00	0.00	0.00	0.00	0.00	0.00
191	2019/1/16 星期三 下午 3:34:16	0.00	0.01	0.01	0.01	0.00	0.00	0.00	0.00	0.00	0.00	0.00	0.00
192	2019/1/16 星期三 下午 3:44:16	0.00	0.01	0.01	0.01	0.00	0.00	0.00	0.00	0.00	0.00	0.00	0.00
193	2019/1/16 星期三 下午 3:54:16	0.00	0.01	0.01	0.01	0.00	0.00	0.00	0.00	0.00	0.00	0.00	0.00
194	2019/1/16 星期三 下午 4:04:16	0.00	0.01	0.01	0.01	0.00	0.00	0.00	0.00	0.00	0.00	0.00	0.00
195	2019/1/16 星期三 下午 4:14:16	0.00	0.01	0.01	0.01	0.00	0.00	0.00	0.00	0.00	0.00	0.00	0.00
196	2019/1/16 星期三 下午 4:24:16	0.00	0.01	0.01	0.01	0.00	0.00	0.00	0.00	0.00	0.00	0.00	0.00
197	2019/1/16 星期三 下午 4:34:16	0.00	0.01	0.01	0.01	0.00	0.00	0.00	0.00	0.00	0.00	0.00	0.00
198	2019/1/16 星期三 下午 4:44:16	0.00	0.01	0.01	0.01	0.00	0.00	0.00	0.00	0.00	0.00	0.00	0.00
199	2019/1/16 星期三 下午 4:54:16	0.00	0.01	0.01	0.01	0.00	0.00	0.00	0.00	0.00	0.00	0.00	0.00
200	2019/1/16 星期三 下午 5:04:16	0.00	0.01	0.01	0.01	0.00	0.00	0.00	0.00	0.00	0.00	0.00	0.00
201	2019/1/16 星期三 下午 5:14:16	0.00	0.01	0.01	0.01	0.00	0.00	0.00	0.00	0.00	0.00	0.00	0.00
202	2019/1/16 星期三 下午 5:24:16	0.00	0.01	0.01	0.01	0.00	0.00	0.00	0.00	0.00	0.00	0.00	0.00
203	2019/1/16 星期三 下午 5:34:16	0.00	0.01	0.01	0.01	0.00	0.00	0.00	0.00	0.00	0.00	0.00	0.00
204	2019/1/16 星期三 下午 5:44:16	0.00	0.01	0.01	0.01	0.00	0.00	0.00	0.00	0.00	0.00	0.00	0.00
205	2019/1/16 星期三 下午 5:54:16	0.00	0.01	0.01	0.01	0.00	0.00	0.00	0.00	0.00	0.00	0.00	0.00
206	2019/1/16 星期三 下午 6:04:16	0.00	0.01	0.01	0.01	0.00	0.00	0.00	0.00	0.00	0.00	0.00	0.00
207	2019/1/16 星期三 下午 6:14:16	0.00	0.01	0.01	0.01	0.00	0.00	0.00	0.00	0.00	0.00	0.00	0.00
208	2019/1/16 星期三 下午 6:24:16	0.00	0.01	0.01	0.01	0.00	0.00	0.00	0.00	0.00	0.00	0.00	0.00
209	2019/1/16 星期三 下午 6:34:16	0.00	0.01	0.01	0.01	0.00	0.00	0.00	0.00	0.00	0.00	0.00	0.00
210	2019/1/16 星期三 下午 6:44:16	0.00	0.01	0.01	0.01	0.00	0.00	0.00	0.00	0.00	0.00	0.00	0.00
211	2019/1/16 星期三 下午 6:54:16	0.00	0.01	0.01	0.01	0.00	0.00	0.00	0.00	0.00	0.00	0.00	0.00
212	2019/1/16 星期三 下午 7:04:16	0.00	0.01	0.01	0.01	0.00	0.00	0.00	0.00	0.00	0.00	0.00	0.00
213	2019/1/16 星期三 下午 7:14:16	0.00	0.01	0.01	0.01	0.00	0.00	0.00	0.00	0.00	0.00	0.00	0.00
214	2019/1/16 星期三 下午 7:24:16	0.00	0.01	0.01	0.01	0.00	0.00	0.00	0.00	0.00	0.00	0.00	0.00
215	2019/1/16 星期三 下午 7:34:16	0.00	0.01	0.01	0.01	0.00	0.00	0.00	0.00	0.00	0.00	0.00	0.00
216	2019/1/16 星期三 下午 7:44:16	0.00	0.01	0.01	0.01	0.00	0.00	0.00	0.00	0.00	0.00	0.00	0.00
217	2019/1/16 星期三 下午 7:54:16	0.00	0.01	0.01	0.01	0.00	0.00	0.00	0.00	0.00	0.00	0.00	0.00
218	2019/1/16 星期三 下午 8:04:16	0.00	0.01	0.01	0.01	0.00	0.00	0.00	0.00	0.00	0.00	0.00	0.00
219	2019/1/16 星期三 下午 8:14:16	0.00	0.01	0.01	0.01	0.00	0.00	0.00	0.00	0.00	0.00	0.00	0.00

图 13-68　数据报表信息整体评估系统界面

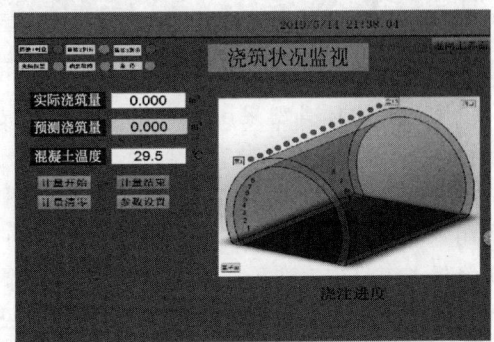

13.1.8 养护机械

养护机械主要指养护台车。

1. 养护台车的组成和工作原理

目前,隧道衬砌养护采用智能化作业,智能养护台车整体结构设计为门架形式,主要由主结构、加热系统、密封系统、雾化系统、智能温湿度控制系统等组成,现场照片见图 13-69。

图 13-69　隧道衬砌智能养护台车现场

该台车主体骨架采用模块化可拆卸的支承梁台架,解决了同类装置一种台车只能用于一种孔径隧道养护的缺点,实现了一车多用,适用于不同孔径隧道衬砌混凝土养护作业,直接降低了工程施工造价。其可适用于高寒、高海拔隧道衬砌混凝土养护,可改善衬砌混凝土外观品质、净化隧洞作业空气环境。它具有以下特点:

(1) 走行轮,采用橡胶车轮,克服了传统铁质滚轮笨重、隧洞道路通过能力差的缺陷,同时,车轮更为轻便,更能适用于隧洞内的复杂路况,实现了不同路况下隧道衬砌混凝土养护全地形通过。

(2) 旋转雾化喷嘴装置,实现了隧道衬砌混凝土养护与降尘一体化作业,相对于同类设备只具有单一的衬砌混凝土养护功能,其功能作用更加多元化,既节约了养护资金成本,又净化了隧道作业环境。

(3) 水温加热装置,彻底解决了同类设备在高寒、高海拔地区冷水养护效能差的缺陷,同时温水养护下衬砌混凝土强度上升更快,为下一步施工节约了宝贵时间。

(4) 温湿传感器和温湿度接收器,可以做到对不同养护段衬砌混凝土温度、湿度的全面掌控,从而实现对不同温湿度混凝土实施定时、定量的精准养护,避免了水资源的浪费,同时也解决了因养护水分过大出现的衬砌混凝土表面脱落问题。

(5) 远程操作控制中心,克服了同类装置必须人进到洞内操作的缺陷,通过预设的养护参数实现了远程遥控无人作业,大大节省了人力、物力。

养护台车按照功能分为两种:喷淋养护台车和恒温恒湿标养台车。

2. 养护台车主要系统和部件的结构原理

1) 主结构

养护台车主结构为整车的中心受力部件,由上部支承结构及走行驱动系统组成。上部支承结构采用型材焊接结构,走行驱动系统为养护台车向下一个工作面推进提供走行动力。

2) 加热系统

加热系统采用定制的防水、耐高温(最高300℃)、耐强酸强碱、阻燃隔热保温的工业级电加热装置,在外拱外侧分区域实现加热,并于每个区域设置独立温度传感器,通过控制器实现智能温度控制,其中恒温区域可根据实际使用需求进行设定。

3) 密封系统

密封系统设置于外拱前、后两端及底部,

能使养护区域处于一个相对封闭的空间,为养护台车温度、湿度控制提供保障。

4)雾化系统

雾化系统采用5～10 μm雾化喷头、不锈钢高压流体输送管道等实现区域雾化,并通过湿度传感器将数据传送至控制器,以达到智能养护湿度。其面板界面如图13-70所示。

5)智能温湿度控制系统

智能温湿度控制系统是养护台车的核心部分,由温湿度控制器、传感器和加热加湿部分组成,其对养护区域内的温度、湿度可实现智能控制与调节。智能温湿度控制系统的温度在线监控系统界面如图13-71所示,单路参数设置及阶段选择界面如图13-72所示。

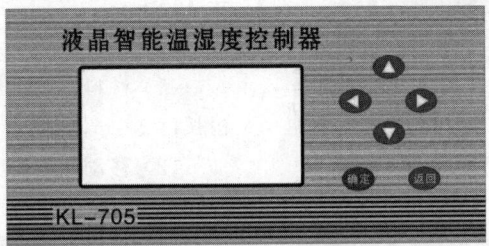

图13-70 面板界面

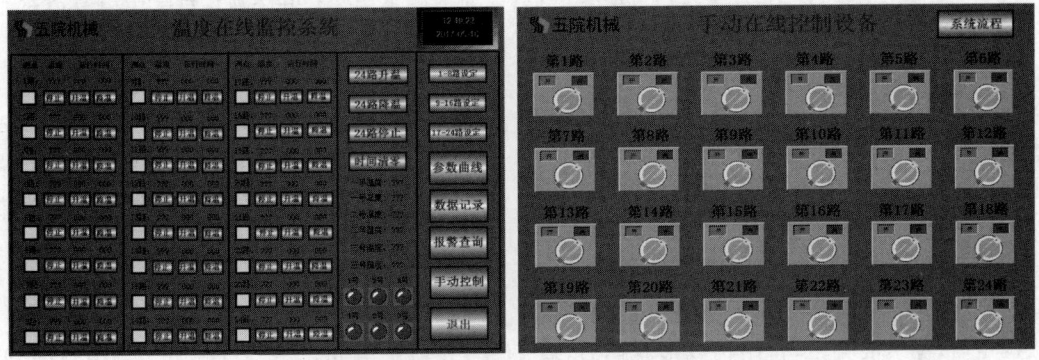

图13-71 温度在线监控系统界面

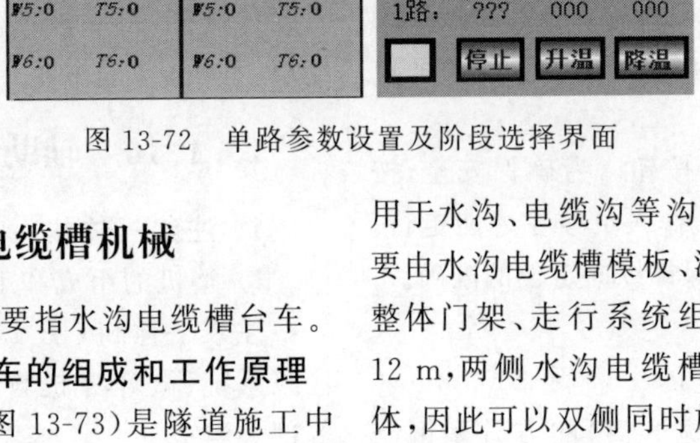

图13-72 单路参数设置及阶段选择界面

13.1.9 水沟电缆槽机械

水沟电缆槽机械主要指水沟电缆槽台车。

1. 水沟电缆槽台车的组成和工作原理

水沟电缆槽台车(图13-73)是隧道施工中用于水沟、电缆沟等沟槽自动成形的设备,主要由水沟电缆槽模板、液压系统、丝杠千斤顶、整体门架、走行系统组成。台车纵向长度为12 m,两侧水沟电缆槽模板与门架连接成整体,因此可以双侧同时施工。施工过程中通过液压系统实现水沟电缆槽模板升降和横向移动,易于定位。该台车配有自动走行系统,脱模后可通过该系统将水沟电缆槽模板移动至下一个浇筑段,操作方便。

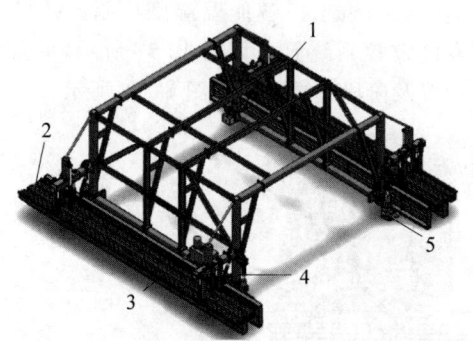

1—门架;2—水沟、电缆槽模板;3—液压系统;
4—丝杆千斤顶;5—走行系统。

图 13-73 水沟电缆槽台车

水沟电缆槽台车有长 12 m 的移动式模架及配套的定型模板,通过液压杆把模板悬挂起来,可以左右移动模板到设计的平面位置;通过液压设备可上下调整模板高度,使模板与设计标高一致。在模板调整到设计位置后,通过定型模板顶部的"定位卡"固定模板与模板之间的相对位置和模板与模架的相对位置。模板固定后,浇筑混凝土,待结构成形脱模后,通过模架走行系统使模架整体移动到下一个混凝土浇筑的位置。

2. 水沟电缆槽台车主要系统和部件的结构原理

1)自动走行系统

该台车采用双侧 3 kW 电动机驱动,通过减速器传动到主动轮。走行轮材料采用铸钢,直径为 300 mm。走行采用 Q55×22 kg/m 型号的轻轨,每根长度 4 m,无须枕木,直接铺设在填充面即可走行。

走行系统采用点动按钮。为确保安全,按钮采用常开触点,只有操作人员按住才能走行。行进速度为 6 m/min。保证纵向定位的准确。

2)龙门架

(1)材料:4 根主立柱采用 250 mm×250 mm×10 mm(长×宽×高)的方管型钢制作,纵向底梁采用 250 mm×250 mm×10 mm(长×宽×高)的方管型钢制作,龙门架中间 4 根立柱的材料为 25#B 型工字钢,环向 4 根上梁的材料为 I25b 型工字钢。

(2)净空尺寸:环向宽度 7200 mm 左右(根据隧道宽度而定),高度 4650 mm,同时在 4 根主立柱上安装 4 套升降液压缸,升降最大尺寸 400 mm。

3)水沟、电缆沟钢模

(1)材料:采用 8 mm 厚钢板制作,整体结构长度 12 m,单侧定位。

(2)移动、脱模,采用 6 套液压缸控制。液压缸带自动锁,可以固定水沟,电缆沟水平。

(3)挡墙模板:单侧采用 6 套液压缸,6 套固定环向尺寸及浇混凝土时的固定模。模板立面上侧采用 2 套升降液压缸。脱模及填充面已施工标高误差可调节。

(4)水沟、电缆沟定位:采用龙门架挑梁,挑梁设计有滑动导套。单侧采用 2 套环向调节液压缸。当龙门架中心出现偏差时,环向可调 200 mm,保证水沟、电缆沟环向及纵向尺寸达到技术要求。

(5)端头钢模板:采用锲块固定、锁紧。

4)挑梁

挑梁采用 250 mm×150 mm 型钢制作,为了保证调节偏差,采用了滑动导套。而水沟、电缆沟模板,为防止纵向及环向上、下、左、右升降的尺寸发生变化,采用 100 mm×100 mm×8 mm 的方管型钢制作,作用是稳定脱模、定位尺寸。

5)液压系统

液压系统配置了 4 套液压泵站,单套采用十联控制阀,每一液压缸独立控制。整体操作简单、方便,易于作业人员操作。

13.1.10 辅助机械

1. 注浆一体机

1)整机的组成和工作原理

注浆一体机(图 13-74)主要由搅拌系统、注浆系统、微计算机自动控制系统、走行系统等部分组成。

图 13-74 注浆一体机

隧道二衬拱顶带模注浆一体机是隧道衬砌注浆机,隧道二衬拱顶带模注浆一体机集搅拌、制浆、储浆、注浆、自动打印流量和压力等多功能为一体,添加了触摸屏功能,操作更简单,使用更方便。隧道二衬拱顶带模注浆一体机采用双层设计,上层制浆、下层拌浆、前端注浆,注浆压力及流量自动打印,实现了一台设备"打天下",减少设备投入的同时,提高了注浆工效,也降低了现场作业人员的劳动强度。

2) 主要系统和部件的结构原理

(1) 搅拌系统

该设备的搅拌系统分为上下双层搅拌,可一次搅拌灰/砂浆 350 L,上部搅拌制浆完成后浆液可排放至下部搅拌。通过上、下部二次搅拌桶配合,可实现向压浆设备不间断供料。

(2) 注浆系统

本机配备安装的为双缸活塞式砂浆注浆泵,注浆为缸体交互连续式工作方式,压力稳定,泵送浆体无气泡,工作效率为 8 m³/h。本台车结构合理,搅拌均匀,可极大地提高生产速度。小分度置为 0.1 MPa。

隧道二衬拱顶带模注浆包括一整套新的注浆流程、新的工装装备及充填材料,在简化传统注浆工艺的同时,大大提高了注浆质量。施工时,在隧道二衬衬砌台车拱顶模板上设置 4 个垂直注浆孔,孔内安装活性粉末强混凝土(RPC)注浆管,二衬混凝土浇筑完成 1~2 h 后于脱模前开始注浆。注浆材料采用高流动性微膨胀早强缓凝充填砂浆,与二衬混凝土形成有机整体,解决了传统浆液与二衬混凝土"两张皮"的弊端。

(3) 微计算机自动控制系统

微计算机自动控制系统由传感器、线路、显示屏等组件构成。

(4) 走行系统

走行系统有两组胶轮,用于智能注浆机的走行。

2. 风机

1) 整机的组成和工作原理

风机(图 13-75)主要由轮毂、叶片、转轴、外壳、集风器、流线体、导流器、扩散筒及进风口和叶轮组成。进风口由集风器和流线体组成,叶轮由轮毂和叶片组成。叶轮与转轴固定在一起形成通风机的转子,转子支承在轴承上。当电动机驱动通风机叶轮旋转时,就有相对气流通过每一个叶片。

图 13-75 风机

风机叶片的工作方式与飞机的机翼类似。但后者是将升力向上作用于机翼并支承飞机的重量,而轴流风机则固定位置并使空气移动,气流由集风器进入轴流风机,经前导叶获得预旋后,在叶轮动叶中获得能量,再经后导叶将一部分偏转的气流动能转变为静压能,最后气体流经扩散筒,将一部分轴向气流的动能转变为静压能后输入到管路中。

2) 主要系统和部件的结构原理

(1) 叶轮

叶轮与转轴一起组成了通风机的回转部件,通常称为转子。叶轮是轴流风机对气体做功的唯一部件,叶轮旋转时叶片冲击气体,使空气获得一定的速度和风压。轴流风机的叶轮由轮毂和叶片组成,轮毂和叶片的连接一般为焊接结构。叶片有机翼形、圆弧板形等多种,叶片从根部到叶顶通常是扭曲的,有的叶片与轮毂的连接是可调的,可以改变风机的风量和风压。一般叶片数为4~8个,其极限范围为2~50个。

(2) 集风器

集风器(吸风口)和流线体组成光滑的渐缩形流道,其左右将气体均匀地导入叶轮,减少入口风流的阻力损失。

(3) 导流器

导流器有前导流器和后导流器。前导流器的作用是使气流在入口处产生负旋转,以提高风机的全压。此外,前导流器常做成可转动的,通过改变叶片的安装角度可以改变风机的工况。后导流器的作用是扭转从叶轮流出的旋转气流,使一部分偏转气流动能转换为静压能,同时可减少因气流旋转而引起的摩擦和旋涡损失动能。

(4) 扩散筒

在轴流风机的出口,气流轴向速度很大。扩散筒的作用是将一部分轴向气流的动能转换为静压能,使风机流出的气体静压能进一步提高,同时减少出口突然扩散的损失。轴流风机的横截面一般为翼形剖面,叶片可以固定位置,也可以围绕其纵轴旋转。叶片与气流的角度或叶片间距可以是固定的,也可以是可调的。能够改变叶片的角度或间距是轴流风机的主要优势之一。小叶片间距产生较低的流量,而增加间距则可产生较高的流量。先进的轴流风机能够在风机运转时改变叶片间距(这与直升机旋翼颇为相似),从而相应地改变流量,因此称为动叶可调(VP)轴流风机。

13.2 TBM法隧道施工机械

TBM法隧道施工机械主要有TBM掘进机、内燃机车、无轨胶轮车等,其中内燃机车请参考第5篇。

13.2.1 TBM掘进机

TBM掘进机根据支护形式分为两种类型:敞开式TBM、护盾式TBM。

敞开式TBM主要有X形和T形两种结构形式。X形前后有两组X形支承,共有16个弧形撑靴紧压在已形成的圆形洞壁上,如图13-76所示;T形为单支承主梁。

图13-76 X形敞开式TBM

护盾式TBM根据盾壳的数量可分为单护盾TBM、双护盾TBM。双护盾TBM又称伸缩护盾式TBM,护盾包括前护盾、伸缩护盾和后护盾(也称撑靴护盾)。

1. 整机的组成和工作原理

TBM掘进机是集多种功能于一体的综合性设备,集合了TBM法施工过程中的开挖、出土、支护、注浆等功能。TBM掘进机在结构上包括刀盘、盾体、主驱动、管片拼装机、管片吊机、主机皮带机、后配套皮带机和后配套拖车等;在功能上包括开挖系统、主驱动系统、推进系统、出渣系统、豆砾石喷射系统、注浆系统、油脂系统、液压系统、电气控制系统,以及通风、除尘、供水、供电系统等。

1) 敞开式TBM

敞开式TBM又称为支承式TBM,通过支承机构撑紧洞壁,刀盘旋转推进;液压缸推进,盘形滚刀破碎岩石,出渣系统出渣从而实现隧洞的连续循环作业。敞开式TBM的主机主要包括刀盘(含刀具和铲斗)、主驱动、护盾(顶护盾、侧护盾和下支承)、主梁、推进和撑靴系统、后支承(或称后支腿),如图13-77所示。主机上的附属设备一般包括锚杆钻机、钢拱架安装器、超前钻机、主机出渣皮带机等,有时设有钢筋网安装器和应急混凝土喷射装置。

(1) TBM刀盘位于主机的最前端,装有滚刀和铲渣斗,与主驱动内的主轴承转动环通过螺栓连接,由主驱动电动机驱动减速箱、小齿轮、大齿圈,进而使刀盘旋转。

图 13-77 敞开式 TBM

(2) 主驱动机头架外围为护盾，护盾通过液压缸与机头架相连。主驱动机头架的后侧与主梁用螺栓连接。

(3) 后支承钢结构与主梁螺栓连接，左、右竖直钢结构箱体内置液压缸，底部销轴连接支撑靴板，通过液压缸抬起或落下。推进和撑靴系统为敞开式 TBM 提供推进力和承受支反力。

(4) 钢拱架安装器一般布置在顶护盾下方，与主梁间有纵向滑道，可纵向移动一定距离；两台锚杆钻机布置在钢拱架安装器后面，能够纵向和轴向移动。

2) 单护盾 TBM

单护盾 TBM 主要由刀盘、主驱动、前盾、中盾、尾盾等部件构成，其中主机结构主要由刀盘、主驱动、盾体、主推进液压缸、辅助推进液压缸、抗扭机构、稳定器、主机皮带机等构成，同时在辅助推进液压缸后面中心部位盾尾内布置有预制管片安装器，如图 13-78 所示。

图 13-78 单护盾 TBM 内部结构

单护盾 TBM 广泛用于围岩状况复杂、地下水位较高、存在断层及破碎带地层的岩石。掘进时的推力靠护盾尾部的推进液压缸支承在管片上获得，管片拼装在护盾的保护下进行。

3) 双护盾 TBM

双盾式 TBM 由装切削刀盘的前盾、装支承装置的后盾（主盾）、连接前后盾的伸缩部分及为安装预制混凝土块的盾尾组成，其主机组成结构与单护盾 TBM 相似，如图 13-79 所示。

图 13-79 双护盾 TBM 内部结构

双护盾 TBM 在围岩状态良好时，掘进与预制块支护可同时进行，每个掘进行程中断时间短；在松软岩层中，两者须分别进行。机器所配备的辅助设备有衬砌回填系统、探测（注浆）孔钻机、注浆设备、混凝土喷射机、粉尘控制与通风系统、数据记录系统、导向系统等。

(1) 前护盾包裹着刀盘壳体，内侧通过耳座孔与推进液压缸活塞杆相连，以获得前移动力。在前护盾顶部两侧 45°处各装有一个稳定靴，可通过护盾上开的小窗口伸出撑在洞壁上。在前护盾的后端装有前伸缩节，前伸缩节内是可滑动的并与后护盾相铰连的后伸缩节。

(2) 后护盾也叫撑靴护盾。后护盾的前端是液压缸铰接的后伸缩节。支承机构就布置在后护盾所在部位，可以是水平支承机构，也可以是 X 形支承机构，支承板通过后护盾上开的窗口伸出撑紧洞壁。

2. 主要系统和部件的结构原理

TBM 掘进机的功能部件主要有支护系统、刀盘切削系统、主驱动系统、推进系统、油脂密封润滑系统、水循环冷却系统、压缩空气系统、壁后吹填系统、钢拱架安装器、电气控制系统等。其中，主驱动系统、油脂密封润滑系统、水循环冷却系统、压缩空气系统、电气控制系统与土压平衡盾构机组成系统及部件原理相同，详见 12.3.3 节。

1) 刀盘

TBM 掘进机的刀盘由刀盘钢结构主体、滚刀、铲斗和喷水装置等组成，刀盘与大轴承转动组件通过大直径、高强度螺栓相连接，如图 13-80 所示。

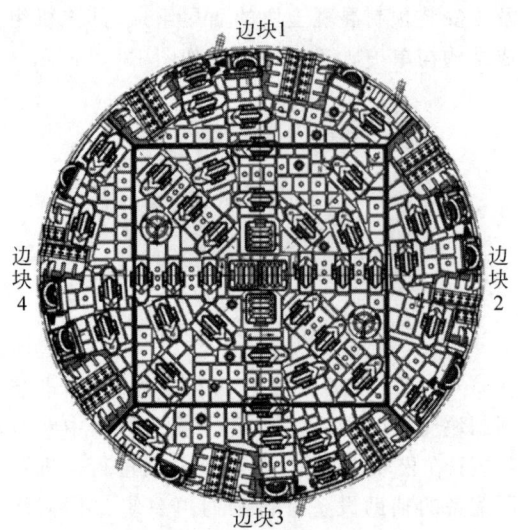

图 13-80　刀盘结构示意图

刀盘主体（图 13-81）采用低合金、高强度钢板焊接而成，滚刀所受的推力通过刀座、面板、背板、垂直筋板、后锥板、连接法兰传递到主驱动。刀盘整体强度和刚度应满足全断面硬岩隧道掘进要求。

图 13-81　刀盘主体结构

（1）刀座和刀具

刀盘主体结构上焊接有刀座，用于安装盘形滚刀，按安装位置分为中心刀、正刀和边刀。一般中心刀为双刃滚刀，正刀和边刀则为单刃滚刀，如图 13-82 所示。

刀具主要由刀圈、刀体、刀轴轴承、浮动金属环密封端盖、刀圈轴向挡圈等组成，刀圈的断面形状通常有楔刃和平刃，目前已采用平刃滚刀代替楔刃滚刀。盘形滚刀技术是 TBM 掘

图 13-82　双刃滚刀（左）和单刃滚刀（右）

进机的核心技术之一，要求其承载能力高，耐磨性好，并具有很好的冲击韧度。目前，常用的是直径 432 mm 和 483 mm 的盘形滚刀。

（2）铲斗和铲齿

铲斗开口一侧装有铲齿，另一侧装有若干垂直挡板。铲斗上的铲齿用螺栓固定在铲齿座上，用于掘进时铲起石渣，磨损或损坏后可以更换。

2）盾体

盾体由前盾、中盾、盾尾组成，整体结构采用倒锥形设计，可以有效防止卡盾现象发生。同时设有铰接连接结构，便于施工转弯；设有稳定器，用于顶紧岩体防止摆动。

稳定器（图 13-83）属于典型的液压系统，包括液压泵站、液压缸和撑靴 3 部分。其中，液压泵站采用独立式泵站为液压缸提供动力，同时较好地避免了盾构液压系统的污染。稳定器液压缸伸出时，撑紧洞壁，可以有效减轻主机的振动，同时增大盾体与洞壁的摩擦，也能在一定程度上起到防扭的作用。

3）支承及推进系统

支承及推进系统是敞开式 TBM 的主要机构之一，为 TBM 掘进提供推力，同时承受TBM 掘进的反力及反扭矩，主要由主梁、鞍架、推进液压缸、撑靴液压缸、扭矩液压缸、撑靴、十字铰接装置、撑靴回正装置、撑靴液压缸稳定装置等结构组成。

（1）主梁

主梁前端与主驱动变速箱连接，后端与撑靴、撑靴液压缸、鞍架、推进液压缸及后支承连接，如图 13-84 所示，推进液压缸通过主梁将掘进推力传递给主轴承。主梁采用低合金高强度钢焊接而成，焊缝均经过无损探伤。

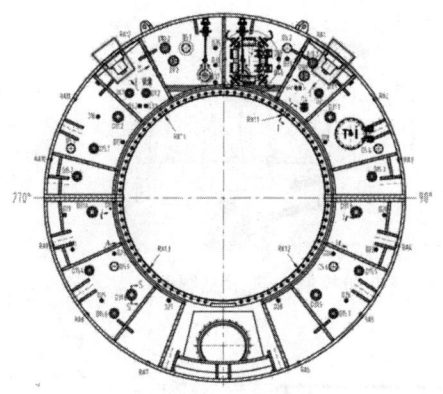
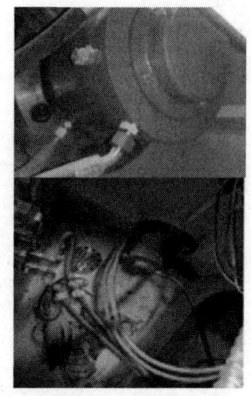

图 13-83　盾体稳定器

图 13-84　主梁

(2) 支承推进系统

支承推进系统包括撑靴、撑靴液压缸、扭矩液压缸、鞍架及推进液压缸。掘进过程中，撑靴液压缸伸出，使撑靴紧压隧道洞壁产生摩擦力，提供推进液压缸的掘进反力和扭矩液压缸的调向反力，并承受主机与连接桥的部分重量。掘进反力直接通过推进液压缸、撑靴传递给隧道洞壁，而主机姿态调整的扭矩和反力通过鞍架、撑靴液压缸、撑靴传递给隧道洞壁，如图 13-85 所示。

图 13-85　支撑推进系统

水平单撑靴敞开式 TBM 方向控制原理为根据测量导向系统显示的位置及方位，以刀盘护盾为支点，通过调整主梁的左右上下位置，随时调整 TBM 掘进机的掘进方向，如图 13-86 所示。

(3) 后支承

敞开式 TBM 一般分为两种工作模式：掘进和换步。

TBM 掘进时推进液压缸伸出，带动刀盘、驱动系统、主梁等向前移动，同时撑靴撑紧洞壁，保持相对固定，为 TBM 掘进提供推进反力和反扭矩。TBM 换步时，后支承伸出，和护盾共同支承主机的重量，撑靴液压缸收回，通过推进液压缸回收，带动撑靴及鞍架向前移动。

TBM 换步时，由于推进液压缸回收的差动或摩擦阻力不均衡，可能会引起撑靴液压缸绕十字销轴转动，进而导致左、右撑靴偏转，撑靴偏转严重时，难以匹配已安装好的钢拱架，会给施工带来不便。因此敞开式 TBM 通常在撑靴液压缸两侧布置有稳定装置，用于保持撑靴液压缸相对居中，避免撑靴左右偏转过大，如图 13-87 所示。

敞开式 TBM 撑靴液压缸稳定装置主要有两种形式：圆柱弹簧形式；膜片弹簧加液压缸形式，见图 13-88。

后支承位于 TBM 主梁的后部，用于支承 TBM 换步行程时机器的重量，或在停机时升高或降低主梁高度。后支承系统在 TBM 操作中设置了联动装置，当其支承在洞壁时不能进行掘进操作，见图 13-89。

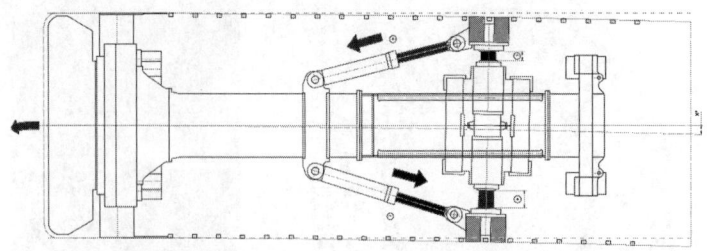

图 13-86 掘进方向控制原理示意图

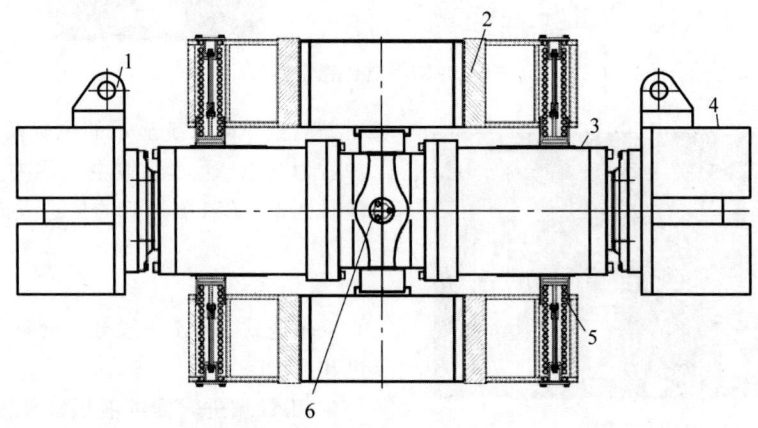

1—推进液压缸耳座；2—鞍架；3—撑靴液压缸；4—撑靴；
5—撑靴液压缸稳定装置；6—十字销轴。

图 13-87 撑靴稳定装置布置图

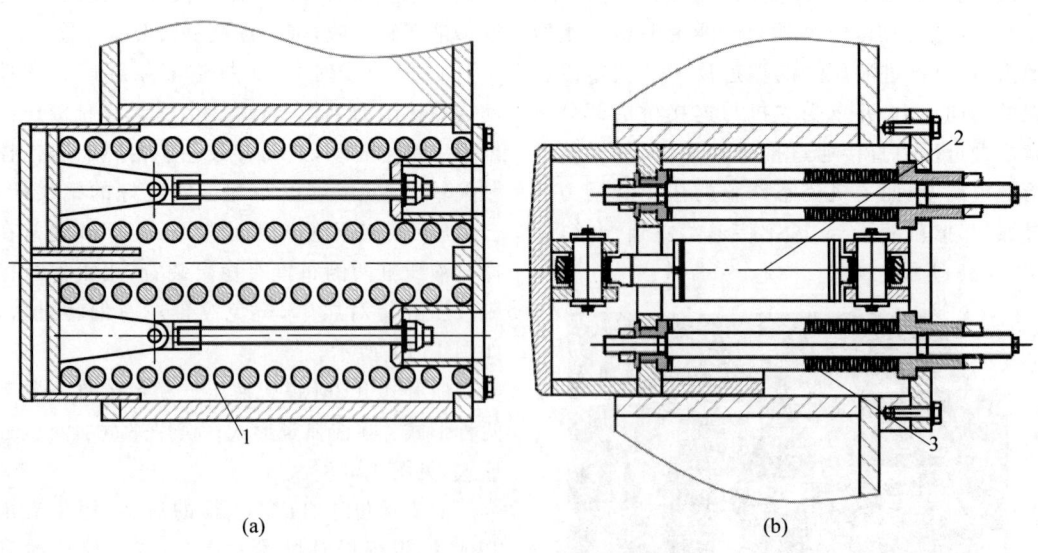

1—圆柱弹簧；2—液压缸；3—碟片弹簧。

图 13-88 撑靴液压缸稳定装置结构示意图
（a）圆柱弹簧形式；（b）碟片弹簧加液压缸形式

图 13-89　后支承

4）钢拱架安装器

钢拱架安装器位于顶护盾下方，可分为钢拱架拼装环（齿圈旋转机构）和撑紧环（撑紧臂）。钢拱架拼装环采用齿轮齿圈驱动，固定在主驱动变速箱上，撑紧环可以前后走行、径向撑紧收缩，如图 13-90 所示。

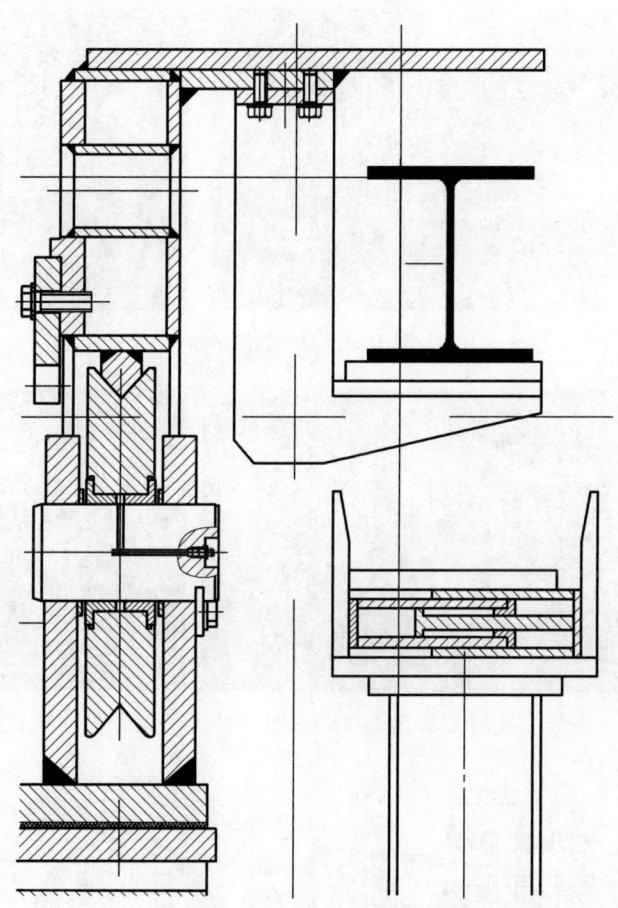

图 13-90　钢拱架安装器示意图

钢拱架拼装环可对各段钢拱架进行定位、卡位旋转并逐节拼装，撑紧环可抓取拼装好的整环钢拱架，并前后移动定位，最后通过撑紧臂径向撑开或收缩将钢拱架撑紧在洞壁上。

5）超前钻机

超前钻机由液压凿岩机、推进梁、动力站、控制系统、钎具等部分组成，一般布置在主梁上方，用于超前钻孔和超前注浆作业，如图 13-91

所示。由于前方护盾和刀盘的存在,超前钻机必须与洞轴线倾斜一定角度进行钻孔,一般在7°左右,周向钻孔范围在120°以上,钻进距离可达掌子面前方约30 m。超前钻机还具有以下特点:

(1) 可实现超前锚杆、超前管棚、超前预注浆、地质预判。

(2) 可安装跟管钻具进行跟管法钻孔,也可安装球齿形钻头进行钻孔。

(3) 具备检测系统参数,可判断断层、岩溶、洞穴等不良地质,同时具有在操作面板上显示并报警,兼参数记录功能。

6) 锚杆钻机

锚杆钻机组件主要包括液压冲击式凿岩机、液压推进器、钻机齿圈环形轨道、泵站、控制台及连接软管,一般在主梁左右两侧各布置一台锚杆钻机。其中,L1区锚杆钻机安装在钢拱架安装器尾部,L2区锚杆钻机安装在喷浆机械手前方,如图13-92所示。

7) L1区湿喷系统

当遇到围岩破碎带塌方较严重时,主机上部L1区设计有专门的机械臂喷头进行应急喷射混凝土,输送管路从L1喷混区混凝土输送泵处单独供出。喷射范围为270°,如图13-93所示。

图 13-91 超前钻机

图 13-92 锚杆钻机

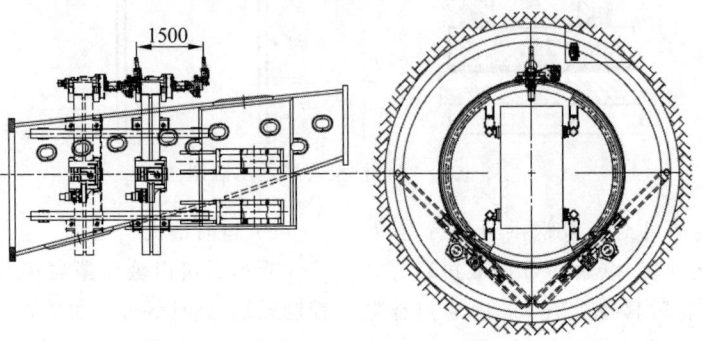

图 13-93 L1区超前喷混系统示意图

8) L2区支护系统

L2区设计有锚杆钻机、混凝土喷射系统。其中，混凝土喷射系统由混凝土罐体吊机、混凝土喷射泵、液压泵站、喷射臂、旋转小车、旋转支承架等组成，如图13-94所示。它具有如下特点：

图13-94　L2区混凝土喷射系统

（1）机械手有6个自由度喷头，能够满足各个方向喷浆要求。

（2）通过调节机械喷头径向位置，可适应开挖直径6.5～6.8 m的喷射距离。

（3）喷射臂角度范围为300°。

（4）伸缩臂行程为2 m，旋转架移动行程为4 m，满足前后喷射行程6 m。

9) 豆砾石喷射系统

豆砾石喷射系统由豆砾石喷射泵、豆砾石料斗、豆砾石皮带机、豆砾石罐、豆砾石罐吊机、豆砾石输送管、豆砾石喷嘴等组成。豆砾石罐运进隧洞后由吊机卸载存储在3号拖车右侧，工作时放在3号拖车左侧，经挡边皮带输送机送至豆砾石料斗内，通过调整拨料板的位置可实现两台豆砾石泵同时使用或切换使用，如图13-95所示。

（1）豆砾石罐吊机

豆砾石罐吊机由吊机架、动滑轮箱、起吊液压缸、驱动小车、减速器等部件组成，通过起吊液压缸、动滑轮箱等部件完成豆砾石罐的提升和下降，通过驱动小车、减速器等部件完成吊机及罐体的横向移动。轨道两端装有止挡块，防止吊机行程超限。

（2）豆砾石罐

豆砾石罐包括罐体、闸门、闸门液压缸、支腿等部件，其作用是存放豆砾石原料，配合豆砾石罐吊机完成豆砾石原料在隧道内外的运输工作。

（3）豆砾石皮带机

豆砾石皮带机由驱动滚筒、减速电动机、改向滚筒、刮渣器、豆砾石挡板等部件组成，作用是完成豆砾石由罐体至料斗的输送。

（4）豆砾石料斗

豆砾石料斗由料斗、气缸、闸门、转板等部件组成，通过控制转板来实现单口出料和双口出料两种工作模式的转换，既能够提高工作效率，又便于检修。

（5）豆砾石喷射泵

豆砾石喷射泵通过压缩空气将豆砾石吹入管片与开挖洞壁间的空腔。

10) 细石混凝土系统

细石混凝土系统由集成泵站、喷射泵、混凝土罐、倒运装置及管路附件组成。在TBM模式下，管片壁后仅填充豆砾石不能完全充满间隙空间，因此必须与细石混凝土系统配合使用，注浆区域需选择在填充豆砾石后进行，不可提前，以免造成蹿浆，如图13-96所示。

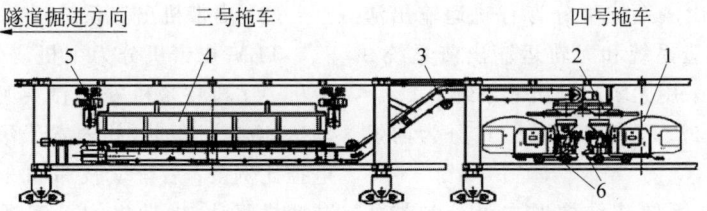

1—豆砾石喷射泵；2—豆砾石料斗；3—豆砾石皮带机；
4—豆砾石罐；5—豆砾石罐吊机；6—豆砾石输送管。

图13-95　豆砾石喷射系统组成

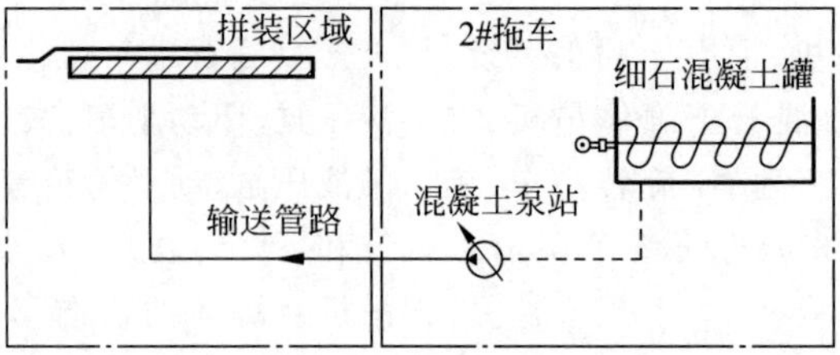

图 13-96 细石混凝土壁后回填注浆系统组成示意图

喷射泵将细石混凝土通过管片预留注浆孔注入到开挖直径和管片外径之间下部的环形间隙,可提高隧道的止水性能,均衡管片所受外力,确保管片衬砌的早期稳定性。

11) 回填注浆系统

回填注浆系统由柱塞式液压注浆泵、砂浆搅拌器、砂浆罐、输浆管路、压力传感器、盾尾内置注浆管等附件组成。在盾尾注浆管未使用时,通过注入足够的油脂来填满管路,防止浆液造成管路堵塞。

回填注浆系统有手动控制和自动控制两种模式。手动控制模式可对任意一个注浆泵进行控制;自动控制模式需提前设置起始和停止压力。注浆过程中,PLC 会根据盾尾注浆管路的压力传感器反馈的压力进行控制,低于起始压力时开始动作,达到或高于停止压力时停止动作,其控制原理如图 13-97 所示。

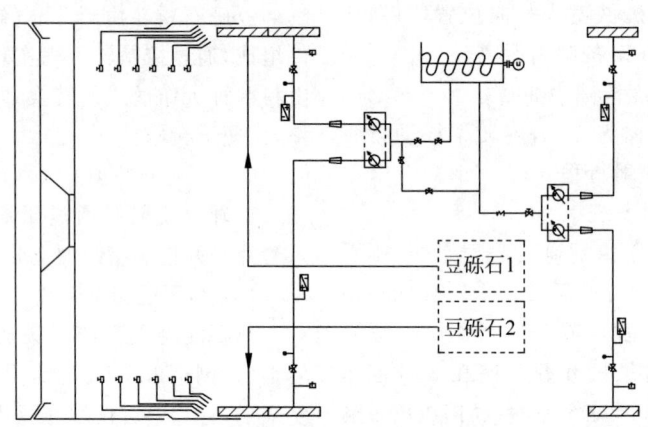

图 13-97 回填注浆系统控制原理图

12) 渣土输送系统

(1) 出渣系统的分类

TBM 施工出渣系统可分为有轨运输出渣系统、皮带机出渣系统和无轨运输出渣系统 3 种类型,通常不采用无轨运输出渣系统。

有轨运输出渣系统按牵引形式分为内燃机车、电机车。

皮带机出渣系统按结构形式可分为带式输送机和波形挡板带式输送机,分别用于水平方向和垂直方向移运石渣。皮带机出渣系统根据安装运行的位置、环境、布置形式又可分为主洞连续皮带机、支洞皮带机、转渣皮带机、垂直皮带机。

(2) 皮带机出渣系统

TBM 皮带机分为主机皮带机和后配套皮带机。主机皮带机安装在主梁内部,采用高速马达、减速机驱动,并内置于滚筒中,主油泵为电控比例泵;后配套皮带机采用变频电动机、减速机驱动,皮带机均可实现无级调速,并具备正反转功能,同时配备大行程液压缸张紧,可满足长皮带的张紧需求。皮带机外形见图 13-98。

图 13-98　皮带机系统

① 主机皮带机。主机皮带机主要由尾部改向滚筒、伸缩液压缸、头部驱动滚筒、驱动马达减速机、托辊、轨道、清扫器、张紧装置、速度检测装置、拉绳开关、跑偏开关等部件组成。掘进时主机皮带机接料端在盾体接渣斗下部接渣，通过皮带将渣土输送至主机皮带机落料端，经漏斗卸渣至2号皮带机接料端。

(a) 伸缩装置。在停机或有人通过盾体时，可通过伸缩液压缸将主机皮带机沿着尾部轨道和头部轨道从盾体内拖出，留出供人员通过的空间。

(b) 调节制动。主机皮带机在工作过程中，通过跑偏开关检测皮带机是否跑偏，便于及时校正。

② 后配套皮带机。后配套皮带机主要由驱动装置、传动滚筒、改向滚筒、拉紧装置、托辊组、接料端、卸料端、皮带、清扫器、机架、急停装置等组成。皮带经传动滚筒、改向滚筒及压紧滚筒形成闭合回路，皮带的上、下分支承在托辊上，由拉紧装置给予适当的张紧力，工作时通过传动滚筒与皮带之间的摩擦力带动皮带运行，实现物料运输，如图13-99所示。

1—改向滚筒；2—接料端；3—托辊组；4—机架；5—皮带；6—急停装置；7—驱动装置（减速电动机）；8—传动滚筒；9—清扫器；10—卸料端；11—拉紧装置。

图 13-99　后配套皮带机结构示意图

13) 排污系统

一般TBM施工隧道主机区域配备3台多级离心潜水泵组成的排污系统，并装有水位传感器。后配套拖车尾部设置有大容量污水箱，主机前方的污水排放至污水箱内，通过暂时沉淀分离，再通过大排量多级离心潜水泵排出隧道。

14) 除尘通风系统

TBM主梁区域设置有除尘系统，由干式除尘器、除尘风机、清灰系统等组成，如图13-100所示，除尘器通过除尘风管抽取刀盘内带粉尘的空气，经除尘器过滤的空气到后配套尾部，粉尘则通过清灰系统排放至皮带机。

图 13-100　除尘系统

TBM掘进机二次通风系统由二次风机、风筒存储器、风管等组成,新鲜空气通过一次风机送至后配套尾部的风筒储存器,经过二次风机(图13-101)压入输送至TBM掘进机前部工作区域。隧道回风则由除尘风机带走部分污风,其余污风通过除尘风机的负压和二次风机的正压形成空气对流循环。

图13-101　二次风机

3. 典型系统及部件技术

1) 电液混合驱动

TBM掘进机在长大破碎带地层施工时,容易出现刀盘和护盾被卡现象,这时可以采用液压马达＋变频电动机(图13-102)的模式辅助脱困,脱困扭矩可达到额定扭矩的2倍以上(常规TBM掘进机仅为1.5倍),可实现快速脱困。

2) 超前支护系统

在蚀变带地层,围岩极其脆弱,会遇水泥化,设备容易被卡,刀盘前方围岩无法加固,针对此类情况,使用小断面平导TBM增加主机顶部作业空间,可解决受限空间内双层管棚快速施工难题,如图13-103所示。

在一般破碎或少水蚀变地层,护盾上预留管棚钻孔,布置1台或2台大功率管棚钻机同时施工1个或2个管棚。采用240°钢筋排＋拱架实现连续封闭支护,可保证施工效率和支护的安全性。其作业情况如图13-104所示。

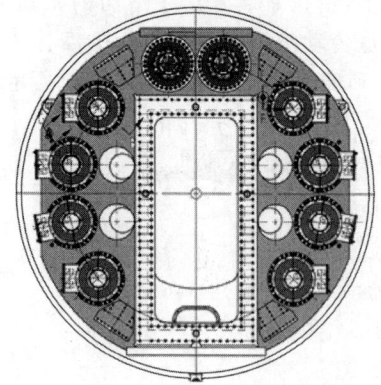

图13-102　电液混合驱动示意图

图13-103　管棚作业照片

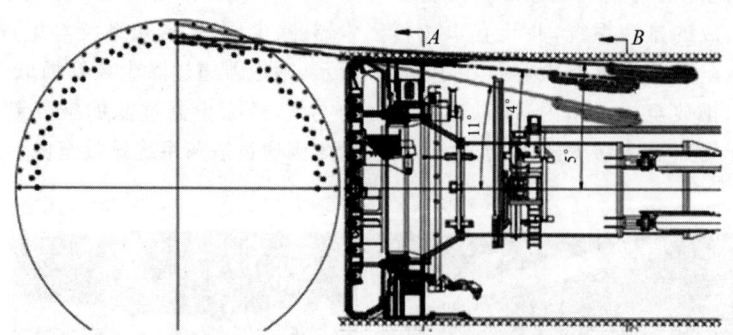

图13-104　TBM超前管棚作业示意图

3) 应急排污系统

TBM在正常掘进时,如果突然发生大方量涌水,可将后配套尾部备用的大流量排沙泵通过吊机运输至TBM掘进机主机区域,启用正常排水和应急排水相结合的排水技术,如图 13-105 所示。

突水现象发生时,大方量涌水容易造成后配套台车被淹,因此,TBM 后配套台车采用了抬高设计,如图 13-106 所示。配备水位检测装置,当超过允许最高水位要求时,系统自动报警,以保护人员和设备的安全。

图 13-105　TBM 主机底部设置排水泵

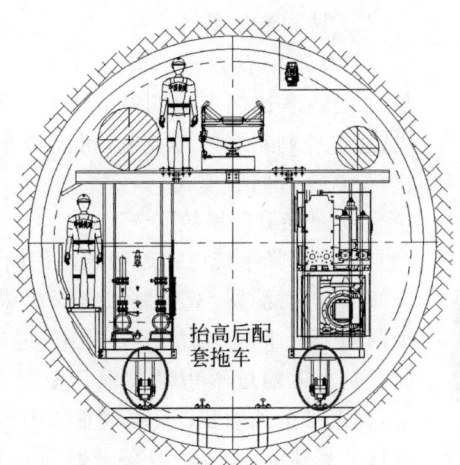

图 13-106　后配套台车布置图

13.2.2　无轨胶轮车

1. 整机的组成和工作原理

无轨胶轮车是 TBM 法隧道施工时的主要配套设备之一,可满足长距离、大坡度工况要求,可通过换装附件运输其他物料。

1) 结构组成

无轨胶轮车主要由车架、车桥、悬挂、转向、制动、润滑、捆扎锁紧、液压系统、控制系统、电气系统、驾驶室等部件构成,如图 13-107 所示。

2) 工作原理

以 DCY40 型管片运输胶轮车为例。其走行系统由两台主泵和 8 台低速大扭矩双速马达、补油系统组成。主泵变量采用电比例微电

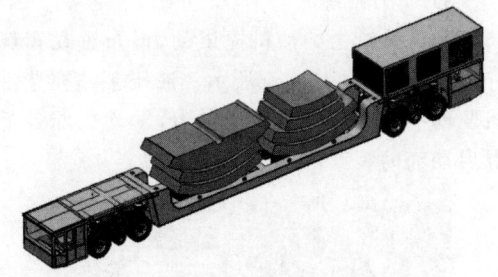

图 13-107　无轨胶轮车

控制系统,可实现行驶方向及泵输出流量的控制;低速大扭矩双速马达由电磁阀控制,可实现全半排量切换,通过不同的结合方式,完成车辆高低速及不同工况的切换。每轴线的两台马达管路上还装配有自由轮阀及补油阀组、

双向过载阀组,可以缓解车辆制动对马达造成的冲击,延长马达的使用寿命。为降低系统发热,加大了主动冲洗流量和补油量。

2. 主要系统和部件的结构原理

1) 车架

整车车架为凹字形,采用三段式,前、后段采用中梁结构,中间段采用箱形梁,前、后段与中间段采用铰接销轴、螺栓连接,如图 13-108 所示。

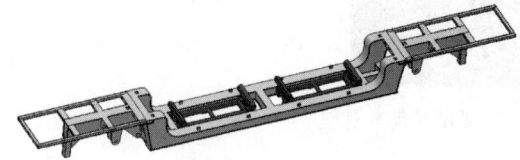

图 13-108　车架

2) 悬挂、转向

转向立柱采用轴承支承,转向液压缸安装在导向臂组件上,可实现八字、斜行(40°)模式,每一悬挂上安装 1 台低速大扭矩马达,配备行车制动器,如图 13-109 所示。

图 13-109　悬挂、转向结构

3) 动力系统

动力系统由柴油机提供动力,布置在车辆一端上部,如图 13-110 所示。液压泵站在柴油机驱动下为主机提供液压动力,发动机配备低温启动辅助装置。

图 13-110　动力系统

4) 制动系统

本车采用行车、停车、应急液压控制多片式制动器,制动器为弹簧压紧、液压释放,可以保证制动的可靠性,如图 13-111 所示。

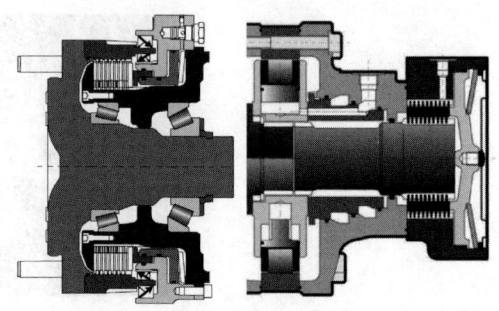

图 13-111　马达、制动器

5) 转向液压系统

管片运输胶轮车的转向液压系统由转向泵、4 组两联比例换向阀及 8 个转向液压缸构成,通过控制系统闭环控制,可满足车辆斜行、直行、八字转向等模式。

6) 悬挂升降系统

悬挂升降系统由一组四联比例阀及 4 个悬挂液压缸、蓄能器、双管路安全阀组成,可完成车辆的平升平降,减缓压力冲击,适应恶劣路况。整车运输过程中悬挂液压缸分为四点编组,四点可单独调整;每点设置压力传感器,监测每个悬挂的压力,一旦偏载超过设定值就发出报警信号,提醒操作人员注意。如果情况严重,可停机。

13.3　盾构法隧道施工机械

13.3.1　土压平衡盾构机

1. 整机的组成和工作原理

土压平衡盾构是在盾构机前部设置土仓隔板,使土仓和螺旋输送机充满切削下来的改良渣土,依靠推进液压缸的推力给土仓内的开挖渣土加压,使土压作用于开挖面,平衡水、土压力。土仓内的土压力通过土压传感器进行测量,并传递至控制室,控制室通过控制推进液压缸的推力、推进速度、螺旋输送机的转速来调节土仓内土压力的大小,进而实现土仓内压力的动态平衡,其断面见图 13-112。

图 13-112　土压平衡盾构机断面图

2. 主要系统和部件的结构原理

土压平衡盾构机根据部件功能分为支护系统、刀盘及刀具、主驱动系统、人舱系统、推进系统、管片拼装系统、同步注浆系统、渣土输送系统、渣土改良系统、注脂系统、水循环冷却系统、压缩空气系统、电气系统等。

1）支护系统

支护系统的盾体由前盾、中盾、盾尾组成,整体结构一般采用倒锥形设计,可以有效防止卡盾现象的发生,同时设有铰接连接结构,便于盾构机转弯。

（1）前盾

前盾（又名切口环或前体）位于盾构机的最前端,结构为圆筒形,前端设有刃口,以减少对地层的扰动。前盾主要用来支承开挖面及周围地层,同时为各种设备提供安装接口。土压平衡盾构机前盾设有隔板,将前盾分为土仓（隔板前部）与常压区（隔板后部）两个区域,通过控制土仓内的气体压力可以保持开挖面的稳定。泥水平衡盾构机的前盾设有前隔板、后隔板,将前盾分为土仓（前隔板前部）、气垫舱（前后隔板之间）与常压区（后隔板后部）3 个区域,通过对气垫舱的气体压力调节间接控制土仓的泥浆压力,进而保持开挖面的稳定。前盾结构如图 13-113 所示。

（2）中盾

中盾（又名支承环）,主要承受地层压力、盾构机推进反力、切口入土的正面阻力及衬砌拼装时的施工载荷等。通常情况下中盾与前盾采用高强度螺栓连接,当采用主动铰接连接方式时,前盾与中盾之间采用铰接液压缸连接,中盾内配备有盾构机推进液压缸。在中盾壳体外周布置有膨润土注入孔,并配备独立的

图 13-113　前盾结构实物图

膨润土注入系统,用于在不良地层中推进,减少盾体的摩擦。沿中盾壳体圆周分布有超前注浆管预留口,用于在不良地层中超前加固地层。中盾结构如图 13-114 所示。

图 13-114　中盾结构实物图

（3）盾尾

盾尾的内部空间是管片衬砌的作业区域,其尾部设有盾尾密封装置,用以阻止外部的渣土、水、砂浆等进入盾构机主机内。对泥水平衡盾构机而言,盾尾密封装置尤为重要。因为盾构机外壁充满压力泥水,一旦密封装置损坏或密封不良,带压泥水便会从盾尾内与衬砌环之间涌入盾构机内,使盾构机内部设备受损。由于盾构机不断推进,盾尾内壁与管片外壁间的摩擦力较大,容易损坏盾尾密封,目前基本上采用多道弹性钢丝刷形成密封腔（一般 3～4 道,具体需根据隧道埋深、水位高低确定）,并不断在密封腔内加注密封油脂。盾尾结构如图 13-115 所示。

图 13-115 盾尾结构实物图

2) 刀盘及刀具

刀盘设置在盾构机的最前方,是盾构机的主要工作部件,由刀盘钢结构、刀具(如滚刀、切刀、中心鱼尾刀、贝壳刀、撕裂刀、弧形刮刀、仿形刀等)、回转接头等组成,其主要作用是切削掌子面、支承掌子面、限制粒径、搅拌渣土。刀盘上安装有整套刀具,可实现对隧道进行全断面开挖,所有可拆式刀具均可从刀盘背部进行更换,并设置有锥形进渣口,可实现正反双向旋转进渣。刀盘结构如图 13-116 所示,它具有以下功能:

1—磨损检测点;2—中心双联滚刀;3—边刮刀;4—泡沫口;5—刮刀;6—单刃滚刀;7—复合钢板(面板);8—超挖刀。

图 13-116 刀盘结构实物图

① 开挖功能。刀盘旋转时,刀具切削掌子面土体,使开挖渣土通过刀盘开口进入土仓。

② 稳定功能。支承和稳定掌子面。

③ 搅拌功能。对于土压平衡盾构而言,刀盘对土仓内渣土进行搅拌,使之具有一定的塑性,然后通过螺旋输送机将其排出;泥水平衡盾构则通过刀盘的旋转搅拌作用,将切削下来的渣土与泥浆充分混合,优化了泥水压力的控制和改善了泥浆的均匀性,通过排浆管将开挖渣土以流体的形式泵送到泥水处理系统。

④ 控制开挖渣土的粒径。粒径小于刀盘开口部分的土体才能到达土仓。

(1) 刀盘的分类

① 按刀盘结构形式分类。盾构机刀盘按结构形式大致可分为面板式、辐条式、面板+辐条式 3 种,如图 13-117 所示。具体应用时采用哪种刀盘形式由施工条件和土质条件等多种因素决定。

不同的刀盘结构形式在土仓构造、开挖面稳定、土压保持、土砂的流畅性、刀盘负荷和扭矩及检查换刀等方面存在较大的差异。施工实践表明,在软黏土地层条件,采用辐条式刀盘既能满足工程施工需要,又能保证有较好的掘进性能;在风化岩及砂卵石(大粒径)等类似复合地层中,一般采用面板式复合刀盘效果较好。

② 按刀盘支承形式分类。常用的刀盘支承方式有中心支承式、中间支承式和周边支承式 3 种,如图 13-118 所示。

(a) 中心支承式:支承方式结构简单,多用于中小型盾构;附着黏性土的危险性小;当刀盘需要前后滑动时,比其他支承式更易做到。但是,由于其结构需要而造成机内空间狭窄,处理孤石或漂石时难度大。

(b) 中间支承式:介于中心支承和周边支承之间的形式,结构均衡,多用于大中型盾构。当用于小直径盾构时,需充分考虑处理孤石、漂石及防止中心部位附着黏性土的措施。

(c) 周边支承式:盾构内空间大,可保持一定的作业空间,便于大直径盾构中处理孤石、漂石。其缺点是由于支承部分与盾壳靠近,土砂容易附着在刀盘外周。

(2) 刀具类型及结构

刀具布置和刀具形式是刀盘设计中非常重要的内容,其是否适合应用工程的地质条件,直接影响盾构机的切削效果、出土状况和掘进速度。目前使用的刀具一般有切削类刀具和滚切类刀具两种。

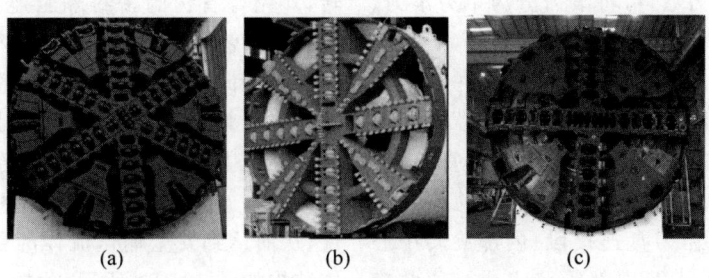

图 13-117　刀盘结构形式
(a) 面板式刀盘；(b) 辐条式刀盘；(c) 面板＋辐条式刀盘

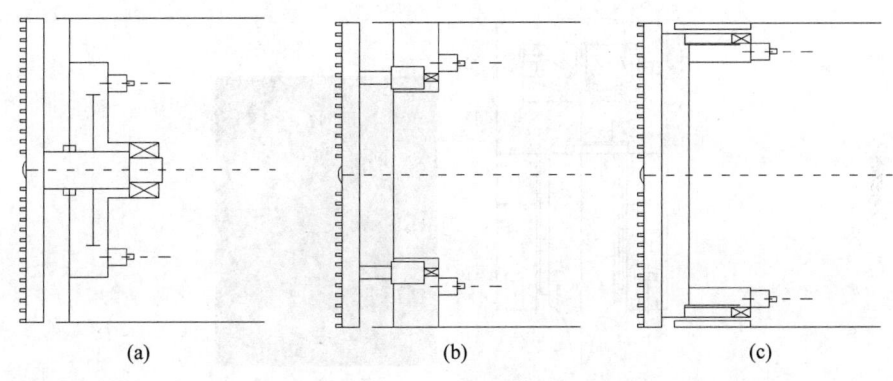

图 13-118　刀盘支撑结构
(a) 中心支承式；(b) 中间支承式；(c) 周边支承式

① 切削类刀具。切削类刀具指只随刀盘转动而没有自转的破岩刀具，在刀盘推力的作用下，刮刀嵌入岩渣或岩层中，刀盘带动刀具转动时刮削岩层，在掌子面形成一环环犁沟，其特点是效率高，刀盘转动阻力大。在软土地层或滚刀破碎后的渣土通过刮刀进行开挖，渣土随刮刀正面进入渣槽，因此刮刀既具有切削的功能，也具有装载的功能，其原理见图 13-119。

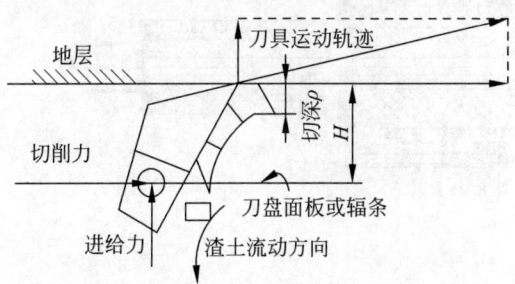

图 13-119　切削类刀具工作原理示意图

② 滚切类刀具。滚切类刀具指不仅随刀盘转动，还同时作自转运动的破岩刀。刀盘在纵向液压缸施加的推力作用下，其上的盘形滚刀压入岩石，刀盘在旋转装置的驱动下带动滚刀绕刀盘中心轴公转，同时各滚刀还绕各自的刀轴自转，使滚刀在岩面上连续滚切。刀盘施加给刀圈推力和滚动力（转矩），推力使刀圈压入岩体，滚动力使刀圈滚切岩体。通过滚刀对岩体的挤压和剪切使岩体发生破碎，在岩面上切出一系列的同心圆。

滚刀主要由刀圈、刀体、刀轴、圆锥滚子轴承、金属浮动密封环、刀盖（座）及连接螺栓等零件组成。目前，盘形滚刀的内部均采用背对背安装的圆锥滚子轴承组合、油浴润滑、金属浮动密封环形式。17″单刃滚刀结构如图 13-120 所示。

(a) 根据刀刃形状，可将滚刀分为齿形滚刀（钢齿和球齿）、盘形滚刀等。

(b) 根据安装位置，可将滚刀分为正滚刀、中心滚刀、边滚刀。

(c) 根据刀刃数,可将滚刀分为单刃滚刀、双刃滚刀和多刃滚刀。

(3) 中心回转体结构

刀盘中心回转体安装于刀盘中心后部并随刀盘同步旋转,是改良添加剂压注管道、仿形刀液压管道及注水管等诸多管道的连接枢纽。该结构主要由刀盘连接段、内部旋转中心轴、密封系统、外壳及内部管路组成。通常旋转中心轴与刀盘中心部位相连接并跟随其回转,外壳与盾构的密封隔舱连接,旋转中心轴上各种流体通孔,把中心轴内部轴向的管道与外壳径向孔连通,外壳径向孔与固定部分管路相连。为保证中心轴旋转时其上的孔能始终与外壳上相应孔互通,在外壳的内表面上与径向孔对应位置有环形槽,并嵌有各种密封件,从而达到安全输送流体的目的。中心回转体结构如图 13-121 所示。

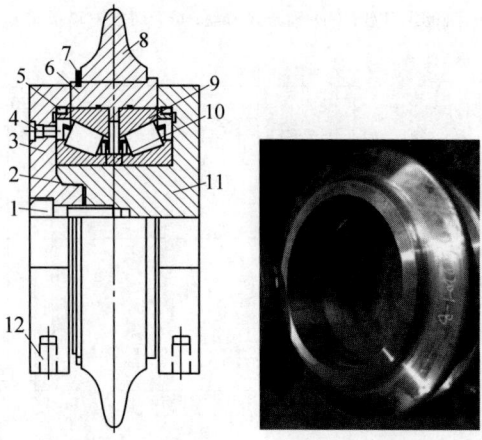

1—内六角螺钉;2—O 形密封圈;3—端盖;4—注油孔;5—浮动密封;6—刀体;7—挡圈;8—刀圈;9—轴承;10—轴承挡圈;11—刀轴;12—内六角螺钉。

图 13-120　17″单刃滚刀结构

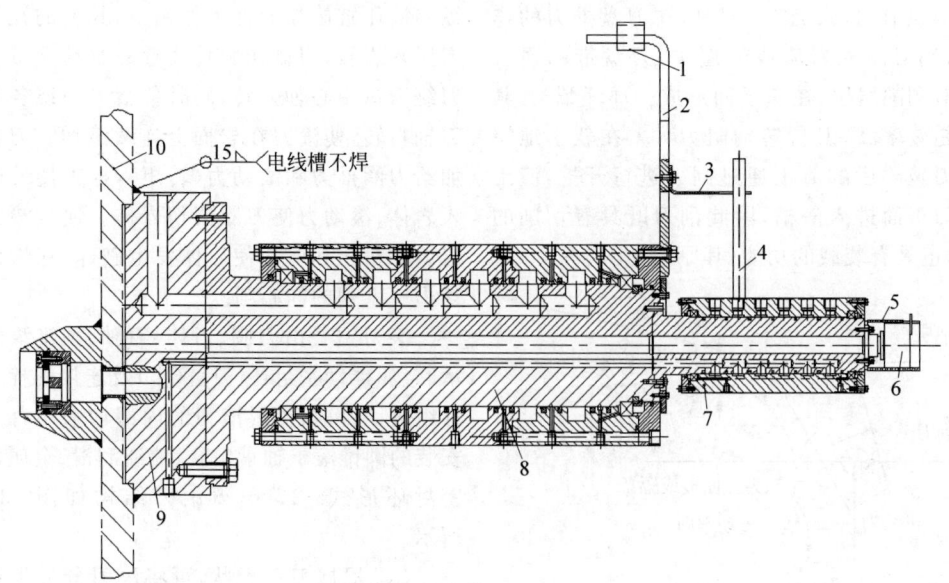

1—卡槽;2—支承架;3—支承板;4—单头连接螺杆;5—导电滑环支承;6—导电滑环;7—回转小接头;8—回转大接头;9—前端法兰;10—小法兰。

图 13-121　中心回转体结构示意图

3）主驱动系统

主驱动系统是盾构机的"心脏"，通过高强度螺柱连接在前盾上，为刀盘提供切削扭矩，驱使刀盘旋转掘进，并通过设置的电气控制系统在一定转速范围内实现对刀盘的无级调速，同时还具有脱困功能、自锁保护功能，在紧急情况时能自动停机。主驱动系统结构复杂，对制作工艺、装配工艺的要求非常高，且在盾构掘进施工过程中维修困难、复杂，所以要求主驱动系统及其构配件要有较长的使用寿命和较高的稳定性。

（1）主驱动系统的组成

主驱动系统由带减速机的液压马达或电动机经过齿轮副传动，通过安装在刀盘上的主轴承齿圈来实现刀盘旋转。通常以变速箱为基础，将主轴承、小齿轮、减速机、液压马达或电动机、密封零件等作为一个整体部件组装调试后，再安装在前盾壳体上，以保证主驱动密封与传动的可靠性和安全性。主驱动系统的典型结构如图13-122所示。

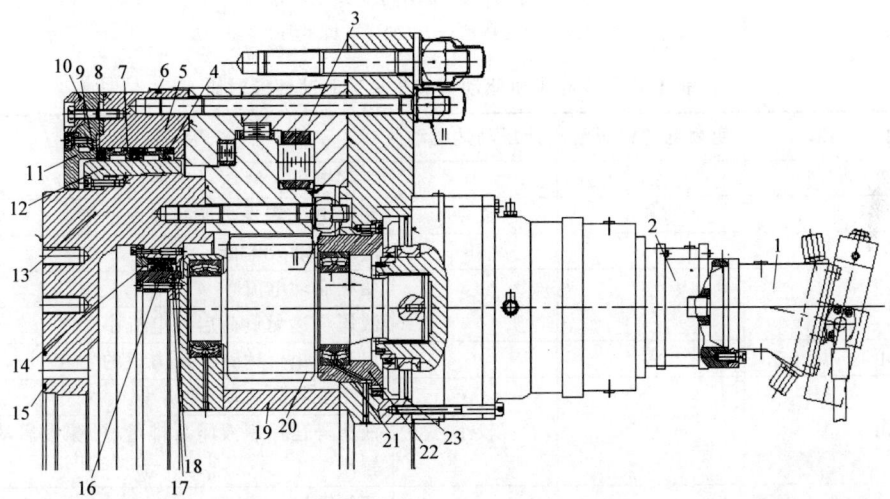

1—液压马达；2—减速机；3—主轴承；4—唇形密封；5—过渡连接环；6—密封条；7—外密封隔离环；8—唇形密封；9—密封条；10—外压紧环；11—隔离环压紧环；12—外密封环；13—刀盘连接法兰；14—唇形密封；15—密封条；16—内密封隔离环；17—唇形密封；18—内密封环；19—变速箱；20—小齿轮；21—调心轴承；22—轴承套；23—密封条。

图13-122 主驱动系统典型结构示意图

① 主驱动箱：主驱动总成的主要结构件，用于承载主轴承、驱动法兰、减速机等其他部件，同时提供主轴承润滑系统的齿轮油容纳空间，为前部密封及油脂润滑系统提供油脂通道。

② 主轴承：主驱动的核心组件，其外环与主驱动箱相对固定，内环与刀盘驱动法兰相连接，是驱动刀盘运转的过渡连接部件。

③ 连接环：用于连接、固定主驱动各结构件，配合主驱动箱提供润滑油脂通道。

④ 密封隔环：将多道唇形密封分离隔开，形成空腔以填充润滑油脂。

⑤ 密封滑环：提供唇形密封的接触面。

⑥ 密封压环：固定唇形密封，形成合适的预紧压力。

⑦ 刀盘驱动法兰：连接主轴承大齿圈与刀盘法兰的连接部件，带动刀盘旋转。

⑧ 马达或电动机：刀盘的动力源，将流体势能或电能转换为机械动能。

⑨ 减速机：配合马达或电动机，通过旋转速度的转换实现较大的驱动扭矩。

⑩ 扭矩限制器：应用于电驱动型盾构机，连接电动机与减速机，在刀盘扭矩急剧增大时脱离，隔开电动机与减速机，从而避免电动机的损坏。

（2）主驱动分类

目前盾构机常用的驱动动力源有液压马达和变频电动机两种，其外形如图13-123所示，具体性能对比见表13-2。

(a) (b)

图 13-123 液压马达驱动与变频电机驱动

(a) 液压马达驱动；(b) 变频电机驱动

表 13-2 变频电机驱动与液压马达驱动性能对比

项 目	变频电动机驱动	液压马达驱动	特 点
驱动部外形尺寸	大	小	变频电机：液压马达＝(1.5～2)：1
后配套设备	多	较多	变频电机需要增加变频设备等
效率/%	93	70	液压传动效率低
启动电流	小	小	变频启动电流小
			液压马达无负荷启动电流小
启动力矩	大	小	启动力矩可达到额定力矩的120%
启动冲击	小	较小	利用变频软启动，冲击小
			液压马达控制液压泵排量，可缓慢启动，冲击较小
转速控制、微调	好	好	变频调速
			液压马达控制液压泵排量，可以控制转速和进行微调
噪声	小	大	液压系统噪声大
温度	低	高	液压马达传动效率低，功率损耗大，温度高
维护保养	容易	较困难	液压马达维护保养要求高，保养较复杂

(3) 主驱动密封

主驱动密封在使用寿命范围内应保证密封唇口有良好的贴合性、旋转运动时的动态密封性能及较少的发热和磨损。主驱动密封的形式按截面可分为单唇口型（唇形密封）和多唇口型（指型密封），如图 13-124 和图 13-125 所示。按材质可分为夹布橡胶密封、聚氨酯密封和丁腈橡胶密封。

(4) 主驱动润滑

主驱动润滑系统中用一台三螺杆泵将齿轮油进行冷却循环。三螺杆泵适用于高黏度的介质，通过 3 根螺杆（一根主动螺杆、两根从

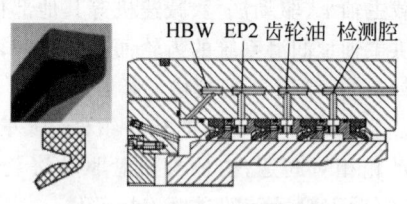

图 13-124 唇形密封示意图

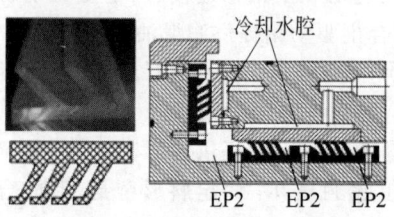

图 13-125 四指密封示意图

动螺杆)组成的转子和定子的配合形成密封容积腔,转子旋转使密封腔发生容积变化,实现液体的压力建立和输送。三螺杆泵的结构如图 13-126 所示。

(5) 工作原理

主驱动系统由带减速机的液压马达或电动机经过齿轮副传动,驱动安装在刀盘上的主轴承齿圈实现刀盘旋转,如图 13-127 所示。

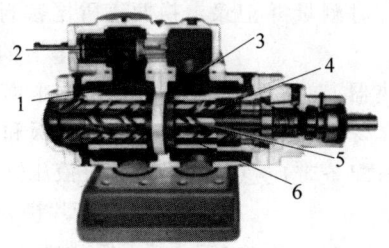

1—吸油侧;2—安全阀;3—出油侧;4—从动螺杆;5—主动螺杆;6—从动螺杆。

图 13-126 三螺杆泵结构示意图

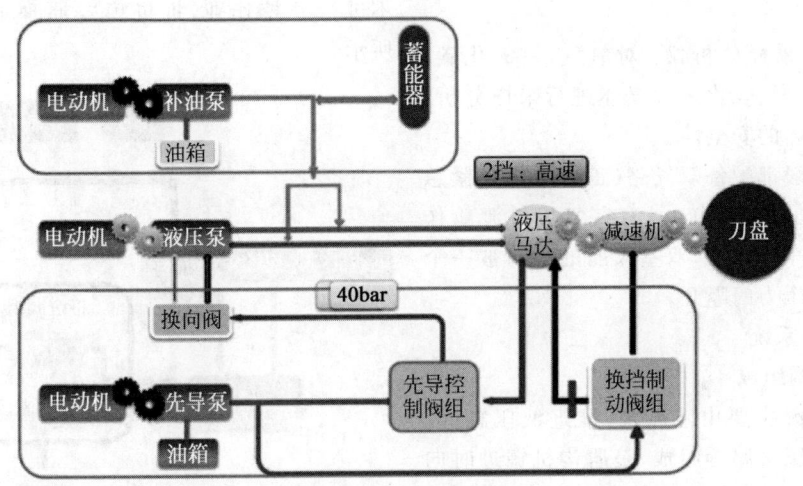

图 13-127 驱动原理

4) 人舱系统

人舱是维保人员从常压状态进入土仓的过渡设备,主要用于盾构掘进过程中工作人员进入开挖仓和掌子面区域,检查刀盘、更换刀具、进行地质调查,为保障人员安全而设置的舱体。人舱内需要充压缩空气以平衡盾构围岩的水土压力,保持作业面的稳定作业,实现操作人员在带压状态下检查、更换刀具及排除工作面异物等工作。

(1) 结构组成

人舱一般分主舱和副舱两个舱室,由密封的压力门隔开。主舱和盾构机前盾上的副舱之间用法兰连接,副舱直接焊接在压力隔板上,通过隔板上的压力门可以进入土仓。主舱和副舱横向连接,舱内舱外都装有时钟、温度计、压力计、电话、记录仪、加压阀、减压阀、溢流排气阀及水路、照明系统等。

(2) 功能配置

作业人员在人舱内历经缓慢加压过程,直到人舱内气压与土仓内压力相等时,方能打开闸门进入土仓;同理,人员离开高压环境时也必须在人舱内经过减压过程。为了满足安全需要,人舱应配置一些功能控制系统(舱内、外操控)。

① 供气、排气系统:提供加压和呼吸用压缩空气,在舱室内、外能独立操作。舱内、外均应设置机械式快速开启的应急排气阀,舱室外有限制最高压力的安全阀。

② 通信系统：每个舱室内配备两套独立的通信电话，一套防爆电话，一套声能电话。

③ 消防系统：舱室内配备喷水系统，在舱室内、外能独立操作。

④ 压力检测记录系统：实时测量并记录舱室内压力变化情况。

⑤ 加热系统：防爆电加热器，在减压时，如果舱内人员感到寒冷，可以提高舱内气温。

⑥ 照明系统：每个舱室内配备带应急照明的防爆耐压照明系统。

⑦ 时钟：防水防爆耐压钟表，显示当前时间，便于舱内人员观察掌握工作时间。

⑧ 温度测量：耐压温度计，显示舱内当前温度。

⑨ 气体采样分析仪：对氧气、一氧化碳、二氧化碳、瓦斯、硫化氢等气体进行采样分析，保证环境气体的安全性。

人舱一般都配备双气路（正常供气和紧急供气）及自动保压系统，具有在气压过渡舱作业时的空气净化功能，双室人舱的中间被一个供人进出的压力门隔开。

5）推进系统

（1）结构组成

推进系统主要由液压泵、推进液压缸、控制阀组和液压管路等组成，是盾构机掘进时向前的动力源，使盾构机能够沿着设定路线前进、转弯，具有调整、控制运行姿态的作用，通常采用分组控制，分别对每组进行控制，如图 13-128 所示。

图 13-128　推进液压缸分区与实物图

（2）工作原理

① 推进模式下，推进液压缸靴板紧贴管片，并保持一定压力，用来保持管片衬砌环。推进液压缸需有足够的行程满足管片安装，更换两道盾尾密封刷。推进液压系统由布置在后配套拖车上的液压泵站提供动力。盾构机驾驶员可以根据不同的地质条件和施工情况，通过操作面板和触摸屏上相应的旋钮和按钮，调节推进液压缸的速度和各分区压力。

② 管片拼装模式下，液压缸"低压全流量状态"工作，靴板压力降低，只需要提供足够的力保持管片和环与环之间密封压紧。在"低压全流量状态"下推进液压缸可以快速伸缩，盾构机不进行开挖作业，推进模式原理如图 13-129 所示。

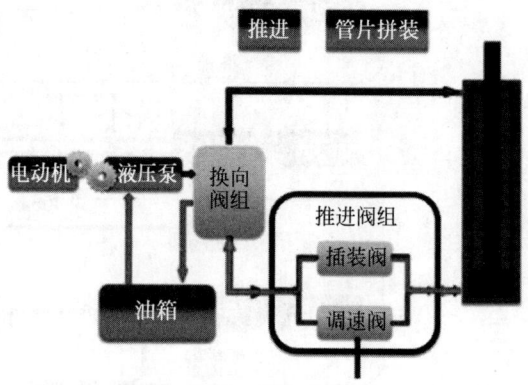

图 13-129　推进模式原理示意图

6）管片拼装系统

管片拼装系统包括管片拼装机、卸载器、管片吊机、喂片机。

（1）管片拼装机

① 结构组成。管片拼装机在盾尾区域用于安装衬砌管片，由大梁、支承架、旋转架及抓举机构组成。大梁以悬臂梁的形式安装在中盾支承架上。回转架通过走行轮可纵向移动，通过大齿圈绕支承架回转，回转架上装有两个提升液压缸用以实现抓举机构的提升和摆动。抓举面板以铰接的形式安装在回转架上，装有两个液压缸，用以控制横摇、俯仰的摆动。机械抓举式管片拼装机的结构如图 13-130 所示。

（a）平移机构。管片拼装机的托梁通过法

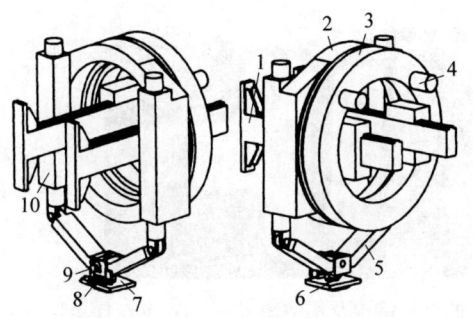

1—移动架；2—回转架；3—回转支承；4—回转驱动装置；5—托梁；6—关节轴承；7—抓举面板；8—扣头；9—举重钳；10—提升液压缸。

图 13-130　机械抓举式管片拼装机结构示意图

兰与中盾 H 形梁连接，盾构机主机与拖车之间所有管线连接均穿过拼装机敞开的中心部位，托梁与后配套之间一般通过液压缸铰接。

平移机构通过两个平移液压缸驱动。液压缸一端连接在托梁上面，一端与移动架连接。通过驱动移动架上面的两组滚轮在托梁槽内的轴线方向移动，实现平移动作。

(b) 回转机构。回转架通过法兰与回转支承的内齿圈相连接，而回转支承外圈与移动架固定，故可随平移机构一起平移。同时，固定在移动架上面的回转驱动装置驱动回转支承内齿圈，使固定在内齿圈上面的回转架实现回转动作。

(c) 举升机构。举升机构有两个独立的液压缸，液压缸外筒通过法兰与回转机构连接，内筒伸缩杆和抓取机构铰接，通过液压缸的伸缩实现抓取机构径向运动。

(d) 抓取机构。抓取机构根据抓取方式的不同可分为机械式抓取和真空吸盘式两种。机械式抓取适合中小直径盾构 (6 m 左右)，真空吸盘式抓取适合较大直径盾构。

机械抓取式：抓举头通过关节轴承安装在举重钳上，通过位移和压力双重检测，确保抓持可靠，同时还具有连锁功能；抓举头上两个独立的液压缸能实现横摇动作；两个小液压缸能实现俯仰和偏转。其结构如图 13-131 所示。

真空吸盘式：真空吸盘具有与管片内弧面相匹配的曲面真空腔，面腔分为 3 个部分，面腔 C2+C1+C2 组合用于抓取管片普通块，面腔 C1 用于抓取管片楔形 K 块，如图 13-132 所示。电磁阀失电接通，面腔与真空存储腔 C3 (回转架内腔) 连通，两腔内空气混合，数秒时间后面腔真空度达到 80%，此时系统才允许进行后续动作。

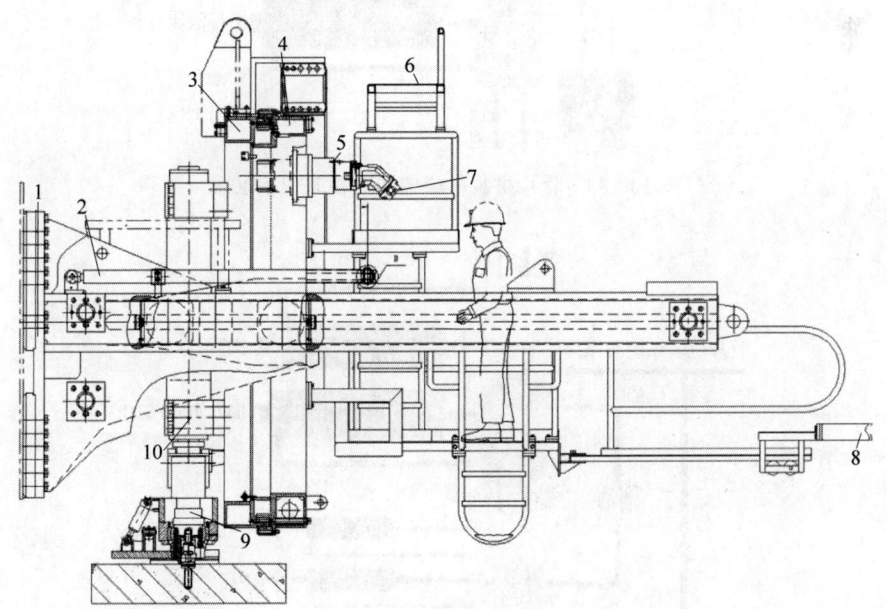

1—托梁；2—平移液压缸；3—回转架；4—移动架；5—减速机；6—作业平台；7—柱塞马达；8—连接桥；9—举重钳；10—提升液压缸。

图 13-131　机械抓举式管片拼装机结构示意图

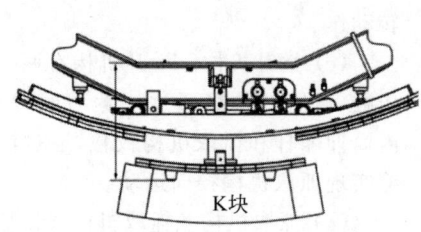 

图 13-132 真空吸盘式管片拼装机结构及实物图

② 工作原理。管片拼装机液压系统采用恒功率、高压切断控制,可以满足负载压力与速度的恒功率调节,在满足系统压力和流量的前提下,使系统更节能。拼装机旋转、平移和管片提升,采用比例多路阀控制,可以使旋转、平移、提升速度实现无级调节,同时在系统提供足够流量的前提下,旋转、平移、提升动作可以同时完成,大大提升了拼装系统对复杂动作的适应性。

拼装机旋转马达、平移液压缸安装有平衡阀、防爆阀,可以防止爆管后拼装机出现溜车现象。拼装机倾斜、回转、抓持小液压缸采用液压锁定位,保证管片拼装时需要的角度。为保证管片抓牢,抓持控制阀处增加了压力开关,未达到设定值时拼装机不得动作,达到设定压力后拼装机才允许旋转、平移、提升,其原理如图 13-133 和图 13-134 所示。

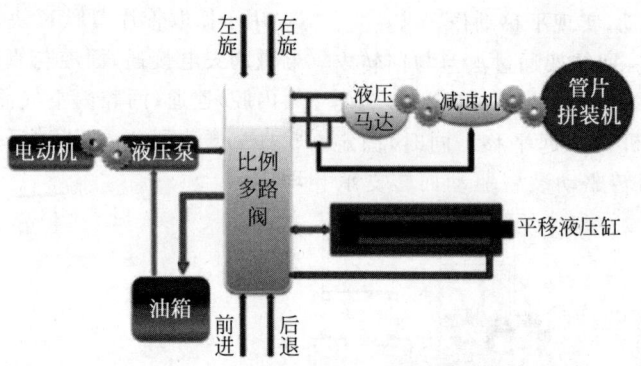

图 13-133 管片拼装机旋转和平移原理示意图

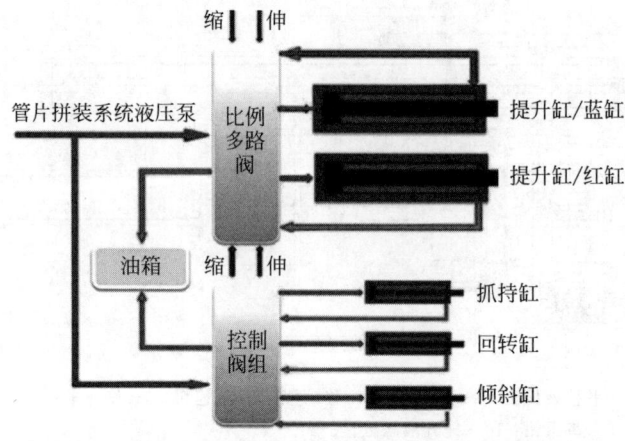

图 13-134 管片拼装机红蓝缸和微调机构原理示意图

（2）卸载器

① 结构组成。卸载器主要由外机架、内机架、伸缩组件、提升液压缸等组成。

② 工作原理。卸载器可高效率地将管片运输车上的管片一次性全部卸载，然后通过管片吊机将管片向前运输。卸载器下部伸缩组件提升管片时，可根据现场实际情况将横移液压缸伸长到一定长度，然后在固定的位置工作，无须每次将横移液压缸伸长和收缩。

（3）管片吊机

管片吊机由主从动小车、电动葫芦（用于起吊重物）、驱动电动机（为小车运行提供驱动力）、电控系统及其他零部件组成，可以将管片吊运至管片拼装工作区域，或先将管片吊运至喂片机（部分机型），再由喂片机转运至管片拼装工作区域。管片吊机系统的工作原理如图 13-135 所示。

双轨梁链条式管片吊运系统走行轨道由直线段、斜线段、弧形过渡段组成，可以将管片直接从平板车上或卸载器位置吊运至喂片机上或管片拼装机下方，如图 13-136 所示。

（4）喂片机

① 结构组成。喂片机又名管片小车，位于盾构机连接桥下方，主要由底架、内托梁、外托梁、拖拉机构、顶升液压缸、输送液压缸等组成，通过内托梁、外托梁、顶升液压缸、输送液压缸的交替工作，将喂片机上的管片喂送至管片拼装机抓取区，其结构如图 13-137 所示。

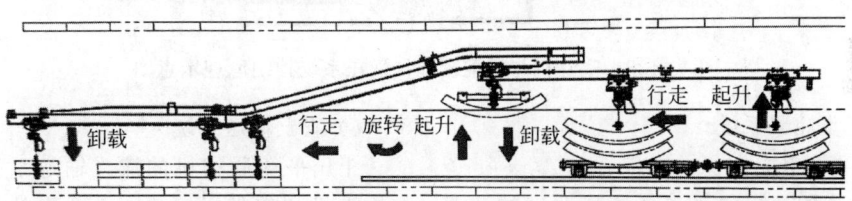

图 13-135　管片吊机系统工作原理示意图

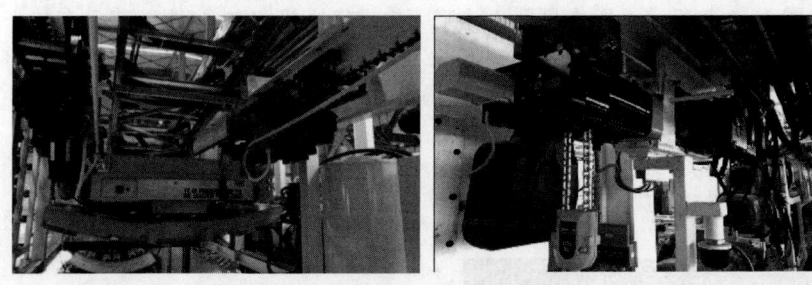

图 13-136　管片吊机及其轨道

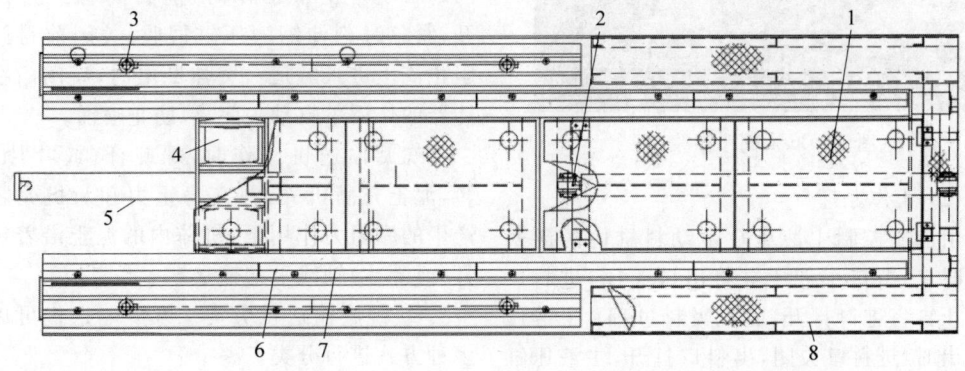

1—盖板；2—输送液压缸；3—顶升液压缸；4—抱轮；5—拖拉杆；6—外托梁尼龙板；7—内托梁尼龙板；8—保护盖板。

图 13-137　喂片机结构示意图

② 工作原理。喂片机由输送液压缸、前顶升液压缸、后顶升液压缸配合使用,将管片运输到拼装机管片抓取区域进行管片正常拼装。同步马达精确控制液压油进入前顶升液压缸,精确保证前顶升液压缸同步伸缩。每个后顶升液压缸均由节流调速阀控制液压缸伸缩的速度,其工作原理如图13-138所示。

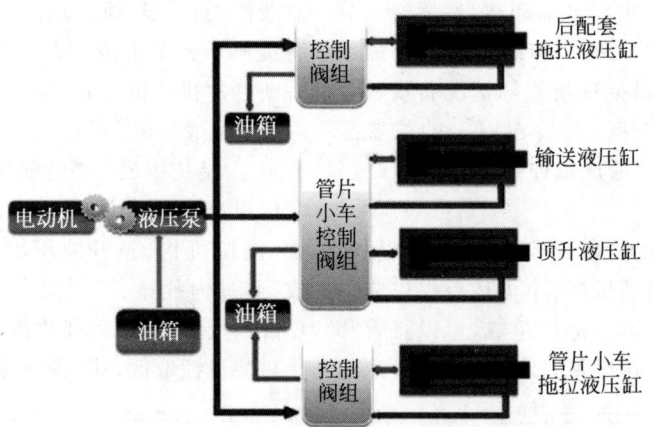

图13-138　喂片机与后配套拖拉液压系统控制原理示意图

7) 同步注浆系统

(1) 结构组成

同步注浆系统主要包括液压驱动的注浆泵、砂浆罐、压力传感器、相关的管路控制阀和连接管路,如图13-139所示。盾构机同步注浆指在盾构机推进过程中,盾尾脱出的同时将适量的有一定早期强度及最终强度的注浆材料填入盾尾后空隙内,待其固结硬化后起到充填壁后建筑空隙、提供一定承载能力、稳定管片衬砌等作用的方法。

图13-139　同步注浆泵

(2) 工作原理

由液压控制主液压缸带动料缸内的活塞缩回时,出料口小液压缸将出口关闭,进料口小液压缸将进口打开,完成吸料过程;主液压缸伸出时,进料口关闭,出料口打开,主液压缸带动料缸活塞将料缸内的砂浆推出,完成出料过程。其原理如图13-140所示。

8) 渣土输送系统

土压平衡盾构机的渣土输送系统包括螺旋输送机和皮带运输机。土仓内的渣土借助螺旋输送机排出后落在后方皮带运输机上,由皮带运输机将渣土排至配套拖车尾端出渣口,并由等候在后方的渣土车带出隧道,完成一个排渣过程的循环。

(1) 螺旋输送机

① 结构组成。螺旋输送机主要由筒体、带叶片的螺旋轴、驱动装置、闸门组成,如图13-141所示。螺旋输送机筒体沿圆周设有多个检修门,必要时可以打开检修门清理被卡在螺旋叶片间的石块。正常工作时,前料门(防涌门)全开,紧急时刻伸缩液压缸回收,关闭前料门可阻止渣土进入隧道。突然断电时,后闸门在蓄能器的作用下自动关闭,以防止喷涌。

螺旋输送机工作时,螺旋杆(或叶片)旋转,泥土充满机壳,在自身重力和与机壳之间产生的摩阻力作用下,机体内的泥土沿着螺旋杆(或叶片)轴线平移输送。

② 螺旋输送机分类。螺旋输送机可以按多种方式进行分类。

(a) 根据螺旋轴结构分为轴式和带式。轴式的螺旋轴采用高强度热轧钢管,质量较轻;

螺旋叶片采用钢板压制成形焊接后整体机加工,如图 13-142 所示。轴式的优点是止水性能好,缺点是可排出的砾石粒径小。带式的优点是通过粒径较大,为同规格轴式直径的1.5倍;缺点是叶片厚重,同时止水性能较差,如图 13-143 所示。

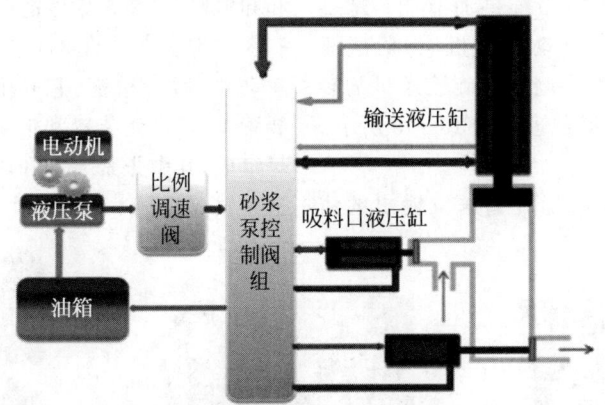

图 13-140　同步注浆原理示意图

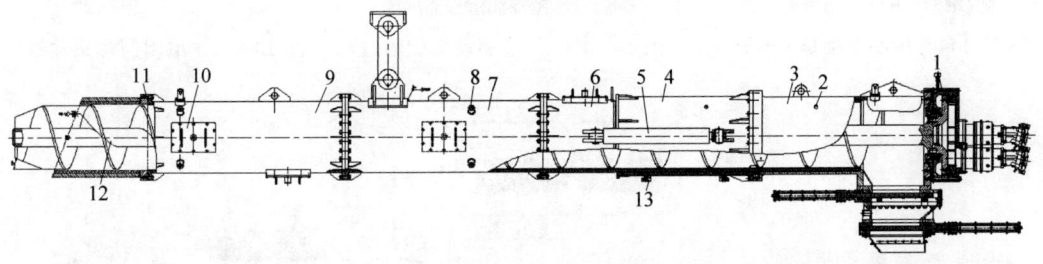

1—驱动装置；2—直通式压注油杯；3—后伸缩节外筒；4—前伸缩节外筒；5—伸缩液压缸；6—伸缩节内筒；7—中间节；8—方头堵头；9—固定节；10—检修门；11—密封条；12—螺旋轴；13—行程传感器支座。

图 13-141　螺旋输送机结构示意图

图 13-142　轴式螺旋输送机

图 13-143　带式螺旋输送机

（b）根据驱动形式主要分为中心驱动和周边驱动两种结构形式。中心驱动螺旋输送机结构紧凑,便于相邻部件的布置,如图 13-144 所示。周边驱动螺旋输送机的出渣口在后部,提高了出渣位置,渣土通过无轴区时利用自身重力堆积、密实,形成土塞,使渣土具有一定的连续性,并能起到一定的止水作用,如图 13-145 所示。

（c）根据闸门形式分为单闸门、双闸门两种结构形式,如图 13-146 和图 13-147 所示。

③ 螺旋输送机驱动装置。螺旋输送机驱动装置的驱动部件主要包括液压马达、减速

机、轴承、芯轴等。液压系统驱动螺旋输送机转动完成渣土的输送,为闭式系统,在满足螺旋输送机转矩和转速条件下,可实现转速无级调节、恒功率控制,使得系统更加节能。螺旋输送机通过液压马达驱动减速机,为后置驱动,可根据不同地质条件调节螺旋输送机的转速,从而控制出渣量,其原理如图 13-148 所示。

（2）皮带运输机

皮带运输机用于将螺旋输送机输出的渣土传送到后配套的渣车内。其布置从连接桥到后部拖车的尾部,由倾斜段(包括接料段和上坡段)、中间水平段(分布在 1～4 号拖车上)和卸料段(安装在 5 号拖车上)构成。

皮带运输机的驱动装置由皮带机支架、前随动轮、后主动轮、上下托轮、皮带、皮带张紧装置、皮带刮泥装置和带减速器的驱动电动机等组成,其中张紧装置和驱动装置安装在后部拖车上,如图 13-149 所示。

图 13-144　中心驱动螺旋输送机

图 13-145　周边驱动螺旋输送机

图 13-146　单闸门螺旋输送机

图 13-147　双闸门螺旋输送机

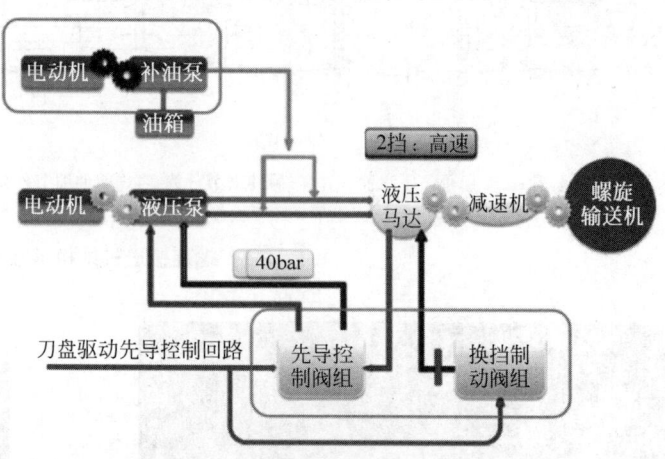
图 13-148　螺旋输送机原理示意图

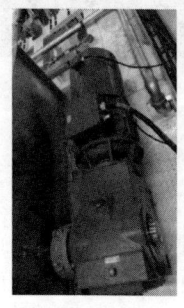

图 13-149　皮带运输机

9）渣土改良系统

盾构机配有两套渣土改良系统：泡沫系统和膨润土系统。两者共用一套输送管路，在1号拖车处相接。渣土改良系统原理如图13-150所示。

(1) 泡沫系统

① 结构组成。泡沫系统主要由泡沫泵、高压水泵、电磁流量阀、泡沫发生器、压力传感器、管路等组成，在控制室内控制，分为手动、半自动、自动3种模式。

(a) 手动模式：完全由盾构机驾驶员手动调节水、气、泡沫的流量等。

(b) 半自动模式：可预先设置好每个泵及气体调节器的参数，由系统自动配比，驾驶员只需根据现场情况控制每路泡沫的开关。

(c) 自动模式：根据土仓压力、掘进速度等，由系统自动控制，无须人为干涉。

② 工作原理。一般的盾构机泡沫系统采用成熟的防堵塞设计，采用单管单泵的方式，每路泡沫均可独立工作，不受土仓压力和管道阻力的影响，发泡方式在混合箱充分混合后由泡沫泵泵送发泡。其原理如图13-151所示。

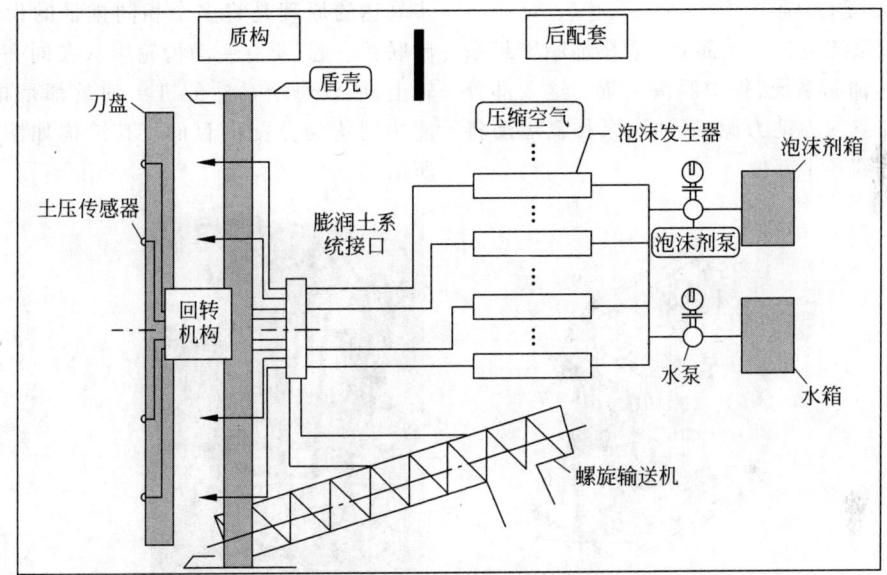

图 13-150　渣土改良系统原理示意图

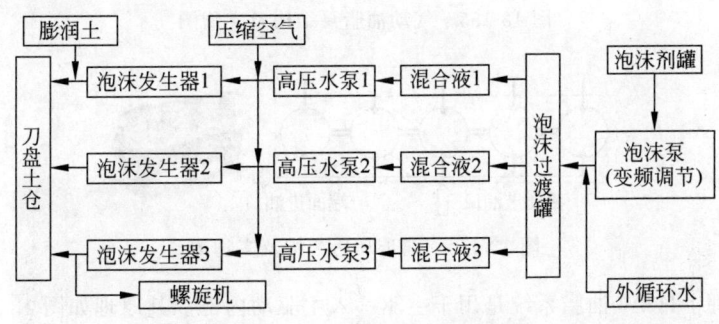

图 13-151　泡沫系统原理示意图

(2) 膨润土系统

① 结构组成。膨润土系统主要包括膨润土罐、膨润土泵、管路控制阀及连接管路，膨润土泵常采用软管泵，变频电动机控制。

② 工作原理。当转子3转动时，闸瓦4通过转子的旋转运动压缩软管1，闸瓦前腔形成真空吸入液体，后腔压缩迫使液体通过软管排出。当第一个闸瓦松开软管时，第二个闸瓦已经将

泵的软管关闭,防止液体回流,如图13-152所示。

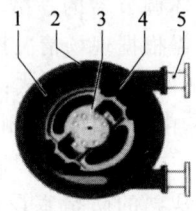

1—软管;2—外壳;3—转子;4—闸瓦;5—出液或进液端。

图13-152 软管泵

10) 注脂系统

注脂系统包括3大部分:盾尾油脂密封系统、HBW油脂系统、集中润滑系统。这3部分都以压缩空气为动力源,靠油脂泵往复运动将油脂输送到各个部位。

(1) 盾尾油脂密封系统

① 结构组成。盾尾油脂密封系统的主要元件是气动油脂泵泵组、气动球阀。气动油脂泵的结构如图13-153所示。

② 工作原理。盾尾密封系统是利用多道盾尾钢丝刷与盾壳、管片形成的密封腔,向密封腔中注入具有阻水能力的盾尾密封油脂,可起到盾尾管片处与外界浆液隔绝作用。

(2) HBW油脂系统

① 结构组成。HBW油脂系统主要由气动油脂泵、同步马达、气动球阀组成。齿轮式同步马达的原理是将多个相同排量的齿轮马达串联在一起,所有主动齿轮串联在同一根传动轴上,所以每个马达的进出油量都是相同的,能达到均匀分配的目的。其结构如图13-154所示。

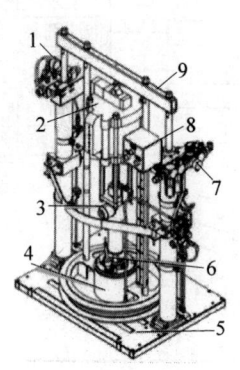

1—出油组件;2—气马达;3—泵杆;4—压盘;5—底座;6—排气杆;7—进气阀组;8—电控盒;9—立柱。

图13-153 气动油脂泵结构及实物图

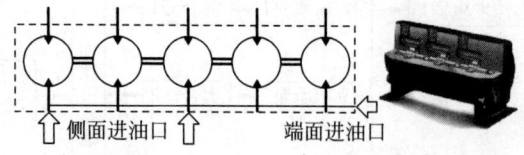

图13-154 同步马达结构及实物图

② 工作原理。HBW油脂系统是用于主驱动密封的最前一道密封腔,也称为盾头密封。HBW系统是采用气动油脂泵将HBW油脂从拖车上泵送至盾体内,经过1个或多个同步马达均匀分配至每个注入孔,由于HBW油脂阻水性较强,不容易被泥水冲走,可阻止泥水进入主驱动内部。其原理如图13-155所示。

(3) 集中润滑系统

① 结构组成。集中润滑系统的主要元件包括电动油脂泵、递进式分配器及气动油脂泵。

(a) 电动油脂泵。电动油脂泵又称多点

泵，其原理是电动机（或手轮）经过蜗轮蜗杆带动凸轮，再由凸轮带动泵柱塞单元来回运动，完成吸油压油的动作。柱塞单元是电动油脂泵的执行单元，可以是多个，以凸轮为中心，沿圆周分布。其结构如图 13-156 所示。

（b）递进式分配器。递进式分配器有一体式和分体式之分，其工作原理相同，但结构不同，如图 13-157 和图 13-158 所示。

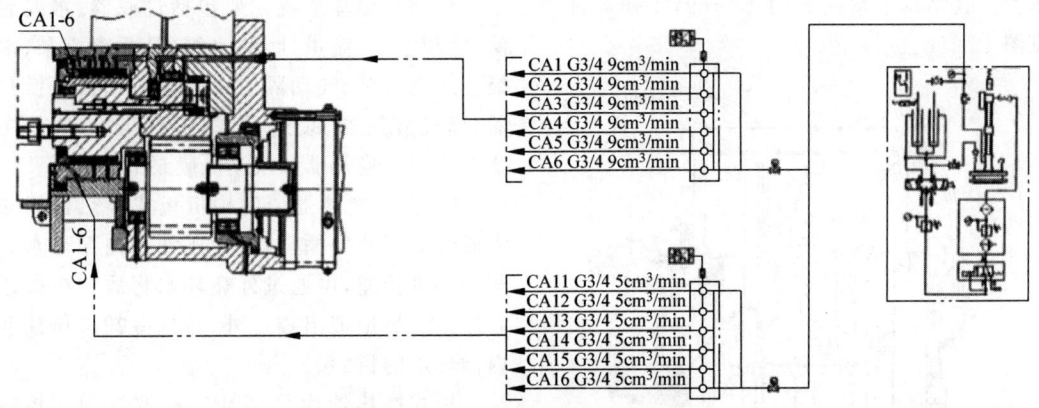

图 13-155　HBW 油脂密封原理图

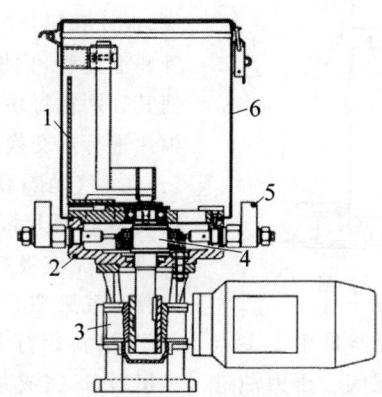

1—刮刀搅拌桨；2—壳体；3—驱动装置；4—传动系统；5—柱塞单元；6—储油桶。

图 13-156　电动油脂泵结构

图 13-157　一体式分配器　　　　图 13-158　分体式分配器

② 气动油脂泵。气动油脂泵的工作原理是通过压缩空气带动活塞往复运动,利用活塞上、下端面积差,而获得高压流体输出,液体输出压力取决于活塞两端面积比及驱动气体的压力。其结构示意图见图 13-159,工作原理图见图 13-160。

③ 工作原理。递进式分配器是用于多点润滑时,按要求分配油脂的分配阀。压力油进入分配器后,分配器内部的柱塞在压力油的推动下依次动作,直到最后一个柱塞动作完成后,再循环动作。因此,一个循环内每个出口只出一次油,只要有一个柱塞停止运动,就会导致整个分配器停止工作。递进式的工作原理如图 13-161 所示。

11) 水循环冷却系统

(1) 结构组成

水循环冷却系统主要包括过滤器、水缆卷筒、冷却水泵、流量计、清水箱、卧式离心泵、多级立式离心泵、气动隔膜泵、排污泵、板式换热器、管式换热器、袋式过滤器等装置。这里主要介绍板式换热器和气动隔膜泵的结构。

① 板式换热器。盾构机板式换热器用来完成内循环和外循环水、液压油和内循环水之间的热量传递,再通过外循环水将盾构机掘进时产生的热量带出隧道外,达到冷却液压油和内循环水的目的。

板式换热器由许多冲压有波纹的薄板按一定间隔,并用框架和压紧螺栓重叠压紧而成,板片和垫片的 4 个角孔形成了流体的分配管和汇集管,同时又合理地将冷热流体分开,使其分别在每块板片两侧的流道中流动,通过板片进行热交换。其结构如图 13-162 所示。

② 气动隔膜泵。气动隔膜泵是利用压缩空气驱动两片隔膜来回运动,使泵腔容积变化,从而完成吸料和泵料的一种容积泵。左边气腔进气膨胀,压缩左边泵腔,泵左边进料阀关闭,出料阀打开,左泵腔内的流体被挤压排出出料口,完成泵料过程。右边气腔的气体排出,右泵腔容积变大,产生负压,出料阀关闭,进料阀打开,完成吸料过程。该泵能输送含颗粒较大、黏度大的污水。其结构和外形如图 13-163 和图 13-164 所示。

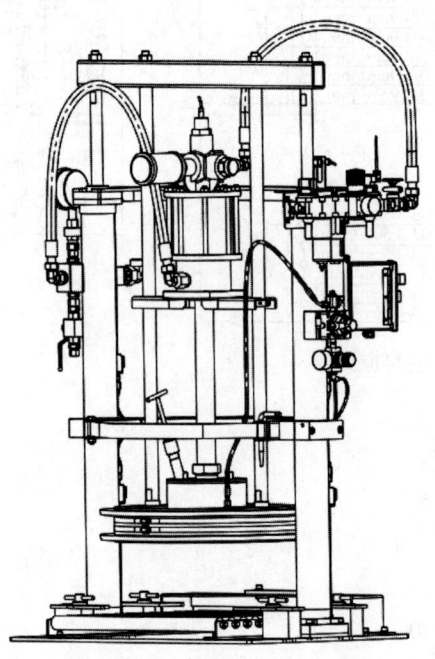

图 13-159 气动油脂泵示意图

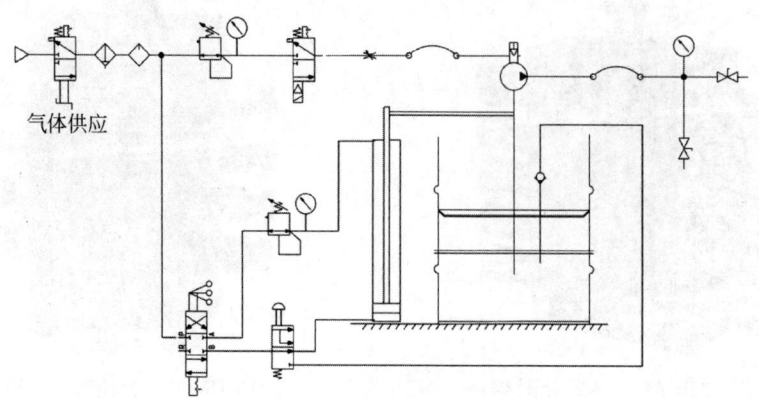

图 13-160 气动油脂泵工作原理图

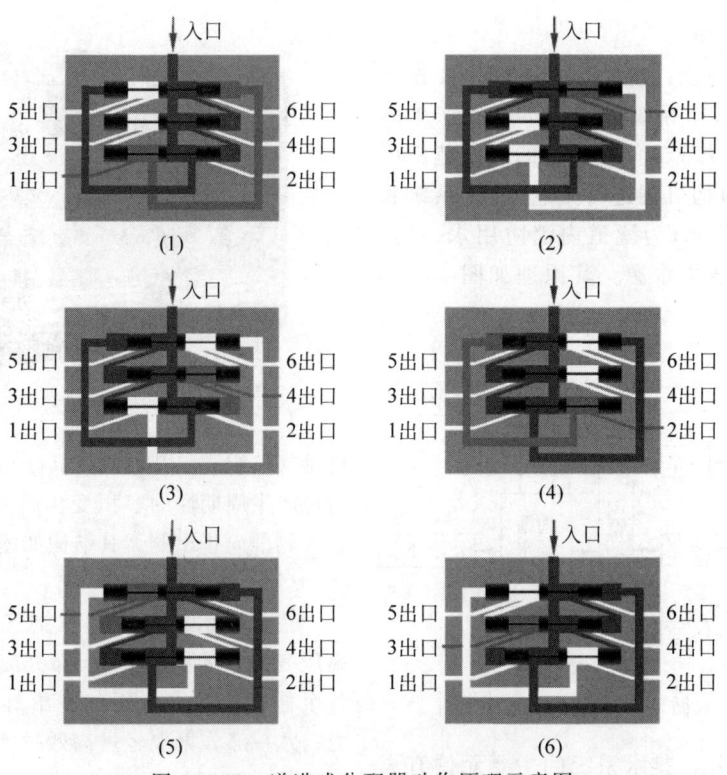

图 13-161　递进式分配器动作原理示意图

1—定位导杆；2—固定压紧板；3—板片和垫片；4—紧固螺栓；5—活动压紧板。

图 13-162　板式换热器结构示意图

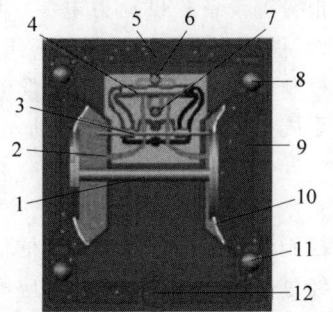

1—隔膜连杆；2—气腔；3—换向机构；4—气阀；5—出料口；6—进气口；7—排气口；8—出料阀；9—右泵腔；10—右隔膜；11—进料阀；12—进料口。

图 13-163　气动隔膜泵结构示意图

图 13-164　气动隔膜泵

(2) 工作原理

① 水循环系统。水循环系统的主要作用是带走盾构机各个系统或部件工作时产生的热量,保证各系统或部件在正常的温度范围内工作;同时给盾构机掘进时土仓、泡沫系统和膨润土系统等供水,为隧道内消防用水、打扫内卫生等提供压力水源。其原理如图13-165所示。

图 13-167　螺杆式空气压缩机

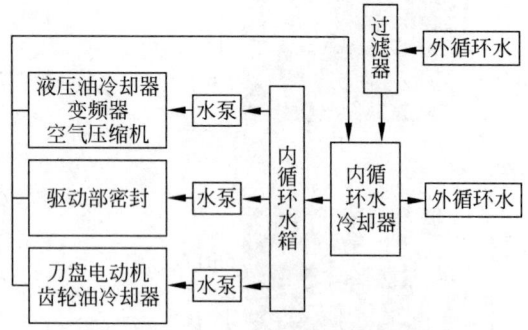

图 13-165　水循环冷却系统原理示意图

② 排水系统。排水系统的主要元件有离心泵、隔膜泵等,其作用是将 TBM 掘进机在掘进施工过程中产生的污水和隧道地下水排出隧道外,保证人员与设备的安全和施工的正常进行。其原理如图13-166所示。

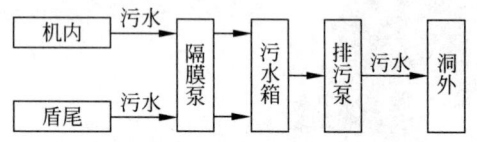

图 13-166　排水系统原理示意图

12) 压缩空气系统

(1) 结构组成

压缩空气系统主要由空气压缩机、过滤器、储气罐、三联件、控制阀门及管路等组成。空气压缩机常用的有活塞式和螺杆式两种,是压缩空气系统最主要的设备,是生产压缩空气的机器。盾构机配备的空气压缩机均为螺杆式空气压缩机,其主要由进气系统、传动系统、冷却润滑系统、油分系统、排气系统、电力控制系统等组成。其外形和结构分别如图13-167和图13-168所示。

空气压缩机主机由机体、阴阳转子、轴承和进排气口组成。其原理是转子齿槽间的气体不断地产生周期性的容积变化而沿着转子轴线由吸入侧推向排出侧。其结构如图13-169所示。

(2) 工作原理

空气压缩机吸入外界空气并将其压缩成高压气体进入储气罐,一部分流经管路分配到各个拖车处供工业用气和给气动球阀提供动力;另一部分再次经过高效过滤器给自动保压系统提供气源,其原理如图13-170所示。TBM掘进机上使用的压缩空气一般压力等级在800 kPa左右。

13) 电气系统

盾构机电气系统一般分为供配电系统和自动控制系统。

(1) 供配电系统

供配电系统即盾构机的动力部分,主要包括从电网引入的 10 kV 高压电和经过动力柜、配电柜引出的 400 V 三相和 230 V 单相交流电,主要为盾构机的电动机运转、照明、监控和报警等设备提供动力电源。以常规盾构机为例,供配电系统一般分为高压供电、低压配电、控制供电、应急配电(配有发电机)和照明等子系统,其结构如图13-171所示。

(2) 自动控制系统

自动控制系统主要负责将盾构机的电气控制信号和传感器采集到的信号输送至PLC,经过分析处理后作用于对应的设备、器件使其产生动作,并将具体数据存储显示于上位机,使操作人员可以及时了解设备运行状态。其系统拓扑如图13-172所示。

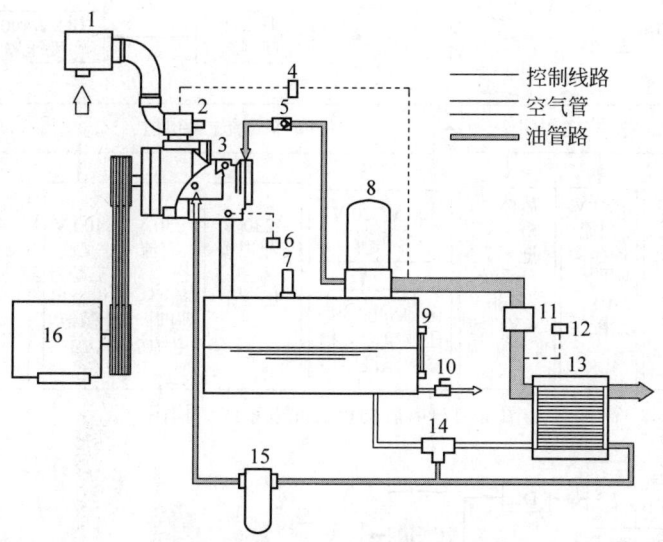

1—空气过滤器；2—进气控制阀；3—主机；4—电磁阀；5—回油止回阀；6—温度传感器；7—安全阀；8—油气分离器；9—油气桶；10—排放阀；11—最小压力阀；12—压力传感器；13—冷却器；14—温控阀；15—油过滤器；16—电动机。

图 13-168　空气压缩机流程图

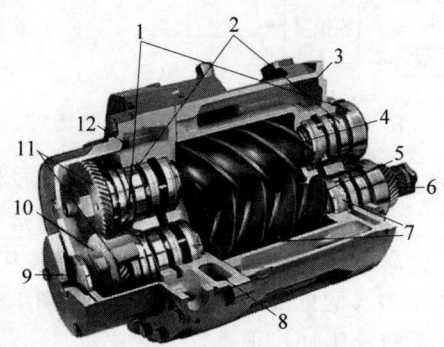

1—轴向轴承；2—径向轴承；3—水腔；4—阴螺杆；5—阳螺杆；6—增速齿轮；7—迷宫型密封；8—透气孔；9—平衡膜片；10—平衡活塞；11—同步齿轮；12—油腔。

图 13-169　空气压缩机结构示意图

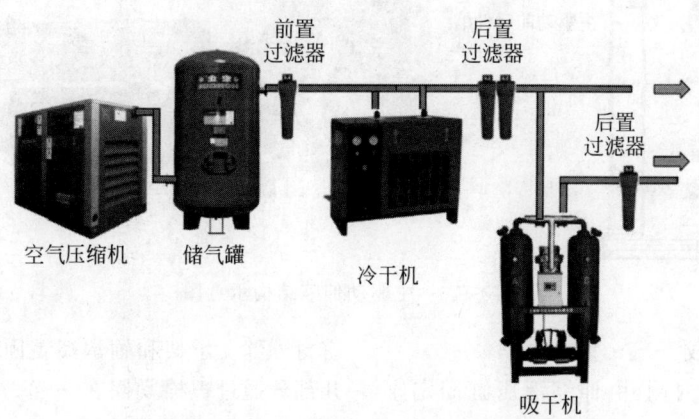

图 13-170　压缩空气系统示意图

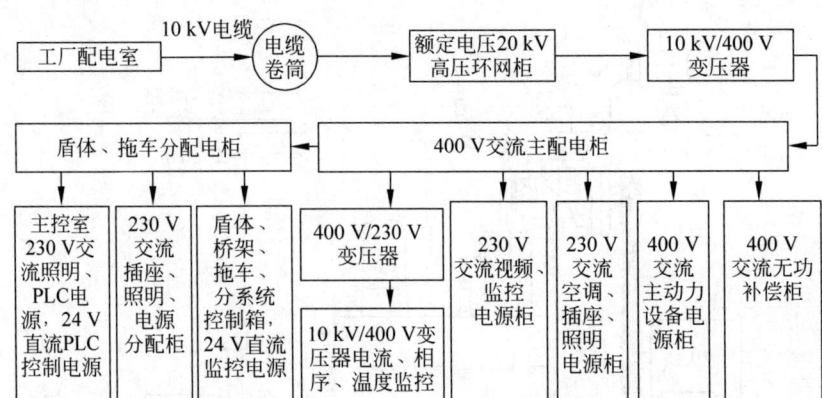

图 13-171　盾构机供配电系统结构图

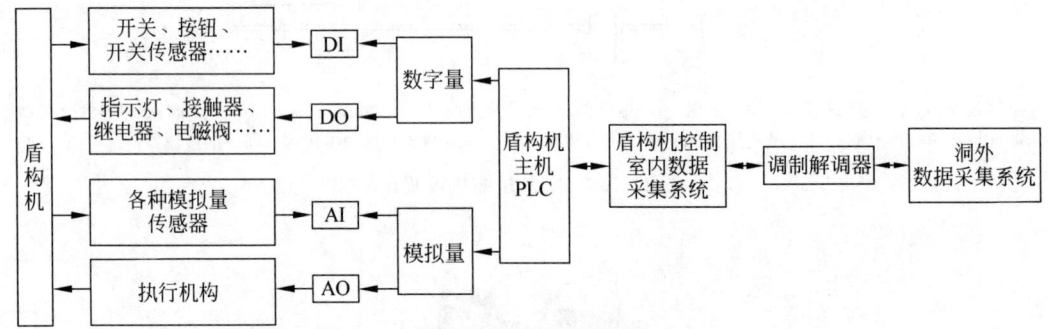

图 13-172　盾构机控制系统拓扑图

3. 典型系统及部件技术

1) 主驱动伸缩

可伸缩主驱动系统能够提高刀盘结构动作的灵活性，有利于隧道施工中刀具的更换及刀盘防卡、脱困等，驱动该装置的液压缸在正常掘进过程中可反馈有效的刀盘推力，有利于更好地监测刀盘运行状态，防止出现过大推力对滚刀轴承的破坏，最大程度上减少施工风险。其结构如图 13-173 所示。

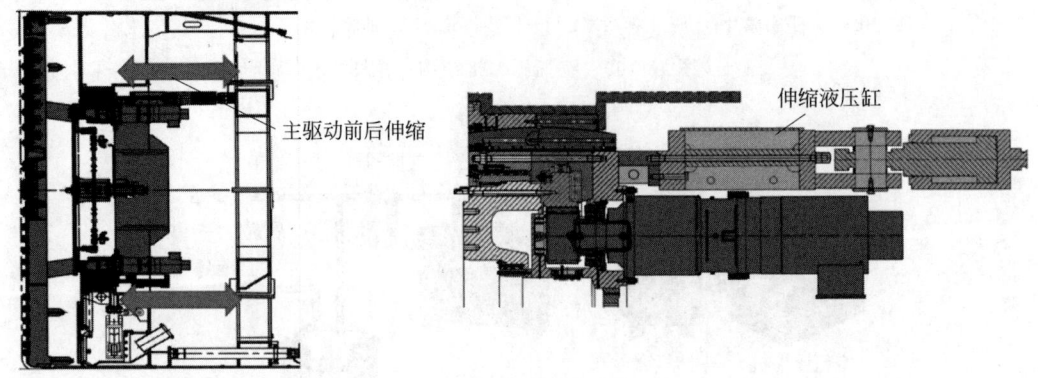

图 13-173　主驱动伸缩结构示意图

(1) 结构组成

伸缩滑动面内侧，由伸缩液压缸固定座、驱动马达固定座、主轴承的外部支承、主轴承密封外部支承架和轴承端盖固定座等组成，这几部分通过螺栓紧固在一起。为防止泄漏，螺栓紧固接合面均布置有 O 形密封圈，使其形成整体。伸缩滑动面外侧为盾构机前体内壳,通过前体外壳固定内侧的缓冲垫、轴瓦、滑动轴承和密封件,和内侧表面形成整个滑动摩擦副。其结构如图13-174所示。

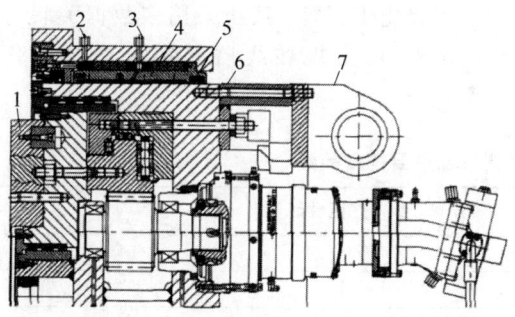

1—刀盘法兰;2—注脂孔2;3—注脂孔1;4—衬垫;
5—密封;6—滑动表面;7—伸缩液压缸座。

图13-174 可伸缩主驱动主体结构示意图

(2) 功能特点

① 保护刀盘和主轴承。刀盘伸缩的驱动由液压系统提供,在液压回路中,伸缩液压缸的溢流压力被设定(在盾构机上的溢流压力设定为35 MPa),当盾构机遇到硬度较高的岩石时,推力增大,推进速度降低。当推力增加,超出盾构安全载荷时,刀盘伸缩液压缸溢流,推力液压缸保持压力低于35 MPa,因此推力不会超出安全载荷,同时在主轴承伸缩面外侧的软垫,能够对径向的冲击起到保护作用。根据这种对轴向和径向过载力的保护,能起到对刀盘、刀具和主轴承的保护功能。

② 适应软硬不均地层。刀盘伸缩液压缸沿圆周方向均布,液压缸的推力和行程能够各自进行控制。当进入软硬不均地层时,刀盘刀具的切削挤压会造成刀盘受力不均,此时该受力不均的情况能够反映到刀盘的伸缩液压缸上,同时会造成液压缸的行程不一致,当行程差达到一定程度时(一般设计值为10 mm),为防止对轴承造成损伤,需要调整一致,从而使设备更能适应软硬不均地层。

③ 换刀作业更加便捷。在硬岩掘进时,刀具因磨损进行更换时,由于新刀比旧刀凸出量大,所以需要在安装刀具的相应位置凿出安装坑,但换刀作业空间狭小,人工凿出非常费力,具备刀盘伸缩功能后,可直接将刀盘后退增加作业空间。

④ 获取和分析掘进数据。刀盘伸缩功能是由4个伸缩液压缸提供动力,并在液压缸上能即时反馈液压缸的压力和行程信息,经数据采集系统处理分析后转化成刀盘的推力和刀盘姿态。同时也能根据刀盘推力的变化,反映地质和刀具磨损情况,特别在盾构推力过大时,利于分析原因。

2) 油液在线检测

(1) 结构组成及工作原理

油液在线监测系统(online monitoring system,OMS)指装备油液在线监测与故障预警系统,能实时监测装备在用油液的劣化、污染及部件的磨损状态变化,有效预防装备的重大润滑磨损事故,提高装备的可靠性。该系统主要由硬件系统和软件系统组成。其中,硬件系统包括主传感器(黏度传感器、水分传感器、污染颗粒传感器、铁磁磨粒传感器、密度传感器、油品质传感器、温度传感器)、传感器接口模块、数据采集卡、电源、工控机、通信系统等,软件系统分为工控机版本、局域网版本、互联网版本等,如图13-175所示。

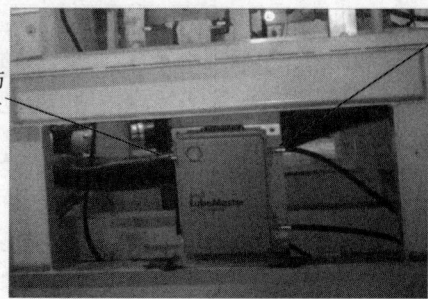

连接IP 67防水航空插头

进出油口连接M12软管或者6 mm的钢管

两根管路另一末端连接DN6球阀

图13-175 IOT油液在线监测系统

油液在线检测主要对液压油的颗粒含量及水含量进行实时监测,当油液中的固体颗粒含量或水含量超标时,通过特定的检测传感器将数据传输至上位器界面并触发报警,提示液压油清洁度超标。

(2) 功能特点

① 一体化设计:传感器、采集、控制、4G/5G 传输等采用一体化设计,系统稳定可靠。

② 多信息监控:系统可实现 12 个指标的监控与显示,并具有指标的扩展性、现场部署的灵活性,具体检测项目及指标见表 13-3 和表 13-4。

③ 智能化预警:系统采用多数据关联与预测分析,可实现在线监测结果的智能化预警。

表 13-3 IOT 油液在线监测系统主要技术参数

项 目	参 数 指 标
水活性	
水活性测量范围	0~1 aw(水分活度)
水活性准确度	±0.04 aw(水分活度)
水分含量/ppm	
水分含量范围	0~500
水分含量准确度	±10%
温度/℃	
测量温度范围	−30~100
分辨度	0.1
污染度测量指标	
通道数	8 个
灵敏度	1 μm(ISO 4402)或 4 μm(c)(GB/T 18854,ISO 11171)
准确性	±0.5 个污染度等级
粒径通道	1 μm、2 μm、5 μm、10 μm、15 μm、25 μm、50 μm、100 μm 4 μm(c)、6 μm(c)、10 μm(c)、14 μm(c)、21 μm(c)、28 μm(c)

表 13-4 不同部件监测指标

产品类别		监测指标
液压系统		水分(水活性、含水量)、运动黏度、污染度、油温
		水分(水活性、含水量)、运动黏度、污染度、计数型磨损颗粒、油温
油膜轴承		水分(含水率)、运动黏度、污染度、油温
齿轮系统		水分(水活性、含水量)、运动黏度、油温、吸附型磨损颗粒
		水分(水活性、含水量)、运动黏度、油温、计数型磨损颗粒
压缩机组	离心式	水分(水活性、含水量)、运动黏度、污染度、油温
		水分(水活性、含水量)、运动黏度、污染度、计数型磨损颗粒
	活塞式	水分(水活性、含水量)、运动黏度、油温、吸附型磨损颗粒
		水分(水活性、含水量)、运动黏度、油温、计数型磨损颗粒

13.3.2 泥水平衡盾构机

1. 整机的组成及结构原理

泥水平衡盾构机通过进浆管将泥浆送入泥水舱,在开挖面上形成不透水的泥膜,通过泥膜作用平衡开挖面的水土压力。开挖的渣土在泥水舱内与膨润土混合后被排浆泵以泥浆形式从排浆管排出,输送到地面后通过泥浆处理设备进行分离;分离出的泥水重新调制后再通过进浆泵输送到开挖面。其工作原理如

图 13-176 所示。

根据压力平衡控制方式,泥水平衡盾构机可分为直接控制型和间接控制型两种。

1) 直接控制型泥水平衡盾构机

直接控制型泥水平衡盾构机的前部设置压力隔板,隔板与开挖面之间形成泥水舱,内部充满泥浆,排浆口和进浆口均设置在隔板上,其结构如图 13-177 所示。与土压平衡盾构机的平衡原理类似,泥水舱中的压力由盾构的推进速度、进浆速度和排浆速度共同决定。

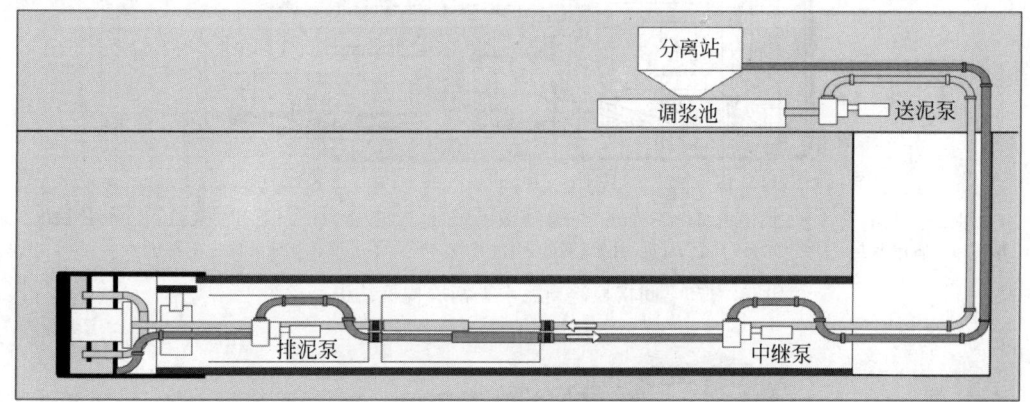

图 13-176 泥水盾构机工作原理示意图

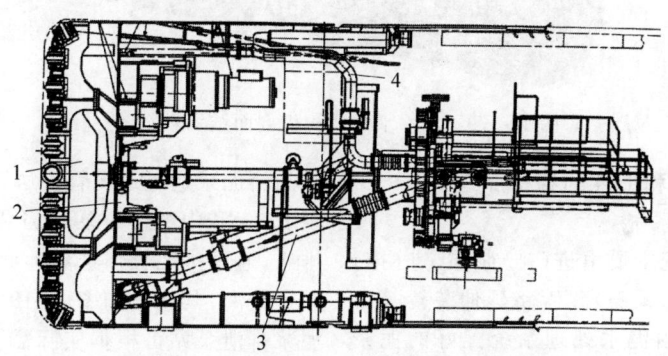

1—泥水舱;2—隔板;3—排泥管;4—进泥管。

图 13-177 直接控制型泥水平衡盾构机结构示意图

2) 间接控制型泥水平衡盾构机

间接控制型泥水平衡盾构机的泥水压力控制系统由泥浆和空气双重回路组成,因此也称为"D"模式或气压复合模式。间接控制型泥水平衡盾构机在泥水舱内插装一道半隔板,在半隔板前充以压力泥浆,在半隔板后盾构轴心线以上部分充入压缩空气,以形成空气缓冲层,其结构如图 13-178 所示。气压作用在半隔板后面与泥浆的接触面上。由于接触面上气、液具有相同压力,因此只要调节空气压力,就可以确定和保持在开挖面上相应的泥浆支护压力。

泥水平衡盾构机的主要功能部件有支护系统、刀盘切削系统、主驱动系统、推进系统、管片拼装系统、同步注浆系统、泥浆环流系统、泥水分离处理系统、碎石机、左(右)搅拌器系统、采石箱系统、泥浆管延伸系统、油脂密封润滑系统、水循环冷却系统、压缩空气系统、自动保压系统、电气控制系统等,其剖面如图 13-179 所示。其中,支护系统、刀盘切削系统、主驱动系统、推进系统、管片拼装系统、同步注浆系统、油脂密封润滑系统、水循环冷却系统、压缩空气系统、电气控制系统的组成及部件原理与土压平衡盾构机相同,详见 13.3.1 节。

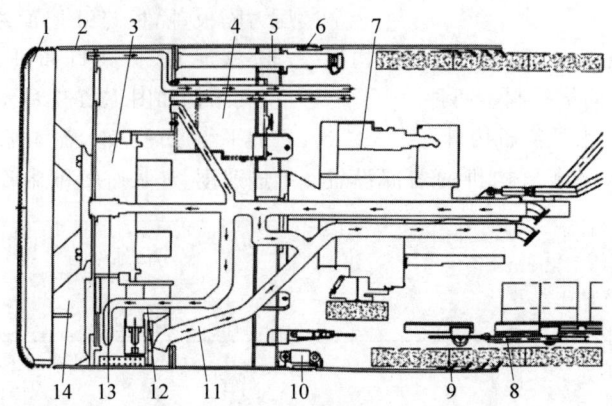

1—刀盘；2—盾体；3—主驱动单元；4—人舱；5—推进液压缸；6—铰接密封；7—管片拼装机；8—管片输出装置 9—盾尾密封；10—铰接液压缸；11—排浆管；12—进浆管；13—中心回转接头；14—泥水舱。

图 13-178　间接控制型泥水平衡盾构机结构示意图

图 13-179　泥水平衡盾构机剖面结构示意图

2．主要系统和部件的结构原理

1) 泥水循环系统

泥水循环系统主要由进（排）浆泵、进（排）浆管路、控制阀门、采石箱、管路延伸装置等组成。进浆泵将地面泥水处理系统配好的泥浆通过进浆管路输送到盾构机开挖掌子面，控制开挖仓压力，以稳定掌子面。排浆泵将携带渣土的泥浆从开挖仓吸出，并输送到地面泥水分离设备进行处理。

泥浆环流系统通往前舱的进泥管路分为 5 段(2 段在上部通向泥水舱，2 段在下部通向气垫舱，1 段在中央通过中心回转接头通向泥水舱)；排泥管路(盾构下部的一条管路)中配备有 P2.1 泵、中继接力泵 P2.i 和中继接力泵 P3 等排浆泵，用以控制排泥流量；泥水密度和泥水流量分别由安装在每条管路上的伽马密度仪和电磁流量仪来测定。泥浆环流系统的工作原理如图 13-180 所示。

泥浆环流系统基本工作过程：进浆泵 P1.1 和中继接力泵 P1.i 将地面泥浆池中调制好的新泥浆通过进泥管输送到泥水舱；而排泥泵 P2.1 和中继接力泵 P2.i 将携带渣土的泥水排出，通过排泥管输送到地面的泥水处理设备进行分离，其流程如图 13-181 所示。其中二级泥浆排泄泵站可根据实际需要选择拼装位置，它的位置固定在隧道内部，一般与初级排泥泵的距离不超过 1 km。

(1) 掘进模式

掘进模式为 V1、V2 开，V3、CV1 闭的状态。泥水由送泥泵 P1 从调整槽通过送泥管送至作业面。开挖土与这些泥水一起，由排泥泵(P2、P3)通过排泥管道送至泥水处理工场。在这里，将固液分离的泥水重新推回到调整槽内，如图 13-182 所示。

(2) 旁通模式

旁通模式为 V3 开，CV1 闭（淤泥时开），V1、V2 闭的状态。此状态可进行掘进前压力和流量的调整，以及掘进终了后管内残余土、砂的清扫，如图 13-183 所示。

第13章 主要机械结构和工作原理

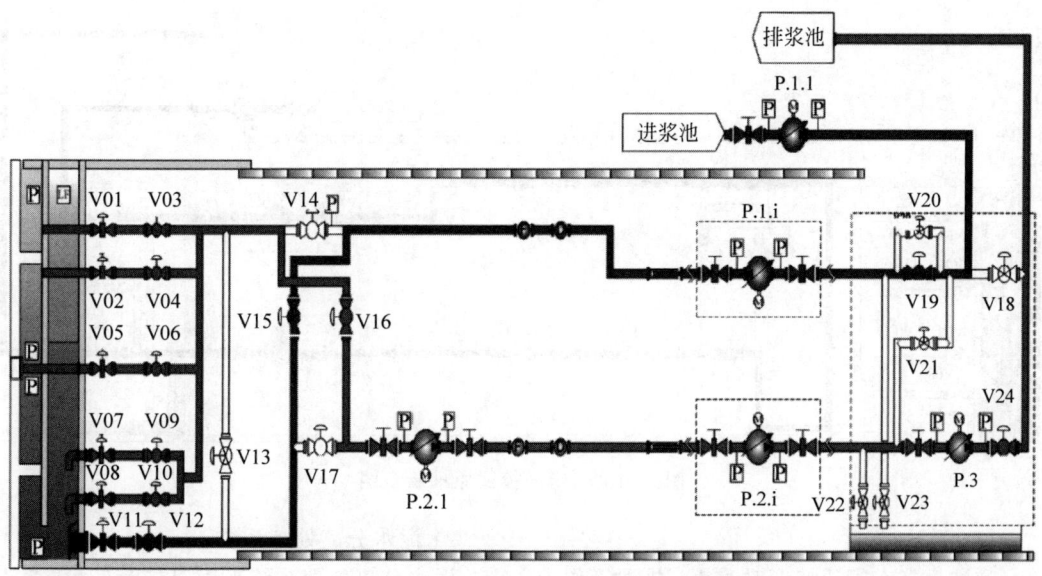

图 13-180 泥浆环流系统工作原理示意图

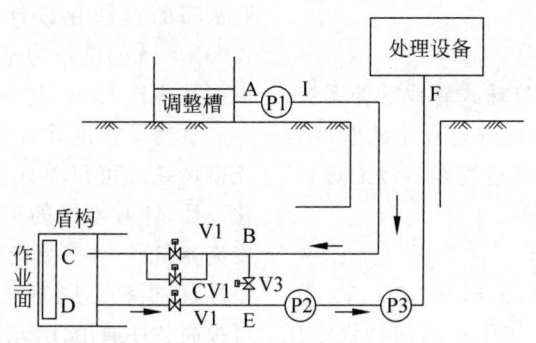

图 13-181 泥水输送系统流程图

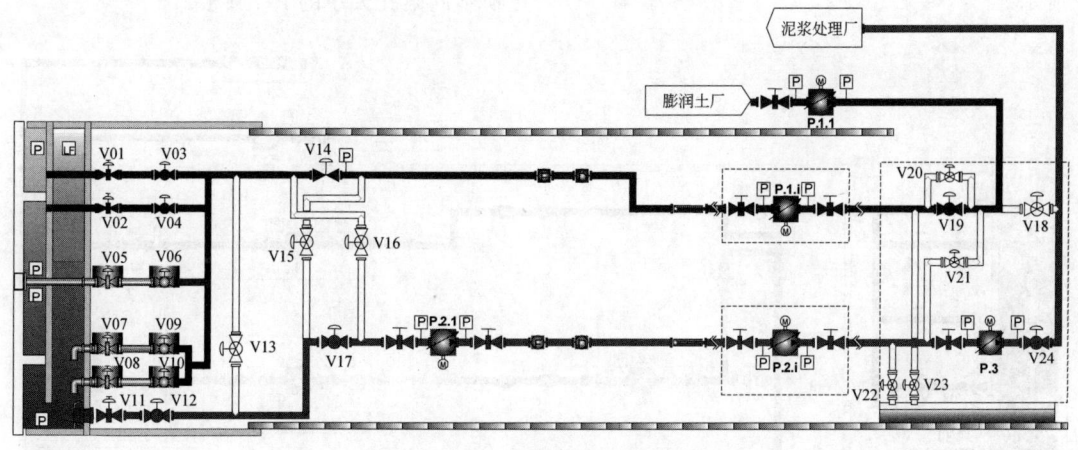

图 13-182 掘进模式原理示意图

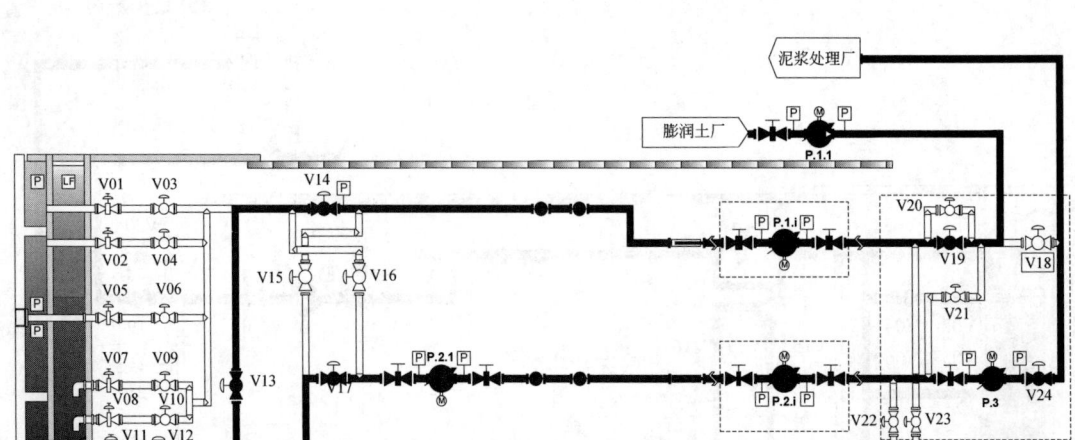

图 13-183　旁通模式原理示意图

(3) 逆洗模式

逆洗模式在管道堵塞时采用：排泥管作为送泥管,送泥管作为排泥管,将石块排回泥水舱,如图 13-184 所示。

(4) 管线延伸模式

通过盾构机的三通打球式管线延伸系统,可以保证盾构机在正常掘进过程中的管线延伸,防止发生泄漏,使掘进过程能持续地进行,如图 13-185 所示。

(5) 长时间停机模式

此模式为 CV1 闭（淤泥时开）,V1、V2、V3 闭的状态。停止时为了使作业面保持设定压力,自动调节 CV1 的开合度,如图 13-186 所示。

2) 泥水分离处理系统

泥水分离处理系统采用双层筛（一次旋流至 74 μm）+脱水筛（二次旋流至 45/20 μm）+脱水筛的模块化设计,以泥浆处理量 500～1250 m^3/h 的设备为基本单元进行组合,也可根据其他施工要求进行系统拆分或重组。

整套设备设计有自循环系统,一、二级旋流模块系统可以单独使用。旋流器采用模块化设计,针对不同的地层,可方便快捷地更换旋流器组。一、二级旋流器进浆泵均采用同种型号,仅根据不同工况选用不同功率电动机,可提高备件通用性,减少备件存储量。脱水筛的安装角度可调。同时,根据掘进地层不同可更换不同眼孔大小的 PU 筛板。

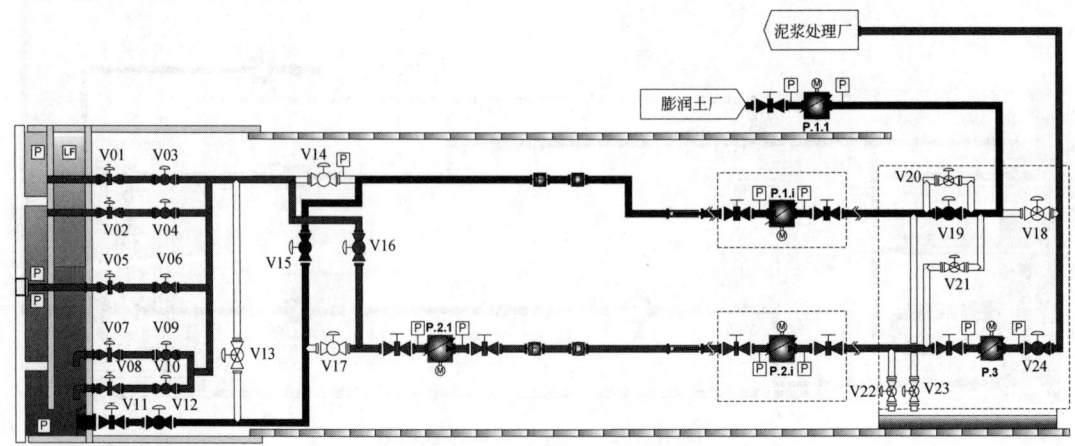

图 13-184　逆洗模式原理示意图

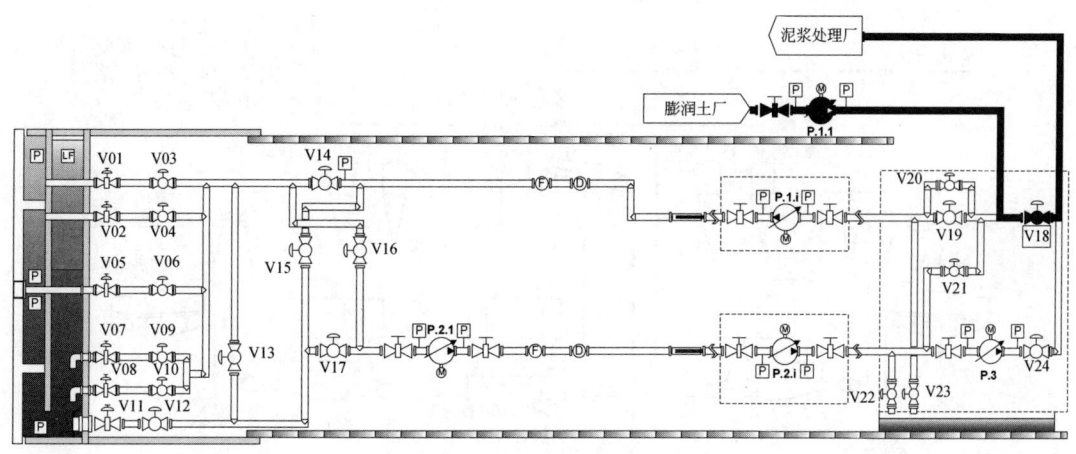

图 13-185　管路延伸模式原理示意图

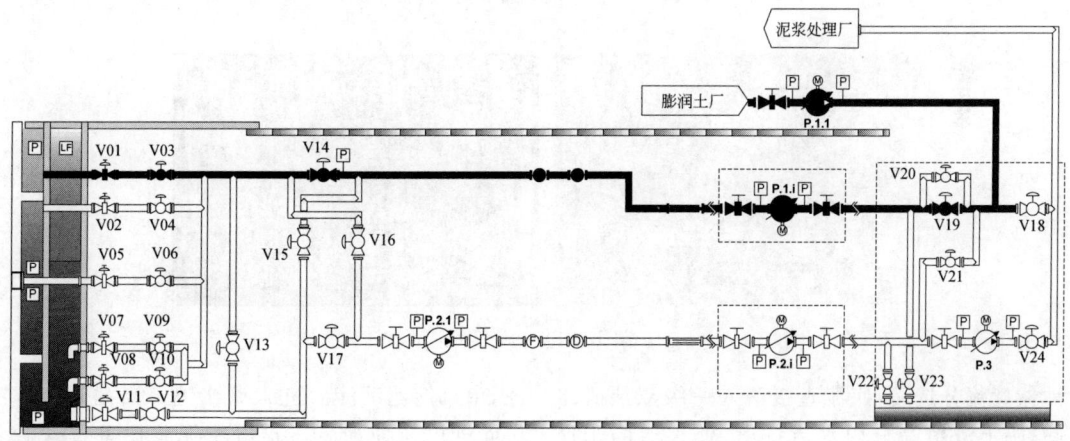

图 13-186　长时间停机模式原理示意图

(1) 泥水分离系统

泥水分离系统主要由预筛分器单元、一级旋流除砂单元、二级旋流除泥单元、振动筛脱水单元、储浆槽筛分单元等组成。盾构机排浆通过泥浆管输送到预筛，经过振动筛的振动将粒径在 4 mm 以上的渣料分离出来。经过预筛筛选的泥浆进入分离设备的储浆槽，由渣浆泵从槽内抽吸泥浆，具有一定储能的泥浆沿输浆软管从旋流器进浆口切向射入，通过旋流器分选，比重较大的泥砂由旋流器下端的沉砂嘴排出落入振动筛，处理后比重较小的泥浆从旋流器溢流管进入沉淀池。当要求更高质量的泥浆时，可通过减少总进浆量、重复旋流器中的泥浆分选达到目的。其工作原理如图 13-187 所示。

① 预筛。泥浆由排浆泵直接送入泥水分离系统，通过分配器进入两套预筛单元，经过预筛上下两层振动筛网，可筛除绝大多数 3 mm 以上的泥土颗粒，筛下物泥浆进入下方储浆槽，筛单元如图 13-188 所示。

② 一级旋流器。旋流器的基本原理是离心沉降，当泥浆以一定压力从旋流器周边切向进入旋流器内后，会产生高速旋转流场，由于粗颗粒与细颗粒存在粒度差，受到的离心力、向心浮力等大小不同，大部分粗颗粒经旋流器底流口排出、细颗粒由溢流管排出，从而达到分离分级目的。

一级渣浆泵从一级储浆槽内抽吸泥浆，在泵的出口具有一定储能的泥浆沿输浆软管从一级旋流器进料口切向射入，通过一级旋流除

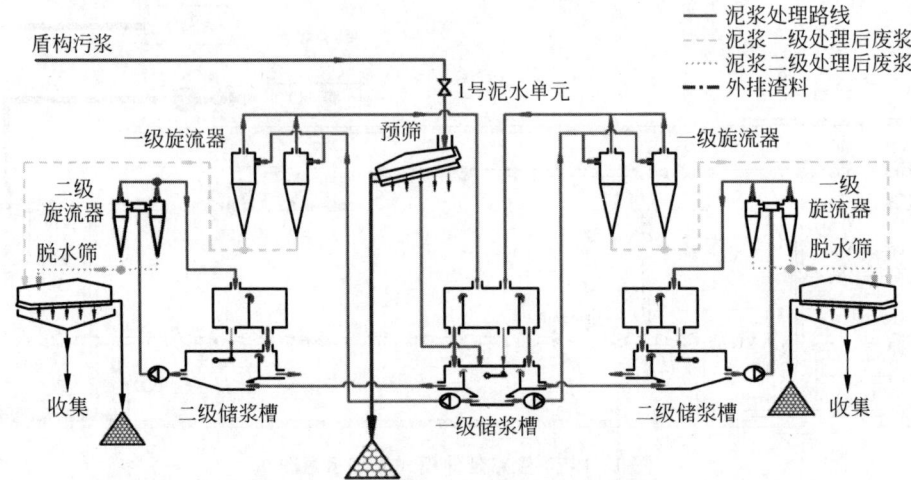

图 13-187 泥水分离系统工作原理示意图

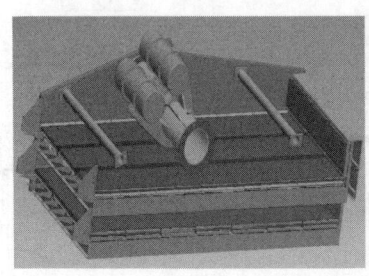

图 13-188 筛单元

砂器旋流分选后,底流直接落入一级双层脱水筛,筛上渣料筛分脱水后排出,处理后的干净泥浆从一级旋流器溢流管进入一级中储箱,然后沿管路进入二级储浆槽再次处理或排至沉淀池。当泥浆经一级除砂单元净化处理后清除绝大部分 $74\ \mu m$ 以上的砂质颗粒,满足盾构施工需要时,可通过一级中储箱出口阀门的转换将一级旋流净化后的泥浆直接自流入沉淀池,由沉淀池沉淀后进入调浆池。当泥浆经一级除砂单元处理后不足以将泥浆比重及含砂率降至合理范围内时,可通过一级中储箱出口阀门的转换使泥浆进入二级旋流除泥单元。

一级旋流器采用独特的变锥角设计,处理能力强,分离精度高。分离切点为 $74\ \mu m$,内衬采用特殊耐磨橡胶制成,耐磨损且使用寿命长。其外形如图 13-189 所示。

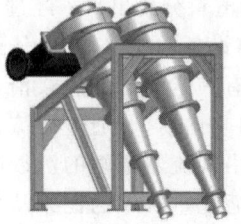

图 13-189 一级旋流器

③ 二级旋流器。二级渣浆泵从二级储浆槽内抽吸泥浆,具有一定储能的泥浆沿输浆软管从二级旋流器进料口切向射入,通过二级旋流器旋流分选后,底流直接落入二级脱水筛,

筛上渣料筛分脱水后排出,筛下处理干净的泥浆从二级旋流器溢流管进入二级中储箱。经过先后两次除砂除泥处理后的泥浆进入沉淀池。二级除泥单元采用小直径旋流器,成组使用可清除泥浆中 $45/20\ \mu m$ 以上的泥质颗粒,具有处理能力强、分离粒度小的特点。

二级旋流器也采用独特的变锥角设计。变锥旋流器的工作原理与一级旋流器的工作原理相同,不同之处在于二级旋流器采用较陡的上锥加快进浆速度,然后用较缓的下锥保证细料分级的较长停留时间,通过调整旋流器直柱段长度、优化锥角和改进沉沙口几何参数,若入旋流器浆液比重为 $1.2\sim1.3\ g/cm^3$,则底流浓度可达 $1.5\sim1.8\ g/cm^3$,相同条件下比一级旋流器有更好的分级性能。其外形如图 13-190 所示。

图 13-190　二级旋流器

④ 储浆槽液位调节装置。在泥浆循环过程中,由中储箱旋流器底流脱水后渣土从筛面筛出,落至渣场或经输送设备输送至指定堆置点。与储浆槽之间的一级液位浮标及二级液位浮标分别保持一、二级储浆槽内液面高度恒定,如图 13-191 和图 13-192 所示。液位平衡装置采用杠杆铰支结构,密封球头采用耐磨材料制作而成,液位浮标采用标准塑胶浮筒,具有质量轻、浮力大、使用寿命长等优点。

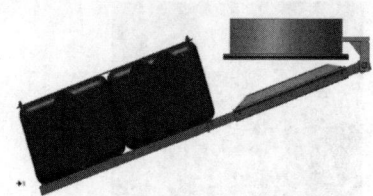

图 13-191　一级液位平衡装置

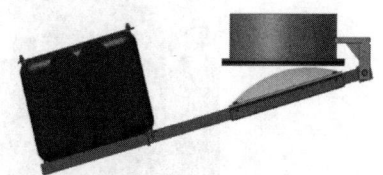

图 13-192　二级液位平衡装置

若储浆槽内输出的浆量大于供给的,那么液位浮标将随液面的下降而下落,此时中储箱的泥浆就通过开启补浆管转送到储浆槽内,液面因此上升而恢复原状,液位浮标也随之上升并封住中储箱补浆管。若供给浆量大于输出的,储浆槽的溢流管将会溢流以防止储浆槽漫浆。

⑤ 脱水筛。一、二级旋流器底流进入脱水筛后段,脱水筛底部、背部装有筛板,并提供一个上坡角的可变频振动筛,如图 13-193 所示。

(2) 制调浆系统

制调浆系统由不同功能的浆液储存单元、泵组单元、浆液搅拌单元、管阀、检测仪器及相关的控制部分组合而成,其主要功能是对循环泥浆进行调整,通过集中控制室对泥浆的液位、流量、比重和流向予以监控。其工作原理如图 13-194 所示。

(3) 泥水处理设备

① 压滤系统。压滤系统使用液压传动的隔膜泵,把泥浆泵入相邻滤板形成的滤室中,在注满后继续泵料,给滤室内的物料施压,使泥浆中大部分水通过滤板的沟槽流出;然后,用高压风鼓动滤板隔膜挤压滤饼进行脱水;最后用高压空气均匀通过整个滤饼断面,置换滤饼内的残留水分。其工作原理如图 13-195 所示。压滤后滤饼含水率小于 25%,适合装车运输,如图 13-196 所示。滤液水固含率小于 $2\ g/L$,可直接排入污水管网,如图 13-197 所示,同时滤液水可以作为制调浆系统运行时所需水进行补充。

② 离心机系统。离心机系统由离心机、进料罐、加药设备、离心清液池组成,利用离心沉降原理对泥浆进行固液分离。待处理泥浆通过渣浆泵输送至离心机的进料罐中,然后向进

图 13-193 脱水筛

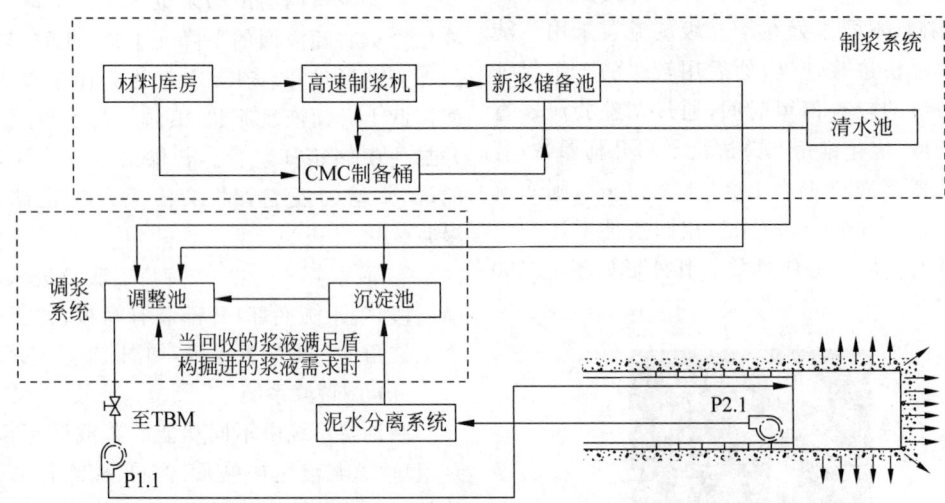

图 13-194 制调浆系统工作原理示意图

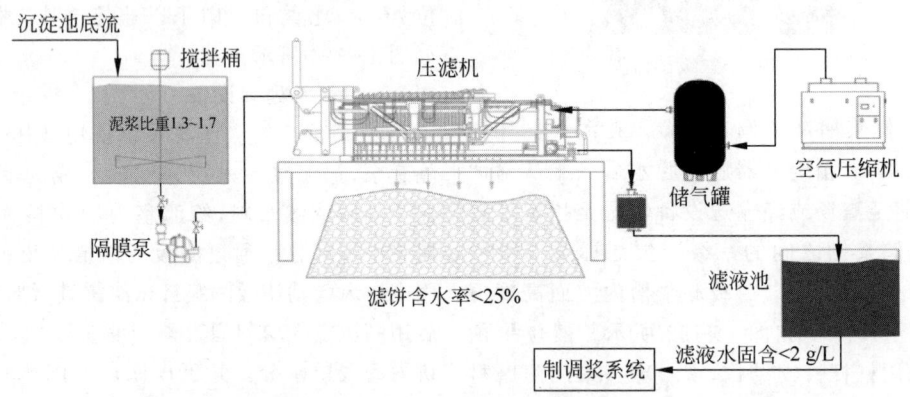

图 13-195 压滤系统工作原理示意图

图 13-196 滤饼

图 13-197 滤液水

料罐中加入一定比例的絮凝剂进行充分搅拌，最后分别将泥浆和絮凝剂泵入离心机中进行处理，其结构如图 13-198 所示。该系统可将泥浆中粒径大于 2 μm 的固体颗粒分离出来，分离出的固相含水率小于 40%，分离出的液相进入离心清液池，可作为制调浆系统运行时所需水进行补充。

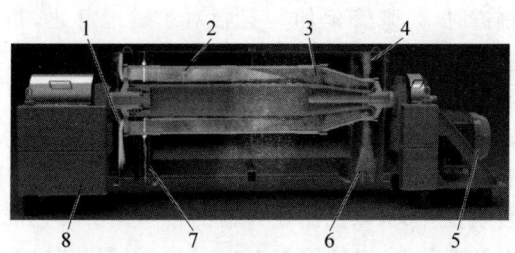

1—较重液相出口；2—液相；3—固相；4—进料管；
5—主电机；6—固相出口；7—较轻液相出口；8—基座。

图 13-198　离心机结构示意图

③ 压滤/离心处理技术对比。综合压滤和离心处理技术，进行两种工艺优缺点对比分析，如表 13-5 所示。

表 13-5　压滤系统/离心处理技术对比

类别	优　点	缺　点
压滤机	泥饼含水率低（小于 25%），可直接装车运输；滤液水的含固率可控；物料适应性强，可分离密度较小的有机颗粒，如含有贝壳、树根等	效率低，辅助时间占用多；工作时需人工值守，卸饼需人工辅助，滤布需人工清理；黏粒处理时对药剂要求较高
离心机	自动化程度高、处理量大、可 24 h 连续运行；离心分离原理不受过滤界面的影响；占地面积小，尤其适用于施工场地有限的城市施工	设备售价高、能耗高、噪声大；对小于 10 μm 的颗粒去除能力较差；出渣含水率不稳定，外运前需晾晒，对药剂要求较高；尾水含固率高，需二次处理

3) 左、右搅拌器

左、右搅拌器对称安装在前盾开挖仓内，通过左、右叶轮相向旋转对开挖仓内的泥团、石块进行搅拌，防止在泥浆门后方堆积堵塞出浆口，确保环流系统通畅。左（右）搅拌器主要由叶轮组件、密封部分、传动部分、液压马达、内筒、外筒、速度检测组件等组成，如图 13-199 所示。

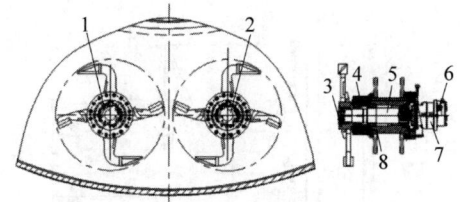

1—左搅拌器；2—右搅拌器；3—叶轮组件；
4—密封部分；5—传动部分；6—测速传感器；
7—液压马达；8—内筒。

图 13-199　左、右搅拌器在前盾内的安装位置及结构组成示意图

正常情况下，左、右搅拌器上的左、右叶轮相向向内旋转搅拌开挖仓内的泥砂，当泥砂沉积严重或将搅拌器淹没时，左、右叶轮可短时间反向向外旋转将泥砂排出脱困。

4) 碎石机

碎石机主要由液压缸、转动板、中心板和颚板组成，安装在前盾泥水仓内，主要作用是破碎泥水仓中的大块石头、泥团等，确保环流系统通畅。其结构如图 13-200 所示。

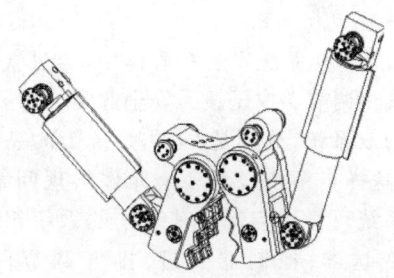

图 13-200　碎石机结构示意图

(1) 破碎模式：由液压缸推动转动板相向旋转一定角度，颚板向大块石头或泥团表面施加载荷，对大块石头、泥团进行破碎。

(2) 摆动模式：由液压缸推动转动板同向旋转摆动，对沉积在底部的泥块与碎石进行搅拌，保证环流系统通畅。

5) 采石箱系统

采石箱系统属于泥浆环流系统中排浆的一部分，由罐体、底座、闸门、液压缸等结构或

部件组成,可储存砂石等大颗粒物,避免或减少因排浆堵塞造成的堵管、堵泵风险。同时采石箱系统采用液动闸门,方便快速开关。其结构如图13-201所示。

6) 泥浆管延伸装置

泥浆管延伸装置又称换管器,采用软管式,主要由驱动装置、软管、管路托架、微调装置等组成。其工作原理是利用软管的可弯曲性补偿延伸过程中所需搭接的管道长度。

整个换管器安装在尾部拖车上,管路托架布置在台车边侧,软管布置在拖车上方。盾构掘进时,泥浆管延伸装置相对于隧道静止,相对于拖车后退。软管呈U形,由均布的滑盘支承在拖车上方并滑动。管路托架起着支承管路和走行的作用,带有走行轮箱和导向轮装置。轨道两端装有限位块,并在特定位置处安装限位开关,以控制换管器的行程。出浆管带有微调装置,以便管路对接时微调。其结构如图13-202所示。

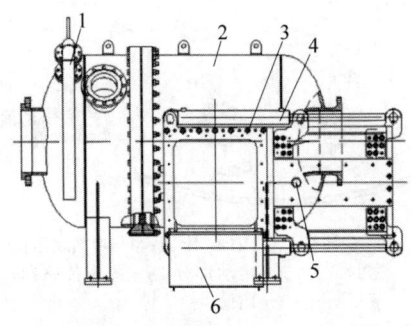

1—泄压口；2—采石箱罐体；3—采石箱闸门；
4—闸门液压缸；5—限位销；6—溜渣板。

图13-201　采石箱系统结构示意图

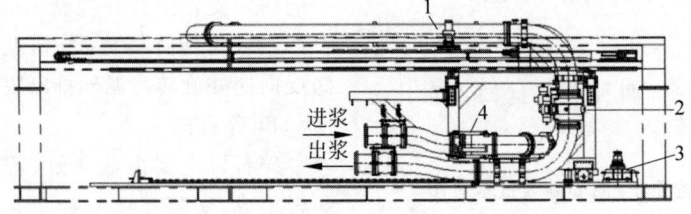

1—软管；2—管路托架；3—驱动装置；4—微调装置。

图13-202　泥浆管延伸装置结构示意图

7) 自动保压系统

自动保压系统安装在盾体中,通过气压仓里的气垫调节支撑压。为安全起见,保压系统设计为双系统,分别是"工作系统"和"备用系统"。这样当一个或者多个元件出现问题时,后备系统可立即启动。其基本的系统组件有压力变送器、控制器及进、排气调节阀,如图13-203所示。

通过自动保压系统调节气压稳定膨润土悬浮液压力,可及时补偿由膨润土液位波动、进排浆流量波动等造成的气压影响。同时自动保压调节系统可根据地质条件进行实时调整。

3．典型系统及部件技术

1) 刀盘中心高压冲洗系统

部分地层掘进由于黏性较大,从掌子面切削下的渣土流动到刀盘中心区域后受部分挤压,会降低流动性,易结成饼。

为改良刀盘中心区域的渣土特性,改造中心回转体,专门增设一孔位直通刀盘中心,在拖车上配备增压泵供给高压水(改良剂)。同时牛腿附近两侧的注水孔也连接上高压注水孔,提高了渣土流动性,可防止刀盘中心区域结成泥饼,如图13-204所示。

图13-203　自动保压系统

图 13-204　刀盘中心高压冲洗系统

2）二次碎石机

（1）结构组成

二次碎石机放置在泥水盾构机后配套拖车排浆泵的前方，与泥水环流系统出浆管串联，可以与采石箱互换，如图 13-205 所示。

图 13-205　二次碎石机

二次破碎机采用双辊破碎方式，破碎辊的刀具与破碎辊本体之间采用螺栓连接，可根据刀具磨损情况进行快速更换，同时可对双辊间距在一定范围内进行调节。每一个破碎辊由一台电动机＋减速器驱动，可实现变频调速和正反转，且电动机具有防过载保护系统，过载时双辊刀具可实现反转，以保护电动机不被损毁。主轴轴承系统与高压泥浆采用 4 道聚氨酯唇形轴向密封隔离，配有专门的集中润滑系统进行油脂供应和分配，采用 EP2 润滑脂润滑并有泄漏检测口。

（2）工作原理

二次碎石机利用双辊上的破碎齿间相对运动，将出浆管内大粒径卵石破碎成小粒径卵石，再从破碎机的排渣通道流出进入排浆泵，以减少大粒径卵石对排浆泵的损害，提高排浆泵的使用寿命。同时二次破碎机具备检修口和旁通接口，在软土地层或小卵石地层可利用旁通接口与排浆泵连接，从而降低设备负荷。

13.3.3　电机车

1. 整机的组成和工作原理

1）结构组成

电机车主要由车架、走行部、制动系统、牵引传动系统、蓄电池箱、操纵控制系统等部分组成。机车车架采用框架式焊接钢结构，车架上面从前到后安装驾驶室、变流器与蓄电池箱、空气压缩机室与电阻箱。驾驶室内设有电控柜与操纵台，操纵台上安装有驾驶员控制器、空气制动装置的制动阀、各操纵按钮、仪表和信号显示等装置，如图 13-206 所示。驾驶室前方和两侧均设有玻璃窗，驾驶室后壁中部安装手制动装置手轮。

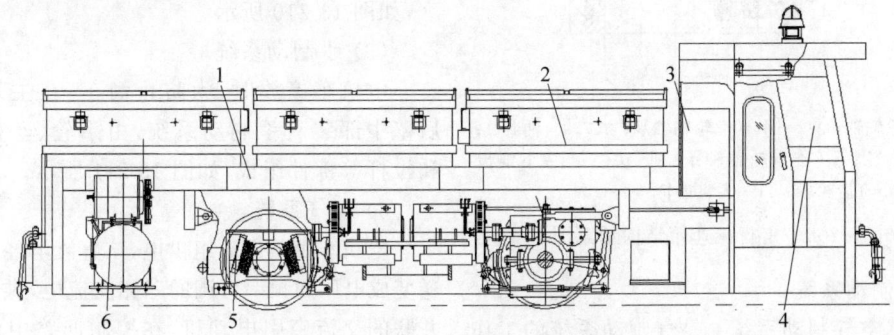

1—车架；2—蓄电池箱；3—变频器；4—驾驶室；5—轴箱组成；6—空气压缩机组成。

图 13-206　电机车整机结构示意图

电机车一般用于盾构施工隧道内，主要负责管片、浆液及周转材料的运输工作，电机车包括牵引机车、渣土运输车、砂浆运输车、管片运输车，与轨线组成水平运输系统，如图 13-207 所示。

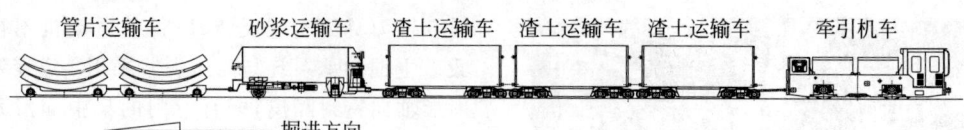

图 13-207 电机车编组图

2) 工作原理

电机车由电池供应直流电,通过变频器转换成电压、频率可调的三相交流电,驱动变频调速牵引电动机工作,经减速机输出到轮对,依靠轮与轨道间产生黏着力,使机车实现走行运动。

2. 主要系统和部件的结构原理

1) 机械传动系统

机车机械传动系统由走行减速箱、万向联轴器和机车走行部组成。走行减速箱为全封闭圆锥-圆柱齿轮两级减速器。动力通过万向轴由电动机传递给圆锥小齿轮,经一级减速,由大圆锥齿轮传递给低速级小圆柱齿轮;经二级减速,由大圆柱齿轮传递给轮对驱动车轮转动,其结构如图 13-208 所示。

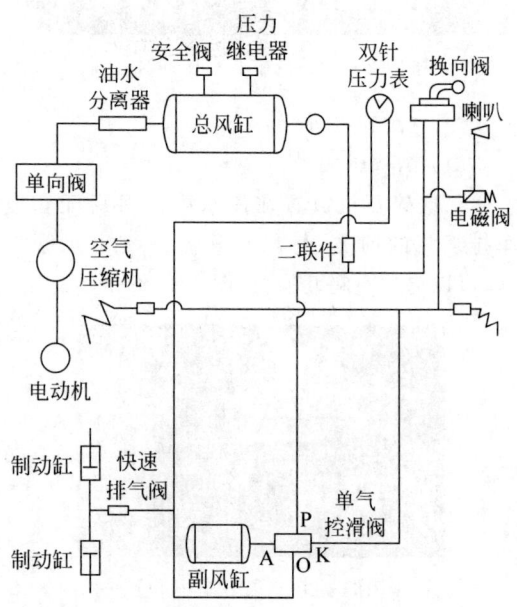

图 13-209 空气制动工作原理示意图

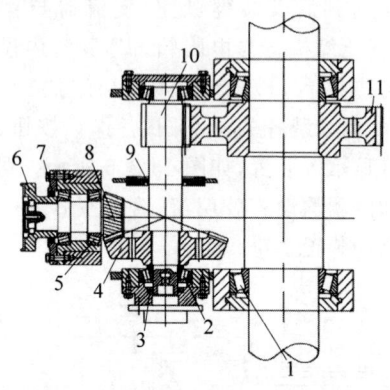

1—大齿轮轴轴承;2—小直齿轮轴轴承;3,7,9—油封;4—大锥齿轮;5—锥齿轮轴轴承;6—法兰;8—小锥齿轮;10—小直齿轮轴;11—大直齿轮。

图 13-208 走行减速箱结构示意图

2) 制动系统

(1) 空气制动系统。空气制动系统的工作原理如图 13-209 所示。

(2) 基础制动装置

基础制动装置由杠杆体、制动缸、连杆机构、闸瓦、闸瓦间隙调整机构等组成,每侧车轮有一个制动单元。制动时,压缩空气推动活塞并通过杠杆机构使闸瓦抱轮产生制动作用;缓解时,闸瓦在活塞复位弹簧作用下离开车轮踏面。在下拉杆上用螺母人工调整闸瓦间隙,设计闸瓦间隙要求为 3~6 mm,闸瓦托上设有闸瓦托弹簧,保持闸瓦与车轮平均接触、避免偏磨,如图 13-210 所示。

(3) 手制动系统

电机车停放时,为防止溜车,在主驾驶室后壁中部装有手制动系统,由手轮、丝杠传动和拉杆等部件组成,如图 13-211 所示。

3) 电气系统

电机车由蓄电池组供电,该直流电经变流器逆变成电压和频率可调的三相交流电,供给两台并联的交流牵引电动机,在控制回路中由驾驶员给出方向指令和控制指令,通过变流器和驱动器的通断进行调压、调频,控制牵引电动机使其输出满足机车牵引性能的转矩和转速。

(1) 变流器及控制

电机车变流器主要性能指标如表 13-6 所示。

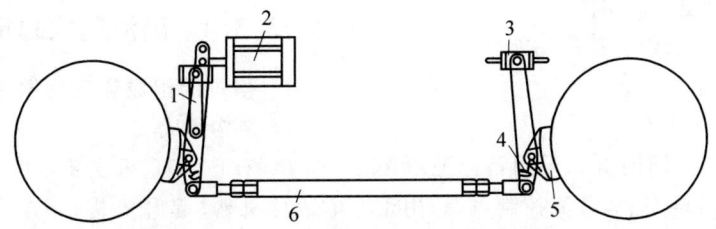

1—杠杆体；2—制动缸；3—吊座；4—闸瓦倾角调整机构；5—闸瓦；6—闸瓦间隙调整机构。

图 13-210 基础制动装置结构示意图

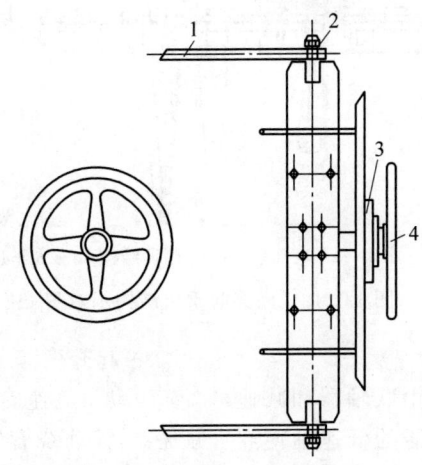

1—拉杆；2—行程调整机构；3—传动机构；4—车轮

图 13-211 手制动系统结构示意图

表 13-6 电机车变流器主要性能指标

项 目		内 容
输入电源	额定电压	(1±15%)540 V 直流蓄电池
输出能力	控制方式	磁通轨迹矢量 PWM 控制
	额定频率	25 Hz
	额定电压	三相 400 V
	最低输出频率	0.5 Hz
	频率分辨率	0.01 Hz(模拟分辨率0.1%)
	过载能力	150%每分钟
	启动转矩	0.5 Hz 时不低于电动机额定转矩

(2) 电气控制系统

电气控制系统由主回路、控制回路及辅助回路 3 部分组成。

① 主回路。主回路由蓄电池组、直流断路器、制动电阻、变流器、三相交流异步牵引电动机组成。其工作原理如下：在机车准备状态时电流经电阻给变流器滤波电容充电，延时后，触发晶闸管 SCR 导通。之后变频器将直流电逆变成三相交流电。

② 控制回路。控制回路由司控器、变流器、控制器等组成。机车控制系统的主要功能有以下 4 点：

(a) 前进、后退控制功能。
(b) 制动能量反馈及耗散功能。
(c) 点动功能。
(d) 紧急制动功能。

③ 辅助回路。辅助电源采用蓄电池组经抽头,形成辅助回路 24 V 直流控制电源,用于机车照明。

13.3.4 出渣门式起重机

1. 整机的组成和工作原理

1) 结构组成

出渣门式起重机主要由门架金属结构、大车运行机构、起升机构、小车、电气设备等组成,具体结构如图 13-212 所示。

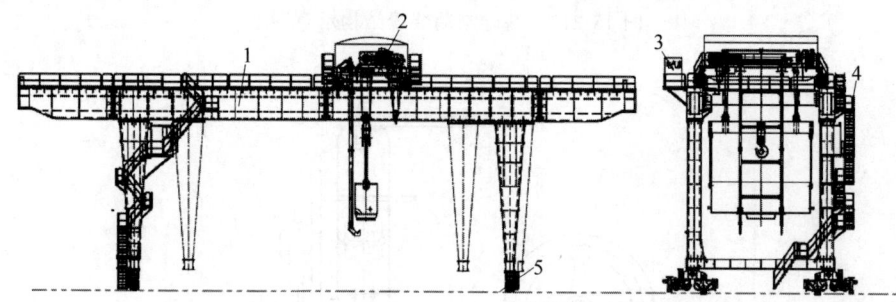

1—门架;2—小车;3—电气系统;4—附属结构;5—大车运行机构。

图 13-212　门式起重机结构示意图

2) 工作原理

出渣门式起重机电动机由联轴器和减速器连接组成,通过旋转减速器的低速轴使卷筒和吊钩与钢丝绳等一起工作。当电动机工作时,通过正反方向旋转运动带动卷轴,卷轴将钢丝绳卷进或卷出,使吊钩提升或降低重物。其基本原理是将电动机的旋转转换为负载的提升和降低运动。当电源突然被切断时,制动器启动,负载停在指定位置。当负载被提升到极限位置时,限制器触动,停止吊钩运动。

2. 主要系统和部件的结构原理

1) 门架金属结构

门架由主梁、支腿、马鞍(无悬臂的结构无此项)、上横梁、地梁、平衡梁(根据实际情况而定)等部件组成,支腿一侧安装有操纵室、楼梯、平台。

2) 大车运行机构

大车运行机构由电动机、减速机、制动器、大车车轮等部分组成。电动机连接减速机高速轴,大车车轮轴连接减速机低速轴,由电动机通过减速机带动车轮,从而驱动大车运行。

3) 起升机构

电动机高速旋转,经齿轮联轴器带动齿轮减速器,带动绕有钢丝绳的卷筒工作,只要适当控制电动机的停、正、反转就能达到装卸物品的目的。为了保证起升机构的安全和可靠性,在减速机高速轴上装有液压推杆制动器,还装有上升限位装置,当吊具升至最高位置后,行程开关动作,使得电动机断电,液压推杆制动器断电制动,不能再上升,从而达到限位目的。起升机构采用挂梁做吊具,挂梁两挂钩用于渣土车的吊运工作,挂梁中部设有一个可以自由旋转的吊钩,用于吊运管片和其他物料。

4) 小车

起重机小车在主梁的轨道上往返运动,主、副(单钩无此项)吊钩吊取或搬运货物。小车主要由小车架、小车运行机构、主起升和副起升机构(单钩无此项)组成。

5) 电气设备

电气设备包括大(小)车导电架、导电器及小车电缆导电部分、电阻器、限位开关、投光灯、控制屏及接线盒。

13.3.5 砂浆搅拌站

1. 整机的组成和工作原理

砂浆搅拌站由搅拌机、储料罐、螺旋输送机等机构组成,其中最重要的是搅拌机设备,如图13-213所示。砂浆搅拌站为盾构机掘进注浆系统提供砂浆,该系统采用水、砂自动称量,水泥、粉煤灰由操作人员控制投料口投料的进料方式来进行不同的浆液配比,适用于不同的地层环境。

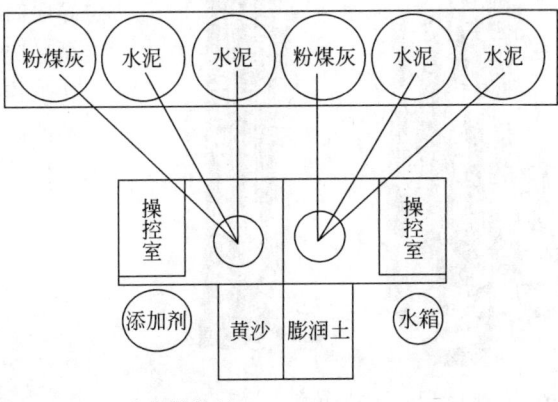

图13-213 砂浆搅拌站

2. 主要系统和部件的结构原理

搅拌机由上料系统、搅拌系统、卸料系统、供水系统、电气系统等部分组成。

1) 上料系统

上料系统由卷扬机构、上料架、料斗、进料口等组成。制动电动机通过减速器带动卷筒转动,钢丝绳经过滑轮牵引料斗沿上料轨道向上爬升,当爬升到一定高度时,料斗底部斗门上的一对滚轮进入上料架水平岔道,斗门自动打开,经过进料嘴投入搅拌筒内。为保证料斗准确就位,在上料架上装有限位开关。上限位置有两个限位开关,分别对料斗上升起限位和安全保护作用;下限位置有一个限位开关,当料斗下降至坑底部时,钢丝绳稍松,弹簧杠杆机构使下限位动作,卷扬机构自动停车。

2) 搅拌系统

搅拌系统由电动机、皮带轮、减速器、开式齿轮、搅拌筒搅拌装置、供油装置等组成。电动机通过皮带带动二级齿轮减速器,减速器两输出轴通过两对开式齿轮分别带动两根水平安装的搅拌轴反向等速回转。每根搅拌轴分别装有搅拌叶片。搅拌轴与搅拌筒两端相连处设有专门的密封装置。为保证密封质量,在搅拌筒的端面上设有专门的供油器。

3) 卸料系统

卸料系统由卸料门、气泵、换向阀、分气阀、气缸、电气机构等组成。卸料门安装在搅拌机底部,通过气缸实现气动卸料。卸料手动操作杆在临时停电时应急卸料和气缸失灵时卸料时使用,平时应将其拆下,以防伤人。

4) 供水系统

供水系统由水泵、节流阀、清洗装置、喷淋装置等组成,节流阀可调节水的流量,供水总量由时间继电器调节。

5) 电气系统

电气系统设有空气开关、熔断器、热继电器,具有短路保护、过载保护的功能。所有控制按钮及空气开关手柄和指示灯均布置在配电箱门上,并设有门锁。配电箱内的电气元件装在一块绝缘板上,安全可靠,操作维修方便。电气控制电源为380 V三相四线制电源,电压允许误差为±10%,否则禁止使用。若用户自备发电电源,容量应大于100 kV·A。电动机的表面温升小于60℃,带电部分对外壳绝缘大于0.5 MΩ。

13.3.6 伞形钻机

1. 整机的组成和工作原理

伞形钻机(图13-214)主要由立柱、支撑臂、动臂、推进器、液压系统、风水系统、凿岩机等 7 个部分组成。

图 13-214　伞形钻机

伞形钻机是立井凿岩钻炮孔掘进大型矿山竖井的机械化设备。立井施工伞钻配备的凿岩机凿岩多个炮孔后，装药爆破碎岩、排除碎岩而成井筒。具体过程为通过井筒口上的卷扬机将伞钻吊运至井下工作面上，伞钻下井靠近工作面时，接通伞钻的风水管，启动油泵马达，调整使调高器与底座接触后，再将 3 个支撑臂支起至井壁上，使伞钻竖直固定，钻架推进器上安装独立回转的凿岩机，各动臂带动推进器在工作面的扇形区域内可固定、移动，推进器垂直推进凿岩机钻头，完成在井筒断面多个位置钻凿爆破炮孔功能。完成爆破后卸下钻杆、收拢各动臂，提紧钢丝绳，收进并放下各支撑臂，缩回调高器，卸下风水管接头，用绳将各管路与伞钻立柱捆好。钢丝绳将收拢捆好的伞钻提至井口，转挂钩后复位停放。

2. 主要系统和部件的结构原理

1) 立柱

立柱是伞形钻机的躯干部分，支撑臂、动臂、液压系统等都安装在立柱上。它由顶盘、下立柱、吊环和调高器等组成。顶盘位于立柱上部，用来安装支撑臂、动臂，并兼作分风、分水器，顶盘和下立柱通过法兰连成一体的立柱，又兼作液压系统的油箱。顶盘上部的箱盖上装有滤网和气孔，作为油箱的加油孔和通气孔。下立柱上部设有环形压力油分配器，其作用是将油泵出来的高压油从此分送至 6 个推进器上的五联多路换向阀，以控制大臂液压缸、升降液压缸、倾斜液压缸、摆动液压缸和推进液压缸等。调高器位于立柱下部，是由带有固定导向筒的调高器和液压缸组成的，其主要功能是稳定钻机和调整钻机的高度，以保证推进器在工作面不平整的情况下正常工作。立柱上部的吊环和下部的底座是钻机吊运、停放支承的构件。调高器的结构如图 13-215 所示。

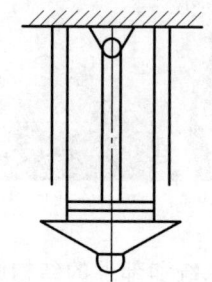

图 13-215　调高器结构示意图

2) 支撑臂

支撑臂的作用是支撑并固定钻机。支撑臂一般有 3 组，每组由支撑液压缸和支臂液压缸组成。支臂液压缸和支撑液压缸与上盘构成摇摆滑块机构。支臂液压缸伸展时，使支撑液压缸从收拢位置（向下）推到工作位置（水平向上 10°），然后，支撑液压缸将支撑脚伸至井臂并撑紧，使钻机固定在工作面上。由于该钻机适用净径范围较大，支撑液压缸活塞杆分为两节。当用于净径 4.5～7 m 时，需将连接套与套管卸下，直接将活塞杆头拧到活塞杆上即可；当用于 7 m 以上净径的井筒时，将连接管与套管装上，如图 13-216 所示。

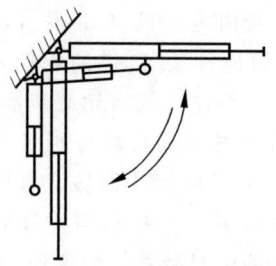

图 13-216　支撑臂结构示意图

3) 动臂

动臂是移动推进器工作位置的机构。动臂共有6组，均匀布置在立柱周围。每组动臂由大臂、大臂液压缸、倾斜液压缸、摆动液压缸、回转座等部件组成，如图13-217所示。大臂液压缸的往复运动使得大臂作径向移动，将推进器送至所需钻孔的圈径上，而在同一圈径上移动($1'-1''$)则是靠摆动液压缸的往复运动来实现的。倾斜液压缸的作用是使推进器倾斜，以便打倾斜炮孔。

4) 推进器

推进器是架设凿岩机并给凿岩机提供推进力与拔钎力的机构。推进器共有6组，分别铰接在动臂的大臂和倾斜液压缸上。它主要由升降液压缸、滑轨、中间扶钎器、下扶钎器、推进液压缸、动（定）滑轮组、钢丝绳、滑架、钢丝绳固定座等部件组成。当动臂将推进器送到所需钻凿炮孔位置后，升降液压缸将滑轨下放到工作面上并顶紧，然后推进液压缸，通过动（定）滑轮组、钢丝绳带动装有凿岩机的滑架在滑轨上移动，并配合凿岩机的冲击、回转来完成钻凿炮孔的工作。

5) 液压系统

液压系统由油泵、油管、多路换向阀、单向阀、单向节流阀、溢流阀、油箱等液压元件组成。

6) 风水系统

风水系统由分风器、分水器、油雾器、管路、风水阀、气动操作阀等组成。分风器共有7个出口，其中一个通驱动油泵的气马达，其余通各动臂的推进气马达和凿岩机。分水器共有6个出口，分别通各动臂的凿岩机。

7) 凿岩机

凿岩机可从头部冲入高压水，经钎杆从钎头流出，将岩粉冲出。

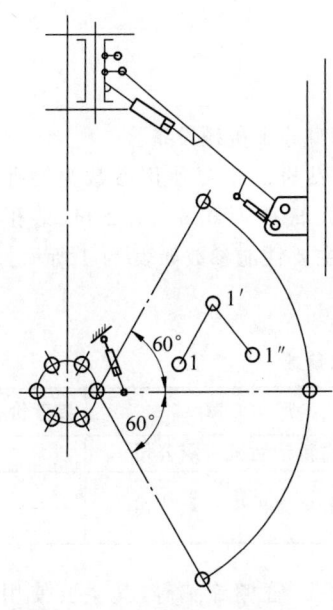

图13-217 动臂结构示意图

第14章

隧道施工主要机械参数

14.1 矿山法洞口工程施工机械

矿山法洞口施工主要是边仰坡开挖、支护、锚杆施工等,因此,其洞口工程施工机械设备参考洞身施工机械设备。

螺旋钻机的主要使用参数为钻孔直径和深度,钻孔直径为 0.6～1.2 m,钻孔深度为 40 m,其主要性能参数如表 14-1 所示。

表 14-1 螺旋钻机主要性能参数

型号	钻孔深度/m	钻孔直径/mm	厂家	参考价格/万元
CFG40	40	600～1200	河北新钻钻机有限公司	—
JZL120	33	1000	山东卓力桩机有限公司	
JZB180 型	40	600～1000		—

14.2 矿山法洞身工程施工机械

14.2.1 超前支护机械

铁路隧道施工中多功能钻机主要用于隧道地质钻孔、管棚施工等,其主要使用参数有钻头直径、最大钻孔深度等。铁路隧道施工现场常使用的多功能钻头的直径为 40～300 mm,最大钻孔深度为 50～180 m,常用产品的主要性能参数如表 14-2 所示。

表 14-2 常用多功能钻机主要性能参数

序号	钻头直径/mm	最大钻孔深度/m	工作压力/MPa	型号	钻孔角度/(°)	走行方式	爬坡能力/%	厂家	参考价格/万元
1	113	200	18	CMS1-2000/45	−90～90	无轨履带式	40	河北国煤制造有限公司	—
2	65～245	150	25	DGZ150 标准型	−90～90	无轨履带式	40	中国铁建重工集团股份有限公司	20
3	150～250	140～180	21	HDL-160	0～90	无轨履带式	20	安曼工程机械有限公司	
4	150～250	140～180	28	HDL-160	0～90	无轨履带式	20	安曼工程机械有限公司	

续表

序号	钻头直径/mm	最大钻孔深度/m	工作压力/MPa	型号	钻孔角度/(°)	走行方式	爬坡能力/%	厂家	参考价格/万元
5	100~300	180~220	25	HDL-300	−30~105	无轨履带式	25	安曼工程机械有限公司	—
6	100~300	150~180	25	HDL-308	−30~105	无轨履带式	18	安曼工程机械有限公司	—
7	40~254	50~150	25	C6XPD-E	−30~105	无轨履带式	40	北京新铁斯达设备有限公司	—
8	65~170	80	20	JD110A	−20~55	无轨履带式	25	北京建研机械科技有限公司	—

14.2.2 开挖机械

1. 锚杆钻机

在铁路隧道洞口工程施工中,边仰坡施工中的临时锚喷网支护施工需要用到锚杆钻机。锚杆施工主要考虑的参数是钎头直径、钎杆长度。锚杆钻机的常用钎头直径为40~120 mm,钎杆长度为1~5 m。常用产品的主要性能参数如表14-3所示。

表14-3 锚杆钻机主要性能参数

序号	钻头直径/mm	工作方式	质量/kg	钎尾规格/mm	工作气压/MPa	型号	厂家	参考价格/元
1	32~46	手持式	19~26	22×108	0.4~0.5	Y26	泰安鸿奕矿业科技有限公司	1100
2	32~46	手持式	19~26	22×108	0.4~0.5	Y24	泰安鸿奕矿业科技有限公司	800
3	32~46	手持式	19~26	22×108	0.4~0.5	TY24C	泰安鸿奕矿业科技有限公司	—
4	32~46	手持式	19~26	22×108	0.4~0.5	Y20LY	泰安鸿奕矿业科技有限公司	—
5	32~46	手持式	19~26	22×108	0.4~0.5	Y19A	泰安鸿奕矿业科技有限公司	—
6	34~45	气腿式	24~26	22×108±1	0.35~0.63	YT28	山东万泰科技有限公司	1200
7	34~45	气腿式	24~26	22×108±1	0.35~0.63	YT27	山东万泰科技有限公司	1100
8	34~45	气腿式	24~26	22×108±1	0.35~0.63	YT29A	山东万泰科技有限公司	1500
9	34~45	气腿式	24~26	22×108±1	0.35~0.63	YT23	山东万泰科技有限公司	1000
10	34~45	气腿式	24~26	22×108±1	0.35~0.63	YT23P	山东万泰科技有限公司	1100
11	34~45	气腿式	24~26	22×108±1	0.35~0.63	YT24	山东万泰科技有限公司	1000

2. 凿岩台车

铁路隧道施工中,掌子面采用三臂凿岩台车进行炮眼钻孔施工,钻孔最大工作高度、最大工作深度、最大冲击功率是选择设备的重要参数。凿岩台车最大工作高度为10 300~12 700 mm,最大工作深度为1246~12 700 mm,最大冲击功率为 15 250～16 600 W。

凿岩台车常用的型号有全电脑三臂凿岩台车 ZYS113、全液压三臂凿岩台车 XL3D、全电脑三臂凿岩台车 E3C、全电脑三臂凿岩台车 DJ3D、全液压二臂凿岩台车 TZ3A 等。常用产品的主要性能参数如表 14-4 所示。

表 14-4 凿岩台车主要性能参数

序号	最大工作高度/mm	最大工作深度/mm	最大工作宽度/mm	型号	凿岩机最大冲击功率/kW	总功率/kW	厂家	参考价格/万元
1	12 700	1246	16 000	全电脑三臂凿岩台车 DJ3D	22.79	200	中铁工程装备集团有限公司	989
2	12 182	1350	15 597	全液压三臂凿岩台车 XL3D	18.00	200	阿特拉斯工程有限公司	—
3	11 730	1350	15 725	全液压二臂凿岩台车 TZ3A	18.80	200	徐州重工集团有限公司	—
4	11 300	1350	16 600	全电脑三臂凿岩台车 ZYS113	31.90	325	中国铁建重工集团股份有限公司	1120
5	10 300	1350	15 250	全电脑三臂凿岩台车 E3C	22.00	237	阿特拉斯工程有限公司	
6	12 700	1246	16 000	全电脑三臂凿岩台车 DJ3D	22.79	200	中铁工程装备集团有限公司	989
7	12 182	1350	15 597	全液压三臂凿岩台车 XL3D	18.00	200	阿特拉斯工程有限公司	—
8	11 730	1350	15 725	全液压二臂凿岩台车 TZ3A	18.80	200	徐州重工集团有限公司	—
9	11 300	1350	16 600	全电脑三臂凿岩台车 ZYS113	31.90	325	中国铁建重工集团股份有限公司	1120
10	10 300	1350	15 250	全电脑三臂凿岩台车 E3C	22.00	237	阿特拉斯工程有限公司	

3. 挖掘机

铁路隧道施工中,挖掘机主要用于掌子面开挖工序结束后进行的排险和上台阶清理渣石,根据不同的断面大小、开挖高度、断面宽度,选择不同的挖掘机。挖掘机的主要使用参数有最大挖高、最大挖深、最大挖掘半径和斗容量等。铁路隧道施工现场常使用的挖掘机的斗容量为 0.8～1.6 m³,最大挖高为 9000～11 000 mm,最大挖深为 6600～7290 mm,最大挖掘半径为 9600～11 050 mm。履带式挖掘机常用型号有 SY215C-10、320D2、PC220-8MO 等。常用产品的主要性能参数如表 14-5 所示。

4. 悬臂式掘进机

铁路隧道施工中,掌子面采用悬臂式掘进机进行开挖施工,掘进机适合岩体强度为 85 MPa 以内、断面面积为 20～32 m²、断面宽度为 5～8 m、断面高度为 5～8 m 的场所。常用产品具体的主要性能参数如表 14-6 所示。

表 14-5 履带式挖掘机主要性能参数

序号	斗容量 /m³	最大挖高/mm	最大挖深/mm	最大挖掘半径/mm	型号	斗杆挖掘力/kN	铲斗挖掘力/kN	回转速度/(r/min)	走行速度/(km/h)	功率/kW	质量/kg	厂家	参考价格/万元
1	0.93	9600	6600	10 280	SY215C-10	103	138	11	5.4	118	22 000	三一重工股份有限公司	—
2	1	9490	6720	9890	320D2	107	140	10.9	5.4	112	21 100	卡特彼勒公司	—
3	1.03	9790	6320	9670	PC220-8MO	148	172	11.7	5.5	123	23 100	小松集团	—
4	1.40	10 100	7410	11 050	SY305H-10	170	220	9.5	5.2	212	32 800	三一重工股份有限公司	—
5	1.54	10 040	7290	10 720	330D2L	126	179	9.6	5.3	159	29 115	卡特彼勒公司	—
6	0.65	8649	5535	8304	XE155DK	73.4	106.9	11.7	5.3	93	14 600	徐工集团工程机械有限公司	50
7	1	9540	6660	9760	XE205DA	116	157	12	5.7	135	21 500	徐工集团工程机械有限公司	63
8	1.30	10 048	6972	10240	XE245DK	129	185	11.2	5.3	150	25 500	徐工集团工程机械有限公司	80
9	1.60	10 146	7200	10 680	XE310DA	138	211	9.8	5.2	169	31 500	徐工集团工程机械有限公司	105

表 14-6 悬臂式掘进机主要性能参数

序号	岩体强度/MPa	断面面积/m²	断面宽度/m	断面高度/m	厂家	参考价格/万元
1	≤85	20~32	5~8	5~8	山东中煤工矿集团	500
2	≤85	20~32	5~8	5~8	三一重工股份有限公司	600
3	≤85	20~32	5~8	5~8	湖南五新隧道智能装备股份有限公司	600
4	≤85	20~32	5~8	5~8	徐州重工集团有限公司	500
5	≤85	20~32	5~8	5~8	中国铁建重工集团股份有限公司	700

14.2.3 装运机械

1. 装载机

装载机主要用于铲装土壤、砂石、石灰、煤炭等散状物料,也可对矿石、硬土等进行轻度铲挖作业,换装不同的辅助工作装置还可进行推土、起重和其他物料(如木材)的装卸作业,因此主要参数是铲斗容量。施工现场常用的装载机型号有 4 t、5 t、4 t 侧卸、5 t 侧卸;对应的斗容量为 2~3 m³。常用产品的主要性能参数如表 14-7 所示。

2. 运输机械

铁路隧道施工现场常使用的自卸车的载质量为 6750~15 800 kg。常用产品的主要性能参数如表 14-8 所示。

表 14-7 装载机主要性能参数

序号	斗容量/m³	型号	卸载高度/mm	卸载距离/mm	最大掘起力/kN	厂家	参考价格/万元
1	1.8~2.2	DL300	2960	1040	100	斗山工程机械有限公司	—
2	2.3	CLG842H	2880	1100	124	广西柳工机械股份有限公司	—
3	2.5~3.5	950H	3040	1200	130	卡特彼勒公司	—
4	2.7~4.5	SYL956H	3118	1215	180	三一重工股份有限公司	—
5	2.4	LW440FV	2840	1080	130	徐州重工集团有限公司	28
6	3	LW500KV	3470	1220	160	徐州重工集团有限公司	36

表 14-8 自卸车主要性能参数

序号	载质量/kg	型号	厂家	参考价格/万元
1	6750	EQ3145F	东风汽车集团有限公司	—
2	12 300	EQ3238G2	东风汽车集团有限公司	—
3	13 000	EQ3251G	东风汽车集团有限公司	—
4	7805	CA3165K2E	一汽解放汽车集团有限公司	—
5	12 315	CA3253P7K2T1AE	一汽解放汽车集团有限公司	—
6	15 925	CA3310P66K2L3T4A1E	一汽解放汽车集团有限公司	—
7	7870	ZZ3166M4616	中国重型汽车集团有限公司	—
8	12 470	ZZ3256M3246	中国重型汽车集团有限公司	—
9	15 800	ZZ3316M2566	中国重型汽车集团有限公司	—
10	16 870	BJ3319Y6GRL-77	北汽福田汽车股份有限公司	41
11	15 370	BJ3319Y6GRL-70	北汽福田汽车股份有限公司	43

3. 装岩机

铁路隧道施工中,装岩机按铲斗容积、装载能力、装载宽度和装载高度进行选择。装岩机的铲斗容积为 0.12～0.45 m³,装载能力为 20～70 m³/h,装载宽度为 1.7～2.8 m,装载高度为 1.25～1.5 m,根据开挖工法、工作面作业高度、出渣方式选择不同的装岩机。常用产品的主要性能参数如表 14-9 所示。

表 14-9 装岩机主要性能参数

序号	铲斗容积/m³	装载能力/(m³/h)	装载宽度/m	轨距/mm	卸载高度/mm	型号	厂家	参考价格/万元
1	0.17	20～30	1.70	600、750、762	1250	Z-17AW	山东中煤工矿集团	3.5
2	0.20	30～40	2	600、750、762	1330	Z-20	山东中煤工矿集团	3.5
3	0.12	30～40	2	600、750、762	1360	Z-20W	山东中煤工矿集团	3.5
4	0.45	60～70	2.80	600、750、762	1500	Z-45	山东中煤工矿集团	4.5
5	0.30	50～60	2.20	600、750、762	1370	Z-30AW	山东中煤工矿集团	4.5
6	0.26	40～50	2.70	600、750、762	1250	ZQ-26	山东中煤工矿集团	3.5

14.2.4 初期支护机械

1. 拱架安装车

铁路隧道施工中,拱架安装车按最大臂长、单臂最大举重量进行选择。拱架安装车的最大臂长为 12～14 m,单臂最大举重量为 1.5～2.0 t,根据工作面开挖工法、拱架重量选择不同的拱架安装车。常用型号主要为两臂两篮 SCD125 拱架安装车、三臂三篮 SCDZ133 拱架安装车和三臂三篮 SCDZ134 拱架安装车等,两台配合使用,根据具体参数定制。常用产品的主要性能参数如表 14-10 所示。

表 14-10 拱架安装车主要性能参数

序号	最大臂长/m	最大工作断面(宽×高)/(mm×mm)	最小工作断面(宽×高)/(mm×mm)	拱架滑移行程/mm	单臂最大举重量/t	爬坡能力/%	型号	总功率/kW	厂家	参考价格/万元
1	14	15 000×11 000	4000×4000	4300	1.5～2.0	25	两臂两蓝 SCD125	118	中国铁建重工集团股份有限公司	—
2	14	13 000×16 000	6000×6000	4300	1.5～2.0	25	三臂三篮 SCDZ133	118	中国铁建重工集团股份有限公司	303
3	12	13 000×16 000	8000×8000	4300	1.5～2.0	25	三臂三篮 SCDZ134	118	湖南五新隧道智能装备股份有限公司	—

2. 混凝土湿喷机

铁路隧道施工中,混凝土湿喷机按最大理论排量、最大喷射距离、最远喷射距离、最大喷射高度和最大喷射宽度进行选择。混凝土湿喷机的最大理论排量为 3～60 m³/h,最大喷射距离为 7.3～7.6 m,最大喷射高度为 12～16.4 m,最大喷射宽度为 27～28 m,根据施工空间、作业效率选择不同的混凝土湿喷机。常用产品的主要性能参数如表 14-11 所示。

3. 混凝土搅拌运输车

目前,铁路隧道施工现场常使用的混凝土搅拌运输车的有效容积为 5～12 m³。常用产品的主要性能参数如表 14-12 所示。

表 14-11 混凝土湿喷机主要性能参数

序号	最大理论排量/(m³/h)	最大喷射距离(停放平面以下)/m	臂架长度/m	最大喷射高度/m	最大喷射宽度/m	爬坡能力/%	型号	厂家	参考价格/万元
1	5~10	—	—	12	27	35	GHP20G	洛阳耿立工程机械有限公司	20
2	25~30	7.3	13.9~17.4	16.4	27	35	GHP3015	洛阳耿立工程机械有限公司	92
3	25~30	7.3	13.9~17.4	16.4	27	35	HP3-3015	江西鑫通机械制造有限公司	—
4	25~30	7.3	13.9~17.4	16.4	27	35	HPS30	三一重工股份有限公司	—
5	25~30	7.3	13.9~17.4	16.4	27	35	WHP30F-Q7	湖南五新隧道智能装备股份有限公司	—
6	50~60	7.3~7.6	13.9~17.4	16	27~28	5	HP-3017B	安徽佳乐建设机械有限公司	155
7	25~30	7.3	12.5~13.2	16.4	27	35	GHP3015	洛阳耿立工程机械有限公司	—
8	25~30	7.3	12.5~13.2	16.4	27	35	HP3-3015	江西鑫通机械制造有限公司	—
9	25~30	7.3	12.5~13.2	16.4	27	35	HPS30	三一重工股份有限公司	—
10	25~30	7.3	12.5~13.2	16.4	27	35	WHP30F-Q7	湖南五新隧道智能装备股份有限公司	—
11	50~60	7.3~7.6	12.5~13.2	16	27~28	5	HP-3017B	安徽佳乐建设机械有限公司	155

表 14-12 混凝土搅拌运输车主要性能参数

序号	有效容积/m³	型号	厂家	参考价格/万元
1	6、10	SY5250GJ4	三一重工股份有限公司	—
2	8、9、12	SY5310GJB		—
3	8、9、10、12	ZLJ5252GJBZS	中联重科股份有限公司	—
4	9	NYC5255GJB	江苏极东特装车有限公司	—
5	10	ZZ5257GJBN3847C		—
6	12	SX5315GJBJT346		—
7	6	ZZ5257GJBN3241W	中国重型汽车集团有限公司	36
8	8	ZZ5257GJBN3641W		36.2
9	10	ZZ5257GJBN3841W		36.5
10	8	G08VE6L	中国第一汽车集团有限公司	38
11	10	G10 VE6L		38.5
12	12	G12VE6L		41

14.2.5 仰拱机械

铁路隧道施工中使用的仰拱机械是仰拱栈桥，按长度和模板形式进行选择。仰拱栈桥的长度为12 m、24 m、36 m，走行方式为液压式和轮胎步履式，模板形式为半弧模、全弧模和滑膜。常用产品的主要性能参数如表14-13所示。

表14-13 隧道仰拱栈桥主要性能参数

序号	有效长度/m	型号	走行方式	走行速度/(m/min)	通过限宽/m	设计通过载荷/tf	模板形式	厂家
1	12	专用设备，根据隧道参数定制	液压式	5	3.6	60	半弧模	中铁十一局汉江重工有限公司
2	12	专用设备，根据隧道参数定制	液压式	5	3.6	60	半弧模	湖南五新隧道智能装备股份有限公司
3	12	专用设备，根据隧道参数定制	液压式	5	3.6	60	半弧模	成都科力特机械制造有限公司
4	24	专用设备，根据隧道参数定制	轮胎步履式	6	3.6	60	半弧模/全弧模	中铁十一局汉江重工有限公司
5	24	专用设备，根据隧道参数定制	轮胎步履式	6	3.6	60	半弧模/全弧模	湖南五新隧道智能装备股份有限公司
6	24	专用设备，根据隧道参数定制	轮胎步履式	6	3.6	60	半弧模/全弧模	成都科力特机械制造有限公司
7	36	专用设备，根据隧道参数定制	轮胎步履式	6	3.6	60	半弧模/全弧模	中铁十一局汉江重工有限公司
8	36	专用设备，根据隧道参数定制	轮胎步履式	6	3.6	60	半弧模/全弧模	湖南五新隧道智能装备股份有限公司
9	36	专用设备，根据隧道参数定制	轮胎步履式	6	3.6	60	半弧模/全弧模	成都科力特机械制造有限公司
10	36	专用设备，根据隧道参数定制	轮胎步履式	6	3.6	60	滑膜	中铁十一局汉江重工有限公司
11	36	专用设备，根据隧道参数定制	轮胎步履式	6	3.6	60	滑膜	湖南五新隧道智能装备股份有限公司
12	36	专用设备，根据隧道参数定制	轮胎步履式	6	3.6	60	滑膜	成都科力特机械制造有限公司

下面以中铁十一局汉江重工有限公司生产的HZQ36大跨度伸缩式移动栈桥为例,介绍其主要技术性能。

1. 概述

HZQ36大跨度伸缩式移动栈桥(图14-1)用于隧道施工中仰拱施做与开挖出渣等施工工序,是避免干扰、加快施工进度的机械设备。采用伸缩式移动栈桥施工,可满足隧道开挖、支护、出渣等工序的挖掘机、装载机、渣土车等的通过条件,桥上通行施工车辆,桥下进行仰拱施工,可避免开挖面施工车辆与仰拱施工工序相互干扰。

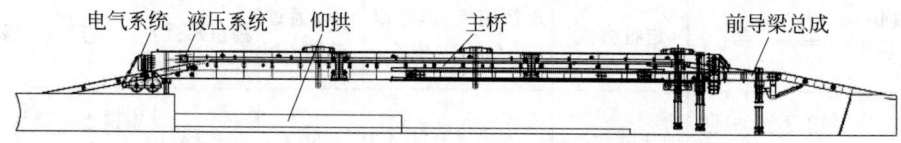

图14-1 HZQ36大跨度伸缩式移动栈桥结构示意图

HZQ36大跨度伸缩式移动栈桥具有如下特点:

(1) 栈桥结构合理,功能明确。栈桥主要由主桥部分和可伸缩式前导梁部分等组成,总体结构设计合理,具有较高的承载能力,结构稳定、安全可靠,为施工车辆及作业人员提供了安全保障。主桥下方空间用于仰拱施工,前导梁在仰拱施工的同时可前移,有效跟进仰拱出渣,便于通行。栈桥支腿配置有横移液压缸,前、后横移液压缸同时动作可实现栈桥整体横移,单独动作可实现栈桥纠偏,满足大断面双线隧道及曲线隧道的施工要求。移动栈桥可骑跨在主桥上,在主桥上纵移,能有效缩短隧道施工步距。

(2) 作业距离长,工序衔接紧。伸缩式移动栈桥的有效施工长度为36 m,施工距离长,可形成仰拱开挖(支护)、仰拱衬砌、仰拱填充施工3个作业区间,作业区间内各工序流水作业、并行作业,可有效加快仰拱施工进度。

(3) 液压驱动,运行平稳可靠。栈桥主桥、前导梁采用液压马达带动链条运动,通过中支腿和前支腿交替支承和脱空,实现栈桥主体前移,前进速度为5 m/min,栈桥后部的后走行机构走行在仰拱回填层上。整机可实现步进前移、后退功能,可根据隧道施工作业的工艺要求,进行栈桥的前移后退。整机采用液压驱动,具有结构简单、控制灵活、性能稳定可靠、维护维修方便等特点。

(4) 电控操作简单,安全有效。电气控制采用PLC控制器+触摸屏的方式,除基本操作功能外,还可实现液压缸压力监控、动作状态信息记录、故障报警提示等功能。电气系统操作方式为主控制柜集中操控+遥控,操作人员可以通过主控制柜上的旋钮对整机各个机构进行操控,同时配备遥控器方便现场操作使用。

2. 主要技术参数

HZQ36大跨度伸缩式移动栈桥的主要技术参数如表14-14所示。

表14-14 HZQ36移动栈桥主要技术参数

序号	项目	参数
1	仰拱有效施工长度	36 m
2	主桥长度	30 m
3	前导梁长度	19 m
4	栈桥通行宽度	3 m
5	最大通行载荷	60 tf
6	前引桥坡度	9°
7	后引桥坡度	9°
8	栈桥全长	55 m
9	栈桥移动速度	5 m/min

3. 主要结构及原理

HZQ36大跨度伸缩式移动栈桥主要由电气系统、液压系统、主桥、仰拱模板、前导梁等组成。

1) 电气系统

(1) 概述

HZQ36大跨度伸缩式移动栈桥的电气系统由辅助支腿泵站系统、前支腿泵站系统、中支腿泵站系统、后支腿泵站系统、仰拱模板泵站系统等组成。

操作台可对移动栈桥进行全方位控制,遥控器可对前后悬挂小车、前支腿、中支腿、辅助支腿进行操作。仰拱模板泵站阀组为手动阀,其他均为24 V直流电磁阀。

① 控制架构:移动栈桥的电气控制系统由4部分组成,对应设置4个电气柜(辅助支腿电气柜、前支腿电气柜、中支腿电气柜、主控制柜);各柜之间通过以太网通信组网连成整体,在主控制柜(后支腿)上进行集中控制,如图14-2所示。

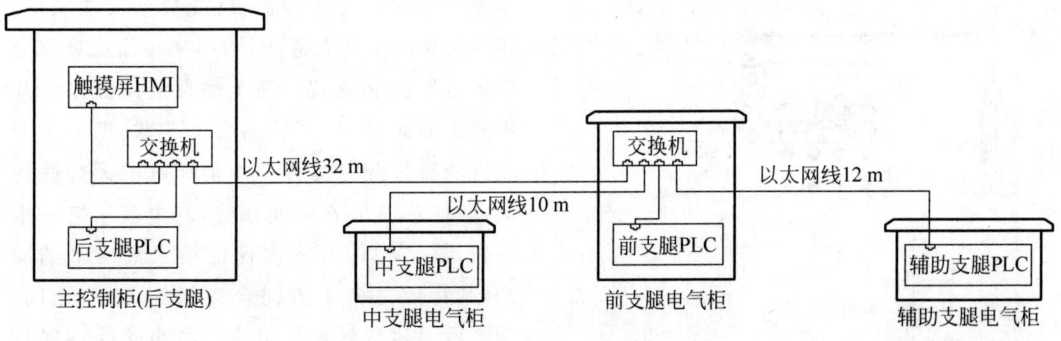

图14-2　电气控制系统工作原理示意图

② 操作方式:移动栈桥电气系统的操作方式为主控制柜集中操控+遥控,操作人员可以通过主控制柜上的旋钮对整机各个机构进行操控,同时还配备遥控器,方便现场操作使用。

③ 液压缸压力监控:对各个机构的顶升液压缸设置压力传感器,将测量值实时采集到各电气柜的控制器中,经过处理送到触摸屏显示出来。如果出现压力异常,可发出声光报警,提醒现场人员停机检查。

(2) 电气原理设计

① 后支腿。主控制柜(后支腿)负责移动栈桥整机的供配电和电气控制,后支腿泵站和前、后两个悬挂小车的电器元件就近集成在主控制柜中。主控制柜中的PLC为主站,与其他柜中的PLC通信进行控制。主控制柜上装设有触摸屏,可以显示记录运行参数,出现故障时进行警示提醒,主控制柜中还装设有遥控器。后支腿压力传感器接入主控制柜PLC中,主要由PLC+继电器进行控制。用于工业场合的PLC性能稳定、信息传输可靠。在电气柜门上设置有操作旋钮,可以对各个机构进行操作。

② 中支腿。中支腿电气柜负责中支腿泵站供电,控制中支腿压力传感器接入柜内PLC中,其柜内PLC作为从站与主控制柜主站PLC通信。

③ 前支腿。前支腿电气柜负责前支腿泵站的供电和控制,同时给辅助支腿电气柜、中支腿电气柜配电。前支腿压力传感器接入柜内PLC中,其柜内PLC作为从站与主站PLC通信。

④ 辅助支腿。辅助支腿电气柜负责辅助支腿泵站的供电和控制,辅助支腿压力传感器接入柜内PLC中,其柜内PLC作为从站与主控制柜主站PLC通信。

2) 液压系统

HZQ36大跨度伸缩式移动栈桥的液压系统采用独立单元设计,系统简化和模块化,可减少沿程损失和功率损耗,方便维修和搬运。整机液压系统共4套(辅助支腿液压系统1套、前支腿液压系统1套、中支腿液压系统1套、后支腿液压系统1套),所需液压油总量450 L,电动机总功率为24.5 kW,但所有电动机不会同时工作,同时动作的功率为7.5 kW。每套液压系统都由液压泵站、液压管路和液压缸等组成。整机共4台液压泵站,由集油泵、电动机、控制电磁阀组、油箱、吸回油过滤器等部件组成,设有压力表和液位计等辅件,具有结构紧凑、体积小、方便搬运和安装的特点,如图14-3所示。

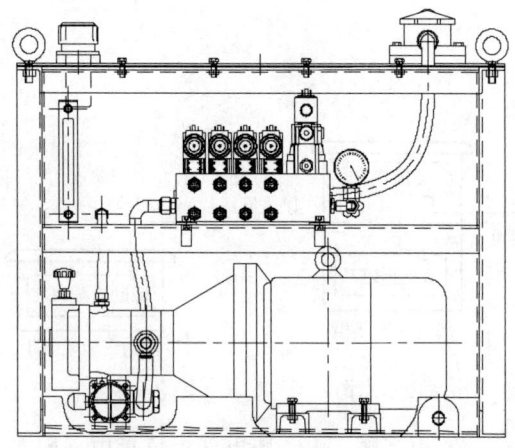

图14-3 液压泵站结构示意图

电动机启动,通过联轴器驱动轴向柱塞泵,此时电磁溢流阀处于断电状态,泵排出的油液通过溢流阀无压返回油箱,使电动机空载启动,启动电流小,液压系统无冲击。启动相应的按钮,电磁换向阀和溢流阀同时带电,高压油通过泵→电磁换向阀→液压缸,克服负荷工作。

(1) 后支腿液压系统

该系统由一台四联阀泵站、两个顶升液压缸、两个横移液压缸、两个后引桥翻转液压缸和管路等组成,用来实现后支腿的顶升、横移以及后引桥的翻转等动作。两个顶升液压缸由两片换向阀分别控制,既能单动又能联动。顶升液压缸上装有液压锁,用来在任意行程上锁定液压缸和支腿。两个横移液压缸由一片电磁换向阀控制,其管路交叉并联,即一个液压缸的有杆腔与另外一个液压缸的无杆腔连通,向任意一个方向横移时,两个液压缸一推一拉,靠结构件的刚度保证两个液压缸的同步,其特点是两个方向合力相等、速度相同。两个后引桥翻转液压缸由一片电磁换向阀控制,两个液压缸的管路并联,由后引桥的刚度实现两个液压缸的同步。换向阀下叠加有液压锁,用来在任意行程时锁定翻转液压缸。4片换向阀下均叠加有节流阀,用来调节相应液压缸的速度。

后支腿液压系统的主要参数见表14-15。

油箱加油量为90 L,或以液面达到液位计上限为准。液压缸的主要参数见表14-16。

表14-15 后支腿液压系统主要参数

电动机	电源	转速	功率	泵型号	泵流量	工作压力	油箱容积
Y112M-4	380 V,三相	1440 r/min	4 kW	10YCY	14 L/min	25 MPa	90 L

表14-16 后支腿液压缸主要参数

序号	名称	数量	型号	工作压力/MPa	加装阀	载荷/kN	最大速度/(cm/min)
1	顶升液压缸	2	100/70-150	25	液压锁	196/100	80/174
2	横移液压缸	2	80/56-700	25	无	126/64	205
3	翻转液压缸	2	80/40-350	25	液压锁	126/94	166/125

(2) 中支腿液压系统

该系统由一台三联阀泵站、4个顶升液压缸、两个纵移液压缸和管路等组成,用来实现中支腿的顶升、横移等动作。4个顶升液压缸分成两点,左边两个为一点,右边两个为一点,由两片换向阀分别控制,左右两点既能单动又能联动。每一点的两个液压缸均有自动找平功能,可很好地适应支承面的不平整。每点的两个顶升液压缸的总管路上设计一个液压锁,能在任意行程时锁定顶升液压缸和支腿。在液压锁和两个液压缸之间设置有双管路防爆阀,一旦其中一根管路爆裂,可立即将其封闭且不影响另外一根管路正常工作。同时在液压缸的无杆腔管路上设置了一个液压蓄能器,用来缓解工程车辆通过时对液压缸带来的冲击,以防损坏液压缸和液压管路。两个纵移液压缸由一片电磁换向阀控制,其管路并联,由次梁的刚度保证两个液压缸的同步。3片换向阀下均叠加有节流阀,用来调节相应液压缸的速度。

中支腿液压系统的主要参数见表14-17。

油箱加油量为150 L,或以液面达到液位计上限为准。液压缸的主要参数见表14-18。

表14-17 中支腿液压系统主要参数

电动机	电源	转速	功率	泵型号	泵流量	工作压力	油箱容积
Y132M-4	380 V,三相	1440 r/min	7.5 kW	25YCY	35 L/min	25 MPa	150 L

表14-18 中支腿液压缸主要参数

序号	名称	数量	型号	工作压力/MPa	加装阀	载荷/kN	最大速度/(cm/min)
1	顶升液压缸	2	150/105-1000	25	平衡阀	442/225	49/96
2	纵移液压缸	2	110/70-1000	25	无	238/141	183/308

(3) 前支腿液压系统

该系统由一台四联阀泵站、两个顶升液压缸、两个横移液压缸、两个纵移液压缸和管路等组成,用来实现前支腿的顶升、横移以及次梁的纵移等动作。两个顶升液压缸由两片换向阀分别控制,既能单动又能联动。顶升液压缸上装有平衡阀,用来在任意行程上锁定液压缸和支腿,并使液压缸升降平稳。两个横移液压缸由一片电磁换向阀控制,其管路交叉并联,即一个液压缸的有杆腔与另外一个液压缸的无杆腔连通,向任意一个方向横移时,两个液压缸一推一拉,靠结构件的刚度保证两个液压缸的同步,其特点是两个方向合力相等、速度相同。两个纵移液压缸由一片电磁换向阀控制,其管路并联,由次梁的刚度保证两个液压缸的同步。4片换向阀下均叠加有节流阀,用来调节相应液压缸的速度。

前支腿液压系统的主要参数见表14-19。

油箱加油量为120 L,或以液面达到液位计上限为准。液压缸的主要参数见表14-20。

表14-19 前支腿液压系统主要参数

电动机	电源	转速	功率	泵型号	泵流量	工作压力	油箱容积
Y132M-4	380 V,三相	1440 r/min	7.5 kW	25YCY	35 L/min	25 MPa	120 L

表14-20 前支腿液压缸主要参数

序号	名称	数量	型号	工作压力/MPa	加装阀	载荷/kN	最大速度/(cm/min)
1	顶升液压缸	2	150/105-1000	25	平衡阀	442/225	63/124
2	横移液压缸	2	80/56-700	25	无	126/64	246
3	纵移液压缸	2	110/70-1000	25	无	238/141	183/308

(4) 辅助支腿液压系统

该系统由一台三联阀泵站、两个顶升液压缸、两个前引桥翻转液压缸和管路等组成,用来实现辅助支腿的顶升、前引桥的翻转等动作。每个顶升液压缸由一片换向阀单独控制,两个液压缸既可以单独动作又可以联动。液压缸上装有液压锁,用来在任意行程时锁定液压缸和支腿。液压缸的无杆腔连接有液压蓄能器,用来缓解工程车辆通过时对液压缸带来的冲击,以防损坏液压缸和液压管路。两个前引桥翻转液压缸由一片电磁换向阀控制,两液压缸的管路并联,由前引桥的刚度实现两液压缸的同步。换向阀下叠加有液压锁,用来在任意行程时锁定翻转液压缸。3片换向阀下均叠加有节流阀,用来调节相应液压缸的速度。

辅助支腿液压系统的主要参数见表14-21。

油箱加油量为90 L,或以液面达到液位计上限为准。液压缸的主要参数见表14-22。

表 14-21 辅助支腿液压系统主要参数

电动机	电源	转速	功率	泵型号	泵流量	工作压力	油箱容积
Y132S-4	380 V,三相	1440 r/min	5.5 kW	16YCY	22 L/min	25 MPa	90 L

表 14-22 辅助支腿液压缸主要参数

序号	名称	数量	型号	工作压力/MPa	加装阀	载荷/kN	最大速度/(cm/min)
1	顶升液压缸	2	150/105-1000	25	液压锁	442/225	63/124
2	翻转液压缸	2	63/45-700	25	液压锁	78/38	224

3) 主桥

主桥包括后引桥、后走行机构、后支腿、主梁(包括踏板平台)、纵移小车、中支腿、前支腿、拖轮机构、主桥前桥等,其结构如图14-4所示。

4) 仰拱模板

仰拱模板包括中心水沟模板、仰拱填充端模、仰拱弧模和仰拱端模,其结构如图14-5所示。

5) 前导梁

前导梁由后拖轮机构、主梁、辅助支腿和前引桥等组成,其结构如图14-6所示。

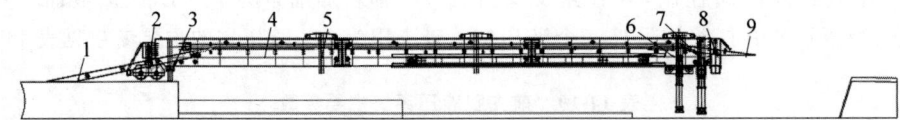

1—后引桥;2—后走行机构;3—后支腿;4—主桥;5—纵移小车;6—中支腿;7—前支腿;8—拖轮机构;9—主桥前桥。

图 14-4 主桥结构示意图

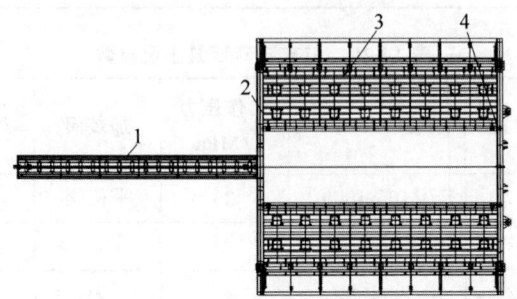

1—中心水沟模板;2—仰拱填充端模;3—仰拱弧模;4—仰拱端模。

图 14-5 仰拱模板结构示意图

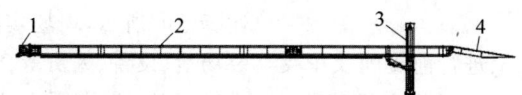

1—后拖轮机构；2—主梁；3—辅助支腿；4—前引桥。

图 14-6　前导梁结构示意图

4．安拆过程

1) 安装准备工作

在安装移动栈桥前，安装人员必须做好以下准备工作：

（1）熟悉移动栈桥图纸，熟悉各零部件的起吊方法与位置。由技术人员讲解移动栈桥结构、性能参数，对施工人员进行技术交底，使全体施工人员认识并熟知整个工序及各项要点和注意事项，掌握整个安装过程的每一个步骤。

（2）按照图纸上清点零部件数量，确保所有的零部件齐全。

（3）对安装人员进行安全教育。由安全员对参与施工的人员进行相关的安全知识教育，重点讲述各危害因素的辨识方法，尤其是安装过程中的针对性危害；学习和制定相应的防范措施，做到时刻注意安全；制定安装过程中的安全处罚条例，对违反安全施工的人员进行处罚。

（4）按照要求在指定且可行安装地点进行安装。

（5）准备必要的机具和辅材，清单如表 14-23 所示。

表 14-23　机具和辅材清单

序号	项目	型号	数量
1	汽车式起重机	20 t	1 台
2	手动液压千斤顶	20 t	4 个
3	M24 电动扳手	1000 N·m	2 把
4	钢丝绳	—	若干
5	钢丝绳夹及起重卸扣	—	若干
6	手拉葫芦	2 t、5 t、10 t	各 2 个
7	电焊机、火焰切割机	普通	各 1 套
8	主梁安装用冲钉	$\phi 24 \times 100/170$	各 15 个

续表

序号	项目	型号	数量
9	枕木	—	若干
10	手锤	—	若干
11	配套扳手	—	各 4 把
12	活动扳手	12 寸 (0.4 m)	4 把
13	撬杠	—	若干
14	测量工具	—	1 套

（6）现场安装人员准备，人员配置如表 14-24 所示。

表 14-24　人员配置表

序号	岗位	职责	数量/人	备注
1	安装队长	安装总指挥	1	—
2	技术员	现场技术指导	1	—
3	起重工	起重指挥	1	兼职
4	测量人员	拼装测量	2	—
5	焊工	现场焊接	1	—
7	电工	电气安装、维护、调试	3	—
8	液压安装	液压安装	3	—
9	安全员	负责现场安全	1	兼职
10	钳工	现场搬运、操作、安装	4	—
合计	—	—	15	—

现场安装人员应具有以下条件：

① 所有安装人员需身体健康，患高血压、癫痫病、恐高症者不能上高空作业；

② 主要施工人员应具有 3 年以上工作经验，应熟练掌握本工种技术，并持证上岗；

③ 施工人员必须熟悉安装方案，必须经技术与安全交底并签字；

④ 施工人员必须熟悉施工现场，技术人员做好重要施工工序的技术和安全交底。

2) 安装过程

(1) 在洞口安装场地上进行前支腿及中支腿定位,支腿间距 6000 mm;安装主梁节段 3 及部分横梁(主梁节段 3 下盖板底面距地面 600 mm),保证主梁横向间距 4000 mm。

(2) 在安装完成的主梁节段 3 后方放置临时支墩,组装节段 2 及部分横梁。

(3) 进行后支腿定位及主梁节段 1 临时支墩放置,进行主梁节段 1 及部分连接横梁组装。主梁组装完成后,对所有螺栓进行紧固,并施加预紧力。

(4) 在主梁节段 3 前端安装前导梁拖轮机构,将前导梁节段 1 与后拖轮组组装完成,将前导梁节段 1 从主梁前端插入到前导梁纵移轨道上。

(5) 组装前导梁节段 2。

(6) 将前导梁收回主梁内,安装前导梁引桥,安装后走行轮组、主桥连接横梁及走行踏板。

(7) 安装主桥后引桥。

(8) 安装主桥前引桥。

(9) 安装主桥部分电气系统和液压系统,安装完成后,将栈桥整体顶升,安装辅助支腿。安装完成后进行栈桥各动作调试。

(10) 通过栈桥驱动机构及横移机构,操纵栈桥移动至已开挖仰拱区域,使栈桥前支腿悬空,安装前支腿、辅助支腿调整节及铰座。

(11) 通过主桥驱动机构使中支腿悬空,安装中支腿调整节及铰座。

(12) 继续操作栈桥前行使前导梁引桥抵达仰拱开挖位置,安装纵移小车及其他附件。收起中支腿及后走行机构,使栈桥整体下降,后支腿承力。放下辅助支腿,栈桥恢复通行。

(13) 安装仰拱模板,仰拱模板组装完成后,通过纵移小车将仰拱模板调至下一个施工循环,进行头板仰拱钢筋绑扎作业。仰拱模板的组装:通过钩机和装载机配合,在仰拱上先拼装仰拱模板,先拼装前后弧形梁、纵梁、固定模板及上翻转模,下翻转模待栈桥组装完成后再进行组装。

大跨度伸缩式移动栈桥的安装过程如上述①~⑬所示,现场实际安装过程中受限于安装场地、设备、人员等条件,可对上述安装步骤进行调整,总体原则为栈桥由前往后进行安装,先安装主桥及相关部件,再安装前导梁,栈桥主体安装完成之后进行仰拱模板的安装、定位,不影响隧道通行。

3) 设备拆卸

大跨度伸缩式移动栈桥的拆卸过程与安装过程相反。将仰拱模板拆卸完成之后,按照先拆前导梁、再拆主桥,栈桥由后往前进行拆卸的要求进行栈桥的拆卸作业。

5. 使用操作流程说明

该移动栈桥的操作系统由辅助支腿泵站系统、前支腿泵站系统、中支腿泵站系统、后支腿泵站系统、仰拱模板泵站系统以及前、后小车组成。

操作台可对移动栈桥进行全方位控制,遥控器可对前、后悬挂小车以及前支腿、中支腿、辅助支腿进行操作。仰拱模板泵站阀组为手动阀,其他均为 24 V 直流电磁阀。

1) 各机构操作说明

(1) 辅助支腿操作(操作台和遥控器),包括顶升液压缸伸出、收回,折叠液压缸伸出、收回,顶升液压缸左、右侧选择。

(2) 前支腿操作(操作台和遥控器),包括顶升液压缸伸出、收回,纵移液压缸伸出、收回,横移液压缸左、右横移,前引桥折叠液压缸伸出、收回,顶升液压缸左、右侧选择。

(3) 中支腿操作(操作台和遥控器),包括顶升液压缸伸出、收回,纵移液压缸伸出、收回,顶升液压缸左、右侧选择。

(4) 后支腿操作(操作台),包括顶升液压缸伸出、收回,横移液压缸左、右横移,折叠液压缸伸出、收回,顶升液压缸左、右侧选择。

2) 操作台操作说明

首先将"本地/遥控切换"旋钮旋至"本地",每个柜内的空气开关打开。操作台旋钮如图 14-7 所示。

(1) 前导梁操作

① 前导梁辅助支腿顶升下降操作:将"总启动"旋钮旋通,旋通"辅助支腿泵站"旋钮,旋

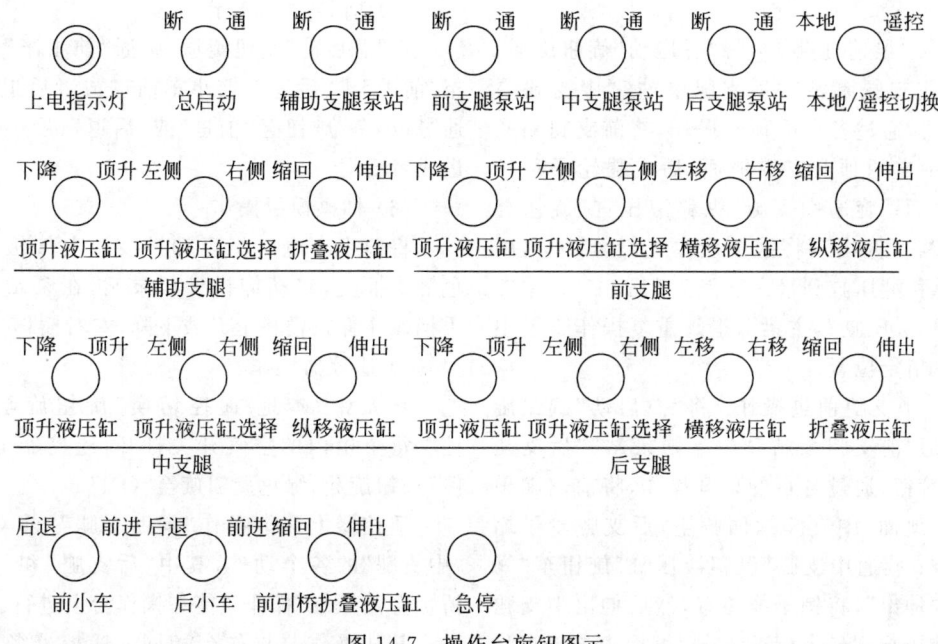

图 14-7 操作台旋钮图示

通"顶升液压缸"旋钮至"顶升"或"下降"。通过旋通辅助支腿"顶升液压缸选择"旋钮,可以单动辅助支腿顶升液压缸。

② 前导梁辅助支腿折叠液压缸操作:同样打开辅助支腿泵站,旋通"折叠液压缸"旋钮至"伸出"或"缩回"。

③ 前导梁伸出操作:将"总启动"旋钮旋通,旋通"前支腿泵站"旋钮,旋通前支腿"纵移液压缸"旋钮至"缩回"或"伸出",将销子换位置,然后伸出前支腿纵移液压缸到最大行程,最后缩回前支腿纵移液压缸,前导梁伸出。重复操作直至前导梁完全伸出(注意前支腿高度要合理)。

④ 前导梁缩回操作:将"总启动"旋钮旋通,旋通"前支腿泵站"旋钮,旋通前支腿"纵移液压缸"旋钮至"缩回"或"伸出",将销子换位置,然后缩回前支腿纵移液压缸到最小行程,最后伸出前支腿纵移液压缸,前导梁缩回。重复操作直至前导梁完全缩回(注意前支腿高度要合理)。

(2) 前支腿操作

① 前支腿顶升下降操作:将"总启动"旋钮旋通,旋通"前支腿泵站"旋钮,旋通"顶升液压缸"旋钮至"顶升"或"下降"。通过旋通前支腿"顶升液压缸选择"旋钮,可以单动前支腿顶升液压缸。

② 前支腿横移操作:将"总启动"旋钮旋通,旋通"前支腿泵站"旋钮,旋通"横移液压缸"旋钮至"左移"或"右移"。

③ 前支腿折叠液压缸操作:将"总启动"旋钮旋通,旋通"前支腿泵站"旋钮,旋通"前引桥折叠液压缸"旋钮至"伸出"或"缩回"。

(3) 中支腿操作

① 中支腿顶升下降操作:将"总启动"旋钮旋通,旋通"中支腿泵站"旋钮,旋通"顶升液压缸"旋钮至"顶升"或"下降"。通过旋通中支腿"顶升液压缸选择"旋钮,可以单动前支腿顶升液压缸。

② 主梁前进操作:将"总启动"旋钮旋通,旋通"前支腿泵站""后支腿泵站""中支腿泵站"旋钮,通过各自的顶升操作,将前支腿缩回腾空,中支腿顶升支撑地面,后支腿轮子顶升支撑地面;旋通中支腿"纵移液压缸"旋钮至"缩回"或"伸出",将销子换位置,然后缩回中支腿纵移液压缸到最小行程;最后伸出中支腿纵移液压缸,主梁前进。重复操作直至主梁到

达指定位置。

③ 主梁前进操作：将"总启动"旋钮旋通，旋通"前支腿泵站""后支腿泵站""中支腿泵站"旋钮，通过各自的顶升操作，将前支腿缩回腾空，中支腿顶升支撑地面，后支腿轮子顶升支撑地面；旋通中支腿"纵移液压缸"旋钮至"缩回"或"伸出"，将销子换位置，然后伸出中支腿纵移液压缸到最大行程；最后"缩回"中支腿"纵移液压缸"，主梁后退。重复操作直至主梁到达指定位置。

④ 中支腿前进操作：将"总启动"旋钮旋通，旋通"前支腿泵站""中支腿泵站""后支腿泵站"旋钮，通过各自的顶升操作，将前支腿顶升支撑地面，中支腿缩回腾空，后支腿轮子缩回腾空；旋通中支腿"纵移液压缸"旋钮至"缩回"或"伸出"，将销子换位置，然后伸出中支腿纵移液压缸到最大行程；最后缩回中支腿纵移液压缸，中支腿前进。重复操作直至中支腿到达指定位置。

⑤ 中支腿后退操作：将"总启动"旋钮旋通，旋通"前支腿泵站""中支腿泵站""后支腿泵站"旋钮，通过各自的顶升操作，将前支腿顶升支撑地面，中支腿缩回腾空，后支腿轮子缩回腾空；旋通中支腿"纵移液压缸"旋钮至"缩回"或"伸出"，将销子换位置，然后缩回中支腿纵移液压缸到最大行程；最后伸出中支腿纵移液压缸，中支腿后退。重复操作直至中支腿到达指定位置。

(4) 后支腿操作

① 后支腿顶升下降操作：将"总启动"旋钮旋通，旋通"后支腿泵站"旋钮，旋通"顶升液压缸"旋钮至"顶升"或"下降"。通过旋通后支腿"顶升液压缸选择"旋钮，可以单动后支腿顶升液压缸。

② 后支腿横移操作：将"总启动"旋钮旋通，旋通"后支腿泵站"旋钮，旋通后支腿"横移液压缸"旋钮至"左移"或"右移"。

③ 后支腿折叠液压缸操作：将"总启动"旋钮旋通，旋通"后支腿泵站"旋钮，旋通后支腿"折叠液压缸"旋钮至"伸出"或"缩回"。

(5) 前、后小车操作

将"总启动"旋钮旋通，旋通"前小车"旋钮至"前进"或"后退"，前小车前进或者后退；旋通"后小车"旋钮至"前进"或"后退"，后小车前进或者后退。

(6) 仰拱模板操作

将前小车电气柜至仰拱模板电气柜的红色插头插上，启动仰拱模板泵站，在泵站处用手柄操作仰拱模板上升或下降，左右横移。

3) 遥控器操作

首先将"本地/遥控切换"旋钮旋至"遥控"，每个柜内的空气开关打开，遥控器上"急停"按钮旋起，绿色旋钮旋至"ON"。

遥控器上只能操作"辅助支腿""前支腿""中支腿"的各个动作，其中"后支腿"和"前引桥折叠液压缸"操作只能在操作台上进行。

其他操作与操作台相同。遥控器各按钮如图14-8所示。

4) 故障排查

(1) 启动无反应

① 总空气开关打开了没有。

② 总进线是不是掉落了。

③ 相序继电器上是不是有红灯闪烁。

(2) 部分泵站无法启动

① 柜子里空气开关是否打开。

② "急停"按钮是否旋起。

(3) 各机构均无动作

① 每个柜子里空气开关是否都打开了，每个柜子上的"急停"是否都旋起了。

② 使用操作台操作，要旋至"本地"；使用遥控器操作，要旋至"遥控"，检查是否操作正确。

③ 使用遥控器操作，上面的"急停"按钮是否旋起，绿色旋钮是否旋至"ON"。

④ 泵站是否打开。

⑤ 动作后没反应，观察电磁阀的灯是否亮了，如果没亮，检查电磁阀的两根细线连接情况。

⑥ 动作没反应，检查网线是否松动，如果没有插紧，将网线插紧。

(4) 部分机构无动作

① 泵站上电磁阀连接是否正常。

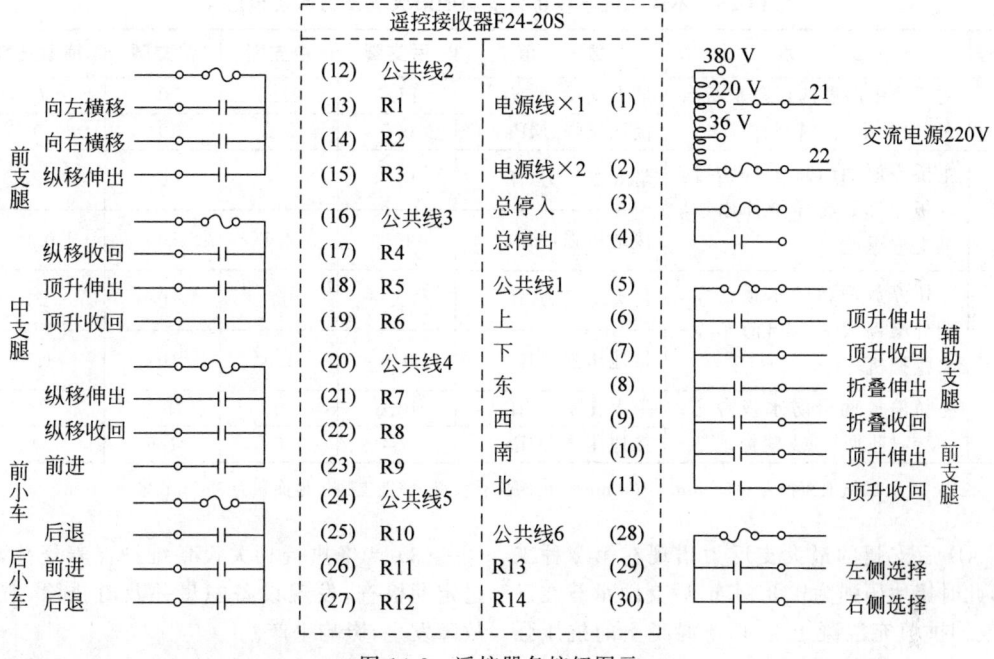

图 14-8 遥控器各按钮图示

② 柜内的电磁阀连接是否正常。

5) 使用注意事项

(1) 每次调整栈桥后,通过工程车辆前,必须确认前导梁引桥前端可靠地放置在渣土上,液压缸呈松弛状态,避免液压缸承受通过工程车辆重量,损坏液压缸。

(2) 每次提升、下降前引桥时应匀速缓慢操作,同时注意观察液压缸,避免因野蛮操作降低相应零部件的使用寿命。

(3) 每次调整后引桥后通过工程车辆前,必须确认引桥后端可靠地放置在仰拱回填层上,引桥液压缸呈松弛状态,避免液压缸承受通过工程车重量,损坏液压缸。

(4) 每次栈桥移动时,后引桥起升高度控制在距离仰拱回填层顶面处 100 mm 左右为宜,既可使后引桥脱离支撑面,又可避免大量的人力操作。

(5) 工程车辆每次通过栈桥时,应尽量匀速平稳通过,减少制动次数,避免紧急制动,以减少对栈桥造成严重冲击而产生滑移。

(6) 履带式工程机械通过时应保持适宜速度,尽量减少对栈桥的振动影响。若栈桥振动较大时可暂停行驶,待栈桥稳定后再继续通过。

(7) 每次前进或后退时,必须确认支腿支撑可靠、稳定,且在移动范围内无障碍物。若存在影响栈桥移动的结构,需采取相应的处理措施,特别注意前、中支腿和辅助支腿的活动范围。

(8) 每次前进或后退时,必须严格按照操作流程执行,顶升液压缸顶升、收缩到位后执行下一个动作。

(9) 每次横移时,每次最大横移距离为 150 mm,横移前应根据横移距离提前计划横移次数及横移步距,保证横移后支腿中心与栈桥中心重合。

(10) 使用过程中,若栈桥距离爆破面较近,每次爆破前应对栈桥相应部位的液压缸、液压管路、电气系统控制柜、警示灯等薄弱部件采取保护措施,避免碎石飞溅破坏相应零部件。

(11) 使用过程中,栈桥各工况支腿最大支反力及接地压强如表 14-25 所示。若支撑点地基承载不足,可垫钢板以增大支腿接地面积或浇筑初支混凝土。

通过表 14-25 可以看出:

表 14-25 不同工况下栈桥各支腿的最大支反力和接地压强

序号	工况	数值	后支腿	中支腿	前支腿	辅助支腿
1	主桥跨中停放两台防水板台车,前导梁大悬臂状态	最大支反力/tf	17.5	27.5	0	0
		接地压强/MPa	0.5	2.2	0	0
2	主桥停放两台罐车,两台防水板台车;前导梁伸出,辅助支腿撑地	最大支反力/tf	46.3	25	0	5.7
		接地压强/MPa	1.3	2.1	0	0.5
3	主桥停放两台防水板台车,前导梁停放一台出渣车,一台挖掘机	最大支反力/tf	18.5	17	0	23
		接地压强/MPa	0.5	1.4	0	1.9
4	主桥停放两台防水板台车;前导梁收回,前支腿撑地	最大支反力/tf	12.3	0	19.2	0
		接地压强/MPa	0.4	0	1.6	0

说明:后支腿接地面积为 1150 mm×300 mm;中支腿、前支腿、辅助支腿接地面积为 350 mm×350 mm。

① 后支腿的最大支反力出现在第 2 种工况,此时接地压强为 1.3 MPa,后支腿承载在已浇筑仰拱填充混凝土上,C30 混凝土的抗压强度为 30 MPa,此处后支腿的接地强度满足要求。

② 中支腿和后支腿的最大支反力出现在第 1 种工况,此时接地压强为 2.2 MPa,中支腿承载在已浇筑仰拱初支混凝土上,C20 混凝土的抗压强度为 20 MPa,此处中支腿的接地强度满足要求。

③ 前支腿的最大支反力出现在第 4 种工况,此时接地压强为 1.6 MPa,前支腿承载在已浇筑仰拱初支混凝土上,C20 混凝土的抗压强度为 20 MPa,此处前支腿的接地强度满足要求。

④ 辅助支腿的最大支反力出现在第 3 种工况,此时接地压强为 1.9 MPa,辅助支腿承载在仰拱开挖面上,由于仰拱开挖面围岩不同,其抗压强度不同,Ⅳ级软弱围岩的抗压强度大于 10 MPa,辅助支腿接地强度满足要求。

6. 产品维护及保养

为正确使用、维护移动栈桥设备,最大程度发挥设备能力,延长设备使用寿命,提高设备完好率、降低故障率,设备使用单位应结合实际情况,制定合理的设备使用及维护计划。

1) 设备总体维护要求

(1) 安排人员定期检查、清理设备表面,使设备特别是液压系统、电气系统保持清洁。

(2) 定期对设备进行日常检查及润滑,做好设备的巡检、维护和保养工作。

(3) 严格执行相关设备维护保养规范,通过定期检查,发现设备隐患并及时排除,避免故障发生,影响生产。

(4) 定期对设备的紧固件、插接件、易损焊接件等的松动情况进行检查发现异常及时紧固或维修。

(5) 定期检查设备零部件是否有锈蚀、碰撞、变形、液压系统漏油、电气系统漏电等情况,发现问题及时处理。

2) 结构部分维护要求

(1) 定期检查栈桥各结构之间的连接螺栓是否松动,若发现松动必须全部加固,具体检查位置如下:

① 主梁节段之间的连接螺栓群。
② 主梁与横梁之间的连接螺栓。
③ 横梁与踏板之间的连接螺栓。
④ 后走行机构与主梁之间的连接螺栓。
⑤ 前导梁节段之间的连接螺栓。
⑥ 支腿的连接螺栓。
⑦ 纵移小车的连接螺栓。
⑧ 液压站、横梁等的连接螺栓。

(2) 定期检查栈桥各连接销轴是否变形,连接是否可靠,销轴、垫片、开口销等连接件产生变形或不满足使用要求的应予以更换,具体检查部位如下:

① 各引桥与横梁的连接销轴。
② 后走行机构的连接销轴。
③ 纵移小车的连接销轴。

④ 前导梁后轮系的连接销轴。
⑤ 支腿走行机构的连接销轴。
⑥ 导向轮的连接销轴。
⑦ 顶推机构的连接销轴。
⑧ 各液压缸的连接销轴。
（3）定期为栈桥各润滑点涂加润滑油或润滑脂。以下部位涂通用锂基润滑脂：
① 前支腿横移滑动面。
② 后支腿横移滑动面。
③ 各活动伸缩套。
④ 其他需润滑部位。
3）电气系统总体维护要求
（1）根据现场实际情况，做好电控柜防尘防水措施。
（2）所有低压电气设备在交接班、接班停电或送电前必须进行检查，只有确认无异常状态时方可送电，检查内容如下：
① 各种开关在断电情况下进行操作检查。检查机构是否完整、动作是否灵活、接触是否良好、有无过热现象。对烧损严重的电器触头必须修整或更换。
② 检查各种继电器和接触器动作是否灵活可靠，触头压力、行程是否恰当。当触头烧损超过原厚度的 1/3 时应更换。
③ 检查控制器和主令电器动作是否灵活可靠，触头磨损情况应定期检查。
④ 检查所有螺钉螺帽是否紧固，各接线头是否松动，导线连接是否紧固。
⑤ 必要时可进行"假操作"，检查电器动作程序和动作可靠性。
（3）在运行中对低压电气设备进行巡回检查，每班最少检查两次，检查项目如下：
① 各种低压电器导电部分的温升是否过高。
② 接触器、继电器、自动开关、磁力启动器和电磁铁等运行的声音是否正常。
③ 接触器、继电器、自动开关、磁力启动器和电磁铁等的线圈是否正常。
④ 各种保护和控制继电器工作情况是否符合要求，动作程序是否正确，动作是否可靠。
⑤ 操作面板上的开关、按钮、指示灯是否正常，如有损坏应及时更换。
（4）每次启动或跳闸经过大电流后，应检查电路中各电器导电部分有无过热和烧损现象。
（5）塑壳式自动开关及大容量框架式自动开关在每次保护动作后，必须检查是否由下列原因引起：
① 过载引起热保护动作。
② 系统短路引起瞬时或延时保护动作。
③ 具有漏电保护功能的自动开关，应查明各相绝缘电阻是否正常。
④ 是否存在人为误动作。
只有在查明原因并排除故障后才允许送电。
（6）泵站电动机长时间停用或重新更换，启动前必须检查绕组间及绕组对地间的绝缘电阻，一般 380 V 交流电动机用 500 V 兆欧表测量，其绝缘电阻应大于 0.5 MΩ。同时检查电动机内外有无杂物、转轴能否自由旋转、轴承是否有油、电动机接地是否可靠等。
（7）泵站电动机启动后应空转一段时间，检查轴承温升、噪声、振动及其局部发热情况，若发现异常应立即停机，待具体检查并排除故障后才允许投入运行。
（8）泵站电动机运行过程中应经常检查负载电流、轴承发热、漏油情况，若发现运行过程中有摩擦声、尖叫声或其他杂音，应立即停机检查，消除故障后方可继续运行。
（9）泵站电动机运行过程中要保持电动机清洁，防止水、油污或灰尘进入电动机内部。保证电动机通风良好，进出风口畅通。
（10）定期检查电缆沟有无浸渍水现象，沟中电缆或桥架上电缆是否排放整齐。电缆表层保护胶有无剥落、外皮有无破损，电缆各部位有无不符合规程的急弯。定期检查电缆的绝缘性能，其绝缘电阻应大于 0.5 MΩ。
4）液压系统总体维护要求
液压系统的正确使用与精心保养，能够保证液压系统的正常工作，保持液压设备的工作精度，使设备长期处于良好的技术状态，发挥应有的效能。
日常检查：在液压泵启动前后和停止运转前，检查油量、油温、油质、压力、泄漏、噪声、振动等情况。若出现不正常现象应停机检查原因，及时排除异常现象。
定期保养：调查日常检查中发现而又未及

时排除的异常现象和潜在的故障预兆,查明其原因并给予排除;对规定必须定期检查的基础部件,应认真检修、保养;检查油量,加油、补油,清洗油箱等。

综合维护:综合维护约一年一次,主要检查液压装置的各元件和部件,判断其性能和寿命,进行分解检修或更换元件,对液压系统进行清洗和换油。

(1) 使用维护要求

为了保证液压设备能达到预定的生产能力和稳定可靠的技术性能,对液压设备必须做到熟练操作、合理调整、精心保养和计划检修。液压设备在使用时有下列要求:

① 按设计规定和工作要求合理调节液压系统的工作压力和工作速度。

② 按使用说明书规定的品牌号选用液压油。在加油之前油液必须过滤。同时要定期对油质进行取样化验,若发现油质不合使用要求时必须更换。

③ 液压系统油液的工作温度不得超过60℃,一般应控制在10~50℃范围内。若超过规定范围应检查原因并予以排除。

④ 保证电磁阀正常工作必须保证电压稳定,其波动值不应超过额定电压的5%~15%。

⑤ 不准使用有缺陷的压力表或在无压力表的情况下工作或调压。

⑥ 当液压系统某部位产生故障时(如油压不稳、油压太低、振动等)要及时分析原因并处理,不要勉强运转,以免造成大事故。

⑦ 经常检查和定期紧固管件接头、法兰等以防松动。

⑧ 对支腿用升降液压缸高程进行保压观察,若保压不好,应检查液压缸液压锁及液压缸本身有无内漏。

(2) 操作保养规程

液压设备的操作保养除满足对一般机械设备的保养要求外,还有一些特殊要求,内容如下:

① 操作者必须熟悉本设备所用的主要液压元件的作用,熟悉液压系统原理,掌握系统动作顺序。

② 操作者要经常监视液压系统的工作状况,观察工作压力和速度,检查液压缸或马达情况,以保证液压系统工作稳定可靠。

③ 在开动设备前,应检查所有运动机构主电磁阀是否处于原始状态,检查油箱油位。若发现异常或油量不足,不准启动液压泵电动机,并请维修人员进行处理。

④ 当油箱内的油温未达到10℃时,各执行机构不准开始按顺序工作,而只能启动液压泵电动机使液压泵控运转。工作过程中,当油箱内的油温高于50℃时,要注意液压系统工作状况,并通知维修人员进行处理。

⑤ 未经主管部门同意,操作者不准私自对各液压元件进行调节或拆换。

⑥ 当液压系统出现故障时,操作者不准私自乱动,应立即报告维修部门。维修部门有关人员应迅速到现场对故障进行分析并予以排除。

⑦ 液压设备应经常保持清洁,防止灰尘、棉纱等杂物进入油箱。

⑧ 操作者要按设备点检卡规定的部位和项目进行每班制认真点检,基础点检项目为油位是否正常、油压是否稳定、泵站运行有无异响、油路有无漏油等。

14.2.6 防水机械

铁路隧道施工中使用的防水机械是防水板台车,按长度、走行方式、作业半径进行选择。防水板台车的长度为6~7.5 m,走行方式有液压缸步进式和轮胎式,作业半径为6.95~7.30 m。常用产品的主要性能参数如表14-26所示。

14.2.7 衬砌机械

1. 混凝土输送泵

铁路隧道施工中使用的混凝土输送泵的泵送能力为69~95 m^3/h,常用产品的主要性能参数如表14-27所示。

2. 衬砌台车

铁路隧道施工中,衬砌台车按长度、走行方式、作业半径、浇筑系统和结构形式进行选择。衬砌台车的长度为9~12 m,走行方式有轮轨式和液压自行式,作业半径为3.38~5.96 m和6.95~7.3 m,浇筑系统分为滑槽、串通和自动浇筑系统,结构形式分为门架式、大门架式、铰接式。常用产品的主要性能参数如表14-28所示。

表14-26 防水板台车主要性能参数

序号	长度/m	型号	走行方式	走行速度/(m/min)	爬坡能力/%	作业半径/m	整机质量/t	厂家	参考价格/万元
1	6	专用设备,根据隧道参数定制	液压缸步进式	1	25	6.95~7.30	30	中铁十一局汉江重工有限公司	42
2	6	专用设备,根据隧道参数定制	轮胎式	5	25	6.95~7.30	30	湖南五新隧道智能装备股份有限公司	—
3	6	专用设备,根据隧道参数定制	轮胎式	5	25	6.95~7.30	30	成都科力特机械制造有限公司	—
4	7.5	专用设备,根据隧道参数定制	液压缸步进式	1	25	6.95~7.30	36	中铁十一局汉江重工有限公司	48
5	7.5	专用设备,根据隧道参数定制	液压缸步进式	1	25	6.95~7.30	36	湖南五新隧道智能装备股份有限公司	—
6	7.5	专用设备,根据隧道参数定制	轮胎式	5	25	6.95~7.30	36	成都科力特机械制造有限公司	—

表14-27 混凝土输送泵主要性能参数

序号	最大混凝土输送方量/(m³/h)	最大泵送混凝土压力/MPa	液压系统压力/MPa	功率/kW	料斗容积/m³	型号	最大理论泵送距离/m	骨料最大粒径/mm	混凝土坍落度/mm	厂家	参考价格/万元
1	69	13/7	32	90	0.8	HBT60.13.90S	270/1200	10	120~230	中联重科股份有限公司	—
2	81	13/6	32	110	0.8	HBT80.13.110S	270/1200	10	120~230	中联重科股份有限公司	—
3	67	16/11	32	110	0.8	HBT60.16.110S	320/1380	10	120~230	中联重科股份有限公司	—
4	88	13/7	32	130	0.8	HBT90.13.130RS	270/1200	10	120~230	中联重科股份有限公司	—
5	95	20/11	32	90+90	0.8	HBT90.20.180S	400/1500	10	120~230	中联重科股份有限公司	—
6	70	7	—	75	0.6	HBT6006A-5	200/1400	50	100~230	三一重工股份有限公司	34
7	85	10	—	85	0.8	HBT8018C-5	200/1800	50	100~230	三一重工股份有限公司	53
8	95	19	—	180	0.9	HBT9028CH-5S	200/2100	50	100~230	三一重工股份有限公司	152

表 14-28 隧道衬砌台车主要技术参数

序号	有效长度/m	型号	走行方式	走行速度/(m/min)	爬坡能力/%	作业半径/m	浇筑系统	结构形式	厂家
1		专用设备,根据隧道参数定制	轨道式	5	25	3.38~5.96	滑槽、串通	常规门架式	中铁十一局汉江重工有限公司
2	9	专用设备,根据隧道参数定制	轨道式	5	25	3.38~5.96	滑槽、串通	常规门架式	湖南五新隧道智能装备股份有限公司
3		专用设备,根据隧道参数定制	轨道式	5	25	3.38~5.96	滑槽、串通	常规门架式	成都科力特机械制造有限公司
4		专用设备,根据隧道参数定制	轨道式	5	25	6.95~7.30	滑槽、串通	常规门架式	中铁十一局汉江重工有限公司
5		专用设备,根据隧道参数定制	轨道式	5	25	6.95~7.30	滑槽、串通	常规门架式	湖南五新隧道智能装备股份有限公司
6		专用设备,根据隧道参数定制	轨道式	5	25	6.95~7.30	滑槽、串通	常规门架式	成都科力特机械制造有限公司
7	12	专用设备,根据隧道参数定制	轨道式	5	25	6.95~7.30	自动浇筑系统	大门架式	中铁十一局汉江重工有限公司
8		专用设备,根据隧道参数定制	轨道式	5	25	6.95~7.30	自动浇筑系统	大门架式	湖南五新隧道智能装备股份有限公司
9		专用设备,根据隧道参数定制	轨道式	5	25	6.95~7.30	自动浇筑系统	大门架式	成都科力特机械制造有限公司
10		专用设备,根据隧道参数定制	液压自行式	5	25	6.95~7.30	自动浇筑系统	铰接式	中铁十一局汉江重工有限公司
11		专用设备,根据隧道参数定制	轨道式	5	25	6.95~7.30	自动浇筑系统	铰接式	中铁十八工程局涿州机械厂

3. **典型机械产品**

下面以中铁十一局集团汉江重工有限公司生产的智能化衬砌台车为例,介绍其主要技术性能。

1) 概述

智能化衬砌台车是用于隧道二衬混凝土施工的专用设备,主要由走行系统、横移起升机构、丝杠系统、门架结构、模板总成、附属平台、液压系统、智能化系统组成。该智能化衬砌台车采用无骨架形式,相较传统台车其内部净空大,施工机械通过性大大提高,且满足现场通风管道布置要求,可有效改善现场通风环境。同时该结构形式在非作业状态,门架只承受自重,而在混凝土浇筑过程中,模板连成刚性整体,承受绝大部分力,门架起辅助支承作用,因此大大降低了对门架力学性能的要求,简化了其结构,使台车整体结构稳定、刚度大、结构变形小,具有更好的整体力学性能。

2) 主要技术参数

智能化衬砌台车的主要性能参数如表 14-29 所示。

表 14-29 智能化衬砌台车主要性能参数

项　　目	内　　容
台车类型	液压走行式
结构尺寸	根据隧道尺寸确定
运行速度	8 m/min
驱动电动机功率	2×7.5 kW
液压电动机功率	5.5 kW(工作压力 16 MPa)
顶升/开模/平移液压缸工作行程	400 mm/500 mm/300 mm
一次衬砌长度	12 m
走行方式	轨道自行式

3) 主要结构及特点

(1) 走行系统

走行系统由两组"主动+从动"走行机构构成,每组机构配备 10.02 m 长的特制钢轨道,能实现自动送轨功能。动力源选用 K97 系列三合一减速机,其配有 YEJ 系列三相异步电动机实现动力输出,并通过一级链传动传递至轮端。

(2) 横移起升机构

横移起升机构由液压缸座和横移机构组成,各自与起升液压缸和横移液压缸相连,实现整机的升降、横移功能,其起升液压缸的最大行程为 400 mm,横移液压缸的最大行程为 300 mm,能有效满足动作需求。

(3) 丝杠系统

丝杠系统由各类丝杠组成,其螺纹部分采用梯形螺纹设计,工艺性好,牙根强度高,对中性好。使用时与模板系统相连,分别起到紧固、对地支撑等作用,对保持台车施工浇筑过程中的刚性至关重要。

(4) 门架结构

门架结构由马鞍座、立柱、纵梁等部分组成,其主要为台车定位走行时起承载作用,在浇筑过程中起辅助支撑作用(在浇筑过程中,模板系统自成一刚体性,门架参与受力程度小)。在走行系统自动往前送轨时,起升液压缸收缩,马鞍座落地支撑整体结构,直到完成送轨动作,走行系统重新落下。

(5) 模板总成

模板为弧形钢模板,依据隧道断面形状而设计,为方便运输及作业过程中的收支,模板分为顶模、侧模、肩模 3 种,各模板宽度一般为 1500 mm,同种模板及顶模、肩模之间采用螺栓连接,侧模与肩模之间铰接,故侧模可收模,以便台车整体脱模。模板端头部分配有高分子透明挡头模,能够可视化浇筑过程,搭接位置采用橡胶垫软搭接形式,能够缓冲吸能,防止过定位损坏结构,同时与已衬砌面紧密贴合,防止漏浆。

(6) 附属平台

附属平台主要用于人员的工作和维修作业,由角钢、花纹钢板等部分组成,各平台之间均设置有爬梯供人通行。

(7) 液压系统

液压系统由电动机、齿轮泵、多路换向阀、吸油过滤器、回油过滤器、空气滤清器、液位液温计、压力表、管路系统等液压元器件组成。其中,多路换向阀为八联阀,调压范围 0～32 MPa,能够控制各液压缸伸缩动作;顶升液压缸装有双作用平衡阀,动作过程平稳,且附加单向阀锁止功能,保证液压缸竖向承压时的可靠性;管路系统采用高压软管、硬管配合连接的方式,操作简单、装拆方便。

(8) 智能化系统

该机的智能化系统,内容包括自动浇筑系统、振捣系统、防脱空监控、流量、压力监测系统、信息化监控系统等,可实现智能衬砌台车使用过程中全方位的智能化与数据化等功能。

① 自动浇筑系统

该机的自动浇筑系统如图14-9所示,由底部走行轮、走行导轨、液压马达、齿条齿轮、液压缸等组成,可以实现浇筑小车移行、管路旋转动作,从而实现逐窗浇筑功能。其控制部分由PLC模块、电磁阀、检测元件及程序组成,可实现遥控及触摸屏控制设备动作。自动浇筑系统真正实现了混凝土带压入仓、分层浇筑;作业时混凝土分层逐窗浇筑,成形效果好,衬砌速度快。通过混凝土自动布料,分层多点浇筑,二衬混凝土浇筑质量大为改观,杜绝了人字坡冷缝、裂缝现象。

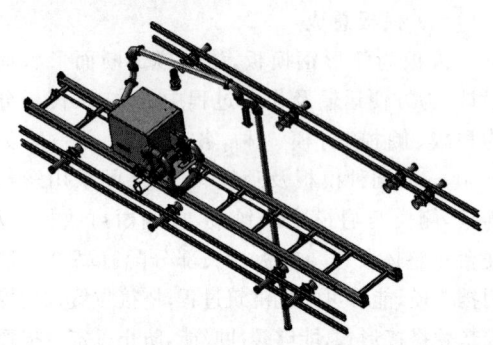

图14-9 自动浇筑系统

② 振捣系统

振捣系统分为气动振捣和插入式振捣两种。气动振捣的原理是将空气压缩机排出的高压气体通过气管接入产品进气口,当气体推动活塞上行时,活塞上气室内的气体受到挤压,受挤压的气体通过排气孔排出;当活塞上行至终点时,气体通过槽和气道自动切换通气方向,使气体进入活塞上气室,高压气体推压活塞下行至终点,第一次循环结束,第二次循环开始。依次不断的往复循环使振动器产生平动和晃动,从而产生振动力。

插入式振捣的原理是内部装有偏心振动系统,其在压缩空气的驱动下高速旋转,产生不平衡离心力,带动棒头作高频微幅圆周振动,从而实现振捣功能。

两种振捣系统均通过PLC模块控制,可根据现场使用经验,合理设定振捣时间、振捣间歇、振捣次数等参数,从而有效防止过振、漏振等现象发生,保证混凝土浇筑更加密实,质量更加可靠。

③ 防脱空监控、流量、压力监测系统

智能化衬砌台车的拱顶防脱空系统由电控箱、导线、连接法兰(含检测传感器)等构成,利用混凝土的导电性,当混凝土浇筑到顶时,通过监测装置产生电信号,传输至PLC模块,实现对拱顶浇筑状态的监控;入浆管道装有特殊内衬电磁流量计,可以实时监测入模流量;台车入料口部分安装有4个压力传感器,将压力信息传递至中控电脑,中控电脑中可以设定报警压力值,压力到达后报警警示。

④ 信息化监控系统

该车的信息化监控系统能够实现浇筑过程中各个过程的在线数据监测、数据存储、筑满报警等功能。中控电脑为键盘鼠标和触摸操作式。

4. 安装与拆卸

1) 安装准备工作

① 熟悉衬砌台车图纸,熟悉各零部件的起吊方法与位置。

② 按照图纸要求清点零部件数量,确保所有零部件齐全(经使用方代表签字认可后方可进行安装。在以后安装过程中,丢失任何零部件均由使用方负责)。

③ 对安装作业人员进行安全教育。

④ 按照使用方的要求在指定且可行的安装地点进行安装,洞外安装至少离洞口30 m,整机安装所需面积为36 m(长,3倍衬砌台车长度)×20 m(宽);洞内安装依使用方的要求而定。

⑤ 如果在洞内安装,则在安装前3天必须打好锚杆,并凝固。具体位置依图纸顶模、肩模、侧模位置而定,以便能正常吊装模板等零部件。在甲方将锚杆打好,并且试吊(3 t)无问

题后,经使用方检验员签字,生产单位方可使用或指导人员使用锚杆进行台车的安装。

现场还需要准备必要的安装机具和辅材,清单如表14-30所示。

表14-30 隧道衬砌台车安装机具和辅材清单

序号	名称	型号/规格	数量
1	汽车式起重机（洞外安装）	30 t	1台
	卷扬机（洞内安装）	5 t	1台
2	电焊机	交流焊机	2台
3	液压千斤顶	30 t	4台
4	气割工具	氧气-乙炔	2套
5	水准仪	DS20	1套
6	手拉葫芦	5 t/3 t	2个/2个
7	铅锤	—	1个
8	扳手（开口-梅花）	24 mm/30 mm/46 mm	10把/5把/2把
9	电焊条	J422	若干
10	卷尺	10 m/30 m	1个/1个
11	钢轨	P43	若干
12	榔头/大锤	2.5磅（1.13 kg）/5磅（2.26 kg）	2把/2把
13	φ16钢丝绳	6 m/4 m	2根/4根
14	枕木	500 mm×200 mm×160 mm	若干
15	槽钢	[10	若干
16	道钉	—	若干

生产方派一名技术人员指导安装,使用方需安排6~8人的安装队伍配合生产方进行安装,并配备相应的管理人员,以便现场沟通协调。具体人员配置详见表14-31。

表14-31 安装作业人员配置表

序号	安装步骤	人数/人	备注
1	指导安装人员	1	生产厂家指派
2	现场负责人	1	—
3	测量质检员	1	—
4	电气、液压技术工	2	各1名
5	台车操作员	2	—
6	安装工人	6~8	—

准备工作已做好且工机具配备齐全的情况下,可按照表14-32所示工期计划执行安装。

表14-32 台车安装工期表

序号	安装步骤	工期安排/天	安装说明
1	横梁安装	2	安装横梁
2	门架立柱安装	2	吊装、螺栓紧固
3	纵梁及拱架安装	1	吊装、螺栓紧固
4	走行横移安装	1	在轨道上进行安装
5	平台模板安装	3	吊装模板
6	电气系统安装	1	布管接线
7	液压系统安装	1	接管路、接头
8	调试及验收	2	检验
9	合计	13	—

2）安装过程

(1) 安装场地平整及安装平台就位

① 平整场地：场地要平整不能带斜度,否则会影响安装精度。

② 铺枕木：在平整的路面上垫上枕木,枕木按间距500 mm呈一字形铺开,对称铺设,距离依图纸而定。

③ 将本台车自带的特制钢轨放置于铺设好的枕木之上,左右各两根,前后两根轨道之间用螺栓连接,钢轨的中心与枕木的中心重合。钢轨的中心距误差控制在±4 mm范围内,且与隧道中心偏差控制在±4 mm以内,轨面平直度不大于20 mm/10 m。轨道的铺设误差一定要在误差允许范围内,否则台车会有卡死（轨道间距离过大）或侧翻（轨道间距离过小）的风险。

④ 使用工具：水准仪（检验两钢轨是否在同一水平面上,要求偏差不大于5 mm）、卷尺。

智能化衬砌台车的安装流程如图14-10所示。

(2) 走行机构安装

将走行机构吊装至轨道之上,按照图纸尺寸对称放置,保证4个走行机构之间前后左右间距,左右两侧用支撑与地面三角固定,以防走行倾倒。固定完成后安装拖轮装置,并将横移机构与走行螺栓连接固定,横移液压缸的活

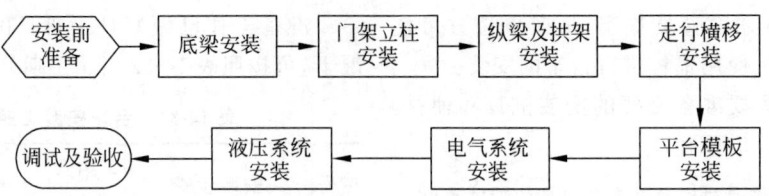

图 14-10 智能化衬砌台车的安装流程图

塞杆应调节在行程中位。衬砌时要加固轨道底部支承,防止台车下沉引起模板错台,如图 14-11 所示。

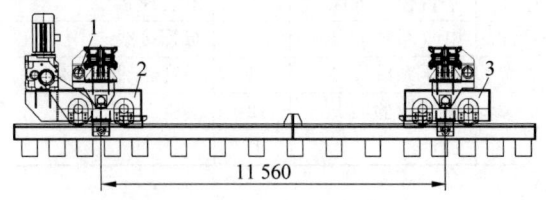

1—横移机构;2—主动机构;3—从动走行机构。

图 14-11 走行机构组装示意图

(3) 横梁立柱组装

安装立柱、横梁、升降液压缸、液压缸座,将其按照图纸要求连接一体,成为一榀,如图 14-12 所示。

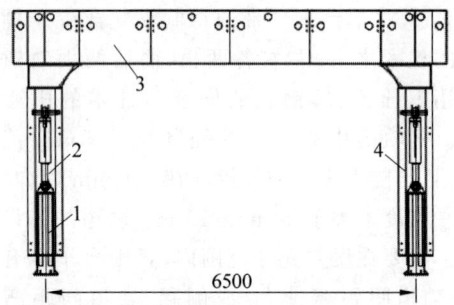

1—液压缸座;2—升降液压缸;3—横梁;4—立柱。

图 14-12 横梁立柱组装示意图

(4) 横梁立柱吊装

横梁立柱组装完成后,采用 30 t 汽车式起重机按图 14-13 所示将单榀依次吊装到走行机构之上,吊装采用 ϕ16 mm 钢丝绳,并按图 14-14 所示缠绕横梁,吊装到位后带上与走行上横移机构的螺栓,不拧紧,横梁立柱体前后两侧用支撑与地面三角固定,防止倾倒。

(5) 纵梁及马鞍座的安装

纵梁位于立柱肩部的豁口处,依次吊装两

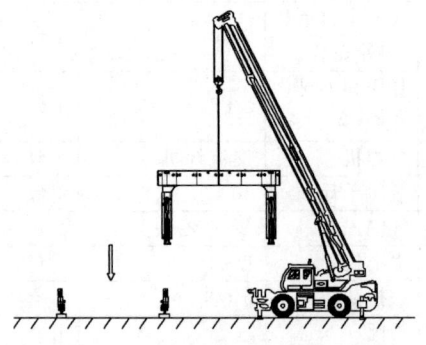

图 14-13 门架单榀吊装示意图

根纵梁,当纵梁与立柱螺栓连接孔位错孔时,可采用 5 t/3 t 手拉葫芦调整立柱间的距离,使孔位对准。各部件安装到位后,用 30 m 的卷尺测量整体纵梁的对角线尺寸,误差在 10 mm 以内为安装合格。如果对角线误差大于 10 mm,就要调整榀间的间距,可用液压千斤顶进行调整,直至使整体纵梁的对角线误差在 10 mm 以内。检查完毕后,从下至上依次拧紧门架的所有螺栓,随后拆除对地三角临时支撑并安装马鞍座,如图 14-14 所示。

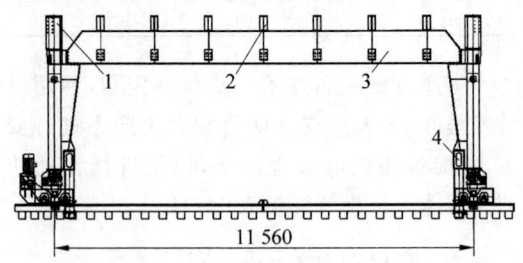

1—横梁;2—下横梁;3—纵梁 2;4—马鞍座。

图 14-14 纵梁组装示意图

(6) 门架梁片组装

上部梁片主要包含连接梁、桁架梁、竖撑等,组装时依次对称吊装。上部梁片安装好后,需要控制整体对角线尺寸,允许偏差 10 mm,相邻梁片的对角线误差控制在 5 mm 以内,否则需要调节,确认合格后紧固连接螺栓。

下部梁片主要包含大支撑、纵梁等,按照图纸要求将大支撑与立柱穿销连接,安装纵梁,保证下部梁片整体对角线误差在 10 mm 以内,相邻梁片对角线误差在 5 mm 以内,紧固连接螺栓。注意:大支撑丝杠需预旋出一定长度,一般为 200 mm(具体根据最终安装定位尺寸确定)。

梁片安装完成后,在进行下一步之前,需提前安装定位好自动浇筑小车,先依照图纸尺寸定位好自动浇筑小车轨道,随后将浇筑小车安装到位,注意浇筑头方向朝向洞外,如图 14-15 所示。

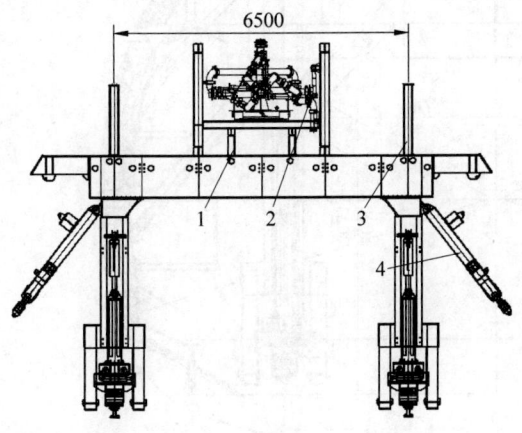

1—连接梁;2—自动浇筑小车;
3—桁架梁;4—大斜撑。

图 14-15　门架梁片组装示意图

(7) 模板的安装

因顶模下部悬空无支撑,故本台车先进行肩模安装。将单块肩模吊装至上部梁片,分别与竖撑、桁架梁、下横梁连接,依照模板编号顺序依次吊装,左右两边肩模吊装完成后将顶模吊装到位。当所有肩模、顶模安装完成后,校验整体对角线尺寸,控制误差在 10 mm 以内。侧模依照肩模、顶模的编号顺序依次与其组装,用铰耳连接销连接肩模、侧模,每安装完一块侧模,则用[10 槽钢将侧模撑开,否则会影响下一步安装。组装时注意先装左侧(或右侧)的 3 块模板,完成后再组装对应一侧的 3 块模板,最后依次组装完余下的侧模。切忌装完一侧模板再去装另一侧,以免台车两侧不平衡导致整个台车侧翻。如果发现有错台现象,当错台量达到 1.2 mm 或以上时,可以用钢管顶开侧模,然后拧紧螺栓。

模板挂靠调整完成后,将模板侧向丝杠千斤顶安装到门架与模板上,按照从上到下、从短到长的顺序安装。模板安装如图 14-16 所示。

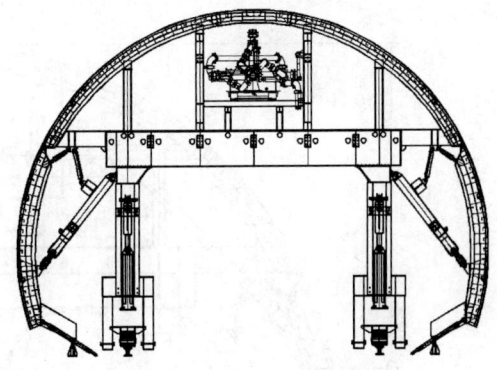

图 14-16　模板安装示意图

(8) 泵站平台及爬梯安装

用起重机把泵站工作平台吊上门架,对称安装,每边各安装一个泵站平台;把爬梯按图纸要求安装在门架的两端,并且斜错开安装,方便台车两边人员上下通行。安装完成后打开所有工作窗,开闭要自如无卡滞。钢构件全部安装完成后,结构如图 14-17 所示。

(9) 智能化系统安装

智能化系统必须由专业人士进行安装。安装时要严格按照布置图、原理图等进行操作,严禁私自不按图纸接线,否则会导致系统出现短路、断路,弱强电错乱等情况发生。其安装方法如下:

① 浇筑管道布置。按照管道布置图进行布置,确保管道与浇筑窗口位置安装到位,如图 14-18 所示。

② 振捣系统安装。台车在制作时都预留有振捣器安装位置,实际安装时按图 14-19 所示将 32 路附着式振捣器+16 路插入式振捣器安装到位。

③ 其余 RPC 注浆法兰、流量计、压力传感器、中控电脑、配电箱等装置按照图纸要求安装到位。

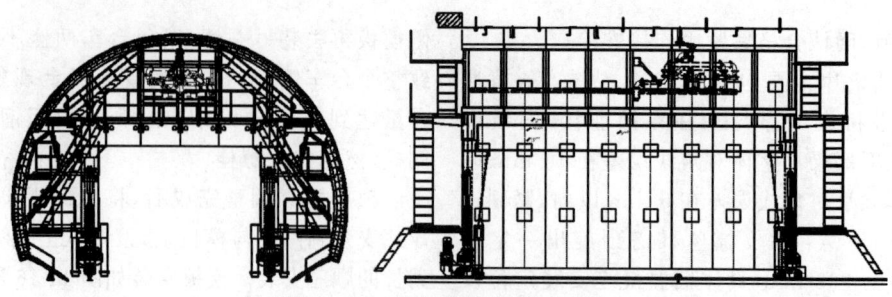

图 14-17 结构组装完成示意图

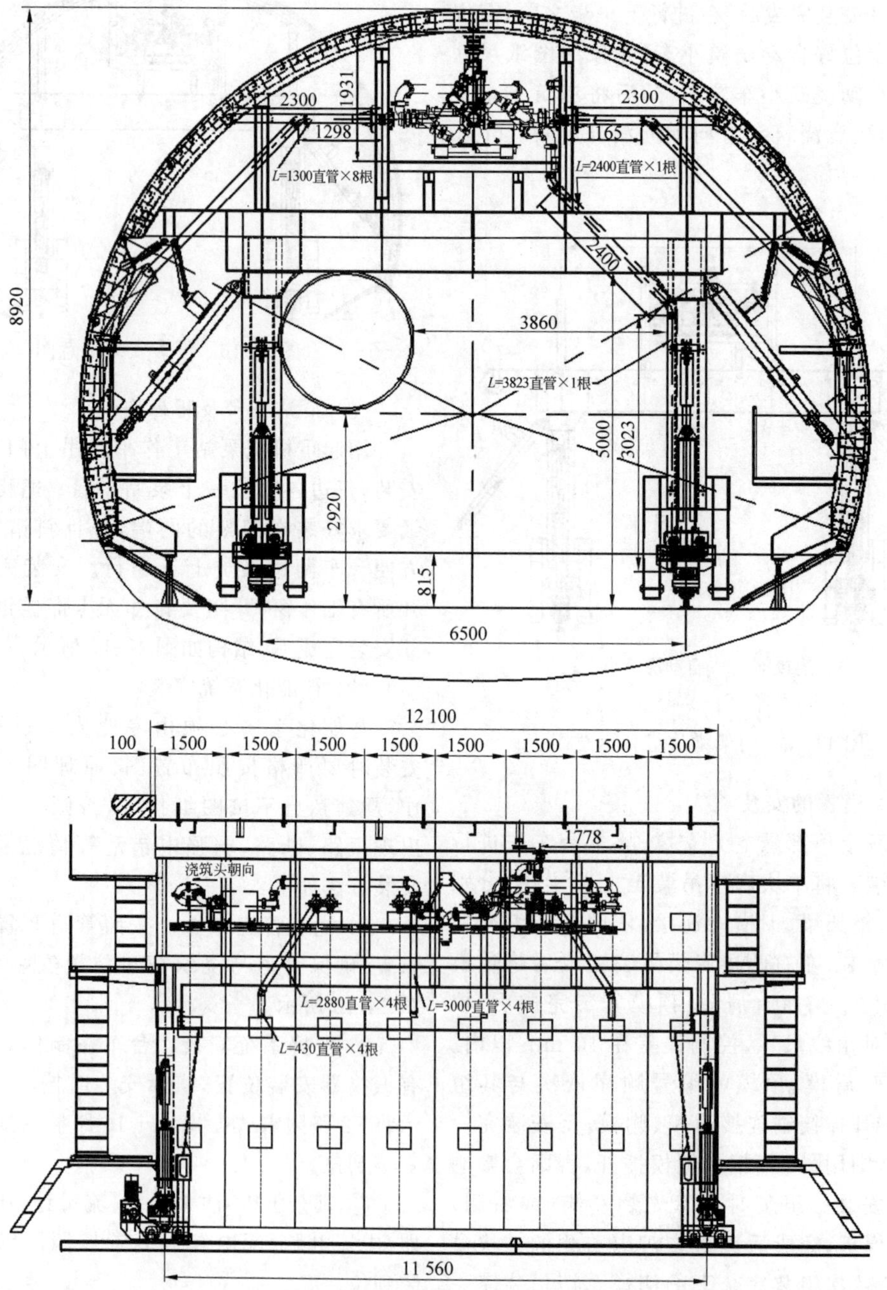

图 14-18 浇筑管道布置图（L 表示部件长度）

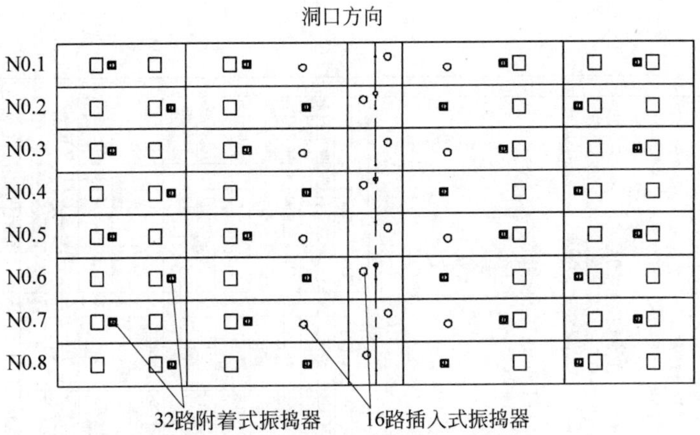
洞口方向
N0.1
N0.2
N0.3
N0.4
N0.5
N0.6
N0.7
N0.8
32路附着式振捣器
16路插入式振捣器

图 14-19　振捣系统布置图

④ 所有装置安装到位后,按照电气原理图进行接线,确保各部分系统妥善相连。

(10) 液压系统安装

液压系统在安装前务必按照图纸清单清点管路、接头、阀组等,如果液压元件需长时间存放,必须做好防护,并保持其清洁。

① 液压缸安装。液压缸共 3 种,其中顶升液压缸 4 个、横移液压缸 4 个、侧向液压缸 4 个,安装时根据结构图纸对其进行安装。注意:横移液压缸要相对安装,以保证整机进行左右横移时,向左或向右时液压缸出力相同。

② 管线及泵站布置。液压系统安装的第一步就是需要定位管夹位置及泵站位置,然后根据液压原理图(图 14-20)接油管。油箱及管路必须清理干净,不得有任何颗粒物及锈迹;确保管路连接可靠、螺纹拧紧;管路要沿平台布置。

③ 管路接通。按照图 14-21 接通液压管路,顶升液压缸液压锁处要接通管端接头,接管路时注意拧紧,防止管路不密封而产生泄漏。

(11) 设备拆卸

拆卸是安装的逆过程,台车的拆除自上而下进行。拆除时先将台车开出洞口,此时可通过汽车式起重机拆卸台车。拆卸时主要使用 30 t 汽车式起重机并与人工配合进行。其具体拆卸流程如图 14-21 所示。

5. 使用说明

为确保衬砌台车在现场正常使用,在使用设备前要详细阅读使用说明,并在使用过程中严格按照使用说明的要求进行操作,以免因错误操作而造成损失。

1) 台车的走行和就位

(1) 台车在安装调试完毕后,确定台车工作位置的轨面标高正确后,保证轨道相对隧道中心线对齐,轨道面平整。

(2) 准备工作完成后,台车即可就位。就位前让液压系统工作。

(3) 操作多路换向阀手柄,让侧模液压缸收回,使侧模回缩。

(4) 收回起升液压缸,使模板整体高度下降。在起升液压缸动作前,要缩回相应的底梁千斤顶。

(5) 操作台车走行电器按钮,使台车在电动机牵引下自动走行到工作位置(注意:台车必须完全静止后才可换向行驶)。

(6) 台车就位后,锁紧走行轮,旋出底梁千斤顶撑紧钢轨,防止台车移动,如图 14-22 所示。

2) 立模

(1) 台车操作人员与测量人员相互配合,操作多路换向阀,通过调整,使模板外形达到施工要求。

(2) 操作多路换向阀手柄,让横移液压缸工作,左右调节,使模板外形中心线与隧道中

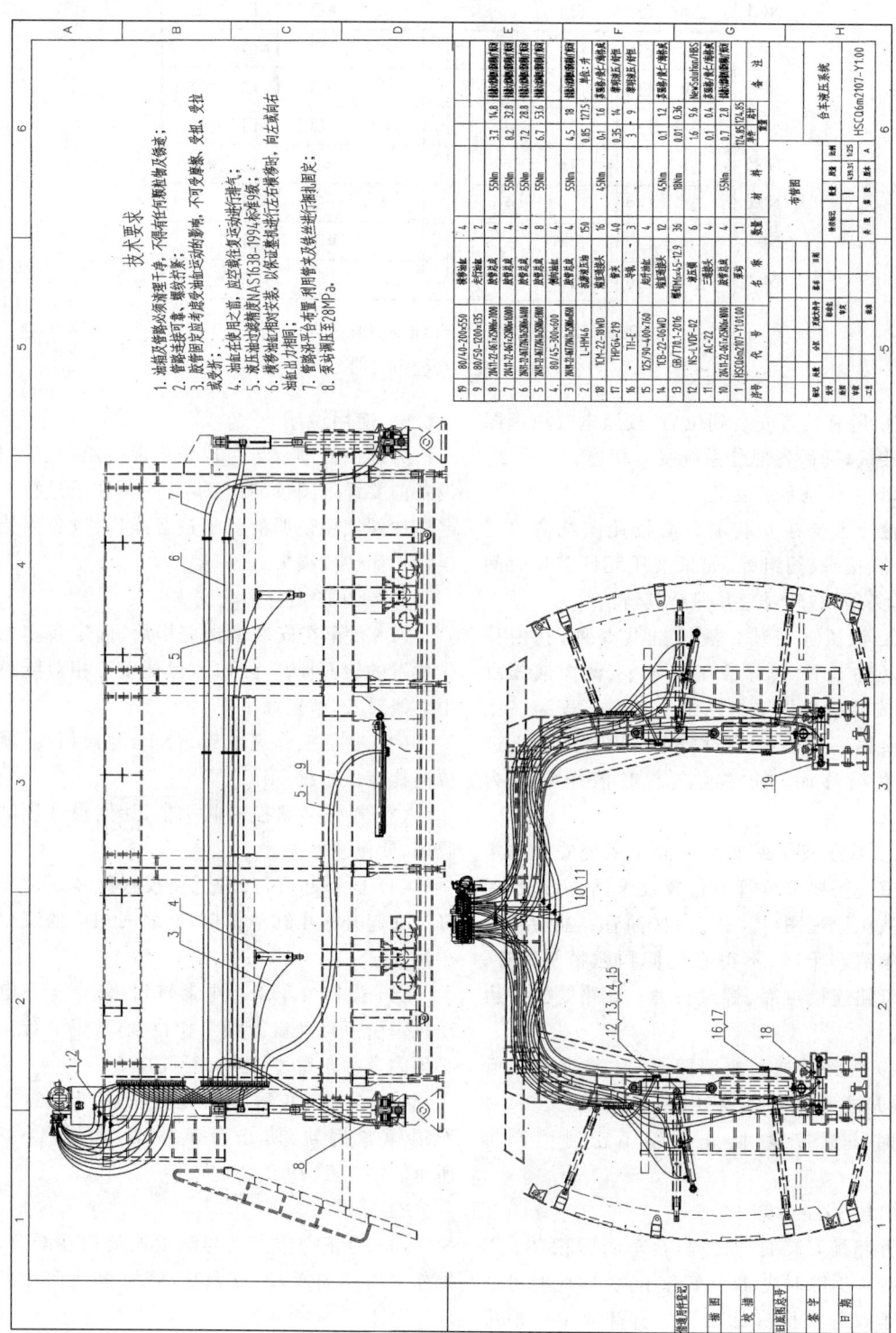

图 14-20 液压管路布置图

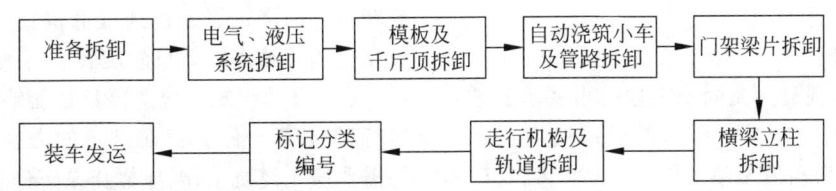

图 14-21 设备拆卸流程图

图 14-22 台车就位示意图

心线重合(注意:在操作过程中,前左横移和前右横移的换向阀手柄必须同时操作,后左横移和后右横移操作要求同上)。

(3) 操作多路换向阀手柄,让起升液压缸工作,升降调节,使模板高度达到施工要求。

(4) 操作多路换向阀手柄,让侧向液压缸工作,伸缩调节,使侧模外形达到施工要求(注意:在操作侧模液压缸立模时,通过液压缸将模板粗调至预定位置后,装好模板两端的双向丝杠,关闭泵站电动机,来回摇动手动换向阀手柄,使液压缸泄压,调整双向丝杠,使侧模外形达到施工要求),如图 14-23 所示。

图 14-23 立模示意图

(5) 台车模板外形达到混凝土施工要求后,锁紧底梁千斤顶、侧向千斤顶,使台车形成一个刚性整体。

(6) 安装台车前后堵头板,使模板与隧道面之间形成密闭空腔。

3) 自动化灌注

(1) 通过遥控器控制自动浇筑小车移动到待灌注位置,连通对应浇筑管道,先进行模板下部混凝土的灌注和捣固,在灌注过程中陆续关闭工作窗,严禁由拱顶注浆口直接灌注。

(2) 将输送管与模板顶部的注浆口对接,进行最后的少量顶部空间灌注,完成后,将注浆口中多余的混凝土掏掉,关闭注浆口,如图 14-24 所示。

图 14-24 自动化灌注示意图

4) 管道清洗

(1) 浇筑完成后要及时清理管道,防止混凝土在管道内凝固,造成管道堵塞,带来麻烦。

(2) 清洗时,将清洗球放于对接喇叭口管道口处,将对接橡胶套对准喇叭口,使橡胶套与喇叭口紧密贴合,将两端螺栓拧紧固定好。将空气压缩机的气管接到连接法兰盘的快插头上,插好气管之后打开气泵,确保气压不低于 1 MPa,否则可能导致清洗球无法顺利通过。

(3) 清洗球顺利打出后,将连接橡胶套的螺栓拧松,将橡胶套拆卸下来。用清水将管道内壁冲洗干净。

5) 脱模

(1) 待混凝土凝固到工程技术要求的质量时即可脱模。先拆除台车前后周边有关的堵头板,然后启动液压站工作。

(2) 拆除侧向千斤顶,操作换向阀手柄,缩回侧模液压缸,收回侧模,使其离开混凝土,如图14-25所示。

图14-25 脱模示意图

(3) 收回底梁千斤顶,操作换向阀手柄,缩回起升液压缸,使拱顶模板离开混凝土。

(4) 清洗台车,除掉模板表面黏结的混凝土。

以上为台车的一个工作循环,后续向前衬砌,则重复上面的步骤。

6) 注意事项

(1) 走行减速机在使用前必须加入同一牌号的润滑油至油表中心以上,一般常温使用40#或50#机械油,推荐使用70#或90#极压工业齿轮油,以延长减速机的使用寿命。

(2) 每次立模时,保证各千斤顶及丝杠到位并锁紧,否则灌注过程中会造成模板变形或跑模。

(3) 灌注时,左右边应对称灌注,保证台车受力均衡,两侧混凝土面的高差不得大于500 mm。

(4) 用注浆口灌注顶模过程中,要随时观察混凝土是否注满,注满后要及时停止灌注,否则会造成模板变形。

(5) 顶模封顶时,严禁用一个注浆口向整个衬砌长度灌注混凝土,必须按顺序依次使用每个注浆口进行灌注,使顶部模板受力合理。

(6) 自动浇筑系统在使用完成后,需要将旋转对接的浇筑管遥控到最低位置,防止因为液压失压导致浇筑管自然旋转下落砸伤人员。

(7) 自动浇筑系统急停只是能够停止设备运行,但是不会停止正在进行的浇筑工作。如果需要停止浇筑工作,应操作泵车停止浇筑。

(8) 脱模时不能一次性强行脱模,必须分几次脱模,且必须分两段两次交叉脱模。如不按此规程操作,可能会造成严重后果。

(9) 灌注完成后,混凝土必须凝固一定时间后(一般为4 h)才能脱模,脱模具体时间根据混凝土的质量及标号确定。

(10) 混凝土凝固时间不宜过长,否则会脱模困难。

6. 维护及保养

1) 产品维护

(1) 台车移动、就位及使用须严格按照说明书要求进行操作,并指定专业人员进行操作及管理。

(2) 每次接线启动前必须检查油泵的旋转方向是否与油泵所标注的方向相同。

(3) 电气控制部分应保证工作电压为36 V,且电压稳定,绝不允许有漏电现象。

(4) 各润滑点要加注润滑脂或润滑油。

(5) 台车移动时,应注意观察走行轮与立柱位置是否发生偏移。

(6) 施工作业完成后须及时清除黏附在模板上的混凝土,作业期间须防止液压油管上黏附混凝土。

(7) 要保持泵站的清洁,严禁杂物、混凝土及其他颗粒落入其中。

2) 例行保养

台车保养实行三级保养制度,使用者务必执行例行保养制度,以确保设备正常运转,尤其要注意对螺栓、丝杠螺纹、泵站油液进行检查。严禁外模和钢筋焊接或和其他钢结构焊接,要保证外模光滑脱模。

(1) 一级保养(每班进行)内容如表14-33所示。

(2) 二级保养(每15个循环进行)内容如表14-34所示。

表 14-33　一级保养项目表

作业项目		技术要求及说明
检查电气控制系统		按电气规范内容保养
检查各类螺栓		应没有松动、滑丝现象
检查各类千斤顶、液压缸		工作时应处在工作尺寸位置
液压系统	检查液压油箱的油量	若油量不足,应予补加
	检查各油管接头	应无漏油现象,软管有老化、损坏的应更换
	检测油温	工作时油温在 30～70℃;
	检查油泵、液压缸	油泵工作正常,无异常响声,液压缸应无泄漏,否则应查明原因,排除故障
检查各注浆口、工作窗		应无漏浆现象
检查各操作手柄(空载)		应操作方便,到位准确,定位可靠
检查钢模板外表面		脱模后应保持清洁,清除可能黏附的混凝土,涂抹脱模剂要均匀、全面

表 14-34　二级保养项目表

作业项目		技术要求及说明
检查电气控制部分		工作电压应为 380 V,电压稳定,绝不允许有漏电现象
液压系统	检查液压系统各控制元件	要求处于可控制状态
	检查各管路、管接头	应无泄漏现象
	检查系统密闭性	消除泄漏现象
	清洗回油滤清器	清洗干净
检查各千斤顶、工作平台		千斤顶旋转灵活,铰耳不得有变形,工作平台应稳固可靠
整机	检查各螺栓	应连接紧固,无滑丝现象
	门架、上拱架部分的焊缝	无开裂现象,否则应予衬焊
	总体尺寸的检测	高、宽、净空应在图纸设计尺寸误差范围内
下个循环钢轨铺设检查		每个循环工作之前应校对钢轨是否水平、平行、牢固,轨距是否准确,隧道衬砌中心与轨距中心在误差允许范围内是否重合

(3) 三级保养(每工作 50 个循环进行)内容如表 14-35 所示。

表 14-35　三级保养项目表

作业项目		技术要求及说明
检查电控部分		同二级保养
液压系统	更换液压油和滤芯	清洗油箱后进行,加抗磨液压油
	调试系统压力(空载下)	保证油压达到油泵额定压力

7. 安全操作规程

1) 作业前的准备

(1) 操作人员必须经培训合格后方可上岗。

(2) 操作人员应穿戴相应的劳动保护用品。

(3) 操作人员在饮酒及服用可导致注意力不集中的药物后,不得操作台车。

(4) 操作人员应密切观察台车运转情况，不得佩戴耳机、有色眼镜等。

(5) 台车各部位不得放置与台车运行无关的物品。

(6) 开启台车前要确认机器风险区无人（风险区包括台车四周和运动部件前进方向）。

(7) 台车运行前要经过安全检查，内容包括：

① 螺栓连接完好，无松动。

② 电缆接头部位与台车间绝缘良好。

③ 台车运行方向无障碍物，应注意台车高度方向上与其他台车的可通过性。

④ 电源指示正常。

⑤ 各注油部位无漏油、缺油现象。

上述任一方面出现问题，应立即解决，不得在存在安全隐患的情况下工作。

2) 作业注意事项

(1) 台车的运行应由操作员、安全监督员两人共同参与。

(2) 设备走行轮应充分与轨道接触，清除轨道面及周围影响设备运行的障碍物。

(3) 检查和维护设备时必须切断电源，并有专人看护电气控制箱，看护人要服从操作手的指令。

3) 安全操作规程

(1) 台车运行必须指定专人负责，非指定人员不得运行台车。

(2) 台车运行的轨道必须采用膨胀螺栓或插筋固定。

(3) 台车运行时，操作人员不得擅自离开操作台。如需离开，必须经现场负责人同意。

(4) 台车运行时，操作人员应听从指挥人员的信号进行操作，如果指挥人员所发信号不够清楚或将引起事故时，可拒绝执行，并通知指挥人员。紧急情况下，台车操作人员对任何所发出的危险信号均应听从。

(5) 台车走行时，必须在前后 15 m 的范围外设置安全警示带，禁止行人通行，并挂"禁止通行"的标示牌；台车前进方向 20 m 范围内严禁从事任何施工作业。

(6) 台车走行时，应派专人负责主电源电缆的收放工作，以免造成电缆被车轮压断或被障碍物挤压或损坏。

(7) 台车走行时，应配 4～5 名人员观察模板与洞壁、混凝土浇筑面是否接触、碰撞，协助指挥人员完成台车的走行。

(8) 台车立模时，先调节横移装置使模板对中，然后升顶模板至设计位置后拧紧，再伸侧模装置撑开侧模到位，顶紧侧部千斤顶，最后封堵浇筑。脱模时，先松开丝杠收回侧模，然后再降下顶模。

(9) 浇筑顶拱位置的混凝土时，必须采取排气措施排放顶拱内的气体，以免由于压力引起顶部模板变形。

(10) 台车立模、脱模时，应派专人观察和指挥，并统一指挥信号，以避免因操作和指挥不当造成设备损毁和施工事故发生。

(11) 台车使用过程中，每一仓混凝土浇筑完成，应及时对台车模板及内部混凝土及杂物进行清理。

(12) 台车运行 8～10 个循环后，应对部件进行检查，发生隐患及时处理。

(13) 台车在走行过程中停电时，应先将电源断开，然后将夹轨器加紧轨道、上撑杆撑紧轨道、安全挡块顶紧车轮。

(14) 当走行电动机受潮时，应先用风扇将受潮部位吹干或晾干，再检查绝缘电阻，合格后方能进行台车运行，严禁电动机带潮工作；走行电动机、液压泵站在运行时不得进行任何调试或保养清洁工作。

(15) 台车运行工作停止后，应切断电源，锁上开关箱。

8. 故障及处理方法

(1) 台车设计高度与实际高度不相符。台车设计高度应由项目总工程师或技术主管签字确认并进行技术交底。但实际施工时，仰拱回填高低有时没有固定下来，容易造成制造和使用方要求不一致。补救方法是在底梁和车轮组连接处增加连接加高座。

(2) 一板与二板已衬砌好的混凝土有错台。一般错台允许范围是 8 mm，超过就有问题。解决方法有两种：一是检查矮边墙是否在一条直线上，不在一条直线上应及时修正；二是检查模板搭接是否有水泥杂块，如果有要清除杂物并打磨干净。

(3) 丝杠受力到位不规范。每根丝杠都应同方向受力，绝不容许出现伸出和收缩同时操作的现象。

(4) 脱模收回液压缸时，支承丝杠未收回使模板变形。交由专人处理。

(5) 模板台车中心和隧道中心不在一条直线上。进行调整。

(6) 钢轨枕木有下沉现象。决不允许有腐烂枕木，枕木上，特别是车轮组下必须有钢板支垫。

(7) 模板搭接长度超过 80 mm。正常搭接长度为 50～80 mm，一旦超过就可能会错台，搭接越多，错台越大。

(8) 台架总体变形。严禁一切车辆撞击台车，台车被撞击后会有不同程度的变形，即便用肉眼看不出来，也存在变形，导致灌注受力后影响成形效果。因此台车门架上必须悬挂明显的缓行和禁行标志。

(9) 常见电液故障及处理方法，如表 14-36 所示。

表 14-36　常见电液故障及处理方法

故障现象	原因分析	处理方法
电动机不能正常启动	电路熔丝已断	更换熔丝
	热继电器常闭触点 JR 未复位	复位触点使之闭合
	常闭触点接触不良	修复触点
	启动与停止按钮间点接触不良或线断	接上线，修理按钮点
正、反按钮中有一个能控制电动机，另一个不能控制电动机	反控制按钮中有一个按钮点接触不良	修复触点
	正、反控制按钮中有一个互锁常闭触点接触不良	修复触点，使之闭合
正、反按钮均不能启动	正、反接触器线圈均损坏	更换接触器线圈
	热继电器常闭触点未复位	复位热继电器常闭触点
	电源及插头松动	检查、更换
	停止按钮有损坏或其线路断路	检查、更换
顶升液压缸泄压	密封不够	接头等连接位置紧固
	液压锁质量有问题	更换液压锁或阀芯
	管路破损漏油	更换破损管路
液压缸无动作	管路接反	按照原理图检查管路并修正
	系统压力不足或无压力	检查泵站压力值并进行调节
	液压缸漏油	更换液压缸

14.2.8　养护机械

铁路隧道施工中使用的养护机械是养护台车，按长度、走行方式进行选择。养护台车长度为 9 m 和 12 m，走行方式为钢轨＋滚轮。其中，喷雾养护设备主要有雾炮机和湿控喷雾养护台车；喷淋养护设备主要有自动喷淋养护台车；保温保湿养护设备主要有数字化养护台车。湿控喷雾养护台车和自动喷淋养护台车的主要性能参数如表 14-37 和表 14-38 所示。其中，自动喷淋养护台车多数根据隧道实际大小在现场进行自加工。

表 14-37 湿控喷雾养护台车主要性能参数

序号	有效长度/m	型号	走行方式	走行速度/(m/min)	最大爬坡能力/%	加湿方式	温控	密闭方式	厂家	参考价格/万元
1	9	专用设备,根据隧道参数定制	钢轨+滚轮	6	3	超声波加湿	常温/恒温	橡胶气囊	中铁十一局汉江重工有限公司	15/22.5
2	9	专用设备,根据隧道参数定制	钢轨+滚轮	6	3	超声波加湿	常温/恒温	橡胶气囊	湖南五新隧道智能装备股份有限公司	15/22.5
3	9	专用设备,根据隧道参数定制	钢轨+滚轮	6	3	超声波加湿	常温/恒温	橡胶气囊	成都科力特机械制造有限公司	15/22.5
4	12	专用设备,根据隧道参数定制	钢轨+滚轮	6	3	超声波加湿	常温/恒温	橡胶气囊	中铁十一局汉江重工有限公司	20/30
5	12	专用设备,根据隧道参数定制	钢轨+滚轮	6	3	超声波加湿	常温/恒温	橡胶气囊	湖南五新隧道智能装备股份有限公司	20/30
6	12	专用设备,根据隧道参数定制	钢轨+滚轮	6	3	超声波加湿	常温/恒温	橡胶气囊	成都科力特机械制造有限公司	20/30

表 14-38 自动喷淋养护台车主要性能参数

序号	有效长度/m	型号	走行方式	走行速度/(m/min)	成拱半径/m	养护方式	厂家	参考价格/万元
1	9	专用设备,根据隧道参数定制	轮胎式	10	5.0~6.5	喷淋式	中铁十一局汉江重工有限公司	19.5
2	9	专用设备,根据隧道参数定制	轮胎式	10	5.0~6.5	喷淋式	湖南五新隧道智能装备股份有限公司	—
3	9	专用设备,根据隧道参数定制	轮胎式	10	5.0~6.5	喷淋式	成都科力特机械制造有限公司	—
4	12	专用设备,根据隧道参数定制	轮胎式	10	5.0~6.5	喷淋式	中铁十一局汉江重工有限公司	26
5	12	专用设备,根据隧道参数定制	轮胎式	10	5.0~6.5	喷淋式	湖南五新隧道智能装备股份有限公司	—
6	12	专用设备,根据隧道参数定制	轮胎式	10	5.0~6.5	喷淋式	成都科力特机械制造有限公司	—

14.2.9 水沟电缆槽机械

铁路隧道施工中使用的水沟电缆槽机械是水沟电缆槽台车,按长度和走行方式进行选择。水沟电缆槽台车的长度为12 m,走行方式为钢轨+滚轮。常用产品的主要技术性能参数如表14-39所示。

表14-39 水沟电缆槽台车性能参数

序号	模板长度/m	型号	走行方式	走行速度/(m/min)	走行规距/mm	最大爬坡能力/%	厂家	参考价格/万元
1	12	专用设备,根据隧道参数定制	钢轨+滚轮	6	800	3	中铁十一局汉江重工有限公司	30~43
2	12	专用设备,根据隧道参数定制	钢轨+滚轮	6	800	3	湖南五新隧道智能装备股份有限公司	30~43
3	12	专用设备,根据隧道参数定制	钢轨+滚轮	6	800	3	成都科力特机械制造有限公司	30~43

14.2.10 辅助机械

1. 智能注浆设备

铁路隧道施工中,二衬带模注浆是填充二衬背后空洞的重要工序,注浆压力、注浆生产力、垂直泵送距离是注浆工序的重要考虑因素。智能注浆设备的注浆工作压力为8 MPa,注浆生产能力为$8\ m^3/h$,垂直输送距离为20~100 m。常用产品的主要技术性能参数如表14-40所示。

2. 风机

铁路隧道施工中,风机按气流方式和装载高度进行选择。风机的气流方式为轴流式,风量为46 000~120 000 m^3/h。常用产品的主要性能参数如表14-41所示。

表14-40 智能注浆设备主要性能参数

序号	生产能力/(m³/h)	搅拌时间/s	垂直输送距离/m	水平输送距离/m	工作压力/MPa	型号	输浆口内径/mm	厂家	参考价格/万元
1	8	180	80	200	8	SLSJ-800	38	河南乾远机械设备有限公司	2.6
2	8	80	100	200	8	YLUB8.0	38	河南隧创机械有限公司	2.9
3	8	80	20	60	8	E0001	38	河南隧贸工程机械有限公司	2.7

表14-41 风机主要性能参数

序号	气流方式	风量/(m³/h)	电压/V	型号	厂家	参考价格/万元
1	轴流式	18 000~120 000	330	SDF-4,SDF-5.6	淄博瑞冠环保设备有限公司	—
2	轴流式	46 000~58 000	330	SDDY	咸阳风机厂有限公司	—

14.3 TBM 隧道机械

14.3.1 TBM 掘进机

TBM 掘进机的选型主要考虑隧道开挖断面尺寸、围岩等级、地下水压力、开挖直径、驱动形式、主轴承尺寸、脱困扭矩等因素。常用的 6～8 m 级 TBM 掘进机的主要性能参数如表 14-42 所示。

表 14-42 TBM 掘进机主要性能参数

序号	脱困扭矩/(kN·m)	机械型号	驱动形式	主轴承直径/m	刀盘类型	厂家	参考价格/万元
1	6060	6 m 级	变频电动机驱动	3.6	复合刀盘	中国铁建重工集团有限公司	5800
2	10 220	8 m 级	变频电动机驱动	5.3	复合刀盘	中国铁建重工集团有限公司	15 000

14.3.2 内燃机车

在长距离 TBM 隧道施工时,采用内燃机车完成水平物料运输。常见型号中黏着质量为 25～35 t,额定功率为 155～330 kW,具体根据项目水平运输距离、坡度、载质量等施工所需型号进行配置。内燃机车的主要性能参数如表 14-43 所示。

表 14-43 内燃机车主要性能参数

序号	黏着质量/t	柴油机额定功率/kW	厂家	参考价格/万元
1	25	181	雪特勒公司	260
2	25	155	雪特勒公司	250
3	25	181	中车青岛四方机车车辆股份有限公司	110
4	35	330	中车青岛四方机车车辆股份有限公司	160
5	35	300	中车青岛四方机车车辆股份有限公司	155

14.3.3 无轨胶轮车

在大坡度 TBM 隧道施工时,采用无轨胶轮车完成水平物料运输。常见型号的最大装载质量为 40 t,最大适应坡度为 20%,具体根据项目坡度、载质量、防爆等级等进行配置。无轨胶轮车的主要性能参数如表 14-44 所示。

表 14-44 无轨胶轮车主要性能参数

序号	最大装载质量/t	机械型号	最大适应坡度/%	额定功率/kW	厂家	参考价格/万元
1	40	DCY40	20	194	郑州新大方重工科技有限公司	260
2	40	防爆 DCY40	20	240	郑州新大方重工科技有限公司	250

下面以郑州新大方重工科技有限公司生产的 DCY100 型无轨胶轮车为例,介绍其主要技术性能。

1. 概述

DCY100 型无轨胶轮车是专为地铁隧道施工而设计的,主要用于地铁施工中隧道内管片、箱涵和周转材料的运输。车架上部安装有管片和箱涵支座，可以实现管片箱涵的运输。通过更换临时支架，可以实现功能互相转换，具有运输箱涵和管片两种功能。

DCY100型无轨胶轮车由车架、支承机构、液压悬挂系统、驱动桥、从动桥、转向机构、驾驶室、动力系统、制动系统、液压系统、控制系统、电气系统等组成，是机-电-液一体化产品。DCY100型无轨胶轮车的液压系统由走行驱动液压系统、转向液压系统、悬挂液压系统、主动散热系统及附属液压系统组成。其工作原理如图14-26所示。

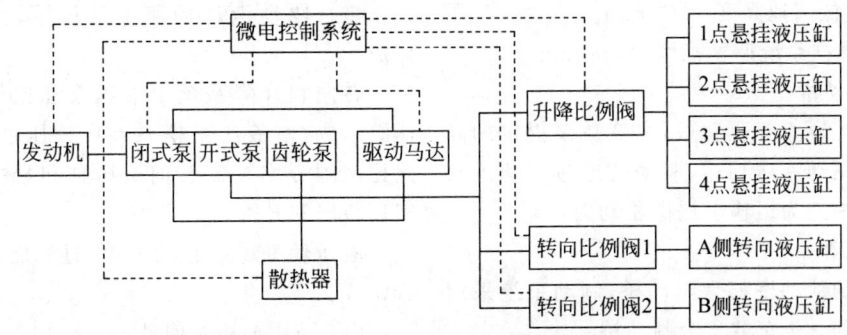

图14-26 DCY100型无轨胶轮车工作原理示意图

2. 主要技术参数

DCY100型无轨胶轮车的主要技术参数如表14-45所示。

表14-45 DCY100型无轨胶轮车主要技术参数

项目	参数
外形尺寸(长×宽×高)/(m×m×m)	17×2.5×1.5/19×2.5×1.5
高度范围(车辆中位)/m	±0.25
装备质量/t	25
载质量/t	100
总质量/t	125
最小离地间隙/mm	100
爬坡能力(重载)/%	6
接地比压/MPa	0.68
轮系	2纵列4轴线
悬挂数量/个	8
减振方式	液压减振
驱动轴(悬挂)数量/根	4
从(制)动轴(悬挂)数量/根	4
最大轴载荷/tf	16 000
驻车制动方式	机械式
液压系统最大工作压力/MPa	35
正常行驶时离地间隙/mm	350
驾驶室/套	2

3. 主要结构及特点

1) 车架

车架是载荷的主要部件，其设计计算按均载工况来考虑。装载时，质量不可超过所规定的值。

为保证重物在运输时纵向倾斜和横向倾斜不超过调整能力，超过设定极限值即报警，司乘人员按实际情况采取相应措施。

考虑作业人员安全，平台面全部覆盖花纹钢板以防滑倒。

2) 支承机构

为适应运输管片和箱涵的工况，车架上部设计有管片箱涵支座机构，保证车辆一次能够运输一块箱涵、4块管片或一次运输6块管片。

3) 液压悬挂系统

DCY100型无轨胶轮车的悬挂系统通过比例阀，分别控制8个悬挂液压缸的升降，从而实现整机车架的调平，减缓运行过程中不平路面对机架的影响。整机悬挂液压缸共分为4点，悬挂液压缸上设置有两个双管路保护阀对悬挂升降系统进行保护，如果两安全阀中间的胶管发生破裂，安全阀可保持整车轴负载补偿特性的功能，运输车仍可以完成运输任务。

运输车的悬挂系统有以下特点：

(1) 全车有 8 套悬挂系统。

(2) 悬挂系统为全液压式,可使所有车桥均匀受载。

(3) 全车悬挂系统相对车架可按三点支承或四点支承进行编组和手动相互切换。

(4) 全车悬挂系统可调整运输车平台高度,平台最低离地高度 1270 mm。

(5) 悬挂系调整范围为 500 mm。

4) 驱动桥

全车配置 4 套驱动桥,由变量泵提供的高压液压油驱动液压马达,驱动桥通过减速机与液压马达相连为运输车提供驱动力。

5) 从动桥

全车的从动桥都为制动桥,制动系统采用的均为气刹。全车共 4 套制动桥。

6) 转向机构

转向机构直接与悬挂系统连接,转向液压缸与车架焊接相连。由转向变量泵向转向液压缸供油,通过微电控制及反馈系统使每个悬挂系统按既定角度转动,实现各种转向模式。

7) 驾驶室

(1) 全车设 A 驾驶室和 B 驾驶室,两驾驶室的功能和设施配置完全相同,仅为区分而有不同的称谓,分别设于车架的两端,位于车架下面,能通过开关钥匙对主要操作功能互锁,避免误操作。

(2) 按人机工程学要求设计,有足够的空间(本车受空间限制,尺寸略小)。

(3) 座椅居中布置,其位置可以前后调节,靠背角度也可以调节。

(4) 室内装有反映车上各系统运转参数的显示屏、仪表及报警系统,还设有预检系统。各仪表均带非直接光源,无强反射光。

(5) 各仪表、控制手柄、开关排列清楚合理,切合实际操作和监视,可以确保车辆驾驶安全、舒适。

(6) 附属设施齐全,包括空调、喇叭、刮水器、后视镜和可锁工具箱等。

8) 动力系统

动力系统由柴油机、弹性联轴器和 3 台变量液压泵组成,安装在车架中部下方。发动机油门操纵采用电动脚油门操纵系统。

9) 制动系统

本车配有压缩空气制动系统。当脚踏制动器(行车制动、紧急制动)时,压缩空气从储气罐通过控制阀直接供给制动气室进行制动。

10) 液压系统

走行驱动液压回路由液压泵、液压马达组成。

转向和升降系统由液压泵和比例阀及液压缸组成,由液压泵提供高压液压油,通过各路比例阀分别控制转向液压缸和悬挂液压缸实现转向和升降。

液压辅助系统包括油箱、过滤器、散热器、管路等。

(1) 液压油箱及附件

DCY100 型无轨胶轮车的液压油箱(图 14-27)由碳素钢板焊接而成,总容积 700 L,有效容积 560 L,油箱集成吸油过滤器、回油过滤器、空气过滤器、液位温度计等辅件,方便观察堵塞情况、液位、温度等。

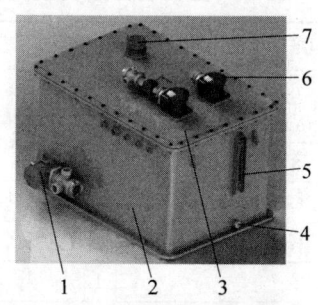

1—吸油过滤器;2—油箱体;3—油箱盖;4—放油堵;
5—液位温度计;6—回油过滤器;7—空气过滤器。

图 14-27　DCY100 型无轨胶轮车液压油箱

(2) 液压泵组

DCY100 型无轨胶轮车由发动机通过联轴器连接驱动泵、转向升降泵和散热泵,分别控制整车的驱动、转向和升降、散热系统。

驱动泵为闭式泵,可实现无级调速。转向升降泵为开式泵,可较好地实现节能。散热泵为齿轮泵,从油箱抽油经过散热器冷却后,再通过回油过滤器回油箱,为主动散热＋过滤系统。液压泵组如图 14-28 所示。

1—散热泵；2—转向升降泵；3—驱动泵。

图14-28　DCY100型无轨胶轮车液压泵组

（3）低压管路过滤系统

低压管路过滤系统（图14-29）主要为闭式系统的低压补油进行过滤，精度为10 μm。

图14-29　低压管路过滤系统

（4）高压管路过滤系统

高压管路过滤系统（图14-30）主要为转向升降泵的高压油进行过滤，精度为10 μm，为转向比例阀和升降比例阀提高清洁的油源，防止比例阀被颗粒物卡滞。

图14-30　高压管路过滤系统

（5）散热器

本车的散热器（图14-31）为吸风散热器，由一台24 V直流电动机驱动，对经过散热器的高温油液进行冷却。散热器上集成有温控开关，当油液温度达到55℃时，温控开关发出信号，由控制器控制风扇电动机工作，对油液进行冷却；当油液温度低于50℃时，风扇电动机停止工作，从而使液压油温度控制在合适的范围内，保证液压系统高效运行。

图14-31　散热器

（6）转向阀组

DCY100型无轨胶轮车由两组转向阀组（图14-32）控制整车悬挂系统转向。转向系统由比例阀控制转向液压缸组成，每个悬挂系统上设置有编码器，实时反馈每个悬挂系统的转角，与控制器、转向比例阀组成闭环控制，以实现直线行驶、八字转向、斜行等转向模式。

图14-32　转向阀组

（7）升降阀组

升降阀组（图14-33）控制整车升降，升降系统由升降比例阀、液控单向阀、调速阀、球阀及管路等组成。每个点的悬挂系统设置高度传感器，通过控制器与升降比例阀进行闭环控制，可实现单点升降和同步升降。

调速阀可分别调节4个点的下降速度，出厂时已调好。

分点球阀可使整车分为四点、三点和两点

1—球阀；2—调速阀；3—液控单向阀；4—升降比例阀。

图 14-33 升降阀组

支撑。出厂设置为四点支撑。

（8）分点操作

单车工作时，单车可分为四点或三点支撑，出厂状态为四点支撑（注意：单车禁止分为两点支撑，否则有倾翻可能）。

11）控制系统

微电控制系统是基于控制器局域网（control area network，CAN）总线的控制系统，每个执行或动力元件配置一个模拟控制板，各种控制信号和仪表信号通过多芯电缆直接输入主控箱，然后由主控箱的中心计算机进行处理，最后通过数模转换或数字开关量直接送到各末端控制、调节和执行装置。

本车的控制系统根据常规操纵方式进行设计。用方向盘输入转向信号，加、减速和紧急制动使用脚踏板（右侧）输入信息，选择转向模式，变化（速度）挡位、调平等均用手柄输入信息，用来控制各种灯光照明和灯光报警系统。

12）电气系统

（1）电控发动机设有电源钥匙开关、启动开关、熄火按钮、电源总开关按钮；发动机仪表有转速表、水温表、机油压力表、燃油油位表、气压表及小时计等综合仪表。

（2）车速调节及控制系统设有前进、后退选择开关；发动机油门操纵采用电动脚油门操纵系统。

（3）配备有灯组、刮水器、喇叭等车用电器。

（4）液压及其他电气控制：设有液压油散热风扇、压缩空气干燥器等。

（5）24 V 发电系统设有两个 12 V、120 A·h 蓄电池。

（6）车辆侧面配备有超声波检测装置，保证车辆在后配套中安全走行。

4．操作使用

1）载重物的放置

DCY100 型无轨胶轮车的最大承载能力为 100 t，但不是指运输车平台的任何位置都可以承载 100 t，对载重物的重心位置和支撑点位置要按要求放置。

车辆出厂时在车架的上面设置有管片和箱涵支座。支座的放置按照两台车一组的物料进行设计。

由于车辆较长，如果运输时不需要整车满载运输，建议将物料放置到车辆中间的位置。图 14-34 所示为正确位置。

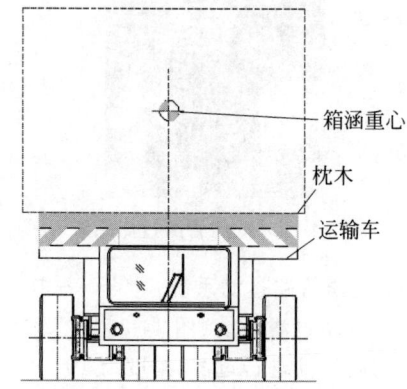

图 14-34 装载位置示意图

为了能使运输车的承载能力达到最大，运输车的使用状态最好，载重物的放置必须要符合运输车平台的承载特性，假如载重物的外形或受力不允许如此放置的话，应相应减少载重物的质量。

本车因为主要运输箱涵，将箱涵放置到车架上面的箱涵支座上即可，但注意箱涵不能放偏，否则会造成车辆偏载或影响起吊。

如果以后不运输箱涵，改运其他货物时可将平台上面的液压缸和支架拆除放置其他重物，具体放置方法请参照装载位置示意图 14-34 进行放置。

2）运行前的准备

设备需用油品种类及数量按清单置备。

(1) 液压油

DCY100 型无轨胶轮车所用液压油符合《液压油(L-HL、L-HM、L-HV、L-HS、L-HG)》(GB 11118.1—2011)(等同于 ISO 6743/4)的要求,其主要性能指标如表 14-46 所示。

表 14-46 液压油主要性能指标

项　目	内　容	备　注
牌号(ISO 黏度等级)	L-HV68	—
名称	低温抗磨液压油	—
运动黏度(40℃)/(mm²/s)	61.2~74.8	
黏度指数	213	
闪点(开口)温度/℃	238	
倾点温度/℃	−35	
适应环境温度/℃	−10~40	
油液清洁度	NAS1638 8 级	ISO 4406 19/17/14
设备装机容量/kg	170(3 桶)	600 L

液压油的换油指标《L-HM 液压油换油指标》(NB/SH/T 0599—2013)如表 14-47 所示。

表 14-47 液压油换油指标

项　目	换油指标	试验方法
40℃运动黏度变化率/%	>±10	GB/T 265—1988
水分/%	>0.1	GB/T 260—2016
色度变化(比新油)/号	>2	GB/T 6540—1986
酸值增加(mgKOH/g)	>0.3	GB/T 264—1983
铜片腐蚀(100℃,3 h)/级	>2g	GB/T 5096—2017
正戊烷不溶物/%	>0.1	GB/T 8926—2012
泡沫特性(24℃)(泡沫倾向/泡沫稳定性)/(mL/mL)	>450/10	GB/T 12579—2002
清洁度	>10	NAS 1638

注意事项:

① 具备油品检测条件的,按照表 14-47 换油指标中的检测项目进行检测,当有一项指标达到换油指标时应更换新油;不具备油品检测条件的,车辆运行 2000 h 后换油。使用过程中需要补加新油时,应补加同一品牌的同一油品。

② 如果换用或补加不同品牌、不同质量级别的油品,应先进行混兑试验;同一公司不同质量等级的产品不得混用;油品代用必须"以高代低",且要求黏度级别相同。

(2) 齿轮油

DCY100 型无轨胶轮车所用的齿轮油符合《工业闭式齿轮油》(GB 5903—2011)(L-CKD220)的要求,主要用于轮边减速机的润滑、防锈及散热等。齿轮油的主要性能指标如表 14-48 所示。

表 14-48 齿轮油主要性能指标

项　目	内　容	备　注
牌号(ISO 黏度等级)	L-CKD220	—
名称	重负荷工业齿轮油	—
运动黏度(40℃)/(mm²/s)	217	
黏度指数	93	
闪点(开口)温度/℃	242	
倾点温度/℃	−9	
设备装机容量/L	8	每台减速机 2 L

齿轮油变质后通常有以下现象:

① 外观变化——颜色变深变混,产生乳化。

② 黏度变化——由于水分渗透造成油品黏度下降,而油品氧化造成黏度上升。

③ 水分增大——抗乳化性能变差。挤压剂水解影响润滑并可能出现齿面点蚀和胶合。

(3) 润滑脂

DCY100 型无轨胶轮车在组装时,在相应润滑部位都加装有通用 2 号锂基润滑脂《通用锂基润滑脂》(GB/T 7324—2010),在使用过程中,要按要求对各润滑部位进行加注。润滑脂的主要性能指标如表 14-49 所示。

表 14-49 润滑脂主要性能指标

项目	质量指标	典型数据	试验方法
部件润滑	NLGI2#	—	—
外观	浅黄色或褐色的光滑油膏	合格	目测
工作锥入度 1/10	265～295	286	GB/T 269—2023
滴点温度 /℃	不低于175	198	GB/T 4929—1985
设备装机容量/kg	—	—	按需加注

在回转支承润滑部位都加装有极压锂基润滑脂。稠度等级(《通用锂基润/滑脂》(GB/T 7324—2010))1号、2号,按需加注。

(4) 发动机用油(表14-50)

表 14-50 发动机用油

部件名称	牌　号	数量	备注
柴油机（燃油）	0号柴油（国Ⅴ）（使用最低气温4℃） -10号柴油（使用最低气温-5℃） -20号柴油（使用最低气温-25℃）	300 L	国Ⅴ标准
柴油机机油	CH-4 15W-40（使用最低气温-10℃） CH-4 10W-40（使用最低气温-15℃） CH-4 5W-40（使用最低气温-30℃）	28 L	长城牌
冷却液	FD-1（-25）	50 L	重汽牌
车用尿素液	—	20 kg	国Ⅴ标准

3) 启动发动机

(1) 检查所有外露的连接件和紧固件。
(2) 检查柴油机皮带松紧程度。
(3) 检查所有电器接插件是否正确插入。
(4) 观察液压油油位。
(5) 确保升降液压缸的截止阀打开。
(6) 观察车辆周围及车身下方是否存在可能的障碍物,如果存在,要先将这些障碍物移开。
(7) 确认所有的"急停按钮"均处于释放状态。
(8) 插入钥匙开关,将其旋至1挡位,此时运输车电气系统上电。
(9) 控制系统将进行系统自检。如果存在故障,则驾驶室中的故障灯将会闪烁,同时显示器上会显示故障内容,要根据故障内容排除故障。检查燃油油位指示,如果油位过低,要先补充燃油。
(10) 检查电压指示表。如果电压低于20 V,要对电瓶充电或者更换电瓶,否则发动机可能无法点火。
(11) 机油压力告警灯和电瓶充电告警灯需处于告警状态,因此时发动机未启动,机油压力很低,发电机充电器也不能给电瓶充电。冷却液告警灯应当处于熄灭状态。
(12) 为确保安全,此时车辆"运行模式"和"速度模式"均须处于无效状态,以防止发动机负载启动造成不可预料的后果。
(13) 上述检查无误后,顺时针旋拧钥匙开关一个挡位,此时系统微电将关闭,但是电控系统的其他部分仍将带电。观察到的现象是显示器关闭,主要是防止发动机启动瞬间发电机产生的高压对微电系统产生冲击。此时发动机将会启动。在该过程中,如果环境温度低于0℃,则发动机控制部分将会自动启动预热功能以协助发动机启动。
(14) 发动机启动之后将处于怠速状态,此时将钥匙开关旋回到"ON"状态,微电系统将再次启动。
(15) 此时机油压力告警灯和充电告警灯将熄灭,否则说明存在故障。观察机油压力表,应在100～400 kPa之间。观察电压指示表,应该在27 V左右,如果超过30 V,电压过高可能会损坏控制系统。需要检查发动机性能。检查液压系统液压油及气动系统空气过滤指示,确认这两个系统无阻塞故障。
(16) 发动机启动之后,需要空转一段时间以使空气压缩机给气动系统充气,待气压表指示压力在 0.7 MPa 之上时,方可松开手刹从而使车辆进入运行状态。

注意:启动时间不得超过 5 s,连续启动需间隔 2 min,若 3 次以上启动不成功,应查明原因。

4）运输车的操作
(1) 微电控制系统介绍
①显示器显示内容。打开电气系统电源,系统自动进入系统信息画面。显示器启动后,首先进入开机画面。②然后进入系统主监控界面,如图 14-35 所示。

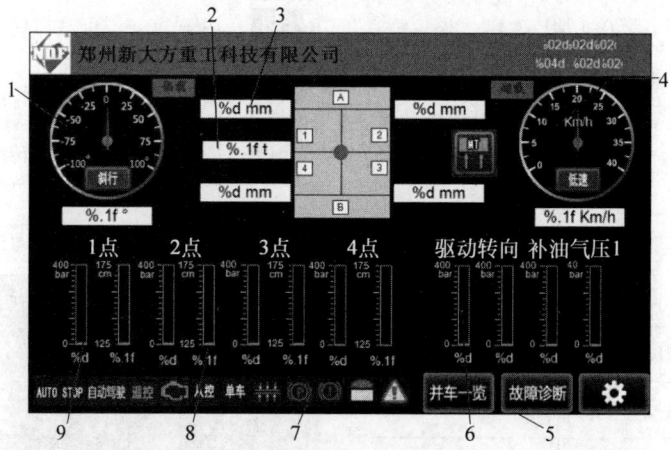

1—转向角；2—吨位显示；3—超声波测距；4—车速表；5—操作按钮提示；6—系统压力显示；7—集中指示区；8—支撑压力显示；9—高度指示。

图 14-35 系统主监控界面

(a) 转向角：显示运输车转向控制的角度。转向角的数字显示框能够根据轮位的到位情况改变颜色,绿色表示所有轮位控制到位。轮位如果和理论控制转角偏差超过 1.5°,数字显示框变成黄色报警状态；如果实际检测轮位和理论控制转角偏差超过 8°,数字显示框变成红色报警状态,系统会强制将速度模式转为空挡。

(b) 吨位显示：显示根据车辆 4 点支撑系统的压力计算出来的车辆载荷的总重量。车辆中心的圆形光标能根据 4 点的载荷情况做移动来示意车辆载荷的偏离方向。车辆示意中间的 4 个方块,绿色表示此点当前位置在中位。

(c) 超声波测距：显示车辆上安装的超声波测距探测到的障碍物距离。车辆两侧的超声波测距,在探测到物体时(测距为 480 mm),警告指示灯(Alarm)闪烁,显示器相关位置变黄；当测距更近时(测距为 350 mm),声光报警灯闪烁提示,显示器相关位置变红。

(d) 车速表：显示运输车行进速度。

(e) 操作按钮提示：【故障诊断 F7】表示按下"F7"按键,画面切换到故障诊断。【参数设置 F8】表示按下"F8"按键,画面切换到参数修改登录画面。为制造商保留的参数设置,不建议用户自行修改。

(f) 系统压力：驱动压力——闭式走行驱动系统的压力。转向压力——轮位转向,以及车辆升降时的压力。补油压力——液压系统的补油压力。制动 A 压力——A 侧制动系统的压缩空气压力,一般需要大于 0.6 MPa。制动 B 压力——B 侧制动系统的压缩空气压力,一般需要大于 0.6 MPa。

(g) 集中指示区：显示车辆控制状态。

(h) 支撑压力显示：以柱状图的形式表示 4 点支撑分组对应的支撑压力。

(i) 高度指示：以柱状图的形式表示四点的高度。高度是在空载和轮胎标准充气气压的状态下进行标定的,因此实际的高度受到车辆载质量,以及轮胎充气压力等因素影响可能和显示高度有所不同。

指示区显示的车辆控制状态如表 14-51 所示。

表 14-51　指示区显示车辆控制状态

图示	图示含义
转台遥控 减振介入 (P) ... WIF	
(P)	驻车制动状态
(!)	制动故障,制动系统气压传感器故障,或制动压力小于 0.6 MPa
	紧急停车按钮被按下
⚠	系统故障综合报警系统出现故障信息,按 F7 可对出现的故障信息进行故障分析
	发动机后处理部分,尿素液位低报警
	液压油位低
	液压油温度高
转台遥控	转台遥控操作选择
减振介入	主动避振蓄能器接入
超载	载荷超载报警,各分组支撑点载质量超过本分组支撑点 105% 额定载质量
偏载	载荷偏载报警,各分组支撑点的载质量和 4 点平均载质量的差值大于 10% 平均载质量
MT	手动等高调平功能开启
AT	自动等高调平功能开启
	车辆挡位: 高速——最高 28 km/h,通常用于空载工况;
	低速——最高 12 km/h,通常用于重载工况;
	微动——最高 1.5 km/h,通常用于对位;
	空挡——空挡模式。 速度模式选择通过方向盘左下方的操作手柄控制,前推为向前驱动,后拉为向后驱动;此手柄的端部还可转动,用于选择高速或低速(向后驱动不具备高速模式);座椅右侧的面板上设置有微动模式按钮,可以强制在微动模式,一般微动模式用于爬坡或需要对位操作

续表

图示	图示含义
	转向程序选择显示:
	无模式——未选择转向程序;
	通常模式——前后轮转向±30°;
	斜行模式——斜向转向±30°;
	摆头模式——前轮转向±30°;
	摆尾模式——后轮转向±30°

③ 故障诊断,界面如图 14-36 所示。

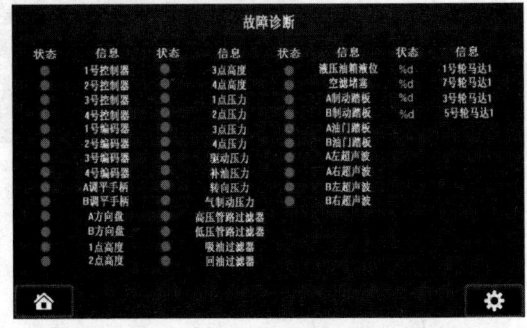

图 14-36　故障诊断界面

(a) 现场总线故障诊断。本诊断页面是最重要的诊断页面,包括控制器常见故障、编码器通信故障等。因为所有的诊断信息都是通过总线进行传输的,因此控制器的总线正常是其他诊断的基础。

总线故障:正常连接的情况下,控制器(控制器位置如表 14-52 所示)前面的报警指示灯应为绿色,对应控制器总线断开指示灯变为红色。

表 14-52　控制器位置

控制器名称	控制器位置
1 号控制器	A 侧驾驶室内右侧面板下
2 号控制器	A 侧驾驶室后控制柜内
3 号控制器	B 侧驾驶室后控制箱内
4 号控制器	B 侧驾驶室内右侧面板下

编码器故障:用于轮位控制的编码器是具有总线通信功能的角度传感器,如果编码器的故障是由于总线通信引起的,可以在这里诊断

出来。编码器和控制器通信正常,报警指示灯应为绿色;如果编码器和控制器的通信中断,报警指示灯则变为红色。

(b) 传感器故障诊断。此诊断页面可以根据相应的标签诊断出大部分重要的传感器断线、短路故障及传感器的报警状态。

传感器故障报警:本组诊断信息用于过程传感器(压力、温度、高度、超声测距)的故障诊断,正常时报警灯为绿色,故障时(通常为线路故障或部件损坏)报警灯为红色。高度传感器故障会导致自动等高调平功能失效,以及对升降操作的安全限位失效。空气制动压力传感器故障会导致制动故障报警。

报警开关:本组诊断信息用于报警开关报警状态(压力、温度、高度)的故障诊断,正常时报警灯为绿色,故障时(通常为线路故障或部件损坏)报警灯为红色。

驾驶室传感器:本组诊断信息能对驾驶室中主要的传感器进行诊断分析。

(c) 马达速度诊断。每个液压马达上都配置有速度传感器,通过此页面可以看到车辆走行时的每个速度传感器脉冲数量,可以快速诊断出故障的速度传感器部位。泵电流也可以作为驱动系统诊断的辅助手段。

(d) 发动机故障诊断。诊断界面如图14-37所示。

NO	DFC_name	Description_Chinese	OBD标准	DTCM	SPN	FMI	闪码
1	DFC_AFSBattErr	空气流量计(HFM)供电电压故障	P0100	0001H	132	11	234
2	DFC_AFSDrftAdjPlausMax	空气流量计(HFM)漂移修正检测:载荷时的修正值和上限	P0101	0002H	1694	15	234
3	DFC_AFSDrftAdjPlausNPL	空气流量计(HFM)漂移修正检测:怠速时的修正量超出限	P0101	0003H	1694	17	234
4	DFC_AFSDrftIdAdjVal	空气流量计(HFM)怠速工况漂移修正值高于上限值	P0101	0004H	1694	16	234
5	DFC_AFSDrftLdAdjVal	空气流量计(HFM)负荷工况漂移修正量高于上限值	P0101	0005H	1694	18	234
6	DFC_AFSSetyDrftMax	空气流量计(HFM)偏差值高于上限值	P0101	0006H	1694	0	234
7	DFC_AFSSetyDrftMin	空气流量计(HFM)偏差值低于下限值	P0101	0007H	1694	1	234
8	DFC_AFSSigErr	空气流量计硬件故障	P0103	0008H	132	2	234
9	DFC_AFSSRCRawMax	空气流量计(HFM)周期信号高于上限	P0103	0009H	132	3	234
10	DFC_AFSSRCRawMin	空气流量计(HFM)周期信号低于下限	P0102	000AH	132	4	234
11	DFC_AirCCmprOL	空调压缩机线路故障	P0645	000BH	1351	5	313
12	DFC_AirCCmprOvrTemp	电控单元(ECU)内空调压缩机驱动芯片过热	P0645	000CH	1351	6	313
13	DFC_AirCCmprRedTrqOL	可变排量空调压缩机驱动电路开路	P0645	000DH	2978	5	313
14	DFC_AirCCmprRedTrqOvrTemp	可变排量空调压缩机驱动芯片过热	P0645	000EH	2978	6	313
15	DFC_AirCCmprRedTrqSCB	可变排量空调压缩机驱动电路对电源短路	P0647	000FH	2978	3	313
16	DFC_AirCCmprRedTrqSCG	可变排量空调压缩机驱动电路对地短路	P0646	0010H	2978	4	313
17	DFC_AirCCmprSCB	空调压缩机驱动电路对电源短路	P0647	0011H	1351	3	313
18	DFC_AirCCmprSCG	空调压缩机驱动电路对地短路	P0646	0012H	1351	4	313
19	DFC_AirCSwtNpl	空调开关CAN信号不可信	U0424	0013H	985	14	314
20	DFC_AirCSwtSig	空调开关CAN信号接收超时(在规定的时间内未接收到空	U0466	0014H	985	19	314
21	DFC_AirCtlGovDvtEOMMax	再生模式下空气设定量与实际新鲜进气量的差值高于上限	P0101	0015H	1241	15	281
22	DFC_AirCtlGovDvtEOMMin	再生模式下空气设定量与实际新鲜进气量的差值低于下限	P0101	0016H	1241	17	281
23	DFC_AirCtlGovDvtMax	空气设定量与实际新鲜进气量的差值高于上限值(新鲜进	P0402	0017H	1241	0	281
24	DFC_AirCtlGovDvtMin	空气设定量与实际新鲜进气量的差值低于下限值(新鲜进	P0401	0018H	1241	1	281
25	DFC_AirCtlRmpTOut	废气再循环(EGR)控制从再生状态切换到普通状态的过	P0100	0019H	1241	11	281
26	DFC_AirHt_TstOffHi	进气加热格栅在关闭期间电池电压信号过高	P2609	001AH	2898	16	323
27	DFC_AirHt_TstOffLo	进气加热格栅在关闭期间电池电压信号低于限值	P2609	001BH	2898	18	323
28	DFC_AirHt_TstOnHi	进气加热格栅在开启期间电池电压信号过高	P2609	001CH	2898	15	323
29	DFC_AirHt_TstOnLo	进气加热格栅在开启期间电池电压信号低于限值	P2609	001DH	2898	17	323
30	DFC_AirHtStickOn	进气加热格栅加热开关吸合	P2609	001EH	2898	7	322
31	DFC_AirTMonPlaus_0	系统冷启动时温度传感器可信性故障(组合0)	P1000	001FH	520195	2	481
32	DFC_AirTMonPlaus_1	系统冷启动时温度传感器可信性故障(组合1)	P1001	0020H	520254	2	481
33	DFC_AirTMonPlaus_2	系统冷启动时温度传感器可信性故障(组合2)	P1002	0021H	520255	2	481
34	DFC_AirTMonPlaus_3	系统冷启动时温度传感器可信性故障(组合3)	P1003	0022H	520256	2	481

图14-37 发动机故障诊断界面

(2) 微电控制系统操作

驾驶室内设有两个操作面板,前面板主要是灯光、发动机操作及各种仪表显示器;右侧的面板主要是和微电相关的操作按钮和手柄等。

正对座椅的是用于驾驶的方向盘,向左、右转动方向盘,轮胎相应转动,运输车分别向左、向右行驶。如果轮位实际转角与期望转角超过设定值(若无特殊说明一般为10°),向上、向下拨动转向指示操纵杆,右转向灯、左转向灯亮起,表示向右、向左转向;刮水器操纵杆向上有两挡,分别有快速、慢速工作方式。方向盘上方设有喇叭按钮。

在驾驶室前面的面板上,方向盘的左上侧为显示器和燃油表以及故障报警器,当故障报警灯亮的时候,显示器上显示相应的故障。

方向盘正上部依次为左转向指示灯、充电指示灯、右转向指示灯。

指示灯右侧依次为钥匙开关、总电源及发动机仪表综合参数,发动机仪表参数包括发动机转速、机油压力、冷却温度及系统电压燃油的油位等。

方向盘右下侧按钮为灯光开关,依次为雾灯、前大灯近光、前大灯远光、室内灯、示宽灯、警示灯(音)、微电电源、熄火、预热、启动、插座＋后灯。

驾驶室内驾驶员位置右侧为操纵手柄。手柄的上方从左到右依次为急停按钮、悬挂调平按钮。当有紧急情况时,按下急停按钮会使运输车停车。

当运输车有故障时,故障灯亮起,此时运输车不可以运行,排除故障后方可运行运输车。

微电显示器会根据当时的操作状态人机交互,并显示车辆状态。

调平和走行禁止同时操作;只有选择速度模式和转向模式后运输车才能走行。

① 转向模式。该车共有 4 种转向模式:通常(八字转向)、斜行、摆头和摆尾。通常(八字转向)模式有时也叫直行模式。工作模式之间的切换不能冲突,也就是不能够同时按下两个模式的按钮。显示器会有转向模式的交互界面,显示当前的转向模式,只有显示器显示对应的转向模式时,转向模式才有效。

显示器下边为两排按钮,按下按钮分别执行相应的动作,如图 14-38 所示。

图 14-38　转向操作界面

(a)"摆头"和"摆尾"的最大转角是 ±30°,如图 14-39 所示。

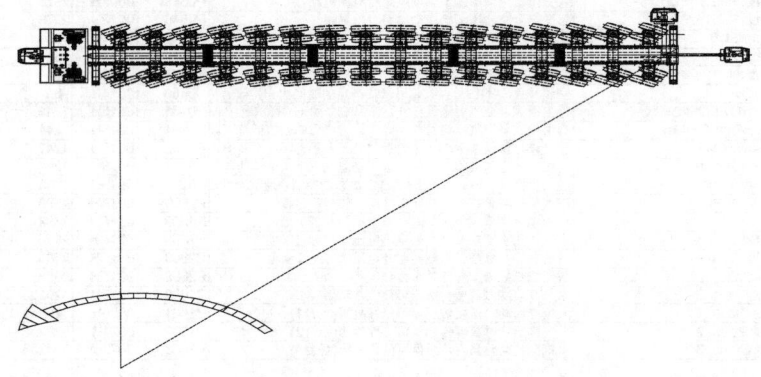

图 14-39　摆头、摆尾角度示意图

(b)"直行"的最大转角是 ±30°,如图 14-40 所示。

(c)"斜行"的最大转角是 ±30°,如图 14-41 所示。

注意: 只有在车辆停止、速度为空挡位的情况下才能切换;除了摆头模式外,切换其他转向模式后,系统会一直报警,这种状态是正常的。

② 调平操作。只有速度模式处在空挡时才能进行升降操作。调平可分为单、双点调平和整车升降,它们之间的转换需要通过操作手柄实现。

(a) 单、双点调平操作(米字形选择,见图 14-42):万向手柄在 8 个方向的操作,决定升降的点。例如,当手柄向图示中的 y 正方向推动时,则选择对前两点 $b\,a$;如果推向左前,

则选择一点 b；其他类似。单、双点调平操作时，先按辅助按钮（图 14-43，手柄顶端，左升右降）和使能按钮（手柄手握处），再通过推拉手柄（图 14-44）离开中位，选择需要操作的点，才能引起相关点的升降动作。手柄推拉的幅度也会影响升降的快慢。

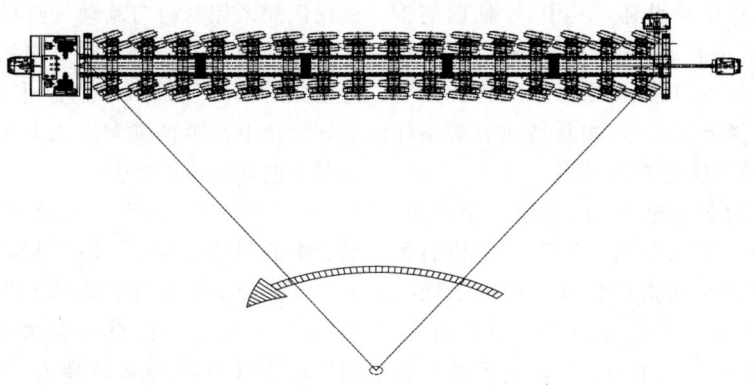

图 14-40　直行角度示意图

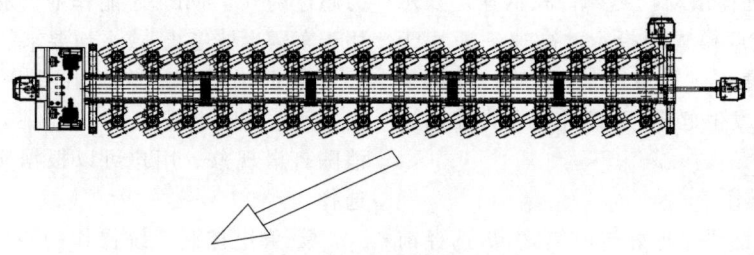

图 14-41　斜行角度示意图

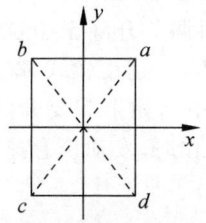 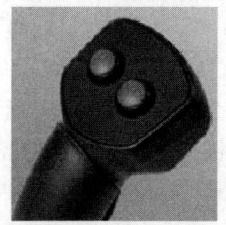 

图 14-42　调平米字形示意图　　图 14-43　手柄顶端的辅助按钮　　图 14-44　升降手柄使能按钮

(b) 整车升降操作：如果不按手柄顶端的辅助按钮，只按下手柄使能按钮，则手柄往前推整车上升，往后推整车下降。

(c) 自动调平：如果车辆配置有高度传感器，并且高度传感器都工作良好，可以使用自动调平功能。自动调平又叫自动等高调平，在整升整降时系统会根据反馈高度实时调节每一点的升降快慢，以达到同步升降。但如果有不正常工作的高度传感器，请勿使用此功能。使用时只需按下右侧面板的自动调平按钮，显示器上即显示自动调平，其余操作与整车升降操作相同。

在运输前，操作者必须熟悉调平操作。调平时必须慎重操作，严格按照使用要点操作，严禁走行时升降调平操作。

注意：按下调平按钮，不管运输车此时是何状态，都会自动停车。发生此类情况相当危险，所以用户不可在运输车工作时按下调平按钮。

并车按钮：当需要并车时，按下此按钮，

并车显示灯会亮起,在并车结束后需按下此按钮。

③ 挡位说明。正对着驾驶员左手边的手柄为前进后退速度操纵杆。其中,手柄向前推表示前进,向后拉表示后退,其前进、后退速度及牵引力完全一致,轻抬操纵杆推或拉到需要行驶的方向。但前进、后退相互转换时必须停车,以防对驱动系统造成损坏。

速度挡位分为高速、低速、微动3个挡位,通过方向盘左下方的辅助手柄以及座椅右侧面板的微动选择按钮选择操作。辅助手柄通过前后推拉可以有3个位置,前推为前进行驶,中间为空挡,后拉为后退行驶;转动手柄可以切换高速和低速;微动选择按钮位于右边的控制面板,如果选择微动,会忽略高、低速。显示器上有相关速度模式的指示。高速一般用于空载平地,低速用于加载平地,微动一般用于爬坡。为避免发生危险,重载时不允许在高速状态运行。

④ 行驶操作

车辆走行前要先选好转向模式,再选前进后退及速度模式,最后缓踩油门踏板起步、加速。停车时,距离目标一定距离时提前缓松油门踏板,减速停车。

油门踏板用于车辆加速和发动机加速。如果没有选择前进或后退(空挡),只会控制油门;如果选择了前进或后退,踏板不仅控制发动机速度,还会使车辆从静止到设定速度。速度控制为无级调节。

由于驱动系统为闭式液压传动,不存在离合器,因此起步和停止缓踩、缓松油门即可使车辆走行和停车,否则会有很大的冲击。常规停车不建议踩制动踏板。

防疲劳驾驶踏板在行驶过程中每间隔20 s需要踩一次,否则车辆将停止。

⑤ 行车制动和驻车制动。制动系统包括行车制动和驻车制动。

(a) 行车制动:车辆走行过程中由运动到静止的制动过程。因为平板运输车上没有普通汽车的离合器及空挡滑行,因此平板运输车上不必也不能像普通汽车那样频繁使用脚制动,只在紧急时(如危害人身或财产安全时)使用。行车制动操作的元件是驾驶室的制动踏板(脚刹),制动踏板(脚刹)是通过控制一个电磁比例阀来控制通向制动气缸的压缩空气,以控制制动的程度。使用时要先松开油门踏板,挂空挡,再踩下脚刹,车辆停止后要等系统驱动压力降下来再松脚刹。如果在半坡,需要按下驻车制动按钮再松脚刹。

(b) 驻车制动(手刹):车辆静止时,用制动轮上的制动器制动。驻车制动是断电制动,断电时靠弹簧的弹力压紧制动器;正常行驶时(释放驻车制动按钮)驻车制动电磁阀通电,利用压缩空气克服弹簧的弹力,从而松开制动器,所以通常平板运输车启动后要先打气,压力超过约0.7 MPa才能作业。驻车制动一般用于车辆半坡停止,或平地要求静止停车。

⑥ 防滑功能。车辆在使用过程中经常会打滑,一旦出现打滑的征兆,系统会自动消除打滑现象。用户可以根据实际需要进行选择。

⑦ 微电控制系统操作的一般流程。先启动发动机,急速运行几分钟。微电系统通电,等显示器完全进入主页面,看车辆是否在中位,如果不在中位,则调节升降至中位。然后选择转向模式、行驶方向、速度模式,踩下脚踏板,车辆正常行驶。中间如果需要升降操作,停车挂空挡。停止工作时,发动机急速运行几分钟后再停止发动机。

(3) 灯光

右制动灯和夜间行车灯4个,前大灯4个,左制动灯和夜间行车灯4个,示宽灯4个,警示灯4个。后照灯在行驶过程中照亮车架的后面;室内灯位于驾驶室内顶部;打开前大灯时,仪表灯同时打开;警示灯和警示音虽然为分别控制,但是报警时,警示音会响起。

5) 停车

除非有紧急情况,一般情况下不建议使用脚制动踏板进行紧急制动,以免压力积累损害液压系统。停车操作流程如下:

① 将车辆开进停驻坞并停放到合适的位置,缓慢松开油门踏板,让运输车速度慢慢降

下来直至停车。

② 速度模式复位。

③ 运行模式复位,各轮位将处于零位状态。

④ 调整车体平台到合适的高度,一般高度取中位。

⑤ 发动机重负荷工作后,熄火前使发动机空转约 5 min。

⑥ 通过水温表检查冷却液的温度。

⑦ 当冷却液温度低于红线区域后,关闭发动机。

⑧ 拉上手制动器,驻车制动。

⑨ 关掉钥匙开关和总电源开关。

⑩ 按下急停按钮之一,一般就近选择驾驶室中的急停按钮。

⑪ 关闭驾驶室并上锁。

5. 维修保养

DCY 系列动力运输车属于大型专用设备,为确保运输车的连续操作,日常维护是非常必要的,所有保养、调整、清洁、修理操作人员必须由认真阅读说明书的专业人员来完成。

在对本设备进行维护保养之前应停车,关掉驾驶室的控制系统。

特别注意:以下涉及发动机的保养仅作参考,具体需要参照发动机说明书进行保养。由于发动机维护周期与使用工况和使用环境有关,若使用环境或工况较恶劣,应缩短发动机维护周期。

1) 每日保养(表 14-53)

表 14-53 保养部位及内容(每日)

部 位	保养内容	备注
液压油箱	液压油位	—
燃油箱	燃油量	—
发动机	机油位	—
发动机后处理	尿素液的液位	—
蓄电池	电液量	—
电瓶线	连接情况	—
发动机	运转技术状况	
	滴、漏、渗油情况	—

续表

部 位	保养内容	备注
液压系统	主油路压力	—
	各工作回路压力	—
	滴、漏、渗油情况	—
	噪声	
	振动	
	过热	
悬挂、转向机构等部件	走行轮轴头温度	
	驱动马达温度	
	噪声	
	过热	
	振动	
全面检查	驾驶室有无杂物	
	发动机是否清洁	
	液压系统是否清洁	
	车电系统检查	
	轮胎检查	
	车身是否清洁	
	轮胎充气压力	(1200±50)kPa
	运转记录	—

2) 40～60 h 保养(表 14-54)

表 14-54 保养部位及内容(40～60 h)

部位	保养内容	备注
发动机	空气滤芯(清洁)	
	机油(最初 50 h 更换)	
	机油滤芯(最初 50 h 更换)	
	柴油滤芯(油水分离器及精滤,最初 50 h 更换)	
蓄电池组	电液检查	
	电瓶组接线端子紧固	
灯具	是否正常	
仪表	是否正常	
开关	是否灵敏	
轮胎	清洁	
液压管路	清洁	
接头	清洁	
车身	清洁	

3) 160～200 h 保养（表 14-55）

表 14-55　保养部位及内容（160～200 h）

部位	保养内容	备注
驱动桥	销、轴承及轴套的润滑	—
制动桥		—
转向机构		—
回转支承		—
发动机		见对应的发动机手册；CF-4 柴油机油

驱动桥润滑部位如图 14-45 所示。

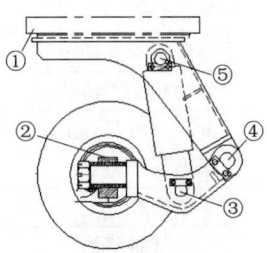

图 14-45　驱动桥润滑部位示意图

注：①处用极压锂基润滑脂（稠度 1 号、2 号）；②～⑤处用汽车通用锂基润滑脂。

制动桥润滑部位如图 14-46 所示。

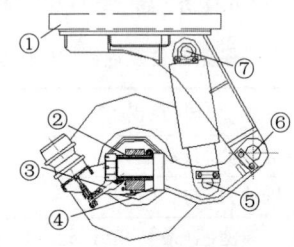

图 14-46　制动桥润滑部位示意图

注：①处用极压锂基润滑脂（稠度 1 号、2 号）；②～⑦处用汽车通用锂基润滑脂。

转向机构润滑部位如图 14-47 所示。

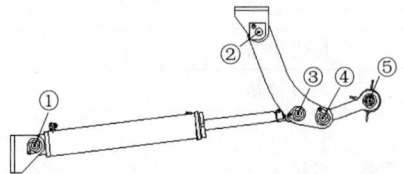

图 14-47　转向机构润滑部位示意图

注：①～⑤处用汽车通用锂基润滑脂。

4) 400～600 h 保养（表 14-56）

表 14-56　保养部位及内容（400～600 h）

部位	保养内容	备注
空气滤芯	更换	
柴油滤芯	更换	
液压油滤芯（含吸油、回油、开式系统高压滤芯及液压泵滤芯）	更换	
机油滤芯	更换	—
柴油机	更换机油	CF-4 柴油机油
	检查风扇皮带张力	—
	检查电瓶性能	
	检查测试性能参数	
	检查附件性能	

发动机保养、维护见对应的发动机手册。

液压系统吸油滤芯位于液压油箱侧面下部，回油滤芯位于油箱上面。

更换、清洗或维修滤芯吸油时，只需旋开过滤器端盖，滤芯即可取出，此时自动阀会自动开关，隔绝油箱油路，使油箱内的液压油不会向外流出。滤芯保养位置如表 14-57 所示。

表 14-57　滤芯保养位置

名称	部位
吸油滤芯	

5) 1000 h 保养（表 14-58）

表 14-58　保养部位及内容（1000 h）

部　　位	保养内容
驱动轮减速箱	更换润滑油
回转支承	加注润滑脂

图 14-48 所示为驱动桥轮边减速机的加油位置，两个螺堵呈 90°。更换齿轮油时，使减速机一个螺堵旋转到最低位，打开即可放油；待油放干净后，堵上低位的螺堵，打开高位的螺堵，使用漏斗加油，齿轮油从高位螺堵处溢出即可。加注油量约 2 L。

图 14-48　驱动桥轮边减速机加油位置示意图

6) 2000 h 保养（表 14-59）

表 14-59　保养部位及内容（2000 h）

部　　位	保养内容
整车	检查整车性能参数
车架	探伤
液压系统	检查并调整系统过载阀、安全阀压力
液压系统	更换液压油
液压系统	紧固连接件
液压系统	紧固管连接头
液压系统	检查液压泵容积效率
液压系统	检查液压马达容积效率
液压系统	检查悬挂系统、转向液压缸内泄情况
液压系统	检查液压控制阀的泄漏量
液压系统	检查液压胶管的老化程度
车电系统	检查并清洁线路、接头
车电系统	检查、清洁并紧固线束
车电系统	检查电器元件和（元件）插口，清洁电器元件
车电系统	检查仪表灵敏度和正确性

续表

名称	部　　位
回油滤芯	
低压管路滤芯	
高压管路滤芯	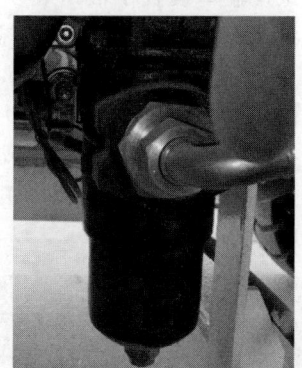

当吸油滤芯被污染物堵塞时，驾驶室内滤芯堵塞会报警显示，如果继续行车，为避免液压泵吸空，旁路阀会自动打开，此时可能会污染液压系统，对液压元件造成损坏。

高压滤芯更换时，可根据安装空间打开上盖的 4 个螺栓进行更换，也可旋下外壳（需先放油）从下面取出滤芯。

续表

部　位	保养内容
发动机	检查动力性能
	调整气门、喷油器
	电瓶组性能
	检查发动机、涡轮增压机安装螺母力矩
气制动系统	更换干燥器罐

(1) 液压油箱排油

① 把运输车降到最低位,将转向模式切到横行。

② 将液压油箱放油孔位于侧下方。

③ 打开放油螺堵。

④ 下方放置合适的容器,也可用适当的管子,将其一端拧到液压油箱放油孔上,将液压油导入相应的容器里。

(2) 液压油箱加油

① 空载时将平板车降到最低位。

② 关闭发动机。

③ 加油前更换所有液压滤芯。

④ 打开位于液压油箱上方的空气过滤器,通过空气过滤器加油(所加液压油的精度大于 8 级)。

⑤ 静置 20 min 后再次启动发动机。

⑥ 空载状态下将平台升降几次,并将转向角度左右打到最大来回几次。

(3) 油位控制

① 当平板车降到最低位时,液压油箱的油位应在油箱顶面下 2/3~3/4 的位置,运行后若油位下降,需重新补充。

② 补充液压油的牌号和已有液压油要完全一致;换液压油可以选择合适牌号的新的液压油。

(4) 其他注意事项

① 液压系统应在室内维修。没有条件在室内的,可以在室外维修,但不得在大风、雨雾、冰雪、湿度大于 60% 等恶劣天气条件下打开液压系统的接头。

② 加入新的、合格的液压油后若没有出现液压油变质、污染情况,运输车可终身使用此液压油。

③ 根据实际使用情况更换制动系统的干燥器罐(图 14-49),最少每 200 h 更换一次。

图 14-49　干燥器罐

6. 故障排除

1) 压力表

该运输车设置了液压表以便观察运输车工作状况。压力表安装在车架侧面,有驱动压力表、补油压力表、工作压力表、驻车制动压力表及储气筒压力表,如图 14-50 所示。液压压力应在给定范围内,压力过高或过低都是运输车工作不正常的表现,出现不正常的表现时要找出原因并及时处理。

图 14-50　液压表

驱动压力表包含前进压力和后退压力,不考虑冲击压力,驱动压力不大于 35 MPa。补油压力表显示的是驱动系统的补油压力,在补油压力大于 2 MPa 时驱动系统才能正常工作。制动压力表显示的是减速机驻车制动压力,在制动压力大于 2 MPa 时制动器才能完全打开,此时才能操作车辆走行。

转向和升降由于不同时工作而只安装了一个压力表,转向压力小于 28 MPa,升降压力不大于 25 MPa。

在运输车运行过程中,如果明显感觉到液压系统跟以往相比动力不足,应查看压力表,并注意以下内容:

(1) 是否按操作规程驾驶。

(2) 液压油温是否超过了 85℃。

(3) 散热器是否打开。

2) 更换轮胎

(1) 更换轮胎时要确保运输车为空车状态,载重状态下不允许更换轮胎。轮胎充气压力一般为(1200±50)kPa。

(2) 更换轮胎应由专业人员按以下步骤进行操作:

① 准备好轮胎及专用吊板、螺栓;

② 运输车平台下降至接近最低,用吊板固定;

③ 关闭相应悬挂液压缸的截止阀(见图14-51);

图 14-51 位于悬挂旁边的悬挂液压缸截止阀

④ 运输车平台举升一定高度;

⑤ 关闭发动机,拉上手制动;

⑥ 更换轮胎;

⑦ 打开发动机;

⑧ 平台降低,卸下吊板;

⑨ 打开关闭的截止阀(见图14-52);

⑩ 升到适当高度,运输车可以工作。

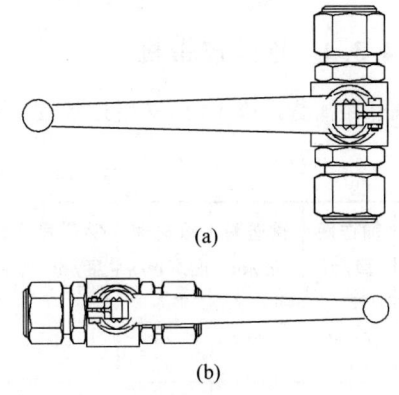

图 14-52 截止阀状态示意图
(a) 关闭状态;(b) 打开状态

3) 拖车

如果因某种原因造成运输车不能运行(如发动机不能启动),则需将运输车拖至合适空间进行维修。若为空载状态,直接打开拖车球阀将运输车拖走即可。

4) 常见故障及排除方法

当运输车出现故障时,面板上的"故障"指示灯将点亮,车辆将立即停止运行。此时,应排查故障原因并解决故障,排除后故障灯暗下去,重新确认模式选择,按下"启动"按钮,系统恢复运行。运输车常见故障及排除方法如表14-60所示。

注意:在系统处于运行状态时,切勿进行模式转换,否则系统将提示出错信息,并停止运行,进入待机状态。

表 14-60 维修说明

序号	故障现象	原因分析	排除方法
1	发动机不启动	电瓶电压过低、启动按钮故障、启动继电器接触不良等	更换电瓶、按钮,启动继电器等
2	充电发电机不充电	发电机皮带松,发电机损坏或线路故障	更换皮带,检修发电机
3	车不走行	选择开关接触不良、继电器接触不良、调速电位计松动	修理开关,继电器,检查电位计转动情况
4	灯不亮,刮水器不动	灯丝烧、保险丝熔断、刮水器松动	换灯或保险丝,紧定刮水器螺丝
5	液压油散热风扇不转	保险丝熔断、温度开关故障、电动机损坏	换保险丝
6	悬挂系统不会升降	截止阀没有打开、比例阀堵塞	确认所有截止阀为打开状态,检查比例阀是否堵塞

14.3.4 连续皮带机

在长距离隧道施工时,采用连续皮带机出渣,根据项目渣土输送高差、速度、距离及皮带存储长度等施工所需型号进行配置。连续皮带机的主要性能参数如表14-61所示。

表14-61 连续皮带机主要性能参数

序号	输送距离/m	输送高度/m	输送速度/(m/s)	储带宽度/mm	输送量/(t/h)	储带形式	型号	储带长度/m	厂家	参考价格/万元
1	6500	25	0~3.0	914	800	水平	DSJ914	500	中国铁建重工集团股份有限公司	1280
2	5500	—	—	1000	300	垂直	DSJ1000	600	中国铁建重工集团股份有限公司	—

14.4 盾构法隧道机械

14.4.1 土压平衡盾构机

土压平衡盾构机的选型主要考虑隧道设计尺寸、工程水文地质条件、隧道埋深、设计轴线等因素,开挖直径、驱动形式、主轴承直径、刀盘类型、脱困扭矩等是其重要参数。常用的6~8 m级土压平衡盾构机的主要性能参数如表14-62所示。

表14-62 土压平衡盾构机主要性能参数

序号	脱困扭矩/(kN·m)	机械型号	驱动形式	主轴承直径/m	刀盘类型	厂家	参考价格/万元
1	5638	6 m级	液压驱动	2.8	软土刀盘	中国铁建重工集团股份有限公司	3500
2	6300	6 m级	变频电动机驱动	3	软土刀盘	中国铁建重工集团股份有限公司	3400
3	5382	6 m级	液压驱动	2.8	复合刀盘	海瑞克股份公司	3800
4	6232	6 m级	液压驱动	3	复合刀盘	海瑞克股份公司	4100
5	6300	6 m级	变频电动机驱动	3	复合刀盘	中铁工程装备集团有限公司	3700
6	17 960	8 m级	变频电动机驱动	5	复合刀盘	中国铁建重工集团股份有限公司	7000
7	14 368	8 m级	变频电动机驱动	5	软土刀盘	中国铁建重工集团股份有限公司	6800

1. 盾构机关键系统

盾构机主要包含刀盘、主驱动系统、人舱系统、推进系统、管片拼装系统、同步注浆系统、渣土输送系统、渣土改良系统、油脂密封润滑系统、水循环冷却系统、压缩空气系统、电气系统等。6 m级土压平衡盾构机关键系统的组成及参考价格如表14-63所示。

2. 主要部件生产厂家(品牌)

一般盾构机的主轴承及液压泵、马达等采用进口件,其余部件采用国产件。盾构机的关键零部件生产厂家(品牌)如表14-64所示。

表 14-63　6 m 级盾构机关键系统组成及价格表

部件名称	构成项目	厂家	参考价格/万元
刀盘	钢结构＋刀座＋刀盘附件	中国铁建重工集团股份有限公司	285
刀具	各种形式刀具	中国铁建重工集团股份有限公司	255
主驱动总成	主轴承及密封＋减速箱＋变频电动机＋减速机＋主驱动附件	中国铁建重工集团股份有限公司	1290
人舱	钢结构	中国铁建重工集团股份有限公司	60
前盾	钢结构	中国铁建重工集团股份有限公司	140
中盾	钢结构	中国铁建重工集团股份有限公司	130
盾尾	钢结构＋盾尾刷＋铰接密封	中国铁建重工集团股份有限公司	80
设备桥	钢结构	中国铁建重工集团股份有限公司	25
拖车结构	钢结构	中国铁建重工集团股份有限公司	120
推进系统	推进液压缸＋阀组＋驱动电动机＋驱动泵＋液压附件＋辅助系统	中国铁建重工集团股份有限公司	215
主驱动系统	驱动控制系统＋相关电气附件	中国铁建重工集团股份有限公司	105
管片安装系统	管片拼装机＋管片吊机＋喂片机＋管片拼装机液压系统	中国铁建重工集团股份有限公司	250
螺旋输送机系统	螺旋输送机＋液压系统	中国铁建重工集团股份有限公司	200
皮带输送机系统	皮带输送机＋驱动	中国铁建重工集团股份有限公司	40
水循环系统	内循环水系统＋污水系统	中国铁建重工集团股份有限公司	45
同步注浆系统	同步注浆泵＋砂浆罐总成＋管路附件＋液压系统	中国铁建重工集团股份有限公司	165
膨润土注入系统	膨润土罐＋膨润土泵＋管路附件	中国铁建重工集团股份有限公司	30
泡沫注入系统	原液泵＋混合泵＋混合罐＋管路附件	中国铁建重工集团股份有限公司	120
通风系统	风机＋风管	中国铁建重工集团股份有限公司	15
压缩空气系统	空气压缩机＋保压系统＋管路附件	中国铁建重工集团股份有限公司	75
油脂系统	气动油脂泵＋电动油脂泵＋阀块＋管路附件	中国铁建重工集团股份有限公司	75
导向系统	激光靶＋全站仪	中国铁建重工集团股份有限公司	70
控制系统(含主控室等软硬件)	各类控制软件＋硬件	中国铁建重工集团股份有限公司	240
供电系统	变压器＋配电柜＋电缆	中国铁建重工集团股份有限公司	285
电话通信系统及电视监视系统	电话＋显示器＋摄像头＋电缆	中国铁建重工集团股份有限公司	5
有害气体自动监测系统	传感器＋电缆	中国铁建重工集团股份有限公司	15

表 14-64　关键零部件生产厂家

系统	零部件名称	品牌
刀盘	软土刀具	天佑、广正、瑞钻、株钻
	滚刀	天佑、广正、株钻、江钻、天工、庞万利

续表

系统	零部件名称	品牌
主驱动	主轴承	罗特艾德、SKF、光洋
	减速箱	铁建重工
	变频电动机	中车
	变频器	Vacon、AB
	主轴承密封	Carco、Merkel 等
螺旋输送机	驱动马达	赫格隆、力士乐
	减速机	布雷维尼、卓轮
管片拼装机	回转支承	轴研科技、马鞍山方圆、新强联、洛轴
注浆系统	同步注浆泵	施维英
膨润土系统	活塞泵	衡阳中地
空气压缩系统	空气压缩机	优耐特斯、英格索兰
	压缩空气调节装置	Samson
液压系统	液压缸	徐工、恒立、龙工
	液压泵、马达	力士乐、威格士、林德、派克、伊顿
	液压阀组	力士乐、哈威、布赫、SUN、万福乐、威格士
油脂密封系统	气动油脂泵	林肯、固瑞克
电气系统	变压器及功率补偿器	许继、顺特
	电气元器件	EATON、ABB、Siemens、Schneider

14.4.2 泥水平衡盾构机

泥水平衡盾构机的选型主要考虑隧道设计尺寸、工程水文地质条件、隧道埋深、设计轴线等因素,开挖直径、驱动形式、主轴承直径、刀盘类型、脱困扭矩等是其重要参数。常用的 6 m 级泥水平衡盾构机的主要性能参数如表 14-65 所示。

表 14-65 泥水平衡盾构机主要性能参数

序号	脱困扭矩/(kN·m)	机械型号	驱动形式	主轴承直径/m	刀盘类型	厂家	参考价格/万元
1	5382	6 m 级	液压驱动	2.8	复合刀盘	中国铁建重工集团股份有限公司	4600
2	7345		液压驱动	3	复合刀盘	中国铁建重工集团股份有限公司	4800

14.4.3 门式起重机

隧道施工中门式起重机在 TBM 或盾构施工期间主要完成管片吊装、渣土吊运等垂直运输,常见型号的起重范围为 16~100 t,起升高度为 9~34 m,实际根据项目施工所需进行配置。门式起重机的主要性能参数如表 14-66 所示。

表 14-66 门式起重机主要性能参数

序号	起重质量/t	机械型号	跨度/m	起升高度/m	厂家	参考价格/万元
1	16	MDG 门式起重机	25	8+20	中铁十一局汉江重工有限公司	65

续表

序号	起重质量/t	机械型号	跨度/m	起升高度/m	厂家	参考价格/万元
2	25	MG门式起重机	21	9+30	中铁十一局汉江重工有限公司	80
3	45/16	MG门式起重机	25	10+30	中铁十一局汉江重工有限公司	175
4	50/20	MG门式起重机	30	9+35	中铁十一局汉江重工有限公司	230
5	55/20	MG门式起重机	26.5	10+35	中铁十一局汉江重工有限公司	250
6	70/25	MG门式起重机	33	10+40	中铁十一局汉江重工有限公司	350

下面以中铁十一局集团汉江重工有限公司生产的出渣门式起重机为例，进行其主要技术性能介绍。

1. 概述

出渣门式起重机（以下简称起重机）是遵循《起重机设计规范》(GB/T 3811—2008)及《通用门式起重机》(GB/T 14406—2011)等国家和行业标准设计、制造的起重机，适用于露天或室内作业。其取物装置为吊钩或板钩。

起重机主梁结构形式为双梁门式，支腿形状为 U 形，门架结构有双悬臂、单悬臂和无悬臂 3 种形式。

起重机的工作级别为 A6。

起重机由门架钢结构、大车运行机构、起重小车、电气控制系统等主要部分组成，如图 14-53 所示。室外工作的起重机还设有夹轨器、起重质量限制装置、各机构的限位装置，以及根据起重机安全规程所规定的各种安全保护装置。根据需要有时还设有锚定装置、锚索装置、风速/风向仪、纠偏装置等。

图 14-53　出渣门式起重机

2. 主要技术参数

1）使用环境

(1) 起重机的电源为三相交流电，频率为 50 Hz，电压为 380 V，电动机和电器上允许电压波动的上限为额定电压的 10%，下限（尖峰电流）为额定电压的 −15%，其中起重机的内部电压损失应符合《起重机设计规范》(GB/T 3811—2008)的规定。

(2) 起重机运行轨道的安装应符合《起重机 车轮及大车和小车轨道公差 第 1 部分：总则》(GB/T 10183.1—2018)的要求。

(3) 起重机安装使用地点的海拔高度不大于 1000 m，超过时应在合同中注明。

(4) 工作环境中不得有易燃、易爆及腐蚀性气体。

(5) 吊运物品对起重机吊钩部位的辐射热温度不超过 300℃。

(6) 室外使用的起重机非工作状态下的最大风压为 800 Pa（相当于 11 级风）。

(7) 在起重机正常工作的气候条件范围内工作（若超过此条件，订货时应特别说明）。

(8) 对室内使用的起重机有以下要求：

① 环境温度不超过 40℃，在 24 h 内的平均温度不超过 35℃。

② 环境温度不低于 −5℃。

③ 在 40℃ 的温度下，相对湿度不超过 50%。

(9) 对室外使用的起重机有以下要求：

① 环境温度不超过 40℃，在 24 h 内的平均温度不超过 35℃。

② 环境温度不低于 −25℃。

③ 环境温度不超过 25℃ 时,相对湿度允许暂时高达 100%。

④ 工作风压内陆不大于 150 Pa(相当于 6 级风),沿海不大于 250 Pa(相当于 7 级风)。

2) 性能参数

起重机的参数是起重机作业能力的指标,主要有起重质量、起升高度、跨度、工作级别、工作速度等,详见具体图纸。各配套部件(如减速器、电动机、制动器等)的使用维护方法请参阅配套厂的说明书。

3. 主要结构及特点

1) 门架钢结构

起重机的门架钢结构主要由主梁、支腿、下横梁、端梁、驾驶室、平台、梯子等组成。通过高强度螺栓把主梁、端梁、支腿、下横梁连接在一起。

(1) 主梁

① 主梁采用焊接箱形。

② 为便于检查与维修,主梁上设有人行通道,并设置栏杆。

③ 主梁在设计制造时要考虑上拱。上拱度要符合《通用门式起重机》(GB/T 14406—2011)的标准和其他现行有关规范标准。

(2) 支腿

支腿采用焊接箱形结构,由上法兰、下法兰及钢板组成。上法兰大,下法兰小,使支腿成为上大下小的变截面结构,可有效地承载竖直及水平方向的载荷。

(3) 下横梁、端梁

下横梁和端梁采用焊接箱形结构。下横梁上部法兰与支腿连接,下部法兰与大车连接。端梁通过两端法兰把两根主梁连接在一起。

(4) 驾驶室

驾驶室的骨架结构由钢板和型钢焊接制成,安装在主梁下面的支架上。其连接应牢固可靠,具有足够的强度和刚度。驾驶室内的布置按相应的国家标准执行并充分体现人性化,且满足需方的要求。

(5) 平台、梯子

凡需要操作、检查、维修的地方都设有安全可靠的梯子和平台,并且有足够的作业空间。平台走道上设置栏杆,其高度为 1050 mm。平台走道要考虑防滑安全措施。

2) 大车运行机构

大车运行机构采用分别驱动形式,由电动机、制动器、减速机、车轮组、传动轴和联轴器等组成。机构通电后,制动器打开,电动机做功输出动力,经减速机变速,通过传动轴和联轴器驱动车轮,完成起重机的前进和后退动作;机构断电后,则制动器闭合,起重机运行停止。大车车轮为 4 个或 8 个(特殊情况可更多),车轮与带有滚动轴承的角形轴承箱(或 45°剖分结构轴承箱)组装后安装在端梁或平衡台车上。

3) 超重小车

起重小车由一套或两套(主、副起升)起升机构、小车运行机构、小车架和翻转机构等组成,如图 14-54 所示。

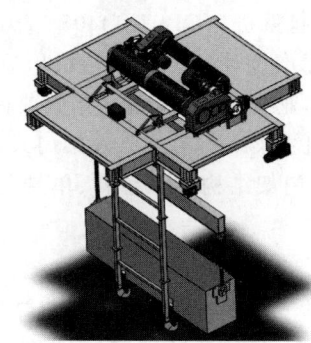

图 14-54 起重小车

(1) 起升机构

每套起升机构由电动机、制动器、减速机、卷筒组、钢丝绳、吊钩组、传动轴和联轴器等组成。机构通电后,制动器打开,电动机做功输出动力,经减速机变速,通过传动轴和联轴器驱动卷筒,经过钢丝绳缠绕系统完成吊钩的升降;机构断电后,则制动器闭合,吊钩停止升降动作,并保持起吊的重物静止在空中。

(2) 小车运行机构

小车运行机构采用分别驱动形式,由电动机、制动器、减速机、车轮组、传动轴和联轴器等组成。机构通电后,制动器打开,电动机做功输出动力,经减速机变速,通过传动轴和联轴器驱动车轮,完成起重机的前进和后退动作;机构断电后,则制动器闭合,小车运行停止。小车运行机构有 4 个或 8 个(特殊情况可更多)车轮,车轮与带有滚动轴承的角形轴承箱(或 45°剖分结构轴承箱)组装后安装在小车架的端梁上。

4) 电气控制系统

(1) 电源

① 起重机的电源采用三相四线(3P+PE)交流 380 V、50 Hz 供电。电源由滑触线或电缆卷筒引入起重机上的主电源配电柜内,再引出动力、照明、辅助电路等电源。

② 该车设有一台单独的照明变压器,变压器的原端和副端均设有断路器保护,为照明、维护插座及辅助电路提供 220 V、36 V 电源。

③ 该车设有专用接电线 PE,所有电气设备均用专用线与 PE 线相接,形成接地网,车体不作接地回路。供电电压等级如下:

(a) 供电电源——三相四线交流电,380(1±10%)V、50 Hz。

(b) 动力回路电源——三相交流电,380 V、50 Hz。

(c) 照明电源——交流电,220 V、50 Hz。

(d) 控制电源——交流电,380 V、220 V。

(e) 电源插座——交流电,220 V、50 Hz。

④ 大车供电及小车馈电方式。大车电源:电缆卷筒或安全滑线;小车导电:移动电缆滑车或拖链。

(2) 配电系统

① 配电系统由总断路器、总电源接触及流保护组成,可以使发生故障的支路被隔离维修,而不影响其他支路的操作,把故障的影响压缩到最小范围。配电控制回路中设有整机电源的启动、停止、紧急开关,以及电源指示、安全开关及紧急限位开关等环节,有短路、过流及失压保护。当供电电源中断时自动断开总回路。各机构设有零位保护,故障恢复后,如果操作手柄没有回归零位,各机构不能自动启动。

② 通过专用照明变压器为整机桥架照明、室内照明、电铃警灯、电源插座等辅助线路及照明控制线路供电。起重机配电柜内设置 220 V、36 V 检修插座。

③ 驾驶室设有脚踏开关,驾驶员可通过脚踏开关发出运行报警信号。

④ 项目代号中高层代号的含意如下:

(a) =01 配电保护;

(b) =02 照明信号;

(c) =05 主起升机构;

(d) =06 副起升机构;

(e) =10 小车机构;

(f) =12 大车机构。

(3) 主(副)起升机构、大小车平移机构的控制方式通常有串电阻调速控制、变频调速控制及定子调压调速控制,在无指定要求情况下均为串电阻调速控制。

① 串电阻调速控制分两种:凸轮控制器控制、接触器切电阻控制。凸轮控制器控制一般只针对电动机功率不大于 26 kW 的驾驶室操作,是通过 380 V 交流 KT 型 5 挡凸轮控制器、RT 型电阻器配合分段切除电阻来抑制电动机的启动电流,达到机构启动平稳。

接触器切电阻控制一般是通过 LK 型主令控制器、正反转接触器、切电阻接触器、时间继电器、转子电阻器配合,实现起升机构在上升和下降过程中改变电动机转子串入的电阻值,以满足工作中的不同速度需要。具体调试方法请参照具体图纸。

② 变频调速控制方式通过低压断路器、接触器与变频器组成控制回路驱动变频电动机,利用电动机轴端的增量编码器进行速度反馈,实现速度闭环控制,可以实现自定义速度控制、自定义启动、停止的加减速时间设定,使机构运行更加平稳、可靠、准确。在下降过程中,通过变频器制动单元、制动电阻保证电动机下降时进行能量释放。具体调试方法请参照对应图纸。

③ 定子调压调速控制方式通过低压断路器、定子调压器、转子电阻组成控制回路驱动起升电动机,通过控制定子回路晶闸管导通角来控制电动机的定子电压,同时改变电动机转

子电阻来改变电动机的机械特性。具体调试方法请参照对应图纸。

(4) 电气控制系统的组成：

① 配电综合保护柜。

② 主起升控制柜：电动机、制动器、电阻器。

③ 副起升控制柜：电动机、制动器、电阻器。

④ 大车控制柜：电动机、制动器、电阻器。

⑤ 小车控制柜：电动机、制动器、电阻器。

⑥ 照明变压器、各机构控制器可独立安装或集中控制，照明信号及安全保护装置、小车电缆导电装置、断路器、接触器、继电器等主要电器元件采用国内知名产品。

(5) 操作

所有机构均由驾驶室凸轮控制器或主令控制器操作，控制起升、大车、小车机构的运行。驾驶室安装有紧急停车按钮，按下此按钮，可供紧急情况下切断全车动力电源。

(6) 保护及指示

① 起重机设有紧急断电开关，在紧急情况下，可切断起重机总电源。该开关设在配电柜内。

② 电动机配置有功能齐全的保护装置，对电动机的过流、短路等故障可进行有效保护。

③ 起重机设有零位保护，当机构准备运转或恢复供电时，必须先将控制器置于零位后再按下启动按钮，各机构电动机才能启动。

④ 各栏杆门均有安全电气联锁装置。

⑤ 起重机设有示警电铃，可通过脚踏开关进行工作提示。

⑥ 起重机设有超载负荷限制器，当工作载荷达到额定载荷的90%时，显示仪会自动报警；当工作载荷达到额定载荷的105%时，起重机会自动切断起升机构的电源。

⑦ 吊钩起升机构设有限位装置，当上升到极限位置时，自动切断起升机构的动力电源。

⑧ 大车、小车运行机构两侧均装有行程限位器，当大车、小车运行到极限位置时自动切断电源，此时只可反方向运行。

⑨ 起重机设有失压和零位保护，驾驶员能在方便操作的地方紧急断电。

⑩ 驾驶室及桥架上的舱门设有电气联锁保护装置。

⑪ 在大车支腿处设有大车运行声光报警灯、紧急停车按钮盒及大车夹轨器。

⑫ 若起升高度超过30 m，顶部应加装风速仪及航空障碍灯。

⑬ 对于野外使用的起重机，当周围空旷或无超高建筑时，须设置避雷装置。

4. 安装及调试

1) 安装前准备及注意事项

(1) 起重机安装人员在进场开始安装之前，应会同安装单位及制造单位的代表一起开箱，按照所带的装箱单，清点核对货物与装箱单所列的零部件数量是否相符，有无短缺和损伤，随箱文件是否齐全。

(2) 起重机卸车搬运时，应特别注意避免发生起重机受到扭、弯、撞击等事故。起吊时，至少要有两个吊点，吊点的捆扎处须有衬垫物，并尽可能选在结构的两端。

(3) 起重机搬运应利用加长汽车或平板拖车拖动，禁止在地面上或滚杠上拖动。

(4) 起重机钢结构件存放时应安置平稳，用枕木放平垫实。枕木要对称放置，地面应坚实，防止随时间发生变形。

(5) 起重机长时间不用时，如果存放在露天，应有防雨措施，传动部件及电气设备应有防水、防锈、防腐蚀、防碰、防盗等保护措施。

(6) 起重机安装前，应认真检查所有机件和金属结构外观有无损坏，并观察油漆涂层的剥落和机件的锈蚀情况。根据外观检查结果，对照安装架设附加图和有关技术文件中的技术要求，认真研究安装方案和安装架设的具体程序。

(7) 因搬运和存放不当造成的缺陷和超出规定误差的部分，均应按技术要求进行调整和修复。对金属结构部分的缺陷，必须在地面设法得到校正，否则不准架设。若发现用户难以解决的问题，要立即与制造厂联系并及时解决，否则吊装架设后再发现问题，制造厂也难以解决。

(8) 消除机体污渍,擦洗锈蚀,必要时须拆下机体,特别是滚动轴承,清洗干净后重新组装。

2) 起重机的安装

(1) 起重机属于大型设备,安装、架设工作应由专业部门进行。对于厂矿企业中具备安装资质者,也可自行安装架设。

(2) 起重机的架设,应根据起重机设备能力,设计安装架设方案。一般的架设顺序为:大车运行机构—支腿—主梁—端梁—小车。

(3) 架设前严格按要求检查轨道安装质量,并将实际测量结果记录在设备档案卡里。

(4) 轨道的接头可为直接头,也可制成45°角的斜接头,斜接头可使车轮在接头处平稳过渡。

(5) 起重机在架设过程中,必须贯彻有关安全技术和劳动保护方面的规定。安装后的起重机各部尺寸偏差应满足表14-67中的规定。

表14-67 起重机各部分尺寸偏差值

序号	公差名称	简图	公差值
1	门架对角线差 D_1-D_2		$D_1-D_2 \leqslant 5$ mm
2	小车轨道接头高低差及接头间隙 d 及 e		$d \leqslant 1$ mm, $e \leqslant 2$ mm
3	轨道接着处的侧向错位 f		$f \leqslant 1$ mm
4	垂直于小车运行方向同截面两轨道间高低差 Δh		① $k \leqslant 2$ m, $\Delta h \leqslant 3$ mm; ② 6.6 m $\geqslant k > 2$ m; $\Delta h \leqslant 0.0015 k$; ③ $k > 6.6$ m, $\Delta h \leqslant 10$ mm; ④ 偏轨梁 $\Delta k = \pm 3$ mm; ⑤ 正轨梁:跨中 $\Delta k = 1 \sim 7$ mm;端处 $\Delta k = \pm 2$ mm
5	跨度极限偏差 ΔS		① 当 $S \leqslant 26$ m 时, $\Delta S \leqslant \pm 8$ mm 且 $S_1-S_2 \leqslant \pm 8$ mm; ② 当 $S > 26$ m 时, $\Delta S \leqslant \pm 10$ mm 且 $S_1-S_2 \leqslant \pm 10$ mm
6	支腿的垂直度 h_1		刚性支腿与主梁在跨度方向的垂直度一般应 $h_1 \leqslant H_1/2000$

续表

序号	公差名称	简图	公差值
7	主梁的上拱度 f_1 和上翘度 f_2	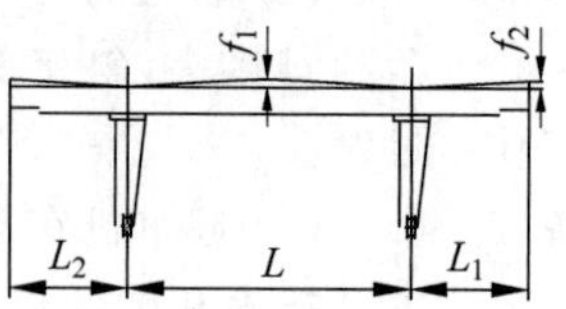	门架的制造和组装应保证静载试验后,主梁跨中的上拱度 $f_1 \geqslant 0.7S/1000$,有效悬臂端的上翘度 $f_2 \geqslant 0.7L_1$(或 L_2)/350
8	主梁的水平方向弯曲		正轨箱形梁和半偏轨箱形梁,应不大于 $S_3/2000$(S_3 为两端始于第一个大筋板的实测长度,在离上翼缘板约 100 mm 的大筋板处测量)。最大不得超过 20 mm。当起重质量 $G_n \leqslant 50$ t 时,只能向走台侧凸曲,即 $f_3 < 20$

3) 小车的安装

小车一般在制造厂就整机装好,并经过试运行,发送到使用单位后,稍经调整并消除运输变形后,即可安放在门架上。由于各种原因分开运输的小车,按图样(见对应图纸)中的技术要求,重新组装紧固好。重新组装的小车,应检查小车车轮的尺寸是否符合技术要求。

4) 大车运行机构的安装

大车运行机构已由制造厂组装完成,并试运转合格。大车运行机构与下横梁组装完成后,应根据下列要求进行安装检查,这也适用于大修后的验收检查。

(1) 检测基准

检测跨度、车轮的水平偏斜和斜垂直偏斜时,应以车轮外侧(通常加工一道沟槽标记)为基准。

(2) 检测车轮的水平偏斜

当采用镗孔安装车轮结构时,车轮轴线偏斜角 ϕ(图 14-55)的正切值应不大于表 14-68 中的规定。当采用角形轴承箱结构时,用测量车轮端面来控制车轮偏斜,对于 4 个车轮的起重机和小车,测量值 $|P_1-P_2|$ 不应大于表 14-69 中的规定,但同一轴线的偏斜方向应相反。图 14-56 所示的任一种组合形式都是符合要求的。

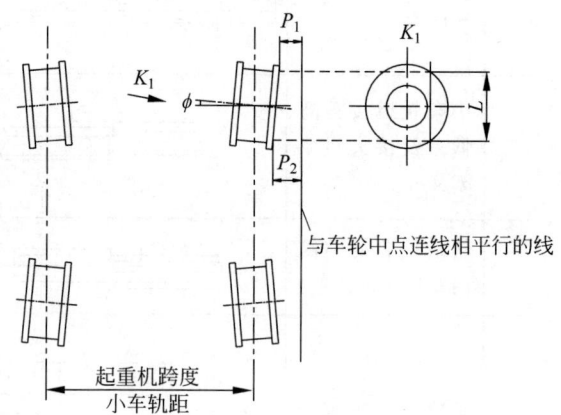

图 14-55 车轮水平偏斜示意图

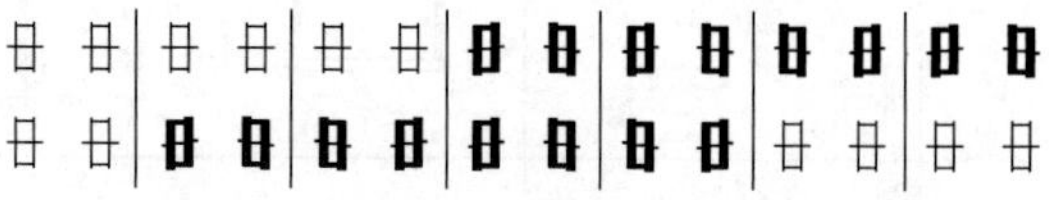

图 14-56 车轮水平偏斜组合形式

表 14-68 $\tan \phi$ 的极限值

机构工作级别	M1	M2~M4	M5~M7
四轮	0.0008	0.0006	0.0004
四轮以上	0.001	0.0009	0.0008

表 14-69 车轮偏斜量要求

机构工作级别	M2~M5	M6~M7
$|P_1-P_2|$	$\leqslant L/1000$	$\leqslant L/1200$

对于多于 4 轮的起重机和小车,单个平衡梁(平衡台车)下的两个车轮偏斜量按表 14-69,同一轨道上的所有车轮间不得大于 $L/800$(L 为测量长度),且不控制车轮的偏斜方向。

(3) 测量跨度

测量跨度的要求见表 14-67 中第 5 项,此处略。

(4) 测量车轮的垂直偏斜量

测量车轮的偏斜量时应以钢轨上平面为基准找水平,当镗孔直接装车轮轴时,轴线的偏斜角 α 应控制在以下范围内:$-0.0005 \leqslant \tan\alpha \leqslant 0.0025$。当采用角形轴承箱时,用测量车轮端面来控制垂直偏斜,测量值不应大于 $L/400$,且车轮端面的上边应偏向外边,如图 14-57 所示。

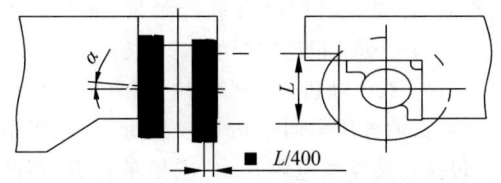

图 14-57 车轮垂直偏斜示意图

(5) 同一下横梁上车轮的同位差

两个车轮时,车轮的同位差不应大于 2 mm;3 个或 3 个以上车轮时,车轮的同位差不得大于 3 mm;同一平衡梁上车轮的同位差不应大于 1 mm,如图 14-58 所示。

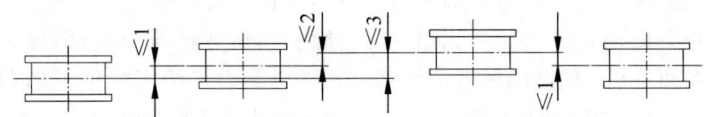

图 14-58 车轮同位差示意图

5) 电气设备的安装

(1) 电气设备的安装和电线的铺设应按随机所带的电气原理图、配线图、电气设备总图进行。

(2) 安装前应熟悉上述电气图与技术条件,了解各元件的相互作用和操纵原理,以求能迅速地处理安装及试车过程中出现的问题。

(3) 安装前应清理和检查全部电气设备和元件。所有的电气设备和元件应无缺陷,运转应灵活,不允许有卡住和松动现象。电气设备和元件的型号、规格、触头的闭合次序等必须符合图纸要求。需要进行调整的,应按图纸规定调整好。

(4) 检查电动机、液压制动器、碳刷、接触器、继电器、电阻器等电气元件的绝缘性能,用兆欧表测量其绝缘电阻,如低于 0.5 MΩ,应进行干燥处理,经检验合格后才能安装使用。

(5) 检查电动机碳刷与滑环间的压力,一台电动机的所有碳刷压力必须一样。碳刷应与滑环全面接触,磨碳刷时不应磨圆其边缘。

(6) 对液压制动器应按说明书要求注足液压油。

(7) 检查控制器、接触器、继电器触头间的压力是否符合各自的规定,如压力过大或过小,应予以调整。

(8) 控制器操作手柄应灵活,挡位应明显。

(9) 按照电气总图或其他安装用图所示位置,安装全部电气设备和元件。

(10) 安装在走台上的控制柜(屏)、电阻器等较重的设备应尽量使用支架牢固地搭接在走台大拉筋上,安装位置允许按图示尺寸做适当调整。

(11) 电阻器尽量靠近控制柜(屏),使连接导线最短。电阻器叠加安装时不超过 5 箱,以免电阻过热。电阻器应沿着平行主梁的方向放置(电阻元件应平行于起重机运行方向),以减少振动和利于通风。

(12) 引到电阻器的电线或电缆,其垂直部分可布置在电阻器的左侧或右侧,但不得影响电阻器的装卸。水平方向的连接线,靠电阻元件近,绝缘层容易老化,可以包以石棉绳等高温材料,或者将胶皮绝缘层全部剥去,另包以玻璃布等耐高温材料。

(13) 电阻器的接线必须按提供的资料正确连接。如果发现电动机出力不足,控制手柄在规定位置不能起吊额定负载或开动大、小车,应首先检查电阻器的接线是否有错。一般情况下,可根据电阻元件的规格数量进行简单的判断,必要时可用电桥进行测量(此时应拆除所有与电动机相连的导线)。

(14) 双电动机拖动的机构,两台电动机所用电阻器的各段电阻值应比较接近,软化级电阻(包括连接导线电阻在内)应尽量相等(用凸轮控制器触头直接控制转子电阻的控制方式没有软化级电阻)。检查操纵室内部接线情况,如有松动或脱落等现象应予以消除,确保接触良好。

(15) 控制柜(屏)安装前,应对控制柜(屏)内的电器元件和线路作详细检查。元件不得有损坏,特别是接触器熄弧罩和辅助触头等。检查接触器和继电器的动作是否正常,各种联锁装置的准确性与可靠性,并把接触器衔铁接触面上的油垢(出厂时涂的防锈油)擦洗干净。

(16) 检查各时间继电器的动作是否符合出厂技术文件所要求的整定值。

(17) 屏面的倾斜度应不大于5°,以保证屏上元件正常工作。控制柜(屏)前面的通道宽度应不小于 0.5 m(一般应保持 0.6 m),后面的间隙应不小于 100 mm,以保证维修正常进行。

(18) 安装限位开关前应仔细检查开关是否灵活可靠,安装后应检查其接线是否正确并逐个进行调整。检查保护的机构到达极限位置后,触杆是否将限位开关撞开。大、小车限位开关与撞尺间的距离应调整合适,过紧将损坏开关,过松则不起保护作用。对于 LX7 型开关(一般装在卷筒的尾部),必须调整触头的角度(调节范围 12°~300°)以保证吊钩上升到极限位置时断电。角度调整好后,应将凸轮压紧,以免运行过程中松动。

(19) 大车导电器的绝缘子必须完整无缺和没有裂缝,并且要牢固地固定在导电架上。导电器必须紧密地压在导电滑线上,如运行时发生火花即表示接触不良,其原因可能是导电器和导电滑线接触不紧密、工作表面不清洁或两者兼有。

(20) 通常为了保证安全,操纵室一般都装在大车导电滑线对侧。若必须装置在同侧时,应加防护网保护(防护网由用户自设)。

(21) 安装小车电缆导电装置时,应首先把电缆理顺,消除扭力,按图纸要求顺次排列在终点夹、电缆滑车和拖动滑车上。将小车推到离开操纵室一端的极限位置上,使电缆放开,调整拖动滑车的位置,使每段电缆的长度基本一致并保持一定的弛度,下垂夹角保持120°左右,调整好后,用电缆夹板将电缆牢固地固定在终点夹和拖动滑车上,再把小车推到靠操作室一端的极限位置上,调整电缆,使每段电缆的悬长基本相同,用电缆夹板将电缆牢固地固定在电缆滑车上。电缆每隔 500~700 mm 用铁皮编织并夹紧。应保证每根电缆都夹紧,为此,需在电缆夹板上垫胶皮。然后装上牵引钢丝绳,调整钢丝绳的长度,保证运行时由牵引钢丝绳受力。最后将电缆的两端分别接到桥架上和小车上的接线盒中。

(22) 起重机使用环境温度为-25~45℃时,电缆用 CFR 型船用橡皮绝缘氯丁护套软电缆;最高温度大于 50℃时,电缆用 CEFR 型船用乙丙胶皮绝缘耐热氯丁护套软电缆;最低温度小于-25℃时,电缆用 YHD 型橡皮绝缘耐寒橡套电缆。

6) 螺栓的使用

起重机有些构件需要现场用螺栓连接,应注意以下几点:

(1) 连接部位的构件结合面不得有铁锈、氧化皮、油污、油漆等附着物,不得有水迹、潮湿。安装连接前应将结合面的防锈油擦拭干净。

(2) 连接处的钢板、型钢应平直,连接前应清除板边、孔口毛刺,以保证连接结合面的紧密贴合。

(3) 连接施工时,螺母应能自由旋入螺栓,遇有螺栓、螺母不配套或螺纹损伤等现象,应废弃不用。

(4) 一般的螺栓,当被连接件的孔不同心时,允许用敲打中心棒的方法拨正,不准用强制敲打螺栓的办法穿上螺栓,以免损坏螺纹,影响质量。

(5) 铰制孔禁止用敲打中心棒的方法对准

孔眼,如果个别孔眼错位,只能重新铰制,并应按新铰制孔配作螺栓,以保持质量。

(6) 螺栓装配时应先装配铰制孔螺栓,然后再依次装配其他螺栓。

(7) 拧紧螺栓时应对称地拧紧,不要按螺栓排列的顺序逐个拧紧。

(8) 在安装时需用扭矩扳手按规定的施工扭矩进行拧紧,而且只允许在螺母上施加扭矩。

(9) 高强度螺栓的施工扭矩如表 14-70 所示。

表 14-70　高强度大六角头螺栓施工扭矩　　N·m

螺栓性能等级	螺栓公称直径/mm						
	M12	M16	M20	M22	M24	M27	M30
8.8S	70	145	286	386	483	719	975
10.9S	85	208	403	543	702	1017	1384

5. 起重机的使用

1) 架设前的准备

(1) 起重机在架设前,首先应组织安装架设工人、技术人员和领导干部参加的三结合小组,认真研究和制定架设方案。厂矿企业中的安全技术部门,应审查安装架设方案,并应尊重安全技术部门对安装架设方案中有关确保安全作业的意见。

(2) 安装架设方案应根据施工图样及有关技术文件中的技术要求、被起升的设备自重、现场具体情况、起升设备的能力等具体条件制定,并应广泛征求全体参加安装架设工作的工人们的意见,以求架设施工方案的切实可行和认识上的一致。

(3) 架设前要对每件器材进行认真检查,要检查安装架设场地的地面和空间,有无妨碍架设的物体,如电线和各种管道等,必要时应事先把它们拆掉或采取临时措施,以便保证其他部门工作。

(4) 要检查用来起升的卷扬机能否正常运转,特别要检查制动装置的工作是否可靠,卷扬机固定得是否稳妥,一定要防止架设起升过程中,在重物的作用下把卷扬机拖动。

(5) 要检查起升用的上下滑车以及导向滑车有无故障,捆绑滑车用的钢丝绳是否有足够的强度,捆绑是否牢固。作起升用的钢丝绳必须具有 5 倍以上的安全系数,不许有破裂、弯结和其他损伤。

(6) 架设设备的所有转动部位(制动部分除外)都应加上足够的润滑油脂等。

2) 架设中的基本安全技术要求

(1) 起重机架设前,指挥人员应向参加架设的所有成员详细介绍起升方法、起升步骤、指挥信号、注意事项及各个成员所应承担的职责。

(2) 指挥人员必须手持指挥旗(一般为红色或红、绿两色),并站在明显的部位,凡参加架设工作的人员应能看到和听到他的指令。必要时可配备专人进行联络或安装扩音筒和配有望远镜,以便观察各主要部位的捆扎、连接、运转等情况。

(3) 起重机架设区如无充足的照明设备,则禁止在夜间进行架设工作。

(4) 禁止任何人员随起重机一同起升,也不得沿钢丝绳或滑车下降。

(5) 没有绝对必要,不得在悬空下修理起升设备和起升工具。

(6) 在架设区,带电的裸线不得与架设工人接触。

(7) 在起重机架设起升过程中,严禁人员在起重机下逗留或通行。与架设无关的人员不准进入架设区。

(8) 要做好万一停电的预防工作,并保证有效地刹住正在起升中的起重机。如果是夜间架设,应在卷扬机处准备好不受电源影响的照明设备,以免停电时影响制动工作。在停电期间应派专人看守各个部位,不准任何人在悬空的起重机下逗留。

(9) 为了检查架设工作是否完全正常,应先将被起升的起重机吊离地面 100~200 mm,停留一段时间,认真检查所有起升设备和工具有无异常、捆绑是否牢固、起升钢丝绳在滑轮中穿挂是否正确、导向滑轮固定是否得当、起重机的重心是否找准、拖拉绳是否得力、桅杆支座有无异常等,在确认各部分都没有问题后,才允许做正式架设起升工作。

(10) 卷扬机的操作应当平稳,尽量避免急颤和抖动等异常情况出现。

3) 起重机的架设要求

起重机的架设,需要专业人员依据施工方案的要求来完成。

6. 运转试验

起重机的运转试验,是新安装架设的起重机必须进行的检验项目,也可作为定期检验的项目。

1) 运转试验前的准备和检查

为保障运转试验安全、顺利地进行,试验前必须对起重设备进行认真检查,并为试验做好充分准备。

(1) 关闭起重机电源,检查所有连接部分的紧固情况。

(2) 检查各传动机构装置是否精确灵活、金属结构是否变形,以及钢丝绳在滑轮和卷筒上的缠绕及固定情况。

(3) 用兆欧表检查电路系统和所有电气设备的绝缘电阻是否符合要求。

(4) 在断开动力线路的情况下,检验操纵线路接线的正确性,检查所有操纵设备的传动部分是否灵活可靠。

(5) 给各润滑点加注润滑油脂,减速机按规定加润滑油。

(6) 保证电气设备工作正常可靠,其中必须特别注意电磁铁、限位开关、安全开关和紧急开关的工作可靠性,注意分别驱动运行机构电动机的接线相序检查,使两电动机同向运转。

(7) 清除大车运行轨道上、起重机上及试验区域内影响运转试验的一切物品。

(8) 与试验无关的人员必须离开起重机和试验现场,并采取措施,防止在起重机上参加运转试验的人员触电。

(9) 准备好负荷试验的砝码,无砝码时可用相对密度比较大的钢锭、钢坯、条材、生铁块或大型铸造毛坯等。但必须要对质量计算准确,并应可靠捆扎好。

(10) 检查试验条件(如场地、风速等)是否符合要求。

2) 无负荷试验

(1) 用手转动各机构的制动轮,使车轮轴或卷筒轴在旋转一周时,所有传动机构都平稳且没有卡滞现象。

(2) 分别开动各机构,操纵机构操作方向应与机构运动方向一致。先慢速试转,再以额定速度运行,各机构应平稳运转,没有冲击、振动和不正常响声现象。

(3) 沿行程全长往返运行 3 次,检查大、小运行机构情况,双梁起重机主动小车轮应在轨道全长上接触。

(4) 用电缆导电时,收、放电缆速度应与运行机构相协调。

(5) 进行各种开关的试验,包括吊具上升(下降)极限位置限制器,大、小车运行极限位置限制器,各联锁保护装置,驾驶室的紧急开关等。

(6) 当吊钩下降到最低位置时,卷筒上钢丝绳的安全圈数不应少于 2 圈。

3) 负荷试验

无负荷试验试车情况正常之后,才允许进行负荷试车。负荷试车分静、动两种,先进行静负荷试车,再进行动负荷试车。

(1) 静负荷试车

静负荷试验的目的是检验起重机及其各部分结构的承载能力。每个起升机构的静负荷试验应分别进行。对双小车的起重机,起重机总起重质量为两个小车之和时,两个小车的主钩应同时进行,以便检验门架的承载能力;总起重质量为其中一个小车的起重质量时,应分别进行。

首先,起升较小的负荷(可为额定起重质量的 0.5~0.75 倍)运行几次,然后起升额定负荷,在门架全长往返运行数次后,将小车停在门架中间,定出测量基准点。

起升 1.25 倍额定负荷,离开地面约 100~200 mm,悬停时间不得少于 10 min,卸去负荷(对抓斗及电磁吸盘应使其落地)后分别检查起重机主梁和悬臂基准点有无永久变形,如此重复 3 次,不得有永久变形。将小车停放在支腿处(零点)。此时检查实际上拱度值,要求其不小于 $0.7S/1000$,有效悬臂端的上翘度不小于 $0.7L_1$(或 L_2)$/350$。

最后,使小车停在主梁中间,起升额定负荷,离地面 100 mm 左右,测量主梁的下挠度。对 A1~A3 级的起重机,要求其不大于 $S/700$;对 A4~A6 级的起重机,要求其不大于 $S/800$;对 A7 级的起重机,要求其不大于 $S/1000$。试验后,检查有无裂纹、永久变形、油漆剥落或对起重机的性能与安全有影响的损坏,如果没有则该项试验合格。

(2)动负荷试车

动负荷试验的目的主要是验证起重机各机构和制动器的功能。

起升 1.1 倍额定载荷进行动负荷试车,分别开动各机构(也可同时开动两个机构)。试验中,对每种动作应在其整个运动范围内反复启动和制动,按其工作循环与工作级别,并按操作规程进行控制,试车时间应延续 1 h。

试验后,如果未见到裂纹、永久变形、油漆剥落或对起重机的性能与安全有影响的损坏,连接处未出现松动或损坏,则这项试验结果合格。

7. 维护保养

为了保证起重机安全正常使用,延长零部件、元器件及起重机的使用寿命,必须对其进行经常性的检查与调整。

1)金属结构的检查

门式起重机的金属结构每年检查 1~2 次,重点为连接部位的松动或脱落、结构材料和焊接的开裂、主梁变形、结构件的腐蚀。金属结构的检查内容和判定标准如表 14-71 所示。

表 14-71 金属结构检查内容与判定标准

检查项目		检查内容	判定标准
门架	主梁	检测主梁在起吊额定载荷时跨中的挠度	下挠应小于 $S/700$(以水平线为基线)
		检测主梁在起吊额定载荷时水平旁弯和其他变形	旁弯及变形值应符合规定标准
	结构件	检查金属结构件有无裂纹、腐蚀、异常变形、整体扭曲、局部失稳	不得有裂纹、明显腐蚀、异常变形、明显扭曲和局部失稳
		检查连接部分有无松动、脱落、裂纹、腐蚀	不得有松动、脱落、裂纹、腐蚀
	其他	检查金属结构表面防护	不得有油漆起泡、剥落、明显锈蚀
小车	架结构件	检查有无裂纹、变形、开裂	不得有裂纹、变形、开裂
		检查钢结构表面防护	不得有油漆起泡、剥落、明显锈蚀
		检查各连接部分有无松动、脱落	不得有松动、脱落
驾驶室和主梁连接		检查连接处母材及焊缝区有无裂纹	不得有裂纹
		检查螺栓等是否紧固可靠	应紧固可靠

2)机构的检查与维护

(1)起升机构的检查

对于起升机构和运行机构相同的零部件、设备等,如电动机、联轴器、减速器、轴和轴承等的检查,可参照表 14-72 相应的项目内容及判定标准进行。

(2)门式起重机运行机构的检查维护

大、小车运行机构的检查项目、内容及判定标准见表 14-73。

(3)轨道的检查

大、小车的轨道,每年必须检查 2~4 次。轨道是起重机或小车平稳运行的基础,随着起重机运行时产生的冲击和振动,可能引起轨道安装的松动、连接件脱落、变形、裂纹、精度指标超差等缺陷,这些缺陷反过来又影响起重机或小车的正常运行。通过检查和调整,可以为保证起重机的正常运行提供条件。轨道检查项目、内容及判定标准如表 14-74 所示。

表 14-72 起升机构检查内容与判定标准

检查项目		检 查 内 容	判 定 标 准
卷筒装配	卷筒	检查有无裂缝、变形与磨损	无裂纹、无明显变形与磨损
		检查钢丝绳固定部分有无异常	正常
		检查钢丝绳有无脱槽痕迹,卷筒安装连接是否紧固	无脱槽痕迹;无松动、脱落
	轴和轴承	检查有无裂纹、变形、磨损	无裂纹、无明显变形与磨损
		检查轴端挡板有无变形与松动	无变形松动
		转动卷筒,检查轴承有无异常杂声、发热与振动	无异常振动、无杂声、无发热
		检查润滑情况	润滑良好
滑轮组	滑轮	检查有无裂纹、缺损、磨损	无裂纹、无明显变形与磨损
		检查绳槽有无异常	无异常磨损
		检查钢丝绳有无脱槽痕迹	无脱槽痕迹
		检查压板及定位销轴是否有松脱	无松脱
	轴及轴承绳挡、平衡滑轮等	检查有无裂纹及磨损	无裂纹、无明显磨损
		检查润滑情况	润滑良好
		转动滑轮,检查有无异常声响和回转质量偏心	无异常声响和质量偏心;
		检查有无脱槽、脱落、变形、裂纹	无脱槽、无脱落、无变形、无裂纹
钢丝绳	钢丝绳结构等	更换钢丝绳时,检查钢丝绳结构、直径是否与设计相符	与设计图完全相符
		更换钢丝绳后,检查吊具在下极限位置时卷筒上的安全圈数	要求有 2 圈以上安全圈
	钢丝绳状态	检查钢丝绳有无断丝、断股、露芯、扭结腐蚀、弯曲、松散、磨损	1 个捻距内不得有 10% 以上的断丝,绳径不得小于公称尺寸的 93%,不得有明显缺陷
		高温环境使用钢丝绳应检查结构是否合理	结构应适合用途
		检查尾端加工及固定是否正确	不得有缺陷,且固定牢靠
		检查有无跳槽现象	无跳槽
		检查有无附着尘土、沙子、杂质、水分	不粘沙子、尘土及杂质、水分
	钢丝绳安装使用	检查是否与结构件碰擦	不得碰擦
		检查与各滑轮的接触状况	不得有明显的磨损、压偏、松散
吊具	吊钩	检查吊钩有无裂纹、变形与磨损	无裂纹、无明显变形与磨损
		转动吊钩,检查轴承及螺纹部位有无异常声响	转动平稳、无异常声响、无异常变形
		检查钩口有无异常变形;检查轴承等润滑情况	润滑良好,给油适量
	葫芦板、连接件	检查葫芦板、连接件的紧固部位是否有松脱	紧固可靠、安全、无松脱
		检查销、轴、侧板有无变形	无变形
		检查钢丝绳防脱装置的功能是否正常	功能正常且无变形
		检查轴承等润滑情况	无裂纹、无磨损、无变形

表 14-73　大、小车运行机构检查项目、内容与判定标准

检查项目		检 查 内 容	判 定 标 准
电动机	安装底座	检查安装底座有无裂纹,连接有无松动、脱落	无裂纹,无松动或脱落
联轴器	键和键槽	检查键有无松动、出槽及变形	无松动、出槽及明显变形
		检查键槽有无裂纹及变形	无裂纹及明显变形
	传动轴	转动联轴器,检查有无径向跳动、端面摆动	无明显径向跳动和端面摆动
	弹性橡胶圈	检查变形与磨损程度	不得超过报废极限
	齿形联轴器	检查润滑情况及是否漏油	给油适当,不漏油
		检查是否有异常响声	无异常声响
	螺栓及螺母	检查螺栓、螺母有无松动与脱落	无松动或脱落
制动器	制动器	检查制动器工作情况	工作正常,不偏磨
	脚踏制动器	检查踏板空隙及踩下时与底板之间的间隙是否正常	空间和间隙要适当
		检查杠杆系统有无松动或错位	不得有松动与错位
	液压制动器	检查液面高度及有无漏油	油量适当,无泄漏
		检查工作液压缸的功能及有无损伤、泄漏	动作正常,不得有损伤和泄漏
		检查推杆有无弯曲变形、油量情况、有无泄漏	不得有明显弯曲,油量适当,无泄漏
	电磁制动器	检查电磁铁动作情况	动作平稳,无异常噪声、无异臭
	液压盘式制动器	检查油量及漏油情况,以及连接与紧固件安装	油量适当,无漏油,无松动与脱落
		检查液压元件和圆盘工作状态,有无非正常磨损和损伤	动作正确,部件不得有严重磨损或损伤
	电磁盘制动器	检查电磁铁工作状态	动作平衡,无异常噪声和异臭
		检查工作件有无异常磨损与损伤,圆盘安装有无松动	动作正确,无明显磨损与损伤,无松动
	制动轮与制动瓦	检查制动轮安装有无松脱,摩擦片有无剥落、损伤及偏磨	无松动、无剥落、无损伤及偏磨
		检查弹簧是否老化	无老化
		检查制动轮有无裂纹、磨损及缺损	无裂纹、无损伤,磨损正常
		检查制动间隙是否合适	制动间隙合乎要求
	行程和制动力矩调节机构	检查行程和制动力矩调节机构有无异常	调节器适当,动作平稳
		检查拉杆、销轴、杠杆及螺栓有无裂纹、弯曲变形与磨损	无裂纹、无变形及明显磨损
	安装螺栓、销轴	检查螺栓、螺母与销轴有无松脱	无松脱
减速器	齿轮箱体	检查有无裂纹、变形及损伤	无裂纹、无明显变形与损伤
		检查安装连接有无松动与脱落	无松动与脱落
		检查油量、油品、油质	油量适当,无污染
		检查是否漏油	无漏油
	齿轮	检查有无异常声响、发热和振动	无异常声响、无发热、无振动
		齿面有无磨损及损伤	无明显磨损与损伤
		检查轮毂、轮盘、齿轮有无裂纹、变形及损伤	无裂纹、无变形及损伤
		检查键有无松动、出槽及变形	无松动、无出槽和明显变形

续表

检查项目		检查内容	判定标准
减速器	齿轮	检查键槽有无裂纹与变形	无裂纹与变形
		检查轮齿接触和啮合状态有无异常	齿面接触良好,啮合深度适度
		检查润滑情况	润滑良好
	齿轮箱盖	检查有无裂纹、变形与损伤	无裂纹、无明显变形与损伤
		检查连接与安装有无松脱	无松脱
轴	转轴、心轴、传动轴	检查有无变形与磨损	无变形、无损伤,润滑良好
		检查传动轴是否有振摆	无异常振动、无噪声和明显的发热
		检查键及键槽有无松动、变形、裂纹	无松动、无变形裂纹
轴承	滚动轴承	检查有无裂纹与损伤	无裂纹、无损伤
		检查润滑状况	润滑良好
		检查在空载和负载工况下有无异常振动、发热、噪声	无异常振动、无噪声和明显的发热
	滑动轴承	检查轴承有无磨损	无明显磨损
		检查在空载和负载工况下是否烧损与发热	不得有烧损或明显温升陡变
车轮组	轮缘	检查有无裂纹、缺蚀、变形、磨损	无裂纹、无明显缺蚀、无明显变形、无磨损
	车轮踏面	检查踏面有无损伤	无明显磨损
		检查主动车轮及从动车轮直径误差	误差值应符合相应标准
		检查有无裂纹、变形、踏面表面剥落	无裂纹与变形,无剥落
	轮毂内轴承	检查滑动轴承的润滑情况	无异常
		检查空载和负载工况时有无异常振动、噪声、温升	正常
		检查滚动轴承的润滑情况、振动、噪声、温升等	正常
	车轮轮毂与端梁弯板之间的间隙	检查有无摩擦、磨损	无摩擦、无磨损
		检查装配精度	安装良好

表 14-74 轨道检查项目、内容及判定标准

检查项目		检查内容	判定标准
轨道	钢轨	检查有无裂纹、头部下陷、变形、侧面磨损	无裂纹、无明显下陷、无变形及严重磨损
	钢轨紧固螺栓	检查连接螺栓有无松动及脱落	不得有松动与脱落
	连接板及垫板	检查螺栓有无松动、脱落	无松动、无脱落
		检查连接板和垫板有无移位、缺陷或脱落	不得有移位、缺陷及脱落
	缓冲器及车挡	检查有无损伤及错位;安装有无松动、脱落	无损伤、无错位;无松动、无脱落
	钢轨接头	检查钢轨接头有无错位及间隙变化	不得有明显错位及间隙变化
	钢轨焊接安装	检查焊缝有无裂纹与开裂	不得有裂纹、开裂
	几何尺寸误差	检查轨距、轨道中心线、轨顶高等偏差	各偏差不超过规范规定值

3) 控制系统检查与电气设备的维护

(1) 供电、电气元器件及控制系统的检查

门式起重机的供电装置、驱动装置、电器元件、控制及操纵系统的检查项目、内容及判定标准如表 14-75 所示。

(2) 电气设备的维护

建立电气检修制度,各种检修周期的规定按起重机的工作级别及环境条件而定,以下所列各种检修制度系指一般情况而言。

① 日检修——由起重机驾驶员每日交接班时进行。检修范围如下:清除电气设备外部的灰尘、污泥及油类等附着物;用手探测电动机、电磁铁、控制器触头、电阻器等发热情况;检查轴承有无漏油现象;检查主要设备的电线接头是否紧密;在打开观察孔盖或外壳时,应防止灰尘、铁屑等侵入线包内部。将观察所得的各种特殊情况记录下来。

② 旬日检修(或双周检查)——由电气工作人员执行,驾驶员也需要参加。检修范围如下:清除各电气设备内部的灰尘、污泥等附着物;观察电动机的刷架、炭刷滑环等磨损情况;检查电动机、电磁铁、继电器及电磁开头等在运行时所发出的声响是否正常;检查并修理控制器与开关的触头。

表 14-75　起重机电气、控制系统检查项目、内容及判定标准

检查项目			检查内容	判定标准
电动机	绕组		检查绝缘电阻值,有无发热	电阻值在规定范围,无异常发热
	轴承		检查润滑情况,有无异常响声	润滑良好,无异常声响
	滑环		检查有无变色、裂痕、接线头有无松动	无明显变色、无裂痕,接线头无松动
	电刷及导线		检查有无磨损和松动	无明显磨损、无松动
			检查压力值	压力适当
			检查是否附着碳粉	无附着碳粉
			检查转动电动机轴有无松脱	无松脱
集电装置	滑线及滑车轨道	电源滑线、集电轨道	检查有无变形、磨损、损伤	无明显变形、无磨损、无损伤
			检查张紧装置动作是否正常	张紧力正常
			检查滑线与滑块的接触情况	接触良好
			检查绝缘子支承有无松脱	无松脱
		壳、盖、罩子	检查有无损伤与变形	无损伤与明显变形
			检查防触电装置是否正常	与滑线有足够间距
		绝缘集电器	检查绝缘集电器的接线有无异常	电缆心线、接头及外壳要可靠连接
		绝缘子	检查有无脱落、松动、破裂与污垢	无脱落、无松动、无破裂与污垢
	集电器	机械部分	检查有无磨损与损伤	无明显磨损、无损伤
			检查润滑是否良好	润滑良好
		弹簧	检查有无变形、腐蚀及疲劳损伤	无变形、无明显腐蚀及疲劳损伤
		接线与绝缘	检查接线有无断线,绝缘子是否存在破损、污秽	无断线或破损、无污秽
		接头螺栓	检查紧固部分有无松动、脱落	无松动、无脱落
	供电电缆	绝缘层	检查有无损伤	无损伤
		连接处	检查紧固部分有无松动与脱落	无松动、无脱落
		电缆及导向装置	检查电缆拉伸部分有无弯曲、扭曲及损伤	无弯曲、无扭曲及损伤情况
			检查电缆导向装置动作情况	动作平稳

续表

检查项目			检查内容	判定标准
电气元件及控制系统	开关	开关、接触部分与保险器	检查开关动作有无异常,外形有无破损	动作正常、无破损
			检查接触部分铰链和夹子的压力是否合适	接触压力适当
			检查保险器安装及容量是否合适	安装正确,容量合适
	接触器	触头	检查触头接触压力及接触面破损情况	接触面无间隙及脱开时彻底
		弹簧	检查有无损坏、变形、腐蚀以及疲劳老化	无损坏、无变形、无明显腐蚀和疲劳老化
		可动铁芯	检查铁芯吸合面有无附着物	无附着物
			检查工作时有无异常声响,屏蔽线圈有无断线	无异常声响或断线
			检查限位块有无磨损及损伤	无明显磨损或损伤
			检查断路时有无间隙	无间隙
		消弧线圈	检查紧固部分有无松动	无松动
		消弧栅	检查是否在原定位置	应在原定位置
			检查是否烧损	无明显烧损
		紧固件	检查有无松动	无松动
	继电器	弹簧	检查有无弯折、变形、腐蚀、疲劳损伤	无弯折、无变形、无明显腐蚀和疲劳损伤
		时间继电器	检查限时功能	限时准确
		阻尼延时器	检查油筒是否脱落、漏油	无脱落、无漏油
			检查油量及油质	油量及油质正常
		接触片操作	检查接触面有无损坏及磨损	无明显损坏与磨损
		机构及操作试验	用手操作,检查动作状态	动作要正常
	控制器操作开关	内部配线	检查连接端子连接情况	无松动脱落
			检查配线及绝缘有无污损、劣化	无损伤、无污染及劣化
			检查电线引入管口有无异常	无损伤或明显劣化
		紧固连接	检查紧固件有无松脱	无松脱
		触电保护装置	检查触电保护装置有无异常	设备无破损、无脱落、无变形、无劣化
		动作状态	检查动作状态是否正常	动作平稳
			检查零位限制器及手柄动作是否正常	限制器和手柄停止位置要牢靠
		离合片及离合辊	检查接触压力,紧固件有无松动	接触时完全,脱离时彻底
			检查离合辊润滑情况	无松动,给油正常
		复位弹簧	检查有无折损、变形、腐蚀及疲劳损伤	无折损、无变形、无明显腐蚀及疲劳损伤
		轴承及齿轮	检查润滑情况	给油适量,润滑正常
		接触片及触头	检查接触面有无破坏及磨损	无明显破坏磨损
			检查接触片接触深度	应完全接触
		绝缘棒	检查有无裂纹、污损	无裂纹与明显污损

续表

检查项目		检查内容	判定标准
电气元件及控制系统	电阻器 动作方向显示板	检查有无损伤及污染	无损伤,无明显污损
	电线引入	检查电线引入管口有无异常	无损伤或明显变化
	重锤开关	检查动作情况	动作正常
		检查有无损伤、污染	无损伤与污染
		检查外壳、盖、重锤保护装置有无异常	无异常
	端子	检查紧固件有无松动	无松动
	电阻片	检查有无裂纹、损伤	无裂纹、无损伤
		检查各片间有无接触	无接触
		检查有无松动	无松动
		检查端子附近接线及绝缘是否过热烧损	无烧坏
		检查绝缘体上是否积尘	不得堆积粉尘
	连接紧固	检查紧固部分有无松动	无松动
线路及通信	机内明线	检查保护层有无损伤,有无过紧、扭曲,线夹松动现象	无损伤,不应过紧,无扭曲、无松动等
	照明及信号灯	检查照明亮度是否合适	确保仪表和操作部分有充足的亮度
		检查接头部分有无松动	无松动
		检查紧固件是否松动	无松动
		检查灯泡和防护装置有无破损	无破损
	电路绝缘电阻	测定配电电路各支路绝缘电阻有无异常	绝缘电阻值应在规定的范围之内

③ 年检修或大修——由电气工作人员执行,检修范围如下:拆开各项电气设备进行清理;检修各项设备的支架;洗净电动机的滚动轴承并另换新润滑脂;测量定子与转子间空隙,如发现不均匀时需要更换滚动轴承;测量绝缘电阻,必要时进行干燥。各种缺陷在年检修时应全部修好,无法修理的部件应该更换,年检修或大修范围均由各项设备实际磨损与陈旧程度来决定。

在起重机上必须备有而且只允许用干式灭火器。最常用的为四氯化碳灭火器,不允许使用泡沫灭火器。干砂只能用来扑灭导线的着火,而不能用来扑灭电动机的着火。

当发生火灾时,首先应该设法切断电源,此时用紧急开关或保护盘上的刀闸开关来切断电源。当保护盘前面的导线着火时,应切断馈电线上的刀闸开关。

着过火的起重机要经过清擦,干燥与检查所有电气设备及电气布线,修复合格以后才能再用。

4)起重机的润滑

起重机润滑情况的好坏直接影响起重机各机构的正常运转,凡是有轴、孔配合的部位和有相对运动摩擦的机械部位都要进行定期润滑。因此,使用和维修人员必须经常检查各润滑点的润滑情况,按时给各润滑点加油。根据用户需求,其润滑有分点润滑和集中润滑两种。

(1)各润滑点分布

① 吊钩滑轮轴两端及吊钩螺母下的推力轴承。

② 固定滑轮轴(在小车架上)。

③ 钢丝绳。

④ 各减速器。

⑤ 齿轮联轴器。

⑥ 各轴承座(包括车轮组、轴承箱及卷筒座)。

⑦ 电动机轴承。
⑧ 制动器各铰点。
⑨ 电缆导电中滑车的轴承。
(2) 润滑条件与润滑材料

起重设备必须采用合适的润滑油脂,定期润滑和及时更换,润滑装置和各润滑点必须保持清洁。表14-76中列出了各机构主要零部件润滑时间的一般规定和推荐用的润滑材料。

表 14-76 典型零部件的润滑周期及其润滑材料

序号	零部件名称	润滑周期	润滑条件	润滑材料
1	钢丝绳	一般15～30天一次,根据实际使用中的润滑情况而定	把润滑脂加热到50～100℃浸涂至饱和为止;不加热涂抹	钢丝绳用润滑脂(NB/SH/T 0387—2014);石墨钙基润滑脂(SH/T 0369—1992)
2	减速器	建议每季换一次	—	工业闭式齿轮油(GB 5903—2011)
3	开式齿轮	半月一次,每季或半年清洗一次	—	极压锂基润滑脂(GB/T 7323—2019)
4	齿轮联轴器	每月一次	工作温度在−20～50℃	钙基润滑脂(GB/T 491—2008)
5	滚动轴承	3～6个月一次	工作温度高于50℃	汽车通用锂基润滑脂(GB/T 5671—2014)
6	滑动轴承	酌情	工作温度低于−20℃	1、2号特种润滑脂(Q/SY 1110—70)
7	卷筒内齿盘	大修时加油		
8	电动机	年检修或大修	一般电动机	汽车通用锂基润滑脂(GB/T 5671—2014)
			H级绝缘和湿热地带	复合铝基润滑脂(SH/T 0378—1992)
9	制动器各铰	每月一次	—	工业用锂基润滑脂

(3) 润滑注意事项
① 润滑材料必须保持清洁。
② 不同牌号的润滑脂不可混合使用。
③ 经常检查润滑系统的密封情况。
④ 选用适宜的润滑材料和按规定添加润滑脂的时间,进行润滑工作。
⑤ 应用压力注脂法(油枪或油泵)添加润滑脂,尽量避免用涂抹方法添加润滑脂。因为润滑脂不易进到摩擦面上,必要时应设法把滑脂推送到摩擦面上。
⑥ 只有在起重机完全断电时才允许进行润滑操作(电动干油集中润滑除外)。
⑦ 应保证管路不被挤、压、碰伤。
⑧ 需要拆卸管路时,必须将管端或连接处防护好,以免碰伤或混入机械杂质。重新安装时,要认真清除接头处的污垢,确保油路清洁。
⑨ 潮湿地区不宜选用钠基润滑脂,因其吸水性强、易失效。
⑩ 各机构没有注脂点的转动部位,应定期用稀油点注在各转动部位的缝隙中,以减少机件的磨损和防止锈蚀。
⑪ 润滑点润滑时,应适当转动以使润滑脂均匀分布。
⑫ 各种润滑油料等如未达到规定更换间隔时间,已发现受污或变质时,应立即更换。

8. 常见故障及处理方法

起重机在使用过程中,机械零部件、电气控制和液压系统的元器件,会不可避免地发生老化、磨损,并引发故障,导致同一故障的原因可能不是一一对应的关系。因此要对故障进行认真分析,准确地查找真正的故障原因,并采取相应的方法予以排除,从而恢复故障点的技术性能。以下为桥式起重机常见故障及处理方式。

1) 金属结构部分的常见故障及处理方法(表14-77)

2) 各机构的常见故障及处理方法(表14-78～表14-80)

表 14-77　金属结构部分常见故障及处理方法

故障名称	故障原因	处理方法
主梁腹板或盖板发生疲劳裂纹	长期超载使用	裂纹不大于 0.1 mm 的,可用砂轮将其磨平;对于较大的裂纹,可在裂纹两端钻大于 $\phi 8$ mm 的小孔,然后沿裂纹两侧开 60°的坡口,进行补焊。重受力构件部分应用加强板补焊,以保证其强度
主梁腹板有波浪形变形	超负荷使用,使腹板局部失稳	采取火焰矫正,消除变形,锤击消去内应力,严禁超负荷用
主梁旁弯变形	工作应力叠加所致,运输和存放不当	用火焰矫正法,在主梁的凸起侧加热,并适当配用顶具和拉具
主梁下沉变形	主梁结构应力腹板波浪形;变形超载使用热效应的影响;存放、运输不当及其他	采用预应力法矫正,采用火焰矫正后,沿主梁下盖板用槽钢加固

表 14-78　起重机各机构常见故障(起升机构各零部件故障)及处理方法

部件	故障及损坏情况	故障原因与后果	处理方法
锻造吊钩	吊钩表面出现疲劳裂纹	超载、超期使用、材质缺陷	发现裂纹后更换
	开口及危险断面磨损	严重时降低强度、易断钩,造成事故	磨损量超过危险断面 10% 时更换
	开口部位和弯曲部位发生塑性变形	长期过载、疲劳所致	立即更换
叠片式吊钩(板钩)	吊钩变形	长期过载,容易断钩	更换
	表面有疲劳裂纹	超期、超载、吊钩损坏	更换
	销轴磨损量超过公称直径的 3%～5%	吊钩脱落	更换
	耳环有裂纹或毛刺	耳环断裂	更换
	耳环衬套磨损量达到原厚度的 50%	受力情况不良	更换
钢丝绳	断丝、断股、打结、磨损	导致突然断绳	断股、打结,停止使用;断丝,按标准更换;磨损,按标准更换
滑轮	滑轮绳槽磨损不匀	材质不均匀、安装不合要求,绳和轮接触不良	轮槽壁磨损量达到原厚度的 1/10、径向磨损量达到绳径的 1/5 时应更换
	滑轮转不动	轴损坏或轴承损坏	更换轴和轴承并加强润滑、检修
	滑轮倾斜、松动	轴上定位件松动或钢丝绳跳槽	紧固轴上定位件,对钢丝绳跳槽进行检修
	滑轮裂纹或轮缘断裂	滑轮损坏	更换
卷筒	卷筒出现疲劳裂纹	卷筒破裂	更换卷筒
	卷筒轴、键磨损	轴被剪断,导致重物坠落	停止使用,立即对轴、键等进行检修
	卷筒绳槽磨损和绳跳槽,磨损量达到原壁厚的 15%～20%	卷筒强度削弱,容易断裂;钢丝绳缠绕混乱	更换卷筒

续表

部件	故障及损坏情况	故障原因与后果	处理方法
齿轮	齿轮轮齿折断	运转中有异常声响,若继续使用则损坏传动机构	更换新齿轮
	齿轮磨损量达到原齿厚的15%～20%	工作时产生冲击与振动,若继续使用则损坏传动机构	更换新齿轮
	齿轮裂纹因"键滚"使齿轮键槽损坏	运转中有振动和异常声响,是超期使用、安装不正确所致;齿轮损坏,使吊重坠落	对起升机构应进行更换,对运行机构等进行修补
	齿面剥落面占全部工作面积的30%,剥落深度达到齿厚的10%;渗碳层磨损80%深度	超期使用,热处理质量问题	更换;圆周速度大于8 m/s的减速器的高速级齿轮磨损时应成对更换
轴	出现裂纹	材质差、热处理不当,导致轴损坏	更换
	轴弯曲超过0.5 mm/m	导致轴颈磨损,影响传动,产生振动	更换或矫正
	键槽损坏	不能传递扭矩	起升机构应进行更换,运行机构等可修复使用
车轮	踏面和轮辐轮盘出现疲劳裂纹	车轮损坏	更换
	主动车轮踏面磨损不均匀	导致车轮啃轨,车体倾斜	成对更换
	踏面磨损达到轮圈厚度的15%	运行时产生振动,车轮损坏	更换
	轮缘磨损达到原厚度的50%	由车体倾斜、车轮啃轨所致,容易脱轨	更换
制动器零件	拉杆上有疲劳裂纹	制动器失灵	更换
	弹簧上有疲劳裂纹	制动器失灵	更换
	小轴、心轴磨损量达到公称直径的3%～5%	抱不住闸	更换
	制动轮磨损量达到原轮缘厚度的40%～50%	吊重下滑或溜车	更换
	制动瓦摩擦片的磨损量达到2 mm或达到原厚度的50%	制动器失灵	更换摩擦片
联轴器	联轴器内有裂纹	联轴器损坏	更换
	连接螺栓有松动	启、制动时产生冲击与振动,螺栓剪断,起升机构中则易发生吊重坠落	拧紧
	齿形联轴器齿轮磨损或折断	缺少润滑、工作繁重、打反车所致,联轴器损坏	对起升机构,轮齿磨损达到原厚度的15%即应更换。对运行机构,轮齿磨损量达到原齿厚的30%时应更换
	键槽压溃与变形	脱键、不能传递扭矩	对起升机构应更换,对其他机构可修复使用
	销轴、柱销、橡皮圈等磨损	启、制动时发生强烈的冲击与振动	更换已磨损件

续表

部件	故障及损坏情况	故障原因与后果	处理方法
滚动轴承	温度过高	润滑油存在污垢	清除污垢,更换轴承
		完全缺油	按规定加注润滑油
		油过多	检查润滑油数量并调整
	有异常声响(哑音)	轴承污脏	清除污脏
	有金属研磨声响	缺油	加油
	有锉齿声或冲击声	轴承保持架、滚动体损坏	更换轴承
滑动轴承	过度发热	轴承偏斜或压得过紧	消除偏斜,合理紧固
		间隙不当	调整间隙
		润滑剂不足	加润滑油
		润滑剂质量不合格	换合格的润滑剂

表 14-79 起重机常见故障及处理方法(起升机构部件部分)

部件	故障名称	故障原因	处理方法
制动器	不能闸住制动轮(重物下滑)	杠杆的铰链被卡住	排除卡住故障、润滑
		制动轮和摩擦片上有油污	清洗油污
		电磁铁芯没有足够的行程	调整制动器
		制动轮或摩擦片有严重磨损	更换制动轮或摩擦片
		主弹簧松动和损坏	更换主弹簧或锁紧螺母
		锁紧螺母松动、拉杆松动	紧固锁紧螺母
		液压推杆制动器叶轮旋转不灵	检修推动机构电气部分
	制动器不松闸	电磁铁线圈烧毁	更换
		通往电磁铁的导线断开	接好线
		摩擦片粘连在制动轮上	用煤油清洗
		活动铰被卡住	消除卡住现象、润滑
		主弹簧力过大或配置太重	调整主弹簧力
		制动器顶杆弯曲,推不动电磁铁(在液压推杆制动器上)	顶杆调直或更换顶杆
		油液使用不当	按工作环境温度或更换油液
		叶轮卡住	调整推杆机构和检查电气部分
		电压低于额定电压的85%,电磁铁吸合力不足	查明电压降低原因,排除故障
	制动器发热,摩擦片发出焦味并且磨损很快	闸瓦在松闸后,没有均匀地和制动轮完全脱开,因而产生摩擦	调整间隙
		两闸瓦与制动轮之间的间隙不均匀或隙过小	调整间隙
		短行程制动器辅助弹簧损坏或弯曲	更换或修理辅助弹簧
		制动轮工作表面粗糙	按要求车削制动轮表面
	制动器容易离开调整位置,制动力矩不够稳定	背紧螺母没有拧紧、螺纹损坏	拧紧螺母,更换
	电磁铁发热或有响声	主弹簧力过大	调整至合适大小
		杠杆系统被卡住	消除卡住原因、润滑
		衔铁与铁芯贴合位置不正确	刮平贴合面

续表

部件	故障名称	故障原因	处理方法
减速器	有周期性齿轮颤动现象,从动轮特别明显	节距离(链条滚子之间的中心距离)误差过大,齿侧间隙超差	修理,重新安装
	有剧烈的金属摩擦声,减速器振动,机壳叮当作响	传动齿轮侧隙过小,两个齿轮轴不平行、齿轮有尖锐的刃边	修正,重新安装
	齿轮啮合时,有不均匀的敲击声,机壳振动	轮齿工作面不平坦,齿面有缺陷,轮齿不是沿全齿面接触而是在一角上接触	更换齿轮
	壳体,特别是安装轴承处发热	轴承破碎	更换轴承
		轴颈卡住	更换轴承
		轮齿磨损	更换齿轮
		缺少润滑油	加注润滑油
	剖分面漏油	密封件失效	更换密封件
		箱体变形	检修箱体剖分面,若变形严重则更换
		剖分面不平	铲平剖分面
		连接螺栓松动	清理回油槽,紧固螺栓
	减速器在底座上振动	地脚螺栓松动	调整地脚螺栓
		与各部件连接轴线不同心	对线调整
		底座刚性差	加固底座,增加刚性
	减速器整体发热	润滑油过多	调整油量
钢丝绳滑轮系统	钢丝绳迅速磨损或经常损坏	滑轮和卷筒直径太小	更换挠性更好的钢丝绳,加大滑轮或卷筒的直径
		卷筒上绳槽尺寸绳径不相匹配,太小	更换起吊能力相等,但直径较细的钢丝绳,或更换滑轮及卷筒
		有脏物,缺润滑	清除、润滑
		起升限位挡板安装不正确,经常磨绳	调整
		滑轮槽底或轮缘不光滑,有缺陷	—
	个别滑轮不转动	轴承中缺油,有污垢和锈蚀	润滑、清洗

表 14-80 起重机常见故障及处理方法(大小车运行机构)

部件	故障名称	故障原因	处理方法
大车运行机构	桥架歪斜,运行啃轨	两主动车轮直径误差过大	测量、加工、更换车轮
		主动车轮没有全部和轨道接触	调平轨道,调整车轮
		车轮水平偏斜超差	检查和消除车轮水平偏斜超差现象
		金属结构变形	矫正
		轨距、侧向直线度、两轨高低差等指标超差	调整轨道,使轨道符合安装技术条件
		轨顶有油污或冰霜	清除油污和冰霜
小车运行机构	打滑	轨顶有油污等	清除
		轮压不均	调整轮压
		同一截面内两轨道标高差过大	调整轨道至符合技术条件
		启、制动过于猛烈	改善电动机启动方法,选用绕线式电动机
	启动时车身扭摆	小车轮压不均或主动车轮有一只悬空	调整小车三条腿现象
		啃轨	解决啃轨

3) 起重机电气设备部分故障及处理方法(表 14-81、表 14-82)

表 14-81 起重机电气设备部分故障与处理方法

部件	故障名称	故 障 原 因	处 理 方 法
交流电动机	整个电动机均匀过热	接电率(JC%)加大,引起过载	减低起重机繁重程度或更换JC%相应电动机
		在低电压下工作	起重机供电电压低于10%额定电压时停止工作
		电动机选择不当	选择合适的电动机
		检修后改变了起重机性能参数	维修,保持起重机设计参数
	定子局部过热	定子硅钢片之间局部短路	消除引起短路的原因,用绝缘漆抹在修理的地方
	定子绕组局部过热	接线错误	检查并排除接线错误
		某相绕组中的两处与外壳短路	修复某相绕组
	转子温度升高,定子有大电流冲击,电动机在额定负荷时不能达到全速	绕组端头、中性点或并联绕组之间接触不良	检查焊接处,消除缺陷
		绕组与滑环之间接触不良	检查连接状况
		电刷器械中有接触不良处	检查调整电刷器械
		转子电路中有接触不良处	检查松动与接触不良的情况并修理电阻,断裂的更换
	电动机在工作时振动	电动机轴和减速器轴不同心	重新对线安装
		轴承损坏和磨损	更换轴承
		转子变形	检修
	电动机工作时发出不正常的声响	定子相位错移	检查接线并改正
		定子铁芯没压力	检查定子并修理
	电动机工作时发出不正常的声响	轴承磨损	更换轴承
		槽楔子膨胀	锯掉膨胀的楔子或更换
	电动机在承受负荷后转速变慢	转子端部连接处发生短路,转子绕组有两处接地	检查并消除短路现象,检查每匝线圈,修理破损,消除短路
	电动机运行时定子与转子摩擦	轴承端部连接处发生短路	更换失效轴承;检查端盖的位置;清除定子、转子铁芯上的飞刺
		转子绕组的线圈连接不正确,使磁通不平衡	检查并使线圈接线正确,保证转子每相中的电流应相等
	电动机工作时电刷上冒火花或滑环被烧焦	电刷研磨不好	磨好电刷
		电刷在刷握中太松	调整电刷或研磨合适
		电刷及滑环污脏	用酒精将滑环擦干净
		滑环不平,造成电刷跳动	车削和磨光滑环
		电刷压力不足	调整电刷压力(18~20 kPa)
		电刷牌号不对	更换
		电刷间电流分布不均匀	检查刷架馈电线及电刷,并矫正
	滑环开路	滑环与电刷器械脏污	清污除垢

续表

部件	故障名称	故障原因	处理方法
交流电磁铁	线圈过热	电磁铁吸力过载	调整弹簧拉力
		磁流通路的固定部分与活动部分之间存在间隙	消除间隙
		线圈电压与电网电压不相符合	更换线圈,或改变接法
	工作时声响较大	电磁铁过载	调整弹簧
		磁流通路的工作表面上有污垢	消除污垢
		磁力系统偏斜	调整制动器机械部分,消除偏斜
	不能克服弹簧作用力	电磁铁过载	调整制动器主弹簧力
		主弹簧力过大	调整制动器主弹簧力
		电网中电压低	暂停工作
交流接触器和继电器	线圈发热	线圈过载	减小活动触头对固定触头的压力
		磁流通路的活动部分接触不到固定部分	消除偏斜、卡塞、污垢或更换线圈
	接触器嗡嗡声增高	线圈过载,磁流通路表面上有污垢	减小触头压力,消除脏污
		磁力通路自动调整系统中有卡塞现象	消除卡塞
	接触器发热或烧毁(损)	触头压力不足	调整压力
		触头脏污	清洗或更换
	主接触器不能接通	闸刀开关没合上,紧急开关合上	闭合开关
		上仓口开关没合上	闭合开关
		控制器手柄没放回零位	手柄回零
		控制电路熔断器烧断	检修或者更换熔断器
		线路无电	检查线路有无电压并处理
	起重机运行中经常掉闸	触头压力不足	调整触头压力
		触头烧损	更换或者打磨修理触头
		触头脏污	清洗
		超负荷运行,造成电流过大	减少负荷
		滑线不平行,集电器和滑线接触不良	修整轨道或地沟滑触线
	吸合时动作迟缓	动静磁铁极面间隙过大	缩短极面间隙
		机械底板上部较下部突出	将器件垂直安放

表 14-82 起重机电气控制及线路故障分析与处理方法

故障名称	故障原因	处理方法
保护箱的刀开关闭合时,控制回路的熔断器烧毁	在控制回路中该相接地	用兆欧表检查该相接地部分,予以排除
某机构控制器转动后,过电流继电器动作	保护该电动机的过电流继电器的整定值不符合要求	按 $I_{调}=(2.25\sim2.5)I_{额}$ 调整继电器原整定值
	该机构的机械传动部分某环节卡住而造成电动机过载	检修传动部分,排除卡住现象
控制器合上后电动机不转	一相断电,电动机发出声响	找出损坏处,接好线
	转子电路断线	找出损坏处,接好线
	线路无电压	找出损坏处,接好线
	控制器内触头没有真正接触	检修控制器
	集电刷发生故障	检修集电刷
	制动器故障,不能松闸	检修制动器

续表

故障名称	故障原因	处理方法
控制器合上后电动机仅能单向转动	控制器反向触头接触不好或控制转动机构有故障	检修控制器,调整触头
	配电线路发生故障	用短接法找出故障并消除
	工作机构运动到极点,压开了限位开关	只能单方向运转时,将故障排除
	限位开关发生故障	检查限位开关,消除故障
终点限位开关动作后,主接触器不释放	终点开关电路中发生短路	检修,消除短路
	接至控制器的导线错乱	纠正配线错误
控制器工作时发生卡塞和冲击	定位机构发生故障	消除故障
	触头撑住于弧形室内	调整触头位置
运行中控制器扳不动	定位机构故障	调整压力
	触头烧灼粘连	清洗触头
发电机不激磁	激磁回路断线	检查激磁回路
	发电机转向相反	调换驱动电机转子两相接线
电源切断后(控制回路分断)保护箱接触器不掉闸	控制回路中有接地或短路之处	查出接地或短路部位,排除故障
	接触器触头焊住,对主回路继续通电	锉削烧焦的触头,使接触良好

14.4.4 电机车

电机车在盾构施工期间主要完成渣土、管片、砂浆等物料的运输,常见规格为25~65 t,具体型号依据项目运输距离、坡度、载重量等条件进行配置。电机车的主要性能参数如表14-83所示。

表14-83 电机车主要性能参数

序号	牵引力/tf	机械型号	额定电压/V	厂家	参考价格/万元
1	65	LK65-9 电瓶牵引车	540	北车兰州机车有限公司	185
2	55	XK55-9 电瓶牵引车	540	北车兰州机车有限公司	115
3	45	JXKB45-9 电瓶牵引车	510	北车兰州机车有限公司	110

14.4.5 泥水处理系统

泥水处理系统按照地质颗粒级配和盾构施工浆液处理能力进行选型,并根据隧道长度、施工场地及使用周期选择合理配置。泥水处理系统的主要性能参数如表14-84所示。

表14-84 泥水处理系统主要性能参数

序号	性能参数		包含结构	厂家	参考价格/万元
1	泥浆处理能力	3300 m³/h	泥浆分离设备、制浆设备、压滤处理系统、隔音降噪	康明克斯机电设备有限公司	2270
2	制浆能力	150 m³/h			
3	综合调节能力	3300 m³/h			
4	泥浆处理能力	3000 m³/h	泥水分离设备、调制浆设备、压滤处理设备、浆罐	康明克斯机电设备有限公司	1695
5	制浆能力	150 m³/h			
6	调浆能力	2600 m³/h			

14.4.6 砂浆罐车

为满足 8 m 及以上大直径盾构施工,通常按照砂浆运输距离、方量配置砂浆罐车,常见规格为 8~13 m³。砂浆罐车的主要性能参数如表 14-85 所示。

表 14-85 砂浆罐车主要性能参数

序号	设备规格/m³	机械型号	厂家	参考价格/万元
1	8	SJ8-9 砂浆罐车	中铁长安重工有限公司	10
2	10	SJ8-10 砂浆罐车		15
3	13	SJC13 砂浆罐车		20

14.4.7 伞形钻机

铁路隧道施工中,伞形钻机按井筒直径和钎头直径进行选择,其井筒直径为 4.5~8.5 m,钎头直径为 38~55 m。常用产品的主要性能参数如表 14-86 所示。

表 14-86 伞形钻机主要性能参数

序号	井筒直径/m	炮眼深度/mm	动臂摆动角度/(°)	钎头直径/mm	型号	工作压力/MPa	厂家	参考价格/元
1	4.5~6	4200/4800/5500	120	38~55	FJD5C-42、FJD5C-48、FJD5C-55	7~14	济宁卓力工矿有限公司	15 000
2	6~8	4200/4800/5500	120	38~55	FJD6C-42、FJD6C-48、FJD6C-55	7~14	济宁卓力工矿有限公司	18 000
3	7~8.5	4200/4800/5500	120	38~55	FJD9C-42、FJD9C-48、FJD9C-55	7~14	济宁卓力工矿有限公司	20 000

14.5 明挖法隧道机械

14.5.1 旋挖钻机

铁路桥涵施工现场常使用的旋挖钻机的钻孔直径为 1.5~2.5 m。常用产品的主要性能参数如表 14-87 所示。

14.5.2 冲击钻机

冲击钻机的主要使用参数为钻孔直径和深度,钻孔直径为 0.6~2.5 m,深度为 80 m,主要性能参数如表 14-88 所示。

表 14-87 旋挖钻机主要性能参数

序号	扭矩/(kN·m)	钻孔速度/(r/min)	最大钻深(机锁杆)/m	最大钻深(摩擦杆)/m	钻孔直径/mm	型号	厂家	参考价格/万元
1	150	7~40	56	56	1500	SR150C	三一重工股份有限公司	—
2	200	7~30	44	58	1800	SR200C		—
3	285	6~30	50	70	2500	SR250		—
4	200	6~20	52	65	1800	ZR200A	中联重科股份有限公司	—
5	220	7~26	48	60	2000	ZR220A		—
6	220	7~26	56	70	2000	ZR220C		—
7	250	6~24	70	80	2500	ZR250B		—
8	150	11~22	50	50	1500	ZR150A		—

表 14-88　冲击钻机主要性能参数

冲击行程/mm	冲击频率/(次/min)	钻孔深度/m	钻孔直径/mm	型　号	厂　家	参考价格/万元
1000	40	80	600~1500	CJF-15	山东省地质探矿机械厂	—
200	300~1300	80	700~2000	YCJF-20		—
285	300~1300	80	1200~2500	YCJF-25		—

参考文献

[1] 卿三惠.高速铁路施工技术：隧道工程分册)[M].北京：中国铁道出版社,2013.

[2] 中国铁路集团有限公司.铁路隧道机械化全断面施工技术指南：Q/CR 9575—2021[S].北京：中国铁道出版社,2022:1.

[3] 中国铁路总公司.高速铁路隧道工程施工技术规程：Q/CR 9604—2015[S].北京：中国铁道出版社,2015:6.

[4] 张丕界,张旭东,王更峰.高速铁路隧道机械化施工关键技术[M].北京：人民交通出版社,2019.

[5] 卓越,宋华,林春刚,等.铁路隧道钻爆法施工机械化配套设备[M].北京：人民交通出版社,2018.

[6] 陈馈,洪开荣,焦胜军.盾构施工技术[M].2版.北京：人民交通出版社,2015.

[7] 王庆磊,崔蓬勃.隧道工程施工[M].北京：化学工业出版社,2021.

[8] 彭立敏,刘小兵.交通隧道工程[M].长沙：中南大学出版社,2003.

[9] 周远航,刘瑞庆,李大伟.一种新型隧道锚杆台车设计[J].机电工程技术,2018,47(3)：43-45.

[10] 贾体峰,陈保磊.徐工 TZ3S 大型隧道凿岩台车[J].凿岩机械气动工具,2020,46(6)：4-24.

[11] 刘在政,刘金书,马慧坤.HPS3016 型混凝土喷射机械手[J].工程机械,2011,42：13-16.

[12] 蒙先君,刘瑞庆,陈义得,等.全断面隧道掘进机操作技术及应用[M].北京：人民交通出版社,2020.

[13] 陈馈,谭顺辉,王江卡,等.盾构施工关键技术[M].北京：中国铁道出版社,2019.

[14] 孙振川,陈馈,周建军,等.全断面隧道掘进机操作培训教材[M].北京：人民交通出版社,2020.

[15] 杜彦良,杜立杰.全断面岩石隧道掘进机系统原理与集成设计[M].武汉：华中科技大学出版社,2011.

[16] 蒙先君,刘瑞庆,陈义得,等.全断面隧道掘进机再制造技术及应用[M].北京：人民交通出版社,2021.

[17] 管会生.盾构机设计及计算[M].成都：西南交通大学出版社,2018.

[18] 谢武斌.盾构机、掘进机的操作与维护[M].成都：电子科技大学出版社,2013.

[19] 孙连勇,王永军,温法庆.土压平衡盾构施工指南[M].武汉：武汉大学出版社,2019.

[20] 代春茹,许孝龙.复合地层的盾构机刀盘设计[J].中国重型装备,2022,2：5-7.

[21] 谭峰,杨博,黄乐,等.盾构机主驱动密封结构优化研究[J].润滑与密封,2022,47(4)：116-123.

[22] 张洪浩,胡爱国,刘吉利.盾构机球轴承内环铸造生产工艺研究[J].中国铸造装备与技术,2022,57(2)：101-104.

[23] 潘海涛.地铁隧道盾构机扩径改造关键技术[J].设备管理与维修,2022(6)：72-73.

[24] 柴洋.盾构机刀盘结构特性分析及优化设计[D].沈阳：沈阳工业大学,2021.

[25] 张朝坤.砂层中盾构机铰接处漏水原因分析与处理[J].工程机械与维修,2022(2)：167-169.

[26] 李艳斌.中心城区复杂地层盾构机优化设计[J].科技创新与应用,2022,12(7)：83-85.

[27] 魏磊.地铁盾构机吊装安全技术分析[J].设备管理及维护,2022(4)：125-127.

[28] 李兵.土层盾构始发过程反力架结构设计与安全评价[J].施工技术,2020,49(S1)：630-634.

[29] 李军.盾构机下穿结构物等风险源的施工控制技术[J].山西建筑,2022,48(3)：151-154.

[30] 张波波,赵立锋,赵晨.软土地区小松盾构机改造技术研究[J].中国安全生产科学技术,2021,17(S2):80-85.

[31] 吴煊鹏.中国盾构工程科技进展[M].北京:人民交通出版社,2016.

[32] 陈招伟,钱超,王振坤.地铁盾构机改造技术研究与实践[J].建筑施工,2021,43(12):2538-3540.

[33] 陈科锋.一种盾构机滚刀刀箱辅助定位装置的分析与应用[J].机械管理开发,2021,36(11):56-57.

[34] 张凤祥,朱合华,傅德明.盾构隧道[M].北京:人民交通出版社,2004.

[35] 葛麦陵.简明机械手册(中文版)[M].3版.杨祖群,译.长沙:湖南科学技术出版社,2019.

[36] 陶德馨.工程机械手册:港口机械[M].北京:清华大学出版社,2017.

[37] 钟桂彤.铁路隧道[M].北京:中国铁道出版社,1990.

第5篇

轨道施工机械

第15章

概　　述

15.1 铁路轨道

铁路轨道是铁路交通的重要基础设施,起引导机车车辆运行,直接承受列车载荷作用,并将列车载荷传递、扩散到路基或桥隧构筑物上。铁路轨道应保证机车车辆在规定的最大载重和最高速度下运行时,具有足够的强度、稳定性和平顺性。

根据轨下基础的不同,铁路的轨道结构可以分为有砟轨道和无砟轨道两类。普速铁路和快速铁路绝大部分采用有砟轨道,客运专线及高速铁路以无砟轨道为主。

有砟轨道主要由钢轨、轨枕、道床、道岔、连接零件等部件组成,结构如图 15-1 所示。有砟轨道是传统轨道结构,其道床由散粒体碎石堆积而成。它具有弹性良好、取材便利、更换与维修方便、吸噪特性好等优点,但相对无砟轨道来说,其也具有线路几何形状不易保持、使用寿命短、养护维修工作量大等缺点。

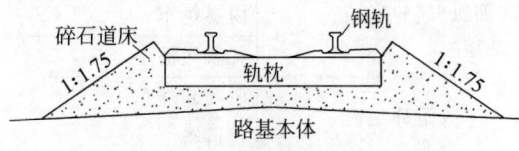

图 15-1　有砟轨道结构示意图

无砟轨道是一种新型轨道结构,指采用混凝土等整体结构取代散粒碎石道床为轨下基础的轨道结构,如图 15-2 和图 15-3 所示。它在构造上具有明显的层状特点,从上至下主要由钢轨、扣件系统、道床板(轨道板)、底座板或支承层组成,部分无砟轨道的道床板和底座板之间设有自密实混凝土等填充层。无砟轨道结构具有维护少、稳定性好、整体性强、结构简单等诸多优点,但存在建设成本高、维修难度大等问题。

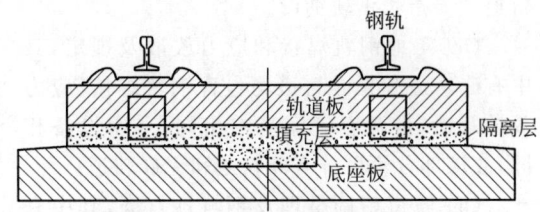

图 15-2　板式无砟轨道结构示意图

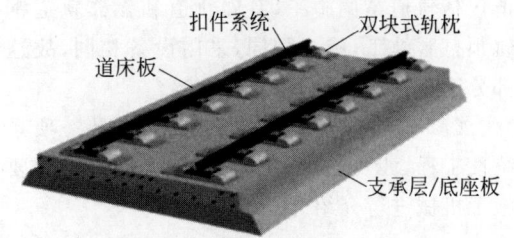

图 15-3　双块式无砟轨道结构示意图

15.2 轨道施工及机械

铁路轨道施工主要分为有砟轨道施工和无砟轨道施工。其中,有砟轨道施工主要包括铺轨前预铺道砟、钢轨铺设(含轨枕)、上砟整道、钢轨焊接、应力放散及锁定、轨道精调、钢轨预打磨等工序。无砟轨道施工主要包括无砟道床施工、长钢轨铺设、钢轨焊接、应力放散及锁定、轨道精调、钢轨预打磨等工序。铁路轨道施工一般在线下施工进入尾声时开始,施工工期短、任务量大,因此,需提前开展铺轨基地建设及铺轨准备工作。铁路道岔作为铁路轨道的重要组成部分,施工过程与普通线路施工存在差异。铁路轨道投入营业后,还需要经常性地进行养护维修施工。因此,本篇主要从以下7个方面对轨道施工及机械进行叙述:

(1) 铺轨基地施工和机械,包括轨料装卸施工、轨料运输施工。

(2) 道床施工和机械,其中有砟道床施工主要指铺轨前预铺道砟,无砟道床施工主要指整体道床施工。

(3) 道岔施工和机械,包括有砟道岔、无砟道岔施工。

(4) 钢轨铺设施工和机械,其中有砟轨道主要包含钢轨铺设(含轨枕)和上砟整道,无砟轨道主要指长钢轨铺设。

(5) 工地钢轨焊接和应力放散及锁定,其中有砟轨道和无砟轨道均包含钢轨焊接、应力放散及锁定,两者工序基本相同,采用设备相同,故该部分不区分有砟轨道和无砟轨道。

(6) 轨道精调整理及钢轨预打磨,其中有砟轨道包括上砟整道、轨道精调施工,无砟轨道包括轨道精调施工,有砟轨道和无砟轨道钢轨预打磨施工,施工相同,采用设备相同,故这部分不分有砟轨道和无砟轨道。

(7) 铁路营业线路养护维修,这是一项系统性工程,涉及面广、内容庞杂,本篇只对主要施工机械进行介绍。

15.2.1 铺轨基地施工和机械

铺轨基地是轨道施工项目正常运转的中心,具备轨料存储、轨料中转运输、工程列车编组、工程列车停放整备、调度指挥等多种功能。结合铁路轨道施工工艺,可将铺轨基地分为换铺法铺轨基地、单枕连续铺设法铺轨基地和无砟轨道铺轨基地。

1. 换铺法铺轨基地

换铺法铺轨基地主要有轨料装卸(含长钢轨)、道砟装卸、轨排生产、轨排运输、长钢轨运输、道砟运输和短钢轨回收等流程,主要机械如表15-1所示。

表15-1　换铺法铺轨基地主要机械

施工内容	施工流程(与机械相关)	主要施工机械
换铺法铺轨基地	轨料装卸(含长钢轨)	电动葫芦门式起重机
		长钢轨群吊
	道砟装卸	装载机
	轨排生产	轨排生产线
		内燃扳手
	轨排运输	铁路平车
		内燃机车
	长钢轨运输	长钢轨运输车
	道砟运输	风动卸砟车
	短钢轨回收	短钢轨回收车
		轨道车

2. 单枕连续铺设法铺轨基地

单枕连续铺设法铺轨基地主要有轨料装卸(含长钢轨)、道砟装卸、轨料运输和道砟运输等流程,主要机械如表15-2所示。

表15-2　单枕连续铺设法铺轨基地主要机械

施工内容	施工流程(与机械相关)	主要施工机械
单枕连续铺设法铺轨基地	轨料装卸(含长钢轨)	电动葫芦门式起重机
		长钢轨群吊
	道砟装卸	装载机
	轨料运输	铁路平车
		内燃机车
		枕轨运输车
	道砟运输	风动卸砟车
		轨道车

3. 无砟轨道铺轨基地

无砟轨道铺轨基地主要有长钢轨装卸、长钢轨运输等流程,主要机械如表15-3所示。

表 15-3　无砟轨道铺轨基地主要机械

施工内容	施工流程（与机械相关）	主要施工机械
无砟轨道铺轨基地	长钢轨装卸	长钢轨群吊
	长钢轨运输	铁路平车
		内燃机车
		长钢轨运输车
		轨道车

15.2.2　道床施工和机械

1．有砟道床

有砟道床施工主要指铺轨前预铺道砟，预铺道砟施工采用机械碾压法和摊铺机法进行，其中机械碾压法施工主要采用通用设备（如表15-4 所示），摊铺机法施工主要采用摊铺机进行摊铺（如表15-5 所示）。机械碾压法施工时，道砟由自卸车运输至施工现场，装载机进行摊铺，推土机和平地机进行整平，压路机进行碾压；摊铺机法施工时，道砟由自卸车运输至施工现场直接供给摊铺机，摊铺机一次摊铺并振动压实。

表 15-4　机械碾压法预铺道砟主要机械

施工内容	施工流程（与机械相关）	主要施工机械
机械碾压法预铺道砟	道砟运输	自卸车
	道砟摊铺	装载机
		推土机
		平地机
		压路机

表 15-5　摊铺机法预铺道砟主要机械

施工内容	施工流程（与机械相关）	主要施工机械
摊铺法预铺道砟	道砟运输	自卸车
	道砟摊铺	道砟摊铺机

2．无砟道床

无砟道床主要分为双块式无砟道床和板式无砟道床，目前常用的无砟道床结构为 CRTS 双块式无砟道床和 CRTS Ⅲ型板式无砟道床。

1) CRTS 双块式无砟道床

CRTS 双块式无砟道床施工主要流程如下：

（1）桥梁和隧道段，包括混凝土底座板施工、整体道床施工；

（2）路基段，包括水硬性混合料支承层施工、整体道床施工。

CRTS 双块式无砟道床施工主要机械包括混凝土施工机械、起重设备和轨排框架等，如表15-6 所示。

表 15-6　CRTS 双块式无砟道床施工主要机械

施工内容	施工流程（与机械相关）	主要施工机械
桥梁和隧道段道床施工	混凝土底座板施工	混凝土搅拌站
		混凝土搅拌运输车
		混凝土泵车
		铣刨机
		底座混凝土自动整平机
	整体道床施工	门式起重机
		混凝土泵车
		汽车起重机
路基段道床施工	水硬性混合料支承层施工	挖掘机
		自卸车
		摊铺机
	整体道床施工	门式起重机
		混凝土泵车
		汽车起重机

2) CRTS Ⅲ型板式无砟道床

CRTS Ⅲ型板式无砟道床施工主要流程包括混凝土底座及限位凹槽施工、轨道板铺设与精调、自密实混凝土施工。主要施工机械有轨道板运输车、轨道板铺设吊装设备、轨道板精调系统、轨道板扣压装置、自密实混凝土灌注设备等。CRTS Ⅲ型板式无砟道床施工主要机械如表15-7 所示。

表 15-7　CRTS Ⅲ型板式无砟道床施工主要机械

施工内容	施工流程（与机械相关）	主要施工机械
无砟道床施工	混凝土底座及限位凹槽施工	混凝土搅拌站
		混凝土搅拌运输车
		混凝土泵车
		底座混凝土自动整平机
	轨道板铺设与精调	轨道板运输车
		铺板龙门式起重机
		汽车起重机
		轨道板精调系统
	自密实混凝土施工	混凝土泵车
		混凝土搅拌运输车
		移动灌注器

15.2.3　道岔施工和机械

道岔是机车车辆从一股轨道转入或越过另一股轨道的线路设备，是铁路轨道的重要组成部分，可分为有砟道岔和无砟道岔。其中，有砟道岔一般为混凝土枕拼装道岔，通过有砟道床保持道岔的稳定状态；无砟道岔可分为混凝土枕埋入式和板式两类，混凝土枕埋入式无砟道岔通过混凝土道床保持道岔的稳定状态，板式无砟道岔通过道岔板道床保持道岔的稳定状态。与轨道施工相比，道岔施工数量较少，大多采用通用机械施工，专用机械设备较少。下面对其分别进行介绍。

1. 有砟道岔

有砟道岔施工包括道床摊铺、混凝土枕散布、道岔钢轨铺设、道岔精调整理等主要工序，与有砟轨道施工相比，主要施工工序基本相同，使用施工机械类似，本节只对不同部分进行说明。有砟道岔施工与有砟轨道施工不同部分主要包括钢轨铺设、钢轨焊接及应力放散、轨道精调整理等。道岔钢轨铺设一般由运输车辆将道岔钢轨、道岔配件等材料转运至道岔施工现场，由汽车起重机完成装卸及铺设工作。道岔钢轨焊接采用铝热焊，保证道岔钢轨纵向位置精度。有砟道岔精调整理使用道岔捣固车进行道床捣固作业。有砟道岔施工主要机械如表 15-8 所示。

表 15-8　有砟道岔施工主要机械

施工内容	施工流程（与机械相关）	主要施工机械
有砟道岔施工	道床摊铺	自卸车
		装载机
		推土机
		平地机
		压路机
	混凝土枕散布	运输车
		汽车起重机
	道岔钢轨铺设	运输车
		汽车起重机
		端头打磨机
		钢轨打磨机
		正火设备
		探伤仪
	道岔精调整理	机车
		风动卸砟车
		道岔捣固车
		稳定车
		精调小车
		内燃扳手
		起道机

2. 无砟道岔

混凝土枕埋入式无砟道岔施工工序与双块式无砟轨道施工工序基本相同，使用施工机械类似，不同部分主要包括钢轨铺设、钢轨焊接等；板式无砟道岔施工工序与 CRTS Ⅲ型板式无砟道床施工工序基本相同，使用施工机械类似，不同部分主要包括钢轨铺设、钢轨焊接等。无砟道岔钢轨铺设、钢轨焊接等工序与有砟道岔施工相关工序相似，这里不再赘述。

15.2.4　钢轨铺设施工和机械

钢轨铺设施工内容包括有砟轨道钢轨铺设施工、无砟轨道钢轨铺设施工。

1. 有砟轨道钢轨铺设

有砟轨道钢轨铺设施工方法主要有 3 种：①换铺法施工，包括轨排生产、轨排装载与运输、轨排铺设、长轨换铺等工序;②散铺法施工,包括轨枕运输、轨枕散布、长轨推送等工序;③单枕连续铺设法施工,包括轨料装载与运输、长轨布放、轨枕散布、枕轨连接等工序。

有砟轨道钢轨铺设施工的主要机械有门式起重机、机车、铁路平车、轨排铺轨机、长钢轨运输车、长钢轨推送车、长钢轨牵引车、长钢轨铺轨机、枕轨运输车等。

(1) 换铺法施工,主要机械如表 15-9 所示。

表 15-9　换铺法施工主要机械

施工内容	施工流程（与机械相关）	主要施工机械
换铺法铺轨	轨排生产	轨排生产线
	轨排装载与运输	内燃机车
		铁路平车
		门式起重机
	轨排铺设	轨排铺轨机(架桥机组)
	长轨换铺	换轨车
		短钢轨回收车

(2) 散铺法施工,主要机械如表 15-10 所示。

表 15-10　散铺法施工主要机械

施工内容	施工流程（与机械相关）	主要施工机械
散铺法铺轨	轨枕运输	运输车
		汽车起重机
	轨枕散布	挖掘机
		散枕器
	长轨推送	长钢轨推送车
		内燃机车
		铁路平车
		长钢轨运输车

(3) 单枕连续铺设法施工,主要机械如表 15-11 所示。

2. 无砟轨道钢轨铺设

无砟轨道钢轨铺设施工有 3 种方法:①拖拉法施工,包括长钢轨运输、长钢轨拖拉铺设等工序;②推送法施工,包括长钢轨运输、长钢轨推送铺设等工序;③前拖拉后推送施工,包括长钢轨运输、长钢轨拖拉推送铺设等工序。

表 15-11　单枕连续铺设法施工主要机械

施工内容	施工流程（与机械相关）	主要施工机械
单枕连续铺设法铺轨	轨料装载与运输	长钢轨群吊
		门式起重机
		枕轨运输车
		内燃机车
		铁路平车
	长轨布放、轨枕铺放	长钢轨铺轨机组
	枕轨连接	内燃扳手

(1) 拖拉法施工,主要机械如表 15-12 所示。

表 15-12　拖拉法施工主要机械

施工内容	施工流程（与机械相关）	主要施工机械
拖拉法施工	长钢轨运输	内燃机车
		铁路平车
		长钢轨运输车
	长钢轨拖拉铺设	长钢轨牵引车

(2) 推送法施工,主要机械如表 15-13 所示。

表 15-13　推送法施工主要机械

施工内容	施工流程（与机械相关）	主要施工机械
推送法施工	长钢轨运输	内燃机车
		铁路平车
		长钢轨运输车
	长钢轨推送铺设	长钢轨推送车

(3) 前拖拉后推送施工,主要针对长大坡道施工,可保证正常施工,同时提高作业效率。这种方法同步使用长钢轨牵引车和长钢轨推送车,其他施工机械配置相同。

15.2.5　工地钢轨焊接和应力放散及锁定

工地钢轨焊接和应力放散及锁定包括现场钢轨焊接、无缝线路应力放散及锁定。

1. 现场钢轨焊接施工

现场钢轨焊接施工是在现场对钢轨进行焊接,完成全线或部分线路的无缝连接,主要有现场钢轨闪光焊和现场钢轨铝热焊两种方法。其中,现场钢轨闪光焊主要用于区间无缝线路钢轨焊接,现场钢轨铝热焊主要用于道岔及施工困难地段的钢轨焊接。

(1) 现场钢轨闪光焊施工,主要机械如表15-14所示。

表15-14 现场钢轨闪光焊施工主要机械

施工内容	施工流程 (与机械相关)	主要施工机械
现场钢轨闪光焊施工	焊轨机运输	轨道车
		铁路平车
	钢轨焊接	移动式闪光焊轨车
		锯轨机
		内燃扳手
	焊缝处理	钢轨调直机
		钢轨打磨机
		正火设备
	接头质量检查	探伤仪

(2) 现场钢轨铝热焊施工,主要机械如表15-15所示。

表15-15 现场钢轨铝热焊施工主要机械

施工内容	施工流程 (与机械相关)	主要施工机械
现场钢轨铝热焊施工	焊接准备	锯轨机
		端头打磨机
		钢轨拉伸器
	焊缝处理	钢轨打磨机
		正火设备
	接头质量检查	探伤仪

2. 无缝线路应力放散及锁定

无缝线路应力放散及锁定指线路达到初期稳定状态后,重新松开扣件、起升钢轨、支垫滚筒,使钢轨处于自由伸缩状态后再强制拉伸,放散掉钢轨内的附加应力和温度力,在钢轨处于设计锁定轨温时的"零"应力状态下,将线路锁定形成无缝线路的过程。依作业温度条件,其可分为拉伸器滚筒法和滚筒法两种。当施工作业时的轨温低于设计锁定轨温范围时,应采用拉伸器滚筒法施工;当施工作业时的轨温在设计锁定轨温范围内时,应采用滚筒法施工;当实测作业轨温高于设计锁定轨温范围或实测作业轨温低5℃时,不得进行应力放散作业。拉伸滚筒法与滚筒法的主要区别在于是否使用钢轨拉伸器,其他施工机械配置相同,主要施工机械有钢轨拉伸器、撞轨器、起道机、滚筒、锯轨机、内燃扳手等。无缝线路锁定焊接与现场钢轨焊接施工机械配置相同,不再赘述。

无缝线路应力放散及锁定施工的主要机械如表15-16所示。

表15-16 无缝线路应力放散及锁定施工主要机械

施工内容	施工流程 (与机械相关)	主要施工机械
无缝线路应力放散及锁定施工	应力放散及锁定	钢轨拉伸器
		撞轨器
		锯轨机
		起道机

15.2.6 轨道精调整理及钢轨预打磨

有砟轨道精调整理及钢轨预打磨主要包括道砟运输及线路补砟、线路整道、轨道精调和钢轨预打磨等工序;无砟轨道精调整理及钢轨预打磨主要包括轨道精调和钢轨预打磨等工序。下面对有砟轨道精调整理、无砟轨道精调整理和钢轨预打磨等进行叙述。

1. 有砟轨道精调整理

有砟轨道精调整理包括上砟整道和精调整理两个工序,主要包括道砟运输及线路补砟、线路整道、精调整理等施工内容,主要施工机械如表15-17所示。

表15-17 有砟轨道精调整理施工主要机械

施工内容	施工流程 (与机械相关)	主要施工机械
有砟轨道精调整理施工	道砟运输及线路补砟	机车
		风动卸砟车
	线路整道	配砟整形车
		捣固车
		稳定车
	精调整理	精调小车
		内燃扳手
		起道机

2. 无砟轨道精调整理

无砟轨道精调整理主要通过扣件更换,调整铁路轨道几何状态,主要施工机械如表15-18所示。

表 15-18 无砟轨道精调整理施工主要机械

施工内容	施工流程（与机械相关）	主要施工机械
无砟轨道精调整理	精调整理	精调小车 内燃扳手 起道机

3. 钢轨预打磨

钢轨预打磨是对全线钢轨进行的缺陷修复施工,主要施工机械如表15-19所示。

表 15-19 钢轨预打磨施工主要机械

施工内容	施工流程（与机械相关）	主要施工机械
钢轨预打磨	钢轨打磨	钢轨打磨列车 钢轨波纹研磨机

15.2.7 铁路营业线路养护维修

由于铁路营业线路长期受运行列车冲击、载荷作用及外界环境影响,轨道易产生道床板结、钢轨损伤、轨枕失效等各种问题,为了保证列车运行安全和平稳,需对营业线路的轨道进行养护维修,施工内容主要包括道床清筛、轨枕更换、钢轨更换等,主要施工机械如表15-20所示。

表 15-20 铁路营业线路养护维修主要机械

施工内容	施工流程（与机械相关）	主要施工机械
铁路营业线路养护维修	道床清筛	全断面道砟清筛机
	有砟道床养护	捣固车 稳定车 配砟整形车
	轨枕更换	线路大修列车
	钢轨更换	换轨车
	道岔更换	道岔铺换设备
	钢轨廓形打磨	铣磨车

15.3 铁路轨道技术标准及验收规范

铁路轨道标准由轨道设计标准、施工技术标准、施工验收标准及轨道施工机械配置标准4部分组成,具体技术标准及验收规范如表15-21所示。

表 15-21 铁路轨道技术标准及验收规范

序号	标准名称/文件名称	标准号/字号
1	铁路工程基本作业施工安全技术规程	TB 10301—2020
2	铁路轨道工程施工安全技术规程	TB 10305—2020
3	时速250公里高速铁路轨道工程施工技术规程	Q/CR 9620—2019
4	客货共线铁路轨道工程施工技术规程	Q/CR 9654—2017
5	高速铁路轨道工程施工技术规程	Q/CR 9605—2017
6	高速铁路混凝土工程施工技术规程	Q/CR 9607—2015
7	铁路给水排水施工技术规程	Q/CR 9221—2015
8	铁路混凝土工程施工技术规程	Q/CR 9207—2017
9	铁路轨道工程施工机械配置技术规程	Q/CR 9227—2017
10	列车牵引计算 第1部分:机车牵引式列车	TB/T 1407.1—2018
11	铁路架桥机架梁技术规程	Q/CR 9213—2017
12	铁路混凝土搅拌站机械配置技术规程	Q/CR 9223—2015
13	起重轨道平车	TB/T 3194—2008
14	无砟轨道铺轨机组	TB/T 3288—2013

续表

序号	标准名称/文件名称	标准号/字号
15	有砟轨道长钢轨铺轨机组	TB/T 3289—2013
16	板式无砟轨道门式铺板机	TB/T 3290—2013
17	钢轨焊接 第1部分：通用技术条件	TB/T 1632.1—2014
18	钢轨焊接 第2部分：闪光焊接	TB/T 1632.2—2014
19	高速铁路预制后张法预应力混凝土简支梁	GB/T 37439—2019
20	有砟轨道铁路铺砟整道施工作业指南	铁建设〔2009〕141号
21	新建铁路无缝线路应力放散及锁定施工手册	工管线路函〔2015〕181号
22	无缝线路铺设及养护维修方法	TB/T 2098—2007
23	铁路碎石道砟	TB/T 2140—2008
24	高速铁路轨道工程施工质量验收标准	TB 10754—2018
25	高速铁路混凝土工程施工质量验收标准	TB 10424—2018
26	铁路轨道工程施工质量验收标准	TB 10413—2018
27	轨道板用钢筋	GB 33279—2017
28	Ⅲ、Ⅳ级铁路设计规范	GB 50012—2012
29	市域铁路设计规范	T/CRSC 0101—2017
30	铁路无缝线路设计规范	TB 10015—2012
31	铁路轨道设计规范	TB 10082—2017
32	高速铁路设计规范	TB 10621—2014
33	重载铁路设计规范	TB 10625—2017

第16章

选型与配备

铁路轨道施工机械选型与配备是根据工程的对象、铁路施工工艺工法要求、设计文件等,明确作业机械选型范围,按照施工机械作业效率、合同、工程量、工期等,确定施工机械配备方式和数量。轨道施工机械的选型与配备是铁路轨道施工的重要环节,选型配备是否科学合理,是铁路轨道施工能否顺利进行、保质保量按期完工且成本经济的关键因素。

16.1 铺轨基地施工机械选型与配备

铺轨基地施工机械选型与配备主要根据轨道施工类型、基地功能需求、工期要求、铺轨工程量、现场施工条件等因素综合确定。

16.1.1 换铺法铺轨基地施工机械

换铺法铺轨基地应具有轨料装卸、轨排生产、轨排运输、长轨运输、短轨回收和道砟运输等功能,施工机械选型应在满足功能需求的前提下,结合现场实际条件、铺轨工程量等因素合理确定。主要施工机械如表 15-1 所示。

1. 换铺法铺轨基地施工机械选型

1) 门式起重机

门式起重机的选型主要考虑跨度、起升高度、额定起重质量等因素。

(1) 跨度

跨度指门式起重机走行轨道中心线之间的水平距离,受铺轨基地场地条件限制。根据轨料存放、装卸需求,为提高设备的通用性、利用率,一般跨度为 17 m,具体选择时可结合实际条件灵活调整。

(2) 起升高度

起升高度指门式起重机走行轨道平面到取物装置上极限位置的垂直距离,一般受堆码材料高度、装卸作业条件限制。为提高设备的经济性、通用性,充分利用场地存储能力,一般起升高度为 9 m,具体选择时可结合实际条件灵活调整。

(3) 额定起重质量

额定起重质量指门式起重机设计的理论起重质量,根据被起吊物最大质量、装卸作业方式等因素确定。为提高设备的经济性、作业效率、安全性,轨枕存放区门式起重机的额定起重质量为 10 t,轨排存放区的额定起重质量为 16 t。

2) 长钢轨群吊

长钢轨群吊的选型主要考虑跨度、跨距、长度等因素。

(1) 跨度

跨度指一台长钢轨群吊支腿中心线之间的水平距离,受铺轨基地场地条件限制。根据长钢轨存放需求,为提高设备的通用性,一般跨度为 17 m,具体选择时可结合实际条件灵活调整。

(2) 跨距

跨距指相邻两台长钢轨群吊之间的纵向水平距离。一般跨距为 16 m,固定吊点间距。

(3) 长度

长度指可吊长钢轨长度,一般为 500 m。根据长钢轨长度,可调整长钢轨群吊长度。

3) 轨排生产线

轨排生产线是一种非标施工机械,主要用于轨排钉联作业,选型时主要考虑轨排需求量、场地条件等因素。场地条件较好、轨排需求量大时,一般可选用自动化程度较高的轨排生产线;如果场地条件受限或轨排需求量不大,可选择简易的固定式轨排组装平台。

4) 内燃机车

内燃机车的选型主要考虑整机功率、牵引重量、线路坡道、使用环境等因素。铁路机车牵引力能满足施工需求,限界应满足中国国家铁路集团有限公司线路机车车辆限界。

根据《列车牵引计算 第1部分:机车牵引式列车》(TB/T 1407.1—2018)中的规定,并结合施工现场的线路坡度、海拔高度及需要牵引货物的质量等来确定内燃机车的数量及型号。

列车在限制坡道上以持续速度运行时,机车牵引重量的计算公式为

$$M_{g1} = \frac{F_c \cdot \lambda_y - M_p(\omega'_0 + i_x) \cdot g \times 10^{-3}}{(\omega''_0 + i_x) \cdot g \times 10^{-3}}$$

(16-1)

式中,M_{g1} 为机车牵引质量,t;F_c 为持续牵引力,内燃机车采用修正后的牵引力时,F_c = 修正牵引力,kN;λ_y 为机车牵引力使用系数,取 $\lambda_y = 0.9$;ω'_0 为机车运行阻力,N/kN;ω''_0 为车辆运行阻力,N/kN;g 为重力加速度,N/kg;i_x 为坡度加算值;M_p 为整备质量,t。

启动条件限制的计算公式为

$$M_g \leqslant \frac{F_q \cdot \lambda_y - M_p(\omega'_q + i_q) \cdot g \times 10^{-3}}{(\omega''_q + i_q) \cdot g \times 10^{-3}}$$

(16-2)

式中,M_g 为机车起动牵引质量,t;F_q 为启动牵引力,kN;λ_y 为机车牵引力使用系数;ω'_q 为机车启动阻力,N/kN;ω''_q 为车辆启动阻力,N/kN;g 为重力加速度,N/kg;i_q 为坡度加算值,按列车长度覆盖的地段计算;M_p 为整备质量,t。

5) 铁路平车

铁路平车的选型主要考虑载重质量、平车底架尺寸等因素。

(1) 载重质量

载重质量指铁路平车的承载能力,通常为 60 t、65 t 等。

(2) 平车底架尺寸

平车底架尺寸指铁路平车装载平台的长×宽尺寸,通常为 13 m×2.98 m。

6) 长钢轨运输车

长钢轨运输车是一种组合施工机械,通常由铁路平车和长钢轨支架组成,选型时主要考虑长钢轨运输需求、运输条件等因素。在铁路轨道施工中,一般使用组合长轨运输车,其运输能力根据长钢轨支架层数确定。

7) 装载机

装载机的选型主要考虑动力系统、额定载重质量和铲斗容量、行驶速度等因素。

(1) 动力系统

动力系统一般多采用工程机械用柴油发动机。在特殊地域如海拔高于 3000 m 的地方作业时,应采用特殊的高原型柴油发动机。

(2) 额定载重质量和铲斗容量

装载机的额定载重质量和铲斗容量主要由施工作业量决定。铁路轨道施工中,装载机主要用于道砟的装车、卸车及匀砟,一般以额定载重质量和铲斗容量划分型号,在道砟装卸作业中一般选用 ZL50 型装载机,其额定载重质量为 5 t,铲斗容量为 3 m³。

8) 短钢轨回收车

短钢轨回收车是一种组合施工机械,通常由铁路平车和短钢轨回收装置组成,根据使用条件要求进行选型。如涉及铁路营运线,通常使用满足铁路限界要求的固定式短钢轨回收车;在铁路工程线施工时,通常使用吊臂可回转短轨回收车。

9) 风动卸砟车

风动卸砟车是一种道砟运输、散布的施工机械,选型时主要考虑载重质量、容砟量等因素。

(1) 载重质量

载重质量指风动卸砟车的承载能力,通常

为60 t。

(2) 容砟量

容砟量指风动卸砟车的道砟装载能力，通常为 36 m³。

2. 换铺法铺轨基地施工机械配备

换铺法铺轨基地施工机械可根据现场条件、铺轨工程量、工期要求等进行合理配置，这里按铺轨里程 200 km、日铺轨进度 1 km 进行配备，如表 16-1 所示。

表 16-1 换铺法铺轨基地主要机械配备示例

序号	名称	规格	单位	数量
1		10 t/17 m	台	2
2	门式起重机	5 t/17 m	台	1
3		16 t/17 m	台	4
4	长钢轨群吊	2.8 t/17 m, 32 台	套	1
5	装载机	ZL50	台	1
6	轨排生产线	单线往复式	套	1
7	内燃扳手	NB-550	台	2
8	铁路平车	N17	辆	100
9	内燃机车	DF4D	台	5
10	长钢轨运输车	组合	列	1
11	短钢轨回收车	回转式	套	1
12	风动卸砟车	K13	辆	20

16.1.2 单枕连续铺设法铺轨基地施工机械

单枕连续铺设法铺轨基地应具有轨料装卸、枕轨运输和道砟运输等功能，施工机械的选型应在满足功能需求的前提下，结合现场实际条件、铺轨工程量等因素合理确定。主要施工机械如表 15-2 所示。

1. 单枕连续铺设法铺轨基地施工机械选型

门式起重机、长钢轨群吊、装载机、铁路平车、内燃机车等施工机械的选型，参照 16.1.1 节换铺法铺轨基地同类施工机械选型，不再赘述。

枕轨运输车是一种组合施工机械，通常由铁路平车和枕轨运输支架组成，选型时主要考虑长钢轨和轨枕的运输需求，通常与长钢轨铺轨机组一体设计并配合使用。

2. 单枕连续铺设法铺轨基地施工机械配备

单枕连续铺设法铺轨基地施工机械考虑长钢轨装卸、轨枕装卸、道砟装卸等功能需求，按铺轨里程 200 km、日进度 2 km 进行配置，如表 16-2 所示。

表 16-2 单枕连续铺设法铺轨基地主要机械配备示例

序号	名称	规格	单位	数量
1	门式起重机	10 t/17 m	台	5
2	长钢轨群吊	2.8 t/17 m 32 台	套	1
3	装载机	ZL50	台	1
4	铁路平车	N17	辆	80
5	内燃机车	DF4D	台	5
6	枕轨运输车	组合	列	2
7	风动卸砟车	K13	辆	40

16.1.3 无砟轨道铺轨基地施工机械

无砟轨道铺轨基地应具有长钢轨装卸、长钢轨运输等功能，施工机械的选型应在满足功能需求的前提下，结合现场实际条件、铺轨工程量等因素合理确定。主要施工机械如表 15-3 所示。

1. 无砟轨道铺轨基地施工机械选型

长钢轨群吊、铁路平车、内燃机车、长钢轨运输车等施工机械的选型，参照换铺法铺轨基地同类施工机械选型，不再赘述。

2. 无砟轨道铺轨基地施工机械配备

这里按铺轨里程 400 km、日进度 6 km 对无砟轨道铺轨基地施工机械进行配备，如表 16-3 所示。可根据现场条件、实际需求等进行优化。

表 16-3 无砟轨道铺轨基地主要机械配备示例

序号	名称	规格	单位	数量
1	长钢轨群吊	2.8 t/17 m 32 台	套	2
2	铁路平车	N17	辆	80
3	内燃机车	DF4D	台	5
4	长钢轨运输车	6 km	列	2

16.2 道床施工机械选型与配备

道床施工分为有砟道床施工和无砟道床施工。

16.2.1 有砟道床施工机械

有砟道床预铺道砟主要分为机械碾压法和摊铺机法。其中,机械碾压法施工机械的选型以经济适用为原则,并选择市场上较为常见的设备型号;摊铺机法施工的主要机械有自卸车、道砟摊铺机,其中道砟摊铺机一般为设备制造企业根据施工单位需求定制的专用设备。

机械碾压法通过装载机(推土机)散布道砟、平地机整平道砟、压路机压实道砟,多种设备相互配合完成预铺道砟作业;摊铺机法通过道砟摊铺机一次性完成道砟摊铺压实,完成预铺道砟作业。机械碾压法投入机械通用性强,市场保有量大,方便组织多作业面同步施工,作业灵活,但作业效率和预铺道砟质量较低;摊铺机法作业效率高,预铺道砟质量好,但设备成本投入大,设备专用性强,灵活性差。铁路轨道施工中,一般根据作业条件、工期要求等因素综合分析,灵活选用或两者结合使用。

1. 有砟道床施工机械选型

有砟道床施工机械的摊铺机选型主要考虑摊铺宽度、摊铺速度及振动梁(夯锤)的振幅与频率等因素。

1) 摊铺宽度

摊铺宽度应根据道床的宽度而定,铁路道床的宽度一般为 3.5 m,摊铺机的摊铺宽度要求略小于道床宽度,大于轨枕长度。

2) 摊铺速度

摊铺机的工作速度与道砟的供给能力、道砟类型、摊铺层横截面尺寸有关。一般在道床摊铺时,摊铺速度宜在 2~5 m/min 范围内选择,通常在摊铺下面层时摊铺速度取 2 m/min,摊铺中、上面层时取 3 m/min。

3) 振动梁(夯锤)的振幅与频率

振动梁(夯锤)的振幅与频率应根据摊铺材料、摊铺厚度确定。在底砟摊铺过程中,通常情况下,振幅与压实厚度成正比,频率与压实厚度成反比。铁路轨道施工中,道砟摊铺厚度在 20~25 cm 之间,振幅一般控制在 5 mm 左右。

2. 有砟道床施工机械配备

摊铺机、装载机、推土机、平地机均是根据单位施工量 $Q_总$、工期 T 的要求,结合自身工作效率 Q 计算配置数量 N,公式为

$$N = \frac{Y \cdot Q_总}{T \cdot Q} \quad (16\text{-}3)$$

式中,$Q_总$ 为摊铺机、装载机、推土机、平地机中某种机械的施工量,m³;T 为摊铺机、装载机、推土机、平地机中某种机械的工期,d;Q 为摊铺机、装载机、推土机、平地机中某种机械的生产率,m³/d;Y 为备用系数,受天气、设备可靠性等影响,根据经验一般取值 0.6~0.8,可施工时间越短、设备可靠性越低,Y 值越小。

1) 摊铺机

摊铺机生产率的计算公式为

$$Q = hBv_p k_b \quad (16\text{-}4)$$

式中,Q 为生产率,m³/h;h 为摊铺层厚度,m;B 为摊铺宽度,m;v_p 为摊铺速度,m/h;k_b 为时间利用系数,取 0.75~0.95,施工连续性越强、设备利用率越高,k_b 值越大。

2) 装载机

装载机的作业生产率,理论上可由下式确定:

$$Q = \frac{3600 V K_1 K_2}{T} \quad (16\text{-}5)$$

式中,Q 为生产率,m³/h;V 为铲斗容量,m³;K_1 为时间利用系数,取 0.75~0.85;K_2 为铲斗满载系数;T 为一个装载作业循环时间,s,一般初步计算可取 20 s。

3) 推土机

(1) 小时生产率的计算公式为

$$P_h = \frac{3600 \cdot q}{t \cdot K_p} \quad (16\text{-}6)$$

式中,P_h 为推土机小时完成率,m³/h;q 为每

一循环的散布方量，m^3；t 为推土机每一循环延续时间，s；K_p 为道砟松散系数，取 1.15。

(2) 台班生产率的计算公式为

$$Q = 8 \cdot P_h \cdot K_b \quad (16\text{-}7)$$

式中，Q 为推土机台班生产率，$m^3/$台班；P_h 为推土机小时生产率，m^3/h；K_b 为工作时间利用系数，取 $0.72 \sim 0.75$。

4) 平地机

平地机的生产率由下式确定：

$$Q = \frac{3600 \cdot f \cdot L \cdot K_{时}}{t \cdot \alpha \cdot K_{松}} \quad (16\text{-}8)$$

式中，Q 为平地机的生产率，m^3/h；f 为刮刀每次铲运的横截面积，m^2；L 为每一工作行程的长度，m；α 为行程重叠系数，一般取 $1.15 \sim 1.70$；t 为每一工作行程所用的时间，s；$K_{时}$ 为时间利用系数，一般为 $0.85 \sim 0.90$；$K_{松}$ 为道砟松散系数，取 1.15。

5) 自卸车

单台自卸车的生产率可由式(16-9)确定：

$$Q = \frac{60 K_t}{t_0} \cdot Q_0 \quad (16\text{-}9)$$

式中，Q 为自卸车的生产率，m^3/h；K_t 为时间利用系数，一般取 $0.75 \sim 0.85$；t_0 为自卸车装卸一次的循环作业时间，min，以现场实际测算为准；Q_0 为定额容量（装载量），m^3。

机械碾压法预铺道砟，如果以单线作业，按日进度 500 m 配备，机械设备配置如表 16-4 所示。

表 16-4 机械碾压法预铺道砟主要机械配备示例

序号	名称	规格	单位	数量
1	自卸车	10 m^3	台	5
2	装载机	ZL50	台	1
3	推土机	YD160-5	台	1
4	平地机	SMG200C-6	台	1
5	压路机	SSR200AC-8	台	1

摊铺机法预铺道砟，使用新筑 MTT9000 道砟摊铺机，按日进度 2 km 进行配置，如表 16-5 所示。

表 16-5 摊铺机法预铺道砟主要机械配备示例

序号	名称	规格	单位	数量
1	自卸车	10 m^3	台	20
2	摊铺机	MTT9000	台	1

16.2.2 无砟道床施工机械

1. CRTS 双块式无砟道床施工机械

CRTS 双块式无砟道床施工主要采用轨排支撑架法和轨排框架法，除轨排组装方法、使用工装不一致外，其他主要施工机械配备相同，作业工序基本一致。无砟道床施工作业效率主要受工装数量、劳力组织、轨排几何尺寸调整效率等因素影响。主要施工机械如表 15-6 所示。

1) CRTS 双块式无砟道床施工机械选型

(1) 门式起重机

门式起重机的选型主要考虑额定起重质量、跨度、起升高度等因素，具体参数应根据现场实际条件确定。

① 额定起重质量。轨排通过两台门式起重机抬吊，轨排按 25 m 计算，最大起重质量不超过 15 t，额定起重质量为 10 t。

② 跨度：门式起重机的跨度主要受桥面宽度、隧道断面尺寸等限制，一般为 9 m 左右。

③ 起升高度：门式起重机的起升高度受隧道断面尺寸限制，同时满足起升高度和隧道通过需求，一般为 6 m 左右。

(2) 混凝土泵车

混凝土泵车的选型主要考虑泵送垂直高度、泵送量等因素。一般混凝土泵车的泵送量均满足现场施工需要，因此选型时只考虑泵送垂直高度即可。

(3) 汽车起重机

汽车起重机的选型主要考虑主臂长度、起吊质量等因素。一般根据现场作业条件，如单件物品质量、回转半径、起吊高度等，确定汽车起重机的参数。

(4) 混凝土搅拌运输车

混凝土搅拌运输车的选型主要考虑发动

机功率、搅拌罐容积等因素。一般根据现场作业条件,如桥梁承载力、道路通过性等,确定混凝土搅拌运输车的参数。

2) CRTS 双块式无砟道床施工机械配备

CRTS 双块式无砟轨道施工主要配置门式起重机、混凝土泵车、汽车起重机、混凝土搅拌运输车等机械。其中,门式起重机根据现场施工条件定制加工;其他施工机械为市场常用设备,根据现场需求和设备参数表灵活选用;混凝土搅拌运输车数量要根据浇筑时间、运输距离、浇筑方量等确定。CRTS 双块式无砟轨道道床施工单一作业面主要机械配备如表 16-6 所示。

表 16-6 CRTS 双块式无砟道床施工单一作业面主要机械配备示例

序号	名称	规格	单位	数量
1	门式起重机	10 t	套	2
2	混凝土泵车	46 m	台	1
3	汽车起重机	25 t	台	1
4	混凝土搅拌运输车	10 m^3	台	3

2. CRTS Ⅲ 型板式无砟道床施工机械

1) CRTS Ⅲ 型板式无砟道床施工机械选型

铺板龙门式起重机、混凝土泵车、汽车起重机和混凝土搅拌运输车的选型参考 16.1.2 节。轨道板运输车早期采用 30 t 双向轮胎式运输车,该设备针对轨道板运输进行设计,目前基本采用常规运输车辆,根据现场道路通行条件确定运输车辆型号,根据轨道板调整的精度和调整量选用轨道板精调系统的类型。

2) CRTS Ⅲ 型板式无砟道床施工机械配备

CRTS Ⅲ 型板式无砟道床施工的作业效率主要受轨道板精调效率控制,根据施工经验,轨道板精调效率一般为 150 m/天,其他机械设备按最大铺设施工进度 150 m/天进行配置,施工主要机械配备如表 16-7 所示。

表 16-7 CRTS Ⅲ 型板式无砟道床施工主要机械配备

序号	名称	规格	单位	数量
1	混凝土泵车	46 m	台	1
2	混凝土搅拌运输车	10 m^3	台	2
3	平板运输车	9.6 m	台	1
4	铺板龙门式起重机	10 t	套	2
5	汽车起重机	25 t	台	1
6	轨道板精调系统	—	套	1

16.3 道岔施工机械选型与配备

道岔施工分为有砟道岔施工和无砟道岔施工。

16.3.1 有砟道岔施工机械

有砟道岔施工使用自卸车、运输车、汽车起重机、平地机、压路机等通用机械设备完成道砟摊铺、混凝土枕散布、道岔钢轨铺设等工序,使用风动卸砟车进行补砟作业,使用道岔捣固车、稳定车等进行道岔精调整理,主要施工机械 15.2.3 节已有叙述,这里只对道岔捣固车进行说明。

1. 有砟道岔施工机械选型

道岔捣固车主要用于有砟道岔的捣固作业,其主要特点是具有四片式捣固装置、组合式起拨道装置及第三线辅助起道装置等道岔区作业的特有工作装置。道岔捣固车每次下插仅能完成单枕捣固,在道岔区直股作业时,能够对曲股第三、第四轨两侧道砟进行捣固;采用组合起拨道装置,满足道岔区域起拨道作业要求;具有辅助起道装置,可对道岔区第三轨进行辅助起道,满足道岔区长轨枕、大重量的起道要求。道岔捣固车的主要结构包括车体、捣固装置、起拨道装置、辅助起道装置、枕端夯实装置、测量小车、动力传动系统、电气控制系统、液压系统、启动系统、制动系统、柴油发电机组等。道岔捣固车为专用设备,不断更新迭代,捣固作业效率、捣固质量不断提高,一般采用最新型号的道岔捣固车。

2. 有砟道岔施工机械配备

有砟道岔施工中,汽车起重机、压路机、平

地机等通用机械一般按工作面施工需求进行配备,不再赘述。道岔捣固车等专用施工机械,一般根据项目工期、技术标准等要求进行配备,如表16-8所示。

表16-8 有砟道岔施工中道岔捣固车的配备

序号	名称	规格	单位	数量
1	道岔捣固车	CDC-16k	台	1

16.3.2 无砟道岔施工机械

无砟道岔可分为混凝土枕埋入式和板式无砟道岔,相对于轨道线路,一般新建铁路工程道岔的数量少、型号多,加之道岔线形的渐变性,使用专门的大型施工机械,经济性、适用性不强,因此,无论混凝土枕埋入式或板式无砟道岔,均采用通用施工机械和专用工装配合人工的方式,完成无砟道岔施工。

1. 无砟道岔施工机械选型

无砟道岔施工与无砟轨道施工类似,通过专门的道岔支撑调节系统支撑并调整道岔位置。板式无砟道岔通过精调器完成道岔板精调;埋入式无砟道岔通过道岔支撑螺杆完成道岔精调。道岔钢轨安装通过汽车起重机完成,使用精调小车进行精调。混凝土浇筑或自密实混凝土灌注,通过混凝土泵车、混凝土搅拌运输车等通用设备完成浇筑。具体设备的选型,根据现场实际需求进行。

2. 无砟道岔施工机械配备

无砟道岔施工机械主要包括汽车起重机、混凝土泵车、混凝土搅拌运输车等,均为市场常用设备,根据现场需求和设备参数表灵活选用,混凝土搅拌运输车的数量要根据浇筑时间限制确定。无砟道岔施工单一作业面的主要机械配备如表16-9所示。

表16-9 无砟道岔施工单一作业面主要机械配备示例

序号	名称	规格	单位	数量
1	混凝土泵车	46 m	台	1
2	汽车起重机	25 t	台	2
2	混凝土搅拌运输车	10 m³	台	3

16.4 钢轨铺设施工机械选型与配备

钢轨铺设施工分为无砟道床和有砟道床钢轨铺设施工。有砟道床的钢轨铺设方法有换铺法、散铺法、单枕连续铺设法等,无砟道床的钢轨铺设方法有拖拉法、推送法、前拖拉后推送等,下面介绍不同作业方式的施工机械选型与配备。

16.4.1 换铺法钢轨铺设施工机械

换铺法钢轨铺设施工机械主要为专用设备,部分施工机械在16.1.1节已经进行了介绍,本节只对铺轨机组进行介绍。

1. 换铺法钢轨铺设施工机械选型

我国铁路使用的铺轨机组类型较多,工作原理基本相同,主要有倒装龙门式起重机、倒装平车、铺轨主机等组成。铺轨机组工作原理:倒装龙门式起重机将轨排从轨排运输车倒装至倒装平车,倒装平车将轨排运送至铺轨主机,铺轨主机完成轨排铺设。铺轨机组为专用设备,不断更新迭代,铺轨作业效率、安全性不断提高,一般采用最新型号的铺轨机组。

2. 换铺法钢轨铺设施工机械配备

换铺法钢轨铺设施工机械,一般以充分发挥铺轨机组作业效率为前提进行配套,轨排运输能力能够满足铺轨机组正常作业需求。其机械配备除受到铺轨机组作业效率影响外,还受到线路条件、运输距离等因素影响,这里按日铺轨进度1 km进行配置,不考虑运输距离、线路条件等因素,如表16-10所示。

表16-10 换铺法钢轨铺设施工主要机械配备示例

序号	名称	规格	单位	数量
1	门式起重机	10 t/17 m	台	2
2	门式起重机	5 t/17 m	台	1
3	门式起重机	16 t/17 m	台	4
4	长钢轨群吊	2.8 t/17 m,32 台	套	1
5	装载机	ZL50	台	1

续表

序号	名　称	规　格	单位	数量
6	轨排生产线	单线往复式	套	1
7	内燃扳手	NB-550	台	2
8	铁路平车	N17	辆	100
9	内燃机车	DF4D	台	5
10	长钢轨运输车	组合	列	1
11	短钢轨回收车	回转式	套	1
12	风动卸砟车	K13	辆	20

16.4.2　散铺法钢轨铺设施工机械

散铺法钢轨铺设施工的部分机械在前文已有介绍，本节只对长钢轨推送车进行介绍。

1. 散铺法钢轨铺设施工机械选型

长钢轨推送车是将长钢轨从长钢轨运输车上拖出，进入长钢轨推送车压紧装置，依靠压紧轮转动将长轨推出的施工机械，配合顺坡小车或顺坡架，将长钢轨放入承轨槽，完成长钢轨铺设。长钢轨推送车选型时，一般考虑铺设轨道最大坡度，推送能力与之匹配，确保长钢轨顺利推出。

2. 散铺法钢轨铺设施工机械配备

散铺法钢轨铺设施工机械一般以正常作业最低需求进行配备，以提高长钢轨运输车等施工机械的利用效率。散铺法钢轨铺设施工机械的配备受到劳力组织、线路条件等因素影响，这里按日铺轨进度 3 km 进行配置，如表 16-11 所示。

表 16-11　散铺法钢轨铺设施工主要机械配备示例

序号	名　称	规　格	单位	数量
1	长钢轨推送车	WZ500	台	1
2	铁路平车	N17	辆	40
3	内燃机车	DF4D	台	2
4	长钢轨运输车	组合	列	1

16.4.3　单枕连续铺设法钢轨铺设施工机械

单枕连续铺设法钢轨铺设施工的部分机械在前文已有介绍，本节只对长钢轨铺轨机组、枕轨运输车进行介绍。

1. 单枕连续铺设法钢轨铺设施工机械选型

1) 长钢轨铺轨机组

长钢轨铺轨机组一般由履带式钢轨拖拉机、铺轨机主机（作业车、辅助动力车）、车载龙门式起重机等组成。铺轨机主机卷扬将长钢轨从枕轨运输车引入履带式铺轨拖拉机，履带式钢轨拖拉机将长钢轨拖出；车载龙门式起重机将轨枕从枕轨运输车转运至铺轨作业主机，铺轨作业主机完成轨枕散布，并将长钢轨拨入承轨槽，完成轨道铺设施工。长钢轨铺轨机组为大型铺轨成套设备，一般将最大铺设钢轨长度作为定型参数。长钢轨铺轨机组选型时，一般考虑最大铺设钢轨长度参数，以确保满足现场铺轨施工需求。

2) 枕轨运输车

枕轨运输车与长钢轨铺轨机组配合使用，由枕轨支架和铁路平车组成，完成轨料运输工作。枕轨支架下部安装滚轮，装载长钢轨，在作业时便于长钢轨拖出。枕轨支架上部装载轨枕，并在支架两侧加装车载龙门式起重机走行轨道，在作业时便于将轨枕倒运至铺轨作业主机。枕轨运输车的型号在长钢轨铺轨机组选型时同步确定。

2. 单枕连续铺设法钢轨铺设施工机械配备

单枕连续铺设法钢轨铺设施工机械的配备一般以台班内完成一列枕轨运输车来料铺设任务为前提，便于枕轨运输车等施工机械循环作业。其机械配备受到线路条件、运输距离等因素影响，一般按日铺轨进度 2km 进行配置，如表 16-12 所示。

表 16-12　单枕连续铺设法钢轨铺设施工主要机械配备示例

序号	名　称	规　格	单位	数量
1	长钢轨铺轨机组	CPG500	台	1
2	铁路平车	N17	辆	40
3	内燃机车	DF4D	台	2
4	枕轨运输车	组合	列	1

16.4.4 无砟轨道钢轨铺设施工机械

无砟轨道钢轨铺设施工方法有拖拉法、推送法、前拖拉后推送法，3种方法总体相似，区别在于长钢轨牵出方式不同。拖拉法使用长钢轨牵引车拖拉长钢轨，长钢轨与牵引车同步向前移动；推送法使用长钢轨推送车，安装于长钢轨运输车末端，将长钢轨推出；前拖拉后推送法同时使用长钢轨推送车和长钢轨牵引车，同步将长钢轨牵出，主要用于长大坡道施工，可以保证施工安全，提高作业效率。因此，这里对无砟轨道钢轨铺设施工进行统一说明。

无砟道床钢轨铺设施工的部分机械在前文已有介绍，本节只对长钢轨牵引车进行介绍。

1. 无砟轨道钢轨铺设施工机械选型

长钢轨牵引车是将长钢轨从长钢轨运输车上拖出，带动长钢轨同步前移的施工机械，配合顺坡小车或顺坡架，将长钢轨放入承轨槽，完成长钢轨铺设。长钢轨牵引车选型时，一般考虑铺设轨道最大坡度、最大爬坡能力和最大牵引力与之匹配，确保长钢轨顺利拖出。

2. 无砟轨道钢轨铺设施工机械配备

无砟轨道钢轨铺设施工机械的配备，一般以台班内完成一列长钢轨铺设为前提，便于长钢轨运输车等施工机械循环作业。无砟轨道钢轨铺设施工机械配置受到劳力组织、运输距离等因素影响，这里按日铺轨进度6 km进行配置，如表16-13所示。

表16-13 无砟轨道钢轨铺设施工主要机械配备示例

序号	名称	规格	单位	数量
1	长钢轨牵引车	WZ500	台	1
2	长钢轨推送车	WZ500	台	1
3	铁路平车	N17	辆	40
4	机车	DF4D	台	2
5	长钢轨运输车	组合	列	1

16.5 工地钢轨焊接和应力放散及锁定施工机械选型与配备

工地钢轨焊接和应力放散及锁定施工是将长钢轨连接，并在设计锁定轨温锁定，以达到设计轨温时的"零"应力状态，形成区间或跨区间无缝线路，确保冬季气温低时钢轨内部的拉应力不会导致钢轨拉断，夏天温度高时钢轨内部的压应力不会导致钢轨跑道，从而保证行车安全。

16.5.1 工地钢轨焊接施工机械

工地钢轨焊接主要有移动式闪光焊、钢轨铝热焊等方法。闪光焊焊接工艺稳定，焊接性能优异，在工地钢轨焊接中广泛使用。钢轨铝热焊具有设备简单、使用方便的特点，但焊接质量稳定性难以保证，一般用于线路抢修、道岔焊接、困难地段等作业。

1. 移动式闪光焊施工机械

1) 移动式闪光焊施工机械选型

移动式闪光焊施工是用钢轨闪光焊机，使钢轨在短路电流的作用下产生高温，将钢轨端面熔化并重新结晶，从而将钢轨焊接在一起。闪光焊除使用钢轨闪光焊机外，还需配备其他相关施工机械，包括调直、正火、打磨、探伤等机械。这里只对移动式闪光焊机、感应正火车等主要设备进行介绍，钢轨拉伸器、钢轨调直机、仿形打磨机、探伤仪等辅助机具不再介绍。

(1) 移动式闪光焊机

移动式闪光焊机主要由焊接机头、电气控制系统、焊接管理系统、液压系统和冷却系统等部分组成，各类移动式闪光焊机的工作原理基本相同，主要参数有额定顶锻力、额定夹紧力、焊接行程等，主要区别在于可焊接钢轨断面尺寸、是否自力走行等。移动式闪光焊机的选型一般根据待焊钢轨端面尺寸确定。

(2) 感应正火车

钢轨焊缝正火是对钢轨焊缝进行调质处理、细化晶粒、提高韧性、改善焊缝残余应力分布、稳定焊缝力学性能、提高长钢轨使用寿命的工艺方法。钢轨焊缝正火有火焰加热正火和电磁感应正火等方式,目前,电磁感应正火方式已广泛推广使用,这里以电磁感应正火进行介绍。

电磁感应正火方式通过感应电流,对钢轨焊缝进行加热,自动控制热处理过程,使用安全性、作业效率得到极大提高。各类型感应正火车的工作原理基本相同,主要参数包括发动机功率、正火温度等,主要区别在于正火自动化程度高低、是否自力走行等。感应正火车的型号一般根据作业条件、作业需求等确定。

2) 移动式闪光焊施工机械配备

闪光电阻焊施工以移动闪光焊焊轨机组为主要机械,其他机械与之配合,焊接、正火、打磨、探伤等工序流水作业。钢轨焊接在各种作业条件下,作业效率差别很大,这里按单一作业、各工序常规作业需求进行配备,具体施工机械配备,可根据钢轨焊接工程量或各工序是否能满足流水作业需求,增加作业面或增加某工序施工机械投入。主要施工机械配备如表 16-14 所示。

表 16-14 闪光电阻焊施工主要机械配备示例

序号	名 称	规 格	单位	数量
1	移动闪光焊轨机组	LR1200	套	1
2	感应正火车	XSR-150	套	1
3	轨道车	GC-220	台	1
4	铁路平车	N17	辆	2
5	锯轨机	NQG-4.8	台	1
6	钢轨打磨机	DGM-2.2	台	1
7	起道机	15 t	台	2
8	钢轨拉轨器	YLS-900	台	1
9	钢轨调直机	YZG-800	台	1
10	内燃扳手	NLB-600	台	1
11	探伤仪	CTS-1010S	台	1

2. 钢轨铝热焊施工机械

1) 钢轨铝热焊施工机械选型

钢轨铝热焊是通过铝热反应形成金属溶液,通过铸造的方式将钢轨焊接,使用施工机械简单。与钢轨闪光焊相比,钢轨铝热焊为了保证施工灵活性,一般不投入大型施工机械,除焊接原理不同外,各工序亦有很大区别,焊缝推瘤工序需使用小型钢轨推凸机,焊缝正火不使用感应正火车,仍采用传统火焰正火。下面对钢轨铝热焊施工中需要使用的主要施工机械进行介绍,包括钢轨推凸机、钢轨火焰正火机等。

(1) 钢轨推凸机

钢轨推凸机是一种对钢轨焊缝凸出部分进行推凸切除的施工机械,可对焊缝廓形进行粗整理,减少精打磨打磨量。钢轨推凸机由液压泵站、夹持装置、推凸机构、液压缸等组成,主要参数包括推凸力、推凸行程、推凸刀廓形尺寸、液压系统工作压力等,一般根据实际钢轨推凸需求进行选型。

(2) 钢轨火焰正火机

钢轨火焰正火机是通过氧气乙炔燃烧,对钢轨焊缝进行加热正火的小型施工机具,主要由正火机构、冷却系统、气体混合控制器等组成,主要参数包括气体压力、钢轨断面尺寸等,一般根据实际钢轨正火需求进行选型。

2) 钢轨铝热焊施工机械配备

钢轨铝热焊一般为人工作业,主要施工机械配备与劳力组织配套,这里按单一作业面、各工序常规作业需求进行配备,如表 16-15 所示。

表 16-15 钢轨铝热焊施工主要机械配备示例

序号	名 称	规 格	单位	数量
1	钢轨推凸机	YTT-200	台	1
2	钢轨火焰正火机	ZH-60	台	1
3	锯轨机	NQG-4.8	台	1
4	钢轨打磨机	DGM-2.2	台	1
5	起道机	15 t	台	2
6	钢轨拉轨器	YLS-900	台	1
7	钢轨调直机	YZG-800	台	1
8	内燃扳手	NLB-600	台	1
9	探伤仪	CTS-1010S	台	1
10	钢轨端面打磨机	DM-1.1	台	1

16.5.2 无缝线路应力放散及锁定施工机械

1. 无缝线路应力放散及锁定施工机械选型

无缝线路应力放散及锁定施工主要使用各类专用小机具,一般不使用大型施工机械。下面主要介绍撞轨器。

撞轨器是一种在无缝线路应力放散及锁定施工时,释放钢轨内部应力的装置,由钢轨人力滑车和钢轨夹具组成,通过钢轨人力滑车撞击钢轨夹具,使长钢轨进行纵向移动,达到消除钢轨内部应力的目的。一般根据钢轨断面尺寸进行选型。

2. 无缝线路应力放散及锁定施工机械配备

无缝线路应力放散及锁定施工机械的配备主要考虑应力放散及锁定施工线路长度、技术要求等。下面以作业1.5 km为例进行配备,如表16-16所示。

表16-16 无缝线路应力放散及锁定施工主要机械配备示例

序号	名称	规格	单位	数量
1	撞轨器	ZGQ	台	6
2	钢轨拉伸器	YLS-900	台	2
3	滚筒	—	套	300
4	轨温计	—	只	4
5	起道机	15 t	台	15
6	内燃扳手	NLB-600	台	1
7	撬棍		根	30

16.6 轨道精调整理及钢轨预打磨施工机械选型与配备

轨道精调整理及钢轨预打磨是对轨道几何状态进行调整、对钢轨进行打磨处理的施工过程,使轨道质量满足高速行车的要求。在长轨铺设、轨道成形后,利用精调小车采集轨道数据,根据平顺性标准,对不满足要求的部分轨道进行调整,当轨道质量达到静态验收标准后,对钢轨进行预打磨,从而进一步提高轨道质量。

16.6.1 有砟轨道精调整理施工机械

有砟轨道上砟整道指轨道铺设完毕后,对有砟线路进行补砟作业,并使用大型养路机械对线路进行联合整理,从而使有砟轨道质量达到技术标准要求。

1. 有砟轨道精调整理施工机械选型

有砟轨道上砟整道施工的主要机械前文已有叙述,这里只对捣固车、稳定车、配砟整形车等进行介绍。

1)捣固车

捣固车是一种有砟轨道大型养护设备,具备拨道、起道、捣固等功能,使轨道几何尺寸达到技术标准要求,提高有砟道床的密实度,增加轨道的稳定性,保证列车安全运行。捣固车的选型一般考虑作业精度、作业效率等因素。

2)稳定车

稳定车与捣固车配套使用,通过模拟列车运行时对轨道产生的压力和振动等综合作用,对有砟轨道进行快速的、有控制的压实稳定作业,从而进一步提高轨道的稳定性。一般根据作业效率和作业要求等进行选型。

3)配砟整形车

配砟整形车与捣固车、稳定车等配套使用,对线路道砟进行整形作业,使道砟均匀分布,从而使道床断面达到技术标准。一般根据作业效率和作业要求等进行选型。

2. 有砟轨道精调整理施工机械配备

有砟轨道上砟整道施工机械配备时,一般综合考虑有砟轨道长度、工期要求、工程线运输组织安排等因素。单一作业面一般配备卸砟车1列,捣固车、稳定车、配砟整形车各1台。一般来说,捣固车工作压力较大,稳定车、配砟整形车工作负荷较轻,为进一步提高作业综合效率,发挥设备性能,可采取高低搭配方式增加捣固车数量,即按不同作业精度配备多台捣固车,与稳定车、配砟整形车联合作业。主要施工机械的配备如表 16-17 所示。

表 16-17 有砟轨道精调整理施工主要机械配备

序号	名称	规格	单位	数量
1	内燃机车	DF4D	列	1
2	风动卸砟车	K13	辆	15
3	捣固车	DC-32	台	1
4	稳定车	WD-320	台	1
5	配砟整形车	SPZ-200	台	1

16.6.2 无砟轨道精调整理施工机械

轨道精调指在轨道施工完成、长钢轨应力放散锁定后，通过扣件更换，实现轨道调整，使轨道状态满足高速运行舒适性和安全性要求的过程，一般分为静态调整和动态调整两个阶段。静态调整阶段主要通过精调小车进行轨道状态检测和评估，动态调整阶段主要通过低速动检车和高速动检车进行轨道状态检测和评估。轨道状态动态检测与评估一般由铁路集团完成，相关施工机械此处不做介绍。

钢轨预打磨指消除钢轨微小缺陷及锈蚀，消除轨头表面的脱碳层，保证钢轨光滑、平顺、无斑点，满足列车高速运行需要的作业过程。

1. 无砟轨道精调整理施工机械选型

轨道精调和钢轨预打磨施工机械主要包括精调小车、内燃扳手、起道机、钢轨打磨列车、钢轨波纹研磨机等。下面主要对精调小车、钢轨打磨列车进行介绍。

1）精调小车

精调小车是一种轨道尺寸静态检测的专用便捷工具，与全站仪配合使用，可检测高低、水平、扭曲、轨向等轨道不平顺数据，为轨道精调提供依据。精调小车一般根据作业精度和作业效率进行选型。

2）钢轨打磨列车

钢轨打磨列车是消除钢轨波磨、侧磨、擦伤、剥离、肥边等缺陷，从而恢复轨头工作部设计形状的大型机械，一般根据打磨头数量进行分类。目前，在高速铁路新线建设中得到了广泛应用。钢轨打磨列车通过在每股钢轨上布置一定数量的打磨头，以不同的偏转角度对钢轨轨头进行全覆盖，利用打磨头砂轮的高速旋转对钢轨表面进行磨削，最终获得需要的轨头廓形。钢轨打磨列车通常由控制车、作业车、动力车等多节车组成，一般根据作业精度和作业效率进行选型。

2. 无砟轨道精调整理施工机械配备

无砟轨道精调和钢轨预打磨施工机械配备时，一般综合考虑线路长度、工期要求、检测人员数量等因素。这里按单一作业面、各工序常规作业需求进行配备，如表 16-18 所示。

表 16-18 无砟轨道精调和钢轨预打磨施工主要机械配备示例

序号	名称	规格	单位	数量
1	钢轨打磨列车	GMC-96x	列	1
2	精调小车	GRP 1000s	台	1
3	全站仪	TCRP 1201	台	1
4	起道机	15 t	台	3
5	内燃扳手	—	套	4

16.7 铁路营业线路养护维修机械选型与配备

铁路营业线路是一种特殊的工程结构物，在使用过程中会出现线路老化、磨损和变形等问题和缺陷，其养护维修是对轨道线路进行事前预防和事后整治的作业过程，目的是保持线路良好状态，满足列车高速运行的舒适性和安全性要求。

16.7.1 铁路营业线路养护维修机械选型

铁路营业线路的养护维修，一般通用施工机械难以胜任，必须采用适合于这种特殊结构的专门的线路养护维修机械。针对营业线路构成，配套各类钢轨廓形打磨、钢轨更换、轨枕更换、道床清筛、线路捣固等专门机械，主要包括钢轨打磨列车、线路大修列车、换轨车、全断面道砟清筛机、捣固车、稳定车、配砟整形车等，前文已对钢轨打磨列车、捣固车、稳定车、配砟整形车等进行了介绍,本节只对其他施工机械进行说明。

1) 线路大修列车

线路大修列车是用于有砟铁路营业线路连续更换钢轨、轨枕的大型养路机械,具有自力走行、轨枕更换收储、钢轨更换、扣件拆除回收、道砟整平等功能。换轨作业的原理是通过安装在车辆不同部位的钢轨夹钳实现新旧钢轨的交叉替换。换枕作业是通过旧轨枕拾取装置、动力平砟犁和新轨枕铺设装置依次完成旧轨枕回收、道砟整平和新轨枕铺设。线路大修列车主要由扣件车、作业车、动力车和材料车组成,一般根据作业需求和作业效率进行选型。

2) 换轨车

换轨车是用于更换无缝线路长钢轨的专用机械,具有旧钢轨拆除和新钢轨铺设等功能。换轨车的工作原理是通过安装在车辆下部和悬臂变幅机构上的新钢轨和旧钢轨夹钳,在车辆运行过程中,完成旧钢轨和新钢轨的交叉替换。换轨车一般根据作业需求和作业效率进行选型。

3) 全断面道砟清筛机

全断面道砟清筛机是用于有砟道床全断面一次性清筛的专用设备,具有自力走行、道砟全断面挖掘清筛、污土抛出、清洁道砟回填、道床推刮平整等功能。全断面道砟清筛机采用连续作业的方式,通过穿入轨排下部、呈封闭五边形的挖掘链,将脏污道砟连续挖起并经导槽提升至筛分装置,通过振动筛筛分后,将清洁道砟经道砟分配装置及回填输送带回填到线路上,不符合粒径的道砟及污土等经污土带、回转污土输送带输送到线路两侧或前方物料运输车上。全断面道砟清筛机一般根据作业需求和作业效率进行选型。

16.7.2 铁路营业线路养护维修机械配备

铁路营业线路养护维修机械配备时,一般综合考虑线路类型、作业类别、作业要求等因素,各种线路养护维修机械根据需求灵活组合或单独作业。主要施工机械配备如表16-19所示。

表16-19 铁路营业线路养护维修施工主要机械配备

序号	名称	规格	单位	数量
1	钢轨打磨列车	GMC-96x	列	1
2	线路大修列车	DXC-500	列	1
3	换轨车	HGGY-6	列	1
4	全断面道砟清筛机	QS650	台	1
5	捣固车	DC-32	台	1
6	稳定车	WD-320	台	1
7	配砟整形车	SPZ-200	台	1
8	道岔铺换设备	CPH	套	1

第17章

主要机械结构和工作原理

17.1 铺轨基地施工机械

17.1.1 换铺法铺轨基地施工机械

1. 电动葫芦门式起重机

1) 整机的组成和工作原理

电动葫芦门式起重机是通过两侧支腿支撑在地面轨道上的桥架型起重机。该起重机以钢丝绳电动葫芦作为起升机构,通过起重吊钩的上下移动、小车的左右移动及起重机大车的前后移动组合形成立体的作业空间,实现对起吊物品的移动、翻转等作业。在铁路轨道工程施工中,电动葫芦门式起重机主要用于铺轨基地轨枕、钢轨等各种材料的装卸,轨排作业线的生产、吊运、装卸等。其主要由电动葫芦、金属结构、大车运行机构、电气设备4大部分组成。

2) 主要系统和部件的结构原理

(1) 电动葫芦

电动葫芦(图17-1)是一种特殊起重设备,安装在门式起重机主梁轨道上,具有体积小、质量轻、操作简单、使用方便等特点,由电动机、传动机构和卷筒等组成,有CD1单速型、MD1双速型、BCD防爆型、加长型等类型,具有小车走行和卷筒升降功能。

(2) 金属结构

金属结构由主梁、支腿、下横梁、梯子和驾驶室等部件组成。主梁结构有箱形梁和桁架

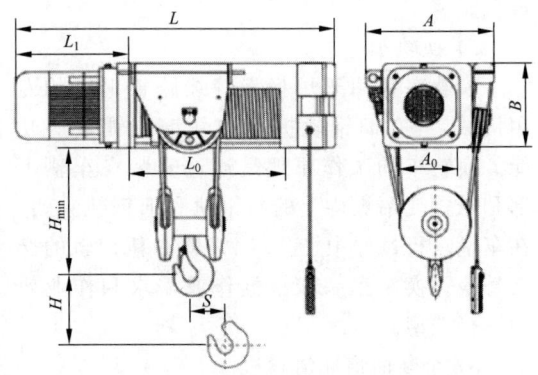

图 17-1 CD/MD 型电动葫芦

等形式,如图17-2所示。箱形梁由板材焊接而成,桁架一般由型钢焊接而成。下横梁由板梁或桁架、车轮组等组成。支腿安装在下横梁上,对主梁进行支撑,形成稳定的框架结构,可分为刚性支腿和柔性支腿。

主梁主要有3种形式:包箱型、正三角花架型、倒三角花架型。包箱型桥架由主梁和上横梁连接而成。主梁采用下部为工字钢、上部为闭箱形的截面。为保证主梁的承载能力和稳定性,在主梁上部五边形闭箱内,根据需要布置有横筋板和纵筋条。正三角花架型桥架由主梁和上横梁连接而成。主梁采用下部工序钢、上部型钢,上、下部连接成桁架,形成三角截面,倒三角花架型桥架也是由主梁和上横梁连接而成,主梁下部为工字钢、上部为型钢,组成倒三角截面。

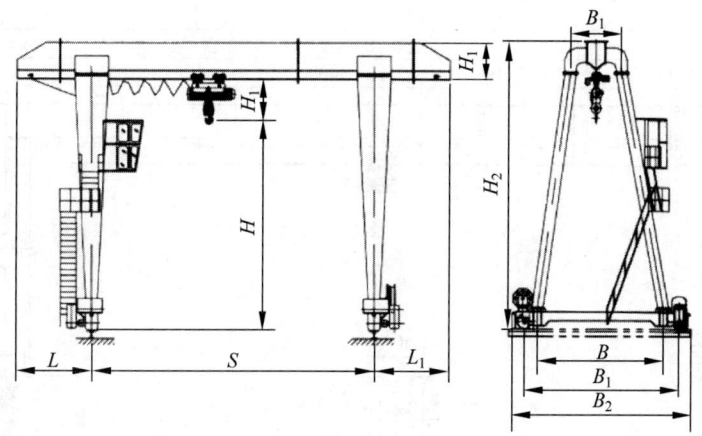

图 17-2 门式起重机金属结构

支腿有 3 种形式：包箱型、花架型、钢管型。包箱型支腿采用主要由钢板焊成的无斜杆平面钢架式的结构，受力简洁明确，外形美观大方；花架型支腿采用主要由型钢焊成的无斜杆平面钢架式的结构；钢管型支腿采用主要由无缝钢管焊成的有斜杆连接的结构。

桥架与支腿、支腿与下横梁之间均采用螺栓连接。下横梁主要由钢板焊成，车轮的垂直偏斜、水平偏斜及大车运行机构等的安装均由下横梁的制造与焊接予以保证。支腿与桥架、下横梁一般均需在制造厂预装，并作出标记，以便现场拼装的顺利进行和保证金属结构总装的正确与完好。

(3) 大车运行机构

起重机的大车运行机构采用分别驱动的方案，即在位于跨度两边的两条轨道上的下横梁上，各设一个主动车轮和一个从动车轮（或两个主动车轮），每个主动车轮通过一套独立的驱动装置驱动。驱动装置由锥形转子制动电动机、减速装置等组成；常见的还有由电动机、液力偶合器、液压推杆制动器、减速器等组成的。设计上常用的大车传动电动机为 ZD 系列锥形制动电动机，按用户要求可以配置相应的滑环电动机、软启动电动机等；减速装置常用的为 LD 减速装置，按用户要求可以配置相应的速比，可以实现 20 m/min、30 m/min、45 m/min 等走行速度。

(4) 电气设备

起重机的电气设备分地面控制和驾驶室控制两种形式。电气设备包括大车和小车集电器、控制器、电阻器、电动机、照明、线路及各种安全保护装置（如大车和小车行程开关、起升高度限制器、地线和室外起重机避雷线等）。起重机大车通常采用滑线供电，也可以采用电缆卷筒供电等，根据现场条件决定。

2. 长钢轨群吊

1) 整机的组成和工作原理

长钢轨群吊通过集中控制系统实现多台龙门式起重机的同步运行，主要由 32 台固定龙门式起重机、分控箱、总控制台等组成，主要应用于 500 m 以内任意长度钢轨的吊装、横向移位，也可以用于工厂焊接生产线的作业。

2) 主要系统和部件的结构原理

长钢轨群吊主要由支腿、横梁、电动葫芦及电气控制部分等组成，能实现每台龙门式起重机单独动作、自选分组动作、分组联动和 32 台龙门式起重机联动。以 500 m 长钢轨群吊系统为例，群吊系统由 32 台 2.8 t×22 m 固定龙门式起重机（图 17-3）和总控制台、分控箱等组成，2.8 t×22 m 固定龙门式起重机主要由主梁、支腿等金属结构件和电动葫芦（即起升、小车运行机构）及电气系统、照明系统等部分组成，系统配置及特点如表 17-1 所示。

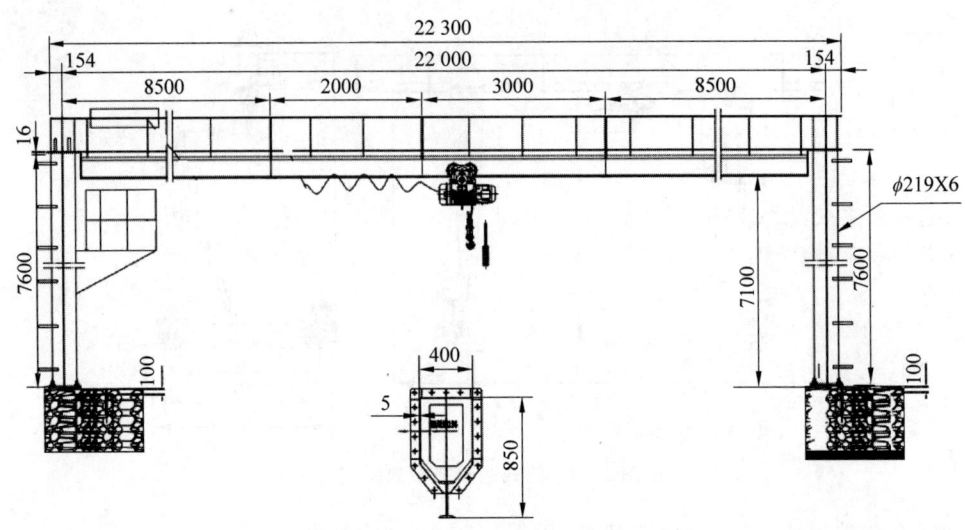

图17-3 固定龙门式起重机

表17-1 500 m长钢轨群吊系统配置

序号	内 容	数量	型号、特点
1	2.8 t×22 m固定龙门式起重机金属结构件	32套	花架立柱、单箱梁
2	2.8 t电动葫芦	32台	CD13-6D、户外防雨型
3	小滑车	32台	户外防雨型
4	单台龙门式起重机电气控制箱及手动操作手柄	32套	自制(控制电压36V)
5	单台龙门式起重机夜间照明系统	32套	400 W高压金属卤化物投光灯
6	60 kg/m钢轨专用吊具	32台	自制
7	驾驶室	1个	自制
8	总控制台	1个	自制
9	组控制柜	3个	自制
10	控制电缆、通信电缆、动力电缆	—	满足系统安装需要

(1) 单台2.8 t龙门式起重机的结构组成

固定龙门式起重机的支腿,分为单柱式支腿、A字形腿。单柱式支腿可采用无缝钢管加工,也可采用型钢拼焊,具有结构简单、安装简便、运输方便等特点,但稳定性较差,需要安装缆风绳予以加固。A字形腿一般采用型钢焊接,结构稳定性好,智能群吊等精度要求高的设备采用此种结构形式。支腿与基础、支腿与主梁,均采用螺栓连接固定,对主梁起到支撑作用。

主梁采用工字钢及单箱形梁组合结构形式,跨度为22 m,由4个节段组成,长度为2节8.5 m,满足铁路N17平车及汽车运输尺寸要求。其中预留1节2 m和1节3 m的主梁及连接法兰,即实现17 m、20 m和22 m的变跨。两端不设悬臂,主梁两端均设有小车阻挡缓冲装置。

电动葫芦的起重质量为2.8 t,起升高度为6 m。起升电动机的功率为4.5 kW,横移电动机的功率为0.4 kW,每台电动葫芦可由控制手柄单独控制。

电控系统由单台龙门式起重机电控系统和群控系统组成,控制系统采用36V安全电压,预防触电安全事故。单台设备电控系统包括分控箱、控制手柄、控制元件、通信模块等构成,可实现电动葫芦起升、横移的单独控制。

总控制台由显示触摸屏、控制系统、通信系统等构成,可对32台设备进行单独控制、分组控制、整体控制。

(2) 32台2.8 t龙门式起重机的结构组成

① 长钢轨群吊由结构相同的32台固定龙门吊式起重机组成,相邻间距16 m,平行布置,各固定龙门吊基础横平竖直,保证长钢轨群吊整体精度。

② 电气控制系统由总控制台、组控制箱、分控制箱组成,包括控制系统、通信系统、报警反馈等子系统,具有单独控制、分组控制、整体控制等控制方式,实现长钢轨的位置调整、整体移动。总控制台一般安装于三面可视的控制室内,放置于长钢轨群吊中部的高台上,便于瞭望操作。

③ 电气控制系统采用PLC形式的主从站连接,总控制台与组控制箱、分控制箱之间,采用数据通信技术,减少信号长距离传输、电压降低的影响,确保起重机动作同步,实现长钢轨安全平稳移动。PLC控制系统较继电器逻辑控制系统寿命长、可靠性高、易于现场调试、修改、维护,同时还有结构简单、体积小、连线少、质量轻、便于运输和安装等优点。

3. 轨排生产线

轨排由钢轨、轨枕、连接零件等组合拼装而成,长度一般为25 m或12.5 m,在铺轨基地生产,由工程列车运往作业现场进行铺设。轨排生产线是实现从轨排零件到成品轨排的全工序机械化流水作业的专用机械,用于生产长25 m及以下的P43、P50、P60标准钢轨和标准混凝土轨枕的正线、站线和桥面轨排,也可用于窄轨线路轨排的组装定联。

轨排组装的作业方式可分为活动工作台和固定工作台两种,活动工作台作业方式组装轨排又分为单线往复式和双线循环式两种。作业方式不同,使用的机具设备和作业线的布置也不同。因此,在轨排组装前,应根据具体情况确定作业方式。当只需要少量轨排时,可由人工在铺轨基地直接组装。

1) 活动工作台作业方式

(1) 全液压往复式机械化轨排组装生产线

该生产线采用了单线反锚的作业方法,如图17-4所示,依靠液压工作台的升降动作和转序工作台车的往复运动完成轨排生产作业中的转序作业,将待组装的轨枕和钢轨、扣件等依次通过生产线的各个台位,经过一次翻枕、螺纹道钉锚固、二次翻枕匀枕、上钢轨、上扣件、紧固螺栓、检验及轨排吊放等7道工序,完成轨排组装的流水作业。轨排生产线主要由液压升降作业平台、硫黄砂浆锚固作业平台、液压翻枕龙门式起重机、散枕牵引小车、转序牵引车、带动力运枕小车、硫黄砂浆加热搅拌机、钢轨吊具、轨排吊具等组成,具有机械化程度高、锚固质量好等特点。螺纹道钉锚固采用反锚工艺,全部在锚固模板平台上完成,锚固模板平台根据轨排和螺纹道钉的尺寸特殊设计,确保了锚固质量和作业效率。该生产线采用全液压控制的升降工作台,通过先进的液压同步控制技术来保证各工作台升降动作的协调一致,运行平稳、可靠,升降速度快,操作简单精确;作业过程中使用自动翻枕龙门式起重机完成布枕和一次翻枕,动作准确迅速;整机结构紧凑,生产线长度短,占地面积少。

(2) 单线往复式轨排生产线

该生产线全长250 m,铺轨长度230 m,中间另铺有长50 m的窄轨(轨距为762 mm),由卷板机、起落架、小台车、动力装置、中央控制操作台、翻枕器、走行线等组成。按流水作业分为10个工序,依次为上枕、翻枕、整理时位、落模锚固、脱模、翻正匀枕散扣件、布枕、预上扣件、紧固及检查吊轨排,分别在10个台位上完成;在作业线中部设有中央控制操作台,其台车的往复运动及钢轨起落架的升降由1人操作,集中控制。

单线往复式轨排生产线(图17-5)是我国目前新线和运营线使用最多的一种轨排组装生产线。其特点是作业线上采用了起落架,在起落架上完成各工序的作业内容。作业过程为:将人员和所需机具按工序的先后固定在相应的工作台位上,用若干个可以移动的工作台组成流水作业线,依靠工作台往复移动传递轨排,按组装顺序流水作业,直到轨排组装完毕。

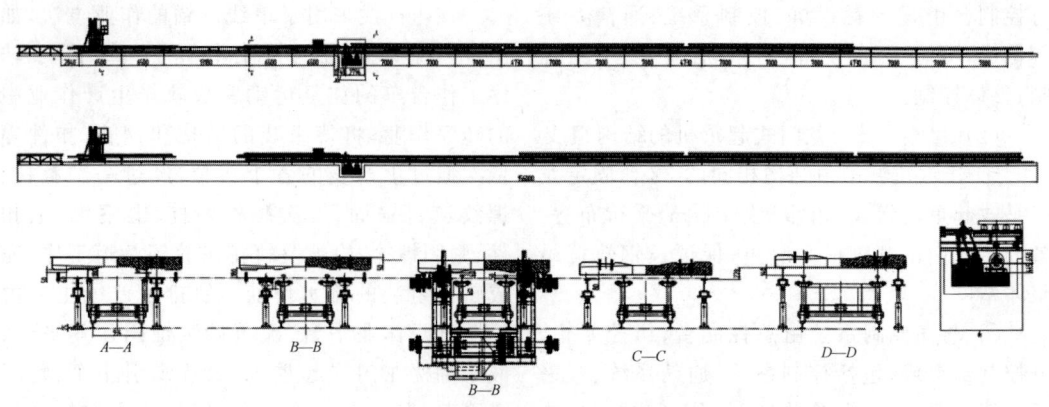

图 17-4 轨排生产线示意图

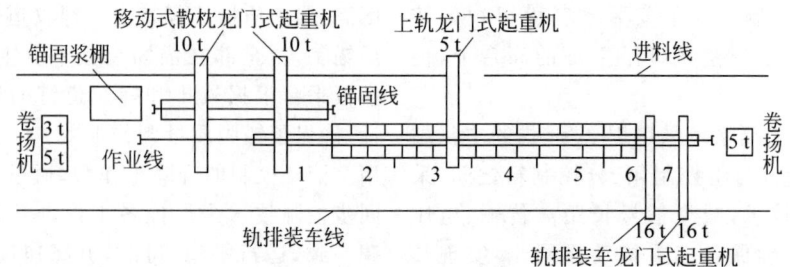

1—吊散轨枕区;2—硫黄锚固区;3—匀散轨枕区;4—吊散钢轨区;5—上配件、紧固区;
6—质量检查区;7—轨排装车区。

图 17-5 单线往复式轨排生产线结构示意图

在组装中,工作台的往复移动是由设在工作台两侧的起落架配合进行的。每完成一个工序,工作台就前移一个台位,并由起落架将轨排顶起,工作台退回至原位,然后下降起落架,轨排即留在下一工序的工作台上。这样,每完成一个工序,工作台就前后往复一次,起落架也相应升降一次,保证了轨排组装的连续性。

活动工作台由平车和钢轨连接而成,变换工序是由设在作业线一端的 3 t 卷扬机牵引活动工作台进行的,起落架的升降由设在作业线另一端的 5 t 卷扬机控制。工作台应高出未升起时的起落架顶面 5 cm,以利于工作台的移动。

单线往复式轨排生产线的作业线,布置在进料线和装车线之间,包括吊散钢轨、轨枕硫磺锚固、匀散轨枕、上配件并紧固、质量检查及轨排装车 6 个工序。由于轨枕硫黄锚固工作量大、作业时间较长,往往成为控制工序。为了平衡各工序间的作业时间,提高组装效率,在硫黄锚固工作台位一侧,另设长约 80 m 的硫磺锚固作业线相配合,并在锚固作业线的端部附近备有粉碎硫黄的碾子、炒砂子及熬制硫黄锚固浆液的锅灶等,以及为不受气候影响而保证锚固作业顺利进行的工棚。

单线往复式轨排生产线既可节省拼装作业场地,又可节省拼装所需设备和劳动力,有利于实现轨排组装全面机械化,在地形狭小、场地受限制时较为适用。

(3) 双线循环式轨排生产线

双线循环式组装轨排的过程是轨排组装分设在两条作业线上完成,在第一条作业线上完成其规定的几个工序后,经横移坑横移到第二条作业线上,继续作业,直到轨排组装完毕,进行装车。空的工作台经另一横移坑再横移到第一条作业线上,继续循环作业,每一循环完成一个轨排的组装。横移坑内有横移线路及横移台车,横移时可用人力移动或卷扬机牵引。

双线循环作业方式可将各工序组成循环流水作业线,从而改善工作条件、提高工作效率,但该作业方式要求场地比较宽阔,因而受一定的限制。

2) 固定工作台作业方式

固定工作台作业方式是将组装作业线划分为若干个作业台位,作业时,各工序的人员和所需机具沿各个工作台位完成自己工序的作业后依次前移,而所组装的轨排则固定在工作台上不动,并在这一台位上完成全部工序。当沿作业线组装完第一层轨排后,又在第一层轨排上面继续依次组装第二层轨排,到第三层轨排后,人员再转移到另一作业线的台位上,继续组装。固定工作台轨排组装作业生产线的布置如图17-6所示。

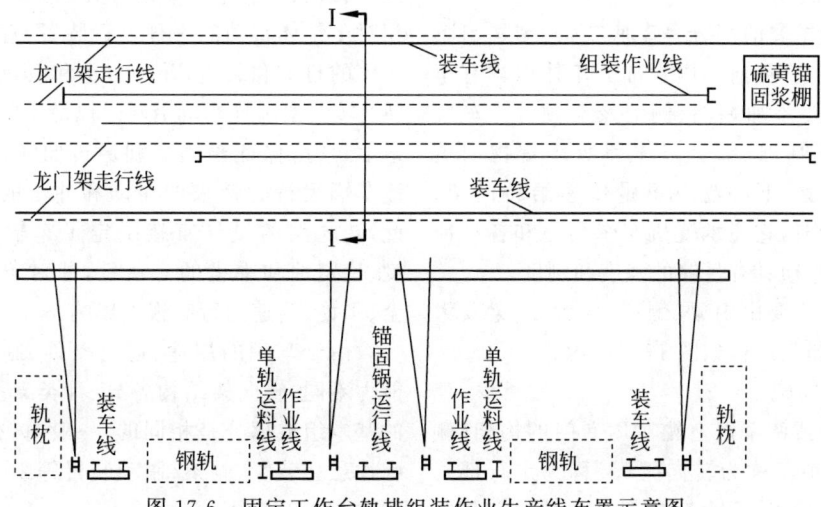

图17-6 固定工作台轨排组装作业生产线布置示意图

由于固定工作台作业方式所组装的轨排是固定不动的,仅是人员和机具沿工作台移动,所以作业线的布置比较简单,只需在组装作业线上对固定工作台的台位进行划分,每一台位长约26 m,而台位的多少和作业线的长度,可根据铺轨任务量的大小和铺设日进度的需要来决定。

4. 内燃扳手

内燃扳手(图17-7)主要由汽油机、机架、减速齿轮箱、牙嵌离合器、换向装置、操作手把等组成,由汽油机驱动,经过齿轮箱减速,将扭矩传递到牙嵌离合器,带动主轴套筒对螺栓进行松紧作业。通过牙嵌离合器控制扭矩大小,当扭矩大于设定扭矩时,牙嵌离合器自动脱离,主轴套筒停止旋转。通过换向装置,主轴套筒转向发生变化,实现螺栓松紧。机座内设有油箱和油泵,当松紧螺栓时,油泵同步工作,经油管、喷油嘴将润滑油喷射到螺栓上,实现螺栓涂油的目的。

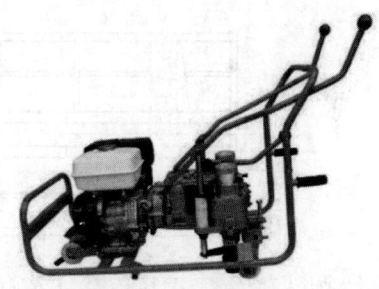

图17-7 内燃扳手

5. 铁路平车

1) 整机的组成和工作原理

铁路平车是一种无车顶和车厢挡板、自重较小的铁路车辆,装卸方便,且装运吨位相对较大,可装运大型机械、集装箱、钢材及大型建材等,必要时可装运超宽、超长的货物。可单独使用也可多节连挂,由轨道车或机车动力牵引,利用轮对工作于钢轨上行驶运行。铁路平车主要由车底架、转向架、车钩缓冲装置、制动装置等组成,其结构如图17-8所示。

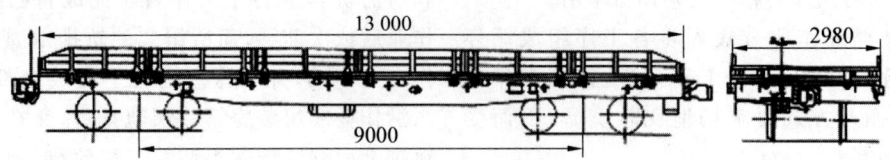

图 17-8　铁路平车整机结构示意图

2）主要系统和部件的结构原理

(1) 车底架

车体最主要的部分是车底架，其结构与车辆的用途有关，目前国内大部分车体内均有车底架，视需要添加端墙、侧墙及车顶等。车底架是车体的基础，承受车体和所载货物的重量，并通过上、下心盘将重量传递给转向架。在列车运行时，它还承受机车牵引力和各种冲击力，所以必须具有足够的强度和刚度。

车底架主要由中梁、侧梁、枕梁、端梁及大横梁等组成，其结构如图 17-9 所示。

(2) 转向架

由两个或两个以上轮对用专门的构架（侧架）组成的小车称为转向架（又称为走行部）。车体支承在前、后两个转向架上。转向架是铁路车辆的关键组成部分，为便于通过曲线，车体与转向架之间可以相对转动。转向架是能相对于车体转动的一种走行装置，直接承受着车体的自重和载重，并将自重和载重传递给钢轨；转向架引导车辆沿轨道以最小的阻力在轨道上运行，保证车辆顺利通过曲线，并具有减缓车辆运行时带来的振动和冲击的作用。因此，转向架的设计直接决定了车辆的走行速度、稳定性和乘坐的舒适性，即对于车辆的安全、平稳、高速运行有很大影响。

由于车辆的用途、运行条件、制造和检修能力不同，转向架结构各异、种类繁多，但它们的基本组成部分是相同的，一般由轮对、轴承、弹性悬挂装置、侧架、制动装置等组成，其结构如图 17-10 所示。

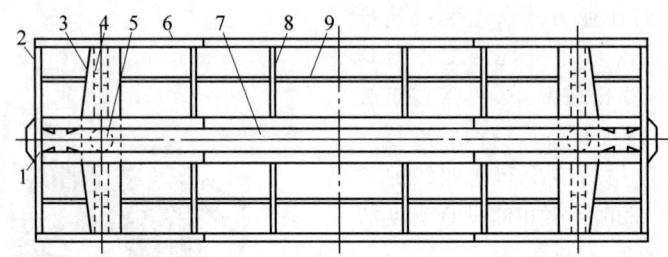

1—从板座；2—端梁；3—枕梁；4—上旁承；5—上心盘；6—侧梁；7—中梁；8—大横梁；9—地板托梁。

图 17-9　车底架结构示意图

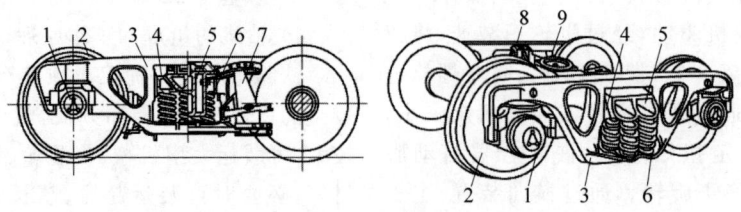

1—轴承；2—轮对；3—侧架；4—楔块；5—摇枕；6—弹性悬挂装置；7—制动装置；8—旁承；9—下心盘。

图 17-10　转向架结构示意图

（3）车钩缓冲装置

车钩缓冲装置安装在车底架中梁的两端（中梁两端又称为牵引梁）上，用于使车辆与车辆、车辆与机车相互连挂成列车，传递牵引力和制动力，缓和列车运行或调车作业时所产生的纵向冲击和振动，并使车辆之间保持一定的距离。车钩缓冲装置应具有强度大、摘挂方便、缓冲性能良好的特点，一般由车钩、缓冲装置（缓冲器）、钩尾框和前/后从板等零部件组成，其结构如图17-11所示。

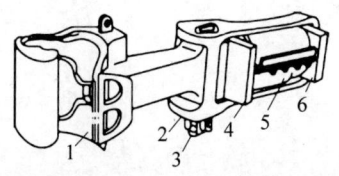

1—车钩；2—钩尾框；3—钩尾销；4—前从板；
5—缓冲器；6—后从板。

图17-11　车钩缓冲装置结构示意图

（4）制动装置

人为地向运动物体施加外力，使其减速、停止、防止加速，或向静止物体施加外力，使其保持静止的状态，称为制动。解除或减弱制动作用的过程叫作缓解。列车上能够实现制动作用和缓解作用的装置叫作制动装置。它通过压缩空气或人力推动基础制动装置，使闸瓦压紧车轮来实现制动作用。制动距离是列车从列车制动阀置于制动位置到列车完全停止所走过的距离。

我国机车车辆上的制动装置一般由自动空气制动机、人力制动机和基础制动装置等部分组成。空气制动机适用于运行中整列车的制动，一般由驾驶员操纵机车上的相关按钮或手柄来实现。人力制动机适用于调车作业中对个别车辆或车组的制动，通过调车人员操纵车辆上的手制动装置进行。

① 自动空气制动机。自动空气制动机是以压缩空气为动力的制动机，也是目前世界上被广泛采用的制动机。列车自动空气制动机由机车制动机和车辆制动机构成，分别装在机车、车辆上，在列车运行时由驾驶员统一操纵。其结构如图17-12所示。

自动空气制动机的特点是"排风（减压）制动，充气（增压）缓解"，即在向制动管输送压缩空气时，总风缸的压缩空气经制动主管、支管送入车辆上设置的副风缸并储存起来，同时可使制动状态的制动机缓解下来。制动时以制动主管内的压缩空气减小为信号，通过车辆上的分配阀（或控制阀）将储存于副风缸内的压缩空气送入制动缸而产生制动作用。

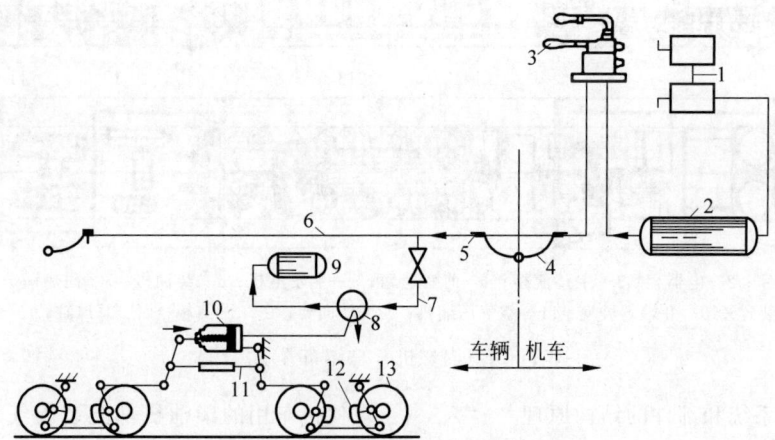

1—空气压缩机；2—总风缸；3—自动制动机；4—制动软管；5—折角塞门；6—制动主管；7—制动支管；
8—控制阀；9—副风缸；10—制动缸；11—基础制动装置；12—闸瓦；13—车轮。

图17-12　列车自动空气制动机结构示意图

② 人力制动机。人力制动机又称手制动机或手闸,是装在车辆制动装置上以人力作为产生制动原动力的部分。在每节车辆的一端都装有一套人力制动机。当进行人力制动时,可以用人力将制动手轮按顺时针方向转动,使制动链绕在轴上,拉动制动杠杆,以代替压缩空气作用于制动缸活塞杆的推力来带动基础制动装置动作,使闸瓦压紧车轮而产生制动作用,从而使单节车辆或车组减速或停车。人力制动机产生的制动力较小,制动作用也相对缓慢,因此一般在不能使用空气制动机的情况下才使用。其结构如图 17-13 所示。

6. 内燃机车

1) 整机的组成和工作原理

内燃机车是牵引或推送铁路车辆运行,而本身不装载营业载荷的自行车辆,俗称火车头,是轨道施工中常用的铁路机车,由柴油机、传动装置、辅助装置、车体走行部(包括车架、车体、转向架等)、辅助装置、制动装置和控制设备等组成。以 DF4 内燃机车为例,内燃机车的总体布置如图 17-14 所示。

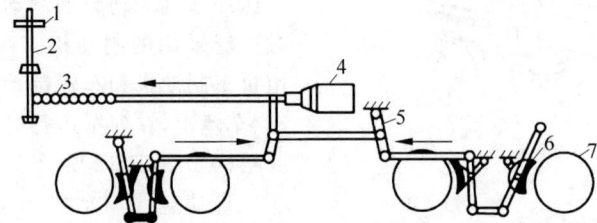

1—制动手轮;2—手轮轴;3—制动链;4—制动缸;5—制动杠杆;6—闸瓦;7—车轮。

图 17-13 人力制动机结构示意图

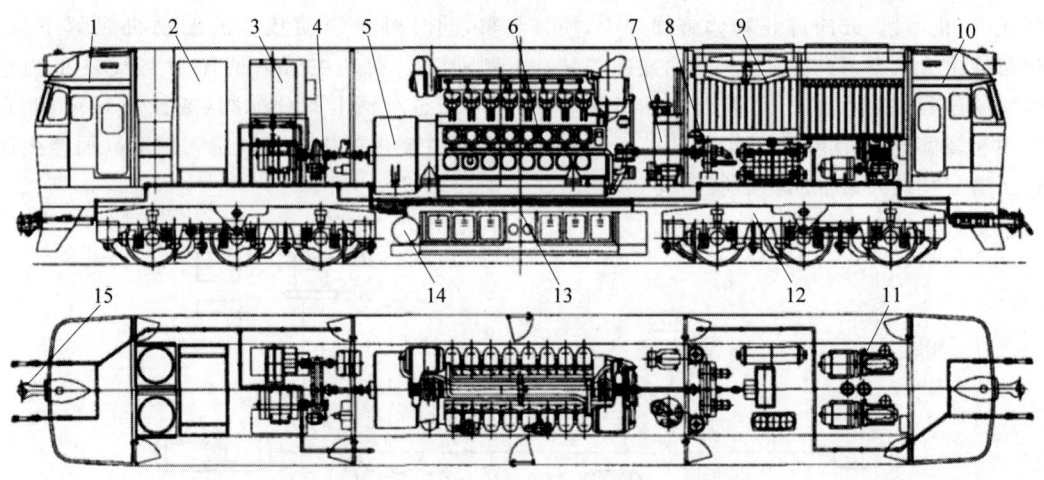

1—Ⅰ端驾驶室;2—电器柜;3—主整流柜;4—前变速箱;5—主发电机;6—柴油机;7—预热锅炉;8—后变速箱;9—冷却装置;10—Ⅱ端驾驶室;11—空气压缩机;12—转向架;13—燃油箱;14—总风缸;15—车钩。

图 17-14 内燃机车总体布置示意图

2) 主要系统和部件的结构原理

(1) 柴油机

柴油机是内燃机车的动力装置,又称压燃式内燃机。其主要结构特点包括气缸数、气缸排列形式、气缸直径、活塞行程、增压与否等。现代机车用的柴油机都配装废气涡轮增压器,以利用柴油机废气推动涡轮压气机,把提高了压力的空气经中间冷却器冷却后送入柴油机进气管,从而大幅度提高了柴油机的功率和热效率。

(2) 传动装置

内燃机车的传动装置是为使柴油机的功率传到动轴上以符合机车牵引要求而在两者之间设置的媒介装置,常用的传动方式有机械传动、液力传动和电力传动。

(3) 车架走行部

车架走行部包括车架、车体、转向架等基础部件。

① 车架：机车的骨干,是安装柴油机、车体、弹簧装置的基础。车架为矩形钢结构,由中梁、侧梁、枕梁、横梁等主要部分组成,上面安装有柴油机、传动装置、辅助装置和车体(包括驾驶室),下面由两个转向架支承并与车架相连,车架中梁前后两端的中下部装设车钩、缓冲装置。车架承受载荷最大,并传递牵引力使列车运行,因此,必须有足够的强度和刚度。

② 车体：车架上部的外壳,起保护机车上的人员和机器设备不受风、沙、雨雪的侵袭和防寒作用。按其承受载荷情况,分为整体承载式车体和非整体承载式车体；按其外形分为罩式车体和棚式车体。

③ 转向架：机车的走行装置,又称台车,由构架、旁承、轴箱、轮对、车轴齿轮箱(电力传动时包括牵引电动机)、弹簧、减振器、均衡梁,以及同车架的连接装置、基础制动装置等主要部件组成。其作用是承载车架及其上面装置的重量,传递牵引力,帮助机车平稳运行和顺利通过曲线。内燃机车一般使用两个 2 轴或 3 轴的转向架。

(4) 辅助装置

辅助装置是用来保证柴油机、传动装置、走行部、制动装置和控制调节设备等正常工作的装置。主要设备包括：燃油系统——保证给柴油机供应燃油的设备及管路系统；冷却系统——保证柴油机和液力传动装置能够正常工作的冷却设备和管路系统；机油管路系统——给柴油机正常润滑的设备及管路系统；空气滤清器——过滤空气中灰尘等脏物的装置；压缩空气系统——供给列车的空气制动装置、砂箱、空气笛及其他设备压缩空气的系统；

辅助电气设备——蓄电池组、直流辅助发电机、柴油机启动电动机等。

(5) 制动设备

内燃机车都装有一套空气制动机和手制动机,部分电传动内燃机车增设了电阻制动装置。

(6) 控制设备

控制设备是控制机车速度、行驶方向和停车的设备,主要有机车速度控制器、换向控制器、自动控制阀和辅助制动阀。操纵台上的监视表和警告信号装置有：空气、水、油等压力表,主要部位温度表,电流表、电压表,主要部位超温、超压或压力不足等声音和显示警告信号。为了保证安全、便于操作,内燃机车上还装设有机车信号和自动停车装置。

7. 长钢轨运输车

1) 整机的组成和工作原理

随着客运专线和高速铁路的发展,无缝线路得到了快速增长,这也推动了长钢轨生产、焊接、运输的极大需求。目前,我国采取的是钢轨生产厂家生产定尺长钢轨、焊轨厂焊接更长尺寸的长钢轨、施工单位铺设长钢轨的方式,完成无缝线路施工。钢轨生产厂家生产的定尺长钢轨一般为 100 m,在焊轨厂焊接成 500 m 长钢轨,使用长钢轨运输车进行运输。

铁路轨道施工中使用的长钢轨运输车一般由长钢轨运输支架和铁路平车组合而成。长钢轨运输支架包括普通座架、紧固装置和安全防护门 3 部分,座架的主要功能是隔离分层、支承钢轨和横向限位,安全防护门用于阻挡钢轨纵向移动,具有纵向防护作用。座架和安全防护门固定于铁路平车上,可以拆卸,紧固装置和锁定座架配合使用,用于锁定钢轨,限制钢轨横向、纵向移动,防止钢轨侧翻。

长钢轨运输车包含 38 辆铁路平车,由 1 辆隔离车、1 辆顺坡车、2 辆挡轨车、2 辆锁紧车及 32 辆普通座架车构成。全车装载加固装置共有座架 72 个,其中紧固装置 8 套,第 1~16 车和 21~36 车每车放置 2 个座架,第 17~20 车每车放置 2 个锁定座架。

2) 主要系统和部件的结构原理

(1) 运输车辆

运输车辆选用普通铁路平车,前文已有介绍,此处不再赘述。

(2) 座架

根据结构、用途和安装位置的不同,座架可分为普通座架(60个)(图17-15)、锁定座架(8个)、端座架(2个)和次端座架(2个)。

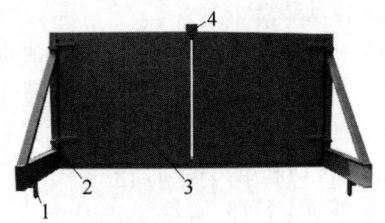

1—插板;2—门框;3—门;4—门锁。

图 17-17 安全防护门

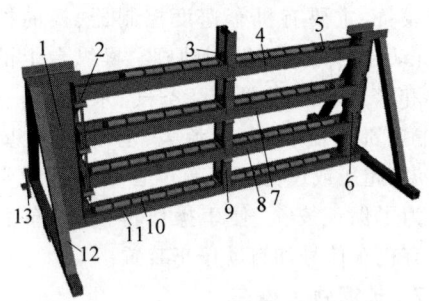

1—方侧柱;2—隔梁栓;3—中轮组;4—隔梁;5—侧轮组;6—圆侧柱;7—隔梁2;8—隔梁1;9—中部支座;10—滚轮组;11—底梁;12—斜撑;13—插板。

图 17-15 普通座架

(3) 紧固装置

紧固装置由夹板、隔离块、螺栓、紧固螺母和防松螺母组成(图17-16),分大、中、小3种型号。其中,大号紧固装置4套,用于第一、二层钢轨的锁定;中号紧固装置2套,用于第三层钢轨的锁定;小号紧固装置2套,用于第四层钢轨的锁定。

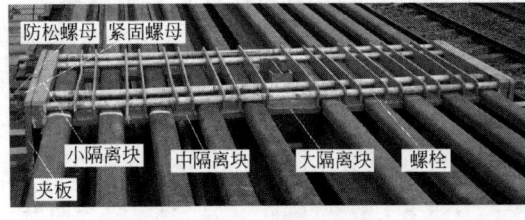

图 17-16 紧固装置

(4) 安全防护门

安全防护门由槽钢和钢板焊接组成,主要部件有门框、门和门锁,如图17-17所示。门框的两侧焊有固定插板,用螺栓与车辆支柱槽连接。长钢轨运输过程中处于常闭状态,对长钢轨异常纵向移动进行约束,保证车组行车安全。

8. 风动卸砟车

1) 整机的组成和工作原理

风动卸砟车是主要用于标准轨距铁路线路新建、维修时铺设石砟的漏斗车,其自身不具备自行能力,常与内燃机车、轨道车等连挂在一起,成为一组列车运行。风动卸砟车主要由车体、卸砟系统、车钩缓冲装置、制动装置及转向架等组成,如图17-18所示。

2) 主要系统和部件的结构原理

(1) 车体

车体为无中梁全钢焊接结构,由底架、漏斗、侧墙、端墙、操纵室等部分组成,其中漏斗结构如图17-19所示。

(2) 卸砟系统

卸砟系统由卸砟门、风动操纵系统、手动操纵系统等组成,风动、手动系统各自单独操纵。车辆设有6个卸砟门,每侧各两个,中间两个。风动操纵系统由操纵阀、254×220双向作用风缸、给风调整阀及管路等组成;手动操纵系统由减速器、离合器、传动轴及拉杆组成。

① 上部传动装置。上部传动装置由上部传动轴及固定在其上的摆块和上曲拐、牙嵌离合器、滚动轴承、离合器拨动叉、减速器、254×220双向作用风缸、中拉杆及侧拉杆等组成,如图17-20所示。

② 下部传动装置。下部传动装置由下部传动轴及固定在其上的下曲拐、联轴节、连杆、传动轴轴承及底门组成,如图17-21所示。

③ 操纵系统。操纵系统由风动操纵系统和手动操纵系统组成,风动操纵系统由给风调整阀、操纵阀、截断塞门、储风缸、操纵台、风表

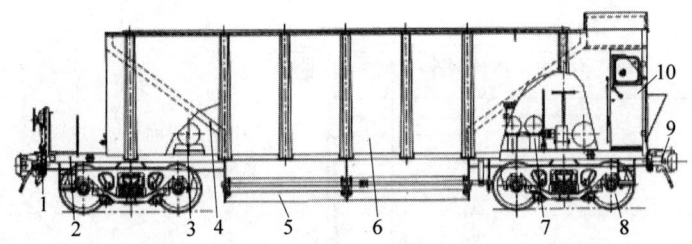

1—制动装置；2—底架总成；3—除尘装置；4—端墙总成；5—漏斗总成；6—侧墙总成；
7—卸砟系统；8—转向架；9—车钩缓冲装置；10—操纵室。

图 17-18　石砟漏斗车主要结构示意图

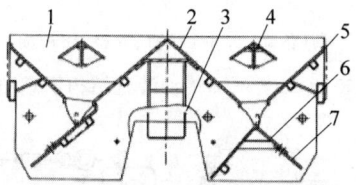

1—中、端隔板；2—中湖斗板总成；3—标签；4—分砟梁总成；
5—侧测斗板总成；6—流砟板总成；7—调整板。

图 17-19　漏斗结构示意图

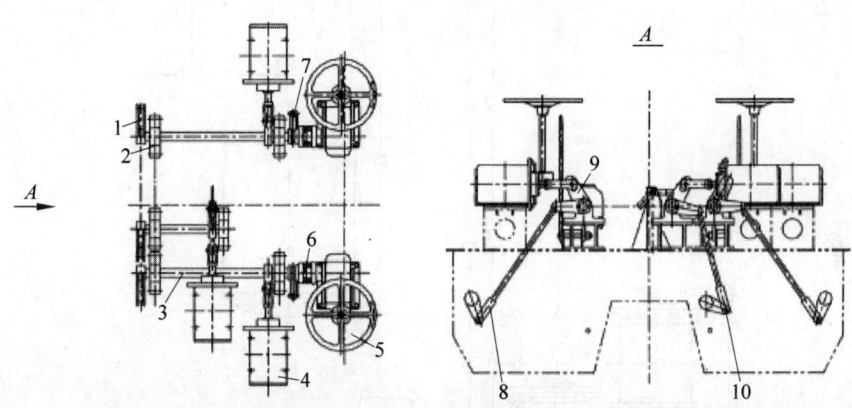

1—上曲拐；2—滚动轴承；3—上部传动轴；4—双向作用风缸；5—减速器总成；6—牙嵌离合器；
7—离合器拨动叉；8—侧拉杆；9—摆块；10—中拉杆。

图 17-20　上部传动装置结构示意图

及管路等组成，如图 17-22 所示。卸砟作业时，将离合器传动轴手把置于分离位，操纵阀手把置于开门位，双向风缸活塞推出，底门打开；若将操纵阀手把置于关门位，则底门关闭。根据作业需要，开放塞门 2，可以利用一个操纵阀（3 或 8），使两侧底门同时开关。

（3）制动装置

制动装置采用主管压力满足 500 kPa 和 600 kPa 的空气制动装置，主要由 120 型控制阀、制动缸、闸瓦间隙自动调整器、空重车自动调整装置、货车脱轨自动制动装置等组成。

（4）转向架

风动卸砟车采用 K2 型转向架，K2 型转向架主要由滚动轴承装置、承载鞍、减振装置、侧架、摇枕、基础制动装置、轮对、中心销、心盘磨耗盘、旁承、内圆弹簧、外圆弹簧、交叉杆等组成。

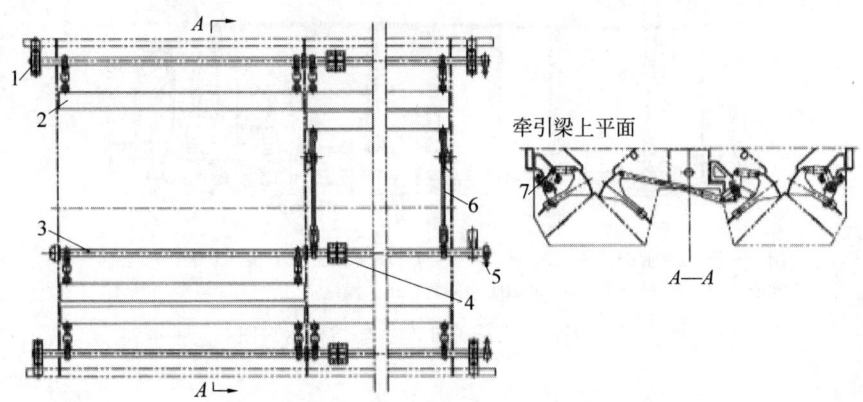

1—传动轴轴承；2—底门组成；3—下部传动轴；4—联轴节；5—下曲拐；6—底门连接拉杆；7—底门连杆。

图 17-21　下部传动装置结构示意图

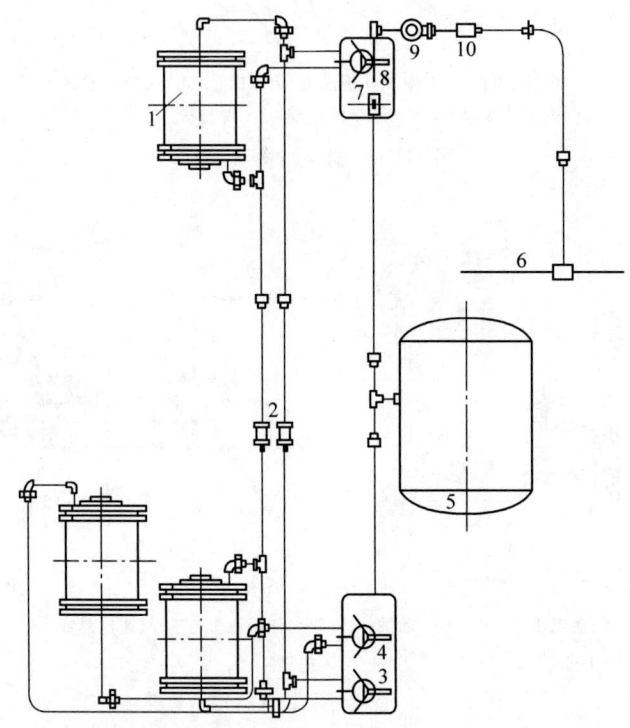

1—254×220 双向风缸；2—两侧底门集中控制塞门；3—操纵阀(左侧门)；4—操纵阀(中间门)；5—储风缸；6—列车管；7—风表；8—操纵阀(右侧门)；9—给风调整阀；10—组合式集尘器或塞门。

图 17-22　风动操纵系统组成示意图

(5) 除尘装置

除尘装置由上水管、水箱、风源、减压阀、管路、喷嘴及各种控制塞门等组成。

9. 短钢轨回收车

1) 整机的组成和工作原理

短钢轨回收车是将 25 m 及以下长度的钢轨，从铁路线路两侧回收到铁路平车上，或从铁路平车上卸到铁路线路两侧的专用起重运输设备，并能够完成钢轨的转运工作。短钢轨回收车由轨道车或柴油发电机组提供作业动力，液压缸推动横梁伸至铁路平车边梁外侧后，通过电动收轨小车的起吊和横移完成收轨作业。横梁收回并锁定后,再由轨道车牵引离开作业区间。

短钢轨回收车的基本结构是在两辆NX17B 或 NX70 铁路平车的一端各安装一台定柱悬臂式起重机(又称悬臂吊),其主要由安装底架、动力源、悬臂吊、安全装置、应急装置、液压系统、电气系统等部分组成,如图 17-23 所示。

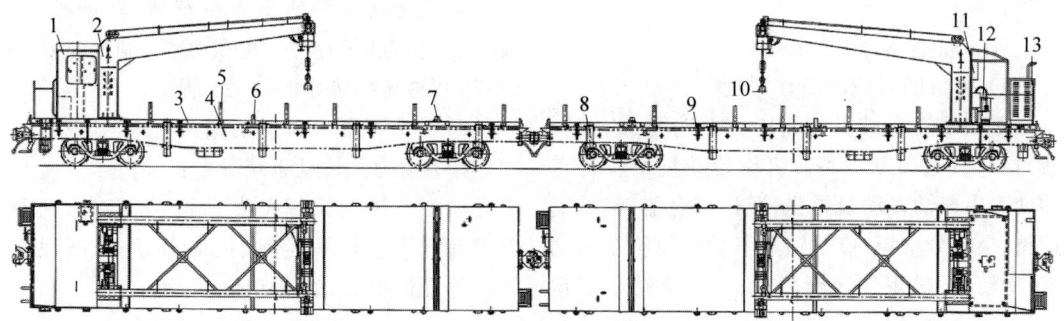

1—操作室;2—悬臂式起重机;3—安装底架;4—路用平车;5—固定支架;6—移动梁;7—游动支架;
8—护柱;9—起重机构;10—紧固螺栓;11—电气系统;12—泵站;13—发电机组。

图 17-23　短钢轨回收车主要结构示意图

2) 主要系统和部件的结构原理

(1) 动力系统

短钢轨回收车由一台 30 kW 的发电机组为整组车的控制系统、工作装置、液压系统和照明等提供动力。

(2) 工作装置

工作装置主要由安装底架、悬臂式起重机、钢轨支承、起重机构等组成。

悬臂式起重机由钢板组焊而成,两侧主梁采用箱形截面,主梁由上下两层交叉拉杆连接,悬臂式起重机立柱前端设有防护板,将装载货物区域与操作区隔开,保证操作者有相对独立和安全的操作空间。

悬臂式起重机上安装有移动梁,设有带行程开关的插销锁定装置,不作业时移动梁处于中位,由液压锁和机械插销双重锁定。作业时须先解除机械锁定,然后操纵液压缸推动移动梁,在移动梁端头伸出到平车边梁外侧 500 mm 后,从而保证收轨功能的实现。

起重机构由横移机构、提升机构、钢丝绳卷扬机构、吊钩和吊轨钳等组成。横移机构和提升机构包括电动机、联轴器、制动器、齿轮箱、卷筒、收轨小车等。钢丝绳卷扬机构包括钢丝绳、卷筒、滑轮组等。

起重机构的动力由柴油发电机组提供。横移电动机拉动收轨小车左右移动,实现吊钩和重物横移;起升电动机带动起升卷筒转动,使吊钩和重物升降,从而完成装卸作业。

收轨小车以横梁槽钢为轨道横移,便于吊装车组两侧的货物。

(3) 电气系统

电气系统设有电动机短路和过载保护装置,保证了作业过程中设备安全和操作人员的人身安全。在控制线路中设紧急总停按钮,可随时切断电源,防止事故发生;本车组在两个操作位中的任一个操作位上,都可方便地实现对于本吊、远吊的异步、同步操作。

(4) 液压系统

液压系统由 1.5 kW 的电动机提供动力,由油泵、溢流阀、电磁换向阀和液压缸等组成。通过液压缸推动移动梁实现左右移动,并且设有双向液压锁,使移动梁在作业位和中位时均能可靠锁定,实现液压和机械的双重锁定,保证作业和附挂运行的安全。

(5) 应急装置

应急装置具有提升应急和移动梁收回应急功能。

① 提升应急功能。在起吊过程中,因故障不能继续完成作业时,首先切断电源,手动松开制动电磁铁的衔铁,将重物放下,然后使用

应急摇把驱动减速机将吊钩收起。

② 移动梁收回应急功能。打开泵站油口上的两个应急球阀,然后用手拉葫芦将移动梁拉回到中心位置,最后插上锁定销,使车组可以附挂运行。

10. 轨道车

1) 整机的组成和工作原理

重型轨道车按其传动方式分为机械传动、液力传动、电传动3种。机械传动重型轨道车的动力由柴油发动机提供,经过离合器、机械变速箱、换向分动箱、传动轴和车轴齿轮箱等传动链,将转速、扭矩传递至轮对,从而驱动整车走行,通过操纵换向分动箱确定行驶方向。转向架与车轴、车体与转向架之间安装有减振装置,以改善轨道车运行品质与乘坐舒适性。车体两端安装有车钩及缓冲装置,以传递牵引力。

机械传动重型轨道车由车体、转向架、钩缓装置、动力传动系统、电气系统、制动系统等组成,其总体结构如图17-24所示。

2) 主要系统和部件的结构原理

(1) 动力及传动系统

动力及传动系统由发动机、离合器、机械变速箱、传动轴、固定轴、换向分动箱、车轴齿轮箱等部件组成,如图17-25所示。

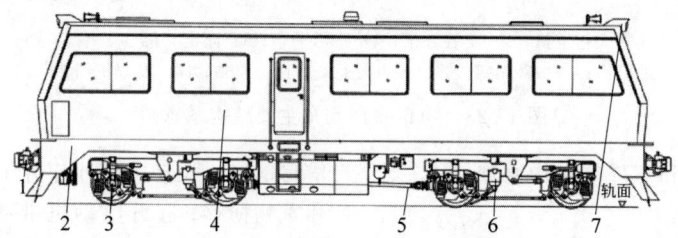

1—钩缓装置;2—车架;3—转向架;4—车体;5—动力传动系统;6—制动系统;7—电气系统。

图17-24 机械传动重型轨道车总体结构示意图

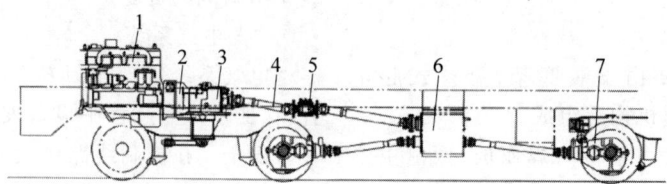

1—发动机;2—离合器;3—机械变速箱;4—传动轴;5—固定轴;6—换向分动箱;7—车轴齿轮箱。

图17-25 动力及传动系统结构示意图

① 发动机采用直列水冷柴油发动机。

② 机械变速箱为双副轴、主副变速箱整体结构,共有9个前进挡(其中一个为低速起步挡)和一个倒挡,采用啮合套式换挡方式。

③ 传动轴为十字轴万向节结构,能够补偿传动系统角度和长度的变化。

④ 换向分动箱用于改变车辆的行驶方向、传递动力到前后两个车轴齿轮箱,其结构如图17-26所示。部分车型的换向分动箱无输出轴差速器。

(2) 转向架

转向架包括转向架构架、轮对、车轴轴承箱、旁承、牵引杆装置、车轴齿轮箱等部件,如图17-27所示。

(3) 电气系统

电气系统采用24 V直流单线制供电系统,主要包括发动机启动电动机和充电发电机、蓄电池、前后上大灯、前后下大灯及信号灯、棚灯、电风扇、仪表及控制装置等,车顶预留有电台天线座,车两端设有外接电源插座。

电气系统可选装75 kW交流发电机,通过车前后两端的外接电源插座箱为现场施工提供交流电源(380 V/220 V);也可安装小型柴油发电机组、空调、电取暖器等设备。

(4) 制动系统

制动系统由空气制动装置、基础制动装置、

撒砂装置和手制动装置等组成。空气制动装置采用JZ-7空气制动。基础制动装置是将制动缸活塞的推力经杠杆系统增大后传给闸瓦压紧车轮踏面,产生制动作用,如图17-28所示。

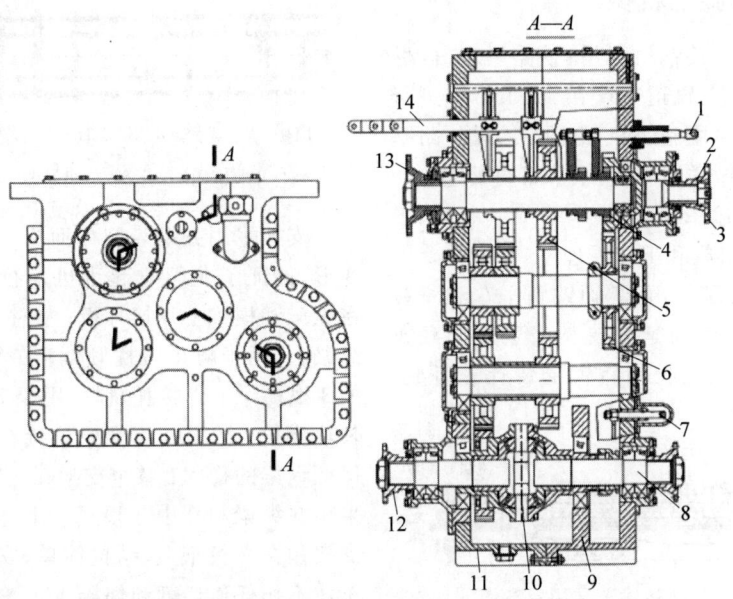

1—发电机脱挂装置;2—齿轮轴;3—发电机法兰;4—滑动齿轮;5—滑动直齿轮;6—甩油齿轮;7—拨叉杆;8—后半轴;9—后箱体;10—差速器;11—前箱体;12—输出法兰;13—输入法兰;14—换向滑杆。

图 17-26　换向分动箱结构示意图

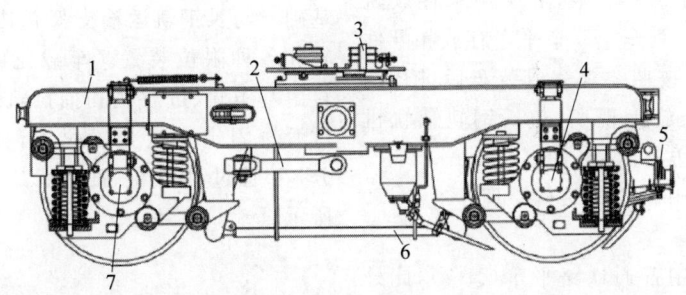

1—转向架构架;2—牵引杆装置;3—旁承;4—车轴轴承箱;5—车轴齿轮箱;6—基础制动;7—轮对。

图 17-27　转向架结构示意图

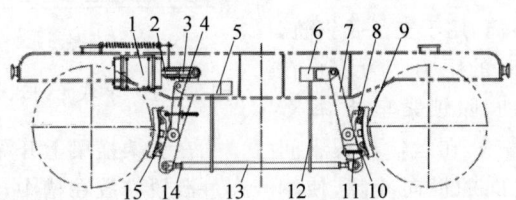

1—制动缸;2—活塞杆;3—连杆;4—吊板;5—前座体;6—后座体;7—制动杠杆;8—闸瓦托;9—闸瓦;10—闸瓦平衡螺栓;11—闸瓦平衡弹簧;12—安全吊钩;13—调整套;14—锁紧螺母;15—闸瓦钎。

图 17-28　基础制动装置结构示意图

17.1.2 单枕连续铺设法铺轨基地施工机械

门式起重机、长钢轨群吊、铁路平车、内燃机车、风动卸砟车、轨道车已在 17.1.1 节进行叙述，装载机为通用施工机械，在第 2 篇"路基施工机械"中已做详细叙述，本节不再赘述。

1. 轨枕运输车

1) 整机的组成和工作原理

枕轨运输车主要由 37 辆铁路平车和安装于车体上的轨枕钢轨运输支架、滚筒、车载龙门式起重机走行轨、长钢轨锁定装置等组成，如图 17-29 所示。

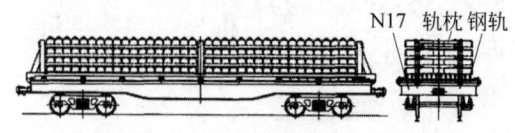

图 17-29 枕轨运输车结构示意图

枕轨运输车是由铁路平车和枕轨运输支架组成的双层枕轨运输列车，其底层用来装载长钢轨，一般存放 8～10 根，上层用来存放轨枕，一般存放 4 层，列车第一节平车存放扣配件及其他所需轨料，按照要求完成装车后进行编组，由机车牵引至施工现场，与长钢轨铺轨机组共同完成铺轨任务。

2) 主要系统和部件的结构原理

(1) 运输车辆

运输车辆选用普通铁路平车(N17)，此处不再赘述。

(2) 运输支架

长钢轨运输支架采用方钢管制成，并沿车体横向交叉布置了 8 个滚筒，用于支承长钢轨，以减小长钢轨铺设拖拉时的阻力。为防止在运输过程中钢轨横向摆动，除锁紧车外，每车中部都装有可旋转式间隔铁，在运输过程中间隔铁闭合，以减少钢轨之间的横向间隙，使钢轨的横向摆动量降低。长钢轨运输支架同时也是轨枕运输支架和龙门式起重机走行轨的安装基础。

支架由纵梁、横梁、立柱和斜撑组成，是龙门式起重机走行轨、长轨和轨枕的载体，是整个运输车的承载骨架。其结构如图 17-30 所示。

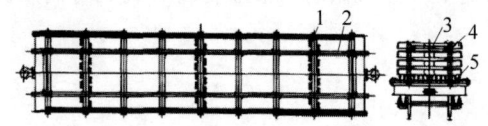

1—横梁；2—纵梁；3—横连杆；4—立柱；5—限位座。

图 17-30 运输支架结构示意图

支架采用方钢管制作而成，不易产生弯曲变形，保证了龙门式起重机走行轨的平顺性；在纵梁和横梁上焊接耳板；立柱和斜撑焊接在纵梁上，用于防止轨枕倾倒；在每辆运输车上的 3 根横梁上焊接托轨轮，用于支承长轨，便于长轨拖拉；横联杆用螺栓连接在立柱上，可以保证纵梁的稳固；整个支架在运输车上的限位采用在纵梁和其中 3 根横梁上连接限位座，将支架扣在平板车上，结构简单，安装方便，且对车体不作任何切割和焊接。

(3) 车载龙门式起重机走行轨支架

车载龙门式起重机走行轨支架也是轨枕运输支架和车载龙门式起重机走行轨的安装基础。与长钢轨运输支架相比较，其上不设滚轮和各种限位装置。车载龙门式起重机走行轨由基本轨、过渡轨和抽拉轨组成。基本轨和过渡轨固定在支架横梁上，抽拉轨为活动部分，在通过曲线时抽拉。其结构如图 17-31 所示。

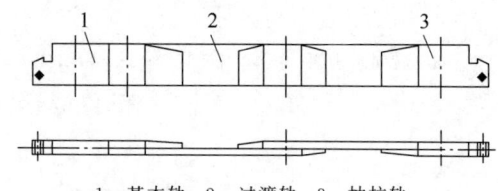

1—基本轨；2—过渡轨；3—抽拉轨。

图 17-31 车载龙门式起重机走行轨结构示意图

在支架横梁上开深 60 mm 的槽，将基本轨和过渡轨安放在槽中，再用角钢将其焊接在横梁上，在拆卸时，只需割掉角钢即可。因为抽拉轨是活动部分，在两根横梁之间安放开有 U 形槽的垫梁，使抽拉轨在 U 形槽中抽拉。当龙门式起重机经过抽拉轨时，需防止抽拉轨受冲击弹跳，所以在竖直方向设计拉钩将抽拉轨拉住。

(4) 轨枕运输支架

轨枕运输支架为敞开式结构，以方便下层的长钢轨装车。两组立柱和两根纵向梁组成一个轨枕运输单元，每个单元可以装载4层轨枕，每层装载28根轨枕，层间用10cm高的方木条垫隔，以方便吊装。两根底梁与长钢轨运输支架及龙门式起重机走行轨支架之间采用螺栓连接，两端设限位座，使支架牢固地固定在平车上，防止在车上纵向窜动。

(5) 长钢轨锁定装置

长钢轨锁定装置用于长钢轨运输途中的锁定，防止长钢轨纵向窜动。长钢轨锁定装置由支架、螺栓和压板等组成，如图17-32所示。

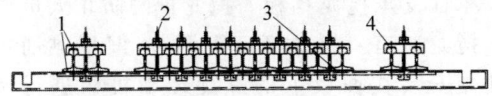

1—橡胶垫板；2—T形螺栓；3—底板；4—压板。

图17-32 长钢轨锁定装置结构示意图

仅Ⅱ型运输车设长钢轨纵向锁定装置（每根钢轨只能在一辆车上有锁紧装置），两辆锁紧车上安装有4组长钢轨锁紧装置，通过上、下压块与钢轨的摩擦力对长钢轨进行锁紧，锁定处均垫有硫化橡胶板对钢轨进行保护，锁定装置安装于车体的两端。锁定可以单根解除，方便长钢轨的拖拉抽送。

长钢轨运输支架和轨枕运输支架的两端均设有限位座，使组装后的支架整体卡固在平车上。这样，支架可在平车上直接进行安装，不会破坏平车结构。

长钢轨锁定装置采用了特殊形式的T形螺栓，安装、拆卸较为方便。安装时，将螺栓从长方形孔中插入底板，旋转90°便能拧紧螺栓；拆卸时，反向旋转90°松开螺栓，就能将螺栓从底板长方形孔中取出。

(6) 车载龙门式起重机走行轨道

车载龙门式起重机走行轨道设在车体两侧，轨距为2930 mm（钢轨中心距3000 mm），安装在长钢轨运输支架和龙门式起重机走行轨支架上。

17.1.3 无砟轨道铺轨基地施工机械

长钢轨群吊、铁路平车、内燃机车、长钢轨运输车、轨道车已在17.1.1节进行叙述，装载机为通用施工机械，在第2篇"路基施工机械"中已做详细叙述，本节不再赘述。

17.2 道床施工机械

17.2.1 有砟道床施工机械

自卸车、推土机、装载机、平地机、压路机为通用施工机械，在第2篇"路基施工机械"中已做详细叙述，本节不再赘述。本节只介绍道砟摊铺机。

1. 整机的组成和工作原理

道砟摊铺机主要用于有砟轨道底层道砟的摊铺作业，可摊铺各种级配的有砟轨道碎石材料，整机主要由走行系统、料斗受料系统、刮板输料系统、搅龙分料系统、调平系统、熨平装置、机架系统等组成，如图17-33所示。

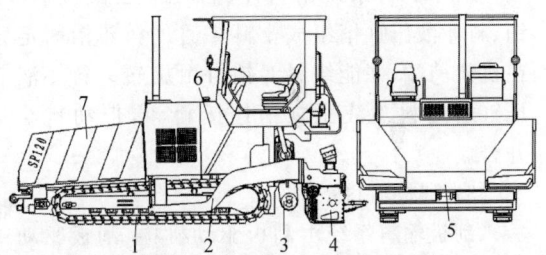

1—走行系统；2—调平系统；3—搅龙分料系统；
4—熨平装置；5—刮板输料系统；6—机架系统；
7—料斗受料系统。

图17-33 摊铺机结构示意图

摊铺机的工作原理是道砟混合料被料斗中的刮料板传送至螺旋布料器，螺旋布料器把混合料沿全宽方向摊开，可调高度的熨平板将混合料刮到预铺高度，经振捣夯锤振实，熨平板底面及振动器共同作用，形成铺面，如图17-34所示。

2. 主要系统和部件的结构原理

1) 走行系统

走行系统由走行大梁、履带、走行减速机、

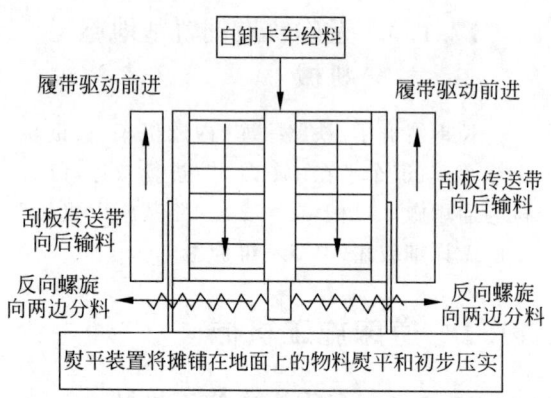

图 17-34 摊铺机工作原理示意图

驱动链轮、导向轮、支重轮、托链轮和导向轮张紧机构组成。走行减速机将液压马达传递来的扭矩经减速增矩后驱动走行驱动链轮,链轮驱动履带旋转,从而带动摊铺机前后运动。导向轮引导履带绕转。导向轮张紧机构给导向轮一定的推力,使导向轮张紧履带并保证合适的张紧度。张紧度过大会增大行驶阻力,加速零件磨损;过小则履带下垂,容易脱轨。

2) 料斗受料系统

料斗受料系统由料斗、料斗液压缸、料斗销、料斗液压缸销组成。料斗通过料斗销固定在机架前端,并能绕料斗销自由旋转。料斗液压缸通过料斗液压缸销连接料斗,带动料斗开合。

3) 刮板输料系统

刮板输料系统由刮板驱动机构、刮板驱动轴、刮板导向轮轴、刮板链、刮板、刮板护链罩、刮板张紧度调节机构、输料底板、刮板料位器等组成。刮板减速机将刮板马达传递来的扭矩经减速增矩后驱动刮板主动链轮。刮板主动链轮通过链条驱动刮板驱动轴带动刮板链条旋转,从而带动刮板前后运动拨动铺料。刮板导向轮引导刮板绕转。刮板张紧度调节机构调节刮板张紧度。输料底板位于刮板下面,是铺料移动的通道。刮板料位器用于感知搅龙处的存料量,以便开、关刮板输料系统。

大型摊铺机均有左右两个刮板输料系统,独立驱动以适应两边不同的摊铺状况。有的

摊铺机刮板转速可调,以适应不同的摊铺速度和厚度;有的转速不可调,只靠开关刮板输料系统来适应。如搅龙处存料过多,刮板系统会停止工作。刮板料位器有超声波式和机械式(超声波料位器应属于电气系统)。

4) 搅龙分料系统

搅龙分料系统由搅龙驱动箱、搅龙轴、搅龙吊架、搅龙前挡板、搅龙挡板拉杠及撑杠、搅龙护网、搅龙高度调节装置等组成。搅龙减速机将搅龙马达传递来的扭矩经减速增矩后驱动搅龙主动链轮。搅龙主动链轮通过链条驱动搅龙被动链轮进而驱动搅龙轴旋转。搅龙挡板与夯锤前挡板间形成铺料通道,供铺料通过。搅龙吊架支承搅龙轴,搅龙挡板拉杠及撑杠支承搅龙挡板。搅龙护网防止人员误入搅龙通道。搅龙高度可调节,旧型摊铺机使用安装在面板上的螺旋传动机构进行调整,新型摊铺机使用液压系统无级调整,操作简便。

5) 调平系统

调平系统将摊铺机主机部分和熨平装置连接在一起,并可通过调节调平系统改变摊铺厚度和保证摊铺平整度。调平系统由大臂、小臂、调平液压缸、提升液压缸组成。大臂和小臂连接摊铺机主机和熨平装置。提升液压缸可升降,以改变熨平装置高度。调平液压缸可升降,以改变熨平装置摊铺厚度。摊铺时,提升液压缸和调平液压缸浮动,以保证摊铺平整度。

6) 熨平装置

熨平装置是摊铺机最主要、最复杂的工作部件,可以完成摊铺机最终的摊铺工作,主要由机架、夯锤轴、振动轴、熨平板、调拱装置、覆盖件组成。液压伸缩熨平通过伸缩液压缸和伸缩滑道,改变摊铺宽度。夯锤将铺料捣实、捣平,保证摊铺密实度。

7) 机架系统

机架系统的主要零件是摊铺机主机架。上述各系统除熨平装置外都直接安装在主机架上,发动机系统、液压系统、电气系统也安装在主机架上。主机架是摊铺机最复杂、最昂贵

的零件,而且机架被其他部件覆盖,维修很不方便。因此主机架设计均采用了很大的安全系数,保证主机架终身免维修。机架系统其余零部件的故障主要有推辊轴承损坏和安装轴承处轴颈损坏。轴承损坏了要更换轴承;轴颈损坏了要补焊,重新加工轴颈。

17.2.2 无砟道床施工机械

混凝土泵车、汽车起重机、挖掘机、自卸车、混凝土搅拌运输车、底座混凝土自动整平机、水泥混合料摊铺机为通用施工机械,本书其他篇章已做详细叙述,门式起重机已经在17.1.1节进行叙述,不再赘述,本节只对轨道板精调系统进行介绍。

1. 整机的组成和工作原理

轨道板精调系统是用于有砟轨道、无砟轨道线路平顺性静态检测的轨道检测仪,主要检测轨道高低、水平、扭曲、轨向等轨道不平顺数据。

1) 工作原理

轨道板精调系统是一种基于高精度数字陀螺精密测角测量原理的轨道几何状态检查仪器,采用适应野外作业的笔记本计算机为整个系统的数据处理中心,实现在线数据及波形显示。其具备轨道轨枕的识别功能,可进行轨枕精确定位,具有按轨枕间隔输出检测数据功能,以及高低、轨向的长波测量功能,用于解决因长波不平顺造成的晃车问题,并可进行全项目的在线超限报警。

2) 整机组成和主要结构

轨道板精调系统主要由手推式轨检小车和分析软件系统两大部分组成。相对定位测量可用轨道检测仪单独测量轨道水平、轨距等参数;绝对定位测量通过全站仪的自动目标照准功能及与轨道检测仪之间持续无线电通信来完成。

测量作业完成后,系统能产生轨道几何测量的综合报表。用户可根据需要定义报表的输出界面,选择性地输出轨道位置、轨距、水平、轨向(短波和长波)、高低(短波和长波)等几何参数,其结构如图17-35所示。

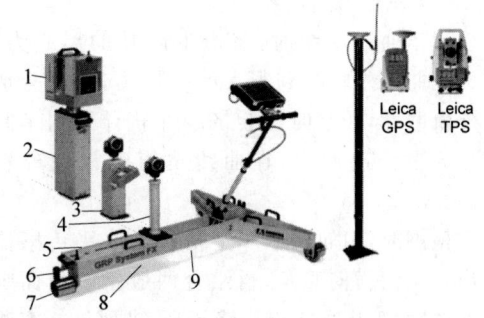

1—激光扫描仪(Amberg Profiler 5002/5003);2—GBC5000电池;3—Profiler 100FX扫描仪;4—棱镜支柱(GPC100);5—无线通信装置;6—轨道传感器;7—里程计;8—超高传感器;9—轨道调节单元。

图17-35 轨道板精调系统结构示意图

2. 主要系统和部件的结构原理

1) 手推式轨检小车

轨检小车是在轨道静止状态下,走行于轨道上,用于自动测量轨道几何尺寸数据,并将测量的轨道轨距、水平、轨向(短波和长波)、高低(短波和长波)等数据传输至分析软件系统的装置。

(1) 轨距检测

轨距指两股钢轨头部内侧轨顶面下16 mm处两作用边之间的最小距离。若轨距不合格,会使车辆运行时产生剧烈的振动。我国标准轨距的标称值为1435 mm。在轨距检测时,通过轨检小车上的轨距传感器进行轨距测量。

轨检小车的横梁长度须事先严格标定,轨距可由横梁的固定长度加上轨距传感器测量的可变长度得到,进而进行实测轨距与设计轨距的比较。轨距检测如图17-36所示。

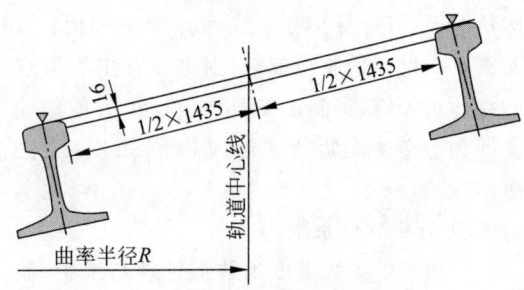

图17-36 轨距检测示意图

(2) 水平(超高)检测

列车通过曲线时,将产生向外的离心力,该力使曲线外轨受到很大的挤压力,不仅会加速外轨磨耗,严重时还会挤翻外轨导致列车倾覆。为平衡离心力,在曲线轨道上设置外轨超高。

检测时,由轨检小车上搭载的水平传感器测出小车的横向倾角,再结合两股钢轨顶面中心间的距离,即可求出线路超高,进而进行实测超高与设计超高的比较。在每次作业前,水平传感器必须校准。水平(超高)检测如图17-37所示。

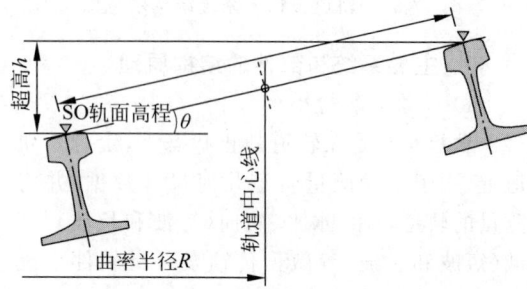

图 17-37 水平(超高)检测示意图

(3) 轨向检测

轨向指轨道的方向在直线上是否平直、在曲线上是否圆顺。如果轨向不良,势必引起列车运行中的摇晃和蛇行运动,影响到行车的速度和旅客的舒适性,甚至危及行车安全。高低指钢轨顶面纵向的高低差。高低的存在将使列车通过这些钢轨时,钢轨受力不再均匀,从而加剧钢轨与道床的变形,影响行车速度与旅客的舒适性。

实测中线平面坐标得到以后,在给定弦长的情况下,可计算出任一实测点的正矢值;该实测点向设计平曲线投影,则可计算出投影点的设计正矢值,实测正矢值和设计正矢值的偏差即为轨向/高低值。轨向检测如图17-38所示。

2) 分析软件系统

分析软件系统主要由数据管理与维护、波形显示与分析、数据处理与报表、数据库管理、权限管理等部分组成。

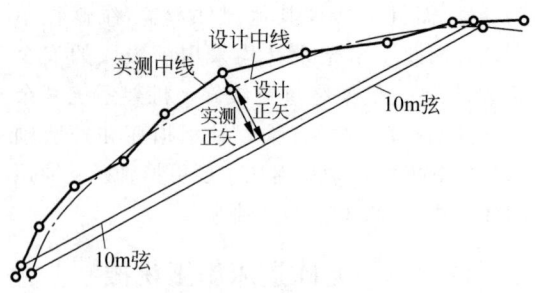

图 17-38 轨向检测示意图

(1) 数据管理与维护:可以检测数据导入、设计参数导入、数据处理、弦测量计算与偏差计算、处理后波形数据存储、波形数据文件读取等。

(2) 波形显示与分析:具有实测波形、设计波形及偏差波形的显示,波形修正、缩放、平移、局部放大、测量等波形的控制,波形存储、打印等波形的输出等功能。

(3) 数据处理与报表:可以形成超限报表、曲线检查记录、公里波形报表、曲线波形报表、小结报表、TQI报表、缺陷报表、线路检查记录簿、线路维修记录簿、压缩报表等。

(4) 数据库管理:具有线路设计参数数据库、操作员管理数据库、基本约定数据库等。

(5) 权限管理:包括软件注册、操作权限管理等。

17.3 道岔施工机械结构和原理

17.3.1 有砟道岔施工机械结构和原理

有砟道岔施工涉及道砟运输、摊铺、起重吊装、混凝土浇筑等各类设备,如自卸车、平地机、汽车起重机、混凝土泵车等,其他章节已有介绍,这里不再赘述,本节只对有砟道岔捣固使用的专用设备道岔捣固车进行介绍。

1. 整机的组成和工作原理

道岔捣固车由主车和材料车两大部分组成,通过铰接连接,包括动力传动系统、走行部、工作装置、作业测量系统、电气控制系统、液压系统等,具体结构如图17-39所示。

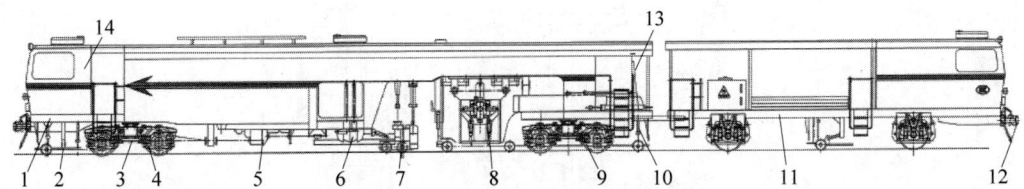

1—主车架；2—测量小车；3—转向架；4—制动系统；5—动力传动系统；6—辅助起道装置；7—起拨道装置；8—捣固装置；9—从动转向架；10—测量小车；11—材料车；12—钩缓装置；13—抄平测量装置；14—驾驶室。

图 17-39 道岔捣固车结构示意图

2. 主要系统和部件的结构原理

1) 动力传动系统

动力传动系统使用柴油机驱动，自运行为液力机械传动，作业走行采用液压传动，作业动作采用液压和气动驱动。动力传动系统的结构如图 17-40 所示。

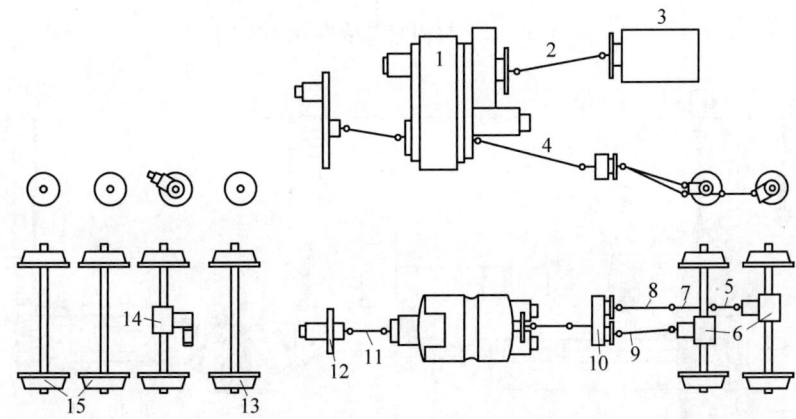

1—液力机械变速箱；2—传动轴Ⅰ；3—柴油机；4—传动轴Ⅱ；5—传动轴Ⅳ；6—前转向架车轴齿轮箱；7—过桥轴；8—传动轴Ⅴ；9—传动轴Ⅲ；10—分动齿轮箱；11—传动轴Ⅵ；12—减速齿轮箱；13—后转向架从动轮对；14—后转向架辅助驱动轮对；15—材料车从动轮对。

图 17-40 道岔捣固车动力传动系统结构示意图

2) 走行部

道岔捣固车的转向架与连续式捣固车的转向架结构相同，材料车使用单个单轴轮对。

3) 工作装置

工作装置包括捣固装置、捣固装置旋转横移机构、起拨道装置与辅助起道装置、枕端夯实装置等。捣固装置旋转横移机构使捣固装置移动到捣固作业位置，捣固装置对有砟道床进行捣固作业；起拨道装置与辅助起道装置配合完成道岔起拨道作业；枕端夯实装置与连续式捣固车类似，完成捣固需求。捣固装置和起拨道装置的结构，如图 17-41 和图 17-42 所示。

4) 作业测量系统

道岔捣固车与步进式捣固车的作业测量系统原理基本相同。为了适应道岔的特殊捣固要求，作业测量系统的测量弦两端固定点可以横移，并且增加了横移位置传感器，传感器的值参与线路方向偏差的运算。

5) 电气控制系统

为适应道岔作业需求，道岔捣固车的电气控制系统在连续式双枕捣固车的基础上，增加了一些功能，如捣固装置作业区动作控制、内外捣固单元控制、外侧捣固单元角度自动调整控制、起拨道装置夹轨与起道钩的控制等。

6) 液压系统

道岔捣固车与步进式捣固车的液压系统基本相同，但为满足道岔捣固作业需求，增加了对应的液压回路，主要包括捣镐翘镐控制回

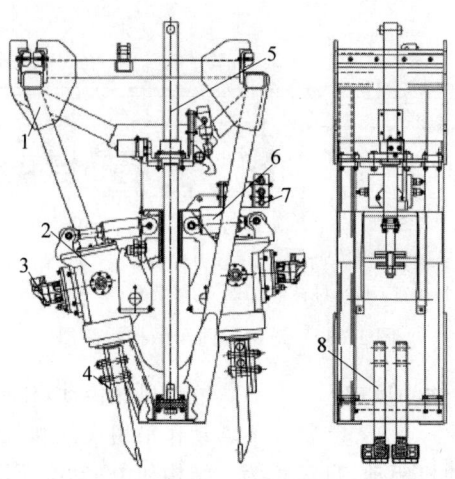

1—捣固单元框架；2—箱体；3—振动马达；4—镐臂及支架；5—导柱；6—夹持液压缸；7—流量分配阀；8—捣镐。

图 17-41　捣固装置结构示意图

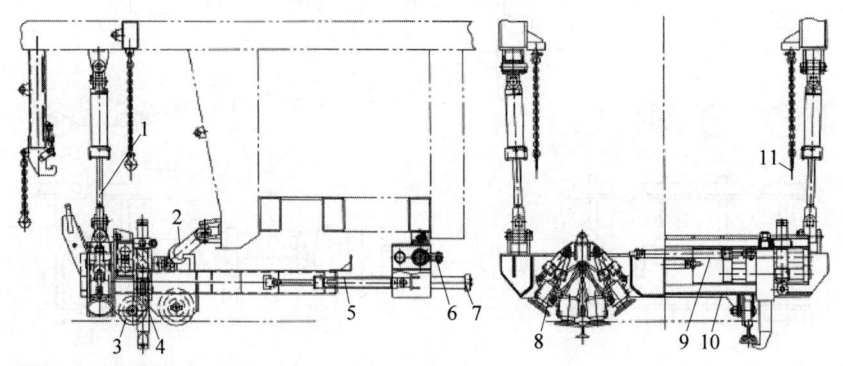

1—起道液压缸；2—拨道液压缸；3—拨道轮；4—起道钩；5—纵移液压缸；6—横移液压缸；7—导向轴；8—夹轨钳；9—起道钩横移液压缸；10—起拨道架；11—安全链。

图 17-42　起拨道装置结构示意图

路、外捣固单元旋转和横移控制回路、起道钩控制回路、辅助起道装置控制回路等。

17.3.2　无砟道岔施工机械结构和原理

无砟道岔施工主要使用通用机械与专用工装配合，相关通用施工机械在其他章节已进行说明，这里不再赘述。

17.4　钢轨铺设施工机械

17.4.1　有砟轨道钢轨铺设施工机械

轨排生产线、内燃机车、铁路平车、门式起重机已在 17.1.1 节叙述，本节不再赘述。

1. 长钢轨铺轨机组

1) 整机的组成和工作原理

长钢轨铺轨机组（图 17-43）采用单枕连续作业法，机型为长钢轨铺设和轨枕布设一体机。采用了大吨位牵引、轨道铺设质量控制，可以提高铺轨机组作业效率，确保铺轨机组的安全性与可靠性，具有牵引力大、轴重小、自动化程度高、适用范围广、铺设精度高、对道床扰动小、综合作业效率高、挂运速度快、可靠性高、拥有我国自主知识产权等特点，能满足我国高速铁路一次铺设无缝线路的要求。该铺轨机组采用单枕连续作业法，铺设由Ⅱ型或Ⅲ型轨枕、长度为 100～500 m、轨重为 60 kg/m

(75 kg/m)的长轨条组成的标准轨距轨道,也可以铺设长度为100～500m,轨重为60 kg/m (75 kg/m)的长轨条组成的标准轨距无砟道床轨道(需增加选配件)。

图17-43　长钢轨铺轨机组

长钢轨铺轨机组主要由履带式钢轨拖拉机、铺轨机主机(主机、辅机)、车载龙门式起重机、枕轨运输车组、动力系统、液压系统、电气控制系统等几大部分组成。

2) 主要系统和部件的结构原理

履带式钢轨拖拉机主要用于拖拉钢轨,将枕轨运输车组上的长钢轨拖出并放置在石砟道床上。其后端设置有滚筒架,用于装载钢轨拖拉时所需滚筒；两侧安装有钢轨拖拉装置,工作时将钢轨端头伸入夹轨器中,打紧斜楔,边走边拖拉长钢轨。

主机(图17-44)由NJ9型平车、履带式牵引装置、卷扬机、操作控制室(工具箱)、动力室、制动系统、轨枕传送装置、布枕装置、钢轨收放装置(Ⅰ、Ⅱ、Ⅲ)、钢轨导向框、钢轨就位器、计程装置、轨枕垫板安装台、轨桥总成、液压吊杆总成、转向架悬吊装置及钢轨就位操作控制台、车载龙门式起重机缓冲装置、转向架、动力转向架等组成,车体两侧还设有车载龙门式起重机走行轨道。

图17-44　主机

辅机的前端与作业车连挂,后端与枕轨运输车组连挂。辅机由车辆、动力室、钢轨推送装置、分轨装置、钢轨对中装置、轨道扣件安装工具箱、轨桥总成、风手制动装置等组成,车体两侧设有车载龙门式起重机通过的轨道。辅机的作用主要是为机组作业提供部分牵引动力,并为机组提供照明和控制系统用电。

车载龙门式起重机(图17-45)的作用是把轨枕从运输车运送到作业车的传送链上。非作业工况下,两台车载龙门式起重机分别停在作业车与辅助动力车上,便于运输车组返回装运轨料,同时在低温时方便从主机上取得电源对液压油进行加热,否则在低温状态下设备无法启动。车载龙门式起重机主要由龙门架、提升取枕机构、龙门式起重机走行机构、锁定机构、限位装置、动力系统、液压系统、电气控制系统、龙门式起重机操纵控制室等部分组成。

图17-45　车载龙门式起重机

2. 轨排铺轨机

1) 整机的组成和工作原理

轨排铺轨机是全悬臂单臂式的集机、电、液于一体的多功能大型铺轨设备,以铺设铁路25 m普通轨排为主,也可铺设25 m宽轨枕轨排、架设16 m及以下跨度桥梁,还可以铺设混凝土枕道岔,适用于铁路新线和旧线改造中铺轨施工。该机从增强铺架能力、提高作业速度、保证作业安全出发,采取轴重分级控制原则,不设零号柱,台车底架采用前五轴后四轴的专用车,以提高承载能力,保证优良的运行特性。前、后龙门的配置与结构更加合理,机臂加强,龙门高度调整方便,从而提高了总体刚度,具有纵横向倾覆稳定性与机臂升降摆动及主机转场运输等工作性能。该铺轨机具有结构简单、操作简便、施工高效、功能全面的特点。轨排铺轨机采用主机铺轨、机动平车转运、倒装龙门式起重机倒装的作业程序。铺轨机三部分(主机、机动平车、倒装龙门式起重机)平行作业,铺架施工连续进行。

轨排用不带滚轮的轨道平板车装载运输,每组6层。在铺轨基地装车时,应力求各层轨枕上下对齐,便于倒装时挂钩,还要求轨排组在车上左右位置对中。发电机组给倒装龙门架供电,也可用外部电源供电。

2) 主要系统和部件的结构原理

铺轨机由主机、机动平车和倒装龙门式起重机组成。

(1) 主机

铺轨机的主机(图17-46)由机臂、吊轨排(梁)扁担、1号柱、2号柱、车辆部分、主机起吊系统、拖拉系统及导轨回送系统、摆臂机构、液压系统、动力及电气系统组成。

图17-46 铺轨机主机

机臂为整体箱形变截面梁,悬臂前段顺坡上挠。两侧腹板均匀对称开设20余对大圆孔而不镶边,便于进入安装与维修机械,减轻自重及简化加工焊接工艺过程。机臂为一个整体,不分段拼接,既便于工厂制造,又提高了结构刚度,并使天车轨道圆顺平滑。机臂标高可通过前、后龙门柱的上下升降进行调整,以适应铺轨、架梁和长途运输等各种不同工况。

铺轨机前、后龙门柱的结构形式相同,均采用刚性门架体系。每个龙门由1根横梁和4根立柱组成,横梁横穿机臂而过支承机臂;每根立柱均上支横梁、下抵主机车体,改变立柱的高度即可实现升降龙门横梁,调节机臂高度。

铺轨机机内轨排容量为6排,为增加扁担高度提供了净空;起吊钢丝绳增加了倍率,可放松扁担重量限制,因而铺轨、架梁扁担可以共用。铺轨时仍用自动挂钩,架梁时则将吊梁小横担置于铺轨扁担之上,即可用于吊梁。起吊钢丝绳倍率的变换也很方便,只是在原扁担的滑轮上套上或摘下钢丝绳即可。

主机车体为专用车体,长28 m,25 m长轨排全上主机,前五轴、后四轴转向架,无中梁,便于设备安装。

主机起吊系统用4个MD5型电动葫芦起吊,与吊重小车、走行绞车、扁担及滑轮组组成起吊系统。4个电动葫芦可任意组合控制,以调整扁担方位,便于轨排就位及接轨。走行绞车可在0～60 m/min速度范围内无级调速牵引吊重小车走行。吊梁时,需在扁担上放置吊梁横担两件,横担距离有3种,分别用于不同跨度与梁型。扁担上滑轮座位为悬臂结构,方便钢丝绳转换倍率的操作。

拖拉及导轨回送系统由拖拉绞车、钢丝绳导绕系统、张紧液压缸、导轨、滚轮、阻力补偿装置、封车装置及顶轨装置组成。绞车正向运转,拖拉轨排上主机;反向运转,回送导轨至机动平车。绞车可在0～20 m/min速度内无级调速,运行平稳。

主机和机动平车都设4排滚轮,外侧两排滚轮用于拖拉轨排,内侧两排滚轮用于回送导轨。主机顶轨装置将导轨移至内侧导轨回送滚轮上,机动平车上的顶轨装置将轨移至外侧滚轮,实现导轨机械回送。

主机及机动平车上特设了阻力补偿装置,用于大坡道上拖拉轨排,防止轨排下滑,有利于作业安全。

摆臂机构的机臂绕前龙门中心,在后龙门处用液压缸经钢丝绳滑轮系统牵拉摆动。最大摆动量在后龙门中心处为580 mm,最大摆角左右各2.77°,机臂前端的摆动量约为0.93 m。

主机的龙门升降、机臂摆动、拖拉钢丝绳张紧、导轨顶升均由主机液压系统实现,倒装龙门架的吊重、升降也为液压驱动。

主机和机动平车供电分交流与直流两套系统。直流系统用可控硅整流装置供各牵引电动机用电,在额定转速内可进行无级调速,扩大调速范围。机动平车的4个走行牵引电动机可改变串、并联方式,以用于不同工况。各双向运行机构均采用电器联锁,保证单向运行可靠,各运行极限位置都有限位保护。

(2)机动平车

机动平车由两辆N17平板车连挂组成,主要用于轨排及桥梁的倒运,装载量与主机相匹配。

(3)倒装龙门式起重机

倒装龙门式起重机由两台66 t的龙门式起重机组成,主要用于跨线路吊装轨排及桥梁、轨排和桥梁倒运。

3. 架桥机

1)整机的组成和工作原理

架桥机是铁路T梁架设的专用设备,可架设时速200 km以下客货共线铁路T梁,包括通桥2201、专桥9753等32 m及以下混凝土桥梁,还可铺设25 m标准轨排,机内轨排容量为4层,日铺轨能力不少于1.5 km,当桥间轨道距离在1 km左右时,直接采用架桥机铺轨,减少架桥机和铺轨机转换的环节,能够简化作业工序,提高工效。

架桥机由主机、机动平车、倒装龙门式起重机组成,三者平行作业,铺架作业连续进行。架桥机主机与铺轨机主机相比,结构形式有所区别,架桥机采用简支架梁模式,前端增加0号柱,在架梁时起支撑作用,同时,具有两套起吊系统,一套起吊系统包括两台吊梁小车,T梁架设时使用,一套起吊系统包括两台吊轨小车,铺设轨排时使用。轨排铺设时,倒装龙门式起重机将轨排从轨排列车上倒装到机动平车上,机动平车运送轨排至主机,主机、机动平车上的拖梁小车配合,将轨排喂入主机机腹内,轨排起吊系统完成轨排铺设工作。

2)主要系统和部件的结构原理

架桥机的总体结构布局采用我国传统的主机-机动平车-倒装龙门式起重机体系。此体系适合工厂化预制梁的实际情况,具有施工程序流水化作业、工效高、安全可靠等突出优点。

轮轨式架桥机由主机、辅机和液压倒装龙门式起重机三大部分组成。主机形式为自轮运转单臂架桥机,采用"主机定位架梁,辅机运送梁片,龙门式起重机倒装梁片"的作业方式。该机组可以完成铁路梁体倒装、运输和架设,是铁路架梁作业的成套设备。该机属单臂简支型,能实现全幅机械横移梁片,达到一次落梁到位,具有结构简单、质量轻、安全可靠、一机多用、自动化程度高、运输方便的特点。整个架梁过程在接近简支的受力状态下进行,不需设置岔线,也不需吊梁走行,施工进度快,作业安全可靠。

(1)主机(图17-47)

车辆是主机承载的主体结构,车长28 m、宽3.6 m、高1.4 m。车辆由车体、转向架、牵引走行机构、空气制动系统等部件组成,车体用16Mn钢制成,转向架采用"前五后四"形式,中心销距20m,前五轴转向架的工作形式为旁承承载、心盘转向。二、四、五轴为主动轴。后转向架为两台转K4型标准转向架合成的四轴转向架,一轴为主动轴,工作形式为心盘承载、心盘转向。牵引走行机构为直流电动机牵引,配架桥机专用减速箱。空气制动系统采用东风型内燃机车制动系统。

图17-47 架桥机主机

机臂是主机的主要承载结构,安装在1号柱和2号柱上,根据不同工况,机臂能前后伸缩。机臂上装有吊梁小车、吊轨小车、0号柱、0号柱折叠机构、拖拉系统和摆臂机构。吊梁小车将梁片吊起,沿机臂走行,到达预定位置后落梁,实现架梁功能。吊轨小车将轨排吊起,沿机臂走行,达到预定位置落放轨排,实现铺轨功能。

0号柱是机臂在前方桥墩的支点,架桥时

它和1号柱将机臂支承为简支梁。0号柱由6个节段组成,根据架设桥梁的不同高度组合使用。主肢用 16Mn 钢制成,缀杆用 Q235 钢制成。

1号柱位于车辆前五轴转向架中心上方,为升降式四柱龙门结构,根据架桥机不同工况要求,可调整1号柱的高度。架桥时,1号柱与0号柱支承机臂,形成简支结构;自行时,1号柱与2号柱一起支承机臂。1号柱支承轮采用4轮两级均衡结构,可减少机臂接触应力,提高机臂使用寿命。1号柱的升降由4个液压缸完成。

2号柱位于1号柱后9m,为升降式四柱龙门结构,架桥机高臂自行时与1号柱支承机臂,桥头对位时机臂全悬,通过升降2号柱可调整机臂头部高度,使0号柱顺利立在前方桥墩上。曲线架桥时,可通过2号柱摆臂液压缸实现机臂偏摆,最大摆动距离左右各2000 mm。2号柱的升降由4个液压缸完成。

3号柱是单门架结构,位于车辆后转向架后1m处,由液压缸升降其高度,主机自力走行时机臂后缩放在3号柱上,以使车辆重心后移,减轻车辆一位端轴重。在拖梁、架梁作业时,3号柱架由液压缸上伸到最高位,满足T梁的拖拉要求。

吊梁小车安装在机臂下耳梁上,前后共两台,前方为主动小车,后方为被动小车,由大车架、横移小车、起升机构、横移机构等组成。大车架由机臂尾部的拖拉卷扬机牵引,可沿机臂耳梁作纵向运行。大车架内侧焊有横向耳梁,横移小车可沿横向耳梁运行,实现梁片横移功能。横移小车为框架钢结构,内装两套带排绳装置的起升机构,起升机构由4台7.5 kW电动机和5t行星卷扬机组成,滑轮组倍率12,理论起升质量240 t。

吊轨小车悬挂在机臂下耳梁上,前后共两台,各自设有走行装置,由"三合一"减速机驱动。吊轨起升机构由CD10-9A型电动葫芦及滑轮组、轨夹钳等组成,单台小车起重质量为15 t。

拖梁小车是卷扬机组拖动的运梁装置,可将辅机上的梁片拖运到主机吊梁小车下方。

主机上的拖梁小车由主动小车与被动小车组成,主动小车和被动小车均按85 t承载设计,架32 m梁片时,主动小车和被动小车可分开用,不需要倒换小车。拖梁小车框架上设有转向心盘,以便在曲线上拖拉梁片。拖拉卷扬机组安装在车辆底部,由电动机支架、行星卷筒、传动链、摩擦卷筒、车辆前后的导向滑轮、钢丝绳等部件组成。

空气制动系统包括均衡风缸、中继阀、过充风缸、单独制动阀、分配阀、作用阀(空气继动阀)、工作风缸、降压风缸、紧急风缸、作用风缸变向阀、滤尘止回阀以及其他部件(如双针双管压力表、管道滤尘器和各种塞门等)。

动力系统采用150 kW柴油发电机组。电气系统由交流拖动及控制、直流拖动及控制、照明3部分组成。

液压系统由油泵、电动机、溢流阀、多路换向阀、平衡阀、节流阀、液压锁、液压缸、滤油器、油箱、油管、液压油、油压表等元件组成。

主机前方左侧为走行驾驶室,右侧为起重驾驶室,驾驶室置于主机前方,视野开阔,便于操作,安全性好。主机中部左侧为发电机组驾驶室,右侧为休息室。

(2) 辅机(即机动平车)

机动平车是用于倒运梁片、轨排的自轮运转设备,主要由车辆、动力系统和电气系统、液压系统、拖梁小车、顶梁机构等部件组成。图17-48所示为辅机运输铁路T梁。

图17-48 辅机运输铁路T梁

(3) 液压倒装龙门式起重机(架)

液压倒装龙门架(图17-49)成套设备由两台液压倒装龙门架、两台安装架、一辆专用平车3部分组成,主要用于配合铺架设备换装梁片(轨排)等工作。单台龙门式起重机的额定起重质量为85 t,起升高度为2000 mm。

图 17-49　液压倒装龙门架

4. 有砟无砟长钢轨牵引车

1) 整机的组成和工作原理

有砟无砟长钢轨牵引车（图 17-50～图 17-52）是一种长钢轨铺设专用施工机械，能同时满足有砟和无砟铺轨作业需求，在铺设长钢轨前端，对长钢轨进行引导和扶正，牵引车与长钢轨同步走行，最终完成长钢轨铺设任务。整体组成包括轮胎走行部分、履带走行部分、铁路走行部分、车架、动力传输、操作控制等。

(1) 有砟轨道长钢轨铺设施工

有砟轨道长钢轨铺设施工，使用履带走行，跨行在枕木两端，沿线路走行，将长钢轨牵出就位，完成长钢轨铺设任务，如图 17-50 所示。

(2) 无砟轨道长钢轨铺设施工

无砟轨道长钢轨铺设施工，使用轮胎走行，走行在道床板上，沿线路将长钢轨牵出就位，完成长钢轨铺设任务，如图 17-51 所示。

(3) 铁路走行

有砟无砟长钢轨牵引车铁路走行，通过垂直调节液压缸，将铁路轮落在钢轨踏面上，用于车辆过道岔或者短距离的铁路行驶，铁路轮对走行导向，由驱动后轮压在钢轨上提供动力，实现铁路走行，如图 17-52 所示。

2) 主要系统和部件的结构原理

有砟无砟长钢轨牵引车由动力系统、驱动系统、转向系统、行驶系统、制动系统、液压系统、铁路导向装置、公路导向装置、钢轨夹持装置、电气控制系统、驾驶室等组成。

(1) 动力系统

动力系统主要包括发动机及发动机辅助系统。发动机采用 132 kW 柴油发动机，冷却方式为水冷，具有防再启动控制及发动机熄火保护功能，可以实时检测发动机转速、润滑油压、冷却水温。

(2) 驱动系统

该车采用液压马达驱动，动力由发动机直接带动液压泵，由液压泵为液压马达提供动力驱动车轮转动行驶或履带行驶。牵引车采用全液压驱动系统。牵引车的速度由电子油门加速踏板来控制。柴油机通过联轴器带动变量泵，变量泵输出的液压油通过闭式管路传送到与驱动轴相连的液压马达，液压马达的输出功率通过减速器后，转换为推进功率。全液压驱动系统的优点是无论牵引车前进或后退，都能很平稳地行驶。

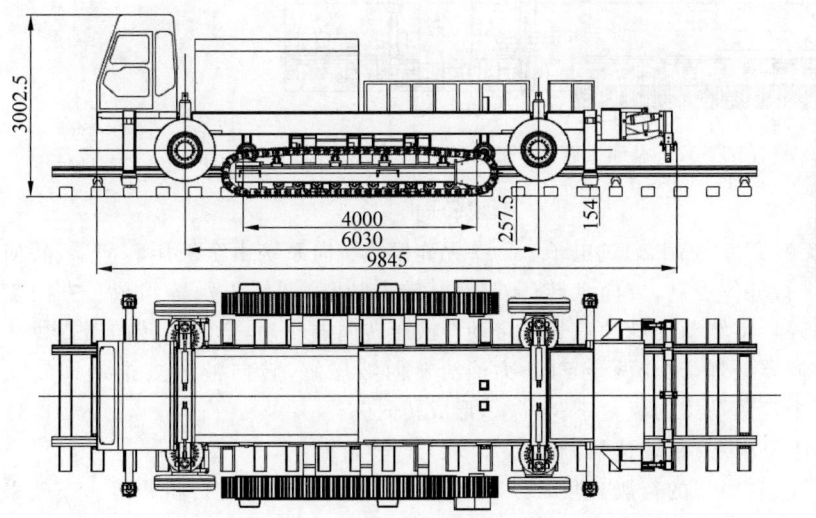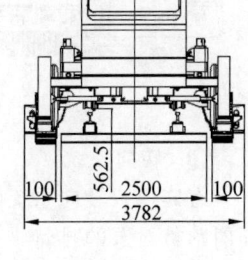

图 17-50　有砟轨道长钢轨牵引车施工示意图

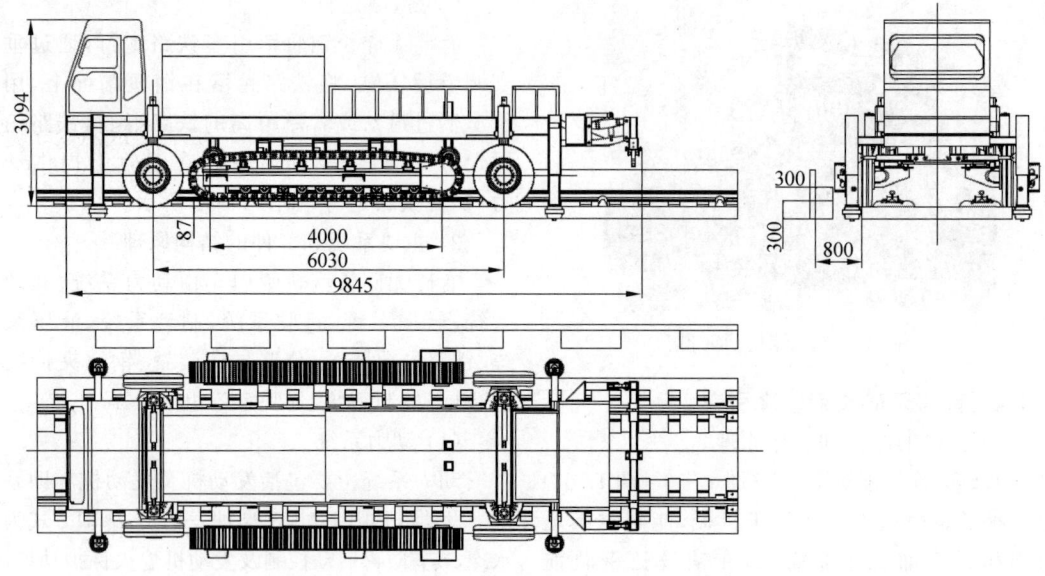

图 17-51 无砟轨道长钢轨牵引车施工示意图

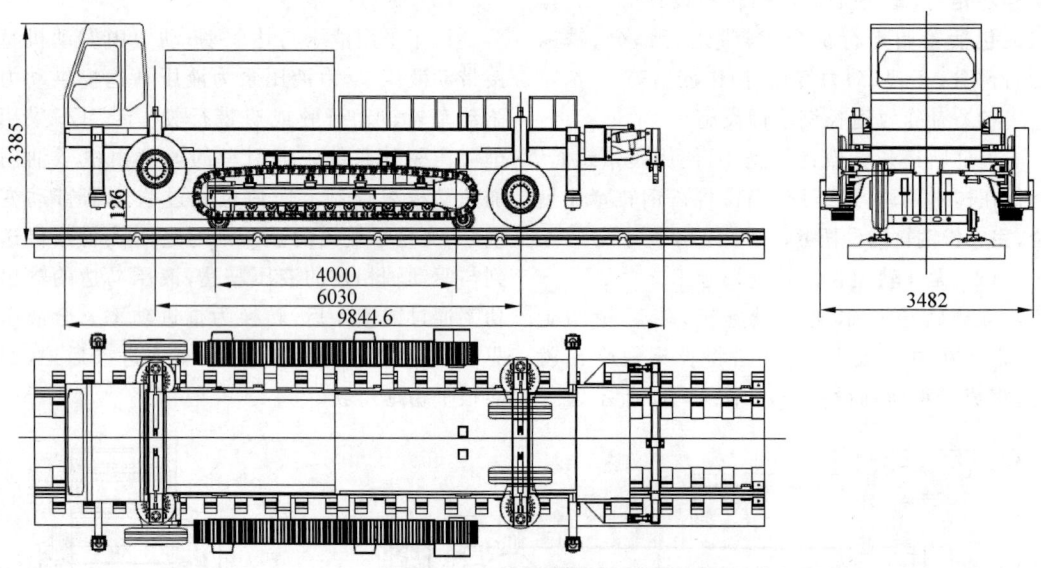

图 17-52 有砟无砟长钢轨牵引车施工示意图

(3) 转向系统

有砟模式转向系统由 PLC 控制,通过电子油门踏板对泵的排量进行整体控制,方向盘转动带动编码器转动,编码器将转动的脉冲信号传递给控制器,再由控制器处理,改变两个 EP 泵的排量,使提供给两个定量马达的流量不一样,产生速度差,由马达控制左、右减速器,将动力传递给履带,改变左、右履带的行驶速度,形成转向。

无砟模式转向系统由全液压转向器、转向液压缸、转向拉杆、回转支承等组成。方向盘带动全液压转向器转动,全液压转向器提供压力油给转向液压缸,转向液压缸推动回转支承,形成转向。

(4) 行驶系统

行驶系统包括车架、走行机构等。车架采

用框架式结构,由钢板焊接成形,材料选用Q345A钢。车轮行驶系统包括工程机械实心轮胎、车桥;前、后车桥采用分段式,各由左、右两段组成,安装在车架前、后桥方盒内,可通过液压缸沿盒体伸缩运动,并通过螺杆进行定位。车桥上装有回转支承,可以实现车轮90°转动。

走行机构包括机架、履带、链轮等。牵引车的履带底盘走行部分采用液压全功率变量、伺服操作系统,可充分利用发动机功率,操作简单轻便。履带底盘走行部分由导向轮、驱动轮、支重轮、履带、走行架、走行马达减速机和张紧缓冲装置等部件组成。走行装置是牵引车的支柱,承受牵引车的全部重量,提供牵引车走行、转弯和爬坡的能力。走行马达减速机的马达为斜盘式轴向柱塞马达,有高、低速两挡换挡机构,可实现两种走行速度。牵引车的两条履带是独立驱动的,每条履带各由一个独立的走行马达减速机驱动,以实现牵引车的走行与转向。

17.4.2 无砟轨道钢轨铺设施工机械

内燃机车、铁路平车、长钢轨运输车已在17.1.1节叙述,不再赘述,本节只介绍无砟道床长轨条铺轨机组。

1. 整机的组成和工作原理

无砟道床长轨条铺轨机组整合了国内外现有产品的优点,并有效地克服了它们的不足,采用了自动检测、计算机控制、自动定位、大吨位牵引等关键技术,具有牵引力大、自动化程度高、铺设精度高、无损道床扣件、综合作业效率高、安全可靠性高、拥有我国自主知识产权等特点,能满足我国高速铁路无砟道床一次性铺设长钢轨的要求,可铺设长度100~500 m、轨重不大于60 kg/m长轨条组成的标准轨距无砟道床轨道。

无砟道床长轨条铺轨机组采用前拖拉后推送式两种兼容铺轨作业法。设备构成按机组前后位置,主要由100个滚轮、运输小平车、滚轮小车Ⅰ、滚轮小车Ⅱ、滚轮小车Ⅲ、分轨推送车、过渡顺坡车、钢轨运输车组组成。钢轨运输车组由37辆N17平车上加装运输支架组成,构成如下:钢轨运输车(首车)、短钢轨运输锁定车、16辆钢轨运输车Ⅰ、2辆长钢轨运输锁定车、16辆钢轨运输车Ⅰ、钢轨运输车(尾车)。

2. 主要系统和部件的结构原理

1) 引导车

引导车是无砟道床长轨条铺轨机组的拖轨设备,由驾驶室、动力室、底盘、前走行机构、后走行机构、自动导向装置、轨条夹钳、动力系统、液压系统、电气控制系统等组成,如图17-53所示。

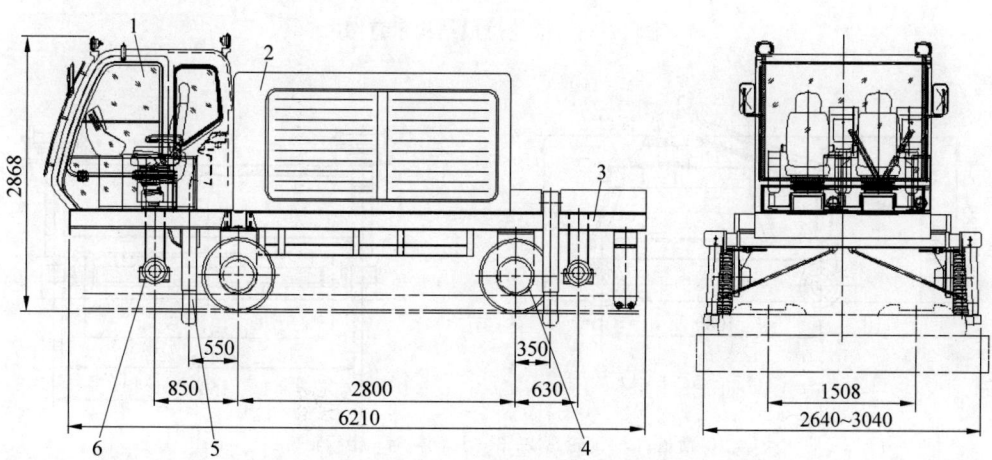

1—驾驶室、电控系统;2—动力室、动力系统;3—底盘;4—走行机构;5—自动导向装置;6—过轨小车。

图17-53 引导车结构示意图

2) 滚轮总成

滚轮总成由滚轮座、滚轮等组成，如图 17-54 所示。当钢轨拖出滚轮小车后，在无砟道床承轨槽之间每隔 10 m 放置一个滚轮，临时承放钢轨，当拖拉工序结束后，将滚轮取出，钢轨落于承轨槽内，并按 10% 的标准装配扣件锁固钢轨。

3) 滚轮小车

滚轮小车Ⅰ、滚轮小车Ⅱ、滚轮小车Ⅲ的结构与作用相同，分别由滑道、滚轮总成、小车体、走行轮组等组成，如图 17-55 所示，在钢轨从分轨推送车渐次下降至承轨槽时使用。三者的区别仅是高度不一样。

4) 分轨推送车

分轨推送车的主要作用是将钢轨从运输车组上拖出和推送，并将一对钢轨内侧距始终保持在 1435 mm，主要由 N17 型系列平车、推送装置、分轨装置、升降滚筒总成、卷扬拖拉装置、电气控制系统、液压系统等组成，这些组件与平车之间的连接全是活动连接，不会损坏平车，如图 17-56 所示。

5) 过渡顺坡车

过渡顺坡车由 N17 型系列平车和 3 个升降滚筒组成，如图 17-57 所示。升降滚筒与分轨推送车的升降滚筒结构相同，只是高度调节范围高一些。过渡顺坡车的主要作用是运输车为 T11 四层轨时，将高层轨从高往低有足够的纵向距离平顺过渡。

6) 钢轨运输车（首车）

钢轨运输车由 N17 型系列平车、安全门总成、升降滚筒总成、滚道装置（WY）、滚道装置（LY）组成，这些部件与平车之间的连接全是活动连接，固定在平车柱插上，无损平车，如图 17-58 所示。

7) 钢轨运输车Ⅰ

钢轨运输车Ⅰ由 N17 型系列平车、滚道装置（WY）、滚道装置（LY）组成。各部件与钢轨运输车（首车）中相对应的部件完全相同，如图 17-59 所示。

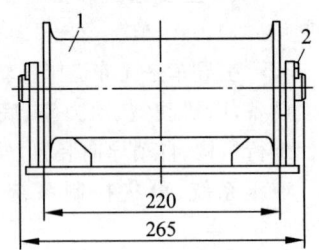 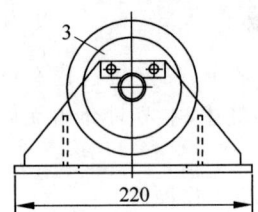

1—滚轮；2—压板；3—滚轮座。

图 17-54　滚轮总成结构示意图

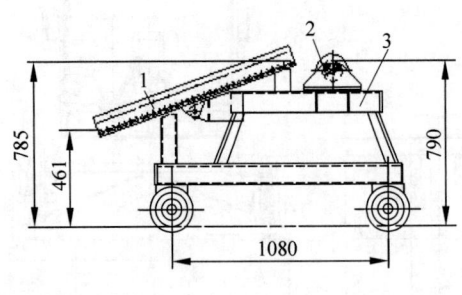 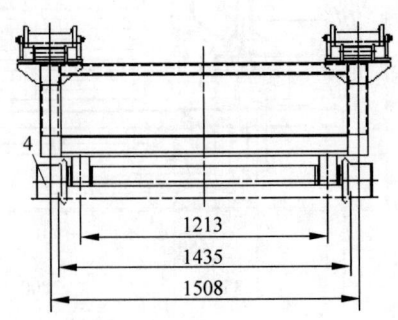

1—滑道；2—滚轮总成；3—小车体；4—走行轮组。

图 17-55　滚轮小车结构示意图

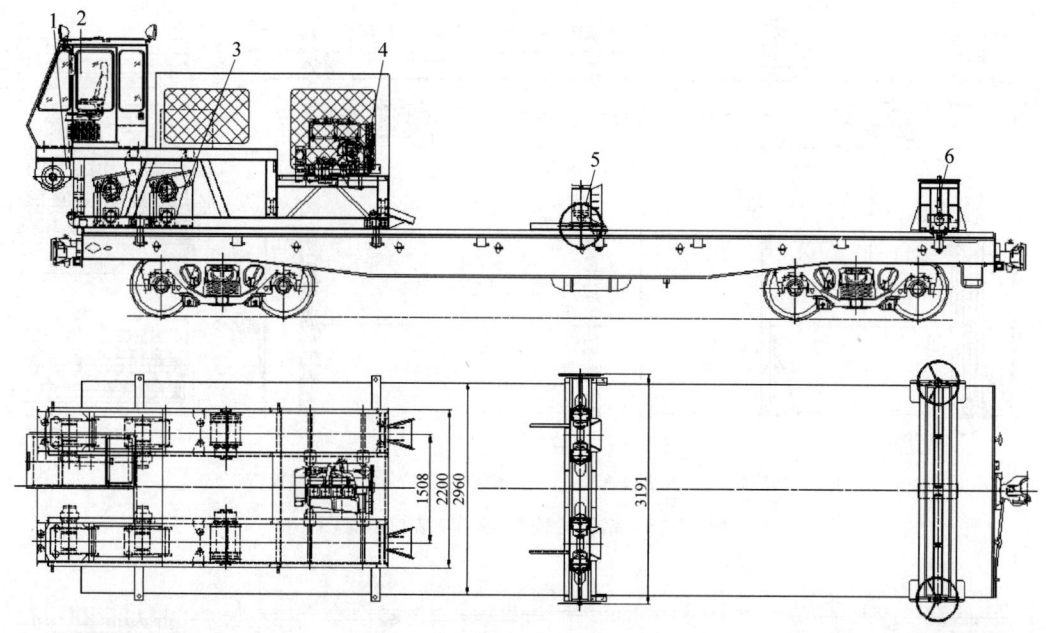

1—卷扬拖拉装置；2—操作室、电控系统；3—推送机构；4—动力、液压系统；5—分轨装置；6—升降滚筒。

图 17-56　分轨推送车结构示意图

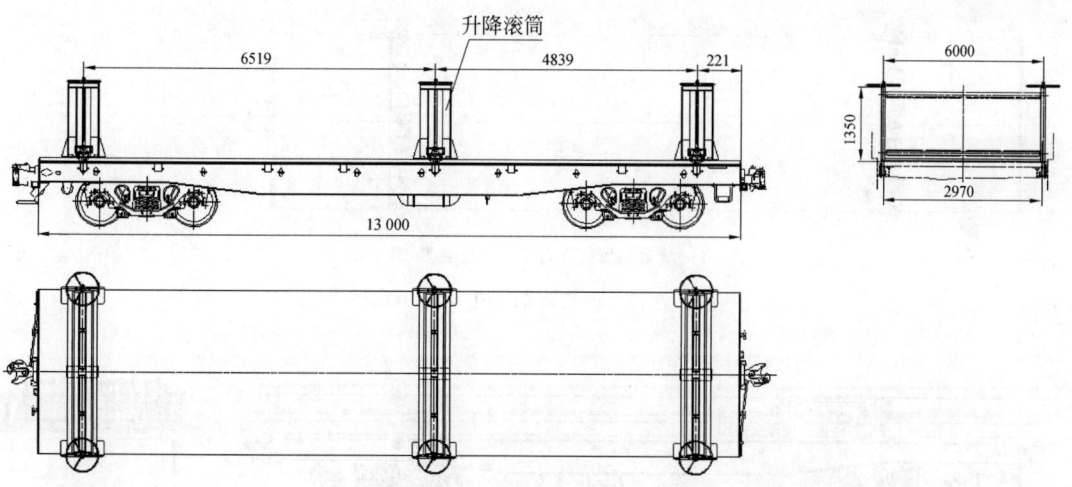

图 17-57　过渡顺坡车结构示意图

8）钢轨锁定车

钢轨锁定车由 N17 型系列平车、锁轨支架总成、滚道装置（LY）等组成，位于整列运输车的中部，可以锁定整列车钢轨，如图 17-60 所示。

9）短轨锁定车

短轨锁定车位于运输车首车之后，用来锁定长度小于 250 m 的短轨，其配置与钢轨锁定车的配置相同，仅锁轨装置的数量和位置不同。短轨锁定车由于短轨安装位置不确定，锁轨装置的数量和位置现场确定。

10）钢轨运输车（尾车）

钢轨运输车（尾车）由 N17 型系列平车、滚道装置（WY）、滚道装置（LY）、安全门总成等部件组成。该车各部件的结构与作用与钢轨运输车（首车）相同，只是摆放位置不同，如图 17-61 所示。

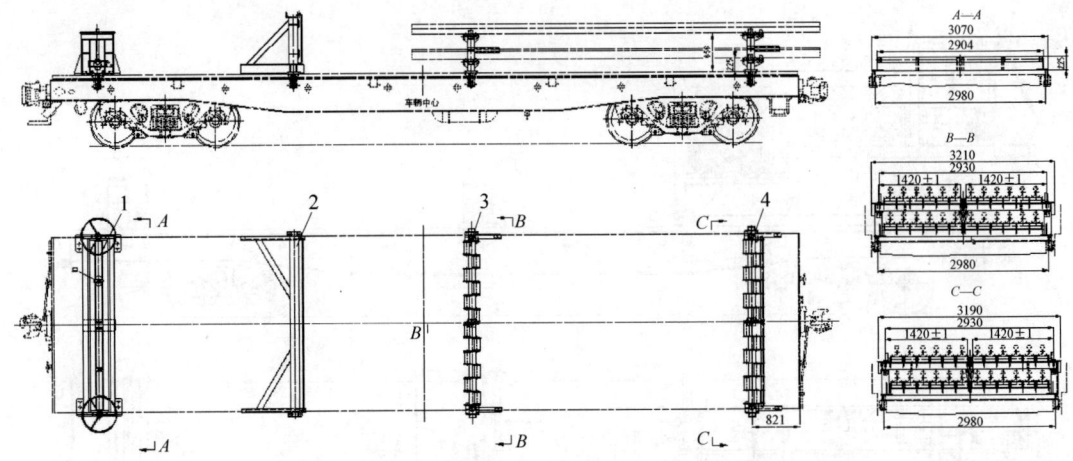

1—升降滚筒；2—安全门总成；3—滚道装置(LY)；4—滚道装置(WY)。

图 17-58　钢轨运输车(首车)结构示意图

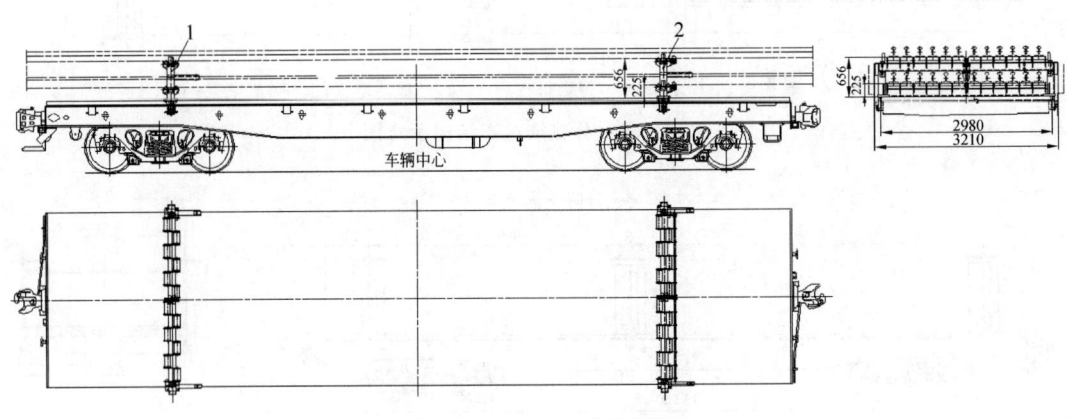

1—滚道装置(LY)；2—滚道装置(WY)。

图 17-59　钢轨运输车Ⅰ结构示意图

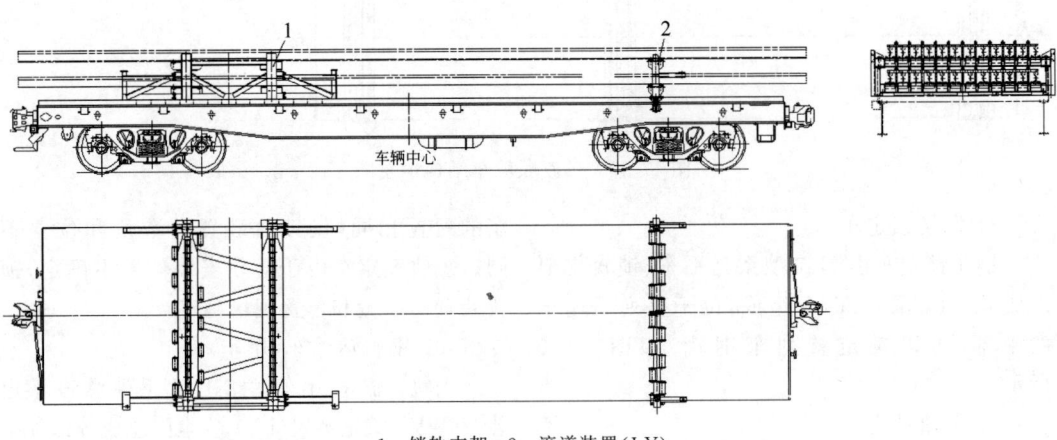

1—锁轨支架；2—滚道装置(LY)。

图 17-60　钢轨锁定车结构示意图

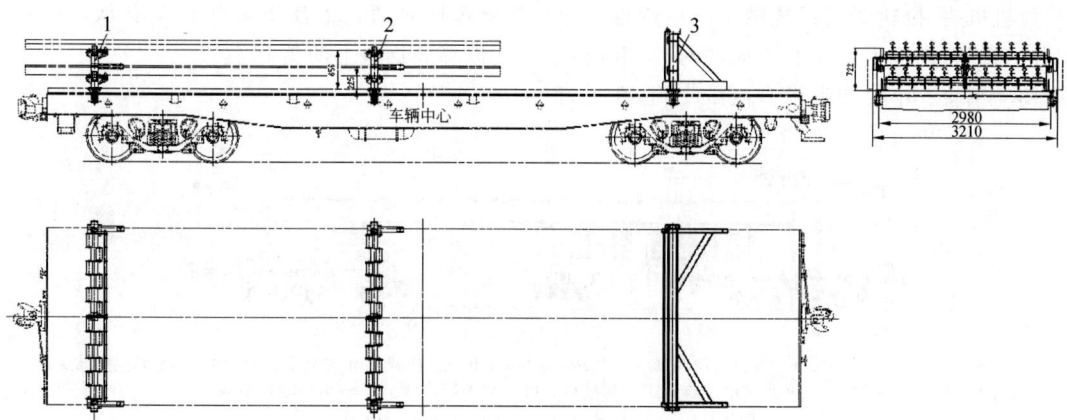

1—滚道装置(WY);2—滚道装置(LY);3—安全门总成。

图 17-61 钢轨运输车(尾车)结构示意图

11) 运输小平车

运输小平车由箱体、轮对总成等部件组成,箱体和轮对总成是相对独立的两部分。其主要作用是当铺完单根轨后,可以在钢轨上运行装放从道床上取出的滚轮,如图 17-62 所示。

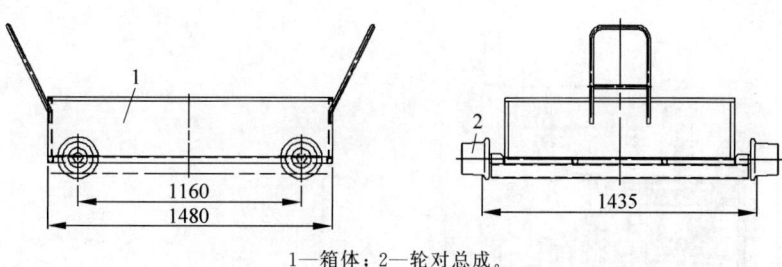

1—箱体;2—轮对总成。

图 17-62 运输小平车结构示意图

17.5 工地钢轨焊接和应力放散及锁定施工机械

铁路平车、轨道车已在 17.1.1 节叙述,本节不再赘述。

17.5.1 移动式闪光焊轨车

1. 整机的组成和工作原理

移动式闪光焊轨车具有线上、线下焊接功能,采用连续闪光焊和脉动闪光焊两种焊接模式,具有钢轨焊接、拉伸和保压推凸等功能。其设有拉轨对正系统,可进行辅助对位;双臂起重机底座设有调平装置,适应曲线焊轨作业。移动式闪光焊轨车主要由车架、转向架、悬挂式闪光焊机、双臂起重机、拉轨对正装置、液压支腿、动力传动系统、液压系统、电气控制系统、制动系统等组成。整车设有前、后两个驾驶室,两个驾驶室均布置有走行控制台用于控制运行,在后驾驶室还布置有焊机电气控制柜和计算机用于对焊机系统进行操作,其结构如图 17-63 所示。

移动式闪光焊轨车利用车载的焊轨设备对预卸长钢轨按照接轨定位等要求进行线上、线下焊接,采用双臂起重机将悬挂式闪光焊机机头放置在待焊钢轨上,夹持待焊钢轨焊接控制系统自动控制焊接顶锻、保压推凸、焊后保压冷却等过程,并对焊接工艺参数进行实时监控,评估焊接过程质量。焊接模式分为连续闪光焊和脉动闪光焊两种,焊机所需电源由车载柴油发电机组提供。拱形车架中部安装有双臂起重机和拉轨对正系统,双臂起重机用于收放焊机机头,拉轨对正系统用于线下焊接作业时对两钢轨进行上下左右方向的对正,并能纵向移动钢轨。车架两端设有液压支腿,在进行线上焊接时通过液压支腿将整车支承在轨枕上,以释放钢轨上的负荷。

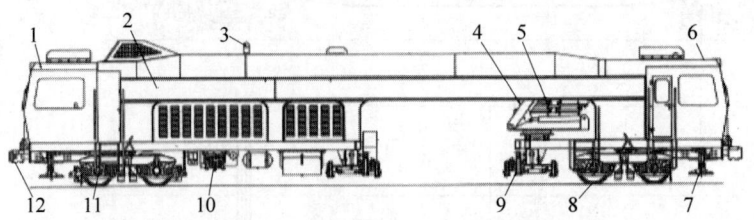

1—前驾驶室;2—车架;3—动力传动系统;4—双臂起重机;5—悬挂式闪光焊机;6—后驾驶室;7—液压支腿;8—从动转向架;9—拉轨对正装置;10—制动机;11—动力转向架;12—车钩缓冲装置。

图 17-63　移动式闪光焊轨车结构示意图

2. 主要系统和部件的结构原理

1) 动力传动系统

动力传动系统由柴油机、发电机、高弹性联轴器、分动齿轮箱、液压泵、马达、车轴齿轮箱、作业执行机构等组成。柴油机输出动力,一路驱动发电机组,输出电源供应闪光焊机和电气控制系统;另一路驱动液压泵,为自运行或作业装置提供动力。柴油机驱动有两种方式:一是采用一端驱动,如图 17-64 所示;二是采用两端驱动,如图 17-65 所示。

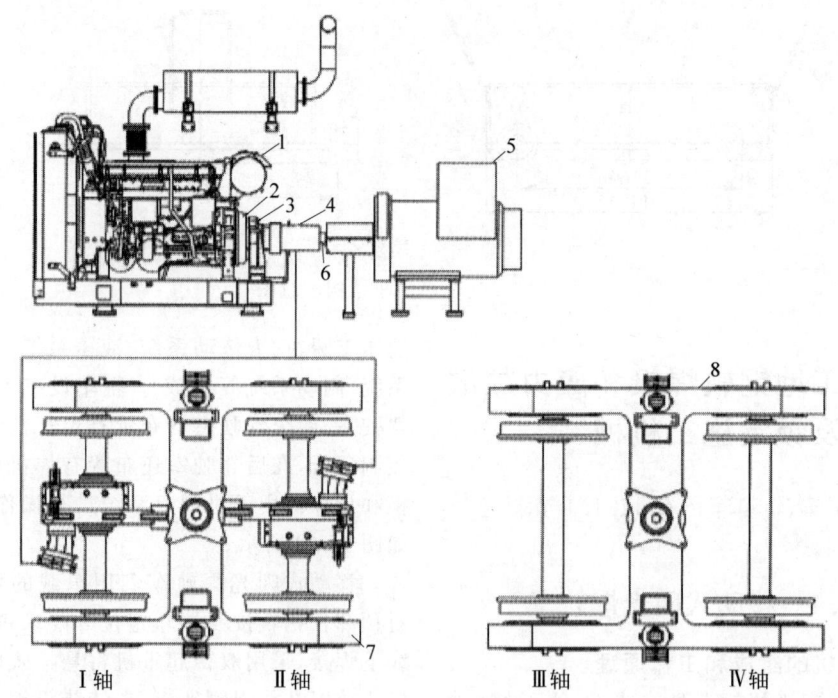

1—柴油机;2—弹性联轴器;3—分动齿轮箱;4—液压泵;5—发电机;6—传动轴;7—动力转向架;8—从动转向架。

图 17-64　自行式闪光焊轨车一端驱动示意图

自运行均采用液压泵-马达驱动方式,其传动方式和主要结构相似。

2) 走行部

走行部均采用两轴焊接构架式转向架,有以下两种结构形式:

(1) 采用一台动力转向架和一台从动转向架。转向架由转向架构架、轮对、心盘总成、支承结构、旁承弹簧、扭力臂、减振弹簧、轴箱、轴

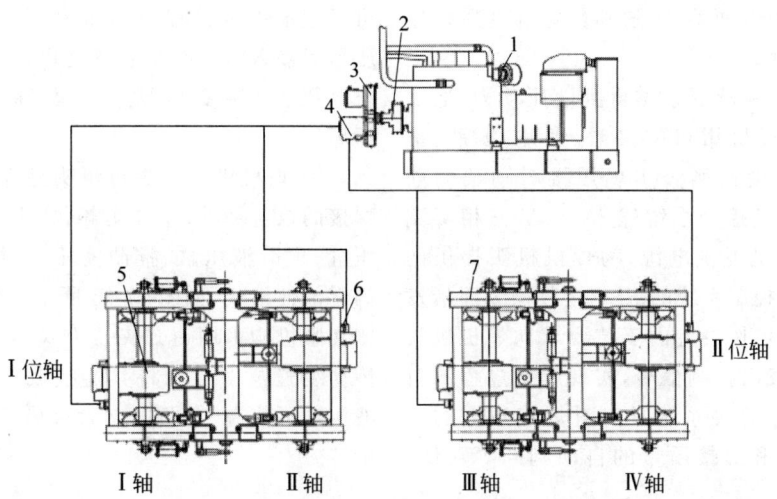

1—柴油发电机组；2—弹性联轴器；3—分动齿轮箱；4—液压泵；5—车轴齿轮箱；6—液压马达；7—动力转向架。

图 17-65　自行式闪光焊轨车两端驱动示意图

箱托架等组成，如图 17-66 所示。在进行线上焊接时，转向架通过拉紧液压缸与车架连接，制动系统的单元制动器安装在转向架构架上，其中动力转向架还包含车轴齿轮箱。

（2）采用两台动力转向架。转向架由转向架构架、旁承、车轴齿轮箱、车轴轴承箱、轮对、悬挂系统、基础制动装置等组成，如图 17-67 所示。

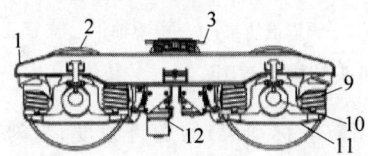 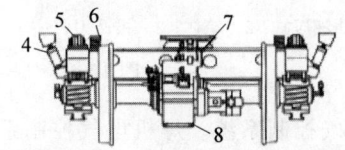

1—转向架构架；2—轮对；3—心盘总成；4—拉紧液压缸；5—支承结构；6—旁承弹簧；
7—扭力臂；8—车轴齿轮箱；9—减振弹簧；10—轴箱；11—轴箱托架；12—单元制动器。

图 17-66　自行式闪光焊轨车走行部结构示意图（1）

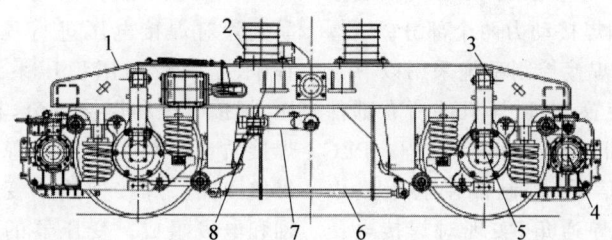

1—转向架构架；2—旁承；3—液压减振器；4—车轴齿轮箱；5—车轴轴承箱；
6—基础制动装置；7—牵引杆；8—连挂挡板。

图 17-67　自行式闪光焊轨车走行部结构示意图（2）

3）工作装置

（1）悬挂式闪光焊机

悬挂式闪光焊机主要由焊机机头、电气控制系统、焊接管理系统、液压系统、冷却系统等组成。

其采用电阻加热方式对钢轨端面进行加热，钢轨通电后端面逐渐移近局部接触，利用电流通过的接触面形成过梁爆破，激发闪光产生热量使钢轨端面熔化,达到预定温度后快速顶锻完成焊接。

焊机机头从液压泵站得到液压动力,通过电磁阀控制焊机钳口的夹紧/张开、顶锻、推凸,应用高精度比例阀实现焊接时动架的前进/后退。电气控制系统输入400V三相交流电,为闪光焊机提供电源,为焊机机头提供两相电源,电气控制系统的PLC接收操纵面板发出的操纵信号,按设定的工艺要求向焊机机头各个执行器发出控制信号,实现焊接过程的自动控制。焊接管理系统具有对焊接数据的实时采集、管理和焊接质量的自动判断等功能,可以记录焊接过程中的压力、电流、位移和电压等焊接数据。冷却系统提供循环冷却水,防止电极、焊接变压器和导电轴等部件过热损坏。

① 焊机机头。焊机机头是焊机进行钢轨焊接的执行部件,主要由箱体、中心轴、夹紧液压缸、顶锻液压缸、推凸液压缸、推凸刀、吊具等零部件组成,如图17-68所示。机头左、右两侧夹紧机构采用钳式夹持方式,并由顶锻液压传动装置及中心轴将其连接成为一体。夹紧液压缸可使左、右两侧夹紧机构绕中心轴同步旋转。

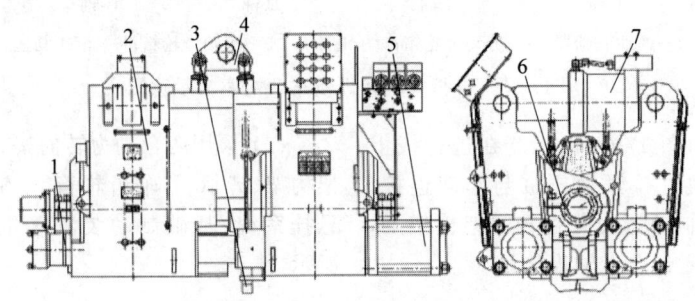

1—推凸液压缸;2—箱体;3—推凸刀;4—吊具;5—顶锻液压缸;6—中心轴;7—夹紧液压缸。

图17-68 焊机机头结构示意图

② 焊机电气控制系统。焊机电气控制系统为焊机各部分提供电源,通过PLC发出控制指令并凭借传感器采集各种焊接数据,向焊接管理系统提供焊接数据,控制液压系统和冷却系统与整个焊接过程同步。焊机电气控制系统可以划分为控制和焊接动力两个部分。

(a) 控制部分。焊接控制系统采用以PLC为控制核心的控制装置,保证焊机的所有部件按一定顺序工作,并自动控制焊接过程。PLC根据焊接顺序输出信号,控制晶闸管触发电路,以改变晶闸管的导通角,实现对焊接电压的调节。控制部分的核心是PLC,输入为各种开关量,输出直接驱动继电器,并通过功率放大器按焊接要求控制相关液压阀,焊接顺序按预先给定的程序执行。将采样信号通过A/D转换模块转化为数字量,送入PLC进行比较、运算,再经D/A转换模块进行输出控制。在焊接过程中,PLC通过焊接电流负反馈调节动箱体(又称动架)的送进速度,当闪光过程焊接电流偏离规范时,在设定时间内进行速度修正,从而实现焊接回路中焊接电流和送进速度之间的动态平衡。

(b) 焊接动力部分。焊接动力主回路采用晶闸管对焊接电压进行程控调节。在焊接过程中,晶闸管调压稳压系统随时检测供电电压、焊接电压和焊接电流,补偿供电电压,保证焊接质量的稳定。晶闸管调压后将电流送入焊接回路。焊接回路由变压器、软铜排、导电轴和电极组成。变压器的一极经软铜排和电极将电流传到一侧钢轨上,变压器的另一极经软铜排、导电轴和电极将电流传到另一侧钢轨上,形成钢轨间的闪光焊接次级回路。焊接回路原理如图17-69所示。

③ 焊接管理系统。焊接管理系统的主要功能是采集、显示焊接工艺数据,自动判别焊接结果并保存每个焊头的焊接数据。

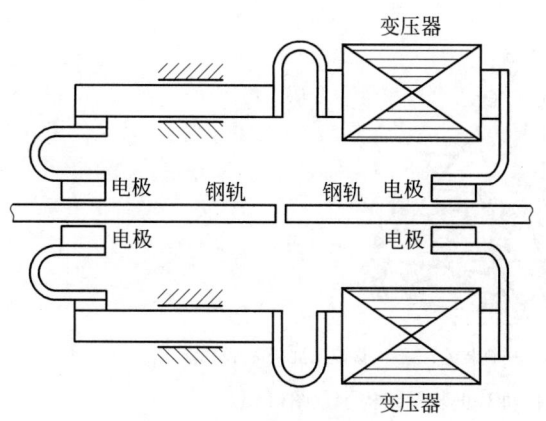

图 17-69 焊接回路原理示意图

④ 液压系统。液压系统为焊机机头动作提供动力,通过电磁阀控制焊机机头的夹紧/张开、前进/后退、顶锻、推凸。液压系统采用恒压变量柱塞泵,由三相交流电动机驱动,系统压力通过比例溢流阀连续可控、可调。液压油路设置有回油过滤器、高压滤油器,可确保液压系统各元件工作正常。

顶锻液压缸采用电液换向阀与电液比例伺服阀并联的结构,能满足送进的控制和顶锻的控制。夹紧液压缸和推凸液压缸采用电磁换向阀,控制焊机的夹紧、松开、推凸、回收动作。

⑤ 冷却系统。冷却系统为焊机提供循环的冷却水,防止钳口、导电轴、焊接变压器等部件过热损坏。它主要由压缩机冷凝器、膨胀阀、蒸发器、水箱和其他辅助部件组成。

(2) 双臂起重机

双臂起重机用于焊接作业时收放焊机,主要由回转支承、变幅臂、伸缩臂、调平装置、旋转吊具、起吊液压缸、回转驱动机构等组成。回转驱动机构有两种结构形式,即蜗轮蜗杆+齿轮泵驱动和液压缸直接驱动,如图 17-70、图 17-71 所示。

(3) 拉轨对正装置

拉轨对正装置用于线下钢轨焊接时,对两待焊钢轨进行调整对位,两侧各有一套,如图 17-72、图 17-73 所示,拉轨行程为 300 mm,最大拉轨力为 200 kN。

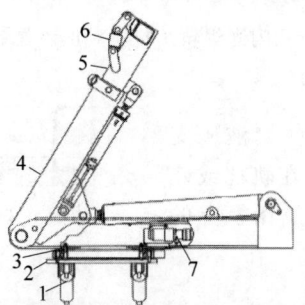

1—调平液压缸;2—承载平台;3—回转支承;4—变幅臂;5—伸缩臂;6—旋转吊具;7—回转驱动机构。

图 17-70 移动式闪光焊轨车双臂起重机结构示意图(1)

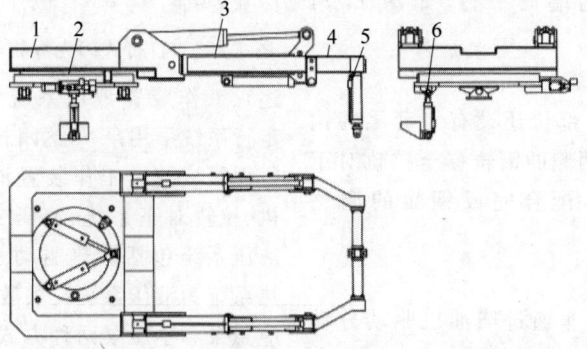

1—承载平台;2—回转支承;3—变幅臂;4—伸缩臂;5—起吊液压缸;6—调平液压缸。

图 17-71 移动式闪光焊轨车双臂起重机结构示意图(2)

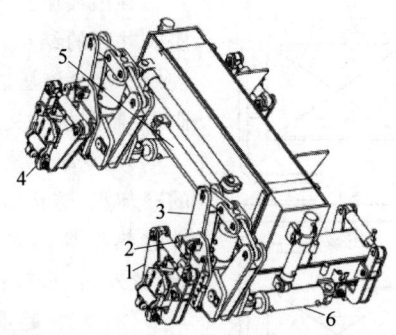

1—托轨夹钳；2—轨头微调装置；3—夹轨钳；4—托轨装置；5—横移液压缸；6—拉轨液压缸。

图17-72 移动式闪光焊轨车拉轨对正装置结构示意图(1)

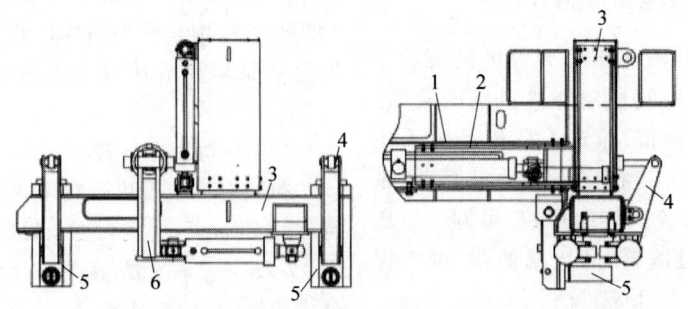

1—水平导框；2—水平伸缩支腿；3—垂直伸缩支腿；4—夹轨钳；5—托轨装置；6—拉轨装置。

图17-73 自行式闪光焊轨车拉轨对正装置结构示意图(2)

(4) 液压支承

在车体两侧前后部位共设有4套液压支承，用于线上焊接时将焊轨车支承在轨枕或砟肩上，使车轮踏面离开轨面，以释放钢轨上的载荷。

(5) 辅助支承

自行式闪光焊轨车还设有辅助支承，用于作业时托住钢轨，使钢轨顺直，可辅助对齐钢轨，使前后两钢轨的端面平行，如图17-74所示。

(6) 尾部钩轨装置

在车体两侧前后部位还设有4套尾部钩轨装置，用于将线路两侧的钢轨移至拉轨对正装置和辅助支承上，配合完成钢轨的调整对位。

4) 液压系统

自行式闪光焊轨车通过柴油机驱动分动齿轮箱上的液压泵产生液压源。液压系统包括自运行液压系统、焊机液压系统(前文已叙

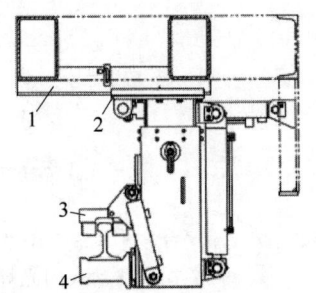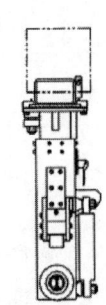

1—水平导槽；2—垂直导框；3—轨挡装置；4—垂直支腿。

图17-74 自行式闪光焊轨车辅助支承结构示意图

述)、工作装置液压系统和辅助液压系统等。走行系统采用泵-马达闭式驱动系统，可实现走行无级变速。工作装置液压系统为双臂起重机、拉轨对正系统、液压支脚提供动力。辅助液压系统包括散热驱动系统和应急系统。散热系统为液压系统提供散热；应急系统设置有应急泵和手压泵两种方式，用于主液压系统发生故障时收回全部作业装置并安全锁定。

5）电气控制系统

电气控制系统包括供电系统、柴油机与运行控制系统、作业控制系统和通话系统等。

（1）供电系统

供电系统由直流系统和交流系统组成。直流系统由柴油机直流发电机供电，供 24 V 直流控制用电和蓄电池充电。交流系统由主发电机组、交流控制柜、焊机控制柜等组成。作业时，主发电机组同时向交流控制柜和焊机控制柜供电，交流控制柜向液压泵站、空调和取暖器供电，焊机控制柜向焊机机头、焊机冷却单元和焊机液压泵站供电。

（2）柴油机与运行控制系统

柴油机与运行控制系统主要包括柴油机控制和自运行控制。柴油机启停控制、油门控制和状态监控属于柴油机控制；运行速度控制、制动控制和闭式泵-马达控制属于自运行控制。

（3）作业控制系统

作业控制系统是电气控制系统的核心，主要包括闪光焊机控制、作业装置控制、作业联锁控制等。其中，闪光焊机控制包括焊接工艺参数控制、焊接过程状态监测与焊接接头质量评估。

（4）通话系统

通话系统分别安装在前、后两个驾驶室内的运行操作位和作业操作位附近，司乘人员可以通过该系统实现内部通话。

6）制动系统

自行式闪光焊轨车的制动系统有 YZ-1G 制动系统和 JZ-7G 制动系统两种。

17.5.2　正火设备

1．整机的组成和工作原理

正火设备主要指热处理作业车，由路用平车、动力舱、工作舱等组成。动力舱内安装有柴油发电机组，为工作舱内设备提供电源。工作舱内集成了工作装置、电气系统和液压系统，用于完成热处理作业中对位、加热及冷却等过程，如图 17-75 所示。

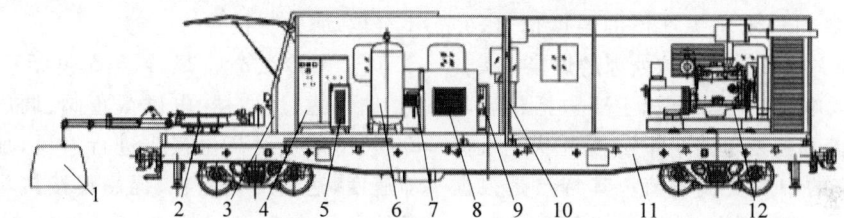

1—正火主机；2—双臂起重机；3—工作舱；4—电气控制柜；5—中频电源柜；6—储气罐；7—综合泵站；8—空气压缩机；9—冷水机；10—动力舱；11—路用平车；12—柴油发电机组。

图 17-75　热处理作业车结构示意图

热处理作业车具有线上、线下焊接接头正火作业功能，可以自动控制加热和冷却过程及记录轨头部位温升曲线，还具有钢轨夹持及保压功能。其采用开合式仿形感应加热线圈，便于施工现场装载和拆卸，采用负载自适应电源，具有无级调功、调频功能。热处理作业车采用路用平车加装热处理工作舱的结构，由轨道车牵引作业。热处理作业车采用电磁感应加热及喷风冷却方式对钢轨焊接接头进行热处理，工作原理如图 17-76 所示。操作人员在正火管理系统中设置工艺参数，下传到电气控制系统中；电气控制系统根据工艺参数生成控制信号，控制中频电源产生对应频率和功率的电流并传送到正火主机；正火主机对中频电流进行降压和放大，生成强大的电磁场，作用在钢轨焊接接头处，从而实现加热功能；加热完成后，电气控制系统根据工艺参数控制风冷系统对高温接头进行喷风冷却，最终实现对钢轨焊接接头的热处理。

2．主要系统和部件的结构原理

1）工作装置

工作装置主要由热处理系统设备和双臂起重机组成。

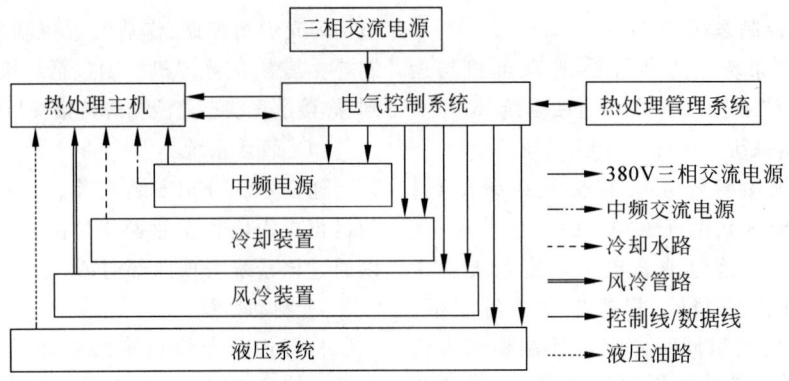

图 17-76 钢轨焊接接头热处理工作原理

(1) 热处理系统设备

热处理系统设备为该车工作的核心设备,包括正火主机(含保压装置)、中频电源、正火管理系统、水冷装置和风冷装置。

① 正火主机。正火主机包括开合式加热线圈及线圈驱动机构、负载电容、负载变压器、保压及钢轨夹持机构、测温装置和操作面板。在工作过程中通过正火主机使强大的电磁场作用在钢轨焊接接头处,实现加热和喷风处理,同时采集和显示轨头部位的温度信号,并通过保压和夹持机构保护被处理的焊接接头。

② 中频电源。中频电源主要包括整流电路、滤波电路和逆变电路 3 部分,为正火主机提供所需频率的中频交流电流。其特点是根据负载和设置功率因数的变化,自动调整输出电流和频率的大小,可实现负载自适应及调节频率,有利于提高焊接接头温度的均匀性。

③ 正火管理系统。正火管理系统包括硬件和软件两部分,是热处理系统设备运行的控制中心,也是操作人员与设备交流的通道。其硬件部分包括工控机、PLC、信号隔离模块和各种传感器,用于采集热处理系统设备中的温度、时间、功率、频率等信号,输出设备运行的控制信号,并进行滤波、转换和计算。软件部分包括数据输入/输出、数据处理/存储和管理、数据显示 3 个方面,具有完成工艺参数的设置和管理、过程数据的实时显示、钢轨焊接接头基本信息的录入和管理、数据曲线的生成和查看、用户权限的管理等功能。

④ 水冷装置。水冷装置包括内循环和外循环两个系统。内循环系统通过制冷剂在压缩机、热交换器、冷凝器等部件间循环,可降低水箱中的冷却液温度;外循环系统通过冷却液在水箱、水泵、管路和加热器线圈之间循环,可对工作过程中的加热器进行冷却。内循环系统中设有制冷剂的高低压传感器,在其压力过高或过低时切断压缩机的控制电路,保障水冷装置的安全。外循环系统设有压力开关,在冷水装置不工作的状态下,正火主机和中频电源不会启动,并会报警。

⑤ 风冷装置。风冷装置包括空气压缩机、储气罐、过滤器、电磁截止阀、调压阀和风冷喷头,通过对高温接头进行喷风,加快其冷却速度,达到细化晶粒、提高焊接接头硬度的目的。

(2) 双臂起重机

与非自行式闪光焊轨车的双臂起重机系统内容相同,此处不再赘述。

2) 电气控制系统

电气控制系统主要由弱电控制系统和动力电源分配系统两部分组成。

(1) 弱电控制系统

弱电控制系统用于动力系统、作业系统的控制,包括操作指令接收及状态显示回路(控制面板)、中频加热控制电路、液压系统主电路和阀门线圈控制电路、水冷装置控制电路、喷风装置控制电路、信号采集电路等,用于控制和监视设备的运行状态。

(2) 动力电源分配系统

动力电源分配系统按照作业需求,由控制

系统进行控制,向热处理主机及辅助设备驱动电动机进行供电。中频感应加热电路包括中频电源和正火主机电路,用于完成对钢轨焊接接头的加热过程。功能设备中需要动力电源的设备包括主机油泵电动机、起重机油泵电动机、循环油泵电动机、冷却风扇电动机、冷水机和空气压缩机。

3) 液压系统

液压系统包括液压泵站、正火主机液压回路和起重机液压回路3部分。

(1) 液压泵站

液压泵站采用了一站双泵结构,其中大流量柱塞泵为双臂起重机提供油源,小流量柱塞泵为正火主机提供油源。泵站还配置了液压散热系统,包括风冷却器和循环油泵。

(2) 正火主机液压回路

正火主机液压回路包括前后夹持液压缸、保压液压缸、线圈夹紧液压缸、水平和垂直方向对中液压缸及对应的控制阀,用于实现正火主机与钢轨间的固定夹持、正火过程中保压、线圈夹紧和线圈三维对中调整。

(3) 起重机液压回路

起重机液压回路通过电磁阀控制双臂起重机回转、伸缩和翻转。

17.5.3 钢轨拉伸器

1. 整机的组成和工作原理

钢轨拉伸器主要用于无缝线路作业,当无缝线路轨温与设计的锁定轨温不符时,对钢轨施加一定拉力,使钢轨拉伸到"预定"长度,在人为的"模拟"轨温下进行锁定。

1) 工作原理

(1) 拉伸工作原理

由内燃机或电动机驱动高压柱塞泵,柱塞泵排出的高压油通过手动换向阀经高压油管及三通阀分别进入钢轨拉伸器的两个液压缸的有杆腔,推动活塞使活塞杆缩回,带动与活塞杆端铰接的夹具体向内移动,待两个夹具体的楔铁同时锁紧钢轨后,实施对钢轨的拉伸作业;同时无杆腔中的液压油经另两条油管及三通阀、换向阀流回油箱。

(2) 压缩工作原理

液压钢轨拉伸器还可实现钢轨轨缝的调整作业,即将两个夹具体转动180°后重新安装。在此作业工况下,由柱塞泵排出的高压油分别进入拉伸器的两个液压缸的无杆腔,推动活塞使活塞杆伸出,带动与活塞杆端铰接的夹具体向外移动,待两个夹具体的楔铁同时锁紧钢轨后,实施对钢轨轨缝的调整作业,同时有杆腔中的液压油流回油箱。

2) 主要结构

钢轨拉伸器主要由夹具体、液压缸、高压油管、液压泵站等组成,如图17-77所示。钢轨拉伸器的两个液压缸和两个夹具体用4个销轴铰接成一体。通常在进行拉轨作业时不需要安装加长杆,只有在进行焊轨或较大距离拉轨时才安装加长杆。

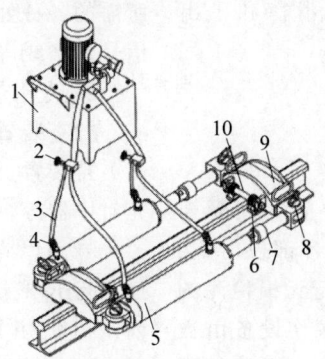

1—液压泵站;2—三通阀总成;3—高压油管;4—快速接头;5—液压缸总成;6—夹紧楔铁;
7—短连接杆;8—连接销轴;9—夹具体;10—齿轮轴。

图17-77 钢轨拉伸器结构示意图

2. 主要系统和部件的结构原理

(1) 液压泵站有电动、内燃两种动力形式。由油泵产生的高压油经过高压油管和快装式接头供给液压缸。

(2) 夹具体用来安装液压缸并夹紧钢轨。在夹具体和被夹钢轨头部侧面间有两块同步夹紧梯形楔铁，楔铁与钢轨轨头侧面的接触面上刨一定深度有纵、横两方向的齿牙，既能提供足够的摩擦力夹紧钢轨，又可符合轨头侧面挤压印痕深度的有关技术要求。楔铁同步夹紧机构如图17-78所示。

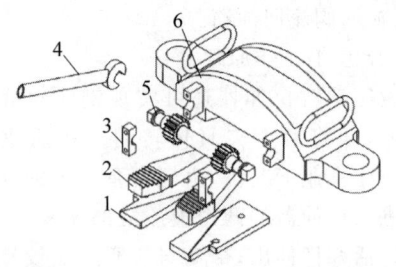

1—楔铁托板；2—模铁；3—支承座压盖；4—专用扳手；
5—齿轮轴；6—夹具体。

图17-78　楔铁同步夹紧机构示意图

(3) 设置了紧急卸荷装置，一旦机具出现"卡死"故障不能正常下道时，可将紧急卸荷阀拧松，放出高压油并敲开夹具体后，用专用扳手旋动齿轮轴，待楔铁与钢轨脱离后，将机具抬下道。

(4) 液压钢轨拉伸器左右对称，并与钢轨装卡牢固，具有良好的平衡性。在工作状态下，由于用螺栓固定的楔铁托板支承着楔铁，故楔铁、连接销等部件没有滑落和飞出的可能。

17.5.4　探伤仪

1. 整机的组成和工作原理

钢轨焊接接头专用探伤设备是采用超声波探伤方法，对钢轨焊接接头的各部位，用相应的扫查方式，对各类型缺陷进行无损检测的专用设备。钢轨焊接接头专用探伤设备由数字式超声波探伤仪、专用焊缝扫查装置、超声波探头及探伤试块等组成，其工作原理如图17-79所示。

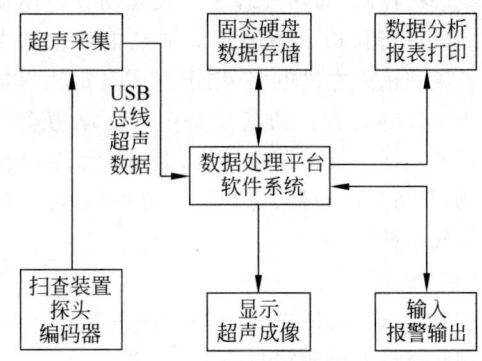

图17-79　钢轨焊接接头专用探伤设备工作原理

2. 主要系统和部件的结构原理

1) 数字式超声波探伤仪

可视化探伤界面如图17-80所示。A型显示可实时显示轨底、轨腰、轨头3个部位的A显波形。B型显示可实时显示轨底、轨腰、轨头3个部位的B扫图形及焊接接头横断面成像图形，从钢轨焊接接头侧面、顶面及横断面3个不同方向进行投影成像显示。

数字式超声波探伤仪的工作原理如图17-81所示，由发射电路产生高压脉冲，施加到探头晶片上。经过电声转换，形成脉冲超声波进入被检测对象。接收电路对接收到的微弱回波信号进行多级放大，由模数转换器(A/D)将模拟信号转为数字信号，再进行分析处理，最后将探伤数据、图形等在屏幕上显示，并给出光、声识别及报警信号或进行存储、打印等。数字信号处理在CPU中由程序完成，通常要进行的是去除信号中的噪声，其次是进行超声探伤所需的各种处理，包括增益控制、衰减补偿、求信号包络线等。

2) 专用焊缝扫查装置

扫查装置主要包括框架、超声波探头、探头夹持装置、编码器、运动机构、标尺、电源、激光对中器等，如图17-82所示。

专用焊缝扫查装置能对轨头和轨底两部位进行K形扫查，对轨腰及其延伸部位进行串列式扫查，并可通过电子控制实现每个探头的单探头法探伤。双探头法探伤时，采用专用焊缝扫查装置可使两个探头时刻保持精确的相对位置和规则的运行轨迹，探头位置可识别。

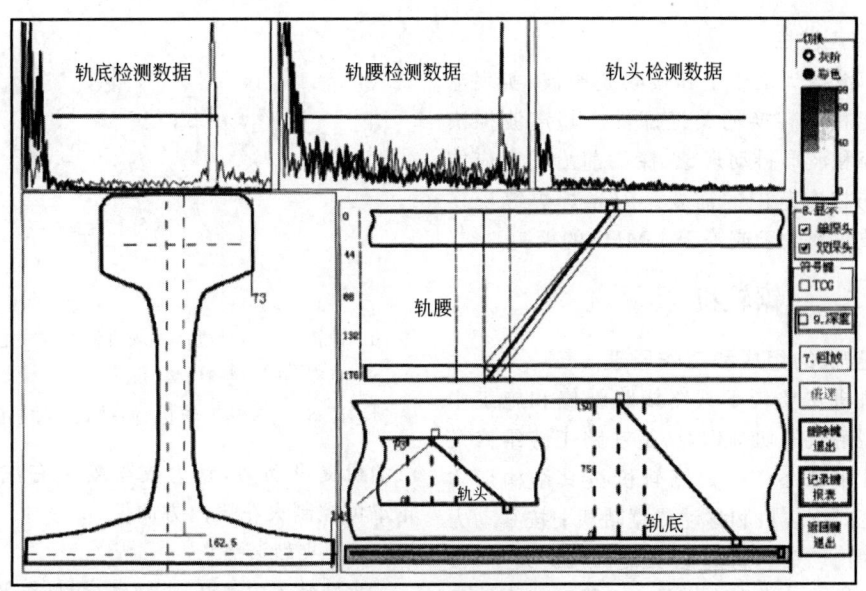

图 17-80 GHT-2B 钢轨焊缝超声波探伤设备显示界面

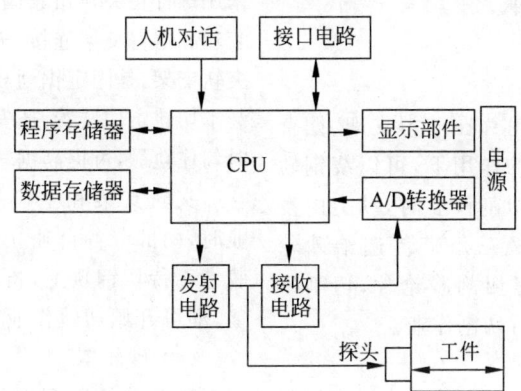

图 17-81 数字式超声波探伤仪工作原理

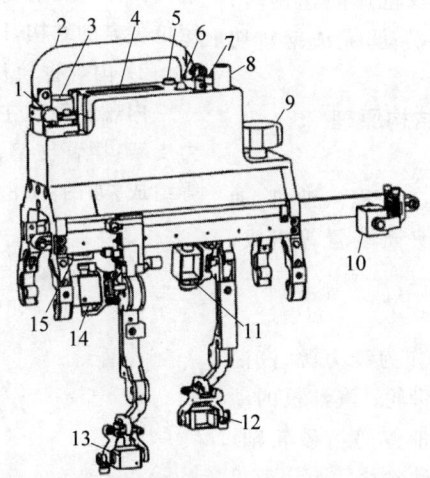

1—手动/自动转换开关；2—手柄；3—编码器；4—电池盒；5—充电接口；6—电源开关；7—七芯插座；8—调速开关；9—手轮；10—轨腰探头(收)；11—轨头探头(收)；12—轨底探头(收)；13—轨底探头(发)；14—轨头探头(发)；15—轨腰探头(发)。

图 17-82 专用焊缝探伤扫查装置结构示意图

3) 超声波探头

超声波探头是产生和接收超声波、实现电能与声能相互转换的关键部件。超声波探头应无双峰和波形抖动现象,探头前沿长度应能满足探伤扫查范围的需要。闪光焊焊缝探伤采用回波频率大于或等于 4 MHz 的探头。

17.5.5 锯轨机

1. 整机的组成和工作原理

锯轨机主要用于铁路线路维修和施工中对于各型钢轨的切割作业,是铁路工务维修及抢修作业的必备工具。锯轨机按其结构形式分为便携式锯轨机和移动式锯轨机;按其动力形式分为内燃锯轨机和电动锯轨机。其中,便携式锯轨机的动力以内燃为主;移动式锯轨机的动力分内燃和电动两种。

1) 工作原理

(1) 便携式锯轨机

便携式锯轨机的砂轮片在动力支架、摆臂支架所组成的"三节臂"的作用下,可以绕钢轨两侧和上方自由摆动。切割作业时,动力由发动机通过皮带轮输出,经三角带传递给砂轮轴,砂轮轴另一端安装有切割砂轮片,切割砂轮片高速旋转对钢轨进行切割作业。

(2) 移动式锯轨机

移动式锯轨机的汽油机或电动机的动力通过皮带、皮带轮驱动切割砂轮片高速旋转,利用摆动机构使砂轮片往复摆动,完成钢轨切割作业。

2. 主要系统和部件的结构原理

1) 内燃锯轨机(便携式)

内燃锯轨机主要由单缸二冲程汽油机、动力支架、摆臂支架、砂轮罩、夹轨装置等组成,如图 17-83 所示。

(1) 动力传动装置

动力传动装置用汽油机作为动力源,汽油机输出轴上安装有离合器皮带轮;汽油机的动力通过皮带轮输出,经三角带传递给砂轮轴,砂轮轴的另一端安装有切割砂轮片。

(2) 主机组件

主机由汽油机、动力支架与砂轮罩组成。

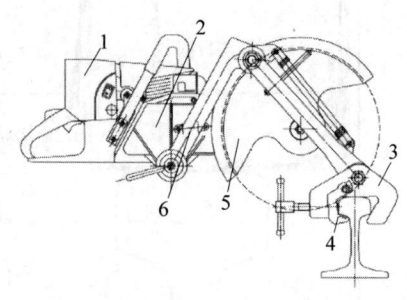

1—油箱;2—发动机;3—夹轨装置;4—定位尺;
5—防护罩;6—摇臂。

图 17-83 内燃锯轨机(便携式)结构示意图

汽油机提供动力,动力支架安装有汽油机,砂轮罩可控制火花飞出方向。

(3) 夹轨装置

夹轨装置由连杆、夹轨钳、螺杆等部分组成,采用螺杆将夹轨钳紧固于钢轨,通过连杆将夹轨装置和摇臂支架连接,夹轨装置和摇臂支架组成夹轨支架,是固定锯轨机的部件。夹轨装置上安装了切轨定位装置,还安装了防脱装置,切轨作业时勾住轨颚,可提高锯轨机的固定可靠性。

夹轨支架和主机采用分体的形式。不作业时,两部分各自独立;作业时,先将夹轨支架装卡于待切钢轨上,再将主机插接于夹轨支架上,即可开始切轨作业。

(4) 砂轮罩

砂轮片切割钢轨的火花方向为内出花,即朝向操作人员的内侧,故砂轮罩采用方向可调、定位可靠的结构,以随时控制火花飞出方向。

2) 内燃锯轨机(移动式)

内燃锯轨机主要由单缸四冲程汽油机、动力支架、摆臂支架、夹轨装置、砂轮片及防护罩等组成,如图 17-84 所示。

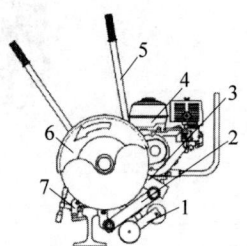

1—走行轮;2—转轴;3—机架;4—发动机;5—摇杆;
6—防护罩;7—夹轨装置。

图 17-84 内燃锯轨机结构示意图

(1) 动力传动装置

移动式锯轨机的动力传动装置与便携式锯轨机的类似，也是采用汽油机作为动力源，经由输出轴、离合器、皮带轮传递给砂轮轴，砂轮轴的另一端安装有切割砂轮片。

(2) 主机组件

① 底架组件：采用型钢、无缝钢管焊接件或铸钢件，两端加工平行圆孔，主要用于连接夹轨装置和动力支架，操纵杆及走行轮均固定在底架上。

② 动力支架：采用型钢及无缝钢管焊接而成。一端安装砂轮片轴、皮带轮及砂轮片防护罩，另一端通过空心轴连接汽油机底座和底架；动力支架与汽油机座固定连接，与底架为活动连接；皮带罩固定在动力支架上。

(3) 夹轨装置

采用螺杆紧固，可将锯轨机固定在钢轨上。夹轨装置上还安装了切轨定位装置。

(4) 防护罩

砂轮片切割钢轨的火花方向为外出花，即朝向操作人员的外侧，为作业安全起见，防护罩采用可调式结构。

17.5.6 钢轨打磨机

钢轨打磨机是用于对钢轨轨头及道岔（包括焊缝）进行打磨，以恢复其表面轮廓的小型机械，目前使用较为广泛的是仿形打磨机，按其打磨钢轨方式分直立式和侧翻式两种。

钢轨打磨机以汽油机作为动力，通过软轴（或皮带）传动系统带动砂轮旋转对钢轨轨头进行打磨作业。砂轮安装在独立的偏转机架上，可以通过电动机或者手动方式调整砂轮进给量；当需要调整打磨角度时，通过调整偏转机架将砂轮左右偏转，整机不用倾斜，此时夹紧机构将仿形轮靠紧钢轨，沿钢轨纵向推动打磨机进行打磨作业。

钢轨打磨机主要由汽油机、机架、传动机构、偏斜机构、砂轮及进给装置、夹紧装置、仿形轮及操作手柄等组成。动力传动方式分为软轴传动和皮带传动。采用软轴传动时，传动机构较为简单；采用皮带传动时，传动功率较大，皮带更换方便，使用成本较低。砂轮进给通过丝杠螺母螺旋实现；仿形轮跟踪钢轨的外形，使打磨机可以实现仿形打磨；夹紧机构在打磨钢轨侧面时可夹紧钢轨，由于其轮缘较高，下道后能在地面上推行。

软轴传动的钢轨打磨机的结构如图17-85所示。皮带传动的钢轨打磨机的结构如图17-86所示。

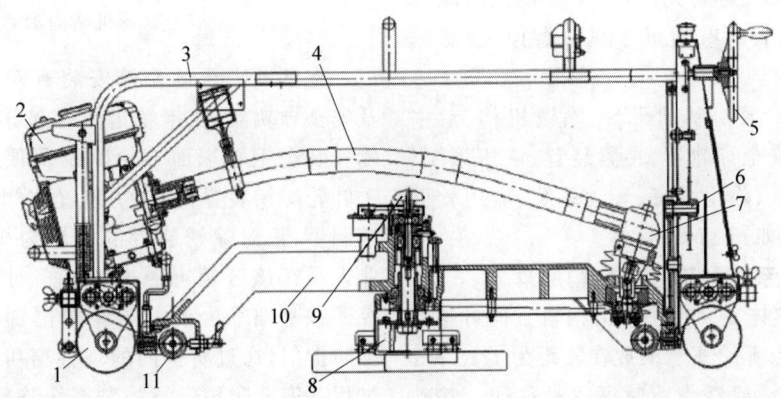

1—夹紧机构；2—汽油机；3—机架；4—软轴；5—操纵手柄；6—偏斜机构；7—齿轮传动装置；8—砂轮；9—进给装置；10—偏转机架；11—仿形轮。

图17-85 钢轨打磨机（软轴传动）结构示意图

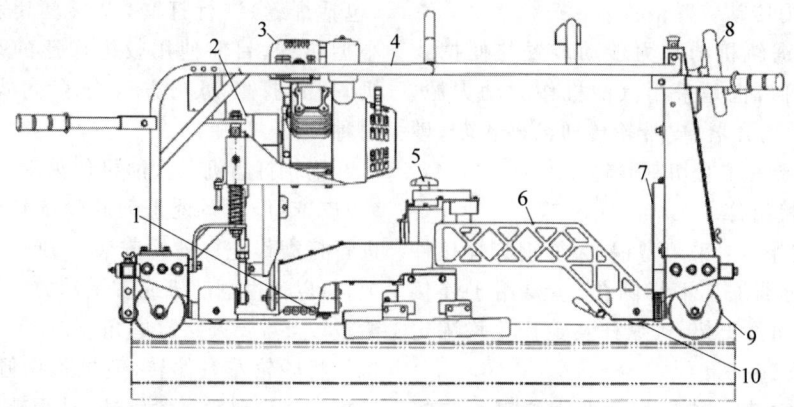

1—齿轮箱；2—皮带传动机构；3—汽油机；4—机架；5—砂轮进给机构；6—横梁；7—偏斜机构；8—操纵手柄；9—夹紧机构；10—仿形轮。

图 17-86　钢轨打磨机(皮带传动)结构示意图

17.5.7　端头打磨机

1. 整机的组成和工作原理

端头打磨机是对钢轨端部的顶面、底面和端面进行除锈的专用机械。

端头打磨机(除锈机)主要采用钢丝刷轮、千叶轮和砂带3种方式除锈。采用钢丝刷轮除锈，能去除钢轨表面的浮锈，除锈后钢轨表面不出现金属光泽，不影响钢轨几何尺寸，但需配备专用的测量器具判断除锈质量。采用砂带、千叶轮除锈，能去除钢轨表面的锈蚀，除锈后钢轨表面出现金属光泽，便于目视判断除锈质量，但钢轨表面有微量金属被磨掉，会影响钢轨几何尺寸。

除锈机主要由基础平台、除锈机构、对中夹紧部件及安全导轨器、夹紧装置、液压系统、电气控制系统、除尘系统、气动系统、应用软件等部分组成，如图 17-87 所示。

2. 主要系统和部件的结构原理

该设备整体安装在一个沿钢轨方向可移动的基础平台上，整个平台安放在轨距为 1710 mm 的基础轨道上，除锈作业时可适时移动。基础平台上安装有动力驱动装置，由带有制动功能的变速电动机、减速齿轮箱、旋转编码器等组成，通过手柄操作平移。整台设备的输入电源在基础平台的后侧，通过随动拖链与设备连接。

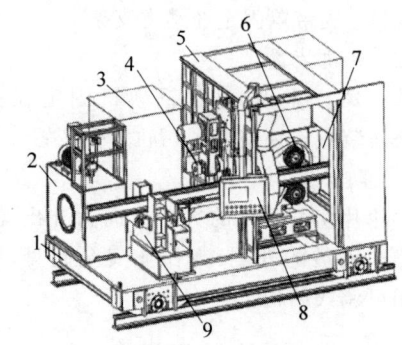

1—基础平台；2—液压站；3—除尘系统；4—端面砂轮除锈装置；5—除锈机架；6—千叶轮；7—千叶轮除锈夹紧装置；8—操作箱；9—夹紧装置及安全导轨器。

图 17-87　除锈机结构示意图

在基础平台的左侧安装有对中夹紧装置及安全导轨器，在钢轨走行时起导向作用。右侧安装有钢轨端面砂轮除锈及顶面和底面的千叶轮除锈装置，在除锈装置右侧安放有电气控制柜，正对除锈装置的区域为操作区域，作业人员在该区域可通过操作箱对机器进行操控。在基础平台前方与操作位置之间设有安全防护门，通过防护门的观察窗可监控除锈全过程。安全防护门与控制系统连锁，当安全防护门打开时，系统不能作业，此状态仅用于对机构进行手动调整。在基础平台的左后位置安放有液压控制系统，在液压系统与除锈装置之间安装有除尘器。

作业时，操控基础平台运行至端面除锈工

位,夹紧钢轨,砂轮垂直快速接近钢轨端面,在到达钢轨端面轨颚高度位置时砂轮停止向下运动,进行水平进刀,进刀后以工进速度向下进行端面除锈,完成除锈作业后砂轮快速返回至原位。砂轮架上还设置了一水平进给气缸,在水平气缸两端各安装一砂轮,分别打磨两端轨头端面。

上下除锈千叶轮由皮带驱动旋转,恒压气缸驱动千叶轮接近钢轨,对钢轨顶面和底面除锈。在除锈过程中,千叶轮与钢轨之间保持一个恒定的正压力,且恒定正压力可通过气动比例阀进行调整。

17.6 轨道铺砟整道精调施工机械

17.6.1 有砟轨道上砟整道施工机械

内燃机车、风动卸砟车已在17.1.1节叙述,本节不再赘述。

1. 配砟整形车

1) 整机的组成和工作原理

配砟整形车是集机、电、液、气于一体的自行式大型线路机械,其外形如图17-88所示,主要由发动机、传动装置、制动系统、走行装置、走行和作业液压系统、清扫装置、中犁、侧犁、车架、牵引缓冲装置、电气操纵系统及驾驶室等组成。

配砟整形车的工作原理是由中犁和侧犁完成道床的配砟及整形作业,使作业后的道床布砟均匀,并按线路的技术要求使道床断面成形。清扫装置将作业过程中残留于轨枕及扣件上的道砟清扫干净,并收集后通过输送带移向道床边坡,达到线路外观整齐、美观。

配砟车可编挂于捣固车之前,使捣固前道床断面成形、布砟均匀,方便捣固;也可编挂于捣固车之后,使捣固后的道床得到进一步整理成形,同时将散落在轨枕或扣件上的道砟清扫干净。

2) 主要系统和部件的结构原理

动力传动系统由风冷柴油机、万向传动轴、分动齿轮箱、高压油泵、液压马达、车轴齿轮等组成。

工作装置是完成配砟整形作业的执行机构,由侧犁、中犁和清扫装置组成。

中犁主要由翼犁板、翼犁板液压缸、护轨罩、中犁板、连杆、主架、升降液压缸、中犁液压缸、导流板、机械锁及主液压缸等组成,如图17-89所示。

中犁板是道床配砟作业的主要执行元件之一。4块中犁板与线路中心线呈45°角X形对称布置,用中犁板液压缸悬吊在主架的吊板上,中犁板沿主架中心轴和护轨罩上导流板的导槽上下移动,最大行程为450 mm。中犁板像个"闸",通过4块板不同的开闭组合可以完成8种工况的配砟作业,如图17-90所示。

两个侧犁装置左、右对称地布置在车体两侧。每个侧犁都由主侧犁板、前后翼犁板及伸缩臂、液压缸等组成,如图17-91所示。

侧犁主要用于道床边坡的整形作业,配合中犁可进行道砟的配砟作业,具体作业功能有:将道床边坡道砟沿轨道方向运送;使道床边坡道砟分布均匀。按道床断面的技术要求最终完成对道床的整形作业。通过改变侧犁装置的翼犁板角度,可以完成多种工况的运砟及道床整形作业。

清扫装置(图17-92)安装于机器的后部,有两种结构形式,其基本结构和工作原理大致相同,主要区别在于悬挂升降方式不同。SPZ-160配砟整形车的清扫装置采用双导柱垂直升降方式,缺点是清扫装置悬臂大、结构复杂、加工和安装难度大。改型设计后的SPZ-200双向配砟整形车采用了平行四连杆式悬挂升降方式,大大简化了清扫装置的结构,降低了加工和安装精度。

液压系统包括走行驱动系统和作业机构控制系统。

电气系统按照控制功能分为电源和柴油机控制电路、液压走行电路、作业控制电路、照明电路、监视和报警电路、辅助控制电路等。

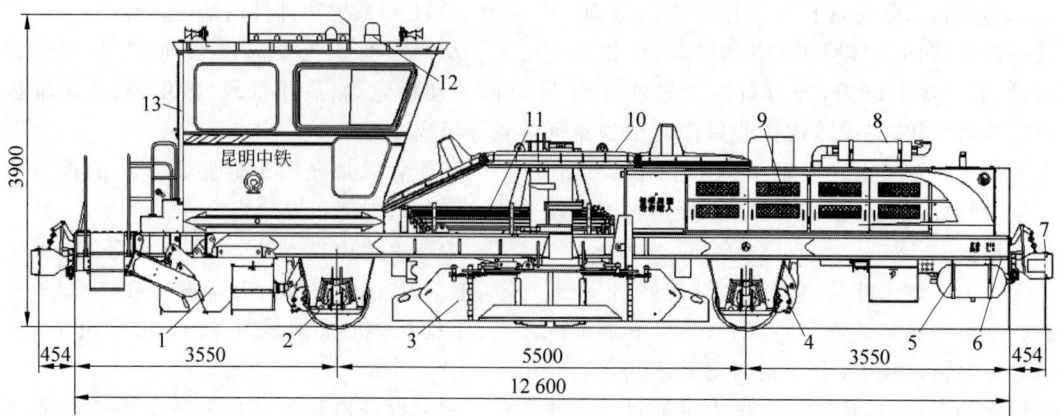

1—清扫装置；2—走行装置；3—中犁装置；4—基础制动系统；5—制动与气动系统；6—车架；7—牵引装置；8—柴油机；9—传动装置；10—侧犁装置；11—液压系统；12—电气系统；13—驾驶室。

图 17-88 配砟整形车结构示意图

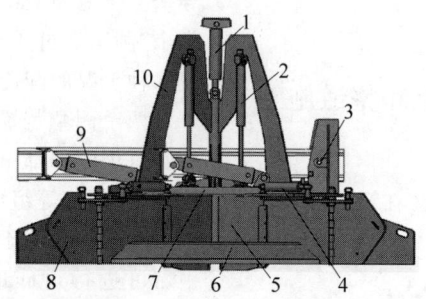

1—升降液压缸；2—中犁板液压缸；3—导向板；4—翼犁板液压缸；5—中犁板；6—护轨罩；7—圈梁；8—翼犁板；9—支撑拉杆；10—主架。

图 17-89 中犁结构示意图

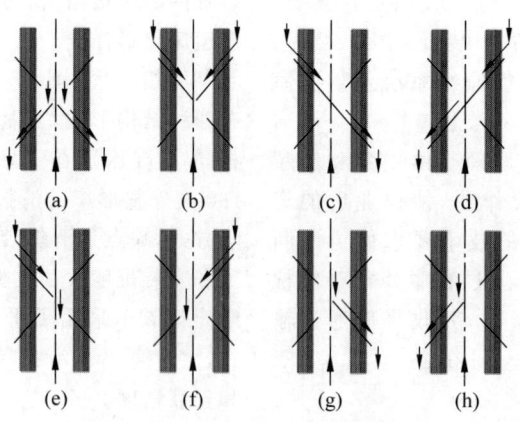

图 17-90 道砟流向示意图

（a）移动道砟从轨道中心至砟肩；（b）移动道砟从砟肩至轨道中心；（c）移动道砟从轨道左侧至右侧；（d）移动道砟从轨道的右侧至左侧；（e）将左侧砟肩道砟回填至右股钢轨内侧；（f）将右侧砟肩道砟回填至左股钢轨内侧；（g）将右股钢轨内侧道砟移至砟肩；（h）将左股钢轨内侧道砟移至砟肩

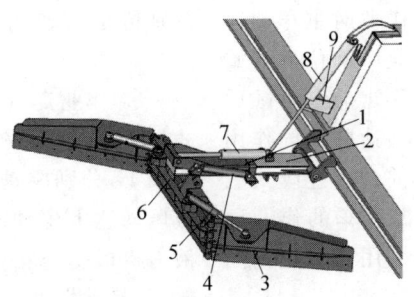

1—滑板；2—滑套；3—翼犁；4—犁板角度调节液压缸；5—翼犁调节液压缸；6—主侧犁；7—滑套液压缸；8—翻转液压缸；9—保险杠。

图 17-91 侧犁结构示意图

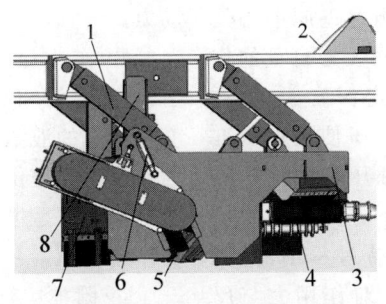

1—支撑拉杆；2—升降液压缸；3—罩体；4—输砟带；5—滚刷；6—调节螺母；7—检查窗；8—导向板。

图 17-92 清扫装置结构示意图

2. 线路捣固车

1) 整机的组成和工作原理

线路捣固车是集机、电、液、气、控为一体的大型专用捣固机械,结构先进、功能齐全、操纵方便,包括主机与附属设备两大部分。其主机由两轴转向架、专用车体和前后驾驶室、捣固装置、夯实装置、起拨道装置、检测装置、液压系统、电气系统、动力及动力传动系统、制动系统、操纵装置组成,并有材料车、激光准直设备、线路测量设备等。其结构如图 17-93 所示。

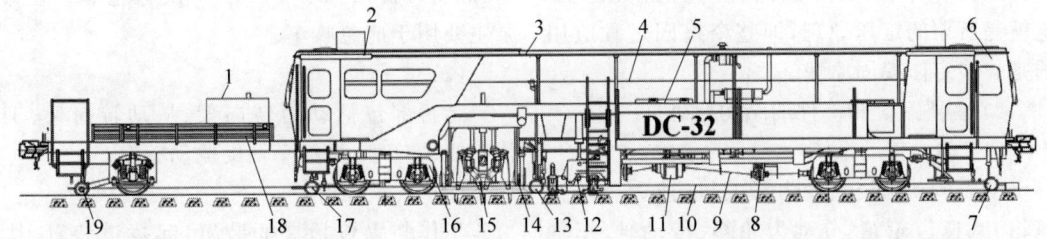

1—发电机；2—后驾驶室；3—中间车顶；4—抄平检测弦线；5—油箱；6—前驾驶室；7—D点测量小车；8—分动箱；9—传动轴；10—方向检测弦线；11—液力机械变速箱；12—起拨道装置；13—C点测量小车；14—夯实器；15—捣固装置；16—转向架；17—B点测量小车；18—材料车；19—A点测量小车。

图 17-93 捣固车结构示意图

捣固车分为步进式双枕捣固车、连续式双枕捣固车、连续式三枕捣固稳定车 3 种。步进式双枕捣固车采用步进式作业模式,即作业过程中捣固车停止于捣镐对准的轨枕间的中间位置,然后下插捣固,同时完成起道、抄平与拨道等作业动作;作业动作完成后,捣固车向前运动两根轨枕距离,对准下一组轨枕间的中间位置停车,并完成下一作业动作。连续式双枕捣固车采用连续作业方式,即作业时主车匀速前进,工作车步进式前进至作业区前位后开始作业,作业完成时,工作车已经处于作业区后位,随后在加速液压缸和驱动马达的共同作用下,工作车加速移动至工作区前位。连续式三枕捣固稳定车与连续式双枕捣固车的作业原理基本相同,不同之处是前者采用了三枕捣固装置可同时捣固 3 根枕轨。

捣固作业是一个不断循环的过程。开始时,外液压缸小腔内的压力油使活塞杆完全缩回,外侧捣镐向外张开;内液压缸大腔内的压力油则使活塞杆全部伸出,内侧捣镐向中心处张开;然后在升降液压缸和捣固装置自重的作用下捣镐插入道床,下插到一定深度后,电磁阀动作,进入外液压缸大腔的油压使外液压缸活塞杆伸出,内液压缸小腔的油压使内液压缸活塞杆缩进,捣镐镐掌在轨枕下方同时相向运动,实现对道砟的夹持。在夹持过程中,捣镐的夹持力与道砟的阻力形成一对作用力与反作用力,也就是说,夹持力等于道床的阻力,但由于驱动液压缸的液压系统压力相同,当道床较为疏松、道砟的阻力较小时,捣镐的运动速度就比较快,在夹持过程中,不同捣镐之间的运动不同步,这就是所谓的异步原理;随着道床不断被挤压,道床越来越密实,阻力越来越大,当道床阻力与液压缸驱动力达到平衡时,夹持运动即停止,道砟达到相同的密实程度,这就是所谓的定压原理,即整个捣固过程应用的是异步定压捣固原理。

2) 主要系统和部件的结构原理

(1) 动力传动系统

动力传动系统主要由柴油机、液力机械变速箱、减速齿轮箱、分动齿轮箱、传动轴、车轴齿轮箱、液压泵、液压马达、空气压缩机、气缸等组成。柴油机提供动力,自运行采用液力机械传动,作业走行采用液压传动,作业动作采用液压驱动,辅助作业动作采用气动驱动。

① 自运行。自运行采用液力机械传动方式,柴油机的动力通过传动轴Ⅰ、液力机械变速箱、传动轴Ⅱ、分动齿轮箱,将动力分为两路,由传动轴Ⅳ、传动轴Ⅴ、过桥轴和传动轴Ⅲ分别传至前转向架的两根驱动车轴,实现自运行。

② 作业走行。作业走行采用液压传动方式,柴油机驱动安装在液力机械变速箱上的液压泵Ⅰ,分别驱动液压马达Ⅰ和液压马达Ⅱ。液压马达Ⅰ驱动减速齿轮箱,通过传动轴Ⅳ、液力机械变速箱(末级轴)、传动轴Ⅱ、分动齿轮箱,将动力由传动轴Ⅳ、传动轴Ⅴ、过桥轴和传动轴Ⅲ分别传至前转向架的两根驱动车轴,实现作业走行。同时液压马达Ⅱ驱动后转向架的辅助驱动轮对,以增大低速作业走行的驱动力。

③ 作业动作。作业动作包括捣固、起拨道、枕端夯实和测量等。柴油机驱动液力机械变速箱上的液压泵和柴油机上的空气压缩机,为作业动作提供液压源和气源。液压缸、液压马达和气缸是主要执行元件,驱动作业机构完成作业动作。

④ 附挂运行。附挂运行时,须脱开液力机械变速箱的末级轴,切断动力输出;同时,脱开辅助驱动车轴齿轮箱离合器。长途挂运时,还应拆除传动轴Ⅳ、传动轴Ⅴ。

⑤ 辅助动力。早期的步进式双枕捣固车未配置发电机组和应急泵,空调系统采用液压制冷和燃油加热器。目前的步进式双枕捣固车配置了发电机组和应急泵,发电机组为空调、照明灯提供 380 V/240 V 交流电源;应急泵主要用于应急收车。

(2) 走行部

走行部包括动力转向架、从动转向架、工作车驱动轮对、材料车辅助驱动轮对。

(3) 工作装置

工作装置包括捣固装置、起拨道装置、枕端夯实装置。其中连续式双枕捣固车增加了工作车部件,三枕捣固稳定车增加了工作车和动力稳定装置。

① 捣固装置。捣固装置由左、右两侧捣固单元组成,分别位于接近捣固车中部的左、右两股钢轨上方。双枕捣固装置主要由箱体、偏心轴、外夹持液压缸、内夹持液压缸、夹持行程调节机构、润滑装置、振动马达、外捣镐及内捣

镐组成。连续式双枕捣固车的捣固装置主要由导向杆、支架、夹持液压缸、下插液压缸、振动马达、激振器、支承板、捣镐等组成。

② 起拨道装置。起拨道装置由对应两侧钢轨的左、右两个起拨道单元组成。分别作用于左、右股钢轨，可以提起轨排并左、右移动，即起拨道作业。通过伺服电动机控制的起拨道作业来消除轨道方向、超高和水平偏差，使线路曲线圆顺、直线平直。一般情况下，捣固作业和起拨道作业同步进行。

两侧的起道单元各设置了两个夹轨轮，在通过钢轨接头处时，接头夹板会使某一对夹轨轮失去作用，但另一对夹轨轮仍能把轨排提起，从而保证捣固车连续起道作业。

步进式双枕捣固车的起拨道装置由起道液压缸、拨道液压缸、导向柱、拨道轮、夹轨轮、起道架和摆动架等组成。连续式双枕捣固车两侧的起拨道架通过T形梁连接为一个整体，主要由起道液压缸、拨道液压缸、夹轨钳、拨道轮、起道架、摆动架等组成。连续式三枕捣固稳定车与连续式双枕捣固车基本相同。

③ 枕端夯实装置。枕端夯实装置分为左、右两个枕端夯实单元，分别安装在左、右侧的捣固装置框架上。在捣固装置下降的同时，控制系统自动控制枕端夯实装置同步下降，将激振器的激振力与液压缸的下压力作用于道砟，对枕端道砟进行夯实；当捣固装置升起时，枕端夯实装置随之升起，与捣固作业循环同步。

枕端夯实装置的原理为：液压马达驱动偏心轴高速旋转，产生激振力；在升降液压缸的作用下，枕端夯实装置底面对枕道产生下压力；在下压力和激振力的共同作用下，道床肩部道砟重新取向排列，变得密实，从而增大了线路稳定性和横向支承阻力。

步进式双枕捣固车的枕端夯实装置主要由激振器、吊臂、升降机构、减振器、安全锁等组成。连续式双枕捣固车和连续式三枕捣固稳定车的枕端夯实装置与步进式双枕捣固车类似。

④ 工作车。工作车是捣固车的关键机构，主要安装了捣固装置、起拨道装置、枕端夯实装置等工作装置。连续式三枕捣固车的工作车结构与连续式双枕捣固车相似。

⑤ 动力稳定装置。动力稳定装置由两个动力稳定单元构成，中间用一根万向传动轴连接。

（4）作业测量系统

作业测量系统包括弦线测量系统、电子摆测量系统、距离测量系统、激光准直测量系统。其中，弦线测量系统又包括轨道偏差（矢距）单弦测量系统、轨道纵向水平偏差（抄平）双弦测量系统。连续式双枕捣固车与连续式三枕捣固稳定车的作业测量系统与步进式双枕捣固车相似。

作业测量系统主要由测量小车、测量弦、矢距传感器、抄平传感器、电子摆、激光准直装置等组成。

① 弦线测量系统。

（a）轨道方向偏差单弦测量系统：由前测量小车（D点）、拨道测量小车（C点）、拨道测量小车（B点）、后测量小车（A点）、拨道弦等组成。其中A、B、C、D 4点小车构成作业矢距测量单元；A、B、C 3点小车构成作业后记录用线路矢距测量单元。

（b）轨道纵向水平偏差双弦测量系统：又称抄平测量，左、右两侧钢轨上方均有一套抄平测量弦。它由前抄平杆、中抄平杆、后抄平杆、抄平传感器和抄平弦等组成。具体结构如图17-94所示。

② 电子摆测量系统。电子摆测量系统由安装在测量小车上的前电子摆、中间电子摆、后电子摆等组成。前电子摆位于D点小车，中间电子摆位于C点小车，后电子摆位于B点小车。早期控制系统中前电子摆和中间电子摆参与作业测量，后电子摆仅作为记录系统测量线路横向水平。后期控制系统已将后电子摆引入作业控制。

③ 距离测量系统。距离测量系统由测量轮脉冲传感器、数据缓冲器组成。

④ 激光准直测量系统。激光准直测量系统由激光发射小车、激光发射装置及调整支架、激光接收靶、激光接收器跟踪调节装置等组成，如图17-95所示。

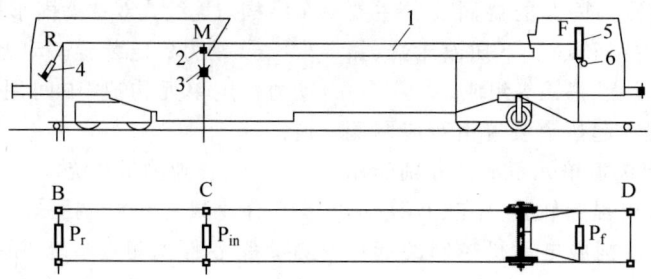

1—钢弦线;2—高低传感器;3—导套;4—张紧气缸;5—标尺;6—升降电动机;F,M,R—前、中、后检测杆;B,C,D—检测小车;P_r,P_{in},P_f—电子摆。

图 17-94 轨道纵向水平偏差测量系统结构示意图

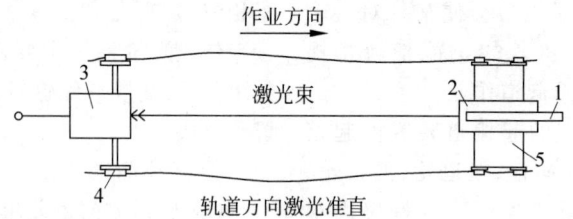

1—瞄准镜;2—激光发射装置;3—激光接收靶;4—前测量小车(D点);5—激光发射小车。

图 17-95 激光准直装置原理示意图

(5) 电气控制系统

电气控制系统负责全车作业的控制任务,主要包括供电系统、动力与走行控制系统、作业控制系统、安全系统、轨道几何参数计算机、记录仪、辅助控制系统。

① 供电系统。供电系统为整车提供电源,包括 24 V 直流电源和 380 V/220 V 交流电源。

② 动力与走行控制系统。动力与走行控制系统主要包括柴油机控制和自运行控制。柴油机启停控制、油门控制和状态监控属于柴油机控制;运行速度控制、制动控制和液力机械变速箱的输出控制、挡位控制属于自运行控制。

③ 作业控制系统。作业控制系统包括捣固控制、枕端夯实控制、起拨道控制、前端输入控制、作业联锁控制、测量检测与运算、作业走行控制等。

④ 安全系统。安全系统是整车运行和作业安全的重要系统,主要功能包括空气制动安全联锁、工作装置安全联锁、测量装置安全联锁、整车急停按钮联锁等,担负着重要部件运行状况的监控任务,当被监测的部件出现故障或运行参数异常时进行报警,以确保自运行和作业安全。

⑤ 轨道几何参数计算机。轨道几何参数计算机是专业微型计算机,主要由工业控制计算机、液晶显示屏、输入输出设备等组成。其功能是根据预先输入的轨道几何数据,包括公里标、曲线半径、超高、基本起道量、坡度等数据,自动计算出捣固车起道、拨道和抄平时所要参与控制的理论值,以实现半自动作业,提高作业效率。

⑥ 记录仪。记录仪用于记录捣固作业后的线路的相关参数,具有实时图形曲线显示、历史数据检索、数据打印等功能。

⑦ 辅助控制系统。辅助控制系统包括照明系统、通话系统等。照明系统主要控制整车照明,包括驾驶室照明、捣固车行车前灯和尾灯以及为作业区、作业装置和机器的前后线路提供充分照明。通话系统控制主要负责前后驾驶室的通话联络控制。

(6) 液压系统

液压系统主要控制捣固振动回路、夯实振

动回路、作业走行驱动回路、起拨道回路、捣固装置提升与下插回路、捣固装置夹持回路、液压制动回路和辅助控制回路等。其液压源来自安装在液力机械变速箱上的一台三联叶片泵、两台两联叶片泵；控制元件有减压阀、溢流阀、节流阀、伺服阀、比例阀、电磁换向阀等；执行元件是各种液压缸和液压马达；辅助元件包括各种管路及管接件、油箱、蓄能器、过滤器等。

① 捣固振动回路。捣固振动回路是一个典型的泵-马达回路，由定量叶片泵、马达、滤油器、压力安全控制阀组、压力表等组成。

② 夯实振动回路。夯实振动回路也是一个泵-马达回路，其组成与捣固振动回路相同。

③ 作业走行驱动回路。作业走行驱动回路也是一个泵-马达回路，其组成与捣固振动回路相同。

④ 起拨道回路。起拨道回路主要由定量叶片泵、调压和安全阀、液压伺服阀、精密滤清器等组成。

⑤ 捣固装置提升与下插回路。捣固装置提升与下插回路主要由定量叶片泵、调压和安全阀、液压比例阀、液压蓄能器等组成。

⑥ 捣固装置夹持回路。捣固装置夹持回路与捣固装置提升与下插回路结构相似。

⑦ 液压制动回路。液压制动回路主要包括叶片泵、调压和安全阀组、电磁阀和制动液压缸等。

⑧ 辅助控制回路。辅助控制回路包括液压油散热回路和应急回路。

连续式双枕捣固车与步进式双枕捣固车基本相同，但是增加了工作车运行控制的相关回路，包括以下几种：

① 工作车车轴齿轮箱液压马达驱动回路，由定量叶片泵、定量叶片马达、滤油器、压力安全控制阀组、比例控制阀组和压力表等组成。

② 加速液压缸控制回路，由叶片泵、调压和安全阀、换向阀等组成。

③ 工作车辅助回路，包括3个功能，即工作车运行前后极限位置的缓冲、捣固下插时工作车轮对液压支承和主车施加工作车下压力。

连续式三枕捣固稳定车与连续式双枕捣固车的组成基本相同，但是增加了动力稳定控制回路、动力稳定振动驱动回路和辅助驱动回路。

(7) 制动系统

制动系统主要由风源、空气制动、基础制动、辅助制动和驻车制动等组成。

① 风源。制动系统由双缸V形空气压缩机供风。

② 空气制动。空气制动采用YZ-1系列制动机，该制动机主要由分配阀、紧急阀、中继阀、遮断阀、无火回送装置、均衡风缸、容积室、紧急室等组成。

③ 基础制动。基础制动由制动缸活塞推杆至闸瓦间所包含的一系列杠杆、拉杆、制动梁等传动部件组成。

④ 辅助制动。辅助制动由总风缸提供制动风源，经两位三通电磁阀、梭阀、制动管给风，进入制动缸实施制动。

⑤ 驻车制动。驻车制动采用螺杆螺母结构形式。

连续式双枕捣固车和连续式三枕捣固稳定车与步进式双枕捣固车制动系统相似。

3．稳定车

1) 整机的组成和工作原理

稳定车具有双向自运行及作业走行功能，可以使道砟重新排列达到密实并均匀下沉，从而提高线路纵横向阻力；具有测量及记录轨道线路方向、横向水平、纵向水平的功能。其主要由车架、转向架、驾驶室、稳定装置、测量系统、动力传动系统、液压系统、电气控制系统、气动系统、制动系统、柴油发电机组等组成，如图17-96所示。

稳定车是模拟列车运行时对轨道产生的压力和振动等综合作用而设计的。作业时，由一台液压马达同时驱动稳定装置的两个激振器，使轨道产生同步水平振动。轨道在水平振动力的作用下，使道砟重新排列和密实。与此同时，稳定装置的垂直液压缸分别给予两侧钢轨向下的压力，使轨道均匀下沉并密实。稳定车的稳定作业必须是连续的，当作业走行速度小于 0.2 km/h 时，振动自动停止。稳定车的下压控制模式分为左右股轨道均匀下压、超高轨下压和比例控制下压。其测量原理和测量装置与捣固车基本相同，包括轨道方向测量系统、轨道纵向水平测量系统和轨道横向水平测量系统。各测量系统的测量值主要用于记录，轨道纵向水平测量系统测量值还用于比例下压控制。

2) 主要系统和部件的结构原理

（1）动力传动系统

动力传动系统主要由柴油机、液力机械变速箱、分动齿轮箱、传动轴、车轴齿轮箱、液压泵、液压马达、空气压缩机、气缸等组成，如图 17-97 所示。由柴油机提供动力，自运行采用液力机械传动；作业走行采用液压传动，作业动作采用液压驱动；辅助作业动作采用气动驱动。

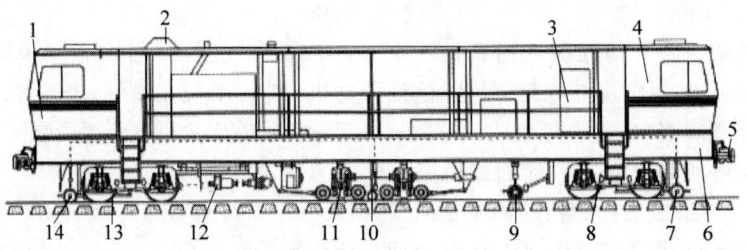

1—后驾驶室；2—发动机间；3—柴油发电机组；4—前驾驶室；5—车钩；6—车架；7—前测量小车；8—前转向架；9—矢距测量小车；10—抄平测量小车；11—稳定装置；12—动力传动系统；13—后转向架；14—后测量小车。

图 17-96 动力稳定车结构示意图

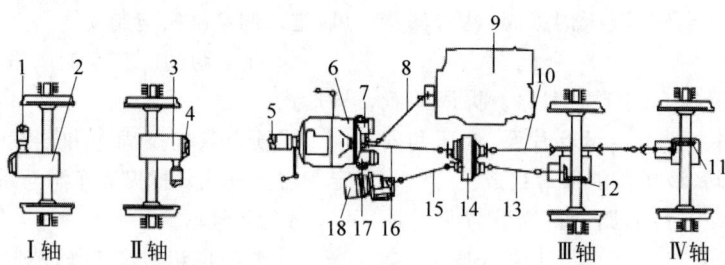

1—液压马达Ⅰ；2—车轴齿轮箱Ⅰ；3—车轴齿轮箱Ⅱ；4—液压马达Ⅱ；5—液压泵Ⅰ；6—液力机械变速箱；7—液压泵Ⅱ；8—传动轴Ⅰ；9—柴油机；10—传动轴Ⅱ；11—车轴齿轮箱Ⅳ；12—车轴齿轮箱Ⅲ；13—传动轴Ⅲ；14—分动齿轮箱；15—传动轴Ⅳ；16—传动轴Ⅴ；17—液压泵Ⅲ；18—液压马达Ⅲ。

图 17-97 动力传动系统结构示意图

① 自运行。自运行采用液力机械传动方式。柴油机的动力通过传动轴Ⅰ、液力机械变速箱、传动轴Ⅴ、分动齿轮箱，将动力分为两路，由传动轴Ⅱ、传动轴Ⅲ分别传至后转向架的两根驱动车轴Ⅲ轴和Ⅳ轴，驱动自运行。

② 作业走行。作业走行采用液压传动方式。柴油机驱动安装在液力机械变速箱上的液压泵Ⅲ，分别驱动液压马达Ⅰ、液压马达Ⅱ和液压马达Ⅲ。其中，液压马达Ⅰ、液压马达Ⅱ分别驱动Ⅰ轴和Ⅱ轴，液压马达Ⅲ通过传动轴Ⅳ驱动分动齿轮箱，并通过传动轴Ⅲ和传动轴Ⅱ，驱动后转向架的Ⅲ轴和Ⅳ轴，共同驱动低速作业走行。

③ 作业动作。作业动作包括动力稳定、作业纵平测量和记录测量等。柴油机驱动液力机械变速箱上的液压泵和柴油机上的空气压缩机，为作业动作提供液压源和气源。液压缸、液压马达和气缸等是主要的执行元件，驱动作业机构完成作业动作。

④ 附挂运行。当稳定车作为附挂车由其他车辆牵引运行时，须脱开液力机械变速箱的末级轴，切断稳定车动力输出；同时，脱开作业驱动车轴齿轮箱离合器。长途挂运时，还应拆除传动轴Ⅱ和传动轴Ⅲ。

⑤辅助动力。辅助动力包括柴油发电机组和应急液压泵站。发电机组为空调、照明等提供380V/220V交流电源；应急液压泵主要用于应急收车。

(2) 走行部

走行部与步进式双枕捣固车相同，有一系悬挂型转向架和提速改进后的二系悬挂型转向架两种形式。

提速改进型转向架主要由焊接H形构架、轮对、中心销、二系支承、一系悬挂和基础制动装置等组成，如图17-98所示。一系悬挂由人字形金属橡胶弹簧及油压减振器等组成；轮对的轴承箱人字形金属橡胶弹簧固定在转向架构架的导框内，并在轴箱与构架之间装有油压减振器。二系支承为带油压减振器的螺旋钢弹簧全承载摩擦盘式旁承结构，承担垂向载荷并提供摩擦回转阻力矩。

(3) 稳定装置及其附属部件

稳定装置是稳定车的主要工作装置，包括线路型与道岔型两种。线路稳定装置仅能满足线路动力稳定作业；道岔稳定装置可实现线路兼顾道岔的动力稳定作业。

① 稳定装置与附属部件的组成。稳定装置与附属部件主要包括稳定装置、提升与下压机构、四连杆机构、锁定机构、驱动装置、传动轴、自动对中装置等，如图17-99所示。

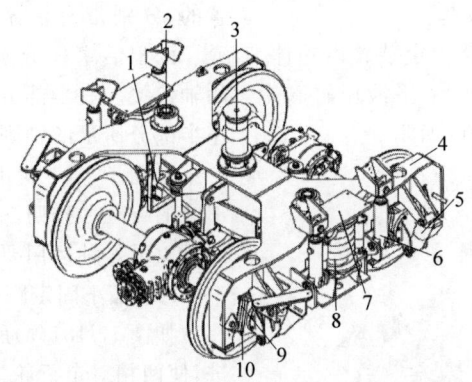

1—基础制动装置；2—车架支承液压缸；3—中心销总成；4—构架；5—油压减振器；6—拉紧液压缸；7—旁承；8—螺旋钢弹簧；9—轮对轴箱装置；10—金属橡胶弹簧。

图17-98　提速改进型转向架结构示意图

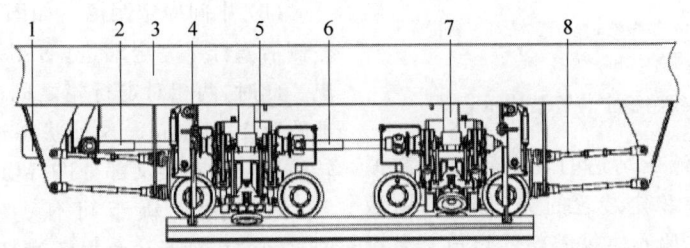

1—液压马达；2—传动轴；3—车架；4—自动对中装置；5—稳定装置；6—中间传动轴；
7—提升与下压机构；8—四连杆机构。

图17-99　稳定装置与附属部件安装示意图

稳定装置位于车架中部的下方，液压马达通过两根传动轴驱动两个稳定单元同步运转，产生激振力。通过带有橡胶减振器的四连杆机构、提升与下压液压缸，稳定装置柔性地连接在车架上。作业过程中，四连杆机构具有作业牵引作用，提升与下压液压缸提供下压力。

作业前，先将稳定装置落到钢轨上，如在曲线上，需借助自动对中装置完成下降动作。通过气缸使自动对中装置的对中托架下降，通过液压机构左右移动对中托架使自动对中装置定位块贴靠在钢轨轨头外侧,稳定装置外侧走行轮沿对中托架缓慢下降,使稳定装置准确地落在钢轨上。

作业时,液压马达通过传动轴同时驱动两个稳定单元内部的激振器,使其产生同步水平振动。调节液压马达的转速,可以改变稳定装置的振动频率,也就改变了激振力。振动频率和振幅分别由安装在稳定装置上的频率传感器和加速度传感器检测。在作业过程中,一旦作业走行突然停止,稳定装置振动也会自动停止。

作业结束后,必须将稳定装置提起,并安全锁定在车架上。如在曲线上,同样借助自动对中装置完成稳定装置的收起。

② 线路稳定装置。线路稳定装置由箱体、激振器、夹钳轮、夹钳液压缸、水平液压缸和走行轮等部件组成,如图17-100所示。

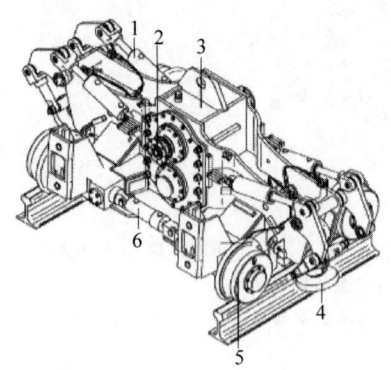

1—夹钳液压缸;2—激振器;3—箱体;4—夹钳轮;
5—走行轮;6—水平液压缸。

图 17-100　线路稳定装置结构示意图

激振器是将液压马达的转矩转换成激振力的转换装置,是稳定装置的关键部件,由激振轴、齿轮、轴承、偏心块等零部件组成。激振器为双轴垂向布置的全封闭结构形式。主、从动轴通过轴承座内的轴承支承在箱体上,在每根轴的两端靠近轴承座的地方,安装着两个偏心块,两轴上的偏心块对称180°安装。在每根轴的中间位置,安装着一个直齿圆柱齿轮。激振器工作时,液压马达带动主动轴旋转,由啮合齿轮驱动从动轴同时旋转,并产生水平振动。

③ 道岔稳定装置。由于受道岔特殊结构的限制,线路稳定装置在转辙器和辙叉部分无法实施两端刚性夹持以及撑轨,此时使用道岔稳定装置。道岔稳定装置通过调整水平液压缸的结构及夹钳液压缸、水平液压缸压力的控制变化,来实现稳定装置在道岔区夹轨和撑轨动作变换及压力的切换,实现道岔区稳定作业的目的。

道岔稳定装置与线路稳定装置工作原理相同、结构类似,只是在水平液压缸的结构、控制上不同。道岔稳定装置的水平液压缸是一种结构形式特殊的组合液压缸,如图17-100所示。每个组合液压缸是由两个沿轴向左右布置的、分别带有活塞杆和缸筒构成的结构单元。两根活塞杆分别与两根固定在走行轮上的轴铰接。右半部分所示的轴可轴向移动,而左半部分所示的轴则与箱体枕梁刚性连接。

如图17-101所示,两根活塞杆设计成具有不同的行程。按照图示的3种状态,可以分别满足以下3种运用要求:

(a) 最小固定距离。

如图17-101(a)所示,两根活塞杆均完全缩进,使两相对走行轮之间的轮距宽度缩成最小(即1420 mm)。这个轮距宽度设置用来将稳定装置方便、准确地降落到钢轨上,为稳定作业做好准备。

(b) 中间固定距离。如图17-101(b)所示,左侧活塞杆Ⅰ完全缩进,右侧活塞杆Ⅱ完全伸出。此时,两相对走行轮之间的轮距宽度是标准轨距1435 mm。这种状态适合于在道岔的转辙器部分和辙叉部分进行稳定作业。

(c) 按照轨距可任意撑轨距离。如图17-101(c)所示,两根活塞杆外伸,但不一定完全伸出,此时走行轮的轮距宽度是该处轨道的轨距加上钢轨扣件的弹性间距,走行轮总是会压靠在钢轨的轨头内侧。这种状态适合于在线路及道岔的连接部分进行稳定作业。

④ 工作原理。稳定装置的工作原理是模拟列车对轨道的动力作用原理而设计的,如图17-102所示。

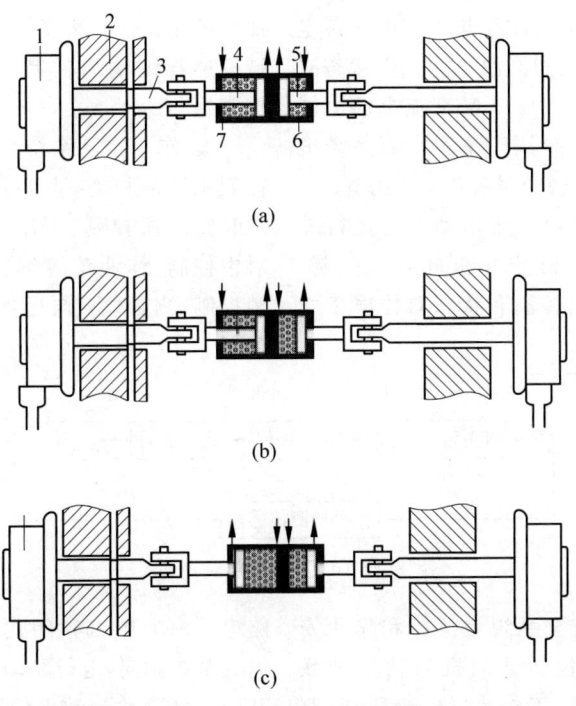

1—走行轮；2—箱体枕梁；3—轴；4—活塞杆Ⅰ；5—活塞杆Ⅱ；6—缸体Ⅰ；7—缸体Ⅱ。

图 17-101　组合液压缸结构示意图
(a) 最小固定距离；(b) 中间固定距离；(c) 按照轨距可任意撑轨距离

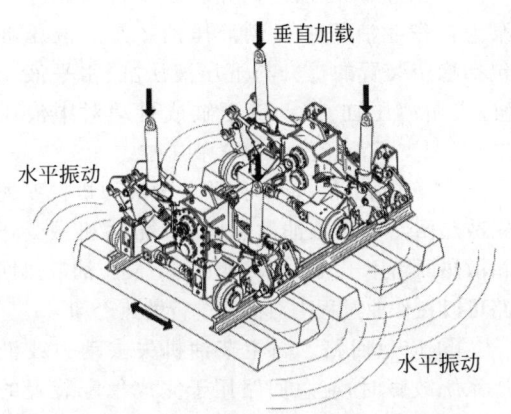

图 17-102　稳定装置工作原理示意图

在稳定装置工作之前，应使两稳定装置与轨排成为一体。将其带轮缘的走行轮用水平液压缸紧靠在两条钢轨的内侧，用夹钳液压缸把夹钳轮夹紧在钢轨的外侧，使稳定装置处于工作状态。工作时，稳定装置随着稳定车低速走行，液压马达驱动两激振器高速同步旋转，产生水平振动。在水平振动力的作用下，轨排也产生水平振动，并把振动力直接传递给道砟。道砟在此力的作用下受迫振动，相互移动、充填和密实。与此同时，位于每条钢轨同侧的两个提升与下压液压缸，自动对每条钢轨施加所需要的垂直下压力，使轨道均匀下沉。

(4) 测量系统

稳定车的测量系统与步进式双枕捣固车的基本相同，包括单弦、双弦、电子摆3套相互独立的测量系统。这3套测量系统又分别称为轨道方向测量系统、轨道纵向水平测量系统和轨道横向水平测量系统，用于在作业前和作业后测量及记录轨道方向、轨道纵向水平及横向水平，测量精度为±1 mm。

(5) 电气控制系统

电气控制系统负责整车走行与稳定作业控制任务，主要包括供电系统、动力与走行控制系统、作业控制系统、安全系统、记录仪与辅助控制系统。

① 供电系统。供电系统为整车提供电源，包括24 V直流电源和380 V/220 V交流电源。24 V直流电源由柴油机安装的直流发电机向整

车电气控制系统供电,并向蓄电池充电。蓄电池提供柴油机启动用电和柴油机非工作状态时的电气系统用电。380 V/220 V交流电源由辅助柴油发电机供电,主要用于整车空调系统电加热除霜玻璃、驾驶室辅助照明及生活用电。

② 动力与走行控制系统。动力与走行控制系统主要包括柴油机控制和自运行控制。柴油机启停控制、油门控制和状态监控属于柴油机控制;运行速度控制、制动控制和液力机械变速箱的输出控制、挡位控制属于自运行控制。

③ 作业控制系统。作业控制系统是电气控制系统的核心,主要包括作业走行控制、稳定装置激振控制、下压控制(图17-103)、自动对中控制、作业装置解锁与提升控制、作业联锁控制、测量检测与运算等。

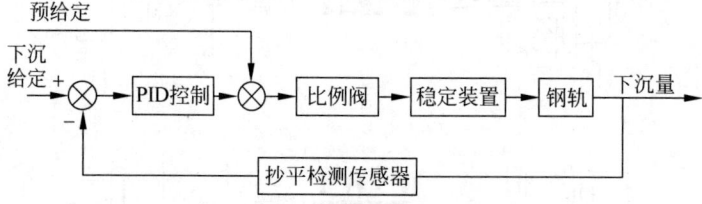

图17-103 下压控制原理

④ 安全系统。安全系统是运行和作业安全的重要系统,主要包括柴油机启动安全联锁、空气制动安全联锁、工作装置安全联锁、测量装置安全联锁和整车急停按钮联锁等功能,担负着部分重要部件的运作状况监控任务,当被监测部件出现故障或运行参数异常时进行报警,确保自运行和作业安全。

⑤ 记录仪。记录仪是基于计算机软、硬件的记录设备,负责对每次作业的线路数据信息实现自动或手动记录保存,同时具有实时图形曲线表示、历史数据检索、数据打印等功能。

⑥ 辅助控制系统。辅助控制系统包括照明控制系统、通话系统等。照明控制系统主要负责控制整车的照明,包括驾驶室照明、行车前灯和尾灯,以及为作业操作平台、作业装置和机器的前后线路提供充分照明。通话系统主要负责实现前驾驶室和后驾驶室之间的内部通话联络。

(6) 液压系统

液压系统按功能分成振动驱动回路、作业走行驱动回路、作业机构控制回路、冷却回路和应急回路。

① 振动驱动回路。振动驱动回路是一个泵-马达闭式回路,由一台双向变量柱塞泵、一台定量柱塞马达、滤油器、压力表和油箱组成。

② 作业走行驱动回路。作业走行驱动回路也是一个泵-马达闭式回路,与振动驱动回路组成基本相同,走行驱动马达是摆线齿轮马达,其中一台驱动分动齿轮箱,并通过传动轴驱动自运行转向架,另外两台液压马达直接驱动作业走行转向架,从而共同驱动作业装置走行。

③ 作业机构控制回路。由一台双联叶片泵为各作业液压缸提供液压油。作业液压缸包括稳定装置的提升与下压液压缸、水平液压缸、夹钳液压缸、摆动液压缸或自动对中液压缸、车架支承液压缸和拉紧液压缸。

④ 冷却回路。冷却回路分为液力机械变速箱散热回路和液压油散热回路。液力机械变速箱散热回路用于液力机械变速箱;液压油散热回路可以在作业过程中对油液进行散热冷却。

⑤ 应急回路。当主柴油机失去动力或液压系统故障时,应急回路用于完成稳定装置的回收与锁定,确保整机安全撤离作业区。

(7) 制动系统

制动系统采用YZ-1或YZ-1G空气制动,具有辅助制动、排风制动功能。

17.6.2 轨道精调和钢轨预打磨施工机械

内燃扳手、起道机、精调小车等分别在17.1节和17.2节中已有叙述,不再赘述。本节只对钢轨打磨列车进行介绍。

1. 整机的组成和工作原理

钢轨打磨列车在每股钢轨上布置一定数量的磨头,按照编定的模式以不同的偏转角度对钢轨轨头进行全覆盖,再根据计划磨削量选择合适的打磨功率、速度和打磨遍数等,在恒低速运行过程中利用磨头砂轮的高速旋转对钢轨表面进行磨削,获得需要的轨头廓形。

钢轨打磨列车由 5 节车组成,两端为控制车(1 号、5 号车),中间设有两节作业车(2 号、4 号车)和一节动力车(3 号车),每节控制车和作业车安装 3 个打磨小车,每个打磨小车上安装 8 个打磨头。

整车共设置两个驾驶室,位于两端,两个驾驶室结构相同,布置有自运行控制台,用于对列车自运行和作业走行进行操控;还布置有作业控制台,用于对打磨小车、集尘装置、水系统等进行操控。

控制车和作业车主要由车架、转向架、打磨小车、集尘装置、液压系统、电气控制系统、气动系统、制动系统等组成,并设有发电机组。控制车另设有水系统和驾驶室,作业车另设有材料间或维修间。

动力车主要由车架、转向架、动力传动系统、液压系统、电气控制系统、气动系统、制动系统、辅助发电机组等组成。控制车、作业车、动力车的结构如图 17-104～图 17-106 所示。

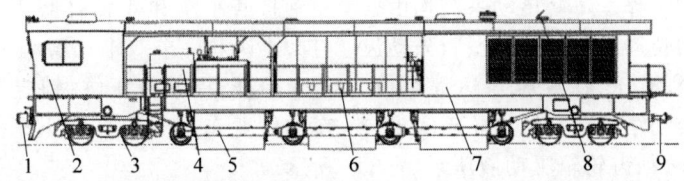

1—内燃、电力机车车钩;2—驾驶室;3—转向架;4—消防水箱;5—打磨小车;6—集尘装置;
7—机器间;8—发电机组;9—密接式车钩。

图 17-104　钢轨打磨列车控制车结构示意图

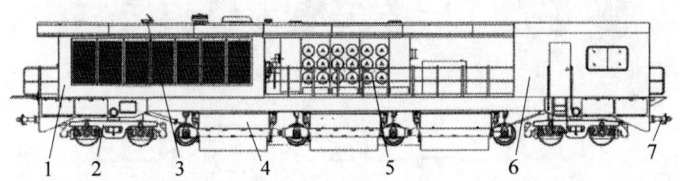

1—机器间;2—转向架;3—发电机组;4—打磨小车;5—集尘装置;6—工具间或材料间;7—密接式车钩。

图 17-105　钢轨打磨列车作业车结构示意图

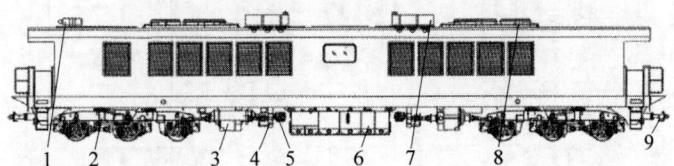

1—辅助发电机组;2—转向架;3—液力传动箱;4—马达齿轮箱;5—液压马达;6—燃油箱;
7—柴油机;8—冷却装置;9—密接式车钩。

图 17-106　钢轨打磨列车动力车结构示意图

钢轨打磨分预防性打磨和修理性打磨两种。预防性打磨是新钢轨铺设后或波磨深度不超过 0.3 mm、肥边厚度小于 1 mm 时,对轨头作用面的全断面打磨。修理性打磨是通过对钢轨轨面病害和轨头断面进行全面调查测量,对于集中出现病害的某些区段进行有针对性的打磨作业,主要整治的病害类型有轨头几何形状的修复(把钢轨轮廓修成理想轨形)、脉冲型不平顺的整治（擦伤、打击伤）、周期性不平顺的整治（波浪形磨耗）。

钢轨、道岔打磨的重点是消除波浪、马鞍形磨耗、钢轨肥边等钢轨病害并修正轨头轮廓。打磨作业必须根据钢轨病害情况安排计划，严禁盲目安排。钢轨和道岔修理性打磨应根据病害情况采用相应模式，增加打磨遍数。

钢轨打磨列车可分为线路打磨列车和道岔打磨列车。

2. 主要系统和部件的结构原理

1) 动力传动系统

钢轨打磨列车的动力车设有两套相同的传动系统，每套系统驱动一台转向架，两套系统可同时工作也可单独工作。每套传动系统均由柴油机、传动轴、液力传动箱、车轴齿轮箱、分动齿轮箱、马达齿轮箱、液压泵、液压马达等组成。柴油机通过液力传动箱驱动车轴齿轮箱实现自运行，柴油机通过分动齿轮箱驱动液压泵，液压泵再将动力传递给液压马达、马达齿轮箱、车轴齿轮箱实现作业装置恒低速走行。

2) 走行部

钢轨打磨列车采用了两种转向架，其中动力车采用三轴动力转向架，其他车采用二轴从动转向架。转向架均由构架、车轴轴承箱、轮对、基础制动装置、旁承等组成，动力转向架还包含车轴齿轮箱、传动轴。三轴动力转向架的主要结构如图17-107所示。二轴转向架采用心盘连接。

3) 工作装置

（1）打磨小车

钢轨打磨列车共有两种打磨小车，分别是单轴打磨小车和双轴打磨小车。每两个单轴打磨小车和一个双轴打磨小车组合在一起，通过牵引杆、提升液压缸、锁定装置安装在控制车和作业车下方。打磨小车安装如图17-108所示。

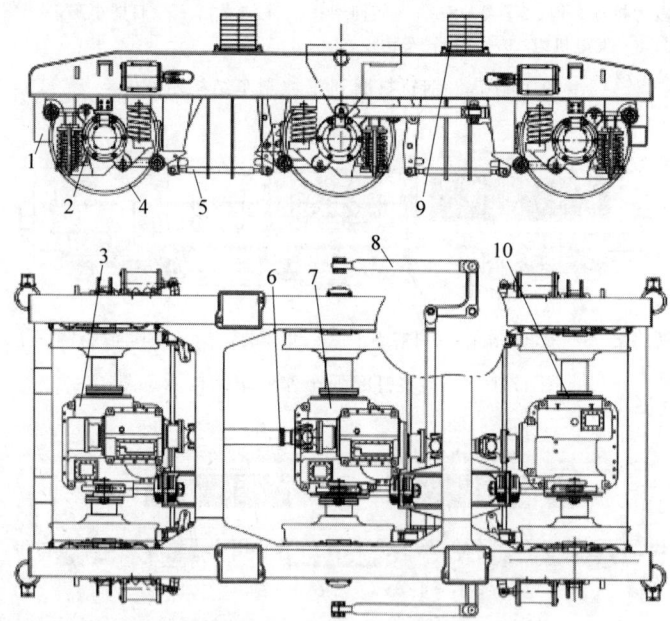

1—构架；2—车轴轴承箱；3,7,10—车轴齿轮箱；4—轮对；5—基础制动装置；6—传动轴；8—牵引杆；9—旁承。

图17-107 三轴动力转向架结构示意图

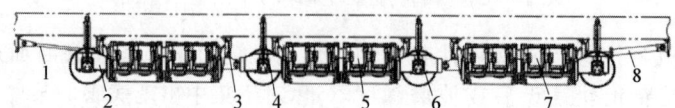

1—刚性牵引杆；2—单轴打磨小车；3—锁定装置；4—提升液压缸；5—双轴打磨小车；6—安全吊链；7—单轴打磨小车；8—弹性牵引杆。

图17-108 打磨小车安装示意图

第17章 主要机械结构和工作原理

每种打磨小车均由导向轮、小车车架、打磨头、摆动架、导向柱、加载液压缸、偏转液压缸、防火板、防火帘等组成。打磨头由打磨电动机与通过法兰连接的砂轮组成。每两个打磨头安装在一个摆动架上构成一个打磨单元，同一打磨单元两个打磨头相对的角度差为2°，每个打磨头由一个加载液压缸控制升降，摆动架的偏转角度由安装在摆动架与小车车架之间的偏转液压缸来控制。打磨小车中间设有防火板，防止一侧的打磨火花飞溅到另一侧的打磨头上。打磨小车外侧安装有外罩板，防止火花向外飞溅，并可随打磨小车起降；外罩板下部采用挠性材料，以适应不同的石砟高度。在外罩板和车架之间安装有防火帘，可限制打磨过程中产生的粉尘逸出，利于集尘。单轴打磨小车的结构如图17-109所示，双轴打磨小车的结构如图17-110所示。

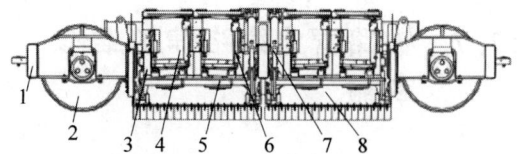
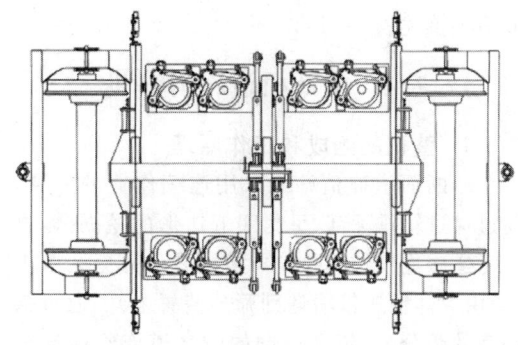

1—小车车架；2—导向轮；3—导向柱；4—打磨头；
5—摆动架；6—加载液压缸；7—偏转液压缸；
8—防火板。

图17-110 双轴打磨小车结构示意图

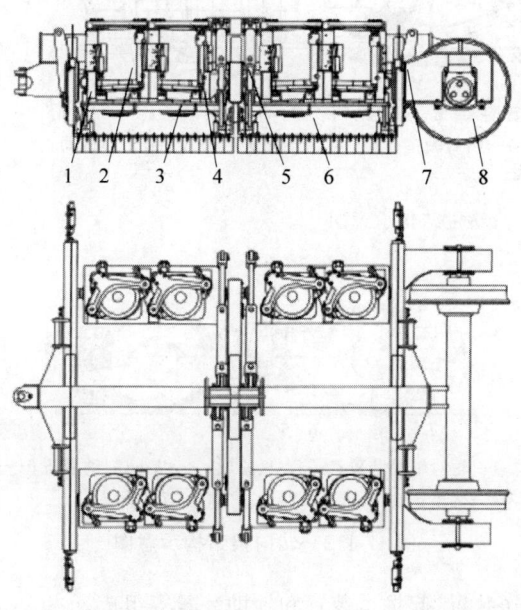

1—导向柱；2—打磨头；3—摆动架；4—加载液压缸；
5—偏转液压缸；6—防火板；7—小车车架；8—导向轮。

图17-109 单轴打磨小车结构示意图

（2）集尘装置

集尘装置用于收集打磨作业过程中产生的粉尘，减少粉尘对操作人员的危害、环境的污染和对设备的损坏。集尘装置采用负压吸尘的方式，工作时，电动机驱动离心式通风机旋转，集尘装置内部形成负压，与打磨小车工作区域的空气形成压差，使含打磨粉尘的脏污空气向集尘装置内部流动，脏污空气经过滤清器，将金属颗粒、粉尘等污物隔离在滤清器迎风面，而经过滤后的清洁空气经离心式通风机排向大气，也可在旁通模式下使脏污空气不经过滤清器而直接排向大气。为了保持高效的过滤能力，集尘装置内部滤清器设置有自动反吹风路，每隔一段时间就有几个滤清器被反向的气流反吹一次，吹落的粉尘被收集到集尘抽屉中。集尘装置设有温度传感器，当内部温度超过设定值时会报警。

（3）水系统

水系统用于消防和生活，主要由水箱、水泵、轨道喷嘴和消防卷盘等组成。轨道喷嘴安装在列车两端车架下部，其喷射范围能覆盖整个道床，在打磨作业时开启轨道喷嘴，可浇灭打磨产生的火星、降尘，在高温环境作业时还可起到给钢轨降温的作用。消防卷盘采用可伸缩的结构，可拉出缠绕在消防卷盘上的水管对车辆周围进行灭火。

17.7 铁路营业线路养护维修机械

捣固车、稳定车等在 17.6 节已有叙述，本节不再赘述。

17.7.1 全断面道砟清筛机

1. 整机的组成和工作原理

全断面道砟清筛机采用连续作业的方式，通过穿过轨排下部、呈封闭五边形的挖掘链，将脏污道砟连续挖起并经导槽提升到筛分装置上（或由混砟输送带输送到筛分装置上）。通过振动筛的筛分后，符合标准的清洁道砟经道砟分配装置及回填输送带回填到线路上；不符合粒径要求的道砟及污土等经主污土带、回转污土输送带输送到线路两侧或前方物料运输车上。

全断面道砟清筛机由车架、转向架、驾驶室、挖掘装置、筛分装置、分配回填装置、输送装置、动力传动系统、电气控制系统、液压系统、气动系统、制动系统、柴油发电机组等组成，主要结构如图 17-111 所示。车架中部设有挖掘装置、筛分装置、道砟分配回填装置及污土输送装置。车架下方设有起拨道装置，左右道砟回填输送带、后拨道装置和道砟清扫装置等。整车设有前、后两个驾驶室，前驾驶室布置了自运行控制台和清筛作业控制台，后驾驶室布置了自运行控制台。

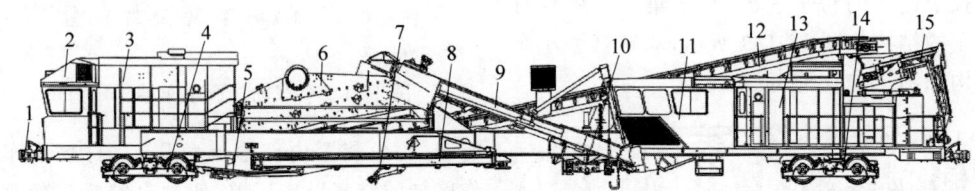

1—车钩缓冲装置；2—后驾驶室；3—后柴油机间；4—后转向架；5—道砟清扫装置；6—筛分装置；7—后拨道装置；8—回填输送带；9—挖掘装置；10—起拨道装置；11—前驾驶室；12—主污土输送带；13—前柴油机间；14—前转向架；15—回转污土输送带。

图 17-111　全断面道砟清筛机结构示意图

2. 主要系统和部件的结构原理

1) 动力传动系统

全断面道砟清筛机采用静液压传动。柴油机通过主离合器、弹性联轴器、万向传动轴、分动齿轮箱驱动若干台液压泵。液压泵产生的高压油经液压分配块及各种控制阀，通过管路输送到液压执行元件，液压执行元件驱动清筛机的转向架及工作装置，完成清筛机的运行、挖掘、筛分、起拨道、输送道砟和排出污土等作业。

2) 走行部

全断面道砟清筛机早期采用双轴动力转向架，由侧梁、枕梁、弹簧减振器、轮对轴箱装置、基础制动装置、心盘总成与旁承、车轴齿轮箱等部分组成，如图 17-112 所示。

3) 工作装置

工作装置主要由挖掘装置、筛分装置、输送装置、起拨道装置和辅助装置等组成。

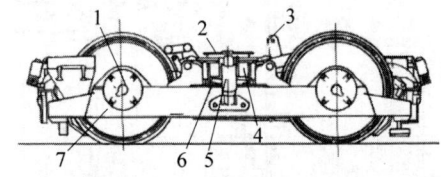

1—轮对轴箱装置；2—心盘总成；3—基础制动装置；4—枕梁；5—液压减振器；6—弹簧；7—侧梁。

图 17-112　转向架结构示意图

(1) 挖掘装置

挖掘装置均安装在前、后转向架间的车体中部，与车体水平面的夹角约 30°。其主要功用是将道砟挖掘出来，并提升和输送到振动筛上。

挖掘装置由驱动装置、挖掘链、水平导槽、提升导槽、护罩下降导槽、调整液压缸、拢E板、防护板及道砟导流总成等组成，如图 17-113 所示。

自运行时，挖掘链在水平导槽与弯角导槽

连接处断开,提升导槽和下降导槽分别被提升并放置到车体两侧,垂向用链条拉紧,横向用螺旋扣锁紧。水平导槽被安放到车体下部的举升器上。

(2) 筛分装置

筛分装置的作用是对从道床上挖掘出来的道砟通过振动筛进行筛分,将符合标准粒径的道砟经道砟回填分配装置回填到道床上,超粒径道砟、碎石、沙与污土由污土输送装置送入物料运输车或被抛弃到线路两侧以外。筛分装置包括双轴直线振动筛和振动筛支承、导向、水平调整装置。双轴直线振动筛由筛箱、筒式激振器、筛网、道砟导流装置、溜槽和后箱壁等部件组成。

(3) 输送装置

输送装置的功用是将脏污道砟送入振动筛进行筛分,筛后清洁道砟回填,污土卸到物料运输车或直接抛弃到线路外。

(4) 起拨道装置

全断面道砟清筛机的起拨道装置包括前起拨道装置和后拨道装置两部分。前起拨道装置紧靠在挖掘装置水平导槽后,后拨道装置在后转向架前,它的作用是将拨过的轨道放回原位置或指定位置。起、拨道量由标尺和指针显示。前起拨道装置和后拨道装置如图17-114和图17-115所示。

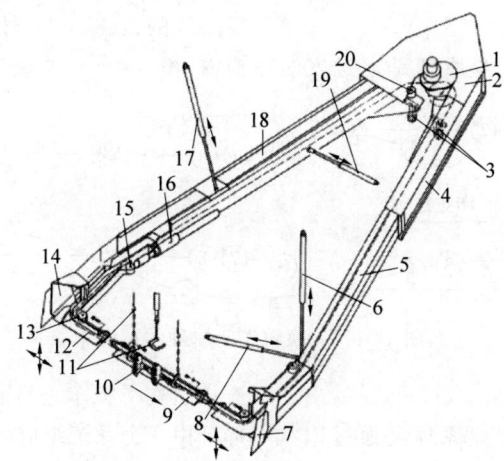

1—驱动装置;2—护罩;3—导槽支架;4—道砟导流总成;5—提升导槽;6—提升导槽垂直液压缸;7—拢E板;8—提升导槽水平液压缸;9—水平导槽;10—挖掘链;11—起重装置;12—弯角导槽;13—下角滚轮;14—防护板;15—中间角滚轮;16—张紧液压缸;17—下降导槽垂直液压缸;18—下降导槽;19—下降导槽水平液压缸;20—上角滚轮。

图17-113 挖掘装置结构示意图

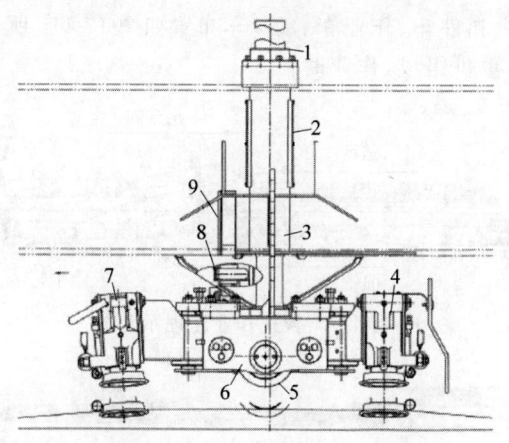

1—起道液压缸;2—罩;3—滑动轴承;4—后夹钳装置;5—拨道轮;6—侧梁;7—前夹钳装置;8—锁定销;9—中梁。

图17-114 前起拨道装置结构示意图

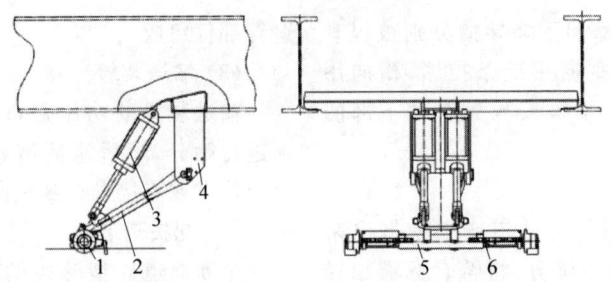

1—拨道轮；2—拨道机构支架；3—气缸；4—安装支承；5—拨道液压缸；6—刻度尺。

图 17-115　后拨道装置结构示意图

17.7.2　线路大修列车

1. 整机的组成和工作原理

1) 工作原理

(1) 换轨作业

线路大修列车换轨作业原理是通过安装在车辆不同部位的钢轨夹钳实现新轨和旧轨交叉替换。如图 17-116 所示，0 线路大修列车换轨作业时由 3、4 号夹钳提升并向线路两侧分离旧轨，5、9～12 号夹钳将旧轨放置在道心或线路两侧，1、2、5～8 号夹钳将新轨铺设到承轨槽内。

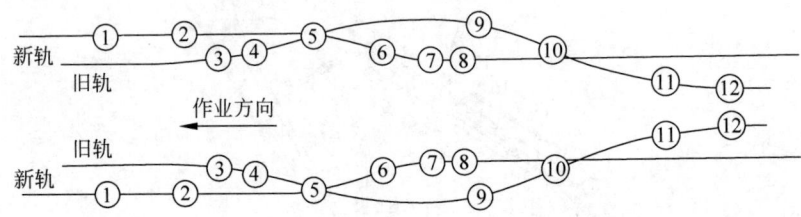

图 17-116　换轨作业原理示意图

(2) 换枕作业

线路大修列车换枕作业原理是通过旧枕拾取装置、动力平砟犁和新枕铺设装置依次完成旧枕回收、道砟平整和新枕铺设。其作业原理如图 17-117 所示。

2) 整机组成和主要结构

线路大修列车主要由扣件车、作业车、动力车、材料车和龙门式起重机组成，作业时需连挂轨枕平板车进行新、旧枕木的倒运。控制部分由 3 个系统组成，包括液压驱动系统、电气辅助控制系统和空气驱动制动系统。作业机构可以分为扣件拆卸装置、扣件回收装置、枕木输送装置、收枕机构、铺轨机构等功能部分，共同实现大机的多种功能。线路大修列车整车布置如图 17-118 所示。

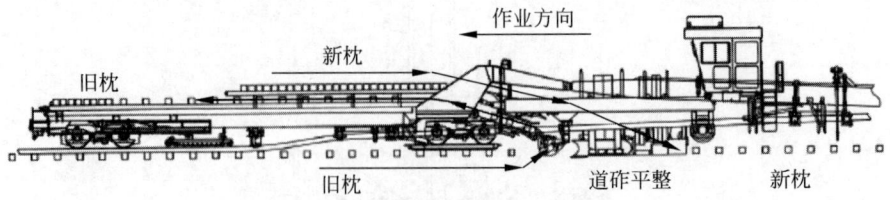

图 17-117　换枕作业原理示意图

1—轨枕运输车；2—扣件车；3—作业车；4—动力车；5—材料车。

图 17-118　整车布置示意图

2. 主要系统和部件的结构原理

轨枕运输车用于新、旧轨枕的存放和运输，主要由平车、轨枕支架和龙门式起重机走行轨道等组成，如图 17-119 所示。

扣件车用于拆除、收集和存放旧扣件，主要由车架、转向架、扣件拆除机构、扣件回收装置、扣件箱输送带、砟肩犁等组成，如图 17-120 所示。

作业车用于旧枕拾取和新枕铺设，主要由车架、转向架、履带走行装置、新枕输送带、旧枕输送带、钢轨夹钳、旧枕拾取装置、动力平砟犁、新枕铺设装置等组成，如图 17-121 所示。

动力车主要为走行和工作装置提供动力，主要由车架、转向架、驾驶室、钢轨夹钳、机器间等组成，如图 17-122 所示。

材料车主要由车架、转向架、车棚和钢轨夹钳等组成。材料车包括机器间、材料室、休息室 3 个区域，机器间内安装有两台发电机组用于提供 220 V 或 380 V 交流电，材料室内设有工作台及货架，休息室为操作人员临时休息区域，如图 17-123 所示。

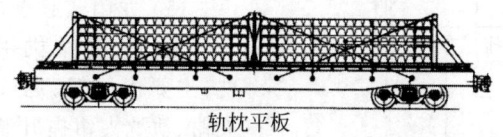

图 17-119　轨枕运输车结构示意图

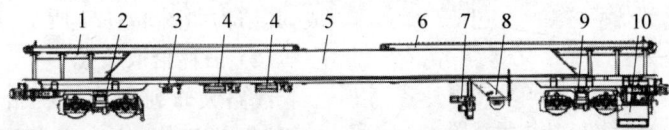

1,6—扣件箱输送带；2,9—转向架；3—扣件拆除机构Ⅰ；4—扣件拆除机构Ⅱ；5—车架；7—1 号夹钳；
8—扣件回收装置；10—砟肩犁。

图 17-120　扣件车结构示意图

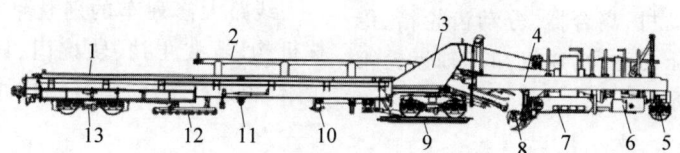

1—旧枕输送带；2—新枕输送带；3—车架；4—作业小车车架；5—单轴转向架；6—新枕铺设装置；7—动力平砟犁；
8—旧枕拾取装置；9—履带走行装置；10—3/4 号夹钳；11—2 号夹钳；12—轨枕保持机构；13—转向架。

图 17-121　作业车结构示意图

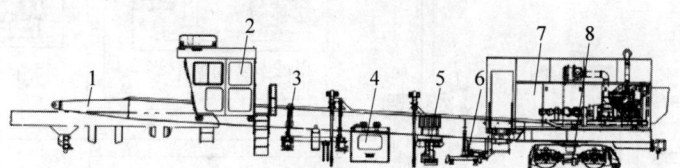

1—车架；2—主驾驶室；3—6/7 号夹钳；4—对轨驾驶室；5—9 号夹钳；6—8 号夹钳；7—机器间；8—转向架。

图 17-122　动力车结构示意图

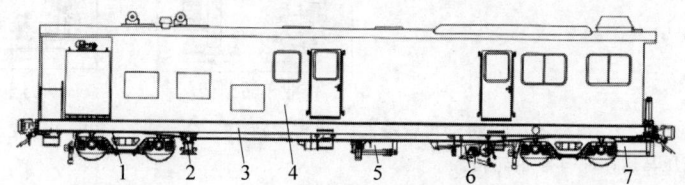

1—转向架；2—10 号夹钳；3—车架；4—车棚；5—11 号夹钳；6—12 号夹钳；7—道砟犁。

图 17-123　材料车结构示意图

为满足曲线作业要求,线路大修列车作业车和动力车车架间采用球形铰链连接,如图17-124所示。

2) 走行部

走行部主要由转向架构架、轮对、车轴齿轮箱、车轴轴承箱和基础制动装置等组成,扣件车、作业车和动力车基础制动采用单元制动缸,材料车为杠杆制动,如图17-126所示。

3) 工作装置

工作装置主要包括龙门式起重机、旧枕拾取装置、新枕铺设装置、扣件拾取装置、履带走行装置、钢轨夹钳、轨枕输送带、提轨器和拉轨器等。

(1) 龙门式起重机

龙门式起重机用于吊装和运输新、旧轨枕,主要由门架、走行驱动装置、驾驶室、轨枕夹钳、轨枕夹钳提升装置、动力传动系统、液压系统、电气控制系统、气动系统、制动系统等组成,其结构如图17-127所示。

(2) 旧枕拾取装置

线路大修列车的旧枕拾取装置主要由机架、锁定装置、上拾取爪、下拾取爪、象牙犁等组成,其结构如图17-128所示。

(3) 新枕铺设装置

线路大修列车的新枕铺设装置主要由压枕机构、轨枕止挡、轨枕门、伸缩臂、新枕输送带、枕距拨杆等组成,其结构如图17-129所示。

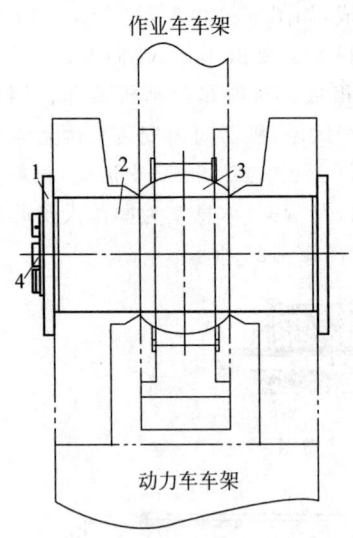

1—端盖;2—销轴;3—轴承;4—螺栓。

图17-124 球形铰链结构示意图

1) 动力传动系统

线路大修列车采用液压传动,其动力传动系统主要包括发动机、离合器、分动齿轮箱、传动轴、液压泵、液压马达、减速机和车轴齿轮箱等,如图17-125所示。

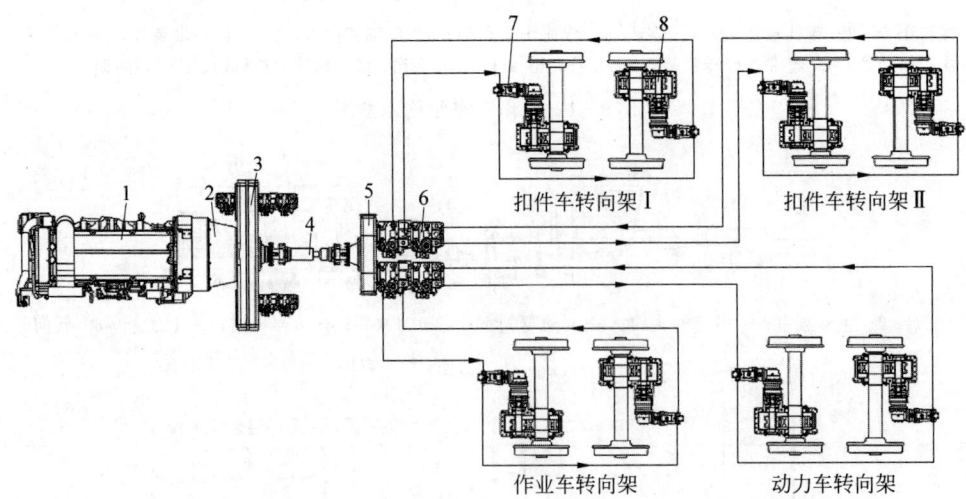

1—发动机;2—离合器;3—分动齿轮箱Ⅰ;4—传动轴;5—分动齿轮箱Ⅱ;6—液压泵;7—液压马达;8—车轴齿轮箱。

图17-125 动力传动系统示意图

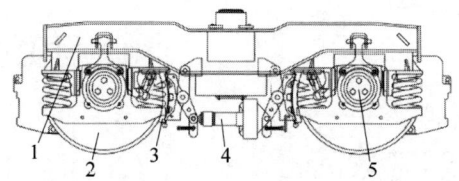

1—转向架构架；2—轮对；3—基础制动装置；4—单元制动缸；5—车轴轴承箱；6—车轴齿轮箱。

图 17-126　走行部结构示意图

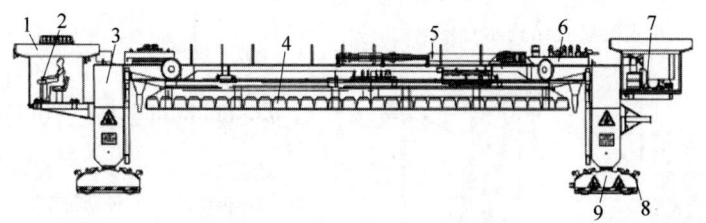

1—驾驶室；2—电气控制系统；3—门架；4—轨枕夹钳；5—轨枕夹钳提升装置；6—液压系统；
7—动力传动系统；8—制动系统；9—走行驱动装置。

图 17-127　龙门式起重机结构示意图

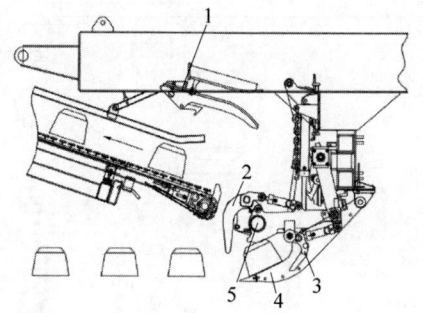

1—锁定装置；2—上拾取爪；3—下拾取爪；
4—象牙犁；5—机架。

图 17-128　旧枕拾取装置结构示意图

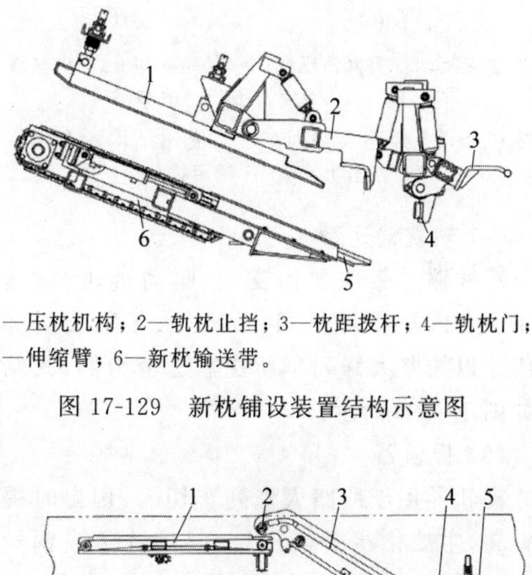

1—压枕机构；2—轨枕止挡；3—枕距拨杆；4—轨枕门；
5—伸缩臂；6—新枕输送带。

图 17-129　新枕铺设装置结构示意图

（4）扣件拾取装置

线路大修列车的扣件拾取装置主要由磁性滚筒、输送带、驱动装置、摆动皮带机等组成，其结构如图 17-130 所示。

（5）履带走行装置

线路大修列车的履带走行装置用于作业时代替作业车Ⅱ位端转向架在旧枕上走行，主要由履带框架、前端横梁、后端横梁、履带链、履带轮和张紧装置等组成，其结构如图 17-131 所示。

（6）钢轨夹钳

钢轨夹钳用于作业过程中夹持和保持钢

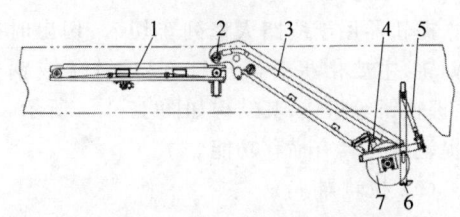

1—摆动皮带机；2—改向滚筒；3—输送带；4—驱动装置；5—提升液压缸；6—机架；7—磁性滚筒。

图 17-130　扣件拾取装置结构示意图

轨。由于各钢轨夹钳功能不同，其结构也不相同。以线路大修列车 2 号夹钳为例，其结构如图 17-132 所示。

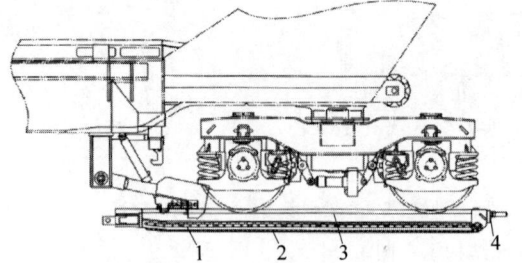

1—履带轮；2—履带链；3—履带框架；4—张紧装置。

图 17-131　履带走行装置结构示意图

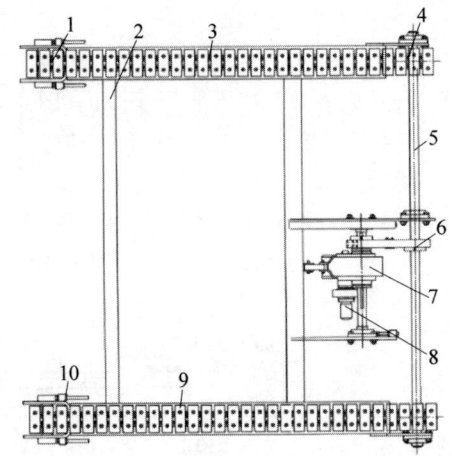

1—改向链轮；2—支架；3—输送链条；4—驱动链轮；.5—传动轴；6—传动链条；7—减速机；8—液压马达；9—橡胶板；10—张紧装置。

图 17-133　新枕输送带结构示意图

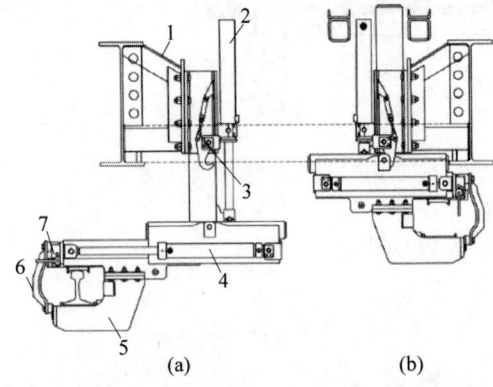

1—安装支架；2—升降液压缸；3—锁定装置；4—横移液压缸；5—固定钳口；6—安全装置；7—活动钳口。

图 17-132　线路大修列车 2 号夹钳结构示意图
(a) 工作状态；(b) 锁定状态

(7) 轨枕输送带

轨枕输送带主要由支架、驱动链轮、输送链条、液压马达、减速机、传动轴、张紧装置等组成。以线路大修列车新枕输送带为例，其结构如图 17-133 所示。

(8) 提轨器

提轨器用于线路大修列车切入、切出时提升钢轨，主要由提升液压缸、起重链条或钢丝绳、提轨钳等组成，其结构如图 17-134 所示，部分提轨器还具有横移功能。

(9) 拉轨器

拉轨器用于换轨作业时调整轨缝，主要由液压缸、支架、起重链条、夹轨钳等组成。以 0 线路大修列车拉轨器为例，其结构如图 17-135 所示。

4) 电气系统

线路大修列车的电气系统包括交流电气系统和直流电气系统。

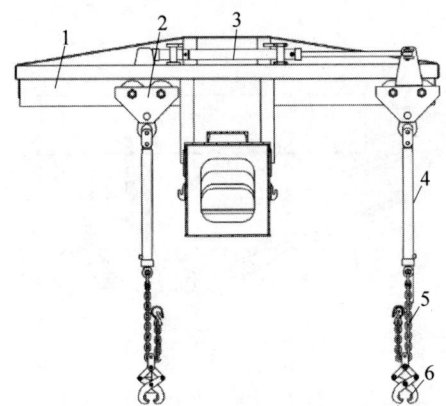

1—横梁；2—单轨小车；3—横移液压缸；4—提升液压缸；5—起重链条；6—提轨钳。

图 17-134　提轨器结构示意图

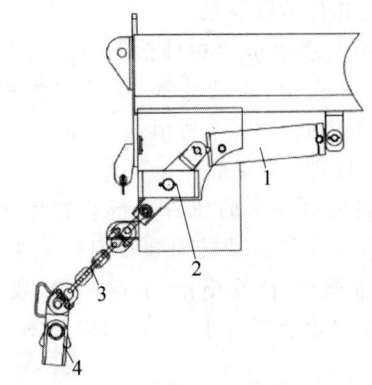

1—液压缸；2—支架；3—起重链条；4—夹轨钳。

图 17-135　拉轨器结构示意图

(1) 交流电气系统

交流电气系统主要包括发电机组和交流用电设备等。线路大修列车材料车机器间内安装有两台交流发电机组，可向整车空调装置、空气压缩机、应急泵驱动电动机和交流照明系统等提供 220 V 或 380 V 交流电。

(2) 直流电气系统

直流电气系统由蓄电池供电，主要包括控制系统、视频监控系统和照明系统等。线路大修列车采用基于 CAN 总线的网络控制系统，主要由主机控制电路板、数字量输入模块(DI)、模拟量输入模块(AI)、数字量输出模块(DO)、电源模块、网络电缆、检测和执行元件等组成。线路大修列车均设有视频监控系统，主要由主机、显示器、网络电缆、摄像头等组成。

5) 液压系统

液压系统主要包括走行回路、作业回路、散热回路和应急系统。

(1) 走行回路

走行回路为由液压泵、控制阀组和液压马达构成的闭式回路。线路大修列车在同一转向架上采用两个走行马达串联的方式。

(2) 作业回路

作业回路为开式回路，主要包括液压泵、控制阀组、管路、液压缸、液压马达等，作业回路包括旧枕拾取装置回路、动力平砟犁回路、轨枕输送带回路和钢轨夹钳回路。

(3) 散热回路

散热回路主要由液压泵、管路、温控阀、散热器等组成，主要用于将液压系统的油温控制在一定范围内，保证液压系统正常工作。

(4) 应急系统

应急系统主要由应急泵驱动电动机、应急泵、控制阀组等组成，主要用于动力车发动机、液压泵等发生故障时应急收回作业装置，以便撤离作业线路。

6) 制动系统

制动系统包括空气制动系统和手制动装置。空气制动用于车辆低速自运行和作业走行制动。

17.7.3 铣磨车

1. 整机的组成和工作原理

1) 工作原理

钢轨铣磨车采用圆周铣磨、成形加工的原理对钢轨轮廓进行定制整形。作业前，将需要的钢轨轮廓工作断面分解成 1~2 个圆弧和 6~8 条直线段，并据此设计制造与之相对应的圆弧刀粒和平面刀粒，随后将刀粒安装在铣削装置铣刀盘的径向面上，所有刀粒构成一个钢轨目标廓形；作业时，在走行的同时铣刀盘旋转铣削钢轨工作面，磨削装置采用砂轮径向面对铣削后的钢轨顶面进行打磨，消除铣削的刀痕，从而完成对钢轨轮廓工作断面的整形。

2) 整机组成和主要结构

钢轨铣磨车由 A 车和 B 车两节车组成，铣削装置安装在 A 车上，磨削装置安装在 B 车上。整车主要由车架、转向架、驾驶室、铣削装置、磨削装置、砂轮更换装置、铁屑收集装置、磨粉收集装置、动力传动系统、液压系统、电气控制系统、制动系统等组成。整车共设置前、后两个驾驶室，其中前驾驶室布置自运行控制台和作业控制台，后驾驶室布置自运行控制台，如图 17-136 所示。

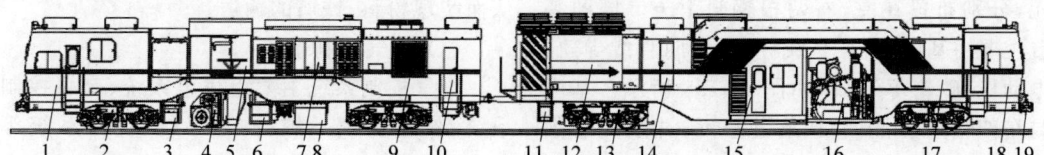

1—后驾驶室；2—高速转向架；3—磨粉收集系统；4—磨削装置；5—砂轮维护间；6—辅助发电机；7—柴油间；8—柴油箱；9—高速液压间；10—磨电气间；11—小空气压缩机；12—铁屑仓；13—作业转向架；14—铣电气间；15—大空气压缩机间；16—铣削装置；17—作业液压间；18—前驾驶室；19—车钩。

图 17-136 钢轨铣磨车结构示意图

2. 主要系统和部件的结构原理

1) 动力传动系统

钢轨铣磨车的动力传动系统主要由柴油机、主发电机、联轴器、分动齿轮箱、液压泵、液压马达、车轴齿轮箱等组成。柴油机一端通过弹性联轴器、传动轴、分动齿轮箱驱动液压泵为自运行提供动力,另一端驱动交流 400 V/904 kW 主发电机为铣磨作业和作业走行提供动力。

自运行时,柴油机自由端通过分动齿轮箱驱动液压泵,液压泵再驱动 A 车的两个转向架车轴齿轮箱上的 4 台液压马达;作业走行时,柴油机飞轮端的主发电机驱动一台 110 kW 的电动机,电动机驱动作业走行液压泵,液压泵再驱动 B 车的两个转向架车轴齿轮箱上的 4 台液压马达。

2) 走行部

钢轨铣磨车采用 4 台二轴动力转向架,A 车的两个转向架用于自运行,B 车的两个转向架用于作业走行。铣磨作业时,为防止车体及转向架晃动影响铣磨的精度及刀具的寿命,靠工作装置一侧的转向架车轴与构架、构架与车架之间通过顶车液压缸、轴支承液压缸、车轴齿轮箱锁定液压缸形成刚性连接。

3) 工作装置

(1) 铣削装置

钢轨铣磨车的铣削装置由左、右各一套铣削单元组成,布置在两根钢轨上方。每一个铣削单元包括主传动、机身、铣刀盘、高度跟踪切削装置、自动紧急升起装置、运输安全装置、电气箱、集中润滑装置等,如图 17-137 所示。

(2) 磨削装置

钢轨铣磨车的磨削装置具有两套磨削单元,分别布置在左、右两根钢轨上方。磨削装置主要由基座、水平直线导轨、垂向直线导轨、电动机、砂轮等组成,如图 17-138 所示。基座与车架相连,用来悬挂磨削单元,并承受磨削产生的垂向分力和水平分力;水平直线导轨、垂向直线导轨用于实现砂轮的左右、上下移动。采用砂轮径向面对钢轨顶面进行打磨,磨削时砂轮向外偏转使圆周切线与钢轨形成

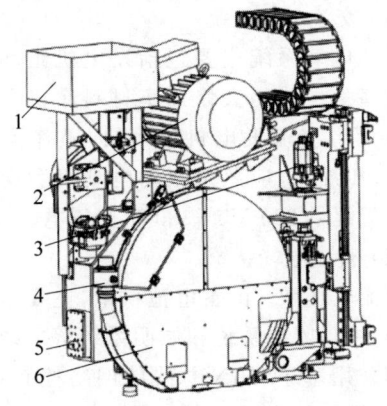

1—电气箱;2—主驱动;3—铣削进给装置;4—铁屑收集装置;5—安全锁定装置;6—铣刀盘。

图 17-137 铣削装置结构示意图

5°~10° 的夹角,随着磨削的进行,砂轮的圆周自动适应钢轨顶面的形状。

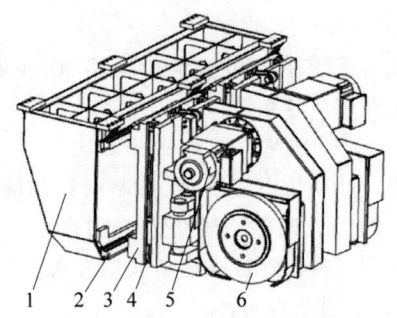

1—基座;2—水平直线导轨;3—十字溜板;4—垂向直线导轨;5—电动机;6—砂轮。

图 17-138 磨削装置结构示意图

(3) 铁屑及磨粉收集系统

钢轨铣磨车的铁屑及磨粉收集系统采用文丘里管效应原理,如图 17-139 所示。气流通过文丘里管时会由粗变细,从而加快流速,并在进口的后侧形成一个比附近气压相对较低的区域,在周围高气压作用下产生吸附作用,从而实现粉料、铁屑的输送。

(4) 电气控制系统

电气控制系统主要由供电系统、牵引控制系统、作业控制系统、测量系统、视频系统等组成。

① 供电系统。供电系统包括作业交流供电系统、辅助交流供电系统、直流供电系统、外供电系统。

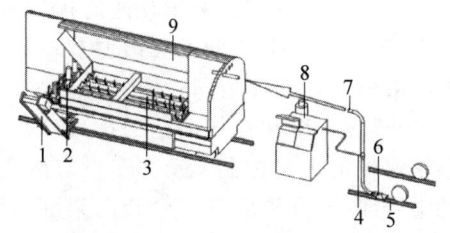

1—铁屑排出输送带；2—驱动装置；3—铁屑输送装置；4—文丘里管；5—钢轨；6—铁屑收集口；7—铁屑输送管道；8—空气压缩机；9—铁屑收集仓。

图 17-139　铁屑及磨粉收集系统原理示意图

(a) 作业交流供电系统用于提供打磨作业动力电源。

(b) 辅助交流供电系统用于向空气压缩机、取暖器、空调等设备提供 230/400 V 交流电力。

(c) 直流供电系统用于向控制系统、应急照明灯、应急泵等提供电源。每台柴油机均配有蓄电池，当柴油机工作时，由充电发电机向各用电设备提供电源并给蓄电池充电；当柴油机不工作时，由蓄电池向各用电设备提供电源。

(d) 外供电系统可以在不启动辅助交流发电机组和作业发电机组的情况下，使用列车所在地附近的 380V 交流电源给各交流设备供电。

② 牵引控制系统。牵引控制系统用于动力车的控制，主要实现以下功能。

(a) 作业恒低速走行控制。在打磨作业工况下，系统根据驾驶员给定的列车速度，通过对恒低速系统液压泵、液压马达执行系统中各控制阀电气信号的控制，实现对作业走行速度的精确控制，保证打磨作业质量。

(b) 自运行控制。控制柴油机、液力传动箱、车轴齿轮箱主传动系统的启动、换向、充油或排油，实现列车自运行。

(c) 实现对柴油机、液力传动箱、冷却系统、辅助传动系统、空气系统中各机组的启动、运行信号提取、传输、安全报警或机组保护。

钢轨打磨列车牵引控制系统采用网络式结构，主要由安装在钢轨打磨列车上的计算机主机、交换机、网线等组成。

③ 作业控制系统。钢轨打磨列车的作业控制系统有网络式结构和多级网络总线结构两种形式。

钢轨打磨列车作业控制系统的网络式结构由 1、2、4、5 号车的 Jupiter 子控制系统通过以太网交换机连接组成。每节车的 Jupiter 子控制系统均由 Jupiter 主机、J42 电路板、Jupiter I/O 模块、显示器、电缆等组成。其中只有 1 号车和 5 号车的 Jupiter 主机具有对作业控制系统的控制功能，同一时间只有一台 Jupiter 主机具有控制权。作业控制系统主要实现的功能如下：

(a) 将打磨、集尘、水系统、发电机组等功能都显示在两端驾驶室内的触摸屏上，并可以通过触摸式液晶显示屏进行控制。

(b) 具有自诊断功能和报警显示，如果系统参数超出设定的限度，系统将会自动报警。

(c) 可以预置多种打磨模式，可按不同打磨方式进行编程设定，各打磨模式都包括了每个磨头的角度和功率设定。

(d) 打磨作业时，能控制不同打磨头在同一起点依次下降开始打磨，打磨结束时再依次在同一终点提升。

(e) 能自动记录打磨作业的起点、终点位置，后续的重复打磨可自动控制起点、终点。

(f) 可实现在不同坡道上进行恒速打磨作业。设置有低速保护功能，走行速度低于设置值（如 2 km/h）时，所有打磨头都会收回，避免误打磨。

钢轨打磨列车作业控制系统的多级网络总线结构主要由控制系统总线、1 台主机、1 台辅机、6 台本地分机、8 台交换机、2 台触摸显示屏及若干功能模块组成。控制系统总线分为列车级总线与车辆级总线，列车级总线主要实现主机与各分机、触摸显示屏之间的数据传输，采用环形冗余结构，当一条链路故障时，系统自动切换；车辆级总线主要控制本节车所用设备。作业控制系统主要实现的功能如下：

(a) 打磨模式的设定，即全部打磨头的打磨角度、压力的设定以及对称、非对称、双边、单边等打磨方式的设定。

(b) 打磨装置的控制，即对液压系统、气动系统的压力、流量，以及供电系统的电流、电压等参数的控制。

(c) 打磨辅助系统的控制，即对作业风源装置集尘装置、水系统等装置的启停、压力、流量、安全保护等参数或动作的控制。

(d) 打磨安全保护，即对行车速度、制动状态、各机组温度压力超差或泄漏等影响打磨作业安全或打磨作业质量的参数、状态的自动保护。

④ 测量系统。钢轨打磨列车设有测量系统，可在钢轨打磨作业前、作业过程中测量钢轨，包含轨廓检测装置和波磨检测装置。

(a) 轨廓检测装置可在打磨作业过程中检测钢轨轨头断面轮廓形状。它使用两个配套有激光发光装置的检测头，激光在钢轨头部形成一条横向光带覆盖整个轨头区域，通过CCD摄像机采集光带图像并结合地面信息，获得钢轨的横断面数据。

(b) 波磨检测装置可在打磨过程中对钢轨顶面纵向波浪磨耗进行测量。它通过安装在测量小车上的位移传感器实现对钢轨顶面沿纵向的位移波形数据的采集。

所有轨廓和波磨的检测数据都可以显示在驾驶室内的显示屏上，并可打印输出检测报告。

⑤ 视频系统。钢轨在打磨列车两端的驾驶室内设有车载视频监控系统，可以对车辆两端、各机器间及动力车进行监控，操作人员在驾驶室里就可监视车辆两端和机器间的情况。车辆两端的摄像头可方便观察远处或准备打磨的钢轨起始点。

⑥ 通话和广播系统。整车设有通话和广播系统，可实现各号位实时交流或对外广播。

(5) 液压系统

液压系统分为动力车液压系统和作业车液压系统两部分。

① 动力车液压系统。动力车液压系统主要由走行回路、冷却回路组成。

走行回路用于实现整车作业恒低速走行，有开式回路和闭式回路两种形式。

(a) 钢轨打磨列车动力车走行采用开式回路时，通过调整液压泵、液压马达的排量实现车速在0～24 km/h之间的无级调节，牵引控制系统采集实际车速值与设定速度值进行比较，来调节液压泵和液压马达的排量，以实现对整车速度的恒定控制。动力车设有两套独立的走行回路，分别驱动一台转向架，两套走行回路可以单独工作也可同时工作。

(b) 钢轨打磨列车动力车走行采用闭式回路时，通过采集变量液压马达的转速信号来调节液压泵、液压马达的排量，实现对整车作业走行速度的精确闭环控制，以满足作业的速度控制精度和打磨作业质量的要求。动力车采用一套液压走行系统同时驱动两个动力转向架，可以保证两个动力转向架的同步性。

冷却回路用于驱动两个冷却器的散热风扇液压马达，通过调节回路中设置的溢流阀的压力值，可以实现冷却风扇转速的调整。

② 作业车液压系统。作业车液压系统主要用来驱动打磨小车升降、打磨头偏转和打磨头加载。钢轨打磨列车作业车液压系统的液压泵直接由作业发电机组进行驱动或设有单独的液压泵站。作业车设有应急液压系统，当主液压系统出现故障时可采用应急液压系统将打磨小车恢复到行车状态。

(6) 气动系统

钢轨打磨列车的气动系统主要用于驱动打磨小车的锁定装置，为集尘装置的反吹清灰水系统管路清洁和整车的清洁吹尘提供风源。

(7) 制动系统

制动系统采用JZ-7空气制动。在两端控制车驾驶室内设JZ-7制动阀，其他车设空气分配阀。

(8) 车体及车架

车体包括驾驶室、机器间、电气间、工具间和维修间，除机器间外均设有增压装置，以防止打磨粉尘进入。

(9) 车钩及缓冲装置

钢轨打磨列车两端采用内燃、电力机车车钩，车辆之间的连接采用密接式车钩或连接杆。密接式车钩由连挂系统、缓冲系统、安装及吊挂系统3部分组成，如图17-140所示。

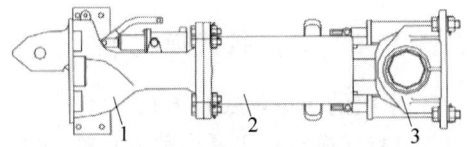

1—连挂系统；2—缓冲系统；3—安装及吊挂系统。

图 17-140　密接式车钩结构示意图

连接杆主要由连接杆身、连接销、关节轴承等组成，如图 17-141 所示。

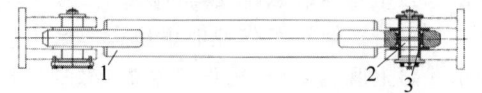

1—连接杆身；2—连接销；3—关节轴承。

图 17-141　连接杆结构示意图

17.7.4　道岔铺换设备

1．整机的组成和工作原理

道岔铺换设备具有以下功能：

（1）可对组装好的新道岔进行整体更换。

（2）能将整组旧道岔搬运到附近方便拆解的位置。

（3）能通过多机组合实现不同型号道岔的更换和铺设。

（4）具有单机"遥控"或"手动"操作功能及多机联机操作功能。

道岔铺换设备主要由上位机、下位机和辅助系统等组成，如图 17-142 所示。

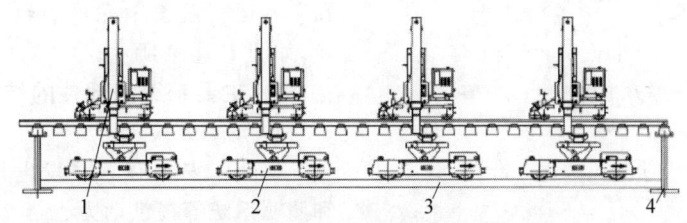

1—上位机；2—下位机；3—临时轨道；4—安全桩。

图 17-142　道岔铺换设备结构布置示意图

道岔铺换设备的工作原理是采用对长大物件多点吊装的相似作业方法，根据不同型号的道岔和作业要求，以不同数量的上、下位机组合完成作业。进行一组道岔铺换时，利用道岔铺换设备的升降、横移和纵移功能，实现道岔组件的升降、横移和纵移，完成整组旧道岔的移除和整组新道岔的铺设。

2．主要系统和部件的结构原理

1）上位机

上位机是道岔铺换设备的主要作业装置，由车架、走行驱动装置、手动控制台、升降及横移装置、提轨装置、手制动装置、动力系统、电气控制系统、液压系统等组成，如图 17-143 所示。

上位机采用液压传动，通过一台发动机驱动液压泵提供动力，可完成升降、横移和一定范围的纵移动作。通过这些动作的单独或同步运动，实现道岔组件的升降及横移控制，从而完成旧道岔的移除和新道岔的铺设。

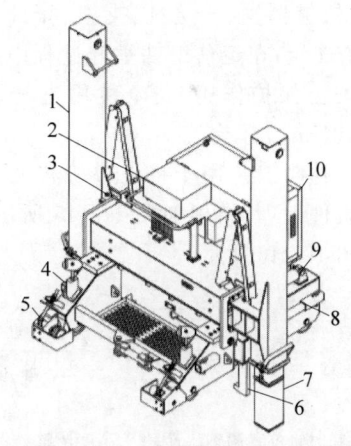

1—升降及横移装置；2—电气控制箱；3—手动控制台；4—手制动装置；5—走行驱动装置；6—提轨装置；7—加长支腿；8—连接装置；9—纵移液压缸；10—动力系统。

图 17-143　上位机结构示意图

2）下位机

下位机是一种带有升降平台的轨道运输小车，主要由车架、走行系统、举升工作平台、动力系统、电气控制系统、液压系统、遥控或手动操作系统等组成,如图17-144所示。下位机的作用是将需铺换的道岔沿临时轨道运至指定位置,然后由上位机将道岔铺设到位。通常情况下,运送一组道岔(或其组件)需要数台下位机相互配合,编成一个道岔运送组列(下位机相互间隔一定距离),然后按指定的方向将道岔(或其组件)运至规定的位置。

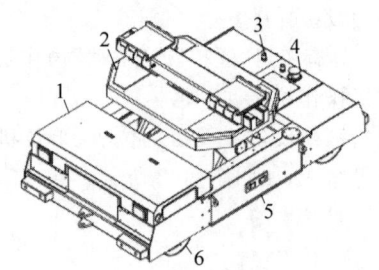

1—动力系统;2—举升工作平台;3—柴油箱;
4—液压油箱;5—车体;6—走行系统。

图17-144 下位机结构示意图

3) 辅助系统

辅助系统主要包括临时轨道、安全桩、高度补偿工装等。临时轨道是下位机的运行轨道,包括轨道销轴、连接杆、支架、扣件等。安全桩共有4组,在道岔组件举升过程中起辅助支承和安全保护作用,安全桩用钢管作主支承,辅以钢筋、支承台。

高度补偿工装用于将上位机移动到预铺的道岔组件上,其结构如图17-145所示,作业情况如图17-146所示。

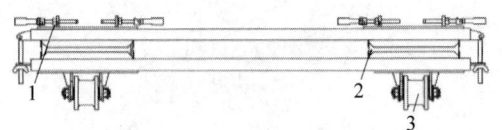

1—临时轨位置调整装置;2—高度调整垫木;
3—支承滚轮。

图17-145 高度补偿工装结构示意图

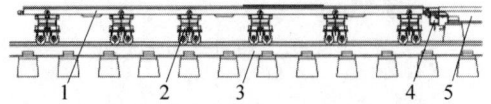

1—临时轨;2—承载小车;3—原有轨道线路;
4—接头连接器;5—预铺道岔。

图17-146 高度补偿工装作业示意图

17.7.5 非自行式换轨车

1. 整机的组成和工作原理

非自行式换轨车主要由动力系统、工作装置、电气控制系统、液压系统等组成,有两种结构形式,如图17-147、图17-148所示,工作原理和工作装置基本相同,主要区别是换轨车结构2的悬臂变幅机构无平移功能,区间附挂运行时由一台平车承载悬臂变幅机构。

非自行式换轨车作业时由轨道车牵引,能换出线路上既有旧轨,铺设已经焊接好或用夹板连接好的新轨。工作原理是通过安装在车辆下部和悬臂变幅机构上的新轨和旧轨夹钳,在车辆运行过程中完成旧轨和新轨的交叉替换,如图17-149所示。

2. 主要系统和部件的结构原理

1) 动力系统

换轨车安装有车载发电机组为工作装置和照明系统等提供动力。

2) 工作装置

(1) 平移支架

平移支架主要由骨架、传动装置、回转装置等组成,能在底座支架导槽内前后移动,实现换轨车"作业状态"和"收车状态"的转换。平移支架上安装有悬臂总成、液压泵站、电气控制柜、蓄电池箱等。

平移支架下部前、中、后3个位置分别设有一个主动轴和两个从动轴,每根轴的两端设有滚轮,其传动装置如图17-150所示。

回转装置位于平移支架前端,由回转支承和液压缸等组成。回转支承与悬臂连接,通过液压缸驱动回转支承旋转,实现悬臂左右摆动,以满足曲线作业要求。

(2) 提轨钳

提轨钳包括一对新轨提轨钳和一对端部提轨钳,主要由支架、横移液压缸、提轨液压缸等组成。新轨提轨钳的主要作用是将线路两侧预置的新轨提起并导入新轨夹钳中。端部提轨钳的主要作用一是将既有线路的旧轨提起并导入横梁旧轨夹钳中,二是将新轨导入横梁新轨夹钳中。

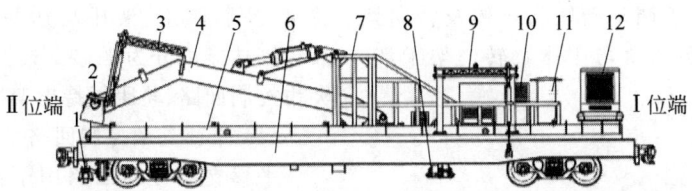

1—轨距保持支架；2—横梁夹钳；3—端部提轨钳；4—悬臂；5—底座支架；6—平车；7—平移支架；8—新轨夹钳；9—新轨提轨钳；10—液压泵站；11—电气控制柜；12—发电机组。

图 17-147　换轨车结构示意图(结构 1)

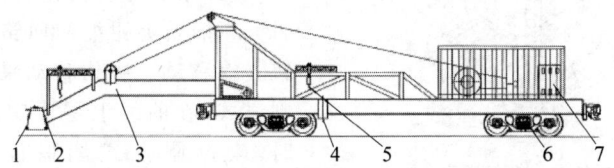

1—新轨夹钳；2—旧轨夹钳；3—悬臂变幅机构；4—新轨导向夹钳；5—提轨钳；6—平车；7—动力系统。

图 17-148　换轨车结构示意图(结构 2)

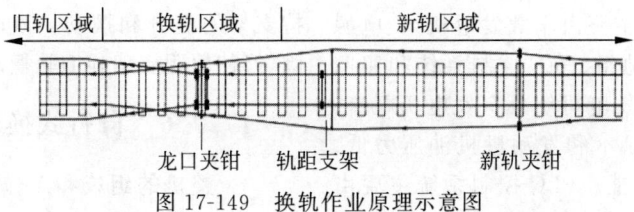

图 17-149　换轨作业原理示意图

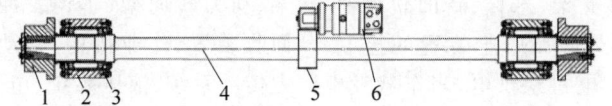

1—滚轮；2—轴承座；3—轴承；4—传动轴；5—齿轮；6—液压马达。

图 17-150　传动装置结构示意图

(3) 新轨夹钳

新轨夹钳设置在底座支架下部，用于引导新轨进入横梁夹钳，主要由夹钳安装支架、夹钳和横移液压缸组成。

(4) 悬臂

悬臂主要由悬臂梁、端部提轨钳、横梁夹钳和提升液压缸组成，其主要作用一是引导新轨落入承轨槽内，二是引导既有线路上的旧轨至道心或线路两侧，如图 17-151 所示。

(5) 轨距保持支架

轨距保持支架位于底座支架前端，主要由旧轨轨距保持支架和新轨横移支架组成。旧轨轨距保持支架用于保持既有线路旧轨轨距，

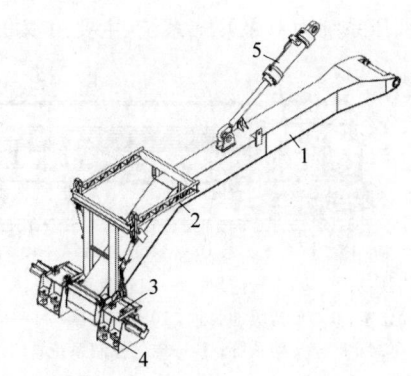

1—悬臂梁；2—端部提轨钳；3—横梁新轨夹钳；4—横梁旧轨夹钳；5—提升液压缸。

图 17-151　悬臂结构示意图

新轨横移支架用于调整新轨与车体及转向架之间的距离,避免新轨与车体及转向架干涉,如图17-152所示。

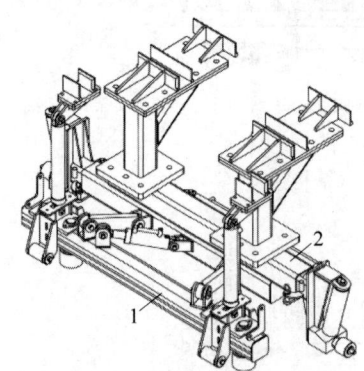

1—旧轨轨距保持支架;2—新轨横移支架。

图17-152 轨距保持支架结构示意图

3) 电气控制系统

电气控制系统主要由车载发电机组、电源转换器、应急蓄电池组、PLC控制系统和照明系统等组成。车载发电机组具有发电机电流、电压、频率等参数显示和发动机机油压力低、超速停机保护等功能。PLC控制系统主要由PLC逻辑控制器、比例放大电路板、继电器等组成,主要用于平移支架、悬臂、新旧轨夹钳、提轨钳和轨距保持支架等作业装置的控制。正常作业时由车载发电机组供电,当车载发电机组发生故障时,可通过电源转换器使用应急蓄电池或外接电源应急收车。

4) 液压系统

液压系统为双泵开式系统,主要由双联齿轮泵、控制阀组、液压马达和液压缸等组成。按控制功能可分为平移支架控制回路、新旧轨夹钳控制回路、轨距保持支架控制回路。

(1) 平移支架控制回路

平移支架控制回路用于控制平移支架移动、悬臂升降和摆动。平移支架采用低速大扭矩摆线马达驱动,悬臂升降和摆动采用液压缸驱动。

(2) 新旧轨夹钳控制回路

新旧轨夹钳控制回路用于控制新轨和旧轨夹钳移动。夹钳移动采用多路负载敏感控制方式,在曲线上需要实时调整新旧轨位置时,该控制方式能保证换轨作业的顺利进行。

(3) 轨距保持支架控制回路

轨距保持支架控制回路用于控制轨距保持支架的提升和摆动。该回路设有减压溢流阀,能使轨距支架随旧轨摆动和锁定。

17.7.6 自行式换轨车

1. 整机的组成和工作原理

自行式换轨车主要由车架、非动力转向架、动力转向架、车钩缓冲装置、驾驶室、扣件回收装置、作业机构、制动系统、气动系统、动力传动系统、液压系统、电气控制系统等组成。车辆前进方向前端设有驾驶室,后端设有操作室;工作机构布置在车辆下部,扣件回收系统布置在车辆中部,动力系统和液压站、柴油箱布置在车辆尾部,如图17-153所示。

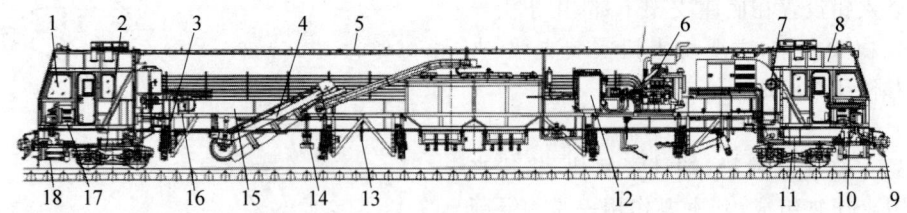

1—驾驶室;2—动力转向架;3—钢轨收放装置;4—扣件回收装置;5—顶棚;6—动力传动系统;7—制动系统;8—操作室;9—车钩缓冲装置;10—拉轨器;11—从动转向架;12—液压系统;13—钢轨吊钳;14—道钉检测系统;15—车梁;16—气动系统;17—电气控制系统;18—护轨起复器。

图17-153 自行式换轨车结构示意图

自行式换轨车具有作业走行功能,能换出旧钢轨,同时铺设新钢轨;具有道钉检测系统,能将新钢轨自动铺设在承轨槽内;具有扣件回收功能;安装有护轨起复器,具有自起复功能。

其工作原理是由安装在车下的钢轨夹钳夹持新轨和旧轨,在车辆走行过程中通过道钉检测系统控制钢轨横向移动,从而完成新轨和旧轨的替换。

2. 主要系统和部件的结构原理

1) 动力传动系统

自行式换轨车采用液压驱动,动力传动系统主要由发动机、液压泵、液压马达、减速机和车轴齿轮箱等组成。

2) 走行部

走行部为两个两轴转向架,主要由焊接式构架、轮对轴箱系统、传动装置、基础制动装置、悬挂减振装置等组成,I 位端为动力转向架,II 位端为从动转向架。

3) 工作装置

工作装置主要包括扣件回收装置、钢轨收放装置、护轨起复器和钢轨吊钳。

(1) 扣件回收装置

扣件回收装置分为提升输送装置、平移输送装置、接料装置、扣件回收料斗和液电控制系统 5 部分。提升输送机利用电磁滚筒将存放在铁路道床中间的扣件自动回收,并将扣件斜向提升输送到平移输送机上。接料装置可以前后移动,也可以正转和反转,使扣件能转至料斗各个位置,作业完成后运至整备基地,通过液压缸打开料斗侧门,将扣件卸在车辆两侧,如图 17-154 所示。

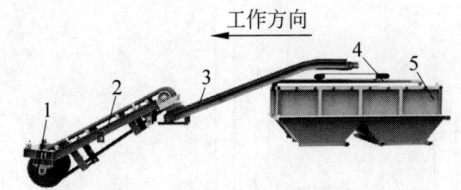

1—电磁滚筒;2—提升输送装置;3—平移输送装置;
4—接料装置;5—料斗。

图 17-154　扣件回收装置结构示意图

(2) 钢轨收放装置

钢轨收放装置主要由滑体、大滑块、小滑块、轨底托轮、导轨、导槽、升降液压缸、横移液压缸、夹紧液压缸、锁定机构等组成,如图 17-155 所示。

钢轨收放装置通过升降液压缸控制滑体

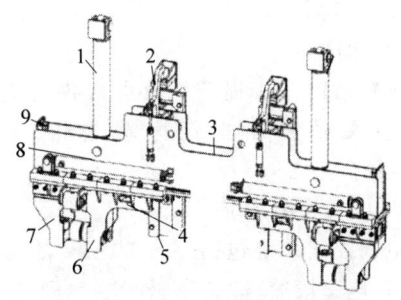

1—垂向液压缸;2—垂向锁闭装置;3—滑体;
4—夹紧液压缸;5—垂向导槽;6—大滑块;7—小滑块;8—横移液压缸;9—横向锁闭装置。

图 17-155　钢轨收放装置结构示意图

沿导槽上下移动,以此调整钢轨夹钳的高度。滑体上设有大滑块和横移液压缸,通过横移液压缸可调整钢轨的横向位置;大滑块上安装有小滑块和轨底托轮,通过夹紧液压缸驱动小滑块夹紧钢轨。

(3) 护轨起复器

护轨起复器主要由吊架、支承体、升降液压缸、横移液压缸、锁定装置等组成。如图 17-156 所示。车辆掉道时可使用护轨起复器起复车辆。

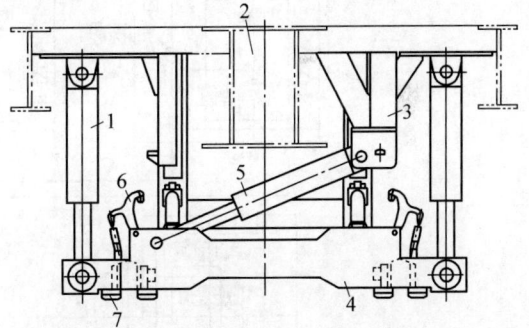

1—竖向液压缸;2—车体;3—吊架;4—支承体;5—整体调节液压缸;6—气动锁定机构;7—侧向滚轮。

图 17-156　护轨起复器结构示意图

支承体通过升降液压缸、横移液压缸与吊架连接,能在升降液压缸和横移液压缸的控制下竖向和横向移动。换轨作业时,横移液压缸处于随动状态,液压缸油压处于低压位,支承体能随钢轨左右移动;当车辆掉道时,升降液压缸和横移液压缸油压处于高压位,利用升降液压缸将车辆顶升至一定高度,并通过横移液压缸复位车辆。

(4) 钢轨吊钳

钢轨吊钳用于提升钢轨进入各钢轨收放装置,主要由液压缸、钢丝绳、滑轮、夹钳等组成。

4) 电气控制系统

电气控制系统包括一台 50 kW 的柴油发电机组、电磁滚筒、输送带驱动电动机、空调装置、作业和走行控制及辅助电气系统等。

5) 液压系统

换轨车的牵引系统是整个车辆的关键装置,一方面要实现牵引速度恒定,另一方面要保证驱动轮的同步性。换轨车作业的速度较低,为了实现低恒速,车辆牵引系统采用静液压传动方式,由主发动机提供动力驱动液压泵站,通过液压压力驱动行星减速器,再驱动车轴减速器,将发动机高转速转化成车轮低转速,并通过液压系统高刚度的特性保证低速恒定。

转向架上的车轴减速器上设置了气动换挡机构,牵引状态时挡位啮合,液压马达驱动车轮走行,此工况下运行速度较低,车辆牵引力较大;挂运状态时,挡位处于空挡并锁定,车轴齿轮箱离合器使液压马达与车轴脱离,车轮转动不会带动液压马达转动,可实现多工况自动切换。

车辆走行液压系统采用闭式液压回路,由一个变量泵输出液压油,驱动两个变量液压马达工作,液压马达通过减速器和车轴齿轮箱将动力传递到车轮。控制液压泵、液压马达的输入电流,即改变其输出流量及方向,可控制车辆走行速度和走行方向。车辆走行液压系统的工作原理如图 17-157 所示。

6) 气动系统

气动系统主要用于部分作业机构锁定装置和动力系统离合器的控制,主要由调压阀、气缸、电磁换向阀、开关等组成。

7) 制动系统

整车设有空气制动系统和手制动装置,空气制动系统采用 JZ-7 型空气制动机,驻车制动采用 NSW 手制动机。

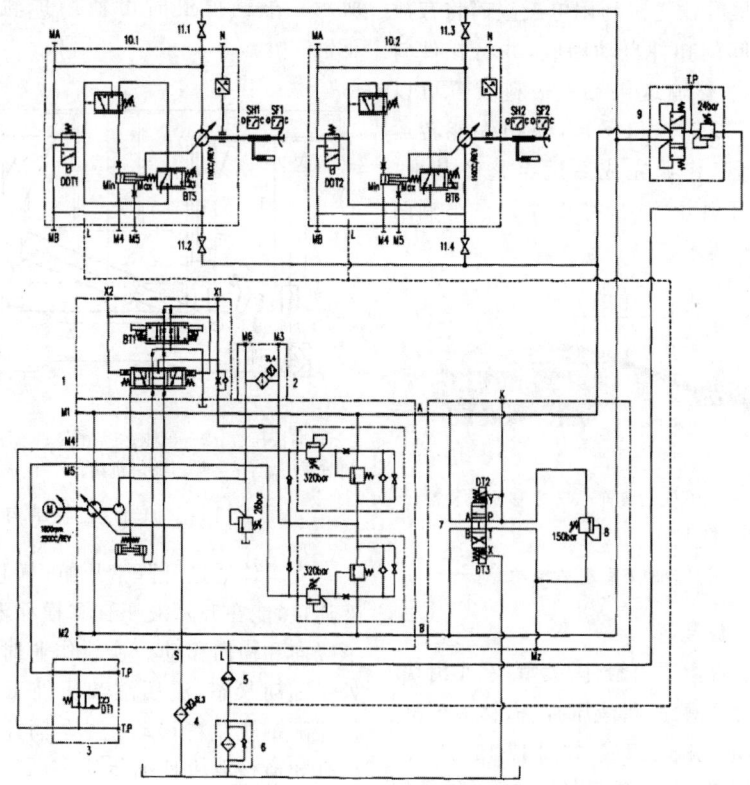

图 17-157 车辆走行液压系统工作原理示意图

第18章

主要机械参数

18.1 铺轨基地施工机械

18.1.1 电动葫芦门式起重机

铁路钢轨铺设施工中,电动葫芦门式起重机按跨度、起升高度、起升质量进行选择。电动葫芦门式起重机的跨度为17～32 m,起升高度为6～9 m,起升质量为10～70 t,根据工程量多少、工期长短、存枕量的多少不同,分别选择不同跨度、不同高度、不同起升质量的产品,主要性能参数如表18-1所示。

表18-1 电动葫芦门式起重机主要性能参数

序号	跨度/m	起升高度/m	起升质量/t	起升速度/(m/min)	大车运行速度/(m/min)	整机质量/t	型号	厂家	参考价格/万元
1	17	9	10	7	20	18	MH10t/17 m	郑州江河重工有限公司	27
2	17～32	8	16	3.5	20	31	MH16t/17 m-32 m	河南天力集团有限公司	36

18.1.2 长钢轨群吊

铁路钢轨铺设施工中,群吊按跨度、起升高度进行选择。长钢轨群吊的跨度为17～22 m,起升高度为5～7 m,根据铺轨工程量、工期、存轨量、线路长短的不同,分别选择不同跨度、不同高度的产品,主要性能参数如表18-2所示。

表18-2 长钢轨群吊主要性能参数

序号	跨度/m	有效起升高度/m	总起重质量/t	单台起重质量/t	整机功率/kW	起升速度/(m/min)	小车走行速度/(m/min)	单台间距/m	型号	厂家	参考价格/万元
1	22	6	89.6	2.8	5×32	8	20	16	MHG2.8t-22m	株洲长远智造股份有限公司	160

续表

序号	跨度/m	有效起升高度/m	总起重质量/t	单台起重质量/t	整机功率/kW	起升速度/(m/min)	小车走行速度/(m/min)	单台间距/m	型号	厂家	参考价格/万元
2	17	6	89.6	2.8	5×32	8	20	16	MHG2.8-17m	株洲长远智造股份有限公司	150

18.1.3 轨排生产线

铁路钢轨铺设施工中,轨排生产线按生产能力进行选择。根据作业方式、自动化水平的不同,分别选择不同型号的轨排生产线,主要性能参数如表18-3所示。

表18-3 轨排生产线主要性能参数

序号	生产能力/(m/台班)	锚固方法	作业台位数/个	作业线长度/m	整机功率/kW	型号	厂家	参考价格/万元
1	800~1000	反锚法	8	190	173.4	全液压往复式机械化轨排组装生产线	中铁三局集团邯郸工程机械制造有限公司	250
2	1000~1500	反锚法	9	250	150	单线往复式轨排生产线	中铁三局集团邯郸工程机械制造有限公司	160

18.1.4 内燃扳手

铁路钢轨铺设施工中,内燃扳手按照额定功率和扭力大小综合选择。其主要性能参数如表18-4所示。

18.1.5 铁路平车

轨道施工中常用的铁路平车型号为N17,主要性能参数如表18-5所示。

表18-4 内燃扳手主要性能参数

序号	额定功率/W	扭力调整范围/(N·m)	质量/kg	旋松扭矩/(N·m)	工作效率/(颗/min)	型号	厂家	参考价格/万元
1	4.7	80~170	70	600	10	NLB-600双头	济宁泰坦工矿设备有限公司	0.8
2	5.5	80~350	55	700	5	NLB-700单头	重庆运达科技有限公司	0.7
3	6.5	80~350	80	700	15	YLB-700双头	辽宁工务铁路设备制造有限公司	1.2

表18-5 铁路平车主要性能参数

序号	载质量/t	车长/m	换算长度/m	面积/m²	车底架尺寸(长×宽)/(mm×mm)	自重/t	车型	厂家	参考价格/万元
1	60	13	1.3	38.7	13 000×2980	20.3	N17	宝鸡大秦铁路轨道车辆有限公司	30

18.1.6 内燃机车

铁路钢轨铺设施工中,内燃机车按持续牵引力进行选择。内燃机车的持续牵引力为300~350 kN,对无砟轨道铺轨和有砟轨道铺轨施工,分别选择东风4B、东风8B内燃机车,主要性能参数如表18-6所示。

表18-6 内燃机车主要性能参数

序号	起动牵引力/kN	持续牵引力/kN	整机功率/kW	最高速度/(km/h)	持续速度/(km/h)	整机质量/t	外形尺寸(长×宽×高)/(mm×mm×mm)	型号	厂家	参考价格/万元
1	413	302	2430	100	21.6	138	21 100×3309×4755	东风4	大连机车车辆厂	420
2	435	324	2430	100	21.6	138	21 100×3309×4755	东风4B	中车资阳机车有限公司	420
3	441	347	3680	100	31.2	138/150	22 000×3304×4736	东风8B	中车资阳机车有限公司	1100

18.1.7 长钢轨运输车

铁路钢轨铺设施工中,T11长钢轨运输车按车组载质量、装轨量进行选择。T11BK长钢轨运输车的载质量为2196 t,可以装4层56根60轨或44根75轨。根据工程量、工期的不同,分别选择不同型号的长钢轨运输车,主要性能参数如表18-7所示。

表18-7 长钢轨运输车主要性能参数

序号	车组载质量/t	装轨量	通过最小曲线半径/m	最高行驶速度/(km/h)	车组总质量/t	型号	厂家	参考价格/万元
1	2196	4层56根(60 kg/m); 44根(75 kg/m)	145	120	3408	T11BK	中车沈阳机车车辆有限公司	—

18.1.8 风动卸砟车

铺砟整道施工中,风动卸砟车按载质量、卸砟口数量进行选择。风动卸砟车的载质量为60~70 t,卸砟口数量为6个。根据铺砟数量、线路长度、工期来选择不同卸砟车和砟车数量,主要性能参数如表18-8所示。

表18-8 风动卸砟车主要性能参数

序号	载质量/t	卸砟口数量	运行通过最小曲线半径/m	最高附挂运行速度/(km/h)	常用作业效率/(m³/s)	工作质量/t	外形尺寸(长×宽×高)/(mm×mm×mm)	型号	厂家	参考价格/万元
1	60	6	145	120	0.75	21.5	12 046×3156×3104	K13K	太原机车车辆有限责任公司	58
2	60	6	145	120	0.75	22.6	12 046×3172×3132	K13AK	太原机车车辆有限责任公司	62
3	60	6	145	120	0.75	23.1	12 038×3170×3390	K13NK	太原机车车辆有限责任公司	65

续表

序号	载质量/t	卸砟口数量	运行通过最小曲线半径/m	最高附挂运行速度/(km/h)	常用作业效率/(m³/s)	工作质量/t	外形尺寸(长×宽×高)/(mm×mm×mm)	型号	厂家	参考价格/万元
4	70	6	145	120	0.75	23.8	12 074×3168×3726	K13AK	太原机车车辆有限责任公司	72

18.1.9 短钢轨回收车

铁路钢轨施工中,短钢轨回收车按工作最大幅度、最大起重力矩、回转角度进行选择,主要性能参数如表18-9所示。

表18-9 短钢轨回收车主要性能参数

序号	工作最大幅度(自回转中心算起)/m	最大起重力矩/(N·m)	回转角度/(°)	最大工作幅度时的额定起重力矩/(N·m)	最大起升高度 h (自安装面算起)/m	最大起升速度/(m/min)	回收钢轨长度/m	型号	厂家	参考价格/万元
1	9.2	10.5	360（全回转）	>1.0	3≤h<9.1	12	≤25	—	株洲长远智造股份有限公司	30

18.1.10 轨道车

铁路钢轨铺设施工中,轨道车按牵引质量、发动机功率进行选择。220轨道车1.2%坡道20 km/h速度的牵引质量为150 t,270轨道车1.2%坡道20 km/h速度的牵引质量为180 t,发动机功率分别为216 kW和268 kW,轴数分别为2轴和4轴。根据牵引质量、线路坡度的不同,分别选择不同型号的轨道车,主要性能参数如表18-10所示。

表18-10 轨道车主要性能参数

序号	牵引质量/t	发动机额定功率/kW	运行通过最小曲线半径/m	线路最大坡度/%	最高自运行速度/(km/h)	外形尺寸(长×宽×高)/(mm×mm×mm)	工作质量/t	型号	厂家	参考价格/万元
1	150	216	90	3	100	14 030×3295×4570	22	GC-220	金鹰重型工程机械股份有限公司	230
2	180	268	90	3	100	14 030×3295×4570	36	GC-270	金鹰重型工程机械股份有限公司	270
3	150	216	90	3	110	14 060×3272×4720	22	GC-220	宝鸡南车时代工程机械有限公司	290
4	180	268	90	3	110	14 060×3272×4720	36	GC-270	宝鸡南车时代工程机械有限公司	310

18.2 道床施工机械

18.2.1 道砟摊铺机

根据工程机械产品型号编制方法,代表道砟摊铺机型号的主参数为摊铺厚度。目前铁路底砟摊铺厚度通常为 10～350 mm,常用道砟摊铺机型号有 ABG8620DC、MTT9000 等,主要性能参数如表 18-11 所示。

表 18-11 道砟摊铺机主要性能参数

序号	摊铺厚度/mm	摊铺效率/(t/h)	道砟摊铺速度/(m/min)	发动机额定功率/kW	外形尺寸(长×宽×高)/(mm×mm×mm)	工作质量/t	型号	厂家	参考价格/万元
1	0-300	900	0-16	182	6686×3212×3260	21.5	TITAN 423	陕西建设机械股份有限公司	310
2	0-350	700	0-14	160	6700×2780×3890	23	MTT9000	成都市新筑路桥机械股份有限公司	210

18.2.2 轨道板精调系统

目前,对有砟轨道、无砟轨道线路静态轨道平顺性检测工具的轨道检测仪分国内产品和进口产品两种,根据现场海拔高度选择型号,主要性能参数如表 18-12 所示。

表 18-12 轨道板精调系统主要性能参数

序号	海拔高度/m	环境温度/℃	行进速度/(km/h)	电源电压/V	品牌	来源	型号	厂家	参考价格/万元
1	≤2500	−20～50	≤8	14.4±1.5	日月明	国产	GJY-T-EBJ-2	江西日月明铁道设备开发有限公司	50
2	<5000	−20～50	6	15	安博格	进口	GRP1000	北京寰铁测绘技术有限公司	100

18.3 道岔施工机械(道岔捣固车)

道岔捣固车是由国外引进并国产化了的专用道岔捣固施工机械,主要由昆明中铁大型养路机械集团和金鹰重型工程机械股份有限公司研发生产,具体型号、主要性能参数如表 18-13 所示。

表 18-13 道岔捣固车主要性能参数

序号	作业通过最小曲线半径/m	作业走行速度/(km/h)	换长/m	工作海拔高度/m	轮径/mm	整机质量/t	外形尺寸(长×宽×高)/(m×m×m)	型号	厂家	参考价格/万元
1	180	0～4	2.9	≤2000 ≤5100	920	99.5	32.2×3.08×3.79	CDC-16k	昆明中铁大型养路机械集团	2023
2	250	0～2	2.8	≤2000	840	94	31.2×3.27×4.4	CDC-16x	金鹰重型工程机械股份有限公司	1600

18.4 钢轨铺设施工机械

18.4.1 长钢轨铺轨机组

铁路钢轨铺设施工中，CPG500 铺轨机组是采用单枕连续铺设法的长钢轨和轨枕布设一体机。其作业效率为 0.17 km/h，主要性能参数如表 18-14 所示。

18.4.2 轨排铺轨机

铁路钢轨铺设施工中，DPK32 铺轨机主要铺设轨排，由主机和平车组成，主要性能参数如表 18-15 所示。

表 18-14 CPG500 铺轨机组主要性能参数

序号	作业模式	铺设钢轨长度/m	机组主机动力系统总功率/kW	牵引质量(1.2%坡道上)/t	作业走行速度(铺轨作业时)/(km/h)	布枕速度平均值、最大值/(根/min)	布枕间距调节范围/mm	机械作业效率/(km/h)	外形尺寸(长×宽×高)/(m×m×m)	型号	厂家	参考价格/万元
1	单枕连续作业	0~500	383	2500	0~0.6	12、16	500~800	0.17	566×3.245×4.73	CPG500	株洲新通铁路装备有限公司	2330

表 18-15 轨排铺轨机主要性能参数

序号	部位	额定起重质量/t	轨排层数/层	重载自行速度/(km/h)	自行最大爬坡度/(‰)	轨排拖拉速度/(m/min)	整机功率/kW	工作状态外形尺寸(长×宽×高)/(m×m×m)	型号	厂家	参考价格/万元
1	主机	59(吊梁)/32(吊轨)	8	0~12	16	0~20	200	49.3×4.8×6.26	DPK32	中铁重工有限公司	600
	机动平车	140	8	0~12	16	—	200	28.94×3.2×2			

18.4.3 架桥机

铁路钢轨铺设施工中，TJ165 型架桥机能铺设 25 m 标准轨排，轨排装运量 4 层，日铺轨能力不小于 1500 m，主要性能参数如表 18-16 所示。

表 18-16 架桥机主要性能参数

序号	设备名称	额定起重质量/t	轨排层数/层	重载自行速度/(km/h)	自行最大爬坡度/(‰)	轨排拖拉速度/(m/min)	整机功率/kW	工作状态外形尺寸(长×宽×高)/(m×m×m)	型号	厂家	参考价格/万元
1	主机	165(桥梁)/40(轨排)	4	0~12	16	6	150	64×4.8×7.36	TJ165	中铁重工有限公司	900
	机动平车	165	4	0~12	16	—	150	30×3.5×2			
	倒装龙门吊	85	—	—	—	—	42	3.2×5.42×6.1			

18.4.4 长钢轨铺轨机

长钢轨铺轨机包括长钢轨推送车、长钢轨牵引车、有砟无砟长钢轨牵引车等，按作业方式或应用场景不同进行分类，主要性能参数如表 18-17 所示。

表 18-17 长钢轨铺轨机主要性能参数

序号	设备名称	作业方式	综合作业效率/(km/h)	型号	额定功率/kW	厂家	参考价格/万元
1	长钢轨推送车	推送	0.375	WZ500G	160	株洲长远智造股份有限公司	90
2	长钢轨牵引车	牵引	0.75	WZ500	125	株洲长远智造股份有限公司	90
3	有砟无砟长钢轨牵引车	牵引	0.75	KYWQY100	132	株洲旭阳机电科技开发有限公司	170

18.5 工地钢轨焊接和应力放散及锁定施工机械

18.5.1 移动式闪光焊轨车

铁路钢轨焊接施工中，移动式闪光焊轨车根据是否需要借助于轨道车、内燃机车等作业车走行，分为自行式或非自行式闪光焊轨车。钢轨焊接原理基本相同，具有连续闪光焊和脉动闪光焊两种焊接模式，焊接过程基本相同，具有钢轨拉伸、焊接、保压推凸等功能。自行式闪光焊轨车是钢轨焊接的常用施工机械，主要由昆明中铁大型养路机械集团和金鹰重型工程机械股份有限公司研发生产，具体型号、主要性能参数如表 18-18 所示。

表 18-18 自行式闪光焊轨车主要性能参数

序号	额定顶锻力/kN	焊接效率/(个/h)	可焊钢轨截面积/mm²	额定加紧力/kN	自行速度/(km/h)	整机质量/t	线路最大坡度/‰	外形尺寸(长×宽×高)/(m×m×m)	型号	厂家	参考价格/万元
1	1200	3	10000	2900	100	70	30	22.21×3.15×4.35	YHG-1200k	昆明中铁大型养路机械集团	1200
2	1200	3	10000	2900	100	82	30	21.93×3.3×4.45	YHG-1200x	金鹰重型工程机械股份有限公司	1100

18.5.2 正火设备

正火设备是钢轨焊接接头热处理设备，采用电磁感应技术，对钢轨进行加热，具有吹风冷却功能，自动控制加热和冷却过程，一般根据钢轨断面尺寸和作业效率进行选型，主要性能参数如表 18-19 所示。

表 18-19 正火设备主要性能参数

序号	工作海拔/m	环境温度/℃	加热时间/s	中频正火频率/kHz	中频正火功率/(kW)	加热温度/℃	整机质量/t	外形尺寸(长×宽×高)/(m×m×m)	型号	厂家	参考价格/万元
1	≤2000	−10~40	−150~300	1~2.5	0~150	30	33	16.36×3.24×3	YHR-150	南车戚墅堰机车有限公司	300

18.5.3 钢轨拉伸器

铁路钢轨焊接施工中,钢轨拉伸器按拉伸力、最大推力、锁紧形式进行选择。钢轨拉伸器的最大拉伸力为600~1000 kN,最大推力为150~200 kN,锁紧形式为楔铁夹紧轨头侧面和楔铁夹紧轨腰,对应此范围选择不同种类的产品,主要性能参数如表18-20所示。

表18-20 钢轨拉伸器主要性能参数

序号	最大拉力/kN	最大推力/kN	锁紧形式	最高额定工作压力/MPa	工作液压缸最大行程/mm	整机质量/kg	外形尺寸(长×宽×高)/(mm×mm×mm)	型号	厂家	参考价格/万元
1	600	150	楔铁夹紧轨头侧面	55	300	230	1900×785×160	LG-600	沈阳路邦机械有限公司	1.7
2	900	200	楔铁夹紧轨腰	67	500	370	1350×635×205	YLS-900	锦州市华山公务机械厂	2.2
3	1000	200	楔铁夹紧轨头侧面	67	500	340	1300×700×190	YLS-1000	锦州市华山公务机械厂	3

18.5.4 撞轨器

铁路钢轨焊接施工中,撞轨器按使用轨型进行选择,主要性能参数如表18-21所示。

18.5.5 探伤仪

铁路钢轨焊接施工中,探伤仪按照使用过程中的测量精度要求进行选择,主要性能参数如表18-22所示。

18.5.6 锯轨机

锯轨机的主要作用是将钢轨按要求快速准确地切断,主要性能参数如表18-23所示。

18.5.7 钢轨打磨机

钢轨打磨机是用于钢轨焊接接头及各种尖轨、道岔的打磨设备,主要性能参数如表18-24所示。

表18-21 撞轨器性能参数

序号	适用轨型	整机质量/t	材质	外形尺寸(长×宽×高)/(mm×mm×mm)	型号	厂家	参考价格/万元
1	50、60、75kg/m 钢轨	0.371	合金钢	2480×300×195	ZGQ	重庆霞山机电设备有限公司	0.8

表18-22 探伤仪主要性能参数

序号	分辨率	测量范围/mm	动态范围/dB	模拟宽带/MHz	品牌	型号	厂家	参考价格/万元
1	800×480	0.25~9700	0~110	0.520	通用电气	USM GO+	亚测(上海)仪器科技有限公司	4.6
2	800×450	0.25~6000	0~60	0.4~20	德斯森	0018	苏州德斯森电子有限公司	4.3

表 18-23　锯轨机主要性能参数

序号	动力形式	切割方向	功率/kW	切割范围/(kg/m)	整机质量/kg	品牌	型号	厂家	参考价格/元
1	四冲程汽油机	双向	6.5	43～75	52	永枫	NQG-6.5	山东永枫机械制造有限公司	4000
2	四冲程汽油机	双向	6.5	43～75	60	腾鑫	NQG-6.5	济宁腾鑫机械设备有限公司	5300
3	四冲程汽油机	双向	5.8	43～75	13.5	程煤	K1270便携式	济宁程煤工矿设备有限公司	17 000

表 18-24　钢轨打磨机主要性能参数

序号	回程油压/MPa	额定流量/(L/min)	额定油压/MPa	工作行程/mm	砂轮倾角/(°)	品牌	型号	厂家	参考价格/元
1	35	41	30	50	0～90	中煤	FMG2.2	山东中煤工程机械有限公司	4500
2	35	40	30	0～50	0～90	百雷	GM2.2	济宁晟亚机械设备有限公司	3600

18.5.8　端头打磨机

铁路钢轨焊接施工中,端头打磨机按除锈宽度、作业效率进行选择。根据钢轨型号、作业方式、作业效率的不同,选择不同种类的端头打磨机,主要性能参数如表 18-25 所示。

表 18-25　端头打磨机主要性能参数

序号	底面除锈宽度/mm	顶面除锈宽度/mm	顶面除锈区与轨端距离/mm	底部除锈区与轨端距离/mm	整机作业方向移动距离/mm	总功率/kW	整机质量/t	外形尺寸(长×宽×高)/(mm×mm×mm)	型号	厂家	参考价格/万元
1	≥130 ≥150	≥40	50～310 50～330	50～310 50～330	2000	3.7	20	4050×2200×2680	CKD-1580	上海瑞纽机械股份有限公司	260

18.6　轨道铺砟整道精调施工机械

18.6.1　配砟整形车

铺砟整道施工中,配砟整形车按作业方式、最大整形宽度、最大清扫宽度进行选择。配砟整形车的作业方式有单向和双向两种,整形宽度为 6.6～7.2 m,清扫宽度为 2.45～2.6 m。根据线路长度、工期长短来选择不同的配砟整形车,主要性能参数如表 18-26 所示。

表 18-26 配砟整形车主要性能参数

序号	作业方式	最大整形宽度/mm	最大清扫宽度/mm	最大配砟宽度/mm	最大作业深度/mm	常用作业速度/(km/h)	作业走行速度/(km/h)	工作质量/t	外形尺寸(长×宽×高)/(mm×mm×mm)	型号	厂家	参考价格/万元
1	双向	6600	2450	3620	1200	2~5	0~12	28	13 500×3050×3860	SPZ-200	中国铁建高新装备股份有限公司	330
2	双向	7200	2600	3620	1350	2~5	0~19	55	19 710×3224×4700	SPZ-350	金鹰重型工程机械股份有限公司	500
3	单向	7200	2600	3620	1200	2~5	0~15	55	13 500×3050×3860	DPZ-440	中国铁建高新装备股份有限公司	600

18.6.2 线路捣固车

铺砟整道施工中,线路捣固车按作业模式、作业效率进行选择。线路捣固车的作业模式为步进式和连续式两种,作业效率为1~2 km/h,根据线路长度、工期长短来选择不同的产品,主要性能参数如表18-27所示。

表 18-27 线路捣固车主要性能参数

序号	作业模式	常用作业效率/(km/h)	最高作业效率/(km/h)	作业走行速度/(km/h)	正矢/mm	工作质量/t	外形尺寸(长×宽×高)/(mm×mm×mm)	型号	厂家	参考价格/万元
1	步进式双枕	1	1.3	0~2.5	±2	58	23 330×3050×3650	DC-32	中国铁建高新装备股份有限公司	1100
2	连续式双枕	1.4	1.8	0~2.5	±2	75	27 700×3050×3750	DCL-32k	中国铁建高新装备股份有限公司	1660
3	连续式三枕	2	2.3	0~2.8	±2	126	34 200×3050×4130	DWL-48	中国铁建高新装备股份有限公司	3600

18.6.3 稳定车

铺砟整道施工中,稳定车按激振力进行选择。稳定车的激振力为0~2×200 kN,根据轨道情况来选择不同的产品,主要性能参数如表18-28所示。

表 18-28 稳定车主要性能参数

序号	总激振力/kN	作业效率/(km/h)	作业走行速度/(km/h)	工作质量/t	外形尺寸(长×宽×高)/(mm×mm×mm)	型号	厂家	参考价格/万元
1	0~2×200	0.2~2.5	0~2.5	60	18 942×2700×3970	WD-320	中国铁建高新装备股份有限公司	1200

18.6.4 钢轨打磨列车

轨道养护施工中,钢轨打磨列车按作业类型、打磨角度进行选择。钢轨打磨列车的打磨角度为内侧 70°到外侧 15°和－70°～－10°,根据作业类型、打磨角度选择不同的产品,主要性能参数如表 18-29 所示。

表 18-29 钢轨打磨列车主要性能参数

序号	适用线路类别	适用范围	打磨角度/(°)	模块化设计	车型	厂家	参考价格/万元
1	高速及普速铁路、地铁	直通轨、道岔、平交道	－70～15	2 台迷你 8M 打磨车同步运行	MINI8M	中国铁建高新装备股份有限公司	3500
2	高速及普速铁路	直通轨、道岔、平交道	－70～15	2 台 RR16M 打磨车同步运行	RR16M	珠海启世机械设备股份有限公司	3900
3	高速及普速铁路	直通轨	－70～15	2 台 ATLAS48 打磨车同步运行	ATLAS48M	珠海启世机械设备股份有限公司	3850

18.7 铁路营业线路养护维修机械

18.7.1 全断面道砟清筛机

轨道养护施工中,全断面道砟清筛机按挖掘宽度、最大拨道量进行选择。全断面道砟清筛机的挖掘宽度为 4～7.7 m,最大拨道量为 ±400 mm,根据工况、清筛类型选择不同的产品,主要性能参数见表 18-30。

18.7.2 线路大修列车

轨道养护施工中,线路大修列车主要用于普通短轨线路或无缝线路更换钢轨、轨枕的作业,具有单独更换钢轨、单独更换轨枕及同时更换钢轨和轨枕 3 种功能,主要性能参数如表 18-31 所示。

表 18-30 道砟清筛机主要性能参数

序号	挖掘宽度/mm	最大拨道量/mm	最大挖掘深度/mm	最大作业效率/(m³/h)	工作质量/t	外形尺寸(长×宽×高)/(mm×mm×mm)	型号	厂家	参考价格/万元
1	4030、4530、5030	±400	1000	650	88	31 346×3150×4740	QS-650k	中国铁建高新装备股份有限公司	2600
2	4000、4300、4700	±300	1000	650	123	29 510×3300×4650	QS-650x	金鹰重型工程机械股份有限公司	2400
3	5000～7700	—	850	550	95	31 500×3200×4750	CQS-550	中国铁建高新装备股份有限公司	2500

表 18-31 线路大修列车主要性能参数

序号	作业效率/(m/h)	最高自运行速度/(km/h)	作业走行速度/(km/h)	工作质量/t	外形尺寸(长×宽×高)/(mm×mm×mm)	型号	厂家	参考价格/万元
1	500	5	0～1.1	276	84 400×3250×4650	DXC-500	金鹰重型工程机械股份有限公司	7500

18.7.3 道岔铺换设备

轨道养护施工中,道岔换铺设备主要用于铁路营业线路既有道岔设备的整组铺换,具有单机"遥控"或"手动"操作功能及多机联机操作的功能。根据有效载荷、最大举升行程、最大举升力等选择不同的产品,主要性能参数如表 18-32 所示。

表 18-32　道岔铺换设备主要性能参数

序号	有效载荷/tf	最大举升行程/mm	最大举升力/tf	横移行程/mm	纵移行程/mm	最高作业走行速度/(km/h)	型号		厂家	参考价格/万元
1	16	1850	20	±1375	150	5	CPH	上位机	山东神华机械制造有限公司	3.65
		350		±400	—	7.5		下位机		
2	16	700	20	±1000	150	3	PEM	上位机	山东奥莱机械有限公司	2.6
		700		±350	—	5		下位机		

18.7.4 换轨车

铁路钢轨铺设施工中,换轨车按走行方式、换轨数量、工期的不同,分别选择不同型号的产品,主要性能参数如表 18-33 所示。

表 18-33　换轨车主要性能参数

序号	走行方式	作业走行速度/(km/h)	型号	外形尺寸（长×宽×高）/(mm×mm×mm)	最高作业效率	整机质量/t	厂家	参考价格/万元
1	非自走行	0～6	HGCY-6	14 700×3000×4200	—	50	陕西兴平养路机械厂	180
2	非自走行	3～5	HGC-Ⅲ	19 500×3200×4300	—	35	郑州铁路装备制造有限公司	170
3	自走行	0～10	HGCZ-2000	31 480×3200×4700	2000	77	宝鸡南车时代工程机械有限公司	1900

参考文献

[1] 卿三惠. 高速铁路施工技术:轨道工程分册[M]. 北京:中国铁道出版社,2013.

[2] 中国铁路总公司运输局工务部. 铁路工务技术手册:轨道[M]. 北京:中国铁道出版社,2020.

[3] 中国铁路总公司运输局工务部. 铁路工务技术手册:工务机械[M]. 北京:中国铁道出版社,2017.

[4] 中铁十一局集团有限公司. 无砟轨道施工技术[M]. 北京:中国铁道出版社,2016.

[5] 中铁十一局集团有限公司. 铁路工程铺架施工技术[M]. 北京:中国铁道出版社,2019.

第6篇

电气化施工机械

第19章

概 述

19.1 电气化铁路

电气化铁路是以电能为牵引动力的铁路，外部电网（国家、地方）通过铁路牵引供电系统，为铁路牵引机车（电力机车、电动车组等）提供动力。牵引供电系统包括牵引变电所、接触网及相关的调度控制系统，其中接触网系统按结构形式分为柔性和刚性两种，本篇所述内容主要涉及柔性接触网，刚性接触网相应内容可参考其他书籍。

19.2 电气化施工及机械

电气化铁路工程指铁路牵引供电工程及相应的配套工程。牵引供电工程包括牵引变电工程和接触网工程。牵引变电工程的施工内容有基础浇筑、构架组立、软母线安装、设备安装、电缆敷设及设备单体调试等工序，常用机械设备为各种类型的起重机械和载重汽车，主要有滤油机、电气试验车和移动式组合电容器等。本篇后续着重叙述接触网工程相关内容，牵引变电工程其他相关内容请参考有关书籍。

接触网工程根据施工内容，按照施工流程组织机械化施工。接触网工程的吊弦及腕臂等部件分别由整体吊弦预配中心和腕臂预配中心集中制作。目前，整体吊弦预配中心和腕臂预配中心采用智能化生产作业。

19.2.1 接触网施工内容及机械

接触网工程按施工内容分为基础浇筑及桥、隧打灌施工，支柱安装、架构组立、硬横梁架设及隧道吊柱安装施工，腕臂结构安装，承导线架设及调整，接触网设备安装，供电线电缆施工，冷滑试验、静态检测，主变安装施工，牵引变电试验等工序。

1. 基础浇筑及桥、隧打灌施工

基础浇筑由基坑开挖、钢筋笼制作、基础浇筑等工序组成。桥、隧打灌由打孔、埋设化学锚栓等工序组成。主要施工机械如表19-1所示。

2. 支柱安装、架构组立、硬横梁架设及隧道吊柱安装施工

支柱安装、架构组立、硬横梁架设及隧道吊柱安装包括运输、装卸、组装、吊装等工序，主要施工机械如表19-2所示。

3. 腕臂结构安装

腕臂结构安装由预配、运送、安装等工序组成，主要施工机械如表19-3所示。

4. 承导线架设及调整

承导线架设施工包含附加线、承力索及接触线架设；调整是对架设的线索进行调整。主要施工机械如表19-4所示。

——铁路机械

表 19-1　基础浇筑及桥、隧打灌施工主要机械

施工内容	施工流程（与机械相关）	主要施工机械	备　注
基础浇筑	基坑开挖	挖掘机	路基外单设支柱基础用
		旋挖钻机	桩基础开挖
		轮式起重机	沉井支护
		发电机	石坑时需要
		抽水机	水坑时需要
		空气压缩机	石坑时需要
	钢筋笼制作	钢筋切割机	—
		钢筋调直机	—
		钢筋弯曲机	—
		电焊机	—
	基础浇筑	混凝土搅拌机	—
		发电机	—
		混凝土搅拌运输车	高铁客运专线要求用商用混凝土运输车
桥、隧打灌	打孔、埋设化学锚栓	货车	—
		升降高空作业车	—
		接触网作业车	—
		隧道接触网定位打孔专用车	—

表 19-2　支柱安装、架构组立、硬横梁架设及隧道吊柱安装施工主要机械

施工内容	施工流程（与机械相关）	主要施工机械	备　注
支柱安装、架构组立、硬横梁架设、隧道吊柱安装	运输、装卸	货车	—
		汽车起重机	—
		重型轨道车	—
		接触网作业车	—
		起重轨道车	—
		接触网立杆车	—
		平车	—
	组装、吊装	重型轨道车	—
		接触网作业车	—
		起重轨道车	—
		接触网立杆车	—
		平车	—
		特型轮式起重车	适用高铁无砟线路两线间施工
		公铁两用高空作业平台	

表 19-3　腕臂结构安装主要机械

施工内容	施工流程（与机械相关）	主要施工机械	备注
腕臂结构安装	预配	自动化腕臂预配平台	—
	运送	内燃叉车	—
		货车	—
	安装	接触网作业车	—
		公铁两用高空作业平台	—
		新型接触网腕臂安装装备	—

表 19-4　承导线架设及调整施工主要机械

施工内容	施工流程（与机械相关）	主要施工机械	备注
承导线架设及调整	架线	接触网恒张力放线车	—
		接触网放线车	—
		接触网作业车	—
		起重轨道车	—
		平车	—
		货车	—
		轮式起重机	—
		公铁两用架线车	—
		绞盘	人工架设附加线时采用
	调整	接触网作业车	—
		吊弦标定机	—
		接触网电动梯车	铁道专用
		公铁两用作业车	—
		货车	—
		智能整体吊弦预配中心	—

5．接触网设备安装

接触网设备主要包含隔离开关、避雷器、分段绝缘器及分相设备，其运输和安装的主要施工机械如表 19-5 所示。

表 19-5　接触网设备安装主要机械

施工内容	施工流程（与机械相关）	主要施工机械	备注
接触网设备安装	运输	接触网作业车	—
		重型轨道车	—
		起重轨道车	—
		平车	—
		货车	—
		轮式起重机	—
	安装	重型轨道车	—
		接触网作业车	—
		轨道起重车	—
		接触网立杆车	—
		平车	—
		轮式起重机	—
		液压机	压接设备线夹、电连接用

6. 供电电缆施工

供电电缆施工包含电缆沟开挖、电缆敷设、电缆终端及中间头制作、电缆测试、电缆上桥爬架安装等工序,主要施工机械如表19-6所示。

7. 冷滑试验、静态检测

冷滑试验是接触网静态检测前的一道工序,静态检测是对竣工的接触网工程进行的一种检测方法,主要施工机械如表19-7所示。

8. 主变安装施工

牵引变电所主变安装包括变压器就位、油箱等附件安装等工序,主要施工机械如表19-8所示。

9. 牵引变电试验

牵引变电试验和外电受电后空载试验是电气化铁路正式投入运行前的最后一道工序,主要施工机械如表19-9所示。

表19-6 供电电缆施工主要机械

施工内容	施工流程(与机械相关)	主要施工机械	备注
供电电缆敷设	电缆运输装卸	轮式起重机	—
		货车	—
	电缆沟开挖	挖掘机	
	电缆敷设	绞盘	—
		货车	
	电缆上桥爬架安装	升降高空作业车	

表19-7 冷滑试验和静态检测主要机械

施工内容	施工流程(与机械相关)	主要施工机械	备注
冷滑、检测	冷滑试验	接触网检测作业车	—
	静态检测	接触网检测作业车	—

表19-8 主变安装主要机械

施工内容	施工流程(与机械相关)	主要施工机械	备注
主变安装	变压器就位	轮式起重机	60 t
		货车	
	油箱等附件安装	轮式起重机	8 t
		滤油机	过滤变压器油

表19-9 牵引变电试验主要机械

施工内容	施工流程(与机械相关)	主要施工机械	备注
牵引变电试验	电气试验	电气试验车	受电前
	空载试验	组合型移动电容器	受电后

19.2.2 接触网施工流程及机械

接触网施工流程为物料运输、吊装作业、上部安装、线缆架设、调整作业、检测作业、基坑开挖、接地及回流等内容。其中,基坑开挖、接地、回流施工中使用的为通用机械,在此不作介绍。

1. 物料运输

物料运输施工是为施工现场运送各种物资、设备、材料为主的作业项目。主要施工机械有牵引车辆、物料装载平车。牵引车辆一般为重型轨道车、接触网作业车或起重轨道车,平车为货运平车或专用轨道平车,如图19-1所示。

2. 吊装作业

吊装作业指在接触网施工中使用轨道起重机为主的作业项目的统称，包含支柱组立、硬横梁架设、大中型设备安装等多种吊装作业内容。接触网施工中最常见的吊装作业是接触网支柱的组立，因而又被称为立杆作业。

吊装作业的主要施工机械有牵引车辆、轨道起重机、平车等。牵引车辆一般为重型轨道车、接触网作业车或起重轨道车；轨道起重机为起重轨道车或接触网立杆作业车；平车为货运平车或专用轨道平车，如图19-2所示。

图19-1 使用作业车组运送物料

图19-2 使用接触网立杆作业车进行立杆作业

3. 上部安装

上部安装施工是接触网施工中以高空作业平台为主要作业位置的作业项目的统称，包含接触网腕臂安装、补偿安装、吊柱安装、锚栓打灌等作业项目。因腕臂、补偿装置等材料安装位置位于支柱的上部，统称为上部安装。

上部安装的主要施工机械有牵引车辆、带有作业平台的车辆、平车。牵引车辆为重型轨道车、接触网作业车或起重轨道车；带有作业平台的车辆为接触网作业车，平车为货运平车或专用轨道平车，如图19-3所示。

4. 线缆架设

线缆架设施工是接触网施工中以放线车为主的作业项目的统称，包含承力索架设、接触线架设、附加线架设、光电缆敷设等作业内容。因承力索、接触线、附加线、光电缆在接触网专业统称为线材，所以又被称为放线作业。

线缆架设的主要施工机械有牵引车辆和接触网放线车。牵引车辆为重型轨道车、接触网作业车或起重轨道车；接触网放线车为张力放线车、恒张力放线车或安装可拆卸式放线装置的平车，如图19-4所示。

5. 调整作业

调整作业是接触网施工中以调整接触网上部各零部件安装位置、安装参数为主的作业项目的统称，包含承导线调整、腕臂调整、补偿装置调整、附加线调整等作业项目。因其经常与上部安装作业同时进行,所以统称为上部安装调整作业。

调整作业的主要施工机械有接触网作业车或带有作业平台的其他车辆,如图19-5所示。其中,当作业量较大,需携带较多的施工物资和器材时,可将编组中的接触网作业车替换为平车,以装载物资和器材。

6. 检测作业

检测作业是接触网施工中以检查弓网关系、零部件安装位置为主的作业项目的统称。主要施工机械为接触网检测作业车或带有专用检测装置的其他车辆,如图19-6所示。

图 19-3　使用接触网作业车作业平台进行上部安装作业

图 19-4　使用恒张力放线车组进行放线作业

图 19-5　使用接触网作业车作业平台进行上部安装调整作业

图 19-6　使用接触网作业车冷滑装置检查弓网关系

19.2.3　整体吊弦预配中心和腕臂预配中心

1. 整体吊弦预配中心

整体吊弦预配中心的生产工艺流程主要包括零件上料、对轮输送、焊接、穿线、回抽、收紧、切断、零件压接、成品下料，检测工艺流程包括辅助上料、自动检测、自动打印标签、手动粘贴及下料。

整体吊弦预配中心的主要生产机械有本体料盘组、本体制造模块、捆包机、出料模块、线夹装配模块、双工位桁架机械手、激光打码器、本体制造机器人、操作台、安全防护网、线夹装配机器人、线夹料盘组等。

2. 腕臂预配中心

腕臂预配的施工流程有上料、锯切/钻孔/修磨、喷标输送、预配、下料等。

腕臂预配中心的主要生产机械有桁架机械手、电推杆、板链机、修磨装置、喷码装置、机器人、智能叉车等。

19.3　电气化铁路相关技术标准及规范

电气化铁路标准有设计标准、施工技术标准、施工验收标准及施工机械配置标准，具体如表 19-10 所示。

表 19-10　电气化铁路相关技术标准及规范

序号	资料名称	标准号/文号
1	铁路电力牵引供电设计规范	TB 10009—2016
2	铁路电力牵引供电工程施工质量验收标准	TB 10421—2018
3	高速铁路电力牵引供电工程施工技术规程	Q/CR 9609—2015
4	铁路通信、信号、电力、电力牵引工程施工机械配置技术规程	Q/CR 9228—2015
5	电气化铁路接触网检修作业车	TB/T 2180—2018
6	重型轨道车技术条件	GB/T 10082—2010
7	起重轨道车	TB/T 2187—2014
8	电气化铁路接触网立杆作业车	TB/T 3273—2011
9	电气化铁路接触网恒张力放线车	TB/T 3272—2011
10	电气化铁路接触网作业车　接触网专用平车	TB/T 3564—2020
11	轨道平车通用技术条件	TB/T 2033—2003
12	轨道作业车管理规则	铁工电〔2021〕24 号

第20章

选型与配备

接触网施工机械的选型与配备依据工程数量、工期、环境和作业效能等因素,按照施工组织设计的相关要求进行。接触网施工机械为各种类型的自轮运转设备、起重机械、货车等,其中主要施工机械是各种自轮运转设备,可以按有无走行动力划分:有走行动力的包括重型轨道车、接触网作业车、轨道起重车等,无走行动力的包括接触网立杆车、平车、接触网放线车等;也可以按用途划分:牵引类的有重型轨道车、接触网作业车等;作业类的有接触网作业车、接触网立杆车、接触网放线车等;装载运输类的有平车等;还可以按功能划分:重型轨道车、接触网作业车、接触网立杆车、轨道起重车、接触网检测车、接触网放线车等。

接触网施工机械的选型要考虑作业内容,并综合考虑机械的多功能、通用性及经济性等因素。机械的配备是按照物料运输、吊装作业、上部安装、线缆架设、调整作业、检测作业等流程,以车组为基本的作业单元进行统一使用和管理,分散作业。每车组配置有牵引车辆和作业功能车辆。根据运行及作业区段的线路情况及牵引车辆的总牵引力,调整牵引车辆和其他车辆的数量。原则上每车组配置车辆总数不超过10台,牵引车辆不少于2台。在封锁区间,根据线路情况及牵引车辆牵引力等,将车组拆分为若干个作业组,每个作业组配有牵引车辆。

20.1 接触网施工机械选型

1. 物料运输机械

物料运输机械的选型主要考虑物料的质量、尺寸等因素。

物料运输时在任何一个区段内运行,会遇到各种长短不等、坡度不一的坡道。在所有的坡道内,总有一个上坡道是最难通过的,而作业车组的最大可装载质量往往被这个最难通过的上坡道所限制。相关计算较为复杂,为便于施工,可按各种牵引车辆说明书中附带的牵引吨位表(表20-1、表20-2)进行简易计算,公式如下:

$$Q < P - T \qquad (20\text{-}1)$$

式中,Q 为车组最大装载质量,t;P 为各牵引车辆在最大坡道时牵引吨位之和,t;T 为整列空载质量,t。

2. 吊装作业机械

立杆作业车的选型主要考虑吊物的质量。接触网作业车、重型轨道车作为牵引车辆,主要依据单次装载物资和器材的质量(装载物资和器材质量按式(20-1)计算)进行选型。轨道起重车兼顾牵引和吊装两项任务,需综合考虑单次装载物资和器材的质量和吊物的质量。

吊装作业所涉及的吊物质量都小于5 t(表20-3~表20-5),吊装工作幅度一般在7 m以内。接触网立杆车和起重轨道车有16 t和25 t两种规格,均可满足全部作业需求(表20-6、表20-7)。

表 20-1　JW-4 型接触网检修作业车牵引吨位

挡　位	运行速度/(km/h)	轮周牵引力/kN	各坡道牵引吨位/t					
			0	0.6%	1.2%	1.8%	2.4%	3%
起步	4～8	38.5	900	360	200	140	100	70
1	8～12	37.6	900	360	200	140	100	70
2	12～16	37.1	900	360	200	140	100	70
3	16～22	27.9	900	300	150	90	60	40
4	22～30	20.7	900	210	100	60	30	20
5	30～40	15.2	690	130	60	30	—	—
6	40～55	11.1	410	80	30	—	—	—
7	55～74	8.1	220	40	—	—	—	—
8	74～100	6.0	90	—	—	—	—	—

说明：

① 本牵引吨位表按照《列车牵引计算　第 1 部分：机车牵引式列车》(TB/T 1407.1—2018)进行计算；

② 起步、1、2、3、4 挡原则上只在起步时使用；

③ 被牵引车辆按照滚动轴承承载货车计算阻力。

表 20-2　JW-4G 型接触网检修作业车牵引吨位

运行速度/(km/h)	轮周牵引力/kN	各坡道牵引吨位/t					
		0	0.6%	1.2%	1.8%	2.4%	3%
0	51.3	1050	360	220	150	100	75
10	42.6	1050	360	220	140	90	60
20	34.3	1050	300	160	90	60	35
30	27.6	1050	250	110	60	35	—
40	22.3	950	180	80	40	—	—
50	18.3	700	130	50	—	—	—
60	15.2	500	90	30	—	—	—
70	12.8	350	60	—	—	—	—
80	10.5	240	30	—	—	—	—
90	10.4	200	—	—	—	—	—
100	9.9	150	—	—	—	—	—
110	9.3	100	—	—	—	—	—
120	8.7	60	—	—	—	—	—

说明：

① 本牵引吨位表按照《列车牵引计算　第 1 部分：机车牵引式列车》(TB/T 1407.1—2018)进行计算；

② 被牵引车辆按照滚动轴承承载货车计算阻力。

表20-3 H型钢柱及硬横跨支柱质量

序号	名称	规格型号	支柱高度/m	法兰盘型号	钢柱质量计算	钢柱质量/kg	支柱用途	备注
1	H型钢柱	GH240A/7.4	7.4	A	$83.2 \times L + 92$	707.68	中间柱	桥
2	H型钢柱	GH240A/7.8	7.8	A	$83.2 \times L + 92$	740.96	中间柱	路基
3	H型钢柱	GH240A/8.4	8.4	A	$83.2 \times L + 92$	790.88	中间柱	车站路基
4	H型钢柱	GHT240B/7.8	7.8	B	$157 \times L + 129$	1353.6	关节补偿下锚柱、转换柱	路基
5	H型钢柱	GHT240B/8.4	8.4	B	$157 \times L + 129$	1447.8	关节补偿下锚柱	路基
6	H型钢柱	GHT240B/8.6	8.6	B	$157 \times L + 129$	1479.2	开关中间柱	桥
7	H型钢柱	GHT240B/9.0	9	B	$157 \times L + 129$	1542	隔离开关转换柱	路基
8	H型钢柱	GHT240B/10.6	10.6	B	$157 \times L + 129$	1793.2	上下行并联开关柱	桥
9	H型钢柱	GHT240B/11	11	B	$157 \times L + 129$	1856	上下行并联开关柱	路基
10	H型钢柱	GHT240C/7.4	7.4	C	$157 \times L + 170$	1331.8	下锚补偿柱、转换柱	桥
11	H型钢柱	GHT240C/8.6	8.6	C	$157 \times L + 170$	1520.2	开关转换柱	桥
12	H型钢柱	GHT240C/10.6	10.6	C	$157 \times L + 170$	1834.2	上下行并联开关柱	桥
13	H型钢柱	GH260A/7.4	7.4	A	$93 \times L + 90$	778.2	中间柱	桥
14	H型钢柱	GH260A/7.8	7.8	A	$93 \times L + 90$	815.4	中心锚结柱	车站路基
15	H型钢柱	GH280B/7.4	7.4	B	$103 \times L + 127$	889.2	中心锚结下锚柱、附加线对锚柱	桥
16	H型钢柱	GH280B/7.8	7.8	B	$103 \times L + 127$	930.4	中心锚结下锚柱、对向下锚柱	路基
17	H型钢柱	GH280C/7.4	7.4	C	$103 \times L + 167$	929.2	中心锚结下锚柱、对向下锚柱	桥
18	硬横梁支柱	BGZ5-9.55	9.55	—	$83.8 \times L + 157$	957.29	边柱	
19	硬横梁支柱	BGZ5-9.55	9.55	—	$83.8 \times L + 185$	985.29	中柱	
20	硬横梁支柱	BGZ6-9.55	9.55	—	$100 \times L + 157$	1112	边柱	
21	硬横梁支柱	BGZ6-9.55	9.55	—	$100 \times L + 185$	1140	中柱	
22	横梁	PC1-15	15	—	$80.3 \times L + 115$	1319.5	单跨横梁	
23	横梁	PC1-25	25	—	$80.3 \times L + 125$	1329.5	单跨横梁	
24	横梁	PC1-30	30	—	$80.3 \times L + 135$	1339.5	单跨横梁	
25	横梁	PC2-35	35	—	$105 \times L - 400$	3275	单跨横梁	

表 20-4 接触网支柱尺寸（1）

支柱规格	柱长/m	柱底尺寸/mm		柱顶尺寸/mm		锥度		质量/t
		高	宽	高	宽	高面	宽面	
H 38/8.2+2.6	10.8	550	290	280	200	1/40	1/120	1.43
H 38/8.7+2.6	11.3	550	290	267	196	1/40	1/120	1.50
H 38/9.2+2.6	11.8	550	290	255	192	1/40	1/120	1.54
H 60/8.2+3.0	11.2	705	291	425	216	1/40	1/150	1.85
H 60/8.7+3.0	11.7	705	291	413	213	1/40	1/150	1.95
H 60/9.2+3.0	12.2	705	291	400	210	1/40	1/150	2.05
H 78/8.2+3.0	11.2	705	291	425	216	1/40	1/150	1.85
H 78/8.7+3.0	11.7	705	291	413	213	1/40	1/150	1.95
H 78/9.2+3.0	12.2	705	291	400	210	1/40	1/150	2.05
H 93/8.2+3.0	11.2	705	291	425	216	1/40	1/150	1.85
H 93/8.7+3.0	11.7	705	291	413	213	1/40	1/150	1.95
H 93/9.2+3.0	12.2	705	291	400	210	1/40	1/150	2.05

表 20-5 接触网支柱尺寸（2）

支柱规格	柱长/m	柱底尺寸/mm		柱底法兰盘/mm		柱顶尺寸/mm		锥度		质量/t
		高	宽	高	宽	高	宽	高面	宽面	
H90/12+3.5	15.5	920	403	—	—	300	300	1/25	1/150	4.20
H130/12+3.5	15.5	920	403	—	—	300	300	1/25	1/150	4.20
H170/12+3.5	15.5	920	403	—	—	300	300	1/25	1/150	4.20
H150/13	13	820	387	1100	700	300	300	1/25	1/150	3.90
H150/15	15	900	400	1160	760	300	300	1/25	1/150	4.60
H200/13	13	820	387	1100	700	300	300	1/25	1/150	3.90
H200/15	15	900	400	1160	760	300	300	1/25	1/150	4.60
H250/13	13	820	387	1100	700	300	300	1/25	1/150	3.90
H250/15	15	900	400	1160	760	300	300	1/25	1/150	4.60
H300/15	15	900	400	1160	760	300	300	1/25	1/150	4.60
H350/15	15	900	400	1160	760	300	300	1/25	1/150	4.60

3．上部安装机械

上部安装机械有接触网作业车等，用于牵引和安装设备或物资，其选型需综合考虑单次装载物资和器材的质量（装载物资和器材质量按式（20-1）计算）、安装物的质量和高度。

4．线缆架设机械

线缆架设机械有放线车、接触网作业车等。放线车用于承力索、接触线、附加线、光电缆等线材架设，其按施工要求的效率、线材技术要求（接触导线或承力索的收放线高度、收放线范围、放线张力等）进行选型。接触网作业车按牵引吨位进行选型。

5．调整作业机械

调整作业机械是接触网作业车，用于牵引、承导线调整、腕臂调整、补偿装置调整、附加线调整等作业，其选型依据是相关作业的技术要求、装载物资和器材的质量（装载物资和器材质量按式（20-1）计算）。

6．检测作业机械

检测作业机械有接触网作业车和检测装置。接触网作业车按牵引吨位进行选型。检测装置的型号根据检测内容、使用对象确定。

表20-6 LG-4型接触网立杆车额定起重质量

工作幅度/m	支腿(横向跨距5.5 m)全方位回转 吊臂长度/m				工作幅度/m	支腿横向跨距3.0 m 全方位回转 吊臂长度/m				工作幅度/m	不使用支腿顺轨±18°内回转 吊臂长度/m				工作幅度/m	正侧方,不使用支腿(非移动作业) 外轨超高/mm			工作幅度/m	支腿全伸(横向跨距5.5 m)全方位或不使用支腿顺轨±18°范围 带载伸缩,臂长范围/m			t
	7.00	9.50	14.30	19.10		7.00	9.50	14.30	19.10		7.00	9.50	14.30	19.10		0	80	125		7.00~9.50	9.50~14.30	14.30~19.10	
3.0	16	16	—	—	3.0	16	16	—	—	3.0	16	16	—	—	3.0	13.7	12.5	11.8	3.0	3.2	—	—	
3.5	16	16	—	—	3.5	16	16	—	—	3.5	16	16	—	—	3.5	10.8	9.8	9.2	3.5	3.2	—	—	
4.0	16	16	14.1	—	4.0	16	16	14.1	—	4.0	16	16	13	—	4.0	8.8	7.9	7.4	4.0	3.2	2.8	—	
4.5	16	16	13.4	—	4.5	16	15.6	13.4	—	4.5	16	16	12.4	9.4	4.5	7.2	6.5	6.1	4.5	3.2	2.7	—	
5.0	16	16	12.8	10.1	5.0	15.6	13.4	12.8	9.4	5.0	16	16	11.8	9.0	5.0	6.1	5.4	5.1	5.0	3.2	2.6	2.0	
5.5	16	16	12.2	9.6	5.5	13.4	11.3	12.2	9.0	5.5	13.9	13.6	11.2	8.6	5.5	5.2	4.6	4.2	5.5	3.2	2.4	2.0	
6.0	16	16	11.5	9.2	6.0	11.3	10.1	11.5	8.6	6.0	11.3	11.6	10.5	8.2	6.0	4.4	3.9	3.6	6.0	3.2	2.3	1.9	
6.5	16	14	10.9	8.8	6.5	10.1	8.9	10.9	8.2	6.5	9.7	9.9	7.9	6.5	3.8	3.3	3.0	6.5	2.8	2.2	1.8		
7.0	13	13	10.3	8.4	7.0	8.9	7.9	10.3	7.9	7.0	8.1	8.8	9.3	7.6	7.0	3.2	2.8	2.5	7.0	2.6	2.1	1.8	
7.5	12	12	9.8	8.1	7.5	7.9	7.0	9.8	7.6	7.5	6.8	8.0	8.8	7.3	7.5	2.8	2.4	2.1	7.5	2.4	2.0	1.7	
8.0	11	11	9.3	7.8	8.0	7.0	5.9	9.3	7.3	8.0	5.5	7.1	8.0	7.0	8.0	2.4	2.0	1.8	8.0	2.2	1.9	1.6	
8.5	—	—	8.9	7.5	8.5	—	5.4	8.9	7.0	8.5	4.3	6.1	7.1	6.7	8.5	2.1	1.7	1.4	8.5	—	1.8	1.5	
9.0	—	—	8.4	7.2	9.0	—	4.6	8.4	6.7	9.0	—	5.5	6.1	6.4	9.0	2.1	1.7	1.4	9.0	—	1.7	1.4	
9.5	—	—	8.1	7.0	9.5	—	3.9	8.1	6.4	9.5	—	4.5	5.5	5.8	9.5	1.9	1.6	1.4	9.5	—	1.6	1.4	
10	—	—	7.7	6.6	10	—	3.3	7.7	5.8	10	—	3.9	4.5	5.1	10	1.7	1.4	1.3	10	—	1.5	1.3	
10.5	—	—	7.3	6.4	10.5	—	—	7.3	5.1	10.5	—	3.5	3.9	4.5	10.5	1.5	1.3	1.1	10.5	—	1.5	1.3	
11	—	—	7.1	6.1	11	—	—	7.1	4.5	11	—	3.0	3.5	3.9	11	1.3	1.1	0.9	11	—	1.4	1.2	
11.5	—	—	6.8	5.8	11.5	—	—	6.8	3.9	11.5	—	—	3.0	3.5	11.5	1.2	0.9	0.8	11.5	—	1.4	1.2	
12	—	—	6.5	5.6	12	—	—	6.5	3.5	12	—	—	2.5	3.2	12	1.0	0.8	0.6	12	—	1.3	1.1	
12.5	—	—	6.2	5.3	12.5	—	—	6.2	3.2	12.5	—	—	2.1	2.8	12.5	0.9	0.6	0.5	12.5	—	1.2	1.1	
13	—	—	6.0	5.1	13	—	—	6.0	2.8	13	—	—	1.6	2.1	13	0.9	0.6	0.4	13	—	1.2	1.0	
14	—	—	—	4.5	14	—	—	—	2.5	14	—	—	—	1.5	14	0.8	0.6	—	14	—	—	0.9	
15	—	—	—	4.2	15	—	—	—	2.1	15	—	—	—	0.9	15	0.6	0.4	—	15	—	—	0.8	
16	—	—	—	3.9	16	—	—	—	1.8	16	—	—	—	0.5	16	0.4	—	—	16	—	—	0.8	
17	—	—	—	3.6	17	—	—	—	—	17	—	—	—	—	17	—	—	—	17	—	—	0.7	
18	—	—	—	3.4	18	—	—	—	—	18	—	—	—	—	18	—	—	—	18	—	—	0.7	

表 20-7 GQC-25 型起重轨道车额定起重质量

kg

工作幅度/m	臂长 9.98 m				臂长 12.61 m				臂长 15.24 m				臂长 17.87 m				臂长 20.51 m			
	5 m 跨距	3.5 m 跨距	移动作业	特殊工况	起升高度/m	5 m 跨距	3.5 m 跨距	移动作业	特殊工况	起升高度/m	5 m 跨距	3.5 m 跨距	移动作业	特殊工况	起升高度/m	5 m 跨距	3.5 m 跨距	移动作业	特殊工况	起升高度/m
3	25 000	20 000	10 000	3000	10.2	—	—	—	—	—	—	—	—	—	—	—	—	—	—	—
3.5	25 000	19 000	8500	2700	10	—	—	—	—	—	—	—	—	—	—	—	—	—	—	—
4	25 000	18 000	7000	2300	9.8	18 000	12 000	7000	2300	12.7	—	—	—	—	—	—	—	—	—	—
4.5	25 000	16 500	5800	1800	9.5	17 000	11 500	5800	1800	12.5	14 000	11 500	7000	2300	15.4	—	—	—	—	—
5	22 000	14 500	4800	1400	9.2	15 500	11 000	4800	1400	12.2	13 500	11 000	5800	1800	15.3	12 500	10 000	5800	1800	17.9
5.5	19 500	12 500	4000	1200	8.8	14 000	10 500	4000	1200	12.2	13 000	10 500	4800	1400	15.1	12 000	10 000	4800	1400	17.7
6	16 500	11 500	3500	1000	8.4	12 500	10 000	3500	1000	12	12 500	10 000	4000	1200	14.9	11 500	9500	4000	1200	17.5	10 500	9000	4800	1400	20.6
6.5	13 000	11 000	3000	900	8	11 500	9500	3000	900	11.7	12 000	9500	3500	1000	14.7	11 000	9000	3500	1000	17.3	9500	8500	4000	1200	20.5
7	11 500	10 000	2700	700	7.4	11 000	9000	2700	700	11.4	11 500	9000	3000	900	14.4	10 000	8300	3000	900	17.1	9000	8000	3500	1000	20.3
8	10 000	8500	2300	600	6.1	10 000	8300	2300	600	11	10 800	8300	2700	700	13.5	9000	7200	2700	700	16.6	8200	7500	3000	900	20.2
9	8000	7500	1800	500	3.8	9000	7200	1800	500	10.2	9800	7200	2300	600	12.8	8000	6200	2300	600	16	7400	6700	2700	800	20
10	—	—	—	—	—	8000	6000	1400	450	9.1	8800	6000	1800	500	11.9	7000	5500	1800	500	15.3	6700	5900	2300	700	19.5
11	—	—	—	—	—	7000	5100	1200	400	7.8	7600	5100	1400	450	10.8	6500	5000	1400	450	14.5	6000	5200	1800	600	19.1
12	—	—	—	—	—	—	—	—	—	6	6200	4500	1200	400	9.6	6000	4200	1200	400	13.6	5500	4500	1400	500	18.5
13	—	—	—	—	—	—	—	—	—	—	5800	4000	1000	—	7.9	5500	3800	1000	—	12.6	5000	4000	1200	400	17.9
14	—	—	—	—	—	—	—	—	—	—	5200	3500	900	—	5.4	4800	3200	900	—	11.3	4600	3500	1000	—	17.1
15	—	—	—	—	—	—	—	—	—	—	4800	3100	700	—	—	4500	3000	700	—	9.7	4300	3100	900	—	16.3
16	—	—	—	—	—	—	—	—	—	—	—	—	—	—	—	4000	2500	600	—	7.6	3800	2800	700	—	15.4
17	—	—	—	—	—	—	—	—	—	—	—	—	—	—	—	3600	2200	500	—	—	3500	2300	600	—	14.3
18	—	—	—	—	—	—	—	—	—	—	—	—	—	—	—	—	—	—	—	—	3200	2000	500	—	13
19																					3000	1700	450	—	11.5
20																					—	1500	400	—	9.7

说明:

① 表中给定值是在地面坚实、整机调平状态下起重车的额定起重质量。"工作幅度"是指吊载后吊钩中心到回转中心的水平距离。

② 臂长 9.98 m 吊载时，各起用臂必须处于完全缩回状态。

③ 中额定起重质量包括起重吊钩质量 300 kg。

④ 本机可吊载伸缩，但允许各单吊载以单根钢丝绳的起重质量不大于表中规定数值的 40%。

⑤ 钢丝绳可吊载的倍率可设定为 6、4、3，但起重吊钩最小倍率应以单根钢丝绳的起重质量不大于 4200 kg 来决定。

⑥ "移动作业"是指不打支腿在平直道上作业；"特殊工况"是指不打支腿在外机超高大于 100 mm 的曲线上作业。

⑦ 移动作业工况和特殊工况作业时，表中数值为起重车悬挂系统由液压锁缸锁定为刚性悬挂时的起重质量。

20.2 接触网施工机械配备

接触网施工机械的配备分为基本配备及按施工流程配备。

20.2.1 基本配备

接触网作业车组有3种基本编组方案。

1. 基本编组方案1

每个车组编入2台接触网作业车、1台接触网立杆车、2台平车。具体编组次序为：接触网作业车＋平车＋接触网立杆车＋平车＋接触网作业车。

此种配置方案的特点是一次装载量大、可完成任务量较大，适用性较广，适合在大规模施工时使用。

2. 基本编组方案2

每个车组编入1台接触网作业车、1台起重轨道车、1台平车。具体编组次序为：接触网作业车＋平车＋起重轨道车。

此种配置方案车辆投入较少，成本低，适合在小范围、单次任务较少时使用。

上述两种基本编组方案均可满足大部分的物料运输、吊装作业、上部安装作业、调整作业的需求。

3. 放线、检测编组方案

在执行放线作业和检测作业时编入具备相应功能的车辆和装置，可满足相应施工的要求。

（1）放线作业编组次序为：接触网作业车＋接触网恒张力放线车（或接触网放线车）＋接触网作业车。

（2）检测作业编组次序为：接触网作业车（装备检测装置）＋接触网作业车。

20.2.2 按施工流程配备

1. 物料运输机械

物料运输机械每车组配置2台牵引车辆、1台或多台物料装载平车。具体编组次序为：接触网作业车＋不大于8台平车＋接触网作业车，或重型轨道车＋不大于8台平车＋重型轨道车。

当线路坡道过大或装载量过大，2台牵引车辆的牵引力不足时，可将编组中的平车替换为接触网作业车或重型轨道车，以增加牵引力。

2. 吊装作业机械

吊装作业机械每车组配置2台牵引车辆、1台轨道起重机、1台或多台物料装载车辆。具体编组次序为：接触网作业车＋平车＋接触网立杆车＋平车＋接触网作业车（注：平车可增加但总数不大于7台），或重型轨道车＋不大于8台平车＋起重轨道车。当线路坡道过大或装载量过大，2台牵引车辆的牵引力不足时，可将编组中的平车替换为接触网作业车或重型轨道车，以增加牵引力。

3. 上部安装机械

上部安装机械每车组配置2台牵引车辆、1台或多台带有作业平台的车辆、1台或多台物料装载车辆。具体编组次序为：接触网作业车＋不大于8台接触网作业车＋接触网作业车。当作业量较大需携带较多的施工物资和器材时，可将编组中的接触网作业车替换为平车，以装载物资和器材。

4. 线缆架设机械

线缆架设机械每车组配置2台牵引车辆、1台或多台接触网放线车。具体编组次序为：接触网作业车＋接触网恒张力放线车（或接触网放线车）＋接触网作业车。

5. 调整作业机械

调整作业机械具体编组次序为：接触网作业车＋不大于8台的接触网作业车＋接触网作业车。当作业量较大需携带较多的施工物资和器材时，可将编组中的接触网作业车替换为平车，以装载物资和器材。

6. 检测作业机械

检测作业机械具体编组次序为：接触网作业车（装备检测装置）＋接触网作业车。

对于接触网工程施工，根据实际情况工序的需要，配备设备应最大限度地体现技术的先进性和设备的适用性，充分满足施工工艺的需要，从而保证工程质量并提高施工效率。主要设备配置的原则如下：

(1) 优先配备工程必须的、保证质量与进度的、代替劳动强度大的，充分发挥现场所有设备的能力，根据具体变化的需求，合理调整设备结构；

(2) 按工程实物量、计划工期、轨道利用系数、作业人员能力等多层次结构进行配备，根据不同的要求，配置不同类型、不同标准的设备，以保证质量为原则，努力降低施工成本。

高速铁路接触网工程每百公里约有接触网支柱 4300 根、接触网 270 条，综合施工时间为 12～18 个月。接触网支柱组立工作由轮式起重机承担，上部安装调整由人工车梯完成，接触线架设及物料运输等任务由接触网作业车组承担。在施工中，实体工程量可按照施工图进行计算，工程量 (P) 较为精确，配置设备数量跟工程量 (P) 成正比，工程量的多少直接决定着设备的配置数量；单项工程量在该工序计划工期内的台班数量 W 可按下式计算：

$$W = T \times 21.75 \quad (20\text{-}2)$$

式中，T 为计划工期，月；21.75 为月实际工作日系数。

在高速铁路接触网作业车配置中，因接触网作业车需至少 2 台车按列运用，故在计算高速铁路接触网工程配置接触网作业车时，可按下式计算台班理论工程量 Q_g：

$$Q_g = 2(C_1 + C_2 + C_3) \quad (20\text{-}3)$$

式中，C 为平板车单层装载量。

施工中，台班理论工程量 Q_g 一般为正常编组情况下与立杆作业车紧邻的两台平车的最大装载量。

所需配备的设备台数 N 按下式计算：

$$N = 2\frac{P}{W \cdot Q_g \cdot K_t} \cdot A \quad (20\text{-}4)$$

式中，P 为工程量；W 为计划工期内的台班数；Q_g 为台班理论工程量；K_t 为轨道利用系数，一般取 0.2；A 为作业人员能力调节系数，可按照设备操作人员与劳务作业人员的熟练程度取 0.75～1，作业人员能力与作业能力调节系数成反比，一般计算中按照作业能力较差情况进行，取 1。

接触网立杆车、恒张力放线车等车型的配置台数 N 可按下式计算：

$$N = \frac{P}{W \cdot Q_g \cdot K_t} \cdot A \quad (20\text{-}5)$$

式中，P 为工程量；W 为计划工期内的台班数；Q_g 为台班理论工程量；K_t 为轨道利用系数；A 为作业人员能力调节系数。

这些功能型车辆需与接触网作业车编组按列运用，因此在计算中，仅需考虑工程量、台班数、台班理论工程量等参数。

工程实践中，高速铁路接触网工程每百公里常规配置接触网作业车 3～4 台、接触网立杆车 1 台、恒张力放线车 2 台、平车 4～6 台。

普速铁路接触网工程每百公里约有接触网支柱 4400 根、接触网 280 条，综合施工时间为 12～18 个月，接触网作业车组承担支柱组立、硬横梁架设、接触网架设等主要施工任务，在工程实践中，实体工程量可按照施工图进行计算，工程量 (P) 较为精确，配置设备数量跟工程量 (P) 成正比，工程量的多少直接决定着设备的配置数量；单项工程量在该工序计划工期内的台班数量可按式 (20-2) 计算，计划工期内的台班数量等于计划工期 (T) 月乘以月实际工作日系数。

在普速铁路接触网作业车配置中，因接触网作业车需至少 2 台车按列运用，故在计算普速铁路接触网工程配置接触网作业车时，可按下式计算台班理论工程量 Q_j：

$$Q_j = 2J(C_1 + C_2 + C_3) \quad (20\text{-}6)$$

式中，Q_j 为台班理论工程量，一般为正常编组情况下与立杆作业车紧邻的两台平车的最大装载量；C 为平板车单层装载量；J 为既有线调节系数，因普速铁路一般为既有线施工，受既有线天窗的影响，台班理论工程量需按照天窗时间、维修天窗与垂直天窗数量等因素进行调节，通常双线上下行天窗无交叉取 $J = 0.6$，其他情况可按照实际交叉时长进行调节。

所需配备的设备台数 N 按下式计算：

$$N = 2\frac{P}{W \cdot Q_j \cdot K_t} \cdot A \quad (20\text{-}7)$$

式中，P 为工程量；W 为计划工期内的台班数;Q_j 为台班理论工程量;K_t 为轨道利用系数,一般取 0.2;A 为作业人员能力调节系数,可按照设备操作人员与劳务作业人员的熟练程度取 0.75~1,作业人员能力与作业能力调节系数成反比,一般计算中按照作业能力较差情况进行,取 1。

接触网立杆车、恒张力放线车等车型的配置台数 N 可按下式计算:

$$N = \frac{P}{W \cdot Q_j \cdot K_t} \cdot A \quad (20\text{-}8)$$

式中,P 为工程量;W 为计划工期内的台班数;Q_j 为台班理论工程量;K_t 为轨道利用系数;A 为作业人员能力调节系数。

这些功能型车辆需与接触网作业车编组按列运用,因此在计算中,仅需考虑工程量、台班数、台班理论工程量等参数。

工程实践中,普速铁路接触网工程每百公里常规配置接触网作业车 5~6 台、接触网立杆作业车 2~3 台、放线车 2~3 台、平车 6~8 台。

第21章

主要机械结构和工作原理

21.1 接触网架线作业车

接触网架线作业车用于电气化铁路接触网上部设施的安装、维修和日常检查、保养,也可兼作牵引车辆。

21.1.1 整机的组成和工作原理

接触网架线作业车主要由动力及传动系统、走行系统、主车架、车体及排障器、车钩装置、电气系统、制动系统、操纵系统、液压系统、作业装置、导线测量装置(选装)、随车起重机(选装)、紧线装置(选装)、检测装置(选装)、低速走行系统(选装)等组成。

接触网架线作业车在接触网施工中以高空作业平台为主要作业位置,作业项目包括腕臂安装、补偿安装、吊柱安装等。

21.1.2 主要系统和部件的结构原理

1. 动力及传动系统

动力及传动系统由发动机、离合器、变速箱、万向节传动轴、固定轴、换向分动箱、车轴齿轮箱等部件组成,如图 21-1 所示。

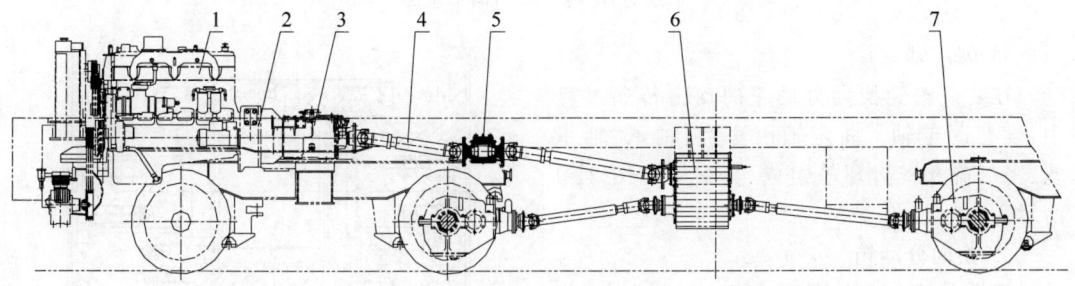

1—发动机;2—离合器;3—变速箱;4—万向节传动轴;5—固定轴;6—换向分动箱;7—车轴齿轮箱。

图 21-1 动力及传动系统结构示意图

1) 发动机

发动机为柴油发电机,可根据要求安装低温冷启动系统。车下设有燃油箱,燃油通过吸油管路经过燃油粗滤器进入发动机,多余的燃油回流至燃油箱。发动机冷却系统由散热器、膨胀水箱、风箱、驱动装置及管路等组成。

2) 离合器

离合器是双片干式常接合摩擦离合器,压紧力产生方式为机械周置弹簧压合式,分离形式为拉型,摩擦衬片的材料为陶瓷合金。离合器本身为不可调结构,但装有一个可调分离套筒把分离杠杆与分离轴承连接起来,通过对此套筒的调整,可补偿摩擦衬片的磨损,保持踏板的自由行程不变。离合器的结构如图21-2所示。

3) 变速箱

变速箱设有侧取力器,以便驱动油泵给液压系统供油。

4) 万向节传动轴

万向节传动轴能适应输入和输出轴间的角度和长度的不断变化,主要由凸缘叉、十字节总成、花键轴总成、油封、套管叉、锁片等组成,如图21-3所示。

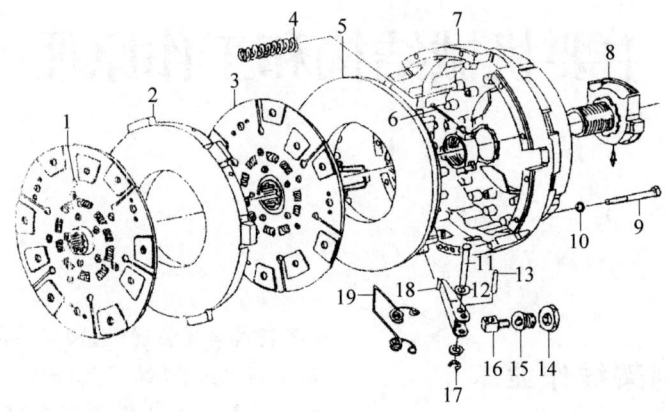

1—前摩擦片;2—中压板;3—后摩擦片;4—压紧弹簧;5-后压板;6—开口销;7—离合器盖;8—分离轴承总成;9—紧固螺栓;10—弹簧垫圈;11—分离杠杆圆柱销;12—垫圈;13—小圆柱销;14—锁紧螺母;15—调整螺母;16—调整螺杆;17—卡环;18—分离杠杆;19—弹簧。

图21-2 离合器结构示意图

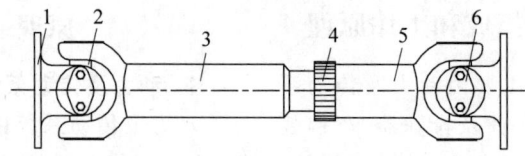

1—凸缘叉;2—十字节总成;3—花键轴总成;4—油封;5—套管叉;6—锁片。

图21-3 传动轴结构示意图

5) 固定轴

在变速箱到换向分动箱的动力传递过程中,设有固定轴。固定轴由法兰、轴承、轴承座、密封盖及密封环等组成,其结构如图21-4所示。

6) 换向分动箱

换向分动箱具有改变车辆的行驶方向、将动力传递到前、后两个车轴齿轮箱的功能,其结构如图21-5所示。

7) 车轴齿轮箱

车轴齿轮箱是整个传动系统中最靠近车尾的部分,作用是传递和增大到车轮的扭矩,并将绕车体纵轴的转动变成绕车轴轴线的转动。车轴齿轮箱由上箱体、下箱体、前箱体、锥齿轮对和圆柱齿轮对等构成,如图21-6所示。

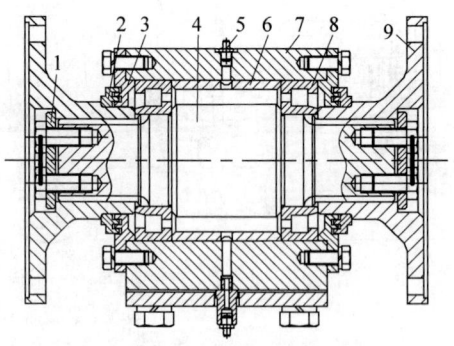

1—挡板法兰;2—密封环;3—密封盖;4—轴;5—油杯;6—隔套;7—轴承座;8—轴承;9—法兰。

图21-4 固定轴结构示意图

2. 走行系统

走行系统包括转向架构架、轮对、车轴轴承箱、弹性悬挂装置、牵引装置等部件。

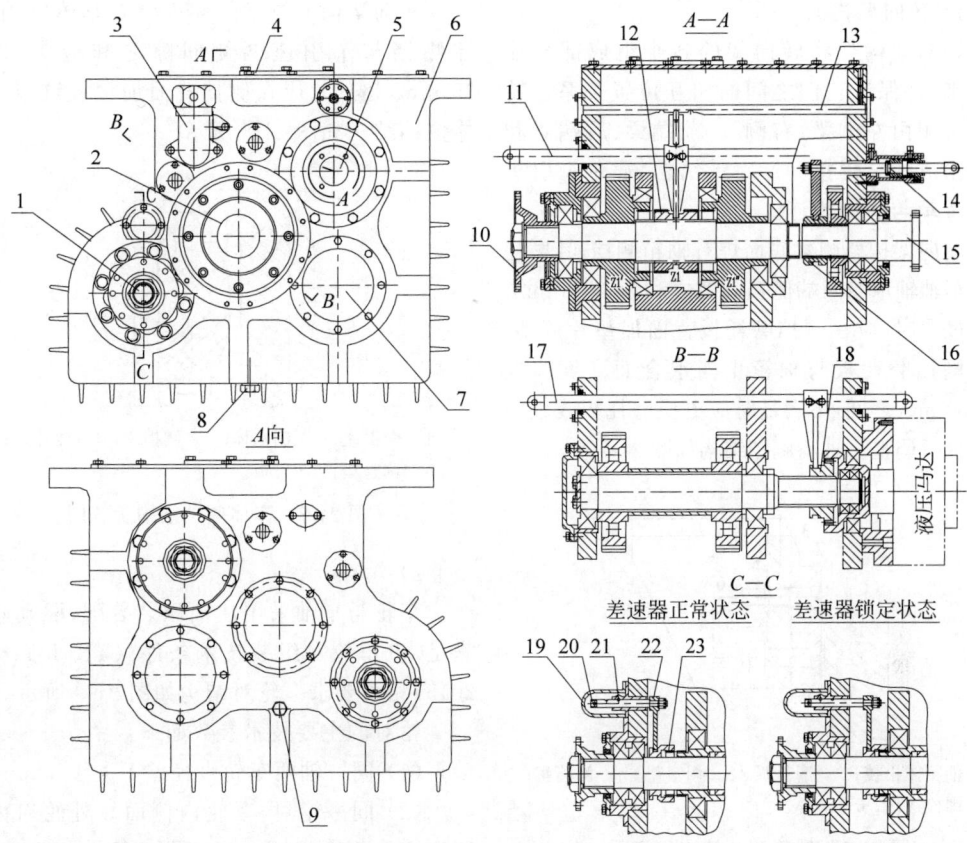

1—四轴总成；2—三轴总成；3—透气器；4—观察孔盖；5——轴总成；6—箱体；7—二轴总成；8—放油塞；9—油位镜；10—输入法兰；11—换向滑杆；12—滑动齿轮；13—定位杆；14—取力离合操纵装置；15—输出花键轴；16—滑动齿轮；17—马达离合操纵装置；18—滑动齿轮；19—拨叉杆罩；20—拨叉杆；21—拨叉杆销；22—拨叉；23—游动齿轮。

图 21-5　换向分动箱结构示意图

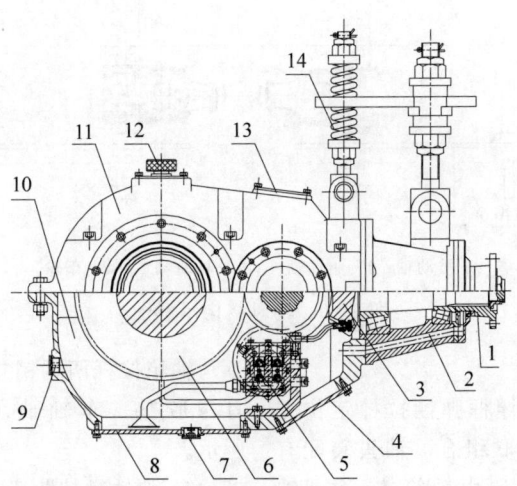

1—输入法兰；2—前箱体；3—圆锥齿轮对；4—下观察孔盖；5—润滑系统；6—圆柱齿轮对；7—放油堵；8—油底壳；9—油位镜(油位螺钉)；10—下箱体；11—上箱体；12—透气器；13—上观察孔盖；14—悬挂装置。

图 21-6　车轴齿轮箱结构示意图

1) 转向架构架

转向架构架将转向架的各个组成部分连接起来,并保证它们之间的相互位置关系。转向架采用由左侧梁、右侧梁、前端梁、后端梁和横梁组成的全焊接"日"字形结构,通过牵引机构和旁承与底架相连。

转向架构架侧梁底面焊有轴箱侧挡,其磨耗面与车轴轴承箱两端侧挡间隙之和为 4~8 mm,间隙过大时,应在侧挡磨耗板背面加垫片调整;轴箱侧挡磨耗板与轴箱止挡重合面高度应在 30~50 mm 之间,不满足时应更换磨耗板或轴箱弹簧进行调整。轴箱侧挡结构如图 21-7 所示。

转向架构架侧梁的侧面焊有车体侧挡,车体侧挡与牵引座两侧间隙之和应为 29~35 mm,超过时应在侧挡背面加垫板调节。车体侧挡结构如图 21-8 所示。

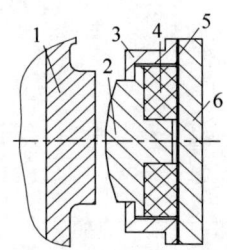

1—牵引座;2—侧挡体;3—侧挡座;4—缓冲垫;
5—调整垫;6—座板。

图 21-8 车体侧挡结构示意图

2) 轮对

车轮与车轴采用注油压装装配,驱动轮对满足《机车轮对组装技术条件》(TB/T 1463—2015)相关要求。轮对结构如图 21-9 所示。

轮对的主要技术参数如下:

(1) 同一轴两车轮直径差不大于 1 mm;

(2) 同一轮对,车轮内侧面 3 处轮对内侧距离之差不得超过 3 mm(在运行状态下)。

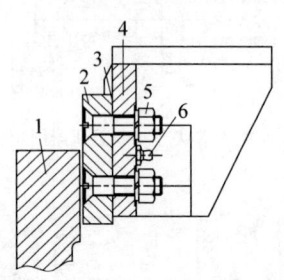

1—轴箱体止挡;2—磨耗板;3—调整垫;4—侧挡座;
5—螺栓连接;6—油杯。

图 21-7 轴箱侧挡结构示意图

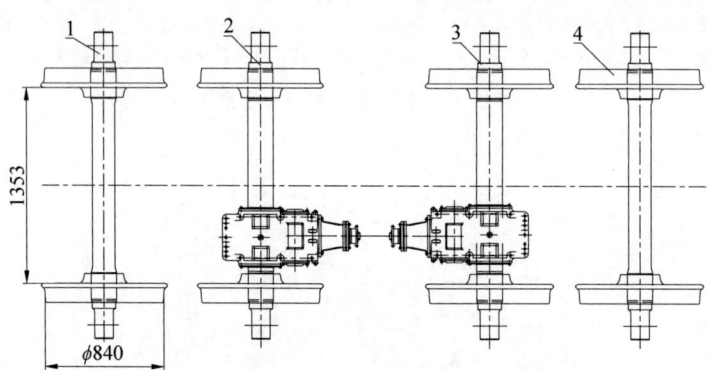

1—被动轴;2—驱动轴一;3—驱动轴二;4—车轮。

图 21-9 轮对结构示意图

3) 车轴轴承箱

车轴轴承箱采用无导框弹性拉杆定位方式,内、外金属圆弹簧并联组合。轴头装配有测速监控装置。轴箱装置由轴箱体、滚动轴承、一系弹簧、轴箱拉杆、端盖、后盖等组成,如图 21-10 所示。

轴箱拉杆两端销接处有橡胶套,销子两端有橡胶垫。车轴轴承箱的结构如图 21-11 所示。

4) 弹性悬挂装置

轨道车辆在构架与轴箱之间设置了静挠度较大的一系悬挂装置,在车体与转向架之间设置了静挠度较小的二系悬挂装置。采用二系悬挂,可以改善车辆垂向运行的平稳性并减少其运行时对线路的作用力。一系悬挂装置用来缓和来自线路对车辆弹簧的质量的冲击,在运用中要经常检查弹簧,利用"锤击听音"即可检查弹簧是否落实或有无断裂现象,若发现异常必须及时处理。车辆采用油压减振器作为一系垂向减振器。油压减振器利用液体黏滞阻力做负功吸收振动能量来衰减振动。在运用过程中应经常检查有无渗、漏油和紧固情况,发现漏油或紧固件松脱后须及时处理。二系悬挂装置常摩擦油浴式弹性旁承,如图 21-12 所示。

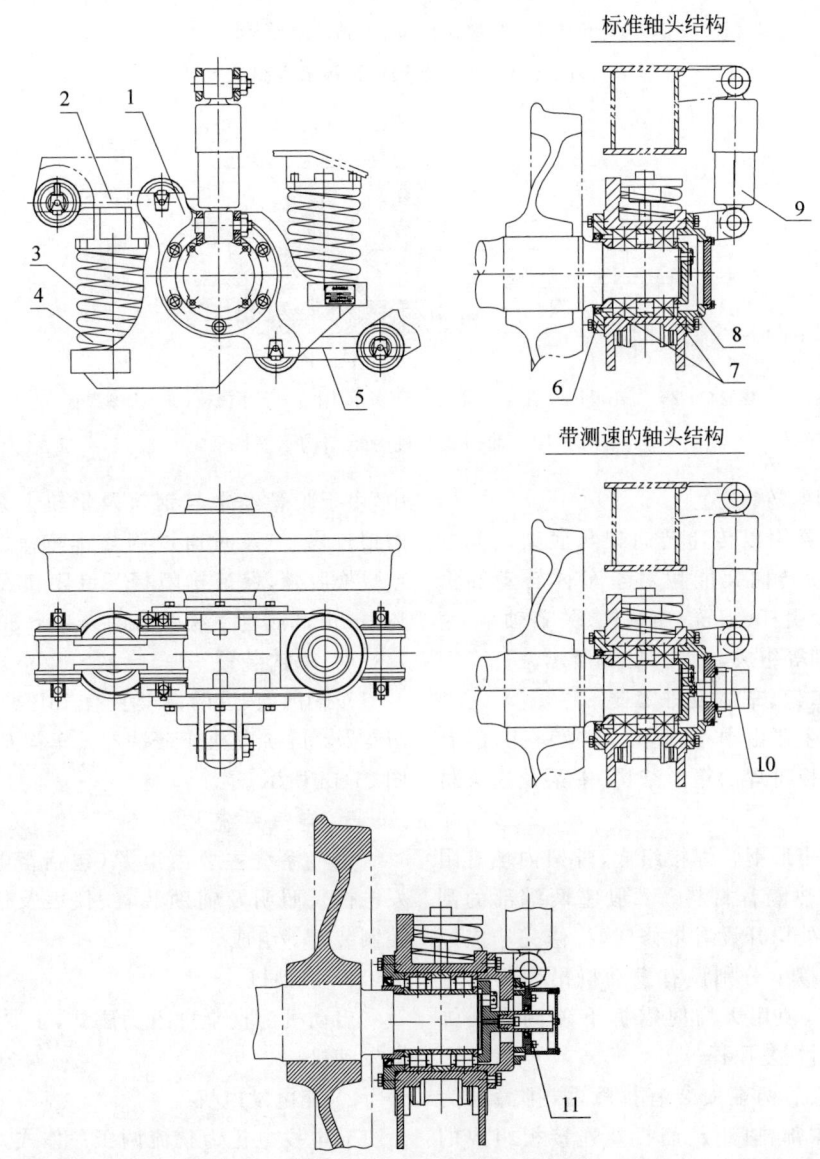

1—轴箱体;2—轴箱上拉杆;3—外圆弹簧;4—内圆弹簧;5—轴箱下拉杆;6—后盖;7—轴承;8—前盖;9—液压减振器;10—测速电动机;11—轴箱接地装置。

图 21-10 车轴轴承箱结构示意图

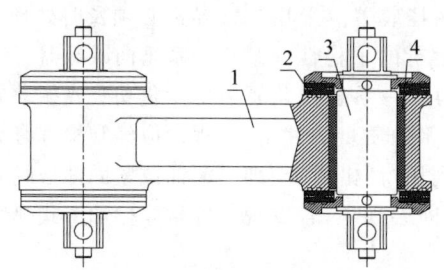

1—拉杆体;2—橡胶垫;3—芯轴;4—橡胶套。

图 21-11 车轴轴承箱结构示意图

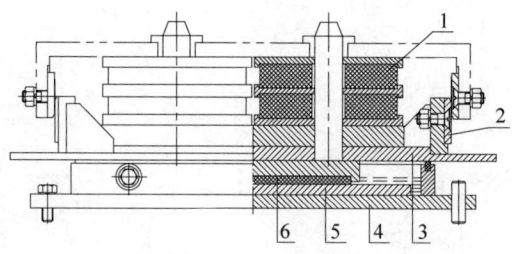

1—橡胶垫;2—磨耗板;3—上旁承体;4—下旁承体;5—下摩擦板;6—上摩擦板。

图 21-12 油浴式弹性旁承结构示意图

5) 牵引装置

牵引装置用以传递转向架与底架之间的牵引力,并使转向架能相对于车体转动和横动,主要由牵引杆、拐臂、连接杆、关节轴承、牵引销、拐臂销等组成,如图 21-13 所示。

3. 主车架、车体及排障器

主车架主要由中梁、侧梁、端梁等组成,其中端梁为钢板拼焊的箱形结构,中梁及边梁材料为型钢。

车体由矩形钢管焊接组成,骨架内填有阻燃型发泡隔热隔音材料。驾驶室两端部的刮水器电动机处均开设有检修门,检修完毕应原样恢复。顶棚上分别设有发动机吊装天窗等活动式天窗,使用天窗时需拆下顶棚内装饰板,使用完后恢复原样。

车辆前、后两端安装有排障器,排障器为左右围板、中部排障板、筋板及连接板组成的焊接结构。排障器上焊有调车踏板,供调车人员站立使用。连接板有螺栓孔,通过它与车体相连接。排障器下部还设有可调整高度的小排障板,在转向架的近车架端端部设有排石器,排石器在轨道上方安装有胶管。使用过程中,由于胶管经常与钢轨及钢轨上杂物接触,磨损较快,应及时通过调整排障板、排石器架或更换胶管,保证排障板下缘距轨面为 110~130 mm 和胶管下缘距轨面为 25~30 mm。

4. 车钩装置

车辆的前、后两端安装有 13B 型上作用式车钩及 MT-3 型机车缓冲器。车钩安装情况如图 21-14 所示。

5. 电气系统

电气系统主要由电源(包括蓄电池、充电发电机)、照明及辅助装置、仪表及信号显示、控制装置等组成。

1) 启动机

启动机为直流自激励磁式,主要作用是启动发动机。

2) 充电发电机

充电发电机为整流调压一体式,是本车的主要电源。它在正常工作时对所有的用电设备供电(除启动机外),并向蓄电池(组)充电以补充蓄电池(组)在使用过程中所消耗的电能。

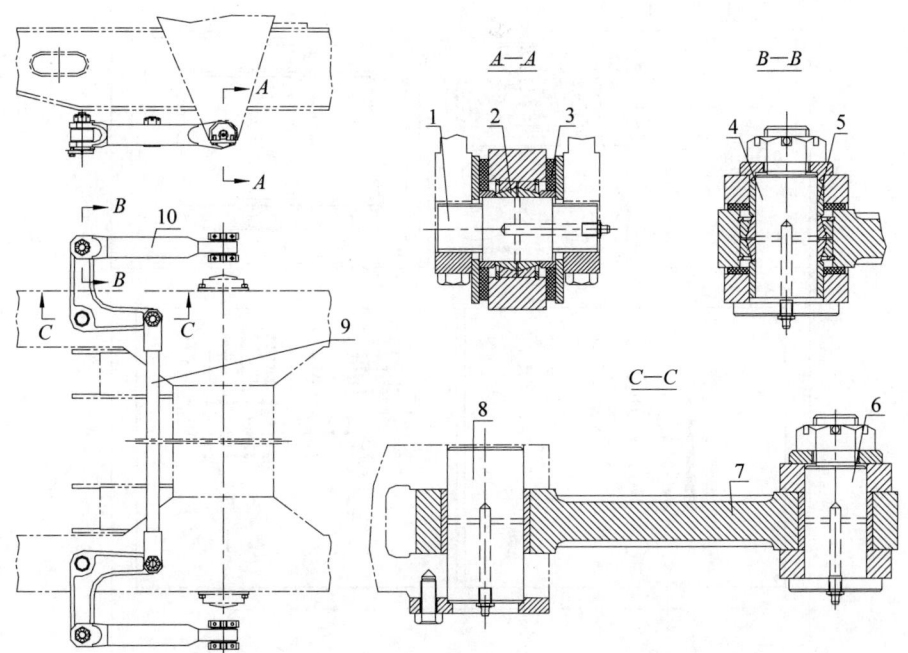

1—牵引杆销；2—关节轴承；3—橡胶垫；4—牵引销；5—轴套；6—连接杆销；7—拐臂；8—拐臂销；
9—连接杆；10—牵引杆。

图21-13 牵引装置结构示意图

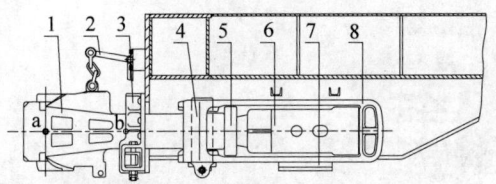

1—车钩总成；2—提钩装置；3—冲击座及车钩托梁；4—钩尾销；5—前从板；
6—缓冲器；7—钩尾框托板；8—钩尾框。
注：图中a与b的高度差表示车钩上翘或下垂不应超过5 mm。

图21-14 车钩安装示意图

3) 蓄电池

蓄电池的主要用途是启动时供给启动机大电流。另外,在发动机停转或充电发电机电压较低时,它向各用电设备供电,而在发电机电压高于蓄电池电压时,它又能将发电机的一部分电能转换为化学能储存起来,即充电。当发电机超载时,它也能协助充电发电机供电。

本车安装有两组(4只)蓄电池,采用两串两并、单独使用的连接方式。

4) 控制面板

本车设有两个操纵台,上面均有控制开关、仪表板和综合显示仪表,仪表板上有开关按钮、印字等。

操纵台主驾驶员位面板布置如图21-15所示。

5) 电气控制柜

电气控制柜布置情况如图21-16所示。

6) 其他部件

（1）电控阀

该车共有8个电控阀。其中,操纵台主驾驶员位地板上的电控阀YM1控制侧百叶窗、前百叶窗的开启；在换向分动箱后部托板上的

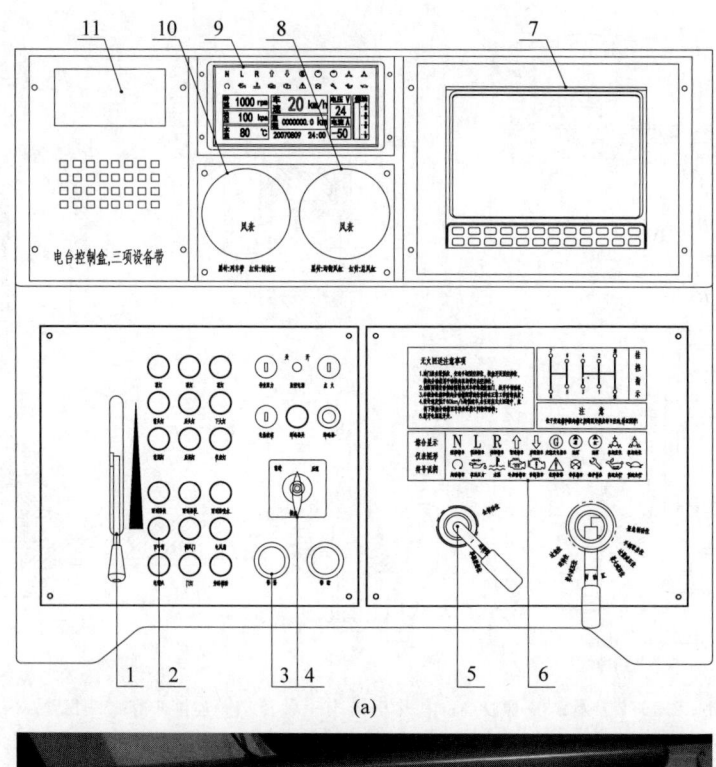

1—油门控制手柄；2—按钮开关组；3—换向选择开关；4—警惕开关、警醒开关；5—JZ-7G型制动机；6—闸面板；7—GYK显示屏；8—双针压力表；9—机械传动综合显示屏；10—双针压力表；11—电台控制盒。

图21-15 发动机操作台

(a) 布置示意图；(b) 实物照片

电控阀YM2和YM3为换向用电控阀,是控制气动换向的；在换向分动箱前部中梁内侧的电控阀YM4控制换向分动箱取力；YM5/YM6和YM7/YM8为前、后端的喇叭阀和撒砂阀。

(2) 电源总开关

电源总开关安装在前操纵台主驾驶员座椅左侧的地板上,由它控制整车电源的通断。

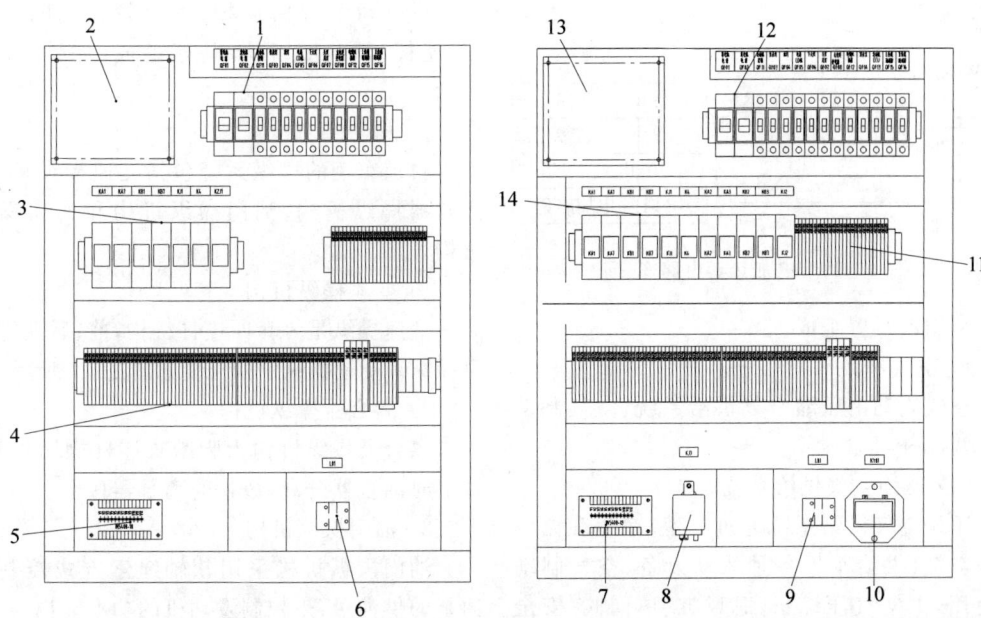

1—小型断路器；2—数据采集盒；3—中间继电器(标识：KA1,KA7,KB1,KB7,KJ1,K4,KZJ1)；4,11—接线端子；5,7—二极管板；6,9—电流互感器(标识：L01)；8—水寒宝继电器(标识：KJ3)；10—启动继电器(标识：KY01)；12—小型断路器；13—数据采集盒；14—中间继电器。

图 21-16 电气控制柜布置示意图

(3) 电取暖气(选装)

根据客户要求，该车可选装电取暖器。暖气片数量可变，分 6 片和 9 片。断路器安装在发电机组电源转换柜内。

电取暖器的电路如图 21-17 所示。

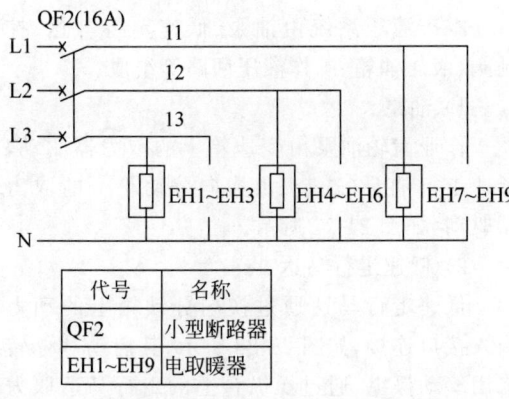

代号	名称
QF2	小型断路器
EH1~EH9	电取暖器

图 21-17 电取暖器电路图

(4) 电热玻璃(选装)

该车安装有电热玻璃，其开关安装在操作台上。电热玻璃的电路如图 21-18 所示。

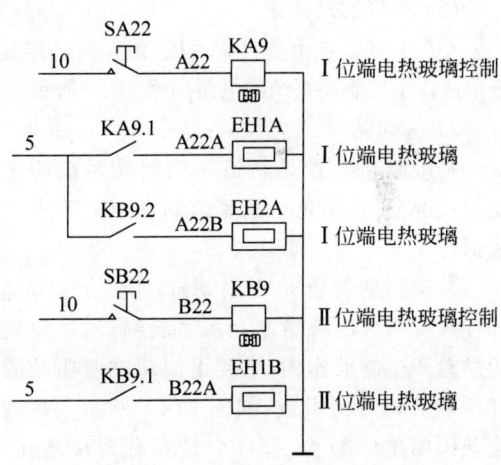

图 21-18 电热玻璃电路图

(5) 电加热套(选装)

在非常寒冷的地区，制动阀件要加装电加热套，以防阀件被冻住失效。电加热套的电路如图 21-19 所示。

另外，有些车辆会临时增加一些旋转警灯等辅助功能，此部分功能在此不再赘述。

6. 制动系统

制动系统由空气制动、基础制动、撒砂装

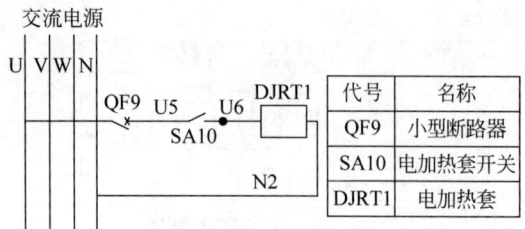

图 21-19 电加热套电路图

置和手制动装置组成。

1) 空气制动

空气制动由压缩空气供给系统、空气制动系统两部分组成。

(1) 压缩空气供给系统

压缩空气供给系统通过产生、净化和储备压缩空气,供给车上各种风动设备、空气制动机使用,由空气压缩机、总风缸、单向阀、安全阀、油水分离器等部件组成。

空气压缩机由发动机直接驱动,采用三角皮带传动方式传递动力。只要发动机运转,空气压缩机就可以工作。

(2) 空气制动系统

空气制动系统由空气制动机、无火回送装置等组成。空气制动系统的电路如图 21-20 所示。

2) 基础制动

基础制动装置是轨道车辆制动系统的主要组成部分,是满足车辆紧急制动距离要求及确保行车安全的重要装置。

基础制动装置是将制动缸活塞的推力经杠杆系统增大后传给闸瓦压紧轮箍,通过轮轨的黏着产生制动作用,主要由制动缸所驱动的杠杆系统和闸瓦组成,如图 21-21 所示。基础制动采用单侧制动,每一个轮对有两块闸瓦,安装在左、右车轮内侧。

3) 撒砂装置

撒砂的目的是提高车辆的黏着力,防止车辆轮对空转和在紧急制动时车轮滑行。

撒砂装置由撒砂电控阀、控制管路、砂箱、撒砂管等组成,如图 21-22 所示。

4) 手制动装置

本车设有一套手制动装置,用于对停放在线路上的车辆施以制动,以防溜车。

手制动装置由摇把、伞齿轮、滑杆、螺杆座、连杆、滑轮及钢丝绳等组成,如图 21-23 所示。

7. 操纵系统

轨道车辆的操纵系统包括变速操纵机构、离合器操纵机构、油门操纵机构和换向操纵机构。

1) 变速操纵机构

变速操纵是一套四连杆机构,前、后两端均可操纵。变速操纵手柄位置如图 21-24 所示。

2) 离合器操纵机构

离合器操纵机构为脚踏式连杆操纵机构。踩下时离合器分离,放松时离合器接合。

3) 油门操纵机构

油门操纵机构采用软轴绳索方式控制喷油泵的供油量,来发动机的功率输出。

4) 换向操纵机构

换向操纵采用气动换向,如图 21-25 所示。

当由于意外原因使气动换向机构损坏时,可通过手动换向及锁定机构实现换向,如图 21-26 所示。

8. 液压系统

本车安装有作业平台、随车吊(选装件)、紧线柱(选装件)和液压低速走行(选装件)等作业机构,它们都由液压系统驱动,通过液压阀控制执行元件来完成各机构的升降、回转等动作。

本车液压系统由油泵、低速走行马达、控制阀、液压油箱、工作液压回路等组成。

1) 油泵

作业齿轮油泵由变速箱上的取力器驱动,低速走行油泵(选装)由换向分动箱上的取力器驱动,如图 21-27 所示。

2) 低速走行马达

低速走行马达通过换向分动箱上的动力输入接口连接,如图 21-28 所示,其启动和停转采用气动操纵,通过操纵台上的走行马达取力开关控制。

3) 控制阀

作业控制阀集中于平台下部阀件柜中,阀件柜上部为电气操作面板和压力表,下部为两个集成阀块。阀件柜内的布置情况如图 21-29 所示。

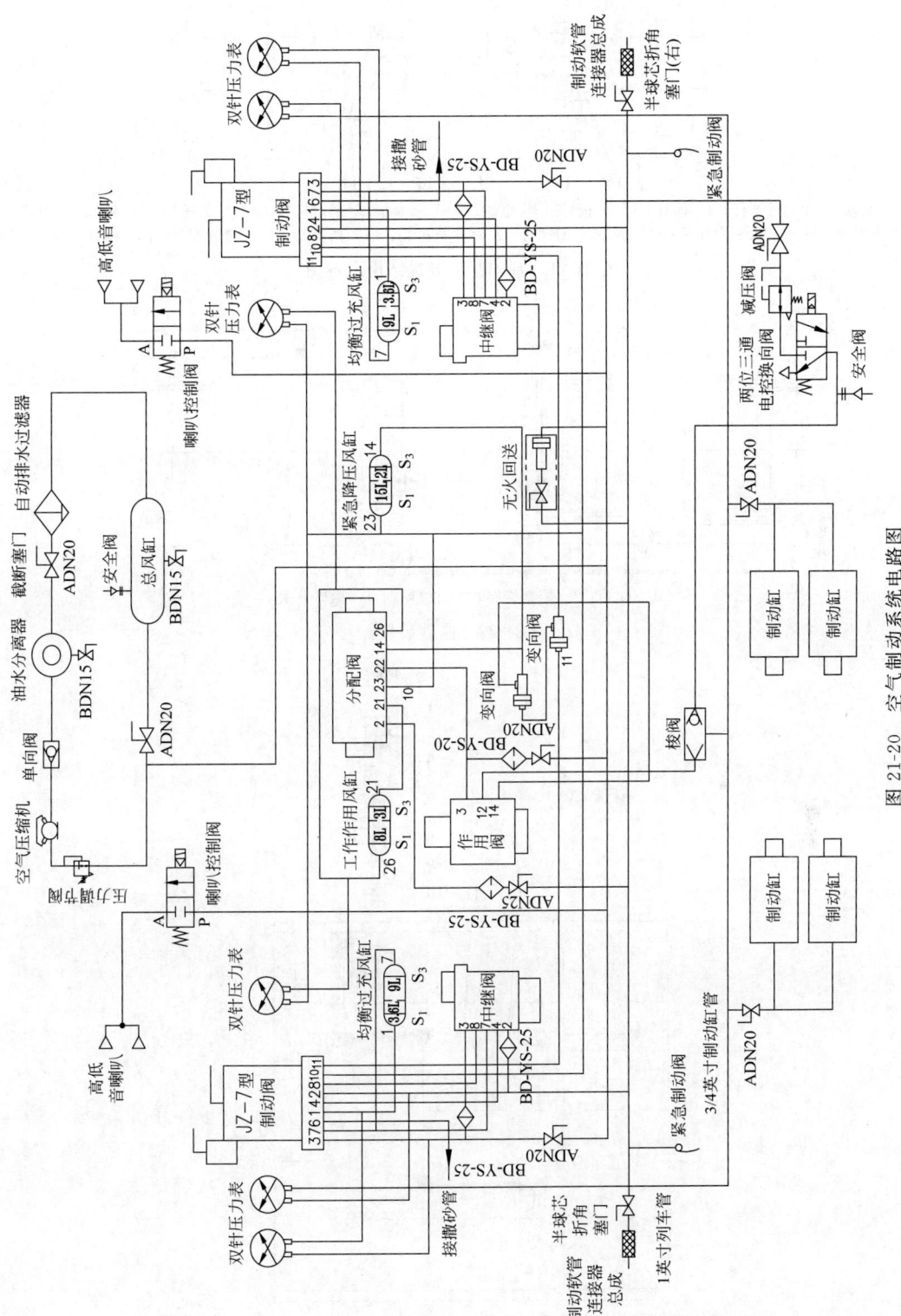

图 21-20 空气制动系统电路图

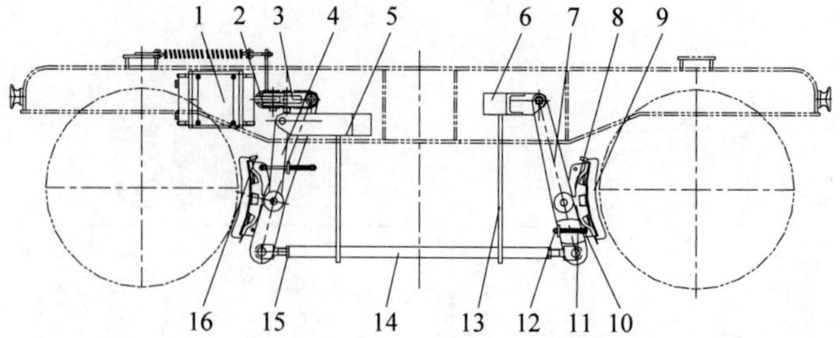

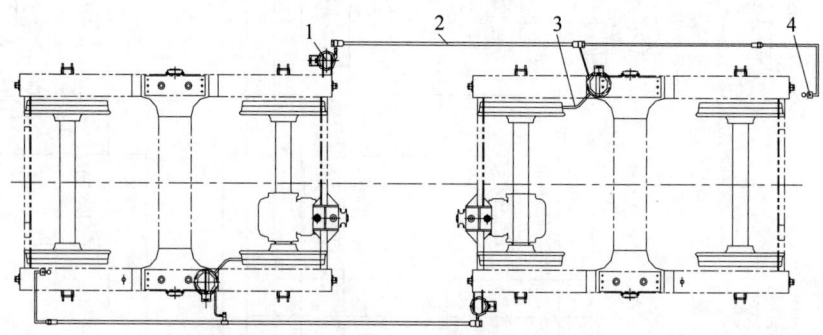

1—制动缸；2—活塞杆；3—连杆；4—吊板；5—前座体；6—后座体；7—制动杠杆；8—闸瓦托；9—闸瓦；10—闸瓦平衡螺栓；11—闸瓦平衡弹簧；12—闸瓦平衡螺母；13—安全吊钩；14—调整套；15—锁紧螺母；16—闸瓦钎。

图 21-21　基础制动装置结构示意图

1—砂箱；2—控制管路；3—撒砂管；4—撒砂开关。

图 21-22　撒砂装置

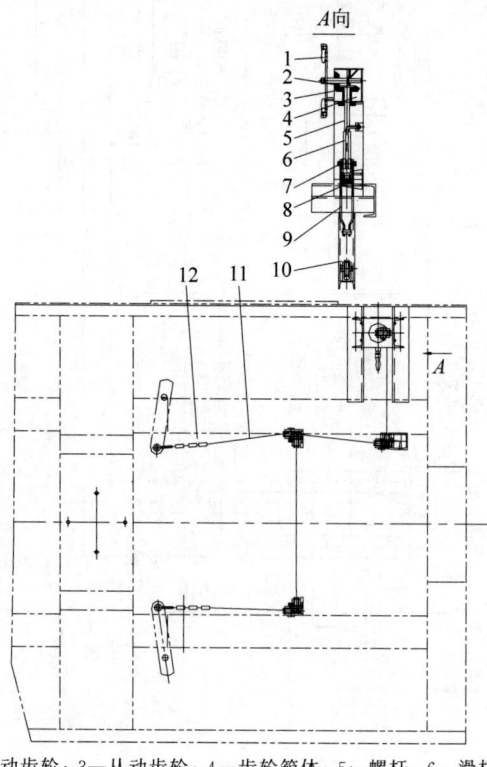

1—摇把；2—主动齿轮；3—从动齿轮；4—齿轮箱体；5—螺杆；6—滑杆；7—制动螺母；8—螺杆座；9—连杆；10—滑轮；11—钢丝绳；12—绳夹。

图 21-23　手制动装置结构示意图

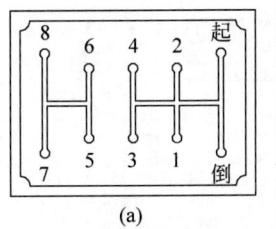 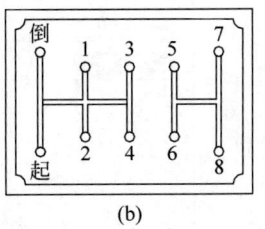

图 21-24 变速操纵手柄位置示意图
(a) 前变速手柄位置；(b) 后变速手柄位置

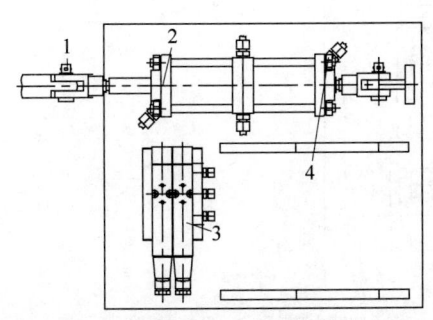 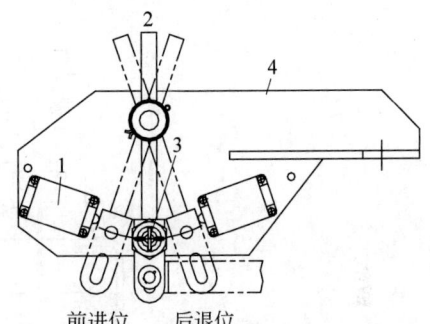

1—销；2—换向气缸；3—换向电控阀；4—支座。

图 21-25 气动换向机构示意图

1—行程开关；2—转臂；3—锁定销；4—支承板。

图 21-26 手动换向及锁定机构示意图

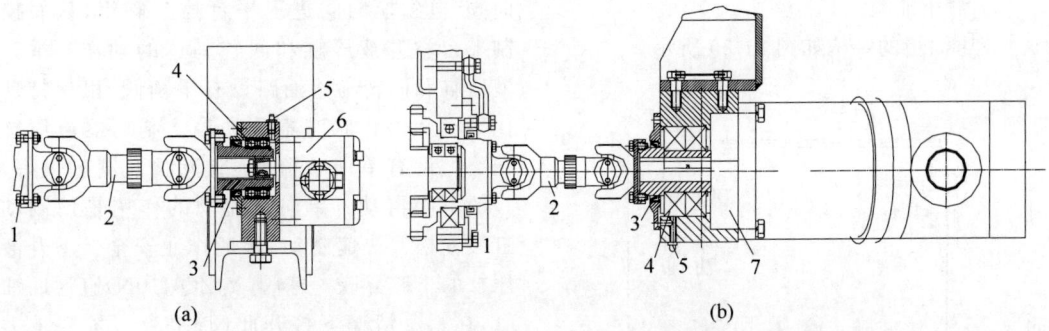

1—取力器；2—传动轴；3—油封；4—轴承；5—油杯；6—作业油泵；7—低速走行油泵。

图 21-27 油泵安装示意图
(a) 作业齿轮油泵驱动装置；(b) 低速走行油泵驱动装置

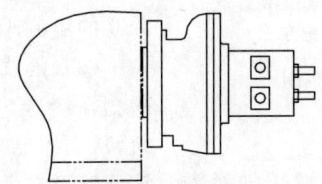

图 21-28 低速走行马达安装示意图

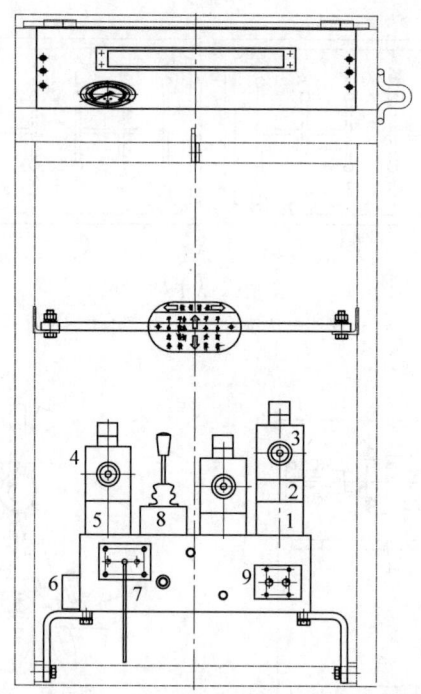

1—溢流阀；2—双单向节流阀；3—电磁换向阀；4—紧急卸荷电磁阀；5—系统溢流阀；
6—单向阀；7—球阀（KHP-10）；8—手动换向阀；9—单向节流阀。

图 21-29　阀件柜内布置示意图

4）液压油箱

液压油箱的结构如图 21-30 所示。

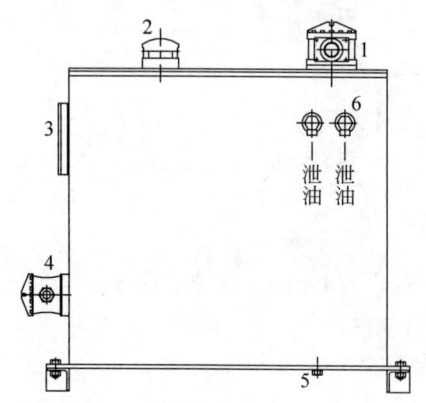

1—回油滤油器；2—空气滤清器；3—液位液温计；
4—吸油滤油器；5—放油螺塞；6—泄油螺塞。

图 21-30　液压油箱结构示意图

5）工作液压系统回路

由齿轮油泵和手油泵出来的液压油经溢流阀调节为设计压强，进入工作液压系统。

（1）升降回转平台回路。液压油经手动换向阀、电磁换向阀进入平台控制阀组，从而控制平台举升液压缸和回转马达的动作。举升液压缸和回转马达油路设有平衡阀，以保持动作平稳和停止状态不致失控。制动器液压缸回路上设有单向节流阀，节流阀开度已设好，一般不必再动。单向节流阀的作用是使制动缸缓慢松开快速制动，保证作业安全。举升液压缸的下腔并联一球阀（YJZQ-J10N）直通回油管，在紧急情况下打开此阀，平台可依靠重力下降。

（2）随车吊回路。液压油经手动换向阀进入随车吊操纵阀，由随车吊操纵阀控制卷扬马达、回转马达和伸缩液压缸，与随车吊操纵阀并联的溢流阀起安全保护作用。

（3）紧线装置回路。液压油经手动换向阀、紧线装置电磁换向阀进入紧线装置控制阀组，从而控制紧线马达和举升液压缸的动作。该回路设有溢流阀，可以保证紧线力。

（4）低速走行（选装）回路。由走行油泵泵出的液压油经电液换向阀进入走行马达，驱动马达旋转,将动力传递给传动箱从而驱动车辆走行。同时,当换装低速走行液压系统时,作业齿轮泵换装双联齿轮泵,双联齿轮泵的尾泵泵出的油液通过手动换向阀控制车体与车轴的轴箱锁定,保证车辆低速走行作业安全。电液换向阀安装在走行阀组上,回路上设置有走行系统溢流阀和车体与车轴轴箱锁定系统溢流阀。

9．作业装置

作业装置包括回转升降作业平台、随车起重机(选装)和紧线装置(选装)等。

1) 回转升降作业平台

回转升降作业平台由底座、立柱及升降机构、底座及回转驱动机构、作业平台、拨线机构、导线支承装置等组成,其结构如图 21-31 所示。

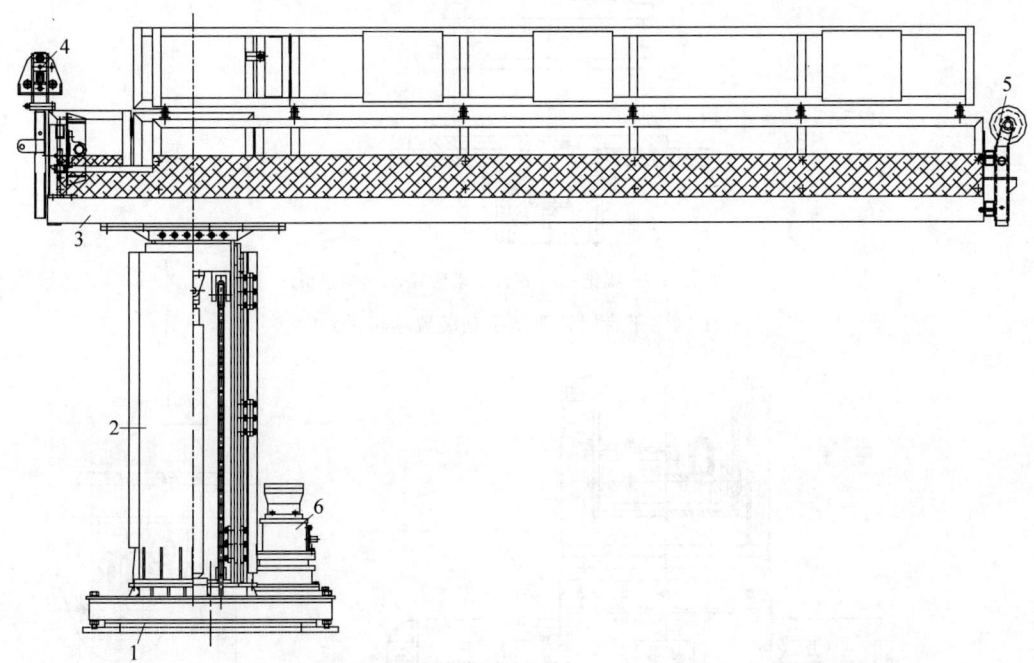

1—底座；2—立柱及升降机构；3—作业平台；4—拨线机构；5—导线支承装置；6—回转驱动装置。

图 21-31　回转升降作业平台结构示意图

(1) 立柱及升降机构

立柱为三节套筒同步伸缩式结构,通过液压缸、滚子链、钢丝绳带动套筒升降。

(2) 底座及回转驱动机构

平台的回转是依靠油马达驱动减速器,带动一个齿轮绕回转支承的大齿圈作行星运动实现的,其结构如图 21-32 所示。

(3) 作业平台

作业平台用螺栓与立柱连接在一起,平台地板为花纹钢板或花纹铝板,四周设有可翻转的安全护栏,护栏上安装有照明灯,供夜间或隧道内作业时使用。

(4) 拨线机构

拨线机构由吊架、活动支架、固定支架、丝杠、拨线柱、摇把等组成,如图 21-33 所示。

(5) 导线支承装置

该装置由支承卷筒、活动支架、固定支架、插销等组成,安装在作业平台前栏杆内侧,用于放线作业时支承导线,如图 21-34 所示。

2) 随车起重机(选装)

随车起重机为全液压伸缩臂式,主要用于往作业平台上吊送各种工具及器材。

3) 紧线装置(选装)

紧线装置由卷扬机构、支撑臂等组成,如图 21-35 所示。

(1) 卷扬机构

卷扬机构由液压马达、减速机、卷筒、钢丝绳等组成。液压马达通过减速机带动卷筒运转,

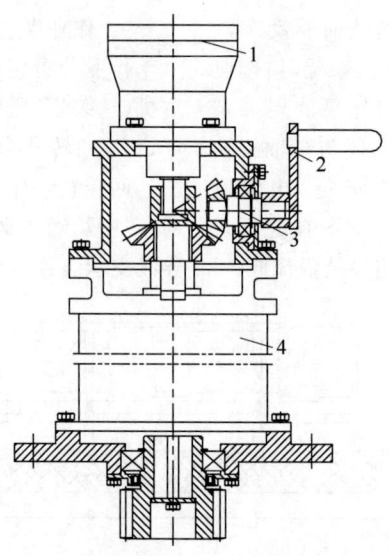

1—油马达；2—摇把；3—回转手动装置；4—减速机。

图 21-32　平台回转驱动手动装置结构示意图

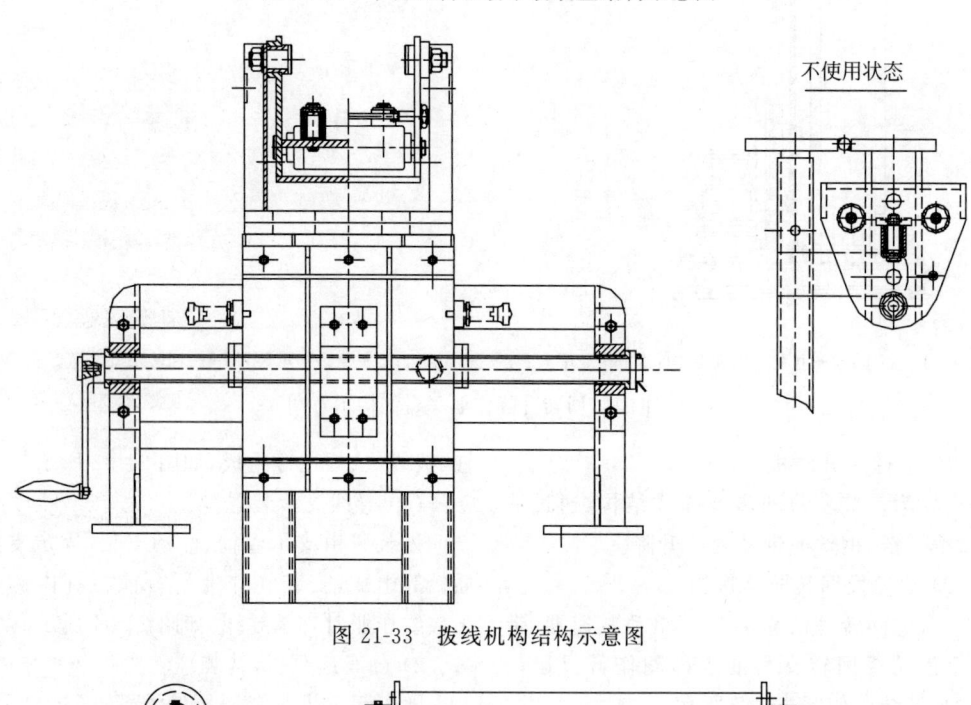

图 21-33　拨线机构结构示意图

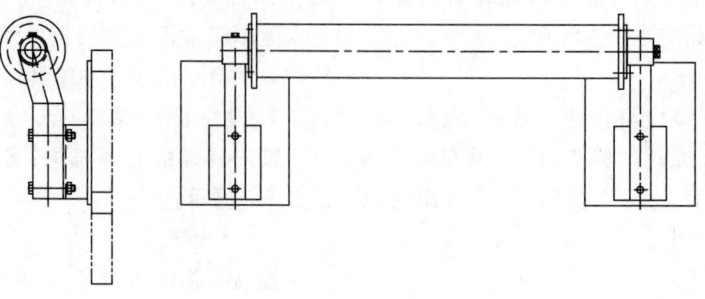

图 21-34　导线支承装置结构示意图

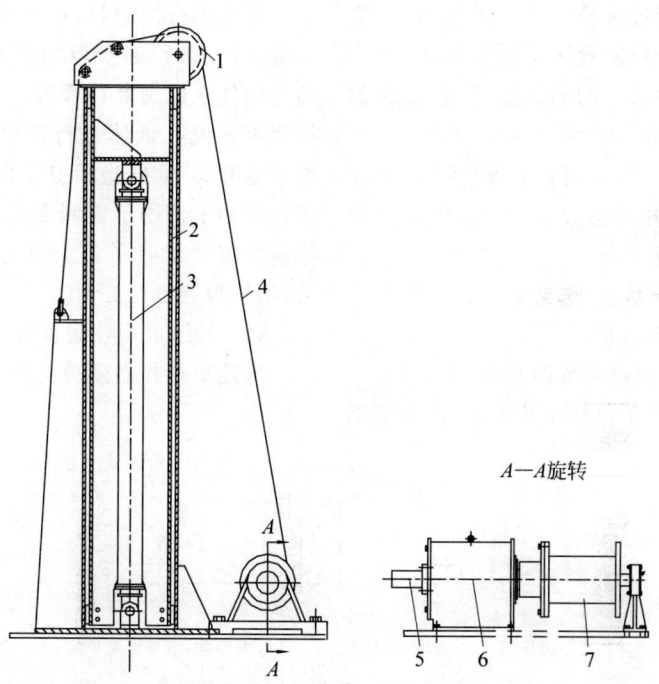

1—线轮；2—支撑臂；3—液压缸；4—钢丝绳；5—液压马达；6—减速机；7—卷筒。

图 21-35 紧线装置结构示意图

由卷筒带动钢丝绳将导线（或承力索）拉紧。

（2）支撑臂

支撑臂由内柱、外柱及液压缸等构成，内柱的上升、下降动作由液压缸完成。为保证内柱的升降自如，内柱与外柱之间安装有磨耗板。

10. 导线测量装置（选装）

导线测量装置的结构如图 21-36 所示。

11. 检测装置（选装）

检测装置有接触式接触网检测装置和非接触式接触网检测装置两种。

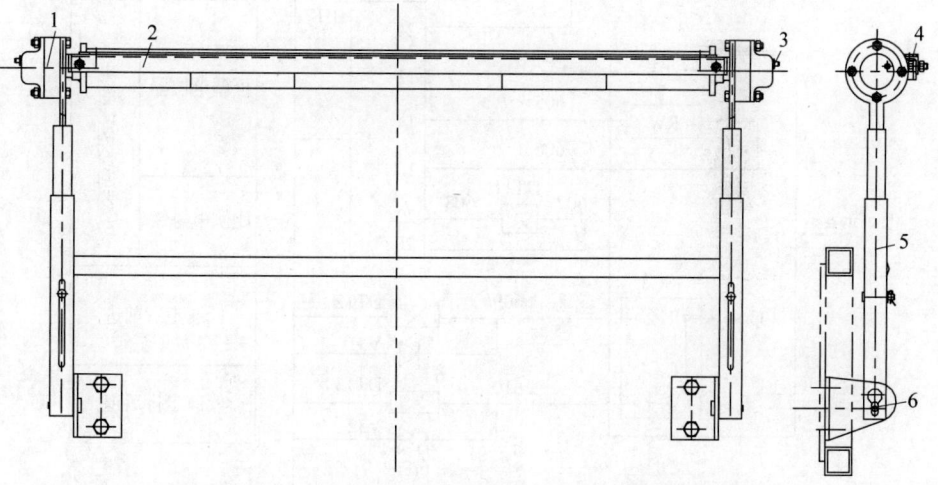

1—轴承座；2—滚筒；3—黄油嘴；4—刻度尺；5—弹性撑杆；6—铰座。

图 21-36 导线测量装置结构示意图

接触式接触网检测装置主要由受电弓、受电弓控制系统及接触网检测系统等组成,可完成对接触导线系列参数的动态连续显示、存储和事后分析处理、打印汇总。

受电弓控制系统主要由截断塞门、调压阀、单针压力表、升弓电控阀、钥匙开关等组成,如图21-37所示。

12. 低速走行系统(选装)

1) 低速走行控制系统

(1) 低速走行控制系统的组成

该控制系统主要包括车内后操纵台侧墙上的低速走行控制箱、作业平台上的低速走行控制手柄、走行油泵取力电控阀及行程开关、马达摘挂电控阀及行程开关。其中,低速走行控制箱上设有低速走行油泵及马达的摘挂控制钥匙开关、摘挂指示灯。作业平台上的低速走行控制手柄用于控制变量油泵,实现油泵的排量控制。作业平台上设有走行方向控制开关,用于控制走行方向。

(2) 低速走行控制系统的工作原理

低速走行控制系统电路如图21-38所示。

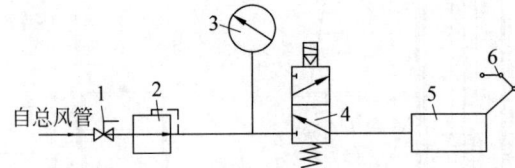

1—截断塞门;2—调压阀;3—单针压力表;4—升弓电控阀;5—传动风缸;6—受电弓。

图 21-37 受电弓控制系统

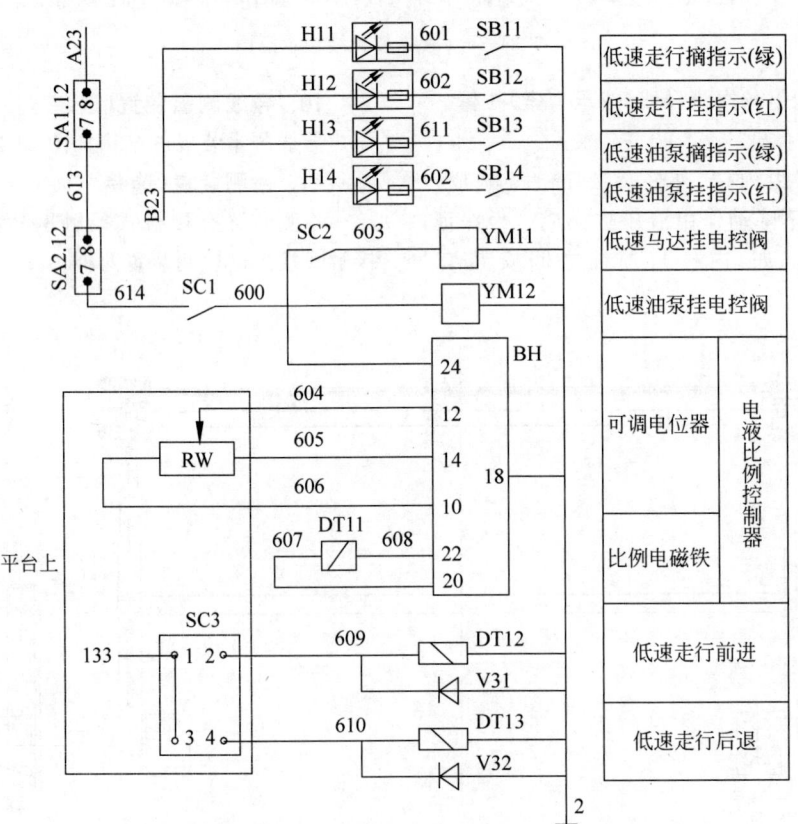

注:SA1.12、SA2.12,分别为前、后操纵台上的换向开关。

图 21-38 低速走行控制系统电路图

(3) 低速走行控制箱

后操纵台侧墙上设有低速走行控制箱,可控制低速走行作业油泵、马达的工作。控制箱的布置如图 21-39 所示。

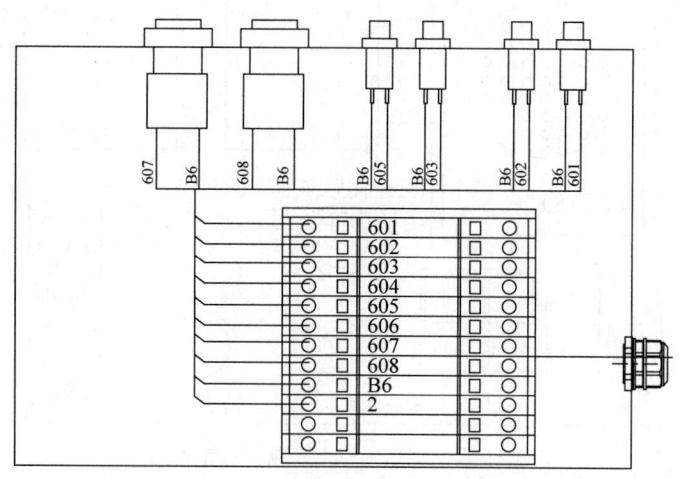

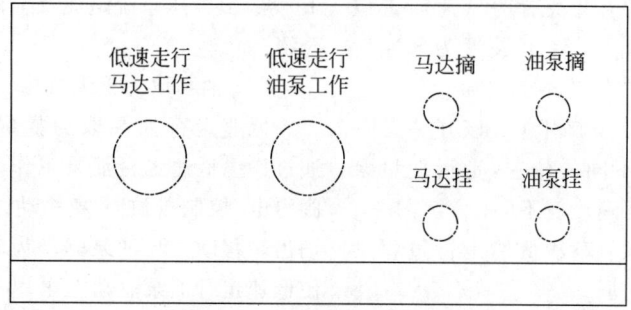

图 21-39 低速走行控制箱布置图

① "油泵摘""油泵挂"指示灯(H13、H14):反映低速走行变量油泵的挂上或脱开状况。当低速走行油泵工作开关 SC1 闭合后,油泵取力电控阀 YM12 得电,使油泵取力挂挡,行程开关 SB14 闭合,使低速走行控制箱上的"油泵挂"指示灯 H14 点亮;SC1 断开后,油泵取力摘挂,行程开关 SB13 点亮,"油泵摘"指示灯 H13 点亮。

② "马达摘""马达挂"指示灯(H11、H12):反映低速走行马达的挂上或脱开状况。当低速走行马达工作钥匙开关 SC2 开关闭合后,YM11 电控阀得电,马达挂挡,行程开关 SB12 闭合,通过 SB12 开关使控制箱上的"马达挂"指示灯 H12 点亮;当 SC2 断开后,YM11 失电,此时 SB11 行程开关闭合,使低速走行控制箱上的"马达摘"指示灯 H11 点亮。

③ 低速走行油泵工作开关(SC1):此开关闭合后,换向分动箱取力电控阀 YM12 得电,低速走行油泵工作。

④ 低速走行马达工作开关(SC2):此开关闭合后,低速走行马达摘挂电控阀 YM11 得电,低速走行马达工作。

注意:前、后操作台上走行方向开关与油泵工作、马达工作之间的电路是联锁的,低速走行操作时,必须保证前后走行方向开关处于"中位";低速走行工作开关的操作顺序是将油泵工作开关闭合,油泵工作后马达工作,只有油泵工作开关闭合后,马达工作开关才起作用。

(4) 低速走行上控制箱

作业平台上控制箱上设有与低速走行相关的开关——走行速度开关、走行方向开关、辅助制动按钮等。面板布置如图 21-40 所示。

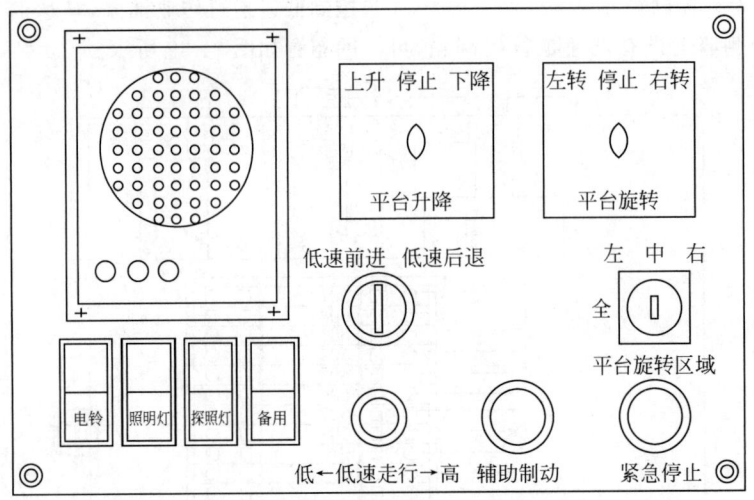

图 21-40　低速走行上控制面板布置图

① 走行方向开关：开关置为低速前进位时，车辆向Ⅰ位端方向运行；开关置为低速后退位时，车辆向Ⅱ位端方向运行。

② 低速走行速度控制开关：该开关是一个电位器，开关处在不同的位置，走行变量泵的输出排量不同，走行速度就不同。

③ 辅助制动开关：车辆低速走行过程中用于控制车辆走行制动。

④ 紧急停止开关：该开关按下后，发动机熄火，作业机构停止动作。

（5）低速走行控制开关

低速走行控制开关是一个旋钮开关，不同的旋向对应不同的走行速度。其设有低速走行速度低位、低速走行中间位、低速走行速度高位3个挡位。当走行油泵工作、马达工作钥匙开关均闭合后，在工作平台上选择走行方向后，缓慢旋转低速走行控制开关，根据不同的旋向，变量油泵输出排量，车辆以一定的速度运行。

注意：低速走行操作过程中，平台上的人员应与驾驶室内的人员加强联控。

2）低速走行操纵机构

（1）低速走行系统结构介绍

低速走行系统主要包括分动箱、变量油泵、马达及油泵取力操纵装置、Ⅱ轴及Ⅲ轴车轴齿轮箱、液压马达及气动摘挂装置（在分动箱上）等。其液压系统组成及工作原理见21.12节介绍。

（2）油泵取力操纵机构

低速走行油泵取力操纵采用气动操纵。通过操纵低速走行油泵工作开关，使油泵电控阀得电，控制气缸活塞移动，通过拨叉带动滑动齿轮移动并与油泵驱动齿轮轴的内齿啮合，使低速走行油泵驱动工作。

（3）走行马达操纵机构

低速走行马达操纵采用气动操纵。走行油泵与换向分动箱Ⅰ轴啮合后，通过操纵低速走行马达工作开关，使马达动力传递到Ⅱ、Ⅲ轴车轴齿轮箱，实现本车的低速走行。

（4）低速走行系统操纵

① 作业车辆的换向机构必须置于中间位，变速箱置于空挡位，将低速走行马达的机械锁定解锁。

② 操纵低速走行控制箱（驾驶室内后操纵台的左侧墙处）的低速走行油泵取力（工作）开关 SC1：将此开关向右扳 90°，钥匙开关闭合，换向分动箱油泵取力电控阀 YM12 得电，此时低速走行挂指示灯亮。

③ 操纵低速走行马达工作开关 SC2：将此开关向右扳 90°，钥匙开关闭合，此时低速走行马达挂指示灯亮，表示低速走行马达挂到位。（有时在走行油泵或走行马达摘挂过程中会出

现"齿顶齿"现象,可将变速箱挂挡后再摘挡,使换向分动箱的Ⅰ轴稍许转动;当动作完成后,相应的指示灯亮。)

④ 将发动机转速控制在 1400 r/min 左右,踏下离合器,将变速箱挂入 8 挡位,再缓缓地抬起离合器,通过换向分动箱带动走行油泵工作。

⑤ 在平台上操纵低速走行控制开关,确定车辆所需运行的方向,当选择走行方向后,操纵车辆进行制动缓解,然后操纵低速行走速度控制开关,使车辆前进或后退。当未选择走行方向时,车辆无前行动力。

注意:调节速度开关一定要匀速、缓慢。发动机转速为 1400 r/min 时,作业车辆的走行速度可在 0~10 km/h 间无级调速。

⑥ 整车停车制动时,应先在作业平台上按下辅助制动按钮,再将低速走行方向开关回中位。如在制动状态下低速走行开关不回中位,走行速度控制开关长期保持在较高速度位置,可能会造成液压系统油温过高而烧毁油泵及马达。

21.2 接触网恒张力放线车

接触网恒张力放线车用于电气化铁路接触网系统的架设、更新与回收。

21.2.1 整机的组成和工作原理

接触网恒张力放线车的主要结构包括主车架、转向架、动力系统、拨线装置、导向柱、张力盘机构、线盘架、控制器、电气系统、液压系统、制动系统、控制室等。

接触网恒张力放线车在放线作业过程中,线索的张力在驾驶室内的微机显示器上设定及显示,并由张力传感器测出线索的实际张力,在工业控制微机的控制下使接触导线或承力索保持恒定的张力。本车能放双线,可将接触导线或承力索承到所需的高度;放线时导线或承力索高度、导线拉出值可在放线车后端的接触网作业车平台上通过无线遥控器进行远距离控制,也可在室内操纵台上通过转换开关手动控制,还可在室外拨线装置旁用液压操纵手柄控制,以方便作业人员进行起落锚、挂导线或承力索及安装接触网零件。

21.2.2 主要系统和部件的结构原理

1. 主车架

主车架中梁为鱼腹梁,具有足够的强度和刚度,可满足放线作业及联挂运行的要求。

2. 转向架

转向架由构架、轮对、轴箱装置、低速走行齿轮箱等组成,为焊接一体式两轴转向架,侧梁、横梁为双腹板结构,采用具有二级刚度的轴箱弹簧悬挂装置和常接触弹性旁承,球面心盘的摩擦面安装有自润滑材料,采用变摩擦式利诺尔减振器,使整车具有良好的运行稳定性和平稳性。该车设有轴箱接地装置,使整车各机构均能良好接地。

1) 构架

转向架采用一体式焊接构架,如图 21-41 所示。侧梁、横梁为钢板焊接箱形结构;球面心盘主要由上、下心盘两部分组成,中间安装有自润滑摩擦减振材料;弹性旁承可使车体在空重车状态下,具有较好的动力学性能。轴箱导框、顶子、弹簧帽、弹簧、拉环和轴箱装置共同组成利诺尔减振器。

利诺尔减振器的结构如图 21-42 所示。车体总重作用于转向架构架,转向架构架通过拉环、弹簧帽压缩弹簧,拉环的水平分力作用于顶子,顶子和轴箱间的摩擦力就是减振器的减振力,减振器能同时在横向和垂向起到减振作用。由于是靠顶子和轴箱间的摩擦力起减振作用,所以它们的接触面之间不需要涂抹润滑油,顶子磨耗到限时须更换。检验方法如图 21-43 所示,当标准线和轴箱导框边缘线重合时即为到限,所有顶子必须全部更换,否则减振器将失效并有可能影响行车安全。常接触弹性旁承安装有耐磨材料,产品出厂使用过程中不应涂抹润滑油。旁承结构及耐磨材料到限状态如图 21-44 所示,到限时须全部更换。

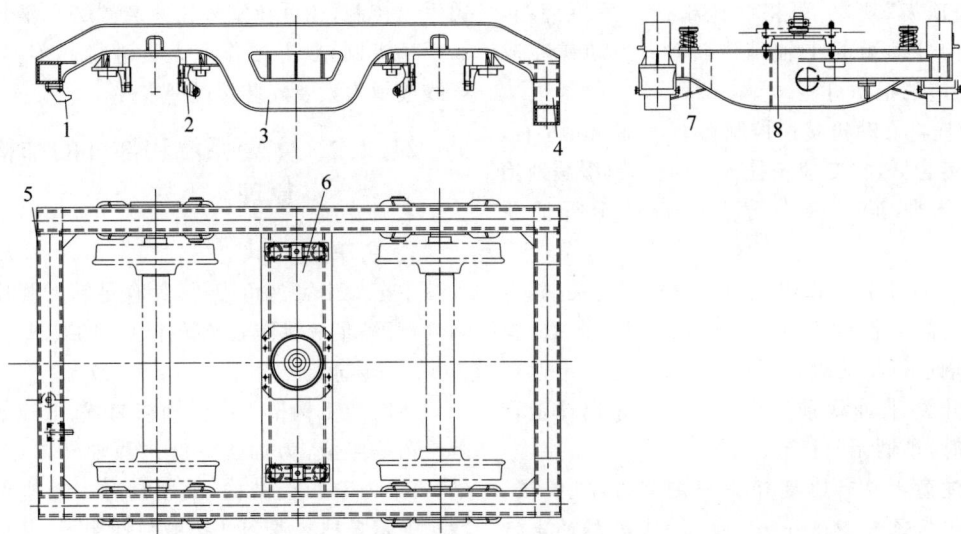

1—安全托板；2—轴箱导框；3—侧架；4—旁承；5—端梁；6—横梁；7—弹性旁承；8—球面心盘。

图 21-41 转向架构架结构示意图

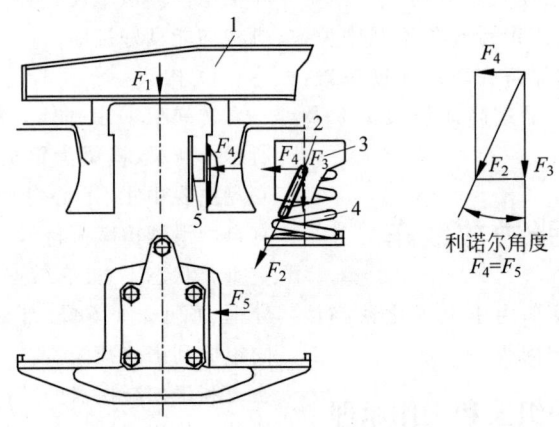

1—构架；2—拉环；3—弹簧帽；4—弹簧；5—顶子。

图 21-42 利诺尔减振器结构示意图

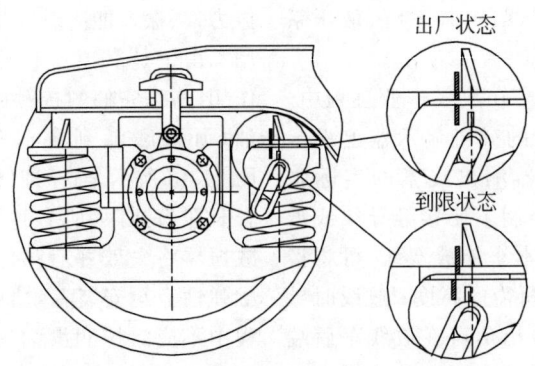

图 21-43 顶子磨耗到限检验方法示意图

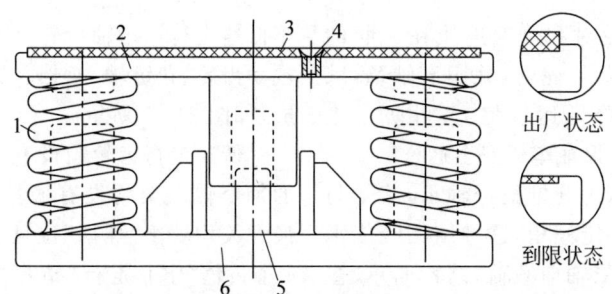

1—弹簧；2—上盖板；3—磨耗板；4—沉头螺栓；5—旁承导柱；6—下盖板。

图 21-44　旁承结构及旁承耐磨材料磨耗到限检验方法示意图

2) 轮对

轮对是走行装置中最重要的部件之一，其结构如图 21-45 所示。轮对的主要作用是：车辆全部重量通过轮对支承在钢轨上，通过轮对与钢轨的黏着产生制动力，通过轮对滚动使车辆前进。轮对在车辆运行中受载情况较复杂，当车轮经过钢轨接头、道岔等线路不平顺处时，轮对直接承受全部垂向和侧向冲击，车轮在钢轨上运动及通过闸瓦的制动作用不断发生磨损，因此应经常检查车轮磨损情况，对车轴应按规定进行探伤。图 21-45 所示为车轴轴端结构供车轴超声波探伤时参考。

3) 轴箱装置

轴箱装置主要由圆锥滚子和轴箱体等部件组成。其结构如图 21-46 所示。

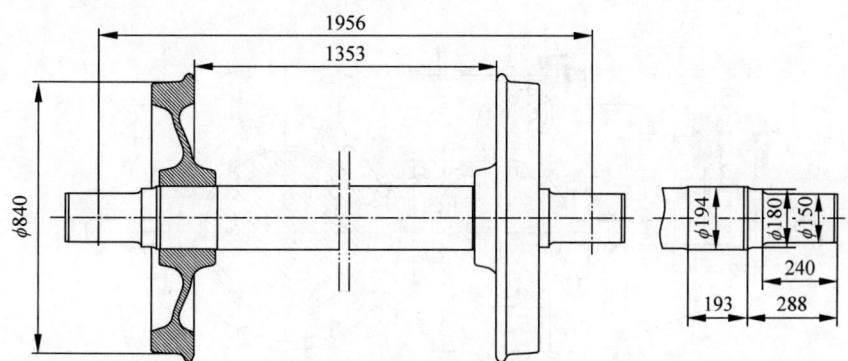

图 21-45　轮对及车轴轴端结构示意图

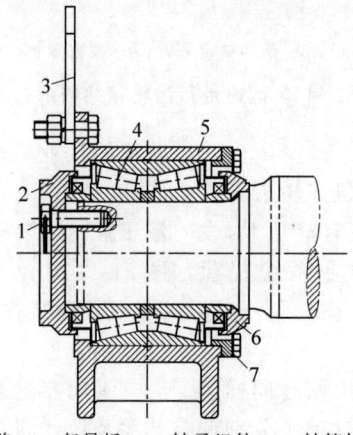

1—轴端螺栓；2—前盖；3—起吊板；4—轴承组件；5—轴箱体；6—后挡；7—通盖。

图 21-46　轴箱装置

轴箱装置是将轮对和侧架连接在一起的结构,把车辆的重量传给轮对,并润滑轴颈,减少摩擦,防止热轴,降低运行阻力,可防止尘土、雨水等异物侵入,保证车辆安全运行。

轮对的滚动轴承为圆锥滚子轴承,滚子与轴承的转动轴线成一定倾角,这种结构既能承受径向载荷,又能承受轴向载荷,结构简单、检修方便。

轴箱装置内部利用润滑脂作润滑剂,使用过程中要注意观察轴箱的温升变化,规定温升不超过40℃,必要时可以把前盖拆卸后清洗,检查轴承状况,然后填充润滑脂再装上。润滑脂型号为铁路车辆滚动轴承Ⅱ型锂基润滑脂,润滑脂总量占轴箱装置自由空间的1/2~2/3。

4) 低速走行齿轮箱

本车低速走行采用四轴驱动,两台转向架各轴上均装配有低速走行齿轮箱。当放线作业时,液压系统驱动低速走行齿轮箱,实现整车低速走行。车轴齿轮箱主要由上下箱体、主被动齿轮、花键轴、换挡及锁定机构、吊杆等组成,如图21-47所示。

低速走行齿轮箱设有摘挂挡装置,操纵台的每个转向架均设有摘挂挡转换开关。当转换开关均处于"挂挡"位且各齿轮箱均挂挡时,4个黄色"作业走行"指示灯会点亮,此时不允许牵引本放线车高速运行;当转换开关均处于"摘挡"位且当4台齿轮箱均摘挡时,操纵台4个绿色"联挂走行"指示灯会点亮,此时可由其他车辆牵引本车高速运行。

本车低速走行马达设有两挡,当操纵台"走行速度选择"开关置于"低速"位时,放线车可低速运行进行放线作业,此时运行速度范围0~6 km/h;当操纵台"走行速度选择"开关置于"中速"位时,放线车不能进行放线作业,此时只能进行调车转场作业,运行速度范围0~15 km/h。

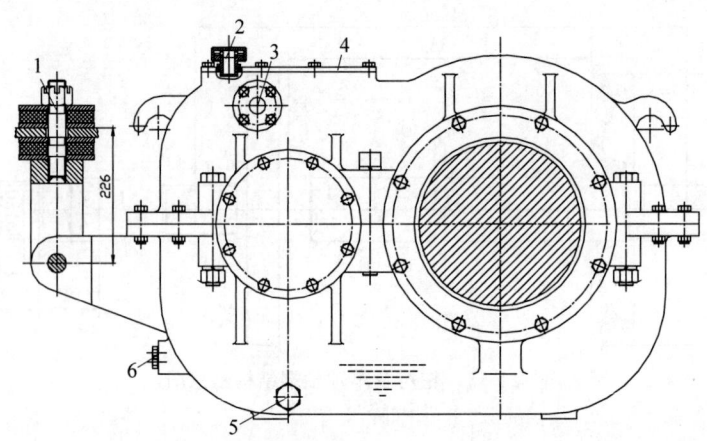

1—吊杆;2—呼吸及加油口;3—换挡锁定装置;4—观察盖;5—放油塞;6—油位螺堵。

图21-47 低速走行齿轮箱结构示意图

3. 动力系统

本车采用柴油发动机,发动机飞轮后端安装有减速齿轮箱,齿轮箱后安装有液压泵,发动机启动后驱动液压泵,为作业系统提供动力。

4. 拨线机构

拨线机构安装在本车端部,由两套同样的机构组成,用于起落锚时或作业过程中分别调整导线或承力索的高度及横向偏移值,提高起落锚的作业效率。该机构主要由外柱、中柱、内柱、导向架、锁定装置、销轴、油杯、磨耗板、液压缸、连接螺栓、手油泵等组成。其结构如图21-33所示。拨线机构由电磁换向阀进行控制,其控制装置可分为手动控制装置和无线遥控控制装置。

手动控制装置包括操纵台上的手动转换开关及拨线机构旁的液压操纵手柄。操纵台上设有拨线机构控制方式选择开关、1号拨线机构及2号拨线机构的控制开关、导向柱控制开关等,如图21-48所示。

在操纵台左侧设有"作业工况""试验工况"转换开关,用于控制拨线机构的动作和放线车低速走行时机。在进行放线作业时应选择"作业工况"而不选择"试验工况",因为此时若已经完成起锚作业,在放线盘及张力盘制动器均未打开的情况下,若开关在"作业工况"位置,则拨线机构不能由转换开关或遥控器操纵动作,放线车也不能低速运行;若开关在"试验工况"位置,则放线车可低速运行,拨线机构也可由转换开关或遥控器操纵动作,此时易拉断线索。

将操纵台上的拨线机构控制选择开关置于"手动"位,即可操纵倾摆开关或升降开关来控制Ⅰ号或Ⅱ号拨线机构的动作,可操纵导向柱升降开关控制导向柱的升降动作。

车上还安装有拨线机构的遥控装置,该装置包括驾驶室内安装的无线遥控接收装置、无线发射器等。将操纵台上的拨线机构控制选择开关置于"遥控"位,为遥控接收器送入电源,通过遥控发射器即可控制拨线机构的升降或倾摆动作、导向柱的升降动作、整车低速走行、整车制动等。本遥控器的最大遥控距离为100 m,遥控发射器面板上设有电源开关、急停按钮、Ⅰ号或Ⅱ号拨线机构的升降控制及倾摆控制按钮、导向柱的升降控制按钮、低速走行控制开关及旋钮等。遥控器的具体使用方法及注意事项、维护保养方法见随机配备的说明书,此处不再赘述。

双线区段作业时切勿使拨线机构处于邻线超限位置,如遇紧急情况,可立即按下操纵台"机构卸荷"按钮,使作业机构紧急停止动作;或按下急停按钮,使运行的放线车紧急停车。

拨线机构旁设有液压操纵手柄,可直接操纵拨线机构进行升降及倾摆,不受其他电气联锁条件的限制,布置情况如图21-49所示。

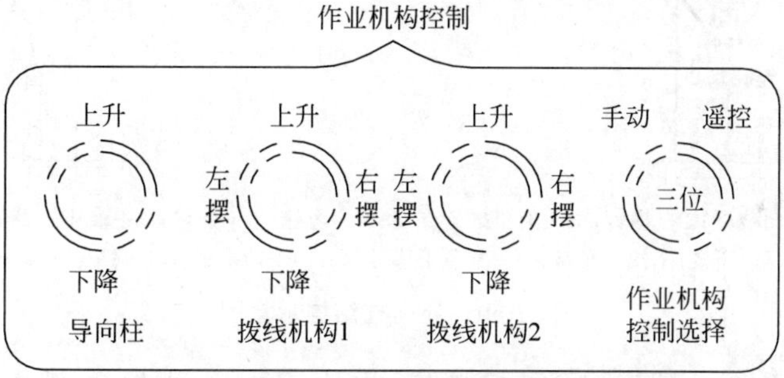

图21-48 操纵台拨线机构控制方式选择开关

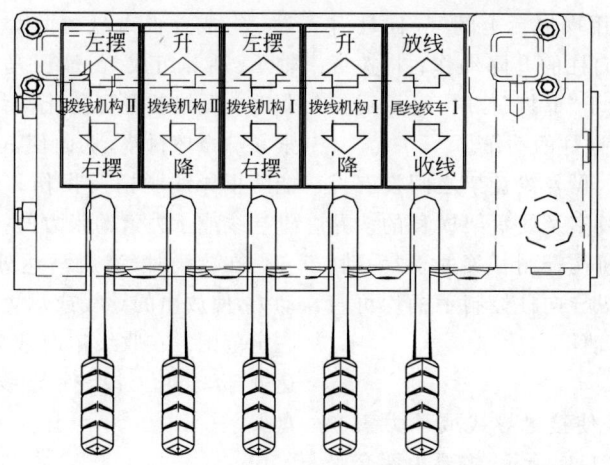

图21-49 拨线机构液压操纵手柄布置图

在手动操纵液压控制手柄升降或倾摆拨线机构时,若已完成起锚作业,应确保张力机构和放线架制动器处于缓解状态,否则有拉断张力盘线索的危险。

在拨线机构未解锁时,不能手动操纵拨线机构液压控制手柄,否则会将锁定销拉弯。

5. 导向柱

导向柱位于张力盘与放线盘机构之间,用于调整导线和承力索的弯曲夹角,避免导线损伤及脱槽。其主要由导向装置、内柱、外柱、液压缸、锁定装置、销轴等组成,如图21-50所示。

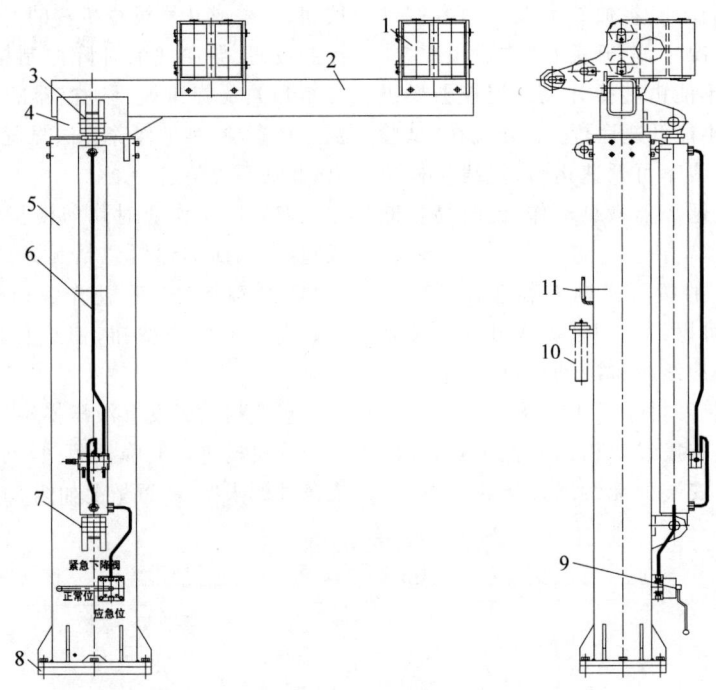

1—导向装置;2—横臂;3—液压缸上支座;4—内柱;5—外柱;6—液压缸及附件;7—液压缸下支座;8—底座;9—紧急下降球阀;10—锁定销;11—挡座。

图21-50 导向柱结构示意图

导向柱可分为手动、无线遥控两种控制方式。将操纵台上的拨线机构控制选择开关置于"手动"位时,可利用操纵台上的"导向柱升降控制开关"控制导向柱的升降动作;将拨线机构控制选择开关置于"遥控"位时,可用遥控发射器远距离控制导向柱的动作。

在液压冷却风扇、Ⅳ号线盘架之间设有控制导向柱、Ⅱ号尾线绞车及线盘架横移的多路阀,无论操纵台拨线机构控制开关处于"手动"位还是"遥控"位,操纵导向柱控制手柄均可直接控制导向柱的升降动作。

6. 张力盘机构

张力盘机构用于使接触导线或承力索产生张力,其结构如图21-51所示,主要由两套张力盘、自由轮、小齿轮、液压马达(带制动器)、减速机、压线机构、挡线机构、张力传感器、护罩等组成。张力盘由两套大齿圈、摩擦衬垫、轴承、轴等组成,由液压马达、减速机、小齿轮驱动。压线装置可防止乱线,并使导线和承力索紧贴摩擦衬垫,从而使其更稳定。挡线机构能防止导线脱槽及损伤。张力传感器用于测量导线或承力索的张力值。

在放线时,液压马达处于泵工况,产生制动力,使放出的导线或承力索中的拉力保持在一定范围。在收线工况或放线后退时,液压马达处于马达工况,使导线和承力索绕回线盘架。

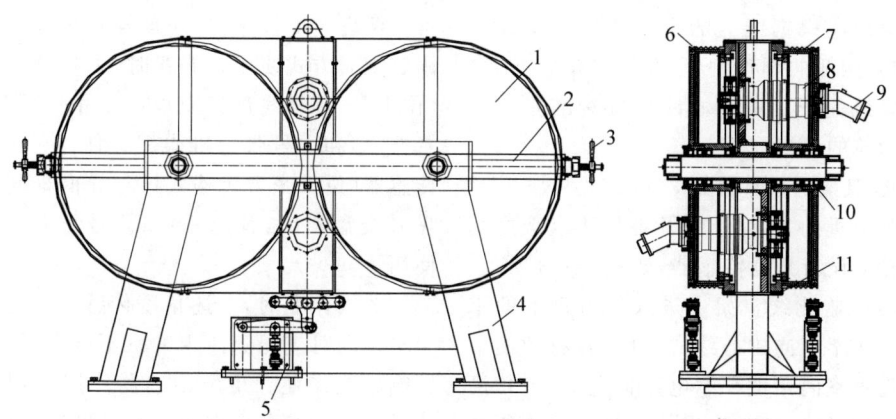

1—张力盘；2—压臂；3—压线机构；4—支架；5—张力传感器；6—自由轮；7—摩擦衬垫；8—减速箱；9—液压马达；10—轴承；11—齿圈。

图 21-51　张力盘机构结构示意图

7. 线盘架

线盘架主要由支架总成、线盘轴、套筒、锥卡、销轴、力臂、传动齿轮、液压马达、制动器、锁定销、弹簧销、卡爪及锁定机构、横移液压缸等组成，如图 21-52 所示。

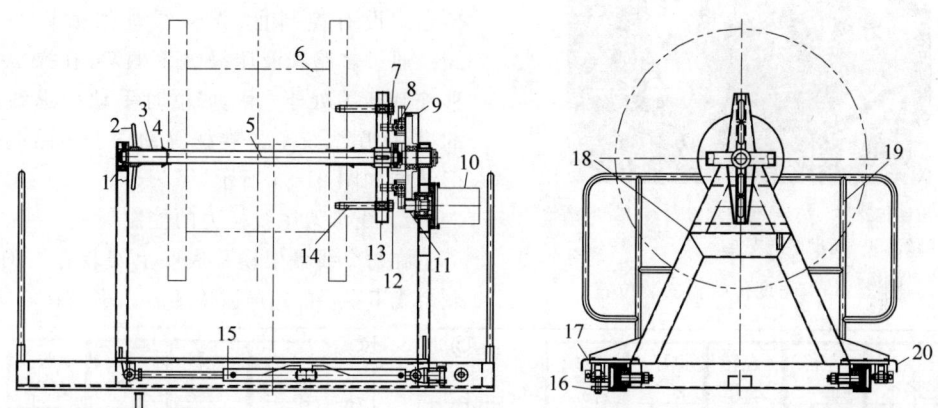

1—轴承；2—紧定盘；3—压紧套筒；4—锥卡；5—线盘轴；6—线盘；7—卡爪；8—销轴；9—被动齿轮；10—液压马达；11—主动齿轮；12—锁紧螺母；13—力臂；14—销轴；15—横移液压缸；16—锁定装置；17—滑道；18—支架总成；19—栏杆；20—横移液压缸护罩。

图 21-52　线盘架结构示意图

液压马达在放线时作为油泵使用，对线盘施加反作用力矩，从而使线盘出线产生一定的拉力（即尾线张力），使线盘输出的导线或承力索拉直并增大张力装置上的最大摩擦力，在车组后退或收线工况时起收线作用，将导线或承力索卷到线盘上。收放线时的尾线张力可通过使用驾驶室液压操纵控制台上的放线盘远程溢流阀手柄改变马达出口溢流阀的压力来实现，也可由微机自动控制实现。马达通过制动器与驱动小齿轮相连，制动器通过操纵室内面板上的开关控制。传动齿轮由一对开式齿轮传动机构组成，锂基润滑脂润滑。

卡爪及锁定机构安装在大齿轮上，线盘安装好后，将力臂卡在卡爪内，将卡爪用销轴锁定，并将力臂上的销轴调整到合适的位置，穿入线盘上的孔内，用锁紧螺母并紧。每个线盘装置配有 $\phi75$ mm 线盘轴（包括套筒、力臂等），可适用于不同的线盘。

作业前应根据线盘的宽度适当调整线盘轴上、线盘两侧的调整钢套，并用紧定盘压紧，使线盘安装完毕后的中心线尽量对准张力盘线索导向轮的入口。

1) 线盘架的横移控制

在张力机构入口、Ⅱ号及Ⅲ号线盘架之间的导向轮上设有角度传感器，如图21-53所示。该传感器可监测线盘架上进入张力盘上的承力索相对车架纵向中心线的角度，并将角度信号送入驾驶室内角度控制电路板上，当该角度大于设定值时，电路板输出信号时横移液压缸动作，驱动线盘架在放线过程中随动，使该角度总是趋向最小，避免线索在线盘架或导向轮上斜拉而变形。

本车两套角度传感器、线盘架及张力机构采用固定配对方式使用。放线时，Ⅰ号角度传感器（位于Ⅱ、Ⅲ号线盘架间）与Ⅰ、Ⅱ号线盘架（二者选一）和Ⅰ号张力机构配套使用；Ⅱ号角度传感器（位于张力机构入口与导向柱间）与Ⅲ、Ⅳ号线盘架（二者选一）和Ⅱ号张力机构配套使用。

放线作业时，上述角度传感器、线盘架、张力机构的对应配套使用关系不能混淆，否则将影响放线作业。角度传感器使用过程中要避免垂直方向及水平方向的大幅度冲击，以免损坏。放线作业时，应将线索卡入角度跟随支架的导轮槽内，并装好下部的压紧滚轮，拧紧该滚轮两端蝶形螺母。平时不使用传感器时，应将角度跟随支架拆除，放置于驾驶室内。

在Ⅱ号拨线机构附近设有控制Ⅰ、Ⅱ号线盘架横移多路阀；在液压冷却风扇、Ⅳ号线盘架之间设有控制Ⅲ、Ⅳ号线盘架横移的多路阀。通过多路阀液压操纵手柄，可在操纵台横移控制开关处于"手动"位时手动操纵线盘架的横移、尾线绞车的卷扬等动作。多路阀的外形结构如图21-54所示。

2) 线盘架尾线拉力的控制

在每个线盘架横移底座上安装有检测线盘剩余线索半径的超声波传感器，如图21-55所示。

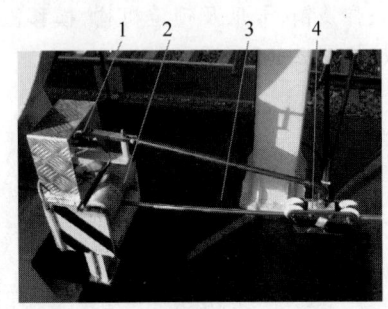

1—角度传感器；2—导线或承力索入口导向滚轮；3—导线；4—角度跟随支架。

图21-53 角度传感器安装位置

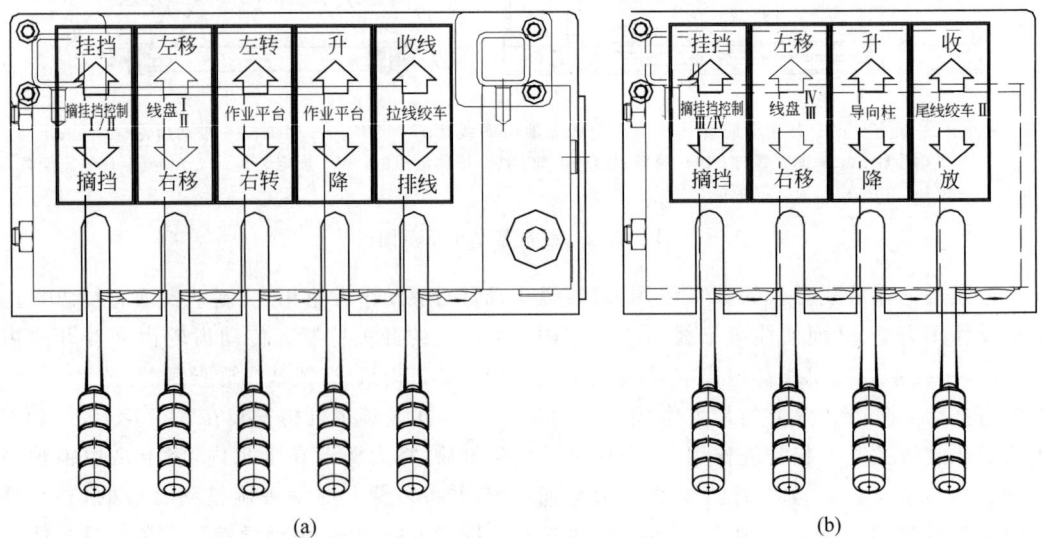

图21-54 多路阀外形结构示意图

(a) Ⅰ、Ⅱ轴摘挂挡控制，平台升降控制；Ⅰ、Ⅱ号线盘横移控制，尾线绞车控制；(b) Ⅲ、Ⅳ号线盘横移控制；Ⅲ、Ⅳ轴摘挂挡控制；导向柱升降控制

第21章 主要机械结构和工作原理

1—线盘支架；2—传感器护罩；
3—超声波传感器；4—传感器支架。

图 21-55 超声波传感器安装位置

该传感器所测半径信号与线盘马达压力传感器信号送入计算机后，由计算机计算出尾线拉力，该拉力与设定的尾线拉力进行比较，由计算机输出信号控制线盘架比例溢流阀压力，进而改变液压马达的扭矩，使尾线拉力与设定值始终一致，避免尾线拉力过小时线索在张力盘上打滑，尾线拉力过大时损坏线盘架。

超声波传感器安装调整时应使其中心轴对准线盘轴中心，其端面距离线盘轴中心1170 mm，传感器安装时应按照上述标准进行调整。放线过程中，传感器端面严禁任何物体遮挡，也不能在传感器支架上踩踏，否则可能造成半径测量不准确，影响尾线力的控制精度。

8．控制器

控制室内布置有操纵台（含电气控制柜）、卧铺、照明装置、风扇、刮水器、灭火器、遥控器、空调室内机、发电机组控制柜、液压控制设备等。操纵台的布置有操作面板等，操纵台的布置如图 21-56 所示。

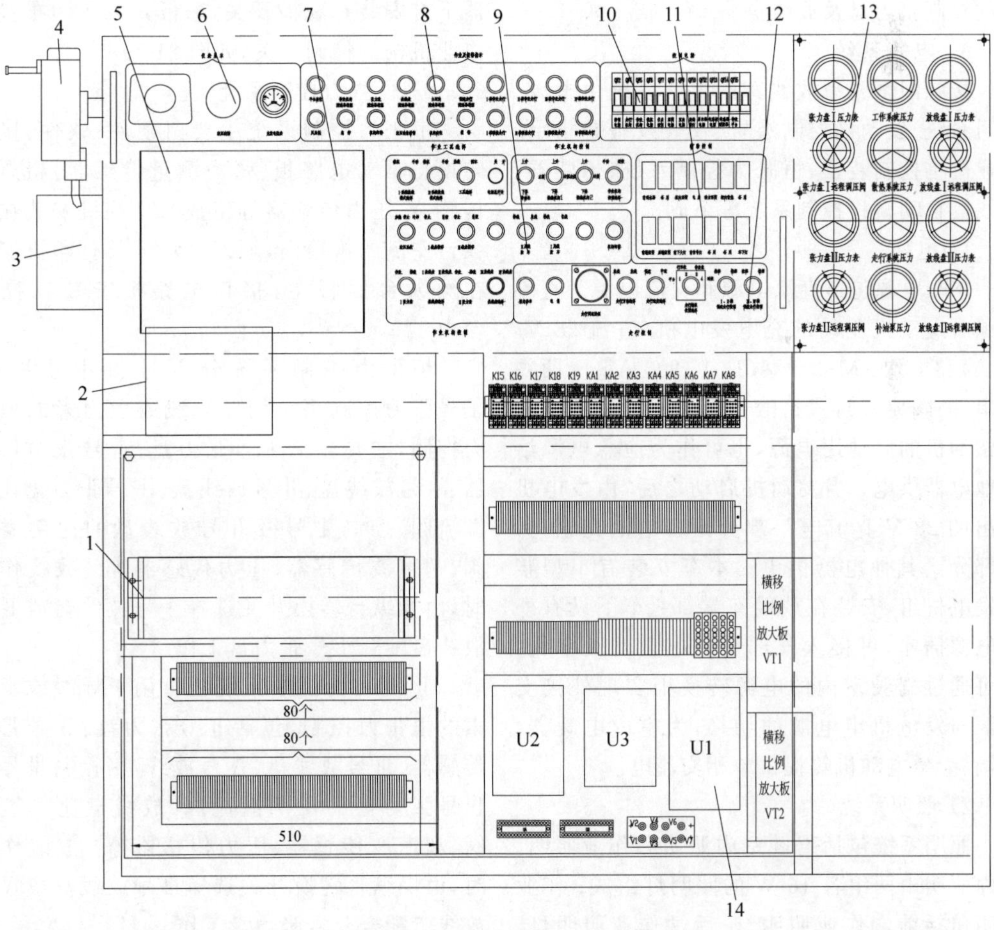

1—接口电路板；2—工控机；3—有线对讲机；4—遥控接收器；5—触摸显示器；6—仪表；7—控制模式开关；8—指示灯；9—控制开关及按钮；10—小型断路器；11—翘板开关；12—走行控制开关；13—液压表及远程溢流阀手柄；14—柜内控制元件。

图 21-56 操纵台布置图

操纵台面板上各电气元件以功能的不同按区划分,主要布置有触摸显示屏、各种作业机构控制开关及按钮、仪表、小型断路器、指示灯、翘板开关等;操纵台面板下部左侧安装有微机接口电路板,右侧布置有变换电源、继电器、接线端子等。操纵台左侧布置有微机箱、无线遥控接收器、有线对讲机、打印机等。

操纵台面板右侧设有液压显示仪表及控制手柄,主要包括工作系统压力表、走行系统压力表、补油泵压力表、散热系统压力表、Ⅰ张力盘压力表、Ⅰ(Ⅱ)放线盘压力表、Ⅰ张力盘远程调压阀、Ⅰ(Ⅱ)放线盘远程调压阀、Ⅱ张力盘压力表、Ⅲ(Ⅳ)放线盘压力表、Ⅱ张力盘远程调压阀、Ⅲ(Ⅳ)放线盘远程调压阀。上述远程调压阀主要用于手动放线或作业准备时手动控制张力盘及放线盘。

9. 电气系统

接触网恒张力放线车的电气系统由电源、照明系统、发动机控制装置、仪表及报警指示、作业机构控制装置、恒张力控制系统、传感器、放线盘自动横移控制系统等组成。

1) 电源

本车电源包括直流电源和交流电源。直流电源由发动机驱动的充电发电机(直流 28 V/80 A)和 4 只 NM-200 型(12 V,200 A·h,两并两串)的阀控密封式铅酸蓄电池组成。蓄电池是柴油机的启动用电源,也可作为应急电源给其他电器供电;当发动机启动之后,由发电机输出的 28 V 直流电一部分给蓄电池充电,另一部分给其他电器供电。本车安装有小型柴油发电机组,安装在放线车端部;车下设有外接电源插座,可接入外部交流电至驾驶室内,并可通过驾驶室内的电源转换柜实现外接交流源与发电机组电源的切换,为室内电暖器、空调、应急电动机等提供单相交流电。

2) 照明系统

照明系统包括驾驶室内照明和作业照明。室内照明由两组各 16 W 的照明灯组成;作业照明包括前端作业照明灯、后端作业照明灯、前下大灯、前信号灯、后下大灯、后信号灯和旋转警示灯等。作业照明灯除信号灯及警示灯外均为进口直流泛光灯,单灯功率 35 W,此泛光灯能手动上下、左右旋转,具有照明范围广、光照度强、防尘、防水、防振等特点。

3) 发动机控制装置

本车的发动机控制装置包括对发动机预热、启动、调速、停机等的控制,上述控制装置的主令控制按钮安装在行车操纵台面板上,具体布置如图 21-57 所示。

4) 仪表及报警指示

本车作业操纵台上的控制面板设置有仪表及报警指示,其布置如图 21-58 所示,主要用于指示燃油油位、液压油温、充放电电流及各种报警等。

5) 作业机构控制装置

操纵面板右上角布置有小型断路器,断路器下方安装有翘板开关,翘板开关左侧布置有作业机构的控制开关,如图 21-59 所示。

6) 恒张力控制系统

恒张力控制系统主要由硬件、软件、接口转换与驱动电路板、张力测量传感器、超声波传感器、压力传感器等组成。工控机安装在操纵台左侧的机箱内,触摸显示屏及打印机安装在操纵台面板上,接口电路板安装在操纵台内。

恒张力控制系统分Ⅰ号和Ⅱ号两套。Ⅰ号张力控制系统用于导线或承力索的恒张力控制,主要包括Ⅰ号张力盘、Ⅰ号张力传感器、Ⅰ号放线盘、Ⅱ号放线盘、Ⅰ号张力盘比例溢流阀、控制Ⅰ号及Ⅱ号放线盘的比例溢流阀、超声波传感器、压力传感器等。放线作业时,由操纵台转换开关选择Ⅰ号放线盘或Ⅱ号放线盘配合Ⅰ号张力盘工作。

Ⅱ号张力控制系统也可用于导线或承力索的恒张力控制,包括Ⅱ号张力盘、Ⅱ号张力传感器、Ⅲ号放线盘、Ⅳ号放线盘、控制Ⅲ号及Ⅳ号张力盘的比例溢流阀、放线盘比例溢流阀、超声波传感器、压力传感器等。放线作业时,由操纵台转换开关选择Ⅲ号放线盘或Ⅳ号放线盘配合Ⅱ号张力盘工作。

在收放线作业时,由操作人员在控制室内设定张力盘张力值和放线盘尾线拉力值,通过

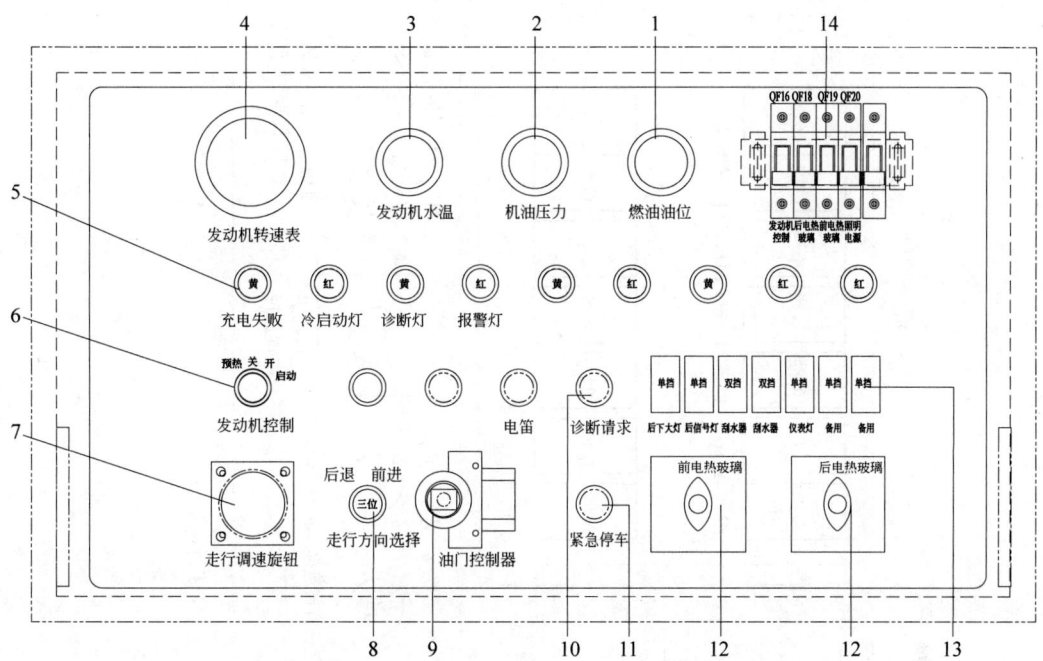

1—燃油油位表；2—发动机机油压力表；3—发动机水温表；4—发动机转速表；5—指示灯（充电失败、冷启动、诊断灯、报警灯）；6—点火开关；7—走行调速旋钮；8—走行方向调速开关；9—油门调节器；10—诊断请求按钮；11—紧急停车按钮；12—电热玻璃开关；13—翘板开关；14—断路器。

图 21-57　行车操纵台控制面板布置图

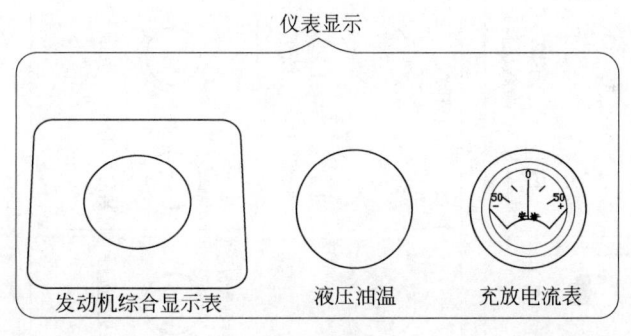

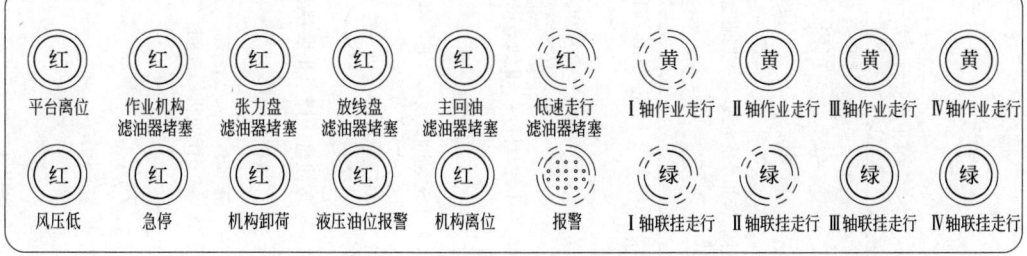

图 21-58　仪表及报警指示布置图

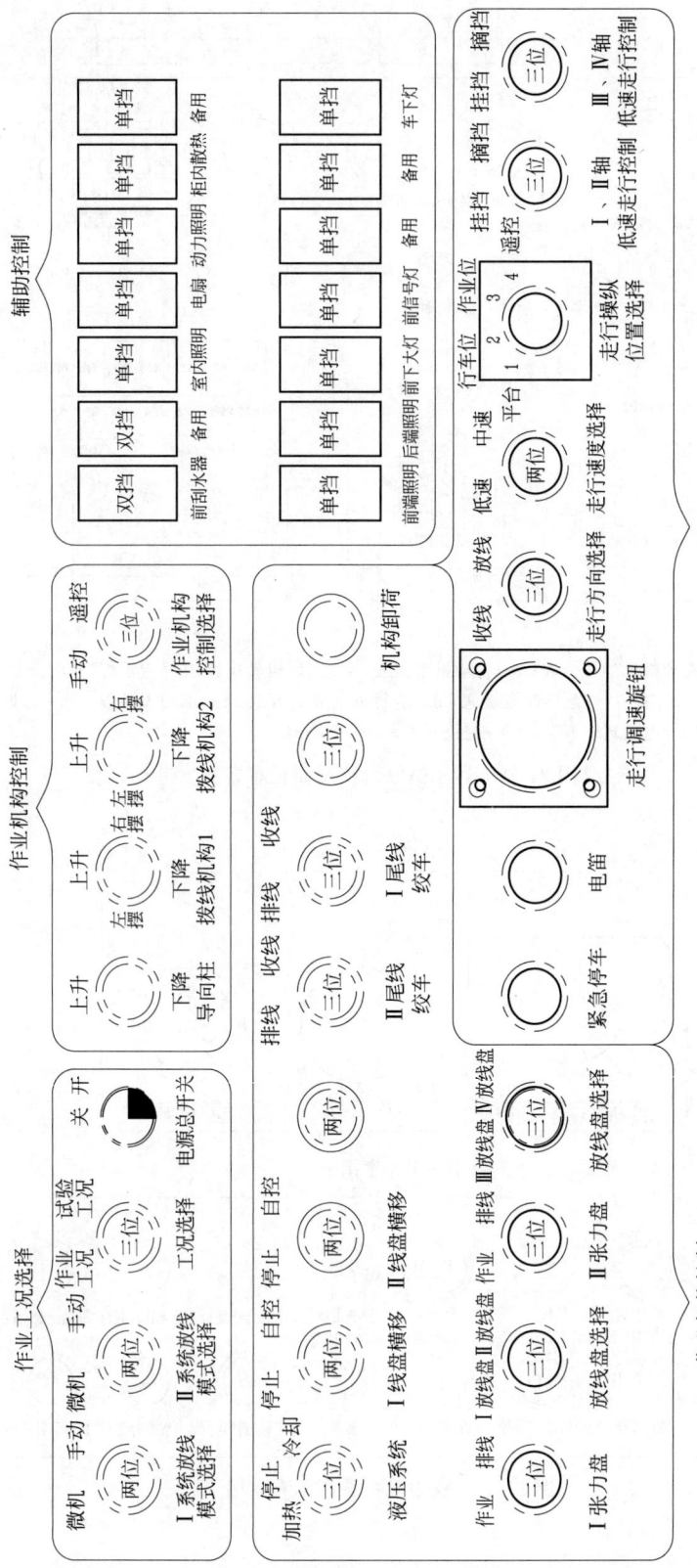

图 21-59 操纵台控制面板布置图

计算机控制放线盘机构和张力盘机构的比例溢流阀,使接触导线(或承力索)张力和放线盘尾线拉力保持恒定,同时在控制室内的显示器上显示实际张力和实际尾线拉力。

需要放出的线索从线盘架上引出后在张力盘机构摩擦盘上多圈缠绕,以产生足够的摩擦力,保证放线过程中线索和摩擦盘之间不产生滑动。张力盘齿轮上安装有液压马达,提供与线盘转动方向相反的力矩,张力大小在作业前通过计算机设定。作业时,通过控制位于液压马达出口的电比例阀的开度(电流)控制力矩的大小。线索中的实际张力由张力传感器测量出来后送入计算机系统,并与设定值进行比较。若实际值比设定值大,则计算机输出信号降低比例溢流阀电流,降低液压马达的转动力矩,从而使线索中的张力总是趋向设定值;若线索实际张力小于设定值,计算机对信号的调节方向相反。张力调节原理如图 21-60 所示。

在计算机屏幕上设定好张力值后,放线盘尾线的反拉力即为张力值的 10%,作业人员可在此基础上对尾线拉力进行微调。在每个线盘架上设有超声波传感器,可测量线盘上剩余线索表面至线盘轴心的距离;液压系统设有压力传感器,可测量线盘驱动马达高压侧液压压力。上述参数送入计算机系统后可计算出尾线拉力的大小,若该值比设定值小,计算机系统输出信号增大放线盘比例溢流阀电流,使尾线拉力增加并趋向设定值;若该值比设定值大,计算机调节方向相反。尾线拉力大小的调节原理如图 21-61 所示。

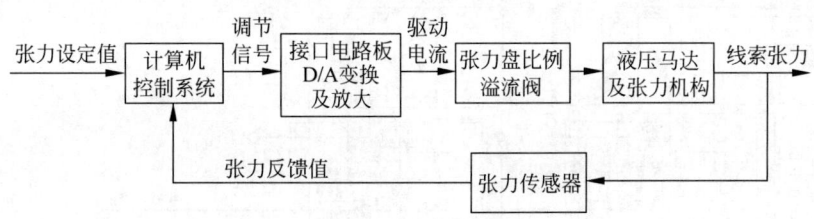

图 21-60 张力机构张拉力调节原理框图

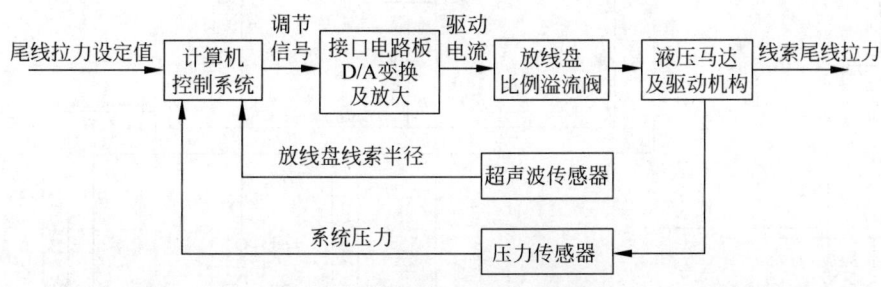

图 21-61 尾线拉力调节原理框图

7) 传感器

每套恒张力控制系统均设有一套张力测量传感器、两套超声波传感器、一套液压压力传感器。

(1) 张力测量传感器:设置在张力盘下方,其上设置有 5 个滚轮,用于同时承受线索向上的拉力。由于该拉力与线索张力成一一对应关系,将该信号输入计算机系统后即可得到线索拉力信号。

(2) 超声波传感器:设置在Ⅰ~Ⅳ号放线盘底架上,用于测量放线盘线索的剩余量。

(3) 液压压力传感器:设置于Ⅰ、Ⅱ号及Ⅲ、Ⅳ号放线盘的工作回路,用于测量放线盘回路的工作压力。

8) 放线盘自动横移控制系统

在Ⅱ号及Ⅲ号线盘架间设有Ⅰ号角度传感器,用于检测Ⅰ、Ⅲ号放线盘输出线索相对导向柱的偏移角度;在Ⅳ号线盘架与张力盘间设有Ⅱ号角度传感器,可检测Ⅱ、Ⅳ号放线盘线索相对该传感器底座下导向柱纵向中心线间的偏移角度。若检测出的夹角大于 1.5°,则在电路板的控制下,由两个水平液压缸拉动线盘架相对车架作左右横移,从而在放线过程中使放线盘输出的线索始终对准张力机构的入口,使线索不产生对放线盘及张力盘的斜拉现象,避免损坏线索及导向滚筒,提高放线质量。

10. 液压系统

液压系统由液压回路、操纵台面板、液压油箱等组成。液压系统共分 5 个液压回路:张力盘控制液压回路(2 套)、放线盘控制液压回路(2 套)、工作机构、液压油冷却液压回路、低速走行液压回路。

1) 张力盘控制液压回路

张力盘控制液压回路的原理如图 21-62 所示。在放线作业时,放线车进行低速自走行,控制电液换向阀 15.1、15.2 的开关处于"工作"位,此时在外力作用下马达被动旋转,处于泵工况,其泵出的压力油经过比例溢流阀 11.1、11.2(正常作业)或溢流阀 10.1、10.2(非正常作业)经过散热器回到张力盘马达 22.1、22.2 的吸油口,形成闭式回路。

张力盘液压控制系统设有比例调节放线张

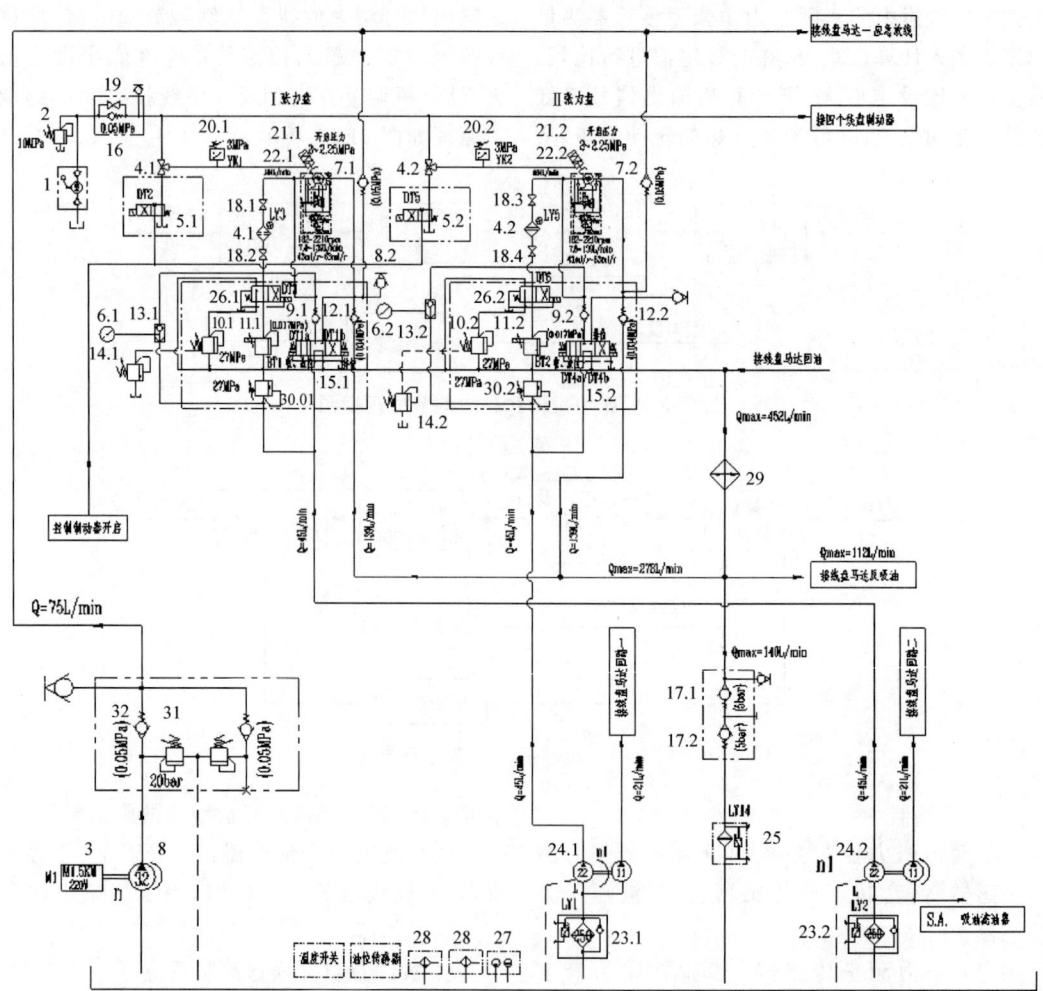

1—手油泵;2,10,30,31—溢流阀;3—交流电动机;4—高压滤清器;5—两位四通电磁换向阀;6—压力表;7,9,12,16,17,32—单向阀;8—齿轮泵;11—比例溢流阀;13—梭阀;14—远程溢流阀;15—三位四通电液阀;18,19—两通球阀;20—压力继电器;21—减速机+制动器;22—电控双速马达;23—吸油滤油器;24—柱塞泵;25—回油滤油器;26—两位四通电液换向阀;27—液位液温计;28—空气滤清器;29—散热器。

图 21-62 张力盘控制液压回路原理图

力和手动调节放线张力两种方式；当张力盘出线处拉力发生变化时，检测到的信号经处理后反馈到比例溢流阀11.1、11.2，比例溢流阀输入信号改变，液压系统的压力相应就发生变化，保证张力盘输入扭矩为一定值，从而使放线张力为定值；当比例溢流阀发生故障或由于其他原因不能进行正常作业时，可以切换到溢流阀10.1、10.2（通过控制电液阀26.1、26.2来实现），利用远程溢流阀14.1、14.2设定张力系统压力，实现放线作业，但该作业形式不能实现恒张力作业。当需要进行收线作业时，电液换向阀15.1、15.2的开关仍处于"工作"位，此时泵24.1、24.2分别驱动张力盘马达22.1、22.2旋转（此时张力盘马达处于马达工况），将导线或承力索收回。

2）放线盘控制液压回路

放线车装有4个带动力线盘，放线盘控制液压回路如图21-63所示（两套控制系统配置相同，Ⅰ、Ⅱ号线盘由一个阀组控制，Ⅲ、Ⅳ号线盘由一个阀组控制）。当放线车进行排线或放线作业时，在外力作用下，线盘轴驱动马达4.1~4.4中的两个或一个线盘工作，此时马达处于泵工况；当放线车处于收线作业时，马达在主油泵13.1、13.2的驱动下旋转，马达处于马达工况。

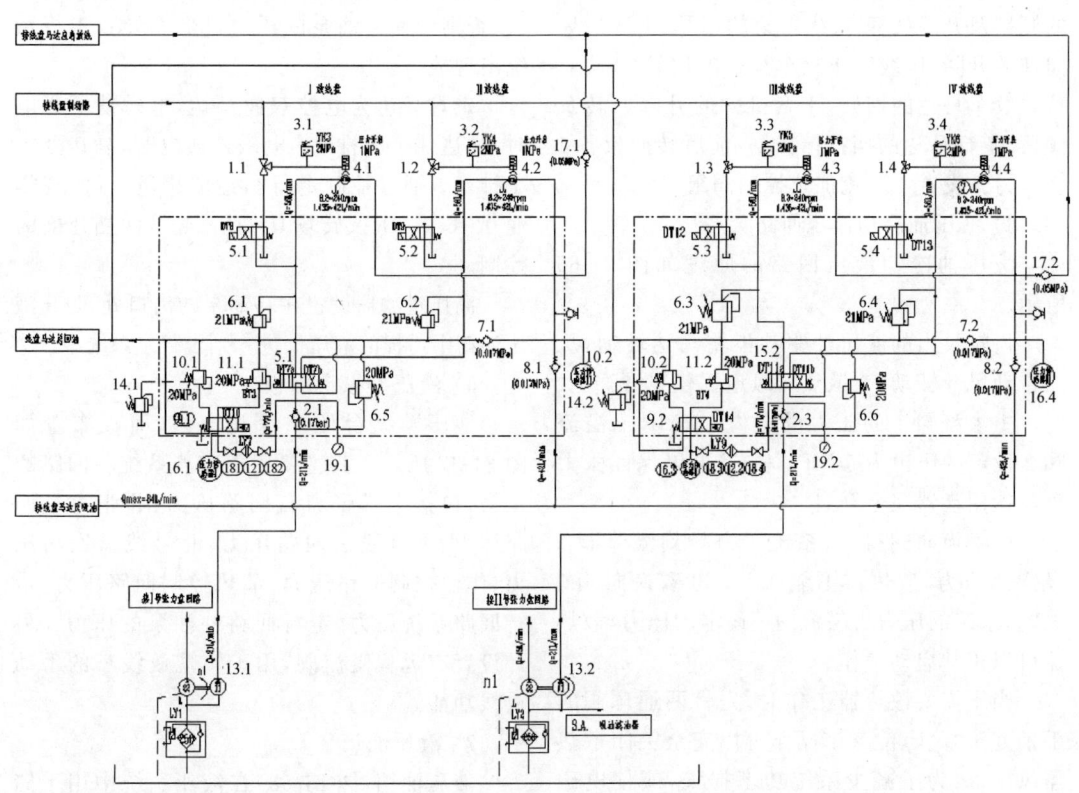

1—三通球阀；2,7,8,17—单向阀；3—压力继电器；4—柱塞马达；5—两位四通电磁换向阀；6,10,21—溢流阀；7,8,17—单向阀；9—三位四通电液换向阀；11—比例溢流阀；12—高压滤油器；13—齿轮泵；14—远程溢流阀；15—三位四通电磁换向阀；16—压力传感器；18—两通球阀；19—压力表

图21-63 放线盘控制液压回路原理图

放线盘张力液压控制系统设有两种控制方式：比例调节放线张力和手动调节放线张力。液压回路设置有电比例溢流阀11.1、11.2，若实际放线拉力偏离预设定值，计算机控制系统就会调整比例溢流阀的输入电压，液压系统的压力就按比例发生变化，线盘马达输入（出）的扭矩相应发生变化，从而使尾线张力保持在预设定值上。当比例溢流阀11.1、11.2发生故障不能进行正常作业时，通过控制电液换向阀9.1、9.2可以切换到溢流阀（手动调节）10.1、10.2，

再利用远程溢流阀14.1、14.2设定放线盘尾线拉力，实现放线作业，但该种作业形式不能实现恒张力。在手动排线和收线时，远程溢流阀的压力需调整在2 MPa以上，保证放线盘制动器能够完全打开（制动器完全开启压力在1.7 MPa左右）。

3) 工作机构液压回路

工作机构液压回路的原理如图21-64所示。系统压力由电磁溢流阀3限定（16 MPa），为常闭形式，当机构出现故障时，按下急停按钮，系统卸载。

该回路主要可以实现如下动作：拨线机构的倾摆及升降（2套）、线盘架的横移（4套）、导向柱的升降、尾线液压绞车马达的回转（2套）、拉线绞车马达的回转、平台机构的升降回转及倾摆、走行马达的摘挂挡控制（前后转向架各1套），另外设置了节流加热控制阀组。

4) 液压油冷却液压回路

液压油冷却液压回路的原理如图21-65所示。

齿轮泵出的液压油驱动齿轮马达转动，从而带动风叶转动，为散热器风扇提供风源。

主溢流阀1的压力设定为12 MPa；溢流阀2设定的压力为5 MPa左右，可以保证张力盘马达制动器完全开启。

电磁换向阀得电，系统压力降到溢流阀2设定的压力，散热器不能启动；电磁换向阀3失电，系统的压力为溢流阀1设定的压力，散热器可以正常启动工作。

当不需要散热器工作时，先将两通球阀的手柄处于"关闭位"（该操作可以完全关闭散热器风扇）。为了减少系统功率损失，应使电磁换向阀得电，系统压力降到5 MPa左右，单向阀可以在马达变为泵工况时突然切断马达进油路，马达从回油口向进油口补油。

5) 低速走行液压回路

低速走行液压回路的原理如图21-66所示。

低速走行液压系统采用闭式液压回路，由一台电比例油泵（排量250 mL/r）驱动4台电控双速马达。在变量油泵上集成有补油泵、多功能阀、变量控制阀组等主要元件。补油泵的

主要作用包括：维持主油路背压；冷却及过滤闭式回路中的部分工作液压油；补充因外部控制阀及辅助油路引起的泄漏液压油，并为控制油路提供压力及流量。闭式系统的最高工作压力由油泵上的多功能阀设定。补油泵的压力设定为2.4 MPa（在1500 r/min左右下的调定压力，油泵转速不同，压力可能出现波动），当走行系统出现故障时，应注意观察该压力是否出现异常，过高、过低都不正常（最高不要超过3 MPa，最低不能低于1.5 MPa）。当进行液压走行时，可采用电位计或微机控制变量油泵来实现调速，应避免频繁改变发动机转速的方式，否则会使补油泵的压力过低而导致走行系统出现故障。

走行马达为电控双速马达，电磁铁不通电时，马达处于大排量；电磁铁通电时，马达处于小排量。通过控制走行马达的排量，可实现作业0~6 km/h及转场0~15 km/h两挡速度的控制。

高压过滤器设置在补油泵的出口处，防止液压油箱中污损的液压油进入到走行主系统中。

6) 液压操纵台面板

液压操纵台位于驾驶室内，面板布置如图21-67所示。其主要用于监测系统各回路的压力，包括Ⅰ号张力盘回路压力、Ⅱ张力盘回路压力、Ⅰ号线盘回路压力、Ⅱ号线盘回路压力、作业控制回路压力、散热控制回路压力、走行回路系统压力、走行回路补油泵的压力。另外设置有远程溢流阀，用于实现放线车的手动放线功能。

7) 液压油箱

液压油箱（图21-68）在液压系统中用于储油、散热和分离油中所含的空气与杂质。本车的液压油箱除具备以上常用功能外，还设置了液压油预热系统。

液压油箱中的液压油的油温位于−100℃以上时，可以在不大于1000 r/min下启动油泵，使系统中的液压油循环起来，当系统中的油温上升到−50℃左右时，可以将油泵转速提高到1000 r/min以上工作，提高预热速度。

第21章 主要机械结构和工作原理

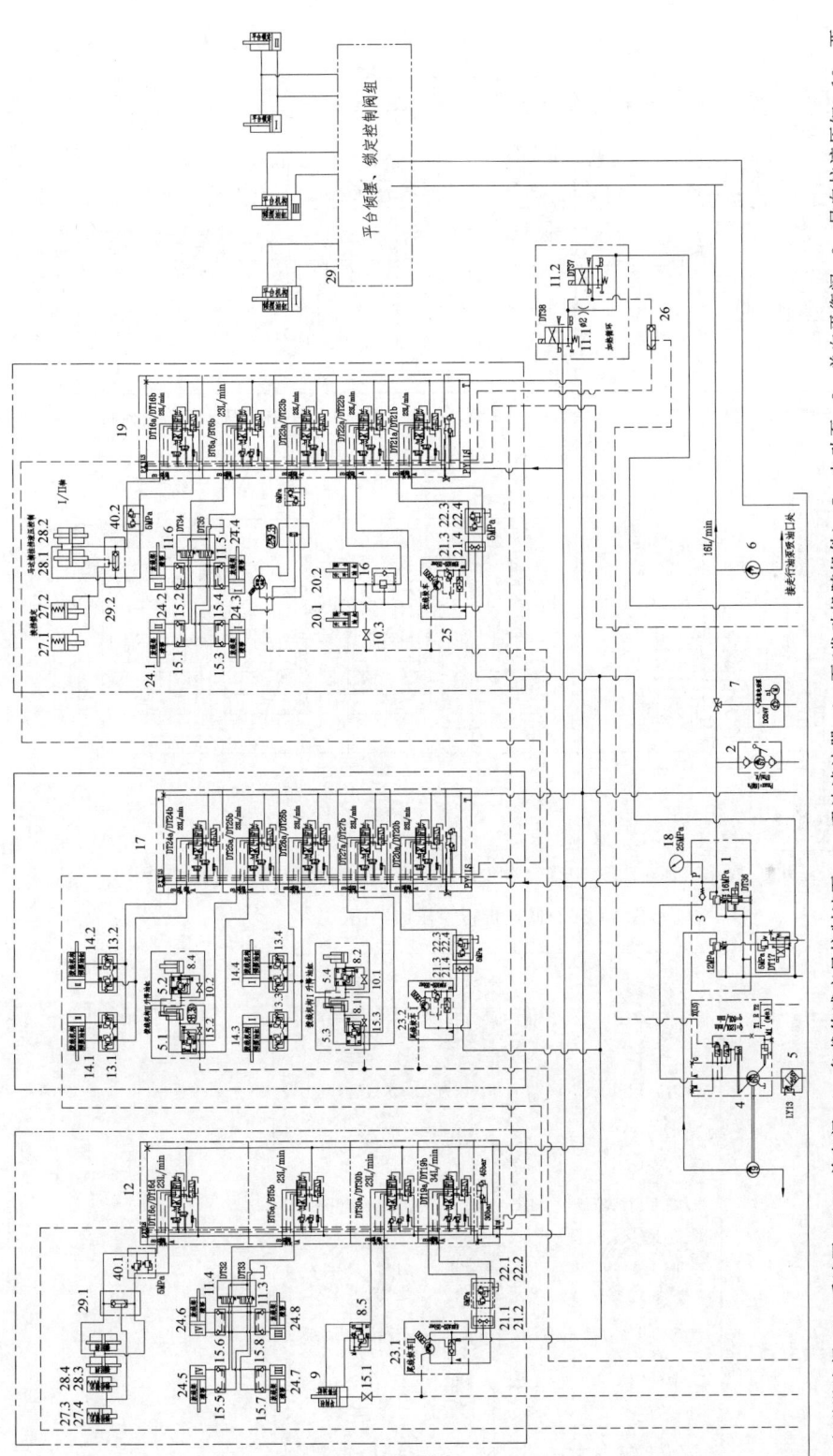

图 21-64 工作机构液压回路原理图

1—电磁溢流阀；2—手油泵；3、21—单向阀；4—负载传感变量控制油泵；5—吸油滤油器；6—泵（发动机随机件）；7—电动泵；8—单向平衡阀；9—导向柱液压缸；10—两通球阀；11—两位四通电磁阀；12、17、19—负载敏感多路阀；13—双向平衡阀；14—倾摆阀；15—液压锁；18—压力表；20—平台升降液压缸；22—溢流阀；23—尾线绞车；24—线盘横移液压缸；25—拉线绞车；26、29—梭阀；27—摘挡锁定液压缸；28—挡位横移液压缸；30—倾摆平台控制阀组。

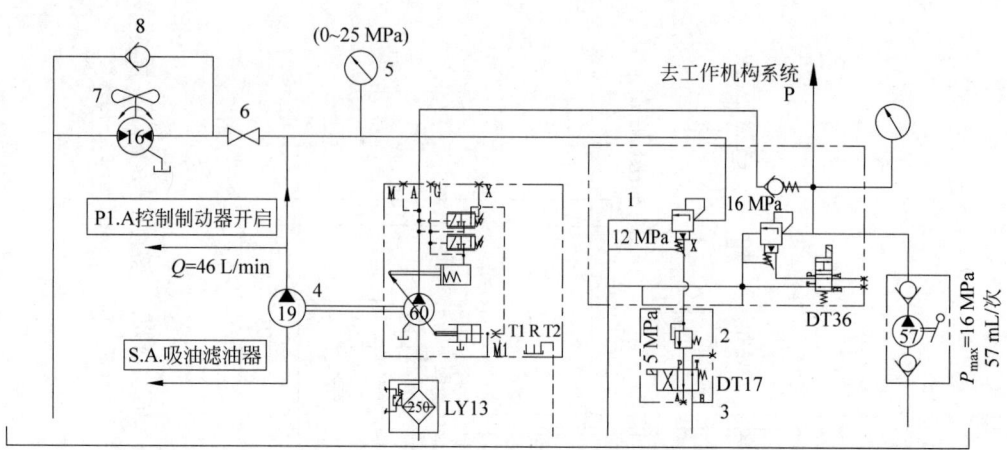

1,2—溢流阀；3—电磁换向阀；4—齿轮泵；5—压力表；6—两通球阀；7—齿轮马达；8—单向阀。

图 21-65　液压油冷却液压回路原理图

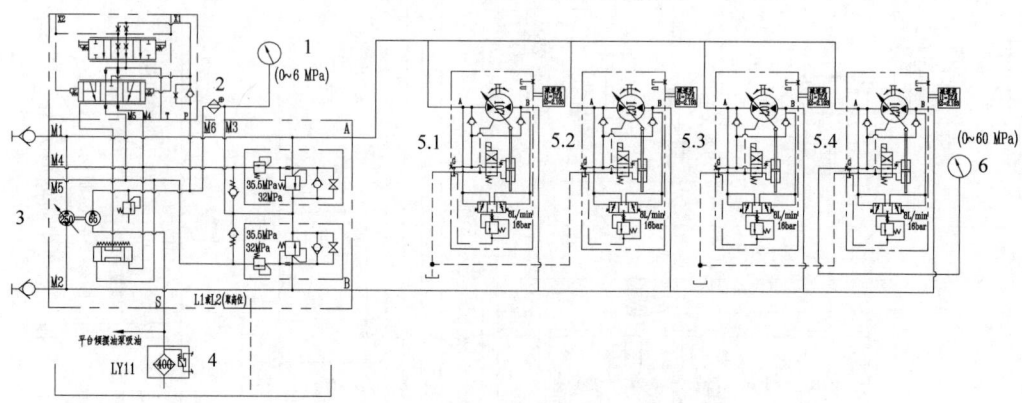

1,6—压力表；2—高压滤油；3—电比例控制变量泵；4—吸油滤油器；5—电控双速马达。

图 21-66　低速走行液压回路图

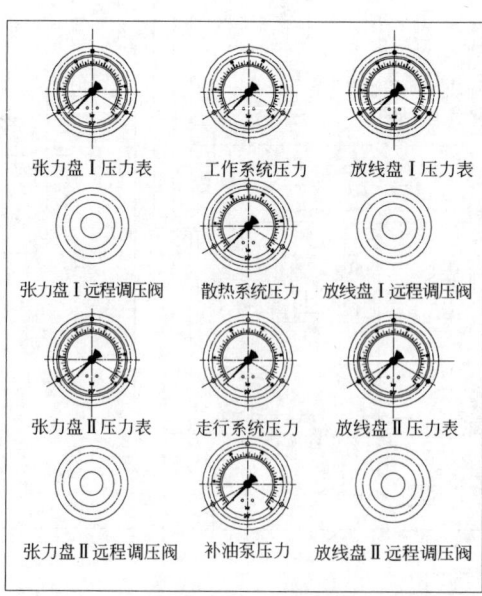

图 21-67　面板布置图

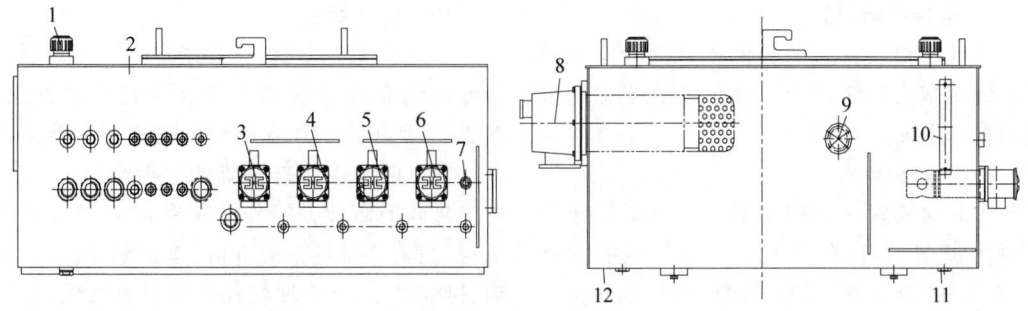

1—空气滤清器；2—液压油箱箱体；3~6—吸油滤油器；7—油温传感器；8—回油滤清器；9—液位报警器；10—液位液温计；11,12—磁性放油堵。

图 21-68　液压油箱结构示意图

在发动机下侧靠近二轴转向架马达附近设置有液压油箱放油球阀。放油时需要先将放油螺堵卸开,后将球阀的手柄置于开启位,如图 21-69 所示。

11．制动系统

制动系统由空气制动机、基础制动装置、手制动装置等组成。

1) 空气制动机

空气制动机由空气压缩机、总风缸、单向阀、油水分离器、自动排水过滤器、压力调节阀、104 型客车分配阀、副风缸、制动缸等组成。图 21-70 为整车空气制动原理图。

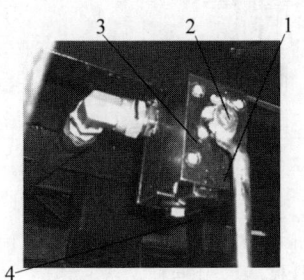

1—发动机；2—放油手柄；3—放油球阀；4—放油螺堵。

图 21-69　液压油箱放油示意图

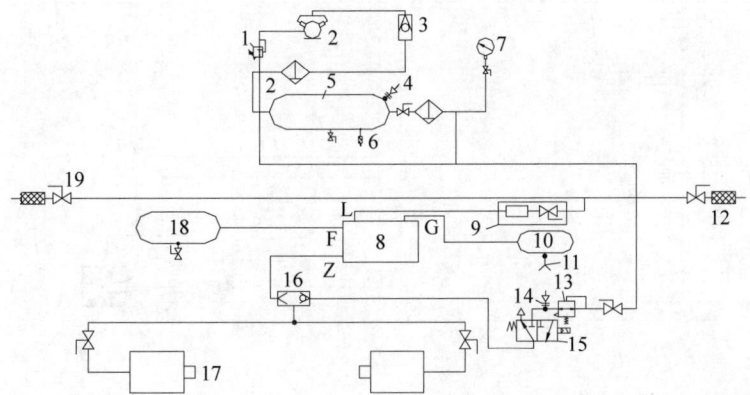

1—压力调节阀；2—空气压缩机；3—单向阀；4—安全阀；5—总风缸；6—压力开关；7—单针压力表；8—客车分配阀；9—球形截断塞门集尘器；10—工作风缸；11—缓解阀；12—制动软管连接器；13—减压阀；14—安全阀；15—两位三通电控换向阀；16—梭阀；17—制动缸；18—副风缸；19—单针压力表。

图 21-70　整车空气制动原理图

2) 基础制动装置

基础制动装置由两套制动缸所驱动的杠杆系统组成,图 21-71 所示为单套制动缸所驱动的杠杆系统。

3) 手制动装置

手制动装置一般用于对停放在线路上的车辆施加制动,以防溜车。手制动装置由摇把、伞齿轮、滑杆、螺杆座、连杆、滑轮及钢丝绳等组成,如图 21-72 所示。

12. 钩缓装置

本车前、后端装有车钩,并带有缓冲器,缓冲器可避免在连挂时和车辆在运行中的冲击。图 21-73 所示为 13B 型下作用式车钩缓冲装置。

13. 自调平回转升降作业平台

自调平回转升降作业平台由立柱及升降机构、底座及回转驱动机构、作业平台、调平机构、拉线绞车、升降回转作业平台等组成,其结构如图 21-74 所示。

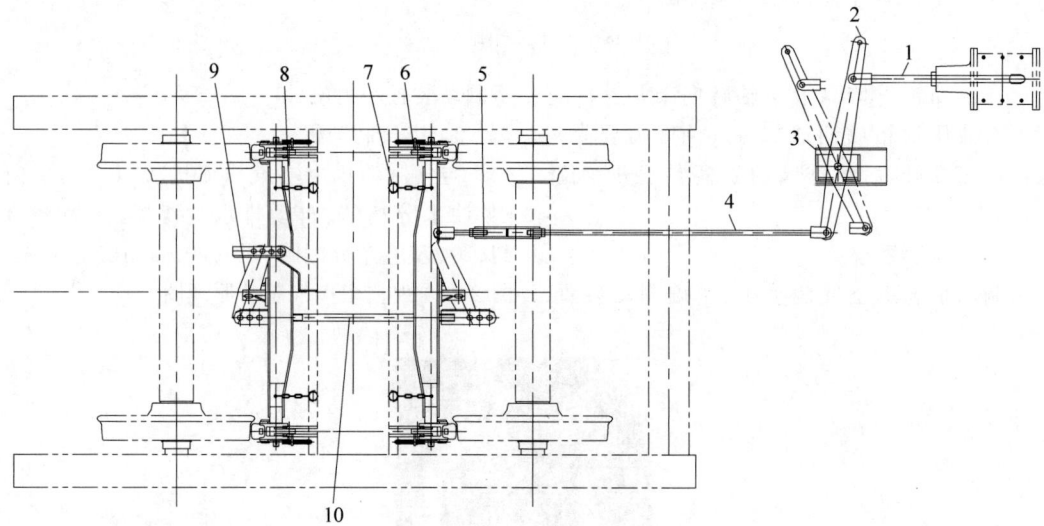

1—制动缸活塞杆；2—制动杠杆板；3—固定支点；4—上拉杆；5—闸瓦间隙调整机构；6—闸瓦吊点；7—安全吊链；8—制动梁组件；9—转向架制动杠杆板；10—下拉杆。

图 21-71　单套制动缸杠杆系统结构示意图

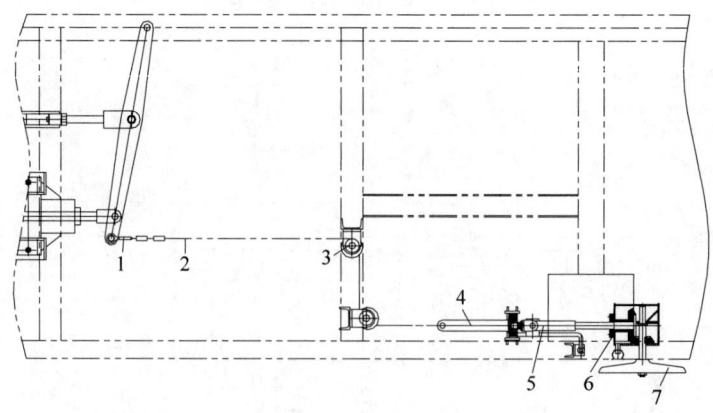

1—吊环；2—钢丝绳；3—滑轮；4—滑杆；5—螺杆；6—齿轮箱；7—手轮。

图 21-72　手制动装置结构示意图

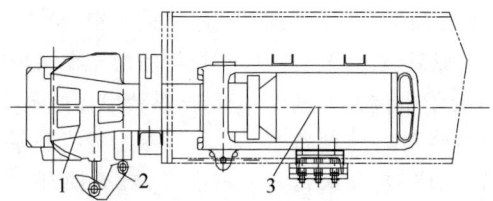

1—车钩总成;2—车钩解锁机构;3—缓冲器。

图 21-73　13B 型下作用式车钩缓冲装置结构示意图

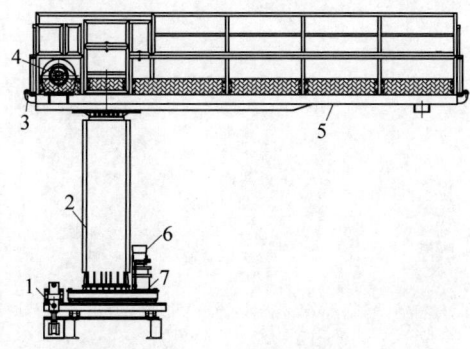

1—调平机构;2—立柱及升降机构;3—端部导向装置;4—拉线绞车;5—作业平台;6—回转驱动装;7—回转底座。

图 21-74　回转升降作业平台结构示意图

1) 立柱及升降机构

立柱为三节套筒同步伸缩式结构,通过液压缸、钢丝绳带动套筒升降。

2) 底座及回转驱动机构

平台的回转是油马达驱动减速器,带动一个齿轮绕回转支承的大齿圈作行星运动实现的。平台回转驱动机构的结构如图 21-75 所示。在液压马达和减速器之间设有一套手动回转机构。在作业过程中,若平台超出机车车辆限界,液压系统出现故障而无法回位时,可以立即使用该手动装置,使平台回转至中位。

3) 作业平台

作业平台使用螺栓与立柱连接在一起,平台地板为花纹钢板或花纹铝板,四周设有可翻转的安全护栏,护栏上安装有照明灯,供夜间或隧道内作业时使用。作业平台端部设有开门、导向滚筒等。

4) 调平机构

本车设有调平机构,主要包括调平公用平台、调平液压缸、自动调平控制系统、液压系统、锁定机构等。该机构具备自动解锁、自动调平、自动复位、自动锁定等功能,能实现整个

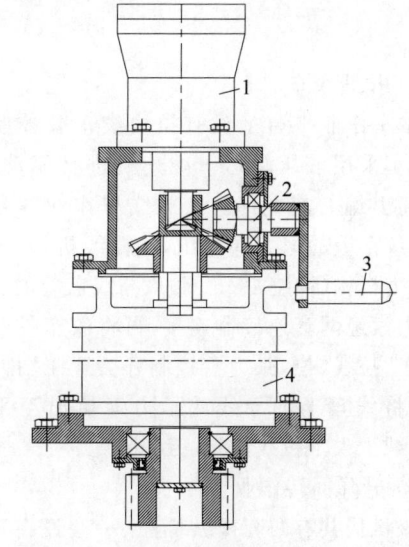

1—油马达;2—回转手动装置;3—摇把;4—减速机。

图 21-75　平台回转驱动机构结构示意图

升降立柱的自动调平。

作业时首先将调平机构解锁(可采用自动解锁功能),然后选择自动调平模式,操纵主车立柱升降机构,在满足一定条件后(平台处于中位并升高到一定高度后,在调平过程中不会与其他设备产生干涉),根据调平机构的倾角传

感器信号,控制装置给调平电磁阀送电,通过调平液压缸将立柱调平;工作完成后,选择复位模式,当满足一定条件后(平台处于中位并升高到一定高度后,在复位过程中不会与其他设备产生干涉),整个调平机构自动复位,当操纵台内的倾角传感器信号与主车液压管槽内的倾角传感器信号一致时平台复位完成;复位完成后,将调平机构锁定,锁定可采用自动锁定方式。调平机构的操作在调平底座上安装的操纵台上进行,操纵台面板如图21-76所示。

面板上设有自动启动、自动停止、左水平、右水平、机械锁开、机械锁关、上车选择、报警取消等按钮。具体操纵时,须按面板右侧的操作指南进行。

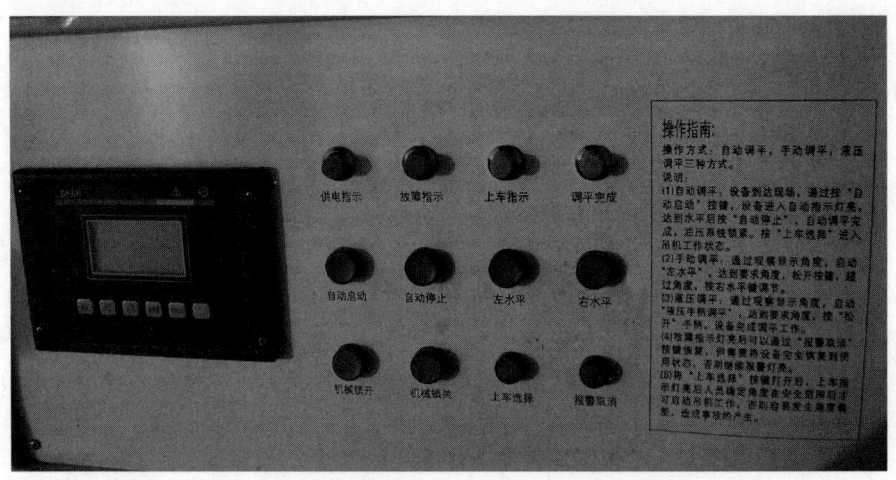

图 21-76 调平机构操纵台面板

5) 拉线绞车

本车作业平台上设有拉线绞车及控制开关,绞车采用液压马达+减速机进行驱动,绞车滚筒上缠有尼龙绳。在放线车作业准备阶段,将绞车上的尼龙绳排出,经拨线机构、导向柱、张力机构(缠绕4~5圈)后与线盘上的导线或承力索经网套连接器连接,再将绞车控制开关置于"拉线"位,张力盘控制开关置于"排线"位,可将线盘上的导线或承力索拉出至平台上,以减少人工拉线,降低劳动强度。

6) 升降回转作业平台

该机构共有两套操纵装置:一套设在平台上的控制箱内,方便作业施工人员操纵;另一套在平台下的控制阀件柜上,当上部操纵失灵时可以操纵使平台回位。

21.3 液压张力放线架

21.3.1 整机的组成和工作原理

液压张力放线架与接触网放线车配套,适用于接触网导线及承力索的小张力放线(不大于500 kg)及终端下锚。该设备可直接控制并显示张力值并保持张力稳定,具有结构紧凑、张力稳定、操作简单、维修保养方便、使用年限长等特点,目前是国内较先进的接触网放线设备。液压张力放线架主要由机架、线盘轴组件、液压系统、液压泵等部件组成。

21.3.2 主要系统和部件的结构原理

1. 机架

机架采用型钢焊接而成。底座有12个 $\phi 25$ mm 的孔,与平板车连接用。机架共有3种规格:基本型(18)、宽型(20)、超宽型(24)。机架上装有标尺,用于测量线盘绕线半径。

2. 线盘轴组件

线盘轴端装有齿轮,采用锥套定位线盘,梯形螺纹锁紧线盘,使用双臂拨板结构向线盘传递阻力矩。

3. 液压系统

液压系统由液压阻尼器、张力调节保持阀、张力表、传动齿轮等组成。

(1) 液压阻尼器的工作原理：液压阻尼器的阻尼力矩是由液压系统内的阻尼盘产生的，改变作用到阻尼盘上的正压力，即可改变阻尼力矩的大小，而阻尼力矩又受控于液压系统的压强，所以改变系统内液体压强，即可改变阻尼力矩的大小。系统内液体压强是由手动泵提供的，压强大小由张力调节保持阀来控制。

(2) 液压系统的工作原理：当线盘轴未转动时，关闭手动泵上的卸载阀，打开张力调节保持阀，反复推动手动泵就可以先行设定放线初始张力。任何时刻都可以增减放线张力。通过推动手动泵和调节张力调节保持阀，即可改变放线张力值的大小。

(3) 放线张力的保持：放线时，当张力达到目标值后，若要求张力更平稳，则可以通过关闭张力调节保持阀，使液压阻尼器的输出矩在相同转速及相同放线半径条件下恒定，达到保持恒定张力的目的。

(4) 放线张力的增减：张力需增大时，反复推动手动泵，使油压存储在蓄能器内，当压力表上显示的压力高于张力表上的压力时，慢慢松开张力调节保持阀，增到目标值后再迅速关闭；张力需减小时，打开手动泵上的卸载阀，当压力表上的压力值低于张力表上的压力时迅速关闭，慢慢松开张力调节保持阀，减到目标值后再迅速关闭。

(5) 绕线半径与放线张力。由于液压系统内的工作压强决定液压阻尼器输出力矩的大小，而放线张力又与放线半径有关，所以张力表所显示的张力是绕线半径在 400 mm 和 800 mm 条件下的放线张力值。张力表外圈显示的是液压油中加入 1.5% 添加剂的示值；张力表盘内显示的是液压油中未加入添加剂的示值。放线半径在 400～1000 mm 之间的放线张力按表 21-1 进行换算。

4. 液压泵

液压泵由手动泵、卸载阀、蓄能器、压力表等组成。

表 21-1 绕线半径与放线张力换算表

绕线半径/mm	放线张力/kN											
	1	2	3	4	5	6	7	8	9	10	11	12
400	1	2	3	4	5	6	7	8	9	10	11	12
450	0.9	1.8	2.7	3.6	4.4	5.3	6.2	7.1	8	8.9	9.8	10.2
500	0.8	1.6	2.4	3.2	4	4.8	5.6	6.4	7.2	8	8.8	9.6
550	0.7	1.5	2.8	2.9	3.6	4.4	5.1	5.8	6.5	7.3	8	8.7
600	0.7	1.3	2	2.7	3.3	4	4.7	5.3	6	6.7	7.3	8
650	0.6	1.2	1.9	2.5	3.1	3.7	4.3	4.9	5.5	6.2	6.8	7.3
700	0.6	1.1	1.7	2.3	2.9	3.4	4	4.6	5.1	5.7	6.3	6.9
750	0.5	1.1	1.6	2.1	2.7	3.2	3.7	4.3	4.8	5.3	5.9	6.4
800	0.5	1	1.5	2	2.5	3	3.5	4	4.5	5	5.5	6
850	0.4	1	1.4	1.9	2.4	2.8	3.3	3.8	4.2	4.7	5.2	5.6
900	0.4	0.9	1.3	1.8	2.2	2.7	3.1	3.6	4	4.4	4.9	5.3
950	0.3	0.9	1.3	1.7	2.1	2.5	2.9	3.4	3.8	4.2	4.6	5.1
1000	0.3	0.8	1.2	1.6	2	2.4	2.8	3.2	3.6	4	4.4	4.8

21.4 重型轨道车

21.4.1 整机的组成和工作原理

重型轨道车主要由动力及传动系统、走行部、主车架、车体及排障器、车钩装置、电气系统等组成,符合《标准轨距铁路限界 第1部分:机车车辆限界》(GB 146.1—2020)的有关规定。

重型轨道车的动力和传动系统采用潍柴 WP12.375 型电喷柴油发动机和配套的富勒(Fuller)RT-11509C 型变速箱;制动系统安装了具有自动保压性能的 JZ-7 型空气制动机;走行部采用两轴焊接转向架结构,车轴轴承箱采用弹性定位方式;车体两端设有 13B 型上作用式缓冲车钩。整车具有良好的运行稳定性和平稳性、良好的启动和牵引性能;制动性能可靠,操纵维修方便,安全防护设施齐全;造型美观,司乘条件好。

重型轨道车主要适用于线路大修工程段、工务段、车辆段及有专用线的大型厂矿进行牵引运行或调车作业,并可根据用户要求安装 75 kW 发电机,兼作移动电源使用,也可作为通勤车使用。

21.4.2 主要系统和部件的结构原理

1. 动力及传动系统

重型轨道车的动力及传动系统由发动机、离合器、变速箱、传动轴、固定轴、换向分动箱、车轴齿轮箱等部件组成,如图 21-77 所示。

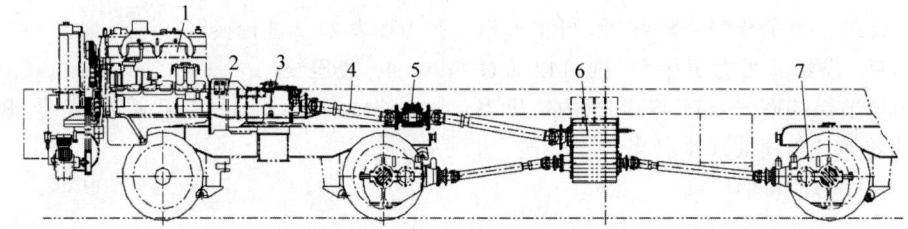

1—发动机;2—离合器;3—变速箱;4—传动轴;5—固定轴;6—换向分动箱;7—车轴齿轮箱。

图 21-77 动力及传动系统结构示意图

1) 发动机

本车采用 WP12.375 型电喷柴油发动机,可根据要求安装低温冷启动系统。有关发动机的结构、技术规范及使用保养等内容,详见随机配备的《发动机使用及保养手册》。

要严格遵照发动机说明书的要求进行使用、维护与保养。

注意:在不具备维修条件的情况下,要联系制造厂家或专业修理厂进行维修。

车下设有燃油箱,燃油通过吸油管路经过燃油粗滤器进到发动机,多余的燃油回流至燃油箱。

燃油必须采用符合标准的轻柴油。当环境温度 4℃ 以上时选用 0 号轻柴油;在其他温度范围内,根据需要选用 -10 号、-20 号等轻柴油。

发动机的水冷却系统由水散热器、膨胀水箱、风扇、驱动装置及水管路等组成。膨胀水箱和水散热器为整体式,其中膨胀水箱位于发动机水冷却系统的最高位置,其作用是为冷却水提供热胀冷缩的余地,并作为日常补水及放气排水用。在膨胀水箱顶部装有压力调节阀,使水系统成闭式回路,打开阀盖即可给水箱加水。

注意:当发动机水温超过 50℃ 或车辆运行时,切勿打开加水口盖,以免烫伤!

发动机冷却系统的使用维护保养注意事项如下:

(1) 给膨胀水箱加水时,上水速度不宜过快,以便使管道内的空气充分排尽。一般水应加到膨胀水箱高度的 2/3 处,最低水位不低于 1/3 处。要特别注意判别虚水位,发动机启动 5 min 后应再检查膨胀水箱水位。

(2) 发动机启动前应检查膨胀水箱水位,

不足时加足水。还要检查散热器及管路密封情况,检查皮带张紧程度,必要时应及时进行调整。

(3) 当车辆长期停运时,应打开全部水管路上的放水阀,将整个水系统的水放尽,再用压缩空气将管中水吹干净。在寒冷地区更要特别注意,以防冻坏部件和管路。在寒冷地区,冷却液应使用长效型防冻液(防冻液的选择见《柴油机冷却系统的化学保护和维护保养说明书》)。

(4) 当散热器上沾染过多灰尘时,将大大降低传热效率。因此,必须定期清除灰尘。每运行3~4个月,就要用压缩空气喷扫积尘。

(5) 使用过程中,应注意检查风扇驱动装置的工作情况。风扇带轮每运转1500 h应拆下清洗,再重新加入3号锂基润滑脂,不得混用。

(6) 对各连接螺栓定期紧固,确保无松动。

(7) 冷却系统内若积有较多水垢,会严重降低冷却系统的散热效率。换季保养时,必须清洗发动机水套和水散热器内的水垢。

2) 离合器

见21.1.2节中离合器的相关内容。

3) 传动轴

本车采用了3种型号的传动轴,用于主动力和发电取力传动。传动轴的型号和参数如表21-2所示。

表21-2 传动轴型号及参数

安装部位	型号	最小长度/mm	螺栓拧紧力矩/(N·m)
变速箱→固定轴	A2-6	870	150
固定轴→换向分动箱	A2-6	1390	150
换向分动箱→前车轴齿轮箱	JN162	1050	90
换向分动箱→后车轴齿轮箱	JN162	1440	90
换向分动箱→发电机(选装)	EQ140	367	150

在传动轴使用过程中,为了避免传动轴受外力撞击变形而失去平衡,影响使用寿命,应注意检查传动轴的弯曲、变形和平衡情况,必要时予以校正。如发现损坏严重时,应及时更换传动轴总成。

拆装传动轴时,应注意套管叉和花键轴的相对位置,必须保证套管叉与花键轴上的叉轭在一个平面内。传动轴在出厂前已做过动平衡试验,在套管上焊有平衡块,因此在拆装时要做好标记,原样装好,以免破坏传动轴的平衡。十字轴应能在轴承内自由转动,不应有卡滞现象。

传动轴每行驶1500 km应补充一次3号锂基润滑脂,以保证十字轴与滚针轴承、花键套与花键轴等摩擦副的润滑。同时要经常检查连接螺栓、保险垫片的状态是否正常,以及传动轴的万向节、十字轴及花键轴的磨损情况。传动轴的常见故障及排除方法如表21-3所示。

表21-3 传动轴常见故障及排除方法

故障现象	原因分析	排除方法
传动轴抖振	传动轴弯曲变形	冷压校正后重新的平衡
	传动轴两端万向节叉的相对位置不正确	重新装配
	万向节十字轴轴承和传动轴花键磨损严重	更换
	动平衡片脱落	重新动平衡
传动轴异响	传动轴弯曲变形	冷压校正后重新的平衡
	万向节、十字轴、滚针轴承严重磨损	更换万向节
	传动轴花键松动	及时润滑或更换

4) 固定轴

本车在变速箱到换向分动箱的动力传递过程中,设有固定轴,其结构见21.1.2节中固定轴的相关内容。

5) 换向分动箱

换向分动箱具有改变车辆的行驶方向,将动力传递到前、后两个车轴齿轮箱的功能,其结构如图21-78所示。

换向分动箱为四轴、整体箱式结构,一轴

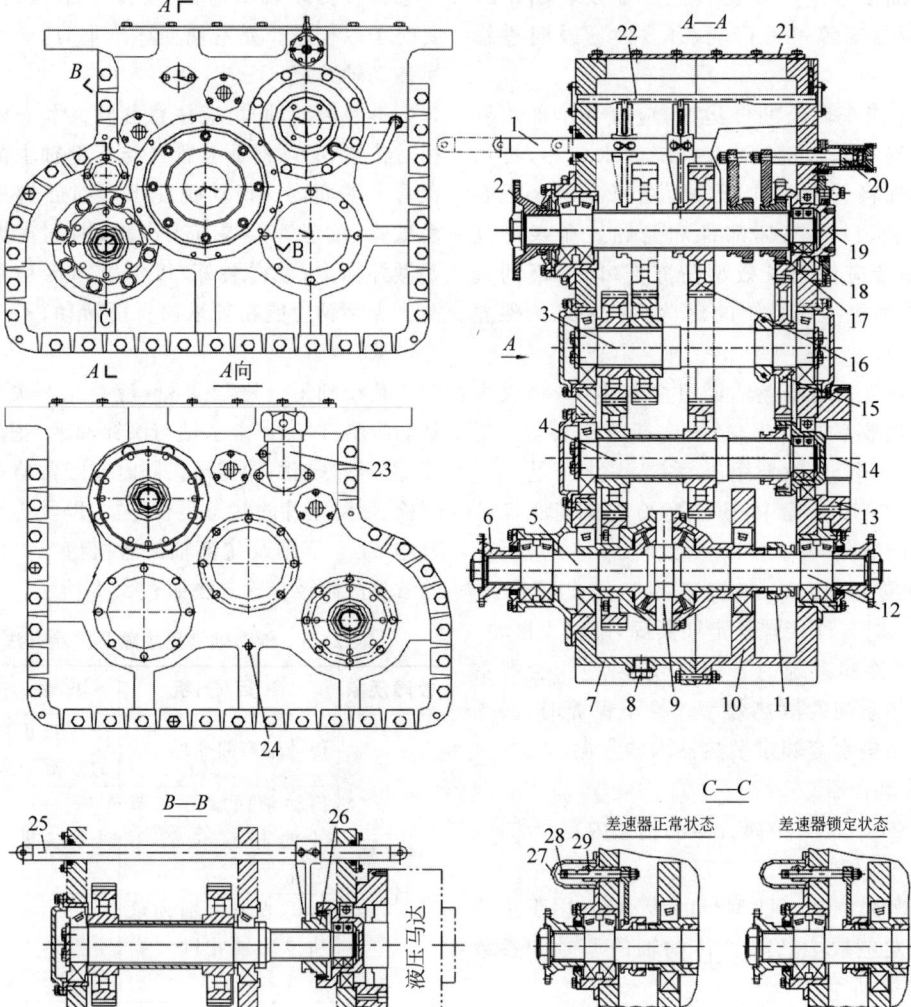

1—换向滑杆；2—输入法兰；3—一轴；4—二轴；5—三轴；6—输出法兰；7—前半轴；8—放油塞；9—差速器；10—箱体；11—游动齿轮；12—后半轴；13—马达安装座；14—马达驱动轴；15—甩油齿轮；16—滑动齿轮；17—过渡齿轮；18—花键轴；19—取力离合操纵装置；20—定位杆；21—箱盖；22—滑动齿轮；23—透气孔；24—油位螺栓；25—马达离合操纵装置；26—滑动齿轮；27—拨叉杆罩；28—拨叉杆；29—拨叉杆销。

图 21-78 换向分动箱

上设有一个滑动齿轮,可利用换向滑杆带动拨叉拨动该齿轮使之与齿轮二轴或齿轮三轴相啮合,以获得车辆的正向或反向运动。

具有低速走行功能或采用换向分动箱取力的换向分动箱安装有取力装置(包含一个滑动齿轮、花键轴和一套取力离合操纵装置),同时二轴增设一个甩油齿轮,与安装在取力装置花键轴上的过渡齿轮常啮合,可保证使用取力装置时轴承的润滑。使用取力装置时,需要操纵相应的取力控制开关控制相应的电控阀,通过取力离合操纵装置带动滑动齿轮移动并可使其与一轴后端的花键齿啮合,把动力传给花键轴,从而实现动力输出。

具有低速走行功能的换向分动箱的三轴后端安装有滑动接合套、马达驱动轴和马达离合操纵装置。操纵马达离合操纵装置,使滑动接合套同马达驱动轴的内齿啮合,当一轴上的油泵驱动轴带动油泵工作时,整车处于液压低速走行工况。

注意：带低速走行功能或采用换向分动箱取力的换向分动箱，在以机械传动驱动车辆运行或被拖时，必须使滑动齿轮与油泵驱动轴、马达驱动轴与滑动接合套脱开。

在换向分动箱的四轴上装有一套差速机构，不论前、后驱动车轴因何原因产生的转速不一致，该差速器均能发挥差速作用，防止或减轻驱动车轮与钢轨的相对滑动，降低轮缘踏面磨耗。

在换向分动箱的四轴的后半轴处设置了一套差速器锁定装置。差速器锁定装置由拨叉杆罩、拨叉杆、拨叉杆销、拨叉及游动齿轮等组成。如果在运用过程中，换向分动箱的某一输出端之后的传动部分发生故障或失效，均可将差速器锁定，使换向分动箱的四轴由两根半轴刚性地连接在一起，即变前、后半轴输出为单轴输出。采用这种临时措施时，首先应拆掉有故障的传动轴等零件，然后拆下拨叉杆罩，抽出拨叉杆销，将拨叉杆往里推，到位后，再将拨叉杆销插上，这表明游动齿轮已将差速器锁定，最后装好拨叉杆罩。

此方式仅为临时措施，车辆到达车站或车库后应立即进行检修。换向分动箱箱体上设有一个油位螺栓，用来检查润滑油油量。箱体上设有透气孔，可使箱体内与外界相通。换向分动箱通过支座固定在底架中梁上，支承面有橡胶减振板，在使用时应经常检查固定螺栓是否紧固。

6）车轴齿轮箱

车轴齿轮箱是整个传动系统中的最后部分。它的作用是传递和增大到车轮的扭矩，并将绕车体纵轴的转动变成绕车轴轴线的转动。

车轴齿轮箱由上箱体、下箱体、前箱体、锥齿轮和圆柱齿轮等构成，如图 21-79 所示。

从图 21-79 中可以看出，车轴齿轮箱有二级减速，第一级为圆锥齿轮传动，第二级为圆柱齿轮传动。上箱体上设有观察孔，用以检查锥齿轮啮合情况。还设有透气孔，可使箱体内与外界相通和兼作加油口使用。下箱体的油底壳上设有一个放油孔，平时用油堵封闭。下箱体后部侧面的两个螺孔用来检查润滑油的油量。

齿轮油泵能够完成正反向泵油，满足车辆前进、后退两种工况。换向阀中有 4 个球阀，通过球阀的交互开启、关闭完成换向功能。

车轴齿轮箱前端设有悬挂装置，通过吊杆及悬挂支座与车架连接，悬挂支座上装有减振装置，以适应可能出现的相对运行的冲击负荷。使用过程中，应经常检查车轴齿轮箱的悬挂高度，必要时进行调整。

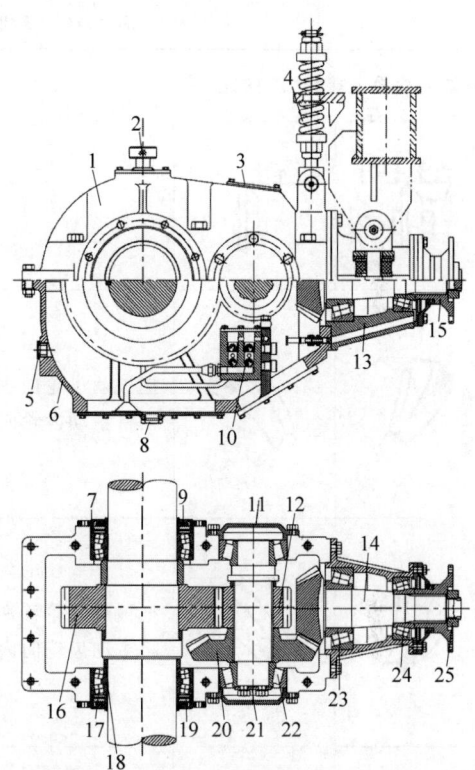

1—上箱体；2—透气孔；3—观察孔盖；4—悬挂装置；5—液位镜；6—下箱体；7—密封盖；8—放油堵；9—甩油盘；10—齿轮油泵；11—端盖；12—主动圆柱齿轮；13—前箱体；14—主动圆锥齿轮轴承；15—传动轴法兰；16—被动圆柱齿轮；17—滚动轴承；18—隔套；19—挡油板；20—被动圆锥齿轮；21—轴承挡板；22—轴承，23，24—轴承；25—锁紧螺母。

图 21-79 车轴齿轮箱结构示意图

圆锥齿轮齿面的正确接触如图 21-80 所示，磨损后齿侧间隙应进行调整，调整时要注意齿面接触情况。齿面调整方法如表 21-4 所示，调整是通过在前箱体与上下箱体之间及被动圆锥齿轮轴二侧端盖处增减垫片厚度进行的。

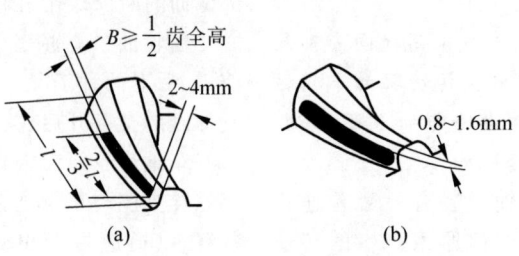

图 21-80 圆锥齿轮齿面正确接触示意图
(a) 装配时；(b) 负荷情况下

表 21-4 圆锥齿轮间隙调整方法

被动齿轮面上接触痕迹的位置		调 整 方 法	齿轮移动方向
		把被动齿轮向主动齿轮靠拢，如果因此使齿隙过小，则将主动齿轮向外移动	
		把被动齿轮移离主动齿轮，如果因此使齿隙过大，则将主动齿轮向内移动	
		把主动齿轮向被动齿轮靠拢，如果因此使齿隙过小，则将被动齿轮向外移动	
		把主动齿轮移离被动齿轮，如果因此使齿隙过大，则将被动齿轮向内移动	

车轮与车轴采用注油压装,其压装方法要求符合《机车轮对组装技术条件》(TB/T 1463—2015)的有关规定。车轮踏面符合《机车车辆车轮轮缘踏面外形》(TB/T 449—2016)的要求。轮对结构如图21-81所示。

(1) 在运用期间,应检查轮对状态,要求轮缘无裂纹、车轮移动标记无错位现象,并严格按国家铁路局有关机车车辆轮对探伤的规定定期进行探伤,防止切轴事故。图21-82所示为车轴轴端尺寸供车轴超声波探伤时参考。

(2) 当车轮直径超过下述规定值时应加工处理:

① 同一轴上的车轮直径差不大于0.5 mm,同一轮对两车轮直径差未经镟修时不大于3 mm,经镟修后不大于1 mm。

② 车轮踏面擦伤或局部下凹不超过1 mm。

③ 踏面剥离的长度(同一车轮):一处不大于40 mm;两处每处不大于30 mm。

2. 走行部

走行部包括车轴轴承箱、转向架构架、弹性悬挂装置、牵引装置等部件。

1) 车轴轴承箱

车轴轴承箱采用无导框、弹性轴箱拉杆定位,使用轴箱拉杆与构架弹性连接,同时通过轴箱轴承和轮对连接,起到轮对的定位作用。轴箱装置由轴箱前盖、轴箱体、轴承通盖、轴箱拉杆、弹簧装置等组成,如图21-83所示。

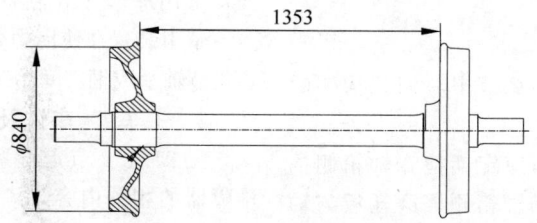

图 21-81 轮对结构示意图

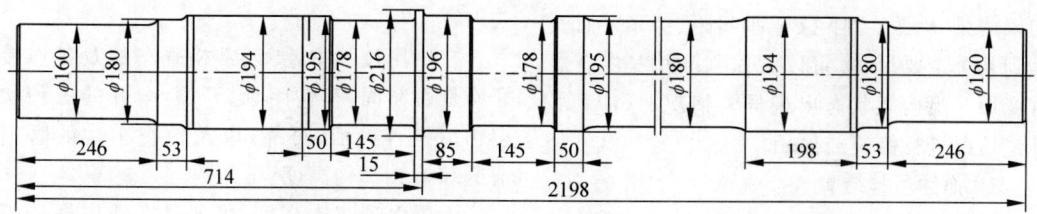

图 21-82 轴端尺寸

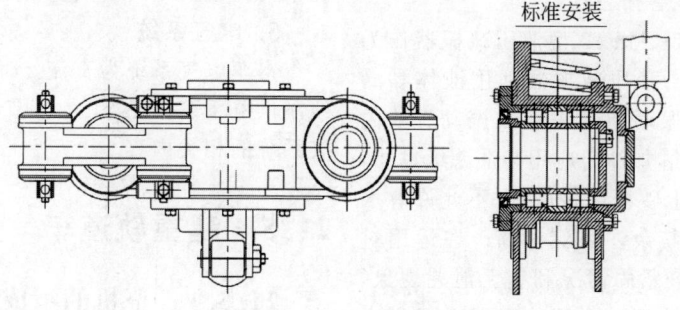

图 21-83 车轴轴承箱

车轴轴承箱维护保养内容如下:

(1) 轴箱内填充有铁路机车轮对滚动轴承专用润滑油,润滑油容量为箱体内1/3~1/2的有效空间;每行驶1500 km打开轴箱盖,检查油量及油质，必要时进行补充或更换。

（2）新车走合期间，应经常注意检查车轴轴承箱的温度，防止过热。

（3）运行中停车时，注意检查轴箱外表温度，轴箱温度不得超过（0.6×环境温度＋50℃）。如温度太高或局部温度过高，应打开轴箱端盖，检查润滑油油质、油量以及滚动轴承、轴承支架的状态，根据不同情况判明原因后及时处理。要避免水、沙及其他脏物混入轴箱，保证其寿命。

（4）在车上施行电焊作业时，应在作业处所附近接地线，防止电流从轴承的滚子与滚道触点处通过，以免烧坏轴承。

轴箱拉杆见 21.1.2 节中轴箱拉杆的相关内容。

2）转向架构架

转向架构架见 21.1.2 节中转向架构架的相关内容。

在实际运用过程中，应定期检查轴箱侧挡磨耗面与轴箱止挡间隙、轴箱侧挡磨耗板与轴箱止挡重合面高度及车体侧挡与牵引座两侧间隙；注意检查构架各条焊缝有无裂纹；检查构架侧梁、轴距、上下拉杆座间距、旁承平面度等到几个主要尺寸，可以大体判断构架有无严重变形。当构架状态出现异常情况时，应根据具体情况进行修复或停用。

3）弹性悬挂装置

弹性悬挂装置见 21.1.2 节走行系统中弹性悬挂装置的相关内容

（1）一系弹性悬挂装置

车辆采用 ZS8-C-J3-12 型油压减振器作为一系垂向减振器。液压减振器利用液体黏滞阻力做负功吸收振动能量来衰减振动。其内充入 0.8 L 锭子油，加油时应用柴油滤纸过滤，不允许有残存灰尘砂粒进入，油内不允许有水分。注满缸筒后其余注入储油筒。在运用过程中应经常要检查紧固情况和有无泄漏现象，发现问题后及时处理。液压减振器在运行中应有明显升温。

（2）二系弹性悬挂装置

由于旁承中存在相对滑动的摩擦副，因此需要保证有良好的润滑油，润滑油为 HC-11 机油。在侧面设有加油口（平时用螺堵堵住），应经常检查，需要时加注润滑油。

在使用过程中，为保证车辆的综合性能及旁承的受力均匀性，同一旁承前后与车架旁承梁的磨耗面间隙之和应不大于 1.5 mm，超过时须加垫片调整。

4）牵引装置

牵引装置见 21.1.2 节走行系统中的牵引装置的相关内容。

牵引杆装置的各连接处均采用活动连接。一种方式是安装活动关节轴承，另一种方式是采用耐磨铜套。为了适应轨道车辆与转向架之间的高度变化，在牵引杆与拐臂和车体连接处均采用球形关节轴承。

牵引装置在使用中要定期加注润滑油，使销和关节轴承或铜套间始终保持良好的工作状态。

3．主车架、车体及排障器

见 21.1.2 节走行系统中的主车架、车体及排障器的相关内容。

4．车钩装置

见 21.1.2 节走行系统中的车钩装置的相关内容。

在使用过程中，要经常检查车钩及各连接螺栓是否紧固，车钩闭锁、开锁、全开的三种状态作用是否灵活、可靠，以及检查车钩的磨损情况和检查车钩高度。

为了保证车钩高度，可通过在钩尾框托板与中梁之间、钩尾框与钩尾框托板之间、车钩托梁与冲击座之间增减垫板，调整车钩高度。

5．电气系统

本车电气系统为直流 24 V 负极搭铁的单线制供电系统。见 21.1.2 节走行系统中的电气系统的相关内容。

21.5 起重轨道车

21.5.1 整机的组成和工作原理

起重轨道车主要适用于准轨铁路区段的货物装卸、设备安装及线路设备维修、电气化铁路立杆作业等，也可兼作牵引车辆。其主要由牵引缓冲装置、排障器、转向架、动力及传动系统、走行部、电气系统、制动系统、上车作业机构、下车作业机构、液压系统等组成。

21.5.2 主要系统和部件的结构原理

1. 牵引缓冲装置

牵引缓冲装置见 21.1.2 节中牵引缓冲装置的相关内容。

2. 排障器

车辆前、后两端安装有排障器,排障器下部设有可调整高度的小排障板,小排障板上设有橡胶扫障板。为使小排障板和扫障板既能顺利排除轨道障碍物又不影响车辆的运用安全,小排障板距轨面的高度应保持在 110～130 mm,最低不得小于 110 mm。扫障板的高度应保持在 25～30 mm。因设有腰形孔,当踏面磨耗时需调整其高度。任何情况下,扫障板铁质构件距轨面高度均不得低于 110 mm。

3. 转向架

本车转向架为二轴通用型转向架,两转向架结构基本一致,如图 21-84 所示。转向架主要由构架、车轴轴承箱、车轴齿轮箱、轮对、旁承、牵引杆装置、基础制动装置等部件组成。有关基础制动装置和手制动装置的内容均统一在 21.1.2 节中制动系统部分介绍。

轨道车速度表传感器及接地装置装在轴箱端部,其布置如图 21-85 所示。

主车架的牵引杆座两侧均设置有主车架和转向架构架的连接装置,用以防止作业工况下主车架和转向架发生分离,而且在车辆吊装或起复时起到无须捆扎的作用。在通常情况下,连接装置的上、下支座之间的垂直间距为 8～12 mm,如图 21-86 所示。

在轴箱下部还设有防倾覆装置,以防止轨道车低速掉道后脱离线路发生倾覆。

1) 构架

构架结构如图 21-87 所示。见 21.1.2 节走行系统中的转向架构架的相关内容。

2) 车轴轴承箱

其组成见 21.1.2 节走行系统中的车轴轴承箱的相关内容。

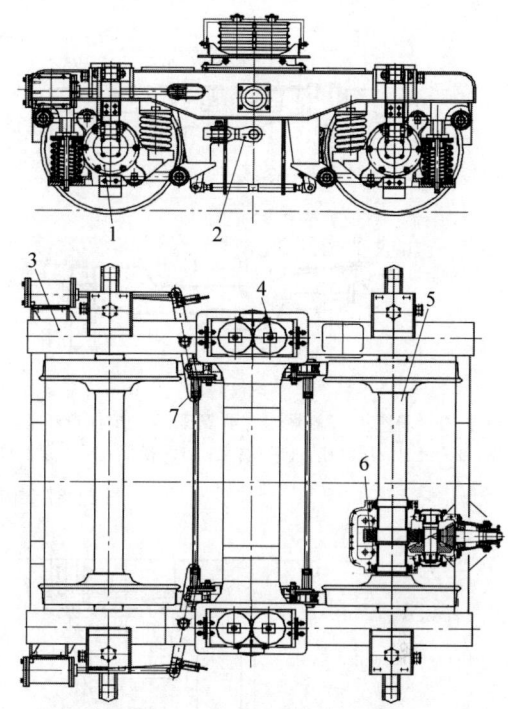

1—车轴轴承箱;2—牵引杆装置;3—构架;4—旁承;
5—轮对;6—车轴齿轮箱;7—基础制动装置。

图 21-84 转向架结构示意图

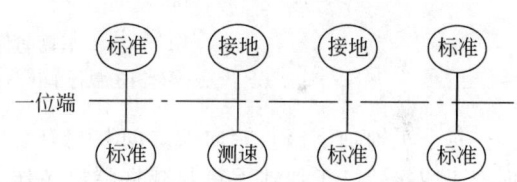

图 21-85 轴箱的数量及布置示意图

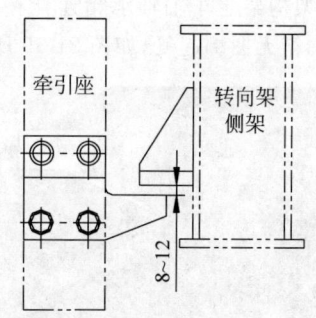

图 21-86 连接装置结构示意图

车轴轴承箱底部设计有车辆防倾覆装置,以防止轨道车低速掉道后脱离线路发生侧翻倾覆事故,结构如图 21-88 所示。

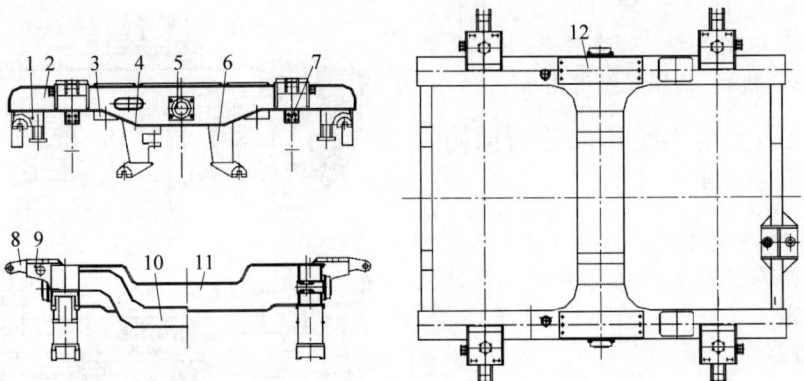

1—拉杆弹簧座；2—侧梁；3—弹簧座；4—拉杆拐臂座；5—车体侧挡；6—拉杆座；7—轴箱侧挡；8—液压减振器支座；9—锁定液压缸座；10—端梁；11—横梁；12—旁承垫板。

图 21-87　构架结构示意图

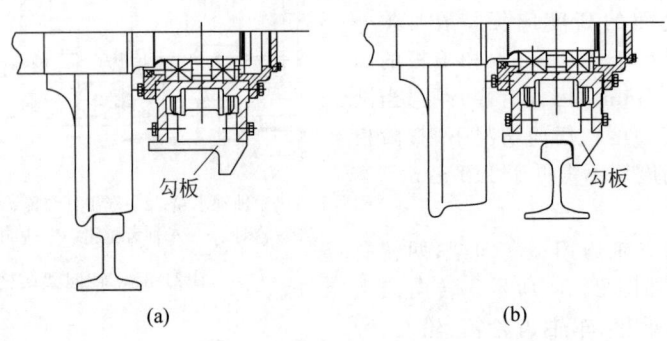

(a)　　　　　　　　　　　(b)

图 21-88　车辆防倾覆装置结构示意图
(a) 车辆正常行车状态；(b) 车辆脱线掉道状态

每个车轴轴承箱与转向架之间装配有垂向液压减振器。车轴轴承箱与减振器安装座之间设计有吊板，当车辆需要起复时，吊板可以将转向架构架与车轴轴承箱连挂在一起，实现轮对、轴箱无捆绑起复，如图 21-89 所示。

图 21-89　轴箱起吊装置

每个车轴轴承箱下部设计有轮对镟修装置安装接口。装配轮对固定支架后，可以方便地镟修车轮，其结构如图 21-90 所示。

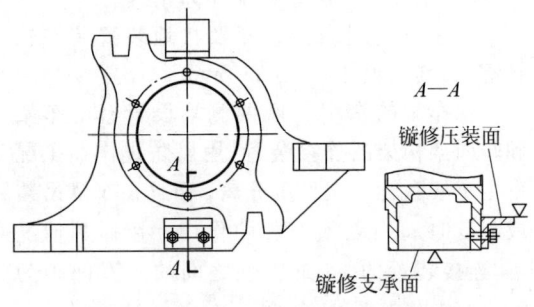

图 21-90　轮对镟修固定支架结构示意图

新车走合期间，应经常检查车轴轴承箱的温度，防止过热。

整车运行过程中，轴箱温升不得超过 55℃，最高温度不得超过 90℃。如温度太高或局部温度过高，应打开轴箱端盖，检查润滑油质、油量以及滚动轴承、轴承支架的状态，根据不同情况判明原因后及时处理。要避免水、沙及其他脏物混入轴箱,保证其寿命。

注意:在车上施行电焊作业时,应在作业处所附近接地线,防止电流从轴承的滚子与滚道触点处通过,以免烧坏轴承。

弹簧装置用来缓和来自线路对车辆簧上质量的冲击,在运用中要经常检查弹簧,利用"锤击听音"即可检查此弹簧是否落实或有无断裂现象,发现异常必须及时处理。

车辆采用油压减振器作为一系垂向减振器。油压减振器利用液体黏滞阻力做负功吸收振动能量来衰减振动。在运用过程中应经常检查紧固情况和有无泄漏现象,发现问题后及时处理。油压减振器在运行中应有明显升温。

3) 车轴齿轮箱

本车配置有二级车轴齿轮箱(0302型)。车轴齿轮箱由上箱体、下箱体、前箱体、锥齿轮和圆柱齿轮等构成,如图21-91所示。

4) 轮对

见21.1.2节走行系统中的轮对的相关内容。

5) 牵引装置

见21.1.2节走行系统中的牵引装置的相关内容。

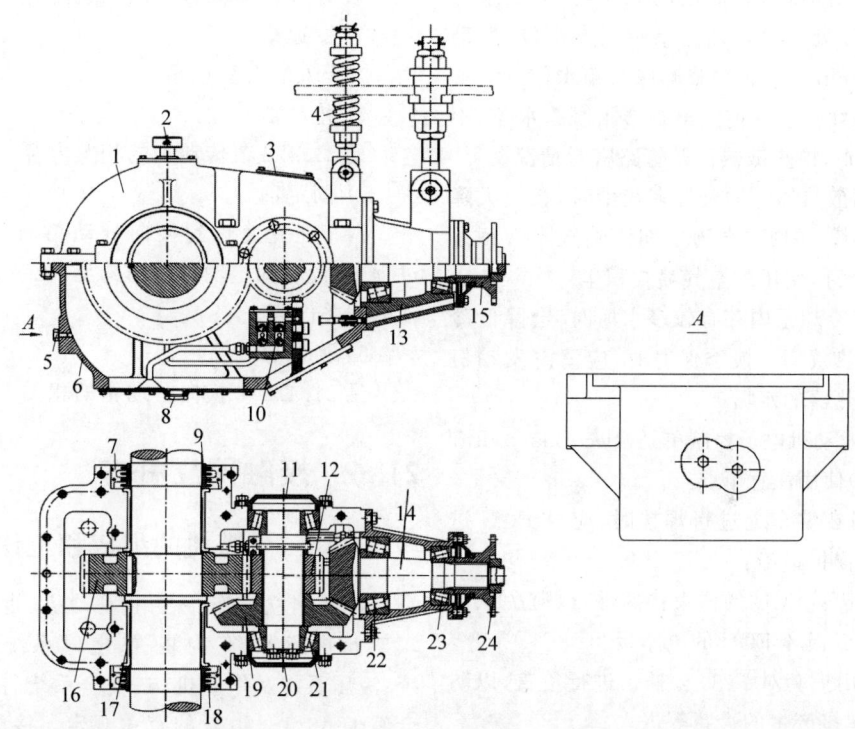

1—上箱体;2—透气孔;3—观察孔盖;4—悬挂装置;5—油位螺栓;6—下箱体;7—挡油环;8—放油堵;9—甩油环;10—齿轮油泵;11—端盖;12—主动圆柱齿轮;13—前箱体;14—主动圆锥齿轮轴承;15—传动轴法兰;16—被动圆柱齿轮;17—滑动轴承;18—毛毡油封;19—被动圆锥齿轮;20—轴承挡板;21~23—轴承;24—锁紧螺母。

图21-91 车轴齿轮箱结构示意图

4. 动力及传动系统

动力及传动系统由发动机、离合器、变速箱、传动轴、固定轴、换向分动箱、车轴齿轮箱等部件组成,如图21-92所示。

1) 发动机

车下设有燃油箱,燃油通过吸油管路经过燃油粗滤器进到发动机,多余的燃油回流至燃油箱。发动机水冷却系统由水散热器、膨胀水箱、风扇、驱动装置及水管路等组成。膨胀水箱和水散热器为整体式,打开阀盖,即可给水箱加水。

(1) 发动机冷却系统使用维护保养注意事项

① 车辆推荐加装防冻液。车辆出厂时已加装防冻液,且贴有标示。

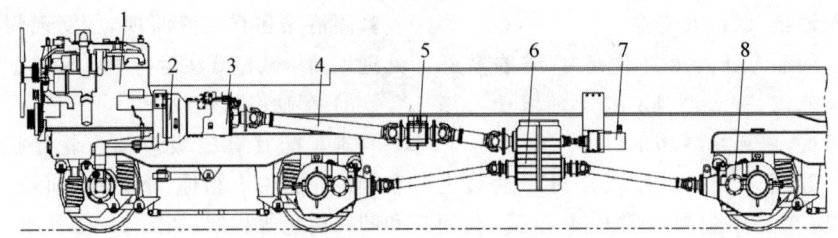

1—发动机；2—离合器；3—变速箱；4—传动轴；5—固定轴；6—换向分动箱；7—液压泵；8—车轴齿轮箱。

图 21-92　动力及传动系统结构示意图

② 给膨胀水箱加防冻液或水时，上水速度不宜过快，以便使管道内的空气充分排尽。一般水应加到膨胀水箱高度的 2/3 处，最低水位不低于 1/3 处。要特别注意判别虚水位，发动机启动 5 min 后应再检查膨胀水箱水位。

③ 柴油机启动前应检查膨胀水箱水位，不足时加足水，检查散热器及管路密封情况。

④ 当散热器上沾染过多灰尘时，会大大降低传热效率。因此，必须定期清除灰尘。每运行 3~4 个月，用压缩空气喷扫积尘。

⑤ 当冷却系内存有较多水垢时，会降低冷却系的散热效率。换季保养时，应清洗发动机水套和散热器的水垢。

(2) 发动机电子控制单元（electronic control unit, ECU）使用注意事项

① 当在整车上进行焊接时，应对 ECU 进行如下的保护措施：

(a) 取下 ECU 的线束接插件，以避免从电池来的电流损坏 ECU 的电路板。

(b) 用护套对 ECU 公插头进行覆盖，以防止颗粒、焊接产生的火花等进入。

(c) 不要触摸 ECU 的管脚。

② 在进行 ECU 供电电源的连接时，务必确认好电源的正负极，以免烧坏电控单元。

③ 在进行 ECU 的插头插拔时，务必断掉 ECU 的电源，以免烧坏电控单元或其他元器件。

④ 在进行电控单元的插头插拔时，务必操作到位，避免虚插。强行插拔或插拔不当会造成电控单元的针脚弯曲，进而影响相关功能。

⑤ 电控单元的供电需选用稳定的供电电源，避免选用劣质发电机，劣质发电机会在电瓶失效时对电控单元产生严重危害。

2) 离合器

见 21.1.2 节离合器的相关内容。

3) 变速箱

本车安装有变速箱。

4) 传动轴

见 21.4.2 节传动轴的相关内容。

5) 固定轴

本车在变速箱到换向分动箱的动力传递过程中，设有固定轴。其结构见 21.4.2 节固定轴的相关内容。

6) 换向分动箱

见 21.4.2 节换向分动箱的相关内容。

21.6　接触网立杆车

21.6.1　整机的组成和工作原理

接触网立杆车主要由发动机、走行部、主车架及排障器、车钩装置、电气系统、制动系统、液压系统及作业机构、安全系统等组成，符合 GB 146.1—2020 的有关规定。接触网立杆车采用两台两轴转向架结构，车身短、底盘重、作业稳定性好、有效作业范围大；采用风冷柴油发动机作为作业机构的动力；主车架两端设有标准 13 号下作用式缓冲车钩，具有足够的强度和刚度。整车具有良好的运行稳定性和平稳性，制动性能可靠，维修方便。

接触网立杆车作业机构采用起重机。起重机部分采用全液压传动，无级调速，微动性能好，工作平稳、可靠，操作轻便、灵活，并设有双速卷扬机构，工作效率高；配有多种安全防护装置，设有电子力矩限制器；照明设施齐全，

适合全天候作业。接触网立杆车主要适用于电气化铁路施工的立杆作业,亦可作为起重机吊装其他物料。

21.6.2 主要系统和部件的结构原理

1. 发动机

发动机采用柴油发动机,安装于车辆的Ⅱ车钩缓冲器的上方,设有发动机罩。发动机罩面板均采用活动连接,两侧面板上设有百叶窗以利于散热。在夏天高温情况下,如果发动机过热,可以打开发动机罩两侧的活动门。

2. 走行部

走行部由转向架构架、轮对、车轴轴承箱、弹性悬挂装置、牵引装置和连接装置等部件组成。

转向架构架、轮对、车轴轴承箱、弹性悬挂装置、牵引装置见21.1.2节中走行系统的相关内容。

连接装置:主车架的牵引杆座两侧均设置有主车架和转向架的连接装置,用来防止作业工况下主车架和转向架发生分离。在通常情况下,连接装置的上、下支座之间的垂直间距为6~15 mm。

转向架构架与车轴轴承箱之间均设有吊板连接装置,用来防止作业工况下车轴轴承箱分离。通常情况下,吊板下方销轴至槽形孔下部之间的间隙为20~40 mm。

3. 主车架及排障器

见21.1.2节中走行系统的相关内容。

4. 车钩装置

车辆的前、后车端安装有13型下作用式车钩,并带有MX-1或ST型橡胶缓冲器。车钩的结构如图21-93所示。

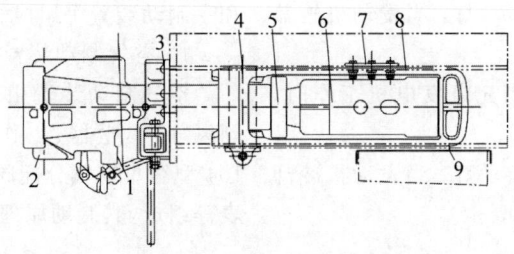

1—提钩装置;2—车钩总成;3—冲击座及车钩托梁;4—钩尾销;5—前从板;6—缓冲器;
7—防跳板;8—钩尾框;9—钩尾框磨耗板。
(注:图中a与b的高度差表示车钩上翘不应超过5 mm,下垂不应超过3 mm)

图21-93 车钩结构示意图

在使用时,应经常检查车钩及各连接螺栓是否紧固,车钩闭锁、开锁、全开的三态作用是否灵活、可靠,以及检查车钩的磨损情况及车钩高度。车钩在拆卸时,需将主车架上的装饰板、防跳板等拆下,将车钩从主车架上部取出。

5. 电气系统

本车电气系统为单线制,电源为直流24 V,负极搭铁。整车电气系统分为上车电气系统、下车电气系统和力矩限制器电气系统3个部分。上车电气系统和力矩限制器电气系统与下车电气系统通过起重机中心回转接头上的滑环连接器进行连接。

下车电气系统包括蓄电池、充电发电机、启动电动机、发动机传感器、火焰预热塞、熄火电磁阀、紧急制动电控阀等。柴油机启动控制及显示仪表均设置在上车操纵室;预热控制器、启动继电器、工作灯插座设在发动机尾部;继电器(K1、K0)及控制回路保险装置设置在电源接线箱内。

1)启动机

启动机为直流自激励磁式,它的主要作用是启动发动机,有关内部结构详见发动机说明书。

2)发电机

发电机为整流调压一体式,是本车电气系统的主要电源。它在正常工作时对所有的用电设备供电(除启动机),并向蓄电池充电以补充蓄电池在使用中所消耗的电能。

3) 蓄电池

蓄电池的主要用途是启动时供给启动机强大电流。另外在发动机停转或发电机电压较低时,它向各用电设备供电,而在发电机电压高于蓄电池电压时,它又能将发电机的一部分电能转换为化学能储存起来,即充电。当发电机超载时,它还能协助发电机供电。

4) 仪表板

柴油机启动控制及显示仪表均设置在上车操纵室。

(1) 发动机预热指示灯:当钥匙开关向左旋转至"预热挡",预热温度达到着火温度时,该指示灯亮。

(2) 油压报警指示灯:当发动机润滑油(机油)压力低时,该指示灯亮。

(3) 缸盖温度报警指示灯:当发动机缸盖温度高时,该指示灯亮。

(4) 充电指示灯:当充电发电机工作时,该指示灯亮。

(5) 风扇皮带报警指示灯:当发动机冷却风扇皮带断时,该指示灯亮。

(6) 油温报警指示灯:当发动机润滑油(机油)温度高时,该指示灯亮。

(7) 燃油油量表:该表通过燃油箱上的油位传感器反映燃油箱内存油量的多少。

(8) 蜂鸣器:当卷扬过放或过卷时,蜂鸣器报警响。

(9) 机油压力表:该表反映发动机润滑系统压力,当压力超出规定的范围时,应停机并立即采取措施排除。

(10) 机油温度表:该表反映发动机润滑系统润滑油的温度。

(11) 转速计时表:该表可同时反映发动机工作转速和发动机累计工作时间。

(12) 缸盖温度表:该表反映发动机缸盖的温度。

6. 制动系统

制动系统由空气制动装置、基础制动装置和手制动装置等组成。

1) 空气制动装置

空气制动装置由软管连接器、折角塞门、副风缸、集尘器、工作风缸、缓解阀、制动缸、104型客车空气分配阀、紧急制动阀、单针压力表等组成,其制动原理如图21-94所示。

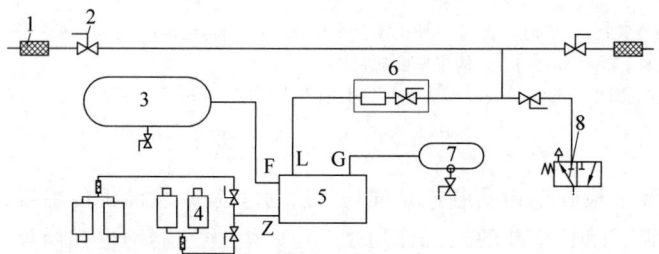

1—制动软管连接器;2—折角塞门;3—副风缸;4—制动缸;5—分配阀;
6—集尘器;7—工作风缸;8—紧急制动阀。

图 21-94 空气制动原理图

104型客车分配阀是空气制动装置的主要部件,为二压力机构(制动管和工作风缸)间接作用式,与制动管、制动缸、副风缸相通。它依靠制动管压力的变化来控制工作风缸和容积室的压力,再由工作风缸的压力来控制副风缸的充气,由容积室压力的变化来控制制动缸的充气、保压和排气。制动管增压时,制动管的风进入工作风缸,再经充气阀、止回阀进入副风缸,同时容积室的压力空气经滑阀通路排入大气,于是制动缸的压力空气排出,使制动装置缓解;制动管减压时,工作风缸的风进入容积室,打开均衡阀,使副风缸的压力空气进入制动缸,产生制动作用。本车还设有紧急排风电空阀,可对车辆实施紧急制动作用。

2) 基础制动装置

基础制动装置是作业车辆制动系统的主要组成部分,是满足车辆紧急制动距离要求及确保行车安全的重要装置。

基础制动装置是将制动缸活塞的推力经杠杆系统增大后传给闸瓦压紧轮箍,通过轮轨的黏着产生制动作用,由制动缸所驱动的杠杆系统和闸瓦组成,如图 22-95 所示。闸瓦为货车用中磷铸铁闸瓦。基础制动采用单侧制动,每一个轮对有两块闸瓦,安装在左、右车轮内侧。

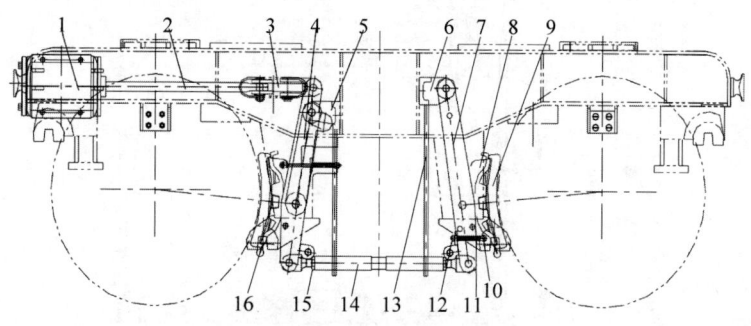

1—制动缸;2—活塞杆;3—连杆;4—吊板;5—前座体;6—后座体;7—制动杠杆;8—闸瓦托;9—闸瓦;10—闸瓦平衡螺栓;11—闸瓦平衡弹簧;12—闸瓦平衡螺母;13—安全吊钩;14—调整套;15—锁紧螺母;16—闸瓦钎。

图 21-95 基础制动装置结构示意图

由于闸瓦经常磨损,需要定期检查、调整闸瓦间隙。调整时松动锁紧螺母,转动调整套,使闸瓦接近车轮踏面,保持间隙为 6~8 mm,通过紧固闸瓦平衡螺母压缩平衡弹簧,可调整闸瓦上下间隙,使轮瓦接触均匀。调整闸瓦间隙时,制动缸的活塞行程应为 70~120 mm。

同一轮对左右两侧的制动杠杆板上安装有横向连接拉杆,用以限制闸瓦在制动时产生横向窜动,防止闸瓦偏磨。

在运行过程中,应注意以下内容:

①检查闸瓦间隙调整器螺杆转动是否灵活;②闸瓦厚度小于 20 mm 或有裂纹时,应更换;③转动调整螺母,调整闸瓦托的仰角,应使闸瓦上下间隙均匀,防止闸瓦产生上下偏磨。

3) 手制动装置

手制动装置一般用于对停放在线路上的车辆施以制动,以防溜车。本车设有一套手制动装置,如图 21-96 所示。手制动装置由摇把、伞齿轮、滑杆、螺杆座、连杆、滑轮及钢丝绳等组成。使用时,将摇把向外抽出,顺时针转动摇把,拉紧钢丝绳,通过滑轮改变方向,产生制动作用;使用完毕后,将摇把向内推,并用弹簧卡锁定,逆时针转动摇把,可对车辆制动实行缓解。使用过程中,应经常检查手制动装置的工作情况,在螺杆与制动螺母及齿轮箱等摩擦副处涂抹锂基脂进行润滑,以保证系统运行状态良好。

7. 液压系统

本车的起重作业部分及走行机构全部为液压驱动,其驱动力由发动机提供。发动机驱动三联齿轮泵得到高压力油,从液压泵排出的高压力油再经操纵阀进行分配,流向液压马达或液压缸等各种执行元件,进行各种操作。液压系统的原理如图 21-97 所示。

8. 油泵取力装置

油泵取力装置由轴套、轴承座、轴承及液压泵等组成,如图 21-98 所示。

液压泵为三联齿轮式,由同一轴带动:"50"泵供卷扬马达使用;"63"泵供伸缩、变幅机构和卷扬马达使用,供卷扬马达使用时与"50"泵合流;"32"泵供下部支腿操纵和上车回转机构使用。由于液压系统采用了复合油路,因此所有动作均可自由组合。

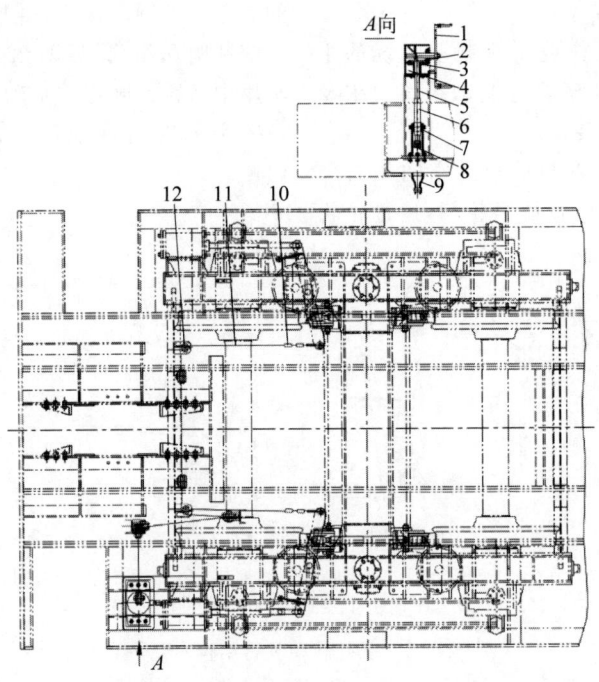

1—摇把；2—主动齿轮；3—从动齿轮；4—齿轮箱体；5—螺杆；6—滑杆；7—制动螺母；8—螺杆座；9—连杆；10—绳夹；11—钢丝绳；12—滑轮。

图 21-96　手制动装置结构示意图

9. 作业机构

接触网立杆车的作业机构采用配套生产的起重机。接触网立杆车有效作业范围大，可360°全方位进行作业；照明设施齐全，适合全天候作业。

10. 安全系统

为了确保起重作业安全可靠，车辆设置有较齐全的安全防护系统，以便保护机件或提醒操作人员注意安全。

1) 锁定液压缸

凡进行不打支腿起重作业时，必须通过锁定液压缸将车轴轴承箱悬挂装置和主车架与转向架之间同时锁定，使各弹性悬挂装置之间的弹性连接变为刚性连接。

2) 溢流阀

液压系统中设置的溢流阀可防止回路中的异常高压损坏液压元件，并能防止过载。

3) 平衡阀

卷扬机、伸缩臂、变幅机构等控制回路中均设置有平衡阀，以保证工作速度均匀并能承重静止，可防止管路爆裂或切断等情况发生时重物及吊臂下坠、吊臂缩回。

4) 卷扬钢丝绳过放保护

为防止卷筒上的钢丝绳全部放完后发生意外事故，当卷扬机卷筒上的钢丝绳只剩下最后3圈时，卷扬机内的行程检测开关闭合，操纵室前仪表板上的蜂鸣器发出报警声，同时过放报警指示灯点亮，吊钩下放动作被切断。此时要回到正常工作状态，只能起钩，使钢丝绳在卷筒上绕满3圈，使行程检测开关断开后才能继续工作。

5) 高度限位装置

吊钩起升超过规定的高度后，触碰限位重锤，打开行程开关，仪表上的蜂鸣器发出报警声，同时切断吊钩起升动作，从而确保安全。这时只能操纵吊钩下降使限位重锤解除约束，之后才可恢复正常。在特殊的场合仍须作微量的起升操作时，可按下电气箱侧面的强制按钮，此时限位装置的作用解除，一切操作动作均恢复正常。但此时的操作必须十分谨慎小心，以防发生事故。

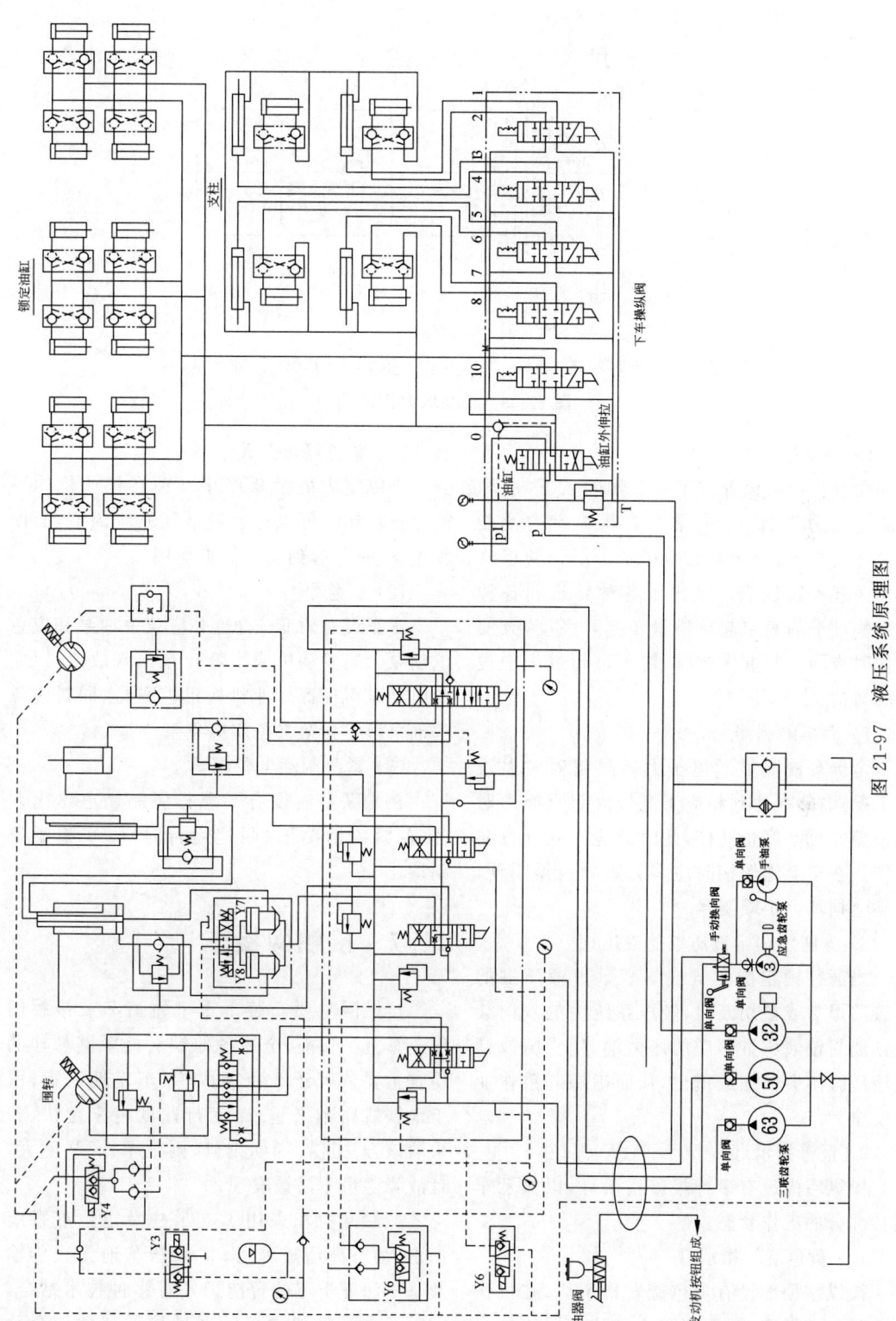

图 21-97 液压系统原理图

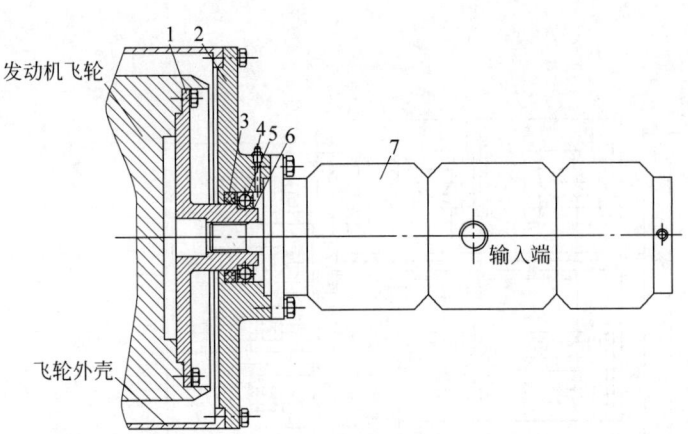

1—轴套；2—轴承座；3—油封；4—油杯；5—轴承；6—挡圈；7—液压泵。

图 21-98　油泵取力装置

6）角度指示器

角度指示器设置在第一节臂的后下方（即操纵室的右侧面），操作者坐在操纵室内便能清楚地观察到，并能准确地指示出吊臂的粗略仰角。起重特性表中列出了各种臂长和各种工作幅度下的额定起重质量和起升高度，方便操作时查阅。起重作业时，切不可超过表中规定的数值。

7）力矩限制器

全屏幕液晶显示电子力矩限制器可以进行工况选择，在达到相应工况最大起重能力时能报警并自动停止动作，此时只能向安全方向动作。在车上施焊接时应将力矩限制器断开，否则会损坏力矩限制器。

8）支腿及锁定液压缸的液压锁

当通往锁定液压缸或支腿垂直液压缸的油管路爆裂或被切断时，液压系统中的双向液压锁能封锁液压缸两腔的压力油，使支腿或锁定液压缸不会回缩或甩出，从而确保起重作业的安全。

9）报警指示灯

操纵室内设有多种报警指示灯，以显示车辆各部分的工作状态。

10）黄色旋转指示灯

操纵室顶部设有黄色旋转指示灯，在机构作业时闪亮报警，提醒周围人员注意。该灯只有在所有机构动作回位后才停止闪亮。

11）紧急停止开关

操纵室内的紧急停止开关在作业机构不能停止动作时可以迅速使液压系统溢流，而使其停止动作，起到安全保护作用。

12）应急泵

本车设有两套应急泵：应急手油泵和应急电动泵。当发动机或主液压泵出现故障时，应急电动泵可保证作业机构迅速复位，同时应急手油泵可作为第二备用应急泵。

13）紧急制动电磁阀

在操纵室内设有紧急排风制动电磁阀开关，在紧急情况下（联挂运行时）可实施紧急制动。

21.7　接触网检车

接触网主要安装在重型轨道车或接触网作业车上。目前，全国各地铁对接触网悬挂的检查主要依赖于天窗期内梯、车定期巡视，由于地铁线路越来越长，运行速度越来越快，若采取该方法进行周期维修，则效率低、强度大，且故障隐患不易被发现。

接触网检车采用了支吊柱及定位点智能识别、动态高清成像、海量数据车地无线传输及基于深度学习的智能识别等多种技术结合，实现了多类型架空接触网悬挂零部件的全覆盖式高清晰成像，通过图像智能分析软件实现对关键零部件的脱落、缺失、破损等缺陷进行智能识别。该装置的应用改进了各地铁公司既有维修管理模式,解决了当前接触网维修人员不足、弓网故障时常发生的问题;同时也减少了检修人员的作业强度,降低了维修成本,避免了过度检修,提高了牵引供电维护部门各项资源的利用效率,有效提升了牵引供电接触网的安全性和可靠性,从而保障地铁安全运营。

21.7.1 整机的组成和工作原理

接触网检车的硬件结构由柔性接触网成像模块(包括定位装置及支持装置成像模块、杆号成像模块、接触悬挂成像模块等)、刚性接触网成像模块(包括定位点刚性悬挂成像模块、刚性悬挂连续摄像模块等)、补偿光源模块、支吊柱/定位点识别模块、嵌入式触发控制模块、时空同步定位模块、车地传输模块、数据处理分析模块、显示与操作模块等组成,如图 21-99 所示。

柔性及刚性接触网悬挂定位点区域相机布局及柔性接触网接触悬挂区域相机布局如图 21-100 所示。

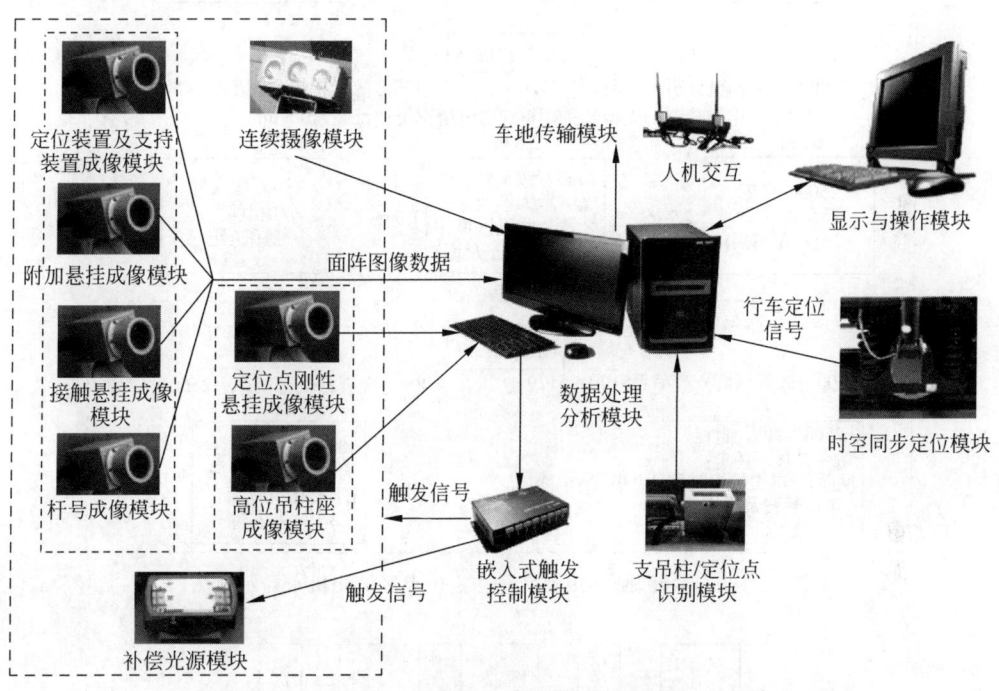

图 21-99 系统硬件主要部件组成框图

架空接触网悬挂状态巡检装置利用高清工业相机,对地铁行车沿线的刚性接触网及柔性接触网悬挂部件进行高清成像,获取零部件细节工况图像,并通过后期图像分析,发现隐蔽缺陷,排除事故隐患。

本装置具有以下功能:柔性悬挂支吊柱/刚性定位点智能识别、成像设备工作触发、图像实时采集、图像存储、图像车地传输(可选配)、图像分析与管理,如图 21-101 所示。

本装置的支吊柱识别定位过程采用了激光测距技术、图像目标识别技术、线路数据库技术,综合判定巡线过程中关键悬挂目标的出现,从而确定高清图像抓拍的时机,发出让成像设备工作的触发命令,更进一步获取得到关键悬挂目标的站区、杆号、公里标等信息提供给用户。

成像设备触发机制采用高采样、低延时硬件电路,实现接收到命令后,以微秒级的速度发出触发相机快门动作和光源补偿照明的信号,从而实现对目标区域的准确抓拍。

成像过程中采用大面阵、高分辨率工业相机,具有当前最优的逆光拍摄效果及极佳的光

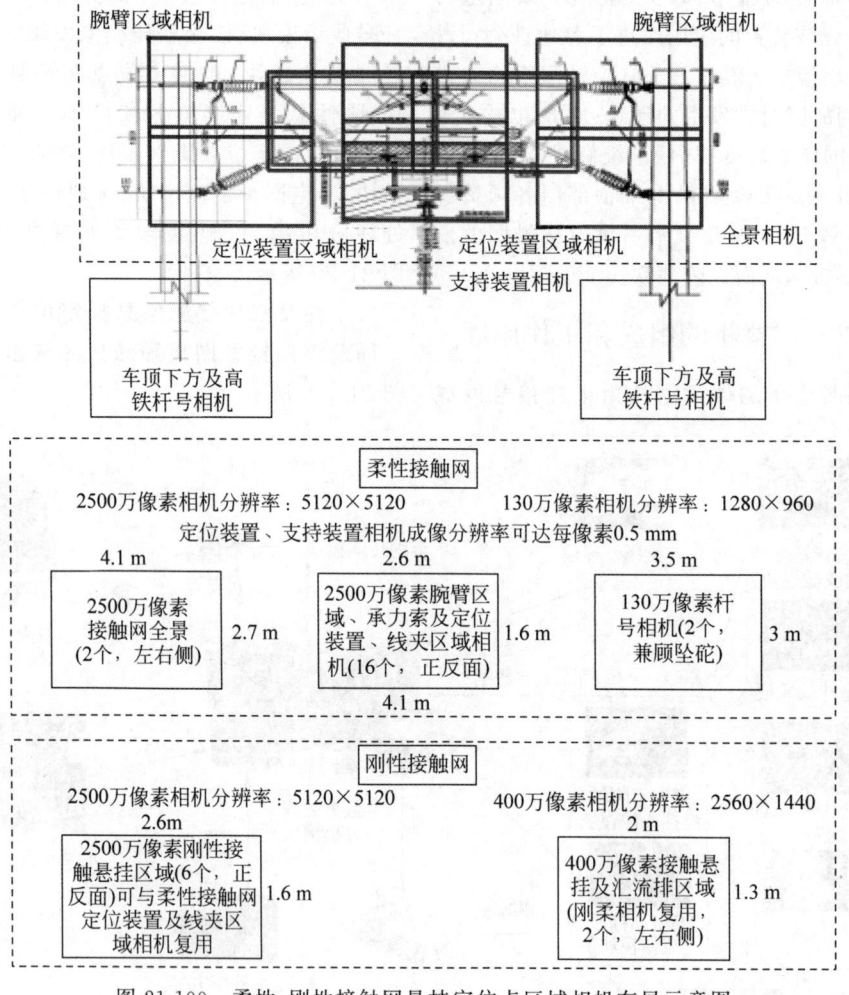

图 21-100　柔性、刚性接触网悬挂定位点区域相机布局示意图

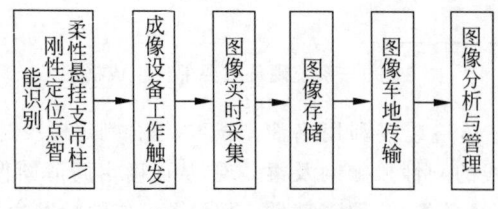

图 21-101　装置功能

敏特性,适用于地铁隧道内外线路在 0～160 km/h 范围内高速动态拍照,所摄图像清晰度高,能有效分辨接触网存在的脱落、缺失、破损等缺陷信息。为适用夜间和隧道内光照不足的情况,本装置采用高亮度光源进行有效照明,光源照度达到 100 000 lm,动态行车途中主动开启,对目标区域进行频闪补光。

高清图像数据的采集由车内高性能服务器配合高速图像采集卡进行,提供友好的人机交互界面,实时显示相关图像和定位信息,同时对定位信息与图像信息进行完整保存,通过车载与地面无线传输系统,实现车载数据高速、无延时传输至地面终端。

本装置提供数据智能分析处理软件,能够

智能识别巡线中抓拍图像内零部件的脱落、缺失及绝缘子破损等缺陷,并筛选出相应异常缺陷图片;支持对原始与识别图像的查阅,支持图像局部放大和图片转存功能,显示图片所属杆号等定位信息;具备查询功能,能够通过输入站区、杆号,直接跳转到该定位图片进行显示。

21.7.2 主要系统和部件的结构原理

1. 柔性接触网成像模块

1) 定位装置及支持装置成像模块

定位装置及支持装置成像模块由 18 个大分辨率工业相机组成。其中,8 个 2500 万像素大分辨率工业相机从正反面对沿线平腕臂、斜腕臂绝缘子及其底座区域进行高清拍摄;6 个 2500 万像素大分辨率工业相机从正反面对沿线承力索座、定位支座进行高清拍摄;2 个 2500 万像素大分辨率工业相机对定位线夹区域正反面进行高清拍摄;2 个 2500 万像素大分辨率工业相机用于对线路两侧的支持装置整体进行正反面全景拍摄。

2) 成像范围

成像范围为轨顶连线以上 4000~8100 mm 与轨顶连线的垂直中心线左侧 3500 mm 至右侧 3500 mm 范围相交叉区域,拍摄图像完全可以分辨零部件细节问题。

2. 刚性接触网成像模块

1) 定位点刚性悬挂成像模块

定位点刚性悬挂成像模块由 6 个大分辨率工业相机组成,为实现高效利用、节约器件成本及空间大小,采用柔性接触网定位支座区域的 4 个 2500 万像素大分辨率工业相机、柔性接触网定位线夹区域的 2 个 2500 万像素大分辨率工业相机从正反面实施对刚性接触网定位点刚性悬挂抓拍其各组成零部件高清图像,同时也实现了相机的复用。

2) 刚性悬挂连续摄像模块

采用 2 个 500 万像素高清摄像相机分布于车辆左右侧对刚性悬挂区域连续摄像,主要记录刚性悬挂汇流排、定位线夹、紧固螺栓、连接件等关键部件的运行状态。

由于高速抓拍中相机的快门时间设置很小,在隧道和夜间外界光线无法达到照亮目标清晰成像的效果,必须外加补偿光光源。本装置安装了采用进口频闪技术的高压气体放电灯(high intensity discharge,HID)高强光源及氙气大灯光源,在相机快门的瞬间动作,实现拍摄目标的高亮照明。

3. 支吊柱/定位点识别模块

通过在车顶相应位置布置 3 套目标物智能识别模块,实现对支持装置、接触悬挂目标、刚性悬挂的定位。目标物智能识别模块由激光发射器、线阵相机构成,能将线阵相机成像数据传递到车内服务器进行处理,利用激光测距、图像目标识别、线路数据库查询技术综合判定关键悬挂目标的出现,并给出其相关定位信息。

采用两套目标物智能识别模块既可满足对柔性接触网的触发又能实现对刚性接触网触发。另外采用一套目标物识别模块对柔性接触网的接触悬挂进行触发。

4. 嵌入式触发控制模块

该模块用来接收服务器发出的串口命令,并按要求发出触发相机的各路触发信号。主要功能:接收服务器传送的行车定位信息,触发相应的相机进行抓拍,发出相应的频闪控制信号,协助完成里程记录功能。

从杆位识别到触发相机的过程要求延时很小并且准确度高,采用自行研制的功能电路可达到要求。该核心处理芯片采用现场可编程逻辑门阵列(field programmable gate array,FPGA),外设主要是多个串口、相机触发信号及频闪控制信号转换电路,能够将识别目标到触发发出的延时控制在 1 ms 内。

5. 时空同步定位模块

时空同步定位模块由速度传感器、定位修正设备、服务器等组成,可实时发送出经过修正后的里程信息,启动检测软件并调用含杆位信息的数据库进行运行,以便于对杆位进行确定与跨距参数运算。

6. 车地传输模块（可选配）

车地传输模块主要由车载无线终端、地面无线终端、地面中转服务器、防火墙、用户终端等设备组成，通过海量数据车地无线传输技术，实现车载检测数据的无线自动传输并存储至用户终端，无须工作人员现场拷贝转存。

7. 数据处理分析模块

数据处理分析模块采用高性能服务器实现接触网图像的采集、处理、存储，并对其图像进行管理。其主要功能如下：按照触发控制模块的触发信号及时采集图像；压缩采集到的图像并存储；获得杆位信息与图像信息融合；提供管理成像记录的管理界面。

整个系统软件功能依赖于服务器实现。由于高速图像采集和海量数据存储处理对CPU性能要求很高，本系统采用了高性能的服务器、扩展网卡和数据采集卡，可以实现工业相机的图像采集和地标里程的检测输入。

21.8 接触网检修车列

21.8.1 整机的组成和工作原理

接触网检修车列是由 2 台牵引车（其中 1 台牵引车配备弓网取电装置）和 10 台无动力作业车组成的带有贯通升降平台的接触网检修作业车，如图 21-102～图 21-113 所示。

图 21-102 接触网检修车列

牵引车是布置在接触网检修车列两端的车辆，设有两套独立的牵引动力单元。其中配备发电机组的牵引车称为"01 号牵引车"，配备弓网取电装置的牵引车称为"12 号牵引车"。

作业车是布置在接触网检修车列中间的车辆，共计 10 台车，依次称为"02 号作业车""03 号作业车""04 号作业车""05 号作业车""06 号作业车""07 号作业车""08 号作业车""09 号作业车""10 号作业车""11 号作业车"。

接触网检修车列由两台液力传动的牵引车和 10 台无动力的作业车组成，编组顺序为：01 号牵引车＋02 号作业车＋03 号作业车＋04 号作业车＋05 号作业车＋06 号作业车＋07 号作业车＋08 号作业车＋09 号作业车＋10 号作业车＋11 号作业车＋12 号牵引车。

01 号牵引车和 12 号牵引车各设置一个驾驶室，驾驶室内设置有驾驶员操纵台，车列可双端操作，双向牵引。两台牵引车采用网络控制系统，实现所有动力单元集中操作、数据传输和故障报警。网络控制系统具备冗余功能。

01 号牵引车上设有 200 kW 主柴油发电机组、100 kW 备用柴油发电机组和外接电源引入插座；12 号牵引车上设有 200 kW 的弓网取电装置。

02 号作业车为材料车，车内设置存放物料的料架，可存放检修材料。

03 号作业车为材料加工车/安全用具车，车内设有工作台和砂轮、台钻、虎钳等工具，可进行腕臂、拉线、软横跨等接触网设备的预配。

04 号作业车为工具车，车内设有工具柜、安全用品柜，可存放施工工具和安全用具。

05 号作业车为储藏车，车内设厨房，有冷藏、冷冻、存储等设施。

06 号作业车为餐车，车内设有餐桌和座椅等。

07 号作业车为会议车，车内设有会议桌、多媒体等设施。

08、09、10 号作业车为宿营车，车内设置卧铺间、卫生间、洗浴间等生活设施。

11 号作业车为办公车，车内设办公桌、计算机、打印机等办公设施。

每台作业车车顶上设有升降作业平台，作业时所有作业平台相互贯通，贯通后作业平台长度不小于 170 m，作业平台护栏具备液压升降功能。

所有作业平台既可采用集中操作，也可单独操作。

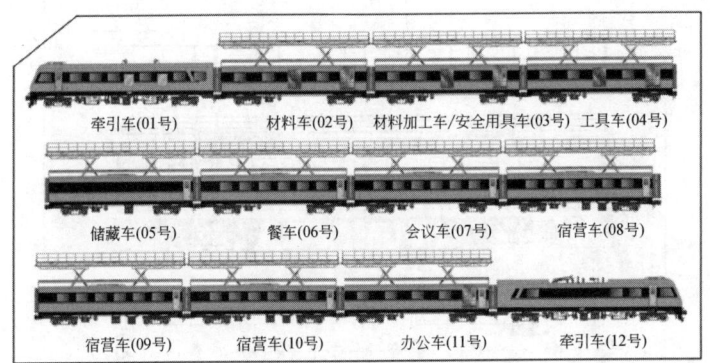

图 21-103　各车布局示意图

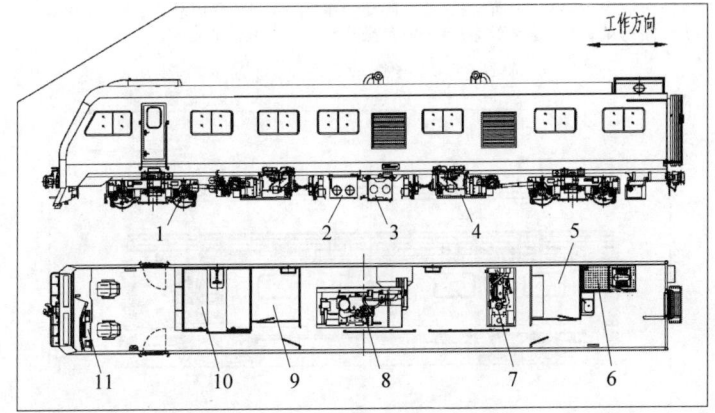

1—转向架；2—液压油箱；3—柴油箱；4—动力传动系统；5—配电室；6—卫生间；7—备用发电机组；8—主发电机组；9—储物间；10—卧铺间；11—驾驶员操纵台。

图 21-104　01 号牵引车室内布置示意图

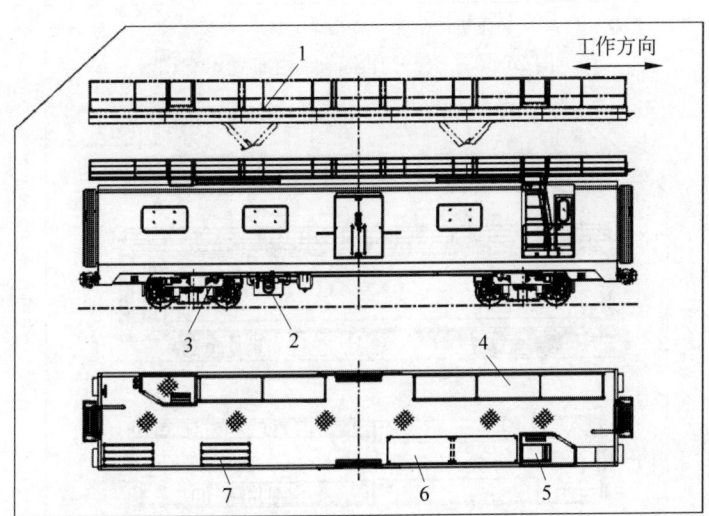

1—作业平台；2—液压动力单元；3—转向架；4—储物架；5—登顶车梯；6—绝缘子存放架；7—线材架。

图 21-105　02 号作业车室内布置示意图

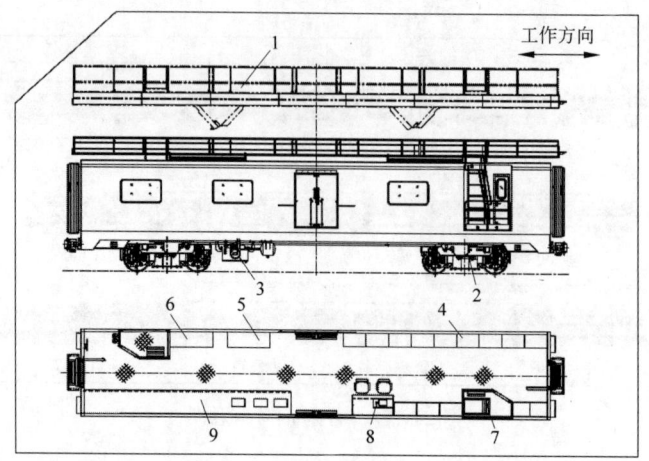

1—作业平台；2—转向架；3—液压动力单元；4—安全用品柜；5—充电柜；6—储物架；7—登顶车梯；8—平台操作台；9—设备加工台。

图 21-106　03 号作业车室内布置示意图

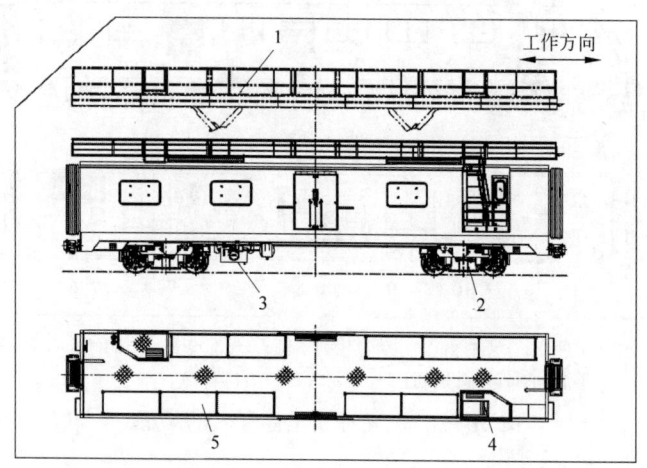

1—作业平台；2—转向架；3—液压动力单元；4—登顶车梯；5—储物架。

图 21-107　04 号作业车室内布置示意图

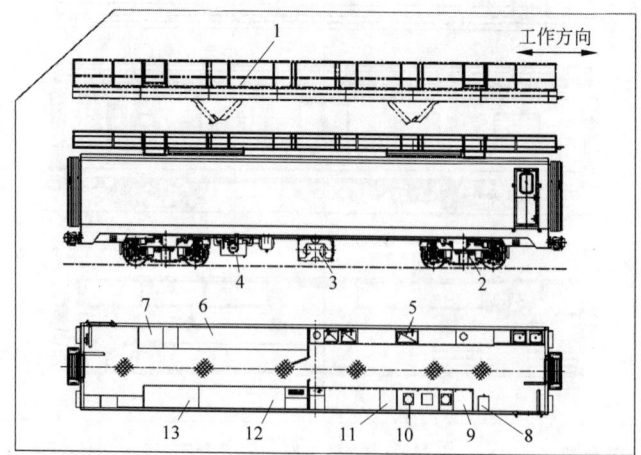

1—作业平台；2—转向架；3—生活水箱；4—液压动力单元；5—水槽；6—储物架；7—电冰箱；8—饮水机；9—电蒸饭箱；10—电磁灶；11—消毒柜；12—储物架；13—电冰箱。

图 21-108　05 号作业车室内布置示意图

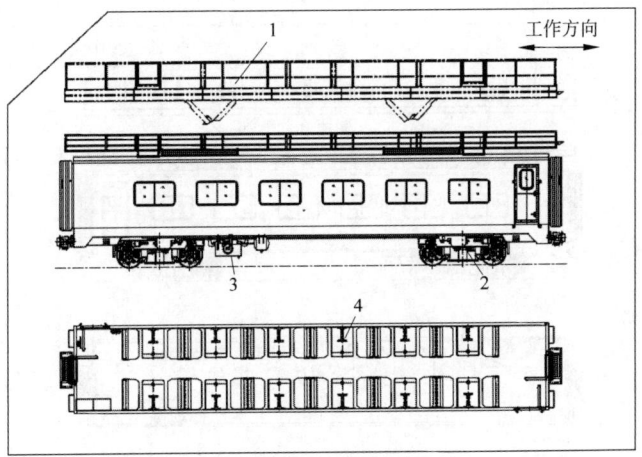

1—作业平台；2—转向架；3—液压动力单元；4—餐桌、座椅。

图 21-109　06 号作业车室内布置示意图

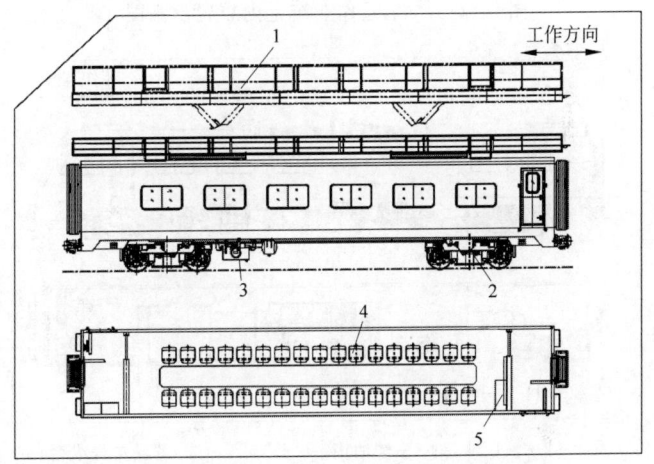

1—作业平台；2—转向架；3—液压动力单元；4—会议桌、座椅；5—多媒体。

图 21-110　07 号作业车室内布置示意图

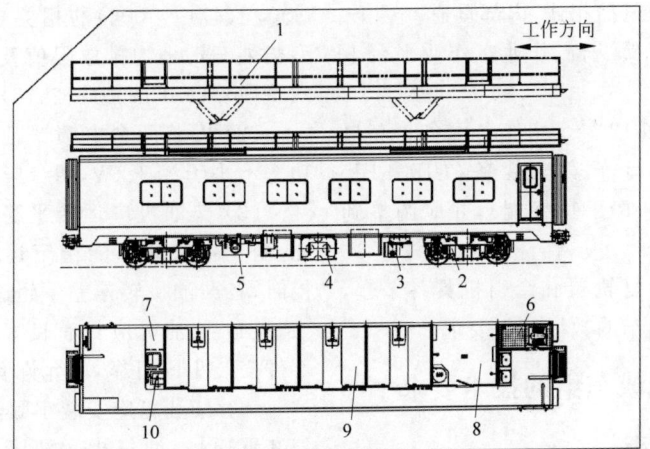

1—作业平台；2—转向架；3—集污箱；4—生活水箱；5—液压动力单元；6—卫生间；
7—储物柜；8—洗浴间；9—卧铺间；10—电茶炉。

图 21-111　08、09、10 号作业车室内布置示意图

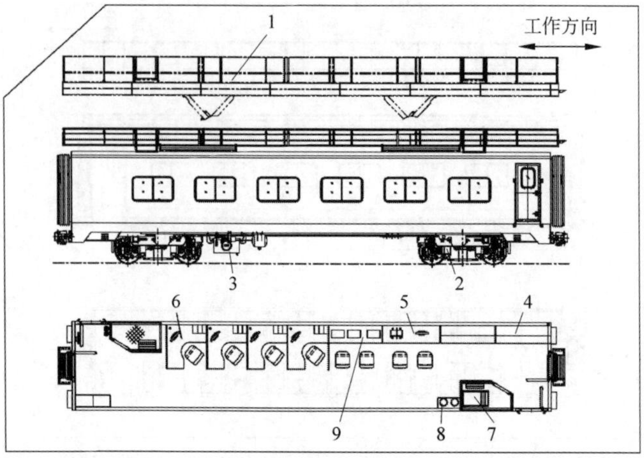

1—作业平台；2—转向架；3—液压动力单元；4—文件柜；5—列车广播台；6—办公桌；
7—登顶车梯；8—饮水机；9—打印机、复印机。

图 21-112 11 号作业车室内布置示意图

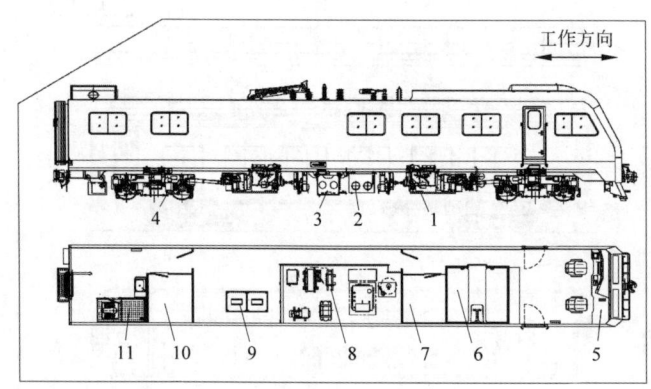

1—动力传动系统；2—液压油箱；3—柴油箱；4—转向架；5—驾驶员操纵台；6—卧铺间；
7—储物间；8—弓网取电室；9—配电柜；10—储物间；11—卫生间。

图 21-113 12 号牵引车室内布置示意图

各车之间采用风挡相连，内部贯通。

牵引车驾驶员操纵台、作业车作业平台上设置有通信装置。

01 号牵引车和 12 号牵引车各配备 1 套自轮运转特种设备行车安全装备（CIR/LBJ、GYK+BTM、GSM-R 手持终端），并应调整到正常使用状态。

全列配备液压复轨器和牵引机具各 1 套，满足牵引车和作业车的救援起复要求。

21.8.2 组成车组的技术要求

1. 01 号牵引车

1）柴油机及辅助装置

（1）柴油机应符合《汽油柴油机技术条件》（QC/T 471—2006）的相关规定，排放符合《重型柴油车污染物排放限值及测量方法（中国第六阶段）》（GB 17691—2018）的相关规定。

（2）安装两台电喷柴油机，每台柴油机的功率不小于 353 kW，两台柴油机可联控。

（3）柴油机应运转平稳，具有全程调速功能，全程各转速都能稳定运行，两台柴油机联控时，各柴油机转速差不超过 50 r/min。

（4）柴油机应具有良好的减振功能，所有部件安装牢固可靠，不允许有松动现象。

（5）柴油箱应安装牢固，无漏油和渗油，通气装置通畅，油位指示清晰，容积满足连续运行 8 h 要求。

（6）充电发电机的容量应满足行车时直流

系统用电及蓄电池充电的要求。

(7) 充电发电机在柴油机工作时,能向蓄电池正常充电,并设充电保护装置。

(8) 蓄电池箱要有防腐、排污、通风等措施。

2) 传动系统

(1) 该车安装有两台液力变速箱,采用液力传动形式,两台液力变速箱应具有联控功能。液力变速箱需有铁路行业批量供货业绩,开箱大修周期保证不少于 30 万 km。

(2) 液力变速箱应操纵可靠,换挡准确,换挡、转向过程平顺、灵活。

(3) 液力变速箱工作时系统压力和油温应符合设计要求,设有油温、油压监控装置。

3) 走行系统

(1) 车轮采用整体碾钢轮,其材料及技术要求符合《铁路货车用辗钢整体车轮》(TB/T 2817—2018)及产品图样的相关规定。

(2) 车轴材料及技术要求符合《铁道车辆用 LZ50 钢车轴及钢坯技术条件》(TB/T 2945—1999)和产品图样的相关规定。

(3) 组装后的轴承箱应转动灵活,无卡滞;轴承箱的轴承部位温升不大于 55℃,最高温度不超过 90℃。

(4) 转向架构架采用焊接式,设计制造符合《机车车辆强度设计及试验鉴定规范 转向架 第1部分:转向架构架》(TB/T 3549.1—2019)及图样的规定。

(5) 轮对组装采用注油压装工艺,车轴符合《机车轮对组装技术条件》(TB/T 1463—2015)的有关规定。同轴左、右轮径差不大于 0.5 mm,同一台车轮径差不大于 2 mm,轮对内侧距为(1353±1.5) mm。

(6) 走行系统采用四轴驱动,由两个动力转向架组成。

(7) 车轴齿轮箱温升不能超过 50℃,采用矿物油润滑时最高温度不能超过 85℃,采用合成油润滑时最高温度不能超过 95℃。

4) 制动系统

(1) 制动系统由空气制动系统、基础制动系统和手制动系统组成。制动时,闸瓦应能抱紧车轮,可靠制动;缓解时,闸瓦间隙为 3~8 mm。

(2) 基础制动系统由一系列杆件和闸瓦组成,各杆件均设有安全托架。制动缸、闸瓦、闸瓦托要采用接触网检修作业车上批量应用的成熟产品。

(3) 空气制动系统由空气压缩机、JZ-7 型制动机、各种风缸、油水分离器、滤尘器、空气干燥器、不锈钢管路及压力保护装置等部件组成。要符合《机车制动机 第3部分:空气制动机》(TB/T 2056.3—2019)的相关规定。

(4) 空气压缩机负荷调节器应工作可靠,压力大于 800 kPa 时卸荷空转,压力降至 700 kPa 时恢复打风。

(5) 安全阀在压力为 850~900 kPa 时,应迅速打开泄压;当压力下降到 750~800 kPa 时,应立即关闭,不应泄漏。

5) 车架

(1) 车架强度性能应符合《机车车辆强度设计及试验鉴定规范 总则》(TB/T 3548—2019)的规定。

(2) 车钩、钩尾框应符合《机车车辆自动车钩缓冲装置 第3部分:钩尾框》(TB/T 456.3—2018)的规定。

(3) 车钩组装应符合《机车车辆自动车钩缓冲装置 第1部分:装车要求》(TB/T 456.1—2019)的规定。

(4) 钩缓装置应采用 15 号小间隙车钩和 KC15 型缓冲器。

(5) 设置架车位和起吊位,在检修或事故起吊时车体应具有足够的刚度和强度。

(6) 两侧扶手和踏梯应安装牢固,第一级脚蹬距轨面低到限界允许的最低高度。脚蹬板要防滑。

6) 车体和驾驶室

(1) 车体强度性能应符合《机车车辆强度设计及试验鉴定规范 总则》(TB/T 3548—2019)的规定。

(2) 驾驶室内外蒙皮、压条和装饰件安装应牢固、平整,无翘曲和刮痕,采用阻燃、环保材料,紧固件排列整齐。

(3) 车内各装饰材料应符合《机车车辆用材料阻燃技术要求》(TB/T 3138—2018)和《机

车车辆非金属材料及室内空气有害物质限量》(TB/T 3139—2021)的规定。

(4) 车内地板应防滑、平整密封,活动地板应开启灵活、方便。

(5) 车门、天窗、侧窗应开关灵活可靠,无卡滞现象,缝隙均匀。关闭时密封良好,经(漏)淋雨试验检查,符合《机车淋雨试验方法》(TB/T 2054—2017)的规定。

(6) 驾驶室前端挡风玻璃采用电热玻璃,并配有喷水式刮水器,瞭望视野满足《机车司机室 第1部分:瞭望条件》(GB/T 5914.1—2015)的有关规定。

(7) 驾驶室前窗玻璃应设置遮阳卷帘,遮阳卷帘作用良好、牢固可靠。

(8) 刮水器应动作灵活,动作范围满足观察要求。无论何时关闭刮水器开关、刮水器均应停留在前窗玻璃的左、右位置。

(9) 驾驶员座椅为软式或半软式,其高度、前后位置和靠背与坐垫之间的夹角可以调节。

(10) 日光直射或夜间关闭驾驶室照明灯后,距仪表和指示灯 500 mm 处应能清楚地辨识仪表显示值和指示灯显示信号。

(11) 夜间行车时,驾驶室照明灯关闭后,驾驶员应能进行正常的观察和操作。各指示灯和照明灯不会引起驾驶员对前方行车信号产生错觉。

(12) 所有手柄要操作方便,定位可靠。

(13) 车内应设置卧铺间(内设4个卧铺)、物品柜及工具柜、整体卫生间等生活设施,满足司乘人员生活需求。

(14) 驾驶室在门窗密闭的情况下,室内噪声不应超过 85 dB。

(15) 设排障器,在整备状态时排障器底面距轨面的高度为(110±20) mm,符合《电气化铁路接触网检修作业车》(TB/T 2180—2018)的相关规定。

(16) 设扫石装置,扫石装置距轨面的高度为 20 mm,宽度能保证弯道处轨面扫石,符合 TB/T 2180—2018 的相关规定。

(17) 设空调和电暖器,空调和电暖器安装位置合理,可保证温度在 16~28℃ 之间(机械间除外)。

7) 电气系统

(1) 电线、电缆的布置应能有效防止油、水及其他污物的进入。

(2) 每根电线两端应设有清晰、牢固的电线号码标记。

(3) 各电路的绝缘电阻值应符合《重型轨道车技术条件》(GB/T 10082—2010)的规定。

(4) 安装轴温报警装置,轴温报警装置应符合《铁道客车用集中轴温报警器》(TB/T 2226—2016)的规定。

(5) 设有足够的照明灯,照度符合《铁路客车及动车组照明 第1部分:通用要求》(TB/T 2917.1—2019)的相关规定。

(6) 设广播系统。

(7) 对直流电气系统的要求如下:

① 能对柴油机的启动、调速、紧急停车进行控制和保护。

② 能对传动系统、走行系统、制动系统、液压系统进行控制、联锁、保护及报警。

③ 能实现多台动力单元联控。

④ 视频安全监控装置应符合《机车变流器控制单元》(TJ/GD 020—2014)的规定。

⑤ 设有满足行车所需要的 LED 照明灯(前照灯、侧灯和标志灯),上述照明应符合 TB/T 2180—2018 的规定。

⑥ 车顶应设有一盏旋转警示灯。

⑦ 设高低音风喇叭、电喇叭、前照灯、侧灯和标志灯。

(8) 对交流电气系统的要求如下:

① 车内安装一台 200 kW 的主发电机组和一台 100 kW 的备用发电机组。

② 发电机组要运转正常,无异常温升和异响。

③ 发电机组输出电压为 50 Hz、交流 380 V/220 V。

④ 发电机组设有过载保护功能。

⑤ 车内设有交流配电柜,主发电机组、备用发电机、外接电源、弓网取电装置之间应设有互锁功能。

⑥ 设置外接电源,外接电源输入为交流

380 V、200 A,输出为交流 380 V、32 A 和交流 220 V、16 A。

2. 02 号作业车

1) 走行系统

(1) 轮对组装采用注油压装工艺,车轴符合《机车车辆轮对组装 第 2 部分:车辆》(TB/T 1718.2—2017)的有关规定。同轴左、右轮径差不大于 0.5 mm,同一台车轮径差不大于 2 mm,轮对内侧距为(1353±1.5) mm。

(2) 走行系统采用两个无动力转向架组成。

(3) 转向架上设置液压锁定装置。

(4) 其他技术要求同 01 号牵引车走行系统的技术要求(1)和(2)。

2) 制动系统

(1) 空气制动系统由 104 制动阀、风缸、不锈钢管路等部件组成。

(2) 其他技术要求同 01 号牵引车制动系统的技术要求(1)和(2)。

3) 车架

车架技术要求同 01 号牵引车车架的技术要求(1)~(5)。

4) 车体及车内设施

(1) 车内设置存放物料的料架,可存放检修材料。

(2) 车窗采用固定车窗,并设有安全防护装置。

(3) 车体中间设置 1.48 m×1.8 m(宽×高)的滑门,方便检修物料的装卸。

(4) 车体沿对角方向设置两个登顶车梯,并设有安全防护装置。

(5) 其他技术要求同 01 号牵引车车体及驾驶室的技术要求(1)~(5)。

5) 电气系统

(1) 车内设置电风扇若干台。

(2) 在通往车顶的登顶车梯梯口处设有检测元件、监控摄像头、照明灯。

(3) 作业平台上应设有泛光灯,作业平台工作台面处的照度值应大于等于 80 lx,接触网悬挂处的照度值应大于等于 15 lx。

(4) 其他技术要求同 01 号牵引车电气系统的技术要求(1)。

6) 作业平台

(1) 车顶上设有一个液压升降作业平台,作业平台工作应平稳、可靠。

(2) 作业平台上应设置插接式控制器接口,可通过控制器控制本车和所有作业平台升降。车内电气柜上设置控制按钮,可控制本车作业平台升降。

(3) 两个相邻平台之间设有连接踏板,能在平台升起后实现相互贯通。

(4) 作业平台设置安全锁定装置,在平台完全复位后,高速行车状态下能将作业平台锁定。

(5) 作业平台设置自动垂直升降式栏杆,不作业时可收拢。

(6) 作业平台设有 220 V 交流电源插座,供电动工具使用。

(7) 作业平台设有监控摄像头,摄像头应具有防雨、防震功能。

(8) 作业平台设有无线通信装置,可与平台操作台、驾驶室进行无线通话。

(9) 作业平台升降速度要统一,联控模式下在平台到达指定高度位置时,相邻两平台高度相差不应超过 30 mm。

(10) 作业平台起升液压缸应具有液压锁定功能。

(11) 作业平台沿对角方向设置两个登顶梯口,并设有安全防护装置。

7) 液压系统

(1) 液压系统装配和液压油箱应符合《液压传动 系统及其元件的通用规则和安全要求》(GB/T 3766—2015)的规定。

(2) 液压系统中各仪表、控制阀、手动操作装置均应设置在便于观察和操作的位置,并有明显的指示标牌。

(3) 车下设置一套独立的液压泵站。

(4) 液压系统设有应急装置,在紧急情况下,操作应急装置,能使作业平台在 10 min 内复位。

3. 03 号作业车

1) 走行系统、制动系统、车架、液压系统技术要求与 02 号作业车相同。

2) 车体及车内设施

（1）车内设有工作台和砂轮、台钻、虎钳等工具，可进行腕臂、拉线、软横跨等接触网设备的预配。

（2）车内设置安全用品柜，用于存放检修作业中的各种安全用品。

（3）其他技术要求同 02 号作业车车体及车内设施的技术要求(2)～(5)。

3) 电气系统

（1）车内应设充电柜，用于对讲机、头灯等装备充电。

（2）其他技术要求同 02 号作业车电气系统的技术要求。

4) 作业平台

（1）车内设置作业平台集中控制台，可对所有作业平台进行联控，集中操作台与遥控器可实现电气互联。

（2）作业平台其余技术要求同 02 号作业车作业平台的技术要求。

4. 04 号作业车

1) 走行系统、制动系统、车架、电气系统、作业平台、液压系统

技术要求与 02 号作业车相同。

2) 车体及车内设施

（1）车内设置存放物料的料架，可存放检修用的各种工具。

（2）其他技术要求同 02 号作业车车体及车内设施的技术要求。

5. 05 号作业车

1) 走行系统、制动系统、车架、作业平台、液压系统

技术要求与 02 号作业车相同。

2) 车体及车内设施

（1）车内设置厨房，有冷藏、冷冻、存储等设施。

（2）车体沿对角方向设置两个车门。

（3）车窗采用中空双层推拉式车窗。

（4）其他技术要求同 01 号牵引车车体及车内设施的技术要求(1)～(5)。

3) 电气系统

（1）车内设 3 个冰箱(冰柜)、3 个电磁灶、2 个抽油烟机、1 个电蒸饭箱、1 个消毒柜、若干水槽和吊柜、空调等。

（2）其他技术要求同 02 号作业车电气系统的技术要求(3)和(4)。

4) 水系统

（1）车下设有生活水箱和水系统，生活水箱容积为 1800 L，生活水箱的水通过供水泵注入稳压罐后向厨房内的水池、电蒸饭箱、热水器供水。

（2）水系统具有防寒措施。

（3）车下安装有 300 L 的污水箱，用于污水收集，具有防寒措施。

6. 06 号作业车

1) 走行系统、制动系统、车架、作业平台、液压系统

技术要求与 02 号作业车相同。

2) 车体及车内设施

（1）车内设置餐桌、座椅，能满足 48 人同时就餐。

（2）其他技术要求同 05 号作业车车体及车内设施的技术要求(2)～(4)。

3) 电气系统

（1）车内设置空调和电取暖设备，应满足《电气化铁路接触网检修作业车》(TB/T 2180—2018)的规定。

（2）电气系统技术要求同 05 号作业车电气系统的技术要求(3)和(4)。

7. 07 号作业车

1) 走行系统、制动系统、车架、作业平台、液压系统

技术要求与 02 号作业车相同。

2) 车体及车内设施

（1）车内设置会议桌、座椅等设施。

（2）其他技术要求同 05 号作业车车体及车内设施的技术要求(2)～(4)。

3) 电气系统

（1）车内设置液晶电视、电脑、扩音器等多媒体设备。

（2）其他技术要求同 06 号作业车电气系统的技术要求。

8. 08、09、10号作业车

1)走行系统、制动系统、车架、电气系统、作业平台、液压系统

技术要求与02号作业车相同。

2)车体及车内设施

(1)车内设置卧铺间、卫生间、洗浴间、热水器等设施。3台车设置不少于48个铺位。

(2)卫生间内设有蹲便器、电热水器和洗浴设施;淋浴间设有电热水器,4个淋浴喷头、毛巾杆等设施。车下设有真空集便器及污水箱。

(3)其他技术要求同05号作业车车体及车内设施的技术要求(2)~(4)。

3)水系统

(1)各车车下设有生活水箱和水系统,生活水箱容积为1800 L,主要用于向卫生间、淋浴间、电茶炉、洗手池供水。

(2)其他技术要求同05号作业车水系统的技术要求(2)和(3)。

9. 11号作业车

1)走行系统、制动系统、车架、作业平台、液压系统

技术要求与02号作业车相同。

2)车体及车内设施

(1)车内设置办公桌、文件柜、作业平台控制台、饮水机等设施。

(2)其他技术要求同05号作业车车体及车内设施的技术要求(2)~(4)。

3)电气系统

(1)车内设置计算机、打印机、列车广播系统、饮水机、视频监控装置、作业平台控制系统。

(2)视频安全监控装置应符合TJ/GD 020—2014的相关要求。

(3)车内设置空调和电取暖设备,应满足TB/T 2180—2018的规定。

(4)其他技术要求同05号作业车电气系统的技术要求(2)~(4)。

10. 12号牵引车

1)柴油机及辅助装置、传动系统、走行系统、制动系统、车架、车体和驾驶室

技术要求与01号牵引车相同。

2)电气系统

(1)总体要求同01号牵引车电气系统的技术要求(1)。

(2)直流电气系统的技术要求同01号牵引车直流电气系统的技术要求(b)。

(3)车内设置空调设备或电取暖设备,满足TB/T 2180—2018的规定。

(4)弓网取电装置采用成熟、稳定、可靠的标准化产品,其功能满足以下要求:

① 一般要求。能将铁路接触网单相交流电转换为接触网检修车列所需的三相380 V/220 V、50 Hz正弦交流电。安装在接触网检修车列上,并能经受在运行中的各种振动和冲击。无须专人值守,出现任何不正常现象均能自动保护,并记录故障状态,可供查询。

② 保护功能。弓网取电装置具有高压过压保护、高压欠压保护、高压过流保护、高压变压器过温保护、直流过压保护、直流过流保护、充电系统过压保护、充电系统欠压保护、充电系统过流保护、交流输出过压保护、输出欠压保护、交流输出过流保护、输出缺相保护等功能。

③ 高压受电设备绝缘检测功能。弓网取电装置具有高压受电设备绝缘检测功能。

④ 升弓、降弓联锁功能。弓网取电装置具有升弓、降弓联锁功能。运行过程中受电弓不得升起。

⑤ 显示和报警功能。弓网取电装置具有显示和报警功能,通过触摸屏实时显示相关技术参数并在出现故障后能记录故障类型和发生时间。

⑥ 设置功能。弓网取电装置具有设置功能,能通过触摸屏能对保护值和控制参数进行设置。

⑦ 控制功能。弓网取电装置具有A/D转换、数字量采集、数字量输出、同步锁相和脉冲触发、数据通信、自动控制调节等功能。

⑧ 安全设施。变压器X接地端可靠接地,接地铜线不小于16 mm²。高压室设置栅栏隔离,栅栏门设有门锁限位开关,一旦打开栅栏门,连锁功能可使高压断路器断开并降弓。电

线的绝缘层护套及其他材料采用非延燃性材料或防火材料。

⑨ 电磁兼容。电磁兼容性能符合《轨道交通 电磁兼容 第3-2部分：机车车辆 设备》(GB/T 24338.4—2018) 的相关规定。

11. 安全设备与事故预防措施

(1) 该车设有高速行车状态与作业状态互锁功能。

(2) 该车设有紧急复位装置，紧急情况下可使作业平台、栏杆、锁定装置等在 10 min 内复位。

(3) 作业平台设有声光报警信号。当作业平台工作时，黄色旋转警示灯处于工作状态；作业平台、栏杆处于升/降过程中时，发出声音警告信号，提醒工作人员注意安全。

(4) 作业平台、栏杆、平台锁定等处设有位置监测传感器，转向架锁定设有压力检测传感器，当到达指定位置时可输出相应信号并自动停止。

(5) 作业平台和登顶车梯处设有防护栏杆，登顶车梯处均设有视频监视装置、警示灯和警示标语，防止平台升降时人员攀爬。

(6) 每个作业平台上设有急停按钮，保证在紧急状态下平台停止动作。

(7) 该车设有一套视频监控系统，通过安装在牵引车、各作业平台和登顶车梯等关键位置的摄像机，可实时监控车列作业状态。前后驾驶室、作业车内设监视器，具备多画面显示功能，画面显示可切换。具备远程无线传输功能。

(8) 两台发电机组具有备份应急功能，当一台发电机组出现故障时，可切换到另一台，以保证必要的工作、生活用电。

(9) 所有车辆均安装有烟感报警器，当发生火灾时发出报警信号。

(10) 作业车转向架均设有一系锁定装置和防倾覆装置，用以提高作业的安全性。

(11) 所有轴箱均设有轴温检测装置及报警装置，可实时监视轴温变化，防止燃轴事故发生。

(12) 所有车辆均设有接地保护装置。

(13) 电气系统具有故障诊断、报警、紧急停机等功能，为安全行车提供有力保障。

(14) 电气系统设置有空气断路器、漏电保护器，用于短路、过载保护。

(15) 装饰材料均采用防火、阻燃材料。

(16) 该车配备灭火器、直顶横移式液压起复设备、牵引机具、止轮器等安全设备。

(17) 作业区域采用防滑地板，周围设有防护栏杆。

(18) 该车在有可能发生危险的地方均设有安全警示标识。

(19) 柴油机、液力变速箱、传动轴、转向架、车轴齿轮箱、轴箱、轮对、制动系统等零部件均选用成熟、可靠的产品。

(20) 弓网取电装置具有各种安全保护、升弓联锁、绝缘检测等功能。

(21) 所有室外开关、插座、照明装置等均应采取防水措施。

21.9 接触网智能装备

21.9.1 支柱组立装备

1. 结构组成和功能

支柱组立装备基于现有的一体化工艺数据信息、标准化工序、工人施工技能等一系列的技术要求，可实现可靠精准的数据信息智能化施工控制和管理，降低施工人员的体力劳动强度，提高施工效率、施工质量，进一步提升高速铁路接触网系统安全可靠性，实现了建筑企业接触网工程的全面自动机械化，是智能高铁建设中的典型设备。

支柱组立装备主要由牵引车头、机械臂、机械手、电控系统、液压系统、管路系统等部分组成，如图 21-114 所示。它具有立杆半自动安装功能，在抓杆、安装的两个环节采用自动形式，在中间移位环节采用半自动形式，可以降低对工人技术水平的要求，提高现场使用效率。该设备在支柱组立过程中可同时对用户的基础施工情况进行检测和测量，并与用户BIM管理系统进行对接，共享安装过程数据和测量数据信息。

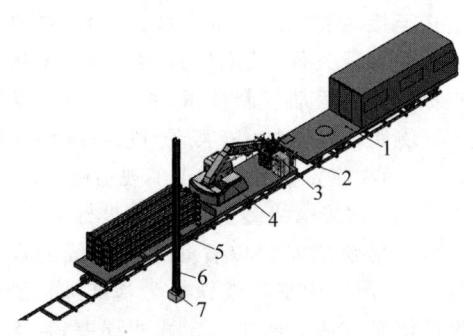

1—牵引车头；2—机械手；3—控制柜；4—机械臂；5—JPC-60；6—支柱；7—基础。

图 21-114　支柱组立装备整体结构示意图

2. 主要技术特点

1) 基于视觉引导系统，实现机械臂自动对位安装

支柱组立装备基于高精度控制作业机械臂，搭载视觉引导系统及自动化末端执行机构，实现支柱组立作业中按照指定位置进行安装。其采用两个工业相机作为引导，完成自动抓取支柱、自动将支柱与基础精准对位安装，从而实现支柱组立的自动化。

2) 基于智能测量底座倾角，精准调整支柱斜率

智能测量底座采用倾角传感器实时精准显示倾角值，可依据实测值调整打底螺母至设计倾角值，保证支柱组立后支柱斜率的准确性，有效缩短了支柱整正作业时间，提高了施工质量的一次性达标率。

3) 采取多重安全措施，保障设备安全工作

整体设备充分考虑安全保护的设计，通过软件流程空间作业限制、流程动作顺序保护、平衡阀自锁保护、电动机制动自锁保护、急停保护及手动应急装置实现设备作业全过程的安全工作。

21.9.2　腕臂安装装备

1. 结构组成和功能

腕臂安装装备满足接触网腕臂的预装、对位、安装功能，施工过程以机械化施工为主，人工辅助为辅，可以提升腕臂安装装备械化水平、减轻人力。

腕臂安装装备以铁路平板车为载体，共分为发动机系统、高空作业平台、机械作业臂、腕臂组装台和腕臂材料放置区共 5 大区域。其作业系统的结构如图 21-115 所示。

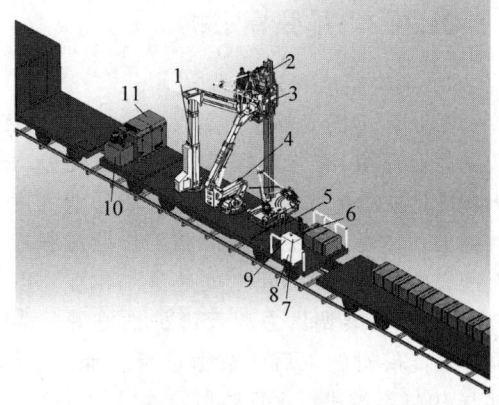

1—高空作业平台；2—立杆及腕臂安装基座；3—安装模板；4—作业机械臂；5—转运机构；6—平板视觉识别系统；7—GPS 系统；8—动力柜；9—预装模板；10—液压系；11—移动电站。

图 21-115　腕臂安装装备作业系统结构示意图

2. 主要技术特点

1) 基于视觉引导系统，实现机械臂自动对位安装

腕臂安装装备基于高精度控制作业机械臂，搭载视觉引导系统及自动化末端执行机构，实现作业工程中腕臂按照指定位置进行安装。其采用两个工业相机作为引导，完成取腕臂位置识别和安装腕臂自动定位，从而实现腕臂安装的自动化。

2) 基于现有工艺流程，实现腕臂安装机械化作业

基于现有腕臂安装流程，在未改变安装工艺条件下，通过预装模板、转运机构、作业机械臂与安装模板，人员通过人机交互手柄实现腕臂安装全过程机械化作业。

3) 预装与安装同时作业，节约设备流程工作时间

设备采用预装模板及安装模板两套模板，实现腕臂预装与自动安装的同时作业，缩短作业时间。

4) 采取多重安全措施，保障设备安全工作

整体设备充分考虑安全保护的设计，通过

软件流程空间作业限制、流程动作顺序保护、平衡阀自锁保护、电动机制动自锁保护、急停保护及手动应急装置实现设备作业全过程的安全工作。

21.9.3 吊弦标定机

1. 结构组成和功能

吊弦标定机能够适应高铁接触网的现场施工作业环境,充分发挥其精确定位优势,最大程度地减小施工人员作业内容和作业强度,并能够代替现有吊弦标定的施工作业流程,完全配合施工人员进行吊弦安装施工作业,具有操作简单、安装调试方便及维护性好等特点,同时其能够对施工后的数据进行存储、记录,并与BIM系统进行远程数据传输。

吊弦标定机主要由走行作业平台、直角坐标机械手、接触网参数检测系统、喷码系统、控制系统及测距整定系统等组成,如图21-116所示。

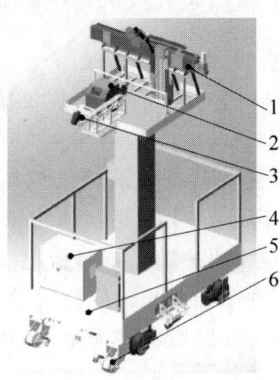

1—直角坐标机械手;2—喷码系统;3—接触网参数检测系统;4—控制系统;5—走行作业平台;6—测距整定系统。

图 21-116 吊弦标定机设备结构示意图

吊弦标定机的所有设备均安装在走行作业平台上,具有行驶、升降、防倾翻等功能,通过调整升降平台的高度,可以满足高速接触网施工线路直线段、曲线段、外轨超高等多种现场工况需求。

2. 主要技术特点

1)"粗定位+精定位"技术路线

由于吊弦的安装位置标定属于高空作业,因此采用公铁两用高空作业平台将吊弦标定机输送至接触线附近一定高度,并为其提供稳定可靠的承载条件,从而实现粗定位;采用直角坐标机械手运动控制技术,并融合其末端搭载激光测距传感器技术,实现对接触线的精确定位,从而在粗定位的基础上实现精确定位。

2)基于"接触线测量"的高精度标定技术

由于吊弦的安装位置是以接触线为设计对象,而目前采用支柱或铁轨为基准进行测量基准的测量方法会产生一定积累误差,且不易于实现自动化测量和标定。为了提高标定的精度,以CPⅢ的测量点为基准,转换为在腕臂的L形定位限位器,其位于接触线的附近,并以其作为接触线的测量基准,测距整定系统可以实现吊弦在接触线上安装位置的精确测量,同时由自动喷涂系统配合,可以实现高精度的标定,较大程度提高了接触网的施工质量。

3)基于"激光和图像"检测技术的接触网参数检测系统

采用激光检测和图像检测相结合的方法,融合两种技术的优势,取长补短,提高户外环境下无接触测量导高和拉出值的精确性。同时,采用安装在车底部的振动补偿测量对顶部的测量设备进行补偿计算,减少外轨超高和车辆行驶带来的误差。在行业应用的基础上吸取经验,采用测速轮对车辆行驶速度和距离进行检测,可有效避免主动轮打滑带来的测量偏差。接触网参数检测系统采用以上多种检测技术,以实现高精度的测量。

21.9.4 智能整体吊弦预配中心

1. 整机的组成和工作原理

智能整体吊弦预配中心由本体料盘组、本体制造模块、捆包、出料模块、线夹装配模块、双工位桁架机械手、激光打码器、本体制造机器人、操作台、安全防护网、线夹装配机器人、线夹料盘组等组成。其主要技术参数如表21-5所示。

本中心主要用于350 km/h接触网吊弦的预配,工艺流程如下。

在链形悬挂中,接触线通过吊弦悬挂在承力索上。按其使用位置是在跨距中、软横跨上或隧道内有不同的吊弦类型。吊弦是链形悬挂中的重要组成部件之一,其结构如图21-117所示。

表 21-5 智能整体吊弦预配中心主要技术参数

项　目		参　　数		
设备名称		智能整体吊弦预配中心生产线		
	型号规格	CZSKDX-A350-1		
	出厂编号	CINCT-202002.1		
设备参数	设备尺寸	8.72 m×4.9 m×2.7 m(建议场地不小于 9.72 m×5.9 m×4 m)		
	焊接及焊前装置尺寸	2.75 m×1.72 m×2.1 m	料仓储料数	40 个
	主体尺寸	2.2 m×4.82 m×2.7 m	吊弦总长精度	±1.5 mm
	检测平台尺寸	3.64 m×0.62 m×1.3 m	载流环线精度	±5 mm
	设备质量	约 8t		
	焊接及焊前装置质量	1.2 t	工作环境极限温度	−10∼40℃
	主体质量	5.8 t	工作环境湿度	<75%
	检测平台质量	1 t	—	—
	液压系统压力	0.3∼14 MPa	液压油牌号	L-HM46#
	气动系统压力	≥0.6 MPa	气动系统气量	≥3 m³/min
电气参数	整机功率	45 kW		
	额定功率	26 kW	—	—
	额定电压	380 V		
软件参数	操作系统	Windows 7	内存容量	8 GB
	分辨率	1920×1080	硬盘容量	50 GB

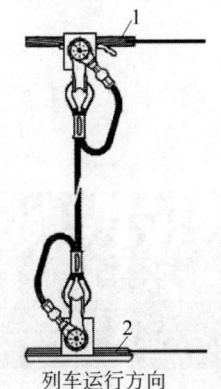

1—承力索；2—接触线。

图 21-117 吊弦结构示意图

吊弦预配工艺流程参照了人工预配工艺流程，如图 21-118 所示。其中，生产工艺流程主要包括零件上料、对轮输送、焊接、穿线、回抽、收紧、切断、零件压接、成品下料；检测工艺流程包括辅助上料、自动检测、自动打印标签、手动粘贴及下料。

2. 主要系统和部件的结构原理

智能整体吊弦预配中心主要包括上料装置、输送装置、计长装置、焊接装置、穿线装置、回抽收紧装置、剪切装置、下料装置、检测平台等部件，其外形如图 21-119 所示。

1) 上料装置(图 21-120)

(1) 上料装置由料仓和上料部分组成。其中，料仓由底座和弹夹式模具组成，上料部分由模组和气缸组成。

(2) 料仓部分采用弹夹式上料机构，设计了与零件贴合的仿形模具，以提高零件的定位精度。

(3) 每种零件设置两个料仓模具，可一次性装载 40 个零件，避免工人频繁上料。

(4) 每个料仓前方都装有一个快速夹，方便固定料仓，防止其发生晃动。

(5) 上料部分由伺服电动机和模组驱动，通过齿轮齿条传动，能够准确定位取料点和放料点。

(6) 上料夹爪有上升、下降、松开和夹紧 4 个动作。上下运动增加了两个磁性开关进行检测。每个夹爪上都装有两个光电感应开关，能准确识别夹爪松开、夹料、夹空 3 种状态，在夹空状态下设备会自动报警。

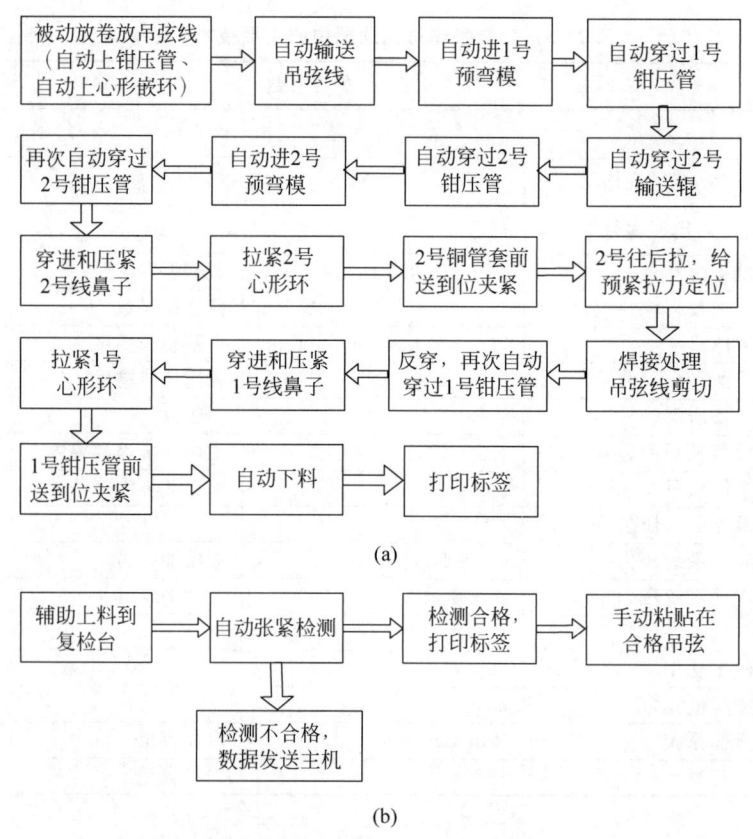

图 21-118 吊弦工艺流程示意图

(a) 生产工艺流程；(b) 检测工艺流程

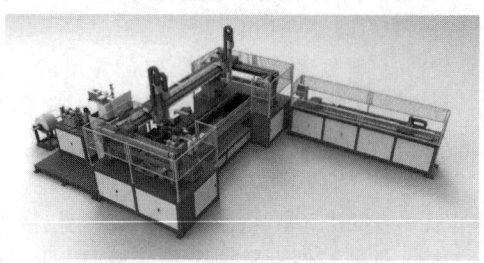

图 21-119 智能整体吊弦预配中心

图 21-120 上料装置

2）输送装置（图 21-121）

图 21-121 输送装置

（1）输送装置由两对对轮、一个对轮箱和传动结构组成，对轮由伺服连接减速机通过齿轮传动。

（2）对轮分为包胶轮和钢轮，其中钢轮开有线槽，并且线槽表面经过特殊表面处理工艺，保证线缆在输送过程中不会打滑。

（3）包胶轮为可调结构，松紧程度可根据实际情况进行调整，保证线缆在输送过程中不会受损。

3）计长装置（图 21-122）

（1）计长装置由一个编码器、一对计长轮

和可调结构组成。

(2) 计长装置采用编码器计长,编码器连接在计长轮上,压轮采用专业计米轮,线缆从两轮中间穿过,带动对轮和编码器轴旋转。

(3) 上轮的松紧程度可通过旋钮调节,保证计长的准确性。

(4) 整个设备采用全伺服设计,并且搭配多个编码器和光纤感应器,能够精确计算吊弦长度,定位切断位置。

4) 焊接装置(图21-123)

 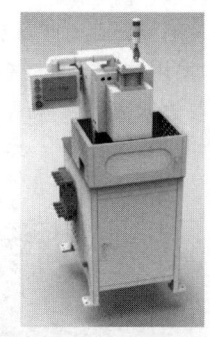

图 21-122　计长装置　　图 21-123　焊机装置

(1) 焊接装置由焊机本体和冷却水箱组成。

(2) 焊机采用自动焊接技术,在不影响外观和使用的前提下,对吊弦线头部位进行电阻熔融焊接处理,有效解决了穿线过程中线头铜线散股的问题。

(3) 焊机工作平台周围设置有护栏,没有特殊情况不允许打开,防止意外伤人。

(4) 焊机本体配有单独的操作屏幕,能够观察焊机的工作状态,设置焊机参数。

(5) 冷却水箱能通过水循环使焊接接头的温度降低。

(6) 焊机配有脚踏开关,能够在手动模式下单独运行。

5) 穿线装置(图21-124)

图 21-124　穿线装置

(1) 穿线装置包括固定端和移动端两部分。

(2) 固定端和移动端结构类似,主要包括穿线模具、辅助穿线机构、大盘旋转装置、压接装置等。

(3) 穿线模具和相应的辅助穿线机构保证线缆能够一次性穿过压接管、心形环和接线端子。

(4) 大盘旋转装置能够使线缆旋转掉头,回穿压接管。

(5) 压接装置通过液压缸驱动,前端安装相应模具,保证接线端子和压接管压接的质量和外观。

(6) 移动端装有定位伺服电动机,能够根据预配数据准确定位吊弦的长度。

6) 回抽收紧装置(图21-125)

(1) 回抽收紧装置包括压紧和回抽两部分。

(2) 回抽收紧装置能够在对轮回抽线缆后进一步收紧线缆,保证线缆卡紧 在心形环的凹槽内,防止心形环松动。

(3) 线缆在尼龙块的 U 形孔中穿行,尼龙块安装位置高低可调。

(4) 回抽收紧装置通过可调行程液压缸调节收紧行程,可根据实际情况进行调整。

7) 剪切装置(图21-126)

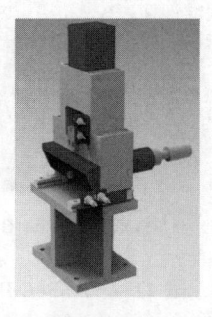 

图 21-125　回抽收紧装置　图 21-126　剪切装置

(1) 剪切装置包括剪刀片和剪刀安装座。

(2) 剪刀片通过铰链结构,由液压缸驱动完成剪切动作。

(3) 线缆收紧后,剪刀片移动到设定位置切断线缆,然后在线缆穿进接线端子后 压紧接线端子。

8）下料装置（图 21-127）

（1）下料装置包括两个下料夹爪和下料模组。

（2）下料夹爪有上升、下降、前进、后退、松开和夹紧 6 个动作。

（3）前进、后退运动由伺服电动机和模组驱动，通过齿轮齿条传动；上升、下降运动由模组传动。

（4）夹紧、松开由气缸完成，并且增加了两个磁性开关进行检测。

9）检测平台（图 21-128）

（1）检测平台包括触摸屏、标签打印机、移动小车等结构。

（2）其具有单独的检测平台，支持在一定拉力下对吊弦的长度进行检测。

（3）检测合格的工件，自动打印信息标签，手动粘贴在吊弦上；检测不合格的产品信息发回上位，重新加工。

10）控制器

本中心所采用的控制器是台达 PC-Based 运动控制器 AX-8 系列。AX-8 系列支持 EtherCAT 通信协议，即可以对外连接 OPC UA。AX86E-P0MB1T 控制器的本体结构及端口如图 21-129 所示，基本参数如表 21-6 所示。

11）触摸屏

触摸屏是生产线操作人员的主要操作对象，采用的是台达 DOP100 系列。触摸屏的基本参数如表 21-7 所示。

图 21-127　下料装置

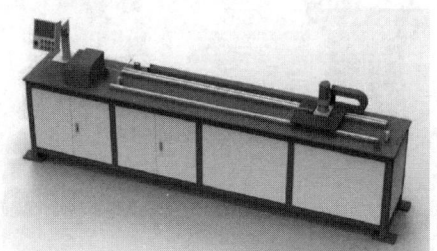

图 21-128　检测平台

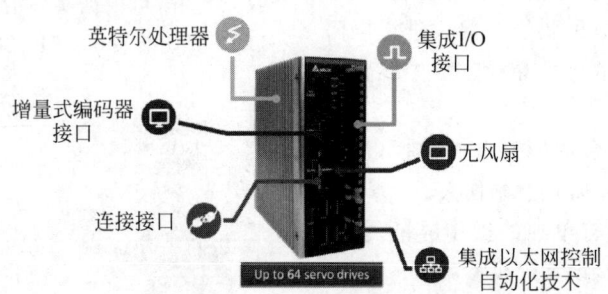

图 21-129　AX86E-P0MB1T 控制器本体结构及端口示意图

表 21-6　AX86E-P0MB1T 控制器基本参数

项　　目		规　　格
物理的环境条件	使用环境湿度	0~60℃（超过 55℃时需要强制风冷）
	保存环境湿度	-25~85℃
	使用环境相对湿度	10%~95%（但不得结露）
	保存环境湿度	10%~95%（但不得结露）
	污染度	以 JIS B3502（污染度 2）为准
	耐腐蚀性	不得有可燃性、腐蚀性气体
	使用高度	海拔高度 2000 m 以下

续表

项　目		规　格	
电气的运转条件	耐干扰性	以 EN61000-6-2、EN55011(Group 1 Class A)为准	
		电源干扰(FT 干扰)：±2 kV 以上，1 min	
		放射干扰(FT 干扰)：±1 kV 以上，1 min	
		接地干扰(脉冲)：±1 kV 以上，10 min	
		静电干扰(接触放电法)：±6 kV 以上，10 次	
机械的运行条件	抗振性	以 JIS B3502 为准	
		受到连续振动	频率：5～8.4 Hz，单振幅：1.75 mm
			频率：8.4～150 Hz，恒加速度：4.9 m/s²
		受到间断振动	频率：5～8.4 Hz，单振幅 3.5 mm
			频率：8.4～150 Hz，恒加速度 9.8 m/s²
		在 x 轴、y 轴、z 轴各个方向都是 10 次	
	抗冲击强度	冲击大小：峰值加速度 147 m/s²(15 g)	
		作用时间：11 ms	
		x 轴、y 轴、z 轴各个方向 3 次	
设置条件	接地	D 种接地	
	冷却方式	自然风冷、强制风冷	

表 21-7　触摸屏基本参数

参 数 名 称	规　格
显示尺寸	10 寸
分辨率	800×600(SVGA)
有效显示面积	246.0 mm×184.5 mm(宽×高)
显示颜色	65 536 色(无闪烁)/16 384 色(闪烁)
触摸面板类型	电阻式(模拟)
触摸面板分辨率	1024×1024
触摸面板寿命	1 000 000 次以上
工作温度	0～55℃(当 GP-4621T 配置了视频模块时，工作温度为 0～50℃)
工作相对湿度	10%～90%(无凝露，湿球温度计温度 39℃以下)
串口(COM1)	异步传输：RS-232C；数据长度：7 b 或 8 b；停止位：1 b 或 2 b；校验：无、奇或偶；数据传输速率：2400～115 200 b/s；D-Sub 9 针(凸型)
串口(COM2)	异步传输：RS-422/485；数据长度：7 b 或 8 b；停止位：1 b 或 2 b；校验：无、奇或偶；数据传输速率：2400～115 200 b/s，187 500 b/s(MPI)；接头：D-Sub 9 针(凸型)
USB(Type-A)接口	USB 2.0(Type-A 接头)×1；电源电压：直流 5(1±5%) V；输出电流：500 mA；
USB(Mini-B)接口	通信距离：5 m USB 2.0(mini-B)×1，最大传输距离：5 m
以太网口	IEEE802.3i/IEEE802.3u，10BASE-T/100BASE-TX，接头：RJ-45×1
SD 卡接口	SD 卡插槽(存储)×1

12) 上位系统

显示器、工业工控机、交换机、主机的基本参数分别如表 21-8～表 21-11 所示。

表21-8 显示屏基本参数

参数名称		规格
显示参数	屏幕尺寸	15寸
	面板类型	工控A规屏TFT
	灰阶响应时间	5 ms
	对比度	1000∶1
	点距	0.264 mm
	显示颜色	16.7 M
	背光类型	LED使用时长≥50 000 h
	亮度	400 cd/m²
	可视角度	水平160°/垂直160°
基本参数	供电方式	12 V/4 A 外置电源适配器
	电源性能	100~240 V,50~60 Hz
	工作温度	−20~70℃
	环境湿度	<80%
	外壳用料	全铝合金
	接口类型	RJ45(触摸)、DVI、直流电源、HDMI、VGA、音频输入/输出

表21-9 工业工控机基本参数

参数名称		规格
配置参数	CPU	Intel i7-4500U
	显卡	集成高性能显卡
	内存	支持笔记本内在DDR31333、1600
	网卡	两个千兆网卡
	串口	支持6个RS232接口
	硬盘	支持msata3ssd加上一个2.5寸笔记本硬盘
	USB接口	支持8个USB接口,其中4个USB 2.0,4个USB 3.0
	电源	12V电源适配器
	机箱尺寸	17.5 cm×21 cm×4.5 cm
	运行温度范围	−20~60℃
	系统	支持各种操作系统
	电源支持	直流12V
	整机功耗	25 W左右

表21-10 交换机基本参数

参数名称	规格
网络标准	IEEE 802.3、IEEE 802.3u、IEEE 802.3x
端口	8个10/100M自适应RJ45端口(Auto MDI/MDIX)
MAC地址表	2K

表21-11 主机基本参数

参数名称	规格	参数名称	规格
处理器	Intel i7-8700以上	分辨率	1920×1080
主板	B360 MB以上	显示接口	HDMI
显卡	GTX1050Ti以上	操作系统	Windows 7以上
内存	8 GB以上	硬盘容量	10 GB以上

3. 典型机械技术

根据现场要求,智能整体吊弦预配中心在如下方面进行了技术改进。

(1) 吊弦识别:激光打码(鸡心环侧面位置,编号唯一)。

(2) 自动捆扎:以两立柱为跨单位,OPP捆扎带热熔自动捆扎吊弦,不损伤吊弦线,检测的不良品自动排出。

(3) 铜绞线插入接线端子深度核对功能:线端定尺寸位置加清晰、方便识别的核对色标。

(4) 自检功能:具备自检功能,光纤传感器等自检由机器人辅助完成,无须人工参与。

(5) 一键出线功能:穿线报警停机时(压接管压接钳),可使用设备剪断铜线,自动出线,人工辅助取走。

(6) 插入深度核对:载流环线端增加了插入深度核对色标,圆环或方块均清晰可见,方便识别。

(7) 六轴机器人系统的应用:六轴机器人能实现360°旋转。六轴机器人系统由3大部分(机械部分、传感部分、控制部分)和6个子系统(控制系统、驱动系统、机械结构系统、感受系统、机器人-环境交互系统、人-机交互系统)组成。

21.9.5 智能腕臂预配中心

1. 整体的组成及结构原理

目前,最新的智能腕臂预配中心的型号是ZTJWB-A-TY型,如图21-130所示。它根据前三代产品的使用反馈进行了相应的改进优化,属于第4代产品,适用于时速250 km的钢腕臂产品、时速350 km的铝合金腕臂产品、简统化腕臂零件的预配;优化了预配中心结构及预配算法,应用机器人技术,进一步提高了腕臂预配的智能程度;同时应用双交换式料仓和智能自动导引小车(autornated guided vehicle, AGV),可对接智能仓储物流系统,进一步提高了腕臂预配的智能化程度。

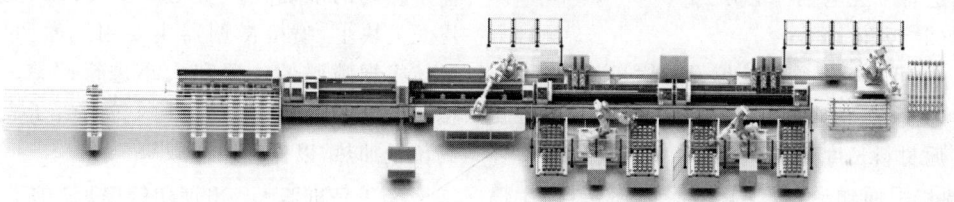

图21-130 ZTJWB-A-TY型智能腕臂预配中心

该型号智能腕臂预配中心采用部装模块化设计,便于搬迁运输以及安装调试。具有如下突出特点:

(1) 具有自动识别销孔和单耳连接板方向的功能,保证零件安装角度。

(2) 自动测量腕臂管长度,匹配预配数据中的腕臂数据后再生产,减少浪费。

(3) 采用ABB机器人自动抓取零件上料,自动寻找螺栓和恒扭矩紧固到位,自动下料和码垛。

(4) 设备具有3种生产模式。其中,半成品模式的平均生产效率为2~4 min/根,快速模式的平均生产效率为4~8 min/根,扭矩模式的平均生产效率为5~10 min/根。

2. 主要系统和部件的结构原理

该型号智能腕臂预配中心由管子上料工位、一段加工工位、二段预配工位、三段预配工位、成品下料工位5大部分组成,如图21-131所示,可以同时在线流水生产3根腕臂管,提高生产效率。三段独立控制,便于排除故障。

1) 管子上料工位(图21-132)

(1) 组成

① 桁架机械手:由伺服电动机控制左右移动,气缸控制卡爪夹松,在触摸屏中可以手动控制其移动和夹松,主要用于夹持腕臂向前移动,起到输送的作用。

② 电推杆:由电动机控制上下伸缩,在触摸屏中可以手动控制其升降,主要用于提升管子到设备工作点。

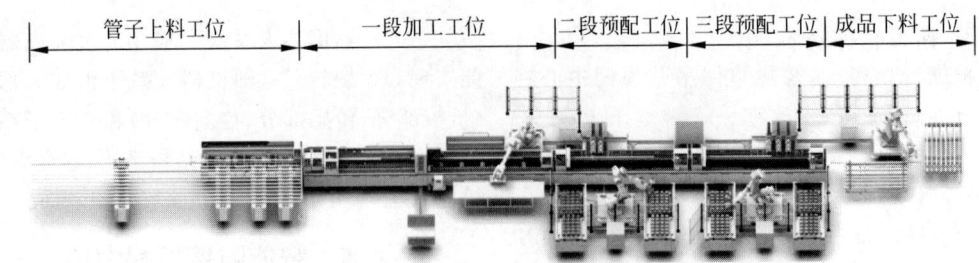

图 21-131 ZTJWB-A-TY 型智能腕臂预配中心主要组成示意图

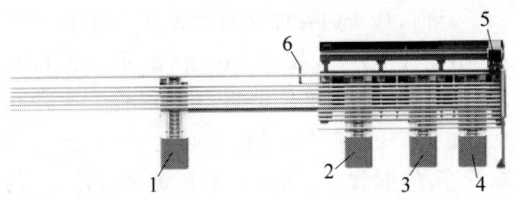

1—1号板链机；2—2号板链机；3—3号板链机；
4—4号板链机；5—桁架机械手；6—腕臂管检测开关。

图 21-132 管子上料工位结构示意图

③ 板链机：由伺服电动机控制步进移动，在触摸屏中可以精确改变其步进距离，主要用于输送管子至电推杆上方。

（2）功能

① 可以根据管子长度设置输送带间距。

② 适应不同钢腕臂、铝合金腕臂和简统化腕臂原材料长度。

③ 平面输送，减少管子表面损伤，便于撕除塑料保护膜。

2）一段加工工位（图 21-133、图 21-134）

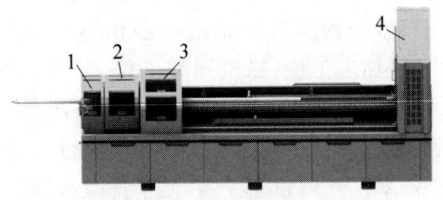

1—平斜检测装置；2—1号输送卡盘；
3—钻孔装置；4—锯切装置。

图 21-133 一段加工工位锯切机结构示意图

（1）组成

① 修磨装置：由修磨电动机和修磨上、下气缸控制，主要用于管尾、管头修磨，解决锯切后遗留的毛刺问题（本设备锯切效果较好，一般屏蔽此功能）。

② 喷码装置：管头移动到喷标卡爪位时，

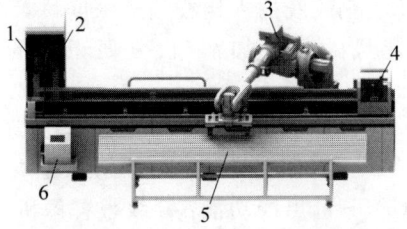

1—修磨装置；2—喷码装置；3—1号机器人；
4—2号卡盘；5—半成品料架；6—喷码机。

图 21-134 一段加工工位修磨喷标输送结构示意图

托辊升起，保证管头可以准确进入2号卡盘，确保了喷码的准确性。喷枪安装在微调器上的尼龙夹块上，喷枪微调器主要用于微调位置，具体根据喷码的位置和大小进行调整。当环境温度过低时，建议开启热风枪对管子表面喷码位置加热，以保证喷码效果。

③ 1号机器人：当锯切管尾长于所设最短锯切长度时，1号机器人会使用其安装的夹爪夹持废料以及丢料；当工艺选择半成品功能时，1号机器人会夹持完成的半成品管子放料至半成品料架。

④ 2号卡盘：通过伺服电动机驱动走行在导轨上，行程极限由机架左、右限位开关检测，并且可以 360°旋转完成需求的角度。

⑤ 半成品料架：用于储放加工完成的半成品腕臂（未进行零件装配，其他工艺全部完成）。

⑥ 喷码机：内部参数及功能在出厂时已经设置完毕，操作者只需按照开关机要求进行操作即可。喷码机可以按照客户要求进行喷标（三角形、条形码等）。

（2）功能

① 自动识别铆接好的斜腕臂单耳方向功能。

② 自动对钻销孔,如直径 16 mm/18 mm。
③ 自动变速、定长锯切误差±2 mm。
④ 自动修磨管头、管尾毛刺功能。
⑤ 自动排屑、自动处理尾料功能。
⑥ 自动喷印三角标记、支柱编号、条形码/二维码功能。喷码位置误差±2 mm。
⑦ 半成品生产模式,半成品自动下料功能。

3) 二段预配工位(承力索座和腕臂连接器装配,图 21-135)

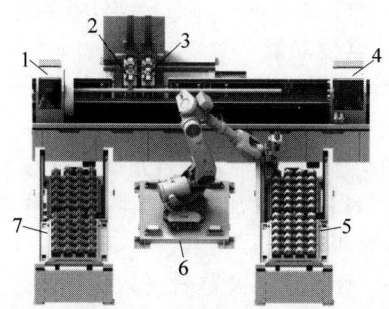

1—3 号卡盘;2—1 号装配工位(承力索座);3—2 号装配工位(腕臂连接器);4—4 号卡盘;5—2 号交换料仓(腕臂连接器);6—2 号机器人;7—1 号交换料仓(承力索座)。

图 21-135 二段预配工位结构示意图

(1) 组成
① 3 号卡盘:通过电动机驱动走行在导轨上,行程极限由机架左、右限位开关检测,并且可以±180°旋转完成需求的角度。
② 1 号装配工位(承力索座):主要由 1 号底座上下气缸、1 号底座进退伺服电动机、1 号底座导套伸缩气缸、1 号底座压料伸缩气缸及 1 号底座托料伸缩气缸组成。
③ 2 号装配工位(腕臂连接器):主要由 2 号底座上下气缸、2 号底座进退伺服电动机、2 号底座导套伸缩气缸、2 号底座压料伸缩气缸及 2 号底座托料伸缩气缸组成。
④ 4 号卡盘:通过伺服电动机驱动走行在导轨上,行程极限由机架左、右限位开关检测。此卡盘不可旋转,但左、右卡爪皆可夹持管子。
⑤ 2 号交换料仓(腕臂连接器):分为上下两层,可手动/自动进行料仓交换。

⑥ 2 号机器人:2 号六轴机器人由上料卡爪及附加轴(拧螺丝)组成。其中,上料卡爪由两组气缸控制,夹松气缸用于夹持 1 号、2 号交换料仓中的工件放置于 1 号、2 号底座模具内,旋转气缸可以实现装配过程中正反定位的需求;附加轴 1 安装在机器人法兰上,可以有效套上螺栓或螺母进行拧螺丝动作。
⑦ 1 号交换料仓(承力索座):分为上下两层,可手动/自动进行料仓交换。

(2) 功能
① 人员不用进入机器人工作区域。
② 料仓自动交换,安全区域上料。
③ 不停机生产,保证安全、提高效率。
④ 交换式工作台。

4) 三段预配工位(支承连接器装配,图 21-136)

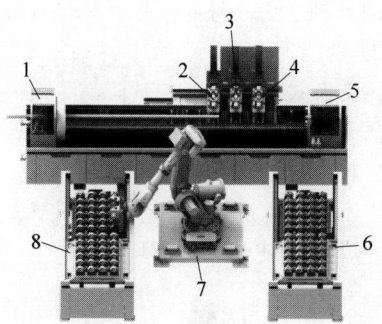

1—5 号卡盘;2—3 号装配工位(支承连接器);3—4 号装配工位(支承连接器);4—5 号装配工位(定位环,组合定位环);5—6 号卡盘;6—4 号交换料仓(定位环,组合定位环);7—3 号机器人;8—3 号交换料仓(支撑连接器)。

图 21-136 三段预配工位结构示意图

(1) 组成
① 5 号卡盘:通过伺服电动机驱动走行在导轨上,行程极限由机架左、右限位开关检测,并且可以±180°旋转完成需求的角度。
② 3 号装配工位(支承连接器):主要由 3 号底座上下气缸、3 号底座进退伺服电动机、3 号底座导套伸缩气缸、3 号底座压料伸缩气缸及 3 号底座托料伸缩气缸组成。
③ 4 号装配工位(支承连接器):主要由 4 号底座上下气缸、4 号底座进退伺服电动机、4

号底座导套伸缩气缸、4号底座压料伸缩气缸及4号底座托料伸缩气缸组成。

④ 5号装配工位（组合/非组合定位环）：主要由5号底座上下气缸、5号底座进退伺服电动机、5号底座导套伸缩气缸、5号底座压料伸缩气缸及5号底座托料伸缩气缸组成。

⑤ 3号交换料仓（支承连接器）：分为上下两层，可手动/自动进行料仓交换。

⑥ 4号交换料仓（组合/非组合定位环）：分为上下两层，可手动/自动进行料仓交换。

⑦ 3号机器人：3号六轴机器人由上料卡爪以及附加轴2、3组成。其中上料卡爪由两组气缸控制，夹松气缸用于夹持3号、4号交换料仓中的工件放置于3号、4号、5号底座模具内，旋转气缸可以实现装配过程中正反定位的需求；附加轴2为3号、4号底座拧螺丝（M16）装置，附加轴3为5号底座拧螺丝（M12）装置。

（2）功能

① 交换式工作台。

② 人员不用进入机器人工作区域。

③ 料仓自动交换，安全区域上料。

④ 不停机生产、保证安全、提高效率。

5）成品下料工位（图21-137）

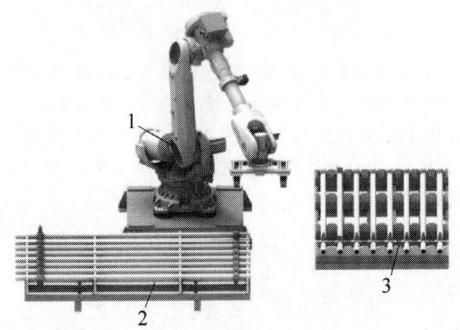

1—4号机器人；2—1号成品托盘；3—2号成品托盘。

图21-137 成品下料工位结构示意图

（1）组成

① 4号机器人：主要工作是成品下料，可按照程序设计将加工好的腕臂依次码垛在出料台内。

② 1号成品托盘：主要功能是储放加工完成的成品管子。

③ 2号成品托盘：主要功能是储放加工完成的成品管子。

④ 智能叉车：搬运托盘到指定位置。

（2）功能

① AGV小车输送托盘。

② 预先规划场地和磁条轨道。

③ 省去更换托盘和叉车转运环节。

④ 自动化和智能化水平提高。

⑤ 为智能物流管理建立硬件基础。

3．其他功能

（1）预配数据可以按照一定的Excel格式自动导入。

（2）上位软件具有腕臂预配数据导入和导出、工艺过程监控、加工信息存储、人员等级和密码等级等功能。

（3）数据库可以存储成品腕臂编号、喷码内容、卡盘旋转角度、定位位置、动作顺序、加工时间、扭矩信息等。

（4）触摸屏具有手自动操作界面，其具有参数设置、报警信息、人员等级和密码等级等功能。

4．产品应用

铁路智能腕臂预配中心的应用现场如图21-138所示，主要技术参数如表21-12所示。

图21-138 智能腕臂预配中心应用现场

表 21-12　智能腕臂预配中心主要技术参数

	参 数 名 称	规　　格			
设备参数	型号	ZTJWB-A-TY			
	出厂编号	CINCT-202106.1			
	设备尺寸	37.525 m×8 m×2.3 m（建议场地不小于 46 m×12 m×3.5 m）			
	上料架	尺寸：4.58 m×3.085 m×1.82 m	料架储料根数：12 根		
	锯切钻孔修磨设备	尺寸：5.54 m×1.97 m×2.21 m	锯切精度：±2 mm		
			钻孔精度：±0.5 mm		
	喷标输送	尺寸：5.5 m×1.75 m×2.25 m	定位精度：±0.01 mm		
	1 号上料机构	尺寸：2.14 m×1.8 m×1.6 m	最多上料个数：1 个		
	1 号装配输送机构	尺寸：6.02 m×1.34 m×1.585 m	扭矩控制精度：±3N·m		
	1 号双层交换料仓	尺寸：3.17 m×1.43 m×1.1 m	最多上料个数：48 个		
	2 号双层交换料仓机构	尺寸：3.17 m×1.43 m×1.1 m	最多上料个数：48 个		
	2 号上料机构	尺寸：2.14 m×1.8 m×1.6 m	最多上料个数：1 个		
	2 号装配输送机构	尺寸：6.02 m×1.34 m×1.585 m	扭矩控制精度：±3 N·m		
	3 号双层交换料仓	尺寸：3.17 m×1.43 m×1.1 m	最多上料个数：48 个		
	4 号双层交换料仓	尺寸：3.17 m×1.43 m×1.1 m	最多上料个数：48 个		
	下料	尺寸：4.1 m×5.74 m×3 m	下料储料根数：16 根		
	设备质量	约 35 t			
	上料架	质量：1.8 t	工作环境极限温度：-10~45℃		
	锯切钻孔设备	质量：5.6 t	工作环境湿度：<75%		
	1 号装配输送机构	质量：4.4 t	2 号装配输送机构	质量：4.5 t	
	1 号上料机构	质量：1.8 t	2 号上料机构	质量：2 t	
	1 号双层交换料仓	质量：1.5 t	2 号双层交换料仓	质量：1.5 t	
	3 号双层交换料仓	质量：1.5 t	4 号双层交换料仓	质量：1.5 t	
	出料底座	质量：0.2 t	—	—	
	液压系统压力	5 MPa	液压油牌号	L-HM46 号	
	气动系统压力	≥0.6 MPa	气动系统气量	≥3 m³/min	
电气参数	整机功率	45 kW	—		
	额定功率	26 kW	—		
	额定电压	380 V	—		
软件参数	操作系统	Windows 7	内存容量	8 GB	
	分辨率	1920×1080	硬盘容量	50 GB	

21.10　公铁两用高空作业平台

21.10.1　整机的组成和工作原理

公铁两用高空作业平台主要由底盘、铁路走行系统、高空作业装置、前后锁桥装置、液压系统、制动系统、电气系统等组成。其中，底盘采用专用车底盘；铁路走行系统包括前导向机构和后导向机构，前导向机构位于公铁两用高空作业平台的前端，后导向机构位于公铁两用高空作业平台的尾端；前锁桥装置位于前板簧与车体大梁之间，后锁桥装置位于后板簧与车体大梁之间；高空作业装置安装在底盘车架上；液压、电气及制动系统贯穿全车，是整车的核心。公铁两用高空作业平台的总体布置如图 21-139 所示。

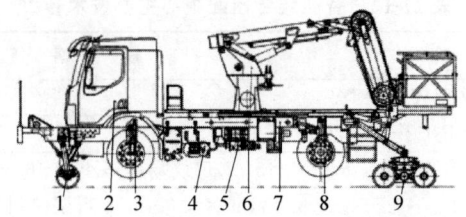

1—前导向机构；2—底盘；3—前锁桥装置；4—制动系统；5—液压系统；6—高空作业装置；7—电气系统；8—后锁桥装置；9—后导向机构。

图 21-139　公铁两用高空作业车整车总体布置图

21.10.2　主要系统和部件的结构原理

1. 铁路走行系统

铁路走行系统包括前导向机构和后导向机构，前导向机构为单轮对承载模式，主要由单轮对、轴箱、橡胶减振装置、制动装置、液压缸及连杆结构等组成；后导向机构为二轴转向架承载模式，主要由前后轮对、轴箱、牵引传动装置、制动装置、橡胶减振装置、液压缸、连杆结构、支承结构及齿轮箱箱体构架等组成。

铁路走行系统具有垂直上道和钢轮驱动功能。通过公路/铁路模式转换，选择采用胶轮驱动或钢轮驱动。垂直上道功能即公铁两用高空作业平台可以从垂直于轨道方向驶入铁路，不仅能节省公铁两用高空作业平台占用的铁路轨道空间，而且方便快捷，安全性能好。

2. 高空作业装置

高空作业装置主要包括回转平台总成、伸缩臂总成、折叠臂总成、工作斗总成等。高空作业装置的作业幅度和作业范围如图 21-140 所示。

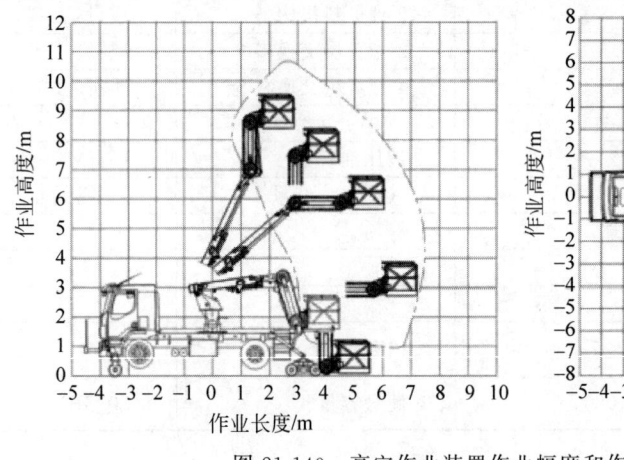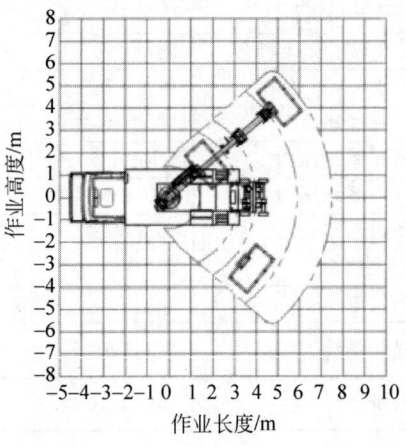

图 21-140　高空作业装置作业幅度和作业范围

3. 液压系统

液压系统为铁路走行系统及高空作业装置的动作提供动力，主要包括闭式回路系统和开式回路系统两部分。闭式回路系统由轴向柱塞泵、补油泵、轴向柱塞马达、冷却器等组成，先将机械能转换为液压能，再通过轴向柱塞泵带动轴向柱塞马达将液压能转换为机械能，从而形成一个闭式回路，驱动铁路走行系统行驶；开式回路系统由轴向柱塞泵、应急泵组、溢流阀、高压过滤器、电磁换向阀、负载传感多路阀、液压锁、平衡阀等组成，为铁路走行系统、前后桥锁和高空作业装置等提供动力。

4. 制动系统

制动系统分为 3 种模式：公路行驶模式制动、铁路行驶模式制动和高空作业行驶模式制动。具体的制动实现方式如下。

(1) 公路行驶模式制动：导向轮升起，铁路制动系统保持制动，防止导向轮旋转。行车制动和驻车制动通过底盘制动系统实现。

(2) 铁路行驶模式制动：导向轮落下，通过驾驶室脚踏板进行行车制动，通过手制动装置进行驻车制动。

(3) 高空作业行驶模式制动：导向轮落下，公铁两用高空作业平台保持制动状态。通过脚踏板和手控按钮同时作用缓解制动，行车制动和驻车制动均通过脚踏板实现。

5. 电气系统

电气系统主要由 ECU 控制单元、限位开关系统、应急装置、实时显示系统和数据记录系统等组成。通过电气系统可分别在驾驶室和工作斗内控制公铁两用高空作业平台在轨道上前后行驶，并可在公路和铁路两种路况下完成各种高空作业操作。此外，电气系统还配有完善的限位开关系统、应急装置及辅助照明系统，保护公铁两用高空作业平台的行驶和操作安全。显示系统可以实时监控和显示公铁两用高空作业平台的运行状态并对异常信息报警提示。数据记录系统可以记录公铁两用高空作业平台运行和操作过程中相关部件的状态信息，数据可方便读取查验。

第22章

主要机械参数

22.1 接触网作业车

22.1.1 主要性能参数

接触网作业车按传动方式、功率进行选择，其主要性能参数如表22-1所示。

表22-1 接触网作业车主要性能参数

序号	功率/kW	型号	传动方式	最高运行速度/(km/h)	适应海拔高度/m	最小通过曲线半径/m	整备质量/t	厂家	参考价格/万元
1	216	DA12	机械	120	≤3000	145	36	宝鸡中车时代工程机械有限公司	240
2		JW-4	机械	100				金鹰重型工程机械有限公司	230
3	353	JW-4G	液力	120		100	47	金鹰重型工程机械有限公司/宝鸡中车时代工程机械有限公司	450

22.1.2 典型机械产品

1. JW-4型接触网架线作业车（金鹰重型工程机械有限公司）

1) 概述

JW-4型接触网架线作业车主要由动力及传动系统、走行部、电气系统、制动系统、液压系统及液压升降回转作业平台、随车起重机（选装）、紧线装置（选装）、检测装置（选装）等组成，符合《标准轨距铁路限界 第1部分：机车车辆限界》(GB 146.1—2020)的有关规定。

JW-4型接触网架线作业车的动力和传动系统采用重庆-康明斯 NTC-290型柴油发动机配套富勒(Fuller)RT-11509C型变速箱；制动系统安装具有自动保压性能的JZ-7G型空气制动机；走行部采用两轴焊接转向架结构，车轴轴承箱采用弹性定位方式；车体两端设有13B型上作用式缓冲车钩。整车具有良好的运行稳定性和平稳性、良好的启动和牵引性能；制动性能可靠，操纵维修方便；作业效率高、安全防护设施齐全；造型美观、司乘条件好。也可采用潍柴WP12.330型电喷柴油发动机。

JW-4型接触网架线作业车主要适用于电气化铁路接触网上部设施的安装、维修和日常检查、保养，也可兼作牵引车辆。

2）主要技术参数

(1) 整车使用环境

温度：−25～45℃（若低于此温度，可根据不同地区采取不同的防寒措施。冷启动温度为−25℃）。

相对湿度：≤90%。

海拔高度：≤3000 m（海拔3000 m，修正发动机功率）。

风速：≤15 m/s（不使用抓轨器）；≤22 m/s（使用抓轨器）。

能承受风、沙、雨、雪的侵袭。

(2) 整车主要技术参数

轨距：1435 mm。

车轮直径：840 mm。

轴距：2400 mm。

车辆定距：7200 mm。

轴列式：1A-A1。

传动形式：机械传动。

发动机功率：216 kW。

最高运行速度：100 km/h。

通过最小曲线半径：90 m（单机状态）；250 m（联挂状态）。

制动方式：空气制动及停车手制动。

制动距离：＜400 m（单机、平直道、初速80 km/h）。

车钩：13B型上作用式车钩。

车钩中心高度（距轨面）：(880±10) mm。

整备质量：约36 t（标准车型）。

安装紧线装置质量：约37 t。

燃油箱容量：760 L。

适用最大外轨超高：≤150 mm。

车内允许均载：2 tf。

外形尺寸（长×宽×高）：14 030 mm×3010 mm×4650 mm（标准车型）；14 030 mm×3010 mm×4750 mm（安装紧线装置）。

(3) 发动机主要技术参数

① 康明斯NTC-290型柴油发动机

型式：水冷、直列六缸、四冲程、增压中冷。

额定功率，转速：216 kW，2100 r/min。

最大扭矩，转速：1261 N·m，1300 r/min。

排量：14 L。

缸径×冲程：140 mm×152 mm。

燃油供给系统：P-T燃油系+VS全程调速器。

最低燃油消耗率：219 g/(kW·h)。

润滑机油牌号：SAE15W/40CD级或15W/20CD级。

润滑油容量：约44 L。

机油压力：345～483 kPa（额定工况）；100 kPa（怠速工况）。

标准节温器调节温度：80～90℃。

充电发电机容量：直流24 V，70 A。

启动方式：直流24 V，电启动。

② 潍柴WP12.330型电喷柴油发动机

型式：直列、直喷、水冷、四冲程、增压中冷、高压共轨。

额定功率，转速：243 kW，2100 r/min。

最大扭矩：1450 N·m。

最大扭矩转速：1200～1500 r/min。

排量：11.596 L。

缸径×冲程：126 mm×155 mm。

最低燃油消耗率：196 g/(kW·h)。

润滑油容量：约36 L。

正常运行机油压力范围（油温100℃）：330～550 kPa。

正常运行机油压力的最小值：100 kPa（怠速工况）；380 kPa（额定工况）。

标准节温器调节温度：83～95℃。

充电发电机容量：直流24 V，140 A。

启动方式：直流24 V，电启动。

(4) 离合器主要技术参数

型号：Lipe 15/380-2LP。

型式：双片干式拉型摩擦离合器。

最大传递扭矩：3488 N·m。

从动盘外径：381 mm。

(5) 变速箱主要技术参数

型号：RT-11509C型富勒变速箱。

型式：双副轴、主副变速箱。

换挡方式：双H手动换挡。

额定输入扭矩：1490 N·m。

额定输入转速：2600 r/min。

润滑油牌号：18号馏分双曲线齿轮油或85 W/90车辆齿轮油。

润滑油总容量：13 L。

变速箱各挡速比如表22-2所示。

表 22-2 变速箱各挡速比

项目	低挡区						高挡区			
挡位	倒	启	1	2	3	4	5	6	7	8
速比	12.99	12.42	8.26	6.08	4.53	3.36	2.47	1.81	1.35	1

(6) 液压升降回转作业平台主要技术参数

平台面积(长×宽):5500 mm×1750 mm。

远端距回转中心距离:4500 mm。

平台地板面距轨面最大高度:4000 mm(最低状态);7100 mm(最高状态)。

平台回转范围:左右各120°。

平台前端最大承载质量:300 kg。

平台回转中心最大承载质量:1000 kg。

导线拨线范围:±600 mm。

导线支承装置尺寸:ϕ70 mm×1200 mm。

(7) 随车起重机主要技术参数(选装)

型式:全液压伸缩臂式。

最大起重力矩:39 200 N·m。

最大起重质量:2000 kg。

最大起升高度(距轨面):10 200 mm。

最大工作幅度:8200 mm。

最大工作幅度时的起重质量:250 kg。

起重臂最大仰角:75°。

回转范围:360°全回转。

(8) 紧线装置主要技术参数(选装)

支承臂最大高度(距轨面):7200 mm。

最大紧线张力:30 kN。

3) 操作及使用方法

(1) 出车前的准备工作

① 检查发动机机油、空气压缩机润滑油、燃油箱燃油、液压油箱中液压油及冷却水箱中冷却水等是否充足。检查部位及标准如表 22-3 所示。

表 22-3 检查油、水的部位及标准

序号	部位名称	检查标准
1	发动机	油位在油标上下刻度之间,偏高位置
2	变速箱	按变速箱说明书进行
3	换向分动箱	油位在上下油标之间,偏高位置
4	车轴齿轮箱	以油位到上液位镜中部为准
5	空气压缩机	油镜的刻度之间,偏高位置
6	燃油箱	见油位表显示
7	冷却水箱	膨胀水箱高度的 2/3 处,最低水位不低于 1/3
8	液压油箱	油位在油标上下刻度之间,偏高位置

② 检查燃油管路、机油系统、冷却水管路、空气制动管路及液压管路等部位有无渗漏现象。

③ 检查蓄电池箱内的蓄电池接线是否牢固,控制面板上的开关、仪表及灯具、刮水器等是否正常。

④ 检查发动机冷却风扇、发电机和空气压缩机皮带等皮带的松紧度。风扇皮带:以20~50 N 的力压皮带,挠度为10~20 mm。空气压缩机皮带:以20~50 N 的力压皮带,挠度为20~30 mm。

⑤ 目视检查传动轴螺栓及拉杆机构螺栓有无松动。

⑥ 排除风缸、集尘器中的水分及灰尘,排除油水分离器内的污水。

⑦ 检查操纵装置等有无异常现象及泄漏,发现问题必须及时处理。

⑧ 检查必备的随机工具、随机关键备件等,要求齐全、状态或功能良好,严格按照铁路有关安全行车规章办理。

(2) 作业车辆的行驶

① 行驶前的准备工作

(a) 闭合电源总开关(在前端主驾驶员座

椅左侧),将电源转换开关扳至正确位置。

(b) 启动发动机。确认操纵面板上的换向开关置中位,将发动机油门手柄至约全负荷油门的1/4位置上;变速箱操纵杆置空挡位;插入点火钥匙,旋转点火钥匙至运转位,机油压力报警灯点亮,空挡指示灯点亮;旋转点火钥匙至启动位,启动指示灯点亮,发动机启动后,启动指示灯灭,机油压力报警灯灭,钥匙松开自动回运转位。如果发动机不能在10 s内启动,则应松开钥匙,间隙不少于2 min后,再重新进行第二次启动。如果连续3次仍无法启动,则应检查故障原因并进行排除。发动机启动后,如果启动指示灯仍未熄灭,则应立即关断点火开关,检查电路是否有故障。

(c) 密切注意仪表上的显示,尤其是机油压力表的读数,在发动机低怠速时,机油压力应不小于100 kPa。

(d) 发动机启动后,操纵手油门控制手柄提高发动机转速至1500 r/min,空气压缩机开始向总风缸充风,此时在缓解位置总风缸风压应逐渐上升到700~800 kPa,制动管和均衡风缸风压上升到500 kPa。

(e) 松开手制动装置,进行一次制动,检查制动系统是否工作正常再缓解,缓解时间不超过35秒。

(f) 水温超过50℃时再一次检查冷却系统水量,不足时应加满。

(g) 正向行驶时前面百叶窗打开,两侧风门关闭;逆向行驶时前面百叶窗关闭,两侧风门打开。

(h) 非使用端操纵台处理。取出单独、自动制动阀手柄,手油门放在熄火位置,换向开关放在中位。

(i) 旋转换向开关置于运行方向位,对应指示灯亮;踏下离合器,操纵变速杆挂入起步挡,然后缓慢地抬起离合器起步,同时提高油门,使车辆缓慢起动前行。非本车驾驶员禁止进入驾驶员位。

② 制动机检查及试验

发动机启动后,空气压缩机即开始充风,制动阀手把置于缓解位置,按规定对JZ-7G型空气制动机进行"五步闸"的检查与试验。

(a) 检查各风表指示压力,应符合以下规定:

总风缸 700~800 kPa;

均衡风缸 500 kPa;

制动管 500 kPa;

制动缸 0 kPa。

(b) 减压50 kPa,制动缸压力为125 kPa。列车制动管泄漏,每分钟不超过20 kPa。

(c) 将自动制动阀手柄自最小减压位开始,实行阶段制动,直到最大减压位,在制动区移动3~4次,观察阶段制动是否稳定,减压量与制动缸压力的比例应正确。全制动后,当列车制动管风压在500 kPa时,列车制动管减压量为140 kPa,制动缸压力应为350 kPa。

(d) 单阀缓解良好,通常应能缓解到50 kPa以下。

(e) 原弹簧应良好。

(f) 自阀缓解应良好,均衡风缸及列车制动管风压应为规定风压。

(g) 列车制动管减压量应在240~260 kPa之间,制动缸压力应在350~420 kPa之间,并且不应发生紧急制动。

(h) 均衡风缸压力上升,而列车制动管压力保持不变,总风遮断应用良好。

(i) 缓解应良好。

(j) 均衡风缸减压量应在240~260 kPa之间,而列车制动管不应减压。

(k) 过充作用应良好。列车制动管风压比规定压力高30~40 kPa时,过充风缸上的排风孔处应排风。

(l) 过充压力应在120 s后自动消除,不引起轨道车自然制动。

(m) 列车制动管压力能在3 s内降至0,制动缸压力应能在5~7 s内升至400~420 kPa,均衡风缸减压量为240~260 kPa,自动撒砂作用应良好。

(h) 放置10~15 s,制动缸压力开始缓解,并逐渐降到0。

(o) 单阀复原应良好。

(p) 自阀缓解应良好。

(q) 单阀制动应良好。

(r) 单独制动阀手柄由运转位逐渐移至全制动位,阶段制动应稳定。全制动位时,制动缸压力应达到 300 kPa。检查闸瓦与车轮间隙是否在合适的范围内。

(s) 检查(r)阶段缓解作用是否良好。单独制动阀手柄由全制动位逐渐移至运转位,阶段制动作用应良好。

(t) 换端操纵并试验以上项目。

(u) 松开手制动装置,使自阀进行一次制动,检查制动系统是否正常工作再缓解,缓解时间不超过 35 s。

③ 行驶中的注意事项

(a) 确认各仪表显示均达到正常读数、各指示灯显示正常且换向分动箱为行车方向后,方可行车。

(b) 启动前要注意信号、鸣笛。

(c) 应踏下离合器、推动变速杆顺势挂挡,缓慢地抬起离合器起步。

(d) 出现车轮打滑时应减速、撒砂。

(e) 下坡时严禁熄火,应把变速杆放入适当挡位,严禁踏下离合器作空挡溜放。

(f) 行车时应经常注意各仪表读数是否正常。在发动机冷却水温度达到 50℃,制动高压风达 500 kPa 以上时,方可起步以中速行驶。水温未达到 70℃时,不得高速行驶。

(g) 遇到特殊情况可直接使用非常制动,停车后必须作记录,并及时检查车辆有无损坏,当发现影响行车安全时应及时处理破损部件,修复后方能行车。

(h) 制动后必须先缓解,使制动缸压力回零,才能起步。

(i) 换向操纵必须在车辆完全停稳之后才能进行,同时发动机低怠速运转。

(j) 车辆联挂运行时,通过最小曲线半径为 250 m。

(k) 因本车弹性悬挂装置的限制,车内最大载重质量应严格控制在 2 t 以内,且应尽量在车内均匀分布,避免偏载。

(l) 操纵液压低速走行(选装)时,首先保证油门手柄在怠速位,换向走行开关处于中位,应先采用辅助制动将车辆走行速度降至为零后再进行换向操作。若车辆速度未降至为零时就操纵换向开关回中位或直接越过中位换向,液压系统会在双平衡阀作用下将车辆直接憋停或引起反向冲击,不利于作业安全。

(3) 停车

① 停车时,先把变速操纵杆置于空挡,把油门降到怠速位置,再操纵制动机停车。

② 在关闭发动机前,使发动机先怠速运转 3～5 min,让润滑油和冷却水带走燃烧室、轴承和轴瓦等部位的热量,这能对发动机增压器起到保护作用。涡轮增压器中的轴承和油封均会受到排气高温的影响,发动机运转时,热量依靠循环的机油带走。如果发动机突然停车,增压器温度可急剧上升。过热的结果将会使轴承咬死和油封失效。

注意:发动机怠速运转时间不宜过长,在发动机完全停下之前,绝对不能用钥匙开关重新打到运转位或启动位。

③ 停机后,将换向选择开关置中位,拔出点火钥匙,关断电源总开关。使用手制动装置,防止车辆溜放。在气温低于－30℃时,要对蓄电池采取保暖措施,以防冻裂。

(4) 无火回送

① 油门放在最低位,变速手柄、换向开关置空挡位,换向分动箱用手动换向机构锁定在空挡位。

② 两端自动制动阀手柄均置于手柄取出位,并取出手柄;两端单独制动阀手柄均置于运转位,并取出手柄;两端客、货车转换阀均置于"货车位",开放无动力装置的截断塞门,同时将分配阀的常用限压阀的限制压力调整为 245 kPa,松开手制动装置。

③ 车轴齿轮箱和换向分动箱的润滑油位保持在正常工作时的高度。

④ 设计速度低于 60 km/h 的低速车,在长距离无火回送中,应拆下换向分动箱至车轴齿轮箱之间的传动轴。

⑤ 断开电源总开关。

(5) 回库后的检查

① 把车内外清洗干净。

② 关断电源总开关。

③ 冬季应放掉冷却水（若加入防冻剂则不用放水）。

④ 车辆停放在气温低于 -30 ℃ 的场地时，要对蓄电池采取保暖措施，以防冻裂。

（6）活动地板锁定机构的使用

为防止在会车或过隧道时活动地板被风刮动，在车内活动地板上装有锁定机构，具体使用方法如下：

① 当六角螺母上的红色标记对准圆盘上的白色标记时，表示锁定机构锁住，此时活动地板不能翻动，如图 22-1(a)所示。

② 当要开启活动地板时，须用 12 号的套筒扳手套住转轴六角头，然后往下压 6~7 mm，压下的同时旋转 90°（顺时针、逆时针均可），如图 22-1(b)所示，然后放开，当活动地板上所有的锁定机构开启后，方可翻动活动地板。

③ 当要锁定活动地板时，用 12 号的套筒扳手套住六角头往下压 6~7 mm，并旋转到红色标记与白色标记对齐，放开即锁好。

④ 为了防止锁定机构锈蚀，每隔一段时间，应向锁定机构内滴几滴机油。

（7）作业装置的操纵

① 升降回转作业平台的操纵。升降回转作业平台共有两套操纵装置：一套设在平台上的控制箱内，主要是为方便作业施工人员自己操纵；另一套设在平台下的控制阀件柜上，主要作用是当上部操纵失灵时可以操纵使平台回位。上、下控制面板的布置分别如图 22-2、图 22-3 所示。

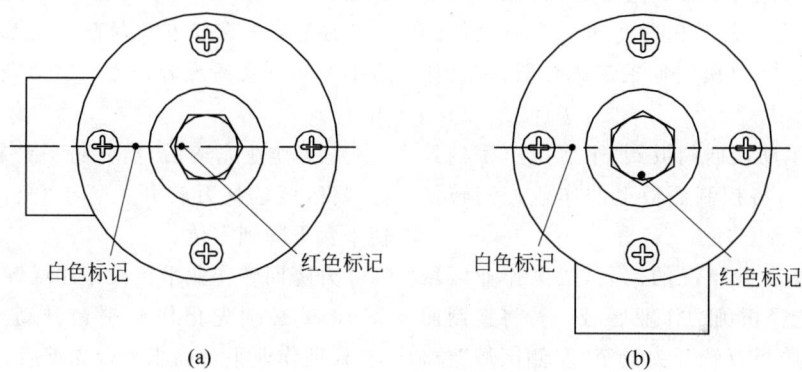

图 22-1 活动地板锁定机构示意图
(a) 关闭状态；(b) 开启状态

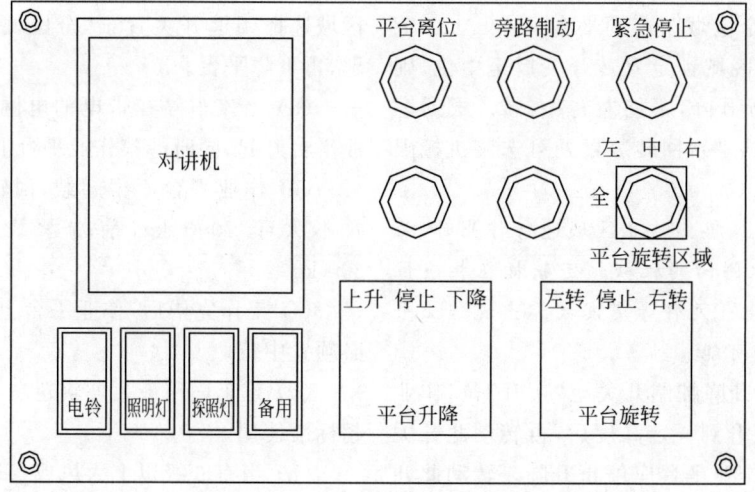

图 22-2 上控制面板布置示意图

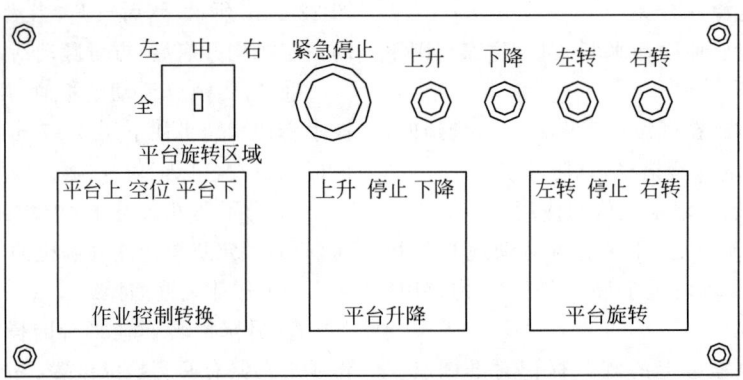

图 22-3 下控制面板布置示意图

升降回转作业平台操纵程序：

(a) 将电气控制柜上的电源转换开关扳至后端操纵位，启动发动机，将发动机转速控制在 1000 r/min 左右，踏下离合器，将操纵台上的取力器开关向右扳 90°，变速箱取力电控阀得电，气缸动作，再缓缓地抬起离合器，带动作业油泵工作。

(b) 将手动换向阀扳到"平台"位（手柄处于垂直位置），将控制面板上的作业控制转换开关扳至"平台上"位。

(c) 根据作业情况的需要，操纵作业区域选择开关，选择正确的作业区域。若将控制面板上的区域选择万转开关扳至"左侧区域"位，则平台只能在车左侧 120°范围内工作；若将区域锁定万转开关扳至"右侧区域"位，则平台只能在车右侧 120°范围内工作；若将区域锁定万转开关扳至"全区域"位，则平台可在±120°范围内工作；若区域锁定万转开关扳至中位，则平台只能进行升降，不能左转、右转。根据客户的特殊要求，平台回转装置处可选装机械限位装置。

注意：选择单侧作业区域进行作业时，必须使回转支承侧面的机械锁定销插在相应位置，以防止因电气元件等突发故障出现作业平台回转超限的可能。

(d) 转动升降控制开关至"上升"位，作业平台应升起。升到一定高度后，再转动此开关至"中间位"，作业平台应停止升降。转动此开关至"下降"位，作业平台应下降。这表明平台升降动作正常。将作业平台升起一定高度，再转动旋转控制开关，检查左旋和右旋是否正常。若升降动作和旋转动作均正常，方可进行作业。

注意：平台装有旋转限位行程开关，当平台上升到一定高度时，"左旋""右旋"才可正常工作。

(8) 作业完毕后，需先将平台旋转回到中位，将区域选择万转开关置于"全区域"位，再使平台下降到零位。

升降回转作业平台操作注意事项：

(a) 必须先把作业平台升高 250 mm 以上，保证作业平台高于平台支承后，方可旋转。

(b) 作业平台升降、回转时，严禁攀登梯子。

(c) 作业完毕后，必须先将平台回中位，将区域选择钥匙开关置于"全区域"位并拔出钥匙，再下降平台。

(d) 当该车停在带电的电网下时，严禁作业平台升起，同时严禁作业平台上有人。

(e) 作业平台不得超载，回转中心承载质量不大于 1000 kg，前端承载质量不大于 300 kg。

(f) 工作完毕后，作业平台上、下所有开关必须置中位。

(g) 该车适用最大外轨超高 125 mm，严禁超标准使用。

(h) 当有 6 级以上大风或弯道作业且外轨超高 100 mm 及以上时，建议使用抓轨器，使用抓轨器时不得作业走行。

(i) 当弯道作业且外轨超高 70 mm 及以上时，应特别注意作业平台的倾斜角度较大，可能造成的物件坠落和人员站立不稳，造成人身伤害。

(j) 车辆运行前，拔线装置应恢复到中位并翻倒锁定，平台栏杆必须翻倒锁定。

(k) 平台动作前，应按下电铃提醒作业人员注意。

② 随车起重机的操纵。随车起重机的控制部分由 4 片结构相同的三位四通手动换向阀组成。它们是四联阀，分别控制起重机的变幅、伸缩臂、卷扬及回转的动作。

随车起重机操纵程序：

(a) 按升降回转作业平台的操作程序(a)，将发动机转速控制在 1000 r/min 左右，带动油泵工作。

(b) 将手动换向阀扳到"随车吊"位(手柄朝向操作者侧)。

(c) 根据需要，操纵随车起重机各手柄以获得各种动作。

随车起重机操纵注意事项：

(a) 必须先收起吊钩后，方可操纵回转手柄，将随车起重机转出原来位置。

(b) 当使用回转时必须注意升降回转作业台的情况，原则上其他机构应恢复原位置。

(c) 操纵中应按起重机安全规程操作。

(d) 严禁超载起吊重物，幅度为最大时的起重质量为 250 kg，幅度为最小时的起重质量为 2000 kg，最大仰角 76℃，回转 360°。

(e) 使用完后，必须复位，并将吊钩挂在地板上设置的挂钩上。

③ 紧线装置的操纵。紧线装置的电气控制箱设置在支承柱的外柱侧面，通过操作开关可以实现紧线装置的拉紧、放松、上升、下降等动作。控制面板布置如图 22-4 所示。

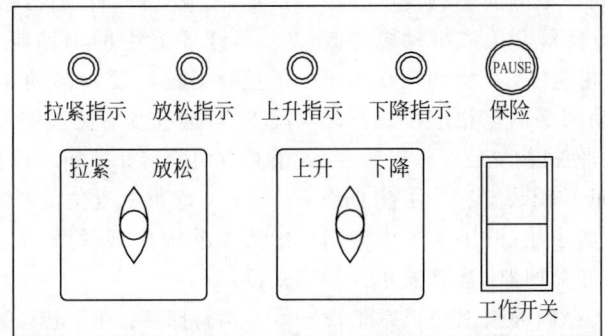

图 22-4 控制面板布置示意图

紧线装置操纵程序：

(a) 按升降回转作业平台的操作程序(a)，将发动机转速控制在 1000 r/min 左右，带动油泵工作。

(b) 将手动换向阀扳到"平台"位。

(c) 打开支承柱上的电气控制箱，将工作开关闭合，控制液压油经电磁换向阀进入紧线装置的工作系统。

(d) 将升降开关扳到"上升"位，支承臂上升；扳到"下降"位，支承臂下降；扳到中间位时停止。

(e) 将卷扬开关扳到"拉紧"位，紧线机构拉紧；扳到"放松"位，紧线机构放松。

(f) 操纵完毕后，将所有开关扳回零位。

紧线装置操纵注意事项：

(a) 在紧线前应把支承臂升到所需要的高度，禁止在紧线时升降支承臂；

(b) 当操纵支承臂或紧线机构时，不得操纵升降回转作业平台，如果要操纵平台，必须将支承臂及紧线机构复位且将紧线装置控制箱内的开关回零位；

(c) 紧线时应注意紧线力与紧线溢流阀的关系，紧线溢流阀严禁非操纵人员调节；

(d) 当车停放在带电的电网下时，严禁升起支承臂；

(e) 不允许支承臂和卷筒同时动作。

④ 作业装置操纵注意事项：

(a) 整个作业机构的动作只允许一个一个地顺序操纵，不准同时操纵两个以上机构动作。

(b) 当车辆停在带电的电网下时，严禁作业机构升起，同时严禁作业机构上有人。

(c) 各作业机构操纵完成后必须复位，并关闭作业系统电源，将手动换向阀手柄扳至垂直位，作业控制转换开关必须扳至"中间位"。

(d) 操纵者应密切注意周围情况。

⑤ 应急处理措施在作业过程中如遇到紧急情况，必须采取相应的措施予以处理，以免造成更大的伤害。

(a) 应急油泵。如果因动力原因或作业油泵本身故障造成锁定液压缸液压系统和作业装置液压系统不能工作时，应及时启用手油泵，手油泵设在液压阀件柜侧面。机构动作由电磁阀控制时，操纵电磁阀开关或推动电磁阀端部故障应急按钮至相应位置；机构动作由手动阀控制时，扳动手动阀手柄至相应位置。之后使用应急电动油泵，使机构复位。

(b) 平台紧急停止控制装置。为了防止作业机构运动失控而造成事故，液压系统中专门设置了一条紧急电控卸荷回路，紧急停止控制按钮设在平台的上、下控制面板上。正常情况下，紧急卸荷回路处于断开状态，系统工作不受影响。当操纵作业机构时，若关闭开关后平台等机构不能停止动作，须立即按下"紧急停止"按钮，设备停止运动。故障排除后，按照该按钮上箭头所示方向旋转该按钮即可使之复位。紧急卸荷回路中的紧急卸荷电磁阀后设有一球阀(KHP-10)，其作用是在紧急卸荷电磁阀发生故障而使整个液压系统建立不起压力时，通过切断紧急卸荷回路建立起压力。电磁阀故障排除后应立即打开该球阀(注意：关闭此球阀后，系统可正常工作，但无紧急停止功能)。

(c) 手动回转机构。作业过程中，若平台在超出机车车辆限界的情况下，因液压系统故障无法回转复位时，须立即使用该手动装置，使平台回转至中位，其操作步骤如下：

(a) 使用手油泵或直接调节制动液压缸螺杆，松开制动带；

(b) 拆下(松开)油马达的两根上油管；

(c) 使用随机配摇把连续转动手动回转装置，使平台转至中位后停下。

(d) 平台紧急下降开关。若平台升起后控制开关不能使其下降回落，且不能及时查找原因排除故障时，先确认平台是否处于中位，确定平台下无障碍后，打开平台紧急下降开关，使平台回落至初始位置。该开关设在回转马达侧，逐步开启立柱紧急下降开关(阀)，使平台平缓回落到位。

(e) 电磁换向阀应急手动动作。如果因电气故障或机械原因，电磁阀不能动作或在某一位置卡死，可使用针状物体(直径约4 mm)推动电磁阀两端的应急按钮，将阀芯推至需要的位置，完成复位动作后再松开。

(f) 平台上的辅助制动按钮。平台的上、下控制面板均设有辅助制动按钮。在紧急情况下，可通过按下此按钮使整车制动。只有按箭头方向旋转此按钮才可自动复位。

(g) 起重机复位。若随车起重机使用过程中液压系统出现故障，可采取以下方式迅速复位：

吊臂回转：在回转减速箱蜗杆尾端有四方头露在箱体外，操纵起重机回转控制手柄(注意控制手柄方向)，同时使用棘轮扳手或其他工具转动蜗杆，使起重机吊臂回转至行车位；

吊臂回缩：先拧开伸缩液压缸上腔的油管接头，再拧松伸缩液压缸下腔的油管接头，让下腔油液缓慢溢出，让吊臂靠重力缩回；

吊臂落下：先拧开变幅液压缸上腔的管接头，再拧松变幅液压缸下腔的管接头，让液压缸下腔油液缓慢溢出，使吊臂落下。

注意：进行以上操作时，必须注意安全！

除上述操作方式外，也可按(a)中所述直接使用手油泵，扳动手动换向阀至"随车吊"位，用力摇动手油泵并操纵起重机控制手柄，使起重机全部动作复位，并锁定吊钩。

(h) 紧线柱紧急下降开关(球阀)。如果紧线柱升起后按"下降"按钮不能使其下降回落,且不能及时查找原因排除故障时,可打开紧线柱紧急下降开关,使紧线柱回落至初始位置。该开关设在平台后部的铁地板下,打开活动铁地板,转动手轮,使之松开即可使紧线柱平缓下降。

(8) 交流设备的使用

根据客户要求,该车可选装柴油发电机组、配套空调、电取暖器等。有关发电机组的使用、维护及保养详见随机配备的说明书。

发电机组、空调使用前,操作人员要仔细阅读随机配备的说明书。

上车电源既可以由车端插座箱引入,也可以由发电机组供电,两者通过电源转换箱上的"发电机电源"按钮和"外接电源"按钮控制相应的接触器来实现相互切换。交流电路部分如图22-5所示。

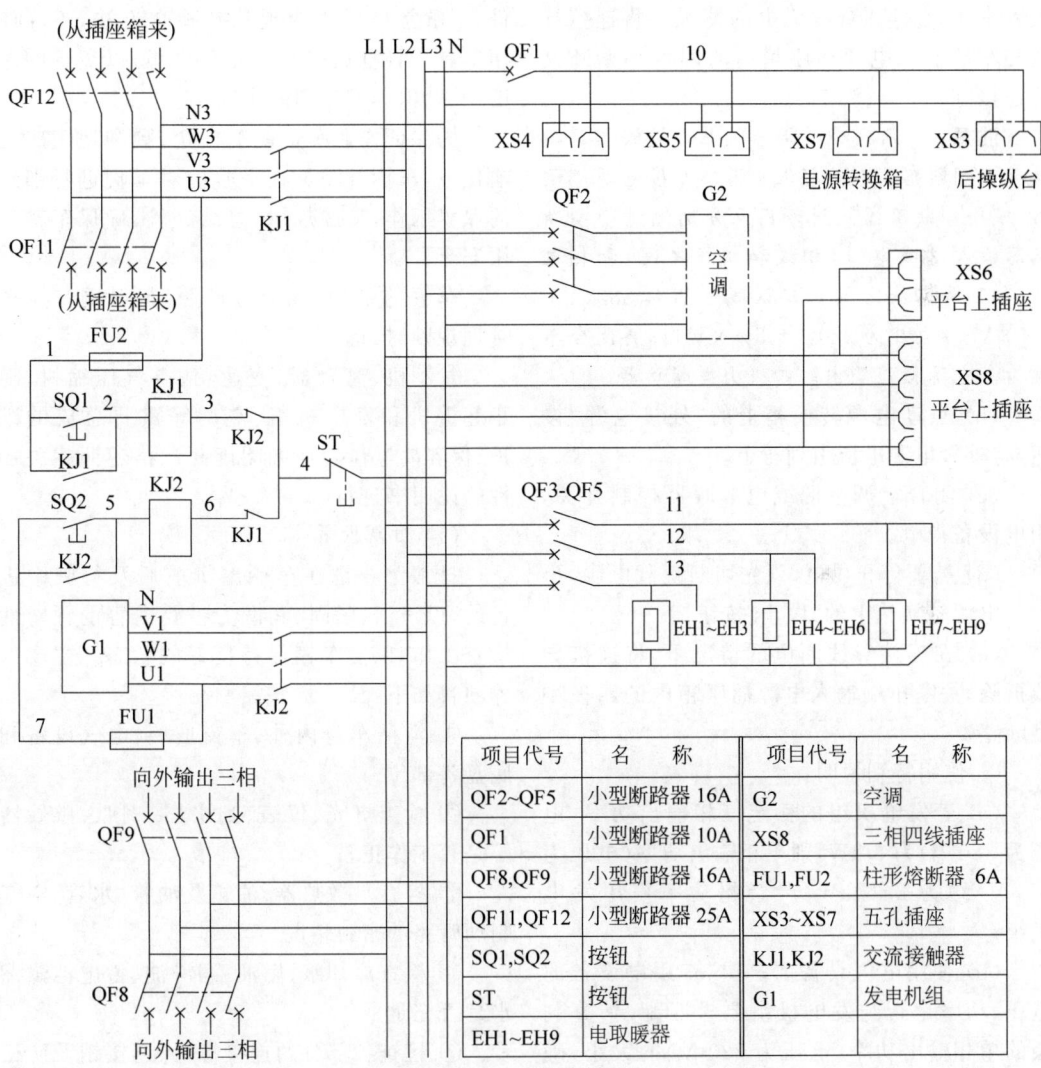

图22-5 电路图(交流部分)

① 发电机组供电流程:
(a) 按发电机组所带说明书上的操作方法启动发电机组,检查显示正确后闭合发电机组控制柜上的漏电保护开关。

(b) 点动电源转换箱上的"发电机电源"按钮,使发电机组供电。

(c) 闭合空调电源或电取暖器控制开关,用电设备得电。

(d) 若要停止供电,必须先切断负载电源,再点动电源转换箱上的"停止"按钮,然后按发电机组使用保养说明书上的关机程序停机。

② 外接电源供电步骤:

(a) 确认发电机组控制箱上的电源转换开关置中位,在连接导线无电的情况下将连接导线和车端输入电源插座箱内的四极小型断路器连接好。

注意:必须按小型断路器上的接线图正确接至小型断路器对应插孔;闭合外接电源端闸刀(或小型断路器),用万用表分别测量小型断路器输入端线电压(相线和相线之间)和相电压(相线和零线之间),确认线电压为 380(1±5%) V、相电压为 220(1±5%) V 时,再闭合车端输入电源插座箱内的四极小型断路器。

(b) 点动电源转换箱上的"外接电源"按钮,将外接电源电流引到车上。

(c) 闭合空调电源或电取暖器控制开关,用电设备得电。

(d) 若要停止供电,须先切断负载电源,再点动电源转换箱上的"停止"按钮。

(e) 在连接导线断电的情况下,将连接导线拆除,关断车端输入电源插座箱内的四极小型断路器。

③ 使用特别说明:

(a) 若发电机组的额定三相输出功率(电压为 380 V)为 8 kW,则单相输出功率(电压为 220 V)约为 2.6 kW,严禁超功率使用发电机组;

(b) 使用电气设备前,应核查用电设备的电压、功率是否与发电机组要求匹配,估算剩余的单相输出功率(电压为 220 V)的大小,确定用电设备是否可以使用;

(c) 使用空调时,避免使用电取暖器或电磁炉、电饭煲、电热水壶等大功率用电设备;

(d) 使用电取暖器时,避免使用空调或电磁炉、电饭煲、电热水壶等大功率用电设备;

(e) 不使用空调和电取暖器时,电磁炉、电饭煲、电热水壶等用电设备只能单独使用,尽量避免同时使用两种或两种以上用电设备。

4) 保养及维护

车辆的使用和保养是不可分割的统一体,保养是为了更好地使用。保养工作关系着车辆质量、经济性能和运用安全。车辆驾驶员应熟悉所用车辆的结构、各部件名称及工作状态,掌握车辆容易出现故障的部件和关键部件,了解常见故障的现象及检查方法,正确使用工具,明确职责,树立爱车思想,以负责的态度操纵、保养所使用的车辆。

为保证作业车辆能够安全、顺利地完成运输任务,车辆驾驶员在平时应对车辆进行细致的保养工作,掌握规律、总结经验,确保车辆运用安全。

车辆的维护、保养应遵照《接触网作业车管理规则》执行。

发动机、离合器、变速箱、空气压缩机、随车起重机和发电机组、空调等重要总成的维护、保养要操作者仔细阅读并严格遵照相关部件的说明书进行。

(1) 日常保养

日常保养是在车辆出车前后及行驶中进行的,以清洁、紧固、润滑为主要内容的预防性检查工作,以使车辆保持良好的状态。主要保养项目如下:

① 清洁车身内外、车窗玻璃、电气设备和底盘各部位。

② 检查灯光、仪表、刮水器、喇叭、撒砂器等是否工作正常。

③ 检查水散热器、油箱及油管、水管、空气制动管路的密封情况。

④ 检查冷却水、燃油、润滑油、蓄电池蒸馏水是否充足。

⑤ 检查各部分的连接螺栓、连接销及防松用的开口销、保险垫是否正常。

⑥ 检查和调整发动机风扇、充电发电机及空气压缩机等皮带的松紧度。

⑦ 检查轴箱弹簧是否正常。

⑧ 检查踏梯、调车扶手和栏杆的紧固情况。

⑨ 检查手制动装置的工作情况。

⑩ 检查闸瓦磨损情况,必要时调整闸瓦间隙。

⑪ 检查立柱、紧线装置等润滑情况,需要时加润滑脂。

⑫ 检查磨耗板的间隙,必要时更换磨耗板。

⑬ 检查导线支承装置、拨线机构,需要时加润滑脂。

⑭ 检查回转机构润滑情况,需要时加润滑脂。

⑮ 检查操纵装置有无异常现象及泄漏,发现问题必须及时处理。

(2) 定期保养

作业车辆每行驶 2000～2500 km 或一季度,进行一次定期保养。定期保养是以全面检查、调整、紧固、润滑,并排除不正常状态为内容的检查工作。除进行日常保养的内容外,定期保养时还应增加如下项目:

① 清洁空气滤清器、空气压缩机滤清器;排除总风缸、均衡过充风缸、工作作用风缸、紧急降压风缸及油水分离器等内部的积水和油污。

② 检查发动机、变速箱、车轴齿轮箱的润滑油,必要时添加或更换。

③ 检查各种皮带的磨损情况,必要时调整或更换。

④ 检查发动机、变速箱、固定轴、车轴齿轮箱的悬挂支承及安装紧固螺栓是否正常。

⑤ 检查传动轴的万向节、十字轴及花键磨损情况。

⑥ 检查主车架有无裂纹和变形。

⑦ 检查油压减振器的安装紧固及工作情况。

⑧ 检查蓄电池的电液比重是否正常。

⑨ 检查车钩的磨损情况及车钩与车架连接的紧固螺栓是否正常。

⑩ 检查车钩高度、排障器高度,更换排障器胶皮。

⑪ 检查水散热器的散热效能,必要时清洗冷却系。

⑫ 检查车轴齿轮箱悬挂装置和传动轴角度,必要时予以调整。

⑬ 检查车棚是否有锈蚀,油漆是否有脱落,必要时补漆。

⑭ 检查平台、立柱和紧线装置等结构件有无裂纹和变形。

⑮ 检查平台立柱和回转支承等的紧固情况。

⑯ 检查回转齿轮的磨损情况。

⑰ 清洗液压系统滤清器,必要时更换液压油。

⑱ 检查和调整各机构的行程开关至合适位置。

⑲ 及时消除所发现的其他故障及不正常现象。

(3) 走合期保养

新车的走合里程为 1000 km。车辆在走合期内的运行中,发动机尽可能在 3/4 油门负荷范围内工作,应降低牵引质量 30%。如在长大坡道上行驶,应再适当减载,且应短距离运行,不宜高速长期运行,也不宜长时间怠速运行(超过 5 min)。

走合期内,车辆各部分之间均处于磨合状态,应特别注意加强对变速箱及走行部、传动部件等重要部件的润滑和保养,随时检查,及时消除不良现象。

走合期间,要经常注意检查变速箱、固定轴、换向分动箱、车轴齿轮箱、车轴轴承箱的温度,防止过热。变速箱允许最高温度为 120℃,固定轴允许温升为 55℃,换向分动箱和车轴齿轮箱允许最高温度为 95℃,车轴轴承箱温升不得超过 55℃,最高温度不得超过 90℃。

走合期满后须进行下列工作:

① 清洗机油滤清器,清除空气滤清器内的污物,清洗或更换液压箱进回油滤清器的滤芯等。

② 更换变速箱、车轴齿轮箱的润滑油。

③ 检查蓄电池的电液密度和数量。

④ 检查离合器踏板自由行程(自由行程应为 40～60 mm)。

⑤ 检查各部螺栓、销钉、开口销有无松动或脱落。

⑥ 变速箱的保养要仔细阅读变速箱随机

配备的技术文件,严格遵照执行。

(4) 换季保养

结合定期保养,同时按规定用不同黏度的润滑油(夏季换用高黏度的润滑油,冬季换用低黏度的润滑油),调整蓄电池电解液的比重。

(5) 长期不使用的保护

作业车辆长期不使用时,应采取如下措施:

① 放掉冷却水。

② 清洗各滤清器。

③ 包扎好空气滤清器。

④ 所有油杯处加注润滑脂。

⑤ 拆掉蓄电池。

⑥ 每月启动一次,前后运行及作业机构动作,进行检查、保养。

⑦ 将车辆停在车库内并锁好门窗。

(6) 车辆润滑

轨道车辆上许多总成、零件的使用寿命在很大程度上与正确、及时良好的润滑有关。本车在使用中,应定期保养,在指定部位,按规定的润滑期和润滑油(脂)规格进行润滑作业。

在更换各总成的润滑油时,应先放尽废油,然后用煤油或柴油清洗。加油时要进行过滤。润滑油要加至规定标记处或加足规定的容量,润滑脂加至挤出为止(车轴轴承箱按有关规定执行)。具体要求如表22-4所示。

5) 常见故障及排除方法

(1) 离合器常见故障及排除方法见表22-5。

(2) 传动轴常见故障及排除方法见表22-6。

(3) 换向分动箱常见故障及排除方法见表22-7。

(4) 车轴齿轮箱常见故障及排除方法见表22-8。

(5) 电气部分常见故障及排除方法见表22-9。

(6) 液压系统常见故障及排除方法见表22-10。

表 22-4 润滑点及润滑要求

序号	润滑部位	数量	润滑油	日保	例保	小修	大修	备注
1	发动机	1	按发动机使用说明书	√	—	—	—	
2	离合器分离轴承	1	3号锂基脂	—	√	—	—	
3	离合器操纵各点	2	钙基脂	—	√	—	—	
4	变速箱	1	18号馏分双曲线齿轮油或85W/90车辆齿轮油	√	—	—	—	
5	变速箱操纵各点	2	钙基脂	—	√	—	—	
6	传动轴	4	3号锂基脂	—	√	—	—	
7	固定轴	1	美孚润滑脂 MP	√	—	—	—	
8	换向分动箱	1	SAE 85W/90 API GL-5 车辆齿轮油	√	—	—	—	
9	换向箱操纵各点	1	钙基脂	—	√	—	—	
10	车轴齿轮箱	2	SAE 85W/90 API GL-5 车轴齿轮油	√	—	—	—	
11	车轴齿轮箱悬挂	2	钙基脂	—	√	—	—	
12	油压减振器	8	锭子油	—	—	√	—	
13	车轴轴承箱	8	铁路机车轮对滚动轴承润滑脂(符合 TB/T 2955—1999 要求)	—	√	—	—	
14	制动缸	4	9D制动润滑脂	—	—	√	—	
15	制动阀	2	工业凡士林	—	—	√	—	
16	作用阀	1	工业凡士林	—	—	√	—	
17	分配阀	1	工业凡士林	—	—	√	—	
18	中继阀	2	工业凡士林	—	—	√	—	
19	基础制动活动处	—	3号锂基脂	—	√	—	—	
20	手制动装置	1	3号锂基脂	—	√	—	—	

续表

序号	润滑部位	数量	润滑油	日保	例保	小修	大修	备注
21	车钩装置	2	3号锂基脂	—	√	—	—	—
22	空气压缩机	1	L-DAB150；推荐美孚拉力士400、800系列空气压缩机油或按空气压缩机随机配备的说明书中的要求使用	—	√	—	—	—
23	空气压缩机张紧轮	1	3号锂基脂	—	√	—	—	—
24	蓄电池电极柱	1	工业凡士林	—	√	—	—	—
25	轴箱侧挡	8	钙基脂	—	√	—	—	—
26	车体侧挡	4	钙基脂	—	√	—	—	—
27	旁承	4	SAE 85W/90	—	√	—	—	—
28	牵引杆装置	2	3号锂基脂	—	√	—	—	—
29	风扇皮带轮	1	3号锂基脂	—	√	—	—	—
30	电气转换开关轴承、触头及其他相对运动部位	—	工业凡士林	—	√	—	—	—
31	刮水器风缸	4	仪表油（SH0138）	—	√	—	—	—
32	立柱	16	钙基脂	—	√	—	—	—
33	立柱回转齿圈	1	钙基脂	—	√	—	—	—
34	立柱回转减速机	1	30号机械油	—	√	—	—	—
35	各处销轴	2	钙基脂	—	√	—	—	—
37	立柱内滑轮及链条	2	3号锂基脂	—	√	—	—	—
38	导线支承装置	1	钙基脂	—	√	—	—	—
39	拨线装置丝杠	1	钙基脂	—	√	—	—	—
40	导线测量装置	1	钙基脂	—	√	—	—	—
41	随车起重机吊臂	2	钙基脂	—	√	—	—	—
42	随车起重机减速机	2	30号机械油	—	√	—	—	—
43	钢丝绳	—	钙基脂	—	√	—	—	—
44	紧线柱	8	钙基脂	—	√	—	—	—
45	紧线机构减速机	1	30号机械油	—	√	—	—	—

表 22-5 离合器常见故障及排除方法

故障现象	原因分析	排除方法
起步时离合器抖动	分离杠杆扭曲或不在同一平面上	调整或更换
	分离轴承座三凸耳不在同一平面上	调整或更换
	压紧弹簧弹力不均匀或断裂	更换
	扭转减振弹簧断裂	更换
	从动盘总成上的铆钉松动	修复或更换
离合器打滑	摩擦衬片表面被油污染	更换
	摩擦片磨损严重	更换
	飞轮表面烧坏或严重磨损	修复或更换
	压紧弹簧压力不够或断裂	更换
	踏板自由行程过小	调整
离合器无法分离	踏板自由行程过大	调整
	分离杠杆扭曲或不在同一平面上	调整或更换
	从动盘变形破裂	更换

表 22-6　传动轴常见故障及排除方法

故障现象	原因分析	排除方法
传动轴抖振	传动轴弯曲变形	冷压校正后重新平衡
	传动轴两端万向节叉的相对位置不正确	重新装配
	万向节十字轴轴承和传动轴花键磨损严重	更换
	动平衡片脱落	重新动平衡
传动轴有异响	传动轴弯曲变形	冷压校正后重新平衡
	万向节、十字轴、滚针轴承严重磨损	更换万向节
	传动轴花键松动	及时润滑或更换

表 22-7　换向分动箱常见故障及排除方法

故障现象	原因分析	排除方法
有异响或噪声太大	齿轮及轴承严重磨损或损坏	检查、更换
	轴承轴向游隙过大	调整、控制轴承轴向游隙至 0.15～0.25 mm
	差速器连接螺栓松动	紧固并锁好
	有相互干涉的运动件	检查并排除
自动脱挡	换向气缸和气路泄漏	检查、更换密封件
	换向拨叉定位弹簧不起作用	更换定位弹簧
	定位杆上凹槽磨损严重	更换定位杆
温度过高（温升超过55℃）	回油孔不畅或堵塞	疏通
	轴承轴向游隙过小	调整轴承轴向游隙至 0.15～0.25 mm
	润滑油量不够	添加润滑油
	润滑油变质或牌号不对	更换、使用正确牌号的润滑油
换向机构不动作	换向气缸和气路漏气	检查气缸气路并排除故障
	拨叉定位螺栓脱落或松动	紧固并锁住
	换向电磁阀坏	修理或更换
输入轴转动，输出轴不动	换向齿轮处于空挡位置	查明原因并排除
	输出轴斜齿轮紧固螺栓切断	更换损坏部件，重新紧固并锁住
	差速器连接螺栓切断或十字轴折断	更换
漏油	输出轴漏油	油封老化	更换油封
	输入轴漏油	迷宫密封间隙过大	调整间隙
	回油不畅	回油孔堵塞	疏通回油孔

表 22-8　车轴齿轮箱常见故障及排除方法

故障现象	原因分析	排除方法
漏油	输入轴迷宫式密封部位渗油	疏通回油道或调整密封环间隙
	挡油环处渗油	更换密封毛毡，疏通回油道
	油底壳放油孔漏油	更换组合垫
	油底壳密封石棉垫破损	更换石棉垫
温度过高（温升超过55℃）	齿轮油泵不供油或油道堵塞	清洗齿轮泵，必要时予以更换；疏通油道，清除滤网上黏附的杂物
	回油孔堵塞	疏通回油孔
	润滑油量不足	添加
	润滑油变质、不清洁	过滤或更换润滑油
	螺旋锥齿轮啮合侧隙太小	调整侧隙

续表

故障现象	原因分析	排除方法
有异响或噪声太大	润滑油中有异物	过滤润滑油
	轴承轴向游隙过大	增减调整垫厚度
	轴头压板螺栓或螺母松动	重新紧固各轴向紧固件
	螺旋锥齿轮啮合侧隙太大或齿面有硬点	调整侧隙，修磨硬点区域
	轴承或齿轮损坏	检查、更换

表 22-9　电气部分常见故障及排除方法

故障现象	原因分析	排除方法
对应的电气设备不工作	开关损坏	修理或更换开关
	线路接触不良	检查线路并处理
	电气元件损坏	更换或修理
仪表显示不准或不显示	传感器损坏	检查或更换传感器
	接触不良	检查线路并处理
	仪表损坏	更换
	采集盒损坏	更换
充电机和启动机不工作	充电机损坏	见《柴油机使用保养说明书》
	启动机损坏	
	蓄电池电量不足	
蓄电池不正常工作	蓄电池电量不足	见《蓄电池使用保养说明书》
	蓄电池坏	

表 22-10　液压系统常见故障及排除方法

故障现象	原因分析	排除方法
油泵发响	进油管堵塞	清洗滤清器进油管
	进油管漏气或破损	紧固接头或更换管路
	出油管或单向阀堵塞	清洗或更换
	油箱内油液太少	加油至规定油位
	油液黏度过大	换油
	空气滤清器堵塞	清洗或更换滤芯
	油泵损坏	更换
油管发响	管路未固定好	紧固
	管路堵塞或泄漏	清洗或更换
	管路接错	按规定连接
	控制阀未回到位	清洗或更换
	液压油污损或黏度过大	换油
	滤清器堵塞	清洗或更换

续表

故障现象		原因分析	排除方法
油温过高		以上两种故障均会导致液压油发热	采取相应办法
作业平台无上升、下降	操作时总油压表显示有压力	阀件柜内升降节流阀开口太小	调节节流口大小
		平衡阀损坏	修理或更换
		升降柱卡住	排除异物及故障
		管路堵塞或接错	清洗管路并按规定连接
		安全溢流阀压力低（≤5 MPa）	调整至7.5 MPa
	操作时总油压表显示无压力	作业台电源未接通或未打开	接通电源开关
		紧线装置控制箱中的电源开关未关闭	关闭该电源开关
		管路接错	按规定连接管路
		安全溢流阀卸荷或损坏	调整溢流阀或更换
作业平台无回转	操作时总油压表显示有压力	回转制动带未打开	调节螺杆使制动带松开
		回转电磁阀下的节流阀开口太小	加大节流阀开口
		马达或减速机卡住	排除异物及故障
		马达或减速机损坏	修理或更换
		管路堵塞	清洗管路
	操作时总油压表显示无压力	回转溢流阀压力调整过低	调整溢流阀压力至规定值
		回转马达或减速机坏	修理或更换
		回转电磁阀未通电或损坏	检修电路或更换电磁换向阀
随车起重机无动作	压力表显示有压力	操纵方向错误	按正确方向操纵
		执行机构发卡	检查、排除异物
		操纵阀损坏	修理或更换
		管路堵塞	清洗
	压力表显示无压力	液压油箱内油少	加油到规定位置
		管路、阀件漏油或内泄	修理或更换
		操纵阀损坏	修理或更换
	其他	按起重机使用保养说明书处理	
紧线装置无卷扬	总油压表显示无压力	支承臂操纵箱内的电源开关未打开或虽打开但未接通	打开电源开关，使电可靠接通
		两位电磁换向阀或三位电磁换向阀未通电或损坏	检查电路或更换电磁换向阀
	按故障按钮无动作，总油压表无压力	管路接错	按规定连接管路
		两位电磁换向阀内泄	清洗或更换
		三位电磁换向阀内泄	清洗或更换
	按故障按钮无动作，总油压表有压力	管路堵塞或接错	清洗管路，按规定连接
		马达、减速机或卷筒卡住	排除异物、修理故障
		马达或减速机坏	修理或更换
使用手油泵无动作	进油管堵塞	清洗	
	出油管堵塞	清洗	
	出油单向阀堵塞或损坏	清洗或更换	
	手油泵损坏	更换	

2. DA12型接触网架线作业车（宝鸡中车时代工程机械有限公司）

1）概述

DA12型铁路接触网架线作业车是电气化铁路施工的车辆，适用于全国新旧电气化铁路接触网的日常维护保养、检修抢险等作业，与其生产公司生产的 DF 型放线车可以组成架线、放线车组，可完成架线、放线等作业，是目前国内铁路施工的理想施工设备。

该车为机械传动的四轴作业车，主要由车体、车架、柴油机、传动系统、走行系统、制动系统、作业系统、电气系统及控制系统等组成。

DA12型铁路接触网架线作业车的装机功率为216 kW，最高运行速度为110 km/h。该车外形美观大方，室内宽敞明亮，布局合理，设施齐全，设有前后驾驶室、卧铺等生活设施，可用于防洪抢险、处理事故和安全检查，也可作牵引车用。

2）主要技术参数

（1）整车主要技术参数

轨距：1435 mm。
轴列式：1A-A1。
走行部型式：拉杆式二轴转向架。
两转向架中心距：7000 mm。
转向架轴距：2100 mm。
车轮直径：840 mm。
通过最小曲线半径：145 m。
最高运行速度：110 km/h。
构造速度：120 km/h。
传动方式：机械传动。
制动方式：JZ-7空气制动及手制动。
车钩型式：前 2 号后 13 号车钩（带缓冲器）。
车钩中心距轨面高度：(880±10) mm。
排障器距轨面高度：(110±20) mm。
整备质量：约38 t。
外形尺寸（长×宽×高）：14 320 mm×3260 mm×4760 mm。

（2）作业平台主要技术参数

作业台尺寸（长×宽）：5500 mm×1750 mm。
作业台回转半径：4500 mm。
作业台回转中心最大承载质量：1000 kg。
作业台前端最大承载质量：300 kg。
作业台起升后上平面距轨面高度：6800 mm。
作业台回转角度：±120°。
导线支承装置（长×直径）尺寸：1220 mm×ϕ140 mm。
导线引导装置尺寸：±600 mm。

（3）柴油机主要技术参数

型号：NTC-290。
型式：水冷、四冲程、直列、废气涡轮增压。
气缸数：6 个。
气缸直径：139.7 mm。
活塞行程：152.4 mm。
发火次序：1—5—3—6—2—4。
排量：14 L。
额定功率，转速：216 kW，2100 r/min。
最大扭矩，转速：1261 N·m，1300 r/min。
最高空载转速：2400 r/min。
急速：625 r/min。
启动方式：直流 24 V 电启动。
充电发电机电压：直流 24 V。
充电电流：100 A。
燃油消耗率：231.5 g/(kW·h)。
净质量：1250 kg。

（4）离合器主要技术参数

型号：英国 LIPE 15/380-2LP。
型式：双片拉式摩擦离合器。
最大传递扭矩：3100 N·m。

（5）变速箱主要技术参数

型号：RTO-11509F。
型式：机械式、手操纵。
最大输入功率：265 kW。
最大输入扭矩：1490 N·m。
最大输出扭矩：16939 N·m。
最大输入转速：2600 r/min。
净质量：260 kg。
各挡速比：见表 22-11。

表 22-11　各挡速比

挡位	起步	1挡	2挡	3挡	4挡	5挡	6挡	7挡	8挡	倒挡
速比	10.06	6.71	4.92	3.36	2.65	2.00	1.47	1.00	0.788	10.51

(6) 随车起重机主要技术参数

型号：SQ2SA2T。

型式：全液压伸缩臂式。

最大起升幅度×起重质量：8.2 m×150 kg。

最大起升质量×幅度：700 kg×3.5 m。

最大仰角：75°。

回转角度：360°。

3) 操作及使用方法

(1) 操纵系统

操纵系统是作业车正常工作的执行机构。DA12型铁路接触网架线作业车的操纵系统包括油门操纵、离合器操纵、变速箱操纵、换向箱操纵及风喇叭操纵等。

① 油门操纵。油门操纵由一系列连杆、摇臂、过桥轴完成。油门手把带有自锁机构，可使柴油机稳定在其允许的任意一转速位，而且操纵轻便、可靠，维修方便。操纵油门时，油门手把向回拉，供油量增加，反之供油量减少。

注意：在一端操纵油门时，另一端驾驶员台上的油门手把必须放到底，即供油量处于最小位置。油门操纵机构维修保养时，各支座处须加注润滑油，松动的紧固件必须拧紧。

② 离合器操纵。离合器操纵由一系列连杆、摇臂、过桥轴完成。其特点是操纵轻便，传动效率高。

③ 变速箱操纵。变速箱操纵采用一套连杆机构，在前、后驾驶员位均可操纵。

注意：在变换挡位时，一定要先使离合器分离彻底，然后将换挡杆推到位，不得强行挂挡，以免损坏变速箱内齿轮和其他零部件。在坡道上严格禁止变换高低挡区，以免磨损同步器摩擦锥面。各支座处应保持润滑良好，使操纵既轻便又可靠。

④ 换向箱操纵。换向箱操纵为机械式操纵机构加电控换向执行机构两种操纵形式，具体如下：当车辆自行时，电控换向开关可根据车辆的运行方向置于前进位或后退位；当车辆被拖挂时，电控换向开关置中位；此时，由于电控机构中换向风缸为前进和后退两位，电控换向开关的操纵不能使换向箱置中位，因此，应操纵手动换向手柄使其置于中位后并锁定；当电控换向执行机构小风缸发生故障时，可打开换向风缸的活动地板，拔掉机械换向操纵与电控换向的连接销，采用机械式操纵，故障排除后，采用电控换向操纵时再插上此销。

注意：操纵时一定要使换向箱的运转与轨道车的运行方向保持一致。车辆未停稳时，严禁扳动换向杆进行换向，以免损坏箱内的齿轮或其他零部件。

⑤ 风喇叭操纵。风喇叭主要由喇叭阀脚踏板、喇叭阀、喇叭和风管组成。总风缸内具有足够压力的空气时，需要鸣喇叭之际，只要踩下喇叭阀即可。

(2) 作业机构的操纵

作业机构分为控制部分及检查部分。控制部分设在作业台上，由作业施工人员自己操纵。检查部分设在右侧的分线箱内，出车前要对作业台各项动作进行一次全面的检查，确保各项动作正常，提高作业效率和安全性。

① 作业机构操纵程序：

(a) 将发动机转速控制在 1000~1600 r/min 之间，使油泵工作。

(b) 将作业系统电锁打开，工况选择开关置于作业台方向。

(c) 打开作业台上控制箱，转动升降开关置于"升"位置，此时作业平台升起，到一定高度后再将此开关板至"降"位置，此时作业平台应下降，表明平台升动作正常。然后将作业平台升起，再扳动旋转控制开关，并检查左旋和右旋是否正常。若升降动作和旋转动作均正常，方可进行作业，否则应将故障处理好后再出车。

(d) 作业完毕后需将工作开关断开，再旋转使平台回到中位,然后打开工作开关,再使平台下降到零位,最后断开所有开关。

② 作业机构操纵注意事项:

(a) 必须先把作业平台升起,使前端定位装置离开车棚顶支撑并高于车顶后端喇叭后,方可旋转。

(b) 作业平台升降回转时,任何人不得攀登梯子。

(c) 在回位过程中,必须先将工作开关断开,使平台回中位,再下降。

(d) 当该车停在带电的电网下时,严禁作业平台升起,同时严禁作业平台上有人。

(e) 工作完毕后,作业平台上、下所有开关必须置零位。

(3) 运行前的准备工作

① 出车前的检查:

(a) 检查各部位的油路、水路、气路有无渗漏现象。

(b) 检查各部位的油位是否符合规定要求,水箱是否加满水或冷却液。

(c) 检查蓄电池的接线是否牢固,各仪表、指示灯、刮水器等装置工作是否正常,以及蓄电池的电量是否充足,液面是否在规定高度。

(d) 检查空气压缩机的皮带松紧程度以及皮带是否破损。

(e) 检查传动轴螺栓及拉杆机构,车钩固定螺栓有无松动。

(f) 排掉风缸、均衡风缸内的水分及灰尘,并排除油水分离器内的油污及水分。

② 开车前的准备工作:

(a) 打开作业车电源总开关,电源指示灯点亮。

(b) 将变速箱操纵杆置于空挡位,否则不能启动柴油机。

(c) 将启动电锁钥匙拧到启动位,启动电动机开始工作,同时启动指示灯点亮,柴油机启动后,立即松开钥匙,使其自动返回到运转位。

(d) 为防止启动电动机损坏,连续启动柴油机的时间不得超过 30 s。如果柴油机在头 30 s 内不能启动,须等 1~2 min 后再行启动,若连续 3 次仍不能启动,应进行检查,并排除故障。

(e) 等柴油机运转几分钟后,停止运转,并等 15 min 待机油流回到机油盘中,再一次检查机油油面。机油面应达到机油尺上的高标记(H)处,如达不到应予以添加。在机油面低于低平面或高于高标记时,不可启动柴油机。在检查机油油位的同时,还应检查冷却水箱里的冷却液液面高度,如果需要也应添加冷却液。

(f) 检查发电机是否正常工作,是否可以正常向蓄电池充电。

(g) 本车装有低温启动装置,在寒冷的冬天或高寒地区使用时,向储液筒内加符合要求的冷启动液,按动手动阀,高挥发性的启动液便可喷入柴油机进气管,以便于柴油机的启动,但一次不得喷入过多。注意:热源及明火不可靠近储液筒。

(h) 柴油机启动后,为保护增压器,在机油压力表上显示的机油压力未达到怠速机油压力之前,不要加大油门使柴油机转速超过 1000 r/min。同时注意有无异常声响、异常振动,并观察排气颜色是否正常。

(i) 正常情况下,欲使柴油机熄火时,应怠速运转 3 min 左右,让润滑油和冷却水逐渐带走增压器及有关轴承处的热量,尽量避免柴油机在高转速下突然停止运转,导致增压器处的温度降不下来,使轴承咬死或失效。为保护柴油机,不要使其长时间怠速运转,一般不超过 3~5 min,否则应熄火停机。在遇到紧急情况时,柴油机可不经怠速运转立即熄火。

(j) 检验空气制动系统是否正常。施行一次制动,然后再缓解,缓解时间不大于 15 s。缓解后,仪表板上的一个双针压力表的红针指示 650~700 kPa(总风缸压力),黑针指示 500 kPa(均衡风缸压力);另一个双针压力表的红针指 0(制动缸压力),黑针指示 500 kPa(列车管压力)。

(k) 确定作业车的运行方向。正向运行时,打开前端百叶窗,关闭两侧倒车风门;逆向运行时,关闭前端百叶窗,打开两侧倒车风门。

③ 运行操纵注意事项。为了保证铁路运

输的安全,延长作业车的使用寿命,以下各项在操纵时必须注意:

(a) 作业车未停稳时绝不允许换向。

(b) 总风压未达到 700 kPa 时不准开车。

(c) 作业车在柴油机启动后,如发现有异常现象,应立即熄火停机进行检查。如果在运行过程中发现异常现象,应立即停车检查,以免使故障扩大。

(d) 柴油机启动后,注意各表读数必须正常。

(e) 换向不到位时,要将作业车微动一下再进行换向。

(f) 除换挡外,严禁将脚放在离合器操纵踏板上,以免离合器摩擦片处于半分离状态而加快磨损或烧坏。

(g) 在起步挡或上坡道上时,如果车轮打滑,应降低车速,必要时可进行撒砂。

(h) 在下坡道上,严禁柴油机熄火,严禁踏下离合器操纵踏板或空挡溜放,应将变速操纵杆置于适当挡位,并利用空气制动控制下坡速度。

(i) 欲停车时,先将变速箱操纵杆置于空挡位,然后进行空气制动,逐渐降低车速,直至平稳停车。

(j) 遇到紧急情况时,可直接施行非常制动,并立即撒砂,使作业车尽快停下来。停稳后,需检查作业车及车辆有无损坏。

(k) 再次启动作业车时,必须先缓解制动系统,等制动缸压力回零后方可起步。

(l) 作业车停车时间较长时应施加手制动,停在坡道上时还应加铁鞋。应注意:停车后,柴油机不能立即熄火,应怠速运转 3~5 min 方可停机。

④ 非操纵端的处理:

(a) 将油门手把压到底,使柴油机处于最小供油量位置。

(b) 关闭启动电锁,并拔掉钥匙。

(c) 制动阀均放在手柄取出位,并取出手柄。

(d) 非本机工作人员一律禁止进入驾驶员位。

(4) 新车的走合

新车的走合期是保证作业车长期安全运行的一个重要阶段,同时也可延长作业车的使用寿命。除前边所讲的一般要求外,走合期还应满足以下条件及要求:

① 按《重庆-康明斯柴油机使用及保养手册》的要求对柴油机进行磨合。

② 新车走合期里程为 2000 km。在最初的 2000 km 以内,不得满负荷、长时间、高速度地运行,最大负荷不允许超过满负荷的 3/4。

③ 运行满 2000 km 后,应更换柴油机油底壳内的机油,同时更换变速箱、换向箱、车轴齿轮箱内的润滑油,并清洗柴油箱、柴油滤清器、空气滤清器等。

(5) 无火回送

① 拔出电锁钥匙。

② 将换向操纵杆置于中立位。

③ 将变速操纵杆置于空挡位。

④ 关闭空气制动阀通向列车管的截断塞门。

⑤ 当气温低于 0 ℃ 时,应放掉发动机及发电机组水箱中的水。

⑥ 按铁路部门的有关规定做好防护和安全保障措施。

⑦ 该车在无火回送时,应采用列车尾挂的方式,所挂的列车速度不得超过 110 km/h。

⑧ 由于受结构所限,该车不能通过自动化、机械化驼峰进行编组。

4) 保养及维护

加强对 DA12 型铁路接触网架线作业车的维护与保养,非常有利于延长作业车的使用寿命,同时也为运输及行车安全提供了有力的保障。柴油机、变速箱、空气压缩机的使用保养、故障排除方法可详细阅读各自的使用保养说明书。根据作业车的工作情况及现场情况,保养工作会有所不同。

(1) 日常保养

此类保养及检查应在每日工作之前及工作以后认真进行。日常保养及检查项目如表 22-12 所示。

(2) 每周保养

每周(应在每周固定的一天)对以下项目逐一检查、保养。每周保养及检查项目如表 22-13 所示。

表 22-12 日常保养及检查项目

序号	检查及保养项目	故障现象	检查及保养要点
1	螺栓、螺母、销子、开口销	松动、脱落、破损裂痕,失去作用	重点是传动轴万向节、蓄电池接线及制动系统、柴油机变速箱、换向箱安装、车轴齿轮箱悬挂
2	冷却水箱	冷却液液面高度,泄漏、不清洁等	保持冷却液在加水口颈部以上
3	加注润滑油及工作油位,柴油机油底壳、变速箱、换向箱、车轴齿轮、空气压缩机	油面高度,不清洁等	空气压缩机油位应在观察窗以上;车轴齿轮箱内油位应在两个针阀之间;柴油机换向箱用油尺检查,油位应在下刻线偏上部位
4	柴油箱	柴油箱里的油面	油位保持在油箱内 4/5 高度,同时可在仪表板柴油指示表上观察
5	进气系统	空滤器集尘胶管	排掉灰尘
6	轴箱弹簧、拉杆、车轴齿轮箱悬挂簧	压并、裂痕、断裂	均应正常,不影响正常工作
7	柴油机	排气颜色、噪声、漏气、漏油(机油、燃油)、机油压力表在加速状态下的显示、水温表、电流表	柴油机怠速运转 3~5 min 后加大油门到中、高速,检查各转速是否正常,电流表指针指"+"端,有关柴油机各仪表读数应在正常范围内
8	变速箱	噪声、温度、漏油	均应正常,不影响正常工作
9	离合器	发抖、异味、噪声或异响	均应正常,不影响正常工作
10	换向箱	噪声、温度、漏油	均应正常,不影响正常工作
11	空气压缩机驱动皮带	破损、起毛、裂纹、断裂、张紧程度	
12	空气制动系统	泄漏、双针压力表显示	压力表读数应在正常值范围内
13	基础制动	闸瓦间隙、偏移、破裂、各制动杠杆是否弯曲变形,有无卡滞现象,制动缸行程	闸瓦正常间隙为 5~10 mm,闸瓦最小厚度不小于 20 mm,制动缸行程 85~135 mm
14	车轴齿轮箱	漏油、温升、异响	均应正常,不影响正常工作
15	轴箱	温升、紧固螺栓	均应正常,不影响正常工作
16	清洁部位	制动系统各风包放水管路	除尘

表 22-13 每周保养及检查项目

序号	类别	检查项目	检查程序及保养	备注
1	进气系统	空气滤清器	清除滤芯上的灰尘,排掉集尘胶管中的灰尘	灰尘、风沙特别大的地方每周必须加强此项检查
2	柴油机	前、后安装座及转速	螺栓、螺母、开口销,无载荷时,柴油机转速应能通过油门手把进行调整	怠速转速为 625 r/min,最高空载转速为 2400 r/min
3	冷却装置	风扇皮带及驱动装置、水箱	皮带无破损、张紧程度适中,连接螺栓紧固情况,水箱无泄漏	用手指压皮带,在约 10 kgf 力作用下,皮带可压下去 10~15 mm

续表

序号	类别	检查项目	检查程序及保养	备注
4	发电机及启动装置	充电发电机,启动电动机	逐项检查,均应正常	不影响正常工作
5	变速箱	响声、温度、油量、挡位	逐项检查,均应正常	按照顺序,从低挡到高挡逐挡进行检查
6	换向箱	响声、温度、油量	逐项检查,均应正常	不影响正常工作
7	车轴齿轮箱	响声、温度、油量	逐项检查,均应正常	不影响正常工作
8	轴箱	响声、温度、弹簧、拉杆	逐项检查,均应正常	静态时,弹簧高度在(216±5)mm范围内
9	空气压缩机	皮带	无破损、起毛,张紧程度适中	用手指压皮带,在约 10 kgf 力作用下,皮带可以压下去 10～15 mm
10	离合器	气味、工作情况	逐项检查,均应正常	不影响正常工作
11	其他	喇叭	音质洪亮	—
		照明	正常	—
		刮水器	工作正常	—
		排障器	距轨面高度符合要求	—

(3) 中间保养

中间保养在作业车累计行程达到 3000 km 时进行,以后每个季度进行一次。中间保养应与每周保养及检查项目一并进行。中间保养及检查项目如表 22-14 所示。

(4) 整修保养

整修保养应在运行 30 000 km 或每 24 个月左右进行一次。整修保养项目应将中间保养项目包括在内,此外还应将大部分总成解体后进行整修。整修保养及检查项目如表 22-15 所示。

(5) 作业车各部位的润滑

DA12 型铁路接触网架线作业车的润滑参考表 22-16 进行。

表 22-14 中间保养及检查项目

序号	类别	检查项目	检查程序及保养	备注
1	柴油机及附属系统	空气滤清器芯	清除空气滤清器上的灰尘	多灰尘风沙地区应勤更换滤芯
		进、排气管	无破洞、孔,无断裂	—
		安装支脚	螺杆、螺母、开口销、套筒、橡胶垫	橡胶垫裂纹、老化时予以更换
		油底壳	更换机油	—
2	冷却装置	风扇	螺栓、轴承、皮带,风扇叶片各处逐项检查,均应正常	不影响正常工作
		水箱	清除散热器上的灰尘	—
3	传动轴	万向节	沿十字轴的轴向无窜动	—
		花键、焊缝	无异常现象	—
		工作性能	转动时均匀平衡,无冲击和异响声	—

续表

序号	类别	检查项目	检查程序及保养	备注
4	变速箱	工作油	全部更换	工作应正常
5	换向箱	工作油	全部更换	工作应正常
6	车轴齿轮箱	工作油	全部更换	工作应正常
7	制动系统	管路	无泄漏，与运动件无碰撞，各阀开关灵活	—
		双针压力表	校核压力表、消除误差	误差达到±150 kPa时必须校核
		制动阀	使用时功能良好	必要时可拆开清洗、润滑
8	手制动装置	钢丝绳、各零部件	各部件均正常，钢丝绳不能有断裂、断股现象	不影响正常工作
9	基础制动装置	件、销、开口销	均无裂纹、较大变形或脱落	不影响正常工作
		闸瓦	表面无裂纹、缺块，厚度合适	不影响正常工作
10	车钩	车钩高度	均应符合有关规定，相对运动部位润滑良好	车钩中心距轨面高度：(880±10)mm
11	走行系统	车轮	无明显擦伤，轮缘厚度符合规定并不得有裂纹，轮位无错位	不影响正常工作
		轴箱	弹簧无异常，温升符合要求，无异响	不影响正常工作
		液压减振器	工作正常；无渗漏	必要时更换工作油
12	电气系统	仪表、传感器	均应正常工作	校表，必要时换表和传感器
		蓄电池	连线、接线柱处无锈蚀现象，电解液容量符合要求，质量符合要求	接线柱处加润滑油或凡士林
		线路	各接线柱处线头不应松动、脱落，电线绝缘层无裂痕或剥落现象，线号无缺，线卡固定良好	—

表 22-15　整修保养及检查项目

序号	类别	检查项目	检查程序及保养	备注
1	柴油机	整机	按柴油机使用保养手册的规定委托专门修理厂进行周期性保养	—
		安装	更换橡胶减振垫	—
2	燃油箱	油箱内部	进行清洗	—
		加油口盖	清洗或更换滤网	—
3	离合器	总成	根据情况可更换摩擦片	—
4	变速箱	总成	委托专门修理厂进行维修保养	—
5	换向箱	总成解体	重点是轴承、齿轮、密封件	可自行解体整修或委托生产公司进行整修保养
6	车轴齿轮箱	总成解体	重点是轴承、轴瓦、齿轮、油泵、密封件	可自行解体整修或委托生产公司进行整修保养
7	轴箱	总成解体	重点是轴承、轴箱、弹簧、液压减振器、拉杆	可自行解体整修或委托生产公司进行整修保养

续表

序号	类别	检查项目	检查程序及保养	备注
8	传动轴	解体	检查花键及焊缝处有无异常磨损,达到极限时必须予以更换	—
9	轮对	车轴	探伤检查,应符合要求	车轴探伤参照对应图纸
		车轮	车轮磨损应在允许的限定之内	
10	空气制动	制动阀、油水分离器、制动管路及风缸	解体后清洗,重新装车时必须进行试验,确认功能完好后方可装车	可委托专门厂家进行维修保养
11	电气系统	电路	更换各线路中绝缘行将失效或已失效的电线,破损的线管也应进行更换	—
		仪表开关及指示灯	校核仪表,仔细检查仪表开关,凡不好用或不能用的全部进行更换	
		测速电动机、发充电动机、启动电动机	检查各项重要部位,确保工作正常、性能可靠	
12	车钩及缓冲器	解体	清洗污物,各部件无异常现象,"三态"工作正常	按有关标准执行,必要时可委托专业部门检验
13	空气压缩机	解体	各部件应完好,卸荷阀及个别运动件根据情况可更换	可自行解体检查、保养,也可委托生产公司进行保养
14	车体车架	地板	如果损坏严重,应更换新地板	—
		车体	车门无变形,开闭灵活,车窗及前、后挡风玻璃完好	必要时外部可重新进行喷漆
		车架	无裂纹及焊缝失效现象,无弯曲变形	
15	其他	—	更换失效的或行将失效的橡胶件;轴箱弹簧必要时可更换,液压减振器解体检查、换油排障器无较大变形,排石刷更换新件	

表 22-16 DA12 型铁路接触网架线作业车各润滑部位及保养

序号	润滑部位	润滑油(脂)牌号	备注	每日保养	每周保养	中间保养	整修保养
1	柴油机油底壳	15W-40CD 柴油机机油	—	√	—	√	√
2	柴油机涡轮增压器	15W-40CD 柴油机机油	—	—	√	√	√
3	变速箱	馏分型 18 号双曲线齿轮油或 75W/90GL-5 齿轮油	13 L	√	—	√	√
4	换向箱	馏分型 18 号双曲线齿轮油或 75W/90GL-5 齿轮油	42 L	√		√	√
5	车轴齿轮箱	空气压缩机油:夏 9 号,冬 13 号	30 L	√		√	√
6	空气压缩机	空气压缩机油:夏 9 号,冬 13 号	—	√		√	√
7	轴箱传动轴支承	3 号锂基润滑脂	—			√	√

续表

序号	润滑部位	润滑油(脂)牌号	备注	每日保养	每周保养	中间保养	整修保养
8	轴箱吊耳	润滑脂	—	—	—	√	√
9	传动轴花键十字轴	润滑脂	—	—	—	√	√
10	变速箱操纵摇臂	润滑脂	—	—	—	√	√
11	离合器操纵摇臂	润滑脂	—	—	—	√	√
12	换向操纵摇臂	润滑脂	—	—	—	√	√
13	自动制动阀	润滑脂	—	—	—	√	√
14	手制动装置	润滑脂	—	—	—	√	√

(6) 换向箱的保养及维护

① 换向箱在作业车走合期满后应更换润滑油,并用柴油或煤油将箱体内部的脏油、污物冲洗干净,重新加入符合要求的润滑油。

② 每运行 3000 km,取样检查油质,发现变质或金属杂物过多要清洗并换油。

③ 切忌加入润滑脂。换油后,先低速运转,使各个运动副处都得到充分润滑,方可带负载运转。

④ 各轴应转动均匀灵活,拨叉与槽不得磨靠。

(7) 传动轴的保养及维护。

① 为避免破坏传动轴平衡,应尽量不拆散传动轴。如果必须拆散,应在全部零件上做标记,以便按原装配关系复原,并且不允许用锤击打传动轴。

② 要经常检查传动轴瓦盖螺栓的紧固情况和锁片锁紧情况。

③ 要经常检查各焊接处是否有裂纹或焊缝脱落。

④ 检修时,注意十字轴处的滚针数量,不得少装。

⑤ 定期检查万向节十字轴间隙,发现滚针磨损要进行更换。

⑥ 定期检查花键齿是否严重磨损或扭曲变形,如果磨损严重及扭曲变形要立即更换。

⑦ 各传动轴的伸缩节应放在相对位置较高的一端。

⑧ 任何时候都应保持传动轴两端叉子在同一平面内。

(8) 车轴齿轮箱的保养及维护

① 检修时,可用调整垫片调整螺旋伞齿轮的齿隙和接触面,齿隙为 0.15～0.40 mm。

② 调整被动螺旋伞齿轮轴两端的间隙至 0.15～0.25 mm。

③ 换油时,应清洗油底壳及滤油网,按要求加入洁净的润滑油。

④ 油面针阀不得松动、漏油。

(9) 轴箱的保养及维护

① 轴箱应按要求定期加注润滑脂,保证轴承润滑良好。

② 定期拆下轴箱端盖,检查轴端的缓冲支承装置,注意各部螺栓必须紧固。轴向缓冲支承装置组装时,可选配支承座、支承挡或用预紧力调整垫进行调整。

③ 同一轴上的弹簧,按其实验载荷下的高度进行选配,其高度差不得超过 3 mm。

(10) 轮对的保养及维护

① 车轴是关键部件,必须按国家铁路局有关规定定期对车轴进行探伤,发现不符合规定的车轴一律不许继续使用。

② 车轮经过长时间使用后,其轮缘及踏面均会磨损。达到磨损极限时可送有关厂家进行专门处理。

③ 检修压装轮对时,必须保证规定的过盈量及压入吨位。

(11) 作业车的班后处理

每日工作结束后,应将作业车放入车库,并要做以下工作:

① 擦洗车体,保持外表洁净。

② 排净空气制动系统中的积水和油污、灰尘。

③ 冬季放净柴油机冷却水箱里的冷却液。

④ 按规定进行维护保养。

(12) 作业车长期停置不用时的处理措施

作业车较长时间停置不用时,除应做到上述班后处理所列的各项检查之外,还要做以下工作:

① 开机并定期给蓄电池充电。

② 清洗空气滤清器、柴油滤清器,并将空气滤清器和排气管管口包严,防止潮湿空气进入气缸。

③ 每月发动作业车一次,然后按照要求进行维护及保养。

5) 液压系统常见故障及排除方法

(1) 作业机构的液压系统

作业机构的液压系统由随车起重机液压系统、作业平台升降回转液压系统两部分组成。驱动液压油泵,通过溢流阀限定系统的额定压力为 12 MPa。高压油经过三位四通电磁换向阀,分别进入随车起重机液压系统、作业平台升降回转液压系统,平台的升降、回转采用电磁阀控制,并带有手动机构,在电控部分出现故障时可手动操作。在作业机构的液压系统油路中装有辅助手摇高压油泵,以便在无动力时使各工作机构复位。另外,在升降柱的升降油路中还设有下降应急开关,当打开此开关时,升降柱将自行下降。回转机构中还设有手动回转复位装置,以便在回转系统出现故障时手动复位。液压系统的常见故障原因及排除方法如表 22-17 所示。

表 22-17 液压系统常见故障及排除方法

序号	故障现象	原因分析	排除方法
1	油泵发响(应立即停车检查)	液压箱出油阀未打开	打开出油阀
		液压箱内油太少	加油至规定量
		油泵进油管破损或接头松,产生漏气	紧固接头或更换油管
		油泵进油管堵塞	清洗或更换
		油泵出油管及单向阀堵塞	清洗或更换
		液压油黏度过大	换黏度低的油
		油泵损坏	更换
2	管路发响	管路未固定好	固定好管路
		管路堵塞或泄漏	清洗或更换管路
		管路接错	按规定连接
		电磁阀未回到位	清洗或更换
		液压油脏或黏度过大	更换液压油
		液压油滤清器堵塞	清洗或更换
3	液压油发热	以上两种故障现象中的每种原因都会使液压油发热	按各原因所对应的排除办法进行处理
4	作业台无上升、下降(操作时总油压表显示有压力)	液控单向阀坏	修理或更换
		升降柱卡住	排除异物
		管路堵塞或接错	清洗管路,按规定连接管路
		溢流阀压力低(≤6 MPa)	调至 11 MPa
	作业台无上升、下降(操作时总油压表显示无压力(<0.1 MPa))	驾驶员操纵台上的作业台电源开关未打开,或虽打开但电源未接通	打开电源开关并使其可靠接通
		支承臂操纵箱中的电源未关闭	关闭此电源开关
		比例阀未通电或损坏	用手按动故障按钮,若有动作则为液压故障,若无动作则为电气故障
		电磁换向阀内泄	更换
		管路接错	按规定连接
		升降比例阀损坏	更换
		安全溢流阀卸荷或损坏	调整溢流阀,若无变化,则更换

续表

序号	故障现象	原因分析	排除方法
5	作业台无回转（操作时总油压表显示有压力（有升降动作））	回转制动带未打开	调节螺丝使制动带排除异物及故障
		马达或减速机卡住	修理或更换
		马达或减速机损坏	修理或更换
		管路堵塞	清洗管路
	作业台无回转（操纵时总油压表显示无压力（有升降动作））	回转溢流阀压力过低	调整回转溢流阀压力至规定值
		回转马达或减速机损坏	修理或更换
		回转比例阀未通电或损坏	用手按动故障按钮，若有动作则为电气故障，若无动作则为液压故障，进行对应修理
6	使用手摇泵无动作	手摇泵进油开关未打开	打开进油旋阀
		手摇泵出油管堵塞	清洗管路
		手摇泵出油单向阀堵塞或损坏	清洗或更换
		手摇泵损坏	更换

随车起重机的液压系统由换向阀、溢流阀、中心回转接头及回转机构组成，主要完成随机起重机的各项动作的操作和控制。

作业平台升降回转液压系统由电磁阀、回转马达、制动缸等组成，主要完成升降回转作业台的各项动作的操作和控制。整个系统所有阀件均选用国内名牌产品，布置紧凑、合理，维修保养方便。

本车的液压系统使用 30 号低凝液压油或兰稠 40-1 稠化液压油。在工作中应经常检查液压箱内的油量及油质。当油面低于油窗的可视范围时应立即补充。液压箱内的油应定期更换，一般每连续工作 1000 h（或间断工作半年）更换一次。第一次换油时，时间减半。

（2）液压系统操作注意事项

① 作业台不得超载，必须先升起，离开对中支承并高于车顶后端喇叭时再转动。

② 作业台在转动时，当听到报警铃响或指示灯亮时应立即停止操作。

③ 在紧线时不得升降支承臂，所有作业机构只能一个一个地按顺序操作，不得同时操作两个或两个以上的机构动作。

④ 作业台升降时，任何人不得攀登梯子。

⑤ 为了安全起见，当有 6 级及以上的大风时，严禁在超高曲线内侧起吊重物。

⑥ 在非作业状态时，作业台必须对中，关闭作业台电源；将系统中的换向阀放至非工作位，让油泵中的油走小循环回油箱。

3. JW-4G 型接触网架线作业车（金鹰重型工程机械有限公司）

1）概述

JW-4G 型接触网检修作业车主要适用于电气化铁路接触网上部设施的安装、维修和日常检查、保养。该车是新一代标准化的重型轨道车，运行速度为 120 km/h。采用潍柴 WP12.480 型电喷水冷柴油发动机，额定功率 353 kW，排放达到了国Ⅲ标准。采用液力传动形式，可实现无级变速。该车采用 JZ-7G 制动机，车体两端设有 13 号上作用式缓冲车钩。整车具有功率大、牵引能力强、制动性能可靠、操纵轻便灵活、作业方便、使用寿命长、运行稳定性和平稳性好等优点。

该车采用了一系列新技术，如模块化设计、标准化的操作台、标准化的车体造型、标准化的底盘。底盘不变，仅改变车体可使车型变更为接触网高空作业车或工务轨道车等车型。在车架与转向架、转向架与轮对之间设有连接装置，整车起吊或脱轨起复时不须采用锁具捆绑，可直接起吊或起复。轴箱设置有防倾覆装置，在轨道车脱轨后，防倾覆装置勾住钢轨，从而避免整车倾覆。这些新技术极大提高了车辆使用的可靠性和安全性。

该车主要由车体、车架、转向架、动力传动装置、制动系统、液压系统、电气系统、自动调平的升降回转作业平台、车钩及缓冲装置、空调、随车起重机(选装)等组成。走行部采用两台两轴转向架,动力传动装置下悬。车辆前端设置驾驶室,后部设置升降回转作业平台及随车起重机,预留有紧线柱的安装位置。

2) 主要技术参数

(1) 适用环境

环境温度:-25~45℃。

海拔高度:≤3000 m。

相对湿度:月平均≤90%,日平均≤95%。

最大外轨超高:180 mm(外轨超高≥125 mm,立柱带自动调平装置)。

最大坡道坡度:3.3%。

最高风速:15 m/s。

适应夜间作业并能承受风、沙、雨、雪的侵袭。

(2) 整车主要技术参数

轨距:1435 mm。

车轮直径:840 mm(新轮);790 mm(磨耗后)。

轴列式:2-B。

轴距:2400 mm。

轴数:4轴。

通过最小曲线半径:100 m(速度≤10 km/h)。

最高运行速度:120 km/h。

起动牵引力:50 kN。

燃油箱容积:1000 L。

液压油箱容积:176 L。

蓄电池容量:200 A·h×4块。

传动方式:液力传动(含惰性自润滑系统)。

制动方式:空气制动及停车手制动。

空气制动机:JZ-7G。

空气压缩机:1.08 m³/min(本车)+0.63 m³/min(发动机自带)。

总风缸容积:500 L。

紧急制动距离:≤400 m(单机平直道,制动初始速度80 km/h);≤800 m(单机平直道,制动初始速度120 km/h)。

钩缓装置:13B上作用车钩及缓冲器。

车钩中心距轨面高度:(880±10) mm。

转向架中心距:9200 mm。

车架长度:15 000 mm。

车架宽度:2960 mm。

外形尺寸(长×宽×高):15 930 mm×3118 mm×4625 mm(无紧线柱);15 930 mm×3118 mm×4740 mm(有紧线柱)。

整备质量:约47 t。

限界:符合《标准轨距铁路限界 第1部分:机车车辆限界》(GB 146.1—2020)。

(3) 柴油机主要技术参数

型号:WP12.480电喷。

型式:水冷、立式、直列、六缸、四冲程。

吸气方式:增压、空空中冷。

总排量:11.596 L。

额定功率:353 kW。

标定功率下燃油消耗率:203 g/(kW·h)。

标定转速:2100 r/min。

最大扭矩:1970 N·m。

最大扭矩转速:1200~1500 r/min。

指标排放满足国Ⅲ标准。

(4) 液力传动箱

采用德国福伊特(VOITH)公司生产的T211型卧式液力传动箱。

(5) 全液压升降回转作业平台主要技术参数

平台面积(长×宽):5500 mm×1750 mm。

远端距回转中心距离:4500 mm。

平台地板面距轨面最大高度:3821 mm(最低状态);6400 mm(最高状态)。

平台回转范围:左右各120°。

平台前端最大承载质量:300 kg。

平台回转中心最大承载质量:1000 kg。

导线拨线范围:±600 mm(标配无,选装)。

导线支承装置尺寸:ϕ70 mm×1200 mm(标配无,选装)。

栏杆高度:1100 mm(可折叠)。

调平装置:外轨超高≥125 mm时安装。

最大调平外轨超高:175 mm。

(6) 随车起重机主要技术参数(选装)

型号：TSQ2SK2Q。

型式：全液压伸缩臂式。

最大起重力矩：39 200 N·m。

最大起重质量：2000 kg。

最大工作幅度：8200 mm。

最大工作幅度时的起重质量：250 kg。

最大起升高度(距轨面)：10 200 mm。

起重臂最大仰角：75°。

回转角度：360°全回转。

(7) 发电机组主要技术参数(选装)

① YAMAHA EDL13000TE 型柴油发电机组参数：

型号：EDL13000TE。

额定功率：8 kW。

额定电压：交流 220V/380V。

柴油机冷却方式：水冷。

② 萨瓦尼等其他型号柴油发电机组参数：

型号：FDJZ-10TBU/1。

额定功率：10 kW。

额定电压：交流 220V/380V。

柴油机冷却方式：水冷。

3) 操作及使用方法

(1) 出车前的准备工作

① 检查平台是否落下处于车辆的中心位，拨线装置是否处于中间位，栏杆是否翻下，严防超限。

② 检查柴油机机油、空气压缩机润滑油、燃油箱燃油、液压箱中的液压油及冷却水箱中的冷却液等是否充足。

当车辆在超高 150 mm 以上的曲线上运行时，应保证燃油箱最低油位不低于 350 L，最高油位不大于最高油位刻度线。当油位低于 380 L 时，液晶显示屏上燃油油位指示条会出现红色闪动显示，此时应加油，否则可能造成燃油管吸空。当燃油加得过多超过最高油位刻度线时，可能出现在超高线路上燃油泄漏。

膨胀水箱设在变速箱上方、木地板下方，木地板开有活板，加冷却液时需拿开活板、打开阀盖。本车出厂时已加装防冻液。推荐车辆加装长效防冻液。

③ 检查燃油管路、机油系统、冷却水管路、空气制动管路及液压管路等部位有无渗漏现象。

④ 检查蓄电池箱内的蓄电池接线是否牢固，控制面板上的开关、仪表及灯具、刮水器等是否正常。

⑤ 检查空气压缩机皮带的松紧度。以 20~50 N 的力压皮带，挠度为 20~30 mm。

⑥ 目视检查传动轴螺栓有无松动。

⑦ 目视基础制动装置是否正常。

⑧ 排除风缸、集尘器中的水分及灰尘，排除油水分离器内的污水。

⑨ 检查操纵装置等有无异常现象及泄漏，发现问题必须及时处理。

⑩ 检查必备的随机工具、随机关键备件等，要求齐全、状态或功能良好，严格按照铁路有关安全行车规章办理。

(2) 行驶前的准备工作

① 闭合电源总开关(在Ⅰ位端主驾驶员座椅左侧)。

② 启动柴油机：本端操作钥匙开关置于"开"位，控制车选择开关置于"本车"位，把变速箱工作开关置于非工作位，驾驶员控制器置于中位，作业挂挡开关置于"摘挡"位，然后按下启动按钮进行启动，如 10s 内不能启动，应松开按钮，重新进行第二次启动。每次启动间隙时间不少于 10 s，2 min 之内启动次数不超过 3 次。如启动不成功，则应检查故障原因并进行排除。

③ 密切注意液晶显示屏上的柴油机参数显示，柴油机启动后，应先以怠速运行 2~3 min，机油压力应高于 100 kPa，冷却水温度未高于 60℃ 时切勿突然高速大负荷运行。

④ 柴油机启动后，操纵驾驶员控制器提高柴油机转速至 1500 r/min，柴油机带动空气压缩机及车载空气压缩机向总风缸充风，此时在缓解位置总风缸的风压应逐渐上升到 700~800 kPa，制动管和均衡风缸的风压上升到 500 kPa。

⑤ 松开手制动装置，进行一次制动操作，检查制动系统是否工作正常，再缓解，缓解时间不超过 35 s。

⑥ 水温超过50℃时再一次检查冷却系统水量，不足时应加满。

(3) 制动机检查及试验

见本节 JW-4 型接触网架线作业车的相关内容。

(4) 行驶中的注意事项

见本节 JW-4 型接触网架线作业车的相关内容。

(5) 低匀速操作注意事项

本车设 3、5、7、10 km/h 四种低匀速工况。

① 低匀速模式开启。车辆满足走行条件后，将有效操作端变速箱工作开关置于"开"位；在显示屏软开关界面单击"低匀速模式软开关"，选择设定速度目标值；操作驾驶员控制器控制车辆低匀速走行。

② 低匀速模式关闭的方法：

(a) 关闭变速箱工作开关；

(b) 在显示屏软开关界面取消低匀速模式；

(c) 作业挂挡开关置于"挂挡"位，且平台上作业电源开关置于"开"位，此时在驾驶室内无法通过显示屏软开关进行低匀速操作。

③ 低匀速模式注意事项：当车速大于 15 km/h，要设定低匀速走行时，系统先控制车辆卸载，使车速降到 15 km/h 以下，再执行低匀速走行控制。

(6) 停车

见本节 JW-4 型接触网架线作业车的相关内容。

(7) 无火回送

① 驾驶员控制器置于中位，变速箱工作开关置于关断位。

② 自动制动阀手柄置于手柄取出位，并取出手柄；单独制动阀手柄置于运转位，并取出手柄，客、货车转换阀均置于"货车位"，无动力装置截断塞门此时应处于开放状态，同时将分配阀上的常用限压阀限制压力调整为 245 kPa。当本车由无动力回送改本务机时，应将常用限压阀的压力恢复至 340～360 kPa。松开手制动装置。

③ 车轴齿轮箱和传动箱的润滑油位保持在正常工作时的高度。

④ 无火回送时，无须拆传动轴。

⑤ 断开电源总开关。

(8) 回库后的注意事项

① 把车内、外清洗干净。

② 关断电源总开关。

③ 冬季应放掉冷却水（若加入防冻剂则无须放水）。

④ 车辆停放在气温低于 -30℃ 的场地时，要对蓄电池采取保暖措施，以防冻裂。

(9) 作业装置的操纵

启动柴油机，将操作端的作业挂挡开关置于"挂挡"位，将柴油机转速提升至额定作业转速 1100 r/min。

注意：操作作业挂挡开关挂挡时，总风压力需达到 600 kPa；当挂挡成功后，作业挂挡压力过低时，执行摘挡动作；当作业挂挡压力再次符合挂挡要求时，如果作业挂挡开关一直处于"挂挡"位，则自动执行挂挡动作。

该机构共有两套操纵装置：一套设在平台上的控制箱内，主要是为方便作业施工人员自己操纵；另一套设在平台下方的调平控制柜内，主要作用是当上部操纵失灵时可以操纵平台回位。上、下控制面板如图 22-6、图 22-7 所示。

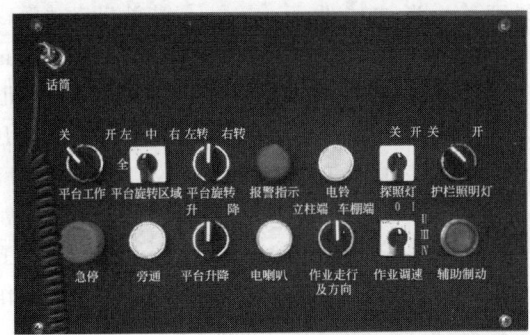

图 22-6　上控制面板

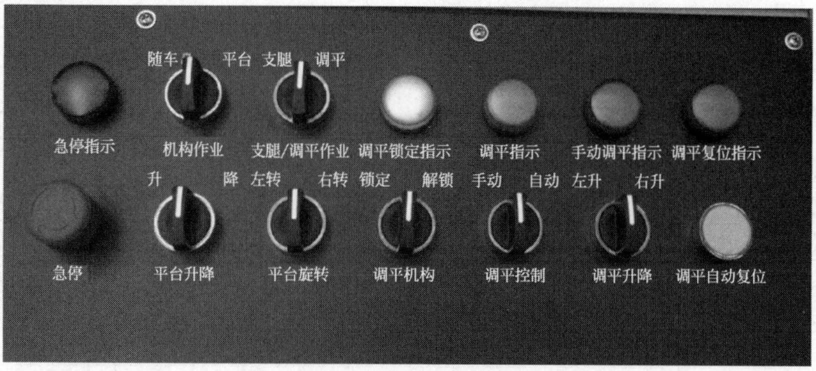

图 22-7 下控制面板

上、下平台控制互锁由下控制箱（调平控制柜）机构作业开关完成。当机构作业开关置于中位时，上平台的平台作业开关置于"开"位，上平台控制起作用；当机构作业开关置于"平台"位时，上平台的平台作业开关置于"关"位，下平台控制起作用。

① 上平台控制：

(a) 将调平控制柜内的下控制面板的机构作业开关置于中位，平台上控制面板的平台作业开关置于"开"位。

(b) 根据作业需要，将平台上控制面板的区域选择开关置于全区域、左区域、右区域、中间区域。注意：平台允许作业区域优先满足驾驶室操作台上区域选择开关选择的区域，再按平台上区域选择开关选择的作业区域确认最终允许的作业区域（例如，在驾驶室内将平台作业区域选择为"左区域"，则平台上的作业区域选择开关只能选择"左区域"或"中间区域"进行作业）。

(c) 平台作业前须先确认平台上报警指示灯无闪码报警，且驾驶室内显示屏上无平台相关报警信息，然后再进行正常作业。

(d) 操作平台升降或旋转开关，控制平台相应动作。

(e) 平台从复位状态升起 120 mm 以上才能进行旋转操作。

(10) 平台低速走行操作。将平台上控制箱的低匀速走行开关扳至"Ⅰ""Ⅱ""Ⅲ""Ⅳ"，选择对应低匀速走行的速度分别为 3、5、7、10 km/h。操作平台上的作业走行开关控制车辆走行方向。

上平台故障报警指示说明：

(a) 平台上控制箱设报警指示灯，报警指示灯常亮 2 s 表示有故障。

(b) 报警指示灯常亮 2 s 后，以 3 Hz 的频率闪显，闪显次数为故障代码高位。

(c) 故障代码高位闪显完毕后，输出无效持续 1 s，之后继续以 3 Hz 的频率闪显，闪显次数为故障代码低位。

例如，故障指示灯常亮 2 s，以 3 Hz 的频率闪显 2 次，熄灭 1 s，再以 3 Hz 的频率闪显 7 次，则故障代码为 BJ27，对应故障"外轨超高，禁止上升"。注意：故障中文含义在行车显示屏报警信息栏显示，故障代码如表 22-18 所示。

表 22-18 故障代码及含义

故 障 代 码	故障报警定义
BJ11	平台操作位置冲突（平台上、下工作开关同时打开）
BJ12	作业装置冲突（支腿）
BJ13	车辆旋转无区域，平台上禁止选择区域
BJ14	车辆选择左区域，平台禁止选择全区域
BJ15	车辆选择左区域，平台禁止选择右区域

续表

故障代码	故障报警定义
BJ16	车辆选择右区域,平台禁止选择全区域
BJ17	车辆选择右区域,平台禁止选择左区域
BJ21	车辆未取力,禁止动作平台
BJ22	左侧旋转限位,禁止左转
BJ23	右侧旋转限位,禁止右转
BJ24	平台高度过低,禁止旋转
BJ25	右侧外轨超高,禁止左转
BJ26	左侧外轨超高,禁止右转
BJ27	外轨超高,禁止上升
BJ28	与车辆通信失效
BJ31	平台高度限位,禁止上升
BJ32	车架倾角传感器错误
BJ33	调平倾角传感器错误
BJ34	与平台上通信失效,禁止平台控制走行
BJ35	平台上通信失效,平台上报警
BJ36	平台上急停按钮按下
BJ37	平台下急停按钮按下

② 下平台控制：

(a) 将平台上控制面板的平台工作开关置于"关"位,调平控制柜内下控制面板的机构作业开关置于"平台"位。

(b) 平台允许作业区域受驾驶室内有效操作端的平台作业区域选择开关控制。

(c) 平台作业前须先确认平台上报警指示灯无闪码报警,且驾驶室内显示屏上无平台相关报警信息,然后再进行正常作业。

(d) 操作平台升降或旋转开关,控制平台相应动作。

(e) 平台从复位状态升起 120 mm 以上才能进行旋转操作。

说明：当车辆配置有调平装置时,平台下控制开关均设在调平控制柜内；当车辆未配置调平装置时,平台下控制箱设在栏杆上。

③ 随车起重机（选装）操纵。操纵程序如下：

(a) 将平台上控制面板的平台工作开关置于"关"位,下控制面板的机构作业开关置于"随车吊"位。

(b) 随车起重机的操作方法、注意事项等详见随机配备的起重机技术资料。

(c) 根据需要操纵随车起重机各手柄以完成各种动作。

随车起重机操纵注意事项：

(a) 必须先收起吊钩后,方可操纵回转手柄,将随车起重机转出原来位置；

(b) 当使用回转时必须注意升降回转作业台的情况,原则上其他机构应恢复原位置；

(c) 操纵中应按起重机安全规程执行；

(d) 严禁超载起吊重物,幅度为最大时,起重质量为 250 kg,幅度为最小时,起重质量为 2000 kg；

(e) 使用完后,必须复位,并将吊钩挂在地板上设置的挂钩上。

④ 调平操纵。首先将下控制面板的机构作业开关置于中位或"平台"位；然后将"支腿/调平"作业开关置于"调平"位,锁定解锁开关置于"解锁"位,调平锁定指示灯灭。

(a) 手动调平。将调平开关置于"手动"位,手动调平指示灯亮；操作调平升降开关控制调平装置的升降,将平台调整到水平位。操作调平装置升降时,调平指示灯亮闪。采用手动调平模式时自动复位无效,当平台调整到水平状态后调平复位指示灯亮。

(b) 自动调平。将调平开关置于"自动"位,系统将根据平台状态自动控制调平装置的升降,调平指示灯亮,直至将平台调整到平整位。采用自动调平模式时调平锁定解锁无效,调平自动复位无效。

(c) 调平自动复位。将调平控制开关复位,调平自动复位按钮按下,调平系统自动将平台调整到与车辆主车架平行的方向,使调平装置处于复位状态;平台复位后,调平复位指示灯亮;操作调平锁定解锁开关于"锁定"位,锁定调平装置。

⑤ 支腿操纵。作业前,根据作业情况和线路工况决定是否使用支腿。当风速较大或外轨超高较大时应使用支腿。

(a) 分别扳动左、右两侧的机械锁定销,解除支腿机械锁定。

(b) 将下控制面板上的"支腿/调平"作业开关置于"支腿"位(如车辆未配置调平装置,无须操作此步骤)。

(c) 操作左、右支腿附近侧梁上的支腿升降控制开关,操作开关使左、右两支腿落下,允许与钢轨有 0~15 mm 的间隙。平直道或曲线半径大于 800 m 的线路,允许车辆低速走行而无须收起支腿,速度控制在 0~8 km/h;小于 800 m 的曲线禁止使用支腿走行。

(d) 作业完毕后,分别收起左、右侧支腿,并机械锁定好。

注意:未解除支腿机械锁定前,严禁操作支腿升降动作,避免损坏锁定装置。

⑥ 紧线柱(选装)操纵。紧线柱的电气控制箱设置在支承柱的外柱侧面,通过操作开关可以实现紧线柱的拉紧/放松、上升/下降等动作,控制面板布置如图 22-4 所示。紧线柱的操纵程序如下:

(a) 将平台上控制面板的工作开关置于"关"位,下控制面板的机构作业开关置于"随车吊"位。

(b) 打开支承柱上的电气控制箱,将工作开关闭合,控制液压油经电磁换向阀进入紧线柱的工作系统。

(c) 将升降开关扳到升位,则支承臂上升,扳到降位,则支承臂下降,扳到中间位则停止。

(d) 将卷扬开关扳到张紧位,紧线机构拉紧,扳到放松位,紧线机构卷扬放松。

(e) 操纵完毕后将所有开关扳回零位。

紧线柱操纵注意事项:

(a) 在紧线前应把支承臂升到所需要的高度,禁止在紧线时升降支承臂。

(b) 当操纵支承臂或紧线机构时,不得操纵升降回转作业平台。如果要操纵平台,必须将支承臂及紧线机构复位且将紧线柱控制箱内的开关回零位。

(c) 紧线时应注意紧线力与紧线溢流阀的关系,紧线溢流阀严禁非操纵人员调节。

(d) 当车停放在带电的电网下时,严禁升起支承臂。

(e) 不允许支承臂和卷筒同时动作。

⑦ 作业装置操纵注意事项:

(a) 整个作业机构的动作只允许一个一个地顺序操纵,不准同时操纵两个以上机构动作。

(b) 支腿在平台工作、调平时使用,以保持车体的稳定。

(c) 当在曲线外轨超高大于 125 mm 的线路上作业时须使用支腿。当风速大于或等于 6 级(13.8 m/s)时,无论在平直道或曲线上作业都必须使用支腿。

(d) 使用支腿前,一定要解除支腿机械锁定装置,使用后再重新锁定好。

(e) 禁止用支腿走行通过道岔。

(f) 当曲线半径小于 800 m 时,禁止用支腿走行,以防脱离钢轨。

(g) 用调平装置前,要解除液压缸锁定,用完后再重新锁定好。

(h) 每次作业时,平台只有升高不小于 120 mm 后才能旋转和调平。

(i) 当车辆停在带电的电网下时,严禁作业机构升起,同时严禁作业机构上有人。

(j) 平台升降时,严禁人员上下,以防出现安全事故。

(k) 立柱因故障导致升起不能降落时,严禁人员攀登升降梯进行检修,防止立柱突降,被梯子挤伤。

(l) 作业平台不得超载,回转中心承载质量不大于 1000 kg,前端承载质量不大于 300 kg。

(m) 当平台门开启时一定要注意人身安全,作业人员站立位置应距门有一定的安全距离,并系好安全带,防止人员从门口处跌落车下。

(n) 作业完毕后必须先将平台回到中位,将工作开关置于"关"位,旋转区域选择开关置于"中"位,然后再下降平台。平台下降后将平台上、下所有开关复位,操纵台上的作业挂挡开关置于"摘挡"位。

(o) 作业完毕后将平台栏杆翻下,并用插锁锁定,禁止将插销插在翻下的栏杆套上,以防超限。

(p) 拨线装置使用完毕后一定要使拨线装置处于中间位,以防超限。

(q) 各作业机构操纵完后必须复位,并关闭作业系统电源。

(10) 应急复位

① 调平机构应急复位。操纵程序如下:

(a) 一人将车棚门右侧踏梯处的铁地板盖打开,把手动换向阀手柄保持在"支腿和调平位"(图 22-8)。另一人持续不断地摇动手油泵。

(b) 将下控制面板上的"支腿/调平作业"开关扳置于"调平"位。

(c) 操作"调平控制"开关选择手动调平或自动调平。若选择自动调平模式,则按下调平自动复位按钮,调平机构自动复位;若选择手动调平模式,则操作"调平升降"开关复位调平机构。

(d) 调平机构复位后,操作"调平机构"锁定解锁开关,锁定调平机构。

注意:如果电气操作已经无效,可用 3 号或 4 号内六角扳手同时推动 Ⅰ 位端(面对车钩左侧)支腿电磁换向阀的后端面手动按钮、电磁溢流阀应急按钮,配合调平升降及锁定手柄

图 22-8 手动应急操作手柄

操作(图 22-9,安装在调平控制柜内),实现调平复位。

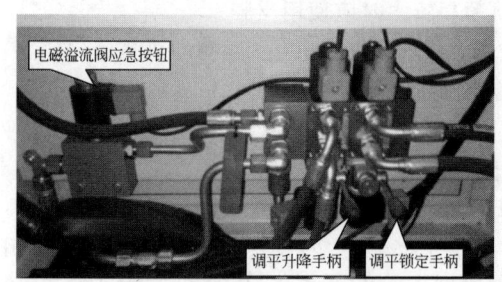

图 22-9 调平复位应急操作

② 平台立柱应急复位。有两种方法:用手油泵应急复位;用人力操作复位。

方法一:用手油泵应急复位

(a) 将调平控制柜内下控制面板上的"作业机构"开关打到"平台"位。若电气操作已经无效,可一人将车棚门右侧踏梯处的铁地板盖打开,把两个换向阀手柄分别保持在"平台起重机位""平台位"(图 22-8);另一人持续不断地摇动手油泵。

(b) 操作面板上的"平台旋转""平台升降"开关,完成平台复位。

(c) 若电气操作已经无效,推动电磁溢流阀应急按钮,操作电磁阀换向阀手柄,完成平台立柱复位。

方法二:用人力操作复位

(a) 用棘轮扳手松开制动液压缸螺杆螺母,松开制动带。

(b) 打开马达 A、B 油口的沟通球阀 (图 22-10)。

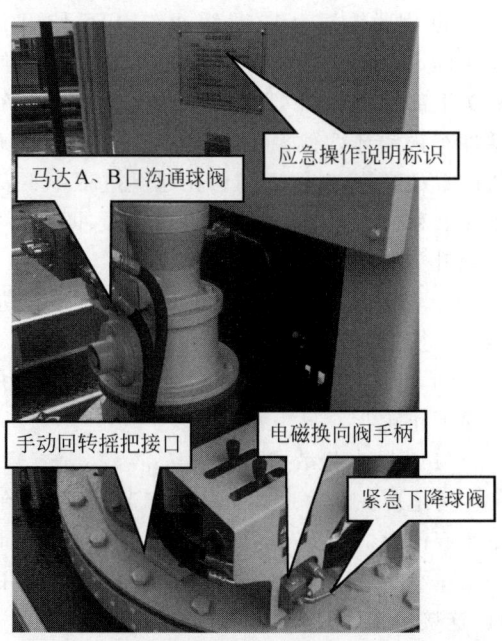

图 22-10　平台立柱应急复位操作

(c) 使用随机配件手动回转摇把连续转动回转装置(图 22-10),使平台回转至中位。

(d) 打开紧急下降球阀(图 22-10),使平台回落至初始位置。

③ 支腿应急复位操作如下所示。

(a) 将调平控制柜内的"支腿/调平作业"开关打至"支腿"位。若电气操作已经无效,可一人将车棚门右侧踏梯处的铁地板盖打开,把手动换向阀手柄保持在"支腿和调平位";另一人持续不断地摇动手油泵。

(b) 依次扳动左支腿开关和右支腿开关至"升"位。

(c) 支腿复位后,用机械锁定销锁定支腿。

(d) 若电气操作已经无效,用 3 号或 4 号内六角扳手推动支腿电磁换向阀的前端面手动按钮,然后依次推动左支腿和右支腿电磁换向阀端面按钮。

(11) 旁通操纵

本车设旁通功能,在紧急情况下需走行,但车辆联锁条件不满足时,可通过旁通操作切断联锁条件,应急走行。例如,当制动缸压力开关信号有效时,车辆无法走行;当驾驶员检查车辆确认车辆未制动,车辆产生的制动信号是由于制动缸压力开关损坏产生的错误信号时,可通过旁通操作旁通制动缸压力开关走行联锁条件,控制车辆走行。

① 旁通操纵程序:

(a) 在显示屏旁通按钮界面选择需旁通的相关联锁条件。

(b) 按下操作端上的旁通按钮,30 s 内控制系统处于旁通状态,30 s 后如需继续旁通则要再次按下旁通按钮。

(c) "作业挂挡压力低与作业挂挡互锁旁通"选项在显示屏选定后,不需按下旁通按钮,即可旁通此联锁条件,且旁通一直有效。

(d) 被旁通的联锁条件会在显示屏提示信息栏中显示。旁通状态退出前 10 s,显示屏给出提示信息:"旁通即将失效,请点动旁通按钮"(注:作业挂挡压力低旁通时不提示该信息)。

② 旁通操纵注意事项:

(a) 旁通操作是一种因传感器故障(无法正确反馈车辆实际状态)引起车辆无法正常行车时,驾驶员可临时采用的应急操作,不可长时间或频繁使用。

(b) 每一次旁通操作将作为重大事件保存在历史记录中,旁通操作前必须确认车辆的状态是否满足行车要求,不满足要求的不正当操作可能引起机车部件的损坏。

(c) 故障运行模式下,旁通功能无效。

(12) 故障运行模式的操纵

本车电气系统设有故障运行系统,在主控制系统故障时,可通过故障运行系统应急走行。

① 故障运行模式操纵程序:

(a) 将本端控制钥匙开关置于"开"位,"走行应急模式"开关置于"开"位(走行应急模式开关仅一端操作台有)。

(b) 启动柴油机,操作驾驶员控制器提高柴油机转速。

(c) 将操作端的"变速箱工作"开关置于"开"位,确认总风压力等走行条件满足后,操作驾驶员控制器控制走行。

(d) 柴油机启动后,可拔出原操作端钥匙开关,换另一操作端进行走行控制。换端时,车速需为0,驾驶员控制器回中位。

② 故障运行模式操纵注意事项:

(a) 故障运行模式是一种在非正常情况下(主控制系统故障)驾驶员可临时采用的应急运行模式,不可以长时间或频繁使用,否则可能引起机车部件损坏。

(b) 故障运行模式下,熄火按钮无效,此时须关闭走行应急模式开关或断开整车电源,控制柴油机熄火。

(c) 故障运行模式下,显示器仅能显示柴油机及变速箱部分关键参数。

(13) 车辆起复操纵

车辆如发生脱轨事故时,用液压复轨器起复。起复操纵程序如下:

① 将车辆未脱轨端轮对打好止轮器。

② 分别将垂向减振器后的挂钩加挂垫块GJ-69,共8处。

③ 检查复轨器的状态,油泵管路是否排空,液压油是否足够,液压缸的回油气压是否符合要求。

④ 确定液压缸最佳摆放位置,下部用枕木头等垫平、垫稳。

⑤ 按复轨器的使用要求,将复轨液压缸组装成"三角形单元",并连接手动油泵及油管路。

⑥ 因脱轨端为13号缓冲车钩,可使用定位块固定住钩头后将复轨器的专用钩托顶在钩头下部并锁紧,下部用枕木头垫好(注意:在缓冲车钩钩体两侧及上部与冲击座间垫上随机配置的楔块,以保证钩体在起复过程中不发生左右移位;顶点也可选择在车钩缓冲器底部的顶升垫板处)。

⑦ 按复轨器使用说明书中的操作步骤进行起复操作。

⑧ 起复结束后收好复轨器,同时取下垫块及撤下止轮器。

(14) 整车起吊操纵

为适应在运输过程中的整车起吊要求,在整车起吊时,首先按图22-11所示加垫块,共计16处;然后按图22-12所示要求准备吊装用具,连接吊装梁D及吊装用钢丝绳。

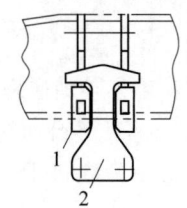

1—垫块;2—起吊挂板。

图22-11 起吊装置结构示意图

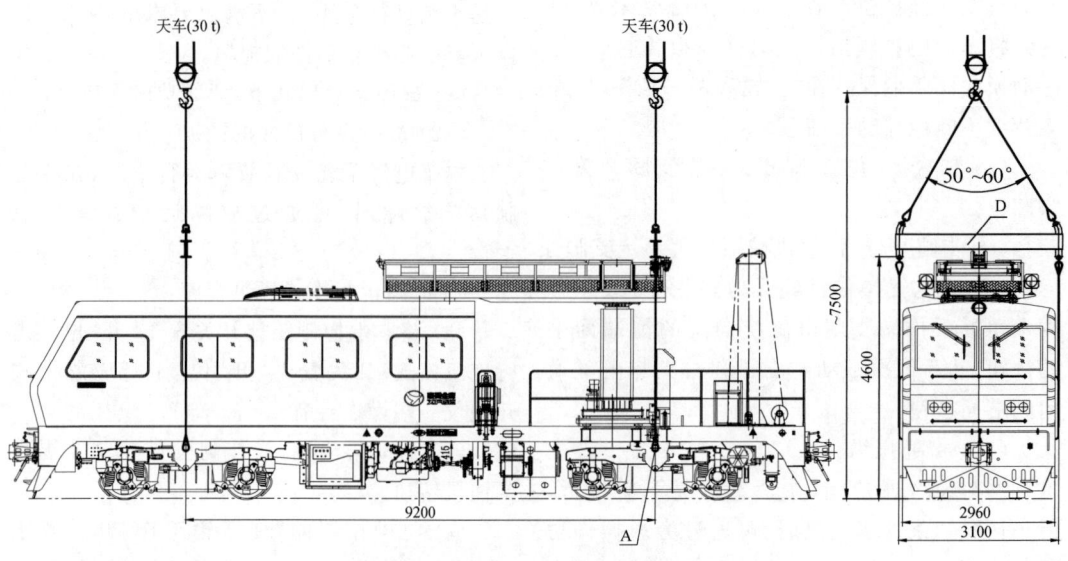

图22-12 整车吊装示意图

① 整车起吊操纵程序：

(a) 吊装位在主车架的牵引座（即图22-12A处）。将起吊销穿入牵引座吊装孔内，并穿好防脱螺栓，共计4处。

(b) 将吊装索具上部挂入起重设备的吊钩，再将吊装索具的钢丝绳套住起吊销。

(c) 确认各部连接可靠后方能起吊。

(d) 起吊必须遵守起重作业的有关安全规定。

② 整车起吊注意事项

(a) 吊装过程中应注意钢丝绳不得夹伤或碰伤车体，吊装索具与车体相接触处应垫护绳板或胶皮等软物。

(b) 吊装前必须将车上未固定的物品拆下或固定，防止掉落。

(c) 吊装时必须试吊，检查轴箱弹簧锁定、吊装点及钢丝绳安装是否可靠。

(d) 吊装完成后、车辆使用前，必须取下垫块。

4) 保养及维护

(1) 车辆的整备

① 燃油的整备。柴油机所使用的燃油规格应符合《重型柴油车污染物排放限值及测量方法（中国第六阶段）》(GB 17691—2018) 轻柴油的规定。夏季应选用0号轻柴油，冬季则应根据地区气候条件不同，分别选用－10号、－20号或－35号轻柴油。其质量不低于GB 17691—2018 中一级品的规定。两燃油箱的总容积为1000 L，车辆使用时，燃油应保持不少于250 L。加油应通过加油口的滤网进行，且应观察燃油箱两侧的油表，防止两侧油位不一致时燃油从较高油位侧外溢。为了加快上油速度，在加油时可以打开另一侧加油口，以减小燃油箱的背压，加快燃油箱上部空气的排出。

② 机油的整备。选择机油的原则：一是黏度适当；二是冬季和夏季不同，南方和北方不同。冬季、北方选用黏度较小的机油；夏季、南方选择黏度较大的机油。只有按规定选用适当牌号、黏度的机油，才能保证良好的润滑，减少机油消耗。本车发动机出厂加装美孚黑霸王机油，牌号为15W-40，CH-4级，适合WP12系列柴油机使用。润滑油容量36 L。也可采用潍柴专用机油，具体使用方法见柴油机使用保养说明书。

③ 液力传动油的整备。液力传动油不仅是传递动力的介质，还是液力元件冷却、润滑和机械变速箱的控制系统的工作油液。液力传动油品质好坏，直接影响到液力传动的性能和可靠性。液力传动油的牌号为TORQUE FLUID 32，用油约110 L。也可以采用液力传动箱使用保养说明书上推荐的其他牌号的液力传动油。本车首次使用500 h后换油一次，以后每工作2000 h或一年更换一次。如果未到换油时间就出现了传动油变质，也应更换。更换液力传动油时必须将管路、散热器、变速箱内的传动油放净并清洗，防止两种不同油混用。具体使用方法见液力传动箱使用保养说明书。

④ 冷却水的整备。柴油机冷却用水必须清洁，水质软硬度、酸碱度应适当。若水质过软，会对冷却系统侵袭过大；若水质过硬，水中矿物质多而形成水垢，则影响散热。若酸碱度过强，会腐蚀水冷却系统零部件。因此，冷却用水应符合《内燃机车用冷却液》(TB/T 1750—2006) 标准中的规定。推荐车辆加装防冻液（车辆出厂时已加装防冻液）。

⑤ 车辆用砂的整备。车辆上使用的砂子应具有良好的流动性，因此，要求砂子干燥，没有尘土和块状杂物，砂粒应在0.5～1 mm范围内，最小不小于0.2 mm，最大不大于2 mm。对砂子的要求具体见《机车车辆撒砂装置》(TB/T 3254—2019)。将砂子从砂箱顶部小盖处加入砂箱。装砂后，应注意将砂箱盖盖严拧紧，防止雨水漏入使砂子变潮结块，失去流动性。

(2) 车辆各部润滑

为了保证车辆的正常使用，必须在车辆启用前和运行期间对有关部件的运转摩擦部位按规定进行加油润滑。

① 柴油机的润滑。柴油机机油系统及增压器润滑油规格详见发动机随机配备的技术资料。给油周期及要求：油底壳油位应保持在

油尺上、下两刻线之间,车辆运行至第一次小修时须更换新油。具体可按柴油机使用保养说明书中的要求执行。

② 车钩的润滑。采用 ZG3 钙基润滑脂润滑,且应经常保持润滑油膜。

③ 轴箱的润滑。采用铁路机车轮对滚动轴承润滑脂润滑(符合《铁路机车轮对滚动轴承润滑脂》(TB/T 2955—1999)),且应经常保持润滑油膜。

④ 车轴齿轮箱的润滑。新车走合期满后应换油一次,以后每运行 6000 km 或使用半年换油一次。放油时应在油温未降低时进行。放净后用柴油或煤油冲洗壳体及齿轮,清洗油底壳放掉清洗油后加入新油,加油时应过滤以保持润滑油的清洁。不定期检查车轴齿轮箱润滑油油量,当下油位螺钉孔处无润滑油时,须及时添加润滑油。采用 ZG3 钙基润滑脂润滑,且应经常保持润滑油膜,车辆辅修、小修时加油一次。

⑤ 轴箱侧挡的润滑。采用 ZG3 钙基润滑脂润滑,且应经常保持润滑油膜。

⑥ 制动系统的润滑:

(a) 制动缸皮碗润滑采用 89D 制动润滑脂润滑,且应经常保持润滑油膜。

(b) 手制动装置采用 3 号锂基润滑脂润滑,车辆中修时加油一次。

(c) 基础制动各转动部位采用 ZG3 钙基润滑脂润滑,且应经常保持润滑油膜。

⑦ 动力传动装置的润滑:

(a) 分动箱润滑油采用推荐用油,加注润滑油至液位镜中部。每一次辅修应更换新油。有乳化现象时应更换新油。不定期检查分动箱润滑油油量,当润滑油液面低于液位镜观察孔时,须及时添加润滑油。

(b) 传动轴的十字销轴、花键、弹性联轴节采用 3 号锂基润滑脂润滑,且应经常保持润滑油膜。正常情况下,每次辅修、小修加一次油,加油时应使 4 个十字销轴端部都冒出油为止。

(c) 空气压缩机采用空气压缩机油 L-DAB68 润滑,油量约 3 L,油位应保持在油位镜中部。每次小修应化验一次,发现有乳化现象应更换新油。每次中修更换新油。也可根据空气压缩机说明书选用其他牌号的机油。

(d) 风扇皮带轮及空气压缩机张紧轮采用 ZG3 钙基润滑脂润滑,且应经常保持润滑油膜。

(e) 刮水器电动机及操动用气缸采用仪表油(SH0138)润滑,且应经常保持润滑油膜。

⑧ 起重机及支腿的润滑。伸缩臂、销轴、回转体、滚轮轴承采用 ZG3 钙基润滑脂润滑,操作手柄、定滑轮、动滑轮采用 3 号锂基润滑脂润滑,且应经常保持润滑油膜,以起重机说明书为准。

⑨ 自动调平的回转升降平台的润滑:

(a) 调平装置转轴、调平液压缸销轴采用 3 号锂基润滑脂润滑,且应经常保持润滑油膜。

(b) 立柱链条及内柱、外柱磨耗板采用 3 号锂基润滑脂润滑,每半年加油一次。

(c) 回转轴承采用 ZG3 钙基润滑脂润滑,每半年加油一次。

(d) 回转齿条采用 ZG3 钙基润滑脂润滑,每年加油一次。

⑩ 紧线柱的润滑:

(a) 检查耐磨板、卷筒支承处的轴承、线轮和钢丝绳的润滑情况,定期给各部加注 3 号锂基润滑脂,保证其机构的灵活性。

(b) 检查液压缸的工作情况,保证管路和液压缸正常工作。

(c) 定期给紧线减速机加注 30 号或 40 号机械油。

⑪ 液压油加注注意事项:

(a) 车辆投入运行后油箱的油位应在最高油位和最低油位之间,不足时加油补充。

(b) 发现液压油有乳化现象时应更换新油。

(c) 每次加油时,液压系统应循环过滤,达到液压油清洁度不低于 NAS1638 标准 9 级后才可以使用,否则会损坏液压系统中的元件。

(d) 在不同的地域和不同的季节,也可在技术人员的指导下使用其他牌号的液压油,但不同牌号的液压油不得混用。

(e) 本车首次使用 500 h 后换油一次,以后每工作 2000 h 或一年更换。如果未到换油时间而液压油变质的,也应更换。每次更换时应将全部液压油放尽,并对油箱及整个系统进行清洗。

(f) 油液加完后需要过滤达到规定的清洁度要求。

(g) 首次工作 20 h 和以后每工作 500 h,应清洗吸回油滤清器一次,换油和液压系统修理后也应清洗滤清器。

(h) 当遇到吸回油过滤器堵塞报警器发出堵塞报警信号时,应及时更换吸回油过滤器滤芯。

(3) 日常保养

见 22.1.2 节 JW-4 型接触网架线作业车中保养及维护的相关内容。

(4) 定期保养

轨道车辆每行驶 2500～3000 km 或每季度,进行一次定期保养。

定期保养是以全面检查、调整、紧固、润滑,并排除不正常状态为内容的检查工作。

除进行日常保养的内容外,应增加如下项目。

① 清洁空气滤清器、空气压缩机滤清器;排除风缸、均衡风缸、油水分离器中的积水和油污。

② 检查发动机、液力传动箱、分动箱、车轴齿轮箱的润滑油,必要时添加或更换。

③ 检查各种皮带的磨损情况,必要时调整或更换。

④ 检查传动轴、发动机、液传箱、分动箱、车轴齿轮箱的悬挂支承及安装紧固螺栓。

⑤ 检查传动轴的万向节、十字轴及花键磨损情况。

⑥ 检查主车架、转向架构架有无裂纹和变形。

⑦ 检查油压减振器的安装紧固及工作情况。

⑧ 检查蓄电池容量(使用蓄电池容量测试仪)。

⑨ 检查车钩的三态作用及车钩与车架连接的紧固螺栓。

⑩ 检查车钩高度、排障器高度,扫障器胶皮磨损严重时应及时更换。

⑪ 检查水散热器的散热效能,必要时清洗冷却系统。

⑫ 检查车轴齿轮箱悬挂装置和传动轴角度,必要时予以调整。

⑬ 检查车棚是否有锈蚀,油漆是否有脱落,必要时补漆。

⑭ 清洗静液压系统、传动箱附件等滤清器,必要时更换液压油。

⑮ 检查调平装置、平台、立柱等结构件有无裂纹和变形。

⑯ 检查调平装置铰支座的焊缝有无裂纹和销轴磨损情况。

⑰ 检查平台立柱和回转支承等的紧固情况。

⑱ 检查立柱内拉杆、链条及钢丝绳有无其他异常情况,各支座焊缝是否有裂纹。

⑲ 检查回转齿轮的磨损情况。

⑳ 清洗液压系统的滤清器,必要时更换液压油。

㉑ 检查和调整各机构的行程开关至合适位置。

㉒ 检查车下各垂下品距轨面的高度(要求不小于 60 mm)。

㉓ 及时消除所发现的其他故障及不正常现象。

㉔ 检查扫石器橡胶件底部距轨面高度是否符合 25～30 mm 的要求,不满足时调整。扫石器安装支架不得有变形、裂纹等异常情况。各安装螺栓齐全,不得有脱落。

(5) 走合期保养

新制或大修车辆的走合里程为 1000 km。在走合期内,应加强保养,随时检查,及时消除不良现象。轨道车辆在走合期内的运行中,应降低牵引质量 30%,如在长大坡道上行驶,应再适当减载。分动箱和车轴齿轮箱允许最高温度为 85℃;车轴轴承箱温升不得超过 55℃、最高温度不得超过 90℃。走合期满后,提前进行一次定期保养。

新车行驶 1000 km 后须进行下列工作。

① 清洗机油滤清器，清除空气滤清器内的污物。

② 更换液传箱、分动箱、车轴齿轮箱润滑油。

③ 检查蓄电池充放电状态。

④ 检查各部螺栓、销钉、开口销有无松动或脱落。

(6) 换季保养

结合定期保养，同时按规定用不同黏度的润滑油（夏季换用高黏度的润滑油，冬季换用低黏度的润滑油），调整蓄电池电解液的比重。

(7) 车辆长期不使用的保护

轨道车辆长期不使用时，应采取如下措施：

① 放掉冷却水（加装防冻液时勿放）。

② 清洗各滤清器。

③ 包扎好空气滤清器。

④ 所有油杯处加注润滑油。

⑤ 拆掉蓄电池。

⑥ 每月发动一次，并前后运行，进行检查保养。

(8) 低温环境下的贮存保养

① 车辆贮存温度应在-40℃以上，以防止液压油等油品凝固或变质，避免橡胶件失效。

② 在环境温度-25℃以下情况作业前，需对车辆在车库内预热，保证车辆正常运行。

5) 常见故障及排除方法

(1) 传动轴故障及排除方法如表 22-19 所示。

(2) 液压系统常见故障及处理方法如表 22-20 所示。

表 22-19 传动轴故障及排除方法

故障现象	原因分析	排除方法
传动轴抖振	传动轴弯曲变形	冷压校正后重新动平衡
	传动轴两端万向节叉的相对位置不正确	重新装配
	万向节十字轴轴承和传动轴花键磨损严重	更换
	动平衡片脱落	重新动平衡
传动轴异响	传动轴弯曲变形	冷压校正后重新动平衡
	万向节、十字轴、滚针轴承严重磨损	更换万向节
	传动轴花键松动	及时润滑或更换

表 22-20 液压系统常见故障及处理方法

故障现象	原因分析	处理方法
油泵发响	进油管堵塞	清洗滤清器进油管
	进油管漏气或破损	紧固接头或更换管路
	出油管或单向阀堵塞	清洗或更换
	油箱内油液太少	加油至规定油位
	油液黏度过大	换油
	空气滤清器堵塞	清洗或更换滤芯
	油泵损坏	更换
油管发响	管路未固定好	紧固
	管路堵塞或泄漏	清洗或更换
	管路接错	按规定连接
	控制阀未回到位	清洗或更换
	液压油污损或黏度过大	换油
	滤清器堵塞	清洗或更换
油温过高	以上两种故障均会导致液压油发热	采取相应办法

续表

故障现象		原因分析	处理方法
作业平台无上升、下降	操作时总油压表显示有压力	升降电磁换向阀下的节流阀开口太小	调节节流口大小
		平衡阀损坏	修理或更换
		升降柱卡住	排除异物及故障
		管路堵塞或接错	清洗管路并按规定连接
	操作时总油压表显示无压力	作业台电源未接通或未打开	打开电源开关并使其可靠接通
		升降电磁换向阀未通电或损坏	检修电路或更换电磁换向阀
		管路接错	按规定连接管路
		安全溢流阀卸荷或损坏	调整溢流阀,若无变化则更换
		紧线装置控制箱中的电源未关闭	关闭控制箱内的电源开关
作业平台无回转	操作时总油压表显示有压力	回转制动带未打开	调节螺杆使制动带松开
		回转电磁阀下的节流阀开口太小	加大节流阀开口
		马达或减速机卡住	排除异物及故障
		马达或减速机损坏	修理或更换
		管路堵塞	清洗管路
	操作时总油压表显示无压力	回转溢流阀压力调整过低	调整溢流阀压力至规定值
		回转马达或减速机坏	修理或更换
		回转电磁阀未通电或损坏	检修电路或更换电磁换向阀
		紧线装置控制箱中的电源未关闭	关闭控制箱内的电源开关
随车起重机无动作	压力表显示有压力	操纵方向错误	按正确方向操纵
		执行机构发卡	检查、排除异物
		操纵阀损坏	修理或更换
		管路堵塞	清洗管路
	压力表显示无压力	液压油箱内油量少	加油到规定位置
		管路、阀件漏油或内泄	修理或更换
		操纵阀损坏	修理或更换
	其他	—	按起重机使用保养说明书进行操作
使用手油泵无动作	进油管堵塞		清洗
	出油管堵塞		清洗
	出油单向阀堵塞或损坏		清洗或更换
	手油泵损坏		更换
紧线装置无卷扬(选装)	总压力表显示有压力	管路堵塞或接错	清洗管路并按规定连接
		马达、减速机或卷筒卡住	排除异物及故障
		马达或减速机损坏	修理或更换
	总油压表显示无压力	支承臂操纵箱内的电源开关未闭合或虽闭合但未接通	闭合电源开关,使电可靠接通
		两位电磁换向阀或三位电磁换向阀未通电或损坏	检查电路或更换电磁换向阀
	按故障按钮后仍无动作,总油压表无压力	管路接错	按规定连接管路
		两位电磁换向阀内泄	清洗或更换
		三位电磁换向阀内泄	清洗或更换
	按故障按钮后仍无动作,总油压表有压力	管路堵塞或接错	清洗管路并按规定连接
		马达、减速机或卷筒卡住	排除异物及故障
		马达或减速机损坏	修理或更换

续表

故障现象	原因分析	处理方法
紧线装置无升降(选装)	操作时总油压表显示有压力：单向节流阀开口太小	加大节流口
	液控单向阀损坏	更换
	支承臂卡住	排除异物
	管路堵塞	清洗管路
	操作时总油压表显示无压力：两位电磁换向阀内泄	清洗或更换
	三位电磁换向阀内泄	清洗或更换
	按故障按钮仍无动作：管路接错	按规定连接管路

22.2 接触网恒张力放线车

22.2.1 主要性能参数

接触网恒张力放线车按走行方式、最大张力值、功率进行选择，其主要性能参数如表22-21所示。

表22-21 接触网恒张力放线车主要性能参数

序号	自走行	功率/kW	最大牵质量/t	型号	整备质量/t	厂家	参考价格/万元
1	有	247	3	FX-5	70	金鹰重型工程机械有限公司	1190
2	有	250	3	H	80	宝鸡中车时代工程机械有限公司	1200
3	无	—	3	CFB536	70	金鹰重型工程机械有限公司，昆明中铁大型养路机械集团有限公司	900
4	有	—	2.5	普拉赛CEM/10	—	奥地利普拉塞陶伊尔公司	1200
5		74	3	ZECK		宝鸡中车时代工程机械有限公司	900
6	无	—		欧玛克			900
7		97		吉斯玛	70		723

22.2.2 典型机械产品

下面以金鹰重型工程机械有限公司生产的FX-5型接触网恒张力放线车为例进行介绍。

1. 概述

FX-5型接触网恒张力放线车主要由轨道平车、操纵室、张力机构、线盘架、拨线机构、升降回转作业平台、动力系统、液压系统、电气系统等组成，适用于电气化铁路接触网系统的架设、更新与回收。在放线作业过程中，线索的张力在驾驶室内的计算机显示器上设定及显示，并由张力传感器测出线索的实际张力。在工业控制微机的控制下使接触导线或承力索保持恒定的张力。本车能放双线，可将接触导线或承力索支撑到所需的高度；放线时导线或承力索高度、导线拉出值既可在放线车后端的接触网作业车平台上通过无线遥控器进行远距离控制，也可在室内操纵台上通过转换开关手动控制，还可在室外拨线机构旁用液压操纵手柄控制，以方便作业人员进行起落锚、挂导线或承力索及安装接触网零件。

2. 主要技术参数

1) 整车使用环境

环境温度：-20～45℃。

海拔高度：≤3000 m。
相对湿度：日平均不大于90%。
风力：≤7级。
设备适用场合：室外作业。
线路最大超高：200 mm。
线路最大坡道坡度：2.5%。

2）整车主要技术参数
轨距：1435 mm。
轴距：2000 mm。
车辆定距：17 600 mm。
整备质量：65 t。
通过最小曲线半径：120 m。
构造速度：120 km/h。
放线张力（放单线时）：7～30 kN（接触导线）；7～30 kN（承力索）。
放线张力（放双线时）：7～20 kN（接触导线）；7～20 kN（承力索）。
最高放线作业速度：6 km/h。
最高收线作业速度：1 km/h。
车钩：13B型下作用式车钩。
缓冲器：ST型。
发动机功率，转速：247 kW，1900 r/min。
燃油箱容积：600 L。
车钩中心线距轨面高度：(880±10) mm。
外形尺寸（长×宽×高）：25 930 mm×2980 mm×4750 mm。
限界：符合GB 146.1—2020。

3）拨线机构技术参数
外形尺寸（长×宽×高）：1895 mm×760 mm×3592 mm。
最大伸缩行程：2200 mm×2。
倾摆范围：±37°（相对垂直面）。
作业范围：垂向（至轨面）5000～8200 mm；横向（车辆中心）±3000 mm。

4）导向柱技术参数
外形尺寸（长×宽×高）：1525 mm×540 mm×2670 mm。
作业范围：垂向（至轨面）3820～5120 mm。

5）线盘架技术参数
可收放线线盘规格尺寸：侧板最大直径2000 mm，最大宽度1400 mm；最大线盘内宽1120 mm。

线盘轴直径：75 mm。
线盘质量：3.5 t（导线或承力索）。
线盘出线（尾线）最大张力：3 kN。

6）张力机构技术参数
张力测量范围：0～45 kN。
张力误差范围：≤8%（起步及停车时）；≤3%（匀速运行时）。
放线规格：80～240 mm²（各种导线和承力索）。

7）发动机技术参数
型号：潍柴WP12.336N。
型式：直列、直喷、水冷、四冲程、增压中冷、高压共轨。
缸数×缸径×行程：6×126 mm×155 mm。
活塞总排量：11.596 L。
标定功率：247 kW。
标定转速：1900 r/min。
最大扭矩：1600 N·m。
最大扭矩转速：1150～1250 r/min。
最低稳定转速：(750±50) r/min。
最高空载转速：2150 r/min。
最低燃油耗：196 g/(kW·h)。
排放限值：符合GB 17691—2018和GB 3847—2018。

8）调平升降回转作业平台技术参数
外形尺寸（长×宽）：5500 mm×1750 mm。
最大起升高度：7100 mm（平台地板面距轨面）。
作业半径：4500 mm。
平台回转中心最大承载质量：1000 kg。
平台最远端最大承载质量：300 kg。
平台回转角度：±120°。

3. 操作及使用方法

FX-5型接触网恒张力放线车用于电气化铁路接触网架设与更新中的收放线作业，也可与接触网作业车、轨道平车、轨道起重车一起组成抢险车组。

1）放线车的整备
（1）液压油应在液压油箱2/3以上高度，若不够须添加。
注意：所加的液压油必须与液压油箱内的液压油牌号一致。

(2) 燃油箱中的油应加注到燃油箱总容量的 90%~95%。

(3) 检查传动齿轮箱润滑油油位,不够时添加。

(4) 检查发动机机油,不够时添加。

(5) 检查各润滑部位是否有足够的润滑脂(油),不够时添加。

(6) 工具、备品备件准备齐全。

2) 发动机的启动与停机

(1) 发动机的启动

① 启动前的准备工作

(a) 除应仔细检查各部位紧固连接情况、操纵机构是否灵活外,还应着重检查风扇皮带是否完好,风扇导风罩是否扣牢,发电机皮带是否完好。

(b) 检查油底壳内机油油面高度是否在机油标尺上、下限之间,新的或经过检修过的柴油机机油必须加至机油标尺的上限。

(c) 检查燃油箱内的柴油量及供给系统是否完好(油路中有无渗漏和进气),用手压泵泵油后对燃油系统进行排气。

(d) 检查电控油门装置是否正常,油门按钮有无破损和发卡,启动继电器及其上的螺母有无松动,另应检查电源总开关、电源总保险、电瓶连线、接地装置、充电发电机等承载大电流负载的电缆端部接头接线有无松动等。

② 启动柴油机的步骤

(a) 插入电源总开关钥匙,向右转到工作位置上(右I位)。

(b) 将行车操纵台上的启动钥匙开关切换至"开"位,使发动机电控系统送上电源;检查其他设备,确定正常后将开关扳至"启动"位,启动柴油机。柴油机启动电动机连续启动时间不得超过 10 s,启动时间间隔 1 min。柴油机启动后,应让柴油机在(700±50) r/min 转速下低速运行约 1 min,然后用低速低负荷进行暖机;柴油机运转时不能关闭总电源钥匙开关,否则有可能损坏柴油机上的电子控制元件。

(c) 柴油机启动后应检查仪表工作是否正常,在低转速空转时要对油压进行监视,低速空转时,油压指示灯必须熄灭;观察充放电流表是否充电,以判断发电机是否发电;检查零部件有无敲击、松动和其他不正常的响声,以及各部位有无渗漏情况。

发动机使用、维护保养及维修等注意事项请参照《潍柴 WP12 型柴油发动机使用说明书》。

(2) 柴油机运转期间的检查

① 检查零部件有无敲击、松动或其他不正常的响声。

② 检查有无发电机或其他电器因高热所产生的异常烧焦气味。

③ 检查燃料、冷却、润滑各系统有无泄漏情况。

④ 检查机油压力、电流及柴油等仪表的读数是否正常。在额定转速(≥1100 r/min)时,主油道的机油压力一般为 400~550 kPa;急速运转时机油压力最低为 175 kPa。

⑤ 检查小型断路器是否发热,电气控制箱内有无元器件、电线烧焦的气味。

(3) 发动机的停机

在正常情况下,要停止柴油机,应先关闭相应开关切除负载(如放线车应停车制动,将张力盘、放线盘的开关转换至制动位,各作业机构复位等);再前推油门控制手柄,以中低速运转几分钟,使柴油机逐渐均匀地冷却;最后将启动开关切换至"关",切断发动机 ECU 控制电源,即可停机。

3) 线盘的装卸

(1) 线盘吊装前先启动发动机,使液压系统工作,同时伸出轨道起重机的支腿,根据线盘的重量和距离线路中心的距离,选择支腿全伸或半伸,支腿支撑的位置必须坚实,并在每个支腿下垫 500 mm 长枕木头各 2 个。

(2) 安装线盘前,先根据线盘的尺寸将线盘在线盘轴上固定好,如果线盘较窄,可增加套筒进行调整,尽量使超声波传感器照射在线盘中心。起吊后将线盘轴两端放入线盘架凹槽内,用安全销和弹簧销锁定好,将力臂销轴穿到线盘上的孔内,用螺母固定。旋转紧定盘,使线盘紧固。线盘的拆卸与上述过程相反。

4) 放线前的准备工作

(1) 放线前的线路状态

① 锚段内所有的全部接触网支承及定位装置已经在支柱上装配完毕。

② 两端下锚的补偿装置已装配完毕。坠砣杆高度按照要求调节至计算规定的位置。

③ 用铁线在两端锚柱处将坠砣杆临时吊起离地，然后放好坠砣。

④ 用专用工具（如手扳葫芦）在起锚处将坠砣与支柱固定，进行"活锚"连接。

⑤ 施工锚段的前后相邻锚段应停电，并接好搭铁线。

（2）技术准备工作

① 施工锚段所需的吊弦应根据计算要全部预制完毕。

② 施工锚段所需的中心锚结绳要预制完毕。

③ 施工锚段所需的电连接线及隔离开关引线要预制完毕。

④ 施工锚段如果有下锚非工作支，应预制完毕。

⑤ 计算出施工锚段所需的放线的张力大小。

⑥ 根据放线锚段长度，确定承力索和接触导线长度，应比实际放线长度长 75~80 m 以上。

（3）施工车辆准备

① 按照放线施工方向将施工车辆编组为：梯车若干、JW-3 型接触网作业车（3~4 台）、FX-5 型接触网恒张力放线车。

② 将接触线和承力索线盘吊装在放线车上（吊装时注意线头方向，有接触网时注意与接触网的安全距离）。

③ 将网套连接器与线索连接后，按线索引出方向将尼龙绳在张力盘的线槽内缠绕 4.5~5.5 圈。人工牵引尼龙绳，将尼龙绳拉紧，驱动张力机构，将承力索和接触导线从张力盘中引出。

注意：对于 120 mm² 及以下的线索，其在张力盘上的缠绕圈数应为 4~5.5 圈；大于 120 mm² 的线索，在张力盘上的缠绕圈数应为 5.5 圈。如线索在张力盘上缠绕圈数过少，将导致线索与张力盘线槽间产生相对滑动。一方面会加速尼龙线槽磨损；另一方面线索中的张力将变得不易控制。

④ 将线索穿入导向柱及拨线机构导向孔，将线索引到接触网作业车作业平台的远端，把承力索的楔形线夹或接触线的终端锚固线夹装配到位，用铁线固定在平台上。此时线索不带张力。

5）放线作业

（1）起锚作业

① 放线车组到达起锚柱后，将接触网作业车停在转换柱旁的分段位置处，各作业车解锁，第一辆接触网作业车后面的作业车后退至起锚柱后。

② Ⅰ、Ⅱ号拨线机构，Ⅰ~Ⅳ号放线盘横移机构，导向柱均解除锁定。

③ 合上操纵台右上角的各断路器开关，按下鸣笛按钮后启动发动机，怠速运行数分钟后暖车并逐步升速至额定转速 2100 rpm 左右。

④ 将工况选择开关置于"试验工况"位置，以便张力盘、放线盘、拨线机构、低速走行机构能单独动作。

⑤ 将低速走行控制开关置于"挂挡"位，使走行马达挂挡，当操纵台上"Ⅰ-Ⅳ轴作业走行"黄色指示灯均点亮后，将该开关置于中间位，走行马达摘挂机构自动锁定。

⑥ 将液压操纵台上的Ⅰ号及Ⅱ号张力盘远程溢流阀手柄、Ⅰ号及Ⅱ号系统放线盘远程溢流阀手柄逆时针旋转至压力最小位置；将操纵台上Ⅰ号及Ⅱ号系统放线模式开关（SA7、SA8）转换至"手动"位，此时用手动调节液压压力的方式来完成起锚作业（微机无输出）。

⑦ 将Ⅰ号及Ⅱ号系统放线盘横移控制开关（SA30、SA31）置于"自控"位；拨线机构控制模式开关（SA22）置于"遥控"位，开启遥控发射器电源开关；将Ⅰ号及Ⅱ号张力盘机构控制开关置于中间位，升起导向柱及拨线机构，使接触导线或承力索的高度高于前一锚段线索的高度，准备穿线。

⑧ 解开固定在平台上的接触导线或承力索，接触网维修作业车平台上的人员将接触线或承力索穿过前一锚段的线索，将线索在平台上固定牢靠。

⑨ 将放线盘选择开关对准待工作的放线盘，使放线盘制动器缓解，调整远程溢流阀手柄，使压力约为 3 MPa。

⑩ 根据室外指挥人员的安排，将Ⅰ号或Ⅱ号张力盘控制开关置于"排线"位置，调整对应

张力盘远程溢流阀手柄,使压力约为 3 MPa 而将线索排出;同时接触网维修作业车向锚柱方向缓慢行驶,停在补偿装置与线索连接处(拉线),线索排出长度足够后将张力控制开关转换至中位制动;按下放线车操纵台上的"急停"按钮使放线车处于制动工况。

⑪ 解开固定在平台上的接触线或承力索,然后用大绳将承力索或接触导线的补偿装置提升到平台上,通过绝缘子与承力索或接触导线连接;连接完毕后,根据指挥人员的安排将张力盘控制开关转换至"作业"位,拉紧导线或承力索后将该开关置中位使张力盘制动。

⑫ 将操纵台上的Ⅰ号及Ⅱ号放线模式选择开关置于"微机"位,各远程溢流阀手柄逆时针调整到最低压力位置。

⑬ 将工况选择开关(SA9)置于"作业工况"位,使控制系统联锁电路开始起作用,防止起锚完毕且张力盘制动状态下开行放线车或升起拨线机构拉断线索。

⑭ 在计算机触摸屏上点动设置放线张力,张力设置范围为 7~30 kN;放线盘尾线拉力自动设置为放线张力的 10%,作业时可对此张力进行微调。

⑮ 选择放线线索类型、设置作业号、里程清零后,单击触摸屏上的"自动控制"按钮,当"自动控制"按钮变换为"停止"按钮时放线车进入自动控制状态。

(2) 放线作业

① 当总风缸的风压不小于 800 kPa,操纵台上的"风压报警"红色指示灯熄灭后,即可将低速运行方向开关(WK1)置于"放线"位,走行调速旋钮对准约 20%~30%位置,缓解急停按钮,放线车开始起步,逐步调节走行调速旋钮,使放线车以 2~6 km/h 的速度行驶,中途尽量不要停车。在曲线区段应降低速度,缩短与作业车的距离,减小作业车挂导线或承力索的难度。

② 接触网作业车平台上的作业人员通过遥控器调整 FX-5 型接触网恒张力放线车拨线机构的高度和拨线量,使承力索落入钩头鞍子或使导线接近定位点,施工人员将承力索与钩头鞍子或将导线与定位线夹固定,调好拉出值;完成后,驶向下一个支柱。

③ 后续作业车或梯车完成吊弦及中锚安装等其他工作。

④ 收线作业。在放线作业过程中,若出现需要收线的工况,需按以下步骤操作:

(a) 保证所设定的放线张力不变,但对应的两套系统放线盘反拉力应增加到 2 kN 以上(对应线盘液压系统工作压力不小于 6 MPa)。

(b) 将运行方向控制开关(WK1)置于"收线"方向,缓解放线车,调整速度控制旋钮,使收线速度不大于 1 km/h。

注意:如果收线速度过快(大于 1 km/h)或放线盘反拉力设定值过低(小于 2 kN),将会导致线盘收线速度小于车速,导线或承力索可能在张力盘松弛而乱线。

⑤ 尾线补偿作业:

(a) 当放线盘上的线索快放完时(剩 6~10 m),放线车应停车并退出自动控制状态(此时张力机构制动器、放线盘制动器均制动,放线张力得以保持),将线盘选择开关置于中位。

(b) 压紧张力盘上的压线滚轮,将手扳葫芦的一端固定在放线架底架上,另一端用紧线器卡紧在线索上,扳动手扳葫芦,拉紧尾线后剪断放线盘上的剩余线索。

(c) 将尾线卷扬机控制开关置于"排线"位排出钢丝绳到足够的长度后,将钢丝绳上的网套连接器与张力盘上的线索连接在一起,在其连接端部用 ϕ2~4 mm 的铁丝穿进网套,并在线索上缠绕 3~5 圈后用老虎钳拧紧,稍微松开压线滚轮。

(d) 将线盘选择开关恢复至原来的工作位置,控制系统重新恢复自动控制状态。

(e) 放线车继续以 1~2 km/h 左右的速度运行,直至落锚点停车。

注意:此时张力盘上的线索还应剩余 1.5~2 圈,避免线索全部从张力机构放出后从网套连接器中脱出,造成放线事故。

(f) 放线过程中应注意观察线盘上导线或承力索的剩余长度,当线盘上的导线或承力索快放完时应及时停车,避免线索从线盘上脱出后造成不能进行恒张力放线作业或导致已放出的线索坠地。

(3) 落锚作业

① 接触网作业车停在下锚补偿装置与承力索或接触导线的连接处,平台立柱与连接处对准,平台向落锚连接方向回转90°。

② 平台上的人员用大绳将补偿装置提升到平台上,将紧线器套在杵环杆上;操纵人员用遥控器将放线车上的拨线机构向下锚侧转动,使承力索或接触导线接近锚柱。

③ 将紧线器另一端套在承力索或导线前方合适位置,挂上手扳葫芦,放线车拨线装置停止动作,点动触摸屏上的"停止"按钮,放线盘及张力盘制动。

④ 通知起锚处的人员将固定坠砣的装置拆除,然后开始紧线,当下锚坠砣升到规定的高度后停止紧线。

⑤ 将下锚补偿装置与线索模拟连接,在需要断线处作出标记。

⑥ 通知放线车操作人员操纵Ⅰ号或Ⅱ号张力机构控制开关至"排线"位,使张力机构反转,使线索完全松弛下来,平台上的人员将线索在标记处剪断,把承力索的楔形线夹或接触线的终端锚固线夹装上,然后通过绝缘子和补偿装置连接。

⑦ 连接完毕后松开手扳葫芦,取掉紧线器,降下平台,将工具材料从平台上卸下。

⑧ 后续工作人员将吊弦、电连接等安装完毕。

⑨ 使放线车张力机构处于收线状态,将多余线收回。

⑩ 将放线车各拨线机构恢复到中位并降低到最低位置后锁定;各放线盘横移机构复位后锁定;导向柱降到最低位置后锁定。

⑪ 将低速走行控制开关置于"摘挡"位使低速走行马达摘挡,操纵台上的"Ⅰ-Ⅳ轴联挂走行"绿色指示灯点亮后才能允许与其他动力车辆联挂高速运行。

⑫ 作业完毕,各车联挂,返回车站。

(4) 放线作业安全注意事项

① 放线车组高速运行时,在未到达作业地点停车之前严禁开启放线车电源及启动发动机,也不允许操纵各作业机构的控制开关,以避免作业机构超限或放线车紧急制动造成事故。

② 放线车到达起锚点停车后,各室内外紧急停车按钮应弹起复位,电源总开关开启,同时开启遥控发射器电源。

③ 开始作业前应检查"急停"指示灯是否点亮,如已点亮,应检查各急停按钮状态及张力盘或放线盘的压力是否正常,只有排除故障后才能进行放线作业。

④ 放线作业时,工况选择开关应置于"作业工况";控制系统未进入"自动控制"状态时放线车不能开车;放线作业结束前(指落锚完毕前),放线盘选择开关、张力盘控制开关的位置应一直保持不动,否则会造成放线事故。

⑤ 放线车最高车速不能高于6 km/h。

⑥ 作业时非施工人员严禁登上放线车,避免干扰正常的施工作业。

⑦ 车上的急停按钮只有在遇到紧急情况时才可按下,无特殊情况时应尽量避免按下急停按钮;非作业人员严禁随意操作、触碰放线车上的触摸屏、急停按钮或驾驶室内的其他任何开关、按钮及电器。

⑧ 放线车驾驶员在听到停车指令时,无须确认,应立即实施紧急制动,准备随时停车;当拨线机构、横移机构出现异常时,应立即按下"机构卸荷"按钮,并停车检查。

⑨ 放线车控制室操作员应根据接触网作业车上施工联络员的指令进行操作。操作过程中,应严密监视线索的张力值、运行速度、张力盘机构及放线盘机构等的运行状况,一旦发现异常,应立即按下紧急停车按钮。

⑩ 放线车驾驶室外的其他作业人员应严密监视张力盘线槽处、放线盘出线处、拨线机构及导向柱上的导向滚轮工作是否正常,还应观察液压系统及发动机燃油系统是否漏油、发动机工作是否正常等,一旦出现异常情况应立即按下栏杆上的紧急停车按钮。

⑪ 作业时,张力盘线索入口、张力盘驱动齿轮、拨线机构两侧、线盘架两侧栏杆处严禁

站人。

⑫ 曲线区段作业(无论是放线作业还是收线作业)时,接触网作业车平台上的作业人员严禁站在线索曲线内侧,防止线索从腕臂固定位置处脱落而打击曲线内侧人员;也禁止作业人员站在腕臂导线固定点"之字值"内侧。

⑬ 接触网维修作业车操作员应根据接触网线索的安装情况,配合施工人员用遥控器进行拨线操作,一旦发现异常应立即按下无线遥控器上的紧急停车按钮。

⑭ 驾驶室内禁止使用无线对讲机(因对讲机对恒张力控制系统会有不利影响)。

⑮ 在放线作业时,各道口应严格防护,严禁行人在施工线路穿行;施工人员严禁攀登到施工线索上作业。

⑯ 放线作业落锚时,应先停车再按下触摸屏上的"停止"按钮,使张力机构、放线盘机构制动。在放线车未停稳之前,无论出现何种情况,严禁将张力机构、放线盘机构制动。

⑰ 若进行收线作业,触摸屏上的放线盘反拉力应不小于2 kN(对应线盘液压压力不小于6 MPa),注意收线过程中整车速度不能超过1 km/h,超过时放线车应适当降低速度,否则张力盘、放线盘转速跟不上收线速度时,会导致张力盘线槽上的线索乱槽。

⑱ 作业完毕后,导向柱应降到最低位置,各拨线机构应回复中位且降到最低位置后锁定;各放线盘应回复中位锁定;旋转警灯熄灭后,各开关及按钮置于断开位置(张力盘控制开关及放线盘选择开关应置于中位,各急停按钮右旋复位,放线盘横移机构控制开关应置于停止位,低速运行开关处于中位),低速走行马达摘挡、发动机熄火、关闭电源总开关、断开操纵台上的所有小型断路器后才允许牵引放线车高速运行。

⑲ 张力盘机构、拨线机构附近设有踏梯,在电气化区段作业时,应确保接触网断电并验电接地后才能上去;平时在接触网有高压时严禁攀登,发动机引擎罩、液压油箱也是如此。

⑳ 电取暖器使用注意事项:本车电取暖器安装在卧铺与侧墙之间,因此卧铺上部与侧墙间应预留50mm左右的散热间隙,并且其表面不能覆盖遮蔽物,以便产生的热量能尽快散发到驾驶室,提升室内温度,同时避免电暖器表面附近聚热过多产生危险后果。

(5) 作业人员分工建议(仅供参考)

① 设放线指挥人员1人,负责对架线过程的协调指挥,配备无线对讲机1部。

② FX-5型接触网恒张力放线车上共4人。其中驾驶员1人,负责控制系统的操作;电气、内燃、液压工各1人,负责监视所分管设备的运行状况,并负责穿线及监视张力机构出线情况;驾驶员配备无线对讲机1部(主要接受外部信息,需要讲话时应在驾驶室外使用,以免对驾驶室的电子设备产生干扰)。

③ 接触网作业车共上6人。主、副驾驶员各1人,配对讲机一部;拨线机构操作员1名,负责在平台上用遥控器操作放线车拨线装置,配对讲机1部;施工人员3名,主要挂导线或承力索,进行起锚及落锚作业。

④ 接触网施工人员分工:

(a) 第一组　道口防护人员1~3人,负责对架线区段各道口进行防护。

(b) 第二组　2人,组长1名。在地面负责起锚端的起锚、隔离开关引线安装、坠砣固定装置拆除等工作。

(c) 第三组　6人,组长1名,位于放线车后的接触网作业车上,负责起锚、落锚、各支柱悬挂点的安装,部分吊弦的安装。

(d) 第四组　10人,组长1名,位于放线车后的第二、三台作业车上,负责锚段内吊弦及落锚处电连接的安装;电连接、隔离开关引线的安装,锚段关节的调整,线索弛度的调整,部分吊弦的安装。

(e) 第五组　2人,在地面配合落锚作业。

4. 维护及保养

FX-5型接触网恒张力放线车在运用过程中,由于各种因素的影响,其作业机构、零部件必然会逐渐产生不同程度的自然松动、磨损或意外的机械损伤。若不及时进行必要的保养和润滑,其性能、机件的工作可靠性就会降低,因此必须根据放线车的运行状况,定期进行必要的保养。放线车的保养分为：日常保养、定期保养、走合期保养、换季保养及长期存放的保养。

1) 日常保养

日常保养是放线车出车前后及运用中进行的，以清洁、紧固、调整、润滑为主要内容的预防性检查工作，目的是使车辆保持良好的运用状态，一般由本车工作人员进行。

日常保养的主要项目如下：

(1) 清洁车身及各机构。

(2) 检查车架及各作业机构的焊缝，必要时校正并补焊加强；特别是拨线机构的回转部分、升降回转平台的倾摆机构部分等是重点检查部位。

(3) 检查空气制动管路的密封，排除副风缸、集尘器中的积水和油污。

(4) 检查液压系统、发动机有无漏油现象。

(5) 检查各部连接螺栓、连接销及防松用的开口销、防松片。

(6) 检查轴箱弹簧是否有折断或裂纹。

(7) 检查手制动装置的工作情况。

(8) 检查销孔的间隙和杆件的磨耗情况，必要时调整车轮踏面与闸瓦的间隙。

(9) 检查顶子、旁承磨耗板是否磨耗过限。

(10) 检查液压箱、传动齿轮箱（与发动机相连）、张力装置减速箱、发动机中的机油油量。

(11) 检查张力盘机构、线盘架、拨线机构、平台倾摆及升降回转各机构、导线轮的润滑情况。

(12) 运行中注意观察各仪表的显示，发现问题及时处理。

(13) 运行中注意检测车轴轴箱装置的温升，当高于环境温度40℃时必须停车检查，处理后方能继续行车。

(14) 检查立柱、倾摆机构等润滑情况并加润滑脂。

(15) 检查立柱磨耗板的间隙，必要时更换磨耗板。

(16) 检查回转机构的润滑情况并加润滑脂。

2) 定期保养

定期保养是以全面检查、紧固、润滑并排除不正常的状况为内容的检查工作。定期保养由使用单位修理部门进行。一般情况下，每运行1500～2000 km或运行200 h，必须进行一次定期保养。如果使用较少，至少每6个月进行一次定期保养。

定期保养时，除进行日常保养的内容外，还应增加如下项目：

(1) 检查张力机构、线盘架、拨线机构、作业平台端部导向轮等紧固螺栓的紧固情况。

(2) 检查各轴承装置及各润滑点的润滑油脂，必要时更换。

(3) 检查液压箱、传动齿轮箱（与发动机相连）、张力机构减速箱、发动机中的机油油质和油量，必要时更换。

(4) 检查制动缸、副风缸的悬挂支承及安装紧固螺栓。

(5) 检查底架、转向架有无裂纹和变形。

(6) 检查车钩的磨损情况及车钩与车架连接的紧固螺栓。

(7) 检查车钩的高度及制动软管连接器胶管，必要时须更换软管。

(8) 检查轮瓦间隙，必要时予以调整或更换闸瓦。

(9) 检查蓄电池液面高度、比重，清洁极柱。

(10) 清洁发动机燃油滤清器、空气滤清器、液压油滤清器，必要时更换。

(11) 检查拨线机构磨耗板、拨线机构各轴承是否磨损，磨损超限的予以更换；检查轮轴配合状态，检查车轮磨损情况，对车轴进行无损探伤，检查车轮内侧距。

(12) 检查各安全保护装置。

(13) 检查平台、立柱、倾摆机构等结构件有无裂纹和变形。

(14) 检查平台立柱和回转支承、倾摆机构等的紧固情况。

(15) 检查回转齿轮的磨损情况。

3) 走合期保养

走合期指新车出厂至行驶1000 km或运行150 h以内。在此阶段，放线车各部分之间均处于磨合期，应特别注意保养。保养要点如下：

(1) 应加强对走行部、传动部件的润滑、检查及各对紧固件的紧固；对发动机的工作状况要仔细观察并作好记录，对齿轮箱和轴箱的温升应经常测量，有过热现象必须查明原因并处理。

(2) 走合期满后各部件的润滑油要全部放尽，清洗后，按要求的润滑油类型及数量进行更换，对各加润滑脂的部位加润滑脂。

(3) 在首次工作 50h 后，清洗液压油滤清器，在走合期满后再清洗一次。

其余按定期保养的内容进行。

走合期的保养以使用单位修理部门为主导，本车乘务人员参加。

4）换季保养（每 6 个月一次）

换季保养是在季节温度变换时进行的一种实时性保养，由本车乘务人员负责，修理人员必要时参与。

(1) 进入夏季时的保养工作内容：

① 清洗液压油散热器；

② 换用夏季润滑油；

③ 根据夏季温度使用相应的燃油；

④ 对发动机进行换季保养；

⑤ 检查和调节蓄电池电液比重。

(2) 进入冬季时的保养工作内容：

① 使用冬季润滑油；

② 使用冬季柴油；

③ 调节蓄电池电解液比重；

④ 对发动机进行换季保养。

5）长期存放的保养

放线车长期不使用时，应采取如下措施：

(1) 清洗各滤清器。

(2) 包扎好空气滤清器。

(3) 所有油杯处加注黄油。

(4) 拆掉蓄电池。

(5) 每月发动一次，并前后运行和各机构空载动作，进行检查保养。

6）润滑

放线车上许多构件、零部件的使用寿命，在很大程度上与正确、及时、良好的润滑有关。车辆在使用中，应结合保养，在指定部位按规定的润滑周期和润滑油（脂）进行润滑作业。对各部位的润滑要求如表 22-22 所示。

表 22-22 主要润滑点及润滑要求

序号	部件名称	油(脂)规格	给油(脂)量	处数	周期
1	轴承箱	铁道脂	按规定	8	定期保养
2	手制动装置	钙基脂	适量	1	小修
3	制动缸	钙基脂	适量	2	小修
4	基础制动活动处	机油	适量	—	定期保养
5	车钩缓冲装置	机油	适量	2	日常保养
6	张力机构（驱动齿轮齿圈）	锂基脂	适量	2	日常保养
7	线盘架（两端支座、驱动齿轮）	锂基脂	适量	8	日常保养
8	拨线机构（内外柱间、转轴）	内外柱间用的钙基脂；转轴上用的锂基脂	适量	6	定期保养
9	张力盘减速机内	Omala 320（壳牌润滑油）	1.5 L（润滑油在水平轴线处）	2	定期保养
10	张力盘制动器内	N46 号抗磨液压油	2 L（润滑油在水平轴线处）	2	定期保养
11	发动机	15W/40 CF-4 及以上级别	按油尺刻度	1	日常保养
12	分动箱	SAE 85W/90	按油位	1	日常保养
13	车轴齿轮箱	SAE 80W/90	15 L	—	定期保养
14	立柱	钙基脂	适量	16	日常保养
15	立柱回转齿圈	钙基脂	适量	1	日常保养

续表

序号	部件名称	油(脂)规格	给油(脂)量	处数	周期
16	立柱回转减速机	30号机械油	适量	1	日常保养
17	各处销轴	钙基脂	适量	2	日常保养
18	立柱内滑轮及链条	锂基脂	适量	4	定期保养
19	倾摆机构、锁定机构	钙基脂	适量	4	日常保养

22.3 接触网放线车

22.3.1 主要性能参数

接触网放线车按张力值、放线架数量等进行选择,其主要性能参数如表22-23所示。

表22-23 接触网放线车主要性能参数

序号	放线架个数	张力值/kN	型号	价格/万元	结构	厂家
1	4	1.5	FX-3	75	整车含底盘	金鹰重型工程机械有限公司,太原中车时代轨道工程机械有限公司
2		1.6	TY4B	70		
3	1	0.5	JWF-20G	6	单个放线架放平车上,可以放4个	武汉川铁科技有限公司

22.3.2 典型机械产品

1. FX-3 A型接触网放线车(金鹰重型工程机械有限公司)

1) 概述

FX-3A型接触网放线车主要由轨道平车、操纵台、张力盘机构、线盘架、导向柱、动力系统、液压系统、电气系统等组成,适用于电气化铁路接触网导线或承力索的新线架设与旧线更新。在放线作业过程中,线索的张力在操纵台上通过远程溢流阀手动设定,并由张力传感器测出线索的实际张力,由操纵台数码显示器将张力显示出来。放线架设有手动横移机构,可手动操纵放线架横移,保证尾线偏摆角度趋向最小。

2) 主要技术参数

(1) 整车使用环境

环境温度: −20~45℃。

海拔高度: ≤3000 m。

相对湿度: 日平均不大于90%。

风力: ≤7级。

设备适用场合: 室外作业。

(2) 整车主要技术参数

轨距: 1435 mm。

轴距: 1800 mm。

车辆定距: 9000 mm。

整备质量: 28 t。

通过最小曲线半径: 120 m。

构造速度: 120 km/h。

最大放线张力: 15 kN。

张力误差范围: ±3.5%(匀速运行时)。

最高放线作业速度: 6 km/h。

车钩: 13A型下作用式车钩。

缓冲器: ST型。

燃油箱容积: 300 L。

车钩中心线距轨面高度: (880±10) mm。

外形尺寸(长×宽×高): 13 938 mm×2980 mm×3800 mm。

限界: 符合GB 146.1—2020。

(3) 导向柱技术参数

外形尺寸(长×宽×高): 1525 mm×540 mm×2670 mm。

作业范围：垂向(至轨面)3820～5120 mm。

(4) 线盘架技术参数

可收放线线盘规格尺寸：侧板最大直径 2500 mm、最大宽度 1200 mm；侧板最小直径 1000mm。

线盘轴孔直径：80 mm。

可收放线线盘质量：3.6 t(导线或承力索)。

(5) 张力盘机构技术参数

放线张力：8.5～15 kN。

张力控制误差范围：±3.5%(匀速放线时)。

放线规格：70～250 mm^2。

(6) 发动机技术参数

型号：F2L2011。

额定功率：21.3 kW。

额定电压：24 V。

最高空载转速：2500 r/min。

怠速：900 r/min。

充电发电机容量：28 V/40 A。

3) 操作及使用方法

(1) 放线作业

① 根据线盘中心孔尺寸，选择对应的线盘轴。若需更换线盘轴，严格按照操作程序更换。

② 打开轴盘两端的轴座盖，将线盘轴从放线架上拆下。

③ 将紧定丝母从线盘轴上旋下，并卸下轴套及一个顶锥，另一个顶锥留在线盘轴上，保证锥端朝向线盘。

④ 将线盘轴穿入线盘中心孔，穿入时应注意将出线方向朝上。

⑤ 调节力臂上销轴的位置，使销轴插入线盘对应孔内。

⑥ 安装顶锥及轴套，旋入紧定丝母，压紧线盘。

⑦ 对应放线架安装最大尺寸的线盘时，应取消所有的轴套和顶锥。

⑧ 将安装有线盘轴的线盘吊装到放线架上，盖上轴座盖并拧紧螺栓。

⑨ 扳动手柄，使离合器接合。

⑩ 根据线盘绕线直径和预期的放线张力选定系统工作压力，按照操作程序，关闭回油开关，打开蓄能器开关，摇动手油泵，使液压系统达到选定的工作压力。

⑪ 进行放线作业，放线过程中还可以根据需要对张力进行调整(或解除)。

⑫ 解除制动力时，先关闭蓄能器开关，再打开回油开关。

(2) 收线作业

① 收线作业时，按放线作业①～⑦将空线盘安装到放线架上，人工转动力臂将导线(或承力索)绕到空线盘上。

② 收线作业时，离合器为分离状态。

③ 根据线盘中心孔直径，选择对应的线盘轴。

④ 起吊线盘轴时要将接合盘脱开。

⑤ 安装线盘时要向接合盘及轴座处补充润滑脂，轴承入位并拧紧轴座盖。

⑥ 放线前将接合盘接合，并紧固限位螺钉。

⑦ 向液压制动系统压入液压油时或在放线过程中，必须打开蓄能器开关，关闭回油开关。

⑧ 解除制动力时，先关闭蓄能器开关，再打开回油开关。

⑨ 根据张力曲线图，调节液压制动液压缸的压力，得到所需的放线张力。

⑩ 禁止放线张力超过 10 kN。

⑪ 一个月以上不使用时，要打开蓄能器开关，释放蓄能器内的压力油。

4) 维护与保养

车辆在运行过程中，由于各种因素的影响，其运动机构、零部件必然会逐渐产生自然松动、磨损或意外的机械损伤。若不及时进行必要的保养和润滑，车辆的性能、机件的工作可靠性就会降低，因此根据车辆的运行状况，须进行定期的保养和润滑。

(1) 日常保养

日常保养是在车辆出车前后及行驶过程中进行的，以清洁、紧固、调整、润滑为主要内容的预防性检查工作，目的是使车辆保持良好的运行状态。

日常保养的主要项目如下：

① 检查底盘各部位及空气制动管路的密

封情况。

② 检查各部位的连接螺栓、连接销,以及防松用的开口销、防松片。

③ 检查轴箱弹簧是否有折断或裂纹。

④ 检查手制动装置的工作情况。

⑤ 检查销孔的间隙和杆件的磨耗情况,必要时调整车轮踏面与闸瓦的间隙。

⑥ 检查车钩的锁闭、开锁、全开三态作用是否正常。

(2) 定期保养

车辆每运行半年进行一次定期保养。定期保养是以全面检查、紧固、润滑并排除不正常的状况为内容的检查工作。除进行日常保养的内容外,还应增加如下项目:

① 排除副风缸、集尘器中的积水和油污。

② 检查轴承装置及各润滑点的润滑油脂,必要时更换。

③ 检查制动缸、副风缸的悬挂支承及安装紧固螺栓。

④ 检查主车架、转向架有无裂纹和变形。

⑤ 检查车钩的磨损情况及连接螺栓。

2. TY4B型接触网放线车(太原中车时代轨道工程机械有限公司)

1) 概述

TY4B型接触网放线车所使用的接触网放线架是对国内外的放线装置进行研究后,运用张力设置与位置度关联的恒定张力原理,研制成功的接触网线索放线装置。与其他产品比较,该产品具有恒定张力精度高、张力范围大、操作简单、维护方便、使用费用低的特点,非常适合施工时的线索架设和大修时的换线工作使用。

接触网放线架的特点如下:

(1) 操作控制系统采用气动方式进行张力控制,无油使用,更加绿色环保。

(2) 张力轮、测力轮直径1500 mm,满足国家铁路局有关标准中对张力轮、测力轮的要求;铝合金接触面改为304不锈钢,适应更宽的温度变化。

(3) 线盘架能同时放置4个直径不大于1820 mm的线盘,也可单独放置两个直径不大于2500 mm的电缆盘,适用接触网的各种施工放出线索。

(4) 采用位置-张力调整方式,使补偿时动作更加迅速,精度更高,防抖性能好。

(5) 使用非配套的作业车放线时,张力低于15 kN时能够使用恒张力功能,方便现场安排和指挥。

(6) 张力设定和功能设置采用多位旋转开关方式,方便学习和使用;控制部分采用PLC控制,增加了操作的可靠性。

(7) 增加了接触线穿线装置,解决了长期困扰本装置使用中存在的不便问题。

(8) 根据放线架的使用特点,采用防腐蚀结构设计,能做到少维护。

2) 主要技术参数

外形尺寸:12 930 mm × 2380 mm × 2740 mm。

整备质量:11 000 kg。

张力值范围:6~30 kN(0.8 MPa气压或手动);6~20 kN(0.5 MPa制动管压)。

张力精度:±5%(恒速);±10%(启停)。

放线最大速度:10 km/h。

线盘数量:4盘。

允许最大线盘质量:5000 kg。

使用线盘轴孔孔径:(80±0.5) mm。

线盘最小盘径:1000 mm。

线盘最大盘径:2500 mm。

线盘最大宽度:1400 mm。

适用接触线的规格:≤150 mm^2。

适用承力索的规格:≤150 mm^2。

订线长度:锚段长度+65m(直接放线);锚段长度+5m(辅助钢绳)。

供气压力:≤0.8 MPa。

耗气量:<100 L/min。

3) 操作及使用方法

(1) 准备工作

① 放线前上线时,注意线头的出线方向(线盘上面出线时,线头向作业台方向),线盘与轴之间必须安装对中锥套(对中锥套的沉槽对准线盘轴管的焊缝才能装到位),锥尖对向线盘中心,对中锥套挡块紧贴对中锥套后上紧

两根固定螺杆,可防止线盘轴向移动。安装时,传力臂的挡杆必须可靠地卡在线盘的角钢上,当线盘没有角钢时,必须用钢丝绳与线盘的适当位置连接,以传递扭矩,钢丝绳的强度要大于 10 kN。

② 穿线时,从穿线卷扬机中拉出牵引钢丝绳,在作业平台的左侧适当位置悬挂一个放线滑轮,牵引钢丝绳从滑轮绕过,到达需穿线的测力轮上方,绕过测力轮后到达张力轮,进入靠线盘侧张力轮的外侧槽;绕上后,到达靠测力轮侧的张力轮外侧槽;穿下后,又到达靠线盘侧张力轮的外侧槽进去的第二槽。如此循环,直到四槽穿满后,线盘的线头拉到此处,套上网套。一切正常后,操作卷扬机开关开始引线,直到到达需要的位置。

③ 关闭测力盘两边的气缸进气开关(手柄与地面垂直)。

④ 连接放线平板进气管与平板制动管接头,打开与管路相连的两个端板阀门。

(2) 放线操作

① 装线时,线盘与轴之间必须安装对中锥套,上紧对中锥套上的螺杆,防止线盘轴向移动。传力臂的挡杆必须可靠地卡在线盘的角钢上,必要时用铁丝将角钢与传力臂捆扎牢固。线盘没有角钢时,必须用钢丝绳与线盘的适当位置连接,以传递扭矩,钢丝绳的强度要大于 10 kN。

② 挂锚前 5 min 先打开所有开关,使所有气压表回零后再关闭所有开关。以一组为例,通过张力设定旋钮,设定好当天放线的张力,打开一组张力控制气压开关(在气动元件箱的下方,控制箱侧)。

③ 挂锚成功后,按以下步骤操作:

(a) 设定开关打在启动位,转动数值旋钮,增加线索张力到设定张力的 80% 左右。

(b) 设定开关打在运行位,这时装置自动进行恒张力控制。

(c) 运行到落锚转换柱与落锚跨中时,设定开关打在落锚位,转动数值旋钮,增加线索张力到线索额定使用张力。

(d) 落锚的紧线工具受力后,停止紧线作业,转动数值旋钮,减小线索张力到零。

(e) 线索张力小于 1 kN 后,进行落锚的规定操作。两组操作完全相同。

4) 维护与保养

(1) 若有接头漏气时,用肥皂水方式查找漏气部位,找到后用扳手紧 1/10 圈。

(2) 根据腐蚀情况对全车进行油漆防腐。每 5 年进行一次厂修。

5) 常见故障及排除方法

(1) 当不需要恒张力放线时(如放供电线等),可将线索直接从线盘拉到作业车平台,手动加压到 0.05 MPa 以上,使线盘制动器产生适当的制动阻力。

(2) 当电源或气源发生故障时,可将线盘制动器的阻力设定到 2 kN(制动气压约 0.2 MPa),张力施加每 0.1 MPa 产生约 5 kN 的阻力,根据计算张力设定气压后可带张力放线,但车辆放线运行最高速度不得大于 5 km/h,不得急起急停。

(3) 电路系统发生故障时,按恒张力放线车电气线路连接示意图通知生产厂家故障现象或损坏元件编号,由厂家指导处理或厂家直接处理。

3. JWF-20G 型接触网放线车(武汉川铁科技有限公司)

1) 概述

JWF-20G 型接触网放线车所使用的液压张力放线架适用于接触网导线及承力索的小张力放线(不大于 500 kg)及终端下锚。该设备属于第二代产品,拥有我国自主知识产权,可直接控制并显示张力值并保持张力稳定,具有结构紧凑、张力稳定、操作简单、维修保养方便、使用年限长等特点,目前是国内较先进的接触网放线设备。

2) 主要技术参数

(1) 环境温度:-20~45℃。

(2) 工作相对湿度:≤95%。

(3) 放线规格:80~240 mm²(各种导线及承力索)。

(4) 机架最大承载质量:4 t。

(5) 设备总质量:<0.5 t。

(6) 适用线盘(盘径×盘宽)：200 cm×110 cm。

(7) 放线速度：0～8 km/h。

(8) 放线张力范围：0～5 kN。

(9) 张力误差范围：≤10%（匀速运行时）。

(10) 扣线最大张力：13.6 kN。

(11) 外形尺寸(长×宽×高)：2220 mm×1800 mm×1340 mm。

3) 操作及使用方法

(1) 基本操作

① 线盘安装：打开轴座上盖，取下线盘轴及轴上附件；将轴插入线盘中心孔，调整拨杆至合适位置；放入中心锥套及隔套；顺时针旋紧锁紧螺母；将轴及线盘吊装入轴座；在轴座孔及限位挡板上涂适量润滑脂后装配上盖，旋紧上盖螺母。

② 选择初始张力：从机架标尺上测出线盘绕线半径，根据工法选定放线张力，通过"绕线半径与放线张力"标志牌或本车说明书中"绕线半径与放线张力关系图"换算成绕线半径为 400 mm（或 800 mm）的张力，初始张力值的选取以工法规定的下限为宜，这样可以延长放线架的使用寿命。1.6m 线盘建议使用张力不大于 5000 N，2.0 m 线盘建议使用张力不大于 3500 N。大负荷使用比小负荷使用能缩短使用寿命。

③ 设定初始张力：关闭卸载阀，打开张力调节保持阀，推动手动泵手把，将张力值调整到所选择值后停止。

④ 放线运行中张力的调整：一般情况下初始值设定后，在一个锚段内可不作调整，如需要调整时，可以在放线运行中调整；反复推动手动泵，直到压力表的显示值高于张力表的目标值时再慢慢松开张力调节保持阀，等到达目标值后迅速关闭；张力需减小时，慢慢松开手动泵上的卸载阀，直到压力表上的显示值低于张力表的目标值时再慢慢松开张力调节保持阀，减到目标值后迅速关闭。

⑤ 放线运行中张力的保持：张力调整完成后，在需要精确保持张力时，可以关闭张力调节保持阀，这时可以达到在相同转速及相同放线半径条件下恒张力输出，但放线速度应小于 5 km/h。

⑥ 放线运行中张力的改变：在放线过程中液压阻尼器可以保证阻尼力矩恒定。但绕线半径是随着放线而阶段性减小的；经过实际放接触线(CT110 型)测试，在 1500 m 锚段中，在恒阻尼力矩下条件下，放线张力随绕线半径的改变而改变，张力改变值为 36 kg，随着放线而增大，但放出线索的长度增加，张力也在增加，增大的张力正好保持了放出线索的平直，不出现下垂现象。

⑦ 终端下锚：放线结束时如需终端下锚(不大于 1.6m 线盘有终端下锚功能)，可反复推动手动泵手把，慢慢松开张力调节保持阀，将张力稳定在 10 kN(R400 mm)左右，此时可获得 15 kN(R400 mm)左右的静止张力。

⑧ 收线：放线结束后，如需将多余的线收回，可将张力调节保持阀和卸载阀打开，线盘即可手动转动。

(2) 注意事项

① 放线运行中，放线张力经验值一般应控制在 2～3 kN 左右。张力过小时导线拉不直，有下垂现象；张力过大时在作业车上手工挂线变得十分困难，反而会影响放线速度。

② 终端下锚时，张力表显示值不得超过 10 kN(R400 mm)。过高时容易造成摩擦片损伤。

③ 扳动手动泵手把时应注意张力表数值的变化，接近设定值时扳动动作应减慢。

④ 每次装线盘时，都应在轴座孔及限位挡板上涂抹润滑脂。

⑤ 放线运行中不允许同时打开张力调节保持阀和卸载阀，以免液压阻尼器失去张力，发生线盘自动松脱、线索打节等事故。

(3) 安装说明

JWF-20G 型接触网放线车所使用的液压张力放线架可根据需要 2～4 台一组同向安装在平板车上。要保持放线架位置居于平板车中央，以便双向放线。根据放线架对应的平板车底部结构，选择有足够强度的部位打孔，每台放线架用6组螺栓同平板车连接。放线架底部的12个孔是为了方便调整打孔位置,不需要全部使用。

4)维护与保养

(1)首次使用的设备,张力放线50 km后应更换散热油,以后每运行100 km更换一次散热油。液压油牌号:10号航空机油质量:20 kg。同时加入300 mL抗磨剂,添加剂比例为1.5%。

(2)每运行(张力放线)300 km后应对放线架全面检修调整一次,同时更换散热油和液压油。

(3)如有加不上张力和张力不稳定现象时,可以清洗油泵出油阀和张力调节保持阀芯。

(4)每次更换液压油后应进行泵油试验。如果油泵无力,应检查油管、油泵及阀有无泄漏现象。

(5)张力放线500 km后如出现液压稳定但阻尼矩不稳的情况,要及时更换摩擦片。不允许机器带故障工作。

(6)工作完成后30 min内不再使用设备,应打开卸载阀,使液压系统内的压力得到释放。这样可延长液压系统的使用寿命。

5)常见故障及排除方法

液压张力放线架常见故障及排除方法如表22-24所示。

表22-24 常见故障及排除方法

序号	故障现象	原因分类	故障分析	排除方法
1	轴承盖传动轴漏油	外部原因	轴承盖螺丝受外力碰撞松动	检查紧固螺丝,均衡压紧;如果螺丝孔漏油,则需要在丝扣面涂抹密封胶后再拧上螺丝
		内部原因	轴承盖密封件长期受室外高低温影响,老化失去弹性	卸下轴承盖,更换同规格密封圈或机械密封;安装轴承盖的螺丝时需要重新涂抹密封胶
2	油管接头漏油	外部原因	油管接头受外力碰撞松动	拧紧油管接头或在螺纹部位缠生料带紧固
		内部原因	油管接头密封圈长期受室外高低温影响,老化失去弹性	卸下油管接头,更换同规格的密封圈
3	放线中线盘轴跳动	外部原因	线盘轴在外力冲击下弯曲,轴颈缺润滑油	轻微跳动可校正线盘轴,严重时必须更换线盘轴;轴颈涂抹足够的润滑油
		内部原因	轴瓦磨损严重,动配合间隙过大	更换轴瓦;如果轴颈也有磨损,要配制轴瓦更换;若磨损严重,则需要更换线盘轴
4	连续加压张力表不显示压力	外部原因	外部冲击造成张力表损坏或连接油管及接头漏油;手动泵缺油	检查手动泵油量,检查连接油管及接头,修复漏油部位或更换漏油零件。如果没有漏油,则需要在排除内部原因后更换损坏的张力表
		内部原因	箱体内油路密封圈老化导致油管接头漏油	卸下箱盖,拧下箱体底部放油螺丝把油放干,手动泵加压观察油管接头。若发现接头漏油,则更换同规格的密封圈;如果没有漏油,则需要在排除外部原因后更换损坏的张力表
5	放线过程中张力不稳定	外部原因	线盘轴在外力冲击下弯曲,轴颈缺润滑油	轻微跳动可校正线盘轴,严重时必须更换线盘轴;轴颈涂抹足够的润滑油
		内部原因	箱体内摩擦片磨损变形使摩擦力不均衡;轴承磨损间隙过大	应由专业人员检查并更换摩擦片和轴承,或由用户卸下部件返厂更换摩擦片和轴承,测试合格后再交给用户安装

22.4 重型轨道车

22.4.1 主要性能参数

重型轨道车按功率等进行选择,其主要性能参数如表22-25所示。

表22-25 重型轨道车主要性能参数

序号	功率/kW	型号	传动方式	适应温度/℃	适应海拔高度/m	通过最小曲线半径/m	整备质量/t	厂家	参考价格/万元
1	≥268	GC-270	机械	−25~45	≤3000	100	37	金鹰重型工程机械有限公司,宝鸡中车时代工程机械有限公司	230
2	≥298	GCY-300	液力				45	金鹰重型工程机械有限公司	315

22.4.2 典型机械产品

1. GC-270型重型轨道车(金鹰重型工程机械有限公司)

1)概述

GC-270型重型轨道车采用潍柴WP12.375型柴油发动机和富勒RT-11509C型变速器,走行部采用两台两轴转向架,广泛适用于线路大修工程段、工务段、车辆段及有专用线的大型厂矿进行牵引运行或调车作业,也可供各级领导、工作人员作为公务车使用。该车两端设前、后操纵台,可双向驾驶,由动力传动系统、车体、车架、走行部、电气系统、制动系统、车钩装置等组成,主要具有以下特点:

(1) 技术成熟,性能可靠,车内空间大,司乘环境好。

(2) 动力传动系统技术性能先进,匹配成熟、合理,传动效率高,功率大,牵引能力强,维护保养工作量小,易于维修。

(3) 走行部结构合理,构造速度为120 km/h,既满足在高速运行时的稳定性和平稳性要求,又兼顾了牵引性能的发挥。

(4) 安装了具有自动保压性能的JZ-7型空气制动机,缓解快,具有一次缓解和阶段缓解性能,适应性好,采用橡胶膜板结构,维修工作量小。

(5) 换向、风门百叶窗操纵采用电控气动技术,操纵轻便,减轻了驾驶员的劳动强度。

(6) 车体外蒙板采用整板张拉焊接方式,地板采用多层密封结构,并铺设耐油地板胶皮,侧窗为双层玻璃,保证车辆具有良好的密封性。

(7) 具有良好的耐腐蚀性能。本车钢结构经过表面抛丸、开卷校平等预处理措施,选用耐候性好的聚氨酯漆,采用先进的热风循环式烘干漆房进行油漆喷涂,保证了涂装质量。

(8) 该车大量采用通用化、模块化设计,零部件通用性好,质量易于保证,车辆维护检修方便。

(9) 安全防护设施齐全。

该车可以采用不同的模块,以满足用户个性化、多样性的要求。该车标准配置最高运行速度为100 km/h,可根据用户要求将最高运行速度调整为110 km/h或120 km/h;根据用户要求,车上可安装75 kW发电机及配电装置,作为移动电源,供现场施工用电;可安装小型发电机组、空调和电取暖器,以改善司乘环境;可在车内设置隔间,布置包间、厨房、会议室等。

2)主要技术参数

(1) 使用环境

环境温度:−25~45℃,超出此温度范围时,根据不同地区,采取不同的防寒、降温措施。

海拔高度：≤3000 m（标准设计）；≤5100 m（高原地区设计）。

相对湿度：≤95%。

线路坡度：≤3.3%。

(2) 整车技术参数

轨距：1435 mm。

车辆定距：7200 mm。

固定轴距：2400 mm。

轴列式：1A-A1。

轮径：840 mm。

通过最小曲线半径：90 m。

最高运行速度：100 km/h（可调整为110 km/h 或 120 km/h）。

发动机功率：276 kW。

传动方式：机械传动。

制动方式：空气制动及停车手制动。

制动距离：≤400 m（单机，平直道，初速 80 km/h）。

车钩：13号车钩及缓冲器。

车钩中心线高度（距轨面）：(880±10) mm。

整备质量：36 t。

外形尺寸（长×宽×高）：14 030 mm×3070 mm×3900 mm（不含空调）。

限界：符合 GB 146.1—2020。

牵引性能：牵引吨位见表22-26～表22-28。

表22-26　GC-270型重型轨道车（100 km/h）牵引吨位

挡　位	运行速度 /(km/h)	轮周牵引力/kN	各坡道牵引吨位/t					
			0‰	0.6‰	1.2‰	1.8‰	2.4‰	3‰
起步	4～8	38.5	900	360	200	140	100	70
1	8～12	37.6	900	360	200	140	100	70
2	12～16	37.1	900	360	200	140	100	70
3	16～22	34.7	900	360	200	130	90	70
4	22～30	25.7	900	280	140	80	60	40
5	30～40	18.9	900	180	90	50	30	20
6	40～55	13.8	550	110	50	20	10	—
7	55～74	10.3	310	60	20	—	—	—
8	74～100	7.7	140	20	—	—	—	—

表22-27　GC-270型重型轨道车（110 km/h）牵引吨位

挡　位	运行速度 /(km/h)	轮周牵引力/kN	各坡道牵引吨位/t					
			0‰	0.6‰	1.2‰	1.8‰	2.4‰	3‰
起步	4～9	38.2	900	360	200	140	100	70
1	9～13	37.5	900	360	200	140	100	70
2	13～18	36.9	900	360	200	140	100	70
3	18～23	31.4	900	360	180	110	80	60
4	23～33	23.3	900	240	120	70	50	30
5	33～45	17.1	790	160	70	40	20	10
6	45～60	12.5	460	90	40	10	—	—
7	60～81	9.4	240	50	10	—	—	—
8	81～110	6.9	100	10	—	—	—	—

表 22-28　GC-270 型重型轨道车(120 km/h)牵引吨位

挡位	运行速度/(km/h)	轮周牵引力/kN	各坡道牵引吨位/t					
			0%	0.6%	1.2%	1.8%	2.4%	3%
起步	5~9	38.3	900	360	200	140	100	70
1	9~14	37.3	900	360	200	140	100	70
2	14~20	36.8	900	360	200	140	100	70
3	20~26	29.1	900	320	160	100	70	50
4	26~36	21.6	900	220	110	60	40	20
5	36~49	15.9	690	140	60	30	20	10
6	49~66	11.6	400	80	30	10		
7	66~89	8.7	200	40	10	—		
8	89~120	6.4	60					

3) 操作及使用方法

参考 22.1.2 节 JW-4 型接触网架线作业车操作与使用的相关内容。

4) 维护与保养

检查空气压缩机的润滑油油位是否符合要求；检查各部位的压力是否符合规定值，并进行调整，具体部位及方法如表 22-29 所示。检查管路中各阀、塞门、接头是否有泄漏现象；检查管路中各阀、塞门是否处于正确的工作位置。打开各排水塞门，放水、放油。检查自动制动阀、单独制动阀各手把位置下制动、缓解等作用是否良好。

表 22-29　空气制动压力及调整部位

各部位规定的压力值	调整部位
总风缸压力：700~800 kPa	压力调节阀
列车管及均衡风缸压力：500 kPa	自动制动阀上的调压阀
单独制动阀全制动位时的制动缸压力：300 kPa	单独制动阀上的调压阀
自动制动阀最大减压位时的制动缸压力：340~360 kPa	常用限压阀
自动制动阀紧急制动时的制动缸压力：420~450 kPa	紧急限压阀

(1) 基础制动装置

基础制动装置闸瓦经常磨损，所以需要定期检查，调整闸瓦间隙。调整时松动锁紧螺母，转动调整套，使闸瓦接近车轮踏面，保持闸瓦间隙在适当范围内，通过紧固闸瓦平衡螺母压缩平衡弹簧，可调整闸瓦上下间隙，使轮瓦接触均匀；调整闸瓦间隙时，制动缸的活塞行程应为 70~120 mm。

同一轮对左右两侧的制动杠杆板上安装有横向连接拉杆，用以限制闸瓦在制动时横向窜动，防止闸瓦偏磨。应注意检查闸瓦间隙调整器螺杆转动是否灵活；闸瓦厚度小于 15 mm 或有裂纹时应更换；转动调整螺母，闸瓦托的仰角，应使闸瓦上下间隙均匀，防止闸瓦产生上下偏磨。

(2) 撒砂装置

撒砂管安装在轨面中部，距轨面高 50 mm。使用过程中，应保证砂子干燥，砂石石英含量不少于 75%，粒度不大于 2.5 mm。另外，必须关闭加砂口，防止雨水进入砂箱。

(3) 手制动装置

参考 21.6.2 节中手制动装置的相关内容。

5) 常见故障及排除方法

换向分动箱常见故障及排除方法、车辆齿轮常见故障及排除方法以及电气常见故障处理方法参考 22.1.2 节 JW-4 型接触网架线作业车常见故障及排除的相关内容。

2. GCY-300 型重型轨道车（金鹰重型工程机械有限公司）

1) 概述

GCY-300 型重型轨道车采用康明斯 NTA855-C400 型柴油发动机为动力源，使用液力传动，无级变速；安装了具有自动保压性能的 JZ-7 型空气制动机，走行部分为两轴转向架形式，运行平稳，曲线通过能力强；车体两端设有标准 13 号缓冲车钩。该车具有功率大、运行速度高、牵引能力强、运行稳定性和平稳性好、制动性能可靠、操作维修方便等特点，适用于铁路运营、维修部门、工程部门和工矿企业专用线的物料运输及调车作业。

2) 主要技术参数

(1) 车体参数

轨距：1435 mm。

轴距：2400 mm。

车轮直径：915 mm。

轴列式：B-B。

车辆定距：7200 mm。

发动机功率：298 kW。

最高运行速度：100 km/h。

构造速度：120 km/h。

传动形式：液力传动。

制动方式：空气制动及停车手制动。

通过最小曲线半径：100 m。

车钩中心高度：(880±10) mm。

整备质量：约 45 t。

燃油箱总容量：760 L。

外形尺寸（长×宽×高）：14 500 mm×3295 mm×4000 mm。

(2) 发动机技术参数

型号：NTA855-C400。

型式：水冷、直列六缸、四冲程、增压进气中冷。

缸径×行程：ϕ139.7 mm×152.4 mm。

排量：14 L。

额定功率，转速：298 kW，2100 r/min。

空载时最高转速：2400 r/mim。

怠速：575～650 r/mim。

气门间隙：0.28 mm（进气）；0.58 mm（排气）。

(3) 液力传动箱主要技术参数

型号：YBX400G。

型式：双循环，液力换挡。

额定输入功率：260 kW。

额定输入转速：2100 r/min。

启动变矩器供油压力：0.2～0.35 MPa。

运转变矩器供油压力：0.15～0.30 MPa。

换挡控制方式：电控气动。

控制系统风压：0.5～0.8 MPa。

工作油温：70～100℃。

(4) 牵引特性。

GCY-300 型重型轨道车的牵引质量如表 22-30 所示。

表 22-30　GCY-300 型重型轨道车(100 km/h)牵引质量

挡　位	运行速度/(km/h)	轮周牵引力/kN	各坡道牵引质量/t					
			0‰	0.6‰	1.2‰	1.8‰	2.4‰	3‰
慢	4～8	48.2	1210	420	240	160	120	90
1	7～12	48.2	1210	420	240	160	120	90
2	9～16	42.9	1210	420	240	160	120	90
3	13～22	32.0	1210	420	210	130	90	60
4	18～29	23.7	1210	290	140	80	50	40
5	24～40	17.4	1210	200	90	50	30	15
6	34～55	12.8	760	120	50	20	10	—
7	45～73	9.5	420	70	20	—	—	—
8	62～100	7.1	190	30	—	—	—	—

说明：(1) 本牵引计算参照《列车牵引计算　第 1 部分：机车牵引式列车》(TB/T 1407.1—2018)；(2) 被牵引车辆按照滚动轴承货车计算阻力。

3）操作及使用方法

参考 22.1.2 节 JW-4 型接触网架线作业车操作与使用的相关内容。

4）保养及维护

参考 22.1.2 节 JW-4G 型接触网架线作业车保养及维护的相关内容。

5）常见故障及排除

传动轴故障及排除方法、车轴齿轮箱常见故障及排除以及电气常见故障处理方法参考 22.1.2 节 JW-4 型接触网架线作业车常见故障及排除的相关内容。

22.5 轨道起重车和接触网立杆车

22.5.1 主要性能参数

轨道起重车和接触网立杆车按传动方式、功率、最大起重质量进行选择，其主要性能参数如表 22-31 所示。

表 22-31 起重轨道车与接触网立杆车对标表

序号	车辆类型	功率/kW	最大起重质量/t	型号	传动方式	最大风速/(m/s)	通过最小曲线半径/m	海拔高度/m	整备质量/t	厂家	参考价格/万元
1	起重轨道车	243	25	QGC-25	机械	≤15	100	≤3000	58	金鹰重型工程机械有限公司，宝鸡中车时代工程机械有限公司	330
2	接触网立杆车	97	16	LG-4	上部动力液力				53	金鹰重型工程机械有限公司	165

22.5.2 典型机械产品

1. QGC-25 型起重轨道车（金鹰重型工程机械有限公司）

1）概述

QGC-25 型起重轨道车主要适用于准轨铁路区段的货物装卸、设备安装及线路设备维修、电气化铁路立杆作业等，也可兼作牵引车辆。它采用两台两轴转向架，动力及传动系统采用潍柴斯太尔 WP12.330 型电喷柴油发动机和富勒 RT-11509C 型变速箱。车辆最高自运行速度为 100 km/h。该车可根据需要选装吊重走行作业设备，液压低速走行速度为 0～10 km/h。也可选用康明斯 NTC-290 型柴油发动机。

QGC-25 型起重轨道车打支腿作业的最大起重质量为 25 t，最大起重力矩为 112.5 t·m，最大作业高度距轨面 20 m，作业幅度为 3～18 m。为防止发生起重作业倾覆事故，起重机配有微机控制力矩限制器，当起重过载时可自动报警，并自动停止向危险方向作业。车辆照明设施齐全，适于全天候作业。

QGC-25 型起重轨道车主要由动力及传动系统、走行部、电气系统、制动系统及上车作业机构、下车作业机构、液压系统等组成，如图 22-13 所示。

2）主要技术参数

（1）适用环境

环境温度：-25～45℃。

海拔高度：≤3000 m。

相对湿度：月平均≤90%；日平均≤95%。

最大外轨超高：180 mm。

最大坡度：≤3.3%。

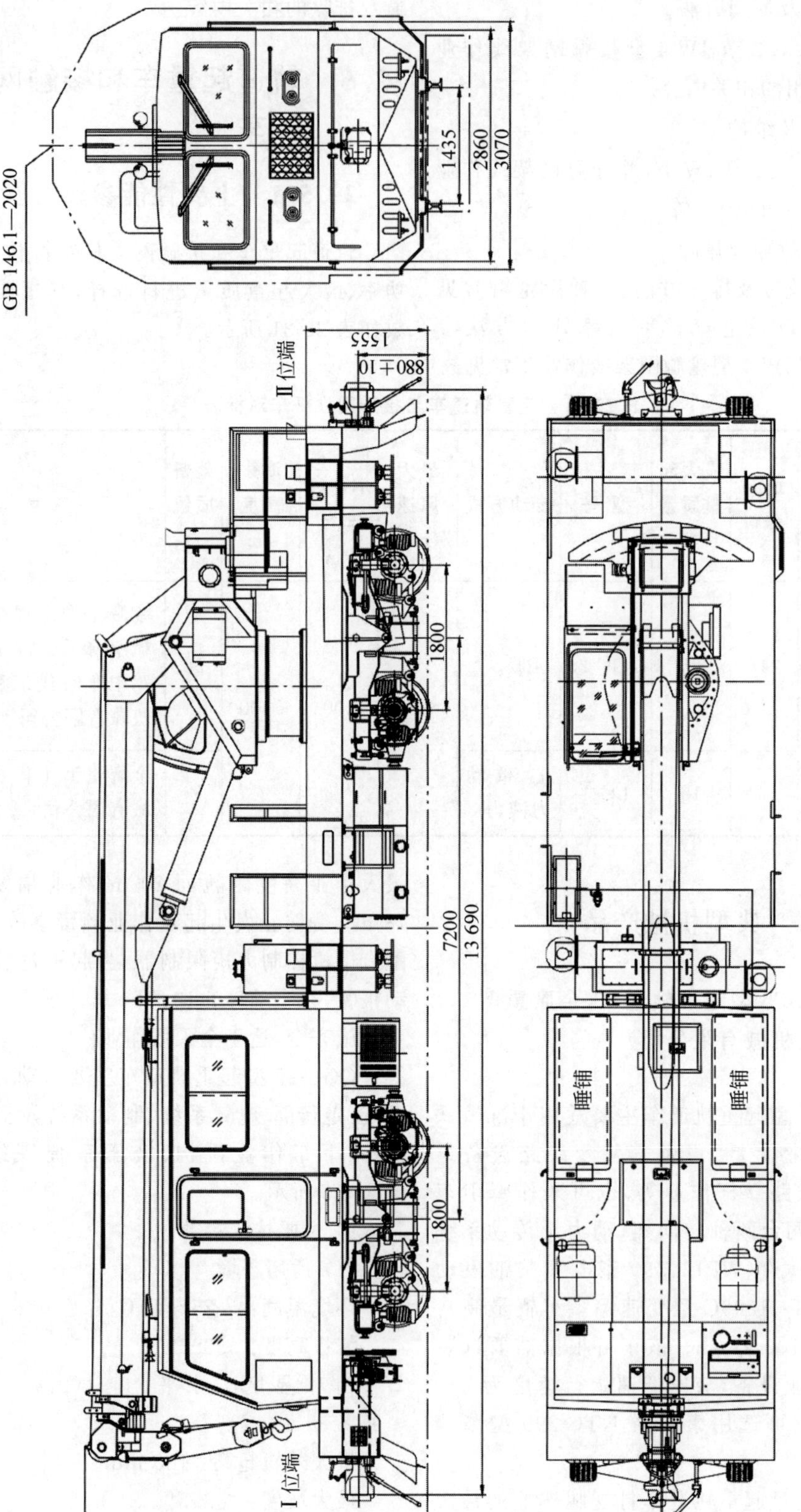

图 22-13 QGC-25 型起重物道车结构示意图

作业风速：≤13.8 m/s。

适用场合：中雷区并可承受风、沙、雨、雪的侵袭，夜间作业。

(2) 整车主要技术参数

轨距：1435 mm。

车轮直径：840 mm（新轮）；790 mm（磨耗后）。

轴列式：1A-A1。

轴数：4轴。

通过最小曲线半径：100 m（速度≤10 km/h）。

最高持续运行速度：100 km/h。

最高连挂运行速度：120 km/h。

传动方式：机械传动。

制动方式：空气制动及停车手制动。

空气制动机型号：JZ-7G。

空气压排量：1.08 m³/min。

制动距离：≤400m（单机平直道，初始速度 80 km/h）。

钩缓装置：13B 上作用车钩及缓冲器。

车钩中心距轨面高度：(880±10) mm。

外形尺寸（长×宽×高）：13 690 mm×3070 mm×4700 mm。

整备质量：约 56 t。

限界：符合 GB 146.1—2020。

(3) 柴油机主要技术参数

① 潍柴发动机

型号：潍柴 WP12.330。

额定功率，转速：243 kW，2100 r/min。

排量：11.596 L。

最低燃油消耗率：196 g/(kW·h)。

正常运行机油压力范围（油温 100℃）：330～550 kPa。

正常运行机油压力的最小值：100 kPa（怠速工况）；380 kPa（额定工况）。

充电发电机容量：直流 24 V，140 A。

启动方式：直流 24 V，电启动。

② 康明斯发动机

型号：康明斯 NTC-290。

额定功率，转速：216 kW，2100 r/min。

排量：14 L。

最低燃油消耗率：219 g/(kW·h)。

机油压力：345～483 kPa（额定工况）；100 kPa（怠速工况）。

充电发电机容量：直流 24 V，70 A。

启动方式：直流 24 V，电启动。

(4) 离合器主要技术参数

型号：Lipe 15/380-2LP。

型式：双片干式拉型摩擦离合器。

(5) 变速箱主要技术参数

型号：RT-11509C 型富勒变速箱。

型式：双副轴、主副变速箱。

换挡方式：双 H 手动换挡。

(6) 起重机主要技术参数

最大起重力矩：112.5 t·m（打支腿固定作业）；30 t·m（不打支腿移动作业，平直道）；

最大起重质量：25 t（打支腿固定作业）；10 t（不打支腿移动作业，平直道）

最大起升高度（距轨面）：20 m。

工作幅度：3～18 m。

吊重行驶最大爬坡能力：2%。

吊钩最大起升速度（满载）：8 m/min。

起升倍率：6，4，3。

回转速度：0～2.5 r/min。

臂仰角：−3°～80°。

支腿跨距（横向×纵向）：5000 mm×6000 mm。

转台尾部回转半径：1960 mm。

起升钢丝绳规格：W35×7-17-1960。

液压系统调定压力：20 MPa。

(7) 起重性能

QGC-25 型轨道起重车的额定起重质量如表 22-32 所示，具体以起重机标牌说明为准。

3) 操作与使用方法

(1) 出车前的准备工作

见 22.1.2 节 JW-4 型接触网架线作业车中操作与使用的相关内容。

(2) 轨道车辆的行驶

见 22.1.2 节 JW-4 型接触网架线作业车中操作与使用的相关内容。

(3) 行驶中的注意事项

见 22.1.2 节 JW-4 型接触网架线作业车中操作与使用中行驶中的注意事项前八条。

(4) 停车

见 22.1.2 节 JW-4 型接触网架线作业车中操作与使用中的停车。

表 22-32 额定起重质量

工作幅度/m	臂长 9.98 m					臂长 12.61 m					臂长 15.24 m					臂长 17.87 m					臂长 20.51 m				
	额定起重质量/kg				起升高度/m	额定起重质量/kg				起升高度/m	额定起重质量/kg				起升高度/m	额定起重质量/kg				起升高度/m	额定起重质量/kg				起升高度/m
	5 m 跨距	3.5 m 跨距	移动作业	特殊工况		5 m 跨距	3.5 m 跨距	移动作业	特殊工况		5 m 跨距	3.5 m 跨距	移动作业	特殊工况		5 m 跨距	3.5 m 跨距	移动作业	特殊工况		5 m 跨距	3.5 m 跨距	移动作业	特殊工况	
3	25 000	20 000	10 000	3000	10.2	—	—	—	—	—	—	—	—	—	—	—	—	—	—	—	—	—	—	—	—
3.5	25 000	19 000	8500	2700	10	—	—	—	—	—	—	—	—	—	—	—	—	—	—	—	—	—	—	—	—
4	25 000	18 000	7000	2300	9.8	18 000	12 000	7000	2300	12.7	—	—	—	—	—	—	—	—	—	—	—	—	—	—	—
4.5	22 000	16 500	5800	1800	9.5	17 000	11 500	5800	1800	12.5	14 000	11 500	7000	2300	15.4	—	—	—	—	—	—	—	—	—	—
5	19 500	14 500	4800	1400	9.2	15 500	11 000	4800	1400	12.2	13 500	11 000	5800	1800	15.3	12 500	10 500	5800	1800	17.9	10 500	9000	4800	1400	20.6
5.5	16 500	12 000	4000	1200	8.8	14 000	10 500	4000	1200	12	13 000	10 500	4800	1400	15.1	12 000	10 000	4800	1400	17.7	10 000	8500	4000	1200	20.5
6	13 000	11 500	3500	1000	8.4	12 000	10 000	3500	1000	11.7	12 500	10 000	4000	1200	14.9	11 500	9500	4000	1200	17.5	9500	8000	3500	1000	20.3
6.5	11 500	11 000	3000	900	8	11 500	9500	3000	900	11.4	11 500	9000	3500	1000	14.7	11 000	9000	3500	1000	17.3	9000	7500	3000	900	20.2
7	11 500	10 000	2700	700	7.4	11 000	9000	2700	700	11	10 800	8300	3000	900	14.4	10 800	8300	3000	900	17.1	8200	6700	2700	700	20
8	10 000	8500	2300	600	6.1	10 000	8300	2300	600	10.2	9800	7200	2700	700	14.1	9800	7200	2700	700	16.6	7400	5900	2300	600	19.5
9	8000	7500	1800	500	3.8	9000	7200	1800	500	9.1	8800	6000	2300	600	13.5	8000	6200	2300	600	16	6700	5200	1800	500	19.1
10	—	—	—	—	—	8000	6000	1400	450	7.8	7600	5100	1800	500	12.8	7000	5500	1800	500	15.3	6000	4500	1400	450	18.5
11	—	—	—	—	—	7000	5100	1200	400	6	6200	4500	1400	450	11.9	6500	5000	1400	450	14.5	5500	4000	1200	400	17.9
12	—	—	—	—	—	—	—	—	—	—	5800	4000	1200	400	10.8	6000	4200	1200	400	13.6	5000	3500	1000	—	17.1
13	—	—	—	—	—	—	—	—	—	—	5200	3500	1000	—	9.6	5500	3800	1000	—	12.6	4600	3100	900	—	16.3
14	—	—	—	—	—	—	—	—	—	—	4800	3100	900	—	7.9	4800	3200	900	—	11.3	4300	2800	700	—	15.4
15	—	—	—	—	—	—	—	—	—	—	—	—	700	—	5.4	4500	3000	700	—	9.7	3800	2300	600	—	14.3
16	—	—	—	—	—	—	—	—	—	—	—	—	—	—	—	4000	2500	600	—	7.6	3500	2000	500	—	13
17	—	—	—	—	—	—	—	—	—	—	—	—	—	—	—	3600	2200	500	—	—	3200	1700	450	—	11.5
18	—	—	—	—	—	—	—	—	—	—	—	—	—	—	—	—	—	—	—	—	3000	1500	400	—	9.7

说明：(1) 表中给定数值是在地面坚实、整机调平状态下起重车的额定起重质量，表中工作幅度指吊钩中心到回转中心的水平距离；(2) 臂长 9.98 m 吊载时，必须处于完全缩回状态；(3) 表中额定起重质量包括起重钩质量 300 kg；(4) 本机可根据伸缩钢丝绳的倍率数值的 40%，但允许吊载伸缩的起重质量不得大于表中规定数值的 40%；(5) 钢丝绳的倍率不大于定为 6，4，3，但起重钩最小倍率应以单根钢丝绳的起重质量不大于 4200 kg 来决定；(6) 移动作业指不打支腿不打支腿在平直道上作业，特殊工况指不打支腿在平直轨在外轨超高不大于 100 mm 的曲线上作业；(7) 移动作业工况和特殊工况作业时，表中数值为起重车悬挂系统液压缸锁定为刚性悬挂时的起重质量。

(5) 无火回送

见 22.1.2 节 JW-4 型接触网架线作业车中操作与使用的无火回送。

(6) 回库后的检查

见 22.1.2 节 JW-4 型接触网架线作业车中操作与使用的相关内容。

(7) 活动地板锁定机构

为防止在会车或过隧道时,活动地板被风刮动,在车内活动地板上装有锁定机构,具体方法如下所示。

① 当六角螺母上的红色标记对准圆盘上的白色标记时,表示锁定机构锁住,此时活动地板不能翻动。

② 当要开启活地板时,须用 12 号的套筒扳手套住转轴六角头,然后往下压 6~7 mm,压下的同时旋转 90°(顺时针、逆时针均可),然后放开,当活地板上所有的锁定机构开启后,活动地板方可翻动。

③ 当要锁定活地板时,用 12 号的套筒扳手套住六角头往下压 6~7 mm,并旋转到红色标记与白色标记对齐,放开即已锁好。

④ 为了防止锁定机构锈蚀,每隔一段时间,应向锁定机构内滴几滴机油。

(8) 作业机构的操作

① 作业取力操作:

(a) 启动发动机,空气压缩机打风至总风缸风压达到 600 kPa 以上。

(b) 确认变速箱和换向分动箱已置于空挡位。

(c) 降低发动机转速至怠速状态。

(d) 将离合器踏板踩到底后,操作操纵台上的油泵取力开关至工作位,"油泵取力挂"指示灯亮。

(e) 将变速箱挂入 1 挡,然后缓慢松开离合器踏板,油泵开始工作。

(f) 确认油泵工作正常后再将离合器踏板踩到底,将变速箱挂入 8 挡,然后缓慢松开离合器踏板。

② 油泵取力脱开操作:

(a) 检查作业机构是否已恢复至行车状态。

(b) 降低发动机转速,将离合器踏板踩到底后,将变速箱挂入空挡。

(c) 操作操纵台上的油泵取力开关至关断位,"油泵取力摘"指示灯亮。

③ 一般注意事项:

(a) 检查液压箱的截止阀是否位于全开位置,确保系统吸油充足。

(b) 取力后离合器的松开一定要缓慢进行。

(c) 起重机在高速行驶过程中不允许操纵油泵取力开关至工作位。

(d) 起重机作业及吊重行驶过程中不允许脱开油泵取力。

(9) 应急措施

QGC-25 型起重轨道车设有两套应急泵:应急手油泵和应急电动泵。当发动机或主液压油泵出现故障时,应急电动泵可保证作业机构迅速复位,同时应急手油泵可作为第二备用应急泵。

若因动力原因或油泵故障造成系统不能工作时,应及时优先启用应急电动泵。操纵应急泵程序如下:

① 闭合驾驶员座椅左侧的电源总开关。

② 闭合应急泵开关(设在燃油箱前部,见油漆标识);也可使用手油泵手柄,往复摇动应急手油泵,给系统提供高压油。

③ 操纵作业机构的相应手柄,完成支腿和锁定液压缸回收、转台回转、变幅下降、伸缩臂回缩、吊钩回收等动作。

④ 使起重机全部动作复位并锁定吊钩。

除上述方法以外,也可采取以下方式使吊臂迅速复位。

① 吊臂回缩:若吊臂在变幅角度较大状态,可采用先拧开伸缩液压缸上腔油管接头,再拧松平衡阀与伸缩液压缸下腔相通的油管接头,让下腔油液缓慢溢出,让吊臂靠重力缩回;若变幅角度较小且吊臂不能靠自重回缩,也可使用手拉葫芦拉动吊钩使其回缩。

② 变幅下降:将重物落地后,先拧开变幅液压缸上腔的管接头,再拧松平衡阀与变幅液压缸下腔相通的油管接头,让液压缸下腔的油液缓慢溢出,使吊臂落下(注意:此举是万不得已的办法,操作时须格外注意安全,做好防护措施。)。

其他注意事项:

① 紧急停止开关。为了防止作业机构运动失控而造成事故，液压系统中专门设置了一条紧急电控卸荷回路。紧急停止开关设在起重机操纵室内的电气控制箱上。正常情况下，紧急卸荷回路处于断开状态，系统工作不受影响，若动作控制手柄回中位后，作业机构不能停止动作（升降、变幅、升降或回转），要立即按下紧急停止开关，机构即会停止运动。故障排除后，要及时将该开关复原。

② 辅助制动按钮。起重机操纵室内的控制面板上设有辅助制动按钮（旁路制动）。在低速走行紧急情况下，可通过按下此按钮使整车制动。只有按箭头方向旋转此按钮才可自动复位。

(10) 作业后的检查

① 检查各部位有无漏油，并进行必要的修复。

② 检查螺母、螺栓有无松动，对当天发现的不正常现象应进行及时处理，严禁带故障作业。

③ 作业完毕后对有关部位进行必要的清扫，如各活动部位、液压缸活塞杆的外露部分等。

④ 检查工具和附件的数量是否符合要求。

⑤ 记录运转情况和异常现象。

(11) 车辆的起复

① 将车辆未脱轨端轮对打好止轮器。

② 确定液压缸最佳摆放位置，下部用枕木头等垫平、垫稳。

③ 按复轨器的使用要求，将复轨液压缸组装好。

④ 使用定位块固定住 13 号缓冲车钩钩头后，将复轨器的专用钩托顶在钩头下部并锁紧，下部用枕木头垫好。在缓冲车钩钩体两侧及上部与冲击座间垫上随机配置的楔块，以保证钩体在起复过程中不发生左右移位。

⑤ 按复轨器使用说明书中的操作步骤进行起复操作。

⑥ 起复结束后收好复轨器，同时撤下止轮器。

4) 保养与维护

(1) 车辆的整备

参考 22.1.2 节 JW-4 型接触网架线作业车操作与使用中车辆整备的相关内容。

(2) 车辆各部润滑

柴油机、车钩、轴箱、车轴齿轮箱、轴箱侧挡、制动系统、旁承、动力传动装置、起重机及支腿的润滑参考 22.1.2 节 JW-4 型接触网架线作业车保养与维护中车辆各部分润滑的相关内容。

(3) 液压油

车辆使用环境温度在 $-10 \sim 50$℃ 之间时液压系统用 L-HM46 抗磨液压油，液压油清洁度为 NAS1638 9 级，环境温度在 $-40 \sim 10$℃ 之间时液压系统用 10 号航空液压油。加注液压油方法如下：

① 油面应在最高刻度线与最低刻度线之间。投入运行后油箱油位应在最高油位和最低油位之间为宜，不足时加油补充。液压传动系统投入运行后发现有乳化现象时应更换新油。

② 每次加油液压系统应循环过滤，达到液压油清洁度不低于 NAS1638 9 级后才可以使用，否则会损坏液压系统中元件。在不同的地域和不同的季节，也可在技术人员的指导下使用其他牌号的液压油，但不同牌号的液压油不得混用。

③ 首次使用 500 h 换油一次，以后每工作 2000 h 或一年更换。如果未到换油时间而液压油变质的，也应更换。每次更换应将全部液压油放尽，并对油箱及整个系统进行清洗。油液加完后需要过滤达到规定的清洁度要求。

④ 首次工作 20 h 和以后每工作 500 h，应清洗吸回油滤清器一次，换油和液压系统修理后也应清洗滤清器。当遇到吸回油过滤器堵塞报警器发出堵塞报警信号时，应及时更换油过滤器滤芯。

更换同种牌号液压油的方法：

① 将车上液压箱及管路中各处的液压油放净。放油时，应打开散热器等的通气阀，以便于油完全放尽。

② 用滤油机向液压箱中加入新液压油。加油时，须先用 120 目铜丝布滤网将油过滤后再加入液压箱。

③ 检查液面高度是否达到了最高刻度线，

然后用过滤机过滤油箱中的液压油（发动机不发动时过滤），从油箱内取样化验，要求液压油清洁度等级不低于 NAS1638 9 级。

④ 检查系统无异常后启动发动机，并让油泵工作，低速运行 5 min，检查各部位有无异常，控制各换向阀、各液压缸的伸缩动作及马达工作，然后观察液压箱的油位变化，不足时补充到最高刻度线与最低刻度线之间。再次用过滤机对油箱内的液压油进行过滤，从管路中取液压油进行化验，直到液压油的清洁度须达到 NAS1638 9 级。

更换不同牌号液压油的方法：

① 更换不同牌号的液压油之前，先将液压箱、散热器及管路接头各处的油液放净，向箱加入需更换的液压油冲洗掉系统中残留的旧油，然后再按规定的方法加油。

② 发动车冲洗各管道。冲洗时，要让管路内的液流仅朝一个方向流动，避免污染物在管道内往复窜动，导致冲洗效果不好。

③ 冲洗过程中，用橡胶锤或木锤轻击管路及接头，以外加振动的方法加强冲洗效果。在敲击过程中，通过检查管路的振动及温度，判断液压油是否按规定的要求通过指定的管路，必要时可用手握管路，通过管路的冲击、振动来确认。

④ 系统各元件、管路冲洗完毕后，再次将液压箱、散热器以及管路接头各处的油液放净，然后加入需更换的新油。

(4) 日常保养

见 22.1.2 节 JW-4 型接触网架线作业车中保养与维护的相关内容。

(5) 定期保养

见 22.1.2 节 JW-4 型接触网架线作业车中保养与维护的相关内容。

(6) 走合期保养

见 22.1.2 节 JW-4 型接触网架线作业车中保养与维护的相关内容。

(7) 换季保养

见 22.1.2 节 JW-4 型接触网架线作业车中保养与维护的相关内容。

(8) 车辆长期不使用的保护

① 放掉冷却水。

② 清洗各滤清器及滤网。

③ 包扎好空气滤清器。

④ 所有油杯处加注黄油。

⑤ 拆掉蓄电池。

⑥ 各液压缸活塞杆回缩至最短位置。

⑦ 所有外露有相对运动的加工表面涂上润滑脂以防锈蚀。

⑧ 清除钢丝绳上的尘砂，涂上 ZG-3 石墨钙基脂。

⑨ 每月发动一次，并前后运行及空载起重作业动作，进行检查保养。

(9) 低温环境下的贮存保养

车辆贮存温度应在 -40℃ 以上，防止液压油等油品凝固或变质，避免橡胶件失效。在环境温度 -25℃ 以下的情况下，作业前需对车辆在车库内预热，保证车辆正常运行。

5) 作业机构应急处理

(1) 应急泵

QGC-25 型起重轨道车设有两套应急泵：应急手油泵和应急电动泵。当发动机或主液压油泵出现故障时，应急电动泵可保证作业机构迅速复位，同时应急手油泵可作为第二备用应急泵。若因动力原因或油泵故障造成系统不能工作时，应及时优先启用应急电动泵。

正常情况下，应急电动泵可保证工作 40 min；连续工作时，每次连续工作 20 min 后应先停机，间隔 20 min 后再重新启动电动机工作，以保护电动机和蓄电池。一般情况下，各机构复位时间总计为 20 min。复位时，应优先保证影响行车的部位复位，建议操纵顺序为：先将吊机回转到中位；再将支腿（锁定液压缸）收缩复位；然后将吊臂收缩复位；最后将变幅液压缸缩回。

应急泵操纵程序如下：

① 闭合驾驶员座椅左侧的电源总开关。

② 闭合应急泵开关（设在燃油箱前部，见油漆标识）；也可使用手油泵手柄，往复摇动应急手油泵，为系统提供高压油。

③ 打开液压油箱附近的翻转活动地板，扳动手动换向阀至相应位置。

④ 操纵作业机构的相应手柄，完成支腿和

锁定液压缸回收、转台回转、变幅下降、伸缩臂回缩、吊钩回收等动作。

⑤使起重机全部动作复位并锁定吊钩。

(2) 紧急停止开关

为了防止作业机构运动失控而造成事故，液压系统中专门设置了一条紧急电控卸荷回路。紧急停止开关设在电气控制箱上。

正常情况下，紧急卸荷回路处于断开状态，系统工作不受影响，若动作控制手柄回中位后，作业机构不能停止动作(升降、变幅、升降或回转)，要立即按下紧急停止开关，待故障排除后，须及时将该开关复原。

(3) 辅助制动按钮

起重机操纵室内的控制面板上设有旁路制动按钮(即旁路制动)，在紧急情况下，可通过按下此按钮使整车制动。只有按箭头方向旋转此按钮才可自动复位。

2. LG-4 型接触网立杆车(金鹰重型工程机械有限公司)

1) 概述

LG-4 型接触网立杆车主要由动力系统、走行部、车钩装置、电气系统、制动系统、液压系统及作业机构、安全系统等组成，符合 GB 146.1—2020 的有关规定。

LG-4 型接触网立杆车采用两台两轴转向架结构，车身短、底盘重、作业稳定性好、有效作业范围大，采用风冷柴油发动机作为作业机构的动力。主车架两端设有标准 13 号下作用式缓冲车钩，具有足够的强度和刚度。整车具有良好的运行稳定性和平稳性，制动性能可靠，维修方便。

LG-4 型接触网立杆车的作业机构采用浦沅工程机械(集团)公司配套生产的起重机。起重机部分采用全液压传动、无级调速，微动性能好，工作平稳、可靠，操作轻便、灵活，并设有双速卷扬机构，工作效率高。配有多种安全防护装置，设有电子力矩限制器。照明设施齐全，适合全天候作业。

LG-4 型接触网立杆车主要适用于电气化铁路施工的立杆作业，也可作为起重机吊装其他物料。

2) 主要技术参数

(1) 适用气候环境

温度：-25~45℃。

海拔高度：≤3000 m(海拔超过 3000 m，要修正发动机功率)。

风速：≤6 级。

工作类型：中级。

(2) 整车主要技术参数

轨距：1435 mm。

轮径：840 mm。

轴距：1800 mm。

车辆定距：5000 mm。

通过最小曲线半径：90 m(速度≤10 km/h)。

最高运行速度：120 km/h。

发动机功率：81 kW。

燃油箱容积：300 L。

最大额定起重质量：16 t。

最大起重力矩：900 kN·m。

最大起升高度(距轨面)：19.95 m。

最大工作幅度：18 m。

制动方式：空气制动及停车手制动。

制动距离：≤300 m(单机、平直道、初始速度 60 km/h)。

车钩：13 号下作用式车钩。

缓冲器：MX-1 或 ST 型橡胶缓冲器。

车钩中心线高度(距轨面)：(880±10) mm。

整备质量：约 53 t。

主车架尺寸(长×宽)：9900 mm×3000 mm。

最大外形尺寸(长×宽×高)：10 838 mm×3152 mm×4350 mm。

(3) 发动机主要技术参数

发动机型号：F6L913Z-G13。

型式：直列六缸、风冷、增压。

额定功率，转速：81 kW，2000 r/min。

最大扭矩，转速：384 N·m，1600 r/min。

标定燃油消耗率：221 g/(kW·h)。

充电发电机：直流 28 V/27 A。

启动方式：直流 24 V，电启动。

(4)作业机构主要技术参数

最大起重力矩:900 kN·m(打支腿固定作业);≥33 t·m(平直道不打支腿作业)。

最大起重质量:16 t(打支腿固定作业);≥11 t(平直道不打支腿作业)。

钢丝绳倍率:6,5,4,3,2。

最大起升高度(距轨面):19.95 m。

最大工作幅度:18 m。

系统额定工作压力:21 MPa。

全程起臂时间:≤50 s(空载)。

主臂全程伸出时间:≤90 s(空载)。

主臂仰角:0°～70°。

主臂长度:7.00～19.10 m。

回转速度:≤2.3 r/min。

最大起升速度(空载,倍率为 4):≥25 m/min。

转台尾部回转半径:1.96 m。

支腿跨距(纵向×横向):6900 mm×5500 mm。

垂直支腿液压缸行程:1150 mm。

(5)起升高度曲线(见图 22-14)。

(6)起重特性表(见表 22-33)。

3)操作与使用方法

(1)新车的走合

新制或大修后作业车辆的走合期为 1000 km 或初次使用 100 h。走合期间,要经常检查车轴轴承箱的温度,防止过热。车轴轴承箱允许温度为(0.6×环境温度+50)℃。

新车行驶 1000 km 或初次使用 100 h 后须进行下列工作:

① 清洗发动机、液压油箱等滤清器。

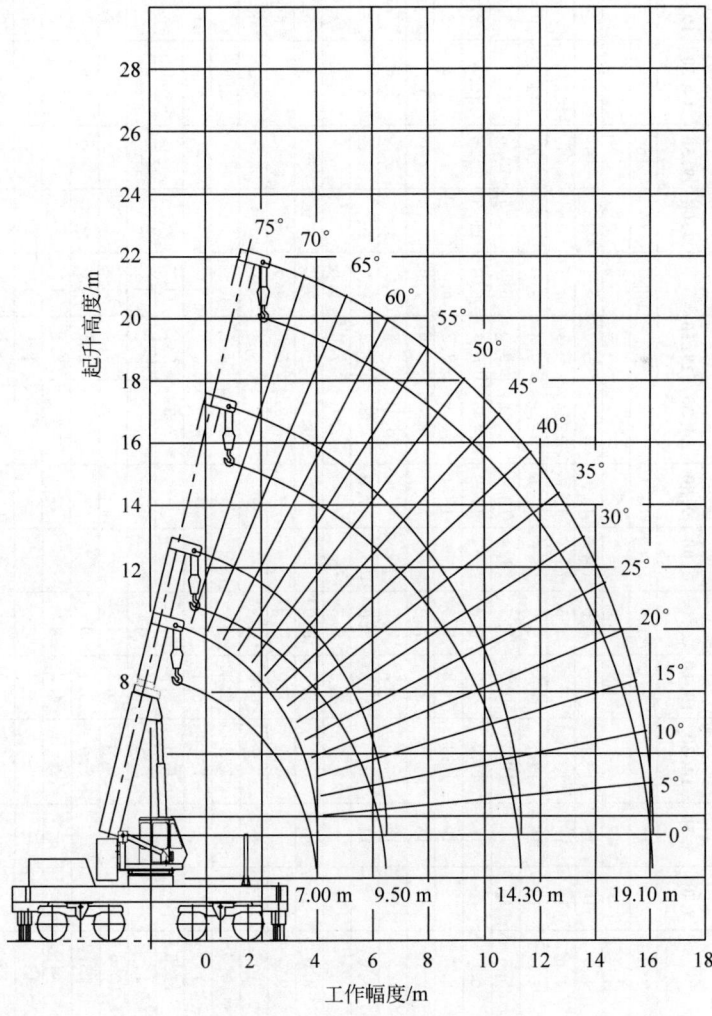

图 22-14 起重机起升高度曲线

表 22-33　额定起重质量

t

工作幅度/m	支腿全伸（横向跨距 5.5 m）全方位回转 吊臂长度/m				工作幅度/m	支腿横向跨距 3.0 m 全方位回转 吊臂长度/m				工作幅度/m	不使用支腿顺轨内回转 吊臂长度/m				工作幅度/m	正侧方,不使用支腿（非移动作业） 外轨超高/mm			工作幅度/m	支腿全伸（横向跨距 5.5 m）全方位或不使用支腿顺轨±18°范围 带载伸缩,臂长范围/m		
	7.00	9.50	14.30	19.10		7.00	9.50	14.30	19.10		7.00	9.50	14.30	19.10		0	80	125		7.00~9.50	9.50~14.30	14.30~19.10
3.0	16	16	—	—	3.0	16	16	—	—	3.0	16	16	—	—	3.0	13.7	12.5	11.8	3.0	3.2	—	—
3.5	16	16	—	—	3.5	16	—	—	—	3.5	16	—	—	—	3.5	10.8	9.8	9.2	3.5	3.2	—	—
4.0	16	16	14.1	—	4.0	16	14.1	—	—	4.0	16	16	—	—	4.0	8.8	7.9	7.4	4.0	3.2	2.8	—
4.5	16	16	13.4	—	4.5	16	13.4	—	—	4.5	16	16	—	—	4.5	7.2	6.5	6.1	4.5	3.2	2.7	2.0
5.0	16	16	12.8	10.1	5.0	15.6	12.8	9.4	—	5.0	16	15.6	12.4	—	5.0	6.1	5.4	5.1	5.0	3.2	2.6	2.0
5.5	16	16	12.2	9.6	5.5	13.4	12.2	9.0	—	5.5	16	13.6	11.8	—	5.5	5.2	4.6	4.2	5.5	3.2	2.4	1.9
6.0	16	14	11.5	9.2	6.0	—	11.5	8.6	—	6.0	13.9	11.6	10.5	—	6.0	4.4	3.9	3.6	6.0	2.8	2.3	1.8
6.5	—	13	10.9	8.8	6.5	—	10.9	8.2	—	6.5	11.3	10.5	9.7	—	6.5	3.8	3.3	3.0	6.5	2.8	2.2	1.8
7.0	—	12	10.3	8.4	7.0	—	10.1	7.9	—	7.0	—	9.9	9.3	—	7.0	3.2	2.8	2.5	7.0	2.8	2.1	1.7
7.5	—	11	9.8	8.1	7.5	—	8.9	7.6	—	7.5	—	8.1	7.9	—	7.5	2.8	2.4	2.1	7.5	2.4	2.0	1.7
8.0	—	—	9.3	7.8	8.0	—	7.9	7.3	—	8.0	—	6.8	8.8	—	8.0	2.4	2.0	1.8	8.0	2.2	1.9	1.6
8.5	—	—	8.9	7.5	8.5	—	7.0	7.0	—	8.5	—	5.5	8.0	—	8.5	2.1	1.7	1.4	8.5	—	1.8	1.5
9.0	—	—	8.4	7.2	9.0	—	6.5	6.7	—	9.0	—	4.3	7.1	—	9.0	2.1	1.7	1.4	9.0	—	1.7	1.4
9.5	—	—	8.1	7.0	9.5	—	5.9	6.4	—	9.5	—	—	6.1	—	9.5	1.9	1.6	1.4	9.5	—	1.6	1.4
10	—	—	7.7	6.6	10	—	5.4	5.8	—	10	—	—	5.5	4.5	10	1.7	1.5	1.3	10	—	1.5	1.3
10.5	—	—	7.3	6.4	10.5	—	4.6	4.9	—	10.5	—	—	4.5	3.9	10.5	1.5	1.3	1.1	10.5	—	1.4	1.3
11	—	—	7.1	6.1	11	—	3.9	4.3	—	11	—	—	3.5	3.5	11	1.3	1.2	0.9	11	—	1.4	1.2
11.5	—	—	6.8	5.8	11.5	—	3.3	3.7	—	11.5	—	—	3.0	3.2	11.5	1.2	0.9	0.8	11.5	—	1.3	1.2
12	—	—	6.5	5.6	12	—	—	3.2	—	12	—	—	2.5	2.8	12	1.0	0.8	0.6	12	—	1.2	1.1
12.5	—	—	6.2	5.3	12.5	—	—	2.8	—	12.5	—	—	2.1	2.5	12.5	0.9	0.7	0.6	12.5	—	1.2	1.0
13	—	—	6.0	5.1	13	—	—	2.5	—	13	—	—	1.6	2.1	13	0.8	0.6	0.5	13	—	—	1.0
14	—	—	—	4.5	14	—	—	2.1	—	14	—	—	—	1.5	14	0.6	0.5	0.4	14	—	—	0.9
15	—	—	—	4.2	15	—	—	1.8	—	15	—	—	—	0.9	15	0.6	0.4	—	15	—	—	0.8
16	—	—	—	3.9	16	—	—	—	—	16	—	—	—	0.5	16	0.4	—	—	16	—	—	0.8
17	—	—	—	3.6	17	—	—	—	—	17	—	—	—	—	17	—	—	—	17	—	—	0.7
18	—	—	—	3.4	18	—	—	—	—	18	—	—	—	—	18	—	—	—	18	—	—	0.7

注：① 表中所指幅度值是指吊重后钩中心至回转中心的水平距离；② 当实际臂长和工作幅度在两数值之间时，应按较大臂长和幅度值确定起重质量；③ 表中所列起重质量为最大允许值，并包括吊钩及吊具的质量（吊钩质量 200 kg），作业时应较大臂长和幅度加以决定起重质量不超过 2670 kg 的范围加以决定；④ 吊钩的最小倍率应在单股钢丝绳的单股钢丝绳的倍率为 3、4、5、6；⑤ 钢丝绳严禁下严禁站人。

②检查蓄电池的电液密度。

③检查各部位的螺栓、销钉、开口销有无松动或脱落。

(2)车辆的整备

①检查发动机机油、燃油箱燃油、液压油箱中液压油等是否充足。

②检查燃油管路、机油系统、空气制动管路及液压管路等部位有无渗漏现象。管路中的截止阀均应位于正确的工作位置。

③检查支腿、锁定、变幅、伸缩、回转等机构的各软管连接是否松动。

④检查蓄电池的接线是否牢固,控制面板上的开关、监控仪表及灯具、刮水器、安全装置等是否正常。

⑤检查冷却风扇皮带、发电机皮带的松紧度。对皮带施加 20~50 N 的压力,挠度为 20~30 mm。

⑥排除副风缸、工作风缸等部件中的污水。

⑦检查各主要部件等有无异常现象,发现问题必须及时处理。

⑧检查必备的随机工具、随机关键备件等,要求齐全,状态或功能良好,严格按照有关安全行车规章办理。

(3)发动机启动

①启动发动机:确认各作业控制手柄置于中位;插入点火钥匙,旋转点火钥匙至运转位,机油压力报警灯亮,充电指示灯亮;旋转点火钥匙至启动位,发动机启动后,松开钥匙自动回运转位,此时充电指示灯灭。如果发动机不能在 10 s 内启动,则应松开钥匙,等待不少于 2 min 后再重新进行第二次启动。如连续 3 次仍无法启动,则应检查故障原因并进行排除。若气温较低时,可按发动机说明书进行预热后再正常启动。发动机启动后,如果充电指示灯仍未熄灭,则应立即关断点火开关,检查电路是否有故障。

②密切注意仪表上的显示,尤其是机油压力表的读数。在机油压力未达到正常值时,不允许加大油门或将发动机加速到 1000 r/min 以上,以防增压器损坏。

(4)作业机构操纵

①液压泵启动时,应以低速运转,以获得充分的暖机效果,并空载运转数分钟,观察有无漏油或异常现象。

②打支腿作业前,应根据起重力矩选择适当的支腿跨距,注意检查作业场地,地面应坚实平整,如遇软弱地基或起伏不平的地面,一定要垫上适当的木块(木块的尺寸不得小于 450 mm×450 mm),并在确认安全后方可开始工作。

③复线作业,邻线没有封闭时,支腿不得侵入邻线建筑限界内,并注意不要使吊臂侵入邻线建筑限界内。

④不打支腿作业时,必须伸出锁定液压缸,锁定轴箱弹簧和弹性旁承。

⑤不打支腿作业时,严禁车辆在吊重状态下拖行。

(5)行驶前的准备

①将起重臂完全缩回原位,整个起重臂置于起重臂支架上,并把吊钩固定好。

②使起升机构制动器处于制动状态。

③将支腿完全缩回原位并锁定好。

④所有锁定液压缸全部收回。

⑤连接好制动软管连接器,并试闸。

(6)发动机停机

①停车时,先将作业机构动作全部复位,操纵手柄置中位,把油门降到急速位置,闭合熄火开关(翘板开关)。

②在关闭发动机前,使发动机先急速运转 3~5 min,让润滑油和冷却装置带走燃烧室、轴承和轴瓦等部位的热量,这能对发动机增压器起到保护作用。

③涡轮增压器中的轴承和油封均会受到排气高温的影响,发动机运转时,热量依靠循环的机油带走。如果发动机突然停车,增压器温度会急剧上升,过热的结果将会使轴承咬死和油封失效。

④发动机急速运转时间不宜过长,在发动机完全停下之前,绝对不能用钥匙开关重新打到启动位。

⑤停机后,关断钥匙开关,拔出钥匙。使用手制动装置,防止车辆溜放。

(7)作业机构应急处理

①应急泵和紧急停止开关参考本节 QGC-25 型起重轨道车常见故障及排除中应急泵和

紧急停止开关的相关内容。

② 紧急排风开关。车辆联挂运行过程中,若出现紧急情况下,可按下此开关使车辆紧急制动。

(8) 作业后的检查

① 检查各部位有无漏油,并进行必要的修复。

② 检查螺母、螺栓有无松动,对当天发现的不正常现象应进行及时的、必要的修理,严禁带故障作业。

③ 作业完毕后,对有关部位进行必要的清扫工作,如各活动部位、液压缸活塞杆的外露部位等。

④ 检查工具和附件的数量是否正确。

⑤ 记录运转情况和异常症状。

4) 保养与维护

车辆的使用和保养是不可分割的统一体,保养是为了更好地使用,使用必须注意保养。保养工作关系着车辆质量、经济性能和运用安全。车辆驾驶员应熟悉所用车辆的结构、各部件名称及工作状态,掌握车辆容易出现故障的部件和关键部件,掌握常见故障的现象及检查方法,正确使用工具,明确职责,牢固树立爱车思想,以极端负责的态度操纵、保养所使用的车辆。

为保证作业车辆能够安全、顺利地完成作业任务,车辆驾驶员在平时应对车辆进行大量精心的保养工作,掌握规律,总结经验,确保车辆运用安全。

发动机、起重机等总成的保养、润滑等要仔细阅读随机配备的说明书中的相关章节。

(1) 日常保养

① 清洁车身内外、车窗玻璃、电气设备、作业机构等。

② 检查灯光、仪表信号、刮水器、喇叭是否正常。

③ 检查油箱及油管、空气制动管路、液压管路、液压件的密封情况。

④ 检查燃油、液压油、润滑油、蓄电池蒸馏水是否充足。

⑤ 检查各部位的连接螺栓、连接销,以及防松用的开口销、保险垫是否正常。

⑥ 检查和调整发动机风扇皮带、发电机皮带的松紧度。

⑦ 检查轴箱弹簧是否正常。

⑧ 检查踏梯等的紧固情况。

⑨ 检查手制动机的工作情况。

⑩ 检查闸瓦磨损情况,必要时调整闸瓦间隙。

⑪ 检查卷扬钢丝绳、吊臂伸缩用钢丝绳是否损坏严重,当钢丝绳出现下列情况之一时,应予更换:一股中的断丝数超过10%;直径减小超过直径的7%;钢丝绳出现扭结;显著的松脱、严重锈蚀、挤压。

⑫ 检查各操纵手柄位置是否正确、灵活、可靠。

⑬ 检查回转支承、回转机构、起升卷扬机构等的连接螺栓是否紧固可靠,如发现松动,应加以紧固。

⑭ 作业后检查各部位有无漏油,并进行必要的处理。

⑮ 作业后检查螺母、螺栓有无松动;对当天发现的不正常现象应进行及时、必要的修理,严禁带故障作业。

⑯ 作业完毕后对有关部位进行必要的清扫工作,如各活动部位、液压缸活塞杆的外露部分等。

⑰ 作业完毕后检查工具和附件的数量是否正确。

⑱ 记录运转情况和异常症状。

(2) 定期保养

作业车辆每行驶 1500~2000 km 或作业每超过 100 h,进行一次定期保养。

定期保养是以全面检查、调整、紧固、润滑,并排除不正常状态为内容的检查工作。除进行日常保养的内容外,还应增加如下项目:

① 清洁空气滤清器、各滤油器、滤网等。

② 检查发动机、卷扬减速机、回转减速机的润滑油,必要时添加或更换。

③ 检查皮带的磨损情况,必要时调整或更换。

④ 检查发动机的悬挂支承及安装紧固螺栓。

⑤ 检查车架、吊臂、转台有无裂纹和变形。

⑥ 检查油压减振器的安装紧固及工作情况。

⑦ 检查蓄电池的电液比重。

⑧ 检查车钩的磨损情况。

⑨ 检查车钩中心线高度、排障器高度是否符合要求，更换排障器胶皮。

⑩ 检查车架、发动机罩、操纵室是否有锈蚀，油漆是否有脱落，必要时补漆。

⑪ 104 型客车空气分配阀每 6 个月应在 705 型分配阀试验台上进行检查保养。

⑫ 检查吊臂、支腿滑块的磨损情况，滑轮是否损坏。

⑬ 对作业机构需要调整的部分进行检查、调整。

⑭ 清除所发现的不正常现象。

(3) 走合期保养

新制或大修的作业车辆的走合期为 1000 km 或初次使用 100 h。在走合期内，应加强保养，随时检查，及时消除不良现象。按规定，加强对走行部、起重机、发动机等重要部件的润滑和保养。作业车辆在走合期内，最大起重质量不得超过 12 t，且不能使用最大作业速度。走合期满后，提前进行一次定期保养，同时更换各总成润滑油。

(4) 换季保养

结合定期保养，按规定使用不同黏度的润滑油和液压油，调整蓄电池的电液比重。

(5) 长期不使用的保护

作业车辆长期不使用时，应采取如下措施：

① 清洗各滤清器和滤网。

② 包扎好空气滤清器。

③ 所有油杯处加注润滑油。

④ 拆掉蓄电池。

⑤ 擦除车体上的灰尘和油污，保持整机清洁。

⑥ 各液压缸活塞杆缩至最短位置。

⑦ 在所有外露有相对运动的加工表面上涂润滑脂，以防锈蚀。

⑧ 清除钢丝绳上的尘砂，涂上 L-3 石墨钙基脂。

⑨ 将车辆停在车库内并锁好门窗。

⑩ 车辆每月发动一次并前后运行，进行一次空载起重作业动作，进行检查保养。

(6) 润滑

作业车辆上许多总成、零件的使用寿命，在很大程度上与正确、及时良好的润滑有关。本车在使用中，应结合保养，在指定部位，按规定的润滑期和润滑油(脂)规格进行润滑作业。在更换各总成的润滑油时，先放尽废油，然后用煤油或柴油清洗。加油时要进行过滤。润滑油要加至规定的标记处或加足规定的容量，润滑脂加至挤出为止。

5) 常见故障及处理方法

电气常见故障及处理方法如表 22-34 所示。

表 22-34 电气部分常见故障处理方法

故障现象	原因分析	处理方法
对应的电器不工作	开关损坏	修理或更换开关
	保险被烧	更换保险丝
	线路接线不良	检查线路
	电器损坏	更换或修理
仪表显示不准或不显示	传感器损坏	检查传感器
	线路接触不良	检查线路
充电机和启动机不工作	充电机损坏	参考《柴油机使用保养说明书》
	启动机损坏	
	蓄电池电量不足	
蓄电池不正常工作	蓄电池电量不足	参考《柴油机使用保养说明书》
	蓄电池损坏	

22.6 接触网检测设备

接触网检测设备按装置安装载体、装置主要功能、装置意义进行选择，具体如表 22-35 所示。

表 22-35　接触网检车对比表

序号	设备名称	装置介绍	安装载体/区域	装置主要功能	装置意义	厂家	参考价格/万元
1	高速弓网综合检测装置(1C)	高速弓网综合检测装置是具有在线检测、综合诊断、质量评价、决策支持等功能的检测装置。该装置运用复杂环境下激光高精度动态测量、高速车载在线测量误差动态补偿及高速移动综合精确定位等技术，对高速及普速接触网几何参数、弓网动态参数和电气参数等进行周期性的动态检测，并综合诊断接触网运行状态，为所辖接触网的质量评估和状态维修提供准确依据	25 t 接触网检测车	(1)检测功能：能在接触网停、带电状态下，准确检测接触网几何参数(拉出值、导线高度、双线间距、双线高差等)、弓网动力学参数(弓网接触压力、接触网硬点)、电气参数(接触网电压)等； (2)控制功能：能预置和随时更改检测设备所处的线路位置； (3)输出功能：能以文件(数据报表)、图片(曲线)和打印等方式输出所有检测数据和曲线； (4)字幕合成功能：能实时将各检测参数叠加到弓网监控图像上并显示； (5)录像功能：能对弓网工况进行全程监控及录像，方便事后查询； (6)评定功能：具有接触网质量综合评定、历史检测数据对比功能； (7)定位功能：采用速度传感器，结合 GPS、GYK 实现数据精确定位； (8)数据库管理功能：数据库维护操作简捷、方便； (9)其他功能：预留足够的升级和扩展接口，便于系统升级和功能扩展	(1)提高检测效率：检测系统能够对接触网进行全方位检测和监测，能带电或不带电全天候进行检测，节约天窗时间，检测效率高，效率提高 10 倍以上； (2)提高检测准确性：自动化检测无疲劳状态，能够减少人工检测漏判、误判的情况； (3)提高检测时效性：用户能及时对设备进行综合质量评定、故障诊断以及指导维护，从而保证列车的安全运营； (4)节约成本：节约了人工巡检的人力及物力成本	成都唐源电气股份有限公司、成都弓网科技有限责任公司、成都交大光芒科技股份有限公司	95.8
2	接触网安全巡检装置(2C)	接触网安全巡检装置是具有高速移动拍摄、隧道高清成像、便携式添乘的视频监测装置。该装置运用了全天候复杂场景下的高速高清数字成像技术	添乘安装于动车组、电力机车	(1)通过便携式2C装置添乘可以观察接触网设备状态、钢轨及周边环境，如吊弦断裂、鸟窝、树木倾斜、异物等，根据检测结果对明显的缺陷及异常进行快速处理，可大大提高巡检速度； (2)全景成像 500 万像素级，图像易于分辨供电设施周边安全；关键区域成像达到 500 万像素级，两个相机均为星光相机，可在低照度下清晰成像，装置可分辨定位装置脱、断缺陷； (3)隧道内清晰成像，能够分辨出吊支座、吊弦、接触线、杆号等关键部件	(1)解决接触网设备有无明显的松、脱、断情况的问题； (2)解决线路周围有无因塌方、落石、山洪水害、爆破作业、鸟窝及其他周边环境因素等危及接触网供电的问题； (3)解决有无侵入限界、妨碍机车车辆运行的障碍问题； (4)解决日常巡检劳动强度大、检测效率低、受人为因素影响、漏检严重等问题； (5)为接触网 PHM 提供数据支撑	成都唐源电气股份有限公司、成都弓网科技有限责任公司、成都交大光芒科技股份有限公司	50

续表

序号	设备名称	装 置 介 绍	安装载体/区域	装置主要功能	装置意义	厂家	参考价格/万元
3	车载接触网安全运行状态检测装置(3C)	车载接触网运行状态检测装置是具有日常在线检测、故障预警、线下追溯等功能的新一代动态检测装置(载体：动车组、电力机车)。该装置运用紫外检测及综合精确量化、红外热成像、机器视觉图像处理等相关技术,对高速、普速接触网动态几何、弓网作用等参数进行实时日常在线检测,能快速检测出接触网/受电弓隐患故障,为维修部门提供即时检修依据,避免安全事故发生	动车组或电力机车	(1) 能全天候实现接触网导线高度、拉出值、平行线间距等接触网几何参数的实时、动态、准确检测,并记录检测数据；(2) 能实时在线检测弓网燃弧状态,并记录燃弧持续时间；(3) 能实现在线监测弓网受流区域的红外热图像,并能记录实时的温度数据；(4) 能实现在线监测弓网运行的视频图像并输出；(5) 能定位接触网几何参数异常点、弓网燃弧发生点以及温度异常点；(6) 能以文件和图片等方式输出所有检测数据和曲线；(7) 专家评估软件具有历史数据统计对比的功能；(8) 具备上电自启动功能；(9) 具有无线发送缺陷数据的功能,同时也能实现在线数据转存	(1) 检测频次高,解决了无法实时掌握弓网动态关系异常的难题(传统的弓网检测装置安装在专用的检测车上,一般1~3个月检测一次,检测频次较低,时效性低,不满足供电部门的检测需求；该装置安装在电力机车上,电力机车只要上线运行即可同步完成对运行线路接触网状态的检测,第一时间预警故障信息,快速指导维护,从而保证列车的安全运营；(2) 快速定位故障发生点(一般情况下,在未配备自动化检测手段的前提下,机车弓网运行状态无法实时掌握；若发生弓网故障,无法快速追溯问题发生的根本原因,准确定位隐患缺陷点,进而造成大面积的停电,影响了运输经济效益。因此,配备该装置可以实现机车弓网运行动态的检测,可以快速定位故障发生位置点,并有效指导维护人员快速修复故障,减少经济损失)；(3) 提高了弓网检修效率,降低了劳动力成本(一般情况下,弓网运行状态基本通过人工巡视或检测车来实现定期检测。人工巡检或者测量的速度一般在3~5 km/h左右,检测车基本1个月巡检一次,且巡检距离受天窗点限制,无法长距离检测。而配备该检测装置,能适应时速120 km的运行速度,可实时检测,第一时间能获知检测缺陷,检测效率提高约30倍,且节约天窗点时间)	成都唐源电气股份有限公司、成都弓网科技有限责任公司、成都交大光芒科技股份有限公司	160

续表

序号	设备名称	装置介绍	安装载体/区域	装置主要功能	装置意义	厂家	参考价格/万元
4	接触网悬挂状态检测监测装置(4C)	接触网悬挂状态检测监测装置是具有在线检测、自动分析、缺陷分类、历史结果对比的成像监测装置(以接触网作业车、电力机车和专用车辆为载体)。该装置基于图像精确拍摄及缺陷自动识别技术、复杂环境下激光高精度动态测量技术,对高速、普速接触网设备(包括接触网定位装置、支持装置、接触悬挂、附加悬挂、支/吊柱等)及零部件进行高清成像检测与几何参数高精度测量,并对其结构异常(包括完整性、移位、裂损、松脱、异物等)实现缺陷自动识别与分类,通过输出分析结果与缺陷报表,为接触网的质量鉴定和维修提供依据	接触网作业车、综合检测车、轨道车、专业接触网检测车、电力机车等	(1) 可实现对高速、普速铁路接触网支持装置、定位装置、附加悬挂、吊柱座、接触悬挂等区域零部件进行高清图像采集; (2) 能连续测量接触网几何参数; (3) 能准确定位接触网腕臂安装支柱(或弓柱)的位置; (4) 能动态拍摄接触网支持装置、定位装置区域正反面图像; (5) 能动态拍摄接触悬挂(吊弦、线夹等)图像; (6) 可连续记录接触悬挂视频; (7) 可对成像区域内的接触网零部件典型缺陷进行识别; (8) 能分析与存储缺陷数据,并提供分类汇总报告; (9) 能形成一杆一档的数据库,并对同一位置的历史检测结果(图像、几何参数等)进行分析对比	(1) 解决了铁路接触网设备检查困难、效率低、风险高的难题; (2) 解决了接触网几何参数与悬挂零部件无法关联分析的难题; (3) 解决了检测数据无法归档、管理的难题; (4) 提高了天窗点资源利用效率,降低了劳动力成本; (5) 减少了因人工巡视而发生的人员及设备安全事故	成都弓网科技有限责任公司	500
5	受电弓滑板监测装置(5C)	受电弓滑板监测装置是具有实时监控受电弓滑板技术状态,及时发现受电弓滑板异常并报警的监测装置。该装置是基于全天候复杂场景下高速高清数字成像技术,运用固定于铁路线路支柱或硬横梁上的高清黑白/彩色成像模块对电气化铁路的局界、段界、联络线、电力牵引列车出入库区、车站等处,高速通过的受电弓滑板实时成像与传输,并结合智能识别软件,分辨出受电弓滑板的损坏、断裂等异常情况,从而指导接触网维修	硬横梁、支柱	(1) 非接触的检测方式:在探测到有列车受电弓通过时,即刻启动成像装置进行拍照,获取受电弓监测图像,可对目标区域进行全天候监测; (2) 装置适用性强:适应不同速度通过的列车及不同车型的受电弓,以合适的角度拍摄通过受电弓滑板全景图像及车体侧面的车号图像; (3) 高清成像:采集到受电弓滑板区域的图片,成像区域不小于 2200 mm×1500 mm(暂行技术条件 2000 mm×700 mm),覆盖受电弓滑板及弓角区域,图像分辨率不低于 2448×2048,并具备高亮光源补偿功能,可以克服环境光照影响,分辨受电弓滑板整体形态和表面技术状态;	(1) 通过受电弓滑板状态的监测,在发生潜在故障前及时预警,避免发生大事故; (2) 解决弓网故障发生后,无法准确快速查找的问题; (3) 弓网故障发生后,可以缩短故障排查范围; (4) 为接触网 PHM 提供数据支撑	成都唐源电气股份有限公司、成都弓网科技有限责任公司、成都交大光芒科技股份有限公司	90

续表

序号	设备名称	装置介绍	安装载体/区域	装置主要功能	装置意义	厂家	参考价格/万元
				(4) 车号自动识别：可对过车车号进行自动识别，形成一车一档； (5) 数据存储：现场图像以无失真压缩方式存储于本地硬盘，硬盘容量满足1年以上的存储需要； (6) 数据传输：图像采用有线或4G/3G无线传输通道，能在列车通过后10 s内传递现场无失真压缩图像序列到用户终端，实时反映现场受电弓状况； (7) 可辨缺陷：图像质量可分辨受电弓中心偏移、升弓位置异常、弓头滑板倾斜、导角变形缺失、滑板残缺丢失、滑板断裂、滑板区域异物附着等问题			
6	接触网绝缘子状态在线监测装置(6C)	接触网绝缘子状态在线监测装置是具有24 h在线检测、故障预警、支持远程控制等功能的固定型在线监测装置，运用强电磁干扰下微弱信号在线检测及多参量数据融合分析技术，对接触网污秽绝缘子的泄漏电流特征量进行在线分析，综合判断绝缘子的污秽程度，为维修部门清扫绝缘子提供状态维修依据	支柱绝缘子处	(1) 数据采集功能：主要完成对绝缘子泄漏电流、温湿度、图片的采集及监控； (2) 无线通信功能：可以将采集到的泄漏电流及环境参数通过GPRS网络传给后台监控系统； (3) 后台管理功能：配有专家诊断功能，可及时了解和掌握绝缘子的污秽状况；可对监测箱实施远程修改，包括发送时间、杆号调整、校准时间等；可全面建立线路绝缘子污秽信息数据库，提供全面查询功能，可按时间检索和打印数据、图形、报表，永久保存所有报警记录	(1) 解决了无法实时掌握绝缘子污秽情况的问题； (2) 解决了现场污秽绝缘子无法预警的问题； (3) 解决了基础设施状态维修无数据支撑的问题； (4) 为接触网PHM提供数据支撑	成都唐源电气股份有限公司、成都弓网科技有限责任公司、成都交大光芒科技股份有限公司	15

续表

序号	设备名称	装置介绍	安装载体/区域	装置主要功能	装置意义	厂家	参考价格/万元
7	接触网张力补偿状态在线监测装置(6C)	接触网张力补偿状态在线监测装置是具有24 h在线监测、故障预警的固定形在线监测装置。该装置运用强电磁干扰下接触式线性位移测量技术，对棘轮或滑轮补偿装置的检修参数进行在线分析，综合诊断补偿装置运行状态，为补偿装置的状态维修提供依据	张力补偿装置处	(1) a、b值检测功能：实时在线检测接触网补偿装置的a、b值；(2) 断线检测功能：实时判断接触网或承力索断线故障；(3) 环境温度检测功能：实时在线检测接触网补偿装置所处的环境温度；(4) 采集端数据存储功能：实时将采集的数据上传后台服务器；(5) 统计功能：实现统计a、b值与温度的变化曲线，并给出a、b值变化范围；(6) 报警功能：参考a、b值的铁路相关标准，制定评价机制；若a、b值超过预警值时，第一时间给出报警信息，方便维修部门维修；(7) 设备自检功能：具备在线硬件和软件自动检测功能；(8) 运行功能：具备上电自启动运行和无人干预时正常运行功能；(9) 数据传输方式：采用无线传输技术，将存储在本监控装置中的监控数据第一时间传输至客户端服务器	(1) 解决了无法实时掌握张力补偿状态的问题；(2) 解决了无法获取张力补偿装置随环境变化规律的问题；(3) 解决了基础设施状态维修无数据支撑的问题；(4) 为接触网PHM提供数据支撑	成都唐源电气股份有限公司、成都弓网科技有限责任公司、成都交大光芒科技股份有限公司	25
8	接触网定位振动特性监测装置(6C)	接触网定位振动特性监测装置是具有24 h在线检测、自动分析、故障预警的固定性在线监测装置。该装置运用图像精确拍摄及自动分析技术、复杂环境下激光高精度测量技术，对接触线定位点抬升量进行在线监控分析，统计振动频率、幅值，监测结果用于指导接触网的运行维修	支柱定点监测	(1) 实时采集安装处所的接触网振动数据波形或视频信息，监测接触网振动，测定定位点抬升量；(2) 统计振动频率、幅值，具备超限报警功能；(3) 能将监测数据通过有线或无线方式实时传输至供电段(维管段)服务器，具备本地存储、无线召唤传输的功能，对监测数据进行管理，与6C系统其他装置监测数据进行对比分析	(1) 解决了无法实时掌握定位点接触线抬升量的问题；(2) 解决了无法掌握列车来临时接触网舞动规律的问题；(3) 解决了基础设施状态维修无数据支撑的问题；(4) 为接触网PHM提供数据支撑	成都唐源电气股份有限公司、成都弓网科技有限责任公司、成都交大光芒科技股份有限公司	15

22.7 接触网检修车列

接触网检修车列按选配方案、传动方式进行选择,其主要性能参数如表22-36所示。

表22-36 接触网检修列车主要性能参数

序号	单机功率/kW	选配方案	型号	传动方式	厂家	参考价格/万元
1	≥353	2台动力+10台无动力	JJC	液力传动	金鹰重型工程机械有限公司	4688
2					宝鸡中车时代工程机械有限公司	4700

22.8 接触网智能装备

22.8.1 支柱组立装备、腕臂安装装备和吊标定装备

支柱组立装备、腕臂安装装备和吊标定装备按传达方式、功率、最大起重质量等进行选择,其主要性能参数如表22-37所示。

表22-37 支柱组立装备、腕臂安装装备和吊标定装备主要性能参数

序号	车辆类型	功率/kW	最大起重质量/t	型号	传动方式	整备质量/t	标定精度/mm	厂家	参考价格/万元
1	支柱组立装备	60	2.5	JZS01	液压传动	48	—	中国铁建股份有限公司,中船重工海为郑州高科技有限公司	343
2	腕臂安装装备	45	0.5	JZS02		30	—		295
3	自走行式高速铁路H形支柱组立装备	60/147(上装/底盘)	2.5	JZS0102		30	—		520
4	自走行式高速铁路腕臂智能组对安装装备	30/147(上装/底盘)	0.5	JZS0202		22	—		361
5	吊标定装备	5	—	JZS03	液压+电驱	2	±10		193

1. H形支柱组立装备(中国铁建股份有限公司,中船重工海为郑州高科技有限公司)

1) 概述

H形支柱组立装备基于现有一体化工艺数据信息、标准化工序、工人施工技能等一系列技术要求,实现可靠精准的数据信息智能化施工控制和管理,降低了施工人员的体力劳动强度,提高了施工效率、施工质量,进一步提升了高速铁路接触网系统的安全可靠性,通过实现建筑企业接触网工程的全面自动机械化,打造智能高铁建设。

H形支柱组立装备主要由底盘系统、机械臂、立杆机械手、电控系统、液压系统、管路系统等部分组成,如图22-15所示。它具有立杆半自动安装功能,在抓杆、安装的两个环节采用自动形式,在中间移位采用半自动形式,可以降低对工人技术水平的要求,提高现场使用效率;在支柱组立过程中,可以同时对用户的基础施工情况进行检测和测量,并与用户BIM

管理系统进行对接,共享安装过程数据和测量数据信息。

2) 装备的技术特点

(1) 基于视觉引导系统,实现机械臂自动对位安装

H形支柱组立装备基于高精度控制作业机械臂,搭载视觉引导系统及自动化末端执行机构,可实现支柱组立作业中按照指定位置进行安装;采用两个工业相机作为引导,完成自动抓取支柱、自动将支柱与基础精准对位安装,从而实现支柱组立的自动化。

(2) 基于智能测量底座倾角,精准调整支柱斜率

H形支柱组立装备的智能测量底座采用倾角传感器实时精准显示倾角值,可依据实测值调整打底螺母至设计倾角值,保证支柱组立后支柱斜率的准确性,有效缩短了支柱整正作业时间,提高了施工质量的一次性达标率。

(3) 采取多重安全措施,保障设备安全工作

H形支柱组立装备的设计充分考虑了安全保护因素,通过软件流程空间作业限制、流程动作顺序保护、平衡阀自锁保护、电动机制动自锁保护、急停保护及手动应急装置实现设备作业全过程的安全运行。

2. 腕臂安装装备(中国铁建股份有限公司,中船重工海为郑州高科技有限公司)

1) 概述

腕臂安装装备满足接触网腕臂的预装、对位、安装功能要求,施工过程以机械化施工为主,人工辅助为辅,可以提升腕臂安装装备的机械化水平、减轻人力。

腕臂安装装备以铁路平板车为载体,共分为发动机系统、高空作业平台、机械作业臂、腕臂组装台和腕臂材料放置区共5大区域,如图22-16所示。

图 22-15 H形支柱组立装备

图 22-16 腕臂安装装备

2) 装备的技术特点

(1) 基于视觉引导系统,实现机械臂自动对位安装

腕臂安装装备基于高精度控制作业机械臂,搭载视觉引导系统及自动化末端执行机构,实现作业过程中腕臂按照指定位置进行安

装;采用两个工业相机作为引导,完成取腕臂位置到位和安装腕臂自动定位,从而实现腕臂安装的自动化。

(2) 基于现有工艺流程,实现腕臂安装机械化作业

腕臂安装装备基于现有腕臂安装流程,在未改变安装工艺条件下,通过预装模板、转运机构、作业机械臂与安装模板,人员通过人机交互手柄实现腕臂安装全过程机械化作业。

(3) 预装与安装同时作业,节约设备流程工作时间

腕臂安装装备采用预装模板及安装模板两套模板,实现腕臂预装与自动安装的同时作业,缩短了作业时间。

(4) 采取多重安全措施,保障设备安全工作

臂腕安装装备的设计充分考虑了安全保护因素,通过软件流程空间作业限制、流程动作顺序保护、平衡阀自锁保护、电动机制动自锁保护、急停保护及手动应急装置实现设备作业全过程的安全运行。

3. 吊弦标定机(中国铁建股份有限公司,中船重工海为郑州高科技有限公司)

1) 概述

吊弦标定机能够适应高铁接触网的现场施工作业环境,充分发挥其精确定位优势,最大程度地减少施工人员的作业内容、降低作业强度,并能够代替现有吊弦标定的施工作业流程,完全配合施工人员进行吊弦安装施工作业,具有操作简单、安装调试方便及维护性好等特点,同时其能够对施工后的数据进行存储记录并与BIM系统进行远程数据传输。

吊弦标定机主要由走行作业平台、直角坐标机械手、接触网参数检测系统、喷码系统、控制系统及测距整定系统等组成,如图22-17所示。其所有设备安装在走行作业平台上,具有行驶、升降、防倾翻等功能,通过调整升降平台的高度,可以满足高速接触网施工线路直线段、曲线段、外轨超高等多种现场工况需求。

图 22-17 吊弦标定机

2) 装备的技术特点

(1) "粗定位+精定位"技术路线

由于有时吊弦的安装位置标定属于高空作业,此时采用公铁两用高空作业平台将吊弦标定机输送至接触线附近一定高度并为其提供稳定可靠的承载条件,从而实现粗定位;采用直角坐标机械手运动控制技术并融合其末端搭载激光测距传感器技术,可以实现对接触线的精确定位,从而在粗定位的基础上实现精确定位。

(2) 基于"接触线测量"的高精度标定技术

由于吊弦的安装位置是以接触线为设计对象的,而目前采用的以支柱或铁轨为基准进行测量的方法会产生一定的积累误差,而且不易于实现自动化测量和标定。为了提高标定的精度,以CPⅢ的测量点为基准,转换为在腕

臂的L形定位限位器,其位于接触线的附近,并以其为接触线的测量基准,测距整定系统可以实现吊弦在接触线上安装位置的精确测量,同时由自动喷涂系统配合可以实现高精度的标定,较大程度地提高了接触网的施工质量。

(3) 基于"激光和图像"检测技术的接触网参数检测系统

采用激光检测和图像检测相结合的方法,融合两种技术的优势,取长补短,提高户外环境下无接触测量导高和拉出值的精确性。同时,采用安装在车底部的振动补偿测量装置对顶部的测量设备进行补偿计算,减少了外轨超高和车辆行驶带来的误差。在行业应用的基础上,吸取经验,采用测速轮对车辆行驶速度和距离进行检测,可有效避免主动轮打滑带来的测量偏差。接触网参数检测系统通过采用以上多种检测技术,来实现高精度的测量。

22.8.2 智能吊弦预配中心和智能腕臂预配中心

智能吊弦预配中心和智能腕臂预配中心按传达方式、功率等进行选择,其主要性能参数见表22-38。

表22-38 智能吊弦预配中心和智能腕臂预配中心主要性能参数

序号	名称	整机功率/kW	传动方式	型号	设备尺寸/(长×宽×高)/(m×m×m)	额定电压/V	设备质量/t	厂家	参考价格/万元
1	智能吊弦预配中心	45	伺服电动机传动	ZTJDX-A-A2	8.72×4.9×2.7	380	8	中铁建电气化局集团轨道交通器材有限公司	190
2	智能腕臂预配中心			ZTJWB-A-TY	37.5×8×2.3		35		685

1. ZTJDX-A-A2型智能整体吊弦预配中心(中铁建电气化局集团轨道交通器材有限公司)

1) 概述

ZTJDX-A-A2型智能整体吊弦预配中心(图22-18)适用于不可调式整体吊弦的智能预配。它应用SCARA机器人取代原有的直角坐标机械手,在机械响应、工作空间范围和操作灵活性方面都有很大提升,具有可调整、更智能、更弹性等优势,在制造系统中可呈现更高的灵活性。

图22-18 ZTJDX-A-A2型智能整体吊弦预配中心

2) 装备的技术特点

ZTJDX-A-A2型智能整体吊弦预配中心采用先进的计算机算法,结合了模块化机械设计,实现了整体吊弦预配的智能化、自动化和信息化,具有如下突出特点:

(1) 上位软件具有整体吊弦预配数据直接导入、工艺过程监控和批量生产等功能,数据库存储整体吊弦加工信息具有可追溯性。

(2) 整个预配过程由伺服电动机精确控制,外置测量装置和传感器实时监控,可实现精确测量定位和定长切割;采用张力收紧压接,保证预配尺寸误差在1 mm以内。

(3) 采用独创的自动焊接技术，保证吊弦线不散股，保证压接外观和压接效果。

(4) 采用弹匣式零件上料、SCARA机器人辅助穿线和成品下料、独创的吊弦线回头穿线等技术。

(5) 独立的检测平台可以在一定张力下进行长度检测，检测精度较高，还可以自动生成和打印标签。

2．ZTJWB-A-TY型智能腕臂预配中心（铁建电气化局集团轨道交通器材有限公司）

1）概述

ZTJWB-A-TY型智能腕臂预配中心（图22-19）适用于时速250 km的钢腕臂产品、时速350 km的铝合金腕臂产品、简统化腕臂零件的预配。它优化了预配中心结构及预配算法，应用机器人技术，进一步提高了腕臂预配的智能化程度；同时应用双交换式料仓和智能AGV小车，可对接智能仓储物流系统，进一步提高了腕臂预配的智能化程度。

2）装备的技术特点

ZTJWB-A-TY型智能腕臂预配中心采用部装模块化设计，便于搬迁运输及安装调试，具有如下突出特点：

(1) 一段加工工位、二段预配工位、三段预配工位，可以同时在线流水生产3根腕臂管，提高了生产效率。三段独立控制，便于排除故障。

(2) 具有自动识别销孔和单耳连接板方向的功能，保证零件安装角度。

(3) 可以自动测量腕臂管长度，匹配预配数据中的腕臂数据后再生产，减少了浪费。

(4) 采用ABB机器人自动抓取零件上料，自动寻找螺栓和恒扭矩紧固到位，自动下料和码垛。

(5) 设备具有3种生产模式。半成品模式——平均生产效率2～4 min/根；快速模式——平均生产效率4～8 min/根；扭矩模式——平均生产效率5～10 min/根。

图22-19　ZTJWB-A-TY型智能腕臂预配中心

22.9　公铁两用高空作业平台

22.9.1　主要性能参数

公铁两用高空作业平台按作业平台高度、作业幅度等进行选择，其主要性能参数如表22-39所示。

表22-39　公铁两用高空作业平台主要性能参数

序号	作业平台高度/mm	作业幅度/mm	额定承载质量/kg	允许最大风速/(m/s)	制动方式	运行最大速度/(km/h)	驱动方式	厂家	参考价格/万元
1	8200	4200	300	12.5	全盘式制动（胶轮走行）鼓式制动（钢轮走行）	10	液压马达	陕西奥利信工程机械有限公司	86

22.9.2 典型机械产品

下面以陕西奥利信工程机械有限公司公铁两用高空作业平台为例进行介绍。

1. 概述

公铁两用高空作业平台主要用于站前铁路接触网的施工、检修、维护,也可在铁路、地铁、轻轨、有轨电车或公路上进行信号安装,或在其他领域需要进行高空作业时使用,具有动力充足可靠、系统简单、便于维护等特点,如图 22-20 所示。

图 22-20 公铁两用高空作业平台

2. 主要技术参数

环境温度:−25~45℃。
允许最大风速:12.5 m/s。
限界:国铁、地铁、轻轨、有轨电车限界或道路交通运输限界。
驾驶员操作:左侧操作。
使用轨距:1435 mm。
铁路运行最大速度:10 km/h。
高空作业高度:8.2 m。
驱动方式:液压马达驱动。
制动形式:全盘式制动(胶轮走行);鼓式制动(钢轮走行)。

3. 操作与使用方法

公铁两用高空作业平台为高空作业车辆,满足公路、铁路两种工况下的高空作业及非道路行驶要求。因此,使用本设备时必须具备基本的车辆驾驶技能(建议驾驶者具有 C 级及以上驾照,并具有两年以上实际驾龄),经过操作培训后方可进行本设备的各项操作。在使用本设备进行高空作业时(暂定 2~4 人操作),要检查发动机机油、燃油、液压油是否充分,检查车辆放置后是否有液压油泄漏;发动机启动后,在 1000 r/min 左右转速下空转 3~5 min;在确保安全的前提下,操作车辆各液压运动部件,对整机液压系统进行预热(夏季液压系统预热大约 5 min,冬季时间会有延长,以各液压部件动作顺畅为准)。

1) 车辆高空作业(图 22-21)基本安全准则

待整机支稳后才能进行工作台的升降、变幅作业。当作业位置需要上调时,应优先调整摇臂,当摇臂范围仍不能满足作业需求时,可再进行升降臂的调整;当作业位置需要下调时,应优先调整升降臂,再调整摇臂的位置。保证两个原则:一是始终应在升降臂处于较低的作业高度时调整摇臂;二是在较小的作业幅度下进行旋转。

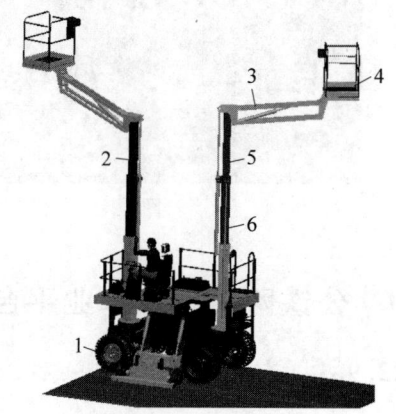

1—支腿;2—A 柱;3—摇臂;4—工作台;
5—B 柱;6—升降臂。

图 22-21 车辆高空作业

2) 倾斜作业面上的高空作业

本设备原则上需要在平整的地面上进行高空作业,但当实际工况下无法保证整机水平时(坡度大于 3°),需要在左、右钢轮下加垫辅助支承物,以确保整机水平。此时整机胶轮可能会离开地面,因此在高空作业时,A 柱和 B

柱的工作台位置必须相对于机器中心对称放置(这样可以彼此作为配重,确保安全)。A、B柱各自位置的调整方法与平整路面的安全原则相同。

3) 轨道工况下的高空作业

如图 22-22 所示,轨道上作业时,用钢轮将整机完全撑起,并用夹轨器将整机与钢轨连接,同时用支腿锁销(图 22-23)将左、右钢轮支腿锁紧,方可进行高空作业。作业台位置调整方法参照地面作业的有关程序。

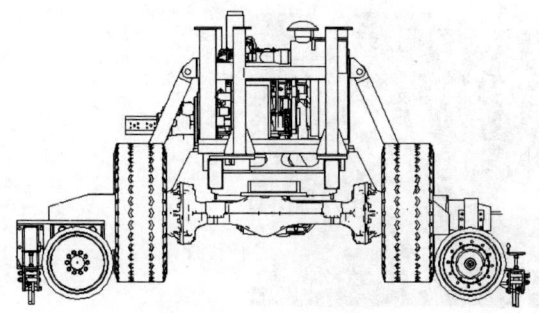

图 22-22 轨道上作业示意图

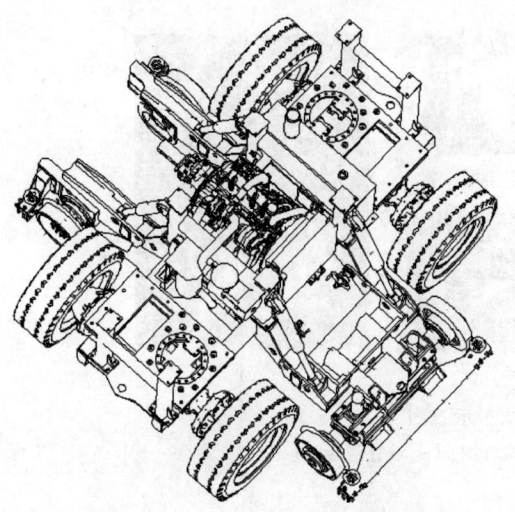

图 22-23 支腿锁销位置示意图

4) 弯道作业

由于在弯道附近时左、右钢轨具有高度差,因此作业时两个工作台要尽量相对于机器中心对称放置,以保证安全。

5) 坡道作业

当机器需要在坡道上作业时,两个工作台要尽量放置在机器同侧,并朝向上坡方向,以确保安全。

6) 车辆运输(图 22-24)

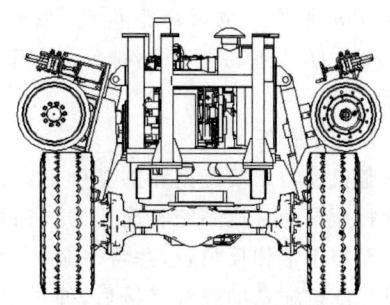

图 22-24 正常运输示意图

车辆需要转场时,需要将 4 个钢轮完全收起,并用绑带固定。当短途转场时可自行走行,此时应打开走行警示灯及车尾箭头灯,以对周围车辆进行警示。但长途转场时须采用专用拖板车进行托运,并遵守当地公路运输法规。

7) 应急操作

当机器发生意外故障,需要临时撤离现场时,可紧急将工作台收回,并采用紧急拖车,方法如下所示。

(1) 工作台紧急收回

首先将伸缩臂上的红色应急手柄扳至水平方向(图 22-25)。

图 22-25 应急手柄位置

再扳动手动操纵阀将工作台收回(图 22-26),或在扳动手动操纵阀的同时,用扳手盘动回转机构,使得工作台紧急手动回转,最终将工作台完全收回。

(2) 胶轮拖车

首先利用手动打压阀(图 22-27(a))为液压系统补充制动解除压力,将走行手柄(图 22-27(b))

推离中位,并将主泵的两根进出油管用随机配备的胶管连接后(图 22-27(c)),便可进行整机短距离拖车;也可将整机前、后桥传动轴拆除后,直接进行短距离拖车(拖车速度不大于 25 km/h)。

(3) 钢轮拖车

在整机动力切换至钢轮的基础上,首先利用手动打压阀为液压系统补充压力,将钢轮拖车阀扳至与正常相反位置,并将主泵的两根进出油管用随机配备的胶管连接后,便可进行整机短距离拖车(拖车速度不大于 25 km/h)。

8) 车辆存放

当车辆停止使用时,需将整机停放在平整地面上,按照图 22-28 所示的姿态将钢轮、胶轮同时着地放置,并将工作台完全收回(以各液压缸不受外力为基本原则)。若长时间不使用,需将整机用雨布完全遮盖。

4. 维护及保养

公铁两用高空作业平台的维护与保养如表 22-40 所示。

图 22-26 手动操纵阀位置

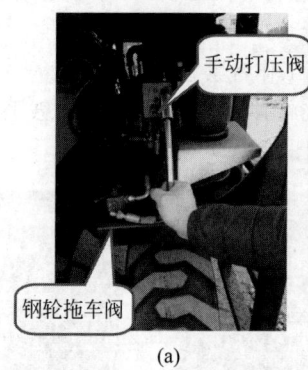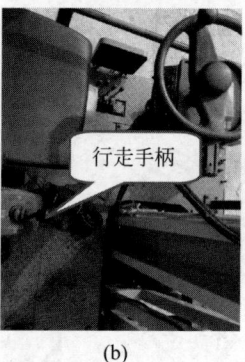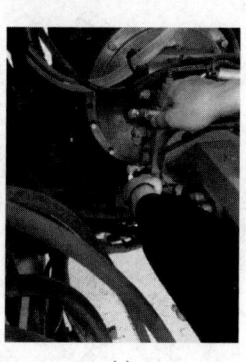

(a) (b) (c)

图 22-27 胶轮拖车示意图

(a) 手动阀操作示意图;(b) 手柄位置图;(c) 油管连接示意图

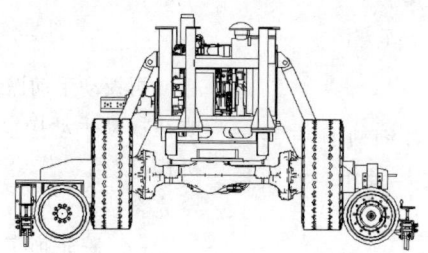

图 22-28 车辆存放示意图

表 22-40 公铁两用高空作业平台维护与保养

序号	检查项目	保养	数量	维护间隔时间/h	备注
1	伸缩臂	润滑油(二硫化钼,锂基)	2级伸缩面	50	均匀涂抹适量
2	摇臂	润滑油(二硫化钼,锂基)	4处	50	单个工作台润滑油加注点
3	回转机构	润滑油(二硫化钼,锂基)	3处	500	单个工作台润滑油加注点
4	钢轮摆动桥	润滑油(二硫化钼,锂基)	1处	50	润滑油加注点
5	前桥	润滑油(二硫化钼,锂基)	1处	50	润滑油加注点
6	前桥	齿轮油(GL-5,80W-90)	以标尺为准	500	首次工作200 h
7	传动箱	齿轮油(GL-5,80W-90)	以标尺为准	500	首次工作200 h
8	后桥	齿轮油(GL-5,80W-90)	以标尺为准	500	首次工作200 h
9	发动机	机油滤芯	1套	500	首次工作200 h
10	发动机	机油(15W/40 CF-4)	以标尺为准	500	首次工作200 h(根据环境温度选择机油牌号)
11	发动机	空气滤芯	1套	500	200 h清理一次
12	发动机	油水分离器	1套	500	首次工作200 h
13	发动机	燃油滤芯	1套	500	首次工作200 h
14	液压系统	液压油(H46号抗磨)	120L	4000	首次工作2000 h
15	液压系统	先导滤芯	1套	500	首次工作200 h
16	液压系统	回油滤芯	1套	500	首次工作200 h
17	液压系统	吸油滤芯	1套	1000	工作500 h清理一次
18	散热器	防冻液	20L	2000	根据环境温度选择防冻液配比

注:本车辆属于高空作业设备,与操作者生命安全相关,要严格按周期进行保养,同时每5000 h或1年(先到为准)进行一次返厂检修和性能检测,以确保设备施工安全。

参考文献

[1] 卿三惠. 高速铁路施工技术:"四电"工程分册[M]. 北京:中国铁道出版社,2013.
[2] 中国铁路总公司. 铁路通信、信号、电力、电力牵引工程施工机械配置技术规程:Q/CR 9228—2015[S]. 北京:中国铁道出版社,2015:5.
[3] 中华人民共和国国家质量监督检验检疫总局,中国国家标准化管理委员会. 重型轨道车技术条件:GB/T 10082—2010[S]. 北京:中国标准出版社,2010:12.
[4] 中华人民共和国铁道部. 电气化铁路接触网立杆作业车:TB/T 3273—2011[S]. 北京:中国铁道出版社,2011:11.
[5] 中华人民共和国铁道部. 电气化铁路接触网恒张力放线车:TB/T 3272—2011[S]. 北京:中国铁道出版社,2011:11.
[6] 魏德勇,孙珉堂,陈常江,等. 公铁两用高空作业车的研制[J]. 铁道车辆,2017,55(6):24-26.